Roger Gloor

Alle Autos der 80er Jahre

Roger Gloor

Alle Autos der 80er Jahre

Technische Modellentwicklung und wirtschaftliche Markenchronologie der Pkw-Herstellfirmen 1981–1990

Motor
buch
Verlag

Einblick auf automobiles Neuland: Die 80er Jahre brachten mit dem Großraumkombi, der später als Minivan zum Begriff werden sollte, eine besonders familienfreundliche neue Karosserieart mit ungeahntem Marktpotential (Bild: Nissan Prairie 1800 JW-G, 1983).

Einbandgestaltung: Dos Luis Santos unter Verwendung von Motiven aus dem Archiv der Motor Klassik, Stuttgart
Bildnachweis: Automobil Revue, Bern; Archiv Roger Gloor

1. Auflage 2012

ISBN 978-3-613-03144-9

Sie finden uns im Internet unter
http://www.paul-pietsch-verlage.de

Lektorat: Joachim Kuch
Innengestaltung: IPa, 75417 Mühlacker-Mühlhausen
Druck und Bindung: Bechtel-Druck GmbH & Co.KG, 73061 Ebersbach
Printed in Germany

Inhalt

Auswahlerweiterung nach unten: Mercedes-Benz brachte Ende 1982 die Modellreihe 190 auf den Markt (auf dem „Familienbild“ unten links) und gleichzeitig stieg Opel mit dem Corsa in die Kleinwagensparte ein.

Der Anfang 1983 vorgestellte Peugeot 205 wurde unter den Kleinwagen zu einem Dauerläufer.

Selbst Alfa Romeo wandte sich dem Vorderradantrieb zu (Alfa Romeo 164 3.0 V6 Lusso, 1989).

Auch in seiner Mitte 1983 herausgebrachten zweiten Generation blieb der VW Golf ein Bestseller (Golf GL).

Vorwort

Wie die den vorangegangenen Jahrzehnten gewidmeten Bände verkörpert „Alle Autos der 80er Jahre“ eine Quintessenz aus der Schweizer „Automobil Revue“. Deren Wochenausgabe und der jeweils zum Genfer Salon erscheinende „Katalog der Automobil Revue“ lieferten rund 95 Prozent der in diesem Buch enthaltenen Fakten und Zahlen. Zu 5 Prozent dienten – gleichsam als das Salz in der Suppe – exklusive Wissensquellen. Das Bildmaterial entstammt zu gut 98 Prozent dem AR-Archiv; mit fünf Ausnahmen handelt es sich um authentische Aufnahmen aus der Epoche.

Der vorliegende Band wurde ebenfalls darauf ausgelegt, dem vom Verlag postulierten Prädikat „Alle“ möglichst gerecht zu werden. Die Grundlage hierzu lieferte die Vollständigkeit in der Berichterstattung der „Automobil Revue“ (zum Teil vor dem Hintergrund eigener Beiträge, war ich doch von 1963 bis 2002 Redakteur bei der „AR“).

Im einem ersten Buchteil wird die allgemeine sowie die länderbezogene Entwicklung der Pkw-Herstellung mit knapp gehaltenen Hinweisen sowie Zahlentabellen aufgezeigt.

Die 222 Markenkapitel des Hauptteils beginnen mit einem kurzen Ursprungshinweis auf das jeweilige Fabrikat. Darauf werden jene Modelle vorgestellt, mit denen die betreffende Marke in die 80er Jahre eingestiegen ist. Chronologisch folgen die im Verlaufe jenes Jahrzehnts eingeführten neuen Modelle und technischen Änderungen. Diese lassen sich im Detail auch aus den beigegebenen technischen Tabellen ablesen.

Auch wenn die 80er Jahre für die internationale Automobilindustrie von einer relativ gleichmäßigen Aufwärtsentwicklung gekennzeichnet waren, so ergaben sich doch äußerst spannende Konkurrenzsituationen, schicksalhafte Abkommen über Zusammenarbeit, einschneidende Streikbewegungen sowie Führungswechsel. Diese wirtschaftlichen Einwirkungen wurden zur besseren Strukturierung des Buchtextes in Kursivschrift eingefügt.

Der industrielle Hintergrund macht die Bedeutung und den Sinn mancher technischen Änderungen besser verständlich. Erst die in diesem Buch aufgezeigte Verknüpfung von Wirtschaft und Modellpolitik lässt die Entwicklung der Automobilindustrie während der 80er Jahre in vollem (Scheinwerfer-)Licht erkennen.

„Alle Autos der 80er Jahre“ vermittelt rund 69'000 Informationen (hochgerechnet, ohne Tabellen) und dient als Zeitzeuge und Nachschlagewerk sowohl über das technische wie über das wirtschaftliche Geschehen und natürlich auch über die – den Autofreund besonders faszinierende – Pkw-Designentwicklung.

Bern, im Sommer 2012 R. Gloor

Einleitung

Die wirtschaftlichen Hintergründe

Die 80er Jahre standen im Zeichen einer konstanten Weiterentwicklung und des weltweiten wirtschaftlichen Aufschwungs. Zunächst litt die Automobilindustrie allerdings noch unter den Auswirkungen der 1979 eingetretenen zweiten Erdölkrise. Die Verdoppelung des Rohöltarifs und die damit bewirkte starke Erhöhung des Benzinpreises an der Tankstelle hatte die Lust am Autokauf wesentlich gedämpft. Dies traf die Autobranche weltweit.

Besonders schwer betroffen waren die amerikanischen Hersteller. In Detroit wurden 25 Prozent der Autoarbeiter arbeitslos. Zudem mussten sich die US-Hersteller in der Folge auf kleinere Modelle umstellen. Weil die drei Autokonzerne Amerikas sich auf nur etwa 30 hauptsächliche Komponentenlieferanten abstützten, waren sie hierzu flexibler als die europäischen Autowerke. Diese litten an ihrer strukturellen Kompliziertheit, versuchten die zehn Konzerne der Alten Welt doch in erster Linie ihren einheimischen Markt zu dominieren. Zudem ließen sie sich von rund 300 Teileproduzenten beliefern.

Produktionsverteilung. Wie die → ganzseitige Tabelle „Personenwagenproduktion nach Ländern und Jahren" aufzeigt, hat der weltweite Ausstoß von 1980 bis 1990 um 21 Prozent zugelegt. In dem vorangegangenen Jahrzehnt hatte die Zunahme noch 30 Prozent erreicht. Japan allein hat aber in den 80er Jahren 41 Prozent, also rund doppelt so viel, hinzugewonnen. Nachstehend die Anteile an der Pkw-Produktion nach Wirtschaftsräumen:

%-Anteile	1960	1980	1990	2008
EWG/EG/EU	28,0 %	31,1 %	35,8 %	29,2 %
Westeuropa	39,8 %	35,1 %	36,8 %	29,2 %
Osteuropa	2,1 %	7,8 %	5,6 %	2,7 %
Nordamerika	54,4 %	25,8 %	20,9 %	18,7 %
Südamerika	0,9 %	4,2 %	2,1 %	5,2 %
Asien	1,4 %	25,1 %	32,9 %	42,9 %
davon Japan	1,3 %	24,5 %	28,8 %	17,9 %
davon Korea	–	–	2,7 %	6,5 %
davon China	–	–	–	9,7 %

So wie die traditionellen Autokonzerne ihre Globalisierung in den 80er Jahren weiter vorantrieben, so begannen die japanischen „Newcomers" ihrerseits mit Zweigwerken auf anderen Kontinenten Fuß zu fassen und sich so noch teils von Zollbarrieren geschützte Märkte zu erschließen. Solche „Transplants" entstanden vor allem in den USA, während in Europa in erster Linie England als Standort für die Herstellung japanischer Modelle gewählt wurde. Die koreanischen Autowerke standen ganz am Anfang einer fulminanten Karriere, während von China als Autoland noch niemand sprach.

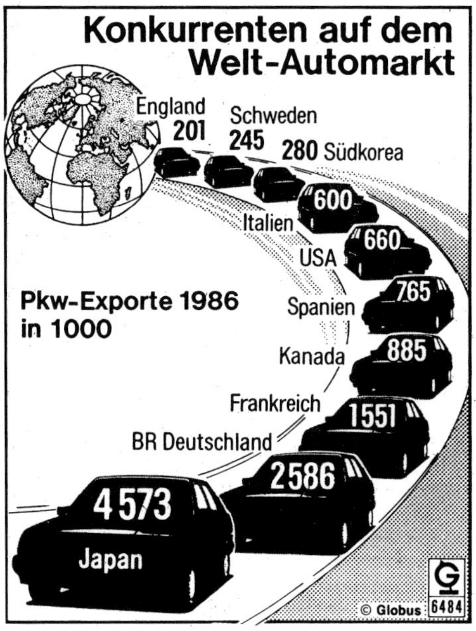

Exportintensität. Japan war zwar 1986 mit 4,57 Mio ins Ausland gelieferten Pkw (→ Grafik „Konkurrenten auf dem Welt-Automarkt") der weitaus bedeutendste Autoexporteur. Doch dies entsprach einem Anteil von 55 Prozent der Gesamtproduktion, während der Exportanteil für Deutschland 61 Prozent und für Frankreich und Spanien 59 Prozent erreichte. Südkorea kam gar auf 64 Prozent, während es für Italien 35 und für England bzw. Großbritannien nur noch 20 Prozent waren.

Konzerngliederung. In den 80er Jahren ergaben sich deutliche Verschiebungen in der Anteilsstärke der führenden Automobilkonzerne. Die Gegenüberstellung von 1980 zu 1990 zeigt, dass der Branchenriese GM ganz erheblich an Anteil verlor, während die japanischen Hersteller (mit Ausnahme von Nissan) ihre Position klar ausbauten. (→ Tabelle rechts oben)

Fünf bedeutende Übernahmen. Im Kampf um die Übernahme von Alfa Romeo siegte Fiat 1986 über Ford. In den 80er Jahren wurde zudem die Übernahme von Seat durch den Volkswagenkonzern vorgezeichnet. 1986 sicherte sich GM die Mehrheit an Lotus Cars und Ende 1989 zudem 50 Prozent des Saab-Kapitals. AMC/Jeep ging hingegen in Chrysler auf.

Zahlreiche Querverbindungen. Zudem gewann die Konzerngrenzen überschreitende internationale Zusammenarbeit weiter an Bedeutung. In den entsprechenden Markenkapiteln wird über die Absprachen zwischen Alfa Romeo und Nissan (woraus die Marke Arna entstand), über das Zusammengehen von British Leyland (→ Austin) und Honda, die Verknüpfung von AMC mit Renault sowie über die Beziehungen zwischen Chrysler und Mitsubishi einerseits und Chrysler und De Tomaso anderseits berichtet. De Tomaso trat die von ihm gehaltenen Marken Maserati und

Rang 1980	*)	Prod. 1980	Anteil
1. General Motors	9	5'916'860	20,2 %
2. Ford Motor Co.	12	3'107'937	10,6 %
3. Toyota	4	2'381'041	8,1 %
4. VAG	5	2'251'305	7,7 %
5. Nissan	5	2'094'671	7,2 %
6. Renault	4	1'813'516	6,2 %
7. Fiat	5	1'771'543	6,1 %
8. PSA	6	1'736'385	5,9 %

*) Anzahl Produktionsländer (Montagesätze bei deren Ursprungsländern eingerechnet; Fiat/PSA ohne Ostblock)

Rang 1990	*)	Prod. 1990	Anteil
1. General Motors	12	5'138'715	14,5 %
2. Ford Motor Co.	12	3'859'439	10,9 %
3. Toyota	4	3'775'923	10,7 %
4. VW-Gruppe	6	2'882'870	8,1 %
5. Nissan	5	2'347'896	6,6 %
6. Fiat	3	2'108'462	6,0 %
7. PSA	5	1'957'636	5,5 %
8. Honda	5	1'913'739	5,4 %
9. Renault	4	1'473'774	4,2 %
10. Mazda	4	1'214'144	3,4 %

– Zu General Motors zählten die Marken Chevrolet, Pontiac, Oldsmobile, Buick, Cadillac, GMC, Opel, Vauxhall, Holden; 1990 zudem Saab, Saturn und Lotus.
– Ford mit Mercury und Lincoln, 1990 zudem mit Jaguar und Aston Martin.
– VAG/VW-Gruppe = Volkswagen und Audi, 1990 zudem Seat.
– Nissan 1980 noch mit Datsun.
– Fiat mit Lancia und Autobianchi, 1990 zudem mit Alfa Romeo und Ferrari.
– PSA = Peugeot/Talbot/Citroën (1990 ohne Talbot).

Innocenti gegen Ende der 80er Jahre an Fiat ab.

Spektakulär war das in eine gemeinsame Tochterfirma in Kalifornien gipfelnde Abkommen zwischen General Motors und Toyota. Zu der Beteiligung an Isuzu sicherte sich GM in den 80er Jahren den Einstieg bei Suzuki, während Suzuki anderseits bei Maruti in Indien und Santana in Spanien einstieg. Ford festigte seine ebenfalls finanziell untermauerte Zusammenarbeit mit Mazda.

Konzernintern fand die Globalisierung ebenfalls ihren Fortgang, indem beispielsweise Ford von der Konzerntochter in Deutschland Motoren in die USA importierte oder auf dem umgekehrten Weg über den Atlantik Fiat Triebwerke von seiner brasilianischen Zweigfirma bezog. Auch die gemeinsame Motorenfabrik PRV (Peugeot/Renault/Volvo) in Nordfrankreich gewann weiter an Bedeutung.

Über alle wirtschaftlichen Hintergründe – Übernahmen und Querverbindungen, Expansionen und Entlassungen, Streikbewegungen und Neuausrichtungen sowie Wechsel im Topmanagement geben die Markenkapitel im Detail Auskunft *(in Kursivschrift)*. (→ Seite 14)

Pkw-Produktion nach Ländern und Jahren

Jahr	D	F	I	GB	B	NL	E	EG	S	A/CH	WE
1980	3'460'092	2'921'650	1'538'384	937'048	173'295	80'299	(906'241)	9'110'768	251'050	7575/28	10'275'662
1981	3'525'342	2'575'439	1'334'532	972'957	201'417	79'600	(758'249)	8'689'287	276'792	7000/22	9'731'350
1982	3'702'313	2'755'834	1'344'211	939'675	231'231	90'800	(782'289)	9'064'064	311'257	7090/24	10'164'724
1983	3'823'066	2'888'815	1'455'815	1'074'859	250'975	105'648	(976'437)	9'599'178	362'812	–/27	10'938'454
1984	3'666'376	2'376'462	1'499'509	898'067	212'916	108'954	(1'155'564)	8'762'284	372'618	168/28	10'290'662
1985	4'116'058	2'320'368	1'389'244	1'051'303	229'480	108'141	(1'090'231)	9'214'594	400'713	150/28	10'705'716
1986	4'260'435	2'629'809	1'717'010	989'606	240'580	118'976	1'288'535	11'244'951	422'201	67/31	11'667'250
1987	4'238'909	2'771'413	1'791'383	1'192'530	277'057	124'878	1'492'937	11'889'107	433'112	–/30	12'322'249
1988	4'229'365	2'739'458	1'962'365	1'220'510	325'410	115'080	1'553'559	12'145'747	404'162	–/20	12'549'929
1989	4'525'165	2'867'927	2'053'214	1'288'651	302'846	133'285	1'728'157	12'899'245	382'391	–/18	13'281'654
1990	4'239'356	2'662'502	1'953'702	1'260'768	701'286	121'372	1'723'863	12'672'803	340'856	–	13'013'659
								EU			
2007	5'381'858	2'554'431	928'566	1'549'808	790'699	61'979	2'403'130	16'164'567	316'598	201'976/	(EU)

Jahr	SU	PL	CS	DDR	YU	R	OE	USA	CDN	MEX	NA	AUS
1980	1'327'500	351'400	184'146	176'761	158'691	79'321	2'277'819	6'436'068	836'864	297'267	7'570'199	335'764
1981	1'324'000	232'400	181'090	180'233	157'485	80'100	2'155'308	6'300'841	790'753	333'246	7'424'840	353'967
1982	1'165'000	262'165	173'517	183'000	132'390	90'425	2'006'497	4'942'599	796'774	303'387	6'042'760	378'599
1983	1'243'740	271'200	177'505	188'300	148'617	83'000	2'112'362	6'626'763	840'846	187'775	7'655'384	343'901
1984	1'303'823	278'500	173'680	171'060	143'300	90'350	2'160'713	7'801'133	1'012'774	226'010	9'039'917	375'540
1985	1'300'000	287'589	184'200	160'000	141'200	99'120	2'172'109	8'189'752	1'067'820	275'945	9'533'517	382'980
1986	1'330'000	295'950	144'700	160'000	142'222	105'000	2'177'872	7'745'865	1'051'488	171'339	8'968'692	299'074
1987	1'210'272	302'516	168'750	217'000	168'495	105'458	2'172'491	7'023'571	794'243	152'035	7'969'849	310'336
1988	1'120'255	302'375	159'160	218'720	172'000	115'000	2'087'510	7'107'969	1'020'967	265'069	8'394'005	321'254
1989	1'074'384	294'896	183'593	220'845	180'950	115'000	2'069'668	6'815'106	973'899	353'533	8'142'538	393'672
1990	1'115'954	273'144	187'784	150'803	153'017	115'000	1'995'702	6'069'431	931'167	413'874	7'414'472	391'114
	RU		CZ		SCG							
2007	1'195'557	661'138	910'826	–	11'400	234'103	1'358'985	7'837'219	2'170'918	1'567'253	11'575'390	283'348

Jahr	J	KO	T-C	PI/MAL	IND	TR	AS	BR	RA	SA	ZA	INT
1980	7'176'250	40'000	37'717	15'600/	30'487	31'592	7'345'850	945'467	221'290	1'242'369	238'772	29'286'435
1981	7'192'525	60'000	42'674	2260/	41'734	25'251	7'375'362	604'303	136'713	811'443	296'840	28'149'110
1982	7'064'161	67'843	42'226	9127/	42'672	31'147	7'267'289	686'542	101'186	856'216	260'138	26'976'223
1983	7'485'637	88'389	44'618	7627/	44'612	42/456	7'718'339	768 842	114'499	936'894	252'920	29'958'254
1984	7'327'290	90'000	47'834	–/–	51'926	54'566	7'576'616	705'053	139'284	906'045	256'866	30'606'359
1985	8'098'434	225'945	55'825	/8673	53'821	61'123	8'508'821	727'600	115'788	898'881	190'563	32'392'587
1986	8'257'743	437'520	71'517	/25'000	52'500	82'007	8'931'287	788'633	141'926	1'009'479	164'099	33'217'753
1987	8'340'313	765'353	97'626	/24'350	57'492	107'184	9'397'318	657'810	153'345	868'155	193'057	33'233'455
1988	8'399'744	808'346	115'894	/44'700	159'941	120'797	9'670'422	812'963	139'864	1'010'449	219'057	34'252'626
1989	9'308'883	857'967	114'832	/65'764	177'358	118'313	10'648'117	782'202	107'839	908'517	244'011	35'688'177
1990	10'213'113	964'607	55'000	/170'084	170'485	170'485	11'661'402	646'357	80'694	727'051	202'468	35'405'868
2007	9'945'112	3'686'254	208'217	7336/273'409	1'595'238	655'749	23'379'805	2'365'315	351'405	2'716'720	376'717	56'854'836

EG = Europäische Union (E = Spanien, in Klammern: zählte noch nicht zur EG; 2007 EU (inkl. Portugal); WE = Westeuropa; SU = Sowjetunion (2007: Russland); PL = Polen; CS = Tschechoslowakei (2007: Tschechien); DDR = Ostdeutschland; YU = Jugoslawien (2007: Serbien); R = Rumänien; OE = Osteuropa; NA = Nordamerika; AUS = Australien; T-C = Taiwan; PI/MA = Philippinen/Malaysia; TR = Türkei; AS = Asien; SA = Südamerika; ZA = Südafrika; INT = Welttotal.

Anmerkungen: Geländekombis/SUV und Großraumkombis/Minivans wurden in den 80er Jahren von den offiziellen Statistiken noch nicht als Pkw erfasst. Die Montage in Drittländern wurde zumeist den Herkunftsländern der Montagesätze zugerechnet.
Das Rekordjahr 1989 wurde erst 1996 wieder übertroffen; 2007 war das (bisher) letzte Rekordjahr. *(Quellen: Jahreskataloge der „Automobil Revue")*

Pkw-Produktion nach Ländern und Marken 1985 und 1990

	1985	1990
Bundesrepublik Deutschland		
Volkswagen	1'299'340	1'508'818
Audi	358'612	421'378
Total VAG	1'657'952	1'930'196
Opel (Vauxhall, GM)	938'071	611'654
Mercedes-Benz	531'091	567'897
Ford	505'231	594'330
BMW	433'149	503'087
Porsche	50'514	32'162
Diverse	50	30
Total D	**4'116'058**	**4'239'356**
Frankreich		
Peugeot	712'785	1'030'400
Citroën	423'432	528'111
Talbot	26'792	–
Total PSA	1'163 009	1'558'111
Renault	1'157'300	1'103'850
Stimula / De la Ch.	9	16
Diverse / Venturi	50	125
Total F	**2'320 368**	**2'662'502**
Italien		
Fiat	972'687	1'405'918
Lancia	127'322	168'702
Autobianchi	99'896	144'464
Ferrari	3'119	4'293
Total Fa. Fiat	1'203'024	–
Alfa Romeo	146'600	222'198
Arna	11'000	–
Total Alfa	157'600	–
Total Fiat Auto		1'945'575
Innocenti	15'218	4'221
Maserati	5'668	2'198
De Tomaso	56	47
Total De Tomaso Gr.	20'942	6'466
Bertone / Volvo	5'800	–
Pininfarina	1'504	–
Volvo (Bertone)	–	1'300
Lamborghini	254	311
Stutz (USA)	20	–
Diverse	100	50
Total I	**1'389'244**	**1'953'702**
Spanien		
Opel	212'957	–
Vauxhall	63'961	–
Total GM	276'918	382'725
Ford	254'912	334'418
Seat	141'269	326'199
Volkswagen	–	143'750
Fiat Panda	68'165	–
Total Seat	209'434	469'949
Fasa-Renault	188'994	275'000
Peugeot	75'700	142'900
Citroën	64'579	118'871
Talbot	19'694	–
Total PSA	159'973	261'771
Total E	**1'090'231**	**1'723'863**
Großbritannien		
Austin/MG	394'162	–
Rover	81'760	406'253
Austin Rover Group	475'922	–
Honda	–	26'994
Total Rover Group	–	432'702
Ford	308'511	329'604
Vauxhall (GM)	152'337	255'298
Peugeot	4'023	115'900
Talbot	18'553	–
Paykan (f. Iran)	45'905	–
Total PSA	68'481	–
Nissan	–	76'239
Jaguar/Daimler	38'378	41'883
Rolls-Royce	1'980	1'605
Bentley	397	1'728
Total Rolls-Royce	2'377	3'333
London Taxi	1'813	*
Lotus	813	2'150
Reliant	751	100
TVR	472	721
Morgan	416	412
Caterham	212	757
Aston Martin	200	197
Panther	120	121
Bristol	100	100
Westfield	*	691
Ginetta	*	100
Marcos	*	60
Diverse (+*)	400	400
Total GB	**1'051'303**	**1'260'768**
Schweden		
Volvo	288'900	253'500
Saab	111'813	87'356
Total S	**400'713**	**340'856**
Belgien		
Ford	229'480	311'841
Opel/Vauxhall (GM)	–	389'445
Total Belgien	**229'480**	**701'286**
Niederlande		
Volvo	108'083	121'300
Donkervoort	58	72
Total NL	**108'141**	**121'372**
Portugal (P)		
Citroën	**–**	**9'954**
Österreich (A)		
Bitter (D)	**150**	**–**
Schweiz (CH)		
Sbarro	**28**	**–**
UdSSR		
Lada/Shiguli	720'000	661'790
Moskwitsch/Izh	250'000	106'004
Wolga	200'000	72'000
Zaporoshets	128'000	139'000
Tschaika/Zil	2'000	20
Kamaz/Oka	–	1'962
SeAZ	–	1'436
Total SU	**1'300'000**	**1'115'954**
Polen		
FSM (f. Fiat)	197'000	191'552
FSO / (+ Polonez)	61'210	81'592
Polonez	29'379	–
Total PL	**287'589**	**273'144**
Tschechoslowakei		
Skoda	183'700	187'184
Tatra	500	600
Total CS	**184'200**	**187'784**
DDR		
Trabant	110'000	91'893
Wartburg	50'000	58'910
Total DDR	**160'000**	**150'803**
Jugoslawien (YU)		
Zastava	**141'200**	**153'017**
Rumänien		
Dacia	70'500	85'000
Oltcit	28'620	30'000
Total R	**99'120**	**115'000**
USA		
Chevrolet	1'625'844	922'567
Pontiac	708'227	649'154
Oldsmobile	1'164'868	418'905
Buick	1'001'105	406'090
Cadillac	326'548	252'456
Saturn	–	4'245
Total GM	4'826'592	2'653'417
Ford	1'095'853	933'466
Mercury	374'191	221'436
Lincoln	163'081	222'449
Total FMC	1'633'125	1'377'351
Plymouth	369'671	212'354
Dodge	482'488	361'769
Chrysler	416'123	148'759
Total Chrysler	1'268'282	722'882
Honda	145'976	435'438
Renault by AMC	115'885	–
Volkswagen	97'128	–
Toyota	–	217'463
N. Chevrolet / Geo	58'139	101'723
N. Toyota	–	102'790
Total Nummi	58'139	204'513
Mazda	–	72'108
Ford (Probe)	–	109'000
Total Mazda	–	181'108

Pkw-Produktion nach Ländern und Marken 1985 und 1990

Mitsubishi	–	63'868
Eagle	–	42'521
Plymouth (Laser)	–	41'990
Total Diamond-Star		148'379
Nissan	43'824	95'843
Subaru	–	32'537
Zimmer	251	*
Avanti	100	*
Excalibur	100	*
Diverse / (+*)	350	500
Total USA	**8'189'752**	**6'069'431**

Kanada

Chevrolet	167'436	237'315
Pontiac	299'937	–
Oldsmobile	95'608	75'556
Buick	–	102'512
Total GM	562'981	415'383
Ford	343'983	230'467
Mercury	149'577	154'682
Total FMC	493'560	385'149
Honda	–	105 959
AMC Eagle / Eagle	11'229	13'593
Dodge	–	11'083
Total Chrysler Corp.	–	24'676
Diverse	50	–
Total CDN	**1'067'820**	**931'167**

Mexiko

Volkswagen	81'799	183'381
Nissan	54'439	99'252
Plymouth	–	47'572
Chr./Dodge / Chrysler	52'834	4'900
Total Chrysler Corp.	52'834	52'472
Chevrolet	48'501	15'024
Oldsmobile	–	13'676
Buick	–	4'082
Total GM	48'501	32'782
Ford	38'372	11'676
Mercury	–	34'311
Total FMC	38'372	45'987
Total MEX	**275'945**	**413'874**

Japan

Toyota	2'552'041	3'345'885
Nissan	1'864'701	2'020'523
Honda	1'199'590	1'339'000
Mazda	815'074	1'118'036
Mitsubishi	570'865	914'178
Subaru	462'615	403'889
Suzuki	236'198	496'145
Isuzu	213'052	202'347
Daihatsu	184'298	373'110
Total J	**8'098'434**	**10'213'113**

Südkorea

Hyundai	225'945	557'687
Kia	–	222'125
Daewoo	–	184'795
Total KO	**225'945**	**964'607**

Taiwan

YLN (Nissan)	38'790	–
Ford	17'035	50'000
Mazda	–	5'000
Total T-C	**55'825**	**55'000**

China (PRC)

Shanghai/Hongqi	**5'000**	**2'000**

Malaysia (MAL)

Proton	**8'673**	**85'613**

Indien

Maruti	–	97'584
Permier	29'223	42'500
Hindustan	24'064	30'000
Sipani	523	–
Standard	11	–
Total IND	**53'821**	**170'084**

Türkei

Tofas (Fiat)	30'149	88'812
Renault	29'960	70'000
Anadol / Otosan	1'014	11'673
Total TR	**61'123**	**170'485**

Brasilien

Volkswagen	299'246	242'424
Chevrolet (GM)	164'969	160'834
Fiat	136'861	140'139
Ford	124'034	98'641
Gurgel	1'223	3'251
Alfa Romeo (Fiat)	330	–
Miura	199	194
Lafer	168	–
Farus	98	50
Sta. Matilde	78	–
Phoenix	64	–
Puma	–	232
Envemo	–	150
Ragge	–	42
Diverse	330	400
Total BR	**727'600**	**646'357**

Argentinien

Renault	40'849	24'924
Fiat	21'490	22'748
Volkswagen	17'997	7'959
Peugeot	17'167	11'500
Ford	16'285	13'413
IES (Citroën)	2'000	–
Diverse	–	150
Total RA	**115'788**	**80'694**

Venezuela

Chevrolet (GM)	33'656	–
Ford	21'837	–
Total YV	**55'493**	**–**

Südafrika

Ford	41'000	30'000
Toyota	36'298	51'407
Volkswagen	24'378	45'805
Audi	1'097	3'156
Total VAG	25'475	48'961
Mazda	16'500	19'000
Opel (GM)	16'336	23'304
BMW	12'084	16'573
Honda	11'315	6'893
Nissan	10'371	–
Mercedes-Benz	9'948	6'330
Renault	3'482	–
Daihatsu	3'136	–
Mitsubishi	3'118	–
Alfa Romeo	1'000	–
Peugeot	500	–
Total ZA	**190'563**	**202'468**

Australien

Ford	150'962	137'625
Holden (GM)	95'617	110'000
Toyota	62'865	58'378
Nissan	43'536	56'039
Mitsubishi	30'000	29'072
Total AUS	**382'980**	**391'114**
Welttotal	**32'392'587**	**35'405'868**

Quelle: »Katalog der Automobil Revue« 1987 + 1992

Einleitung

Was die Konzerne betrifft, sind solche Einwirkungen jeweils im Kapitel über die führende Marke zu entdecken, so bei Austin (British Leyland), Chevrolet (General Motors), Chrysler, Ford USA, Fiat, Peugeot und Volkswagen. Auch in anderen Kapiteln finden sich übrigens Informationen über geplante, begonnene und teils auch wieder abgebrochene Kontakte zwischen den großen und kleineren Autoherstellern.

Motorisierungsgrad. In den 80er Jahren erfuhr die Motorisierung selbst in Europa noch eine deutliche Verstärkung, wie folgende Beispiele der Anzahl Pkw je 1000 Einwohner aufzeigen:

Pkw/1000 E	1980	1990	2008
USA	540	573	448*
Kanada	430	450	582
Australien	389	445	557
BR Deutschland	369	486	501
Schweiz	353	424	542
Schweden	346	421	464
Frankreich	345	410	485
Belgien	315	364	471
Italien	309	422	608
Niederlande	299	362	457
Österreich	280	381	512
U. K. (GB)	268	376	513
Ferner:			
Japan	195	265	451
Spanien	189	276	485

*) teils als Nfz. geltende Zweitfahrzeuge
Quelle: VDA

Der Motorisierungsgrad muss aber auch in Relation zur Verkehrsdichte gesehen werden:
Anzahl Pkw je km Strasse im Jahr 1989:
Italien 80, Großbritannien 62, Deutschland 59, Niederlande 42, Schweiz 38, Frankreich 29, Spanien 28, Schweden 27, Belgien 27, Österreich 26, Europa-Durchschnitt 42.

Die Kontroverse EG : Japan. Vor allem von den angestammten europäischen Herstellern wurde der zunehmende japanische Erfolg als Bedrohung wahrgenommen. Das Komitee der Automobilhersteller der Europäischen Gemeinschaft gab im Oktober 1980 in Brüssel eine Erklärung über die japanische Herausforderung in der Autobranche ab. Dieser schloss sich ein Bericht des Verbindungskomitees der Autohersteller an. Beide Verbände kamen einstimmig zur Ansicht, dass in Europa spezielle Anstrengungen unternommen werden müssten, um den Japanern und Amerikanern mittelfristig die Stirn zu bieten.

Während der japanische Vormarsch in den USA zunächst auch der mangelnden Flexibilität der noch zu stark auf „Straßenkreuzer" ausgerichteten einheimischen Produzenten zugeschrieben wurde, sah man den Vormarsch der Fernostkonkurrenz auf den europäischen Märkten fast ausschließlich im niedrigen Preis. „Für den durchschnittlichen Lohnempfänger bedeutet eine Preiseinsparung von 10 bis 20 Prozent bei einigermaßen vergleichbarer Qualitätsleistung den ausschlaggebenden Anreiz, nicht europäisch, sondern japanisch zu kaufen." Daher habe die europäische Gesellschaft mit höheren Arbeitslosenraten und verschlechterten Zahlungsbilanzen zu rechnen.

Allmählich setzte sich in der EG aber die Erkenntnis durch, dass der Preisvorteil der Japaner eher in der höheren Produktivität als in tieferen Lohnkosten zu suchen war. Indexberechnungen bezüglich der Lohnkosten je Arbeitskraft ergaben 100 Punkte für die USA, 79 für Japan, 73 für Frankreich, 67 für die Bundesrepublik, 65 für Italien und 33,5 für Großbritannien. Somit musste die japanische Überlegenheit anderen Faktoren zuzuschreiben sein. Dazu zählten der außerordentlich hohe Automatisierungsgrad, die Effizienz der japanischen Arbeitskraft und der größere Konzentrationsgrad, vor allem auch bei den Zulieferanten. Hinzu kamen die wirkungsvoll ausgerichteten Absatz- und Vertriebsorganisationen. Und schließlich verfolgte die japanische Wirtschaftspolitik die Strategie eines möglichst tiefen Yen-Kurses...

Ein im November 1980 durchgeführtes zweitägiges Gipfeltreffen japanischer und europäischer Autohersteller brachte die von der japanischen Seite erhoffte Selbstbeschränkung nicht. Robert A. Lutz, Chairman Ford of Europe, meinte Ende 1980: Fest steht, dass das heutige „Laisser faire, laisser aller" nicht fortgesetzt werden könne. Vom Wohlergehen der Autoindustrie, der eine Schlüsselposition zukomme, sei ganz Europa abhängig. Umgekehrt sähen auch die Japaner selber, welche Gefahr ein entindustrialisiertes Europa für sie bedeute, weshalb sie für vernünftige Lösungen zweifelsohne Hand bieten dürften. – Die in Großbritannien, Frankreich und Italien längst bestehenden Einfuhrquoten für japanische Autos sollten in der Folge auf weitere EG-Staaten ausgedehnt werden.

Marktzugang japanischer Autos in der EG:

Land	Marktanteil 1980	Ziel 1981
Deutschland	9,2 %	ca. 10 %
Frankreich	2,37 %	max. 3 %
Großbritannien	9,2 %	max. 10 %
Italien	–	max. 2000/Jahr
Belgien/Lux.	20,4 %	7 % weniger
Niederlande	22,4 %	max. wie 1980
Griechenland	–	frei
Irland	33,4 %	frei

(Griechenland trat der EG 1981 bei, 1986 kamen Spanien und Portugal hinzu.)

Der europäische Markterfolg der japanischen Marken setzte sich dennoch fort, und in Ländern ohne Schranken erreichte der Anteil der Pkw aus Japan 1986 bis 43,3 Prozent (→ Grafik „Autos aus Japan").

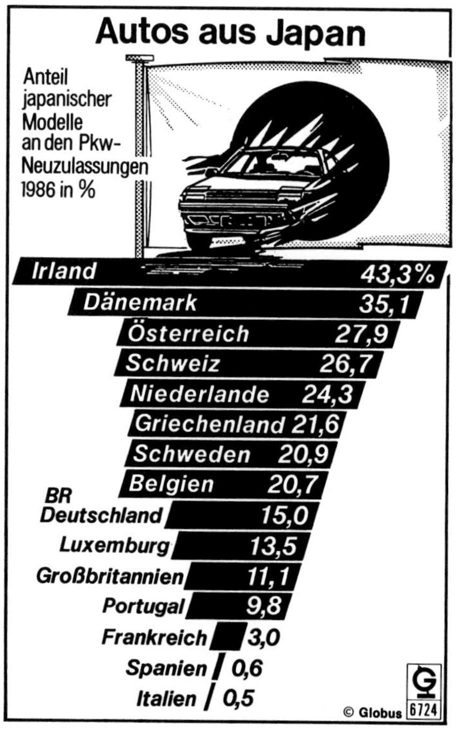

Mitte 1987 forderten die Chefs von VW, Fiat, Peugeot und Rover von der EG-Kommission einen besseren Schutz des europäischen Automarktes vor Autoimporten aus Japan. Deren Fabrikate hatten 1986 einen Marktanteil von 9,9 Prozent erreicht. 1988 ergab sich folgende Situation:

- In Italien durften maximal 13'800 japanische Autos zugelassen werden (es wurden aber 19'890 verkauft),
- in Frankreich 3 Prozent des gesamten Pkw-Marktes,
- in Großbritannien 11 Prozent,
- in Spanien durften 11'200 japanische Wagen zugelassen werden,
- in Portugal 10'000.

Erst im Frühling 1990 nahm die EG mit Japan Gespräche auf, um über einen schrittweisen Abbau der noch in Frankreich, Italien, Spanien und Portugal geltenden Importquoten zu verhandeln.

Harmonisierung, Durchschnittsalter. Der Mangel an einheitlichen Bau-und Ausrüstungsvorschriften behinderte eine rationelle Zusammenarbeit noch stark. Von der EG wurde daher ab 1987 angestrebt, bis 1992 einen einheitlichen EG-Binnenmarkt für Automobile zu erreichen. Ziel waren eine technische Harmonisierung sowie eine Angleichung der Steuersysteme und der Umweltschutz-Bestimmungen.

Das Durchschnittsalter des Automobilparks wurde 1981/82 für Italien mit 14 Jahren angegeben, für Großbritannien mit 12, für Frankreich mit 11, für Deutschland mit 10 und für die Schweiz mit 9 Jahren. Gemäß einer schwedischen Studie hatte sich die mittlere Lebenserwartung aller in Schweden zugelassenen Pkw von 1965 bis

Die technische Entwicklung

1980 von 9,4 auf 15,5 Jahre erhöht. Für die einheimischen Volvo waren es 19,3, für die Mercedes-Benz 16,6 Jahre.

Verschärfung der Abgaslimiten. Im März 1985 einigten sich die Umweltminister der Europäischen Gemeinschaft auf einen Zeitplan für die Einführung schärferer Abgaswerte. Es war während fast zwei Jahren verhandelt worden. Statt der US- wurden EG-eigene Normen beschlossen. Es wurde nach Klassen bis 1,4 l Hubraum, 1,4 bis 2 l und über 2 l unterschieden. Man wollte keine Katalysatoren vorschreiben, sondern auch anderen Maßnahmen, wie dem Magerkonzept, eine Chance geben. Die Fristen für neue Modelle bzw. Neufahrzeuge wurden je nach Hubraumgröße auf jeweils den 1. Oktober 1988 bis 1993 etappiert.

Gegen Ende 1987 wurde von der EG-Umweltministern festgelegt:
Ab Oktober 1988 für neue Modelle, ab Oktober 1989 für alle Neufahrzeuge mit über 2 l Hubraum = Grenzwert Kohlenmonoxid 25 g/Test, Sammelwert Kohlenwasserstoffe und Stickoxide 6,5 g und Stickoxide 3,5 g. Die Grenzwerte für die kleineren Hubraumklassen sollten erst in den 90er Jahren eingeführt werden. Allerdings galten in Schweden, der Schweiz und Österreich schon früher tiefere Werte.

Dieselanteil. 1988 erreichte der Dieselanteil bei den Pkw-Neuzulassungen in der EG 14,3 Prozent, in Frankreich waren es 23,6 Prozent, in Deutschland 13,5 Prozent (GB: 4,6 Prozent; Japan: 2,7 Prozent; USA: 0,02 Prozent).

Überkapazität. Große Sorgen bereiteten der europäischen Automobilindustrie Mitte der 80er Jahre die Überkapazität. Sie wurde von einem rückläufigen Markt verursacht (nebst der japanischen Konkurrenz auch auf den außereuropäischen Exportmärkten!) und brachte Unterbeschäftigung und Preiszerfall. Fiat-Oberhaupt Giovanni Agnelli prophezeite für die folgenden Jahre noch eine Verschlimmerung der Lage. Auf einer Diskussionsrunde mit Abgeordneten des EG-Parlaments unterstrich Agnelli im Oktober 1985, dass es keinen Anlass gebe, den Marktzugang für die Japaner zu verbessern: Denn 1,05 Mio Importwagen aus Fernost stünden lediglich 40’000 Exporte nach Japan gegenüber.

Prometheus-Programm. 1986 war in London das Prometheus-Projekt gestartet worden: Programme for an European Traffic with Highest Efficiency and Unprecedented Safety (Programm für einen europäischen Verkehr von höchster Leistungsfähigkeit und beispielloser Sicherheit). Es brachte die Zusammenarbeit von 15 Autoherstellern mit der High-Tech-Industrie und der Wissenschaft. Nach der Startphase begann 1989 die sechsjährige Forschungs- und Entwicklungsphase.

Produktionstechnik:

Automatisierung. In den 80er Jahre entstanden neue Karosserie-Montagewerke, in denen die Roboterisierung weitere Höhepunkte erreichte. Als Beispiel hierfür galt das Mazda-Werk in Hofu, Japan. Für den Mazda 626 übernahmen dort 130 Roboter und eine Vielzahl von Vielpunkt-Schweißmaschinen die Schweißheftung der Aufbauten. Ebenfalls führend hinsichtlich Automatisierung waren die anderen japanischen Hersteller, was ihnen zu einem Kostenvorsprung verhalf.

Neben General Motors in den USA hatte in Europa Daimler-Benz schon zu Beginn der 70er Jahre zu den Pionieren der Roboterisierung gezählt. Mit der Herstellung des W 201 = Mercedes-Benz 190 entstand in der ersten Hälfte der 80er Jahre im Werk Sindelfingen ein Musterbeispiel automatisierter Herstellung. Der Volkswagenkonzern anderseits schuf mit dem neuen Audi 100 eine speziell für die Produktion durch Roboter geeignete Konstruktion. Doch die 80er Jahre brachten eine weitere Herausforderung: Es galt nun die Roboterisierung und Automatisierung mit der mehr und mehr notwendigen Modellflexibilität unter einen Hut zu bringen.

Die Einführung von Robotern und automatisierten Produktionseinrichtungen erleichterte zwar die Arbeit – und gestaltete sie präziser und gleichmäßiger –, rief aber auch die Gewerkschaften auf den Plan. Diese fürchteten zu Recht den Abbau von Arbeitsplätzen. Es waren aber vor allem körperlich mühsame und langweilig-gleichförmige Arbeitsvorgänge, die mit den Robotern eliminiert wurden. Anderseits wurden durch sie neue, teils anspruchsvollere Überwachungsfunktionen verlangt.

Rationalisierung. Im Karosseriebau selbst – und dies war im Zusammenhang mit der Robotertechnik zu sehen – etablierte sich eine zusehends rationellere Konstruktionsweise: Es wurden weit weniger einzelne Blechteile und weit weniger Schweißpunkte benötigt. Beispiele hierfür lieferten die → BMW 3er-Reihe der zweiten Generation, der Citroën BX, der → Fiat Uno, der → Ford Sierra usw.

Rostschutz. Beim Rostschutz gab es weitere Fortschritte zu verzeichnen. Ende 1980 machten VW/Audi ihre 6-Jahres-Karosseriegarantie gegen Durchrostung nicht mehr von regelmäßigen Nachkontrollen abhängig. Der VW-Konzern festigte damit seine Schrittmacherrolle. Von vielen Herstellern wurden für die korrosionsgefährdeten Bereiche des Unterbaus, der Türen bzw. Schweller und beim Kofferdeckel verzinkte Bleche gewählt (z. B. Zincormetall, → Opel Ascona 1982). In den großen Autowerken wurde die Hohlraumkonservierung durch automatisch programmierte Wachszufuhr am Fließband oder durch vollständiges Fluten verbessert. Zudem fand die Elektrotauchgrundierung nach dem Kataphorese-Verfahren zunehmend Verbreitung. Insgesamt erreichte die Vorsorge gegen Rostbefall allerdings noch nicht ganz das spätere Niveau.

Kunststoffmaterialien. Einer Rostprävention entsprach gleichzeitig die zunehmende Verwendung von Kunststoffen auch für Karosserieaußenteile. Zu den Stoßfängern, Spoilern und Abdeckungen im Motorraum sowie Radhausschalen kamen nun allmählich sogar ganze Kotflügel, Motorhauben, Heckklappen und weitere Aufbauelemente (Beispiel → Citroën BX). Schon von 1965 bis 1980 war der Anteil von Kunststoffen im Auto von einem auf 6 Prozent gestiegen. Inzwischen gab es neuartige Verbundwerkstoffe, und von solchen Materialien profitierte auch die Innenraumgestaltung, zum Beispiel in Form von besseren Armaturenbrett-Oberflächen. Zudem zeichneten sich für das Recyclingproblem neue Lösungen ab.

Qualität. Nebst der Rostprävention wurden in den 80er Jahren vielerorts auch große Anstrengungen zur Qualitätserhöhung unternommen, so etwa bei den amerikanischen Herstellern in den USA wie bei Fiat in Italien oder (um konkrete Beispiele zu nennen) 1989 durch das Sygma-Programm von Citroën (für die XM-Herstellung) oder durch das Motivations-Programm von VW (für die flexible Fertigung des neuen Passat in Emden).

Konstruktionsprinzip:

Vorderradantrieb. Der Trend ging unaufhaltsam Richtung Frontantrieb und dies meist in Verbindung mit quer zwischen den Vorderrädern eingebautem Motor. Diese Auslegung brachte eine optimale Raumnutzung und ermöglichte einwandfreie Fahreigenschaften. Große Wagen mit einem eigentlichen Chassisrahmen wurden nur noch als Spitzenmodelle in den USA und vereinzelt in Japan hergestellt (abgesehen von den auch im Kleinformat in der Regel auf einem Kastenrahmen aufgebauten Geländekombi).

Sicherheit:

Während von Seiten des Straßenverkehrs vor allem das allgemeine Verbreitung findende Innerortstempo 50 sowie weitere Limiten für vermehrte Sicherheit sorgten, wurde zu Beginn der 80er Jahre auch weiter steigender Wert auf die Fahrzeugsicherheit gelegt.

Sitzgurte. Mit Fachberichten wurde zum Tragen der Sicherheitsgurten motiviert. Auch Versicherungsgesellschaften befürworteten den Sicherheitsgurt: „Durch sein Tragen wird das Risiko, bei einem Unfall verletzt oder getötet zu werden um mindestens die Hälfte reduziert.“ Je nach Land und dessen Vorschriften wurden Sitzgurten montiert; bei manchen Modellen wurden ab dem Jahrgang 1981 auch Gurten für die Hintersitze installiert.

Scheibenbremsen. An den Vorderrädern wurden sie selbst bei kleineren Modellen zur Selbstverständlichkeit. Hinten wurden sie auch bei größeren Fahrzeugtypen erst zögerlich montiert. Der Bremsservo zählte nur bei diversen Kleinwagen noch nicht zur Serienausstattung. (Servolenkungen blieben hingegen noch Oberklassewagen vor-

Pionierleistungen der 80er Jahre (Alles, was erstmals eingeführt wurde.)

Sicherheit:

- Vorstellung des ersten in die Lenkradnabe integrierten Airbags bzw. Luftsacks:
  Mercedes-Benz auf dem Genfer Salon 1981; ab Juli 1981 als Sonderausstattung in der S-Klasse lieferbar (ab 1984 in den USA für MB 190 und S-Klasse serienmäßig).
  Als erster US-Hersteller rüstete der Chrysler-Konzern ab Frühling 1988 seine Topmodelle serienmäßig mit einem Airbag aus.
- dritte Bremsleuchte: Cadillac De Ville und Fleetwood (Oktober 1984; US-Vorschrift ab Modelljahr 1986)
- elektronische Abregelung der Höchstgeschwindigkeit bei 250 km/h: BMW 750i (März/Juli 1987)
- ausfahrbarer Heckflügel gegen Hinterachsauftrieb: Porsche 911 Carrera 4 (Frühling/November 1988) und VW Corrado (August 1988)
- im Notfall automatisch ausfahrender Überrollschutzbügel für Cabriolets: Mercedes-Benz SL (Februar 1989)
- Kurvenlampen der Neuzeit: Toyota MR2 (Tokyo Motor Show 1989; Zusatzlampen, deren Subreflektoren elektromotorisch gesteuert entsprechend dem Radeinschlag mitschwenkten)

Karosserie:

- Minivan bzw. Großraumkombi: Nissan Prairie (Sommer 1982; Mitsubishi Space Wagon Concept November 1979, Serie Februar 1983)
- Kompaktvan: Honda Civic Shuttle (Herbst 1983)
- Kleinvan: Mitsubishi Minica Toppo (1989/90; der Fiat 600 Multipla von 1956 war noch kein Kombi)
- versenkbares Hardtop neuer Epoche (Coupé/Cabrio): Treser (1987/88; Prototyp Rapport Forté 1980, B+B Magic-Top 1984)
- in ein Stufenheck einbezogene Heckklappe der Neuzeit: Daihatsu Applause (1989)
- Kleinauto mit Schiebetüren (wahlweise für Stadtverkehr): Micro-car Suzuki Alto (1989)
- sportliches Coupé mit Dieselmotor: Renault Fuego Turbo-Diesel (Oktober 1982)

Motor:

- stufenweise Zylinderabschaltung: Cadillac Seville V8-6-4 (1981)
- Serienmotor mit zwei Abgasturboladern: Maserati Biturbo (Ende 1981)
- Pkw-Dreizylinder-Dieselmotor: Daihatsu Charade (Februar 1983)
- automatische Motorabschaltung bzw. Stopp-Start-Automatik: Fiat Regata ES City Matic (1983/84, sowie weitere Fiat-Modelle)
- verstellbare Nockenwelle: Alfa Romeo Alfetta 2.0i Quadrifoglio Oro (1983).
- Diesel-Rußfilter aus Keramik: Mercedes-Benz für Kalifornien (1985)
- Aufladungsalternativen zum Abgasturbolader: Comprex von BBC beim Opel Senator (1985, Sonderserie); G-Lader: VW Polo GT (1986)
- Zweistufen-Einlasssystem über lange bzw. kurze Kanäle: Honda Legend (Oktober 1985)
- moderne Anwendung doppelter Zündkerzen: Alfa Romeo Twin Spark (Februar 1987), sowie bei Nissan in Japan und Australien
- Abgasturbolader mit verstellbaren Schaufeln: Honda Legend 2.0 V6 Turbo (1989)
- Serienmotor mit 5 Ventilen je Zylinder: Mitsubishi Minica ZZ (Anfang 1989, 3 Zylinder/15 Ventile; der von Maserati Ende 1985 vorgestellte V6 mit 36 Ventilen ging nicht in Serie)
- Dreischeiben-Wankelmotor in Serie: Mazda/Eunos Cosmo (Tokyo Motor Show, Oktober 1989)
- Kombination von Abgasturbolader und Kompressor: Nissan Micra Super Turbo (1989/90)
- V16-Motor der Neuzeit: Cizeta Moroder (November 1988, Produktion allerdings erst in den 90er Jahren)
- V10-Motor für Pkw: Dodge Viper R/T 10 (Januar 1989, Produktion lief allerdings erst 1992 an)

Kraftübertragung:

- stufenlose Kraftübertragung mit Metall-Schubgliederband: Fiat Uno-matic 70 (vorgestellt Oktober 1983), aber auf dem Markt: Subaru Kleinst- und Kleinwagen (1986/87)
- computergesteuerter elektrohydraulischer automatischer Gangwechsel: Isuzu, Navi-5-Getriebe (Tokyo Motor Show 1985, kam 1986 in Serie)
- 6-Gang-Getriebe für Straßen-Pkw: Porsche 959 (1987/88; Chevrolet Corvette 1989)
- Wandler-Automatikgetriebe mit zweiter Schaltgasse für quasimanuelles Schalten: Porsche 911 Carrera 2 Tiptronic (Mitte 1989)
- 5-Stufen-Automatikgetriebe: Nissan Cedric/Gloria (Mitte 1989)

Fahrwerk:

- elektronische Fahrwerksteuerung (zusammen mit maximaler elektronischer Ausstattung): Mitsubishi Galant (1984)
- Antischlupfregelung: Volvo 760 Turbo ETC (Anfang 1985); Mercedes-Benz S-Klasse ASR (1986), BMW 7er-Reihe ASC (1987, teils Serie)
- Vierradlenkung der Neuzeit (nach deutschen Militärfahrzeugen der 30er Jahre): Honda Prelude (April 1987)
- Pkw-Reifendruck-Überwachungssystem: Porsche 959 (1987/88), Porsche 928 S4 (1989, schon zuvor bei Porsche-Rennsportwagen)
- 2. ABS nach Bosch: Honda-System (1983)

Ausstattung:

- Digitalanzeigen beim 1976 vorgestellten, aber erst Ende der 70er Jahre in Produktion gekommenen Aston Martin Lagonda; ab den frühen 80er Jahren fanden Digitalinstrumente vor allem bei japanischen und US-Modellen größere Verbreitung
- Einführung last- und einsatzabhängiger Serviceintervalle: BMW (Sommer 1981)
- mit Luftdruck anpassbare Rückenstütze für den Fahrersitz: auf Wunsch beim Toyota Celica Supra 1982 (Juli 1981)
- Einführung asbestfreier Bremsbeläge: Saab (Anfang 1982)
- Ultraschall-Distanzmessung beim Rückwärtsfahren (Parksensoren): auf Wunsch beim Toyota Corona (Januar 1982)
- synthetische Stimmwarnungen: Chrysler (Modelljahr 1983), Peugeot 505 Turbo Injection (Salon Paris 1982), Audi Quattro (1983), Austin Maestro (März 1983) und Renault (1983)
- Radio-Fernbedienung an der Lenkradperipherie: Renault 11 (Februar 1983)
- digital audio disc player for cars, vorgeführt von Toyota (August 1983, zusammen mit Jujitsu Ten Ltd); in Serie angeboten von Pioneer im Mazda Familia/323 (ab Januar 1985)
- Autotelefon ab Werk: Buick Riviera Coupé (Raum Chicago, 1984)
- Windschutzscheibenheizung durch integrierte feine Drähte: Ford Scorpio (1985)
- Navigationssystem: von Etak in den USA (1986, Cadillac plante Aufnahme auf Zubehörliste 1987); Electro–Multivision mit 1800 Kartenausschnitten ab CDs: Toyota Crown (Herbst 1987)
- Windschott für Cabriolets: Mazda RX-7 (August 1987, als Wind-blocker patentiert)
- Head-up-Display (HUD = Projektion wichtigster Fahrdaten in die Windschutzscheibe): Aus dem Kampfflugzeugbau durch Vector übernommen (1983); HUD-Anwendung in Serie: Nissan Silvia Turbo (1988)

Technische Leckerbissen der 80er Jahre:

Audi Sport Quattro,	1983
Peugeot 205 Turbo 16,	1983
Ferrari 288 GTO,	1984
Ford RS 200,	1984
Lancia Delta S4,	1984
Mercedes-Benz 190 E 2.3-16,	1984
Porsche 959,	1984
BMW M5,	1985
MG Metro 6R4,	1985
Ford RS Cosworth,	1986
Mazda RX-7,	1986
Sbarro Challenge 2+2,	1986
BMW 7er-Reihe,	1987
Ferrari F 40,	1987
Panther Solo 2,	1987
Audi V8,	1988
Citroën XM,	1989
Mercedes-Benz 500 SL,	1989
Mitsubishi Minica Dangan ZZ,	1989
Chevrolet Corvette ZR1,	1989/90
Honda NS-X,	1989/90
Mazda/Eunos Cosmo,	1990

Als vorläufige Alternative zum Airbag wurde in den USA mit dem passive restraint belt system ein sich automatisch anlegender Sitzgurt propagiert (Oldsmobile Delta 88 Royale Brougham Sedan, 1987).

behalten, auch wenn sie allmählich für erschwinglichere Modelle ebenfalls angeboten wurden.)

ABS. Anfang 1982 meldete Bosch die Herstellung des 100'000. ABS; noch war das Antiblockier-Bremssystem allerdings Luxus- und Oberklassewagen vorbehalten. Doch Mitte April 1986 konnte Bosch bereits das millionste gelieferte ABS melden. 1987 waren 14 Prozent der von Deutschlands Fließbändern rollenden Pkw mit ABS ausgerüstet.

ASR. Bereits begann sich aber der nächste Schritt abzuzeichnen: Mitte 1982 lud Volvo die Fachpresse zu Probefahrten mit dem Volvo-ETC-System ein: ETC war das Kürzel von Electronic Traction Control (Antischlupfregelung), und es handelte sich um eine Erweiterung des ABS. Seine Verfügbarkeit bei Serienwagen wurde „in einigen wenigen Jahren“ in Aussicht gestellt.

Airbag. Hohe Wellen warfen die Diskussionen um den in den USA geplanten obligatorischen Einbau eines passiven Sicherheitssystems, wobei der Airbag (Luftkissen) oder sich automatisch anlegende Gurten im Vordergrund standen. Mercedes-Benz plante (im Frühling 1983) mit dem Modelljahrgang 1984 für die USA die serienmäßige Einführung des Airbags in gewissen Modellen der Baureihen S und 190. Nebst Airbag und Kniepolster für den Fahrer sah Mercedes-Benz zudem für den Beifahrer einen Gurtstrammer vor, der gleich wie der Airbag durch einen Gasgenerator ausgelöst wurde und mittels eines Spannzylinders die Sitzgurte straffte.

Crash-Sicherheit. Die Karosseriestrukturen und ebenso die Verwindungssteifigkeit wurden bei neu konstruierten Aufbauten weiter verstärkt. Aufschlagabsorbierende Front- und Heckteile erfuhren eine Optimierung, und die Innenraumgestaltung wurde noch weiter in Richtung Insassenschutz aufgewertet. Was noch fehlte, war ein effizienter Seitenaufprallschutz in Form von Türschienen und Türrahmenverstärkungen.

Sicht. Zur Sicherheit zählt auch eine einwandfreie Sicht auf die Strasse und den von den Seiten kommenden Verkehr. Eine Selbstverständlichkeit, die im frühen 21. Jahrhundert manche Konstrukteure (und Designer) mehr und mehr ignorieren sollten... Zu Beginn der 80er Jahre wurden die Fensterflächen bei neuen Modellen zusehends größer und garantierten einen hervorragenden Rundblick. Zwar wurden die Karosserien längst nach dem Prinzip erhöhter Insassensicherheit mit Knautschzonen konzipiert, doch die Crash-Sicherheit der Fahrgastzelle erreichte noch nicht das Niveau späterer Konstruktionen, bei denen die Dachträger stetig stabiler und massiver wurden.

Karosseriestil:

Die Karosserieabmessungen wuchsen bei jedem Modellwechsel (in den USA allerdings erst wieder gegen Ende der 80er Jahre), und die Ausstattung wurde zunehmend üppiger.

Aerodynamik. Neue Modelle wurden aerodynamisch ausgefeilt, auch wenn dies dem Laien auf den ersten Blick nicht immer auffiel. Zunehmend häufig floss der cw-Wert (Luftwiderstandsbeiwert) in die Werbung ein. Denn ein möglichst niedriger cw-Wert brachte Modernität und Dynamik zum Ausdruck (in unterschiedlichen Wind-

Für strömungsgünstige, einen sparsamen Treibstoffverbrauch bewirkende Karosserien kam der Ausfeilarbeit im Windkanal wachsende Bedeutung zu (Mercedes-Benz 190/190 E, 1983).

kanälen gemessen konnten sich allerdings Abweichungen ergeben). Besonders strömungsgünstig war der Audi 100 1983. Auch bei anderen Modellen wurden die den Luftstrom störenden Regenrinnen über den Seitenscheiben aufgegeben (bei Regen empfahl sich schnelleres Ein- und Aussteigen).

Noch Anfang der 80er Jahre machte man sich anderseits Gedanken über die immer flacher gestellten Windschutzscheiben. Sie variierten mit einem Winkel von 47 Grad beim Fiat Panda und von 50 Grad beim Renault 5 bis zu 60 Grad beim Renault Fuego und 61 Grad beim Porsche 928. Beim Bestseller VW Golf stand sie bei 51 Grad. Techniker und selbst Designer warnten vor noch flacherem Anstellwinkel, der „zu unakzeptablen Sichtverzerrungen führen muss"...

Motorentechnik:

Einspritzung. Ein wesentliches Merkmal der technischen Entwicklung in den 80er Jahren war der Übergang von den Vergaseranlagen zur Benzineinspritzung. Diese setzte sich wegen der strengeren Abgasvorschriften zunächst in den USA durch. Um die dortigen Normen zu erfüllen, wurden etliche europäische Exportmodelle für die USA bereits mit Benzineinspritzung dotiert, bevor diese auch für den europäischen Markt Verwendung fand. Zunächst blieb sie beidseits des Atlantiks großvolumigen Motoren im oberen Preissegment vorbehalten. Mit der Einführung wesentlich verschärfter Abgasvorschriften auch in Japan und Europa wurde sie aber zu einem unabdingbaren Konstruktionsmerkmal für neue Antriebsaggregate. Der Saugrohreinspritzung (Multi port injection bzw. je Zylinder) stand zunächst vor allem in den USA die preiswertere Zentraleinspritzung mit nur einem elektromagnetischen Einspritzventil gegenüber.

Elektronische Vergaser. Als Zwischenlösung gab es die elektronische Vergaser-Feinregulierung, wie sie beispielsweise in den 81er Modellen von General Motors als CCC-Abgasentgiftungssystem (Computer Command Control) zum Einsatz kam, aber auch von europäischen Herstellern angewendet wurde. Kleinere Motoren (bis 1,4 l) konnten dank elektronischem Vergaser vorerst vor der Ausrüstung mit einem teuren Einspritzsystem bewahrt werden. 1986 führten nacheinander BMW, Opel, Mercedes-Benz und VW als Zwischenlösung das elektronische Vergasersystem Ecotronic ein. Es ließ sich mit geregeltem Katalysator und Lambdasonde aus- bzw. nachrüsten.

Katalysator. Die in den USA eingeleiteten Restriktionen des Schadstoffanteils in den Abgasen fanden auch in Europa und Japan Eingang und führten schrittweise ebenfalls zur Verwendung des (anfänglich ungeregelten) Katalysators. Die

Motortrends im Detail:

Praktisch alle neu konstruierten Motoren der 80er Jahre erhielten eine obenliegende Nockenwelle (OHC), während die seitliche Nockenwelle (OHV) zusehends zum alten Eisen zählte. Aber es gab bemerkenswerte Detailentwicklungen:

- Anfang der 80er Jahre wurden noch etliche Modelle hergestellt, deren Motoren erst nach Ziehen des Chokezughebels in Gang gesetzt werden konnten. Durch stufenweises Zurückschieben musste der Motor an rundem Drehen gehalten werden. Zwar gab es bereits Vorrichtungen, die den Kaltstart erleichterten. Perfekt funktionierte die automatische Kaltstartanreicherung aber erst mit der Einführung der elektronischen Benzineinspritzung, die auch eine Start- und Warmlaufautomatik umfasste.
- Schritt um Schritt setzte sich ab Anfang der 80er die kontaktlose und unterhaltsfreie Transistorzündung anstatt des herkömmlichen Zündverteilers mit Rotorfinger durch.
- Nur durch einen laufend intensivierten Einsatz von Elektronik ließen sich die von den Abgasvorschriften gestellten Anforderungen an die Motortechnik lösen. Bei der Entwicklung digitaler Motorsteuerungen spielte die Firma Bosch eine führende Rolle.
- Allmählich verdrängte der geräuscharme Zahnriemen den altbewährten Kettenantrieb von Nockenwellen und Nebenaggregaten (von beschränkter Zahnriemen-Lebensdauer war nicht die Rede).
- In den 80er Jahren fand bei neuen Motorkonstruktionen der hydraulische Spielausgleich der Ventilstößel zunehmend Verbreitung. Diese Serviceerleichterung fand allmählich in den meisten Motorneukonstruktionen Eingang.
- Im Trend lag zudem die Einführung der Schubabschaltung (die deutlich zum Benzinsparen beitrug).
- Mehr und mehr setzten sich thermostatisch gesteuerte Elektrolüfter durch und wurden allmählich zur Norm; sie gingen auf ein Peugeot-Patent zurück, arbeiteten nur bei Bedarf und sorgten so einerseits für einen Energiegewinn, anderseits für eine Verbrauchseinsparung.
- Wartungsfreie Batterien versprachen ab Anfang der 80er Jahre eine Unterhaltserleichterung.
- Für europäische und japanische Konstruktionen war ein aus Leichtmetall bestehender Zylinderkopf die übliche Lösung (falls auch Zylinderblock in Leichtmetall, dann als „Alumotor" bezeichnet); bei den meisten amerikanischen Motoren bestanden Kopf wie Block weiterhin aus Grauguss.
- Es schien zunächst eine Frage des Prestige zu sein, dass jeder Hersteller auch seinen Vierventilmotor (Vierzylinder mit 16 Ventilen) zu bieten hatte. Noch ahnte man kaum, dass dieser vor allen von Japan angeheizte Trend binnen weniger Jahre zu einer Standardlösung avancieren würde.

Der 70 PS leistende 1,6-l-Turbo-Dieselmotor der VW Golf und Jetta wurde zu einem Symbol für moderne Motorentechnik.

(anfänglich nur bei Motoren über 1,4 l) unabdingbaren Dreiwege-Katalysatoren mit Lambdasonde, wie sie ab 1986 zunächst vor allem bei den für Deutschland und die Schweiz bestimmten Modellen eingeführt werden mussten, verteuerten die Verkaufspreise um 5 bis 15 Prozent. Zudem brachten sie einen erhöhten Treibstoffverbrauch. Allerdings konnten die Hersteller inzwischen von den in den USA schon ab den 70er Jahren gemachten Katalysator-Erfahrungen und Lernprozessen profitieren.

Turbo/Aufladung. Der Abgasturbolader fand zusätzliche Verbreitung, wobei der im Verlaufe der 80er Jahre immer häufiger erhältliche Ladeluftkühler für eine substanzielle weitere Leistungserhöhung sorgte. Daneben wurden in Ausnahmefällen Kompressorsysteme angeboten (z. B. Fiat /Lancia, Toyota). Von BBC in der Schweiz wurde das Comprex-Ladesystem als Alternative zum Abgasturbolader entwickelt und propagiert. Dieser Druckwellenlader funktionierte mit rotierendem Zellenrad und übertrug die Energie vom Abgas zur Ladeluft praktisch verzögerungsfrei (Opel Senator Comprex). Eine weitere Alternative zum Abgasturbolader verkörperte der von VW ebenfalls vorübergehend angebotene G-Lader.

Dieselmotor. Der Dieselmotor begann in größerem Umfang Fuß zu fassen, ja die 80er Jahre verhalfen ihm zum Durchbruch. Allmählich wurde er auch mit dem Abgasturbolader kombiniert, und in einer weiteren Stufe wurde dieser durch einen Ladeluftkühler ergänzt. Von diesem Trend ausgenommen waren die USA, wo sich hohe Erwartungen zu einem eigentlich Diesel-Flop wandelten. In England und Japan wurden erste Pkw-Dieselmotoren mit Direkteinspritzung eingeführt.

Verbrauch. Dank der technischen Feinentwicklung konnte der Benzinverbrauch im Verlaufe der 80er Jahre deutlich gesenkt werden, so etwa in der unteren Mittel- bzw. Kompaktklasse von gut 8 l/100 km auf noch 6 l/100 km (Beispiel Fiat 128/Tipo 1100). Die Verbreitung des Dieselmotors trug ebenfalls zur starken Verminderung des Durchschnittsverbrauchs bei; beim Dieselprinzip erzielte man im Verlaufe der 80er Jahre sogar eine noch ausgeprägtere Verbrauchssenkung. – In vielen Markenkapiteln finden sich Angaben über den Normverbrauch bei 90 km/h, 120 km/h und im Stadtzyklus.

Motorenforschung:

Gasturbinen. Als jüngstes Glied in einer langen Kette von experimentellen Gasturbinen baute GM im Herbst 1980 die Gasturbine AGT-5 zu Versuchszwecken in einen Cadillac 1979 ein. Trotz Computersteuerung war der Treibstoffverbrauch immer noch gleich hoch wie für den 4,3-l-V8, und zudem beanspruchte die AGT-5 zu viel Einbauraum „für die geplanten kleineren GM-Modelle". Man sah den Vorteil der Gasturbine auch darin, dass sie mit anderen Brennstoffarten ebenfalls betrieben werden konnte, so anstatt auf Mineralöl auf Kohlebasis (da ja die Erdölvorräte schwanden, Kohle aber immer noch im Überfluss vorhanden war). GM experimentierte daher mit pulverisierter Kohle bzw. Kohlenstaub als Energiequelle für Turbinen.

An der Gasturbine als möglicher künftiger Personenwagenantrieb wurde auch in den Forschungsabteilungen von Daimler-Benz intensiv gearbeitet. Der Bau eines Versuchswagens, einer aerodynamisch optimierten Limousine mit einem Luftwiderstandsbeiwert von cw 0,3, wurde vom Bundesministerium für Forschung und Technologie (BMFT) teilweise finanziell mitgetragen. Probleme verkörperten noch der Teillastbereich, während für das Verbrauchsverhalten und die Abgaswerte Lösungen in Sicht waren.

Auch im Volkswagenwerk wurde an der Gasturbine geforscht; hierzu war die 100-kW-Versuchsgasturbine GT 150 entwickelt worden. Unter den Prädikaten leichter, umweltfreundlicher und leiser wurde auf der IAA Frankfurt 1981 von Volvo, in einem Prototyp eingebaut, die mit verschiedenen Kraftstoffarten betreibbare Volvo-KTT-Gasturbine propagiert. Auf dem Salon von Paris zeigte Nissan im Oktober 1984 den futuristischen Concept-car NX-21 mit hinten eingebautem Turbinenmotor aus keramischem Material...

Andere Kraftquellen. In Perth, Australien, arbeitete Ralph Sarich weiterhin an seinem patentierten Orbital-Motor, für den sich u. a. GM interessierte und 1986 einen neuen Versuchsmotor in einen Chevrolet Spectrum einbauen ließ. Daneben entwickelte Sarich auch einen neuartigen Zweitaktmotor, für den sich General Motors und weitere Großhersteller ebenfalls stark interessierten. Für die Orbital-Zweitaktkonstruktion wurden Ende der 80er Jahre in den USA große Produktionspläne geschmiedet. Der 1989 von GM entwickelte 1,5-l-Dreizylindermotor CDS-2 war vielversprechend. Im gleichen Jahr lud Toyota zur Probefahrt mit turbobestückten Sechszylinder-Benzin- und Diesel-Zweitaktmotoren.

Ebenfalls in Australien brachte Brian Collins 1987 einen neuartigen Viertaktmotor mit zwei liegenden und einem stehenden Zylinder zum Laufen. Außerdem wurde in den USA und in Deutschland am Prinzip des Stirlingmotors weiter experimentiert, und mit dem Stelzermotor wartete in der Schweiz eine weitere Konstruktion auf Umsetzung.
Als einzige valable Alternative zum Hubkolbenmotor bahnte sich der Rotationskolbenmotor von Wankel bei Mazda (und ganz am Rande bei Lada) seinen Weg.
In Deutschland arbeitete man überdies sowohl bei Daimler-Benz wie bei BMW am Wasserstoffmotor, denn „Wasserstoff ist die derzeit einzig echte Alternative zu Benzin", wie Ende 1986 verlautete. Ganz im Schatten der Großen brachte in Hilpoltstein der Konstrukteur Klaus Elsbett seinen Vielstoff-Dieselmotor mit Rapsöl zum Laufen...

Elektroantrieb. Anfang der 80er Jahre ergab sich folgender Stand der Dinge: In den USA hatte General Motors für 1986 einen Kleinwagen mit Elektroantrieb in Aussicht gestellt, in Deutschland unternahm die Gesellschaft für elektrischen Straßenverkehr intensive Versuche, und verschiedene Autohersteller erprobten Prototypen. Letzteres galt vor allem auch für Japan, wo Daihatsu unterschiedliche Elektromodelle (vor allem Nutzfahrzeuge) schon in Kleinserie baute. Daneben gab es einige kleinere Außenseiterfirmen, die Elektro-Pkw bereits serienmäßig anboten, so Zagato in Italien und Carville in der Schweiz. Von BBC wurde eine »Hochenergiebatterie« auf Natrium/Schwefel-Basis entwickelt...

Getriebetechnik:

Mehr Getriebestufen. Anfang der 80er Jahre war das 3-Gang-Getriebe bis auf wenige Ausnahmen verschwunden. Anderseits fand das 5-Gang-Getriebe zunehmend Verbreitung, zunächst weil es bei leistungsorientierten Modellen für eine bessere Nutzung der Motorleistung sorgte, schon sehr früh aber auch wegen seines Sparpotentials, besonders bei lang übersetztem fünftem Gang.

Bei den automatischen Getrieben blieben drei Stufen zunächst die Regel, doch dann kam immer häufiger eine vierte Stufe dazu. Weil sie weniger als 1:1 übersetzt war, wurde sie häufig als Overdrive bezeichnet. Das bei amerikanischen Automatikgetriebe eingeführte Lock-up-System für die oberste Stufe, mit dem der Schlupf durch eine feste Verbindung bzw. Wandlerüberbrückung vermieden und damit der Verbrauch reduziert wurde, fand allmählich auch in Europa und Japan Verbreitung.

CVT. Grosse Hoffnungen waren Anfang der 80er Jahre auf das stufenlose Automatikgetriebe CVT (continuously variable automatic transmission = automatische Kraftübertragung mit stufenloser Übersetzungsanpassung) der niederländischen Firma Van Doorne's Transmissie gesetzt worden (an der u. a. Borg-Warner, Fiat und Volvo Car Holland beteiligt waren). Doch diese Weiterentwicklung des 1958 beim Daf-Kleinwagen eingeführten Variomatic – nun mit Metall-Schubgliederband stand Keilriemen – fand zwar im Fiat Uno-matic eine erste Anwendung, vermochte sich aber noch nicht durchzusetzen.

Vierradantrieb. Ein wesentliches Merkmal der 80er Jahre bestand im aufkommenden Trend zum Vierradantrieb, der zuvor ausschließlich für Geländewagen gedacht war. Während Subaru ein Pionier der Pkw mit zuschaltbarem Vierradantrieb war, erwiesen sich AMC und Audi als Vorreiter der Pkw mit permanentem Vierradantrieb. 4x4-Modelle im Angebot zu haben, entwickelte sich vor allem für die japanischen Hersteller zu einer Frage des Prestige. U. a. für den Rallyesport wurden von europäischer Seite besonders raffinierte 4x4-Antriebssysteme entwickelt.

Digital oder analog? Von oben nach unten: Liquid Crystal Display (LCD) im Opel Senator CD und Monza GSE (1984); die zwei Varianten im Renault 21 (1985/86) und im Toyota Celica 2000 GT-R (1987/88).

Ausstattungselemente:

Digitalinstrumente. Am Armaturenbrett zunächst vor allem von amerikanischen und japanischen Modellen hielten Digitalanzeigen Einzug. Sie waren meist Teil von Topausstattungslinien, und sie wurden beispielsweise auch bei Opel erhältlich: Tempoanzeigen in Zahlen, Drehzahl und Benzinstand in Form von sich wandelnden Bögen und Säulen, die zudem ihre Farbe änderten, sowie Quasianaloganzeigen. Deutschlands Hersteller sprachen teils verächtlich von „Mäusekino“. Zwar vermochten diese farbenfrohen grafischen Darstellungen zu faszinieren, doch waren sie oft schlechter ables- bzw. erfassbar als herkömmliche Anzeigen.

Die in althergebrachter Weise über die Anzeigeuhren schwenkenden Zeiger erwiesen sich weiterhin als zweckmäßig. Immerhin erbrachte die neue Technologie für Nebenanzeigen, wie Kühlwassertemperatur und Benzintank, neue Möglichkeiten. Generell vermochten sich die Digitalanzeigen am Ende gegen die vertrauten Analoginstrumente nicht durchzusetzen.

Synthetikstimme. Im Herbst 1982 führten Chrysler, Peugeot und Audi fast gleichzeitig ein weiteres elektronisches Phänomen ein, nämlich die synthetische Sprachanweisung bei Mängeln: Faszination für die einen, Nervenprobe für die andern. Es musste noch ein vernünftiges bzw. verträgliches Maß für die von der Kunststimme ausgesprochenen möglichen Warnungen gefunden werden.

Navigationssysteme. Solche waren noch Zukunftsmusik. Auch sie sollten Stimmanweisungen ins Auto bringen. Zwar waren bereits in Japan erste Ansätze von Navigationssystemen entwickelt worden, doch der große Schub kam aus Deutschland: Seit 1979 arbeitete die Bosch-Tochter Blaupunkt unter Mitwirkung des Instituts für Informatik III der Universität Karlsruhe am EVA-System (= Elektronischer Verkehrslotse für Autofahrer). Ein Prototyp konnte im Oktober 1983 von der “Automobil Revue“ als erster Fachzeitschrift probegefahren werden.

Klimatisierung. Heiz- und Lüftungsanlagen wurden mit jedem neuen Modell effizienter. Das ausstellbare Dreieckfenster vorne in den Türfenstern hatte endgültig ausgedient. An seine Stellen traten zunehmend größer dimensionierte, vielfach verstellbare Lüftungsrosetten bzw. Luftaustrittsöffnungen am Armaturenbrett. Sie waren notwendig, um dem Trend zu immer flacher gestellten Front- und Heckscheiben und wachsenden seitlichen Fensterflächen bzw. der damit erwirkten verstärkten Sonneneinstrahlung und Innenraumaufwärmung entgegenzuwirken. Zu Beginn der 80er Jahr begannen mit Kühlkompressor arbeitende Kühlanlagen zögerlich in der Luxusklasse und als teures Zubehör Fuß zu fassen.

Gewicht:

Vor allem für den rückblickenden Vergleich mögen einige Angaben des Leergewichts der Jahrgänge 1986 nützlich sein: BMW 316 ab 1000 kg; Fiat 126 ab 580 kg; Ford Fiesta ab 750 kg; Jaguar XJ 6 ab 1760 kg; Mazda 323 ab 810 kg; Mercedes-Benz 190 ab 1130 kg, MB 200 ab 1260 kg, MB S ab 1520 kg; Opel Corsa ab 745 kg, Kadett ab 840 kg; Renault 5 ab 695 kg; Espace ab 1225 kg; Toyota Corolla ab 820 kg; Camry ab 990 kg; Volkswagen Polo ab 730 kg, Golf ab 845 kg, Passat ab 965 kg; Volvo 780 ab 1420 kg.

Service:

Für manche Modelle wurde noch ein Ölwechselintervall von 5000 km verlangt, und es gab gleichzeitig mit dieser Prozedur in einigen Fällen sogar noch ein paar Schmiernippel zu versorgen. Doch die Intervallverlängerung befand sich unaufhaltsam im Vormarsch. Wo sie vom einen Hersteller eingeführt und als zusätzliches Verkaufsargument ins Feld geführt wurde, konnte die Konkurrenz nicht nachstehen... sehr zum Leidwesen der Service- und Reparaturwerkstätten, denen die zunehmende „Pflegeleichtigkeit“ der Autos am Einkommen nagte.

Die einzelnen Produktionsländer

Bundesrepublik Deutschland

Pkw-Marken:
Amphi Ranger*/**
Audi
Bitter
BMW
Fiberfab**
Ford Europa
GFG*/**
Isdera*
Kodiak*/**
Lorenz & Rankl*/**
Mercedes-Benz
Opel
Porsche
Treser*/**
Volkswagen
*) in den 80er Jahren neu hinzugekommen
**) in den 80er Jahren untergegangen

Diverse Konstruktionen (→ Anhang):
Abt, AC Schnitzer, Alpina, Amca, AMG, Arden, Arndt, Artz, Bamo, Baufa, Baur, B+B, Benny, BMA, Bohse, Borgward, Boschert, Brabus, Carlsson, Caro, Catori, CDS, Design + Technik, DP, Eller, Euler, Gemballa, Hamco, Hammond & Tiede, Hartge, Herzog, Hoffmann, Irmscher, Jurinek, Kamei, Karmann, Keinath, KK/Knapp, Koenig, Kugel, Kugok, Leopard, L+H, Lomax, Lorenz, Magnum, Magnum (2), Mark I, Mattig, Michalak, Mitecki, Mo-Car, Mohr, MTW, MW, Oettinger, Opel-Blitz, Ostermann, Ottmann, PCS, Phoenix, Pöhlmann, Pollmann, Polycar, Rappold, RS, Ruf, Saier, Scheib, Schrick, Schulz, Schwan, SGS, Stallion, Stelzer, Strosek, Styleauto, Suhe, Sun Car, Tecoplan, Thiel-Mako, Trasco, Tropic, Uckermann, Versilia, Vestatec, Voll, Zender.

Konkurrent Japan. Das Vordringen der japanischen Autohersteller auf den Weltmärkten war zu Beginn der 80er Jahre die Hauptsorge auch der deutschen Automobilindustrie. An einer Tagung im Juli 1980 nannte VDA-Präsident (Verband der Automobilindustrie) Horst Backsmann zwei Gründe für eine dringend nötige Veränderung der wirtschafts- und sozialpolitischen Relationen: Zum einen die Rekordhöhe der Löhne in der BRD, zum andern die Tatsache, dass in keinem andern Autoproduktionsland die Zahl der jährlich geleisteten Arbeitsstunden so niedrig sei wie in der BRD.

Mitte 1980 hatte der Marktanteil japanischer Hersteller in Deutschland knapp 10 Prozent erreicht. Außer den niedrigeren Löhne wurde der Erfolg der Japaner der höheren Produktivität und den niedrigeren Fertigungstiefe zugeschrieben. Diese erreichte in Japan nur 20 bis 30 Prozent, während die Zulieferungen bis zu 80 Prozent umfassten. Die japanischen Zulieferbetriebe befanden sich in der Nähe der Montagestätten, was einen weiteren Kostenvorteil erbrachte. Anlässlich eines mehrtägigen Besuchs des stellvertretenden japanischen Handels- und Industrieministers in Bonn stand die Frage nach einer freiwilligen Selbstkontrolle der japanischen Autoexporte nach der Bundesrepublik im Mittelpunkt.

Als drittem Handelspartner auf dem internationalen Automarkt sicherte Japan nach den Zusicherungen an die USA und Kanada im Juni 1981 auch der Bundesrepublik eine freiwillige Beschränkung des Autoexports zu. Demnach sollte der Import der acht Anbieter japanischer Autos in Deutschland die Zulassungszahlen von 1980 um nicht mehr als 10 Prozent übertreffen. 1980 hatte der Zuwachs 60 Prozent überschritten. – Mitte 1981 liefen Verhandlungen zwischen VW und Nissan, wonach der VW-Konzern seine Position in Japan verbessern und gleichzeitig den Export von in Japan bei Nissan gebauten Volkswagen-Modellen in benachbarte ostasiatische Märkte in die Wege leiten könnte.

Treibstoff und Katalysator. Das 1979 gestartete, vom Bundesministerium für Forschung und Technologie geförderte Programm für »alternative Energien im Straßenverkehr« nahm seinen Fortgang und betraf ausgedehnte Versuche mit Methanol, Alkohol/Dieseltreibstoff usw. – Wegen des starken Anstiegs des Benzinpreises rechnete Aral 1981 gemäß Umfragen mit einer Abnahme der durchschnittlichen jährlichen Fahrdistanzen auf noch 11'500 km.

Mitte 1983 beschloss die Bundesregierung als erstes der zehn EG-Länder, auf den 1. Januar 1986 bleifreies Benzin einzuführen. Nachdem dieses teilweise schon 1984 erhältlich wurde, nahmen VW und BMW Anfang jenen Jahres für Umweltbewusste erstmals mit Katalysator bestückte Modelle in das deutsche Verkaufsprogramm auf. Der Aufpreis war hoch, das Leistungsvermögen erfuhr eine leichte Einbusse und der Mehrverbrauch wurde auf 5 bis 10 Prozent beziffert.

Arbeitskampf. Im Mai 1984 legte ein Streik der Gewerkschaft IG Metall die deutsche Automobilindustrie weitgehend lahm. Für den Arbeitskampf – bei dem es um die Einführung der 35-Stunden-Woche bei vollem Lohnausgleich ging – waren die Tarifgebiete Nordwürttemberg/Nordbaden und Hessen ausgewählt worden, in denen sich über 45'000 organisierte Metaller am Streik beteiligten. Gemäß einer Allensbach-Umfrage wurde der Streik von nur 29 Prozent der Bundesbürger gebilligt, während ihn 58 Prozent ablehnten.

Doch es kam zu Deutschlands längstem, härtesten und teuersten Arbeitskampf der Nachkriegsgeschichte. Er dauerte sieben Wochen und der Produktionsausfall bezifferte sich auf 360'000 Pkw und Nutzfahrzeuge. Die volkswirtschaftlichen Verluste summierten sich zu Milliardenbeträgen. Dem als Schlichter eingesetzten früheren Bundesminister Georg Leber gelang es schließlich, einen Kompromiss durchzusetzen: die 38,5-Stunden-Woche ab 1. April 1985 bei sofortigen höheren Löhnen und eine Flexibilisierung der Arbeitszeit.

Katalysatorpflicht. Im September 1984 beschloss das Bundeskabinett, zum 1. Januar 1989 die Ausrüstung von neu in Verkehr gesetzten Pkw mit einem Katalysator vorzuschreiben. Schon ab 1. Juli 1985 sollten wesentliche steuerliche Vorteile Katalysator-Pkw begünstigen. Damit war die Bundesrepublik das erste EG-Land, das mit der Schadstoffbekämpfung Ernst machte. Mit raschem Schritt begann sich das Angebot an Katalysator-bestückten Modellen auszudehnen und parallel dazu das unumgängliche Bleifreibenzin: Anfang 1986 standen bereits 250 als schadstoffarm anerkannte Modellvarianten zur Wahl. Die 100 Dieselversionen fanden allerdings mehr Anklang als die 150 Katalysatormodelle.

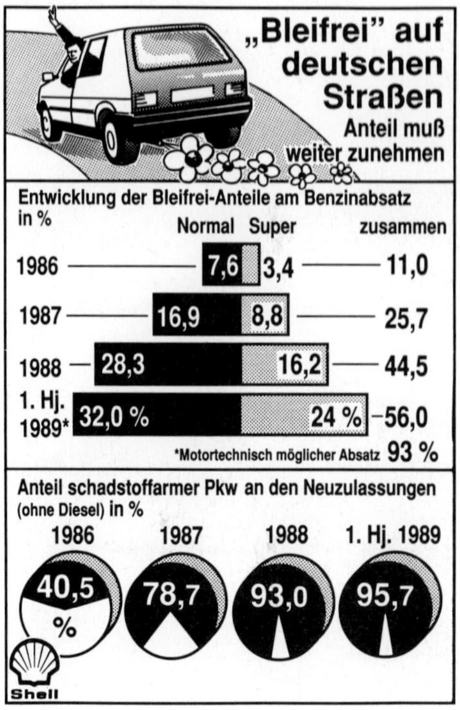

Tempo und Gurten. Das von den Umweltschützern postulierte Geschwindigkeitslimit von 80 km/h außerorts und 100 km/h auf Autobahnen wurde gemäß Umfrage eines Meinungsinstituts bei Bürgern mit und ohne Führerschein zu 71 Prozent abgelehnt.

Nachdem ab 1. August 1984 für das Nichttragen der Gurten auf den Vordersitzen ein Bußgeld ausgesprochen wurde (und dadurch die Zahl der Getöteten und Schwerverletzten um ein Viertel zurückgegangen war) wurde zum 1. Juli 1986 auch die Tragpflicht auf den Hintersitzen eingeführt. Die Tragquote vorne erreichte inzwischen 94, auf den Autobahnen gar 97 Prozent.

Mit einem 1988 abgeschlossenen (aber diskret behandelten) Gentlemen's Agreement einigten sich Audi, BMW und Mercedes-Benz auf die Einführung einer elektronischen Beschleunigungsabregelung bei 250 km/h.

Deutschlands Pkw-Neuzulassungen 1989:

1. VW/Audi/Seat	801'000	14. Citroën	40'400
2. Opel	457 200	15.Suzuki	27'000
3. Ford	285'000	16.Alfa/Lancia	21'100
4. Mercedes-Benz	259'700	17.Volvo	18'200
5. BMW	190'700	18. Daihatsu	14'000
6. Fiat	15'800	19. Subaru	13'600
7. Renault	96'800	20. Lada	13'600
8. Mazda	91'000	21.Chrysler/AMC	10'400
9. Nissan	82'500	22. Porsche	8600
10. Toyota	81'500	23. Rover	6900
11. Mitsubishi	67'300	24. Isuzu	6100
12. Peugeot	62'000	25. Saab	6100
13. Honda	45'500	usw.	

Der VW Golf brachte es auf 322'000 verkaufte Einheiten, der Opel Kadett auf 215'000. Die ausländischen Fabrikate hatten ihren Marktanteil auf 32,4 Prozent gesteigert.

Mit 2,915 Millionen verkauften neuen Pkw wurde 1987 zu einem Rekordjahr, während 1989 mit 2,831 Millionen neuzugelassenen Pkw das zweitbeste Resultat erzielt wurde (→ Tabelle oben).

Übrigens: In der Farbstatistik führte in den deutschen Pkw-Neuzulassungen der ersten Hälfte 1989 grau mit 23,6 Prozent vor rot (23,3), weiß (17,7), blau (14,9) und schwarz (10,8 Prozent).

Österreich

Pkw-Marken:
Ledl**
Puch
**) in den 80er Jahren untergegangen

Diverse Konstruktionen (→ Anhang):
Scorpio, Tomaszo

Zuliefer- und Motorenwerke. Die Alpenrepublik entwickelte sich in den 80er Jahren zu einem bedeutenden Zulieferland der Automobilindustrie. Dank Steyr-Daimler-Puch wurde Österreich schrittweise auch wieder zu einem eigentlichen Autoproduktionsland. Ab 1983 kamen die Motorenwerke von BMW in Steyr und von General Motors bei Wien (für Opel) in Schwung. Bis Mitte der 80er Jahre waren in Österreich 16 Unternehmen als Zulieferwerke für Teile und Fertigprodukte neu errichtet worden, und in rund 300 Betrieben wurden 25'000 Arbeitnehmer für die internationale Automobilindustrie beschäftigt.

Im Januar 1990 unterzeichneten Bundeskanzler Franz Vranitzky und Chrysler-Boss Lee Iacocca eine Absichtserklärung, wonach bei Steyr-Daimler-Puch in Graz ein neues Werk für die Herstellung des Chrysler Voyager zu errichten war (anfänglich war von einem Nachfolgemodell die Rede). Der österreichische Staat übernahm einen Drittel der Baukosten (der Steyr-Daimler-Puch-Konzern befand sich im Besitz der staatlichen Creditanstalt). Die Produktion im Eurostar-Werk sollte 1991 beginnen und bis 1996 einen Jahresausstoß von 100'000 Einheiten erreichen. Man rechnete für Graz mit bis zu 4000 neuen Arbeitsplätzen.

Bei der Steyr Fahrzeugtechnik AG wurden bereits die Puch/Mercedes-Benz G, die VW-Syncro-Bus/Transporter, der Golf Country, der Audi V8 lang sowie die 4x4-Antriebseinheiten für Lancia und Fiat, Honda und Opel Vectra und nicht zuletzt für den Chrysler Voyager hergestellt.

Österreichs Pkw-Marktleader 1986 (Neuzulassungen):

Marken		Modelle	
1. VW/Audi	57 879	VW Golf	25 009
2. GM (Opel)	31 332	Opel Kadett	18 047
3. Ford	26 170	Mazda 323	13 027
4. Mazda	22 118	Ford Escort	11 895
5. Toyota	16 296	VW Jetta	8 428
6. Fiat	15 272	Nissan Sunny	8 421
7. Nissan	13 070	Opel Ascona	8 021
8. Renault	12 285	Toyota Corolla	7 765
9. Peugeot	10 542	Mercedes 190	6 952
10. Mercedes	10 000	Audi 80	6 661

Von oben nach unten: Opel Ascona Luxus, 1982; Audi 100, 1983; VW Jetta GT, 1985; Porsche 944, 1989

Schweiz

Pkw-Marken:
Albar
Carville**
Felber**
Monteverdi**
Sbarro
**) in den 80er Jahren untergegangen

Diverse Konstruktionen (→ Anhang):
Beutler, Caruna, Colani, Delta, Eggenberger, Ensa, Enzmann, Favre, Frey, Gryff, Guichard, Gut, Horag, Larel, Nova, Oemil, Pinguin, Pisteur, Rinspeed, Rotaver, Saurer, Solec, Steyr-Diamant, Styling S, Swissauto, Weinem

Tempo und Gurten. Am 1. Juli 1980 trat in fünf Versuchsgebieten und drei Städten Tempo 50 in Kraft. Zum 1. Juli 1984 sollte dann Innerortstempo 50 generell eingeführt werden. – Am 5. September 1980 wurde nach zehn Jahren Bauarbeit der 17 km lange Gotthard-Straßentunnel eröffnet.

Ab 1. Juli 1981 galt in der Schweiz die Gurttragpflicht (auf den Vordersitzen). Ohne Repression erreichte die Gurtentragquote in der Schweiz im Mittel aller Straßenkategorien im Herbst bereits 81 Prozent, was ebenso für die Einsichtigkeit wie für die Disziplin der Eidgenossen sprach.

Abgas-Alleingang. Im September 1981 ließ der Bundesrat dem Generalsekretär der Vereinigten Nationen (die Schweiz war noch nicht Uno-Mitglied) ausrichten, dass er das Abgasreglement der Uno-Wirtschaftskommission für Europa (ECE-Norm 15) nach dem September 1982 nicht mehr anwenden wolle, sondern strengere Abgasvorschriften einführe. Die zum 1. Oktober 1982 in Kraft gesetzten verschärften Abgasnormen (kurz AGV 82) lehnten sich an jene für Schweden an, die bereits 1976 eingeführt worden waren (A-10-Norm).

Der Schweizer Alleingang wurde von der Autobranche heftig kritisiert. Er musste zur Verwendung von Katalysatoren führen. Für solche war bleifreies Benzin unabdingbar; 1981 erreichte der Bleianteil im Benzin aber noch 0,4 g/l. Mit Katalysatoren war auch ein erhöhter Benzinverbrauch bzw. eine verschlechterte Leistungseffizienz zu erwarten.
Gleichzeitig mit den verschärften Abgasvorschriften wurden reduzierte Lärmgrenzwerte von 77 Dezibel (A) eingeführt; dies war der weltweit niedrigste Wert, zudem war die Messmethode alsbald umstritten.
Es galt eine Übergangsfrist bis 31. März 1983. Die Autohersteller hatten ihre Modelle anzupassen oder mussten auf den Export in die Schweiz verzichten, was dann für bestimmte Motorversionen der Fall sein sollte (die speziellen CH-Motorauslegungen sind aus den technischen Tabellen im Buch-Hauptteil ersichtlich).

Für das Modelljahr 1983 musste beispielsweise Mercedes-Benz das Modellangebot in der Schweiz um neun Modelle (darunter alle MB 500) reduzieren und die Preise deutlich erhöhen. Der Polo GT mit 75 PS wurde (um ein weiteres Beispiel zu nennen) allein wegen der Lärmnormen ausgeschlossen, während der Jaguar XJ 12 der Abgashürde zum Opfer fiel (Leistung des XJ 6 4.2 noch 181 statt 208 PS). 1984 wurde das Netz der Bleifrei-Tankstellen aufgebaut, und im Herbst 1984 gelangten die ersten mit Katalysator bestückten Modelle von VW, Audi, Mercedes-Benz und BMW auf den Schweizer Markt (solche Wagen wurden bereits auch nach den USA und Japan geliefert). Ab Anfang 1985 kamen, angeführt von Renault, weitere Modelle mit Dreiwege-Katalysator, Lambdasonde und Benzineinspritzung hinzu.

Abgasgrenzwerte in g/km

	ECE 15-03	CH 1.10.82	CH 1.10.86
CO	21,5	24,2	9,3
HC	1,75	2,1	0,9
NOx	2,1	1,9	1,2

(teils unterschiedliche Messmethoden!)

Im September 1985 entschied der Bundesrat per 1. Oktober 1987 die US-83-Normen einzuführen, dies als dritten Schritt, nachdem ein Jahr zuvor AGV-86 in Kraft treten sollte. – Die Diskussionen um das vermeintliche Waldsterben strebten inzwischen einem Höhepunkt entgegen. Mit der EG-weiten Einführung des Katalysators wurden die Schweizer Sondervorschriften allmählich obsolet. Die CH-Lärmgrenzwerte erbrachten aber mitunter weiterhin Zulassungsprobleme.

Besondere Bedeutung kam dem Anfang März 1982 eröffneten 52. Genfer Automobilsalon zu: Er fand erstmals nicht mehr in der Stadt, sondern in den neuen Palexpo-Hallen beim Genfer Flughafen statt.

Eigene Verkehrsabgaben. Lange diskutiert wurde in der Schweiz die Einführung einer Autobahnvignette und einer Schwerverkehrssteuer. Diese zusätzlichen Straßenverkehrabgaben wurden nicht nur von Autofahrerkreisen, sondern auch von der EG abgelehnt, da sie dem Zusatzvertrag zum Freihandelsabkommen von 1972, das den ungehinderten Transitverkehr durch die Schweiz regelte, zuwiderliefen. Dessen ungeachtet stimmte das Schweizer Volk im Februar 1984 der Einführung der Autobahnvignette und der Erhebung einer Schwerverkehrsabgabe zu. Deren Einführung erfolgte auf den 1. Januar 1985... wenngleich Deutschland mit Retorsionsmaßnahmen gedroht hatte.

Nach langem Seilziehen entschied der Bundesrat ebenfalls zum 1. Januar 1985 Tempolimiten von 120/80 km/h auf Autobahnen bzw. außerorts einzuführen. – Als Gegengewicht zu dem politisch-ökologisch motivierten Vorgehen gegen den Autoverkehr erfolgte 1985 die Gründung einer Autopartei.

Liebhaberautos. In der Schweiz war die Zahl der gekauften Luxus-, Sport- und Liebhaberautos stets besonders groß. Von den 300'300 im Jahr 1986 neuzugelassenen Pkw waren:

Toyota Celica	2690	Audi Turbo Quattro	359
Audi Coupé	1795	Alfa Romeo GTV	349
Porsche	1608	Jaguar/Daimler	336
VW Scirocco	1483	Subaru XT	311
Mercedes-Benz S	1370	Alfa Romeo Spider	306
Honda Prelude	1078	Ferrari	283
Toyota MR2	721	BMW 7er-Reihe	269
Nissan Silvia	696	Opel Monza	256
Mitsubishi Cordia	660	Mercedes-Benz SL	235
Opel Manta	651	BMW 6er-Reihe	232
Alfa Romeo Sprint	445	Mazda RX-7	199
Toyota Supra	430	Maserati	159

Ferner: Bertone X1/9 und Nissan 300 ZX (je 105), Mitsubishi Starion (104), Rolls-Royce/Bentley (95), Renault Alpine (88), Jaguar XJ-S (72), Cadillac (67), Caterham (17), Alpina BMW (16), Aston Martin (13), Donkervoort (10), Lamborghini (9), Diverse (4). Exklusiv waren schließlich auch die 1319 in Verkehr gesetzten Range Rover sowie einige weitere große Geländekombi...

Das Jahr 1989 war für den schweizerischen Autohandel mit 338'975 neuzugelassenen Pkw ein Rekordjahr. Die Rangliste zeigt eine starke Aufteilung auf ungewöhnlich viele Marken und Modelle, mit der sich die „Neutralität“ dieses Automarktes (ohne eigene Autoindustrie) widerspiegelt:

Schweizer Pkw-Neuzulassungen 1989:

Marken		Modelle	
1. Opel	44'328	1. VW Golf	20'806
2. Volkswagen	35'855	2. Opel Kadett	16'282
3. Toyota	30'994	3. Toyota Corolla	14'544
4. Ford	24'166	4. Opel Vectra	12'056
5. Fiat	18'398	5. Ford Sierra	8694
6. Renault	18'150	6. Opel Omega	8268
7. Peugeot	17'650	7. Peugeot 205	7644
8. Nissan	15'521	8. BMW Reihe 3	7621
9. BMW	13'567	9. Fiat Uno	7558
10. Mitsubishi	13'384	10. VW Passat	7362
11. Audi	12'898	11. Audi 80/90	6926
12. Subaru	12'626	12. Peugeot 405	6646
Es folgten Mazda, Mercedes-Benz, Citroën, Alfa Romeo		Es folgten Opel Corsa, Ford Escort, Subaru Justy usw.	

Der Anteil der Pkw mit Vierradantrieb erreichte bereits 8 Prozent (doppelt so viel wie in Deutschland). Im Kanton Graubünden allein waren es 1988 bereits 33 Prozent gewesen. – Anfang Februar 1990 kam in der Schweiz das millionste mit einem Katalysator bestückte Auto in Verkehr. Mit einem Anteil von 34 Prozent Katalysator-Fahrzeugen besaß die Schweiz europaweit die sauberste Pkw-Flotte.

Die einzelnen Produktionsländer

Frankreich

Pkw-Marken:
Auverland*
Citroën
Cournil**
Dallas*
MVS*
Peugeot
Poncin*
Renault
Renault Alpine
Stimula**
Suncar*/**
Talbot**
Alpine → Renault Alpine
De la Chapelle → Stimula
*) in den 80er Jahren neu hinzugekommen
**) in den 80er Jahren untergegangen

Von oben nach unten: Citroën CX, 1982; Renault 25, 1984; Peugeot 505 GR, 1986; Citroën BX 19 TRD, 1987.

Diverse Konstruktionen (→ Anhang):
Aixam, Cardin, Car Système, Chatelaine, Chipie, Dangel, David, Deslandes, Du Bac, Duport, Erad, Foureau, Gateau, GMF, Heuliez, Intcar, JDM, Katar, Labbé, Léotard, Ligier, LM Sovra, LSA, Marden, Martin, Microcar, PGO, Saga, Schmitt/Schmitty, Teilhol, Tilbury.

Aus der Baisse. Gegen Ende 1980 präsentierte sich die Lage der französischen Autowerke alles andere als rosig. Vor allem die PSA-Gruppe (Peugeot, Citroën, Talbot) litt unter einem Absatzrückgang, der sogar zu vorübergehenden Produktionseinstellungen zwang. PSA wie Renault sahen sich zu Entlassungen in großem Stil und vorzeitige Versetzungen in den Ruhestand gezwungen.

Auf dem einheimischen Markt war dieser Rückgang aber nicht der neuen Konkurrenz aus Japan zuzuschreiben. Deren Marktanteil hatte nämlich 1980 in Frankreich nur 2,9 Prozent erreicht und blieb damit unter der von der Regierung Anfang 1980 festgelegten Grenze von 3 Prozent (dieses Limit verstieß im übrigen gegen die EG- und Gatt-Regeln). Es waren vielmehr die deutschen und italienischen Marken, die in Frankreich zugelegt hatten.

Dessen ungeachtet wurden gegen Ende 1980 japanische Autos während Monaten in französischen Häfen blockiert, indem die technischen Dienststellen die für neue oder auch bloß leicht geänderte Automodelle notwendigen Zulassungsgenehmigungen hinauszögerten. Für etliche, auf das Trockene gesetzte Markenhändler ergaben sich erhebliche Liquiditätsprobleme. Tokio intervenierte bei der französischen Regierung.

"100 Jahre Auto." Vom 19. Juni bis 19. August 1984 feierte Frankreich im Grand Palais zu Paris mit einer kunstvoll gestalteten Ausstellung der Superlative „100 Ans d'Automobile Française", also seine hundertjährige Autogeschichte. Gezeigt wurden 171 Wagen von 68 Marken samt Umfeld. Das Jubiläum konnte aber nicht darüber hinwegtäuschen, dass sich die beiden verbliebenen Autohersteller, PSA und Renault, weiterhin in einer Krise befanden, die sich nur überwinden ließ, wenn die Rationalisierung radikal vorangetrieben, die Investitionen erhöht und parallel dazu Arbeitskräfte und Verschuldung abgebaut wurden. Bei der PSA-Gruppe kam es deswegen zu heftigen Arbeitskämpfen.

Trend zum Dieselmotor. 1985 musste Frankreich gemäß Urteil des Europäischen Gerichtshofs die Supervignette abschaffen: Von dieser für großmotorige Pkw eingezogenen Extrasteuer waren fast ausschließlich deutsche Luxuswagen betroffen worden. – Vom horrend hohen Benzinpreis begünstigt, erhöhte sich der Anteil der Dieselfahrzeuge bei den französischen Pkw-Neuzulassungen von den 1983 erreichten knapp 10 Prozent bis 1985 auf gut 15 Prozent.

Auch 1987 bestand Peugeot-Präsident Jacques Calvet darauf, dass der Marktanteil für japanische Autos auf 3 Prozent beschränkt blieb. Gleichzeitig verlangte er eine Privatisierung der Régie Renault, der er die Subventionierung durch die Staatskasse vorwarf. Als der Mazda-Importeur 1988 auch die Marke Kia einführen wollte, wurde ihm die Importgenehmigung verweigert.

Kategorie Voiturettes

Frankreichs Miniautos bzw. Voiturettes erlebten um 1980 einen fulminanten Aufschwung. In jenem Jahr wurden 23'000 dieser Kleinstwägelchen abgesetzt. Sie stammten zu 90 Prozent von vier Herstellern, die binnen drei Jahren ihren Absatz verdoppelt und den Umsatz verdreifacht hatten. Mit Einzylinder-Zweitaktmotörchen unter 50 cm3 blieben diese Kleinstautos weiterhin ausweisfrei. Sie wurden hauptsächlich von höheren Altersklassen gekauft, 90 Prozent ihrer Fahrer besaßen keinen Pkw-Führerschein, nur 8 Prozent wurden in Großstädten eingesetzt. 1985 fiel der Voiturette-Absatz auf noch 12'000 Stück (bei einem Gesamtbestand von rund 75'000). Inzwischen war diese Fahrzeugkategorie in das Visier der Sicherheitsexperten geraten. Daher wurden 1986 neue Vorschriften erlassen, mit denen neue Modelle nun 140 cm breit und gut 240 cm lang zu sein hatten. Statt mit den lauten Kleinstmotoren wurden sie fortan auch für den führerscheinfreien Einsatz (bis 5,5 PS und 40 km/h) mit gedrosselten größeren Viertaktmotoren ausgerüstet. – Voiturette-Marken → Anhang

Frankreichs Pkw-Neuzulassungen 1989:

Marken:		Modelle:	
1. Renault	664'642	1. Renault 5	220'869
2. Peugeot	458'858	2. Peugeot 205	236'929
3. Citroën	285'000	3. Renault 19	174'417
4. Ford	160'835	4. Peugeot 405	144'977
5. Volkswagen	138'900	5. Renault 21	140'862
6. Fiat	134'550	6. Citroën AX	138'418
7. Opel/GM	116'700	7. Citroën BX	105'854
8. Rover	39'800	8. Peugeot 309	93'584
9. Seat	38'300	9. VW Golf	86'560
10. Audi	31'624	10. Ford Fiesta	66'388
11. BMW	30'700		
12. Mercedes-Benz	26'500		
13. Nissan	20'200		
14. Lada	18'500		
15. Alfa Romeo	16'600		
16. Volvo	16'600		
17. Lancia	14'400		
– diverse	101'389		

Italien

Pkw-Marken:
Alfa Romeo
Arna*/**
Autobianchi
Bertone*
Bugatti*
Cizeta Moroder*
De Tomao
Ferrari
Fiat
Fissore
Giannini
Innocenti
Lamborghini
Lancia
Maserati
Moretti**
Pininfarina*
Rayton*
*) in den 80er Jahren neu hinzugekommen
**) in den 80er Jahren untergegangen

Diverse Konstruktionen (→ Anhang):
Acam, Biagini, Boneschi, Casalini, Covini, Embo, FNM, Fontauto, GB (2), Iato, Introzzi, Iso, Ital-Design, Lawil, Lomar, Maggiora, Marazzi, Minardi, PGE, Picchio, Piccolino, Racing Dynamics, Repetti, Samantha, Savio, Schiepatti, Scioneri, SD, Sulky, Torpedo, Zagato.

Arbeitskonflikte. Italiens Automobilindustrie litt um 1980 immer noch an den Konflikten mit den Gewerkschaften. Bei Fiat kam es im Herbst 1980 sogar zu Werkbesetzungen (→ Fiat). Selbst die staatseigene Firma Alfa Romeo blieb nicht verschont, so dass mitunter hartes Durchgreifen nicht nur gegen politische Störenfriede, sondern auch gegen Absentismus nötig war: Nachdem Alfa Romeo im süditalienischen Werk von Pomigliano d'Arco 45 Arbeiter wegen ständiger Abwesenheit exemplarisch fristlos entlassen hatte, sank die Abwesenheitsquote von 40 auf 10 Prozent. Gleichzeitig erhöhte sich der Tagesausstoß von 370 auf 540 Wagen.
Aber von der neapolitanischen Camorra, der lokalen Mafia-Organisation, wurde solch forsches Durchgreifen nicht akzeptiert. Es kam zu Racheaktionen gegenüber besonders pflichtbewussten Arbeitnehmern von Alfasud: Je drei Männer wurden erschossen bzw. schwer verletzt. Für Alfa Romeo war dies ein dringender Hinweis, um dem geplanten → Arna-Werk von Anfang an zu sicheren Arbeitsstrukturen zu verhelfen. Ein Lichtblick war, dass 40'000 Fiat-Arbeiter in den Straßen von Turin für ein Ende der Streiks demonstrierten und damit dem uferlos gewordenen Einfluss der Gewerkschaften Grenzen setzten.

Staatliche Limiten. Anfang 1984 kam es zu einem Wiederaufschwung der einheimischen Autoindustrie, deren Marktanteil von den 1983 registrierten 60 Prozent auf 64 Prozent anstieg. Noch aber blieb der Absatz japanischer Autos in Italien auf jährlich 2200 Einheiten begrenzt (auch wenn die sieben Marken auf Gesuch noch je 50 bis 100 weitere Wagen absetzen durften).

Weil in Italien auch in den 80er Jahren ab 2 l Hubraum eine von 18 auf 35 Prozent erhöhte Kaufsteuer galt, wurden von etlichen Herstellern eigens für diesen Markt unter diesem Hubraumlimit gehaltene Hochleistungsmodelle angeboten (wie aus den technischen Tabellen ersichtlich).

Von oben nach unten: Alfa Romeo 33, 1983; Ferrari Mondial 3.2, 1986; Lancia Prisma Integrale, 1987; Fiat Tipo, 1988.

Das Jahr 1989 brachte für Italien einen Rekordabsatz von 2'362'355 Pkw; nur auf dem deutschen Markt wurden innerhalb Europas noch mehr Pkw abgesetzt. Nach Marken und Modellen ergaben sich folgende Reihenfolgen:

Italiens Pkw-Verkäufe 1989:

Marken:		Modelle:	
1. Fiat	972'754	1. Fiat Uno	382'203
2. Lancia	234'054	2. Fiat Tipo	262'254
3. Renault	167'892	3. Fiat Panda	223'410
4. VW	153'968	4. A./Lancia Y 10	124'452
5. Alfa Romeo	143'795	5. VW Golf	85'850
6. Ford	113'805	Es folgten Renault 5,	
7. Peugeot	103'407	Peugeot 205, Alfa Romeo 33,	
8. Opel/GM	92'560	Citroën AX, Opel Kadett	
9. Seat	81'856	usw.	

Der Anteil des Fiat-Konzerns war von 60 auf 57 Prozent gesunken.

Großbritannien (U. K.)

Pkw-Marken:
AC
Aston Martin
Austin
Bentley
Bristol
Caterham
Daimler
Davrian**
DeLorean**
Dutton
Ginetta
Jaguar
Jensen*/**
Land Rover
London Taxi
Lotus
Madison*
Marcos
Merlin*/**
Metrocab*
MG**
Midas
Morgan
Morris**
Naylor*/**
NG**
Panther
Princess**
Reliant
Rolls-Royce
Rover
Triumph**
TVR
Vanden Plas**
Vauxhall
Westfield*
Autokraft → AC
Carbodies → London Taxi

Ecosse → AC
Ford → Ford Europa
Hudson → Naylor
Londsdale → Mitsubishi Australia
Mini → Austin, Rover
Mini Moke → Moke
Pastiche → NG
Sterling → Rover
Talbot → Talbot (France)
*) in den 80er Jahren neu hinzugekommen
**) in den 80er Jahren untergegangen

Von oben nach unten: Vauxhall Cavalier GLS, 1981; Austin Maestro, 1983; Rover 820, 1987; Lotus Esprit, 1988

Diverse Konstruktionen:
Allora, Atlantis, Ava, Avante, Avon, BAC, Bamby, BRA, Brightwheel, Bulldog, Cavallo, Challenger, Chameleon, Clan, CN, Coleman Milne, Contemporary, Corry, Crayford, Cursor, Dax, Deetype, Eagle, Eco 2, Elswick, English, ERA, Evante, Fairthorpe, Frazer, GB, GE, Glenfrome, GP, GP Metalcraft, GRS, GTD, Harrods, Hawk, Heritage, Homark, Hooper, Jago, Jankel, JW, Kougar, KVA, Lea-Francis, Le Marquis, Lister, Lynx, MCA, McLaren, Melbros, Middlebridge, Milano, Minker, Mirach, Moon, Moss, NCG, Nirvana, Ogle, Parradine, Pegasus, Pike, Prova, Railton, RAM, Rapport, Ronart, Salmon, Scout, Sheer Rover, Sherwood, Sinclair, Spartan, Sportiva, Spyder, Steadman, Steering Wheel, Stevens, Technic, Tornado, TPC, Triking, TWR, Viper, Wingfield, Wood & Pickett

Selbstzerstörung. In keinem anderen Land wie in Großbritannien hatte der in den 70er Jahren eskalierte Klassenkampf zwischen den Gewerkschaften und der Industrie derart zerstörerische Folgen gezeigt. Gewiss hatten auch Managementfehler den Niedergang der einheimischen Automobilindustrie bewirkt, doch die kommunistisch gefärbte Ideologie der Gewerkschaften war der Hauptgrund für die Missstände. Immerhin hatte es der Ende 1977 bei British Leyland (→ Austin) eingesetzte Verwaltungsratspräsident und Generaldirektor Michael Edwardes verstanden, nicht nur diesen Großkonzern neu zu strukturieren, sondern sich auch bei der Arbeiterschaft Gehör zu verschaffen. Diese erkannte allmählich den Zusammenhang zwischen einer funktionierenden Wirtschaft und dem persönlichen Wohlergehen...

Japaner fassen Fuß. Die englische Automobilindustrie litt unter der Konkurrenz aus Japan besonders stark. Im Herbst 1980 erklärte sich Honda als erstes Fabrikat aus Fernost bereit, die Exporte nach Großbritannien bis Ende Jahr zu drosseln. Doch dannzumal hatte Honda bereits einen festen Kooperationsvertrag mit BL (→ Austin) in der Tasche.

Mit dem Markteinbruch von 1980 hatte sich Talbot UK (vormals Chrysler, nun Teil von PSA Peugeot-Citroën) zu einem besonderen Sorgenkind entwickelt. Für die Produktionsanlagen im schottischen Linwood standen beträchtliche Subventionen zur Diskussion, und man hoffte auf die Herstellung eines kleinen frontgetriebenen Peugeot. Mit ihm wäre anderseits eine zusätzliche Konkurrenz für den Mini Metro entstanden, der den britischen Steuerzahler bereits viel Geld gekostet hatte. Aber im Februar 1981 folgte die Hiobsbotschaft, dass PSA das schottische Werk Linwood Ende Jahr schließen werde, wovon 4800 Arbeiter betroffen wurden.
Schon Anfang 1981 hatte die Regierung Thatcher für BL ein weiteres Hilfsprogramm, diesmal in der Höhe von knapp einer Milliarde Pfund Sterling, genehmigt. Es stand in zwei Tranchen bis 1983 zur Verfügung. Ein guter Teil war dazu bestimmt, den Mittelklassewagen LC 10 (Codename) zur Serienreife zu führen.

Zwei Tage später wurde bekannt, dass Nissan in England ein Montagewerk mit einer Jahreskapazität von 200'000 Wagen errichten werde und dass bald auch die Antriebseinheiten in England produziert würden. Nachdem bereits Honda mit dem Triumph Acclaim ein Japanmodell herzustellen plante, wurde England als Schlupfloch taxiert, von dem aus Japan die Autofestung Europa von innen heraus erobern wolle.

1984 galt stets noch ein mit den Japanern ausgehandeltes Gentlemen's Agreement, das den Importanteil aus Fernost auf 10 Prozent begrenzte. 37 Prozent des Marktes entfielen nun auf EG-Importmodelle, während 43 Prozent in England hergestellt wurden. Ford war mit 28,5 Prozent Marktleader (einschließlich Importmodelle) gefolgt von Austin Rover mit 17,5 Prozent.

Kleinsthersteller. Eine britische Spezialität waren auch in den 80er Jahren die Kleinstserien- und Bausatzfabrikate, meist sportliche Liebhaberfahrzeuge, die man bei sich zu Hause montieren oder auch fahrbereit zusammengebaut kaufen konnte. Es gab nicht weniger als 140 solcher Modelle, von denen eine Auswahl auf der London Motorfair von Ende 1985 ausgestellt wurde. In jenem Jahr war für diese Specialist Car Manufacturers ein Ehrenkodex eingeführt worden, der sich auf Qualität, Sicherheit und Käuferschutz bezog. Für diese Kleinstfabrikate entfiel die Autokaufsteuer von 8,33 Prozent, wenn zumindest ein Hauptbestandteil (meist die Antriebseinheit) nachträglich als gebraucht eingebaut wurde (1987).

Das Jahr 1989 brachte auch dem britischen Autohandel – mit 2'300'944 Neuzulassungen – ein Rekordresultat, wobei der Importanteil 57 Prozent erreichte:

Die 15 meistverkauften Pkw waren 1989: 1. Ford Escort (181'218), 2. Ford Sierra, 3. Ford Fiesta, 4. Vauxhall Cavalier, 5. Vauxhall Astra, 6. Rover Metro, 7. Vauxhall Nova, 8. Ford Orion, 9. Rover 200, 10. Rover Montego, 11. VW Golf, 12. Nissan Micra; 13. Peugeot 205, 14. Peugeot 405, 15. Nissan Bluebird (41'636).

Pkw-Neuzulassungen 1989 im Vereinigten Königreich

(bzw. Großbritannien und Nordirland):

1. Ford	608'617	8. Volvo	81'706
(davon Ford GB	370'935)	9. Fiat-Gruppe	77'485
2. Vauxhall/Opel	349'900	10. BMW	48'910
(Vauxhall GB	203'038)	11. Toyota	42'408
3. Rover Group	312'306	12. Mercedes-Benz	28'335
4. Peugeot/Citroën	205'367	13. Lada	28'061
(Peugeot GB	43'326)	14. Honda	27'016
5. Nissan	138'437	(Honda GB	3945)
(Nissan GB	40'181)	15. Mazda	22'722
6. VW-Gruppe	138'030	16. Jaguar/Daimler	14'243
7. Renault	88'111	– Rolls-R./Bentley	1009

Spanien

Pkw-Marken:
Lancia Espana**
Renault Espana**
Seat
Talbot → Talbot F
**) spanische Eigenmodelle in den 80er Jahren aufgegeben

Diverse Konstruktionen (→ Anhang):
AR, Condesa, Emelba, Imesa, Raider, Rany, Santana, Turmesa

Steiler Aufstieg. In den 80er Jahren entwickelte sich Spanien zu einem der bedeutendsten Autoproduktionsländer Europas. Zu den traditionellen Herstellern Seat, Fasa-Renault, Peugeot und Citroën waren inzwischen die neuen Werke für die Kleinwagen von Ford und Opel/Vauxhall hinzugekommen. Zudem waren Nissan und Suzuki bei bestehenden Autowerken eingestiegen. Gegen Ende der 80er Jahre erreichte die spanische Pkw-Produktion rund 1,75 Millionen Einheiten und lag damit in Europa hinter Deutschland, Frankreich und Italien an vierter Stelle. Allerdings hatte inzwischen auch Seat seine Selbständigkeit verloren und baute nebst Fiat-Modellen VW-Kleinwagen (bis Ende 1990 übernahm die Volkswagen AG das restliche Seat-Kapital).

Für Spanien brachte der Automarkt 1989 mit 1'138'489 Pkw-Verkäufen ein Rekordjahr:

Spaniens Pkw-Verkäufe 1989:

Marken:		Modelle:	
1. Renault	216'829	1. Renault 19	91'471
2. GM (Opel)	160'521	2. Opel Kadett	81'269
3. Ford	158'993	3. Seat Ibiza	71'857
4. Peugeot	117'256	4. Renault 5	68'378
5. Seat	112'989	5. Ford Fiesta	60'472
6. Volkswagen	93'688	6. Citroën AX	57'154
7. Citroën	84'577	7. Opel Corsa	56'443
Es folgten Fiat + Lancia, Audi und Alfa Romeo		Es folgten VW Golf, Ford Orion, Peugeot 205 usw.	

Der Importanteil war 1989 von 31 auf 36,8 Prozent angestiegen.

USA

Pkw-Marken:
AMC**
Avanti
Baroque*/**
Buick
Cadillac
Checker**
Chevrolet
Chrysler
Clénet**
CMC
Consulier*
Cord*/**
Dodge
Eagle*
Excalibur
Ford
Geo*
GMC
Jeep
Kanzler**
Lincoln
Mercury
Merkur*/**
Oldsmobile
Plymouth
Pontiac
Saturn*
Stutz**
Tojan*/**
Vector
Zimmer*/**
Carralo → Tojan
Laforza → Rayton (Italy)
Thunderbird → Ford
Tiffany → CMC
*) in den 80er Jahren neu hinzugekommen
**) in den 80er Jahren untergegangen

Diverse Konstruktionen (→ Anhang):
Apollo, Armaretta, Armbruster, ASC, Auburn, Autocycle, Automotive, Badsey, Bancroft, Brillante, Callaway, Camelot, CCC, Cimbria, Coach BL, Creighton, Cumberford, Doran, Doval, Duntov, Electrica, Enterra, FireAero, Griffith, Gullwing, Hummer, Intermeccanica, Johnson, Kolb, Lands, Lectras, Le Fevre, Le Reve, Litestar, Mardikian, Phaeton, Phantom, Phillips, Redline, Renaissance, Ruska, Scarab, Scrambler, Shay, Sparks, Spartan II, Sunrise, Thoroughbred, Trihawk, Trike Ufo, Veep, XK-1

Entscheidende Cafe-Norm. Für 1981er-Modelle galt in den Vereinigten Staaten eine Cafe-Norm (corporate average fuel economy) von 22 mpg = 10,69 l/100 km. Dieser Normverbrauch sollte weiter gesenkt werden, und als Mittel dazu wurde der Dieselmotor als ein besonders geeignetes Instrument erkannt. Doch der Dieselmotor ließ sich in den USA nicht durchsetzen, und die Prognose, dass bis 1990 über 40 Prozent aller Neuwagen mit Dieselmotor ausgerüstet würden, lag völlig daneben. Zwar wurde 1981 bei den Neuzulassungen ein Dieselanteil von 6,1 Prozent erreicht, doch 1984 waren es nurmehr 1,5 Prozent.

Das von GM gebaute Dieselmotorenwerk brachte es auf bloß 10 Prozent Kapazitätsnutzung, und VW setzte vergebens auf seinen Diesel-Rabbit. Erschwerend kam hinzu, dass ab 1985 in Kalifornien

Von oben nach unten: Chevrolet Camaro Berlinetta, 1984; Cadillac Seville, 1986; Mercury Topaz LS Sport, 1988; Ford Thunderbird Super Coupe, 1989

Grenzwerte für den Partikelausstoß eingeführt wurden. Für das Modelljahr 1986 strich GM alle V6- und V8-Diesel aus dem Pkw-Angebot (ohne Geländekombi), und der Dieselmotor verschwand auch bei den meisten anderen Anbietern.

Während 1984 eine Cafe-Norm von 27 mpg = 8,71 l/100 km galt, wurde die Limite für 1987 und 1988 nicht wie vorgesehen auf 27,5 mpg = 8,55 l/100 km verschärft, sondern auf 26 mpg = 9,05 l/100 km gelockert. Dadurch entkamen GM und Ford riesigen Bußbeträgen. 1989 galten 26,5 mpg (8,88 l/100 km), ab 1990 27,5 mpg (8,55 l/100 km). – Schon 1978 war zusätzlich ein „gas guzzler limit" für „Benzinsäufer" eingeführt worden. Danach war für Wagen mit einem Verbrauch von 15,7 l/100 km und mehr eine Kaufsteuer von 500 Dollar zu entrichten. 1985 wurde bereits ein Verbrauch von 10,94 l/100 km steuerpflichtig.

Ruf nach Importbeschränkung. Mitte 1980 forderte Philip Caldwell, der Aufsichtsratsvorsitzende der Ford Motor Company, von der Regierung Carter den Erlass von Einfuhrbeschränkungen. Dies in Anbetracht des zunehmenden Erfolgs der japanischen Autohersteller. Er verlangte, dass höchstens 15 Prozent aller in den USA verkauften Autos Importwagen sein dürfen. Der Importanteil hatte inzwischen bereits 25 Prozent erreicht, wobei 20 Prozent aus Japan stammten. Caldwell machte Japan für die Krise der amerikanischen Automobilindustrie verantwortlich.

Diese Ansicht teilte auch die Gewerkschaft der Automobilarbeiter UAW. Deren Präsident Douglas A. Fraser warf den Japanern vor, sie bescherten Amerika Autos und Arbeitslose. Deren Zahl hatte inzwischen rund 250'000 erreicht, jene in der Zulieferindustrie nicht mitgezählt. Fraser reiste nach Japan, wo er den Autoherstellern vorschlug, in den USA Produktionsstätten einzurichten. Doch dieses Ansinnen wurde in weiten Kreisen noch als kontraproduktiv eingestuft. Denn in japanischen Werken wurden mit viel weniger Arbeitern weit mehr Autos gebaut, und diese erreichten erst noch ein deutlich höheres Qualitätsniveau. Vordergründig ging es also um eine Frage der Produktivität.

So weit hergeholt war die Idee der Zusammenarbeit USA/Japan allerdings nicht. Denn schon mehrmals hatten Ford- und Toyota-Vertreter – zuletzt Toyota-Präsident Eiji Toyoda und Harold A. Poling, Präsident von Ford Nordamerika – über die Möglichkeit verhandelt, dass Toyota ab 1983 in einem Ford-Werk jährlich 100'000 Kleinwagen herstellen würde. Weil man aber bei Ford von noch größeren Zahlen träumte, war ab Herbst 1980 bereits von 600'000 Kleinwagen pro Jahr die Rede.

Im Frühling 1981 bewirkte eine amerikanische Delegation in Japan ein Abkommen, wonach die japanischen Autolieferungen nach den USA vom 1.4.81 bis zum 1.4.82 auf 1,68 Millionen Exemplare zu beschränken waren, was einem Rückgang um 7,7 Prozent entsprach. Für die zwei nachfolgenden Jahre sollte diese Limite leicht erhöht werden... Indessen baute Honda seit Herbst 1980 in Columbus, Ohio, ein Werk, in dem gegen Ende 1982 die Produktion aufgenommen werden sollte.

"Buy American". Mit Aktionen verschiedener Seiten wurde der amerikanische Autofahrer inzwischen zum „buy American" aufgerufen. Und alsbald wurde nicht Ford, sondern GM zum Toyota-Partner: Im Februar 1983 unterzeichneten Roger B. Smith von General Motors und Eiji Toyoda für Toyota in Fremont, Kalifornien, einen Vertrag über die gemeinsame Autoherstellung in Kalifornien (→ Chevrolet).

Für das am 1. April 1984 beginnende Fiskaljahr wurde die Ausfuhrlimite nach den USA für die japanischen Hersteller auf 1,85 Millionen Fahrzeuge erhöht. „Im Interesse des freien Welthandels" entschied dann aber Präsident Reagan die Quotenregelung per Ende März 1985 aufzuheben. Japans Regierung beschloss, die freiwillige Beschränkung auf 2,3 Millionen in die USA exportierte Wagen auch 1986 und darauf 1987 beizubehalten.

Traum vom Elektroantrieb. Als Voraussetzung für eine von General Motors freiwillig angebotene Reduktion des Durchschnittsverbrauchs bzw. der Cafe-Norm (s. oben) auf 6,7 l/100 km für 1985, nannte GM-Präsident Elliott M. Estes im Jahr 1980 die Bereitschaft der Autokäufer, die für 1985 vorgesehene Produktion von 100'000 Elektroautos abzunehmen! Diese Prognose basierte auf den „äußerst günstigen" Erfahrungen, die bei Versuchen mit der GM-eigenen Zink-Nickeloxid-Batterie gesammelt worden waren. Zudem dachte Estes im Herbst 1980 auch an die Verwendung einer Zink-Chlorid-Batterie von Gulf & Western. Noch im Oktober 1980 wurde die Produktionsaufnahme als um etwa ein Jahr verschoben erklärt...

Knapp ein Jahrzehnt später, im Frühling 1990, sicherte GM-Präsident Roger B. Smith zu, dass sein Konzern mit der Herstellung eines Elektroautos beginnen werde. Aber erst Mitte der 90er sollte GM dann mit dem EV1 in der Tat ein Elektro-Sportcoupé vorübergehend in Serie bringen (im Frühling 2008 sicherte GM erneut die Herstellung von Elektroautos zu). – 1990 erließ die kalifornische Luftreinhaltebehörde CARB ein Gesetz, wonach im Jahr 2002 10 Prozent (bzw. etwa 200'000) der in Kalifornien neu in Verkehr gesetzten Autos Elektroautos bzw. Zero-Emission-Vehicles sein müssten (2003 wurde diese Zukunftsquote auf 24'000 und 2008 für 2014 auf 7500 reduziert)!

Erhöhtes Tempolimit. Ein von Vertretern der Regierung und der Autoindustrie gebildetes Komitee schlug im Sommer 1980 vor, dass für Neuwagen, deren Verbrauch mindestens 25 Prozent unter dem Limit liegt, eine Höchstgeschwindigkeit von 70 statt der üblichen 55 mph (113 statt 89 km/h) gelten sollte. – Erst ab April 1987 erlaubte die Bundesregierung, die Höchstgeschwindigkeit auf Außerorts-Autobahnen (Interstate Highways) generell von 55 auf 65 mph (von 89 auf 105 km/h) zu erhöhen; von diesem Recht machten zunächst 38 der 50 Staaten Gebrauch.

Gasohol, Cabrio. Inzwischen wurde über die Möglichkeiten des Gasohol diskutiert: einer Beimischung von 10 Prozent Alkohol zum Benzin, nach brasilianischem Muster. Hierzu hätte die Hälfte der jährlichen amerikanischen Maisernte beigezogen werden müssen. Das wurde zwar von den US-Farmern begrüßt, anderseits wurde eine starke Erhöhung der Nahrungsmittelpreise befürchtet, und so kamen diese Pläne rasch in Verruf.

Nachdem die Tradition der Cabriolets wegen der verschärften Sicherheitsvorschriften, der Klimaanlagen und dem Wunsch nach perfektem Musikgenuss 1980 fast untergegangen war – nur noch einige Spezialbetriebe bauten Coupés zu Cabrios um – wurde zum Herbst 1981 mit dem kommenden neuen Chrysler LeBaron ein „rag top" als „production model" angekündigt.

Rabattschlacht. Die Rabattwelle hatte 1981 erste Konsequenzen gezeigt: Bei Chrysler hatten Preisnachlässe unterschiedlicher Form den Absatz tatsächlich erhöht, gleichzeitig resultierten aber hohe Verluste. Bei General Motors entschloss man sich daher 1982 zu Preissenkungen, um dem Rabattunwesen einen Riegel zu schieben... eine Maßnahme, die sich dann allerdings als vergebliche Liebesmüh' erwies.

Sicherheitsnormen. Seit 1973 mussten alle in den USA verkauften Pkw vordere Stoßstangen aufweisen, die einen Aufprall mit bis zu 5 mph (8 km/h) unbeschadet überstehen konnten, und dies galt ab 1974 auch für die hinteren Stoßstangen. Weil dies zu aufwändigen, teils unförmigen Gebilden und damit zu einem Gewichtsanstieg sowie höheren Kosten geführt hatte, wurde diese Norm 1982/83 auf 2,5 mph (4 km/h) reduziert.

Anfang der 80er Jahre wurde auch um die Einführung des Airbags (Luftsacks) bzw. eines passiven Rückhaltesystems gestritten. Die Autoindustrie erklärte sich noch Ende 1982 außerstande, ab September 1983 in Neuwagen Airbags oder eine Gurtautomatik einzubauen. – Ab 1990 mussten alle Neufahrzeuge mit einer passiven Rückhaltevorrichtung ausgestattet werden, wobei sich der Airbag als die bestgeeignete Lösung erwies. – Bereits ab 1. September 1985 mussten alle neuverkauften Pkw eine dritte Bremsleuchte aufweisen.

Yuppies und Topsaläre. Ab dem Modelljahr 1985 bemühte sich die US-Autoindustrie mit sportlicheren und wieder leistungsfähigeren Modellen darum, eine neue Käuferschicht zu gewinnen: die Yuppies. Bei den young urban professionals handelte es sich um Ärzte, Anwälte, Ingenieure, Manager zwischen 25 und 39 in den Städten, die zunehmend gut verdienten und sich von den einheimischen Modellen ab- und den Honda Accord, Toyota Camry und Mazda 626 zugewandt hatten. Überdies träumten sie von deutschen und schwedischen Oberklassewagen. Für deren Geschmack hatten Chrom und Zier und Schwerfälligkeit ganz anderen Eigenschaften zu weichen, nämlich straffem Fahrverhalten, flottem Beschleunigungsvermögen und schlichter Eleganz.

1986 verdienten die US-Autobosse entsprechend dem Erfolg ihrer Firmen: Lee A. Iacocca (Chrysler Corp.) kam auf 23,6 Mio $ (14 Mio an Gehalt, Bonus und Aktien + 9,6 Mio Aktienoptionen), Donald E. Petersen (Ford Motor Co.) brachte es auf 4,3 Mio $ Lohn, Bonus und Aktienoptionsgewinn), und Roger B. Smith (General Motors) bildete mit 1,8 Mio $ das Schlusslicht.

Zurück zum Wachstum. Nach dem schon in den 70er Jahren eingeleiteten Down-sizing bzw. Verkleinern der Aufbauten und der Antriebsaggregate erfolgte in der zweiten Hälfte der 80er Jahre eine immer ausgeprägter werdende Umkehr bzw. eine Wiederhinwendung zu oppulenteren Karosserien und kräftigeren Motoren. Dieser Trend lässt sich leicht aus den technischen Tabellen der einzelnen Fabrikate ablesen.

Japan

Pkw-Marken:
Daihatsu
Honda
Infiniti*
Isuzu
Lexus*
Mazda
Mitsubishi
Nissan
Subaru
Suzuki
Toyota
Acura → Honda
Datsun → Nissan
*) in den 80er Jahren neu hinzugekommen

Diverse Konstruktionen (→ Anhang):
Autech, Mitsuoka

Erfolgsrezept. Man kann sich darüber streiten, was den Erfolg der japanischen Autos im Export bewirkt hat. Sicher war es vordergründig der günstige Preis, der sich durch die niedrigen Produktionskosten in Fernost ergab. Allerdings fußten diese nicht nur auf einem tieferen Lohnniveau, sondern ebenso auf rationell durchdachten Fertigungsmethoden. Sie sollten später zum Vorbild für die westlichen Hersteller werden. Hinzu kamen ein hohes Qualitätsniveau und eine großzügige serienmäßige Ausrüstung. Der Kritikpunkt, dass japanische Autos auf die im Durchschnitt kleiner gewachsenen Bewohner des Inselreiches zugeschnitten seien, war inzwischen hinfällig geworden.

Belohnte Disziplin. Übrigens genossen die japanischen Autoarbeiter weit bessere Arbeitsbedingungen, als im Westen allgemein angenommen wurde: Die Arbeitsschichten waren kaum länger und die Ferien kaum kürzer als bei den Autoherstellern in Europa und Amerika. Zudem stand ihnen ein wohlorganisiertes soziales Netz zur Verfügung. Anderseits erreichte die Absenzquote bloß 4 bis 5 Prozent, und die japanischen Arbeitnehmer zeigten ein ausgeprägtes Betriebszugehörigkeits- und Verantwortungsgefühl.

EG beklagt Ungleichgewicht. Mitte 1980 wurde das Komitee der (europäischen) Automobilhersteller bei der EG-Kommission in Brüssel vorstellig. Der stark wachsende Absatz japanischer Autos müsse im Kontext der miserablen Handelsbilanz der Europäischen Gemeinschaft mit Japan gesehen werden. Hinzu komme die besorgniserregende Arbeitslosigkeit in der EG. Das massive Ungleichgewicht in der Handelsbilanz wurde mit zwei Zahlen aufgezeigt: 1979 verkauften die Europäer 38'000 Wagen nach Japan, während von dort bereits 606'000 Einheiten nach Europa gelangten. Das machte den Ruf nach Abwehrmaßnahmen, wie er bereits auch in den USA erhoben wurde, verständlich.

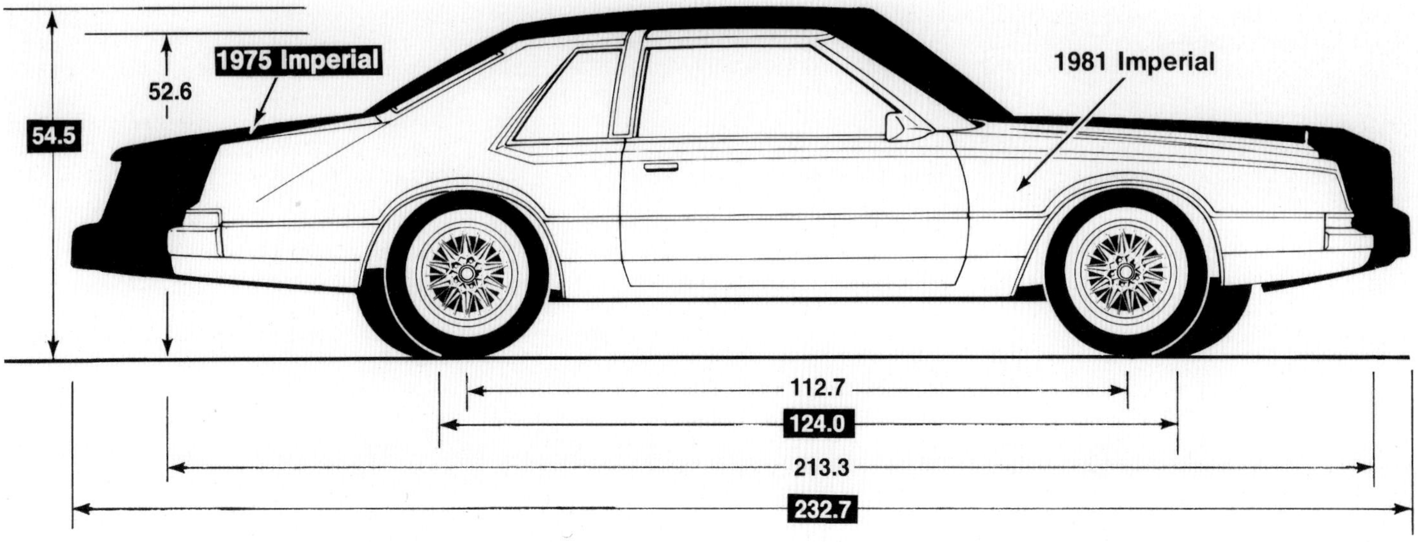

Down-sizing: Der Imperial (Chrysler-Spitzenmarke) von 1975 war 591 cm lang, der Chrysler Imperial von 1981 maß noch 542 cm, 1990 schmolz er gar auf 515,5 cm. Aber bei anderen US-Modellreihen hatte bereits eine Trendumkehr eingesetzt.

Die einzelnen Produktionsländer

Von oben nach unten: Subaru 1800 Super-Station 4WD, 1983; Mazda RX-7 (Savanna) GT-Limited, 1986; Honda Prelude 2.0i-16, 1986; Nissan Cima, 1988

Staatliches Eingreifen. In den USA machten im Herbst 1980 unter Leitung des Miti (Ministerium für internationalen Handel und Industrie) gleich zwei Delegationen ihre Aufwartung. Es ging um einen möglichen Einkauf von Autoteilen in den USA und um die Beteiligung an amerikanischen Teileherstellern.

1981 sah sich Japans Autoindustrie in einem Zwangskorsett, das einerseits von den „freiwilligen" Exporteinschränkungen, anderseits von einer Absatzflaute auf dem Inlandmarkt verkörpert wurde. Vor allem in den USA versuchten Japans Hersteller die vom Miti verfügten Marktzulassungsbeschränkungen durch eine vermehrte Ausrichtung auf teurere Modelle umsatzmäßig teilweise aufzufangen. Zum Ärger der Industrie nutzte das Miti die für 1982 vorgesehene Quotenerhöhung für den Export nach den USA nicht, sondern beließ das Limit bei 1,68 Millionen Fahrzeugen. Anderseits war die Zahl der nach Japan eingeführten Neuwagen aus Europa und Nordamerika 1981 auf bloß wieder 38'000 Stück abgesackt!

Transplants. Die von außen wie von innen gegebenen Exporthemmnisse vermochten die von ihrer Vorwärtsstrategie beseelten japanischen Hersteller nicht zu bremsen. Sie verlegten ihre industrielle Expansion in jene Wirtschaftsräume, die ihnen den Handelszutritt zu verwehren suchten: Indem sie ab der zweiten Hälfte der 80er Jahre Zweigwerke – man nannte sie alsbald „Transplants" – in Nordamerika (USA und Kanada) und Europa (England) errichteten, wurde dem mit den USA und der EG entstandenen Handelsstreit das Wasser abgegraben. Zudem wurde damit dem abgewerteten US-Dollar Rechnung getragen.

Techniktrend. Dem europäischen Beispiel folgend hat auch die japanische Autoindustrie ab Anfang der 80er Jahre ihre kleineren und mittleren Modelle auf Frontantrieb umgestellt. – Schon Mitte der 70er Jahre hatte Japans Regierung (nach amerikanischem Vorbild) die Verwendung von Katalysatoren und den Übergang zu bleifreiem Benzin eingeleitet.

Microcars. Nicht in den Export gelangten – oder wenn doch, dann nur mit größeren Motoren – Japans Microcars, Kleinstwagen, die unter 320 cm lang sein und weniger als 550 cm^3 Hubraum haben mussten. Mit fiskalischen Privilegien und stark erleichterten Parkiervorschriften wurde ihre Verbreitung vor allem in den Großagglomerationen gefördert. Zu Beginn der 80er Jahre erlebten sie einen wahren Boom, und 1982 erreichten sie eine Verkaufszahl von 1,3 Millionen Einheiten.

Zu diesem Zeitpunkt war von der Einführung einer noch kleineren Kategorie die Rede: Die „Kapselmobile" sollten bis zu zwei Erwachsene und ein Kind aufnehmen, 2 m lang sein und von einem Motor mit 50 bis 250 cm^3 angetrieben werden. Mit dem CV-1 hatte Suzuki auf dem Salon von Tokio 1981 einen bloß 145 kg wiegenden Prototyp dieser Art vorgestellt. Es blieb jedoch bei den Plänen. – Hingegen galten ab März 1990 etwas generösere Microcar-Grenzen: Länge unter 330 cm und Hubraum unter 660 cm^3.

Japans Pkw-Neuzulassungen 1989:

1. Toyota	1 760 966	6. Daihatsu	157 047
2. Nissan	997 002	7. Suzuki	140 204
3. Honda	457 570	8. Subaru	138 104
4. Mazda	296 149	9. Isuzu	43 395
5. Mitsubishi	233 002	Importwagen	180 978

Übrigens bestellten japanische Käufer ihr Importauto nicht unbedingt mit Rechtslenkung, selbst wenn eine solche zu haben war; denn Linkslenkung wirkte als zusätzliches Statussymbol!

Im ersten Halbjahr 1985 stieg der Absatz importierter Pkw in Japan um fast 20 Prozent... auf einen Marktanteil von 1,54 Prozent. 1989 wurden rund 181'000 Importwagen abgesetzt (zu zwei Dritteln aus Deutschland) und ihr Marktanteil erreichte 4,1 Prozent. Im Rekordjahr 1989 wurden 4'404'417 Pkw neu in Verkehr gesetzt.

Südkorea

Pkw-Marken:
Daewoo*
Hyundai
Kia
*) in den 80er Jahren neu hinzugekommen

Diverse Konstruktionen (→ Anhang):
Samsung, SsangYong

Unter Planwirtschaft. Die Autoindustrie stand in Südkorea von Beginn an unter staatlichem Diktat. Um die Exportkraft zu erhöhen, plante die Regierung im Herbst 1980 zwei der drei Autofirmen zum Zusammenschluss zu zwingen: die Hyundai Motor Co. und die Saehan Motor Co. Letztere gehörte je zur Hälfte General Motors und der Daewoo Industrial Co. Kia sollte gemäß diesen Plänen nur noch Nutzfahrzeuge herstellen.

1983 veröffentliche die Regierung „Volkswagen"-Pläne. Danach sollten Hyundai und Daewoo gemeinsam einen Kleinstwagen zu einem minimalen Preis produzieren. Bis Mitte der 90er Jahre hoffte Südkorea dank Massenproduktion zu einem Automobil-Exportland zu werden; 1982 waren bloß 20'000 (von 160'000 hergestellten) Fahrzeugen ausgeführt worden. Ab Ende der 80er Jahre begann für Koreas Automobilindustrie in der Tat ein ungeahnter Aufschwung.

Brasilien

Pkw-Marken:
Alfa Romeo Brasil**
Avallone**
Chevrolet Brasil
Dacon*/**
Dankar**
Dardo**
Dodge Brasil**
Engesa*
Envemo
Farus*
Fiat Brasil
Ford Brasil
Gurgel
Hofstetter*
Jeg**
Lafer**
Marques**
Miura
PAG*
Phoenix*/**
Puma
Ragge*
St. Matilda**
Toyota Brasil
Volkswagen Brasil
AMV → Puma
MP Lafer → Lafer
*) in den 80er Jahren neu hinzugekommen
**) in den 80er Jahren untergegangen

Diverse Konstruktionen (→ Anhang):
Adamo, Chamonix, Fera, Fittipaldi, L'Automobile

Eigene Autokultur. Bis 1990 war in Brasilien der Verkauf von Importwagen faktisch verboten. Daher konnte sich in diesem Riesenland eine eigene Autokultur mit zahlreichen kleinen Liebhaberfabrikaten entwickeln (wie dies in den Markenkapiteln zum Ausdruck kommt). Das Ende dieser automobilwirtschaftlichen Isolation brachte für die meisten Kleinmarken das Aus.

Ethanol-Pionierland. Im führenden Autoproduktionsland Südamerikas hatte die Regierung schon 1975 unter dem Einfluss des Erdölschocks das nationale Proalcool-Programm gestartet, das zunächst eine Zumischung von 20 Prozent Ethanol zum Tankstellenbenzin vorsah. Diese Proportion wurde zwar vorübergehend gesenkt, aber nach dem weiteren Anstieg des Erdölpreises wurde ab Ende 1979 an besonderen Zapfstellen zudem reiner Alkoholtreibstoff angeboten. Hierzu begannen die von Importmodellen ohnehin abgeschnittenen Autohersteller Brasiliens eigens Motorvarianten anzubieten, die für diesen hochkorrosiven Treibstoff geeignet waren.

Mit einer generellen Höchstgeschwindigkeit auf 80 km/h und dem Verkaufsverbot von Benzin und Dieseltreibstoff an Wochenenden wurden von der brasilianischen Regierung weitere Maßnahmen gegen den Devisenmangel wegen des Erdölimports ergriffen. Für Pkw waren Dieselmotoren im Übrigen generell verboten. Weil der subventionierte Alkohohltreibstoff anfänglich nur 55 Prozent, dann 65 Prozent des Benzinpreises kostete, nahm der Absatz von Autos mit darauf ausgerichteten Motoren rasch zu. Allerdings lag der Verbrauch beim Betrieb mit Äthylalkohol bzw. Ethanol um rund 20 Prozent höher. Bald steigerte die Regierung den Preis für diesen Treibstoff stärker als für Benzin, sodass sich die Nachfrage nach solchen Autos bzw. Motoren von den anfänglichen 75 Prozent gegen Ende 1981 bereits wieder auf rund 20 Prozent abschwächte.

In politischer Hand. Allerdings waren anfänglich auch die technische Probleme für den Rückgang der „Alkoholbegeisterung" verantwortlich. Denn in etlichen Fällen waren die Treibstofftanks und -leitungen nur ungenügend angepasst worden, sodass Oxydationspartikel Filter und Vergaser verschmutzten. Um dem Alkoholtreibstoff wieder Auftrieb zu geben, wurde 1982 die Steuer auf Industrieprodukte (auf die Fakturierung der Hersteller an die Händler) für Benzinautos erhöht und für Alkoholautos reduziert. In einer Zwischenbilanz über drei Jahre Erfahrung wurde der Pkw-Betrieb mit Ethanol (E-100) von VW do Brasil im Herbst 1983 sehr positiv beurteilt. Die staatliche Steuerung von Angebot und Nachfrage führte allerdings zu Missständen wie Rohstoff- und Treibstoffverknappung, Gebrauchtwagenentwertung und teuren Umrüstungszwängen.

Australien

Pkw-Marken:
Chrysler Australia**
Ford Australia
Holden
Mitsubishi Australia
Perentti*/**
Moke → Moke Portugal
Nissan → Nissan Japan
Toyota → Toyota Japan
*) in den 80er Jahren neu hinzugekommen
**) in den 80er Jahren untergegangen

Diverse Konstruktionen (→ Anhang):
Canstel, Giocattolo, HDT, Marshall, Taipan

Bleifrei. Die Regierung Australiens entschied sich dafür, schon 1985 bleifreies Benzin einzuführen und ab 1. Januar 1986 nur noch neue Automobile zuzulassen, die mit bleifreiem Benzin fuhren und den US-Normen 1975 entsprachen.

Beschränkung. Zudem beschloss die Regierung eine Rationalisierung der einheimischen Automobilindustrie. Hierzu sollte die Zahl der Hersteller von fünf auf drei reduziert werden. Unter diesem Zwang gründeten General Motors-Holden's und die Toyota Motor Corporation Australia im Frühling 1988 die United Australian Automotive Industries (UAAI). Im folgenden Jahr nahmen Ford Australia und Nissan Australia die Zusammenarbeit auf.

Von oben nach unten: Saab 9000 Turbo 16, 1984; VW Gol, 1980; Holden Calais, 1989; Moskwitsch 2141, 1988

Die einzelnen Produktionsländer

Sowjetunion

Pkw-Marken:
Izh
Lada
Luaz
Moskwitsch
Tschaika**
UAZ
Wolga
ZAZ
ZIL
Shiguli → Lada
Tundra → UAZ
Zaporoshets → ZAZ
**) in den 80er Jahren untergegangen
Von 1964 bis 1982 waren in der Sowjetunion 7 Millionen Lada alias Shiguli (Lizenzmodell des Fiat 124) hergestellt worden. 25 Prozent wurden exportiert. Der Lada kostete in der Sowjetunion 8000 Rubel; der durchschnittliche Monatslohn eines Arbeitnehmers belief sich (1982) auf 170 Rubel. 1988 gab es auf 1000 Sowjetbürger 45 Privatautos; in Litauen waren es 93, in Aserbeidschan nur 30.

Afrika

Das Vordringen der japanischen Fabrikate wirkte sich auch auf dem Schwarzen Kontinent aus: In den zwölf französischsprachigen Ländern (außer Zaire), wo die französischen Marken noch 1976/77 einen Anteil von 76 Prozent hielten, hatten die Japaner sich bis 1980 bereits einen Anteil von rund 45 Prozent geholt. – Immerhin besaß z. B. Peugeot stets noch ein Montagewerk in Kaduna, Nigeria. Dort waren bereits von 1975 bis 1980 120'000 Fahrzeuge zusammengebaut worden. Volkswagen do Brasil anderseits belieferte ein Montagewerk in Lagos, der Hauptstadt Nigerias; dieses galt (in den 70er Jahren) als größtes schwarzafrikanisches Autowerk außerhalb Südafrikas (wo vier Großkonzerne Pkw produzierten).

Die weiteren Produktionsländer

Ägypten:
→ Anhang: Nasco

Argentinien:
Dodge Argentina
Fiat Argentina
Peugeot Argentina
Renault Argentina
Volkswagen Argentina
→ Anhang: Antique, Crespi, Dicky, IES, Limusinas

Belgien:
Apal
→ Anhang: Duchâtelet, EBS, VanClee

VR China:
Beijing
Hongqi
Shanghai
Peking → Beijing
→ Anhang: Zhonghua

Dänemark:
→ Anhang: Mini-El, Sommer, Whisper

DDR:
Trabant
Wartburg

Ecuador:
→ Anhang: Aymesa

Griechenland:
Pony**
→ Anhang: Mebea

Indien:
Hindustan
Mahindra
Maruti
Premier
Sipani*
Standard**

Iran:
Paykan

Irland:
→ Anhang: TMC

Israel:
Rom**

Jugoslawien:
Zastava
→ Anhang: MPA

Kanada:
→ Anhang: Allard, Super Seven

Liechtenstein:
→ Anhang: Jehle

Madagaskar:
→ Anhang: Karenjy

Malaysia:
Proton*

Mexiko:
Volkswagen Mexico

Monaco:
→ Anhang: MCA

Neuseeland:
→ Anhang: Prestige

Niederlande:
Desande**
Donkervoort
→ Anhang: AIM, Luchjenbroers, Max, Oldenhof, Pimlico, Protected

Nordkorea:
→ Anhang: Kaengsaeng

Polen:
FSO*
Syrena**
→ Anhang: Beskid, Melex, Tarpan

Portugal:
Moke
Portaro**
Umm
Alter → Umm
→ Anhang: AG, Camat, CTD, Mireli, Réplicar

Rumänien:
Aro
Citroën Romania
Dacia
Oltcit → Citroën Romania

Schweden:
Saab
Volvo
→ Anhang: Carson

Südafrika:
BMW Südafrika
Chevrolet South Africa
Ford South Africa
Volkswagen Südafrika

Taiwan:
YLN**
Yue Loong → YLN

Tschechoslowakei:
Skoda
Tatra

Türkei:
Anadol**
Otosan*
Tofas

Ungarn:
→ Anhang: Borbala, Hodgep, Puli

*) in den 80er Jahrsen neu hinzugekommen
**) in den 80er Jahren untergegangen

Führende Köpfe 1981–1990

1

2

3

1 Sir Michael Edwardes, Chairman and General Manager, BL Limited (British Leyland)
2 Dr. Gerhard Prinz, Vorsitzender des Vorstandes der Daimler-Benz AG
3 Eberhard von Kuenheim, Vorstandsvorsitzender der Bayerischen Motoren-Werke AG (BMW)
4 Robert C. Stempel, Vorstandsvorsitzender und Generaldirektor der Adam Opel AG
5 Daniel Goeudevert, Vorstandsvorsitzender, Ford-Werke AG Köln
6 J. R. Parayre, Président du Directoire de Peugeot SA
7 Roger B. Smith, Chairman and Chief Executive Officer, General Motors Corporation
8 Eiji Toyoda, Chairman, Toyota Motor Corporation
9 Pehr G. Gyllenhammar, Vorsitzender des Verwaltungsrates, AB Volvo
10 Henry Ford II.

9

6

4

5

7

8

10

Führende Köpfe 1981–1990

11

12

13

14

19

18

17

16

11 Juan Antonio Diaz Alvarez, Präsident von Seat
12 Dr. Ferdinand Porsche
13 Vittorio Ghidella, Präsident und Generaldirektor, Fiat Auto (sowie Ferrari-Präsident)
14 Prof. Werner Breitschwerdt, Vorsitzender des Vorstandes der Daimler-Benz AG
15 Sergio Pininfarina + Nucchio Bertone
16 Lee A. Iacocca, Chairman and General Manager, Chrysler Corporation
17 Robert A. Lutz, Executive Vice President, Ford International Automotive Operations
18 Kenichi Yamamoto, President, Mazda Motor Corporation
19 Dr. Carl H. Hahn, Vorstandsvorsitzender, Volkswagen AG
20 Comm. Enzo Ferrari

15

20

21 Sir John Egan, Chairman and General Manager, Jaguar Cars Limited
22 Graham Day, Chairman and Chief Executive Officer, Rover Group
23 Donald E. Petersen, Chairman and Chief Executive Officer, Ford Motor Company
24 Yukata Kume, President, Nissan Motors Company Limited
25 Edzard Reuter, Vorsitzender des Vorstandes der Daimler-Benz AG
26 Dr. h. c. Ferdinand Piëch, Vorsitzender des Vorstands, Audi AG
27 Jacques Calvet, Président du Directoire de Peugeot SA (PSA Peugeot-Citroën)
28 Raymond Lévy, Président, Régie Renault
29 Robert J. Eaton, President, General Motors Europe (Opel/Vauxhall)
30 Giovanni Agnelli, Fiat-Konzernoberhaupt + Luca di Montezemolo, Ferrari-Generaldirektor

22

27

21

23

24

26

28

29

25

30

Audi Quattro, 1981

Opel Commodore Voyage, 1981

Audi 100 Avant, 1983

BMW M 635 CS, 1985

Ford Escort Cabriolet 1.6i, 1985

BMW 730i, 1987

Ford Sierra GL 4-türig, 1987

Porsche 959, 1986

Opel Kadett GSi 16V, 1988

Ford Scorpio Ghia, 1989

MB 300-500 SL, 1989

VW Corrado G60, 1989

BMW 850i, 1990

Porsche 911 Turbo, 1990

Talbot Tagora 2.6 SX, 1981

Talbot Samba, 1982

Peugeot 205 GT, 1983

Citroën AX, 1987

Peugeot 405 Mi 16, 1987

MVS Venturi, 1989

Renault 21 TXI, 1990

Renault Espace 2000 Quadra, 1989

Fiat 131 Supermirafiori, 1981

Maserati Biturbo, 1982

Fiat Uno, 1983

Alfa Romeo 75 1.8, 1985

Fiat Tipo, 1988

Alfa Romeo Alfa 33 1.7 Sport Wagon, 1989

Alfa Romeo 75 SZ, 1989

Bentley Mulsanne, 1982

Rayton Fissore Magnum 4x4, 1990

Austin Maestro, 1983

TVR 390 SE Convertible, 1985

Jaguar XJ-SC V12, 1986

Reliant Scimitar SS1, 1986

Range Rover Vogue, 1986

Rover Mini, 1990

Westfield SEi, 1990

Saab 900, 1985

Volvo 480 ES, 1986

Volvo 740 GLT, 1988

Erläuterungen zum Hauptteil:

In diesem Buch sind die Modelljahrgänge 1981 bis 1990 erfasst. Die Herstellung eines mit dem neuen Jahrgang bezeichneten Modells beginnt in der Regel nach der Sommerpause des Vorjahres und gilt zumindest bis Mitte Jahr. Der Modelljahrgang stimmt also nicht unbedingt mit dem Jahr der Erstzulassung überein. In der Bezeichnung über der letzten Kolonne der technischen Tabellen wird unterschieden einerseits nach:

- Modelljahren für die amerikanischen Modelle, denn nur bei diesen wird strikte nach jedem Jahrgang unterschieden (sie werden normalerweise ab Herbst des Vorjahres produziert), anderseits nach
- Baujahren für die Modelle aller übrigen Herkunftsländer, denn diese werden oft ohne klare Definition über mehrere Jahre unverändert hergestellt, und ihre Ablösung kann zu einem beliebigen Zeitpunkt während des Jahres erfolgen (besonders häufig beispielsweise zum Zeitpunkt des Genfer Salons). Daher gibt es üblicherweise ein Folgemodell mit dem gleichen Jahrgang wie der letzte des Vormodells (dies im Gegensatz zu den US-Modellen). Die in der zweiten Hälfte 1990 vorgestellten Modelle 1991 sind nicht mehr enthalten.

Im Gegensatz zu den Tabellen der früheren Bücher „Alle Autos..." wurde die Anzahl der Getriebegänge/-stufen nicht für jede Motorvariante einzeln aufgeführt. Anderseits wird neu das höchste Drehmoment in Newtonmeter angegeben, dies vor allem auch wegen der steigenden Bedeutung des Dieselmotors. So lässt sich der gerechte Leistungsvergleich sowohl nach PS wie nach Nm anstellen. Die zahllosen nationalen Vorschriften und Marktgegebenheiten haben zu einem enormen Anstieg der Motorvarianten geführt. Eine rationellere Einteilung hat (gegenüber den 70er Jahren) schmälere Tabellen und damit gleichwohl eine Verminderung des gesamten Tabellenumfangs ermöglicht.

Zu den sechs Datenkolonnen der Tabellen:

Da es sich um Änderungstabellen handelt, sind immer **nur Abweichungen von den auf der oberen Zeile enthaltenen Daten aufgeführt.** Daher gilt jeweils auch noch für die unterste Zeile der zuoberst eingesetzte Wert, falls dieser nicht durch eine neue Angabe oder einen Strich (–) ersetzt wird.

1. Kolonne
(unterhalb Marken- und Modellnamen):
Alle Angaben beziehen sich stets auf den in der fetten Oberzeile rechts außen angegebenen Zeitraum. Beispiele:

a) (–1983) = diese Motorvariante wurde ab Beginn des fett angegebenen Zeitraums rechts außen in der Oberzeile bis 1983 angeboten.
b) (1983–86) = ... gab es nur in diesen Jahren.
c) (*1984–) = dieser Motor löste den vorangehenden 1984 ab.
d) (+*1985–) = diesen Motor gab es ab 1985 zusätzlich.
e) (Export) = wurde im Ursprungsland nicht angeboten.
f) m. Autom. = mit Automatikgetriebe.

2. Kolonne, fette Schrift, Bauart:
St. = Standardbauweise (selbsttragende Karosserie, Motor vorne, Antrieb der Hinterräder)
Fr. = Frontantrieb (selbsttragende Karosserie, Antrieb der Vorderräder)
M. = Mittelmotor (selbsttragende Karosserie, Antrieb der Hinterräder)
H. = Heckmotor (selbsttragende Karosserie, Antrieb der Hinterräder)
K'r. = Kastenrahmen (Chassis mit Traversen oder Kreuztraverse, Antrieb der Hinterräder, falls kein anderer Hinweis, was auch für die weiteren Rahmenarten gilt)
Pl'r. = Plattformrahmen
Pr'r. = Profileisenrahmen
R'r. = Rohrrahmen
G'r. = Gitterrohrrahmen
Z'r. = Zentralrohrrahmen
Mon. = Monocoque-Konstruktion
/4 und 4x4 = Vierradantrieb (4WD, AWD)
(4) = teils mit Vierradantrieb bzw. auf Wunsch erhältlich

2. Kolonne, magere Schrift, Zylinder:
4 = 4 Zylinder in Reihe
V6 = 6 Zylinder in V-Form angeordnet
B4 = 4 Zylinder als Boxermotor
i = Benzineinspritzung
D = Dieselmotor
T = Abgasturbolader
T2 = 2 Abgasturbolader
2T = Zweitaktmotor
R2S = Rotationskolbenmotor (Wankelmotor) mit zwei Scheiben
/l. = luftgekühlt

3. Kolonne, fette Schrift:
Bezug zu den Motoren a–z
3. Kolonne, magere Schrift, N'w = Nockenwelle(n):
OHV (overhead valves) = seitliche Nockenwelle, obenhängende Ventile; bei V- und B-Motoren = zentrale Nockenwelle
OHC (overhead camshaft) = obenliegende Nockenwelle
DOHC (double overhead camshaft) = zwei obenliegende Nockenwellen (je Zylinderbank, bei V- und B-Motoren = vier obenliegende Nockenwellen)
O16V = obenliegende Nockenwelle und 16 Ventile
D16V = zwei obenliegende Nockenwellen und 16 Ventile

4. Kolonne, fette Schrift: Anzahl Gänge bei Handschaltgetriebe bzw. Anzahl Stufen bei automatischem Getriebe (A); H = halbautomatisches Getriebe; R = Reduktionsgetriebe (Geländeuntersetzung, in Klammern nur teils oder auf Wunsch erhältlich); OD = Overdrive (5. Gang durch angefügtes Zusatzgetriebe).
4. Kolonne, magere Schrift: cm^3 = Hubraum in Kubikzentimeter.

5. Kolonne, fette Schrift: R/L = Radstand und Gesamtlänge in cm, angefügter U = Länge für die USA.
5. Kolonne, magere Schrift: Anzahl PS und entsprechende Kurbelwellen-Höchstdrehzahl pro Minute; brutto = frühere Messmethode SAE in USA bzw. JIS in Japan (die höhere Werte ergab); SAE-Netto-HP in DIN-PS umgerechnet (1 Netto-HP = 1,0139 DIN-PS); JIS-Netto-PS analog DIN-PS; Ende 80er Jahre wurden teils die 2–3 Prozent tieferen ECE-Werte eingeführt.
Beigefügte Buchstaben: A = Alkoholtreibstoff bzw. Äthylalkohol = Ethanol (nur in Brasilien), CAL = nur für Kalifornien, CDN = nur für Kanada, CH = nur für die Schweiz, D = nur für Deutschland, **K = mit Katalysator,** U = nur für die USA.
Zusätzliche PS-Werte hinter der Drehzahl gelten für bestimmte Motorvarianten, die beispielsweise für Länder mit Treibstoffen niedriger Oktanzahl bestimmt waren.

6. Kolonne, fette Schrift: Produktionsjahre (für USA Modelljahre, für alle anderen Länder Baujahre; → Erläuterungen links oben).
6. Kolonne, magere Schrift: maximales Drehmoment in Newtonmeter (Nm) und entsprechende Drehzahl.
Zweitwerte beziehen sich stets auf entsprechende Zweitwerte in der PS-Kolonne (und wurden daher nicht mit * gekennzeichnet); mangels Platz wurden die Nullen dieser Zweitwerte teils weggelassen (z.B. 136/45=136/4500)

In den Texten der Markenkapitel werden die wesentlichen technischen Merkmale erwähnt, soweit sie von der Norm abweichen. Üblich waren in den 80er Jahren:

- **selbsttragende Karosserien** (teils mit Hilfsrahmen)
- vordere Einzelradaufhängung, **hinten Starrachse**
- **vordere Scheiben- und hintere Trommelbremsen** (bei kleineren bis mittelgroßen Modellen meist ohne Servo)
- Zahnstangenlenkung (ohne Servo, sonst in der Regel ebenfalls erwähnt)

Nicht aufgeführt ist zumeist die Verfügbarkeit einer Differenzialbremse (wegen der Unterschiedlichkeit von Land zu Land). Ebenfalls nicht erwähnt werden Kurvenstabilistoren, da sie teils nachträglich montiert werden konnten (sportliche Ausführung erhielten sie oft auch hinten). Der von VW/Audi eingeführte negative Lenkrollradius fand in den 80er Jahren bei vielen neuen Modellen internationale Verbreitung und wird daher nicht jedesmal erwähnt.

Die im Text häufig angeführten drei **ECE-Verbrauchswerte** galten für konstantes Tempo bei 90 und bei 120 km/h sowie in einem genormtem Stadtverkehrszyklus. Es war auch vom Euromix die Rede, der mit je einem Drittel Anteil dieser drei Werte errechnet wurde. Ab 1983 galt für deutsche Wagen die auf die gleichen Disziplinen ausgerichtete DIN-Norm.

Eigennamen – männlich:
Alle Modell- und Aggregatenamen werden in diesem Buch korrekt mit großem Anfangsbuchstaben geschrieben, da sie Eigennamen sind; also auch Audi Quattro, Innocenti Tre und VW Syncro. Zudem gelten hier alle Modellnamen (wie in der deutschen Sprache üblich) als männlich. Würde man »die« Giulia oder »die« Corvette schreiben, müsste man konsequenterweise auch die Chevette, die Beretta, die Celica, die Contessa, die Etude, die Giulietta, die Piazza, die Riviera, die Silvia und das Pony schreiben. Wenn Berlina, Coupe oder Limousine als Modellname verwendet werden, so bleibt die Bezeichnung ebenfalls männlich (nicht aber bei Karosserieformbezeichnungen).
NB: Wer noch mehr über einen Namen (Marke, Modell, Aggregat, Firma, Person) erfahren will, der lasse sich durch das **Namensregister am Schluss des Buches** auf die entsprechenden Seiten leiten.

Karosserieformen:

Sedan (am.), Saloon (engl.), Berline (fr.), Berlina (it.) = Limousine im landläufig deutschsprachigen Sinne
Limousine (am./engl.) oder Limo = Chauffeurlimousine oder Sedan mit verlängertem Radstand
Stretched Limo = Limousine mit stark verlängertem Radstand
Coupe (am., sag „Kuup“) = Coupé, wenn vom US-Hersteller als Modellbezeichnung gebraucht
Station Wagon (am.), Estate Car (engl.), Break (fr.), Familiale/Familiare (fr./it.) = Kombi
Convertible = Cabriolet
Spider = Sportcabriolet (2-sitzig)
Roadster = ursprünglich Sportcabrio mit Notverdeck und ohne Kurbelfenster, später wurden in Deutschland auch Sportcabrios so bezeichnet
Targa = Cabrio mit feststehenden hinteren Dachträgern
T-roof = herausnehmbare (längsgeteilte) Dachhälften über den Vordersitzen
Fastback = Fließheck
Hatchback oder Liftback = Heckklappe
Notchback = Stufenheck/Stummelheck
Einvolumenform = Karosserie ohne Motorhauben- und Kofferraumabsatz (Fronthaube und -scheibe in einer Linie; Schräg- oder Fließ- statt Stufenheck; fr. = monovolume)
Replika = mehr oder weniger originalgetreuer Nachbau früherer Modelle
Neoclassic = Luxuscabrio (auch Coupé oder Limousine) im Stil von Exklusivmodellen der 20er und 30er Jahre (meist auf neuem amerikanischem Kastenrahmenchassis)
Brougham (am., sag „Brohm“) = oft verwendete Bezeichnung für Luxusausstattung
Opera Window = schmales Fenster (oft in aufrechter Ovalform) im hinteren Dachträger
LWB (engl., long wheel base = Version mit verlängertem Radstand

AC
Autokraft

Die Marke AC war als Abkürzung der ab 1904 gebauten Auto-Carrier, offene Dreirad-Lieferfahrzeuge, entstanden. Außerhalb Englands bekannt wurden die in Thames Ditton, Surrey, gebauten AC aber erst nach dem Zweiten Weltkrieg und zwar durch die Ace-Sportwagen, aus denen auf Veranlassung des Amerikaners Carroll Shelby 1962 der AC Cobra hervorging. Dieser Muskelprotz mit Ford-V8-Motor wurde 1981 von AC längst nicht mehr gebaut (wohl aber seit 1974 von Replikafirmen wie Steven Arntz in den USA).

ME 3000. Von AC selbst war 1973 der Prototyp für ein neues Mittelmotorcoupé vorgestellt worden. Hierzu war das Jahre zuvor entwickelte Projekt Diablo von Peter Bohanna (Design eines Coupés mit originellen Formdetails) und Robin Stables (kombinierter Rohr- und Kastenrahmen) übernommen worden. Auf der London Motor Show 1975 wurde unter der Bezeichnung AC ME 3000 (mid-engined) ein verbesserter Prototyp gezeigt. Der Plexiglas-Dacheinsatz ließ sich unter der Fronthaube verstauen. Doch es verging weitere Zeit bis zum Produktionsanlauf, denn zwei Jahre später wurde auf der ersten Birmingham Motor Show erst Wagen Nr. 6 ausgestellt. Anfang 1980 verlautete, dass die Montage bei → Panther erfolgen werde...

Angetrieben wurde der AC ME 3000 vom quer hinter den Sitzen eingebauten 3-l-V6 von Ford. Mit Weber-Doppelvergaser kam er (wie im Ford Capri) auf 138 PS. Hewland lieferte das 5-Gang-Getriebe. Das Fahrwerk umfasste vorne und hinten doppelte Dreieck-Querlenker sowie Vierrad-Scheibenbremsen. Die einst von Bohanna entworfene unverkennbare Form mit den Luftöffnungen am Bug und an den hinteren Flanken, dem an die Türfenster anschließenden Grill sowie den ausmodulierten Radhäusern stand diesem individuellen Sportwagen auch in den 80er Jahren noch gut an.

Autokraft / Mark IV. Ende der 70er Jahre hatte Brian A. Angliss die Firma Autokraft gegründet. 1981 erhielt er von Derek Hurlock – dessen Vater und Onkel AC 1930 übernommen hatten – die Erlaubnis, die Marke AC zu verwenden. Diese nutzte er alsbald für die „offiziell lizenzierte“ Herstellung des AC Mark IV by Autokraft. Bei diesem handelte es sich um einen waschechten Cobra! Er wurde auf der London Motorfair 1983 unter dem ursprünglichen AC-Markenzeichen ausgestellt, wobei Angliss unterstrich, dass dieses Fahrzeug originalgemäß weitergebaut werde. In der Tat wurden für Chassis- und Karosserienbau großenteils die von AC übernommenen Originallehren verwendet. In das aufwändig konstruierte Rohrrahmenchassis mit vorderen und hinteren Dreieck-Querlenkern kam ein Ford-V8 (4942 cm^3, 228 PS) in Verbindung mit einem 5-Gang-Getriebe von Borg-Warner zum Einbau. Gegenüber den früheren Cobra war die Ausstattung mit Connolly-Leder und Wilton-Teppichbelag aufgewertet worden. Zu jenem Zeitpunkt gab es bereits Cobra-Nachbauten aus den USA, Kanada, Großbritannien, Dänemark und der Schweiz.

AC ME 3000, 1984

AC Scotland. Der ME 3000 war von AC in England bis Anfang 1984 in nur etwa 70 Exemplaren gebaut worden. Zu diesem Zeitpunkt verkaufte Derek Hurlock die Herstellungsrechte für dieses Modell nach Glasgow in Schottland. Während dort bis im September 1985 nochmals etwa 30 ME 3000 auf die Räder gestellt wurden, konzentrierten sich die Promotoren von AC Scotland alsbald auf eine Weiterentwicklung, denn der 3-l-V6-Motor des Typs Ford Essex entsprach nicht mehr den gestiegenen Erwartungen verwöhnter Sportwagenkäufer.

Ecosse. So entstand das Modell ME 2500 Ecosse, ein modifizierter ME 3000 mit 2,5-l-V6 von Alfa Romeo und 150 bis 160 statt 138 PS (sowie „wunderbarem“ Sound). Auf diese Weise motorisiert, ließ sich die benötigte Zeit für den Spurt auf 100 km/h auf unter 8 s senken. Neben dem Antriebsstrang stammten auch die Pedalerie, Bremsteile und Radnaben von Alfa Romeo. Dieser neue, mit betonter Keilform auf rund 410 cm verlängerte AC sollte in jährlich 400 Exemplaren gebaut werden, wovon die Hälfte gemäß Abkommen mit einem Importeur nach den USA zu liefern war. Zudem sollte der Vertrieb über ausgewählte Alfa-Romeo-Händler in Großbritannien erfolgen.

Weil jedoch eine benötigte zweite Kapitalspritze nicht aufzutreiben war, blieb das Projekt auf der Strecke. Statt die Zahl der Mitarbeiter von rund 30 auf 140 aufstocken zu können, musste AC Scotland im Oktober 1985 Konkurs anmelden...

AC Cobra. Ab 1984 stellte die Ford Motor Company ihr nordamerikanisches Händlernetz für den Verkauf des AC Mark IV by Autokraft frei. Im April 1986 erwirkte Brian Angliss ein Abkommen, wonach die Autokraft Limited den offiziell Ford gehörenden Namen Cobra verwenden durfte. Bis 1987 waren von Autokraft rund 250 Mark IV gebaut und großenteils nach den USA verkauft worden. Die Jahresproduktion belief sich auf etwa 40 Stück. Die Aluminiumkarosserien ebenso wie der Innenausbau entstanden in Handarbeit, und der Anteil an Eigenteilen war sehr hoch.

Die ursprünglichen AC Cobra waren von 1963 bis 1968 in 1011 Exemplaren gebaut worden, hinzu kamen über 100 für Europa gebaute Wagen sowie später verwendete Chassis. Nach anderen Berechnungen wurden gegen 1500 Cobra gebaut, davon 900 mit dem 4,7-l-Motor (Cobra 289) und 500 bis 600 mit dem 7-l-V8 (Cobra 427). Doch schon 1965 hatte Cobra-Initiant Carroll Shelby den Namen Cobra an Ford verkauft. – 1983 hatte Shelby übrigens ein neues AC-Sportwagenprojekt ausgeheckt, diesmal mit → Chrysler statt mit Ford.

New AC Ace. 1986 hatte Brian Angliss den Prototyp eines gänzlich neuen Sportcabrios mit Aluminiumkarosserie fertiggestellt. Es besaß eine schlichte, moderne Form und basierte weitgehend auf der Mechanik der Ford Sierra und Granada mit V6-Motor und Vierradantrieb. Das besonders verwindungssteif konstruierte Monocoque-Zentralrahmenchassis mit Alu-Beplankung und Front- und Heckpartien aus Verbundmaterial stammte von Len Bailey. Dieser war zu den erfolgreichen GT-40-Zeiten Chefingenieur von Ford Advanced Vehicles gewesen und war danach für verschiedene Rennställe tätig; er hatte auch den → Panther Solo entwickelt.

Auf dieser Grundlage konstruierte Angliss einen zweiten Prototyp mit 2+2 Sitzen und Targadach. Dieser wurde im Oktober 1986 auf dem Ford-Stand der British Motor Show in Birmingham (und im März 1987 auch in Genf) ausgestellt. Das Design war unter Uwe Bahnsen großenteils in den Studios von Ford of Europe entstanden. Das gesamte Antriebskonzept einschließlich des 2-l-Turbomotors wurde vom Sierra XR 4x4 übernommen, doch wurden hinten McPherson-Federbeine verwendet. Für Nordamerika wurde der angekündigte neue 2,9-l-V6 vorgesehen. Auch die Frontscheibe, die B-Säulen (mit Überrollschutz) und die Türrahmen stammten vom Sierra, während Scheinwerfer, Instrumentenbrett und Lenksäule vom Granada (alias Scorpio) entlehnt wurden. Es wurden möglichst kostengünstige Produktionsprinzipien angestrebt.

Brian Angliss, dem 100 Prozent von Autokraft und 49 Prozent der AC Cars Ltd gehörten (51 Prozent befanden sich in den Händen der AC Holdings Plc) konnte 1987 einen Vertrag für ein neues Autowerk abschließen, das bis Ende 1988 ebenfalls in Weybridge (im Süden von London-Heathrow) entstehen und gegen 10'000 m^2 Fläche bieten sollte. Angliss sah eine schrittweise von 500 auf 2000 Einheiten zu steigernde Jahresproduktion des wieder mit AC Ace bezeichneten Sportmodells vor. Es war kein Geringerer als Bob Lutz, Boss von Ford of Europe (bis Mitte 1986), der ihm eine Investitionsfirma vermittelt hatte.

Nachdem die Ford Motor Company im September 1987 bereits 75 Prozent des Kapitals der Aston Martin Lagonda Ltd erworben hatte, übernahm Ford of Europe im November gleichen Jahres 51 Prozent der AC Cars Limited. Der AC Ace 4WD sollte überarbeitet und eventuell mit dem 2-l-Turbomotor von Cosworth ausgestattet werden. Wie weiter verlautete, sollten mit 150 Leuten jährlich 2000 Wagen gebaut werden und zwar vor allem für die USA. Brian Angliss wurde als Betriebsleiter bestätigt. Im Frühling 1988 verlautete allerdings, dass die Ford-Abteilung Special Vehicle Engineering (SVE) noch weitere Entwicklungs-Feinarbeit vornehmen wolle und mit einer Serienproduktion nicht vor 1990 zu rechnen sei...

Nebenbei baute Angliss bei seiner Firma Autokraft 1987 im Auftrag eines Händlers neun Rolls-Royce Silver Cloud III (1962–66) zu zweitürigen Cabrios um (den 25 Originalen entsprechend), und aus vorhandenen Teilen montierte er die Nummern 11 und 12 des 7-l-Mittelmotor-Rennboliden Ford Mark 4 von 1967. Auf dem Genfer Salon 1988 wurde ausschließlich der AC Cobra Mk IV gezeigt.

Ecosse Signature. Die Birmingham Motor Show im Herbst des gleichen Jahres wurde von AC nicht beschickt, wohl aber war der aus der Versenkung geholte Ecosse ausgestellt: geändertes De-

AC Ace (Prototyp), 1987

AC	Bauart	Mot.	Getr.	R/L cm	Baujahre
3000 ME	**K'r./M.**	**–**	**5**	**230/399**	**1980–85**
Motor:	***Zyl.:***	***N'w.:***	***cm^3:***	***PS/'min:***	***Nm/'min:***
–	V6	OHV	2994	138/5000	235/3000
Ecosse Signatur	**K'r./M.**	**–**	**5**	**229/409**	**1988–90**
Motor:	4iT	DOHC	1995	165/5500	284/2750
Ace (Prototyp)	**St'm./4**	**–**	**5**	**247,5/396**	**1986–88**
Motor:	4i	D16V	1994	204/6000	276/4500
Autokraft Mk IV	**R'r.**	**a**	**5**	**228,5/411,5**	**1986–87**
Cobra Mk IV		**a–d**			**1987–90**
Motoren:	*Zyl.:*	*N'w.:*	*cm^3:*	*PS/'min:*	*Nm/'min:*
a (*1986–88)	V8	OHV	4942	215/4400/	359/3200/
				228*/4200	407/3200
b (1988–)	V8i			250K/4200	407/3200
c (Lightweight 1988–)	V8			370	–
d (1988–)			5766	ca. 560	ca. 785

AC Mark IV by Autokraft, 1984

AC Cobra Mark IV Lightweight, 1990

sign, Modellbezeichnung Signature, aufgeladener Fiat-2-l-Motor mit 165 PS; ab Frühling 1989 sollte er in der Nähe von Coventry in Serie gehen... Doch schien auch hieraus nichts zu werden.

Shelby American. Ab 1990 schuf Carroll Shelby mit seiner Firma Shelby American seinerseits einzelstückweise wieder „rein amerikanische" Cobra, deren Chassis und Karosserien in neuen Produktionseinrichtungen entstanden. Auch in diesem Fall stammten die 7-l-Motoren und die Kraftübertragungen aus den 60er Jahren!

Cobra Mark IV Lightweight. Zum Genfer Salon 1990 kam der AC Cobra Mark IV in Leichtbauversion hinzu. Äußerlich war ihm kaum anzusehen, dass er rund 120 kg leichter war, doch war seine Ausstattung äußerst spartanisch; sogar auf eine Heizung und auf Kopfstützen wurde verzichtet. Für das Modell Lightweight wurden dem 4942-cm^3-V8 Leichtmetall-Zylinderköpfe verpasst. Mit Holley-Vierfachvergaser kam dieser getunte US-Motor auf 370 PS bei 5750/min. Zudem stand nun unter der Bezeichnung Competition ein 5,8-l-V8 im Angebot, der es mit zwei Holley-Vierfachvergaser auf 560 PS brachte. Neutrale Messungen (in der Schweiz) zeigten, dass mit dem 1075 kg wiegenden 370-PS-Modell Tempo 100 binnen 5,3 s erreichbar war. – Ende 1992 erhielt die Firma Autokraft die EC-Zulassung für den AC Cobra, und dieser wurde fortan auch mit 7-l-Motor verkauft.

Der Cobra hatte sich im Verlaufe seiner Karriere zu einer eigentlichen Automobillegende entwickelt. Kein Auto kombinierte traditionelle Autowerte in gleicher Weise: eine standfeste, breitspurige und doch rundlich-elegante Grundform, hochsportliches offenes Cockpit und die brutale Kraft eines getunten Ford-V8-Motors mit seiner dumpf-grollenden Akustik. Kein Wunder, wurde der Cobra zum meistkopierten Sportwagen. Allein in den 80er Jahren gab es 16 Nachbauten (→ Anhang: BRA, Brightwheel, Contemporary, Dax, ERA, GE, Knapp, Mohr, PGO, Phoenix, RAM, Stallion, Taipan, Viper, Weinem sowie → Lorenz & Rankl).

Im Mai 1990 versetzte Ford dem AC Ace (wie auch dem geplanten Jaguar F-Type) aus Marktüberlegungen den Todesstoß. Brian Angliss war aber nicht bereit aufzugeben. Im Juni 1992 kaufte er von Ford die Mehrheit an der AC Cars zurück und begann mit einer ersten Serie von zehn Exemplaren den neuen AC Ace als Sportcabrio herzustellen.

Albar

Der Innerschweizer Alois Barmettler aus Buochs, Kanton Nidwalden, war einer der erfolgreichsten und vor allem treusten Buggy-Hersteller Europas. Die Buggy-Welle hatte aus Kalifornien kommend in den 60er Jahren auch Europa erfasst. Bis in die 70er Jahre machten sich in der Alten Welt immer mehr Kleinunternehmer daran, mit eingekauften oder selbst geschaffenen Negativformen die lustig-luftigen Kunststoffkarosserien für Buggys herzustellen: offene und türlose vier- oder auch nur zweisitzige Karosserieschalen, die sich auf dem (gebrauchten) Plattformrahmen des Volkswagen-Käfers aufsetzen ließen.

Oft wurden diese leichtgewichtigen Heckmotorvehikel mit Breitreifen und allerhand Zubehör verschönert. Sportliche Schalensitze und phantasievolle Innenausstattungen sorgten für optische und individuelle Aufwertungen, und natürlich wurden auch die luftgekühlten Heckmotoren häufig in die Kur genommen. Doch die Zweckmäßigkeit solcher der Jugendlichkeit verschriebenen Schönwetterfahrzeuge war beschränkt und die Freude an ihnen nur in Ausnahmefällen dauerhaft.

Nachdem Fahrlehrer Alois Barmettler schon in den 60er Jahren zahlreiche Buggys gebaut hatte, gründete er 1972 die Albar Fahrzeug AG, die sich dem Bau von Buggys, deren Bausätzen sowie dem Tuning des VW-Käfers widmete. Seine Buggys wurden stetig perfektioniert und auch erfolgreich exportiert. Er schuf sich in Deutschland eine Fangemeinde und in Asien und Südamerika fand er sogar Lizenznehmer.

Buggy S. Zu dem Albar Buggy S, der auf dem Genfer Salon 1979 erstmals öffentlich gezeigt wurde, gab es erstmals Flügeltüren. Sie waren bis unten sowie im Dachteil verglast und boten fast den gleichen Durch- bzw. Ausblick wie offene Buggys.

Für seine Modelle Buggy S und E (mit Klappverdeck) hatte Barmettler 1980 – nach 14 Monaten Bemühungen und hohem finanziellem Aufwand – das TÜV-Mustergutachten erhalten. Dies galt auch für seinen Albar-VW-Spezialkäfer, eine auffallend herausgeputzte und bereifte Version des serienmäßigen Käfers. Dieses Mustergutachten, mit dem sich Barmettler den deutschen Markt erneut erschloss, umfasste 43 Seiten. Die Albar-Buggy-Konstruktionen und -Einzelteile trugen ein Warengütezeichen und durften nicht nachgebaut werden. Dies war in diesem ganz speziellen Autobereich mit seinem häufig allzu großen Spielraum nicht selbstverständlich.

Die aus eingefärbtem GfK hergestellten Buggy-Karosserien bestanden aus einem Stück. Ein Bausatz umfasste zudem Windschutzscheibe, Armaturenbrett, Fronthaube und Motordeckel. Dazu konnten viele Verschönerungen bis hin zu imposanten Leichtmetallfelgen bestellt werden. Diesem Bauprinzip hatten bis in die 70er Jahre all' die weiteren Buggyanbieter nachgelebt. Albar war aber neben → Apal die letzte Marke, die selbst noch in den 80er Jahren Neuwagen dieser Art auf die Räder stellte.

Albar Buggy S, 1982

Jet. 1981 zeigte Barmettler auf dem Genfer Salon ein weiteres Mal das Coupé Jet. Dessen Kunststoff-Zweisitzeraufbau stammte von der österreichischen Firma Custoca und war ebenfalls für den Käfer-Plattformrahmen bestimmt. Alle Innenteile waren vormontiert, doch war der Jet auch voll aufgebaut lieferbar. In der Regel wurde er mit einem 2-l-Motor ausgerüstet. Für 1981 hatte er eine neugestaltete Fronthaube mit Bugspoiler erhalten.

Sonic. Auf dem Genfer Salon 1982 überraschte Barmettler mit dem Targacoupé Sonic, einem 196 cm breiten und 112 cm niedrigen, extrem keilförmigen Gefährt, in dessen Front in Form eines eingelassenen Stegs sieben Scheinwerfer nebeneinandergereiht waren; der mittlere war blind und alle ließen sich gesamthaft von einer Klappe verdecken. Bug und Windschutzscheibe (mit voll versenkten Wischern) lagen genau in einer Linie. Der Dachteil über den Sitzen ließ sich entfernen, so dass dahinter eine breite Überrollschutzpartie stehen blieb. Die Türen öffneten schräg nach vorne oben, und auf dem Motordeckel prangte ein flotter Heckflügel.

Natürlich basierte auch der von Alois Barmettler in Eigenregie entworfene und gebaute Sonic auf dem VW-Käfer-Plattformrahmen. Es ließen sich Motoren von 1,3 bis 2,8 l Hubraum mit 40 bis 150 PS Leistung einbauen, darunter auch solche mit Einspritzung, die den deutschen und schweizerischen Zulassungsbestimmungen entsprachen. Der Albar Sonic wurde fertig gebaut und als Bausatz angeboten. Es gab ihn auch 2+2-sitzig.

In Genf zeigte Albar zudem seine weiter verfeinerten Buggy u. a. mit besser abgedichtetem Flügeltüren-Hardtop; statt des Periskops ließ sich über dem Heckmotor nun auch der zweistufige Heckflügel des Ford Escort XR 3 montieren.

Von sich reden machte Alois Barmettler durch einen Vertrag über die Lieferung von 50 Buggies und 75 Super-Käfer mit Porsche-Motor nach Saudi-Arabien. Die deutschen Vermittler erwiesen sich aber als Betrüger und ohne eine rechtzeitige Aufdeckung wäre die Marke Albar durch sie in den Ruin getrieben worden.

Buggy ES. Zum Genfer Salon 1983 brachte Barmettler den neuen Buggytyp ES, dessen einteilige Karosserie sich in nur noch einem Tag montieren ließ.

Albar

Albar Sonic, 1983

Sonic GT. Auf der IAA Frankfurt im September 1983 propagierte Alois Barmettler das Coupé Sonic GT, bei dem es sich nicht bloss um eine Weiterentwicklung, sondern um eine Neukonzeption handelte. Zwar hatte auch dem Sonic GT ein verstärkter VW-Käfer-Plattformrahmen als Ausgangspunkt gedient. Doch nun ließ Barmettler zudem einen eigenen Stahlrohr-Chassisrahmen herstellen. Dessen Stabilität, die sich Richtung Fahrgastraum stufenweise erhöhte, war vom Technikum Biel berechnet worden. Dieser Rahmen wurde feuerverzinkt und für 20 Jahre gegen Rost garantiert. Die nun geschlossene Karosserie bestand teils aus Epoxyd-Kevlar-Gewebe. Dieses auch im Rennsport verwendete Material brachte im Vergleich zu GfK eine markante Gewichtsersparnis.

Anfänglich wollte Barmettler eine eigene Radaufhängung konstruieren lassen. Aber es erwies sich für die Typenprüfungsprozeduren als einfacher, bestehende Elemente zu übernehmen. Daher wurden aus dem Ersatzteillager des VW-Werks Vorder- und Hinterradaufhängungen vom einstigen VW-Porsche übernommen. Während die Albar-Fahrzeuge bis dahin durchwegs von luftgekühlten VW-Boxermotoren angetrieben worden waren, wurde im Heck des Sonic GT ein wassergekühlter OHC-Motor aus dem VW Golf GTI mit 1,8 l Hubraum und 112 PS Leistung eingebaut. In der Form glich der Sonic GT mit der eigenwilligen Keilfront und den sechs versenkt angeordneten Rechteckscheinwerfern (die sich von elektrisch hochfahrbaren Klappen verstecken ließen) und dem mächtigen Anpressflügel auf dem Heck dem bisherigen Sonic. Er war 418 cm lang, just 2 m breit und nur 112 cm hoch, vorne wurden 13-, hinten 15-Zoll-Felgen verwendet. Ein Verkauf als Bausatz wurde für dieses Modell nicht mehr vorgesehen.

Sonic GTI. Als Albar Sonic GTI – wahlweise mit 1,6- oder 1,8-l-GTI-Motor – wurde auf dem Genfer Salon 1984 die für eine Kleinserie bestimmte Version gezeigt: Mit dem zusätzlichen hinteren Seitenfenster ergaben sich verbesserte Sichtverhältnisse. Die schwarzen Seiten- und Frontdekorationen waren durch eine unifarbene Ausführung ersetzt worden. Mit diesem Innerschweizer Auto war eine (vielfach verkannte) Liebhaberkonstruktion entstanden. Auch auf dem Genfer Salon 1985 zählte der Albar Sonic mit seiner nun aus Kevlar gebauten Karosserie zu den preiswertesten unter den superauffälligen Exklusivautos.

1985 wurde der Albar Sonic GT zum Star in dem deutschen Filmstreifen „Killing Cars", der die Geschichte eines Worldcar-Supersportwagens und seiner Promotoren zum Gegenstand hatte. Hierzu wurden sechs Sonic GT von Buochs nach Berlin geliefert. Die Heckpartie dieses Coupés erinnerte inzwischen nicht mehr an den Porsche 928.

Sonic Targa. Auf dem Genfer Salon 1986 stellte Alois Barmettler den Bausatz einer Targaversion des Sonic in Aussicht. Nebst dem Sonic-Coupé – nun mit stärker gewölbten Flanken über den vorderen Radausschnitten und tiefer gesetzten Türscharnieren sowie einem 70 PS leistenden 2-l-Motor aus dem VW-Porsche – wurde in Genf auch 1986 ein Albar-Buggy gezeigt. Die auf dem Sonic-Metallrahmen montierte Sonic-Karosseriehaut bestand weiterhin aus Epoxydharz, armiert mit Kevlar-Kohlefasern und Glasgewebe, womit der gleiche Dehnungskoeffizient gegeben war wie für die darunterliegende Stahlstruktur. Dieses Material verdankte Barmettler dem Basler Chemiekonzern Ciga-Geigy.

Im Jahr darauf war in Genf tatsächlich der als Targaversion im Bausatz erhältliche Sonic ausgestellt, nebst Schrägflügeltürencoupé und Buggy. Mit diesen war Albar auch auf der IAA Frankfurt 1987 präsent. Auf dem Genfer Salon 1988 zeigte Barmettler nebst Buggy und Super-Käfer-Cabrio die nun „endgültige" Serienausführung des Sonic, jetzt wieder in altvertrauter GfK-Ausführung. Die Verankerung der nach vorne oben öffnenden Türen war verbessert und die Karosserie um 3 cm angehoben worden. Letzteres damit die in den Stoßschutzecken eingelassenen vorderen Blinker auf die zulassungskonforme Minimalhöhe zu liegen kamen.

1988/89 vergab die Albar-Fahrzeugbau AG bzw. Alois Barmettler die Lizenzherstellung ihrer Produkte an die Firma ONRS Gerätebau und Sonderanfertigungen GmbH in Treuchtlingen (zwischen Nürnberg und Augsburg). Die Buggys der Marke Albar-ONRS sollten auf fabrikneuen VW-Käfer-Plattformrahmen aus Lateinamerika mit 1,6-l-Motor und vorderen Scheibenbremsen aufgebaut werden.

Sonic Cabrio. Auf dem Genfer Salon 1989 wurde der Albar Sonic Cabrio ausgestellt, mit voll versenkbarem Verdeck. Die Kühlluft wurde durch zwei Schlitze in der Bugschürze zu zwei schrägstehenden Wasserkühlern geführt und vor der Frontscheibe wieder ins Freie gelassen.

Sonic V6 Turbo. Inzwischen hatte Barmettler von der Firma Weztechnik in Büchslen FR einen Zentralrohrrahmen entwickeln lassen, der sich für den Aufbau der zahlreichen Sportwagen- und Buggykarosserien eignete, wie sie weltweit für die Käfer-Plattform angeboten wurden. Dieser verzinkte Albar-Stahlrahmen bot im Verbund mit Fahrwerkteilen des VW-Bus 89 eine Vierscheiben-Bremsanlage und konnte angeblich bis 300 PS verkraften. Das neue Chassis sollte fortan auch als Unterbau für den Albar Sonic dienen.

Doch auf dem Genfer Salon 1990 wurde dann überraschend der Sonic V6 Turbo gezeigt, dessen Antriebseinheit samt Vorder- und Hinterradaufhängungen dem → Renault Alpine entstammten. Renault habe sich bereit erklärt, entsprechende fabrikneue Aggregate zu liefern. Weil der Albar Sonic V6 Turbo wesentlich leichter war als der Renault Alpine V6 Turbo, konnte er mit dem 185 PS leistenden 2,5-l-Motor Tempo 100 binnen 5,2 s erreichen. Barmettler ließ das auf Heckmotoren ausgelegte Chassis typenprüfen und entwickelte seine Sonic-Konstruktionen auch in den 90er Jahren weiter. Neu wurde eine Basisausführung mit dem 112 PS leistenden 2,1-l-Motor des Renault 21 angeboten.

Einschließlich der ursprünglichen Sonic mit VW-Mechanik waren bis Anfang 1991 15 meist unterschiedliche Sonic entstanden. Darauf ließ Alois Barmettler seine Ideen von den Lizenznehmern weitertragen.

Albar	**Pl'r./H.**	**–**	**5**	**240/421**	**1983–89**
Sonic / *Motor:*	4	OHC	1781	112/5500	155/3100

Alfa Romeo

Im Jahre 1910 waren in Mailand die ersten Alfa Romeo entstanden. Die Marke schuf sich einen herausragenden Ruf auf dem Gebiet leistungsorientierter Sportwagen und sportlicher Luxusautos. Zudem wurden im Rennsport bis hin zu den Grand Prix Lorbeeren geholt. Mitte der 50er Jahre drang die zum staatlichen IRI-Konzern zählende Prestigemarke mit der Modellreihe Giulietta erstmals in den Bereich der Großserie ein. 1968 wurde der Grundstein für das Werk Alfa Sud in Pomigliano d'Arco gelegt. Es trug wesentlich zur Industrialisierung des italienischen Südens bei. Einen weiteren Schritt in diese Richtung bedeutete das in der zweiten Hälfte 1980 entwickelte Abkommen mit → Nissan, wonach ebenfalls in Süditalien ein neues Werk zu errichten war, in welchem Datsun Cherry mit Alfasud-Motoren ausgestattet wurden; dieses → Arna-Projekt war unter den Politikern Italiens heiß umstritten und wurde von → Fiat bekämpft.

Alfa Romeo Alfasud, 1981

Alfasud. Die Baureihe Alfasud war 1971 vorgestellt worden. Während das Spektrum der angebotenen Varianten Schritt um Schritt ausgebaut wurde, litt die Produktion lange Zeit unter Arbeitskonflikten und Streiks, die auch 1980 noch nicht ganz ausgestanden waren. Wenngleich der Alfasud eine vollumfängliche Neukonstruktion war – ein seltener Vorgang, weil meist wechselweise die Aufbauten und die Mechanik evoluieren – erwies er sich als ein außerordentlich geglückter Wurf, sowohl hinsichtlich der für Alfa Romeo ungewohnten Art der Technik mit Vorderradantrieb und Boxermotor wie auch bezüglich des Karosseriedesigns, das von Giorgetto Giugiaro von Ital-Design (→ Anhang) geschaffen worden war. Der Alfasud bot exzellente Fahreigenschaften und ein hohes Maß an Fahrspaß, seine extrem hohe Rostanfälligkeit brachte ihn aber nach wenigen Jahren in Verruf.

1981 gab es den Alfasud als vier- und zweitürige Limousine, als dreitürigen Kombi Giardinetta sowie als dreitüriges, ebenfalls fünfsitziges Fastbackcoupé Sprint. Trotzdem die Markteinführung nun schon fast ein Jahrzehnt zurücklag, wirkten die rundlich geformten Limousinen mit dem eleganten Schrägheck immer noch attraktiv. Die Boxermotoren mit je einer obenliegenden Nockenwelle pro Seite waren spezifisch auf die einzelnen Modelle ausgerichtet. Es gab sie in drei Motorgrößen mit 63 bis 95 PS (Topmodelle Ti 1.5 und Sprint Veloce 1.5, s. Tabelle). Die höheren Leistungen wurden mit einem oder zwei Weber-Doppelvergasern erzielt. Alle zweitürigen Modelle trugen als sportlichere Varianten die Bezeichnung Ti (nun nicht mehr ti geschrieben). Sie hoben sich durch Doppelscheinwerfer ab, und solche besaß auch das Coupé Sprint.

Alle Alfasud gab es mit 5-Gang-Getriebe (5M), doch wurde der 1186-cm^3-Motor in der Basisausführung mit einer 4-Gang-Einheit kombiniert. Die Aufhängung bestand vorne aus Federbeinen, Querlenkern und Schubstreben, hinten aus einer Starrachse mit je einem vor und hinter der Achse angelenkten Längslenker (Wattgestänge) sowie Panhardstab. Ungewöhnlich waren bei Fahrzeugen der populären Mittelklasse die verwendeten Vierrad-Scheibenbremsen samt Servo. Anfang 1981 kam eine Sonderversion Alfasud 1.5 Valentino (Modeschöpfer) auf den Markt: Metallic-Lackierung, feine Streifendekors, athermische Scheiben, aufgewerteter Innenraum samt Digitaluhr.

Spider. Das Alfa-Romeo-Cabrio konnte 1981 bereits auf eine längere Karriere zurückblicken. Die in jenem Jahr gebaute Form ging auf das zum Modelljahr 1970 eingeführte Duo Spider 1300 Junior und 1750 Veloce mit „abgeschnittenem" Heck (Coda tronca) zurück. Das Design stammte von → Pininfarina, wo der Spider auch aufgebaut wurde. Die nach vorne gezogene, aerodynamische Front mit Plexiabdeckungen der Scheinwerfer und die horizontal durchgezogene Sicke in den langgestreckten Karosserieflanken unterstrichen das dynamische Erscheinungsbild dieses 2+2-sitzige Cabriolets, das Liebhaber des Offenfahrens in großer Zahl in seinen Bann zog.

1981 gab es die Versionen 1600 mit 104 und 2000 mit 128 PS. Es handelte sich um die klassischen Alfa-Motoren mit zwei obenliegenden Nockenwellen, Leichtmetall-Zylinderkopf und -block sowie zwei Weber-Doppelvergasern. Um die dortigen Abgasvorschriften erfüllen zu können, wurde der 2-l-Motor für die USA mit einer Spica-Benzineinspritzung dotiert, mit der sich die Leistung auf 112 PS beschränkte. Die Radführung erfolgte vorn durch untere Dreieckquerlenker und obere einfache Querlenker mit Reaktionsstreben, hinten durch eine Starrachse mit Längsschubarmen und mittlerem Dreieckquerlenker. Die Vierrad-Scheibenbremsen arbeiteten mit Servo und die Lenkung mit Schnecke und Rolle oder als Burman-Kugelkreislenkung.

Giulietta. Der (oder die) Ende 1977 lancierte neue Giulietta überzeugte stilistisch nicht mehr in der gleichen Weise wie die einstigen Giulietta und vor allem Giulia Berlina. Die mit einem Stummelheck endende Keilform war zwar modern, aber eher eigenwillig als elegant. Mit dem Zweinockenwellenmotor, dem im Heck untergebrachten, mit dem Differenzial verblockten 5-Gang-Getriebe und einer De-Dion-Hinterachse wurde dessen ungeachtet hohe Alfa-Technik zelebriert.

Den Alumotor gab es mit 1357, 1570, 1779 und 1962 cm^3 in einer Leistungsspanne von 95 bis 130 PS, wobei die jeweils zwei Doppelvergaser sowohl von Weber wie von Dell'Orto oder Solex stammten. Die Vorderradführung bestand aus unteren Dreieckquerlenkern, oberen einfachen Querlenkern, elastisch gelagerten Zugstreben und längsliegenden Torsionsfederstäben; die De-Dion-Achse besaß Schräglenker, seitliche Wattgestänge und Schraubenfedern. Die Vierrad-Scheibenbremsen waren mit einem Servo versehen (hintere Scheiben neben dem Differenzial), und es wurde eine Zahnstangenlenkung verwendet.

Alfetta. Der (die) Alfetta war schon 1972 auf die Strasse gekommen, und er zeigte ein übliches, ausgewogenes Stufenheckdesign. Sein gesamtes technischen Layout stimmte mit jenem des Giulietta überein, mit dem er auch den Radstand von 251 cm teilte, doch war er mit 428 cm 7 cm länger; der Kofferrauminhalt wurde denn mit 600 dm^3 gegenüber 420 dm^3 des Giulietta angegeben. Zur Wahl standen die 1,6-, 1,8- und 2-l-Motoren, zudem gab es seit Ende 1979 einen 2-l-Turbodieselmotor von VM (Vancini & Martelli), der es auf 82 PS brachte. Für die USA war schon 1975 eine

Version mit 2-l-Motor und Spica-Benzineinspritzung, Doppelscheinwerfern und kräftigeren Stoßstangen eingeführt worden.

Wie der Giulietta bot der Alfetta dank des Zweinockenwellenmotors, der gleichmäßigen Gewichtsverteilung, der exakt geführten Hinterachse und der gesamten Fahrzeugabstimmung außergewöhnlich sichere und sportliche Fahreigenschaften; diese Limousinen waren daher häufig in den Händen von eingefleischten Liebhabern und Kennern zu finden.

GTV. Das 1974 herausgebrachte größere Fastbackcoupé von Alfa Romeo hieß anfänglich Alfetta GT. Allmählich mutierte die Bezeichnung GTV (Gran Turismo Veloce) der 2-l-Variante zur Modellbezeichnung. Das typische Alfa-Gesicht mit dem stilisierten Schild in der Mitte des schwarzen Kühlergrills wirkte bei diesem Modell durch die vorgezogene Motorhaubenkante besonders aggressiv. Schmissig-elegant gab sich die Fastbackform mit vorbildlich großen hinteren Seitenfenstern; diese verhalfen von allen vier Sitzen aus zu einer guten Rundsicht. Das Coupé basierte auf dem Alfetta-Unterbau, wies jedoch einen auf 240 cm verkürzten Radstand auf.

Den 2-l-Motor gab es auf Wunsch mit einem KKK-Abgasturbolader (Ladedruck 0,7 bar), der die Leistung von 130 auf 150 PS anhob. Diese als 2.0 Turbodelta bezeichnete Version stammte von der Alfa-Rennabteilung Autodelta, die auch für erfolgreiche GTV-Renneinsätze sorgte. Sie sollte ursprünglich 1979/80 zu Homologationszwecken in 400 Exemplaren gebaut werden, stand aber auch noch später im Angebot.

Im November 1980 kam der GTV 6 2.5 hinzu. Unter seiner in der Mitte erhöhten und mit einem Gitter versehenen Motorhaube steckte der noch neue 2,5-l-V6-Motor, der im Frühling des Vorjahres im Alfa 6 (s. unten) eingeführt worden war. Diese Alumaschine mit je einer obenliegenden Nockenwelle pro Zylinderreihe arbeitete im GTV mit einer elektronischen Benzineinspritzung L-Jetronic von Bosch und kam ebenfalls auf 160 PS. Der mit einem 5-Gang-Getriebe (wie beim Alfetta an der De-Dion-Hinterachse) kombinierte moderne V6 begeisterte sowohl durch seine geschmeidige Leistungsfähigkeit wie auch durch seinen gedämpft-sportlichen Sound. Die vorderen Bremsscheiben waren belüftet. Doch wegen des von 54 auf 75 l vergrößerten Benzintanks verkleinerte sich der Kofferrauminhalt von 370 auf 280 dm^3.

Die GTV des Jahrgangs 1981 erkannte man an den kräftigeren Kunststoff-Stoßstangen (sie konnten nun Stöße bis 6 km/h absorbieren) und der vorragenden Spoilerlippe am Bug. Neu war zudem die mattschwarze Lackierung der Fensterumrahmungen, der Schürzen unterhalb der Türschwellen, der Luftaustrittsöffnungen seitlich am Heck, der Türgriffe und der Tankklappe. Solch' „finstere Verbrämungen" waren eben Mode! Nützlicher und willkommen war hingegen das neue Armaturenbrett. Der Tachometer war jetzt nicht mehr in dessen Mitte, sondern neben dem Tourenzähler im direkten Blickfeld des Fahrers angeordnet. Das Lenkrad war verkleinert worden, trug aber immer noch einen Holzkranz. Auch die Inneneinrichtung mit Velours- und Lederüberzug zeigte sich teils erneuert. Auf Wunsch war sogar eine Klimaanlage erhältlich.

Alfa Sei/6. Spitzenmodell von Alfa Romeo war der im April 1979 auf den Markt gebrachte Alfa 6, mit dem die Staatsfirma erstmals seit 1968 wieder die Limousinen-Oberklasse beschickte. Die schlichte Bezeichnung Sei wies auf den Sechszylindermotor hin. Es handelte sich um einen 2,5-l-V6 mit 60 Grad Gabelwinkel, Leichtmetall-Zylinderköpfen und -block sowie je einer obenliegenden Nockenwelle. Für die Gemischaufbereitung sorgten ungewöhnlicherweise sechs Dell'Orto-Vergaser (transistorisierte Zündung) und es standen 160 PS zur Verfügung.

Für den Alfa 6 bestand die Wahl zwischen einem 5-Gang-Getriebe und einem 3-Stufen-Automatikgetriebe von ZF. Das Getriebe schloss sich bei dieser Limousine in der üblichen Art direkt an den Motor an, war also im Gegensatz zu den anderen hinterradgetriebenen Alfa Romeo nicht mit dem Differenzial verblockt. Beibehalten wurde jedoch die De-Dion-Hinterachse mit Schräglenkern und seitlichem Wattgestänge; auch die Vorderradaufhängung entsprach der bei den kleineren Modellen getroffenen Lösung. Die vorderen Scheibenbremsen waren belüftet und auch die Zahnstangenlenkung funktionierte mit Servo.

Der Alfa Sei besaß einen um 9 cm auf 260 cm verlängerten Radstand, womit den Fondpassagieren deutlich mehr Raum zur Verfügung stand. Mit 476 cm Gesamtlänge wirkte er schon recht repräsentativ. Mit seiner Velourspolsterung, der elektrischen Höhenverstellung des Fahrersitzes, der Höhenverstellung auch für Lenkrad und Scheinwerfer, den elektrisch verstellbaren Außenspiegeln und zahlreichen weiteren Komfortmerkmalen richtete er sich an besonders anspruchsvolle und gleichzeitig auf sportliche Individualität ausgerichtete Autoliebhaber.

Alfetta 2.0 Blindata. Nachdem sich in Italien bereits einige Karosseriefirmen auf die Panzerung von Personenwagen spezialisiert hatten, bot Alfa Romeo mit dem Alfetta 2.0 Blindata ab Ende 1980 auf dem Heimmarkt eine eigene geschützte Limousine an, um ihre Kunden gegen das florierende Kidnapping und gegen Raubüberfälle zu wappnen. Die Innenwandungen der Karosserie erhielten Panzerauflagen aus Kevlar und sämtliche Scheiben wurden aus (weitgehend) kugelsicherem Glas hergestellt. Hinzu kamen Spezialreifen, zusätzliche Türverriegelungen, eine Gegensprechanlage und eine Brandschutzeinrichtung. Wegen des um 400 auf 1525 kg angestiegenen Leergewichts wurden die Vorderradaufhängung samt Bremsen vom Alfa Sei abgeleitet, und es wurden weitere Anpassungen vorgenommen. Äußerlich unterschied sich der 2.0 Blindata bewusst kaum von dem normalen Alfetta; es wurde eine Monatsproduktion von 20 Exemplaren vorgesehen.

1981 war auch das Jahr, da Alfa Romeo eine Sonderserie (von 1307 Stück) Alfetta 2.0 Li America in Italien verkaufte, die mit der Spica-Einspritzung, Doppelscheinwerfern und einer Sonderausstattung versehen waren.

Nach langen Verhandlungen konnte im Frühling 1981 zwischen der Werkleitung und der Arbeiterschaft ein Abkommen über den Arbeitsfrieden und die notwendige Produktionssteigerung abgeschlossen werden. Die Gewerkschaften hatten ihre Mitglieder davon überzeugen können, dass eine solche Vereinbarung die einzige Alternative zu Massenentlassungen war. Für eine Erhöhung des Tagesausstoßes um 15 Prozent und eine Verminderung der Abwesenheitsquote wurde nun die Selbstverwaltung des Produktionsprozesses geboten.

Alfasud con portellone. Fast zehn Jahre hatte es gedauert, bis der Alfasud eine Heckklappe erhielt. Eine solche wurde ab Mai 1981, aber nur beim bisher zweitürigen Modell, erhältlich. Der Alfasud „con portellone" (mit Türchen) wurde als 1.2, 1.3, 1.5, 1.3 Ti und 1.5 Ti angeboten. Die bis über das Nummernschild und die Schlussleuchten reichende Hecköffnung hatte eine Aufbauverstärkung erfordert.

Giulietta 1982. Mit dem Jahrgang 1982, der bereits Mitte 1981 gezeigt wurde, erhielt der Giulietta neue Stoßstangen und zu ihnen passend seitliche Schutzleisten an den Flanken. Die teureren Modelle 1.8 und 2.0 hoben sich durch einen Kühlergrill aus hellgrau-metallisiertem Kunststoff, Scheinwerferwischer, farblose Blinkergläser und Nebellampen unterhalb der Stoßstangen ab. Zudem zeigten sie Fenstereinfassungen aus Inox. Der Jahrgang 1982 brachte außerdem ein neues Dreispeichen-Lenkrad, rote Instrumentenzeiger, eine in die Windschutzscheibe integrierte Antenne, besser ausgeformte Sitze (auch hinten), neue Stoffe, hintere Rollgurten und bei den Modellen 1.8 und 2.0 hintere Kopfstützen.

Alfasud Sprint Veloce Plus. Im August 1981 wurde unter dieser Bezeichnung eine laufend nummerierte Sonderserie herausgebracht: Farbe einheitlich Bronze metallisiert, goldfarbene Zierstreifen an den Flanken und beidseits des Daches, goldfarbenes Kleeblatt an den Entlüftungsöffnungen und Aufschrift Plus beidseits am Heck, Alufelgen und athermische Scheiben ebenfalls bronzefarben, neue Sitzüberzüge aus Velours, Lenkrad in Holzimitation sowie Digitaluhr. Die Produktionsnummer fand sich am Armaturenbrett; für die Schweiz waren beispielsweise 250 Exemplare reserviert worden.

GTV 2.0 Grand Prix. Diese Sonderausführung gab es ab Oktober 1981. Sie war ausschließlich in Alfa-Rot erhältlich – einschließlich Bugschürze und Außenspiegelgehäuse! – und wartete mit einem schwarzen Zierstreifen unten an den Flanken auf. Auch der Innenraum war konsequent in Rot und Schwarz gehalten, und hinter den Seitenfenstern prangte das grüne vierblättrige Kleeblatt.

Bei Alfasud liefen die Dinge indessen auch im Spätherbst 1981 noch nicht nach Wunsch: Der sozialistische Minister für Staatsbetriebe drohte vor der Arbeiterschaft sogar mit der Schließung, falls das Plansoll nicht erfüllt werde. Der Innenminister anderseits warnte vor Terrorangriffen der Roten Brigaden, von denen die staatlichen Industriebetriebe betroffen sein könnten.

Alfetta 1982. Mit dem Jahrgang 1982 präsentierten sich die Alfetta mit verchromtem statt schwarzem Kühlergrill, verstärkten Inox-Stoßstangen, seitlichen Schutzleisten und einer Scheinwerfer-Wisch/Wasch-Einrichtung. Zwecks verbessertem Rostschutz war die Anaphorese durch eine Kataphorese ersetzt worden und es wurde ein besonderer Steinschlagschutz auch an den Flanken montiert. Dank eines längeren fünften Ganges konnte das Verbrauchsverhalten verbessert werden. Im Innenraum gab es nun serienmäßig vordere Fensterheber und verstellbare Kopfstützen im Fond. Der Außenspiegel ließ sich elektrisch verstellen, und der Schaltknauf bestand neu aus Holz. Zur Radio-Einbauvorbereitung zählte eine in die Frontscheibe integrierte Antenne. Der Alfetta 2.0 erhielt überdies neue Stoff-Sitzüberzüge.

Unter Alfa-Romeo-Präsident Dr. Ettore Massacesi wurden im Frühling 1982 mit Fiat Verhandlungen über die Herstellung eines gemeinsamen Modells geführt. Dabei erörterte man zudem die Möglichkeit, dass Fiat Teile aus zwei neuen Komponentenwerken beziehen würde, die Alfa Romeo in der Nähe von Neapel plante. – Auf dem Salon von Turin zeigte Pininfarina im April 1982 einen in Eigenregie entwickelten Alfasud mit zuschaltbarem Hinterradantrieb.

Alfasud Sprint Veloce 1.5 Trofeo. Auf dem Salon Turin 1982 wurde eine weitere Sprint-Sonderversion vorgestellt: hellgrau metallisiert mit breiten dunkelgrauen Seitenstreifen und Schriftzug, dunkelgraue Leichtmetallfelgen, Auspuffblende, Tweed-Stoffe, Sportlenkrad aus Similiholz, Digitaluhr und Trofeo-Signet.

Giulietta 1.6/1.8 EC. EC stand für Extra Confort und diese ab Juni 1982 in beschränkter Zahl angebotene Version bot eine Luxusausstattung (Aluräder usw.) sowie einen deutlich verminderten Benzinverbrauch (dank verlängerter Achsuntersetzung).

Alfetta Quadrifoglio Oro. Diese vom goldfarbenen vierblättrigen Kleeblatt gekennzeichnete Luxusversion wurde in Italien Mitte 1982 auf den Markt gebracht. Dort wurde sie mit dem Spica-Einspritzsystem ausgeliefert, das eine Leistung von 128 PS bei 5300/min erbrachte (für den Export in andere europäische Länder nach wie vor mit Vergasermotor und 130 PS bei 5400/min). Zur Ausstattung zählten runde Doppelscheinwerfer, Fensterheber auch hinten, elektrische Sitzverstellung vorne (Fahrersitz zudem höhenregulierbar), Zentralverriegelung, Innenbeleuchtung mit Verzögerungsschalter, elektronische Check-Einheit sowie verschönerte Innenauskleidung.

Alfasud Quadrifoglio Oro. Im August 1982 folgte auch eine Luxusversion des Alfasud mit dieser Bezeichnung. Im Gegensatz dazu wurden fortan die sportlich betonten Modelle mit einem grünen vierblättrigen Kleeblatt (Quadrifoglio Verde) gekennzeichnet. Der Alfasud Quadrifoglio Oro bot nun auch als viertürige Limousine zusätzlich eine Heckklappe, und dies galt ebenso für die anderen Alfasud des Jahrgangs 1983 (Kennzeichnung mit S für Super). Zur Ausstattung des Quadrifoglio Oro zählten zudem der vom Alfasud Ti entliehene 1,5-l-Dop-

Alfa Romeo GTV 6 2.5i, 1982

Alfa Romeo Alfetta, 1982

Alfa Romeo Sprint Veloce 1.5 Trofeo, 1983

pelvergasermotor mit 95 PS, Stoßfänger mit Chromband, grau satinierter Kühlergrill, Scheinwerfer-Wisch/Wasch-Anlage, schwarz- und silberfarbene Felgen, in Schutzbänder oberhalb der Türschwellen, neue Innenverkleidungen und Sitzüberzüge und Lenkrad in Similiholz. Daneben gab es die drei- und fünftürigen Alfasud 1.3 SC (Super Confort).

Giulietta Ti. Im September 1982 erschien eine in limitierter Auflage für den italienischen Markt vorgesehene Version Ti des Giulietta. Äußerlich erkannte man sie an glattflächigen Leichtmetallfelgen, metallgrauen Stoßstangen, seitlichen Stoßschutzleisten, schwarzen Regenrinnen und bronzefarbenen Scheiben. Der Innenraum gab sich in Schwarz und Grau (Stoffüberzüge mit grauem Flockenmuster). Angetrieben wurde der Ti vom 130 PS leistenden 2-l-Motor.

Alfasud Sprint 6C. Unter dieser Bezeichnung wurde auf dem Salon von Paris im Herbst 1982 eine für den Rennsport gedachte Sonderversion mit zentral hinter den Vordersitzen eingebautem V6-Motor ausgestellt: präpariert von Autodelta, Hinter- statt Vorderradantrieb, 160 PS, 990 kg, Heckjalousie und -flügel.

Alfasud Ti 1.5 Quadrifoglio Verde. Im Oktober 1982 kam diese neue Hochleistungsversion hinzu: dreitürig, 105 PS dank neuen Nockenwellen, geänderten Zylinderköpfen, Doppelauspuff usw., 5-Gang-Getriebe mit kürzerer Untersetzung, straffere Aufhängung, schwarze Radausschnittränder, Heckflügel; neue Sitze, viel Schwarz im Innenraum, Lederlenkrad.

Spider 1983. Im Februar 1983 bzw. zum Genfer Salon erhielt der Alfa Romeo Spider Veränderungen an Front und Heck. Das in den Stoßschutz integrierte Alfa-Schild hatte Dreieckform und war ganz in Schwarz gehalten, und die Stoßstangen selbst waren ebenfalls prägnanter geformt und überragten eine kleine Bugschürze. Auf die Plexiabdeckungen der Schweinwerfer wurde jetzt generell verzichtet. Noch mehr fiel die neue Heckgestaltung mit einer schwarzen Rückwand auf, die nach oben in Form einer aufragenden Gummilippe eine Abrisskante bildete. Nicht alle Alfa-Freunde ließen sich von dieser Design-Lösung Pininfarinas begeistern...

Sprint 1983. Auch das Coupé Sprint zeigte eine neue, von Schwarz dominierte Front mit breitem Alfa-Schild und kräftigerem Stoßschutz samt integriertem Spoiler. Das Heck trug neue schwarze Kunststoff-Stoßfänger und ein Alfa-Wappen. Hinzu kam ein recht massiv wirkender Flankenschutz. Farbstreifen in den seitlichen Stoßstangenteilen wiesen auf die Motorisierung hin: grau für den 1.3, rot für den 1.5 und grün für den Quadrifoglio. Aller Chrom war schwarzen Einfassungen gewichen. Im Modell Quadrifoglio boten neue Sitze verbesserten Kurvenhalt, Lenkradkranz und Schaltknauf waren lederüberzogen. Auch bei den einfacheren Sprint gab es zusätzliche Luftaustrittsöffnungen und teils neue Schalter.

GTV 1983. Weniger ausgeprägt waren die Änderungen beim GTV: höherer Flankenschutz, alle Karosseriezier in Schwarzgrau, besser ausgeformte Sitze.

Alfa Romeo Giulietta 2.0 Super, 1983

Alfa Romeo Alfasud, 1983

Alfetta III. Im April 1983 nahm Alfa Romeo die Alfetta-Serie III in Produktion. Die Front war mit einem geänderten Grill und vergrößerter Bugschürze markanter geworden. Die Stoßstangen reichten bis zum Radhausausschnitt und fanden in einem auffallenden Flankenschutz eine Fortsetzung (2.0); die Blende am hinteren Dachträger wurde weggelassen, der Luftauslaß schloss sich an die hintere Fensterkontur an. Innen fand sich eine Dachkonsole, die nebst Beleuchtungen die Bedienung für die vorderen Scheibenheber enthielt. Das neu gezeichnete Armaturenbrett umfasste für die Modelle 1.6, 1.8 und 2.0 eine Check-Control-Einheit für die Funktionsüberwachung. Neu waren zudem die Innenverkleidungen, und der Kofferdeckel ließ sich von innen entriegeln, überdies war die Sitzlehnenneigung elektrisch verstellbar (2.0).

Das Modell 2.0i Quadrifoglio Oro arbeitete jetzt mit einem Motronic-System von Bosch (130 statt 128 PS). Hinzu kam eine elektronische Vor- und Nachverstellung der Einlassventil-Öffnungszeiten durch eine hydromechanische Nockenwellenverstellung. Dadurch wurde eine optimale Zylinderfüllung ermöglicht. Dieses von Alfa Romeo patentierte System war eine Pionierleistung, die anderen in der internationalen Automobilindustrie getroffenen Lösungen weit vorausging. Der Turbodieselmotor mit KKK-Abgasturbolader anderseits erhielt einen von 2,0 auf 2,4 l erhöhten Hubraum und neugestaltete Brennräume, womit die Leistung von 82 auf 93 PS stieg. Sein Kühlsystem verfügte nun über zwei thermostatisch geregelte Elektrolüfter. Dieser Alfetta 2.4 TD war weitgehend gleich luxuriös ausgerüstet wie der 2.0.

1983 entstanden zudem 991 Alfetta 2.0i CEM, die ausgewählten Kunden (einschließlich Mailänder Taxifirmen) zu Testzwecken überlassen wurden. CEM stand für Electronic Engine Management und war eine bei geringem Leistungsbedarf aktivierte Zylinderabschaltung von zwei der vier Zylinder. Dieses System war im Umfeld des Nationalen Forschungsrates CNR zusammen mit der Universität von Genua entwickelt worden.

Alfa 33. Trentatre, genau gesagt Alfa Romeo Alfa 33, hieß der Nachfolger des Alfasud, der Ende Mai 1983 vorgestellt wurde. Die Bezeichnung erinnerte an den Rennprototyp 33, mit dem Alfa Romeo 1975 die Markenweltmeisterschaft für sich entschieden hatte. Radstand und Spur entsprachen dem Alfasud, und dies galt auch für das technische Konzept mit Frontantrieb und (längs eingebautem) Boxermotor. Der Alfa 33 war fünftürig und besaß ein Stummelheck, das zwischen Stufen- und Schrägheck lag. Die Länge war um 2 auf 401,5 cm gewachsen, die Höhe der Dachlinie hingegen durch gestreckteres Design von 137 auf 130,5 cm abgesenkt worden. Zum günstigen cw-Wert von 0,36 trugen die geglättete Front mit dem Alfa-Schild in Kühlergrillmitte, der in den kräftigen Stoßschutz integrierte Bugspoiler, die ansteigende Motorhaube, die um 58 Grad geneigte Frontscheibe, die nahtlosen Karosserieübergänge sowie die flachen Raddeckel bei. Auffallend war die optisch mit dem Stoßschutz harmonierende und ebenfalls in Schwarz gehaltene Abdeckung des gesamten Flankenunterteils zwischen den Radausschnitten.

Es gab den Alfa 33 mit 1351- und 1490-cm^3-Motor mit 79 bzw. 85 PS, beide mit Weber-Doppelvergaser und kontaktloser Zündunganlage. Es wurde ausschließlich das 5-Gang-Getriebe eingebaut. Die vordere McPherson-Federbeinaufhängung umfasste Querlenker und Schubstreben. Die Führung der starren Hinterachse erfolgte (ebenfalls wie beim Alfasud) mit je einem vor und hinter der Achse angelenkten Längslenker in der Art eines Wattgestänges sowie einem Panhardstab. Die Bremsanlage umfasste hinten nicht mehr Scheiben, sondern Trommeln. Gleichzeitig hatte man die Wirkung der Handbremse von den Vorder- auf die Hinterräder umgestellt, und die Bremsscheiben waren nun geschützt in den Radschüsseln statt beidseits des Differenzials angeordnet. Die Neigung des Lenkrades war um 4,5 cm verstellbar.

Für den Rostschutz waren besondere Anstrengungen unternommen worden (schließlich galt es, den „rostigen Ruf" des Alfasud endgültig auszumerzen). So gelangten bei 26 Prozent der Karosserieteile Zinkro-Metall-Bleche mit Zink-Chrom-Beschichtung zur Anwendung. Hinzu kamen das Kataphorese-Verfahren und PVC-Schutzelemente. Recht originell gestaltet worden war das Armaturenbrett mit markanter Mittelkonsole und generösen Ablagen. Der Instrumententräger mit vier blendfreien Rundanzeigen war direkt auf der Lenksäule aufgesetzt, sodass er sich beim Verstellen des Lenkrades mitbewegte.

Giulietta 2.0 Turbodelta. Eine superschnelle Mittelklasselimousine, das war das im Mai 1983 bekanntgegebene Resultat der Zusammenarbeit von Alfa Romeo mit der Rennabteilung Autodelta. Kernstück war ein Abgasturbolader von Alfa Avio, der mit dem 2-l-DOHC-Motor verknüpft wurde und die mit zwei Doppelvergaser erreichte Leistung um 40 auf 170 PS anhob; weitere Änderungen: Verdichtung 7,0:1, natriumgekühlte Auslassventile, thermostatisch geregelter Ölkühler, Zweischeibenkupplung, längere Hinterachsübersetzung, vier innenbelüftete Scheibenbremsen, neugestylte Alufelgen, schwarz metallisierte Karosseriefarbe mit roter Zierlinie in den grauen Partien unterhalb der Stoßstangen und Seitenschutzleisten, Momo-Dreispeichenlenkrad, Schalensitze und spezielle Stoffauskleidung. Bis 1984 wurden nur gerade 361 Giulietta 2.0 Turbodelta auf die Räder gestellt.

Alfa Sei 1984. Nach gut vier Jahren erfuhr der Alfa Sei im Juli 1983 eine Verjüngung. An die Stelle der runden Doppelscheinwerfer traten rechteckige Leuchteinheiten. Neue Stoßfänger reduzierten die Länge von 476 auf 468 cm. Es kamen seitliche Schutzstreifen hinzu, und die Luftaustrittsöffnungen an den hinteren Dachträgern besaßen eine neue Form. Im Innenraum fanden sich u. a. noch feinere Auskleidungs- bzw. Überzugsstoffe.

Eine wesentliche Änderung betraf jedoch die Motorisierung: Anstatt mit den sechs Dell'Orto-Vergasern wurde der 2,5-l-V6-Motor nun mit einer L-Jetronic-Einspritzung von Bosch versorgt. Die Leistung erreichte 158 PS bei 5600/min statt 160 PS bei 5800/min. Gleichzeitig ergab sich ein auf 8,7/10,7/16,4 l/100 km reduzierter Benzinverbrauch. Dieser Alfa Sei hieß 2.5i Quadrifoglio Oro.

Weil aber in Italien die Mehrwertsteuer bei über 2 l Hubraum von 20 auf 38 Prozent hinaufschnellte, gab es nun auch den Alfa Sei 2.0 mit 2-l-V6-Motor. Für diesen „piccolo Sei" wurden die sechs Dell'Orto-Vergaser beibehalten; sie sorgten für 135 PS bei 5600/min.

Besondere Bedeutung kam aber dem Alfa Sei 2.5 Turbodiesel 5 zu. Er wurde vom ersten in Italien gebauten Fünfzylindermotor angetrieben. Diese 2494-cm^3-Maschine stammte von VM und besaß mit 88x82 mm die gleichen Zylinderabmessungen wie der 2-l-Vierzylinder-Dieselmotor. Mit dem KKK-Abgasturbolader resultierte eine Leistung von 105 PS bei 4300/min. Es wurden eine Spitze von 170 km/h und ein Verbrauch von 7,0/9,4/10,2 l/100 km gemeldet.

Giulietta 1984. Mit dem neuen Modelljahrgang 1984 erhielten die Giulietta einen geänderten, in hellfarbener Metallicfarbe gehaltenen Kühlergrill, eine neue Bugschürze mit integrierten Nebellampen, eine neugestaltete Heckblende mit Nebelschlussleuchten, ein vollständig umgezeichnetes Armaturenbrett mit aufgesetztem rechteckigem Instrumententräger samt integriertem Check-Control (elektronische Funktionsdiagnose) und Ablagefach, getönte Scheiben, vordere Scheibenheber, Zentralverriegelung und weiteren Verfeinerungen.

Alfa 33 4x4. Schon auf dem Salon von Turin des Jahres 1982 hatte Pininfarina den in Eigenregie entwickelten Prototyp für einen allradgetriebenen Alfa vorgestellt. Auf der IAA Frankfurt 1983 kam eine daraus entstandene serienmäßige Version des Alfa 33 1.5 ins Serienangebot der Mailänder Marke. Zusätzlich besaß dieses Modell eine vom Getriebe nach rückwärts führende zweiteilige, in der Mitte gelagerte Kardanwelle sowie ein hinteres Differenzial an der aufwändig geführten Starrachse. Der Hinterradantrieb ließ sich durch Ziehen eines Hebels (im Stand) zuschalten. Die Bodenfreiheit war um 2 auf 15 cm erhöht worden. Verschiedene Anpassungen waren zudem für die Plattform zu verzeichnen. Die von der Firma Ototrasm in Bari hergestellten Zusatzteile erhöhten das Leergewicht um 50 auf 840 kg. Die Aufrüstung auf Vierradantrieb erfolgte im Pininfarina-Werk in Grugliasco bei Turin. Der Alfa 33 4x4 war ausschließlich in Granatrot oder Silbergrau zu haben.

Alfa Romeo Spider 1.6, 1983

Alfa Romeo Alfa 33, 1984

Alfa 33 Giardinetta. Zum Genfer Salon 1984 kam die Kombiversion Giardinetta hinzu. Es gab sie sowohl mit Front- wie mit Vierradantrieb. Das rhombusförmige dritte Seitenfenster und die ab Gürtellinie nach vorne geneigte Heckklappe verhalfen diesem Kombi zu sportlich-individuellen Aussehen, das durch die Dachschienen noch unterstrichen wurde. Der Giardinetta wurde bis Juni 1986 bei Pininfarina und danach im Alfasud-Werk in Pomigliano d'Arco hergestellt.

Alfa 33 Quadrifoglio Verde. Diese leistungsgesteigerte Version rollte im Juni 1984 an: 105 PS bei 6000/min, kürzere Untersetzungen, Alufelgen mit Breitreifen, 185 km/h Spitze, schwarze Fensterrahmen usw.

Alfa 90. Anfang Juli 1984 gelangten erste Bilder und Informationen über den Alfa 90 in die Fachpresse, das offizielle Debüt erfolgte aber erst im September. Der Alfa 90 löste den Alfetta ab, mit dem er Radstand und Länge sowie das technische Konzept mit der Transaxle-Bauweise – hinten am Differenzial angeflanschtes Getriebe – und der De-Dion-Hinterachse mit Wattgestänge teilte. Die Motorauswahl begann mit dem 1,8-l-Aggregat und führte über den 2-l-Motor mit zwei Doppelvergaser oder elektronischer Einspritzung Motronic mit Phasenwandler bis zum 2,5-l-V6-Einspritzmotor (im Modell Quadrifoglio Oro), zudem stand der 2,4-l-Turbodiesel zur Wahl. Die Schaltung des 5-Gang-Getriebes war verbessert worden, und auf Wunsch wurde eine geschwindigkeitsabhängig wirkende Servolenkung eingebaut.

Die Karosserie war in Zusammenarbeit mit dem Karosseriewerk und Designstudio → Bertone entstanden. Vor allem waren die Front und er gesamte Heckbereich in Richtung besserer Aerodynamik umgestaltet worden. Eine Besonderheit verkörperte der Frontspoiler, der je nach Geschwindigkeit eingezogen oder ausgefahren wurde. Durch seine Form regelte er sowohl den Abtrieb an der Vorderachse wie die Kühlluftzufuhr zum Motorraum. Das Lenkrad war axial und in der Höhe verstellbar, und das ungewöhnliche Instrumentengeviert enthielt digitale Anzeigen mit schräg aufsteigenden Tempo- und Tourenzahlwerten sowie eine neuartige Verbrauchskontrolle. Besonderheiten waren die Diagnoseeinheit Alfa Romeo Control und der Handbremshebel in Form eines Spatengriffs. Zu den aufpreispflichtigen Zubehören zählte nebst Schiebedach und Klimaanlage ein als Handy bezeichnetes Maßköfferchen, das sich in das Armaturenbrett einschieben ließ.

Anlässlich dieser Vorpräsentation vermittelte Alfa-Präsident Dr. Ettore Massacesi einen Zukunftsausblick: Bereits würden bei Alfa Romeo Bodengruppen und verschiedene Ausrüstungselemente für den im Produktionsanlauf stehenden → Lancia Thema hergestellt. Denn diese Konstruktionselemente würden später auch für den Alfa-Sei-Nachfolger und den kommenden großen Fiat verwendet. Weiter verriet Massacesi, dass der neue große Alfa in Zusammenarbeit mit Pininfarina entstehe. – Um der konjunkturell bedingt gesunkenen Nachfrage gerecht zu werden, beschloss Alfa Romeo im September 1984 den Übergang vom Zwei- zum Einschichtbetrieb und damit einen Abbau der Arbeitskräfte.

Alfa Romeo Spider, 1984

Auf dem Salon Paris wurde im Oktober 1984 als Sonderversion ein originell dekorierter Alfasud Sprint Balocco mit Schiebedach ausgestellt. Ab November 1985 erhielten die Modelle Alfa 33 SL, 33 Quadrifoglio Oro und 33 4x4 statt des 84 PS leistenden 1,5-l-Motors mit Doppelvergaser eine Ausführung mit zwei Doppelvergasern und 95 PS Leistung. Vor allem für den Heimmarkt gedacht war eine 86 PS leistende Version des 1351-cm^3-Motors mit zwei Doppelvergasern.

Auf Ende 1984 fiel die Alfa-Rennabteilung Autodelta in Settimo Milanese zum Bedauern einer großen Fangemeinde dem Rotstift zum Opfer...

GTV 6 2.5 Grand Prix. Diese Sonderversion mit speziellen Alufelgen, Kotflügelverbreiterungen, eigenem Frontspoiler und lackiertem Stoßschutz wurde auf dem Genfer Salon 1985 gezeigt. – Die GTV-Coupés wurden noch bis im Januar 1987 gebaut.

Alfa 75. Im Mai 1985 wurde der Giulietta durch den Alfa 75 abgelöst (Bezeichnung zum 75-Jahr-Jubiläum). An der Grundkonstruktion und am Radstand war nichts verändert worden. Aber Ermanno Cressoni (der schon den Giulietta 1978 und den Alfa 33 geformt hatte) und das Centrostile Alfa Romeo hatten den Mut, die schon beim Giulietta eingeführte Keilform noch herauszuheben. Es war einer jener Fälle, da man sich fragte, warum man nicht von Anfang an zu dieser Formkonsequenz gegriffen hatte. Mit einem kontrastierenden Farbstreifen wurde die Gürtellinie von den Scheinwerfern bis zum Heck unterstrichen. Das Heck war um 12 cm verlängert worden, wirkte nun nicht mehr bloß als Stummel und bot 500 statt 420 dm^3 Gepäckvolumen. Mit aerodynamischem Feinschliff, einschließlich glattflächiger Radkappen, war ein cw-Wert von 0,37 erreicht worden.

Nach wie vor bot die De-Dion-Hinterachse mit am Wagenboden aufgehängter Getriebe-/Differenzial-Einheit die kombinierten Vorzüge einer Einzelradaufhängung (geringe ungefederte Massen) und einer Starrachse (weder Spur- noch Sturzveränderungen) sowie eine günstige Gewichtsverteilung. Die DOHC-Motoren mit 1,6, 1,8 und 2 l Inhalt waren mit je zwei Doppelvergasern bestückt. Hinzu kamen der VM-Turbodieselmotor und im Alfa 75 Quadrifoglio Verde der 2,5-l-V6. Das 5-Gang-Getriebe ließ sich nun leichter und präziser schalten.

Bei den stärker motorisierten Modellen war gegen Aufpreis eine degressiv arbeitende Servolenkung lieferbar, und auf Ende Jahr wurde das ABS von Teves-ATE in Aussicht gestellt (auch für die anderen Alfa mit dem V6-Motor). Das in rechteckigen Gehäusen untergebrachte Instrumentarium war reichhaltig, Sitze und Innenraum präsentierten sich gepflegt und ebenso originell gestaltet wie das Außendesign. Hinsichtlich Korrosionsschutz und Qualitätskontrolle waren für den Alfa 75 besondere Anstrengungen unternommen worden.

Alfa 90 2.0 6V. Vor allem für den einheimischen Markt bestimmt war der ebenfalls im Mai 1985 herausgebrachte Alfa 90 mit der 2-l-Version des V6-Motors mit L-Jetronic-Einspritzung und 132 PS.

Sprint Grand Prix. Im Herbst 1985 folgte analog zur entsprechenden GTV-Version ein Sprint Grand Prix auf der Basis des Sprint Quadrifoglio Verde mit der Karosseriefarbe angepassten Stoßstangen und Flankenschutz, dunkelgrauen Zierstreifen, Veloursstoff usw.

– Mangels Nachfrage musste Alfa Romeo im Oktober 1985 das Werk in Pomigliano d'Arco für drei Wochen schließen und die Bezahlung von 8000 Arbeitern der staatlichen Lohnausgleichskasse überlassen; es standen 9000 Wagen auf Halde!

Spider 1986. Nachdem sie bereits auf dem US-Markt eingeführt worden war, kam die leicht überarbeitete Version des auf das Jahr 1968 zurückgehende Spiders auf dem Genfer Salon 1986 zur Europapremiere: Front- und Heckspoiler umgeformt, Topausführung Quadrifoglio Verde mit Schwellenverkleidungen, gelochte Alufelgen, Armaturenbrett und Mittelkonsole in neuem Design (Quadrifoglio Verde zudem mit neuen Sportsitzen und Türinnenverkleidungen); auf Wunsch nun ein Hardtop mit Farbkontrastband zwischen Tür- und hinterem Seitenfenster sowie über der Heckscheibe.

Ebenfalls in Genf gezeigt wurde der Prototyp eines Alfa 75 Sportwagon, der von → Rayton Fissore geschaffen wurde. Zunächst für den US-Markt erhielt der Alfa 75 die Zusatzbezeichnung Milano. Er war auf diesem Markt der erste viertürige Alfa (neben GTV und Spider) und wurde als Quadrifoglio Argento, Oro und Platino angeboten (2,5-l-V6, verstärkte Stoßstangen).

Alfa 75 1.8 Turbo. Einerseits wegen der ab 2 l Hubraum prohibitiv hohen Besteuerung, anderseits weil es um die Homologationsbasis für eine neue Generation von Gruppe-A-Wagen ging, brachte Alfa Romeo im Frühling 1986 das Modell 75 1.8 Turbo auf den italienischen Markt: Abgasturbolader Garrett T3 der dritten Generation, Ladeluftkühler, Bosch-Einspritzung Jetronic LE 2, digitale Kennfeldzündung mit eigens entwickeltem Klopfsensor; als Resultat 155 PS bei 5800/min, 0–100 km/h in 7,6 s, 210 km/h Spitze.

Im März 1986 wurde die Modellreihe Alfa 90 durch den Typ 2.5 V6 ergänzt: Technik des Quadrifoglio Oro, aber etwas bescheidenere Ausstattung.

Alfa 90 Super. Ein feinmaschiger Kühlergrill war das äußere Hauptmerkmal der mit dem Salon von Turin im April/Mai 1986 eingeführten Alfa 90 Super. Es gab sie mit den gleichen Motoren wie die Vormodelle, aber die Getriebeuntersetzungen waren nun wieder kürzer, was für wesentlich besseres Beschleunigungsvermögen sorgte, und die Höchstgeschwindigkeit war wieder im fünften Gang anzupeilen. Rückgängig gemacht wurden auch die digitalisierten Instrumente, denn die traditionellen Rundinstrumente waren eben doch praktischer und schöner gewesen! Auch neue Sitze gab's, und erstmals bei Alfa Romeo konnte (für die V6-Versionen) ein ABS dazubestellt werden. Der 2-l-Vierzylindermotor wurde nur noch mit Einspritzung ausgerüstet, und der Turbodieselmotor wurde von einem kleineren Lader versorgt (K 16 statt K 24).

Um die Probleme mit Alfa Sud und Arna in den Griff zu bekommen, schloss der neue Alfa-Geschäftsführer Giuseppe Tramontana im Frühling 1986 mit Nissan eine Vereinbarung, wonach in Italiens Süden jährlich 15'000 kompakte Geländefahrzeuge gebaut werden sollten und zwar sowohl mit dem Boxermotor des Alfa 33 wie mit einem Turbodieselaggregat.

Doch dies wäre nur ein Tropfen auf den heißen Stein gewesen. Bei der Staatsholding IRI hatte man inzwischen eingesehen, dass das Problem Alfa Romeo sich nur durch Anlehnung an einen Grossen der Branche lösen ließ. Nachdem offenbar bereits Verhandlungen mit GM, Chrysler und Volvo geführt worden waren, begannen im Frühling 1986 ernsthafte Abklärungen mit Ford. Der stets noch auf italienische Namen erpichte zweitgrößte Autokonzern sah eine neue Chance, nachdem er auf Ferrari und inzwischen auch auf Fiat verzichten musste. Die Studien- und Verhandlungsperiode sollte im Juli abgeschlossen werden...

Doch dann erklärten Cesare Romiti, Geschäftsführer der Fiat-Holding, und Vittorio Ghidella, Leiter der Fiat Auto SpA, längst einen Joint-Venture-Vorschlag vorgelegt zu haben. Darauf zeichnete sich ein Seilziehen zwischen dem Parlament, das die Fiat-Lösung bevorzugte, und dem IRI-Vorsitzende Romano Prodi ab, der offenbar dem Ford-Weg zugetan war. Es kam zu vielen Spekulationen und Indiskretionen, und im September 1986 besuchten Giovanni Agnelli und Cesare Romiti Regierungschef Bettino Craxi in Rom und kündigten neue Vorschläge für eine nationale Alfa-Rettungsaktion an.

Alfa Romeo Alfa 33 1.5 4x4 Giardinetta, 1985

Alfa Romeo Alfa 90 2.5i, 1985

Alfa Romeo Sprint Quadrivoglio Verde, 1988

Alfa 33 1987. Nicht nur wurde ab dem Modelljahrgang 1987 der 1,5-l-Motor des Alfa 33 von 95 auf 105 PS gebracht, gleichzeitig wurde die „Boxerfamilie" um eine weitere Hubraumversion erweitert: 1717 cm^3, 118 ohne, 115 PS mit Katalysator, hydraulische Ventilstößel, 0–100 km/h in 9 s, 196 km/h. Zudem wurde ein Turbodieselmotor von VM in die Auswahl aufgenommen, erstaunlicherweise ein Dreizylinder: Bezeichnung 1.8 TD, 1779 cm^3, 74 PS, Abgasturbolader KKK, Schwingungsausgleichswelle, 0–100 km/h in 14 s, 165 km/h.

Fahrwerk und Bremsanlage wurden verstärkt, der Kühlergrill geändert (breiteres Rähmchen um das Markenwappen) und der Innenraum aufgewertet (neuer Instrumententräger mit großen Rundinstrumenten, zahlreiche Ablagen, 1.7 Quadrifoglio Verde mit Sportsitzen und attraktiven Auskleidungen).

Ende Oktober 1986 lagen die Karten für den Übernahmekampf um Alfa Romeo zwischen Ford und Fiat auf dem Tisch der IRI: Fiat wollte Alfa Romeo mit Lancia zusammenlegen und bot rund das Doppelte von Ford. Im November fiel dann der Entscheid zugunsten der einheimischen Lösung: Fiat kaufte Alfa Romeo zum 1. Januar 1987 für einem Milliardenbetrag, der in fünf Jahresraten abzuzahlen war, übernahm auch alle Schulden und noch zu erwartenden Defizite und verpflichtete sich für Investitionen, die fast fünfmal so hoch waren wie der Kaufpreis. Die Zahl der Alfa-Mitarbeiter sollte von 34'000 auf 29'000 reduziert werden.

Alfa Romeo Alfa 6, 1985

Alfa Romeo Alfa 75 6Vi, 1986

Alfa Romeo Alfa 33 16V, 1990

Für die unter einem Dach zu führenden Marken Alfa Romeo und Lancia wurde als Zielvorgabe ein Jahresausstoß von 620'000 Wagen genannt. Zum 1. Januar 1987 nahm die Firma Alfa Lancia Industriale unter Präsident Vittorio Ghidella (der auch Fiat Auto führte) ihre Tätigkeit auf; als ihr Leiter wurde Piero Fusaro ernannt; Giuseppe Tramontana wurde als Alfa-Geschäftsführer bestätigt. Das unrentable Produktionsgruppensystem in Arese und Pomigliano wurde in der Folge durch herkömmliche Fließbandarbeit abgelöst.

75 2.0 Twin Spark / 6V 3.0. Im Februar 1987 erweiterte Alfa Romeo das Motorenangebot bei den 75er Modellen um zwei Hochleistungsmotoren: Die Zusatzbezeichnung Twin Spark beim 2-l-Vierzylinder wies auf die Doppelzündung dank acht Zündkerzen hin. Der entsprechend neukonstruierte Zylinderkopf ermöglichte eine kompaktere Brennraumform, einen flachen Kolbenboden, geradere Ansaugkanäle und eine optimierte Verbrennung. Hinzu kam ein elektronisches Digitalsystem Motronic ME 7 für die Bosch-Einspritzung, die Doppelzündung ergänzte die Regelung der als Phasenwandler bezeichneten veränderlichen Ventilsteuerung. Die Leistung stieg auf 148 (ohne) bzw. 145 PS (mit Katalysator), während der ECE-Verbrauch auf 6/8,4/9,9 l/100 km sank.

Für den 6V 3.0 war der 2,5-l-V6 auf 2959 cm^3 vergrößert und zudem die Verdichtung von 9:1 auf 9,5:1 angehoben worden. Damit standen 188/185 PS (ohne/mit Katalysator) zur Verfügung (Bosch L-Jetronic). Bei seiner Markteinführung erhielt der 75 6V 3.0 die Zusatzbezeichnung America. Mit diesen beiden Motoren wurden im Alfa 75 gleichzeitig auch eine Differenzialbremse mit 25 Prozent Wirkung sowie eine Servolenkung eingebaut. Hinzu kamen die typischen Alufelgen. – Ab Mitte 1987 gab es einen 75 1.8 Turbo America mit massiverem Stoßschutz sowie Anbauteilen.

Alfa 164. Eigentlich hätte Alfa Romeo den Typ 164 bereits auf dem Genfer Salon 1987 zur Premiere bringen wollen. Die Übernahme von Alfa Romeo durch Fiat verzögerte jedoch die Lancierung. Aber schon bevor die offizielle Vorstellung im Herbst auf der IAA Frankfurt erfolgte, wurde wesentliche Details bekannt und Bilder veröffentlicht: Der Alfa 164, der den wenig erfolgreichen Alfa Sei ablöste, war eine Pininfarina-Schöpfung und sah ungemein attraktiv aus. Hinsichtlich Eleganz und Sportlichkeit konnte man sich kaum eine gelungenere viertürige Stufenhecklimousine vorstellen. Da war dem Lancia Thema und dem Fiat Croma, die auf dem gleichen Frontantriebskonzept basierten und mit dem Alfa 164 einen Großteil der technische Komponenten teilten, ein bedeutender Konkurrent entstanden (ursprünglich war ja auch der Saab 9000 aus analogem Ideengut entwickelt worden).

Die schräggestellten niedrige Keilfront mit dem unverkennbaren Alfa-Dreieck in der Mitte war im Vorjahr bereits an der Pininfarina-Sportwagenstudie Vivace aufgefallen. Von der Front ausgehend verlief unterhalb der nach hinten leicht ansteigenden Gürtellinie eine Prägekante. Die Fensterflächen des schlicht geformten Pavillons waren ringsum großzügig und versprachen einwandfreie Rundsicht. Auffallend war die Schutzbeplankung zwischen den Radausschnitten. Der Radstand von 266 cm stimmte mit jenem von Thema und Croma überein, doch rangierte der Alfa 164 hinsichtlich Länge mit 455,5 cm zwischen diesen beiden „Vettern", war aber mit just 140 cm klar niedriger. Der Luftwiderstandsbeiwert wurde mit cw 0,30 angegeben.

Dass dieser große Alfa nun wie der kompakte Alfa 33 Frontantrieb besaß, löste bei manchen Fans der Marke Stirnrunzeln aus. Und es bedurfte in der Tat einer ziemlichen Umstellung, um auch mit dieser Quermotorkonstruktion und ihrer vorgegebenen Untersteuertendenz ungetrübtes Fahrvergnügen zu erleben. Doch der Alfa 164 bot ein gut kontrollierbares Eigenlenkverhalten und dazu ein hohes Komfortniveau. Es standen vier aus anderen Alfa-Modellen bekannte Motorisierungen zur Wahl (s. Tabelle). Mit dem 2.0 Turbo ließ sich Tempo 100 in 7,2 s, mit dem 3.0-V6 in 7,7 s erreichen.

Die Vorderradaufhängung umfasste Federbeine und Dreieckquerlenker, hinten Federbeine mit doppelten Querlenkern und Zugstreben. Auf Wunsch gab es ein ABS und (ab Modell Turbo) eine hintere Niveauregulierung. Der geräumige Innenraum gab sich elegant-gepflegt, und das konsequent eckige Design des Armaturenbrettes samt tastenreicher Mittelkonsole passte zum äußeren Erscheinungsbild.

Sprint 1988. Im Herbst 1987 erhielt das seit elf Jahren gebaute fünfsitzige Coupé Sprint in der Version Quadrifoglio Verde anstelle des 1,5-l-Motors die 1717-cm^3-Maschine, war aber auch weiterhin mit dem 1351-cm^3-Motor erhältlich. Es resultierten 118 PS bzw. 105 PS in der Einspritzversion (Bosch Jetronic LE 3.2) mit Katalysator. Die Achsuntersetzung und die unteren Gänge wurden verlängert, der fünfte Gang verkürzt, womit das Getriebe nun jenem im Alfa 33 entsprach. Auch das Fahrwerk wurde jenem des Typs 33 angeglichen; damit wichen die Vierrad-Scheibenbremsen einer gemischten Anlage. Von außen erkannte man den neuen Sprint am verchromten Alfa-Dreieck im Kühlergrill, den Schwellenverkleidungen statt der seitlichen Rammschutzflächen sowie dem typischen Alfa-Raddesign. Der Quadrivoglio Verde erhielt zudem einen markanten Heckflügel. Innen fanden sich besser ausgeformte Sitze und neue Stoffmuster.

Den gleichen Motor gab es übrigens alsbald auch im Alfa 33, der (als Quadrifoglio Verde mit Heckflügel usw.) schon zuvor auf bestimmten Märkten mit ungeregeltem Katalysator und zwei Doppelvergasern (115 PS) ausgeliefert worden war.

Alfa 33 Sport Wagon. Zum Modelljahr 1988 wurde der Kombi Giardinetta auf Sport Wagon umbezeichnet; auch er hatte inzwischen eine Verjüngung des Innenraums erfahren.

Alfa 75 1989. 1989 kamen für die Alfa 75 die Motorisierungsvarianten 1.8 IE (Steuerung von Einspritzung, Zündung und Phasenwandler durch Bosch-Motronic M 3.3, 122 PS) und 2.4 TD (Turbodiesel mit Ladeluftkühlung, 112 PS) hinzu. Die Front der Baureihe 75 zeigte einen oben und seitlich verkleinerten Kühlergrill und Prägekanten auf der Motorhaube. Es gab neue Stoffe mit Rautenmuster bzw. Fischgratdessin bei den teureren Modellen. Parallel dazu wiesen die Instrumentenskalen je nach Modell unterschiedliche Tönungen auf. – Im Frühling 1989 wurde der Alfa 164 3.0 V6 mit dem 4-Stufen-Automatikgetriebe 4 HP-22 von ZF lieferbar.

SZ. Er zählte zu den Überraschungen des Genfer Salons 1989. Doch das Design des Zweisitzercoupés Alfa Romeo SZ (intern mit ES 30 = Experimental Sports Car 3000 bezeichnet) wurde kontrovers aufgenommen. Neben begeisterten Stimmen gab es Kritiker, denen die ausgeprägt keilförmige Gürtellinie zu hoch und die Seitenfenster zu niedrig erschienen. Im Rückblick zeigt sich dieser Alfa SZ als Schrittmacher für eine Designtendenz, die rund ein Jahrzehnt später zu dominieren begann und den Autokäufern wuchtige Karosserieflanken und schlechte Rundsicht bescherte. Der Alfa-typische Wappengrill wurde von je drei quadratischen Scheinwerfern flankiert, der Bug war als mächtige Schürze ausgebildet und die Motorhaube war sowohl längs wie quer gebogen.

Entworfen worden war der SZ im Fiat-Lancia-Alfa-Designzentrum. Ungewöhnlich war nicht nur seine Formgebung, sondern auch die Tatsache, dass sein Aufbau nicht aus dem für luxuriöse Kleinserien üblichen Aluminium, sondern aus bis dahin in Italien eher verpönten Kunststoffen bestand: Die Karosserieteile wurden nach Einspritzen von Verbundwerkstoff (thermohärtender Metacryl-Kunstharz vom Typ Modar und Glasfasern mit Aluminiumelementen sowie Carbonfasern) kalt gepresst und mit einer tragenden Stahlstruktur verklebt. Nur gerade das Dach wurde aus Leichtmetall gefertigt. Alfa Romeo SZ hatte es in der Giulietta-Serie schon von 1957 bis 1962 gegeben. Auch beim neuen SZ stand S für Sprint und Z für Zagato. Bei diesem legendären Mailänder Karosseriewerk (→ Anhang) sollte das neue Coupé in einer Kadenz von vier Wagen pro Tag montiert werden.

Alfa Romeo Alfa 164 V6 3.0, 1990

Technische Basis zum SZ lieferte der Alfa 75 3.0 V6, dessen Plattform mit unverändertem Radstand von 251 cm übernommen wurde. Mit 406 cm war er allerdings 36 cm kürzer als die Limousine. Durch Änderungen an Ansaug- und Auslasskanälen sowie an der Nockenwelle stieg die Leistung in der Katalysatorausführung von 185 auf 207 PS. 100 km/h waren in 7 s erreichbar und als Höchstgeschwindigkeit wurden 245 km/h genannt.

Im Gegensatz zum Alfa 75 wurden vorne Schrauben- statt Torsionsstabfedern verwendet. Das Fahrwerk war nicht nur sportlich-straffer abgestimmt, sondern bot Koni-Stoßdämpfer mit hydraulischer Niveauregulierung, mit der sich die Bodenfreiheit um bis zu 5 cm variieren ließ. Das Cockpit war der Exklusivität entsprechend ausgestattet. Ende 1992 sollte dann noch eine Cabrioversion RZ hinzugekommen. Bis 1994 wurden 755 SZ und 243 RZ aufgebaut.

Im Frühjahr 1989 erfuhr die Fiat-Auto-Gruppe eine Neueinteilung. Zwar blieb Alfa-Lancia Industriale erhalten, aber Lancia wurde Fiat zugeteilt, während Alfa Romeo zu einer eigenen Abteilung mutierte (mit Generaldirektor Giovanni Battista Razzelli; Piero Fusaro blieb Verwaltungsratsvorsitzender).

Spider 1990. Auf den Auto-Shows von Detroit und Los Angeles wurde im Januar 1990 – man möchte sagen endlich – eine stilistisch verfeinerte Version des inzwischen seit 24 Jahren von Pininfarina gebauten Alfa-Spiders eingeführt. Das weiterhin in den Stoßschutz integrierte „Alfa-Mäulchen" war zwar etwas weniger markant, aber vor allem war die von vielen Fans kritisierte schwarze Abrisskante am Heck verschwunden. Sie war einem harmonisch gerundeten Karosserieabschluss mit leicht um die Ecken gezogenem Rückleuchtenband gewichen. So sah der Spider moderner und gefälliger aus. Die Länge hatte um 1,5 auf 426 cm zugenommen.

Mit Hinterradantrieb samt genau geführter Starrachse (Längsschubarme und mittlerer Dreieckquerlenker) war der Spider, im Gegensatz zum Trend der Zeit, der Standardbauweise treu geblieben. Weiterhin wurden wahlweise drei Motoren eingebaut: 1,6 l mit zwei Doppelvergasern und nun 109 statt 104 PS; 2 l mit Bosch Motronic ML 4.1 und 126 PS (zuvor 128 PS, ECE 124 PS); zusätzlich mit Dreiwegekatalysator, auf 10:1 statt 9:1 erhöhter Verdichtung und 120 statt 115 PS. Die Servolenkung wurde fortan serienmäßig eingebaut, und die Verdeckhandhabung hatte man vereinfacht.

Alfa 33 1990. Im Januar 1990 zeigte sich die Modellreihe 33 in aufgefrischter Form: Auffallend war die den Alfa 75 und 164 ähnelnde Frontgestaltung mit Öffnungen beidseits des dreieckigen Alfa-Signets. Über diesem zeigte die Motorhaube eine sich nach hinten verbreiternde Prägung. Die Schlussleuchten liefen als Band von links nach rechts über die Wagenbreite. Zudem waren die Stoßschutzflächen vergrößert worden. Über dem hinteren Radkasten verlief die Gürtellinie nicht

Alfa Romeo Alfa SZ, 1990

mehr nach oben, sondern horizontal nach hinten. Die Länge wuchs um 6,5 auf 407,5 cm (Sport Wagon 420 cm). Ein neuer Instrumententräger sorgte für verbesserte Übersicht, und die Stoffüberzüge variierten je nach Ausstattung: Funzionale (1,3- und 1,5-l-Motor), Elegante (1.7 IE, 1.7 IE 4x4, Boxer 16V) sowie Sportivo (Boxer 16V Quadrifoglio Verde mit hinterem Luftleitflügel und gelochten Leichtmetallrädern).

16V wies darauf hin, dass es neu eine 1717-cm^3-Version mit 2x2 obenliegenden Nockenwellen und 16 Ventilen gab. Dieses mit Bosch-Einspritzung Motronic ML 4.1 arbeitende Triebwerk kam ohne Katalysator auf 137 PS (neu wurden von Alfa Romeo zugleich die um bis 3 Prozent tiefer liegenden PS nach ECE-Norm angegeben). Der „16-Ventiler" war 10:1 verdichtet und die Einzelnocken der jeweils zwei Ventile waren unterschiedlich geformt, wodurch abweichende Steuerzeiten erzielt wurden. Auch die drei anderen Benzinmotoren waren optimiert worden, während der ungewöhnliche 1779-cm^3-Dreizylinder-Dieselmotor mit Schwingungsausgleichswellen von VM im Alfa 33 1.8 TDi durch den Einbau eines Ladeluftkühlers und durch die Verwendung einer Vorkammer mit tangential montierter Einspritzdüse eine Leistungssteigerung von 74 auf 84 PS erfuhr.

Verbessert worden waren auch die Vorder- und Hinterradaufhängung. Die 1,7-l-Modelle gab es mit ABS und Vierrad-Scheibenbremsen. Beim 4x4-Modell erfolgte das Zuschalten des Hinterradantriebs nicht mehr über einen Hebelmechanismus, sondern über einen computergesteuerten elektromagnetischen Schalter und eine Stirnradverzahnung. So ließ sich der Vierradantrieb während der Fahrt zuschalten. Ab 1717 cm^3 wurde serienmäßig eine Servolenkung eingebaut.

Alfa Romeo Spider, 1990

2 x 75. Auf dem 63. internationalen Automobilsalon von Turin wurden im April 1990 die zwei Alfa 75 mit erhöhter Leistung eingeführt: 1.8 Turbo Quadrifoglio Verde mit 165 statt 115 PS und 3.0 V6 mit 192 statt 188 PS. Als 3.0 V6 QV (Quadrofoglio Verde) löste er den 75 America ab. Zusammen mit der von 3,55 auf 3,73 verkürzten Achse ließ sich nun Tempo 100 in 7,5 statt 7,9 s erreichen.

164 Quadrifoglio. Nur einen Monat später wurde auch der Alfa 164 Quadrifoglio vorgestellt. Er entsprach dem 164 S, wie er parallel zum neuen Spider seit Anfang Jahr das USA-Angebot bereicherte. Die Leistung wurde mit just 200 PS und nach ECE-Norm mit 197 PS angegeben. Er hob sich durch Seitenschweller und einen Heckspoiler ab, und seine Spitze wurde mit 233 km/h angegeben. Dieser ab Juni (im Export ab September) erhältliche Top-164 wurde zudem mit einem elektronischen Stoßdämpfersystem ausgerüstet.

Alfa Romeo

Alfa Romeo	Bauart	Mot.	Getr.	R/L cm	Baujahre
Alfasud	**Fr.**	**a–g**	**4/5**	**245,5/399,5/398**	**1980–83**
Alfasud Sprint		**d/f/g**	**5**	**245,5/402**	
Motoren:	*Zyl.:*	*N'w.:*	*cm³:*	*PS/'min:*	*Nm/'min:*
a	B4	OHC	1186	63/68/6000	88/90/3200
b (Giardinetta –1981)			1351	71/5800	105/3000
c				79/78/75/6000	111/3500
d (ti/Sprint V. 1.3)				86/85/5800	119/4000
e			1490	85/84/83/5800	121/3500
f (ti/Sprint V. 1.5)				95/5800	130/4000
g (Ti 1.5/Spr. 1983–)				105/6000	133/4000
Sprint	**Fr.**	**a–f**	**5**	**245,5/402,5**	**1983–89**
a	B4	OHC	1351	86/5800/85	119/4000
b (–1987)			1490	105/6000	133/4000
c (CH/CH Quadr. –1985)				95/5800/105/6000	130/133/4000
d (1986/87)				94/5800/102K	128/4500
e (1987–)	B4/B4i		1717	118/5800/ 105K/5500	147/3500/ 145/4500
f (Export 1987–)				115	
Alfa 33	**Fr.(4)**	**a–q**	**5**	**246/401,5/414 247,5/407,5/420**	**1983–89 1990**
Motoren:	*Zyl.:*	*N'w.:*	*cm³:*	*PS/'min:*	*Nm/'min:*
a	B4	OHC	1351	79/6000/75	111/3500
b (1.3S'84–86 *'86–89)				86/5800	119/3500/4000*
c (Export 1985–89)			1351/1186	85/68	–
d (1990–)			1351	86/6000/88	122/4000
e (–1984)			1490	85/84/5800	121/3500
f (1984–86)				95/5750/90	130/4000
g (Export 1985/86)				85/92K	
h (1.5 Quadr.V.'84–86)				105/6000	133/4000
i (1986/87)				105/6000/102K	
j (1986/87)				94/5800/90	128/4500
k (1987–89 *1990–)				105/5600 /6000*	133/4000/ 136/4500
l (1.7 Quadr.V.'86/87)			1717	118/115K/ 5800/115	147/143/ 3500
m (1987–89)				118/5800/115	147/3500
n (1987–89)	B4i			110/105K/5500	148/145/4500
o (1990–)				107K/110/5800	149/153/4500
p (1990–)		D16V		132K/137/6500	155/161/4600
q (1986–89 *1990–)	3TD	OHC	1779	74/4000/84*/4200	153/178/2400
Spider	**St.**	**a–i**	**5**	**225/412/422U 225/424,5/428,5U 225/426**	**1980–82 1983–89 1990**
Motoren:	*Zyl.:*	*N'w.:*	*cm³:*	*PS/'min:*	*Nm/'min:*
a (–1989)	4	DOHC	1567	104/102/103/5500	137/4300
b (1990–)				109/6000	137/4800
c (Veloce 2000 –1983)			1962	128/5300/121–127	178/4300
d (1983–89)				128/5400/125	178/4000
e (CH 1983–86)				127/5300	179/4400
f (USA –1981 *1981–83)		4i		112/113*/ 5000	165/4000/ 157/2500
g (1983–88)				117K/5500/115K	162/2750
h (1988/89)				115K/117K/5500	162/3000
i (1990–)				120K/122K/ 126/5800	161/167/ 4200
Giulietta	**St.**	**a–f**	**5**	**251/421**	**1980–85**
Motoren:	*Zyl.:*	*N'w.:*	*cm³:*	*PS/'min:*	*Nm/'min:*
a	4	DOHC	1357	95/90/6000	121/4500
b			1570	109/108/5600	142/4300
c			1779	122/120/5300	167/4000
d			1962	130/5400/120–128	180/178/4000
e (1983/84)	4T			170/5000	283/3500
f (1983–)	4TD	OHV	1995	82/4300	162/2300
Alfa 75	**St.**	**a–l**	**5**	**251/433**	**1985–90**
Motoren:	*Zyl.:*	*N'w.:*	*cm³:*	*PS/'min:*	*Nm/'min:*
a (+*1989–)	4/4i*	DOHC	1567	110/5800/107* /6000	146/137/ 4000

Alfa Romeo	Bauart	Mot.	Getr.	R/L cm	Baujahre
b (–1988 +*1986–88)			1779	120/120K*/5300	167/4000
c (1988– +*1989–)	4i			122/5500 /120K*/58'	160/4000/ 152/5000
d (1986–)	4iT			155/5800	226/2600
e (+*1986–88)	4		1962	128/128K*/5400	180/4000
f (Twin Spark 1987–)	4i			148/5800	186/4000
g (do. 1987– +*1988–)				145K/5800	178/3000/186*/47
h	V6i	OHC	2492	156/5600	210/4000
i (1986– *Export)				156K/5500/150K*	206/3200
j (1987–)			2959	188/185K /5800	245/4000/ 246/4500
k	4TD	OHV	1995	95/4300	192/2300
l (1988–)			2393	112/4200	240/2400
Alfetta *a–d/f/k	**St.**	*	**5/A3**	**251/428**	**1980/81**
		a–f		251/438,5	1981–84
Alfetta GTV	St.	c/g–i	5	240/426	1980–84
Motoren:	*Zyl.:*	*N'w.:*	*cm³:*	*PS/'min:*	*Nm/'min:*
a	4	DOHC	1570	109/108/5600	142/4300
b (*1983–)			1779	122/120/5300/5800*	167/4000
c			1962	130/5400/120–128	180/178/4000
d (USA *1981–)	4i			112/113*/5000	165/4000
e (Ital.1982/83 *'83–)				128/5300/ 130*/5400	175/4000/ 182/4000
f	4TD	OHV	1995	82/4300	162/2300
g (Turbodelta)	4T	DOHC	1962	150/5500	231/3500
h	V6i	OHC	2492	160/6000/158	213/4000
i (USA 1981–)				156/5500	206/3200
k (1983–)	4TD	OHV	2393	95/93/4200	186/2400
Alfa 90	**St.**	**a–g**	**5**	**251/439**	**1984–87**
Motoren:	*Zyl.:*	*N'w.:*	*cm³:*	*PS/'min:*	*Nm/'min:*
a	4	DOHC	1779	120/5300	167/4000
b (–1986)			1962	128/5400	179/4000
c (2.0i)	4i				176/4000
d (1985–)	V6i	OHC	1997	132/5600	177/3000
e			2492	156/5600/150	210/4000
f (1986–)				156K/5500/150K	206/3200
g	4D	OHV	2392	110/4200	235/2300
GTV	**St.**	**a–d**	**5**	**240/426**	**1984–87**
Motoren:	*Zyl.:*	*N'w.:*	*cm³:*	*PS/'min:*	*Nm/'min:*
a	4	DOHC	1962	130/5400	180/4000
b	V6i	OHC	2492	160/5600/158/150	213/4000
c (USA /= Kat. 1985–)				156/5500	206/3200
d (Südafrika 1985–)			2935	174/5800	222/4300
Sei (6) (*1983–)	**St.**	**a–e**	**5/A3**	**260/476/468***	**1980–86**
Motoren:	*Zyl.:*	*N'w.:*	*cm³:*	*PS/'min:*	*Nm/'min:*
a (1983–)	V6	OHC	1997	135/5600	178/4500
b (–1983)			2492	160/5800/158	220/4000
c (1983/84)	V6i			158/5800	
d (1984–)				158/5600/ 160CH/150	
e (1983–)	5TD	OHV	2494	105/4300	206/2400
Alfa 164	**Fr.**	**a–f**	**5/A4**	**266/455,5**	**1987–90**
Motoren:	*Zyl.:*	*N'w.:*	*cm³:*	*PS/'min:*	*Nm/'min:*
a (Twin Spark)	4i	DOHC	1962	148/143K/ 5800	186/4000/188/ 4700
b	4iT			175/5250	265/284/2500
c	V6i	OHC	2959	192/5600/ 188–179	258/4400/ 245/3000
d				184K/5600	258/4400
e (S 1989–)				200K/203/5800	256/4400
f	4TD		2500	117/114 /4200	258/2500/ 260/2200
75 SZ Coupé	**St.**	**–**	**5**	**251/406**	**1989/90**
Motor:	*V6i*	*OHC*	*2959*	*210/6200*	*245/4500*

Alfa Romeo

Brasil

Die Fabrica Nacional de Motores (FNM) in Duque de Caxias bei Rio de Janeiro hatte 1960 die Herstellung der sportlich-luxuriösen Limousine Alfa Romeo 2000 aufgenommen. 1968 übernahm Alfa Romeo die Aktienmehrheit, und 1974 wechselte die Markenbezeichnung von FNM zu Alfa Romeo. Ab Mitte 1978 erfolgte die Herstellung im Fiat-Pw-Werk bei Belo Horizonte.

Alfa SL/ti 4. Das Karosseriedesign des brasilianischen Alfa glich weitgehend jenem des italienischen Alfetta. Allerdings war er mit 273 cm Radstand und 469 cm Länge ein beträchtliches Stück größer, was sich auch aus der Breite von 169 statt 162 cm und in der Höhe von 146 statt 143 cm ergab. Gebaut wurde die fünfsitzige Limousine in der luxuriösen Variante SL mit 141 PS und in der sportlichen Version ti 4 mit 149 PS (zwei Weber-Doppelvergaser). Der Hubraum des Alfa-typischen Motors mit zwei obenliegenden Nockenwellen (nur Leichtmetall-Zylinderkopf) war 1974 von 2150 auf 2300 cm3 vergrößert worden. Das 5-Gang-Getriebe war direkt am Motor angefügt und es gab keine De-Dion-Hinterachse, sondern eine herkömmliche Starrachse mit Längslenkern, Stabilisierungsdreieck und Schraubenfedern (vorn Trapez-Dreieckquerlenker). Die Vierrad-Scheibenbremsen und die Lenkung mit Schnecke und Rolle wurden auf Wunsch servobestückt.

Nachdem Ford im Januar 1983 die Produktion seiner großen Modelle eingestellt hatte, verblieb Brasiliens großer Alfa das einzige Repräsentationsmodell des Landes. Mit kleinen Änderungen wurde er auch auf dem Fiat-Stand des Autosalons von Sao Paulo von Ende 1984 ausgestellt. Inzwischen entfiel die Version SL und es wurde nach den Modellen ti 4 und ti alcool mit Doppelvergaser und 130 bzw. 115 PS unterschieden.

Hergestellt wurde der brasilianische Alfa Romeo bis 1986.

Alfa Romeo T14

Alfa Romeo Brasil	St.	a–d	5	272/472	1980–86
Motoren:	*Zyl.:*	*N'w.:*	*cm³:*	*PS/'min:*	*Nm/'min:*
a (SL –1984)	4	DOHC	2310	141/5700 (brutto)	211/3500
b (ti 4 –1984)				149/5500 (brutto)	235/3500
c (ti-Alc. 1981–84)				145A/5200 (brutto)	226/3400
d (TI 1984–)				130/5500/115A/ 5200	235/3500/ 226/3400

AMC

American Motors

Die American Motors Corporation war 1954 aus dem Zusammenschluss von Nash und Hudson entstanden. 1970 hatte AMC auch die Marke → Jeep übernommen, verblieb aber hinter General Motors, der Ford Motor Co. und der Chrysler Corporation der vierte – und weitaus kleinste – Autokonzern der USA. Mit dem Modelljahr 1975 war die Produktion der großen Modellreihe und Marke Ambassador und des sportlichen Coupés Javelin aufgegeben worden und 1979 wurde auch der Matador gestrichen.

Im Oktober 1979 wurde zwischen AMC und Renault ein Kooperationsvertrag unterzeichnet, wonach die französische Staatsfirma schrittweise bis zu 22,5 Prozent des AMC-Kapitals zu übernehmen hatte. Zudem sollte künftig im Werk Kenosha, Wisconsin, ein Renault-Modell gebaut werden. Nachdem die hochoriginelle Pacer-Reihe schon vor der Sommerpause ausgelaufen war, wurde ab Modelljahr 1981 eine mit Benzineinspritzung L-Jetronic von Bosch dotierte Version des → Renault 18 über das AMC-Händlernetz vertrieben. Hinzu kam der bereits 1979 eingeführte Le Car, eine ebenfalls stärker abgasentgiftete Version des → Renault 5, der für die USA ein wahrer Winzling war.

Doch 1980 war die seit langem an Schwindsucht leidende American Motors erneut tief in die roten Zahlen gesunken. Der Absatz vor allem auch der Jeep-Modelle war um rund einen Drittel zurückgegangen. Um die bereits vorgenommenen Investitionen zu retten, war Renault bereit, gut 200 Millionen Dollar in AMC zu pumpen und seinen Kapitalanteil auf 46,4 Prozent zu steigern. Nur so konnte AMC die Weiterexistenz gesichert werden.

Spirit. Basismodell war 1981 der Spirit, für 1979 lancierter Nachfolger des ulkig geformten Gremlin. Den Spirit gab es als kompakten dreitürigen Sedan mit Schrägheck – eine in den USA ganz ungebräuchliche Karosserieform – und als Coupé Liftback, beide 4/5-sitzig. In dem mit üblichem Hinterradantrieb versehenen amerikanischen Kleinwagen standen zwei Motoren zur Wahl: wie schon 1980 der 2,5-l-Vierzylinder mit seitlicher Nockenwelle von Pontiac und der konzerneigene 4,2-l-Reihensechszylinder. Dieser OHV-Maschine hatte man eine von 30 auf 21,5 kg abgemagerte Kurbelwelle verpasst und sie in vielen Belangen auch anderweitig modernisiert, so dass sie nur noch 202 statt 243 kg wog.

Statt des 4-Gang-Getriebes war auch die 3-Stufen-Automatik Torque Command zu haben (auf Wunsch mit Wählhebel auf der Mittelkonsole statt unter dem Lenkrad). Vorne umfasste die Aufhängung obere Trapez-Dreieckquerlenker und untere einfache Querlenker mit elastisch gelagerter Zugstrebe, hinten eine Starrachse mit Halbelliptikfedern. Die Kugelkreislauflenkung erhielt auf Wunsch einen Servo mit variierender Untersetzung. Neu war der in vier Felder eingeteilte Kühlergrill.

Concord. Der Concord war mit dem Modelljahr 1978 auf den Hornet gefolgt. Er wurde als viertüriger Sedan mit sechs Seitenfenstern, als coupéartiger zweitüriger Sedan und als fünftüriger Station Wagon gebaut. Die gesamte Technik stimmte mit jener des Spirit überein und natürlich war der vollständig überarbeitete Sechszylindermotor auch in ihm erhältlich.

Eagle. Der Eagle hatte sich in der Form als Eagle Wagon bzw. fünftüriger Kombi auch in Europa einen Kundenkreis geschaffen. Er wurde ausschließlich mit eigenem Vierradantrieb gebaut. Eagle (Adler) hieß aber nicht nur dieser große Kombi, sondern eine ganze Modellserie, deren Karosserien mit jenen der Spirit und Concord identisch waren: Der Eagle Kammback entsprach dem Spirit Sedan, der Liftback bzw. SX/4 dem Spirit Liftback, und analog entsprachen die Eagle Sedan mit zwei oder vier Türen und der Station Wagon den Concord-Modellen. Die optischen Unterschiede bestanden in der weit höheren Bodenfreiheit (bis 20 cm) und den größeren, schwarz umrandet auskragenden Radhausausschnitten. Mit der Bezeichnung Kammback für das schräg abgeschnittene Heck wurde übrigens in Amerika des deutschen Aerodynamikforschers Professor Kamm gedacht.

Die Eagle-Motorisierung war mit jener von Spirit und Concord identisch und dies galt auch für die beiden Getriebe. Hinzu kam hingegen der permanente Vierradantrieb System Quadra-Trac. Der Eagle war somit eine Pionierkonstruktion, ein Vorläufer der zwanzig Jahre später so populär gewordenen beschränkt geländetauglichen Pkw-Ableitungen.

Spirit / Concord 1982. Sie wurden mit neuen 4- oder 5-Gang-Getrieben angeboten, während das 3-Stufen-Automatikgetriebe in Verbindung mit dem 4,2-l-Motor länger untersetzt wurde. Zum Spirit gab es ein attraktives GT-Package, das sich durch eine straffere Abstimmung und Spoiler ergänzen ließ.

AMC Eagle Kammback, 1981

AMC Concord, 1981

Eagle 1982. Auch er wurde mit dem neuen 5-Gang-Getriebe erhältlich, außerdem mit dem neuen Select Drive System, das ein Ausschalten der Vorderradantriebs und damit eine weitere Verbrauchsverminderung erlaubte.

Unter dem Namen Alliance, so wurde bereits im Februar 1982 bekannt, sollte später eine amerikanisierte Version des → Renault 9 vom Fließband in Kenosha rollen. Als starker Minderheitsaktionär nahm Renault inzwischen auch verstärkt Einfluss auf das AMC-Management. Dass es AMC finanziell wirklich nicht gerade gut ging, erhellt aus der Bereitschaft der Angestellten (nicht der Arbeiter), die periodisch zugestandenen Gehaltserhöhungen zu stunden und in den folgenden drei Jahren auf je eine Ferienwoche (von drei oder mehr) zu verzichten. Während AMC 1975 in USA noch einen Marktanteil von 4 Prozent gehalten hatte, waren es 1982 nur noch 1,6 Prozent.

1983 waren Spirit und Concord nur noch mit dem 4,2-l-Sechszylindermotor lieferbar, der 2,5-l-Vierzylindermotor von Pontiac stand aber noch in den Eagle-Modellen zur Wahl.

Nebst der Ausgabe neuer Aktien plante AMC im Frühling 1983 den Verkauf der Tochterfirma AM General, die einen Armeeauftrag für die Lieferung von 2343 Mehrzweckfahrzeugen als Nachfolger für den Jeep erhalten hatte (→ Hummer im Anhang).

Renault Alliance / Encore. Nachdem schon im Mai 1983 der 100'000. Alliance verkauft werden konnte, nahm AMC in das Modellprogramm 1984 auch den Encore, eine amerikanisierte Version des neu hinzugekommenen → Renault 11, ins Programm auf. Wie der Alliance zwei- und viertürig gebaut wurde, so gab es den Encore drei- und fünftürig.

1984 wurden die auf Hinterradantrieb ausgelegten Modelle Spirit und Concord gestrichen und beim Eagle verschwand das originelle Liftbackcoupé SX-4. Als AMC gab es nur noch die vierradgetriebenen Eagle Sedan und Station Wagon. Deren bislang von Pontiac bezogener 2471-cm^3-Motor wurde durch einen eigenen 2465-cm^3-Motor ersetzt, der vom hauseigenen 4,2-l-Sechszylinder abgeleitet war und somit ebenfalls eine seitliche Nockenwelle aufwies. Dieses erste von AMC konstruierte Vierzylinderaggregat war mit 9,2:1 vergleichsweise hoch verdichtet. Es besaß doppelte Quetschspalten in den Brennräumen, eine kontaktlose elektronische Zündung und einen Klopfsensor, der es erlaubte, trotz der hohen Kompression das in den USA übliche Normalbenzin zu tanken.

Renault Alliance Convertible. Bedeutendste Modellneuheit von AMC war für 1985 die attraktive Cabrioletversion des vom Renault 9 abgeleiteten Alliance. Sie war knapp 420 cm lang und wog mit just einer Tonne 100 kg mehr als die zweitürige Limousine. Zum Glück wurde im Alliance und Encore nun auch der 1,7-l-Motor angeboten; das Cabrio war nur mit diesem 78 PS leistenden Antriebsaggregat erhältlich.

1985 wurden die Eagle Sedan und Station Wagon ausschließlich noch mit mit 4,2-l-Sechszylindermotor gebaut.

AMC Spirit DL Liftback, 1981

Nachdem der Absatz von Alliance und Encore im ersten Quartal 1985 um 35 Prozent zurückgefallen war (und andere Modelle wurden nicht mehr gebaut), plante AMC 25 Prozent Einsparungen bei den Betriebskosten und Entlassungen von „white collar workers" (= Angestellten).

1986 gab es weiterhin die beiden Eagle sowie die Alliance- und Encore-Modelle. Zudem wurde der aus Frankreich importierte Sportwagon bzw. 18 Break vertrieben. AMC arbeitete an einer neuen mittelgroßen Limousine mit Code X-58 (später als Premier bezeichnet), die als Modell 1988 im kanadischen Brampton vom Band rollen sollte (wo bereits auch der neue → Jeep gebaut wurde).

Renault Medallion. Der im Frühling 1986 angekündigte Medallion galt daher als Zwischenlösung, denn er war nichts anderes als die US-Exportversion des → Renault 21. Geplant wurde aber bereits auch der Verkauf des Renault-Alpine-Coupés über das AMC-Händlernetz.

Der Medallion konnte keine Lösung der ungenutzten Produktionskapazität bringen. Dies vermochte erst ein Abkommen, das Mitte 1986 mit Chrysler getroffen wurde und keinen Präzedenzfall hatte: AMC stellte im Werk Kenosha, Wisconsin, im Auftrag alsbald die Modelle Chrysler Fifth Avenue, Dodge Diplomat und Plymouth Gran Fury her... Inzwischen stimulierte AMC den Verkauf, indem auf Abzahlungsverträge während 24 Monaten 0 Prozent Zins verlangt wurde.

Renault Alliance 1987. 1987 wurden die Renault Encore in das Alliance-Programm integriert. Neu kam eine Version GTA hinzu, die sowohl für die zweitürige wie für die Cabrioletversion angeboten wurde: Dem Antrieb diente ein 96 PS leistender 2-l-Motor.

Renault Premier. Auf der im Februar 1987 durchgeführten Auto Show von Chicago wurde der Premier bereits vorgestellt: Nachdem in den Car-Clinics (Befragungen eingeladener potenzieller Käufer) der Renault 25 als zu modern

(AMC) Renault Alliance, 1985

eingestuft worden war, hatte man sich bei AMC für eine eigenständige Entwicklung entschieden, die nur noch technisch auf dem Renault 25 basierte, aber klassische Stufenheckform aufwies und auch im Innenraum dem amerikanischen Geschmack Rechnung trug. Für das Design zeichnete Ital-Design (→ Anhang) verantwortlich. Mit seiner gestreckten Silhouette und dem beplankten Flankenunterteil gemahnte der Premier in der Seitenansicht ein wenig an die Mercedes-S-Klasse. Der Radstand lag mit 268 cm zwischen jenen der Renault 21 und 25. Doch übertraf er mit 490 cm die beiden französischen Verwandten längenmäßig um 25 cm. Er erhielt auch ein mit rechteckigen Profilen auf den amerikanischen Geschmack zugeschnittenes Armaturenbrett.

Ab der zweiten Jahreshälfte 1987 kam dann der Premier wahlweise mit 2,45-l-OHV-Vierzylindermotor oder 3-l-OHC-V6 ins Angebot. Während sich der gusseiserne Vierzylinder (mit Zentraleinspritzung, 113 PS) auch schon in den Jeep bewährt hatte, handelte es sich beim V6 (mit Saugrohreinspritzung, 152 PS) um eine vergrößerte PRV-Maschine. Mit dem Vierzylindermotor konnte zwischen einem 5-Gang- und einem 4-Stufen-Automatikgetriebe gewählt werden, beide von Renault; der V6 wurde ausschließlich mit dem 4-Stufenautomat 4 HP 18 von ZF kombiniert.

Im März 1987 unterzeichneten der neue Renault-Chef Raymond Lévy und Chrysler-Boss Lee A. Iacocca eine Absichtserklärung, wonach Chrysler von der Régie Renault deren 46,4 Prozent Anteil am AMC-Kapital übernahm. Damit konnten die von Renault in den Sand gesetzten US-Investitionen endlich ein Ende nehmen, während Chrysler zu der benötigten zusätzlichen Produktionskapazität kam. Attraktiv waren vor allem das hochmoderne AMC-Bramalea-Werk in Ontario, Kanada, und der Name Jeep, der sich für Chrysler sozusagen mit Gold aufwiegen ließ. Denn der drittgrößte Autokonzern Amerikas baute wohl schwere Dodge-Geländewagen, verfügte aber nicht über jene vielfältige 4x4-Palette, wie sie unter der legendären Marke Jeep hergestellt wurde.

Durch den Aufkauf weiterer AMC-Aktien kam Chrysler unschwer in den Mehrheitsbesitz von American Motors. Für die Marke AMC läutete die Übernahme durch Chrysler das Ende ein: Ohnehin waren 1986 von AMC bloß 48'000 Renault und rund 4400 Eagle hergestellt worden. Von dem geplanten Verkaufsstart für den Renault Espace und den Renault Alpine in den USA wollte Chrysler nichts wissen; schließlich baute man seine eigenen Plymouth Voyager und Dodge Caravan, war mit Maserati liiert und übernahm auch noch Lamborghini!

Mitte 1987 wurde die Produktion des Renault Medallion im Werk Maubeuge ebenso vorübergehend unterbrochen wie jene des Alliance in Kenosha. Mit der Vorstellung des Programms 1988 verlautete im Herbst, dass die Alliance-Produktion eingestellt werde (abgelöst durch die Modelle Dodge Omni und Plymouth Horizon, die nun im Werk Kenosha vom Band liefen), dass der Premier den Markennamen → Eagle erhalte und ebenso der ab Frühjahr aus Europa importierte Medallion (Renault 21). Entsprechend wurde AMC in Jeep-Eagle umbezeichnet. Der nur noch als Four Wheel Drive Station Wagon im Programm verbliebene Eagle wurde noch bis Ende 1987 gebaut.

Im Februar 1988 beschloss Chrysler, das Werk Kenosha im Verlaufe des Modelljahrs 1988 zu schließen. Damit verloren 5500 der 6500 Arbeitnehmer ihren Job; nur die 1000 mit der Motorenherstellung verbundenen Arbeitsplätze blieben erhalten. Immerhin musste Chrysler den Entlassenen hohe Entschädigungen zahlen. – Kenosha war eine der ältesten Autofabriken der USA; sie war 1902 für die Herstellung der ersten Rambler errichtet worden.

(AMC) Renault Alliance DL Convertible, 1985

(AMC) Renault Premier ES, 1988

AMC Eagle Station Wagon, 1988

AMC	Bauart	Mot.	Getr.	R/L cm	Modelljahre
Spirit	**St.**	**a–c**	**4/A3/5**	**244/424/425**	**1981-83**
Concord				**274,5/470**	
Eagle Kammback/SX-4	**4x4**			**247/418**	
Eagle				**278/474**	**1981/82**
				277,5/459,5/465	**1983-87**
Motoren:	*Zyl.:*	*a–e*	*cm³:*	*PS/'min:*	*Nm/'min:*
a (–1982)	4	N'w.:	2471	89/4000	167/2800
b (*1984)	6	OHV	4235	118/3500/126CH*	285/1800
c (1985–)				114/3000/126CH	285/1600
d (1983–)				101/3400	271/1800
e (1984)	4		2465	106/4800	179/2800

AMC	Bauart	Mot.	Getr.	R/L cm	Modelljahre
Ren. Alliance/Encore	**Fr.**		**4/5/A3**	**248,5/416/408**	**1982-87**
Motoren:	*Zyl.:*	*a–e*	*cm³:*	*PS/'min:*	*Nm/'min:*
a (1982–84)	4	N'w.:	1397	54,5/5000	100/3000
b (1984/85 +*1985)	4i	OHV		61/5000/ 57*	100/3000/ 102/2500
c (1986 *1987–)				52/57*/4200	102/2500
d (1985–)			1721	78/5000	130/3000
e (GTA 1987–)		OHC	1965	96/5250	155/2750
Renault Medallion	**Fr.**		**5**	**266/ca.460**	**1986–87**
Motor:	*4i*	–	2165	105/5000	168/3500

Amphi-Ranger

Der zum Genfer Salon 1983 angekündigte Amphi-Ranger SR der Rheinischen Maschinen- und Armaturenbau KG (RMA) in Kehl am Rhein wurde als „das erste voll geländegängige Fahrzeug, das außerdem voll schwimmfähig ist", vorgestellt. SR stand für Seewasser-resistent. Die Cabrioletkarosserie mit aufsetzbarem Hardtop bestand aus Aluminium. Natürlich erinnerte der Amphi-Ranger an den Amphicar, der von 1961 bis 1967 ebenfalls in Deutschland in über 3000 Exemplaren gebaut worden war. Der Amphi-Ranger wollte aber mehr sein, und er war auch entsprechend teurer.

2000 SR / 2800 SR. Angetrieben wurde der mit einer seewasserfesten Wanne gebaute Amphi-Ranger von Ford-Motoren mit 2 oder 2,8 l Hubraum. Die Kraftübertragung bestand aus einem 4-Gang-Getriebe mit zuschaltbarem Vierradantrieb und einem Verteilergetriebe mit einer Geländereduktion von 3,3:1. Für Schwimmfahrten diente ein elektrisch ins Wasser ausfahrbarer Propeller mit Z-Antrieb. Die Räder waren an Doppelquerlenkern geführt, und es wurden Vierrad-Scheibenbremsen eingebaut. Die Vorderräder dienten auch dem Lenken im Wasser.

Als Höchstgeschwindigkeit wurden 120 bzw. 140 km/h (2,8-l-V6) und im Wasser 15 bzw. 18 km/h genannt, während die maximale Steigfähigkeit mit 85 Prozent angegeben wurde.

Der Amphi-Ranger war, in freundlich-bunter Ausführung, auch auf dem Genfer Salon 1985 präsent. Er wurde während der 80er Jahren in kleinen Stückzahlen auf Bestellung für industrielle Zwecke sowie u. a. für Rettungsdienste gebaut.

Amphi-Ranger, 1983

Amphi-Ranger, 1985

Anadol

Personenwagen dieses Namens wurden ab Ende 1966 in Kadiköy, auf dem asiatischen Ufer von Istanbul hergestellt. Diese erste türkische Marke basierte auf eigens für sie entstandenen Konstruktionen der englischen Firmen → Reliant (Struktur und Technik) und Ogle (→ Anhang; Design der Kunststoffkarosserien).

SL / SV 1600. 1981 baute die Firma Otosan Otomobil Sanyii AS die Anadol-Modelle 1.3 als zwei- und viertürige Stufenhecklimousine SL und den Anadol SV 1600 als originell und weit moderner geformter fünftürigen Kombi. Diese Wagen besaßen Hinterradantrieb und sie wurden auf einem Kastenrahmenchassis mit Traversen aufgebaut. Für die rauen Strassen der Türkei galt diese althergebrachte Bauweise als durchaus angebracht. Die Motoren mit seitlicher Nockenwelle stammten von Ford und wurden mit einem 4-Gang-Getriebe verbunden. Vorn fanden sich Querlenker und Schraubenfedern, hinten eine Starrachse mit Halbelliptikfedern.

Anadol-16. Auf dem Autosalon von Birmingham im Herbst 1980 hatte Reliant unter der Bezeichnung FW II eine hochmoderne fünftürige Fließhecklimousine gezeigt, die als Nachfolger des Anadol gedacht war und deren Design von Bertone stammte. Doch im Mai 1981 präsentierte Anadol eine neu gezeichnete Stufenhecklimousine, die nichts mit dem Projekt FW II gemein hatte. Auffallend war die stark schräg gestellte Front mit drei horizontalen Balken zwischen den rechteckigen Scheinwerfermulden. In den hinteren Dachträgern fanden sich drei horizontale Vertiefungen. Der Kühlergrill, die Stoßstangen und die an sie anschließenden Radausschnittränder sowie die Fensterrahmen waren in Schwarz gehalten.

Anadol SL, 1980

Anadol-16, 1982

Bei unverändertem Radstand war die Karosserielänge von 444 auf 451 cm gewachsen. Für den Hinterradantrieb diente der 1599-cm³-OHV-Motor von Ford (wie im SV 1600); Chassis und Aufhängungen entsprachen den Modellen SL und SV 1600. – 1983 wurde einzig noch der Anadol-16 angeboten, nun mit dem moderneren 1594-cm³-OHC-Motor von Ford.

1973/74 hatte der Jahresausstoß noch rund 8000 Anadol erreicht. Unter dem Konkurrenzdruck von Murat-Fiat und Oyak-Renault war er zu Beginn der 80er Jahre auf bloß noch wenige hundert Exemplare abgesunken. Daher erfolgte 1985 eine radikale Umstellung: Die Marke Anadol wurde aufgegeben und die Firma Otosan Otomobil Sanyii AS baute fortan unter ihrer eigenen Marke → Otosan den einstigen Ford Taunus weiter.

Anadol SV 1600, 1981

Anadol	Bauart	Mot.	Getr.	R/L cm	Baujahre
1.3 / SV 1600	**St.**	**a/b**	**4**	**256,5/444**	**1980–82**
16		**b/c**		**256,5/451**	**1981–85**
Motoren:	*Zyl.:*	*N'w.:*	*cm³:*	*PS/'min:*	*Nm/'min:*
a (1.3)	4	OHV	1298	54/5500/	86/3000
b (SV 1600 Estate)			1599	65/5200	110/2600
c (1983–)		OHV	1594	70/5300	113/2700

Apal

Ab 1963 hatte die von Edmond Péry gegründete Firma Apal (Application Polyester Armé Liègois, Liège/Lüttich) auf dem VW-Käfer-Plattformrahmen aufgebaute, attraktiv geformte Sportcoupés und Buggys angeboten. 1971 kam der originelle Rancho, ein Freizeitfahrzeug auf der Basis des Renault 4, hinzu. Später wurde die Palette der kleinen Liebhaberfahrzeuge weiter vergrößert.

Speedster. Anlässlich des Genfer Salons 1981 wurde von Apal ein Nachbau des von 1955 bis 1958 gebauten Porsche Speedster neu lanciert. Zuvor war er von der (einst in Italien tätigen) Firma Intermeccanica in Kalifornien nachgebaut worden (angeblich in 600 Exemplaren). Diese hatte nun die Nachbaurechte an Apal abgetreten. Die belgische GfK-Spezialistin plante in Blegny monatlich bis zehn Replikas auf verkürzten VW-Käfer-Plattformrahmen aufzubauen: Kunststoff-Karosserie mit integriertem Stahlrahmen, 1,6-l-Boxermotor, 50 PS, 690 kg. Gegenüber der ursprünglichen Ausführung war das Heck verbreitert worden, sodass auch die Hinterradaufhängung der VW 1302/1303 verwendet werden konnte. (Für die Schweiz erfolgte die Montage bei René Bähni in Genf-Meyrin.)

Doch so einfach ließ sich der ursprünglich amerikanische Nachbau nicht für Europa adaptieren. Bis zum Abschluss der Typenprüfung bzw. des Mustergutachtens mussten nicht weniger als 14 europäische Normtests bestanden werden. Abgesehen von den immensen Kosten dauerte die Prozedur rund ein Jahr, dann endlich gab der TÜV grünes Licht. In über zwanzig Punkten hatte man die Konstruktion den europäischen Vorschriften anpassen müssen. Dazu zählten: Verkürzung des VW-Plattformrahmens um 27,3 statt 30 cm; Einbau eines Luftfilters, wozu der nötige Raum geschaffen werden musste (ohne Filter war das Motorgeräusch zu laut); Abstand zwischen Scheinwerfer und Blinker 12 statt bloß 10,5 cm; dritter Verankerungspunkt für die Sitzgurten; seitliche Steckscheiben aus dem vorgeschriebenen Sicherheits- statt Plexiglas.

Zu den GfK-Karosserieschalen samt Türen und Hauben kam beim Apal Speedster ein Aufsetzrahmen hinzu, der als Träger dieser Karosserieelemente auf den Käfer-Plattformrahmen aufgesetzt wurde. Diese 75 kg wiegende Rahmenkonstruktion sorgte für Verwindungssteifigkeit und vermehrte Sicherheit im Kollisionsfalle. Sie war beim halbmontierten Bausatz bereits in die Karosserie integriert und mit allen Befestigungspunkten für die VW-Mechanik versehen. Die niedrige Frontscheibe und das Armaturenbrett waren dem Original-Speedster weitgehend nachempfunden. Dank der tiefen Sitzlage kamen bei geschlossenem Verdeck selbst Großgewachsene zu genügend Ausblick aus dem Cockpit, auch wenn sie sich für die Sicht auf hochliegende Ampeln stark vorbeugen mussten.

Technische Fortschritte brachten die hintere Doppelgelenkachse und die vorderen Scheibenbremsen. Mit 50 PS aus 1584 cm³ war der 785 kg wiegende Apal Speedster allerdings etwas weniger gut motorisiert als der von 1954 bis 1958 in 4820 Exemplaren gebaute Porsche Speedster, dessen 1498- oder 1582-cm³-Motor je nach Vergaser auf 55 bis 75 PS kam. Der Speedster war damals als eine vereinfachte Version des 2+2-sitzigen Porsche-Cabriolets herausgebracht worden. Die niedrige und stark gerundete Windschutzscheibe hatte ihm zum besonders sportlichen Look verholfen... und nachdem James Dean mit einem solchen Modell tödlich verunfallt war, wurde dieser Porsche erst recht zur Legende. – Von Apal wurden bis 1998 in Bausatzform oder aufgebaut 700 Speedster hergestellt.

Francorchamps. Während der Speedster in Deutschland inzwischen durch das Versandhaus Otto vertrieben wurde, überraschte Apal auf der IAA Frankfurt im September 1985 mit einer vollständigen Neukonstruktion namens Francorchamps (berühmte belgische Rennstrecke). Es handelte sich um einen 2+2-sitzigen Sportwagen, der ab 1986 in Coupé-, Targa- und Cabrioversion auf den Markt kommen sollte. Der Unterbau bestand aus einer zentralen Zelle mit Längsträgern und Säulen aus zusammengeschweißten verzinkten Stahlblechen, an die vorne und hinten eine Rohrrahmenkonstruktion angefügt war. Die aus 16 Elementen bestehende Karosserie wurde aus Polyester und Kevlar hergestellt. Ihr Linien waren vom Designer Charles van den Bosch entworfen worden. Für die Motorisierung dieses 1100 kg wiegenden Sportwagens hatte Edmond Péry den Antriebsstrang aus dem Mercedes-Benz 190 E gewählt. Auf Wunsch konnte auch die Einheit aus dem MB 190 E 2.3-16 eingebaut werden und für später war zudem eine Turboversion vorgesehen.

Der Francorchamps war vor allem für den Vertrieb durch eine Handelsfirma in den USA geplant worden. Weil sich aber während der Entwicklungszeit der Dollarkurs stark veränderte, entstanden vom Francorchamps bloß zwei Prototypen.

Neben dem Speedster bot Apal auch noch Ende der 80er Jahre seinen auf dem VW-Käfer-Plattformrahmen basierenden Buggy an: als offener Viersitzer samt Verdeck, Gepäckraum und Überrollbügel. Binnen 20 Jahren hatte Apal über 6000 Buggys (fertig montiert oder als Bausätze) in mehr als 20 Länder verkauft. Dies sei die größte Buggy-Produktion Europas, durfte der belgische Hersteller wohl zu Recht festhalten. Ab 1992 wurde dann ein Umbausatz für den Pontiac Fiero angeboten, dessen Front und Heck an den Ferrari F 40 erinnerten.

Apal Speedster, 1982

Apal Francorchamps, 1987

Apal Buggy, 1989

Apal	Bauart	Mot.	Getr.	R/L cm	Baujahre
Speedster	**Pl'r./H.**	–	**4/5**	**212,5/393**	**1983–86**
Motoren:	B4/l.	OHV	1285/1584	–	–
Francorchamps	**St.**		**5**	**256/440**	**1985/86**
Motoren:	4i		1997/2299	122–185	–

Arna

Im Juli 1980 genehmigte die italienische Regierung einen ersten Teil des Kredits für den Bau einer neuen Automobilfabrik zwischen Avellino und Neapel. Es ging um das von der Opposition und Fiat bekämpfte Arna-Projekt (Kürzel für Alfa Romeo Nissan Automobili), mit dem der Staatsbetrieb Alfa Romeo in Italiens Süden weitere Arbeitsplätze schaffen sollte. Immerhin wurde das Abkommen an Bedingungen geknüpft, die verhindern sollten, dass Nissan mit diesem Werk ein Sprungbrett für den europäischen Markt erhielt. So wurde der dortige Jahresausstoß auf 60'000 Einheiten beschränkt, während die Einfuhr japanischer Autos auf insgesamt 2000 Stück limitiert blieb. Anfang Oktober 1980 wurde das Joint Venture zwischen Nissan und Alfa Romeo in Tokio besiegelt, und im März 1981 wurde der Standort der neuen Werkanlagen bekannt gegeben: Pratola Serra bei Avellino für die Hauptfabrik sowie zwei weitere Werke, ebenfalls in Kampanien.

Erst im Herbst 1982 machte das Arna-Projekt offiziell wieder von sich reden: Alfa Romeo verkündete, dass der italienisch-japanische Wagen „geboren" und das Abkommen mit Nissan damit um einen wesentlichen Schritt weitergekommen sei. Anfang 1983 verlautete, dass die Arna-Karosserien nach Nissan-Konzept in Pratola Serra entstehen, die Montage aber im Alfa-Werk von Pomigliano d'Arco erfolgen würden. Damit sollte die Alfasud-Produktionssätte zu einer verbesserten Auslastung kommen.

L / SL. Seine Weltpremiere feierte der Arna auf der IAA Frankfurt 1983, nachdem die wichtigsten Daten bereits Mitte August veröffentlicht worden waren. Die drei- und fünftürig gebaute Karosserie stammte unverkennbar vom → Nissan Cherry. Auf dessen schräg gestelltem Kühlergrill prangten jedoch Alfa-Schild und Alfa-Markensignet. Für den Antrieb der als L und SL bezeichneten Arna sorgten der Alfasud-Boxermotor mit 1186 cm^3 Inhalt und 63 PS Leistung sowie ein 5-Gang-Getriebe. Vorne wurden McPherson-Federbeine, Querlenker und Schubstreben verwendet, hinten Längslenker. Bei 241,5 cm Radstand (wie Cherry, Alfasud: 245,5 cm) erreichte die Länge just 4 m. Der Luftwiderstandsbeiwert wurde mit 0,38 angegeben.

Nebst dem Zusammenbau der aus Japan gelieferten Karosserieteile diente das Werk in Prato Serra auch der Herstellung der Sitze und der elektrischen Anlage. In Pomigliano d'Arco folgten darauf die Lackierung, der Einbau der Alfa-Antriebseinheit und der Innenausstattung samt japanischem Instrumentarium sowie die Endfertigung. 80 Prozent der Wertschöpfung waren italienisch. Von der vorgesehenen Jahresproduktion von 60'000 Einheiten sollten 50 Prozent über die Alfa-Romeo- und Nissan-Händlernetze im Ausland abgesetzt werden. Teils wurde der Arna daher auch unter der Marke Alfa Romeo kommerzialisiert.

TI. Im Februar 1984 kam die sportlichere Variante TI hinzu: Antrieb durch den aus dem Alfasud TI bekannten 1351-cm^3-Motor mit zwei Doppelvergasern und 86 PS. Es gab den Arna TI nur in Schwarz, Weiß und metallisiertem Hellgrau. Von außen erkannte man ihn am etwas größeren Frontspoiler mit Nebellampen, an einem am unteren Heckscheibenende angesetzten Heckflügel und den schwarz eingefärbten Zierelementen.

Ab November 1984 leistete der 1,2-l-Motor 68 statt 63 PS, und ab Herbst 1985 gab es den SL Personal, u. a. mit den Initialen des Besitzers an der Fahrertür.

Im ersten Halbjahr 1985 war die Produktion um 46,6 Prozent auf 10'635 Arna abgesackt, worauf die Herstellung Ende Juni eingestellt und später nur noch in beschränktem Umfang weitergeführt wurde. Für 1986 wurde noch mit einem Ausstoß von 5000 bis 6000 Stück gerechnet, 10 Prozent des einstigen Planziels. Im Mai 1987, nachdem Alfa Romeo von Fiat übernommen worden war, wurde von Fiat der Schlussstrich unter das Kapitel Arna gezogen. Der Gesamtverlust wurde je zur Hälfte von Nissan und Alfa-Lancia bzw. Fiat abgeschrieben.

Arna TI, 1985

Arna	Bauart	Mot.	Getr.	R/L cm	Baujahre
SL /TI	**Fr.**	**a–d**	**5**	**241,5/400**	**1983–86**
Motoren:	*Zyl.:*	*N'w.:*	*cm^3:*	*PS/'min:*	*Nm/'min:*
a (–1984)	B4	OHC	1186	63/6000/60	88/3200
b (1984–)				68/6000/60	90/3200
b (CH *1984–)			1351	78/79*/6000	111/3500
c (TI 1984–)				86/85CH/5800	119/3500
d (Export 1985–)			1490	95/5800	130/4000

Aro

Die im rumänischen Pitesti angesiedelte Marke Aro der Intreprinderea Mecanica Muscel hatte ab 1968 den russischen Geländewagen GAZ 69 in Lizenz gebaut, jedoch mit eigenem 2,5-L-Motor.

240/243/244. Ab 1972 baute Aro einen eigenen Geländewagen mit vorbildlich gelungenem modernen Design. Diesem Typ 240 wurden allmählich weitere Karosserievarianten zur Seite gestellt, so nebst dem zweitürigen Basismodell mit Blachenverdeck ein drei- und ein fünftüriger Kombi und das originelle Vielzweckmodell 243 mit einer erhöhten hinteren Dachstufe; diese wies nach vorne (hinter dem Fahrerabteil) drei kleine Fenster (in der Mitte als Lüftungsklappe) auf.

Motorisiert wurden die Aro von einem 2,5-l-Benzinmotor oder 2,1- und 3,1-l-Dieselmotoren, alles Vierzylinder mit seitlicher Nockenwelle. Der 2,1-l-Diesel stammte von Peugeot. Zum 4-Gang-Getriebe kamen ein zuschaltbarer Vorderradantrieb und ein Untersetzungsgetriebe (es gab auch Aro, die nur mit Hinterradantrieb ausgestattet wurden). Aufgebaut wurden diese Geländewagen auf einem Chassis mit Längsholmen und Traversen, vorne fand sich eine Einzelradaufhängung mit Schraubenfedern, hinten eine Starrachse mit Blattfedern. Es wurden Vierrad-Trommelbremsen und eine Lenkung mit Schnecke und Rolle eingebaut.

10. Die kleinere Baureihe 10 war 1979 eingeführt worden. Auch sie war gefällig gezeichnet. Eigentlich füllte sie eine Marktlücke, doch gegen die kleinen Geländekraxler aus Japan vermochte sie sich nicht durchzusetzen. Es gab diese Aro-Reihe als Typ 100 (zwei Sitze, Blachenverdeck), 101 (fünf Sitze, Blachenverdeck), 103 (zwei Sitze, Hardtop) und 104 (fünf Sitze, Hardtop). Letzterer wurde auch mit schmucken seitlichen Verzierungen angeboten.

Der 1,3-l-OHV-Motor war eine Renault-Entwicklung und wurde von → Dacia bezogen. Der Vorderradantrieb ließ sich zuschalten, und zum 4-Gang-Getriebe kam ein Reduktionsgetriebe. Der Unterbau wurde von einem Kastenrahmen mit Traversen gebildet, und es gab vorne wie hinten Einzelradaufhängung mit unteren Querlenkern bzw. Längslenkern und Schraubenfedern. Es wurden Vierrad-Scheibenbremsen und eine Lenkung mit Schnecke und Rolle verwendet. – Je nach Verkaufsland und Ausführung erhielt der Aro 10 in den folgenden Jahren die Zusatznamen Duster oder Ischia.

Ab 1983/84 wurden die Aro-24-Modelle in Deutschland alternativ zum 2,5-l-Benzinmotor statt mit den Peugeot-Dieselmotoren mit dem Aro-eigenen 2660-cm^3-Vierzylinderdiesel angeboten. Dessen Leistung wurde zunächst mit 68 PS bei 3860/min angegeben. – Zudem wurden von der deutschen Importfirma die → Dacia unter der Bezeichnung Aro Familia verkauft.

Auf dem Turiner Salon 1988 wurde die kleine Aro-Serie außer mit dem 1,4-l-Motor von Renault gleich mit vier 1,6-l-Motoren von Volkswagen angeboten: Benziner mit 75 PS, Diesel mit 54 PS und Turbo-Diesel mit 70 PS bzw. mit Ladeluftkühler und 80 PS.

Aro 244, 1982

Aro-Ciemme Scorpio, 1988

Scorpio X4. Unter dieser Bezeichnung wurde von dem italienischen Importeur Ciemme SpA ebenfalls auf der Turiner Ausstellung von 1988 ein spektakulär geformter Pick-up als Kleinserienmodell vorgestellt: Er basierte auf dem Aro 10, besaß eine aerodynamische Front und sogar Flügeltüren! Mit dem VW-Turbo-Dieselmotor wurde eine Spitze von 160 km/h versprochen. Leider blieb es bei einem Prototyp.

Aro-Ciemme. In der zweiten Hälfte 1988 nahm die Ali-Ciemme SpA (Auto Lavorazioni Industriali) in Chieti in ihrem neustrukturierten Werk in Valle del Sangro Produktionsanlagen für die Herstellung des Aro 10 mit 1,6-l-Benzin- und -Turbodieselmotoren von VW in Betrieb. Auf 25'000 m^2 bebauter Fläche standen Anlagen für das Schweißen der Chassis und das Blechschweißen der Karosserien und eine Montage- und Lackierstraße zur Verfügung. Hinzu kamen Prüfeinrichtungen und eine Versuchspiste. Die Rohkarosserien bzw. deren Teile wurden aus Rumänien angeliefert.

Aro-Ciemme (10), 1988

Es wurde ein Tagesausstoß von 50 Aro-Ciemme angepeilt, und einschließlich Vertrieb wurden 450 Personen beschäftigt.

Zu Unrecht litt der Aro-Ciemme aber unter dem mageren Ruf des Original-Aro 10; Anfang der 90er Jahre musste die Produktion eingestellt werden.

Aro	*Bauart*	*Mot.*	*Getr.*	*R/L cm*	*Baujahre*
10 / Duster (*1981–)	**K'r./4**	**a–c**	**4+R**	**240/359,5/377***	**1980–88**
10 S / Duster		**b/d–h**		**240/383**	**1988–90**
Motoren:	*Zyl.:*	*N'w.:*	*cm³:*	*PS/'min:*	*Nm/'min:*
a (–1986)	4	OHV	1289	54/5250	87/3000
b (1983–86 *1986–88)			1397	62/5500/ 64*/5000	100/3000/ 98/3300
c (GB: Duster 1984–86)				66/65	103
d (1988–)				66/5500/62	103/3300
e (1988–)		OHC	1595	75/5000	127/3200
f (1986–88)	4D		1596	54/4800	102/2250
g (1988–)			1588		100/2300–2900
h (1988–)	4TD			70/80/4500	133/155/–2600–
24 (*1984–)	**do./(4)**	**a–f**	**4(+R)**	**235/403,5/414***	**1980–90**
Motoren:	*Zyl.:*	*N'w.:*	*cm³:*	*PS/'min:*	*Nm/'min:*
a (*1982/83–)	4		2495	83/4200/ 4800*	167/2800/ 170*/29'
b (–1984)	4D	OHV	2112	59/4200	117/2500
c (1984–)			2498	72/4100	149/2000
d (1983–)			2660	83/4100	142/2250
e (–1984 1988–)			3119	65/3200/73	186/182/ 1800
f (1986/87)			3120	68	

Aston Martin

Gegründet 1922, unter dem Industriellen David Brown 1958 mit Lagonda vereint. Nach diversen Handänderungen befand sich die in Newport Pagnell, Buckinghamshire, angesiedelte Aston Martin Lagonda Limited 1980 einmal mehr in schwieriger Lage. Generaldirektor Alan Curtis plante, die von der BL Ltd aufgegebene Marke → MG zu übernehmen und suchte hierzu sowohl in Japan wie in arabischen Ländern nach Geldgebern. Er plante zudem, vom angekündigten (aber noch nicht vorgestellten!) → Mini Metro eine Superluxusversion herzustellen, um die Aston-Produktionskapazitäten besser auszulasten. Aus all' diesen Plänen sollte aber nichts werden. Kurz nach dem Jahreswechsel 1980/81 verlautete, dass Aston Martin an die beiden englischen Firmen Pace Petroleum und CH Industrials verkauft worden sei. Neue Chairmen wurden Victor Gauntlett und T. M. Hearley.

V8. 1981 standen unverändert die Modelle Aston Martin V8 (viersitziges Coupé), V8 Volante (viersitziges Cabriolet), V8 Vantage (leistungsgesteigertes Coupé) und Lagonda (viertürige Limousine) im Angebot. Das Design des Coupés ging auf den im Oktober 1967 auf dem Salon Paris gezeigten DB S zurück. Dieses von den Aston-Martin-Leuten selber entworfene Coupé war stilistisch ein Volltreffer, wirkte es doch auch 1981 noch so zeitlos elegant und attraktiv, dass es sich neben seinen Hauptrivalen unter den Luxussportwagen → Ferrari 400i und → Maserati Khamsin problemlos zeigen lassen konnte.

Dem Antrieb aller Aston Martin diente der V8-Alumotor mit 2x2 obenliegenden Nockenwellen und 5341 cm^3 Hubraum. Nach dem Beispiel von Rolls-Royce und Bentley zierte man sich bei Aston Martin mit PS-Angaben. Man schätzte die Leistung des mit Transistorzündung ausgerüsteten V8 auf 320 PS, beim V8 Vantage auf 390 PS. Unterschiedlich waren u. a. die je vier Weber-Doppelvergaser. Immerhin hatte der durch die Benzinkrise ausgelöste Trend zum Sparen auch vor Aston Martin nicht Halt gemacht: Für 1981 meldete die Marke überarbeitete Zylinderköpfe, geänderte Ventilsteuerzeiten, neu kalibrierte Vergaser und eine von 9,1 auf 9,5:1 angehobene Verdichtung. Damit soll sich der Durchschnittsverbrauch „bei normaler Fahrweise" von 20 auf 16,5 l/100 km reduziert haben.

Als Kraftübertragung diente ein 5-Gang-Getriebe von ZF, alternativ dazu war mit dem etwas weniger PS-reichen Motor auch das 3-Stufen-Automatikgetriebe Torqueflite von Chrysler verfügbar. Die Leichtmetallkarosserie wurde von einem Plattformrahmen getragen, und die Aufhängung umfasste vorne Dreieckquerlenker, hinten eine De-Dion-Achse mit Wattgestänge und Längslenkern. Die Vierrad-Scheibenbremsen waren belüftet und mit zwei Servoaggregaten versehen; auch die Zahnstangenlenkung arbeitete mit Servo, und eine Differenzialbremse wurden ebenfalls serienmäßig eingebaut. Ungewöhnlich war der Umstand, dass noch neun Schmiernippel zu versorgen waren (Ölwechselintervall: 8000 km).

Aston Martin

Lagonda. Der auf der London Motor Show 1976 vorgestellte Aston Martin Lagonda (einst war Lagonda eine eigenständige Marke gewesen) war eine der ungewöhnlichsten Autokreationen der 70er Jahre. Dies galt vor allem für sein äußeres Erscheinungsbild: Das futuristisch-kantige Design der 528,5 cm langen, aber bloß 130 cm hohen Luxuslimousine war von William Towns entworfen worden. An diesem Aussehen schieden sich die Geister, doch gab es manche Ästheten und Formkritiker, die dieser Architektur vorbehaltlos zustimmten.

Aus dem üblichen Rahmen fielen auch der Innenraum und vor allem das Armaturenbrett dieses Lagonda: Da gab es ein Einspeichenlenkrad und noch völlig ungewohnte digitale Anzeigen in einem Glasgeviert. Das Fahrtempo ließ sich von „miles per hour" auf km/h umstellen, und auch Kühlwasser- und Motoröltemperatur erschienen in Zahlen. Beim Beschleunigen schienen sich die wild aufsteigenden Ziffern zu verheddern. Aber bei etwa gleichbleibender Geschwindigkeit ließen sie sich problemlos ablesen.

Abgesehen vom Radstand, der von 261 auf 291,5 cm verlängert worden war, basierte der Lagonda auf der gleichen technischen Basis wie das Modell V8. Er wurde jedoch ausschließlich mit dem Torqueflite-Automatikgetriebe geliefert. Bis Mitte 1980 war dieser auch als Chauffeurlimousine gedachte Saloon in noch nicht einmal 50 Exemplaren gebaut worden.

Nachdem bei Aston Martin bereits Spezialversionen des Mini Metro entstanden waren, wurde auf der Birmingham Motor Show im Oktober 1982 ein Tickford Capri 2.8 T ausgestellt. Tickford war das Karosserie-Stammhaus von Aston Martin, und die Initiative zu diesem Sondermodell stammte von Ford-Chef Bob Lutz und AM-Boss Victor Gauntlett. Die Front mit der mächtigen Bugschürze ähnelte jener des Aston Martin Vantage. Mit einem IHI-Abgasturbolader kam dieser Ford Capri auf 208 PS und 225 km/h Spitze.

Aston Martin V8, 1984

Aston Martin V8 Volante, 1985

Mitte 1983 verlautete, dass die Mehrheit an Aston Martin Lagonda von seiner Vertretung in den USA, der Firma Automotive Investments in Connecticut, übernommen worden sei. Damit erhielt die Pace Petroleum dringend benötigte liquide Mittel. Pace-Boss Victor Gauntlett blieb jedoch weiterhin für die Aston-Geschäftsführung verantwortlich. Seit das Unternehmen 1921 von Lionel Martin gegründet worden war, besaß es nun bereits den neunten Besitzer. Der prominenteste war Multimillionär Sir William Brown gewesen, der 1972 die Firma an William Willson verkauft hatte und zwar für ein Pfund Sterling und unter der Bedingung, dass Willson sämtliche Schulden übernahm. Dieser verkaufte 1975 Aston Martin Lagonda an ein amerikanisch-kanadisches Konsortium. Nach ihm gelangte die berühmte englische Marke an Alan Curtis, einem Unternehmer der Immobilienbranche und der Luftfahrtindustrie (der 1983 u. a. dem Vorstand von Lotus Cars angehörte).

Lagonda 1984/85. Auf der IAA 1983 wurde der Lagonda in leicht verjüngter Form ausgestellt: Er besaß nun für alle Märkte US-Stoßstangen, neue Felgen, umgestaltete Sitze, aufmachbare hintere Seitenfenster und neugruppierte Bedienungsschalter. – Auf dem Salon von Paris 1984 stand der Lagonda auf neuen Rädern mit feinem Schaufelrand. Zudem war das elektronische Armaturenbrett gänzlich umgestaltet worden. Es zeigte sich nun dreiteilig in eine typisch englische Edelholzfront integriert. Anstatt bloß mit Digitalzahlen erschienen die Anzeigen jetzt in grafischer Aufmachung, links die Geschwindigkeit (mit Grafikwechsel im Bereich von über 100 mph), rechts die Drehzahl und in der Mitte allfällige Fehler. Die km-Gesamtzahl ließ sich an einem herkömmlichen mechanischen Zähler unter der Motorhaube ablesen, während die elektronische Anzeige nur einem Tages-km-Zähler galt.

1984 erfolgte erneut ein Besitzerwechsel: Nun wurde die in New York angesiedelte Reedereifamilie Livanos Hauptaktionär von Aston Martin Lagonda.

Lagonda Limousine. Auf der Birmingham Motor Show war im Oktober 1984 der Lagonda Limousine zu sehen. Für diese Sonderausführung war der Radstand von der Aston Martin Tickford Limited um 10 Zoll (25,4 cm) verlängert und die Dachlinie um 5 cm angehoben worden. Damit ergaben sich der Luxusklasse des Wagens entsprechende Platzverhältnisse.

V8 1986. Auf der Ende Januar 1986 eröffneten New Yorker Autoshow wurden die Aston Martin wieder mit Einspritzmotor gezeigt: V8 Coupé und Volante sowie Lagonda besaßen nun eine elektronische Benzineinspritzung von Weber. Die Leistung war nicht mehr geheim, sondern wurde mit 309 PS bei 5000/min angegeben. Für den Lagonda wurden 304 PS genannt. Bei der 8:1 statt 9,5:1 verdichteten und mit Katalysator ausgerüsteten US-Version waren es 243 PS (was durch kürzere Untersetzungen kompensiert wurde). Gleichzeitig erhielten die Aston Martin V8 eine neue flache Motorhaube. Einen Buckel wies aber nach wie vor die Haube des Aston Martin Vantage auf, denn seine vier Weber-Doppelvergaser benötigten mehr Platz (seine Leistung wurde mit 375 PS bei 6000/min angegeben).

Vantage Zagato. Zum Genfer Salon im März 1986 lancierte Aston Martin eine von Zagato (→ Anhang) in Mailand karossierte (und besonders teure) Sonderversion. Ihre Auflage wurde auf 50 Stück beschränkt. Schon von Ende 1960 bis 1963 waren 19 DB 4 GT Zagato entstanden (die sich einen entsprechend hohen Sammelwert aneigneten). Mit dem Vantage Zagato wandten sich die Mailander Formentwickler einer neuen Stilrichtung mit integrierten kantigen Elementen zu. Dennoch wurde ein mit cw 0,29 sehr günstiger Luftwiderstandsbeiwert erzielt. Auffallend waren die nahtlos um den Pavillon geführten Fensterflächen mit einem versenkbaren Ausschnitt auf Türhöhe. Abgesehen von den im Stile eines Sägezahnrades gehaltenen Rädern wurde auf Chrom verzichtet.

Mit 439x186x129,5 cm waren die Konturen des Vantage Zagato deutlich gestraffter als jene des Vantage (466,5x189x132,5 cm). Zudem erreichte sein Leergewicht bloß 1650 statt 1850 kg. Zwar wurden die gleichen vier Weber-Doppelvergaser verwendet, aber man hatte die Verdichtung von 9,5:1 auf 10,5:1 erhöht und den Ansaug- und Auspufftrakt sowie die Steuerzeiten geändert. Daraus resultierte eine auf 438 PS bei 6250/min erhöhte Leistung. Entsprechend konnten 100 km/h binnen 5 s und eine Spitze von etwa 300 km/h erreicht werden. Der Vantage Zagato stellte sich damit neben die Supersportwagen Ferrari Testarossa und Lamborghini Countach.

Vantage Volante. Mit der British International Motor Show, die im Oktober 1986 in Birmingham durchgeführt wurde, kam der Vantage auch in Cabrioletversion ins Angebot.

Volante Zagato. Mit dem Genfer Salon 1987 wurde überdies eine Offenversion des Zagato-Coupés eingeführt. Im Gegensatz zu diesem wurde in ihr der gleiche Motor wie im Aston Martin V8 eingebaut: Verdichtung 9,3–9,5:1, 309 PS, mit Katalysator 268 PS. Nach 52 Zagato-Coupés entstanden bis 1989 noch 37 Zagato Volante.

Lagonda 1987. Ebenfalls auf dem Genfer Salon 1987 wurde die Karosserie des Lagonda mit aerodynamischen Verfeinerungen ausgestellt: Die messerscharfen Kanten an Front und Heck sowie des oberen Radhausabschlusses waren feinen Rundungen gewichen, und es wurde auch auf etlichen Chrom verzichtet.

Auf der IAA Frankfurt im September 1987 gab die Ford Motor Company bekannt, 75 Prozent der Aston Martin Lagonda Limited übernommen zu haben. Das restliche Viertel blieb in den Händen von Victor Gauntlett und M. Livanos. Dies war Fords Antwort darauf, dass General Motors Lotus und dass Chrysler Lamborghini übernommen hatten und dass Fiat Ferrari besaß. Ford hielt fest, dass Aston Martin seinen eigenen Charakter und seine Identität behalten werde und dass das Management unter Victor Gauntlett keine Veränderung erfahre. Zu jenem Zeitpunkt baute Aston mit 400 Mitarbeitern etwa fünf Wagen pro Woche und warf Gewinn ab. – Auf dem Genfer Salon 1988 wurde dem seit 20 Jahren in fast 3000 Exemplaren gebauten klassischen Aston-Martin-Coupé das baldige Ende verheißen: Sein Nachfolger sollte im Herbst in Birmingham stehen.

Aston Martin Vantage Zagato, 1986

Aston Martin V8 Vantage, 1989

Aston Martin Virage, 1989

Aston Martin Lagonda, 1990

Virage. Schon Ende 1986 war aus England zu erfahren gewesen, dass für das Design des neuen Aston Martin fünf Designbüros ihre Vorschläge einreichen konnten und das Team John Heffernan und Ken Greenley den Wettbewerb gewonnen hätten. Natürlich ging es darum, die typischen Charaktermerkmale der Marke zu erhalten und in ein modernes Bild einzubetten. Was auf der International Motor Show von Birmingham im Oktober 1988 zu sehen war, begeisterte die Enthusiasten: Bei gleichem Radstand und ähnlicher Länge wie der noch für ein Jahr weiter angebotene V8 zeigte sich der Virage getaufte Neuling deutlich aerodynamischer. Die Front mit dem sechseckigen Kühlergrill war nicht mehr nach innen geneigt, sondern leicht schräggestellt, die Frontscheibe war deutlich flacher gestellt und das zweite Seitenfenster lief in dem sich nach hinten verjüngenden Pavillon weitgezogen spitz aus. Die riesige Heckscheibe ging sanft in das einen generösen Kofferraum bietende Stufenheck über.

Diese aus Aluminium hergestellte Karosserie ruhte auf einer neuen, computerberechneten Plattform, die nicht nur leichter und steifer war, sondern sich auch rationeller herstellen ließ. Beim Motor handelte es sich weiterhin um den 5,3-l-V8 mit zwei obenliegenden Nockenwellen, doch nun besaß er Zylinderköpfe mit der doppelten Ventilzahl. Die Leistung des ausschließlich mit Katalysator gebauten neuen Motors wurde mit 335 PS angegeben (Modell V8 mit und ohne Katalysator: 268 bzw. 309 PS). Für die Kraftübertragung standen nach wie vor ein 5-Gang-Getriebe von ZF oder ein 3-Stufen-Automatikgetriebe von Chrysler zur Wahl. 60 mph (96,5 km/h) waren mit dem Automatgetriebe in 6 s erreichbar.

Die vordere Dreieckquerlenker-Aufhängung und die mittels Wattgestänge aufwändig geführte De-Dion-Hinterachse waren von Grund auf neukonzipiert worden, wobei Aluteile für eine Gewichtsverminderung sorgten. Die hinteren Bremsscheiben wurden nach außen in die Radschalen versetzt, und mit Bilstein entwickelte Stoßdämpfer sorgten für ein erhöhtes Komfortniveau. Auch der lederausgekleidete luxuriöse Innenraum entstand in weitgehender Handarbeit.

Im März 2007 wurde Aston Martin von der auf finanzielle Mittel erpichten Ford Motor Company an eine Investorengruppe verkauft. Diese wurde von David Richards, Gründer und Leiter der Rennsport- und Engineeringfirma Prodrive (und zudem Vermarkter der Rallye-WM), angeführt. Die Leitung von Aston Martin blieb in den Händen von Dr. Ulrich Bez. Nachdem unter Ford 2003 in Gaydon ein modernes Produktionswerk errichtet worden war, wurde der Standort Newport Pagnell im Juli 2007 aufgegeben. Im März jenes Jahres hatte Ford die englische Prestigemarke an zwei Investitionsfirmen veräußert!

Aston Martin war erneut die weltweit renommierteste konzernunabhängige Automarke!

Aston Martin	Bauart	Mot.	Getr.	R/L cm	Baujahre
V8 / V8 Volante	**Pl'r.**	**a–c**	**5/A3**	**261/466,5/482U**	**1980–89**
V8 Vantage (+ Volante)		**d–f**	**5**	**261/466,5**	
(V8) Vantage Zagato		**g**		**261/439**	**1986–88**
Volante Zagato		**b/c**		**261/448**	**1987-88**
Lagonda		**a–c**	**A3**	**291,5/528,5**	**1980–90**
Lagonda Limousine				**317/554**	**1984–90**
Motoren:	*Zyl.:*	*N'w.*	*cm³:*	*PS/'min:*	*Nm/'min:*
a (*USA weit weniger)	V8	DOHC	5341	ca. 310/5000*	432/4000
b (1985–87)	V8i			309/5000/243U+K	434/4000
c (1987–)				309/5500/268K /5000	
d (–1985)	V8			ca. 375/5800	–
e (1985–87)				375/6000/406/438	500/4900
f (1987–)				405/6250/438/ 6200	529/5000/ 536/5100
g (1986–)				438/6200/268K/ 5000	536/5100/–
Virage	**Pl'r.**	**–**	**5/A3**	**261/473,5**	**1988–90**
Motor.	V8i	*D32V*	5341	335K/5300	494/4000

Audi

Gegründet 1910 von August Horch, wurde die in der Zwischenkriegszeit in die Auto Union integrierte Marke Audi 1965 unter VW-Ägide erneut ins Leben gerufen. Dank dem unter Volkswagen-Konzernchef Rudolf Leiding schon Anfang der 70er Jahre konsequent eingeführten Baukastenprinzip konnte die Marke Audi als der feinere Mitspieler im VW-Verbund einen einzigartigen Aufschwung erleben. Die unauffällige Verwendung von baugleichen Mechanikteilen für beide Marken ersparte in großem Ausmaß Entwicklungs- und Produktionskosten. 1981 umfasste das Bauprogramm die Modelle 80, Coupé, 100 und 200, alle mit Frontantrieb, sowie den vierradgetriebenen Quattro.

80. Der 1972 eingeführte und im August 1978 erneuerte Audi 80 war mit dem Volkswagen Passat verwandt. Statt einer Schrägheck- besaß er jedoch eine Stufenheckkarosserie. Es gab ihn zwei- und viertürig und in sieben durch Buchstaben gekennzeichneten Ausstattungsvarianten, die an die Motorisierung gekoppelt waren. Diese umfasste einen 1,3-l-Motor und und einen 1,6-l-Motor in drei Leistungsstufen. Topausführung war der GLE mit K-Jetronic-Einspritzung von Bosch und 110 PS. Die 1,6-l-Motoren mit 75 und 85 PS waren sowohl mit 4-Gang-Getriebe wie auch mit einer 3-Stufen-Automatik erhältlich. Das Fahrwerk umfasste Dreieckquerlenker und Federbeine, hinten eine Starrachse mit Längslenkern, Querlenkerstab und Schraubenfedern. Der Lenkrollradius war negativ ausgelegt, und die Bremsanlage servobestückt.

Mit dem Modelljahr 1981 erhielten die Audi 80 eine dem sparsamen Fahren dienende Leuchtanzeige am Armaturenbrett: Sobald der Motor in einen verbrauchsungünstigen Drehzahlbereich gelangte, motivierte diese Leuchte zum Hochschalten. Zudem zählte nun nebst weiteren technischen Verfeinerungen eine Transistorzündung mit Hallgeber zur Serienausrüstung. Die Verdichtung des GLE-Motors war von 9,5:1 auf 10:1 erhöht worden. Gleichzeitig war sein 4-Gang-Getriebe durch eine 5-Gang-Einheit mit langem oberstem Spargang ersetzt worden. Diese Kraftübertragung war auch mit den 75- und 85-PS-Motoren lieferbar.

Ganz neu kam in der Audi-80-Palette ein Dieselmotor hinzu. Es handelte sich um das auch in den Volkswagen bekannte, von 1,5 auf 1,6 l vergrößerte Aggregat mit 54 PS. Auch es konnte auf Wunsch mit dem 5-Gang-Getriebe gekoppelt werden. Mit dieser Kraftübertragung reduzierte sich der ECE-Verbrauch auf 4,7/7,0/7,2 l/100 km. Allen 1981-Audi-80 gemeinsam waren neue Lackfarben und Sitzüberzüge sowie kleine Ausstattungsverbesserungen. Für die 1,6-l-Modelle wurde gegen Aufpreis eine Servolenkung lieferbar.

Coupé. Am 1. September 1980 stellte Audi ein neues fünfsitziges Coupé vor. Es basierte auf der Modellreihe 80, war aber stilistisch eng mit dem Hochleistungscoupé Quattro verwandt (s. weiter unten). Wie dieses erhielt das mit Audi C bezeichnete Coupé den ungewohnten Fünfzylindermotor,

Audi 80 GLS, 1981

Audi C GT 5S, 1981

Audi 80 CD, 1982

jedoch in einer von 2,1 auf 1,9 l verkleinerten Version. Mit einer auf 10:1 erhöhten Verdichtung (die allerdings Superbenzin bedingte), einer Transistorzündung mit Hall-Ansteuerung sowie einer digitalen Leerlaufstabilisierung (für niedrige Drehzahlen auch in der Warmlaufphase) wurde für ein moderates Verbrauchsverhalten gesorgt.

Auch der oberste der fünf Gänge war aufs Sparen ausgelegt, so dass die Höchstgeschwindigkeit von 184 km/h im vierten Gang zu erreichen war. Hinzu kam die neuartige Schaltanzeigeleuchte aus dem Audi 80. Alternativ stand ein 3-Stufen-Automatikgetriebe zur Wahl. Mit seiner unten, auf der Höhe des Stoßschutzes, durchgezogenen Kontrastfarbe an den Flanken wirkte das Coupé besonders elegant. Ganz den Charme des von 1969 bis 1976 gebauten Audi 100 Coupé S erreichte es aber nicht.

100. Die Audi-100-Reihe repräsentierte die obere Mittelklasse. Ungewöhnlich gestreckt wirkte die zweitürige Stufenheckversion, während sich die viertürige Ausführung mit den sechs Seitenfenstern ausgewogener gab. Ein besonders eigenständiges Design besaß jedoch der fünftürige Audi 100 Avant, der anstatt eines herkömmlichen Kombis gebaut wurde und dessen Fastback für optische Dynamik sorgte. Die eingerahmte Front mit dem von Rechteckscheinwerfern flankierten Kühlergitter – das gut sichtbar die vier Ringe der Auto Union zur Schau trug – verhalfen auch dem Audi 100 zum identitätsschaffenden Erscheinungsbild.

Auch diese Baureihe wurde aufsteigend mit der Motorengröße in einer Vielzahl von Ausstattungsversionen angeboten, wobei die angefügte Ziffer 5 auf den Fünfzylindermotor hinwies. Den 1,6-l-Motor gab es für die Modelle 100, 100 L und GL, das 1,9-l-Aggregat für die Audi 100 5, L5, GL 5, Avant L5 und Avant GL 5. Für den 2,2-l-Motor standen besonders viele Varianten zur Wahl, wobei der Buchstabe S auf die Vergaserversion hinwies, der Buchstabe E hingegen auf den Einspritzmotor mit der mechanischen K-Jetronic von Bosch. Den obersten Abschluss der Skala bildete der 100 Avant CD 5E.

Für alle Audi 100 standen 4- und 5-Gang-Getriebe und das 3-Stufen-Automatikgetriebe zur Verfügung. Die Motoren und Getriebe waren im Herbst 1980 Anpassungen unterzogen worden. Die angetriebenen Vorderräder wurden von Federbeinen mit Querlenkern geführt, hinten fand sich eine Starrachse mit Längslenkern, Panhardstab und ebenfalls Schraubenfedern (negativer Lenkrollradius). Mit dem 5-Zylinder-Motor war für die Zahnstangenlenkung ein Servoaggregat erhältlich, und zusammen mit dem Einspritzmotor wurden belüftete Bremsscheiben eingebaut.

200. So wie der Audi 80 in den USA als Typ 4000 vermarktet wurde, so wurde der Audi 100 „drüben“ als Modell 5000 verkauft. Doch der zur Oberklasse zu zählende Top-Audi war der Typ 200. Er hatte zwar die gleiche viertürige 6-Fenster-Stufenheckkarosserie wie der Audi 100, hob sich aber durch die quadratischen Doppelscheinwerfer, eine größere seitliche Rammschutzleiste auf Reifenhöhe, Leichtmetallreifen mit Speichenmotiv und vor allem einen feudalen Innenraum mit hochwertigem Polsterstoff und Topausstattung ab.

Der Audi 200 wurde vom 2,2-l-Fünfzylindermotor angetrieben (mit 2144 cm^3 war er eigentlich ein 2,1-l-Motor), und diesen gab es im Modell 200 5T sogar mit einem Abgasturbolader von KKK mit einem maximalen Ladedruck von 0,82 bar. Mit ihm stieg die Leistung von 136 auf beachtliche 170 PS. Das Fahrwerk entsprach jenem des Audi 100, doch wurden Vierrad-Scheibenbremsen eingebaut (vorne belüftet) und die Servolenkung war eine Selbstverständlichkeit.

Quattro. Der Audi Quattro war auf dem Genfer Salon 1980 zur Weltpremiere gebracht worden, und mit dem italienischen Wort für die Zahl vier wurde simpel und einfach auf den Vierradantrieb hingewiesen. Nach dem 1965 lancierten Jensen FF handelte es sich um den ersten Personenwagen, der diese Antriebsart nicht zu verbessertem Vorankommen abseits befestigter Wege, sondern für sicherere Fahreigenschaften im Allroundeinsatz propagierte. Der Quattro war somit eine Pionierleistung, zudem war sein Vierradantrieb permanent ausgelegt, ein Konzept, das allmählich Schule machen sollte. Überdies sollte der Quattro nicht nur durch seine Antriebsart, sondern auch als ein überaus erfolgreiches Rallyefahrzeug zu einem automobilhistorischen Begriff werden.

Der Quattro basierte auf dem Unterbau der Audi 100/200, wobei der Radstand von 267,5 auf 252,5 cm verkürzt worden war (Audi 80: 254 cm). Er war ein charaktervoll gezeichnetes zweitüriges, fünfsitziges Fastbackcoupé. Die kräftigen Radhausverbreiterungen, die Bugschürze und die auffallende Abrisslippe am Heck sowie die Leichtmetallräder mit Speichenmotiv sorgten für den imposant-sportlichen Auftritt. Wie der Audi 200 besaß der Quattro Doppelscheinwerfer.

Der 2144-cm^3-Fünfzylindermotor war auch im Quattro um 20 Grad nach rechts geneigt eingebaut. Mit der mechanischen Benzineinspritzung K-Jetronic von Bosch, einem Abgasturbolader KKK (max. Ladedruck 0,85 bar), Ladeluftkühler und Transistorzündung war er auf eine Leistung von just 200 PS bei 5500/min ausgerichtet, während das maximale Drehmoment 285 Nm bei 3500/min erreichte. Der Vierradantrieb erfolgte über ein 5-Gang-Getriebe, und das zentrale sowie das hintere Differenzial waren manuell sperrbar. Vorne wie hinten wurde eine Einzelradaufhängung verwendet: Dreieckquerlenker mit Federbeinen bzw. mit Schraubenfedern. Die Vierrad-Scheibenbremsen (vorne belüftet) arbeiteten ebenso mit Servo wie die Zahnstangenlenkung (negativer Lenkrollradius).

Treibende Kraft hinter dem Quattro und seinem Vierradantrieb war Dipl.-Ing. Ferdinand Piëch, technisches Vorstandsmitglied der Audi NSU Auto Union AG (und Neffe von Ferry Porsche). Für die Saison 1981 baute Audi ein schlagkräftiges Gruppe-4-Rallyeteam auf (auch in den anderen Gruppen wurde aktiv in das Sportgeschehen eingegriffen). Für die Rallye-Einsätze mit dem auf über 300 PS gebrachten Quattro wurden zunächst der Finne Hannu Mikkola verpflichtet. Bei den Rennversionen kam die eigentümliche, hackend-hämmernde Akustik des Fünfzylindermotors besonders prägnant zum Ausdruck; sie wandelte sich bei Vollgas zu einem umverkennbaren modelltypischen Stakkato.

80 CD. Mit dem im August 1981 vorgestellten Modelljahrgang 1982 kam der 80 CD hinzu. Er wurde mit dem vom Coupé bekannten 1,9-l-Fünfzylindermotor mit 115 PS ausgerüstet und bot eine angereicherte Ausrüstung: 5-Gang-Getriebe, Aluräder, Bugschürze, Heckblende, Metallic-Lackierung sowie einen besonders schmuck ausgekleideten, reichhaltigen Innenraum samt Vierspeichen-Sportlenkrad.

Die übrigen Audi 80 mit 1,6-l-Motor mit 85 oder 110 PS oder mit dem Dieselmotor wiesen nun 5-Gang-Getriebe auf. Dies galt auch für sämtliche Audi 100 und 200. Zudem war bei ihnen durch Feinarbeit ebenfalls eine Verminderung des Treibstoffverbrauchs erreicht worden. Den Quattro gab es ab Jahrgang 1982 gegen Aufpreis mit einer Klimaanlage und/oder einem herausnehmbaren Aufstelldach.

80 C Diese zur IAA Frankfurt 1981 herausgebrachte Variante unterstrich die Möglichkeiten des Sparens: Der 80 C war eine preisgünstige Alternative zum Dieselmodell. Sein neukonzipierter 1,3-l-Motor leistete 60 PS und wurde mit dem Spargetriebe 3+E gekoppelt.

Coupé GL 1.8. Gleichzeitig erschien auch eine Sparversion des Coupés mit neuentwickeltem 1,8-l-Motor, der aus einer Ausweitung von Bohrung und Hub des 1,6-l-Vierzylinders entstanden war. Dieser 1781-cm^3-Langhubmotor war als Drosselmaschine ausgelegt, deren Höchstleistung von 75 PS schon bei 4500/min anstand. Ähnlich wie beim 1,9-l-Fünfzylinder besaßen die Brennräume eine Quetschkante. Als Kraftübertragungen standen das 4-Gang-Getriebe, die 4+E-Einheit und das 3-Stufen-Automatikgetriebe zur Wahl.

100 CS. Im Herbst 1980 hatte eine vor allem für den Audi 100 eingetretene Absatzschwäche zu Kurzarbeit geführt. Nun war im Hinblick auf die IAA 1981 der → VW Santana herausgekommen, der zu den Audi 100 (und auch den Audi 80, denn er rangierte größenmäßig dazwischen) eine bedeutende konzerinterne Konkurrenz verhieß. Da war ein attraktiver neuer Audi 100 durchaus willkommen: Der 100 CS verkörperte eine sportliche Variante mit Bugschürze ähnlich Audi 200, breiten Seitenschutzleisten, Leichtmetallfelgen, Vierspeichenlenkrad, großer Mittelkonsole, Tweed-Sitzüberzügen, Rahmen-Kopfstützen und einer Höhenverstellung für den Fahrersitz. Wahlweise gab es den 100 CS mit dem 1,6-l-85-PS-Motor sowie mit den beiden 2,2-l-Fünfzylindern mit 115 oder 136 PS (Einspritzung).

80 Turbo-Diesel. Gleichzeitig mit dem → Volkswagen Golf TD wurde im Februar 1982 die Turboversion des Audi-Dieselmodells herausgebracht. Der 1,6-l-Dieselmotor leistete dank dem bis 0,7 bar liefernden Abgasturbolader 70 statt 54 PS und kam auf ein maximales Drehmoment von 133 Nm bei 2600/min. Dieser Motor wurde mit dem 4+E-Getriebe kombiniert, doch war beim Audi auf Wunsch auch ein 3-Stufen-Automatikgetriebe lieferbar. Dieses bot eine zusätzliche Schaltstufe E: Dieser Buchstabe stand für Entkoppelung, und in dieser Position trat eine Art Freilauf in Funktion, wobei der Kraftfluss im Schiebebetrieb (Fuß vom Gaspedal) zwischen Motor und Antrieb unterbrochen und damit ein Spareffekt erzielt wurde.

Coupé GT 5E. Ebenfalls im Februar 1982 wurde als weitere Coupévariante der GT 5E vorgestellt: Fünfzylindermotor mit 2144 cm^3, Einspritzung, 130 PS, eng gestuftes 5-Gang-Getriebe, 196 km/h, 0–100 km/h in 9,1 s.

Indessen sorgte der Audi Quattro in seiner Rallyevariante nach Gruppe 4 für viel Furore: Mit ihm gewann das Damenteam Michèle Mouton/Fabrizia Pons nach dem Erfolg beim Sanremo-Rallye 1981 im März 1982 auch das Portugal-Rallye und es folgten weitere Siege.

Anfang 1982 konnte die Audi NSU Auto Union AG in Ingolstadt eine mit großem Aufwand entstandene neue Lackiererei modernster Konzeption in Vollbetrieb nehmen. In den Kataphorese-Tauchbädern der 166 m langen Anlage wurden nun unter einer vollautomatischen Förderungssteuerung sämtliche Hohl- und Innenräume der Rohkarosserie erfasst und damit der Rostschutz optimiert.

Audi 100 Avant, 1983

Audi 200, 1984

Audi Sport Quattro, 1984

100 1983. Im August 1982 wurde der neue Audi 100 vorgestellt: Bei beibehaltenem technischem Konzept war die Karosserie radikal umgezeichnet worden. Sie zeigte sich nun betont strömungsgünstig und erinnerte ein Stück weit an den NSU Ro 80, der ja einst ebenfalls bei der Audi NSU Auto Union AG gebaut worden war. Die unter Designchef Hartmut Warkuss ausgefeilte Formgebung mit der abgerundeten Front, den ins Dach hineingewölbten und großzügig dimensionierten Seitenscheiben sowie der durchgezogenen Gürtellinie verhalfen zu einem bei Wagen dieses Kalibers einzigartig tiefen cw-Wert von 0,30. Es gab den neuen Audi 100 nur noch viertürig und in den vier Ausstattungsversionen 100, 100 CC, 100 CS und 100 CD.

Vorstandsmitglied Ferdinand Piëch und sein Mitarbeiterstab hatten mit dem neuen Audi 100 bei mindestens gleich gebliebenem Nutzraum und Komfortniveau einen um 20 Prozent reduzierten Verbrauch angepeilt. Dies sollte außer durch die strömungsgünstige Form durch eine gewichtsgünstige Bauweise und verbesserte Antriebseinheiten erreicht werden. Besonders kniffllig war es, die erstmals in der Großserie eingeführten außenbündig auf ihren Leichtmetallrahmen aufliegenden Seitenscheiben einwandfrei abzudichten und genau zu führen. Zu den weiteren aerodynamischen Maßnahmen zählten Spalten überbrückende Gummilippen ebenso wie der Verzicht auf Dachrinnen. Der Gepäckraum war auf 570 dm^3 angewachsen, und eine Durchreiche ermöglichte den Transport beispielweise von bis zu fünf Paar Skis im Innenraum statt mit Dachträger. Effizienter geworden waren auch die Heiz- und Lüftungsanlage. Letzterer kam in Anbetracht der großzügigen Scheibenflächen besondere Bedeutung zu. Die gute Aerodynamik reduzierte auch die Windgeräusche.

Die Ausführungen CS und CD erhielten Leichtmetallräder und zudem ein Auto-Check-System mit Mini-Bildschirm, das den Fahrer auf zehn allfällige Mängel hinweisen konnte. Mit Kunststoffen (z. B. für die vorderen Radhaus- sowie die Reserveradschalen) und Leichtmetall (für die Türrahmen und den Wagenheber) sowie die Verwendung eines Notrades war das Gewicht des Audi 100 um 30 kg abgesenkt worden. Basismotor war nun ein drehmomentstarker 1,8-l-Vierzylinder mit 75 PS; hinzu kamen Fünfzylindermotoren mit 1,9 und 2,2 l sowie der 2-l-Fünfzylinder-Diesel. Alle Motoren waren mit einem 5-Gang-Getriebe oder einem 3-Stufen-Automatikgetriebe zu haben, der 1,8-l-Langhubmotor zudem mit einem 4-Gang-Getriebe. Auch fahrwerkseitig waren Verbesserungen eingebracht worden. Im Schnitt resultierte ein um 10 Prozent verminderter Kraftstoffverbrauch.

Mit der Einführung des neuen Audi 100 wurde nicht nur das Vormodell, sondern auch die Kombiversion Avant und der Audi 200 aus der Produktion genommen.

Coupé / Quattro 1983. In der Basisversion GL erhielt das Coupé im September 1982 zum Modelljahr 1983 eine Leistungssteigerung des 1,8-l-Motors von 75 auf 90 PS sowie ungleich große Doppelscheinwerfer. Aufsehenerregend – zumindest für frühe Elektronikfreaks – war ein beim Quattro eingeführtes Instrumentenkonzept mit neuartigem Informationssystem. Es bestand aus einem elektronischen Kombiinstrument mit Display, einem Bordcomputer und einer Kontrolleinheit zur Überwachung der Betriebssicherheit. Fahrtempo (digital), Drehzahl (quasianalog) und Tankinhalt (digital) wurden dauernd, andere Infos auf Abruf angegeben; Fehleranzeigen erfolgten hingegen sowohl optisch wie durch eine synthetische Stimme. Dem Sperren der Quattro-Differenziale diente neu ein zweistufiger Unterdruckschalter.

80 Quattro. Nachdem sich der permanente Vierradantrieb bereits beim Coupé Quattro bewährt hatte, wurde er mit dem Modelljahr 1983 auch bei der Limousine der Modellreihe 80 erhältlich. Nun ging es darum, dass der Vierradantrieb seine Vorteile nicht nur im Gelände oder beim Sporteinsatz, sondern beim Alltagsbetrieb eines Familienautos ausspielte. Audi monierte, dass der Vierradantrieb das instationäre Verhalten bei Kurvenfahrt im Grenzbereich deutlich verbessert, dass er den Rollwiderstand und den Reifenverschleiß reduziert, die Gefahren des Aquaplaning vermindert und das Bremsverhalten günstig beeinflusse. Der 80 Quattro löste allmählich eine Welle des Vierradantriebs aus, unter der nebst technischen Argumenten auch viel Prestigedenken verborgen war.

Dem Antrieb diente der 2144-cm^3-Fünfzylindermotor mit K-Jetronic-Einspritzung und 136 PS. Der Audi 80 Quattro besaß die Bodengruppe des Coupé Quattro mit dessen 5-Gang-Getriebe, dem zusätzlichen Differenzial und dem Abtrieb für den Hinterradantrieb. Auch bei diesem Audi 80 ließen sich das zentrale und das hintere Differenzial zu 100 Prozent sperren und dies mit Unterdruckhilfe bei jeder Geschwindigkeit. Der Allradantrieb brachte ein Mehrgewicht von 75 kg. Tempo 100 war nach 9,1 s erreichbar und als Spitze wurden 193 km/h genannt. Der DIN-Normverbrauch lautete auf 7,3/9,1/13,6 l/100 km.

100 Avant. Nachdem bereits Ende 1982 ein erstes Bild verbreitet worden war, feierte auf dem Genfer Salon 1983 ein gänzlich neuer Audi-Kombi Premiere. Unter dem bekannten Namen Avant hatte Audi eine Art fünftürigen Sportkombi geschaffen, dessen über der Gürtellinie um 30 Grad nach vorne geneigtes Rückfenster eher an eine

Schräghecklimousine in der Art des Renault 20/30 erinnerte. Der Avant war aber mit 479 cm genau gleich lang wie die viertürige Stufenhecklimousine und auch die seitlichen Konturen einschließlich Türen stimmten bis zum C-Pfosten mit jenen der Limousine überein. Audi hatte mit dieser Mittellösung zwischen Limousine und Kombi eine Marktnische entdeckt. Mit 0,34 war der cw-Wert nicht ganz so günstig wie jener der Limousine, aber für einen Kombi immer noch glänzend. Bei umgelegter Rücksitzbank – sie war ein zu zwei Dritteln geteilt – erreichte die Ladekapazität 1920 Liter. Auf Wunsch war eine zusätzliche, nach hinten gerichtete Sitzbank für zwei Kinder erhältlich. Die technischen Daten stimmten mit jenen des viertürigen Audi 100 überein, doch war das Fahrwerk auf eine höhere Belastung ausgerichtet worden. Auf Wunsch wurden ein noch straffer abgestimmtes Schlechtwegepaket, eine Hinterachs-Niveauregulierung und (zusammen mit dem 2,2-l-Fünfzylindermotor) ein ABS eingebaut.

200 1984. Im Juni 1983 erschien als Parallele zum neuen Audi 100 auch ein Audi 200 im aerodynamischen Karosseriedesign. Die Hauptunterschiede lagen in der besonders gepflegten Ausstattung und im noch leistungsfähigeren Turbomotor.

Zur hochwertigen Materialwahl kamen im Audi 200 serienmäßig hinzu: Servolenkung, Fensterheber, Zentralverriegelung, wärmedämmendes Glas, Scheinwerfer-Reinigungsanlage, Leichtmetallräder, Metallic-Lackierung, Tourenzähler, digitale Quarzuhr, beleuchteter Make-up-Spiegel (rechts), Leselampen im Fond sowie eine schwenkbare Lampe über den Vordersitzen. Je nach Land wurde serienmäßig oder gegen Mehrpreis eine Klimaanlage eingebaut. Zusätzlich waren ein ABS für die Vierrad-Scheibenbremsen, ein computerisiertes Auto-Check-System (Fehleranzeige mit Symbolen auf Bildschirm) und ein Bordcomputer mit Flüssigkristall-Display erhältlich.

Für den Frontantrieb standen zwei 2144-cm^3-Fünfzylinder ohne und mit Abgasturbolader zur Wahl. Die 136 PS liefernde Saugversion des seit 1976 in knapp 200'000 Exemplaren gebauten Fünfzylindermotors war nochmals verfeinert worden; zu seinen Eigenheiten zählten eine Schubabschaltung, luftumspülte Injektoren und eine elektronische Leerlaufstabilisierung. Die Turboversion, die beim Vorgänger auf 170 PS gekommen war, leistete dank einer von 7:1 auf 8,8:1 erhöhten Verdichtung und Ladeluftkühlung 182 PS. Zu den auch bei der Saugversion eingeführten Neuerungen kamen ein Klopfsensor und ein verbessertes Ansprechverhalten des Turbos. Mit dem 200 Turbo – in den USA als 5000 S bezeichnet – konnten Tempo 100 binnen 8,2 s und eine Spitze von 230 km/h erreicht werden. Hierzu war das Fahrwerk straffer abgestimmt worden. Gleichzeitig hatten die Audi-Ingenieure die Reparatur- und Servicefreundlichkeit erhöht.

Sport Quattro. Auf der Frankfurter IAA im September 1983 erfolgte die Premiere einer ultimativen Hochleistungsversion des Audi Quattro, nämlich des Sport Quattro (quattro wurde nun von den Audi-Marketing- und -Werbeleuten klein geschrieben, doch handelte es sich nach wie vor um eine Modellbezeichnung bzw. um einen Eigennamen wie beispielsweise Fiat Uno oder Alfa Sei). Der Sport Quattro war ganz einfach eine auf knapp 2+2 Sitze verkürzte Ausgabe des bekannten fünfsitzigen Coupés, womit sich gerade auf engen, kurvenreichen Rallyepfaden eine klar erhöhte Wendigkeit ergab: Der Radstand schmolz von 252,5 auf 220,5 cm und die Länge von 440,5 auf 416,5 cm. Weil aber die Spur von 142/145 auf 151,5/149 cm zugelegt hatte, war der Sport 180,5 statt 172 cm breit. Dies erkannte man an den imposanten Radhausverbreiterungen, die hinten mit einem Bremslufteinlass dotiert waren. Auf dem erhöhten Mittelteil der Motorhaube fand sich ebenfalls ein Luftschlitzansatz, und den Heckabschluss bildete ein schwarzer Kunststoffflügel. Das zweite Seitenfenster war deutlich kürzer als beim Quattro. Der Sport Quattro wirkte hart gedrungen und weniger elegant.

Audi 90, 1985

Doch all dies waren ja nur Äußerlichkeiten, denn vor allem unter dem typisch gebliebenen Audi-Kleid hatten die von Dr. Fritz Indra angeführten Audi-Ingenieure aus dem Vollen geschöpft und für den Fünfzylinder-Turbomotor mit 2,1 l Hubraum einen hochsportlichen Vierventil-Zylinderkopf entwickelt. Mit einer winzigen Verkleinerung der Bohrung war der Hubraum von 2144 auf 2133 cm^3 reduziert worden, damit die Rennausführung in der 3-l-Klasse starten konnte (für Turbomotoren galt ein Faktor von 1,4). Audi plante, den Sport möglichst schnell nach Gruppe B homologieren zu lassen und die hierfür erforderlichen 200 Exemplare auf die Räder zu stellen. Für diese ebenso exklusiven wie teuren Liebhabercoupés wurde eine Leistung von just 300 PS bei 6500/min genannt. Das Fahrwerk und die Bremsanlage entstammten dem bereits bestens bewährten Rallye-Quattro, auf Wunsch wurde zudem ein ABS eingebaut.

Dass der Sport Quattro nur rund 1000 statt 1300 kg Leergewicht auf die Waage brachte, war der intensiven Verwendung von Kohlefaser- und Kevlarmaterial sowie Aluminium zu verdanken. Die superleichten Karosserieteile stammten von der Firma Seger & Hoffmann im schweizerischen Steckborn; sie hatte sich bereits durch die Aufbauten für die Sauber-Rennsportwagen einen Namen gemacht. Dach, Motorhaube und Radhäuser bestanden aus mit Kevlargewebe verstärktem Kunststoff, was ein aufwändiges Herstellungsverfahren mit Hochvakuum verlangte. Für die zivilen Exemplare war ein feudaler Innenraum mit lederbespannten Recaro-Sitzen samt Sitzheizung, Fensterhebern, Zentralverriegelung und Stereo-Radioanlage vorgesehen worden. – Die 16 Einsatzwagen der 220 gebauten Sport Quattro kamen auf 400 und später sogar auf bis 530 PS.

1984 wurde auch zum Quattro und zum 80 Quattro gegen Aufpreis ein ABS lieferbar.

80 1985. Schon im Juni 1984 stellte Audi den Jahrgang 1985 vor: Die Frontpartie des Typs 80 war nun leicht schräg gestellt, zusammen mit dem höheren Heck sank der Luftwiderstandsbeiwert dadurch auf unter 0,4, die Rechteckscheinwerfer waren vergrößert worden, der Kofferdeckel war bis zum Stoßschutz ausgeschnitten, die vergrößerten Hecklichter waren teils in den Deckel integriert, der kunststoffummantelten Stoßschutz reichte bis zu den Radausschnitten und die seitlichen Rammschutzleisten zierten nun auch die einfacher gehaltenen Ausführungen. Im verfeinerten Innenraum fanden sich besser platzierte Bedienungselemente und ein Vierspeichenlenkrad mit großflächiger Prallplatte. Fortan sollten die Audi 80 ausschließlich mit Vierzylindermotoren ausgestattet werden, während für die Fünfzylinderversionen die Typenbezeichnung 90 eingeführt wurde. Aus dem 80 Quattro wurde so der 90 Quattro, doch wurde ein neuer 80 Quattro mit dem 90 PS leistenden 1,8-l-Vierzylindermotor angekündigt.

100 1985. Mit dem Modelljahr 1985 wuchs der Hubraum des größeren Fünfzylindermotors von 2144 auf 2226 cm^3 (nun 137 statt 130 PS, 0–100 km/h in 9,7 statt 11,4 s). Neu gab es den 100 CS mit 5-Gang-Getriebe, Leichtmetallfelgen, Sportreifen, strafferem Fahrwerk, Sportsitzen im Quattro-Karo-Design, Lederlenkrad, Zentralverriegelung usw. Alle Audi 100 erhielten eine Langzeit-Auspuffanlage und ein vierstufiges Heizungs-/Lüftungsgebläse. – Das Spitzenmodell Quattro Turbo wurde mit einem ABS, angereicherten Armaturen und einem in der Wagenfarbe gehaltenen Heckflügel (sowie schwarzer Heckblende) ausgerüstet.

90. Im September 1984 kam der angekündigte Audi 90 dazu. Es gab ihn mit Front- wie auch mit Quattro-Vierradantrieb. Vom Modell 80 hob er sich durch den nur im obersten Bereich in Schwarz gehaltenen Stoßschutz mit integrierten Nebellampen, die verbreiterten Türschweller und ein durchgehendes Heckleuchtenband ab. Es gab ihn mit dem 2-l-Fünfzylindermotor mit 115 PS und mit dem (nun auf 2226 cm^3) vergrößerten 2,2-l-Fünfzylinder und zusammen mit diesem auf Wunsch auch mit dem permanenten Vierradantrieb. Letztere Kombination wurde in den USA unter der Bezeichnung 4000 S Quattro kommerzialisiert. Der „Allradler" gab sich an der Spoilerlippe am Heck zu erkennen. Alternativ zum 5-Gang-Getriebe gab es die reich ausgestatteten Audi 90 mit 3-Stufen-Automatikgetriebe, ebenfalls gegen Aufpreis war ein ABS zu haben.

1985 wurde der Audi 200 ebenfalls in der Quattro-Ausführung lieferbar. Hierzu war eine neue Hinterradaufhängung mit Doppelquerlenkern konstruiert worden. Es gab den 200 Quattro ausschließlich mit 5-Gang-Getriebe und ein ABS zählte zur Serie. Dieses war erstmals mit einem auf die Querbeschleunigung reagierenden Regler vereint. Mit dem Jahrgang 1985 erhielt der Audi Coupé einen leicht schräg gestellten Kühlergrill, rundlichere Front- und Heckspoiler, ein optisches Verbindungsband zwischen den Rücklichtern und ein erneuertes Instrumentarium. Der cw-Wert sank von 0,40 auf 0,36. – Auch der Quattro Turbo wurde jetzt serienmäßig mit dem ABS ausgerüstet. Sein Armaturenbrett trug zusätzliche Instrumente, und der Heckflügel war in Wagenfarbe gehalten.

Gegen Ende 1984 wurde das Quattro-Angebot durch die Modelle Coupé Quattro, 100 Quattro, 100 Avant Quattro und 200 Avant Quattro ergänzt. Bei allen wurde die Möglichkeit geboten, das zentrale und das hintere Differenzial zu sperren.

Auf den 1. Juli 1985 homologierte Audi die 2. Evolution des Audi Sport Quattro, ein Coupé mit gewaltigem Front- und Heck-Flügelwerk und mächtigen seitlichen Ausbuchtungen. Es ging darum, die von Peugeot übernommene Dominanz in der Rallye-WM zurückzuholen.

1986 standen die Änderungen bei den Serienmodellen im Zeichen der Katalysatormotoren, wie sie bis dahin vor allem für die USA gebaut worden waren. Hierzu wurde der 1,8-l-Motor für den 80 GTE gänzlich überarbeitet (Verdichtung 10:1 wie ohne Katalysator, Einlassventile vergrößert, Einspritzdüsen luftumsprüht, Ölkühler). Er kam nun auf 110 PS (statt 112, US-Aufführung 104 PS), konnte aber dank Klopfsensor gleichwohl mit 91-ROZ-Benzin betrieben werden. Einen solchen besaßen auch die 2,2-l-Fünfzylindermotoren; zudem sorgten hydraulische Ventilstößel für erhöhte Wartungsfreiheit.

Die Topmodelle CD und 200 erhielten serienmäßig eine vordere Sitzgurten-Höhenverstellung der oberen Umlenkpunkte (fünf Einraststellen im Abstand von 21 mm; bei den übrigen Modellen gegen Aufpreis). Zwecks verbesserter Sicht wurden die 100 Avant mit dem kleineren Heckspoiler des 200 Avant ausgerüstet. Auf der IAA Frankfurt im September 1985 sorgte eine weitere Audi-Neuerung für Aufsehen: Die Karosserien für die Modelle 100 und 200 wurden nun vollverzinkt, womit ein optimaler Rostschutz angestrebt wurde.

Im März 1986 wurden die ersten 100 Audi 100 in zerlegter Form nach Schanghai in China spediert (wo bereits der VW Santana gefertigt wurde). Zielsetzung war es, dort jährlich 10'000 Audi 100 zu montieren. – 1986 kam es beim Portugal-Rallye zu einem schweren Unfall mit Zuschauern, der zu einem Fahrerstreik und letztendlich zum Verbot der über 500 PS starken Gruppe-B-Autos führte. Unter dem Eindruck dieser Ereignisse zog sich Audi im Mai 1986 werksseitig aus dem Rallyesport zurück.

Audi 80 1.8 S, 1987

Audi V8, 1989

100 Turbo. Mit dem gleichen 165 PS starken 2,2-l-Fünfzylindermotor ausgerüstet wie der 200 Turbo war der im Juli 1986 vorgestellte, mit Katalysator bestückte 100 Turbo. Er war jedoch viel preiswerter weil bescheidener ausgestattet; dies aber immerhin mit Veloursüberzügen, Lederlenkrad, Zentralverriegelung, Servolenkung usw. (0–100 km/h in 8 s, 216 km/h). Es gab ihn auch als Avant und Quattro.

Gleichzeitig erhielten alle Audi 100 eine grüngetönte Wärmeschutzverglasung und eine in die Heckscheibe integrierte Antenne. Das Coupé gab es neu mit dem 1,8-l-Einspritzmotor.

80 1987. Außerordentlich glattflächig, sozusagen wie ein Stück Seife, gab sich der im August 1986 vorgestellte und im September offiziell eingeführte neue Audi 80. Mit ihm war eine neue Grundform verwirklicht worden, die sich über mehr als zwei Jahrzehnte als mustergültig halten sollte. Bei unveränderten 254,5 cm Radstand maßen die Karosseriekonturen nun 439,5x169,5x139,5 cm (zuvor 440,5x168x136,5 cm). Bei unverkennbarem Audi-Stil war der Luftwiderstandsbeiwert auf erstaunliche cw 0,29 abgesenkt worden. Dies war u. a. dem sich seitlich verjüngenden Heck zuzuschreiben, mit dem sich das Kofferraumvolumen nach VDA-Norm von 495 auf 400 dm^3 verschmälerte. Die Fensterrahmen und Pfosten der nach wie vor sechs Seitenfenster aufweisenden Karosserie waren ebenso wie der Stoßschutz samt integrierter Bugschürze und die seitlichen Rammschutzleisten in dunkler Farbe gehalten. Es gab nur noch 14-Zoll-Räder, und alle Karosseriebleche wurden beidseits verzinkt.

Die Auswahl an Vierzylindermotoren reichte von 1595 cm^3 mit und ohne Katalysator bis zu 1847 cm^3 mit Katalysator. Der permanente Vierradantrieb des 80 Quattro erhielt ein selbstsperrendes Torsen-Schneckenrad-Zentraldifferenzial, das voll ABS-tauglich war. Ganz ungewöhnlich war das gegen Aufpreis erhältliche Procon/Ten-Sicherheitssystem: Die Bezeichnung stand für

Audi Coupé 2.3 E, 1989

programmed contraction (unfallprogrammiertes Zusammenziehen der Lenksäule) und tension (Straffung der Sitzgurten). Das System funktionierte mit einem um das Getriebegehäuse geführten Stahlseil nach dem Flaschenzugeffekt.

100 2.3. Im Herbst 1986 gab es nochmals eine Hubraumvergrößerung für den Fünfzylindermotor: Mit 2308 cm^3 (Bohrung wie beim Vierzylinder um 1,5 auf 82,5 mm verbreitert) wurde der von der katalytischen Abgasreinigung erbrachte Leistungsverlust ausgeglichen; die 2226-cm^3-Version gab es weiterhin.

Im März 1987 rollte der 100'000. Quattro-Audi vom Band; der Anteil der Quattro-Modelle erreichte 8 Prozent.

90 1987. Es war vorgesehen, den neuen Audi 90 kurz nach der Lancierung des neuen 80 nachzuschieben. Weil die Produktion mit der Nachfrage aber kaum mehr Schritt zu halten vermochte, wurde der neue 90 erst im Mai 1987 vorgestellt. Der Hauptunterschied zum Audi 80 lag in den Fünfzylindermotoren mit 1993 und 2308 cm^3 Hubraum. Der größere Motor wurde auch in Verbindung mit dem Quattro-Vierradantrieb angeboten, das nun ebenfalls mit dem selbstsperrenden Schneckenrad-Zentraldifferenzial System Torsen ausgerüstet wurde. Ebenso fand sich das mechanisch sperrbare, über 25 km/h aber automatisch lösende Hinterachsdifferenzial. Beim Audi 90 waren Front- und Heckschürze in der Wagenfarbe gehalten. Unter dem Stoßschutzbalken waren Nebelscheinwerfer integriert, und am Heck fand sich ein durchgehendes Leuchtenband. Je nach Markt wurden die Audi 90 serienmäßig mit dem Procon/Ten-Sicherheitssystem ausgerüstet, und beim Audi 90 mit permanentem Vierradantrieb zählte das ABS zur Grundausrüstung (ansonsten war es gegen Aufpreis erhältlich).

1988 erhielten auch die Audi 80, 100 und 200 das Markenzeichen mit den vier verschlungenen Ringen an der Heckpartie, wie es bereits bei den Audi 90 der Fall war. Die Audi 80 und 90 erhielten statt des viel kritisierten Notrades ein vollwertiges Reserverad, und bei den Audi 80 und 100 mit Vierradantrieb wurde das ABS serienmäßig eingebaut.

Zum 1. Januar 1988 wurde Dr. Ferdinand Piëch als Nachfolger von Dr. Wolfgang R. Habbel zum Vorstandvorsitzenden der Audi AG ernannt.

100/200 1988. Ab Februar 1988 erhielten die großen Audi einen bogenförmige Instrumententräger, ähnlich jenem der Audi 80/90, wirksamere Luftaustrittsöffnungen, Innenverkleidungen aus genarbtem Kunststoff, serienmäßige Wärmeschutzverglasungen, vorne fünffach höhenverstellbare Gurtumlenkpunkte und höhenverstellbare Einzelsitze mit kräftigeren Seitenwülsten. Die Ausstattungsvarianten Basis, CC, CS und CD entfielen; die Ausstattung wurde je nach Motorwahl angereichert und war beim Audi 200 besonders vollständig. Das Procon/Ten-Sicherheitssystem war nun auch bei den Audi 100 erhältlich und wurde beim Typ 200 serienmäßig eingebaut. Bei den großen Audi mit Vierradantrieb trat an die Stelle des von Hand einschaltbaren Kegelrad-Zwischendifferenzials zwischen den Achsen die bereits bei den Audi 80/90 eingeführte Torsen-Differenzialbremse (das Hinterachs-Differenzial ließ sich notfalls weiterhin manuell sperren, verlor aber ab 25 km/h automatisch seine Wirkung).

90 Quattro 20V. Es war nicht zuletzt eine Prestigefrage geworden, dass jeder Hersteller mindestens ein Modell mit Vierventil-Zylinderköpfen anbieten musste. Im Februar 1988 stellte Audi den vierradgetriebene Typ 90 als 20V, will heißen mit zwei obenliegenden Nockenwellen und 20 Ventilen vor (digitale Bosch Motronic, mit Katalysator: 2309 cm^3, 170 PS; ohne Katalysator: 1994 cm^3, 160 PS). Die Zündungssteuerung erfolgte über ein Kennfeld mit 256 Punkten. Mit dem 170-Ps-Motor konnte Tempo 100 nach 8,4 s erreicht werden (Spitze 218 km/h). Die Lieferungen setzten erst im November ein. Je nach Land gab es auch einen 90 Quattro Sport mit ebenfalls um 2,5 cm tiefergelegtem Fahrwerk und Sportausstattung (136 PS, Breitreifen auf 15-Zoll-Alufelgen, Heckspoiler usw.).

V8. Schon um 1930 hatte es Audi-Prestigemodelle mit Achtzylinder-Reihenmotor gegeben. Daran knüpfte der Audi V8 an, der im April 1988 für den Oktober in Aussicht gestellt wurde und dessen Leistungsniveau der Toplimousinen von BMW und Mercedes-Benz annäherte. Er basierte auf den Audi 100/200, von denen er sich auch äußerlich wenig unterschied. Der Radstand war um 1,5 auf just 270 cm verlängert worden, die Spur erreichte 151,5/153 cm, was Auskragungen an den Radhausausschnitten nötig machte. Mit 486 cm ergab sich ein Längenzuwachs um 6,5 cm. Breite und Höhe blieben mit 181,5 und 142 cm unverändert.

Der V8-Motor besaß die gleichen Bohrung/Hub-Abmessungen wie der 1,8-l-Motor von VW/Audi (81x86,4 mm) und kam somit auf 3562 cm^3. Auch dieser Motor wurde mit je zwei obenliegenden Nockenwellen und vier Ventilen je Zylinder ausgerüstet. Außer den Zylinderköpfen wurde auch der Block aus Leichtmetall hergestellt. Mit der Motronic M 2.4 von Bosch und Katalysator ergab sich eine Leistung von just 250 PS bei 5800/min. Die Kraftübertragung auf den permanenten Vierradantrieb erfolgte über ein 4-Stufen-Automatikgetriebe von ZF, das drei Schaltprogramme bot. Das in dieses Getriebe integrierte Zentraldifferenzial besaß eine automatisch sperrende Lamellenkupplung. Zusammen mit Teves war für den Audi V8 eine neuartige, innenumfassende Scheibenbremse entwickelt worden. 0–100 km/h konnten mit der 1710 kg wiegenden Luxuslimousine (Leder/Wurzelholz/Servomotoren) in 9,2 s zurückgelegt werden und als Spitze wurden 235 km/h genannt. Von den Audi-Ingenieuren wurde auch eine Doppelturbo-Version des V8-Motors entwickelt.

Zum Modelljahr 1989 erfuhr der 1,9-l-Motor durch verlängerten Hub eine Vergrößerung von 1847 auf 1984 cm^3 (weiterhin 113 PS, aber mehr Drehmoment; diese 2-l-Version hatte es schon für den US-Markt gegeben). Das Procon/Ten-System zählte nun beim Audi 100 ebenfalls zur Standardausrüstung.

Mit dem Ziel, in China den Audi 100 nicht nur zu montieren, sondern zu produzieren, unterzeichneten der VW-Vorstandsvorsitzende Carl H. Hahn und der Präsident der First Automobile Works (FAW, Hersteller des → Hongqi) in Chanchun am 24. August 1988 eine Absichtserklärung.

Coupé 1989. Auf der International Motor Show vcn Birmingham im Oktober 1988 wurde das erwartete neue Audi-Coupé vorgestellt. Sein fließendes Design entsprach jenem der Audi 80/90 und wirkte damit weniger wuchtig (und auch unauffälliger) als das Vorgängercoupé. Dessen Herstellung war schon rund ein Jahr zuvor ausgelaufen (wobei der kürzere „Ur-Quattro“ noch beim Karosseriewerk Baur in Stuttgart weitergebaut wurde). Das neue Coupé besaß ein Fastback und damit eine Heckklappe mit großflächiger gewölbter Rückscheibe. Da der Tank nicht mehr stehend untergebracht war, ließen sich auch umklappbare Rücksitze einbauen. Es gab das Coupé als 2.3 E mit dem 2309-cm^3-Fünfzylindermotor und 136 PS (ohne Katalysator: 2226 cm^3, 136 PS) und als 2.3 E 20V mit 2309 cm^3 und 170 PS. Der Erstere wurde auf Wunsch, der Letztere ausschließlich mit dem Quattro-Vierradantrieb mit zentralem Torsen-Differenzial und manuell sperrbarem Hinterachsdifferenzial verbunden.

200 20V. Mit dem Genfer Salon 1989 kam eine Vierventilversion des 2,2-l-Fünfzylinder-Turbomotors hinzu: zwei obenliegende Nockenwellen, 20 Ventile, von 7,8:1 auf 9,3:1 erhöhte Verdichtung, Bosch-Motronic M 2.3. Damit stieg die Leistung von 165 auf 220 PS und das maximale Drehmoment stand schon unterhalb 2000/min zur Verfügung. 100 km/h konnten in 6,2 s erreicht werden und die Spitze bezifferte sich auf 242 km/h. – Übrigens wurden fortan sämtliche Audi mit Vierradantrieb serienmäßig mit einem ABS ausgerüstet.

Quattro 20V. Mit dem gleichen Motor wurde auch der Quattro 20V ausgerüstet, bei dem es sich um eine Neuauflage des von vielen Liebhabern nach wie vor gefragten früheren Coupés handelte. Es wurde vorgesehen, dieses Sportmodell mit seinen bauchigen Radhäusern erneut in begrenzter Stückzahl bei Baur in Suttgart herstellen zu lassen; erste Lieferungen wurden auf den Herbst 1989 in Aussicht gestellt. Das Coupé Quattro sollte von März 1980 bis Frühling 1991 in 11'452 Einheiten gebaut werden und sicherte sich Sammelstatus.

V8 lang. Zur IAA 1989 schuf Audi eine Langversion des Topmodells: 302 cm Radstand, 519 cm Länge, 10 cm elektrische Fondsitz-Verstellbereich für Ruheposition; besonders luxuriös ausgestattet wurde er in der Version Classic Line (u. a. mit Connolly-Leder). Hergestellt wurde diese Chauffeur- und Repräsentationslimousine mit vielfach elektrisch verstellbaren hinteren Einzelsitzen von Daimler-Steyr-Puch in Graz. – Der normal lange Audi V8 wurde mit 5-Gang-Handschaltgetriebe erhältlich: 0–100 km/h in 7,6 statt 9,2 s.

Auf der gleichen Ausstellung hatte Audi auch eine attraktive Cabriostudie gezeigt. Schon im November 1989 fiel der Entscheid, auch diese Karosserieversion in Produktion zu nehmen.

100 2.5 TDI. Weniger auffallend gab sich ebenfalls auf der IAA 1989 „der erste Pkw-Dieselmotor mit direkter Einspritzung der zweiten Generation“. Direkt eingespritzte Pkw-Dieselmotoren waren bereits auch in England entstanden. Dieses Konstruktionsprinzip war um bis zu 25 Prozent sparsamer als Vor- und Wirbelkammer-Dieselmotoren. Beim 2.5 TDI von Audi handelte es sich um einen 2460-cm^3-Fünfzylindermotor mit 120 PS Leistung. In einer Rekordversion des Audi 100 mit längeren Untersetzungen, Gewichtsverminderungen und nach allen Regeln der Kunst reduzierten Roll- und Reibwiderständen wurde von Werkfahrern ein Verbrauch von 1,8 l/100 km erreicht (amtlich überwacht). Bei einem praxisgerechteren Umgang mit 60 km/h Schnitt und maximal 100 km/h waren es 2,9 l/100, bei schnellerem Einsatz 5,4 l/100 km (Testfahrten „Automobil Revue“ 47/89). – In Serie kam der 100 2.5 TDI erst für 1992.

Duo. Im Dezember 1989 stellte Audi die Hybrid-Studie Duo vor, einen Audi 100 Avant mit zusätzlichem Elektroantrieb der Hinterräder (Elektromotor vor und Batteriesatz hinter der Hinterachse). Eine Produktion in Kleinserie erfolgte erst in den 90er Jahren.

1990 erhielten alle Audi (außer dem bei Baur in Stuttgart hergestellten Ur-Quattro) dank Vollverzinkung eine zehnjährige Garantie gegen Durchrostung. Im Frühjahr wurde der Audi 80 16V mit dem 137 PS leistenden 2-l-Motor (wie im VW Passat) angekündigt (Produktion ab Sommer), zudem wurde für die Modelle 90, 100 und Coupé eine 4-Stufen-Automatik erhältlich (nicht in Verbindung mit dem Vierradantrieb). Der ebenfalls in Aussicht gestellte direkt eingespritzte Turbodieselmotor ließ aber noch auf sich warten.

Audi V8 Lang, 1990

Audi

Audi	Bauart	Mot.	Getr.	R/L cm	Baujahre
80	**Fr.(4)**	**a–o**	**4/5/A3**	**253,5/438,5/449U**	**1980–83**
Motoren:	*Zyl.:*	*N'w.:*	*cm^3:*	*PS/'min:*	*Nm/'min:*
a (–1981)	4	OHC	1272	55/60/5800	92/3400
b (1981–)			1296	60/5600	100/3500
c (*1982–)			1588	75/70/5600	124/119–122*/3200
d (LS/GLS)				85/5600	124/125/3200
e (*1982–)	4i			110/6100/112*/5800	137/5000/157/3500
f (4000/USA –1981)				79/5500	115/3200
g (4000/USA 1981–)			1716	75/5000	122/3000
h (1982–)			1781	112/5800	157/3500
i (1981–)	5		1921	115/5900	154/3700
j (4000/USA 1981–)			2144	101/5100	152/3000
k	5i			130/5900	171/4800
l (CH/CDN 1982–)				115/112/5300	165/154/4000
m (80 Quattro 1982–)				136/5900	176/4500
n (*1981–)	4D		1588	54/4800	102/104*/2000
o (*1981–)	4TD			70/4500	130/133*/2600
80 (*1984–)	**Fr.**	**a–j**	**4/5/A3**	**254/439/449U/441***	**1983–86**
80 Quattro	**4x4**		**5/A3**	**252,5/438,5/450U**	
a	4	OHC	1296	60/5600	100/3500
b			1595	75/5000	125/2500
c			1781	90/5200	145/3300
d (1984–)	4i			90K/5500/104U/5500	137/3250/142/3250
e (GTE *1983/84)				112/5800/89U*/5500	160/3500/134/3250
f (–1984 +Quattro lt.)	5i		1994	115/5400	165/3200
g (Quattro *CH –1984)			2144	136/5900/130*/5750	176/168/4500
h (Quattro USA –1984)			2226	115/5500	170/3000
i	4D		1588	54/4800	100/2500
j	4TD			70/4500	133/2600
80	**Fr.**	**a–p**	**4/5/A3**	**254,5/439,5/448U**	**1986–90**
80 Quattro	**4x4**		**5/A3**	**253,5/439,5**	
a (–1988 +*–1987)	4	OHC	1595	70K/75*/5200	118/125/2700
b (1987/88)				75/75K/4500	140/2500
c (Export 1988–)				70K/5200/75/4500	118/2700/140/2500
d (+*–1987)			1781	90/5200/75K*/4500	150/3300/140/2500
e (*1988/89)				88K/5200/90K*/5500	142/3300
f (*1988/89)	4i			90K/5400/5500*	140/3350/142/3250
g (1989–)				90K/5400/90/5200	145/3350/150/3300
h (+*1989–)				112/5800/75K*/4500	160/3400/140/2500
i (USA *1988)			1847	113K/5600/5800*	
j (1988–)			1984	113K/5300	170/3250
k (USA 1987–)				110/5300	164/3200
l (ab Sommer 1990–)		D16V		140(ECE:137)/6000	181/4500
m (USA 1987–)	5i	OHC	2309	132/5700	190/4500
n (*1987–)	4D		1588	54/4800	100/2500/2700*
o (*1988–)	4TD			80/4500	155/2800/26'-30'*
p (1989–)	4D		1896	68/4400	127/2200–2600
90	**Fr.**	**a/b/d**	**5/A3**	**254/446,5**	**1984–86**
90 Quattro	**4x4**	**a–c/e**		**252,5/446,5**	
Motoren:	*Zyl.:*	*N'w.:*	*cm^3:*	*PS/'min:*	*Nm/'min:*
a (–1987)	5i	OHC	1994	115/5400	165/3200
b			2226	136/5700/112U/5500	186/3500/150/2500
c (4000 S Quattro/USA)				117/5500	171/3000
d (1985–)				115K/5500	165/2500
e (Quattro 1985–)				120K/5500	170/3000
90	**Fr.**	**a–f**	**5**	**254,5/439,5**	**1987–90**
90 Quattro	**4x4**			**253,5/439,5**	
a	5i	OHC	1994	115K/115/5400	172/4000
b (1988–)		D20V	1994	160/6200	200/4500
c (*1989–)		OHV	2226	136/138*/5700	186/188/3500
d (*1989–)			2309	136K/5700/5500*	190/4500/189/4000
e (1988– +*1989–)		D20V		170K/6000/166U*	220/4500/213
f (1987–89)	4TD	OHC	1588	80/4500	155/2600
Coupé	**Fr.**	**a–n**	**5/A3/4**	**254/435**	**1980–84**
Coupé/C.Q. (USA: 4000)	**Fr.(4)**			**254/252,5/442/450U**	**1984–87**
Motoren:	*Zyl.:*	*N'w.:*	*cm^3:*	*PS/'min:*	*Nm/'min:*
a (–1981)	4	OHC	1588	75/5600	119/3200
b (1981/82, *1982–)			1781	75/4500/90*/5200	138/2600/145/3300

Audi	Bauart	Mot.	Getr.	R/L cm	Baujahre
c (–1986)	4i			90K/104U/5500	137/142/3250
d (1986–)				90K/5400/88K/5200	137/3250/142/3300
e (GT 1986–)				112/5800/110K/5500	160/3500/155/3250
f (–1983)	5		1921	115/5900	154/3700
g (1983–86)	5i		1994	115/5400	165/3200
h (1982–84)			2144	130/5900	171/4800
i (USA '82/83 *'83/84)				101/112*/5100	152/160/3000
j (CH *m.Autom.'82–84)				130/5750/115*/5300	168/5000
k (GT / Quattro 1984–)			2226	136/5700	186/3500
l (USA 1984–)				112/5500	150/2500
m (1986–)				115K/5500	165/2500
n (Quattro 1985–)				120K/5500	170/3000
Coupé	**Fr.**	**a–d**	**5**	**255,5/436,5**	**1988–90**
Coupé Quattro	**4x4**			**255/436,5**	
a (1989–)	4i	OHC	1984	113/5300	170/3250
b (*1989–)	5i		2226	136/138*/5700	186/188/3500
c (*1989–)			2309	136K/5700/5500*	190/4500/189/4000
d (+*1989–)		D20V		170K/6000/166U*	220/4500/213
Quattro	**4x4**	**a/e/f**	**5**	**252,5/440,5**	**1980–90**
Quattro Sport		**b–d**		**220,5/416,5**	**1983–86**
Motoren:	*Zyl.:*	*N'w.:*	*cm^3:*	*PS/'min:*	*Nm/'min:*
a (–1987)	5iT	OHC	2144	200/5500	285/3500
b (Sport 1983–85)		D20V	2133	300/6500	330/4500
c (Sport 1985/86)				306/6700	350/3700
d (Evolution S1'85/86)				500+	–
e (1987–89)		OHC	2226	200/5800/165K/5500	270/240/3000
f (1989–)		D20V		220K/5900	309/1950
100	**Fr.**	**a–g**	**4/5/A3**	**267,5/468,5/481,5U**	**1980–82**
100 Avant		**d/g**		**267,5/459**	
Motoren:	*Zyl.:*	*N'w.:*	*cm^3:*	*PS/'min:*	*Nm/'min:*
a	4	OHC	1588	85/5600	121/124/3200
b	5		1921	100/5400	145/3800
c			2144	115/5400	170/3400
d	5i			136/5700/115/5300	182/185/4200
e (5000/USA –1981)				104/5500	150/4000
f (5000/USA 1982–)				101/5500	152/3000
g	5D		1986	70/4800	126/3000
100 / 100 Avant	**Fr.(4)**	**a–r**	**4/5/A3**	**268,5/479,5**	**1982–90**
a (–1986)	4	OHC	1781	75/4600	138/2500
b (1986/87)				75/75K/4500	140/2500
c (1983–87 *1987–)				90/5200	145/150*/3300
d (1986–88)	4i/4			90K/5300/88K/5200	138/3000/146/3300
e (1988–)				90K/5500	142/3250/3300
f (–1984)	5		1921	100/5600	150/3200
g (1984–87 +*1986/87)	5i		1994	115/113K*/5200	170/165/3000
h (1987–)				115K/5400/115/5200	172/4000/170/3000
i (–1984)			2144	136/130CH/5700	180/4800/168/5000
j (USA 1983/84)				101/5500	152/3000
k (1984– *–1986)			2226	138/5700/115K*/55'	188/3500/165/2500
l (Quattro 1985/86)				120/5600	172/3400
m (USA 1984–86)				112/5500	165/2500
n (1986–)			2309	136K/132U/5600	190/4000
o (1986–)	5iT		2226	165K/5500	240/3000
p (-1989)	5D		1986	70/4800	123/2800
q (*1988–)	5TD			87/100*/4500	172/2750/192/2200
r (1989–)			2461	120/4250	265/2250
200	**Fr.**	**a–c**	**5/A3**	**267,5/469,5/480U**	**1980–82**
Motoren:	*Zyl.:*	*N'w.:*	*cm^3:*	*PS/'min:*	*Nm/'min:*
a	5i			136/5700	182/4200
b	5iT		2144	170/5300	265/3300
c (USA 1982–)				132/5400	193/3000
200 (USA: 5000)	**Fr.(4)**	**a–g**	**5/A3**	**268,5/480,5/489,5U**	**1983–90**
a (–1984)	5i	OHC	2144	136/5700	180/4800
b (*USA –1985)	5iT			182/5700/142*/5500	252/3600/202/2500
c (1984/85)				141K/5500	202/2500
d (1984/85)	5i		2226	138/5700	188/3500
e (1985– *1985/86)	5iT			165K/160U*/5500	240/225/3000
f (1987–89 *m.Autom.)				200/190*/5800	270/3000
g (1989–)		D20V		220K/5700	309/1950
V8	**4x4**	**–**	**A4**	**270/486**	**1988–90**
V8 lang				**301/519**	**1990**
Motor:	V8i	D32V	3562	250K/250//5800	340/4000

Austin

Das 1906 von Herbert Austin gegründete Fabrikat war die Stammmarke der 1978 auch aus → Morris, MG, Mini, Princess, Triumph, Rover, Land/Range Rover, Jaguar und Daimler entstandenen BL Ltd (ab 1968 British Leyland Motor Corporation). Unter deren Generaldirektor und Präsident Sir Michael Edwardes wurden große Anstrengungen unternommen, den Niedergang dieses die gesamte Autoindustrie Englands dominierenden Konzerns mit neuen Impulsen aufzuhalten. Tatsächlich war es um 1980 gelungen, neue Pläne in die Wege zu leiten, so die Errichtung eines hochmodernen Werks für den angekündigten Mini Metro und die Motivation der Arbeiterschaft zu Qualität und Rentabilität.

Nachdem die für den Mini Metro zugestandenen Subventionen die britischen Steuerzahler bereits viel Geld gekostet hatten, genehmigte die Regierung unter Margaret Thatcher Anfang 1981 für BL ein weiteres Hilfsprogramm, diesmal in der Höhe von knapp einer Milliarde Pfund Sterling, die in zwei Tranchen bis 1983 zur Verfügung standen. Ein guter Teil war dazu bestimmt, den Mittelklassewagen LC 10 (Codename) zur Serienreife zu führen. Zudem hatte BL ein Abkommen mit Honda für eine gemeinsame Produktion in England (→ Triumph) abgeschlossen und inzwischen auch die Schließung des Montagewerks im belgischen Seneffe verfügt. Damit konzentrierte sich die gesamte Produktion wieder auf den Raum Coventry im Südosten von Birmingham. Margaret Thatcher unterstrich allerdings, dass BL „nicht auf ewige Zeiten an Staatskrücken gehen" dürfe.

Inzwischen war BL einmal mehr reorganisiert worden. Es gab nun die Abteilungen Personenwagen (Cars Group), Nutzfahrzeuge (Leyland Group), Land-Rover Group und Unipart (Ersatzteile). Nur die beiden letzteren arbeiteten mit Profit, doch wurden nun auch die zahlreichen zu Unipart zählenden, Komponenten herstellenden Kleinbetriebe rationalisiert, d. h. teilweise geschlossen. Unter der Marke Austin wurden 1981 die Modelle Mini, Metro, Allegro und Maxi hergestellt (das einst ebenfalls unter der Ägide von Austin gebaute → London Taxi galt inzwischen als ein Produkt der Firma Carbodies).

Mini. Der im Sommer 1959 als Austin Seven 850 und Morris Mini-Minor lancierte Mini war die Schöpfung des genialen BMC-Chefingenieurs Alec Issigonis. Mit dem Prinzip von Frontantrieb mit Quermotor verwirklichte er einen optimalen Innenraum bei geringstem Verkehrs- und Parkraumbedarf. Diese Bauweise machte auch in den nächstgrößeren Fahrzeugkategorien Schule und fand bei immer mehr europäischen Autoherstellern Anwendung. Von 1969 bis 1980 hatte Mini als eigene Marke gegolten, darauf wurde sie Austin unterstellt. In seiner ursprünglichen Form sollte der Mini bis im Jahr 2000 weitergebaut werden, und er war damit nebst dem VW-Käfer eine der langlebigsten Automobilkonstruktionen!

Bis 1980 hatte es den Mini (werkinterne Bezeichnung ADO 15) in zahlreichen Varianten gegeben. Mit dem Erscheinen des Metro wurde die

Austin Mini 1000, 1981

Austin Allegro 1.5 HL, 1981

Austin Princess HLS, 1981

Auswahl auf das 1-l-Modell (für einige Länder 1098 cm³) beschränkt. Immerhin kamen auch ihm die konstruktiven Verbesserungen an Motor und Getriebe zugute (s. unten). Statt des 4-Gang-Getriebes war auf Wunsch ein Automatikgetriebe (hydraulischer Wandler und 4-Gang-Kegelradgetriebe, ohne Parksperre) erhältlich. 1981 kam eine neue Version HL mit verbesserter Geräuschdämpfung hinzu. Weiterhin stand auch die Kombivariante Clubman Estate mit 10 cm längerem Radstand im Angebot.

Der Mini-Unterbau umfasste einen vorderen und einen hinteren Hilfsrahmen; vorne wurden Quer- und hinten Längslenker verwendet. Die Federung erfolgte mit Gummielementen, und es wurden vorne wie hinten Trommelbremsen eingebaut. Mit 10 Zoll waren die Räder kleiner als bei allen anderen ausgewachsenen Automobilen. Dessen ungeachtet war der Mini ein überaus flinkes, ebenso im Stadt- wie im Überlandverkehr einsetzbares Kleinauto, das viel Fahrspass vermittelte.

Metro. Ende Mai 1979 war bekanntgegeben worden, dass der längst angekündigte neue größere Mini Austin Metro heißen werde. Doch seine Vorstellung erfolgte erst im Herbst 1980. Es war inzwischen klar, dass der Metro nicht ein Nachfolger des, sondern eine Ergänzung zum Mini war. Für seine Entwicklung und seine neuen Produktionsanlagen hatte der BL-Konzern viel Geld investiert, und der Erfolg des Metro galt als wesentliche Voraussetzung für den erhofften BL-Neuaufschwung.

Bei gleichem Konstruktionsprinzip war der Metro ein gutes Stück größer als der Mini: 225 statt 204 cm Radstand, 340,5 statt 306 cm lang, 155 statt 141 cm breit, sowie 136 statt 134,5 cm hoch. Dieses Plus kam natürlich in erster Linie dem Innenraum zugute, und das Kofferraumvolumen erreichte 210 statt 155 dm³; dank Umlegen und Zusammenklappen der Fondbank ließ sich das Transportvolumen sogar bis 1290 dm³ erhöhen (außer in der Basisausführung waren die Fondsitze ein zu zwei Drittel umlegbar). Denn wie bei modernen Klein- und Kompaktautos inzwischen üblich geworden, bot der Metro eine Heckklappe.

Die Karosserie des Metro war nicht nur strömungsgünstig ausgebildet (cw-Wert 0,41), sondern war auch nach jüngsten Erkenntnissen der Sicherheitsforschung gestaltet worden. Für die Insassen zählten hierzu die Knautschzonen, die vorderen und hinteren Hilfsrahmen, das neuartige Tür- und Trittbrett- Verriegelungssystem sowie die Sicherheitslenksäule. Anderseits wirkten die abfallende Motorhaube mit schräggestellter Front sowie die gerundeten Karosseriepartien bei Fußgängerunfällen verletzungsmildernd.

Für den Antrieb sorgten die altbewährten OHV-Motoren mit 998 und 1275 cm³. Es gab sie mit 44 PS (Metro und Metro L), 46 PS (1.0 HLE)

Austin Maxi 2 HLS, 1981

sowie 63 PS (S und HLS). Diese nun mit A-Plus bezeichneten Vierzylinder hatten zahlreiche Verbesserungen erfahren: zusätzliche Verstärkungsrippen am Kurbelgehäuse, neue Ansaug- und Auspuffkrümmer, geänderte Nockenprofile, Hydraulik-Steuerkettenspanner, Kurbelwellen-Torsionsdämpfer, automatische Ansaugluft-Temperaturregelung sowie Elektrolüfter usw. Die Motoren waren damit robuster, sparsamer und leiser geworden. Die Serviceintervalle konnten auf 20'000 km ausgedehnt werden. Ebenso war das 4-Gang-Getriebe in mehreren Punkten optimiert worden.

Die Aufhängung bestand vorne aus Quer-, hinten aus Längslenkern. Einen technischen Leckerbissen verkörperte die Hydragas-Federung mit Stickstoffgas-Federkissen, die hinten mit Schraubenfedern ergänzt wurden. Eine Hydragas-Verbundfederung war bereits 1973 mit dem Austin Allegro eingeführt worden (s. unten); im Metro arbeitete sie wegen des kürzeren Radstand nicht im Verbund, sondern vorne und hinten unabhängig. Auf Wunsch wurde der Metro mit den Sicherheitsreifen Dunlop Denovo 2 geliefert, womit auf das Reserverad verzichtet werden konnte. Der Metro rollte auf 12-Zoll-Rädern. In Verbindung mit dem 1,3-l-Motor arbeiteten die Bremsen (vorne Scheiben) serienmäßig mit Servo. Äußerlich erkannte man HLE, S und HLS an den größeren Leuchteinheiten mit integrierten Blinkern (statt in der Stoßstange. Bei diesen Modellen wurden zudem ab Werk ein Radio und eine Quarzuhr installiert. Die Serienausstattung war dem neuen Trend entsprechend recht umfangreich.

Auf der Birmingham Motor Show wurde nebst dem Metro auch gleich eine von BL Motorsport entwickelte Version für den Sporteinsatz vorgestellt: Sie besaß einen auf 1480 cm^3 vergrößerten Motor mit 16-Ventil-Zylinderkopf und zwei obenliegenden Nockenwellen (an die 200 PS), Breitreifen, auskragende Radhausränder und einen Bugspoiler. Dieses Sportgerät wurde noch als Versuchsobjekt bezeichnet.

Ende 1980 wurde die Produktion des Metro durch einen Streik unterbrochen; dabei hatte dieses Modell in der britischen Verkaufsstatistik hinter dem Ford Cortina bereits den Ehrenplatz erobert.

Allegro. Der Allegro (werkinterne Bezeichnung ADO 67) ging konstruktiv auf das 1962/63 lancierte Duo Morris/Austin 1100 zurück. Diese Wagen waren Pioniere der Kompaktklasse mit Frontantrieb, Quermotor und Schrägheck. Nur die Heckklappe fehlte ihnen noch zur konzeptionellen Vollkommenheit. Leider wies sie auch der 1973 herausgebrachte Nachfolger Allegro nicht auf. Diesen gab es 1981 zwei- und viertürig sowie als dreitürigen Kombi. Zum Modelljahr 1979 hatten die Allegro (ab Ausführung L) ein modisch in Mattschwarz gehaltenes Kühlergitter und auffallende Doppelscheinwerfer erhalten. Ein Jahr später kamen weitere Modifikationen an der Karosserie und im Innenraum hinzu.

Noch wesentlicher aber waren die im Winter 1980/81 eingeführten Verbesserungen: Nun wurden nämlich die altvertrauten A-Motoren mit seitlicher Nockenwelle in der stark überarbeiteten Version A-Plus eingebaut. In der neuen Ausführung trieben sie bereits auch den Morris Ital und den Mini an (Details der Verbesserungen s. Metro, oben). Immerhin gab es im Allegro nebst den A-Plus-Motoren mit 998 und 1275 cm^3 (45 und 63 PS) auch noch die A-Motoren mit 1098 und 1275 cm^3 (46 und 55 PS). In die Ausführungen HL und HLS sowie im Estate L wurden die OHC-Antriebsaggregate mit 1485 und 1748 cm^3 (78 und 91 PS, je zwei Vergaser) eingebaut. Zusammen mit dem 1,3-l-Motor war statt des 4-Gang-Getriebes auch ein 4-Stufen-Automatikgetriebe (von AP, hydraulischer Wandler mit 4-Gang-Kegelradgetriebe, ohne Parksperre) lieferbar. Die größeren Motoren boten dagegen ein 5-Gang-Getriebe und mit dem 1,7-l-Motor als Alternative ein 4-Stufen-Automatikgetriebe (mit Parksperre, aber nur ein Vergaser und 85 PS).

Eine Besonderheit lag beim Allegro in der erwähnten Hydragas-Verbundfederung. Deren Kernstück bestand aus einem Stickstoffgas-Federkissen. Die Dämpfung der Nick- und Hubschwingungen erfolgte durch Zweiwegventile im Verbundsystem (vorne und hinten getrennt). Die Aufhängung umfasste vorne Querlenker und elastisch gelagerte Längsschubstreben, hinten Kurbellängslenker. Ein Bremsservo wurde serienmäßig eingebaut.

Maxi 2. Auch der 1969 herausgebrachte, ebenfalls auf Frontantrieb mit Quermotor ausgelegte Austin Maxi war eine außergewöhnlich fortschrittliche Konstruktion. Sein einziger Fehler lag in einem zu wenig ansprechenden, vielleicht sogar allzu vernünftigen Design. Sein für die Fahrzeugklasse ungewohnt großzügiger Innenraum kam auch den Fondinsassen zugute. Zudem bot er eine bis auf Stoßstangenhöhe herabreichende Heckklappe, und Front- und Hintersitze ließen sich zu einer Campingliege kombinieren. Wie der Mini war der Maxi dem einfallsreichen BMC-Chefingenieur Alec Issigonis zu verdanken.

1980/81 präsentierte sich dieses der unteren Mittelklasse zuzurechnende Modell als Maxi 2 mit neuem Kühlergrill, Stoßstangen mit integrierten Blinkern, Schutzleisten auf den Karosserieflanken, einer Windschutzscheibe aus Verbundglas, einem neuen Instrumentarium sowie verbesserten Sitzen und Sitzüberzügen. Die Motorauswahl beschränkte sich nun auf den 1,7-l-Motor (als Maxi 1750 bezeichnet), mit obenliegender Nockenwelle und 73 PS bzw. mit zwei SU-Vergasern 92 PS. Die stärkere Motorvariante wurde ausschließlich mit 5-Gang-Getriebe geliefert, zum 73-PS-Motor gab es auch das 4-Stufen-Automatikgetriebe.

Der Maxi besaß noch die mit dem Morris 1100 eingeführte Verbundfederung mit ventilgesteuerter Flüssigkeit und Gummikissen. Dieses Hydrolastic genannte System verband die Vorder- und Hinterradfederung je einer Seite und bewirkte, dass sich der Aufbau beim Überfahren von Unebenheiten nicht mehr zunächst vorne und dann hinten auf- und abbewegte, sondern dass eine einzige, reduzierte Hubbewegung erfolgte und Nickschwingungen ausblieben. Die Karosserie blieb somit stets parallel zur Fahrbahn. Die Aufhängung bestand vorne aus oberen einfachen und unteren Dreieckquerlenkern, hinten aus Kurbellängslenkern.

Im Mai 1981 wurde bekannt, dass BL weiter rationalisiert werde: Hierzu sollte per Ende Jahr das erst 1976 eröffnete hochmoderne Werk Solihull geschlossen werden. Der dort gebaute → Triumph TR 7 Convertible sollte (wie schon der MG B) ebenfalls aufgegeben werden, während die Produktion der → Rover 2300/2600/3500 ins Werk Cowley bei Oxford zu verlegen war. Mit einem Tagesausstoß von 800 Wagen wurde die Kapazität des Werks Solihull nur noch zu einem Viertel genutzt. Durch die Schließung konnten weitere 5000 Arbeitsplätze eingespart werden, womit noch rund 100'000 Stellen verblieben.

Metro 1.3 Automatic. Neun Monate nach der Markteinführung wurde der Metro auch mit 4-Stufen-Automatikgetriebe von Automotive Products (AP) erhältlich. Diese war überarbeitet worden und bot nun eine Parksperre (wie sie in den meisten Ländern ohnehin verlangt wurde). Zudem schaltete sie sanfter und die eingelegte Position war nachts aus einer neben dem Mittelwählhebel angeordneten und gegen den Fahrer gerichteten Leuchtanzeige erkennbar. Der 1.3 Automatic wurde besonders reichhaltig ausgerüstet. Für den 9,4:1 verdichteten 1,3-l-Motor wurde eine einheitliche Leistung von 61 PS genannt.

Eine neue Streikbewegung führte im Herbst 1981 für die Gewerkschaften zur Alternative, entweder eine Lohnerhöhung von nur 3,8 Prozent zu akzeptieren oder mit einer Liquidierung von BL rechnen zu müssen. Es ergab sich erneut ein Sieg für Sir Michael Edwardes. Nun ging es darum, mit erhöhten Verkäufen die Voraussetzung für die Zuteilung der zweiten staatlichen Kredittranche zu schaffen. Neben dem Metro sollte dies vor allem der neu hinzugekommene → Triumph Acclaim als englische Version des Honda Ballade sicherstellen. Bereits aber wurden Pläne für ein gemeinsames Modell „XX" von BL und Honda in der oberen Mittelklasse entwickelt.

Im November kam es im Birminghamer Longbridge-Werk zum „Teepausenstreik": Da die wöchentliche Arbeitszeit von 40 auf 39 Stunden gekürzt worden war, wollte BL anderseits die täglichen Arbeitspausen von 52 auf 40 Minuten verkürzen. Durch den dreiwöchigen Streik konnten über 18'000 Mini, Metro und Allegro nicht gebaut werden. In einer Inseratkampagne garantierte darauf BL Streikbrechern den Erhalt des Arbeitsplatzes...

Metro City / Vanden Plas. Im Frühjahr 1982 wurden die in Großbritannien überaus gut aufgenommene Metro-Reihe durch die beiden gegenteiligen Ausstattungen City (1-l-A-Plus-Motor mit 44 PS, besonders preisgünstig) und Vanden Plas (Velourspolsterüberzüge, Walnussholzzier, getönte Scheiben, Leichtmetallfelgen, Chromschmuck, Zierstreifen, Sonnendach und Radio) ergänzt.

Ambassador. Anfang 1982 wurde der seit Herbst 1975 als eigene Marke geltende → Princess durch den Austin Ambassador abgelöst. Seine Karosserie war bei beibehaltener keilförmiger Fastbacksilhouette gründlich in die Kur genommen worden. Die Front mit Kühlergrill war neu, an die Türfenster war ein drittes Seitenfenster angefügt worden und vor allem wurde nun eine Heckklappe geboten. Diese Änderungen hatten ein stark modifiziertes Aussehen gebracht. Die ungewöhnliche Technik mit Vorderradantrieb, Quermotor (auch Sechszylinder) und Hydragas-Verbundfederung war beibehalten worden.

Auch das Armaturenbrett und der Innenraum waren neu gestaltet worden. Doch wurde der Ambassador ausschließlich mit Rechtslenkung gebaut: BL wollte ihn schon gar nicht mehr auf dem europäischen Festland anbieten. 1984 lief dann die Produktion des ex-Princess endgültig aus.

Austin Ambassador HLS, 1984

Austin Metro 1.3 HLE, 1985

Doch bereits im März 1982 endete auch die Produktion des Allegro. Damit fand ein im Herbst 1962 mit dem Morris 1100 eingeleitetes, in mancher Hinsicht wegleitendes technisches Konzept seinen Abschluss. Hinsichtlich Fertigungsqualität war der Allegro allerdings kein Ruhmesblatt gewesen. – Ebenfalls im März 1982 war von einer Reprivatisierung von BL die Rede. Es wurden nun nicht weniger als 23 neue Modelle geplant (einschließlich Nutzfahrzeuge) und Sir Michael vertrat den Standpunkt, dass die Umsetzung solcher Pläne nur durch private Geldgeber garantiert werden könne. Immerhin wurde für das folgende Jahr eine Rückkehr in die schwarzen Zahlen in Aussicht gestellt. Diese als Wertzuwachs geltende Perspektive führte dazu, dass die Privatisierung herausgezögert wurde.

Am 1. Oktober 1982 aber lief die Amtszeit von Michael Edwardes ab; er war für fünf Jahre von dem Industriekonzern Chloride zu BL „ausgeliehen" worden. Mit der von ihm verordneten Rosskur war die gesamte BL-Belegschaft von 174'000 auf noch 90'000 Mitarbeiter reduziert worden. Auch die Stilllegung einer ganzen Reihe von Werkanla-

Austin

gen hatte die Produktivität erhöht. Doch Edwardes hatte auch verhindert, dass die Regierung Thatcher – wie sie dies infolge der Lohnstreiks bereits beschlossen hatte – die rentablen BL-Zweige Jaguar und Land-Rover vorzeitig verkaufte und die übrigen BL-Teile schloss bzw. liquidierte. Sir Michael Edwardes wurde nun von einem Führungstrio abgelöst.

Gegen Ende 1982 rekrutierte die Austin-Rover-Gruppe für ihr Cowley-Werk in Oxford 1100 neue Arbeitskräfte: Dort sollte ab 1983 die Produktion des LM 10 (= Light Medium) anlaufen, dessen Modellbezeichnung inzwischen mit Maestro bekanntgegeben wurde.

Maestro. Seine Weltpremiere feierte der Maestro auf dem Genfer Salon im März 1983 und zwar sowohl unter der Marke Austin wie auch als → MG. Der von der neuen Austin Rover Group präsentierte Maestro entsprach dem, was man sich unter einem geräumigen, vielseitigen Wagen der Kompaktklasse vorstellte: attraktive fünftürige Karosserie mit elegantem Schrägheck, große Hecköffnung, asymmetrisch umlegbare Rücksitze, gepflegter Innenraum und gute Übersichtlichkeit. Diese war mit einer großzügigen Rundumverglasung samt großflächigem dritten Seitenfenster gegeben. Da war offensichtlich ein ernsthafter Konkurrent zu VW Golf, Ford Escort, Opel Kadett, Fiat Ritmo & Co. entstanden. Im Vergleich zum Leader bei den Kompakten, dem Golf, war der Maestro aber deutlich größer: Radstand 250,5 statt 240 cm, Außenabmessungen 405x168,5x 142 cm statt 381,5x161x141 cm. Damit ließ sich der Innenraum mit jenem eines Ford Sierra oder Opel Ascona vergleichen.

Für den Frontantrieb mit Quermotor standen der altvertraute, aber erneut modernisierte 1275-OHV-Vierzylinder A-Plus und der neue R-Motor zur Verfügung. Dieser war aus dem E-Motor mit obenliegender Nockenwelle abgeleitet worden. Um eine günstige Aerodynamik zu erzielen – je nach Karosserieausführung cw 0,38 bis 0,36 – war die Etagenbauweise von Motor und Getriebe aufgegeben worden. Der A-Plus-Motor war hierzu um 180 Grad gedreht und das Getriebe seitlich an ihn angeflanscht worden. Dieses Getriebe stammte nun überraschenderweise von Volkswagen und dies galt sowohl für das 4- wie für das 5-Gang-Getriebe und das 3-Stufen-Automatikgetriebe.

Der A-Motor war in Richtung Vibrationsarmut und verlängerter Lebensdauer überarbeitet worden und brachte es neu auf 69 PS, in der Ausführung Economy bzw. HLE mit geänderten Steuerzeiten, Vergaser- und Zündeinstellungen waren es 65 PS. Zu letzterem Motor wurde auch ein Spargetriebe mit langem viertem Gang installiert. Der mit zahlreichen Maßnahmen vom E- zum R-Motor mutierte 1,6-l-Motor besaß nun ebenfalls einen langen Hub. Seine Leistung wurde mit 82 PS angegeben. Auf Wunsch war er mit dem 5-Gang- oder dem Automatikgetriebe lieferbar. Seine 103 PS leistende Version mit zwei Weber-Doppelvergasern war für den → MG Maestro reserviert.

Zündung, Gemischaufbereitung und Schubabschaltung wurden beim Maestro elektronisch gesteuert. In den teureren Versionen dominierte die Elektronik zudem am Armaturenbrett: Digitalzahlen orientierten über die gefahrene Geschwindigkeit, und Leuchtstreifen zeigten die Drehzahl, die Motortemperatur und den Benzinvorrat an. Hinzu kamen ein Tripcomputer und teils ein Warnsystem, das mit Frauenstimme zum Umlegen der Sicherheitsgurten, zum Lichtabschalten (beim Aussteigen) oder auf Störungen aufmerksam machte. Neuartig waren außerdem die Homofocal-Scheinwerfer von Lucas mit computerberechneten Facetten. Modegerecht in Schwarz gehalten waren die Fensterrahmen, die Schutzstreifen in den Flanken und die beidseits der Rückscheibe angeordneten Windabweiser.

Im Frühling 1983 wurde das Werk Cowley von einem viereinhalbwöchigen Streik um eine täglich sechs Minuten dauernde „Händewaschzeit" erfasst. Nachdem den Arbeitern eine früher als geplant einsetzende Zahlungszulage zugesichert worden war, stimmten vier von fünf Arbeiter für ein Streikende. Der Streik hatte ihnen ohnehin eine empfindliche Lohneinbusse gebracht. Für die Austin-Rover-Gruppe ergaben sich anderseits gewaltige Millionenverluste für nicht verkaufte Wagen.

Auf der London Motorfair wurden die Spezialmodelle Mini Sprite (mit sportlichem Dekor in Erinnerung an den Austin-Healey Sprite), Metro City und Gala ausgestellt.

Ende 1983 war davon die Rede, dass die Austin-Rover-Gruppe von Nissan übernommen werden könnte. Nissan plante seit langem das Errichten eines großen Werkes in England, um den Importbeschränkungen in der EG entgehen zu können. Anfang 1984 wurde dann allerdings klar, dass Nis-

Austin (ab '89: Rover)	Bauart	Mot.	Getr.	R/L cm	Baujahre
Mini	**Fr.**	**a–d**	**4/A4**	**203,5/305,5/307**	**1980–90**
Mini Estate (Kombi)				**214/340**	**1980–83**
Motoren:	*Zyl.:*	*N'w.:*	*cm³:*	*PS/'min:*	*Nm/'min:*
a (–1982}	4	OHV	998	41/5100/39–42	69/2600/2500
b (1982–)				41/42–44*/50'–5250	69/2500/67/2600
c (Japan 1985–)				39/4750	70/2000
d (–1984)			1098	46/5250	76/2700
Metro	**Fr.**	**a–m**	**4/A4**	**225/340,5**	**1980–90**
Motoren:	*Zyl.:*	*N'w.:*	*cm³:*	*PS/'min:*	*Nm/'min:*
a (–1982)			998	44/41/5250	71/3000
b (1982–84)				46/5000/41–48	76/2750/69/2500
c (HLE *1982–84)				46/48*/5500	73/3300/3250
d (1984–)				47/5500	73/3250
e (1984–)				45/5250/42/5000	70/3000/69/2500
f (S/HLS –1982)			1275	63/5650	97/3100
g (1982–84 *HLE)				61/5250/63*/5300	94/3200/93/3000
h (1984–)				63/5300/60/5250/58	98/3200/93/3000
i (CH 1982–86)				63/5700	99/3100
j (V.Pl. 1984–88 /Sp.)				72/6000	99/4000
k (do. m.Aut./CH –'86)				63/5300/5700	–/99/3100
l (do. /Export '86–88)				63/5300/71/70	–
m (Sport/GTa 1988–)				73/6000/70/69	99/4000
Allegro	**Fr.**	**a–e**	**4/5/A4**	**244/385**	**1980–82**
Maxi 2		**f**	**5/A4**	**264/402**	**1980/81**
Motoren:	*Zyl.:*	*N'w.:*	*cm³:*	*PS/'min:*	*Nm/'min:*
a	4	OHV	998	45/5250	71/3000
b			1098	46/5250	75/2900
c			1275	55/5250–63/5650	87–97/3100
d		OHC	1485	78/5750	114/3250

Austin (ab '89: Rover)	Bauart	Mot.	Getr.	R/L cm	Baujahre
e			1748	91/5500/85/5100	141/3100/131/2600
f (*HLS)				73/4900/ 92*/5250	132/2600/ 141/3400
Maestro	**Fr.**	**a–f**	**4/5/A3**	**250,5/400–405**	**1983–90**
Motoren:	*Zyl.:*	*N'w.:*	*cm³:*	*PS/'min:*	*Nm/'min:*
a (–1988 *E –1987)	4	OHV	1275	69/5800/65*/5500	102/3500
b (CH '83–86 / Export)				67/5750/62/66	103/3500
c (1988–)				69/5600/62/65/66	102/3500
d (–1984)		OHC	1598	82/5500	124/3500
e (1984–)				86/5600/83	132/3500
f (CH 1984/85 *'85/85)				85/5600/80*/5650	132/3500/126/3400
Montego	**Fr.**	**a–g**	**4/5/A3/A4**	**256,5/446,5**	**1984–90**
Motoren:	*Zyl.:*	*N'w.:*	*cm³:*	*PS/'min:*	*Nm/'min:*
a	4	OHV	1275	69/5600/66	102/3500
b		OHC	1598	86/83/5600	132/129/3500
c			1994	104/5500/100	164/3000
d (CH –'86 + Exp.–'87)	4i			113/5600/5500	179/2800
e (1987–89)				117/113/5500	182/178/2800
f (1989–)				115/113/5500	175/2700
g (1988–)	4TD			81/4500	158/2500
Ambassador		**a–d**	**4/A3**	**267/455,5**	**1981–84**
Motoren:	*Zyl.:*	*N'w.:*	*cm³:*	*PS/'min:*	*Nm/'min:*
a (*–1982)	4	OHC	1698	88/84*/5200	131/3800/3500
b (*1982/83)			1994	94/4900/ 101*/5250	153/3400/ 163/3250
c (1983–)				93/4900/ 101/5250	155/2750/ 163/3250
d (–1982)	6		2224	112/5250	168/3500

san seinen englischen Weg ohne Austin-Rover gehen würde.

Montego. Auf der Basis des Maestro brachte die Austin Rover Group Ende April 1984 die Stufenhecklimousine Montego heraus. Es gab sie als Austin und als MG und sie löste den Ital, das letzte Modell von Morris, ab. Gegenüber dem Maestro war der Radstand von 250,5 auf 256,5 cm verlängert worden und die Länge wuchs auf 446,5 cm. Zusammen mit den vom Maestro übernommenen seitlichen Prägekanten erbrachte die dreiteilige Panorama-Heckscheibe ein ansprechend neuzeitliches Design, das an Eigenständigkeit nichts zu wünschen übrig ließ. Der Kofferraum fasste 520 l, und die Fondlehne konnte umgelegt werden (bei den teureren Ausführungen im Verhältnis 40:60 Prozent).

Die Motorisierungsauswahl begann mit dem A-Plus-Motor mit 1,3 l Inhalt. Der beim Maestro eingeführte 1,6-R-Motor war durch eine S-Version abgelöst worden, die um 6 kg abgespeckt worden war und für die Nockenwelle einen Zahnriemen- statt Kettenantrieb aufwies. Die Effizienz der Brennräume war durch so genannte Weslake-Nieren erhöht worden, womit die Leistung um 4 auf 86 PS angestiegen war. Topmotor war nicht wie im Maestro eine leistungsgesteigerte Variante des 1,6-l-Aggregats, sondern der 2-l-O-Motor aus dem Ambassador und Rover. Diese Konstruktion besaß nach dem Heron-Prinzip in die Kolben statt in den Zylinderkopf eingearbeitete Brennräume. Während die Kraftübertragungen bis 1,6 l von VW stammten, wurde das 5-Gang-Getriebe für den 2-l-Motor von Honda bezogen. Je nach Ausstattungsniveau wurde nicht nur Komfort, sondern überdies Ambiente geboten, wobei bei der Ausführung Vanden Plas selbst die Holzzier nicht fehlte.

Auf dem Salon von Paris wurde im Oktober 1984 für den Montego der neue Topmotor 2.0 EFI (Electronic Fuel Injection) angekündigt, während nun auch der Maestro in einer Ausführung Mayfair zu haben war (mit Holzzier an den Türinnenseiten und weiteren Luxuselementen, es gab bereits einen Montego Mayfair).

Montego Estate. Dann wurde auf der Birmingham Motor Show, ebenfalls noch im Oktober 1984, überraschend eine formschöne und besonders geräumige Kombiversion des Montego eingeführt. Auch sie gab es in diversen Motor- und Ausstattungsversionen. Gegen Aufpreis konnte im Fond eine aufklappbare, nach hinten gerichtete Bank für zwei weitere Passagiere geliefert werden.

Metro 5-türig Mit diesem Salon von Birmingham wurde der Metro auch fünftürig erhältlich. Ein drittes Seitenfenster sorgte (bei unveränderten Grundabmessungen) für ausgezeichnete Rundsicht. Bei allen Metro war der Kühlergrill zwischen den Scheinwerfern nun etwas abgesenkt, und das Armaturenbrett zeigte sich ebenfalls leicht verändert.

Mini 1985. Zu seinem 25. Geburtstag erhielt der Mini zwei radikale Verbesserungen: 12-Zoll-Räder und vordere Scheibenbremsen!

Austin Montego, 1985

Gegen Ende 1984 kam es bei Austin Rover erneut zu einem Streik um mehr Lohn (auch bei den anderen englischen Autowerken wurde vorübergehend gestreikt). Angeführt wurde die Streikbewegung von der Transportarbeitergewerkschaft, die sich auch gerichtlichen Anordnungen zum Streikabbruch widersetzte, nachdem 11'000 der 28'000 Austin-Rover-Arbeiter wieder an die Fließbänder zurückgekehrt waren. – Aus dem einst verästelten BL-Produktionsapparat waren die Werke in Longbridge (Mini, Metro, Rover 200) und Cowley (Maestro, Montego, Fließheck-Rover) übrig geblieben. Cowley hatte sich mit seinen Robotern und effizienten Qualitätskontrollen sogar zu einem Musterbetrieb der Automobilherstellung gewandelt. Für die technische Weiterentwicklung war indessen die schon 1979 gegründete BL Technology Ltd in Gaydon zuständig. Sie arbeitete auch für Jaguar, Saab und Volvo.

Im Frühsommer 1985 verlautete, dass Austin Rover auch den als Nachfolger des Maestro vorgesehenen Mittelklassewagen gemeinsam mit Honda entwickeln werde. Im Vordergrund stand aber alsbald das Projekt XX, ein gemeinsames Oberklassefahrzeug, das im Oktober 1985 im → Honda Legend seine Verwirklichung fand. Für den Einbau ab 1986 in Maestro und Montego wurde im Herbst 1985 ein direkteingespritzter Dieselmotor in Aussicht gestellt, dessen Entwicklung 1983 zusammen mit der Dieselmotorenfirma Perkins eingeleitet worden war. Ende 1985 wurde ein mit M 16 bezeichneter 2-l-DOHC-Motor mit 16 Ventilen und Lucas-Zentraleinspritzung vorgestellt.

Anfang 1986 wurde öffentlich bekannt, dass einerseits schon fast seit einem Jahr Gespräche über eine Übernahme der Austin Rover Group durch Ford und anderseits seit August 1985 Verhandlungen betreffend einer Übernahme der BL-Nutzfahrzeugsparte und von Land Rover durch General Motors geführt wurden. Wegen heftiger Opposition sowohl von linken wie von rechten politischen Kreisen, musste die Regierung die Verhandlungen mit Ford Anfang Februar abbrechen. – Anfang April 1986 vereinbarten Honda und Austin Rover, dass in Longbridge ab November auch der Honda Ballade alias Civic gebaut werde. – 1986 wurde die Bezeichnung BL Limited durch → Rover Group PLC (Public Limited Company) abgelöst; neuer Konzernchef wurde in der Folge der Kanadier Graham Day.

Im Februar 1986 war in Longbridge der 5-millionste Mini vom Band gelaufen, doch die Verantwortlichen setzten alsbald das Ende seiner Produktion auf den März 1987 an. Nach Protesten aus Frankreich, wo vor allem Frauen den Mini als ideales Stadtauto für Paris schätzten, ließ Graham Day eine Marktstudie durchführen. Sie deckte auf, dass in England viele Leute glaubten, dass der Mini gar nicht mehr gebaut würde. Die darauf eingeleitete erste britische Mini-Werbekampagne seit fünf Jahren ließ die Verkäufe um 21 Prozent anschwellen. Im Februar 1987 erreichte der Wochenausstoß wieder 750 Mini.

Nachdem schon auf der Frankfurter IAA im September 1987 die Mini, Metro und Montego unter der Marke Rover zusammengefasst ausgestellt worden waren, wurde auf der London Motorfair im Oktober die Marke Austin als tot erklärt. Auch über dem einzigen ausgestellten Mini prangte das Rover-Wappen, und die Metro, Maestro und Montego galten ebenfalls als → Rover. Als Neuheit gab es immerhin den Metro 1275 Sport...

Autobianchi

Als Nachfolger der einstigen Automarke Bianchi war 1955 von Fiat und Pirelli Autobianchi ins Leben gerufen worden. 1967 kam Autobianchi unter Fiat-Regie und 1975 unter jene der Fiat-Tochter Lancia. In vielen Exportgebieten wurden die Autobianchi-Kleinwagen (größere Modelle gab es seit 1973 nicht mehr) ab 1978 unter der Marke Lancia kommerzialisiert.

A 112. Der A 112 ging auf den Herbst 1969 zurück. Er war ein kubischer Kleinwagen, der sich am ehesten mit dem englischen → Mini vergleichen ließ, auch wenn er bei gleichem Radstand (204 cm), 17 cm länger war (323 cm). Im Verlaufe der Jahre hatte er eine stete Weiterentwicklung erfahren, und 1981 präsentierte er sich mit modischem schwarzem Kühlergitter, Stoßfängern und Flankenunterteil. Es gab ihn in den Ausführungen Junior, Elegant, Elite und Abarth. Das Konzept des Vorderradantriebs mit querliegendem Motor entstammte dem → Fiat 127. Doch gab es zwischen dem 0,9-l-OHV-Motor mit 42 PS für den Typ Junior und dem 1,05-l-OHC-Motor mit 70 PS (mit Weber-Doppelvergaser) für den Abarth auch noch eine 965-cm^3-Version des kleineren Maschinchens mit 48 PS (als A 112 B 1000 bezeichnet) für die Modelle Elegant und Elite. Diese und der Abarth waren anstatt mit dem 4-Gang- auch mit einem 5-Gang-Getriebe erhältlich. Eine spezielle Ausrüstung rechtfertigte den berühmten Zusatznamen Abarth (von Carlo Abarth, der bis 1971 seine eigene Marke mit der Herstellung von hochsportlichen Fiat-Ableitungen gepflegt hatte).

Die A 112 besaßen vorne eine Aufhängung mit Federbeinen und unteren einfachen Querlenkern, hinten eine Einzelradaufhängung mit Dreieckquerlenkern, Dämpferbeinen und einer selbststabilisierenden Querblattfeder.

A 112 1983. Im Herbst 1982 erhielten die kleinsten Autobianchi einen kräftigeren Stoßschutz, vorne mit integrierten Blinkern, neue Hecklichter, einen höher hinaufreichenden Flankenschutz, neue Luftauslässe an den C-Pfosten sowie neue Räder. Einen wesentlichen Fortschritt brachten aber die tiefer gesetzten und besser ausgeformten Sitze, die vorne wie hinten für mehr Kopffreiheit und hinten zudem für mehr Knieraum sorgten. Beim Vorklappen der Lehne glitten die Vordersitze nun nach vorne; es gab auch schmuckere Stoffüberzüge.

Neu hinzu kam der A 112 LX mit Fensterhebern, heizbarer Heckscheibe mit Wisch-/Waschanlage, athermischen Scheiben sowie Kopfstützen. Die Modellpalette umfasste nun den Junior (903-cm^3-Motor mit 42 PS jetzt sparsamer und leiser dank längerer Achsuntersetzung), Elite und LX (965 cm^3 und 48 PS) sowie Abarth (1050 cm^3 und 70 PS). Abgesehen vom Junior wurde serienmäßig ein 5-Gang-Getriebe eingebaut.

Autobianchi A 112 Abarth, 1982

Autobianchi Nuova A 112 Junior, 1983

Im Frühling 1984 erfuhr der A 112 abermals eine Verjüngung. Diesmal stand ein neues Armaturenbrett im Mittelpunkt der Neuerungen. Es zeigte sich im Stil an jenes der Lancia Delta und Prisma angeglichen und beeindruckte durch seine Übersichtlichkeit. Bei den Ausführungen Elite bis Abarth bildeten die Hecklichter mit der zwischen ihnen liegenden Blende eine Einheit.

Y 10. Vollständig neu geformt gab sich der auf dem Genfer Salon 1985 gezeigte Y 10; er war etwas größer als der A 112 und löste diesen vorerst nicht ab.

Weil er aber vor allem in deutschsprachigen Ländern unter der Marke Lancia kommerzialisiert wurde, schildern wir den Y 10 und seine Weiterentwicklung unter → Lancia!

Den Autobianchi A 112 gab es noch bis 1986; ab 1989 wurde der Y 10 nur noch in Italien als Autobianchi bezeichnet.

Autobianchi	**Bauart**	**Mot.**	**Getr.**	**R/L cm**	**Baujahre**
A 112 (*1982–)	**Fr.**	**a–d**	**4/5**	**204/323/327***	**1980–86**
Motoren:	*Zyl.:*	*N'w.:*	*cm3:*	*PS/'min:*	*Nm/'min:*
a (Junior –1982)	4	OHV	903	42/5400	69/2800
b (Junior 1982–)				42/5500/40	67/3000/71
c (Elegant/Elite / CH)			965	48/5600	72/3300
d (Abarth *1982–85)			1049	70/6600	86/87*/4200
Y 10 –> Lancia					

Auverland

Diese französische Geländewagenmarke entstand Mitte der 80er Jahre durch eine Neustruktur der Firma → Cournil. Auf Fahrzeuge für den militärischen Einsatz spezialisiert, baute Auverland 1987 in dem Werk in Saint-Germain-Laval rund 1500 Geländewagen, von denen ein Drittel in den Export gelangte. Nicht nur die Silhouette und der (allerdings mit horizontalen Schlitzen versehene) Kühlergrill gemahnten an Jeep, sondern ebenso der Name Auverland: Die nach dem Zweiten Weltkrieg nach Europa gebrachten zivilen Jeep stammten von der Firma Willys, die ursprünglich Willys-Overland hieß.

A3. Den im Herbst 1988 auf der Mondial de l'Automobile in Paris gezeigten leicht verkleinerten und auch auf den Zivileinsatz ausgerichteten Typ A3 gab es in zweisitziger Kurz- und in viersitziger Langversion. Mit 225 cm Radstand und 365 bzw. 385 cm Länge (hinterer Überhang 85 statt 65 cm) ließ er sich größenmäßig etwa mit dem Daihatsu Taft vergleichen. Als Kraftquelle diente der 1905-cm^3-Dieselmotor XUD 9 von PSA mit 64 PS Leistung, und auch das 4-Gang-Getriebe stammte von Peugeot. Der zuschaltbare Vorderradantrieb und das Untersetzungsgetriebe waren hingegen Eigenkonstruktionen. Vorne und hinten wurden Starrachsen verwendet. Die hohe Bodenfreiheit und der bei der kurzen Version auch hinten große Böschungswinkel sorgten für gute Geländetauglichkeit. Nicht zu Unrecht nannte sich Auverland „Le constructeur au chamois" (im Zeichen der Gämse). Die Tagesproduktion erreichte drei bis vier Einheiten.

Auverland A3, 1989

Avallone

Der Avallone war auf der Autoschau von Sao Paulo im Dezember 1976 zu seiner Premiere gekommen. Er war eine Replika des von 1953 bis 1955 in rund 9600 Exemplaren gebauten zweisitzigen Sportroadsters MG TF. Bereits wurde in Brasilien mit dem MP → Lafer auch eine Nachbildung des MG TD gebaut. Der Imitations-TF war das Produkt der Firma Aciei (Avallone Comercial, Industrial, Exportadora e Importadora Ltda) des Rennfahrers und Konstrukteurs Antonio Carlos Avallone in Sao Paulo.

Typ 11. Seine Basis bildete ein Chassis mit U-Profilen, in das die Mechanik des → Chevrolet (Brasil) Chevette eingebaut wurde. Statt des 1,4-L-Motors mit 60 PS (mit Äthylalkohol bzw. Ethanol 61 PS) war auch eine 1,6-L-Version lieferbar, die es mit zwei Weber-Vergasern auf 72 PS brachte. Ab 1978/79 kam zudem eine Version mit dem 2,5-l-Motor des Chevrolet Opala bzw. Comodoro hinzu. Mit Doppelvergaser bot sie 88 PS (auch bei Betrieb mit Ethanol) und überdies wurde sie mit Abgasturbolader angeboten. Mit den im Vergleich zum MG TF wesentlich breiteren Reifen und den entsprechend breiteren Kotflügeln der Kunststoffkarosserie ließ sich der Avallone leicht identifizieren.

1982 wurde die Produktion vorübergehend eingestellt, und 1984 überraschte Avallone mit einer Replika des VW-Cabriolets von 1952, das mit einem 1,6-l-Motor in Benzin- oder Ethanol-Ausführung ausgerüstet wurde.

Um 1990 wurde der Avallone Typ 11 mit einem 2-l-OHC-Motor von General Motors do Brasil ausgestattet, der bei einer Verdichtung von 8,8:1 auf 99 PS kam; in einer Alkoholversion standen 110 PS (und mit Bosch-LE-Jetronic alsbald 116 PS) zur Verfügung. Allerdings schienen die Tage für dieses Liebhabermodell – nicht zuletzt wegen Brasiliens gefallener Handelsbarrieren – endgültig gezählt zu sein.

Die Firma Aciei konstruierte übrigens auch erstaunliche Rennsportversionen des MG TF sowie offene Rennsport-Zweisitzer moderneren Zuschnitts. Zudem verwandelte sie u. a. Chevrolet Diplomata durch Verlängerung des Mittelteils um bis zu 110 cm zu Chauffeurlimousinen.

Avallone 11, 1982

Avanti

Ursprünglich war Avanti der Name eines Prestigemodelles der Marke Studebaker gewesen. Dieses fünfsitzige Coupé war von Juni 1962 bis Ende 1963 in 4645 Einheiten gebaut worden. Im Jahre 1964, als die Studebaker nur noch in Kanada hergestellt wurden, übernahmen die Studebaker-Händler Altman & Newman die Avanti-Produktionsrechte und einen Teil der Herstellungseinrichtungen in South Bend, Indiana, womit Avanti zu einer Eigenmarke wurde.

Avanti II Die Avanti Motor Corporation hatte die Produktion des Avanti II 1965 aufgenommen. Das großformatige Coupé besaß noch immer die mit einer „Coke-Bottle" verglichene ungewöhnliche Formgebung, die von Raymond Loewy, dem großen Pionier unter den Industriedesignern geschaffen worden war (er hatte u. a. schon die ersten Studebaker der Nachkriegszeit, aber auch Lokomotiven, unzählige Haushaltartikel und viele populär gewordene Markenzeichen sowie unverwechselbare Verpackungen entworfen). Das äußerliche Unterscheidungsmerkmal gegenüber den Studebaker Avanti bestand in den rechteckigen statt runden Scheinwerfer-Chromrähmchen, auch wenn die Scheinwerfer selbst rund blieben.

Im Verlaufe der Jahre wurde der in South Bend wie stets mit Kunststoffkarosserie hergestellte Avanti nur wenig weiterentwickelt, aber den amerikanischen Zulassungsvorschriften angepasst. Einen kleinen Stilbruch brachten die 1973 eingeführten energieabsorbierenden Stoßstangen. Der Avanti II wurde von Chevrolet-V8-Motoren angetrieben. Ab Modelljahr 1981 war es der kleinere 5-l-V8 Chevrolet LG 4 mit 157 PS bei 4000/min. Der Käufer konnte zwischen dem 3-Stufen-Turbo Hydra-Matic und einem 4-Gang-Getriebe wählen. Eine Differenzialbremse Twin-Traction wurde von Haus aus eingebaut.

Das bereits bei Studebaker entwickelte Chassis war ein Kastenrahmen mit Traversen und X-Verstrebung. Vorne wurden Trapez-Dreieckquerlenker und Schraubenfedern verwendet, hinten kam eine Starrachse mit Längslenkern

Avallone	Bauart	Mot.	Getr.	R/L cm	Baujahre
11	**K'r.**	**a–d**	**4/A3**	**240/377**	**1980–82**
Motoren:	*Zyl.:*	*N'w.:*	*cm^3:*	*PS/'min:*	*Nm/'min:*
a	4	OHC	1398	60/61A/5400	90/3600/93/4000
b			1599	72/5400	106/3600
c		OHV	2474	88/4600/88A/4200	183/2600/198/2400
d (USA)				91/4000	182/2400

Avanti	Bauart	Mot.	Getr.	R/L cm	Modelljahre
II	**K'r.**	**a**	**A3/4**	**277/501,5**	**1980/81**
(*1985–)		**b–e**	**A3/A4/5**	**277/490,5/494***	**1982–90**
Touring Sedan		**e**	**A4**	**294,5/508**	**1989/90**
Motoren:	*Zyl.:*	*N'w.:*	*cm^3:*	*PS/'min:*	*Nm/'min:*
a	V8	OHV	5001	157/4000	326/1600
b (*1983)				152/3800/4000*	326/2400
c (1984 *1985/86)				183/4000/193*/4800	326/1600/3200
d (1987/88 *High P.P.)				188/4800/218*	326/3200
e (1989–)				172/4400	346/2400

Avanti, 1984

Avanti Convertible, 1988

Avanti Touring Sedan, 1989

und Halbelliptikfedern zum Einbau. Die Schneckenrollenlenkung arbeitete mit Servo. Zur gepflegten Ausrüstung zählte auch eine verstellbare Lenksäule. – 1981 waren 162 Avanti gebaut worden, die Produktion pendelte in den folgenden Jahren zwischen 50 und 150 Exemplaren.

II 1982. Für das Modelljahr 1982 wurde auf das 4-Stufen-Automatikgetriebe von GM umgestellt (oberste Stufe als Overdrive bezeichnet). Dank kürzerer erster Stufe und knapperer Achsuntersetzung (2,74:1 statt 2,52:1) ergab sich ein verbessertes Beschleunigungsvermögen. Gleichzeitig sorgte aber die Overdrivestufe (0,67:1) für eine Verbrauchsreduktion; ohnehin wurde die Leistung des 5-l-V8 nun mit 152 PS angegeben. Zur Serienausstattung zählten nach jüngster Auflistung außer dem Automatikgetriebe (von dem 4-Gang-Handschaltgetriebe war nicht mehr die Rede) Doppelauspuff, Servobremen und -lenkung, Klimaanlage, Radio mit Kassettenspieler, elektrische Antenne und getönte Scheiben. Gegen Aufpreis gab es zudem Recaro-Sitze, Fensterheber, Schiebedach, echte Speichenräder, Weißwandreifen, Heckgepäckträger, Cruise-Control (Tempokonstanthalter) und CB-Funk.

Im Herbst 1982 wurde die Avanti Motor Corporation von Stephen H. Blake, einem Geschäftsmann und Immobilienhändler aus Washington, übernommen.

20th Anniversary Edition. Zum Modelljahr 1983 wurde als Jubiläumsmodell diese Spezialauflage geschaffen. Sie war außen ganz in Schwarz gehalten, besaß einen Bugspoiler, rollte auf extrabreiten Reifen und Leichtmetallfelgen und glänzte im luxuriös herausgeputzten Innenraum mit quer abgesteppten Recaro-Schalensitzen. Diese Sonderausführung entstand in 20 (von geplanten 25) Exemplaren. – 1983 wurde ein Spezial-Avanti zum 24-Stunden-Rennen von Daytona an den Start gebracht. Unter den 80 eingesetzten Wagen kam er auf den beachtlichen 27. Gesamtrang. Bei dieser Gelegenheit wurde darauf hingewiesen, dass Avanti Amerikas erster Produktionswagen war, der mit einem eingebauten Überrollschutzbügel und Scheibenbremsen ausgerüstet wurde.

Avanti 1984. Für 1984 (auf die Bezeichnung II wurde inzwischen verzichtet) wurden dann folgende weitere Eigenheiten ins Feld geführt: aus 108 Teilen bestehende stahlverstärkte Glasfaserkarosserie auf X-förmigem Chassisrahmen, handgefertigt mit zahlreichen Lackschichten, 150 Meilen Fahrtest, Antriebstechnik samt Computersteuerung von GM, orthopädische Recaro-Sitze.

Äußerlich hob sich der Avanti 1984 von den Vormodellen durch einen in der Karosseriefarbe gehaltenen Kevlar-Stoßschutz, Seitenschutzleisten, neue rechteckige Halogen-Scheinwerfer, tiefere Front und in den Stoßschutz integrierte Blinker ab. Vor allem aber unterstrich Stephen H. Blake, dass die Serienausrüstung in dem für 1984 überarbeiteten Innenraum wesentlich aufgewertet worden war: Sie umfasste ein lederüberzogenes Armaturenbrett mit neuen, rot hinterleuchteten Avanti-Instrumenten, einige Bedienungsschalter wanderten in jene im Flugzeugstil gehaltene Dachkonsole, und neu waren u. a. die automatische Türverriegelung, die direkter ansprechende Lenkung, die belüfteten vorderen Scheibenbremsen (von GM) sowie eine neu abgestimmte Aufhängung. Das gegen Aufpreis angebotene Touring Coupe Package umfasste in Schwarz gehaltene Zierelemente, Armaturenbrett und Mittelkonsole mit schwarzer Alu-Oberfläche und Avanti-Aluminiumräder mit Breitreifen.

Convertible. Bald darauf war auch von einer in Vorbereitung stehenden Cabrioletversion und einer Ausführung mit 210 PS Leistung die Rede. Zum Modelljahr 1985 stieg dann die Leistungsangabe von 183 auf 193 PS und es kam in der Tat ein formschönes 4/5-sitziges Cabriolet ins Angebot. Vor allem aber stand dem Käufer nun alternativ zum Automatikgetriebe ein 5-Gang-Handschaltgetriebe zur Wahl.

Doch Anfang 1986 geriet das Blake-Unternehmen in Konkurs. Die Produktion wurde eingestellt und 15 der 20 Mitarbeiter entlassen. Neuer Eigner der in New Avanti Motor Corporation umbenannten Firma wurde der aus South Bend gebürtige Michael E. Kelly. Er verhalf dem Avanti im Modelljahr 1987 zu einem neuen Armaturenbrett, einem verbesserten Lüftungssystem sowie geänderten Sitzen und Stoßstangen.

Im Geschäftsmann und Oldtimersammler John J. Cafaro aus Youngstown, Ohio, fand Kelly alsbald finanziellen Rückhalt. 1987 wurde die Produktion nach Youngstown verlegt, und ab August 1988 galt J. J. Cafaro als Alleinbesitzer des nun Avanti Automotive Corporation genannten Unternehmens.

Touring Sedan. Unter Cafaros Frau Janet, einer ehemaligen Kunststudentin, wurde 1989 eine viertürige Version des Avanti eingeführt. Sie entstand auf dem unverändert übernommenen Kastenrahmenchassis des Chevrolet Caprice mit 294,5 cm Radstand. Dieses als Touring Sedan bezeichnete Modell war 508 cm lang und 186,5 cm breit. Die stilistische Umsetzung in das ursprüngliche Loewy-Design war gut gelungen. Dem Antrieb diente auch im Sedan der 5-l-V8 mit 172 PS von Chevrolet.

Nachdem 1988 rund 150 Avanti gebaut worden waren, wollten die Cafaro den Ausstoß mit den drei Karosserieformen stark forcieren. Hierzu standen 190 Mitarbeiter und 44 US-Händler zur Verfügung. 1989 wollte man 350 Avanti, 1990 bereits 500 und 1991 sogar 1000 Stück herstellen. Doch es kam, wie es bei so hochfliegenden Plänen kommen musste: 1991 wurde die Produktion ganz eingestellt.. Bis dahin waren seit 1963 rund 8100 Avanti entstanden.

Doch noch in den 90er Jahren wurde unter anderen Besitzverhältnissen erneut eine Produktion aufgezogen. 2001 erhielt der Avanti ein neues Design (AVX), und ab 2004 entstand er auf der Basis des Ford Mustang; es gab einen neuen Produktionsstandort in Georgia, und 2006 wurde dieser – wieder unter Michael E. Kelly! – sogar ins mexikanische Cancun verlegt...

Baroque

Die von Russel A. Knudsen geführte Knudsen Automotive, Inc., in Omaha, Nebraska, hatte ihr erstes Modell im Mai 1981 lanciert. Es war ein Luxuscoupé im Neoclassic-Stil der 20er/30er Jahre wie → Excalibur, Clénet, Zimmer usw. Der Baroque, so der treffend gewählte Name, war eine Vermischung von Mercedes-Benz- und Kompressor-Duesenberg-Elementen. Der weitgehend handgebaute Fünfsitzer basierte auf einem GM-Fahrwerk mit Abgasturbolader-bestücktem 3,8-l-V6-Motor, wie er im Buick Regal Sport lieferbar war.

Coupe. Die Entwicklung des Baroque hatte bereits 1978 eingesetzt. Der Designer des stilvollen Fahrzeugs mit der klassischen, zwischen langgeschwungene Kotflügel eingebetteten Motorhaube und dem flach abfallenden Heck (mit eingelassener Reserveradabdeckung) war Harry Bradley, der zuvor für Großhersteller tätig gewesen war. Die Karosserie wurde aus Kunststoff hergestellt und auf einem Stahlgerippe montiert, das die Passagierraumstruktur bildete. Zur Ausstattung zählten ein elektrisch aufmachbarer Glasdacheinsatz, Chromspeichenräder, Lederüberzüge, Teakholzeinsätze, eine Musikanlage sowie eine besonders aufwändige Lackierung.

Royale. Dem Coupé wurden Anfang der 80er Jahre auch ein Cabriolet und eine viertürige Limousine zur Seite gestellt. Letztere wurde als Baroque Royale bezeichnet, und ihr hinten leicht erhöhtes, mit Vinyl überzogenes Dach sorgte für viel Kopffreiheit. Auf wesentlich verlängertem Radstand zeigte auch der Royale einen Kühler in der Art der berühmten Mercedes-Benz der Zwischenkriegszeit und analog dazu aus der Motorhaube geführte Simili-Kompressorrohre.

Nachdem 1982 ein Ausstoß von 14 Wagen erreicht worden war, erhöhte sich die Produktion im Jahr darauf auf 24 Einheiten. R. A. Knudsen wies darauf hin, als einziger Neoclassic-Hersteller über eine vollständige Modellpalette zu verfügen. Als Kraftquelle war der 3,6-l-Turbo-V6 inzwischen von einem 5-l-V8 abgelöst worden. Auch er stammte wie alle übrigen mechanischen Aggregate von General Motors. Der Turbo-V6 wurde auf Wunsch noch in das Coupé und das Cabriolet eingebaut. Zu den Sonderausstattungen zählten im aufpreispflichtigen Grandeur-Interieur nun u. a. auch exotische Hölzer sowie eine Bar und ein Fernseher, die sich durch Rollläden abdecken ließen. Der grobmaschige Kühlergrill erinnerte nicht mehr an Mercedes. Doch wurde darauf hingewiesen, dass die Baroque-Limousinen auch auf Mercedes-Benz- oder Rolls-Royce-Basis geliefert werden könnten.

Baroque Royale Limousine, 1983

Beijing

Dem geänderten Stadtnamen entsprechend hieß der einst vom russischen GAZ 69 abgeleitete chinesische Geländewagen in den 80er Jahren nicht mehr Peking, sondern Beijing. Vom GAZ unterschied er sich vor allem durch einen eigenen, aus horizontalen Schlitzen zusammengesetzten Kühlergrill.

BJ-212. Es gab den seit Mitte der 70er Jahren gebauten Typ BJ-212 zwei- und viertürig, mit Stoffverdeck und mit Hardtop. Bei 230 cm Radstand war er 386 cm lang, 175 cm breit und 187–202 cm hoch. Sein Leergewicht erreichte 1410 kg. Der mit dem → Wolga-Motor verwandte 2445-cm^3-Benzinmotor leistete 75 PS bei 3800/min und verhalf zu 100 km/h Spitze (Vorderradantrieb zuschaltbar, Starrachsen mit Blattfedern). Zu Beginn der 80er Jahre wurde der BJ-212 in jährlich etwa 15'000 Exemplaren gebaut. Unter der Bezeichnung Overlander wurde er im April 1982 auch auf dem Autosalon von Turin angeboten, und unter dieser Marke sollte er 1983 zudem in die USA importiert werden.

Doch im Frühling 1983 gründeten die Beijing Auto Works, die auch kleine Lastwagen bauten, zusammen mit der American Motors Corporation (→ AMC) die Beijing Jeep Co., an der sich AMC mit 31,6 Prozent des Stammkapitals beteiligte. Sie sollte den Geländewagen Modell 22 mit einem neuen Vierzylindermotor und weiteren Verbesserungen aufrüsten und später eine China-Version des Jeep CJ-7 herstellen. Ab Herbst 1985 wurde dann der Jeep Cherokee montiert. Aber er erwies sich als zu teuer, und zudem ergaben sich bürokratische Barrieren, so dass die Produktion im Frühling 1986 zum Erliegen kam.

Mit der Übernahme von AMC durch Chrysler ging die Beteiligung an der Beijing Jeep Corporation an diese US-Firma über. Ab Ende 1987 wurde der Beijing BJ-212 in den Niederlanden in Verkauf genommen. 1988 wurden von Beijing Jeep 27'000 BJ-212 und 5000 Jeep Cherokee auf die Räder gestellt, und 1989 wurde geplant, den hochbetagten BJ-212 russischen Konzepts 1993/94 durch eine Eigenentwicklung zu ersetzen.

Beijing BJ-212, 1983

Bentley

Gegründet 1919 von W. O. (Walter Owen) Bentley (1888–1971). Dank fünf Siegen beim 24-Stunden-Rennen von Le Mans wurde die Marke legendär. Dennoch geriet Bentleys Firma 1931 in Konkurs und wurde vom Konkurrenten → Rolls-Royce übernommen. Nach dem Zweiten Weltkrieg wurden die Bentley-Modelle zu reinen Rolls-Royce-Derivaten, die sich nur noch durch die historisch gegebene Form des Kühlergitters unterschieden. Dieses gab sich – analog zum Markennamen – etwas diskreter und dadurch fand die Marke ihren eigenen Liebhaberkreis.

Mulsanne. Parallel mit dem Rolls-Royce Spirit wurde auf dem Automobilsalon von Paris im Herbst 1980 der Bentley Mulsanne (langer gerader Streckenteil in Le Mans) eingeführt. Er löste den Typ T2 ab. Er war in ähnlich klassischem Stil gehalten, doch war der traditionelle Kühlergrill nun deutlich niedriger und breiter, zudem wirkte der Aufbau weniger kantig. Bei praktisch unverändertem Radstand von 306 cm war die Länge von 519 auf 527 cm angewachsen. Bedeutender war jedoch der Breitenzuwachs von 180 auf 189 cm, während die Höhe von 152 auf 149 cm gesenkt worden war. Vom Mulsanne gab es wie schon vom T2 eine um 10 cm verlängerte Langversion (auf Wunsch als Chauffeurlimousine mit Separation).

Der Motor des Mulsanne war der bekannte 6750-cm^3-V8 mit zentraler Nockenwelle und Leichtmetall-Zylinderkopf und -block. Für Länder wie die USA und Japan wurde er nun mit der K-Jetronic-Einspritzung von Bosch statt der beiden SU-Vergaser ausgerüstet. Das brachte zwar eine Leistungseinbuße und höheren Verbrauch, aber vorschriftsgemäß weniger Abgasschadstoffe. Leistung und maximales Drehmoment blieben gemäß der Rolls-Royce-Tradition geheim. Für die Kraftübertragung diente das 3-Stufen-Automatikgetriebe Turbo Hydra-Matic 400 von General Motors, und der Wählhebel war nach wie vor an der Lenksäule angewinkelt.

Auch der Mulsanne besaß eine selbsttragende Karosserie mit vorderem und hinterem Hilfsrahmen, vorn Doppel-Dreieckquerlenkern und Schraubenfedern, hinten Schräglenkern und Schraubenfedern. Die automatische Niveauregulierung war durch hydropneumatische Feder-/Dämpferbeine (System Citroën) ergänzt worden, und der hintere Fahrschemel mit integrierten Ministoßdämpfern war ein auf erhöhten Fahrkomfort ausgerichtetes komplexes Gebilde. Mit der geänderten Position der hinteren dreieckförmigen Lenkerelemente (die dadurch von Längs- zu Schräglenkern mutierten und einen Radstandzuwachs um 1 cm bewirkten) war auch das Handling verbessert worden.

Im Innenraum fanden sich nach Bentley-Tradition hochwertiges Leder, Nussbaumfurniere für Armaturenbrett, Konsole, Fenstersimse und -einfassungen, hochflorige Teppichbeläge und feine, ebenfalls farblich abgestimmte Stoffe. In Armaturenbrettmitte prangte nun (wie beim Modell Corniche) ein Geviert mit Digitalanzeigen für die Zeit (samt Stoppuhr) und die Außentemperatur. Dank des mit viel Handarbeit erreichten Qualitätsstandards war auch der neue Bentley ein Inbegriff für höchsten individuellen Luxus.

Corniche. Den im März 1971 lancierten zweitürigen Corniche gab es sowohl als Rolls-Royce wie als Bentley. Sein Aufbau entstand beim Rolls-Royce-eigenen Karosseriewerk H. J. Mulliner/Park Ward. 1981 stand ausschließlich noch das Cabriolet im Angebot. Mit einem Doppel-Registervergaser von Solex wurde eine etwas höhere (aber ebenfalls geheime) Leistung als beim Mulsanne erzielt. Die Hinterradaufhängung war schon 1979 ähnlich aufgewertet worden, wie sie nun im Mulsanne Verwendung fand.

Mulsanne Turbo. Anfang 1982 war erstmals von einer Turboversion der Bentley-Limousine die Rede. Mit ihr sollte die traditionellerweise als etwas sportlicher geltende Schwestermarke von Rolls-Royce diesem Ruf wieder gerecht werden. Schließlich waren die Blower-Bentley der Zwischenkriegszeit ein internationaler Begriff gewesen. Mit einem prestigevollen zusätzlichen Modell konnte die Marke Bentley zudem aus ihrem Schattendasein neben Rolls-Royce herausgeholt werden: 1981 waren nur 151 Bentley, aber 3014 Rolls-Royce gebaut worden!

Wie gewohnt wurde aus der PS-Leistung des Turbomotors ein Geheimnis gemacht, als der Mulsanne Turbo auf dem Genfer Salon 1982 zur Weltpremiere kam. Gemäß Werk standen mit ihm 50 Prozent mehr Leistung zur Verfügung als mit dem Saugmotor, eine ganze Menge also. Mit dem serienmäßigen Automatikgetriebe wurden laut offizieller Angaben Tempo 100 binnen 7,4 s (statt 10 s) und eine Spitze von 217 (statt 192) km/h erreicht. Mit der Entwicklung des Turbomodells war 1977 begonnen worden. Der Abgasturbolader stammte von Garrett, und der Motor war 8:1 statt 9:1 verdichtet. Es wurden spezielle Kolben und Ventile sowie ein Klopfsensor eingesetzt, Auspuffanlage und Kraftübertragung wurden verstärkt; die Gesamtuntersetzung war von 2,7:1 auf 3,08:1 verkürzt worden. Insgesamt resultierten kaum veränderte ECE-Verbrauchszahlen, nämlich 13,5/17,3/24,8 l/100 km (statt 15,6/17,5/23,5 l/100 km für die Saugversion).

Eight. Im Juli 1984 brachte Bentley den Eight heraus, der genau in die gegenteilige Richtung zielte: Er war nämlich sozusagen ein Einsteigermodell, lag sein Preis doch 12,5 Prozent tiefer als jener des Mulsanne oder Rolls-Royce Silver Spirit. Gemäß Firmenphilosophie richtete sich der Eight an den „jungen, erfolgreichen Manager". Hauptsächlichstes Erkennungsmerkmal war der schlichte dunkelgraue statt chromgleissende Kühlergrill, der an die Steinschlag-Schutzgitter der einstigen Bentley-Sportwagen erinnerte. Die Vorderradaufhängung war etwas sportlicher abgestimmt, die Instrumentierung etwas vereinfacht (konventionelle Rundinstrumente statt des Displays mit Digitalanzeigen) und das verwendete Walnussholz war von etwas weniger exklusiver Sorte.

Continental. Gleichzeitig wurde das Bentley-Cabriolet von Corniche auf Continental umgetauft (während es bei Rolls-Royce weiterhin Corniche hieß). Äußerlich gab es sich an dem in der Wagenfarbe lackierten Kühlergrill, sowie an den analog lackierten Stoßfängern und Spiegeln zu erkennen. Es wurden zudem neue Sitze mit einstellbarer Kreuzstütze eingebaut. Auch die Hintersitze und die Schlußleuchten waren geändert worden.

Die Limousinen, wie sie auf dem Salon Paris 1984 gezeigt wurden, besaßen eine Heckantenne und zudem gab es einen kleinen „Stilbruch", nämlich den Übergang von der Fußabblendung zu einem Bedienungshebel an der Lenksäule. Verbessert wurden die Einstellmöglichkeiten der Klimaanlage, die Scheinwerfer-Wischerbesen wichen einem üblichen Konzept und u. a. wurden die Fensterzierleisten aus Walnussholz wieder breiter.

Turbo R. Der Zusatzbuchstabe R stand für Roadholding, und in dieser Ausführung glänzte der Turbo-Bentley auf dem Genfer Salon 1985. Das Fahrwerk hatte Stabilisatoren mit größerem Durchmesser erhalten, zudem eine straffere Feder-/Dämpferabstimmung und breitere Reifen auf neuen Alufelgen. Hinzu kamen ein markanter Frontspoiler und ein geändertes Armaturenbrett mit Tourenzähler und neuer Mittelkonsole.

Mit Einspritzung. Auf dem Salon von Paris im Oktober 1986 zeigten sich alle RR- und Bentley-V8 mit Bosch-Einspritzung K-Jetronic ausgerüstet, wie dies schon für die nach den USA, Japan und Australien gelieferten Exemplare der Fall sein musste. Für Europa war dieser Einspritzmotor so überarbeitet worden, dass er auch den (auf deutscher Autobahn) möglichen hohen Dauergeschwindigkeiten gewachsen war. Gegenüber dem früheren Motor mit zwei SU-Vergasern bzw. dem Continental-Motor mit Doppel-Registervergaser wurde ein Leistungsantieg um 22 bzw. 14 Prozent genannt. Das bedeutete nach inoffiziellen Angaben eine Erhöhung von rund 200 bzw. 215 PS auf 240 PS. Gleichzeitig wurde eine Verbrauchsreduktion um 16 bis 18 Prozent geltend gemacht.

Für den jetzt mit der elektronischen KE-Jetronic-Einspritzung versehenen Turbo R ergab sich ein Leistungsplus um 10 Prozent, so dass mit 330 PS gerechnet werden konnte. So vermochte der Turbo → 96,5 km/h in 7 statt 7,4 s zu erreichen. Bei den anderen Modellen wurde das Leistungsplus teils von einer verlängerten Achsuntersetzung kompensiert. Allen Motoren wurde neu ein Ölkühler mit auf den Weg gegeben, Zündung (teils doppelt), Alternator, Anlasser und Auspuffanlage waren erneuert worden und die Batterie wanderte in eine Kofferraummulde.

Größere Bugspoiler kennzeichneten den Bentley-Jahrgang 1987 auch äußerlich. Die Fauteuils waren stärker profiliert und erhielten einen Verstellschalter in Sitzform sowie eine Memory-Funktion für vier Personen bzw. Staturen. Die Kopfstützen waren höhenverstellbar, und die Instrumentierung wurde u. a. mit einer ABS-Kontrollleuchte ergänzt. Dem Turbo R wurde zudem ein neues Dreispeichenlenkrad spendiert. Insgesamt sollen in die diversen Rolls-Royce/Bentley-

Bentley Mulsanne Turbo, 1983

Bentley Eight, 1985

Bentley Continental, 1986

Bentley Turbo R, 1987

Modelle des Jahrgangs 1987 rund 2000 Änderungen eingeflossen sein. Für das Cabriolet Continental gab es den Einspritz-V8 erst im Verlaufe des Jahres 1987. Im Herbst jenes Jahres wurde die Ausstattung des Mulsanne S aufgewertet.

Jahrgang 1989. Mit den im September 1988 vorgestellten Bentley des Jahrgangs 1989 wurde ein wesentliches zusätzliches Unterscheidungsmerkmal eingeführt: Statt der Rechteckscheinwerfer, wie sie bei Rolls-Royce beibehalten wurden, besaßen die viertürigen Bentley nun Doppelscheinwerfer. Hinzu kamen größere Front- und Heckschürzen, in Wagenfarbe gehaltene Außenspiegel und das Marken-„B" am Heck: bei Eight und Mulsanne S in Schwarz, beim Turbo R in Rot. Der Turbo R erhielt zudem einen Ladeluftkühler und die Bosch-Motronic-Einspritzung. Bei allen 6,75-l-V8 wurden die Kurbelwellenlager mit Querbolzen verstärkt. Die Türrahmen bestanden nun aus Edelstahl. Beim Continental hingegen war der vordere Hilfsrahmen samt Zahnstangenlenkung überarbeitet und waren die Vorderfauteuils sowie die Mittelarmlehne umgeformt worden.

Ab September 1989 kamen einige vordergründig für die Rolls-Royce eingeführte Verfeinerungen auch den Bentley zugute: Bedeutendste Neuerung war die Automatic Ride Control (ARC), dank der das Komfortniveau je nach Fahrweise und Fahrbahnoberfläche computergesteuert zwischen den Positionen Komfort, Normal und Sport variierte. Das Zündschloss fand sich neu unten neben der Lenksäule, die Klimaanlage war verstärkt worden und das überarbeitete Armaturenbrett beherbergte auch die bisher auf der Lenksäule thronende Gangwahlanzeige. Neu war zudem das umschäumte Lenkrad. Im Mulsanne mit langem Radstand wurde jetzt den Fondpassagieren ebenfalls eine elektrische Sitzverstellung geboten, und die Zahl der Lautsprecher der Audioanlage wurde auf zehn erhöht.

1990 wurden erstmals mehr Bentley als Rolls-Royce fertiggestellt: 1728 Bentley und „nur" 1605 Rolls. – Als die Besitzerfirma Vickers 1998 Bentley zusammen mit Rolls-Royce zum Verkauf ausschrieb, bewarben sich sowohl Volkswagen wie BMW für eine Übernahme. VW-Konzernchef Ferdinand Piëch ging es aber in erster Linie um Bentley. Daher einigte er sich mit BMW darauf, nach der Aufteilung der Zwillingsmarken Rolls-Royce an BMW abzutreten (was dann per 1. Januar 2003 geschah).

Produktionszahlen: Mulsanne, 1980–87: 482; Mulsanne LWB, 1980–87: 47; Mulsanne Turbo, 1981–85: 496; Mulsanne Turbo LWB, 1983–86: 24; Mulsanne S, 1987–92: 905; Mulsanne S LWB, 1987–92: 61; Eight, 1984–92: 1734; Turbo R, 1985–97: 4657; Turbo R LWB, 1985–97: 1508; Corniche Cabrio, 1971–85: 88; Continental, 1985–95: 439

Bentley	Bauart	Mot.	Getr.	R/L cm	Baujahre
Mulsanne	**St.**	**a**	**A3**	**306/531/527***	**1980–85**
Mulsanne LWB (*1985–)					**316/541/537***
Corniche				**306/519,5/527U**	**1980–84**
Continental				**306/520/526**	**1984–89**
Mulsanne Turbo		**b**		**306/531**	**1982–85**
Eight/Mulsanne/Turbo R		**b–e**		**306/527/316/537**	**1985-87**
Eight/Muls. S/Turbo R		**d–f**			**1987–90**
Motoren:	*Zyl.:*	*N'w.:*	*cm³:*	*PS/'min:*	*Nm/'min:*
a	V8	OHV	6750	–	–
b	V8T			a + 50 %	
c (1986–)	V8i			ca. 230/4300	ca. 450/1600
d (1987–)				ca. 215K/4200/200U	ca. 460/1500
e (1986–)	V8iT			ca. 330/4500	ca. 660/2400
f (1988–)				ca. 315K/4200	ca. 640/2250

Bertone

Gegründet 1912 von Giovanni Bertone in Turin für die Herstellung von Kutschaufbauten; ab 1921 Herstellung von Autokarosserien. Bei der Carrozzeria Bertone wurden Einzel- und Kleinserienkarosserien entworfen und gebaut, und in der Nachkriegszeit avancierte das Unternehmen zu einem der berühmtesten Designstudios. Unter Gründersohn Nuccio Bertone (1914–1997) wurden zahlreiche Serienkarosserien entworfen, so auch für Alfa Romeo, BMW und Mazda, und er verstand es, talentierteste Autoformenschöpfer anzuleiten und zu fördern (u. a. Giorgetto Giugiaro).

Mit der Einführung des von Bertone entworfenen und auch serienmäßig aufgebauten Alfa Romeo Giulietta Sprint hatte Bertone ab dem Jahr 1954 eine industrielle Dimension erreicht. In den 70er Jahren kamen weitere sportliche Nischenmodelle für Fiat, Lancia, Lamborghini, Iso und Dino hinzu. Herausragend waren die vielen grandiosen Designstudien bzw. Concept-cars, die bei der Carrozzeria Bertone in Grugliasco bei Turin Jahr für Jahr entstanden sind, darunter zahlreiche wegweisende Glanzstücke der Automobilgeschichte.

Ritmo Cabrio. Nachdem es bereits auf anderen Autosalons gezeigt worden war, wurde auf der Frankfurter IAA im September 1981 die Serienausführung des Cabriolets Fiat Ritmo ausgestellt. Das Besondere daran lag im Umstand, dass dieses Cabrio nicht unter der Marke Fiat, sondern als Bertone vertrieben wurde. Wie schon der → VW Golf in seiner Cabrioletversion wies auch das Ritmo-Cabrio zum Überrollschutz umfunktionierte B-Säulen auf. Das Verdeck war voll versenkbar, und für den Antrieb dienten der 1,5-l-Vierzylinder mit 85 PS sowie ein 5-Gang-Getriebe. Die Bezeichnung lautete Bertone Ritmo Super 85 Cabriolet. Die technischen Einzelheiten stimmten mit jenen des → Fiat Ritmo überein.

X 1/9. Auch der Fiat X 1/9 lief ab Jahrgang 1982 unter der Marke Bertone. Er war ohnehin von Bertone entworfen und seither von diesem Karosseriewerk hergestellt worden. Vorgestellt worden war dieser zweisitzige Mittelmotorsportwagen im November 1972. Auffallend waren sein flacher, keilförmiger Vorderteil mit Klappscheinwerfern und der breite, um die Heckscheibe kon-

Bertone	Bauart	Mot.	Getr.	R/L cm	Baujahre
Ritmo Cabrio	**Fr.**	**a–d**	**5**	**0,0 245/394**	**1981/82**
(*1985–)				**244,5/401,5/399,5***	**1982–87**
Motoren:	*Zyl.:*	*N'w.:*	*cm³:*	*PS/'min:*	*Nm/'min:*
a (Export'84/85 *'85–)	4	OHC	1302	68/5700/5600*	100/2900/98/3000
b (*1982–85)			1499	85/6000/58'*	118/3200/120/30'
c (CH 1982–84 *'83/84)				75/5750/82*/5600	
d (Supercabrio 1985–)		DOHC	1585	105/6100/100	133/4000
X 1/9	**M.**	**a–c**		**220/397**	**1981–88**
Motoren:	*Zyl.:*	*N'w.:*	*cm³:*	*PS/'min:*	*Nm/'min:*
a (+*1983–86)	4	OHC	1499	85/6000/78CH	118/3200
b (USA *1982–)	4i			75/76*/5500	108/3000
c (1985–)				76K/5500/75	
4x4 Freeclimber	**K'r./4**	**–**	**5**	**253/414,5**	**1989/90**
Motor:	4TD	OHC	2443	115/4800	220/2200

struierte Überrollschutz: Der X 1/9 war ein Targacoupé mit herausnehmbarem Dach. Zu den Designmerkmalen gehörte die mit Längsrippen versehene mattschwarze Motorabdeckung hinter dem Cockpit.

Im Herbst 1978 war der 1,3-l-Motor durch das 1,5-l-Aggregat mit Weber-Doppelvergaser und 85 PS abgelöst worden (wie es auch im Ritmo erhältlich war). Auch ein 5-Gang-Getriebe fand damit Eingang (sowie die Zusatzbezeichnung Five Speed). Während die Vorderradaufhängung aus Federbeinen, unteren schrägen Querlenkern und Schubstreben bestand, wurden hinten Federbeine, untere Dreieckquerlenker und verstellbare Zusatzquerlenker verwendet. Es kamen Vierrad-Scheibenbremsen zum Einbau.

X 1/9 IN. Auf dem Genfer Salon 1982 trug dieser erste unter der Marke Bertone laufende X 1/9 die Zusatzbuchstaben IN (für „in" sein). Er hob sich ab durch eine zweifarbige Außengestaltung mit Trennstreifen in Kontrastfarbe, einen silbergrauen Dacheinsatz, einen Innenraum aus handgenähtem feuerrotem Leder samt passendem Lenkrad, rote Teppichauskleidung, Fensterheber sowie eine Messingplakette mit fortlaufender Produktionsnummer und der Unterschrift von Nuccio Bertone. Einzig in den USA wurde der X 1/9 stets noch unter der Marke Fiat kommerzialisiert. Bis dahin waren von Bertone 150'000 dieser kleinen Mittelmotor-Zweisitzer gebaut worden.

Für 1983 wurde der Bertone Cabrio dem verjüngten Fiat Ritmo angepasst, behielt aber einen Bertone-Kühlergrill. Für 1984 kam die Sonderversion Palinuro mit Flanken in Kontrastfarbe und in der Wagenfarbe gehaltenem Kühlergrill hinzu. Auch das einfachere Cabrio erhielt sportlicher geformte Sitze mit fein dekorierten Stoffüberzügen, Sportlenkrad, Fensterhebern, Zentralverriegelung sowie einen Außenspiegel auch rechts. Zum Genfer Salon 1985 folgte der Bertone Cabrio Lingotto mit in Wagenfarbe gehaltenem Stoßschutz usw.

Ritmo 100 Supercabrio. Im Juli 1985 wurde das Bertone-Cabriolet aufgewertet: Mechanik des Fiat Ritmo 100 Super mit Zweinockenwellenmotor und 105 PS, rundum neugestalteter Stoßschutz, neue Bugschürze und neue Leichtmetallräder. Bislang waren 14'000 dieser Cabrios hergestellt worden. Die neue Ausführung wurde einfarbig als Supercabrio und zweifarbig wiederum als Palinuro bezeichnet. Gegen Ende 1985 kam die Ausführung Leader hinzu: 250 nummerierte und von Nuccio Bertone signierte Exemplare in besonders reichhaltiger Ausrüstung. Das Ritmo-Cabrio stand bis 1987 im Angebot.

Bei Bertone arbeitete man indessen an einem Eigenmodell als Nachfolger für den X 1/9 (wahrscheinlich mit Fiat-2-l-Motor), das vor allem für den US-Markt gedacht war; Nuccio Bertone rechnete, dass dieses Modell im Verlaufe des Jahres 1988 die Produktionsreife erreichen würde.

Aber im Frühling 1988 schloss Bertone mit Daihatsu einen Vertrag über die jährliche Herstellung von 2000 bis 3000 Geländewagen mit BMW-2,4-l-

Bertone X1/9 VS, 1985

Bertone Ritmo Cabrio Super 85, 1982

Bertone 4x4 Freeclimber, 1989

Turbodieselmotor. Der Anteil der EG-Komponenten für die Bertone-Version des Daihatsu Rocky sollte bei über 60 Prozent liegen. Ihr Verkauf war zunächst für Italien, Frankreich, die Schweiz und Spanien vorgesehen und wurde dann auch auf Deutschland ausgedehnt; ein Export in die USA wurde hingegen ausgeschlossen. Für die Umstellung ließ man die Produkion des X 1/9 mit einer Gran Finale getauften Sonderversion im Herbst 1988 auslaufen.

4x4 Freeclimber. Im Februar 1989 wurde die Bezeichnung bekannt: Bertone 4x4 Freeclimber (Freikletterer). Mit seinen relativ kompakten Abmessungen sollte sich der Freeclimber auch an Kaufinteressenten wenden, die sich schon damals ein Geländeauto nicht in erster Linie für den Einsatz abseits der Straße wünschten, sondern als vielseitiges Universalauto ebenso für die Fahrt in der Stadt. Mit 116 PS wurde ein Beschleunigungsvermögen von 0–100 km/h in 13 s und eine Spitze von 152 km/h in Aussicht gestellt. In den Bertone-Werkanlagen in Grugliasco, wo damals täglich 50 Kadett-Cabrios und 15 Volvo 780 entstanden, sollten nun zudem jährlich 3000 Freeclimber entstehen. Von diesen sollten 400 bis 500 Exemplare nach Japan reexportiert werden, so dass sich ein Nettoanteil europäischer Komponenten von 70 Prozent erreichen ließ.

Abgesehen von einem eigens gestalteten Kühlergrill und den schmucken Leichtmetallfelgen im Speichendesign unterschied sich der Bertone 4x4 Freeclimber kaum vom Japan-made Daihatsu Rocky. Aber der mit dem Plakettchen „powered by BMW 6td" dekorierte Dreitürkombi mit dem Zusatzfensterschlitz über dem zweiten Seitenfenster sollte alles andere als ein nüchterner Geländekombi sein. Dafür sorgte schon einmal die attraktive Zweifarben-Metalliclackierung mit speziellem Oberflächenfinish. Zur Ausstattung zählten zudem Servolenkung, Klimaanlage, ein Sonnendach, getönte Scheiben, Zentralverriegelung, Fensterheber, Alcantara-Überzüge usw.

Technisch bot der Freeclimber was der Rocky: zuschaltbarer Vorderradantrieb und Reduktionsgetriebe. Die Stoßdämpfer für die vorne wie hinten blattgefederten Starrachsen ließen sich in drei Stufen einstellen. Auf Wunsch waren sowohl eine längere Gesamtuntersetzung wie eine Differenzialbremse oder eine mechanische Differenzialsperre erhältlich. Der BMW-Sechszylinder-Turbodiesel sorgte für flottes Vorankommen: Tempo 100 war mit dem (leer) etwa 1575 kg wiegenden Liebhaber-Geländemodell binnen 13 s erreichbar.

Ab Dezember 1990 wurde der Freeclimber auch mit dem 129 PS leistenden 2-l-Benzin-Sechszylindermotor von BMW vorgestellt, und wer sich für einen leistungsorientierten Einsatz entschied, konnte ihn sogar mit einem 2693-cm^3-Sechszylindermotor von BMW mit ebenfalls 129 PS, aber einem von 164 Nm bei 4300/min auf 230 Nm bei 3200/min erhöhten maximalen Drehmoment bestellen.

Freeclimber-Modelle standen bis 1995 im Angebot, worauf Bertone als Marke verschwand. Der Produktionszweig von Bertone konzentrierte sich danach auf die Herstellung der Cabrioletvarianten des Opel Astra und des Fiat Uno.

Bitter

Die Marke Bitter war im September 1973 auf der IAA Frankfurt mit dem Modell Diplomat aus der Taufe gehoben worden. Der gelernte Kaufmann Erich Bitter, Jahrgang 1933, hatte schon als Rad- und Autorennfahrer von sich reden gemacht, und 1969 übernahm er den Import der italienischen Hochleistungssportwagen Intermeccanica mit amerikanischen Motoren. Nachdem Erich Bitter bereits einen heißen Draht zu Opel hatte, kam er 1971/72 in Kontakt mit der Stuttgarter Karosseriefirma Baur. In der Folge wurde zusammen mit Opel-Managern die Idee eines ganz in Deutschland zu bauenden Luxuscoupés geboren. Das hochelegante Fließheckcoupé CD wurde zu einem großen Erfolg und konnte bis 1979 in 395 Exemplaren hergestellt werden.

SC. Auf den CD folgte auf der IAA von 1979 der SC, auch er ein luxuriös-sportliches Coupé, jetzt aber mit Stufenheck. Er wirkte dadurch optisch konventioneller, doch Bitter wollte eine Alternative zu dem im Jahr zuvor auf den Markt gebrachten Fastbackcoupé → Opel Monza bieten. Der neue Bitter basierte auf dem → Opel Senator, und SC stand denn für Senator Coupé. Bei gleichem Radstand von 268,5 cm war der SC 485 cm lang und damit 4 cm länger als der Senator. Am Design hatte noch Giovanni Michelotti mitgewirkt. Die Karosserien ließ Bitter in Turin herstellen, die Mechanik und den letzten Schliff erhielten sie hierauf in Schwelm.

Während der Bitter CD von einem 5,4-l-V8-Motor angetrieben worden war, besaß der SC den 3-l-OHC-Reihensechszylinder von Opel, der mit elektronischer Benzineinspritzung L-Jetronic von Bosch (und kontaktloser Zündung) auf 180 PS kam. Es bestand die Wahl zwischen einem 5-Gang-Getriebe und einem 3-Stufen-Automatikgetriebe. Die Aufhängung bestand vorne aus Federbeinen und unteren einfachen Querlenkern mit Zugstreben, hinten aus Schräglenkern und Schraubenfedern. Die Vierrad-Scheibenbremsen und die Kugelumlauflenkung waren servobestückt und auf Wunsch wurde eine Differenzialbremse eingebaut. Die Ausstattung mit Veloursinnenraum war dem Preisniveau entsprechend reichhaltig und ließ sich individuell anreichern. Die Produktion begann erst 1981.

SC Cabriolet. Nachdem er bereits rund 50 SC verkauft hatte, überraschte Erich Bitter auf der IAA Frankfurt im September 1981 mit einer Cabrioletversion. Realisiert wurde sie nach seinen Entwürfen beim Turiner Karosseriewerk → Bertone. Das Verdeck nahm vollversenkt nur wenig Innen- und Kofferraum in Anspruch. Die Verstärkung des Unterbaus hatte das Leergewicht um 85 auf 1600 kg erhöht. Zur Serienausstattung zählten nebst Lederüberzügen Veloursteppiche, Klima- und Stereoanlage.

SC 4WD. Gleichzeitig mit dem Cabriolet wurde in Frankfurt ein SC-Coupé mit Ferguson-Vierradantrieb gezeigt; auch dieses wurde als Serienmodell vorgesehen. Damit die Bodenfreiheit nicht auf optische störende Weise erhöht werden musste, wurde das Vorderachs-Differenzial nicht unter, sondern links neben der Motorölwanne eingebaut. Daher musste die rechte Antriebswelle quer durch die Ölwanne hindurchgeführt werden. Ein Hilfsrahmen unterhalb des Motors sorgte für genügend Festigkeit. 64 Prozent der Kraft wurden bei diesem permanenten Vierradantrieb auf die Hinterräder, 36 Prozent auf die Vorderräder abgegeben. Das Cabriolet konnte ebenfalls als 4WD bestellt werden, und der Ferguson-Kit ließ sich auch nachträglich sowie bei den Opel Senator und Monza einbauen, allerdings kam ein solcher Umbau recht teuer zu stehen.

Ab Mitte 1982 erfolgte die Montage in dem österreichischen Steyr-Daimler-Puch-Werk in Graz. Dort bauten 35 Mann monatlich 30 Bitter-Coupés zusammen. Während die mechanischen Elemente von Opel angeliefert wurden, stammten die Rohkarosserien von (Ilca) Maggiora in Turin (ursprünglich von Ocra). Ebenfalls aus Turin, nämlich von Gavina, kamen die Lederpolsterung und Bespannungen. Die Endkontrolle wurde in Schwelm, dem Stammsitz von Bitter, vorgenommen.

SC 3.9. Auf dem Genfer Salon 1983 wurde der SC mit einem karierten Kühlergrill (statt bloß horizontalen Stäbchen) und verfeinertem Innenraum gezeigt (noch besser ausgeformte Sitze, neuer Mitteltunnel). Auf Wunsch war ein auf 3848 cm^3 vergrößerter Motor mit 210 PS erhältlich. – Die Ausführung mit Ferguson-Vierradantrieb war bis zum Genfer Salon 1984 in zehn Exemplaren entstanden.

Im März 1984 musste die Bitter GmbH & Co. KG Konkurs anmelden; doch wurde der Eröffnungsbeschluss einige Wochen danach wieder aufgehoben. Es war von Dollarschwäche und strukturellen Problemen die Rede. Zudem war Erich Bitter einem Betrüger zum Opfer gefallen.

SC 4 Limousine. Im August 1984 wurden die Coupés auf SC 2 umbezeichnet, weil gleichzeitig eine mit SC 4 bezeichnete Viertürlimousine vorgestellt wurde. Diese besaß einen um 20 cm verlängerten Radstand, während die Länge auf 505,5 cm anwuchs. Für dieses imponierende Repräsentationsfahrzeug wurde ebenfalls eine Kleinserienfertigung geplant.

Rallye-Bitter Roadster. Weit größere Bedeutung maß Erich Bitter jedoch der Neukonstruktion Rallye-Bitter Roadster zu, denn mit ihm wurde ein wesentlicher Produktionsausbau angepeilt. Gemäß Plan hätten bei Steyr-Daimler-Puch in Graz ab 1986 monatlich 200 dieser kleinen luxuriösen Targacoupés gebauten werden sollen...

„Rallye-Bitter" war einst die Firmenbezeichnung des auf sportliches Zubehör ausgerichteten Geschäfts von Erich Bitter gewesen. Die im August 1984 unter diesem Namen vorgestellte Neukonstruktion unterschied sich wesentlich vom SC 2. Es handelte sich um einen rundlich geformten Sportzweisitzer mit zum Targabügel geformtem hinteren Dachträger, im Kofferraum verstaubarem Dach und senkrechter Heckscheibe zwischen den nach hinten auslaufenden hinteren Dachträgern. In diese war ein großes „B" als Markensignet mit Entlüftungsfunktion einbezogen. Die aerodynamisch langgestreckte und kühlergrillfreie Front wurde von Scheinwerfern mit großen Plexiglasabdeckungen geprägt. Auch dieser Aufbau sollte in Stahlblech und nicht als GfK-Karosserie hergestellt werden.

Die mechanische Basis des Rallye-Bitter Roadster lieferte der Opel Manta. Mit 417 cm Länge, 176 cm Breite und 117 cm Höhe war die Bitter-Konstruktion allerdings wesentlich kompakter. Es wurden 2,2- und 2,6-l-Motoren mit 115 bzs. 165 PS und sowohl ein 5-Gang-Getriebe wie ein Automatikgetriebe vorgesehen... Doch sollte es nie soweit kommen.

Auf dem Genfer Salon 1985 stellte Erich Bitter seine Limousine SC 4 – nun mit um 3 auf 138 cm erhöhter Dachlinie – sowie das SC-Cabriolet aus.

1986 wurde von einer angeblichen Übereinkunft von Erich Bitter mit Jeff Qvale, Sohn von Kjell Qvale, berichtet; Letzterem hatte einst die englische Luxusmarke Jensen gehört.

1987 war die deutsche Liebhabermarke auf dem Genfer Salon erneut präsent. Das Coupé SC

Bitter SC Cabriolet, 1982

Bitter SC 4 Limousine, 1985

Rallye-Bitter Roadster, 1985

und seine viersitzige Cabriovariante wurden nun nicht mehr bei Steyr in Österreich, sondern in Eigenregie montiert. Gleichzeitig wurden für das folgende Jahr neue Modelle in Aussicht gestellt: eine viertürige Limousine auf der Basis des 6-Zylinder-Opel und ein Sportcabrio...

Type III. Tatsächlich stellte Erich Bitter zur IAA Frankfurt im September 1987 je ein Coupé und Cabriolet des Type III auf die Räder: Diese harmonisch-elegant geformten Zweisitzer mit flachem Bug, Klappscheinwerfern und in den Stoßschutz integriertem Kühlergrill sollten im Rahmen einer neuen Firmenstrukur ab Ende 1988 in den Werkanlagen der Steyr-Daimler-Puch AG in Graz vom Band rollen. Für den Type III wurde ein weit größeres Produktionsvolumen anvisiert als für die früheren Bitter-Modelle. Dank einem Vertrag mit der American Isuzu Motors Incorporated sollten nämlich in den USA jährlich mindestens 10'000 Stück dieser Neukonstruktion abgesetzt werden. Zudem hatte sich American Isuzu den weltweiten Vertrieb, mit Ausnahme der deutschsprachigen Länder, gesichert. GM war ja mit 38,6 Prozent Kapitalanteil auch Hauptaktionär von Isuzu, womit sich der Kreis zu Opel schloss.

Auch dieser Bitter basierte auf einer Opel-Mechanik, und zwar auf jener des Omega mit 3-l-Sechszylinder-Reihenmotor und wahlweise 5-Gang-Getriebe oder 4-Stufen-Automatikgetriebe. Die Fahrwerkskomponenten stammten ebenfalls weitgehend vom Omega. Radstand und Länge waren mit 238 bzw. 445 cm deutlich kürzer. Es wurde eine reichhaltige Serienausrüstung vorgesehen.

Doch noch bevor der Type III auf dem Genfer Salon 1988 ausgestellt wurde, zog sich Isuzu USA aus den Abmachungen zurück. Dennoch hoffte Bitter sowohl in den USA wie in Europa jährlich je 1000 bis 2000 Wagen absetzen zu können. Bei Steyr-Daimler-Puch rechnete man vor, eine solche Stückzahl rentabel fertigen zu können, wenn die Karosseriepressteile weiterhin aus Italien angeliefert würden.

Type 3. Auf der Greater Los Angeles Auto Show wurde im Januar 1989 erneut der Type 3 (nicht mehr III) propagiert. Die Bitter Automobile Co. Inc. habe ihren „weltweiten Hauptsitz" nun in Santa Monica, war zu lesen, und neben Erich Bitter fungierten Samuel J. und Robert W. Tucker als Geschäftsleiter. Zu Recht wurde hervorgehoben, dass der Typ 3 nicht eine Kunststoff-, sondern eine Ganzstahlkarosserie besitze. Diese bestehe aus 300 Einzel- und 114 Verstärkungsteilen. 1989 sollten 450 Type 3 gebaut werden, und zusammen mit der als Prototyp für den Jahrgang 1991 gezeigten Individual- und Luxuslimousine sollte der Ausstoß 1990 schon 2600 und zwei Jahre später gar 5500 Einheiten erreichen. Als Motor wurde inzwischen die 24-Ventil-Variante des Opel-3-l-V6 mit 204 PS vorgesehen.

Diplomat. Bevor es soweit war, ging im September 1989 die IAA ins Land, und dort verlautete, dass die Ganzstahlkarosserie des Type 3

Bitter SC, 1984

Bitter Type 3, 1989

Bitter Diplomat, 1989

bei Bertone in Turin einer Kataphorese-Behandlung unterzogen werde, bevor sie in die Montage bei der Firma Voll (→ Anhang) in Würzburg gehe. Die Produktion des Cabriolets – mit dem 3-l-Sechszylindermotor des Opel Omega, mit Nappaleder und afrikanischem Rosenholz – werde Anfang 1990 anlaufen, während die nun als Bitter Diplomat bezeichnete Limousine 1991 folgen würde... Schließlich aber zerflossen diese Pläne ebenfalls.

Immer wieder entstanden auch in den 90er Jahren neue Projekte für leistungsorientierte Liebhaberautos, und im neuen Jahrhundert entwickelte Bitter deutsche Ableitungen australischer Holden-Coupés und -Limousinen. – Es war äußerst verdienstvoll, dass Erich Bitter Deutschland zu einer kleinen Liebhabermarke individueller Klasse verholfen hatte.

Produktionszahlen: SC, 1979–86: ca. 450, davon 27 Cabriolets und 5 Limousinen SC 4.

Bitter	Bauart	Mot.	Getr.	R/L cm	Baujahre
SC (2) (*1983–)	**St.**	**a–c**	**5/A3**	**268,5/485/491***	**1980–88**
SC 4 Limousine				**283/505,5**	**1985/86**
Motoren:	*Zyl.:*	*N'w.:*	*cm³:*	*PS/'min:*	*Nm/'min:*
a (–1986)	6i	OHC	2969	180/5800	243/4200–4800
b (1986–)				180/5800/156K/5600	243/4500/226/4200
c (1983– +*1986–)			3849	210/200K*/5100	321/298/3400
Type III (Prototyp)	**St.**	**a–c**	**5/A4**	**238/445**	**1987–90**
Motoren:	*Zyl.:*	*N'w.:*	*cm³:*	*PS/'min:*	*Nm/'min:*
a (–1988)	6i	OHC	2969	156K/5400	230/3800–4400
b (Si = Type 3 '88/89)				177K/5800/177/5600	240/4200/4400
c (Type 3 1990)		D24V		204K/6000	270/3600

BMW

Die Marke BMW (= Bayerische Motoren Werke) hatte 1929 die Nachfolge der Marke Dixi angetreten. Erst der 1961 herausgebrachte Typ 1500 vermochte die unabhängige Weiterexistenz des Unternehmens endgültig zu sichern.

BMW setzte seit dem 1965 erfolgten Ende eines Heckmotor-Kleinwagenintermezzos auf technisch traditionelle Werte, bei denen Perfektion und Sportlichkeit im Vordergrund standen. 1981 umfasste das Modellangebot die Reihen 3, 5, 6 und 7 sowie den M1-Sportwagen. Die BMW-Stufenhecklimousinen und -coupés verbanden ein ungekünsteltes elegantes Design mit markentypischen Merkmalen, allen voran die in der Mitte des Kühlergitters stehende „Doppelniere", deren Ursprung auf den Anfang der 30er Jahre zurückging.

3er-Reihe. Die zur unteren Mittelklasse zählende Reihe 3 („3er-BMW") wurden als zweitürige Limousine gebaut, und es gab sie auch in einer als Cabriolet bezeichneten Sonderausführung des Karosseriewerks Baur in Stuttgart (→ Anhang), bei der sich das vordere Dachteil und die Heckfensterpartie entfernen ließen. Die 1975 eingeführte, hinsichtlich Motorisierung variantenreich angebotene 3er-Reihe war gerade auch bei fahraktiv eingestellten jüngeren Käufern einschließlich Familienvätern überaus beliebt.

Zum Modelljahr 1981 hatten die 3er-BMW neue Innenstoffe und Kopfstützen erhalten. Es gab die Modelle 315 (auf dem Salon Amsterdam von Anfang Jahr neu als Sparmodell hinzugekommen, 1,6-l-Motor, 75 PS), 316 (ab Oktober 1980 nicht mehr mit 1,6-, sondern mit 1,8-l-Motor, Kompression auf 10:1 gesteigert, aber weiterhin 90 PS, weit mehr Drehmoment und viel sparsamer, wenn nun auch mit Superbenzin), 318i (gleichzeitig auf K-Jetronic-Einspritzung umgestellt und 105 statt 98 PS, Kompression 10:1, Superbenzin), 320 (weiterhin 122 PS) und 323i (K-Jetronic, 143 PS). Bei den beiden Letzteren handelte es sich um 6-Zylinder-Motoren, was bei 2 l Hubraum ungewöhnlich war. Der feine drehfreudige Lauf dieser Antriebsaggregate fand entsprechend Liebhaber.

Den 315 gab es mit 4- oder 5-Gang-Getriebe, die 316 bis 323i zudem mit einem 5-Gang-Sportgetriebe mit kürzeren Abstufungen sowie mit einem 3-Stufen-Automatikgetriebe von ZF; außerdem wurde eine Differenzialbremse angeboten. Das Fahrwerk setzte sich vorne aus Federbeinen mit Querlenkern und Schraubenfedern mit Gummizusatzfedern zusammen, hinten aus schräggestellten Längslenkern und Federbeinen. Beim 323i wurden auch hinten Scheibenbremsen eingebaut. Die Zahnstangenlenkung gabs auf Wunsch mit Servo. – Im Mai 1981 konnte BMW den millionsten gebauten Reihe-3-Wagen feiern.

5er-Reihe. Diese 1972 eingeführte Mittelklassereihe wurden ausschließlich als viertürige Stufenhecklimousinen gebaut. Im Modelljahr 1981 gab es die Modelle 518 (1,8 l, 90 PS, seit Oktober 1980 9,5:1 statt 8,3:1 verdichtet und daher auf Superbenzin ausgerichtet, aber sparsamer), 520 (122 PS), 525 (150 PS), 528i (184 PS) und die Hochleistungsversion M 535i (seit IAA Frankfurt 1979, 218 PS). Außer beim 518 handelte es sich um 6-Zylinder-Motoren. Das kleine „i" wies auf die Benzineinspritzung hin, wobei es sich im Gegensatz zu jener in der Reihe 3 um die elektronische L-Jetronic handelte.

Es wurden 4- und 5-Gang-Getriebe und 5-Gang-Sportgetriebe (ohne 518) sowie ein 3-Stufen-Automatikgetriebe von ZF verwendet; im M 535i, der sich äußerlich durch eine tiefe Bugschürze abhob, wurde ausschließlich das „kurze" Sportgetriebe eingebaut. Auf Wunsch gab es eine Differenzialbremse. Das Aufhängungsprinzip entsprach jenem der 3er-BMW. Ab Modell 525 wurden auch hinten Scheibenbremsen verwendet. Die ZF-Gemmer-Lenkung arbeitete mit Schnecke und Rolle (auf Wunsch mit Servo, ab 528i in Serie).

BMW 323i, 1981

BMW M1, 1981

BMW Top-Cabriolet, 1982

BMW 7er-Reihe, 1983

6er-Reihe. Das formvollendete fünfsitzige BMW-Coupé CS (Coupé Sport) war 1976 auf dem Genfer Salon vorgestellt worden. 1981 gab es die Varianten 628 CSi, 633 CSi und 635 CSi. Die Zahlen wiesen auf den Hubraum hin (wobei es sich beim 633 um einen 3,2-l-6-Zylinder handelte) und der Buchstabe „i" bedeutete natürlich Einspritzung (L-Jetronic von Bosch, bei den 633/635 digital gesteuert).

Der 628 und der 633 konnten mit allen vier Getriebearten kombiniert werden, der 635 nur mit dem 5-Gang-Getriebe oder dem 3-Stufen-Automatikgetriebe. Die vorderen Querlenker waren mit einer Zugstrebe kombiniert und die Schraubenfedern auch hinten mit Gummizusatzfedern ergänzt Die 6er-Coupés boten belüftete Vierrad-Scheibenbremsen mit Servo und eine ebenfalls Servo-bestückte ZF-Lenkung.

7er-Reihe. Die 7er-BMW verkörperten die Luxusklasse von BMW und sie standen in der direktesten Konkurrenz zur S-Klasse von Mercedes-Benz. Sie war im Mai 1977 eingeführt worden und es gab sie ab Mitte 1979 nur noch mit Einspritzmotoren. 1981 standen die Modelle 728i, 732i, 735i und 745i (Turbo) zur Wahl. Neu war 1981 eine Zentralverriegelung mit Diebstahlsicherung. Bei den 732i und 735i war die L-Jetronic digital gesteuert. Die Leistungsspanne reichte von 184 bis 252 PS. Beim Turbomodell handelte es sich jedoch nicht um einen 4,5-l-Motor, wie die Bezeichnung hätte vermuten lassen, sondern um die 3,2-l-Einheit, die mit einem KKK-Abgas-Turbolader gekoppelt war (Ladedruck ca. 0,6 bar).

Für 728/732 standen alle vier Getriebearten zur Verfügung, für den 735i nur das 5-Gang-Getriebe und die 3-Stufen-Automatik, für den 745i hingegen ausschließlich das ZF-Automatikgetriebe. Das Fahrwerk stimmte mit jenem der Coupés überein; beim 745i erhielt aber zusätzlich eine hintere Niveauregulierung.

Personenschutz-735i Anfang 1981 nahm BMW eine gepanzerte Sicherheitsversion des 735i ins Angebot. Dieser Anti-Kidnapping-BMW wurde im Gegensatz zu den von diversen (z. B. italienischen) Firmen nachträglich umgebauten Schutzfahrzeugen von Grund auf als Sicherheitsauto ausgelegt. „Weder Gewehre noch MP oder Pistolen können diesem Auto etwas anhaben," resümierten die BMW-Leute. Selbst Granaten seien kein Mittel zum Attentatserfolg, denn Dach- und Bodenbereich waren besonders gesichert, und der Benzintank war explosionsfest geschützt. Die Karosserie wurde aus Stahl, Keramik und Kevlarmaterial zusammengefügt, während die fest montierten Scheiben aus 32 mm dickem Panzerglas bestanden. Das Leergewicht stieg von 1530 auf 2200 kg (Fahrwerk angepasst) und entsprechend auch der Preis. Die damals zunehmende Gefährdung von prominenten Leuten hatte zu einem kleinen Nebengeschäft geführt, das von BMW seither weiter gepflegt wurde.

M1. Der im Herbst 1978 endlich in seiner Serienausführung vorgestellte M1 war das hinreißend geformte, nur 114 cm hohe Hochleistungs-Sportcoupé mit längerer Vorgeschichte: Es basierte auf einem 1972 als Konzeptstudie entstandenen Flügeltürencoupé mit der Bezeichnung BMW Turbo (intern E 26). Es war unter BMW-Entwicklungsleiter Bernhard Osswald entstanden und besaß einen quergestellten 4-Zylinder-Mittelmotor. Die spektakuläre Form war die Schöpfung von BMW-Chefdesigner Paul Bracq. Im November 1975 wurde bekannt, dass dieses Coupé mit längs eingebautem Sechszylinder-Mittelmotor für den Renneinsatz in einer Homologationsserie von 400 Exemplaren gebaut werden solle.

Der M1 war das erste Eigenmodell der 1972 gegründeten BMW Motorsport GmbH (= M). Für die Serie war das Design von Giorgetto Giugiaro von Ital-Design (→ Anhang) neu geschaffen worden. Bei Ital-Design in Moncalieri, im Süden von Turin, erfolgte auch der Zusammenbau samt Innenausstattung des von Marchesi gelieferten Gitterohrrahmens mit dem Kunststoffaufbau der Firma TIR (beide in Modena), während für den Einbau der Antriebseinheiten und die Schlussmontage die Karosserie Baur in Stuttgart verantwortlich war. Bis Ende 1980 wurden auf diese Weise 456 Exemplare des M1 gefertigt, doch stand er mangels Nachfrage auch 1981 noch im Angebot...

Der inzwischen längst zum hervorragenden Sammelstück avancierte M1 besaß den 3,5-l-Sechszylindermotor, jedoch mit zwei obenliegenden Nockenwellen und 24 Ventilen sowie Trockensumpfschmierung. Mit Benzineinspritzung System Kugelfischer-Bosch und vollelektronischer Digitalzündung von Magneti Marelli resultierte eine Leistung von 277 PS bei 6500/min. Der Kraftübertragung diente eine hydraulisch betätigte Zweischeibenkupplung, ein 5-Gang-Getriebe und eine Differenzialbremse (40 Prozent). Die Aufhängung bestand vorne wie hinten aus Doppelquerlenkern und Schraubenfedern mit Gasdruck-Stoßdämpfern und die Vierrad-Scheibenbremsen waren belüftet; hinzu kamen eine Zahnstangenlenkung sowie zwei thermostatisch gesteuerte Lüfter.

46 M1 waren für die eigens geschaffene Procar-Serie (die im Rahmen von Grand-Prix-F1-Rennen ausgetragen wurde) gestaltet worden und verfügten über 470 PS, eine Anzahl weitere Renncoupés kamen mit dem 3,2-l-Motor und einem oder zwei Abgasturboladern auf 850 und mehr PS.

5er-Reihe, Zweitauflage. Im Juni 1981 wurde die erfolgreiche Mittelklasse-Baureihe 5 in überarbeiteter Form vorgestellt. Es war vor allem um eine Anpassung an neue Rahmenbedingungen gegangen, nämlich die stark angestiegenen Benzinpreise und das gestiegene Umweltbewusstsein. So konnten dank aerodynamischem Feinschliff, Gewichtsverminderungen und Motoreingriffen eine Verbrauchsverminderung bewirkt werden. Bei den 525i/528i mit neuen Radvollblenden (Radkappen) wurde ein um 12 Prozent verbesserter Luftwiderstandsbeiwert von cw 0,385 erzielt. Zudem reduzierten sich die Auftriebwerte aller 5er-Modelle an Vorder- und Hinterachse um je 21 Prozent. Die Motorhaube war tiefer gezogen (sie erstreckte sich nicht mehr über die Radhäuser und war jetzt hinten angeschlagen), und die Heckpartie war um 4 cm angehoben worden (mit definierter Abrisskante). Dies erbrachte zudem einen um 5 Prozent auf 460 l vergrößerten Kofferraum.

BMW 3er-Reihe, 1984

BMW 5er-Reihe, 1984

Compunterunterstützte Konstruktionsmethoden erlaubten die Verwendung unterschiedlicher Blechdicken ohne Einbußen hinsichtlich Festigkeit, womit die Rohkarosserie um rund 40 kg bzw. 9 Prozent leichter wurde. Mit weiteren Maßnahmen konnten je nach 5er-Modell 60 bis 90 kg Gewicht gespart werden. Gleichzeitig konnte vorne eine um 2 cm, hinten um 2,5 cm vergrößerte Kopffreiheit erzielt werden. Eine Neuauslegung der Vorderradaufhängung und des halbkreisförmig vor dem Fahrer angelegten Armaturenbrettes erlaubte ein Vorrücken der Pedalerie um 4 cm, was in erster Linie für eine Vergrößerung der Kniefreiheit für die Fondinsassen genutzt wurde.

Der 1,8-l-Vierzylindermotor des Basismodells 518 erhielt eine neue Saug- und Gemischaufbereitungsanlage (Registervergaser mit automatischer Starthilfe) sowie ein von den Sechszylindermotoren übernommenes Brennraumkonzept. Der 2-l-Sechszylinder erhielt die K-Jetronic (wie 318i/323i), der neue 525i die L-Jetronic von Bosch, und auch der 528i-Motor wurde verfeinert. Alle Verbesserungen zielten ebenfalls auf eine Verbrauchsverminderung.

Mit den Modellen der 7er-Reihe gemeinsam hatten die verjüngten 5er-Modelle die vordere Doppelgelenk-Federbeinachse mit schrägstehenden, zur Schwingungsdämpferachse versetzten Schraubenfedern. Neu konzipiert war auch die Hinterachsaufhängung, deren Schräglenker nun (wie bei den Vorderrädern) einen Bremsnickausgleich besaßen. Für den besonders drehmomentstarkem 528i kam noch je ein Zusatzlenker hinzu. Die 525i/528i erhielten serienmäßig eine Momentanverbrauchsanzeige (l/100 km) sowie das Check Control II, das laufend die Funktion der Beleuchtungseinrichtungen und den Flüssigkeitsstand überwachte und Fehler anzeigte.

Besonders bemerkenswert war die Einführung einer im Autobau erstmaligen Service-Intervallanzeige: Dieses System erfasste und speicherte über einen Zeit- und Distanzzähler eine in Abhängigkeit von den Motoreinsatzwerten (Drehzahl, Kühlwassertemperatur) bewertete Wegstrecke und die seit der letzten Inspektion bzw. Ölwechsel vergangene Zeit. Auf diese Weise wurden auch häufige Kaltstarts und Kurzstreckeneinsätze in Rechnung gestellt. Bedeutenstes aufpreispflichtiges Zubehör war das ABS (Antiblockier-Bremssystem), das von Mercedes-Benz und BMW im Herbst 1978 eingeführt worden war.

6er-Reihe 1982. Auf dem Genfer Salon 1982 wurden die verfeinerten 628 CSi und 635 CSi ausgestellt, den 633 CSi gab es nicht mehr: neue Bugschürze mit integrierten Nebellampen, bis zu den Radausschnitten geführte hintere Stoßfänger, mattschwarze Heckblende; von der Reihe 5 übernommene Doppelgelenk-Federbeinaufhängung vorne, optimierte Schräglenker-Hinterradaufhängung mit vom 528i übernommenem Zusatzlenker sowie verbesserte Reihe-5-Bremsanlage. Das um 30 bis 50 kg verminderte Leergewicht, das 5-Gang-Spargetriebe, die Schubabschaltung (bis hinunter auf 1000/min), die verminderte Leerlaufdrehzahl (noch 750/min) usw. sorgten für weniger Verbrauch. Neu waren in den von der neuen 5er Reihe übernommenen Armaturen die Service-Intervallanzeige, die laufende Verbrauchsanzeige EC in allen Gängen und die elektronisch geregelte Temperaturautomatik für die Heizung. Der 635 CSi erhielt zudem serienmäßig ein ABS eingebaut.

7er-Reihe 1983. Sie erkannte man an der (ab Dezember 1982 zur Auslieferung gelangten) strömungsgünstiger gestalteten, d. h. nicht mehr einwärts geneigten Frontpartie. Die hintere Schräglenkeraufhängung hatte (wie schon jene der Reihe 6) eine 13-Grad-Pfeilung und Zusatzlenker sowie eine geänderte Dämpfungsabstimmung erhalten. Ende 1982 wurde ein neu entwickeltes 4-Stufen-Automatikgetriebe mit Wandler-Überbrückungskupplung in der obersten Stufe eingeführt. Diese war mit einer Untersetzung von 0,782:1 als Schongang ausgelegt. Die Überbrückungskupplung, eine Neuheit für Europa, sorgte nach US-Vorbild für starren Durchtrieb und damit für einen reduzierten Benzinverbrauch.

518i. Für den Schweizer Markt musste wegen deren eigenen, schärferen Abgasvorschriften der BMW 518 mit einer K-Jetronic ausgerüstet werden. Die Leistung dieses Motors, wie er bereits in einer Version für den schwedischen Markt bereitgestellt wurde, stieg von 90 auf 102 PS. Auch andere Modelle mussten den Schweizer Vorschriften angepasst werden, so wurde im 735i ein speziell abgasentgifteter 3,2-l-Motor mit 197 PS eingebaut.

315 / 316i. Während die neue Reihe 3 vor ihrer Einführung stand, erhielt der als Einstiegsmodell verbleibende BMW 316 die Bezeichnung 315 (in der Schweiz 316i, wegen der speziellen Abgasvorschriften mit 1,8-l-Einspritzmotor und 102 PS). – *Im Gegensatz der unter einer Flaute leidenden übrigen Autoindustrie konnte BMW in den ersten drei Quartalen 1982 einen weltweiten Absatzzuwachs um 13 Prozent auf 276'000 Einheiten vermelden, im Export allein waren es 24 Prozent und 181'400 Stück.*

3er-Reihe, zweite Generation. Im November 1982 wurde eine Neuauflage der 3er-Reihe vorgestellt (die interne Bezeichnung lautete nun E 30 statt E 21). Erstmals gab es die Stufenhecklimousine auch viertürig, allerdings sollte diese Ausführung erst ab August 1983 lieferbar werden. Mit ihr wappnete sich BMW auf die neue Konkurrenz durch den Mercedes-Benz 190. Das äußere Erscheinungsbild hatte sich weniger geändert als das technische „Innenleben". Man erkannte den Neuling an den etwas niedrigeren und breiteren BMW-Nieren, der angedeuteten Bugschürze unterhalb der Stoßstange, den in die Letztere gewanderten Blinkleuchten (nicht mehr außen neben den Scheinwerfern) sowie den breiten, in Schwarz gehaltenen B-Säulen. Zudem war die Windschutzscheibe stärker geneigt, das Heck 2 cm höher und die gesamte Aerodynamik verbessert worden. Zu einem verminderten Benzinverbrauch trug auch das um 8,5 Prozent abgesenkte Gewicht der Rohkarosserie bei. Dies dank abgestufter Blechstärke. Dank dem Einsatz von 200 Robotern war der Automatisierungsgrad im Karosseriebau von 46 auf 92 Prozent verdoppelt worden. Die Gesamtlänge war um 3 cm auf 432,5 cm verkürzt worden.

Im Fond zeigte sich das Platzangebot leicht verbessert, und die Vordersitze glitten im Zweitürmodell beim Abklappen der Vorderlehnen um 10 cm nach vorne und auch wieder zurück. Beide Vordersitze waren neugestaltet und ließen sich serienmäßig höhenverstellen. Zum mustergültig gestalteten Instrumentarium zählte (wie schon bei der 5er-Reihe) eine km-unabhängige Service-Intervallanzeige. Bei den Sechszylindermodellen kamen eine Check-Control mit gelber Warnleuchte und eine präzise Verbrauchsanzeige hinzu.

Es gab die neuen 3er-BMW als 316, 318i, 320i und 323i (dieser mit Nebellampen und einer Abrisskante am Kofferdeckelende). Sie waren auf einen Minderverbrauch von bis zu 12 Prozent getrimmt worden, und ebenfalls durch zahlreiche ausgeklügelte Maßnahmen war der Geräuschpegel abgesenkt worden. Statt mit einem Doppelvergaser arbeitete der 2-l-Sechszylinder mit einer L-Jetronic-Einspritzanlage, und der 323i war von der K- auf die L-Jetronic umgestellt worden. Mit weiteren Eingriffen, u. a. einer Erhöhung der Verdichtung auf 9,8:1, bot der 320i nun 125 statt 122 PS, während es beim 323i 143 statt 139 PS waren. So vermochte die 3er-Reihe in der Topausführung die Höchstgeschwindigkeitsbarriere von 200 km/h zu durchbrechen.

Bei der Kraftübertragung meldete BMW ein neues Differenzial, drehzahlsenkende Achsuntersetzungen (beim 323i mit eng gestuftem 5-Gang-Sportgetriebe) und eine verbesserte Schaltqualität. Mit viel Detailarbeit war auch das Ausfeilen der Aufhängungselemente verbunden gewesen, und dies galt auch für die Bremsanlage, die nun mit asbestfreien Belägen arbeitete.

Auf dem Salon Amsterdam im Februar 1983 zeigte die Stuttgarter Karosseriefirma Baur eine Cabrioversion des neuen 3er: Die Fensterrahmen (hinten verkürzt) blieben fest montiert, ebenso ein als Überrollschutz dienender Verbindungssteg der B-Säulen. Ab diesem ließ sich das Verdeck nach hinten abklappen; der vordere Dachteil war herausnehmbar.

Im März 1983 weihte Österreichs Bundeskanzler Bruno Kreisky in Steyr das BMW-Motorenwerk ein. Beim Erreichen der Vollproduktion sollten von ihm jährlich 150'000 Benzin- und Turbodieselmotoren mit 2 bis 2,4 l Hubraum hergestellt werden.

525e. Das Eta-Motorenkonzept war bereits 1981 für die nach den USA und nach Japan gelieferten Modelle eingeführt worden. Im April 1983 wurde ein Modell 525e auch auf dem europäischen Markt erhältlich. Ziel war eine Verbesserung des Wirkungsgrades. Hierzu hatte man den Hubraum des 520i auf 2693 cm^3 vergrößert, die Steuerzeiten angepasst, die Verdichtung auf 11:1 erhöht und die digitale Motronic-Steuerung eingeführt. Damit resultierte ein hoher Drehmomentwert bei niedrigen Drehzahlen: 240 Nm bei 3250/min. Die Leistung blieb mit 125 PS auf dem Niveau des 520i. Zusätzlich war die Achsuntersetzung verlängert worden. Nebst dem 5-Gang-Spargetriebe stand das neue 4-Stufen-Automatikgetriebe zur Wahl. Die Verbrauchswerte lagen rund 9 Prozent unterhalb jenen des 520i. In den USA hieß diese Version 528e.

533i. Eigens für die USA wurde 1983 eine Version 533i ins Programm aufgenommen, in welcher der 3,2-l-Sechszylinder aus dem 633 CSi seinen sportlichen Dienst verrichtete.

Während andere Hersteller mit roten Zahlen kämpften, konnte der BMW-Vorstandsvorsitzende Eberhard von Kuenheim für das Geschäftsjahr 1982 den Aktionären eine auf 20 Prozent erhöhte Dividende bieten. So durfte denn getrost ein Großprojekt, nämlich der Bau eines neuen Forschungszentrums in München, in die Wege geleitet werden. Dort sollten ab 1986 rund 3200 Techniker die Weichen für die BMW-Zukunft stellen. Ebenfalls im Mai 1983 war Forschungs- und Entwicklungsleiter Dr. Karl Heinz Radermacher auf eigenen Wunsch „aufgrund unterschiedlicher Auffassungen über die Geschäftspolitik der Zukunft" aus dem BMW-Vorstand ausgeschieden; er übernahm bald darauf eine analoge Funktion bei der Zahnradfabrik Friedrichshafen AG (ZF).

524 td. Als Hans-Erdmann Schönbeck, Vorstand für Vertrieb der BMW AG das BMW-Turbodieselmodell vorstellte, wurden auch einige Wirtschaftszahlen bekannt gegeben: 1974 boten drei Autohersteller Pkw-Modelle mit Dieselmotor an, 1983 standen weltweit bereits 60 Pkw mit dieser Motorenart im Angebot. In der BRD erreichte der Dieselanteil inzwischen 12 Prozent, und BMW wollte längst nicht mehr abseits stehen. Mit der Dieselentwicklung hatten die Bayern schon 1975 begonnen. Doch für das sportliche BMW-Image war es wichtig, von Anfang an ein besonders leistungsfähiges Dieselaggregat auf den Markt zu bringen: einen Sechszylinder mit Abgasturbolader.

Ausgangspunkt war der kleine M-20-Motorblock. Für die Dieselversion ergab sich ein Hubraum von 2443 cm^3, es wurden das bewährte Wirbelkammerverfahren und das Querstromprinzip kombiniert. Der Abgasturbolader stammte zunächst von Garrett (maximaler Ladedruck 0,8 bar; alsbald auch Lader von KKK). Die Leistung wurde mit 115 PS, das höchste Drehmoment mit 210 Nm bereits bei 2400/min angegeben. Für die Kraftübertragung standen ein 5-Gang-Getriebe und das neue 4-Stufen-Automatikgetriebe 4 HP-22 von ZF zur Wahl. Letzteres besaß eine lange oberster Stufe, die zudem mit einer Wandlerüberbrückung versehen war. Für den Sprint auf 100 km/h wurden 12,9 s benötigt, und die Spitze wurde mit 180 km/h angegeben. Der Verbrauch an Dieselkraftstoff erreichte nach DIN-Norm 5,2/7,0/9,0 l/100 km. Die Vorglühzeit war auf wenige Sekunden reduziert worden. Auch wenn sich BMW-Freunde zunächst an das nagelnde Geräusch des Dieselmotors gewöhnen mussten, so imponierte ihnen dieses Antriebsaggregat doch schnell einmal durch seine mit Sparsamkeit verbundene Leistungsfähigkeit.

M 635 CSi. Diese Hochleistungsvariante wurde im August 1983 vorgestellt. Äußerlich erkannte man sie an der tieferen und weiter vorstehenden Bugschürze, filigranartigen Leichtmetallfelgen, in der Wagenfarbe lackierten Außenspiegeln und einer Gummilippe am Kofferraumende. Hinzu kam der von den drei Farbstreifen flankierte Buchstabe M (für BMW Motorsport GmbH) am Kühlergrill und am Heck. Im Innenraum fanden sich spezielle Sportsitze mit zusätzlicher Sitzneigungsverstellung und Türverkleidungen mit Absteppnähten.

Kernstück war aber der Motor, der aus dem Antriebsaggregat des fabelhaften Mittelmotorcoupés M1 abgeleitet worden war: ein 3453-cm^3-Sechszylinder mit zwei obenliegenden Nockenwellen und 24 Ventilen. Die Verdichtung war von 9:1 auf 10,5:1 erhöht worden, und an die Stelle der mechanischen Kugelfischer-Einspritzung trat die Bosch-Motronic. Damit erhöhte sich die Leistung von 277 auf 286 PS bei 6500/min, während das maximale Drehmoment 340 statt 330 Nm, und zwar bereits bei 4500/min statt 5000/min, erreichte. Die Kupplung des 5-Gang-Getriebes waren ebenso wie das Kühl- und das Bremssystem an die Mehrleistung angepasst worden, vorne wurden Gasdruckstoßdämpfer montiert, ABS und eine 25-Prozent-Differenzialbremse zählten zur serienmäßigen Ausrüstung. Die Batterie war in den Kofferraum gewandert. Und das Resultat: Gemäß BMW vermochte der M 635 CSi binnen 6,4 s Tempo 100 und anderseits eine Spitze von 250 km/h zu erreichen, dies bei einem Normverbrauch von 8,2/10,2/16,5 l/100 km.

1984 bzw. mit der 50. IAA Frankfurt wurde die um 25 kg schwerere viertürige Ausführung der 3er-BMW eingeführt. Der 323i bot nun just 150 PS, 11 mehr als bisher; für 320i und 323i war neu das 4-Stufen-Automatikgetriebe ZF 4 HP-22 lieferbar, das gegenüber der 3-Stufenversion um 8 bis 9 Prozent sparsamer war. Die Modelle 316 und 518 wurden mit dem neuen elektronischen Pierburg-Vergaser mit Schubabschaltung und Leerlaufstabilisierung bedacht. Der 745i erhielt die weiterentwickelte Motronic II sowie ein elektronisch-hydraulisch gesteuertes Automatikgetriebe; selbst die Niveauregulierung funktionierte nun elektronisch.

Bei BMW konnte man für das Vorjahr Rekordergebnisse verzeichnen, doch ab Ende Mai wurde auch BMW von dem durch die Gewerkschaft IG Metall ausgerufenen Streik erfasst, und für rund 40'000 der 43'500 Beschäftigten gab es vorübergehend keine Arbeit mehr.

1985 wurde der 318i in Europa wie für die USA mit Katalysator lieferbar (102 statt 105 PS); unter der Bezeichnung 325e gab es eine weitere Katalysatorversion (2693 cm^3, 122 PS). In der 5er-Reihe gab es keine Vergaser mehr, kleinste Variante war nun der 518i (LE-Jetronic, 105 PS), zudem gab es den 525e mit Katalysator (2693 cm^3, 122 PS, ohne Kat. 125 PS).

M 535i Neues Topmodell der 5er-Reihe war ab 1985 jedoch der M 535i, von dem ein Jahresausstoß von 5000 Exemplaren geplant wurde: 3430 cm^3, Motronic-Einspritzung, 218 PS, 5-Gang-Getriebe (gegen Mehrpreis 5-Gang-Sportgetriebe oder 4-Stufen-Automatikgetriebe), Differenzialbremse (mit 25 Prozent Sperrwirkung), sportliche Fahrwerkabstimmung, ABS, Leichtmetallfelgen, Frontspoiler (samt Nebellampen), Seitenschweller, Heckschürze (alles in Wagenfarbe), Spoilerlippe am Kofferdeckelende, Farbstreifen an den Flanken. Der cw-Wert sank so auf 0,37. Gegen einen kleinen Preisnachlass konnte der M 535i aber auch im schlichten Kleid des 528i bestellt werden. Innen fanden sich u. a. Sportsitze mit verstellbarer Oberschenkelauflage. Tempo 100 war binnen 7,5 s erreichbar und die Spitze für die 1390-kg-Limousine wurde mit 230 km/h angegeben. Zum ZF-Getriebeautomat gab es auf Wunsch (wie bei den 635 CSi, 735i und 745i) die elektronische Programmwahl Economy bzw. Sport.

BMW M 635 CSi, 1984

M5. Auf dem Salon Amsterdam im Februar 1985 wurde der M 535i allerdings bereits durch den M5 in den Schatten gestellt: Dieser besaß den 3453-cm^3-DOHC-24-Ventil-Motor aus dem M 635 CSi mit 286 PS samt 5-Gang-Getriebe mit 25-Prozent-Differenzialbremse, angepasstem Fahrwerk und Bremssystem samt ABS. Die Beschleunigungszeit für den Spurt auf 100 km/h wurde mit 6,5 s angegeben.

Als „Denkfabrik" wurde Anfang 1985 die BMW Technik GmbH gegründet. Sie wurde von Dr. Ulrich Bez geleitet und erhielt die Aufgabe, sich „dem freien, kreativen Nachdenken über grundsätzliche Lösungen" zu widmen. Zur Umsetzung des erarbeiteten Gedankengutes diente eine Versuchswerkstatt. Auch andere große Autohersteller betrieben Zukunftsforschung, bei der BMW Technik GmbH wirkten Konstrukteure, Designer, Physiker und Marketing-Spezialisten jedoch nicht nur räumlich, sondern sogar firmenmäßig getrennt vom Stammunternehmen.

325i, 324d, 325i Cabriolet. Im August 1985 kündete BMW einen Strauß zusätzlicher Motorvarianten für die 3er-Reihe an. Der 323i wurde durch den noch leistungsfähigeren 325i abgelöst (171 statt 150 PS, 10 Prozent mehr Drehmoment), anderseits kam die besonders wirtschaftliche Dieselvariante 324d mit 86 PS hinzu. Sie zeichnete sich dank aufwändiger Motorkapselung gleichzeitig durch eine wirksamere Geräuschdämpfung aus; es gab den 324d nur viertürig.

Völlig neu war zudem das perfekt geformte Vollcabriolet 325i. Es besaß keinen Überrollschutzbügel und wurde in Eigenregie hergestellt. Die Versteifungsmaßnahmen hatten zu einer Gewichtserhöhung um 130 kg geführt, und das Volumen des um 15 cm niedrigeren Kofferraums reduzierte sich von 505 auf 312 l. Das Verdeck ließ sich zur Gänze unter einer mit zwei Gasdruckfedern versehenen Heckklappe verstauen.

325i-4. So wurde der gleichzeitig herausgebrachte erste BMW mit Vierradantrieb bezeichnet, auch er mit dem 171-PS-Motor. Es gab ihn nur zweitürig und mit 5-Gang-Getriebe, und er hob sich durch Schwellerverbreiterungen und eine um 3 auf 15,3 cm angehobene Bodenfreiheit ab. Am Allradkonzept hatte die Entwicklungsabteilung von Porsche mitgearbeitet. Das als Planetengetriebe ausgebildete Verteilergetriebe leitete die Antriebskraft zu 63 Prozent auf die Hinterachse, womit das BMW-spezifische Eigenlenkverhalten erhalten blieb. Die Vorderräder wurden über eine Zahnkette bzw. Nebenwelle angetrieben, und die Verbindung zur Halbwelle des rechten Vorderrades führte durch eine Aussparung in der Ölwanne. Progressiv wirkende Viskokupplungen sorgten im Bedarfsfall für eine automatische Kraftaufteilung zwischen vorne und hinten mit einer bis zu 100 Prozent erreichenden Sperrwirkung. Das ausgeklügelte ABS blieb in allen Situationen wirksam.

M3. Ebenfalls bereits im August 1985 angekündigt wurde der M3 der BMW Motorsport GmbH, auch wenn er erst in einem Jahr erhältlich werden sollte: Er richtete sich gegen den Mercedes-Benz 190 E 2.3-16 und bot wie dieser einen 2,3-l-16-Ventil-Motor. Die Leistung dieses 9,6:1 verdichteten und mit ML-Jetronic versehenen Kraftwerks wurde mit 195 PS bei 6750/min angegeben. Basis lieferte der Formel-1-Motor, und der Zylinderkopf mit Tassenstößeln stand in Analogie zu den Sechszylinderköpfen der Modelle M5 und M 635 CSi. Die Auspuffanlage mit Fächerkrümmer und zwei Endrohren verwöhnte Augen und Ohren der BMW-Fans. Der M3 konnte Tempo 100 in weniger als 7 s erreichen und kam auf eine Spitze von 238 km/h. Natürlich war auch sein Fahrwerk nach allen Regeln der Kunst angepasst worden. Äußerlich erkannte man ihn an einer eindrücklichen Bugschürze, Radhausverbreiterungen, auskragenden Schwellern und einem auf dem Kofferraumende aufgesetzten Heckflügel.

Mitte 1986 wurden dann die Angaben leicht modifiziert: Motormanagement durch digital gesteuerte Motronic, Verdichtung 10,5:1, Leistung just 200 PS, mit Katalysator 195 PS; Herstellung der ersten 5000 Exemplare zwecks Homologation in Gruppe A bis spätestens 1. März 1987.

Im Frühling 1986 nahm BMW den (im Lenkrad integrierten) Airbag als eine der ersten Firmen ins Zubehörangebot auf.

Studie Z1. Noch als Studie bezeichnet wurde der Anfang August 1986 vorgestellte Z1, ein zweisitziges Sportcabriolet der 4-m-Klasse mit 171 PS leistendem 2,5-l-Motor, Keilfront und, als erstmalige Besonderheit, in die Flankenunterteile versenkbaren Türen. Inoffiziell verlautete, dass der Z1 1988 auf den Markt gelangen könnte. Offensichtlich wollte man zunächst die Publikumsreaktionen erkunden. Der Z1 entsprach einer von der BMW-Leitung verschriebenen „Image-Erneuerung".

524d. Ab September 1986 gab es dieses Saugdieselmodell mit 2426 cm^3 und 86 PS (sowie auf Wunsch mit ABS und Airbag).

BMW 325i Cabriolet, 1986

BMW M3, 1986

7er-Reihe 1987. „Vorerst nur mit Sechszylindermotoren, ab Sommer 1987 auch mit einem V12," so lautete die Devise, als im September 1986 die längst erwartete neue 7er-Reihe vorgestellt wurde. Die Aufbauten der 730i und 735i zeigten sich weit eleganter und weniger wuchtig als jene der Vorgängermodelle, wenngleich der Radstand um 3,5 auf 283 cm und die Spur um 2,5 auf 152,5/155 cm zugelegt hatten. Die Außenabmessungen waren um 5/4/2 cm auf 491x184x141 cm angewachsen (Langversion + 11,5 cm). Die Kühlerfront mit der „Doppelniere" war selbstverständlich ebenso markentypisch geblieben wie die seitliche Fenstersilhouette mit dem Vorwärtsknick am hinteren Abschluss. Einzig die beidseits des Kofferdeckelausschnitts nach oben gezogenen Heckleuchtenflächen verkörperten einen (willkommenen) kleinen Stilbruch.

Einige bemerkenswerte Zahlen: Bei um 50 auf 1570 kg erhöhtem Leergewicht konnten dank produktionstechnischem Fortschritt die dynamische Torsionsfestigkeit um 50 Prozent und die statische Biegefestigkeit gar um 67 Prozent erhöht werden, und dies bei 20 Prozent weniger Karosserieteilen und 30 Prozent weniger Schweißpunkten. Der Innenraum war noch generöser geworden, und das Kofferraumvolumen erreichte 500 statt 480 dm^3. Der Luftwiderstandsbeiwert der mit einer unauffälligen Abrisskante am Kofferraumende versehenen neuen 7er-BMW wurde mit cw 0,32 angegeben.

In der Regel wurden die Sechszylindermotoren nun mit Katalysatoren ausgerüstet. Sie arbeiteten mit der jüngsten Motronic-Generation und waren in etlichen Details verfeinert worden (Ansaugkanäle, Abgaskrümmer, größere Einlassventile usw.). Auch das 5-Gang-Getriebe war weiterentwickelt worden, und das 4-Stufen-Automatikgetriebe von ZF wurde (beim 730i nur gegen Aufpreis) mit einer elektrohydraulischen Steuerung versehen, mit der die Schaltpunkte nach Wunsch des Fahrers festgelegt wurden. Weiter ausgefeilt hatten die BMW-Ingenieure die Aufhängungen, die hintere Schräglenkerkonstruktion bezeichneten sie nun als Präzisionslenkerachse. Die verstärkte Vierrad-Scheibenbremsanlage wurde mit einem verbesserten ABS kombiniert, und zur Kugelumlauf-Servolenkung gab es neu gegen Aufpreis eine geschwindigkeitsabhängig funktionierende Servotronic.

Besondere Bedeutung kam der ebenfalls gegen Aufpreis erhältlichen ASC = Automatische Stabilitäts-Controlle zu. Diese Schlupfregelung ließ sich ausschalten, so dass Drift durchaus noch möglich blieb. Weitere Raffinessen: Ellipsoid-Scheinwerfer von Hella, von Elektromotor geschwindigkeitsabhängig in fünf Stufen geregelter Anpressdruck der Scheibenwischer, erweiterte elektronische Kontrolleinheit, ganz neu konzipierte Heiz- und Klimaautomatik (links und rechts getrennt), hintere Kopfstützen, die erst bei Fondbankbelastung ausfuhren. Airbag und Gurtstrammer gab es für beide Vordersitze, ebenfalls gegen Aufpreis ein Sitz-Memory für drei Staturen und weiterhin eine hintere hydropneumatische Niveauregulierung.

Im November 1986 lief im neuen Werk 6 in Regensburg die Fabrikation von 3er-BMW an. Für deren Cabriolet 325i gab es ab Januar 1987 ein GfK-Hardtop. – Besonders luxuriös gab sich das Sondermodell 520i Edition, das ab Anfang 1987 in verschiedenen Ländern Europas vorübergehend angeboten wurde.

750i Auf den Markt kam er im Juli 1987, doch er erlebte seine Vorstellung schon auf dem Genfer Salon jenes Jahres: Der 750i war mehr als nur das Münchner Prunkmodell, denn mit ihm fand der V12-Motor nach einem halben Jahrhundert Abwesenheit seine Rückkehr in die deutsche Automobilindustrie. Es handelte sich um ein prachtvolles 5-l-Aggregat mit je einer obenliegenden Nockenwelle pro Zylinderreihe, Leichtmetall-Zylinderköpfen und -block sowie je einer Einspritzanlage Bosch Motronic der dritten Generation pro Zylinderreihe. Auch Sauerstoffsonde und Katalysator waren doppelt vorhanden. Mit und ohne Katalysator wurden als Leistung just 300 PS genannt (Verdichtung 8,8:1). 100 km/h ließen sich in 7,4 s erreichen, und die Höchstgeschwindigkeit war auf 250 km/h festgelegt worden, denn erstmals war von einer elektronischen Abregelung bei dieser Tempomarke die Rede.

Äußerlich erkannte man die 750i und 750i L (Langversion) an der breiteren Niere und den vierkantigen Auspuffrohren. Unter seiner Haube bot der Motor mit seinem zwölf in Weiß gehaltenen Ansaugrohren einen berauschenden Anblick. Neu waren das Servotronic-Lenksystem mit vergrößertem Regelbereich und das elektronische Dämpfer-Control-System (EDC, Wahl zwischen Komfort und Sport) in Verbindung mit der hinteren Niveauregulierung. Klimaanlage, Wärmeschutzverglasung, Außenspiegel- und Türschlossbeheizung, Geschwindigkeitsregler, Bordcomputer, Halogen-Nebelleuchten, Alufelgen usw. zählten zur Serienausstattung. Beim 750i L kamen noch Lederpolsterung, elektrische Vordersitzverstellung, elektrische Kopfstützenreglage im Fond und eine Scheinwerfer-Waschanlage hinzu.

BMW 7er-Reihe, 1987

BMW 750i L, 1988

635 CSi 1988. Im Juni 1987 kompensierte BMW den durch die Katalysatorbestückung eingetretenen Leistungsverlust dieses Coupés zu einem guten Teil: Wie im 735i standen nun 211 PS zur Verfügung. Gleichzeitig wurden kräftigere vordere Stoßfänger montiert und die Ausrüstung weiter aufgewertet: zusätzlich hintere Niveauregulierung, Scheinwerfer und Nebelleuchten in Ellipsoidtechnik, vorn Doppelrohr-Gasdruck-Schwingungsdämpfer; zudem wie bisher: ABS, Differenzialbremse (25 Prozent), abschließbare Alufelgen, Zentralverriegelung mit Diebstahlschutz, Bordcomputer, Fahrertürschloss und Scheibenwaschdüsen beheizbar usw. Tempo 100 konnte nun in 8,1 statt 8,3 s erreicht werden. In den USA hieß der 635 CSi kurz L6, während der M 635 CSi mit 260 PS „drüben" als M6 bezeichnet wurde.

3er-Reihe 1988. Mit dem Jahrgang 1988 wurde die 3er-Reihe durch einen attraktiv geformten fünftürigen Kombi ergänzt, dessen Produktionsbeginn auf den Frühling angesetzt worden war. Der schräge Heckabschluss sorgte für Eleganz (statt optimal großen Laderaum), und die hinteren geteilten Sitze ließen sich zu einer ebenen Fläche umlegen. Die Bezeichnung Touring erinnerte an den 1971 vorgestellten dreitürigen Sportkombi. Ganz neu war ein 1796-cm^3-Motor, der in vielen technischen Eigenheiten (Zylinderkopfgestaltung, Einlasskanäle, Kolbenmulden, Ventilsteuerung mit Schlepphebeln) dem V12-Motor nachempfunden war. Dieser von der Bosch-Motronic III gesteuerte Motor mit 113 PS (ohne Katalysator 115 PS) bot eine flachere Drehmomentkurve, eine höhere Laufkultur und einen geringeren Benzinverbrauch. Der 1767-cm^3-Motor wurde noch in den Basismodellen angeboten. Aus dem reichhaltigen Motorenprogramm wurde der 2,7-l-Eta-Sechszylinder gestrichen.

Neue Stoßfänger aus Kunststoff erbrachten wie bei den neuen 7er-Modellen einen Schadensschutz bis 4 km/h Aufprallgeschwindigkeit. Neu waren auch die Front- und Heckschürzen, die Rücklichter waren größer und wurden durch eine schwarze Blende verbunden, die hinteren Radausschnitte verliefen tiefer, es gab schwarz eloxierte Scheibenrahmen und Stoßleisten sowie verbesserte Scheinwerfer mit Abblendlicht und Nebellampen in Ellipsoidtechnik.

Z1. Im August 1987 fällte der Vorstand der BMW AG den Entscheid, den Z1 (s. oben) ab Juni 1988 in einer Kleinserie von maximal sechs Exemplaren pro Tag herzustellen. Der von der BMW Technik GmbH entwickelte extravagante Zweisitzer brachte im strikt rationell ausgerichteten Programm der Marke eine Abwechslung. Um ein sportliches Prestigemodell wie den berühmten BMW-Modellen 328, 507 und M1 konnte es sich allerdings nicht handeln. In der niedrigen Front des Z1 war die Doppelniere nur noch angedeutet. Die Scheinwerfer waren aerodynamisch hinter Abdeckgläsern eingelassen, und nur das Heck mit feiner Abrisskante gab sich markentypisch. Das Hauptmerkmal waren, wie schon bei der im August 1986 vorgestellten Studie, die in den Flankenunterteil versenkbaren Türen. Dies erbrachte einzigartige Vorteile beim Parkieren und erlaubte extensives Offenfahren. Anderseits erwies sich der Ein- und Ausstieg über die hohen, auch als Seitenschutz dienenden Schweller bei geschlossenem Verdeck als mühselig.

Die Z1-Basis wurde von einem selbsttragenden Stahlskelett mit eingeklebtem Kunststoffboden gebildet. Auch für die Aufbauteile wurde Kunststoffmaterial verwendet. Mit einer Unterbodenverkleidung wurde ein Abtrieb an Vorder- und Hinterachse angestrebt. Der 2,5-l-Sechszylindermotor mit Bosch-ME-Motronic-Einspritzung und 170 PS Leistung entstammte ebenso der 3er-Reihe wie die vordere Federbein-Aufhängung. Das 5-Gang-Getriebe aber fand sich mit dem Differenzial verblockt an der Hinterachse, womit sich eine von BMW als Z-Lenker-Hinterachse bezeichnete Schräglenkeraufhängung sowie eine ausgewogene Gewichtsverteilung ergaben. Für das nur 1100 kg wiegende Sportcabrio wurde ein cw-Wert von 0,34 (offen 0,42) genannt. Tempo 100 war binnen 7 s erreichbar, und die Spitze wurde mit 230 km/h angegeben.

Der Z1 erntete zunächst größeren Verkaufserfolg, so dass die Tagesproduktion alsbald auf 18 Stück erhöht werden musste. Doch gegen den neuen 300 SL von Mercedes-Benz kam der Z1 ab 1989 nicht mehr an, so dass man seine Herstellung nach rund 8000 Exemplaren im Frühling 1991 auslaufen ließ.

324 td Mit dem Jahrgang 1988 kam auch der 324 td (Turbo-Diesel) hinzu. Er erhielt als erster Dieselmotor weltweit eine vollelektronische bzw. digitale Einspritzsteuerung, was einen verbesserten Bedienungskomfort und eine sauberere Verbrennung erbrachte. Aus 2443 cm^3 Hubraum lieferte dieser Sechszylindermotor mit relativ kleinem Garrett-Lader 115 PS und 220 Nm. Tempo 100 war binnen 11,9 s erreichbar, und die Spitze wurde mit 187 km/h angegeben, während der ECE-Verbrauch mit 5,2/6,9/8,9 l/100 km zu Buche stand.

5er-Reihe 1988. Erste Bilder und Angaben wurden bereits Anfang Dezember 1987 veröffentlicht, doch die detaillierte Vorstellung erfolgte im Januar 1988: Der neue 5er-BMW zeigte sich im Stil und auch in der Größe der Reihe 7 angenähert, war aber dank weniger massiger Proportionen noch eleganter geraten. Das charaktervolle Design mit der auch hier breiter gewordenen BMW-Niere zwischen den Doppelscheinwerfern ließ klar die Markenherkunft erkennen.

Im Vergleich zum Vorgänger war der neue 5er deutlich größer: Radstand 276 statt 262,5 cm, Spur 146,5/148,5 statt 143/147 cm, Länge 472 statt 462 cm, Breite 175 statt 170 cm, Höhe hingegen 141 statt 141,5 cm, ferner Tankinhalt 80 statt 70 l. Gegenüber dem Vormodell war der cw-Wert von 0,39 auf 0,30 (Modell 520i) bis 0,32 (535i) verbessert worden. Dieser enorme Fortschritt war der eingezogenen Grundform an Bug und Heck, der niedrigen Front, der sanften Keilform, den stärker geneigten Front- und Heckscheibe, den außenbündigen Seitenscheiben und einem glattflächigen Unterboden zu verdanken.

Die weiterentwickelten Konstruktionsmethoden hatten es ermöglicht, die Biegefestigkeit des Aufbaus um 43 Prozent und seine Torsionssteifigkeit um 70 Prozent zu erhöhen. Gleichzeitig ergab sich ein noch besserer Insassenschutz. Die Vergrößerung der Karosserie kam übrigens in erster Linie den Fondpassagieren zugute. Mit der Zunahme der 5er-Abmessungen hatte sich allerdings auch eine Erhöhung des Leergewichts um gegen 200 kg auf minimal rund 1400 kg ergeben. Immerhin war ein Teil des Mehrgewichts der intensiven Verwendung von Schallschluckmaterialien zuzuschreiben.

Es gab die neuen 5er nicht mehr mit 1,8-l-Vierzylinder-, sondern ausschließlich mit Sechszylindermotoren: 2 und 2,5 l sowie 3 und 3,5 l. Dieses größte Aggregat wartete mit einer Leistungssteigerung von 185 auf 211 PS auf. Den 2,4-l-Dieselmotor gab es nur noch in einer nun vollgekapselten Turboversion mit 115 PS. Alle Ottomotoren waren mit der DME = Digitale Motor-Electronic ausgerüstet, wie auch der ASC = Automatische Stabilitäts-Control (auf Wunsch beim 535i) und der Eigendiagnose. Neu war anderseits die mit Bosch entwickelte DDE = Digitale Diesel-Electronic. Mit ihr ließ sich auch ein kleinerer, rascher ansprechender Abgasturbolader einbauen. Die wahlweise zum 5-Gang-Getriebe erhältliche 4-Stufen-Automatik ließ dem Fahrer die Wahl zwischen einem wirtschaftlichen und einem sportlichen Schaltprogramm.

Das Fahrwerk war in vielen Belangen weiter verfeinert worden. Gegen Aufpreis gab es für die Hinterräder eine hydropneumatische Niveauregulierung und die aus der Reihe 7 bekannte EDC = Elektronische Dämpfer-Control. Statt 14- wurden nun 15-Zoll-Räder montiert, und ab Modell 525i wurde serienmäßig ein ABS eingebaut. Anstatt der Kugelumlauf-Servolenkung war gegen Aufpreis die geschwindigkeitsabhängig wirkende Servotronic-Lenkung von ZF erhältlich. Bei reichhaltiger Grundausstattung wurde viel aufpreispflichtiges Zubehör angeboten, darunter asymmetrisch abklappbare Fondkissen und -lehnen oder ein Skisack.

M3 Evolution. Nachdem sich der Italiener Roberto Ravaglia mit einem M3 den Tourenwagen-Weltmeistertitel geholt hatte, legte BMW im Frühling 1988 die auf 500 Exemplare limitierte Sonderserie M3 Evolution auf: 220 PS, verlängerte Bugschürze mit Bremskühlschächten statt Nebellampen, geänderter Heckflügel, ausschließlich in drei Sonderfarben. Fast gleichzeitig wurde der „normale" M3 auch als Cabriolet erhältlich.

1988 verlängerte der Aufsichtsrat den Vertrag des seit annähernd zwei Jahrzehnten amtierenden Vorstandsvorsitzenden Eberhard von Kuenheim über die BMW-Altersgrenze von 60 hinaus.

M5 1989. Die M-Version der neuen Reihe 5 wurde auf Oktober 1988 in Aussicht gestellt (aber erst auf dem Genfer Salon vorgestellt): Hubraum von 3453 auf 3535 cm^3 vergrößert, 315 PS bei einer von 6500 auf 6900/min erhöhten Drehzahl, Sportgetriebe, Tieferlegung, Niveauregulierung hinten, 17-Zoll-Felgen, verstärkte Bremsanlage, ABS, Servotronic, Differenzialbremse (25 Pro-

BMW 5er-Reihe, 1988

zent), 0–100 km/h in 6,3 s. Der neue M5 verwies leistungsmäßig den Typ 750i mit V12-Motor auf den Ehrenplatz. Von den rund 2000 M5 der früheren Auflage waren rund 1600 in die USA gelangt. Der neue M5 sollte bei der Motorsport GmbH in jährlich 1500 Einheiten entstehen.

Zu den Raffinessen des neuen Motors zählten die elektronisch gesteuerte Resonanzaufladung mit einer im mittleren Drehzahlbereich geöffneten Zusatzklappe im Luftsammler und eine aufwändige Abgasanlage. Gegenüber dem 535i wurde der M5 um 20 mm tiefergesetzt und die Bremsanlage verstärkt. Nebst dem ABS kam eine hintere Niveauregulierung serienmäßig zum Einbau. Äußerlich unterschied sich der viersitzige M5 lediglich durch Rundumschürzen, die polierten Auspuff-Endrohre und die M5-Embleme.

316i 1989. Zum Jahrgang 1989 erhielt das Basismodell 316 wieder einen seiner Bezeichnung entsprechenden Hubraum, nämlich 1596 cm^3 in Ableitung von dem ebenfalls noch neuen 1796-cm^3-Motor des 318i: 84x72 mm, 100 PS. Damit war die 1961 mit dem BMW 1500 eingeführte Motorengeneration endgültig abgelöst.

Ab dem Genfer Salon 1989 wurde der 3er Touring als 318i auch mit dem 113 PS leistenden 1796-cm^3-Motor erhältlich. Die 5er-Reihe wurde wahlweise mit einer Durchreiche zwischen Fond und Kofferraum lieferbar.

Mit der Fertigungsnummer 86'113 lief im April 1989 nach fast 13-jähriger Laufbahn das letzte 6er-Coupé der Typen 630 CS und 633 CSi vom Fließband in Dingolfing.

318 is. Mit der IAA 1989 fand der 16-Ventil-Vierzylinder in den 3er-BMW ebenfalls Eingang. Es gab den 136 PS aus 1796 cm^3 liefernden 318 is nur zweitürig mit um 15 mm tiefergelegter Karosserie, zusätzlichen Front- und Heckschürzen sowie 6,5-Zoll-Kreuzspeichenrädern. Hinzu kamen ein Lederlenkrad, ein lederner Schalthebelbalg und -knauf sowie Sitzüberzüge ähnlich jenem im M3. Tempo 100 ließ sich in 9,9 s erreichen und als Spitze wurden 202 km/h genannt. Die hohe Verdichtung von 10:1, die verfeinerte Motronic M 1.7 von Bosch und eine Zündung mit je einer Spule pro Kerze sorgten für moderaten Verbrauch.

850i. Premiere feierte er auf der IAA Frankfurt im September 1989, doch wurden erste Lieferungen erst auf Mitte 1990 versprochen. Somit ist das Luxuscoupé 850i eigentlich dem Modelljahr 1991 bzw. den 90er Jahren zuzurechnen. Es war bemerkenswert, dass der Herbst 1989 gleich zwei neue viersitzige Coupés deutscher Konstruktion gebracht hat, nämlich nebst dem 850i auch den

BMW 318i Touring, 1990

Opel Calibra. Beide zeigten sogar eine stilistische Verwandtschaft, der „Münchner" seiner Marktposition entsprechend breiter und wuchtiger, der „Rüsselsheimer" schlanker und schmissiger, beide aber ebenso elegant wie attraktiv. Auch der unter BMW-Designchef Claus Luthe geschaffene 850i besaß eine keilförmige Front, allerdings mit dem markentypischen Kühlergesicht sowie Klappscheinwerfern, und einen Karosserieabschluss, der ein Fastback mit einem Stufenheck verband. Der Luftwiderstandsbeiwert wurde mit cw 0,29 angegeben.

Die Ziffer 8 wies auf eine neue Modellreihe hin, das „50i" auf den Zwölfzylindermotor, wie er in der Luxuslimousine 750i seinen Dienst tat.

Auch die übrige technische Basis stimmte weitgehend mit jener des 750i überein. Der Radstand war mit 268,5 cm aber 15 cm kürzer, und die Karosseriemaße erreichten 478x185,5x134 cm statt 491x184,5x141 cm. Im Gegensatz zur Limousine ließ sich der 300 PS leistende Alu-V12 im Coupé nicht nur mit dem ZF-4-Stufen-Automatikgetriebe HP-24, sondern auch mit einer neuen 6-Gang-Einheit von Getrag koppeln. Zusammen mit diesem Handschaltgetriebe wurde die Federung straffer ausgelegt. Für den 850i hatten die BMW-Ingenieure die „Integralachse" entwickelt (beidseits je zwei untere und ein oberer Querlenker sowie eine Längsstrebe, die über einen Integralstab mit dem oberen Querlenker verbunden war). Diese mit einem Fahrschemel kombinierte Hinterachskonstruktion wirkte beim Kurvenfahren als passive Hinterachslenkung.

Gegen Aufpreis wurden die bereits aus dem 635 CSi bekannte, zusammen mit Boge und VDO entwickelte elektronische Dämpferverstellung EDC und das automatische Stabilitäts-Control ASC montiert. Beim 850i mit 6-Gang-Getriebe kam das ASC+T (Traktion), ein Antriebsschlupf-Regelsystem mit kurzzeitigem Bremseingriff, zum Einbau. Für den Serienanlauf wurde zusammen mit Michelin zudem ein Reifendruck-Kontrollsystem RDC entwickelt. Auf Wunsch gab es einen Airbag auch auf der Beifahrerseite.

Zu den technischen Feinheiten zählten überdies die rahmenlosen Türfenster: Beim Betätigen des Türgriffs fuhren diese nämlich um einige Millimeter abwärts und beim Schließen wieder aufwärts, womit eine besonders gute Abdichtung gegen Windgeräusche erreicht wurde. Zur Serienausstattung zählten eine Klimaautomatik mit Partikelfilter, ein Tempokonstanthalter, ein Fahrerscheibenwischer mit tempoabhängig variierendem Anpressdruck sowie 7,5-Zoll-Alufelgen, Letztere gegen Aufpreis im Turbolook.

M3 Sport Evolution. Dieses auch mit Evolution II bezeichnete Basismodell für den Tourenwagen-Renneinsatz 1990 wurde im Januar auf der internationalen Autoausstellung von Brüssel gezeigt: 16-Ventil-Motor nun mit 2467 statt 2302 cm^3 Hubraum, 238 statt 220 PS, 0–100 km/h in 6,5 s, 248 km/h Spitze, Spoilerlippen an Front und Heck (im Unterschied zum M3 dreifach variierbar), Lenkrad, Schalt- und Handbremshebel mit griffgünstigem Rauleder überzogen.

518i. Auf der gleichen Ausstellung wurde die mittlere Modellreihe durch den 518i nach unten ergänzt: 1796 cm^3, 113 PS, etwas einfachere Ausstattung.

520i-24V / 525i-24V. Im Februar 1990 wurde die Vierventiltechnologie auch bei den kleineren Sechszylindermotoren der 5er-Reihe eingeführt. Diese neukonstruierten Antriebsaggregate waren 10,5:1 bzw. 10:1 verdichtet und brachten es auf 150 bzw. 192 PS (anstatt 129 bzw. 170 PS bei den Zweiventilmotoren). Diese zeitgemäßen Sechszylinder lösten 1990 allmählich die bisherigen 2- und 2,5-l-Motoren ab, während der 530i (mit 188 PS) überflüssig wurde.

BMW Z1, 1990

BMW 850i, 1990

BMW	Bauart	Mot.	Getr.	R/L cm	Baujahre
3er-Reihe (E 21)	**St.**	**a–h**	**4/5/A3**	**256,5/435,5**	**1980–82**
3er-Reihe (E 30)	**St.(4)**	**a–t**	**4/5/A3/A4**	**257/432,5**	**1982–90**
Motoren:	*Zyl.:*	*N'w.:*	*cm^3:*	*PS/'min:*	*Nm/'min:*
a (315 1981–83)	4	OHC	1574	75/5800	110/3200
b (1988–)	4i		1596	100K/102/5500	141/143/4250
c (1987/88 nur Export)	4		1767	90/5500	140/4000
d (–1988)	4i			105/5800	145/4500
e (USA –'84, CH'82/83)				102/5800	135/4500
f (1984–88)				102K/5800	140/4500
g (1987–)			1796	113K/115/5500	162/165/4250
h (1989–)		D16V		136K/6000	172/4600
i (–1982)	6	OHC	1991	122/6000	160/4000
j (1982–85 *1985/86)	6i			125/5800/129*/60	170/174/4000
k (1986–)				129K/129/6000	164/4300/174/40
l (*1982/83)			2316	143/5800/	190/4500/
				139*/5300	205/4000
m (1983–85 *CH)				150/6000/139*/53	205/4000
n (1985/86)				139/5300/143S/6000	
o (325i 1985/86 *1986)			2494	171/5800/163K*	226/4000
p (325i 1986– *'86–89)				170K/171*/5800	222/4300/226/40
q (325e 1984–87)			2693	122K/4250	230/3250
r (USA 1987/88)				129K/4800	231/3250
s (1985–88 *1988–)	6D		2443	86/4600	152/153*/2500
t (1987–89 *1989–)	6TD			115/4800	220/222*/2400
M3	**St.**	**a–d**	**5**	**256,5/434,5**	**1986–90**
Motoren:	*Zyl.:*	*N'w.:*	*cm^3:*	*PS/'min:*	*Nm/'min:*
a (320 is Ital. 1987–)	4i	D16V	1990	192/6900	210/4900
b (–1989)			2302	195K/200/6750	230/240/4750
c (Evolution 1988/89)				220	–
d (1989–)				215K/6750	230/4600
e (Evolution II 1990–)			2467	238/7000	240/4750
5er-Reihe (E 12)	**St.**	**a–f**	**4/5/A3**	**263,5/462**	**1980/81**
Motoren:	*Zyl.:*	*N'w.:*	*cm^3:*	*PS/'min:*	*Nm/'min:*
a	4	OHC	1767	90/5500	140/4000
b	6		1991	122/6000	160/4000
c			2495	150/5800	208/4000
d	6i		2788	184/5800	240/4200
e (USA)				171/5500	230/4500
f (M 535i)			3453	218/5200	310/4000
5er-Reihe (E 28)	**St.**	**a–q**	**4/5/A3/A4**	**262,5/462**	**1981–87**
a (–1984)	4	OHC	1767	90/5500	140/4000
b (Exp.–'83,*CH'83/84)	4i			102/105*/5800	135/4500/
					145/4500
c (1984–)				105/5800	145/4500
d (–1985 *1982/83)	6i		1991	125/126*/	165/4500/
				125/5800	170/4000
e (1985/86)				129/6000	174/4000
f (1986–)				129K/129/6000	164/4300/
					174/4000
g			2495	150/5500	215/4000
h (USA, *1983/84)			2693	123/125*/4250	231/240/3250
i (525e 1984/85)				125/122K/4250	240/230/3250
j (1985–)				129/122K+U/4250	
k			2788	184/5800	240/4200
l (USA 1983/84)			3210	184/6000	265/4000
m (M 535i 1984–)			3430	218/5200	310/4000
n (535i USA/CH '84–86)				185/5400/	290/4000/
				204/5500	310/4000
o (M 535i/535i 1986–)				185K/5400/	290/310/4000
				218/5500	
p (1986–)	6D		2443	86/4600	152/2500
q (1983–)	6TD			115/4800	210/2400

BMW	Bauart	Mot.	Getr.	R/L cm	Baujahre
5er-Reihe (E 34)	**St.**	**a–h**	**5/A4**	**276/472**	**1988–90**
a (1990–)	4i	OHC	1796	113K/5500	162/4250
b	6i		1991	129K/129/6000	164/4300/174/4000
c (1990–)		D24V		150K/5900	190/4700
d (*–1989)		OHC	2494	170K/170*/5800	222/4300
e (1990–)		D24V		192K/5900	245/4700
f (*–1989)		OHC	2986	188K/188*/5800	260/4000
g (*–1989)			3430	211K/211*/5700	305/4000
h	6TD		2443	115/4800	220/2400
M5	**St.**	**a**	**5**	**262,5/462**	**1985–88**
		b		**276/472**	**1988-90**
Motoren:	*Zyl.:*	*N'w.:*	*cm^3:*	*PS/'min:*	*Nm/'min:*
a (*USA 1986–)	6i	D16V	3453	286/6500/	340/330/4500
				260*/5600	
b			3535	315K/315/6900	360/4750
6er-Reihe (E 24)	**St.**	**a–j**	**4/5/A3/A4**	**262,5/475,5/–492U**	**1980–87**
			5/A4	**262,5/481,5/492U**	**1987–89**
Motoren:	*Zyl.:*	*N'w.:*	*cm^3:*	*PS/'min:*	*Nm/'min:*
a (–1987)	6i	OHC	2788	184/5800	240/4200
b (–1982)			3210	197/5500/	285/4300/
				176U/5200	255/4200
c (USA/Jap. *CH'82–84)				184/6000/	265/4000/
				197*/5500	285/4300
d (*1983–86)			3453/3430*	218/5200	310/4000
e (USA / CH 1984/85)			3430	185/5400/	290/310/4000
				218/5200	
f (Kat. / CH 1985/86)				185/5400/204/5500	
g (1986/87)				185K/5400/218/5500	
h (1987–)				211K/220/5700	305/315/4000
i (M 635 CSi 1983–86)		D24V	3453	286/6500	340/4500
j (M 635 CSi 1986–)				260K/286/6500	330/340/4500
7er-Reihe (E 23)	**St.**	**a–h**	**4/5/A3/A4**	**279,5/486/501U**	**1980–86**
Motoren:	*Zyl.:*	*N'w.:*	*cm^3:*	*PS/'min:*	*Nm/'min:*
a	6i	OHC	2788	184/5800	240/4200
b (*1981–)			2495	150/6000/	211/3700/
				5500*	215/4000
c			3210	197/5500	285/4300
d (USA *1982–84)				176/5200/	255/4200/
				184/6000	265/4000
e (*1983–)			3453/3430*	218/5200	310/4000
f (Kat. / CH 1984–)			3430	185/5400/	290/4000/
				204/5500	310/4000
g (–1983)	6iT		3210	252/5200	380/2600
h (1983–)			3430	252/4900	380/2200
7er-Reihe (E 32)	**St.**	**a–f**	**5/A4**	**283/491/294/502,5**	**1986–90**
a (–1987)	6i	OHC	2986	184K/197/5800	260/275/4000
b (1987/88)				188K/197/5800	
c (1988– *–1989)				188K/188*/5800	260/4000
d (–1988)			3430	211K/220/5700	305/315/4000
e (1988– *–1989)				211K/211*/5700	305/4000
f (1987– *–1989)	V12i		4988	300K/300*/5200	450/4100
8er-Reihe (E 31)	**St.**	**–**	**6/A4**	**268,5/478**	**1989/90**
Motor:	V12i	OHC	4988	300K/5200	450/4100
M1 (E 26)	**G'r./M.**	**–**	**5**	**256/436**	**1980/81**
Motor:	6i	D24V	3453	277/6500	330/5000
Z1	**St.**	**–**	**5**	**244,5/392,5**	**1988–90**
Motor:	6i	OHC	2494	170K/5800	222/4300

BMW

South Africa

Gegründet 1967 zwecks Produktion des in Deutschland nicht mehr gebauten Glas 1700. Die hierzu gebrauchten Karosseriepressen wurden nach Pretoria verschifft. Nach der Übernahme von Glas durch BMW im Jahre 1966 war diese viertürige Limousine für BMW zur Eigenkonkurrenz geworden. In Südafrika wurden jedoch eine BMW-Mechanik eingebaut. Mitte der 70er Jahre wurde die Produktion auf die 5er-BMW umgestellt.

518/520/528i. 1981 wurden im Werk Rosslyn bei Pretoria die Modelle 518 mit 2-l-Vierzylindermotor (115 PS; in Deutschland hatte der 518 einen 1,8-l-Motor), 520 mit 2-l-Sechszylindermotor (wie in Deutschland) und 528i gebaut. Letzterer ersetzte den früheren Typ 530. Abgesehen von Einzelheiten – allerdings auch einschließlich der Rechtslenkung – entsprachen die südafrikanischen BMW weitgehend den in Deutschland hergestellten Modellen.

1983 beschloss BMW, in die südafrikanischen Werkanlagen weitere Mittel zu investieren, da mit einem starken Anstieg vor allem der schwarzen Pkw-Besitzer gerechnet wurde.

745i. 1983/84 wurde eine neue Eigenversion des BMW 745i eingeführt: Diese erhielt nämlich nicht den 3430-cm^3-Turbomotor mit 252 PS, sondern den 3453-cm^3-DOHC-24V-Motor des früheren Mittelmotorcoupés BMW M1 und zwar mit 286 PS wie im M 635 CSi. Dieser Motor wurde wahlweise mit einem 5-Gang-Getriebe oder dem 4-Stufen-Automatikgetriebe ZF 4 HP-22 kombiniert.

333i Neben den Modellen 318i, 320i, 323i, 520i, 528i, 535i und 745i wurde ab 1985 ein BMW 333i gebaut: 3er-Aufbau mit dem 3210-cm^3-Sechszylindermotor aus den größeren Baureihen und 197 PS Leistung. Es gab ihn ausschließlich mit 5-Gang-Getriebe.

Als Kampfmaßnahme gegen die Apartheid entschloss sich die EG im Oktober 1986 zu einem Investitionsstopp in Südafrika. Die deutschen Automobilhersteller BMW, Daimler-Benz und VW entschieden sich aber dafür, ihre Werke zu behalten, auch wenn sie zu jener Zeit Verluste brachten. BMW beschäftigte 2000 Mitarbeiter, von denen 70 Prozent Schwarze waren. Sie stellten täglich rund 100 3er-, 5er- und 7er-Modelle auf die Räder.

Im Verlaufe des Jahres 1987 wurde die Produktion der Sondermodelle 333i und 745i eingestellt, und die südafrikanischen BMW-Modelle wichen nun kaum noch von ihren deutschen Vorbildern ab.

BMW 733i, 1981

Bristol

Die ab 1947 von der damaligen Flugzeugfabrik Bristol im englischen Bristol hergestellten Sportwagen waren Weiterentwicklungen der vor dem Krieg von Frazer-Nash in Lizenz gebauten BMW 326. Dazu passend hatte Bristol nach dem Krieg als Reparationsleistung die Pläne für den berühmten BMW 327/328 erhalten. Der Bristol-2-l-Sechszylindermotor schuf sich auch in anderen englischen Sportwagen einen Namen. Im Herbst 1960 war die Autoabteilung aus der Bristol-Siddeley-Gruppe herausgelöst worden und ab 1961 wurden Chrysler-V8-Motoren verwendet. 1981 umfasste das Produktionsprogramm die drei Luxussportmodelle 603/S2, 412/S2 und 412 S3 Beaufighter.

603/S2. Der als Saloon bezeichnete 603/S2 war ein langgestrecktes viersitziges Coupé mit Leichtmetallkarosserie und stark schräg gestellter Heckscheibe. Es war im Herbst 1976 vorgestellt worden und verkörperte eine individuelle, aber eher unauffällig klassische Stilrichtung. Motor und Kraftübertragung stammten von Chrysler USA. Ab Herbst 1978 war es ausschließlich noch mit dem 5,9-l-V8 mit transistorisierter Zündung und 172 PS Leistung lieferbar. Es gab erstaunlicherweise auch eine auf den Betrieb mit Flüssiggas ausgelegten Version. Für die Kraftübertragung diente das 3-Stufen-Automatikgetriebe Torqueflite, und eine Differenzialbremse kam serienmäßig zum Einbau.

Bristol Brigand, 1983

Die Bristol wurden auf einem Kastenrahmenchassis mit Traversen aufgebaut. Vorne fanden sich Dreieckquerlenker und Schraubenfedern, hinten eine Starrachse mit Längstorsionsstabfedern und Wattgestänge sowie einer automatischen Niveauregulierung. Es wurden Vierrad-Scheibenbremsen sowie eine ZF-Kugelkreislauf-Servolenkung eingebaut.

412/S2. Der Typ 412 war ein vom Mailänder Karosseriewerk Zagato (→ Anhang) in eigenwillig kantigem Stil entworfenes und auch gebautes viersitziges Luxuscabriolet mit doppeltem Überrollbügel, in den seitlich je ein schmales Zusatz-

Bristol Beaufighter Turbo, 1983

Bristol	Bauart	Mot.	Getr.	R/L cm	Baujahre
603/S2	K'r.	a	A3	290/491	1980–82
412/S2				290/494	
Britannia / Brigand		a/b		290/490	1982–90
412/S3 Beaufighter		b		290/494	1980–82
Beaufighter					1982–90
Beaufort					1984–90
Motoren:	*Zyl.:*	*N'w.:*	*cm³:*	*PS/'min:*	*Nm/'min*
a (–1982)	V8	OHV	5898	172/4000	366/2000
b (1982– keine Info)	V8/V8T			–	–

BMW South Africa	St.	–	5 /5/A4	–	1984–87
745i 1984– / *Motor:*	6i	D24V	3453	286/6500	340/4500
333i 1985– / *Motor:*		OHC	3210	197/5500	285/4300
weit. Mod. -> BMW D					

Bristol

fenster eingebaut wurde. Lichtkanten, die oberhalb der rechteckigen Scheinwerfer horizontal über die Front verliefen, fanden seitlich unterhalb der Gürtellinie ihre Fortsetzung. Der Unterbau und die gesamte Mechanik stimmten mit jener des 603/S2 überein. Für den 412 wurde per 1981 ein Hardtop entwickelt, dessen rückwärtiger Teil entfernt werden konnte. Eine Bristol-Besonderheit waren die an die vorderen Radausschnitte angefügten, durch Klappen zugänglichen Stauräume, links für Reserverad, Wagenheber und Werkzeug, rechts für Batterie, doppelten Bremsservo, Scheibenwischermotor und Sicherungskasten.

412/S3 Beaufighter. Mit der von den Bristol-Nachtbombern des Zweiten Weltkriegs übernommenen Zusatzbezeichnung Beaufighter wurde ab Januar 1980 im Typ 412 eine Version des 5,9-l-V8 mit Abgasturbolader angeboten. Die PS-Leistung wurde nicht genannt. Auf Wunsch ließ sich ein Zusatztank einbauen (95 + 45 l). Gemäß Werkangaben vermochte der leer 1750 kg wiegende Beaufighter binnen 7 s auf 60 mph (96,5 km/h) zu beschleunigen. Äußerlich erkannte man ihn an den doppelten Rechteckscheinwerfern.

Die Bristol wurden stets nur in kleiner Zahl gebaut und zählten damit zu den exklusivsten Kleinserienautos der Eliteklasse. Für 1981 wurde eine Produktionszahl von 104 Einheiten genannt. Später waren es eher weniger. Tony Crook, der seit 1960 bei der Bristol Cars Limited das Sagen hatte, machte aber zunehmend ein Geheimnis aus der Anzahl der von ihm produzierten und sorgsam ausstaffierten Liebhaberstücke.

Britannia / Brigand. Auf der Birmingham Motor Show im Oktober 1982 wurden diese Modelle in Ablösung der Typen 603/S2 und 412/S2 eingeführt. Das Überrollschutz-Coupé 412/S3 hieß nur noch Beaufighter. Britannia und Brigand basierten auf den weicheren Linien des 603/S2, dessen Design nun etwas gestreckter, aber kaum moderner wirkte. Dem Antrieb diente weiterhin der 5,9-l-Motor, wobei er im Britannia ohne und im Brigand mit Abgasturbolader ausgerüstet wurde. Auch für die turbolose Ausführung wurden nun keine Leistungs- und Drehmomentangaben mehr geliefert. Weiterhin war eine Ausführung für den Betrieb mit Flüssiggas erhältlich.

Beaufort. Neu war auf der Birmingham Motor Show 1984 der Beaufort Drophead Coupé, der nun (nebst dem Beaufighter mit Überrollbügel) als reinrassiges Cabriolet angeboten wurde. Mit 494 cm war dieses viersitzige Cabrio eine überaus eindrückliche Erscheinung. Mit dem Turbo-V8 konnten 0–96,5 km/h in 5,9 s bewältigt und zudem eine Spitze von 240 km/h erreicht werden.

Ohne jede Publizität durchlief die Produktion der Bristol-Modelle auch die zweite Hälfte der 80er Jahre, wobei Weiterentwicklungen und Verfeinerungen nur dem kleinen Kundenkreis vermittelt wurden. Die Produktion des Beaufighters lief 1992 aus, jene von Britannia und Brigand ging in kleinen, vorbestellten Stückzahlen weiter. Produktionszahlen wurden vom superdiskreten Bristol-Boss Tony Crook weiter unter Verschluss gehalten.

Bugatti

Vor Ferrari war Bugatti der Welt berühmteste Sportwagenmarke gewesen; es gab sie bis 1954. Nachdem 1986 die von der französischen Firma Snecma bzw. Messier Hispano Bugatti gehaltenen Namensrechte an die Bugatti International verkauft worden waren, wurde im Oktober 1987 die Società Bugatti Automobili SpA gegründet. Sie gehörte zu 65 Prozent Bugatti International, zu 35 Prozent führenden Mitarbeitern. Es war geplant, einen Supersportwagen richtungsweisender Art herzustellen und gleichzeitig als Engineering- und Entwicklungsfirma für andere Automobilhersteller tätig zu sein. In der Nähe von Modena sollte auf einem 75'000-m2-Areal eine neue Bugatti-Fabrik entstehen.

Während sich der große Geldgeber noch verdeckt hielt, verlautete im Oktober 1987, dass unter Projektleiter Ing. Paolo Stanzani (1967–75 Generaldirektor von Lamborghini) 25 Spezialisten mit modernsten elektronischen Hilfsmitteln an der Entwicklung eines neuen Supersportwagens arbeiteten, dessen Design von Marcello Gandini (ex-Bertone) stammte. Mitte 1988 wurde in Campogalliano mit dem Bau eines 27'450 m2 belegenden Fabrikgebäudes begonnen. In der ersten Etappe sollte der Motorenprüfraum fertiggestellt werden. Zum Antrieb wurde bekannt, dass es sich um einen aufgeladenen 60-Grad-DOHC-V12 mit 3,5 L Hubraum handeln werde. Die Produktionsaufnahme wurde für 1990 vorgesehen.

Ende Juli 1990 wurde Paolo Stanzani seiner Funktionen als Generaldirektor und technischer Leiter enthoben. Der Grund lag in den Meinungsdifferenzen mit dem Vorstandsvorsitzenden Romano Artioli. Dieser Bugatti-Fanatiker und Selfmade-Unternehmer hatte sich inzwischen als der starke Mann und Hauptaktionär des Projekts erwiesen. Am 15. September 1990 wurde das modernster Architektur entsprechende Bugatti-Werk in Campogalliano eingeweiht. Es wurde festgelegt, dass der neue Bugatti am 15. September 1991 vorgestellt werde, somit zum 110. Geburtstag von Ettore Bugatti; dies erklärte die vorgesehene Typenbezeichnung EB 110. – Bis zum 1994 erfolgten Konkurs wurden 154 EB 110 gebaut (60 Ventile, 560/610 PS).

Bugatti EB 110, 1991

Buick

Gegründet 1904 von David Buick (1854–1929) und erste „Division" der 1908 unter William Durant entstandenen General Motors. In der GM-Hierarchie belegt Buick den zweitobersten Platz nach Cadillac. Die meisten Buick-Modelle hatten auch 1981 bei den vier anderen amerikanischen GM-Marken (Cadillac, Oldsmobile, Pontiac, Chevrolet) ihr Parallelmodell. Die größten Unterschiede bestanden in der Frontgestaltung, mit der ein möglichst markentypisches Aussehen angestrebt wurde. Hinzu kamen unterschiedliche Komfortmerkmale bis hin zur Federungsabstimmung. Die Buick galten als besonders komfortorientiert, während sich die Pontiac beispielsweise eher eine sportliche Note gaben. (Allgemeine GM-Entwicklungshinweise sind unter → Chevrolet zusammengefasst.)

Die Baureihe Skyhawk als kleinster Buick war für das Modelljahr 1981 nicht mehr aufgeführt worden, da auf das Frühjahr die ganz neue J-car-Reihe von GM angekündigt worden war. Vorerst gab es noch die Modellreihen Skylark, Century, Le Sabre, Electra und Riviera.

Skylark. Der Skylark zählte zu den im April 1979 auf den Markt gebrachten X-cars. Mit diesen hatte General Motors das für die USA revolutionäre Frontantrieb/Quermotor-Konzept eingeführt. So konnte dem Zug der Zeit entsprechend gleich viel Raum und Komfort wie bei früheren Modellen bei weit weniger Länge und Gewicht geboten werden. 1981 gab es die Skylark, Skylark Limited und Skylark Sport, alle als jeweils fünfsitzige Sedan und Coupé.

An Motoren standen ein 2,5-l-Vierzylinder mit seitlicher Nockenwelle und ein 2,8-l-V6 mit zentraler Nockenwelle zur Wahl. Beide konnten mit einem 4-Gang-Getriebe oder einer 3-Stufen-Getriebeautomatik Turbo Hydra-Matic kombiniert werden (Letztere mit Wählhebel unter dem Lenkrad). Die Aufhängung umfasste vorne Federbeine und untere Dreieckquerlenker, hinten eine Starrachse mit Längslenkern, Panhardstab und Schraubenfedern. Einen Servo für die Bremsen (vorne belüftete Scheiben) und die Zahnstangenlenkung gab's gegen Aufpreis. 1981 hatten die Skylark feinmaschigere Kühlergitter erhalten. Es wurde auf eine neuartige Scheibenwaschanlage hingewiesen, mit der die Frontscheiben S-förmig beaufschlagt wurde.

Century / Regal. Die Auswahl dieser mittelgroßen Buick war für 1981 gestrafft worden, indem nun die Century-Fastbackcoupés entfielen. So wurden die Century nur noch als Sedan, Sedan Limited, Station Wagon und Station Wagon Estate gebaut, während es das Stufenheckcoupé Regal weiterhin in den drei Versionen Regal, Regal Sport und Regal Limited gab. Dieses Coupé hatte eine aerodynamisch verbesserte Karosserie mit schräggestellter Front erhalten, womit der Luftwiderstand um 18 Prozent vermindert wurde. Bei der Century-Limousine war die Dachform strömungsgünstiger gestaltet worden; alle Century und Regal waren sechssitzig.

Im Gegensatz zu den Skylark waren diese Buick in Standardbauweise gehalten. Für den An-

Buick Regal Limitcd Coupe, 1981

Buick Skylark Coupe, 1982

trieb sorgten ein 3,8-l-V6 und je ein 4,3- und 4,9-l-V8. Für den Regal Sport erhielt der V6-Motor einen Garrett-Abgasturbolader, der die Leistung von 112 auf 172 PS anhob. Der 4,9-l-V8 von Pontiac mit Rochester-Vierfachvergaser und 142 PS war anderseits nur für die Station Wagons lieferbar. Nur für den Century Sedan gab es ein 3-Gang-Getriebe mit Lenkradschaltung, während ansonsten das 3-Stufen-Automatikgetriebe Turbo Hydra-Matic eingebaut wurde (Wählhebel unter dem Lenkrad, auf Wunsch auf der Mittelkonsole).

Nach althergebrachter Sitte wurden die Century und Regal auf einem Kastenrahmenchassis mit Traversen aufgebaut. Vorn fanden sich Trapez-Dreieckquerlenker, hinten eine Starrachse, unteren Längslenkern und oberen zum Differenzial führenden Schräglenkern sowie ebenfalls Schraubenfedern. Es wurden Servobremsen (vorne belüftete Scheiben) und auf Wunsch eine servobestückte Kugelkreislauflenkung mit variierender Untersetzung eingebaut. Für den Regal gab es eine mit Gran-Touring bezeichnete Aufhängung, die ein europäisches Fahrfeeling vermitteln sollte.

Le Sabre. Auch die größere Buick-Baureihe Le Sabre zeigte sich 1981 etwas weniger variantenreich. Le Sabre war der Name des legendären GM-Concept-cars (damals Traum- und Zukunftswagen) von 1951 gewesen. Es gab die Modelle Le Sabre als Sedan und Coupé und Le Sabre Limited zusätzlich als Station Wagon bzw. Estate Wagon; alle waren sechssitzig.

An Motoren standen 1981 zur Verfügung: 3,8-l-V6, 4,1-l-V6, 5-l-V8 und 5,7-l-Diesel-V8. Buick hatte die Herstellung eigener V8-Triebwerke aufgegeben, und der kleinere V8 stammte von Chevrolet, während es sich beim 5,7-l-Diesel um eine Oldsmobile-Entwicklung handelte. Dieser turbolose, bescheidene 106 PS leistende „Selbstzünder" war für die USA noch ein Unikum und diente vor allem dazu, den Durchschnittsverbrauch pro Hersteller zu dämpfen.

In die Le Sabre wurde ausschließlich ein Automatikgetriebe eingebaut, wobei zusammen mit dem (für den Station Wagon nicht lieferbaren) 4,1-l-V6 und mit dem 5-l-V8 auch die neue GM-4-Stufen-Einheit bestellt werden konnte, bei der die oberste Stufe ins Schnelle übersetzt war und daher mit Overdrive bezeichnet wurde (bei den 3-Stufen-Automaten besaß die direkte Stufe in der Regel inzwischen eine Lock-up-Funktion, die den Schlupf unterband und somit ebenfalls einen Spareffekt bot).

Das Kastenrahmenchassis samt Aufhängungen entsprach dem gleichen Konstruktionsprinzip wie jenes des Century und Regal. Beim Kombimodell Estate wurden jedoch hinten Blatt- statt Schraubenfedern verwendet. Auf Wunsch war hinten eine pneumatische Niveauregulierung erhältlich.

Electra. Electra war der Name für die großen Standard-size-Buick. Sie waren technisch mit den Le-Sabre-Modellen identisch, erreichten aber bei einem Radstand von 302 cm die beträchtliche Länge von 562 cm; der Station Wagon bzw. Estate Wagon war mit 294,5/560 cm hingegen gleich lang wie das analoge Modell der Le-Sabre-Serie. Angetrieben wurde der Electra 1981 vom 4,1-l-V6, während der 5,7-l-V8 nur noch als Dieselmotor zu haben war. Den 5-l-V8 gab es ausschließlich im Estate Wagon, wo er mit dem 4-Stufen-Automatikgetriebe kombiniert wurde. Dieses war auf Wunsch (statt mit dem 3-Stufen-Automatikgetriebe ohne Overdrive) auch mit dem 4,1-l-V6 zu haben.

Riviera. Das Riviera-Luxuscoupé mit italienischen Stilelementen war mit dem Modelljahr 1963 ins Buick-Programm gekommen. Mit dem Jahrgang 1971 erhielt es eine grandiose Fastback-Karosserie, die sich von allen anderen US-Wagen klar abhob. Doch schon 1974 zeigte sich der Riviera wieder mit einem fast normalen Stufenheck und mit dem Status einer Design-Ikone war's vorbei. Mit dem von den Abgas- und Verbrauchsvorschriften diktierten Down-sizing verlor der Riviera weiter an Eigenständigkeit, und die 1978 eingeführte kleinere Karosserie im Verein mit Frontantrieb stempelte ihn endgültig zum Derivat des Duos Cadillac Eldorado und Oldsmobile Toronado.

Wie diese vereinte der Riviera den Frontantrieb in ungewöhnlicher Weise mit einem Kastenrahmenchassis mit Traversen (vorne Trapez-Dreieckquerlenker und untere längsliegende Torsionsfederstäbe, hinten Einzelradaufhängung mit schräggestellten Längslenkern, Schraubenfedern und pneumatischer Niveauregulierung). Mit dem Jahrgang 1981 war das Motorenangebot neu geordnet worden: 4,1-l-V6 mit 127 PS, 3,8-l-V6 mit Garrett-Abgasturbolader und 183 PS, 5-l-V8 mit 152 PS und 5,7-l-Diesel-V8 mit 106 PS; alle wurden mit dem 3-Stufen-Automatikgetriebe Turbo Hydra-Matic kombiniert. Die Bremsanlage (vorne belüftete Scheiben) arbeitete mit Servo, wobei auf Wunsch auch eine Vierrad-Scheibenbremsanlage eingebaut wurde; die Kugelkreislauflenkung bot einen Servo sowie ein verstellbares Lenkrad. Den Riviera gab es als Coupé und als T-Coupé (bei dem sich die vorderen Dachhälften herausnehmen ließen).

Skylark 1982. Wie die übrigen X-Modelle von GM erhielt auch der Skylark mit dem Modelljahr 1982 eine zur Gänze verbesserte Vorderachse. Der von Pontiac stammende 2,5-l-Vierzylindermotor lief nun mit Einspritzung statt Vergaser, und der 2,8-l-V6 von Chevrolet wurde auch in einer High-Output-Version mit Doppelvergaser und 137 erhältlich (Normalversion neu mit 114 statt 117 PS). Servobremsen und -lenkung wurden fortan serienmäßig eingebaut.

1982 erfuhren auch andere Buick-Reihen Änderungen. Die Century-Modelle mit Hinterradantrieb wurden im Hinblick auf das neue Frontantriebsmodell vorerst aufgegeben. Dem Coupé Regal wurden ein Sedan und ein Station Wagon zur Seite gestellt; gleichzeitig wurde das Motorenprogramm leicht nach unten korrigiert. Der Le Sabre erhielt einen auffallend grobmaschigen Kühlergrill; auch für ihn war auf Wunsch das 4-Stufen-Automatikgetriebe lieferbar. Beim Electra (ohne Diesel) wie beim Riviera zählte dieses Getriebe neu zur serienmäßigen Ausrüstung. Der im Regal Sport Coupé und im Riviera T Type eingebaute 3,8-l-V6-Turbomotor bot einen verbesserten Gaswechsel.

Wie bereits die Skylark erhielten auch die übrigen Buick mit dem Jahrgang 1982 einen Multi-Function-Bedienungshebel; für Electra und Riviera wurde zudem ein Memory-Seat angeboten, mit dem die Sitzposition von zwei Fahrern/Fahrerinnen gespeichert werden konnte.

Century 1982. Der als viertürige Limousine mit sechs Seitenfenstern sowie als ebenfalls fünfsitziges Stufenheckcoupé gebaute neue Century wurde Ende November 1981 vorgestellt. Er schob sich zwischen Skylark und Regal und wurde parallel mit den nun ebenfalls als A-bodies bezeichneten → Chevrolet Celebrity, Pontiac 6000 und Oldsmobile Cutlass Ciera hergestellt. Diese basierten auf den frontgetriebenen X-body-Modellen und teilten mit diesen auch den Radstand von 266,5 cm. Die Länge erreichte jedoch rund 480 statt 460 cm (Skylark), doch war der neue Century mit 1220 kg wesentlich leichter als der ab 1470 kg wiegende Regal.

Die Motorenauswahl begann wie beim Skylark mit dem auf Einspritzung umgestellten 2,5-l-Grauguss-Vierzylinder mit seitlicher Nockenwelle von Pontiac. Darüber rangierten ein neuer 3-l-V6 und der ebenfalls neue 4,3-l-V6-Diesel von Oldsmobile. Für die Kraftübertragung auf die Vorderräder sorgte das 3-Stufen-Automatikgetriebe Turbo Hydra-Matic 125 mit Wählhebel unter dem Lenkrad. Vorn fanden sich Federbeine mit unteren Dreieckquerlenkern, hinten eine Starrachse mit Längslenkern, Schraubenfedern und Panhardstab.

Skyhawk. Knapp ein Jahr nachdem General Motors die J-car-Serie als Chevrolet, Pontiac und Cadillac lanciert hatte, wurde diese mit dem Opel Ascona verwandte Frontantriebskonstruktion im Februar 1982 auch als Oldsmobile Firenza und als Buick Skyhawk auf den amerikanischen Markt gebracht. Als Motor wurde zunächst die gleiche OHV-Graugussmaschine mit 1841 cm^3 und 89 PS vorgesehen wie sie in den drei bereits bestehenden J-Modellen eingebaut wurde. Doch dann entschloss sich GM für den 1796-cm^3-OHC-Motor mit Leichtmetall-Zylinderkopf aus brasilianischer Produktion; mit Einspritzung kam er auf 85 PS. Dank 5-Gang-Getriebe und einer kürzeren Achsuntersetzung verhalf er dennoch zu etwas mehr Lebhaftigkeit. Im Vordergrund aber stand eine neue 2-l-Einspritzversion des US-amerikanischen 1,8-l-Motors, die anfänglich allerdings auf sich warten ließ.

Es gab den Skyhawk als Sedan, Coupé (einschließlich T Type) und Station Wagon (Limited Wagon). Der 1,8-l-Motor wurde auf Wunsch, die 2-l-Maschine ausschließlich mit 3-Stufen-Automatikgetriebe geliefert. Vorne wurden Federbeine und untere Dreieckquerlenker, hinten Längsschwingen verwendet. Die Zahnstangenlenkung erhielt auf Wunsch einen Servo.

Riviera Convertible. Im Frühsommer 1982 stellte Buick dem Riviera-Coupé ein ungemein attraktives Cabriolet zur Seite. Ein solches hatte es von Buick seit sieben Jahren nicht mehr gegeben.

T Types. Mit dem Modelljahr 1983 führte Buick bei weiteren Modellen sportliche T-Type-Varianten ein. Bei den Skyhawk gab es den T Type F-41 Gran Touring mit straffer abgestimmten Fahrwerk; im Skylark T Type wirkte der High-Output-2,8-l-V6, während die Skylark Custom und Limited sich mit den beiden schwächeren Motoren begnügen mussten. Für den Century wurde zum Frühjahr 1983 ein 4-Stufen-Automatikgetriebe (in Verbindung mit dem 3-l-V6) angekündigt. Century und Regal gab es jetzt ebenfalls als T Type. Der im Regal T Type erhältliche 3,8-l-V6 mit Abgasturbolader kam auf 183 statt 177 PS, dies dank widerstandsärmerer Auspuffanlage, modifiziertem Ladergehäuse und computergesteuerter Abgasrückführung. Hinzu kamen ein verstärkter Kühler und eine kürzere Achse und nicht zuletzt ein 4-Stufen-Automatikgetriebe.

Anfang 1983 integrierte General Motors die auf Karosserien und Teile spezialisierte Tochterfirma Fisher Body in die Buick Division. Die Fisher-Werkanlagen sollten modernisiert, um 3600 Arbeitsplätze reduziert und ab 1986 für die Herstellung von Frontantriebsmodellen genutzt werden.

1984 wurde die kleinste Buick-Modellreihe, der Skyhawk, auch mit Abgasturbolader erhältlich. Hierzu wurde der von GM Brasil stammende 1,8-l-OHC-Vierzylinder außer mit Zentraleinspritzung in den USA auch mit einem Airesearch-Aggregat T2 ausgestattet. Bei einer Verdichtung von 8:1 und einem maximalen Ladedruck von 0,6 bar resultierten 152 PS. Der Skylark erhielt einen etwas grobmaschigeren Kühlergrill; auf Wunsch war er mit elektronischen Anzeigeinstrumenten zu haben. Der Century wurde 1984 (wie die anderen GM-A-cars) zusätzlich als Custom Wagon (Kombi) lieferbar, zudem ließ er sich mit einem 3,8-l-V6 mit Saugrohreinspritzung und 127 PS Leistung ausrüsten.

Den hinterradgetriebe Regal gab es nicht mehr mit dem 5,7-l-V8-Diesel; anderseits war die Leistung des dem Regal T Type vorbehaltenen 3,8-l-V6-Turbomotors von 183 auf 203 PS angehoben worden. Als Topmodell gab es den T Type Grand National. Beim Le Sabre war der in zwölf Felder

Buick Le Sabre Limited Sedan, 1982

unterteilte markante Kühlergrill einem schlichten dunklen Gitter gewichen. Kaum mehr strukturiert gab sich auch der Kühlergrill des Riviera; auch für ihn bot der wahlweise erhältliche Turbo-V6 nun 193 PS Leistung. Übrigens bot GM für das Coupé Buick Riviera, sofern es in Chicago und Umgebung eingesetzt wurde, erstmals ab Werk ein drahtloses Telefon an!

Electra. Im März 1984 wurde Buicks Toplimousine Electra, gleichzeitig mit analogen Modellen von Cadillac und Oldsmobile, nach gänzlich neuem Konzept vorgestellt: Statt eines Kastenrahmenchassis mit Hinterradantrieb besaß er einen selbsttragenden Aufbau mit Frontantrieb samt Quermotor. Weil damit der Radstand des Electra von 302 auf 282 und die Länge von 566 auf 499 cm zusammenschmolz, mutierte der Le Sabre zum größten Buick. Auch wenn das Gewicht um 270 kg auf 1450 bis 1500 kg abgenommen hatte, so war der Electra doch ein für Frontantrieb ungewöhnlich mächtiges Auto. Doch General Motors hatte ja längst einschlägige Erfahrung in der Kombination von Schwergewichten mit angetriebenen Vorderrädern. Das Design war weiterhin im typischen repräsentativen GM-Stil mit vielen Kanten und Ecken gehalten. Die Front prägte ein schlichter, von rechteckigen Doppelscheinwerfern flankierter Kühlergrill. Angeboten wurde der neue Electra als zwei- und viertüriger Sedan (kein Station Wagon), beide mit fast senkrecht stehender Heckscheibe.

Es gab die Ausführungen Electra, Electra Park Avenue und Electra T Type. Basismotor war ein 3-l-V6 mit 112 PS und darüber rangierten ein 3,8-l-V6 mit Bosch-Benzineinspritzung und 127 PS sowie ein 4,3-l-Diesel-V6 mit bescheidenen 86 PS (alle mit neuentwickeltem 4-Stufen-Automatikgetriebe THM 440-T4). Vorne wie hinten wurden Feder- bzw. Dämpferbeine mit unteren Dreieckquerlenkern montiert. Die Kugelkreislauf- war nun einer Zahnstangenlenkung gewichen. Die neuen Electra warteten mit einem erheblich reduzierten Verbrauch auf.

Somerset Regal. Mit dem Modelljahr 1985 lancierte General Motors mit der N-bodies-Serie für Pontiac, Oldsmobile und Buick je ein Coupé: Basis war die J-car-Serie mit von 257 auf 262,5 cm verlängertem Radstand, aerodynamisch ausgefeilte Fünfsitzer mit großzügigen seitlichen Fensterflächen, altbekannter 2,5-l-Gusseisenmotor mit seitlicher Nockenwelle zur Tech IV engine aufgewertet (weiterhin 93 PS), alternativ dazu 3-l-V6 von Buick mit einer dank Multiport- bzw. Saugrohreinspritzung auf 127 PS gesteigerten Leistung, 5-Gang-Getriebe oder 3-Stufen-Automatikgetriebe THM 125. Von Buick gab es als Luxusversion zusätzlich den Somerset Regal Limited. Das Coupé Somerset Regal V6 wurde samt Digitalinstrumentierung auch auf dem Genfer Salon 1985 ausgestellt.

1985 wurde der Skylark nur noch als Sedan gebaut und dessen Topmotor war ein 2,8-l-V6 mit Saugrohreinspritzung und 127 PS. Die Century-Reihe besaß jetzt einen sehr feinmaschigen Kühlergrill, und die Motorenpalette wurde um den 2,8-l-V6 erweitert. Der Century Station Wagon konnte ebenfalls im Euro-Look mit strafferem Fahrwerk und Alurädern ohne Weißringreifen bestellt werden. Den Regal gab es (wieder) nurmehr als Coupé. Der 4,1-l-V6 wurde gestrichen, und dies galt auch für den Le Sabre.

Riviera 1986. Im Mittelpunkt des Buick-Jahrgangs 1986 stand der neue Riviera. Mit ihm nahm das GM-Down-sizing (Verkleinern) seinen Fortgang: Der Radstand schmolz von 289,5 auf 274,5 cm und die Länge sogar um rund einen halben Meter auf noch 475,5 cm. Die Front war aerodynamisch schräggestellt, die charakteristische Coupésilhouette jedoch beibehalten worden. Dass der Innenraum bei weitem nicht im Gleichschritt mit dem Äusseren abgenommen hatte, war dem Übergang vom Kastenrahmenchassis mit Längsmotor zur selbsttragenden Bauweise mit quer eingebautem Motor zu verdanken. Bei diesem handelte es sich ausschließlich um den 3,8-l-V6 mit elektronischer Bosch-Einspritzung: V8 und Turbo standen nicht mehr im Angebot. Vorn gab es neu eine Federbeinaufhängung mit Querlenkern, während sich die hintere Einzelradaufhängung aus Querlenkern und quer angeordneten Fiberglas-Blattfedern à la Chevrolet Corvette zusammensetzte. Erhalten geblieben war die pneumatische Niveauregulierung. Alle Riviera erhielten nun Vierrad-Scheibenbremsen eingebaut und nicht nur die sportlich gefederte Ausführung T Type.

Le Sabre 1986. Ebenfalls neu war 1986 der Le Sabre. Er besaß wie der Electra Frontantrieb und Quermotor. Das Kastenrahmenchassis war einer selbsttragenden Bauweise gewichen, Radstand und Länge verminderten sich von 294,5/555 cm auf 281,5/499 cm. Es gab den Le Sabre noch mit V6-Einspritzmotoren von 3 und 3,8 l Inhalt und als sechssitzige Coupé und Sedan. – Von altem Schrot und Korn waren hingegen die als Estate Wagon bezeichneten Kombi der Baureihen Le Sabre und Electra: Kastenrahmen mit Traversen, 294,5 cm Radstand, 562 cm Länge, 5-l-V8-Motor.

1986 erhielt der mit Kastenrahmen und Hinterradantrieb ausgerüstete Regal in der Version mit 3,8-l-V6-Turbomotor eine Leistungsspritze auf 238 PS, während dem populären Century ein in vier Felder unterteilter, einwärts geneigter Grill verpasst wurde. Beim Somerset-Coupé entfiel die Zusatzbezeichnung Regal, und auf der gleichen

Buick Skyhawk Limited Wagon, 1983

Buick Electra Estate Wagon, 1982

Plattform gab es einen neuen Sedan namens Skylark (ein seit 1963 verwendeter Buick-Modellname). Anderseits wurde die kleinste Buick-Reihe, jene der Skyhawk, um ein Fastback-Coupé mit Heckklappe ergänzt.

1987 erhielt die Skyhawk-Reihe als Basismotor den überarbeiteten, mit Alu-Zylinderköpfen versehenen 1991-cm³-OHV-Vierzylinder (91 statt 89 PS), während die 1,8-l-Motoren durch den von GM Brasil gelieferten 1998-cm³-OHC-Motor ersetzt wurden (auf Wunsch ebenfalls mit Turbo, 103 statt 85 PS bzw. 162 statt 152 PS), neu Modell Sport Hatchback (Klappscheinwerfer); Somerset/Skylark mit 2,5-l-Vierzylinder nun 99 statt 93 PS; Century mit 2,8-l-Motor neu mit Einspritzung (127 statt 114 PS); Regal-Sportmodell T Type durch den Typ Grand National abgelöst, Turbo mit 248 statt 238 PS; Le Sabre und Electra nur noch mit 3,8-l-V6; dieser Motor mit 152 statt 142 PS (u. a. dank rollengelagerter Ventilstößel, auch im Riviera), Le Sabre mit verfeinerter Front und glasüberdeckten Doppelscheinwerfern.

Regal 1988. Auf der Greater Los Angeles Auto Show im Januar 1987 wurde die Coupé-Reihe Regal durch eine Neukonstruktion abgelöst, deren Markteinführung aber erst im Herbst erfolgen sollte. Erwartungsgemäß wurde das Kastenrahmenchassis mit Hinterradantrieb durch eine selbsttragende Konstruktion mit Frontantrieb und Quermotor abgelöst. Damit änderten sich auch die Abmessungen: Radstand um 1,5 auf 273 cm verkürzt, Länge um 21,5 auf 488 cm gekappt, Höhe um 4 auf 134,5 cm abgesenkt (die Breite blieb mit 182 cm gleich). Mit der niedrigen, strömungsgünstigen Front und dem vergleichsweise hohen Stufenheck wirkte der Regal schnittig und neuzeitlich. Das Leergewicht sank um etwa 75 auf 1380 kg.

Anstelle von 3,8-l-V6 und 5-l-V8 trat beim neuen Regal als Einheitsmotor ein 2,8-l-V6 mit Einspritzung von Chevrolet, der sich mit einer Netto-Leistung von 127 PS begnügte. Zusammen mit dem 4-Stufen-Automatikgetriebe (mit Wählhebel unter dem Lenkrad) wurde ein deutlich abgesenktes Verbrauchsverhalten gesichert. Zu den technischen Merkmalen zählten Vierrad-Scheibenbremsen, Servo-Zahnstangenlenkung, vordere Federbeine mit unteren Längs- und Querlenkern und eine hintere Dreilenkerachse mit Querblattfeder. Gegen Aufpreis wurden eine hintere Niveauregulierung und/oder 15-Zoll-Räder montiert. Es gab den Regal in den Ausführungen Custom und Limited sowie mit Sport-Package, das durch schmucke rote Zierelemente auffiel, oder dem „Exterior Appearance & Gran Turismo Pack". – Der neue Regal war bereits dem Jahrgang 1988 zuzurechnen; er eröffnete unter dem Code GM 10 eine neue Modellreihe, die auch für andere GM-Marken angedacht war.

1988 wurden beim Skyhawk das dreitürige Coupé gestrichen und nur noch die 2-l-OHC-Motoren eingebaut. Bei den nächstgrößeren Modellen hieß jetzt auch das Coupé Skylark statt Somerset; neu gab es diese Reihe mit dem Quad-4-Motor von Oldsmobile (2,3 l, DOHC, 16 Ventile, 152 PS); die

Buick Century T Type Sedan, 1983

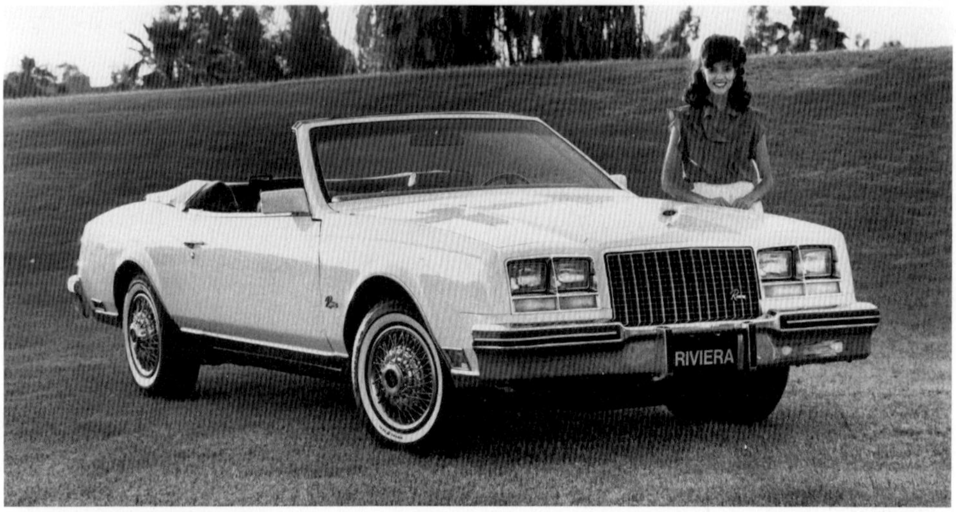

Buick Riviera Convertible, 1983

Buick Park Avenue Sedan, 1985

Skylark-Doppelscheinwerfer wurden von durchgehenden Gläsern abgedeckt. In den Modellen Le Sabre T Type (auf Wunsch auch bei den anderen Le Sabre), Electra und Riviera wurde der neue Motor 3800-V6 eingebaut: Mit versetzten Kurbelwellenzapfen (gleichmäßige Zündintervalle trotz 90-Grad-Gabelwinkel) und gegenläufig drehender Schwingungsausgleichswelle kam er auf 167 PS bei kultivierten Laufeigenschaften. Beim Le Sabre Coupe wurden das zweite Seiten- und das Heckfenster verkleinert. Auch der Riviera präsentierte sich 1988 mit Breitband- statt Doppelscheinwerfern.

Reatta. Im September 1983 hatte General Motors mit dem Pontiac Fiero ein kleines Sportcoupé mit Mittelmotor auf den Markt gebracht. Es wäre denkbar gewesen – und hätte den GM-Gepflogenheiten entsprochen – ihm unter einem der vier weiteren Markennamen ein Schwestermodell nachzuschieben. Doch statt dessen wurde Anfang Februar 1988 der Buick Reatta vorgestellt, ein unaufdringlich geformtes zweisitziges Coupé mit Frontantrieb, das sich größenmäßig zwischen den Fiero und den Firebird/Camaro einschob: just 250 cm Radstand, 464,5 cm Länge (Fiero: 237,5/414 cm, Firebird: 256,5/484 cm). Der Reatta verkörperte aber vor allem eine Alternative zu den diversen, auf dem amerikanischen Markt so erfolgreichen Sportcoupés aus Japan und Europa.

Buick Skyhawk Sport Hatchback, 1987

Buick Regal Custom, 1988

Buick Le Sabre Custom Coupe, 1989

Das Reatta-Design mit seiner wie beim Fiero schlichten, kühlergrillfreien Klappscheinwerferfront und der Panoramaheckscheibe über dem schwungvollen Stufenheck war in den GM-Studios entstanden (cw-Wert 0,34), doch an der technischen Entwicklung war die Londoner Firma Hawtal Whiting maßgeblich beteiligt gewesen (sie hatte auch an der Volvo-700-Serie und am malayischen Proton mitgewirkt). Von ihr waren während drei Jahren 32 Prototypen auf die Räder gestellt und auch auf europäischen Straßen erprobt worden. Abgesehen vom verkürzten Radstand entsprach das technische Konzept des Reatta jenem des Buick Riviera, und die Herstellung erfolgte im Werk Lansing, Michigan.

Die Karosserieteile bestanden aus beidseits galvanisiertem Blech, mit Ausnahme des Dachs und der Radhäuser; für letztere wurde thermoplastischer Kunststoff verwendet. Auch im Reatta wurde der neue (aber stets noch in Grauguss gefertigte) Motor 3800-V6 eingebaut, der mit seinen 167 PS ein Leergewicht von immerhin 1520 kg in Schwung zu bringen hatte. Es gab ausschließlich das Automatikgetriebe Turbo Hydra-Matic 440-T4. 100 km/h ließen sich in rund 10 s erreichen, und es wurde eine Spitze von 200 km/h genannt. Die Betonung lag mehr auf Luxus als auf Sport, was sich im Innenraum ebenfalls zeigte. Vorne fanden sich ein Hilfsrahmen, Federbeine und untere Längs- und Querlenker, hinten Querlenker, Dämpferbeine, eine Fiberglas-Querblattfeder sowie eine Niveauregulierung. Nebst Vierrad-Scheibenbremsen wurde ein ABS System Teves eingebaut. – Die Nachfrage erwies sich als weit größer als erwartet, so dass für 1989 ein Ausstoß von bis zu 9000 Exemplaren geplant wurde.

Riviera 1989. Weil anderseits das Publikumsinteresse an dem verkleinerten Riviera deutlich nachgelassen hatte, wurde ihm für 1989 ein neues schwungvolles Heck verpasst. Bei unverändertem Radstand von 274,5 cm wuchs die Länge um 26,5 auf 503,5 cm. Gleichzeitig wurde das zweite Seitenfenster stark verkürzt. Das Gewicht stieg um 50 auf 1550 kg, und damit der 3,8-l-V6 (LN3 3800) durch gutes Beschleunigungsvermögen brillieren konnte, wurden gleich auch zwei kürzere Achsuntersetzungen angeboten. Die sportliche T-Type-Ausführung gab es hingegen nicht mehr.

1989 gab es den Skyhawk nur noch mit dem schwächsten Motor (OHV, 91 PS). Im Skylark gab es hingegen mehr Leistung: 2,5-l-Vierzylinder mit 112 statt 99 PS, V6 mit 3,3 statt 3 l Inhalt und 162 statt 127 PS (sowie weiterhin 2,3-l-DOHC-16V mit 152 PS). Der Century erhielt eine geänderte Front-, Dach- und Heckpartie einschließlich nur noch vier statt sechs Seitenfenstern; die aufpreispflichtigen V6-Motoren mit 2,8 und 3,8 l Hubraum wurden durch einen 3,3-l-V6 mit 162 PS abgelöst. Für den Regal wurde für den Verlauf des Modelljahrs 1989 ebenfalls ein neuer V6 in Aussicht gestellt: 3,1 l, 142 PS. Im Le Sabre kam ausschließlich noch der neue 3,8-l-V6 mit 167 PS zum Einbau.

Dieses Antriebsaggregat fand sich auch im Electra, der für die Vordersitze ein automatisches Gurtsystem erhielt; für den Frühling wurde zudem der Electra Ultra mit Lederinnenraum, Zweitonlackierung und weiteren Luxusmerkmalen angekündigt. Besser ausgerüstet wurden auch die nach wie vor mit Kastenrahmenchassis und 5-l-V8 gebauten Kombivarianten names Estate Wagon von Le Sabre und Electra. – Übrigens wurde das schon 1988 eingeführte, aufpreispflichtige Dynaride-Komfortpaket auf die meisten Buick-Modellreihen ausgedehnt: Es umfasste noch bequemere Federungsabstimmungen, geänderte Befestigungspunkte, verminderte Vibrations- und Geräuscheinwirkungen usw.

Mit dem Anfang Januar 1989 auf der North American International Auto Show in Detroit gezeigten Konzeptstudie Park Avenue Essence vermittelte Buick einen Ausblick auf das von Aerodynamik und Eleganz geprägte Design der 90er Jahre. Der Innenraum verhieß ein neues Raumgefühl durch schwungvolles Armaturenbrett, automatisch öffnende Türen, elektrisch verstellbare Fußstützen, Navigationssystem GM Delco Navicar, Fernsehbildschirm für hintere Passagiere, drahtlose Kopfhörer für alle Mitfahrer.

Regal Sedan. Mit dem Modelljahr 1990 wurde dem Regal-Coupé im Rahmen der mittelgroßen GM-10-Reihe eine elegant und strömungsgünstig geformte Sechsfensterlimousine zur Seite gestellt. Auffallend waren die großzügigen Fensterflächen, die durch die leicht durchhängende Gürtellinie begünstigt wurden. Mit dem in dunklerer Farbe gehaltenen unteren Flankenteil wirkte der Regal Gran Sport Sedan besonders schmuck. Basismotor war nun auch für das Coupé der 3,1-l-V6 mit 137 PS. Alternativ dazu stand ein 3,8-l-V6 mit 172 PS zur Wahl.

Buick Riviera, 1989

Buick Regal Limited Sedan, 1990

Buick Reatta Coupe,1990

Buick

Buick	Bauart	Mot.	Getr.	R/L cm	Modelljahre
Skyhawk	**Fr.**	**a–c**	**4/A3**	**257/446,5/441**	**1982**
		b–d		**257/445/440**	**1983**
		b–f		**257/450,5/445**	**1984–86**
Motoren:	*Zyl.:*	*N'w.:*	*cm^3:*	*PS/'min:*	*Nm'/min:*
a (1982)	4	OHV	1841	89/5100	135/2800
b (*T Type 1986–)	4i	OHC	1796	85/5200/89*/4800	138/2800
c (1982)	4	OHV	1991	91/5100	151/2700
d (1983 *1984/85)	4i			87/4900	149/135*/3000
e (1986–)				89/4800	149/2400
f (1984–)	4iT	OHC	1796	152/5600	204/2800
Skyhawk	**Fr.**	**a–c**	**4/5/A3**	**257/460,5/456/445**	**1987**
				257/456/461,5	**1988–89**
a (1987 1989–)	4i	OHV	1991	91/5600	147/3200
b (1987/88 +*1988)		OHC	1998	103/5200/ 97*/5200	176/2800/ 160/3600
c (–1988)	4iT			162/5600	217/2800
Skylark	**Fr.**	**a–g**	**4/A3**	**266,5/460**	**1981–85**
Motoren:	*Zyl.:*	*N'w.:*	*cm^3:*	*PS/'min:*	*Nm'/min:*
a (*1982: 4i)	4*	OHV	2471	91/4000	182/2400
b (1983 *1984)	4i			91/93*/4000	179/2800
c (1985–)				93/4400	182/2800
d (–1981)	V6		2838	117/4800	197/2000
e (1982–84)				114/5100/137/5400	201/193/197/2400
f (CH 1984–)				109	–
g (1985–)	V6/V6i			114/4800/ 127/4500	197/2100/ 224/3600
Somerset Regal	**Fr.**	**b/d**	**5/A3**	**262,5/457,5**	**1985**
Somerset(–'87)/Skylark		**a–e**			**1986–90**
a (1988/89 *1990–)	4i	D16V	2260	152/5200/ 162*/6200	217/4000/ 210/5200
b (–1986 *m.Autom.'85)		OHV	2471	93/95*/4400	182/202/2800
c (1987/88 *1989–)				99/4800/112*/5200	183/3200
d (–1988)	V6i		2966	127/4900	203/2400
e (1989–)			3340	162/5200	251/3200
Century	**K'r.**	**a–c**	**3/A3**	**274,5/498**	**1981**
Regal		**a-d**	**A3**	**274,5/509**	
Motoren:	*Zyl.:*	*N'w.:*	*cm^3:*	*PS/'min.*	*Nm/'min*
a			3791	112/3800	258/1600
b	V8		4344	121/4000	277/2000
c (Cent. Estate Wagon)			4942	142/4000	326/1800
d (Regal Sport)	V6T		3791	172/4000	373/2400
Century	**Fr.**	**a–k**	**A3/A4**	**266,5/480,5**	**1982–90**
Century Wagon				**266,5/485**	**1984-90**
a (*1984)	4i	OHV	2471	91/93*/4000	182/2400
b (1985 *1986)				93/4400	179/182*/2800
c (1987–89 *1990–)				99/4800/112*/5200	183/3200
d (T Type –1985)	V6		2966	112/4800	197/2000/2600
e (CH 1984/85)			2838	109	–
f (1985/86)				114/4800	197/2100
g (1987/88)	V6i			127/4500	217/3600
h (1989–)			3340	162/5200	251/2000
i (1984/85)			3791	127/4400	265/2000
j (1986–88 +*nur 1986)				152/4400/146CH*	271/2000
k (–1985)	V6D		4302	86/3600	224/1600
Regal	**K'r.**	**a–k**	**A3/A4**	**274,5/509,5**	**1982–87**
Regal Estate Wagon		**a/c/g**		**274,5/499,5**	**1982/83**
Motoren:	*Zyl.:*	*N'w.:*	*cm^3:*	*PS/'min.*	*Nm/'min*
a	V6	OHV	3791	112/3800	258/1600
b (Europa 1983–85)			2838	114/4800	197/2400

Buick	Bauart	Mot.	Getr.	R/L cm	Modelljahre
c (Sport 1982)	V6T		3791	177/4000	373/2600
d (T Type '83 *'84/85)				183/203*/4000	380/407/2400
e (T Type 1986)	V6iT			238/4400	448/2800
f (Grand National'87–)				248/4400	482/2000
g (–1984)	V6		4128	127/4000	278/2000
h (1985 *CH/Exp.1984–)	V8		5001	152/4000/167*	326/2400
i (1986–)			5033	142/3200	346/2000
j (–1985)	V6D		4302	86/3600	224/1600
k (–1984)	V8D		5737	106/3200	271/1600
Regal	**Fr.**	**a–c**	**A4**	**273/488**	**1988–90**
Regal Sedan				**273/494**	**1990**
a (1988/89 *nur 1988)	V6i	OHV	2837	127*/4500/ 132/4800	217/231/3600
b (mid 1989–)			3128	137/4400	244/3600
c (1990–)			3791	172/4800	298/3200
Le Sabre	**K'r.**	**a–d**	**A3/A4**	**294,5/555**	**1981–85**
Le Sabre Estate Wagon		**c/d**		**294,5/560/562**	**1981–83**
Motoren:	*Zyl.:*	*N'w.:*	*cm^3:*	*PS/'min:*	*Nm/'min:*
a	V6	OHV	3791	112/3800	258/1600
b (–1984)			4128	127/4000	278/2000
c (–1981 *1982–)	V8		5033	152/142*/3600	332/326/1600
d (*1982–)	V8D		5737	106/3200	278/271*/1600
Le Sabre (*1987–)	**Fr.**	**a–c**	**A4**	**281,5/499/500,5***	**1986–90**
a (1986)	V6i	OHV	2966	127/4900	203/2400
b (*1987/88)			3791	142/152*/4400	271/2000
c (1988/89 *1990–)				167/5200/4800*	285/2000
Electra	**K'r.**	**a–d**	**A3/A4**	**302/562/566**	**1981–84**
Electra Estate Wagon				**294,5/560**	
Motoren:	*Zyl.:*	*N'w.:*	*cm^3:*	*PS/'min:*	*Nm/'min:*
a	V6	OHV	4128	127/4000	278/2000
b (–1981)	V8		5033	152/3600	332/1600
c (1982– *CH 1984–)				142/3600/150*	326/1600
d (*1982–)	V8D		5737	106/3200	278/271*/1600
Electra	**Fr.**	**a–e**	**A4**	**281,5/500,5**	**1985–90**
a (1985)	V6	OHV	2966	112/4800	197/2600
b (1985)	V6i		3791	127/4400	265/2000
c (1986)				142/4400/135CH	271/2000
d (1987 *1988–)				152/4400/ 167*/5200	271/285/2000
e (1985)	V6D		4302	86/3600	224/1600
Park Avenue	**Fr.**	**–**	**A4**	**281,5/521,5**	**1991**
Motor:	V6i	OHV	3791	172/4800	298/3200
Le Sabre Estate Wagon	**K'r.**	**–**	**A4**	**294,5/562/560**	**1986–90**
(Electra) Estate Wagon					
Motor: (*1987–)	V8	OHV	5033	142/3200	346/1600/2000*
Riviera	**K'r./Fr.**	**a–e**	**A3/A4**	**289,5/524,5**	**1981–85**
Motoren:	*Zyl.:*	*N'w.:*	*cm^3:*	*PS/'min:*	*Nm/'min:*
a (–1984)	V6	OHV	4128	127/4000	278/2000
b (*1983)	V6T		3791	183/4000	366/393*/2400
c (1984–)				193/4000	
d (*1982–)	V8		5033	152/142*/3600	
e (1982–)	V8D		5737	106/3200	271/1600
Riviera	**Fr.**	**a/b**	**A4**	**274,5/477**	**1986–88**
		b		**274,5/503,5**	**1989/90**
a (*1987)	V6i	OHV	3791	142/152*/4400	271/2000
b (1988/89 *1990–)				167/5200/4800*	285/2000
Reatta	**Fr.**	**–**	**A4**	**250/466**	**1988–90**
Motor: (*1990–)	V6i	OHV	3791	167/5200/4800*	285/2000

Cadillac

Reatta Convertible. 1990 wurde der Sportzweisitzer Reatta auch als Cabriolet erhältlich; ebenfalls neu war das Armaturenbrett. – 1990 wurde die Skyhawk-Reihe gestrichen. Der Kühlergrill der Skylark war nun nicht mehr in den Stoßschutz hineingeschnitten, sondern über diesem abgegrenzt. Der große Kombi hieß kurzerhand Estate Wagon.

Park Avenue. Der im Januar 1990 in Detroit und Los Angeles gezeigte Park Avenue wurde schon im Monat danach als Nachfolger des Electra zum Modell 1991 deklariert. Er verkörperte stilistisch einen gewaltigen Schritt vorwärts, wurde mit ihm doch das GM-typische Kantendesign verlassen und durch elegante Rundungen und Wölbungen ersetzt, und dies galt ebenso für den prägnanten, aus feinen Senkrechtstäben bestehenden Kühlergrill. Während der Electa just 5 m maß, war der Park Avenue bei gleich gebliebenem Radstand von 281,5 cm nicht weniger als 521,5 cm lang. Breite und Höhe hatten um je 3 cm auf 187 bzw. 141,5 cm zugelegt. Damit verkörperte der Park Avenue zugleich eine Umkehr vom jahrelangen Schrumpfungsprozess. Der Luftwiderstandsbeiwert wurde mit cw 0,31 angegeben, was auf intensive Windkanalarbeit schließen ließ.

Dem Vorderradantrieb diente auch im Park Avenue der 90-Grad-V6 mit 3791 cm^3 Inhalt und Schwingungsausgleichswelle. Man hatte ihn aber mit zweistufigem Ansaugsystem und einer geänderten Nockenwelle zu 5 zusätzlichen PS (172 statt 167) und vor allem zu mehr Drehmoment verholfen. So ließ sich das um 100 auf rund 1650 kg erhöhte Leergewicht verkraften. Das 4-Stufen-Automatikgetriebe Turbo Hydra-Matic wurde mit einer elektronischen Steuerung zum Typ 4T60-E aufgewertet, die besonders schnell und sanft reagierte und situationsgerecht beispielsweise von der dritten direkt in die erste Stufe zurückschaltete. Als Sechssitzer besaß der Park Avenue natürlich eine Lenkradschaltung.

Die Ausstattung war sehr vollständig und luxuriös und umfasste auch einen Airbag im Lenkrad-Pralltopf, ABS, Klimaanlage, einen elektrisch verstellbaren Fahrersitz, höhenverstellbares Lenkrad und eine Niveauregulierung der Hinterachse. Bei der Ausführung Park Avenue Ultra kamen u. a. eine für Front und Fond separat regulierbare automatische Klimaanlage und Sitzüberzüge aus besonders weichem Leder hinzu. Gegen Aufpreis war ein Gran Touring Package mit strafferer Federung, kürzerer Achsuntersetzung und Leichtmetallfelgen mit Breitreifen erhältlich.

Buick Park Avenue Ultra, 1991

Cadillac Seville, 1981

Gegründet 1903 von Henry M. Leland (der 1920 auch die Marke Lincoln ins Leben rief). Antoine de la Mothe Cadillac war der Gründer der Stadt Detroit gewesen. Cadillac zählte zu den Stammmarken der 1908 entstandenen General Motors. Als GM-Topname schuf sich Cadillac einen hohen Prestigewert. Mit einem Ausstoß von stets noch über 200'000 Wagen war die Cadillac Motor Car Division auch 1980 der weitaus größte Luxuswagenhersteller der Welt.

Die 1979 eingetretene Erdölkrise veranlasste Amerikas Autoindustrie zu forcierten Anstrengungen für eine Verminderung des Benzinverbrauchs. Bei Cadillac reifte das Projekt der Zylinderabschaltung, das unter der Bezeichnung Modular Displacement eine indirekte Hubraumreduktion ermöglichte. Hierzu diente der 6-l-V8, der sich durch das Abschalten von zwei oder vier Zylindern auf eine V6- oder V4-Funktion reduzieren ließ. Elektromechanische Solenoide verlagerten zu diesem Zweck die Drehachsen der Ventilkipphebel. Damit konnten Ein- und Auslassventile bestimmter Zylinder geschlossen bleiben. Den leer mitlaufenden Kolben wurde die Benzinzufuhr versperrt. Gesteuert wurde dieses System von einem weitgespannten Computerprogramm, das auch die Benzineinspritzung umfasste. Eine einschaltbare Digitalanzeige am Armaturenbrett verriet, wie viele Zylinder jeweils an der Arbeit waren. An der Zylinderabschaltung arbeiteten damals auch die BL Limited (Austin), BMW, Ford USA, Mercedes-Benz und Porsche. – 1981 baute Cadillac die Modellreihen Seville, Eldorado, De Ville und Fleetwood.

Seville. Mit dem Modelljahr 1980 hatte der kleinste Cadillac jenes neue Karosseriedesign erhalten, das ihn im Heckbereich von allen anderen Autoformen deutlich abhob: Das Stufenheck war nämlich unter Bill Mitchell, dem grandiosen GM-Chefstylisten, zu einem Karosserieabschluss im englischen Knife-edge-Stil gewandelt worden (und das war sozusagen Michtells Abschiedsgeschenk, bevor er in Pension ging). Schräg von hinten gesehen ähnelte der Seville nun dem → Daimler DS 420 Limousine als letztem englischem Knife-edge-Nachkommen. Mit der Zweifarbenlackierung des Seville Elegante kam dieses Design besonders zu Geltung.

Gleichzeitig hatte man dem Seville das Frontantriebskonzept des Cadillac Eldorado verpasst, bei dem Motor und Getriebe zu einer Einheit zusammengefasst waren (Wandler hinter, Planetengetriebe neben dem Motorblock links, Drehmomentübertragung mit Kette). Mit dem Modelljahr 1981 wurde zudem erstmals in einem Cadillac ein V6-Motor angeboten. Dieses 4,2-l-Aggregat leistete mit Rochester-Vierfachvergaser 127 PS. Den Cadillac-6-l-Motor gab es jetzt ausschließlich mit der neu eingeführten Zylinderabschaltung (s. oben) als V8-6-4 mit 142 PS. Zudem war der 5,7-l-Diesel-V8 von Oldsmobile zu haben, der besonders sparsam war, aber nur gerade 106 PS bot. Die Kraftübertragung erfolgte über das 3-Stufen-Automatikgetriebe Turbo Hydra-Matic. Dessen Wählhebel befand sich unter dem Lenkrad oder auf der Mittelkonsole; eine Differenzialbremse wurde serienmäßig eingebaut.

Der Seville war auch mit Frontantrieb nach wie vor auf einem Kastenrahmenchassis mit Traversen aufgebaut. Vorne wurden Trapez-Dreieckquerlenker und untere längsliegende Torsionsfederstäbe verwendet, hinten fanden sich schräggestellte Längslenker, Schraubenfedern und eine pneumatische Niveauregulierung. Die belüfteten Vierrad-Scheibenbremsen arbeiteten ebenso mit Servo wie die Kugelkreislauflenkung; das Lenkrad ließ sich verstellen.

Eldorado. Den Namen Eldorado hatten einst besonders luxuriöse Sondermodelle von Cadillac getragen. 1967 war der Fleetwood Eldorado als Parallelmodell zum Oldsmobile Toronado mit Frontantrieb eingeführt worden. Seit damals hatte das Cadillac-Coupé Eldorado im Sparzug der Zeit einen bemerkenswerten Schrumpfprozess erfahren, auch wenn es (besonders in der Ausführung Biarritz) immer noch hochluxuriös ausstaffiert war. Seine Technik entsprach 1981 jener des Seville und es gab ihn auch mit den drei gleichen Motoren.

De Ville. Der De Ville war der mit Abstand am meisten verkaufte Cadillac. Es gab ihn als viertürige Limousine und als zweitüriges Coupé, beide sechssitzig. Wie in den USA üblich, lauteten die Karosseriebezeichnungen Sedan Hardtop und Coupe Hardtop, obwohl die Seitenscheiben (aus Stabilitätsgründen) längst nicht mehr pfostenlos ausgeführt wurden. Auch bei den Topausführungen des De Ville zeigten sich die Karosserieflanken wie beim Seville Elegante in Kontrastfarbe.

Als Kraftquellen dienten 1981 die gleichen Motoren wie in Seville und Eldorado, auch wenn sie im De Ville in herkömmlicher Art die Hinterachse antrieben. Das Kastenrahmenchassis besaß daher ein anderes Fahrwerk, nämlich vorne obere Trapez-Dreieckquerlenker und untere einfache Querlenker mit elastisch gelagerter Zugstrebe und Schraubenfedern, hinten eine Starrachse mit unteren Längslenkern und oberen zum Differenzial führenden Schräglenkern und ebenfalls Schraubenfedern; auf Wunsch kam hinten eine pneumatische Niveauregulierung hinzu. Es wurden nur vorne Scheibenbremsen verwendet (belüftet, mit Servo); die Saginaw-Kugelkreislauf-Servolenkung wies eine variierende Untersetzung auf.

Fleetwood Brougham + Limousine. Der ebenfalls als Sedan und Coupé (dieses mit Opera Window im hinteren Dachträger) gebaute Brougham war die Superluxusvariante des De Ville. Der Fleetwood Limousine war hingegen die Repräsentations-Chauffeurlimousine mit acht oder (als Format Limousine) mit sieben Sitzen. Entsprechend war bei ihm der Radstand von 308,5 auf 367 cm gestreckt (zweiteilige Kardanwelle), während die Länge 620,5 statt 562 cm erreichte. U. a. wurde bei den Fleetwood die pneumatische hintere Niveauregulierung von Haus aus eingebaut und auch eine elektronisch gesteuerte Klimaanlage gehörte zur Ausstattung. Auf Wunsch waren zudem Memory-Sitzen mit zwei gespeicherten individuellen Sitzpositionen lieferbar.

Cimarron. Überraschend hatte sich General Motors entschlossen, die im April 1981 lancierten J-cars außer als → Chevrolet Cavalier und → Pontiac J 2000 gleich auch als Cadillac Cimarron herauszubringen. Damit trat die Spitzenmarke erstmals mit einem relativ sehr kleinen Modell an. Es hatte die Größe eines → Opel Ascona, der dieser Konstruktion auch zu Gevatter gestanden hatte. Den Frontantrieb besorgte ein quer eingebauter neuer 1,8-l-Motor in Grauguss, mit seitlicher Nockenwelle und 89 PS Leistung. Es gab ein 4-Gang-Getriebe oder ein 3-Stufen-Automatikgetriebe Turbo Hydra-Matic 125. Vorne wurden Federbeine und untere Dreieckquerlenker montiert, hinten Längsschwingen, ebenfalls mit Schraubenfedern. Die Bremsscheiben (vorne) waren belüftet.

Im Gegensatz zu seinen Zwillingsmodellen bei den anderen GM-Marken gab es den Cimarron ausschließlich als viertürige Stufenhecklimousine, und diese wurde ab Werk Cadillac-statusgemäß ausgerüstet: mit Klimaanlage, Servobremsen und -lenkung, Alurädern, elektrisch verstellbaren Außenspiegeln, Stereoradio, Liegesitzen, getönten Scheiben und Halogenscheinwerfern. Aufpreis kosteten hingegen Getriebeautomat, Cruise control (Tempofixierung), Zentralverriegelung, Fensterheber, 6-Weg-Sitzverstellung, Kassettenspieler, Glashebedach und höhenverstellbares Lenkrad. Äußerlich hob sich der Cimarron von den anderen J-cars durch den feinmaschigen Cadillac-Kühlergrill ab.

Cadillac Cimarron, 1982

Zwischen Cimarron und Seville klaffte eine große Lücke, denn die X-car-Baureihe (Chevrolet Citation usw.) wurde nie als Cadillac aufgelegt. Und der Cimarron war ein Fehlgriff der Marketingleute; er wurde zum Flop und musste Mitte 1988 wieder vom Markt genommen werden. Dem Prestige der Marke Cadillac fügte er einigen Schaden zu.

4,1-l-V8-Motor. Mit dem Modelljahr 1982 führte Cadillac einen neukonstruierten kleinen V8-Motor ein. Im Vergleich zum 6-l-V8-6-4 war er 100 kg leichter. Hierzu trug vor allem der Leichtmetall-Zylinderblock bei. Die Zylinderköpfe (samt eingesetzten Zylinderbüchsen) bestanden aber überraschenderweise weiterhin aus Stahlguss. Die Versorgung erfolgte durch ein digital gesteuertes Einspritzsystem, und bei einer Verdichtung von 8,5:1 resultierten aus 4087 cm^3 Hubraum 127 PS bei 4200/min bzw. 258 Nm bei 2000/min. Zusammen mit dem neuen 4-Stufen-Automatikgetriebe (einschließlich Overdrive) durfte aber ein ansprechendes Leistungsvermögen und vor allem ein sparsamerer Verbrauch erwartet werden.

Cadillac Fleetwood Brougham Sedan, 1981

Der neue Motor stand in den Modellen Seville, De Ville, Fleetwood und Eldorado zur Verfügung. Der 6-l-V8-6-4 (es gab noch keine optimale Elektronik) wurde nur noch – und dort ausschließlich – im Repräsentationsfahrzeug Fleetwood Limousine eingebaut. Alternativ zum 4087-cm³-V8 standen der preisgünstige 4128-cm³-V6 sowie der 5737-cm³-V8-Dieselmotor zur Wahl. Für Seville und Eldorado gab es neu eine straffer abgestimmte Touring Suspension (Eldorado Touring Coupe = europäisch angehaucht), und im Fond des Cimarron wurde 1982 eine hintere Sitzbank statt der Einzelsitze eingebaut. Seville und Eldorado wurden mit einem falschen Cabriodach erhältlich. Diese „Trompe-l'oeil"-Option bestand aus einem Vinyldachüberzug mit Cabrioverdeck-Knickstellen.

Cimarron 1983. Der kleinste Cadillac erhielt mit dem Modelljahr 1983 den 2-l-Motor mit Einspritzung TBI sowie das 5-Gang-Getriebe (alternativ zum 3-Stufen-Automatikgetriebe). Entsprechend erschien am Heck die Aufschrift 2.0 Liter Fuel Injection. Der Kühlergrill erhielt nur noch zwei- statt dreifach unterteilte Senkrechtstäbe, und es wurden neue Leichtmetallräder montiert.

Der Seville zeigte 1983 ein etwas feineres Oberkanten-Chromband über dem Kühlergrill und bot gegen Aufpreis neu geformte Leichtmetallräder. Der 4,1-l-V8 hatte sich als ein Hit erwiesen; statt des erwarteten Anteils von 65 Prozent wurde er zu 80 bis 95 Prozent gewählt. Mit einer voluminöseren Auspuffanlage resultierte für 1983 ein Plus von 10 PS. Der auch für den De Ville eingeführte alternative 4,1-l-V6 von Buick wurde bereits wieder gestrichen.

Eldorado Biarritz Convertible. Mit dem Modelljahr 1984 gab es den Eldorado auch wieder als Cabriolet. Es wog 1770 kg (+ 70 kg) und auch sein Fahrwerk war gegenüber dem Coupé verstärkt worden. Der Cimarron wurde in der besonders luxuriösen Version d'Oro erhältlich. Bei den großen „Cadi" gab es nur Kleinigkeiten (u. a. ein geändertes Lenkrad) zu verzeichnen; erwähnt wurden auch leichter gebaute Katalysatoren, die sich schneller aufheizten.

Anfang 1984 lieferte Cadillac die erste von zwei mächtigen Präsidentenlimousinen an das Weiße Haus in Washington. Auf der Basis des Fleetwood war ein stark verlängerter und deutlich höherer gepanzerter Aufbau entstanden. Mit diesem Auftrag hatte GM die jahrzehntelange Dominanz als Präsidentenlieferant von Fords Pretigemarke Lincoln brechen können.

De Ville / Fleetwood 1984. Die weiteren GM-Schritte im Down-sizing bzw. im Verkleinern der Modelle machte auch vor Cadillac nicht Halt. Im März 1984 wurden die vollständig umkonstruierten De Ville und Fleetwood (ohne Fleetwood Brougham, aber einschließlich 75 Limousine) vorgestellt. Statt eines Kastenrahmens mit Traversen hatten sie nun einen selbsttragenden Aufbau, und für den Antrieb sorgten nicht mehr die Hinter-, sondern die Vorderräder; die Motoren wurden quer eingebaut. Die mit C-bodies bezeichneten Neukonstruktionen betrafen auch den Buick Electra und den Oldsmobile Ninety-Eight. Rad-

Cadillac Eldorado Biarritz Convertible, 1984

Cadillac Fleedwood 75 Limousine, 1985

Cadillac Seville, 1988

Cadillac Fleetwood d'Elegance, 1988

Cadillac Eldorado, 1989

stand, Länge und Leergewicht erreichten noch 281,5 und 495 cm bzw. etwas über 1500 kg (1983 noch 308,5 und 561,5 cm bzw. 1800 kg). Für die bis achtsitzige Repräsentationslimousine lauteten die Daten 341,5 statt 367 cm, 561,5 statt 620,5 cm und ab 1625 statt 2165 kg.

Der Stil dieser Sedan und Coupé mit dem niedrigeren Cadillac-Kühlergrill war schlichter geworden. Im Gegensatz zu den Buick- und Oldsmobile-Parallelmodellen wurde in ihnen der 4,1-l-V8 mit 127 PS als Standardmotor eingebaut. Alternativ dazu war ein 4,3-l-Diesel-V6 mit sehr bescheidenen 86 PS zu haben. Der Kraftübertragung diente das neue 4-Stufen-Automatikgetriebe THM 440-T4 mit Lenkradschaltung. Es wurden Feder- bzw. Dämpferbeine mit unteren Dreieckquerlenkern verwendet. Die Kugelkreislauf- war einer Zahnstangenlenkung gewichen. Hinsichtlich Platzangebot waren (abgesehen vom Kofferraum) kaum Abstriche zu machen, und Komfort sowie Ausstattung bewegten sich auf dem gewohnten hohen Cadillac-Niveau... auch wenn der optional angebotene hintere Niveauausgleich aufgegeben worden war.

Ab Herbst 1984 wurden alle Frontantriebs-/Quermotormodelle mit einer dritten Bremsleuchte ausgerüstet, wie sie in den USA ab Modelljahr 1986 vorgeschrieben war. Der Seville erhielt eine Verbundglas-Windschutzscheibe, deren Innenseite ähnlich wie beim Opel Senator mit einer hauchdünnen Kunststoffschicht überzogen war, was das Risiko von Schnittverletzungen bei Unfall verminderte. – Ab Spätherbst 1985 wurde der Cimarron auch mit 2,8-l-V6-Motor lieferbar, womit 131 statt bloß 90 PS zur Verfügung standen.

Im August 1985 konnte Cadillac-Chef John O. Grettenberger stolz die Lieferung von zwanzig speziell karossierten Repräsentationslimousinen an die Volksrepublik China kommentieren: Da sowohl Modelle mit Hinterrad- wie mit Frontantrieb bestellt worden waren, verkörpere diese Sendung „gleichzeitig die reichhaltige Tradition wie den Geist der Neuzeit Chinas".

Seville + Eldorado 1986. Mit dem Modelljahr 1986 erfuhren der Seville und der Eldorado (dieser parallel zum Buick Riviera und zum Oldsmobile Toronado) ein eklatantes Down-sizing: Bei beiden schrumpften der Radstand von 289,5 auf 274,5 cm und die Länge um 42 auf 478 cm. Die Fahrzeugbreite blieb jedoch mit 180 bzw. 182 cm unverändert, und wenn auch hinten in der Innenlänge ebenfalls eine gewisse Reduktion hinzunehmen war, so ergab sich doch eine erhöhte Schulterbreite. Vor allem aber hatte das Leergewicht abgenommen, nämlich von 1725 auf 1555 kg (Seville) bzw. von rund 1700 auf 1525 kg (Eldorado).

Mit der neuen kürzeren Karosserie hieß es für den Seville von dem originellen Design mit schrägem Stufenheck Abschied zu nehmen. Den von 1980 bis 1985 gebauten Seville kam damit endgültig ein besonderer Liebhaberstatus zu. Der neue Seville mit dem schlanken hinteren Dachträger und dem GM-typischen nahezu senkrechten Heckfenster wirkte ebenfalls apart. Dazu trugen auch die Aluleisten unten an den Flanken bzw. Zweitonlackierung bei. Auch wenn es kleiner geworden war, so verriet das Eldorado-Coupé nach wie vor seinen eigenen Stil (u. a. mit vinylüberzogenem hinterem Dachträger). Vor allem dank der wesentlich weniger kantigen Front hatte sich der cw-Wert von 0,51 auf 0,37 verbessert! Das Cabriolet wurde nicht mehr gebaut.

Für den Antrieb der neuen Seville und Eldorado diente der hauseigene 4,1-l-V8-Motor, während des Diesel-V8 nicht mehr angeboten wurde. Die Leistung war leicht zurückgenommen worden (von 137 auf 132 PS; dies galt beispielsweise auch für den noch 122 PS starken 2,8-l-V6 im Cimarron d'Oro). Der Kastenrahmen mit Traversen war einer selbsttragenden Bauweise mit vorderem und hinterem Fahrschemel gewichen. Vorne wurden Federbeine und untere Dreieckquerlenker verwendet, hinten waren es Dämpferbeine und untere Dreieckquerlenker sowie eine quer angeordnete Fiberglas-Blattfeder. Hinzu kamen eine automatische Niveauregulierung und Vierrad-Scheibenbremsen sowie natürlich zahlreiche Luxusmerkmale. – Übrigens waren seit 1976 über 400'000 Seville und seit Mitte der 50er Jahre gut 900'000 Eldorado (zu 96 Prozent mit Vorderradantrieb) gebaut worden.

Allanté. Ungewöhnliches geschah im Dezember 1985: Noch bevor der schon seit einiger Zeit erwartete Luxuszweisitzer von Cadillac vorgestellt wurde, erhielten 200 nach Detroit eingeladene Journalisten Informationen über dessen Fabrikationsablauf. Deren Einmaligkeit bestand nämlich in einer Luftbrücke zwischen Turin, wo Pininfarina die Karosserien herstellte, und Detroit. Mit dem Supercabriolet Allanté plante Cadillac ab Herbst 1987 den in den USA so erfolgreichen sportlichen Modellen von Mercedes-Benz und Jaguar Paroli zu bieten.

Cadillac hatte schon früher mit → Pininfarina zusammengearbeitet. Für das Projekt LTS (luxury two-seater) war Cadillac 1982 an Pininfarina herangetreten. Das Design, abgesehen vom Kühlergrill, war darauf in den Pininfarina-Studios entwickelt worden. Die Herstellung der Karosserieteile, deren Zusammenbau und Lackierung sollte im Pininfarina-Werk in Grugliasco erfolgen, während für den Innenausbau in San Giorgio Canavese, in der Nähe des Turiner Flughafens Caselle, eigens Produktionsanlagen errichtet wurden. Nach dem Überflug nach den USA erhielten die Allanté im neuen GM-Montagewerk von Hamtramck bei Detroit nebst Radaufhängungen und Bremsanlagen die gesamte Antriebseinheit einverleibt. Für den Transport gelangten drei Cargo-Jumbos Boeing 747 von Lufthansa und Alitalia zum Einsatz. Es war vorgesehen, ab Oktober 1986 dreimal wöchentlich einen Jumbo mit 56 fertiggestellten Karosserien in Caselle abheben zu lassen. Zusammenklappbare Paletten ermöglichten eine Frachtraumnutzung für den Rückflug mit GM-Komponenten für den Allanté bzw. via Frankfurt für weitere GM-Werke.

Der Fachpresse vorgestellt wurde der Allanté erst im August 1986: ein wuchtig-prächtiges zweisitziges Cabriolet, das auch mit einem Leichtmetall-Hardtop versehen werden konnte. Das Design war elegant und schlicht, und selbst der markentypische Kühlergrill war dezent gehalten. Der Luftwiderstandsbeiwert wurde mit cw 0,34 angegeben. Ja, der Allanté war klar als Alternative zum Mercedes-Benz SL gedacht. Bei 252,5 cm Radstand (SL: 246 cm) maß er 453,5x186,5x132,5 cm (SL: 439x179x130,5 cm). Mit 1585 kg lag er gewichtsmäßig zwischen den SL mit 3-l-Sechszylinder und 4,2-l-V8-Motor. Hinsichtlich Leistungsfähigkeit war der Allanté allerdings nur mit dem 3-l-Mercedes vergleichbar.

Cadillac Fleetwood Coupe, 1990

Cadillac Allanté, 1990

Cadillac	Bauart	Mot.	Getr.	R/L cm	Modelljahre
Cimarron (*1986–)	**Fr.**	**a–c**	**4/A3**	**257/440/451,5***	**1982–88**
Motoren:	*Zyl.:*	*N'w.:*	*cm^3:*	*PS/'min:*	*Nm/'min:*
a (1982)	4	OHV	1841	89/5100	136/2800
b (1983–85 *1986)	4i		1991	89/86*/4800	149/2400
c (1985 *1986)	V6i		2838	131/122*/4800	216/210/3600
d (1987–)				127/4500	217/3600
Seville (*1982–)	**K'r./Fr.**	**a–e**	**A3/A4***	**289,5/520**	**1981–85**
Motoren:	*Zyl.:*	*N'w.:*	*cm^3:*	*PS/'min:*	*Nm/'min:*
a (1981/*1982)	V6	OHV	4128	127/3800/4000*	285/2000
b (1982 *1983–)	V8i		4087	127/4200/137*/4400	
258/2000/271/200					
c (Europa 1983–)				147/4400/139CH	278/2200
d (V8-6-4 –1981)			6045	142/3800	359/1400
e (*1983–)	V8D		5737	106/3200	278/271*/1600
Seville (*1988–)	**Fr.**	**a/b**	**A4**	**274,5/478/484,5***	**1986–90**
a (–1987)	V8i	OHV	4087	132/4200	271/2200
b (1988/89 *1990–)			4467	157/4200/183*/ 4400	326/2800/ 333/3000
De Ville /	**K'r.**	**a–d/h**	**A3/A4**	**308,5/561,5**	**1981–84**
Fleetwood Brougham		**a–h**			**1981–87**
Brougham					**1988–90**
Motoren:	*Zyl.:*	*N'w.:*	*cm^3:*	*PS/'min:*	*Nm/'min:*
a (1981/*1982)	V6	OHV	4128	127/3800/4000*	285/2000
b (1982 *1983–85)	V8i		4087	127/4200/137*/4400	258/2000/271/2200
c (Europa 1983–85)				147/4400/145CH	278/2200
d (1987–)			5001	172/4000	339/2600
e (1986–)			5033	142/3200	346/2000
f (1990–)			5733	177/4200	400/2000
g (V8-6-4 –1981)			6045	142/3800	359/1400
h (*1982–85)	V8D		5737	106/3200	278/271*/1600

Cadillac	Bauart	Mot.	Getr.	R/L cm	Modelljahre
De Ville/Fl'w.(*1988–)	**Fr.**	**a–d**	**A4**	**281,5/495,5/499***	**1985–88**
Fleetwood Sixty Spec.				**294,5/512,5**	**1986–88**
De V./Fleetw./Fl.S.Sp.				**289/522,5**	**1989/90**
Fleetwood Coupe				**281,5/515**	
Motoren:	*Zyl.:*	*N'w.:*	*cm^3:*	*PS/'min:*	*Nm/'min:*
a (*1986 /CH)	V8i	OHV	4087	127/132*/4200/139*	258/271/2200
b (1987)				132/4200/137/4300	271/2200/278/2300
c (1988/89 *1990–)			4467	157/4200/183*/4400	326/2800/333/3000
d (–1985)	V6D		4302	86/3600	224/1600
Fleetwood Limousine	**K'r.**	**c**	**A3**	**367/620,5**	**1981–84**
(*1987–)	**Fr.**	**a/b**	**A4**	**341,5/561,4/559***	**1985–87**
Motoren:	*Zyl.:*	*N'w.:*	*cm^3:*	*PS/'min:*	*Nm/'min:*
a (*1986– /CH)	V8i	OHV	4087	127/132*/4200/139*	258/271/2200
b (1987–)				132/4200	271/2200
c (V8-6-4)			6045	142/3800	359/360/1400
Eldorado	**K'r./Fr.**	**a–e**	**A3/A4**	**289,5/519,5**	**1981–85**
Motoren:	*Zyl.:*	*N'w.:*	*cm^3:*	*PS/'min:*	*Nm/'min:*
a (1981/*1982)	V6	OHV	4128	127/3800/4000*	285/2000
b (1982 *1983–)	V8i		4087	127/4200/137*/4400	258/2000/271/2200
c (Europa 1983–)				147/4400/139CH	278/2200
d (V8-6-4 –1981)			6045	142/3800	359/1400
e (*1983–85)	V8D		5737	106/3200	278/271*/1600
Eldorado (*1988–)	Fr.	a/b	A4	274,5/478/485,5*	1986–90
a (–1987)	V8i	OHV	4087	132/4200	271/2200
b (*1990–)			4467	157/4200/183*/4400	326/2800/333/3000
Allanté	**Fr.**	**a/b**	**A4**	**252,5/453,5**	**1987–90**
Motoren:	*Zyl.:*	*N'w.:*	*cm^3:*	*PS/'min:*	*Nm/'min:*
a (*1988)	V8i	OHV	4087	172/4100/4300*	312/319/3200
b (1989–)			4467	203/4400	366/3200

Carville

Antriebstechnisch lehnte sich dieser amerikanische Zweisitzer eng an die Cadillac Seville, De Ville und Eldorado an, mit denen er die quergestellte Frontantriebseinheit teilte. Diese bestand aus dem 4,1-l-V8-Motor mit zentraler Nockenwelle in Verbindung mit dem 4-Stufen-Automatikgetriebe Turbo Hydra-Matic F7. Immerhin hatte man diesen Motor mit einer elektronisch geregelten Saugrohreinspritzung aufgewertet, mit der die Leistung von 132 auf 172 PS bei 4300/min anstieg, zudem hatte man ihn auch optisch attraktiver gestaltet (im SL standen ab 180 PS zur Verfügung, in den USA gab's den 560 SL mit 5,5-l-V8 und 230 PS). Die Aufhängung umfasste vorne Federbeine mit unteren Längs- und Querlenkern, hinten eine Einzelradaufhängung mit Querlenkern, einer Fiberglas-Querblattfeder und Niveauregulierung. Die Vierrad-Scheibenbremsen wurden serienmäßig mit einem ABS versehen. Im luxuriös ausstaffierten Cockpit fiel die mit besonders vielen Tasten dotierte Mittelkonsole auf. 100 km/h konnten in 10 s erreicht werden und als Spitze wurden ebenso runde 200 km/h angegeben.

1987 war der Cimarron nur noch mit 2,8-l-V6 (127 statt 122 PS) erhältlich, und das Handschaltgetriebe bot nun fünf Gänge. Neu gab es den Fleetwood Sixty Special mit von 281,5 auf 294 cm gestrecktem Radstand und von 499 auf 512 cm gewachsener Länge. Der Fleetwood Brougham war auf Wunsch mit 5001-cm^3-V8 und 172 PS zu haben (mit 3- statt 4-Stufen-Automatikgetriebe).

1988 wurde der Hubraum des 4087-cm^3-V8 durch Vergrößern der Bohrung von 88 auf 92 mm auf 4467 cm^3 gebracht. Die Leistung stieg von 132 auf 158 PS. Seville, De Ville und Eldorado konnte man nun binnen 9,9 s auf 60 mph (96,5 km/h) beschleunigen. Seville und Eldorado erhielten einen leicht geänderten Wabengrill, beim Eldorado wurde zudem das Heck um 7,5 cm verlängert.

Der Allanté musste sich weiterhin mit dem 4,1-l-V8 zufrieden geben. Dafür gab es ihn nun außer in Perlweiß oder Silbergrau auch in Schwarz oder Rot. Statt mit der Digitalinstrumentierung war er neu mit herkömmlichen Analogarmaturen erhältlich. Bei verschiedenen Cadillac-Modellen wurde die Ausstattung weiter angehoben und zudem war nun teils ein ABS von Teves lieferbar (beim Allanté wurde weiterhin serienmäßig ein ABS III von Bosch eingebaut).

Im Juni 1988 wurde die Allanté-Produktion wegen Absatzproblemen für zweieinhalb Monate unterbrochen. Der Cimarron aber wurde gleich gänzlich abgesetzt.

De Ville + Fleetwood 1989. Offenbar war Cadillac in den vorangegangenen Jahren hinsichtlich Down-sizing zu weit gegangen. Nun wurde der umgekehrte Weg eingeschlagen: Nach dem ein Jahr zuvor verlängerten Fleetwood Sixty Special wurden für das Modelljahr 1989 der Radstand der Sedan De Ville, Fleetwood und Sixty Special auf 289 cm vereinheitlicht, jener des De Ville Coupe und des neu hinzugekommenen Fleetwood Coupe hingegen bei 281,5 cm belassen. Zudem wurde vor allem der hintere Überhang wieder verlängert, so dass die Cadillac-Längen wieder stattliche 521,5 cm (Sedan) bzw. 514 cm (Coupe) erreichten. Bei den Sedan gab es mehr Platz im Fond und einen von 455 auf 520 dm^3 angewachsenen Kofferraum. Das Leergewicht stieg (beim De Ville) um bescheidene 30 auf 1575 kg, und Tempo 100 ließ sich binnen 10 s erreichen (der große Brougham benötigte 14,5 s).

Allanté 1989. Der Allanté war für 1989 vor allem leistungsmäßig in die Kur genommen worden: Hubraum von 4087 auf 4467 cm^3 vergrößert (wie beim Seville usw. schon 1988), Verdichtung 9:1 statt 8,5:1, Ansaugtrakt und Zylinderköpfe überarbeitet, damit 203 statt 172 PS. Hinzu kam eine verkürzte Achsuntersetzung, so dass nun 60 mph (96,5 km/h) binnen 8,5 s erreichbar waren. Die variierend wirkende Servolenkung und die Stoßdämpfer waren dem höheren Leistungsniveau angepasst worden. Die Dämpfung ließ sich in drei Stufen einstellen. – Für den Seville Touring Sedan (STS, mit Lederinnenraum) wurde eine straffe Federung nach europäischer Vorgabe ausgearbeitet.

In limitierte Auflage gab es im Frühling 1989 den Eldorado Spring Special mit Cabriolet-Imitationsdach, Leichtmetallrädern im Speichenlook, Similigoldornamenten und Ledersitzen.

1990 bot der 4,5-l-V8 in Seville, De Ville und Eldorado dank Übergang von der Zentral- zur Saugrohreinspritzung Rochester einen Leistungszuwachs von 157 auf 183 PS. In der Version Touring Coupe wurde dem Eldorado eine kürzere Gesamtuntersetzung verpasst. Der Brougham wurde außer mit den beiden 5-l-V8 auch mit einem 177 PS leistenden 5,7-l-V8 lieferbar. Beim Allanté kam zum ABS eine Antischlupfregelung.

Carville, 1982

Auf dem Genfer Salon 1977 war vom „Superautokonstrukteur" → Sbarro auch das Elektrokleinauto Pilcar vorgestellt worden. Es war in Zusammenarbeit spezialisierter Firmen entstanden, die ausgesprochen hübsche dreitürige Kunststoffkarosserie war jedoch das Werk von Franco Sbarro, bei dem auch die Herstellung in Kleinstserie erfolgte.

Aus dem Pilcar entstand 1979 der um 15 cm längere und etwas leistungsfähigere Carville. Neue Möglichkeiten für Einsatz und Service verhieß ein als Schublade konzipierter – und patentierter – hinterer Unterbau, der sich samt Batterien, Gleichstrommotor, Kraftübertragung, Aufhängung und Rädern wegschrauben und austauschen ließ. Technische Daten: 84 Volt, 8/16 kW (22 DIN-PS), automatische 4-Gang-Schaltung bzw. 4-Gang-Getriebe von Citroën, Leergewicht 1150 kg, Reichweite bis 100 km, Spitze 80 km/h, Reisetempo 60 km/h, 0–40 km/h in 6 s, 0–60 km/h in 19 s.

Der Carville entstand bei Sbarro unter der Ägide der Firma Vessa (Véhicules Electriques Suisses SA) in Clarens VD. Sie sah sich vor allem nach Lizenznehmern um. Bis Anfang der 80er Jahre wurde dieses attraktive, aber teure kleine Elektroauto in nur 15 Exemplaren gebaut. Im Herbst 1982 stellte Vessa einen auf Elektroantrieb umgebauten Fiat 900 (Frontlenker-Minibus mit Heckmotor) vor, für den eine Serienfertigung vorgesehen wurde.

Caterham

Mit dem Jahr 1957 hatte die Firma → Lotus das preisgünstige, auch in Kitform angebotene Modell Mark VII als ihren ersten straßentauglichen Seriensportwagen ins Programm aufgenommen. 1967 übernahm die Firma Caterham Car Sales den Vertrieb und 1973 wurde die Produktion dieses urtümlichen Sportzweisitzers an die Firma Seven Car Co. Ltd abgetreten. Zwar wurde gemeinhin weiter vom Lotus Seven gesprochen, doch galt alsbald Caterham als Marke. Wie der Cobra (von AC) fand auch der Seven viele Nachahmer, und es kam sogar zu Urheberrechtsprozessen.

Super Seven. Der Seven war ein beinhart gefederter, mit exzellenten Fahreigenschaften aufwartender Liebhabersportwagen. In ihm saß man in Boden- bzw. Fahrbahnnähe, und kaum ein anderes Auto vermochte derart direkt vom Formelrennsport abgeleitete Fahrgefühle zu vermitteln. Sein Fahrzeugkörper erinnerte ja auch direkt an einen Formelrennwagen, nur dass er eben nicht als Monoposto, sondern als Zweisitzer ausgebildet war. An dieses „Torpedo" waren einfachste, langgezogene Kotflügel und aufgesetzte Scheinwerfer angefügt, während die Hinterräder von halbkreisförmigen Kotflügeln umfasst wurden. Auf dem Heck thronte ein schwarzer Überrollschutzbügel und auf Stoßstangen wurde verzichtet. Die Karosserie bestand aus einer Kombination von Kunststoff und Aluminium und wurde von der Firma William & Pritchard geliefert. 1974 war die rechteckige Kühleröffnung durch eine abgerundete Version ersetzt worden. Ansonsten waren im Verlaufe der Zeit kleine Änderungen etwa der Luftansaughutze auf der Motorhaube oder der Blinkerposition vorgenommen worden.

Der Seven basierte auf einem leichtgewichtigen Rohrrahmen, vorn wurden in rennsportlicher Manier Trapez-Dreieckquerlenker, hinten eine Starrachse mit vier Längslenkern und einem Querlenker sowie Schraubenfedern verwendet. Variationen gab es hinsichtlich des Motors: Beim Super Seven S3 (dritte Serie), wie er 1981 angeboten wurde, standen drei 1598-cm^3-Antriebsaggregte zur Wahl: Lotus DOHC, 2 Doppelvergaser Dell'Orto, 120 PS; Ford Escort Sport, OHV, 2 Doppelvergaser Weber, 111 PS, oder mit 1 Weber-Vergaser, 85 PS. Es wurden ein 4-Gang-Getriebe und auf Wunsch eine Differenzialbremse eingebaut.

Mit dem ab 550 kg wiegenden Super Seven ließ es sich zum Beispiel auf Passstraßen superschnell unterwegs sein. Für Autobahnfahrten eignete er sich weniger, weil die schmale flache Frontscheibe einen nur ungenügenden Windschutz vermittelte. Immerhin waren statt der tiefen Seitenausschnitte auch niedrige Türen und mit diesen Seitenteile aus flexiblem Material samt Schiebefenstern erhältlich. Statt des Notverdecks ließ sich außerdem ein Hardtop aus schwarzem Kunststoff samt hochklappbarem Heckfenster montieren. Bei den für den Clubsport bestimmten Exemplaren wurde auf solche Komfortmerkmale allerdings verzichtet.

Nachdem 1981/82 auch ein 2-l-OHC-Ford-Motor mit 110 PS angeboten worden war, stammte ab 1982/83 die Topmotorisierung von Vegantune (→ Anhang). Es handelte sich um den 1,6-l-Kent-Motor

d i e

Caterham Super Seven, 1981

von Ford mit DOHC-Zylinderkopf und Nockenwellenantrieb mittels Zahnriemen statt mit Kette; seine Leistung wurde mit 130 PS angegeben.

Super Seven 1985. Auf der Birmingham Motor Show im Oktober 1984 erhielt der Super Seven als bedeutendste Neuerung eine De-Dion-Hinterachskonstruktion, die auch auf rauen Straßen eine exakte Führung der Hinterräder brachte. Allerdings blieb die Starrachse auf Wunsch weiterhin lieferbar. Gleichzeitig wurde das Motorenangebot von drei auf fünf Aggregate erweitert: Über dem Twin Cam rangierten zusätzlich der 1700 Super Sprint und der RS 1600 BDR mit 135 bzw. 150 PS; Letzterer besaß einen 4-Ventil-Zylinderkopf und war auch für den Renneinsatz gedacht.

Super Seven 1700 HPC. Als weitere Steigerung wurde auf der Birmingham Show im Oktober 1986 der 1,7 l Hubraum und 16 Ventile kombinierende Motor 1700 HPC eingeführt: Die beiden Weber-Doppelvergaser holten aus ihm 170 PS bei 6500/min und ließen das Auto binnen 5 s auf Tempo 100 sprinten. Dieser Motor wurde ausschließlich mit der De-Dion-Hinterachse kombiniert.

Gegen Ende 1987 konnte in Dartford, Kent, ein neues Werk mit einer jährlichen Produktionskapazität von 500 Wagen in Betrieb genommen werden (1986 waren 220 Caterham Super 7 gebaut worden). Der Betrieb in Caterham blieb als Verkaufszentrum erhalten.

Im Modelljahr 1988 erhielt der Super Seven 1.6i hintere Scheibenbremsen.

Ein Entscheid des britischen Oberhauses, wonach Baupläne urheberrechtlich zu schützen seien, hatte Caterham schon im Frühling 1986 veranlasst, gegen den niederländischen Nachahmer → Donkervoort gerichtlich vorzugehen. – In einem weiteren Rechtsstreit gegen die Hersteller des → Westfield Seven wurde Anfang 1988 vom Gericht der Caterham Car Sales and Coachworks Ltd das alleinige Recht auf die Form und Struktur des Typs Seven zugestanden. Westfield hatte nun ein eigens Modell ohne die Bezeichnung Seven zu lancieren. Dies hatte Donkervoort bereits getan, weil sich aber der Grad der erforderlichen Formabweichung nicht genau festlegen ließ, glichen sich die drei Fabrikate weiterhin.

Super Seven Lightweight Turbo. Auf dem Genfer Salon 1990 wurden dem Super Seven Verfeinerungen an der Aufhängung nachgesagt, zudem bestanden die Seitenwände neben dem Cockpit nun aus einer Alu-Honigwabenstruktur, was zu einer weiteren Versteifung und zu verbessertem Schutz bei Seitenaufprall beitrug. Neben dem Super Seven 1.6i mit 95-PS-Ford-Motor gab es inzwischen den Super Seven Turbo mit 140 PS. Zudem wurde in Genf der bis dahin nur in wenigen Exemplaren gebaute Super Seven Lightweight gezeigt: 520 kg Leergewicht, 175 PS, 0–100 km/h in 4,9 s, aerodynamisch ausgefeilte Karosserie, Armaturen mit in der Wagenfarbe gehaltenen Zifferblättern, Sitzüberzüge in Wildleder usw. Dieses Modell kostete über 50 Prozent mehr als der „normale" Turbo. - *Übrigens wurden die Super Seven für den Schweizer Markt von der Firma Kumschick Sports Cars in Schötz LU montiert.*

Caterham	Bauart	Mot.	Getr.	R/L cm	Modelljahre
Super Seven	**R'r.**	**a–j**	**4/5**	**223,5/340**	**1980–82**
				225/338	**1982–90**
Motoren:	*Zyl.:*	*N'w.:*	*cm³:*	*PS/'min:*	*Nm/'min:*
a (1981/82)	4	DOHC	1557	126/6500	153/5500
b (–1981)			1598	120/6500	145/5500
c (1986–)		OHC		95K/5800	123/4600
d (1988–)	4T			132/5700	180/2800
e	4	OHV	1599	85/84/5500	125/3500
f (Sprint)				111/110/6000	143/4800
g (1982–84)				130/6000	156/5000
h (Super Sprint 1984–)			1690	135/6000	171/4500
i (Cosworth 1984–)		D16V	1599	150/6500	176/5500
j (1700 HPC 1986–)			1690	170/6500	–

Checker

Die 1922 gegründete Checker Motors Corp. in Kalamazoo, Michigan, war auf die Herstellung von besonders robust konzipierten und geräumigen Taxi spezialisiert. Diese Sedan (zwischenzeitlich hatte es auch Station Wagons gegeben) wurden manchmal auch von Gewerbetreibenden oder Privatleuten erstanden. Die gelben Checker Cabs etwa in New York wurden ebenso zu einem mit dieser Stadt verbundenen Begriff wie die schwarzen → London Taxi. Nachdem Checker-Präsident (und Gründer-Sohn) David R. Markin Anfang 1979 den Aktienbestand an die New Yorker Anlagefirma Oppenheimer verkauft hatte, plante er eine völlig neue Taxikonstruktion herauszubringen.

Taxicab / Marathon. 1981 wurde nach den einfachst ausgerüsteten Taxicab und den etwas komfortableren Marathon unterschieden, die es auch mit Klimaanlage gab. Das Karosseriedesign mit vier Türen und sechs Seitenfenstern war seit 1956 bis auf kleine Details unverändert geblieben. Es gab die A-11 und A-12 (Marathon) bzw. A-11E und A-12E, wobei der Buchstabe E für Extended stand bzw. längerer Radstand bedeutete: Bei 328 statt 305 cm Achsabstand standen acht bis neun statt sechs Sitze zur Verfügung.

Die Checker hatten das, was Amerikas Taxidriver überaus schätzten: nämlich ein Kastenrahmenchassis, das sogar mit einer Kombination von Traversen und einer X-Verstrebung aufwartete. Vorn wurden Trapez-Dreieckquerlenker und Schraubenfedern verwendet, hinten kam eine Starrachse mit Halbelliptikfedern zum Einbau. Die Kugelkreislauflenkung arbeitete mit Servo und variierender Untersetzung.

1981 gab es die Checker mit drei Benzinmotoren von Chevrolet und mit dem Diesel von Oldsmobile: 3,8-l-V6, 4,4-l-V8, 5-l-V8 bzw. 5,7-l-V8. Sie wurden ausschließlich mit dem 3-Stufen-Automatikgetriebe Turbo Hydra-Matic 400 mit Lenkradschaltung kombiniert.

Weil sich mehr und mehr Taxiunternehmen leichteren und sparsameren Modellen zuwandten, gingen die Checker-Absatzzahlen zurück und die Checker Motors Corporation erlitt 1981 einen hohen Verlust. Der Ausstoß war von 1979 bis 1981 von 4766 auf 2910 Exemplare gesunken. Im Frühling 1982 verkündete sie ihre Absicht, die Taxiproduktion im Juli einzustellen, sich aber weiterhin als Zulieferer der Automobilindustrie zu betätigen. Doch viele der gelben „Oldtimer“ sollten noch während langer Jahre überleben.

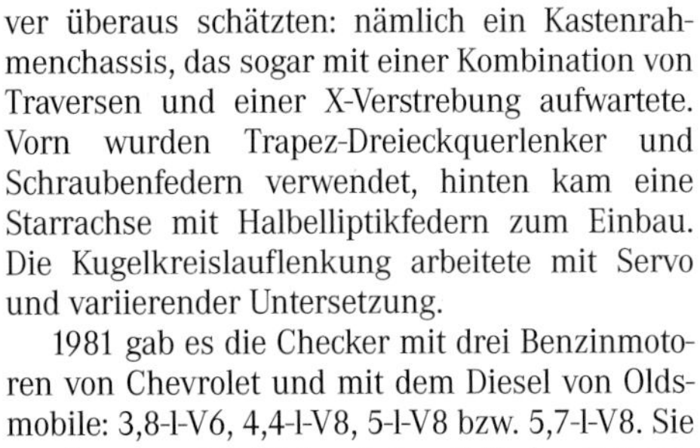

Checker Taxi, 1980

Checker	Bauart	Mot.	Getr.	R/L cm	Modelljahre
A-11	**K'r.**	**a–d**	**A3**	**305/512**	**1981/82**
A-11E / A-12E		**b–d**		**328/535**	**1981/82**
Motoren:	*Zyl.:*	*N'w.:*	*cm³:*	*PS/'min:*	*Nm/'min:*
a	V6	OHV	3751	112/4200	231/2000
b	V8		4389	117/4000	271/2400
c			5001	147/4000	326/2400
d	V8D		5737	106/3200	271/2000

Chevrolet

USA

Gegründet 1911 von Louis Chevrolet, der aus dem Schweizer Jura stammte. 1918 wurde Chevrolet – Louis war längst nicht mehr dabei – in General Motors integriert. Nach dem Zweiten Weltkrieg wurden die „Chevy“ zur meistverkauften Automarke der Welt. General Motors war schon 1931 weltgrößter Autohersteller geworden. In den USA war Chevrolet die GM-Basismarke (neben Pontiac, Oldsmobile, Buick, Cadillac und GMC; 1985 sollte Saturn dazukommen), und die Konzernentscheide werden daher in diesem Markenkapitel erfasst.

1979 war Nordamerika von der ersten großen Erdölkrise erschüttert worden. Wegen der schon zuvor unter dem Druck der amerikanischen Regierung eingeführten Schadstoff- und Verbrauchsrestriktionen waren die Motoren entgiftet und verkleinert worden, und sie leisteten viel weniger als früher. Zudem hatte man die Entwicklung kleinerer Modelle eingeleitet. Die schlechte Wirtschaftslage führte dazu, dass General Motors 1980 erstmals seit 1921 einen Verlust hinnehmen musste. Doch man sprach bei GM 1980 bereits auch von den kommenden J-Modellen, die dem neuen Markttrend noch verstärkt entsprechen sollten. Für den im Herbst angekündigten Jahrgang 1981 war aber zunächst von neuen Sparmaßnahmen bei bestehenden Modellen die Rede.

Bereits im Vorjahr war für die Automatikgetriebe der größeren Modelle die Lock-up-Funktion eingeführt worden, die den Schlupf im direkten Gang unterband. Ein elektronisches Abgas- und Benzinkontrollsystem CCC = Computer Command Control optimierte nun zusätzlich die Treibstoffdosierung selbst unter extremen Fahrbedingungen; für den Export nach Europa wurde auf diese Vorrichtung allerdings verzichtet. Die Palette umfasste die Modelle Chevette, Citation, Malibu, Monte Carlo, Impala, Caprice, Camaro, Corvette und Blazer. Die Monza-Baureihe war in der unveränderten Ausgabe 1980 bis zum Erscheinen des J-cars weiterhin erhältlich.

Chevette. Unter dieser Bezeichnung baute Chevrolet eine in Standardbauweise gehaltene hübsche kleine Fastback-Limousine mit fünf Türen und sechs Seitenfenster sowie eine Coupéversion. Angetrieben wurden sie von einem 1,6-l-Graugussmotor mit obenliegender Nockenwelle. Statt des 4-Gang-Getriebes konnte das 3-Stufen-Automatikgetriebe Turbo Hydra-Matic geliefert werden. Auch bei ihm war der Wählhebel in der Mitte angeordnet. Vorn wurden Dreieckquerlenker, hinten eine Starrachse mit Längslenkern, Panhardstab und ebenfalls Schraubenfedern verwendet. Die Kardanwelle mündete in ein kurzes

Chevrolet Monte Carlo, 1981

Schubrohr mit Zentralgelenk. Die Bremsanlage (vorne Scheiben) und die Zahnstangenlenkung wurden auf Wunsch servobestückt. In der Topausführung zeigte sich der Chevette in schmucker Zweifarbenlackierung, deren Abgrenzung unterhalb der Gürtellinie verlief.

Citation. Im März 1979 hatte General Motors das radikal neue X-Serie-Quartett Chevrolet Citation, Pontiac Phoenix, Oldsmobile Omega und Buick Skylark lanciert. Sie waren bis zu einem halbem Meter kürzer, 10 cm schmaler und bis zu einer halben Tonne leichter als die von ihnen ersetzten Modelle. Dies war durch den Übergang von der Standardbauweise zum Frontantrieb mit Quermotor ermöglicht worden.

Den Citation gab es 1981 als formschöne fünftürige Fließhecklimousine (Sedan Hatchback) und als dreitüriges Fließheckcoupé (das ebenfalls fünfsitzige zweitürige Stufenheckcoupé war gestrichen worden). Das Kühlergitter zeigte sich nun etwas weniger feinmaschig und die Sitze hatte man verbessert. Die sportliche Version X-11, ein Coupé mit schwarzen statt verchromten Fensterrahmen und ebensolchem Kühlergitter, war jetzt deutlich stärker motorisiert, denn in ihr leistete der 2,8-l-V6 in Grauguss mit zentraler Nockenwelle dank einer von 8,5:1 auf 8,9:1 erhöhten Verdichtung und weiteren Maßnahmen 137 statt 112 PS.

Basismotor war aber der von Pontiac hergestellte 2,5-l-OHV-Vierzylinder mit 85 PS. Nebst dem 4-Gang-Getriebe mit Stockschaltung stand das 3-Stufen-Automatikgetriebe Turbo Hydra-Matic mit Lenkradschaltung zur Wahl. Die Vorderradaufhängung bestand aus Federbeinen und unteren Dreieckquerlenkern, hinten fand sich eine Starrachse mit Längslenkern, Panhardstab und Schraubenfedern. Die Bremsen (vorne Scheiben) wie die Zahnstangenlenkung wurden auf Wunsch servobestückt.

Malibu. Die Malibu und Malibu Classic waren die seit 1978 hergestellten mittelgroßen Modelle = Intermediates von Chevrolet. Es gab sie als viertürige Sedan, zweitürige Coupés und fünftürige Station Wagons. Alle waren sechssitzig und entsprechend erfolgte die Gangschaltung bzw. -wahl mit einem an der Lenksäule angewinkelten Hebel (im Coupé bzw. Sport Coupe war auf Wunsch ein Wählhebel auf der Mittelkonsole erhältlich). Bei den Malibu hatten die Abgas- und Verbrauchsvorschriften ebenfalls eine weitere Leistungseinbuße gebracht. So standen im 3,8-l-V6-Motor noch 112 PS zur Verfügung (für Kalifornien wurde der geringfügig größere, aber gleich starke Buick-V6 eingebaut), während es im 4,4-l-V8 117 und im 5-l-V8 152 PS waren. Alle Motoren wurden mit dem Turbo-Hydra-Matic-Getriebe kombiniert, der V6 auch mit einer 3-Gang- und der 5-l-V8 mit einer 4-Gang-Handschaltung.

Der Malibu beruhte noch (nach alter Väter Sitte) auf einem Kastenrahmenchassis mit Traversen, vorne mit Trapez-Dreieckquerlenkern, hinten mit einer Starrachse, unteren Längslenkern und oberen zum Differenzial führenden Schräglenkern. Auch hinten wurden Schraubenfedern verwendet. Die Bremsen hatten vorne Scheiben (belüftet), und auf Wunsch arbeitete die Kugelkreislauflenkung ebenfalls mit Servo (im Verbund mit einer variierenden Untersetzung). Für 1981 hatten die Malibu eine neugeformte hintere Dachpartie erhalten, zudem war das Kühlergitter niedriger und moderner.

Monte Carlo. So hieß die sportlich-luxuriöse Coupéversion des Malibu. An seinem Design fiel der so genannte Hüftschwung, die über dem hinteren Radausschnitt angehobene Gürtellinie, auf. Die angedeuteten Radhaussicken in den Flanken waren für 1981 jedoch aufgegeben worden und die geglätteten Seitenflächen verhießen eine bessere Aerodynamik und damit einen niedrigeren Verbrauch. Das nach wie vor von markanten rechteckigen Doppelscheinwerfern flankierte Kühlergitter war niedriger und die Hecklichter waren aufrecht in den Ecken platziert statt flach über die Breite gezogen. Das Kastenrahmenchassis und die Motorisierung stimmten mit dem Malibu überein, doch hatte man den 5-l-V8 wieder durch den Buick-V6 mit Abgasturbolader ersetzt, mit dem 172 PS zur Verfügung standen.

Impala / Caprice Classic. Sie waren die klassischen großen Chevy und erreichten als Limousine immer noch 538,5 cm und als Kombi 546,5 cm

Chevrolet Citation, 1981

Länge. Breite und Höhe wurden mit 191,5 und 143,5 cm bzw. mit 201 und 147,5 cm beim Station Wagon angegeben. Die Grundlage bildete ein Kastenrahmenchassis mit Traversen, und viele Amerikaner schworen auf diese solide Bauweise. Die Vorderradaufhängung umfasste obere Trapez-Dreieckquerlenker und untere einfache Querlenker mit elastisch gelagerten Zugstrebe und Schraubenfedern, hinten eine Starrachse mit unteren Längslenkern und oberen zum Differenzial führenden Schräglenkern; während die Limousinen hinten Schraubenfedern erhielten, waren es beim Station Wagon Blattfedern (was u. a. den Innenraum weniger einschränkte). Serienmäßig wurde eine Kugelkreislauf-Servolenkung mit variierender Untersetzung eingebaut. Auch in diesen (wie in den meisten größeren GM-) Modellen war auf Wunsch eine Positraction-Differenzialbremse erhältlich.

Sowohl den Impala wie den luxuriöseren Caprice Classic gab es als viertürigen Sedan, als zweitüriges Coupé und als fünftürigen Station Wagon, alle natürlich sechssitzig. Die Motoren (3,8-l-V6, 4,4-l-V8 und 5-l-V8) entsprachen jenem im Malibu. Sie wurden jedoch ausschließlich mit dem Automatikgetriebe Turbo Hydra-Matic kombiniert, wobei in Verbindung mit dem 5-l-V8 neu eine mit Overdrive bezeichnete vierte Stufe hinzu kam, mit der die Drehzahl und damit der Verbrauch gesenkt wurden.

Wer aufs Sparen aus war, der konnte den Standard-size-Chevy mit dem von Oldsmobile gebauten 5,7-l-Diesel-V8 bestellen, der allerdings 115 kg Mehrgewicht brachte (leer somit ab knapp 1700 kg), ohne Abgasturbolader auskommen musste und daher nur gerade 106 PS leistete. Nach wie vor gab es die Impala und Caprice zweifarbig lackiert.

Camaro. Auch unter den europäischen Autoliebhabern war der Camaro als sportlicher Ausdruck amerikanischen Lifestyles zu einem Begriff geworden. Das schwungvolle Design dieses viersitzigen Coupés wirkte nach wie vor elegant und energiegeladen. Doch in Wirklichkeit hatten die strengen US-Vorschriften in der Basisversion mit 3,8-l-V6-Motor eine weitere Leistungsreduktion auf noch 112 PS gebracht. Für Kalifornien (wo noch restriktivere Bestimmungen galten) wurde der geringfügig größere, aber gleich starke Buick-V6 eingebaut. Mit dem 4,4-l-V8 standen kaum mehr, nämlich 117 PS, zur Verfügung und mit dem 5-l-V8 152 PS bzw. für die Sportversion Z28

Chevrolet Caprice Classic, 1981

Chevrolet Corvette, 1981

Chevrolet Chevette, 1982

Chevrolet Cavalier, 1982

167 PS. Nur im Z28 stand zudem der 5,7-l-V8 zur Wahl, der es immerhin auf 177 PS brachte. In den drei stärksten Varianten sorgte ein Rochester-Vierfachvergaser für die Gemischaufbereitung.

Mit dem V6-Motor bestand die Wahl zwischen einem 3-Gang-Getriebe und dem 3-Stufen-Automatikgetriebe Turbo Hydra-Matic, den 4,4-l-V8 und den 5,7-l-V8 gab es ausschließlich mit letzterer Kraftübertragung und bei den mittleren V8 konnte sich der Käufer zwischen 4-Gang- und Automatikgetriebe entscheiden. Vorne wurden Trapez-Dreieckquerlenker und Schraubenfedern, hinten eine Starrachse mit Mehrblattfedern verwendet. Zusammen mit den größeren V8-Motoren war auf Wunsch eine verstärkte Aufhängung erhältlich. Die Scheibenbremsen (nur vorne) waren belüftet; Servobremsen und -lenkung mussten nur bei den beiden schwächeren Modellen eigens bestellt werden. – Wie sein Schwestermodell → Pontiac Firebird war der Camaro nicht nur ein Kultauto, sondern er zeichnete sich durch eine für Amerikaner Wagen erstaunliche Designkonstanz aus. Seit seinem Erscheinen mit dem Modelljahrgang 1967 (als Antwort auf den Ford Mustang) waren seine Grundlinien weitgehend beibehalten worden.

Corvette. Der (oder die) Corvette, Amerikas legendärer Sportzweisitzer, litt 1981 genau so unter der Fuchtel der „staatlichen Abgaseingriffe". Es gab ihn noch in einer einzigen Leistungsversion, nämlich mit dem auf 193 PS gedrosselten 5,7-l-V8; im Vorjahr waren es noch 193 und 233 PS gewesen. Die Gemischaufbereitung besorgte ein Rochester-Vierfachvergaser. Zwar besaßen amerikanische Motoren in der Regel keine Leichtmetall-Zylinderköpfe, beim Corvette bestanden aber immerhin die Ventildeckel aus Magnesium! Es konnte zwischen einem 4-Gang-Getriebe und dem Turbo Hydra-Matic gewählt werden. Die Positraction-Differenzialbremse wurde serienmäßig eingebaut.

Die Kunststoffkarosserie wurde nach wie vor von einem Kastenrahmenchassis mit Traversen getragen. Vorne fanden sich Trapez-Dreieckquerlenker und Schraubenfedern, hinten eine Einzelradaufhängung mit Querblattfeder und je zwei Längs- und Querlenkern. Diese Querblattfeder bestand neuerdings aus Kunststoff statt aus Stahl, was eine Gewichtseinsparung von 15 kg erbrachte. Die Bremsanlage umfasste vorne wie hinten belüftete Scheiben, und die Kugelkreislauflenkung war ebenfalls servobestückt; zudem war das Lenkrad verstellbar.

Blazer. Der 1969 eingeführte Blazer war (parallel zum GMC Jimmy) der dreitürige Geländekombi von General Motors. Dies galt allerdings nur unter dem Code K 10, während es ihn als C 10 auch bloß mit Hinterradantrieb gab. Aufgebaut war er auf einem Kastenrahmenchassis mit fünf Traversen. Während der K 10 vorne und hinten Starrachsen mit Halbelliptikfedern aufwies, hatte der C 10 eine vordere Einzelradaufhängung. Die Bremsanlage (vorne belüftete Scheiben) arbeitete mit Servo, während die Kugelumlauflenkung nur auf Wunsch servobestückt wurde.

Es standen ein 4,1-l-Sechszylinder und zwei V8-Motoren mit 5 und 5,7 l zur Wahl (der letztere für Kalifornien). Es wurden entweder ein 3-Gang-Getriebe mit Lenkradschaltung, eine 4-Gang-Einheit mit Stockschaltung oder ein 3-Stufen-Automatikgetriebe mit Wählhebel unter dem Lenkrad eingebaut. Im K 10 war der zuschaltbare Vorderradantrieb mit einem zentralen Differenzial samt Bremse und einer Geländereduktion verbunden. 1981 hatte der Blazer ein neues „zweistöckiges" Kühlergesicht mit übereinander liegenden rechteckigen Doppelscheinwerfern und horizontaler Teilung der senkrechten Gitterstäbe erhalten. Auch die seitliche Farbaufteilung bei den Topmodellen war geändert worden.

Cavalier. Im April 1981 war es soweit: General Motors stellte die vor langem angekündigten J-cars vor, zunächst als Chevrolet Cavalier, Pontiac J 2000 und Cadillac Cimarron. Zwei Jahre nach den X-cars (Citation usw.) trat GM noch einen Stock tiefer gegen die japanische Importkonkurrenz an. Wie die X-cars boten auch die J-cars Frontantrieb mit Quermotor. Der Cavalier trat an die Stelle des Monza, den es allerdings nur als Coupé gegeben hatte. Mit 257 cm Radstand und einer Länge von 438 cm entsprach der Cavalier ziemlich genau dem → Opel Ascona, mit dem er auch die konstruktiven Grundzüge teilte.

Ausstattungsmäßig wurde nach Cavalier Cadet, Cavalier und Cavalier CL unterschieden, und sie wurden als viertürige Limousine in konventioneller Stufenheckform, als zweitüriges Coupé gleicher Stilrichtung, als besonders harmonischer, lichtdurchfluteter fünftüriger Kombi bzw. Station Wagon und als dreitüriges Fließheckcoupé hergestellt. Letzteres besaß eine verbreiterte B-Säule und ein zum langgezogenen Dreieck ausgebildetes zweites Seitenfenster. Auffallend waren die in die Schrägfront versenkten Rechteckscheinwerfer der Cavalier.

Die Motorisierung beschränkte sich zunächst auf einen neukreierten 1,8-l-Vierzylindermotor in Graugussbauweise mit seitlicher Nockenwelle, der es mit Doppelvergaser auf 89 PS brachte. Es gab ihn mit einem 4-Gang-Getriebe oder mit einem 3-Stufen-Automatikgetriebe Turbo Hydra-Matic (THM 125). Vorne umfasste die Einzelradaufhängung Federbeine und untere Dreieckquerlenker, hinten Längsschwingen und ebenfalls Schraubenfedern. Die Bremsscheiben (vorne, mit Servo) waren belüftet, und auf Wunsch gab's zur Zahnstangenlenkung einen Servo. Für amerikanische Verhältnisse war die Serienausstattung reichhaltig.

Zum Jahresbeginn 1981 wurde in der Fachpresse eine erste Foto des für den Herbst in Aussicht gestellten kürzeren und um bis zu 300 kg leichteren Camaro veröffentlicht. *Im August 1981 schloss General Motors mit der Suzuki Motor Company und der Isuzu Motors Limited ein Abkommen, mit dem sich GM u. a. Produktionskapazitäten für einen Kleinstwagen sicherte. Offiziell ging es um die gemeinsame Entwicklung, Herstellung und Beschaffung von Komponenten und den Verkauf mit Export von wirtschaftlichen Kleinautos. Gleichzeitig wurde bekanntgegeben, dass GM 5,5 Prozent des Suzuki-Kapitals erwerben werde und dass Isuzu und Suzuki symbolische Anteile austauschen würden. GM besaß bereits seit 1971 34,2 Prozent des Isuzu-Kapitals.*

Chevette 1982. Das Modelljahr 1982 brachte bei den bereits eingeführten Modellen vor allem Verfeinerungen. Erstaunlicherweise hatte sich der für amerikanische Verhältnisse winzige Chevette zum meistverkauften Chevrolet und US-Modell überhaupt entwickelt; das amerikanische Publikum war also durchaus bereit, kleinere und sparsamere Modelle zu fahren. Für den Jahrgang 1982 wurde der Chevette zusätzlich mit einem 1,8-l-Dieselmotor von Isuzu lieferbar; zudem wurde neu ein 5-Gang-Getriebe angeboten. Die beson-

Chevrolet Camaro Z28, 1982

ders preisgünstige Ausführung Scooter wurde nun auch fünftürig aufgelegt. – Der Cavalier wurde ab März 1982 mit 2-l-Motor lieferbar.

Citation 1982. Mehr Änderungen erfuhr der Citation 1982: grundlegend erneuerte Vorderachse, neues Auspuffsystem, von 53 auf 60 l vergrößerter Benzintankinhalt, 2,5-l-Motor mit Einspritzung statt Vergaser, was eine Verminderung des Verbrauchs versprach.

Der zweitürige Malibu entfiel, das viertürige Modell und der Kombi erhielten einen vom Caprice inspirierten Kühlergrill mit rechteckigen Doppelscheinwerfern. Im Malibu und Monte Carlo wurden auch der 4,3-l-V6 und der 5,7-l-Diesel-V8 lieferbar. Nicht mehr verfügbar waren das Impala-Coupé und das Caprice-Landau-Coupé. Der 4-Stufen-Overdrive-Automat wurde nun auch an den kleineren 4,4-l-V8 angeflanscht.

Corvette 1982. Für 1982 erhielt der Corvette statt des Vierfachvergasers eine mit Cross Fire Injection bezeichnete doppelte Zentraleinspritzung. Mit ihr stieg die Leistung von 193 auf 203 PS. Zudem wurde das 4-Stufen-Automatikgetriebe eingebaut (oberste Stufe mit 0,67:1 untersetzt und daher als Overdrive). Eine wesentliche Neuerung für das letzte Produktionsjahr dieses Modells – man sprach längst von einer Neuauflage – war jedoch die ebenfalls auf Wunsch erhältliche Heckklappe: Indem das kuppelartige Heckfenster vollumfänglich nach oben gestemmt werden konnte, ergab sich endlich ein bequemer Zugang zum Kofferraum bzw. zur Ablage hinter den Sitzen.

Blazer 1982. Mit dem Modelljahr 1982 wurde im Blazer-Geländekombi zusätzlich ein 6,2-l-Diesel-V8 mit 132 PS Leistung lieferbar.

Celebrity. Ende November 1981 wurde die seit geraumer Zeit erwartete Modellreihe zwischen X-bodies und Malibu vorgestellt. Diese neuen A-bodies wurden parallel als Chevrolet Celebrity, Pontiac 6000, Oldsmobile Cutlass Ciera und Buick Century hergestellt. Sie basierten auf den frontgetriebenen X-body-Modellen und teilten mit diesen den Radstand von 266,5 cm. Die Länge erreichte jedoch 478,5 statt 449 cm (Chevrolet Citation). Der zu den Intermediates zählende Chevrolet Malibu (nun mit Zusatz Classic; bisherige A-bodies neu als G-Modelle bezeichnet) war bei 274,5 cm Radstand 489 cm lang, blieb aber erschwinglicher als die Neukonstruktion, und dies galt analog für die drei weiteren GM-Marken.

Celebrity & Co. waren mit einem Leergewicht ab 1220 kg über 200 kg leichter als die Intermediates. Es gab sie als viertürige Limousinen mit sechs Seitenfenstern oder als zweitüriges, ebenfalls fünfsitziges Stufenheckcoupé. Wie beim Citation begann die Motorisierung beim Celebrity mit dem nun auf Einspritzung umgewandelten 2,5-l-Grauguss-Vierzylinder mit seitlicher Nockenwelle von Pontiac. Darüber rangierten der 2,8-l-V6 und der von Oldsmobile beigesteuerte neue 4,3-l-V6-Diesel. Für die Kraftübertragung auf die Vorderräder sorgte das 3-Stufen-Automatikgetriebe Turbo Hydra-Matic 125 mit Wählhebel unter dem Lenkrad. Vorn fanden sich Federbeine mit unteren Dreieckquerlenkern, hinten eine Starrachse mit Längslenkern, Schraubenfedern und Panhardstab (Bremsanlage und Zahnstangenlenkung mit Servo).

Camaro 1982. Intern hießen sie bei General Motors F-cars, doch bei den Fans waren es die Begriffe Chevrolet Camaro und Pontiac Firebird, die gleich nach dem Namen Corvette für sportliches Feeling und Fahrfreude sorgten. Die Camaro-Freunde hatten schon seit geraumer Zeit gespannt auf die in Aussicht gestellte Neuauflage gewartet. Es war sogar von Vorderradantrieb gemunkelt worden, auf jeden Fall aber sollte der Neuling dem Trend der Zeit entsprechend kleiner, leichter und sparsamer sein.

Jene nicht nur auf das Design, sondern auch auf sportliche Leistungsfähigkeit erpichten Fans konnten Anfang Dezember 1981 mit Erleichterung zur Kenntnis nehmen, dass auch der neue Camaro in Standardbauweise gehalten war, also mit Hinterradantrieb aufwartete. Zudem war das Design typisch Camaro geblieben, wirkte jedoch moderner und noch dynamischer. Die Aerodynamik war deutlich verbessert worden und die Panoramaheckscheibe ließ sich nun hochklappen, was den Nutzwert erhöhte. Der Radstand war von 274,5 auf 256,5 cm verkürzt worden, die Länge erreichte noch 477 statt 502 cm. Hinsichtlich Leergewicht begann die Camaro-Auswahl mit 1295 statt 1510 kg. Dennoch war der Innenraum nicht kleiner geworden und vermochte nach wie vor (knapp) vier Erwachsene aufzunehmen.

Erstmals gab es den Camaro mit einem Vierzylindermotor, nämlich dem auf Einspritzung umgestellten 2,5-l-OHV-Graugussmotor mit 91 PS. Im Vergleich zum 112 PS leistenden Minimalmotor des Vormodells ergab sich wegen des geringeren Gewichts eine nur wenig verminderte Leistungsfähigkeit. Mit den 103 PS des nächststärkeren 2,8-l-V6 lag schon mehr Fahrfreude drin als mit der früheren 3,8-l-Version. Doch man hatte auch die unbedingt zum Camaro passenden V8-Maschinen nicht vergessen: Aus 5 l Hubraum standen mit Rochester-Vierfachvergaser 147 PS zur Verfügung und mit Einspritzung (Cross Fire Injection) – wie sie nur für das Topmodell Z28 verfügbar war – waren es 167 PS. Zu allen vier Motoren standen ein 4-Gang-Getriebe und ein 3-Stufen-Automatikgetriebe Turbo Hydra-Matic 200c mit Wählhebel unter dem Lenkrad zur Wahl.

Überarbeitet worden war auch die Aufhängung: vorne getrennt angeordnete Dämpferbeine und Schraubenfedern sowie untere Querlenker, die hintere Starrachse mit Längslenkern und

Chevrolet Celebrity Coupe, 1982

Chevrolet Malibu Classic Wagon, 1982

Chevrolet Citation II X 11, 1985

Chevrolet Astro, 1985

Chevrolet Sprint Plus 4-door Hatchback, 1986

Schrauben- statt Blattfedern sowie Panhardstab. Bremsen und Kugelkreislauflenkung arbeiteten mit Servo. Weiterhin gab es neben einer Grundausführung (nun als Sport Coupe bezeichnet) die Versionen Berlinetta und Z28. Als Zubehör stand u. a. nebst einer elektrischen Sitzverstellung ein T-roof in Aussicht. – Für den Export nach Europa wurde eine Version Z28–E mit dem 5-l-Vergasermotor und 150 PS Leistung vorbereitet. Sie unterschied sich durch ein eigenes Dekor und schmälere Hecklichter (mehr Platz für das Zulassungskennzeichen).

Anfang 1982 wurde Robert Stempel, Generaldirektor der Adam Opel AG, zum General Manager der Chevrolet Division berufen; dieser Ingenieur hatte sich einen Namen als Problemlöser gemacht. Von 1978 auf 1981 war der Absatz der größten GM-Marke von 2,3 auf noch 1,44 Millionen Einheiten abgesackt.

Camaro Z28 Indy. Beim 500-Meilen-Rennen von Indianapolis wurde 1982 ein Z28 als Schrittmacherwagen eingesetzt. Er besaß ein T-roof (herausnehmbare vordere Dachhälften) und einen 5,7-l-V8 mit 250 PS (Leichtmetallblock, Verdichtung 11:1). Es gab hierauf eine Sonderauflage von 6000 „Indy-Z28", allerdings mit dem auf gut 140 PS gebrachten 5-l-V8 (auf Wunsch mit 4-Gang-Getriebe) oder mit dem gleich großen Cross-Fire-Einspritzmotor mit 170 PS. Das T-roof wurde bei den übrigen Camaro ebenfalls erhältlich.

In Hamtramck, einem Stadtteil von Detroit, errichtete General Motors 1982 eine der modernsten Werkanlagen. Sie wurde mit über hundert Robotern ausgerüstet, die für höchste Präzision beim Zusammenbau sorgen sollten. Mit einer elektronischen Überwachung wurde eine qualitativ hochstehende und gleichzeitig rationelle Fertigung angestrebt, wie sie die japanische Konkurrenz hinbrachte. Aufgrund früherer schlechter Erfahrungen wurde jedoch gleichwohl der Mensch in den Mittelpunkt des Produktionsablaufs gestellt.

Chevette 1983. General Motors und vor allem Chevrolet mussten sich den wechselnden amerikanischen Markttrends best- und schnellstmöglich anpassen. Die frontgetriebenen kleineren Modelle erreichten nicht mehr den früheren Anklang, ihr Absatz musste mit Preissenkungen stimuliert werden. Anderseits schien sich die Käuferschaft auf mehr leistungsorientierte Modellvarianten zurückzubesinnen. So gab es den Chevette nun als S-Modell mit mattschwarzen und roten Verzierungen und Bugspoiler.

Cavalier 1983. Der Cavalier wurde nur noch mit dem leistungsfähigeren 2-l-Einspritzmotor geliefert. Neu gab es ihn auch mit 5-Gang-Getriebe, und es bestand die Wahl zwischen sportlicher oder auf Sparsamkeit ausgelegter Achsuntersetzung. Auf Anfang 1983 wurde ein besonders reichhaltig ausgestattes Cavalier-Cabriolet in Aussicht gestellt.

Bei den Citation des Jahrgangs 1983 war der bisher dem Coupé X 11 vorbehaltene 2,8-l-V6 HO (High Output) für alle Modellausführungen zugänglich. Der Celebrity wurde 1983 zusätzlich mit dem 4,3-l-Diesel-V6 von Oldsmobile angeboten. Beim Malibu verschwand die luxuriöse Ausführung Classic; Malibu und Monte Carlo (dieser mit grobmaschiger gewordenem Kühlergrill) erhielten wieder den 5-l-V8 mit Vierfachvergaser statt des 4,4-l-V8. Dieser Motor entfiel auch beim großen Chevy, ebenso das Coupé beim Caprice und der Station Wagon beim Impala; es gab also nur noch den Impala als Sedan und den Caprice als Sedan und Kombi.

Camaro 1983. Im Modelljahr 1983 wurden im Camaro die bisherigen Getriebe nur noch zusammen mit dem 2,5-l-Vierzylindermotor eingebaut. Zu diesem auf Wunsch und zu den größeren Motoren ausschließlich wurden ein 5-Gang-Getriebe oder ein 4-Stufen-Automatikgetriebe (mit Overdrive-Funktion) geliefert; der 5-l-Einspritzmotor wurde nur mit letzterem Getriebe kombiniert (für den Export lautete die Bezeichnung weiterhin Z28-E).

Blazer S / T. Mit dem Jahrgang 1983 wurde neben dem traditionellen Blazer auch ein kleinerer Blazer S mit Hinterradantrieb bzw. Blazer T mit zuschaltbarem Vorderradantrieb auf den Markt gebracht. Stilistisch glich dieser Geländekombi dem großen Blazer, doch wirkte er neben dessen wuchtigen Abmessungen geradezu niedlich. Zum Vergleich Radstand und Außenmaße: 255,5:270,5 cm, 433x165x165 zu 471x202x188 cm. Der kleinere Blazer basierte auf der Chevrolet-Pick-up-Reihe S 10 und S 15 (Kastenrahmenchassis mit Traversen, vorne untere und obere Dreieckquerlenker sowie Torsionsstabfedern, hinten Starrachse mit Halbelliptikfedern, Kugelumlauflenkung mit Servo).

Dem Antrieb dienten ein 2-l-Benzinmotor (für Kalifornien 1950 cm^3 von Isuzu), ein 2,8-l-V6 oder ein 2,2-l-Dieselmotor (von Isuzu). Es bestand die Wahl zwischen 4- und 5-Gang-Getrieben und einem 4-Stufen-Automatikgetriebe; für dieses befand sich der Wählhebel unter dem Lenkrad. Auf Wunsch wurde eine Differenzialbremse eingebaut. Zusammen mit dem Vierradantrieb besaß das zentrale Differenzial eine Bremsvorrichtung und es war auch eine Geländereduktion (2,0:1) verfügbar.

Corvette 1983/84. Der längst erwartete neue Corvette wurde im Januar 1983 vorgestellt, galt aber bereits als Modell 1984. Inzwischen waren von diesem erstmals 1953 noch als Prototyp gezeigten Kunststoffcoupé rund 730'000 Exemplare gebaut worden, für ein zweisitziges Liebhaberauto ein einzigartiger Erfolg! Im Gegensatz zum bisherigen Modell mit seinen vorne wie hinten wuchtig hochragenden Radhäusern zeigte sich der neue Corvette geradezu flach. Immerhin stieg auch bei ihm die Gürtellinie hinten bogenförmig an. Vorne aber herrschte Keilform, und auch unterhalb der Stoßschutzkante war nichts von einem Kühlergrill zu sehen, vielmehr gab es hier nur Ergänzungslampen zu den beibehaltenen Klappscheinwerfern. Die Kante über dem Stoßschutz wurde mit einer Sicke ringsum fortgesetzt. Die riesige Frontscheibe war um gut 64 Grad geneigt, und der flache Dachteil zwischen ihrem oberen Rand und dem hinteren Überrollschutz ließ sich herausnehmen. Im Vergleich zum Vorgänger war der Luftwiderstandsbeiwert radikal, nämlich von cw 0,44 auf cw 0,34, gesenkt worden.

Von 249 cm hatte man den Radstand auf 244,5 cm verkürzt, die Länge erreichte 448,5 statt 470,5 cm, die Breite aber war von 175,5 auf 180,5 cm angewachsen, und die Höhe stand noch mit 118,5 statt 123 cm zu Buche; eine gänzlich neue Silhouette, also! Hinzu kam, dass der unter Projektleiter David R. McLellan und Designer Jerry Palmer entstandene, bereits als Modell 1984 bezeichnete Corvette dank modernem Leichtbau um 115 auf 1430 kg abgemagert worden war. Für den Antrieb diente nach wie vor der 5,7-l-V8 Cross Fire Injection, dessen Leistung unverändert mit 203 PS angegeben wurde. Nebst dem 4-Stufen-Automatikgetriebe stand neu ein 4-Gang-Handschaltgetriebe mit computergesteuertem Overdrive zur Wahl. Dieser schaltete sich je nach Gaspedalstellung automatisch zu den Gängen 2 bis 4 hinzu. Zudem bestand die Wahl zwischen drei Achsuntersetzungen.

Mit dem neuen Corvette ließen sich Tempo 100 in rund 7 s und eine Spitze von bis zu 230 km/h erreichen. Vom Werk wurde auch auf die bei Kurvenfahrt mögliche Querbeschleunigung von 0,95 g hingewiesen. Neu ausgelegt worden war zudem die Aufhängung, die nun vorne ebenfalls eine Kunststoff-Querblattfeder umfasste, während hinten ein Vierlenkersystem mit übereinanderliegenden Längslenker, Querlenker und Spurstange verwendet wurde. Die Kugelkreislauflenkung war durch eine direkter ausgelegte und natürlich präzisere Zahnstangenlenkung (mit Servo) ersetzt worden. Auch der Corvette 1983/84 bot eine hochklappbare Heckscheibe; sein reichhaltiges Armaturenbrett war mit Flüssigkristallanzeigen und bunten Leuchtskalen dotiert... Mit diesem Corvette rückte Chevrolet weit stärker ins europäische Konkurrenzumfeld.

Monte Carlo SS. Ebenfalls Anfang 1983 brachte Chevrolet unter der neuerweckten Bezeichnung SS (Super Sport) eine stark modifizierte Version dieses Coupés heraus. Die Front zeigte sich deutlich abgesenkt, der Kühlergrill war nur noch halb so hoch und zudem in schlichtem Schwarz gehalten. Unter dem Stoßschutz fand sich eine feine Bugschürze, am Kofferraumende ein Spoiler und das Wageninnere war durch schmucke Sitze, ein Sportlenkrad und zusätzliche Instrumente aufgewertet worden. Technisch konnte sich der SS ebenfalls sehen lassen: 5-l-V8 mit 177 statt 152 PS, Doppelauspuff, kurze Achsuntersetzung, Chromräder mit Breitreifen, Sport-Aufhängung usw.

Im Februar 1983 unterzeichneten Roger B. Smith für General Motors und Fiji Toyoda für Toyota in Fremont, Kalifornien, einen Vertrag über ein an diesem Ort gemeinsam einzurichtendes Werk mit einer Jahreskapazität von bis zu 500'000 Wagen. Im dortigen stillgelegten GM-Werk sollte Toyota seinem amerikanischen Partner moderne, rationelle Fertigungsmethoden bzw. das Kanban-System beibringen. Die Produktion sollte sich nur noch im Erdgeschoss abwickeln und der Materialtransport nach neuer Logistik ablaufen. Für das

Chevrolet Blazer + Chevrolet Blazer S/T, 1983

Chevrolet Corvette Convertible, 1986

neue Werk Fremont wurden ein japanischer Präsident und ein japanischer Generaldirektor bestellt, während die finanzielle Leitung GM überlassen wurde. Das gemeinsame Projekt GM/Toyota wurde allerdings erst kurz vor Ende 1983 durch die Federal Trade Commission genehmigt.

Zum Modelljahr 1984 erhielt der Cavalier (inzwischen meistverkaufter Chevy) eine aerodynamisch verbesserte Front mit höherem, maschenförmigem Kühlergrill und Doppelscheinwerfer; das Cabrio ging endgültig in Produktion. Den Celebrity gab es neu als Station Wagon sowie mit 4-Gang-Getriebe und in einer Version Eurosport samt Zweitonlackierung, wogegen die Modellreihe Malibu gestrichen wurde.

Im Camaro 1984 musste der 5-l-Motor mit Zentraleinspritzung und 177 PS einer HO-Version mit Vierfachvergaser und 193 PS weichen. Dieser Motor war auch mit 5-Gang-Getriebe zu haben. Der Camaro Berlinetta wurde als High-Tech-Modell mit Flüssigkristallanzeigen (wie im Corvette) und Dachkonsole angeboten. Auch der Monte Carlo SS (mit seinem von 0,44 auf 0,375 abgesenkten cw-Wert) erhielt den 193-PS-V8. Wieder aus der Versenkung geholt wurde die Coupéversion des Caprice (inoffiziell wurde für den Caprice 1984 auch der 5,7-l-LM1-Benzinmotor mit 157 PS aufgeführt.)

Astro. Nachdem Ford als Antwort auf Chryslers Großraumkombi bereits den Aerostar gezeigt hatte, konnte GM nicht hintanstehen, sondern zeigte auf der Chicago Auto Show im Frühling 1984 den Prototyp des Astro. Der 450 cm lange Astro war wie die Chrysler-Modelle mit einer kurzen, abfallenden Fronthaube ausgeführt. Als Motoren waren ein 2,5-l-Vierzylinder und ein 4,3-l-V6 vorgesehen, und wie Ford setzte Chevrolet auf Hinterradantrieb.

Sprint. Unter dieser Modellbezeichnung kam ab Mai 1984 im Westen der USA der kleinste Chevrolet aller Zeiten auf den Markt, nämlich ein umbezeichneter → Suzuki SA 310.

Nachdem die Verträge zwischen der Automobilarbeitergewerkschaft UAW einerseits und GM und Ford anderseits abgelaufen waren, forderte die Arbeitnehmerseite mehr Job-Sicherheit und zudem einen Lohn, der fast doppelt so hoch war wie jener anderer Industriearbeiter der USA. GM aber wies beide Forderungen nicht zuletzt mit dem Hinweis zurück, dass 1985 die Einfuhrquoten für Autos aus Japan aufgehoben würden. Dem hielt die von Owen Bieber geführte UAW die Milliardengewinne der Konzerne und die Millionensaläre ihrer Manager entgegen. Sie beschloss im September 1984 einen Teilstreik gegen GM, der dann aber abwendet werden konnte...

1985 stand das Chevrolet-Programm im Zeichen eines Aufbruchs zu wieder mehr Leistung. Denn inzwischen war das Durchschnittsalter der Chevy-Käufer auf über 45 Jahre angestiegen und damit den anderen, elitäreren GM-Marken allzu nahe gerückt. Um mit den eigenen Modellen

Chevrolet Nova 4-door Sedan, 1987

Chevrolet Cavalier Z24, 1989

Chevrolet Corsica, 1988

ebenfalls jüngere Käufer zurückzuholen, wurde der Cavalier 1985 auch mit dem dank Saugrohreinspritzung 127 PS starken 2,8-l-V6 lieferbar und zwar zunächst als besonders sportlich herausgeputztes Coupé Z24. Ebenfalls auf Saugrohreinspritzung umkonstruiert wurden die 2,8-l-V6 der Modellreihen Citation und Celebrity, wobei die Leistung 132 PS erreichte. Beim Citation wurde das Radiogerät nicht mehr vertikal, sondern in der üblichen Weise montiert.

Erneut einen Leistungssprung, nämlich von 193 auf 218 PS, erfuhr der 5-l-V8 im Camaro, allerdings nur im sportlichen Modell Iroc-Z (International Race of Champions) und in Verbindung mit dem 4-Stufen-Automatikgetriebe. Wer fünf Handschaltgänge wollte, musste sich mit 193 PS begnügen. Die 218 PS wurden mit elektronischer Einspritzung statt dem Rochester-Quadrajet-Vierfachvergaser erzielt. So konnte Tempo 100 in rund 7,5 s erreicht werden. Der „normale“ 5-l-V8 leistete ebenfalls 5 PS mehr, doch noch eindrücklicher war das Leistungsplus beim 2,8-l-V6, der 137 statt 107 PS abgab.

Für die Monte Carlo, Impala und Caprice wurde der Hubraum des V6-Motors von 3,8 auf 4,3 l und die Leistung von 112 auf 132 bis 142 PS erhöht; der 5,7-l-Dieselmotor wurde beim Monte Carlo gestrichen.

Beim Corvette standen 233 statt 208 PS zur Verfügung, was dem Übergang von der doppelten Zentraleinspritzung zur Saugrohreinspritzung zuzuschreiben war. Zusammen mit längeren Achsuntersetzungen wurde ein um 10 Prozent niedrigerer Verbrauch moniert. Für 1985 erhielt der kleinere Blazer (der auch mit Vierradantrieb nur noch als Blaser S bezeichnet wurde) als Basismotor einen 2,5-l-Vierzylinder.

Spectrum. Weil mit dem altmodischen Chevette kein Staat mehr zu machen war, wurde gegen Ende 1984 im Gegenzug zu dem in westlichen US-Staaten verkauften Chevrolet Sprint alias Suzuki Cultus im amerikanischen Osten alsbald der etwas teurere Chevrolet Spectrum alias Isuzu Gemini lanciert. Dieses in Japan hergestellte Modell wurde dreitürig mit Fastback und viertürig mit Stufenheck angeboten. Auch wegen der japanischen Export-Selbstbeschränkung bot sich ein Verkauf des Spectrum vorerst nur in den Oststaaten an (Details → Isuzu).

Nova. Einen Chevrolet Nova hatte es schon früher gegeben. Nun erhielt das im Sommer 1985 lancierte Parallelmodell zum → Toyota Corolla diesen Namen. Herstellerin war, wie angekündigt, die GM/Toyota-Gemeinschaftsfirma New United Motor Manufacturing, Inc., kurz Nummi, im kalifornischen Fremont. Es gab den Nova fünftürig mit Fließheck und viertürig mit Stufenheck und sechs Seitenfenstern. Dem 1,6-l-Motor wurde schon im Herbst 1985 eine Leistungsspritze von 71 auf 76 Netto-PS verpasst.

1986 wurde der Citation II gestrichen und durch eine erweiterte Auswahl an Celebrity- und Cavalier-Modelle ersetzt. Ebenfalls fallengelassen wurde der traditionsreiche Name Impala: Bei den großen Chevrolet mit Kastenrahmenchassis wurde neu nach den Reihen Caprice, Caprice Classic und als Topausführung Caprice Classic Brougham unterschieden. Kühlergrill und Doppelscheinwerfer waren getrennt eingerahmt. Der 5,7-l-Diesel-V8 wurde nicht mehr aufgeführt. Bei den Camaro wurde die serienmäßige Ausrüstung aufgewertet. So erhielt die besonders beliebte Version Sport Coupe zu den aufpreispflichtigen V6- und V8-Motoren gleich auch das Sportfahrwerk mitgeliefert.

Corvette 1986. Ein Sparpotenzial boten sowohl die schmalere Bereifung wie die Schaltanzeige. Neu waren die am Dachende angesetzte dritte Bremsleuchte, gebürstete Leichtmetallfelgen, ein stärker geneigtes LCD-Instrumentenpanel und eine elektronisch gesteuerte Klimaautomatik.

Corvette Convertible. Mit Einführung des neuen Corvette mit dem Modelljahr 1984 hatte sich die Produktion auf 51'547 Exemplare verdoppelt (gegenüber 1982, weil es ja offiziell kein Modelljahr 1983 gab). 1985 sank der Ausstoß knapp unter die 40'000-Stück-Grenze. Der im Januar 1986 vorgestellte Corvette Convertible versprach einen neuen Aufschwung. Seit 1976 hatte es kein Vette-Cabrio mehr gegeben. Das Offenmodell 1986 wurde neben dem Coupé in dem neuen Corvette-Werk in Bowling Green, Kentucky, auf die Räder gestellt. Es sah bestechend gut aus!

Um dieses Cabrio auch ohne den integrierten Überollbügel ebenso verwindungssteif hinzukriegen, wurde der kräftige Stahlprofilkäfig durch etliche Verstrebungen und Verstärkungen ergänzt. Selbst im Motorraum gab es zusätzliche Kreuzverstrebungen (damit weiterhin 12 cm minimale Bodenfreiheit sichergestellt waren, musste die Karosserie um 1 cm höhergesetzt werden), die Stahlprofile in den Türen wurden verstärkt, und mit Maßnahmen am Armaturenbrett und einer speziellen Lagerung der Lenksäule wurden Diagonalschwingungen unterbunden. Das Verdeck arbeitete wider Erwarten nicht elektrisch, besaß aber einen verblüffend einfach zu bedienenden Mechanismus. Schon seit langem war auch ein Corvette-V8-Motor mit Leichtmetall- statt Grauguss-Zylinderköpfen erwartet worden. Doch Produktionsprobleme hatten zu Verzögerungen geführt. Für den Jahrgang 1986 fand nun dieser bedeutende Übergang zu Alu-Köpfen statt. Allerdings konnten sie vorerst nur dem Cabriolet spendiert werden. Sie brachten eine Gewichtsverminderung von 20 kg, und gleichzeitig wurden auch die Brennraumform optimiert, die Zündkerzen in zentrale Position gerückt und die Ansaugkanäle erweitert. Die Verdichtung war von 9:1 auf 9,5:1 erhöht und das mit drei Katalysatoren versehene Auspuffsystem ebenfalls überarbeitet worden. Die Leistung des 5,7-l-V8 wurde weiterhin mit 233 Netto-PS bei 4000/min angegeben.

Monte Carlo SS Aerocoupe. Um in den prestigevollen Stock-car-Rennen gegen die aerodynamisch ausgefeilten Thunderbird aus dem Ford-Lager besser bestehen zu können, wurde der gleichfalls in dieser Rennsportkategorie verwendete (aber für den Einsatz stark modifizierte) Chevrolet Monte Carlo SS ab Anfang 1986 außer mit Stufenheck auch mit einem Fastbackaufbau erhältlich. Die Änderung bestand aus einer kuppelförmigen Heckscheibe und einer Abrisskante; der Wagenbug war ja bereits stömungsgünstig ausgefeilt. Der cw-Wert sank von 0,375 auf 0,365.

Mitte 1986 entschloss sich General Motors die Sparschraube anzuziehen. Deren Drehungen fiel u. a. das Projekt GM-80 zum Opfer, das für 1990 neue Camaro und Firebird mit Kunststoffkarosserien vorgesehen hatte. Zudem beschloss GM, die Zahl der White-Collar-Mitarbeiter bzw. Angestellten (133'000 in den USA, 9000 in Kanada) bis 1989 durch Verzicht auf Neueinstellungen um 25 Prozent abzubauen. – Weil Ende August 1986 bei den GM-Händlern über eine Million Neuwagen lagerten, senkte GM den Zinssatz für Kreditkäufe auf 2,9 Prozent. Diese Aktion brachte zwar den erhofften Erfolg, war aber kostspielig. GM-Präsident F. James McDonald kündete an, in den nächsten Monaten mehrere Werke schließen zu wollen. Später verlautete, dass GM von 1987 bis 1989 etwa 29'000 Stellen abbauen wolle.

1987 entfiel beim Chevette der Dieselmotor; Sprint (Suzuki) und Spectrum (Isuzu) waren neu mit Turbomotoren (70 bzw. 105 PS) lieferbar; der 2-l-Vierzylinder- und der 2,8-l-V6-Motor des Cavalier waren modernisiert worden und hatten nun Leichtmetall-Zylinderköpfe (91 statt 86 PS bzw. 127 statt 122 PS, im Z24 gar 132 PS); der 2,5-l-Vierzylindermotor im Celebrity leistete neu 99 PS (auf Wunsch mit 5-Gang-Getriebe von Getrag), die Doppelscheinwerfer waren von durchgehenden Scheinwerfergläsern überdeckt; auch der Motor des Corvette-Coupés wurde jetzt mit den Leichtmetall-Zylinderköpfen bestückt.

Camaro 1987. Dessen Karosserielänge wurde um 10 auf 487,5 cm gestreckt. Die große Neuheit war aber die Wiedereinführung eines Cabriolets. Geöffnet verschwand sein Verdeck unter einer Metallabdeckung. Während der schwächliche 2,5-l-Vierzylindermotor gestrichen wurde, erfuhr das obere Ende der Skala eine Ausweitung, indem der 5,7-l-Motor des Corvette auch dem Camaro eingepflanzt werden konnte, allerdings mit 228 statt 243 PS.

1984 hatte GM von Ross Perot die EDSC (Electronic Data Systems Corporation) übernommen, die auch für die Entwicklung des → Saturn eine Rolle spielte. Damit war Ross Perot (späterer US-Präsidentschaftskandidat) zu einem GM-Großaktionär geworden, und als solcher führte er mit der von Roger Smith geführten GM-Führung scharfe Auseinandersetzungen, die in der Öffentlichkeit für Aufsehen sorgten. U. a. verlangte er eine „Saturnisierung" der gesamten GM. Ende 1986 ließ er sich schließlich gegen eine hohe Abfindung aus dem Aufsichtsrat hinauskomplimentieren, und zudem verkaufte er seinen Aktienanteil.

Corsica / Beretta. Die Vorstellung erfolgte noch Ende 1986, doch ihr Verkaufsstart war auf den 12. März 1987 angesetzt worden. Ungewöhnlich war, dass GM für die Limousine und für das Coupé zwei Modellnamen wählte, und dass dieses Duo einzig unter der Marke Chevrolet auf den Markt gebracht wurde. Es reihte sich zwischen die Modellreihen Cavalier und Celebrity ein. Mit 262,5 cm Radstand und 466 cm Länge (Corsica-Limousine) bzw. 475,5 cm (Beretta-Coupé) erreichten die Neulinge etwa die Größe des Opel Omega. Mit diesen wiesen sie technisch allerdings keinerlei Verwandtschaft auf, basierten sie doch auf der Frontantriebs- und Quermotorkonstruktionsweise, die inzwischen den meisten GM-Modellen eigen war. Die beiden Fünfsitzer zeichneten sich durch gefälliges Design und großzügige Fensterflächen aus. Beim Beretta verlief die untere Fensterlinie deutlich unterhalb der Gürtellinie. Der Luftwiderstandsbeiwert von cw 0,329 wurde als ein US-Bestwert bezeichnet.

Den Antrieb besorgte der erneuerte 1991-cm^3-OHV-Vierzylinder mit Leichtmetall-Zylinderkopf, Zentraleinspritzung und 91 PS oder alternativ der 2,8-l-V6 mit elektronischer Bosch-Einspritzung und 127 PS (beide mit 5-Gang-Getriebe oder 3-Stufen-Automatikgetriebe THM 125). Vorne wurden Federbeine und untere Dreieckquerlenker verwendet, hinten eine Verbundlenkerachse. Für diese beiden neuen Chevrolet waren die Werke in Linden, New Jersey, und Wilmington, Delaware, aufwändig mit Produktionsrobotern und automatischen Transferstraßen ausgerüstet worden. Ab 1988 wurde ein Ausstoß von jährlich einer halben Million Corsica/Beretta angestrebt. – Das Beretta-V6-Coupé fand auch in der Schweiz einen größeren Liebhaberkreis; charakteristisch war sein sonorer Auspuffton.

1987 wurde Charles Jordan, der auch bei Opel tätig gewesen war, als Nachfolger von Irvin Rybicki vierter Designchef von General Motors (nach Harley Earl, 1927–1958, und William Mitchell, 1958–1977). – Neben dem GM-Vorsitzenden Roger B. Smith wurde im Mai 1987 Robert C. Stempel zum neuen Präsidenten der General Motors Corporation ernannt; Vorgänger F. James McDonald trat in den Ruhestand.

1988 wurde der gemeinsam mit Toyota in Kalifornien gebaute Nova auch mit 1,6-l-DOHC-16V-Motor und 112 PS Leistung lieferbar. Der Cavalier erhielt eine strömungsgünstigere Front mit um die Ecken gezogenen Blinkergehäusen, das Hatchback-Coupé wurde gestrichen, während das zweitürige Coupé einen gerundeten Pavillonabschluss erhielt; der 2,8-l-V6 war neu nicht nur in den Z24-Modellen, sondern auch im Kombi lieferbar. Der Caprice Classic wurde als Coupé nicht mehr hergestellt, während der achtsitzige Station Wagon ausschließlich in der Classic-Ausführung angeboten wurde. Bei den Camaro gab es nur noch die Modelle Sport Coupé und Iroc-Z, während der LT und der Z28 wegfielen (die Produktion konzentrierte sich fortan auf Van Nuys, Kalifornien). Beim Corvette stieg die Leistung um 5 auf 248 PS (kleine Motorverfeinerungen, 0–96,5 km/h in 5,25 s), zudem gab es die Möglichkeit, 17-Zoll-Breitreifen montieren zu lassen (der Lenkrollradius wurde überdies auf null reduziert). Es gab alsbald eine auf 2000 Exemplare beschränkte 35-Jahr-Jubiläumsversion.

Im Februar 1988 verkaufte GM der China National Automotive Industry Corporation eine gebrauchte Fließbandanlage für die Motorenherstellung... der erste Schritt, um in der Volksrepublik Fuß zu fassen.

Blazer S 1988. Ab April 1988 wurde der Blazer S, den es seit Mitte 1987 auch in der Luxusversion High Country gab, zusätzlich mit 4,3-l-V6 und 162 PS erhältlich. Man unterschied seit 1987 nicht mehr nach S (mit Hinterradantrieb) und T (mit Vierradantrieb), vielmehr stand S generell für die kleineren und V für die großen Blazer.

Weil das Publikum offenbar lieber gleich einen Toyota Corolla statt einen Chevrolet Nova wählte, wurde mit dem Modelljahr 1989 auf die Chevrolet-Bezeichnung verzichtet: Alle „Badging-Modelle" aus Japan wurden fortan unter der Marke → Geo verkauft.

Corvette ZR1. Mit der im August 1988 vorgestellten, lang erwarteten Corvette-Topversion ZR1 betrat Chevrolet endgültig die Szene der Supersportwagen: V8 mit 2x2 obenliegenden Nockenwellen, 32 Ventile, 6-Gang-Getriebe, computergesteuerte Stoßdämpferverstellung, Reifendrucküberwachung; da konnte von altbackener Technologie nicht mehr die Rede sein! Dieser neue Motor hatte zwar ebenfalls 5,7 l Inhalt, aber er besaß eigene Abmessungen (99x93 mm = 5727 cm^3 statt

Chevrolet Beretta GTU, 1988

Chevrolet Corvette ZR1, 1989

Chevrolet Lumina Sedan + Chevrolet Lumina APV, 1990

101,6x88,39 mm = 5733 cm^3) und zudem einen Leichtmetallblock. Bei einer Verdichtung von 11,25:1 erreichte seine Leistung imposante 390 PS bei 5800/min (statt 243 PS bei 4000/min oder die 370 PS des 4,9-l-V12 von Ferrari im US-Trimm).

Der als LT5 bezeichnete, von Chevrolet und der GM-Tochter → Lotus entwickelte neue V8 gab sich auch optisch attraktiv. Er besaß zwei Einspritzdüsen je Zylinder, die drehzahlabhängig in Funktion traten: Unter 3500/min beschränkte sich die Frischluftzufuhr auf nur ein Einlassventil, darüber schaltete sich das sekundäre Ansaugsystem hinzu. Mit einem Zusatzschloss in der Mittelkonsole konnte diese obere Leistungsstufe blockiert werden. Übrigens wurden die LT5-V8 weder von Chevrolet noch von Lotus produziert, sondern weitgehend in Handarbeit bei der Bootsmotorenfabrik Mercury Marine in Stillwater, Oklahoma. Der 32-Ventil-V8 war einer eingehend experimentierten Twin-Turbo-V6-Lösung vorgezogen worden. Der ZR1 besaß vier quadratische statt runde Schlussleuchten. Sein Auslieferungsbeginn verzögerte sich vom Frühjahr auf den Sommer 1989, womit er zum Modell 1990 mutierte (technische Daten inzwischen leicht modifiziert).

Beide Corvette-Modelle erhielten 1989 ein 6-Gang-Getriebe von ZF (mit Schaltanzeige für die ersten vier Gänge; OHV-V8 auf Wunsch weiterhin mit 4-Stufen-Automatik). Nach dem 1987/88 gebaute superexklusiven Porsche 959 boten die Corvette übrigens das erste Pkw-6-Gang-Getriebe. Die computergesteuerte Stoßdämpferverstellung von Bilstein (mit drei Programmen) und das Reifendruck-Überwachungssystem waren aufpreispflichtig.

1989 erhielt der Cavalier u. a. ein neuartiges Sicherheitslenkrad (sechs verformbare Speichen stellten das Lenkrad parallel zum Brustkorb des Fahrers), und den Z24-Ausführungen wurde ein verschönerter Innenraum verpasst. Der Corsica wurde mit einer Heckklappe mit kuppelartiger Rückscheibe erhältlich, wobei das Stufenheck beibehalten wurde (asymmetrisch umlegbare Fondbank); neben einem Corsica LT (mit rotem Zierstreifen) gab es ebenfalls neu einen noch sportlicher abgestimmten LTZ, der dem schon 1988 eingeführten Beretta GTU entsprach. In der Celebrity-Reihe wurde auf das Coupé verzichtet. Der Caprice wurde nur noch mit V8-Motor gebaut.

Der Camaro Sport Coupe hieß 1989 RS und zeigte sich durch Anbauteile optisch dem Iroc-Z angenähert; dieser war seinerseits mit 16-Zoll-Rädern aufgewertet worden. Für den 5-l-V8 wurden drei Leistungsstufen angegeben: mit Automat 198 PS, mit 5-Gang-Getriebe 223 PS, mit Doppelauspuff 233 PS; mit dem 5,7-l-Corvette-V8 (nur mit 4-Stufen-Automat) standen 233 PS bzw. mit Doppelauspuff 243 PS zur Verfügung.

Lumina. Im Januar 1989 stellte Chevrolet auf den großen Auto-Shows von Detroit und Los Angeles die neue mittelgroße Modellreihe Lumina vor. Sie setzte sich aus einer Limousine, einem Coupé und einem als APV (All Purpose Vehicle) bezeichneten, bis siebensitzigen Großraumkombi bzw. Minivan zusammen. Lieferbar wurden die meisten Ausführungen allerdings erst mit dem Modelljahr 1990. Die Lumina-Reihe sollte dann die Celebrity-Modelle ablösen. Mit 273 statt 266,5 cm Radstand war der Lumina stattlicher, und die Außenmaße des Sedans waren mit 502x180,5x 136 cm generöser als jene des viertürigen Celebrity (478,5x176x137,5 cm).

Für den Vorderradantrieb sorgten der 2,5-l-OHV-Vierzylinder mit 112 PS oder der gründlich modernisierte, von 2,8 auf 3,1 l vergrößerte V6 mit 142 PS. Der mit Zentraleinspritzung versehene kleinere Motor wurde mit einem 3-Stufen-Automatikgetriebe (mit Wählhebel in der Mitte oder unter dem Lenkrad) ausgestattet, der V6 wahlweise auch mit 4-Stufen-Automat. Vorne und hinten wurden Federbeine montiert, vorne untere Dreieckquerlenker, hinten Querlenker und eine Querblattfeder aus Fiberglas. Anfänglich war auch von einem in Entwicklung stehenden Vierradantrieb die Rede.

Lumina APV. Die Minivan-Version APV kam in den USA erst in der zweiten Jahreshälfte 1989 in Verkauf, zusammen mit den etwas sportlicher bzw. luxuriöser ausgestatteten Pontiac Trans Sport und Oldsmobile Silhouette. Der Trans Sport war 1986 bereits eine aufsehenerregende Konzeptstudie gewesen, und es mochte erstaunen, dass ein derart futuristisches Gefährt tatsächlich in Serie ging. Zu dem mutigen Schritt sah sich GM nicht zuletzt durch den Großerfolg der Plymouth alias Chrysler Voyager und Dodge Caravan veranlasst. Es sollte sich dann allerdings erweisen, dass die große Masse der Käufer der spektakulären Einvolumenform weniger zugetan war als dem konventionelleren Voyager-Erscheinungsbild; der nach sieben Jahren herausgebrachte Nachfolger wurde weit einfacher geformt.

Die APV & Co. waren viertürig, einschließlich Schiebetüre hinten rechts und Heckklappe, und boten fünf bis sieben Sitze. Sie basierten auf einem Kastenrahmen mit Traversen. Auf diesen wurden geschweißte Stahlbleche aufgebaut, die als Trägerelement für die (wie beim Renault Espace) aus Kunststoff bestehenden äußeren Karosserieflächen montiert wurden. Für die Entwicklung dieser Produktionsmethode war → Pininfarina den GM-Ingenieuren beratend zur Seite gestanden.

Für den Antrieb diente der quer eingebaute 3128-cm^3-V6-Motor mit zentraler Nockenwelle und elektronischer Zentraleinspritzung von Rochester. Dessen 122 PS wurden über das 3-Stufen-Automatikgetriebe THM 125 mit Lenkradschaltung auf die Vorderräder übertragen. Diese wurden mit Federbeinen und Dreieckquerlenkern geführt; hinten fand sich eine Starrachse mit Längslenkern, Panhardstab und Schraubenfedern (auf Wunsch mit Niveauregulierung). Bei 279 cm Radstand und den Abmessungen 493x188x166 cm reihte sich der Lumina APV größenmäßig zwischen den Voyager in der Kurz- und Langversion.

Beretta 1990. Mit diesem Jahrgang wurde der Beretta auch als Cabriolet erhältlich. Dieses war mit einem schwarzen Überrollschutzbügel auf der Höhe der B-Säule versehen. Basismotor war nun beim Beretta wie beim Corsica ein von 2 auf 2,2 l

Chevrolet Caprice Classic, 1991

vergrößerter OHV-Vierzylinder mit 99 statt 90 PS, während der 3,1-l-V6 die 2,8-l-Einheit ersetzte und 137 statt 132 PS bot. Neue Sportversionen waren der Beretta GTZ (und es gab auch einen Corsica LTZ) mit dem High-Output-Quad-4-Motor: 2260 cm³, DOHC, 16 Ventile, 183 PS. Auch bei ihr wurde auf einen Kühlergrill verzichtet, anderseits wiesen die Beretta 1990 einen breiteren Lufteinlass unterhalb des Stoßschutzes auf.

1990 erhielten die Cavalier die gleichen Motorvergrößerungen wie Corsica und Beretta; das Cabriolet entfiel (zugunsten des offenen Beretta). Die Lumina gab es als Euro Sedan und Euro Coupe, den Celebrity hingegen nur noch als Station Wagon. Beim Camaro wich der 2,8-l- dem 3,1-l-V6 als Basismotorisierung; erst im Januar 1990 kam dann – bereits als Modell 1991 bezeichnet – ein neuer Z28 als Ersatz für den Iroc-Z hinzu: verfeinertes Fahrwerk mit 15-Zoll-Rädern und Vierrad-Scheibenbremsen sowie mächtiger Heckflügel. Der nun vom Lumina APV konkurrenzierte Astro erhielt ein verlängertes Heck und wurde als AWD mit einem von Viscodrive in Europa entwickelten permanenten Vierradantrieb angeboten. Mit dem Lumina SRZ sollte im Frühling 1990 eine werksgetunte Version des Coupés hinzugekommen (auf den für 1991 der Z34 folgte).

Blazer S 1990. Der Blazer S war ab Jahrgang 1990 auch fünftürig zu haben, und er wurde ausschließlich noch mit dem 4,3-l-V6 ausgerüstet. Der Kühlergrill zeigte jetzt einen die Scheinwerfer verbindenden Chrombalken, auf dem das als Bowtie bezeichnete, 1913 eingeführte Markenzeichen prangte. Dieser horizontale Stab, der später zu einem Chevrolet-Erkennungsmerkmal werden sollte, war schon 1981 beim großen Blazer-Modell eingeführt worden. Das hintere Türfenster und die hinterste Seitenscheibe flossen optisch nahtlos zusammen, was diesem Geländekombi zu besonderer Eleganz verhalf. Für die fünftürige Version stieg der Radstand von 255 auf 272 cm und die Länge wuchs von 432,5 auf 449 cm. Auch diese neue Ausführung war mit Hinterrad- oder Vierradantrieb erhältlich.

Caprice Classic 1991 Er wurde Anfang 1990 auf den Auto-Shows von Detroit und Los Angeles vorgestellt und bereits als Modell 1991 bezeichnet, wenngleich er schon bald einmal in Verkauf kam. Im Vergleich zur bisherigen Caprice-Limousine bedeutete die Neuauflage eine stilistische Revolution: Mit ihm wich das betont würdig-kantige

Chevrolet USA	Bauart	Mot.	Getr.	R/L cm	Modelljahre
Chevette (3-türig)	**St.**	**a/b**	**4/A3/5**	**239,5/411**	**1981–87**
Chevette (5-türig)				**247/419**	
Motoren:	*Zyl.:*	*N'w.:*	*cm³:*	*PS/'min:*	*Nm/'min:*
a (*1982–)	4	OHC	1599	71/66*/5200	111/2400/109/3200
b (1982–86)	4D		1818	52/5000	98/2000
Sprint → Suzuki Swift					**1988–**
Spectrum → Isuzu Gem.					**1988–**
Nova	**Fr.**	**a/b**	**5/A3**	**243/422,5**	**1986–88**
Motoren:	*Zyl.:*	*N'w.:*	*cm³:*	*PS/'min:*	*Nm/'min:*
a	4	OHC	1587	76/5200	116/2800
b (1988–)	4i	D16V		112/6600	133/4800
→ Geo Prizm					**1989–**
Cavalier	**Fr.**	**a–i**	**4/A3/5**	**257/438/433**	**1982–84**
(*1988–)				**257/443/438/443,5***	**1985–88**
Cavalier Station Wag.				**257/439,5**	**1982/83**
(*1988–)				**257/443,5/452***	**1984–88**

Chevrolet USA	Bauart	Mot.	Getr.	R/L cm	Modelljahre
Cavalier / Cav. St.Wg.				**257/454/452**	**1989/90**
Motoren:	*Zyl.:*	*N'w.:*	*cm³:*	*PS/'min:*	*Nm/'min:*
a (1982)	4	OHV	1841	89/5100	135/2800
b (1982)			1991	91/5100	151/2700
c (1983/84 *1985/86)	4i			89/86*/4800	149/2400
d (1987–89)				91/5600	147/3200
e (1990–)			2190	96/5200	135/2800
f (Z 24 1985 *1986)	V6i		2838	127/122*/4800	163/3200
g (1987–89 *Z 24)				127/132*/4500	217/224/3600
h (Wagon 1989)				129	217
i (1990– * Z 24)			3128	137/142*/4500	244/251/3600
Citation	**Fr.**	**a–e**	**4/A3**	**266,5/449**	**1981–84**
Citation II					**1985**
Motoren:	*Zyl.:*	*N'w.:*	*cm³:*	*PS/'min:*	*Nm/'min:*
a (–1981)	4	OHV	2471	85/4000	170/2400
b (1982 *1983 **1984)	4i			91/95*/4000	179/183/2800

Chevrolet

Chevrolet USA	Bauart	Mot.	Getr.	R/L cm	Modelljahre
c (1984 *1985–)				93/4000/4400*	182/2800
c (*1982–)	V6		2838	112/114*/4800	197/2400
d (CH 1984–)				109	–
e (X-11 *1985–)	V6/V6i*			137/5400/132/4800	197/2400/210/3600
Corsica	**Fr.**	**a–e**	**5/A3**	**262,5/466**	**1987–90**
Beretta				**262,5/475,5**	
Motoren:	*Zyl.:*	*N'w.:*	*cm³:*	*PS/'min:*	*Nm/'min:*
a (–1989)	4i	OHV	1991	91/5600	147/3200
b (1990–)			2190	96/5200	163/3200
c (1990–)		D16V	2260	183/6200	217/5200
d (+*1988/89)	V6i	OHV	2838	127/4500/132*/4700	217/3600
e (1990–)			3128	137/4500	244/3600
Celebrity	**Fr.**	**a–g**	**A3/4/A4**	**266,5/478,5**	**1982–89**
Celebrity Station Wag.			**/5**	**266,5/484,5**	**1984–90**
Motoren:	*Zyl.:*	*N'w.:*	*cm³:*	*PS/'min:*	*Nm/'min:*
a (*1983 **1986)	4i	OHV	2471	91/93*/4000/4400**	179/182/2800
b (1987– +*1989–)				99/4800/112*/5200	183/3200
c (*CH'84/85 **'84–86)	V6		2838	114/4800/109*	197/2400/2100**
d (1984)				132/5400	197/2400
e (1985 *1986–89)	V6i			132/4800/127*/4500	210/217/3600
f (1990–)			3128	137/4500	244/3600
g (–1985)	V6D		4302	86/3600	224/1600
Lumina	**Fr.**	**a/b**	**A3/A4**	**273/502**	**1989/90**
Motoren:	*Zyl.:*	*N'w.:*	*cm³:*	*PS/'min:*	*Nm/'min:*
a	4i	OHV	2471	112/5200	183/3200
b	V6i		3128	137/4400	244/3600
Malibu *a/b/f/g/m/n	**K'r.**	*****	**3/A3/4**	**274,5/489/491**	**1981–83**
Monte Carlo		**a–n**	**A3/A4**	**274,5/509/514**	**1981–88**
Motoren:	*Zyl.:*	*N'w.:*	*cm³:*	*PS/'min:*	*Nm/'min:*
a (*1984)	V6	OHV	3751	112/4200/4000*	231/258/2000
b (Calif. –1984 +Can.)			3791	112/3800	258/1600
c (1981)	V6T			172/4000	373/2400
d (1985)	V6i		4238	132/3600	285/2000
e (1986 *1987–)			4300	142/4000/147*/4200	305/2000
f (1981/*1982)	V8		4389	117/4000	271/278*/2400
g (1982/83 *Calif.)			5001	152/3800/147*/4000	326/2400
h (1984–)				152/4000	326/2000
i (MC SS 1983)				177/4200	339/2800
j (do. 1984 *1985–87)				183/4800	326/305*/3200
k (1988–)				183/4000	326/2000
l (SS 1988–)				203/4800	305/3200
m (1982/83)	V6D		4302	86/3600	224/1600
n (1982–84)	V8D		5737	106/3200	271/1600
Impala (–'85)/ Caprice	**K'r.**	**a–k**	**A3/A4**	**294,5/538,5–546,5**	**1981–87**
Caprice				**294,5/540/548,5**	**1988–90**
Motoren:	*Zyl.:*	*N'w.:*	*cm³:*	*PS/'min:*	*Nm/'min:*
a (*1984)	V6	OHV	3751	112/4200/4000*	231/2000/ 258/1600
b (Calif. –1984))			3791	112/3800	258/1600
c (1985)	V6i		4238	132/3600	285/2000
d (1986–88 *1990–)			4300	142/4200/4000*	305/2000
e (1981/*1982)	V8		4389	117/4000	271/278*/2400
f (–1981)			5001	152/3800	326/2400
g (1982 *1983/84)				147/152*/4000	326/1600/2400
h (1985/86 *1984–86)				167/4200/163CH*	332/2400
i (1987 *1988)				172/4400	332/2400/ 39*/28'
j (1989–)					346/2400
k (St.Wg.'87/88 *'89–)			5033	142/3200	346/1600/2000*
l (–1985)	V8D		5737	106/3200	271/1600
Caprice '91	**K'r.**	**–**	**A4**	**294,5/544**	**1990=91**
Motor.	V8i	OHV	5001	172/4200	346/2400
Camaro	**St.**	**a–f**	**3/4/A3**	**274,5/502**	**1981**
Motoren:	*Zyl.:*	*N'w.:*	*cm³:*	*PS/'min:*	*Nm/'min:*
a	V6	OHV	3751	112/4200	231/2000
b (Calif.)			3791	112/3800	258/1600
c	V8		4389	117/4000	271/2400
d			5001	152/3800	326/2400
e (Z 28)				167/4000	332/2400
f (Z 28)			5733	177/4000	373/2400

Chevrolet USA	Bauart	Mot.	Getr.	R/L cm	Modelljahre
Camaro	**St.**	**a–n**	**4/A3**	**256,5/477**	**1982**
			4/5/A4		**1983-86**
Motoren:	*Zyl.:*	*N'w.:*	*cm³:*	*PS/'min:*	*Nm/'min:*
a (*1983/84)	4i	OHV	2471	91/93*/4000	179/182/2800
b (1985 *1986–)				89/4400	179/176*/2800
c (*1983/84)	V6		2838	103/108*/4800	193/2400/197/2100
d (1985 *1986–)	V6i			137/5100	224/217*/3600
e (Europa 1984–)	V6			114/5100	202/2100
f (*1983/84)	V8		5001	147/152*/4000	326/2000/2400
g (Z 28 *1983)	V8i			167/177*/4200	326/2400/339/2800
h (Z 28 E = Export'83)	V8			157/4000	325/1600
i (Europa, 1983/84)				155/4000/154CH	
j (1985–)				157/4200	332/2000
k (Europa / *CH 1985)				155/4000/154*	325/1600
l (1984–)				193/4800	326/3200
m (1986–)	V8i				387/2800
n (Iroc-Z 1985–)				218/4400	373/3200
Camaro (*1990–)	**St.**	**a–m**	**5/A4**	**256,5/487,5/489***	**1987–90**
a (–1989)	V6i	OHV	2838	137/4900	217/3900
b (1990–)			3128	142/4400	244/3600
c (–1987 *Z 28)	V8		5001	167/172*/4400	332/339/2800
d (1988–)	V8i			172/4000	346/2400
e (Z 28/Iroc-Z 1987)				218/4400	400/3200
f (do. m.Autom. 1987)				193/4000	400/2800
g (Iroc-Z 1988/89)				223/4400	393/3200
h (do. m.Autom.'88/89)				198/4000	400/2800
i (1989)				233/4600	407/3200
j (Z 28 1990=91–)				213/233/4400	387/407/3200
k (Z 28/Iroc-Z –1987)			5733	228/4400	448/2800
l (Iroc-Z '88– +*'98)				233/243*/4400	448/468/3200
m (Z 28 1990=91–)				248/4400	468/3200
Corvette (*1982–)	**K'r.**	**a/b**	**4/A3/A4***	**249/471**	**1981/82**
		c–g	**40D/A4/6**	**244,5/448,5**	**1983–90**
Motoren:	*Zyl.:*	*N'w.:*	*cm³:*	*PS/'min:*	*Nm/'min:*
a (1981)	V8	OHV	5733	193/4200	380/1600
b (1982)	V8i			203/4200	387/1600
c (1983/84)				208/4200	393/2800
d (1985/86 *1987)				233/243*/4000	448/468/3200
e (1988/89)				243/4000/248/4300	454/461/3200
f (1990–)				248/4000/253/4400	468/475/3200
g (ZR1 1990–)		D32V	5730	380/5800/367	502/4800
Lumina APV	**Fr.**	**–**	**A3**	**279/491**	**1989/90**
Motor.	V6	OHV	3128	122/4200	237/2200
Blazer S/T	**K'r.(4)**	**a–j**	**4/5/A3/A4**	**255/432,5**	**1983/84**
Blazer S	**/(+R)**				**1985–90**
Blazer S 5-türig				**272/449**	**1990**
Motoren:	*Zyl.:*	*N'w.:*	*cm³:*	*PS/'min:*	*Nm/'min:*
a (Calif. –1984)	4	OHC	1950	83/4600	137/3000
b (–1984)		OHV	1991	84/4600	146/2400
c (1985 *1986)	4/4i*		2471	93/4400	182/2800
d (1987/88 *1989)	4i			99/4400/4800*	176/3200
e (–1985)	V6		2838	112/4800	197/2100
f (1986)	V6i			127/4800/113CH	204/2200
g (1987/88 *Export)				127/126*/4800	204/2100
h (1989–)				127/4800	204/2400
i (1988–)			4300	162/4000	312/2400
j (–1985)	4D		2238	63/4300	130/2200
Blazer	**K'r.(4)**	**a–i**	**3/4/A3/**	**270,5/469–471**	**1981–86**
Blazer V (1987–)	**/(+R)**				**1987–90**
Motoren:	*Zyl.:*	*N'w.:*	*cm³:*	*PS/'min:*	*Nm/'min:*
a (1981/*1982)	6		4093	117/122*3600	271/291/2000
b (–1981)	V8		5012	132/4000	326/2000
c (1982)				167/4400/152C/4200	
d (1983–86 *1987)	V8/V8i*			162/172*/4400	319/2000/339/2400
e (Calif. –1981)			5733	172/178/4000	366/373/2400
f (Calif. '82 *'83–86)				152/3600/167*/3800	346/2000/373/1600
g (1987)	V8i			198/213/4000	387/2400/407/2800
h (1988–)				213/4000	407/2800
i (1982–89 *1990–)	V8D		6217	132/147*/3600	326/346/2000

Design einer schmissig-aerodynamischen Linienführung, die von intensiver Windkanalarbeit zeugte. Auch so ließ sich schließlich eine Verbrauchssenkung erzielen. Der Radstand von 294,5 cm war ebenso beibehalten worden wie die Kastenrahmen-Chassisbauweise mit raffiniert geführter, mit Schraubenfedern versehener hinterer Starrachse.

Die Außenabmessungen hatten nur unwesentlich zugelegt, von 540x191,5x143,5 cm auf 544x195,5x144 cm. Die stark schräggestellte Heckscheibe brachte Platz für dritte Seitenfenster, und die überaus großzügigen Fensterflächen verhießen optimale Rundsicht. Originell wirkte der leicht nach innen geneigte Karo-Kühlergrill, und auffallend war die über die gesamte Karosserieflanke gezogene Prägekante. Als Antriebseinheit diente unverändert der 5001-cm^3-V8 mit 172 PS in Verbindung mit 4-Stufen-Automatikgetriebe samt Lenkradschaltung; denn natürlich war auch dieser große Chevy des neuen Jahrzehnts ein Sechssitzer geblieben.

Im August 1990 trat Roger B. Smith als Aufsichtsratsvorsitzender der General Motors Corporation in den Ruhestand. Er hatte GM fast während der gesamten 80er Jahre geleitet. Sein Nachfolger wurde Robert C. Stempel. Während Smith' Zeit war der Anteil an der internationalen Pkw-Produktion des bedeutendsten Herstellers von 20 auf unter 15 Prozent gesunken...

Mit dem Ende des Modelljahrs im August 2002 wurde der Camaro – nach knapp 5 Mio Exemplaren – aus der Produktion genommen (und 2008 wieder eingeführt). 2006 verlor GM den Platz des weltgrößten Pkw-Herstellers an Toyota. Per 1. Juni 2009 erfolgte der Konkurs von GM, und anschließend wurde eine Neustrukturierung in radikal verkleinertem Rahmen eingeleitet.

Chevrolet

Brasil

Chevrolet Chevette Hatch SL, 1981

Im Jahre 1925 hatte General Motors in Sao Caetano do Sul – zunächst als Nutzfahrzeug-Montagewerk – den vierten Produktionsbetrieb in Übersee gegründet (nach → Vauxhall, Opel, Holden). 1968 setzte mit dem Chevrolet Opala die Pkw-Produktion ein.

Chevette. Populärstes Modell der brasilianischen Chevrolet war 1981 der Chevette, der im Mai 1973 als ein Abbild des damals erwarteten neuen Opel Kadett auf den Markt gekommen war. Er erhielt einen eigenen 1,4-l-OHC-Motor. Dieser leistete 1981 mit Benzinbetrieb 60 und mit Äthylalkohol (= Ethanol) 61 PS. Der Kraftübertragung diente ein 4-Gang-Getriebe. Vorn wurden Dreieckquerlenker, hinten eine Starrachse mit Längslenkern und Panhardstab (und ebenfalls Schraubenfedern) verwendet. Für die Bremsen gab's auf Wunsch einen Servo. Im Herbst 1978 war zur zweitürigen eine viertürige Limousine gekommen, im November 1979 folgte die dreitürige Schräghecklimousine Hatch und im September 1980 kam der dreitürige Kombi Marajo hinzu. Zudem gab es neu den sportlichen Hatch SR mit 1,6-l-Benzinmotor, der mit Doppelkörpervergaser auf 72 PS kam. Seit dem Modelljahr 1978 zeigten die brasilianischen Chevette ein vertikal geteiltes Kühlergitter, das ein wenig an die → Pontiac gemahnte.

Opala, Comodoro, Diplomata. Dieses Trio entsprach weitgehend dem Opel Rekord, wie er als viertürige Limousine und als Coupé bis Anfang der 70er Jahre gebaut worden war. Nur der dreitürige Kombi besaß eine geänderte Heckform; alle wurden sie jedoch als 5/6-sitzig bezeichnet. Das schlichte dunkle Kühlergitter gab ihnen ein eigenes Erscheinungsbild.

Die Motoren stimmten mit solchen aus nordamerikanischer Produktion überein. Der 2,5-l-Vierzylinder mit seitlicher Nockenwelle kam auf 80 PS, mit Doppelvergaser für die Modelle SS-4 und Comodoro-4 auf 88 PS und gleichviel leistete auch die auf den Betrieb mit Äthylalkohol ausgelegte Motorenversion. Zudem gab es den 4,1-l-OHV-Sechszylinder mit 127 PS. Für die Kraftübertragung dienten 3- und 4-Gang-Getriebe und das 3-Stufen-Automatikgetriebe Tri-Matic mit Wählhebel unter dem Lenkrad oder in der Mitte; mit dem Sechszylinder ließ sich das 3-Gang-Getriebe aber nicht kombinieren.

Vorn wurden obere Trapez-Dreieckquerlenker und untere einfache Querlenker, hinten eine Starrachse mit Längslenkern und Querlenkern und ebenfalls Schraubenfedern verwendet. Servobremsen gab's auf Wunsch, mit dem Sechszylindermotor waren sie Serie und mit ihm konnte auch ein Servo für die mit Schnecke und Rolle arbeitende Lenkung geordert werden.

Veraneio. Unter dieser Bezeichnung wurde von der General Motors do Brasil SA seit Herbst 1964 ein mächtiger fünftüriger Kombi

Chevrolet Veraneio, 1981

Chevrolet Comodoro Coupé, 1982

Chevrolet Brasil

Chevrolet Diplomata, 1982

Chevrolet Monza SL/E 1.8 Coupé, 1983

Chevrolet Veraneio, 1989

Chevrolet Kadett, 1990

gebaut, der eigentlich wie ein Geländewagen aussah und eine Bodenfreiheit von 23 cm bot, aber ausschließlich mit Hinterradantrieb erhältlich war. Dem Antrieb diente ein 4,3-l-Sechszylinder mit seitlicher Nockenwelle und 151 PS Leistung, und es standen 3- und 4-Gang-Getriebe mit Lenkradschaltung zur Wahl. Der Veraneio wog leer 1935 kg, denn er basierte auf einem Kastenrahmenchassis mit Traversen. Vorn hatte er Trapez-Dreieckquerlenker, hinten eine Starrachse mit Längslenkern und ebenfalls Schraubenfedern. Es wurden Vierrad-Trommelbremsen montiert und auf Wunsch eine Servolenkung (sowie eine Differenzialbremse).

Monza. Als brasilianischer Vertreter der J-car-Familie von General Motors wurde im April 1982 der Chevrolet Monza eingeführt. Dessen Vorderteil glich stark jenem des Opel Ascona (als Stammvater der J-cars), doch war die hintere Partie des dreitürigen Fünfsitzers coupéartig als Fastback ausgeführt. Die untere Fensterlinie verlief tief nach hinten. Angetrieben wurde dieses Frontantriebsmodell von einem eigenen neuen, quer eingebauten 1,6-l-OHC-Motor (mit Leichtmetall-Zylinderkopf), der es auf 75 PS brachte (für Benzin mit 86 ROZ, für den Betrieb mit Äthylalkohol und bei einer Verdichtung von 12:1 statt 8:1 waren es 74 PS).

Im Oktober 1982 kam eine 1,8-l-Version mit 83 PS hinzu (dieser Motor wurde teils auch für die nordamerikanischen J-cars geliefert). Der Kraftübertragung dienten ein 4- oder ein 5-Gang-Getriebe. Vorn wurden Federbeine und Dreieckquerlenker, hinten gezogene Längsschwingen (Verbundlenkerachse) verwendet. Die Fahrwerksteile waren für den Einsatz auf den rauen Straßen Brasiliens verstärkt worden. Im März 1983 kam auch die viertürige Version (und alsbald ein zweitüriges Stufenheckderivat) in Verkauf. Es gab die Ausführungen Monza und Monza SL/E (Luxusmodell mit Scheibenheber). Gegen Aufpreis gab es Servolenkung, Klimaanlage, Halogenscheinwerfer, Koffer- und Motorraumbeleuchtung usw.).

Chevette 1983. Im Herbst 1982 erhielt die Chevette-Baureihe ein neues Gesicht: Nicht mehr vertikal zweigeteilt, sondern einteilig schwarz wie beim Monza; zudem wichen die quadratischen Scheinwerfer rechteckigen Ausführungen und es gab weitere Karosserieänderungen.

Eigentlich war der Monza als Ablösung für die Opala-Reihe gedacht, doch auf dem Salon von Sao Paulo Ende 1984 wurden wegen der ungebrochenen Nachfrage stets noch die Opala, Comodoro und Diplomata sowie deren Kombiversionen Caravan angeboten. Der mächtige Geländekombi Veraneio wurde inzwischen mit 4,1- statt 4,3-l-Motor ausgerüstet.

Im Zuge eines Metallarbeiterstreiks, der auch andere brasilianische Autowerke traf, wurden Ende April 1985 im GM-Werk Sao José 370 Büroangestellte während zweier Tage im Fabrikgelände eingeschlossen.

Chevrolet Brasil	Bauart	Mot.	Getr.	R/L cm	Baujahre
Chevette	**St.**	**a–h**	**4/5/A3**	**239,5/397–421**	**1980–87**
				239,5/418,5/421,5	**1987–90**
Motoren:	*Zyl.:*	*N'w.:*	*cm³:*	*PS/'min:*	*Nm/'min:*
a (–1981)	4	OHC	1398	60/61A/5400	90/3600
b (1981–83)					99/2800/93/4000
c (1983/84 *1985–88)				62/5600	103/3200/3500*
d (SR –1983)			1599	72/5400	106/3600
e (1983–85)				70/73/72A/5600	116/122/121/3200
f (1985/86)				69/5200/72A/5600	116/121/3200
g (1986/87)				69/72A/5200	116/3200/121/2800
h (1987–)				73/82A/5200	123/3000/128/2800
Kadett / Ipanema	**Fr.**		**5/A3**	**252/400/423**	**1989/90**
Motoren:	*Zyl.:*	*N'w.:*	*cm³:*	*PS/'min:*	*Nm/'min:*
a	4	OHC	1796	95/5800/95A/5600	140/148/3000
b			1998	110A/5600	170/3000
Monza	**Fr.**	**a–g**	**4/5/A3**	**257,5/426,5/436,5**	**1982–90**
Motoren:	*Zyl.:*	*N'w.:*	*cm³:*	*PS/'min:*	*Nm/'min:*
a (–1985)	4	OHC	1598	75/5600/74A/5400	122/3000/125/2600
b (1985/86)				73/5400/72A/5200	121/3000/123/2600
c (–1985)			1796	83/5200	141/3100
d (1985–87)				87/5400/96A/5600	140/148/3500
e (1987–)				95/5800/95A/5600	140/148/3000
f (S/R 1985–87)				106/5600	153/4000
g (1986– *1987–)			1998	110A/5600/99*/5600	
170/3000/159/3500					

Chevrolet Brasil	Bauart	Mot.	Getr.	R/L cm	Baujahre
Opala / Comodoro	**St.**	**a–k**	**3/4/A3**	**267/467/463–477**	**1980–87**
/ Diplomata			**4/5/A3/A4**		**267/480/481**
1987–90					
Motoren:	*Zyl.:*	*N'w.:*	*cm³:*	*PS/'min:*	*Nm/'min:*
a (–1983)	4	OHV	2474	80/88A/4400	162/2400/198/2500
b (Diplomata/SS-4–'83)				88/4600	183/2600
c (1983/84)				80/4400/76A/4000	163/2400/167/2000
d (1984/85)				84/4400/76A/4000	
e (1985–87)				82/84/4400/88A/40'	168/2500/190/2000
f (1987–89)				84/4400/88A/4000	164/2000/190/2500
g (1989–)				88/4200/97A/4400	172/178/2500
h (*1981–84)	6		4093	127/3800/116*/4000	273/2200/260/2200
i (1984–89)				118/4000	275/2000
j (1985–89)				126/4400/135A/4000	273/2250/295/2000
k (1989–)				122/141/3800	284/308/2000
Veraneio	**K'r.**	**a/b**	**3/4**	**292/516**	**1980–89**
Motoren:	*Zyl.:*	*N'w.:*	*cm³:*	*PS/'min:*	*Nm/'min:*
a (–1984)	6	OHV	4277	151/3800 (brutto)	315/2400
b (1984–)			4093	118/4000	275/2000

Bonanza → Ch. Blazer

1985 wurde der Chevette mit einem 3-Stufen-Automatikgetriebe Turbo Hydra-Matic lieferbar, und 1986 wurde der Monza zusätzlich mit 110 PS leistendem 2-l-Motor erhältlich (Doppelvergaser, für Ethanolbetrieb). Auch diese OHC-Konstruktion wurde übrigens für die GM-Modelle nach den USA geliefert (für Benzinbetrieb, 97 PS).

Der stets noch auf dem einstigen hinterradgetriebenen Kadett basierende Chevette erhielt für 1988 eine Leistungsspritze (Doppelkörpervergaser) sowohl für die Benzin- wie für die Ethanolversion. Der Monza aus der internationalen J-car-Familie von GM zeigte sich 1988 mit einer neuen Front (Grill integriert statt aufgesetzt, Scheinwerfergläser nicht mehr schräg geschnitten); zudem war die Lenksäule nun verstellbar und der 2-l-OHC-Motor war auch für Benzinbetrieb verfügbar. Den hochbetagten Opala und Diplomata hatten die Designer einen trapezförmigen Grill im Stile des Opel Senator verpasst, und es gab sie neuerdings mit höhenverstellbarem Lenkrad.

Auch auf dem Salon von Sao Paulo vom Oktober 1988 bildeten der drei- und viertürig gebaute Chevette, der dreitürige Kombi Chevette Marajo und die Pick-up-Ableitung Chevy weiterhin das Grundgerüst des brasilianischen Chevrolet-Angebots. In der Monza-Reihe wurde die Ausführung mit Fastback und Heckklappe für 1989 gestrichen. Das Trio Opala/Comodoro/Diplomata wirkte zwar äußerlich altbacken, war aber hinsichtlich Fahrwerk und Ausstattung in vielen Etappen modernisiert worden. Der mächtige, geländegängige Veraneio, der einen südamerikanischen Großraumkombi verkörperte, zeigte sich in vielen Einzelheiten überarbeitet, und seine Front glich jener des neu hinzugekommenen Bonanza, bei dem es sich um den Chevrolet Blazer handelte.

Kadett. Nachdem er wegen der Wirtschaftskrise um mehrere Jahre zurückgestellt worden war, wurde im April 1989 endlich der moderne Chevrolet Kadett vorgestellt. Er reihte sich zwischen den nur noch zweitürig gebauten, hinterradgetriebenen Chevette und den Monza ein. Bis auf das Markenzeichen und einige Einzelheiten entsprach dieser zunächst nur dreitürig angebotene Kadett seinem → Opel-Vorbild aus Rüsselsheim. Das Fahrwerk war den schlechten Straßen entsprechend verstärkt worden. Es gab die Ausführungen SL und SL/E mit dem 1,8-l-Motor (95 PS bei 5800/min bei Benzinbetrieb bzw. bei 5600/min in der Ethanolversion) und den GS mit 2-l-Benzinmotor (110 PS).

Ipanema. Unter der Bezeichnung Chevrolet Ipanema wurde im Oktober 1989 eine brasilianische Version des dreitürigen Opel Kadett Caravan eingeführt. Es gab ihn ausschließlich mit dem 1,8-l-Quermotor für Benzin- oder Alkoholbetrieb.

Chevrolet

South Africa

Die General Motors South Africa (Pty) Ltd in Port Elizabeth war mehr als nur ein Montagebetrieb und baute ab der zweiten Hälfte der 60er Jahre auch Chevrolet eigener Prägung. 1981 gab es die Chevrolet-Modelle Ascona, Chevair, Rekord, Commodore, Senator und Nomad. Abgesehen von Letzterem handelte es sich durchwegs um → Opel-Ableitungen.

Ascona / Chevair. Der Ende 1976 auf den südafrikanischen Automarkt gebrachte Chevrolet Chevair war vom Vauxhall Cavalier abgeleitet (Ascona mit anderer Front und natürlich mit Rechtslenkung) und besaß als Antriebsquelle einen 2-l-OHV-Motor mit 77 PS. Für die Kraftübertragung dienten ein 4-Gang-Getriebe oder das 3-Stufen-Automatikgetriebe Tri-Matic. Für die rauen Straßen und Pisten Südafrikas war die Aufhängung verstärkt worden (vorn obere Dreieckquerlenker, untere einfache Querlenker, hinten Starrachse mit Längslenkern und Panhardstab). Der Ascona mit der etwas kürzeren Originalkarosserie war im Juli 1978 als Basismodell hinzugekommen. Seinem Antrieb diente der 1256-cm^3-OHV-Motor aus dem früheren Vauxhall Viva.

Rekord. Äußerlich unterschied sich der Chevrolet Rekord bis auf die Markenzeichen und einige Kleinigkeiten nicht von dem deutschen Opel Rekord. Zunächst war dieses im Juli 1978 herausgebrachte Modell – es wurde als viertürige Limousine und als fünftüriger Station Wagon Caravan gebaut – nur mit dem südafrikanischen Chevrolet-2,3-l-Vierzylindermotor (OHV, 90 PS) lieferbar, ab Herbst 1980 aber auch mit dem Opel-Vierzylinder (OHC, 100 PS). Es bestand die Wahl zwischen 4-Gang-Getriebe und 3-Stufen-Automatikgetriebe. Das Fahrwerk umfasste vorne Federbeine und untere einfache Querlenker mit elastisch gelagerten Zugstreben, hinten eine Starrachse mit Längslenkern und Querlenker. Die Kugelkreislauflenkung gab es auf Wunsch mit Servo.

Commodore. Im Gegensatz zum Rekord wurde der ebenfalls ab Juli 1978 angebotene Chevrolet Commodore nur mit südafrikanischen Motoren ausgerüstet: Es handelte sich um Sechszylinder mit seitlicher Nockenwelle und 3,8 bzw. 4,1 l Hubraum (121 bzw. 132 PS). Der 3,8-l-Motor wurde mit einem 4-Gang-Getriebe oder einem 3-Stufen-Automatikgetriebe kombiniert, der 4,1-l-Motor nur mit dem Automatikgetriebe. Außer als viertürige Limousine wurde dieser Commodore längst vor dem deutschen Commodore bereits auch als Station Wagon aufgelegt. Das Fahrwerk stimmte mit jenem des Rekord überein (mit dem 4,1-l-Motor wurde die Servolenkung serienmäßig eingebaut).

Chevrolet Chevair Berlina, 1981

Chevrolet South Africa	Bauart	Mot.	Getr.	R/L cm	Baujahre
Ascona	**St.**	**a**	**4**	**246/432**	**1980/81**
Chevair		**b/c**	**4/A3**	**252/445,5**	
Rekord		**c/d**		**267/459,5/462**	**1980–82**
Commodore		**e/f**		**267/469,5/472,5**	
Senator		**f**		**268,5/479**	
Nomad		**g**	**4**	**208,5/347,5**	**1980/81**
Motoren:	*Zyl.:*	*N'w.:*	*cm³:*	*PS/'min:*	*Nm/'min:*
a	4	OHV	1256	54/57/5400	82/2400
b			1960	77/5200	154/2400
c			2320	90/4800	168/2800
d		OHC	1979	100/5200	153/3800
e	6	OHV	3768	121/4300	256/2200
f			4093	132/4400	268/1500
g	4		2507	87/4300	174/2300

Chevrolet South Africa

Senator. In den Chevrolet Senator, auch er ein Abbild des Opel, wurde der 4,1-l-Sechszylinder mit Automatikgetriebe eingebaut. Er erhielt die gleichen schmucken Alu-Sternräder wie in Deutschland der Opel Monza S. Die Vorderradaufhängung bestand aus Federbeinen und unteren einfachen Querlenkern mit Zugstreben, hinten aus Schräglenkern mit Schraubenfedern (Vierrad-Scheibenbremsen und Kugelumlauflenkung, beide mit Servo).

Chevrolet Commodore Station Wagon, 1982

Nomad. 1977 war die Skala der südafrikanischen Chevrolet durch ein offenes Mehrzweckfahrzeug ergänzt worden, dessen Jeep-ähnliche Karosserie auch dem Transport von drei bis sieben Personen diente (hinten auf Längsbänken). Es besaß einen einfach herzustellenden kantigen Geländewagenaufbau mit hellfarben gerahmtem Kühlergrill, bot statt Vierradantrieb aber bloß eine Differenzialbremse. Auch 1981 dienten dem Antrieb stets noch ein alter 2,5-l-OHV-Motor und ein 4-Gang-Getriebe. Vorn fanden sich Trapez-Dreieckquerlenker und untere einfache Querlenker mit Zugstreben, hinten eine Starrachse mit Doppellängslenkern, Querlenkern und Schraubenfedern. Es kamen Servobremsen und eine Zahnstangenlenkung zum Einbau.

Chevrolet = Opel. Zum Modelljahr 1983 wurde die Markenbezeichnung Chevrolet zugunsten von Opel aufgegeben. Die in Südafrika gebauten GM-Modelle unterschieden sich ohnehin kaum mehr von ihren deutschen Vorbildern.

Als Nachsatz: Bob White, Boss von General Motors in Port Elizabeth, war einer der ersten großen Industrieführer Südafrikas, der die Apartheid-Politik der Regierung öffentlich als widerlich anprangerte. Von seinen 3500 Mitarbeitern waren je 40 Prozent Weiße und gemischtrassig und 20 Prozent Schwarze. Er erklärte Anfang 1986, dass seine Firma bereit sei, ihre Mitarbeiter mit Rechtsanwälten und Geld zu unterstützen, wenn sie wegen eines Verstoßes gegen Apartheidgesetze vor Gericht gestellt würden. – Im Oktober 1986 entschied sich die General Motors Corporation ihre (ohnehin Verluste bringenden) südafrikanischen Aktivitäten an eine Gruppe unter lokalem Management zu verkaufen. Diese führte die Produktion unter dem Firmennamen Delta Motor Corporation fort.

Chrysler

Gegründet 1924 von Walter P. Chrysler, entwickelte sich die Chrysler Corporation zur dritten Kraft der amerikanischen Automobilindustrie hinter General Motors und der Ford Motor Company. 1981 umfasste dieser Konzern die Marken Chrysler, → Plymouth und → Dodge. Bei den kleinsten in den USA verkauften Plymouth und Dodge handelte es sich inzwischen um importierte und umgetaufte (badging) Mitsubishi-Modelle; 1971 hatte Chrysler 15 Prozent des Kapitals der → Mitsubishi Motor Corporation übernommen.

Von der Flaute, die durch die Ölkrise ausgelöst worden war, sah sich die Chrysler Corporation besonders stark betroffen: Während die Produktion in den USA von 1979 auf 1980 um 24 Prozent abgesackt war, erlitt die Chrysler Corporation einen Einbruch um 32 Prozent auf noch 838'535 Einheiten. Damit war das Unternehmen, dessen Existenz nur dank eines Mitte 1980 durch den amerikanischen Kongress genehmigten Milliardenkredits aufrecht erhalten werden konnte, weiter geschwächt.

Anfang 1981 gewährte die Regierung eine zusätzliche Anleihensgarantie von 400 Mio Dollar, mit der das Unternehmen gerade noch vor dem Konkurs bewahrt werden konnte. Sie war an einen Sanierungsplan gebunden, mit dem Chrysler u. a. auf Zukunftsinvestitionen und Mitarbeiter verzichten musste. Während Plymouth und Dodge in Konkurrenz zu Chevrolet und Ford die populären Marken verkörperten, vertrat Chrysler den Oberklasse- und Luxuspart.

Zwecks Sanierung hatte Chrysler bereits seine europäischen Fabrikationswerke an PSA Peugeot-Citroën verkauft. Im Gegenzug hatte Chrysler 15 Prozent des PSA-Kapitals erhalten. Es wurde spekuliert, dass Chrysler den Vertrieb von PSA-Modellen in den USA übernehme und dass gemeinsam ein Nachfolgemodell für die kleinsten Chrysler-Typen Horizon/Omni entwickelt würde. Dies in Parallele zur Zusammenarbeit zwischen → AMC und Renault.

Für das Modelljahr 1981 waren unter Chrysler-Generaldirektor Lee A. Iacocca, der 1978 von Henry Ford II. gechasst worden war und darauf die Chrysler Corporation systematisch aus dem Sumpf zog, die K-Modellreihe → Dodge Aries und → Plymouth Reliant lanciert worden. Sie war für das Zurückholen der amerikanischen Massen bestimmt. Sie sollte aber auch die Chrysler-Position im Kampf gegen die neue japanische Konkurrenz festigen. In dramatischen Fernsehspots hob Generaldirektor Lee Iacocca hervor, dass in den K-Modellen nicht fünf Personen Platz haben, sondern fünf Amerikaner!

Imperial. Gleichzeitig versuchte Iacocca einem legendären Topnamen zu neuem Glanz zu verhelfen: Einen Imperial hatte es bereits Mitte der 20er Jahre gegeben. Von 1957 bis 1975 war Imperial sogar die gegen Cadillac von GM und Lincoln von Ford gerichtete Chrysler-Spitzenmarke gewesen. Nun gab es wieder ein Chrysler-Topmodell dieses Namens und zwar ein fünfsitziges Luxuscoupé. Zwar wurde durchaus an das traditionelle Imperial-Design angeknüpft, dennoch ähnelte die Front mit dem quadratischen Kühlergitter und den unter Deckeln verborgenen Scheinwerfern stark jener der Lincoln, während das schräg geschnittene Heck zumindest ein Stück weit vom Cadillac Seville inspiriert war.

Im Vergleich zum letzten Imperial von 1975 war das Chrysler-Luxuscoupé 1981 dem Zug der Zeit entsprechend bescheidener: 542 statt 591 cm lang, 185 statt 202 cm breit, 1790 statt 2190 kg Leergewicht. Technisch war der neue Imperial eine Ableitung des Chrysler Cordoba, mit dem er auch den Radstand teilte. Dem Antrieb diente zwar weiterhin ein V8, aber er hatte nicht mehr 7,2, sondern 5,2 l Hubraum. Hinzu kam eine elektronische Benzineinspritzung, die für niedrige Abgaswerte und günstigeren Verbrauch sorgte. Für die Bedienung des 3-Stufen-Automatikgetriebes Torqueflite ließ sich eine Lenkradschaltung oder ein Wählhebel auf der Mittelkonsole bestellen.

Die Aufhängung war nach Chrysler-Art ausgelegt: vorne oberer Trapez-Dreieckquerlenker, unten einfacher Querlenker und elastisch gelagerte Zugstrebe sowie längsliegender Torsionsfederstab, hinten Starrachse mit Halbelliptikfedern. Die Bremsanlage setzte sich aus vorderen belüfteten Scheiben und hinteren Trommelbremsen zusammen (Kugelkreislauflenkung mit Servo).

LeBaron. Basismodellreihe von Chrysler war 1981 der Anfang 1977 eingeführte LeBaron. Er basierte auf den Plymouth Volaré und Dodge Aspen. Gebaut wurde er als viertürige Limousine, als Coupé mit kürzerem Radstand sowie als Station Wagon Town & Country im traditionellen Woodie-Look (imitierte Holzbeplankung der Flanken). Vom Kombi abgesehen gab es die Sonderausstattungen Special, Salon und Medallion. Eingebaut wurden entweder der 3,7-l-Sechszylinder-Reihenmotor mit der Bezeichnung Slant Six oder der 5,2-l-V8. Den Abgasnormen entsprechend wurden die Antriebsaggregate für Kalifornien und Europa anders ausgelegt als für die anderen US-Staaten. Die Kraftübertragung erfolgte ausschließlich mit dem Torqueflite-Getriebe (Fahrwerk wie beim Imperial).

Cordoba. Der Cordoba war mit dem Modelljahr 1975 eingeführt worden. Er basierte damals auf dem Dodge Charger und bestach durch die Ausgewogenheit seiner Proportionen und die luxuriöse Eleganz. 1981 überzeugte er nicht mehr in gleicher Weise. Je nach Ausführung besaß er ein Opera Window in dem mit Vinyl überzogenen hinteren Dachträger. Es gab die Varianten Cordoba, Cordoba Crown und Cordoba LS, und es standen die gleichen Motoren zur Wahl wie im LeBaron. Das Torqueflite-Getriebe war auf weichere Schaltmanöver ausgelegt worden.

Newport / New Yorker. Sie waren die traditionellsten Chrysler-Luxuslimousinen und sie brachten es auf rund 560 cm Länge. Wie beim Cordoba war auch bei ihnen für 1981 der 5,9-l-Motor gestrichen worden. Zur Wahl standen der 3,7-l-Slant Six und der 5,2-l-V8. Dieser war auch in einer leistungsfähigeren Ausführung mit Vierfachvergaser und 167 statt 132 PS erhältlich. Das Lenkrad war auf Wunsch verstellbar, die gesamte technische Auslegung stimmte mit jener der anderen Chrysler-Modelle überein. Der besonders luxuriös ausstaffierte und über 100 kg schwerere New Yorker

Brougham bzw. Fifth Avenue unterschied sich vom Newport äußerlich durch die unter Klappen verborgenen Scheinwerfer und die teils über das hintere Seitenfenster gezogene Vinylverkleidung sowie die Kontrastfarben der Karosserie.

Im Frühling 1981 hatte Chrysler das 53 Jahre alte Montagewerk von Lynch Road in Detroit endgültig stillgelegt. Damit war auch das Schicksal der dort gebauten großen Modelle wie New Yorker und Newport, Dodge St. Regis und Plymouth Gran Fury besiegelt. Zudem verloren auch die letzten 2200 (von vorher 4500) Mitarbeiter ihre Stelle. Weitere schlechte Nachricht: Die Mitsubishi Motor Corporation setzte ihre Absicht durch, neben den von Dodge und Plymouth unter deren Namen verkauften Mitsubishi-Modellen ab 1983 in den USA ein eigenes Vertriebsnetz aufzubauen. 1980 waren 13 Prozent aller von Chrysler verkauften Autos Mitsubishi-Modelle gewesen. Im Gegenzug bot Mitsubishi Chrysler neue Kredite.

Ein kleiner Trost: Bereits wurden Fotos eines attraktiven Cabriolets veröffentlicht, mit dem Chrysler zum Modelljahr 1982 in die Sparte der Offenautos zurückkehren wollte. Im Frühling 1981 schloss Chrysler mit Peugeot einen (bereits früher erwähnten) Vertrag über die Entwicklung eines subkompakten Modells, dessen Produktion Ende 1985 aufgenommen werden sollte. Überdies wurde das Abkommen über die Lieferung von Peugeot-Benzinmotoren auch auf Dieselaggregate ausgedehnt. Zudem konnte Chrysler über hervorragende Spareffekte und damit „rosige Aussichten“ berichten.

Als die Chrysler Corporation im Herbst 1981 die Modelle 1982 vorstellte, wies sie mit Genugtuung auf die Erhöhung ihres amerikanischen Marktanteils von 9,7 auf 12 Prozent hin. Dies war vor allem den frontgetriebenen K-cars zu verdanken, die vom US-Markt glänzend aufgenommen worden waren. Daher konnte es nicht verwundern, dass selbst unter der Nobelmarke Chrysler Modelle auf K-Basis im Programm figurierten.

LeBaron 1982. Mit dem im Trend liegenden Down-sizing, dem Verkleinern der bestehenden Modelle, wurde das Modell LeBaron nun in ganz neuer Form als Vierzylinderwagen herausgebracht. Radstand und Länge schmolzen von 286,5/522,5 cm auf noch 254/456,5 cm. Gleichzeitig nahm das Leergewicht von 1520 auf 1125 kg ab! Dass damit eine signifikante Verminderung des Verbrauchsverhaltens verbunden war, versteht sich von selbst. Der neue LeBaron wurde zunächst als zwei- und viertüriger Sedan angeboten. Es gab sie auch in der Topausführung Medallion. Mit dem in Kontrastfarbe gehaltenen Flankenunterteil und dem Vinylüberzug auf dem Dachhinterteil samt C-Pfosten (beim zweitürigen Modell mit Opera Window) wirkten sie besonders schmuck. Chrysler-typisch war der feinmaschige, nun aber deutlich schräg gestellte Kühlergrill; er wurde von einzeln versenkt angeordneten doppelten Rechteckscheinwerfern flankiert.

Zum Frühjahr 1982 kamen das ungemein elegante Cabriolet sowie ein im traditionellen Holzlook gehaltener Station Wagon Town & Country dazu. Das Cabrio war zunächst als Zweisitzer präsentiert worden, doch wurde es dann doch als Vierplätzer in Serie genommen. Es wurde später als Woodie-Convertible ebenfalls im Holzlook lieferbar. Die unumgänglichen Strukturverstärkungen im Boden-, Seiten- und Rückwandbereich hatten das Leergewicht nur um 30 bis 40 kg ansteigen lassen. Allerdings sollten sich der LeBaron Convertible und sein Gegenstück auf der Basis des Dodge 400 aus europäischer Sicht nicht als besonders verwindungssteif erweisen. Immerhin waren diese Cabrios die ersten serienmäßig ab Werk erhältlichen US-Cabrios seit der letzten Offenversion des Cadillac Eldorado von 1976.

Chrysler New Yorker Fifth Avenue, 1981

Die Motoren für die LeBaron 1982 waren der eigene 2,2-l-Vierzylinder mit obenliegender Nockenwelle und Leichtmetall-Zylinderkopf sowie der von Mitsubishi stammende 2,6-l-OHC-Vierzylinder mit zwei Schwingungsausgleichswellen. Statt des 4-Gang-Getriebes konnte das 3-Stufen-Automatikgetriebe Torqueflite bestellt werden; in Verbindung mit dem größeren Motor wurde es ausschließlich eingebaut. Wenn man den LeBaron zudem mit Lenkrad-Wählhebel bestellte, wurde er voll dem sechssitzigen Innenraum gerecht. Die angetriebenen Vorderräder wurden mit Dreieckquerlenkern und Federbeinen geführt (negativer Lenkrollradius), hinten fand sich eine Starrachse mit Längslenkern und Panhardstab. Die Zahnstangenlenkung wurde auf Wunsch servobestückt.

New Yorker 1982. Schlauerweise hatte man für das Down-sizing die weiteren Modelle kurzerhand jeweils um eine Stufe heruntergeholt: So wurde aus dem früheren LeBaron nun der neue New Yorker – dies natürlich mit einer angepassten Optik –, während auf den Newport verzichtet wurde. Die Abmessungen reduzierten sich bei diesem Modell somit von 301/562,5 cm auf 286,5/525 cm. Das Erscheinungsbild blieb eindrücklich: breiter hinterer Dachträger mit Vinylüberzug und Chromband nach vorne abgegrenzt, weiterhin Imitations-Speichenräder und Reifen mit weißer Seitenwand sowie Chromränder. Immerhin standen nach wie vor der 3,7-l-Slant Six und ein 5,2-l-V8 zur Wahl.

Cordoba 1982. In diesem Jahrgang gab es den an sich wenig veränderten Cordoba auch in einer Ausführung mit kreuzförmigem Kühlergrill, der an frühere Hochleistungs-Chrysler erinnerte. Der Dachaufbau sah einem Cabrioverdeck täuschend ähnlich.

In der ersten Hälfte 1982 zeichnete sich für die Chrysler Corporation ein Lichtblick ab: Lee Iacocca stellte nach vier Jahren großer Verluste erstmals wieder einen Gewinn in Aussicht. Und es sah ganz danach aus, dass Chrysler von den 1,5 Milliarden Dollar Kreditgarantie der Regierung die letzten 300 Millionen nicht beanspruchen würde. Es gab nun auch eine Bilanz der getroffenen Maßnahmen, mit denen Iacocca Chrysler vor dem Untergang bewahrt hatte: Zwanzig Fabriken waren entweder geschlossen oder zusammengelegt worden; die Zahl der Angestellten war auf 20'000 halbiert und 41'800 Arbeiter waren entlassen worden. Die Mitarbeiter hatten Konzessionen im Geldwert von 1,2 Milliarden Dollar zugestehen müssen.

Auf diese Weise war die Rentabilitätsschwelle von 2,4 auf knapp 1,2 Millionen Pkw und Nutzfahrzeuge gesenkt worden. Die Produktionskapazität erreichte noch 1,6 Millionen Einheiten, und ein möglichst großer Nutzungsgrad erlaubte somit eine Rückkehr in die Gewinnzone. – Iacocca verlangte nun anderseits, dass die amerikanische Regierung auf japanische Autos eine Importsteuer von durchschnittlich 1750 Dollar erhebe. Denn soviel koste die Einfuhr eines japanischen Autos die amerikanischen Steuerzahlen wegen der damit provozierten höheren Arbeitslosigkeit und ihren Folgen. Wie er auf diesen Betrag kam, wurde vom Chrysler-Boss in einer Broschüre vorgerechnet.

E Class / New Yorker.. Im Modelljahr 1983 diente die K-car-Basis des LeBaron mit einem von 254 auf 261,5 cm verlängerten Radstand für neue mittelgroße Modelle. Für diese waren der Frontantrieb mit Quermotor eine eher ungewöhnliche Eigenheit. Es gab diese 471 cm langen Sedan als E Class und New Yorker. Letzterer hatte anstatt sechs nur vier Seitenfenster, an die sich ein über das Dach führender Chrombügel und ein Vinylüberzug anschlossen. Um den Sonderstatus hervorzuheben, war dieser neue New Yorker serienmäßig mit Zentralverriegelung, Fensterheber, elektrischer Sitzverstellung, Klimaanlage, Tempokonstanthalter, Stereoanlage und einer Sportaufhängung ausgestattet.

1983 bot Chrysler einen mit Texas Instruments entwickelten Electronic Voice Allert (EVA) an, der elf Warnungen sowie „Thank You“ aussprechen konnte und mit einem Electronic Travel Computer

Chrysler Imperial, 1981

Chrysler LeBaron Convertible, 1982

kombiniert war. Der auch Spanisch und Französisch sprechende EVA fand sich beim New Yorker serienmäßig an Bord.

Weil diese Modelle mit rund 1200 kg Leergewicht im Vergleich zum LeBaron etwas schwerer waren, hatte man den 2,2-l-Vierzylindermotor in die Kur genommen: Er leistete nun auch im LeBaron 95 PS bei 5200/min statt 85 PS bei 4800/min; für den Europaexport wurden gar 102 PS bei 5800/min genannt. Anstatt des 4-Gang-Getriebes war im LeBaron alternativ zum Torqueflite-Automatikgetriebe ein neues 5-Gang-Getriebe mit Kabelzügen statt Schaltgestänge lieferbar. Es war das erste mit Frontantrieb verbundene 5-Gang-Getriebe der USA. Nach wie vor war beim LeBaron wie auch in den größeren neuen Modellen wahlweise der drehmomentstärkere 2,6-l-Motor von Mitsubishi lieferbar.

Executive Sedan / Limousine. Ebenfalls Ableitungen des K-car waren diese beiden Sonderausführungen, deren Radstand und Gesamtlänge auf 317,5 und 520 bzw. 332,5 und 535 cm gestreckt worden war. Diese Chauffeurwagen boten 5/6 bzw. 7/8 Sitze. Das dritte Seitenfenster war als Opera Window in den C-Pfosten eingefügt. Diese beiden „Stretch-Limos“ wurden außerhalb der Chrysler Corporation hergestellt, doch war bei genügend großer Nachfrage für 1984 eine Integration in das reguläre Bauprogramm der Marke vorgesehen.

Der bisherige größere New Yorker erhielt die Zusatzbezeichnung Fifth Avenue Edition. – Schon im Dezember 1982 gab Chrysler das Bild von einem mit G 24 bezeichneten windschnittigen Coupé frei, das Mitte des folgenden Jahres unter den Marken Chrysler und Dodge die Pony-car-Szene beleben sollte, und zwar mit einer um 8 cm verkürzten K-Plattform und einem Turbo-bestückten 2,2-l-Vierzylindermotor mit gut 140 PS.

Turbo Convertible. Anfang 1983 propagierte Chrysler unter dieser Bezeichnung ein auf zwei Sitze und 1100 kg Leergewicht reduziertes LeBaron-Cabriolet. Es besaß einen schwarzen Kühlergrill mit mittig platziertem fünfzackigem Chrysler-Stern, einen auch an den Flanken montierten gerillten Stoßschutz und vor allem einen per Abgasturbolader auf 145 PS gebrachten 2,2-l-Motor. Noch ausgeprägter als Prototyp zu betrachten war ein LeBaron Convertible, bei dem sich aus dem Kofferraum in der Art der einstigen Rumble Seats zwei zusätzliche Sitzplätze aufklappen ließen.

Im Frühling 1983 kaufte die Chrysler Corporation von Volkswagen of America deren in Entstehen begriffenes zweites Werk in Sterling Heights, nördlich von Detroit. Während VW sich hinsichtlich des US-Marktes verrechnet hatte, sah Chrysler einen wieder wachsenden Bedarf an moderner Produktionskapazität. VW hatte die neuen Werkanlagen bereits zu 80 Prozent fertiggestellt... und dann eingemottet. Chrysler hatte im ersten Quartal 1983, erstmals seit 1977, wieder einen Gewinn erzielt und plante nun eine vorzeitige Tilgung der von der Regierung gewährten Kreditgarantien. Inzwischen war Lee A. Iacocca zum populärsten Industriemanager Amerikas gewählt worden.

Shelby. Ebenfalls im Frühling 1983 überraschten die Pläne eines für die USA bestimmten AC mit Shelby-Genen. Natürlich dachte man da an den legendären, einst ebenfalls von Carroll Shelby initiierten → AC Cobra zurück. Shelby hatte sich neu mit Chrysler verbandelt, und neben dem → Dodge Shelby Charger sollte es nun auch einen Mittelmotor-Sportwagen mit der gleichen Antriebseinheit geben, nämlich dem getunten 2,2-l-Chrysler-Vierzylinder statt des 3-l-V6 von Ford. Mit dessen 144 PS vermochte das unter 1000 kg wiegende englische Coupé Tempo 100 binnen rund 7,5 s zu erreichen, und es wurde ihm eine Höchstgeschwindigkeit von knapp 210 km/h nachgesagt. Dieser Zweisitzer hätte an die Stelle des bereits nicht mehr gebauten → DeLorean treten und auch dem angekündigten Pontiac Fiero 2M4 die Stirn bieten können. Doch dieses Projekt, hinter dem das Chrysler Shelby Performance Center stand, verlief schließlich im Sande.

T-Wagon. Hinter dieser Bezeichnung (alsbald T 115) verbarg sich ein neues Karosseriekonzept, das ungeahnte Bedeutung erhalten sollte: Der im Frühling 1983 vorgestellte T-Wagon wurde für den Herbst und somit zum Modelljahr 1984 als Dodge Caravan und Plymouth Voyager in Aussicht gestellt. Damit begründete die Chrysler Corporation die amerikanische Welle der Minivans oder Großraumkombi, wie sie bereits in Japan mit dem Nissan Prairie und dem Mitsubishi Space Wagon ausgelöst worden war. Vom Letzteren hatte sich Chrysler-Boss Iacocca schlauerweise gleich auch die Vertriebsrechte für Amerika gesichert.

Der mit zwei Vordertüren, einer hinteren Schiebetüre rechts sowie einer Heckklappe versehene T-Wagon bzw. T 115 sollte im Werk Windsor in Kanada vom Band laufen. Er war mit seinen Außenabmessungen von 447x177x163 cm deutlich größer als der Space Wagon. Er sollte als Fünf- und Siebensitzer und wahlweise mit dem eigenen 2,2- oder dem Mitsubishi-2,6-l-Motor angeboten werden. Technisch war dieser Halbfrontlenker eng mit der K-Serie verwandt, verband also Frontantrieb und Quermotor. Es ist bemerkenswert, dass die beiden T-Wagon in Nordamerika nicht zu den Pkw, sondern wie die Geländekombi bzw. SUV und die Pick-up zu den leichten Nutzfahrzeugen gezählt wurden.

Mitte 1983 verhandelten die Chefs von Chrysler und Volkswagen, Iacocca und Hahn, über die Möglichkeiten einer vertieften Zusammenarbeit oder eines Joint Venture. Dies gab zu Spekulationen Anlass, dass Chrysler auch die weiteren Werkanlagen von VW of America übernehmen und Volkswagen im Auftrag herstellen werde. Ohnehin musste sich Chrysler dringend um eine Nachfolge für die Kleinmodelle Plymouth Horizon und Dodge Omni kümmern. – Nachdem Chrysler vorzeitig die Staatskredite zu tilgen vermochte, konnten jetzt auch die von der Peugeot SA gewährten Finanzhilfen schrittweise zurückbezahlt werden. Die 15 Prozent Anteil am PSA-Kapital wollte Chrysler aber behalten.

Für einen doppelten Schaueffekt sorgte Iacocca, als er Ende August 1983 nicht nur die unter dem Code G 24 angekündigten Sportcoupés Chrysler Laser und Dodge Daytona vorstellte, sondern einem

Bankenvertreter gleich auch einen Scheck über die verbleibende Konzernschuld von etwas mehr als 800 Millionen Dollar übergab. Damit hatte Chrysler den mühsam erkämpften Staatskredit sieben Jahre vor Fristablauf zurückzahlen können.

Laser. Das Pony-car-Duo Laser/Daytona war überaus attraktiv geformt und ganz dazu angetan, den Ford Mustang/Mercury Capri und Chevrolet Camaro/Pontiac Firebird das Grasland (bzw. den Asphalt) streitig zu machen. Technisch basierten die 2+2-sitzigen dreitürigen Fastbackcoupés auf der K-Frontantriebs-Plattform. Deren Radstand war auf 246,5 cm verkürzt worden. Länge, Breite und Höhe erreichten 444,5x176x128 cm. Der Laser war ein wenig mehr in Richtung Luxus, der Daytona in Richtung Sportlichkeit getrimmt.

Für den Antrieb sorgte der 2,2-l-Vierzylinder, der für den Chrysler Laser und den Dodge Daytona mit einer zentralen Einspritzung versehen wurde und so auf just 100 Netto-PS Leistung kam. Mit einem Abgasturbolader Garrett T3 (Maximaldruck 0,52 bar) und Saugrohreinspritzung resultierten hingegen respektable 144 PS und ein von 164 Nm bei 3200/min auf 217 Nm bei 3600/min angehobenes Drehmoment. Dieser Motor war mit einem Klopfsensor ausgerüstet, während das Turboladerlager wassergekühlt war. Für beide Motoren standen ein 5-Gang-Getriebe und ein 3-Stufen-Automatikgetriebe Torqueflite (Wählhebel in der Mitte oder unter dem Lenkrad) zur Wahl. Fahrwerkseitig entsprach das neue Coupé den K-Modellen: Vorne Federbeine und Querlenker, hinten Starrachse mit Längslenkern und Panhardstab. Die Bremsanlage wurde verstärkt (vor allem für die Turboausführung) und die Servolenkung direkter ausgelegt. Auf Wunsch waren Breitreifen und ein Handling Package bzw. eine straffere Abstimmung erhältlich.

Der Laser war der kleinste Chrysler. Am anderen Ende der Modellskala war hingegen der Imperial bereits gestrichen worden, während mit der Einführung des Lasers das Coupé Cordoba – inzwischen zu einem traditionellen, auf viele Liebhaber zählenden Chrysler-Begriff geworden – den Zeiten der Sparsamkeit ebenfalls geopfert wurde. Das übrige Chrysler-Angebot bestand jetzt noch aus den LeBaron, den von diesen abgeleiteten Langlimousinen, den Modellen E Class, New Yorker, Newport und Fifth Avenue. Letzterer war nur noch mit dem 5,2-l-V8 zu haben; seine Ausrüstung war angereichert worden (einschließlich neuer Leichtmetallräder). Anderseits war dem Fifth Avenue eine vereinfachte Version zur Seite gestellt worden, die wieder den früheren Namen Newport trug.

Recht hochtrabend waren die Pläne, die Chrysler und Maserati in einer im Frühling 1984 für sechs Jahre geschlossenen Vereinbarung festgelegt hatten: Danach übernahm Chrysler 5 Prozent des Maserati-Kapitals und die italienische Seite sollte dafür jährlich 10'000 Luxusmodelle mit 2,2- und 2,6-l-Motor bereitstellen, wobei Motor und Kraftübertragung von Chrysler zu liefern waren. Chrysler sah damit die Möglichkeit, in Nordamerika in dieser Fahrzeugklasse gegen Cadillac und Mercedes-Benz antreten zu können. – Anderseits startete die Chrysler Corporation noch im selben Jahr mit der koreanischen Firma Samsung (→ Anhang) eine Machbarkeitsstudie über die Herstellung von jährlich 200'000 Dodge Omni bzw. dessen Nachfolgemodell.

LeBaron GTS. 1985 wurde zwischen Laser und LeBaron der LeBaron GTS eingeordnet (baugleich mit dem Dodge Lancer). Er wurde als H-car bezeichnet und auch er basierte auf der K-Plattform. Die Karosserieform dieses Sedans mit sechs Seitenfenstern, einem zwischen Stufenheck und Fastback liegenden Heckdesign und Heckklappe war für amerikanische Verhältnisse eher ungewöhnlich. Durch Umlegen der Fondbank ließ sich das Koffervolumen von 500 auf 1200 dm^3 erhöhen. Für den Antrieb diente der 2,2-l-Motor ohne oder mit Turbo. – *Produziert wurden die H-cars in den von Volkswagen übernommenen und mit großen Investitionen modernisierten Werkanlagen in Sterling Heights, Michigan.*

1985 wurde der Laser mit neuen Sitzen ausgestattet; es gab ihn auch als XT mit Targadach. Bei den LeBaron war nun selbst der Station Wagon mit dem 2,2-l-Turbomotor lieferbar. Für den New Yorker bestand nur noch die Wahl zwischen diesem und dem 2,6-l-Motor von Mitsubishi (Modell Limousine nur mit letzterem Motor). Der 5,2-l-V8 des Newport/Fifth Avenue erfuhr eine Leistungssteigerung von 132 auf 142 PS, wobei sich der Verbrauch gleichzeitig um 8 Prozent verringerte (geänderte Brennräume, Verdichtung 9,0:1 statt 8,4:1).

Im April 1985 war von einem neuen Abkommen zwischen Chrysler und Mitsubishi die Rede: Neues Werk im Mittleren Westen für ein gemeinsames Modell 1989, Jahresausstoß von 180'000 Wagen, Antriebseinheiten aus Japan, Werksleitung durch Mitsubishi; Erhöhung der Chrysler-Beteiligung am Kapi-

Chrysler Cordoba LS, 1982

Chrysler Executive Sedan + Chrysler Limousine, 1983

Chrysler (LeBaron) Town & Country Station Wagon, 1985

Chrysler New Yorker, 1985

Chrysler E Class Sedan, 1984

Chrysler LeBaron GTS, 1986

Chrysler Laser XT, 1986

tal von Mitsubishi Motors von 20 auf 24 Prozent. Im Oktober wurde darauf die gemeinsame Diamond Star Motors Corporation gegründet.

Motor 2.5. Im Mittelpunkt des Chrysler-Konzernjahrgangs 1986 stand ein neuer Motor: Vom weiter erhältlichen 2213-cm^3-Vierzylinder war durch Hubverlängerung von 92 auf 104 cm ein Motor mit 2501 cm^3 entstanden. Nach dem Muster des 2,6-l-Vierzylindermotors von Mitsubishi, den diese neue Maschine ablöste, wurden dem 2,5-l-Motor ebenfalls zwei Lanchester-Schwingungsausgleichswellen verpasst, diese jedoch nicht seitlich im Motorblock, sondern in der Ölwanne untergebracht. Mit dem neuen Triebwerk wurde vordergründig ein günstiger Drehmomentverlauf angestrebt. Es arbeitete mit einer neuartigen Niederdruck-Zentraleinspritzung und versprach gegenüber dem 2,6-l-Motor einen um 10 Prozent abgesenkten Benzinverbrauch. Auch beim 2,2-l-Motor wurde der Verbrennungsablauf mit einem nach dem Fast-burn-Prinzip gestalteten Brennraum optimiert, was ein Anheben der Verdichtung von 9:1 auf 9,5:1 ermöglichte.

1986 verhalf der neue 2,5-l-Motor bei den Modellen Laser und LeBaron GTS zu dreifacher Motorenauswahl. Der New Yorker erfuhr kleine Änderungen an Front und Heck. Den Laser gab es neu mit herausnehmbaren Dachhälften.

Chrysler-Maserati. Während → Cadillac im Dezember 1985 die Presse über die Transportlogistik für den Allanté orientierte, dessen Karosserie bei Pininfarina in Italien entstand, konnte Chrysler bereits konkret über sein leichteres Gegenstück berichten: Das luxuriöse Cabriolet Chrysler-Maserati, bislang auch als Q-car bezeichnet, sollte auf der Los Angeles Auto Show von Anfang Januar seine Weltpremiere feiern. Auch mit ihm wurde auf die in Amerika besonders erfolgreichen importierten Sportmodelle gezielt.

Chrysler-Chairman Lee A. Iacocca und Maserati-Boss Alejandro de Tomaso hatten bereits um 1970 gemeinsam dem De Tomaso Pantera unter Ford-Aegide zum Durchbruch verholfen. Allerdings war der Chrysler-Maserati nicht als zweisitziger Mittelmotor-Sportbolide, sondern als hochelegantes 2+2-sitziges Cabriolet mit Frontantrieb ausgelegt. Er teilte die Quermotormechanik mit den bekannten Modellen des Chrysler-Imperiums. Es handelte sich um den 2,2-l-Motor Turbo II, der es mit Abgasturbolader und Ladeluftkühler auf 176 PS (mit 3-Stufen-Automatikgetriebe Torqueflite auf 162 PS) brachte. Angekündigt wurde aber bereits auch eine mit 16V-De Tomaso bezeichnete Motorvariante, die 208 PS leistete und ausschließlich mit einem 5-Gang-Getriebe von Getrag verbunden wurde, Ende 1985 aber noch in Entwicklung stand.

Mit 236 cm war der Radstand um rund 10 cm kürzer als jener des Laser. Dennoch war der Chrysler-Maserati mit 446,5 cm 2 cm länger als das kleinste Chrysler-Coupé. 62 Prozent des 1375 kg erreichenden Leergewichts entfielen auf die Antriebsräder.

Vorne wurde nach Chrysler-Usus eine Federbeinaufhängung mit Dreieckquerlenkern verwendet, hinten eine leichtgewichtige Starrachs mit Längslenkern und Panhardstab. Die Vierrad-Scheibenbremsen wurden durch ein ABS von Teves ergänzt. In Zusammenarbeit mit Maserati sollten jährlich 5000 dieser typisch amerikanisch geformten Cabrios entstehen.

Mit dem im März 1986 gegründeten Technology Access Fund (TAF) plante Chrysler sich Wissensquellen und Gemeinschaftsprojekte an Universitäten und Forschungsinstituten zu erschließen. Es ging ebenso um künftige Antriebs- wie um neue Produktionssysteme und nicht zuletzt um eine Computerintegrierung des gesamten Unternehmens. Im Mai 1986 wurde ein weiterer Vertrag mit → Maserati abgeschlossen. Anderseits beschloss Chrysler, sich von den 12,5 Prozent Beteiligung an der Peugeot SA zu trennen. – Und noch eine Wirtschaftsnachricht vom Juni 1986: Chrysler hatte von Ford den Amerikaschweizer Robert A. Lutz abgeworben. Er sollte sich um die internationalen Aktivitäten, das Komponentengeschäft und die leichten Nutzfahrzeuge kümmern.

LeBaron Coupé/Cabriolet 1987. Im September 1986 wurden Coupé und Convertible der LeBaron-Serie mit neuen Karosserien vorgestellt (die ab Frühjahr 1987 lieferbar wurden): Sie zeigten sich in einem ausgeprägt eleganten Stil mit aerodynamisch niedriger Front. Das offene Cabrio wirkte rank und schlank wie ein Model. Beim Coupé fiel die weiche (statt kantig-steile) Form von C-Säule und Heckscheibe auf. Die Länge war von 455 auf 470 cm angewachsen. Als Kraftquelle wurde der 2,5-l-Vierzylinder mit zwei Ausgleichswellen eingebaut, der wahlweise mit einem 5-Gang-Getriebe oder dem 3-Stufen-Automatikgetriebe Torqueflite gekoppelt wurde. Dieses besaß nun (auch in den anderen Chrysler-Modellen) eine Überbrückungskupplung. Im gepflegten Innenraum fanden sich Ledersitze, und das Armaturenbrett wartete mit Digitalanzeigen auf.

Im Krisenjahr 1979 hatte sich Lee A. Iacocca in ebenso aufopfernder wie Aufsehen erregender Weise mit einem Jahresgehalt von 1 Dollar sowie Aktienvorkaufsrechten begnügt. Nachdem 1986 für die Chrysler Corporation ein Glanzjahr war, kam ihr Boss auf ein Einkommen von 11,4 Mio Dollar plus 20,5 Mio Dollar Aktienrechte und Tantiemen.

1987 wurde die Coupé-Reihe Laser aufgegeben (ab 1989 sollte es dann einen → Plymouth Laser geben), *während die Produktion des Chrysler Fifth Avenue und der analogen Dodge- und Plymouth-Modelle im Lohnauftrag bei → AMC erfolgte.* Die Produktion der Limousine mit langem Radstand lief aus.

C-Modelle + Voyager. Vor der internationalen Presse verkündete Robert A. Lutz auf dem Genfer Salon 1987 die Chrysler-Rückkehr mit einem halben Dutzend Modellen auf die europäischen Märkten. Sie trugen alle den Markennamen Chrysler, d. h. nicht nur die LeBaron Coupé und Cabriolet, sondern auch die Dodge Shadow, Lancer und Daytona sowie der als Zugpferd eingestufte Minivan bzw. Großraumkombi Plymouth Voyager. Die LeBaron hießen für Europa C 622i Turbo, später zudem C 625i, der Shadow hieß C 225i bzw. C 222i Turbo, der Lancer C 525i bzw. C 522i Turbo und der Daytona hieß GS Turbo II. Alle zeichneten sich durch eine besonders reichhaltige Ausrüstung aus. Das Cabrio wurde später auch in einer Ausführung Indy Pace Car mit 233 PS angeboten. Die eigentliche Markteinführung fand dann allerdings erst mit dem Genfer Salon 1988 statt, wobei Coupé, Limousine und Cabriolet mit dem 2,2-l-Turbomotor und der Minivan mit 3-l-V6 angeboten wurden.

Ebenfalls im März 1987 unterzeichnete Chrysler-Boss Iacocca mit dem neuen Renault-Chef Lévy eine Absichtserklärung, wonach die Régie Renault ihren an → AMC gehaltenen 46,4-Prozent-Anteil an Chrysler verkaufte. Durch den Zukauf weiterer AMC-Aktien kam Chrysler in den Mehrheitsbesitz von American Motors und damit auch von deren Glanzstück, der Marke → Jeep! Im gleichen Jahr übernahm Chrysler auch → Lamborghini und schloss ein Abkommen mit den First Automobile Works (FAW) in Changchun, die diesem chinesischen Unternehmen die Herstellung von jährlich 220'000 2,2-l-Motoren ermöglichte.

TC by Maserati. So hieß gemäß Verlautbarungen vom Juni 1987 das für das Modelljahr 1988 vorgesehene Maserati-Modell, wobei TC für Turbo Convertible stand. Der TC war im Stil des LeBaron Convertible gehalten, jedoch mit einer niedrigeren Front. Er war ein zweisitziges Cabrio mit 236 cm Radstand und von 446,5 cm Länge. Es sollte ihn sowohl mit dem 2,2-l-Turbomotor mit 176 PS von Chrysler geben wie mit einem DOHC-16-Ventil-Zylinderkopf von Maserati und 203 PS. Für die Kraftübertragung auf die Vorderräder diente in der schwächeren Variante das 3-Stufen-Automatikgetriebe Torqueflite, während für die 16-Ventil-Version ein 5-Gang-Getriebe vorgesehen wurde. Allerdings sollte der TC auf sich warten lassen...

GS Turbo 2. An die Stelle des früheren Laser trat 1987/88 der GS Turbo 2, der als die Exportversion des → Dodge Daytona galt. Er erhielt den 2,2-l-Turbomotor mit 177 PS und eine Abrisskante rund ums Fließheck.

Chrysler Fifth Avenue Sedan, 1987

Chrysler LeBaron Coupe, 1987

Chrysler New Yorker, 1988

Chrysler GS Turbo 2 Shelby, 1989

Chrysler TC by Maserati, 1988

New Yorker 1988. In dieser Neuauflage mit auf 265 cm verlängertem Radstand basierte der New Yorker weiterhin auf der K-Plattform mit Quermotor. Die Länge war auf 492 cm angewachsen, doch besaß der hintere Dachträger jetzt eine etwas weniger sichtbehindernde Breite. Das Design wirkte kantig, modern und schlicht und bei der Topausführung Landau besonders schmuck. Ein markentypischer Rückgriff waren die Klappen vor den Scheinwerfern. Statt der Vierzylindermotoren mit 2,5 l Hubraum oder mit 2,2 l und Turbo wurde der von Mitsubishi gelieferte 3-l-V6 eingebaut, der für mehr Komfort sorgte. Auf Wunsch wurde das Fahrwerk mit hinterer Starrachse durch Vierrad-Scheibenbremsen samt ABS aufgewertet.

Anfang Februar 1988 trat Chrysler-Präsident Harold K. Sperlich überraschend zurück; der von Iacocca eingestellte ex-Ford-Manager hatte sich um die Förderung der K-cars und Minivans verdient gemacht.

Ab Frühling 1988 rüstete Chrysler als erster amerikanischer Hersteller diverse Modelle serienmäßig mit einem Airbag für den Fahrer aus: Fifth Avenue, Dodge Diplomat und Daytona, Plymouth Grand Fury sowie Chrysler LeBaron Cabrio.

Offenbar weil der im Innocenti-Werk in Lambrate gebaute Chrysler TC by Maserati, dessen Mechanik von Chrysler angeliefert wurde, qualitativ nicht den Vorstellungen von Chrysler entsprach, geriet seine Herstellung (s. oben) in Verzug. Im August 1988, nachdem sich eine eineinhalbjährige Verspätung ergeben hatte, wurde das Produktionsziel von 10'000 auf 6000 Stück reduziert und man sprach auch nur noch von einer 1000er Serie. Die Beziehung zwischen Iacocca und Maserati-Chef De Tomaso schien sich abgekühlt zu haben, und analog dazu blieb der Chrysler-Kapitaleinsatz bei Maserati-Nuova Innocenti bei etwas über 15 Prozent stehen. Während im Januar 1989 täglich 15 TC gebaut wurden, sank die Produktion bis im Herbst auf noch sechs Einheiten.

1989 wurde der Turbo-Vierzylinder ebenfalls in der 2,5-l-Version erhältlich (152 statt 148 PS; im ES waren es 146 PS). Zusammen mit dem 3-l-V6 wurde der Voyager mit einem neuen 4-Stufen-Automatikgetriebe A 604 der hauseigenen Marke Torqueflite lieferbar. Diese mit einer elektromechanisch arbeitenden Wandlerüberbrückung (Lock-up) versehene Kraftübertragung besaß eine raffinierte elektronische Steuerung, und Chrysler hatte für sie mehr als 50 Patente angemeldet.

Das Coupé GS Turbo 2 zeigte sich (parallel zum Dodge Daytona) mit einer neuen Front mit 2x2 Lufteinlassschlitzen über und unter dem Stoßschutz, Beim GTS (nun nicht mehr mit der Zwischenbezeichnung LeBaron) standen der 2,5-l-Motor ohne und mit Turbo (101 bzw. 152 PS) und der 2,2-l-Turbomotor mit Intercooler (176 PS) zur Wahl. New Yorker und New Yorker Landau erhielten zu ihrem 3-l-V6-Motor das neue 4-Stufen-Automatikgetriebe. Für die LeBaron Coupé und Cabriolet standen neben dem 2,5-l-Saugmotor ebenfalls zwei Turbomotoren zur Wahl: 2,5 l bzw. 2,2 l samt Ladeluftkühler; zudem wurden Vierrad-Scheibenbremsen, 16-Zoll-Räder und ein Airbag montiert.

Bei dem inzwischen hinzugekommenen Modell Chrysler Conquest handelte es sich um einen umbezeichneten → Mitsubishi Starion. Aufgegeben wurden per Ende 1988 der große Fifth Avenue (der Newport war schon vorher verschwunden), und per Ende März wurde zudem das Ende des (LeBaron) GTS angekündigt.

Anfang 1989 strebte Chrysler gleich zwei Abkommen an: Zum einen sollte Hyundai in seinem kanadischen Werk für Chrysler eine leicht umgezeichnete Version des Sonata herstellen, zum andern wollte Chrysler gemeinsam mit Renault ein kleineres Jeep-Modell, den Junior-Jeep (JJ), herstellen. Dieser sollte in neuartiger Modulbauweise in jährlich 100'000 Einheiten in den USA und in 50'000 Exemplaren auf der iberischen Halbinsel produziert werden. Und Chrysler-Boss Iacocca dachte unglaublich zukunftsorientiert: „...selbst der Jugend in Russland wird dieses Modell gefallen."

Doch dann trat die raue Wirklichkeit in den Vordergrund: Im August 1989 musste Chrysler den Entschluss fassen, bis Ende 1990 ein Milliarde Dollar Betriebskosten einzusparen. Hierzu sollte die Zahl der Angestellten um 8 Prozent reduziert werden (durch Nichtersatz und vorzeitige Pensionierungen). Vor allem aber wurde 2000 Managern nahegelegt, in Form einer Wette auf 5 bis 10 Prozent ihres Gehalts zu verzichten: Wurde das Sparziel um mehr als die Hälfte verpasst, gingen diese 5 bis 10 Prozent verloren, wurde das Sparziel halbwegs erreicht, wurde die Hälfte des Einsatzes zurückvergütet und wurde die Milliarde tatsächlich eingespart, sollten die freiwillig teilnehmenden Manager den doppelten Einsatz zurückerhalten...

1990 wurde das Modell ES ebenfalls nicht mehr angeboten. Mit dem Modelljahr 1990 erhielt der GS Turbo 2 einen neuartigen VNT-Abgasturbolader (variable nozzle turbo) mit verstellbaren Leitschaufeln. Die Leistung blieb zwar unverändert bei 177 PS, doch ergaben sich ein höheres maximales Drehmoment und eine wesentlich verkürzte Ansprechzeit. Der Innenraum des GS Turbo 2 war neugestaltet worden, zudem war ein dreistufiges Stoßdämpfersystem erhältlich.

Saratoga. Einen Chrysler dieses wohlklingenden Namens hatte es bis 1960 gegeben, damals mit 6,3-l-V8-Motor und zünftigen Heckflossen. Auf der Basis des LeBaron, aber auch als Parallelmodell zu Dodge Spirit und Plymouth Acclaim, wurde dieser neue Saratoga des Modelljahrs 1990 eigens für den Export geschaffen und auf der IAA Frankfurt im September 1989 zur Premiere gebracht. Auffallend waren das feinmaschige, in der Karosseriefarbe gehaltene Kühlergrill und die wuchtige, ebenfalls mit einem Lufteinlassgitter versehene Bugschürze. Ausgestattet wurde dieses Modell mit dem 3-l-V6 und dem neuen Torqueflite-4-Stufen-Automatikgetriebe. Mit 460 cm Länge trat der Saratoga preisgünstig gegen die europäische Mittelklasse an, und dies mit einer Vollausstattung, die einen elektrisch

Chrysler

Chrysler USA	Bauart	Mot.	Getr.	R/L cm	Modelljahre
Laser	**Fr.**	**a–e**	**5/A3**	**246,5/444,5**	**1984–86**
Motoren:	*Zyl.:*	*N'w.:*	*cm^3:*	*PS/'min:*	*Nm/'min:*
a (1984/85)	4i	OHC	2213	100/5600	164/3200
b (1986– *Export)				98/5200/101*/5600	166/3200
c (*1985)	4iT			144/5600/148*/5200	217/228/3600
d (1986– *Export)				148/150*/5200	231/3600
e (1986– *Export)	4i		2501	101/105*/4800	185/2800
ES (Export)	**Fr.**	**a–c**	**5/A3**	**246,5/436**	**1988/89**
Motoren:	*Zyl.:*	*N'w.:*	*cm^3:*	*PS/'min:*	*Nm/'min:*
a	4i	OHC	2501	98K/4400	180/2800
b (1988)	4iT		2213	148/5200	230/2400
c (1989–)			2501	146/4800	244/2000
GS Turbo 2 (Export)	**Fr.**	**–**	**5**	**246,5/455,5/453**	**1988–90**
Motor: (*1990–)	4iT	OHC	2213	177/5200	276/3200/285*/32'
LeBaron	**St.**	**a–c**	**A3**	**286,5/523**	**1981**
LeBaron Coupé				**276/512**	
Motoren:	*Zyl.:*	*N'w.:*	*cm^3:*	*PS/'min:*	*Nm/'min:*
a	6	OHV	3678	86/91CA/3600	224/1600/1200
b	V8		5210	132/4000	312/2000
c (Calif./Europa)				167/4000	326/2000
LeBaron	**Fr.**	**a–i**	**4/A3**	**254,5/455–459**	**1982–88**
Executive Sedan				**317/516,5**	**1983/84**
Limousine		**(e/f)**		**333,5/535**	**1983–87**
a (1982)	4	OHC	2213	85/4800	151/2400
b (1983)				95/5200/102E/5600	159/3200
c (1984 *1985)	4/4i*			97/5200/100*/5600	161/164/3200
d (1986– *Export)	4i			98/5200/101*/5600	166/3200
e (1984 *1985/86)	4iT			142/148*/5200	217/228/3600
f (1987– *Export)				148/150*/5200	232/3600
g (*1983)	4		2555	93/94*/4500	178/179/2500
h (1984/85)				102/100CA/4800	190/186/2800
i (1986– *Export)	4i		2501	101/105*/4800	185/2800
LeBaron Coupé/Convert.	**Fr.**	**a–f**	**5/A3/A4**	**254,5/255/469,5**	**1987–90**
a (–1988)	4iT	OHC	2213	148/5200	231/3600
b (1989 *1990–)				176/177/5200	271/2400/285*/32'
c (*1988–)	4i		2501	101/4800	180/183*/2800
d (Export 1988–)				105/4800/97	
e (1989– *Export)	4iT			152/4800/146*/147*	244/2000
f (1990–)	V6i		2972	143/5000/136/5200	232/2800/223/2400
LeBaron GTS	**Fr.**	**a–i**	**5/A3**	**262/458**	**1985–88**
GTS / Lancer Shelby					**1989**
Motoren:	*Zyl.:*	*N'w.:*	*cm^3:*	*PS/'min:*	*Nm/'min:*
a (1985)	4i	OHC	2213	100/5600	164/3200
b (1986–88 *Export)				98/5200/101*/5600	166/3200
c (1989–)				94/4800	165/3200
d (1985/86)	4iT			148/5200	228/3600
e (1987– *Export)				148/150*/5200	232/3600
f (Lancer Shelby '89–)				176/177/2500	271/2400
g (1986–88 *Export)	4i		2501	101/105*/4800	185/2800
h (1989–)				101/4800	183/2800
i (1989– *Export)	4iT			152/4800/146*/148*	244/2000
LeBaron / Saratoga	**Fr.**	**a–c**	**5/A4**	**262,5/460/463**	**1990**
a	4iT	OHC	2501	146/152/5200	247/2000
b (Export)	4i			97/4800	183/2800
c	V6i		2972	141/5200/143	232/2800
E Class	**Fr.**	**a–h**	**A3**	**262/475,5**	**1983/84**
New Yorker (*1986–)				**262/471/475,5***	**1983–87**
Motoren:	*Zyl.:*	*N'w.:*	*cm^3:*	*PS/'min:*	*Nm/'min:*
a (*1984)	4	OHC	2213	95/5200/100*/5600	158/164/3200
b (1983)	4i				162/3200
c (1984 *1985)	4iT			142/148*/5200	217/228/3600
d (1986 **87– *Export)				148/150*/5200	228/231**/3600
e (1983)	4		2555	94/4500	179/2500
f (1984/85)				102/100CA/4800	190/186/2800
g (1986 *Export)	4i		2501	101/4800/105*	185/2800
h (1987–)				101/4800	180/2800
New Yorker	**Fr.**	**a(/b)**	**A3/A4**	**265/492**	**1988–90**
New Y. Fifth Avenue		**b**		**278/504,5**	**1990**
Imperial		**c**		**278/515,5**	
a (*1989–)	V6i	OHC	2972	138/4800/143*/5000	228/232/2800
b (1990–)		OHV	3301	149/4800	246/3600
c (1990–)				152/5000/145	251/3600
Cordoba	**St.**	**a–d**	**A3**	**286,5/533,5**	**1981–83**
Motoren:	*Zyl.:*	*N'w.:*	*cm^3:*	*PS/'min:*	*Nm/'min:*
a (–1981)	6	OHV	3678	86/91CA/3600	224/1600/1200
b (1982 *1983–)				91/3600	217/224*/1600
c	V8		5210	132/4000	312/1600
d (Calif./Europa)				167/4000	326/2000
Newport / New Yorker	**St.**	**a–c**	**A3**	**301/559,5/562,5**	**1981**
Motoren:	*Zyl.:*	*N'w.:*	*cm^3:*	*PS/'min:*	*Nm/'min:*
a	6	OHV	3678	86/91CA/3600	224/1600/1200
b	V8		5210	132/4000	312/2000
c (Calif./Europa)				167/4000	326/2000
New Yorker	**St.**	**a/b**	**A3**	**286,5/525**	**1982**
New Yorker 5th Av. Ed.					**1983**
Newport / Fifth Avenue		**c/d**			**1984–86**
a (*1983)	6	OHV	3678	91/3600	217/224*/1600
b	V8		5210	132/167CA/4000	312/1600/326/2000
c (*1985/86)				132/4000/142*/3600	319/1600/359/1600
d (Export 1986–)				180/4000	
Fifth Avenue	**St.**	**–**	**A3**	**286/525**	**1987–89**
– (*Export)	V8	OHV	5210	142/3600/180*/4000	359/2000/–
Imperial	**St.**	**–**	**A3**	**286,5/542**	**1981–83**
Motor:	V8i	OHV	5210	142/4000	332/2000
Chrysler-Maserati	**Fr.**	**a**	**5/A3**	**236/446,5**	**1986/87(Prototyp)**
TC by Maserati		**a–d**	**5/A3/A4**		**1988–90**
Motoren:	*Zyl.:*	*N'w.:*	*cm^3:*	*PS/'min:*	*Nm/'min:*
a (Turb.II *m.Aut.-88)	4iT	OHC	2213	176/4800/162*/5200	272/3200/232/3600
b (Turbo II 1989)				176/5200/164	271/2400/232
c (16V De Tomaso)		D16V		203/5500	298/3600
d (1990–)	V6i	OHC	2972	143/5000	232/2800
Voyager (Export)	**Fr.**	**a–e**	**5/A3**	**284,5/447/450,5**	**1988–90**
V. Grand Lim. (Export)				**302,5/484**	
Town & Country		**e**			**1990**
Motoren:	*Zyl.:*	*N'w.:*	*cm^3:*	*PS/'min:*	*Nm/'min:*
a (+*1989–)	4i	OHC	2501	97/4400/101*/4800	179/183/2800
b (1989–)	4iT			152/4800/146*	244/2000
c (1988)	V6i		2972	138/4800	224/2400
d (1989– *Export)				144/5000/141*/5200	234/2800/230/2400
e (1990–)		OHV	3301	152/4800	251/3600

Chrysler Australia	Bauart	Mot.	Getr.	R/L cm	Baujahre
Valiant / Regal	**St.**	**a–c**	**3/4/A3**	**282/497,5/506**	**1980–82**
Motoren:	*Zyl.:*	*N'w.:*	*cm^3:*	*PS/'min:*	*Nm/'min:*
a (Valiant)	6	OHV	4014	155/4400	282/1600
b			4342	164/4400	305/1200
c	V8		5210	145/4000	334/2000

Chrysler Saratoga, 1990

Chrysler (New) LeBaron Sedan, mid-1990

Chrysler Town & Country, 1990

verstellbaren Fahrersitz, einen elektrisch verstell- und beheizbaren Außenspiegel, Fensterheber, Bordcomputer, Tempokonstanthalter und Leichtmetallfelgen mitumfasste.

LeBaron 1990. Parallel zum Saratoga gab es den LeBaron (ab Frühjahr 1990) auch wieder als Sedan und zwar mit einem in die hinteren Türen integrierten Opera Window (samt über das Dach geführtem Trennband). Dieser Sedan wurde mit dem 3-l-V6 und dem 2,5-l-Turbo-Vierzylinder angeboten. Auch die LeBaron Coupe und Convertible waren ab Modelljahr 1990 mit dem 3-l-V6 zu haben, und so motorisiert kamen sie zudem auf europäische Märkte. Alle LeBaron warteten mit einem neugestalteten Cockpit mit schwungvollem Armaturenträger auf.

3,3-l-V6. Im Herbst 1989 brachte Chrysler einen eigenen 3,3-l-V6-Motor heraus, der 152 PS leistete und ebenfalls auf Frontantrieb mit Quereinbau ausgelegt war. Er toppte den von Mitsubishi gelieferten 3-l-V6 mit 143 PS, wenngleich er nach bewährter amerikanischer Sitte mit einer zentralen Nockenwelle und gusseisernem Block ausgerüstet war. Der besaß einen Gabelwinkel von 60 Grad und war vor allem auf Durchzugskraft aus tiefen Tourenzahl ausgerichtet. Nachdem der hinterradgetriebene Fifth Avenue 1989 als letzter V8-Chrysler frühzeitig von der Bühne abgetreten war, wurde mit dieser 3,3-l-V6-Maschine ein neues Zeitalter eingeläutet. Sie fand Eingang in den Modellen New Yorker Fifth Avenue (und auf Wunsch auch in den beiden anderen New-Yorker-Modellen Salon und Landau) und dazu in einem neuen Imperial.

Imperial 1990. Der nur gerade in den Modelljahr 1981 bis 1983 wiedererweckte Imperial feierte mit dem Modelljahr 1990 als Luxuslimousine mit Vorderradantrieb erneut eine Rückkehr. Dies nun ebenfalls als ein Produkt auf Basis der 1981 mit dem Dodge Aries und Plymouth Reliant eingeführten K-Plattform. Wenn er auch nicht mehr ganz an den Chrysler Fifth Avenue 1989 herankam, war der jüngste Imperial mit 278 cm Radstand und 516 cm Länge doch ein imposantes Gefährt. Das typische Kühlergesicht der Chrysler-Topmodelle mit feinmaschigem Gitterrechteck und Klappscheinwerfern war bei ihm schräggestellt. Die B-Pfosten waren über das Dach hinweg mit einem Chromband verbunden, und in die Hintertüren war als drittes Seitenfenster ein Opera Window integriert. Der ab 1620 kg wiegende Imperial war sechssitzig und sein Torqueflite-4-Stufen-Automatikgetriebe wurde entsprechend mit einer Lenkradschaltung bedient. Zur Ausstattung zählten Vierrad-Scheibenbremsen, ein elektronisches Luftfederungssystem mit Niveauausgleich und ein ABS.

New Yorker Fifth Avenue 1990. Dieses Modell war bei gleichem Radstand, wie ihn der Imperial besaß, 11 cm kürzer (vor allem wegen des kürzeren Frontüberhangs), bot aber ebenfalls ein Opera Window (ein ABS war aufpreispflichtig).

TC by Maserati 1990. Mit dem Modelljahr 1990 wurde das Zweisitzercabrio auch mit dem 3-l-V6 von Mitsubishi lieferbar (143 PS statt der 203 PS aus dem 2213-cm^3-Maserati-Motor, zudem mit 4-Stufen-Automatikgetriebe). – Im November 1989 gab Chrysler bekannt, dass der TC ab Sommer 1990 nicht mehr bezogen würde. Statt der errechneten 25'000 Wagen pro Jahr, waren bis zu jenem Zeitpunkt erst 1992 TC verkauft worden. Der geplante Gesamtabsatz wurde nun auf 7300 Stück zurückgenommen (mit dem Modelljahr 1991 wurde dann ausschließlich noch die V6/Automatik-Version angeboten).

Im Januar 1990 unterzeichneten Lee Iacocca und Österreichs Bundeskanzler Franz Vranitzky eine Absichtserklärung, wonach Chrysler und Steyr in Graz ein gemeinsames Werk für die Herstellung des Chrysler Voyager errichten wollten (anfänglich war von einem Nachfolgemodell die Rede). Von der Steyr-Fahrzeugtechnik AG in Graz wurden bereits die Allradeinheiten für den Voyager hergestellt. – Anderseits erklärten Chrysler und Renault im Juni 1990, dass sie auf die gemeinsame Herstellung eines Junior-Jeep (Projekt JJ) verzichten werden; amerikanische Marktforscher hatten behauptet, dass der Markt für Mini-SUV keine Zukunft habe. Iacocca bekannte kurz darauf, dass Chrysler wegen der schlechten Absatzlage den Gürtel noch enger schnallen bzw. noch weitere drastische Sparmaßnahmen einleiten müsse.

1998 wurde die Chrysler Corporation mit Daimler-Benz zu DaimlerChrysler vereint; dieses Unternehmen verkaufte 2007 den Chrysler-Part (nach dessen Milliardenverlusten) zu 80,1 Prozent an den amerikanischen Finanzinvestor Cerberus Capital Management. – Ab Frühling 2009 wurde die Chrysler Corporation einer Konkurs-Prozedur (gemäß Chapter 11) unterzogen, damit radikal saniert und darauf unter die Obhut der Fiat-Gruppe gegeben.

Chrysler Imperial, 1990

Chrysler
Australia

Von Chrysler Australia waren unter den Marken Valiant und Chrysler US-Modelle hergestellt worden. Mit dem Modelljahr 1978 wurde der Valiant ebenfalls unter die Marke Chrysler gestellt. Nachdem der amerikanische Chrysler-Konzern in finanzielle Not geraten war, verkaufte er seine Auslandwerke. Während jene in Europa zur Peugeot-Gruppe kamen, wurde jenes im australischen Adelaide im Oktober 1980 an Mitsubishi veräussert. Das war naheliegend, arbeiteten Chrysler und Mitsubishi doch wie in Amerika auch in Australien ohnehin zusammen. So wurde ab 1971/72 ein als Valiant Galant bezeichneter Mitsubishi montiert, und gegen Ende der 70er Jahre wurden die → Mitsubishi Lancer, Galant und Sigma unter der Chrysler-Marke vertrieben.

Valiant / Regal. Die Produktion der australischen Chrysler Valiant und Regal lief noch bis 1981. Es handelt sich um rund 5 m lange, im amerikanischen Design gehaltene sechssitzige Sedan und Station Wagon. Es standen drei Motoren zur Wahl: 4-l-Reihen-Sechszylinder (nur Valiant), 4,3-l-Reihen-Sechszylinder und 5,2-l-V8. Der Kraftübertragung dienten ein 3-Gang-Getriebe mit Lenkradschaltung, ein 4-Gang-Getriebe mit Mittelschaltung und ein 3-Stufen-Automatikgetriebe Torqueflite. Der V8-Motor wurde ausschließlich mit letzterem Getriebe kombiniert. Das Fahrwerk bestand vorne aus oberen Trapez-Dreieckquerlenkern, unteren einfachen Querlenkern mit elastisch gelagerten Zugstreben und längsliegenden Torsionsfederstäben, hinten aus einer Starrachse mit Halbelliptikfedern. Die Kugelkreislauflenkung wurde auf Wunsch servobestückt. Weitere Produktion → Mitsubishi Australia.

Tabelle → Seite 144

Chrysler Regal, 1980

Citroën

Gegründet 1919 von André Citroën, wurde die Marke durch die Pionierkonstruktionen Traction Avant (Frontantrieb) von 1934, 2 CV von 1948 und DS 19 von 1955 zum Begriff. Ab 1975 hatte Peugeot vom Reifenkonzern Michelin schrittweise die Citroën-Mehrheit übernommen, woraus die PSA Peugeot-Citroën entstand. Citroën-Modelle wurden u. a. auch in Spanien und Argentinien gebaut.

1981 umfasste die Produktionspalette nebst dem 2 CV die von ihm abgeleiteten Modelle Méhari, FAF und Dyane 6, die Peugeot-Derivate LNA und Visa, den GSA sowie die großen CX-Typen, alle – und bei Citroën selbstverständlich – mit Vorderradantrieb. Mit dem Modelljahr 1981 erhielten alle Citroën auch für die Hintersitze Sicherheitsgurten.

2 CV. Der „Döschwo" bzw. die „Ente" war eine einzigartige Konstruktion, die in konsequenter Weise auf eine rationelle, wirtschaftliche Transportleistung ausgerichtet war. Angesprochen wurden sowohl Gewerbetreibende und Landwirte wie Familien und Einzelpersonen, denen niedrigste Unterhaltskosten weit wichtiger waren als jedes Prestigedenken. Der Ästhetik kam beim 2 CV nur untergeordnete Bedeutung zu. Gerade deshalb wurde er aber von vielen Leuten bald einmal als sympathisch, liebenswert und sogar schön empfunden. Er sprach im Verlaufe seiner jahrzehntelangen Karriere bestimmte soziale Schichten – wie etwa die Exponenten des Existenzialismus – in besonderem Maße an, wie später auch „grün" orientierte Zeitgenossen.

Ebenso ließen sich Technikfreaks von seinen außergewöhnlichen Eigenschaften begeistern. Zu diesen zählte der raffiniert frugale Innenraum samt Klappfenstern und Stoffrolldach ebenso wie die angeschraubten und daher einfach auswechselbaren Karosserieteile. Einen besonderen Stellenwert besaß die sänftenartig wiegende Federung. Die Fahreigenschaften waren weit besser, als man sie aufgrund des skurrilen äußeren Erscheinungsbildes je vermutete. Zu diesem 2-CV-Image kam das unverkennbare schnatternde Geräusch des luftgekühlten Zweizylinder-Boxermotors.

Ab Sommer 1979 wurde der Alumotor des 2 CV nur noch in der größeren Ausführung mit 602 cm^3 geliefert. Mit seinen 29 PS lag immerhin eine Spitze von 115 km/h drin. Das 4-Gang-Getriebe wurde nach wie vor mit einem unter dem Armaturenbrett herausragenden Schaltstock bedient. Auf Wunsch wurde es mit einer (automatischen) Fliehkraftkupplung kombiniert. Der 2 CV basierte auf einem Plattformrahmen, den vor allem in der Nachkriegszeit zahlreiche Konstrukteure für formschönere oder auch kuriose Sondermodelle genutzt hatten. Die Einzelradaufhängung besaß Längsschwingarme und ihre vorderen und hinteren Elemente waren durch horizontale Schraubenfedern miteinander verbunden. Verzögert wurde mit Trommelbremsen.

Auf dem Salon von Paris im Oktober 1980 lancierte Citroën die in Schwarz und Dunkelrot gehaltene 2-CV-Sonderversion Charleston, deren Dekor an frühere Zeiten erinnern sollte und der wieder Rundscheinwerfer besaß. Sie wurde in 8000 Exemplaren aufgelegt.

Méhari. Mit vorderen Scheibenbremsen ausgerüstet wurde hingegen der Méhari, den es seit 1968 gab. Er war eine eckige, türlose Freizeitversion des 2 CV mit wellblechartigen Flanken und Notverdeck. Weil die Karosserie aus leicht brennbarem ABS-Kunststoff bestand, wurde ihm die Zulassung in Deutschland allerdings verweigert. Mit kleinen Türeinsätzen und flexiblen Seitenteilen ausgerüstet, gab es auch einen Méhari 4x4. Dieser bot einen zuschaltbarem Hinterradantrieb, Vierradscheibenbremsen und ein auf der Motorhaube platziertes Reserverad.

FAF. Noch weiter entwickelt war das Mehrzweckfahrzeug FAF. Das Buchstabentrio stand für facile à fabriquer, facile à financer (leicht herzustellen, leicht zu finanzieren) und war auf eine kostengünstige Montage mit schrittweisem Übergang zur Eigenproduktion in Entwicklungsländern ausgerichtet. Es gab ihn als fünftürige Limousine und als dreitürigen Kombi. Als offenes Modell Patrouille wurde der zudem mit zuschaltbarem Hinterradantrieb angeboten.

Dyane. Der (oder die) seit 1967 gebaute Dyane war sozusagen die Luxusversion des 2 CV. Er zeigte eigene, eckige Stilmerkmale, u. a. mit in die Kotflügel integrierten statt aufgesetzten Scheinwerfern. Vorne besaß der Dyane Scheibenbremsen. Für 1981 wurde die Motorleistung zwecks Reduktion des Benzinverbrauchs von 32 auf 30 PS reduziert.

LNA. Der Mitte 1976 präsentierte LN war das erste Kind aus der Ehe Peugeot/Citroën. Er basierte auf dem Peugeot 104 Coupé Z, war leicht länger und trug auf dem Kühlergitter die Citroën-Chevrons (Markenzeichen mit dem doppelten Winkel). Ende 1978 folgte der etwas besser ausgerüstete LNA (= Athlétique). Mit dem Modelljahrgang 1981 wurde die Leistung des 652-cm^3-Citroën-Zweizylinder-Motors zum Benzinsparen von 36 auf 35 PS gedrosselt.

Visa. Äußerlich typisch als Citroën gab sich hingegen der Mitte 1978 lancierte Visa. Er fußte auf dem Peugeot 104 und besaß somit wie der LNA eine selbsttragende Karosserie. Sie zeigte aerodynamische Ansätze, bot vier Seitentüren und eine schräge Heckklappe sowie Polypropylen-Stoßfänger und einen zentralen Einzelscheibenwischer. Es standen ein Citroën- und zwei Peugeot-Antriebssätze zur Wahl: 652-cm^3-Zweizylinder-Boxer, luftgekühlt, Aluguss und trockene Leichtmetall-Zylinderbüchsen oder OHC-4-Zylinder, 1124 bzw. 1219 cm^3, wassergekühlt, Aluguss und nasse Zylinderbüchsen. Vorne wie hinten fanden sich Federbeine.

Zum Modelljahr 1981 gab es die Versionen Spécial und Club (ebenfalls 35 statt 36 PS) und neu Super E und Super X als Nachfolger des Super. Der Super E mit 1124-cm^3-OHC-Vierzylindermotor mit 57 PS von Peugeot war dank länger untersetztem 4. Gang sparsamer, während der tiefergelegte Super X mit 1219 cm^3 und 64 PS sowie Breitreifen eine Spitze von 155 km/h ermöglichte.

GSA. Ganz Citroën war der zur unteren Mittelklasse zählende GSA, der seit Herbst 1979 gebaut wurde und auf den 1970 herausgebrachten GS zurückging. Es gab ihn als strömungsgünstig geformte fünftürige Fließhecklimousine und als Kombi. Seine Besonderheiten bestanden in dem luftgekühlten 4-Zylinder-Boxermotor und in der hydropneumatischen Federung. Diese war erstmals mit dem epochalen Citroën DS 19 im Jahre 1955 eingeführt worden. Sie wirkte gleichzeitig als automatische Niveauregulierung und funktionierte über eine Druckluftpumpe, die vom Motor angetrieben wurde. Dieses Federungssystem vermochte Straßenunebenheiten in ungewohnter Manier wegzustecken und erbrachte so einen besonders ausgeprägten Fahrkomfort.

Im GSA Spécial besaß der Boxermotor 1229 cm^3 Inhalt und leistete 57 PS, in den GSA Club, Pallas und X3 waren es 1299 cm^3 und 65 PS. Beide Motoren wurden sowohl mit 4- wie mit 5-Gang-Getriebe kombiniert. Die Aufhängung umfasste vorne Dreieckquerlenker, hinten Längsschwingarme; vorne wie hinten waren Scheibenbremsen montiert.

CX. Der 1974 eingeführte CX war der indirekte Nachfolger des DS bzw. der D-Serie. 1981 wurden die CX in drei Karosserieausführungen gebaut: als aerodynamische fünftürige Fließhecklimousine mit 285 cm und mit 309,5 cm Radstand sowie als Kombi Break und Familiale mit bis zu acht Sitzen, beide auf dem langen Radstand. Wie schon beim DS sorgte auch beim CX die pneumatische Federung mit hydraulischer Abstützung und automatischer Niveauregulierung für ein ungewohnt hohes Federungs- und Komfortniveau; der CX schien gleichsam über Bodenwellen und Schlaglöcher hinwegzuschweben. Dieses System war seit den DS-Zeiten stets verfeinert und hinsichtlich Zuverlässigkeit verbessert worden.

Als Basismotor war 1979 für die CX Reflex, Athena und Reflex Break ein moderner 2-l-OHC-Alumotor eingeführt worden. Er wurde von der gemeinsam mit dem Konkurrenten Renault betriebenen Société Française de Mécanique hergestellt. Darüber rangierte der CX 2400, eine Weiterentwicklung des traditionellen Citroën-4-Zylinder-Motors mit seitlicher Nockenwelle. Er stand in den Modellen Pallas, Break Super und Familiale Super zur Verfügung. Für 1981 war die Leistung von 115 auf 120 PS angehoben worden, wobei das maximale Drehmoment gleichzeitig von 18,3 auf 20 mkp (weiterhin bei 2750/min) anstieg. Diese 2,3-l-Antriebseinheit gab es seit 1977 auch als 2400 Injection. Deren Bosch-L-Jetronic mit Start- und Warmlaufautomatik erhöhte die Leistung auf 128 PS. Eingebaut wurde dieser Motor in den Modellen GTi, Pallas und Prestige (Limousine mit langem Radstand, die zur Oberklasse zählte).

Auf genau 2500 cm^3 kam der Dieselmotor, der in Verbindung mit allen drei Karosserieversionen angeboten wurde, so auch im CX Diesel Limousine (langer Radstand). Der knapp 5 m lange Kombi brillierte übrigens durch seine weit überdurchschnittliche Geräumigkeit, die sich dank Niveauausgleich besonders vielseitig nutzen ließ, nicht

Citroën 2 CV Charleston, 1981

Citroën GSA X3, 1981

Citroën Méhari 4x4, 1982

Citroën 2 CV 6 Club, 1982

Citroën A 4x4, 1982

zuletzt auch für Ambulanzen. Die CX gab es mit 4- und 5-Gang-Getriebe, wobei bei den Benzinmotoren (außer GTi) seit Sommer 1980 auch ein 3-Stufen-Automatikgetriebe von ZF zur Wahl stand. Zu den Vierrad-Servobremsen kam je nach Status eine Servolenkung.

Im Herbst 1980 ereignete sich etwas in der Autowelt ganz Ungewöhnliches: Drei Citroën-CX-Besitzer unter der Führung des PR-Spezialisten Patrick d'Elme druckten 3000 Flugblätter mit Fragebogen und steckten sie unter den Scheibenwischer der in Paris parkierten CX. Das Resultat der Umfrage: 93 Prozent beklagten ebenfalls die mangelhafte Sicht durch die Windschutzscheibe bei Regen, 63 Prozent ärgerten sich über das Bremsquietschen, 43 Prozent hatten die Erfahrung gemacht, dass die Lebensdauer der Bremsbeläge höchstens 15'000 km erreiche, 81 Prozent kritisierten den Größenunterschied zwischen Vorder- und Hinterreifen usw. Die Initianten unterstrichen, Reformer und nicht Umstürzler zu sein. Sie wollten Citroën aufwecken und zur Weiterentwicklung motivieren... Gleichzeitig mit ihrer Konsumentenschutzaktion verlangten sie einen Sitz im Verwaltungsrat!

Visa II. Nach zweieinhalb Jahren Produktionszeit wurde der Visa im März 1981 in überarbeiteter Form präsentiert: Der „mündchenförmig" eingerahmte Kühlergrill wich einem weniger originellen, zwischen den Scheinwerfern eingebetteten Lamellendesign, und die gesamte Front wies einen Rahmen auf. Auch das Heck war geändert worden. Von den bis dahin gebauten 327'000 Visa wurden 70 Prozent vom Zweizylindermotor angetrieben. In jüngster Zeit hatte jedoch der kleinere Vierzylindermotor zunehmend Interesse gefunden. Daher wurde diese Variante Super E noch attraktiver gemacht: Die Verdichtung des 1124-cm^3-Motors wurde von 9,2 auf 10,2:1 erhöht, die Drehzahl aber abgesenkt. Damit reduzierte sich die Höchstleistung von 57 PS bei 6250/min auf 50 PS bei 5500/min, gleichzeitig wurden eine Drehmomentverbesserung und vor allem eine merkliche Verbrauchsreduktion erzielt. Nach ECE-Norm (90/120 km/h und Stadtzyklus) waren es jetzt noch 5,1/6,6/7,0 l Super/100 km statt 5,5/7,3/8,2 l/100 km.

A 4x4. Dieses eigens für die französische Armee entwickelte Vierradantriebsmodell wurde im April 1981 vorgestellt. Es war vom Méhari abgeleitet worden (652 cm^3, 34 PS, Hinterradantrieb zuschaltbar, Sperre für hinteres Differenzial, Reduktionsgetriebe für 1. bis 3. Gang). Es verkörperte auch eine etwas schwerere Alternative zum FAF.

2 CV 1982. Mit dem bereits Ende Juni vorgestellten Jahrgang 1982 erhielt der 2 CV vordere Scheibenbremsen, für die Einzelsitze des Spécial wurde eine spezielle Stoffpolsterung eingeführt, und in Frankreich wurde ein 2 CV 6 Spécial E mit Zentrifugalkupplung erhältlich, die den Stadtverbrauch um 1 l auf 5,8 l/100 km verminderte. Der Dyane anderseits war nicht mehr mit einer solchen Kupplung erhältlich. Alle Citroën mit manueller Chokebetätigung erhielten eine in den Starterzug integrierte Kontrollleuchte. – Der Visa II bekam u. a. eine Intervallstufe für die Scheibenwischer und auf Wunsch im Super X ein 5-Gang-Getriebe.

Citroën Visa II Super X, 1982

GSA Spécial 1.3. Den GSA gab es mit dem Jahrgang 1982 auch als Spécial mit dem 1,3-l-Motor. Dieser Motor war gründlich verfeinert worden (Transistorzündung, optimierte Steuerzeiten, neuer Vergaser usw.), womit im Stadteinsatz eine Verbrauchsreduktion um 1 l auf 8,5 l/100 km erreicht wurde. Auch die Bremsanlage hatte man verbessert.

Der CX besaß ebenfalls verfeinerte Bremsen. Bemerkenswert waren die stärker auskragenden vorderen Radläufe (für die Aufnahme der TRX-Reifen von Michelin). Alle CX mit Einspritzmotor konnten nun mit einem Geschwindigkeitsregler bestellt werden.

CX Break Ie / GT. Anfang 1982 wurden auch die Break Reflex und Familiale mit dem Injection-Motor lieferbar, zudem kam die Limousine CX GT hinzu (später auch ein GTi).

Visa Chrono. Ende März 1982 wurde der Visa Chrono vorgestellt, eine ausschließlich für den Heimmarkt bestimmte Sonderversion, für die eine Auflage von 1000 (nummerierten) Exemplaren geplant war: Basis Visa II Super X, 1361 cm^3, 93 PS bei 5800/min, 5 Gänge, weiße Sonderlackierung mit roten und blauen Streifen, Frontspoiler mit integrierten Weitstrahlern, roter Heckspoiler, straffere Aufhängung, sportliches Interieur. Ebenfalls Frankreich vorbehalten war eine Sonderversion Visa West End mit dem 1124-cm^3-Motor.

Im Mai 1982 kam es im Citroën-Werk in Aulnay, nördlich von Paris, zu einem von der kommunistischen Gewerkschaft CGT ausgelösten Streik. Die CGT forderte höhere Löhne für Hilfsarbeiter und Angelernte sowie einen stärkeren Einfluss. Es kam zu Auseinandersetzungen zwischen Streikenden und Arbeitswilligen, die einen Toten und zahlreiche Verletzte forderten. Nach einem Produktionsausfall von rund 25'000 Wagen wurde die Arbeit dank Regierungsvermittlung wieder aufgenommen, und es wurden zwei Kommissionen zur Überprüfung der Lohn- und Arbeitsverhältnisse gegründet.

Visa GT. Als ein Kompromiss zwischen den „normalen" Visa und dem Typ Chrono wurde im Juni 1982 der Visa GT lanciert: 1361 cm^3, zwei Vergaser, Verdichtung 9,3:1, 80 PS bei 5800/min, 5 Gänge, 0–100 km/h in 10,9 s (spätere Angabe: 10,2 s), Spitze 168 km/h; angepasstes Fahrwerk, Leichtmetallräder, Heckspoiler und Aufschriften sowie Sitzüberzüge aus Shetland Jersey.

LNA 1983. Mit dem bereits zur Jahresmitte 1982 vorgestellten Modelljahrgang 1983 erhielten der Dyane eine verbesserte Schallisolation und der LNA den 1,1-l-Motor mit 50 PS aus dem Visa Super E. Den verjüngten LNA erkannte man an den vergrößerten Stoßstangen, den höher aufgesetzten seitlichen Schutzleisten, neuen Radkappen, schwarzen Türgriffen und ebenfalls in Schwarz gehaltenen Seitenfensterrahmen mit L-förmigem Zierelement am hinteren Dachträger. Auch die Rückleuchten mit Nebelschlusslicht waren neu. – Der Visa Super E war nun mit 5-Gang-Getriebe lieferbar. Nebst dem GSA X3 gab es neu einen X1 (als Ersatz des Club), und alle GSA wiesen jetzt ein leserliches Instrumentenbrett auf.

Citroën BX, 1983

Citroën LNA 11 RE, 1984

Citroën Visa 11 RE Décapotable, 1984

Citroën CX 25 TRI, 1984

CX 1983. Bei den CX wurde eine neue Nomenklatur eingeführt: Aus dem Reflex wurde der CX 20, aus dem Athena der CX 20 TRE und aus dem Dieselmodell der CX 25 D. Zur CX-Grundausstattung zählten nun Servolenkung, Fensterheber, Zentralverriegelung (einschließlich Koffer- und Tankdeckel), höhenverstellbarer Fahrersitz, von innen verstellbare Außenspiegel und nur noch zwei statt drei Schlüssel. Der Kühlergrill und das Instrumentarium wurden ebenfalls leicht verändert. Der 120 PS leistende 2,4-l-Vergasermotor wurde aus dem Programm gekippt.

BX. Schon im Juni 1982 waren der Fachpresse zwei Fotos von dem kommenden Citroën BX zugestellt worden, der Anfang Oktober auf dem Automobilsalon von Paris seine Weltpremiere erleben sollte. Auch die wichtigsten Daten wurden genannt: Größe zwischen GSA und CX, Motoren mit 1361 und 1580 cm^3, 62/72 bzw. 90 PS, vorne quer eingebaut, Hydropneumatik-Federung und Vierrad-Scheibenbremsen mit Servo, drei Ausstattungsstufen, Produktion in Rennes la Janais, Bretagne. Die Aufnahmen zeigten ungewohnt geformte Zweivolumen-Limousinen ohne Kühlergitter, mit großem Fenster in der Heckklappe und attraktiven stilistischen Details.

Noch nicht erwähnt wurde, dass das Design von → Bertone stammte. Es war dies der erste Citroën solcher italienischer Formgebung. Es war aber sicher eine glückliche Eingebung, dass PSA für Citroën nun auf Bertone setzte, während die Peugeot ihre Form ja weitgehend unter Pininfarina-Mitwirkung erhielten. Übrigens arbeitete Renault zunehmend mit Giugiaro bzw. Ital-Design zusammen; Frankreichs Autoindustrie war somit eng mit der Turiner Hochburg des Designs verflochten!

Beim 1580-cm^3-Kurzhubmotor handelte es sich um das neueingeführte XU-Aggregat. Es entstand parallel zum XUD-Dieselmotor mit 1905 cm^3. Diese Motoren wiesen eine obenliegende Nockenwelle auf (wie üblich geworden mit Zahnriemenantrieb). Während der XU ein Alumotor war, bestand der Block beim XUD, der sich auch für den Längseinbau eignete, aus Stahlguss. Hergestellt wurden diese Antriebsaggregate im neuerrichteten Motorenwerk SMAE (Société Mécanique de l'Est) in Tremery, nördlich von Metz. Dieses Werk gehörte zu 75 Prozent Citroën und zu 25 Prozent Peugeot; die XU-Motoren waren für alle drei PSA-Marken (einschließlich Talbot) bestimmt.

Im BX gab es das Dieselaggregat zunächst noch nicht; es standen der bekannte 1,4-l-Motor (BX E und RE) und der neue 1,6-l-Motor (RS und TRS) zur Wahl; dieser gelangte (vor allem im Export) allerdings erst im Verlaufe des Jahres 1983 zur Auslieferung. Der 265,5 cm lange Radstand des BX übertraf jenen des GSA um 10,5 cm, doch der Aufbau war mit 423 cm nur um 5 cm länger. Dennoch bot der BX entschieden mehr Innenraum. Dabei wog der BX mit 885 kg Leergewicht 35 kg weniger als der GSA. Vor allem entsprach der BX hinsichtlich seines stilistischen wie technischen Auftritts dem exklusiven Bild der Marke Citroën. Die Silhouette mit dem Fließheck erinnerte an keine anderen Modelle, und die Eigenständigkeit zeigte sich auch in zahlreichen Einzelheiten. So trugen die hinteren Dachträger bei den teureren Ausführungen eine schwarze Blende, die in Wirklichkeit ein horizontales Zusatzfenster in sich barg.

Eigenwillig gab sich auch das kantig geformte Armaturenbrett: Beidseits des umschäumten Einspeichen-Lenkrads fanden sich fingernah herausragende Tastenträger. Im Anzeigengeviert dominierte der Citroën-typische Tachometer in Form einer Lupe. Darunter erstreckte sich das Leuchtband eines elektronischen Drehzahlmessers. Dank modernisierter Produktionsmethoden hatte Citroën die Zahl der Karosserieteile von 531 (wie beim GSA) auf 334 reduzieren können (beim Rohaufbau von 288 auf 210). Der Korrosionsschutz war wesentlich verbessert worden, zudem bestanden Motorhaube, Heckklappe, C-Pfostenverkleidungen sowie der Stoßschutz aus Kunststoff.

Die hydropneumatische Federung war straffer abgestimmt als im CX, verhalf aber auch im BX zu einem schwebenden Fahrgefühl. An den Vorderrädern wurden die kugelförmigen hydropneumatischen Federelemente mit Dämpferbeinen kombiniert. Hinzu kamen Dreieckquerlenker und hinten Längslenker. Das Hochdruck-Hydrauliksystem der mit einer automatischen Niveauregulierung kombinierten Federung versorgte auch die Vierrad-Scheibenbremsen, nicht aber die Zahnstangenlenkung. Mit dem BX peilte Citroën nebst der traditionellen eine neue Käuferschaft an.

Visa Décapotable/Plein Air. Im April 1983 wurde in Frankreich eine Cabriolimousine auf der Basis des Visa lieferbar. Sie wurde bei Heuliez (→ Anhang) gebaut, die Seitenwände blieben fest, und die B-Säulen wurden durch einen Steg verbunden. Cabriolimousinen waren vor allem in der Zwischenkriegszeit sehr beliebt gewesen. Auf der IAA 1983 wurde dieser Visa unter der Bezeichnung Plein Air angeboten.

CX 25 Turbo D. Der im Vergleich zum Benzin weit günstigere Preis von Dieseltreibstoff in Ländern wie Frankreich und Italien machte das Fahren auch mit aufwändigen und in der Anschaffung teuren Turbodieselmotoren verlockend. So brachte denn im April 1983 auch Citroën eine Turbovariante seines großen OHV-Vierzylinder-Dieselmotors ins Angebot. Aus den genau 2,5 l Inhalt resultierten 95 PS. Der Ladedruck des Garrett-Turbos T03 erreichte 0,6 bar. Zwischen 80 und 150 km/h war der aufgeladene Motor um 0,4 bis 1,5 l/100 km genügsamer als die 75-PS-Saugvariante. Dies war auch auf die mit 3,815 statt 4,54:1 weit längere Achsuntersetzung zurückzuführen.

Zunächst war dieser Motor in den Limousinen 25 RD Turbo (mit Klimaanlage, getönten Scheiben, elektrischem Schiebedach usw.) und 25 TRD Turbo (zusätzlich Lederinterieur, Leichtmetallräder) erhältlich, später kamen auch die Limousine D Turbo und die Break/Familiale TRD Turbo hinzu. In den Werkhallen von Aulnay-sous-Bois hatte der CX-Dieselanteil bereits vor Einführung des Turbo D 40 Prozent erreicht, während auf das Vergasermodell 33 und auf den Injection 24 Prozent entfielen. Inzwischen gab es auch einen rund 1900 kg wiegenden gepanzerten Prestige Haute Protection.

CX 25. Schon Ende Juni 1983 gelangte in Frankreich der CX 25 in Verkauf: Statt 2347 cm^3 besaß sein Einspritzmotor ebenfalls jene genau 2500 cm^3 Hubraum, wie sie bereits die Dieselmotoren hatten. Die Leistung stieg von 128 auf 138 PS. Gleichzeitig sorgte eine vollelektronische Thomson-Zündung für eine deutliche Verbrauchsreduktion.

Im Modelljahr 1984 war der Dyane nicht mehr aufgeführt: Anderseits war der 2 CV mit einer durchgehenden Heckklappe (sowie gestreiften Polsterstoffen) erhältlich. Alle Visa boten einen Zigarettenanzünder und eine Kontrollleuchte für angezogene Handbremse; das L-Modell hieß 11 E und der Super E wurde in 11 RE umbezeichnet. Der Visa 10 E mit 954-cm^3-Motor war für den Export nach Italien bestimmt. Beim GSA entfiel der 1129-cm^3-Motor. Beim 1,6-l-BX stieg die Leistung von 90 auf 92,5 PS, zudem wurde die Schaltung verbessert und auf den Herbst ein Glasschiebedach in Aussicht gestellt.

Im Herbst 1983 wurde mit dem Abbruch des längst zu einem Teil von Frankreichs Autogeschichte gewordenen Citroën-Stammwerks am Quai André-Citroën (ursprünglich Quai Javel) an der Seine, unweit des Eiffelturms, begonnen. Die Produktion war in andere Werkanlagen und der Firmensitz nach Neuilly verlegt worden. Ebenfalls im Herbst 1983 übernahm PSA-Präsident-Generaldirektor Jacques Calvet zusätzlich die gleiche Funktion bei den Automobiles Citroën.

Visa 4x4 Mille Pistes. Als Weiterentwicklung des Trophée übernahm der im Herbst 1983 herausgebrachte Visa 4x4 Mille Pistes dessen 1360-cm^3-Motor mit zwei Weber-Doppelvergasern und 112 PS sowie die leichtgewichtigen Kunststoff-Karosserieteile. Für den Vierradantrieb mussten außer dem Getriebegehäuse auch die hintere Aufhängung mit Federbeinen und Schräglenkern neu ausgelegt werden. Zudem gab's ein eigenes Dekor. Es war geplant, bis Ende Jahr 200 Exemplare für die Homologation nach Gruppe B zu bauen und 20 weitere Visa 4x4 im Rahmen einer Evolution für den Renneinsatz bereitzustellen.

Visa Diesel. Im Frühling 1984 kam der Visa mit Dieselmotor hinzu: 17 D und 17 RD wurden vom 1769-cm^3-Motor aus der neuen XU-Baureihe angetrieben. Mit 60 PS war Tempo 100 in 15,6 s erreichbar (schneller als mit den kleineren Benzinmotoren), während der Verbrauch mit 4,3/5,9/5,5 l/100 km angegeben wurde (mit 4-Gang-Getriebe).

Wie bei Talbot kam es 1984 auch bei Citroën zum Arbeitskonflikt: Citroën plante den Abbau von 6000 Arbeitsplätzen einschließlich 3400 vorzeitige Pensionierungen und Rückkehrprämien für Gastarbeiter. Nachdem letztere Möglichkeit nur von wenigen Arbeitern genutzt worden war, stellte Citroën im Mai den Antrag auf 2300 Kündigungen. Darauf beschloss die kommunistische Gewerkschaft CGT die Besetzung des Werks in Aulnay und von drei weiteren Werkanlagen im Großraum Paris. In der Folge forderte die Regierung Citroën auf, mit den Gewerkschaften über die Einführung der 35-Stunden-Woche zu verhandeln und stellte hierzu staatliche Zuschüsse in Aussicht. Im August genehmigte dann die Regierung die Entlassung von 1909 Citroën-Arbeitskräften. Hierzu mussten ihnen zuvor bei 70 Prozent Lohnfortzahlung während zehn Monaten berufliche Fort- und Ausbildungskurse geboten werden.

Visa 1985. Doch schon Anfang Juli 1984, als Citroën die Änderungen für den neuen Modelljahrgang bekannt gab, erhielt der Visa eine wesentliche Neuerung: Sein trommelförmiger Bedienungs-Satellit unter dem Lenkrad wich Drucktasten an einem neuen Instrumententräger und einem selbsttätig abstellenden Blinkerschalter, womit Normalität einkehrte. Neu war die Visa-Version 14 TRS mit 60 PS. Auf dem Salon von Paris kam im Oktober 1984 der Visa GTi hinzu: 1580 cm^3, 105 PS, Zweitonlackierung mit feinem Trennstreifen.

BX Automatic / GT. Den BX 16 RS und TRS gab es 1985 mit dem 4-Stufen-Automatikgetriebe ZF 4 HP 14. In der dritten Stufe wurde die

Citroën CX GTi Turbo, 1985

Kraft zu 40 Prozent hydraulisch und zu 60 Prozent mechanisch übertragen, in der vierten Stufe zu 100 Prozent mechanisch. Die Motorleistung war von 92,5 auf 94 PS angehoben worden. Lieferbar wurde der BX 16 Automatic allerdings erst ab September. Neu war bei allen BX das zweifarbige Armaturenbrett. Auf dem Salon Paris 1984 kam der BX GT hinzu: 1905 cm^3, 105 PS, passende Ausstattung einschließlich Bordcomputer mit 14 Funktionen.

CX 25 GTi Turbo. 1985 wurde bei den CX auch die Version GTi mit dem 3-Stufen-Automatikgetriebe von ZF erhältlich, zudem kam eine Version 25 RI hinzu, die nicht ganz so luxuriös ausgestattet war wie der GTi. Auf dem Salon Paris 1984 folgte als neues Topmodell der 25 GTi Turbo. Mit dem Abgasturbolader Garrett T03 (maximaler Ladedruck 0,7 bar) stieg die Höchstleistung von 138 auf 168 PS. Das maximale Drehmoment legte hingegen gleich um 40 Prozent zu und wurde schon bei 3250/min statt bei 4000/min erreicht. Für die Gemischaufbereitung wurde statt der LE- die L-Jetronic mit zusätzlicher Kaltstartanreicherung verwendet. Auch ein Klopfsensor und eine Drehzahlbegrenzung waren vorhanden. Mit einem Heckflügel am Ende der Rückscheibe wurde der cw-Wert trotz Breitreifen auf 0,36 gehalten. 100 km/h waren binnen 8 s erreichbar. In dieser Version war die Leistungsfähigkeit des OHV-Vierzylindermotors gewiss voll ausgereizt; manche Citroën-Fans bedauerten, dass sich der PSA-V6-Motor offenbar nicht (wie einst geplant) in den CX einbauen ließ.

Axel. Auch er wurde auf dem Salon Paris 1984 ausgestellt; Details → Citroën Romania.

BX 4 TC. Bereits bei der Vorstellung des Visa Mille Pistes war auch von den Plänen für eine 4x4-Rennversion des BX mit längs eingebautem Motor aus dem Peugeot 505 Turbo die Rede. Der Prototyp war dann auf dem Salon von Paris 1984 zu sehen: 2156 cm^3, elektronische Einspritzung K-Jetronic, KKK-Abgasturbolader, (bis) 400 PS, 5-Gang-Getriebe, permanenter Vierradantrieb, Differenzialbremse hinten, BX-Aufhängungselemente verstärkt, verbreiterte Kunststoff-Karosserieteile, Radstand 273 cm, Spur 141 cm; es wurden 200 Stück für die Homologation nach Gruppe B geplant.

In der von Mittelmotorkonstruktionen und dem kurzen Audi Sport Quattro beherrschten Rallyeszene war der BX 4 TC als viertürige Limousine allerdings ein Unikum. Daher wurde die im Herbst 1985 eingeführte Serienauflage nicht in erster Linie auf Sammler und Amateurrennfahrer ausgerichtet, sondern als voll straßentaugliches Familienauto auf die Liebhaber ganz schneller Limousinen. Die Bestandteile stammten in viel größerem Umfang aus der Großserie als bei den anderen Rallyeboliden und umfassten auch die BX-Karosseriestruktur. Von vorne erkannte man den BX 4 TC an den vier den Kühlergrill füllenden Zusatzscheinwerfern und der mächtigen Frontschürze. Die Kunststoff-Motorhaube wie die Radhäuser waren kräftig ausgebaucht.

Dem mit Ladeluftkühler versehenen Abgasturbolader, der in der Straßenversion von Garrett stammte, war ein elektrischer Kompressor beigefügt worden. Die Leistung wurde mit 200 PS bei 5250/min angegeben (Rallyeversion 380 PS bei 7000/min). Mit 1280 kg Leergewicht war Tempo 100 in 7,5 s erreichbar und als Spitze wurden „über 220 km/h" genannt. Die Kardanwelle zu den Hinterrädern ließ sich manuell abkuppeln, und beide Antriebsachsen waren mit 30-prozentigen Differenzialbremsen ausgerüstet. Für die doppelten Dreiecklenker vorne und hinten wurden mehrere Verankerungspunkte für eine optimal wählbare Bodenfreiheit vorgesehen. Die Hydropneumatik hielt jedoch die Wagenhöhe unabhängig von der Last konstant.

Am Ende schrieb Citroën die 220 bei Heuliez aufgebauten BX 4 TC kurzerhand ab bzw. ließ sie (1988) bis auf 20 Exemplare verschrotten!

BX Sport. Diese im Mai 1985 hinzugekommene Version war auf eine Produktion von 2500 Exemplaren beschränkt: 1,9-l-Motor, zwei Doppelvergaser, 129 PS, 0–100 km/h in 8,9 s, 195 km/h, Türaufschrift.

Citroën BX Break, 1986

Citroën BX (19) Sport, 1986

Citroën BX 4 TC, 1986

Citroën Visa GTi, 1987

Citroën AX, 1987

BX Break. Drei Jahre lang hatte man auf die Kombiversion des BX warten müssen, was vor allem mit mangelnder Produktionskapazität zu tun hatte. Doch das Warten (bis Juni 1985) hatte sich gelohnt: Der BX Break war elegant und zweckmäßig. Das Heckfenster war deutlich nach vorne geneigt (was den Stauraum einschränkte), aber die Heckklappe war breit und bis in den Stoßschutz hinein ausgeschnitten (was bequemstes Beladen ermöglichte). Dank der hydropneumatischen Federung konnten die nur 50 cm über Boden liegenden Ladefläche und -kante auf 40 cm abgesenkt werden. Bei unverändertem Radstand von 265 cm stieg die Länge von 423 auf 440 cm, während die Dachhöhe von 136 auf 143 cm zugelegt hatte. So standen 510 bis 1805 dm^3 Laderaum zur Verfügung (und 109 bis 170 cm Ladelänge). Es gab diesen BX mit 1,6- und 1,9-l-Benzin- und mit 1,9-l-Dieselmotor. Gebaut wurde er (in täglich 100 Exemplaren) vom Karosseriewerk Heuliez in Westfrankreich, wobei die Heckklappe vorwiegend aus SMC-Verbundwerkstoff entstand.

Citroën BX 19 GTi 16V, 1989

CX Serie 2. Im Juli 1985 erfolgte die Lancierung des CX der Serie 2. Er war inzwischen ja elf Jahre alt, und hinsichtlich Aerodynamik hatte die Konkurrenz aufgeholt. Anstatt der herkömmlichen verchromten Stoßstangen erhielt die Serie 2 daher harmonisch eingefügte Kunststoff-Stoßflächen, die farblich auf die Lackierung abgestimmt waren. Hinzu kamen schwarze Türschweller und Flankenschutzleisten sowie gänzlich flache Raddeckel. Die größer gewordenen hinteren Radabdeckungen wurden ebenfalls aus Kunststoff hergestellt. Der cw-Wert wurde jetzt mit 0,355 angegeben.

Auch innen gab sich der CX neu. Anstelle der lupenartigen Geschwindigkeits- und Drehzahlanzeigen traten vier Rundinstrumente (ähnlich wie bereits im CX 25 GTi Turbo). Der Instrumententräger war noch schwungvoller geformt, und die Innenverkleidungen der Türen waren mit Stoff überzogen, der zu den Überzügen der neu geformten Sitze passte. Die hydropneumatische Federung wurde dem Zug der Zeit entsprechend sportlicher ausgelegt, und zu den Topmodellen war gegen Aufpreis ein ABS lieferbar. Neu gab es den CX mit dem 2,2-l-Vierzylinder, wie er in Peugeot- und Renault-Modellen zu finden war.

Mit dem Modelljahrgang 1986 wurde die Cabrio-Limousine in der Visa-Serie gestrichen. Bei den GSA entfielen die Varianten X1, Pallas und Club (nur noch Spécial und X3). Ab Februar 1986 wurde der BX Break auch mit dem 1,4-l-Motor erhältlich.

AX. Im Mai 1986 hob Citroën den Schleier über dem Kleinwagen AX, der an die Stelle des LNA trat und ab Herbst auf den Markt kommen sollte. Der AX war eine vollständige Neukonstruktion mit 228,5 cm Radstand und just 350 cm Länge. Er war also deutlich kleiner als 2 CV und Visa, denen er auch punkto Design in keiner Weise glich. Die technische Auslegung mit Frontantrieb und Quermotor wie auch der knapp geschnittene dreitürige Aufbau hätten zu einem anderen Fabrikat ebenso gut gepasst. Markentypisch waren allenfalls die günstige Aerodynamik von cw 0,31, das asymmetrisch auf die heruntergezogene Motorhaube gesetzte Citroën-Signet und der einarmige Scheibenwischer sowie das Einspeichen-Lenkrad.

Fortschrittlich waren die großzügigen Fensterflächen und das vergleichsweise niedrige Gewicht von 640 bis 700 kg. Mit diesem hatten die gründlich verjüngten OHC-Motoren der TU-Serie mit seitlich angeflanschtem 4- oder 5-Gang-Getriebe und Differenzial leichtes Spiel: Es gab sie mit 954, 1124 und 1361 cm^3 und entsprechend 45, 55 und 65 PS. Vorn fanden sich Federbeine und untere Dreieckquerlenker, hinten Längslenker und Quertorsionsfederstäbe. Die Topausführung hob sich durch dunkle Fensterumrandungen ab.

BX 1987. Schon Ende Juni 1986 gab Citroën folgende BX-Änderungen bekannt: neuer Stoßschutz mit größerer Schürze, prägnantere Radhausränder, gerundete Blinkleuchten, neues Armaturenbrett mit eingefügter Mittelkonsole, Rundinstrumente, breitere Lenkradspeiche und (endlich) selbstrückstellender Blinkerhebel. Hinzu kamen neue Motoren: Sparausführung 1124 cm^3 (schon auf dem Salon Turin) und ein kleinerer Dieselmotor mit 1769 statt 1905 cm^3 (ebenfalls nur für südliche Länder). Auf den BX Sport folgte der praktisch gleich starke BX GTI (125 PS, 0–100 km/h in 8,9 s, 198 km/h). Gegen Aufpreis wurde alsbald ein ABS lieferbar. – Die Reihe GSA wurde nun aufgegeben.

Während dem Visa GTi Mitte 1986 eine Leistungsspritze von 105 auf 115 PS verabreicht wurde (0–100 km/h in 8,8 s, 192 km/h), erhielt das Spitzenmodell CX 25 GTi Turbo einen Ladeluftkühler, der für leicht verbesserte Leistungsdaten und verminderten Verbrauch sorgte (0–100 km/h in 7,8 statt 8 s).

Auf dem Salon von Paris im Oktober 1986 wurde die AX-Reihe durch das Modell Sport mit von Danielson präpariertem 1,3-l-Motor und 95 PS eingeführt, Neuerungen verkörperten die CX 25 GTi Turbo 2 und CX 25 Prestige Turbo 2: Luft/Luft-Austauscher ermöglichten eine verbesserte Drehmomentkurve und einen verringerten Benzinverbrauch, die Spitze stieg auf 223 km/h, zu den Detailverbesserungen zählte eine automatische Entfrostung der Heckscheibe.

Während sich der spanische Zweig Citroën Hispania im Aufschwung befand, wurden in Frankreich im Jahre 1986 rund 2800 Arbeitsplätze abgebaut.

2 CV 1987. Übrigens nahm Citroën auch in Spanien den 2 CV gegen Ende 1986 „wegen der Nachfrage“ nochmals in Produktion. Hergestellt wurde er zu jener Zeit noch im grünen Zweitonlook als „2 CV bleifrei“ (91 ROZ, Verdichtung 7,9:1 statt 8,5:1, 28 statt 29 PS, 110 statt 115 km/h), doch daneben gab es weiterhin die Modelle Spécial und Charleston. Anfang 1987 entstanden dann noch täglich 100 2 CV im Werk Levallois bei Paris und 50 im Zweigwerk Mangualde in Portugal. Doch im ersten Quartal 1988 sollten Levallois geschlossen und seine 1000 Arbeiter entlassen werden...

CX 25 TRD Turbo 2. Anfang 1987 erhielt der Turbo-Diesel einen Ladeluftkühler und damit eine von 95 auf 120 PS erhöhte Leistung bzw. in der abgasoptimierten Ausführung 106 PS.

AX Sport. Auch für einen Einsatz in der Rallye-WM nach Gruppe A gedacht war der im Herbst auf dem Salon von Paris vorgestellte AX mit Danielson-Tuning. Er trug die Bezeichnung AX Sport und kam Ende März 1987 auf den französischen Markt: Hierzu von 1361 auf 1294 cm^3 verkleinerter Hubraum, Doppelvergaser, Verdichtung 9,6:1, 95 PS, 5-Gang-Getriebe mit stark verkürzten Untersetzungen, 715 kg, 0-100 km/h in 9,2 s, sportliches Fahrwerk, Karosserie ausschlieBlich in WeiB.

BX 19 GTI 16V. Im April 1987 wurde für Mitte Jahr dieses besonders leistungsfähige BX-Modell in Aussicht gestellt: neuer Zylinderkopf mit DOHC und 16 Ventilen (hydraulische Stößel), elektronische Saugrohr-Einspritzung und Kennfeld-Zündung, 160 PS, 0–100 km/h in 7,9 s, 218 km/h; ABS serienmäßig, Hydropneumatik angepasst, eigenständige Aluräder, Radhausränder, verkleidete Türschweller, Bugschürze usw. Für die Katalysator-Ausführung wurde die Leistung später mit 148 PS angegeben.

Nach fünf Jahren gab Carl Olsen seinen Job als Citroën-Designchef an Art Blakeslee weiter, der ab 1968 bei Chrysler tätig gewesen war. – Mit dem Jahrgang 1988 wurde der Méhari aufgegeben.

AX fünftürig und GT. Bedeutendste Citroën-Neuheit auf der Frankfurter IAA im September 1987 war der fünftürige AX. Die zusätzlichen Türen brachten ein Mehrgewicht von 15 kg. Mit dem Jahrgang 1988 wurde auch die AX-Variante GT eingeführt (1361 cm^3, 75–85 PS, Anbauteile inklusive Bugschürze mit Nebellampen, verfeinerter Innenraum).

1988 wurde der 2 CV in der neuen Sonderausführung Dolly angeboten, und die CX-Reihe wurde durch den 22 RS Break mit 115 PS leistendem 2,2-l-Motor ergänzt. *In den USA wurde der CX GTI 1988 übrigens von einem Importeur unter der Marke CX angeboten.*

Citroën XM, 1990

BX (18) Turbo-Diesel. Auf dem Salon Turin im April 1988 wurde der BX mit 1769-cm^3-Turbo-Dieselmotor vorgestellt (mit Ladeluftkühlung, 90 PS). In Italien gab es den BX übrigens weiterhin auch mit dem 1124-cm^3-Benzinmotor aus dem Visa. Zum Modelljahr 1989 erfuhr die BX-Motorenpalette entsprechend nationalen Abgasanforderungen teilweise Umstellungen. U. a. erhielt auch der 19 GTI den Heckflügel des 16V.

Der seit 1978 1,25 Millionen Mal gebaute Visa wurde 1989 offiziell nicht mehr aufgeführt, in Vigo aber noch in kleiner Zahl für den Export weitergebaut.

BX 19 4x4. Zum Salon von Paris im Herbst 1988 bereicherte Citroën das BX-Angebot um einen 4x4. Es gab ihn als Limousine wie als Kombi und zunächst mit dem 1905-cm^3-Vergasermotor. Für den permanenten Vierradantrieb gab es drei Differenziale, wobei sich das zentrale Differenzial mit einem Druckknopf auf der Mittelkonsole sperren ließ, während das Ausgleichsgetriebe an der Hinterachse eine konventionelle Differenzialbremse besaß. Wer zudem (gegen Aufpreis) ein ABS bestellte, erhielt ein hinteres Torsen-Differenzial mit selbstsperrendem Schneckenradsatz. Zusammen mit dem Vierradantrieb ließ sich die Citroën-eigene Höhenverstellung des Fahrzeugkörpers nun erst recht nutzen!

AX 14 Diesel. Dieser neue kleine Dieselmotor der TU-Serie wurde auf dem Mondial de l'Automobile (neue Bezeichnung für Pariser Salon) im Oktober 1988 vorgestellt: 1361 cm^3, nach dem Ricardo-Vorkammer-Prinzip neu ausgelegt, 53 PS bei 5000/min, 710 kg, 0–100 km/h in 14,2 s, 155 km/h, Normverbrauch 3,6/5,0/5,2 l/100 km. – Mit aus dem spanischen Vigo angelieferten Teilen wurde der 2 CV ausschließlich noch im portugiesischen Citroën-Zweigwerk Mangualde montiert.

XM. Wenn es um einen neuen großen Citroën ging, so mussten die Erwartungen hochgespannt sein. Seine Vorstellung erfuhr der XM geheißene Nachfolger der CX-Limousine – die CX-Kombi wurden weitergebaut – in der zweiten Hälfte März 1989 in Paris. Sein Karosseriedesign stammte von Bertone, und es hob sich klar und deutlich, wie es sich zumindest für einen großen Citroën gehört, von allen anderen Limousinenformen auf dem Markt ab. Die keilförmige Front mit den schräggestellten Scheinwerfergläsern war zwar nichts Neues, aber der Pavillon mit der tiefen Gürtellinie und hohen Fensterflächen, von schwarzen Dachträgern unterbrochen, wirkte wie aus einem Guss.

Kühn und keck fügte sich in all die geraden Linien am Ende der Hintertür ein kurzer nach oben führender Knick ein, nach dem die Gürtellinie horizontal in das kurze Heck auslief. Bei diesem handelte es sich um ein Fastback mit integrierter Heckklappe. Diese hatte der XM seinem Vorgänger CX somit voraus. Die Stoßfänger fanden in einem am unteren Flankenbereich durchgezogenen Schutzbalken ihre Fortsetzung. Den „schnelleren" XM wurde auf dem kurzen Heckstummel ein Flügel aufgesetzt. Der Luftwiderstandsbeiwert bezifferte sich auf cw 0,28 bis 0,30. Bei gleich gebliebenem Radstand von 285 cm war der XM gegenüber dem CX um 6 auf 471 cm verlängert worden, Breite und Höhe hatten um 2,5 auf 179,5 bzw. 139 cm zugelegt. Dies kam den Insassen, vor allem jenen im Fond, zugute.

Für den XM standen fünf Motoren zur Wahl: Den Anfang machte ein neuentwickelter, aber aus dem 1,9-l-Dieselmotor mit gusseisernem Block abgeleiteter Zweiliter. Unter Weglassen der Stahlbüchsen und durch eine genau quadratische 86-mm-Auslegung von Hub und Bohrung ließ sich ein leistungsfähiges Benzinaggregat kreieren, das sowohl mit Vergaser (115 PS) wie mit Zentraleinspritzung und Katalysator (110 PS) gebaut wurde. Den gleichen Motor gab es mit Saugrohreinspritzung (130 PS) und in US-83-Ausführung (122 PS). Neu waren auch die beiden Dieselmotoren, beide mit zwei Einlass- und einem Auslassventil je Zylinder. Für die Version mit Abgasturbolader (Turbo D12) reduzierte sich der Hubraum wegen einer von 86 auf 85 mm verminderten Bohrung (zwecks dickerer Zylinderwände) von 2138 auf 2088 cm^3 (83 bzw. 110 PS).

Erst im Herbst 1989 in Produktion gehen sollte die XM-Topversion mit 2975-cm^3-OHC-V6: Dieser Hubraum entsprach jenem PRV-Motor, wie er bereits im → Eagle Premier eingebaut wurde. Der neueren PRV-V6-Konstruktion entsprechend waren die Kurbelzapfen um 30 Grad gegeneinander versetzt, womit trotz des V-Winkels von 90 Grad eine Zündfolge von gleichmäßigen 120 Grad erreicht wurde. Ausgleichsgewichte an den Nockenwellen bezweckten den Schwingungsausgleich (wie er bei anderen V6 vergleichbarer Art

Citroën

Citroën	Bauart	Mot.	Getr.	R/L cm	Baujahre
2 CV 6	**Pl'r./**	**a**	**4**	**240/383**	**1980–90**
Méhari	**/Fr.**			**237/352**	**1980–87**
Méhari 4x4	**do./4**		**4+U**	**236/372**	**1980–83**
FAF	**do.(4)**		**4/4+U**	**240/358,5**	**1980–85**
A 4x4		**c**		**237/372**	**1981–83**
Dyane 6	**do.**	**b**	**4**	**240/387**	**1980–83**
LNA	**Fr.**	**c/d–e**		**223/340/343**	**1980–86**
Motoren:	*Zyl.:*	*N'w.:*	*cm³:*	*PS/'min:*	*Nm/'min:*
a	B2/I.	OHV	602	29/5750/28	39/3500
b				30/5750	41/3750
c (*1981/82–)			652	35/5250/34*/5500	52/49/3500
d (*1982– **1985–)		OHC	1124	50/5500/48**/5750	82/84*/2500/80/3t
e (Export 1985–)			954	45/6000	66/2750
Visa ('81/82: Visa II)	**Fr.(4)**	**a–p**	**4/5**	**243/369/372***	**1980–88**
*Motoren: (*1984–)*	*Zyl.:*	*N'w.:*	*cm³:*	*PS/'min:*	*Nm/'min:*
a (*1982–85)	B2/I.	OHV	652	35/5250/34*/5500	52/49/3500
b (1985– *Export)				34/5500/33*/5250	49/3500/48/3750
c (10 E/Ital. +'83–86)	4	OHC	954	45/6000	66/2750
d (10 E 1986–)				45/6000/42	69/2750
e (*1981/82–85)			1124	57/6250/50*/5500	80,5/3000/82/2500
f (1985–88)				50/5500/48/5750/57	84/78/2500
g (Super X –1982)			1219	64/6000	91/3000
h (GT 1982–85 *'82–84)			1361	80/5800/72CH*/5750	108/2800/3000
i (GT 1985/86)				80/5800	110/2800
j (Chrono 1982/83)				93/5800/72CH/5750	122/4500/108/3000
k (1984–86)				60/5000/72CH/5750	105/2500/108/3000
l (1986/87)				60/55K/5000	105/102/2500
m (Milles Pist.'83–86)				112/6800	131/4500
n (do. Evolut. '83–86)			1440	145	–
o (GTi 1984–86 *1986–)	4i		1580	105/115*/6250	134/133/4000
p (1984–)	4D		1769	60/4600	112/2000
AX	**Fr.**	**a–i**	**4/5**	**228,5/350**	**1986–90**
Motoren:	*Zyl.:*	*N'w.:*	*cm³:*	*PS/'min:*	*Nm/'min:*
a (*1989–)	4	OHC	954	45/5200/42	71/70*/2400
b			1124	55/5800	89/3200
c (1987–89 *1989–)	4/4i*			55K/5500/60K*/6200	83/3500/88/3800
d (Sport)	4		1294	95/6800	113/5000
e (–1988)			1361	65/5400/61K/5200	113/103/3000
f (1988– *1988/89)				70/5600/65K*/5200	111/3400/103/3000
g (GT 1987– +TRS '89–)				85/6400	116/4000
h (GT 1988– +TRS '89–)	4i			75K/80K/6200	109/4000
i (1988–)	4D			53/5000	84/2500
GSA	**Fr.**	**a–c**	**4/5/H3**	**255/419,5/418/415**	**1980–86**
Motoren:	*Zyl.:*	*N'w.:*	*cm³:*	*PS/'min:*	*Nm/'min:*
a (–1983)	B4/I.	OHC	1129	57/56/55/5750	80/3500
b (Export 1985–)				57/6250	
c (*1982–85 **1983–)			1299	65/64CH*/5500	98/96**/3500
BX	**Fr.(4)**	**a–e2**	**4/5/A4**	**265,5/423/424/440**	**1982–90**
Motoren:	*Zyl.:*	*N'w.:*	*cm³:*	*PS/'min:*	*Nm/'min:*
a (1986–88 *1988–)	4	OHC	1124	57/6250/55*/5800	78/2750/89/3400
b (–1988)			1361	62/5500/72/5750	108/2500/3000
c (Exp.'85–88+*'86–88)				68/5750/55K*/5000	100/3000/102/2500
d (1988– *Export)				72/5600/68–70*/61*	111/3000
e (1988–)	4i			75K/80K/6200	109/4000/105/3200
f (1989–)	4			64K/5400	105/3200
g (–1983 *Exp. '85–89)			1580	90/6000 / 90*/89	128/3500
h (1983/84)				93/90/6000	131/3500
i (1984–86)				94/92,5CH/6000/90	137/3250/131/3500
j (1986–89 *1989–)				94/6000	137/3250/2800*
k (1986/87 *1987–89)				75K/5800/5600*	117/3000/120/3500
l (1987–)				80/5600	132/2800
m (1988/89)				76K/72K/5600	123/2800/120/3500
n (1987– *Exp. **'88–)				94/6000/89–92*	137/3250/2800**
o (1986/87 *1987–89)	4i			102/105*/6250	127/4000/3000
p (1988–)				115/113/6250	131/3000
q (1989–)				88K/90K/6000	128/2700
r (1984–88)	4		1905	105/5600	162/3000
s (1988– *Export)				105/107/5600/102*	163/3000
t (1985/86 *1986–88)	4i			102K/104K*/6000	142/3000
u (1988–)				109K/6000	162/3000
v (19 Sport 1985/86)	4			126/5800	169/4200
w (19 GTi'86/87 *'87–)	4i			125/5500	175/3000/4500*
x (1988–)				122K/120K/6000	153/3000
y (1987–)		D16V		160/6500	181/5000
z (1987–89 +*1988/89)				148K/150K*/6400	180/5000
a2 (1989–)				147K/150K/6400	166/5000
b2 (1985–)	4D	OHC	1769	60/4600	110/2000
c2 (1988–)	4TD			90/4300	182/2100
d2 (1983–87)	4D		1905	65/4600	120/2000
e2 (1987– *Export)				71/65*/4600	123/120/2000
BX 4 TC	**4x4**	**a/b**	**5**	**273**	**1985–86**
Motoren:	*Zyl.:*	*N'w.:*	*cm³:*	*PS/'min:*	*Nm/'min:*
a	4iT	OHC	2141	200/5250	294/2750
b (Evolution/Rallye)				380/7000	450/5500
CX (*1981–)	**Fr.**	**a–l**	**4/5/A3**	**284,5/467/465,5***	**1980–89**
CX Prestige /(1985–)**		**e–l**		**309,5/492/491***	
CX Break/Familiale		**a–l**		**309,5/496/493****	**1980–90**
Motoren:	*Zyl.:*	*N'w.:*	*cm³:*	*PS/'min:*	*Nm/'min:*
a (*CH 1982–86)	4	OHC	1995	106/104*/5500	166/160/3250
b (1986–)				106/5500/104/102	166/3250/162
c (1985–)			2165	115/5600	178/3250
d (–1982)		OHV	2347	120/5500	196/2750
e (–1983 *CH 1983/84)	4i			128/4800	197/193*/3600
f (1983– +*CH 1984–86)			2500	138/5000/133*/4750	211/4000/3500
g (1985– +*1986–)				123K/5'/120K*/122K	187/4000
h (GTi+Pr.Turb.'84–86)	4iT			168/5000	294/3250
i (Turb.2 86–88*88/89)				168/5000/160K/4750	294/275/270*/3250
j (*1984–)	4D			75/4250	150/153*/2000
k (1983–86 *1987–)	4TD			95/3700/106*/3900	216/2000/256/2000
l (1987– *Export)				120/106*/3900	256/2000/258/2250
XM	**Fr.**	**a–e**	**5/A4**	**285/471**	**1989/90**
Motoren:	*Zyl.:*	*N'w.:*	*cm³:*	*PS/'min:*	*Nm/'min:*
a	4/4i	OHC	1998	115/5800/110K/5600	171/2250/169/3500
b	4i			130/122K/5600	179/4800/172/4000
c	V6i		2975	170/5600	240/4600
d	4D	012V	2138	83/4600	147/2000
e	4TD		2088	110/4300	248/2000

mit Schwingungsausgleichswellen angestrebt wurde). Mit dem 170 PS leistenden V6 konnte der XM in 9 s Tempo 100 und eine Spitze von 222 km/h erreichen. Anstatt mit 5-Gang-Getriebe wurde der XM V6, ebenso wie der XM 2.0 mit Saugrohreinspritzung, mit einem 4-Stufen-Automatikgetriebe von ZF erhältlich (Typ 4 HP 18; Kraftübertragung in der dritten Stufe zu 60 Prozent mechanisch und zu 40 Prozent hydraulisch, in der vierten Stufe durch die Wandlerüberbrückung vollständig mechanisch).

Die hydropneumatische Federung wurde selbstverständlich beibehalten. Neu hinzu kam nun aber die hydraktive Federung (Suspension hydractive), die auf Wunsch bzw. in den teureren Modellvarianten serienmäßig eingebaut wurde. Die Hydraktivität ergab sich durch Hinzufügen von je einer zusätzlichen Federkugel an Vorder- und Hinterachse, je zwei weiteren Dämpfereinsätzen sowie einer entsprechend erweiterten Regelelektronik. Diese wählte unter Maßgabe von Lenkradeinschlag und -einschlagtempo, Gaspedal-Drucktempo, Bremsdruck im vorderen Bremskreis, Karosseriebewegung und Fahrtempo die weichere Einstellung (alle sechs Federkugeln in Aktion) oder die härtere Abstimmung (vier Kugeln).

Das Fahrwerk mit Hilfsrahmen wies vorne Federbeine und untere Dreieckquerlenker, hinten Längsschwingen auf. Auf Wunsch gab es statt der üblichen eine geschwindigkeitsabhängig agierende Servolenkung, auch ein ABS war lieferbar. Abgesehen vom Einspeichenlenkrad (mit Radiobedienknöpfen) war die Armaturenbrettgestaltung nüchterner als beim CX. In der über vierjährigen Entwicklungszeit war auf eine Verstärkung des Qualitätsniveaus besonderer Wert gelegt worden, und für die XM-Produktionsmethodik in Rennes la Janais in der Bretagne waren raffiniert-aufwändige neue Fertigungsanlagen eingerichtet worden.

1990 wurde das BX-Programm leicht gestrafft; der BX 16V erhielt neue Aluräder und u. a. breitere Zierleisten in Wagenfarbe. Den AX gab es in einer Sonderserie Image (metallgrau lackiert, getönte Scheiben, Sonnendach und Sportlenkrad).

Nachdem er seit 1988 nicht mehr in Frankreich hergestellt wurde, lief die Produktion des einzigartigen Citroën 2 CV Ende Juli 1990 auch in Portugal und damit endgültig aus. Er war seit 1949 und somit während 42 Jahren in 3'872'583 Exemplaren gebaut worden; rechnet man alle Versionen hinzu, so wurden allein in Frankreich 4'508'507 Einheiten auf die Räder gestellt. Er wurde im Verlaufe der Zeit in 16 Ländern gebaut oder montiert und einschließlich aller Abwandlungen in Form der Kombiversion Weekend, der Lieferwagen, des Dyane, der Ami 6 und 8, des Méhari und des FAF dürften es weltweit mehr als 9 Millionen Wagen gewesen sein!

Citroën

Romania

Vorgestellt worden war der rumänische Citroën in der zweiten Hälfte des Monats Oktober 1981 auf der internationalen Ausstellung von Bukarest. Zusammen mit dem kommunistischen Staat Rumänien hatte Citroën nicht nur ein neues Auto entwickelt, sondern in Craïova dazu auch einen Industriekomplex für dessen Fabrikation errichtet. Dieser belegte eine Fläche von 350'000 m² und sollte im Endausbau für einen Jahresausstoß von 130'000 Oltcit – so der Name der Neukonstruktion – gut sein. Allerdings sollte dieses Ziel nie erreicht werden, denn ebenso wie bei der mit Renault liierten rumänischen Konkurrenzmarke → Dacia ergab sich ein steter Kampf mit organisatorischen und qualitativen Mängeln.

Oltcit. Der Citroën Oltcit gab sich als modern geformter dreitüriger Kleinwagen mit stark schräg gestellter Heckscheibe oberhalb des senkrechten Karosserieabschlusses. Abgesehen vom schwarzen Kühlergrill war das Design mit den profilierten vorderen Radhäusern und den teils von der Karosserie eingeschalten Hinterrädern typisch Citroën. Das traf auch auf das Armaturenbrett mit dem Einspeichenlenkrad und den beidseits unter ihm angeordneten Bedienungsträgern zu. Die Hintersitze ließen sich zu einem verlängerten Laderaum umklappen.

Für den Antrieb sorgten wahlweise ein 652-cm³-Zweizylinder-Boxermotor mit zentraler Nockenwelle oder ein 1129-cm³-Vierzylinder-OHC-Boxer, beide luftgekühlt und mit elektronischer Zündung. In punkto Aufhängung kam ein altbewährtes Layout mit Torsionsfederstäben zur Anwendung, vorn längs mit Querlenkern, hinten quer mit Längsschwingarmen. Ungewöhnlich war die Montage von Scheibenbremsen für alle vier Räder, wobei die vorderen sogar innenbelüftet waren.

Axel. Es wurde vorgesehen, den Oltcit als Billig-Citroën auch auf einige westeuropäische Märkte zu bringen. Der Vertrieb erfolgte dann in Frankreich, den Benelux-Staaten und Österreich und zwar unter der Modellbezeichnung Axel. Als solcher wurde er erstmals auf dem Salon von Paris im Oktober 1984 ausgestellt. Es gab ihn wahlweise mit 1129-cm³- oder 1299-cm³-Motor (57,5 bzw. 61,5 PS).

Indes zeigte sich Citroën gegen Mitte 1985 von seinem rumänischen Partnerwerk enttäuscht. Seit August 1983 waren erst 40'000 Oltcit gebaut worden. Hauptgründe der Verzögerungen waren unzuverlässige Zulieferer und der Mangel an ausgebildeten Facharbeitern. Dass es da auch mit der Qualität nicht zum besten bestellt sein konnte, erstaunte nicht. Nachbesserungsarbeiten an den (für den Export!) gebauten Modellen erwiesen sich als zeitaufwändig...

1987 erhielt der Axel einen grauen Kühlergrill. 1988 wurden bei Oltcit gegen 40'000 Wagen hergestellt; als einer der wichtigsten Märkte hatte sich inzwischen die Tschechoslowakei entpuppt.

Oltina. 1990 wurde die um 12 cm verlängerte fünftürige Ausführung Oltcit Oltina mit sechs Seitenfenstern und Schrägheck vorgestellt. *Die Produktion war wieder abgesunken, und die Firma Oltcit war stark überschuldet. Inzwischen war Citroën ausgestiegen. Dies wurde u. a. mit der Verwendung von anderen als den vereinbarten Teilen begründet. – Oltcit-Modelle gab es bis 1994.*

Citroën Oltcit Club, 1982

Citroën Romania	Bauart	Mot.	Getr.	R/L cm	Baujahre
Oltcit /+ Axel (1984–)	**Fr.**	**a–c**	**4/5**	**237/372,5**	**1981–90**
Motoren:	*Zyl.:*	*N'w.:*	*cm³:*	*PS/'min:*	*Nm/'min:*
a	B2/l.	OHV	652	34/5250	50/3500
b (1982–86 *1986–)	B4/l.		1129	57/6250	80/79*/3500
c (1984–)			1299	61/5500	96/3250

Cizeta Moroder

Im November 1988 ließen die Daten eines für das Jahr 1990 verheißenen italienischen Sportwagens der Superlative die Fachwelt aufhorchen: Der Cizeta V16 T sollte gemäß seiner Bezeichnung einen Motor mit 16 Zylindern haben, der als Mittelmotor quer hinter dem Cockpit eingebaut und mit einem längs angefügten 5-Gang-Getriebe von ZF verbunden war, woraus sich eine T-förmige Anordnung ergab. Mit den von je zwei obenliegenden Nockenwellen angetriebenen 64 Ventilen, 5995 cm^3 Hubraum und 560 Brutto-PS bei 9000/min ergaben sich Zahlen, die einem Supersportwagen mehr als nur würdig waren. V16-Motoren hatte es bis 1940 von Cadillac gegeben. Vorgestellt wurde der Cizeta am 5. Dezember 1988 auf der Los Angeles Auto Show.

V16 T. Das Cizeta-Projekt war 1986 von Claudio Zampolli (C. Z. = Cizeta), einem in Los Angeles tätigen, aus Italien stammenden Händler und Tuningspezialisten für Ferrari, Lamborghini und Maserati, aufgegleist worden. Er war 1973 von Lamborghini nach den USA entsandt worden, um das Händlernetz an der Ost- und an der Westküste neu zu organisieren. Für seinen erträumten Supersportwagen hatte er zwei Firmen gegründet: die Cizeta Srl in Modena, die von seinem Bruder Fabio Zampolli geleitet wurde, und die Cizeta Automobili USA Inc. in Santa Monica. Diese wurde zum 1. Januar 1989 auf Cizeta Moroder Automobili USA Inc. umbezeichnet. In Giorgio Moroder, einem berühmten, ebenfalls aus Italien stammenden Schlagerkomponisten („Flashdance,", „Top Gun", „Hand in Hand"), war ein Geldgeber für die ambitiösen Pläne gefunden worden. Entsprechend wurde die Markenbezeichnung auf Cizeta Moroder verlängert. Die Cizeta Motors war in einem 500-m^2-Gebäude in Modena untergebracht, der Stadt und Region, wo auch Maserati, Lamborghini, De Tomaso und neu Bugatti angesiedelt waren. Die spektakuläre Form des Cizeta V16 T war vom früheren Bertone-Chefdesigner Marcello Gandini entworfen worden. Abgesehen vom 269 cm erreichenden Radstand ließen sich die Abmessungen mit jenen des Ferrari F 40 vergleichen: 444x111,5x206 cm (443x113x198 cm); auch hinsichtlich Spur wurde der F 40 mit 161/166,5 cm deutlich übertroffen.

Der V16-Motor war von der Firma Tecnostyle entwickelt worden. Diese war 1973 von den früheren Lamborghini-Mitarbeitern Pedrazzi, Benedetti und Bovini gegründet worden. Inzwischen hatte sich dieses Trio allerdings von der neuen Bugatti Automobili SpA engagieren lassen. Der mit einer zehnfach gelagerten Kurbelwelle versehen Motor besaß einen Mittenabtrieb und eine mechanisch ausbalancierte doppelte Bosch-K-Jetronic-Einspritzung.

Während dieses einzigartige Antriebsaggregat bei der Cizeta Motors in Modena hergestellt wurde, entstand das Gitterrohrrahmenchassis bei der ebenfalls in Modena ansäßigen, hochspezialisierten Firma Marchesi. Die aus Aluminium bestehenden Karosserieteile und die beiden 60-l-Alu-Benzintanks wurden im Cizeta-Werk montiert. Die Aufhängungen bestanden aus Trapez-Dreieckquerlenkern, die progressiv wirkenden Schraubenfedern und die Koni-Dämpfer waren hinten doppelt vorhanden. – Für 1989 wurde eine Pilotserie von 25 Wagen und für Mitte der 90er Jahre ein jährlicher Ausstoß von 100 Wagen angepeilt.

Der in Los Angeles vorgestellte Supersportwagen entsprach auch äußerlich den zum Voraus bekanntgegebenen technischen Eigenheiten: Ein ultraflaches und extrabreites Zweisitzercoupé mit einer keilförmigen, an den Lamborghini Countach gemahnenden Front mit doppelten, übereinanderliegenden Klappscheinwerfern, einer in der gleichen Linie geneigten Windschutzscheibe, vorne tief heruntergezogenen, nach hinten ansteigenden Türfenstern und mächtigen, schräg gestellten waagerechten Lufteinlassschlitzen vor den verbreiterten hinteren Radhäusern. Diese waren asymmetrisch nach hinten ansteigend ausgeschnitten, eine kleine Spezialität des Designers Gandini. Ebenso auffallend war das nach hinten ansteigende Heck mit Längsluftschlitzen auf der Unterseite. Im Innenraum fanden sich Leder, Klimaanlage und selbstredend ein hochwertiges Musiksystem.

Hergestellt wurden die Cizeta (nun ohne Moroder) erst in den 90er Jahren. Für 1992 war der Bau von 20 Exemplaren geplant... doch 1995 kam es zum Konkurs des Unternehmens. Insgesamt sollen nur acht Wagen entstanden sein.

Cizeta Moroder V16T, 1990

Cizeta Moroder	G'r./M.	–	5	269/444	1990 (Prototyp)
V16T / *Motor:*	V16i	D64V	5995	560/8000	540/6000

Clénet

Gegründet 1975 vom 31-jährigen, aus Frankreich stammenden Designer Alain Clénet in Santa Barbara, Kalifornien. Der Clénet war ein hochluxuriöses Cabriolet im typischen Stil der Supersportwagen aus den späten 20er und frühen 30er Jahren. Schrittmacher dieser als Neoclassics bezeichneten Fahrzeugkategorie waren die → Excalibur gewesen. Während deren Form aber an die Mercedes-Benz SSK, SS und K erinnerte, gab sich der Clénet nicht als direkte Kopie, auch wenn sein klassischer Kühler jenem der englischen Railton ähnelte.

Serie I / II. Das erste Clénet-Modell (es galt später als Serie I) war als zweisitziges Cabriolet in 250 Exemplaren gebaut worden. Dies entsprach im Prinzip der für Kleinhersteller ohne eingehende Crashtests und anderen Restriktionen ermöglichten Anzahl. Mit dem Modelljahr 1980 war das viersitzige Modell der Serie II hinzugekommen. Im Gegensatz zum Roadster der Serie I wurde es als Cabriolet bezeichnet.

Anfang Oktober 1980 konnten die Clénet Coachworks in Goleta, nördlich von Santa Barbara, zwei neuerstellte Fabrikgebäude für Produktion und Montage in Betrieb nehmen. Mit modernen Mitteln wurde hier eine qualitativ hochstehende Fertigung sichergestellt. Der Personalbestand wuchs damit auf 134 Personen, und es wurde mit einer Verdoppelung der Produktion auf 20 Clénet pro Monat gerechnet.

Ausgangspunkt für den Clénet Cabriolet war einerseits ein Leiterrahmenchassis (Längsträger und Traversen, 1980/81 neukonzipiert), anderseits der Unterbau des → Mercury Marquis. Dieses Topmodell der mittleren Marke der Ford Motor Co. wurde vor Ort seiner Karosserie entledigt und mit dem Clénet-eigenen Chassis kombiniert. Dessen Radstand erreichte imposante 345,5 cm (Marquis: 290,5 cm). Die Clénet-Karosserien enstanden aus Stahlblech und wurden in Eigenregie zusammengeschweißt. Bei aller Anlehnung an den Stil der Zwischenkriegszeit wirkten sie wohlgeformt elegant und selbstredend in hohem Grade individuell. Mit 569 cm Gesamtlänge vermochten sie aber auch Repräsentationswünsche zu erfüllen.

Beim Motor handelte es sich um einen 5,8-l-V8 (wie es ihn im Marquis 1981 nicht mehr gab), der auf eine Leistung von 147 PS kam. Die vier verchromten Kompressorrohre, die beidseits des Clénet Cabriolet aus der Motorhaube quollen und durch die langgeschwungenen vorderen Kotflügel nach unten verschwanden, waren reine Attrappen. Der Kraftübertragung diente das neue 4-Stufen-Automatikgetriebe Automatic Overdrive, wie es auch in den Topmodellen von Ford, Mercury und Lincoln Verwendung fand. Das Fahrwerk setzte sich aus vorderen Trapez-Dreieckquerlenkern und Schraubenfedern und einer hinteren Starrachse mit Längs- und Schräglenkern und Schraubenfedern zusammen. Die Bremsen wie die Kugelkreislauflenkung arbeiteten mit Servo, und zur Ausrüstung zählten nebst ausgewähltem Leder und einem reichlich mit kreisrunden Anzeigeinstrumenten bestückten Edelholz-Armaturenbrett diverse Luxusmerkmale wie eine automatische Klimaanlage, eine Superstereoanlage und ziselierte Ausstellfenster samt Silberplättchen mit Produktionsnummer.

Die mit viel Handarbeit gebauten Clénet schufen sich in kurzer Zeit einen so guten Ruf, dass die Mund-zu-Mund-Propaganda für volle Auftragsbücher genügte und auf Werbung verzichtet werden konnte. Ende 1980 befanden sich bereits zwei weitere Modelle in Vorbereitung: ein als Clénet Serie III bezeichneter neuer offener Zweisitzer sowie als Serie IV eine hochluxuriöse viertürige Limousine.

Asha. Doch so weit kam es nicht. Weil die Werkanlagen einem Partner von Clénet gehörten und dieser auf der Bezahlung einer Miete beharrte, kam es zu einem Rechtsstreit. In der Folge wurden die Werkanlagen in Goleta 1982 auf Gerichtsbeschluss geschlossen. Die Produktion des viersitzigen Clénet Serie II war mangels Nachfrage ohnehin bereits Ende 1981 eingestellt worden. Mit einer tollen Party hatte Clénet darauf in Hollywood das nach seiner Tochter benannte neue Modell Asha vorgestellt. Aber dieses Cabrio erwies sich als noch nicht produktionsreif, und deshalb wurde ein Serie-III-Modell mit T-roof vorgezogen. Doch auch es verfing nicht und ebenso wenig der nachgeschobene Asha mit Hardtop. Es mag dies ebenso an der schlechten Konjunkturlage wie an der Konkurrenz durch die deutlich preisgünstigeren Excalibur und DeLorean gelegen haben. Indessen suchte Alain Clénet verzweifelt nach einem neuen Partner und Geldgeber...

1983 musste die Produktion endgültig eingestellt werden, und bald darauf richteten Alain Clénet und der in den USA erfolgreiche Schweizer Designer Mark P. Stehrenberger in Santa Barbara ein neues internationales Design-Zentrum ein.

Zur Jahreswende 1984/85 verlautete, dass unter Führung von Al DiMora, einem früheren Clénet-Mitarbeiter, eine neue Firma gegründet worden sei. Diese habe die Restbestände der Clénet Coachworks übernommen und wolle der Marke zu einer Renaissance verhelfen. Zum Inventar zählten 17 unvollendete Clénet-Wagen. Die meisten der 38 für die Neuproduktion vorgesehenen Angestellten hatten früher schon für Clénet gearbeitet. Al DiMora hatte schon 1982 den Classic Clénet Club gegründet. Er zählte auf das hohe Renommee der Marke und den Liebhaberwert der Wagen (der angeblich teils über den Neupreisen lag).

Sportster. Unter der neuen Führung wurde auch ein neues Modell herausgebracht: der Sportster, ein offener Zweisitzer, der zu einem weit günstigeren Preis angeboten wurde, weil viele Ausrüstungsteile weggelassen bzw. als Zubehöre angeboten wurden. Auf der Preisliste für 1987 figurierten denn die Modelle Series II Cabriolet, Series III Asha und Series IV Sportster. Diese Modelle wurden auch auf der Greater Los Angeles Auto Show von Anfang 1987 gezeigt; dem Antrieb diente der Ford-4,9-l-V8. – *Doch vor Mitte 1987 kam es erneut zum Konkurs.*

Clénet Series I, 1981

Clénet Series II, 1981

Clénet Series III Asha, 1984

Clénet	Bauart	Mot.	Getr.	R/L cm	Baujahre
Series II	**K'r.**	**a**	**A4**	**345,5/569**	**1980–82**
Series III Asha	**(St.)**	**b**		**315/519,5**	**1981/82**
Motoren:	*Zyl.:*	*N'w.:*	*cm³:*	*PS/'min:*	*Nm/'min:*
a	V8	OHV	5766	147/3200	366/1800
b	V8i		4942	136/3400	315/2200

CMC

Classic Tiffany

Unter dieser Marke wurden auf dem Genfer Salon 1976 für den VW-Käfer-Plattformrahmen geeignete Oldtimer-Imitationskarosserien aus den USA angeboten. Sie bestanden aus GfK und wurden von der Classic Motor Carriages, Inc., (CMC) in Miami, Florida, hergestellt. Durch eine Übernahme war CMC in die Fußstapfen von → Fiberfab USA getreten. Angeboten wurden die Bausatzmodelle Tiffany Bugatti, der an den Bugatti-Rennzweisitzer des Typs 35 B von 1927 erinnerte, und Tiffany Gazelle, dessen Stil vom Mercedes-Benz SS aus dem Jahre 1929 inspiriert war. Den Gazelle gab es mit oder ohne Türen, mit zwei oder vier Sitzen. In den 80er Jahren wurde er als CMC Gazelle in der Regel mit einer Ford-2,3-l-Mechanik zusammengebaut.

Classic Tiffany. Mitte der 80er Jahre brachte CMC mit dem Classic Tiffany einen fertig aufgebauten, großen und luxuriösen Neoclassic-Wagen auf den Markt, der in der Art der → Excalibur, Clénet oder Baroque gehalten war: Einen Aufbau im Stil der frühen 30er Jahre kombiniert mit der Mechanik und Technik eines potenten aktuellen US-Modells.

Der Classic Tiffany basierte, abgesehen von einer eigenen Chassisstruktur, auf dem Coupé Mercury Cougar, von dem die Fahrgastzelle, die Antriebseinheit, die Aufhängungen und die weiteren technischen Aggregate übernommen wurden. Selbst das geschwungene, sich nach oben verbreiternde zweite Seitenfenster wies auf den Cougar hin, wie er ab Modelljahr 1983 gebaut worden war. Ein kleiner Bügel am breiten hinteren Dachträger simulierte ein Cabrioverdeck, und amHeck fügte sich ein stilgerechter Kofferbehälter an. Reserveräder auf den vorderen Kotflügeln fehlten ebenso wenig wie seitlich aus der Motorhaube geführte (simulierte) Kompressor-Auspuffrohre. Eine Besonderheit aber bestand in der Schrägstellung des klassischen, zwischen den Kotflügeln und Scheinwerfern eingebetteten Kühlergrills. Zur Ausstattung zählten Lederüberzüge, ein Wurzelholz-Armaturenbrett, Speichenräder sowie die in dieser Klasse üblichen Komforteinrichtungen.

Die Leistung des 4,9-l-V8-Einspritzmotors wurde (1987) mit 152 PS angegeben. Der 1800 kg wiegende Fünfsitzer vermochte angeblich in 11,5 s auf Tempo 100 zu sprinten und eine Spitze von 190 km/h zu erreichen.

Unter der Marke CMC entstanden von 1977 bis 1991 zwischen 400 bis 600 Fahrzeuge, doch existierte diese US-Firma noch bis 1995.

Tiffany 1988 / Executive. 1988 erhielten die Classic Tiffany das vergrößerte, nach oben auslaufende zweite Seitenfenster, wie es beim Mercury Cougar mit dem Modelljahr 1987 eingeführt worden war. Zudem kam neu die noch luxuriösere Variante Classic Tiffany Executive hinzu. Bei ihr reduzierte sich das zweite Seitenfenster auf ein Opera light (kleines hochformatiges Guckfenster). Das cabrioähnliche Dach war ab B-Pfosten mit einem farblich kontrastierenden oder passenden Kunststoffbelag überzogen

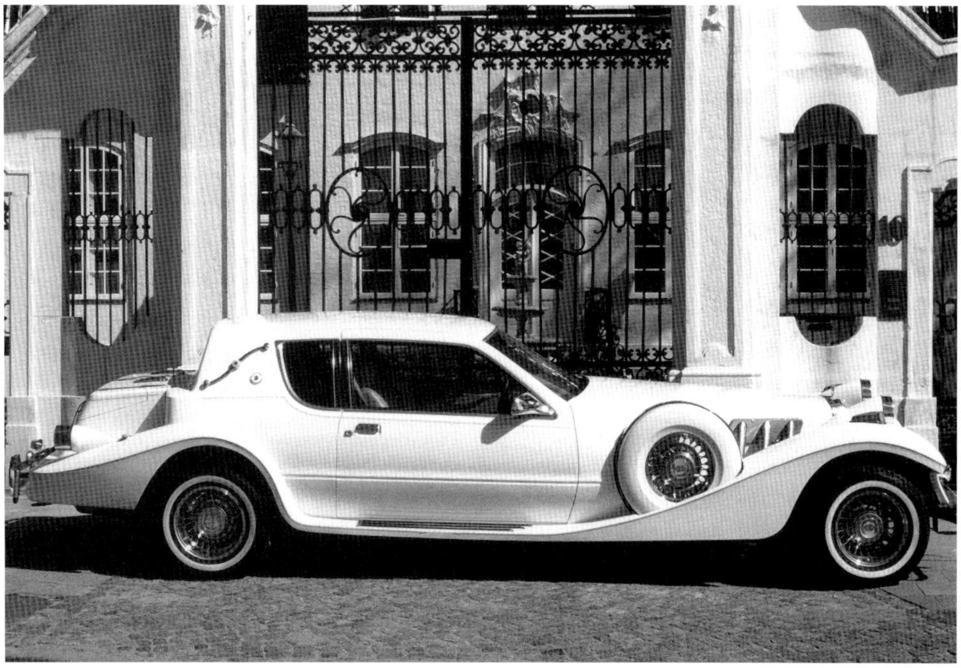

CMC Classic Tiffany, 1987

CMC Classic Destiny, 1990

und wurde als Landau-roof bezeichnet. Über den Vordersitzen war ein elektrisches Moonroof (Glasdach) eingebaut. Auf Wunsch waren für den Kühlergrill vergoldete Einlagen erhältlich.

Swiss Finish. Amerikanische Neoclassic-Konstruktionen kamen in der Regel unverändert nach Europa, wo man sich mit den eher komfortorientierten als fahraktiven Eigenschaften abzufinden hatte. Meist ging es ohnehin um Einzelimporte oder solche in kleiner Stückzahl. Eine Ausnahme bildeten die von F. W. Egli über seine US Car Garage in Bettwil, im Schweizer Kanton Aargau, importierten Tiffany. F. W. Egli hatte sich als Motorradspezialist einen internationalen Namen gemacht, und im Oktober 1988 wurde er Generalimporteur für den CMC Classic Tiffany für Europa. Innerhalb eines Jahres wurden durch seine noch kaum aufgebaute Organisation sieben dieser schweren Wagen an den Mann gebracht, davon drei in der Schweiz und zwei in der Bundesrepublik.

Doch Egli gab sich mit den Originalfahrzeugen nicht zufrieden, sondern unterzog sie einem aufwändigen Swiss Finish: Verstärkung an Eckpunkten der Karosseriestruktur durch Einschweißen von Knotenblech an zwölf Stellen; Einbau von zusätzlichen Streben und Traversen; Einbau anderer Schraubenfedern und Stoßdämpfer, weicherer Stabilisator; Bremsen mit Sinterbelägen; thermische Optimierung der Motorkühlung; Hohlraumbehandlung und Unterbodenschutz; Innenraum-Verfeinerungen, auf Wunsch mit Ledersitzen usw.

In einem 1989 ausgefochtenen Namensstreit, der von der Schmuckfirma Tiffany eingeleitet worden war, ging CMC siegreich hervor. Diese bot auch noch während der Bauzeit des Classic die Bausatzmodelle an. Sie wurde sogar als eine der weltgrößten Kitcar-Hersteller bezeichnet. Nachdem für 1988 noch eine Jahresproduktion von 80 Exemplaren gemeldet worden war, lief die Herstellung des Tiffany ab 1989 allmählich aus.

CMC Classic Destiny. Davon abgesehen wurde im März 1990 auf dem Genfer Salon als Cabrioletvariante des CMC Classic Tiffany der CMC Classic Destiny zur Weltpremiere gebracht. Für den Antrieb sorgte der 4,9-l-V8 von Ford, wobei die Leistung mit 225 PS (Tiffany: 175 PS) angegeben wurde. Als konstruktiver Ausgangspunkt diente das Mustang-Cabriolet, doch wurden Radstand und Länge mit imposanten 367 bzw. 567 cm angegeben. Das Werk wurde in Europa weiterhin durch die Firma F. W. Egli, US Classic Cars in Bettwil, vertreten, und auch der 1850 kg wiegende Destiny wurde einem Swiss Finish unterzogen.

Consulier

Consulier GTP, 1989

Der ab 1985 in Florida konstruierte Consulier war als eine ebenso straßen- wie rennsporttaugliche Alternative zu den Hochleistungssportwagen aus Europa und zum Chevrolet Corvette gedacht. Antriebsquelle war bloß ein als Mittelmotor eingesetzter 2,2-l-Turbo-Vierzylinder von Chrysler. Wegen seines eigenwilligen Designs wurde dem Consulier von der amerikanischen Fachpresse „der Prozess" gemacht. Zu der keilförmigen Front mit den in den Radhäusern versenkten Doppelscheinwerfern sowie zu dem Fastback- und Heckflügelabschluss wollte vor allem die steile Frontscheibe nicht so recht passen. Der Consulier war auf Initiative von Warren Mosler in dreijähriger Entwicklungsarbeit entstanden. Mosler hatte sich in der amerikanischen Tourenwagen-Rennsportszene einen Namen gemacht. 1985 gründete er das Mosler Auto Car Center, aus der die Consulier Industries, Inc., in Riviera Beach, Florida, hervorging.

GTP. Moslers großes Vorbild war Colin Chapman,dessen Lotus-Konstruktionsphilosophie in der Kombination eines möglichst leichtgewichtigen Rahmen/Aufbau-Konzepts mit einer ausgefeilten Aufhängung und hochwertigem Motortuning bestand. Das Consulier GTP genannte Zweisitzercoupé entstand denn in Verbundbauweise mit einer Monocoque-Unter- und Aufbaustruktur aus Glas- und Kohlefasermaterial mit Schaumstoffkern, die in verschiedenen Verbindungen verklebt wurde. Die in Eigenregie entworfene Karosserieform wurde aerodynamisch optimiert, so dass sich bei zunehmender Geschwindigkeit ein wachsender Bodendruck ergab. Hierzu diente vor allem der in das Heck integrierte Flügel mit Abrisskante. Mit einem Leergewicht von unter 850 kg in der Sportversion – die Luxusversion GTP LX mit Klima- und Stereoanlagen, Recaro-Sitzen, Leder- und Teppichüberzügen sowie elektrischen Helfern wog gut 100 kg mehr – war das Leichtgewichtsziel (besonders in der überarbeiteten Auflage) klar erreicht worden. Die Gewichtsverteilung vorne/hinten wurde mit 37/63 Prozent angegeben.

Die aus unteren Dreieckquerlenkern, oberen Querlenkern und dreifach verstellbaren Stoßdämpfern bestehende Aufhängung war von Bob McKee von McKee Engineering entwickelt worden. Sie verhalf dem Consulier zusammen mit der Mittelmotor-Bauweise und dem Leichtgewicht in der Tat zu einem hohen Maß an Agilität und Kurvenfreudigkeit. Dies kompensierte die mit 176 PS vergleichsweise bescheidene Leistung aus dem hinter den Sitzen eingebauten 2213-cm^3-Triebsatz Chrysler Turbo 2, wie er mit Ladeluftkühler auch für den → Chrysler-Maserati vorgesehen wurde. In der Sportversion konnte der Consulier GTP den Sprint auf 60 mph (96,5 km/h) in 5,7 s bewältigen (ursprüngliches Modell 5,2 s) und eine Spitze von 240 km/h erreichen. Später gab es die Chrysler-Turbomaschine auch mit höherer Leistung.

Wenn Warren Mosler postulierte, dass der Consulier GTP Rennstrecken schneller umrunden könne, als alle anderen straßenzugelassenen Sportwagen (später ging er darauf sogar hohe Wetten ein), so war dies keineswegs aus der Luft gegriffen. Mit den Consulier-Mittelmotorcoupés konnten je nach Streckenanlage während sechs Jahren zahlreiche US-Rennen gewonnen werden, bis sie 1991 einer Reglementsänderung zum Opfer fielen.

In der Erstauflage war der Consulier GTP in nur zehn Exemplaren gebaut worden. Die zweite Serie wurde etwas rundlicher und ohne die über die Heckscheibe gezogenen Lamellen gestaltet. Bis 1993 entstanden rund 100 GTP. Darauf wurde er von Modellen mit Corvette-V8-Motor abgelöst.

Cord

Anfang 1981 wurde aus den USA eine Wiedergeburt der Marke Cord propagiert. Cord war Teil des luxuriösesten Markentrios der Autogeschichte, nämlich Duesenberg/Auburn/Cord. Erret Loban Cord hatte die drei Fabrikate vereint durch die 30er Jahre zu steuern versucht, doch 1937 war auch für diese berühmten amerikanischen Autonamen das Aus gekommen.

815 SE. Schon in den 60er Jahren hatte es eine – allerdings verkleinerte – Replika des Cord 812 Phaeton, des letzten Cord-Modells, gegeben. Die technische Besonderheit der Cord bestand in ihrem Vorderradantrieb. Der Wegfall des Kardantunnels hatte eine deutlich niedrigere und damit elegantere Bauweise ermöglicht. Das avantgardistisch-sportliche Cabrioletdesign des Cord 812 war das Verdienst von Gordon Buehrig, der als ein Pionier moderner Autoformen in die Geschichte eingegangen war.

Der neue Nachbau wurde von der Southeastern Replicars Inc. in Largo, Florida, verwirklicht. Diese hatte in kleiner Stückzahl bereits einen Nachbau des Auburn Speedster, einer weiteren stilistischen Meisterleistung von Gordon Buehrig, auf die Räder gestellt. Southeastern Replicars rechnete mit einem jährlich Ausstoß von nur 24 Einheiten und gab sich damit weit bescheidener als die Hersteller anderer Repliken oder Neoclassics, die oft an allzu hochfliegenden Plänen scheiterten.

Für ihren als Cord 815 SE bezeichneten Nachbau des 812 Phaeton hielten sich die Konstrukteure, soweit dies machbar war, getreulich an das Vorbild. Selbst in der Antriebsmechanik wich der Neuling prinzipiell nicht vom Urbild ab: Anstelle des 4,7-l-V8 von Lycoming, der mit Kompressor auf 170 PS bei 4250/min kam, trat ein 5-l-V8 von Oldsmobile mit 147 PS bei 3800/min. Unschwer zu erraten, dass auch die anderen Antriebskomponenten dem → Oldsmobile Toronado mit Vorderradantrieb entstammten.

Das Chassis war eine Eigenkonstruktion, das aus Rohren mit rechteckigem Querschnitt von

(Schluss: Seite 160)

Cord 815 SE, 1981

Cournil

Der auf Anfang der 60er Jahre zurückgehende Geländewagen Cournil der Simi SA in St-Germain-Laval war ursprünglich für militärische Zwecke entwickelt worden. Mit dem portugiesischen → Umm fand er auch ein Derivat für den zivilen Einsatz.

4x4. Ende 1982 wurde eine wesentlich schönere, ja bestechend modern geformte Version des Cournil 4x4 vorgestellt. Der Innenraum war gleichfalls aufgewertet worden. Es gab dieses neue Modell mit 220 und 275 cm Radstand und entsprechend 364 und 429 cm Länge. Wahlweise ließen sich ein Renault-2-l-Motor (80 PS), ein Peugeot-Dieselmotor (2,5 l, 76 PS) oder ein Peugeot-Turbodiesel (2,3 l, 80 PS) einbauen. Zum Genfer Salon 1983 kam gar ein Dieselmotor von RVI (Renault Véhicules Industriels) hinzu (3,6 l, 85 PS). Später entstand die Nachfolgefirma bzw. -marke → Auverland.

Cournil 4x4, 1983

5x10 cm zusammengebaut wurde. Während vorne eine Torsionsfederung à la Toronado verwendet wurde, erhielt die Hinterachse Halbelliptik- statt Schraubenfedern. Originalgemäß gab sich auch das Raddesign mit seinen großen, gelochten Chromdeckeln. Der Radstand erreichte 318 cm, die Gesamtlänge 498 cm.

Auch wenn die Karosserie aus GfK mit Stahlverstärkungen bestand, erreichte das Leergewicht doch knapp 1800 kg. Die Scheinwerfer waren wie beim Original-Cord versenkbar ausgeführt, was in den 30er Jahren übrigens ein vielbeachtetes Novum war. Die Luftauslässe für die serienmäßig eingebaute Klimaanlage wurden von den somit zweckentfremdeten Handschuhfächern kaschiert. Ebenso diskret war die Stereo-Radio- und -Kassettenanlage untergebracht. Zu den für den 815 SE vorgesehenen Gags zählten eine elektrische Schaltung des automatischen GM-Getriebes, elektrisch verstellbare Sitze, Fensterheber sowie elektrisch aufmachbare Motorhaube und Kofferdeckel.

Wie Dave Samuels, der Generaldirektor der Southeastern Replicars Inc., erklärte, wurden für den Bau jedes 815 SE 2000 Stunden fachmännischer Arbeit aufgewendet und es wurden über 1000 Zwischenkontrollen vorgenommen. Zudem wurde jeder Wagen einem Straßentest von 200 Meilen unterzogen. Die Produktion blieb aber offenbar auf wenige Exemplare beschränkt.

Mitte der 80er Jahre entstand unter dem Namen Armaretta (→ Anhang) ein weiterer Cord-Nachbau.

Dacia

Dacia 1410 TLX + 1210 Standard + 1310 Combi TX, 1988

Bei der Uzina de Autoturisme im rumänischen Pitesti waren ab 1968 Renault 8 als Dacia 1100 teilmontiert bzw. in Lizenz hergestellt worden. IKA-Renault in Argentinien lieferte Anfang 1972 die Pressformen für den als Dacia 1300 bezeichneten Renault 12, der damit weitgehend in rumänischer Eigenherstellung gebaut werden konnte. 1977 erfolgte dessen Freigabe auch für den Export.

1310. Ab 1978 wurde als Dacia 18 auch der Renault 18 in Lizenz hergestellt, und 1979 erhielt der kleinere Dacia die Bezeichnung 1310 und gleichzeitig ein individualisiertes Kühlergesicht mit schwarzem Kühlergitter und feinem horizontalem Chromstab (samt verkleinertem Markensymbol) sowie runden Doppelscheinwerfern.

1210/1310/1410 1984. Auf der IAA 1983 zeigten sich die Dacia erneut mit geändertem Kühlergesicht, das nun zwischen den Doppelscheinwerfern aus fünf horizontalen Balken bestand. Bei den teureren Ausführungen verlief ein ebenfalls dunkles Farbband um das Motorhauben-Vorderende. Nebst dem Typ 1310 gab es die Modelle 1210 und 1410 mit 1,2- bzw. 1,4-l-Motor. In Deutschland wurden die Dacia unter der Marken- und Modellbezeichnung → Aro Familia verkauft. Im November 1984 nahm das Dacia-Werk UAP Pitesti mit dem Modell 1410 Sport Coupé auch eine zweitürige Version ins Angebot auf.

500 Lastun. Weit gediehen war 1986 das Projekt eines Kleinautos mit über der Vorderachse eingebautem luftgekühltem Zweizylindermotor von 500 cm^3 Inhalt und mit 22,5 PS Leistung: Der 500 Lastun lag größenmäßig zwischen den Fiat 126 und Panda, und seine dreitürige Karosserie bestand aus Kunststoff. Man sprach von einer möglichen Serienherstellung ab 1987.

1600. Nachdem die Dacia 1987/88 mit neuem Kühlergrill, Rechteckscheinwerfern und Türgriffmulden ein weiteres Mal modernisiert worden waren, wurde auf Initiative der italienischen Importfirma Ciemme in Bologna zusätzlich ein Modell 1600 aufgelegt: mit dem 70 PS leistenden 1,6-l-Turbodiesel-Motor aus dem VW Golf.

1320. Er wurde gegen Ende 1988 vorgestellt, basierte weiterhin auf dem R 12, besaß aber ein Fließheck. Damit glich seine Silhouette jener des jüngsten Moskwitsch und damit auch jener der Simca 1307/1308 von 1975. Der Dacia 1320 wurde mit dem 1,3-l-Motor (54 PS) ausgerüstet. Sein cw-Wert hatte sich von 0,45 auf 0,39 verbessert, und sein Gewicht lag mit 900 kg um 40 kg tiefer. So ergab sich ein Normverbrauch von 6,6/9,0/9,0 l/100 km. Es war geplant, 1989 die ersten 50'000 Exemplare herzustellen und das Modell 1320 auch in Ungarn zu montieren.

500. In zwei Varianten wurde Ende 1989 erneut ein Kleinwagen, nun unter der Bezeichnung Dacia 500, angekündigt. Bei 191,5 cm Radstand sollte es diesen dreitürigen 2+2-Sitzer in zwei Längen geben: 295 cm lang mit 125 dm^3 Kofferraum und 319,5 cm lang mit 250 dm^3 Kofferraum. Für den Frontantrieb wurde ein 499-cm^3-Zweizylindermotor mit 22,5 PS Leistung vorgesehen. Dieser Winzling kam aber nie auf den Markt.

Die Marke Dacia fand vor allem in Osteuropa als „Billigangebot" eine gewisse Verbreitung, bevor sie 1998 von Renault in Eigenregie übernommen und qualitativ aufgewertet wurde.

Dacia 1320, 1989

Dacia	Bauart	Mot.	Getr.	R/L cm	Baujahre
1300 / 1310	**Fr.**	**a/b**	**4**	**244/434/440,5**	**1980–83**
Motoren:	*Zyl.:*	*N'w.:*	*cm³:*	*PS/'min:*	*Nm/'min:*
a	4	OHV	1289	54/5250	88/3500
b (1310 *Rallye)				56/5300/75*	92/3000
1210 / 1310 / 1410	**Fr.**	**a–d**	**4**	**244/435/440,5**	**1983–90**
a (*Export)	4	OHV	1185	48/50*/5300	80/3000
b			1289	54/5250	88/3000
c (*Export)			1397	65/62*/5500	100/3300
d (1988–)	4TD	OHC	1588	70/4500	133/2500–2900

Dacon

Die Firma Dacon SA Veiculos Nacionais in Sao Paulo war eine der größten Volkswagen-Vertretungen Brasiliens. Nebenbei schuf sie Spezialkarosserien für die VW Passat, Gol und Voyage. Anfang März 1983 brachte sie einen erstaunlichen Stadtwagen in Verkauf, dessen Mechanik natürlich ebenfalls von VW do Brasil stammte.

828. Der Dacon 828, so die Bezeichnung dieses Winzlings, war von Anysio Campos und Paulo Goulart entwickelt worden. Campos hatte während einiger Jahre für → Puma gearbeitet. Der Stadtwagen Dacon präsentierte sich pummelig-rundlich und – im Rückblick – als eine Art Vorläufer des Smart. Bei 165 cm Radstand war er bloß 265 cm lang. Kein sichtbarer Lufteinlass wies auf die Motorlage hin. Doch der Dacon 828 besaß den Boxer-Hecktriebsatz des VW 1600. Dessen Leistung erwies sich mit Benzinmotor und erst recht mit dem Ethanolmotor als mehr als genügend, wog doch der Dacon unter 700 kg. Auf der Sitzbank des 160 cm breiten Dacon hatten zwei bis drei Erwachsene Platz. Einen Mangel bot er insofern, als er sich für den Transport von Kindern zur Schule nicht eignete, denn seit Mitte Februar 1983 war es in Brasilien verboten, Kinder auf den Vordersitzen mitzuführen.

In der GLS-Ausführung wurde der Dacon 828 mit getönten Rayban-Scheiben und reichhaltiger Ausrüstung geliefert, und auf Wunsch konnte er sogar mit einer Klimaanlage ausgestattet werden. Seine Kunststoffkarosserie wurde bei Puma hergestellt. Auffallend war deren stark gerundete Heckgestaltung, die sich stilistisch deutlich an den Porsche 928 anlehnte. Von diesem stammten zudem die Heckleuchten. Dies erklärte auch die Modellbezeichnung 828!

Nachdem kaum 50 Exemplare gebaut worden waren, lief Mitte 1984 die Produktion bereits aus... und 1988 fand sich mit dem → PAG Nick ein Nachfolger. Zudem basierte der spätere Hochleistungs-„Urbancar" Obrio 828 mit Mittelmotor auf dem Dacon-Konzept.

Dacon 828, 1985

Dacon	Bauart	Mot.	Getr.	R/L cm	Baujahre
828	**Fr.**	**a/b**	**4**	**165/265**	**1983/84**
Motoren:	*Zyl.:*	*N'w.:*	*cm^3:*	*PS/'min:*	*Nm/'min*
a	B4/l.	OHV	1585	54/4200	108/3000
b				68A/4800 (brutto)	123/2800

Daewoo

Die Wurzeln von Daewoo Motors lassen sich bis auf die Firma Shinjin Automobiles zurückverfolgen, die 1960 unter Toyota-Lizenz das Kleinwagenmodell Shinjin Publica, Koreas ersten Personenwagen, auf den Markt gebracht hatte. Unter Regierungsvorgaben musste die koreanische Autoherstellung ab 1962 neu strukturiert werden. Nachdem sich Toyota aus Korea zurückzog, ging Shinjin 1972 ein Joint Venture mit GM ein, woraus General Motors Korea entstand. 1976 erhielt dieses Unternehmen den Namen Saehan Motors, und 1978 übernahm die mächtige Daewoo-Gruppe 50 Prozent des Kapitals sowie die Leitung von Saehan. Diese Firma wurde 1983 in Daewoo Motor Co. Ltd umbenannt. Die Daewoo Group, eines der großen Industrie-Konglomerate Südkoreas, war 1967 sozusagen aus dem Nichts von Kim Woo-Choong gegründet worden.

1984 schloss Daewoo mit dem 50:50-%-Partner General Motors Corporation einen Vertrag, wonach Daewoo ab 1986 oder 1987 jährlich 167'000 Pkw bauen sollte, von denen 80'000 durch GM in den USA abzusetzen waren.

LeMans. Gegen Ende 1986 wurden dann die Konturen und technischen Daten dieses Modells bekannt: Es handelte sich um den viertürigen → Opel Kadett mit Stufenheck, der nun von der Daewoo Motor Co. in Lizenz hergestellt wurde und dessen Modellbezeichnung LeMans (zusammengeschrieben!) hieß. Dies war ein traditioneller Pontiac-Modellname, und in der Tat kam der LeMans in den USA 1987 unter der Marke Pontiac auf den Markt. Für dort wurde er mit einem 1,6-l-OHC-Motor mit 75 PS ausgerüstet, während die für den Heimmarkt bestimmten Exemplare einen gleich starken 1,5-l-OHC-Motor erhielten. Für die USA bestand die Wahl wischen einem 5-Gang-Getriebe und einem 3-Stufen-Automatikgetriebe THM 125; in Korea wurden ein 4- oder ein 5-Gang-Getriebe eingebaut. Im Unterschied zum Kadett besaß der Kühlergrill eine senkrechte Mittelrippe (und das dritte Seitenfenster war ein klein wenig anders konturiert). Bald kam auch eine dreitürige Version hinzu.

Royale / Super Salon. Daewoo hatte mit Einrichtungen aus Japan, Europa und den USA eine hochautomatisierte Produktion aufgezogen, die auch die Motorenherstellung umfasste. Zur Produktion (oder zumindest teilweisen Montage) zählten ab 1987 zusätzlich die Modelle Royale (wie Opel Rekord, 480 bis 493 cm lang, Motoren 1,5, 1,9 und 2,0 l (Letzterer mit Registervergaser) und Super Salon (wie Holden Commodore, 493 cm lang, 1979 cm^3 mit Einspritzung).

Daewoo Racer 1.5, 1989

Racer 1.5. Anlässlich der Brünner Messe wurde im September 1988 der Daewoo Racer 1.5 vorgestellt, bei dem es sich um ein dem Opel Kadett mit Formheck (viertürig mit Stufenheck) entsprechendes Modell handelte. Es war geplant, dieses Modell auf dem tschechoslowakischen Markt einzuführen, und diesem ersten (im Herbst 1989 verwirklichten) Schritt kam symbolische Bedeutung zu, fasste Daewoo doch bald einmal in Osteuropa festen Tritt, und dies später auch in der Produktion.

LeMans 2.0. Mit dem Modelljahr 1989 wurde (für den Pontiac LeMans GSE, dreitürig analog zum Opel Kadett GSi) auch ein 2-l-Motor mit 97 PS erhältlich. – Im Herbst 1989 begann Daewoo anderseits mit der Lieferung von 1,6-l-Motoren an Opel in Deutschland.

Ende der 80er Jahre geriet die Daewoo Motor Co. Ltd tief in die roten Zahlen. 1992 löste sich das Unternehmen von GM, 1999 brach der in vielen Gebieten tätige Daewoo-Konzern unter Milliardenschulden zusammen... und 2001 wurde die Daewoo-Autotochter nach heftigen Turbulenzen großenteils wieder in den weltgrößten Autokonzern integriert. Ab 2005 wurden die Daewoo-Modelle schrittweise auf die Marke Chevrolet umbezeichnet.

Daewoo	Bauart	Mot.	Getr.	R/L cm	Baujahre
LeMans	**Fr.**	**a–c**	**4/5/A3**	**252/438/416**	**1986–90**
Motoren:	*Zyl.:*	*N'w.:*	*cm^3:*	*PS/'min:*	*Nm/'min*
a (–1988)	4	OHC	1498	75/5500	117/3000
b (Pontiac LeMans)	4i		1598	75/5600	122/2800
c (do. 1988–)			1998	97/4800	160/3600

Daihatsu

Im Jahre 1907 war in Osaka die Firma Hatsudoki gegründet worden. Sie spezialisierte sich auf die Motorenherstellung. Anfang der 30er Jahren kamen Transportdreiräder hinzu. 1951 wurde die Firma in Daihatsu Kogyo Co. umbenannt, und ab Mitte der 50er Jahre wurde die Herstellung der steuerbegünstigten vierrädrigen Microcars aufgenommen. 1963 kamen größere Modelle hinzu, und 1968 stieg Toyota mit einer 20-Prozent-Beteiligung bei Daihatsu ein; allmählich wurde Daihatsu voll in Toyota integriert. 1981 umfasste das Produktionsprogamm die Modelle Cuore, Charade und Charmant sowie den Geländewagen Taft.

Cuore. Der Cuore (italienisch für Herz) war 1977 als Nachfolger der Fellow-Reihe in der Kategorie der Microcars eingeführt worden (damals unter 550 cm^3 und unter 320 cm Länge). Im Juni hatte der Cuore neue drei- und viertürige Karosserien mit auffallend großzügigen Fensterflächen erhalten. Mit einem Farbkontraststreifen an den Flanken wirkte er besonders niedlich. Dem Vorderradantrieb diente ein Zweizylindermotor mit 23 oder 29 SAE-PS bzw. für Europa 27 DIN-PS. Dieses OHC-Maschinchen besaß zwei Schwingungsausgleichswellen. Das 4-Gang-Getriebe wurde auf Wunsch mit einer automatischen Kupplung kombiniert. Vorn wurden Federbeine mit Querlenkern, hinten schräge Längslenker und Schraubenfedern verwendet (Vierrad-Trommelbremsen).

Charade. Der fünftürige Kleinwagen Charade war im Oktober 1977 vorgestellt worden, gut ein Jahr später kam die ebenfalls 4/5-sitzige dreitürige Coupéversion Runabout hinzu, die durch das Bullauge (ein winziges rundes Zusatzfenster im hinteren Dachträger) auffiel. Der modern konzipierte Charade besaß Vorderradantrieb durch quergestellte Dreizylindermotoren. Und genau darin lag seine große Besonderheit: Zwar hatte es schon zu den Urzeiten des Automobils Dreizylinder-Viertaktmotoren gegeben. Doch sie waren bald einmal verschwunden und fanden ausschließlich in Form von Zweitaktmotoren ihre Nachfahren, so in der Nachkriegszeit bei den Ifa F9 und später Wartburg aus der DDR und bei allen ab 1953 gebauten DKW bzw. Auto Union sowie ab 1955 bei Saab.

Die Wiedergeburt des Viertakt-Dreizylinders erregte Aufsehen. Daihatsu propagierte ihn mit technischen Abhandlungen als die optimale Lösung für eine Motorengröße von rund 1 l Hubraum. Nebst einer obenliegenden Nockenwelle besaß dieser Motor eine Schwingungsausgleichswelle. Beim Beschleunigen gab sich die Geräuschkulisse dieser Kraftquelle recht ungewohnt, sie erinnerte ein Stück weit sogar an Sechszylindermotoren. Doch so wie der von Audi damals eingeführte Fünfzylinder-Ottomotor sollte auch der Daihatsu-Dreizylinder bei weiteren Herstellern Eingang finden. Es gab ihn mit 4- und 5-Gang-Getriebe sowie mit einem Halbautomatikgetriebe (hydraulischer Wandler und 2-Gang-Getriebe). Vorne wurden Federbeine und untere Dreieck-Querlenker verwendet, hinten eine Starrachse mit doppelten Längslenkern, Panhardstab und Federbeinen.

Daihatsu Charade Coupé, 1981

Daihatsu Charmant, 1982

Daihatsu Taft F 20 Resin Top, 1982

Die japanischen Fabrikate hatten sich durch ihre vollständige Ausrüstung einen Namen gemacht und die europäische Konkurrenz zu einer ebenfalls verbesserten Grundausstattung veranlasst. Der Charade war nun wohl der erste Kleinwagen, der ab Werk auch mit einer Klimaanlage zu haben war. Wurde sie eingeschaltet, so erlitt die für Europa auf just 50 PS bezifferte Leistung eine spürbare kleine Einbuße.

Mit dem Modelljahr 1981 hatten die fünftürige Limousine wie auch der Runabout eine neue Front mit feinmaschigem eingerahmtem Kühlergrill und Rechteckscheinwerfern erhalten. Die Leistung war auf 52 PS angehoben und das Instrumentarium verbessert worden.

Charmant. Der Ende 1974 eingeführte Charmant war weitgehend baugleich mit dem → Toyota Corolla. Er unterschied sich vor allem durch eine andere Frontgestaltung mit Doppelscheinwerfer. Es gab ihn als viertürige Limousine und als fünftürigen Kombi. Der Antrieb erfolgte auf die Hinterräder und 1978 war zur 1,3-l- eine 1,6-l-Version hinzugekommen. Es gab ein 4-Gang-Getriebe mit Lenkrad- oder Stockschaltung, ein 5-Gang-Getriebe und ein 2-Stufen-Automatikgetriebe (Toyota) mit Mittelschaltung. Die Vorderradaufhängung bestand aus Federbeinen und einfachen unteren Querlenkern mit elastisch gelagerten Zugstreben, während hinten eine Starrachse mit Halbelliptikfedern montiert wurde. Im Prinzip wurden Vierrad-Trommelbremsen verwendet, doch waren auf Wunsch vordere Scheibenbremsen und ein Servo lieferbar. Die Lenkung funktionierte mit Kugelkreislauf. Je nach Markt wurde auch ein Charmant 1500 Altair angeboten.

Taft. 1974 hatte Daihatsu mit dem Taft ein besonders kleines Geländeauto in Produktion genommen. Die Bezeichnung entsprach den Initialen von Tough & Almight Fourwheel Touring Vehicle (in Deutschland wurde dieses Modell später unter der Modellbezeichnung Wildcat eingeführt). Sein 1-l-Motor war ein Vierzylinder mit seitlicher Nockenwelle. Dieser war mit einem 4-Gang-Getriebe mit zuschaltbarem Vorderradantrieb sowie mit einem Reduktionsgetriebe verbunden. Damit 21,5 cm Bodenfreiheit resultierten, war der Antriebsstrang an der Vorderachse seitlich versetzt. Zum Taft F 10 war im Herbst 1976 der F 20 mit 1,6-l-Motor hinzugekommen, und ab 1978 gab es außerdem einen 2,5-l-Dieselmotor (Toyota DG).

Letzterer wurde ausschließlich mit dem größeren siebensitzigen Station-Wagon-Aufbau geliefert. Die Benzinmotoren wurden in die als Roadster bezeichneten F 10 bzw. F 20 mit vier Sitzen und F 10/20 L mit sechs Sitzen (hinten gegenüberliegend) eingebaut. Außer Verdeck und Stofftüren war auch eine Ganzmetallkarosserie lieferbar. Das Chassis bestand aus einem Kastenrahmen mit Traversen, auf dem die Karosserie aufgeschraubt war. Vorn und hinten wurden Starrachsen mit Halbelliptikfedern verwendet, zudem Vierrad-Trommelbremsen und eine Kugelumlauflenkung. Ab dem Genfer Salon 1982 wurde der Taft mit einem Resin Top (Kunststoff-Aufsatzdach samt integriertem Schiebedach) erhältlich.

Charmant 1982. Auf der IAA Frankfurt kam im September 1981 ein neuer Charmant zu seiner Weltpremiere. Die Karosserie zeigte sich deutlich größer und moderner, und der Radstand war von 233,5 auf 240 cm verlängert worden. Im Vergleich zu dem mit ihm verwandten Toyota Corolla war der Aufbau länger und er wirkte mit seinen sechs Seitenfenstern etwas schmucker. Die Doppelscheinwerfer waren rechteckigen Einzelscheinwerfern gewichen. Statt mit 1,3- und 1,6-l-Motor wurde er nun mit 1,3- und 1,5-l-Motor gebaut, Letzterer besaß eine obenliegende Nockenwelle (es gab auch die teils zusätzliche Bezeichnung 1500 Altair). Die hintere Starrachse wies Schraubenfedern und einen Panhardstab auf, und einen Fortschritt verkörperte auch der Übergang zur Zahnstangenlenkung. Selbst in der Basisausführung wurden fortan vordere Scheibenbremsen und ein Bremsservo eingebaut.

Dass Daihatsu ab 1982 die von der De-Tomaso-Gruppe hergestellten → Innocenti Mini mit Motoren beliefern werde, daran erinnerte auf der Tokyo Motor Show 1981 eine Konzeptstudie Daihatsu De Tomaso Turbo, ein Charade Runabout mit auf 75 PS gebrachtem 1-l-Motor. – In Tokio wurde zudem ein Cuore mit nicht Microcar-konformem 617-cm^3-Zweizylindermotor und 33 PS Leistung gezeigt.

Von der 1981 erreichten Gesamtproduktion von 624'000 Automobilen entfielen 40 Prozent auf Nutzfahrzeuge, 35 Prozent auf den Charade, 12,8 Prozent auf Fahrzeuge mit Vierradantrieb, 7,3 Prozent auf den Cuore und 2,8 Prozent auf den Charmant. Im Exportgeschäft hatte sich Daihatsu in Zentral- und Südamerika eine besonders solide Position gesichert. Zudem besaß dieser vergleichsweise kleine japanische Hersteller Montagewerke in Irland, Portugal, Griechenland sowie in Afrika und Südostasien (bald zudem auch in Peru).

Auf dem Genfer Salon 1982 wurde als Prototyp der Charade Turbo gezeigt, dessen schwach, nämlich mit nur 0,2 bar aufgeladener 1-l-Dreizylindermotor auf 62 PS kam.

Charade 1983. Im Februar 1983 erhielt der Charade eine neue Karosserie, die sich kantiger, dennoch aerodynamischer und vor allem moderner gab. Der Radstand hatte um 2 auf 232 cm zugelegt, die Länge war auf 355 cm angewachsen. Die 12-Zoll-Räder waren durch solche im 13-Zoll-Format abgelöst worden. Das dreitürige Modell war nun nicht mehr als Coupé mit dem lustigen Bullauge im hinteren Dachträger ausgelegt, sondern war stilistisch der nüchternen fünftürigen Version angeglichen worden. Zum 1-l-Dreizylindermotor kam eine gleich große Dieselausführung, der wohl erste Dreizylinder-Diesel für Pkw. Zudem war er deutlich kleiner als die bisher kleinste Dieselmaschine, die in reguläre Pkws eingebaut wurde, nämlich der 1,3-l-Vierzylinder von Fiat. Der Daihatsu-Diesel leistete 38 PS bei 4800/min und wurde ausschließlich mit einem 5-Gang-Getriebe kombiniert.

Taft F 60 2.8. Zum Modelljahr 1983 wurde der F 60 auch mit einem auf 2,8 l ausgebohrten Vierzylinder-Dieselmotor mit 69 PS Leistung und auf 165 Nm erhöhtem Drehmoment lieferbar. Er wurde ausschließlich mit dem 5-Gang-Getriebe ausgerüstet.

Daihatsu Cuore de Luxe, 1983

Daihatsu Charade Turbo, 1986

Daihatsu Cuore Gran, 1987

Daihatsu Charade Turbo-Diesel, 1987

Daihatsu Rocky, 1987

Cuore Turbo / Mira 4WD. Auf der Tokyo Motor Show 1983 zeigte Daihatsu eine Turbo- und eine 4x4-Version der kleinsten Modellreihe. Mit 547 cm^3 (und 41 statt 31 PS) handelte es sich um den kleinsten Pkw-Turbomotor. Der Mira 4WD bot einen zuschaltbaren Hinterradantrieb.

Charade Turbo. Mit dem Autosalon von Tokio wurde der Charade ebenfalls in einer Turboausführung lieferbar: Der IHI-Abgasturbolader lieferte einen maximalen Ladedruck von 0,4 bar und hob die Leistung von 60 auf 80 JIS-PS an.

Rocky/Wildcat 4WD / Rugger 4WD. Dieses Geländemodell wurde im Juni 1984 als Nachfolger des Taft eingeführt. In Japan trug er die Bezeichnung Rugger, während in Deutschland weiterhin die Bezeichnung Wildcat verwendet wurde; in Großbritannien wurde zudem die Bezeichnung Fourtrak (Sport) eingeführt. Er war nicht nur wesentlich moderner geformt, sondern in der Grundausführung auch deutlich größer: Radstand 220,5 statt 202,5 cm, Länge 377,5 statt 348,5 cm. Er wurde in vier Ausführungen gebaut: als dreitüriger Wagon und mit Soft Top, beide 4/5-sitzig, oder in längerer Ausführung als Hard Top und Soft Top, je 6-sitzig. Der Rocky Hard Top mit um 7,5 cm erhöhtem hinterem Kunststoff-Dachteil wirkte stilistisch besonders attraktiv.

Der 1,6-l-Motor war einem neukonstruierten 2-l-Aggregat, jedoch weiterhin mit seitlicher Nockenwelle, gewichen. Alternativ dazu gab es den 2,8-l-Grauguss-Dieselmotor, der nun auch mit Abgasturbolader erhältlich war. Am soliden Grundprinzip war nicht gerüttelt worden: Kastenrahmenchassis mit Traversen, vordere und hintere Starrachsen mit Halbelliptikfedern (vorn nun mit

Daihatsu Leeza CR/L, 1988

Daihatsu Charade Social/Sedan, 1989

Daihatsu Charade, 1988

Panhardstab), Kugelumlauflenkung neu mit Servo. Der Vorderradantrieb war zuschaltbar und das 5-Gang-Getriebe mit einem Untersetzungsgetriebe kombiniert. Vorne fanden sich manuell bedienbare Freilaufnaben. Je nach Ausführung gab es eine hintere Differenzialbremse oder eine mechanische Differenzialsperre. Im Modell Hard Top wurde serienmäßig eine elektrische Dämpferverstellung in drei Stufen eingebaut.

Charade 1985/86. Im Juni 1985 erschien der Charade mit neuem Kühlergitter mit größeren, trapez- statt rechteckförmigen Scheinwerfern und seitlich angefügten Blinkern. Der vordere Karosserieüberhang war um 4,5 cm verlängert worden. Das halbautomatische 2-Gang-Getriebe hieß inzwischen Daimatic.

Cuore / Mira 1986. Einen weit größeren Entwicklungsschritt verkörperte die im Sommer 1985 herausgebrachte gänzlich erneuerte kleinste Daihatsu-Baureihe: Sie zeigte ein noch kantigeres, aber dennoch strömungsgünstiger ausgeformtes Design, einen von 215 auf 225 cm verlängerten Radstand und vor allem einen von zwei auf drei Zylinder aufgewerteten Motor. In der Microcar-Ausführung hatte er 548 cm^3 Inhalt, während es für den Export – wie auf der IAA Frankfurt 1985 gezeigt – 847 cm^3 waren und die Leistung mit 44 PS angegeben wurde. Entsprechend lautete die Modellbezeichnung Cuore 44. Dank diesem beträchtlichen Leistungsanstieg waren Tempo 100 nun in 15,7 s und eine Spitze von 135 km/h erreichbar. Es standen 4- und 5-Gang-Getriebe sowie ein 2-Stufen-Automatikgetriebe (auf Wunsch mit Lenkradschalthebel) zur Wahl. Die Karosseriebleche wurden verzinkt. Für die Schweiz wurde eigens eine Version mit 796-cm^3-Motor und 41 PS importiert, womit der Cuore den über 800 cm^3 geltenden Abgasnormen entging. In Japan gab es auch die Cuore-Varianten Domino und Vivian.

Leeza. Im Dezember 1986 überraschte Daihatsu mit einem adretten 2+2-sitzigen Coupé der Microcar-Klasse. Der Radstand war gegenüber dem Cuore von 225 auf 213 cm verkürzt worden, und der 133 cm hohe (und wie vorgeschrieben just unter 320 cm lange) Aufbau zeigte aerodynamische Ansätze. Der Motor ohne und mit Turbo (aber nun Leistungsangaben in Netto-JIS von 32 bzw. 50 PS), die drei Getriebevarianten und das Fahrwerk stimmten mit dem Cuore überein.

Charade 1987. Im Januar 1987 folgte eine Neuauflage des Charade-Kleinwagens: rundlichere Karosserieformen mit niedriger Front, cw-Wert 0,32, Radstand um 2 auf 234 cm verlängert, Längen um 1,5 auf 361 cm gestreckt, Breitenzuwachs um 5 auf 160 cm, Höhe um 1 auf 138,5 cm gesenkt. Die hintere Starrachse war gegen Federbeine mit zwei unteren Quer- und einfachen Längslenker ausgewechselt worden. Die Daimatic-Halbautomatik wurde auch in Verbindung mit dem Saugmotor durch eine alternativ zum 4- oder 5-Gang-Getriebe erhältliche 3-Stufen-Automatikeinheit abgelöst.

Charade GTti. Den 993-cm^3-Dreizylindermotoren wurde eine Hochleistungsversion hinzugefügt: mit zwei obenliegenden Nockenwellen, 12 Ventilen, elektronischer Einspritzung, Abgasturbolader IHI (RHB 51 statt RHB 32, maximaler Ladedruck 0,75 statt 0,58 bar), Ladeluftkühler, Leistung 105 PS bei 6500/min. Dies entsprach einer Literleistung von 105,7 PS/l, die bloß von Supersportwagen übertroffen wurde! Der mit diesem Triebwerk ausgerüstete Charade erhielt die Zusatzbezeichnung GTti und es gab ihn nur dreitürig. Mit dem enger gestuften 5-Gang-Getriebe konnten Tempo 100 binnen 8 s und eine Spitze von rund 200 km/h erreicht werden. Das 800 kg wiegende Kraftbündel wurde mit Vierrad-Scheibenbremsen verzögert. Zum äußeren Bild zählten 14-Zoll-Leichtmetallräder, Frontspoiler mit Luftöffnung für den Intercooler, Seitenschweller, eine kleine Abrisskante über der Heckscheibe und ein rotes Reflexband zwischen den Heckleuchten sowie die Aufschriften Twin Cam 12 Valve Turbo.

Von dem neuen Charade gab es (zumindest auf dem Heimmarkt) die Sonderversionen Sergio Tacchini (italienischer Modeschöpfer) und De Tomaso Limited (Tuning nach De-Tomaso-Rezept).

1988 wurde auch der Cuore mit Fulltime FWD erhältlich und zudem kam ein ebenfalls vierradgetriebener Mira Turbo ins Angebot. Mit elektronischer Einspritzung leistete der 548-cm^3-Turbomotor 58 PS. Später wurde zum Mira sogar eine Vierradlenkung angeboten.

Rocky / Wildcat 1987/88. Mit dem Jahrgang 1988 erschien der Rocky alias Wildcat in Europa ebenfalls mit einem neuen Kühlergrill (ein mittlerer statt zwei Horizontalstäbe) und Rechteckscheinwerfern. Alle elf (zum Beispiel) in der Schweiz angebotenen Versionen waren mit einem hydraulisch gefederten Fahrersitz ausgestattet, und der zusätzliche Vorderradantrieb ließ sich auf Knopfdruck einschalten. Die 2,8-l-Turbodieselversion leistete jetzt 91 statt 88 PS. Es wurden diverse besonders reichhaltig ausgestattete Ausführungen angeboten.

Charade 1300 / 4WD. Auf dem Genfer Salon 1988 erfolgte die Weltpremiere zweier neuer Charade-Versionen: 1,3-l-Vierzylindermotor ohne und mit Vierradantrieb. Der 1,3-l-Vierzylinder besaß eine obenliegende Nockenwelle, die 16 Ventile aktivierte. Mit elektronischer Einspritzung und Katalysator resultierten 90 PS. Auf Wunsch konnte dieses Antriebsaggregat mit einem permanenten Allradantrieb kombiniert werden. Dessen Kraftverteilung erfolgte zu gleichen Teilen auf Vorder- und Hinterräder. Das zentrale Differenzial wirkte dank Visco-Kupplung selbstsperrend, doch wurde auf eine Differenzialbremse oder -sperre an der Hinterachse verzichtet. Diese neuen Charade gab es sowohl drei- wie fünftürig, allerdings war die Markteinführung in Europa erst für später vorgesehen.

Im Frühling 1988 schloss Daihatsu mit → Bertone einen Vertrag über die jährliche Herstellung von 2000 bis 3000 Geländewagen mit BMW-2,4-l-Dieselmotor.

Feroza. Mit dem im Herbst 1988 auf den Markt gebrachten Feroza schuf Daihatsu ein kleinere Version des Rocky: Radstand 217,5 statt 220,5 cm, Länge 368,5 statt ab 371,5 cm. Der Feroza bot ein echtes Hardtop, das sich an den B-Pfosten bzw. Überrollschutz anschloss und binnen weniger Minuten demontiert werden konnte, womit ein vierstiziges Halbcabrio entstand. Den 1,6-l-Motor (OHC, 16 Ventile) gab es mit Vergaser oder Einspritzung/Katalysator (86 bzw. 95 PS). Der Vorderradantrieb war auf Knopfdruck zuschaltbar. Basis bildete ein Kastenrahmen mit Traversen (vorne untere und obere Dreieckquerlenker, hinten Starrachse mit Blattfedern). In zweifarbiger Ausführung wirkte der Feroza recht schmuck.

Ab Januar 1989 wurde das Leeza-Coupé in der Ausführung mit Abgasturbolader und Ladeluftkühler (50 PS) zusätzlich mit elektronischer Einspritzung und damit höchst respektablen 64 PS erhältlich. Den Cuore alias Mira gab es inzwischen mit der gleichen Topmotorisierung.

Applause. Mit der als MS-X 90 bezeichneten Studie nahm Daihatsu auf dem Genfer Salon 1989 den Nachfolger des schon 1988 nicht mehr aufgelegten Charmant vorweg, wie er im Sommer des gleichen Jahres unter dem (in deutscher Sprache) unhandlichen Namen Applause eingeführt werden sollte. Mit 247 cm Radstand und 426 cm Länge war der Applause etwas größer, und er bot eine ungewöhnliche Eigenheit, nämlich trotz des konventionellen Stufenhecks eine fünfte Türe bzw. eine das Heckfenster mitumfassende Heckklappe. So etwas hatte es seit dem Kaiser Traveler von 1949 (mit zweigeteilter Stufenhecköffnung) nicht mehr gegeben.

Im Gegensatz zum hinterradgetriebenen Charmant mit Antriebseinheit von der Mutterfirma Toyota, war der Applause eine Daihatsu-Eigenkonstruktion mit Frontantrieb. Der quer eingebaute 1,6-l-OHC-Motor mit 16 Ventilen war identisch mit jenem im Feroza, jedoch sowohl mit Vergaser wie mit Einspritzung auf höhere Leistung ausgelegt. Das Fahrwerk umfasste Federbeine, vorne mit unteren einfachen Querlenkern, hinten mit doppelten unteren Querlenkern und einfachen Längslenkern. Je nach Land wurde der Applause in Europa in den Ausstattungslevels LI, XI, XIE und XIE ABS (die drei Letzteren auch mit 3-Stufen-Automatikgetriebe) angeboten.

Charade Social/Sedan. Im April 1989 kam in der Charade-Reihe die für Japan mit dem Anhängsel Social versehene Stufenheckversion des fünftürigen Charade hinzu. In Europa wurde er ab Mitte Jahr unter der Bezeichnung Sedan SGI verkauft. Diese Viertürlimousine war 31,5 cm länger und damit 399,5 cm lang. Sie wurde mit dem 1,3-l-Motor bestückt, und es gab sie auf Wunsch mit 3-Stufen-Automatikgetriebe. Auch die kürzeren Charade waren kleinen Retouchen unterzogen worden (kräftiger gestalteter Stoßschutz, tiefere Frontschürze, GTti und 16V mit Flügelchen am Dachende).

Daihatsu Charmant Altair, 1988

Daihatsu Applause 4WD, 1990

Daihatsu Feroza, 1990

Daihatsu

Applause 4WD. Auf der IAA Frankfurt 1989 wurde der Applause auch mit permanentem Vierradantrieb eingeführt: mit zentralem Differenzial (Verteilung des Antriebsmoments vorne/hinten zu je 50 Prozent), mittleres und hinteres Differenzial mit Visco-Sperre. Im Export gab es ihn u. a. in den Ausführungen ZI und ZIE (mit Servolenkung usw.); später wurde auch ein ABS erhältlich.

Elektroantrieb. Daihatsu war seit 1965 ein Pionier in der Forschung und Entwicklung von Elektroautos. Nebst Prototypen wurden in Klein- und Kleinstserien Versuchs- und Kundenfahrzeuge dieser Antriebsart gebaut. 1981 entstand der mit zwei Elektro- und einem Verbrennungsmotor ausgerüsteter Charmant Parallel Hybrid mit computergesteuertem Motoreinsatz; 1984 war von der Vorbereitung einer Serienversion die Rede. In jenem Jahr stammten von den 1000 im japanischen Straßenverkehr zugelassenen Elektroautomobilen 90 Prozent von Daihatsu (von den rund 3300 nicht zum Straßenverkehr zugelassenen Elektrofahrzeugen waren 80 Prozent von Daihatsu hergestellt worden). 1990 wurden 26 Rugger (Rocky) EV mit 200 km Reichweite gebaut.

Daihatsu	Bauart	Mot.	Getr.	R/L cm	Baujahre
Cuore /Mira 4WD ('83–)	**Fr.(4)**	**a–f**	**4/H2**	**215/319,5**	**1980–85**
Motoren:	*Zyl.:*	*N'w.:*	*cm³:*	*PS/'min:*	*Nm/'min*
a	2	OHC	547	31/29/30/6000(br.)	41/39/3500
b (Europa)				27/6000	38/3500
c (1983–)	2T			41/6000	56/2500
d (1981–83)			617	33/5700 (brutto)	44/3500
e (Europa 1981–83)				28/6000	39/3500
f (1983–)				30/5700	45/3500
Cuore / Mira	**Fr.(4)**	**a–g**	**4/5/A2/A3**	**225/319,5**	**1985–90**
a (–1987)	3	OHC	548	34/6000 (brutto)	44/3500
b (1987–)				32/6000	43/3500
c (–1987)	3T			52/6500 (brutto)	70/4000
d (1987/88)	3iT/3T			58/50/6500	73/69/4000
e (1988–)				64/7000/50/6500	76/69/4000
f (Exp. –'88 +*'86/87)	3		847/796*	44/41CH*/5500	67/62/3200
g (Export 1988–)			847	44/43K/5500	68/3200
Leeza	**Fr.**	**a–c**	**4/5/A2**	**213/319,5**	**1986–90**
Motoren:	*Zyl.:*	*N'w.:*	*cm³:*	*PS/'min:*	*Nm/'min*
a	3	OHC	548	32/6000	43/3500
b (*1988–)	3T			50/6000	69/3500/4000*
c (1989–)	3iT			64/7000	76/4000
Charade	**Fr.**	**a/b**	**4/5/H2**	**230/346–357,5**	**1980–82**
(*1985–)		**a–h**		**232/355/359,5***	**1983–86**
Motoren:	*Zyl.:*	*N'w.:*	*cm³:*	*PS/'min*	*Nm/'min:*
a	3	OHC	993	55/5500/60/5600(b)	77/2800/81/3200
b (Europa *1981–)				50/5500/52*/5600	73/3000/74,5/3200
c (1983–)	3T			80/5500 (brutto)	118/3500
d (Europa 1983–)				68/5500	106/3200
e (1983–)	3D			38/4800 (brutto)	62/3500
f (Europa 1983–)				37/4600	60/3500
g (1984–)	3TD			50/4800 (brutto)	91/2900
h (Europa 1985–)				46/4800	85/2900
Charade	**Fr.**	**a–h**	**4/5/A3**	**234/361**	**1987–90**
a	3	OHC	993	55/50/5600	78/3600/75/3200
b (Europa)	3/3i			52/5600/54K/5200	75/3200/80/3600
c (–1988 *Europa)	3T			73/5600/68*/5500	108/3600/106/3200
d (*Europa)	3iT	D12V		105/101*/101K/6500	130/3500
e (1988–)	4i	OHC	1295	94/90K/6500	108/105/5000
f (1989–)	4			82/6800	104/4000
g (*Europa)	3D		993	38/5000/37*/4800	61/60/3200
h (*Eur.–88 **Eur.88–)	3TD			50/46*/48**/4800	90/3000/85/2900
Charmant	**St.**	**a–d**	**4/5/A2**	**233,5/411**	**1980/81**
Motoren:	*Zyl.:*	*N'w.:*	*cm³:*	*PS/'min*	*Nm/'min:*
a	4	OHV	1290	72/5600/69/5200(b)	103/3600
b (Export)			1166	55/5500	–
c			1588	88/86/5600 (brutto)	130/3400
d (Export)				75/5200	–

Daihatsu	Bauart	Mot.	Getr.	R/L cm	Baujahre
Charmant	**St.**	**a–g**	**4/5/A3**	**240/415–427,5**	**1981–87**
a	4	OHV	1290	74/5600 (brutto)	105/3600
b (Europa +*1985–)				65/62*/5400	98/3600
c (*1982– **1983–)		OHC	1453	80/83*/5600 (br.)	116/118**/3600
d (–1982)		OHV	1588	75/5400	118/3600
e (1982/83)				72/75E/5400	113/118/3600
f (Export 1983 *1984–)				75/76*5400/83/82	118/3600/4000/130
g (CH 1983–86)				78/5600	123/3600
Applause	**Fr.**	**a/b**	**5/A3/A4**	**247/426**	**1989/90**
Motoren:	*Zyl.:*	*N'w.:*	*cm³:*	*PS/'min:*	*Nm/'min:*
a	4	016V	1590	97/6300/91ECE/6000	130/3600/3500
b	4i			120/63'/105K/ECE/6	140/134/4800
Taft	**K'r./4**	**a–c**	**4+U**	**202,5/336/348,5**	**1980–83**
Taft D		**d–f**		**270/430/427,5**	
Taft			**4/5/+R**	**202,5/270/349–428**	**1983–84**
Motoren:	*Zyl.:*	*N'w.:*	*cm³:*	*PS/'min:*	*Nm/'min:*
a (–1982}	4	OHV	958	58/5500 (brutto)	79/4000
b (–1982)				45/5400	63/4200
b (–1982)			1587	80/5200 (brutto)	123/3000
b (–1982)				66/4800	110/3400
c (1982–)				68/5200/66E/4800	114/3000/109/3400
d (–1982)	4D		2530	75 (br.)/62/3600	172/2200/62/3600
e (1982/83)				67/62E/3600	157/2200/145/2400
f (1982–)			2765	69/3600	165/2200
Rugger / Rocky 4WD	**K'r./4**	**a–h**	**4/5/+R**	**220,5/371,5–377,5**	**1984–90**
do. LWB /				**253/404–410**	**1985–90**
Motoren:	*Zyl.:*	*N'w.:*	*cm³:*	*PS/'min:*	*Nm/'min:*
a (*Export)	4	OHV	1998	88/4600/86*	157/3000/153
b (1987–)	4i			91K/4400	163/3400
c (–1987)	4D		2765	79/3600 (brutto)	177/2200
d (1987–)				79/3800	172/2200
e (Export +*1987–)				73/3600/76*/3800	170/2200
f (–1987)	4TD			97/3600 (brutto)	226/2400
g (1987–)				94/3400	226/2200
h (Export +*1987–)				88/3600/91*/3400	211/223/2200
Feroza 4WD	**K'r./4**	**–**	**5+R**	**217,5/368,5**	**1988–90**
Motor:	4i/4	016V	1590	95K/5700/86/6000	128/4800/126/3500

Daimler

Großbritanniens älteste Automarke war 1895 als Lizenz-Produkt der deutschen Daimler entstanden. Sie ging jedoch bald eigene Wege. 1960 wurde die Marke von → Jaguar übernommen. Doch nur die große Chauffeurlimousine blieb als Daimler-Eigenprodukt erhalten, während die in größerer Zahl gebauten Modelle bloß noch Exklusivvarianten der Jaguar-Topmodelle waren. 1966 kam Jaguar unter die Obhut der British Motor Corporation (BMC). Aus dieser ging 1968 die British Leyland Motor Corporation (BLMC) hervor, die Mitte 1978 in BL Limited umstrukturiert wurde.

Sovereign. Der Sovereign (= Herrscher) ging auf das Jahr 1966 zurück, ab 1969 entsprach er dem → Jaguar XJ 6. 1981 gab es diese Luxuslimousine mit 4,2-l-Sechszylindermotor, zwei obenliegenden Nockenwellen und elektronischer Benzineinspritzung L-Jetronic von Bosch. Wahlweise standen ein 5-Gang-Getriebe oder ein 3-Stufen-Automatikgetriebe (Borg-Warner Typ 65) zur Verfügung. Die Aufhängungen umfassten vorne Trapez-Dreieckquerlenker, hinten untere gegabelte Führungsarme, obere mittragende Halbachsen und Längslenker sowie beidseitig je zwei Schraubenfedern. Die hinteren Scheibenbremsen waren innenliegend (beim Differenzial) montiert. Der Innenraum des Sovereign wartete mit Edelholz und ausgewähltem Leder auf; er war auch in der noch luxuriöser ausgestatteten Version Vanden Plas lieferbar.

Double-Six. Ihn gab es seit 1975. Die Bezeichnung wies auf den 5,3-l-V12-Motor hin, wie er im Jaguar XJ 12 installiert wurde: mit Leichtmetall-Zylinderkopf und -block, einer obenliegenden Nockenwelle je Zylinderreihe und elektronischer Benzineinspritzung L-Jetronic. Der Kraftübertragung diente das Turbo Hydra-Matic von General Motors, und es wurde serienmäßig eine Differenzialbremse eingebaut. Das übrige technische Konzept entsprach jenem des Sovereign. Für den Double-Six gab es ebenfalls eine besonders luxuriöse Vanden-Plas-Version, kurz VDP.

DS 420 Limousine. Einen Sonderfall verkörperte der damals in London zahlreich anzutreffende Daimler Limousine. Er war Englands klassisches Chauffeurauto. Die Herstellung erfolgte im Karosseriewerk Vanden Plas in Kingsbury im Norden von London, wo auch die Topversionen von Sovereign und Double-Six ausgestattet und lackiert wurden. Der einzigartig zeitlose Stil des DS 420 ging auf das Jahr 1968 zurück. Dank seiner imposanten Länge von 574 cm bot er bis zu acht Sitze (einschließlich Klappstühle). Die im hinteren Bereich schwungvoll abfallende Gürtellinie und der dazu passend geformte Kofferraum wirkten magisch elegant. Angetrieben wurde dieser mächtige Daimler vom 4,2-l-DOHC-Sechszylinder von Jaguar im Verein mit einem 3-Stufen-Automatikgetriebe von Borg-Warner. Das Fahrwerk war mit jenem des Daimler Sovereign (bzw. Jaguar XJ) identisch.

Im Zuge der Rationalisierung beschloss Jaguar, das Werk in Kingsbury im Januar 1980 zu schließen und die Herstellung des Modells Limousine in das Montagewerk von Coventry zu verlegen. Dort wurde innerhalb der Werkanlage von Browns Lane eine Halle für die Endmontage und das Lackieren des DS 420 Limousine errichtet. Hierbei wurde im Frühling 1981 eine Gruppenmontage nach schwedischem Vorbild eingeführt: Kleine Teams von Facharbeitern waren kollektiv für eine bestimmte Stufe im Produktionsablauf verantwortlich. Gemäß Jaguar eignete sich diese Art der Produktion jedoch nur für die Kleinserie. Bis zu jenem Zeitpunkt war der Daimler Limousine in 2800 Exemplaren gebaut worden, von denen nur etwa 10 Prozent in den Export gelangten.

Double-Six H. E.: Im Juli 1981 wurde für den Double-Six der neue V12-Motor mit dem Fireball-Zylinderkopf eingeführt (→Jaguar).

Mit dem Jahrgang 1982 erhielt der Daimler Sovereign (wie der Jaguar XJ 6) ein leistungsfähigeres Kühlsystem samt Ölkühler sowie eine weiter verbesserte Ausstattung mit elektrisch verstellbaren Vordersitzen und Kopfstützen auch hinten. Das Serviceintervall wurde für alle Daimler auf 12'000 km verlängert. Im Oktober 1982 erfuhr der Innenraum einige Detailänderungen.

Bei dem DS 420 kam 1984 die Ausführung Executive Limousine mit einer umfangreichen Büroausrüstung im Fond hinzu. – *Im gleichen Jahr wurde Daimler zusammen mit → Jaguar reprivatisiert.*

3.6. Im Oktober 1986 folgte auf den Daimler 4.2 das Modell 3.6: Es handelte sich um die langerwartete Neuauflage des Jaguar/Daimler-Duos. Der 4,2-l-Motor wurde durch den noch neuen 3,6-l-Motor mit 24 Ventilen abgelöst (technische Änderungen → Jaguar XJ 6 1987); der ebenfalls neue 2,9-l-Motor wurde für die Marke Daimler hingegen nicht vorgesehen.

4.0. Im September 1989 wurde der 3.6 durch den 4-l-Sechszylinder ersetzt; gleichzeitig erfolgten Änderungen an der Karosserie und im Innenraum (→ Jaguar).

Produktionszahlen: Der letzte Daimler Limousine wurde im November 1992 gebaut; binnen 24 Jahren ist er in 5043 Exemplaren entstanden, 927 davon mit individualisierten Karosserieaufbauten, wie zum Beispiel Landaulette („Heckcabriodach").

Daimler DS 420 Limousine, 1981

Dallas

Daimler Double Six VDP, 1983

Daimler 3.6, 1989

Daimler	Bauart	Mot.	Getr.	R/L cm	Baujahre
3.6 / 4.0 (1989–)	**St.**	**a–f**	**5/A4**	**287/499**	**1986–90**
Motoren:	*Zyl.:*	*N'w.:*	*cm³:*	*PS/'min:*	*Nm/'min:*
a (–1987)	6i	DOHC	3590	224/5000/184K/4750	337/4000/300/3750
b (1988/89)				224/5000/212	337/4000/324
c (1988/89)				202K/5250	302/4000
d (Export 1988)				212/5250/184K/4750	324/–
e (1989–)			3980	226K/238/4750	377/3650/387/3750
f (1989–)				222K/5250	369/3600
Sovereign / 4.2 ('83–)	**St.**	**a**	**5/A3**	**286,5/496**	**1980–86**
Double-Six		**b–f**	**A3**		**1980–90**
Motoren:	*Zyl.:*	*N'w.:*	*cm³:*	*PS/'min:*	*Nm/'min:*
a (*1982–)	6	DOHC	4235	208/205*/5000	314/1500–4500
b (–1982)	V-12i	OHC	5343	289/5750/295/5500	399/4200/434/4000
c (i.dig. –1981)				304/5400	436/3900
d (H.E. 1981 *1982–)				299/295*/5500	432/3000/3250
e (Exp./CH'85/86 *89–)				269/5250/268*/5500	394/384/3000
f (1986–88 *1989–)				265K/5000	393/389*/3000
(DS 420) Limousine	**St.**	**a/b**	**A3**	**358/574**	**1980–90**
Motoren:	*Zyl.:*	*N'w.:*	*cm³:*	*PS/'min:*	*Nm/'min:*
a (*1988–)	6	DOHC	4235	167/164*/4250	309/3000
b (Export 1985–)	6i			178/4750	297/2500

Im französischen Neuilly betrieb Jean-Claude Hrubon ein kleines Reparaturatelier. In diesem entwickelte er einen täuschend echt wirkenden Nachbau des Military-Jeep, den er 1982 vorstellte und 1983 zum Genfer Salon brachte. Der Dallas, so die gewählte Marke, basierte vollumfänglich auf der Mechanik des Renault 4 GTL mit 1108-cm³-Motor. Auf Wunsch war auch ein Sinpar-Vierradantrieb erhältlich. Die Karosserien wurden nicht etwa aus GfK, sondern aus Stahlblech hergestellt. Hrubon träumte von großen Einsätzen bei Wüstenraids wie dem Paris–Dakar. Angaben Genfer Salon 1985: Basis Renault 4/5, Radstand links 195, rechts 200 cm, Länge 297 cm; Genf 1986: Mechanik Renault 5.

Auf dem Genfer Salon 1986 wurde ein verfeinertes Modell in Aussicht gestellt. Dieses wurde auf der Greater Los Angeles Auto Show von Anfang 1987 gezeigt, nun mit der Mechanik des Peugeot 205. Inzwischen war die Marke Dallas von der Société des Automobiles Grandin in Montreuil übernommen worden. Diese bezifferte die Produktion für die Zeit von 1986 bis 1988 auf 2500 Exemplare. Für 1988/89 wurde ein Jahresausstoß von rund 1000 Stück geltend gemacht.

Dallas II. Auf der Mondial de l'Automobile von Paris 1988 wurde der weit schwerere und breitere Dallas II vorgestellt, weiterhin im unverkennbaren Jeep-Design (Kühlergrill mit neun Senkrechtschlitzen) und mit oder ohne Vierradantrieb. Als Kraftquelle diente der 1360-cm³-Motor aus dem Peugeot 205 GT mit 85 PS (5-Gang-Getriebe, zinkgalvanisierte Chassisstruktur, GfK-Aufbau, Einzelradaufhängung, 195 cm Radstand, 3 m Länge). Von der Military Division der Automobiles Grandin wurde eine eindrückliche Version Dallas A-2 Para-Commando angeboten, auf der sich ein Maschinengewehr oder ein Raketenrohr aufmontieren ließ. Der einstige echte Jeep ließ grüßen!

Dallas, 1985

Dallas, 1989

Dankar

Ab 1978 wurde in einer Hinterhofgarage in Rio de Janeiro der Sportwagen Squalo gebaut. Er basierte ursprünglich auf dem → VW Brasilia, doch nach etwa einem Dutzend Exemplaren wurde der brasilianische VW Passat als Ausgangsbasis herangezogen. Hierzu wurde ein Hilfsrahmen konstruiert, an den vorne die Brasilia-Vorderachse montiert und hinten die umgekehrte Passat-Vorderachse eingebaut wurden. Damit entstand ein Mittelmotor-Zweisitzer!

Squalo. Ende 1979 wurde das Unternehmen verkauft, und die neuen Besitzer machten sich große Hoffnungen auf einen Exporterfolg. Sie wandten sich daher an den Schweizer Designer Werner Bührer, der in seinen Entwurf auch die in Europa geltenden und noch erwarteten Sicherheitsaspekte einbezog. Auf der Basis eines eigenen Rohrrahmenchassis entstand auf diesem Weg ein ebenso sportlich wie originell geformtes Fastbackcoupé. Unter der flachen Fronthaube mit Klappscheinwerfern bot sich ein beschränkter Kofferraum an und es gab auch einen Stauraum im Wagenheck. 1981 kam eine Version mit Targadach hinzu.

Passat Julia. Keineswegs als Sportwagen gedacht war der Dankar Passat Julia, der im Herbst 1981 vorgestellt wurde. Vielmehr war er eine zweitürige, 448 cm lange Stufenheckversion des Passat von → Volkswagen do Brasil. Der schwarze Kühlergrill war gegenüber dem Original vereinfacht, und die Gürtellinie der Kunststoffkarosserie zeigte sich betont gestreckt, so dass (bei sonst unveränderten Daten) eine Gesamtlänge von 448 cm resultierte.

Aber der Squalo und der (die) Julia brachten es nicht auf die erhofften Absatzzahlen; nach weiteren Modellen ging die kleine Liebhabermarke 1984 bereits wieder unter.

Dankar Squalo, 1981

Dankar Julia, 1982

Dankar	Z'r./M.	–	4	239/403	1980–82
Squalo / *Motor:*	4	OHC	1588	80/5700	118/3000

Dardo

Dies war der Name einer der zahlreichen brasilianischen Sportwagenmarken, die der Liebhaberei nicht nur ihrer Käufer, sondern wohl auch ihrer Hersteller dienten. Der Dardo wurde ab 1979 in nur ganz kleiner Zahl von der Firma Corona SS, einem auf die Herstellung von Nutzfahrzeugaufbauten ausgerichteten Zweig des Caloi-Konzerns in Diadema (Sao Paulo) hergestellt.

F 1.3 / F 1.5. Der Dardo war klar und deutlich dem Fiat bzw. R Bertone X 1/9 nachempfunden

In seine selbsttragende Targa-Zweisitzerkarosserie war ein 1,3- oder 1,5-l-OHC-Motor von Fiat quergestellt hinter den Sitzen eingebaut. Mit Doppelvergaser resultierten 72 bzw. 96 PS, und der Kraftübertragung diente ein 4-Gang-Getriebe. Vorne und hinten besaß die Aufhängung Federbeine, vorne mit unteren schrägen Querlenkern und Schubstreben, hinten mit unteren Dreieckquerlenkern und verstellbaren Zusatzquerlenkern. Es wurden Vierrad-Scheibenbremsen eingebaut. – *1983 wurde die Produktion eingestellt.*

Dardo F 1.3, 1981

Dardo	M.	–	4	220/392	1980–83
F 1.3/1.5 / *Motoren:*	4	OHC	1297	72/5800	106/4000
b			1491	96/6200	135/3800

Davrian

Die kleine britische Sportwagenmarke Davrian gab es ab 1967. Auf der London Racing Car Show von Anfang 1969 wurde das zweisitzige Coupé dieses Namens einem breiteren Publikum vorgestellt. Der Vertrieb erfolgte durch die in London domizilierte Davrian Developments Ltd, die Herstellung hingegen in Tregaron/Dyfed, Wales. Es gab den (1975 leicht vergrößerten) Davrian auch in Bausatzform.

Imp. Die Modellbezeichnung Imp verriet, dass dieses langgestreckte niedrige Kunststoffcoupé auf der Mechanik des Heckmotor-Kleinwagens Hillman bzw. Sunbeam Imp basierte. Es gab dessen 875-cm^3-Alumotor im Davrian in allen (vorzugsweise leistungsgesteigerten) Versionen. Der Monocoque-Unterbau besaß einen Radstand von 213 cm, während der Aufbau 358 cm lang war. Vorn wurden Trapez-Dreieckquerlenker, hinten gezogene Dreiecklenker verwendet (4-Gang-Getriebe, Trommelbremsen oder vordere Scheibenbremsen, Zahnstangenlenkung). Ab 1975 waren in den Davrian auch Motoren der BL-A-Serie (Mini) und des VW 1600 einbaubar. *Nachdem sich finanzielle Probleme ergeben hatten, wurde im Sommer 1982 in neuen Werkstätten in Lampeter/Dyfed ein Neustart versucht. Hierzu hatten die staatliche walisische Industrieförderung und private Investoren der Davrian Developments Limited je 50 Prozent der nötigen Mittel zur Verfügung gestellt. Mit 30 Mitarbeitern (zuvor zehn) sollten bis Ende Jahr unter Davrian-Leiter Adrian Evans ein Wagen pro Arbeitstag fertiggestellt werden.*

Dragon. Das neue Modell namens Dragon war ein Mittelmotorcoupé mit dem Quermotor aus dem Ford Fiesta oder Escort XR 3; auf Wunsch ließ sich auch eine Antriebseinheit aus dem Mini einbauen. Die Monocoque-Chassiskonstruktion war im Prinzip beibehalten worden, und auch bei den Fahrwerkselementen handelte es sich nach wie vor um Eigenteile. Die Form der in Eigenregie hergestellten GfK-Karosserie erinnerte im Heckbereich mit der nach innen gewölbten Rückscheibe zwischen den auslaufenden Dachstreben an den Dino. Auskragende Kanalöffnungen vor den hinteren Radhäusern holten die Luft zum Mittelmotor. Sie waren wie der Flankenunterteil in einer Kontrastfarbe gehalten.

Für Rennzwecke wurde ein vom Mark VII zum Mark VIII mutierter Davrian mit längs eingebautem Heckmotor angeboten (z. B. Renault 1,6-l oder Imp, VW, Ford usw.).

Doch die Davrian Car Co. konnte sich nicht halten und wurde schließlich von Will Corry übernommen, der das neue Modell Corry Cultra schuf (→ Anhang)... – Insgesamt sollen bis 1985 rund 350 Davrian gebaut worden sein.

Davrian Dragon, 1983

Davrian	Bauart	Mot.	Getr.	R/L cm	Baujahre
Imp	**Mon./H.**	**a+div.**	**4**	**213/358**	**1980/81**
Dragon		**div.**			**1982–83**
Motoren:	4	OHC	875	39/5000/51/6100	–

DeLorean

John Z. DeLorean (1925–2005) stand als Ingenieur und Marketinggenie bei General Motors – wo er bereits als Nachfolger von Präsident Edward N. Cole gehandelt wurde – mitten in einer glanzvollen Karriere, als er 1973 unerwartet seinen Rücktritt gab. DeLorean widmete sich darauf der Entwicklung eines eigenen Autos, das seinen Idealvorstellungen entsprach. Mit einem Team schuf er das DeLorean Safety Vehicle (DSV) mit niedriger aerodynamischer Linie, Kunststoffkarosserie, großer Frontcrashzone und Heckmotor. Es sollte 1978 in Serie gehen und in einer Kadenz von 25'000 bis 30'000 Einheiten pro Jahr hergestellt werden.

DMC-12. Der 1976 vorgestellte Prototyp DMC-12 war von der John Z. DeLorean Corporation in Bloomfield Hill, Michigan, zusammen mit der Allstate Insurance Company erarbeitet worden. Mit Computerhilfe hatte man die Möglichkeiten einer auf optimalen Insassenschutz ausgerichteten und dennoch leichtgewichtigen Struktur ausgelotet. So entstand ein Flügeltürencoupé mit strömungsgünstiger flacher Front und quer hinter den Sitzen eingebauter Antriebseinheit. Das gelungene neuartige Design stammte von Giorgetto Giugiaro von Ital-Design (→ Anhang). Auffallend waren ebenso die breiten hohen Türschwellen wie die dicken Prallpolster im Cockpit. Als Unterbau sollte eine mehrschichtige ERM-Sandwichkonstruktion dienen (Epoxyharz und Urethanschaum komprimiert zwischen Glasfaser-Graphitschichten). Zum Sicherheitskonzept zählte nebst Vierrad-Scheibenbremsen der vorgesehene Einbau von Airbags.

Anfang 1977 wurden weitere Details bekanntgegeben: Statt des Ford-V6-Motors mit Abgasturbolader war nun von einem Antriebsaggregat „aus europäischer Produktion" die Rede. Die Karosserie sollte aus rostfreiem Stahl und Kunststoff ohne Farbschicht entstehen. *Zudem wurden die Dimensionen der vorgesehenen Werkanlagen verraten: Sie sollten 50'000 m^2 Bodenfläche beanspruchen, 1600 Arbeiter und 400 Angestellte beschäftigen und im ersten Jahr 20'000, später 30'000 Wagen produzieren. Für den Standort des DeLorean-Werks bewarben sich drei US-Staaten, zwei kanadische Provinzen sowie spanische Industrielle.*

Aber im Februar 1978 schloss DeLorean einen Vertrag über die Errichtung einer Fabrik in Puerto Rico ab. Noch war die Finanzierung nicht endgültig gesichert. Im August des gleichen Jahres verlautete, dass DeLorean von Nordirland ein noch besseres Angebot erhalten habe. Demnach sollte die Produktion im letzten Vierteljahr 1979 in einem neuen Werk in Twinbrok bei Belfast starten (und zu 80 Prozent in die USA exportiert werden). Im Oktober 1978 war der dortige Fabrikbau auf einem 300'000 m^2 umfassenden Werkgelände bereits im Gang. Für die katholischen und die protestantischen Arbeiter wurden getrennte Fabriktore vorgesehen (sowie eine neue Zugangsstraße, damit Katholiken nicht durch Protestantengebiet marschieren mussten).

Für den Verkauf hatte DeLorean ein raffiniertes System von 35 „Dealer-Investors" ausgeheckt: Händler, die sich je nach Beteiligungshöhe eine oder mehrere Exklusivvertretungen sichern konn-

ten. Weitere 365 Händler hatten je 100 Wagen fest zu bestellen. Im Herbst 1978 ließ DeLorean verlauten, dass 220 DeLorean-Vertreter in den USA bereits 30'000 DeLorean bestellt hätten...

Im November 1978 beauftragte John Z. DeLorean → Lotus-Boss Colin Chapman mit der Weiterentwicklung. Dieser ersetzte den vorgesehene ERM-Unterbau durch eine Kombination von Zentralrohrrahmen mit vorderem und hinterem Hilfsrahmen, an denen die von Lotus entwickelten Einzelradaufhängungen angelenkt wurden. Darauf wurde die aus zwei Hälften bestehende Kunststoffkarosserie montiert. Diese entstand nach dem von Lotus verwendeten Kunstharz-Vakuum-Einspritzverfahren. Der blanken Außenhaut aus gebürstetem rostfreiem Stahlblech ohne Lack (Niro-Chromnickel-Stahltafeln) kam somit nur noch optische Funktion zu. Das Flügeltürfenster war jetzt weniger tief heruntergezogen und seine Unterlinie verlief auf gleicher Höhe wie jene des hinteren Seitenfensters. Beim Heckmotor handelte es sich endgültig um die (ab Sommer 1980 auch für Volvo) auf 2,8 l vergrößerte Version des in Nordfrankreich hergestellten PRV-V6 (→ Peugeot/Renault/Volvo).

Nebenbei erschien 1979 das Erfolgsbuch „On A Clear Day You Can See General Motors", mit dem John Z. DeLorean mit seinem früheren Arbeitgeber abrechnete.

Produktionsstart. *Im Januar 1981 war die Produktion des DeLorean-Sportwagens in Nordirland endlich angelaufen. Zunächst wurden täglich vier bis fünf Einheiten hergestellt. Für Ende Februar war ein Tagesausstoß von 30 Wagen geplant. Die US-Präsentation war auf den 6. Februar anlässlich des großen amerikanischen Autohändlerkongresses angesetzt, und am 16. Februar folgte auf der Ulster Motor Show die Europapremiere. Für die internationale Lancierung war allerdings der Genfer Salon vorgesehen. In diesem ersten Jahr sollten 10'000 Wagen gebaut werden. Sie wurden als schon verkauft bezeichnet.*

Ein kleinerer Teil der Produktion 1981 war bereits auch für einige europäische Märkte – allen voran Großbritannien und die Bundesrepublik – vorgesehen. Aber es waren vor allem die 375 am DeLorean-Projekt beteiligten amerikanischen Händler, die sehnsüchtig auf ihre erste Lieferung warteten. Ursprünglich hatte John Z. DeLorean mit einem Preis gerechnet, der nur „etwa zehn Prozent über jenem des Chevrolet Corvette" lag. Der vom neuentdeckten Nordseeöl bewirkte Höhenflug des britischen Pfundes hatte ihm nun einen Strich durch die Rechnung gemacht. Der jetzt 25'000 Dollar erreichende Preis dämpfte die Erwartungen der finanziell engagierten US-Händler deutlich. Sie mochten bedauern, dass der in Aussicht genommene billigere Produktionsstandort zur Illusion verkommen war. Markengründer DeLorean gab sich seinerseits überzeugt, dass potentiellen Käufern die Qualität wichtiger war als der Preis.

DeLorean, 1981

Trotz einer Liquiditätskrise, die von der britischen Regierung behoben wurde, einem Bombenanschlag und weiteren Störungen konnten bis Ende November 3000 Coupés in die USA verschifft werden. Ebenfalls gegen Ende 1981 gab der vormalige Chrysler-Vize Eugene A. Cafiero seinen Rücktritt als Präsident der DeLorean Motor Co. Fast gleichzeitig verkündete John Z. zukunftsgläubig, dass ab 1984 ein Sedan italienischen Designs das Angebot erweitern werde.

Aber zunächst wurde weiteres Kapital benötigt. Ungünstige Beurteilungen in der Wirtschaftspresse stellten den Erfolg einer geplanten Aktienausgabe in Frage. Damit nicht genug, fiel der US-Absatz Anfang 1982 in den Keller. DeLorean musste die Dreitagewoche einführen, während der sich die Produktion auf 200 Einheiten beschränkte,... die großenteils auf Halde gingen.

Würde die Regierung Thatcher, die in DeLorean das Rezept gegen die regionale Arbeitslosigkeit von gegen 35 Prozent gesehen hatte, zum vierten Mal eine Darlehensgarantie gewähren? Zunächst beauftragte sie einen Wirtschaftsprüfer, die Überlebensfähigkeit des Sportwagenwerks zu analysieren.

Konkurs. *Im Februar 1982 wurde dann über das Werk der Konkurs eröffnet. Von John Z. DeLorean, der inzwischen mit privaten Geldgebern in den USA in Kontakt stand, wurde verlangt, das lukrative Vertriebsrecht und das Patentrecht seiner an der New Yorker Park Avenue angesiedelten amerikanischen Muttergesellschaft aufzugeben. Da diese aber ihrerseits in finanzielle Schwierigkeiten geriet, ließ die Bank of America 1979 DeLorean-Coupés gerichtlich beschlagnahmen.*

Darauf suchte John Z. vergeblich nach weiteren Geldgebern. Am 31. Mai 1982 wurde die Produktion des inzwischen schlicht mit Sports Car (statt DMC-12) bezeichneten DeLorean eingestellt und das Werk in Nordirland darauf „eingemottet". Zwar war alsbald von einem Konsortium die Rede, das eine Weiterproduktion ermöglichen wollte. Zunächst ging es allerdings darum, die 4000 auf Halde stehenden Zweisitzer unter die Liebhaber zu bringen. DeLorean selbst zeigte noch erstaunlichen Optimismus. Die zu einem Gläubigerkomitee vereinten Zulieferanten planten zum 29. September 1982 die endgültige Liquidierung des Belfaster Unternehmens.

Die erfolgreiche Auktion von einem Dutzend DeLorean-Coupés zwei Wochen zuvor in Belfast ließ neue Hoffnungen aufflackern. Vergeblich. Immerhin sicherte sich die Firma Consolidated International in Columbus, Ohio, mit einer substanziellen Investition ein Vorkaufsrecht auf das DeLorean-Werk und erklärte sich bereit, die noch verbliebenen rund 1100 Coupés aufzukaufen. Tatsächlich gingen die Wagen sowie die US-Aktien an dieses Unternehmen.

Inzwischen waren vom Konkursverwalter Lücken in der Buchhaltung entdeckt worden. Beim Gläubigertreffen vom 1. Dezember 1982 in Belfast verlangte Renault – als Motorenlieferant an härtesten betroffen – als Minimum eine Rückvergütung der Mehrwertsteuer. Lotus schien hingegen für die Aufwendungen über die Genfer Entwicklungsfirma GDP auf die Rechnung gekommen zu sein. Einige finanzielle Verflechtungen blieben undurchsichtig.

Um die Person von John Z. DeLorean rankten sich Gerüchte, und es gab Anklagen und spätere Freisprüche. Der Automarkengründer wurde in der Massenpresse als Sensations- und Skandalträger benutzt, und etliche Fragen blieben in der Tat unbeantwortet. Dennoch kommt ihm das Verdienst zu, eine einzigartige Fahrzeugkonstruktion und ein spannendes Kapitel der Automobilgeschichte in die Welt gesetzt zu haben.

Der Vorwurf, dass der DeLorean Sports Car für ein teures Sportcoupé untermotorisiert sei, hatte sich 1982 in einem Test der „Automobil Revue" bestätigt: Für den Sprint auf 100 km/h wurden mit dem 3-Stufen-Automatikgetriebe 12,5 s benötigt und als Spitze 185 km/h gemessen (auch mit 5-Gang-Getriebe lagen wohl kaum weniger als 10 s „drin"); Resultate, die bei einem Leistungsgewicht von 9,9 kg/PS nicht verwunderlich waren.

Produktionszahl: 1981/82: 8583.

DeLorean	Bauart	Mot.	Getr.	R/L cm	Baujahre
DMC-12	**Z'tr./H.**	**a**	**5/A3**	**241,5/426,5**	**1980/81**
Sports Car		**b**		**241,5/421**	**1981/82**
Motoren:	*Zyl.:*	*N'w.:*	*cm³:*	*PS/'min:*	*Nm/'min:*
a	V6	OHC	2849	137/5500	225/3000
b				132/5500	207/2750

Desande

Das an ein Prestigeauto der Zwischenkriegszeit erinnernde, also im Neoclassic-Stil gehaltene Zweisitzer-Luxuscabriolet Desande war auf dem Genfer Salon 1980 vorgestellt worden. Initiant war der Geschäftsleiter der in Hulst in den Niederlanden beheimateten Firma Desande Automobielen, nämlich der aus Belgien stammende Textilkaufmann Danny Vandezande. Er wollte „das beste Auto der Welt" herstellen und hatte sich hierzu offenbar von den Baumustern eines → Clénet oder → Excalibur inspirieren lassen. Für die Karosserie, die jener des Clénet ähnelte, waren Spezialisten in England zuständig, die zuvor bei Vanden Plas und Rolls-Royce tätig gewesen waren.

Als technische Basis diente zunächst ein Unterbau des Ford-Konzerns, wie er 1979 für die zweitürigen Ford LTD II und Mercury Cougar verwendet wurde (4,9-L-V8, 135 PS, Cruise-O-Matic). Für die auf 25 Exemplare geplante Serie wurde dann das Kastenrahmenchassis mit Traversen mit einer Chevrolet-Mechanik bestückt: 5-L-V8, 157 PS, 3-Stufen-Automatikgetriebe Turbo Hydra-Matic mit Lenkrad-Wählhebel. Die Türen entstammten zwar dem MG Midget, doch wurde hinsichtlich Ausstattung nicht gespart: Rundinstrumente mit schwarzen Zifferblättern, hochglanzpoliertes Walnussholz, helles Connolly-Leder, automatische Klimaanlage, Super-Stereoanlage und zahlreiches weiteres Zubehör sorgten für den luxuriös-gepflegten Auftritt. Das Kastenrahmenchassis mit Traversen trug vorne obere Trapez-Dreieckquerlenker und untere einfache Querlenker mit elastisch gelagerten Zugstreben, hinten eine Starrachse mit unteren Längslenkern und oberen zum Differenzial führenden Schräglenkern sowie ebenfalls Schraubenfedern. Bremsen und Lenkung (Kugelkreislauf mit variierender Untersetzung) waren mit Servos ergänzt.

Die prächtigen Auslassrohre, die seitlich aus der langgestreckten Motorhaube quollen und durch die schwungvollen Kotflügel nach unten führten, waren wie bei anderen Neoclassics dieser Art nur Attrappe. Für das klassische Image sorgten nebst viel Chrom die dem hochformatigen Kühler vorgelagerten Fanfaren und die glitzernden Speichenräder, die von den weißen Streifen auf der Reifenseitenwand eingerahmt wurden.

Nachdem 1980 die ersten acht Exemplare nach den USA, nach Chile, Malaysia, Kanada, Südafrika und Saudi-Arabien verkauft worden waren, wurde auf dem Genfer Salon 1981 auch eine Coupéversion ausgestellt. Die offene Version hieß inzwischen Caprice Roadster.

Desande II. Auf der London Motorfair von Ende 1985 tauchte der Desande überraschend erneut auf. Hergestellt wurde er nun mit etlichen Verbesserungen und dem Zusatz II von der Grand Prix Metalcraft Limited (→ Anhang). Den Antrieb besorgte weiterhin ein 5-l-V8 von GM. Neben dem Stoffverdeck war für diesen Luxuszweisitzer auch ein Hardtop lieferbar. Die Lackierung erfolgte nach einem neuen Acrylverfahren.

Der Desande (I) war bis dahin in 18 Exemplaren entstanden.

Insgesamt wurden weniger als 20 Desande gebaut.

Desande, 1982

Desande	**K'r.**	**–**	**A3**	**294,5/496**	**1980–83**
Convertible / *Motor:*	V8	OHV	5001	157/4000	326/1600

De Tomaso

Alejandro de Tomaso (1928–2003) hatte 1957 mit der Konstruktion von Rennwagen begonnen. Er war zwei Jahre vorher aus Argentinien nach Italien eingewandert (woher schon seine Eltern stammten). Er war aber auch Rennfahrer und Geschäftsmann. Ab 1966 baute er zudem Straßensportwagen in Kleinserie. 1970 entstand das Modell Pantera. Von diesem Mittelmotorboliden und „Anti-Ferrari" übernahm die Ford Motor Company die Vertriebsrechte für die USA. Um die nötige Produktionskapazität aufbauen zu können, erwarb sie die Karosseriewerke von Ghia und von Vignale.

1971/72 wurde der Pantera in vierstelliger Zahl über das Lincoln-Mercury-Händlernetz abgesetzt. Doch die Ölkrise von 1973 beendete den Boom ebenso plötzlich wie er entstanden war. Das Vignale-Werk wurde geschlossen, doch Alejandro de Tomaso, der die Verkaufsrechte außerhalb der USA besaß, kaufte den Restbestand von rund hundert in Entstehung begriffenen Pantera und vollendete sie in seinen eigenen Werkstätten in Modena, wo die Produktion dieses Modells – wenn auch in weit kleinerer Kadenz – noch bis 1994 weiterlaufen sollte.

Pantera. Der De Tomaso Pantera war – wie etliche andere Fabrikate – ein italienischer Hochleistungssportwagen, der sich einer mächtigen amerikanischen V8-Antriebseinheit bediente und daher eine preisgünstigere Alternative zu den Ferrari, Maserati und Lamborghini verkörperte. Ungewöhnlich war sein vom hochangesehenen Chassis- und Fahrwerkspezialisten Giampaolo Dallara entwickeltes Konzept mit Mittelmotor. Der attraktive Aufbau mit der flachen Front und dem Fastback

De Tomaso Longchamp Spyder, 1981

De Tomaso Pantera GT5, 1981

war hingegen von dem in Italien ansässigen amerikanischen Designer Tom Tjaarda entworfen worden.

Der Mittelmotor-V8 stammte von Ford. 1981 handelte es sich um das 5,8-l-Aggregat, das mit Vierfachvergaser von Motorcraft auf 270 oder 300 PS kam. Mit der kräftigeren Antriebseinheit konnten Tempo 100 binnen 6 s und eine Spitze von 280 km/h erreicht werden. Der Kraftübertragung diente ein 5-Gang-Getriebe von ZF und es wurde eine Differenzialbremse eingebaut. Das Fahrwerk bestand vorne aus Trapez-Dreieckquerlenkern und Schraubenfedern, hinten aus Trapez-Dreieckquerlenkern, Schraubenfedern und koaxialen Teleskopdämpfern. Es wurden belüftete Vierrad-Scheibenbremsen mit Servo verwendet und die Räder/Reifen waren (wie bei Mittelmotorboliden üblich) hinten deutlich größer kalibriert als vorne. 1981 gab es die Pantera-Ausführungen L, GTS/GT5, Gr. 3 und GT4, wobei sich die rennsportlichen Versionen durch besonders üppige Spoiler und Radhausverbreiterungen abhoben.

Deauville. Die viertürige Luxuslimousine De Tomaso Deauville war auf dem Turiner Salon von 1970 vorgestellt worden. Unter den Kleinherstellern bot nur noch Maserati (einst auch Iso) solch' zivile Fünfsitzer der Exklusivklasse an. Der ebenfalls von Tom Tjaarda gezeichnete Deauville fiel durch sein eigenständiges Frontdesign mit den mächtigen, in verchromten quadratischen Vertiefungen eingelassenen Doppelscheinwerfern auf. Die Karosseriesilhouette erinnerte jedoch an den → Jaguar XJ 6.

Beim Deauville war der gleiche 5,8-l-V8 von Ford USA vorne eingebaut und auch ihn gab es wahlweise mit 270 oder 300 PS. Neben einem 5-Gang-Getriebe stand ein 3-Stufen-Automatikgetriebe des Ford-Typs Cruise-O-Matic im Angebot. Vorn wurden Trapez-Dreieckquerlenker, hinten Querlenker und ebenfalls Schraubenfedern verwendet. Die belüfteten Vierrad-Scheibenbremsen waren ebenso Servo-dotiert wie die Zahnstangenlenkung. Der Deauville war hochkomfortabel ausstaffiert.

Longchamp. Auf dem Turiner Salon 1972 war das 2+2-sitzige Luxuscoupé Longchamp hinzugekommen, auch es mit Stufenheck und von Tom Tjaarda entworfen. Statt Doppel- besaß es Breitbandscheinwerfer (die vom Ford Granada entlehnt waren). Im Vergleich zum Deauville erreichte der Radstand 260 statt 277 cm, doch entsprach die gesamte Technik jener des viertürigen Modells. Die Serienausführung mit etwas gerundeteren Konturen war auf der IAA Frankfurt 1973 eingeführt worden. Nach laufenden kleinen Änderungen wurde auf dem Genfer Salon 1980 ein Longchamp GTS mit ausgebuchteten Radhausrändern gezeigt.

1980 bestellte der deutsche De-Tomaso-Importeur A. Fischer aus Stuttgart bei einem Mailänder Karosseriewerk eine Serie von 50 Cabriolets auf der Basis des Longchamp. Wie verlautete, waren bei De Tomaso Entwicklungstests durchgeführt worden. Die mit Spyder bezeichneten Cabrios wurden mit Edelhölzern und Connolly-Leder angereichert. Dieser Spezial-Longchamp entstand schließlich aber in nur 17 Exemplaren.

De Tomaso Deauville, 1981

De Tomaso Pantera 4.9, 1990

Longchamp GTS. Nachdem sie zwei Jahre zuvor als Prototyp gezeigt worden war, kam die Longchamp-Version GTS als Serienmodell auf den Genfer Salon 1982. Sie unterschied sich durch die auskragenden Radhaus-Ausschnittränder über den wuchtigen Pirelli-Breitreifen, die schwarze Front und den ebenfalls in Schwarz gehaltenen Flankenunterteil.

Neues gab es erst wieder auf dem Salon von Turin im November 1984 zu verzeichnen, wo die Karosseriefirma Embo SpA einem zum eleganten Kombi gewandelten Deauville sowie einen vor allem im Heckbereich verschönerten, unter Ing. Aurelio Bertocchi verjüngten Pantera GT5-S vorstellte.

Auf dem Salon von Turin im April 1988 waren nur noch zwei Pantera ausgestellt. Der Longchamp wurde noch in kleinen Stückzahlen weitergebaut, während die Produktion der Limousine Deauville schon 1985 ausgelaufen war.

Pantera 4.9. Auf dem Automobilsalon von Turin wurde im April 1990 ein von Marcello Gandini umgestalteter Pantera vorgestellt. Front und Heck besaßen einen modernen Stoßschutz, der Lufteinlass vor den Hinterrädern war geändert und das Heck wurde von einem imposanten Flügel umhüllt, der beidseits neben dem Karosseriekörper auf dem Stoßschutz abgestützt war. Als Kraftquelle diente anstatt des 5,8-l-V8 mit Vierfachvergaser von Motorcraft ein 4,9-l-V8 mit elektronischer Einspritzung, auch er von Ford USA. Bei einer Verdichtung von 11:1 kam dieser Motor auf 305 PS, bei 9,2:1 waren es 247 PS; beim 5,8-l-Motor waren es zuletzt bei einer Verdichtung von 8,5:1 bloß 212 PS gewesen, doch gab es auch Varianten mit 247, 270, 300 und 330 PS.

Produktionszahlen: Deauville, 1970–85: 244 (davon 25 in den 80er Jahren); Longchamp, 1972–89: 395 (davon 63 in den 80er Jahren); Longchamp Spyder, 1979–88: 17; Pantera, 1970–92: 7260 (davon wurden 6091 bis 1974 über das Lincoln-Mercury-Händlernetz in den USA abgesetzt und 526 in den 80er Jahren gebaut).

De Tomaso	Bauart	Mot.	Getr.	R/L cm	Baujahre
Pantera	**M.**	**a–d**	**5**	**251,5/427–445**	**1980–90**
Deauville (*1984–)	**St.**	**a/b**	**5/A3**	**277/492,5/488,5***	**1980–85**
Longchamp				**260/452/460**	**1980–89**
Motoren:	*Zyl.:*	*N'w.:*	*cm³:*	*PS/'min:*	*Nm/'min:*
a	V8	OHV	5766	270/5600	441/3500
b (GTS/GT 5 / +*1986–)				300/6000/330*	451/4000
c (1983/84)				248/5000	422/3600
d (1988–)				212/4200/247	441/2500

Diavolino

Die in Frankreich und teils in Italien gebauten Voiturettes bzw. Kleinstautos waren vorwiegend auf das Fahren mit Ausweis F (theoretische bzw. erleichterte Fahrprüfung) ausgelegt und wurden daher in der Regel von Behinderten und Betagten oder auch von Jugendliche ab 16 (teils schon ab 14) Jahren gelenkt. Diese Konstruktionen sind in diesem Buch im Anhang aufgeführt. Bei der Kleinmarke Diavolino handelte es sich hingegen vordergründig um ein Wägelchen, das den normalen Führerschein erforderte.

Diavolino. Anfang April 1984 wurde in Zürich die neue Schweizer Automarke Diavolino (= Teufelchen) vorgestellt. Initiant war Marcel Oswald, der Vertrieb erfolgte durch die ZBR Automobile AG. Genau genommen war es ein italienisches Kleinstauto mit in der Schweiz entworfener und in Arbon hergestellter GfK-Karosserie: eine auf 207 cm Länge und 132 cm Breite miniaturisierte stilistische Kopie eines offenen Jeep. Sie bot zwei Kunstledersitze, Notverdeck und Reißverschlusstüren. Der Antrieb erfolgte nach Standardbauweise durch einen vorne eingebauten 250-cm^3-Zweizylinder-Zweitaktmotor von BCB (Bologna) auf die Hinterräder. Das 4-Gang-Getriebe und die Fahrwerkselemente stammten aus dem Fiat 500; 90 km/h Spitze; Leergewicht 340 kg. Es wurde auch in einer Variante mit 125-cm^3-Motor-Zweitaktmotor von Lawil für Ausweis F angeboten (für Jugendliche ab 16 Jahren, 40 km/h, 338 kg).

Typ 750 und Strega. Auf dem Genfer Salon 1985 kamen der Diavolino 750 Diesel (luftgekühler Zweizylindermotor von Ruggerini mit 18 PS) und der viersitzige Strega (= Hexe; ebenfalls Dieselmotor, 267 cm lang) hinzu.

In Moutier, im Berner Jura, war inzwischen ein kleines Montagewerk eingerichtet worden, wo von der Baroq SA eine Serienherstellung aufgenommen wurde. Bis Ende 1985 entstanden dort 358 Diavolino und Strega.

Im Jahr darauf zeigte ZBR auf dem Genfer Salon die Strega-Ableitung Swiss Cabriolet Electric, an dessen Entwicklung die Zürcher Firmen Elektrowatt Ing. AG und Plus Oerlikon mitgewirkt hatten: Batteriegewicht 200 kg, neuentwickelte Separatoren, Elektromotor 7–12 kW, elektronische Steuerung, Rekuperationsbremsen, Reichweite 50–60 km, Spitze 60 km/h.

Mitte 1986 wurde die in Schwierigkeiten geratene Baroq SA von der Diavolina SA abgelöst, hinter der die Zürcher Firma ZBR Automobile stand. Die Belegschaft wurde auf sieben Personen halbiert. Auf dem Genfer Salon 1987 wurde der inzwischen in der Schweiz in 235 Exemplaren in Verkehr gelangte Diavolino mit festen GfK-Türen ausgestellt, doch gleichzeitig auch der aus ihm hervorgegangene Piccolino (→ Anhang)!

Diavolino 750 + 125 + 250, 1985

Diavolino, 1987

Piccolino, 1987

325 und 400. *Der Diavolino entstand nun ganz in Italien und wurde von einem Lombardini-Einzylinder-Dieselmotor via eine Variomatic-Kraftübertragung über die Vorderräder angetrieben (luftgekühlt, 325* cm^3 *und 6,5 PS für Ausweis F oder 400* cm^3 *und 8,5 PS; 2+1 Sitz, 230 cm lang, 145 cm breit, Leergewicht 380 kg). Der Jeep-Kühlergrill wurde nur noch durch eine Prägung in der Kunststofffront angedeutet.*

Auf dem nächsten Genfer Salon, jenem von 1988, wurde der Diavolino hingegen mit einem vor der Hinterachse eingebauten luftgekühlten Honda-Einzylinder-Viertaktmotor mit 340 cm^3 und 11 PS gezeigt. So kam er auch ein Jahr später nach Genf, wobei zusätzlich ein Modell mit 700 cm^3 und 18 PS angeboten wurde.

In jenem Jahr sollte in einem deutschen Werk die eigentliche Serienherstellung mit jährlich 20'000 Exemplaren anlaufen. Doch diese Pläne waren endgültig zu hoch gegriffen.

Diavolino	**Bauart**	**Mot.**	**Getr.**	**R/L cm**	**Baujahre**
250 / 125	**R'r.**	**a/b**	**4**	**120/207**	**1984–87**
Strega		**b/c**		**180/267**	**1985–87**
Motoren:	*Zyl.:*	*N'w.:*	*cm^3:*	*PS/'min:*	*Nm/'min:*
a	1/2T/l.	–	125	6	–
b	2/2T/l.	–	250	12	–
c (1985–)	2D/l.		750	18	–
später weitere Motoren					

Dodge

Die 1914 von den Brüdern Horace und John Dodge gegründete Marke war in der ersten Hälfte 1928 von Walter P. Chrysler übernommen worden. Sie belegte stets eine Mittelstellung zwischen der kurz darauf gegründeten „Einstiegsmarke“ Plymouth und den Chrysler-Modellen. Dodge galt als eigene Division (Konzerntochter), doch entstanden die Dodge und die Plymouth mehr und mehr parallel, wobei die Dodge ein höheres Ausrüstungs-, Preis- und Prestigeniveau erreichten.

Aries. Ende der 70er Jahre befand sich → Chrysler in einer prekären finanziellen Situation. Zudem bedurfte der Konzern dringend dem Markt angepasste kleinere Modelle. Die Lösung bot das im Frühherbst 1980 lancierte Duo Plymouth Reliant und Dodge Aries. Sie lösten die weit größeren Plymouth Volaré und Dodge Aspen ab. Radstand und Länge schmolzen von 286/519 auf 253/447 cm und entsprachen damit eher jenem Automaß, das der durchschnittliche amerikanische Käufer aufgrund der Ölkrise zu kaufen bereit war.

Bei diesem Modellduo handelte es sich um die K-cars, die Chrysler-Generaldirektor Lee A. Iacocca als ersten Schritt zur Rettung des Konzerns schon Ende 1979 in Aussicht gestellt hatte. Der wesentliche Unterschied zu den Vormodellen lag nicht nur in der Größe, sondern auch in der Tatsache, dass Aries und Reliant mit Frontantrieb und Vierzylindermotoren aufwarteten. Diese Motoren waren nach europäischem Muster quergestellt eingebaut und besaßen eine obenliegende Nockenwelle. Während die 2,2-l-Einheit eine Chrysler-Eigenkonstruktion war – der erste Vierzylinder seit gut einem halben Jahrhundert! –, handelte es sich beim 2,6-l-Motor um eine Mitsubishi-Konstruktion. Den für einen Vierzylinder großen Hubraum meisterten zwei Schwingungsausgleichswellen.

Dodge Omni, 1981

Dodge Challenger, 1981

Dodge Aries Wagon, 1981

Im Verbund mit einem 4-Gang-Getriebe benötigte der 2,2-l-Motor im Stadtverkehr 9,4 und bei konstanten 55 mph (88,5 km/h) 5,7 l/100 km. Auf Wunsch gab es zum 2,2-l-Motor – zur 2,6-l-Einheit ausschließlich – das 3-Stufen-Automatikgetriebe Torqueflite. Dank der Lenkradschaltung fanden auch auf der vorderen Sitzbank drei Personen Platz. Das Fahrwerk umfasste vorne Federbeine mit Dreieckquerlenkern, hinten eine Starrachse mit Längslenkern und Panhardstab sowie Schraubenfedern. Die Bremsanlage – vorne mit belüfteten Scheiben – und die Zahnstangenlenkung waren auf Wunsch servobestückt. Nebst der viertürigen Stufenhecklimousine gab es von Anfang an auch eine coupéartige Zweitürversion, deren zweites Seitenfenster an ein Opera Window gemahnte, sowie einen fünftürigen Kombi. Gerade dieser erschien vielversprechend, weil es noch kaum leichtgewichtige und sparsame Station Wagons gab. Neben der Grundausführung Custom wurde eine SE-Version angeboten.

Omni. Abgesehen von seinem Antriebssatz wurde der Omni hingegen in den USA hergestellt: Der Omni und seine Plymouth-Parallele Horizon waren Ende 1977 vorgestellt worden. Entwickelt worden war dieses Duo gemeinsam mit dem französischen Chrysler-Simca Horizon (→ Talbot), der seinerseits auf dem wegweisenden Simca 1100 basierte. Omni und Horizon wurden von Chrysler als Amerikas erste kleine Fronttriebler gefeiert.

Weil man die 1,1- bis 1,4-l-Motoren aus Frankreich als zu klein empfand, hatte Chrysler für seine Omni und Horizon einen Liefervertrag mit Volkswagen abgeschlossen. Hierzu wurde der OHC-Motor aus dem Golf von 1,6 auf 1,7 l vergrößert (86,4 statt 80 mm Hub). Die Vorderradaufhängung bestand aus Dreieckquerlenkern und Federbeinen (ähnlich Golf), während die hintere Einzelradaufhängung aus gezogenen Dreiecklängsschwingen und Schraubenfedern bestand. Bremsen und Lenkung wurden auf Wunsch mit Servo geliefert.

Neben der fünftürigen Limousine, die weitgehend dem französischen Pendant glich (die 22 cm zusätzliche Länge kamen von den weit vorgesetzten Stoßstangen), gab es das originelle 4/5-sitziges Fastbackcoupé O-24 mit dreiteiliger Heckscheibe, das es mit seiner Schrägfront und dem hinteren Überhang auf eine Länge von 442 statt 418,5 cm brachte, und dies trotz verkürztem Radstand.

Mit dem Modelljahr 1981 wurde im Omni und im Omni O-24 auch der eigene 2,2-l-Motor lieferbar, wie er mit dem Aries lanciert worden war. Auch er war außer mit 4-Gang-Getriebe mit dem 3-Stufen-Torqueflite erhältlich. Daneben kam die Omni-Sparausführung Miser ins Angebot, die sich vor allem durch die längere Achsuntersetzung der 4-Gang-Kraftübertragung unterschied.

Diplomat. Über dem Aries rangierte in der Dodge-Skala seit 1978 der Diplomat, den es als 523 cm langen Sedan und Station Wagon sowie als 512 cm langes Coupé (kürzerer Radstand) gab. Der Diplomat ohne Zusatzbezeichnung wurde nur als Kombi gebaut, darüber rangierten die Ausstattungsvarianten Sport (1981 neu, nur Coupé), Salon und Medallion (Letztere ohne Kombi). An Motoren standen der 3,7-l-Slant Six und der 5,2-l-V8 zur Wahl. Beim Reihensechszylinder war die Leistung (wegen der Abgasvorschriften) für 1981 auf äußerst magere 86 PS zurückgenommen worden, während sie für den V8 noch 132 PS erreichte (für Kalifornien und Europa mit Vierfachvergaser 167 PS). Für die Kraftübertragung diente ausschließlich die Torqueflite-3-Stufen-Automatik mit Lenkrad- oder Mittelkonsolenschaltung. Auf Wunsch gab es kürzere und längere Achsuntersetzungen.

Das Fahrwerk bestand vorne aus oberen Trapez-Dreieckquerlenker und unteren einfachen Querlenkern sowie elastisch gelagerten Zugstreben sowie zwei einstellbaren querliegenden Torsionsfederstäben, hinten hingegen aus einer althergebrachten Starrachse mit Halbelliptikfedern. Die vorderen Scheibenbremsen waren belüftet (auf Wunsch mit Servo) und die Kugelkreislauflenkung war servobestückt.

Mirada Den Mirada gab es seit dem Modelljahr 1980, und er war ein mittelgroßes Coupé auf der Basis des → Chrysler Cordoba. Die Antriebsmechanik stimmte mit jener des Diplomat überein, hingegen waren die Torsionsfederstäbe der Vorderradaufhängung längs und nicht quer eingebaut. Die Mirada-Topversion CMX, die 1980 noch mit dem 5,9-l-V8 geliefert worden war, zeigte nun statt eines Opera Window im hinteren Dachträger einen bis zur Windschutzscheibe reichenden Stoffüberzug auf dem Blechdach, mit dem ein Cabrioletverdeck täuschend echt imitiert wurde. Solche Darstellungen falscher Tatsachen gab es auch im Zubehörhandel...

St. Regis. Beim ihm handelte es sich um eine klassische amerikanische Limousine in Standardgröße bzw. standard size. Bei 301 cm Radstand war sie 560 cm lang und wog ab 1655 kg. Der St. Regis war das Parallelmodell zum → Chrysler Newport, seine Mechanik entsprach weitgehend jener des Mirada (ebenfalls längs eingebaute Torsionsfederstäbe) und auch für ihn war mit dem Modelljahr 1981 der 5,9-l-Motor gestrichen worden. Den verbliebenen 5,2-l-V8 gab es mit 132 oder mit 167 PS (Vierfachvergaser).

Ramcharger. Als Parallelmodell zum Plymouth Trail Duster bot der Geländekombi Ramcharger die Möglichkeit, auch abseits der Straße voranzukommen. Hierzu besaß er einen zuschaltbaren Vorderradantrieb, 20 cm Bodenfreiheit und kurze Überhänge. Für Robustheit sorgten ein Kastenrahmen mit fünf Traversen sowie vordere und hintere Starrachsen mit Halbelliptikfedern. 1981 standen der 3,7-l-Sechszylindermotor mit 91 PS (für Europa mit Doppelvergaser und 110 PS) und die 5,2-l- und 5,9-l-V8 (122–188 PS) zur Wahl. Reich war auch die Auswahl an Kraftübertragungen: 3- und 4-Gang-Getriebe mit diversen Untersetzungen sowie das 3-Stufen-Automatikgetriebe Loadflite mit Wählhebel an der Lenksäule. Hinzu kamen eine Differenzialbremse und ein zentrales Differenzial mit zuschaltbarer Reduktion. Von der Konkurrenz unterschieden sich Ramcharger und Trail Duster durch die in das Dach hineingewölbte zweite Seitenscheibe der dreitürigen Karosserie.

Ergänzt wurde das Dodge-Angebot 1981 durch die Modelle Colt (entsprechend Mitsubishi Colt und als fünftüriger Kombi mit Hinterradantrieb entsprechend Mitsubishi Lancer) und Challenger (entsprechend Mitsubishi Sapporo und ebenfalls „umgebadged" aus Japan importiert).

Omni 1982. Mit dem Modelljahr 1982 kamen die Zusatzmodelle E-Type (mit schwarzer statt Chromzier, kürzere Achsuntersetzung, verbesserte Ausstattung), Omni O-24 Miser (Sparcoupé) und besonders bemerkenswert: Omni O-24 Charger 2.2. Mit ihm wurde der einstigen Hochleistungscoupés von Dodge gedacht. Allerdings wurde bloß der 85-PS-Motor eingebaut, und das sportliche Image beschränkte sich auf Äußerlichkeiten wie Seitenstreifen samt integrierter Aufschrift, schwarzen Einfassungen, gelochten Alufelgen, einer Abrisslippe am Heck usw.

Aries 1982, Die Vorderradaufhängung und die Bremsanlage waren verbessert worden, das maximale Drehmoment von 151 Nm des 2,2-l-Motors wurde schon bei 2400/min statt bei 2800/min erreicht, die Anzeigeinstrumente hatten weiße statt rote Zahlen, und die hinteren Seitenfenster waren versenkbar ausgeführt.

Dodge Diplomat, 1981

400. Auf der Basis der K-cars wurde für das Modelljahr 1982 der Dodge 400 eingeführt und zwar als sechssitziges Coupé und als viersitziges Cabriolet (parallel zu den neuen → Chrysler LeBaron, die es zudem als viertürigen Sedan gab). Sie wurden wahlweise mit dem 2,2- und dem 2,6-l-Vierzylindermotor ausgerüstet (Letzterer ausschließlich mit dem Torqueflite-Automatikgetriebe). Der aus horizontalen Stäben gebildete Kühlergrill war schräggestellt, und die einzeln eingerahmten Doppelscheinwerfer waren versenkt angeordnet.

Bei der Modellreihe Diplomat gab es 1982 nur noch die viertürigen Modelle Salon und Medallion, während Coupé und Station Wagon gestrichen wurden. Der Mirada zeigte sich kaum verändert und der St. Regis entfiel!

Omni / Charger 1983. Mit dem Modelljahr 1983 erhielten der Omni und seine Coupéableitung als Basismotor das 1,6-l-OHV-Aggregat von Talbot bzw. PSA anstatt des 1,7-l-OHC-Motors von Volkswagen (63 statt 64 PS). Die Coupés trugen nun durchwegs den berühmten Dodge-Namen Charger (in Kanada: Expo). Weiterhin war alternativ der Chrysler-eigene 2,2-l-Motor erhältlich. Dessen Leistung war für 1983 von 85 PS bei 4800/min auf 95 PS bei 5200/min gesteigert worden, im Charger 2.2 waren es gar 101 PS.

Shelby Charger. Außerdem gab es – gemäß einem neuen Abkommen zwischen Chrysler-Boss Lee A. Iacocca und der Rennsportlegende Carroll Shelby – einen Dodge Shelby Charger mit 108 PS Leistung bei 5600/min. Dieses Spezialmodell war an einer geänderten Front ohne obere Kühlschlitze, aber mit Bugschürze, einer zweifarbigen Lackierung, multigelochten Felgen und einem Sportinterieur erkennbar. Den Shelby Charger gab es ausschließlich mit neuem 5-Gang-Getriebe. Dieses wurde wahlweise auch im Omni und Charger eingebaut.

Der erstarkte 2,2-l-Vierzylindermotor sowie das 5-Gang-Getriebe kamen den Dodge-Modellen Aries und 400 ebenfalls zugute.

600. Mit dem Modelljahr 1983 kam der Dodge 600 hinzu (parallel zum Chrysler E Class). Er basierte auf einer verlängerten K-car-Plattform mit 262 cm Radstand und wurde als viertürige Limousine mit sechs Seitenfenstern (einschließlich Luxusversion 600 ES) gebaut. Es standen der 95-PS-2,2-l-Motor und der drehmomentstärkere 2,6-l-Motor von Mitsubishi zur Wahl; statt mit dem 3-Stufen-Automatikgetriebe konnte der 2,2-l-Motor mit dem neuen 5-Gang-Getriebe bestellt werden. Im Dodge 600 war u. a. ein Electronic Voice Alert (EVA, → Chrysler) erhältlich.

Anfang 1983 reduzierte Dodge den Preis des 400 Convertible beträchtlich und zeigte auf Ausstellungen eine Ausführung mit aus dem Kofferraum hochklappbarer hinterster Sitzbank in der Art des einstigen Rumble Seats.

Caravan. Im Frühling 1983 kündigte die Chrysler Corporation unter der Bezeichnung T-Wagon eine neue Karosserieart an, die im Herbst und somit zum Modelljahr 1984 als Dodge Caravan und Plymouth Voyager auf den Markt kommen sollte. Mit diesem Duo wurde die amerikanische Minivan-Welle begründet, die ein ungeahntes Ausmaß annehmen sollte. Bei 285 cm Radstand erreichten die Abmessungen 447x177x164 cm und damit neuartige Proportionen, die durch den Halbfrontlenker-Vorderteil mit abfallender Motorhaube unterstrichen wurde.

Technisch basierte der als Fünf- und Siebensitzer konzipierte Caravan auf dem K-car-Konzept mit Frontantrieb und Quermotor. Wahlweise wurden der Chrysler-2,2- oder der Mitsubishi-2,6-l-Vierzylindermotor eingebaut, und es wurden 4- und 5-Gang-Getriebe und ein 3-Stufen-Automatikgetriebe vorgesehen. An die Vordertüre schloss sich auf der rechten Seite eine Schiebetür an (während links auf eine zweite Seitentür verzichtet wurde), und es kam eine Heckklappe hinzu.

Daytona. Unter der traditionell hochsportlichen Dodge-Modellbezeichnung Daytona (nach dem Ort der berühmten Rennstrecke in Florida) wurde Ende August 1983 ein attraktiv geformtes 2+2-sitziges Fastbackcoupé mit Heckklappe (und Heckspoiler) präsentiert. Es war das Parallelmodell zum → Chrysler Laser. Technisch basierte es auf der Frontantriebs-Plattform der Chrysler-K-Modelle. Deren Radstand war auf 246,5 cm verkürzt worden, Länge, Breite und Höhe erreichten 444,5x176x128 cm.

Für den Antrieb sorgte der 2,2-l-Vierzylinder, der mit einer zentralen Einspritzung versehen wurde und so auf just 100 Netto-PS Leistung kam. Mit einem Abgasturbolader Garrett T3 (Maximaldruck 0,52 bar) und Saugrohreinspritzung resultierten respektable 144 PS und ein von 164 Nm bei 3200/min auf 217 Nm bei 3600/min angehobenes Drehmoment. Dieser Motor war mit einem Klopfsensor ausgerüstet, während das Turboladerlager wassergekühlt war. Für beide Motoren standen ein 5-Gang-Getriebe und ein 3-Stufen-Automatikgetriebe Torqueflite (Wählhebel in der Mitte oder unter dem Lenkrad) zur Wahl. Fahrwerkseitig entsprach das neue Coupé den K-Modellen: Vorne Federbeine und Querlenker, hinten Starrachse mit Längslenkern und Panhardstab. Die Bremsanlage wurde verstärkt (vor allem für die Turboausführung) und die Servolenkung direkter ausgelegt. Besonders schmuck gab sich die Topausführung Daytona Turbo Z, die u. a. mit Breitreifen bestückt wurde.

Der Dodge Daytona erweiterte das Dodge-Programm in der unteren Hälfte, während am oberen Ende nun auf das Luxuscoupé Mirada verzichtet wurde. 1984 wurde das Kühlergesicht des Dodge Charger mit horizontalen Schlitzen und den in Mulden untergebrachten Scheinwerfern durch eine herkömmlichere Gestaltung mit rechteckigen Doppelscheinwerfern ersetzt. Der Aries erhielt ebenfalls eine niedrigere und strömungsgünstigere Front und zudem einen zentral im Kühlergrill angeordneten Chrysler-Pentastar. Die bisherigen Modelle der Serie 400 wurden in die Serie 600 integriert. Dabei entfiel der viertürige Sedan 400 mit 254 cm Radstand.

Der im Frühling 1983 angekündigte Caravan wurde mit dem Modelljahr 1984 auf den Markt gebracht. Seine an einen (für amerikanische Begriffe kleinen) Lieferwagen gemahnenden Konturen brachten ihm die Bezeichnung Minivan. In der Tat zählte denn diese Karosserieart in den USA nicht zu den Pkw, sondern wie die Geländekombi (SUV) und die Pick-up zu den leichten Nutzfahrzeugen.

600 ES Turbo. Im Frühling 1984 brachte Dodge mit dem 600 ES Turbo eine aufgeladene Version des Cabriolets auf den Markt. Mit dem Garrett-Abgasturbolader T3 und einer Verdichtung von 8:1 resultierten 142 Netto-PS. Äußerlich unterschied sich dieses Cabrio u. a. durch den schwarzen Windschutzscheibenrahmen.

Dodge 400, 1982

Dodge Mirada CMX, 1982

Dodge Charger 2.2, 1983

Dodge Daytona, 1984

Dodge Shelby Turbo Charger, 1985

Lancer. 1985 ließ Dodge den Modellnamen Lancer wieder aufleben. So hatte der zum Modelljahr 1961 herausgebrachte Compact-car geheißen. Der neue Lancer schob sich zwischen Aries und Dodge 600 und war baugleich mit dem Chrysler LeBaron GTS. Diese beiden Neulinge wurden als H-cars bezeichnet, und auch sie basierten auf der K-Plattform. Der Radstand erreichte 262 cm und die Länge 458 cm. Mit sechs Seitenfenstern, einem zwischen Stufenheck und Fastback liegenden Heckdesign und Heckklappe war die Karosserieform für amerikanische Verhältnisse ungewöhnlich. Durch Umlegen der Fondbank konnte das Kofferraumvolumen von 500 auf 1200 dm^3 vergrößert werden. Für den Antrieb diente ausschließlich der 2,2-l-Motor ohne oder mit Turbo.

1985 kam als Omni GLH eine Version mit dem 112-PS-Motor des Charger 2+2 hinzu; zudem wurde eine Ausführung mit dem 148-PS-Motor des Shelby Turbo Charger eingeführt. Der Aries erhielt 1985 eine aerodynamisch verbesserte Front (nur noch ein feiner Chrombalken über dem Kühlergrill) und in Mulden platzierte Scheinwerfer; gleichzeitig wuchs die Länge von 447 auf 454 cm. Ab 1985 gab es die Dodge 600 nur noch mit dem Torqueflite-Automatikgetriebe. Der Diplomat erfuhr eine Leistungssteigerung um 10 PS (neue Brennräume und von 8,4:1 auf 9,0:1 erhöhte Verdichtung).

1986 verhalf der neue 2,5-l-Motor (→ Chrysler) bei den Daytona (die es neu auch mit einem T-roof bzw. herausnehmbaren Dachhälften gab) zu dreifacher Motorenauswahl und er ersetzte bei den größeren Dodge-Modellen den 2,6-l-Motor von Mitsubishi. Der Dodge 600 erfuhr kleine Änderungen an Front und Heck: Das Kühlergitter trug neuerdings das markentypische Fadenkreuz zur Schau.

Shadow. Ursprünglich hätte das Dodge/Plymouth-Duo Shadow/Sundance die betagten Omni/Horizon ablösen sollen. Doch auf der Chicago Auto Show im Februar 1986 wurde den kleinsten Chrysler-Modelle mit einer nach ausländischem Muster stark aufgewerteten Grundausstattung und gleichzeitig reduzierten Preisen zu neuer Attraktivität verholfen. Folgerichtig wurden sie daher weiterproduziert, und die im März vorgestellten zwei- und viertürigen P-cars Shadow/Sundance übernahmen die Zwischenposition unterhalb der K-cars Aries/Reliant. Gegenüber diesen waren Radstand und Länge von 255 auf 246,5 cm bzw. von 454 auf 436 cm verkürzt worden. Es standen die 2,2-l-Motoren ohne oder mit Turbo zur

Dodge Lancer, 1985

Dodge 600, 1985

Wahl, was bei wenig über 1100 kg Gewicht gute Leistungsfähigkeit versprach, und die Ausstattung zeigte sich auf hohem Niveau. Die Lieferungen setzten teils erst gegen Ende 1986 ein.

1987 gab es den Omni nicht mehr mit dem von Peugeot bezogenen 1,6-l-Motor; Shelby vertrieb mit dem GLH-S-Sedan eine getunte Version über ein 73 Händler umfassendes eigenes Netz. Das 3-Stufen-Automatikgetriebe Torqueflite erhielt (für alle Chrysler-Modelle) eine Wandlerüberbrückung. Das Daytona-Coupé zeigte eine längere, aerodynamische Front mit Klappscheinwerfern; die 2,2-l-Turboversion wurde neu auch mit einem Ladeluftkühler angeboten, mit dem die Leistung von 148 auf 176 PS anstieg; hierzu passte das Outfit der neuen Daytona-Versionen Pacifica und Shelby Z (diesen gab es u. a. mit Radhausverbreiterungen). Die Modelle 600 wurden nicht mehr als Coupé und Cabriolet hergestellt.

Ab Mitte Modelljahr 1987 gab es den Minivan bzw. Großraumkombi Caravan neu in einer Extended-Ausführung mit 302,5 cm Radstand und 484 cm Länge; neu stand ein 3-l-V6 zur Wahl, der von Mitsubishi bezogen wurde. Parallel zu den anderen T-Modellen des Chrysler-Konzerns wichen die übereinander angeordneten Doppelscheinwerfer einfachen Rechteckscheinwerfer, und das Kühlergitter war nicht mehr in zwei, sondern in drei horizontale Felder eingeteilt.

Dynasty. Dieses Modell wurde 1988 zwischen den Dodge 600 und den Diplomat eingeschoben. Der Dynasty war ein Parallelmodell zum ebenfalls neuen → Chrysler New Yorker. Die technische Basis lieferte auch hier die K-Plattform, allerdings mit einem auf 265 cm verlängertem Radstand. Die Länge erreichte 487,5 cm. Das Design war kantig betont und besonders auffallend wirkte die senkrecht stehende Heckscheibe. Für den Antrieb standen der 2,5-l-Vierzylinder und der 3-l-V6 von Mitsubishi zur Wahl, beide mit dem 3-Stufen-Automatikgetriebe Torquflite mit Wandlerüberbrückung und Lenkradschaltung. Auf Wunsch wurde das Fahrwerk mit hinterer Starrachse durch Vierrad-Scheibenbremsen samt ABS aufgewertet.

1988 verschwanden die vom Omni abgeleiteten Charger-Coupés. Den Lancer gab es nun in den Ausführungen Pacifica und Shelby mit dem Turbo-2.2-II-Motor mit 176 PS (dank Ladeluftkühler, 0–100 km/h in 9 s, 217 km/h); nebst Rundumschürzen und einer Abrisskante am Heck wies der Lancer Shelby einen am Dachende aufgesetzten Luftleitflügel auf. Beim Ramcharger wurde der Carter-Doppelvergaser durch eine Zentraleinspritzung ersetzt. Nach wie vor konnten die nun im einstigen AMC-Werk von Kenosha vom Band laufenden großen Chrysler-Modelle einschließlich Dodge Diplomat für den Polizeieinsatz mit Vierfachvergaser auf 180 (statt 142) PS gebracht werden. Ab Frühling 1988 erhielten Dodge Daytona und Diplomat serienmäßig einen Airbag für den Fahrer eingebaut.

Spirit. Mit diesem Modell wurde im Herbst 1988 der Dodge 600 abgelöst. Zusammen mit dem Plymouth Acclaim verkörperte es die neuen A-Modelle. Sie basierten auf dem 262,5-cm-Rad-

Dodge Diplomat SE, 1985

Dodge Caravan, 1985

Dodge 600 Convertible, 1986

Dodge Daytona Shelby Z, 1987

Dodge Shadow, 1987

Dodge

Dodge USA	Bauart	Mot.	Getr.	R/L cm	Modelljahre
Omni (*1985)	**Fr.**	**a–j**	**4/A3/5**	**252/418,5/412***	**1981–85**
				251,5/414,5	**1986–90**
Omni O-24			**4/A3**	**245,5/442**	**1981–82**
Charger (*1984–)			**4/5/A3**	**245,5/440/444***	**1983–87**
Motoren:	*Zyl.:*	*N'w.:*	*cm³:*	*PS/'min:*	*Nm/'min:*
a (1983 *1984–86)	4	OHV	1592	63/65*/4800	117/3200/118/2800
b (–1982)		OHC	1716	64/5200	113/2400
c (*1983)			2213	85/4800/95*/5200	151/2800/159/3200
d (1984–87 *1988–)	4/4i*			97/5200/94*/4800	161/165/3200
e (Charger 2.2 *1984)	4			101/102*/5200	166/168/3200
f (Shelby Ch. *1984)				108/112*/5600	172/175/3600
g (O.GLH/Ch.2.2'85–87)				112/5600	175/3600
h (O.GLH/Sh.Ch.'85/86)	4iT			148/5200	228/3600
i (do. Export 1986)				150/5200	
j (Shelby T.Ch. 1987)				148/5200	231/3600
Daytona (*1987–)	**Fr.**	**a–j**	**5/A3**	**246,5/444,5/455,5***	**1984–90**
Motoren:	*Zyl.:*	*N'w.:*	*cm³:*	*PS/'min:*	*Nm/'min:*
a (–1985)	4i	OHC	2213	100/5600	164/3200
b (1986 *Export)				98/5200/101*/5600	166/3200
c (*m.Autom. (1984)	4iT			144/5600/142*/5200	
217/3600					
d (1985/86 *Export'86)				148/150*/5200	228/3600
e (1987)				148/5200/176/4800	231/3600/271/3200
f (Turb.Z/Pacifica'88)				148/5200	231/2400
g (Sh. Z '88/89 *'90–)				176/177*/5200	271/285/2400
h (1986– *Export)	4i		2501	101/105*/4800/95	183/2800
i (1989– *Export)	4iT			152/4800/146*	244/2000
j (1990–)	V6i		2972	143/5000	232/2800
Shadow	**Fr.**	**a–d**	**5/A3**	**246,5/436**	**1986–90**
Motoren:	*Zyl.:*	*N'w.:*	*cm³:*	*PS/'min:*	*Nm/'min:*
a (*1989–)	4i	OHC	2213	98/4200/94*/4800	166/165/3200
b (*1988)	4iT			148/5200	230/3600/2400*
c (1988– *Export)	4i		2501	101/105*/4800/95*	183/2800
d (1989– *Export)	4iT			152/4800/146*	244/2000
Aries	**Fr.**	**a–h**	**4/A3/5**	**254,5/447**	**1981–84**
				255/453,5	**1985–89**
400				**254,5/460**	**1982/83**
Motoren:	*Zyl.:*	*N'w.:*	*cm³:*	*PS/'min:*	*Nm/'min:*
a (*1983)	4	OHC	2213	85/4800/95*/5200	151/2400/159/3200
b (1984/85)				97/5200	161/3200
c (1986/87 *Exp. 1986)	4i			98/5200/101*/5600	166/3200
d (1988 *1989–)				98/4200/94*/4800	166/165/3200
e (*1983)	4		2555	93/94*/4500	178/179/2500
f (1984/85)				102/4800	190/2800
g (1986 *Export)	4i		2501	101/105*/4800	185/2800
h (1987–)				101/4800	180/2800
Lancer	**Fr.**	**a–h**	**5/A3**	**262/458**	**1985–89**
Motoren:	*Zyl.:*	*N'w.:*	*cm³:*	*PS/'min:*	*Nm/'min:*
a (1985)	4i	OHC	2213	100/5600	164/3200
b (1986/87 *Exp. 1986)				98/5200/101*/5600	166/3200
c (1988 *1989–)				98/4200/94*/4800	166/165/3200
d (1985/86 *Export'86)	4iT			148/150*/5200	228/3600
e (1987–)				148/5200	231/3600
f (Pacifica 1988–)				176/5200	271/2400
g (1986 *Export)	4i		2501	101/105*/4800	185/2800
h (1987/88 *1989–)				101/4800	180/183*/2800

Dodge USA	Bauart	Mot.	Getr.	R/L cm	Modelljahre
600 (*1985–)	**Fr.**	**a–h**	**5/A3**	**262/475,5/474***	**1983–86**
			A3	**262,5/470,5**	**1987–88**
600 2-türig/Cabrio				**255/460,5/459*/455**	**1984–86**
Motoren:	*Zyl.:*	*N'w.:*	*cm³:*	*PS/'min:*	*Nm/'min:*
a (*1984)	4	OHC	2213	95/97*/5200	159/161/3200
b (*1984/85)	4i			95/5200/100*/5600	162/164/3200
c (1986– *Export 1986)				98/5200/101*/5600	166/3200
d (1984 *m.Autom.)	4iT			144/142*/5600	217/3600
e (1985/86 *Export'86)				148/150*/5200	228/3600
f (1987–)				148/5200	231/3600
g (*1984/85)	4		2555	94/4500/102*/4800	179/2500/190/2800
h (1986– *Export)	4i		2501	101/105*/4800	185/2800
Spirit	**Fr.**	**a–c**	**5/A3/A4**	**262,5/460**	**1989/90**
a	4i	OHC	2501	101/4800	185/2800
b (*Export)	4iT			152/4800/146*	244/2000
c (1990–)	V6i		2972	143/5000	232/2800
Dynasty	**Fr.**	**a/b**	**A3/A4**	**265/487,5**	**1988–90**
Motoren:	*Zyl.:*	*N'w.:*	*cm³:*	*PS/'min:*	*Nm/'min:*
a	4i	OHC	2501	101/4800	183/2800
b (*1989–)	V6i		2972	138/4800/143*/5000	230/232/2800
Monaco	**Fr.**	**–**	**A4**	**269,5/490**	**1990**
Motor:	V6i	OHC	2975	152/5000	232/3600
Diplomat (*1986–)	**St.**	**a–f**	**A3**	**286,5/522,5/519,5***	**1981–89**
Diplomat Coupé				**276/512**	**1981/82**
Mirada				**286,5/532,5**	**1981–83**
St. Regis				**301/559,5**	**1981**
Motoren:	*Zyl.:*	*N'w.:*	*cm³:*	*PS/'min:*	*Nm/'min:*
a (–1981)	6	OHV	3678	86/91C/3600	224/1600/1200C
b (1982 *1983)				91/3600	217/224*/1600
c (*1983/84)	V8		5210	132/4000	312/2000/319/16*
d (1985/86 *1987–)				142/3600	360/1600/2000*
e (CA/Eur.–83,84 Pol.)				167/4000	326/2000
f (Pol.'85– *Exp.'86–)				177/180*/4000	339/3200
Stealth	**Fr.(4)**	**–**	**5/A4**	**246,5/455/458**	**1991**
Motoren:	V6i	div.	2972	166–305	251–417
Caravan	**Fr.**	**a–g**	**5/A3**	**284,5/456**	**1984–87**
				284,5/447/450,5	**1987–90**
Caravan extended				**302,5/484**	
Motoren:	*Zyl.:*	*N'w.:*	*cm³:*	*PS/'min:*	*Nm/'min:*
a (*1987)	4	OHC	2213	97/5200/4800*	164/3200/179/2800
b (1986–88 *1989–)	4i		2501	101/4800	180/183*/2800
c (1989– *Export)	4iT			152/4800/146*	244/2000
d (*1986/87)	4		2555	102/105*/4800	190/193/2800
e (1987 *1988)	V6i		2972	142/138*/4800	231/2800/224/2400
f (1989– *Export)				144/5000/141*/5200	234/2800/230/2400
g (1990–)			3301	152/4800	251/3600
Ramcharger	**K'r. (/4)**	**a–k**	**3/4/A3 /+R**	**269/468–472**	**1981–90**
Motoren:	*Zyl.:*	*N'w.:*	*cm³:*	*PS/'min:*	*Nm/'min:*
a (–1981)	6	OHV	3678	91/110E/3600	217/1600
b (1982)				96/91C/110E/3600	231/1600
c (*1982/83)	V8		5210	122/3600/142*/3600	332/1600/326/2400
d (C. –1981 /Eur. –82)				157C/4000/168E	326/2000
e (1983/84)				152/4400/145C/3600	346/2000/343/1600
f (1982/83)				172/4000/162C/3600	332/326/2000
g (1983/84 *1985–87)				169/4000/145*/3600	332/2000/339/1600
h (1988–)				172/4000	353/2000
i (–1981)			5898	132/3200/188/4000	346/373/2000
j (1982–87 *1982/83)				177/183C*/4000	353/2000
k (1988 *1989–)				188/193*/4000	384/1600/400/2000

stand des Dodge 600 und des Plymouth Caravelle, waren aber mit 460 cm um 10,5 cm kürzer. Bei gleich gebliebener Breite von 173 cm erreichte die Dachhöhe 141 statt 135 cm, und statt Sechsfensterkarosserien besaßen sie noch vier Seitenfenster. Das Design war schlichter und klarer geworden, wobei der Kühlergrill etwas markanter in Erscheinung trat. Es gab den Spirit mit 2,5-l-Vierzylinder, ohne oder mit Turbo (102 bzw. 152 PS). Zusammen mit dem 3-l-V6 (143 statt 138 PS) wurde das neue Torqueflite-Getriebe A 604 mit vier Stufen und elektronisch gesteuertem Schaltmanagement eingebaut.

1989 erhielt der an Front und Heck leicht geänderte Shadow als Topmotorisierung den 2,5-l-Turbomotor. Das Coupé Daytona zeigte ab Version ES eine neue Front mit 2x2 Luftschlitzen über und unter dem Stoßschutz. Beim Aries wurde auf die Kombiversion verzichtet, und die zwei- und viertürigen Limousinen wurden noch in der preisgünstigen America-Ausführung angeboten. Zusammen mit dem 3-l-V6 wurde in den Dynasty ausschließlich das neue 4-Stufen-Automatikgetriebe eingebaut. 1989 wurde auch der 5,9-l-V8 des Ramcharger von der Vergaserbestückung auf Zentraleinspritzung umgestellt (193 statt 188 PS).

Per Ende 1988 wurde die Produktion des großen Dodge Diplomat eingestellt, zudem wurde per Ende März 1989 das Auslaufen des Heckklappenmodells Lancer angekündigt. Anderseits wurden noch vor Ende Jahr Entwürfe für ein Dodge-Sportcabrio der Superlative veröffentlicht: rundliche Konturen wie Cobra, aber noch deutlich größer; gedacht als Werbeträger für einen neuen V10-Motor, der vor allem für den Einsatz in Nutzfahrzeugen vorgesehen wurde; Bezeichnung noch TBD = to be decided... woraus dann der Viper werden sollte!

Viper R/T 10. Auf der am 7. Januar 1989 eröffneten ersten North American International Auto Show (so der neue Name) in Detroit war er unter den 13 Konzeptstudien, darunter etlichen Cabrios, der große Star: Mit der Namenswahl Viper ließ Chrysler keine Zweifel darüber offen, dass an den Cobra als Vorbild gedacht worden war. Für den Pkw-Bereich waren Zehnzylindermotoren eine Neuheit, aber schließlich gab es inzwischen ja auch den Fünfzylinder. Der ursächlich für den Nutzfahrzeugbereich entwickelte V10 hatte knapp 8 l Hubraum und verkörperte damit den größten Pkw-Motor der Weltproduktion.

Treibende Kraft hinter dem „Über-Cobra“ war der als großer Sportwagenfan bekannte Chrysler-Topmanager Bob Lutz, der dem Image von Dodge und Chrysler mit dem Viper zu neuem Auftrieb verhalf. Allerdings wurde die Serienversion des auf einem Kastenrahmenchassis basierenden Viper erst drei Jahre später vorgestellt; er wurde zu einer Ikone des US-Automobilbaus der 90er Jahre.

Stealth R/T. Schon früher in den Handel sollte dagegen der Dodge Stealth kommen, auch er ein Supersportcoupé, abgeleitet von der Konzeptstudie Intrepid aus dem Jahre 1988 und gleichzeitig Parallelmodell zum → Mitsubishi 3000 GT, die beide ab Modelljahr 1991 erhältlich wurden.

Dodge Aries, 1987

Dodge Ramcharger 4x4 LE, 1987

Dodge Spirit ES, 1989

Dodge Dynasty, 1989

1990 wurden Shadow und Daytona mit dem 2,2-VNT-Turbomotor lieferbar (verstellbare Turbinenräder und erhöhtes Drehmoment). Der Dynasty war auch mit 3,3-l-V6 zu haben.

Monaco. Im Januar 1990 holte Dodge die bis 1978 geführte Typenbezeichnung Monaco aus der Versenkung. Mit ihr wurde ein Modell bedacht, das dem → Eagle Premier entsprach, aber den Dodge-spezifischen Kühlergrill besaß. Der 3-l-V6-Motor stammte auch beim Monaco von Renault.

Im Februar 1990 wurde das Werk an der Jefferson Avenue in Detroit geschlossen, womit die Produktion des kleinen Omni ihr Ende fand.

Dodge Viper R/T 10, 1990/91

Dodge
Argentina

Die Anfänge der argentinischen Chrysler-Produktion gingen auf 1963 zurück. Gleichzeitig hatten damals auch General Motors und Ford die Herstellung amerikanischer Kompaktmodelle aufgenommen. Chrysler Fevre Argentina in San Justo, Provinz Buenos Aires, machte den Modellnamen Valiant gleich auch zur Marke. 1969 wurde Valiant die Bezeichnung Dodge vorangestellt, und es wurden nun auch größere Modelle gebaut. Bei dem ab den 70er Jahren hergestellten Dodge 1500 handelte es sich hingegen um eine angepasste Version des Hillman Avenger alias Sunbeam 1500. Diese wurde auch noch weitergebaut, nachdem die Volkswagen Argentina SA die Werkanlagen am Rio de la Plata im November 1979 dem in Finanznöte geratenen amerikanischen Chrysler-Konzern abgekauft hatte (wie auch jene von → Chrysler Brasil). Im Mai 1980 lief in Argentinien die Produktion der vom US-Dodge Dart abgeleiteten Modelle aus, während sich die Dodge 1500 und 1800 noch gut verkaufen ließen.

1500 / M 1.8. Abgesehen von dem einst modischen „Hüftschwung" in der Fensterlinie über dem hinteren Radausschnitt hatte der Zahn der Zeit dem Dodge 1500 auch 1981 noch wenig anhaben können. Er wurde als viertürige Limousine und als fünftüriger Kombi hergestellt. Es standen ein 1,5- und ein 1,8-l-Motor zur Wahl, beide mit seitlicher Nockenwelle, und ebenso konnte zwischen zwei Getrieben gewählt werden: 4-Gang-Handschaltung und 4-Stufen-Automatikgetriebe. Vorne wies diese ex-Rootes-Konstruktion Federbeine und Querlenker, hinten eine Starrachse mit Längslenkern auf.

Mitte 1982 wurden diese Dodge-Modelle zu den VW 1500 und M 1.8 von → Volkswagen Argentina gewandelt.

Dodge 1500, 1981

Dodge Argentina	Bauart	Mot.	Getr.	R/L cm	Baujahre
1500 / M 1.8	**St.**	**a/b**	**4/A4**	**249/423/430**	**1980–82**
Motoren:	*Zyl.:*	*N'w.:*	*cm³:*	*PS/'min:*	*Nm/'min:*
a (1500)	4	OHV	1498	61/5000	106/2800
b (M 1.8)			1799	76/5000	130/3200

Dodge
Brasil

Dodge Dart Sedan de Luxo, 1981

Dodge Magnum, 1981

Im Jahre 1958 war Simca do Brasil gegründet worden. Daraus entstand 1967 Chrysler do Brasil. Diese stellte Dodge-Personenwagen nach US-amerikanischem Muster her. 1973 kam der Dodge 1800 hinzu, eine zweitürige Version des Hillman Avenger bzw. Sunbeam 1250/1500 (denn Chrysler hatte ja schon 1964 die vier englischen Rootes-Marken übernommen). 1979 und 1980 wurde Chrysler do Brasil in zwei Etappen vom Volkswagenwerk in Wolfsburg aufgekauft. Die Dodge-Personenwagen standen aber weiterhin im Programm, auch wenn Produktion und Verkauf stark rückläufig verliefen. Im Februar 1981 wurde das Unternehmen in Volkswagen Caminhoes Ltda (VW-Lastwagen GmbH) umgetauft. Damit war eigentlich das Ende für die Dodge-Pw bereits angedeutet.

Polara. Der Dodge 1800 hatte 1976 die Bezeichnung Polara erhalten. Dank der gestreckten Gürtellinie, des Semi-Fastbacks und der modisch eingerahmten Front und seitlichen Fensterflächen wirkte er deutlich moderner als seine Brüder von → Chrysler Argentina. Es wurde ausschließlich ein zweitüriger Fünfsitzer gebaut und diesen gab es auch in der Ausführung Gran Luxo. Der OHV-Motor hatte 1,8 l Hubraum und wurde ab 1981 in einer Ausführung für den Betrieb mit Äthylalkohol erhältlich. Man konnte zwischen einem 4-Gang-Getriebe und einem 4-Stufen-Automatikgetriebe von Borg-Warner (Typ 35) wählen. Die Aufhängung bestand aus Federbeinen und Querlenkern bzw. einer Starrachse mit Längslenkern.

Dart / LeBaron. Der brasilianische Dart ging auf das Jahr 1969 zurück, und er entsprach weitgehend seinem amerikanischen Vorbild. 1978 war die luxuriösere Version LeBaron hinzugekommen. Es handelte sich um 5/6-sitzige Limousinen bzw. Coupés mit 5,2-l-V8-Motor. Dieses OHV-Aggregat sollte 1981 ebenfalls in einer für den Betrieb mit Äthylalkohol geeigneten Ausführung lieferbar werden. Das 3-Gang-Getriebe wurde in der Limousine mit Lenkradschaltung, im Coupé jedoch mit Mittelschaltung bedient, doch war auch ein 3-Stufen-Automatikgetriebe Torqueflite mit Wählhebel am Lenkrad zu haben. Chrysler-üblich fanden sich vorne obere Dreieckquerlenker und untere einfache Querlenker mit elastisch gelagerten Zugstreben und längsliegenden Torsionsfederstäben, hinten eine Starrachse mit Halbelliptikfedern. Zur Kugelkreislauflenkung war eine Lenkhilfe erhältlich.

Charger R/T / Magnum. Die sportliche Seite vertraten die vom Dart-Coupé abgeleiteten Hardtop-Modelle Charger R/T (seit 1970) und Magnum (seit 1978). Statt 7,5:1 war ihr 5,2-l-V8 8,4:1 verdichtet und leistete 165 statt 149 PS, benötigte aber Superbenzin. Statt eines 3-Gang- wurde bei ihnen ein 4-Gang-Getriebe mit Stockschaltung eingebaut, aber auch für sie war der Torqueflite-Automat lieferbar.

Auf dem Automobilsalon von Sao Paulo im November 1981 glänzte die Marke Dodge durch Abwesenheit; VW hatte deren Produktion inzwischen eingestellt.

Dodge Brasil	Bauart	Mot.	Getr.	R/L cm	Baujahre
Polara	**St.**	**a**	**4/A4**	**249/412**	**1980/81**
Dart / Le Baron		**b**	**3/4/A3**	**282/496**	
Charger R/T / Magnum		**c**	**4/A3**		
Motoren:	*Zyl.:*	*N'w.:*	*cm³:*	*PS/'min:*	*Nm/'min:*
a	4	OHV	1799	85/5000	139/3500
b	V8		5210	149/4400	336/2400
c				165/4400	356/2400

Donkervoort

Nachdem ihm die Zulassung eines → Caterham Super Seven in seinem Land verweigert worden war, baute der Niederländer Joop Donkervoort 1978 vorschriftskonform seinen ersten eigenen Sportwagen in der Art dieser Lotus-Konstruktion. Er nannte ihn S7, wegen Namensstreits alsbald S8. In Tienhoven, Utrecht, baute Donkervoort darauf eine kleine Produktionsstätte auf.

Super Eight. Abgesehen von Formdetails entsprach der Donkervoort Super Eight in der Formgebung als knallharter offener Sportzweisitzer weitgehend dem Caterham Super Seven. Auch bei ihm standen zwei Motoren zur Wahl: nebst dem traditionellen 1,6-l-OHV-Vierzylinder mit 90 PS von Ford der besonders leistungsfähige 2-l-OHC-Motor mit Weber-Doppelvergaser und 110 PS, auch er von Ford.

Auch für den Super Eight wurde die altertümlich wirkende Karosserie mit den angesetzten Kotflügeln und den aufgesetzten Scheinwerfern in Gemischtbauweise aus Aluminium und Kunststoff zusammengebaut. Der Unterbau bestand aus einem Rohrrahmen; vorne wurden Trapez-Dreieckquerlenker, hinten – ebenfalls vorbildgemäß – eine Starrachse mit vier Längslenkern und einem Querlenker verwendet. Zu den Zubehören zählten ein Notverdeck und Steckfenster.

Donkervoort Super Eight, 1984

Der Donkervoort Super Seven alias Super Eight sollte übrigens bei weitem nicht der einzige Super-Seven-Nachbau bleiben. 1983 wurde er nur noch mit dem 2-l-Motor angeboten. Zudem wurde für den Schweizer Markt eine Montage beim Importeur Fredy Kumschick in Nebikon LU vorgesehen.

S8A. 1984 war Joop Donkervoort nach Nieuw Loosdrecht umgezogen, und auf der Autoschau von Amsterdam im Februar 1985 zeigte er als Zusatzmodell zum Super Eight den S8A: mechanische Benzineinspritzung Bosch KE-Jetronic und 117 PS, hintere Einzelradaufhängung mit doppelten Dreieckquerlenkern sowie Längslenkern, vorne belüftete Bremsscheiben, Breite 173 statt 164 cm, 0–100 km/h in 5,8 s (statt 6,2 s) und 205 km/h Spitze (statt 190 km/h). Auf dem Genfer Salon 1985 wurde der 610 kg leichte S8A als Schnittmodell gezeigt, an dem auch die von Joop Donkervoort entwickelte Hinterradaufhängung mit fünffacher Abstützung am Chassis zu besichtigen war.

Ein Entscheid des britischen Oberhauses, wonach Baupläne urheberrechtlich zu schützen seien, veranlasste Caterham im Frühling 1986 gegen Joop Donkervoort gerichtlich vorzugehen.

Auf dem Salon von Brüssel im Januar 1988 zeigte Donkervoort nebst seinen Roadstermodellen ein Kleinmodell namens Donky, das für Kinder (wohlhabender Eltern) bestimmt war: 213 cm lang, 100 kg schwer, 125-cm³–Motor mit 3 PS, „Preis wie ein Citroën 2 CV“.

D 10 Von diesem im Oktober 1988 auf der Mondial de l'Automobile in Paris gezeigten Supermodell ohne Windschutzscheibe aber mit Überrollschutzbügel sollten nur zehn Stück gebauten werden: 2,2-l-Turbomotor, 190 PS, 0–100 km/ in 4,5 s. – Inzwischen wurde auch der S8AT mit Turbomotor lieferbar, wobei die Leistung mit 170 PS angegeben wurde.

Donkervoort S8A, 1985

Donkervoort D 10, 1988

Donkervoort	Bauart	Mot.	Getr.	R/L cm	Baujahre
Super Seven	**R'r.**	**a/b**	**4**	**230/352**	**1980–82**
Super Eight (*1989–)		**c–g**	**4/5**	**230,5/356/360***	**1982–90**
Motoren:	*Zyl.:*	*N'w.:*	*cm³:*	*PS/'min:*	*Nm/'min:*
a	4	OHV	1599	90/5500	125/4000
b (–1985)		OHC	1994	110/103/105CH/5500	161/155/157/3750
c (1985– *1985/86)				105/5400/103CH*	155/4000
d (S8A 1985/86)	4i			117/5500/115CH	163/161/4000
e (S8A 1986–)				117/5500	163/4000
f (S8A 1986–)				106K/5100/110K*	152/4000
g (S8AT 1988/89 *'89–)	4iT			170/55'/162K/170K*	230/4000

Dutton

Gegründet 1969 als ein weiteres auf (steuergünstige) Bausatzautos spezialisiertes englisches Unternehmen. Tim Dutton, Chef der Dutton Sports Limited in Tangmere, Sussex, erwies sich in diesem labilen Umfeld als ein Überlebenskünstler und belieferte auch noch im 21. Jahrhundert die Liebhaber individueller Autokonstruktionen...

Phaeton. Der 1978 lancierte Phaeton war eine Kombination früherer Modelle. Seine „beinharte“ Roadsterkarosserie aus Kunststoff ähnelte in den Grundzügen dem Super Seven von → Caterham, ließ sich aber vor allem mit den mechanischen Elementen des Triumph Spitfire oder des Ford Cortina ausrüsten. So gesehen förderte Dutton also das Recycling. Damals verkaufte dieses Unternehmen bereits den 1000. Kit, bezeichnete sich als weltgrößter Hersteller von Karosserie/Chassis-Bausatzautos und bezog in East Worthing neue Fabrikanlagen.

Sierra. Neben den Kits entstanden auch Fertigautos, und 1980 kam mit dem Dutton Sierra eine in dieser Sparte ganz ungewöhnliche Konstruktion ins Programm, nämlich statt eines Sportmodells ein Kombi in attraktiv geformtem Geländewagenlook mit hoher Bodenfreiheit und somit einer bedingten Geländetauglichkeit. Der Dutton Sierra ließ sich mit dem Unterbau des Ford Escort kombinieren.

Melos. Auf der London Motorfair 1983 zeigte Dutton neben Phaeton und Sierra einen 2+2-sitzigen Sportwagen names Melos, auch er mit Escort-Teilen und in Standardbauweise konzipiert. Dutton nannte sich jetzt nur noch den größten europäischen Kit-car-Hersteller. Ebenfalls auf der Motorfair zwei Jahre später bezeichnete Dutton den Sierra als den Bestseller unter den Karosserie/Chassis-Kits.

In Deutschland wurde der Dutton Phaeton ab Ende 1985 unter der Marke AW-Spezial angeboten.

Dutton Melos, 1984

Legerra. So hieß ein Roadster (mit feststehenden Seitenfensterrahmen und Überrollschutzbügel), der auf der Birmingham Show 1986 vorgestellt wurde. Er war nur 362 cm lang und besaß halbwegs in die schlichte Front integrierte, halbwegs diese überragende „Froschaugen-Scheinwerfer“. Für den Antrieb standen in diesem Leichtgewicht die Ford-CVH-Motoren (1,4/1,6 l) oder ein auf 180 PS getunter 2-l-OHC-Motor zur Wahl.

Rico / Rico Shuttle. Auf der London Motorfair im Oktober 1987 propagierte Dutton seine Mo-

Dutton

Dutton Legerra, 1985

Dutton Rico Shuttle, 1988

dellpalette mit den Namen Legerra, Phaeton, Melos, B Plus, Rico und Sierra. Der Rico Sports Saloon war ein originell geformtes viersitziges Coupé, der Sierra der bekannte Kombi oder Lieferwagen (mit höher gesetztem hinteren Dachteil, während es sich bei den übrigen Modellen um Sportroadster handelte. Noch neu war der Rico Shuttle, eine Art Kombination von Rico und Sierra. Die meisten Dutton-Modelle waren auf die mechanischen Elemente des Ford Escort ausgerichtet.

Im Jahre 1989 – und nach über 8000 gebauten Bausätzen und Fertigautos – gab Tim Dutton seine immer mal wieder umstrukturierte Produktionsfirma auf... um sich ab 1994 erfolgreich der Herstellung von Schwimmautos zu widmen.

Eagle

Noch bis 1987 war Eagle eine Modellbezeichnung von American Motors (→ AMC) gewesen. Doch Ende jenen Jahres lief die Produktion des letzten AMC Eagle, nämlich des vierradgetriebenen Station Wagon, aus.

Premier. Doch schon auf der im Februar 1987 durchgeführten Auto Show von Chicago wurde der Renault Premier vorgestellt: Er war von AMC auf der Basis der Renault 25/21 entwickelt worden, besaß jedoch ein langgestrecktes klassisches Stufenheck (Detailbeschrieb → AMC!). *Mit der Vorstellung des Modellprogramms 1988 verlautete im Herbst 1987, dass der Premier den Markennamen Eagle erhalte (geänderte Signete am Kühlergrill) und ebenso der ab Frühjahr aus Europa importierte Medallion (→ Renault 21). Entsprechend wurde AMC in Jeep-Eagle Division umbezeichnet.*

1989 wurde der Eagle ausschließlich noch mit dem Automatikgetriebe geliefert. Neben den Ausführungen LX und ES wurde auf Anfang 1989 der ES Limited Edition auf den nordamerikanischen Markt gebracht: Einschließlich Stoßschutz und Aluräder ganz in Weiß gehalten, jedoch abgedunkelte, schwarz gerahmte Fenster, Vierrad-Scheibenbremsen, Breitreifen, Lederausstattung, Klimaanlage usw.

Summit. Neu hinzu kam der Summit, bei dem es sich (wie beim Medallion) zunächst um ein Importmodell handelte, nämlich den → Mitsubishi Lancer. Es war jedoch bereits bekannt, dass dieses Modell bei Diamond-Star Motors hergestellt werden sollte, der von Chrysler und Mitsubihi gemeinsam betriebenen neuen Fertigungsstätte in Normal, Illinois.

Talon. Im November 1988 war das 2+2-sitzige Coupéduo → Mitsubishi Eclipse und Plymouth Laser vorgestellt worden. Im Januar 1989 kam der Eagle Talon dazu, der sich durch Vierradantrieb abhob und ebenfalls von Diamond-Star Motors gebaut wurde. Der Antrieb erfolgte durch einen 137 PS leistenden 2-l-Motor, und der permanente Vierradantrieb funktionierte mit einem zentralen Differenzial mit Viskobremse. Die Kraftverteilung erfolgte zu je 50 Prozent auf Vorder- und Hinterräder. Auf Wunsch wurde eine hintere Differenzialbremse eingebaut. Statt einer Verbundlenkerachse erhielt der Talon 4WD hintere Schräglenker und untere und obere Querlenker. Alsbald wurde der Eagle Talon wie seine beiden Schwesterkonstruktionen auch nur mit Frontantrieb erhältlich.

Chrysler hatte sich gegenüber Renault verpflichtet, für den Eagle Premier während fünf Jahren je 60'000 Antriebseinheiten (Motor/Kraftübertragung) zu kaufen. Doch die Verkaufserwartungen wurden kaum zur Hälfte erfüllt, auch nachdem der Premier im Januar 1990 mit dem Dodge Monaco ein Double erhielt. Somit standen Verhandlungen mit Renault über eine Vertragsverkürzung an. – Die Marke Eagle wurde im Verlaufe des Jahres 1998 aufgegeben.

Eagle Summit DL, 1989

Eagle Premier ES, 1988

Eagle	Bauart	Mot.	Getr.	R/L cm	Modelljahre
Talon	**Fr.(4)**	**a/b**	**5/A4**	**247/433/435**	**1990**
Motoren:	*Zyl.:*	*N'w.:*	*cm^3:*	*PS/'min:*	*Nm/'min:*
a	4i	D16V	1997	137/6000	169/5000
b (*4WD)	4iT			193/6000/198*	276/3000
Premier	**Fr.**	**a/b**	**5/A4**	**269,5/490**	**1988–90**
Motoren:	*Zyl.:*	*N'w.:*	*cm3:*	*PS/'min:*	*Nm/'min:*
a (–1989)	4iO	HV	2464	113/4750	193/2500
b	V6i	OHC	2975	152/5000	232/3600

Eagle Talon, 1990

Engesa

Engesa war der Zusammenzug von Engenheiros Especialisados (= Spezialfahrzeuge) SA, einer Firma in Barueri, Brasilien. Diese fügte ihrer Palette von Armee- und Landwirtschaftsfahrzeugen im Jahre 1985 einen Geländewagen bei.

Engesa 4. Mit 216 cm Radstand und 359 cm Länge war der Engesa 4 etwas kleiner als etwa ein Daihatsu Rocky. Er basierte auf einem Kastenrahmen mit Stahlrohrstreben und besaß vorne und hinten Starrachsen mit Panhardstab und Schraubenfedern. Dem Antrieb diente der 2,5-l-OHV-Vierzylindermotor des Chevrolet Opala, kombiniert mit 5-Gang-Getriebe, zuschaltbarem Vorderradantrieb und Differenzialbremse. Die glattflächig moderne offene Viersitzerkarosserie ließ sich mit einem Stoffverdeck und ebensolchen Seitenteilen wetterfest verschließen.

1987 wurden der Radstand um 10 cm verlängert und die Karosserie um 17 cm gestreckt. Praktisch unverändert war der Engesa auch im Oktober 1988 auf dem Salon von Sao Paulo zu sehen. Für 1989 wurde eine (Export-)Version mit 3863-cm^3-Dieselmotor von Perkins (90 PS) in Aussicht gestellt. Doch in jenen Jahr sackte die Produktion von 293 auf noch rund 90 Einheiten ab, und zu Beginn der 90er Jahre verschwand dieses Kleinfabrikat von der Bildfläche. Insgesamt dürften höchstens 750 Engesa entstanden sein.

Engesa 4, 1986

Engesa		Bauart	Mot.	Getr.	R/L cm	Baujahre
4	**(*1987–)**	**K'r./4**	**a–c**	**5**	**216/359/226*/376**	**1985–90**
Motoren:		*Zyl.:*	*N'w.:*	*cm³:*	*PS/'min:*	*Nm/'min:*
a (–1986)		4	OHV	2471	88A/4000/84/4400	190/2000/163/2400
b (1986–)						190/2500/164/2000
c (1988–)		4D		3863	90/2800	276/1600

Envemo

Envemo Super 90 Cabriolet, 1982

Aus einem Tuningbetrieb hatte sich die Firma Engenharia de Veiculos e Motores, kurz Envemo, in Sao Paulo, 1978 zum Hersteller eines hochmodernen Cabriolets mit der Mechanik brasilianischer Chevrolet entwickelt. Im November 1979 wurde als neues Modell der Envemo Super 90 vorgestellt.

Super 90. Für Kenner erinnerte diese Bezeichnung an ein Porsche-Modell, und in der Tat handelte es sich bei diesem Envemo um einen verblüffend genauen Nachbau des Porsche 356 C von 1964 (die Bezeichnung Super 90 hatte es allerdings nur für die bis 1963 gebauten 356 B gegeben). Die Karosserie wurde aus Kunststoff hergestellt, und die gesamte Mechanik samt Plattformrahmen stammte von den brasilianischen VW-Käfern (→ Volkswagen do Brasil). Statt eines luftgekühlten 1,6-l-Boxermotors konnte im Heck auch eine Version mit 1,7 l Hubraum und 88 statt 65 PS eingebaut werden. Nachdem eine attraktive Cabrioletversion hinzugekommen war, lief die Produktion bis 1983 allmählich aus.

Envemo Camper 4x4, 1989

Camper 4x4. 1988 tauchte die Marke Envemo, nun zur → Engesa-Gruppe gehörend, überraschend wieder auf: Unter der Bezeichnung Camper 4x4 baute sie einen dreitürigen Geländekombi, dessen kantiger Stil sich mit jenem des Jeep Cherokee vergleichen ließ. Allerdings war er mit den Außenmaßen von 415x179x173 cm etwas kürzer und höher. Er basierte auf einem Kastenrahmenchassis mit Stahlrohrstreben und besaß vorne und hinten Starrachsen mit Panhardstab. Die 2,5-l-Vierzylinder-Antriebseinheit wurde dem Chevrolet Opala entnommen (mit Ethanolbetrieb 88 PS, mit Benzin 85 PS), doch war auch der 4,1-l-Sechszylindermotor aus gleicher Quelle verfügbar (118 bis 135 PS). Der Vorderradantrieb war zuschaltbar (5-Gang-Getriebe, Differenzialbremse).

Der Envemo Camper wurde bis 1995 gebaut.

Envemo	Bauart	Mot.	Getr.	R/L cm	Baujahre
Super 90	**Z'r./H.**	**a-c**	**4**	**210/401**	**1980-83**
Motoren:	*Zyl.:*	*N'w.:*	*cm³:*	*PS/'min:*	*Nm/'min:*
a	B4/l.	OHV	1584	65/4600	127/2600
b			1679	88/5200	147/3600
c (1981–)			1798	75/4400	142/3000
Camper 4x4	**K'r./4**	**a–c**	**5**	**247/415**	**1988–90**
a	4	OHV	2471	88A/4000/85	190/2500/177
b	6		4093	118/4000/	275/2000
c				126/4400/135A/4000	273/2300/295/2000

Excalibur

Gegründet 1964 vom US-Autodesigner und -konstrukteur Brooks Stevens (1912– 1995): Der Excalibur SS der Firma SS Automobiles Inc. in Milwaukee, Wisconsin, war dem berühmtesten Mercedes-Benz, dem Kompressor-Sportwagen SSK aus dem Jahre 1927, nachempfunden. Mit dem im Auftrag der damaligen US-Marke Studebaker entstandenen Excalibur (Name von König Arthurs Schwert) wurde ungeahnt eine neue Autosparte eröffnet: jene der „nostalgische Imitations-Oldtimer", die später als Neoclassics zu einem Begriff werden sollten (s. → Clénet, Desande, Zimmer, Kanzler, Baroque usw.). 1965 wurde von SS Automobiles eine Produktion in Kleinserie aufgenommen. Im Verlaufe der Jahre wurde der Excalibur weiterentwickelt und um neue Varianten ergänzt, während die Herstellfirma 1977 in Excalibur Automobile Corporation umbezeichnet wurde.

Series IV. 1981 wurde die im Februar 1980 eingeführte vierte Serie weitergebaut. Sie wurde als eine Replika des Mercedes-Benz 500/540 K von 1937/38 bezeichnet. Der auffallendste Unterschied zum Original lag in den niedrigeren und vor allem viel breiteren Rädern und Reifen, die zudem Kurzspeichen und weiße Seitenwandstreifen besaßen. Es gab nur noch dieses als Roadster bezeichnete zweisitzige Cabriolet mit Rumbleseat (aufklappbare Notsitzbank im Heck), das leer eindrückliche 1990 kg wog. Für den Series IV war eine vorbildgemäße Pfeilung und stärkere Neigung der Windschutzscheibe eingeführt worden.

Mit dem Series IV wurde die Motorisierung auf den 5-l-V8 von Chevrolet beschränkt. Dessen Leistung erreichte mit Vierfachvergaser 157 PS. Die verchromten Kompressorrohre, die seitlich aus der Motorhaube führten und in die langgezogenen Kotflügel mündeten, waren natürlich nach wie vor eine funktionslose Zierde. Als Kraftübertragung diente das Turbo- Hydra-Matic-Getriebe mit drei Stufen, und eine Differenzialbremse wurde serienmäßig montiert.

Der Excalibur basierte auf einem Kastenrahmenchassis mit Traversen und hatte vorne Trapez-Dreieckquerlenker und Schraubenfedern, hinten je zwei Längs- und Querlenker und eine Querblattfederung. Es wurden Vierrad-Scheibenbremsen und eine Kugelkreislauf-Servolenkung mit variierender Untersetzung verwendet. Die Ausstattung konnte vom Käufer mitbestimmt werden.

Auf der Greater New York Automobile Show im Januar 1981 wurde der Series IV Roadster in aufgewerteter Standardausrüstung eingeführt: „erstmals in den 19 Produktionsjahren" mit Komfortmerkmalen wie elektrischer Verdeckbetätigung, Fensterheber, sechsfacher Sitzverstellung, Klimaanlage usw. Zudem wurde der Excalibur fortan mit dem 4-Stufen-Automatikgetriebe Turbo Hydra-Matic ausgestattet.

Mit dem Jahrgang 1983 – inzwischen stand auch wieder die viersitzige Version Phaeton im Angebot – wurde u. a. das neue elektronische GM-Abgassystem eingeführt, das 15 Prozent Minderverbrauch verhieß; zudem gab es eine elektrische Türverriegelung, eine verbesserte Verdeckautomatik sowie einen verschönerten Innenraum und eine vergrößerte Auswahl an Außen- und Innenfarben.

Excalibur Series IV Phaeton, 1980/81

Series V. Wenngleich im Sommer 1985 die Roadster und Phaeton der Serie V mit Verbesserungen an Fahrwerk und Aufbau eingeführt und die zusätzlichen Ausführungen Royale und Limited ins Angebot aufgenommen wurden, sackte die Produktion in jenem Jahr von den 1984 erreichten 258 Excalibur auf bloß noch rund 100 Exemplare ab.

Excalibur Series V Roadster 20th Anniversary Signature Series, 1985

Im November 1985 kam es daher (bei weiterlaufender Produktion) zu einem Nachlassverfahren. In der Folge wurden 51 Prozent der Aktien vom Cadillac-Händler R. V. Robinson aus Atlanta übernommen, während die Stevens-Söhne David und William (mit 49 Kapital-Prozent) für die Herstellung verantwortlich blieben. Den Offenmodellen sollte nun endgültig eine zweitürige Limousine zur Seite gestellt werden.

Series V Royale. Ein Importeur aus Monaco brachte die Marke Excalibur 1986 wieder einmal auf den Genfer Salon. Dort wurde der geschlossene Viersitzer Royale der Series V gezeigt, eine etwas einfacher ausgestattete und preisgünstigere Version der Offenmodelle. Auch wenn die Excalibur offiziell nur mit dem 5-l-V8 ausgerüstet wurden, so konnten sie doch auch mit dem 5,7-l-V8 mit angeblich bis 300 PS bestellt werden. In Genf wurden auch ein 4-door Sedan und ein Modell Limousine mit um 30 bzw. 50 cm verlängertem Radstand angekündigt.

Sedan. Dieser viertürige Excalibur wurde im Juni 1987 vorgestellt. Inzwischen verlautete, dass eine von Henry A. Warner angeführte Investorengruppe bei Excalibur das Sagen habe, und dass ab Herbst 1987 auch eine Sechsfensterlimousine mit langem Radstand in das Angebot aufgenommen werde. Der Sedan basierte auf einem Achsabstand von 366 cm (Roadster: 315 cm) und erreichte bereits imposante 570 cm Länge (statt 518 cm). Für den Antrieb sorgte auch bei ihm der 5-l-V8 von Chevrolet, doch wurde auf Wunsch der 5,7-l-V8 eingebaut.

Die neuen Besitzer der Excalibur Automobile Corporation hofften, 1987 mit ihrer 72 Personen umfassenden Belegschaft auf einen Ausstoß von 200 Wagen, darunter 75 Sedan, zu kommen. 1988 sollten zusätzlich zehn Limousinen hergestellt werden. Deren Angebot umfasste nun neben dem Modell Royale (376 cm Radstand, 580 cm Länge) auch den Limited (436/640 cm), und alsbald kam auch noch der Grand Limousin(e) hinzu (518/721 cm).

1989 plante die von Hank Warner und Robert Casperson gehaltene Excalibur Automobile Corporation einen Börsengang. Sie nannte sich stolz „viertgrößter amerikanischer Autohersteller", dies mit einem Absatz von 125 Wagen im Jahr 1989 und einem für 1990 geplanten Verkauf von 135 Einheiten. Für die Premiere auf dem Genfer Salon jenes Jahr wurde eine besonders sportlich ausgerichtete Hochleistungs-Lightweightversion III/90 auf Basis des Chevrolet Corvette ZR1 angekündigt. Doch alsbald kam es zu einem Finanzdebakel und die Produktion musste eingestellt werden. Im Verlaufe des hierauf eingeleiteten Gerichtsverfahrens wurde im Februar 1991 der Konkurs verhängt. Allerdings entstanden 1994 offenbar nochmals 31 Exemplare einer „Final Edition". – Insgesamt dürften ab 1965 gut 3300 Excalibur Phaeton, Roadster, Touring Sedan und Limousine gebaut worden sein.

Ende der 80er Jahren war das Phänomen der von mehr als 20 Firmen gebauten Neoclassic-Luxusautomobile im Abklingen. Excalibur war der Pionier dieser Sparte gewesen, und die von dieser Marke 1986 veröffentlichten Marktforschungsresultate verdienen rückblickend Beachtung: Demnach

Excalibur Series V Grand Limousin, 1988

Excalibur Touring Sedan Caesars Palace Limited Edition, 1989

waren die Besitzer solcher Wagen im Durchschnitt 48 Jahre alt, verheiratet, Geschäftsleiter oder -inhaber und bei 75 Prozent unter ihnen waren die Kinder bereits aus dem elterlichen Heim ausgezogen. Die Wagen wurden in erster Linie „for fun" gekauft, aber durchaus auch für Reisen eingesetzt, wurden mit ihnen doch durchschnittlich 50'000 km/Jahr zurückgelegt.

Excalibur	Bauart	Mot.	Getr.	R/L cm	Modelljahre
Series IV (*1983–)	**K'r.**	**a**	**A3/A4***	**317,5/513/526**	**1981–85**
Series V		**a–d**		**315/518**	**1986–90**
Touring Sedan		**c–d/f**		**366/569**	**1990**
Royale Limousine				**376/579**	**1987–89**
Limited Limousine				**437/640**	
Grand Limousine				**518/721**	**1989/90**
Phaeton III/90		**e**		**284,5/444,5**	**1990**
Motoren:	*Zyl.:*	*N'w.:*	*cm³:*	*PS/'min:*	*Nm/'min:*
a (*1984–87 **–1983)	V8	OHV	5001	157/167CA**/4000	326/332/305*/2400
b (1987/88)				183/203/4800	305/3300/–
c (1989– +*1990–)	V8i			198/4000/172	400/2800
d (1989 *1990–)			5733	233/4400/248*/4000	448/468/3200
e (III/90)				248/4000/253/4400	468/475/3200
f (1988–)			7443	233/3600	522/1600

Farus

Brasilianische Sportwagenmarke, gegründet 1981 von der Industriellenfamilie Russo: Der Farus ML 929 war das Produkt der Farus Industria de Veiculos Esportivos Ltda in Belo Horizonte.

ML 929. Die flache Front mit den Klappscheinwerfern des Farus ML 929 mochte stilistisch von jener des Dino 308 GT 4 inspiriert worden sein, ansonsten aber ging das Design dieses Mittelmotorcoupés eigene Wege. Immerhin bot auch der Farus einen 2+2-sitzigen Innenraum, was bei Mittelmotorbauweise eher selten war. Der Unterbau bestand aus einem in den eigenen Werkstätten entwickelten Zentralträger- und Rohrrahmenchassis, und die GfK-Karosserie war mit elastischen Verbindungen auf ihm aufgeschraubt. Der von → Fiat Brasil im Modell 148 Rallye verwendete Mirafiori-Motor mit 1,3 l Hubraum und 72 PS Leistung war im Farus samt Kraftübertragung quer in der Mitte eingebaut. Alle Räder wurden an Federbeinen und Querlenkern geführt und es wurden Vierrad-Scheibenbremsen eingebaut.

Der Farus zählte wie der ähnlich konzipierte → Dardo zu den 4-m-Sportzweisitzern und er war nur 110 cm hoch. Da er nach Werkangaben bloß 750 kg auf die Waage brachte, waren die für den Sprint von 0 auf 100 km/h angegebenen 10,4 s durchaus glaubhaft.

TS 1.6. Ebenfalls noch 1981 kam die leistungsfähigere Variante TS 1.6 hinzu. Ihr 80 PS leistender Motor entstammte dem Passat von → Volkswagen do Brasil. Beide Varianten gab es inzwischen auch für den Betrieb mit Äthylalkohol, wobei die Leistung des 1,3-l-Motors auf 62 sank, während im TS hierzu ein 1,5-l-Motor mit 65 PS eingebaut wurde.

Mitte 1982 geriet die hinter Farus stehende Industriegruppe wegen abbestellter Maschinenlieferungen nach Mexiko in finanzielle Schwierigkeiten. Mit dem vom Gericht gewährten Zahlungsaufschub sollte die Produktion der Farus-Coupés von 18 bis 20 Stück pro Monat weiterlaufen und das Projekt eines Farus-Geländewagens nur unwesentlich verzögert werden. 1983 ging die Herstellung an die Firma Embrabi Com. e Ind. Ltda in Belo Horizonte.

Farus Beta, 1985

Farus	Bauart	Mot.	Getr.	R/L cm	Baujahre
ML 929 / TS 1.6	**Z'r./M.**	**a–d**	**4**	**240/400**	**1981–84**
ML 929/TS/Beta/Cabrio		**a–m**	**4/5**	**240/405**	**1984–90**
Motoren:	*Zyl.:*	*N'w.:*	*cm³:*	*PS/'min:*	*Nm/'min:*
a (–1986)	4	OHC	1297	72/5800/62A/5200	106/4000/113/3000
b (–1983)			1471	65A/5600	108(3000
c (–1983)			1588	80/5600	118/3000
d (1983–86)			1796	73/5200/82A/5200	119/127/2600
e (Beta 1984/85)				141/3100/148/3500	83/5200/96A/5600
f (Beta 1985–88)				73/5400/106A/5600	121/3000/153/4000
g (Beta 1986/87)				95/5800/95A/5600	140/148/3000
h (Beta TS 1985–88)			1781	90/5400/99A/5600	142/2800/146/3200
i (ML TS 1986/87)				89/5200/98A/5600	143/3400/144/3200
j (ML TS 1987/88)				89/95A//5200	143/151/3400
k (Beta 1988–)			1984	112A/99/5200	170/159/3400
l (Beta 1986–)		OHV	1998	99/110A/5600	159/3500/170/3000
m (USA 1987–)	4iT	OHC	2213	148/5200	232/3600
Quadro	**Z'r./Fr.**	**–**	**5**	**240/430**	**1989/90**
Motor:	4	OHC	1984	112A/99/5200	170/159/3400

Felber

Farus Quadro, 1989

Beta. Auf dem Salon von Sao Paulo 1984 wurde das hübsche Farus-Coupé unter der Modellbezeichnung Beta mit dem 1796-cm^3-Motor aus dem brasilianischen Chevrolet Monza lieferbar (83 PS mit Benzinmotor, 96 PS bei Ethanolbetrieb). Neu gab es zudem eine attraktive 2+2-sitzige Cabrioletversion.

Für den Export in die USA erhielten die Farus-Modelle 1988 den 2,2-l-Motor des → Chrysler LeBaron Turbo mit 148 PS, auch er quer hinter den Sitzen eingebaut.

Quadro. Auf dem Automobilsalon von Sao Paulo 1988 stand der 2-l-Motor aus dem VW Santana im Vordergrund der bekannten Modelle. Für 1989 kam das neue Modell Quadro, ein zweitüriges, viersitziges Coupé mit Fastbackkarosserie, hinzu. Im Gegensatz zu Beta und Cabriolet besaß es einen Frontmotor und Vorderradantrieb. Damit konnte der VW-Triebsatz ohne größere Anpassungen verwendet werden (die Chevrolet- und Chrysler-Triebsätze wurden als Mittelmotoren nur in die Modelle Beta und Cabriolet eingebaut).

Die Farus-Produktion bewegte sich im Verlaufe der 80er Jahre zwischen 70 und 150 Exemplaren. Für 1991 wurde ein Beta-Modell mit 1,6-l-Motor von Fiat angekündigt; doch noch im gleichen Jahr versank die Marke Farus in der Versenkung. Insgesamt sind rund 900 Farus gebaut worden.

Zu den Kleinherstellern der Schweiz durfte ab den 70er Jahren neben → Monteverdi, → Sbarro sowie → Albar auch Willy H. Felber (1928–2002) gezählt werden. In seiner Firma Haute Performance in Morges am Genfersee entwickelte er auf der Basis unterschiedlichster italienischer und amerikanischer Serienfahrzeuge Liebhaberautos mit seinem eigenen Markenimage, das sich vor allem in einem klassisch gezeichneten Kühlergrill manifestierte.

Pacha. Das Modell Pacha hatte Felber zur Jahreswende 1979/80 angekündigt. Es war eine Abwandlung des frontgetriebenen → Buick Skylark (bzw. der X-body-Serie von General Motors). Die Motorhaube erhielt in ihrer Mitte eine Erhöhung, die vorne in das schildförmige Kühlergrill-Mittelteil ausmündete und sich nach hinten verbreiterte. Felber-typisch war auch die Heckgestaltung, und der Innenraum wurde mit Leder ausstaffiert. Zu den diversen kleinen Luxusmerkmalen zählten die Make-up-Spiegel an der Innenseite der hinteren Dachträger.

Ab Mitte 1980 gab es den Pacha auch als Coupé 2 places. Als Ausgangspunkt diente die zweitürige Version des Buick Skylark. 1983 entstand ein Pacha Mark II mit stark verkleinertem Felber-Grill und Doppelscheinwerfern. Insgesamt wurden bis Anfang der 80er Jahre rund 20 Pacha gebaut.

Roberta. Der → Lancia Delta lieferte die Grundlage für den auf dem Genfer Salon 1981 gezeigten Felber Roberta. Während die Front mit dem wappenförmigen Kühlergitter das Felber-Design verkörperte, war der Innenraum von der italienischen Modeschöpferin Roberta di Camerino zu einer Art Schmuckkästchen verwandelt worden: Die Polsterung war eine Kombination von Leder und handgewobenen Samtstoffen. Hinzu kamen nebst einer Stereoanlage eine Bar mit Murano-Gläsern, messingumrandete Spiegel im Fond, Halterungen für Zigarettenpackungen und Eau-de-Cologne-Flasche sowie – ebenfalls bereits bei früheren Felber-Autos verwirklicht – ein Schirmfach (in diesem Fall mit Roberta-Schirm). Hinzu kamen zusätzliches Dämmmaterial und eine vergoldete Plakette mit dem Besitzernamen. Felber wollte das Modell Roberta rund ein Dutzend Mal pro Jahr herstellen. Soviele wurden allerdings nicht gebaut, und zudem wurde die Bezeichnung Roberta 1982 schlicht durch Spécial ersetzt.

Oasis. Den Felber Oasis gab es seit dem Genfer Salon 1978. Er basierte (wie die Monteverdi-Geländekombi) auf dem International Scout II, war also ein luxuriös aufgewertetes 4x4-Fahrzeug. Anfänglich bestand die leicht schräg gestellte Front aus horizontalen schwarzen Gitterstäben hinter denen Rechteckscheinwerfer versteckt waren. 1980 erhielt die Front ein wappenförmiges Mittelteil, und die schwarzen Stäbe ließen Öffnungen für quadratische Doppelscheinwerfer frei. Im Gegensatz zum Scout war beim Oasis der hintere Seitenfensterabschluss senkrecht geführt und auch das Heckfenster zeigte sich vergrößert. 1978 war die International-Produktion in den USA allerdings ausgelaufen...

Der Scout bzw. Oasis basierte auf einem Kastenrahmenchassis mit Traversen und wies vorne wie hinten Starrachsen mit Halbelliptikfedern auf (Lenkung mit Schnecke und Rolle). Für den Oasis wurde in der Regel die stärkste Motorvariante mit 5,7-l-V8 und 150 PS in Verbindung mit einem 3-Stufen-Automatikgetriebe von Chrysler gewählt. Auf Wunsch gab es eine Luftfederung sowie Luxuszutaten bis hin zur TV. Zudem wurde (ab 1979) der Einbau eines Rolls-Royce-Motors angeboten. Bis 1982 wurde der Oasis in rund 70 Exemplaren gebaut und er war damit Felbers Bestseller.

Auf dem Genfer Salon 1981 zeigte Felber auch einen zum Beach-Car (türloses Strandauto mit Notverdeck) gewandelten Ferrari.

Special Golf. 1982 folgte in Genf ein Golf mit Felbers markentypischem Kühlergitter, Vinyldach, Spezialfelgen mit Zentralverschluss, lederbespanntem Innenraum, Innenspiegeln an den hinteren Dachträgern usw. – Auch einen Chrysler Imperial hatte Felber „aufgerüstet“, u. a. mit einer Bar, ohne jedoch das Kühlergesicht zu verändern. Immerhin sorgte Felber mit diesem Einzelstück dafür, dass die sonst dem Genfer Salon fernbleibende Chrysler Corporation wieder einmal präsent war.

Suzuki 4x4 Bambou. Sozusagen in letzter Minute hatte W. H. Felber sein Angebot auf dem Genfer Salon 1982 noch um eine Sonderausführung des Suzuki SJ 410 bereichert. Er verpasste ihr ein Kühlergitter, das an seine großen Oasis-Geländewagen erinnerte, sowie Rechteckscheinwerfer. Hinzu kamen ein in Jeansstoff ausgekleidetes Interieur, Fensterheber und weitere Verfeinerungen.

Oasis II. 1982 entwickelte Felber einen Oasis II 4x4, für den ihm der → Chevrolet Blazer als Ausgangspunkt diente.

Im Herbst 1984 wurde neben diesem Oasis und dem Pacha ein Maserati Quattroporte in der *Felber-Preisliste aufgeführt. – In den späteren Jahren schuf Willy H. Felber nur noch vereinzelte Eigenkreationen, widmete sich aber weiterhin Liebhaberautos.*

Felber Oasis, 1981

Felber Spécial, 1982

Felber Pacha, 1983

Ferrari

Enzo Ferrari (1898–1988) hatte die Aktivitäten seiner Firma Auto Avio Costruzioni – Scuderia Ferrari im Jahre 1943 in Maranello, unweit von Modena, mit der Herstellung von Werkzeugmaschinen aufgenommen. Nachdem er bereits in der Vorkriegszeit Alfa-Romeo-Rennfahrzeuge eingesetzt hatte, widmete er sich nach dem Zweiten Weltkrieg der Konstruktion eigener Rennwagen. Ab 1947 baute er zudem Straßensportwagen. Im Vergleich zu den Rennfahrzeugen zeigten sie anfänglich mehr reglementarisch bedingte als konstruktive Unterschiede.

In den kontinuierlich ausgebauten Fabrikanlagen erlangte die Produktion von Liebhaberautos für den Straßengebrauch allerdings zunehmende Bedeutung, und der Wunsch einen Ferrari zu besitzen, beseelte weltweit mehr und mehr Enthusiasten. Von zahllosen Rennsiegen mitgetragen (darunter neun Siege beim 24-Stunden-Rennen von Le Mans), mutierte der Name Ferrari, so „gewöhnlich" und verbreitet er in Italien war, zum größten Mythos im Autobereich.

Doch nicht nur das pure Leistungsvermögen, auch das vollendete Design der Ferrari trug zu ihrem Ruhm bei, und diese geglückte Formgebung war dem Designstudio und Karosseriehersteller → Pininfarina zu verdanken... 1969 hatte Fiat 50 Prozent der Ferrari-Aktien übernommen, und 1977 war das Karosseriewerk Scaglietti vollends in die Firma Ferrari integriert worden. Dort entstanden die in größeren Serien gebauten V8-Modelle, während die Zwölfzylindermodelle in der Regel bei Pininfarina eingekleidet wurden. 1981 umfasste die Palette der Ferrari-Sportwagen die Modelle 308/208, Mondial 8, 400 und BB 512.

308 GTBi/GTSi. GT stand für Gran Turismo, B für Berlinetta bzw. Coupé, S für Spider (in diesem Falle ein Targacoupé) und i für Iniezione bzw. Einspritzung. Das Mittelmotorcoupé Ferrari 308 GTB war auf dem Salon von Paris im Herbst 1975 vorgestellt worden. Es löste die Marke Dino ab und verkörperte den ersten V8-Ferrari. Dieser Viernockenwellenmotor mit Aluminium-Zylinderköpfen und -block war quer hinter den Sitzen eingebaut und mit dem 5-Gang-Getriebe und dem Differenzial verblockt (mit ZF-Differenzialbremse).

Mit der Bezeichnung 308 war Ferrari von dem traditionellen Hinweis auf den Hubraum je Zylinder abgewichen. „30" wies auf 3 l Inhalt hin (obwohl es nur 2,9 l waren) und die „8" bezog sich auf die Zylinderzahl. Die keilförmige Front mit dem nach unten einwärts geneigten Kühlergrill, der trichterförmige seitliche Motorlufteinlass und die Fastback-Dachholme, mit denen das nach vorne versetzte Rückfenster eingerahmt wurde, waren Pininfarina-typische Designmerkmale. Bei dem im September 1977 hinzugekommenen GTS mit herausnehmbarem vorderem Dachteil war das hintere Seitenfenster durch Lamellen ersetzt worden.

Im Herbst 1980 erhielten die 308 die mechanische Benzineinspritzung K-Jetronic von Bosch und damit den Zusatzbuchstaben i. Weil gleichzeitig ein verringerter Schadstoffausstoß und ein bescheidenerer Verbrauch angestrebt worden waren, sank die Leistung auf 214 PS. Der Ferrari 308 basierte auf einem Gitterrohrrahmen mit Trapez-Dreieckquerlenkern und Schraubenfedern vorne und hinten sowie belüfteten Vierrad-Scheibenbremsen mit Servo. Der Motordeckel diente auch als Zugang zu dem hinter den Sitzen angeordneten Kofferraum.

Der im Karosseriewerk Scaglietti in Modena montierte 308 erschloss die Marke Ferrari erstmals einem größeren Käuferkreis. Nach den ersten 712 bis im Frühling 1977 noch mit GfK-Karosserie gebauten Exemplaren stieg die Produktion denn von 1848 (1979) über 2335 (1980) auf 2565 (1981).

208 GTB/GTS. Im Sommer 1980 hatte Ferrari für den einheimischen Markt eine 2-l-Variante mit vier Weber-Doppelvergasern und 155 PS Leistung geschaffen. Für sie betrug die Kaufsteuer nur 18 statt 35 Prozent.

Mondial 8. Einen als Mondial bezeichneten Ferrari hatte es schon zu den Nachkriegszeiten als Rennsportmodell gegeben. Überraschend hatte Ferrari diesen Namen für ein auf dem Genfer Salon 1980 vorgestelltes 2+2-sitziges Mittelmotorcoupé zurückgeholt. Autos mit dieser Motorlage und mehr als zwei Sitzen waren eine Rarität. Der Mondial 8 war der Nachfolger des Dino 308 GT 4, der seinen gelungenen Aufbau ausnahmsweise von → Bertone erhalten hatte, und

Ferrari 308 Quattrovalvole GTS + GTB, 1983

Ferrari BB 512, 1983

Ferrari (288) GTO, 1984

Ferrari Mondial Quattrovalvole (USA-Version), 1985

Ferrari Testarossa, 1985

bot nun ebenfalls einen bei Pininfarina entworfenen Aufbau. Er zeigte stilistische Elemente, die der Design-Ikone BB 512 entlehnt worden waren. Auffallend wirkten die kräftigen schwarzen Stoßschutzbalken, die sich vorne und hinten bis zu den Radausschnitten um die Ecken zogen. Wie der 308 besaß auch der Mondial 8 in die flache Front integrierte Klappscheinwerfer, zudem aber Zusatzlampen im Stoßschutz. Sämtliche technische Daten waren mit jenen des 308 identisch; der Hauptunterschied bestand in dem von 234 auf 265 cm verlängerten Radstand.

400 Automatic i/GTi. Den angestammten großen Ferrari verkörperte 1981 der Tipo 400. Der Stammbaum dieses luxuriösen 2+2-sitzigen V12-Coupés reichte zum 250 GT 2+2 und GT/E von Anfang der 60er Jahre zurück. Der traditionellerweise bei Pininfarina gebaute Luxussportwagen war im Oktober 1976 auf dem Salon von Paris eingeführt und ein wenig zum Schrecken der Ferrari-Freunde gleich von Anfang an als „Automatic" propagiert worden. Bei diesem 3-Stufen-Automatikgetriebe handelte es sich um das Turbo Hydra-Matic von General Motors. Die Version 400 GT mit 5-Gang-Getriebe kam erst später hinzu.

Im Herbst 1979 erhielt der 4,8-l-Zwölfzylinder-DOHC-Alumotor die mechanische Benzineinspritzung K-Jetronic von Bosch. Die Leistung sank zwar von 340 auf 310 PS, doch ergab sich eine verbesserte Leistungseffizienz. Auch bei diesem Motor sorgten zwei Lüfter für die Kühlung. Die Struktur bestand aus einem Gitterrohrrahmen, und der Aufhängung dienten vorne und hinten Trapez-Dreieckquerlenkern und Schraubenfedern, wobei hinten beidseits je zwei Koni-Stoßdämpfer sowie eine Niveauregulierung hinzukamen (sowie eine ZF-Differenzialbremse). Die Vierrad-Scheibenbremsen waren belüftet und ebenso servobestückt wie die mit Schnecke und Rolle funktionierende Lenkung. Dem hohen Preisniveau entsprechend, das übrigens für Automatic und GT identisch war, erhielt auch das Karosserieinnere eine hochsportlich gestylte Ausstattung.

BB 512. Das Ferrari-Topmodell war auch 1981 der BB. Dieses Kürzel stand für Berlinetta Boxer. Es handelte sich somit um ein zweisitziges Coupé mit Zylindern in Boxeranordnung, das heißt flach gegenüberliegend. Nach rennsportlicher Devise wurde so ein möglichst tiefer Schwerpunkt erreicht. Es handelte sich um einen Zwölfzylinder-Mittelmotor mit Leichtmetall-Zylinderköpfen und -block und 2x2 obenliegenden Nockenwellen sowie Trockensumpfschmierung.

Nach ziemlich einhelliger Ansicht von Autoliebhabern und Designexperten war der BB eines der ganz großen Meisterwerke von Pininfarina, auch wenn der in Schwarz gehaltene Flankenunterteil Anlass zu leiser Kritik geben mochte. Als Prototyp war der BB bereits auf dem Salon Turin 1971 ausgestellt worden. Auf dem Salon Paris 1976 hatte er einen von 4,4 auf 4,9 l vergrößerten Hubraum und damit die Bezeichnung 512 für 5 l und 12 Zylinder erhalten. Die Leistung dieser Kraftquelle der technischen Superlative erreichte 340 PS bei 6200/min und das maximale Drehmoment stand mit 451 Nm bei 4600/min an. Zum 5-Gang-Getriebe kam auch hier eine ZF-Differenzialbremse.

Der Unterbau ähnelte jenem des Ferrari 400: Gitterrohrrahmen, Trapez-Dreieckquerlenker, hinten vier Dämpfer, hingegen wurde eine Zahnstangenlenkung verwendet. Die Beschleunigung für den stehend gestarteten km wurde vom Hersteller mit 25,1 s, die Höchstgeschwindigkeit mit 283 km/h angegeben. Und der ECE-Verbrauch? Auch er sei im Rückblick wieder einmal genannt: 13,0/15,1/27,2 l/100 km bei 90/120 km/h und im Stadtverkehr.

BB 512i. Mit der IAA Frankfurt im September 1981 wurde der BB mit K-Jetronic-Einspritzung (mit zwei Einheiten) eingeführt. Die Leistung wurde weiterhin mit 340 PS angegeben, sie stand nun bei 6000 statt bei 6200/min an. Das maximale Drehmoment von 451 Nm war bereits bei 4200 statt bei 4600/min verfügbar.

208 Turbo. Dem italienischen Markt vorbehalten war die Turboversion des Coupés 208, die auf dem Turiner Salon im April 1982 hinzukam. Mit dem KKK-Turbolader mit 0,6 bar Maximaldruck wurden 220 PS und damit schon fast das Leistungsniveau der 308-Modelle erreicht. Bei Tempo 140 bezifferte sich der Verbrauch auf 13 l Super/100 km und als Spitze wurden 242 km/h genannt.

Quattrovalvole-Motor. Anfang September 1982 erhielt zunächst der 2,9-l-DOHC-V8 des Mondial neue Köpfe mit je zwei Ansaug- und Auslassventilen pro Zylinder. „Vierventiler" waren außerhalb des Rennsports noch kaum anzutreffen. Es gab sie beispielsweise bei → Lotus, dort aber bei einem Vierzylindermotor. Mit den 32 Ventilen stieg die Leistung des nach wie vor mit einer elektronischen K-Jetronic-Einspritzung versehenen Ferrari-Motors von 214 PS bei 6600/min auf 240 PS bei 7000/min. Als Höchstgeschwindigkeit wurden 240 statt 230 km/h genannt, und bei leicht verbessertem Beschleunigungsvermögen sank der Verbrauch bei der in Italien erlaubten Höchstgeschwindigkeit von 140 km/h von 13,3 auf 12,8 l/100 km.

Auf dem Automobilsalon von Paris wurden im Herbst 1982 auch die 308 GTB und GTS als Quattrovalvole ausgestellt. Mit dem Modelljahr 1983 stieg die Leistung des 400i von 310 auf 315 PS. Das Armaturenbrett und der Innenraum waren umgestaltet und die Aufhängung überarbeitet worden. Bereits diskutierten Insider über ein Hochleistungsmodell mit der historischen Bezeichnung GTO.

Mondial Quattrovalvole Cabrio. Mitte September 1983 wurde in Maranello die Cabrioletvariante des Mondial vorgestellt. Auch sie war 2+2-sitzig und im Gegensatz zum 308 GTS war das Dach vollversenkbar ausgeführt. Der 14-Buchstaben-Begriff Quattrovalvole wurde alsbald auch mit QV abgekürzt.

Anfang 1984 wurde Vittorio Ghidella, geschäftsführender Direktor der Fiat SpA, zum Präsidenten von Ferrari berufen. Ehrenpräsident Commendatore Enzo Ferrari (inzwischen 86 Jahre alt) behielt die Verantwortung für die sportlichen Aktivitäten.

(288) GTO. Der von 1962 bis 1964 in 39 Exemplaren gebaute Ferrari 250 GTO wurde zum wertvollsten Sammelobjekt unter allen Ferrari (ja, abgesehen vom Bugatti Royale, sogar von allen Pkw). Es kam daher fast einem Tabubruch gleich, als auf dem Genfer Salon 1984 erneut ein Ferrari mit der Bezeichnung GTO vorgestellt wurde. Zudem war sein Motor kein Zwölfzylinder, sondern ein 2,9-l-V8. Später erhielt dieses Modell die präzisierende Bezeichnung 288 GTO. Im Gegensatz zum Ferrari 308 besaß der GTO eine Zünd- und Einspritzanlage von Marelli-Weber und zudem zwei Abgasturbolader IHI mit einem maximalen Ladedruck von 0,8 bar. Zusammen mit weiteren Maßnahmen stieg die Leistung von 240 auf just 400 PS bei 7000/min. Der Hubraum war von 2927 auf 2855 cm^3 reduziert worden (Bohrung 80 statt 81 mm), womit sich mit dem Turbofaktor von 1,4 ein Zylinderinhalt von genau 4 l ergab.

Dieser GTO (Omologato) sollte in 200 Einheiten für die Homologation nach Gruppe B hergestellt werden; hinzu waren 20 Evolutionsexemplare für den Renneinsatz durch private Teams geplant. Nachdem die 200 Exemplare beim offiziellen Modellstart auf dem Genfer Salon 1985 bereits verkauft waren, wurden zum Trost enttäuschter Ferrari-Sammler weitere 72 Exemplare aufgelegt. Der GTO Evoluzione entstand hingegen in nur fünf Exemplaren; anstatt zum Renneinsatz gelangte auch er gleich in Sammlerhand.

Ein wesentlicher Unterschied zum Ferrari 308 bestand darin, dass der Mittelmotor nicht längs, sondern quer eingebaut war. Der Radstand war auf 245, die Länge auf 429 cm gestreckt worden. Der eigene Gitterrohrrahmen trug eine von Pininfarina im Windkanal ausgefeilte GfK-Karosserie, wobei einzelne Elemente aus Kevlar, Kohlefasermaterial und Leichtmetall sowie in Nomex-Sandwichbauweise der strukturellen Verstärkung dienten. Hinter dem hinteren Radausschnitt trug der GTO drei vertikale Luftauslassschlitze (beim 250 GTO hatten zwei solche Öffnungen in den vorderen Kotflügeln zu den Merkmalen gezählt). Das Fahrwerk war dem Einsatzzweck entsprechend angepasst, und Räder und Reifen waren besonders wuchtig. Zu dem Plus von 160 PS kam noch eine Gewichtsabnahme von 160 auf 1160 kg. Der GTO konnte Tempo 100 in 4,9 s erreichen, als Höchstgeschwindigkeit wurden 305 km/h genannt.

Testarossa. Nachdem die Produktion des BB 512i bereits im Sommer eingestellt worden war, erfolgte auf dem Salon von Paris in der ersten Oktoberhälfte 1984 die Vorstellung des Nachfolgers: Er trug die Bezeichnung Testarossa (roter Kopf) in Erinnerung an die berühmten Rennsportmodelle Testa Rossa der 50er Jahre, deren Zylinderköpfe rot gespritzt waren. Der Testarossa war erneut ein Meisterstück aus den Pininfarina-Studios, auch wenn er vielleicht nicht ganz an das epochale De-

Ferrari 328 GTB, 1986

Ferrari 412, 1986

Ferrari F 40, 1988

sign des BB herankam. Äußerlich lagen die Hauptunterschiede im senkrechten, statt nach unten einwärts geneigten vorderen Abschluss der Keilfront, in dem eckigen statt gerundeten zweiten Seitenfenster und vor allem in dem großen Lufteinlass vor dem hinteren Radausschnitt, zu dem fünf über die Tür gezogene, sich nach hinten verbreiternde horizontale Rippen hinführten. Über diesen Rippen verlief eine zweite keilförmige Gürtellinie schwungvoll über die Hinterräder zum Heck. Diese Designelemente verhalfen dem Testarossa zu seinem charakteristischen Aussehen.

Das neue, hinreißende Design besaß durchaus auch einen technischen Hintergrund, war doch der Kühler aus der Wagenfront in die Flanken verlegt worden. Damit wuchs die Breite von 183 auf (schon fast beängstigende) 197,6 cm. Der Radstand war um 5 auf 255 cm verlängert worden, und die Länge hatte um 8,5 auf 448,5 cm zugelegt. Die Heckleuchten waren nicht mehr rund, sondern eckig geformt, und sie wurden von fünf horizontalen Querstäben überdeckt, die das gesamte Heck belegten. Während Türen und Dach aus Sicherheitsgründen aus Stahlblech hergestellt wurden, bestanden die übrigen Karosserieteile aus Leichtmetall. Alle Testarossa-Blechteile wurden einer intensiven Korrosionsschutzbehandlung unterzogen. Das Gewicht sank gegenüber dem BB von 1580 auf 1510 kg.

Das Cockpit war typisch Ferrari: kreisrunde Anzeigeinstrumente, in der Höhe verstellbares Lederlenkrad, Mittelkonsole mit Bedienungsschaltern, anatomisch gestaltete Sportsitze mit „mikrometrisch" verstellbaren Lehnen (hinter denen sich ein zweiter Kofferraum fand). Zur Serienausstattung zählten eine Klimaanlage mit automatischer Temperaturregelung, eine aufwändige Audioanlage, Fensterheber und Zentralverriegelung.

Der 4,9-l-Zwölfzylinder-Flachmotor hatte zwar seine Abmessungen behalten, doch nun mussten die 2x2 obenliegenden Nockenwellen nach dem Quattrovalvole-Prinzip 48 statt 24 Ventile betätigen, und die Leistung stieg damit von 340 auf 390 PS bei 6800/min. Die benötigte Zeit für das Beschleunigen von 0 auf 100 km/h wurde mit 5,8 s und die Höchstgeschwindigkeit mit 290 km/h angegeben. Für die USA wurde auch eine auf bleifreies Benzin ausgerichtete Version vorbereitet, womit Amerika erstmals wieder mit einem Zwölfzylinder-Ferrari beliefert werden konnte. Für den Testarossa wurde eine Jahresproduktion von 300 Exemplaren geplant (binnen kurzem erstreckte sich die Lieferzeit auf eineinhalb Jahre).

412. Zum Genfer Salon 1985 wurde aus dem 400i der 412. Nachdem die Leistung schon im Herbst 1982 von 310 auf 315 PS gesteigert worden war, hatte man den Hubraum durch 1 mm mehr Bohrung (82x78 mm) von 4823 auf 4942 cm^3 vergrößert. Zudem wurde die Verdichtung von 8,8:1 auf 9,6:1 erhöht, womit nun 340 PS bei 6000/min resultierten. Tempo 100 war jetzt binnen 6,7 s erreichbar (mit Automatikgetriebe 8,3 s), und die Höchstgeschwindigkeit wurde mit 250 km/h (mit Automat 240 km/h) angegeben. Noch wichtiger war wohl die Einführung eines ABS. Der Gepäckrauminhalt war von 485 auf 500 l vergrößert worden, es gab neue Kopfstützen und kleine Änderungen am Armaturenbrett.

328 / Mondial 3.2. Mit der IAA Frankfurt wurde im September 1985 der 308 durch den 328 abgelöst, und auch der Mondial erhielt einen größeren V8: 3186 statt 2927 cm^3, 270 statt 240 PS bei unverändert 7000/min. Gleichzeitig waren die Verdichtung von 8,8:1 auf 9,6:1 angehoben, die Kolben zum Quetscheffekt geformt, der Ventilhub verlängert und die Steuerzeiten geändert worden. Die Digiplex-Zündung wurde durch die feinfühligere Multiplex-Zündung, ebenfalls von Magneti Marelli, ersetzt. So vermochte der 328 als GTB oder GTS (Berlinetta bzw. Spider) binnen 6,4 s auf Tempo 100 zu spurten, und seine Höchstgeschwindigkeit stieg von 255 auf 263 km/h. Beim 2+2-sitzigen Mondial 3.2 lauteten die entsprechenden Werte: 7,4 s und 250 statt 240 km/h.

Der 328 erhielt kräftigere, in der Wagenfarbe gehaltene Stoßfänger, vorn mit den Positionsleuchten und Blinkern, hinten mit den Nebelrückleuchten und den Auspuffendrohren. Der Innenraum zeigte sich ergonomisch verbessert. Nebeninstrumente und Audioanlage waren nun in einem Geviert in Armaturenbrettmitte vereint, und u. a. wurde die Handbremse von der Mittelkonsole links neben den Sitz verlegt. Auch der Mondial erhielt kräftigere Stoßfänger, die ein Stück typischen Ferrari-Kühlergrills umrahmten, zudem neue Türgriffe und weitere Detailverbesserungen.

208 Turbo 1986. Ab dem Salon Turin im Frühling 1986 erhielten auch die ausschließlich für Italien gebauten 208 Turbo GTB und GTS die Modifikationen der 328 GTB/GTS. Statt von KKK stammte der Abgasturbolader neu von IHI und der Ladedruck erreichte 1,05 statt 0,6 bar, doch war es vor allem ein Ladeluftkühler, der für eine Leistungssteigerung von 220 auf 254 PS sorgte. Tempo 100 war in 6,3 s erreichbar, und als Spitze wurden 253 km/h genannt.

F 40. Er war unter der Bezeichnung Le Mans angekündigt worden, doch bei seiner Vorstellung im Juli 1987 hieß das neue Super-Hochleistungsmodell von Ferrari schlicht F 40, dies in Gedenken an die Geburt der Marke im Jahre 1947. Das Jubiläumsmodell war binnen einem Jahr entwickelt worden, wobei sowohl Anregungen aus der

Rennabteilung wie aus dem im Aufbau begriffenen Geschäftszweig Ferrari Engineering einflossen. Letzterer sollte künftig auch Entwicklungsarbeiten für Fremdfirmen übernehmen. Ausgangspunkt für den F 40 waren der 288 GTO sowie der GTO Evoluzione.

Auch in ihm war ein 2,9-l-V8 mit 2x2 obenliegenden Nockenwellen und 32 Ventilen eingebaut. Allerdings mit anderen Abmessungen: 82x69,5 mm erbrachten 2936 cm^3 (statt 80x71 mm = 2855 cm^3), womit sich mit dem Turbofaktor 1,7 just die 5-l-Klasse nutzen ließ. Der maximale Ladedruck der beiden IHI-Abgasturbolader war von 0,8 auf 1,1 bar erhöht worden. Zusammen mit den weiteren Maßnahmen erbrachte dies eine Leistungssteigerung von 400 auf 478 PS. Für das Plus sorgten getrennte Drosselklappen und zwei Einspritzdüsen je Zylinder, großflächige Ladeluftkühler und eine aufwändige Motorelektronik Weber/Marelli IAW, die mit dem in der Formel 1 angesetzten Aggregat eng verwandt war. Die Zündanlage mit vier Spulen besaß keinerlei bewegliche Teile.

Bei der Struktur handelte es sich um einen Gitterrohrrahmen mit integriertem Überrollschutzkäfig und mit Kohlefaserverstärkungen. Alle Karosserieteile einschließlich der äußerlich nicht sichtbaren Elemente bestanden aus Kohlefasern und Kevlar. So konnte, unter langwierigem Herstellungsprozess, ein auf rund 1100 kg beschränktes Gewicht erreicht werden. Das Design war – mit ausgedehnten Messungen im Windkanal – bei Pininfarina entstanden. Der Pavillonteil zwischen den gesamthaft hochklappbaren Front- und Heckpartien, ähnelte jenem des 288 GTO, doch war der Bug tiefer und seine Keilform noch ausgeprägter.

Das Heck trug einen harmonisch aus den Flanken emporwachsenden, hochliegenden Querflügel, der dem F 40 das besondere Gepräge gab. Dazwischen lag eine mit Luftschlitzen dotierte Plexiglaskuppel als Schaufenster für den Motor. Der Luftwiderstandsbeiwert wurde mit cw 0,34 angegeben. 200 km/h konnten binnen 12 s erreicht werden und als Spitze wurden 324 km/h genannt. Leistungsvermögen lag klar über allem Komfortdenken: Der Käufer hatte zwar die Wahl zwischen drei Sitzgrößen, deren Polsterung war aber minim und ebenso glänzten Verkleidungen im Cockpit durch Abwesenheit. In den Seitenscheiben aus Plexiglas fand sich bloß ein kleiner Schiebeteil. Da war es ein Trost, dass zu dem sündhaft teuren Liebhaberstück – gegen Aufpreis – wenigstens eine Klimaanlage lieferbar war... Mit einem Tuningkit ab Werk ließ sich die Leistung für den Renneinsatz um weitere 200 PS steigern.

Ursprünglich hätten nur 400 F 40 gebaut werden sollen, doch wegen der lebhaften Nachfrage erhöhte man die Zahl auf 600, dann 700 und sogar 800, wobei Spekulanten nach Möglichkeit aus der Bestellerliste gestrichen wurden. Die Auslieferungen sollten ab Mitte 1988 beginnen, für 1989 wurde die Herstellung von 400 Stück geplant.

Ferrari Mondial T Cabriolet + Coupé, 1990

Ferrari 348, 1990

Im Juni 1988 verlautete, dass der greise Enzo Ferrari sein verbleibendes Aktienpaket von 40 Prozent an Fiat veräußern und dass man bei Fiat von diesem 1969 erhaltenen Vorkaufsrecht Gebrauch machen wolle. 10 Prozent der Aktien standen im Besitz des legalisierten zweiten Sohnes Piero Lardi-Ferrari. 1983 hatte Fiat diese 40-Prozent-Option allerdings an seinen damaligen Generaldirektor der Autosparte, Vittorio Ghidella, weitergegeben. Dieser konnte nun die Option zum etwa fünffachen Preis an Fiat zurückverkaufen.

Am 14. August 1988 verstarb Enzo Ferrari im 91. Altersjahr in seinem Heim in Modena; die legendärste Sportwagenmarke der Welt hatte ihren Gründer verloren! – Ab September 1988 besaß Fiat offiziell 90 Prozent der Ferrari-Aktien, Piero Lardi-Ferrari als stellvertretender Vorsitzender hielt weiterhin 10 Prozent. Nach dem Ausscheiden von Ghidella bei → Fiat, wurde Cesare Romiti per 1. Januar 1989 auch Präsident von Ferrari, während Piero Fusaro, Geschäftsführer von Alfa Lancia Industriale, zusätzlich zum Leiter der Ferrari Sefac SpA ernannt wurde; er war schon von 1975 bis 1979 Ferrari-Direktor gewesen. Ebenfalls ein Comeback feierte Luca di Montezemolo, der in den 70er Jahren Ferrari-Sportdirektor war, und nun ebenfalls in die Ferrari-Generaldirektion bzw. in den Verwaltungsrat einzog. – 1988 wurden erstmals über 4000 Ferrari hergestellt, 78 Prozent gelangten in den Export.

Insider wussten, dass Ferrari am Vierradantrieb arbeitete. Schon 1986 hatte die Design- und Entwicklungsfirma Idea mit dem Prototyp 408 ein Zweisitzercoupé mit längs eingebautem 4-l-V8 und Vierradantrieb geschaffen. 1988 wurde in Maranello ein 408 Evoluzione mit neuartiger Aluminium-Chassiskonstruktion in Versuch genommen, auch er mit Vierradantrieb (Kraftverteilung vorne/hinten angeblich 30:70 Prozent). Doch es sollte nichts daraus werden.

Mondial T. Äußerlich waren an dem Mondial T, der 1989 auf dem (hierzu stets bevorzugten) Genfer Salon zur Premiere kam, keine größeren Änderungen auszumachen: stärker nach außen gewölbte Radhäuser, viel flachere Klappscheinwerfer und (am auffallendsten) kürzere, nicht mehr bis über den Radausschnitt gezogene hintere seitliche Lufteinlässe. Die wesentliche Neuerung bestand aber in dem nun längs statt quer eingebauten Mittelmotor. Das 5-Gang-Getriebe wurde jetzt L-förmig im rechten Winkel zum Motor eingebaut, wie beim früheren Formel-1-Grand-Prix-Modell 312 T (dieser Buchstabe stand auch beim neuen Mondial für transversal). Dank der neuen Anordnung ließ sich der V8-Motor tiefer installieren und der Schwerpunkt somit absenken.

Gleichzeitig hatte Ferrari den Hubraum von 3186 auf 3405 cm³ erhöht, womit die Leistung von 270 auf 300 PS anstieg (mit Katalysator von 264 auf 295 PS). Die Verdichtung war von 9,8:1 auf 10,4:1 angehoben worden. Der elektronischen Einspritzung diente das Bosch-System Motronic M 2.5. Die Trockensumpfschmierung war beibehalten worden, und das Leergewicht erreichte 1505 kg (Cabriolet 1535 kg). Das Beschleunigungsvermögen für den 0–100-km/h-Spurt verbesserte sich von 7,4 auf 6,3 s und die Höchstgeschwindigkeit von 250 auf 255 km/h. Neu eingeführt wurde eine mit Bilstein entwickelte elektronische Stoßdämpferregelung in drei Stufen. Das serienmäßige ABS stammte von Ate. – Anfang 1989 lief die Produktion des Ferrari 412 aus, bis Ende Juli sollte auch die Herstellung des 328 eingestellt werden.

348 tb/ts. Auf der Frankfurter IAA wurde im September 1989 der 328-Nachfolger 348 vorgestellt. Sein 3405-cm³-V8, der je nach Abgasschema bis 300 PS leistete, war analog zum Mondial T und den Ferrari-F1-Grand-Prix-Wagen mit einem längs eingebauten Mittelmotor und quer dazu angeordnetem Getriebe ausgerüstet. Daraus gaben sich die beiden Karosserievarianten tb für transversale berlinetta und ts für transversale spider. Letzterer war weiterhin ein Targacoupé.

Bei Grundlinien, die jenen des Modells 328 ähnlich waren, hatte Pininfarina für den Ferrari 348 wiederum ein Musterbild von unaufdringlich eleganter und gleichzeitig hochsportlicher Ausgewogenheit geschaffen. Die flache Stoßschutzfront mit dahinter folgenden Klappscheinwerfern war in drei Felder für Scheinwerfer und Kühlergrill eingeteilt. Der seitliche Lufteinlass fand sich nicht mehr oben, sondern unten an den Flanken und zudem in die Türen integriert. Er war ähnlich wie beim Testarossa gestaltet, allerdings nur mit drei Längsrippen. Die Seitenscheiben waren außenbündig eingepasst.

Der Unterbau war neu als Monocoque ausgebildet; nur zur Aufnahme des Antriebsstranges einschließlich Aufhängung wurde noch eine Rohrrahmenstruktur verwendet. Es ergab sich eine nahezu selbsttragende Konstruktion aus geformten Stahlblechteilen, die wie bei Automobilen aus der Großserie durch Roboter miteinander verschweißt wurden. Gegenüber dem Vormodell erhöhte sich die Torsionssteifigkeit der Karosseriestruktur um 59 Prozent. Auf die Fertigung der Zweisitzer im Scaglietti-Karosseriewerk in Modena folgte die Endmontage in Maranello.

Während der Radstand von 235 auf 245 cm gewachsen war, erreichten die Außenabmessungen 423x189,5x117 cm statt 425,5x173x113 cm. Entsprechend hatte auch die Spurweite zugelegt, nämlich von 148,5/146,5 auf 150/158 cm. Das Leergewicht hatte sich von unter 1300 kg auf gegen 1500 kg erhöht, was aber teils einer verbesserten Ausstattung (u. a. mit ABS) zuzuschreiben war. Mit der Motronic-Einspritzung ausgerüstet war der Ferrari 348 auch dichtem Verkehr gewachsen, auf freier Bahn aber konnten mit ihm Tempo 100 in 5,6 s (Testarossa: 5,7/5,8 s) und eine Spitze von gut 275 km/h erreicht werden. Bei gleichmäßiger Autobahnfahrt mit 120 km/h war mit einem Verbrauch von 10 l/100 km zu rechnen (deutlich weniger als beim Typ 328).

Anfang Juni 1990 erklärte die Ferrari SpA, dass sie trotz Lieferfristen von bis zu drei Jahren (und Aufpreisen von bis zu 100 Prozent, die für Neuwagen unter der Hand bezahlt wurden) an einer auf Exklusivität ausgerichteten Produktions- und Marktstrategie festhalten wolle und eine Jahresproduktion von 4000 Einheiten das obere Limit bilden solle. Die vier Grundmodelle 348, Testarossa, Mondial und F 40 wurden von 1500 Mitarbeitern mit viel Handarbeit hergestellt (dazu kamen 300 Personen im F1-Rennstall). 70 Prozent der Produktion wurde exportiert (vor allem in die USA, 10 Prozent nach Deutschland). Bei den Liebhaberauto-Versteigerungen hatte sich übrigens im Mai 1990 plötzlich ein Ende der Spekulationswelle um Ferrari-Oldtimer ergeben: Nur noch wenige der stets hoch und höher kotierten Sammelstücke fanden zum vorgegebenen Minimalpreis einen Abnehmer, und die in oberste Finanzsphären entrückten Preise näherten sich wieder dem Boden der Wirklichkeit...

Produktionszahlen: BB 512, 1976–81: 929; BB 512i, 1981–84: 1007 (alle BB inkl. 365 GT/4 BB 1971–76: 2323); 400i, 1979-85: 1306; 412, 1985–89: 2386.

Ferrari	Bauart	Mot.	Getr.	R/L cm	Baujahre
208 GTB / GTS	**G'r./M.**	**a**	**5**	**234/423**	**1980–82**
208 Turbo		**b**			**1982–85**
GTB/GTS Turbo				**235/425,5**	**1986–89**
Motoren:	*Zyl.:*	*N'w.:*	*cm³:*	*PS/'min:*	*Nm/'min:*
a	V8	DOHC	1991	155/6600	170/4900
b (*1986–)	V8T			220/7000/254*/6500	240/4800/329/4100
308 GTBi / GTSi	**G'r./M.**	**–**	**5**	**234/423/442,5U**	**1980–82**
Mondial 8				**265/458**	
Motor:	V8i	DOHC	2927	214/208U/6600	243/4600/245/5000
308 GTBi/GTSi 4-valv.	**G'r./M.**	**a–c**	**5**	**234/423/442,5U**	**1982–85**
Mondial Quattrovalvole			**a/b**		**265/458/464U**
a	V8i	D32V	2927	240/7000	260/5000
b (USA *1984–)				230/235*/6800	255/5500
c (CH 1982/83)				230/7050	
328 GTB/GTS	**G'r./M.**	**a/b**	**5**	**235/425,5/428,5U**	**1985–89**
3.2 Mondial				**265/453,5**	**1985–88**
a (–1986)	V8i	D32V	3186	270/7000/265CH	304/5500
b (1986–)				270/255K/264K/7000	304/289/5500
348 tb/ts	**Mon./M.**	**–**	**5**	**245/423**	**1989/90**
Mondial T				**265/453,5**	
Motor:	V8i	D32V	3405	300/7200/295K/286K	323/4200

Ferrari	Bauart	Mot.	Getr.	R/L cm	Baujahre
400 Automatic i / GTi	**G'r.**	**–**	**A3/5**	**270/481**	**1980–85**
Motor: (*1982–)	V12i	DOHC	4823	310/315*/6400	392/412/4200
412	**G'r.**	**a/b**	**A3/5**	**270/481**	**1985–89**
a (–1986)	V12i	DOHC	4943	340/6000/333CH	451/4200
b (1986–)				340/6000/325K	
BB 512/512i	**G'r./M.**	**a/b**	**5**	**250/440**	**1980–84**
Motoren:	*Zyl.:*	*N'w.:*	*cm³:*	*PS/'min:*	*Nm/'min:*
a (–1981)	B12	DOHC	4943	340/6200	451/4600
b (1981– +*1986–)	B12i			340/6000	451/4200
Testarossa	**G'r./M.**	**a–c**	**5**	**255/448,5**	**1984–90**
Motoren:	*Zyl.:*	*N'w.:*	*cm³:*	*PS/'min:*	*Nm/'min:*
a (–1986)	B12i	D48V	4943	390/6300/385CH	490/4500
b (1986–)				390/6300	490/4500
c (1986– +*1989–)				370K/380K*/6000	451/4600
GTO	**G'r./M.**	**–**	**5**	**245/429**	**1984/85**
Motor:	V8iT	D32V	2855	400/7000	496/3800
F 40	**G'r./M.**	**–**	**5**	**245/443/436**	**1988–90**
Motor:	*V8iT*	*D32V*	*2936*	*478/7000*	*577/4000*

Fiat

Die Fabbrica Italiana Automobili Torino (= Fiat) war 1899 von Turiner Industriellen und Aristokraten gegründet worden. Im Gegensatz zu den meisten anderen Neugründungen war Fiat von Anfang an als Großunternehmen aufgezogen worden, und es entwickelte sich bald einmal zu Italiens bedeutendstem Industriekonzern. Durch Übernahmen wurde diese Position weiter gestärkt, so 1969 durch die Integration der zweitgrößten Turiner Automarke, Lancia. Hauptaktionär war um 1980 wie seit der Gründung die Familie Agnelli, doch hatte sich 1976 der Staat Libyen unter Diktator Ghadhafi 10 Prozent des Kapitals und zwei Sitze im Verwaltungsrat gesichert.

1981 umfasste die Fiat-Gruppe nebst → Lancia auch die Marken → Autobianchi und → Ferrari. Fiat-Autos wurden unter Lizenz in Spanien (→ Seat), Russland (→ Lada), Polen (→ FSO), Jugoslawien (→ Zastava), Argentinien (→ Fiat-Concord), Indien (→ Premier), in der Türkei (→ Tofas Murat) und in Brasilien (→ Fiat Brasil, seit den 70er Jahren) produziert, wobei es sich teils noch um frühere Modelle (wie den Heckmotor-Kleinwagen 600) handelte. Hinzu kamen spezialkarossierte Fiat, die teils als Einzelstücke, teils in Kleinstserie bei diversen italienischen Karosseriefirmen entstanden (→ Fissore, Giannini, Moretti und Anhang).

Ab Mitte 1980 befand sich Fiat erneut im Kampf mit den Gewerkschaften. Von Fiat-Seite wurde unterstrichen, dass das Unternehmen nur gesunden könne, wenn die Produktivität von Balast befreit werde. Man plante, die Produktion in der zweiten Jahreshälfte um 200'000 Einheiten (vor allem der Modelle 131 und 132) zu reduzieren und rund 15'000 Mitarbeiter zu entlassen. Von Fiat wurde die noch neue japanische Konkurrenz in besonders hohem Maß gefürchtet.

Als Fiat im Herbst 1980 gleich 23'000 Arbeiter zumindest vorübergehend der Cassa d'integrazione (Lohnausgleichskasse) unterstellte, antworteten die Gewerkschaften mit dem Besetzen der Fiat-Werkanlagen in Turin, Chivasso, Casino und Desio (Autobianchi). Der „Dreissigtägige Krieg" wurde zu einer enormen Belastung für die italienische Wirtschaft, denn während Fiat riesige Einnahmenverluste hinnehmen musste, entstanden den Arbeitern massive Lohneinbußen, welche die Gewerkschaften durch Sammelaktionen zu mildern suchten. Es blieb bei den 23'000 Beurlaubungen, doch gab es nun auch vorzeitige Pensionierungen ab 59 (Mitarbeiter) bzw. 54 Jahren (Mitarbeiterinnen).

Von der Fiat-Führung wurde nicht nur die Konkurrenz seitens der Staatsmarke Alfa Romeo scharf beobachtet, sondern auch deren Abkommen mit Nissan bekämpft. Das Projekt der Alfa/Datsun-Gemeinschaftsmarke → Arna ließ sich aber nicht aufhalten. So startete Fiat zum Gegenangriff und vereinbarte mit PSA (→ Peugeot) den Bau einer gemeinsamen Motorenfabrik in Süditalien.

Auf der technischen Seite befasste sich Fiat u. a. mit einer Transmatic getauften stufenlosen Kraftübertragung mit Schubgliederband. Man versprach mit dem binnen zwei Jahren vorgesehenen Einbau im Modell Ritmo eine Verbrauchseinsparung von bis zu 20 Prozent. Fiat war ein Hersteller mit besonders umfangreicher Modellpalette; 1981 umfasste sie die Typen 126, Panda, 127, 128, Ritmo, 131 Mirafiori und Supermirafiori, 132, X 1/9, Sport Spider und Campagnola.

Fiat Panda 45, 1981

Fiat 127 Panorama, 1981

Fiat 127 Sport, 1981

126. Der 1972 auf dem Salon von Turin herausgebrachte Fiat 126 war der designierte Nachfolger des Typs 500 und damit immer noch das kleinste Auto der angestammten Automobilindustrie Europas. Zwar mochte es mit 305,5 cm noch um ein paar Zentimeter länger sein als der → Mini, aber es basierte auf nur 184 cm Radstand und war besonders innen enger als der englische Widerpart. Vor allem aber beruhte es noch auf der inzwischen veralteten Heckmotorbauweise: Für den Antrieb dieses niedlichen, hübsch geformten Viersitzer sorgte ein luftgekühlter Zweizylinder mit seitlicher Nockenwelle, der im Juli 1977 auf 651 cm^3 vergrößert und auf 24 PS Leistung gebracht worden war. Der erste der vier Gänge war noch nicht synchronisiert.

Vorne fanden sich obere Dreieckquerlenker und eine untere stabilisierende Querblattfeder, hinten schräge Dreiecklenker und Schraubenfedern. Die Bremsen besaßen vorne wie hinten Trommeln und die Lenkung funktionierte mit Schnecke und Rolle. Nebst dem Basismodell gab es seit November 1976 die mit solideren schwarzen Stoßstangen, seitlichen Rammschutzleisten und etwas Chrom hübsch herausgeputzte Version Personal, die es auf eine Länge von 313 cm brachte. Nachdem der Fiat 126 ab 1973 zunächst unter Lizenz auch in Polen hergestellt worden war, wurde er bald einmal von Polski Fiat (→ FSO) auch nach Italien geliefert.

Panda. Der Panda war im Februar 1980 als kubisches, ebenso modern wie sympathisch wirkendes Kleinauto vorgestellt worden. Es reihte sich zwischen die Modelle 126 und 127, zeigte aber einen völlig anderen Stil. Sein auf möglichst große Raumnutzung und Zweckmäßigkeit ausgerichtetes Design war ein Meisterstück von Giorgetto Giugiaro von Ital-Design (→ Anhang). Dieser bewies mit dem Panda einmal mehr, nicht nur schnelle Autos richtungsweisend gestalten zu können! Mit 144,5 cm war der Panda vergleichsweise hoch (Fiat 127: 136 cm, Mini und VW Polo: 134,5 cm). Damit nahm dieser Kleinwagen eine spätere Entwicklungstendenz voraus.

Fiat 131 Supermirafiori, 1981

Fiat Campagnola, 1981

Der als dreitüriger Fünfsitzer ausgelegte Panda bot eine neuartige Verwandelbarkeit des Innenraums. Die hintere Sitzbank ließ sich nicht nur umklappen, durch Entfernen ihrer oberen und/oder unteren Querrohre ließ sich zudem eine Laderaumvergrößerung erzielen, und es konnten eine Hängematte zum Transport von Kleingütern oder auch eine Liegefläche eingerichtet werden. Die Überzüge der platzsparend dünnen Sitzpolsterung waren abnehm- und waschbar.

Auf den praktischen Gebrauch ausgerichtet war auch die Außengestaltung. So wurde der gesamte Flankenunterteil von einer Kunststoffauflage geschützt, die mit dem Front- und Heckstoßschutz eine optische Einheit bildete. Der Innenraum war samt Instrumententräger ebenfalls in kubischem Design gehalten, und der Aschenbecher ließ sich auf dem gepolsterten Knieschutzrohr unterhalb des Armaturenbretts horizontal verschieben.

Der Panda besaß Frontantrieb mit quer eingebautem Motor. Während er für den Export vor allem mit dem 903-cm^3-Motor mit 45 PS ausgerüstet wurde (Panda 45), wurde er in Italien als moderne Alternative zum Fiat 126 auch mit dessen luftgekühltem 652-cm^3-Zweizylindermotor mit 30 PS verkauft (Panda 30). In Frankreich, Deutschland, Österreich und den Niederlanden gab es (ab 1982 statt des Panda 30) den Panda 34 mit 843-cm^3-Motor und 34 PS.

Vorne bestand die Aufhängung aus Federbeinen und einfachen Querlenkern und Zugstreben (negativer Lenkrollradius), hinten wurde eine Starrachse mit Halbelliptikfedern (Zweiblattfedern) verwendet. Auf Wunsch wurden Sicherheitsreifen Dunlop Denovo aufgezogen, womit sich das Reserverad erübrigte. Der Panda war so

Fiat 132 2000 i.e., 1981

fortschrittlich, dass er erst 2003, also nach einer erstaunlich langen Bauzeit von 22 Jahren durch eine Neukonstruktion gleichen Namens abgelöst wurde.

127. Als der Fiat 127 im April 1971 herausgebracht wurde, war er einer der attraktivsten und effizientesten Kleinwagen. Der stark schräg gestellte Heckabschluss (anfänglich noch ohne Klappe) und das neuartige Frontdesign verhalfen ihm zu individueller und doch Fiat-typischer Dynamik. Er war die Schöpfung eines hochtalentierten Duos: Fiat-Entwicklungschef Ing. Dante Giacosa und Werkdesigner Pio Manzù. Der 127 besaß Frontantrieb mit quergestelltem Motor. Dieser war ein drehfreudiger 0,9-l-Vierzylinder mit seitlicher Nockenwelle und 45 PS Leistung bei 5600/min (für Deutschland wegen der Steuergrenze 40 PS bei 5400/min).

1974 kam der 1,05-l-Motor mit obenliegender Nockenwelle hinzu, der von Fiat Brasilien nach Italien geliefert wurde. Dieses Maschinchen leistete 50 PS bei 5600/min. 1978 brachte eine Version mit Weber-Doppelvergaser und 70 PS bei 6500/min eine weitere Ergänzung. Nachdem es bereits eine von Seat in Spanien gebaute fünftürige Version des Fiat 127 gab (nur mit dem 0,9-l-Motor), wurde die Auswahl im Dezember 1980 um den dreitürigen Kombi Panorama aus brasilianischer Produktion ergänzt (nur mit dem 1,05-l-Motor). Kombiversionen waren bei den Kleinwagen rar.

Mit dem Genfer Salon 1981 wurde das Angebot durch zwei weitere Versionen angereichert, nämlich den 127 D und den 127 Panorama D. Dieser Buchstabe wies auf den OHC-Dieselmotor von 1,3 l Hubraum mit 45 PS Leistung hin. Er galt als der kleinste Personenwagen-Dieselmotor der Welt. Auch in der Form als dreitürige Limousine gelangte dieses Modell vollmontiert aus Brasilien nach Europa (→ Fiat Brasil). Die 127 besaßen vorne eine Federbeinaufhängung mit unteren einfachen Querlenkern, für die Hinterradaufhängung wurden Dreieckquerlenker, Dämpferbeine und eine selbststabilisierende Querblattfeder verwendet. Der 127 Sport mit dem 70-PS-Motor bot Servobremsen.

Wie zum Genfer Salon 1981 angekündigt, bot der Fiat 127 ab April 1981 bei den in Italien gebauten Versionen nicht nur neue Kühlergitter, sondern auch eine Unterscheidung nach den Modellen Special, Super und Sport. Den Special gab es sowohl mit dem 0,9- wie mit dem 1,05-l-Motor, Super und Sport ausschließlich mit dem größeren Antriebsaggregat, im Sport mit 70 PS. Schon mit dem Special wurden etliche Zubehöre, wie eine elektrische Scheibenwaschanlage, eine heizbare Heckscheibe, eine Kofferraumabdeckung usw., mitgeliefert. Der 127 Super erhielt die Stoßstangen und seitlichen Gummileisten sowie das Interieur des Vormodells Top, das Kühlergitter hingegen vom Sport. Dieser hob sich durch zusätzliche Dekorationsstreifen, Dachantenne und ein Stoffinterieur von den anderen Versionen ab.

128. Dieses Modell der unteren Mittelklasse ging auf das Jahr 1969 zurück. 1976 hatte es eine Verjüngung erfahren, und 1981 präsentierte sich diese zwei- und viertürige Stufenhecklimousine mit Vorderradantrieb und Quermotor bloß noch in eingeschränkter Auswahl mit 1,1-l- und 1,3-l-Motor. Die Kombiversion 128 Panorama war Ende 1980 durch den aus Brasilien stammenden 127 Panorama abgelöst worden. Die Aufhängung entsprach jener des Fiat 127, doch wurde von Haus aus eine Servobremse montiert.

Ritmo. Der auf dem Salon von Turin des Jahres 1978 lancierte Ritmo war ein hochmoderner Vertreter der Kompaktklasse, und als solcher löste er indirekt den Fiat 128 ab. Wie dieser besaß er Frontantrieb und Quermotor, zudem aber eine Schrägheckkarosserie samt Heckklappe. Es gab in drei- und fünftürig, und sein Design mit dem in dunkelgrauem Kunststoff gehaltenen Unterteil der Front mit integriertem Stoßschutz, den kreisrunden Türgriffmulden, den originellen Rädern und den ebenfalls modisch dunkeln Verzierungen stempelten ihn zum „Individualisten“ unter den Kompakten.

Im Ritmo 60 wurde ein 1,1-l-OHC-Motor mit 60 PS eingebaut, im Ritmo 65 war es eine 1,3-l-Version mit 65 PS und im Ritmo 75 ein 1,5-l-Motor mit 75 PS. Dieses Antriebsaggregat wurde für die USA, wo dieser Fiat mit der Modellbezeichnung Strada vertrieben wurde, mit Benzineinspritzung versehen, mit der sich die Leistung (wegen der Abgasmaßnahmen) auf 70 PS reduzierte. Ferner gab es einen 1,7-l-Dieselmotor mit 55 PS und für einige Länder den aus Brasilien stammenden 1,05-l-Motor mit 60 PS. Es standen 4- oder 5-Gang-Getriebe zur Wahl (Diesel nur mit 5-Gang-Getriebe), und mit dem 1,5-l-Motor konnte auch ein 3-Stufen-Automatikgetriebe geliefert werden. Vorne umfasste die Aufhängung Federbeine, untere einfache Querlenker und Zugstreben, hinten Dreieckquerlenker, Dämpferbeine und eine selbststabilisierende Querblattfeder. Gehobenere Ausstattung wurde mit CL, die Topvariante mit Targa Oro bezeichnet.

Ritmo Super. Anfang 1981 kamen die Ritmo Super 75 und Super 85 hinzu. Sie hoben sich ab durch die in Mattschwarz gehaltene Kunststoff-Schutzschilder, ein konventionelleres Raddesign, rollwiderstandsarme Pirelli P8, eine geänderte Lufthutze, einteilige vordere Seitenfenster, zusätzliche Zierelemente, eine luxuriösere Innenausstattung mit vollständig neuem Armaturenbrett einschließlich reichhaltigerer Instrumentierung und verbesserter Heiz- und Frischluftanlage. Außerdem kam das Check-Control hinzu: vor und während der Fahrt waren die Funktion von Beleuchtung und Bremsanlage überwachbar, Öl- und Kühlwasserniveau abrufbar. Dank Doppelvergaser und einem geänderten Ansaug- und Auslasssystem leisteten der 1,3- und der 1,5-l-Motor nun je 10 PS mehr; der Verbrauch wurde mit 6,1/8,1/10,2 bzw. 10,7 l/100 km angegeben. Während der Super 75 mit 5-Gang-Getriebe geliefert wurde, war zum Super 85 auch ein 3-Stufen-Automatikgetriebe erhältlich.

131 Mirafiori. Er war als Nachfolger der Modellreihe 124 im September 1974 vorgestellt worden. Mirafiori war der Name des größten Fiat-Werks bei Turin. Auch der Fiat 131 war das in Standardbauweise gehaltene, auf große Verbreitung in ganz Europa ausgerichtete Mittelklassemodell der Turnier Marke. Im Frühling 1978 wurde ihm die aufgewertete Version 131 Supermirafiori zur Seite gestellt, und in den USA wurde er unter der Modellbezeichnung Brava angeboten.

Es gab den 131 Mirafiori in zahlreichen Versionen als zwei- und viertürige Limousine und als fünftürigen Kombi mit dem Zusatznamen Panorama. Zum Genfer Salon 1981 wurden die 1,3- und 1,6-l-Motoren mit seitlicher Nockenwelle ersetzt durch 1,4- und 1,6-l-Aggregate mit zwei obenliegenden Nockenwellen, wie sie bereits der den USA vorbehaltene 2-l-Motor besaß. Damit stieg die Leistung von 65/75 auf 70/85 PS. Nach wie vor gab es auch zwei Dieselmotoren mit 2 und 2,5 l Hubraum und 60/72 PS. Im sportlich betonten 131 Supermirafiori leisteten die 1,4- und 1,6-l-DOHC-Motoren 75/97 PS und für ihn gab es neu auch die 2-l-Maschine mit Weber-Doppelvergaser und 113 PS, die zuvor dem nicht mehr angebotenen 131 Racing vorbehalten war.

In den Fiat 131 wurden 4- und 5-Gang-Getriebe eingebaut (Diesel und Supermirafiori nur 5-Gang) und ab 1,6 l war auch ein 3-Stufen-Automatikgetriebe von General Motors erhältlich. Die Aufhängung umfasste vorne Federbeine mit Schraubenfedern und koaxialen Schraubenfedern und Querlenkern, hinten eine Starrachse mit Längsschub- und Reaktionsstreben und Schraubenfedern. Die Bremsen arbeiteten mit Servo; im Supermirafiori mit 2-l-Motor kam eine Servolenkung hinzu und dieses Modell erhielt zudem eine Zentralverriegelung und Fensterheber.

Mit dem Jahrgang 1981 hatte die Front einen neuen feineren, horizontal dreigeteilten Kühlergrill erhalten. Die Supermirafiori zeigten eine besonders hohe Schutzbeplankung unten an den Flanken. Auch der Innenraum war überarbeitet worden: neu ausgelegte Sitze mit 6 cm mehr Knieraum für die Fondpassagiere, Handschuhfach mit aufklappbarem Deckel, zusätzliche Kontrollleuchten, kleineres Lenkrad, anderer Schaltknauf, von innen verstellbare Außenspiegel usw.

132. Der Fiat 132 war das über dem 131 eingeordnete Mittelklasse- und 1981 auch das Topmodell von Fiat. Es ging auf das Jahr 1972 zurück, war aber ebenfalls stetig weiterentwickelt worden. Gebaut wurde es ausschließlich als viertürige Limousine mit 1,6- oder 2-l-DOHC-Motor. 1979 war der 132 i.e. mit elektronischer Benzineinspritzung L-Jetronic von Bosch hinzugekommen, mit dem die Leistung des 2-l-Motors von 112 auf 122 PS anstieg. Außerdem gab es den Typ 132 mit den zwei OHC-Dieselmotoren mit 2 und 2,5 l Inhalt (2445 cm^3).

Fiat Ritmo Super 75, 1981

Während die Dieselmotoren nur in Verbindung mit einem 5-Gang-Getriebe erhältlich waren, gab es zu den Ottomotoren wahlweise ein 3-Stufen-Automatikgetriebe von GM. Die Aufhängung umfasste vorne obere Dreieckquerlenker und untere einfache Querlenker, hinten eine Starrachse mit unteren Längs- und oberen Querlenkern sowie Schraubenfedern vorne und hinten. Die Lenkung arbeitete mit Schnecke und Rolle, doch wurde zusammen mit den 2- und 2,5-l-Motoren eine ZF-Servolenkung eingebaut.

X 1/9. Im November 1972 war das Fiat-Angebot durch den ebenso modern wie attraktiv geformten kleinen Mittelmotorsportwagen X 1/9 bereichert worden. Er hatte den Fiat 850 Sport Spider abgelöst und war zusammen mit → Bertone entwickelt worden. Von diesem Designstudio und Karosseriewerk stammte auch der keilförmige Aufbau mit den Klappscheinwerfern und dem breiten, um die Heckscheibe gebauten Überrollschutz: Es handelte sich um ein Targacoupé mit herausnehmbarem Dach. Zu den bemerkenswerten Designmerkmalen gehörte die mattschwarze Motorabdeckung mit Längsrippen.

Der anfänglich eingebaute 1,3-l-Motor war auf dem Salon Birmingham im Herbst 1980 von einer 1,5-l-Maschine samt 5-Gang-Getriebe abgelöst worden. Dieser um 11 Grad nach vorne geneigt quer hinter den Sitzen eingebaute OHC-Vierzylinder leistete mit Weber-Doppelvergaser 85 PS, kam aber in der USA-Version mit Benzineinspritzung und Abgasmaßnahmen auf nur gerade 68 PS. Die Vorderradaufhängung bestand aus Federbeinen, unteren schrägen Querlenkern und Schubstreben; hinten wurden Federbeine, untere Dreieckquerlenker und verstellbare Zusatzquerlenker verwendet. Es

Fiat 126 Personal, 1982

Fiat 127 Super, 1982

Fiat Ritmo Abarth 125 TC, 1982

Fiat Argenta, 1982

wurden Vierrad-Scheibenbremsen eingebaut. Mit dem Modelljahr 1982 sollte der X 1/9 unter der Marke → Bertone weitergeführt werden; einzig für die USA lief er weiterhin unter der Marke Fiat.

Sport Spider. Am Anfang hieß dieses 1966 herausgebrachte Sportcabriolet 124 Sport Spider. Mit dem Verschwinden des Modells 124 verzichtete man allmählich auch auf das Zahlenprefix bei dem von → Pininfarina entworfenen und gebauten 2+2-Sitzer (im Fond nur Kindersitze). Dessen vergleichsweise schlichtes Design war so gut gelungen, dass sich dieser Sportwagen auch 1981 noch verkaufen ließ... jedenfalls in den USA, wohin er damals exklusiv – und mit vorkragenden Stoßstangen – geliefert wurde.

Entsprechend wurde der Sport Spider in jenen Jahren mit einer Benzineinspritzung Bosch L-Jetronic und elektronischer Zündung ausgerüstet, mit der die Leistung des 2-l-DOHC-Motors 103 PS erreichte. Daneben gab es für die USA eine Ausführung mit Abgasturbolader und 122 PS. Der Kraftübertragung diente ein 5-Gang-Getriebe oder ein 3-Stufen-Automatikgetriebe von GM. Das Fahrwerk umfasste vorne Trapez-Dreieckquerlenker und Schraubenfedern, hinten eine Starrachse mit Längsschub- und Reaktionsstreben, Panhardstab und Schraubenfedern. Es wurden servobestückte Vierrad-Scheibenbremsen und eine Lenkung mit Schnecke und Rolle verwendet. – Ab Genfer Salon 1982 fand dieses Sportcabrio unter der Marke → Pininfarina und als Modell Spidereuropa auf den europäischen Markt zurück!

Campagnola. 1974 hatte Fiat eine zivile Ausführung des Geländewagens Campagnola herausgebracht. Im November 1979 hatte er eine Neuauflage erfahren. Es gab ihn zweitürig mit Blachenverdeck sowie als dreitürigen Kombi (mit Hardtop bezeichnet), beide auch in verlängerter Ausführung (längerer hinterer Überhang) mit bis zu neun Sitzen (hinten vis-à-vis). Dem Antrieb diente ein 2-l-OHV-Benzinmotor oder der bei der Fiat-Tochter Sofim gebaute 2,5-l-OHC-Diesel. Diese Version war an dem ziemlich ausgeprägten Buckel in der Motorhaube erkennbar. Die Kraftübertragung erfolgte über ein 5-Gang- und ein Reduktionsgetriebe auf alle vier Räder (vorne zuschaltbar).

Im Gegensatz zu anderen Geländewagen hatte der Campagnola keine Chassiskonstruktion, sondern eine selbsttragende Karosserie sowie Einzelradaufhängungen vorne und hinten mit Dämpferbeinen (hinten doppelt), Querlenkern, Schubstreben und Torsionsfederstäben. Auf Scheibenbremsen wurde hingegen verzichtet, und die Lenkung mit Schnecke und Rolle wurde mit dem Benzinmotor auf Wunsch, bei der Dieselvariante von Haus aus mit einem Servo bestückt. Auch in beladenem Zustand erreichte die Bodenfreiheit noch 27,5 cm, und mit der kürzeren Karosserie ergab sich hinten ebenfalls ein sehr günstiger Böschungswinkel. – Ab Oktober 1981 erfolgte die Campagnola-Produktion bei → Pininfarina in Grugliasco.

Ritmo 105 TC. Zu dem imJanuar 1981 lancierten Ritmo Super 85 kam im Mai der Typ 105 TC hinzu. Er wurde nur in dreitüriger Ausführung aufgelegt. Die in Schwarz gehaltene Front mit Bugschürze samt Zusatzlampen, der schwarze Flankenunterteil und die schwarzen B-Säulen (mit dunkel gefärbten Seitenscheiben) verhalfen ihm zum besonderen Aussehen. Der 105 TC war eine Herausforderung an den überaus erfolgreichen VW Golf GTI, wurde aber zu einem deutlich günstigeren Preis angeboten.

Der 105 TC erhielt einen 1,6-l-Motor mit zwei obenliegenden Nockenwellen, wie er bereits aus anderen Fiat-Modellen bekannt war (TC = Twin Cam wies auf die zwei Nockenwellen hin). Das 5-Gang-Getriebe war enger abgestuft. Mit einem Weber-Doppelvergaser resultierten bei einer Verdichtung von 9,3:1 (Superbenzin) 105 PS. Als Fahrleistung wurden ein Sprintvermögen von 0 bis 100 km/h in 10,1 s, für den „stehenden km" 32 s und als Höchstgeschwindigkeit von 175 km/h genannt. Das Armaturenbrett war mit zusätzlichen sportlichen Anzeigen bereichert worden, das Abarth-Sportlenkrad ließ sich in der Höhe verstellen und als besonderer Gag wurde ein gelochtes Gaspedal eingebaut.

Argenta. Ende Mai 1981 wurde als Nachfolger des Fiat 132 der Argenta vorgestellt. Bei unveränderter Mechanik besaß er ein neues Frontdesign mit großformatigen Rechteckscheinwerfern beidseits des schwarzen Kühlergrills, während der Flankenunterteil mit dunklen Kunststoffschutzbalken belegt wurde. Der Front- und Heckstoßschutz war bis zu den Radausschnitten um die Ecken gezogen, und der hintere Überhang war zu einem kubischen Heck verlängert worden, so dass sich ein größeres Kofferraumvolumen ergab. Das kleine Luftauslassgitter an den hinteren Dachträgern war verschwunden, und auch die Räder waren neu. Im überarbeiteten Innenraum gab es bequemere Sitze und neue Türverkleidungen, doch fiel vor allem der neue, gepflegt wirkende Armaturenträger auf.

131 Supermirafiori 2000 TC Volumetrico Abarth. Mit dieser rekordverdächtig langen Modellbezeichnung wurde im Juni 1981 die Kleinserienversion eines Kompressormodells vorgestellt, von dem Prototypen schon mehr als ein Jahr zuvor präsentiert worden waren. Mit einem Roots-Gebläse wurde die Leistung des 2-l-DOHC-Motors von 113 auf 140 PS gesteigert. Hinzu kam ein deutlich verbessertes maximales Drehmoment, das schon bei 3000 statt 3800/min anstand. Der 131 Compressore, wie er kurz genannt wurde, erhielt (nebst elektronischer Zündung) eine elektrische Benzinpumpe, einen Ölkühler, größere und belüftete Bremsscheiben (vorn) und ein sportlicher abgestimmtes Fahrwerk samt dekorativen Leichtmetallrädern. Innen fanden sich Zusatzinstrumente. Doch er war vor allem für Fiat-Fans der Lombardei und des Piemonts bestimmt.

Ritmo Abarth 125 TC. Auf der IAA Frankfurt im September 1981 tauchte der von sportlichem Prestige umgebene Name Abarth zur Freude der Fans endlich wieder einmal auf dem internationalen Parkett auf. Fiat hatte 1971 die Abarth-Werkanlagen übernommen, das in diesem Namen steckende Werbepotential aber seither kaum mehr genutzt. Der Ritmo Abarth 125 TC besaß einen 2-l-DOHC-Motor, der mit einem Weber-Doppelvergaser auf 125 PS bei 5800/min gebracht worden war. Es wurden die gleichen Räder wie beim 131 Compressore montiert.

Wegen der Absatzkrise, von der auch Italien erfasst wurde, musste Fiat 1981 mehrmals Produktionspausen einlegen. Auf der IAA Frankfurt 1981 wurde auch der Panda mit Faltdach (Tetto apribile) vorgestellt; der aufmachbare Dachausschnitt war viel größer als bei einem Schiebedach. Faltdächer für Kleinwagen waren seit langem eine Fiat-Spezialität.

127 1982. Nachdem er binnen zehn Jahren bereits in über fünf Millionen Exemplaren hergestellt worden war, wurde der Fiat 127 im November 1981 in dritter Generation vorgestellt. Diese wartete mit einer neuen Front- und Heckpartie auf. Auffallend waren die massiven Kunststoff-Stoßstangen, die bis zu den Radausschnitten gezogen waren und in seitlichen, bis zur Karosseriebasis reichenden Schutzflächen ihre Fortsetzung fanden. Kühlergrill und Rechteck-Scheinwerfer wirkten wesentlich mächtiger, und auch die Heckleuchten zeigten sich kunststoffgerahmt. Eindrücklicher war das neue Armaturenbrett, das in der Version Sport 1300 durch ein Lederlenkrad von Abarth ergänzt wurde. Die innere Geräuschdämmung war wesentlich effizienter geworden.

Es gab weiterhin die Modelle Special (903 cm^3), Super (1049 cm^3, in einigen Ländern auch mit 903 cm^3) und Sport, doch Letztere erhielt ihren Vortrieb nun durch einen 1301- cm^3-Motor mit 75 PS. Neu bekamen die beiden größeren Motoren ein 5-Gang-Getriebe. Mit dem neuen 127 Sport konnte Tempo 100 binnen 12 statt 14 s erreicht werden. Anderseits senkte sich der ECE-Verbrauch von 7,2/9,6/10,1 auf 6,1/7,7/9,9 l/100 km. Die brasilianischen 127 Panorama und Diesel blieben unverändert.

In einer Ansprache vor der Eröffnung des Turiner Autosalons im April 1982 schlug Fiat-Auto-Generaldirektor Ing. Vittorio Ghidella vor, dass die europäischen Hersteller vermehrt gemeinsam verwendbare und unter den einzelnen Marken austauschbare Teile entwickeln und herstellen sollen. Bemerkenswert war aber auch, was bei einem anderen Anlass drei Fiat-Ingenieure in Aussicht stellten, nämlich ein bis Mitte der 80er Jahre erscheinendes Modell, das mit vier Personen an Bord bei 90 km/h nur 3 l verbrauchen würde. – Konkrete technische Neuerungen wurden indessen 1982 durch die Schubabschaltung auch für Vergasermotoren und durch die digitale Kennfeldzündung für den Argenta i.e. verkörpert.

Panda 1983. Zum Salon von Paris im Herbst 1982 erfuhr der bis dahin in einer halben Million Exemplaren gebaute Panda eine erste Verjüngung. Alle Panda erhielten eine komfortablere hintere Federdämpfung, eine elektrische Scheibenwaschanlage und einen neu geformten Schalthebel. Dank neuem Vergaser wurde das Leistungsvermögen des Panda 45 verbessert und gleichzeitig mit einer reduzierten Achsuntersetzung Verbrauch und Lärmpegel deutlich reduziert. Für die 1983 mit eigenen, schärferen Abgas- und Lärmvorschriften aufwartende Schweiz wurde der Panda statt mit dem 903- mit einem 965-cm^3-Motor mit 48 PS ausgerüstet (wie er auch im Autobianchi A 112 erhältlich war).

Panda 45 Super. Neu kam der 45 Super hinzu. Ihn erkannte man an den fünf auffallenden diagonalen Chromstäbchen auf dem Kühlergrill. Sie verkörperten das neue Markensymbol aller künftigen Fiat-Modelle! Der 45 Super bot neue Vorder- und Hintersitze, bessere Stoffüberzüge, eine vormontierte Konsole für den Radioeinbau, einen von innen verstellbaren Außenspiegel auf der Fahrerseite, einen Zigarettenanzünder, ein Kühlwasserthermometer sowie eine Wisch-/Waschanlage für die Heckscheibe. Auf Wunsch war für ihn sogar ein 5-Gang-Getriebe erhältlich.

Ritmo 1983. Mit dem Jahrgang 1983 erhielt der Ritmo sein „zweites Gesicht“: Statt der halb in den Stoßschutz, halb in die Motorhaube integrierten Scheinwerfer besaß er in eine übliche Kühlergrillfront eingelassene Doppelscheinwerfer, die

Fiat Uno 55 S, 1983

inneren in kleinerem Format. Vor allem aber prangte in der Grillmitte (wie schon beim Panda 45 Super) das neue Fiat-Symbol in Form von fünf schräggestellten Chromstäbchen. Vom Ritmo waren bisher 1,3 Millionen Exemplare gebaut worden, er war auf dem Heimmarkt wie im Export zum Spitzenreiter avanciert.

In seiner neuen Aufmachung wirkte der Ritmo weit konventioneller, und er sollte damit den Geschmack einer noch weiteren potenziellen Käuferschaft treffen. Auch die originellen Felgen im „Knopfdesign“ waren verschwunden. Sämtliche Karosserieteile, außer jener der Türen, waren (aerodynamisch) überarbeitet worden. Das neue Armaturenbrett ähnelte jenem des Ritmo Super und bot ein effizienteres Heiz- und Lüftungssystem. Dank neu geformter Vordersitze wurden mehr Seitenhalt und hinten mehr Knieraum geboten. Die Vorderradaufhängung war neu ausgelegt worden, der Benzintank wanderte unter die Rücksitzbank und das Reserverad aus dem Motorraum unters Heck.

Die Motoren (1116, 1301, 1498 cm^3) warteten mit neuen Nockenwellen, geänderten Steuerzeiten, überarbeiteten Vergasern und Ansaugkanälen auf. Den 1,1-l-Motor gab es in einer Version ES (Energy Saving) mit Digiplex-Kennfeldzündung von Magneti Marelli, Schubabschaltung, rollwiderstandsarmen Reifen, flachen Radkappen, Windabweisern an den vorderen Seitenscheiben und Spoiler über dem Heckfenster: Gegenüber dem Ritmo 60 CL 1982 wurde ihm ein um 22 Prozent abgesenkter Benzinverbrauch nachgesagt. – Zum Genfer Salon 1983 wurde der 105 TC ebenfalls den erneuerten übrigen Ritmo angepasst.

Uno. Noch im Dezember 1982 wurde in der Fachpresse ein erster Bild des kommenden Fiat-Kleinwagens der 1-l-Klasse mit Frontantrieb veröffentlicht. Bei Fiat sprach man vom Uno, doch wurde in Italien vermutet, dass der definitive Name Reno lauten werde... Der neue Kleinwagen, wo wie er Mitte Januar 1983 vorgestellt wurde, hieß dann aber gleichwohl Uno, und es war klar, dass er früher oder später den Typ 127 ablösen würde.

Der Uno war eine Neukonstruktion, auch wenn er mit den bekannten Motoren von 903, 1116 und 1302 cm^3 bestückt wurde (Modelle 45, 55 und 70). Gegenüber dem 127 war der Radstand 236 statt 222,5 cm lang, die Gesamtlänge erreichte hingegen 364,5 statt 371 cm. Bei unveränderter Breite von 155 cm hatte die Höhe um 6 auf 143 cm zugelegt. Zusammen mit der viel steiler angeordneten Heckwand ergab sich ein beträchtlicher Innenraumgewinn. Das schlichte Design mit den sowohl bei der drei- wie bei der fünftürigen Ausführung großzügigen, teils außenbündigen Fensterflächen stammte (wie jenes des Panda) von Giorgetto Giugiaro. Auch der Uno zeigte das neue Fiat-Gesicht mit den fünf schräggestellten Chromstäbchen.

Es gab alle Uno in Normal- und Superversion, die Uno 45 und 70 S jedoch nur dreitürig. Zudem gab es den 45 auch als ES = Energy Saving mit einer von 9,0 auf 9,7:1 erhöhten Verdichtung, Kennfeldzündung Marelli Digiplex, Schubabschaltung, Abdeckungen vor den Hinterrädern und flachen Raddeckeln (= cw 0,33). Nebst einem 4-Gang- wurde vor allem ein 5-Gang-Getriebe eingebaut. Vorn fanden sich Federbeine mit unteren einfachen Querlenkern. Im Gegensatz zum Fiat 127 wurden die Hinterräder jedoch an Längsarmen geführt, die ihrerseits über ein als Torsionsstabilisator wirkendes drehelastisches Rohr miteinander verbunden waren. Die Sitze waren rollengelagert, und durch Vorklappen der asymmetrisch geteilten Rücksitzlehnen ließ sich ein Ladevolumen von just einem Kubikmeter erzielen. Übrigens besaß der Uno-Aufbau im Vergleich zu jenem des Fiat 127 nur noch 2700 statt 4280 Schweißstellen. – Ab Ende Mai 1983 wurde der Uno in Italien auch mit dem 1302-cm^3-Dieselmotor mit 45 PS Leistung lieferbar.

Argenta 1984. Im Juni 1983 wurde Fiats Flaggschiff Argenta in einer erneut verfeinerten Form vorgestellt. Zu erkennen gab sich der Nuova Argenta an den fünf schräggestellten Fiat-Chromstäbchen in Kühlergrillmitte. Die Spur war von 132 auf 138 cm verbreitert, das Fahrwerk samt

Scheibenbremsen verbessert worden. Neu waren zudem die Farbgebung und die Räder, das Lenkrad mit vier feinen, geschwungenen Querspeichen sowie zahlreiche Innenraumdetails. Am Heck wiesen nun Zahlen auf die eingebaute Motorvariante hin. Zusätzlich zur Wahl stand der Argenta Turbo-Diesel (mit Motorhauben-Längsausbuchtung), dessen 2,5-l-Vierzylindermotor es dank KKK-Abgasturbolader auf 90 PS brachte (maximaler Ladedruck 0,87 bar, waste-gate), und der dabei erst noch 7 Prozent weniger Dieselkraftstoff verbrauchte.

Panda 4x4. Eine ganz ungewöhnliche Neuheit war der ebenfalls noch im Juni 1983 eingeführte Panda mit Vierradantrieb. Er war nicht nur eines der kleinsten Fahrzeuge, sondern auch das erste mit Quermotor, das mit dieser Antriebsart ausgestattet wurde. Diese war gemeinsam mit der österreichischen Firma Steyr-Daimler-Puch (→ Puch) entwickelt worden. Der Kraftfluss musste auf der Höhe der Vorderachse rechtwinklig umgelenkt werden. Der zusätzliche Hinterradantrieb ließ sich auch bei Geradeausfahrt (bei unter 60 km/h) einlegen. Das 5-Gang-Getriebe wurde mit einer von 4,071:1 auf 5,455:1 verkürzten Achsuntersetzung ausgestattet, und der erste Gang war im Vergleich zum Panda 45 um 25 Prozent kürzer ausgelegt.

Als Antriebseinheit wurde der 965-cm^3-OHV-Vierzylinder gewählt, wie er auch in den Autobianchi alias Lanica A 112 den Dienst verrichtete. Mit Weber-Doppelvergaser kam er auf 48 PS. 100 km/h konnten so, trotz des gegenüber dem Panda 45 um 60 kg angestiegenen Gewichts, in 18,2 s erreicht werden, und die Spitze stand mit 135 km/h zu Buche. Der ECE-Verbrauch lautete 5,9/7,9/7,9 l/100 km. Die Federung war straffer, und an Stelle der gezogenen einfachen hinteren Starrachse trat eine an Dreiblatt-Längsfedern geführte Banjoachse. Hinzu kamen Verstärkungen an der Bodengruppe und ein leiterförmiger Unterbodenschutz. Für den Panda 4x4 war die Bodenfreiheit auf 18 cm erhöht worden. Mit M+S-Reifen wies er sich über eine erstaunliche Geländefähigkeit aus.

Ritmo Abarth 130 TC. Es war im Juli 1983, als dem erneuerten 105 TC der Abarth 130 TC zur Seite gestellt wurde. Er war der Nachfolger des Abarth 125 TC und war ebenfalls nur dreitürig erhältlich. Mit einem zweiten Doppelvergaser und einer Kennfeldzündung waren 5 PS hinzugewonnen und eine fülligere Drehmomentkurve erzielt worden. Zudem konnten 45 kg eingespart werden, so dass nun für den Sprint auf 100 km/h 8 s genügten. Die Spitze wurde mit gut 190 km/h angegeben und gleichwohl ein reduzierter ECE-Verbrauch von 6,6/8,8/11,0 l/100 km genannt. Mit einer vergrößerten Bugschürze, serienmäßigen Windabweisern an den Türfenstern und einem Spoiler unterhalb der Heckscheibe hatte sich der cw-Wert von 0,4 auf 0,37 bis 0,38 vermindert. Die Heckleuchten waren vergrößert und die Instrumente zentral zusammengefasst worden.

Zwar war es Fiat im Verlaufe des Jahres 1983 gelungen, den Anteil auf dem Heimmarkt wieder auf 54,7 Prozent zu erhöhen und die auf dem europäischen Markt eroberte Spitzenposition unter den Marken mit 12,7 Prozent zu halten. Doch nun zeichnete sich Ungemach mit der Regierung und den Gewerkschaften ab: Fiat sah sich außerstande, die verlangte Arbeitszeitverkürzung in die Verträge aufzunehmen, und ebenso wenig war Fiat bereit, die seit drei Jahren zwangsbeurlaubten und von der staatlichen Lohnausgleichskasse bezahlten 17'500 Arbeitnehmer zum Stichtag des 6. Oktober 1983 wieder einzustellen. Allenfalls könnte im Folgejahr ein Drittel dieser auf der Warteliste stehenden Arbeiter wieder in die Werkhallen zurückkehren, verlautete aus Turin.

Regata. Im September 1983 löste das Modell Regata den seit 1974 gebauten Fiat 131 ab; dieser wurde noch in der Kombiform 131 Panorama weitergebaut. Der Regata basierte technisch auf dem Ritmo, besaß also ebenfalls Frontantrieb und Quermotoren. Anstelle der Ritmo-Doppelscheinwerfer wies der Regata Rechteckscheinwerfer mit an den Ecken anschließenden Blinkergehäusen auf. Abgesehen vom Stufenheck lag sein wichtigstes stilistisches Merkmal in der hinteren Radhausauskragung, die nach hinten horizontal bis zum Stoßschutz durchgezogen war. Unterhalb dieser Linie schloss sich an das Hinterrad ein ebenfalls in Schwarz gehaltener seitlicher Stoßschutz an, der im untersten Flankenteil eine Parallele fand. Bei identischem Radstand von 245 cm war die Länge von 401,5 auf 426 cm angewachsen.

Es gab den Regata mit Motoren von 1301, 1498 und 1595 cm^3 Inhalt sowie mit 1714-cm^3-Dieselmotor und durchwegs mit 5-Gang-Getriebe. Neben einer Normal- gab es eine Super-Ausstattung mit Fensterhebern, Zentralverriegelung, elektronischer Check-Control und ein neues, ebenfalls elektronisch geregeltes Heiz- und Lüftungssystem. Wie den Uno und den Ritmo konnte man den Regata auch als ES = Energy Saving bestellen; dieser bot unter der Bezeichnung City Matic zusätzlich eine Stopp-Start-Automatik, die von einem Microcomputer gesteuert wurde: Der betriebswarme Motor wurde bei stehendem Wagen und losgelassenem Kupplungspedal sowie Schalthebel im Leerlauf abgestellt, wurde das Kupplungspedal getreten und ein Gang eingelegt, sprang der Motor wieder an. Man sprach dieser Einrichtung im Stadtverkehr ein Sparpotential von 10 bis 20 Prozent zu (eine „Startomatik" hatte es zuvor schon im Zubehörhandel gegeben).

Uno-matic 70. Schon im Oktober 1983 berichtete die Fachpresse über eine ebenfalls bei Fiat eingeführte technische Neuerung, obwohl die Markteinführung erst auf den Sommer 1984 vorgesehen war. Es handelte sich um eine vollautomatische Kraftübertragung, die von der niederländischen Firma Van Doorne's Transmissie in Tilburg entwickelt worden war. An diesem Unternehmen waren Borg-Warner und Fiat mit je 24 Prozent beteiligt. Die aus dem einstigen Variomatic (1958 beim Daf-Kleinwagen eingeführt) weiterentwickelte Transmatic bzw. CVT (Continuously variable automatic transmission = automatische Kraftübertragung mit stufenloser Übersetzungsanpassung) funktionierte mit einem Metall-Schubgliederband (statt des einstigen Keilriemens), basierte aber auf dem gleichen Prinzip mit zwei Keilscheibenpaaren mit je einer axial verschiebbaren Hälfte und dadurch veränderbarem Durchmesser bzw. stufenlos variabler Untersetzung. (Schon 1978 hatte Fiat 150 Ritmo-Taxis versuchsweise mit CVT ausgerüstet.)

Die CVT brauchte wenig Einbauplatz und wog mit 54 kg nur 16 kg mehr als ein 5-Gang-Getriebe. Die Fahrleistungen fielen gegenüber dem 5-Gang-Getriebe weit weniger ab, als dies mit einem herkömmlichen Automatikgetriebe der Fall gewesen wäre. Zudem hielt sich der Verbrauch mit einem 5-Gang-Getriebe in der Waage. Das Verschieben des Wählhebels von der Position D auf L erbrachte ein sportlicheres Ansprechen auf die Gaspedalstellung, gleichzeitig aber auch ein deutlich erhöhte Motordrehzahl. Ohnehin war das Zusammenwirken von Motordrehzahl und Beschleunigungsverhalten für den Fahrer stark gewöhnungsbedürftig: Die Drehzahl stieg weit überproportional zur Temposteigerung, und die Geschwindigkeitszunahme schien gleichsam hinter der Gaspedalstellung nachzuhinken. Weil sich ein Großteil erfahrener Autolenker nur schwer umstellen konnten, blieb dem Uno-matic am Ende der erwartete Erfolg versagt. – Wegen Produktionsproblemen bei der Firma Van Doorne Transmissie musste die Markteinführung auch im Frühling 1986 ohnehin weiter verschoben werden.

Argenta VX. Zum Genfer Salon 1984 kam der Argenta in einer neuen Topversion mit Volumex-Kompressor hinzu: Dieses Triebwerk wurde bereits von → Lancia verwendet und war auch für den Pininfarina Spidereuropa übernommen worden. Für diese Variante des 2-l-DOHC-Motors waren die Form der Brennräume, die Ventilsteuerung und die Zündung angepasst und für den Kurbeltrieb hochfeste Materialien gewählt worden. Der Antrieb des Roots-Kompressors erfolgte mit einem Zahnriemen, und an die Stelle der Benzineinspritzung trat ein Weber-Doppelvergaser mit Schubabschaltung. Die Leistung erreichte 135 PS bei 5500/min. Entsprechend waren die Kupplung und die Untersetzungsverhältnisse angepasst worden. Zudem wurde der Agenta VX mit Gasdruckstoßdämpfern und Vierradscheibenbremsen aufgerüstet.

Regata DS. DS stand für Diesel Super, und dieser nach jüngsten Erkenntnissen durchdachte Motor wurde ab April 1984 im Regata angeboten, auf den er auf besondere Weise ausgerichtet wurde: 65 PS aus 1929 cm^3 Hubraum, vor allem aber mit lärmdämpfenden Maßnahmen gespickt, versteifter Motorblock, Nockenwellenantrieb und Abdeckung des Zahnriemens aus schallschluckendem Kunststoff, Fahrgastraum-ferne Anordnung des Luftfilters, neuartige Silentblöcke für die Motoraufhängung, neues Schallschluckmaterial in der doppelten Trennwand zwischen Motor und Innenraum, Karosserie mit speziellem Dämmmaterial, das beim Einbrennen der Lackierung schmolz, verstärkte Bodenanlage (bei allen Regata). Da der Regata DS nicht bloß als Motorvariante, sondern als eigenes Modell lanciert wurde, war zudem die Ausstattung komfortbetont ausgerichtet und umfasste u. a. eine Servolenkung. Der Verbrauch lag noch tiefer als beim Regata 1700 Diesel, nämlich: 4,5/6,5/7,1 l/100 km.

131 Maratea Diese ebenfalls im April 1984 hinzugekommene Modellvariante war dem Heimmarkt vorbehalten: Der Maratea war eine Luxusversion des 131 Panorama und es gab ihn als 2000 TC und als 2500 Diesel. Er sollte den in Italien mangels Prestigewert auf 3 Prozent beschränkten Kombianteil stimulieren (in Deutschland waren es damals 7,8 Prozent und in der Schweiz 15 Prozent).

Anfang 1984 galt der 1980 begonnene Rationalisierungsprozess in Produktion und Verwaltung als abgeschlossen. Fiat plante jetzt massive Neuinvestitionen. Hierzu wurde das Kapital der Fiat-Holding versechsfacht. Ein Drittel der neuen Aktien wurde der Finanzgesellschaft IFI der Familie Agnelli zugeteilt.

Uno SX. Diese Luxusversion auf der Basis des Uno 70 kam Anfang Juni 1984 hinzu, besaß neue Stoßfänger mit integrierten Nebellampen und eine ungewöhnlich reichhaltige Ausstattung.

Regata Weekend. Mit dem Salon von Turin wurde im November 1984 die verbliebene Kombiversion 131 Panorama durch den Regata Weekend abgelöst. Eine Besonderheit bestand in der zweigeteilten Heckklappe: Der größere Oberteil genügte in den meisten Fällen für das Beladen, während der kleinere untere Teil durch Abklappen eine Ladeflächenverlängerung erbrachte.

126 1985. Der seit 1972 (inzwischen längst nur noch in Polen) gebaute kleinste Fiat erhielt Anfang 1985 Detailverbesserungen: kräftigere Stoßstangen, neue Raddeckel, Rückfahrlampen, modernerer Instrumententräger und Mittelkonsole; Motor mit neugestalteten Brennräumen, verbesserter Ventilsteuerung und Zündung, Verdichtung 8,1:1 statt 7,5:1, Start mit Zündschlüssel statt Zughebel zwischen den Sitzen.

Fire-Motor. Ebenfalls noch Anfang 1985 wurde der Fachpresse ein richtungsweisender neuer Kleinwagenmotor vorgestellt. Seine Bezeichnung Fire stand für Fully Integrated Robotized Engine. Er war mit Hilfe jüngster CAD-Computermethodik entwickelt worden, bestand nur noch aus 273 statt 368 Einzelteilen, sein Block wog noch 18 statt 24 kg, die Kurbelwelle war um 25 Prozent auf unter 6 kg erleichtert und auf minimalen Bearbeitungsaufwand ausgerichtet worden. Dank vermehrtem Robotereinsatz und rationellerem Zusammenbau ergaben sich eine optimale Ausformung, hohe Präzision, minimale Reibungsverluste und ein deutlich verminderter Verbrauch. War schon der altbackene 903-cm^3-OHV-Motor ein erstaunlich aktives Maschinchen gewesen, so sollte nun dieser neue Fiat-Kleinmotor erst recht durch spontane Gasannahme, Leistungsentfaltung und Drehfreudigkeit brillieren. In Termoli, südlich von Pescara, war für diesen Motor eigens ein Werk errichtet worden.

Uno Turbo i.e. Im April 1985 bescherte Fiat der riesigen Uno-Fangemeinde den Turbo i.e. Es

Fiat Nuova Ritmo, 1983

Fiat Panda 4x4, 1984

Fiat 131 Panorama Super D, 1984

Fiat Regata, 1984

Fiat Uno Turbo i.e., 1985

Fiat Duna Weekend, 1987

gab ihn nur dreitürig, und für seinen Antrieb sorgte ein 1301-cm³-Motor, der mit einem Abgasturbolader IHI VL-2 (maximaler Ladedruck 0,6 bar), einer elektronischen Einspritzung Bosch Jetronic LE 2, elektronischer Zündanlage Marelli Microplex mit Klopfsensor, natriumgekühlten Auslassventilen, Ladeluft- und Motorölkühler ausgerüstet war. Diese neukonstruierte Antriebseinheit wies einen längeren Hub als der 1302-cm³-Motor auf (63,9 statt 55,5 mm) und kam bei einer Verdichtung von 8:1 auf 105 PS bei 5750/min. So konnten denn Tempo 100 binnen 8,3 s und eine Spitze von 200 km/h erreicht werden. Das Fahrwerk war sportlich aufgewertet worden und auch hinten kamen Scheibenbremsen zum Einbau. Außen fanden sich Spoiler, Zusatzöffnungen und Radausschnittkragen, innen ein Vierspeichen-Lenkrad, zusätzliche Instrumente (auf Wunsch Flüssigkristalldisplay), neue Sitzkissen und -lehnen sowie attraktivere Auskleidungen.

Ritmo 1985 und 100 Super. Ende Mai 1985 erschien die Modellreihe Ritmo zum zweiten Mal in überarbeiteter Form. Abgesehen von den sportlichsten Ausführungen 130/125 TC wurden die Ritmo nur noch fünftürig gebaut. Äußerlich erkannte man sie an der neu geformten, in den Stoßschutz integrierten Bugschürze, dem Seitenschutzstreifen unten an den Flanken zwischen den Radausschnitten, der ebenfalls schwarzen Blende zwischen den Hecklichtern und nicht zuletzt an den rechteckigen statt kreisrunden Türgriffen, wie sie bereits der Regata besaß. Alle Sitze waren neu (vorne mit Schaumstoff), ebenso die Polsterungen und Sitzüberzüge, zudem war die Geräuschisolierung verbessert worden.

An die Stelle des 105 TC trat der fünftürige 100 Super (weiterhin mit dem 105 PS leistenden DOHC-Motor). Erneuert worden war auch der Dieselmotor: 1697 statt 1714 cm³, 138 statt 155 kg, 60 statt 58 PS, modernisierte Vorkammerform wie bei den 1,9- und 1,3-l-Dieselmotoren; Ritmo ES (Energy Saving) mit 1,1-l-Motor nun ebenfalls mit City-Matic-Abschaltsystem). Hinzu kamen (je nach Exportmarkt) zusätzliche Einspritzmotoren mit Schubabschaltung.

Im Frühsommer 1985 führten Gespräche zwischen Fiat und Ford über ein allfälliges Zusammengehen in Europa zu etlichen Spekulationen. Vittorio Ghidella, der Generaldirektor von Fiat Auto, bestätigte, dass „alle Wege einer allfälligen industriellen und kommerziellen Zusammenarbeit untersucht werden." In der Alten Welt hätte ein solches Joint Venture zu einem Marktriesen mit 22 Prozent Anteil geführt, weltweit betrachtet wären Ford/Fiat mit 17,5 Prozent hinter GM mit gut 21 Prozent die Nummer zwei geblieben. Die Fiat-Gruppe hatte im ersten Trimester 1985 mit 12,8 Prozent Marktanteil in Europa immerhin den ersten Platz vor VW/Audi gehalten. Im Oktober sollten dann die Gespräche abgebrochen werden, weil Ford den Mehrheitsanspruch von 51 Prozent der Fiat-Seite nicht zugestehen wollte.

Uno 45 (Fire) und 60. Im Juni 1985 war es so weit, dass der kleinste Uno (bei unveränderter Bezeichnung 45, und wie schon der Lancia alias Autobianchi Y 10) mit dem 999-cm³-Fire-Motor (s. oben) statt mit dem 903-OHV-Motor ausgerüstet wurde. Die 45 PS standen damit bereits bei 5000/min statt 5600/min zur Verfügung. Vor allem aber hatte das maximale Drehmoment zugelegt. Achs- und Getriebeuntersetzungen waren angepasst worden. Es gab den Uno 45 auch in der luxuriösen SL-Version, die dank Dichtlippen um das Kühlergitter, vor den Hinterrädern nach unten geführten Schwellern und großflächigen Radkappen auf einen cw-Wert von 0,33 kam. Dieser neue Uno 45 erreichte Tempo 100 binnen 16,2 s und eine Spitze von 145 km/h, und er benötigte 4,1/5,4/6,2 l/100 km. – Aus dem Uno 55 wurde der Uno 60 (1116-cm³-Motor nun mit Zweifachvergaser); alle Benzinmotoren besaßen jetzt eine kontaktlose Transistorzündung.

Croma. Im Dezember 1985 war es soweit, dass nach dem Saab 9000 und dem Lancia Thema das dritte auf einer gemeinsamen Basis entwickelte Mittelklassemodell „ans Licht gebracht" wurde, nämlich der Fiat Croma. Auch er wartete mit Frontantrieb samt Quermotor und einem großzügig geräumigen Innenraum auf. Im Vergleich zum Lancia Thema war er jedoch 449,5 statt 459 cm lang, und sein Stummelheck war mit einer Heckklappe kombiniert. Radstand, Breite und Höhe waren mit 266, 176 und 143,5 cm gleich. Der ebenfalls von Giugiaro entworfene Croma war glattflächig – cw-Wert 0,32 – und gab sich mit den fünf feinen schräg stehenden Chrombalken im Kühlergesicht sogleich als Fiat zu erkennen.

Die Motorenauswahl begann mit dem 1,6-l-OHC-Aggregat. Darüber rangierten drei 2-l-DOHC-Motoren (Zweifachvergaer, Einspritzung und Turbo), die jedoch im Gegensatz zu den Lancia-Aggregaten keine Schwingungsausgleichswellen besaßen. Zudem standen ein 2,5-l-Diesel- und (wie im Thema) ein 2,45-l-Turbo-Dieselmotor zur Wahl. Ein 3-Stufen-Automatikgetriebe gab es nur in Verbindung mit dem 2-l-Einspritzmotor. Die Besonderheit dieses Motors bestand in der IAW-Einspritzung = Iniezione Accensione Weber, bei der die Motorelektronik sowohl die Zumessung des Treibstoffs wie über den Computer auch die Zündkennlinien regelte. Der 2.0 i.e. (iniezione eletronica) Turbo war mit der Jetronic LE 2 von Bosch ausgerüstet, der Ladedruck des Garrett-T3-Turbos aber auf 0,53 bar beschränkt (Thema bis 0,9 bar). Doch auch der mit Zweifachvergaser arbeitende 2-l-Motor hatte seine Besonderheit, nämlich ein neuartig ausgebildetes Ansaugsystem namens CHT = controlled high turbulence: Im unteren Drehzahlbereich wurden die Zylinder nur durch kleinere Ansaugtrakte versorgt, während über 3000/min zusätzliche Drosselklappen die größeren Querschnitte freigaben. Damit ergab sich ein bemerkenswert tiefer Normverbrauch von 5,5/7,2/8,5 l Superbenzin je 100 km.

Vorne war die Federbein-Aufhängung mit unteren Dreieckquerlenkern, hinten mit Querlenkern, Spurstangen und Zugstreben kombiniert. Die Zahnstangenlenkung besaß ein variierendes Untersetzungsverhältnis, außer im 1,6-l-Modell wurde sie servobestückt. Das Kofferraumvolumen erreichte 500 dm³ und ließ sich stufenweise bis auf 1400 dm³ erhöhen. Das Armaturenbrett gab sich schlicht und übersichtlich, der Innenraum komfortbetont. Viele Partien des aus nur 321 Einzelteilen bestehenden Aufbaus wurden in Zincrometall (zinkpulverbeschichtetes Stahlblech) ausgeführt.

Panda 1986. Im Januar 1986 erhielt der Panda ummodellierte Stoßfänger (Länge 341 statt 338 cm), glattflächige statt verrippte Seitenplanken, schwarz lackierte B-Säulen und Frontscheiben-Unterkante; das vordere Dreieckfenster entfiel und das hintere Kennzeichen wanderte unterhalb die Heckklappe. Die Typenbezeichnungen wechselten auf 750 und 1000, jeweils in den Ausführungen L, CL und S: An die Stelle des luftgekühlten Zweizylindermotors und der drei OHV-Vierzylinderaggregate trat der (oben beschriebene) Fire-Motor mit 999 cm³ sowie in einer neuen Variante mit 770 cm³. Mit deren 34 bzw. 45 PS verbanden sich erhöhte Leistungsfähigkeit mit niedrigerem Verbrauch (0–100 km/h in 23 bzw. 16 statt in 36 bzw. 18 s). Die hintere Starrachse wich einer vom Fiat-Konzern als Omega-Achse bezeichneten Konstruktion, wie sie bereits beim Lancia Y 10 eingeführt worden war: halbkreisförmig nach vorne gebogenes Achsrohr mit zwei schrägen Längslenkern und einer mittleren Verankerung, Schrauben- statt Blattfedern. Der mit dem 999-cm³-Motor ausgerüstete Panda 4x4 behielt die Starrachse mit Halbelliptikfedern. Der neue Instrumententräger zeigte sich bei den teureren Varianten reicher dotiert.

Ritmo Turbo DS. Diese Ausführung kam im Februar 1986 hinzu: 1929-cm³-Dieselmotor, KKK-Abgasturbolader der neuen Generation K 16 mit

0,8 bar Ladedruck, Ladeluftkühler, 80 PS bei 4200/min, 5-Gang-Getriebe von ZF, 0–100 km/h in 12,9 s, 170 km/h, und dabei sparsam: 4,3/6,1/6,0 l/100 km/h; zur reichhaltigen Serienausstattung zählten in der Frontschürze integrierte rechteckige Nebelleuchten, Dekorstreifen, Zusatzinstrumente und ein verfeinerter Innenraum.

Nach dem früheren radikalen Personalabbau konnte Fiat ab 1986 wieder einen guten Teil der noch von der Lohnausgleichskasse bezahlten Arbeiter an die Arbeit zurückrufen: 700 bis Ende Juli und weitere 3500 in Gruppen bis Ende 1987. Nicht nur wurden für diese Arbeiter Requalifizierungskurse vorgesehen, gleichzeitig wurden die Werkanlagen in Mirafiori, Rivalta und Cassino umstrukturiert; in Mirafiori und Rivalta wurden zudem Nachtschichten vorgesehen. Im April 1986 beschloss Fiat eine weitere Kapitalerhöhung, von der 10 Prozent den Mitarbeitern reserviert wurden.

Panda Diesel. Zum 61. Turiner Autosalon von Ende April 1986 kam auch diese Variante hinzu: 1,3 l, aber nur 37 PS bei 4000/min und höchstes Drehmoment bereits bei 2500/min.

Regata 1986/87. Im Juni 1986 erfuhren die Modelle Regata und Regata Weekend eine Erneuerung: tiefergesetzte untere Fensterlinie, geänderte Stoßfänger und Pfostenabdeckungen, außenbündige Seitenfenster; neuer 1,6-l-DOHC-Motor, erstmals bei Fiat mit SPI-Einspritzung (Single Point Injection bzw. elektronische Zentraleinspritzung) und 100 PS, als weitere neue Motorvariante gab es den 1,9-l-Turbodiesel mit 80 PS; ferner wurde der Aufbau weiter versteift und die Isolation, Instrumentierung, Ventilation, Sitzform und Stoffüberzüge aufgewertet.

Ende September 1986 einigten sich Turin und Tripolis (bzw. Italiens Industriekönig Agnelli und Libyens Staatschef Ghadhafi) auf die Rückgabe des von der libyschen Investitionsfirma Lafico gehaltenen Fiat-Aktienpakets zu einem horrenden Preis an die Fiat-Seite. Der von der Familie Agnelli über die Finanzinstitute IFI und IFIL gehaltene Fiat-Anteil erhöhte sich damit von gut 31 auf knapp 41 Prozent.

Uno 1987. Im Oktober 1986 kam als dritte Uno-Dieselvariante (nach dem 1302-cm^3-Saug- und dem 1367-cm^3-Turbodiesel) der 1698-cm^3-Motor mit 60 PS hinzu. Es gab ihn als 60 D und 60 D Super. Als ein Schmuckstück der Kleinwagenklasse gab sich der gleichzeitig herausgebrachte Uno SX mit 1,3- oder 1,5-l-Motor und sportlichem äußeren Auftritt (Kunststoff-Einfassungen, Nebellampen), reichhaltiger Ausstattung (Velours-Sitzüberzüge, verlängerte Mittelkonsole usw.) sowie, erstmals bei Fiat serienmäßig (bislang im Uno Turbo auf Wunsch), Instrumenten in LCD-Technik (Tacho digital, Drehzahl quasianalog).

Zum Jahresanfang 1987 übernahm Fiat als weitere Konzernmarke → Alfa Romeo und legte sie mit Lancia zusammen.

Duna. Von → Fiat Brasil eigens für Italien gebaut, wurde im Januar 1987 der Duna auf den Markt gebracht.

Uno Selecta. Zwar hatte Fiat das neuartige CVT-Getriebe (Continuous Variable Transmission) mit dem aus 300 Stahlgliedern bestehenden

Fiat Croma i.e., 1987

Schubgliederband schon mit dem Uno-matic 70 von Ende 1983 (s. oben) vorgestellt. Doch auf dem Markt eingeführt wurde es erst ab Mai 1987 und zwar vorerst ausschließlich in Italien. Dies, nachdem → Subaru bereits auch den Justy damit anbot. Der Uno Selecta, so die neue Bezeichnung, war mit dem 58 PS leistenden 1116-cm^3-Motor gekoppelt. Die Fahrleistungsdaten und der Verbrauch wichen nur geringfügig vom jenen des Uno 60 S (mit 5-Gang-Getriebe) ab. Der Vorteil bestand vor allem in dem gegenüber einem herkömmlichen Automatikgetriebe mit Drehmomentwandler deutlich niedrigeren Preis. Für den Export in „Katalysator-Länder" wurde eine Ausführung mit 1,5-l-Motor vorgesehen.

Croma 1988. Er unterschied sich durch die in der Wagenfarbe gehaltenen unteren Hälften der Kunststoff-Stoßfänger, eine zusätzliche Blende und weiß abgedeckte Hecklichter, einen nicht mehr in Schwarz, sondern in der Wagenfarbe gehaltenen Mittelpfosten und feine schwarze Scheibenrahmen.

1988 kam der 999-cm^3-Fire-Motor nicht nur mit Dreiwegekatalysator und Lambdasonde, sondern zudem mit einer Zentraleinspritzung Mono-Jetronic von Bosch. Der Uno Turbo erhielt ein als Antiskid bezeichnetes ABS von AP (Automotive Products). Wenngleich die Bremskraftregulierung alle vier Scheibenbremsen erfasste, mussten bloß die Vorderräder mit Sensoren ausgerüstet werden.

126 Bis. Für den Ausbau der Produktion bei FSM = Fabryka Samochodow Malolitrazowych im Bielsko Biala und Tychy (Südpolen) hatte Fiat hohe Kredite freigegeben. Die betagte Heckmotorkonstruktion des Typs 126 wurde im September 1987 in nochmals stark modernisierter Form vorgestellt (die Produktion war im FSM-Werk Nr. 2 in Tychy im Frühling angelaufen): Von außen betrachtet fielen vor allem die von 12 auf 13 Zoll vergrößerten Räder auf. Bedeutungsvoller waren die Änderungen im Heck: Dort war nun ein von Luftkühlung auf Wasserkühlung umgebauter Zweizylindermotor mit einem von 652 auf 704 cm^3 vergrößerten Hubraum eingebaut, und dies in flach

Fiat 126 Bis, 1988

umgelegter Position (wie einst schon bei den kleinsten Fiat-Kombimodellen). Die Leistung stieg damit von 24 auf 26 PS, und zudem stand nun ein 100-dm^3-Heckkofferraum zur Verfügung. Dieser war über eine zwischen die Schlusslichter herunterreichende Heckklappe erreichbar, und er ließ sich durch Umklappen der Rücksitzlehnen auf 270 dm^3 vergrößern. Auch das Armaturenbrett war modernisiert und mit Ablagen angereichert worden. Der 126 Bis geheißene polnische Winzling erreichte Tempo 100 binnen 33 statt in 47 s und zudem eine Spitze von 116 statt gut 105 km/h. Er hatte eine erstaunliche Aufwertung erfahren.

Gegen Ende 1987 wurde auch der Fire-Motor in einer den strengsten Abgasnormen gerecht werdenden Ausführung i.e. für den Panda 1000 und den Uno 45 aufgelegt.

Tipo. Nachdem erste Bilder des Tipo schon im Juli 1987 freigegeben worden waren, erfolgte im Januar 1988 die Vorstellung für die Fachpresse, während die Weltpremiere für den Genfer Salon im März vorgesehen wurde. Auch der Tipo entsprach der Kompaktklasse und richtete sich somit in erster Linie gegen VW Golf, Ford Escort, Opel Kadett, Peugeot 309 und Toyota Corolla. Im Gegensatz zum Ritmo besaß er eine – ausschließlich fünftürig gebaute – Karosserie mit drei Fenstern pro Seite, womit für eine vorbildliche Rundsicht gesorgt wurde. Das dritte Seitenfenster war rhomboidförmig und betonte die nach hinten ansteigende Gürtellinie. Die um den Karosserieabschluss geführte Heckklappe schloss sich unmittelbar an diese Zusatzfenster an. Auch die niedrige Front mit den fünf schräg-senkrechten Fiat-Stäbchen war in kantigem Stil gehalten. Mit cw 0,31 war der Luftwiderstandsbeiwert in dieser Klasse ungewöhnlich niedrig.

Gegenüber dem Ritmo war der Radstand von 245 auf 254 cm gestreckt worden (Golf: 247,5 cm; Kadett: 252 cm). Anderseits war der Tipo mit 396 statt 399,5 cm um eine Spur kürzer. Vom längeren Radstand profitierten vor allem die Fondpassagiere, während der Kofferraum mit 350 dm^3 etwas kleiner war als jener des Ritmo (370 dm^3), auch wenn das Reserve- durch ein Notrad ersetzt worden war. Die Motorpalette reichte vom 1108-cm^3-Fire-Motor bis zum 1,9-l-Turbo-Diesel. Neu war der von 1301 auf 1372 cm^3 vergrößerte OHC-Motor mit Weber-Doppelvergaser oder Zentraleinspritzung Bosch Mono-Jetronic und Katalysator (beide mit 72 PS), und neben dem 1585-DOHC-Motor, ebenfalls mit Zentraleinspritzung und Katalysator, gab es neu eine OHC-Variante mit 1580 cm^3 und Doppelvergaser (90 bzw. 83 PS).

Die neukonstruierten Radaufhängungen waren an Fahrschemeln montiert, vorne fanden sich McPherson-Federbeine und untere Dreieckquerlenker, hinten als Längslenker wirkende rohrförmige Sphäroguss-Schwingarme. Zum Turbo-Diesel war auf Wunsch ein ABS (von Bosch, in Verbindung mit Vierrad-Scheibenbremsen) erhältlich. Der Tipo wurde in zwei Ausstattungsversionen angeboten, nämlich als Standard und als Digit. Hauptmerkmal des später auch mit DGT bezeichneten Digit waren neben einer Cordsamt-Auskleidung vor allem die neuartig ausgelegten Digital- und Quasianaloganzeigen in dem von horizontalen Stilelementen geprägten Instrumentenbrett.

Croma Turbo D id. Während das Fiat-Namenanhängsel i.e. für elektronische Einspritzung stand, bedeutete D id Diesel iniezione diretta, also Direkteinspritzung. Ein solcher Motor wurde, im Croma eingebaut, auf dem im April 1988 durchgeführten Salone Internazionale dell'Automobile in Turin vorgestellt. Für dieses auf dem 1929-cm^3-Dieselmotor basierende Aggregat bedurfte es keiner Vorglühzeit, die Leistung erreichte 92 PS, und der ECE-Verbrauch war deutlich günstiger als bei dem weiterhin erhältlichen 2,45-l-Turbo-Dieselmotor, nämlich 3,9/5,5/6,6 l/100 km (statt 5,2/6,9/8,5 l/100 km).

Im Frühling 1988 verstärkte Fiat seine mit hohen Investitionen geführte Qualitätskampagne weiter. Inzwischen hatten schon 70'000 Mitarbeiter verschiedener Ebenen Ausbildungskurse besucht. – Das Werk Cassino, auf halbem Weg zwischen Rom und Neapel, wo Tipo und Regata entstanden, wurde 1988 zu einem der modernsten Autoproduktionszentren der Welt ausgebaut: 439 Roboter, aber immerhin 6200 Arbeiter in drei Schichten und 800 Angestellte. – Hinter den Kulissen aber herrschte seit den Verhandlungen mit Ford von Mitte Jahrzehnt eisige Rivalität zwischen Cesare Romiti, dem Geschäftsführer der Fiat SpA (der sich dem Zusammengehen mit Ford widersetzt hatte), und Vittorio Ghidella, dem Supermanager von Fiat Auto, Alfa-Lancia und Ferrari (der das Superkonstrukt Fiat/Ford befürwortet hatte). Präsident Giovanni Agnelli entschied sich schließlich für Romiti, der damit zum 1. Januar 1989 zusätzlich die Funktionen von Ghidella übernahm. Dieser aber unterschrieb im Februar 1989 in London einen Beratervertrag mit Ford. – Romiti verfügte alsbald eine Dreiteilung von Fiat Auto in Industrie (Entwurf, Entwicklung, Konstruktion, Produktion), Fiat/Lancia (geführt von Paolo Bernardelli) und Alfa Romeo (geführt von Giovanni Battista Razzelli).

Croma 1989. Im April 1989 gab's für den Croma nebst Verfeinerungen zwei Leistungssteigerungen: Der mit zwei Ansaugkanälen unterschiedlichen Querschnitts ausgestattete 2-l-Vergasermotor CHT (Controlled High Turbulence) kam auf 100 statt 90 PS (u. a. dank elektronischer Marelli-Zündung Digiplex 2), und beim 2,5-l-Turbodiesel stieg die Leistung von 100 auf 118 PS (Hubraum 2499 statt 2455 cm^3, Maßnahmen an Ein- und Auslass, größerer Ladeluftkühler, kleinerer Turbolader KKK K-16). Mit zahlreichen Detailänderungen wurde das Komfortniveau des Croma erhöht. Dazu zählten z. B. größere Gummipuffer für die Motoraufhängung, geräuschdämmende Maßnahmen an der Auspuffanlage, eine übersichtlichere Instrumentierung, mehr Beinraum im Fond und neue Stoffüberzüge.

Uno 1990. Auf der IAA Frankfurt 1989 zeigte sich der Uno nach rund vier Millionen gebauten Exemplaren in Zweitauflage mit einer stilistisch an den Tipo angepassten, aerodynamisch verbesserten Frontpartie mit je zwei horizontalen Luftschlitzen beidseits des Markensymbols. Dank „ausgebuchteter" Heckklappe stieg das Kofferraumvolumen von 225 auf 270 dm^3. Ein neues Armaturenbrett bot übersichtlicher angeordnete Analoginstrumenten; die Hebel für Blinker/Licht und Scheibenwischer waren nun an der Lenksäule angewinkelt. Verbessert waren auch die Sitze und ihre Überzüge. Das Fahrwerk war Richtung Komfort optimiert worden, und neu gab es den Uno mit 1,7-l-Dieselmotor. Besonderheiten verkörperten der weiterhin angebotene Uno Selecta mit

Fiat Tipo Digit, 1988

stufenlosem CVT-Getriebe (zu 1,1 und 1,4-l-Motor) und der Turbo Antiskid mit Antiblockiersystem für die Vorderräder. Das Turbo-Modell gab es übrigens nun auch mit 1,4-l-Motor.

Tipo 16V. Zunächst nur auf dem Heimmarkt wurde ab Herbst 1989 der Tipo in einer besonders potenten Version mit 1756-cm³-DOHC-Motor angeboten, wie er auch im Lancia Dedra zu haben war. Während er in diesem Modell mit zwei Schwingungsausgleichswellen aufwartete, besaß es im Tipo einen 16-Ventil-Zylinderkopf. Mit digitaler Motorelektronik IAW-Weber für Einspritzung/Zündung resultierten 138 PS. Für den Export wurde eine Katalysator-Version mit 1995 cm³ und etwa 155 PS auf den Sommer 1990 in Aussicht gestellt.

Tempra. Nachdem in der Presse zunehmend sogenannte Erlkönigbilder aufgetaucht waren, entschloss sich Fiat in der zweiten Hälfte November 1989 zu einer vorzeitigen Freigabe offizieller Bilder von dem Regata-Nachfolger, der unter der Modellbezeichnung Tempra auf Februar 1990 und den Genfer Salon in Aussicht gestellt wurde. Er basierte technisch auf dem Tipo, doch war er strukturmäßig auch mit dem Lancia Dedra verwandt. Alle drei besaßen eine Plattform mit 254 cm Radstand. Gegenüber dem Regata wuchs die Länge von 426 auf 435,5 cm. Die Front ähnelte jener des Tipo, war aber noch stärker schräggestellt, und auch das hohe Heck versprach einen niedrigen cw-Wert.

Dieser wurde bei der offiziellen Vorstellung im Februar mit cw 0,28 bestätigt. Das dritte Seitenfenster sorgte für vorbildliche Rundsicht. Mit einem 146 cm breiten Innenraum und einem 500 Liter fassenden Kofferraum war der Tempra eines der geräumigsten Fahrzeuge seiner Klasse. Die Innenraumausstattung einschließlich Armaturenbrett stimmte weitgehend mit jener des Tipo überein, wobei die mit SX bezeichneten Topmodelle ebenfalls Digitalinstrumente erhielten.

Die Motorenauswahl reichte vom 1,4-l-Aggregat (Änderungen an Ansaugsystem und Zylinderkopf, 78 statt 72 PS) über die 1,6-l-Variante (gleiche Auslegung, 86 statt 83 PS, mit Dreiwegekatalysator 80 PS) bis zum 1756-cm³-DOHC-Motor (Ableitung vom Croma-2-l-Motor, 110 PS) und 1995-cm³-DOHC-Motor (zwei Schwingungsausgleichswellen, 115 PS). Zudem standen zwei Dieselmotoren im Angebot (1929 cm³, 65 PS bzw. mit KKK-Abgasturbolader und Intercooler 92 PS). Außer mit dem üblichen 5-Gang-Getriebe war der 1,6-l-Tempra mit dem stufenlosen Selecta-Getriebe mit Metall-Schubgliederband erhältlich.

Anlässlich des Besuchs von UdSSR-Präsident Michael Gorbatschow in Rom unterschrieb Fiat-Chef Cesare Romiti Ende 1989 den Vertrag für die Gründung eines „Mega-Joint Venture", an dem sich der sowjetische Staatsbetrieb ELAZ mit 70 Prozent und Fiat mit 30 Prozent beteiligen sollten. Es ging um ein kleines drei- und fünftüriges Schrägheckmodell mit der Codebezeichnung A 93, das gemeinsam von Fiat und dem Nami-Institut zu entwickeln war. Doch die politische Entwicklung stellte diese Pläne später auf den Kopf...

Panda Elettra. Zeitgleich mit dem Tempra stellte Fiat im Februar 1990 in Turin den zweisitzigen Panda Elettra mit Elektroantrieb vor. An der Stelle der Hintersitze war ein Großteil der zwölf 6-Volt-Bleibatteriesätze untergebracht, die 350 kg wogen und das Leergewicht auf 1150 kg brachten. Der vorne quer eingebaute Elektromotor leistete 12,5 PS (Spitze 18 PS). Es konnten 70 km/h erreicht werden und mit 50 km/h ergab sich eine Reichweite (zwischen zwei Batterieladungen) von 100 km. Äußerlich unterschied sich der Panda Elettra durch den Wegfall des Kühlergrills und ein seitliches Farbdekor mit Aufschrift. Ab Juni 1992 gab es den Elettra in verbesserter Ausführung; er wurde bis Ende 1998 in Kleinserie gebaut.

Tempra Weekend. Zum 63. internationalen Automobilsalon von Turin wurde im April 1990 die Weekend geheißene Kombiversion des Tempra vorgestellt. Wenngleich der dritte Dachträger wie bei der Stufenhecklimousine stark nach vorne beneigt blieb, war die lange dritte Seitenscheibe so geschickt angefügt, dass sich ein attraktives Kombidesign ergab. Mit 447 cm war der Weekend ein Dutzend cm länger als die Limousine und sein Dach verlief auf 150 statt auf 144 cm Höhe. Damit ergab sich die Möglichkeit, eine dritte, nach hinten gerichtete Sitzreihe einzubauen. Wie schon beim Vorgänger war die Heckklappe horizontal zweigeteilt (nach unten ausklappbarer niedriger Unterteil). Die Produktion des Tempra Weekend wurde im Herbst aufgenommen; er wurde somit zu einem Modell 1991.

Fiat Uno, 1990

Fiat Tempra SX, 1990

In Turin zeigte Fiat als Neuheit zudem den Panda Young 2, dem der altgediente OHV-Vierzylinder mit auf 769 cm³ reduziertem Hubraum mit 34 PS als Antriebsquelle diente. Im Uno Trend wurde hingegen ein 994-cm³-OHC-Motor mit 44 PS eingebaut, bei dem es sich um ein Derivat des 1116-cm³-Aggregates des brasilianischen Duna handelte.

Wegen einsetzender Absatzflaute beschloss Fiat im Herbst 1990 rund 35'000 Werkangehörige drei Wochen lang der staatlichen Lohnausgleichskasse anzuvertrauen. Die angestrebte Qualitätssteigerung sollte künftig vor allem durch die bevorzugte Einstellung besonders qualifizierter Mitarbeiter gewährleistet werden.

Fiat	Bauart	Mot.	Getr.	R/L cm	Baujahre
126	**H./I.**	**a**	**4**	**184/305,5/313/311**	**1980–87**
126 Bis		**b**		**184/310,5**	**1987–90**
Motoren:	*Zyl.:*	*N'w.:*	*cm³:*	*PS/'min:*	*Nm/'min:*
a	2	OHV	652	24/23/4500	41/3000/43/2400
b			704	26/4500	49/2000
Panda (*4x4)	**Fr.(4)**	**a–e**	**4/5**	**216/338/217*/339**	**1980–85**
Motoren:	*Zyl.:*	*N'w.:*	*cm³:*	*PS/'min:*	*Nm/'min:*
a				30/5500	41/3000
b (1982–84 *1984–)			843	34/5800	59/60*/2800
c (*1982–)	4		903	45/5600	64/67*/3000
d (CH 1982/83)			965	48/5600	72/3300
e (4x4, 1983/84 *'84–)					70/3500/3000*
Panda (*4x4)	**Fr.(4)**	**a–g**	**4/5**	**216/217*/341**	**1986–90**
a (*+OHV 1989–)	4	OHC/*	770	34/5250	57/54*/3000
b (1989–)			903	45/5600	66/3000
c			999	45/5000/44	80/2750/76
d (1986/87 incl. 4x4)				45K/5250	74/3000
e (1987– incl. 4x4)	4i				75/3250

Fiat	Bauart	Mot.	Getr.	R/L cm	Baujahre
f (4x4 +*1987–)	4			50/5500/44*	78/3000/76
g (1986–)	4D		1302	37/4000	71/2500
127	**Fr.**	**a/cdj**	**4**	**222,5/364,5/392**	**1980/81**
127 / 127 Panorama		**a–d/g**	**4/5**	**222,5/371/392**	**1981–83**
128		**e/f**	**4**	**245/384**	**1980–84**
X 1/9 (→ Bertone)	**M.**	**h/i**	**5**	**220/397/407**	**1980/81**
Motoren:	*Zyl.:*	*N'w.:*	*cm³:*	*PS/'min:*	*Nm/'min:*
a	4	OHV	903	45/5600/40D/5400	64/3000
b (CH 1982–)			965	48/5600	72/3300
c (* 1982–)		OHC	1049	50/52CH*/5600	77/3000/76/4000
d (Sport –1981)				70/6500	83/4500
e			1116	55/6000/45/5400	82/2800/77/3000
f			1290	60/6000	97/3000
g (Sport 1981–)			1301	75/5750	103/3500
h			1499	85/6000	118/3200
i (USA)	4i			68/5250	108/3000
j	4D		1302	45/5000	75/3000

Fiat

Fiat	Bauart	Mot.	Getr.	R/L cm	Baujahre
127 / 127 Panorama	**Fr.**	**a/b**	**5**	**222,5/374,5/392,5**	**1983–86**
a	4	OHC	1049	50/5600	77/3000
b	4D		1302	45/5000	75/3000
Uno	**Fr.**	**a–q**	**4/5/A**	**236/364,5**	**1983–90**
Motoren:	*Zyl.:*	*N'w.:*	*cm³:*	*PS/'min:*	*Nm/'min:*
a (–1985 *ES)	4	OHV	903	45/5600	67/68*/3000
b (Exp.86– *Sting 89–)					67/66*/3000
c (1985–)		OHC	999	45/5000/44	80/2750/76
d (1986/87)				45K/5250	74/3000
e (1987–)	4i				75/3250
f (1989–)	4		1108	57/5500	89/3000
g (*1985–)	4		1116	55/5600/58*/5700	86/2900/87/86/30'
h (–1985 *CH/Export)			1302	70/68*/5700	100/2900
i (1985–89)				65/5600	100/3000
j (1989–)			1372	72/6000	108/3250
k (1985–88 *1988–)	4i		1499	75K/5500/5600*	108/113/3000
l (Turbo '85–89 *'89–)	4iT		1301	105/5750/118*/6000	147/3200/165/3500
m (do. 1986–)				100K/6000	142/3500
n (1983–89 *1989–)	4D		1302	45/46*/5000	75/3000
o (Turb.D'86–89 *'89–)	4TD		1367	70/72*/4800	115/131/3000
p (1986–89 +*1988/89)		4D	1697	60/4500/57*/4800	103/3000/98/2900
q (1989–)			1697/1929	58/4600/60/4400	100/2900/108/2500
Duna / Duna Weekend	**Fr.**	**a–c**	**5**	**236/403,5**	**1987–90**
Motoren:	*Zyl.:*	*N'w.:*	*cm³:*	*PS/'min:*	*Nm/'min:*
a	4	OHC	1116	58/5500	85/2750
b			1301	67/5500	101/2500
c	4D		1697	60/4500	103/3000
Ritmo	**Fr.**	**a–i**	**4/5/A3**	**245/394**	**1980–82**
Motoren:	*Zyl.:*	*N'w.:*	*cm³:*	*PS/'min:*	*Nm/'min:*
a	4	OHC	1116/1049	60/5800	81/3500
b			1302	65/5800	98/3500
c			1499	75/5800	118/3000
d (USA –1981)	4i			70/5100	105/2500
e	4D		1714	55/4500	98/3000
f (Super 1981–)	4		1302	75/5800	98/3900
g (Super 1981–)			1499	85/5800	118/3800
h (105 TC 1981–)		DOHC	1585	105/6100	133/4000
i (Abarth 125 TC '81–)			1995	125/5800	172/3500
Ritmo (*1985–)	**Fr.**	**a–p**	**4/5/A3**	**244,5/401,5/399,5***	**1982–87**
a (–1985 *ES)	4	OHC	1116	55/5600	85/88*/2900
b (1985– *ES)				58/5700/55*/5600	87/3000/88/2900
c (–1985 *m. Autom.)			1302/1299*	68/5700/5750CH	100/2900/3500
d (1985– *m. Autom.)				65/68*/5600	100/2900/98/3000
e (–1983)			1499	82/5800/75CH/5750	120/113/3000
f (1983/84)				75/5800/5750CH	118/113/3000
g (1984– +*1985–)	4/4i*			75/5700/75K*/5500	117/108/3000
h (85 Super'83– *–'86)	4			82/5800/79CH*	120/3000
i (105 TC –1985)		DOHC	1585	105/6100	133/3800/3500CH
j (100 Super'85–)*–86)				105/6100/100	133/4000/3500CH*
k (1986–)	4i			90K/6250/100K	123/4250
l (Abarth 130 TC '83–)	4		1995	130/5900	177/3600
m (CH:Ab.125 TC'83–86)				125/5800	171/3500
n (–1985)	4D	OHC	1714	58/4500	103/3000
o (1985–)			1697	60/4500	
p (Turbo DS 1986–)	4TD		1929	80/4200	172/2400
Tipo	**Fr.**	**a–g**	**5**	**254/396**	**1988–90**
Motoren:	*Zyl.:*	*N'w.:*	*cm³:*	*PS/'min:*	*Nm/'min:*
a	4	OHC	1108	56/5500	89/2900
b	4/4i		1372	72/70/68/70K/6000	108/2900/106/3000
c	4		1580	83/6000	132/4000
d	4i	DOHC	1585	90/6250	123/4250
e (16V 1989–)		D16V	1756	138/6250	167/4600
f	4D	OHC	1697	58/4600	100/2900
g	4TD		1929	92/4100	190/2400

Fiat	Bauart	Mot.	Getr.	R/L cm	Baujahre
Regata	**Fr.**	**a–n**	**5/A3**	**245,5/425,5**	**1983–90**
Regata Weekend				**245,5/426,5**	**1984–90**
Motoren:	*Zyl.:*	*N'w.:*	*cm³:*	*PS/'min:*	*Nm/'min:*
a (–1986 *ES)	4	OHC	1302	68/5700/65*/5800	100/2900
b (1986– *m.Aut.:1299)			1302*	65/5600	100/3000
c (–1986 *Export)			1499	82/5600/75*/5700	120/3000/118/3000
d (1986– *Export)				75/82*/5700	117/3000
e (1985–87 *1985/86)	4i/4			75K/5500/79CH*	108/3000/–
f (1987/88 *1987–)	4i			75K/5500/5600*	108/113/3000
g (Export 1987–)			1580	82	124
h (–1986)	4	DOHC	1585	100/5900	133/3800
i (1986–89 *1989–)	4i			100/95*/6000	128/121/4000
j (1986–)				90K/6250	123/4250
k (–1986)	4D	OHC	1714	58/4500	103/3000
l (1986–89)			1697	60/4500	
m (DS)			1929	65/4600	119/2000
n (Turbo DS 1986–)	4TD			80/4200	172/2400
Tempra	**Fr.**	**a–e**	**5/A**	**254/435,5**	**1990**
Motoren:	*Zyl.:*	*N'w.:*	*cm³:*	*PS/'min:*	*Nm/'min:*
a	4	OHC	1372	78/6000	108/2900
b	4/4i		1580	86/5800/80K/6000	132/2900/128/3000
c	4		1756	110/6000	142/2500
d	4i		1995	115K/5750	159/3300
e	4D/4TD		1929	65/4600/92/4100	119/2000/191/2400
131 Mirafiori	**St.**	**a/c–f**	**4/5/A3**	**249/426,5**	**1980–83**
131 Supermirafiori		**b–e/g**	**5/A3**	**249/423**	**1981–83**
131 Panorama /P. Super	**a/c/h/i**	←		**249/426,5**	**1983/84**
Sport Spider (Pin.)		**f**		**228/414**	**1980/81**
Motoren:	*Zyl.:*	*N'w.:*	*cm³:*	*PS/'min:*	*Nm/'min:*
a	4	OHC	1367	70/5500	108/3000
b		DOHC		75/5800	110/3800
c		OHC	1585	85/5600	125/3000
d		DOHC		97/6000	128/3800
e			1995	113/5600	167/3600
f (USA –1981)				103/5200	152/3500
g (TC Compr. 1981–)	4C			140/5500	214/3000
h	4D	OHC	1995	60/4400	113/2400
i			2445	72/4200	147/2400
132	**St.**	**a/g/i**		**255,5/439**	**1980/81**
Argenta (*1983–)		**b–h/j/k**		**256,5/445/443,5***	**1981–85**
Motoren:	*Zyl.:*	*N'w.:*	*cm³:*	*PS/'min:*	*Nm/'min:*
a (–1981)	4	DOHC	1585	98/5600/90/6000	132/120/4000
b (1981–83)				98/90/6000	
c (1983–)					133/3800/120/4000
d (–1981)			1995	112/5400	158/3400
e (1981–83, *CH'82–84)				113/5600/110*/5500	167/3600/157/3500
f (1983–)				113/5600	167/3700
g	4i			122/5300	172/3500
h (VX 1984–)	4C			135/5500	206/3000
i	4D	OHC		60/4400	113/2400
j			2445	72/4200	147/2400
k (1983–)	4TD			90/4100	196/2400
Croma	**Fr.**	**a–i**	**5/A3**	**266/449,5**	**1985–90**
Motoren:	*Zyl.:*	*N'w.:*	*cm³:*	*PS/'min:*	*Nm/'min:*
a (*1989–)	4	OHC	1585	83/85*/5600	128/131/2800
b (CHT *1989–)		DOHC	1995	90/5500/100*/5250	169/2800/172/2750
c	4i			120/5250/115K/5600	167/3300/162/4000
d (Turbo i.e. *1989–)	4iT			155/158*/5250	235/239/2350
e (Turbo i.e. 1986–)				150K/5500	247/2750
f (TD-id 1988–)	4TD		1929	92/4200/90	190/2500
g	4D		2499	75/4200	162/2200
h (Turbo D)	4TD		2445	100/4100	217/2300
i (Turbo D 1989–)			2499	118/3900	250/2200
Campagnola	**St./4**	**a/b**	**5+R**	**230/377,5/402,5**	**1980–89**
Motoren:	*Zyl.:*	*N'w.:*	*cm³:*	*PS/'min:*	*Nm/'min:*
a	4	OHV	1995	80/4600	151/2800
b	4D	OHC	2445	72/4200	147/2400

Fiat
Argentina

Die 1959 in Argentinien gegründete Fiat Concord SA hatte die Pkw-Produktion in ihrem Werk von Caseros 1960 aufgenommen. Das erste Modell war der kleine Heckmotor-Fiat 600, doch bald rollten auch größere Modelle vom Fließband. 1967 avancierten Fiat Concord und der Fiat 600 zu den Marktleadern. Im Frühjahr 1980 vereinbarten Fiat und PSA Peugeot-Citroën die Gründung einer neuen Firma, mit der die industriellen und kommerziellen Aktivitäten zusammengelegt werden sollten. Im Modelljahr 1981 wurde das Basismodell 600, das in Italien schon 1969 aus der Produktion gekippt worden war, erstaunlicherweise immer noch hergestellt, während die größeren Modelle neuere Konstruktionsdaten aufwiesen.

600 S. Bis auf eine kleine Zierblende an der Front zeigte sich der niedliche Fiat 600 im Vergleich zum italienischen Vorbild kaum verändert. Während der 600 D seine Karriere mit 767 cm^3 abgeschlossen hatte, erreichte der Inhalt des Vierzylinder-OHV-Heckmotors im argentinischen 600 S 843 cm^3 ; dieser wurde noch bis im März 1982 gebaut. Man war dem 4-Gang-Getriebe mit unsynchronisiertem Ersten treu geblieben. Die Aufhängung bestand vorne aus oberen Dreiecklenkern und einer unteren stabilisierenden Querblattfeder, hinten aus schrägen Dreiecklenkern und Schraubenfedern. Es wurden Trommelbremsen verwendet und die Lenkung funktionierte mit Schnecke und Sektor.

133 B. Im Sommer 1978 war der Fiat 133 B auf den Markt gebracht worden, bei dem es sich um ein Derivat des spanischen Seat 133 handelte: Karosserie im Stile des Fiat 127, dessen 903-cm^3-Motor aber im Heck eingebaut! Das 4-Gang-Getriebe war vollsynchronisiert, und das Aufhängungsprinzip entsprach jenem der beiden 600er-Modelle. Der 133 Top fiel durch seine schwarze Kunststofffront auf. 1982 wurde auch die Produktion des Typs 133 eingestellt.

128. Argentiniens nächstgrößeres Fiat-Modell war der Typ 128 (mit der Zusatzbezeichnung Europa). Es gab ihn als viertürige Limousine und als Besonderheit als fünf- statt nur dreitürigen Kombi (→ Fiat I). Zudem entstand er in einer für Sporteinsätze bestimmten Iava-Version mit deutlich erhöhter Leistung.

125. Topmodell war der Mittelklasse-Fiat 125, der 1972 das Modell 1600 ersetzt hatte. Zwischen den quadratischen Doppelscheinwerfern besaß er einen eigenen Kühlergrill. Als Besonderheit gab es diesen Fiat 125 nicht nur als viertürige Limousine und fünftürigen Kombi Familiar, sondern auch als 2+2-sitziges Fastbackcoupé. Dieses ausschließlich in Argentinien gebaute Modell war vom italienischen Karosseriewerk Vignale entworfen und 1970 eingeführt worden.

Dem Antrieb der Reihe 125 diente der 1,6-l-DOHC-Motor, der in Ausführungen mit 90, 110 oder 125 PS eingebaut werden konnte, die beiden Letzteren mit Doppelvergaser. Der Radführung dienten vorne obere Dreieckquerlenker, untere einfache Querlenker mit Längsschubstreben und Schraubenfedern, hinten eine Starrachse mit

Fiat 600 S, 1981

Fiat 133 B, 1981

Fiat 147 CL 1100, 1982

Fiat Spazio 1300 TR Diesel, 1985

Fiat Super Europa 1500 Familiar, 1985

Längslenkern und Halbelliptikfedern (Lenkung mit Schnecke und Rolle). 1981 lief die Produktion des Fiat 125 aus.

147. Ende März 1981 wurde Fiat 147 nach brasilianischem Muster lanciert. Er ersetzte den 133 B wie auch den 600 S, und er wurde alsbald auch in der Version CL 1100 mit 53 PS und in der höchst sportlichen Ausführung GL Sorpasso mit 90 PS leistendem 1,3-l-Motor gebaut.

Die 1980 beschlossene Fusion kam im Oktober 1981 unter dem neuen Firmennamen Sevel Südamerika zustande. Es gab bereits die Firma Sevel Süd in Süditalien, wo Fiat und PSA gemeinsam Lieferwagen herstellten. In Argentinien überließ die PSA ihre Peugeot- und Citroën-Werke Fiat; Hauptaktionär wurde 1982 die Grupo Macri, die auch das Management stellte, während sich Fiat mit 15 Prozent am Kapital beteiligte.

125 Mirafiori. Dieser wurde mit dem Modelljahr 1982 eingeführt; zu den Neuerungen zählten Rechteck- statt Doppelscheinwerfer. Er war Argentiniens erster Pkw mit 5-Gang-Getriebe.

(128) Europa. Zum Modelljahr 1984 wurde der Fiat 128 in einer Zweitserie mit dem Zusatznamen (Super) Europa aufgelegt. Front und Heck zeigten sich stark verändert. Der Kühlergrill und die ihn flankierenden großen Rechteckscheinwerfer waren leicht schräggestellt. Die Länge wuchs so von 384 auf 392 cm. Dem Antrieb diente der bekannte 1,3-l-OHC-Motor mit 60 PS in Verbindung mit einem 5-Gang-Getriebe. Die Iava-Version sollte 1984 auslaufen. Alsbald etablierte sich die Modellbezeichnung Super Europa (und Super Europa Familiar für den fünftürigen Kombi).

Spazio. Im November 1984 wurde aus dem Fiat 147 der Spazio. Er zeigte nun eine zum brasilianischen Baumuster analoge Front mit den fünf schräggestellten Fiat-Stäbchen in der Mitte. Es blieb bei den drei bekannten Motorvarianten.

Regatta. Im August 1985 brachte Sevel den Regatta in der Ausführung 85 mit 1,5-l-Motor und als 100 S mit 1,6-l-Triebwerk und Luxusausstattung auf den Markt. Technisch entsprachen sie weitgehend dem italienischen Regata, doch wurden sie vom Markt nicht so gut aufgenommen, wie erwartet worden war.

Im Jahre 1985 nahm Sevel in der Zentralprovinz Cordoba die Herstellung des modernen Pick-ups Chevrolet C-10 Silverado auf, womit Ford das Monopol in dieser Fahrzeugkategorie verlor.

Brio. Nachdem Argentiniens Regierung unter Präsident Raul Alfonsin 1986 die Schaffung eines AEA (= Automovil Economico Argentino) bzw. Volkswagens vorschlug (um den von einer Absatzkrise betroffenen Autoherstellern zu einer besseren Kapazitätsnutzung zu verhelfen), wollte Sevel zunächst den Fiat 600 wieder aus der Versenkung holen. Doch dann entschloss man sich zu einer Billigstversion des Fiat 147, den 127 Brio.

Duna. 1987 folgte Fiat Argentina dem brasilianischen Beispiel und nahm mit dem Duna eine Stufenheckversion des Uno in Produktion. Es sollte ihn auch als Kombi mit drei oder fünf Türen geben. Mit dem Modelljahr 1989 kamen der Uno und seine Derivate nach brasilianischem Beispiel hinzu, einschließlich des Kombi Elba sowie später des Fiorino. 1990 lief die Herstellung des Fiat 128 Europa aus. Aus der Zusammenarbeit mit → Zastava in Jugoslawien hatte ab 1987 eine Symbiose mit dem Zastava 101 resultiert.

1996 kündete Fiat das Lizenzabkommen mit Sevel auf, um in der Provinz Cordoba ein eigenes Werk aufzubauen. Zwei Jahre später übernahm Peugeot die vollständige Kontrolle über Sevel, und im Jahr 2000 erfolgte die Umwandlung in die Peugeot Citroën Argentina SA.

Fiat Argentina	Bauart	Mot.	Getr.	R/L cm	Baujahre
600 R / 600 S	**H.**	**a**	**4**	**200/342**	**1980/81**
600 S		**b**		**200/335,5**	**1980–82**
133 B		**c**		**202,5/349**	**1980–82**
Motoren:	*Zyl.:*	*N'w.:*	*cm^3:*	*PS/'min:*	*Nm/'min:*
a	4	OHV	797	36/4800	50/2800
b			843	32/4800	51/3000
c			903	40/5600	59/3600
147 / Spazio (1984–)	**Fr.**	**a–f**	**4/5**	**222,5/374,5**	**1982–88**
Brio				**222,5/371**	**1987–90**
Motoren:	*Zyl.:*	*N'w.:*	*cm^3:*	*PS/'min:*	*Nm/'min:*
a (1982)	4	OHV	903	–	
b (1982)		OHC	1049	–	
c (1982–84 *1984–)			1116	53/6150	80/79*/3200
d (Sorpasso 1982–84)			1302	90/6950	103/4500
e (1983/84 *1984–87)				60/6000	84/3000/94*/3500
f (1985–87)	4D			45/5000	75/3000
F. Duna → Fiat Italia					**1987–**
Super Europa	**Fr.**	**a/b**	**5**	**245/392**	**1984–87**
Motoren:	*Zyl.:*	*N'w.:*	*cm^3:*	*PS/'min:*	*Nm/'min:*
a	4	OHC	1302	60/6000	94/3500
b			1498	82/5500	120/3000
F. 128 → Zastava 101					**1987–**
125	**St.**	**a/b**	**4**	**250,5/422,5–427,5**	**1980/81**
		b/c		**250,5/425**	**1981–82**
Motoren:	*Zyl.:*	*N'w.:*	*cm^3:*	*PS/'min:*	*Nm/'min:*
a	4	DOHC	1608	90/6000	121/4000
b				110/125/6200	130/4000/142/4800
c				100/110/6200	125/130/4000
weit. Mod. → Fiat It.					

Fiat
Brasil

Im Juli 1976 war in Belo Horizonte, im brasilianischen Bundesstaat Minas Gerais, das 27. Auslandwerk des Fiat-Konzerns eröffnet worden. Es baute den Kleinwagen Fiat 147, eine Ableitung des italienischen Fiat 127. Mitte 1978 kam die Produktion der brasilianischen Luxuslimousine Alfa Romeo Alfa hinzu (→ Alfa Romeo Brasil).

147. Bei gleichen Grundmaßen unterschied sich der ebenfalls dreitürig ausgeführte Fiat 147 vom 127 durch die flachere Motorhaube, einen durchgehenden, die Rechteckscheinwerfer mitumfassenden Kühlergrill und die im hinteren Dachpfosten eingelassene kleine Entlüftungsöffnung. Den modernen, auf Frontantrieb und Quermotor ausgelegten Kleinwagen gab es in den Ausführungen 147, 147 L und 147 GL mit dem 1049-cm^3-Motor mit obenliegender Nockenwelle. Dieser Motor wurde im Austausch gegen andere Teile auch an Fiat nach Italien geliefert. Während er in der dortigen Ausführung auf 70 PS kam, beschränkte sich die Leistung in Brasilien wegen der niedrigen Verdichtung von 7,2:1 auf 50 PS, was der Oktanzahl des verfügbaren Benzins entsprach.

Seit November 1978 gab es zudem 147-Topmodelle mit einer 1297-cm^3-Variante des OHC-Motors (die in den europäische Fiat 127 nicht erhältlich war). So standen 61 PS, im Modell Rallye bzw. Racing mit Weber-Doppelvergaser gar 72 PS und für den Betrieb mit Äthylalkohol 69 PS zur Verfügung.

147 Panorama. Ebenfalls mit dem 1,3-l-Motor ausgerüstet wurde die im April 1980 vorgestellte dreitürige, mit sechs Seitenfenstern versehene Kombiversion; in ihr blieb die Leistung auf 56 PS beschränkt. Ab Ende 1980 wurde dieser Kombi als Fiat 127 Panorama auch auf dem italienischen Markt eingeführt, wo er die vom nicht mehr gebauten Fiat 128 Panorama hinterlassene Lücke füllte. Er wurde für den Export nach Italien mit dem 1049-cm^3-Motor ausgerüstet, wobei zwar wie in Brasilien nur 50 PS, jedoch ein verbesserter höchster Drehmomentwert zur Verfügung standen.

Fiat Brasil	Bauart	Mot.	Getr.	R/L cm	Baujahre
147 (Spazio 1982–85}	**Fr.**	**a–h**	**4/5**	**222,5/362,5/373,5**	**1980–86**
147 Oggi				**222,5/396,5**	**1983–85**
147 Panorama				**222,5/394**	**1983–86**
Motoren:	*Zyl.:*	*N'w.:*	*cm^3:*	*PS/'min:*	*Nm/'min:*
a (*1983–85)	4	OHC	1049	50/6000/52*/5600	71/3000/76/3200
b (–1981)			1297	61/5400/69A/5400	97/115/3000
c (1981/82)				61/5400/62A/5200	97/113/3000
d (1982/83)				55/5400/56A/5200	95/110/3000
e (Panorama –1981)				56/5250	92/3000
f (Rallye/Racing –'83)				72/5800	106/4000
g (1983–)				58//60A/5200	98/3000/2600
h (TR 1983–85)				71/5600	102/3000
Uno	**Fr. la–d**	**/f/g**	**4/5**	**236/364,5**	**1984–90**
Prêmio / Elba (1986–)		**c–f/h**		**236/403,5**	**1985–90**
Motoren:	*Zyl.:*	*N'w.:*	*cm^3:*	*PS/'min:*	*Nm/'min:*
a (*1986–)	4	OHC	1049	52/50*/5600	76/3200/77/3000
b			1297	58/60A/5200	98/3000/2600
c (SX –1986)				71/5600	102/3000
d (–1989)			1499	71/5500	121/3000
e (Prêmio/Elba '87–89)			71A/5500		
f (Uno 1.5 R 1987–89)				86A/6000	126/3500
g (1989–)			1581	84/5700/88A/5600	129/134/3250

147 Spazio. Zum Modelljahr 1983 wurde den 147 C und CL die aufgewertete Version CLS Spazio zur Seite gestellt. Sie zeigte ein neues Kühlergitter, das jenem des italienischen → Fiat Uno ähnelte und ebenfalls das neue Markenerkennungszeichen in Form der fünf feinen schräggestellten Chromstäbchen trug. Der Kombi Panorama erhielt in allen drei Versionen die neue Front, deren Stoßschutz bis zu den Radausschnitten reichte und durch eine massive seitliche Schutzleiste ergänzt wurde.

147 Oggi. Im Frühjahr 1983 erweiterte die Fiat Automoveis SA ihre 147-Reihe durch die zweitürige Stufenheckvariante Oggi. Sie zeigte das beim Spazio eingeführte Frontdesign, doch entsprach die Heckgestaltung einer Eigenentwicklung. Die Länge war von 371 auf 396,5 cm angewachsen und auch die Spur war verbreitert worden. Der Oggi, den es auch in einer Ausführung CS gab, wurde ausschließlich mit dem 1,3-l-Motor ausgerüstet. Dieser war (vorerst nur für den Oggi) mit einer Schubabschaltung versehen worden.

Oggi CSS. Als Gegenstück zu den Ford Escort XR 3 und VW Gol GT brachte Fiat Brasil Mitte 1984 als sportliches Modell den Oggi CSS heraus. Er erhielt einen Bugspoiler und einen zünftigen Heckflügel, Leichtmetallfelgen, größere Reifen, eine geänderte Hinterradaufhängung und vor allem einen 1415-cm^3-Motor für Ethanol-Antrieb mit 78 PS Leistung (0–100 km/h in 12 s).

Uno. Im August 1984 kam der dreitürige Uno hinzu. Die Fiat Automoveis SA bot ihn wahlweise mit 1049 oder 1297 cm^3 Hubraum an, letztere Version auch als Ethanolmotor. Ausschließlich für den Export wurde der Uno mit 1302-cm^3-Dieselmotor gebaut (in Brasilien waren Dieselmotoren nur für Nutzfahrzeuge ab 1000 kg Nutzlast erlaubt). Ein Unterschied zum italienischen Uno zeigte sich auch in der Motorhaube: Diese war beidseits um einige Zentimeter heruntergezogen und lag auf der Seitenverschalung auf (ähnlich wie beim 147). Im Gegensatz zum Italien-Uno war das Reserverad wie bei den 147/127 im Motorraum untergebracht. Gegen Mehrpreis gab es ein Check-Control-Gerät.

Prêmio. Recht gelungen sah er aus, der im März 1985 auf den brasilianischen Markt gebrachte Prêmio. Er war nichts anderes als eine zweitürige Stufenheckverion des Uno. Das Design soll bereits während der Uno-Entwicklung enstanden sein. Aus Sicht der brasilianischen Käufer wirkte diese Stufenhecklimousine attraktiver als der Steilheck-Uno. Zudem bot sie einen 530 dm^3 großen Kofferraum. Es standen der 1297-cm^3- und ein 1499-cm^3-Motor zur Wahl. Der Letztere war ein für Lateinamerika neues Triebwerk, wie es in Italien für die Ritmo und Regata verwendet wurde. Es wurde gemeinsam mit dem Fiat-Zweigwerk Sevel in Argentinien hergestellt.

Fiat 147 GL, 1981

Fiat 147 Panorama CL 1300, 1983

Fiat Oggi 1300, 1984

Fiat Prêmio 1500, 1986

Fiat Elba CSL 1500, 1989

Fiat Prêmio SL 1500, 1989

Elba. Diese Bezeichnung erhielt die im April 1986 hinzugefügte dreitürige Kombiversion des Prêmio.

Duna. Im Herbst 1986 wurde das Modell Duna (alias 155) in Produktion genommen. Es war nichts anders als eine für den italienischen Markt ausgefeilte viertürige Stufenheckversion des fünftürigen Uno, die sich somit neben den zweitürigen Prêmio stellte (diesen gab es später ebenfalls mit der viertürigen Sechsfensterkarosserie). In Italien galt der Duna mit 1,1- und 1,3-l-Motor als (preisgünstiger) Nachfolger des Fiat 128. Alsbald wurde er auch mit dem 1,7-l-Dieselmotor ausgerüstet. Statt einer Verbundlenkerachse besaß der Duna hinten, entsprechend einer früheren Fiat-Konstruktion, untere Dreieckquerlenker und eine Querblattfeder.

Weekend Duna. Ebenfalls für Italien bestimmt war der 1987 nachgeschobene Weekend Duna mit fünftüriger Kombikarosserie (Design von Giorgetto Giugiaro, Ital-Design → Anhang).

Fiorino 1988. Vom Weekend abgeleitet gab es 1988 einen neuen Fiorino. Bei ihm hatte es sich ursprünglich um einen aus dem Fiat 127 entwickelten Lieferwagen gehandelt. In der 395 cm langen Neuauflage war das Ladeabteil wesentlich größer geworden, und es wurde auch mit einer großen kreuzförmig viergeteilten Verglasung der hinteren Seitenflächen hergestellt. Damit gab es den Fiorino auch als sechssitzigen Kombi mit beidseits längs angeordneten Sitzbänken. Mit 1,5-l-Benzin- und 1,7-l-Dieselmotor wurde der Fiorino auch nach Europa exportiert.

Als 1976 die Fiat Automoveis SA gegründet worden war, gehörte das Kapital je rund zur Hälfte Fiat und dem Teilstaat Minas Gerais. Diesem hatten bei mehreren Kapitalaufstockungen die Mittel zum Mitziehen gefehlt. Ab 1988 übernahm die Fiat SpA auch die restlichen 18,17 Prozent Staatsanteil.

Als Neuerung kam 1989 für den zwei- und viertürig gebauten Prêmio und für den drei- und fünftürig erhältlichen Elba ein 1581-cm^3-Motor mit Weber-Doppelvergaser ins Angebot.

Fiberfab

Fiberfab Sherpa, – 1980

Lange galt die Firma Fiberfab in Santa Clara, Kalifornien, als bedeutendster Hersteller von Bausatzautos. Diese waren in der Regel auf dem in Kalifornien besonders verbreiteten VW-Käfer-Plattformrahmen zu montieren. In der Firma → CMC hatte Fiberfab in der zweiten Hälfte der 70er Jahre in den USA einen Nachfolger gefunden.

Doch schon in der zweiten Hälfte der 60er Jahre war in Deutschland unter Jörgfrieder Kuhnle, der sich in den USA auf GfK bzw. glasfaserverstärkte Kunststoffkarosserien spezialisiert hatte, ein europäischer Zweig von Fiberfab aufgebaut worden. Nachdem die Kitproduktion des Sportcoupés Bonito 1978 auslief, lag der Schwerpunkt auf dem Modell Sherpa.

Sherpa. Mit dieser passenden Modellbezeichnung war auf dem IAA Frankfurt 1975 ein als Freizeitmobil dienender Vielzweckaufbau vorgestellt worden. Er eignete sich für die Montage auf den Plattformunterbau der Citroën 2 CV, Dyane oder Ami und war eine Fiberfab-Lizenzkonstruktion der Firma Kuhnle in Ditzingen bei Stuttgart. Sein Konzept ähnelte jenem des → Citroën Méhari. Während diesem wegen seiner brandgefährdeten Karosserie aus ABS-Kunststoff in Deutschland die Zulassung verweigert wurde, bestand der Aufbau des Sherpa Fiberfab-üblich aus GfK.

Nebst dem Citroën-Unterbau wurden zur Montage die Scheinwerfer des VW Passat der ersten Ausführung sowie der Kühlergrill des Fiat-238-Lieferwagens verwendet. Vorne wurden König-Sportsitze eingebaut. Ein Hilfsrahmen aus Vierkantrohren sorgte für Stabilität. 1979 erhielt der Sherpa zudem einen kunststoffverkleideten, in der Karosseriefarbe gehaltenen Überrollschutzbügel. Bis 1981 wurde er in rund 250 Bausätze hergestellt.

Fissore

Die Fissore Sas in Savigliano, Cuneo, ging auf ein 1920 gegründetes Familienunternehmen zurück. Anfänglich hatte sie sich Reparaturen und Umbauten gewidmet, ab 1936 zudem Eigenkreationen. Außer Spezialausführungen kleiner und mittlerer Fiat-Modelle entstanden bei Fissore ab 1969 auch die Aufbauten für → Monteverdi. Neben Fissore gab es ab Ende der 70er Jahre in Savigliano die Firma → Rayton Fissore.

Scout 127. Bedeutendstes Fissore-Modell war das Mehrzweck- und Freizeitfahrzeug Scout 127. Es war erstmals 1972 auf dem Autosalon von Turin ausgestellt worden und basierte auf dem → Fiat 127. Es verkörperte eine Alternative zu den → Citroën Méhari, Moretti Midimaxi usw. Wie bei diesen handelte es sich um ein Offenfahrzeug, das sich mit einem Blachenverdeck mit aus Durchsichtplastik bestehenden Tür-, Seiten- und Heckfenstern regensicher machen ließ. Außer der Kunststoff-Motorhaube wurde die Karosserie aus Stahlblech hergestellt. Der Scout 127 wurde auch exportiert (u. a. in die Schweiz), und 1976 wurde die Tagesproduktion mit 18 Exemplaren angegeben. 1977/78 wurde analog zum erneuerten Fiat 127 eine neue Karosseriefront eingeführt und auch der größere 1050-cm^3-Motor wurde lieferbar. Je nach Ausführung wog der 347 oder 353 cm lange Scout leer 685 bis 740 kg.

Im Frühling 1980 hatte Fissore zudem eine Cabrioletversion des Fiat Ritmo vorgestellt; die B-Säulen zeigten sich zu einem Überrollschutzbügel vereint. Ein ähnlicher Ritmo ging später bei → Bertone in Serie. 1981 kam der Fissore Fiat 126 Poker ins Angebot, ein Offenauto im Stile des Scout, aber auf der Basis des winzigen Heckmotor-Fiats.

Penny. Unter der Bezeichnung Panda 45 Penny zeigte Fissore auf dem Salon Turin im April 1982 eine Offenversion des kleinen Fiat mit Rohrsilhouette über den Hintersitzen und ebenfalls aufmachbarem Vorderdach. Auch Front und Heck waren geändert worden. Der Penny löste den Scout ab. Ausgestellt war zudem der fünftürige Range Rover Monteverdi Design.

Zum Genfer Salon brachte Fiat Suisse das Sondermodell Ritmo 105 TC Racing mit einer von Fissore verschönerten Karosserie ins Angebot. Stoßstangen und Kühlergrill waren in der Wagenfarbe gespritzt und es kamen zusätzliche Spoiler hinzu. *– Die Carrozzeria Fissore war bis 1985 aktiv.*

Fissore (Fiat 126) Poker, 1981

Fissore (Fiat Panda 45) Penny, 1983

Ford
USA

Die Ford Motor Company war 1903 gegründet worden, doch hatte Henry Ford (1863–1947) sein erstes Auto schon 1896 konstruiert. Zur Ford Motor Co. zählten in den USA auch → Mercury und → Lincoln, aber der hinter General Motors zweitgrößte Autokonzern besaß wie dieser weltweit Produktionsstätten (s. nachfolgende Ford-Kapitel). Nachdem Gründerenkel Henry Ford II. schon im September 1979 als Generaldirektor zurückgetreten war, gab er im Alter von 78 Jahren im März 1980 auch den Vorsitz des Aufsichtsrates ab. Sein Nachfolger war Philip Caldwell und damit erstmals kein Familienmitglied.

Wegen der von der Erdölkrise bedingten schlechten Konjunktur hatte die Ford Motor Co. für 1980 einen Jahresverlust von 1,5 Milliarden Dollar hinnehmen müssen. 1981 baute Ford in den USA die Modellreihen Escort (mit den europäischen Escort verwandt, aber nicht identisch), Mustang, Fairmont, Granada (mit den europäischen Granada nicht verwandt), LTD und Bronco (Geländewagen). Diese Palette widerspiegelte das im Verlaufe der 70er Jahre eingetretene Down-sizing (Verkleinern), mit dem den strengen amerikanischen Abgas- und Verbrauchsvorschriften Rechnung getragen wurde.

Escort. Der US-Escort war im September 1980 als Nachfolger des Pinto vorgestellt worden. Er war ein weiteres Resultat jener Anstrengungen, mit leichteren Fahrzeugen zu niedrigerem Benzinverbrauch beizutragen. Hierzu folgte der Escort dem in Europa entwickelten Prinzip des Frontantriebs mit Quermotor. Zwar entsprach sein Design samt Unterbau jenem des englisch-deutschen Escort, doch waren die beiden Modelle nicht baugleich und besaßen kaum austauschbare Teile. Es gab den amerikanischen Escort dreitürig mit Stummelheck (Bezeichnung Hatchback) und als fünftürigen Kombi (als Liftgate bezeichnet) sowie nebst der Basisversion in den vier Ausrüstungsstufen L, GL, GLX und SS.

Dem Antrieb dienten die mit CVH bezeichneten 1,3- und 1,6-l-Vierzylinder mit obenliegender Nockenwelle und Leichtmetall-Zylinderkopf. Sie wurden mit Holley-Registervergasern bestückt und leisteten 59 bzw. 66 PS. Den stärkeren Motor gab es anstatt mit einem 4-Gang-Getriebe auch mit einem 3-Stufen-Automatikgetriebe. Die Aufhängung wies vorne Federbeine mit unteren einfachen Querlenkern und hinten Dämpferbeine, Querlenker, Zugstreben und Schraubenfedern auf. Die Bremsen (vorne Scheiben) und die Zahnstangenlenkung waren auf Wunsch mit Servo zu haben. Auch eine Klimaanlage und ein Tempokonstanthalter wurden angeboten.

Mustang. Der erstmals 1964 gebaute und seit jenen Zeiten legendär gewordene Mustang war 1981 längst nicht mehr, was er einmal wahr. Immerhin hatte er die 1974 mit dem Mustang II eingeführte Minimalgröße überwunden und 1979 wieder an Format gewonnen. 1981 wurde er in den drei je viersitzigen Serien Mustang, Mustang Ghia und Mustang Cobra gebaut. Es gab ihn zweitürig mit Stufenheck und auf Wunsch herausnehmbaren vorderen Dachteilen (T-roof) und dreitürig mit

Ford Mustang (T-roof), 1981

Ford Escort, 1981

Ford Fairmont, 1981

Fließheck, wobei die Topversion Cobra nur in dieser Ausführung mit Heckklappe lieferbar war.

Es standen vier Motoren zur Wahl: 2,3-l-Vierzylinder mit obenliegender Nockenwelle und 89 PS, den gleichen Motor mit Garrett-Abgasturbolader und 118 PS, 3,3-l-Sechszylinder mit seitlicher Nockenwelle und 95 PS sowie 4,2-l-V8 mit zentraler Nockenwelle und 117 PS. Mit dem Basismotor gab es 4- und 5-Gang-Getriebe sowie das 3-Stufen-Automatikgetriebe Cruise-O-Matic; mit dem Turbomotor war kein Automatikgetriebe verfügbar, mit dem V8 gab es diese Kraftübertragung ausschließlich und zum Sechszylinder standen 4-Gang und Automat zur Wahl. Die Vorderradaufhängung bestand aus oberen Dreieckquerlenkern und unteren einfachen Querlenkern mit elastisch gelagerter Zugstrebe, während hinten eine Starrachse mit Halbelliptikfedern zum Einbau kam. Die Bremsen (vorne belüftete Scheiben) und Zahnstangenlenkung wurden auf Wunsch mit einem Servo ausgerüstet.

Fairmont. Diese 1978 in Ablösung des Maverick eingeführte Baureihe war 1981 in der Luxusversion Futura neu auch als Station Wagon erhältlich, anderseits war die Antriebsauswahl gekürzt worden. Es gab zwei- und fünftürige Sedan und nebst dem Kombi auch ein Coupé mit ungewöhnlichem Karosseriedesign: an die einem breiten Überrollbügel ähnelnde B-Säule schloss sich eine Panoramaheckscheibe an. Alle Fairmont waren fünfsitzig und boten somit vordere Einzelsitze und Mittelschaltung.

Basismotor war der bescheidene 2,3-l-Vierzylinder mit obenliegender Nockenwelle und 89 PS (die Turboversion wurde nicht mehr geliefert). Darüber gab es den 3,3-l-„Reihensechser“ und den 4,2-l-V8 mit 95 bzw. 117 PS. Während die mehrzylindrigen Fairmont mit dem 3-Stufen-Automatikgetriebe Cruise-O-Matic ausgerüstet wurden, konnte mit dem Vierzylindermotor auch eine 4-Gang-Einheit bestellt werden. Die Aufhängung stimmte mit jener des Mustang überein, doch wurden hinten Schrauben- statt Blattfedern verwendet. Zu der für 1981 aufgewerteten Grundausrüstung zählten Servobremsen. Der Fairmont bot eine Zahnstangenlenkung (auf Wunsch mit Servo).

Granada. Während es bei Ford Europa schon ab 1972 einen Granada gegeben hatte, wurde dieser Name von Ford USA erst für das Modelljahr 1975 eingeführt. Bis 1980 basierte der amerikanische Granada auf einem Radstand von 279 cm, doch für 1981 kam ein neues Modell heraus, das den Radstand mit jenem des Fairmont teilte: 268 cm (Europa-Granada: 277 cm). Die Karosserielänge des als zwei- und viertüriger Sedan und in den Ausstattungsstufen L, GL und GLX gebauten Granada schrumpfte damit von 507 auf 499 cm, was ebenfalls dem Fairmont-Bereich entsprach. Das Karosseriedesign war moderner und schlichter geworden, doch wurde der Granada weiterhin höherwertig eingestuft als der Fairmont.

Der auch in diesem Falle dem Sparsinn gewidmeten Verkleinerung – das Leergewicht sank von minimal 1455 auf noch 1270 kg – entsprach auch die Motorenauswahl: Statt 4,1 und 4,9 l Hubraum waren es jetzt 2,3, 3,3 und 4,2 l, also wahrlich ein radikaler Abbau! Sowohl das 4-Gang-Getriebe (nur mit dem Vierzylindermotor) wie das Automatikgetriebe wurden wahlweise mit Lenkrad- oder Mittelschaltung geliefert. Das Fahrwerk war mit jenem des Fairmont identisch.

LTD. Die großen Ford im traditionellen Standardformat hatten schon 1979 ein deutliches Down-sizing erfahren. Sie besaßen noch 290,5 cm Radstand und kamen auf eine Länge von 531 cm

Ford Granada, 1981

Ford LTD Country Squire, 1981

(Station Wagon 546 cm). Sie waren damit auch ein paar Zentimeter kürzer als der Hauptrivale → Chevrolet Impala. Es gab die Serien LTD S (viertüriger Sedan, zweitüriger Sedan bzw. Coupé, Station Wagon), LTD (gleich wie S), sowie die Luxusversionen Crown Victoria (viertürig), Landau (zweitürig) und Country Squire (Station Wagon), alle mit sechs Sitzen.

Für 1981 kam neu als Basismotor der 4,2-l-V8 hinzu. Nach wie vor wurden auch der altvertraute 4,9-l-V8 mit 132 PS und der 5,8-l-V8 mit 147 PS eingebaut. Für Kalifornien wurde der 4,7-l-Motor mit einer elektronischen Benzineinspritzung ausgerüstet, während es – vor allem für Polizeikräfte – den 5,8-l-V8 in einer HO-Ausführung (High Output) mit Doppelauspuff und 167 PS gab. Als Kraftübertragung diente in den LTD einheitlich das 4-Stufen-Automatikgetriebe mit der Bezeichnung Automatic Overdrive: Bei ihm war die oberste Stufe 0,67:1 untersetzt (1:1 in Stufe 3), womit eine Drehzahl- und Verbrauchsreduktion erzielt werden konnte.

Der Ford LTD beruhte noch auf einer Kastenrahmen-Chassiskonstruktion mit Traversen, wie sie u. a. von den amerikanischen Taxifahrern und auch von der Polizei als besonders robust bevorzugt wurde. Die Aufhängung bestand vorne aus oberen und unteren Trapez-Dreieckquerlenkern, hinten aus einer Starrachse, unteren Längslenkern und oberen Schräglenkern, und es wurden vorne wie hinten Schraubenfedern verwendet. Die Bremsanlage (vorne belüftete Scheiben) arbeitete serienmäßig, die Kugelkreislauflenkung auf Wunsch mit Servo.

Thunderbird. Der 1954 vorgestellte erste Ford Thunderbird in Form eines zweisitzigen Cabriolets war die Antwort auf den erfolgreichen Chevrolet Corvette gewesen. Mit dem Jahrgang 1958 erwuchs der Thunderbird zum wuchtigen Viersitzer und im Jahr darauf wurde die Modellreihe zur eigenen Marke erhoben. Im Zuge der Sparanstrengungen (Stichworte Ölkrisen, Abgas- und Verbrauchsnormen) war der T'bird in den 70er Jahren zweimal gehörig verkleinert worden: Mit dem Modelljahr 1977 von 306/574 cm (Radstand/Länge) auf 290/548 cm und per 1980 auf noch 276/509 cm.

1981 galt der Thunderbird eigentlich immer noch als eigene Marke, und er war auch nicht mit Ford angeschrieben. Doch in den Konzernverlautbarungen wurde der Name Thunderbird im Verlaufe der 80er Jahre immer häufiger nicht mehr separat, sondern unter Ford aufgeführt. Darum ist er auch hier unter Ford USA eingegliedert.

Mit dem Jahrgang 1981 zeigte sich der Thunderbird weiterhin mit wuchtigem, auf die Mitte konzentriertem Kühlergitter. Die unter Deckeln verborgenen Scheinwerfereinheiten waren nun beidseits des eckigen Kühlergrills in weiße Bänder integriert, die um die vorderen Karosserieecken bis zu den Radausschnitten verliefen. Das hintere Seitenfenster dieses fünf- oder sechssitzigen Coupés prangte als Opera Window im vinylüberzogenen breiten Dachträger. Neben dem Thunderbird Town Landau gab es die noch luxuriösere Ausführung Heritage. Gegen Mehrpreis waren digitale Anzeigen für die gefahrene Geschwindigkeit und den Benzinstand (Grafikdarstellung) zu haben.

Technisch war der Thunderbird seit 1980 mit dem → Ford Fairmont verwandt, dem 1981 auch der US-Granada angepasst worden war. Als kleinster Motor wurde im T'bird 1981 neu der 3,3-l-Sechszylinder eingebaut. Mit ihm hatten äußerst bescheidene 89 PS die rund 1435 kg Leergewicht zu bewegen. Schon besser konnten dies der 4,2-l-V8 mit 117 PS und der 4,9-l-V8 mit 132 PS. Das 3-Stufen-Automatikgetriebe Select Shift gab es mit Wählhebel unter dem Lenkrad oder auf der Mittelkonsole. Mit dem 4,2-l-V8 war wahlweise, mit der 4,9-l-Einheit ausschließlich das 4-Stufen-Automatikgetriebe Automatic Overdrive (nur Lenkradschaltung) erhältlich.

Vorne wies das Thunderbird-Fahrwerk untere Dreieckquerlenker mit elastisch gelagerter Zugstrebe, hinten eine Starrachse mit unteren Längslenkern und oberen Schräglenkern auf, und es wurden vorne wie hinten Schraubenfedern verwendet. Die Bremsanlage (vorne belüftete Scheiben) und die Zahnstangenlenkung arbeiteten mit Servo.

Bronco. Er war 1966 eingeführt worden und verkörperte die Geländewagenlinie von Ford. Es gab den dreitürigen Kombi mit Sechszylinder- und V8-Motoren. Wie beim Jeep und im Gegensatz zum Hauptkonkurrenten Chevrolet Blazer gehörte der Vierradantrieb zur Grundausstattung.

Für den Antrieb standen je ein 4,9-l-Motor mit sechs Zylindern oder als V8 sowie ein 5,8-l-V8 zur Wahl. Für Kalifornien wurde ein 4,2-l-V8 eingebaut. Die Leistungsspanne reichte von 117 bis 142 PS. Es gab ein 4-Gang-Getriebe und das 3-Stufen-Automatikgetriebe Cruise-O-Matic; der Vorderradantrieb war zuschaltbar. Das Kastenrahmenchassis mit Traversen war vorne mit einer Einzelradaufhängung mit zwei gekreuzten Achskörpern mit Schraubenfedern verbunden, während hinten eine Starrachse mit Blattfedern zum Einbau kam (die Geländewagen von Chevrolet, Dodge und Jeep rollten vorne wie hinten auf Starrachsen). Die Bremsen (vorne Scheiben) wurden von Haus aus, die Kugelkreislauflenkung auf Wunsch servobestückt. – Auf dem Genfer Salon 1982 wurde der Bronco in der Luxusausführung XLT Ranger ausgestellt.

(Ford) Thunderbird, 1981

EXP. Auf der Basis des (amerikanischen) Escort lancierte die Ford Motor Co. im März 1981 das sportliche Coupé EXP (und dessen Zwilling Mercury LN7). Er war so etwas wie ein kleiner Mustang, aber bloß als Zweisitzer ausgelegt (gegen Aufpreis als 2+2). Das neue Duo sollte sich vor allem an junge Unverheiratete und Frauen richten. Der EXP besaß ein Stufenheck und gab sich – mit einem in dunklerer Farbe gehaltenen unteren Flankenteil – sehr adrett. Dem Frontantrieb diente der 1,6-l-OHC-Motor CVH mit 71 PS, und es standen ein 4-Gang-Getriebe und ein 3-Stufen-Automatikgetriebe zur Wahl.

3,8-l-V6. Ein neuer V6-Motor stand im Mittelpunkt des Ford-Jahrgangs 1982. Er folgte just 50 Jahre nach dem Lancement des legendären Ford-V8 und füllte die Lücke zwischen dem 3,3-l-Reihensechszylinder und dem 4,2-l-V8. Wie dieser besaß er einen Zylinderwinkel von 90 Grad. Mit zueinander leicht versetzten Pleuellagern wurde er dennoch zu regelmäßigem Zünden mit jeweils 120 Grad Abstand gebracht. Weil Leichtmetall sowohl für die Zylinderköpfe wie für die Einlasskrümmer und die Gehäuse von Steuerung, Öl- und Wasserpumpe verwendet wurde, wog dieser Motor nur etwa 2 kg mehr als der 2,3-l-Vierzylinder. Die Leistung erreichte 114 Netto-PS bei 4000/min.

Escort 1982. Mit dem Jahrgang 1982 gab es den Escort auch in den USA in der Karosserievariante mit vier Seitentüren und einer Heckklappe. Zusammen mit dem Automatikgetriebe erhielt der Escort eine Klimaanlage, die sich beim Vollgasgeben automatisch ausschaltete; die Ausstattung wurde angereichert. – *Wie die Ford Motor Company bekannt gab, war der Escort 1981 mit 823'000 in sechs Ländern entstandenen Exemplaren das weltweit meistgebaute Modell gewesen (davon 351'000 in den USA).*

Mustang 5.0. Im Hinblick auf den kommenden neuen Chevrolet Camaro erhielt der Mustang als Topmotor den 4,9-l-V8. Dessen Leistung war dank Feintuning auf 157 Netto-PS angestiegen. Dieser Mustang 5.0 war nur mit 4-Gang-Handschaltung erhältlich. In Verbindung mit dem 3,3- und 4,2-l-Motor erhielt das automatische Getriebe eine Lock-up-Funktion (kein Schlupf in der obersten Stufe). Der Mustang mit 2,3-l-Motor wurde mit einem Elektrolüfter ausgerüstet.

Futura. Für 1982 wurde der Fairmont in Futura umbezeichnet. Dieser zeigte sich mit einem aus zwei Reihen Quadraten bestehenden Kühlergrill. Der 4,2-l-V8 stand nur noch für Polizei- und Taxiausführungen zur Verfügung. Auch im Futura gab es nun zum 3,3-l-Six ein Lock-up-Automatikgetriebe. – Der Granada war neu als Station Wagon lieferbar; der 4,2-l-V8 wurde durch den oben beschriebenen 3,8-l-V6 ersetzt. Beim LTD war der 5,8-HO-V8 nur noch für Polizeifahrzeuge lieferbar. Zu den großen Ford-Kombi wurde ein separat hochklappbares Heckfenster erhältlich.

Thunderbird 1982. Für den Jahrgang 1982 wurde der 4,9-l-Motor gestrichen. Anderseits kam der neukonstruierte 3,8-l-V6 hinzu. Dieser leistete 114 PS, während es der 4,2-l-V8 auf 113 PS brachte (3-Stufen-Automatikgetriebe mit Lock-up-Funktion).

Mustang 1983. Für das Modelljahr 1983 verpasste Ford dem Mustang nicht nur ein aerodynamisch günstigeres Frontdesign (gerundeter Übergang zur Motorhaubenoberseite), sondern er wurde auch wieder als Convertible erhältlich. Dieses sah bestechend elegant aus; es waren just zehn Jahre her, dass Ford das frühere Mustang-Cabrio gestrichen hatte. Neues gab es auch auf der Motorenseite: Den 2,3-l-Vierzylinder gab es auf Wunsch wieder mit Abgasturbolader, der bewährte 3,3-l-Reihen-Sechszylinder und der 4,2-l-V8 wurden durch den ein Jahr zuvor bei anderen Modellen eingeführten 3,8-l-V6 ersetzt und der 4,9-l-V8 leistete dank Vier- statt Zweifachvergaser satte 177 statt 159 PS. Die Bereifung war entsprechend der Motorleistung um jeweils eine Stufe angehoben worden. Zudem hatte die Innenausstattung eine Aufwertung erfahren; auf Wunsch wurden Sportsitze mit Liegebeschlag installiert. Das Cabrioletverdeck ließ sich auf Knopfdruck öffnen und besaß ein Heckfenster aus Hartglas.

1983 erhielten die Escort und EXP wahlweise einen mit Einspritzung ausgerüsteten 1,6-l-Motor und ein 5-Gang-Getriebe. Der Granada wurde stilistisch überarbeitet und erhielt die Bezeichnung LTD. Der 2,3-l-Motor war neu in einer Ausführung für den Betrieb mit Flüssiggas erhältlich. Die Standard-size-Ford hießen ausschließlich LTD Crown Victoria und LTD Country Squire (Station Wagon). Sie wurden nur noch mit dem 4,9-l-V8 mit Einspritzung angeboten; den 5,8-l-V8 gab es im Prinzip weiterhin für die Polizeiausführung.

Thunderbird 1983. Für den Jahrgang 1983 ergab sich für den T'bird eine wesentliche Veränderung, denn er zeigte sich jetzt in einem gänzlich neuen Kleid mit einem abermals, nämlich von 275,5 auf 264 cm verkürzten Radstand. Der neue Aufbau war weit weniger prätentiös, dafür wesentlich strömungsgünstiger. Sein cw-Wert war in gut 500 Stunden Windkanalarbeit von den 0,41 der Vorgängerkarosse auf 0,35 gesenkt worden. Der schlichte, chromgerahmte Kühlergrill war schräggestellt und wurde von vertieft angeordneten Doppelscheinwerfern flankiert. Statt des markanten hinteren Dachträgers mit Opera Window gab es ein sich an die Türscheibe anfügendes, hinten abgerundetes zweites Seitenfenster. Geblieben waren schmucke Felgen und die Sicke in den Flanken, die nun ein rundum geführtes Prallschutzband trug.

Ford Escort GLX, 1982

Ford Tempo, 1984

Ford Thunderbird Turbo Coupe, 1984

Ford Cobra 230 ME (Concept), 1986

Zur Motorenauswahl zählte neu ein 2,3-l-OHC-Vierzylinder mit Garrett-Abgasturbolader, elektronischer Einspritzung und 147 PS, und sie beschränkte sich des Weiteren auf den 3,8-l-V6 mit 114 PS. Während der Vierzylinder ausschließlich mit einem 5-Gang-Getriebe geliefert wurde, standen mit dem V6 die Automatikgetriebe Select Shift (3 Stufen) und Automatic Overdrive (4 Stufen) zur Wahl.

Bronco II. Was GM tut kann Ford nicht lassen, und dies gilt auch umgekehrt: Ebenso wie Chevrolet dem mächtigen Geländewagen Blazer mit dem Jahrgang 1983 den weit kleineren Blazer S/T zur Seite stellte, so brachte Ford neben dem Bronco dessen Verkleinerung Bronco II heraus. Er basierte auf dem ebenfalls neu eingeführten kleineren Pick-up Ranger. Wie beim S/T war auch beim Bronco II das hintere Seitenfenster bis zur Dachkante hinaufgezogen.

Für den Antrieb des dreitürigen Bronco II, den es auch in einer Luxusausführung XLS gab, diente der 2,8-l-V6 mit 117 PS. Der Vorderradantrieb war zuschaltbar, die Geländeuntersetzung betrug 2,48:1 und auf Wunsch wurde vorne und hinten eine Differenzialbremse eingebaut. Die Käufer hatten die Wahl zwischen einem 4- und einem 5-Gang-Getriebe und einem 3-Stufen-Automatikgetriebe (sowie zwischen zwei Achsuntersetzungen). Das Chassis war ein Kastenrahmen mit Traversen, vorne besaß es eine Einzelradaufhängung mit zwei gekreuzten Achskörpern, hinten eine Starrachse mit Blattfedern. Die Kugelumlauflenkung arbeitete mit Servo.

Tempo. Mit diesem banalen Modellnamen bedachte Ford eine im Frühling 1983 vorgestellte, bereits dem Modelljahr 1984 gewidmete Modellreihe. Sie wurde als zwei- und viertürige Stufenhecklimousinen in den Ausführungen L, GL und GLX sowie als Mercury Topaz gebaut und reihte sich zwischen Escort/EPX und Mustang ein, und sie löste den deutlich größeren Fairmont Futura ab, der oberhalb des Mustang rangiert hatte; ein weiteres Bekenntnis zum Down-sizing, also.

Ford Escort EXP Sport Coupe, 1987

Dennoch war der Tempo, dessen Karosseriekonturen im Windkanal optimiert worden waren, vergleichsweise geräumig. Das Viertürmodell wies ein kleines drittes Seitenfenster auf. In der Topversion rollte der Tempo auf Alufelgen mit ungewöhnlichem kreuzförmigen Motiv. Der Tempo besaß Frontantrieb mit Quermotor, und bei diesem handelte es sich um ein neu kreiertes 2,3-l-Aggregat mit seitlicher Nockenwelle. Die Bezeichnung HSC = High Swirl Combustion wies auf die „fast-burn"-Brennraumform hin. Es standen 4- und 5-Gang-Getriebe und das 3-Stufen-Automatikgetriebe Cruise-O-Matic zur Wahl. Die Federbeinaufhängung war vorne mit einfachen Querlenkern, hinten mit Längslenkern und doppelten Querstreben versehen.

Mustang SVO. Zum Modelljahr 1984 gab es einen auf 15'000 Exemplare beschränkten Mus-

Ford Mustang GT, 1987

tang SVO (der Abteilung Special Vehicle Operations), dessen 2,3-l-Turbomotor dank Ladeluftkühler auf 177 statt 147 PS kam. Dieser Mustang besaß eine zwischen die Scheinwerfer heruntergezogene Motorhaube mit Lufteinlass unter statt über der Stoßstange, eine aggressive Lufthutze auf der Haube, einen doppelten Heckspoiler und ein sportlich-luxuriös aufgewertes Cockpit. Die elektronische Zünd- und Einspritzanlage ließ sich mit einem Schalter am Armaturenbrett auf Normal- oder Superbenzin einstellen. Das 5-Gang-Getriebe wies eine Hurst-Schaltung auf und ermöglichte es, 60 mph bzw. 97 km/h binnen 7,5 s und anderseits 215 km/h zu erreichen. Fahrwerk und Bremsanlage waren angepasst worden; die Pedalstellung erlaubte gleichzeitiges Gasgeben und Bremsen.

1984 wurden Escort und EXP mit einem 122 PS leistenden 1,6-l-Turbomotor lieferbar. Der Escort war überdies neu mit einem 2-l-Dieselmotor mit 53 PS zu haben; beide neue Antriebsvarianten wurden ausschließlich mit einem 5-Gang-Getriebe kombiniert. Alle Escort wiesen 1984 ein neues Armaturenbrett auf; die LX-Version ersetzte den GLX. Der 2-l-Dieselmotor wurde auch im Tempo erhältlich. Die bei diversen größeren Konzernmodellen mit Hinterradantrieb vorgenommenen Neuerungen – Stoßdämpfer nicht nur in vertikaler, sondern auch in horizontaler Richtung – bewiesen, dass auch bei Standarbauweise noch Fortschritte möglich waren.

1984 wurde der Thunderbird – man kann wohl sagen „auf vielfachen Wunsch" – wieder mit einem V8-Motor lieferbar: Es handelte sich um die 4,9-l-Maschine, die es mit Zentraleinspritzung auf 142 PS brachte. Neu gab es den T'bird in einer vierten Version mit dekorativem Fila-Design (Sportswear bzw. Sportbekleidungsmarke). – 1985 umfasste das Angebot die Grundausführung, neu den Elan, dann den Turbo Coupe (mit 5-Gang-Getriebe nun 157 statt 147 PS) und die Ausführung Fila.

Aerostar. Auf der New York Auto Show im Februar 1984 konnte das Publikum den Concept Aerostar bewundern. Er war die Antwort auf das Chrysler-Großraumduo T 115 Dodge Caravan und Plymouth Voyager. Im Gegensatz zu diesen wies der Aerostar Hinterradantrieb und eine kühne Einvolumenform auf. Deren cw-Wert wurde mit günstigen 0,39 angegeben. Bei 302 cm Radstand erreichten die Außenabmessungen 445x182x185 cm. Der Aerostar sollte bis drei Sitzreihen bieten, mit Vierzylinder- oder V6-Motor erhältlich sein und in Bälde in Serie gehen... Es blieb dann allerdings ausschließlich bei einem 3-l-V6 mit 5-Gang- oder dem Automatic-Overdrive-Getriebe. Das Ford-Werk in St. Louis wurde mit hohen Investitionen stark automatisiert und auf die Produktion von jährlich 240'000 Aerostar ausgerichtet.

1985 wurde der 2,3-l-Motor des Tempo auch in einer Version mit Zentraleinspritzung und 101 PS Leistung lieferbar. Die mit Detailänderungen an der Front aufwartenden Mustang 1985 boten in der Turboausführung eine dank Feintuning auf gut 200 PS gesteigerte Leistung (mit Ladeluftkühlung für SVO) bzw. mit dem 4,9-l-V8-Motor nun 183 (Einspritzung) und 213 PS (Vierfachvergaser), wobei der Erstere ausschließlich mit dem Automatic-Overdrive-Getriebe, der Zweite mit einem 5-Gang-Getriebe geliefert wurde. Die LTD erhielten einen geänderten Kühlergrill, und der 4,9-l-V8 war nicht mehr bloß den Polizeiwagen vorbehalten. Neu wurde der Bronco II auch mit einem 2,3-l-Turbo-Dieselmotor mit 87 PS von Mitsubishi lieferbar, während der 4,9-l-V8 des Bronco auf Einspritzung umgerüstet wurde, womit die Leistung von 139 auf 193 PS emporschnellte.

Taurus. Vorgestellt wurde das Duo Ford Taurus und Mercury Sable Anfang 1985 in Los Angeles, doch auf den Markt sollten sie erst im Herbst kommen. Taurus klang zwar wie Taunus (und sollte in den USA ebenso zu einem Ford-Begriff werden wie einst Taunus in Europa), doch ließ sich der Taurus größenmäßig eher mit dem Granada vergleichen. Bei den US-Ford schob er sich zwischen Tempo und LTD. Mit 269 cm war der Radstand sogar um 1 cm länger als jener des LTD, anderseits war der Taurus 478,5 cm lang (LTD: 499 cm). Und vor allem besaß der Taurus wie der Tempo Vorderradantrieb und Quermotor, dies ganz im Gegensatz zum europäischen Granada (und seinem später vorgestellten Nachfolger Scorpio). Der Taurus war in Fords neuem Aero-Look gehalten (was auch auf den Scorpio zutreffen sollte), und sein Design zeigte sich ebenso modern wie elegant. Attraktiv wirkte auch die Kombiversionen mit dem leicht gebogenen Heckabschluss, separat aufklappbaren Heckfenster und bis zu acht Sitzplätzen. Bei beiden Karosserieaufbauten boten drei Seitenfenster ausgezeichneten Rundblick.

Für den Antrieb sorgten ein von 2,3 auf 2,5 l vergrößerter OHC-Vierzylindermotor mit elektronischer Zentraleinspritzung und 89 PS sowie ein neuer 3-l-V6 mit 60 Grad Gabelwinkel, Graugussköpfen, zentraler Nockenwelle, Saugrohreinspritzung und 142 PS. Mit dem 2,5-l-Motor standen ein 5-Gang-Getriebe und ein 3-Stufen-Automatikgetriebe zur Wahl, während der 3-l-Taurus ausschließlich mit dem Automatic Overdrive (vier Stufen) kombiniert wurde. Vorne wurden einfache untere Querlenker, hinten Quer- und Längslenker verwendet.

Unter Donald E. Petersen, der zum 1. Februar 1985, nebst seinem Job als Generaldirektor der Ford Motor Company, auch den Präsidententitel erhielt, wurde nicht nur die Zusammenarbeit mit Mazda verstärkt (kostengünstiger Bezug von Antriebsaggregaten aus Japan), sondern auch das Projekt Alpha vorangetrieben: Erarbeitung neuer Produktionsmethoden mit Modulmontage in Übereinstimmung mit den Gewerkschaften (wobei die GM-Zusammenarbeit mit Toyota und die neue GM-Tochter Saturn den Anstoß gaben). Zudem wurde der Aufbau eines Werks in Mexiko mit einer Jahreskapazität von 130'000 Stück ab 1988 in die Wege geleitet.

1986 bestand der wichtigste Modelljahrfaktor darin, dass nun (d. h. am 26. Dezember 1985) der Taurus in Verkauf kam. Der US-Escort wurde auch als GT mit 1,9-l-Einspritzmotor und 110 Netto-PS lieferbar. Den Mustang gab es in der V8-Version nur noch mit elektronischer Saugrohr- statt Zentraleinspritzung und 203 PS Leistung. Gut die Hälfte des seit 1978 kaum verändert gebauten Mustang wurden mit dem 90 PS leistenden 2,3-l-Motor verkauft (einschließlich 6000 SVO), 12,5 Prozent entfielen auf den 3,8-l-V6 und fast ein Drittel auf den 4,9-l-V8. Den LTD gab es in seinem letzten Produktionsjahr („künftig durch Taurus ersetzt") nur noch mit dem 3,8-l-V6.

Beim LTD Crown Victoria wie auch beim Thunderbird stieg die Leistung des V8-Motors dank konstruktiver Verfeinerungen an den Brennräumen samt Ein- und Auslass sowie durch verringerte Reibwiderstände von 142 auf 152 PS (mit Doppelauspuff 162 PS). Der Bronco II erhielt den 2,9-l-V6 mit Einspritzung und 142 PS (weiterhin alternativ zum 2,3-l-Diesel), und er war nun auch ohne zuschaltbaren Vorderradantrieb erhältlich.

Mit Chausson. Für Insider aufsehenerregend war die im Dezember 1985 verbreitete Pressemitteilung, wonach die Ford Motor Company einen zweisitzigen Mittelmotor-Sportwagen entwickelte, der vordergründig für den US-Markt bestimmt war und ab Ende der 80er Jahre bei der französischen Karosseriefirma Chausson in Creil gebaut werden sollte (bei Chausson hatte in den 60er Jahre schon der Renault Floride seinen Aufbau erhalten). Das international angelegte Entwicklungsprogramm wurde vom Deutschen Michael Kranefuß geleitet, dem Direktor der Special Vehicles Operations (SVO). Es wurde ein jährliches Produktionsziel von 15'000 Fahrzeugen anvisiert, denn man rechnete mit einem starken Wachstum dieses Sportwagensegments.

Als die hierzu geeignete Konzeptstudie galt der im Frühling 1986 unter Ford-Designchef und Vizepräsident Donald F. Kopka entstandene Cobra 230 ME (mid-engined). Er zeichnete sich durch eine ausgeprägte Keilfront und ein Fastback mit doppeltem Heckflügel aus (Maße 408x177x119 cm, cw 0,33), und als Antriebsaggregat war der Motor des Mustang SVO vorgesehen (2301 cm^3, Turbo, 230 PS; Buch „Zukunftsautos der 80er Jahre"). – Im September 1986 wurde das Projekt abgeblasen. Als Grund wurde vor allem die Dollarschwäche angegeben. Chausson hatte viel Vorarbeit geleistet und Mittel investiert.

1987 gab es den Escort nur noch mit Einspritzmotoren und das im Vorjahr verschwundene Coupé EXP tauchte (vorübergehend) wieder auf; den Tempo gab es im Verein mit dem 2,3-l-Motor auch mit zuschaltbarem Hinterradantrieb, das Dieselmodell wurde gestrichen; beim Bronco II (den es inzwischen als XL, XLT und Eddie Bauer gab) entfiel die Dieselvariante ebenfalls; der 4,9-l-Sechszylindermotor des Bronco erhielt eine Einspritzung, und sein Kühlergrill wurde von 4x4 auf 4x3 Felder reduziert.

Mustang 1987. Etwas mehr geschah für den Mustang-Jahrgang 1987: ausschließlich noch mit dem 2,3-l-Vierzylinder und dem 4,9-l-V8, der neu 228 statt 203 PS leistete (Turbo und SVO entfielen); serienmäßig 5-Gang-Getriebe oder 4-Stufen-Automatikgetriebe, neues Armaturenbrett, Front mit großflächigen, um die Ecken gezogenen Scheinwerfergläsern.

Thunderbird 1987. Mit dem Jahrgang 1987 erhielten die Thunderbird teils ein rechts ans Heck geklebtes Ford-Oval;damit galten sie endgültig wieder als Ford-Modell (statt als separate Marke). Die versenkten Doppelscheinwerfer neben dem leicht erhöhten Motorhauben- und Kühlergrill-Mittelteil wichen größeren Scheinwerfergläsern beidseits der vorne heruntergezogenen Motorhaube. Diese trug Luftkiemen oben in der Mitte (Turbo Coupe) bzw. einen niedrigen verchromten Grill unten zwischen den Scheinwerfern (LX). Das Heckfenster war verbreitert worden. Nebst der Basisausführung und den beiden erwähnten Versionen gab es eine Version Sport. Der 2,3-l-Turbomotor erhielt einen neuen Garrett-Abgasturbolader, dem ein Ladeluftkühler beigesellt wurde. Damit stieg die Leistung mit dem 4-Stufen-Getriebeautomat Cruise-O-Matic von 147 auf 152 PS und mit 5-Gang-Getriebe von 157 gleich auf 193 PS. Weiterhin gab es auch den 3,8-l-V6 (122 PS) und den 4,9-l-V8 (152 PS), beide mit dem Automatic-Overdrive-Getriebe.

Festiva. Schon auf der Tokyo Motor Show im November 1985 war der von Mazda konzipierte Kleinwagen Festiva vorgestellt worden, der ab

Ford Thunderbird Turbo Coupe, 1987

Ford Aerostar, 1987

Ford Bronco, 1987

Frühling 1986 von → Kia in Korea hergestellt und in Japan als Ford vertrieben wurde. Ab Frühling 1987 kam er in den USA unter der Marke Ford auf den Markt (und galt bereits als Modell 1988).

Im Mai 1987 startete Ford mit Nissan eine Machbarkeitsstudie für die Herstellung eines gemeinsamen Minivan bzw. Großraumkombis. – Anfang Juni übergab Donald F. Kopka seine Position als oberster Ford-Designchef an Jack Telnack, dem fortan rund 1000 Designmitarbeiter in den acht Zentren in Michigan, Kalifornien, England, Deutschland, Italien, Japan, Australien und Brasilien unterstanden.

Mit dem Modelljahr 1987 liefen auch die Arbeitsverträge zwischen der UAW, der Union der amerikanischen Automobilarbeiter, und General Motors und Ford ab. Da Ford gerade Rekordgewinne einfahren konnte, konzentrierte sich der Kampf um verbesserte Arbeitsbedingungen für die verbliebenen UAW-Mitglieder auf Amerikas Nr. 2. Die Zahl der im Stundenlohn stehenden Mitarbeiter war in den vorangegangenen Jahren wegen der Automatisierung allein bei Ford von 190'000 auf noch 104'000 zurückgegangen. Die UAW handelte nicht nur höhere Löhne aus, sondern vor allem Fords Verpflichtung, in den nächsten drei Jahren keine der 89 Fabriken zu schließen und die Zahl ihrer Arbeitsplätze nicht abzusenken. Hinzu kam ein weitgehender Schutz vor Entlassungen.

1988 erhielt der Tempo nicht nur eine neue Front mit stärker um die Ecken gezogenen Leuchteinheiten, sondern in der viertürigen Ausführung einen im hinteren Bereich neu geformten Pavillon, bei dem sich das dritte Seitenfenster optisch an die Heckscheibe anschloss; der Innenraum und das Armaturenbrett waren ebenfalls umgestaltet worden, und der 2,3-l-Motor arbeitete nun mit Saugrohr- statt Zentraleinspritzung (99 PS bzw. 101 PS für HSO-Version); All Wheel Drive war nur noch für den viertürigen Tempo lieferbar. Der Taurus wurde 1988 auch mit einem 3,8-l-V6 erhältlich, der mit 142 PS zwar gleich viel leistete wie der 3-l-V6, aber weit mehr Drehmoment bot und dank einer gegenläufig rotierenden Schwingungsausgleichswelle einen feineren Lauf versprach (nur mit 4-Stufen-Automatikgetriebe; neu waren die Mittelkonsole und die Türverkleidungen).

Beim LTD Crown Victoria entfiel 1988 das Coupé, aber Limousine und Kombi Country Squire erhielten eine neue Front mit schlichterem Kühlergrill, um die Ecken gezogene Hecklichter, Breitreifen und auch einige Innenraumneuerungen. Die beiden hubraumgrößeren Motorvarianten des Thunderbird kamen 1988 auf mehr Leistung: 3,8-l-V6 mit 142 PS (mit Schwingungsausgleichswelle) und 4,9-l-V8 mit 157 PS (Doppelauspuff); der Thunderbird Sport wurde nur noch gegen Aufpreis mit Digitalinstrumenten ausgerüstet. Insider wussten, dass für 1989 ein ganz neuer T'bird vorbereitet wurde.

Am 29. September 1987 verstarb Henry Ford II., der eben erst 70 Jahre alt gewordene Großsohn des

Firmengründers, an einer Lungenentzündung. Er war der uneingeschränkte Herrscher des Ford-Imperiums gewesen. – Anfang 1988 wurden William Clay Ford jr. (damals Generaldirektor der Ford Motor Company Switzerland SA in Zürich) und sein Cousin Edsel B. Ford II. (einziger Sohn von Henry Ford II.) in den Verwaltungsrat der Ford Motor Company gewählt.

Probe. In Flat Rock, südlich von Detroit, hatte die Mazda Motor Corporation, an der die Ford Motor Company mit 25 Prozent beteiligt war, neben einer früheren Ford-Fabrik ein neues Werk aufgebaut. Nebst der jüngsten Mazda-Limousine des Typs 626 (den es auch als Coupé gab) sollte dort auf der 626-Frontantriebsbasis ein neues Ford-Coupé gebaut werden: der Probe. Anfänglich war der Probe als Nachfolger des Mustang geplant worden. Doch dann wandelte sich der Höhenflug des Benzinpreises in einen Sinkflug, und die Freude an zugkräftigen Mustang-Modellen nahm wieder zu. Dies führte bei Ford zum Entschluss, das eine zu tun und das andere nicht zu lassen.

Ford Festiva LX, 1988

Ford Tempo GLS, 1988

Mit dem im Februar 1988 vorgestellten Probe konnte Ford der Kundschaft ein modernes auf Frontantrieb und Sparsamkeit ausgerichtetes Coupé anbieten. Die Modellbezeichnung Probe erinnerte an eine Reihe von futuristisches Ford-Konzeptstudien. Das viersitzige Fastbackcoupé mit Heckklappe widerspiegelte noch klar jenen von einer kühlergrillfreien niedrigen Front mit Klappscheinwerfern geprägten Stil, der die Aerodynamik unterstrich. Die hinteren Seitenfenster waren um die Kanten gebogen und schlossen sich nahtlos an die Heckscheibe an. Die seitlich aus der Motorhaube herauswachsenden Außenspiegelgehäuse erinnerten an die Probe-Einzelstücke. Die Hecklichter formten ein durchgehendes Band unter einer Abrisskante.

Auf gelungene Weise hatten die Ford-Designer den Probe der Technik des → Mazda 626 angepasst. Bei identischem Radstand von 251,5 cm war der Probe mit 449,5x172,5x131,5 cm etwas länger und breiter und deutlich niedriger als der Mazda 626, aber auch nur geringfügig kleiner als der Mustang. Für die Probe GL und LX ergab sich ein Luftwiderstandsbeiwert von cw 0,304, für den GT mit Turbomotor waren es wegen des zusätzlichen Lufteinlasses über dem Stoßschutz und der Breitreifen cw 0,32. Mit dem Mazda-2,2-l-OHC-Motor mit drei Ventilen je Zylinder standen 112 PS zur Verfügung, in der Turboversion 147 PS (IHI, max. Ladedruck 0,5– 0,65 bar, Ladeluftkühler). Ohne Turbo konnte statt des 5-Gang-Getriebes ein 4-Stufen-Automatikgetriebe gewählt werden. Die Federbeinaufhängung umfasste vorne untere Dreieckquerlenker, hinten doppelte Querlenker. Der Innenraum war komfortbetont und (vor allem bei der Topversion Turbo GT) reichhaltig ausgestattet. Das Armaturenbrett lief optisch in die Türverkleidungen aus.

Auf dem Genfer Salon 1988 leitete Ford mit dem Taurus Station Wagon ein Comeback von US-Modellen in Europa ein.

Thunderbird 1989. Verlängerter Radstand, kürzer Karosserie: So lautete die Devise des umfassend erneuerten Doppels Ford Thunderbird / Mercury Cougar für das Modelljahr 1989. Beim Thunderbird wurden aus 264,5/513,5 cm nun 287/505 cm. Daraus ergaben sich auch weit modernere und elegantere Proportionen. Der hintere Dachträger war dynamisch gestreckt und näherte sich einer Fastbackform. Das Motorhauben-Vorderende blieb schlicht zwischen den Scheinwerfern heruntergezogen. Während die Breite um 4,5 auf 185 cm zugelegt hatte, verlief die Dachlinie um 2 cm reduziert auf 134 cm Höhe.

Für den Antrieb stand ausschließlich der mit einer Schwingungsausgleichswelle versehene 3,8-l-V6 ohne oder mit Eaton-Kompressor zur Verfügung: 142 bzw. 213 PS (Ladedruck 0,8 bar, Ladeluftkühler). Einen bedeutenden Fortschritt verkörperte der Wechsel von der hinteren Starrachse zu unteren Dreieck- und oberen einfachen Querlenkern (mit Supercharger = Modell SC zudem Vierrad-Scheibenbremsen und ABS). Vorne wie hinten fanden sich Fahrschemel; das Leergewicht stieg um 100 auf 1600 kg. Auf Wunsch gab es in dem großzügig gestalteten Armaturenbrett weiterhin Digitalanzeigen.

Taurus SHO. Unter dieser Bezeichnung wurde zum Modelljahr 1989 eine Sportversion auf den Markt gebracht: Mit Hilfe der japanischen Motortuningspezialisten von Yamaha erhielt der

Ford Taurus SHO, 1989

Ford Crown Victoria LX, 1989

3-l-V6 zwei obenliegende Nockenwellen je Zylinderreihe und vier Ventile je Zylinder, dazu eine sequenzielle Einspritzung und Doppelauspuff. Daraus resultierte eine von 142 auf 223 PS gesteigerte Leistung, und Tempo 100 konnte binnen rund 7 s erreicht werden. Auch das Fahrwerk war angepasst worden, u. a. mit Vierrad-Scheibenbremsen, Leichtmetallrädern und Breitreifen. Äußerlich unterschied sich der SHO = Super High Output durch größere Luftschlitze ober- und unterhalb der Stoßfänger, markante Seitenschürzen und Fensterahmen, die auch untendurch in Schwarz gehalten waren. Es gab den SHO nur als Limousine und mit 5-Gang-Getriebe. Ein solches gab es dagegen nicht mehr beim Taurus mit 2,5-l-Vierzylindermotor.

1989 war schon der Tempo auf Wunsch mit einem Airbag zu haben. Den Mustang mit dem potenten 4,9-l-V8 gab es 1989 auch in der preisgünstigen Version LX. Der Aerostar Wagon Extended war eine von 444 auf 483 cm verlängerte Ausführung des Minivans (mehr hinterer Überhang. Der Bronco II wies einen auf zwölf Felder reduzierten Kühlergrill auf.

In einer wohl einzigartigen Aktion wurde 40'000 Mitarbeitern in allen 15 Ford-Montagewerken in den USA im November 1988 der Film „Wie können wir die Qualität verbessern?" vor Augen geführt. Sie hatten hierzu für zwei Stunden die Arbeit zu unterbrechen. 60'000 Mitarbeiter von 20 Zulieferfabriken bekamen den Film ebenfalls zu sehen.

Anderseits ergab sich für die Ford Motor Company ein Dilemma: Ihr amerikanische Marktanteil war 1988 von 16,6 auf 21,1 Prozent emporgeschnellt, und damit war soviel Geld in die Kasse geschwemmt worden, dass nach Investitionsmöglichkeiten gesucht werden musste: Produktionsausweitung oder Erwerb von Finanzunternehmen oder von Konzernen der Elektronikindustrie, lautete die Frage. Die Antwort kam für manche überraschend: Nachdem Verhandlungen mit Saab ergebnislos verlaufen waren, übernahme Ford Anfang November 1989 → Jaguar. – Im gleichen Monat gab Donald E. Peterson, Fords Aufsichtsratsvorsitzender und Generaldirektor per 1. März 1990 seinen Rücktritt bekannt; Nachfolger wurde Harold A. Poling.

Ford Probe LX, 1989

1990 wurde der Probe mit dem 2,2-l-Turbomotor mit 147 PS vom GT zum LX, während der GT den 142 PS leistenden 3-l-V6-Motor erhielt (der GL blieb Basismodell). Der Luftschlitz über dem vorderen Stoßschutz erstreckte sich nun über die gesamte Breite, während jener darunter beim GT von einem Karogitter geschmückt wurde; die Innenausstattung war aufgewertet worden. Ebenfalls mit dem Modelljahr 1990 wurde der Minivan Aerostar Wagon mit 4-l-V6 (157 PS) und auf Wunsch mit permanentem Vierradantrieb lieferbar (zentrales Differenzial mit Viskokupplung, Kraftverteilung vorne/hinten 33:67 Prozent).

Escort 1990/91. Auf der North American International Auto Show von Detroit Anfang Januar 1990 wurde der amerikanische Escort in vollständiger Neuauflage vorgestellt. Man bezeichnete ihn bereits als Modell 1991, wenngleich er schon ab April drei- und fünftürig erhältlich wurde. Mit dem europäischen Escort hatte er nun endgültig nichts mehr zu tun, denn er basierte jetzt technisch auf dem → Mazda 323. Damit wuchs der Radstand von 239,5 auf 250 cm und die Länge erreichte 432 statt 430 cm. Das Design wirkte rundlich-elegant und war hinsichtlich schlichter Frontgestaltung mit der Ford-Elipse an den Taurus-Stil angepasst worden. Während der Mazda 323 Station Wagon noch auf der alten 240-cm-Basis weitergebaut wurde, gab es den neuen Escort bereits auch als wohlproportionierten Wagon.

Angeboten wurde der neue US-Escort mit zwei Motoren: 1859 cm^3 (CVH), 89 PS, und 1840 cm^3 (Mazda, DOHC, 16V), 129 PS; Letzterer mit Vierrad-Scheibenbremsen und serienmäßiger Servolenkung kombiniert. Mit dem im Werk Wayne in Michigan gebauten und zu 80 Prozent aus einheimischen Teilen bestehenden Escort der neuen

Ford USA

Ford USA	Bauart	Mot.	Getr.	R/L cm	Modelljahre
Festiva –> Mazda 121					**1988–90**
Escort	**Fr.**	**a–e**	**4/A3/5**	**239,5/416/419**	**1981–84**
		f–h		**239,5/424/426,5**	**1985/86**
EXP (ab März 1981)		**c–e**		**239,5/432,5**	**1982–85**
Motoren:	*Zyl.:*	*N'w.:*	*cm^3:*	*PS/'min:*	*Nm/'min:*
a (1981)	4	OHC	1296	59/5700	85/3600
b (*1982)			1599	66/5200/71*/4600	115/121/3000
c (1983/84)				71/4600/81/5400	119/2600/3000
d (1983 *'84, EXP'83)	4i			83/85*/5200	119/122/2800
e (1984/85)	4iT			122/5200	163/3400
f (1985 *1986–)	4		1859	87/4800	135/136*/3000
g (1985–)	4D		1998	53/4000	111/2400
h (L 3-türig 1986)					108/2750
Escort / EXP	**Fr.**	**a–c**	**4/5/A3**	**239,5/424/427/428**	**1987**
Escort / EXP (1988)				**239,5/430/428**	**1988/89**
a	4i	OHC	1859	91/4600	144/3400
b (GT/EXP *1988–)				117/5200/112*/5400	
163/4400/156/4200					
c (1987)	4D		1998	59/3600	114/3000
Escort	**Fr.**	**a/b**	**5/A4**	**250/432/435**	**1990**
a	4i	OHC	1859	89/4400	146/3800
b (GT)		D16V	1840	129/6500	155/4500
Tempo	**Fr.(4)**	**a–e**	**4/5/A3**	**253,5/447,5–449,5**	**1984–90**
Motoren:	*Zyl.:*	*N'w.:*	*cm^3:*	*PS/'min:*	*Nm/'min:*
a (*1985)	4	OHV	2300	85/4400/87*/4000	160/2600/168/2800
b (1986 *1987)	4i			87/4000	168/2800/163*/32'
c (1985/86 *1987)				101/4600/95*/4000	170/171/3200
d (1988–)				99/101/4400	168/2200/176/2600
e (–1986)	4D		1998	53/3600	111/2400
Probe	**Fr.**	**a/b**	**5/A4**	**251,5/449,5**	**1988–90**
Motoren:	*Zyl.:*	*N'w.:*	*cm^3:*	*PS/'min:*	*Nm/'min:*
a	4i/4iT	012V	2184	112/4700/147/4300	176/3000/258/3500
b (1990–)	V6i	OHV	2979	142/4800	217/3000
Mustang	**St.**	**a–q**	**4/A3/5/A4**	**255/456**	**1981–90**
Motoren:	*Zyl.:*	*N'w.:*	*cm^3:*	*PS/'min:*	*Nm/'min:*
a (1981)	4	OHC	2301	89/4600	161/2600
b (1982)				87/93/4600	159/161/2600
c (1983 *1984)				91/4600/89*/4000	166/2600/2400
d (1985/86 *1987–89)	4/4i*			89/4200/91*/3800	166/2600/176/2800
e (1990–)	4i			89/4000	180/2600
f (1981 *1983/84)	4T/4iT*			118/5200/147*/4600	183/3200/244/3600
g (SVO 1984)	4iT			177/4400	210/3000
h (SVO 1985 *1986)				203/5000	326/3000/3200*
i (*1982)	6	OHV	3273	95/4000/88/3800*	214/209/1400
j (1983 *1984–86)	V6/V6i*		3791	114/4000/122*/3600	237/2600/278/1600
k (1981 *Calif.)	V8		4183	117/122*/3400	265/2200/278/2600
l (1982)				113/3400	263/1600
m (1982 *1983/84)			4942	159/4200/177*/4000	326/332/2400
n (1984)	V8i			167/3800/208/4400	332/2000/360/3200
o (1985)				183/4200	353/2600
p (1985 *1986)				213/4400/203*/4000	366/3200/387/3000
q (1987–)				228/4200	407/3200
Fairmont		**a/d/g**	**4/A3**	**268/496,5/501,5**	**1981**
Futura		**a/d**	**4/5/A3**		**1982**
Fairmont Futura		**c/f**	**4/A3**		**1983**
Granada		**a/d/g**	**4/A3/5**	**268/499**	**1981/82**
Motoren:	*Zyl.:*	*N'w.:*	*cm^3:*	*PS/'min:*	*Nm/'min:*
a (*1982)	4	OHC	2301	89/87*/4600	160/2800/159/2600
b (1982–)				87/93/4600	166/2600
c (1983)				91/4600	
d (*1982)	6	OHV	3273	95/4000/88/3800*	214/209/1400
e (1982– *Calif.)	V6		3791	114/120*/4000	237/2600/252/2000
f (1983)				93/3800	212/1400
g (1981 *Calif.)	V8		4183	117/122*/3400	265/2200/278/2600
Taurus	**Fr.**	**a–d**	**5/A3/A4**	**269/478,5/487,5**	**1986–90**
Motoren:	*Zyl.:*	*N'w.:*	*cm^3:*	*PS/'min:*	*Nm/'min:*
a (*1987–)	4i	OHV	2498	89/4600/91*/4400	176/2800/2600
b	V6i		2979	142/4800	217/3000
c (SHO 1989–)		D24V		223/6000	271/4800
d (1988/89 *1990–)		OHV	3791	142/3800	292/2400/2200*

Ford USA	Bauart	Mot.	Getr.	R/L cm	Modelljahre
LTD	**K'r.**	**a–e**	**A4**	**290,5/531/536/546**	**1981/82**
Motoren:	*Zyl.:*	*N'w.:*	*cm^3:*	*PS/'min:*	*Nm/'min:*
a (–1981)	V8	OHV	4942	122/132/3400	278/2600/319/1800
a (1982–)				134/3400	320/1800
b (Calif. –1981)	V8i			132/3400	313/2200
c (1982–)	V8		4183	124/3400	284/2400
d (–1981)	V8		5766	147/3200	366/1800
e (HO)				167/3600	387/2200
LTD	**St.**	**a–d**	**4/A3/A4**	**268/499**	**1983–86**
a (*1984–)	4	OHC	2301	91/4600/89*/4200	166/2600
b (1983)	6	OHV	3273	93/3800	212/1400
c (*1984–)	V6/V6i*		3791	114/4000/122*/3600	237/2600/278/1600
d (1984/85)	V8		4942	167/3800	332/2000
LTD Crown Victoria	**K'r.**	**a–e**	**A4**	**290,5/536**	**1983–90**
LTD (CV)Country Squire		**(*1988–)**			**290,5/546/548,5***
a (1983)	V8i	OHV	4942	147/3600/132/3200	332/2200/326/2000
b (1984 *Canada)				142/3200/157*/3600	339/1600/360/2000
c (1985)				142/3200/157/3600	360/2000
d (1986–)				152/3200/162/3400	366/2000/380/2200
e (Exp. *Pol.+E'84–87)	V8		5766	167/3600/183*/3600	393/2200/387/2400
Thunderbird	**St.**	**a–e**	**A3/A4**	**275,5/509**	**1981/82**
Motoren:	*Zyl.:*	*N'w.:*	*cm^3:*	*PS/'min:*	*Nm/'min:*
a (*ab 1982–)	V6	OHV	3273	89/88*/3800	209/1400
b (1982– *Calif.)			3791	114/120*/4000	237/2600/252/2000
c (–1981 *Calif.)	V8		4183	117/122*/3400	265/2200/278/2600
d (1982– *Calif.)				113/122*/3400	263/278/2600
e (–1981)			4942	132/3400	319/1600
Thunderbird	**St.**	**a–g**	**5/A3/A4**	**264/502**	**1983–87**
			5/A4	**264,5/513,5**	**1987/88**
a (–1984)	4iT	OHC	2301	147/4600	244/3600
b (1985/86 *m. Autom.)				157/4600/147*/4400	258/2800/244/3000
c (1987– *m. Autom.)				193/152*/4400	326/271/3000
d (1985/86 nur n.Can.)	V6	OHV	3791	114/4000	237/2600
e (1984–87 *1988–)	V6i			122/3600/142*/3800	278/1600/292/2400
f (1984/85 *1986)	V8i		4942	142/3200/152*/3400	339/1600/366/2000
g (1987 *1988–)				152/3200/157*/3400	366/2000/359/2200
Thunderbird	**St.**	**a/b**	**A4/5**	**287/505**	**1989/90**
a	V6i	OHV	3791	142/3800	292/2400
b (Super Coupe)	V6iC			213/4000	427/2600
Aerostar Wagon	**K'r.(4)**	**a/b**	**5/A4**	**302/444**	**1985–90**
Aerostar Wg. Extended				**302/483**	**1989/90**
Motoren:	*Zyl.:*	*N'w.:*	*cm^3:*	*PS/'min:*	*Nm/'min:*
a	V6i	OHV	2979	147/4800	224/3600
b (1990–)			3958	157/4400	291/2400
Bronco II (*1989–)	**K'r.(4)**	**a–c**	**4/5/A3 /A4/+R**	**239/402,5/411***	**1983–90**
Motoren:	*Zyl.:*	*N'w.:*	*cm^3:*	*PS/'min:*	*Nm/'min:*
a (–1985)	V6	OHV	2792	117/4600	203/2600
b (1986–)			2935	142/4600	231/2600
c (1985/86)	4D	OHC	2347	87/4200	181/2000
Bronco	**K'r./4**	**a–j**	**4/A3/A4 /+R**	**266/451**	**1981–90**
Motoren:	*Zyl.:*	*N'w.:*	*cm^3:*	*PS/'min:*	*Nm/'min:*
a (*1985/86)	6	OHV	4917	117/4000/122*/3600	260/1800/339/2000
b (1987–)	6i			147/3400	360/2000
c (Calif. –1984)	V8		4183	119/3800	262/2000
d (–1984)			4942	139/3600	315/1600
e (1985)	V8i			193/3800	387/2400
f (1986 *1987–)				152/3400/188*/3800	366/2000/2400
g (*1986)			5766	142/3400/213*/4000	360/2000/414/2800
h (1987/88 *1989–)	V8/V8i*			193/213*/3800	
400/2600/427/2800					
i (Australia –1986)	V8		4089	136	315
j (Australia –1986)			5766	220	429
Explorer	**K'r./4**	**–**	**5/A4**	**259/443/284/468**	**1990**
Motor:	V6i	OHV	3958	157/4200	298/2400

Baureihe CT-20 hatte Ford mit hohen Investitionen zusammen mit der UAW-Gewerkschaft und den Zulieferanten ein hochgradiges Qualitätsdenken angestrebt.

Explorer. Auch er wurde bereits als Modell 1991 bezeichnet, als er Anfang Januar 1990 auf der Auto Show in Detroit vorgestellt wurde. Er löste den Bronco II ab, der aber als Modell 1990 vorerst weiterhin verkauft wurde. Es gab den Explorer im Gegensatz zu den Bronco sowohl drei- wie fünftürig. Der Radstand wuchs von 239 auf 259 cm, beim fünftürigen Modell gar auf 302 cm. Das Chassis blieb im Prinzip unverändert, hingegen wurde ein 4-l-V6 mit 157 PS eingebaut, wie er im Aerostar verfügbar war. Dank der außenbündig eingepassten Scheiben reduzierte sich der Luftwiderstandsbeiwert auf cw 0,43.

Auf Wunsch ließ sich der Explorer recht luxuriös ausrüsten, darunter mit einem neuen Ford-JBL-Audiosystem samt Kassetten- oder CD-Spieler und neun Lautsprechern. Mit dem Explorer reagierte Ford auf jüngste Marktuntersuchungen, die Autos dieser Art beste Marktaussichten verhießen; bei allen Aspekten der durch sie erfüllten Abenteuerlust wollten Käufer solcher Autos aber nicht auf Komfort und den praktischen Nutzen verzichten.

Ford Thunderbird Super Coupe, 1989

Ford Mustang LX Convertible, 1989

Ford Probe GT Turbo, 1990

Ford Escort GT, 1990/91

Ford Explorer, 1990/91

Ford Bronco II XLT, 1989

Ford
Argentina

Die Herstellung von Personenwagen hatte die Ford Motor Argentina SA erst 1963 mit einer Kopie des nordamerikanischen Kompaktmodells Falcon aufgenommen. Diese Baureihe wurde mit kleinen Modernisierungsschritten beibehalten, und dies galt auch für die 1969 ins Produktionsprogramm aufgenommenen großen Ford-Modelle Fairlane. 1974 kam eine Lizenzproduktion des Ford Taunus hinzu.

Taunus. 1981 besaß der argentinische Taunus immer noch das aus der ersten Hälfte der 70er Jahre stammende Karosseriedesign. Es gab ihn als viertürige Limousine und als zweitüriges Fließheckcoupé, und es standen ein 2- und ein 2,3-l-OHC-Vierzylindermotor zur Wahl. Letzterer wurde mit einem Doppelvergaser bestückt und leistete in den GT-Varianten bzw. im Coupé SP 134 statt 124 SAE-PS. Mit dem größeren Motor war ein 3-Stufen-Automatikgetriebe erhältlich. Das Fahrwerk mit hinterer Starrachse und Schraubenfedern entsprach jenem der europäischen Taunus.

Ford Taunus Coupé SP5, 1984

Ford Falcon Futura, 1981

Ford Taunus Standard, 1984

Ford Falcon Standard, 1984

Falcon. Auch wenn sie 1973 eine modernisierte Front erhalten hatte, sahen die argentinischen Falcon 1981 recht altbacken aus, selbst wenn die Topversion Sprint mit andersfarbigem Dach für Abwechslung sorgte. Sie wurden als viertürige Sedan und fünftürige Station Wagon Rural gebaut. Dem Antrieb dienten ein 3,1- und ein 3,6-l-Sechszylinder mit seitlicher Nockenwelle, wobei es der Sprint-Motor mit Doppelvergaser immerhin auf 168 (statt 118 bzw. 134) PS brachte. Es wurden 3- oder 4-Gang-Getriebe eingebaut, und das Fahrwerk ließ sich mit jenem des aktuellen US-Ford Mustang vergleichen.

Fairlane LTD. Als Luxusfahrzeuge wurden die großformatigen Fairlane LTD und LTD Elite angeboten. Auch ihr Design ging noch auf die frühen 60er Jahre zurück. Man rüstete sie entweder mit dem 3,6-l-Sechszylindermotor oder mit einem 4,8-l-V8 mit Doppelvergaser aus. Die Leistung erreichte 134 bzw. 183 PS. Für die Kraftübertragung wurde ausschließlich ein 3-Gang-Getriebe mit Lenkradschaltung eingebaut; das Fahrwerk mit hinterer Starrachse und Halbelliptikfedern entsprach jenem des Falcon.

Falcon Econo 4. Ab Mitte 1982 gab es den altvertrauten Falcon – 1959 in den USA als Kompaktmodell lanciert – zusätzlich mit dem 2,3-l-OHC-Vierzylindermotor aus dem nordamerikanischen Ford Pinto, wie er auch im Taunus eingebaut wurde. In diesem als Econo 4 bezeichneten Falcon standen sogar mehr PS (aber weniger Drehmoment) als mit dem 3,1-l-Sechszylinderaggregat zur Verfügung. Inzwischen gab es den Falcon auch mit modischem schwarzem Kühlergrill und ebensolchen Fensterrahmen.

1983/84 kam bei der Taunus-Reihe das besonders auffallend dekorierte Fließheckcoupé SP 5 hinzu: Kühlergrill in Karosseriefarbe, Farbstreifen an den Flanken und auf der Gürtellinie am Heck nach oben geführt.

Sierra. Mitte 1984 wurden die Taunus durch den Sierra abgelöst (→ Ford Europa). Zunächst gab es die fünftürigen Limousinen L mit 1,6-l-Motor und Ghia mit 2,3-l-V6, gegen Ende 1984 kam der hochsportliche zweitürige XR4 mit doppeltem Heckflügel hinzu; in ihm leistete der V6-Motor 120 statt 105 PS.

Sierra Rural. So hieß die im September 1985 eingeführte Kombiversion des Sierra.

Von der Rezession Argentiniens wurde Ford ab Mitte 1985 besonders stark betroffen, was auch auf eine mangelhafte Akzeptanz des modernen Sierra durch die argentinischen Autokäufer zurückzuführen war. Nachdem die Belegschaft schon Anfang Jahr um 20 Prozent reduziert worden war, mussten jetzt nochmals 10 Prozent Entlassungen gesprochen werden, was zu Protesten und sogar zu einer Fabrikbesetzung führte. Ford Motor Argentina verlor darob seine führende Position an Renault. Die alsbald nur noch einen Viertel erreichende Werksauslastung führte zu einem stark gestiegenen Festkostenanteil. Mitte 1986 kam es daher zu Kooperations- und Fusionsgesprächen mit Volkswagen, wobei auch die brasilianischen Konzernzweige einbezogen waren.

In der Folge wurde von Ford und Volkswagen die Autolatina-Gemeinschaft ins Leben gerufen (→ Ford Brasil). Ab August 1987 konnte Ford Motor Argentina in ihrem Werk in General Pacheco im Auftrag von → Volkswagen Argentina die Modelle Gacel (Voyage bzw. Jetta) und Carat (Passat bzw. Santana) montieren.

Escort. Dem Beispiel von Ford Brasil folgend nahm Autolatina 1987/88 in Argentinien den Escort in Produktion. Brasilien und Argentinien pflegten auch für dieses Modell einen intensiven Teileaustausch. In Argentinien wurde der Escort mit 5000 Bestellungen schon vor der Markteinführung zu einem ungewöhnlichen Verkaufserfolg.

Im Herbst 1991 lief die Produktion des Ford Falcon endgültig aus.

Datentabelle→

Ford

Australia

Schon 1925 hatte Ford auch in Australien eine Autoherstellung aufgezogen. 1981 setzte sich das Produktionsprogramm der Ford Motor Company of Australia Limited in Campbellfield, Victoria, aus japanischen, englischen und ursprünglich amerikanischen Konstruktionen zusammen.

Laser. Er war Fords asiatisch-australisches Grundmodell. Eingeführt worden war er im Herbst 1980, und er war ein Lizenzprodukt des frontgetriebenen → Mazda 323, wie er im Sommer jenes Jahres vorgestellt worden war. Der Laser hatte allerdings ein eigenes Kühlergesicht und einen verlängerten Radstand. Auffallend waren die modische schwarze Frontblende und Fensterumrandung.

Escort. Auch einen australischen Ford Escort gab es 1981 noch. Er basierte auf dem europäischen Escort mit Hinterradantrieb, wie er bis 1980 gebaut worden war, und er galt als ein Gemeinschaftsprodukt mit → Ford South Africa (was teils auch auf andere Modelle zutraf). Neben den zwei- und viertürigen Limousinen und dem dreitürigen Kombi gab es die Topversion RS 2000 mit schräggestellter Front und Doppelscheinwerfern. Es standen ein 1,6-l- und ein 2-l-Motor zur Wahl. Mit dem Modelljahr 1982 wurde der Escort endgültig vom moderneren Laser verdrängt.

Cortina 6. Dieses Modell wurde seit 1972 hergestellt. Im Mai 1977 wurde das im Vorjahr in Europa eingeführte neue Cortina-/Taunus-Design

Ford Fairlane, 1980

Ford LTD, 1981

übernommen. Nebst der viertürigen Limousine gab es auch einen fünftürigen Station Wagon, beide in den Ausstattungsvarianten L, GL und Ghia. Als Kraftquelle standen ein 2-l-Vierzylinder oder die traditionellen eigenen Reihensechszylinder mit seitlicher Nockenwelle und 3,3 oder 4,1 l Hubraum zur Wahl. Es wurden 3- und 4-Gang-Getriebe sowie das 3-Stufen-Automatikgetriebe Cruis-O-Matic eingebaut, Letzteres mit Lenkrad- oder Mittelschaltung. Die Aufhängung bestand vorne aus oberen Trapez-Dreieckquerlenkern und unteren einfachen Querlenkern mit Zugstrebe, hinten aus einer Starrachse mit oberen Schräg- und unteren Längslenkern.

Falcon / Fairmont. Mit der im März 1979 eingeführten Serie XD lösten sich die Falcon und Fairmont vom vormaligen US-Design und glichen nun stilistisch klar den europäischen Ford Granada, auch wenn sie größer waren und eine tiefere Gürtellinie aufwiesen. Es gab den Falcon GL und den Fairmont je als Sedan (viertürige Limousine) und als Wagon (fünftüriger Kombi) und zudem den Fairmont Ghia (nur Sedan, später auch als Ghia ESP = European Sport Pack). Die Motorenpalette reichte von den 3,3- und 4,1-l-Sechszylindern bis zu den V8 (mit 4,9 und 5,8 l Hubraum und Doppelvergasern). Die Getriebeauswahl entsprach jener des Cortina 6 (3-Gang-Getriebe mit Lenkradschaltung). Auch die vordere Radführung stimmte mit jener des Cortina überein, doch wurde hinten eine simple Starrachse mit Halbelliptikfedern verwendet. Anderseits kamen Vierrad-Scheibenbremsen zum Einbau, und die hier ebenfalls auf Wunsch erhältliche Servolenkung besaß eine variierende Untersetzung.

Fairlane / LTD Unter diesen Namen liefen 1981 die luxuriösen Ford-Modelle Australiens. Besonders schmuck gab sich der LTD Cartier. Fairla-

Ford Argentina	Bauart	Mot.	Getr.	R/L cm	Baujahre
Escort → Ford Brasil					**1988–90**
Taunus	**St.**	**a–f**	**4**	**258/435**	**1980–82**
				257/440	**1982–84**
Motoren:	*Zyl.:*	*N'w.:*	*cm³:*	*PS/'min*	*Nm/'min:*
a (–1982)	4	OHC	1990	93/5500 (brutto)	148/3000
b (1982–)				73/5500	137/3000
c (–1982)			2301	124/5000 (brutto)	192/3500
d (1982–)				100/5000	162/3500
e (GT/Coupé SP –1982)				134/5500 (brutto)	199/3500
f (GT/Coupé SP 1982–)				114/5500	168/3500
Sierra	**St.**	**a–c**	**4/5/A3**	**261/445,5**	**1984–90**
Motoren:	*Zyl.:*	*N'w.:*	*cm³:*	*PS/'min*	*Nm/'min:*
a	4	OHC	1593	75/5000	123/3000
b			2301	105/5000	167/2500
c (XR 4 / Ghia S)				120/5500	177/3500
Falcon		**a–g**	**3/4/A3**	**278/471,5–473**	**1980–90**
Fairlane LTD	**d/e/h/i**	**←**	**3**	**294,5/520,5**	**1980–83**
Motoren:	*Zyl.:*	*N'w.:*	*cm³:*	*PS/'min*	*Nm/'min:*
a (1982–)	4	OHC	2301	90/5000	155/2500
b (–1982)	6	OHV	3081	118/4000 (brutto)	239/2300
c (1982–)				84/4000	183/2000
d (–1982)			3620	134/4000 (brutto)	273/1800
e (1982–)				108/4000	235/1500
f (Sprint –1982)				168/4500 (brutto)	306/3000
g (Sprint/SP 1982–)				140/4500	251/2500
h (–1982)	V8		4792	183/4500 (brutto)	366/2500
i (1982–)				150/4500	304/2500

Ford Australia	Bauart	Mot.	Getr.	R/L cm	Baujahre
Cortina 6	**St.**	**a/b**	**3/4/A3**	**258/441,5/453,5**	**1980–82**
Motoren:	*Zyl.:*	*N'w.:*	*cm³:*	*PS/'min:*	*Nm/'min:*
a	6	OHV	3273	114/108/4000	228/2400/220/2300
b			4090	128/3600	296/1800
Falcon	**St.**	**a–h**	**3/4/A3**	**283/473/471,5**	**1980–86**
F. Station Wagon		**a–g**		**294,5/296/498**	
Fairlane / LTD		**a–h**		**294,5/501**	
Motoren:	*Zyl.:*	*N'w.:*	*cm³:*	*PS/'min:*	*Nm/'min:*
a (–1982)	6	OHV	3273	114/108/4000	228/2400/220/2300
b (1982–)				122/4100	240/2500
c (–1982)			4090	128/3600	296/1800
d (1982/83 *1983/84)				143/133*/3800	310/305/2300
e (1984–)				140/3750	316/2300
f (1983/84 *1984–)	6i			151/3800/163*/4000	325/2800/333/3000
g (–1983)	V8		4942	191/4500	345/3200
h (–1983)			5766	203/4300	415/3000
Falcon / Fairmont	**St.**	**a–c**	**4/5/A3**	**283/477,5**	**1986–88**
do. Station Wagon				**296/498**	
Fairlane / LTD				**296/501,5**	
a	6	OHV	3273	120/4000	235/2200
b			4090	133/3600	297/2000
c	6i			165/4000	325/3000
Falcon	**St.**	**a/b**	**5/A3**	**279,5/481**	**1988–90**
Falcon Station Wagon				**292,5/500,5**	
Fairlane / LTD				**292/502**	
a	6i	OHC	3157	122/4000	235/3250
b			3949	163/189/4250	311/3250/338/3500
Capri	**Fr.**	**a/b**	**5**	**240/422**	**1989/90**
Motoren:	*Zyl.:*	*N'w.:*	*cm³:*	*PS/'min:*	*Nm/'min:*
a	4i	OHC	1598	83/5000	122/2500
b		D16V		136/5000	184/3000

weit. Mod. → Mazda

ne und LTD zeigten in der im Mai 1979 eingeführten Neuauflage ZJ weiterhin ein amerikanisch angehauchtes Design, auch wenn es stark modernisiert worden war. Die Sechsfensterkarosserien mit niedriger Gürtellinie boten gute Rundsicht. Während der Fairlane Doppelscheinwerfer besaß, wurde das feinmaschige Kühlergitter des LTD von Rechtecklichtern flankiert. Mit 294,5 cm hatten Fairlane und LTD den gleichen Radstand wie die Station Wagons auch von Falcon und Fairmont, während deren Limousinen einen Achsabstand von 282 cm aufwiesen. Die technischen Daten stimmten bei allen vier Modellreihen weitgehend überein.

Meteor. Dies war die Modellbezeichnung der 1982 hinzugekommenen viertürigen Stufenheckversion des Laser alias Mazda 323.

Telstar. So wie der von Mazda in Japan entwickelte Laser den aus England stammenden Escort verdrängt hatte, so trat der im März 1983 eingeführte Telstar die Nachfolge des Cortina 6 an. Er war ein umbenannter → Mazda 626, der weitgehend in Japan gebaut und auch im ozeanischen Raum vertrieben wurde.

4.1i Im Frühjahr 1983 wurde der 4,1-l-Sechszylindermotor durch die elektronische Benzineinspritzung Bosch LE-Jetronic aufgewertet. Die Leistung erreichte 151 statt 143 PS. – Im Verlaufe des Jahres 1983 verschwanden die 4,9- und 5,8-l-V8-Motoren aus dem australischen Ford-Angebot, dennoch avancierte Ford 1984 zum australischen Marktleader.

Falcon XF. Ab Oktober 1984 präsentierten sich die Falcon unter dem Prefix XF mit überarbeiteter Karosserie und Interieur. Die Front war aerodynamischer gestaltet, und das Schildchen „Alloy Head II“ an den Flanken wies auf den verbesserten Zylinderkopf hin. Bei der Einspritzung des 4,1-l-EFI handelte es sich um das Ford-System EEC 4. Der Handbremshebel fand sich übrigens stets noch unter dem Armaturenbrett.

Laser Turbo. Nachdem sich Ford Australia von den englischen und europäischen Vorbildern vollständig abgewandt und den japanischen Partnermarke Mazda zugewendet hatte, entstand ein neuer Bedarf an Individualmodellen. Daher wurde 1985 in limitierter Serie ein Laser Turbo montiert: 1,5-l-Motor mit Abgasturbolader auf 106 PS gebracht, sportliche Fahrwerkabstimmung, Recaro-Sitze, Kühlergrill und Bugschürze in Karosseriefarbe.

Falcon 1987. Im Herbst 1986 erfuhr die Falcon-Reihe kleine Verfeinerungen: Grill und Frontschürze waren neu in der Wagenfarbe gehalten, und Vierrad-Scheibenbremsen und Servolenkung wurden nun serienmäßig eingebaut. Zudem wurde die Topausführung Ghia auch für den Kombi lieferbar.

SA 30... Zusammen mit der französischen Firma Chausson hatte → Ford USA 1986 das Projekt GN 34 für die Produktion eines leistungsorientierten Mittelmotor-Sportcoupés entwickelt. Dieses war im Herbst 1986 abgeblasen worden. Ab Frühling 1987 trat nun das Projekt SA 30 in den Vordergrund. Dieses sah die Herstellung eines preisgünstigeren und kleineren Sportmodells, „wahrscheinlich in Cabrioletform“, vor. Und hierzu sollte die Mechanik des in Australien gebauten Ford Laser alias Mazda 323 dienen. Es war von einem 2+2-Sitzer die Rede, dessen Design gemeinsam von Ford Australia, Ghia und Ital-Design (→ Anhang) entwickelt werde. Als Produktionsort war das Ford-Werk Broadmeadows in Australien vorgesehen, dem damit erstmals zu einem substanziellen Export verholfen werden sollte: Vom Jahresausstoß von 35'000 Exemplaren sollte der Großteil in die USA gelangen.

...wurde Capri. Im September 1987 wurde bekannt, dass dieses neue Sportmodell Capri heißen und dem von Ghia auf der IAA 1983 gezeigten Barchetta gleichen werde. Der Barchetta war eine attraktive Formstudie für einen offenen Sportzweisitzer gewesen. Eine Modellvorstellung erfolgte im Frühling 1988 unter der Marke → Mercury in den USA.

TX5 Turbo. Unter dieser Bezeichnung wurde im Oktober 1987 eine Sportversion des Telstar ins Angebot gebracht: Dem Antrieb diente der 2,2-l-12-Ventil-Motor mit Abgasturbolader und Intercooler, wie er auch im Mazda 626 zu haben war.

Falcon / Fairmont EA. Im Juni 1988 brachte Ford of Australia die großen Eigenmodelle als Serie EA in stark modernisiertem Kleid auf den Markt. Die neue Falcon-Front war niedrig und erinnerte mit ihrem schlichten horizontalen Kühlluftschlitz an den europäischen Scorpio. Die Pavillonkonturen waren weicher und eleganter, und auf der Basis des hinteren Dachträgers fanden sich feine Entlüftungsschlitze. Die aerodynamische Feinarbeit (zu der auch außenbündige Seitenfenster zählten) war in den Windtunneln von

Ford Fairmont Ghia ESP, 1982

Ford Laser Ghia, 1984

Ford Meteor GL, 1984

Ford Falcon GL Wagon, 1984

Ford Fairlane, 1984

Ford Telstar TX5 Turbo, 1988

Ford Fairlane Sportsman, 1988

(Ford =) Mercury Capri, 1990

Ford Köln und des Royal Melbourne Insitute of Technology erfolgt. Es resultierte ein Luftwiderstandsbeiwert von cw 0,34 bis 0,36. Dank modernster Produktionsmethoden waren die Zahl der Pressteile und Schweißstellen reduziert und die Passpräzision erhöht worden. Zur Qualitätssteigerung kamen mehr Innenraum, verminderte Geräuschentwicklung und geringere Unterhaltsanforderungen.

Gänzlich neuentwickelt waren die 3,2- und 3,9-l-OHC-Reihen-Sechszylindermotoren, mit denen die auf amerikanische Baumuster zurückgehenden 3,3- und 4,1-l-OHV-Aggregate abgelöst wurden. Sie besaßen nebst elektronischer Einspritzung ein ebensolches Motormanagement des Typs Ford EEC-IV. Zusammen mit der Multipoint- statt Zentraleinspritzung resultierten eine höhere Leistung (122 bzw. 163 PS), eine weit günstigere Drehmomentkurve sowie ein tieferer Verbrauch. Die von Borg-Warner Australia gelieferten 5-Gang-Getriebe und 3-Stufen-Automatikgetriebe waren beibehalten worden (die Automatik hatte man einer Verfeinerungskur unterzogen). Geschaltet wurden diese sechssitzigen Modelle wie gewohnt mit einem an der Lenksäule angewinkelten Hebel.

Die nach vorne abgesenkte Motorhaube hatte nach einer neuen Auslegung der oberen und unteren Dreieckquerlenker verlangt (mit der Antriebseinheit in einem Hilfsrahmen montiert). Hinten fand sich weiterhin eine aufwändig geführte Starrachse (vier Längslenker und Wattgestänge; Ghia-Version zudem mit Niveauregulierung; Station Wagon jedoch noch mit Halbelliptikfedern). Neu war überdies die Zahnstangen- statt Kugelkreislauf-Servolenkung. Im neu gestalteten Innenraum boten die teureren Ausführungen LCD-Anzeigen. Die Hinterlehnen ließen sich asymmetrisch abklappen. Während der Falcon (GL und S) und der Fairmont (Normal und Ghia) einen von 283 auf 279,5 cm verkürzten Radstand aufwiesen, erreichte der Achsabstand bei den Station Wagon (Falcon und Fairmont) 292,5 statt 296 cm.

Fairlane / LTD EA. Ebenfalls auf 292 cm Radstand basierten die Luxusmodelle Fairlane und LTD, die ab Juni 1988 in Verkauf gelangten. Während der Fairlane mit einem karierten Grill aufwartete, bot der LTD den traditionellen, an die Ford-Topmarke Lincoln erinnernden Grill mit oberem Chromband (nun allerdings ebenfalls tiefer gesetzt) sowie jede Menge Luxusfeatures.

Capri 1990. Für den anfangs ausschließlich als → Mercury Capri geplanten 2+2-sitzige Spider bzw. Cabrio (s. oben) hatten sich wegen des für die USA vorgeschriebenen passiven Rückhaltesystems (Luftsack oder sich automatisch umlegende Gurten) Verzögerungen ergeben. Er wurde daher erst im August 1989 in Brisbane den australischen Ford-Händlern vorgestellt. In der Standardausführung sollte der rechtsgelenkte Ford Capri einen 1,6-l-16-Ventil-Motor von Mazda mit gut 100 PS erhalten. Daneben war eine Ausführung mit Turbomotor (Mazda 323 1.6i Turbo mit 140 PS) geplant, und es sollte auch eine Luxusausstattung sowie ein Hardtop geben. – *Erst in der zweiten Hälfte 1990 wurde die erste Schiffsladung von 1600 Mercury Capri vom Werk Broadmeadows Richtung USA geschickt. Das dortige Verkaufsziel lag bei 30'000/Jahr.*

Corsair. Im Juni 1990 wurde bekannt, dass der vom Mazda 626 abgeleitete Ford Telstar durch den Ford Corsair ersetzt werde, einer Ableitung des → Nissan Pintara.

Ford
Brasil

Der amerikanische Jeep-Hersteller Willys hatte 1952 in Sao Bernardo do Campo unter der Bezeichnung Willys-Overland do Brasil ein Zweigwerk gegründet; dieses war 1967 von Ford übernommen worden. Im Herbst 1972 wurde Ford-Willys in Ford Brasil umgetauft.

Corcel II. 1981 zählte der Corcel II zu Brasiliens Bestsellern. Der Corcel hatte eine ungewöhnliche Konstruktionsgeschichte: Er war aus der Zusammenarbeit von Willy-Overland do Brasil mit Renault entstanden und aus dem Renault 12 entwickelt worden. Daraus wurde der 1968 lancierte Ford Corcel mit Vorderradantrieb. 1977 wurde er technisch zur Gänze erneuert und mit einem neuen Karosseriedesign bedacht. Dieses ließ sich durchaus mit den europäischen Ford vergleichen.

1981 gab es den Corcel II zweitürig (mit stark schräg gestelltem Heckfenster und kurzem Stufenheck) in den Ausführungen N, Hobby, L, LDO und GT sowie als dreitürigen Kombi Belina in den Versionen N, L und LDO. Dem Antrieb dienten 1,4- und 1,6-l-Motoren mit seitlicher Nockenwelle und 54 bzw. 71 PS Leistung. 1980 war ein auf Alkohol- bzw. Ethanolbetrieb ausgelegter 1,6-l-Motor mit 66 PS hinzugekommen. Es standen 4- und 5-Gang-Getriebe zur Wahl. Die Vorderradaufhängung bestand aus unteren Dreieckquerlenkern und Zugstreben, während hinten eine Starrachse mit Längsschubarmen und mittleren Dreieckquerlenkern Verwendung fand (Schraubenfedern, auf Wunsch Bremsservo).

Del Rey. Ende Mai 1981 wurde die Corcel-Baureihe durch den Del Rey nach oben ausgeweitet. Diesen gab es zwei- und viertürig und als besonders nobel ausgestattete Version Ouro (Gold, serienmäßig mit Klimaanlage und Alurädern). Während die Front gegenüber dem Corcel II wenig verändert aussah, war die Heckpartie (dank steiler gestelltem Heckfenster) gestreckter und kubischer ausgeführt. Der Del Rey wurde ausschließlich mit dem 1,6-l-Motor für Benzin- oder Alkoholbetrieb angeboten. Der höheren Preisklasse entsprechend war die Innenausstattung angereichert worden, wobei vor allem der große Drehzahlmesser auffiel. Es wurden Fensterheber und vordere Kopfstützen montiert und über der Windschutzscheibe fand sich eine Quarz-Digitaluhr.

LTD / Landau. Während von Ford Brasil in den 70er Jahren noch weitere Modelle nordamerikanischer Prägung hergestellt worden waren, beschränkte sich das Angebot bei den Oberklassemodellen 1981 auf die einst vom (amerikanischen) Ford Galaxie 500 abgeleiteten LTD und Landau. Mit 302 cm Radstand und 541 cm Länge verkörperten sie die alte US-Schule. Entsprechend wurden sie auf einem Kastenrahmenchassis mit Traversen aufgebaut und dem Antrieb diente der altbewährte 4,9-l-V8, der mit Benzinbetrieb auf 135 PS, mit Äthylalkohol auf 154 PS kam. Für diese Sechssitzer bestand die Wahl zwischen einem 3-Gang-Getriebe mit Lenkradschaltung und einem 3-Stufen-Automatikgetriebe, ebenfalls mit Wählhebel unter dem Lenkrad. Die Aufhängung bestand vorne aus oberen Dreieckquerlenkern und unteren einfachen Querlenkern mit

Ford Brasil

Ford Corcel II Hobby, 1981

Ford Jeep CJ-5, 1982

Ford Landau, 1981

Ford Del Rey, 1983

elastisch gelagerter Zugstrebe, hinten aus einer Starrachse mit Längslenkern und Panhardstab (Schraubenfedern, Servobremsen, Kugelkreislauflenkung mit Servo). Der mit dunklem Vinyldach ausgerüstete Ford Landau war Brasiliens repräsentativste Limousine.

CJ-5. Der Ford CJ-5 war die brasilianische Interpretation des US-amerikanischen → Jeep CJ-5, und er war auch ein (weiterentwickeltes) Überbleibsel der Willys-Overland-Wurzeln von Ford Brasil. Inzwischen diente der 2,3-l-OHC-Vierzylindermotor des nicht mehr gebauten brasilianischen Ford Maverick als Kraftquelle. Der Vorderradantrieb war zuschaltbar und das 4-Gang-Getriebe wurde mit einer Geländeuntersetzung kombiniert. Das Kastenrahmenchassis mit Traversen trug vorne und hinten Starrachsen mit Blattfedern (auf Wunsch Bremsservo, Lenkung mit Schnecke und Rolle). Zum zwei- bis fünfsitzigen Ford CJ-5 wurde ein origineller Verdeckaufbau mit Stofftüren angeboten. – 1983 lief die Produktion der großen Ford aus der einstigen Galaxie-Serie endgültig aus.

Escort. Im Juli 1983 wurde der Escort auch von der Ford Brasil SA auf den Markt gebracht. Er entsprach weitgehend dem europäischen Vorbild, und es gab ihn als drei- und fünftürige Limousine. Die Sportversion XR3 wurde auf den Spätherbst in Aussicht gestellt.

Weil in Brasilien Automotoren im Prinzip auch in einer Ausführung für Alkoholbetrieb angeboten werden mussten, entschloss sich Ford Brasil, nicht Escort-Motoren anzupassen, sondern die eigene Corcel-Vierzylinderkonstruktion, die 1968 aus dem Renault-12-Projekt hervorgegangen war. Hierzu wurde dieser OHV-Motor ein weiteres Mal vollständig überholt: Veränderte Brennräume, neue Ventilführungen und weitere Modifikationen führten zum CHT-Motor (Compound High-Turbulence), der nicht nur in die Escort, sondern auch in die Corcel und Del Rey eingebaut wurde, bei den Letzteren in Längs-, beim Escort in Querrichtung.

Mit Weber-Doppelvergaser resultierten bei 1341 cm³ Hubraum 57 PS und bei Betrieb mit Äthylalkohol 63 PS (Verdichtung 12:1 statt 9:1), beim Motor mit 1555 cm³ waren es 65 bzw. 73 PS und für den XR3 (ebenfalls mit Äthylalkohol) gar

Ford Brasil	**Bauart**	**Mot.**	**Getr.**	**R/L cm**	**Baujahre**
Escort	**Fr.**	**a–i**	**4/5**	**239,5/397–406**	**1983–90**
Verona				**239,5/421,5**	**1989/90**
Motoren:	*Zyl.:*	*N'w.:*	*cm³:*	*PS/'min:*	*Nm/'min:*
a (–1985)	4	OHV	1341	57/63A/5000	97/103/2800
b (Europa –1985)				58/4800	100/2400
c (–1986)			1555	65/4800/73A	106/2400/116
d (Europa 1985/86)				66/5500	105/2400
e (1986–89)				74/75A/5200	124/129/2400
f (1989–)				78/80A/5200	130/133/2200
g (XR3 –'89 +*'86–88)				83A/86*/5600	125/127/4000
h (1989–)		OHC	1781	92/105A/5600	158/167/2800
i (XR3 1989–)				97/110A/6000	157/166/3000

Ford Brasil	**Bauart**	**Mot.**	**Getr.**	**R/L cm**	**Baujahre**
Corcel II	**Fr.(4)**	**a–g**	**4/5**	**244/446,5–452**	**1980–86**
Del Rey			**4/5/A3**	**244/450**	**1981–90**
Motoren:	*Zyl.:*	*N'w.:*	*cm³:*	*PS/'min:*	*Nm/'min:*
a (–1982)	4	OHV	1372	54/4900	95/3000
b (1983/84)			1341	57/63A/5000	97/103/2800
c (*1981–83)			1555	71/5000/67A/4800*	108/3000/120/2800
d (1983–85)				65/4800/73A	106/2400/116
e (1985/86)				63/68A/5200	101/2800/112/2400
f (1986–89)				75/5200/73A/4800	126/127/2400
g (1989–)		OHC	1781	98A/92/5400	161/148/2600
LTD/Landau	**K'r.**	**a**	**3/A3**	**302/541**	**1980–83**
Motoren:	V8	OHV	4945	135/4000/154A/4200	300/320/2800
CJ-5	**K'r./4**	**–**	**4+R**	**205,5/344,5**	**1980–83**
Motor:	4	OHC	2301	91/5000 (brutto)	167/3000

83 PS. Anlässlich der Vorstellung fuhr Formel-1-Starpilot Ayrton Senna mit einem Escort Rallye mit Abgasturbolader auf der Rundstrecke von Jacarepagua einige Demonstrationsrunden. Der brasilianische Escort wurde später auch in Skandinavien und in der Schweiz verkauft. Er wurde in Sao Bernardo do Campo in neuen Werkhallen gefertigt und erhielt einen Korrosionsschutz nach europäischem Standard.

Corcel Belina 4x4. Auf dem Autosalon von Sao Paulo kam Ende 1984 dieser Kombi mit zuschaltbarem Hinterradantrieb hinzu; er war Brasiliens erster 4x4-Pkw. – Der Del Rey erhielt eine neue Kühlerfront mit schräger Abgrenzung zwischen dem drei horizontale Öffnungen umfassenden Grill und den Scheinwerfern.

Del Rey Wagon. 1985 kamen die bemerkenswert eleganten Kombi Del Rey Wagon Scala GLX und Wagon Scala Ghia hinzu, die jedoch wie der Belina nur dreitürig ausgeführt waren. – 1986/87 verschwanden diese Modelle wieder aus dem Angebot, anderseits gab es nun den Kombi Del Rey Belina 4x4 mit zuschaltbarem Hinterradantrieb.

1986 lief die Produktion des noch auf die Renault-Konstruktion zurückgehenden Corcel aus, und mit einem Investitionsprogramm wurde die Herstellung eines neuen Stufenheckmodells – analog zu dem in Europa neben dem Escort gebauten Orion – in Aussicht genommen.

Escort 1987. Bei den Escort-Modellen 1987 wich der Kühlergrill nach europäischem Muster einem einfachen Lufteinlassschlitz oberhalb des Stoßschutzes. Auch das Fahrwerk war verfeinert worden. Den XR3 gab es neu auch als Cabriolet.

Unter dem Namen Autolatina beschlossen Volkswagen und Ford Ende 1986 eine Zusammenarbeit in Brasilien und Argentinien. VW übernahm 51 Prozent dieses neuen, 15 Werke und 75'000 Arbeitskräfte umfassenden Industriegiganten. Gemeinsame Modelle wurden aber nicht vorgesehen, vielmehr ging es um die Koordination der Aktivitäten, die Modernisierung der Technologie und eine wirtschaftlichere Nutzung der Betriebsabläufe und Fertigungseinrichtungen. Der Zusammenschluss wurde am 1. Juli 1987 besiegelt.

Escort Ghia/XR3 1.8. Am 15. Juni 1989 wurde als erstes Resultat des technischen Zusammengehens mit VW innerhalb von Autolatina der Ford Escort 1.8 vorgestellt. Es gab ihn als Ghia und XR3, während die Escort L und GL weiterhin mit dem 1555-cm^3-CHT-OHV-Motor ausgerüstet wurden. Bei dem neuen 1,8-l-Antriebsaggregat handelte es sich um den 1781-cm^3-OHC-Motor aus dem VW Passat, der für den (nach hinten geneigten) Quereinbau im Ford Escort angepasst und mit einem Quergetriebe/Differenzial versehen werden musste. In der Benzinausführung resultierten mit einer Verdichtung von 8,5:1 bis 97 PS. Den Ethanolmotor gab es 12:1 verdichtet für den Ghia und 12,3:1 verdichtet für den XR3 (weiterhin auch als Cabrio), womit 98 bis 110 PS zur Verfügung standen.

Del Rey 1.8. Im Herbst folgte der ebenfalls mit einem VW-Motor ausgestattete Del Rey. Wie in den brasilianischen VW Gol, Voyage und Santana wurde der 1781-cm^3-Motor längs eingebaut und er trieb die Vorderräder an. Auch die 5-Gang-Kraftübertragung stammte von VW. Aufhängungen und Bremsen der Del Rey L, GL, GLX und Ghia waren dem erhöhten Leistungspotenzial angepasst worden.

Verona. Gegen Ende 1989 kam als weitere Ergänzung der Verona hinzu, eine zweitürige Stufenheckversion des Escort, die es als LX mit dem (quer eingebauten) 1,6-l-Motor und als GLX mit dem 1,8-l-VW-Motor gab.

Ford Corcel Belina 4x4, 1986

Ford Del Rey GL, 1987

Ford Escort 1.8 XR3, 1990

Ford Verona GLX, 1990

Ford

Europa

Englische Ford gab es schon ab 1911, deutsche ab 1925, und französische Ford wurden vor und nach dem Zweiten Weltkrieg gebaut. Das deutsche Stammwerk in Köln war 1931 in Betrieb genommen worden. In den 60er Jahren kam das belgische Zweigwerk in Genk hinzu, und im Herbst 1976 das spanische Werk Almusafes bei Valencia. Während die englischen Ford-Werke in Dagenham im Vereinigten Königreich die erste Marktposition hielten, hatten es die deutschen Ford-Werke in ihrem Konkurrenzumfeld viel schwerer. Anderseits konzentrierten sich Entwicklung und Design von Ford of Europe auf den deutschen Standort. Generaldirektor von Ford of Europe war der schweizerisch-amerikanische Doppelbürger Robert A. Lutz.

Weil sich vor allem die größeren Ford-Modelle nicht mehr gut verkaufen ließen, musste sich Ford im August 1980 zu einer Reduktion der Belegschaft entschließen: Hierzu strich die deutsche Ford-Tochter in Köln-Niehl und Büren 6000 Arbeitsplätze, was 10,5 Prozent der 57'000 Beschäftigten entsprach. Für den freiwilligen Abgang bzw. vorzeitige Pensionierungen wurden 135 Mio DM an Abfindungen bereitgestellt. Peter Weiher, seit 1975 Vorstandsvorsitzender der deutschen Ford-Werke, ergriff zudem marktseitige Maßnahmen: U. a. wurden ab Herbst 1980 alle Taunus und Granada zum Preise der nächsttieferen Ausstattungslinie angeboten.

Ende 1980 wurde bekannt, dass Peter Weiher seinen Posten verlasse, um Vizepräsident bei Volkswagen of America zu werden. Sein Nachfolger wurde, von Renault Deutschland kommend, der Elsässer Daniel Goeudevert. Anfang 1981 ergab sich ein wirtschaftlicher Lichtblick: Dank der guten Nachfrage nach dem neuen Escort konnten im Werk Saarlouis Sonderschichten eingelegt werden.

Fiesta. Mit gewaltigen Investitionen war Ford of Europe Ende 1976 in den Kleinwagensektor zurückgekehrt. Der Fiesta war eine adrette moderne Konstruktion mit Vorderradantrieb, Quermotor, Schrägheck und Heckklappe. Es gab ihn ausschließlich dreitürig. Außer in dem neuen spanischen Werk wurde er auch in Saarlouis und Dagenham hergestellt. In England erwuchs ihm 1981 mit dem Mini Metro ein neuer Hauptkonkurrent. Ansonsten stand er vor allem den französischen Kleinwagen, den kleinen Fiat und dem VW Polo gegenüber. Es gab ihn als Fiesta, Fiesta L, GL, S, Ghia und X.

Je nach Ausstattungsniveau wurden Motoren mit 1, 1,1, 1,3 oder 1,6 l Hubraum eingebaut, alle mit seitlicher Nockenwelle. Ihr Leistungsspektrum reichte von 40 bis 91 PS. Sie wurden einheitlich mit einem 4-Gang-Getriebe kombiniert. Die Vorderradaufhängung bestand aus Federbeinen, unteren Querlenkern und Zugstreben, in Verbindung mit dem damals en vogue gekommenen negativen Lenkrollradius. Hinten fand eine Starrachse mit Längslenkern, Panhardstab und Schraubenfedern Verwendung. Die Bremsanlage war auf Wunsch mit Servo erhältlich (mit dem 1,6-l-Motor serienmäßig). Anfang 1981 wurde die Fiesta-Serienausstattung aufgewertet; selbst in der Ausführung L war ein Dreiwellenradio dabei.

Ford Europa

Ford Fiesta L, 1981

Ford Escort L, 1981

Ford Escort RS 1700 T, 1982

Escort 1981. Den Escort gab's seit 1968, im Januar 1975 war die Zweitauflage herausgekommen, und mit der im Frühherbst 1980 vorgestellten dritten Generation erfolgte die Umstellung auf Frontantrieb mit Quermotor. Gleichzeitig erhielt dieser Ford-Bestseller der unteren Mittelklasse sein drittes Kleid: Der Kühlergrill aus Horizontalstäben mit dem mittig platzierten Ford-Signet (in Deutschland als Ford-Pflaume zum Begriff geworden) war nicht mehr leicht nach unten einwärts, sondern strömungsgünstig schräg gestellt, und in der fünftürigen Version kam ein drittes Seitenfenster hinzu, das die bereits ausgezeichnete Rundsicht weiter verbesserte.

Wiederum gab es einen dreitürigen Kombi namens Turnier und ebenso wurde gleich auch die neue Version des sportlichen Dreitür-Topmodells XR 3 eingeführt. Das Design mit keckem Stummelheck wirkte originell und attraktiv. Es gab den Escort in einer Basisausführung ohne Zusatzbuchstabe, als L, GL und Ghia sowie XR 3, wobei schon die Grundausstattung recht vielseitig war. Eine Heckscheiben-Reinigungsanlage wurde wegen der Form des Stummelhecks als überflüssig bezeichnet.

In Verbindung mit dem Vorderradantrieb wurden neu konstruierte Vierzylinder mit obenliegender Nockenwelle und hydraulischen Ventilstößeln eingeführt. Diese im neuen englischen Motorenwerk in Bridgend, England, gebaute Motorenserie bezeichnete Ford mit CVH (Compound Valve hemispherical angle). Es gab sie mit 1,1, 1,3 und 1,6 l Hubraum und mit 55 bis 96 PS Leistung. Die 1,3- und 1,6-l-Motoren erhielten eine kontaktlose Transistorzündung, die XR-3-Maschine zudem einen Weber-Doppelvergaser. Es wurde durchwegs ein 4-Gang-Getriebe eingebaut.

Die neuen Escort waren bei kaum veränderten Abmessungen – nur die Breite hatte um 5 auf 164 cm zugelegt – nicht nur geräumiger, sondern sogar rund 100 kg leichter geworden: Sie wogen ab 765 kg. Das war außer durch den Frontantrieb durch jüngste Entwicklungsmethoden ermöglicht worden, indem die Festigkeit der Einzelteile per Computerberechnung vorausberechnet wurden.

Gleichzeitig hatte man das Komfortverhalten mit einer aufwändigen hinteren Einzelradaufhängung statt der Starrache wesentlich erhöht: Zu den vorderen Federbeinen kamen nun hintere Dämpferbeine mit Quer- und Längslenkern und Schraubenfedern. Beim XR 3 wurden Gasdruckdämpfer verwendet. Ein vergrößerter Bremsservo sorgte für geringere Pedalkräfte (mit 1,1-l-Motor Servobremse nur auf Wunsch), und in Verbindung mit dem 1,6-l-Motor waren die Bremsscheiben (vorne) belüftet. Als Schrittmacher in der Rostschutzbehandlung hatte Ford in Deutschland ein verbessertes Kataphorese-Tauchbadsystem eingeführt.

Taunus / Cortina. Der Taunus alias Cortina war Fords schon traditionelles Mittelklasse-Volumenmodell. In der im Oktober 1976 eingeführten Neuauflage unterschied sich der englische Cortina – abgesehen von der Rechtslenkung und Motorisierungsdetails – nicht mehr vom deutschen Taunus. Das wurde auf einigen Exportmärkten bedauert, hatten doch die beiden Ford-Modellnamen gleichsam wie Konfessionszweige ihre Anhänger um sich geschart.

1981 gab es den Taunus – der Cortina wurde inzwischen fast nur noch auf dem britischen Heimmarkt angeboten – als zwei- und viertürige Limousine und als fünftürigen Kombi. Nebst einer Basisausführung kannte man die Ausrüstungsstufen L, LS, GL, GLS, Ghia und Ghia S. Mit dem Jahrgang 1980 hatten die Taunus mehr Innenraum und dank höherer Türausschnitte großzügigere Fensterflächen erhalten. Ihr klares Design mit dem typischen Ford-Lamellenkühlergrill wirkte elegant und modern. Dieser aerodynamisch ausgetüftelte Lufteinlass basierte übrigens auf einem Ford-Patent.

Die Motorisierung reichte vom 1,3-l-OHC-Motor (in England wurde auch der bekannte 1,3-l-OHV-Motor mit der Bezeichnung Kent eingebaut) über den 1,6-l-OHC-Motor in diversen Leistungsstufen und den 2-l-OHC-Vierzylinder bis zum 2- und 2,3-l-V6 mit zentraler Nockenwelle. Entsprechend gab es den Taunus mit 59 bis 114 PS. Die Kraft auf die Hinterachse übertrug ein 4-Gang-Getriebe, oder auf Wunsch (ab dem 1,6-l-Motor) das 3-Stufen-Automatikgetriebe C3. Die Vorderräder wurden von oberen Dreieckquerlenkern und unteren einfachen Querlenkern geführt, hinten fand sich eine Starrachse mit unteren Längslenkern und oberen Schräglenkern sowie ebenfalls Schraubenfedern. Die Bremsanlage erhielt bei allen Ausführungen ein Servoaggregat. Ab 2 l Hubraum war auf Wunsch eine Servolenkung verfügbar.

Zum Genfer Salon 1981 kam der Taunus Special hinzu. Man erkannte ihn an dem in der Wagenfarbe gehaltenen Kühlergrill, den Sportfelgen, den breiten Flankenschutzstreifen, den mattschwarzen Stoßfängern und Türgriffen sowie den getönten Scheiben. Zum serienmäßigen Lieferumfang zählten Halogenlampen, Rückfahr- und Nebelschlussleuchten, Heckscheibenheizung, Rollgurten, ein Dreiwellenradio mit Vorwähltasten, ein ummanteltes Vierspeichen-Lenrad, Quarzuhr, verlängerte Mittelkonsole, zusätzliche Belüftungsöffnungen und hintere Mittelarmlehne. Es gab den Special mit dem 1,6-l-Vierzylinder- oder mit dem 2-l-V6-Motor. Die Preise waren besonders günstig angesetzt.

Granada. Mit der Baureihe Granada war Ford auch bei den größeren Mittelklassewagen vertreten. Seit dem Jahrgang 1978 besaß der Granada seinen charakteristischen kantigen Stil, der ihn klar als den größeren Bruder des Taunus erkennen ließ. Die Ausstattungsvarianten trugen die gleichen Bezeichnungen wie jene des Taunus. Außer als zwei- und viertürige Limousine gab es den Granada auch als geräumigen fünftürigen Kombi, und als solcher galt er als besonders wohlfeiles Angebot.

Basismotor war ein 1,7-l-V4, eine langjährige, inzwischen in die Tage gekommene Spezialität von Ford Köln. In einigen Ländern wurde der Granada in der Basisausführung aber mit dem 2-l-Vierzylinder mit obenliegender Nockenwelle angeboten. Darüber rangierten die 2- und 2,3-l-V6 und als Topmotorisierung der 2,8-l-V6, den es zudem in einer Ausführung mit mechanischer Benzineinspritzung K-Jetronic von Bosch samt kontaktloser Zündung gab (160 statt 135 PS). Dazu kam für sparbeflissene Käufer ein Diesel-Vierzylindermotor von → Peugeot mit 2,1 oder 1,9 l Hubraum. Mit 63 bzw. 54 PS (1,7-l-V4: immerhin 74 PS) sorgten sie in den rund 1300 kg schweren Granada aber kaum für Furore.

Auf der Getriebeseite fanden sich 4-Gang-Einheiten und 3-Stufen-Automatikgetriebe (ohne Diesel). Die Granada besaßen Einzelradaufhängungen, vorne mit Dreieckquerlenkern, hinten mit schrägen Dreiecklängslenkern und Schraubenfedern. Die Servobremsen hatten ab dem 2,8-l-Modell belüftete Scheiben, und je nach Modellniveau wurde die Zahnstangenlenkung servobestückt.

Capri. Mit dem zum Modelljahr 1970 gleichzeitig in Deutschland und in England aufgelegten Capri hatte Ford Europa einen Hit lanciert. Es war darum gegangen, mit dem amerikanischen Ford Mustang gleichzuziehen. Und Ford konnte dank seinem sportlichen Viersitzer auch in Europa sein Renommee gehörig aufpolieren. Hinzu kam, dass der Capri bis hin zu potenten Rennversionen hochstilisiert wurde und damit der Marke Ford erst recht zu neuem Ansehen verhalf. Die von Claude Lobo entworfene Zweitauflage mit Heckklappe war 1974 erschienen und hatte 1978 eine aerodynamische Verfeinerung mit längerer Front erhalten. Dieses 4/5-sitzige Fastbackcoupé wirkte 1981 immer noch begehrenswert. Es wurde in den Versionen L, GL, S und Ghia aufgelegt und war schon mit dem 1,3-l-OHV-Motor zu haben.

Wer aber eine mit dem dynamischen Design übereinstimmende Motorisierung wünschte, ließ seinen Capri zumindest mit dem 1,6-l-OHC-Motor ausrüsten, den es mit bis zu 92 PS Leistung gab. Für die Ausführungen L, S und Ghia gab es auch den 2-l-Vierzylinder (101 PS), den etwas weniger leistungsfähigen 2-l-V6 (90 PS), der aber mit besonders weichen Lauf punktete, oder den 2,3-l-V6 (114 PS). Wie für den Granada waren außerdem höherwertige V6 verfügbar, nämlich mit 2,8 l und 160 PS (mechanische Benzineinspritzung K-Jetronic von Bosch) oder mit 3 l und 138 PS (Weber-Doppelvergaser).

Das Modell 2.8 Injection war Anfang 1981 eingeführt worden. Gemäß Werkangaben vermochte es binnen 8 s auf Tempo 100 zu spurten und eine Spitze von 210 km/h zu erreichen. Mit dem 3-l-Modell hatte es das S-Fahrwerk mit strafferen Federn, vergrößerten Stabilisatoren und Bilstein-Gasdruckstoßdämpfern gemein. Es bot eine reichhaltige Ausrüstung mit vorderen Recaro-Sportsitzen samt kariertem Stoffmuster, einer schwarzen Windabrisslippe am Heck und Leichtmetallrädern mit Lochmotiv.

Abgesehen von den Modellen mit 1,3- und 2,8-l-Motor war nebst dem 4-Gang-Getriebe ein 3-Stufen-Automatikgetriebe erhältlich. Die Capri-Aufhängung umfasste vorne Federbeine, Querlenker und Schraubenfedern, hinten eine Starrachse mit (altertümlichen) Halbelliptikfedern; die Bremsanlage wurde ab 1,6 l Hubraum mit einem Servo ausgerüstet und ab 2-l-V6 gab es auf Wunsch eine Servolenkung; mit dem 2,8-l-Motor wurde sie in Serie eingebaut, und bei dieser Version waren die Bremsscheiben (vorne) belüftet. – In England wurde als Sondermodell ein Capri Cameo (wie auch ein Granada Colsort) angeboten.

Um die Produktivität gegenüber der japanischen Konkurrenz verbessern zu können, plante Ford im Frühling 1981 die Belegschaft der britischen Werke binnen fünf Jahren um rund 25'000 Personen bzw. 30 Prozent abzubauen. Anderseits mussten für das Werk Köln-Niehl ab Sommer 1981 wieder 900 Mitarbeiter neu eingestellt werden, darunter solche, die ein Jahr zuvor „abgefunden" worden waren.

Capri 2.8 Turbo. Noch vor der IAA Frankfurt stellte Ford im Juli 1981 eine weitere Capri-Hochleistungsversion vor. Ausgangspunkt war der 2,8-l-V6 in der 135 PS leistenden Vergaserausführung. Dank Abgasturbolader mit maximal 0,38 bar Ladedruck standen nun 188 PS zur Verfügung. Hinzu kamen eine vorkragende Bugschürze, Radhausauskragungen und Breitreifen, ein

Ford Taunus Brillant, 1982

Ford Granada 2.8i, 1982

Heckflügel, ein straffer abgestimmtes Fahrwerk, ein angepasstes Bremsvermögen, Recaro-Vordersitze, Velourspolsterung und ein Stereo-Radio-Kassettengerät. Gemäß Werkangaben konnten binnen 8 s 100 km/h sowie anderseits eine Spitze von 215 km/h erreicht werden.

Escort RS 1700 T. Im Hinblick auf die Rennsaison 1982 wurde im August 1981 ein neuer Escort RS nach Gruppe B für Rallyeeinsätze vorgestellt. Hierzu musste er in mindestens 200 Exemplaren auf die Räder gestellt werden. Im Gegensatz zum neuen „normalen" Escort behielt der RS Hinterradantrieb. Das im englischen Boreham aufgebaute Wettbewerbsfahrzeug zeigte zwar die Grundzüge der neuen XR-3-Karosserie, doch besaß sie eine eigene Front mit Frontschürze (mit Schlitzen), eigener Kühlluftöffnung zwischen großen Doppelscheinwerfern und Naca-Öffnungen auf der Haube. Seitlich gab es kräftige Radhausauskragungen (hinten mit drei senkrechten Luftschlitzen) für die breiten Räder und am Heck einen zünftigen Flügel.

Dem Antrieb diente ein 1,7-l-Einspritzmotor mit dem BDA-Zylinderkopf (zwei obenliegende Nockenwellen, 16 Ventile) und Abgasturbolader. In der Rennausführung standen bis 330 PS zur Verfügung, während die über das europäische Netz der Ford-Rallyesporthändler angebotene Straßenversion auf rund 200 PS kam.

Fiesta 1982. Mit einem verlängerten Federweg dank neu abgestimmter Federn und Stoßdämpfer sowie Vollschaumsitzen mit Durchsicht-Kopfstützen wurde das Komfortniveau erhöht (Vorstellung im August 1981). Gleichzeitig erhielten alle 1,3-l-Motoren eine wartungsfreie Zündung. Hinzu kam eine Aufwertung der Ausstattung. Von außen erkannte man den neuen Fiesta-Jahrgang an den massiveren Stoßstangen, deren Enden eine Kunststoffkappe trugen. – Aufgewertet wurde auch die serienmäßige Ausrüstung der Escort und Capri; hinzu kamen teils neue, korrosionsresistente Auspuffanlagen.

Granada 1982. Bei Ford sprach man von 2200 Detailverbesserungen, die der Granada-Reihe

Ford Escort RS 1600i, 1983

Ford Sierra XR 4i, 1983

Ford Sierra Ghia, 1983

1982 zugekommen seien. Es ging generell um eine Aufwertung von Qualität, Fahreigenschaften und Wirtschaftlichkeit. Die bekannten Ausstattungsvarianten Granada (Grundmodell), L, GL, Injection und Ghia boten eine höherwertige Ausrüstung und zahlreiche Verfeinerungen. Der 1,7-l-V4-Basismotor wurde durch den 1,6-l-OHC-Motor ersetzt, auch er mit kontaktloser Transistorzündung. Um den 2.8i-Motor in Deutschland einer preisgünstigeren Versicherungsklasse zuzuführen, wurde dessen Leistung von 160 auf 150 PS zurückgenommen. Alle Motoren waren nun auf Superbenzin ausgelegt.

Äußerlich erkannte man die verjüngten Granada – die es nur noch als viertürige Limousine und als fünftürigen Kombi Turnier gab – an den kräftigeren Stoßfängern mit schwarzer Kunststoffauflage, die bis zu den Radausschnitten reichten, drei in Wagenfarbe gehaltenen horizontalen Kühlerlamellen (beim Ghia zwei) und den verrippten Schlussleuchten. Die Sitze bestanden neu aus Vollschaummaterial und vermittelten einen besseren Halt, ab GL boten sie eine verstellbare Kreuzstütze. Die Gurtverankerungen fanden sich am Sitzrahmen. Im 2.8i wurden Recaro-Sportsitze eingebaut, und er erhielt ein straffer abgestimmtes Fahrwerk. Neu war auch das schaumstoffummantelte Lenkrad. Die auf Wunsch erhältliche Servolenkung von ZF arbeitete jetzt degressiv. Ebenfalls gegen Mehrpreis (im Ghia serienmäßig) war erstmals bei einem europäischen Ford ein Multifunktions-Bordcmputer zu haben.

Fiesta XR 2. Als Pendant zum Escort XR 3 wurde zum Modelljahr 1982 der Fiesta XR 2 in Produktion genommen: Er erhielt den gleichen 1,6-l-OHC-Motor, wie er in den amerikanischen Escort eingebaut wurde. Seit Oktober 1980 war bereits ein Modell X mit dem USA-Motor angeboten worden. Mit 84 PS vermochte der XR 2 gemäß Werkangaben binnen 10,1 s Tempo 100 zu erreichen und als Spitze wurden 170 km/h genannt. Äußerlich gab sich der XR 2 an einer kleinen Bugschürze, einem Heckspoiler sowie an gelochten Leichtmetallfelgen zu erkennen. Hinzu kamen Zusatzscheinwerfer, Seitenstreifen, straffere Federn, Sportsitze und -lenkrad, Drehzahlmesser und eine Digitaluhr mit weiteren Funktionen.

Escort 1600 RSi. Dieses auf der IAA 1981 vorgestellte Modell mit 115 PS wurde als Vorläufer einer zum Salon Paris 1982 vorgesehenen Serienversion bezeichnet. Escort 1300 und 1600 gab es neu mit 5-Gang-Getriebe, und als Einzelstück wurde ein Escort XR 3 als Cabriolet mit zum Überrollschutzbügel reduzierten B-Säulen ausgestellt.

Schon zum Genfer Salon 1982 wurde dann die Serienausführung Escort RS 1600i ausgestellt. Sie war für die Homologation in der Gruppe A (5000 Stück binnen 12 Monaten) und später auch in der Gruppe N (Großproduktions-Serientourenwagen) vorgesehen. Frontspoiler, Seitenschutzband und Heckflügel waren seine äußeren Kennzeichen. Der Einspritzmotor brillierte im mittleren und oberen Tourenzahlbereich, besaß eine Schubabschaltung und beschleunigte (noch) spürbar besser als der XR-3-Motor.

Taunus 1982. Er bot neue Sitze und Stoffüberzüge, eine hintere Mittelarmlehne, beleuchtete Kippschalter, einen langlebigeren Auspuff usw. Die zum Genfer Salon 1981 eingeführte Ausführung Special mit schwarzen Fensterrahmen gab es außer als viertürige Limousine nun auch als Kombi. Die Spezial-Ausrüstung wurde weiter angereichert (u. a. bot sie ein Dreiwellenradio und einen Zündschlüssel mit eingebauter Leuchte). Der 2-l-V6-Motor war nun wieder 9:1 statt 8,2:1 verdichtet und benötigte daher Superbenzin... allerdings deutlich weniger! Doch schon im Februar 1982 berichtete die Fachpresse, dass der Taunus im Spätsommer von einem vollständig neuen Modell namens Sierra abgelöst werde. – Auf alle ab Februar 1982 gekauften Modelle bot Ford Europa eine auf sechs Jahre verlängerte Rostschutzgarantie.

Granada Special. Diese Ausführung wurde Mitte 1982 für eine limitierte Auflage angekündigt: Es handelte sich um eine aufgewertete Ausführungsstufe L: mit Automatikgetriebe, Servolenkung, getönten Scheiben, Halogenscheinwerfern, Quarzuhr, Benzinsparleuchte, Mittelkonsole, Lenkrad mit vier Speichen, zwei Aussenspiegeln, Schlüssel mit integrierter Leuchte usw.

Granada 1983. Abgesehen von einigen Ausstattungsverfeinerungen gab es als wichtigste Änderungen ein 5-Gang-Getriebe, einen von 1,6 auf 2 l vergrößerten Basismotor und den von 2,1 auf 2,5 l vergrößerten Dieselmotor (von Peugeot). In letzterem Falle verbesserte sich die Beschleunigungszeit von 0 auf 100 km/h von 26,5 auf 21,5 s; der ECE-Dieselverbrauch wurde mit 6,0/8,8/10,3 l/100 km angegeben.

Sierra. Schon in der ersten Hälfte August 1982 wurde in der Fachpresse ein Bild des strömungsgünstig geformten Taunus-Nachfolgers Sierra veröffentlicht. Zudem wurde bekannt, dass am Hinterradantrieb festgehalten werde, aber dass die hintere Starrachse einer Schräglenker-Konstruktion Platz mache. Der Ablösung des Namens Taunus kam große Bedeutung zu, war doch dieser deutsche Gebirgsname schon im April 1939 (in Ablösung des Modells Eifel) eingeführt worden. Nun bekam der Nachfolger einen spanischen (Gebirgs-)Klang. Das Namensrecht hatte Ford schon 1980 Peter → Monteverdi abgehandelt (während → Dutton ein Bausatzmodell weiterhin als Sierra bezeichnen konnte). Gleichzeitig löste der Sierra den englische Cortina ab.

Wie aus den im September 1982 veröffentlichten technischen Daten hervorging, war der Radstand der Taunus/Cortina für den Sierra um 3 auf 261 cm verlängert worden, während die Außenmaße kaum differierten. Der Luftwiderstandsbeiwert hatte sich auf cw 0,34 reduziert und wurde für die dreitürige Sportversion XR 4i mit doppeltem Heckflügel sogar mit 0,32 angegeben. Der Sierra präsentierte sich mit einem Stummelheck ähnlich jenem des Escort. Trotz der Heckklappe hatte sich das Leergewicht gegenüber den Vorgängern praktisch nicht erhöht: Es wurde für die fünftürige Limousine in der Grundausführung mit 990 kg angegeben. Daneben gab es den Sierra als fünftürigen Kombi. Angeboten wurden die Ausführungen Sierra, Sierra L, GL, Ghia sowie XR 4i.

Bemerkenswert, was Ford in punkto Produktionsverbesserungen ins Feld führen konnte: Einsparung von 75 Einzelteilen für den Rohaufbau, Türen einschließlich Seitenteil anstatt aus elf Komponenten nun mit 1000-Tonnen-Presse in einem Stück geformt; Zahl der Schweißpunkte um fast 20 Prozent auf noch 4200 reduziert; Hartlötarbeiten um 70 Prozent verringert; Korrosionsschutz durch kathodische Elektrophorese, PVC-Kantenschutz, Falzversiegelung, Hohlraumkonservierung sowie Unterbodenschutz und somit sechs Jahre Garantie gegen Durchrostungsschäden. Die Produktion erfolgte im belgischen Genk und im englischen Dagenham.

Die Motorenauswahl reichte vom 1,3- bis zum 2-l-Vierzylinder und vom 2- bis zum 2,8-l-V6 und umfasste auch einen 2,3-l-Dieselmotor (von Peugeot). Alle Benzinmotoren besaßen ein kontaktloses Transistorzündsystem, der 1.6 E (Economy) sogar eine digitale Kennfeldsteuerung. Es gab 4- und 5-Gang-Getriebe und eine 3-Stufen-Automatik. Vorne wurden statt der beim Taunus verwendeten Doppelquerlenker in Ford-typischer Weise Federbeine eingesetzt, während hinten eine Einzelradaufhängung mit Schräglenkern Eingang fand. Ungewöhnlich war bei der Limousine die Lage der Stoßdämpfer am Ende der Schräglenker. Für den XR 4i wurde eine härtere Abstimmung samt Gasdruckstoßdämpfern vorgesehen. – Hinsichtlich Gebrauchswert, Fahreigenschaften, Innenraum, Ausrüstung und Komfort verkörperte der Sierra als ein für die breite Maße bestimmtes Auto wesentliche Fortschritte.

Escort XR 3i. Auf dem Salon Paris 1982 wurde der XR 3 mit Einspritzmotor eingeführt: Dank K-Jetronic stieg die Leistung von 96 auf 105 PS. Allerdings trug auch eine neue Auspuffanlage zum Plus bei. Neu waren ein Ölkühler, eine kürzere Achsuntersetzung (womit der Fünfte vom Spar- zum Fahrgang wurde), eine Schubabschaltung, ein neu abgestimmtes Fahrwerk mit Tieferlegung des Karosseriekörpers vorne um 3 cm, hinten um 2 cm sowie verstärkte hintere Trommelbremsen mit asbestfreien Belägen. Im Innenraum fanden sich Sitzüberzüge mit stahlgrauen Mittelbahnen und anthrazitgrauen Seitenteilen.

Während Ford Köln im Herbst 1982 – wie andere deutsche Hersteller – von Kurzarbeit betroffen wurde, zeichnete sich für die Motorenabteilung ein Boom ab: Die amerikanische Ford-Muttergesellschaft bestellte 1,8 Millionen 2,8-l-V6-Motoren, wozu vorgesehen wurde, bis 1991 jährlich 200'000 Einheiten von Köln-Niehl nach den USA zu verschiffen. Schon von 1973 bis 1979 waren 650'000 solche Motoren für den Mustang II und den Pinto geliefert worden.

Escort Turnier 5-türig. Ab Februar 1983 gab es den Escort-Kombi auch mit fünf Türen. Ford Köln hatte in einer Umfrage herausbekommen, dass 60 Prozent der Kombikäufer in dieser Klasse sich für vier Seitentüren entschieden.

Sierra XR 4i. Er kam zum Genfer Salon 1983 hinzu, und er brillierte durch ein eigenes Karosseriedesign: Sein Innenraum differierte kaum von jenem des fünftürigen Sierra, doch wirkte seine dreitürige Karosserieform coupéartig, indem sich an das kurze zweite Seitenfenster mit Abstand ein gerundetes drittes Seitenfenster anschloss. Auf der Heckklappe prangten gleich zwei eindrückliche Flügel, die Karosserieflanken bis zur Oberkante des Stoßschutzes waren in Schwarz gehalten und kontrastierten mit den gelochten Leichtmetallfelgen. Ja, der XR 4i bot ein auffallendes Erscheinungsbild.

Angetrieben wurde er vom 2,8-l-V6 mit Einspritzung, der wie im Granada just 150 PS leistete. Diese Kraft wurde über ein 5-Gang-Getriebe auf die Hinterräder abgegeben. Da der XR 4i mit 1200 kg deutlich leichter war als der Granada, vermochte er binnen 8,4 s auf 100 km/h zu beschleunigen, und als Höchstgeschwindigkeit wurden 210 km/h genannt. Nebst Niederquerschnittreifen und einer sportlichen Ausstattung zählte auch eine Servolenkung zum serienmäßigen Lieferumfang.

Für die Herstellung eigener Dieselmotoren errichtete Ford in Dagenham eine ultramoderne Fabrik. Es handelte sich zunächst um einen 1,6-l-OHC-Motor mit Block und Kopf aus Grauguss, der auf 54 PS bzw. 95 Nm kam. Dieses Dieseltriebwerk war keine Ableitung bestehender Motoren, sondern eine Neuentwicklung. Sie war auch für die Ford-Nutzfahrzeugsparte bestimmt.

Orion. Im Juli 1983 kam das zwischen dem Escort und dem Sierra positionierte viertürige Stufenheckmodell Orion hinzu. Technisch basierte es auf dem Escort, mit dem es den 240-cm-Radstand

Ford Capri Super Injection, 1984/85

Ford Escort Convertible Injection, 1984

Ford Orion GL, 1984

Ford Sierra L, 1984

teilte. Hingegen war es 419,5 statt 403,5 cm lang. Der Kühlergrill trug ein Chromrähmchen, und unterhalb der Kofferdeckel-Abschlusskante fand sich eine Vertiefung, die von Ford als integrierter Spoiler bezeichnet wurde. Der cw-Wert wurde mit 0,37 angegeben, wozu auch die glattflächigen Raddeckel beitrugen. Die hinteren Lehnen ließen sich im Verhältnis von einem zu zwei Dritteln umlegen, womit sich der mit 450 dm^3 großzügige Kofferraum weiter ausdehnen ließ.

Es gab die Orion L, GL, Ghia und Injection mit 1,3- und 1,6-l-Motoren; für den Herbst wurde zudem der neue Dieselmotor in Aussicht gestellt. Im Vergleich zum Escort war der Orion nicht nur auf mehr Geräumigkeit, sondern auch auf erhöhten Fahrkomfort ausgelegt worden.

Fiesta 1984. Bei unveränderter Silhouette erfuhr der Ford-Kleinwagen im August 1983 eine gründliche Verjüngung. Sie manifestierte sich vor allem durch die neue Front mit abgerundeter Vorderkante und auf einen schlichten horizontalen Schlitz reduziertem Lufteinlass. Damit verbesserte sich der cw-Wert von 0,42 auf 0,40. Die seitliche Karosseriesicke fand in der Heckklappe eine Fortsetzung. Der Kunststoff-Stoßschutz war sichtbar massiver geworden, und er fand bei den teureren Versionen durch Elemente zwischen den Radausschnitten eine Ergänzung. Der Fiesta Ghia besaß einen Bugschild mit integrierten Hörnern, während der XR 2 durch auskragende Radhausränder und Schweller auffiel. Der Innenraum war zur Gänze umgestaltet worden, wobei vor allem der hochmoderne Instrumententräger angenehm auffiel. Eine Ausführung GL gab es nicht mehr (nun Fiesta, Fiesta L, S, Ghia und XR 2).

Die betagten Kent-Motoren mit 1,3 und 1,6 l wurden durch die moderne CVH-Konstruktion ersetzt. Basismotor blieb aber das 957-cm^3-OHV-Aggregat (nur noch 45 PS, 40 PS gestrichen), über dem das 1,1-l-Aggregat angesiedelt war (nun nach Magerkonzept und nur noch 50 PS). Der XR 2 erfuhr mit dem CVH-Motor einen Leistungsschub von 84 auf 96 PS, und neu kam der 1,6-l-Dieselmotor mit 54 PS hinzu, dessen Verbrauch mit 3,8/5,6/5,0 l/100 km angegeben wurde.

Sierra dreitürig. Ab August 1983 bot Ford den Sierra auch mit dreitüriger Karosserie an. Ausgangspunkt bildete der XR 4i, doch wurde dessen zweiteilige hintere Seitenscheibe durch eine einzige große Glasfläche ersetzt. Diese neue Modellvariante war als Einsteigermodell gedacht.

1984 erhielten alle Sierra kleine Ausstattungsaufwertungen sowie im Farbton angepasste Lackierungen der Anbauteile und neue Raddeckel für L und GL.

Escort Cabrio. Mit der IAA 1983 wurde das bereits zwei Jahre zuvor gezeigte Escort-Cabrio zum Serienmodell. Wie die Offenversionen auf dem VW Golf, dem Fiat bzw. Bertone Ritmo und dem Talbot Samba besaß es einen fest montierten Überrollschutzbügel. 80 Prozent aller Karosserieteile hatte man neu formen oder anpassen müssen. Die Bodenanlage, die Türen und der Windschutzscheibenrahmen waren verstärkt worden. Das Rückfenster bestand aus Glas und das leicht zu handhabende Verdeck besaß eine Innenbeschichtung. Lieferbar war der Escort Cabrio mit dem 1,6-l-Vergasermotor und mit dem Einspritzaggregat des XR 3i. Gebaut wurde er bei der Karosseriefirma Karmann in Osnabrück.

1.6 Diesel. Der angekündigte 1,6-l-Dieselmotor wurde ab April in Escort und Orion und ab Mai 1984 auch im Fiesta lieferbar. Er besaß Wirbelkammern des Typs Ricardo Comet VB und leistete 54 PS bei 4800/min. Er wurde ausschließlich mit einem 5-Gang-Getriebe kombiniert. Für den rund 850 kg wiegenden Fiesta wurde ein bemerkenswert günstiger Verbrauch von 3,8/5,6/5,0 l/100 km genannt, für die beiden etwas schwereren Modelle waren es wenig mehr. Dem standen das nagelnde Verbrennungsgeräusch gegenüber und – in der Schweiz hervorgehoben – die ungastlichen Lkw-Tankstellen.

Im Frühling 1984 konnte Ford Köln eine modernste Windkanalanlage in Betrieb nehmen. Eine Videokamera ermöglichte das Übermitteln von Fernsehbildern via Telefon an die Ford-Zentrale in Dearborn, Michigan. – Im Juni 1984 wurde der Amerika-Schweizer Bob A. Lutz als Chairman and Chief Executive Officer und damit oberster Chef von Ford Europa in die Alte Welt zurückbeordert; seine Aufgaben: aggressives Marketing und erhöhte Rentabilität. – Ab Herbst 1984 produzierte Ford im Getriebwerk Bordeaux das neuentwickelte 4-Stufen-Automatikgetriebe A4LD. Die oberste Stufe war als Schnellgang ausgelegt und besaß eine Lock-up-Funktion. Es kam zunächst im Sierra zum Einbau, wurde aber auch für die Modelle Bronco II und Ranger (Pick-up) nach Amerika geliefert.

1985 wurde der Fiesta S „aufgerüstet": zusätzliche Lüftungsdüsen in Armaturenbrettmitte, Digitaluhr mit Datum und Zeitstoppfunktion, Drehzahlmesser, Tageszähler, neue Sitzüberzüge usw.

Escort RS Turbo. Es gab ihn nur in Weiß mit aus zwei Querbalken bestehendem Kühlergrill, zünftiger Frontschürze, Farbkontraststreifen zwischen den Radausschnitten und imposanten Alurädern: Mit dem im Oktober 1984 herausgebrachten RS Turbo mit 132 PS erreichte das Thema Escort einen neuen Höhepunkt. Nachdem der auf dem Genfer Salon 1982 vorgestellte RS 1600i mit 115 PS in den erforderlichen 5000 Exemplaren für den Sporteinsatz nach Gruppe A gebaut worden war, beschränkte sich Ford auf den XR 3i. Diesem wurde nun mit KE- statt K-Jetronic und einem Abgasturbolader Garrett T3 samt Ladeluftkühler sowie Differenzialbremse System Ferguson noch „eins drauf gesetzt".

Der Kurbeltrieb war verstärkt worden und die Auslassventile bestanden aus einer Nimonic-Legierung. Der volle Ladedruck von 0,5 bar wurde bereits bei 2500/min erreicht. Der Vorderradführung dienten Zugstreben, und unter vielem anderem wurden auch die Bremsen angepasst. 100 km/h waren binnen 8,6 s erreichbar und die Spitze wurde mit 200 km/h angegeben. Zur reichhaltigen Ausstattung zählten Recaro-Sitze und ein gläsernes Hubdach. Auch für den von Fords Special Vehicle Engineering entwickelten Escort RS Turbo wurde eine Serie von 5000 Stück vorgesehen.

Sierra 1985. Für 1985 erfuhr die Sierra-Baureihe (vorgestellt auf der Birmingham Motor Show im Oktober 1984) einige Änderungen: ab L-Ausführung nun mit der kühlergrillfreien Ghia-Front; neuer Jahrgang erkennbar auch an einer Gummilippe unterhalb des Frontspoilers und an einer zusätzlichen Luftführungsleiste an der hintersten Dachstrebe; beim Automatikgetriebe handelte es sich fortan um den Typ A4LD (= Automatic 4-Speed-Lock-up-Overdrive); es gab eine Servolenkung mit degressiver Wirkung und auf Wunsch auch eine Klimaanlage; neu war aber vor allem der zusätzliche 1,8-l-Motor mit 90 PS, der mit einem elektronisch gesteuerten Pierburg-Vergaser auf Sparsamkeit getrimmt war; der 2-l-Motor erhielt weitere Verstärkungsrippen, ebenfalls ein elektrisch beheiztes Ansaugrohr, eine Kennfeldzündung usw. Die Wandlerüberbrückung (Lock-up) des neuen Automatikgetriebes wirkte in den beiden oberen Stufen und senkte den Verbrauch gegenüber dem C3-Getriebe um bis zu 10 Prozent.

Beim XR4i (inzwischen zusammengeschrieben statt XR 4i) entfiel 1985 die Schraffierung in den hinteren Seitenfenstern, während die Stoßfänger und die seitlichen Rammschutzleisten orangerote Farbstreifen trugen. – Den Capri gab es nur noch mit Rechtslenkung.

RS 200. Dass Ford zum Modelljahr 1985 ein reinrassiges Sportcoupé geschaffen hat, dürfte selbst von manchen Fans der Marke vergessen worden sein: Der RS 200 wurde auf dem Salon von Turin im November 1984 vorgestellt und war ein für den Rallyeeinsatz in der Gruppe B vorgesehener Mittelmotorbolide, für den eine Auflage von 200 Straßen- und 20 Einsatzwagen geplant war. Bei 253 cm Radstand war er just 4 m lang und 175 cm breit, während die Höhe je nach der eingestellten Bodenfreiheit um 132 cm variierte. Der RS 200 besaß eine glattflächige Front mit großer Luftauslassöffnung vorne auf der Haubenoberseite, leicht versenkten Hauptscheinwerfern und in die mächtige Frontschürze integrierten, gleich großen Zusatzscheinwerfern. Das Dachende wie auch das Heck unterhalb der Rückscheibe wurden durch mächtige Luftleitflügel markiert. Das Design war von Ghia-Chefdesigner Filippo Sapino geschaffen worden (Ghia in Turin war schon 1970 von Ford übernommen worden).

Bodenplatte, Längsschweller, Front- und Heckquerwand bestanden aus Aluminiumwaben-Sandwichplatten, die mit Kohlefasermaterial verstärkt waren. Die Mittelzelle war selbsttragend in Verbundbauweise konstruiert und von einem Überollkäfig umschlossen. An sie waren vorne und hinten Hilfsrahmen aus Stahlrohr angefügt. Die Karosserie-Außenstruktur bestand aus GfK, doch stammten die Türoberteile ebenso wie die Windschutzscheibe vom Sierra.

Für den Vierradantrieb diente ein hinter den Sitzen längs eingebauter 1803-cm^3-Alumotor (Hubraum gemäß Turbofaktor 1,4 = 2524 cm^3), der vom

Ford Escort RS Turbo, 1985

Ford Sierra RS Cosworth, 1986

Ford-Cosworth-BDA-Triebwerk abgeleitet worden war: DOHC, 16 Ventile, Trockensumpfschmierung, elektronische Einspritzung Bosch mit Ford-EEC-IV-Steuerung, Abgasturbolader Garrett AiResearch T03/04 (Ladedruck bis 0,8, Rallyeversion 1,2 bar), Ladeluftkühler; Leistung 230 PS bei 6000/min (für die Rallyeversion ca. 380 PS). An den Motor schlossen sich vorne eine Zweischeibenkupplung und ein Zweistufen-Vorgelege an. Von diesem lief der Kraftfluss zum 5-Gang-Getriebe, das mit dem (sperrbaren) Zwischendifferenzial und dem Vorderachsdifferenzial verblockt war.

Die Achsdifferenziale und das Zwischendifferenzial funktionierten mit Viskosekupplungen System Ferguson. Bei dem ebenfalls von FF Developments in Coventry konstruierten Antriebskonzept wurde das Drehmoment 37:63 Prozent auf Vorder- und Hinterräder übertragen. Durch Sperren des Zwischendifferenzials ergab sich eine Aufteilung von 50:50 Prozent, doch ließ sich der Vorderradantrieb auch abschalten. Das verstellbare Fahrwerk umfasste untere und obere Dreieckquerlenker und die Schraubenfedern und Stoßdämpfer waren doppelt vorhanden. Für die Feinabstimmung dieser rennsportlichen Topkonstruktion war u. a. der dreifache Ex-Formel-1-Weltmeister Jackie Stewart engagiert worden.

Allerdings: noch bevor das Mittelmotorcoupé RS 200 eingesetzt werden konnte, wurde die Rallye-Gruppe B gestrichen! Just 200 Exemplare wurden ab 1986 und bis Anfang 1990 gleichwohl verkauft, davon 24 für Renneinsätze bestimmte „Evo"-Versionen mit von Brian Hart auf 550 bis 815 PS gebrachten 2137-cm3-BDT-Motoren.

Sierra XR4x4. Anfang 1985 propagierte Ford den Sierra in der Sonderausführung Laser mit reichhaltiger Extraausstattung. Doch besondere Bedeutung kam dem im Februar mit Hinblick auf den Genfer Salon angekündigten Sierra XR4x4 zu: Er basierte auf dem dreitürigen Sierra, besaß jedoch die Mechanik des XR4i, und bot statt dessen doppelstöckigem Heckflügel einen permanenten Vierradantrieb. Die vom 2,8-l-V6-Motor mit 146 PS gelieferte Antriebskraft wurde zu einem Drittel an die Vorder- und zu zwei Dritteln an die Hinterräder geleitet. Der Antrieb der Vorderräder erfolgte vom zentralen Planeten-Differenzial über eine Gliederkette auf eine zum vorderen Differenzial führende Welle. Das für den Drehzahlausgleich nach vorn und hinten dienende zentrale Differenzial war wie jenes an der Hinterachse mit einer als Schlupfbegrenzer dienenden selbsthemmenden Visko-Lamellenkupplung dotiert.

Zur Ausstattung zählten ein sportlich abgestuftes 5-Gang-Getriebe, Aluräder, Vierrad-Scheibenbremsen und Servolenkung. – Der 2,8-l-V6 war in der Schweiz und in Schweden übrigens auch für die Sierra GL und Ghia verfügbar. Und für die bereits auf den Katalysator ausgerichtete Schweiz kam mit dem Genfer Salon 1985 der eigens für die USA entwickelte → Merkur XR4Ti ins Angebot, der weitgehend dem bisherigen Sierra mit der gleichen Bezeichnung entsprach.

Sierra S. Neu war auch ein Sierra S, der ebenfalls mit der Dreitürkarosserie gebaut und mit neuem 2-l-Einspritzmotor (EEC-IV-Motorelektronik, 115 PS), Front- und Heckspoiler, Weitstrahler, Nebellampen, Breitreifen usw. ausgerüstet wurde. Dieser Motor wurde in der Schweiz und in Schweden allerdings auch in den fünftürigen GL und Sierra erhältlich. Der Sierra S war gleichzeitig ein Capri-Ersatz. – Im Übrigen passte Ford diverse Einspritzmotoren an die Ausrüstung mit Katalysator an und präsentierte sie auf dem Genfer Salon 1985 vorerst vor allem für den Schweizer Markt.

Scorpio. Unmittelbar nach dem Genfer Salon wurde Mitte März 1985 der Nachfolger des Granada vorgestellt. Er hatte den Namen Scorpio erhalten, nachdem auch die Bezeichnung Lugano in Erwägung gezogen worden war. Die traditionsbewussten Briten allerdings blieben beim Modellnamen Granada. Der Scorpio folgte der mit dem Sierra eingeschlagenen aerodynamischen Designrichtung und ähnelte stilistisch dem im Vormonat vorgestellten → US-Ford Taurus. Bei vergleichbarer Größe war der Scorpio freilich kein Fronttriebler, sondern blieb der Standardbauweise treu.

Gestaltet worden war der Scorpio unter Uwe Bahnsen (seit den 70er Jahren Vice President Design, Ford of Europe) von Chefdesigner Patrick Le Quément. (Während Bahnsen zum 1. Dezember 1986 Ausbildungsleiter des neugeschaffenen Art Center College of Design bei Vevey über dem Genfersee wurde, wechselte Le Quément alsbald zu VW.) Die größte stilistische Scorpio-Besonderheit lag in der Heckgestaltung: Sie verband Fastback und Stummelheck auf gekonnte Weise und bot erst noch die Vorteile einer Heckklappe. Außerhalb Westeuropas wurde die Zweckmäßigkeit fünftüriger Autos dieser Größenordnung allerdings noch wenig anerkannt und traditionellen Stufenhecklimousinen der Vorzug gegeben. Mit

Ford RS 200, 1986

seiner schlichten niedrigen Front und den dritten Seitenfenstern, die sich um die hinteren Pavillonecken bogen und für eine hervorragende Rundsicht sorgten, bot der Scorpio ein ebenso modernes wie attraktives Erscheinungsbild. Sein cw-Wert wurde mit 0,33 angegeben.

Gegenüber dem Granada hatte der Scorpio um eine Spur abgenommen: Radstand und Länge um je 1 cm auf 276 bzw. 467 cm, Breite von 180 auf 176 cm, während die Höhe um 2 auf 144 cm zugelegt hatte. Der Scorpio wog ab 1180 kg (Granada ab 1235 kg). Die Basismotorisierung lieferte der noch neue 1,8-l-Motor mit 90 PS, darüber rangierte der 2-l-Vierzylinder mit Vergaser (105 PS) oder Einspritzung (Bezeichnung EFi, Bosch L-Jetronic, 115 PS), und als Topmotor gab es den 2,8-l-V6 (LE-Jetronic) mit 150 PS. Ab den 2-l-Motoren konnte statt des 5-Gang-Getriebes das 4-Stufen-Automatikgetriebe A4LD gewählt werden. Für den 2.0 EFi wurde ein Verbrauch von 6,6/8,2/11,1 l Super angegeben.

Vorn wurden Federbeine und Querlenker, hinten Schräglenker verwendet. Eine Servolenkung war noch nicht bei allen Ausführungen von Haus aus dabei, wohl aber ein ABS (erstmals serienmäßig in Deutschland)! Auf Wunsch gab es eine Niveauregulierung, erstmals eine von Saint-Aubin entwickelte Frontscheibenheizung mit kaum sichtbaren Heizdrähten – die zu einer Ford-Spezialität werden sollte – sowie eine elektrische Fondlehnenverstellung. Die Ausführungen GL und Ghia waren besonders reichhaltig ausgerüstet. Vor allem aber bot der Scorpio-Innenraum in mustergültiger Weise Geräumigkeit, Licht und Überblick.

Nach langem Seilziehen erhielt Mitte 1985 Dagenham und nicht Köln den Zuschlag für die Herstellung einer neuen Motorengeneration. – Inzwischen wurden von Ford Europa mit Fiat Gespräche über einen möglichen Zusammenschluss geführt; sie fanden im Oktober ein Ende, weil Ford den Anspruch auf 51 Prozent von → Fiat nicht akzeptieren wollte.

Scorpio 4x4. Auf der Frankfurter IAA kam im September 1985 ein Scorpio mit permanentem Vierradantrieb zur Premiere. Er war nach dem gleichen Prinzip konstruiert wie der Sierra 4x4 und wurde ebenfalls ausschließlich mit dem V6-Motor ausgerüstet.

Sierra RS Cosworth. Mercedes-Benz bot in der Mittelklasse den 190 E 2.3-16 und BMW den M3, zwei Hochleistungslimousinen der Extraklasse. Und auf der IAA 1985 wagte es Ford mit einem „familientauglichen" Leckerbissen ebenfalls in diesem exklusiven Segment aufzutauchen. Nun, Ford besaß durchaus die rennsportliche Erfahrung und die Ressourcen, um in gleicher Weise mit Fahrleistungsvermögen aufzutrumpfen: Der bei Ford Special Vehicle Engineering in England entwickelte RS Cosworth basierte auf der dreitürigen Karosserie des Sierra S, dem mit Radhausauskragungen, einem Ringsum-Spoilerwerk, Luftaustrittsschlitzen auf der Motorhaube und einem dreifach abgestützten Heckflügel zur besonderen Optik verholfen wurde.

Herzstück war jedoch der durch die Rennsportfirma Cosworth bereitgestellte Motor (beim MB 190 E 2.3-16 war nur der Zylinderkopf eine Cosworth-Schöpfung): Die Abmessungen dieses 2-l-Motors stimmten zwar mit jenen des 2-l-Ford-Serienmotors überein, doch stammten nur der Graugussblock, die Wasserpumpe und eine Hilfswelle für die Nebenantriebe „aus dem Regal". Kurbelwelle und Pleuel wurden aus geschmiedetem Stahl hergestellt, der einteilige Vierventil-Zylinderkopf war eine Neuentwicklung und die Kolbenböden wurden mit Spritzöl gekühlt.

Hinzu kamen ein Abgasturbolader Garrett T3 mit wassergekühltem Gehäuse (Ladedruck 0,55 bar), ein Ladeluftkühler, eine Weber-Einspritzung, ein Motormanagement Weber/Marelli und zur Steuerung des Gesamtsystems eine ECU = Electronic Control Unit. So resultierten 204 PS bei 6000/min. Zur Ausstattung zählten ferner ein 5-Gang-Getriebe von Borg-Warner USA, eine Visko-Differenzialbremse System Ferguson, ein Sportfahrwerk sowie ein tiefer gelegter Aufbau. Tempo 100 konnte binnen 6,8 s erreicht werden, und die Spitze stand mit 240 km/h zu Buche.

Escort / Orion 1986. Mit einer zwischen die Scheinwerfer heruntergezogenen Motorhaube und weiteren Änderungen zeigten sich Escort und Orion im Januar 1986 in Neuauflage. Der niedrige Lufteinlass, der neue, bis zu den Radausschnitten um die Ecken gezogene Stoßschutz mit Bugschürze, die geänderten Heckspoiler und Detailverbesserungen an der Karosserie hatten den Luftwiderstandsbeiwert von 0,40 auf 0,36 absinken lassen, und zudem gab es weniger Windgeräusche. Das Armaturenbrett war nach dem Muster des Scorpio umgestaltet worden. Es gab nun je einen Kombihebel beidseits der Lenksäule, und die Sitze und Innenauskleidungen waren neu.

Ganz neu war ein 1,4-l-Motor mit 75 PS (mit Katalysator 60 PS), während die 1,1- und 1,6-l-Motoren nach dem Lean-fast-burn- bzw. Magerkonzept überarbeitet worden waren. Beim 1,3-l-Aggregat handelte es sich um eine vergrößerte Variante des 1,1-l-Valencia-Motors. Die 1,6-l-Maschine gab es nach wie vor auch mit Einspritzung und mit Turbo. Als erste Wagen der Kompakt- und unteren Mittelklasse waren Escort und Orion mit einem Antiblockier-Bremssystem (ABS) lieferbar. Es handelte sich um eine von der Lucas Girling Ltd zusammen mit Ford entwickelte einfachere Konstruktion, die ohne Elektronik auskam. Dieses Stop Control System (SCS) arbeitete hydraulisch-mechanisch mit zwei Modulatoren, die von den Antriebshalbwellen über Zahnriemen angetrieben wurden. In den Top-Escort wurde das SCS serienmäßig eingebaut.

Scorpio Diesel. Der 2,5-l-Motor dieser im Februar 1986 eingeführten Variante stammte von Peugeot: 69 PS, 0– 100 km/h in 19,4 s, 158 km/h, 5,7/7,4/8,8 l/100 km, Reichweite mit dem 70-l-Tank bis über 1000 km, Servolenkung in Serie.

Im März 1986 wurde Robert A. Lutz zum Leiter der North American Truck Operations in die USA berufen (kurz darauf landete er bei Chrysler!); sein Nachfolger als Chef von Ford of Europe wurde Kenneth Whipple. – Im Oktober 1986 verlangte Ford-Vorstandschef Daniel Goeudevert (erstmals von deutscher Seite) eine Importbegrenzung für japanische Autos auch für die Bundesrepublik.

Scorpio 2.9 / 2.4 Im Herbst 1986 erhielten die Scorpio (neben den weiter erhältlichen Vierzylinderaggregaten) in vielen Teilen modernisierte V6-Motoren: 2935 statt 2792 cm^3 (weiterhin zentrale Nockenwelle, optimierte Zylinderköpfe), 150 PS bei 5700/min, in der Katalysatorversion neu mit hydraulischen Ventilstößeln und 145 PS bei 5500/min. Im November kam eine 2394-cm^3-Version hinzu (130 PS bei 5800/min, sie war vorerst nicht mit Katalysator erhältlich). Beide neuen V6 arbeiteten mit der Bosch-Einspritzung Jetronic LE. – Im Herbst 1986 erfuhr der Escort RS Turbo einige Verfeinerungen an Karosserie und Interieur.

17 Jahre und elf Monate nach seiner Vorstellung war Ende 1986 der letzte Capri, das Exemplar Nr. 1'886'647, vom Band gerollt. Er war zuletzt in Köln nur noch rechtsgelenkt für den britischen Markt gebaut worden, zuletzt noch 1038 Exemplare der „special edition" Capri 280 Brooklands mit höchst luxuriöser Außen- und Innenausstattung.

Ford Escort C Turnier, 1988

Ford Sierra Cosworth, 1988

Ford Sierra Ghia 4x4 Estate, 1989

Fiesta CTX. Während Subaru den Justy 1.0 bereits ab Februar 1987 mit dem vollautomatischen und stufenlose ECVT-Getriebe anbot, plante Ford die Einführung einer analogen Kraftübertragung auf den Sommer. Vorgestellt worden war die von der niederländischen Van Doorne's Transmissie BV vorgenommene Weiterentwicklung des einzigartigen Variomatic bereits 1983 mit dem Fiat-Modell Uno-matic, dessen Produktion jedoch immer wieder verschoben wurde. Van Doorne, Fiat und Ford hatten der CVT = Continuous(ly) Variable (automatic) Transmission gemeinsam auf die Sprünge verholfen.

Fords Bezeichnung CTX stand für Continuously Variable TransaXle. Bei dem Antriebs- und Kupplungssystem mit Planetenradsätzen handelte es sich um ein Ford-Patent. Doch das Kernstück bestand auch hier aus dem zwischen den beiden Kegelscheibenpaaren (mit je einer axial verschiebbaren Hälfte und dadurch veränderbarem Durchmesser) laufenden Metall- Schubgliederband, dessen Übersetzungsverhältnis von einer hydraulischen Steuereinheit automatisch geregelt wurde. Vorgesehen wurde diese Kraftübertragung für den Fiesta 1.1, und die Markteinführung erfolgte im Juni 1987; ein Jahr später kam eine Version mit 1,4-l-Motor hinzu.

Sierra 1987 + Stufenheck. Im Februar 1987 wurde die (von Anfang an geplante) viertürige Stufenheckversion des Sierra vorgestellt. Breite und Höhe blieben mit 169,5 bzw. 136 cm unverändert, während die Länge nur gerade um 4 auf 446,5 cm zulegte. Das Kofferraumvolumen stieg hingegen von 385 auf 413 l (Fondlehne 40:60 Prozent umlegbar). Der cw-Wert war mit 0,34 identisch mit jenem der Fließhecklimousinen. In Großbritannien erhielt der viertürige Sierra die Zusatzbezeichnung Sapphire.

Neu beim Sierra-Jahrgang 1987 war die Bugpartie mit Stoßfänger aus Polykarbonat mit flexibler Schaumstofffüllung. Sie umfasste auch die Bugschürze. Die Leuchteinheiten mit den wesentlich leistungsfähigeren Homofocal-Scheinwerfern waren um die Ecken gezogen und außenbündig in die Front integriert. Auch hinten gab es andere Stoßfänger. Neue Tragelemente der Bodengruppe sorgten für noch bessere Aufbausteifigkeit. Es gab neugestaltete Sitze, nach Prioritäten geordnete Bedienungselemente, um 8 cm höhenverstellbare vordere Gurtumlenkpunkte, verstellbare vordere Kopfstützen und eine weiter aufgewertete Ausrüstung. Wie beim Scorpio wurde an Stelle des gewohnten Schlosszylinders ein Schloss-/Schlüsselsystem mit plattenförmigen Rotativelementen eingeführt. Die neuen inneren Türverriegelungsknöpfe erhöhten den Diebstahlschutz ebenfalls. In der Ausführung Ghia informierte ein Graphic-Display über die Außentemperatur, nicht korrekt geschlossene Türen und defekte Glühbirnen. Beim Sierra 4x4 wurde serienmäßig ein ABS eingebaut, beim 4x4 Turnier/Wagon zudem eine hintere Niveauregulierung.

Sierra Cosworth 1987/88. Nachdem von dem auf der IAA 1985 vorgestellten, ursprünglich für eine 5000er Auflage geplanten dreitürigen RS Cosworth 5545 rechtsgelenkte Exemplare gebaut worden waren, kündete Ford im März 1987 auf den Herbst eine viertürige Stufenheckversion dieses Hochleistungs-Sierra an: 2-l-16-Ventil-Motor mit über 200 PS, komfortablere Federung, Karosserie mit Anbauteilen einschließlich mächtigem Heckflügel. Bei der Markteinführung im Januar 1988 wurde auf die Buchstaben RS verzichtet. Eine Katalysator-Ausführung wurde allerdings erst für 1989 in Aussicht gestellt.

Ford (Scorpio) Granada GL, 1989

Sierra RS 500. Um die neuen Rennsportreglemente – Äquivalenzfaktor für Turbomotoren 1,7 statt 1,4, Ladeluftkühler und Anbringungsort wie im Serienmodell – besser nutzen zu können, wurde 1987 zudem das dreitürige Evolutionsmodell Sierra RS 500 entwickelt. Die erforderlichen 500 Exemplare wurden bei der Aston-Martin-Karosseriefirma Tickford montiert. Der relativ kleine Turbo des Sierra Cosworth wurde durch den Garrett-Typ T 31/T 04 ersetzt und die Oberfläche des Ladeluftkühlers wurde deutlich vergrößert und durch weitere Luftschlitze in der Frontverschalung angeströmt. Ansaugtrakt und Krümmer wurden ebenfalls modifiziert.

Jeder Zylinder erhielt zwei Einspritzdüsen, in der Straßenversion wurde die zweite Serie von Magnetventilen allerdings inaktiv gehalten. In diesen Exemplaren beschränkte sich die Leistungssteigerung von 204 auf 224 PS. Für die Rennmotoren wurden hingegen rund 400 PS in Aussicht gestellt. Anpassungen erfuhren auch das Kühlsystem und die Karosserie: u. a. erhielt der Heckflügel zusätzlich eine Abrisskante und wurde durch eine Spoilerlippe auf dem Kofferdeckel ergänzt. – Mit von Ford angebotenen Anbauteilen ließen sich inzwischen diverse Modelle, einschließlich des Orion Ghia Injection, äußerlich zu einem RS-Modell transformieren.

Vorsitzender von Ford of Europe wurde Anfang 1988 Alex Trotman, der bis dahin Präsident war; Vorgänger Kenneth Whipple kehrte an den Ford-Hauptsitz in Dearborn zurück. – Im Februar 1988 kam es zu einem Streik der 32'500 britischen Ford-Arbeiter. Es ging nicht nur um mehr Lohn, sondern auch um einen Protest gegen die von Ford beschlossene Umstrukturierung mit mehr Teamarbeit und einem langfristigen Arbeitsplatzabbau im Werk Dagenham. Vor allem das Ford-Werk im belgischen Genk wurde durch ausbleibende Teilelieferungen von dem Streik mitbetroffen. Dieser konnte mit einer Lohnerhöhung um rund 15 Prozent und weiteren Zugeständnissen beigelegt werden.

Sierra 2.9. 1988 wurde der Sierra (Modelljahr 1989) in den Ausführungen XR4x4 und Wagon 4x4 ebenfalls mit dem 2,9- statt mit dem 2,8-l-V6 ausgerüstet. In einigen Ländern war er (wie schon der 2,8-l-V6) in den nur hinterradgetriebenen Sierra ebenfalls zu haben. Gleichzeitig wurde das neue, um 7 kg leichtere 5-Gang-Getriebe MT 75 eingeführt. Der doppelte Flügel am Heck der Fließhecklimousine wich einer diskreten Spoilerlippe. Basis lieferte der Sierra S, doch war das Fahrwerk sportlicher abgestimmt, eine variierende Servolenkung und ABS sowie eine luxuriöse Ausstattung zählten zur Serie. – Auch der Scorpio 4x4 besaß inzwischen ein aufgewertetes Fahrwerk einschließlich ABS.

Als größte Einzelinvestition in die britische Automobilindustrie wurde inzwischen das von Ford geplante Motorenwerk bezeichnet, dessen Konturen Ende 1988 bekanntgegeben wurden: Standort Bridgend in Südwales, 3000 Arbeitsplätze, Jahreskapazität bis 850'000 „sparsame Benzinmotoren einer neuen Generation", Fertigstellung 1991...

Fiesta 1989. Eine gelungene, ausgewogene Formgebung war eines der Hauptmerkmale des Anfang Dezember 1988 in ersten Bildern präsentierten neuen Fiesta, dessen offizielle Vorstellung auf den Genfer Salon vom März 1989 angesetzt war. Erstmals gab es ihn auch mit fünf Türen. Es wurden mehr Innenraum und vor allem ein größeres Kofferabteil in Aussicht gestellt. Dass es sich nicht um leere Versprechungen handelte, ging aus den im Februar 1989 bekanntgegebenen Abmessungen hervor: Radstand 244,5 statt 229 cm, Außenabmessungen 374x161x132,5 statt 365x158,5x133,5 cm. Die Spurweite hatte sogar überproportional von 136,5/132 auf 139/138,5 cm zugelegt. Man sah dem neuen Fiesta an manchen Details den aerodynamischen Feinschliff an. Mit dem Einsatz von Duplex-Blechen mit Zink-Nickel-Beschichtung an besonders gefährdeten Stellen wurde die Rostgefahr weiter reduziert.

Ford Fiesta CLX, 1989

Die Motorauswahl reichte vom 1- und 1,1-l-Motor zum 1,4- und 1,6-l-Aggregat (Letzteres für den XR2i mit bis 110 PS), und hinzu kam ein 1,8-l-Diesel mit 60 PS, der zusammen mit Klöckner-Humboldt-Deutz (KHD) entwickelt und hergestellt wurde. Der 1117-cm^3-Motor war durch eine 1119-cm^3-Langhubversion mit elektronischer Zentraleinspritzung und Zündung abgelöst worden. Das stufenlose Automatikgetriebe CTX wurde auch mit dem 1,4-l-Motor erhältlich. Die vordere McPherson-Aufhängung erhielt untere Dreieckquerlenker, die hintere Starrachse wurde durch eine Verbundlenkerachse ersetzt. Auf Wunsch wurde (wie schon bei Escort und Orion) der mechanisch-hydraulische Blockierschutz SCS eingebaut. Neben neuartigen Vollschaumsitzen fanden sich etliche weitere Ausrüstungsverbesserungen; angeboten wurden die Ausstattungsversionen C, CL, CLX, S und XR2i.

In Ablösung des in die USA zurückberufenen Alexander Trotman wurde im Februar 1989 Lindsey Halstead zum neuen Vorsitzenden der Verwaltungsrates von Ford of Europe bestellt. – Im Rahmen einer Neustruktur von fünf der sechs europäischen Ford-Werke (ausgenommen Saarlouis) wurde u. a. beschlossen, die Herstellung des Sierra in Dagenham einzustellen und dieses Modell ausschließlich im belgischen Gent zu bauen.

Ein besonders beachteter Abgang jener Epoche: Per Ende April 1989 demissionierte Daniel Goeudevert als Vorstandsvorsitzender der deutschen Ford-Werke. Der einstige Literaturdozent an der Pariser Sorbonne wollte sich fortan anderen Interessenkreisen zuwenden. Unter den großen Automanagern galt er als der „Querdenker" oder gar als das schwarze Schaf, hatte er doch für kleine, vernünftige Autos anstatt für PS-Stärke und High-Tech plädiert. Dennoch (oder vielleicht deshalb) wurde dieser Andersdenkende, der seiner Zeit weit voraus war, alsbald in den VW-Vorstand gewählt. Bei Ford Köln übernahm John E. Hardiman den Platz von Goeudevert. – Im Getriebewerk Bordeaux begann Ford mit der Produktion des stufenlosen Automatikgetriebes CTX für den Fiesta sowie für Fiat.

2.0 DOHC / Sierra 2000 E. Im April 1989 für den Sommer angekündigt wurde ein 1998-cm^3-Zweinockenwellenmotor, der im Sierra und im Scorpio das 1993-cm^3-OHC-Aggregat ablöste. Die Leistung stieg in der Einspritzversion mit Katalysator von 101 auf 120 PS. Gleichzeitig verhieß Ford eine Verbrauchsreduktion von rund 10 Prozent. Den mit diesem Motor ausgerüsteten Sierra gab es auch als 2000 E = Executive einschließlich 4-Stufen-Automatikgetriebe, ABS, Servolenkung,

Ford Sierra GL, 1990

Ford Scorpio GL (Stufenheck), 1990

elektrischer Windschutzscheibenheizung, Schiebedach, Lederausstattung, Bordcomputer, Leichtmetallfelgen, Zentralverriegelung usw.

Scorpio viertürig. Weil der geniale fünftürige Fließheck-Scorpio als Nachfolger des konventionell geformten Granada die Markterwartungen nicht erfüllte, wurde im Januar 1990 eine Stufenheckversion nachgeschoben. Auch sie besaß sechs Seitenfenster, und ihr um 7,5 cm verlängertes Heck (Gesamtlänge 474,5 cm) wirkte elegant. Mit 490 dm^3 Gepäckraum (nach VDA-Nom) wurde das Fassungsvermögen des fünftürigen Scorpio um 50 und jenes des Granada um 5 dm^3 überboten. Mit dem Jahrgang 1990 erhielten alle Scorpio als äußere Neuerung ein kleines eingerahmtes Kühlergittergeviert mit integriertem Markenoval. Die Ausrüstung wurde aufgewertet und (je nach Land) gab es die Ausstattungsniveaus CLX, CL, GL, Ghia und Executive; bei allen zählte ein Radio/Kassettengerät zum Standard.

Übrigens entwickelte und fertigte Ford seit 1986 die Audiogeräte als einziger Autohersteller in Eigenregie, und zwar im werkeigenen Elektronikzentrum im englischen Dunton. Die Heckscheibenheizung diente gleichzeitig als Radioantenne. Bereits war auch von einer kommenden Kombivariante des Scorpio die Rede.

Sierra 1990. Ende Januar 1990 erfuhr auch das Sierra-Programm einige Neuerungen. Äußeres Erkennungszeichen war parallel zum Scorpio ein kleines gerahmtes Kühlergittergeviert mit dem Markensignet, wie es bereits der Sierra Cosworth besaß. Es gab neue Stoffüberzüge, ein Armaturenbrett mit zusätzlichen Ablagen, ein in der Höhe verstellbares neues Lenkrad und eine Fernbedienung für Tankdeckel und Hecktüre bzw. Kofferraumdeckel. An die Stelle des 2,3-l-Dieselmotors trat ein 1,8-l-Turbo-Diesel. Mit einem Garrett-T3-Abgasturbolader versehen leistete dieses Triebwerk 75 PS.

Neu war der Vierradantrieb auch in Verbindung mit dem 2.0-DOHC-Motor lieferbar (System Ferguson, mit Planetengetriebe, Kraftaufteilung vorne/hinten 34:66 Prozent, Viskobremsen im zentralen und hinteren Differenzial). Der viertürige Sierra Cosworth anderseits wurde nun von Haus aus mit diesem Vierradantrieb ausgerüstet; gleichzeitig stieg die Leistung trotz Katalysatorbestückung von 204 auf 220 PS. Wenngleich das Leergewicht um 50 auf 1300 kg angestiegen war, erreichte der „Cossie-Sierra“ Tempo 100 binnen 6,9 s sowie eine Spitze von 240 km/h.

Wilde Streiks in den Ford-Werken Halewood und Dagenham führten dazu, dass vorübergehend rund 8000 Ford-Arbeiter zu Hause bleiben mussten. Dessen ungeachtet beschloss Ford Ende März 1990 für das Werk Halewood einen zweiten Abbau von 3000 Stellen, verteilt auf fünf Jahre, wie dies bereits während der vorangegangenen fünf Jahre geschehen war (keine Entlassungen, teils vorzeitige Pensionierungen und Abfindungen). Für den auf September 1990 angekündigten neuen Escort wurden zudem mit Großaufwand neue Produktionsanlagen eingerichtet. Anderseits wurde entschieden, künftig 300'000 der 850'000 jährlich im Werk Bridgend zu bauenden Motoren in Köln zu produzieren und somit auf die zweite Ausbauphase in Südwales zu verzichten (s. oben).

Fiesta Turbo. Noch potenter als der XR2i gab sich der auf dem Automobilsalon von Turin im Mai 1990 vorgestellte Fiesta Turbo: 1598 cm^3, OHC, Bosch K-Jetronic, Turbolader Garrett T02, Intercooler, und damit 133 PS und 0–100 km/h in 8,2 s. Die Lenkung wurde etwas direkter ausgelegt und der Lucas-Girling-Bremsblockierschutz zählte ebenso zur Ausrüstung wie die beidseitigen Luftschlitze oben auf der Motorhaube.

Mitte 1990 wurden die ersten Fotos von den auf den Herbst und somit zum Modelljahr 1991 in Aussicht gestellten neuen Escort und Orion veröffentlicht.

Ford Europa	Bauart	Mot.	Getr.	R/L cm	Baujahre
Fiesta	**Fr.**	**a–n**	**4**	**228,5/356,5/361**	**1980/81**
			4/5	**229/365/371**	**1981–88**
Motoren:	*Zyl.:*	*N'w.:*	*cm³:*	*PS/'min:*	*Nm/'min:*
a (–1983)	4	OHV	957	40/5500/45/6000	64/2700/65/3000
b (1983–)				45/5750	68/3700
c (–1983)			1117	55/53/5700	80/3000
d (1983–86)				50/5000/53CH/5700	83/2700/3700
e (1986/87)				50/49K/48K/5000/53	83/81/2700
f (1987–)				50/5000/49K/4800	
g (*1983–86)			1297	66/5600/69*/6000	94/3250/100/4000
h (1986/87)			1392	75/5600	109/4000
i (1986/87)	4i			73K/5600/70K/5300	103/4000
j (1987–)	4/4i			73/71K/5500	108/103/4000
k (*XR-2 1981–83)	4		1598	91/84*/5500	128/3500/125/2800
l (XR'83–86 *CH'84–86)				96/6000/79*/5800	132/4000/125/3300
m (XR2 1986– *Export)				95/5750/79*/5800	
n (1983–)	4D		1608	54/4800	95/3000

Ford Europa	Bauart	Mot.	Getr.	R/L cm	Baujahre
Fiesta	**Fr.**	**a–g**	**4/5/A**	**244,5/374**	**1989/90**
a	4	OHV	1001	45/5000	74/3000
b			1119	55/50K/5200/54	86/2700/83/3000
c		OHC	1391	75/5600/73	109/4000
d	4i			71K/5500	103/4000
e	4		1598	90/5800	133/4000
f (XR2i)	4i			110/104K/6000	138/135/2800
g	4D		1753	60/4800	110/2500

→

Ford Europa

Ford Europa	Bauart	Mot.	Getr.	R/L cm	Baujahre
Escort	**Fr.**	**a–v**	**4/5/A3**	**239,5/397–411,5**	**1980–86**
				240/402/406/408	**1986–90**
Orion				**239,5/419,5**	**1983–86**
				240/421,5	**1986–90**
Motoren:	*Zyl.:*	*N'w.:*	*cm³:*	*PS/'min:*	*Nm/'min:*
a (*1982/83)	4	OHC	1117	55/53/5700	80/3000/82*/3500
b (–1981)				55/59/6000	82/3500/84/4000
c (1983–)				50/5000	83/2700
d (*1986/87)			1297	69/6000/60*/5000	100/3500/100/3000
e (1987/88)				60/60K/5000	100/97/3000
f (1988–)				63/60/5000	101/3000
g (1986–88)	4/4i		1392	75/5600/73K/5300	109/103/4000
h (1987/88)				73/73K/5500	108/103/4000
i (1988–)				75/73/73K/5600	109/103/4000
j (–1985)	4		1598	79/5800	125/3000
k (1986– *CH/Exp.–'88)				90/79*/5800	133/4000/125/3000
l (XR-3 –1982)				96/6000	132/4000
m (XR3i'82–89/+Orion)	4i			105/6000	138/4800
n (do. 1986–89)				90K/5800	123/4600
o (do. 1989–)				102K/110/6000	135/4800/138/2800
p (RS 1600i 1982/83)				115/5750	145/4500
q (RS Turbo 1984–86)				132/6000/130/5500	180/3000/2750
r (do. Evolut. '84–86)				180–200	–
s (RS Turbo 1986–)				132/5750	181/2750
t (RS 1700 T 1982/83)	4iT	D16V	1800	200–	–
u (1984–88)	4D		1608	54/4800	95/3000
v (1988–)			1753	60/4800	110/2500
Taunus / Cortina	**St.**	**a–h**	**4/A3**	**258/434–448**	**1980–82**
Motoren:	*Zyl.:*	*N'w.:*	*cm³:*	*PS/'min:*	*Nm/'min:*
a	4	OHC	1294	59/5750	92/3500
b				63/5750/64/6000	98/99/3500
c		OHV	1297	60/5750	93/3000
d		OHC	1593	70/73/5300	113/117/2700
e				90/5700	121/4000
f			1993	101/5200/87S/5300	153/4000/140/3500
g (*1981–)	V6	OHV	1998	90/5100/90/5000*	141/150/3000
h			2294	114/5300	176/3000
Sierra	**St.(4)**	**a–y**	**4/5/A3/A4**	**261/439,5–452,5**	**1982–87**
				261/442,5/447/451	**1987–90**
(GB: Sapphire)				**261/446,5**	
Motoren:	*Zyl.:*	*N'w.:*	*cm³:*	*PS/'min:*	*Nm/'min:*
a (–1986)	4	OHC	1294	60/5700	98/3100
b (–1983)			1593	75/70/5300	120/2900
c (1983–85)				75/5300/4900/70	120/123/2900
d (1985–89 +*1987/88)			1598	75/75K*/4900	123/2900
e (1989–)				80K/55'/72K/75/49'	121/35/119/123/29
f (1988– +*1989–)			1769	90/87K*/5250	147/145/3000
g (1984–88 +*1987–89)			1796	90/88K*/5400	140/134/3500
h (–1983)			1993	105/5200/90/5500	157/4000/142/3500
i (1983/84)				105/5200/89/5300	157/4000/141/3500
j (CH *1983/84)				99/5500/98*/5300	151/3500/150/3800
k (1984–86)				105/5200/91/5300	
l (CH 1984/85 *'85/86)				101/5300/100*	150/3800
m (1986–)				105/5200/100K/5400	157/153/4000
n (1985 *CH)	4i			115/5200/110*/5300	157/4000/150/3800
o (1986–89 *1986–)				115/5500/101K*/51'	160/148/4000
p (1989–)	4	DOHC	1998	109/5600/105K/5500	174/170/3000
q (1989–)	4i			120K/5500/125/5600	171/174/2500
r (–1984)	V6	OHV		90/5000	150/3000
s (–1985)			2294	114/5300	176/3000
t (XR –'85 *CH'84/85)	V6i		2792	150/5700/148*/5500	216/207/3800
u (XR+4x4 *CH/S 85/86)				150/5700/145*/5800	216/3800/3000
v (XR+4x4+ 1987/88)				150/5700/145K/5500	216/3800/222/3000
w (do. 1988–)			2935	150/5700/145K/5500	233/222/229/3000
x (–1989)	4D		2304	67/4200	139/2000
y (1989–)	4TD		1753	75/4500	152/2200

Ford Europa	Bauart	Mot.	Getr.	R/L cm	Baujahre
Sierra RS Cosworth	**St.**	**a**	**5**	**261/446**	**1985–87**
Sierra Cosworth	**St.(4)**	**a/b**		**261/449,5**	**1988–90**
Motoren:	*Zyl.:*	*N'w.:*	*cm³:*	*PS/'min:*	*Nm/'min:*
a (–1989)	4iT	D16V	1994	204/6000	276/4500
b (4x4 1990–)				220/220K/6000	290/3500
Sierra RS 500 Cosw.	**St.**	**–**	**5**	**261/446**	**1987**
Motoren:	4iT	D16V	1994	227/6000	280/4500
Granada	**St.**	**a–m**	**4/A3**	**277/463,5–482,5**	**1980/81**
				277/468–488,5	**1981–85**
Motoren:	*Zyl.:*	*N'w.:*	*cm³:*	*PS/'min:*	*Nm/'min:*
a (–1981)	V4	OHV	1699	74/71/5000	125/120/3000
b (–1982)	4	OHC	1993	101/87S/5200	153/4000
c (1982–)				105/5200/90/5500	157/4000/142/3500
d (1983– *m.Autom.)				105/5200/89*/5300	157/4000/141/3500
e (CH 1982/83 *1983–)				99/5500/98*/5300	151/150/3800
f (*1981–)	V6	OHV	1998	90/5100/90*/5000	141/151/3000
g			2294	114/5300	176/3000
h			2792	135/5200	216/3000
i (*1981–)	V6i			160/150*/5700	221/4300/216/4000
j (–1982)	4D		2112	63/4500	122/2000
k (–1982)			1946	54/4500	111/2000
l (1982–)			2499	69/4200	148/2000
m (1981–83)	4	OHC	1594	75/5500	119/3200
Scorpio	**St.(4)**	**a–k**	**5/A4**	**276/467**	**1985–90**
				276/474,5	**1990**
Motoren:	*Zyl.:*	*N'w.:*	*cm³:*	*PS/'min:*	*Nm/'min:*
a (–1987)	4	OHC	1796	90/5400	140/3500
b (+*1987–89)			1993	105/5200/100K*/54'	157/153/4000
c (–1987)	4i			115/5200/101K/5100	157/148/4000
d (1987–89)				115/5500/101K/5100	160/148/4000
e (1989–)	4	D16V	1998	109/5600/105K/5500	174/170/3000
f (1989–)	4i			120K/125/5500	171/174/2500
g (1986– +*1989–)	V6i	OHC	2394	130/125K*/5800	193/3000/182/3500
h (–1986)			2792	150/5800/146CH	219/3000
i (1986– *1989–)			2935	150/5700/145K/5500	233/222/228*/3000
j (*1986–)	4D		2498	69/4500/4200*	148/2000
k (1988/89 *1989–)	4TD			92/4150	204/201*/2250
Capri	**St.**	**a–n**	**4/A3**	**256,5/437,5/444**	**1980–86**
Motoren:	*Zyl.:*	*N'w.:*	*cm³:*	*PS/'min:*	*Nm/'min:*
a (–1982)	4	OHV	1297	54/5500	85/3000
b (–1983)				60/73/70/5750	93/3000/–
110/2500					
c (–1982)			1598	63/5000S	110/2500
d (–1983)		OHC	1594	68/5200/74/73/5300	
115/2800/118/2700					
e (*1981/82)				88/90*/5700	125/4000
f (–1982)				92/5900/73/5500	
125/4000/111/3800					
g (1983–)				73/5300/70	117/2700
g (–1982)			1993	101/5200/87/5300	
153/4000/140/3500					
h (1982–)				101/5200	153/4000
i (CH 1982/83 *'83/84)				99/5500/98*/5300	151/3500/3800
j (–1981)	V6		1998	90/5100	141/3000
k (1981–, *1982–84)			2294	114/5300	176/177*/3000
l	V6i		2792	160/5700	221/4300
m (–1981)	V6		2993	138/5000	235/3000
n (Turbo, 1981/82)	V6T		2792	188/5500	280/4500
RS 200	M./4x4	–	5	253/400	1984–85
Motor:	4iT	D16V	1803	250/6500/380	292/4500

Ford
South Africa

Wie in Südamerika und Australien hatten Zollschranken und lange Transportwege auch in Südafrika den Aufbau einer eigenen Automobilindustrie veranlasst. Die Ford Motor Company of South Africa (Pty.) Limited in Port Elizabeth arbeitete hinsichtlich Konstruktion und auch Teileaustausch mit → Ford Australia zusammen. Das war naheliegend, waren diese beiden südlichen Ford-Töchter doch nicht zuletzt durch die Rechtslenkung vereint.

Escort. Diese Zusammenarbeit betraf auch den Escort. 1981 handelte es sich noch um das Modell mit Hinterradantrieb. Es gab ihn als zwei- und viertürige Limousine sowie als dreitürigen Kombi, und er wurde mit 1,3- und 1,6-l-Motoren mit seitlicher Nockenwelle oder 2-l-OHC-Motor, 4-Gang-Getriebe oder 3-Stufen-Automatikgetriebe C3 ausgerüstet. Je nach Einsatzgegend konnte der Käufer Motoren für 90-ROZ-Benzin (1,3 und 1,6 l) oder 97-Oktan-Benzin (1,3 und 2 l) wählen. Vorne umfasste die Aufhängung Federbeine und untere einfache Querlenker, hinten eine Starrachse mit Halbelliptikfedern. Die schwächer motorisierten Versionen bescheideten sich mit Vierrad-Trommelbremsen.

Cortina 3.0. Der in Südafrika gebaute Cortina entsprach bereits der aktuellen europäischen bzw. englischen Version. Die Besonderheit lag aber darin, dass es ihn zusätzlich mit einem 3-l-V6-Motor gab, der mit Weber-Doppelvergaser auf 138 PS kam. Auf Wunsch wurden ein 3-Stufen-Automatikgetriebe und eine Servolenkung eingebaut. Topmodell war der Cortina XR6 mit Bugschürze und weiteren sportlichen Attributen. 1982 gab es auch das Luxusmodell Cortina Carousel und die leistungsgesteigerte Version Interceptor.

Granada 3.0. Auch der Granada war in Südafrika mit dem englischen 3-l-V6-Motor zu haben (Servolenkung serienmäßig).

Sierra 1.6. 1983/84 wurde der Cortina vom Sierra abgelöst. Es gab ihn analog zu den europäischen Sierra mit 2-l-OHC-Motor (105 PS) und 2,3-l-V6 (114 PS). Basismotor war aber die altvertraute Kent-OHV-Maschine mit 1598 cm³ und 80 PS, wie sie auch im Cortina (dort mit 86 PS) erhältlich war.

Sierra XR6 / XR8. 1984 kam der Sierra mit 3-l-V6-Motor (und Heckflügel) hinzu. Zudem gab es in einer auf 250 Exemplare beschränkten Serie den XR8 mit dem amerikanischen 4,9-l-V8-Motor mit 210 PS Leistung und Doppelflügel am Heck (wie beim europäischen Sierra XR 4i), doch handelte es sich auch bei ihm um eine fünftürige Limousine. Dieses Liebhaberstück zeichnete sich ferner durch Vierrad-Scheibenbremsen, Alufelgen, in dunkler Farbe gehaltene Flankenunterteile und durch eigene Kühlschlitze in der Sierra-Front aus.

Ford Cortina XR6, 1981

Ford Escort 1300 L, 1982

Ford Sierra XR8, 1985

1985 gründete Ford mit dem südafrikanischen Mazda-Hersteller die Produktionsgesellschaft South African Motor Corporation = Samcor. Im Gegensatz zu General Motors entschied sich Ford Anfang 1987 dafür, trotz Apartheid-Situation in Südafrika zu verbleiben. Ein Rückzug hätte den Zusammenbruch der Samcor bedeutet, und damit wären 4500 Arbeitsplätze (und 10'000 weitere bei den Zulieferanten) gefährdet gewesen. Immerhin verkaufte Ford Ende 1987 seinen Samcor-Anteil von 42 Prozent.

Die Escort-Produktion wurde 1986/87 zugunsten der Mazda-Derivate Laser und Meteor eingestellt. 1988 wurde der 3-l-V6 mit 140 PS des luxuriösen XR6 auch im Sierra LX lieferbar.

Ford South Africa	Bauart	Mot.	Getr.	R/L cm	Baujahre
Escort	**St.**	**a–c**	**4/A3**	**240,5/398/406**	**1980/81**
(weitere –> Ford Eur.)					
Cortina 3.0		**d–f**		**258/448**	**1980–83**
Granada 3.0		**d/e**		**277/466–476,5**	**1980–85**
Motoren:	*Zyl.:*	*N'w.:*	*cm³:*	*PS/'min:*	*Nm/'min:*
a	4	OHV	1297	54/5500/60/5750	85/92/3000
b			1598	63/5000	110/2500
c		OHC	1993	95/5200	148/3800
d (*1982/83)	V6	OHV	2993	138/141*/5000	235/237/3000
e (1982–				141/5500	238/3300
f (C. Interceptor'82–)				158/5300	254/3500
Sierra	**St.**	**a–d**	**4/5/A4**	**261/440**	**1983–90**
Motoren:	*Zyl.:*	*N'w.:*	*cm³:*	*PS/'min:*	*Nm/'min:*
a	4	OHV	1598	80/5500/79	120/2800
b (XR6 1984–86)	V6		2993	141/5000	237/3000
c (1986– *XR6)				139/140/5000/156*	237/3000/–
d (XR8 1984–86)	V8		4942	210/4800	359/3400
(weitere Sierra → Ford Europa)					

FSO

Polski Fiat (bis 1981)

FSO stand für Fabryka Samochodow Osobowych, einem Autowerk in Warschau. Dieser Staatsbetrieb, der bereits den Kleinwagen → Syrena baute, hatte im Sommer 1968 unter der Bezeichnung → Polski Fiat 125 P die Lizenzherstellung des Fiat 125 aufgenommen. Dieser wurde bis 1990 weitergebaut, nach dem Auslaufen der Lizenz um 1981 allerdings nicht mehr mit dem Namen Fiat, sondern unter der Marke FSO.

125 P. Der Polski Fiat bzw. FSO 125 P entsprach mit Ausnahme des Kühlergrills dem bis 1972 in Italien gebauten Fiat 125. Auch 1981 gab es die viertürige Stufenhecklimousine und den fünftürigen Kombi wahlweise mit 1,3- oder 1,5-l-OHV-Motor. Die Leistung erreichte 65 bzw. 75 und mit auf 9,5:1 erhöhter Verdichtung 82 PS. Der Kraftübertragung auf die Hinterräder diente ein 4-Gang-Getriebe mit Stockschaltung (bis 1972/73 war eine Lenkradschaltung verwendet worden). Vorne gab es Dreieckquerlenker, hinten eine Starrachse mit Halbelliptikfedern und Längsschubstreben. Der 125 P besaß Vierrad-Scheibenbremsen und eine Lenkung mit Schnecke und Rolle.

126 P. Ab Anfang 1973 waren die ersten Exemplare des Kleinstwagens → Fiat 126 aus dem eigens für ihn aufgebauten Fabrikkomplex FSM (Fabryka Samochodow Malolitrazowych) in Bielsko-Biala, Oberschlesien, vom Band gerollt. Es handelte sich zunächst um eine Lizenzherstellung, wobei aber aus Polen 126er Motoren und schließlich die ganzen Wagen nach Italien geliefert wurden. Im polnischen Volksmund wurde der Polski Fiat 126 als Maluch = der liebe Kleine bezeichnet. Er diente der Volksmotorisierung ebenso wie einst der Fiat Topolino in Italien. Während FSM in den 80er Jahren in den Fiat-Konzern integriert wurde, behielt FSO seine Eigenständigkeit.

Polonez. Im Frühling 1978 hatte die FSO das Eigenmodell Polonez lanciert. Es basierte auf dem 125 P, zeigte jedoch eine modernere drei- oder fünftürige Fastbackkarosserie. Deren Design war in Zusammenarbeit mit Fiat entstanden. Ein Merkmal waren die schwarz eingerahmte Kühlerfront mit Doppelscheinwerfern und die ebenfalls schwarzen seitlichen Schutzleisten. Auch das Armaturenbrett war neu konzipiert worden. Den 1,5-l-OHV-Motor gab es mit 75 oder 82 PS Leistung. Auf Wunsch war ein 5-Gang-Getriebe erhältlich. Vorn wurden Dreieckquerlenker, hinten eine Starrachse mit Halbelliptikfedern und Längsschubstreben verwendet (Vierrad-Scheibenbremsen, Lenkung mit Schnecke und Rolle).

Auf dem Salon Paris im Oktober 1978 wurde der Polonez als Baltic bezeichnet. Der internationale Vertrieb erfolgte über die Staatsholding Pol-Mot. 1980 kam ein dreitüriger Polonez hinzu. Die Weiterentwicklung beschränkte sich auf Details, u. a. seitliche Zierstreifen. Auf der London Motorfair 1985 wurde ein solches Modell unter dem Zunamem Prima ausgestellt.

Wars. Im Januar 1986 wurde der heimischen Presse (unter Fotoverbot) der Prototyp des in Eigenregie entwickelten Kleinwagens Wars vor Augen geführt (380 cm lang, 780 kg leicht, 1,1- bis 1,6-l-Motoren), doch wurden noch drei Jahre Entwicklungszeit veranschlagt. – 1990 wurde das Wars-Projekt erneut publik gemacht. Die Form der fünftürigen Schrägheckkarosserie glich ein wenig einem verkleinerten Opel Kadett, war aber von polnischen Designern entworfen worden. Für den Frontantrieb diente ein 1290-cm^3-Motor mit 65 PS und als Leergewicht wurden 780 km genannt. Es wurde geplant, die Produktion Anfang der 90er Jahre bei FSO anlaufen zu lassen.

FSO 125 P Kombi, 1985

FSO Polonez Cruzado XLS, 1990

FSO Polonez Classic, 1986

Polonez 1986. Auf der Birmingham Motor Show im Herbst 1986 wurde er noch als Prototyp bezeichnet, doch 1987 ging er bereits in Serie: Der neue Polonez zeigte eine modernisierte Karosserie mit dritten Seitenfenstern, die damit leichter und lichter wirkte. Neu war eine alternativ zum 1,5-l-Motor angebotene 1,6-l-Version, die als sparsamer bezeichnet wurde. Auch eine Stufenheckvariante war entwickelt worden.

125 P 1.6 D. 1987 wurde der betagte 125 P (auch 125p geschrieben) auf Wunsch mit dem 1,6-l-Dieselmotor von VW lieferbar, allerdings nur auf dem einheimischen Markt und gegen westliche Devisen (um den Import der VW-Motoren zu finanzieren). – Auf der London Motorfair im Oktober 1987 wies FSO auf die modernisierte Front des Polonez hin.

Ab Ende der 80er Jahre wurde der fünftürige Polonez in den Niederlanden (wie schon in England) unter der Bezeichnung FSO Prima verkauft, während es ihn in Belgien einerseits als Cruzado und anderseits – von der belgischen Firma Piedra angeboten – mit 60 PS leistendem 1366-cm^3-Dieselmotor von FNM (→ Anhang) gab. Andernorts kam eine 95 PS leistende Turboversion des 1,5-l-Motors ins Angebot.

Mitte der 90er Jahr stieg → Daewoo bei FSO ein.

FSO	**Bauart**	**Mot.**	**Getr.**	**R/L cm**	**Baujahre**
125 P	**St.**	**a/b**	**4/5**	**250,5/422,5/423,5**	**1980–90**
Polonez (*LE 1985–)		**c/d**		**251/427/432***	
Motoren:	*Zyl.:*	*N'w.:*	*cm^3:*	*PS/'min:*	*Nm/'min:*
a (*1984–)	4	OHV	1295	65/5200/5600*	93/4000/3400
b (–1984)			1481	75/5300/82/5200	113/3800/121/4000
c				75/82/5200	115/3200/114/3400
d (1986–)			1598	87/5200	132/3800

Geo

Für das Modelljahr 1989 hatte General Motors beschlossen, den Namen → Chevrolet sozusagen reinzuwaschen: Im Mai 1984 war im Westen der USA mit dem Sprint ein erster winziger Suzuki als Chevrolet eingeführt worden, und nach und nach waren weitere japanische Modelle unter dem Chevrolet-Markenzeichen auf den US-Markt gelangt. Manche Käufer bevorzugten jedoch ehrlich als japanische Konstruktionen gekennzeichnete anstatt auf Chevy „umgebadgte“ Fahrzeuge. Das zeigte sich besonders am Beispiel des Chevrolet Nova, dem Parallelmodell des sich weit besser verkaufenden Toyota Corolla. Mit dem Markennamen Geo wollte die General Motors Corporation auf ihre weltweiten Aktivitäten und Beziehungen hinweisen.

Zum Modelljahr 1989 wurden daher alle diese vertrackten Japan-Chevrolet auf die neue Marke Geo umbezeichnet. Aus dem Chevrolet Sprint wurde so der Geo Metro (→ Suzuki Cultus / Swift 1989), aus dem Chevrolet Spectrum der Geo Spectrum (→ neuer Isuzu Gemini), aus dem Chevrolet Nova der Geo Prizm, und als Neuheit kam der Geo Tracker (→ Suzuki Escudo / Vitara) hinzu.

Storm 2+2. Dieses Coupé wurde Anfang Januar 1989 auf der North American International Auto Show von Detroit vorgestellt. Es sollte von Isuzu gebaut zum Modelljahr 1990 (ausschließlich) auf den nordamerikanischen Markt kommen und vor allem dem Honda CRX Paroli bieten: 1,6-l-16-Ventil-Motor, 0– 60 mph in 6 s. – Bei dem auf der „Konkurrenzausstellung“, der Greater Los Angeles Auto Show, vorgestellten Prizm LS handelte es sich hingegen um das Parallelmodell des jüngsten Toyota Corolla mit Stufenheckkarosserie.

Metro Cabrio. Den Metro (alias Suzuki Swift) gab es ab 1990 als attraktives 2+2-sitziges Cabriolet. Dieses sollte gemäß Planung in jenem Jahr in einigen sonnenreichen US-Staaten in rund 4000 Exemplaren abgesetzt werden.

GM-Modelle der Marke Geo wurden bis im Modelljahr 1997 angeboten.

Geo Metro LSI Cabrio, 1990

Geo Prizm GSI, 1990

Geo Strom GSI + Geo Storm, 1990

Geo	Bauart	Mot.	Getr.	R/L cm	Modelljahre
Prizm	**Fr.**	**–**	**5**	**243/434**	**1989/90**
Motor:	4i	D16V	1587	103/5800	137/4800

GFG

GFG Elisar, 1985

Dieser deutsche Kleinhersteller trat Mitte der 80er Jahren als Eigenmarke in Erscheinung: Bis dahin hatte die Firma Turbo-Technik Gerhard Feldevert & Co. in Gronau-Epe vor allem Motorentuning im Angebot und dazu Langlimousinen auf der Basis der Mercedes-Benz 200– 280 E und 280 SE– 500 SEL sowie Vollcabriolets mit elektrischem Verdeck auf den MB 230 CE– 280 CE und 380 SEC– 500 SEC. Außerdem wurden Fahrzeugpanzerungen angeboten. Auf der IAA Frankfurt im September 1985 aber kam eine weitere Sparte hinzu: der Elisar.

Elisar. Der GFG Elisar war binnen zwei Jahren entwickelt worden, und er war die an Mercedes-Benz-Oldtimer gemahnende Phantasie-Replika eines Luxussportcabriolets der frühen 30er Jahre. Damit setzte er eine deutsche Parallele zu den amerikanischen Nostalgie- bzw. Neoclassic-Schöpfungen von → Baroque, Clénet, Excalibur, Zimmer usw. Der Elisar basierte auf einer Konstruktion des amerikanischen Rennfahrers Hugh Bancroft, und der Modellname war eine Ableitung des Namens von Gerhard Feldeverts Tochter Elisa.

Als Unterbau diente für den Elisar eine selbsttragende Rahmenkonstruktion, während die Karosserie aus GfK und Kevlar hergestellt wurde. Motor und Getriebe stammten von Mercedes-Benz – 280 E mit 4-Stufen-Automatikgetriebe – und dies galt auch für das Fahrwerk einschließlich Bremsanlage und Lenkung. Zur luxuriösen Ausstattung zählte u. a. ein Wurzelholz-Armaturenbrett. Die funktionslosen Kompressorrohre, die seitlich aus der Motorhaube führten, erinnerten ebenso an die legendären Mercedes-Modelle der Zwischenkriegszeit, wie die an der Front aufgereihten Hup-Fanfaren.

Auf der IAA Frankfurt 1987 wurde gemeldet, dass der ausschließlich in den Originalfarben Weiß, Schwarz oder Rot mit passender Lederausstattung erhältliche Elisar bis dahin in 16 Exemplaren ausgeliefert worden sei. Er wurde aber auch noch 1989 einzelstückweise hergestellt, und in späteren Jahren andernorts nachgebaut. – Auf dem Genfer Salon 1990 wurde der Bancroft Roadster (→ Anhang) vorgestellt.

Giannini

Die Giannini Automobili SpA war in Rom niedergelassen und hatte ab 1963 Fiat-Serienmodelle auch äußerlich modifiziert oder mit Sonderkarosserien versehen. Ab den 60er Jahren konzentrierte sie sich auf das Tuning und war auch eine angesehene Konkurrenz zu Abarth. Nachdem dieser Name 1971 in Fiat integriert worden war und seine Bedeutung verlor, blieb Giannini die bekannteste Liebhaber-Alternative zu den Original-Fiat. Von außen erkannte man die Giannini vor allem durch das Markensignet. Teils kam weitere Zierart hinzu.

Fiat-Giannini 126. Diese Ableitungen vom Fiat 126 boten vergrößerte und stärkere Motoren: 126 GP: 652 cm^3, Verdichtung 8,7:1, 30 PS; 126 GPS: 694 cm^3, 8,5:1, 34 PS; 126 GPA 800: 794 cm^3, 8,5:1, 38 PS.

Fiat-Giannini 127. Bei diesen Derivaten wurden entweder bloß mit Doppelvergaser oder zudem mit mehr Hubraum ein Plus an Leistung erzielt: 127 NP, Verdichtung 9,6:1, 57 PS; 127 NP-S: 950 cm^3, 9,6:1, 63 PS.

Fiat-Giannini Ritmo Veloce. Bei unverändertem Hubraum von 1116 cm^3 gab es dieses Modell in zwei Versionen: Verdichtung 9,8:1, 73 PS; Modell S: zudem zwei Weber-Doppelvergaser, 85 PS. Der Ritmo Veloce wurde auf Wunsch mit einem 5-Gang-Getriebe dotiert.

Ritmo Turbodiesel. Auf dem Salon Turin zeigte Giannini im April 1982 in Weiß gehaltene Exemplare der Fiat-Modelle Panda, 127 NP und Ritmo 60 Autostrada. Zugstück war jedoch ein Ritmo Turbodiesel, der es mit einem japanischen Abgasturbolader angeblich auf 80 PS (statt der 55 PS des Serien-Diesels) brachte.

Fiat-Giannini Panda 30/45 GT. Im Verlaufe des Jahres 1982 kamen auch getunte und mit Doppelvergasern ausgerüstete Panda hinzu: 652 cm^3/37 PS und 903 cm^3/58 PS.

Auf dem Turiner Automobilsalon vom November 1984 zeigte die Società Meccanica Industriale Giannini Automobili SpA u. a. den Uno 45 S Turbo: 903 cm^3, IHI-Abgasturbolader mit Ladeluftkühler, 78 PS, 175 km/h. Auch der Fiat Regata wurde inzwischen in die Kur genommen: Leistungssteigerungen und eine gänzlich eigene Front mit Bugschürze.

Fiat-Giannini Nuova Panda... Auf dem Salon Turin im Frühling 1986 zeigte Giannini nebst geschmackvoll veredelten Karosserien die Nuova Panda 30 GT und GT Sport 750, beide nach wie vor mit dem luftgekühlten Zweizylindermotor: 652 cm^3 und 37 PS bei 5600/min bzw. 756 cm^3 und 40,5 PS bei 5500/min.

Giannini Torino. Auf dem Salon von Turin im April 1990 wurde die jüngste Schöpfung unter der Marke Giannini (ohne Fiat) vorgestellt. Beim Torino ging es vordergründig nicht mehr um das Motortuning, sondern um den Karosserieumbau: Es handelte sich um einen tiefergesetzten Fiat Uno Turbo mit auffallend verbreiterten Radhäusern und Flanken, zweitem Lufteinlass in der geänderten Front und rennsportlichem Innenraum. Immerhin konnte man den Giannini Torino durch den Einbau eines anderen Turbos und Einspritzsystems und durch einen größeren Intercooler von 116 auf 148 PS bringen lassen.

Giannini Torino, 1990

Giannini (Fiat) Regata, 1985

Ginetta

Gegründet 1958 von den Gebrüdern Bob, Ivor, Trevor und Douglas Walklett in Woodgridge, Suffolk. Zunächst konzentrierte sich die Herstellung auf Bausätze für den Sporteinsatz, die mit einer Ford-Mechanik zu bestücken waren. Mit dem G4 von 1961 kamen auch für den Straßenverkehr geeignete Modelle hinzu. Später wurden weitere Motorenquellen erschlossen, u. a. der Hillman-Imp-Alumotor für niedliche kleine Sportcoupés. 1974 mussten die um 1970 in Sudbury, Suffolk, bezogenen modernen Werkanlagen bereits wieder aufgegeben werden.

Im Sommer 1980 brachte die nun in Witham, Essex, domizilierte Ginetta Cars Ltd mit dem G 23 ein neues Modell größeren Kalibers heraus, das den G 21, ein 2+2-sitziges Coupé, ablöste. Von diesem waren in den vorangegangenen Jahren noch je ein Dutzend Exemplare gebaut worden.

G 23. Der Ginetta G 23 war ein zweisitziges Cabriolet, zu dem ein Hardtop mit kreisrunden zusätzlichen Seitenscheiben geliefert werden konnte. Die GfK-Karosserie zeigte eine mit Klappscheinwerfern aufwartende flache, kühlergrillfreie Front. Der Stoßschutz mündete harmonisch um die Ecken gezogen am Radausschnitt aus, und über diesem verlief eine Lichtkante bis zum Karosserieende. Dem Antrieb diente der 3-l-V6 von Ford mit zentraler Nockenwelle; mit Weber-Doppelvergaser bot er 138 PS Leistung. Zum 4-Gang-Getriebe war auf Wunsch ein Overdrive-Getriebe zu haben.

Basis des G 23 bildete ein Fachwerkrahmen. Vorn wurden Trapez-Dreieckquerlenker, hinten Längslenker und ebenfalls Schraubenfedern verwendet. Die Vierrad-Scheibenbremsen waren mit einem Servo dotiert. Zunächst plante die Ginetta Cars Ltd den G 23 vor allem als Bausatz zu liefern, wobei auch der 2,8-l-V6 von Ford und die starre Capri-Hinterachse als Bauteile gewählt werden konnten.

G4. Nach einer 1982 erfolgten weiteren Reorganisation konzentrierte sich Ginetta wieder auf Bausätze, wie den urtümlichen G4, das erste für den Alltagsgebrauch herausgebrachte Modell. Der G4 besaß eine offene Kunststoffkarosserie, und er ließ sich mit den Motoren und der übrigen Mechanik von englischen Ford-Modellen mit 1,3 bis 2 l Hubraum ausrüsten.

Der G 27 war eine Art Replika dieses Erfolgstyps. Hinzu kamen die G 26 und G 31, die beide ebenfalls auf Ford-Mechanikteile ausgerichtet waren. Hochkarätige, eher für den Renneinsatz gedachte Neukonstruktionen waren hingegen die G 32 und G 33. Sie waren Mittelmotorfahrzeuge mit 1,6- oder 1,9-l-Motor (Coupé und Cabriolet) bzw. mit 3,9-l-V8 (nur Coupé). Letzterer erreichte Tempo 100 in weniger als 6 s. Diese Modelle wurden nur vollständig aufgebaut geliefert. 1984 verlautete, dass sich ein neuer Mittelmotor-Zweisitzer G 25 auf Ford-Fiesta-Basis in Vorbereitung befinde.

G 26. Auf der British Motor Show von Birmingham im Oktober 1986 war Ginetta mit dem Mittelmotorcoupé G 32 (Ford-CVH-Motor 1.6) und den viersitzigen Coupés G 26 und G 28 (Ford-Vierzylinder oder -V6) zur Stelle. Der als Sports Saloon bezeichnete G 26, inzwischen ausgefeilt, präsentierte sich als ein bemerkenswert formschöner Fünfsitzer mit flacher Klappscheinwerferfront, wie sie beispielsweise auch dem Lotus Excel eigen war. Er wurde als das professionellste je angebotene Bausatzauto propagiert. Der G 26 war vollständig auf die Aufnahme von Komponenten der Ford Cortina Mark 3 und 4 ausgerichtet.

Das Chassis bestand aus massiven Stahlrohren von rechteckigem Querschnitt, verstärkt und mit Auslegern sowie allen Befestigungspunkten versehen. In den Hauptteil des aus GfK bestehenden Karosserieaufbaus war ein Stahlskelett integriert, das mit einem Überrollschutzbügel verbunden war. Die zu verwendenden Türen entstammten dem Ford Fiesta und konnten auf Wunsch wie alle übrigen Komponenten mitgeliefert werden. Anderseits war der G 26 auch voll aufgebaut und gegen Aufpreis mit galvanisiertem Chassis zu haben.

Ginetta G 23, 1982

Ginetta G 26 Sports Saloon, 1987

G 32. Zwei Jahre später war Ginetta mit dem Produktionsmodell des G 32 in Birmingham präsent und plante 1989 von ihm 250 Exemplare herzustellen. Eine stilistische Eigenheit dieses Mittelmotor-Zweisitzercoupés war die anstatt eines zweiten Seitenfensters in die Karosserie eingelassene schwarze Blende, die der Luftzufuhr diente. Der G 32 wurde auch in Italien angeboten, wobei die Wahl zwischen zwei Einspritzmotoren mit 1598 cm^3 und 110 PS (Ford Escort XR3i) und mit 1905 cm^3 und 135 PS bestand.

Doch in jenem Jahr 1989 wurde das von Bob Walklett geführte Unternehmen verkauft. Der G 32 sollte darauf mit dem XR3i-Motor in Serienproduktion gehen, wozu in Scunthorpe, South Humberside, neue Fabrikanlagen übernommen und wiederum ein Jahresausstoß von 250 Exemplaren geplant wurde. 1992 kam es erneut zu Finanzproblemen und zur Liquidation. In einem weiteren Schritt gelangte die Marke Ginetta in den Besitz einer von Ginetta-Geschäftsführer Martin Phaff angeführten Gruppe von Fans. Diese bauten die Modelle G 20, G 32 und G 33 (im Herbst 1990 vorgestellter Hochleistung-Sportroadster) in einem Werk in Sheffield.

2005 erfolgte eine weitere Handänderung und der Verkauf des Herstellungsrechts für den G 27 an GKD und des G 34 an einen Lizenznehmer in Schweden.

Ginetta G 32, 1990

Ginetta	Bauart	Mot.	Getr.	R/L cm	Baujahre
G 23	**F'r.**	**–**	**4/4+OD**	**231/397,5**	**1980–84**
Motor:	V6	OHV	2993	138/4750	235/3000
G 32	**G'r./M.**	**a/b**	**5**	**221/376**	**1988–90**
Motoren:	4i	OHC	1598	90K/5800/102K*/60'	123/4600/135/4800
b (*1989–)				105*/6000	138/4800

GMC

Diese Marke entstand 1912 als das Nutzfahrzeugfabrikat der General Motors Corporation = GMC. Ab 1935 wurden auch Kombiwagen dieser Marke gebaut, während die Produktion eigentlicher großer Lastwagen in den 90er Jahren eingestellt wurde.

Jimmy. Der Anfang der 70er Jahre herausgebrachte Jimmy galt als Nutzfahrzeug (nach amerikanischer Einteilung) und war ein Parallelmodell zum → Chevrolet Blazer. Dies war auch 1981 noch so, wobei die GMC-Alternative stets um einen Hauch exklusiver war. Alle technischen Daten stimmten mit jenen des → Chevrolet Blazer überein.

Jimmy S-15 / T. Dies galt ebenso für den mit dem Modelljahr 1983 herausgebrachten kleineren Jimmy S (mit Hinterradantrieb) bzw. T (mit zuschaltbarem Vorderradantrieb).

Suburban. An der Grenze zum Nutzfahrzeug wurde von General Motors parallel mit dem Chevrolet Suburban auch der GMC Suburban 4WD hergestellt: ein mächtiger fünftüriger Kombi mit beträchtlichem Ladevermögen und Geländegängigkeit.

Jimmy S 15 1990. Den kleineren Jimmy gab es ab Modelljahr 1990 parallel zum → Chevrolet Blazer S auch fünftürig. Das größere Modell hieß inzwischen Jimmy V.

Safari. Als Gegenstück zum Chevrolet Astro gab es den GMC Safari, ein als Mid-Size Passenger Van bezeichneter Großraumkombi bzw. Minivan.

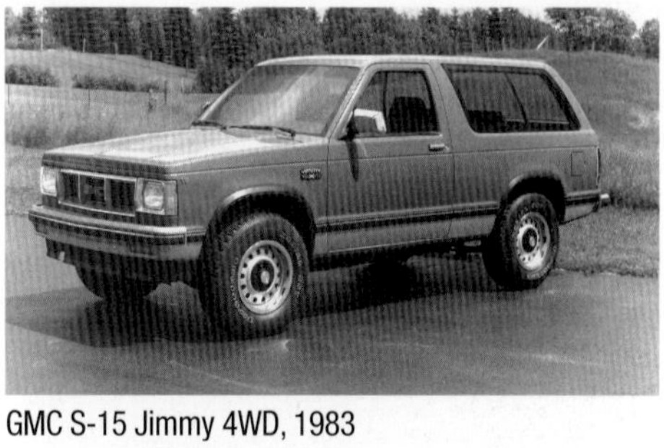

GMC S-15 Jimmy 4WD, 1983

GMC Suburban 4WD, 1983

Gurgel

Gegründet 1966 von Dr. Joao Amaral Gurgel in Sao Paulo (der ursprünglich deutsche Name wurde „Gurschell" ausgesprochen). Die Kunststoffkarosserien, die eine gelungene Verbindung von Buggy und Geländewagen verkörperten, basierten im Prinzip auf der VW-Käfer-Plattform, dies jedoch in Verbindung mit einem eigenen Stahlrahmenchassis, dessen obere Strukturteile in den GfK eingegossen waren.

X-12. Die 1981 angebotene Auswahl an X-12-Modellen umfasste die Ausführungen 12 L, 12 E, 12 Caribe, 12 TR und 12 RM, alle mit 204 cm Radstand und auf spezifische Einsatzzwecke ausgerichtet. In der Regel genügten Stoffverdecke und -türen, doch gab es mit dem 12 TR auch eine Ausführung mit Hardtop. Beim VW-Boxermotor im Heck handelte es sich um eine 1,6-l-Version mit 50 PS, außerdem war ein auf Äthylalkoholbetrieb ausgerichtetes Aggregat mit 1,3 l Hubraum und 42 PS Leistung erhältlich. Für erhöhte Geländetüchtigkeit sorgte die auf Wunsch lieferbare Differenzialbremse (technische Details → Volkswagen do Brasil).

X-15 / Xef. Auf dem Salon von Sao Paulo im November 1981 wurde zudem der etwas größere X-15 ausgestellt. Aufsehen erregte jedoch der Xef, ein als Prototyp bezeichneter dreisitziger Kleinwagen mit vorverlegter Frontscheibe und integriertem Dreieckfenstern vor der Tür (sowie aufmachbarem mittlerem Dachteil). Der Radstand war für ihn auf 180 cm reduziert worden, so dass die Länge nur 312 cm erreichte. Dieses originell-skurrile Modell ging allerdings nicht in Serie. Hingegen baute Gurgel inzwischen auch Elektro-Lieferwagen als Stadttransporter.

Eigentliches Serienmodell aber blieb weiterhin der X-12, auch wenn dessen Jahresausstoß von den in den 70er Jahren erreichten rund 1500 Exemplarem inzwischen um mehr als die Hälfte geschrumpft war. Die von Dr. Joao Gurgel im Zuge einer Kapitalerweiterung ausgegebenen Aktien wurden vom Publikum bei weitem überzeichnet.

Carajas. Auf dem Autosalon von Sao Paulo im November 1984 zeigte Gurgel nebst den Geländewagenmodellen X-12, dem Stadtwagen Xef mit neuem, leicht abgerundetem Grill und feinem horizontalem Zierstab, den Transportern und Kleinbussen sowie dem Elektrotransporter E-500 nun auch den Elektro-Pick-up E-250 sowie den Carajas. Bei diesem handelte es sich um einen gegenüber dem X-12 etwas größeren Geländewagen mit 1,6-l-Motor aus dem VW Passat (in der Serie kam dann ein 1,8-l-Motor zum Einbau). Auf Vierradantrieb wurde auch hier verzichtet, denn sein System Seletraction, mit dem sich wahlweise eine Hinterachsseite anbremsen ließ (ähnlich wie beim VW-Kübelwagen während des Zweiten Weltkriegs) genügte in der Regel, um aus einer misslichen Lage freizukommen.

Im Herbst 1985 verhandelte Gurgel mit Citroën über die Lizenzproduktion eines Citroën-Zweizylindermotors. Er wäre für den geplanten noch kleineren Stadtwagen namens Bastiao bestimmt gewesen.

280 M. Nach zwei Jahren Entwicklung stand im Herbst 1987 die Vorserie des brasilianischen Kleinstautos Gurgel 280 M auf den Räder. Dieses war im Rahmen des Projektes Cena (Carro Economico Nacional = preisgünstiges einheimisches Auto) entstanden. Dr. Gurgel plante ab 1988 mit einem Ausstoß von 10 Einheiten pro Tag anzufangen und die Produktion allmählich auf täglich 200 Stück hochzufahren. Die Regierung hatte die 280-M-Entwicklung mitfinanziert.

Wie alle Gurgel-Modelle bestand auch der 280 M aus einer Kombination von Stahl für die Unterstruktur und GfK für die Karosserie. Diese war bei 191 cm Radstand 311 cm lang, 147 cm schmal und 148 cm hoch. Das Design mit den asymmetrisch nach links versetzten Kühlluftschlitzen und den horizontal betonten Linien wirkte ausgesprochen modern. Der M 280 bot Platz für 2+2 Personen und etwas Gepäck. Trotz des Steilhecks wurden nur zwei Türen vorgesehen.

Statt den luftgekühlten Heckmotor nach Citroën-Lizenz einzubauen, hatte man bei Gurgel auch gleich einen eigenen Zweizylinder-Boxermotor mit Wasserkühlung entwickelt. Er besaß die gleichen Abmessungen (95,5x69 mm) wie der 1,6-l-Motor des VW-Käfers, was 792 cm^3 Hubraum ergab. Bei einer Verdichtung von 8,5:1 resultierten 32 PS bei 4500/min. Eine Ethanolversion wurde nicht vorgesehen, da Dr. Gurgel das Zuckerrohr-Anbau- bzw. Alkohol-Treibstoffprogramm der Regierung für verfehlt hielt. Die Kraftübertragung erfolgte über ein 4-Gang-Getriebe. Vorne fanden sich untere Dreieck- und obere einfache Querlenker, hinten eine Starrachse mit Blattfedern. Der 280 M wog leer nur 550 kg, seine Spitze erreichte 110 km/h und sein Wendekreis-Durchmesser maß bloß 9 m.

BR-800. Im Frühjahr 1988 senkte die Regierung die auf industrielle Produkte erhobene Steuer im Falle von Personenwagen mit Zweizylindermotor bis 800 cm^3 von 40 auf 5 Prozent des Fabrikabgabepreises. Für die Produktionsaufnahme des nun BR-800 genannten Kleinstautos wurde mit der Gurgel Motores SA eine neue Firma gegründet. Den Regierungsstellen wurde ein Bezugsvorrecht eingeräumt.

Auf dem Automobilsalon von Sao Paulo wurde im Oktober 1988 die Modelle X-12 Tocantins (Karosserie um 12 cm verlängert) und der nun auch fünftürig erhältliche Carajas (mit horizontalen Kühlergitterstäben statt Karogrill) gezeigt. In den Carajas wurde inzwischen statt des 1,8-l-Benzin- oder -Ethanolmotors auf Wunsch ein 1,6-l-Dieselmotor eingebaut.

Die Gurgel-Produktion hatte 1985 wieder die 1000-Stück-Grenze überschritten, belief sich 1987 auf rund 2000 Einheiten und stieg 1990 sogar auf über 3000 Exemplare. Doch dieses Jahr hatte auch eine Wende gebracht: Zum einen wurde Mitte 1990 das Privileg der niedrigen Kaufsteuer für den BR-800 aufgehoben, womit vor allem der Fiat Uno Mille zum scharfen Konkurrenten wurde, zum anderen fiel das Importverbot, womit beispielsweise der Lada Niva dem bis dahin spartendominierenden Carajas zusetzte. Anfang 1991 musste dessen Herstellung daher eingestellt werden. Der in knapp 4000 Einheiten gebaute BR-800 wurde 1992 durch den Supermini abgelöst, doch 1994 ging Gurgel Konkurs.

Datentabelle → Seite 243

Gurgel Xef (Prototyp), 1982

Gurgel X-12 TR, 1984

Gurgel Xef, 1985

Gurgel X-12, 1985

Gurgel BR-800, 1989

Gurgel Carajas, 1990

Gurgel	Bauart	Mot.	Getr.	R/L cm	Baujahre
Xef (Prototyp)	**St'r./H.**	**–**	**4**	**180/312**	**(1983–86)**
Motor:	B4/I.	OHV	1584	55/52A/4600	108/104/3000
280 M (Prototyp)	**St'r.**	**–**	**4**	**191/311**	**1987**
BR-800	**St'r.**			**191/319,5**	**1988–90**
Motor: (*1989–)	B2	OHV	792	32/4500/33*/5000	57/2800
X-12 (*1987–)	**St'r./H.**	**a/b**	**4**	**204/331/335,5***	**1980–88**
X-12 Tocantins				**204/348**	**1988–90**
Motoren:	*Zyl.:*	*N'w.:*	*cm^3:*	*PS/'min:*	*Nm/'min:*
a (*1989–)	B4/I.	OHV	1584	50/4200/49*/4000	108/2200/101/2200
b (–1988)			1285	42A/4200	79/3000
Carajas	**St'r.**	**a–c**	**4**	**255/411,5**	**1984–90**
Carajas (5-türig)				**255/436,5**	**1988/89**
Motoren:	*Zyl.:*	*N'w.:*	*cm^3:*	*PS/'min:*	*Nm/'min:*
a (–1989)	4	OHC	1781	85/92A/5000	146/149/2600
b (1989–)				90/5200	145/3400
c (–1989)	4D		1588	50/4500	93/3000

Hindustan

Schon 1946 hatte die Firma Hindustan Motors Ltd in Kalkutta mit der Montage der Morris-Modelle Minor und Oxford begonnen. Sie zählte als erste zu jenen indischen Firmen, die jahrzehntelang automobile Uraltkonstruktionen aus Europa weiterbauten. Der Grund dazu lag in den gänzlich eingeschränkten Devisen und der vollständigen Abschottung des lokalen Marktes vor Importmodellen.

Ambassador Mark 3. 1975 war die Umstellung auf den Ambassador Mark 3 erfolgt. Auch er entsprach noch dem Morris Oxford, wie er in England von 1954 bis 1959 gebaut worden war. Dem Antrieb diente ein 1,5-l-Motor mit seitlicher Nockenwelle und ein 4-Gang-Getriebe mit noch nicht synchronisiertem erstem Gang. Dieses war wahlweise mit Lenkrad- oder Stockschaltung erhältlich, denn der Ambassador wurde vorzugsweise auch als sechssitziges Taxi eingesetzt. Vorn wurden Trapez-Dreieckquerlenker und längsliegende Torsionsstabfedern verwendet, hinten eine Starrachse mit Halbelliptikfedern. Vorn wie hinten wurde mit Trommelbremsen verzögert, und auf Wunsch wurde ein Bremsservo eingebaut.

Ambassador Mark 4. Mit dem 1981/82 eingeführten Mark 4 stieg die Motorleistung von 47 auf 50 PS. Zudem konnte alternativ ein 1760- cm^3-Motor bestellt werden. Äußerlich unterschied sich der Mark 4 durch ein grobmaschigeres Kühlergitter, größere quadratische Blinkergehäuse unterhalb der Scheinwerfer und Gummipuffer auf den Stoßstangen.

Anfang der 80er Jahre war Hindustan mit einem Jahresausstoß von 23'000 Stück Indiens größter Pkw-Hersteller gewesen. In der ersten Hälfte 1980 hatten die → Vauxhall-Werke den Auftrag zum Entwerfen eines Nachfolgemodells für den Ambassador erhalten. Es wurde ein 5- bis 6-Sitzer angestrebt, der wahlweise mit einem Otto- oder Dieselmotor mit unter 2 l Hubraum, aber modernen Leistungs- und Verbrauchswerten ausgerüstet werden konnte. Es wurde aber Wert darauf gelegt, möglichst viele gleichartige Teile verwenden zu können, wie sie bereits für den Ambassador hergestellt wurden, damit die Zulieferanten ihre Werkzeugmaschinen weiter verwenden konnten. Der Produktionsaufnahme für den Nachfolger des Ambassador war für frühestens 1982 geplant.

Contessa. Im Frühling 1984 wurde dann dem Ambassador das Modell Contessa zur Seite gestellt. Er entsprach dem Vauxhall Victor 1972 bis 1978 und besaß einen leicht abgewandelten Karogrill zwischen den Rechteckscheinwerfern, der unterhalb der Stoßstange seine Fortsetzung fand. Gegenüber dem Ambassador verkörperte der Contessa stilistisch einen Riesensprung. Er besaß zudem 20 cm mehr Radstand und war 26 cm länger. Doch angetrieben wurde er von der gleichen Mechanik, wie sie auch der Ambassador erhielt, nämlich dem altgedienten 1,5-l-OHV-Motor mit 50 PS (auf Wunsch mit einer Verdichtung von 8,3:1 statt 7,2:1 und 54 PS). Statt mit längsliegenden Torsionsfederstäben waren die vorderen Trapez-Dreieckquerlenker mit Schraubenfedern kombiniert, und die hintere Starrachse wurde an je zwei

Hofstetter

Längslenkern geführt (mit Panhardstab) und an Schraubenfedern statt Blattfedern abgestützt.

Contessa Classic 1.8. 1987 kam wahlweise eine Ausführung mit viel modernerem OHC-Motor mit 1,8 l Hubraum hinzu: Es handelte sich um einen Vierzylinder von → Isuzu mit 86 PS Leistung. Ab 1988 wurde im Contessa (nun mit 88 PS) einzig noch dieser Motor angeboten.

Hindustan Ambassador Mark 4, 1982

Hindustan Contessa Classic, 1990

Es war auf dem Autosalon von Sao Paulo im November 1984, als Mario Hofstetter seine Aufsehen erregende Sportwagenkonstruktion erstmals ausstellte. Aufgefallen war ein erstes Exemplar bereits im Straßenverkehr der Stadt. Hofstetter war zwar in Brasilien geboren, sprach aber (wie sein Name verriet) auch Schweizerdeutsch.

Turbo. Der Hofstetter Turbo war ein Einvolumen-Mittelmotorcoupé und sah so futuristisch aus, wie dies sonst höchstens auf Concept-cars italienischer Topdesigner zutraf. Keilfront und Windschutzscheibe lagen in einer Linie, und Zugang zum zweisitzigen Cockpit vermittelten langgestreckte Flügeltüren. Das Rückfenster war senkrecht zwischen den schräg zum Heck auslaufenden Seitenteilen eingelassen. Drei vertikale Luftzufuhrspalten im hinteren Dachträger versorgten den aus dem VW Santana stammenden, nach rechts geneigt eingebauten 1781- cm^3-OHC-Motor. Mit einem Garrett-Abgasturbolader und Zweifachvergaser brachte er es in der Ethanolversion auf 154 PS.

Später wurden zusätzlich Ausführungen ohne Turbo mit 99 PS für Ethanol- und mit 88 PS für Benzinbetrieb vorgesehen, und es standen 4- und 5-Gang-Handschalt- bzw. 3-Stufen-Automatikgetriebe zur Wahl. Tuningspezialist Hofstetter sorgte auch im Innenraum seines 417 cm langen, aber nur 107 cm hohen Keils mit elektrisch bedienten Fenstern, Türen und Kofferraumdeckel für das passende Umfeld. In Kleinserie gelangte dieser an den Concept-car Maserati Boomerang von Ital-Design (1972!) erinnernde Zweisitzer erst 1986.

Auf dem Salon von Sao Paulo wurde der Hofstetter Turbo im Oktober 1988 mit dem 2-l-Motor aus dem VW Santana als Ausgangspunkt propagiert. Das Leistungsangebot reichte nun von 175 bis 270 PS (Turbo S mit Intercooler). Mit Saugmotor standen je nach Verdichtung 99 bis 112 PS zur Verfügung.

Nachdem das auffallende Hofstetter-Flügeltürencoupé stets nur in geringen Stückzahlen von jährlich einigen Dutzend Exemplaren aufgelegt worden war, entstand es ab 1993 nur noch auf Bestellung...

Hofstetter Turbo, 1989

Hindustan	Bauart	Mot.	Getr.	R/L cm	Baujahre
Ambassador Mark 3	**St.**	**a**	**4**	**246,5/434,5**	**1980/81**
Ambassador Mark 4/IV			**b–e**		**246,5/431 1981–**
90					
Motoren:	*Zyl.:*	*N'w.:*	*cm³:*	*PS/'min:*	*Nm/'min:*
a	4	OHV	1489	47/4200	92/3000
b (*1988/89)				50/4200	100/3000/103*/25'
c (1989–)				50/56/4400	103/109/2500
d			1760	–	–
e (1984–)	4D		1489	41/4000	83/2000
Contessa	**St.**	**a–c**	**4**	**266,5/457**	**1984–90**
Motoren:	*Zyl.:*	*N'w.:*	*cm³:*	*PS/'min:*	*Nm/'min:*
a (–1989)	4	OHV	1489	50/4200/54	100/3000
b (1989–)				50/56/4400	100/109/2500
c (1987/88 *1988–)		OHC	1818	86/88*/5000	131/136/3000

Hofstetter	Bauart	Mot.	Getr.	R/L cm	Baujahre
Turbo	**R'r./M.**	**a/b**	**4/5/A3**	**236,5/417**	**1985–88**
		c/d	**5**	**234/418**	**1988–90**
Motoren:	*Zyl.:*	*N'w.:*	*cm³:*	*PS/'min:*	*Nm/'min:*
a (–1988)	4	OHC	1781	99A/5600/88/5000	146/3200/2600
b (Turbo (1986–88)	4T			154A/5400	255/3600
c (1988–)	4		1984	99–112	–
d (1988–)	4T			175A/4950/270A	280/3600/–

Holden

Gegründet 1931 von dem Australier James Holden, der zuvor GM-Autos karossiert hatte, gemeinsam mit dem weltgrößten Autohersteller General Motors. 1948 lief im Montagewerk der General Motors Holden's Ltd in Fisherman's Bend bei Melbourne das erste Eigenmodell vom Band. Darauf folgten stets weiter entwickelte Baureihen, und später kamen kleinere Modelle hinzu, die großenteils auf europäischen GM-Konstruktionen basierten. Basismodell der Holden-Palette war 1981 allerdings der Typ Gemini, bei dem es sich um eine Exportausführung des → Isuzu Gemini handelte, und dieser seinerseits ging auf den Opel Kadett zurück.

Sunbird. Die Baureihe Sunbird war im Oktober 1976 eingeführt worden. Es gab sie als viertürige Limousine und 4/5-sitziges Coupé, die eigenständige Designmerkmale zeigten. Auch der 1,9-l-Motor GMH Starfire 4 mit seitlicher Nockenwelle war eine Eigenkonstruktion. Er wurde von einem Doppelvergaser GM-Varajet versorgt und mit einem 4-Gang-Getriebe oder dem 3-Stufen-Automatikgetriebe Tri-matic verbunden. Vorn erfolgte die Radführung mit Trapez-Dreieckquerlenkern, hinten durch eine Starrachse mit Längs- und Querlenkern. Auf Wunsch wurden auch hinten Scheibenbremsen eingebaut.

Commodore. In der Mittelklasse war Holden 1981 mit einer reichen Auswahl an Commodore-Modellen vertreten. Diese Limousinen und Kombi waren im Oktober 1978 eingeführt worden. Sie waren weitgehend mit dem Opel Commodore identisch, besaßen aber eigene karierte oder aus horizontalen Stäben (SL/E) zusammengesetzte Kühlergitter. Vor allem aber wurden sie von Holden-eigenen Motoren angetrieben: OHV-Reihensechser mit 2,8 und 3,3 l Hubraum und OHV-V8 mit 4,1 und 5 l Inhalt. Während der 4,1-l-Motor von einem Doppelvergaser versorgt wurde, war der 5-l-V8 gar mit einem Rochester-Vierfachvergaser bestückt. Die V8 gab es auch mit Doppelauspuff und entsprechend höherer Leistung. Die Bezeichnung SL/E für die Topausführungen bezog sich aber nicht etwa auf Einspritzung.

An Kraftübertragungen standen ein 4-Gang-Getriebe (mit den Sechszylindermotoren auf Wunsch enggestuft) und ab 3,3 l Hubraum auch das Tri-Matic-Automatikgetriebe zur Wahl. Die Aufhängung entsprach jener der → Opel Commodore. Vierrad-Scheibenbremsen gab es auf Wunsch, wurden jedoch bei den Topmodellen ebenso wie die Servolenkung serienmäßig eingebaut. – 1981 kam ein mit GMH Pulsair bezeichneter 1,9-l-Motor hinzu.

Belmont / Kingswood / Premier / Statesman. Die traditionellen großen Holden waren 1978 bei der Serie HZ angelangt. Belmont, Kingswood und Premier hatten den kürzeren Radstand von 282 cm, während die Station Wagon dieser Modelle und das Luxusmodell Statesman auf 289,5 cm Achsabstand kamen. Den 518,5 cm langen Statesman gab es als De Ville und als Caprice. Es wurden die gleichen 3,3-, 4,1- und 5-l-Motoren wie im Commodore eingebaut. In den einfacheren Modellen war auf Wunsch auch der 2,8-l-Sechszylinder verfügbar. Zu diesen gab es auch noch ein 3-Gang-Getriebe, das sich auf Wunsch mit Lenkradschaltung kombinieren ließ. Wählhebel unter dem Lenkrad war zudem eine Option für das 3-Stufen-Automatikgetriebe Tri-matic. Das 4-Gang-Getriebe war hier mit dem 3,3- und dem 4,1-l-Motor ebenfalls enggestuft erhältlich, während für den 5-l-Motor als Alternative zum Tri-matic ein Turbo-Hydra-Matic-Automatikgetriebe angeboten wurde.

Holden Gemini SL/X, 1980

Holden Commodore SL/E, 1983

Holden Camira, 1985

Holden Calais, 1987

Holden SV 88, 1989

Die Aufhängungen bestanden vorne aus Trapez-Dreieckquerlenkern, hinten nach GM-USA-Rezept aus einer Starrachse mit unteren Längslenkern und oberen zum Differenzial führenden Schräglenkern. Zur Kugelkreislauflenkung gab es auf Wunsch einen Servo (mit variierender Untersetzung). Die Topausführungen wurden nicht nur mit Servo-, sondern mit Vierrad-Scheibenbremsen ausgerüstet.

Camira. Diesen hübschen Namen erhielt die im Juli 1982 eingeführte Holden-Version des internationalen J-cars von General Motors (ähnlich Opel Ascona usw.). Sie zeigte ein eigenes Kühlergitter. Der Camira wurde ausschließlich als viertürige Stufenhecklimousine in den Ausführungen SL, SL/X und SL/E gebaut. Dem Antrieb diente ein 1,6-l-OHC-Motor, im SL/E mit 5-Gang-Getriebe, auf Wunsch auch mit Automatikgetriebe. Im April 1983 kam ein fünftüriger Kombi ins Angebot.

Commodore 1984 / Calais. Im Februar 1984 erschien die neue Commodore-Generation VK, deren Design jenem des → Opel Senator entsprach. Radstand und Länge stimmten jedoch mit den entsprechenden Maßen der Vormodelle (und jenen des Opel Monza) überein und auch die hintere Starrachse mit Doppel-Längslenkern und Querlenker war beibehalten worden, wurde aber durch einen Panhardstab ergänzt. Dem Antrieb dienten der 3,3-l-Sechszylinder ohne und mit Einspritzung (Bezeichnung am Heck: Ei für Electronic injection). Dank elektronischer Zündverstellung EST war dieser Motor um 15 Prozent sparsamer geworden. Es gab die Ausführungen SL, Executive und Berlina, während die besonders luxuriöse Topversion die Modellbezeichnung Calais statt Commodore erhielt. Der Calais bot u. a. elektronische Anzeigearmaturen und plastiküberdeckte Berührungsschalter z. B. für die Heckscheibenheizung. Alsbald wurde für diese Holden-Reihe auch der 5-l-V8-Motor lieferbar (während der 4,1-l-V8 aufgegeben wurde), und es gab auch wieder einen Station Wagon.

Nicht zuletzt wegen des in Deutschland von der IG-Metall ausgerufenen Streiks, der nebenbei in Australien zu einem Lieferengpass für die Commodore-Modelle führte, verlor Holden 1984 seine Spitzenposition an Ford. Da die Regierung eine Rationalisierung der einheimischen Autoproduktion anstrebte, wurde von Holden beschlossen, die Produktion einerseits der Luxusmodelle Statesman de Ville und Caprice, anderseits der Lieferwagen/Pick-ups (mit Ausnahme des Kingswood-Vans) einzustellen. Damit wurde eine Tradition aufgegeben, die seit Beginn mit dem Namen Holden verbunden war! Die eigenen Pick-ups waren von der japanischen Konkurrenz verdrängt worden. Dagegen nahm Holden mit dem Jackeroo ein Lizenzmodell des → Isuzu Trooper in Produktion.

Camira 1985. Im November 1984 wurde der Camira JB durch die Serie JD abgelöst: neues Design, nun mit einer vom analogen Vauxhall-Modell Cavalier inspirierten, kühlergitterfreien Front, auf Wunsch 1,8-l-Motor mit Bosch-Einspritzung, elektronische Zündung, komfortabler abgestimmtes Fahrwerk. – Beim Holden Astra handelte es sich hingegen um einen in Australien montierten und kommerzialisierten → Nissan Pulsar alias Cherry.

In der Opel-Sportabteilung in Rüsselsheim wurden Anfang 1986 zwei Holden Commodore mit 5-l-V8-Motor für die Tourenwagen-Europameisterschaft vorbereitet; die Leistung wurde auf 400 PS bei 6500/min gebracht.

Commodore / Calais 1986. Im Februar 1986 wurde die VK- durch die VL-Serie abgelöst: Die Front war 5 cm länger, niedriger und stilistisch weit feiner, was besonders beim Calais mit halbverdeckten Scheinwerfern zum Ausdruck kam. Die wesentliche Neuerung fand sich jedoch motorseitig: Die Antriebseinheit stammte jetzt nämlich von Nissan, wobei Holden unterstrich, dass GMH-Ingenieure in Japan an deren Entwicklung mitgearbeitet hatten. Der neue Commodore/Calais-Motor war ein Reihen-Sechszylinder, natürlich nun mit obenliegender Nockenwelle, elektronischer Einspritzung und 155 PS Leistung. Auch das 5-Gang-Getriebe oder das 4-Stufen-Automatikgetriebe stammten von Nissan.

Wesentlich mehr Leistung verband sich so mit einem um 15 Prozent reduzierten Verbrauch, und zu den weiteren Fortschritten zählte ein geringerer Geräuschpegel. So konnten Australiens Autofahrer den Verzicht auf einen einheimischen Motor verschmerzen. Der Australia-made-Anteil erreichte gleichwohl noch 80 Prozent. Umgestaltet worden war auch der Innenraum von Commodore und Calais, was vor allem auf das Armaturenbrett zutraf, das nun ein Selbstdiagnosesystem mitumfasste. Für Neuseeland wurde der Commodore übrigens auch mit einem 2-l-Sechszylindermotor von Nissan ausgerüstet.

In der zweiten Hälfte 1986 kam eine Turboversion hinzu, deren 204 PS es ermöglichten, 100 km/h binnen 8 s und zudem eine Spitze von 220 km/h zu erreichen. Wer es gleichwohl noch australischer mochte, dem wurde gegen Ende 1986 der ursprünglich verbannte 5-l-V8 erneut angeboten, nun ebenfalls auf bleifreies Benzin ausgelegt und mit 166 PS.

Inzwischen gab es „down-under" unter der Marke Holden nebst dem Gemini auch das Coupé Piazza (auch es analog zum entsprechenden → Isuzu-Modell) sowie den Barina: So hieß der in Australien verkaufte → Suzuki Swift. Der Astra entsprach inzwischen dem → Nissan Sunny, und 1988 wurde die Astra-Reihe durch den SV 1800 erweitert.

Auf Druck der australischen Regierung, die die Zahl der Autohersteller auf drei reduzieren wollte, gründeten GM-Holden und die Toyota Motor Corporation Australia im Frühling 1988 die United Australian Automotive Industries (UAAI). Das Zusammengehen von Holden und Nissan musste somit im Jahre 1989 auslaufen, und im Gegenzug leiteten Ford Australia und Nissan Australia eine Zusammenarbeit ein. Schon 1988 wurde bei Holden der 3-l-Reihen-Sechszylindermotor aus der Nissan-Küche abgelöst... Später sollten aus der neuen „Ehe" Toyota/Holden-Mischmodelle resultieren.

Commodore / Calais 1989. Im Oktober 1988 wurden die großen Holden der Serie VN vorgestellt. Auch wenn diese neue Modellreihe als Eigenentwicklung galt, so hatten sich die Holden-Ingenieure doch in erster Linie an den auf dem Omega basierenden, im Mai 1987 herausgebrachten neuen → Opel Senator als Vorbild gehalten. Dies ging aus dem übereinstimmenden Radstand von 273 cm hervor (Vormodell VL: 267 cm), wie auch aus der Länge von 485 cm (477 cm) und der Spur. Hingegen war der VN-Holden etwas breiter und niedriger (179 bzw. 140 cm) als der Senator (177 bzw. 145 cm). Dies widerspiegelte sich auch im Karosseriedesign: Es war rundlicher und wirkte gestreckte, und der Kühlergrill war niedriger. Die für den australischen Markt wichtige Kombiversion erhielt einen auf 282 cm verlängerten Radstand und war entsprechend geräumig. Mit Windtunnelarbeiten in Australien, Europa und im GM-Technikzentrum in Warren, Michigan, war es gelungen, den Luftwiderstandsbeiwert auf cw 0,34 zu senden (mit Sport-Package cw 0,33).

Der neue 3791- cm^3-V6-Motor entsprach jenem US-V6 LN3 3800, wie er in diversen Pontiac, Oldsmobile und Buick verwendet wurde. Er wurde in Australien hergestellt, besaß 90 Grad Gabelwinkel, eine zentrale Nockenwelle, versetzte Kurbelwellenzapfen und eine Schwingungsausgleichswelle. Mit der elektronischen Einspritzung kam er auf 170 PS. Für die Kraftübertragung diente das T5-Getriebe von Borg-Warner in jüngster Ausführung mit kabelbedienter Kupplung. Die teureren Modelle Berlina und Calais wurden normalerweise mit dem für Australien neuen 4-Stufen-Automatikgetriebe THM 700 ausgestattet.

Mit dem T5 war Tempo 100 binnen 8,3 s erreichbar, und der spezifische Verbrauch war um 6 bis 15 Prozent günstiger als beim Vormodell. Zu den zahlreichen Neuerungen zählten ein geändertes Armaturenbrett, eine Durchreiche zum Kofferraum, auf Wunsch nach hinten gerichtete Kindersitze im Fond des Kombi, ein modernes Elektriksystem, eine viel effizientere Klimaanlage sowie eine verbesserte Geräusch- und Vibrationsdämpfung.

Commodore/Calais SV 5000. Erst im Mai 1989 kam in der Serie VN auch wieder der Holden-eigene 5-l-V8-Motor hinzu. Es gab ihn jetzt ausschließlich mit Saugrohreinspritzung. Der Zylinderkopf war überarbeitet worden, Ein- und Auslass-Sammelrohre sowie die Nockenwelle waren neu, die Kurbelwelle geändert und es kamen Hochleistungspleuel und weitere Änderungen hinzu. So stieg die Leistung auf nicht weniger als 225 PS (gegenüber den früheren 166 PS). Mit dem T5-Getriebe konnte Tempo 100 in 7 s, mit dem 4-Stufen-Automatikgetriebe in 7,3 s

Holden Commodore Wagon, 1990

erreicht werden. Beide Kraftübertragungen wurden von GM USA geliefert.

Mit hohen Investitionen wurde die Produktionskapazität für die großen Holden von 360/Arbeitstag bis Mitte 1990 auf 480 Commodore/Calais /Tag gesteigert. Wegen des staatlich verordneten Zusammengehens von Holden und Toyota Australia entstand im Herbst 1989 das Commodore-Double Toyota Lexcen. Im Gegenzug löste mit dem Holden Nova (analog zum kalifornischen Chevrolet Nova) ein Toyota Corolla das entsprechende Nissan-Modell ab, und an den Platz des mit dem Opel Ascona verwandten Holden Camira trat 1990 mit dem Apollo eine Holden-Version des Toyota Camry.

Statesman / Caprice 1990. 1984 hatte General Motors-Holden seine Luxusmodelle Statesman de Ville und Caprice auslaufen lassen. Im März 1990 entstand mit den neugeschaffenen Statesman und Caprice endlich wieder eine vollwertige Konkurrenz zu den Ford Fairlane und LTD. Zwar klangen diese Limousinen stilistisch deutlich an GM-US-Modelle wie etwa dem Buick Regal Sedan an, doch war das Design der neuen Luxus-Holden in der australischen Entwicklungsabteilung der GM-Tochter entstanden. Es wurde ein Luftwiderstandsbeiwert von cw 0,33 angegeben. Der Radstand stimmte mit 283 cm praktisch mit jenem des Commodore Wagon (282 cm) überein, doch erreichte die Gesamtlänge eindrückliche 496 cm. Die sich nahtlos mit der Heckscheibe verbindenden sechs Seitenscheiben verhalfen zu einwandfreier Rundumsicht.

Statesman und Caprice erhielten ausschließlich den 5-l-V8 und das 4-Stufen-Automatikgetriebe eingebaut. Mit den 225 PS ließen sich die rund 1580 kg wiegenden Fünfsitzer binnen 8,7 s auf 100 km/h beschleunigen. Besonders stolz war man auf die von Holden-Ingenieuren auf die australischen Anforderungen angepasste Schräglenker-Hinterradaufhängung nach Opel-Rezept. Bis dahin hatten Holden wie auch Ford Australia hartnäckig am Prinzip der hinteren Starrachse festgehalten, weil sie für die Pisten des Outbacks und für den häufigen Anhängerbetrieb geeigneter erschien. Die Servowirkung der Zahnstangenlenkung war variierend ausgeführt. Der Caprice erhielt neugezeichnete Leichtmetallräder mit Pirelli P 600 und hinteren Bilstein-Gasdämpfern.

Zur Ausstattung zählten bei den neuen Top-Holden eine elektronisch gesteuerte Klimaanlage, ein ebenfalls elektronisches Diebstahlschutzsystem, ein Multifunktions-Tripcomputer und u. a. ein Soundsystem, das im Caprice gleich 14 statt sechs Lautsprecher umfasste. Zudem wurde den Fondpassagieren des Caprice eine Dachkonsole mit beleuchteten Make-up-Spiegeln und Kopfhöreranschlüssen geboten. Die Caprice-Sitze wurden mit einer Kombination von Wildleder und Velours überzogen (auf Wunsch Ganzleder), und am Armaturenbrett und den Türinnenverkleidungen fanden sich Einlagen aus Blackbeanholz. Während das Statesman-Kühlergitter kariert war, hob sich der Caprice-Kühlergrill durch feine Senkrechtstäbe ab, zudem erhielt der Caprice Metallschienen auf den unteren Flankenabschluss.

Holden Calais, 1990

Holden Caprice, 1990

Holden	Bauart	Mot.	Getr.	R/L cm	Baujahre
Sunbird	**St.**	**a**	**4/A3**	**258,5/450**	**1980/81**
Motor:	4	OHV	1892	82/4800	140/2600
Weitere Modelle→ Opel					
Commodore	**St.**	**a–l**	**4/A3/5**	**267/470,5/473**	**1980–86**
Belm./Kingsw./Premier			**3/4/A3**	**282/484/490**	**1980–83**
do. Station Wagon		**a–e**		**289,5/489/491**	
Statesman d.V./Caprice		**f–l**		**289,5/518,5/515,5**	**1980–85**
Calais				**267/471,5**	**1984–86**
Motoren:	*Zyl.:*	*N'w.:*	*cm³:*	*PS/'min:*	*Nm/'min:*
a (1981–83)	4		1892	73/4400	138/2800
b (*1981–)	6	OHV	2838	87/4000/99*/4400	198/2200/187/2800
c			3298	90/3600/97/3800	221/2100/213/2000
d (1981–84 *1984–)				113/4000/117*/4200	231/2400/232/2600
e (1984–)	6i			144/4400	266/3200
f (–1981)	V8		4142	118/4000/131/4000	271/4000/ 271/2000/275/2400
g (1981–83)				136/4200/156/4400	271/2000/285/2800
h (1983/84)					271/2000/289/3200
i (–1981)			5044	155/4000/170/4200	344/2200/352/2600
j (1981–85 *1981–83)				155*/4000/171/4400	344/2200/361/2800
k (1985–)			4987	171/4400/151/3600	361/2800/319/2400
l (Sport 1985–)				240/4800	420/3500
Commodore / Calais	**St.**	**a–c**	**5/A3**	**267/476,5**	**1986–88**
a	6i	OHC	2962	155/5200	247/3600
b	6iT			204/5600	296/3200
c	V8		4987	166/4400	323/3200
Commodore / Calais	**St.**	**a–d**	**5/A4**	**273/485/282/494**	**1988–90**
a	V6i	OHV	3791	170/4800	292/3200
b (–1989)	V8/V8i		4987	166/4400/190/5000	323/3200/–
c (1989–)	V8i			225/4400/245/4600	385/3600/400/3800
d (SV 5000 1989–)				272/5400	410/3600

Honda

Acura

Als weltgrößter Motorradhersteller war Honda 1964 mit einem winzigen Sportzweisitzer auch in die Autoherstellung eingestiegen. Binnen kurzem vermochte sich der geniale Selfmademan Soichiro Honda (1906–1991) auch im Automobilbereich einen glänzenden Namen zu verschaffen, was vor allem einer Ausrichtung auf Hochleistung und den erzielten Erfolgen im internationalen Rennsport – u. a. mit Grand-Prix-Motoren in der Formel 1 – zu verdanken war. Unter den japanischen Automarken sicherte sich Honda auf diesem Weg einen besonderen Nimbus. 1981 umfasste die Honda-Autoproduktion die fünf Modellreihen Civic, Ballade, Quint/Quintet, Accord und Prelude.

Honda Civic, 1982

Civic / Ballade. Der zur Kompaktklasse aufgerückte Civic war Hondas internationaler Bestseller. Er besaß als dreitürige Schräghecklimousine 225 cm Radstand und bei der fünftürigen Version waren es 232 cm. Auf letzterem Achsabstand basierten auch der fünftürige Civic Station Wagon und die viertürige Stufenhecklimousine Ballade. Diese wurde in den USA als Civic Notchback bezeichnet. Der Motor wurde in moderner europäischer Art quer eingebaut und trieb die Vorderräder an. Es gab ihn mit 1335, 1488 und (für die USA) mit 1750 cm^3 Hubraum. In Europa wurden diese mit Leichtmetall-Zylinderkopf und -block sowie obenliegender Nockenwelle versehenen Antriebsaggregate auf die herkömmliche Art mit zwei Ventilen pro Zylinder bestückt.

Für Japan und die USA handelte es sich jedoch um die mit drei Ventilen je Zylinder arbeitenden CVCC-Motoren. CVCC stand für Compound Vortex Controlled Combustion und es handelte sich um einen patentierten Schichtlademotor mit Vorkammern, der den Schadstoffausstoß stark reduzierte. In die Civic und Ballade wurden sowohl 4- wie 5-Gang-Getriebe wie auch eine Halbautomatik (hydraulischer Wandler und 3-Gang-Planetengetriebe) eingebaut. Die Aufhängung umfasste Federbeine (hinten mit Schräg- und Querlenkern), und die Bremsen arbeiteten mit Servo.

Quint / Quintet. Im Februar 1980 wurde in Japan der Quint vorgestellt; für den auf später angesetzten Export war die Bezeichnung Quintet vorgesehen. Es handelte sich um eine Fließhecklimousine mit fünf Türen und sechs Seitenfenstern. Er basierte auf dem Accord, hatte aber einen um 2 cm kürzeren Radstand. Wie der Accord wurde auch der Quint von einem quergestellten OHC-Motor über die Vorderräder angetrieben. Es handelte sich um die aus dem Accord bekannte CVCC-Konstruktion mit 1602 cm^3 Inhalt (gleiches Prinzip wie im Civic). Neben dem 5-Gang-Getriebe war im Quint das halbautomatische 3-Gang-Getriebe erhältlich. Wurde in dem mit Overdrive bezeichneten obersten Gang gefahren, leuchtete am Armaturenbrett ein Kontrolllicht. Die Fahrwerktechnik stimmte mit jener von Civic und Ballade überein. Im Oktober 1980 wurde der noch zur Kompaktklasse zu zählende Quintet auch in Europa eingeführt. Sein Motor besaß die üblichen zwei Ventile je Zylinder und leistete 80 DIN-PS.

Accord / Prelude. Den Accord gab es als dreitüriges Fließheckcoupé und viertürige Stufenhecklimousine (beide fünfsitzig), während der Prelude ein Stufenheckcoupé war (mit 2+2 Sitzen, 232 statt 238 cm Radstand). Für Japan und die USA wurde die CVCC-Variante des 1602-cm^3-Motors eingebaut, für Europa die Zweiventilversion. Zusätzlich gab es für Japan und für die USA einen auf 1750 cm^3 vergrößerten CVCC-Motor. Es wurden 4- und 5-Gang-Handschaltgetriebe eingebaut und zudem gab es ein „echtes" 2-Stufen-Automatikgetriebe. Das Fahrwerk umfasste vordere und hintere Federbeine mit unteren Querlenkern und Zugstreben; die Zahnstangenlenkung wurde auf Wunsch mit einem Servo ausgestattet.

Im Jahre 1980 hatte Honda einen Vertrag mit BL (British Leyland, → Austin) für eine gemeinsame Produktion in England abgeschlossen. Im Juni 1981 wurde bekanntgegeben, dass der in England zu bauende Wagen ein Lizenzfabrikat des Honda Ballade sei, wie er in Japan seit dem Herbst 1980 gebaut und verkauft wurde. Als Triumph Acclaim sollte er in der EG, als Honda Ballade in den anderen Ländern Europas verkauft werden, wobei der Ballade nicht vor dem Acclaim, das heißt erst im Oktober, in Verkauf kommen durfte. Der Ballade wurde in Europa mit dem 1,3-l-Motor mit zwei Vergasern und 70 PS angeboten. Gegen Aufpreis war statt des 5-Gang-Getriebes das 3-Stufen-Hondamatic-Getriebe erhältlich.

Accord / Vigor 1982. Ende September 1981 wurde in Japan der Accord (und das über einen eigenen Kanal vertriebene Parallelmodell Vigor) in Neuauflage eingeführt. Es gab ihn nach wie vor als viertürige Limousine und als Hatchback genanntes dreitüriges Fastbackcoupé. Der Radstand war von 236 auf 245 cm gewachsen, die Länge hatte auf 441, beim Coupé auf 421 cm zugelegt. Das Design präsentierte sich moderner und schlichter; die Doppelscheinwerfer waren Rechtecklampen gewichen. Die neuen Accord boten nicht nur mehr Innenraum, sondern waren auch hinsichtlich Fahrkomfort und Sicherheit und in Bezug auf Wirtschaftlichkeit und Leistungsfähigkeit verbessert worden.

Vor allem dank der leicht abgesenkten Motorhaube und des unmerklich als Spoiler ausgebildeten Kofferraumendes hatte sich ein auf cw 0,37 verminderter Luftwiderstandsbeiwert ergeben. Während für Japan und die USA der Schichtlademotor CVCC-II mit 1,6 bzw. 1,8 l Inhalt zum Einbau kam, wurde für Europa das konventionelle 1,6-l-Antriebsaggregat mit 80 PS vorgesehen. Bei beiden Motorkonzepten war die Anordnung der Ein- und Auslasskanäle nun vertauscht worden. Nebst einem 5-Gang-Getriebe stand das 3-Gang-Halbautomatikgetriebe Hondamatic (mit als Overdrive bezeichneter oberster Stufe) zur Wahl.

Die Ausrüstung war reichhaltig, bei der luxuriösen EX-Version zählten eine geschwindigkeitsabhängige Servolenkung, Veloursüberzüge, Einsteigleuchten, Zentralverriegelung, Scheinwerfer-Wisch/Wasch-Anlage, Stereoradio mit Kassettenspieler usw. dazu. Je nach Modell (und Vertriebsland) konnte die Ausstattung mit einer Klimaanlage, hinteren Gasdruckstoßdämpfern, einer automatischen pneumatischen Niveauregulierung sowie mit einer elektronischen Abfrageeinheit (als Navigator bezeichnet) und mit einem elektronischen Kompass angereichert werden.

Honda Prelude E, 1981

Honda Accord, 1982

City. Mit dem Kleinauto City, das auf der Tokyo Motor Show im Spätherbst 1981 vorgestellt wurde, trat Honda wieder in einer Sparte an, die 1975 aufgegeben worden war; allerdings war der City etwas zu groß, um in die Kategorie der Microcars zu passen, die just unter 320 cm lang sein mussten. Zudem beaß er kein „Micromotörchen", sondern einen 1,2-l-Vierzylinder, der dem Leichtgewicht zu relativ hoher Leistungsfähigkeit verhalf. Auffallend waren die mit 147 cm überdurchschnittliche Höhe dieses Kleinwagens sowie die stark abfallende Motorhaube.

Der mit Combax bezeichnete Langhubmotor besaß neuartige kegelförmige Verbrennungsräume und ermöglichte eine Verdichtung von 9:1 oder 10:1 sowie eine sparsame Verwendung von bleifreiem Benzin. Es handelte sich ebenfalls um eine CVCC-Konstruktion mit Vorkammern und drei Ventilen je Zylinder. Block und Kopf bestanden wie beim Civic aus Leichtmetall. Es standen 4- und 5-Gang-Getriebe und das 3-Gang-Halbautomatikgetriebe zur Wahl. Der Aufhängung dienten vorne Federbeine, hinten Dämpferbeine und Schraubenfedern, Schräg- und Querlenker.

Civic Hot S. Mit dem Jahrgang 1982 kam die Civic-Version Hot S hinzu: Durch Tuningmaßnahmen und die Verwendung von zwei großkalibrigen Keihin-Vergasern war die Leistung um 10 auf 70 PS angehoben worden, dazu kamen eine straffere Fahrwerksabstimmung, innenbelüftete Scheibenbremsen vorne, ein neu abgestimmtes 5-Gang-Getriebe, sportlichere Sitze, ein Vierspeichen-Lenkrad, ein Glas-Sonnendach, eine vorne heruntergezogene Motorhaube, ein ebenfalls strömungsgünstigerer Außenspiegel, Seitenstreifen, Front- und Heckspoiler.

Auch die übrigen Civic warteten 1982 mit einem neugestalteten Armaturenbrett auf. Nach wie vor gab es neben dem Ballade auch einen viertürigen Stufenheck-Civic mit leicht anderen Seitenprägungen und kleineren Schlussleuchten. In der Schweiz wurde Anfang 1982 das Modell Civic Joker eingeführt, eine besonders preisgünstige Version noch mit der Ausstattung der Vorjahresmodelle.

Quintet 1982. Für 1982 erhielt der Quintet bereits ein leicht überarbeitetes Vorderende; hinzu kam die Topausführung EX mit geschwindigkeitsabhängiger Servolenkung, elektrischem Glasschiebedach, Stereoradio und Velours-Sitzüberzügen. Der 1,6-l-Motor arbeitete sparsamer.

City Turbo. Nur für den einheimischen Markt bestimmt war ein im Herbst 1982 vorgestellter City Turbo; abweichende Daten: Titan-Aluminium-Zylinderkopf, digital gesteuerte Benzineinspritzung Honda PGM, Abgasturbolader (Maximaldruck 0,75 bar), 100 JIS-PS, 5-Gang-Getriebe, 0–100 km/h in 8,6 s. Der City Turbo zeigte eine „Kraftbeule" auf der Motorhaube und einige zusätzliche Zier; er war mit einem aufwändigen Sound-System zu haben.

Anfang Oktober 1982 nahm Honda sein neuerrichtetes Werk in Marysville, Ohio, in Betrieb. Automatisierung und Roboterisierung waren dort noch weiter getrieben als in Japan. Schon von Anfang an lag der Anteil amerikanischer Bestandteile für den dort gebauten viertürigen Accord bei über 50 Prozent. Es war geplant, 1984 einen Ausstoß von 150'000 Accord zu erreichen.

Honda Accord Coupé 1.6, 1982

Honda City R, 1983

Honda Ballade 1500 FXT, 1983

Honda Quintet, 1983

Prelude 1983. Gegen Ende 1982 wurde in Tokio der neue Prelude vorgestellt. Er blieb zwar ein in ähnlichem Stil gehaltenes 2+2-sitziges Stufenheckcoupé, doch war er bei unverändertem Radstand von 245 cm auf 429,5 cm Länge angewachsen. Die Front war aerodynamisch niedriger geworden und die Gürtellinie nun horizontal durchgezogen, so dass sich ein größeres hinteres Seitenfenster ergab. Der Luftwiderstandbeiwert wurde mit cw 0,36 angegeben. Für den Antrieb sorgte ein neuentwickelter 1830-cm^3-Motor mit Querstrom-Zylinderkopf und je drei Ventilen: zwei mit 30 mm Durchmesser auf der Einlassseite, eines mit 35 mm Durchmesser für den Auslass.

Diese mit 12-Valve bezeichnete leichtgewichtige Neukonstruktion der Serie ET wies etliche richtungsweisende Innovationen auf. Hinzu kam eine ungewöhnliche Gemischaufbereitung durch zwei Horizontalvergaser mit je einem variablen und einen Horizontalvergaser mit einem fixen Venturirohr; die Leistung wurde mit 106 PS angegeben. Für Japan und für die USA wurde dieser Motor mit dem bekannten Schichtladesystem CVCC kombiniert.

Der Kraftübertragung diente ein 5-Gang-Getriebe oder das 4-Stufen-Automatikgetriebe Hondamatic 4. Dessen als Overdrive ausgelegte oberste Stufe besaß eine Wandlerüberbrückung. Die Radaufhängung bestand vorne nun aus Federbeinen und doppelten Querlenkern mit Zugstreben. Gegen Mehrpreis wurde ein Antiblockier-Bremssystem für die Vorderräder angeboten, das mit einem elektronischen Bremskraftregler für die Hinterräder kombiniert war. Die besonders reichhaltige Version EX bot eine Servolenkung, Leichtmetallfelgen, ein elektrisches Glasschiebedach, Fensterheber, ein verstellbares Lenkrad, ein Dreiwellen-Radio mit Kassettenspieler usw. Bei der japanischen Topausführung XX war u. a. ein vollelektronisches Instrumentarium mit LCD-Anzeigen im Preis inbegriffen.

Ballade Hot S. Parallel zum Civic Hot S kam Ende 1982 eine Version Hot S des Ballade heraus; er wurde ausschließlich in Japan und in der Schweiz angeboten.

Accord / Vigor 1984. Mitte 1983 wurde in Japan eine Neuauflage des Accord vorgestellt. Dem (aerodynamischen) Zug der Zeit entsprechend war die Motorhaube vorne um 2 cm tiefergesetzt worden, und der Kühlergrill zeigte sich deutlich niedriger und nicht mehr einwärts geneigt. Im Gegensatz zum Coupé Hatchback wies er bei der Limousine ein feines Chromrähmchen auf. An das hintere Türfenster schlossen sich zwei feine senkrechte Luftschlitze an. Bei unverändertem Radstand hatte die Länge um 4,5 cm zugelegt (Limousine 445,5 cm, Coupé 425,5 cm). Der 1,6-l-Motor besaß geänderte Abmessungen mit der gleichen 80-mm-Bohrung wie der 1,8-l-Motor. Die Leistung beider Motoren war leicht angehoben worden. Einzelne Instrumentenanzeigen erfolgten digital bzw. mit Grafik. Gegen Aufpreis gab es nebst der Servolenkung eine Niveauregulierung, eine verstellbare Gurtverankerung sowie eine elektronische Abfrageeinheit.

Ballade Sports CR-X / CRX. Vorerst ausschließlich für den japanischen Heimmarkt gedacht war das Ende Juni 1983 angekündigte kleine 2+2-sitzige Fastbackcoupé Ballade Sports CR-X. Es war außerordentlich attraktiv geformt und gefiel auch durch seine Farbgebung mit einem in heller Kontrastfarbe gehaltenen Stoßstangen- und unteren Flankenteil. Der Einsatz von viel Kunststoff verhalf zu einem auf 760 bis 825 kg beschränkten Leergewicht. Besonderheiten waren die halbverdeckten Scheinwerfer, das über die Dachlinie nach hinten gleitende Schiebedach, die Frischluftzufuhr mit einer Dachhutze und die aerodynamische Heckkante. Die Lehnen der nur für Kinder geeigneten Notsitze waren abklappbar, und das hochsportliche Cockpit erhielt in Topausführung ein Flüssigkristall-Display. Der cw-Wert wurde mit 0,33 angegeben.

Als dieses Coupé im September 1983 auf der IAA Frankfurt seine Europa-Premiere erlebte, wurde es der neuen Civic-Reihe zugerechnet; später sprach man nur noch vom CRX.

Civic / Ballade 1984. Auf der IAA Frankfurt im September 1983 überraschte Honda mit einer gänzlich neuen Civic-Triologie: Sie umfasste als Basis ein dreitüriges Steilheckmodell mit gradlinig leicht abfallendem Dach. Es ließ sich zwar mit dem Nutzcharakter des VW Polo vergleichen, konnte aber wegen der gestreckteren und niedrigeren Silhouette als eine Art Sportkombi bezeichnet werden. Es gab auch eine sportliche Hot-S-Ausführung. Der bisherige Civic Wagon wurde durch den ebenfalls fünftürigen Civic Shuttle ersetzt, den man im Rückblick als den ersten Kompaktvan bezeichnen darf. Im Vergleich zum Wagon war er 142 statt 138 cm hoch, aber nur 399 statt 408,5 cm lang. Das (wie beim Toyota Tercel 4x4) abgesetzte hochformatige und zudem schwarz gerahmte dritte Seitenfenster sorgte für ein eigenständiges Erscheinungsbild. Der dritte Teil dieses Trios wurde vom (oben beschriebenen) Coupé Civic CRX verkörpert.

In Japan wurde die Civic-Familie durch die viertürige Stufenhecklimousine ergänzt, die andernorts teils Ballade hieß. Auch sie zeigte sich in einem neuen Karosseriedesign mit schräg abfallender aerodynamischer Front und großzügigen, weitgehend außenbündigen Fensterflächen. Sie hatte in der Höhe von 134,5 auf 138,5 cm zugelegt. Auch in Europa kam sie unter der Modellbezeichnung Civic in den Verkauf.

Die Civic/Ballade 1984 wurden mit drei Radständen gebaut: 238 cm (statt 225 cm) für die dreitürige Grundversion, 245 cm (statt 232 cm) für den Shuttle und die viertürige Stufenhecklimousine sowie 220 cm für das Coupé CRX. Weiterhin gab es 1,3- und 1,5-l-Motoren, wobei es sich beim kleineren Vierzylinder um das neue 1335-cm^3-Aggregat mit 71 PS handelte. Toptriebwerk war die mit Einspritzung dotierte Version des 1,5-l-Motors, die auf genau 100 statt 85 PS kam. Diese wurde dann in Europa unter der Bezeichnung GT (CH: Berlinetta 1.5i) verkauft. Es wurden 4- und 5-Gang-Getriebe und 3-Stufen-Halb- und -Vollautomatikgetriebe (mit Lock-up) verwendet. Vorne wies die Aufhängung Dämpferbeine mit unteren

Honda Civic Sedan 35i, 1984

Dreieckquerlenkern und längsliegenden Torsionsfederstäben auf, hinten Federbeine mit Längslenkern, Verbindungsrohr und Panhardstab.

Für den dreitürigen Civic wurde ein cw-Wert von 0,36 genannt. Seine hintere, hälftig nach vorn umklappbare Sitzbank ließ sich um 10 cm verschieben. Der als Freizeitfahrzeug bezeichnete Shuttle kam auf einen cw-Wert von 0,40. Zu seinen innovativen Besonderheiten zählten der umlegbare Beifahrersitz mit unter ihm angeordneter Schublade, die Möglichkeit, den Innenraum in ein Bett zu verwandeln und ein serienmäßiges Glasschiebedach.

Accord EX-R. Mit dem Accord-Jahrgang 1984, der sich (wie erwähnt) durch seine aerodynamisch verfeinerte Front auszeichnete, kam das Spitzenmodell EX-R mit 98-PS-Motor hinzu; auf Wunsch wurde es mit Vierrad-ABS ausgerüstet.

City = Jazz. Im Verlaufe des Jahres 1983 wurde der kleinste Honda unter der Modellbezeichnung Jazz auch auf einigen europäischen Märkten eingeführt.

City Turbo II. Auf der Tokyo Motor Show 1983 kam der City Turbo II hinzu, der dank Ladeluftkühlung auf 110 JIS-PS kam und dies mit einer besonders imposanten Buggestaltung bekundete.

City Cabriolet. Zum 1. August 1984 brachte Honda auf dem einheimischen Markt wieder einmal ein Cabriolet heraus: Es basierte auf dem City, war viersitzig und besaß einen Überrollbügel (analog diverser europäischer Cabrios). Das Design und die Karosseriestruktur waren in Zusammenarbeit mit → Pininfarina entwickelt worden.

1984 wurde die gesamte Honda-Civic-Familie mit dem ersten Car Design Award ausgezeichnet; dieser von der Stadt Turin und der Region Piemont gesponserte und durch eine internationale Fachjury vergebene Preis schuf sich damit gleich einen Ruf unbestechlicher Neutralität.

Civic / CRX Si. Auf dem japanischen Markt kam im Spätherbst 1984 für Civic und CRX ein 1590-cm^3-Motor mit zwei obenliegenden Nockenwellen und 16 Ventilen hinzu. Dessen Leichtmetallblock und Zylindereinheiten waren zusammengegossen und der Ventilantrieb erfolgte nicht über Tassenstößel, sondern (wie beim Formel-2-V6) über Schlepphebel. Mit elektronischer PGM-FI-Einspritzung resultierten 135 JIS-PS (bzw. 122 DIN-PS).

Civic Shuttle 4WD. Zunächst auf dem Heimmarkt wurde im Herbst 1984 überdies eine Version mit Vierradantrieb des Freizeitkombis Shuttle eingeführt. Der Hinterradantrieb war elektropneumatisch auf Knopfdruck zuschaltbar und sein Kraftfluss wurde mittels Verteilergetriebe, das am Differenzial angeflanscht war, umgelenkt. Die Kardanwelle war dreigeteilt und mit einem Schubgelenk versehen. Der Shuttle 4WD war sozusagen eine Kurzversion des Toyota Tercel 4x4 oder des Mitsubishi Space Wagon 4x4. Dem Antrieb diente der 1,5-l-12-Ventil-Motor. Beim 5-Gang-Getriebe kam ein extra kurzer erster Gang hinzu (SL = super low/langsam), der sich mit dem Vierradantrieb verwenden ließ. Die Hinterradführung erfolgte mit einer Starrachse, doppelten Längslenkern und Panhardstab. Die Innenraumgröße blieb voll erhalten.

Die Anfang 1985 bekannt gewordenen Pläne Hondas, in Swindon, 100 km westlich von London, ein eigenes Motoren- und eventuell auch Montagewerk zu errichten, löste in England eine Kontroverse aus.

Quint Integra. Im Februar 1985 wurde der zwischen Civic und Accord platzierte Quint neu aufgelegt. Er zeigte eine moderne Flachfront mit Klappscheinwerfern und wurde zunächst nur als fünfsitziges Fastbackcoupé gebaut. Der 1602-cm^3-Motor war der 1590- cm^3-Maschine mit zwei obenliegenden Nockenwellen und 16 Ventilen gewichen. Erst im Oktober sollte auch eine fünftürige Limousine (Fastback mit Stummelheck) hinzukommen. Auf dem Salon von Brüssel erfuhr dieses Modell im Januar 1986 unter der Modellbezeichnung Integra seine Europapremiere.

Dem mit Katalysator und elektronischem Vergaser bestückten, auf dem Genfer Salon 1985 gezeigten Prelude mit Dreiventilmotor fügte Honda die Bezeichnung Natura hinzu.

Accord / Vigor 1986. Im Juni 1985 erfuhr der Accord eine umfassende Neuauflage. Es gab weiterhin eine viertürige Stufenhecklimousine, doch wurde das Coupé (vorerst) durch einen mit Aerodeck bezeichneten, ungemein attraktiven Sportkombi ersetzt (wie sie damals von Lancia und Reliant aufgegeben wurden; im Falle des Honda sprach man auch von Langdachversion). Der Radstand war von 245 auf 260 cm verlängert worden, und die Limousine war nun 453,5 statt 445,5 cm lang. Der mit besonders flacher Front und Klappscheinwerfern ausgestattete Aerodeck brachte es auf 433,5 cm Länge. Durch die großzügig dimensionierten Seitenfenster zusätzlich begünstigt, wirkte die neue Accord-Limousine viel stattlicher und sie bot auch mehr Innenraum. Während die Breite um 3 auf 169,5 cm zugelegt hatte, war die Dachlinie um 2 auf 135,5 cm abgesenkt worden. Bei der Topausführung waren die Rücksitze ebenso wie im Aerodeck vorklappbar.

Dem Antrieb der neuen Accord-Modelle dienten ein 1830-cm^3-Motor mit zwölf Ventilen und je ein 1834-cm^3- und 1958-cm^3-Motor mit zwei obenliegenden Nockenwellen und 16 Ventilen. Der 2-l-Motor war mit dem Einspritzsystem PGM-FI bestückt. Alternativ zum 5-Gang-Getriebe wurde das 4-Stufen-Hondamatic-Getriebe eingebaut. Vorne wie hinten besaßen die frontgetriebenen neuen Accord untere und obere Querlenker sowie untere Längsstreben und Federbeine, wobei ein besonders platzsparendes Konzept verwirklicht worden war. Mit dem 2-l-Motor wurden Vierrad-Scheibenbremsen eingebaut. Später kamen weitere Versionen hinzu.

Unter der Bezeichnung Hypershift führte Honda im Frühsommer 1985 in Japan ein neuartiges Getriebe ein, das sich aus einem mechanischen 4-Gang-Getriebe und einem nachgeschalteten 2-Stufen-Automatikgetriebe mit hydraulischem Wandler zusammensetzte. Es gestattete automatisches Fahren mit erhöhtem Beschleunigungsvermögen ebenso wie handgeschaltetes Fahren.

Today. Mit diesem im September 1985 lancierten Kleinstauto kehrte Honda in die Kategorie der japanischen Micro-cars mit unter 320 cm Länge und weniger als 550 cm^3 Hubraum zurück: Der dreitürige Today war betont keilförmig, ja zeigte sogar eine Einvolumenkarosserie, denn Motorhaube und Frontscheibe verliefen in einer durchgezogenen Linie. Der quergestellte Frontantriebsmotor hatte zwei Zylinder, 546 cm^3 Hubraum und leistete 31 JIS-PS bei 5500/min. Zum Vergleich: der bis 1975 gebaute Z GT hatte aus 356 cm^3 bis zu 36 PS bei 9000/min geholt! Es standen ein 4-Gang- und ein Halbautomatikgetriebe zur Wahl, vorne wurden Federbeine mit Dreieck-Querlenkern, hinten eine Torsionskurbelachse (Längslenker und Achsrohr) mit Panhardstab verwendet.

Prelude 2.0i-16V. Ab September 1985 wurde der Prelude mit dem DOHC-16-Ventil-Motor lieferbar, der in der Europaausführung aus 2 l Hubraum 137 PS zur Verfügung stellte. Stoßschutz samt Schürzen waren in der Wagenfarbe gehalten und auch im Wageninnern fanden sich Neuerungen, so ein neugestaltetes Armaturenbrett mit drei großen Rundinstrumenten. ALB (Anti-Bremsblockiersystem), elektrisches Schiebedach usw. wurden von Haus aus montiert.

Legend. Ende Oktober 1985 zeigte Honda in Tokio das langerwartete neue Topmodell Legend, eine Limousine der gehobenen Mittelklasse, die als Gemeinschaftsentwicklung mit Austin Rover galt. Bei 276 cm Radstand war dieses Stufenheckmodell 481 cm lang und übertraf somit die Accord-Limousine um 16 bzw. 27,5 cm. Allerdings war das 2-l-Modell mit etwas weniger voluminösen Stoßstangen nur 469 cm lang und (für die in Japan geltende Grenze) nur 169,5 statt 173,5 cm breit. Das Design verkörperte eine fast maßstäbliche Vergrößerung des Accord. Der Luftwiderstandsbeiwert wurde mit cw 0,32 angegeben.

Es war ungewöhnlich, dass ein neues Modell nicht nur mit einem neuentwickelten Aufbau, sondern auch gleich mit gänzlich neuem Motor und neuem Fahrwerk aufwartete. Auch der Legend war ein „Fronttriebler“ mit Quermotor. Bei diesem handelte es sich in 2- und in 2,5-l-Ausführung um einen V6 mit je einer obenliegenden Nockenwelle pro Zylinderreihe und je vier Ventilen pro Zylinder. Der Gabelwinkel betrug 90 Grad, und damit eine gleichmäßige Zündfolge von 120 Grad ermöglicht wurde, waren die Kurbelzapfen

Honda Civic Shuttle, 1984

Honda Prelude XJ, 1984

Honda Civic Berlinetta 1.5i, 1985

Honda Integra GS-i, 1985

um 30 Grad gegeneinander versetzt. Block und Köpfe bestanden aus Leichtmetall, und die Verdichtung erreichte 9,2:1 bzw. 9:1. Mit der elektronischen Einspritzung und einem zweistufigen Einlass wurden 145 bzw. 165 JIS-PS erreicht. Alternativ zum 5-Gang-Getriebe stand ein 4-Stufen-Automatikgetriebe zur Wahl.

Während die Vorderradaufhängung dem aufwändigen System in den Modellen Accord und Prelude entsprach, war für die Hinterradführung ein neues Konzept mit Längsstrebe und unterem Querlenker verwirklicht worden. Das Armaturenbrett bestach durch seine kreisrunden Instrumente, die den Trend zu Digitalanzeigen zu ignorieren schienen. Für den europäischen Markt erfolgte die Herstellung des Legend parallel zum → Rover 800 im englischen Cowley. Honda UK errichtete hierzu in Swindon ein Qualitätsprüfungszentrum, wo jeder Legend einer weiteren Nachprüfung unterzogen werden sollte.

Acura. *Für den nordamerikanischen Markt schuf Honda 1986 eigens die Marke Acura, unter welcher der luxuriöse Legend und auch der Integra kommerzialisiert wurden; die Marketingauguren wollten damit Distanz zu den populären kleineren Honda-Modellen schaffen. Und diesem Beispiel soll-*

Honda Civic Coupé CRX, 1985

Honda Accord 2.0 Si, 1986

Honda Accord Aerodeck EX 2.0i, 1986

ten Ende des Jahrzehnts Nissan mit dem Infiniti und Toyota mit dem Lexus folgen!

Civic Shuttle Real Time 4WD. Ab Sommer 1986 gab es den Shuttle außer mit zuschaltbarem Hinterradantrieb auch mit permanentem Vierradantrieb mittels Viskokupplung im Antriebsstrang. Zudem bot diese Version eine Geländeuntersetzung.

City / Jazz 1987. Am 1. November 1986 stellte Honda den neuen City- alias Jazz-Kleinwagen vor. Es gab ihn als BB, EE und GG (die City-Modelle Turbo und Cabriolet wurden unverändert weitergebaut). Mit einem Radstandzuwachs von 222 auf 240 cm war dieser Kleinwagen um eine ganze Nummer gewachsen. Die Außenmaße wechselten von 338x157x147 cm auf 356x162x133,5 cm. Dank der ungewohnt niedrigen Keilfront und der tieferen Dachlinie wirkte er wesentlich dynamischer, was sich auch in dem Luftwiderstandsbeiwert von cw 0,31 widerspiegelte.

Angetrieben wurde dieser City/Jazz von einem neuentwickelten 1238-cm^3-Motor mit einer obenliegenden Nockenwelle und 16 Ventilen sowie elektronisch geregeltem Registervergaser. Bei einer Verdichtung von 9,5:1 resultierten 76 JIS-Netto-PS. Es standen ein 5-Gang-Getriebe und ein 4-Stufen-Automatikgetriebe mit Wandlerüberbrückung zur Wahl. Vorne wurden Federbeine und Dreieck-Querlenker, hinten eine Torsionskurbelachse (Längslenker, Achsrohr) mit Panhardstab verwendet. – Den Civic gab es in einigen Ländern gegen Mehrpreis alsbald ebenfalls mit der geschwindigkeitsabhängigen Servolenkung des Accord.

Ende 1986 wurde in Alliston, Ontario, die Herstellung des Accord LX aufgenommen. Der Accord wurde ja bereits auch in den USA gebaut und zudem neuerdings der Civic. 1988 sollte dann das kanadische Werk weiter ausgebaut werden (Herstellung auch des Civic Hatchback). – Im Frühling 1987 wurde die Montage im Honda-Werk in der Mie-Präfektur zu 80 Prozent automatisiert, wobei 150 einzelne Montageabläufe zu noch 50 von Robotern bewältigten Vorgängen zusammengefasst wurden. 1989 sollten das Werk in der Saitama-Präfektur und jenes in Ohio ebenfalls diesen rekordmäßigen Automatisierungsstand erreichen.

Legend Coupé. Als Honda-Topmodell wurde im Februar 1987 eine fünfsitzige Coupéversion des Legend herausgebracht. Sie wurde als 2-door Hardtop bezeichnet (auch wenn der feine B-Pfosten fix montiert blieb) und wirkte besonders elegant. Der Kühllufteinlass war auf einen Schlitz reduziert. Der Radstand erreichte 270,5 cm, die Länge 475,5 cm. Das Coupé wurde gleich mit einer weiteren Motorvariante versehen, nämlich einem 2,7-l-V6 mit verfeinertem Zweistufen-Einlasssystem: Im unteren Drehzahlbereich wurde die Luft über lange und dünne Kanäle angesaugt, doch ab 3200/min begannen sich im Verteilertrakt sechs Drosselklappen zu öffnen und gaben ab 3800/min die kürzeren, ovalen Ausaugwege frei. Die Leistung wurde mit 180 bzw. mit Katalysator mit 169 JIS-Netto-PS angegeben. Dieser V6 wurde ausschließlich mit dem programmierbaren 4-Stufen-Automatikgetriebe kombiniert. Zur außergewöhnlich luxuriösen Ausstattung zählte ein mit elektrischem Gurtbringer kombinierter elektrisch verstellbarer Fahrersitz.

4WS Dieses Kürzel stand für Vierradlenkung, und eine solche war 1986 von Honda entwickelt worden: Bei starken Lenkbewegungen in langsamer Fahrt schlugen die Hinterräder in entgegengesetzter Richtung aus, wodurch sich der Wendekreis verringerte, bei höherem Fahrtempo in Kurven oder plötzlichen Ausweichmanövern verstärkten sie die Lenkrichtung der Vorderräder und erhöhten so die Fahrstabilität. Die Lenkung der Hinterräder erfolgte rein mechanisch über Exzenterwellen und Planetengetriebe mit maximal fünf Winkelgraden. Übrigens hatte Honda schon im Dezember 1978 zwei Systeme von Integrallenkungen zum Patent angemeldet. Es sollte nun alsbald zu einem Rechtsstreit mit Mazda, Nissan und Toyota kommen, die ebenfalls an einer Vierradlenkung arbeiteten.

Prelude 1987. Gegen Aufpreis erhältlich wurde die Vierradlenkung im gänzlich überarbeiteten Coupé Prelude, das im April 1987 vorgestellt wurde. Unter Beibehalt des typischen generösen Honda-Designs war der Prelude deutlich gestreckt worden: Radstand 256,5 statt 245 cm, Länge 446 statt 438 cm. Dank stärker geneigt eingebauter Frontantriebseinheit konnte die Motorhaube um 3 cm abgesenkt werden. Mit hochfesten Stahlblechen ließ sich die Gewichtszunahme auf unter 100 kg beschränken (Leergewicht 1050 bis 1150 kg).

Es standen zwei Motoren zur Wahl: 2 l, 12 Ventile, zwei Vergaser, 110 JIS-PS und 2 l, DOHC, 16 Ventile, elektronische Einspritzung, variables Ansaugsystem, 145 PS; 5-Gang-Getriebe oder 4-Stufen-Automatikgetriebe mit Economy- und Sport-Schaltprogrammen. Gegen Aufpreis war außer dem 4WS (nur in der Topausführung) auch das ALB erhältlich. Dieses war weiterentwickelt worden, und sein digital gesteuertes Dreikanalsystem wirkte nun separat auf die beiden Vorderräder ein.

Accord Hatchback. Dieses Coupé wurde ab 1987 ausschließlich im US-Werk in Ohio hergestellt. *Ab 1988 wurde es auch nach Japan exportiert: Dieser ungewohnt umgekehrte Exportweg fand in den Fachkreisen große Beachtung.*

Civic / Ballade 1988. Auf der IAA Frankfurt im September 1987 erfolgte die Weltpremiere der erneuerten Civic Hatchback, Sedan und CRX; auch der Shuttle kam 1988 in Neuauflage. Beim Hatchback wuchsen der Radstand und die Länge um 12 bzw. 15,5 auf 250 bzw. 396,5 cm, beim Sedan um 5 bzw. 8,5 auf 250 bzw. 423 cm und beim Coupé um 10 bzw. 8 cm auf 230 bzw. 375,5 cm. Mit seinen großzügigen Fensterflächen wirkte der dreitürige Civic noch eleganter, aber weiterhin sportkombimäßig. Für ihn wurde der Luftwiderstandsbeiwert mit cw 0,33 angegeben. Bei allen drei Modellen war die Front mit ihren stark in die Seiten hineinverlängerten Leuchteinheiten noch strömungsgünstiger ausgebildet.

Alle Motoren besaßen nun 16 Ventile, die jedoch abgesehen vom DOHC-Topmotor von einer einzigen Nockenwelle über Leichtmetall-Kipphebel betätigt wurden. Es gab Vergasermotoren wie auch Zentral- und Multi-Point-Einspritzversionen. Neu war die einheitlich ausgeführte Aufhängung: vorne mit unteren Querlenkern und Zugstrebe und oberen Dreieckquerlenkern, hinten mit unteren Längsschwingen samt spurkorrigierendem Zusatzlenker sowie unteren und oberen Querlenkern. Mit dem vermehrten Platzangebot war auch der Innenraum modifiziert worden. Der Hatchback wog mit dem 1,3-l-Motor bloß 835 kg.

Das die Sportwagenliebhaber ansprechende Coupé Civic CRX kam auf einen Luftwiderstandsbeiwert von cw 0,30. Wie die stärker motorisierten Civic-Limousinen wies es auch hinten Scheibenbremsen auf. Der Civic Shuttle, wie er ab Oktober 1987 bereits in Japan im Angebot stand, erhielt ebenfalls den auf 250 cm verlängerten Radstand samt breiterer Spur sowie die moderne hintere Einzelradaufhängung. Auch dank der abgesenkten Ladefläche bot er deutlich mehr Platz. Wie den Civic Sedan gab es auch den Shuttle weiterhin in einer Version mit permanentem Real-Time-Allradantrieb samt Geländegang.

1988 wurde der City stärker motorisiert. Mit dem Jahrgang 1988 erhielt das Legend-Coupé als erstes japanisches Auto (je nach Wunsch und Markt) einen Airbag eingebaut. Im Gegensatz zur Legend-Limousine, die für den europäischen Markt bei Rover in England gebaut wurde (noch bis 1988, umgekehrt wurde der Rover 800 von Honda in Japan für den dortigen Markt hergestellt), entstand das mit allen erdenklichen Komfortmerkmalen lieferbare Coupé ausschließlich in Japan. Auch die Legend-Limousine war (in Japan seit September 1987) mit dem 2,7-l-Motor zu haben, während die 2,5-l-Variante nicht mehr hergestellt wurde.

Concerto. Als Resultat der Zusammenarbeit bei der Entwicklung eines neuen Mittelklassemodells von Honda und Rover wurde im Juni 1988 zunächst der Honda Concerto vorgestellt. Aus Ausgangspunkt hatte der Civic gedient, dessen Radstand auf 255 cm verlängert wurde. Es gab den Concerto als viertürige Stufenheck-Limousine mit 441,5 cm Länge und fünftürig mit Schrägheck (und kurzem Heckbürzel) mit 427 cm Länge, beide mit drei Fenstern pro Seite und somit eine exzellente Rundsicht garantierend. Die niedrige Schrägfront mit flachem Grill war Honda-typisch, aber mit 139,5 cm Höhe überragte der Concerto sogar den Legend um eine Spur.

In Japan wurde der Neuling mit 1,5- und 1,6-l-16-Ventil-Motoren angeboten, in der Topversion mit Einspritzung. Die viertürige Limousine konnte man mit permanentem Vierradantrieb bestellen, entweder mit zentraler Viskokupplung im Strang oder mit dem neu geschaffenen Intrac-System (Innovative Traction Control): Dessen Viskokupplungen verteilten die Antriebskraft optimal nach vorne oder hinten und nach links oder

Honda City EE, 1987

Honda Today Ri-Z, 1988

(Honda) Acura Integra, 1987

Honda Legend, 1987

Honda Legend Hardtop (Coupé), 1987

Honda Civic EX 1.6-16, 1988

rechts. Wenn bei scharfem Bremsen das miteingeschlossene Antiblockier-Bremssystem ALB in Aktion trat, koppelte sich der Hinterradantrieb automatisch ab. Gegen Aufpreis war ein Innenraum im britischen Stil mit Leder und Holzzier erhältlich.

Legend 1989. Für den einheimischen Markt wurde der Legend Sedan im Herbst 1988 mit einem markanteren, chromgerahmten Kühlergrill und neuen Heckleuchten versehen. Die Coupéfront blieb hingegen auch in Japan unverändert. Die Hinterradaufhängung wurde auf die beim Coupé getroffene Lösung mit oberen und unteren Querlenkern vereinheitlicht. Besonders bemerkenswert war das für den in Japan erhältlichen 2-l-V6-Motor ab 1989 zusätzlich verfügbare patentierte Turbosystem mit verstellbaren Schaufeln: Durch das computergesteuerte Ändern des Anstellwinkels der Flügel in der Arbeitsturbine wurde entsprechend dem Abgasvolumen die Strömungsgeschwindigkeit beeinflusst. Der mit 9:1 vergleichsweise hoch verdichtete, mit Ladeluftkühlung versehene Turbomotor erbrachte 190 statt 145 PS. Vor allem aber sorgten die verstellbaren Schaufeln für ein gegenüber herkömmlichen Abgasturboladern deutlich verbessertes Ansprechverhalten schon bei tiefen Drehzahlen.

NS-X. Die Bezeichnung wirkte ein wenig hilflos, doch hinter ihr steckte nichts weniger als eine Herausforderung an Porsche und Ferrari: Der Honda NS-X, der auf der Chicago Auto Show vom Februar 1989 im Mittelpunkt der Aufmerksamkeit stand, war ein Mittelmotor-Zweisitzercoupé der obersten Liga, das sich hinsichtlich Leistungsfähigkeit und sportlicher Optik mit einem Porsche 911 Carrera oder einem Ferrari 328 messen konnte. Bei 250 cm Radstand war der NS-X 431,5 cm lang, 180 cm breit und 117 cm hoch (911 Carrera: 227, 425x165x132 cm; 328 GTB: 245, 423x189,5x 117 cm).

Angetrieben wurde der NS-X von einem quer hinter den Sitzen eingebauten, mit Getriebe und Differenzial verblockten V6 mit 90 Grad Gabelwinkel (2977 cm^3, 2x2 obenliegende Nockenwellen, 24 Ventile, 270 PS bei 7300/min). Auch hier der Vergleich: 911 Carrera mit 6-Zylinder-Boxer (3164 cm^3, 231 PS); 348 GTB mit V8 (3186 cm^3, 270 PS). Für die Kraftübertragung wurden wahlweise ein 5-Gang-Getriebe und ein 4-Stufen-Automatikgetriebe vorgesehen.

In Chicago waren allerdings noch keine exakten Daten über den NS-X-Motor bekanntgegeben worden, handelte es sich doch um einen Prototyp; die Produktion sollte erst 1990 anlaufen. Aber es war klar, dass sich Honda dank des guten Renommees hinsichtlich Qualität und Sportlichkeit bereits in den Hinterkopf potenzieller Porsche- und Ferrari-Käufer einprägen konnte. Das Design mit den tiefen vierteiligen Lufteinlässen in der Front, den Klappscheinwerfern, den seitlichen Lufttrichtern vor den Hinterrädern und dem elegant in das Heck integrierten Luftstromflügel wirkte überaus gekonnt und attraktiv. Der Innenraum war in schwarzem Leder gehalten, und das Armaturenbrett enthielt klassische Rundinstrumenbte.

Auch hnsichtlich seines technischen Konzepts war der NS-X fortschrttlich: Er basierte auf einer Moncoquestruktur aus Leichtmetall. Ebenso bestand der Aufbau aus Aluminium, und aus Gewichtsgründen wurden u. a. Traversen und die Teile der raffinierten, aus unteren und oberen Dreieckquerlenkern bestehenden Aufhängung aus Aluminiumguss hergestellt. So wurde denn mit einem Leergewicht von nur 1280 kg gerechnet. Nebst einem ABS erhielt der NS-X eine Antriebsschlupfregelung und eine Differenzialbremse. Für den NS-X wurden in Tochigi auf Spitzentechnologie ausgerichtete neue Werkanlagen errichtet. Die Markteinführung wurde auf die zweite Hälfte 1990 geplant (in den USA unter der Marke Acura), und es wurde mit einem Jahresausstoß von 3000 Einheiten gerechnet.

Integra. Aus dem Quint Integra wurde im April 1989 der Integra (für die USA Acura Integra). Auf die fünftürige Fließhecklimousine wurde verzichtet, es gab nur eine viertürige Stufenhecklimousine und ein dreitüriges Coupé. Das Design war fließender und die Klappscheinwerfer waren einer niedrigen, nur in der Mitte unterbrochenen Scheinwerferfront gewichen. Radstand und Länge wuchsen von 252/438 cm auf 260/448 cm (Limousine) bzw. von 245/428 cm auf 255/439 cm (Coupé). Das Fahrwerk entsprach jenem des Concerto. Neu gab es die Hochleistungsversion 1600 VTEC = Variable Timing and Lift Electronic Control. Mit diesem variierende Ventilsteuerzeiten ermöglichenden System wurde nebst einer hohen Leistungsausbeute auch ein günstiger Drehmomentverlauf im unteren Drehzahlbereich erzielt. Bei dem VTEC-dotierten 1,6-l-DOHC-Motor war der Hub von 90 auf 77,4 mm reduziert worden und es resultierten 160 PS (mit 4-Stufen-Automatikgetriebe 150 PS).

Civic VTEC. Der gleiche Motor wurde 1989 auch im dreitürigen Civic und im Coupé CRX erhältlich: 1595 cm^3, 160 PS (mit Katalysator immerhin noch 150 PS); in den Export sollte diese High-Tech-Maschine erst Mitte 1990 gelangen und somit für das Modelljahr 1991.

Accord 1990 / Ascot. Auffallend waren wie schon beim Vormodell die niedrige Front mit keilförmig ansteigender Gürtellinie und die für hervorragende Rundsicht sorgenden großzügigen Fensterflächen. Das hintere Dreieckfenster endeten nun unten mit einem kleinen Einwärtsknick, was ein wenig an den BMW-Usus erinnerte. Jedenfalls war der auf der IAA Frankfurt im September 1989 vorgestellte neue Accord stilistisch ein gelungener Wurf. Außer in der „Japan-Breite“ von 169,5 cm hatte der Accord in allen Dimensionen zugelegt: Radstand von 260 auf 272 cm, Länge von 454 auf

Honda Civic Sedan EX 1.6i, 1988

Honda Accord LXi Hatchback, 1989

Honda Civic 4WD Wagon, 1989

468,5 cm und Höhe von 135,5 auf 139 cm. Mit bündig eingepassten Scheiben und weiterem Feinschliff war der Luftwiderstandsbeiwert auf 0,33 gesenkt worden. Zahlreiche Maßnahmen waren zur Geräuschdämmung vorgenommen worden (u. a. mit steiferer Plattform und einer neuartigen ausgeschäumten Honigwabenstruktur für das Dach), und die Karosserie bestand zu 85 Prozent aus verzinktem Stahlblech.

Von den drei zuvor gebauten Coupéformen einschließlich Hatchback mit Fastback und dem Sportkombi Aerodeck war nur noch die langweilige Stufenheckvariante übriggeblieben. So wollte es der US-Markt. Und nicht nur das: die Coupévariante war in den USA entworfen worden und sie wurde dort in Produktion genommen. Sie wurde wiederum auch nach Japan exportiert, wobei hierzu statt des 2,2- der 2-l-Motor eingebaut wurde. In der Ausführung 2.0 Si Exclusive erhielt sie Ledersitzüberzüge, eine Audioanlage von Bose, ein Glasschiebedach und einen kleinen Heckflügel. Nach Europa gelangte einzig noch die Limousine. Je nach Vertriebskanal war auch die Bezeichnung Ascot statt Accord gebräuchlich.

Der 2-l-Motor war neu, wies zwar weiterhin 16 Ventile auf, doch wurden diese nur noch von einer obenliegenden Nockenwelle aktiviert. Auch der Block bestand nun aus Leichtmetall. Es gab ihn in drei Leistungsstufen, wobei die nach US-83 entgiftete Version in ungewöhnlicher Weise nicht von einer Einspritzanlage, sondern von elektronisch geregelten Fallstromvergasern versorgt wurde (90–110 PS). Weiterhin gab es jedoch auch die hauseigene Einspritzung PGM-FI (Programmed Fuel Injection, 133 PS), und diese tat im bekannten DOHC-Motor mit 2 und 2,2 l Inhalt ebenfalls ihren Dienst (je 150 PS). Nicht nur die 4-Stufen-Automatik war neuentwickelt worden, mit ihr kam auch eine besonders raffinierte Motoraufhängung zum Einbau.

Honda Concerto 1.6i-16, 1989

Honda CRX 1.6i-16, 1989

Honda NS-X, 1989

Honda

Honda	Bauart	Mot.	Getr.	R/L cm	Baujahre
Today	**Fr.**	**a**	**4/H3**	**233/319,5**	**1985–88**
		b/c	**4/5/A3**		**1988–90**
Motoren:	*Zyl.:*	*N'w.:*	*cm^3:*	*PS/'min:*	*Nm/'min:*
a	2	OHC	546	31/5500	43/4000
b	3	012V	547	36/6500	44/5200
c (*m.Autom.)	3i			44/8000/42*/42	45/4500/46/45
City / Jazz	**Fr.**	**a–f**	**4/5/H3**	**222/338**	**1981–87**
City Cabrio				**222/342**	**1984–87**
Motoren:	*Zyl.:*	*N'w.:*	*cm^3:*	*PS/'min:*	*Nm/'min:*
a	4	OHC	1232	61/5000 (brutto)	96/3000
b				63/5000/67/5500(b)	98/3000/3500
c (Europa 1984–)				56/5000	93/3500
d (Export 1985–)			1193	50	–
e (Turbo 1982–)	4iT			100/5500 (brutto)	147/3000
f (Turbo II 1983–)				110/5500 (brutto)	160/3000
City / Jazz (*1988–)	**Fr.**	**a/b**	**5/A4**	**240/356/360,5***	**1986–90**
a	4	016V	1238	76/6500	98/4000
b (1988–)	4i/4		1296	100/82/6500	114/5500/103/4000
Civic (3-türig)	**Fr.**	**a–f**	**4/5/H3**	**225/376**	**1980–83**
Civic (5-türig/Wagon)				**232/383/399,5/409**	
Ballade				**232/414**	
Motoren:	*Zyl.:*	*N'w.:*	*cm^3:*	*PS/'min:*	*Nm/'min:*
a	4	012V	1335	72/5500 (brutto)	108/3000
b (Europa/USA –1982)		OHC		60/56/5000	94/3500
b (Europa/USA 1982–)				60/61/5500	99/3000
c (S 1981–)				70/5500/5750	100/3400/3500
d		012V	1488	80/85/5500(brutto)	121/3500
e (Europa –1982)		OHC		70/5500	103/4000
f (USA –1982)		012V	1750	73/4500	128/3000
f (USA 1982–)			1488	68/5000	108/3500
Civic (3-türig)	**Fr.**	**a–o**	**4/5/H3/A3**		**238/381/384,5**
1983–87					
Civic (4-t.) / Ballade				**245/414,5**	
Civic Shuttle	**Fr.(4)**			**245/399/404/408**	
Civic/Ballade CRX	**Fr.**			**220/367,5/375,5**	
Motoren:	*Zyl.:*	*N'w.:*	*cm^3:*	*PS/'min:*	*Nm/'min:*
a (+*1985–)	4	012V	1342	80/78*/6000 (br.)	111/110/3500
b (Europa / USA)		OHC		71/6000/61/5500	105/99/3500
c (1985–)				69K	–
d (Export)			1187	55/6000/61(brutto)	82/3000/87
e		012V	1488	90/6000 (brutto)	126/3500
f (Europa +*1985–)		OHC		85/6000/80*	126/3500/117
g (USA 1984/85)				77/6000/59/4800	
114/3500/108/2500					
h (USA 1985–)				77/6000/75/59	114/3500/112/108
(CH –'85 *Exp. '85–)				85/83K*	–
j	4i	012V		100/5800 (brutto)	129/4000
k (Europa)		OHC		100/5750	130/4500
l (1985– +*'86–)				90K/94K/ 92U*/5500–/126/4500	
m (CRX)		012V		110/5800 (brutto)	135/4500
n (Si / CRX)		D16V	1590	135/6500 (brutto)	152/5000
o (do. Europa 1986–)				125/122K/6500	140/138/5500
Civic / Ballade	**Fr.(4)**	**a–o**	**5/A4**	**250/396,5/423**	**1987–89**
				250/399,5/429–431	**1989/90**
Civic Shuttle				**250/410,5**	**1987–90**
a (*Export +**1989–)	4	016V	1343	82/75*/75K**/6300	104/3500/102/3100
b (Europa)			1396	90/6300	112/4500
c			1493	91/6000	119/4000
d (*Export)	4/4i*			105/6500/94K*/6000	130/121/4500
e (m.Autom.oder 4WD)	4			100/6300	126/4500
f (BRD/*USA 1989–)	4i			90K/93*/6'/71*/55'	120/4500/112/3000
g (CRX HF USA)	4	OHC		62/4500	122/2000
h (+*USA 1988–)	4i	016V	1590	120/6300/110/6000	142/5500/135/5000
i (Europa *1988–)				109/116*/6300	135/5200/141/5300
j				107K/6300	133/5200
k (BRD/USA 1989–)				110K/6300/110/6000	134/5200/135/5000
l (4WD 1989–)	4			105/6300	135/4500
m	4i	D16V		130/6800	144/143/5700
n (*BRD)				120K/124K*/6800	135/140/5700
o (3-t./CRX '89–)			1595	160/150K/7600	152/145/7000

Honda	Bauart	Mot.	Getr.	R/L cm	Baujahre
Quint / Quintet	**Fr.**	**a/b**	**5/H3**	**236/411**	**1980–84**
Motoren:	*Zyl.:*	*N'w.:*	*cm^3:*	*PS/'min:*	*Nm/'min:*
a (*1982–)	4	012V	1602	90/5500/5300* (br.)	129/132/3500
b (Europa/USA)		OHC		80/5300/69/5000	127/116/3500
Quint Integra	**Fr.**	**a–f**	**5/A4**	**252/435/438**	**1985–89**
do. Coupé				**245/428**	
a (1986–)	4	012V	1488	76/6000	116/3500
b (Export 1988–)		D16V		85/6000	126/3750
c			1590	100/6500	126/4000
d	4i			120/6500	137/5500
e (USA 1986/87 *1987–)				114/120*/6250	134/139/5500
f (Export 1988–)				125	140
Integra	**Fr.**	**a–c**	**5/A4**	**260/448/255/439**	**1989/90**
a	4i/4	016V	1590	120/105/6300	142/5500/135/4500
b (*m.Autom.)	4i	D16V	1595	160/7600/150*/7100	152/7000/150/6000
c (USA)			1834	132/6000	165/5000
Concerto	**Fr.(4)**	**a–e**	**5/A4**	**255/427/441,5**	**1988–90**
Motoren:	*Zyl.:*	*N'w.:*	*cm^3:*	*PS/'min:*	*Nm/'min:*
a (Europa 1989–)	4	016V	1396	88/6300	112/4500
b			1493	91/6000	119/4000
c (1989– *Europa)	4/4i		1590	105/106*/112K/6300	135/133/45/137/52
d (+*1989–)	4i			120/6300/122K*/68'	142/5500/5700
e (1989– *m.Autom.)				130/124*/6800	143/141/5700
Accord (3-türig)	**Fr.**	**a–d**	**4/5/A2**	**238/410,5/412,5**	**1980/81**
Accord (4-türig)				**238/432,5–445**	
Prelude		**a–e**		**232/409**	**1980–82**
Motoren:	*Zyl.:*	*N'w.:*	*cm^3:*	*PS/'min:*	*Nm/'min:*
a	4	012V	1602	90/5500/5300* (br.)	129/132/3500
b (Europa/USA)		OHC		80/5300/69/5000	127/116/3500
c		012V	1751	90/85/5300 brutto)	132/3000
d (USA –1981)				73/4500	128/3000
e				97/5300 (brutto)	140/3500
Accord / Vigor	**Fr.**	**a–g**	**5/H3**	**245/421/441**	**1981–83**
Prelude				**245/429,5**	**1982/83**
a	4	012V	1602	90/5300 (brutto)	132/3500
b (Europa)		OHC		80/5300	127/3500
c		012V	1751	97/5300 (brutto)	140/3500
d (USA)				76/4500	130/3000
e (*m. Autom.)			1830	125/120*/5800(br.)	153/4000
f (Europa)		OHC		106/102/5500	153/4000/151/3500
g (CH / USA)				103/99/5500/101	
Accord / Vigor Fr.	**a–e/j/k**	←	**5/A4**	**245/425,5/445,5**	**1983–85**
Prelude	**f–i/l–o**	←		**245/429,5**	**1983–87**
a	4	012V	1598	94/5800 (brutto)	133/3500
b (Europa)		OHC		90/6000	128/3500
c (CH)			1602	80/5300	127/3500
d		012V	1830	110/5800 (brutto)	149/3500
e (Europa)		OHC		100/5800	147/3500
f (*m. Autom.)		012V		125/120*/5800 (br.)	153/4000
g (Europa *m. Autom.)		OHC		105/106/100*/5500	152/150/4000
h (CH*m.Aut./ USA'84)				103/99* / 101/5500	
i (Kat./USA 1985–)				100/5500	145/4000
j (1984–)	4i	012V		130/5800	167/4500
k (USA 1984–)				101/5800	147/2500
l (1985–)		D16V	1958	160/6300 (brutto)	186/5000
m (Europa 1985–)				137/6000	170/5000
n (Kat. 1985–)				135/6000	
o (USA 1985–)		012V	1955	112/5500	155/4500

→

Honda Accord EX Sedan + Coupé, 1990

Neu war das in einem neuen dreistufigen Vakuumverfahren aus einem Stück gefertigte Armaturenbrett, und der geräumiger gewordene Innenraum bot ein hohes Maß an Komfort und Ausstattung.

Accord Inspire / Vigor. Nur für den japanischen Markt bestimmt waren der ebenfalls im September 1989 vorgestellte Accord Inspire und der neue Vigor. Die Besonderheit bestand in dem längs auf der Vorderachse (statt quer) eingebauten Fünfzylindermotor mit 2 l Inhalt. Benzinmotoren mit dieser Zylinderzahl baute bisher erst Audi. Von dem hinter dem Motor angeflanschten Getriebe gelangte der Kraftfluss über eine Welle links vom Motor wieder nach vorn zum Differenzial, und die rechte Antriebswelle wurde durch die Ölwanne hindurchgeführt. Die um 35 Grad nach rechts geneigt eingebaute Inspire-Alumaschine besaß eine obenliegende Nockenwelle, 20 Ventile und eine Schwingungsausgleichswelle (statt zwei wie bei den Vierzylindermotoren, Leistung 160 PS). Mit 280,5 cm Radstand übertraf der Inspire sogar den Legend, und mit 469 cm war er genau gleich lang wie dieser. Mit einer auf 135,5 cm abgesenkten Dachlinie und dem Wegfall des Pfostens zwischen den vorderen und den hinteren Türfenstern entsprach dieses Modell den japanischen Sportlimousinen bzw. Hardtop-Sedan (wie sie einst auch die Amerikaner bauten).

Im Herbst 1989 konnte Honda in Swindon das britische Motorenwerk in Betrieb nehmen, während

Honda	Bauart	Mot.	Getr.	R/L cm	Baujahre
Accord / Vigor	**Fr.**	**a–m**	**5/A4**	**260/433,5/454/457**	**1985–89**
do. Hatchback Coupe				**260/433,5–436,5**	**1987–89**
Motoren:	*Zyl.:*	*N'w.:*	*cm³:*	*PS/'min:*	*Nm/'min:*
a (Export)	4	OHC	1598	88/6000	122/3500
b		012V	1830	110/5800 (brutto)	149/3500
c		D16V	1834	130/6000 (brutto)	162/4000
d		012V	1955	105	152
e (Export)	4/4i			106/122/5500	153/3500/166/5000
f (USA –1987)				99/113/5500	148/3500/155/4500
g (USA 1987–)				99/5500/122/5800	148/3500/166/4000
h (*m.Autom.)	4			102K/103K*/5500	154/3500
i (1987–)	4i			113K/5500	160/4500
j (CH 1985–87)				115/5000	161/4500
k		D16V	1958	160/6300 (brutto)	186/5000
l (1988–)				145/6200	173/4000
m (Export 1988–)				137/134K/6000	170/171/5000
Accord / Ascot	**Fr.**	**a–h**	**5/A4**	**272/468,5/469,5U**	**1989/90**
a (*Europa)	4	016V	1849	105/100*/6000	143/4000/145/3800
b (*Export)			1996	110/6000/112*/5900	158/3800/160/3600
c				110K/5700/90K/5500	159/3700/149/2700
d (*Export)	4i			130/5500/135*/5400	178/4500/182/5000
e				133K/5300	179/5000
f		D16V		150/6100	186/5000
g (*m.Autom.)			2155	150K/59'/147K*/55'	198/5000
h (USA)				132/5200/127	192/4000/185

Honda	Bauart	Mot.	Getr.	R/L cm	Baujahre
Accord Inspire / Vigor	**Fr.**	**–**	**5/A4**	**280,5/469**	**1989/90**
Motor:	5i	020V	1996	160/6700	186/4000
Prelude	**Fr.**	**a–f**	**5/A4**	**256,5/446–452**	**1987–90**
Motoren:	*Zyl.:*	*N'w.:*	*cm³:*	*PS/'min:*	*Nm/'min:*
a	4	012V	1958	110/5800	152/4000
b (Export *1989–)				109K/114/5800	154/160/4/157*/45
c (USA *m.Autom.)				105/106*	150
d	4i	D16V		145/6000	175/4500
e (Export)				138K/6200/150/6000	175/4500/180/5500
f (USA)				137	172
Legend	**Fr.**	**a–h**	**5/A4**	**276/469–481**	**1985–90**
Legend Coupé				**270,5/475,5/477,5U**	**1987–90**
Motoren:	*Zyl.:*	*N'w.:*	*cm³:*	*PS/'min:*	*Nm/'min:*
a (*1988–)	V6i	024V	1996	145/6500/6300*	167/5500/172/5000
b (1988–)	V6iT			190/6000	241/3500
c (–1988)	V6i		2494	165/6000	211/4500
d (Eur.'87/88 *m.Aut.)				172/173/167*/6000	
217/5000/221/4000					
e (1987/88)				151K/153U/5800	207/213/4500
f (1987–)			2675	180/6000	226/4500
g (Eur. 1988– *m.Aut.)				177/174*/6000	228/5000
h (1988–)				169K/5900/163U	225/220/4500
NS-X	**Mon./M.**	**–**	**5/A4**	**250/431,5**	**1990**
Motor:	V6i	D24V	2977	270K/7300	285/5500

(Honda) Acura Integra Sedan LS, 1990

im Rover-Werk in Longbridge die Herstellung des für die europäischen Märkte bestimmten Concerto – parallel zu den mit ihm eng verwandten neuen Rover-Modellen 214/216 – aufgenommen wurde.

Mit dem Modelljahr 1990 erhielten die Civic geänderte Stoßflächen, Front- und Heckleuchten, und beim Coupé Civic CRX fiel der breitere Lufteinlass in der Bugschürze auf. Vom Coupé Prelude gab es (in Japan) zwei weiteren Varianten: INX Si SRS mit konventionellen statt Klappscheinwerfern und Airbag, Si-TCV mit von Honda entwickelter elektronischer Antischlupfregelung in Verbindung mit einer Viskokupplung. Diese beiden Prelude wurden zudem mit dem hauseigenen Antiblockiersystem ALB und Vierradlenkung ausgerüstet.

Das Jahr 1989 brachte Honda in den USA einen einzigartigen Prestigeerfolg: Der Accord wurde mit 362'707 verkauften Exemplaren, die zu 60 Prozent aus dem Werk Marysville in Ohio stammten, das meistverkaufte Modell der Vereinigten Staaten, vor dem Ford Taurus mit 348'061 Stück und dem Ford Escort, der die Liste 1988 angeführt hatte.

Hongqi

Der ab 1961 in Changchun, in der 1000 km von Peking entfernt im Nordosten Chinas gelegenen Provinz Jilin, gebaute Hongqi (= Rote Fahne, auch Hong Qi geschrieben) war eine Repräsentationslimousine für die chinesische Staatsführung. Sie basierte wie die ebenfalls von den First Automobile Works (FAW, gegründet 1953) gebauten Nutzfahrzeuge auf sowjet-russischem Know-how (→ Zil).

CA 771 / 773 / 770. Der Hongqi wurde nur in beschränkten Serien hergestellt. Es gab ihn mit drei Radständen, wobei der längste mit 372 cm gemäß der Zahlenbezeichnung 770 der ursprünglichste war; die kürzeren Versionen waren später hinzugekommen. Die 1981 gebauten Modelle besaßen die schon 1970 eingeführte, stets noch relativ moderne Form. Die hinteren Türen öffneten nach hinten. Basis bildete ein Kastenrahmen mit Traversen; vorne wurden Dreieckquerlenker und Schraubenfedern, hinten eine Starrachse mit Halbelliptikfedern verwendet. Verzögert wurden die Hongqi mittels Vierrad-Trommelbremsen mit Servo, sie besaßen eine Kugelumlauflenkung und rollten auf 15-Zoll-Diagonalreifen.

Auch der Motor hatte russische Wurzeln: Ein V8 mit zentraler Nockenwelle und Doppelvergaser, der bei 5655 cm^3 Hubraum auf immerhin 220 PS kam. Besonders altmodisch gab sich die Kraftübertragung: ein 2-Stufen-Automatikgetriebe, und (bei sechs- oder achtsitzigen Limousinen erwartungsgemäß) mit Lenkradschaltung. In dem mit Plüschüberzügen versehenen und mit Vorhängen nach außen abgeschirmten Innenraum fanden sich einige moderne Komfortmerkmale, wie Fensterheber und Radio/Kassetten-Gerät.

Dass die chinesische Staatsführung 1985 aus den USA zwanzig speziell gebaute → Cadillac bezog, dürfte für Hongqi ein schwerer Schlag gewesen sein. – Im August 1988 unterzeichneten der FAW-Präsident Geng Zhaojie und der VW-Vorstandsvorsitzende Carl H. Hahn eine Absichtserklärung mit dem Ziel, in Changchun den Audi 100 herzustellen. – Der stets unverändert weitergebaute Hongqi aber verschwand erst 1996 aus dem Angebot.

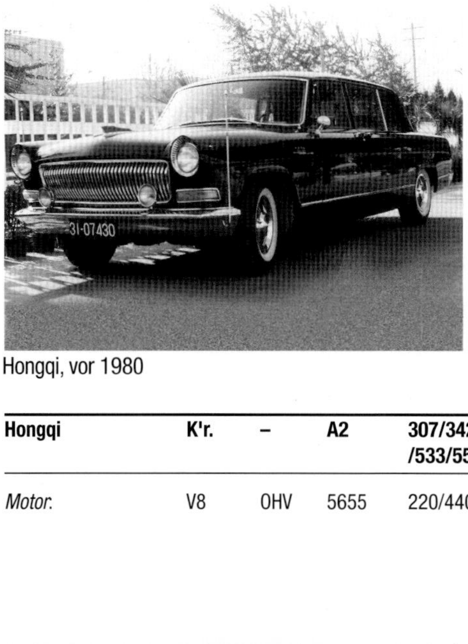

Hongqi, vor 1980

Hongqi	K'r.	–	A2	307/342/372 /533/550/598	1980–90
Motor:	V8	OHV	5655	220/4400	412/2800

Hyundai

Die Hyundai Motor Company war 1967 gegründet worden. Sie war ein Zweig des 1945 von Chung Ju Yung (1915–2001) ins Leben gerufenen und schrittweise zu einem riesigen Firmenkonglomerat (Chaebol) entwickelten Hyundai-Imperiums. Anfänglich montierte und produzierte die Hyundai Motor Co. Ford-Modelle. 1974 wurde mit dem in Lizenz gebauten Ford Cortina ein koreanischer Marktanteil von 80 Prozent erreicht. Im Herbst des gleichen Jahres wurde mit dem Hyundai Pony auf dem Salon Turin das erste Eigenmodell vorgestellt. Es war von Giorgetto Giugiaro von Ital-Design (→ Anhang) entworfen worden. Der 1,2-l-Vierzylinder entsprach dem Mitsubishi-Saturn-Motor und auch die Kraftübertragung und das Fahrwerk waren Mitsubishi-Konstruktionen.

Für den Pony wurde in Ulsan, 250 km östlich von Seoul, eine fortschrittliche Fabrikationsanlage aufgebaut, die 1976 den Betrieb aufnahm. Die Leitung der Hyundai Motor Co. war 1974 George Turnbull anvertraut worden, der bis damals der zweite Mann von British Leyland hinter Lord Stokes gewesen war. Mitsubishi beteiligte sich mit 10 Prozent am Kapital der Hyundai Motor Company.

Pony. 1981 wurde der Pony als viertürige Fließhecklimousine, als dreitüriges Coupé Liftback und als fünftüriger Kombi, alle fünfsitzig, hergestellt. Sie entsprachen der Zielsetzung, einfache und robuste Konstruktionen anbieten zu können. Der 1,2-l-Motor des Typs Mitsubishi Saturn besaß eine obenliegende Nockenwelle und einen Doppelvergaser. Seine Leistung wurde von einem 4-Gang-Getriebe auf die Hinterräder abgegeben. Auf Wunsch gab es einen 1,4-l-Motor, und dieser ließ sich mit einem 3-Stufen-Automatikgetriebe verbinden. Vorn wurden Federbeine und Querlenker, hinten eine Starrachse mit Halbelliptikfedern verwendet, und es kam eine Kugelkreislauflenkung zum Einbau.

Nachdem bereits verschiedene andere Länder beliefert worden waren, hatte Hyundai den Genfer Salon 1977 für den Europastart ausgewählt. Es bedurfte allerdings langer Jahre, bis die koreanische Marke in der Alten Welt (und auch in Nordamerika) volle Anerkennung fand.

Gegen Ende 1981 legte Hyundai Pläne offen, wonach die Hyundai Motor Company den Bau eines neuen Werkes mit einer Jahreskapazität von 300'000 Wagen plane. Hiervor war die Hälfte für den Export vorgesehen. Die Eröffnung sollte Anfang 1985 erfolgen, und die Technologie für das geplante neue Frontantriebsmodell sollte wiederum von Mitsubishi beigesteuert werden. – Anfang 1982 wurde in Düsseldorf eine deutsche Hyundai-Niederlassung gegründet.

Pony fünftürig. Im Mai 1982 wurde der Pony in viertüriger Ausführung mit Heckklappe eingeführt. Gleichzeitig wurde im neugestalteten Innenraum mehr Platz geschaffen, wobei vor allem der Kofferraum profitierte.

Hyundai Pony Liftback, 1982

Hyundai Pony, 1983

Stellar 1.6 GSL, 1984

Hyundai Pony 1.5, 1986

Stellar. Überraschend wurde auf der London Motorfair im Oktober 1983 die zweite und größere Hyundai-Modellreihe vorgestellt: Auch der Stellar besaß eine Mitsubishi-Mechanik mit Hinterradantrieb. Das elegante, betont langgestreckte Design der viertürigen Stufenhecklimousine war jedoch eigenständig und stammte wiederum von Giugiaro. Der Radstand war mit 258 cm länger, die Karosserie mit 441,5 cm kürzer als beim Mitsubishi Galant. Nebst dem 1,4-l-Motor wie im Pony gab es ein 1,6-l-Aggregat wie im Galant: mit zwei Schwingungsausgleichwellen, und in Verbindung mit drei Getriebevarianten. Vorne wurde eine Federbeinaufhängung verwendet, hinten eine Starrachse mit Längs- und Schräglenkern.

Pony-X / Excel / Presto. Im September 1985 drang Kunde von einem völlig neukonstruierten Pony auch nach Deutschland. Nachdem dieses koreanische Fabrikat bereits in Kanada, Großbritannien, Italien und den Benelux-Ländern Eingang gefunden hatte, war ein Vertrieb in den deutschsprachigen Ländern geplant. Hierzu mochte sich der neue Pony alias Excel wesentlich besser eignen, bot er doch Frontantrieb und eine modern geformte fünftürige Schrägheckkarosserie. Mit 398,5 cm Länge passte er genau in die vom VW Golf angeführte Kompaktklasse. Die Form mit dem abgesetzten dreieckigen dritten Seitenfenster stammte auch diesmal von Giorgetto Giugiaro. Für die außereuropäischen Bedürfnisse war zudem eine viertürige Stufenheckversion namens Presto entwickelt worden.

Die Mechanik, nun mit Vorderradantrieb und quergestelltem Motor, stammte wie üblich von Mitsubishi, und zwar handelte es sich um die 1,3- und 1,5-l-Motoren, wie sie im Colt eingebaut wurden. Allerdings war das Leistungsniveau mit 67 bzw. 72 PS deutlich niedriger angesetzt. Selbst der Radstand von 238 cm stimmte mit jenem des Colt überein. Es gab 4- und 5-Gang-Getriebe, vorn wurden Federbeine mit unteren Dreieckquerlenkern, hinten Längsschwingen verwendet. Ende 1985 wurde der neue Pony auf der London Motorfair vorgestellt.

1986 erhielt der Stellar einen karierten Kühlergrill und massivere Kunststoff-Stoßfänger, zudem wurde die Führung der hinteren Starrachse verbessert. Ab dem Herbst jenes Jahres wurde er zudem mit 2-l-Motor lieferbar.

Nachdem bereits vor mehreren Monaten der Entscheid für den Bau eines Werks in Kanada gefallen war, wurde im Januar 1986 auch der Standort bekannt: im Bromont Industrial Park, 88 km östlich von Montreal. Mit 1200 Mitarbeitern sollten dort jährlich 100'000 Hyundai gefertigt werden. Inzwischen war der Pony zum meistverkauften Importauto Kanadas avanciert... und es kam zu einem Rechtsstreit mit Ford of Canada um den Gebrauch des Namens Pony (es gab bereits ein Escort-Sondermodell namens Pony). – Die Mitsubishi-Beteiligung an Hyundai erreichte inzwischen 15 Prozent.

Grandeur. Im Juli 1986 führte Hyundai den Grandeur ein und bot damit eine der gehobenen Klasse zuzurechnende Limousine für die koreanische Oberschicht an. Der Grandeur entsprach dem in Japan entwickelten und dort gleichzeitig eingeführten → Mitsubishi Debonair V. Während Karosserie und Innenausbau für beide Wagen in Korea entstanden, stammten Fahrwerk und Elektronik aus Japan (2- bzw. 3-l-V6-Motor).

Mitsubishi Precis. Ab 1987 wurde eigens für den US-Markt der Preisschlager Mitsubishi Precis hergestellt. Bei ihm handelte es sich um den 3-/5-türigen Hyundai Pony mit 1,5-l-Motor sowie angepasstem Kühlergrill und Heck.

Da der japanische Lizenzgeber Mitsubishi nun wie erwähnt 15 Prozent des Hyundai-Kapitals hielt, begann er ab 1987 sein heimisches Händlernetz auch für den Vertrieb bestimmter Hyundai-Modelle zu öffnen. – Als Folge eines Streiks um mehr Lohn sperrte Hyundai im Mai 1988 im Werk Ulsan 25'000 Mitarbeiter aus.

Sonata. Der im Juni 1988 auf dem heimischen Markt eingeführte Sonata verkörperte als erstes Hyundai-Modell weitgehend eigene Technologie

Hyundai

Hyundai Sonata, 1989

Hyundai Excel Sedan, 1990

Hyundai Scoupe 1.5i SLC, 1990

Hyundai Grandeur V6 3000, 1990

und Entwicklungsarbeit. Er war vordergründig für den Export gedacht und erlebte auf der International Motor Show von Birmingham im Oktober 1988 seine Europapremiere. Allerdings steckte auch im Sonata noch ein guter Teil Mitsubishi-Know-how. Er war eine viertürige Stufenhecklimousine (Giugiaro-Design) mit Vorderradantrieb. Mit 265 cm Radstand und 468 cm Länge wurde jedoch der Mitsubishi Galant leicht übertroffen. Der Sonata erhielt quer eingebaute Mitsubishi-Vierzylindermotoren von 1796, 1997 oder 2351 cm^3 Hubraum, mit zwei Schwingungsausgleichwellen und elektronischer Einspritzung (5-Gang-Getriebe oder 4-Stufen-Automatikgetriebe). Vorne fanden sich Federbeine mit unteren Dreieckquerlenkern, hinten eine Verbundlenkerachse (Längslenker, Achsrohr) mit Panhardstab. 1989 wurde der Sonata auch mit 3-l-V6 von Mitsubishi lieferbar.

Pony / Excel 1990. Ab Herbst 1989 wurden die kleineren Hyundai mit neuem Karosseriedesign gebaut und auf der London Motorfair auch für Europa vorgestellt. Die Front war aerodynamisch abgesenkt und der Kühllufteinlass beschränkte sich auf eine horizontale Öffnung. Bei beibehaltenem Radstand von 238,5 cm erreichte die Länge der drei- bzw. viertürigen Karosserie 410/427,5 cm (statt 398,5/416,5 cm). Die Leistung der 1,3- und 1,5-l-Motoren war angehoben worden; das größere Aggregat gab es jetzt auch mit Multipoint-Einspritzung und 84 PS (als Mitsubishi Precis für die USA mit 82 PS, mit elektronischem Vergaser 72 PS). Das Automatikgetriebe bot nun vier statt drei Stufen.

S-Coupé. Ende Oktober 1989 kam auf der London Motorfair als dritte Karosserieversion ein Coupé hinzu. Seine hübsche Form sprach auch die Herzen der Frauen an. Hyundai bezeichnete es ohne weiteren Modellnamen als S-Coupé oder kurz Scoupe.

1998 wurde Hyundai mit der in einen finanziellen Engpass geratenen Firma → Kia fusioniert.

Hyundai	Bauart	Mot.	Getr.	R/L cm	Baujahre
Pony	**St.**	**a–d**	**4/A3**	**234/397–403**	**1980–86**
Motoren:	*Zyl.:*	*N'w.:*	*cm³:*	*PS/'min:*	*Nm/'min:*
a	4	OHC	1238	80/6300 (brutto)	106/4000
b (Europa)				55/5000/65/5600	84/3000
c			1439	92/6300 (brutto)	125/4000
d				68/5000/73/5600	104/3000
Pony / Excel	**Fr.**	**a/b**	**4/5/A3**	**238/398,5/416,5**	**1985–89**
a	4	OHC	1299	67/5500/75	97/3500/108
b			1468	72/70K/5500/85	111/3500/123
Pony / Excel	**Fr.**	**a–c**	**4/5/A4**	**238,5/410/427,5**	**1989/90**
a	4	OHC	1299	72/5500/75	113/3700/108
b	4/(4i)		1468	72K/5100/77/5300	122/3250/127/3500
c	4i			84K/5500/82U	124/3000
Stellar	**St.**	**a–f**	**4/5/A3**	**258/441,5/443**	**1983–90**
Motoren:	*Zyl.:*	*N'w.:*	*cm³:*	*PS/'min:*	*Nm/'min:*
a	4	OHC	1439	92/6300 (brutto)	125/4000
b (Europa)				68/5000/70	104/3000
c (–1987)			1597	100/6300 (brutto)	137/4000
d (Europa –1985)				75/6300/73	
e (1985–87 *1987–)				76/5200	141/137*/4000
f (1986–)			1997	93/5500	151/3000

Hyundai	Bauart	Mot.	Getr.	R/L cm	Baujahre
Sonata	**Fr.**	**a–d**	**5/A4**	**265/468**	**1988–90**
Motoren:	*Zyl.:*	*N'w.:*	*cm³:*	*PS/'min:*	*Nm/'min:*
a	4i	OHC	1796	99/95K/5000	146/143/4000
b			1997	104/100K75000	164/3500/159/4000
c (*1989–)			2351	117/113K/114K*/45'	193/189/3500
d (1989–)	V6i		2972	144/5000	228/2500
Grandeur	**Fr.**	**a/b**	**A4**	**273,5/469**	**1986–90**
Motoren:	*Zyl.:*	*N'w.:*	*cm³:*	*PS/'min:*	*Nm/'min:*
a (*1989–)	V6i	OHC	1998	105/5000/120*/5500	158/4000/172/4500
b (*1989–)			2972	150/155*/5000	231/2500/235/4000

Infiniti

Den Entschluss zur Gründung dieser Marke fällte → Nissan im September 1987. Eigens für den Verkauf in den USA sollten ein V8-Sedan und ein V6-Coupé der Luxusklasse geschaffen werden, um in diesem lukrativen Sektor ab Modelljahr 1989 mit von der Partie zu sein. Honda hatte diesen Weg mit dem Acura schon gut ein Jahr früher vorgezeichnet, und Toyota sollte mit dem Lexus diesem Beispiel ebenfalls folgen. Allen drei japanischen Herstellern ging es darum, sich mit höher positionierten Marken von den populären Modellen abzugrenzen. Hierzu schufen Nissan und Toyota auch Neukonstruktionen, abgesehen von diesen Toplimousinen bediente man sich aber eines bewährten Rezepts, indem man bestehende Oberklasse- oder Sportmodelle aufwertete. Auch General Motors und Ford nutzten ja Modelle ihrer populären Marken meist als Basis für ihre feineren Fabrikate Buick und Cadillac bzw. Mercury und Lincoln, und auf gleichem Weg entstanden aus den Honda die Acura.

Das Markenlogo Infiniti wurde von einer amerikanischen Werbeagentur entwickelt und sollte eine Road to Infiniti, also einen Weg der Unendlichkeit, symbolisieren. Getragen wurde es zunächst von den Modellen M30 und Q45 (deren Zahlenbezeichnung auf den Hubraum hinwiesen). Sie wurden Ende 1988 vorgestellt, und ihr Produktionsbeginn wurde auf den Herbst 1989 angesetzt.

M30. Den M30 gab es als fünfsitziges Sports Coupe und (für 1990 versprochen) als viersitzigen Convertible. Die Basis lieferte der hinterradgetriebene → Nissan Leopard, der ausschließlich als Coupé gebaut wurde. Der Radstand blieb mit 261,5 cm unverändert, ebenso Breite und Höhe (168/137 cm). Doch wuchs die Länge (wohl wegen der ausladenderen Stoßstangen) um 10 auf 479,5 cm. Selbst Kühlergrill und Aluräder zeigten sich gegenüber dem Leopard kaum verändert. Während es den nur in Japan verkauften Leopard mit bis zu 255 PS gab (24 Ventile und Turbo), beschränkte sich der 3-l-V6 des M30 auf DOHC und 167 PS (4-Stufen-Automatikgetriebe; vorn Federbeine, Querlenker, Zugstreben, hinten Schräglenker und elektronisch geregelte Dämpfer; ABS).

Q45. Bei dieser Luxuslimousine handelte es sich, einschließlich des Motors, um eine Neukonstruktion. Mit 288 cm wurde selbst der Radstand des Nissan President (285 cm) übertroffen. Mit der grillfreien, nur vom Markensignet geprägten Front sowie mit der drei Fenster umfassenden Seitensilhouette ergab sich eine gewisse Parallele zum Ford Taurus. Der Q45 wirkte jedoch wuchtiger und war mit 508 cm auch bedeutend länger. Die sanft gewölbte Dachlinie hatte ihr Vorbild offensichtlich in der Nissan-Zukunftsstudie Cue-X gefunden. Der Luftwiderstandsbeiwert wurde mit cw 0,31 angegeben. Durch Ausschäumen der A- und B-Säulen war die Steifigkeit des Aufbaus zusätzlich erhöht worden.

Bei dem neukonstruierten V8 des Q45 handelte es sich um einen 4,5-l-Alumotor mit vier Nockenwellen und 32 Ventilen. Bei einer Verdichtung von 10,2:1 kam er auf eine Leistung von 273 PS. Die Kraftübertragung auf die Hinterräder erfolgte mit einem elektronisch programmierten 4-Stufen-Automatikgetriebe; eine Visko-Differenzialbremse wurde serienmäßig eingebaut. Für die leer 1750 kg wiegende Luxuslimousine wurden ein Spurtvermögen von 7,3 s für den Sprint auf 100 km/h und eine Höchstgeschwindigkeit von 230 km/h angegeben.

Infiniti Q45, 1990

Infiniti M30 Convertible, 1990

Der Q45 besaß eine neuartige Vorderradführung (wie sie Anfang 1989 auch beim neuen Nissan ZX eingeführt wurde): unterer Querlenker mit diagonaler Zugstrebe, oberer schrägstehender Querlenker mit Gelenk. Hinten fanden sich Schräglenker (ABS serienmäßig). Die Servowirkung der Zahnstangenlenkung war geschwindigkeitsabhängig. Auf Wunsch sollte zudem die hydraulische Vierradlenkung Super Hicas lieferbar werden. Selbstverständlich wurde eine Ausstattung auf höchsten Qualitätsnivean angestrebt; dem Komfort wurde gegenüber High-Tech der Vorrang eingeräumt.

Dem Beispiel des Konkurrenten Lexus folgend, entschied sich Nissan, die Marke Infiniti im Dezember 1989 auch auf dem Heimmarkt einzuführen. In der für Japan bestimmten Version erhielt der Q45 die Hydraulic Active Suspension AS 120. Anstatt Stahlfedern und Stoßdämpfer besaß jedes Rad Hydraulikzylinder, und eine von Sensoren beeinflusste Computersteuerung verhinderte durch variierenden Druckaufbau die Kurvenneigung und minimierte Vertikalbewegungen um die Mittelachse beim Beschleunigen, Bremsen und Überfahren von Unebenheiten.

G20. Unter dieser Bezeichnung wurde ab April 1990 in den USA der → Nissan Primera angeboten. – *Erst ab 2009 sollte die Marke Infiniti auch in Europa Fuß fassen.*

Infiniti	Bauart	Mot.	Getr.	R/L cm	Baujahre
M30	**St.**	**–**	**A4**	**261,5/479,5**	**1988–90**
Motor:	V6i	OHC	2960	167/5200	235/4000
Q45	**St.**	**–**	**A4**	**288/507,5–509**	**1988–90**
Motor:	*V8i*	*D32V*	*4494*	*280/281U/6000*	*400/396/4000*

Innocenti

Neben ihren Lambretta-Motorrollern stellte die in Mailand-Lambrate niedergelassene Firma Innocenti ab 1960 auch Automobile her. Hierzu arbeitete sie mit der British Motor Corporation zusammen, aus der später British Leyland bzw. BL hervorging (→ Austin).

Mini 90 / 120. Aus dem in Lizenz hergestellten → Mini gingen die Neuentwicklungen Innocenti Mini 90 und 120 hervor, die im Oktober 1974 auf dem Turiner Salon für die große Überraschung sorgten. Ihr glänzend gelungenes Design stammte von → Bertone. Sie basierten auf dem bekannten, 1959 eingeführten Mini-Prinzip mit der damals revolutionären Kombination von Vorderradantrieb und Quermotor. Der Radstand war mit 204 cm unverändert, doch hatte die Länge der Bertone-Mini um 7 cm auf 312 cm zugelegt, und dank 150 anstatt 141 cm Breite standen fünf statt vier Sitze zur Verfügung. Es gab diese neuen Mini in den Versionen 90 (1-L-Motor) und 120 (1275 cm^3).

Mini De Tomaso. 1976 kam die auf höhere Leistung und eine reichhaltigere Ausrüstung ausgelegte Sportversion De Tomaso hinzu.

Mille. Im April 1980 folgte auf dem Salon von Turin der Innocenti Mille: ein Mini 90 mit Änderungen an Front und Heck, breiten Seitenschutzleisten zwischen den Radausschnitten und verbesserter Ausstattung einschließlich Fensterheber. Dieses Facelift kam ab Frühling 1981 auch den Modellen 90 und 90 SL zugute.

Im Gegensatz zum Original-Mini boten die Innocenti Mini eine Heckklappe, und durch Abklappen der Fondlehne ließ sich ein Laderaum von 930 dm^3 erzielen. Bei den aus England bezogenen Antriebsaggregaten handelte es sich um die altbewährten OHV-Vierzylinder mit 49 und 65 PS bzw. im Mini De Tomaso 71 PS. Die mit Hilfsrahmen gekoppelte Aufhängung umfasste vorne Querlenker, hinten Längslenker, und die Federung erfolgte mittels Gummielementen. Auch bei den 1-l-Modellen wurden vorne Scheibenbremsen montiert, und statt der winzigen 10-Zoll- besaß der italienische Mini 12-Zoll-Räder.

Die Leyland-Gruppe hatte als Mehrheitseigner 1975 die Schließung des tief in die roten Zahlen geratenen Werks in Lambrate angeordnet. Darauf waren die Anlagen durch Italiens staatliche Auffanggesellschaft Gepi übernommen worden. Diese vertraute die Sanierung – wie schon im Falle von Maserati – Alejandro → de Tomaso an. 1979 wurde bekannt, dass De Tomaso seinen Anteil an der unter Gepi-Aufsicht stehenden Firma Innocenti von 25 auf 80 Prozent erhöhen und den Kaufpreis binnen neun Jahren abzahlen werde.

Ende 1980 verhandelte De Tomaso mit der BL Limited, die immer noch 10 Prozent der Innocenti-Aktien hielt, über die Möglichkeit, zusätzlich den Mini Metro in Produktion zu nehmen. Anderseits pokerte er mit einem japanischen Hersteller um eine Motorenlieferung in großem Umfang. Gleichzeitig wurde im Mini ein luftgekühlter 650- cm^3-*V2-Motor von Moto Guzzi als Kraftquelle erprobt. Dieser Motor wurde ohnehin im Werk Lambrate hergestellt. Denn Alejandro de Tomaso war ja auch Besitzer von Moto Guzzi, und ebenso baute er die Luxussportwagen → Maserati und De Tomaso...*

Innocenti Mille, 1981

Die 1976 auf weniger als 13'000 Einheiten abgesackte Produktion hatte 1979 und 1980 der Zielsetzung entsprechend wieder (knapp) 40'000 erreicht. Anfang Februar 1981 wurde bekannt, dass es sich bei dem japanischen Motorenlieferanten um Daihatsu handle. Für das laufende Jahr sah das Abkommen den Import von 35'000 Motoren vor, 1987 würden es 57'000 sein und die weiteren Steigerungsschritte sollten 1986 in 150'000 Stück gipfeln. Das Vorgehen des als ebenso dynamisch wie unberechenbar geltenden Autoindustriellen De Tomaso wurde in Italien als peinliche Überraschung empfunden; mit diesem Abkommen werde den Japanern nach dem → Arna-Werk ein zweiter Brückenkopf geboten, wurde moniert.

*Gemäß den im Herbst 1981 bekanntgegebenen Plänen sollte die Mini-Produktion im Januar 1982 von den englischen Motoren auf das japanische 3-Zylinder-Aggregat umgestellt werden. Etwa im März sollte dann auch ein Mini mit dem altbewährten luftgekühlten 650-*cm^3-*V2-Motor von Moto Guzzi auf den italienischen Markt kommen.*

Tre. Der auf dem Turiner Salon 1982 eingeführte neumotorisierte Innocenti hieß kurzerhand Tre oder 3 cilindri. Abgesehen von einer größeren Bugschürze und anderen Karosseriedetails unterschied er sich äußerlich wenig vom Vorgänger. Die Leistung des quer eingebauten OHC-Dreizylindermotors mit 993 cm^3 Hubraum und Schwingungsausgleichswelle wurde mit 52 PS angegeben. Der Kraftübertragung diente nun ein 5-Gang-Getriebe. Das Fahrwerk war neu konzipiert worden: vorne an Querlenkern geführte McPherson-Federbeine, hinten eine quer angeordnete Blattfeder und Querlenker. Der Federungskomfort erwies sich als verbessert.

Es gab den Tre in den drei Versionen S, SL und SE. Die beiden teureren Ausführungen zeichneten sich durch attraktive Polsterstoffe und Moquetteteppiche sowie eine hälftig abklappbare hintere Lehne aus. Der SE bot u. a. Fensterheber. Gemäß Werk ließen sich Tempo 100 binnen 17,4 s und eine Spitze von 145 km/h erreichen. Das Leergewicht von 670 kg entsprach in etwa jenem des identisch motorisierten Daihatsu Charade.

Doch der Verkaufserfolg des Tre erwies sich als enttäuschend. 1982 konnten bloß 15'000 Stück gebaut werden, weit weniger als erwartet, und Anfang 1983 ging die Nachfrage weiter zurück, dies ganz im Gegensatz zu De Tomasos anderer Automarke, → Maserati. Deren 1982 herausgebrachtes Biturbo-Modell wurde übrigens in den Räumlichkeiten von Innocenti montiert.

Tre Turbo De Tomaso. Im Oktober 1983 erschien auf dem italienischen Markt erneut eine mit dem Namen De Tomaso verbundene Sportversion des Tre. Im ihm verrichtete der fast gleichzeitig auf der Tokyo Motor Show vorgestellte Charade-Turbomotor seinen Dienst. Weil die Verdichtung von 9,1:1 nicht verändert wurde, blieb der maximale Druck des IHI-Abgasturboladers auf 0,37 bar beschränkt. Es standen 72 statt 52 PS zur Verfügung. Die Achsuntersetzung war etwas kürzer als jene des Tre SE und auch die Abstufung des 5-Gang-Getriebes war verändert worden. Als Höchstgeschwindigkeit wurden 165 km/h genannt. Von außen erkannte man den Turbo De Tomaso an einer imposanten Frontpartie mit zusätzlicher Luftöffnung (Ölkühler) und integrierten Nebellampen sowie an Radhausrändern aus schwarzem Kunststoff.

Tre Diesel. 1983 wurde der Tre einerseits mit halbautomatischem 2-Gang-Getriebe (Bezeichnung später Minimatic), anderseits mit dem 37 PS leistenden Dieselmotor von Daihatsu lieferbar

(993 cm^3, 37 PS, 125 km/h, 35 km/l). Erst mit dem Modelljahr 1985 wurde er als Innocenti Minidiesel und „kleinster Diesel der Welt“ bezeichnet (allerdings gab es ja noch jene Kleinstmobile vor allem französischer Provenienz, die mit italienischen Ein- und Zweizylinder-Dieselmotoren von Lombardini ausgerüstet wurden).

650. Nicht mit einem konzerneigenen Motorradmotor, sondern ebenfalls mit einem Daihatsu-Maschinchen erschien auf dem Salon von Turin im November 1984 der Innocenti 650, der die Modellpalette nach unten erweiterte. Es handelte sich um einen 617-cm^3-Zweizylinder mit zwei Schwingungsausgleichswellen und 31 PS Leistung. Auch er war mit einem 5-Gang-Getriebe verbunden. Da der 650 mit 630 kg Leergewicht 70 kg leichter war als der Tre, konnte man mit ihm gleichwohl frisch vorankommen. Äußerlich fiel der 650 durch den asymmetrischen Kühlergrill auf. – Auf dem Salon von Turin 1984 zeigte die Karosseriefirma Embo auf der Basis des Minitre (neue Bezeichnung) SE das kürzeste viersitzige Cabriolet; es besaß einen feinen Überrollbügel. Auf dem Genfer Salon 1985 war auch von einer Turbo-Diesel-Version die Rede...

990. Anlässlich des Salons von Turin im Frühling 1986 kam der Typ 990 in den Ausführungen mit Dreizylinder-Benzin- und Dieselmotor hinzu. Hauptmerkmal war der von 204,5 auf 220,5 cm verlängerte Radstand, womit sich eine Karosserielänge von 337,5 statt 316 cm ergab. Der Kühlergrill war neu und der untere Windschutzscheibenansatz war aerodynamisch optimiert worden, wobei nur noch einer statt zwei Scheibenwischer verwendet wurden. Umgestaltet worden war auch der Innenraum, und das Armaturenbrett hatte wieder Rundinstrumente erhalten.

550. Das Jahr 1988 brachte die Version 550: Daihatsu-Dreizylindermotor mit zwei Schwingungsausgleichswellen, 548 cm^3 Hubraum, 32 PS, Spitze 120 km/h.

1986 waren Maserati und Innocenti zusammengelegt worden, und die mit 32,76 Prozent beteiligte staatliche Sanierungsfirma Gepi plante im Finanzbereich vermehrten Einfluss zu nehmen. Weil sich die Marktposition kaum mehr halten ließ, beschloss sie den Innocenti-Ausstoß zu drosseln. 1988 waren 10'331 Innocenti und 3130 Maserati hergestellt worden; der Break-even-Point lag aber bei 22'000 Einheiten... Im Januar 1989 machte Vittorio Ghidella, früher Generaldirektor von Fiat Auto und nun Ford-Berater, De Tomaso ein Angebot für die Übernahme von Maserati (für sich selbst) und Innocenti (für den Ford-Partner Mazda).

Als Antwort darauf bot Fiat-Boss und Ghidella-Widersacher Cesare Romiti De Tomaso einen Zusammenarbeitsvertrag, wonach im Innocenti-Werk in Lambrate ab 1990 jährlich 60'000 bis 70'000 Panda und Lancia/Autobianchi Y 10 zu bauen waren. Hierzu wurde die Innocenti Milano SpA gegründet, an der sich Fiat Auto mit 51 Prozent beteiligte (s. auch → Maserati). Allerdings wurden per 9. April 1990 als Folge der Produktionsumstellung sowie der Stilllegung der Montagelinie für den Chrysler TC 950 Maserati-Arbeiter für ein Jahr entlassen bzw. ihre Entlöhnung teilweise der staatlichen Sozialkasse überlassen.

Innocenti Tre Turbo De Tomaso, 1984

Innocenti 990, 1987

Nebst dem Innocenti Mini durften die 170 Innocenti-Händler in Italien fortan auch die (mit Fiat-Lizenzen in Jugoslawien hergestellten) → Zastava-Modelle Yugo und Florida als Innocenti verkaufen. Zudem sollten sie künftig den geplanten sowjetischen Kleinwagen A-93 (→ Fiat) vertreiben können. Den Innocenti Mini nach Bertone-Design gab es darauf noch bis 1992; danach lief die Marke mit Zastava- und brasilianischen Fiat-Derivaten allmählich aus.

Innocenti	Bauart	Mot.	Getr.	R/L cm	Baujahre
Mini	**Fr.**	**a–c**	**4**	**204/312/316**	**1980–82**
Motoren:	*Zyl.:*	*N'w.:*	*cm³:*	*PS/'min:*	*Nm/'min:*
a (90 / Mille)	4	OHV	998	49/5600/44/5500	69/2600/66/3500
b (120, bis 1981)			1275	65/5600	96/2600
c (De Tomaso)				71/6100	96/3200
Tre / Turbo De Tomaso	**Fr.**	**a–f**	**5/H2**	**204,5/316**	**1982–90**
Motoren:	*Zyl.:*	*N'w.:*	*cm³:*	*PS/'min:*	*Nm/'min:*
a (–1986)	3	OHC	993	52/5600/54	75/3200
b (1986/87)				52/5800	71/3600
c (T.De Tomaso '83–86)	3T			72/6200/68CH/5500	95/4400/106/3200
d (do. 1986–)				72/5750/68K/5500	104/3500/106/3200
e (1983/84 *1984–86)	3D			36/4800/37*/4600	62/3500/60/3450
f (1986/87)				37/4600	61/3000

Innocenti	Bauart	Mot.	Getr.	R/L cm	Baujahre
550 (*1988–)	**Fr.**	**–**	**5**	**204,5/316/321***	**1987–90**
Motor:	3	OHC	548	32/6400	42/3000
650	**Fr.**	**–**	**5**	**204,5/316**	**1984–88**
Motor:	2	OHC	617	31/5700	45/3500
990	**Fr.**	**a–c**	**5/H2**	**220,5/337,5**	**1986–90**
				204,5/316	**1987–88**
Motoren:	*Zyl.:*	*N'w.:*	*cm³:*	*PS/'min:*	*Nm/'min:*
a (–'88 *m.Aut.'87/88)	3	OHC	993	52/5600/5800*	75/3200/71/3600
b (1988–)				53/5750	75/3200
c (*1989–)	3D			37/4600/4800*	61/3000

Isdera

Diese Marke war zu Beginn der 80er Jahre von Eberhard Schulz in Warmbronn bei Stuttgart ins Leben gerufen worden. Isdera war das Kürzel von Ingenieurbüro für Styling, Design und Racing. Schulz war ab 1971 bei Porsche tätig gewesen, zuletzt im Konzeptstudio sowie im Fahrversuch. 1978 wechselte er zu AMG (→ Anhang), und später entwarf er bei B+B (→ Anhang) u. a. das spektakuläre Flügeltüren-Mittelmotorcoupé CW 311 mit dem V8-Motor aus dem Mercedes-Benz 600.

Spyder 033i. Dieser Anfang 1983 vorgestellte offene Sportwagen ohne Frontscheibe, aber mit Überrollschutz und Schrägflügeltüren, war das erste Eigenmodell unter der Marke Isdera. Er war für das Fahren mit Integralhelm und somit für einen motorradnahen Fahrgenuss gedacht. Der Spyder 033i war gänzlich nach eigenem Konzept entstanden. Die Grundlage bildete ein raffinierter Gitterrohrrahmen, in dem der Motor „mittschiffs", also vor der Hinterachse längs eingebaut wurde. Es handelte sich um einen von Dr. Schrick (→ Anhang) auf 136 PS getunten 1,8-l-Vierzylinder-Einspritzmotor von Audi, doch wurde bereits auch an einen Fünfzylindermotor der gleichen Marke gedacht. Das 5-Gang-Getriebe entstammte hingegen dem Porsche 924 Turbo.

Die GfK-Karosserie wurde mit dem Gitterrohrrahmen verklebt und vernietet. Für die Radführung dienten McPherson-Federbeine, wobei vorne Bauteile aus dem Porsche 924, hinten aber dem Fiat Abarth 124 Rally entsprechende Elemente verwendet wurden, in beiden Fällen mit eigenen Dämpfern bzw. Abstimmungen. Es wurden Vierrad-Scheibenbremsen verwendet, und der ungewöhnlich lange Radstand von 253 cm (bei 416 cm Länge) ermöglichte eine Verteilung des knapp 700 kg erreichenden Leergewichts von 50:50 Prozent. Gemäß Hersteller ließ sich der Sprint auf 100 km/h in 6,8 s bewältigen und eine Spitze von 200 km/h erreichen.

Im Cockpit gab es ein Nardi-Lenkrad und mittig angeordnete Hauptinstrumente, die auch bei aufgezogener Regenschutzplane sichtbar blieben. Eberhard Schulz hatte sein Projekt von Anfang an unter TÜV-Begleitung in die Wege geleitet, so dass der Verkehrszulassung dieses ungemein schmissig geformten Sportzweisitzers nichts im Wege stand.

Imperator 108i. Auf dem Genfer Salon 1984 überraschte (ja, überwältigte) Eberhard Schulz die Fachwelt mit dem Supersportwagen Imperator 108i, einem hervorragend geformten Mittelmotor-Flügeltürencoupé, das gegen eine halbe Million Mark kosten sollte. Der Imperator war eine Extrapolation des einstigen CW 311. Sein auf 350 PS gebrachter OHC-V8 entstammte dem Mercedes-Benz 500, doch war auch ein Porsche-V8 einbaubar. Für die Kraftübertragung diente ein ZF-5-Gang-Getriebe mit Kulissenschaltung. Vorne wie hinten wurden doppelte Dreieckquerlenker verwendet. Die GfK-Karosserie war mit einem leichtgewichtigen Gitterrohrrahmen verklebt und vernietet. Die gesamte Heckverkleidung ließ sich an einem Stück nach hinten hochklappen. Zur reichhaltigen Innenausstattung zählte eine Klimaanlage.

Auf dem Genfer Salon 1985 wurde dann nebst dem 033i die in diversen Punkten verfeinerte Produktionsversion des 108i propagiert. Dieser sei auf dem Genfer Salon des Vorjahres bereits in acht Exemplaren bestellt worden, wie Eberhard Schulz verlauten ließ. Er verglich die Silhouette seines Supercoupés mit dem Erscheinungsbild einer landenden Concorde und er sprach dem Imperator auch „gewisse animalische Züge" zu.

Spyder 033-16. Auf dem Genfer Salon 1986 wurde der Isdera Spyder mit dem 185 PS leistenden Motor des Mercedes-Benz 190 E 2.3-16 ausgestellt. Neu waren eine eigentliche Windschutzscheibe und etliche Zubehöre. Der 920 kg leichte Zweisitzer sollte so Tempo 100 in 5,8 s und eine Spitze von 242 km/h erreichen.

Während der Spyder bis dahin in drei Exemplaren entstanden war, hatte es der Imperator 108i bereits auf sieben Einheiten gebracht. Für dessen Antrieb diente inzwischen der 5,6-l-V8 mit Vierventilköpfen von AMG und 390 PS Leistung. Als benötigte Zeit für den 0–100-km/h-Sprint wurden 4,9 s und als Spitze 300 km/h genannt, für die 300-PS-Grundversion 282 km/h (diese kostete gut eine Viertelmillion DM). – Gegen Ende 1986 wurden die beiden Isdera auch mit Katalysator angeboten; damit sank ihre Leistung auf 180 bzw. 242 PS.

Auf dem Genfer Salon 1988 vermeldete Eberhard Schulz bereits 14 Imperator gebaut zu haben, und er rechnete damit, dass sich dank der neu ins Gespräch und auf den Markt gekommenen BMW Z1 und Treser das Interesse auch für den Isdera Spyder verstärken werde. Dieser wurde inzwischen auch als 036i mit 3-l-Sechszylindermotor und damit 188 statt 177 PS angeboten. – Bereits zum siebten Mal präsentierte sich die Marke 1989 auf dem Genfer Salon. Im Vorjahr waren vier Coupés und zwei Spyder gebaut worden. Sie waren jetzt auch mit ABS zu haben.

Im Februar 1990 wurde für 1991 mit dem Isdera Commendatore 112i (mit Mercedes-Benz-V12-Motor) der schnellste und teuerste deutsche Sportwagen angekündigt. Schon der Imperator war ja mit einem Preis bis 350'000 DM Deutschlands teuerstes Serienauto der 80er Jahre gewesen.

Produkionszahlen: Bis 1996 wurden 17 Spyder, 30 Imperator und zwei Commendatore gebaut.

Isdera Spyder, 1984

Isdera Imperator 108i, 1986

Isdera	Bauart	Mot.	Getr.	R/L cm	Baujahre
Spyder	**R'r./M.**	**–**	**5**	**251,5/416**	**(–1990)**
Motor:	6i	OHC	2960	180/5700	255/4400
Imperator	**R'r./M.**	**–**	**5**	**249/422**	**(–1990)**
Motor:	V8i	OHC	5547	279/5200	430/3750

Isuzu

Erste Isuzu-Autos waren schon 1934 entstanden. Ab 1953 wurde unter Lizenz der englische Hillman Minx hergestellt und 1961 kamen Eigenmodelle hinzu. 1971 unterzeichnete Isuzu mit General Motors einen Vertrag mit „garantiertem Überfremdungsschutz“: GM übernahm 34,2 Prozent des Isuzu-Kapitals mit der Verpflichtung, diesen Anteil bis mindestens 1976 nicht zu erhöhen und auf die Unternehmensleitung zu verzichten.

Gemini. Die Ende 1974 auf den Markt gebrachte Gemini-Baureihe entsprach äußerlich weitgehend dem damaligen Opel Kadett mit Hinterradantrieb. Auch Plattform und Aufhängungen stammten vom Kadett. Es gab den Gemini als viertürige Limousine und als zweitüriges Fastbackcoupé, beide fünfsitzig. Vor allem das in Schwarz lackierte, leicht schräggestellte Kühlergesicht mit den versenkt angeordneten Scheinwerfern markierten den Unterschied zum deutschen Design.

Von Isuzu selbst stammten hingegen die Motoren und die auf den japanischen Geschmack ausgerichtete Innenraumgestaltung. Neben einem 1,6-l-OHC-Aggregat, das es mit 100 SAE-PS (im Isuzu Minx mit 94 SAE-PS) und für Europa mit einer Verdichtung von 8,3:1 statt 8,7:1 und 68 DIN-PS gab, wurde auch eine 1,8-l-DOHC-Sportmaschine eingebaut; diese kam mit elektronischer Benzineinspritzung auf 130 PS. Mit den gleichen Zylinderabmessungen gab es auch einen Dieselmotor mit 61 PS. In Japan standen 4- und 5-Gang-Getriebe und ein 3-Stufen-Automatikgetriebe zur Wahl, und dies galt auch für die OHC-Dieselvariante. Vorn kamen obere und untere Querlenker zum Einbau, hinten eine Starrachse (Kardanwelle in kurzem Schubrohr mit Zentralgelenk, Längslenker, Panhardstab und Schraubenfedern).

Florian. Die Baureihe Florian war schon Ende 1967 eingeführt worden. Es gab sie als viertürige Limousine mit sechs Seitenfenstern und als Kombi; beide fünf- oder sechssitzig. Das Erscheinungsbild mit dem hohen Kühlergrill-Mittelteil, den kräftig eingerahmten Doppelscheinwerfern und den für gute Rundsicht bürgenden Fensterflächen war unverkennbar. Eingebaut wurde der 1,8-l-OHC-Motor in mehreren Varianten, im Kombi hingegen die 1,6-l-Variante. Überdies gab es einen 2-l-Dieselmotor (erst gegen Ende Jahrhundert sollte General Motors seiner „Halbtochter“ Isuzu vorübergehend die gesamte Dieselkompetenz des Konzerns zuordnen).

Die Getriebeauswahl wurde beim Florian noch auf eine 3-Gang-Einheit mit Lenkradschaltung ausgedehnt (ohne Dieselmotor). Die Aufhängung umfasste vorne Trapez-Dreiecklenker und beschränkte sich hinten auf eine Starrachse mit Halbelliptikfedern; im Gegensatz zum Gemini wurde eine Kugelkreislauflenkung verwendet.

117 Coupé. Dieser sportliche Isuzu war auf der Tokyo Motor Show 1968 vorgestellt worden, aber seine Form von typisch italienischer Eleganz vermochte 1981 immer noch zu überzeugen: Sie war von Giorgetto Giugiaro kreiert worden, als er noch für Ghia tätig gewesen war (→ Ital-Design im Anhang).

Isuzu 117 Giugiaro-Custom, 1981

Isuzu Trooper, 1982

Isuzu Florian, 1983

Isuzu Gemini, 1984

1981 gab es dieses schwungvolle 2+2-sitzige Coupé mit dem 1,8-l-OHC-Motor und 110 SAE-PS, mit einer 2-l-OHC-Maschine und 115 PS (ebenfalls Doppelvergaser) bzw. mit 120 PS (Einspritzung) oder mit einem 135 SAE-PS leistenden 2-l-DOHC-Motor (Einspritzung). Überdies war es mit einem 73 PS starken 2,2-l-Dieselmotor lieferbar. Je nach Motor wurden ein 4- oder ein 5-Gang-Getriebe eingebaut, auf Wunsch aber stets auch das 3-Stufen-Automatikgetriebe. Die Aufhängungen entsprachen jenen des Florian, zusammen mit dem Zweinockenwellenmotor wurden jedoch Vierrad-Scheibenbremsen montiert.

Coupé X = Piazza. Auf dem Genfer Salon 1981 zeigte der große italienische Designer Giorgetto Giugiaro bzw. seine Firma Ital-Design das Coupé Isuzu X, das im darauf folgenden Mai in Tokio seine Lancierung als Serienmodell feiern sollte. Der Isuzu X war eine Weiterentwicklung des Prototyps Asso di Fiori, den Ital-Design zwei Jahre zuvor ebenfalls in Genf ausgestellt hatte. Die daraus entstandenen erneuerten Kontakte zwischen Ital-Design und Isuzu hatten zur Kreation des für die Serie bestimmten Coupés geführt. Auch die Modelllehren für die Bereitstellung der Karosseriepressen waren von Ital-Design geliefert worden.

Der designierte Nachfolger des Isuzu 117 Coupé besaß eine bestechend elegante glattflächige Fastbackform in einem typischen Giugiaro-Stil. Er bot vier Sitze und eine Heckklappe, und auch der Innenraum samt Armaturenbrett war in Italien formvollendet ausgearbeitet worden. Auf der Tokyo Motor Show von Anfang November 1981 wurde der Piazza – so die inzwischen bekannt gewordene Modellbezeichnung – dann in seiner Serienausführung ausgestellt. Auf den amerikanischen Markt kam der Piazza 1983 unter der Bezeichnung Impulse.

Rodeo Bighorn. Ebenfalls auf der Tokyo Motor Show 1981 erfolgte die Vorstellung eines Geländewagens mit 2,2-l-Dieselmotor. Mit diesem Modell fasste Isuzu – gleichzeitig wie → Mitsubihi mit dem Pajero – nun ebenfalls in der vielversprechenden Sparte der Geländekombi Fuss.

Trooper. Unter dieser Bezeichnung wurde der Rodeo Bighorn ab Ende 1982 durch General Motors auf die Exportmärkte gebracht, in Europa zunächst in der Schweiz und in Österreich, wobei der Vertrieb großenteils über das Opel-Händlernetz erfolgte. Von den drei Ausführungen – Softtop und Kombi mit 230 cm Radstand, Kombi mit 265 cm Radstand – wurde lediglich der längere dreitürige Station Wagon nach Europa gebracht. Er besaß eine Tür je Seite sowie zwei seitlich öffnende Türflügel am Heck. Jener rechts war schmal gehalten, während der breitere Flügel nach links öffnete.

Dem Antrieb dienten wahlweise ein 1950-cm^3-OHC-Benzinmotor mit 88 PS und ein 2238-cm^3-OHV-Dieselmotor mit 61 PS. Die Kraft wurde über ein 4-Gang-Getriebe auf die Hinterräder und durch Zuschalten auch auf die Vorderräder übertragen. Hinzu kamen ein Reduktionsgetriebe (1,87:1), eine automatische Differenzialsperre und automatische vordere Freilaufnaben. Die minimale Bodenfreiheit von 22,5 cm sorgte ebenso wie die günstigen Böschungswinkel für gute Geländetauglichkeit.

Der Unterbau des Troopers bestand aus Längsholmen und Traversen, vorderen Dreieckquerlenkern und Torsionsfederstäben, einer hinteren Starrachse mit Längsblattfedern, Servobremsen und einer Kugelumlauflenkung (auf Wunsch mit Servo). Eine gepflegte Ausstattung und die gute Rundsicht (trotz des an der Hecktüre befestigten Reserverades) machten den Trooper bei günstigem Preis konkurrenzfähig.

Aska. Im Frühling 1983 führte Isuzu das Modell Aska (der auch als neuer Florian galt) als die Eigeninterpretation des J-car von General Motors ein. Er wurde mit dem bekannten 1,8-l-Motor, mit einem neuen 2-l-OHC-Motor ohne und mit Turbo, oder mit einem Dieselmotor, später wahlweise ebenfalls mit Turbo, ausgerüstet. Eine Besonderheit verkörperte die in den teureren Modellen serienmäßig eingebaute Servolenkung, deren Wirkung sich vom Fahrer in drei Stufen einstellen ließ. Die Modelle 2000 LX und E erhielten ein digital anzeigendes Armaturenbrett. Ein Export wurde nicht vorgesehen.

Spectrum / Gemini / I-Mark. Ab November 1984 gab es das Modell Spectrum, das für Amerikas Oststaaten unter der Marke Chevrolet hergestellt wurde. Angeboten wurde es als dreitürige Fastbacklimousine (mit auffallend großflächigem zweitem Seitenfenster) und als viertürige Stufenhecklimousine. Der Spectrum war etwas stattlicher als der Gemini. Er wurde von einem kleineren, neukonstruierten 1,5-l-Motor mit 71 PS Leistung über die Vorderräder angetrieben. Für die Kraftübertragung wurden ein 5-Gang-Getriebe oder ein 3-Stufen-Automatikgetriebe eingesetzt. Vorne wurden McPherson-Federbeine und untere Dreieckquerlenker, hinten eine Verbundlenkerachse mit Längslenkern verwendet. Aufpreispflichtig waren eine Klimaanlage, Tourenzähler und ein elektrisch verstellbarer Außenspiegel auf der rechten Seite (für die links gelenkte US-Version).

Diese Konstruktion mit von Giorgetto Giugiaro entworfenem Design wurde alsbald auch als neuer Gemini gebaut, und ab Mitte 1985 gelangte sie in den USA in beiden Karosserievarianten (als Gemini-Nachfolger) unter der Bezeichnung Isuzu I-Mark in Verkauf.

Rodeo Bighorn / Trooper 1985. Auf dem Genfer Salon 1985 trat der Trooper erstmals in Europa auch fünftürig in Erscheinung. Der Radstand erreichte wie bei der bisherigen dreitürigen Langversion 265 cm. Basismotor war ein 2,3-l-Benziner, doch wurden in Japan auch 2- und 2,6-l-Benzinmotoren sowie 2,2- und 2,8-l-Dieselmotoren eingebaut, diese neuerdings mit Abgasturbolader. In der LS-Version bot der Trooper eine bemerkenswert vollständige Ausrüstung samt Fahrersitz-Höhenverstellung, Liegesitzen, vollständiger Innenauskleidung, Zentralverriegelung usw.

Piazza Turbo. Nachdem das Coupé Piazza bereits mit 2-l-OHC- und -DOHC-Motor (120 bzw. 135 JIS-PS, für Export 102 bzw. 116 PS) lieferbar war, kam 1985 mit dem Piazza Turbo eine dritte Motorisierungsart hinzu: Mit Abgasturbolader samt Ladeluftkühler erhöhte sich die Leistung des OHC-Motors auf 180 JIS-PS bzw. für den Export auf 152 PS. Alle drei Motoren funktionierten mit elektronischer Einspritzung. Das Basismodell mit 120 PS hieß in Japan Bella. Eine Besonderheit des Piazza-Cockpits waren die beidseits neben dem Lenkrad angeordneten Bedienungssatelliten bzw. Tastenträger.

Im Oktober 1985 erhöhte GM den Kapitalanteil an Isuzu auf 38,6 Prozent.

Isuzu Aska, 1985

Auf der Tokyo Motor Show wurde im November 1985 für den Aska das Navi-5-Getriebe propagiert: Ein Computer veranlasste anhand zahlreicher Daten einen elektrohydraulischen Gangwechsel des mit einer Trockenkupplung versehenen herkömmlichen 5-Gang-Getriebes. Navi-5 wurde im Verlaufe des Jahres 1986 zunächst im Gemini erhältlich. In jenem Jahr kamen auch der Gemini Irmscher (→ Anhang), eine sportlich aufgezäumte Dreitürversion, und analog dazu der Piazza Irmscher hinzu. – Ab Januar 1986 wurde der Piazza mit 2-l-Turbomotor (als eine Alternative zum Opel Manta) in England verkauft.

Rodeo Bighorn / Trooper 1987/88. Mit dem Jahrgang 1987 erhielten die Geländekombi eine neue Front mit rechteckigen Scheinwerfern und kariertem Kühlergrill. Hinzu kamen verbesserte Sitze und eine aufgewertete Ausstattung. – Auf der Frankfurter IAA im September 1987 wurden sie zudem mit zusätzlichen Motorvarianten angeboten: 2,6-l-Benziner mit Katalysator und 114 PS, 2,8-l-Diesel mit 100 PS. Auch dieser größere Vierzylinder-Diesel besaß einen Abgasturbolader und zudem Direkteinspritzung! Zu den Anpassungen und Verstärkungen am Chassis und Antriebsstrang zählten Vierrad-Scheibenbremsen, ein vergrößerter Kupplungsdurchmesser und ein verbessertes 5-Gang-Getriebe. Ein 4-Stufen-Automatikgetriebe wurde erst 1988/89 lieferbar.

Mit dem Modelljahr 1988 gab es den Gemini auch mit 1488- cm^3-Turbo-Dieselmotor (67 statt 52 PS) und im Jahr darauf kam ein 1588- cm^3-Motor mit zwei obenliegenden Nockenwellen, 16 Ventilen und 125 PS hinzu. Dieser als GTI bezeichnete und ringsum mit Schürzen bewehrte Gemini wurde per 1989 in drei- und viertüriger Ausführung auch auf europäischen Märkten eingeführt. – Ebenfalls zum Modelljahr 1989 kam ein ausgefeilter Piazza hinzu, an dessen Heck der Schriftzug „Handling by Lotus" prangte: vorne weichere, hinten härtere Federkennung, geänderte Aufhängungs-Verankerungspunkte und Lenkgeometrie; die Bremsanlage war verstärkt worden. In den USA hieß der Piazza nach wie vor Impulse.

1989 wurde der für Nordamerika bestimmte Chevrolet Spectrum in Geo Gemini umgetauft; bereits gab es auch australische Holden Gemini und Piazza. → Geo war die neue GM-Marke, unter der in den USA japanstämmige Pkw verkauft wurden. *– Inzwischen hatte GM seinen Isuzu-Anteil auf 41,6 Prozent erhöht.*

Isuzu I-Mark (Gemini), 1986

MU / Amigo. In Japan hieß er MU (was für Mysterious Utility stand), auf dem amerikanischen Markt Amigo, und er war ein im Frühjahr 1989 eingeführtes zweisitziges Freizeitfahrzeug, das mit Hard-Cover oder Softtop zu haben war. Mit dem einteiligen Hard-Cover, einer L-förmigen, das Heckfenster mitumfassenden Kunststoffabdeckung, ließ sich die hintere Ladefläche abdecken, mit dem Softtop-Blachenverdeck dagegen ergab sich eine Innenraumverlängerung mit zusätzlichen Seiten- und einem Heckfenster, zudem ließen sich dann zwei weitere Sitze installieren. Der Amigo war also weit mehr als bloß ein verkappter Pick-up. Vielmehr war er ein Vorläufer der Sport-SUV.

Der MU alias Amigo basierte auf einem Chassis mit Längsholmen und Traversen und 233 cm Radstand. Er war wahlweise mit 2,3- und 2,6-l-Vierzylindermotor sowie mit Hinterradantrieb oder zuschaltbarem Vorderradantrieb samt Reduktionsgetriebe und Freilaufnaben zu haben. Sein Design war rundlich-elegant, wobei die ausgebauchten vorderen und hinteren Radhäuser auffielen. Zwar war bereits von einer Produktion auch in England die Rede (im Rahmen eines Joint Ventures von GM und Isuzu durch IBC Vehicles in Luton), doch ahnte man noch nicht, dass der Amigo damit (auf dem Genfer Salon 1991) zum Opel Frontera mutieren würde.

Trooper V6. Ab Frühling 1989 gab es den Trooper II (wie er auch genannt wurde) wahlweise mit 2,8-l-V6 von Chevrolet. Diese Gusseisenmaschine mit 60 Grad Gabelwinkel und Zentraleinspritzung kam auf 122 PS (wie der 2,6-l-Vierzylindermotor in der US-Ausführung).

Geo Storm / Impulse. Schon Anfang Januar 1989 war auf der North American International Auto Show in Detroit der → Geo Storm 2+2 vorgestellt worden. Von Isuzu gebaut, war der Storm für das Modelljahr 1990 zunächst ausschließlich für Nordamerika bestimmt. Es besaß eine attraktive Keilform mit flacher Front und Klappen über den Scheinwerfern, großzügigen, schwarz umrandeten Fensterflächen und einem Semifastback mit integriertem Heckflügel.

Angetrieben wurde dieses dreitürige Coupé von einem 1,6-l-DOHC-16-Ventil-Motor. Unter der Modellbezeichnung Impulse sollte es im Jahr 1990 in Ablösung des Piazza auch in Japan eingeführt werden. Zudem gab es zwei weitere Motorvarianten: OHC-12-Ventile (96 PS) und DOHC-16-Ventile mit Turbo (163 PS). Dieser Hochleistungsmotor wurde auch im neuen → Lotus Elan eingebaut! Er war nicht mit dem 4-Stufen-Automatikgetriebe kombinierbar, wurde aber in Japan gleichzeitig mit einem permanenten Vierradantrieb mit zentralem Differenzial (Kraftverteilung vorne/hinten je 50 Prozent) und Viskobremse dotiert. Mit 245 cm war der Radstand des Impulse alias Geo Storm 5 cm länger als jener des Gemini. Die Aufhängung unterschied sich ebenfalls von jener des Gemini oder Piazza: Vorne Federbeine und untere Dreieckquerlenker, hinten Federbeine und doppelte Querlenker.

Mitte 1989 vereinbarten GM und Isuzu, dass Isuzu sein Pkw-Angebot (ohne Geländekombi und Pick-up) aus jenen europäischen Ländern zurückzog, wo Opel langfristige Positionierungsprogramme pflegte.

Gemini 1990 / Stylus. Im Zuge einer Neustruktur des Modellangebots wurde im April 1990 ein umgeformter Gemini eingeführt. Es gab ihn nur noch als viertürige Stufenhecklimousine. Ihr gestrecktes Design mit keilförmiger Front, großzügigen seitlichen Fensterflächen und vergleichsweise hohem Heck entsprach nicht nur dem Trend der Zeit, sondern sorgte zudem für günstige Aerodynamik. Dies zeigte sich auch in den weichen Rundungen der kühlergrillfreien Front. Der Radstand war von 240 auf 245 cm verlängert worden, doch die Karosseriemaße hatte weit mehr zugelegt, nämlich von rund 405x160x140 cm auf 420x168x138 cm.

Der 1471- cm^3-Basismotor besaß nun einen 12-Ventil-Zylinderkopf und eine Saugrohreinspritzung. Hinzu kamen der 1588- cm^3-DOHC-16-Ventil-Motor ohne und mit Turbo und (vor allem für Japan) ein 1686- cm^3-Turbo-Diesel. Der 180 PS starke 16V-Motor mit Turbo (Zusatzbezeichnung Irmscher R, mit Frontschürze und Heckflügel) wurde mit permanentem Vierradantrieb kombiniert (zentrales Planetendifferenzial, Kraftverteilung 43:57 Prozent, mit Viskobremse, zudem Visko-Differenzialbremse hinten). Die vordere Federbeinaufhängung erhielt L-förmige Dreiecklenker, während die hintere Verbundlenkerachse durch Federbeine mit doppelten Querlenkern und Längsstrebe abgelöst wurde. Für die DOHC-Modelle wurde ein Paket Handling by Lotus angeboten; auch ein ABS war lieferbar.

Gänzlich neu zeigte sich auch die Innenarchitektur, u. a. mit Richtung Lenkrad gebogenem Armaturenträgern und Druckschaltern. Außer in Japan wurde der neue Gemini in Australien und in den USA angeboten (dort war er unter dem Modellnamen Stylus schon Anfang 1990 angekündigt worden). Das Basismodell mit 1,5-l-Motor kam in den USA mit 3- statt 4-Stufen-Automatikgetriebe ins Angebot. Topausführung war der Gemini ZZ.

Impulse / Pa-Nero. Das in den USA bereits als Geo Storm bekannte 2+2-sitzige Coupé kam in Japan als Impulse zusammen mit dem neuen Gemini auf den Markt. Statt Klappscheinwerfer besaß es in der Basisausführung mit 1588-cm^3-12-Ventil-Motor (96 PS) eine dem Gemini ähnelnde, aber noch niedrigere Keilfront. Es wurde auch unter der Bezeichnung Pa-Nero angeboten. Während der Geo Storm nur mit den beiden schwächeren Motorvarianten zu haben war, gab es den Impulse zusätzlich mit dem 180 PS leistenden Turbomotor (als RS, für die USA 163 PS), auch er wie der analoge Gemini besaßen den permanenten Vierradantrieb.

Anfang 1990 war eine Reduktion des GM-Beteiligung an Isuzu auf das für das Vetorecht erforderliche Minimum von 34 Prozent beschlossen worden. – 2006 verkaufte GM seine Isuzu-Beteiligung (nun 49 Prozent) vollumfänglich.

Isuzu Trooper, 1987

Isuzu Amigo, 1989

Isuzu Gemini, 1988

Isuzu Piazza Turbo (handling by Lotus), 1989

Isuzu

Isuzu	Bauart	Mot.	Getr.	R/L cm	Baujahre
Gemini	**St.**	**a–j**	**4/5/A3**	**240,5/421,5/423,5**	**1980–85**
Florian (*d/e/a/b/k)		*****	**3/4/5/A3**	**250/443**	**1980–83**
Motoren:	*Zyl.:*	*N'w.:*	*cm^3:*	*PS/'min:*	*Nm/'min:*
a	4	OHC	1584	100/6000 (brutto)	137/4000
b (–1983)				94/5400 (brutto)	133/3800
c (Europa *1981–84)				68/5400/80*/6000	110/116/3200
c (Europa 1984–)				80/5200/68	116/3200
d			1818	110/5600 (brutto)	152/4000
e (–1981)				105/5400 (brutto)	147/3800
f (USA –1982)				81/4800	129/3000
f (1982– Export / USA)				86/5000/78/4800	131/129/3000
g	4i	DOHC		130/6400 (brutto)	162/5000
h (–1982)	4D	OHC		61/5000 (brutto)	110/2000
h (1982–)				61/66/5000 (br.)	
i (Export /*USA 1984–)				55/51*/5000	105/2000/98/3000
j (1982–)	4TD			73/5000 (brutto)	157/2500
k	4D		1952	62/4400 (brutto)	123/2300
Gemini/Ch. Spectrum	**Fr.**	**a–m**	**4/5/A3**	**240/396/403,5**	**1984–88**
Gemini/Geo Spectrum			**/5A**	**240/396–408**	**1988–90**
Motoren:	*Zyl.:*	*N'w.:*	*cm^3:*	*PS/'min:*	*Nm/'min:*
a (Export 1985–88)	4	OHC	1297	72/5400	105/3400
b (–1987)			1471	86/5800 (brutto)	123/3600
c (1987–)				73/5600	116/3600
d (USA / Europa –1988)				71K/76/5400	118/122/3400
e (1988–)				71K/5400	118/3400
f (1986/87)	4iT			120/5800 (brutto)	181/3400
g (1987–)				120/5800/105	
h (USA 1988–)				110/5400	163/3500
i (1988–)	4i	D16V	1588	135/7200/125K/68'	140/5600/136/54'
j (1985–87)	4D	OHC	1488	55/5400 (brutto)	95/2600
k (1987– *Exp.1986–88)				52/5400	93/90*/2600
l (1985–87)	4TD			70/5000 (brutto)	135/2500
m (1988– +*Exp. 1987–)				70/67*/5000	132/2500
Stylus	**Fr.**	**a/b**	**5/A3/A4**	**245/419,5**	**1990**
Motoren:	Zyl.:	N'w.:	cm3:	PS/'min:	Nm/'min:
a	4i	012V	1588	96/5800	131/3400
b		D16V		127/6800	138/4600
Impulse	**Fr.**	**a–c**	**5/A3/A4**	**245/415–421,5**	**1989/90**
Motoren:	*Zyl.:*	*N'w.:*	*cm^3:*	*PS/'min:*	*Nm/'min:*
a	4i	012V	1588	96/5800	131/4800
b		D16V		132/7000/125/6800	138/5800/4600
c	4iT			163/6600	204/4800
Florian (–1985) / Aska	**Fr.**	**a–j**	**5/A3/5A**	**258/444**	**1983–89**
Motoren:	*Zyl.:*	*N'w.:*	*cm^3:*	*PS/'min:*	*Nm/'min:*
a	4	OHC	1818	105/5600 (brutto)	152/3600
b (*84/85 **Exp.85–88)				79U*/93**	129/141
c (+*–1985)			1995	110/115*/5400(br.)	167/172/3400
d (Exp.'86–88 *'88–)				100/110*/3400	147/167/3400
e	4iT			150/5400 (brutto)	226/3000
f (*1986/87)	4D			66/4500/73*/4700(b)	125/2500
g (1987–)				70/4700	123/2500
h (Export 1985–88)				68	120
i (–1988)	4TD			89/4500 (brutto)	186/2500
j (1988–)				85/4500	180/2500

Isuzu	Bauart	Mot.	Getr.	R/L cm	Baujahre
117 Coupé / Impulse	**St.**	**a–d**	**4/5/A3**	**250/431/438,5U**	**1980/81**
Motoren:	*Zyl.:*	*N'w.:*	*cm^3:*	*PS/'min:*	*Nm/'min:*
a	4	OHC	1818	110/5600 (brutto)	152/4000
b			1950	115/5600 (brutto)	157/3800
c		DOHC		135/6200 (brutto)	167/5000
d	4D	OHC	2238	73/4300 (brutto)	139/2400
Piazza	**St.**	**a–j**	**5/A4**	**244/431/438,5U**	**1981–88**
				244/434/438,5U	**1988–90**
Motoren:	*Zyl.:*	*N'w.:*	*cm^3:*	*PS/'min:*	*Nm/'min:*
a	4i	OHC	1950	120/5800 (brutto)	162/4000
b (Export –1988)				102/5400	145/3000
d (–1987)		DOHC		135/6200 (brutto)	167/5000
e (Export –1987)				116	150
f (1985–87)	4iT	OHC	1995	180/5400 (brutto)	250/3400
h (1987–)				150/5400/152	226/3400
i (Export 1987–)				141K/5400	225/3000
j (USA 1987–)	4i		2254	112/5000	172/3000
Rodeo Bighorn/					
Trooper	**K'r./4**	**a–n**	**4/5/+R**	**230/407,5/412**	**1981–90**
do. LWB				**265/438/447**	
Motoren:	*Zyl.:*	*N'w.:*	*cm^3:*	*PS/'min:*	*Nm/'min:*
a (–1984 *1983/84)	4	OHC	1950	88/79CH*/4600	140/137/3000
b (1985–87)			1994	105/5000 (brutto)	163/3000
d (1987–88)				92/4600	
e (1988– *Export)	4i		2559	120/5000/116*/46'	196/195/2600
f (1987–)				114K/5000/122U/46'	195/2500/206/26'
g (USA 1989 *1989–)	V6i		2838	127/122*/4800	204/2400/3600
h (Europa –1984)	4D	OHV	2238	61/4000	130/2200
i (1982–87)				73/4300 (brutto)	139/2400
j (1985–88)	4TD			82 (brutto)	178
k (*–1987)				72/4000/81U*	154/2500
l (1987/88 *1988–)			2772	110/115*/3600	226/235/2300
m (Export 1987–)				100/3700/97	208/2100
n (1989–)				87/3800/108/3700	180/242/2300
MU / Amigo	**K'r.(4)**	**a/b**	**5/+R**	**233/417**	**1989/90**
Motoren:	*Zyl.:*	*N'w.:*	*cm^3:*	*PS/'min:*	*Nm/'min:*
a	4	OHC	2255	96/4600	167/2600
b	4i		2559	120/5000	196/2600

Izh

Das östlichste Autowerk Europas war in der Stadt Izhewsk angesiedelt, die später nach dem sowjetischen Verteidigungsminister und General Ustinow benannt wurde. Bis 1985 waren dort bereits über 2 Millionen Pkw gebaut worden, doch handelte es sich weitgehend um → Moskwitsch-Modelle. Eine Ausnahme bildete die ab 1974 gebaute Kombiversion Izh 2125 mit elegantem Schrägheck (die technisch dem Moskwitsch 412 entsprach).

2126. Auf der nationalen russischen Ausstellung über die wirtschaftlichen Errungenschaften in Moskau wurde Anfang 1985 der von Izhmash Advanced Engineering entwickelte Prototyp des Modells 2126 gezeigt: Er besaß eine rundliche, rund 4 m lange fünftürige Schrägheckkarosserie. Im Gegensatz zum neuen kleinen Lada und zum Moskwitsch 2141 wurde für ihn der Beibehalt des Hinterradantriebs vorgesehen. Sein 1480-cm^3-Motor kam auf eine Leistung von 75 PS. Mit 247 cm Radstand und 401,5 cm Länge war der Izh-2126 bloß 1 cm länger als der Lada Samara.

Mit diesem neuen Modell plante das Werk in Ustinow unabhängig von der Moskwitsch-Fabrik in Moskau fortan einen eigenen Weg zu gehen. Der Beginn der Serienherstellung war für 1987 oder 1988 vorgesehen. Doch wie in der Sowjetunion üblich, verzögerten sich diese Pläne. Im März 1989 verlautete, dass der inzwischen mit dem Modellnamen Orbita versehene Izh 2126 erst 1990 in Serie gehen werde.

Izh 2126 Orbita, 1989

Izh	Bauart	Mot.	Getr.	R/L cm	Baujahre
2125	**St.**	**a/b**	**4**	**240/425**	**1980–87**
Motoren:	*Zyl.:*	*N'w.:*	*cm³:*	*PS/'min:*	*Nm/'min:*
a (–1984)	4	OHC	1479	75/5800	112/3400
b (1984–)				72/5800/65/5200	
2126 (Prototyp)	**St.**	**–**	**5**	**/400**	**1987–90**
Motor:	4	OHC	1500		

Jaguar

Jaguar XJ 6 4.2 Series 3, 1980

Die Marke Jaguar war nach dem Zweiten Weltkrieg aus dem von William Lyons (1901– 1985) gegründeten Fabrikat SS (Swallow Special) hervorgegangen. SS-Jaguar-Modelle hatte es schon vor dem Krieg gegeben. 1966 wurde die Jaguar Cars Ltd in Coventry in die British Motor Holding eingegliedert, aus der 1968 die British Leyland Motor Corporation hervorging. Ende der 70er Jahre wurde die laufend rationalisierte und abgebaute BL Corporation unter Sir Michael Edwardes erneut umstrukturiert (→ Austin). Die Marke Jaguar, samt der ihr seit 1960 angeschlossenen Marke → Daimler, war nun Teil der Jaguar Rover Triumph Ltd. Jaguar aber blieb ein untrennbar mit der britischen Automobilgeschichte verknüpfter Begriff, dem rennsportliche Erinnerungen ebenso innewohnten wie der Hauch von Exklusivität und Luxus.

XJ 6. Den Grundstock der Jaguar-Produktion bildeten 1981 immer noch die XJ-6-Modelle. Ihre Vorstellung ging zwar auf den Herbst 1968 zurück, doch hatten sie in etlichen Schritten Modernisierungen und Verbesserungen erfahren. Diese repräsentativen Limousinen der Luxusklasse verkörperten eine die Individualität betonende Alternative zu den S-Klasse-Modellen von Mercedes-Benz oder zu den BMW der 7er-Reihe.

1981 zeigten sie das 1979 als Series 3 eingeführte Erscheinungsbild mit dem wesentlich kräftigeren Stoßschutz. Üblicherweise wurden sie mit dem 4,2-l-Sechszylindermotor mit zwei obenliegenden Nockenwellen und elektronischer Benzineinspritzung L-Jetronic ausgerüstet, doch gab es (seit 1975) auch eine etwas preisgünstigere Version mit 3,4-l-Motor und zwei SU-Vergasern. Es standen ein 5-Gang-Getriebe und ein 3-Stufen-Automatikgetriebe von Borg-Warner (Typ 65) zur Wahl. Vorne dienten der Radführung Trapez-Dreieckquerlenker, hinten untere gegabelte Führungsarme, obere mittragende Halbachsen und Längslenker sowie beidseitig je zwei Federbeine. Die hinteren Bremsscheiben waren innenliegend beim Differenzialgehäuse in einem flexibel aufgehängten Hilfsrahmen montiert. Der Benzintankinhalt von 91 l war auf zwei Behälter verteilt. Edle Materialien und ein reichhaltig dotiertes Armaturenbrett unterstrichen das gehobene Niveau des XJ 6; doch gab es als → Daimler Sovereign eine noch luxuriösere Ausführung.

XJ 12 5.3. Dies galt auch für die Zwölfzylinderausführung, deren Double bei Daimler Double-Six hieß. Der 1972 hinzugekommene V12-Alumotor besaß je eine obenliegende Nockenwelle pro Zylinderreihe. Dieses prächtige Antriebsaggregat verkörperte mit seiner flüsterleisen Gangart einen Kontrapunkt zu den ausgeprägt sportlichen V12 von Ferrari und Lamborghini. Ab 1975 erhielt der XJ 12 eine elektronische Einspritzung D-Jetronic von Bosch/Bendix-Lucas. Die Leistung variierte 1981 je nach Land von 247 bis 304 PS (mit digital gesteuerter Einspritzung). Der Kraftübertragung diente (seit Frühling 1977) das 3-Stufen-Automatikgetriebe Turbo Hydra-Matic von General Motors. Eine Differenzialbremse wurde serienmäßig beigesteuert, und nebst einem Visko- gab es einen Elektrolüfter. Die weiteren technischen Eigenheiten stimmten mit jenen der XJ 6 überein.

XJ-S. Zwar wurde von vielen Fans weiterhin bedauert, dass der legendäre E-Type keinen direkten Nachfahren erhalten hatte. Aber das im September 1975 herausgebrachte sportliche Hochleistungscoupé XJ-S hatte sich bis 1981 gleichwohl zu einem festen Wert entwickelt. Den Motor teilte es mit dem XJ 12 5.3; dieser war im viersitzigen Coupé auch mit einem 5-Gang-Getriebe verfügbar. Technisch stimmte der XJ-S mit dem XJ 12 5.3 überein; an sein eigenwillig gestaltetes Fastbackheck mit der nach vorne versetzten Rückscheibe hatte man sich inzwischen gewöhnt.

XJ 12 H. E. / XJ-S H. E. Schon seit vielen Jahren hatte sich der Schweizer Ingenieur Michael May mit der Entwicklung neuer Brennraumformen befasst. Mitte 1979 entschloss sich Jaguar, das von May entwickelte Fireball-Verwirbelungsprinzip in die Serie zu übernehmen. Es basierte auf einer asymmetrischen Mulde um das tiefergelegte Auslassventil. Die Bereiche um die Ventile wurden durch eine schräge Rampe verbunden. Für die Umsetzung dieses mit H. E. = High Efficiency bezeichneten Motors wurde unter weiteren Maßnahmen die Verdichtung von 10:1 auf 12,5:1 erhöht.

Bei der Einführung dieses Motors im Juli 1981 wurden die Leistung mit 299 PS bei 5500/min und das höchste Drehmoment mit 432 Nm schon bei 3000/min (statt 436 Nm bei 3900/min) angegeben. Harry Mundy, der bei Jaguar für die Motorenentwicklung zuständig war, hielt fest, dass mit dem Fireball-Prinzip der thermische Wirkungsgrad wesentlich gesteigert werden konnte, sodass sich im Vergleich zum früheren V12-Motor eine Verbrauchssenkung um 15 bis 20 Prozent ergab, und dies ohne Probleme für die Erfüllung der Abgasnormen.

XJ-S H. E. 1982. Mit dem neuen V12-Motor erhielt der Jaguar XJ-S geänderte Stoßfänger, mit denen sich die Länge von 487 auf 474,5 cm reduzierte, sowie ein noch verfeinertes Lederinterieur mit Holzfurnieren am Armaturenbrett und an den Türinnenseiten.

Alle Sechszylinder-Jaguar erhielten ein leistungsfähigeres Kühlsystem samt Ölkühler, und zur serienmäßigen Ausstattung zählten fortan Quarz-Halogenlampen, getönte Scheiben, vier Lautsprecher und eine elektrische Antenne. Das Serviceintervall wurde für alle Jaguar auf 12'000 km verlängert.

Sovereign 4.2. In gewissen Exportländern trat mit dem Jahrgang 1983 der Jaguar Sovereign 4.2 an die Stelle des Daimler gleichen Namens. Zu dessen umfangreicher Ausstattung zählten Klimaanlage, elektrisches Schiebedach, Cruise Control, Leichtmetallfelgen, Nebellampen, Holzeinlagen in den Türen, elektrisch verstellbare Fauteuils sowie hintere Mittelkonsole und Leselampen. Auch die übrigen Jaguar wiesen neu eine holzverkleidete Mittelkonsole auf, zudem wurde gegen Aufpreis ein Bordcomputer eingebaut. Außer der mit Veloursposterung versehenen Version XJ 6 4.2 boten die Jaguar-Limousinen nun lederüberzogene Sitze.

Um dem hinsichtlich Qualität angeschlagenen Ruf von Jaguar zu verbessern, hatte BL-Boss Sir Michael Edwardes (dessen Amtszeit inzwischen abgelaufen war) im Jahre 1980 John Egan angeheuert. Dieser hatte sich zunächst mit den streikfreudigen Gewerkschaften ins Einvernehmen gesetzt, führte darauf Gespräche mit 300 Mercedes-Benz-, BMW- und Jaguar-Besitzern, registrierte 150 verschiedene Mängel an den Jaguar und stellte fest, dass 60 Prozent von ihnen auf eine schlechte Qualität von Zulieferteilen zurückzuführen waren.

John Egan zog die Konsequenzen, baute die Belegschaft von 10'000 auf 7200 Mitarbeiter ab, kündigte die Zusammenarbeit mit diversen Zulieferanten und begann 12 Prozent der Komponenten bei ausländischen, vor allem deutschen und amerikanischen Firmen einzukaufen. Zudem wurden Arbeiterausschüsse und eingehende Qualitätskontrollen eingeführt. Unter diesen Voraussetzungen machte sich Egan auch an die Eroberung des deutschen Marktes.

Die Jaguar-Zukunft hing aber auch davon ab, ob das in Entwicklung befindliche neue, wirtschaftlichere Modell XJ 40 sich durchsetzen könne und ob die Regierung Margaret Thatchers auf dessen Grundlage die Jaguar-Privatisierungspläne realisieren könne.

XJ-S 1984 / XJ-SC. Im Oktober 1983 ergänzte Jaguar das Coupé XJ-S durch das nur zweisitzige Cabrio-Coupé XJ-SC. Es besaß eine Art Targadach mit feststehenden seitlichen Dachrahmen, die auf der Höhe der B-Säulen durch einen Überrollschutzbügel verbunden waren. Der aus Stoff bestehende Dachhinterteil ließ sich versenken und die vorderen Dachhälften konnten im Kofferraum verstaut werden. Daraus ergab sich (bei geschlossenem Dach) eine gänzlich veränderte Form mit Stufenheck und langgestrecktem Kofferraum. Auf Wunsch war auch ein aus festem Material bestehendes hinteres Hardtop-Teil mit heizbarer Heckscheibe erhältlich.

Große Bedeutung kam außerdem einem gänzlich neuen Motor zu, der jetzt alternativ zum V12 im XJ-S angeboten und im XJ-SC ausschließlich eingebaut wurde: Es handelte sich um einen Reihen-Sechszylinder mit zwei obenliegenden Nockenwellen und 24 Ventilen. Ursprünglich hatte man dieses AJ6 genannte Triebwerk auf einen Nockenwellenantrieb durch Zahnriemen ausgelegt, doch dann gab man wegen des Platzbedarfs und der gewünschten Präzision doch einem Kettenantrieb den Vorzug. Gleichwohl musste der Motorhaube wegen der im Vergleich zum V12-Motor zusätzlichen Bauhöhe eine dezente Längsausbuchtung verpasst werden. Auch dieser neue, 228 PS starke Jaguar-Aluminiummotor, der mit einer digitalen D-Jetronic-Einspritzung Bosch/Bendix-Lucas versehen wurde, bot sich unter der Motorhaube als eine Augenweide dar.

Der unter 200 kg wiegende neue Sechszylinder wurde mit einem 5-Gang-Getriebe von Getrag kombiniert. 100 km/h ließen sich so in 7,6 s erreichen, was den für den V12 angegeben Wert egalisierte, und als Spitze wurden 235 km/h genannt (V12: 245 km/h). Die bereits 35-jährige Karriere des Jaguar-DOHC-Sechszylindermotors mit 12 Ventilen begann sich nun ihrem Ende zu nähern...

Im Juni 1984 galt die Privatisierung von Jaguar als beschlossene Sache. Die 9350 Beschäftigten von Jaguar sollten freie Aktien erhalten. Zudem wurde ihnen und den BL-Mitarbeitern 15 Prozent der Aktien zu einem Vorzugspreis angeboten. Es war vorgesehen, dass ein einzelner Aktionär nicht mehr als 15 Prozent der Jaguar-Aktien übernehmen könne. Außerdem konnten Ausländer erst 90 Tage nach Beginn des Handels Jaguar-Aktien erwerben. Überdies sicherte sich die Regierung von Margaret Thatcher mit einer „goldenen Aktie" ein Vetorecht, um so auch später noch eine (ausländische) Übernahme verhindern zu können. Die Aktienemission wurde 8,3-fach überzeichnet und der Regierung wurde vorgerechnet, dass sie ein Vielfaches des festgelegten Ausgabepreises hätte einnehmen können. – Inzwischen verlief der Jaguar-Absatz glänzend und in den USA gab es sogar Wartelisten.

XJ-SC V12. Ab Juli 1985 wurde das Cabrio-Coupé auch mit dem V12-Motor lieferbar. Seit der Produktionsaufnahme zehn Jahre zuvor waren inzwischen 32'000 XJ-S und -SC gebaut worden. Ab 1986 bestand der Armaturenbrettbelag der Zwölfzylinder-XJ-S und -XJ-SC übrigens aus Walnuss- statt Ulmenholz.

1985 wurde mit 37'724 abgesetzten Jaguar (wovon 20'528 in den USA) zu einem Rekordjahr. – 1985 war aber auch das Jahr, da Firmengründer Sir William Lyons verstarb; er war eine der überragenden Persönlichkeiten der Automobilgeschichte.

XJ 6 1987. Von einem werdenden neuen Jaguar war unter dem Code XJ 40 schon längst die Rede gewesen. Der Beschluss zu seiner Entwicklung ging in der Tat auf das Jahr 1980 zurück. Den wirtschaftlichen Gegebenheiten entsprechend war allerdings zunächst lange an eine notwendige Verkleinerung geglaubt worden. Aber der im Oktober 1986 vorgestellte Jaguar war die Bestätigung jüngerer Marktumfragen, die ergeben hatten, dass von einem neuen Modell keine grundsätzlichen Änderungen, sondern weiterhin eine charakteristische, repräsentative Form und ein in Holz und Leder gehaltenes geschmackvolles Interieur erwartet wurden. Darum wurde denn die Bezeichnung XJ 6 beibehalten.

Der Radstand blieb mit 286,5 cm unverändert, während analog hierzu die Außenmaße mit 499x180x 138 cm bloß je 3 cm mehr Länge und Breite aufwiesen. Die zusätzliche Innenbreite und Kopffreiheit bietende Karosserie wirkte gestreckter und kantiger, was sich schon aus der Front ergab, wo die beiden typischen Höcker über den Doppelscheinwerfern rechteckigen Scheinwerfergehäusen – mit eingelassenen Doppel- oder großflächigen Rechteckscheinwerfern (Letztere beim Sovereign wie auch beim Daimler 3.6) – gewichen waren. Der Hüftschwung über den Hinterrädern und das leicht abfallende Heck waren beibehalten worden.

Das Hauptmerkmal bestand in dem dritten Seitenfenster, das sich den Türfenstern anschloss. Der Heckabschluss hatte eine unauffällige Abrisskante erhalten und die gesamte balkenförmige Rückleuchten- und Nummernschildpartie war in dunkler Farbe unterlegt. Statt beidseitige gab es nur noch einen Einfüllstutzen, denn der Tank befand sich jetzt über der Hinterachse. Das sorgsam eingehüllte Reserverad lag allerdings recht sperrig im Kofferraum.

Zum 3,6-l-DOHC-24-Ventil-Motor kam neu eine Kurzhubversion mit 2,9 l Hubraum, nur einer Nockenwelle und 12 Ventilen. Sie arbeitete nach dem in den V12-Triebwerken eingeführten

Fireball-Verbrennungsverfahren und einer entsprechend hohen Verdichtung von 12,6:1. Sie leistete 167 PS ohne Katalysator, während es der 3.6 mit Katalysator auf 184 PS brachte (ohne Katalysator 224 PS). Anstelle des hauseigenen wurde ein 5-Gang-Getriebe von Getrag verwendet, und zu ihm gab es als Alternative nicht mehr ein 3-Stufen-Automatikgetriebe von Borg-Warner, sondern die 4-Stufen-Einheit 4 HP 22 von ZF.

Der vordere Fahrschemel war nicht mehr nach vorne, sondern zur Spritzwand abgestützt. Auch die hintere Aufhängung mit unteren Querlenkern und oberen, mittragenden Antriebshalbachsen war überarbeitet und mit zusätzlichen Stützen für den Hilfsrahmen versehen worden. Zudem gab es nur noch eine statt zwei Feder-/Dämpfer-Einheiten pro Seite, und die Bremsscheiben war nicht mehr unmittelbar neben dem Differenzial montiert (eine Differenzialbremse waren auf Wunsch weiterhin ebenso lieferbar wie eine hintere Niveauregulierung, zudem ein Bosch-ABS).

Weitere Besonderheiten: Karosseriekörper nur noch aus rund 400 statt 540 Pressteilen, stark erhöhte Torsionssteifigkeit, Multiplex-Verkabelung für einen Großteil der Elektrik, Korrosionsschutz mit zinkbeschichteten Blechen, nur noch einarmiger Scheibenwischer, neues Armaturenbrett mit kombinierten Analog- und Digitalanzeigen. Für die USA gab es die Topversion Vanden Plas. – Der Sovereign V12 wurde in der bisherigen Form weitergebaut.

Inzwischen hatte sich Jaguar wieder zu einem rentablen Unternehmen gewandelt, und die Produktion war gegenüber 1980 auf rund 42'000 Einheiten verdreifacht worden. Jaguar-Boss John Egan, der für seine Erfolge den Titel eines Sir erhalten hatte, sah für 1990 einen Jahresausstoß von 60'000 Einheiten voraus, wovon 25'000 für den nordamerikanischen Markt gedacht waren. Zudem sollte die Produktivität von 3,8 auf 6 Autos/Jahr je Arbeiter erhöht werden. – Im August 1987 lief der 50'000.

Jaguar XJ-S H. E., 1982

Jaguar XJ-SC 3.6, 1985

Jaguar XJ 6 3.6, 1989

XJ-S vom Band; bis dahin waren zudem über 108'000 V12-Motoren hergestellt worden.

Im Winter 1987/88 erhielt der 3.6-Motor mit Katalysator eine von 184 auf 202 PS erhöhte Leistung. Den XJ-S 3.6 gab es ab Modelljahr 1988 nur noch als Coupé; dieses Modell erhielt ein sportlicher betontes Cockpit mit neuen Sportsitzen, Breitreifen und neue Aluräder. Der Innenraum des XJ-S 5.3 wurde in gleicher Weise aufgewertet.

XJ-S V12 Convertible. Zu einem Publikumsmagnet wurde das auf dem Genfer Salon 1988 eingeführte Vollcabriolet des XJ-S, das ausschließlich mit dem V12-Motor angeboten wurde. Durch die Verstärkungen war das Gewicht gegenüber dem Coupé von 1800 auf 1900 kg angestiegen. Das mit wenig Verkaufserfolg bedachte Cabrio-Coupé SC wurde nicht mehr gebaut. Statt der Kindersitze im Fond gab es beim Cabrio ein großes abschließbares Staufach. Zur Ausstattung zählten Leder, Walnuss-Holzfurnier, Sitzheizung, elektrisch verstellbare Rückenstützen, Klimaanlage und nicht zuletzt ein ABS. Mit dem XJ-S Convertible hatte die Reihe der legendären offenen Jaguar Modelle – SS 100 Jaguar, XK 120–150, E-Type – endlich einen Nachfolger gefunden. Zur Entwicklung des XJ-S Convertible hatte übrigens Karmann in Osnabrück (→ Anhang) mit dem Einbringen von Know-how und der Lieferung von Montagevorrichtungen beigetragen. Von 1975 bis 1996 entstanden übrigens 115'413 XJ-S!

In Whitley, keine 10 km vom Hauptwerk Browns Lane entfernt, wurde im Juni 1988 das neue Engineering-Zentrum von Jaguar in Betrieb genommen. Im Endausbau sollten in diesem auch architektonisch hochmodernen Entwicklungszentrum 1000 Ingenieure und Techniker beschäftigt werden (1982 waren es erst 300 gewesen). Es war in die Bereiche Karosseriedesign, Chassisentwicklung, Elektrik und Komponenten, Prototypenbau und Motoren-/Teiletests unterteilt. Gleichzeitig wurde bekannt, dass auch Jaguar die Herstellung eines Supersportwagens plane (nach dem Beispiel von Ferrari, Porsche und Aston Martin). Die Auflage solle auf 200 Exemplare beschränkt bleiben. Anderseits beschloss Jaguar im August 1988, binnen drei Jahren 10 Prozent der 12'000 Arbeitsplätze durch Nichtersatz von Abgängen abzubauen.

Jaguar XJ-S V12 Convertible, 1989

XJ 220. Auf der International Motor Show von Birmingham im Oktober 1988 glänzte Jaguar mit dem Supersportwagen XJ 220, damals noch ein Einzelstück mit V12-Mittelmotor. – Der V12-Motor der Serienmodelle sollte hingegen ein digitalisiertes Zündsystem von Marelli erhalten.

XJR-S 6.0. Von der 1988 aus einem Joint Venture zwischen der Jaguar Cars Ltd und der TWR-Gruppe (→ Anhang) hervorgegangenen Jaguar Sport Ltd wurde Mitte 1989 die vorwiegend für den britischen Markt bestimmte Hochleistungsversion XJR-S 6.0 herausgebracht: 5993 cm^3 durch Hubverlängerung, 322 PS bei 5250/min (ohne Katalysator), angepasster GM-3-Stufen-Automat, 0–96,5 km/h in 6,5 s. – Mit dem Jaguarsport XJR 3.6 gab es zudem eine rundum getunte Version der Limousine.

XJ 6 4.0L / Sovereign 4.0. Weil vor allem die für den USA-Markt bestimmte abgasentschärfte Version des 3,6-l-Motors leistungsmäßig nicht mehr den gestiegenen Erwartungen entsprach, wurde dieser Motor ab Herbst 1989 durch Kolbenwegverlängerung von 92 auf 102 mm auf 3980 cm^3 gebracht. So kam der DOHC-24-Ventil-Motor

Jaguar	Bauart	Mot.	Getr.	R/L cm	Baujahre
XJ 6	**St.**	**a–j**	**4/5/A3**	**286,5/496/508U**	**1980–86**
XJ 12 5.3					**1980/81**
XJ 12 H.E.					**1981–86**
XJ-S				**259/487**	**1980/81**
XJ-S H.E.				**259/474,5**	**1981–83**
Motoren:	*Zyl.:*	*N'w.:*	*cm³:*	*PS/'min:*	*Nm/'min:*
a	6	DOHC	3442	163/5250	255/4000
b (*1982–)	6i		4235	208/205*/5000	314/1500–4500
c (USA, =Kat.'85–)				178/4750	297/2500
d (CH 1983/84 *1984–)				179/4500/178*/5000	311/300/3500
e (–1982)	V12i	OHC	5343	289/5750/295/5500	399/4200/434/4000
f (i-digital –1983)				304/5400	436/3900
g (USA –1981)				247/5250	365/4500
h (USA'81–, =Kat.'85–)				266/5000	393/4000
i (H.E. 1981/82 *'82–)				299/295*/5500	432/3250/393/3000
j (H.E. CH 1983–)				269/5250	394/3000
XJ 6 / Sovereign	**St.**	**a–e**	**5/A4**	**287/499**	**1986–90**
Motoren:	*Zyl.:*	*N'w.:*	*cm³:*	*PS/'min:*	*Nm/'min:*
a (+*1989–)	6i	OHC	2919	167/5600/150K*/55'	239/4000/225/4300
b (–1989)		D24V	3590	224/5000/212	337/4000/324
c (1988/89)				202K/5250/198K/50'	302/4000
d (1989–)			3980	226K/4750/222K/525	377/3650/369/3600
e (1989–)				238/4750/257/5250	387/3750/377/4000

Jaguar	Bauart	Mot.	Getr.	R/L cm	Baujahre
Sovereign V12 / V12*	**St.**	**a–d**	**A3**	**286,5/496**	**1986–89** ***1989/90**
Motoren:	*Zyl.:*	*N'w.:*	*cm³:*	*PS/'min:*	*Nm/'min:*
a (–1988)	V12i	OHC	5343	295/5500/265K/5000	432/3250/393/3000
b (1988/89)					432/389/3000
c (1989–)				264K/5250	377/2750
d (1989–)				268/5250/295/5500	384/3000/432/3250
XJ-S / XJ-SC (–1987)	**St.**	**a–h**	**5/A3**	**259/476,5/487U**	**1983–90**
Motoren:	*Zyl.:*	*N'w.:*	*cm³:*	*PS/'min:*	*Nm/'min:*
a (*Export 1985–87)	6i	D24V	3590	228/5300/220*	325/4000
b (1987–)				224/5100/220	337/4000
c (1989–)				202K/5250/198/199K	302/4000
d (*1989–)	V12i	OHC	5343	295/5500/290*/5150	432/3250/420/2800
e (USA/CH –1986)				266/5000/269/5250	393/394/3000
f (1986–88 *1988/89)				265K/5'/264K*/5250	393/3000/379/2750
g (1989–)				277K/5150/264K/525	404/2800/379/2750
h (Sports 1989–)			5993	309K/323/5250	468/3000/491/3750
XJ 220 (Prototyp)	**Mon./M.**	**–**	**5**	**264/485**	**1990**
Motor:	V6iT2	D24V	3498	507/6500	641/5000

Jeep

Jaguar XJ 220 (Prototyp), 1989

auf 226 PS und ohne Katalysator gar auf 238 PS. Hinzu kamen eine verfeinerte digitale Motorsteuerung, ein ZF-Automatikgetriebe mit zwei Schaltprogrammen, eine verstärkte Bremsanlage und ein ABS von Teves statt von Bosch. Geändert war überdies das 5-Gang-Getriebe von Getrag, u. a. mit um 15 mm zurückversetztem Schalthebel und vergrößerter Kupplung samt Zweimassenschwungrad.

Auch dem 2,9-l-Modell zugute kamen neue größere Rundinstrumente im klassischen Stil mit weißen Ziffern auf schwarzem Grund sowie neue Türschlösser.

Schon im Mai 1989 war aus den USA bekannt geworden, dass die Ford Motor Co. Jaguar zu übernehmen wünsche. Dies hatte dem Jaguar-Aktienkurs etlichen Auftrieb verliehen. Bis Ende 1990 galt aber noch die 15-Prozent-Limite für ausländische Beteiligungen. Jaguar-Chef Sir John Egan bestätigte, dass auch mit anderen Herstellern Beteiligungsgespräche geführt würden; erwähnt wurden neben Ford auch General Motors, Volkswagen, Volvo und Peugeot.

Auf gutem Weg entwickelten sich die Verhandlungen mit GM: Der größte Autokonzern wollte Jaguar eine beträchtliche Finanzspritze verpassen und zunächst 14,5 Prozent, später 25 Prozent des Kapitals übernehmen. Die Kooperationsverhandlungen sahen auch die Konstruktion einer zusätzlichen kleineren Jaguar-Limousine (als Ablösung für den Opel/Vauxhall Senator) und einen kostensenkenden gemeinsamen Teileeinkauf vor. Später war auch von einer neuen Vauxhall-Motorenfabrik die Rede, in der zusätzlich die Antriebsaggregate für den kleineren Jaguar produziert werden könnten. Indessen erhöhte Ford seinen Jaguar-Anteil von 5 über 10,4 auf 13,2 Prozent. Sir John Egan wollte aber einer feindlichen Übernahme durch Ford zuvorkommen und setzte auf eine Kooperation mit GM und den Erhalt der Unabhängigkeit. Ab Ende Oktober zählte Daimler-Benz ebenfalls zu den Interessenten an einer Jaguar-Beteiligung.

Dann, Anfang November 1989 und viel schneller als erwartet fiel der Entscheid: Nachdem die britische Regierung ihren Verzicht auf die „goldene Jaguar-Aktie" verkündet hatte, machte Ford ein Übernahmeangebot von 1,6 Milliarden Pfund Sterling. Der Jaguar-Vorstand schwenkte darauf ein und empfahl den Aktionären die Annahme. Nachdem GM bekanntgab, kein Alternativangebot vorzulegen, war der Entscheid praktisch gefällt. Ford besaß damit nebst Lincoln und Aston Martin einen weiteren, weit bekannteren Prestigenamen. Jaguar wurde als eigenständige Einheit weitergeführt, der Vorstandsvorsitzende jedoch dem Ford-Europa-Präsidenten Lindsey Halstead unterstellt. Offen blieb die Frage, wo die geplante kleinere Jaguar-Limousine hergestellt werden sollte.

Zum anderen Ende der Skala aber erfolgte noch im Dezember 1989 ein Entscheid: Der XJ 220 sollte in Serie gehen, allerdings nicht mit einem V12-Motor, sondern mit einer V6-Maschine mit zwei Abgasturboladern. Mit 220 mph (354 km/h) sollte er das schnellste Serienauto der Welt sein, mit Allradantrieb (auf den dann verzichtet wurde), superteuer und auf eine Produktion von 300 Stück limitiert. Der Auslieferungsbeginn wurde auf 1992 angesetzt... (bis 1994 wurden dann nur 281 dieser 549 PS bei 7000/min starken Supercoupés gebaut).

Per Juni 1990 trat Jaguar-Vorstandschef Sir John Egan zurück; sein Nachfolger wurde William Hayden, bis dahin Vizepräsident von Ford of Europe (er übernahm die Jaguar-Führung bereits im April). Aus den USA verlautete noch vor Mitte 1990, dass Ford das Projekt eines F-Type als realer Nachfolger des E-Type aus Marktüberlegungen gekillt habe. Von den Ford-Managern wurde im Herbst 1990 hervorgehoben, dass Jaguar eine durchgreifende Modernisierung der Produktionsanlagen und -standards benötige. – Im Frühling 2008 wurde Jaguar zusammen mit Land Rover an die indische Tata Motors verkauft.

Jeep ist die Ableitung von GP für General Purpose = Allzweckfahrzeug; dieses entstand aus amerikanischen Bedürfnissen zur Zeit des Zweiten Weltkriegs, und es wurde zum weltweiten Begriff für Geländewagen. Gebaut wurde es zunächst unter den Marken Ford und Willys und später als Kaiser. Im Februar 1970 wurde die Jeep-Produktion von → AMC (American Motors) übernommen, und erst damit mutierte Jeep von der Modell- zur eigentlichen Markenbezeichnung.

CJ. Den Nachfahren des einstigen Militär-Jeep gab es im Modelljahr 1981 in den Varianten CJ-5, CJ-6, CJ-7 und neu (ab Anfang 1981) CJ-8. Der CJ-5 war der eigentliche urtümliche offene Jeep mit 212 cm Radstand. CJ-6 und CJ-8 hatten 263 cm Radstand, wobei der CJ-8 als Scrambler mit offener hinterer Pick-up-Wanne bzw. Längssitzen angeboten wurde. Der 1976 eingeführte CJ-7 mit 237 cm Radstand verkörperte eine Zwischenlösung, der als Laredo, Renegade oder Golden Eagle mehr Platz und Komfort mit der Jeep-typischen Geländegängigkeit verband. Die Motorskala umfasste den traditionellen 4,2-l-Sechszylinder, den von Pontiac bezogenen 2,5-l-Vierzylinder (beide mit seitlicher Nockenwelle) sowie den 5-l-V8. Seit 1980 kam zudem ein 2,4-l-Dieselmotor hinzu.

Der 4,2-l-„Reihensechser" war zum Modelljahr 1981 einer gründlichen Verjüngungskur unterzogen worden und wurde nun als „lightweight" bezeichnet: Der OHV-Maschine hatte man eine von 30 auf noch 21,5 kg abgemagerte Kurbelwelle verpasst und sie in weiteren Belangen modernisiert, so dass sie nur noch 202 statt 243 kg wog. Nebst dem 4-Gang-Getriebe mit zuschaltbarem Vorderradantrieb und Untersetzungsgetriebe – diese Aggregate waren bereits für 1980 modernisiert worden – gab es ein 3-Stufen-Automatikgetriebe (nun mit Lock-up, ohne Diesel) und auf Wunsch den permanenten Vierradantrieb Quadra-Trac.

Die Jeep-Konstruktion basierte auf einem Kastenrahmen mit Traversen. Vorne und hinten wurden Starrachsen mit Mehrblattfedern verwendet. Die Bremsen (vorne Scheiben) sowie die Kugelumlauflenkung wurden auf Wunsch servobestückt.

Cherokee / Wagoneer. Auch Cherokee (drei- und fünftürig) und Wagoneer (nur fünftürig) hatten ein Kastenrahmenchassis. Es wies fünf Traversen und vorne wie hinten Starrachsen mit Halbelliptikfedern auf. Es gab die aufgewerteten Ausführungen Cherokee Chief und Laredo bzw. Wagoneer Limited und neu Brougham (dieser mit auskragenden Kotflügelrändern, Zierstreifen und Chromzier). Zur Verringerung der Querschnittfläche und damit des Benzinverbrauchs hatte man dieses Jeep-Duo für 1981 etwas tiefergelegt und teils mit einem Bugspoiler versehen. Die Bodenfreiheit von 20 cm wurde dadurch nicht tangiert.

Es standen einerseits der 4,2-l-Sechszylinder und ein 5,9-l-V8, anderseits das 4-Gang-Getriebe und das 3-Stufen-Automatikgetriebe zur Wahl. Nur in Verbindung mit dem V8-Motor war auch der permanente Vierradantrieb Quadra-Trac lieferbar; stets war auch eine Geländereduktion dabei. Der Jahrgang 1981 brachte auch verbesserte (vordere) Scheibenbremsen und Radialreifen. Wagoneer und Cherokee waren ihrer Zeit vorausliegende Geländekombi der Superlative. Als Wagoneer Limited stand auch eine Version mit effektvoller seitlicher Holzbeplankung zur Wahl: Auch wenn das Holz längst nicht mehr echt war, kam den „Woodies" stets noch Symbolwert zu.

CJ Limited. Die CJ-Reihe wurde 1982 durch die luxuriöse Version Limited ergänzt: Stoßstangen mit Chromauflagen, verbreiterte Kotflügel, speichenartige Räder, speziell eingefärbtes Hardtop sowie Zierstreifen waren die äußeren Merkmale, innen fanden sich Einzelsitze (auf Wunsch mit Lederüberzügen), Lederlenkrad, Überrollschutz, Bodenteppiche, Stereoradio, Servobremsen und -lenkung. Der CJ war nun auch mit dem von AMC neu geschaffenen 5-Gang-Getriebe erhältlich.

Cherokee und Wagoneer wurden 1982 ebenfalls mit diesem 5-Gang-Getriebe lieferbar. – Ab Juni 1982 wurde der CJ-7 auch mit dem 2,1-l-Dieselmotor von Renault erhältlich, dessen Leistung mit 60 PS angegeben wurde. In Europa war dieser Motor nur für Frankreich und Belgien vorgesehen, wo Renault den Jeep-Import übernommen hatte.

CJ Wagon. Ende 1982 erhielten die CJ-7 und CJ-8 wahlweise einen neuen Kabinenaufbau. Es handelte sich um eine Doppelwandkonstruktion aus galvanisiertem Stahlblech. Auf den in Längsrichtung installierten hinteren Klappbänken hatten vier (CJ-7) bzw. sechs Passagiere (CJ-8) Platz. Die nach rechts aufschwenkende Hecktüre gab eine Öffnung von 88 x 112 cm frei, und der Laderauminhalt wurde mit 1,6 bzw. 2,7 m^3 angegeben. Auf Wunsch waren eine Innenauskleidung und getönte Scheiben erhältlich. Wegen des 98 statt 62 cm erreichenden hinteren Überhangs reduzierte sich der Böschungswinkel beim CJ-8 Wagon von 30 auf 26,5 Grad.

Von AMC und den Beijing alias Peking Auto Works wurde im Frühling 1983 die Peking Jeep Company gegründet, aus der eine chinesische Jeep-Produktion hervorgehen sollte (→ Beijing).

Cherokee / Wagoneer 1984. Sie trugen den internen Code XJ und waren deutlich kleiner als ihre Vorgänger: Radstand 257,5 statt 276 cm, Länge und Breite 420 und 176 statt 466 und 188 cm. Das minimale Leergewicht war von 1705 auf 1310 kg gesenkt worden! Gleichwohl boten die Neulinge 90 Prozent des Innenraums der Vorgängermodelle und sogar mehr Kofferraum. Weiterhin gab es den Cherokee drei- und fünftürig und den luxuriöseren Wagoneer ausschließlich mit fünf Türen. Basis bildete nach wie vor ein Kastenrahmenchassis mit Traversen. Die vordere Starrachse wurde hingegen mit vier Längslenkern und Panhardstab sowie außenliegenden Dämpfern aufgewertet. Zusätzlich zu den Schraubenfedern wurden Torsionsfederelemente verwendet, die für eine gleichbleibende Bodenfreiheit sorgten. Hinten fand sich weiterhin eine Starrachse mit Mehrblattfedern.

Jeep CJ-5 Renegade, 1981

Entsprechend ihres Down-sizing (Verkleinerung) wurden Cherokee und Wagoneer gänzlich neu motorisiert: Basismotor war der erste von AMC selbst hergestellte Vierzylindermotor. Er besaß 2465 cm^3 Inhalt und war konstruktiv mit dem hauseigenen 4,2-l-Sechszylindermotor verwandt. Wie bei diesem erfolgte der Ventilantrieb durch eine seitliche Nockenwelle. Mit 9,2:1 war die Verdichtung vergleichsweise hoch, was sich teils aus der Verbrennungsraumform mit Quetschspalten erklärte. Weitere Besonderheiten waren eine kontaktlose elektronische Zündung und ein Klopfsensor, der es erlaubte, trotz der hohen Verdichtung mit dem in den USA üblichen Normalbenzin zu fahren.

Wem dieser 106 PS leistende 2,5-l-Vierzylindermotor nicht genügte, konnte den neuen Cherokee oder Wagoneer mit einem 2,8-l-V6 von Chevrolet bestücken lassen, der 111 PS und dazu etwas mehr Drehmoment lieferte. Während mit dem kleineren Motor 4- und 5-Gang-Getriebe und ein 3-Stufen-Automatikgetriebe zur Wahl standen, entfiel im Verein mit dem V6 das 4-Gang-Getriebe. Serienmäßig wurde das Antriebssystem Command-Trac eingebaut, bei dem im Bedarfsfall die Vorderräder zugeschaltet werden konnten. Gegen Aufpreis war das Selec-Trac mit zusätzlichem mittlerem Differenzial samt automatischer Bremse erhältlich. Es ermöglichte das Fahren mit permanent eingeschaltetem Vierradantrieb, doch konnte auch bei ihm auf reinen Hinterradantrieb umgeschaltet werden.

Ebenfalls gegen Aufpreis waren eine Niveauregulierung, Superbreitreifen, ein Lederlenkrad usw. lieferbar. Bemerkenswert war übrigens die serienmäßige Verwendung der „Wippsitze" aus dem Renault 9/11, dank denen die Fondinsassen ihre Füße seitlich der Schienen nach vorne strecken konnten.

Grand Wagoneer. Der bisherige Wagoneer wurde nun unter der Bezeichnung Grand Wagoneer (er erhielt den Übernamen Grand Daddy) weitergebaut und zwar mit dem 4,2-l-Sechszylinder wie mit dem 5,9-l-V8; er wurde serienmäßig mit 3-Stufen-Automatikgetriebe (Chrysler 727, Wählhebel unter dem Lenkrad), Servolenkung, Ledersitzen, Klimaanlage, elektrisch verstellbaren Sitzen, Zentralverriegelung, Cruise-Control, verstellbarem Lenkrad, Radio/Stereoanlage und Leichtmetallrädern ausgerüstet. Gegen Aufpreis gab es einen Glasdacheinsatz und das Quadra-Trac-System (nur mit V8).

CJ 1984. Auch die Jeep der Serien CJ-5, CJ-7 und CJ-8 wurden anstatt mit dem 2,5-l-Vierzylindermotor von Pontiac neu mit dem hauseigenen 2,5-l-Aggregat ausgerüstet; die übrige reiche Motorenauswahl blieb erhalten.

1985 wurden Cherokee und Wagoneer ebenfalls mit dem 86 PS leistenden 2,1-l-Turbodieselmotor von Renault lieferbar. In Mexiko wurden diese kleineren Jeep-Station Wagon auf Wunsch zudem mit dem 4,2-l-Sechszylindermotor ausgerüstet. Der Grand Wagoneer bot 1985 sechs statt fünf Sitze, zudem eine hinsichtlich Komfort und Handling verbesserte Aufhängung, außerdem ließ sich der Vierradantrieb nun während der Fahrt ein- und ausschalten. Ab Dezember 1984 übernahm Renault den Vertrieb des mit Turbodieselmotor ausgerüsteten dreitürigen Cherokee in Frankreich und weiteren Ländern Europas.

Cherokee 2WD. Seit 1969 war der Vierradantrieb ein fester Bestandteil aller Jeep-Modelle gewesen. Weil nun aber auch Chevrolet und Ford mit kleineren Geländewagen auf den Markt gekommen waren, die auf Wunsch nur mit Hinterradantrieb zu haben waren, sah Jeep in diesem Bereich ebenfalls eine Chance und bot den Cherokee ab Frühling 1985 in einer preisgünstigen Ausgabe ohne angetriebene Vorderräder an. Es gab den damit um 75 kg leichter gewordenen Cherokee 2WD drei- und fünftürig und wahlweise mit dem 2,5-l-Vierzylindermotor oder dem von GM bezogenen 2,8-l-V6. – Vom Cherokee abgewandelt kam im Herbst 1985 der formschöne Pick-up Comanche hinzu.

1986 erhielt der hauseigene 2,5-l-Motor im Cherokee und Wagoneer eine elektronische Zentraleinspritzung, womit die Leistung von 106 auf 119 Netto-PS anstieg. Der Wagoneer zeigte eine neue Front mit übereinander angeordneten Doppelscheinwerfern und horizontal zweigeteiltem Kühlergrill, was ein wenig an das Frontdesign der AMC-Topmarke Ambassador der 60er Jahre erinnerte. Der Kühlergrill des Grand Wagoneer wurde horizontal in drei Felder unterteilt, und zudem thronte auf der Haube ein kleines Kühlersignet.

Im November 1985 gab AMC die Einstellung der Produktion der CJ-5- und CJ-7-Modelle im Werk Toledo, Ohio, zum kommenden Januar bekannt. Dadurch verloren 740 Arbeiter und Angestellte ihren Job. 1985 waren nur noch etwa 36'000 CJ-Modelle verkauft worden. Das Nachfolgemodell sollte in dem kanadischen AMC-Werk in Brampton, Ontario, entstehen.

YJ / Wrangler. Noch war der alte Jeep zwar erhältlich, doch im Januar 1986 wurden Details über das neue als YJ bzw. Wrangler bezeichnete Modell bekanntgegeben: technisch den Cherokee/Wagoneer angeglichen, 2,5-l-Vierzylindermotor oder 4,2-l-Reihen-Sechszylinder. Auffallendste Änderung am äußeren Erscheinungsbild waren der Übergang zu rechteckigen Scheinwerfern und der leichte horizontale Knick im etwas breiter wirkenden traditionellen Jeep-Kühlergrill.

Cherokee / Wagoneer 1987. 1987 wurde der 2,8-l-V6-Motor von GM durch einen neuen eigenen 4-l-Sechszylinder ersetzt. Dieser aus der 4,2-l-Einheit entwickelte Motor besaß eine elektronische Saugrohreinspritzung und kam bei einer Verdichtung von 9,2:1 auf 175 PS (statt der 117 des GM-V6). Dieser Sechszylinder ließ sich mit einem 5-Gang-Getriebe von Peugeot oder einem 4-Stufen-Automatikgetriebe von Borg-Warner kombinieren. Der 2,5-l-Vierzylndermotor leistete dank Vergrößerung von Luftfilter und Ansaugtrakt 123 statt 119 PS.

1987 erhielt der sechssitzig gebliebene Grand Wagoneer einen neuen Grill ohne sichtbare

Jeep Cherokee Chief, 1981

Jeep CJ-7 Limited, 1982

Jeep Wagoneer Lmited, 1982

Jeep Wagoneer Limited + Cherokee Chief, 1984

Jeep Wagoneer Limited, 1987

Jeep Wrangler Islander, 1989

Jeep Grand Wagoneer, 1990

Senkrechtstäbchen; er war nur noch mit dem 5,9-l-V8 zu haben.

Im März 1987 unterzeichneten Chrysler-Boss Lee A. Iacocca und Renault-Chef Raymond Lévy eine Absichtserklärung, wonach Chrysler den 46,4 Prozent umfassenden Kapitalanteil an der Jeep-Mutterfirma → AMC übernahm. Zudem kaufte Chrysler weitere AMC-Aktien, wodurch der viertgrößte Autokonzern Amerikas in den drittgrößten integriert wurde.

1988 zeigten sich die Jeep-Modelle – die auch unter dem Chrysler-Regime das AMC-Zugpferd blieben – wenig verändert. Der CJ-Nachfolger Wrangler (YJ) wurde inzwischen in weiteren Varianten gebaut, außer als Laredo auch als Sahara (sandfarben bzw. braun) und als preiswertes S-Modell. Bei den Cherokee/Wagoneer entfiel der 2,1-l-Dieselmotor von Renault für das nordamerikanische Angebot (die Nachfrage nach Dieselmotoren hatte es dort ohnehin nie auf einen grünen Zweig gebracht). Den Cherokee gab es in einer neuen Luxusversion LTD (mit goldfarbenen Speichenrädern und Zierlinien).

1989 kam für den Wrangler die Ausstattungsversion Islander hinzu. Cherokee und Wagoneer wurden mit einem ABS von Bendix erhältlich (zunächst nur mit dem 4-l-Motor, für den auf den Frühling zudem ein neues 5-Gang-Getriebe in Aussicht gestellt wurde). – *Die Marke Jeep erwies sich für Chrysler als Goldgrube: Für 1989 war geplant, den Jahresausstoß von 270'000 Jeep um 20 Prozent zu erhöhen.*

Aus dem Anfang 1989 als Konzeptstudie gezeigten Jeep Rubicon Wrangler mit verbreiterten Radhäusern wurde zum Modelljahr 1990 der neue Jeep Renegade.

Jeep	Bauart	Mot.	Getr.	R/L cm	Modelljahre
CJ-5 (*1983)	**K'r./4**	**a–l**	**4/A3/+R**	**212/367/363***	**1981–84**
CJ-6 (*1982–)			**/5+R**	**265/402/420***	**1981–83**
CJ-7				**237/389,5**	**1981–86**
CJ-8 (*1983–)				**265/263*/450**	
Motoren:	*Zyl.:*	*N'w.:*	*cm³:*	*PS/'min:*	*Nm/'min:*
a (1983–)	4	OHC	1995	85/5000	147/2750
b (–1983)		OHV	2471	88/86CH/4200	171/2400
c (1984 *1985–)			2464	106/4800/5000*	179/2800
d (–1983)	6		4235	112/3400	271/2000
e (Europa *1982/83)				116/103*/3400	
f (CH 1983)				117/3400	
g (1984– *m.Autom.)				114/3000/117*	271/1600
h (CH 1984– *m.Autom.)					125/126,5
i (–1985)	V8		4981	121/3450	310/2000
j (CH *1984/85)				120/130*	–
k (1985–)	4D	OHC	2068	60/4500	126/2000
l (*1984–)		OHV	2370	60/3400/66*/3800	151/2000/147/2100
Wrangler / YJ	**K'r./4**	**a–f**	**5/A3/+R**	**237/386–389**	**1986–90**
Motoren:	*Zyl.:*	*N'w.:*	*cm³:*	*PS/'min:*	*Nm/'min:*
a (*1986/87)	4i	OHV	2464	119/123*/5000	183/191/3500
b (1988/89 *Export)				119/5000/106*	183/3500/180
c (1990– *Export)				119/5250/106*/5600	
187/3500/180/3000					
d (Export 1988/89)	6		3956	173/4500	298/2500
e (Renegade'90– *Exp.)				183/4750/178*/4700	298/4000/288/3850
f			4235	114/3000	285/2000

Jeep	Bauart	Mot.	Getr.	R/L cm	Modelljahre
Cherokee / Wagoneer	**K'r./4**	**a–f**	**4/A3/+R**	**276,5/466**	**1981–83**
Motoren:	*Zyl.:*	*N'w.:*	*cm³:*	*PS/'min:*	*Nm/'min:*
a	6	OHV	4235	112/3400	271/2000
b (Europa *1982–)				116/103*/3400	–
c	V8		5896	157/4200	346/1400
d (Europa *1982–)				140/150*/4200	–
e (CH 1983–)				152	
f				153/4200/142/3200	339/1200/309/2000
Cherokee / Wagoneer	**K'r.(4)**	**a–i**	**4/5/A3/+R**	**257,5/420**	**1984–90**
a (–1986)	4/4i	OHV	2464	106/4800/119/5000	179/2800/183/3500
b (1987–89 +*1987)	4i			123/5000/119*	191/3500/183
c (1990–)				123/5250	191/3250
d (*1986)	V6		2838	111/117*/4800	197/204/2100
e (1987)	6i		3956	173/4500	298/2500
f (1988/89 *Export)				179/173*/4500/168	304/298/2500/294
g (1990– *Export)				179/171*/4500/168	304/2500/294/2000
h ('85–89 +*Exp.86–89)	4D	OHC	2068	86/3750/88*/4000	179/2750/181/2250
i (1990–)				80/4000	180/2500
Grand Wagoneer	**K'r./4**	**a–g**	**A3+U**	**276/473,5**	**1984–90**
Motoren:	*Zyl.:*	*N'w.:*	*cm³:*	*PS/'min:*	*Nm/'min:*
a (–1984)	6	OHV	4235	112/3400	271/2000
b (1985 *m.Autom.)				114/3000/117*	285/2000
c (CH 1985 *m.Autom.)				125/126,5*	–
d (1986)				114/3000/126,5CH	285/2000
e (–1986)	V8		5896	157/153/4200	346/1400/339/1200
f (Europa/CH –1986)				150 / 152	–
g (*1987–)				142/146*/3200	309/2000/380/1500

Jeg

Jeg TL, 1982

Dieser Name war ein brasilianisches Wort für Esel, und damit war die anspruchsarme Vielseitigkeit dieses Lasttieres gemeint. Der Jeg wurde ab Ende der 70er Jahre von der Dacunha GT SA in Sao Bernardo do Campo hergestellt (und u. a. auch in die Schweiz exportiert). Er war ein kleines Mehrzweckfahrzeug im Stile eines Jeep, das anfänglich nur Hinterradantrieb aufwies, ab 1979 aber auch mit Vierradantrieb gebaut wurde.

TL. Der 1981 angebotene Jeg TL basierte weiterhin auf der Heckmotormechanik von → Volkswagen do Brasil. Diese wurde in ein eigenes Stahlrahmenchassis mit nur gerade 2 m Radstand eingebaut. Zusammen mit den extrem kurzen Überhängen und einer Bodenfreiheit von 25 cm wurden glänzende Voraussetzungen für gute Geländegängigkeit geboten. Dem Antrieb diente der luftgekühlte 1,6-l-Boxermotor mit 54 PS (auf Wunsch für den Betrieb mit Äthylalkohol 42 PS oder mit 2-l-Einspritzmotor und 70 PS). Der Vorderradantrieb war zuschaltbar und ebenfalls auf Wunsch war eine Differenzialbremse lieferbar.

Ein Untersetzungsgetriebe gab es nicht, aber die Achsuntersetzung war mit 5,143:1 sehr kurz. Die Höchstgeschwindigkeit wurde denn mit bloß 104 km/h angegeben. Vorn fanden sich VW-gemäß Doppelkurbellenker mit querliegenden Drehstabfedern, hinten eine Pendelachse mit Längslenkern und querliegenden Drehfederstäben sowie eine Ausgleichsfeder diagonal über der Hinterachse. Es wurden Vierrad-Trommelbremsen verwendet (Lenkung mit Schnecke und Rolle).

1982 kam Jeg in den Besitz der QT Engenharia e Equipamentos Ltda; 1984 wurde die Produktion (angeblich vorübergehend) eingestellt, und es war von kommenden neuen Modellen die Rede.

Jeg	Bauart	Mot.	Getr.	R/L cm	Baujahre
TL St'r./H.(4)	←	**a/b**	**4**	**200/343**	**1980–84**
Motoren:	*Zyl.:*	*N'w.:*	*cm^3:*	*PS/'min:*	*Nm/'min:*
a	B4/I.		1584	54/42A/4200	106/79/3000
b	B4i/I.		1971	70/4200	141/2800

Jensen

Der Jensen Interceptor, ein mächtiges sportliches Luxuscoupé mit kuppelförmiger Heckscheibe war 1966 auf der London Motor Show vorgestellt worden. 1975 ging Jensen Konkurs. Im Herbst 1983 wurde auf der London Motorfair erstmals wieder ein neu gebauter Jensen Interceptor Mark III mit Chrysler-7,2-l-V8 ausgestellt. Teils mit bestehenden Produktionsmitteln und vorrätigen Bestandteilen entstand im Bereich der ursprünglichen Werkanlagen in West Bromwich eine Kleinserie mit dem neueren Chrysler-5,9-l-V8 und Torqueflite-3-Stufen-Automatikgetriebe.

S4. Auf der Birmingham Show 1984 wurde der Jensen Interceptor als S4 (Series four) gezeigt. Der neue Markenbesitzer Ian A. Orford bot ihn nicht nur mit dem Glaskuppelheck und als Cabriolet an, sondern ab März 1987 zudem mit konventionellem Stufenheck (und schräggeschnittenem hinterem Seitenfenster); Leistungsspektrum: 188 bis 280 PS. Es fand sich auch ein deutscher Importeur. Von 1983 bis 1992 wurden 14 S4 gebaut, und nach einer weiteren Neugründung wurde 1998 ein neuer Jensen S-V8 Roadster lanciert...

Jensen S4, 1987

Jensen	Bauart	Mot.	Getr.	R/L cm	Baujahre
S4	**R'r.**	**a/b**	**A3**	**267/477**	**1987–90**
Motoren:	*Zyl.:*	*N'w.:*	*cm^3:*	*PS/'min:*	*Nm/'min:*
a	V8	OHV	5898	243/4400/188K/4000	410/2000/384/1600
b	V8i			280	–

Kanzler

Ernest Kanzler war ehemaliger Designer von Ford USA und Architekt, bevor er 1979 mit dem Kanzler Coupe sein eigenes Auto vorstellte. Wie etliche andere damals individuell konstruierte Luxuswagen – allen voran → Excalibur, aber auch → Clénet – war der Kanzler im Stil eines Neoclassics gehalten. Die Herstellung erfolgte bei der auch für andere Konstruktionen bekannt gewordenen Firma Newport Coachworks Inc. in Santa Ana, Kalifornien.

Coupe. Der Kanzler Coupe erinnerte mit seinen seitlich angesetzten geschwungenen Kotflügeln an einen Prestigesportwagen der Zwischenkriegszeit. Allerdings bot dieses Coupé mit den in die Kotflügel integrierten Scheinwerfern und vor allem mit der aerodynamisch zugespitzten Front auch modernere Aspekte. Das ebenfalls langgezogene Heck mit aufgelegtem Reserverad entsprach jedoch einem klassischen Formempfinden. Während das Mittelteil der Karosserie aus Stahlblech bestand, wurden für Front und Heck GfK verwendet.

Die Mechanik lieferte der → Mercury Cougar, der 1979 noch im Großformat und mit Kastenrahmenchassis gebaut wurde. Dieser Unterbau wurde mit einem X-förmigen Rahmen verstärkt. Der Radstand wurde auf 306 cm gestreckt und die Gesamtlänge erreichte 526 cm. Aus dem 5,8-l-V8 standen offiziell 142 PS zur Verfügung, doch dürften auch stärkere Varianten verwendet worden sein.

Natürlich umfasste die Ausrüstung nebst einem Automatikgetriebe zahlreiche weitere teils automatisch funktionierende Komforteinrichtungen sowie Lederüberzüge und sogar Teakholz. Schon Ende 1980 verlautete, dass bereits das 200. Exemplar verkauft worden sei und dass man eine Cabrioletversion in Vorbereitung habe. Später verlor sich die Spur im Dickicht des immer umfangreicher werdenden Angebots an Neoclassic-Konstruktionen.

Kanzler Coupe, 1981

Kia

Im Jahre 1962 hatte die koreanische Regierung mit Gesetzen die Errichtung einer einheimischen Automobilindustrie und deren Schutz vor ausländischer Konkurrenz verfügt. Noch im gleichen Jahr wurden drei Firmen zur Automontage autorisiert, darunter die 1944 gegründeten Kyungsung Precisions Industry Corp., die 1952 in Kia Industry Co. umbezeichnet worden war. Diese hatte 1961 bereits die Herstellung von Motorzwei- und -dreirädern aufgenommen. 1964 begann Kia mit Hilfe von Mazda Personenwagen zu montieren. In der Nähe von Seoul wurde 1973 das stark automatisierte Sohari-Werk in Betrieb genommen. Dort rollte ab Oktober 1974 im Rahmen des staatlichen Volksmotorisierungsprojektes das Modell Brisa vom Band, eine Lizenzkonstruktion des Mazda 1000. 1976 wurde bereits ein Anteil von 89,5 Prozent der im Land hergestellten Komponenten erreicht.

Brisa II R 1300. Der ab 1978 hergestellte Brisa II entsprach dem Mazda 818. 1981 lief er als R 1300 mit 1,3-l-Motor vom Band: Hinterradantrieb, McPherson-Federbeine mit unteren Querlenkern, hinten Starrachse mit Halbelliptikfedern, Vierrad-Trommelbremsen, auf Wunsch vorne Scheiben und Servo, Kugelkreislauflenkung.

Ab der ersten Hälfte der 80er Jahre konzentrierte sich die Pkw-Herstellung nach dem Willen der Regierung auf Hyundai und Daewoo, während sich Kia auf leichte Nutzfahrzeuge ausrichtete, darunter der 1982 herausgebrachte Bongo, auf den 1985 der Besta folgte. 1985 übernahm Kia die ebenfalls auf Nutzfahrzeuge ausgerichtete Firma Asia Motors Co. Im gleichen Jahr kam die Meldung, dass die Kia Industrial Co., Mazda und Ford die gemeinsame Herstellung eines Kleinwagens planten. Demnach sollte Kia eine Produktionsanlage mit einer Jahreskapazität von 120'000 Stück erstellen, Mazda das technische Know-how und die Antriebseinheiten liefern und Ford ab 1987 den Vertrieb in den USA und in Europa übernehmen. Mazda hielt 8 Prozent des Kia-Kapitals.

Kia Brisa II, 1981

Ford Festiva = Pride. Auf der Tokyo Motor Show im November 1985 wurde dann der Festiva vorgestellt, der ab Frühling 1986 in Korea herzustellen und darauf in Japan unter der Marke Ford zu verkaufen war. Es handelte sich um einen von Mazda konzipierten, 360 cm langen dreitürigen Kleinwagen mit Frontantrieb und quer eingebautem 1,1- und 1,3-l-Motor. Als Kia Pride wurde dieser kleine Fronttriebler auf dem einheimischen Markt zum Topseller. Daneben wurde das größere Modell Concord (ebenfalls eine Mazda-Konstruktion) gebaut.

Ab Frühling 1987 kam der Ford Festiva mit 1,3-l-Motor auch ins Angebot der amerikanischen Ford-Händler, dann bereits als Modell 1988 bezeichnet. Er wurde in den Ausführungen L mit 4-Gang-Getriebe und LX mit 5-Gang-Getriebe und angereicherter Ausstattung (wie Stereoradio, verstellbarer Lenksäule, elektrisch verstellbaren Außenspiegeln usw.) angeboten. Der Festiva hatte zwar etwa gleichviel Radstand wie der Ford Fiesta, war aber mit 347,5 cm deutlich kürzer. Er besaß vorne Federbeine mit unteren Querlenkern, hinten eine Torsionskurbelachse mit Längslenkern und Achsrohr.

Ab Ende 1987 wurde dieser Kleinwagen unter der Bezeichnung → Mazda 121 auch in Japan hergestellt und nach Europa exportiert.

1988/89 wurde Kia ebenfalls von der Streikwelle in der südkoreanischen Autoindustrie betroffen. Gegen Mitte 1989 erkämpften die Gewerkschaften im Kia-Hauptmontagewerk von Sohari eine Erhöhung des Basislohnes um 26 Prozent und eine Reduktion der wöchentlichen Arbeitszeit von 48 auf 44 Stunden.

1989 wurde von Kia neben neuen Nutzfahrzeugen der Mercury Sable auf dem koreanischen Markt eingeführt. 1990 wurden Kia Industry vollumfänglich mit Asia Motors zur Kia Motors Co. verschmolzen.

Nachdem es 1998 bei Kia zu einem finanziellen Debakel kam, wurde das Unternehmen mit dem Hauptkonkurrenten → Hyundai zusammengeschlossen.

Kia	Bauart	Mot.	Getr.	R/L cm	Baujahre
Brisa II R 1300	**St.**	**–**	**4**	**231/407,5–412**	**1980–83**
Motor:	4	OHC	1272	87/6000	108/3500

Kodiak

Kodiak, 1983

Der Markenname Kodiak bezog sich auf eine Bärenart in Alaska und sollte die Kräfte symbolisieren, die in dem Supersportwagen der auf Cabrioverdecke spezialisierten Stuttgarter Firma Speed + Sport steckten. Firmenchef Mladen Mitrovic hatte sich für sein 1981 verwirklichtes Sportwagenprojekt von dem Mercedes-Benz C 111 von Ende der 60er Jahre inspirieren lassen. Beim Mittelmotor handelte es sich um den 5,7-l-V8 aus dem Chevrolet Corvette in Verbindung mit einem ZF-5-Gang-Getriebe. Das attraktiv geformte Zweisitzercoupé basierte auf einem Gitterrohrrahmen und besaß Flügeltüren. Die Karosserie entstand in Gemischtbauweise GfK/ Kevlar und war beim Flugzeughersteller MBB (Messerschmitt Bölkow Blom) entwickelt worden.

Dieser Kodiak war 1981 in einem halben Dutzend Exemplaren gebaut worden. Es waren noch weit mehr Exemplare der gleichen Serie geplant, lagen doch allein aus den USA 38 Bestellungen vor. Doch dann wurden die Originalformen und Werkzeuge bei einem Großbrand im Gebäude des Karosseriebauers vernichtet... Immerhin wurde auch auf der IAA 1983 ein Kodiak ausgestellt. Für eine 1986 geplante Serienversion wurde die Mechanik aus dem Mercedes-Benz 560 vorgesehen.

F1. Auf dem Genfer Salon 1988 zeigte die Speed + Sport Motor GmbH den Kodiak F1 als Weiterentwicklung. Der Motor war ein Chevrolet-5,7-l-V8 mit Brodix-Alu-Rennköpfen (Straßenversion), dessen Leistung mit vier Weber-Doppelvergasern und elektronischer Zündung oder mit Bosch-Einspritzung (wie im Corvette) mit 320 bis 340 PS beziffert wurde. Auf Wunsch ließ sich ein 5-l-V8 von Mercedes-Benz einbauen, mit 240 PS oder bis zu 380 AMG-PS. Bei 274,5 cm Radstand erreichten die Außenmaße 434x198x112 cm. Allerdings gelangte dieses Flügeltürencoupé – dessen Heckbereich mit den durchbrochenen Fastbackstegen an frühere Maserati-Mittelmotorcoupés erinnerte – erneut nicht in Serienproduktion.

2008 hatte Mladen Mitrovic ein neues Modell mit Gitterrohrrahmen und Kohlefaserchassis in Arbeit. Es wurde mit einem AMG-V12-Motor ausgestattet und war bei analogem Design 12 cm länger als der ursprüngliche Kodiak.

Lada

Shiguli

Gegründet wurde die Marke Shiguli Ende der 60er Jahre mit dem neu errichteten Automobilwerk VAZ in Stawropol. Dieses Zentrum der russischen Autoindustrie erhielt zu Ehren des italienischen Kommunistenführers Palmiro Togliatti (1893–1964) den Namen Togliattigrad bzw. später Togliatti. Werk und Auto waren das Resultat eines Abkommens mit Fiat: Der Shiguli (Bezeichnung eines Segelboottyps auf der Wolga) war ein Lizenzmodell des Fiat 124, jedoch mit eigenem OHC- statt OHV-Motor, und er trug wesentlich zur Motorisierung der Sowjetunion bei. Die Karosserie und das Fahrwerk waren für die rauen Einsatzbedingungen der Straßen und des Klimas des größten Staates der Welt verstärkt worden; auch eine Anlasskurbel war dem Shiguli ursprünglich noch auf den Weg mitgegeben worden. Für den 1971 begonnenen Westexport wurde der Markenname Lada (Liebste) gewählt.

Mitte 1980 führte Fiat mit der Sowjetunion Verhandlungen über eine Kapazitätsverdoppelung des VAZ-Werks – diese lag bereits bei 660'000/Jahr – und über weitere Investitionen.

1200 / VAZ-2101. Auch 1981 wurde das vom Fiat 124 abgeleitete, von diesem äußerlich kaum zu unterscheidende Modell weiter gebaut. Es war auch als fünftüriger Kombi erhältlich. Der Motor leistete 62 PS, wurde aber für einige Länder auf 60 PS gedrosselt. Das 4-Gang-Getriebe trieb die Hinterräder an. Vorne wurden Trapez-Dreieckquerlenker verwendet, hinten eine Starrachse mit Längsschub- und Reaktionsstreben, Panhardstab und ebenfalls Schraubenfedern; die Lenkung arbeitete mit Schnecke und Rolle.

1300 / VAZ-21011. Im Herbst 1974 war eine leistungsfähigere Version mit 1,3-l-Motor und 70 (oder 68) PS hinzugekommen; in einer Version mit zwei Weber-Doppelvergasern kam sie gar auf 95 PS.

Lada 1600, 1981

Lada Niva, 1981

Lada Niva Cabrio, 1983

Lada VAZ-2107, 1985

1300 Luxe / VAZ-2105. Im Herbst 1980 kam der Lada 1300 unter der Bezeichnung VAZ-2105 heraus. Karosserie und Innenraum waren leicht modernisiert. Man erkannte ihn an der neuen Front mit einem aus feinmaschigen schwarzen Horizontalstäben geformten Kühlergrill, der von Rechteckscheinwerfern flankiert wurde. Er wurde Anfang 1981 auch auf dem Salon von Amsterdam und auf dem Genfer Salon gezeigt, wo er als 1300 Luxe bezeichnet wurde.

1500 / VAZ-2103. Der Lada 1500 war bereits im Winter 1972/73 erschienen. Äußerlich unterschied er sich vom Lada 1200 durch Doppelscheinwerfer und einen seitlichen Zierstab. Den OHC-Motor hatte man auf knapp 1,5 l vergrößert.

1600 / VAZ-2106. Mit einer eingerahmten Front (Kühlergrill und Doppelscheinwerfer) gab sich das Ende 1975 vorgestellte Topmodell der Lada-Limousinen zu erkennen. Der Motor war nochmals vergrößert worden und es standen nun 78 PS zur Verfügung.

Niva / VAZ-2121. Im Winter 1975/76 hatte ein ganz besonderes Modell seine Premiere gefeiert, auch wenn es erst im Januar 1978 auf dem Salon von Brüssel seine Einführung in Westeuropa erlebte: Der Lada Niva war ein echter Gelände-Pkw und kein herkömmlicher Geländewagen, und er eröffnete somit eine neue Marktnische. Bereits einmal war in Russland ein solches Pionierfahrzeug entwickelt und verkauft worden, nämlich der Moskwitsch des Typs 410 von 1958, eine Limousinenkarosserie auf einem voll auf den Geländeeinsatz ausgelegten Unterbau: Starrachsen, Vierradantrieb, Untersetzungsgetriebe, hochgelegter Aufbau.

Diesem Profil entsprach auch der Niva. Allerdings besaß er eine vordere Einzelradaufhängung mit Trapez-Dreieckquerlenkern und vor allem eine eigens entworfene, knapp geschnittene kubische Dreitürkarosserie, die für günstige Böschungswinkel sorgte. Sie zeichnete sich durch die eigenwillige Front mit den oberhalb der Scheinwerfer angeordneten Standleuchten bzw. Blinkern aus. Der Niva erhielt den Motor des Lada 1600 mit 78 PS, und das Fahrwerk entsprach jenem der Lada-Pkw. Die Bodenfreiheit erreichte 22 cm. Für die Geländetüchtigkeit wäre mitunter einzig eine Differenzialbremse zusätzlich wünschbar gewesen. Auf dem deutschen Markt wurde später die Sonderausführung California eingeführt.

VAZ-21018. Erst viel später wurde auch in der westlichen Fachwelt bekannt, dass unter dieser Bezeichnung schon ab Sommer 1980 eine unbekannte Anzahl Shiguli mit Wankel-Rotationskolbenmotor ausgeliefert worden war. Der VAZ-21018 war ein Derivat des VAZ-21011 bzw. Lada 1300. Der Einscheiben-Rotationskolbenmotor VAZ-311 kam bei einem Kammervolumen von 650 cm^3 (Hubraumäquivalent 1300 cm^3) auf 70 PS bei 6000/min. Mit einer elektronischen Zündung wurde auf mechanische Teile verzichtet, und die zwei Zündkerzen wiesen seitliche Elektroden auf. Gegen 1982 kam ein Zweischeiben-Wankelmotor hinzu. Er soll an die 150 PS geleistet haben und wurde in Rallye- und Rallyecrosswagen eingesetzt.

VAZ-2107. Im Herbst 1981 wurde bei Togliatti erstmals ein Shiguli mit neu gezeichneter Front gesichtet: Der Kühlergrill zwischen den großformatigen Rechteckscheinwerfern war samt Motorhaube leicht erhöht. Einen stilistisch ähnlich gestalteten Grill besaß bereits die Staatslimousine → Zil 4104. Der 1569- cm^3-Motor war auf einen sparsameren Verbrauch ausgerichtet worden. In England wurde der VAZ-2107 unter der Bezeichnung Riva 1600 SLX als „Top-of-the-range" verkauft. Der VAZ-2105 mit 1294-cm^3-Motor hatte ebenfalls eine Modernisierung erfahren. Auf dem Genfer Salon 1983 wurde der 2107 mit 1,3- und 1,5-l-Motor angeboten.

Niva „Specials". Im Herbst 1983 lancierte die Deutsche Lada Automobil AG in Neu Wulmstorf (bei Hamburg) unter der Bezeichnung Cabrio eine Niva-Offenversion: Die Türfensterrahmen blieben fest montiert und die B-Säulen waren durch einen Überrollbügel verbunden. Die Entwicklung stammte von der Firma GWS, die Ausführung von der Voll KG (→ Anhang). Die Karosserie war mit Luxusattributen aufgewertet worden. Eine analoge Version wurde auch von der französischen Importfirma Poch SA angeboten. Auf dem Salon Paris 1984 wurde zudem mit dem Niva Poch eine originell drapierte Sonderausführung mit schräg gestelltem Kühlergrill gezeigt, dessen Horizontalstäbe in Form von acht Zierleisten über die Karosserieecken und -flanken weitergezogen waren.

VAZ-2108. Unter dieser Nummer waren schon im Oktober 1983 im Westen Skizzen von einem kleineren, frontgetriebenen Lada veröffentlicht worden. Lada hatte das Porsche-Entwicklungszentrum in Weissach beauftragt, das Projekt 2108 zur Serienreife zu entwickeln. Die Produktion des gefällig geformten dreitürigen Wagens mit abfallender Motorhaube sollte 1985 anlaufen. Der Ende 1984, anlässlich der Ausstellung zum 60-Jahr-Jubiläum der sowjetischen Automobilindustrie in Moskau vorgestellte VAZ-2108 verkörperte eine radikale Abkehr vom Fiat-124-Konzept. Denn er war ein modernes Kompaktmodell mit Frontantrieb, Quermotor, Schrägheck und Heckklappe. Er wurde dreitürig gebaut und besaß einen Kühlergrill mit leicht vorgesetzter horizontaler Luftleitschiene. Bei 246 cm Radstand war er 400,5 cm lang. Der in Zusammenarbeit mit dem Porsche-Entwicklungszentrum entstandene Motor mit 1289 cm^3 Inhalt und 65 PS Leistung war ebenfalls eine Neukonstruktion. Es waren auch Versionen mit 1,1 und 1,5 l Hubraum (55 bzw. 75 PS) vorgesehen, und es gab 4- und 5-Gang-Getriebe. Vorne wurden Federbeine und untere Querlenker verwendet, hinten eine Verbundlenkerachse (Längslenker mit Querverbindung).

VAZ-2104. So wurde die 1984/85 vorgestellte Kombiversion des VAZ-2105 bezeichnet (der inzwischen auch als Nova gehandelt wurde). Produktionsprobleme hatten zu einer Verzögerung von zwei Jahren geführt.

Indessen bemühte sich VAZ Qualitätsprobleme in den Griff zu bekommen und die Produktionsmethoden zu modernisieren. Diese Anstrengungen wurden sogar von Parteichef Michail Gorbatschow unterstützt. Ende 1985 lief der Verkauf des VAZ-2108 in einigen russischen Städten an. Es war geplant, ihn 1986 bereits auf westeuropäischen Märkten, in den osteuropäischen Bruderländern der Sowjetunion jedoch erst 1987 einzuführen.

Inzwischen gab es bereits Prototypen von Kleinwagen, die nach den russischen Flüssen Kama und Oka genannt wurden: Frontantrieb mit Quermotor von 650 oder 700 cm^3 *(„halbe" Motoren des VAZ-*

Lada 1200, 1986

Lada Samara (VAZ-2109), 1990

Lada Nova Kombi GLS, 1989

Lada Samara (VAZ 21086), 1990

Lada (Samara) Carlota, 1990

2108), 500 kg leicht, modernes Karosseriekonzept für eine Produktion durch Schweißroboter; Serienproduktion ab 1988 in einer neuen Produktionshalle des Kamaz-Lastwagenwerks.

Samara. Auf dem Automobilsalon von Brüssel feierte der VAZ-2108 (s. oben) im Januar 1986 seine Westpremiere und zwar unter dem wohlklingenden Modellnamen Samara. Der Innenraum war schlicht und zweckmäßig, aber mit seinem 330 dm^3 fassenden, durch Umklappen vergrößerbaren Kofferraum konnte sich diese Konstruktion in der Kompaktklasse durchaus sehen lassen. Tempo 100 ließ sich binnen 14,5 s erreichen, und als Spitze wurden 148 km/h genannt.

Ab der zweiten Hälfte der 80er Jahre wurde erstmals in der sozialistischen Planwirtschaft bei VAZ (sowie bei einer Maschinenbauvereinigung) eine neue Praxis erprobt, nämlich stabile Wirtschaftsnormative aufgrund der Rentabilität. Damit wurde für die 12. Fünfjahresplanperiode (1986 bis 1990) ein substanziell erhöhter Gewinn für die sowjetische Staatskasse anvisiert. Das Wirtschaftsexperiment bei VAZ galt als Musterbeispiel für die unter Parteichef Gorbatschow eingeleiteten Reformen.

1986 wurde der schlichte Lada 1200 außer mit einem 5-Gang-Getriebe teils auch mit einem 3-Stufen-Automatikgetriebe von GM lieferbar. 5-Gang-Getriebe gab es inzwischen wahlweise auch bei den übrigen hinterradgetriebenen Lada und beim Niva seit Herbst 1985 ausschließlich. 1986 lief die Produktion des Lada 1200 mit Rundscheinwerfern aus. – *Anfang 1987 wurde die Herstellung des 10-millionsten Lada gefeiert.*

VAZ-21019.. 1986/87 entstanden bei VAZ erneut Wankel-Rotationskolbenmotoren, und auch wenn sie 1988 in Fachkreisen vorgestellt wurden, so fanden sie doch keinen Eingang in die offiziellen technischen Shiguli/Lada-Unterlagen. Man sprach von einer Jahresproduktion von 120 bis 130 Einheiten. Es gab nun die Versionen VAZ-411-01 (Einscheibenkonstruktion, Hubraumäquivalent 1,3 l, 120 PS), VAZ-413 (zwei Scheiben, 2,6 l) und VAZ-513 (drei Scheiben, 3,9 l, 280 PS). Die kleinste Einheit 411-01 passte in verschiedene Lada-Modelle, die mit diesem Antriebsaggregat ausgerüstet die Typenbezeichnung VAZ-21019 erhielten. Sie sollten auch als Polizeifahrzeugen zum Einsatz kommen. Der Zweischeibenmotor eignete sich für den Antrieb von Wolga-Limousinen und von Ambulanzabwandlungen des RAF-Kleinbusses. Der VAZ-513 blieb ein Prototyp.

Samara 1500 / 5-türig. Auf der IAA Frankfurt 1987 wurde der Samara auch mit 1,5-l-Motor gezeigt. Die vorstehende Lippe war aus dem Kühlergrill verschwunden. Kurz darauf wurde in Moskau die fünftürige Version VAZ-2109 vorgestellt. Als Samara wurde auch ein Rallyebolide mit Mittelmotor und Allradantrieb entwickelt.

VAZ-1111. *Noch 1987 wurde bekannt gegeben, dass der geplante Kleinwagen VAZ-1111 sowohl in Togliatti (neben den Shiguli/Lada) als auch vom Kamaz-Lastwagenwerk in Breschnew und im SMZ-Werk in Serpuchow gebaut werde, wobei jedes Werk eine eigene Variante produzieren könne. Anfänglich sollten jährlich insgesamt nur 50'000 Einheiten entstehen. Eine Marktanalyse hatte aber aufgezeigt, dass sich im In- und Ausland jährlich 900'000 solche Kleinwagen absetzen ließen. Ende 1988 befand sich in Jelabuga ein großes Autowerk in Bau, wo der Kama/Oka/VAZ-1111 ab 1991 in den verheißenen Massen hergestellt werden sollte.*

Der für den Frontantrieb sorgende, quer eingebaute und 30 PS leistende 644- cm^3-Zweizylindermotor war vom doppelt so großen Triebwerk des Lada Samara abgeleitet. Die Karosserie des drei-

Lada / Shiguli	Bauart	Mot.	Getr.	R/L cm	Baujahre
VAZ 1111/1113 Oka/Kama		**Fr.**	**a/b**	**4**	**218/321 1990**
Motoren:	2	OHC	644/750	30/35/5600	45/52/3200
1200 – VAZ-2101	**St.**	**a**	**4/5/A3**	**242,5/404,5–407,5**	**1980–90**
1300 – VAZ-21011		**b**		**242,5/403,5–411,5**	
VAZ-2105		**b**		**242,5/413**	
1500 – VAZ-2103		**c**		**242,5/411,5/416,5**	
1600 – VAZ-2106/2107		**d**			
Motoren:	*Zyl.:*	*N'w.:*	*cm^3:*	*PS/'min:*	*Nm/'min:*
a (+*1988–)	4	OHC	1198	62/60/5600/64/67*	87/3400
b (*1985– +**1988–))			1294	70/68/5600/65/72**	93/94*/3400
c (+*1988–)			1452	77/75/5600/71*	106/3500
d (+*1988–)			1569	78/80/5400/85*	123/3400

Lada / Shiguli	Bauart	Mot.	Getr.	R/L cm	Baujahre
VAZ-2108 / Samara	**Fr.**	**a–e**	**4/5**	**246/400,5**	**1984–90**
Motoren:	*Zyl.:*	*N'w.:*	*cm^3:*	*PS/'min:*	*Nm/'min:*
a (1985–89 *1989–)	4	OHC	1099	55/5600/53	77/3400/78*/3600
b (+*1987–)			1288	65/5600/63K*/5800	94/3600/93/3500
c (1989–)				62K/5500	95/3500
d (1985– +*1987–)			1499	75/5600/73K*/72K	106/3200/109
e (1989–)				68K/5000	110/3500
Niva – VAZ-2121	**4x4**	**a–c**	**4/5/+R**	**220/372**	**1980–90**
Motoren:	*Zyl.:*	*N'w.:*	*cm^3:*	*PS/'min:*	*Nm/'min:*
a	4	OHC	1569	78/5200/76/5400	123/118/ 3000–3400
b (82/83 *83–+**88–89)				80/5400/73**/85**	122/3000/3200*
c (1989–)				75/73/5200/72K	122/3200/118/3000

Lafer

MP Lafer

türigen VAZ-1111 alias Oka maß 315x142x135 cm. Bei einem Leergewicht von 600 kg sollte der Verbrauch bei 90 km/h 4,5 l/100 km und in der Stadt 6 l/100 km nicht überschreiten. Es wurde mit einer Spitze von 120 km/h gerechnet.

Auf dem Salon von Turin 1988 wurde der Niva außer mit dem eigenen 1,6-l-Motor mit einem 65 PS leistenden 1,9-l-Dieselmotor von Peugeot angeboten.

VAZ-21099/21086. Unter der Zahl 21099 wurde im Herbst 1988 eine viertürige Stufenheckversion des Samara angekündigt. Sie besaß wie der fünftürige Samara sechs Seitenfenster. Zugleich war von überarbeiteten Motoren die Rede: kompakter und aus weniger Teilen bestehend, auf 92 bis 95 kg reduziertes Gewicht, geänderte Brennräume, verbesserte Ventilsteuerung sowie Ansaug- und Auslasskanäle, neuer Vergaser und modernere Zündanlage. Dadurch ergab sich eine um angeblich 50 Prozent erhöhte Wirtschaftlichkeit, wobei gleichzeitig eine etwas niedrigere Leistung von 52, 63 und 72 PS genannt wurde. Der Stufenheck-Samara wurde alsbald unter der Bezeichnung VAZ-21086 für die Serienherstellung vorbereitet.

Nachdem bislang alle Forschungs- und Entwicklungsarbeiten der sowjetischen Autohersteller auf das Nationale Institut für Automobilindustrie (NAMI) konzentriert gewesen war, erhielt VAZ im Zuge der Glasnost-Erneuerungsbewegung die Möglichkeit zum Aufbau eines mit modernen Mitteln arbeitenden eigenen wissenschaftlichen und technischen Zentrums (NTC). Dessen Leiter, Wladimir Kadannikow, wurde schon im Februar 1989 zum neuen Generaldirektor von VAZ (dem mit einer Jahresproduktion von 730'000 Stück weitaus größten Autohersteller Osteuropas) gewählt.

Als hochmoderner designierter Nachfolger des Stufenheck-Lada alias Shiguli galt der VAZ-2110 bzw. Ladoga, von dem im März 1989 eine Foto in den Westen gelangte.

Auf der internationalen Automobilausstellung von Brüssel wurde im Januar 1990 eine in den Benelux-Staaten entstandene Cabrioversion des Samara gezeigt. In Belgien gab es 1990 einen besonders schmucken dreitürigen Lada Carlota (andersfarbige Flanken, Schwellerverbreiterungen), und in Deutschland wurde ein ebenfalls verfeinerter fünftüriger Lada Samara Hanseat (schwarzer Kühlergrill mit zwei horizontalen Schlitzen) angeboten.

Nachdem Renault bereits 2008 mit 25 % Beteiligung bei VAZ eingestiegen ist, übernimmt Renault-Nissan bis 2014 über ein Joint Venture die Kontrolle über Lada.

Es war im Jahre 1972, als die brasilianische Möbelfabrik Lafer SA aus Sao Bernardo do Campo den Prototyp eine Kopie des MG TD Mk II von 1951 vorstellte. Er basierte auf dem Plattformrahmen des (in Brasilien gebauten) VW-Käfers und wurde Anfang 1974 auf den Markt gebracht.

MP. Der Lafer unterschied sich vor allem durch die kleineren, breiteren Räder vom englischen Vorbild... und natürlich durch die Geräusche des luftgekühlten Heckmotors! Ab dem Genfer Salon 1979 wurde dieses Fahrzeug unter der Marke MP Lafer mit Echtleder- und Edelholzausstattung auch in der Schweiz angeboten.

TI. Im November 1978 war die leistungsfähigere Version TI dazugekommen. Bewusst wurde mit ihr vom eigentlichen Replikastil abgewichen: Sie zeigte kräftigere Stoßstangen, Breitreifen samt geänderten Alurädern, mattschwarze Fensterrahmen und Türscharniere. Das Verdeck war nach wie vor über seitlich zu montierende Stützen aufzuziehen. Dem Antrieb diente der VW-1,6-l-Boxermotor mit 54 PS für Normalbenzin oder mit 1,3 l Hubraum und 42 PS für den Betrieb mit Ethanol. Dieses Modell erhielt auch (weiterhin freistehende) Rechteckscheinwerfer, und 1984 wich das MG-Kühlergitter zudem einer in der Karosseriefarbe gehaltenen Front.

MP-TX. Eine sozusagen revolutionäre Umstellung verkörperte der im Herbst 1986 herausgebrachte TX: Er besaß nämlich einen vorne längs eingebauten wassergekühlten 1,8-l-VW-Motor, der bei Ethanolbetrieb auf 99 PS kam. Das 4- oder 5-Gang-Getriebe aber fand sich mit dem Differenzial verblockt an der Hinterachse. Vorne und hinten wurden Federbein-Aufhängungen mit Längslenkern sowie Scheibenbremsen montiert. Moderne Sportwagentechnologie in einer pseudo-historischen GfK-Karosseriehülle also.

Von den Ende der 70er Jahre fabrizierten 600 bis 700 Stück war die Lafer-Herstellung in den 80er Jahren auf unter 100 Einheiten abgesackt; Mitte der 80er Jahre waren es nochmals um die 170 Stück/Jahr. 1988 war hingegen vom Modell TX bereits nicht mehr die Rede, und 1990 wurde auch die Produktion des Traditionsmodells eingestellt.

Lafer MP, 1986

Lafer TI, 1985

Lafer	Bauart	Mot.	Getr.	R/L cm	Baujahre
MP / TI	**Z'r.**	**a/b**	**4**	**240/391**	**1980–90**
Motoren:	*Zyl.:*	*N'w.:*	*cm³:*	*PS/'min:*	*Nm/'min:*
a	B4/l.	OHV	1584	54/4200	106/3000
b			1285	42A/4200	79/3000

Lamborghini

Im Oktober 1963 hatte der italienische Industrielle und Ferrari-Fahrer Ferruccio Lamborghini (1916–1993) sein Hochleistungscoupé Lamborghini 350 GTV vorgestellt. Es verkörperte seine Reaktion auf eine offenbar hochnäsige Antwort von Enzo Ferrari auf Lamborghinis Kundenreklamation. Der V12-Alumotor des 350 GTV besaß im Gegensatz zu den Straßensportwagen von Ferrari bereits vier statt zwei obenliegende Nockenwellen. Lamborghini hatte bei Ferrari einige Spezialisten abgeworben. Die neue Marke schuf sich bei den Fans binnen kurzem einen hohen Bekanntheitsgrad. Nach diversen Handänderungen und mehrmals drohendem Untergang kam die kleine Supersportwagenmarke im Sommer 1980 in den Besitz der französisch-schweizerischen Mimran-Finanzgruppe (Immobilien, Zuckerrohrplantagen und -raffinerien in Europa und Senegal). Die Werkanlagen in Sant'Agata Bolognese wurden zunächst in Miete übernommen. Geleitet wurden sie inzwischen von Giulio Alfieri, dem ehemaligen Chefingenieur von Maserati.

Countach LP 400 S. 1981 konzentrierte sich das Lamborghini-Angebot auf dieses einzige Modell. Der seit 1974 gebaute Countach LP 400 war ein Mittelmotorcoupé der Superlative mit hinter den Sitzen angeordnetem 3,9-l-V12-Motor. LP stand für longitudinale und posteriore, womit der längs eingebaute V12-Mittelmotor gemeint war. Dessen Kardanwelle führte in recht unüblicher Art durch die gemeinsame Ölwanne von 5-Gang-Getriebe und Motor hindurch zur Hinterachse. Zylinderköpfe und -block bestanden aus Aluminium, die Ventilsteuerung erfolgte über vier obenliegende Nockenwellen und die Gemischaufbereitung besorgten sechs Weber-Doppelvergaser. Die Leistung wurde mit 375 PS bei 8000/min angegeben und das maximale Drehmoment erreichte 361 Nm bei 5500/min. Eine ZF-Differenzialbremse zählte zur Serienausstattung.

Der Countach basierte auf einem Rohrrahmenchassis, besaß vorne Trapez-Dreieckquerlenker, hinten obere einfache Querlenker und Längsstreben sowie untere Doppelquerlenker mit Längsstreben; Schraubenfedern und Dämpfer waren

Lamborghini Jalpa P 350, 1983

Lamborghini LM-004/7000, 1984

Lamborghini Countach S Quattrovalvole, 1985

hinten doppelt vorhanden. Es wurden belüftete Vierrad-Scheibenbremsen und zwei seitliche Benzintanks mit je 60 l Inhalt eingebaut. Der nur 107 cm hohe, aber 2 m breite Aufbau war bei → Bertone entworfen worden und wurde in dessen Karosseriewerk bei Turin auch hergestellt. Er hatte als erstes Serienmodell Schrägflügeltüren erhalten und zählte zu den spektakulärsten Formschöpfungen der Autowelt. So ein Countach entstand weitgehend in Handarbeit. Allein die aus dem Vollen gedrehte Kurbelwelle des mächtigen Zwölfzylindermotors nahm einen Tag Arbeit in Anspruch. Lamborghini war die kleinste Autofabrik der Welt, die auch das Herzstück ihrer Autos in Eigenregie herstellte.

Nachdem die Lamborghini-Produktion 1979 mit 43 Exemplaren einen Tiefpunkt erreicht hatte, stieg sie 1980 auf 64 Einheiten, und sie sollte 1981 wieder 89 Stück erreichen. Auf dem Genfer Salon 1981 war eine Offenversion mit mächtiger Bugschürze des früheren Modells Miura mit quer eingebautem Mittelmotor ausgestellt worden; doch es handelte sich um ein von einem Schweizer Lambo-Händler umgebautes Einzelstück, auch wenn verlautete, dass der Miura auf Wunsch wieder gebaut werde.

Jalpa P 350. Viel mehr Bedeutung kam dem ebenfalls 1981 in Genf als Prototyp gezeigten Jalpa P 350 zu, einem Nachfolger des kleineren Lamborghini-Modells Silhouette. Auch seine Karosserie stammte von Bertone. Die Serienversion folgte allerdings erst auf dem Turiner Salon im April 1982. Mit dem Jalpa hoffte das kleine Werk in Sant'Agata Bolognese wieder in Schwung zu kommen. Auffallend bei diesem Fastbackcoupé waren die kräftigen Auskragungen der Radhausausschnitte, wie sie auch der Countach aufwies. Zwar erreichte der Jalpa P 350 mit 188 cm die 2-m-Breite des Countach nicht ganz, aber er war deutlich länger (433 statt 414 cm) und nicht ganz so niedrig (114 statt 107 cm). Der 3,5-l-V8-Mittelmotor mit zwei obenliegenden Nockenwellen und Leichtmetall-Zylinderköpfen und -block war quer hinter den Sitzen eingebaut und leistete mit vier Weber-Doppelvergasern 255 PS. Natürlich war er mit einem 5-Gang-Getriebe verbunden. Vorne und hinten besaß der Jalpa McPherson-Federbeine mit Querlenkern bzw. hinten Dreieckquerlenkern. Es wurden belüftete Vierrad-Scheibenbremsen montiert.

Im Mai 1981 hatte die Mimran-Gruppe von ihrem Vorkaufsrecht für die Werkanlagen Gebrauch gemacht. Unter dem neuen Verwaltungsratspräsidenten Patrick Mimran, der von seinem Bruder Jean-Claude unterstützt wurde, galt die Weiterexistenz von Lamborghini Automobili nun als gesichert.

Countach LP 500 / 500 S. Auf dem Genfer Salon 1982 ließ der Jalpa noch auf sich warten. Hingegen wurde der Countach mit auf 4754 cm³ vergrößertem Hubraum gezeigt. Unter der Zusatzbezeichnung LP 500 standen 354 PS zur Verfügung (für den LP 400 S war eine Leistungsspitze von 375 PS bei 8000/min oder von 350 PS bei 7500/min genannt worden). Im Verlaufe des Jahres wurde aus dem 500 der 500 S mit 375 PS bei 7000/min.

Nachdem sich Lamborghini 1975 aus dem USA-Geschäft zurückgezogen hatte – wegen der nur mit viel Aufwand erfüllbaren technischen Vorschriften –, wurden ab Juli 1982 von Lamborghini of North America in Torrance, Kalifornien, offiziell wieder Countach-Modelle eingeführt. Die neue Importfirma hoffte monatlich sechs Lamborghini verkaufen zu können.

LM-001. Der Weg zu diesem Geländewagen der Superlative war beschwerlich... fast wie es sich für ein 4x4-Fahrzeug gehört, möchte man anfügen. Schon 1977 hatte Lamborghini auf dem Genfer Salon mit dem Cheetah einen spektakulären Mittelmotorboliden für die Wüstenfahrt ausgestellt. An der Entwicklung war die kalifornische Firma Mobility Technology International (MTI) mitbeteiligt, von der diese Konstruktion im Wüsteneinsatz getestet werden sollte. Ziel war es, die US-Armee für den mit einem Chrysler-5,9-l-V8 und Automatikgetriebe ausgerüsteten Cheetah zu gewinnen. U. a. waren es die finanziellen Probleme, die zunächst ein Weiterverfolgen dieses Projekts verhinderten.

Auf dem Genfer Salon 1981 wurde dann, wiederum als Prototyp, der LM-001 mit AMC-Motor ausgestellt. Aus ihm entstand alsbald der LM-002 mit Lamborghini-V12-Motor und ZF-5-Gang-Getriebe. Weil sich aber beim Besteigen von Sanddünen zu viel Hecklastigkeit ergab, entschied sich Ing. Alfieri zum Einbau des Motors in Frontlage. So entstand der LMA (Lamborghini Military Anteriore = vorne), der vor dem Grand Prix von Monaco von 1982 als „Voiture officielle" ein paar Demonstrationsrunden absolvieren durfte.

Als LM-003 entstand auch noch ein Prototyp mit 3,6-l-Dieselmotor, und Anfang 1984 gab es den LM-004 mit auf 7 l vergrößertem, 420 PS leistendem V12-Motor, wie er für Off-shore-Rennboote entwickelt worden war. Das eindrücklich-wuchtige Design der Geländewagenkarosserie war für all' diese Prototypen beibehalten worden. Die Chassisstruktur bestand aus einem mit genieteten und geklebten Aluminiumteilen verstärkten Gitterrohrrahmen.

Countach S Quattrovalvole. Zum Modelljahr 1985 erhielt der Countach (dem Beispiel von Ferrari folgend) nicht nur einen auf 5167 cm³ vergrößerten Hubraum, sondern zudem Zylinderköpfe mit vier Ventilen je Zylinder. Die Leistung stieg auf 455 PS bei 7000/min (womit der Ferrari Testarossa klar übertrumpft wurde). Weiterhin sorgten sechs Weber-Doppelvergaser für die Gemischaufbereitung. Eine verbesserte Synchronisierung des 5-Gang-Getriebes ermöglichte schnelleres Schalten. Die Hauben wurden von Bertone neu aus Kevlar hergestellt, womit sich einige Kilos einsparen ließen. 100 km/h waren in just 5 s erreichbar.

LM-002. Im Herbst 1985 folgte in Lamborghinis Geländewagensparte auf den LM-004/7000 mit dem LM-002/5000 die Serienversion. Die auf dem Genfer Salon 1986 gezeigte Produktionsausführung bot vier Schalensitze in der martialisch-kantigen Viertürkarosserie und weitere vier Plätze auf den Längsbänken der kleinen Pick-up-Wanne, die auf dem Heck aufgepfanzt war. Dem Antrieb diente der vorne eingebaute 5167-cm³-V12 aus dem jüngsten Countach mit 450 PS Leistung bei 6800/min. Das 5-Gang-Getriebe stammte von ZF, und der Vorderradantrieb war zuschaltbar. Zudem standen ein Reduktionsgetriebe (Untersetzung 4,286:1 statt 1,429:1), ein zentrales Differenzial mit Sperre und hinten wie vorne ZF-Differenzialbremsen zur Verfügung.

Vorn fanden sich Dreieckquerlenker, hinten Querlenker, und es wurde eine Kugelkreislauflenkung verwendet. Die beiden Treibstofftanks fassten zusammen 290 l. Die Überhänge des Fahrzeugs mit 3 m Radstand (Außenmaße: 490x200x185 cm) waren sehr kurz, die Bodenfreiheit erreichte 29,5 cm und die Böschungswinkel waren entsprechend günstig. Die Steigfähigkeit wurde mit 120 Prozent angegeben. Bei 2700 kg Leergewicht waren 8,5 s für den Spurt von 0 auf 100 km/h höchst beachtlich (als Höchstgeschwindigkeit wurden 201 km/h genannt).

Nachdem bereits seit einiger Zeit von einer Übernahme von Lamborghini durch die → Chrysler Corporation gemunkelt worden war, wurde dieser Weiterverkauf am 23. April 1987 besiegelt. Schon im Vorjahr hatte sich Chrysler auch einen Mehrheitseinstieg bei Maserati ausbedungen. Nachdem in

Lamborghini	Bauart	Mot.	Getr.	R/L cm	Baujahre
Jalpa P 350	**M.**	**–**	**5**	**245/433**	**1982–84**
Jalpa 3500					**1984–88**
Motor:	V8	OHC	3485	255/7000	314/3500
Countach LP 400 S	**R'r./M.**	**a**	**5**	**245/414**	**1980/81**
Countach LP 500		**b**			**1982–84**
Countach S Quattroval.		**c**		**250/420**	**1984–89**
Motoren:	*Zyl.:*	*N'w.:*	*cm³:*	*PS/'min:*	*Nm/'min:*
a	V12	DOHC	3929	375/8000/350/7500	361/5500
b			4754	375/7000	410/4500
c (+*1987–)	V12/V12i	D48V	5167	455/426K*/7000	500/5200/461/5000
Diablo	**G'r./M.**	**–**	**5**	**265/446**	**1990**
Motor:	V12i	D48V	5703	492K/7000	580/5200
LM-004/7000 (Prototyp)		**R'r./4**	**–**	**5+R**	**300/490**
1984/85					
Motor:	V12	DOHC	7000	420/5400	589/3500
LM–002	R'r./4	–	5+R	300/490/495	1985–90
Motor:	V12	D48V	5167	450/6800	500/4500

den zurückliegenden Jahren jeweils rund 250 Lamborghini gebaut worden waren, sprach man jetzt von einer Erhöhung auf zunächst 450 Stück. Für die Lamborghini-Zukunft war zudem von großer Bedeutung, dass von Ferrari der hochangesehene Ingenieur Mauro Forghieri abgeworben worden war. Er hatte in Maranello zuletzt an einem Supersportwagen mit Allradantrieb gearbeitet. Daher tauchten nun Spekulationen um einen so ausgerüsteten Countach auf. Alsbald wurde unter Forghieri zunächst an einem Formel-1-Motor gearbeitet.

Countach Jubileo. An einem im September 1988 durchgeführten Jubiläumstreffen zum 25. Geburtstag der Marke Lamborghini wurde eine Countach-Sonderversion vorgestellt. Da sie in einer Auflage von immerhin 400 Exemplaren entstehen sollte, handelte es sich eher um ein Übergangsmodell. Die Leistung war von 455 auf 470 PS erhöht worden. Für die Version mit Einspritzung und Katalysator wurden hingegen 410 statt 426 PS genannt. Mit einer neu abgestimmten Vorderradaufhängung wurde der Untersteuerneigung entgegengewirkt. Auch eine elektrische Sitzverstellung und eine kräftigere Klimaanlage wurden eingebaut.

Auffallendstes äußeres Kennzeichen des Countach Jubileo waren die geänderten Luftschächte an den hinteren Dachabschlüssen: Die Einlassschlitze waren nun längs statt quer gestellt, womit der Karosserieoberteil harmonischer wirkte. Auch die vordere Stoßschutz/Spoiler-Einheit war leicht anders geformt. Mitte 1989 verlautete, dass das neue Lamborghini-Topmodell Diablo heißen und im Januar in Monaco vorgestellt werde. Der letzte Jubileo bzw. Anniversary, nämlich die Nr. 430, sollte im Februar 1990 entstehen.

LM-002 1990. Den Supergeländewagen LM-002 gab es ab Modelljahr 1990 auch mit elektronischer Einspritzung von Marelli und Katalysator. In dieser Konfiguration leistete der 5167-cm^3-V12-Motor 420 statt 450 PS. Inzwischen war auch das Äußere des in der Katalysatorausführung 3100 kg wiegenden, bis dahin in 246 Exemplaren gebauten „Wüstenrenners" etwas verfeinert worden (u. a. mit einem fein gerahmten Kühlergrill).

Diablo. Fast 19 Jahre nachdem der Countach als Prototyp vorgestellt worden war, wurde im Januar 1990 der Nachfolger lanciert: Ein jetzt weit glattflächiger geformter Supersportwagen, für den das Prädikat spektakulär noch kaum ausreichte. Zwar blieb die Keilform erhalten, doch war der Bug den einschlägigen Vorschriften entsprechend höher, und in seiner Schürze unterhalb der Klappscheinwerfer prangten vier Zusatzlampen. Auf die zuletzt vulgär wirkenden Radausschnittverbreiterungen wurde verzichtet, was die Linien harmonischer wirken ließ. Die Kühlluftzufuhr erfolgte unten in den Flanken vor dem hinteren Radausschnitt. Dessen oberer Rand stieg leicht nach hinten an, was einer neuen Vorliebe von Designer Marcello Gandini, der schon den Countach moduliert hatte, entsprach. Übernommen wurde auch das Prinzip der Schrägflügeltüren. Allerdings hatten Chrysler als Lamborghini-Eigner das italienische Design noch von den eigenen Leuten überarbeiten lassen. Wie verlautete, habe Gandini darauf seine Ideen umso freier beim → Cizeta umgesetzt.

Lamborghini Countach Jubileo, 1989

Lamborghini Diablo, 1990

Technisch basierte der Diablo (= Teufel!) auf dem Countach S. Zu den wesentlichen Änderungen zählte die Verlängerung des Radstandes von 250 auf 265 cm. Die Außenmaße wuchsen von 414/420x200x107 auf 446x204x110 cm. Der Gitterrohrrahmen bestand nicht mehr aus runden, sondern aus Vierkant-Stahlrohren, und zur Versteifung dienten nicht mehr Aluminium-, sondern Kohlefaserpaneele. Auch die Stoßfänger, die Front- und die Motorhaube bestanden aus diesem Material, während für die übrigen Karosserieteile nach wie vor Aluminium verwendet wurde.

Vergrößert worden war auch der fabelhafte V12-Motor und zwar von 5167 auf 5703 cm^3. Damit standen mit Katalysator und nach US-83-Normen sagenhafte 492 PS zur Verfügung. 100 km/h ließen sich in 4,1 s erreichen, und als Spitze wurden 325 km/h genannt. Bereits war von einem 1991 hinzukommenden Diablo VT (Viscous Transmission) mit Vierradantrieb die Rede. Der entsprechende Raumbedarf war schon eingeplant worden. Weil zudem mit einer elektrischen Sitzverstellung, Fensterhebern usw. mehr Komfort geboten wurde, war das Leergewicht von knapp 1500 auf rund 1650 kg angestiegen. Die niedrigeren Türschweller erleichterten den Ein- und Ausstieg, zudem bot die neue Karosserie eine akzeptablere Sicht nach hinten. Auf eine Servolenkung oder ein ABS musste aber auch der Diablo-Fahrer verzichten.

Anlässlich der Lancierung des Diablo in Monte Carlo mit den Chrysler-Chefs Greenwald und Lutz und den Lamborghini-Führungsleuten Novaro (Generaldirektor) und Sgarzi (Verkaufschef) war zu erfahren, dass der Diablo mit 2000 Reservierungen bis Ende 1994 ausverkauft sei und dass ein 4-l-V10-Modell entwickelt werde; Mitte der 90er Jahre sollte der Jahresausstoß 2000 Stück erreichen. – 1993 ging Lamborghini an MegaTech und 1998 an Audi.

Produktionszahlen: Jalpa P 350, 1981–89: 250; Countach LP 500 QV, 1985–90: 632 (Countach ab 1971 insgesamt: 1999); LM-002, 1985–91, 301.

Lancia

Gegründet 1906 von Vincenzo Lancia, der Test- und Rennfahrer bei Fiat war. In der zweiten Hälfte der 60er Jahre war die auf eine großartige technische Vergangenheit zurückblickende Liebhabermarke wegen wachsendem Konkurrenzdruck und Managementproblemen in die roten Zahlen geraten. Um eine Übernahme durch ausländische Konzerne – vor allem Ford zeigte sich interessiert – zu verhindern, wurde Lancia im Oktober 1969 dem Fiat-Imperium einverleibt.

1981 umfasste das Lancia-Angebot die Modellreihen Delta, Beta, HPE und Gamma; in einigen Exportgebieten wie Schweden und der Schweiz wurde auch der Kleinwagen → Autobianchi A 112 als Lancia bezeichnet.

Delta. Der Delta war im September 1979 herausgebracht worden und ergänzte das Lancia-Programm nach unten. Mit ihm wurde der Kompaktklasse zu einem neuen Exklusivfabrikat verholfen. Zwar basierte er zu einem guten Teil auf der Technik des im April 1978 vorgestellten → Fiat Ritmo, doch besaß er mit 247,5 cm einen um 2,5 cm längeren Radstand. Anderseits war er mit 388,5 cm Länge um 6,5 cm kompakter als der Ritmo. Das betont kantige, aber ausgewogen-elegante Design stammte von Giorgetto Giugiaro, Kopf der Firma Ital-Design (→ Anhang). Wie alle modernen Konstruktionen bot diese fünftürige Schräghecklimousine Frontantrieb und Quermotor.

Es standen zwei OHC-Motoren zur Wahl: 1302 cm^3 mit 75 PS und 1499 cm^3 mit 85 PS; letzterer Motor funktionierte mit einem Weber-Doppelvergaser und einer transistorisierten Zündung. Mit dem kleineren Motor konnte zwischen 4- und 5-Gang-Getriebe, mit der stärkeren Maschine zwischen 5-Gang-Getriebe und 3-Stufen-Automatikgetriebe gewählt werden. Vorne fanden sich Federbeine mit unteren Dreieckquerlenkern, hinten Federbeine, Doppelquerlenker, Längslenker und Zugstreben. Servobremsen zählten zur Serienausstattung.

Beta. Die Mittelklassebaureihe Beta ging auf das Jahr 1972 zurück. Er war der erste Lancia gewesen, der auf die hauseigenen, von den Kennern und Fans hochgeschätzten V4- oder Boxermotoren verzichten musste und stattdessen bei Fiat entwickelte Motoren erhielt. Die Beta wiesen Frontantrieb auf und ihr Motor war quergestellt eingebaut. 1981 gab es den Beta als fünftürige Fließhecklimousine, als Coupé und als Spider. Erst auf dem Salon Turin war im Frühling 1980 überdies die viertürige Stufenhecklimousine Beta Trevi hinzugekommen (Name von tre volumi = Dreivolumendesign = Stufenheck abgeleitet). Beta Trevi und Nuova Beta Berlina besaßen u. a. ein Armaturenbrett mit eigenwilligem Lochdekor.

Als Ersatz für den äußerst beliebten Lancia Fulvia Coupé war auf dem Turiner Salon im Oktober 1976 der preisgünstige Beta Coupé 1300 lanciert worden. Er war deutlich wohlfeiler als die Berlina 1600, die ohnehin nicht mehr mit kleinerem Motor zu haben war. Der von → Pininfarina entworfene Lancia Beta Spider wurde bei Zagato (→ Anhang) gebaut. Er war ein Targacoupé mit

Lancia Beta Coupé 1300, 1981

fix montiertem, breitem hinteren Dachträger. Nur der hinterste Dachteil mit dem Rückfenster ließ sich versenken, und zudem konnte das Dachteil zwischen Windschutzscheibenrahmen und Targabügel herausgehoben werden.

Die 1,3-, 1,6- und 2-l-Motoren besaßen zwei obenliegende Nockenwellen. Sie waren auf höhere Leistung ausgerichtet als jene der Fiat-Modelle. Den 2-l-Vierzylinder gab es für den Trevi (für den es keinen anderen Motor gab) und auf Wunsch auch für den Beta Berlina in einer Version mit elektronischer Benzineinspritzung L-Jetronic von Bosch. Das Leistungsspektrum für die Beta-Familie reichte somit von 82 PS über 100 und 115 PS bis 122 PS. Es wurde ein 5-Gang-Getriebe oder auf Wunsch (ohne Coupé 1300) ein 3-Stufen-Automatikgetriebe der englischen Konstruktion AP (Automotive Products) eingebaut. Vorne fanden sich McPherson-Federbeine mit unteren Dreieckquerlenkern, hinten Federbeine und zwei parallele untere Querlenker. Die Beta hatten Vierrad-Scheibenbremsen mit Servo; mit dem 2-l-Motor war auf Wunsch eine Servolenkung lieferbar.

Im Herbst 1980 war das Sondermodell Lancia Beta Coupé Laser 1300 hinzugekommen: Es war in Schwarz oder Rot mit Dekorstreifen gehalten und zu seinem Outfit zählten Alufelgen, Nebellampen und -heckleuchte, athermischen Scheiben, verchromte Chromleisten in Mattschwarz sowie neue Sitzüberzüge und ein sportlicher Schaltstock.

Im Mai 1981 wurde der Hubraum des Beta Coupé in der Grundausführung von 1301 auf 1366 cm^3 erhöht; es handelte sich nun somit um den 1,4-l-DOHC-Motor, wie er auch im Fiat 131 Supermirafiori eingebaut wurde. Immerhin standen im Lancia mit 84 PS 9 PS mehr zur Verfügung bzw. 2 PS mehr als im Vormodell. Dabei war der 1,4-l-Motor gleichzeitig etwas sparsamer. Während die 1,6-l-Variante unverändert angeboten wurde, erhielt der 2-l-Motor im Coupé die L-Jetronic-Einspritzung von Bosch, womit die Leistung von 115 auf 122 PS anstieg.

Neu waren beim Lancia Coupé das auf dem schwarzen Kühlergrill aufgesetzte, in Chrom gehaltene stilisierte Wappenschild mit senkrechtem Mittelsteg. Im Innenraum gab es neue Polsterstoffe und ein eleganteres Lenkrad; am Heck des mit schwarzen Zierelementen versehenen Coupés fanden sich zwei Nebelschlussleuchten.

HPE. Ursprünglich lief der 1975 auf dem Genfer Salon vorgestellte HPE unter dem Familiennamen Beta, doch ab 1978/79 hieß er nur noch HPE, was für High Performance Estate (Hochleistungskombi) stand. In der Tat war er ein formvollende-

Lancia Gamma Berlina, 1981

ter Sportkombi, wie er ansonsten nur von Lotus mit dem Elite und von Reliant mit dem GTE angeboten wurde. Er basierte auf dem gleichen Radstand von 254 cm wie die Beta Berlina und Trevi (Coupé/Spider: 235 cm) und war somit 4/5-sitzig ausgelegt. Die hinteren Sitze waren einzeln umlegbar und erbrachten eine ebene Ladefläche. Es gab den HPE mit 1,6- und 2-l-Motor; Letzterer motorisierte auch die Topversion HPE LX. Alle technischen Eigenheiten stimmten mit jenen der Beta überein.

H. P. Executive Im Mai 1981 wurde auch der HPE überarbeitet: Er hieß nun H. P. Executive. Während der 1,6-l-Motor unverändert eingebaut wurde, erhielt die 2-l-Version die L-Jetronic-Einspritzung von Bosch und kam damit auf 122 PS. Äußerlich erkannte man den H. P. Executive am neuen Kühlergrill mit dem typischen stilisierten Wappensymbol in Form von Chromstäben mit Mittelrippe auf dem schwarzen Gitter. Auffallend waren die schwarzen Verzierungen. Im Innenraum gab es neue Polsterstoffe und ein attraktiveres Lenkrad. Neu war ferner eine Wisch-/Waschanlage für das Heckfenster.

Montecarlo. Gleichzeitig mit dem Beta HPE war auf dem Genfer Salon 1975 der Mittelmotor-Sportzweisitzer Montecarlo vorgestellt worden. Er war eine Pininfarina-Entwicklung und wurde bei diesem Turiner Karosseriewerk hergestellt. Es gab ihn auch in einer als Spider bezeichneten Ausführung mit Rolldach, das sich in einer Vertiefung des Überrollschutzbügels verstauen ließ. Die eigenständige, von Stegen beidseits der Heckscheibe gebildete Fastbackform des Montecarlo wurde durch ein schwarzes Band unterstrichen, das einem Rahmen gleich quer und seitlich über das Vorderende der Motorhaube gezogen war und an den Flanken eine Parallele fand. In den USA wurde der Montecarlo unter dem Modellnamen Scorpion verkauft.

Beim quer eingebauten Mittelmotor handelte es sich um die DOHC-2-l-Maschine; mit einem Weber-Doppelvergaser bestückt kam sie auf 120 PS. Der Kraftübertragung diente ein 5-Gang-Getriebe. Während sich vorne Federbeine, untere Dreieckquerlenker und Schubstreben fanden, sorgten hinten Federbeine, untere Dreieckquerlenker und Zusatzquerlenker für die Radführung. Die Vierrad-Scheibenbremsen arbeiteten mit Servo. Auf dem Genfer Salon 1980 war der Montecarlo in zweiter Serie präsentiert worden: Er besaß nun ein zusätzliches hinteres Seitenfenster, ein den übrigen Lancia angepasstes Kühlergesicht mit senkrechtem Mittelsteg sowie einen überarbeiteten Innenraum.

Mit den Rennversionen Montecarlo Turbo nach Gruppe 5 (1,4-l-Motor und mächtiges Spoilerwerk) war Lancia 1980 Markenweltmeister geworden.

Gamma. Zur Oberklasse zu zählen waren die Lancia Gamma. Auf dem Genfer Salon 1976 hatten sie als fünftürige Fließhecklimousine und als zweitüriges Stufenheckcoupé ihre Premiere erlebt, was nicht nur für die Lancia-Liebhaber ein Ereignis war! Beide waren von Pininfarina entworfen worden, und das Coupé wurde vom Karosseriewerk auch in Produktion genommen. Dieses fünfsitzige Coupé hatte es in sich: Es löste bei den Ästheten der Autowelt eine wahre Begeisterungswelle aus. Auch der von 1971 bis 1976 gebauten Fiat 130 Coupé hatte als eine Richtschnur für das Design dieser Wagenklasse gegolten, nun aber wurde es vom Gamma Coupé klar in den Schatten gestellt. Überblendet wurde aber auch der Gamma Berlina, und dies zu Unrecht: Denn auch die ebenso feudal ausgerüstete Limousine war trotz ihrer ganz anderen Stilrichtung ein gelungener Wurf. Die je drei hohen Seitenfenster mit den anschließenden Luftkiemen harmonierten perfekt mit der konsequenten Fastbacklinie und verhalfen dieser Limousine zu einem ebenso modernen wie repräsentativen Aussehen.

Technisch waren die beiden Gamma noch ganz Lancia. Dem Frontantrieb diente eine Weiterentwicklung des 1960 unter Professor Fessia eingeführten Lancia-Boxermotors, der vor der Vorderachse eingebaut war und sich durch seine Laufruhe auszeichnete. Er war nun mit je einer obenliegenden Nockenwelle versehen und auf Kurzhub ausgelegt. Gleichzeitig war der Vierzylinder auf 2,5 l Hubraum vergrößert worden, wobei für den Heimmarkt auch eine 2-l-Version erhältlich war. Sowohl die Zylinderköpfe wie der Block bestanden aus Leichtmetall.

Anstatt mit Weber-Doppelvergaser war der Gamma-Motor ab 1980 auch mit der elektronischen Benzineinspritzung L-Jetronic von Bosch erhältlich (angekündigt auf dem Salon Turin im Frühjahr, lieferbar teils erst Anfang 1981). Mit ihr erhielten die Gamma die Zusatzbezeichnung i.e. für iniezione elettronica. Die Leistung blieb mit 140 PS bei 5400/min unverändert (auch das maximale Drehmoment von 208 Nm bei 3000/min). Hingegen konnten die von den langen Ansaugleitungen bestimmten Kaltlaufeigenschaften und Vergaserübergänge wesentlich verbessert werden. Der ECE-Verbrauch bei konstanten 90 bzw. 120 km/h und im Stadtverkehr senkte sich um 0,3 bzw. 1,1 l auf noch 8,5/10,2/16,6 l/100 km.

Für die Kraftübertragung diente ein 5-Gang-Getriebe, doch war auch ein 4-Stufen-Automatikgetriebe AP (Automotive Products) erhältlich. Die vorderen Federbeine waren mit Dreieckquerlenkern kombiniert, die hinteren mit einfachen Querlenkern, verstellbaren Zusatzquerlenkern sowie Längslenkern. Die vorderen Scheiben der mit Servo versehenen Vierrad-Scheibenbremsen waren belüftet, und auf Wunsch war eine Servolenkung verfügbar.

Schon im Frühjahr 1980 hatten die Gamma ein

Lancia Gamma Coupé, 1981

Lancia Montecarlo, 1981

Lancia Beta Berlina, 1982

Lancia Delta, 1982

flacheres, an die kleineren Lancia-Modelle angepasstes Kühlergitter und ein verbessertes Armaturenbrett erhalten. Auf dem Autosalon von Paris im Oktober 1980 zeigte Pininfarina den Gamma Scala, eine hochattraktive viertürige Limousine im Stil des Gamma-Coupés. Diese geräumige Stufenhecklimousine ging aber nie in Serie.

Rally. 1981 sicherte sich Lancia mit den vom Montecarlo abgeleiteten Rennsportcoupés erneut den Markenweltmeistertitel; Fahrer waren Riccardo Patrese, Michele Alboreto, Andrea de Cesaris und auch Henri Pescarolo. Für die Saison 1982 wurde nebst dem Gruppe-C-Modell mit 1,8-l-Turbomotor für die Langstreckenrennen um die Marken-WM ein Einsatzmodell nach der neuen Gruppe B bereitgestellt: In dessen Montecarlo-Karosserie wurde ein mit Kompressor bestückter Vierzylindermotor längs statt quer eingebaut; für die Homologation waren 200 Stück erforderlich.

Im April 1982 wurde dieser kurz und bündig mit Rally bezeichnete (später mit dem Zusatz 037 bekannt gewordene) Spezial-Lancia erstmals einem größeren Publikum gezeigt. Abgesehen von den sich an das hintere Seitenfenster anschließenden Luftkanälen, einem gewaltigen Anpressflügel auf dem Heck und einigen Ausbuchtungen unterschied er sich kaum vom Serienmodell. Die Mittelzelle des Rally bestand aus verwindungsfestem Stahlblech und einem großdimensionierten Überrollkäfig. Vorder- und Hinterteil waren hingegen Stahlrohrkonstruktionen, die von der Rennsport-Konstruktionsfirma Dallara entwickelt worden waren. Mit Ausnahme der aus der Serie stammenden Türen wurden die Karosseriepartien aus feuerfestem Kunststoff hergestellt.

Zwischen Vergaser und Ansaugkanälen des 2-l-DOHC-Motor war von den Ingenieuren der Fiat-Tochterfirma Abarth ein Kompressor eingefügt worden. Weil er hier nicht nur Luft, sondern bereits das Gemisch verdichtete, ergab sich eine so gute Verwirbelung, dass auf eine Einspritzanlage verzichtet werden konnte. Bei 7000/min stand eine Leistungsspitze von 205 PS an, also über 100 PS/l. Gemäß Werkangaben wurden mit dem Rally, der mit einem 5-Gang-Getriebe und einer Differenzialbremse ausgerüstet war, Tempo 100 binnen 7 s und eine Spitze von 220 km/h erreicht. Die einzelnen Elemente der Parallelogrammaufhängung ließen sich kurzfristig verstellen, und die Bremsanlage wurde mit speziellen Aluminium-Bremszangen ausgerüstet. 1983 kam ein Evolutionsmodell hinzu, das ebenfalls in einer Version Stradale aufgelegt wurde. In jenem Jahr dominierte Lancia mit dem 037 Rally die Rallye-Weltmeisterschaft.

Auf dem Salon von Brüssel im Januar 1982 war der Beta als Fließhecklimousine nicht mehr ausgestellt.

Delta Turbo 4x4. Auf dem Lancia-Stand des Turiner Salons im April 1982 wurde den Fans sportlicher Automobile mit dem Delta Turbo 4x4 eine weitere Attraktion geboten, auch wenn er vorerst noch als Prototyp galt. Eine Kompaktlimousine mit Vierradantrieb bedeutete Neuland, besonders in Verbindung mit einem quer eingebauten Frontantriebsmotor... und dazu noch mit einem Abgasturbolader. Dieser stammte von Garrett und hob die Leistung des aus dem Beta stammenden 1,6-l-DOHC-Motors (zusammen mit einem Weber-Doppelvergaser) auf 130 PS an. Um diese Kraft von der quer liegenden Kurbelwelle um 90 Grad nach hinten abzulenken, wurde anschließend an das 5-Gang-Getriebe mit Differenzial ein weiteres Ausgleichsgetriebe angeflanscht. Der Längsabtrieb Richtung Hinterräder erfolgte mit einem Kegelradsatz. Vorne wie hinten wurde eine Differenzialbremse mit bis 40 Prozent Wirkung eingebaut. Das mittlere Ausgleichsgetriebe ließ sich zudem durch den Fahrer ganz sperren. Die Kraft gelangte zu 58 Prozent auf die Vorderräder.

Trevi Volumex. Dritte Neuheit in Turin war die Stufenhecklimousine Trevi mit als Volumex bezeichnetem volumetrischem Kompressor. An Kühlergrill und Heck befand sich der Kurzhinweis VX. Wie beim Lancia Rally war der Kompressor der Vergaseranlage nachgeschaltet. So kam der 2-l-DOHC-Motor auf 135 PS. Die höhere thermische Belastung hatte die Verwendung stärkerer Lager, geänderter Kolben und Brennräume und von natriumgefüllten Auslassventilen verlangt.

Dank günstigerer Drehmomentkurve konnte die Untersetzung verlängert werden. Tempo 100 wurde gemäß Werk binnen 9,6 s erreicht. Der ECE-Verbrauch wurde mit 7,7/9,6/13,5 l/100 km angegeben. Erste Lieferungen des Trevi Volumex wurden in Italien auf Ende 1982 in Aussicht gestellt. Die Bezeichnung Beta wurde übrigens jetzt nur noch dem Coupé vorangestellt.

Delta 1983. Lancia war stets eine Liebhabermarke gewesen, und dies galt auch für das Kompaktmodell Delta, das sozusagen eine Exklusivversion des Fiat Ritmo war. Es war also durchaus möglich, in der beliebtesten und wohl auch zweckmäßigsten Autokategorie Europas ein etwa weniger alltägliches Modell zu fahren. Im November 1982 erfuhr der Delta eine Verjüngung. Äußerlich fiel der neue Stoßschutz auf, der vorne aus einem mit der Bugschürze vereinten Stück bestand. Hierzu wurde ein neuer leichterer und elastischerer Kunststoff verwendet. In das Dachende wurde ein in der Wagenfarbe gehaltener unauffälliger Heckspoiler integriert.

Innen fanden sich komfortablere, einen verbesserten Seitenhalt bietende Sitze, die den hinteren Mitfahrern zudem mehr Beinraum brachten. In den teureren Ausführungen waren die Hinterlehnen nun getrennt umklappbar. Es gab auch teils neue Bedienungselemente und von innen verstellbare Außenspiegel. Mit einem neuen Zylinderkopf, kontaktloser Zündung und einem geänderten Doppelvergaser wurde die Leistung des Delta 1300 von 75 auf 78 PS erhöht.

Delta GT 1600. Neu hinzu kam die sportliche Topversion GT 1600. Mit ihr erhielt der Delta einen Zweinockenwellenmotor, wie er auch in größeren Lancia zu haben war. Allerdings war er für den GT 1600 eigens angepasst worden: mit neuem Ansaug- und Auspufftrakt, größeren Auspuffrohren, Bimetallventilen und einer elektronischen Steuerung der Vorzündung nach dem Digiplex-Verfahren. Zwar stand die Höchstleistung wie im Ritmo 105 TC mit 105 PS zu Buche, doch wurden diese bereits bei 5800/min statt 6100/min erreicht. Der ECE-Verbrauch wurde mit vergleichsweise günstigen 6,3/8,3/10,2 l/100 km angegeben.

Das Delta-Fahrwerk – das ohnehin anders ausgelegt war als jenes des Ritmo – war für den GT 1600 vorne neu abgestimmt worden. In dieser Wagenklasse eher ungewöhnlich war der Einbau von Vierrad-Scheibenbremsen. Den GT 1600 gab es ausschließlich mit dem 5-Gang-Getriebe, das im Werk Verrone gebaute AP-3-Stufen-Automatikgetriebe blieb wahlweise dem Delta 1500 vorbehalten.

Prisma. Gegen Ende 1982 schob Lancia zwischen den Delta und den Trevi die Stufenhecklimousine Prisma. Sie teilte den Radstand von 247,5 cm mit dem Delta, war aber 418 statt 390 cm lang. Der Kühlergrill war leicht schräg gestellt. Im Prisma standen die drei gleichen Motoren mit 1,3, 1,5 und 1,6 l Hubraum und 78 bis 105 PS zur Verfügung wie im Delta. Die Hintersitze ließen sich einzeln nach vorne umklappen, und im Modell 1600 wurden serienmäßig eine Kontrolleinheit und ein Trip-Computer eingebaut.

Auf dem Autosalon von Paris 1982 zeigte Pininfarina mit dem Olgiata eine formal überzeugende Sportkombiversion des Lancia Gamma Coupé; leider ging auch sie nie in Serie. Nachdem die Herstellung des Gamma Berlina schon 1982 gestrichen worden war, wurde Anfang 1983 bei Pininfarina die Produktion des Gamma Coupé ebenfalls aufgegeben.

H. P. Executive VX / Beta Coupé VX. Ab Mai 1983 wurden, wie bereits der Trevi, auch der Sportkombi H. P. und das Coupé Beta in einer Version VX mit dem Volumex-Kompressormotor lieferbar. Äußerlich gaben sie sich an einer Ausbuchtung auf der Motorhaube und vergrößerten Front- und Heckspoilern zu erkennen. Hinzu kam für beide Modelle ein luxuriös aufgewerteter, teilweise neugestalteter Innenraum.

Delta HF. Im Juli 1983 ergänzte Lancia die Baureihe Delta durch den HF. Mit dem Kürzel für High Fidelity wurde an frühere Tage angeknüpft: Mit einem Coupé Fulvia HF hatte Sandro Munari 1972 das Rallye Monte Carlo gewonnen, und im gleichen Jahr war Lancia Rallye-Weltmeister geworden. Der Delta HF war allerdings nicht für den Sporteinsatz gedacht, er sollte vielmehr sportlichen Fahrspaß vermitteln. Zur Leistungssteigerung wurde diesmal nicht ein Kompressor, sondern ein Abgasturbolader des Typs Garrett T3 gewählt. Er wurde mit einem Ladeluftkühler und

Lancia H. P. Executive 2000 IE, 1982

mit einem Ölkühler kombiniert. Zudem erhielt der 1,6-l-Motor natriumgekühlte Auslassventile, eine elektrische Benzinpumpe und eine Kennfeldzündung mit Klopfsensor von Marelli: Dieses Microplex genannte Zündsystem war eine Weiterentwicklung des Digiplex und kam erstmals in einem Serienauto zum Einbau.

Auf eine Einspritzung wurde aus Kostengründen verzichtet. Die Verdichtung wurde auf 8:1 zurückgenommen, und bei einem maximalen Ladedruck von 0,55 bar erreichte die Leistung 130 PS bei 5600/min. Die Kupplung des eng abgestuften 5-Gang-Getriebes von ZF war verstärkt und die Federkennung war angepasst worden. Äußerlich erkannte man den Delta HF an einem leicht vergrößerten Bugspoiler, schwarzen Seitenschürzen, Lufthutzen auf der Motorhaube und schwarzen Fensterpfosten. Im Innenraum fanden sich neue Sitze, ein Lederlenkrad und Flüssigkristallanzeigen für Öl- und Ladedruck, Temperaturen, Voltmeter und Benzinstand. Als Spurtzeit auf 100 km/h wurden 8,9 s und als Spitze 195 km/h genannt. – Auf dem Genfer Salon 1984 zeigte Lancia die Sonderversion HF Martini (Rennsport-Sponsor von Lancia) mit Turbomotor, die aber erst im Sommer erhältlich werden sollte.

Prisma Diesel. Ab Juni 1984 gab es den ersten Lancia-Pkw mit Dieselmotor, was einer neuen Ära gleichkam. Der 1,9-l-Motor entsprach grundsätzlich dem im → Fiat Regata DS eingeführten Aggregat, doch gab es einige Unterschiede: So war die Einspritzpumpe waagrecht über dem Zylinderkopf angeordnet, wurde direkt von der Nockenwelle gesteuert und war in schalldämmendes Material eingebettet. Zudem wurde ein Kupfer- statt ein Aluminiumkühler montiert. Die Leistung erreichte auch im Prisma 65 PS bei 4600/min. Die Ausstattung entsprach dem gehobenen Lancia-Standard.

Thema. Bereits im Frühling 1984 war in der Fachpresse von einem großen Lancia „Tipo 4“ die Rede gewesen, dessen Design von Giorgetto Giugiaro (Ital-Design) stamme, der Frontantrieb besitze und in der Topvariante sogar einen Ferrari-V8-Motor haben werde... Ende Mai wurde dann ein erstes Bild einer Thema geheißenen stattlichen Stufenhecklimousine veröffentlicht.

Die Vorstellung des Thema erfolgte im Oktober 1984. Seine fast klassisch zu nennende Eleganz verdankte er der Zusammenarbeit von Giugiaro und dem Centro Stile von Lancia. Mit 266 cm Radstand und 459 cm Länge repräsentierte er die Oberklasse. Wie bei den kleineren Lancia trug der leicht schräg gestellte Kühlergrill eine senkrechte Mittelrippe. Die Motorhaube fiel nach vorne ab und das Heck war vergleichsweise hoch (womit sich ein quaderförmiger Kofferraum von 535 l Inhalt ergab). Die Türoberkanten ragten ins Dach hinein, und die Regenrinnen entfielen. Front- und Heckscheibe waren bündig eingeklebt und die Seitenfenster lagen plan zur Karosserie. Zusammen mit weiteren Maßnahmen ergab sich daraus ein cw-Wert von 0,32.

Für den Antrieb der Vorderräder bestand vorerst die Wahl zwischen vier quer eingebauten

Lancia Rally (037), 1983

Lancia Prisma, 1983

Lancia Trevi Volumex, 1984

Aggregaten: 1995 cm^3, DOHC, LE-Jetronic, 120 PS; gleicher Motor mit Abgasturbolader Garrett T3 (maximaler Ladedruck 0,9 bar), Ladeluftkühler und Overboost (steigerte maximales Drehmoment von 255 Nm bei 2500/min auf 284 Nm bei 2750/min), zwei Schwingungsausgleichswellen (nach dem Beispiel von Mitsubishi und Porsche), 165 PS; PRV-V6, 2849 cm^3, K-Jetronic, 150 PS; Diesel, 2445 cm^3, Abgasturbolader KKK (maximal 0,87 bar), 100 PS. Anstatt mit dem 5-Gang-Getriebe waren der Basismotor und der V6 auch mit 3-Stufen-Automatikgetriebe von AP oder ZF lieferbar. Vorne wurden Federbeine und Dreieckquerlenker, hinten Federbeine, einfache Querlenker und Zugstreben verwendet. Der Thema hatte Vierrad-Scheibenbremsen und natürlich eine Zahnstangenlenkung mit Servo.

Innen gab sich der Thema nicht nur geräumig, sondern ausgesprochen gediegen mit edlen Materialien ausstaffiert. Gegen Aufpreis war nicht nur eine zu 40:60 Prozent geteilt abklappbare hintere Sitzlehne, sondern auch eine elektrisch um bis zu 8 cm verstellbare Fondsitzbank erhältlich. Das reichhaltige Instrumentarium war leicht bogenförmig vor dem Fahrer ausgebreitet. Ebenfalls gegen Aufpreis gab es zudem u. a. eine Klimaanlage und ein ABS. Dem Korrosionsschutz wurde große Bedeutung zugemessen: 43 Prozent der Blechteile bestanden aus verzinktem Material, die äußeren Blechteile wurden mit einem Strukturkleber versiegelt und das Kataphoresebad sorgte für eine verdoppelte Rostschutzschicht. – Die Unterbaukonstruktion des Thema war übrigens gemeinsam mit jener der großen Fiat- und Saab-Modelle aufgenommen worden (später sollte ein Alfa hinzukommen); der V6 von PRV (Peugeot/Renault/Volvo) wurde im Thema erstmals quer eingebaut (mit ihm ausgerüstet wurde der Thema als 6V bezeichnet).

Delta S4. Als reines Rallye-Wettbewerbsfahrzeug wurde noch im Dezember 1984 der ultimative Delta S4 vorgestellt. Die Homologation – das heißt die Fertigstellung der für die Gruppe B erforderlichen 200 Exemplare – war für den Juli 1985 geplant. Abgesehen vom breiten Heck, an dem das hintere Seitenfenster gleichsam in eine Kaverne für den Lufteintritt einmündete, glich die Silhouette jener des Delta-Kompaktmodells. Auch in die Dachmitte war ein imposanter Lufteinlass einbezogen. Denn der S4 war ein Mittelmotorwagen mit längs hinter den Sitzen eingebautem Antriebsstrang.

Dieser 1759-cm^3-Motor war eine Neukonstruktion mit zwei obenliegenden Nockenwellen und 16 Ventilen, Trockensumpfschmierung, Ölkühler, elektronischer Einspritzung Weber/Marelli IAW digital gesteuert, Abgasturbolader KKK sowie volumetrischem Kompressor (Hubraum mit Turbofaktor 1,4 = 2463 cm^3, maximaler Ladedruck 1,5 bar, doppelte Ladeluftkühler). Bei der Vierrad-

Kraftübertragung handelte es sich um ein 5-Gang-Getriebe verblockt mit sperrbarem Verteilerdifferenzial (Konstruktion Hewland, Kraftaufteilung vorne/hinten 25:75 Prozent oder 40:60 Prozent, Achsdifferenziale mit Differenzialbremsen).

Basis bildete ein Gitterrohrahmen, der durch Sandwichplatten aus Kevlar und Kohlefasermaterial versteift wurde und einen integrierten Überrollschutzkäfig mitumfasste. Die Karosserie bestand ebenfalls aus Kevlar und Kohlefasern; vorne und hinten wurden obere und untere Dreieckquerlenker verwendet, und die Schraubenfedern waren höhenverstellbar. In der gedrosselten Straßenversion kam der S4 auf 240 PS, während für die zusätzlich zu bauenden 20 Einsatzfahrzeuge 400 PS bei 8000/min und bei einem auf 2,8 bar erhöhten Ladedruck sogar 450 PS in Aussicht standen. Das Leergewicht erreichte 960 kg, doch hoffte man bei Abarth bis zum Rallyedebut auf unter 900 kg zu kommen...

Zu Beginn des Jahres 1985 wurde aus Turin gemeldet, dass die Produktion der Modelle HPE und Beta Coupé im Auslaufen begriffen sei bzw. eingestellt wurde.

Y 10. Auf dem Genfer Salon 1985 wurde der Kleinwagen Autobianchi alias Lancia Y 10 vorgestellt. Vollständig neu geformt gab er sich etwas größer als der → Autobianchi A 112, den er vorerst nicht ablöste. *Weil er in deutschsprachigen und weiteren Exportländern vorwiegend unter der Marke Lancia kommerzialisiert wurde, erscheint der Y 10 (ebenso wie seine künftigen Weiterentwicklungen) hier im Lancia-Kapitel.*

Die Front des Y 10 war aerodynamisch leicht schräg gestellt, die Motorhaube stieg keilförmig an und die Karosserie endete in einem Steilheck, dessen Abschlusslinie durch die schwarze Farbe der sich außen an die Flanken anschließenden Heckklappe unterstrichen wurde. Dieses Design war ebenso kühn wie modern und zweckmäßig. Den Radstand von 216 cm teilte der Y 10 mit jenem des Fiat Panda, doch war er mit 339 cm noch zwei 2 cm kürzer. Mit 142 cm war er auch gleich hoch, zeigte sich aber mit 151 cm etwas breiter als der Panda, was auch der Spur zugute kam. Hinsichtlich Innenraum ließ sich der Y 10 schon eher mit dem Fiat Uno vergleichen.

Als erstes Modell aus dem Fiat-Konzern erhielt der Y 10 in der Basisausführung den Fire-Motor (Fully Integrated Robotized Engine, → Fiat), der aus 999 cm^3 45 PS lieferte. Darüber rangierten der 1049- cm^3-Motor mit 55 PS und das gleiche Aggregat in Verbindung mit einem Abgasturbolader (IHI, Serie RH, Ladedruck bis 0,7 bar, mit Ladeluftkühler), das 85 PS zur Verfügung hielt. Mit dem Fire-Motor war der oberste der fünf Gänge etwas länger ausgelegt, womit sich ein hervorragender ECE-Verbrauchswert von 4,2/5,8/6,3 l/100 km erzielen ließ. Tempo 100 war in 16 s erreichbar und die Spitze wurde mit 145 km/h angegeben. Beim Turbomodell waren es hingegen 9,5 s und 180 km/h! Mit einem Normverbrauch von 5,4/8,4/8,6 l Super/100 km stand auch dieser Y 10 nicht schlecht da. Der günstige cw-Wert von 0,31 war hierfür mitverantwortlich.

Die Vorderradaufhängung bestand aus Federbeinen und je einem Quer- und Längslenker pro Seite. Für die Hinterradführung wurde die so genannte Omega-Achse eingeführt: Ein nach vorne durchgebogenes Achsrohr war durch einen großen Silentblock mit der Bodengruppe verbunden, zusammen mit seitlichen, leicht schräggestellten Längslenkern ergab sich eine genaue Radführung. Mit 150 dm^3 war der Kofferraum sehr knapp bemessen (wenngleich das Reserverad unter der Motorhaube steckte), doch bot der Innenraum für vier bis fünf Personen ein gepflegtes Ambiente – schließlich wurde ja der Y 10 in etlichen Ländern unter der Marke Lancia verkauft.

Es gab ein reichhaltiges Instrumentarium mit Check-Control (elektronische Funktionsüberwachung), eine mit Tastendruck bedienbare Heiz- und Lüftungsanlage sowie diverse Ablagen. Teils gegen Aufpreis gab es Fensterheber, ebenfalls elektrisch ausstellbare hintere Seitenscheiben, Zentralverriegelung, einzeln abklappbare Hintersitze, Schiebedach mit Sonnenrollo usw. Der Y 10 war ein überaus fahraktives und flinkes Luxuskleinauto.

Prisma Turbodiesel. Diese Version kam Anfang Mai 1985 hinzu: 1929 cm^3, Abgasturbolader KKK, neue Generation K16, maximaler Ladedruck 0,8 bar, Ladeluftkühler, Ölkühler, Kühlung der Kolbenböden mit Spritzöl, zwei Elektroventilatoren, neue Einspritzpumpe, Verdichtung 20:1, 80 PS bei 4200/min. Der Prisma hatte sich inzwischen als erfolgreichste Baureihe seit Bestehen der Marke Lancia etabliert. – Für 1986 erhielt der Delta HF Turbo einen zusätzlichen, mit dem Karosserielack kontrastierenden Zierstreifen an den Flanken sowie rote Schriftzüge mit der Modellbezeichnung.

Lancia Thema i.e. Turbo, 1985

Thema Station Wagon. Auf der IAA Frankfurt 1985 zeigte Pininfarina eine wohlgeformte Kombiversion des Thema. Dies fiel umso mehr auf, als die Thema-Grundform ja bei Ital-Design kreiert worden war. Doch schon Ende Oktober wurde bestätigt, dass dieser Station Wagon in der zweiten Hälfte 1986 auf den Markt kommen würde. Pininfarina hatte das dritte Seitenfenster von den Türen abgesetzt, so dass es vor allem mit der Heckklappenscheibe harmonierte und dem Kombi zu einem eigenen Gepräge verhalf. Dieses wurde durch ein Metallprofil entlang der Dachkante unterstrichen. Für die Produktion wurden der von Pininfarina entworfene Heckabschluss samt Dachteilen auf den vollautomatisierten Lancia-Montagelinien eingefügt. Darauf wurden die Kombi-Rohkarossen zu Pininfarina gebracht. Dort erfolgten die Lackierung und die Montage der Mechanik sowie des Innenausbaus, der sich aus Thema-Serienteilen und eigens angefertigten Details zusammensetzte. Pininfarina fertigte bereits die Kombiversion des Alfa Romeo 33.

Y 10 Fire LX. 1986 gab es den mit dem Sparmotor ausgerüsteten Y 10 auch in einer Ausführung LX mit reichhaltiger Ausstattung, während beim Y 10 Fire Kühlergrill und Fenstereinfassungen nun in Schwarz gehalten waren. Für Großgewachsene willkommen war die (bei allen Y 10 aufpreispflichtige) Höhenverstellung des Lenkrades.

Delta HF 4WD / Turbo DS Diese Modelle kamen mit dem Salon von Turin im April/Mai 1986 hinzu (auch wenn die 4WD-Produktion erst in der zweiten Jahreshälfte anlaufen sollte): Während der 1,6-l-Turbomotor des HF (nun als HF Turbo bezeichnet) jetzt 140 statt 130 PS leistete, erhielt der HF 4WD = 4x4 den 165 PS starken 2-l-Turbomotor mit zwei Schwingungsausgleichswellen, wie er auch im Thema IE Turbo eingebaut wurde. Das maximale Drehmoment erhöhte sich mit Overboost von 255 Nm bei 2500/min auf 284 Nm bei 2750/min. Der Vierradantrieb erfolgte permanent zu 56 Prozent nach vorne und zu 44 Prozent nach hinten, wobei eine Viskokupplung (System Ferguson) sowie ein hinteres selbstsperrendes Torsen-Differenzial von Gleason im Bedarfsfall für eine Umverteilung sorgten. Die Umlenkung auf den mit drei Gelenken versehenen Antriebsstrang für die Hinterachse erfolgte über ein Kegelradpaar. Entwickelt worden war dieses System zusammen mit der österreichischen Firma Steyr-Daimler-Puch (→ Puch), die auch die Teile lieferte.

Äußerlich hob sich der HF 4WD durch Doppelscheinwerfer (die inneren kleiner) ab. Den vergrößerten Frontspoiler mit horizontalen Schlitzen sowie das minim veränderte Kühlergesicht trugen aber auch die anderen Modelle einschließlich des neu hinzugekommenen Turbo DS: 1,9-l-Diesel, Abgasturbolader KKK K 16, Ladedruck 0,8 bar, Ladeluftkühler, 80 PS bei 4200/min.

Prisma 1600 i.e. / 4WD/Integrale. Auch den Prisma gab es ab Salon Turin 1986 in zwei weiteren Ausführungen: Zum einen mit 1,6-l-Einspritzmotor, zum andern mit Vierradantrieb. Der 1,6-l-Motor wurde stärker nach vorne geneigt und mit um 180 Grad gedrehtem Zylinderkopf eingebaut. Dieser war überarbeitet worden und erbrachte einen erhöhten Wirkungsgrad. Beim 1600 i.e. (auch IE geschrieben) wurde erstmals in der Großserie das Einspritzsystem IAW von Weber-Marelli verwendet. Damit standen 108 PS zur Verfügung (bei der Vergaserversion neu 100 statt 105 PS). Die 1,3- und 1,5-l-Vergasermotoren waren ebenfalls verfeinert worden.

Lancia Delta S4, 1985

Lancia Y 10, 1986

Lancia Delta HF Turbo, 1986

Lancia Thema Station Wagon, 1988

Der Prisma 4WD besaß den 2-l-Einspritzmotor aus dem Thema, jedoch in einer auf 115 PS beschränkten Ausführung. Das 4x4-System entsprach weitgehend jenem des Delta HF 4WD, mit dem Unterschied, dass sich die hintere Differenzialsperre per Knopfdruck am Armaturenbrett pneumatisch einschalten ließ. Anstatt mit 4WD wurde dieser Prisma ab 1987 mit Integrale bezeichnet.

Thema 8.32. Die Lancia-Fans hatten erwartungsfroh schon lange von ihm gesprochen, vom „Lancia-Ferrari" nämlich: Dieses Thema-Topmodell mit Ferrari-V8-Motor wurde auf dem Autosalon von Turin im April 1986 vorgestellt. Herzstück war ein prachtvoller Leichtmetall-V8, der sich quer zur Fahrrichtung unter der Motorhaube präsentierte und die Inschrift „Lancia by Ferrari" trug. Es handelte sich um den 2927- cm^3-Motor mit 2x2 obenliegenden Nockenwellen und 32 Ventilen, wie er bei den letzten Ferrari 308, dort allerdings als Mittelmotor, für den Antrieb gesorgt hatte. Mit Einspritzung Bosch Jetronic KE 3, Microplex-Zündung von Marelli (sowie Klopfsensor) resultierten bei einer Verdichtung von 10,5:1 215 PS bei 6750/min.

Ursprünglich hatte man den „Lancia-Ferrari" mit Vierradantrieb geplant. Man mochte nun Bedenken haben, dass der frontgetriebene, auf Einspruch von Enzo Ferrari bloss mit 8.32 bezeichnete Super-Thema seine Kraft schlecht kontrollierbar auf die Straße bringen würde. Doch der Umgang mit der in jeder Hinsicht verstärkten Kupplung/Getriebe-Einheit erwies sich als wenig problematisch, umso mehr, als der V8 auch eine Gewichtserhöhung um rund 150 auf 1400 kg mit sich gebracht hatte. 100 km/h konnten binnen 6,8 s erreicht werden und die Spitze wurde mit 240 km/h angegeben. Ein ABS wurde serienmäßig eingebaut, nur auf Wunsch hingegen eine neuartige elektronische Vorwählmöglichkeit für die Fahrwerksabstimmung von Boge-Marelli, mit der zwischen sportlich oder komfortabel ausgerichteter Dämpfung gewählt werden konnte.

Nach außen gab sich der Thema 8.32 vor allem durch die sternförmigen Leichtmetallräder im Ferrari-Design zu erkennen. Am oberen Rand des Instrumententrägers fanden sich jene runden Lufteinlassrossetten, wie sie auch Ferrari verwendete, und zudem gab es viel Holzeinlagen und gegen Aufpreis Ledersitze. Der Thema 8.32 wurde schon wegen des mit ihm verhafteten Namens Ferrari zu einem Liebhaberstück. Im Unterhalt war er allerdings teurer, vor allem wenn zwecks Zahnriemenersatz der gesamte Motor ausgebaut werden musste.

Y 10 4WD. Diese Version mit zuschaltbarem Hinterradantrieb kam im September 1986 hinzu. Sie wurde mit dem 50-PS-Fire-Motor ausgerüstet (mit ungeregeltem Katalysator 45 PS), und ihre Kraftübertragung basierte auf jener des Fiat Panda 4x4. Allerdings war sie in Zusammenarbeit mit Steyr verfeinert worden: Nicht nur die Kardanwelle wurde elektromagnetisch angekuppelt, sondern erst beim Einschalten des Vierradantriebs drehten auch die übrigen zusätzlichen Antriebselemente mit. Dieser Freilauf erbrachte eine Verbrauchsverminderung. Wie beim Panda 4x4 musste auf die Omega-Hinterachse verzichtet und eine Starrachse mit Längsblattfedern verwendet werden. Äußerlich erkannte man den Y 10 4WD an der (vor allem hinten) erhöhten Bodenfreiheit und seitlichen Schutzstreifen aus Kunststoff, die sich über den gesamten Flankenunterteil erstreckten. Die Radhäuser waren mit Kunststoff-Schutzschalen ausgekleidet.

Zum Jahresanfang 1987 übernahm Fiat auch die Marke → Alfa Romeo und setzte sie mit Lancia unter ein gemeinsames Dach; das neue Unternehmen hieß Alfa-Lancia Industriale und wurde von Generaldirektor Piero Fusaro geleitet.

Delta HF Turbo 1988. Ab Mitte 1987 wurde der Turbo-Delta auch in einer nach der US-83-Norm abgasentgifteten Version erhältlich. Mit dem Katalysator sank die Leistung gegenüber der ECE-Ausführung von 140 auf 132 PS. Mit Maßnahmen an Ein- und Auslass und vier statt drei Lagerungspunkten wurden die Laufeigenschaften dieses Motors verfeinert. Zu den zahlreichen Detailverbesserungen zählten eine effizientere Geräuschisolation, ein von 45 auf 55 l vergrößerter Tank, neue vordere Recaro-Sitze, schmucke Stoff- und Alcantara-Überzüge, ein geändertes Armaturenbrett, eine neue Bugschürze und kräftigere Scheinwerfer.

Delta HF Integrale. Ab September 1987 wurde der Delta HF 4WD, dem Beispiel des Prisma folgend, auf Integrale umbezeichnet. Die Leistung wurde von 165 auf 180 und alsbald 185 PS erhöht (Garrett T3, größere Kühler, neue Ventile, Kolben, Dichtungen, Pumpen), und das Fahrwerk erhielt straffere Dämpfer und Federn, Aufhängungen und Verstrebungen sowie eine verstärkte Bremsanlage. Hinzu kamen Radhausverbreiterungen, die vorne wie hinten durch ihre horizontalen Sicken auffielen, neue Seitenschweller und ein neuer Lufteinlass auf der Motorhaube. Mit dem HF Integrale plante Lancia entsprechend den restriktiveren Reglementen einen intensiven Rallyeeinsatz nach Gruppe A, wozu für die Homologation 5000 Exemplaren auf die Räder zu stellen waren. Für die Einsatzwagen wurde mit 270 bis 300 PS gerechnet.

Thema Limousine. Schon früher hatte es Lancia-Repräsentationslimousinen gegeben. Im September 1987 wurde der Thema Limousine mit um 30 cm verlängertem Radstand und 489 cm Gesamtlänge auf den (italienischen) Markt gebracht. Zwischen Vorder- und Hintertüren war ein schmales Zusatzfenster, eine Art Opera Window, eingefügt. Im Fond fanden sich alle Komfortmerkmale von Chauffeurwagen. Dem Antrieb diente der 150-PS-V6-Motor. Montiert wurden die Limousinen im Lancia-Werk Borgo San Paolo, wo auch der Thema 8.32 entstand.

Den Gewinn der Rallye-WM 1987 feierte Lancia mit dem Sondermodell Delta HF Martini in Weiß mit Dekorstreifen in den Martini-Rennfarben, Alurädern, Recaro-Sitzen mit schwarzen Alcantara-Überzügen und roten Bodenteppichen.

Y 10 GT. Ende 1987 erhielt der Y 10 neue Motoren: 999-cm^3-Fire-Motor mit Zentralein-

Lancia	Bauart	Mot.	Getr.	R/L cm	Baujahre
Y 10	**Fr.(4)**	**a–i**	**5**	**216/339**	**1985–90**
Motoren:	*Zyl.:*	*N'w.:*	*cm^3:*	*PS/'min:*	*Nm/'min:*
a (–1988 +*1986–88)	4	OHC	999	45/44*/5000	80/76/2750
b (1988– *Export)				45/46*/5500/44	80/2750
c (4WD '86–88 *'86/87)				50/5500/45K*/5250	78/73/3000
d (1987–)	4i			45K/5250	74/3250
e (–1988 *–1986)	4		1049	55/5850/52CH*/5750	81/76,5/3000
f (–1988)	4T			85/5750	123/2750
g (LX/4WD '88– +*'89–)	4i		1108	57/5500/52K*/5250	90/85/3000
h ('87– *+87–89 **89–)			1297	74K/5750/72K*	100/102**/3250
i (GT i.e. 1988–)			1301	78/5750	102/3250
Delta (*1982–)	**Fr.(4)**	**a–q**	**4/5/A3**	**247,5/388,5/389,5***	**1980–90**
Prisma				**247,5/418**	**1982–89**
Motoren:	*Zyl.:*	*N'w.:*	*cm^3:*	*PS/'min:*	*Nm/'min:*
a (*1982– **Export)	4	OHC	1302	75/78*/75**/5800	105/3600/100/3400
b (–1986 *1982–86)			1499	85/5800/6000*	123/122/3500
c (1985/86)	4i			75K	
d (1986/87 *1987–89)	4			80/5600/75	123/3200/3500*
e (1982–86)		DOHC	1585	105/5800/6100CH	135/3300/133/3500
f (Pr. 1986–)				100/5900	127/4000
g (1986–)	4i			108/5900/90K/6250	135/3500/123/4250
h (D.Turbo 4x4 '82–84)	4T			130/5600	191/3700
i (D. HF 1984–86)					
j (D. HF Turbo 1986–)	4iT			140/132K/5500	191/3500/196/2750
k (Pr. 4WD 1986/87)	4i		1995	115/5400	163/3250
l (Pr. Integr. 1987–)				115/5400/112K/5500	163/3250/157/4000
m (D. HF 4WD 1986/87)	4iT		1995	165/5250/150K	255/2500
n (D. Int.'87–89 *89–)				185/5300/180K/5250	294/2750
o (D. Int. 16V 1988–)		D16V		200/5500	304/3000
p (1984–)	4D	OHC	1929	65/4600	119/2000
q (1985–)	4TD			80/4200	172/2400
Delta S4	**G'r./4**	**–**	**5**	**244/400,5**	**1985/86**
Motoren:	*Zyl.:*	*N'w.:*	*cm^3:*	*PS/'min:*	*Nm/'min:*
a	4iC	D16V	1759	250/6750	291/4500
b (Rally/Comp.)				400/8000	392/5000
Dedra	**Fr.**	**a–d**	**5**	**254/434**	**1989/90**
Motoren:	*Zyl.:*	*N'w.:*	*cm^3:*	*PS/'min:*	*Nm/'min:*
a	4i	OHC	1581	90/5800/80K/6000	129/3500/128/3000
b		DOHC	1756	110/107K/6000	144/142/3000
c			1995	120/115K/5750	165/159/3300
d	4TD	OHC	1929	92/4100	191/2400

Lancia	Bauart	Mot.	Getr.	R/L cm	Baujahre
Beta / Beta Trevi	**Fr.**	**c–f**	**5/A3**	**254/429,5/432,5**	**1980–82**
Trevi		**c–h**		**254/435,5**	**1982–84**
Beta Coupé		**a–h**		**235/399,5/413U**	**1980–84**
Beta Spider		**c–g**		**235/404/418U**	**1980–82**
HPE (H.P. Executive)		**c–h**		**254/428,5**	**1980–84**
Motoren:	*Zyl.:*	*N'w.:*	*cm^3:*	*PS/'min:*	*Nm/'min:*
a (–1981)	4	DOHC	1301	82/5800	108/3300
b (1981–)			1367	84/5800	111/3200
c			1585	100/5800	134/3000
d (–1982)			1995	115/5500	176/2800
e (USA –1981)				88/84C/5400	142/137/2900
f	4i			122/5500	176/2800
g (USA'81/82 *CH'82–)				110/5500/117*/5750	155/3500/163/3250
h (Volumex 1982–)	4K			135/5500	206/3000
Montecarlo	**M.**	**a/b**	**5**	**230/381,5/397U**	**1980–84**
Rally	**R'r./M.**	**c**		**244/391,5**	**1982–84**
Motoren:	*Zyl.:*	*N'w.:*	*cm^3:*	*PS/'min:*	*Nm/'min:*
a	4	DOHC	1995	120/6000	171/3400
b (USA/Calif. –1982)				88/84/5400	142/137/2900
c	4K	D16V		205/7000	234/5000
Gamma	**Fr.**	**a–c**	**5/A4**	**267/458**	**1980–84**
Gamma Coupé				**255,5/448**	**1980–84**
Motoren:	*Zyl.:*	*N'w.:*	*cm^3:*	*PS/'min:*	*Nm/'min:*
a	B4	OHC	2484	140/5400	208/3000
b (1982–)	B4i				212/3000
c	B4		1999	115/5500	172/3500
Thema	**Fr.**	**a–l**	**5/A3/A4**	**266/459**	**1984–90**
Thema Limousine		**f/g**		**296/489**	**1987–90**
Motoren:	*Zyl.:*	*N'w.:*	*cm^3:*	*PS/'min:*	*Nm/'min:*
a (–1988 +*1985–88)	4i	DOHC	1995	120/5250/115K/5600	167/3300/162/4000
b (1988–)				119/5250/115K/5600	165/3300/162/4000
c (1988– +*1989–)		D16V		150/144K*/6000	184/177/4000
d (–1988 +*1987–)	4iT	DOHC		165/5500/150K*/55'	255/2500/247/2750
e (1988– +*1989–)		D16V		185/180K*/5500	284/2750/299/2500
f (–1988)	V6i	OHC	2849	150/5750	240/2700
g (1988– *1988/89)				150K/5000/147CH*	230/3500/226
h (8.32 1986–88)	V8i	D32V	2927	215/6750	285/4500
i (8.32 1988/89)				215/205K/6750	281/4500/263/5000
j (8.32 1989–)				215/210K/6750	284/4500/268/5000
k (-1988)	4TD	OHC	2445	100/4100	217/2300
l (1988–)			2500	118/3900	250/2200

spritzung Bosch Mono-Jetronic, Katalysator und Lambdasonde, Leistung weiterhin 45 PS; neues Modell GT mit 1297- cm^3-OHC-Motor, Saugrohreinspritzung Bosch L 3.2-Jetronic, Marelli-Digiplex-Zündung der zweiten Generation, Katalysator, Lambdasonde, 74 PS. Dieser Motor stammte von Fiat Brasilien und verhalf zu 170 km/h Spitze (0–100 km/h in 12,5 s); äußerlich unterschied sich der Y 10 GT durch den kräftigeren vorderen Stoßfänger und einen seitlichen Zierstreifen, und auch sein Innenraum war sportlich aufgewertet worden.

Beim Monte-Carlo-Rallye 1988 konnte Lancia dank dem Delta HF 4WD den zehnten Gesamtsieg verzeichnen. – Ende März 1988 wurde mit dem Prisma 1.5 LX eine Variante mit besonders reichhaltiger Ausstattung herausgebracht.

Thema 1989. Die verjüngte Auflage erkannte man am Kühlergrill mit breiterem Chromrahmen und Typenbezeichnung, an den kräftigeren Flankenschutzleisten und an den einfarbig rot ausgeführten Heckleuchten. Neben dem 2-l-DOHC-Basismotor mit 119 PS gab es neu eine 16-Ventil-Version mit nicht weniger als 150 PS (ein Leistungssprung, der von der Jetronic-Einspritzung LE 3.1 von Bosch und der Kennfeldzündung Marelli-Digiplex 2 mitbewirkt wurde), und auch der Turbomotor besaß nun diesen 16-Ventil-Zylinderkopf und brachte es gar auf 185 PS (verbesserte Jetronic LE 2, Ladeluftkühlung, Wasserkühlung des nun kleineren, rascher ansprechenden Turboladers, zweistufiger Overboost; 0–100 km/h in 7 s, ECE-Verbrauch 6,7/8,6/10,9 l/100 km). Der Turbo-Dieselmotor wurde auf just 2500 cm^3 vergrößert und leistete mit überarbeitetem Zylinderkopf und kleinerer Turbine 118 PS (0– 100 km/h in 11 s).

Für den i.e. 16V und den Turbo DS wurde ein neues 4-Stufen-Automatikgetriebe von ZF angeboten (für den Thema V6 weiterhin drei Stufen). Gegen Aufpreis gab es neu eine Niveauregulierung, während die einstellbare Federdämpfung des Thema 8.32 auch in den anderen Thema erhältlich wurde (ab Mai 1990 wurde die Niveauregulierung dann in die zweite Generation des „intelligenten“ Feder/Dämpfer-Systems integriert). Die Geräuschdämmung war verbessert und die Ausstattung allgemein aufgewertet worden (Lenkrad bei allen Modellen höhenverstellbar, auf Wunsch Memory-Fahrersitz, elektrisch verstellbare hintere Einzelsessel, automatische Heizungs- und Klimaanlage usw.). – Im Oktober 1988 konnte sich Lancia zum sechsten Mal als Rallye-Weltmeister feiern lassen.

Y 10 1989. Anfang 1989 erhielt der Y 10 einen feinmaschigen statt eines karierten Kühlergrills (außer 4WD), verchromte Scheinwerfeinfassungen (samt weißer Blinkerabdeckung) und einen schwarzen Frontscheibenrahmen. Der Buchstabe A für Autobianchi im Kühlergrill galt endgültig nur noch für Italien, während für den Export ein Lancia-Markenzeichen eingeführt wurde. Neugeformte Vordersitze sorgten für mehr Seitenhalt, und ein geänderter Sitzlehnenwinkel im Fond vergrößerte den Kofferraum von 175 auf 195 dm^3. Zur aufgewerteten Ausrüstung zählten verbesserte Bedienungselemente und ein Alcantaraüberzug am Armaturenbrett. Der 1050- cm^3-Motor wurde durch die 1,1-l-Version des Fire-Motors (mit Zentraleinspritzung) ersetzt. – Von 1985 bis 1988 waren bereits 374'000 Y 10 gebaut worden.

Lancia Thema Limousine, 1988

Lancia Thema 8.32, 1988

Delta HF Integrale 16V. Zum Genfer Salon 1989 verpasste Lancia dem Delta-Spitzenmodell einen Vierventil-Zylinderkopf. Mit dem Abgasturbolader Garrett T3 16V Typ 60/50 (Ladedruck bis 1,0 bar, Ladeluftkühler) resultierten just 200 PS bei 5500/min. Zu erkennen gab sich der jüngste Integrale an einer Ausbuchtung auf der Motorhaube. Die Kraftverteilung erfolgte neu zu 47 statt 56 Prozent auf die Vorderräder, womit eine beim Rallyeeinsatz erwünschte Übersteuerungstendenz angestrebt wurde. 100 km/h waren in 5,7 s erreichbar und als Spitze wurden 222 km/h genannt. Für die Ausführung mit Katalysator verblieb man jedoch beim Zweiventilmotor mit 180 oder 177 PS. – *Im Frühling 1989 wurde Lancia mit Fiat zu einer neuen Abteilung innerhalb von Fiat Auto vereint.*

Lancia Delta HF Integrale 16V, 1989

Dedra. Nachdem sie schon zu Jahresbeginn angekündigt worden war, erfolgte die Vorstellung der Stufenhecklimousine Dedra im April 1989. Sie löste den Prisma ab, der aber zunächst noch im Angebot verblieb. Im Vergleich zum bulligkantigen Prisma verkörperte der Dedra diskrete aerodynamische Eleganz (sein Luftwiderstandsbeiwert wurde mit erstaunlich tiefen 0,29 angegeben). Radstand/Länge wuchsen von 247,5/418 cm auf 254/434 cm. Mit 170 bzw. 143 cm war der Dedra zudem deutlich breiter und höher als der Prisma. Der Dedra teilte die Bodengruppe mit

Lancia Dedra, 1990

jener des Fiat Tipo, besaß also ebenfalls eine vordere Federbein/Dreieckquerlenker-Aufhängung und hintere Längsschwingen.

Als Basismotor diente das auch im Tipo verwendete 1581-cm^3-OHC-Aggregat mit elektronischer Zentraleinspritzung Weber-SPI bzw. mit Katalysator Bosch Monojetronic (90 bzw. 80 und nach ECE-Norm 78 PS). Darüber rangierten zwei DOHC-Motoren mit zwei Schwingungsausgleichswellen und elektronischer Saugrohreinspritzung IAW-Weber: 1756 cm^3 (aus dem 2-l-Motor abgeleitet, 110/107/105 PS) und 1995 cm^3 (120/115/113 PS). Neben diesen drei mit i.e. bezeichneten Motoren stand das Dieselmodell Turbo DS zur Wahl (1929 cm^3, IHI-Lader mit maximal 0,8 bar Ladedruck, Ladeluftkühler, 92 PS, ECE 90 PS). Das 2-l-Topmodell ließ sich auf Wunsch wie der Thema mit dem zweistufigen elektronischen Dämpfersystem ASC ausrüsten; für alle Dedra gab es gegen Aufpreis ein ABS. Das gediegene, holzverzierte Armaturenbrett bot je nach Ausstattungsniveau ein neues optoelektronisches Instrumentarium, das digitale und quasianaloge Anzeigen kombinierte.

Im Herbst 1989 konnte Lancia erneut den (von Massimo Biasion auf Delta Integrale 16V herausgefahrenen) Rallye-Weltmeistertitel feiern. – *Ab 1990 übernahm die über 1000 Verkaufsstellen verfügende Mazda-Tochterfirma Auto-Zam den Lancia-Vertrieb in Japan.*

Y 10 Selectronic. Nach dem im Subaru Justy ECVT (Februar 1987), im Fiat Uno Selecta (Mai 1987) und im Ford Fiesta CTX (Juni 1987) eingeführten stufenlosen CVT-Getriebe mit Schubgliederband, folgte im November 1989 der Lancia Y 10 Selectronic. Kernstück bildete das in den Niederlanden entwickelte Metallband, das zwei Kegelscheibenpaare mit je einer axial verschiebbaren Hälfte und dadurch veränderbarem Durchmesser verband. Für den Y 10 wurde jedoch die für die Subaru Justy und Rex entwickelte kleinere und feinere ECVT-Version (Electronic Continuously Variable Transmission) gewählt, die zusätzlich zur elektromagnetischen Kupplung und dem Hydrauliksystem eine elektronische Steuerung bot. Damit ergab sich ein noch besser angepasstes Verhalten. Mit dem 1108- cm^3-Fire-Motor (52 PS mit, 57 PS ohne Katalysator) erwies sich der ausstattungsmäßig dem LX entsprechende kleine Lancia besonders im Stadtverkehr als ebenso bequem wie flink.

Produktionszahlen: Montecarlo Spider Serie 2, 1980: 564; Gamma Coupé, 1976–84: 6789; Beta Spider, 1973–84: 9390; Rally 037 Stradale, 1982–84: ca. 260.

Lancia
Espana

Lancia Coupé, 1981

Von 1979 bis 1981 baute der spanische Fiat-Lizenznehmer → Seat eigene Versionen der Lancia-Sportmodelle Coupé (ohne Bezeichnung Beta) und HPE. Äußerlich unterschieden sie sich praktisch nicht von den Originalen, doch wurde ein eigener Motor eingebaut: Der 1,9-l-Vierzylinder hatte nach Fiat-Art zwei obenliegende Nockenwellen, leistete 111 PS und wurde auf Wunsch mit einer elektronischen Zündung ausgestattet. Es wurde ausschließlich ein 5-Gang-Getriebe verwendet.

Lancia Espana	Bauart	Mot.	Getr.	R/L cm	Baujahre
Coupé	**Fr.**	**–**	**5**	**235/399,5**	**1980/81**
HPE				**254/428,5**	
Motor:	4	DOHC	1920	111/5500	169/2800

Land Rover

Bei → Rover in Birmingham hatte man sich 1947 für die Konstruktion eines Geländewagens entschlossen. Er fand rasch internationalen Erfolg und wurde zur anerkannten Alternative zum → Jeep. 1968 wurde Rover Teil der British Leyland Motor Corporation (BLMC; → Austin). Diese wurde 1978 unter dem neuen Verwaltungsratspräsidenten und Generaldirektor Michael Edwardes zur BL Limited gewandelt; einer von deren sechs Bereichen wurden von der Jaguar Rover Triumph Ltd gebildet. Im Zuge einer weiteren Umstrukturierung entstand 1979 die Land Rover Limited, womit die Trennung von Rover besiegelt war. Als eine der wenigen BL-Abteilungen erreichte Land Rover 1980 wieder Vollbeschäftigung und Rentabilität. Dank der „Design-Ikone" Range Rover befand sich der Allradantrieb im Auftrieb... in einer allerdings noch kaum geahnten Weise.

88 / 109 / 109 V8. Die Modellpalette der angestammten Land Rover umfassten 1981 diese drei Bezeichnungen. Sie bezogen sich auf den Radstand in inches bzw. Zoll und auf die zum Genfer Salon 1979 hinzugekommene Ausführung mit V8-Motor. Grundsätzlich wurden die Land Rover als drei- und fünftürige Geländekombis gebaut, doch gab es auch Nutzfahrzeugvarianten. Zu den Eigenheiten zählten die kleinen seitlichen Fenstereinsätze im Dach auf der Höhe der Hintersitze, die Belüftungsschlitze unter der Frontscheibe und vorne am Dach sowie die Möglichkeit, das Reserverad auf der Motorhaube zu fixieren.

Basismotor war ein 2,3-l-Vierzylinder in Grauguss mit seitlicher Nockenwelle, der auch in einer Dieselversion zur Wahl stand. Zudem gab es einen 2,6-l-Sechszylinder-Diesel mit Aluzylinderkopf. Dieses in zwei Leistungsvarianten gebaute Aggregat wurde ebenso wie der 3,5-l-V8 nur im Land Rover 109 (Radstand 277 statt 233 cm) eingebaut.

Das Land-Rover-Konzept umfasste ein Kastenrahmenchassis mit Traversen und vordere wie hintere Starrachsen mit Halbelliptikfedern. Der Vorderradantrieb war zuschaltbar, und beim 4-Gang-Getriebe waren nur die beiden oberen Gänge synchronisiert, doch gab es auf Wunsch zusätzlich einen Overdrive. Zusammen mit dem V8-Motor wurde allerdings eine vollsynchronisierte 4-Gang-Einheit eingebaut, wobei zudem eine manuelle, hydraulisch gesteuerte Differenzialbremse im Verteilergetriebe zur Verfügung stand. Selbstverständlich kam in beiden Fällen auch ein Reduktionsgetriebe hinzu. Die Bodenfreiheit erreichte beim kürzeren Radstand 17,5, beim längeren Modell 21 cm, und die extrem kurzen Überhänge sorgten für günstige Böschungswinkel und damit vielseitige Geländetüchtigkeit. Es wurden Vierrad-Trommelbremsen und eine Kugelkreislauflenkung verwendet.

Range Rover. Der Range Rover war im Juni 1970 vorgestellt worden. Zwar gab es damals bereits auch auf Komfort getrimmte Jeep-Modelle, doch der Range Rover eröffnete eine neue Marktsparte, deren Bedeutung man sich damals noch in keiner Weise bewusst war. Der „Range“ war mit seinem 3,5-l-V8-Motor nicht nur leistungs- und komfortbetont, sondern er war auch eine großartige Designleistung. Da wurde eine zuvor bloß als zweckmäßig empfundene und genutzte Geländegängigkeit mit einer herausragenden Formschöpfung kombiniert, und daraus erwuchs – zunächst zögernd und dann immer schneller – ein Modetrend. Es gehörte schon ab Ende der 70er Jahre mehr und mehr zum guten Ton, mit einem Range Rover nicht nur zum Wochenendhaus zu fahren, sondern auch in der Stadt aufzukreuzen...

Der V8-Motor des Range Rover stammte natürlich aus den Rover-Pkw. Die Leistung war allerdings auf 132 PS gedrosselt worden. Das Fauchen des V8 beim Gasgeben im Gelände war gleichwohl imposant. In der Schweiz gab es ab 1981 übrigens auch leistungsgesteigerte Versionen (Nova-Werke → Anhang). Die Kraftübertragung auf alle vier Räder erfolgte über ein 4-Gang-Getriebe mit Zentraldifferenzial und Reduktionsgetriebe. Hinzu kam eine von Hand bedienbare, unterdruckgesteuerte Differenzialbremse im Verteilergetriebe. Auf Wunsch wurde ein Overdrive-Getriebe geliefert, das sich zu allen Gängen zuschalten ließ. Der Overdrive erhöhte die Spitzengeschwindigkeit gemäß Werkangaben von 155 auf 177 km/h, ein für Geländewagen mit solch imposanter Querschnittsfläche erstaunlicher Wert. Gleichzeitig aber war der Range Rover ein voll geländetaugliches Fahrzeug.

Auch der Range Rover basierte auf einem Kastenrahmenchassis mit Traversen. Vorn fand sich eine Starrachse mit Längslenkern, Schraubenfedern und Panhardstab, hinten eine solche mit Längslenkern, zentralem oberem Dreiecklängslenker, Schraubenfedern und Niveauregulierung (Letztere gab es auch für die Rover-Pkw). Es wurden Vierrad-Scheibenbremsen mit Servo eingebaut, und auf Wunsch war auch zur Kugelkreislauflenkung ein Servo lieferbar.

Range Rover fünftürig. Ab 1980 war der Range Rover nach einem Entwurf von Peter → Monteverdi bei → Rayton Fissore in Italien in Kleinserie als fünftürige Version umgebaut und in einigen Ländern über Land-Rover-Importeure verkauft worden. Mitte 1981 wurde diese auf viel Interesse gestoßene Ausführung in das englische Produktionsprogramm aufgenommen. Der Radstand blieb unverändert, doch wurde die Rücksitzbank um 8 cm nach hinten gerückt. Zwar erfuhr das Kofferraumvolumen dadurch eine Verkleinerung, doch bei umgeklappten Rücksitzen ergab sich ein unverändert generöser Laderaum. Die Innenausstattung der Range Rover war verfeinert worden, indem nun eine lückenlose Teppichauskleidung hinzukam, die auch die hinteren Radkästen umfasste. An der Rückseite der Vordersitzlehnen fanden sich Kartentaschen und bei der fünftürigen Ausführung zudem eine Mittelablage mit Deckel und Aschenbecher. Hinzu kamen serienmäßig Stereolautsprecher in den Türen und eine elektrische Radioantenne.

Um den Verbrauch des 3,5-l-V8-Motors einzudämmen, baute man ihm nun die Kolben des analogen Motors der Rover-Limousine ein, hinzu kam eine geänderte Nockenwelle mit kürzerem Ventilhub und mit anderen Steuerzeiten, und gleichzeitig wurde die Verdichtung von 8,1:1 auf 9,3:1 angehoben, was den Betrieb mit Superbenzin nötig machte. Die Höchstleistung sank zwar von 132 auf 125 PS, doch diese standen schon bei 4000/min (statt bei 5000/min) zur Verfügung, während das maximale Drehmoment von 251 auf 258 Nm bei unveränderten 2500/min zunahm. Damit ließ sich die Untersetzung im Zwischengetriebe verlängern, sodass nun bei 1000/min 38 statt 32 km/h erreicht wurden. Auch mit einem geräuschärmeren Verzahnungswinkel der Getrieberäder wurde zu einer Komforterhöhung beigetragen. Alle Ausführungen (ohne die Fleetline-Version) erhielten eine Servolenkung. Der ECE-Verbrauch sank von 13,4/22,6/23,6 l/100 km drastisch auf 12,1/15,9/24,2 l/100 km.

Die bislang stark dezentralisierte Land- und Range-Rover-Produktion war inzwischen in Birmingham-Solihull zusammengefasst worden, wozu vor allem die Hauptwerke von Solihull und Acocks Green modernisiert und erweitert worden waren. Im neuen Werk Solihull Nord, das 100'000 m^2 umfasste, waren die Lackierung und Gesamtmontage für Range Rover und der Motoren- und Getriebebau für Land Rover unter einem Dach vereint, was eine rationellere Fertigung ermöglichte.

County Station Wagons. Ende März 1982 fügte Land Rover seiner Modellpalette die County Station Wagons mit sieben bzw. zwölf Sitzen (kurzer bzw. langer Radstand) hinzu. Mit einigem Auf-

Land Rover (109) V8 Station Wagon, 1981

Range Rover, 1981

Land Rover (88) County, 1983

Land Rover 110 County Station Wagon, 1988

wand waren sie auf eine verbesserte Geräuschdämpfung und ein höheres Komfortniveau ausgelegt worden. Sie wurden in roter oder brauner Lackierung mit weißen Zierstreifen auf der Gürtellinie angeboten. Zudem erhielten sie neugeformte Sitze, getönte Scheiben, Zusatzlampen, Kotschutzlappen und eine verfeinerte Innenausstattung. Radialreifen und gegen Aufpreis erhältliche Freilaufnaben sorgten für eine Verbrauchssenkung. Mit den County Station Wagons näherte sich Land Rover dem Range Rover an.

Range Rover Automatic. Auf dem Salon von Paris im Herbst 1982 wurde der Range Rover auch mit einer automatischen Kraftübertragung vorgestellt. Es handelte sich um eine 3-Stufen-Einheit des Typs A 727 von Chrysler; sie wurde mit einem überarbeiteten Zwischengetriebe kombiniert. Mit ihr ließ sich Tempo 100 nach 18 statt 16,6 s erreichen. Zu den Aufwertungen im Innenraum zählten inzwischen auch einzeln umklappbare Mittelarmlehnen an den Vorderfauteuils.

110. Der zum Genfer Salon 1983 erschienene Typ 110 wies „so viele bedeutende technische Neuerungen auf, wie nie zuvor in der 36-jährigen Geschichte der Marke bei einem Modellwechsel verwirklicht worden waren.“ So verlautete von Herstellerseite, auch wenn sich äußerlich gegenüber dem Vorgängermodell 109 keine markanten Unterschiede ausmachen ließen. Die Bezeichnung wies darauf hin, dass Radstand um einen Zoll = 2,54 cm auf 279,5 cm gestreckt worden war. Wesentlich ausgeprägter war die Zunahme der Spur von 134 auf 148,5 cm. Länge und Breite wurden nun mit 458 und 179 statt 447 und 168 cm angegeben. Die Höhe hatte von 201 auf 203,5 cm zugelegt.

Wichtigste konstruktive Änderung war – unter Beibehalt der Starrachsen – der Übergang von Halbelliptik-Blattfedern zu Schraubenfedern, vorne mit Längslenkern und Panhardstab, hinten mit doppelten Längslenkern. Damit konnte der Federweg vorne um 50, hinten um 25 Prozent vergrößert werden. Hinzu kamen ein erhöhter Fahrkomfort, mehr Traktion in schwerem Gelände und nicht zuletzt ein von 14,3 auf 12,8 m reduzierter Wendekreis-Durchmesser. Vorn wurden Scheibenbremsen montiert, und auf Wunsch war nun eine Servolenkung lieferbar. In dieser Auslegung entsprach das Land-Rover-Fahrwerk weitgehend jenem des Range Rover, es vermochte aber eine höhere Nutzlast aufzunehmen.

Der 2,3-l-Benzinmotor hatte eine neue Nockenwelle und einen Weber-Registervergaser erhalten und leistete 75 statt 70 PS. Der 3,5-l-V8 kam auf 116 statt 92 PS und hatte sich somit dem 126 PS erreichenden Leistungsniveau des Range Rover angenähert. Aus diesem wurde auch der permanente Vierradantrieb übernommen. Das Differenzial im Verteilergetriebe der neuen Land-Rover-Kraftübertragung ließ sich ebenfalls sperren. Mit den 2,3-l-Motoren konnte auf Wunsch aber nach wie vor ein zuschaltbarer Vorderradantrieb samt Freilaufnaben geliefert werden. Diese Motoren wurden mit einem 5-Gang-Getriebe kombiniert, während beim V8-Modell eine 4-Gang-Einheit eingebaut wurde.

Erkennen konnte man den 110 an der um einen Viertel vergrößerten, ein- statt zweiteiligen Frontscheibe. Die Türrahmen bestanden aus Leichtmetall, das Lenkrad trug vier Speichen, die Instrumente lagen im direkten Blickfeld, und die wichtigsten Bedienungshebel waren griffgünstiger angeordnet worden.

Range Rover 1984. Alle Range Rover mit Handschaltung erhielten das 5-Gang-Getriebe des Land-Rover 110 (ferner: neu aufgeteilte Mittelkonsole, beleuchtete Heizungsbedienung, fünftürige Modelle mit Zentralverriegelung).

Range Rover 1985. Schon im Juni 1984 wurden erneut Änderungen eingeführt: elektronische Zündung, einteilige Scheiben in den Vordertüren, elektrisch verstell- und beheizbare Aussenspiegel, neues Armaturenbrett mit leistungsfähigerer Heiz- und Lüftungsanlage sowie Haltegriff vor dem Beifahrer, neue vielfach verstellbare Liegesitze, Gepäckraumabdeckung. Die Topausführung hieß nun Vogue.

90. Als Nachfolger des Typs 88 trat ebenfalls im Juni 1984 der Land Rover 90 aufs „4x4-Parkett“: um 12,5 auf 236 cm verlängerter Radstand, 148,5 statt 131 cm breite Spur, permanenter statt zuschaltbarer Allradantrieb, Führung der Starrachsen nicht mehr durch Blattfedern, sondern vorn durch Panhardstab und Doppelschwingarme, hinten durch doppelte Längslenker und einen mittig montierten Dreiecklenker, größerer Federweg dank Schraubenfedern, 2,3-l-Benzin- oder 2,5-l-Dieselmotor, 5-Gang-Getriebe plus Geländereduktion, ferner neue Kühlerfront wie beim Typ 110. Der Typ 90 wurde mit Stoffverdeck oder Hardtop mit variabler Innenausstattung und bis zu neun Sitzplätzen angeboten.

90 V8. Inzwischen waren seit 1948 mehr als 1,4 Millionen Land Rover hergestellt worden, und ab Juni 1985 wurde auch der kurze Land Rover mit dem V8-Motor lieferbar, womit nun ein besonders wendiges und leistungsfähiges Geländefahrzeug zur Verfügung stand.

Range Rover 1986. Wesentlichste im Oktober 1985 eingeführte Neuerung war die im Range Rover Vogue erhältliche Einspritzung L-Electronic von Lucas, mit der die Leistung von bisher 126 (neu 128 PS) beim Motor mit zwei Vergasern um rund einen Drittel auf 168 PS anstieg, eine ganze Menge also! Gleichzeitig wurden die Ausführungen De Luxe und Vogue gegen Aufpreis mit einem 4-Stufen-Automatikgetriebe 4 HP 22 von ZF (statt mit der 3-Stufen-Einheit von Chrysler) erhältlich. Bei konstanten 70 km/h schaltete sich in der vierten Stufe eine Wandlerüberbrückung ein, womit der Treibstoffkonsum deutlich abgesenkt werden konnte. Das 5-Gang-Handschaltgetriebe war verfeinert worden, wodurch sich der verkürzte und besser platzierte Schalthebel schneller und präziser handhaben ließ. Die Stoßstangen waren vorne bis zu den Radausschnitten um die Ecken gezogen, und der Vogue erhielt eine Bugschürze mit Weitstrahlern.

Land Rover	Bauart	Mot.	Getr.	R/L cm	Baujahre
88 (*1983–)	**K'r./4**	**a/b**	**4/4OD/5**	**223/362/368***	**1980–84**
109		**a–d**	**/+R**	**277/447**	
Motoren:	*Zyl.:*	*N'w.:*	*cm³:*	*PS/'min:*	*Nm/'min:*
a	4	OHV	2286	70/65/4000	159/154/2000
b	4D			61/4000	139/1800
c (–1981)	6		2625	87/82/4500	179/174/1500
d (109 V8)	V8		3532	92/3500	226/2000
90	**K'r./4**	**a–h**		**236/372/386/388**	**1984–90**
110				**279,5/444/458/460**	**1983–90**
a (–1986 *1984–86)	4	OHV	2286	75/65*/4000	163/154/2000
b (1985/86 *1986–)			2494	81/4200/84*/4000	176/2200/181/2000
c (–1986)	V8		3532	116/4000/114	251/2500
d (1986/87)				136/5000/114/116	253/2500
e (1987–)				140/5000/114/116	
f (1984–86 *1986–)	4D		2494	68/69*/4000	155/158/1800
g (1986–)	4TD			86/4000	204/1800
h (Export 1986–)	4TD/4D		2.3/3.9	–	–
Discovery	**K'r./4**	**a/b**	**5+R**	**254/452**	**1989/90**
Motoren:	*Zyl.:*	*N'w.:*	*cm³:*	*PS/'min:*	*Nm/'min:*
a	V8/V8i	OHV	3532	145/5000/155K/4750	258/2800/261/3000
b	4TD		2494	113/4000/111	265/1800

Land Rover	Bauart	Mot.	Getr.	R/L cm	Baujahre
Range Rover	**K'r./4**	**a–k**	**4/4OD/5/ A3/A4/+R**	**254/447,5/446/445**	**1980–90**
Motoren:	*Zyl.:*	*N'w.:*	*cm³:*	*PS/'min:*	*Nm/'min:*
a (*1981–85)	V8	OHV	3532	132/5000/126*/4000	251/258/2500
b (1985–88)				128/4000	258/2500
c (CH –1982)	V8T			205	–
d (Export 1982–88)	V8			132/5000	251/2500
e (1985–88)	V8i			168/4750/150/152	280/3000/255/258
f (1988– *Export)				168/4750/173*	280/3000
g (1987/88)				152K/4750/145K/45'	265/3000/256/2500
h (1988–)			3947	182K/4750	308/3500
i (1989–)				185/188/173K	318/–
j (1986– *Export)	4TD		2393	114/4200/106*/118*	248/2400
k (1989–)			2500	121/4200	284/1950

Range Rover 2.4 Turbo D. Erst mit dem Salon von Turin im Frühling 1986 wurde der „Range" auch mit Dieselmotor lieferbar, und zwar mit dem 2,4-l-OHV-Aggregat des italienischen Herstellers VM in Kombination mit einem Abgasturbolader KKK K 16 samt Ladeluftkühler. Es resultierten immerhin 114 PS bei 4200/min.

90 / 110 Turbo D. Auf der British International Motor Show von Birmingham im Oktober 1987 wurde der Land Rover ebenfalls mit Turbodieselmotor gezeigt: Allerdings handelte es sich um den hauseigenen 2,5-l-Motor, dem auf diese Weise 86 statt 69 PS entlockt wurden.

Range Rover 1987. Ende 1986 wurde der „Range" erneut verbessert: Auffallendste Neuerung war der vertikale Schlitze zeigende Kühlergrill. Die Scharniere der Motorhaube waren nun integriert und eine Feder erleichterte ihr Öffnen. Neu waren zudem der Deckel des Tankeinfüllstutzens und die kommodere Betätigung der horizontal zweigeteilten Heckklappe. Das Lenkrad hatte nur noch 40,6 cm Durchmesser, es gab einen an der Lenksäule angewinkelten Kombihebel, die Vordersitze waren etwas näher zur Fahrzeugmitte gerückt und beim fünftürigen Modell waren die abklappbaren Hintersitze asymmetrisch geteilt. Der Einspritzmotor wurde jetzt auch im Modell De Luxe lieferbar.

Auf dem Genfer Salon 1988 kam die Ausführung SEi hinzu. Sie war reichhaltiger ausgestattet als der Vogue, nämlich mit Klimaanlage, Lederüberzügen, achtfach elektrisch verstellbaren Vordersitzen, polierten Edelholzeinlagen, elektrischem Schiebe-/Hebedach, Alufelgen in Wagenfarbe und Zierlinien an den Karosserieflanken. Die Leistung des Einspritzmotors (Lucas M-Electronic) wurde nun mit 168 (ECE-Version) bzw. 152 PS (mit Katalysator) angegeben.

Ab Mitte Februar 1988 legte ein Streik von 6000 BL-Arbeitern die Land-Rover-Produktion lahm. Nach fünf Wochen akzeptierten sie das Angebot von 14 Prozent mehr Lohn. Im Vorjahr hatte Land Rover 41'300 Fahrzeuge absetzen können. Im Frühling 1988 verkaufte die britische Regierung die → Rover-Gruppe an British Aerospace (schon 1986 hatte General Motors Land Rover übernehmen wollen).

Range Rover 3.9. Auf der International Motor Show von Birmingham wurde im Oktober 1988 der Range Rover mit Detailänderungen und einem zentralen Differenzial mit integrierter Viskokupplung ausgestellt. Diese verhinderte automatisch Drehzahlunterschiede zwischen Vorder- und Hinterachse und ersetzte die manuell einzuschaltende Sperre. Zudem wurde ein auf 3,9 l vergrößerter V8 in Aussicht gestellt. Dieser Motor entstand durch Vergrößern der Bohrung von 88,9 auf 94 mm (= 3947 cm^3). Er war vor allem für jene Länder bestimmt, in denen ausschließlich Katalysator-Versionen zugelassen waren, wie die USA und die Schweiz. Statt 152 standen damit 182 PS zur Verfügung (in der Schweiz wegen der Lärmnormen nur mit 4-Stufen-Automatikgetriebe ZF 4 HP 22). Es gab den Range Rover 3.9 ausschließlich fünftürig als Vogue (aufgewertete Ausstattung) und als Vogue SEi (dieser mit Connolly-Leder, Walnussholz, Klimaanlage, elektrischem Hub-/Schiebedach, elektrischer Sitzverstellung und Alu-Felgen in Wagenfarbe).

Range Rover Vogue SEi 3.9, 1989

Discovery. Im Juli 1989 wurde bekannt, dass Land Rover zur IAA Frankfurt im September ein neues Modell namens Discovery (= Entdeckung) lancieren werde, wobei bereits Bilder und zahlreiche Details freigegeben wurden. Der Discovery fügte sich zwischen die Land Rover 90/110 und den Range Rover ein. Er war als Antwort auf die erfolgreichen Geländekombi aus Japan gedacht: Toyota Land Cruiser, Mitsubishi Pajero, Nissan Patrol, Isuzu Trooper. Auch wenn er nur drei Türen besaß, so entsprach er größenmäßig dem Range Rover und wies auch dessen Radstand von 254 cm auf. Weil der hintere, mit seitlichen Oberfenstern versehene Dachteil angehoben war, stieg die Aufbauhöhe dort von 179 auf 193 cm.

Wie sich bei der Vorstellung zeigte, erlaubte dies den Einbau von zwei zusätzlichen Längssitzen, die sich im geräumigen Laderaum aus den Seitenwänden ausklappen ließen. Auf Wunsch konnte man zwei gläserne Sonnendächer einbauen lassen. Abgesehen von den in modischem Schwarz gehaltenen Kühlergrill, Scheinwerfer- und Scheibeneinfassungen wirkte das Design originell geglückt und ähnelte bis zur B-Säule dem weiterhin mustergültigen Range Rover. Dies galt auch für das betont horizontal ausgelegte Armaturenbrett und den lichtdurchfluteten Innenraum. Die Heckscheibe reichte auf der linken Seite asymmetrisch tiefer hinab, weil nach rechts gerückt das Reserverad an der nach rechts öffnenden Hecktüre saß. Ein auf Fußdruck ausfahrendes Trittbrett erleichterte Ein- und Ausstieg.

Auch der Discovery basierte auf einem verwindungssteifen Kastenrahmenchassis, und auch seine Karosserie wurde weitgehend aus Leichtmetall hergestellt. Dem Range Rover entsprachen auch die Starrachsen und die Radführungen, doch

Land Rover Discovery, 1990

traten an der Hinterachse zunächst progressive Schraubenfedern an den Platz der hydraulischen Niveauregulierung. Auf eine Servolenkung wurde aber ebenso wenig verzichtet wie auf Vierrad-Scheibenbremsen. Der permanente Vierradantrieb mit 5-Gang-Getriebe, zentralem Differenzial mit Kettenantrieb und Viskokupplung (Drehmomentverteilung vorne/hinten 50/50 Prozent) sowie Reduktionsgetriebe entsprach ebenfalls dem Range Rover, wobei jedoch das Mitteldifferenzial manuell sperrbar blieb.

Für den Antrieb standen der bewährte 3,5-l-Leichtmetall-V8 mit rund 150 PS und eine neuentwickelte, mit Direkteinspritzung versehene Version des 2,5-l-Turbodieselmotors mit 110 PS zur Wahl. Dank der zusammen mit dem österreichischen Entwicklungsinstitut AVL zur Serienreife gebrachten Direkteinspritzung wurde eine Verbrauchsminderung um bis zu 40 Prozent erreicht: Bei konstantem Tempo 100 verbrauchte der Discovery nur gerade 6,7 l/100 km (um 100 km/h zu erreichen, wurden allerdings 17 s benötigt), bei 120 km/h waren es knapp 10 l/100 km.

Im Jahr 2000 wurde die Land Rover Ltd vom Ford-Konzern übernommen und von diesem im Frühling 2008 zusammen mit Jaguar an die indische Tata Motors weiterverkauft.

Ledl

Die von Günter Ledl geführte Firma Ledl GmbH in Tattendorf, südlich von Wien, hatte sich bereits auf die Fabrikation von eigenen, englischen und amerikanischen Buggys und Replikas spezialisiert, als sie 1979 mit dem Tanga ein modernes Sportcoupé schuf. Im Gegensatz zu der bis dahin verwendeten VW-Käfer-Plattform, basierte der Tanga auf einem eigenen Stahlprofilrahmen.

AS 130 / 160. Richtig los ging es dann mit dem Typ AS (= Austrian Sportcar), der auf der Frankfurter IAA im September 1981 vorgestellt wurde. Er war als Ledl AS 130 und AS 160 eine äußerlich wenig veränderte Weiterentwicklung des Tanga: ein rassig geformtes zweisitziges Mittelmotorcoupé mit Keilfront und Klappscheinwerfern. An die riesige Frontscheibe, die von einem an zwei Armen geführten Einzelscheibenwischer bestrichen wurde, schlossen sich relativ kleinflächige Seitenfenster aus Plexiglas an. Die hinteren Radhäuser waren ausgebaucht und die Fastback-Heckklappe trug Lamellen.

Da der Ledl-Sportflitzer möglichst sparsam und wirtschaftlich sein sollte, wurde die Antriebseinheit aus dem kleinsten Ford gewählt: Der Fiesta-Quermotor mit 1297 cm^3 und 69 PS (AS 130) bzw. der Quermotor aus dem Escort XR 3 mit 1597 cm^3, Doppelvergaser und 96 PS (AS 160) wurde als Mittelmotor-Antriebseinheit mit Hinterradantrieb eingesetzt. Um unerwünschtes Eigenlenkverhalten der McPherson-Aufhängung zu vermeiden, wurde sie mit einer Momentabstützung kombiniert. Auch die Vorderradaufhängung mit doppelten Querlenkern stammte von Ford.

Die GfK-Karosserie entstand in kombiniertem Handauflege- und Spritzverfahren und sollte einen besonders hohen Festigkeitsgrad bieten, wozu auch Gewebe- und Sandwichverstärkungen beitrugen. Mit einer speziellen Isolierung wurden die Mittelmotorgeräusche möglichst vom Cockpit ferngehalten. Zum leichten Beheben von Unfallschäden hatte man in der Karosserie Reparaturabschnitte vorgesehen. Der Profilrahmen des Chassis wurde in Lehren schutzgasgeschweißt. Nebst integriertem Front- und Heckaufprallschutz besaß er einen hochreichenden Flankenschutz und war mit einem Überollbügel verbunden. Es wurden Vierrad-Scheibenbremsen mit Servo eingebaut, und das Armaturenbrett war reichlich mit Ford-Anzeigeinstrumenten bestückt.

Der TÜV Bayern in München sorgte für die ordnungsgemäße Zulassung und Ford genehmigte die Garantieleistungen. In Österreich selbst gab es eher Zulassungs- und andere Probleme: Während im Inland nur gerade 17 Ledl in Verkehr gesetzt werden konnten, fanden sich vor allem in Deutschland Abnehmer für diese kleinen und nur 109 cm hohen Liebhabercoupés. Weitere gelangten nach Frankreich, den USA, Japan, Neuseeland und sogar in die Ukraine.

Bis 1987 (als in Österreich die Katalysatorpflicht eingeführt wurde) entstanden gut 220 AS 160 und an die 20 AS 130.

Ledl AS, 1982

Ledl	Bauart	Mot.	Getr.	R/L cm	Baujahre
AS 130/160	**Pr'r./M.**	**a–d**	**5**	**239,5/417**	**1981–87**
Motoren:	*Zyl.:*	*N'w.:*	*cm^3:*	*PS/'min:*	*Nm/'min:*
a	4	OHC	1297	69/6000	100/3500
b (1982–)		OHV		66/5600	94/3250
c		OHC	1597	96/6000	132/4000
d (1983–)	4i			105/6000	138/4800

Lexus

Fast gleichzeitig als Nissan sich zur Schaffung der Luxusmarke Infiniti entschloss, nämlich im September 1987, plante auch → Toyota die Gründung einer „teuren“ Zweigmarke, mit der von den „gewöhnlichen“ Toyota Abstand genommen werden konnte. Die Marke Lexus war, dem bereits erfolgten Beispiel von Honda mit Acura folgend, eigens für die USA bestimmt und sollte ihre eigene Vertriebsorganisation erhalten. Das Kunstwort Lexus sollte Luxus, High-Tech und Hochleistung symbolisieren. Es war von 4-l-Modellen die Rede, die mit dem Jahrgang 1989 lanciert werden sollten. Zum einen war eine Nobellimousine mit 32-Ventil-V8-Motor, Superelektronik und raffinierter Aufhängung geplant, zum andern ein etwas bescheideneres sportliches Coupé mit V6-Motor als Weiterentwicklung des in Japan verkauften Soarer. Weitere Modelle wurden für später vorgesehen.

Mitte 1988 entschied Toyota, die Marke Lexus ab der Tokyo Motor Show 1989 auch in Japan anzubieten. Im Dezember 1988 wurden in den USA die beiden ersten Lexus-Modelle, der ES 250 und der LS 400, vorgestellt, doch die Markteinführung erfolgte erst im Herbst 1989. In Japan kam die Luxuslimousine LS 400 ab Herbst 1989 als Toyota Celsior in Verkauf.

ES 250. Der ES 250 entsprach technisch vollständig dem → Toyota Camry alias Vista V6 (Frontantrieb und Quermotor). Während die viertürige Camry-Stufenhecklimousine sechs Seitenfenster aufwies, bot der Lexus (analog zur Hardtop-Limousine Vista) vier Fenster. Zudem verhalf ihm ein chromgerahmter markanterer Kühlergrill zu mehr Prestige. Der 2507-cm^3-V6 kam in der US-Version auf 156 PS (DOHC, 24 Ventile, 4-Stufen-Automatikgetriebe, Federbeinaufhängung, vorne mit unteren Querlenkern, hinten mit parallelen Querlenkern und Längsstreben, Vierrad-Scheibenbremsen, ABS, luxuriöse Ausstattung).

LS 400. Bei diesem Modell handelte es sich um eine Eigenkonstruktion mit gediegen-eleganter Vierfenster-Stufenheckkarosserie. Mit 281,5 cm Radstand und 499,5 cm Länge war der LS 400 deutlich länger als der Toyota Crown. Im Gegensatz zu diesem war der Lexus-Aufbau selbsttragend konstruiert. Auch der 3969-cm^3-Alu-V8 mit je zwei obenliegenden Nockenwellen und 32 Ventilen war eine Neukonstruktion. Er leistete just 250 PS und trieb über ein 4-Stufen-Automatikgetriebe die Hinterräder an. Vorne und hinten fanden sich in sportlicher Manier obere und untere Dreieckquerlenker. Scheibenbremsen und ABS wurden serienmäßig eingebaut und auf Wunsch war eine hintere Niveauregulierung zu haben. Tempo 100 ließ sich binnen 8 s erreichen und als Spitze wurden 240 km/h genannt.

Besonderer Wert wurde auf ein möglichst hohes Qualitätsniveau gelegt. So wurde zum Beispiel die Fugenbreite zwischen den Karosserieteilen während der Montage von Computern gemessen und bei Bedarf korrigiert. Der Luftwiderstandsbeiwert wurde mit überraschend günstigen 0,29 angegeben. Schwingungs- und Geräuschdämpfung wurden groß geschrieben. Analog dazu

Lincoln

Lexus LS 400, 1989

Lexus ES 250, 1990

verhalf man dem Innenraum durch Holzfurnier und edle Stoffe zu einer gediegenen Atmosphäre. Die großformatigen Analoganzeigen des Instrumententrägers blieben bei ausgeschalteter Zündung hinter Rauchglas verborgen, und beim Abziehen des Zündschlüssel klappte das mit einem Airbag versehene, zweifach verstellbare Lenkrad nach oben, um den Aus- und Einstieg zu erleichtern. Im Wagenfond fanden sich zwei ausgeformte Einzelsitze. Dem Lexus LS 400 wurden zahlreiche luxuriöse Ausrüstungsmerkmale serienmäßig mit auf den Weg gegeben, für die bei der (deutschen) Konkurrenz teils happige Aufpreise zu zahlen waren.

Lexus	Bauart	Mot.	Getr.	R/L cm	Baujahre
ES 250	**Fr.**	**–**	**A4**	**260/462,5**	**1989/90**
Motor:	V6i	D24V	2507	156/5800	218/4400
LS 400	**St.**	**a/b**	**A4**	**281,5/499,5**	**1989/90**
Motoren:	*Zyl.:*	*N'w.:*	*cm³:*	*PS/'min:*	*Nm/'min:*
a	V8i	D32V	3969	260/5400	353/4600
b (USA/Europa)				253/5600/245K/5400	353/4400

Der erste Lincoln-Wagen war 1920/21 von Henry Martyn Leland geschaffen worden, der 1903 bereits Cadillac gegründet hatte. 1922 wurde Lincoln von der Ford Motor Company als Gegengewicht zur Marke Cadillac des Hauptkonkurrenten General Motors aufgekauft. Allerdings vermochte sich Lincoln nie den gleichen Prestigenimbus anzueignen wie Cadillac. Doch immerhin galt Lincoln als die Marke der US-Präsidenten! Das 1977 eingeführte kleinere Modell Versailles wurde mit dem Modelljahr 1981 bereits wieder gestrichen.

Town Car. Anderseits wurde das Lincoln-Hauptmodell Continental für 1981 auf Town Car umgetauft. Mit 298 cm Radstand und 556,5 cm Länge war es gleich ausladend geblieben, und auch das ausgeprägt eckig-kantige Karosseriedesign blieb erhalten. Bei der viertürigen Limousine fügte sich ein schmales Opera Window an das hintere Türfenster an, und beim zweitürigen Coupé sorgte ein Opera Window im vinylbespannten hinteren Dachträger für Diskretion im Wagenfond. Die Serienausrüstung war nochmals gesteigert worden.

Der Town Car basierte auf einem Kastenrahmenchassis mit Traversen. Vorn fanden sich obere und untere Trapez-Dreieckquerlenker und Schraubenfedern, hinten eine Starrachse mit unteren Längslenkern, oberen Schräglenkern und Schraubenfedern. Die Bremsen (vorne belüftete Scheiben) und die Kugelkreislauflenkung arbeiteten mit Servo. Während der Continental auf Wunsch noch mit einem 5,8-l-V8-Motor ausgerüstet worden war, steckte unter der mächtig langen Motorhaube des Town Car ausschließlich der 4,9-l-V8 mit 132 PS. Die technische Besonderheit lag in der elektronischen Benzineinspritzung, die bei diesem Motor 1980 eigens für Lincoln eingeführt worden war. Als Kraftübertragung diente die 4-Stufen-Einheit Automatic Overdrive, bei der die 0,67:1 untersetzte oberste Stufe für verminderte Drehzahl und somit auch für einen tieferen Verbrauch sorgte.

Continental Mark VI. Die Nr. 6 der Continental-Serie war 1980 auf den Markt gelangt. Sie verkörperte das Superluxusauto der Ford Motor Company. Neu gab es sie seit 1980 auch als Sedan. Zu den besonderen Merkmalen zählten nebst der besonders hochwertigen Ausstattung u. a. die unter Klappen verborgenen Scheinwerfer und die kleinen ovalen, horizontal gestellten Opera Windows in den hinteren Dachträgern. Auch die Mark VI waren sechssitzig, und sie wogen leer bis 1880 kg. Das Kastenrahmenchassis und die Antriebsaggregate waren mit jenen des Town Car identisch.

Continental 1982. Als Nachfolger des Versailles wurde Anfang August 1981 ein neuer Lincoln Continental vorgestellt. Er bildete wiederum einen Abschluss nach unten, sah aber wesentlich repräsentativer aus als der wenig erfolgreiche Versailles. Stören mochte Puristen sein an den Cadillac Seville bzw. an den Daimler Limousine gemahnendes Heckdesign mit schräg abfallenden Linien. Mit diesem Modell wurde der traditionelle

Modellname für das Spitzenprodukt der Ford Motor Company auf die aktuell gewordene Sparsamkeit getrimmt. Während die weitergebauten großen Lincoln immer noch mehr als 1,8 Tonnen auf die Waage brachten, wog dieser „Conti" leer weniger als 1550 kg. Ausgerüstet wurde er mit dem 3,8-l-V6, der auf äußerst bescheidene 114 PS kam, oder auf Wunsch mit dem 4,9-l-V8 mit 133 PS. Im Gegensatz zu den V8 besaß der V6 einen Leichtmetall-Zylinderkopf. Für die Kraftübertragung diente das 4-Stufen-Automatikgetriebe Automatic Overdrive mit Lenkradschaltung. Der Continental bot ja ebenfalls bis sechs Personen Platz.

Technische Basis lieferten die mittelgroßen Ford- und Mercury-Modelle. Statt eines Kastenrahmenchassis hatte der Neuling somit eine selbsttragende Karosserie. Die Vorderradaufhängung setzte sich aus unteren Dreieckquerlenkern mit elastisch gelagerter Zugstrebe, Dämpferbeinen und Schraubenfedern zusammen. Hinten fand eine Starrachse mit unteren Längslenkern, oberen Schräglenkern und Schraubenfedern Verwendung. Die belüfteten Vierrad-Scheibenbremsen und die Zahnstangenlenkung waren servobedient. Neu war der Einbau von Gasdruckstoßdämpfern. Das Ausstattungsniveau entsprach dem Ruf der Luxusmarke: feinste Polsterstoffe, Fensterheber, Zentralverriegelung, Verbrauchsanzeige, Geschwindigkeitsregler, beheizte Außenspiegel usw.

1982 wurde die Bezeichnung Continental für den Mark VI weggelassen, und den Town Car gab es nur noch als Limousine.

1983 wurde der Continental ausschließlich noch mit dem 4,9-l-V8 ausgerüstet; auf Wunsch war er nun mit einer kürzeren Achsuntersetzung (3,27:1 statt 3,08:1) lieferbar. Die großen Lincoln Town Car und Mark VI wurden auch in Sonderausführungen der namhaften Modeschöpfer Bill Blass, Emilio Pucci und Cartier angeboten. Bereits wussten Insider, dass an einem Mark VII mit reduziertem Luftwiderstand gearbeitet wurde.

Lincoln Town Car, 1981

Mark VII. Als erstes Modell des US-Jahrganges 1984 wurde Anfang August 1983 als Spitzenmodell der Lincoln-Mercury-Division der Mark VII vorgestellt. Mit ihm wurde eine weitere massive Verkleinerung vollzogen: Sein Radstand erreichte noch 276 cm, und die Aussenmaße standen mit vergleichsweise bescheidenen 515x180x137 cm zu Buche. Es gab ihn weiterhin nur zweitürig, die Plattform aber entsprach weitgehend jener des viertürigen, selbsttragenden Continental. Mit diesem teilte er auch den 4,9-l-V8-Motor. An der Leistungsfähigkeit änderte sich hingegen nicht viel, weil gleichzeitig das Leergewicht von 1815 auf 1645 kg vermindert worden war.

Geblieben war das typische Kühlergesicht, und auch die Reserveradattrappe im Kofferdeckel war als Modellerkennungsmerkmal erhalten geblieben. Dank aerodynamischem Feinschliff hatte sich ein beachtlich günstiger cw-Wert von 0,38 er-

Lincoln Mark VI Coupe, 1981

geben. Statt Schraubenfedern erhielt der Mark VII ein elektronisch gesteuertes Luftfederungssystem, das in Zusammenarbeit mit Goodyear entwickelt worden war. Elektronik fand sich auch an Bord, so war außer einem Trip-Computer eine vollelektronische Anzeigeeinheit erhältlich. Neben einer Basisversion gab es den straffer gefederten LSC (= Luxury Sport Coupe) mit Breitreifen sowie die Designer-Modelle Bill Blass und Gianni Versace.

Später wurde der Mark VII wahlweise mit dem in Österreich hergestellten 2,4-l-Turbodieselmotor von BMW lieferbar.

Continental 1984. Mit diesem Jahrgang erhielt der kleinste Lincoln bei unverändert traditionell gestaltetem Kühlergrill eine leicht schräg gestellte Front, die somit einen etwas reduzierten Luftwiderstand versprach. Auch der Continental war nebst dem 4,9-l-V8 mit dem 2,4-l-Sechszylinder-Turbodieselmotor mit 116 PS Leistung erhältlich.

1985 wurde als aufpreispflichtiges Zubehör für Mark VII und Continental ein ABS aufgeführt.

1986 erfuhr der 4,9-l-V8-Motor der Continental, Town Car und Mark VII eine Leistungssteigerung von 142 auf 152 Netto-PS, mit Doppelauspuff waren es im Town Car gar 162 PS.

Mark VII LSC. Statt mit dem leistungsgesteigerten 183-PS-Motor gab es den Mark VII 1986 neu als LSC (Luxury Sport Coupe) mit dem High-Output-V8 und 203 PS. Hierzu hatte der 4,9-l-V8 diverse konstruktive Verfeinerungen erfahren und vor allem wurde die Zentraleinspritzung durch eine Saugrohreinspritzung ersetzt, die SEFI (= Sequential Electronic Fuel Injection) mit optimierter Einspritzmenge und -zeitpunkt. Der immerhin rund 1,7 Tonnen wiegende LSC imponierte nicht nur durch seine Leistungsfähigkeit, sondern ebenso durch seine straffere, computergesteuerte Druckluftfederung und durch die mit 2,5 Umdrehungen vom einen zum anderen Anschlag direkter ausgelegte Zahnstangenlenkung.

Ende März 1987 erhielt der Mark VII eine weitere Leistungsspritze und zwar auf 228 PS (im Verein mit Breitreifen). – Der Town Car hatte sich zwar weiterhin mit 142 PS (mit Doppelauspuff 152 PS) zu begnügen, aber man hatte ihm zum

Lincoln Continental, 1982

Lincoln Mark VII LSC, 1987

Lincoln Continental, 1988

Lincoln Town Car, 1990

Lincoln	Bauart	Mot.	Getr.	R/L cm	Modelljahre
Town Car (*1990–)	**K'r.**	**a–d**	**A4**	**298/556,5/559,5***	**1981–90**
Continental Mark VI		**a/b**			**1981–83**
Continental M.VI Coupe				**290,5/548,5**	
Motoren:	*Zyl.:*	*N'w.:*	*cm³:*	*PS/'min:*	*Nm/'min:*
a (1981 *1982)	V8i	OHV	4942	132/136*/3400	312/315/2200
b (1983)				147/3600/132/3200	332/2200/326/2000
c (1984/85 *Canada)				142/3200/157*/3600	339/1600/360/2000
d (1986–)				152/3200/162/3400	366/2000/380/2200
Continental	**St.a–e**		**A4**	**275,5/510**	**1982-87**
Motoren:	*Zyl.:*	*N'w.:*	*cm³:*	*PS/'min:*	*Nm/'min:*
a (1982)	V6	OHV	3791	114/120C/4000	237/2600/252/20'
b (1982)	V8		4942	133/34'	311/12'
c (1983 *1984/85)	V8i			132/142*/3200	326/2000/339/16'
d (1986–)				152/32'	366/20'
e (1984/85)	6 D	OHC	2443	ca. 116/4800	210/24'

Lincoln	Bauart	Mot.	Getr.	R/L cm	Modelljahre
Continental	**Fr.–**		**A4**	**277/521**	**1988–90**
Motor:	V6i	OHV	3791	142/3800	292/2200
Mark VII	**St.a–c**		**A4**	**275,5/515**	**1984–90**
Motoren:	*Zyl.:*	*N'w.:*	*cm³:*	*PS/'min:*	*Nm/'min:*
a (*1986/87)	V8i	OHV	4942	142/152*/3200	339/1600/366/2000
b (1985–87 *1988–)				183/228*/4200	353/2600/407/32'
c (1984/85)	6D	OHC	2443	ca. 116/4800	210/2400

London Taxi

gleichen Zeitpunkt neue Schlussleuchten und Radkappen sowie einen leicht geänderten Kühlergrill verpasst.

Continental 1988. Mit ihm wurde der erste Lincoln mit Vorderradantrieb geschaffen. Er basierte auf der verlängerten und leicht verbreiterten Plattform der Modelle Ford Taurus und Mercury Sable und hob sich auch stilistisch weitgehend von seinem Vorgänger ab. Dessen arg kantiges Design war weich fließenden, langgestreckten Linien gewichen, die sich einer leicht zugespitzten, stark gerundeten Frontpartie mit Chromband über Kühlergrill und Scheinwerfern anschlossen. Der Radstand war von 275,5 auf 277 cm angewachsen, die Länge gar von 510 auf 521 cm. Zusammen mit dem Quermotor erbrachte dies einen beträchtlichen Raumgewinn. Nur schon für den Kofferraum wurden nun 540 statt 415 dm3 Inhalt genannt.

Statt 1725 kg brachte der neue Conti ab 1640 kg auf die Waage. Da konnte ja der 3,8-l-V6 mit 142 PS (und Schwingungsausgleichswelle) durchaus den 152 PS starken 4,9-l-V8 ersetzen. Der Kraftübertragung diente das 4-Stufen-Automatikgetriebe AXOD mit Lenkradschaltung oder wahlweise Wählhebel auf der Mittelkonsole. Die hintere Einzelradaufhängung mit Quer- und Längslenkern wurde (wie schon beim Vormodell) mit einem elektronischen Luftfederungssystem mit Niveauregulierung komplettiert, und auch Vierrad-Scheibenbremsen mit ABS zählten zur Serienausstattung. Wer's noch luxuriöser (u. a. mit Leder) wollte, konnte den Continental in der Ausführung Signature Series bestellen. Der neue Continental erwies sich als wahrer Verkaufshit. Im ersten Halbjahr 1988 konnte er in 21'562 Exemplaren abgesetzt werden (gegenüber 7268 Stück im ersten Halbjahr 1987).

Zum Modelljahr 1989 wurden beim Continental einige Verfeinerungen eingebracht: Ventilstößel mit Rollen, Ventildeckel aus Magnesium, neue Antriebsgelenke, weiter ausfahrbare Getriebestufen, neues Instrumentarium und Airbag. – *Nachdem 1982 Cadillac als „Hoflieferant" des Weißen Hauses Lincoln verdrängt hatte, konnte Präsident Bush 1989 wieder ein Lincoln (mit verstärktem Chassis und stark gepanzert) geliefert werden, womit die Ehre der Ford-Spitzenmarke wieder hergestellt war.*

Town Car 1990. Mit dem Modelljahr 1990 erhielt auch der Town Car einen neugeformten Aufbau, der deutlich rundlicher wirkte, ohne aber an Eindrücklichkeit verloren zu haben. Die Länge hatte um 3 auf 559,5 cm, die Höhe um 2 auf 144 cm zugelegt, während die Breite mit 198,5 cm unverändert blieb. Dies galt auch für den 298-cm-Radstand des Kastenrahmenchassis. Der noch breiter chromgerahmte Kühlergrill gab sich leicht gewölbt, und das als Opera Window ausgebildete dritte Seitenfenster war von der Hintertüre deutlicher abgesetzt. Mechanisch waren keine prinzipiellen Änderungen zu verzeichnen.

Mit dem Modelljahr 2003 wurde der Lincoln-Begriff Continental aufgegeben.

Im Jahre 1919 war in Coventry, England, die Firma Carbodies Ltd gegründet worden. Sie lieferte Aufbauten für unterschiedliche englische Autohersteller. Nachdem → Austin nach Kriegsende den Zuschlag für die Herstellung des Taxi FX 3 erhalten hatte, nahm Carbodies 1948 die serienmäßige Karossierung der von Austin gelieferten Chassis auf. Das Konzept war nach den Sicherheitsvorgaben der Londoner Polizeizentrale Scotland Yard ausgearbeitet worden. Der Vertrieb erfolgte unter der Ägide von Austin. 1959 wurde der in Pontonform gehaltene FX 4 eingeführt.

1973 wurde die Carbodies Ltd von der Manganese Bronze Holding übernommen und 1976 gründete Carbodies eine eigene Vertriebsfirma für den Verkauf außerhalb von London (dort blieb die Taxifirma Mann & Overton zuständig). Aber erst im Herbst 1982 wurde das Austin-Logo über dem Kühler durch ein Carbodies-Signet abgelöst. 1984 wurden dann Carbodies und Mann & Overton zur Firma London Taxi International (LTI) zusammengeschlossen. Die legendäre, kaum mehr aus dem Großstadtbild Londons und anderer englischer Zentren wegzudenkende Taxisilhouette ging aber immer noch auf das Jahr 1959 zurück.

Ab Ende 1980 hatte Carbodies zwecks verbesserter Nutzung der Produktionskapazität vorübergehend eine Cabrioletversion des zweitürigen Ford Cortina (alias Taunus) gebaut. Diese war von der Crayford Auto Developments Ltd (→ Anhang) entwickelt worden und besaß einen T-förmigen schwarzen Überrollschutzbügel sowie fixe Fensterrahmen.

FX 4. Das London Taxi entstand in zwei Ausführungen für Taxi- und Mietwagenbetriebe. Seine Eigenheit waren die altertümlich wirkende Zweckform mit hochformatigem, zwischen den Radhäusern eingebettetem Kühlergrill, die flache Windschutzscheibe und der nicht weniger als 177 cm hohe Aufbau. Dank diesem konnten die Passagiere selbst mit aufgesetzter Melone bzw. Bowler-Hut – wie man ihn in der Londoner Geschäftswelt teils noch bis in die 70er Jahre trug – bequem ein- und aussteigen. Zudem wurde dem Fahrer aus diesem Minivan-Vorläufer ein guter Verkehrsüberblick geboten. Eine ganz besondere Eigenheit war für das immerhin 458 cm lange Gefährt der nur gerade 7,6 m Durchmesser erreichende Wendekreis, der das Wenden in der Straße ermöglichte (soweit dies noch toleriert wurde). Bis in die 60er/70er Jahre war der Verkehr in der Londoner City von den durchwegs in Schwarz gehaltenen Einheitstaxis dominiert worden.

London Taxi FX 4, 1981

Angetrieben wurde das leer immerhin gut 1560 kg wiegende London Taxi auch 1981 noch von einem BMC-Dieselmotor mit seitlicher Nockenwelle, der aus 2,5 l Hubraum bescheidene 61 PS, aber immerhin 147 Nm (bei 2000/min) lieferte. Es bestand die Wahl zwischen einem 3-Stufen-Automatikgetriebe von Borg-Warner (mit Lenkradschaltung) und einem 4-Gang-Getriebe (mit Stockschaltung, nur die drei oberen Gänge waren synchronisiert). Das Chassis war eine Kastenrahmenkonstruktion mit Kreuzverstrebung, vorne wurden Trapez-Dreieckquerlenker und Schraubenfedern verwendet, hinten eine Starrachse mit Halbelliptikfedern und Kolbendämpfern. Es wurden Vierrad-Trommelbremsen mit Servo eingebaut, und die Lenkung funktionierte mit Schnecke und Lenkfinger.

Ein London Taxi vermochte fünf bis sechs Passagiere samt Gepäck aufzunehmen, und dank seiner Transportkapazität fand es auch private Verwendung. Gegen Ende 1980 versuchte Carbodies mit dem London Taxi auch in New York Fuß zu fassen. Zwar wurde festgehalten, dass die Form nicht dem amerikanischen Geschmack entspreche und der Preis im Vergleich zu den → Checker-Taxis oder Chrysler-Modellen viel zu hoch sei. Doch anderseits wurden die niedrigen Betriebskosten hervorgehoben, die dem Dieselmotor zuzuschreiben waren, und man sprach auch von den sagenhaften Kilometerleistungen, die mit dem unverwüstlichen London Taxi erreicht werden konnten: Es war von bis zu einer Million und mehr Kilometern die Rede. Als weitere Vorteile wurden die vertikale Bewegungsfreiheit für die Insaßen und die separate Klimaanlage für Fahrer und Passagiere ins Feld geführt. Eine eigentliche Verbreitung sollte das London Taxi „drüben" allerdings nicht finden.

CR 6. Im Frühling 1982 war von einem neuen Taxikonzept die Rede, von dem es hieß, dass es Anfang 1984 in Serie gehen würde: verschiedene

London Taxi	Bauart	Mot.	Getr.	R/L cm	Baujahre
	K'r.	**a–e**	**A3/4/5/A4**	**281/458**	**1981–1990**
Motoren:	*Zyl.:*	*N'w.:*	*cm³:*	*PS/'min:*	*Nm/'min:*
a (USA 1986/87)	4	OHC	2301	89/4200	166/2600
b (1982–)	4D	OHV	2286	61/4000	139/1800
c (FX 4S 1985–89)			2494	68/4000	155/1800
d (–1982)			2520	61/3500	147/2000
e (Fairway 1989–)			2663	79/4300	174/2200

Karosserieelemente vom Range Rover, Möglichkeit mit einem Rollstuhl einzufahren, modifizierter 2,3-l-Dieselmotor aus dem Land Rover, 5-Gang-Getriebe, Servolenkung, verbesserte Bremsen, wirkungsvollere Isolation und Heizung, bequemerer Fahrersitz. Wie verlautete, wurde der CR 6 in England und in den USA einem rigorosen Testprogramm unterzogen.

FX 4R. Doch was im Herbst 1982 vorerst herauskam, war lediglich der Übergang zum robusteren 2,3-l-Dieselmotor mit fünffach gelagerter Kurbelwelle von Land Rover. Dieser leistete ebenfalls 61 PS, jedoch erst bei 4000/min statt 3500/min.

Limousine. Unter der Bezeichnung London Limousine wurde Anfang 1983 eine eigens für den Vorderen Orient und weitere Exportländer bestimmte Luxusversion geschaffen: Diese Chauffeurlimousine wartete mit einem Lederinnenraum, Walnussholzverzierungen, Klimaanlage, Fernseher und Barschrank auf. Dass man für das laufende Jahr mit 700 Bestellungen rechnete, dürfte allerdings eine ziemlich optimistische Einschätzung gewesen sein. Inzwischen standen in britischen Kapitale rund 12'500 London Taxi im Einsatz.

Gegen Mitte 1984 machte die Aufnahme von einem neuen London-Taxi-Prototyp die Runde, der auf dem Range Rover basierte, aber höhere Fenster aufwies. Er wurde als kommender neuer London Cab taxiert. Für den Antrieb sorgte ein 2,5-l-Dieselmotor mit Abgasturbolader.

Limousine Tickford. Um gut 40 cm verlängert präsentierte sich auf der Birmingham Motor Show im Oktober 1984 eine von der Aston Martin Tickford Limited geschaffene Superluxuslimousine auf der Basis des Londoner Taxis mit normalem 2,3-l-Dieselmotor und Automatikgetriebe.

FX 4S. Im November 1985 kam der FX 4S als weiter modifizierte Variante ins Angebot. Er bot den auf 2,5 l vergrößerten Dieselmotor von Land Rover mit 68 statt 61 PS. Der FX 4R blieb weiterhin lieferbar und außerdem wurde eine USA-Version mit 2,3-l-OHC-Vierzylinder-Benzinmotor von Ford angeboten. Der Passagierraum war hinten vergrößert worden, und äußerlich erkannte man die neue Version an schwarzen Stoßstangen und dem LTI-Signet.

FX 4W. Dies war ein im April 1986 auf den Taximarkt gebrachtes Zusatzmodell, wobei der Buchstabe W Zugänglichkeit für Rollstuhl bedeutete. Hierzu war die Türkonstruktion auf der linken Seite geändert worden. Um mehr Platz zu schaffen, ließ sich der hintere Sitzsockel hochklappen.

FX 4S Plus. In diesem im September 1987 eingeführten Modell gab es ein neues Armaturenbrett, auf Wunsch Scheibenheber und auch eine zusätzliche Farbauswahl (wenngleich Schwarz die Standardfarbe blieb). Wesentlich aber war der Ersatz der hinteren Kolbenstoßdämpfer durch die üblichen Teleskopstoßdämpfer, was den Passagierkomfort erhöhte. – 1987 verlautete, dass das Taxiprojekt CR 6 (s. oben) gestrichen worden sei.

Fairway. Diese im Februar 1989 eingeführte Bezeichnung hatte Carbodies schon in den 30er Jahren verwendet. Mit ihr wurde der 2,5-l-Land-Rover-Diesel durch einen 2,7-l-OHV-Vierzylinder-Dieselmotor von Nissan abgelöst, der 79 PS leistete und mit einem ebenfalls von Nissan stammenden 4-Stufen-Automatikgetriebe oder einem 5-Gang-Getriebe verbunden wurde. Es war ein jährlicher Bezug von rund 3000 dieser Antriebseinheiten geplant. Entsprechend der vorgesehenen neuen Vorschriften war der Fairway rollstuhlgängig wie schon der FX 4W. Es wurden nun auch hintere Kopfstützen eingebaut (auf die man aus Gründen der Hygiene bis dahin verzichtet hatte), und zudem wurden diverse Ausführungen angeboten.

Der Fairway als letzter Exponent der traditionellen FX-Form wurde bis 1997 gebaut und dann durch den weit moderner gestylten, aber immer noch in der klassischen London-Taxi-Silhouette gehaltenen TXI abgelöst. – 2005 hatte die Firma LTI Vehicles bereits über 100'000 Taxi seit dem Erscheinen des FX 4 von 1959 hergestellt. Mit 400 Mitarbeitern in Coventry und im britischen Vertriebsnetz war sie der größte Pkw-Hersteller in britischem Besitz.

Lorenz & Rankl

Auf der IAA Frankfurt im September 1985 trat die Firma Lorenz & Rankl GmbH & Co., Fahrzeugbau KG aus Wolfratshausen mit einer beeindruckenden Vielfalt an Luxussportfahrzeugen in Erscheinung. Dazu zählten eigene Sportwagen wie auch Ferrari-Cabrio-Umbauten sowohl der 308 GTB und GTS wie des 512 BB und des 400, wobei letzterer Viersitzer besonders gut gelungen war. Initiant Friedrich Peter Lorenz hatte seine Berufskarriere 1953 als Ingenieur bei Ford in Köln begonnen, während der Kaufmann Heiner H. Rankl zuvor die Lederwarenmarke Etienne Aigner aufgebaut hatte.

Silver Falcon. Besondere Aufmerksamkeit fand auf jener IAA bei den Enthusiasten die Eigenkonstruktion Silver Falcon (anfänglich LR Silverfalcon), ein zweisitziges Sportcabrio, dessen Entwicklung zweieinhalb Jahre gedauert hatte. Seine rundlich-traditionellen Linien erinnerten ein wenig an die frühen Rennsportroadster des Mercedes-Benz 300 SL, womit von einer Neoclassic-Konstruktion gesprochen werden konnte. Die zugespitzte Front wies eine ovale Kühlluftöffnung und unter Plexigläsern eingebaute Scheinwerfer auf. Hinter den vorderen Radhäusern fanden sich Luftauslässe eigener Form und das Heck war sanft abfallend gestaltet. Der Silver Falcon basierte auf einem Gitterrohrrahmen, der aus massiven Stahlrohren mit rundem Querschnitt zusammengeschweißt wurde. Dem Antrieb diente der 5-l-V8-Motor aus dem Hause Daimler-Benz. Statt des 4-Stufen-Automatikgetriebes konnte ein 5-Gang-Getriebe von Getrag eingebaut werden.

Auch die Aufhängungen stammten von den großen Mercedes-Benz, wobei anfänglich Federn und Stoßdämpfer des Typs Koni Formel 1 verwendet wurden, worauf aber aus Komfortgründen alsbald verzichtet wurde. Es standen zum Retrodesign des Silver Falcon passende Borrani-Speichenräder oder Aluräder zur Wahl. Der Karosserieaufbau wurde nach Wunsch des Käufers aus GfK oder (entsprechend teurer) aus Kevlar- und Kohlefasermaterial hergestellt. Spä-

Lorenz & Rankl Silver Falcon, 1986

ter wurde auch Aluminium als Baustoff angeboten. Zur luxuriösen Ausstattung zählten eine vollständige Lederauskleidung mit Sitzanfertigung nach Maß, Sitzheizung, Einbruch- und Diebstahlwarnanlage usw. Mit dem Silver Falcon ließen sich Tempo 100 binnen 5 s und eine Spitze von 270 km/h erreichen. Dies galt für die 240-PS-Ausführung, doch wurden Leistungssteigerungen bis 400 PS angeboten, überdies Differenzialbremse, ABS, Katalysator und auch ein Hardtop. Das Leergewicht erreichte 1150 kg.

Cobra-Replika. Neben dem Silver Falcon boten Lorenz & Rankl eine weitere Replika des Cobra Mark 3 an. Als Chassis diente ein analoger Gitterrohrrahmen, auch er mit 240 cm Radstand (die Original-Cobra hatten 228,5 cm Radstand, → AC). Das Antriebsaggregat war auch in diesem Modell der 5-l-V8 von Mercedes-Benz, und als Material für die Karosserie standen vordergründig Aluminium und Kevlar/Kohlefasern zu Wahl.

Bis im Sommer 1987 entstanden in den großzügigen Hallen zu Wolfratshausen (30 km südlich von München), wo zeitweise bis zu 25 Mitarbeiter beschäftigt wurden (auch für Tuningarbeiten), acht Silver Falcon und sieben LR Cobra und außerdem gut ein Dutzend Vollcabrios der Ferrari 308/328 und je ein halbes Dutzend offene Ferrari 400 und 512; hinzu kam eine viertürige Cabrioversion des MB 500 SEL.

Nachdem bereits von einem Silver-Falcon-Modell mit Audi-Mechanik die Rede gewesen war, wurde im September 1987 auf der IAA Frankfurt das Chassis von einem geplanten Allrad-Silver-Falcon ausgestellt. Die Antriebstechnik stammte vom BMW 325 iX, doch wurde der ebenfalls aus München stammende 2,7-l-Sechszylindermotor mit einem MKL (mechanischen Kreisellader von ZF) und Ladeluftkühler auf 279 PS bei 6000/min gebracht.

Lorenz & Rankl waren mit ihren Silver-Falcon- und Ferrari-Cabrio-Programmen auch auf dem Genfer Salon 1988 präsent. In jenem Jahr entstanden drei weitere Silver Falcon. Auf dem Genfer Salon 1989 stand bei unverändertem Gesamtangebot wieder der Cobra-Nachbau mit Mercedes-Mechanik im Vordergrund. Neu war ein Umbau des MB-Coupés 230–300 CE in ein Cabrio, auf Wunsch mit SEC-Motorhaube.

Auf der IAA 1989 kam der mit Leopard bezeichnete englische Mirach Spider (→ Anhang) hinzu, und er wurde von Lorenz & Rankl auch auf dem Genfer Salon 1990 gezeigt. Der Silver Falcon fand sich gleichenorts nur noch in Form eines Fahrgestells, doch wurde darauf hingewiesen, dass nun auf Wunsch statt des Mercedes-Benz-V8 der noch prestigevollere V-12-Motor von BMW eingebaut werde. Zudem zeigten Lorenz & Rankl auf jenem Genfer Salon einen als Pullmann-Limousine bezeichneten sechstürigen Lang-Audi (359 cm Radstand, 568 cm Länge, mit Vorder- oder Vierradantrieb auf Audi 100, 200 oder V8).

Lotus

Begonnen hatte die Karriere der von Colin Chapman (1928–1982) gegründete Marke Lotus 1947 mit Trials- bzw. Geländesportautos, einer typisch englischen Spezialität. Die Lotus Cars Limited wurde 1955 gegründet. Den Höhepunkt brachte der Eintritt in den Grand-Prix-Rennsport der Formel 1; in dieser Sparte holte sich Lotus von 1963 bis 1978 siebenmal den Weltmeistertitel! Colin Chapmans Konstruktionen galten als optimale Kombination von Leistungsfähigkeit und Leichtbauweise. Dies galt auch für die vom F1-Rennstall getrennte Sportwagenabteilung Lotus Cars in Norwich, Norfolk. Dort wurden 1981 die Modelle Esprit mit Mittelmotor sowie Elite und Eclat mit Frontmotor hergestellt.

Esprit 2.2. Das Modell Esprit war im Oktober 1975 vorgestellt worden. Sein Entwurf stammte von Giorgetto Giugiaro von Ital-Design (→ Anhang), und es präsentierte sich als zweisitziges Mittelmotorcoupé von bestechender Keilform. Die nur 111 cm hohe Karosserie wurde wie bei allen Lotus aus Kunststoff hergestellt; Lotus zählte auf diesem Gebiet zu den Pionierfirmen. Der Unterbau bestand aus einem aufwändigen Gitterrohrrahmen. Der von 2 auf 2,2 l vergrößerte Alumotor war im Mai 1980 eingeführt worden. Er besaß Lotus-typisch einen Zylinderkopf mit zwei obenliegenden Nockenwellen und 16 Ventilen (dies zu einem Zeitpunkt, als 16-Ventil-Motoren noch die große Ausnahme waren). Ungewöhnlich war die Verwendung von zwei Dell'Orto-Doppelvergasern (für die USA zwei Zenith-Vergaser). Für einige Länder wurde aus fiskalischen Gründen weiterhin der 2-l-Motor eingebaut.

Zu den weiteren technischen Daten zählten ein 5-Gang-Getriebe; vorne Federbeine, obere Dreieck- und untere einfache Querlenker, hinten Federbeine, Schräglenker, Querlenker und mittragende Antriebswellen; Vierrad-Scheibenbremsen mit Servo, hinten innenliegend. Natürlich war auch das Cockpit hochsportlich ausgerichtet.

Esprit Turbo. Er war als erstes 2,2-l-Lotus-Modell bereits im Februar 1980 herausgebracht worden. Mit dem Garrett-Abgasturbolader des Typs T3 stieg die Leistung von 162 auf 213 PS. Äußerlich hob sich das Turbomodell durch eine entsprechende Aufschrift und ein eigenes Dekor ab.

Elite 2.2. Der im Mai 1974 lancierte Elite war als viersitziger Sportkombi ausgelegt (einen Lotus Elite hatte es bereits von 1957 bis 1964 gegeben). Sein ungewöhnliches Design mit flacher Front und Klappscheinwerfern, der nach hinten ansteigenden Gürtellinie und dem Steilheck mit tief herabreichendem, aufklappbarem Heckfenster war von Oliver Winterbottom, einem früheren Jaguar-Mitarbeiter, entworfen worden. Das gesamte Interieur stammte hingegen von Giorgetto Giugiaro. Aufgebaut wurde die Kunststoffkarosserie des Elite auf einem verzinkten Zentralchassisträger, der vorne und hinten gegabelt war. Vorne wurden obere Dreieckquerlenker und untere einfache Querlenker verwendet, hinten wurden hingegen Querschwingen und zudem innenliegende Trommelbremsen montiert; auf Wunsch wurde die Zahnstangenlenkung ebenfalls mit einem Servo ausgerüstet.

Im Mai 1980 hatte auch der Elite den 2,2-l-16-Ventil-Motor erhalten (ebenfalls mit Varianten; nun als Series 2 bezeichnet). Auf Wunsch waren in diesem Modell ein 4-Gang-Getriebe oder ein 3-Stufen-Automatikgetriebe Borg-Warner Typ 65 lieferbar.

Eclat 2.2. Der im Oktober 1974 vorgestellte Eclat war eine Coupévariante des Elite. Auch sie war (knapp) viersitzig und bot eine Heckklappe. Sie war vor allem für jene Lotus-Fans gedacht, die sich mit der ungewohnten Sportkombiform des Elite nicht anfreunden konnten.

Esprit Series 3. Im Mai 1981 wurde der Esprit in Drittauflage vorgestellt. Er war technisch überarbeitet worden und wurde (auf dem heimischen Markt) zu einem stark reduzierten Preis angeboten. Die Radführung und das verzinkte Chassis – Garantie nun fünf Jahre! – waren vom Turbomodell übernommen worden. Die voluminöseren Stoßfänger und Spoiler (cw-Wert neu 0,33) verhalfen zu einem leicht veränderten Aussehen. Der 2,2-l-Motor wurde nicht nur mit einem neuen Ansaug- und Auslasssystem (Leistung knapp über

Lotus Eclat Series 2.2, 1981

160 PS), sondern auch mit einer verbesserten Be- und Entlüftung des Mittelmotorraums bedacht. Es wurden vergrößerte vordere Bremsscheiben montiert, die Geräuschisolierung zeigte sich merklich verbessert, es wurden neue Sitze mit Veloursüberzügen und eine weicher abgestimmte Federung verwendet. Gegen Aufpreis gab es Ledersitze und moderne Speichenräder.

Mitte 1981 schloss die Lotus Cars Limited mit Toyota eine Grundsatzvereinbarung, wonach Mitte der 80er Jahre ein kleiner Sportzweisitzer mit Toyota-Motor auf den Markt kommen sollte.

Auf der London Motorfair wurde im Oktober 1981 unter der Bezeichnung Eclat 2.2 Riviera eine neue Variante mit Schiebedach, Spoiler und Entlüftungsöffnungen auf der Motorhaube ausgestellt. – *1979 hatte Lotus mit Rolls-Royce vereinbart, dass die 70 RR-Händler in den USA auch Lotus-Modelle verkaufen würden; Mitte 1982 beschloss nun Lotus, „drüben" ein eigenes Vertriebsnetz aufzubauen.*

Wie Lotus 1982 verlauten ließ, wurden rund 1700 Komponenten, die früher von Zulieferanten bezogen wurden, fortan in Eigenregie hergestellt, und dies mit einem auf 450 Mitarbeiter reduzierten Personalbestand (einst waren es 950). Gleichzeitig wurden große Zukunftspläne geschmiedet. Dazu zählte in erster Linie eine Erhöhung der Jahresproduktion von 340 (1981, 1982 sollten es 572 sein) auf 5000 Stück im Jahre 1985, dies dank dem kleinen Sportwagen mit Toyota- Antriebseinheit, der die von MG und Triumph hinterlassene Lücke füllen sollte.

Große Hoffnungen setzte man bei Lotus zudem auf einen in Entwicklung stehenden V8-Motor mit niedrigem Gewicht und günstigem Verbrauch. Er war für Fremdfirmen gedacht, von denen Lotus zusehends Entwicklungsaufträge (teils auch außerhalb des Automobilbaus) erhielt. Ähnlich wie bei Porsche verkörperten solche Arbeiten ein zweites Standbein. Außer durch den Einsatz im Rennsport stieg der Bekanntheitsgrad von Lotus auch durch die Verwendung seines Bestsellermodells Esprit bei den populären James-Bond-Filmen. Vom Konkurs des → DeLorean-Automobilwerks, für das viel Entwicklungsarbeit geleistet worden war, wurde Lotus nicht in Mitleidenschaft gezogen.

Eclat Excel. Im Herbst 1982 erschien das 2+2-sitzige Fastbackcoupé in gänzlich überarbeiteter Form und mit der Zusatzbezeichnung Excel. Die markanten Öffnungen auf der Motorhaube waren verschwunden; nun waren vier rechteckige Lufteinläße in den Frontspoiler integriert. Die untere Seitenfensterlinie war bis hinten durchgezogen, und das fünfeckige hintere Seitenfenster war einer üblichen dreieckigen Kontur gewichen. Gleichzeitig stand über den Hintersitzen 10 cm mehr Kopffreiheit zur Verfügung. Der Aufbau bestand weiterhin aus Kunststoff, man wies aber darauf hin, dass nicht mehr von GFPR (GfK), sondern von VARI (Vaccum Assisted Resin Injection) und Composite (Verbundmaterial) gesprochen werden müsse. Diese Begriffe versinnbildlichten die Lotus-spezifische Konstruktion mit integrierten Türsäulen und Überrollschutzbügeln aus Stahl.

Lotus Elite Series 2.2, 1981

Lotus Eclat Excel, 1982

Lotus Esprit Turbo, 1984

Neu waren beim Excel die aus RRIM (Reinforced Reaction Injection Moulding) bestehenden Prallschutzflächen an Front und Heck sowie Seitenschutzleisten. Die Form war aerodynamisch ausgefeilt und die Innenraumausstattung verfeinert worden. Ein neues Auspuffsystem erbrachte eine bessere Leistungsentwicklung, und auch die hintere Radaufhängung wurde verbessert. Zudem wurde ein neues, leichteres 5-Gang-Getriebe eingeführt: Dieses stammte nun nicht mehr von der deutschen Firma Getrag, sondern von Toyota. Ebenso stimmte sich Lotus mit belüfteten Scheibenbremsen vorne und hinten, Aufhängungsteilen sowie Türschlössern von Toyota auf die japanische Zusammenarbeit ein.

Firmengründer Colin Chapman verstarb Ende 1982 im Alter von erst 54 Jahren. Weltweit trauerte die verschworene Gemeinde der Lotus-Fans um ihr Idol. Indessen war Lotus schon in jenem Jahr tief in die roten Zahlen abgesackt. Bei der Ausgabe neuer Aktien sicherte sich Toyota einen Anteil von 16,5 Prozent am Lotus-Kapital. Schon zuvor hatte der britische Gebrauchtwagen-Großhändler David Wickins über seine Firma British Car Auctions der Lotus Cars Ltd kräftig unter die Arme gegriffen und sich damit einen Anteil von 20,4 Prozent sowie zwei Vorstandssitze gesichert.

Excel 1984. Ende 1983 erhielt der Excel in der Wagenfarbe lackierte Stoßfänger (dank flexiblem Lack sollte sie auch kleine Stöße schadlos ertragen) und zusätzliche Entlüftungsöffnungen auf der Motorhaube. Besser belüftet wurde auch der Innenraum, und zur Verbesserung der Sicht wurde auf die hinteren Kopfstützen verzichtet. Serienmäßig wurde der Excel mit einer Velourspolsterung ausgerüstet (Halb- oder Ganzleder von Connolly auf Wunsch). Neu war auch das lederüberzogene Dreispeichen-Lenkrad. Ein kleiner Heckflügel (ebenfalls in der Karosseriefarbe) reduzierte den Auftrieb bei 100 mph (162 km/h) um zwei Drittel. Als Höchstgeschwindigkeit wurden 216 km/h genannt und als benötigte Zeit für den Sprint auf 60 mph (97 km/h) 7,1 s. – Für den Esprit gab es neu ein die ganze Dachbreite belegendes Glashubdach.

Im Mai 1984 feierte Lotus den 30'000. seit 1966 im Werk Hethel gebauten Sportwagen.

Projekt Etna. Auf der Birmingham Motor Show im Oktober 1984 begeisterte Lotus die Fans mit dem Etna, dem Projekt für einen Hochleistungs-Supersportwagen. Entworfen (und gebaut) worden war er von Giorgetto Giugiaro von Ital-Design, und als Ausgangspunkt hatte – stark modifiziert – der Esprit gedient. Während der Radstand auf 251,5 cm gestreckt worden war, blieb die Länge des Etna mit 427 cm ungefähr gleich. Die Keilfront mit Klappscheinwerfern erinnerte an jene des Esprit. Der cw-Wert des aerodynamisch vollendet geformten Etna erreichte nur 0,29. Die technischen Eigenheiten: längs eingebauter Aluminium-Mittelmotor, V8, DOHC, 32 Ventile, 4 l, 320 bzw. 360 PS (mit Vergaser bzw. Einspritzung, eine herrlich aussehende Kraftquelle, die von Tony Rudd entwickelt worden war; mit Biturbo waren gar 580 PS geplant); stufenloses Automatikgetriebe (oder 5-Gang-Einheit); Karosserie und Unterbau nach dem VARI-System (Vacuum Assisted Resin Injection), durchsichtiges Kunststoffdach, Verstärkungen aus Kevlar und Kohlefasermaterial; computergesteuertes Feder-/Dämpfungssystem, ABS, variierende Servolenkung, vollautomatische Klimatisierung (Details im Buch „Zukunftsautos der 80er Jahre“).

Und man plante bei Lotus noch mehr, nämlich eine Luxuslimousine namens Eminence mit dem gleichen 4-l-V8 und auf Wunsch zudem Vierradantrieb; sie sollte Tempo 100 binnen 6 s erreichen können, und ihr Top-Speed war mit 260 km/h vorgegeben... Vorerst wurde allerdings die technische Feinentwicklung des Etna an die Hand genommen. – Unter General-Motors-Besitz wurde das Etna-Projekt am Ende allerdings abgeblasen.

Excel 1985. Auf jener denkwürdigen Birmingham Show von 1984 wurden aber auch die realen Serienmodelle in verfeinerte Ausführung gezeigt: Excel mit neuen Stoßfängern, eleganter geführten Radläufen, vergrößertem Heckfenster und weiter heruntergezogenem Kofferdeckel. – Beim Esprit S3 waren Kraftübertragung, Fahrwerk und Bereifung auf das Niveau des Esprit Turbo angehoben worden und beide wiesen eine verstärkte Bremsanlage auf. Wie auch für den Excel wurde die Korrosionsgarantie von fünf auf acht Jahre verlängert.

Excel SE. Auf der London Motorfair im Oktober 1985 kam der Excel SE (= Special Equipment) hinzu: Diese Initialen standen für eine auf 183 PS gesteigerte Leistung. Bewirkt wurde sie mit vergrößerten Ansaug- und Auslassquerschnitten, größerem Ventilhub, „schärferer“ Nockenwelle und neuen Kolben, die für ein von 9,4:1 auf 10,9:1 erhöhtes Verdichtungsverhältnis sorgten. Die beiden Dell'Orto-Doppelvergaser besaßen eine neue Tri-Jet-Funktion. Das Resultat bestand weniger in verbesserten Leistungsdaten, als in einem deutlich verminderten Verbrauch: 6,6/8,5/14,2 l/100 km. Der Excel SE gab sich an neuen Leichtmetallrädern, einer zusätzlichen Bugspoilerlippe und einem vergrößerten Heckflügel zu erkennen. Beide Excel erhielten ein neues „ergonomisch durchdachtes“ Cockpit mit in fünf Positionen fixierbarem Lenkrad, und den Fondpassagieren wurde ein paar Zentimeter zusätzlicher Raum geboten.

Es war im Januar 1986, als sich General Motors, der weltgrößte Autohersteller, eine Mehrheit von 58 Prozent an der Lotus Cars Limited sicherte. GM übernahm hierzu 29 Prozent der Aktien von der Firma British Car Auctions des damaligen Lotus-Vorsitzenden David Wickins, 19 Prozent von der Baufirma J. C. Bamford und 10 Prozent von der Handelsbank Schroder Wagg. Trotzdem sollte die Group Lotus unabhängig weitergeführt werden. Das Projekt des preisgünstigen X-100-Sportwagens mit Toyota-Aggregaten hing nun in der Luft. Bei Lotus rechnete man damit, in den USA wieder vermehrt Fuß fassen und die Belegschaft von 627 Mitarbeitern wesentlich aufstocken zu können. GM war der größte Kunde der Lotus-Entwicklungsabteilung Engineering Services, wo für GM an neuen Aufhängungen (aber u. a. auch für Chrysler) gearbeitet wurde. Ende März übernahm GM auch jene 21,5 Prozent Anteile, die Toyota an Lotus Cars gehalten hatte (der Lotus-Formel-1-Rennstall war eine separate Firma).

Esprit / Excel 1987. Auf der British International Motor Show, die im Oktober 1986 in Birmingham stattfand, wurde der Esprit Turbo HC eingeführt: Verdichtung 8,5:1 statt 7,5:1, Garrett-Turbolader T3 mit 0,66 statt 0,56 bar Ladedruck, 218 statt 213 PS, verbessertes Beschleunigungs- und Verbrauchsverhalten (0-97 km/h in 5,4 statt 5,5 s). – Den Excel gab es neu in der Ausführung SA: stärkere Version in Verbindung mit dem 4-Stufen-Automatikgetriebe 4 HP 22 von ZF.

Esprit 1988. Zwar mochte dies auf den ersten Blick nicht auffallen, doch der auf der London Motorfair im Oktober 1987 ausgestellte Esprit verkörperte zahlreiche weitere Fortschritte: bis zu den Radausschnitten gezogener Stoßschutz, stärker gewölbte Windschutzscheibe, neue Seitenfenster, herausnehmbarer Dachsektor (auf Wunsch aus Glas), neugestaltete Hecklichter, neue Aluräder, gänzlich neues Armaturenbrett mit wirksamerer Belüftungsanlage und geänderter Mittelkonsole, breitere Sitze sowie gepflegtere Innenauskleidungen (beim Turbo in Leder). Überarbeitet worden war auch die Elektrikausrüstung, das Kühl- und Auspuffsystem (Basismodell neu mit 170 statt 162 PS), die hinteren Bremsscheiben waren nun ebenfalls nach außen gerückt, und das 5-Gang-Getriebe galt als Neukonstruktion.

Generaldirektor Michael J. Kimberley sah den verjüngten Esprit als ersten Schritt in eine neue Lotus-Ära. Die Mitarbeiterzahl war binnen zwei Jahren auf 900 angestiegen, was vor allem vermehrter Entwicklungsarbeit für andere Firmen zuzuschreiben war. Es wurde ein weiterer Ausbau der Werkanlagen in Norwich vorgesehen, und die Entwicklungsarbeiten an dem Supersportwagen Etna bzw. M 300, von dem ab Mitte 1990 jährlich 200 Exemplare gebaut werden sollten, wurden vorangetrieben.

Zum Modelljahr 1989 erhielt die für die USA bestimmte Einspritzversion des Esprit Turbo eine von 218 auf 231 PS erhöhte Leistung, während auf der Motorhaube des Excel mittlere anstatt seitliche Entlüftungsschlitze auszumachen waren.

Esprit Turbo SE. Es war im Mai 1989, als der Esprit in einer weiter aufgewerteten Version eingeführt wurde: Den Turbo SE (Special Edition) gab es ausschließlich mit Katalysator. Dank Wasser/Luft-Ladeluftkühlung sowie eines von 0,66 auf 0,85 bar erhöhten Ladedrucks des Turboladers Garrett TB 03 konnte die Leistung der mit Einspritzung versehenen US-Exportausführung

Lotus Esprit Turbo Commemorative Edition, 1988

von 231 auf 268 PS gesteigert werden. Jetzt konnte Tempo 100 binnen rund 5 s erreicht werden (0–60 mph in 4,7 s) und die Spitze lag bei 262 km/h. Der 8:1 verdichtete Turbomotor besaß eine mit Klopfsensor arbeitende adaptive Steuerung. Bei Volllast spritzten neben den vier in den Saugrohren eingelassenen Einspritzdüsen zwei zusätzliche Düsen auf kühlende Weise Benzin in den Ansaugkollektor.

Die Front war rundlicher und besaß eine vergrößerte Bugschürze sowie einen um 20 Prozent erweiterten Lufteinlass. Es gab zwei Ölkühler und drei Elektrolüfter. Ebenfalls vergrößert waren die Lufteinlässe in den Schwellern vor den Hinterrädern. Sozusagen den krönenden Abschluss erhielt das Heck mit einem elegant aufgesetzten Luftleitflügel. Zudem war das Fahrwerk mit breiteren Reifen, vorn härteren Federn mit längerem Federweg, hinten Gasdruck-Stoßdämpfer usw. dem weiter erhöhten Leistungsniveau angepasst worden.

Elan. Auf der London Motorfair im Oktober 1989 war es soweit: Der längst angekündigte preisgünstigere und für weit größere Serien bestimmte kleinere Lotus feierte Premiere. Er war ein zweisitziges Sportcabrio und hieß Elan, wie schon eine von 1962 bis 1975 gebaute Modellfamilie. Mit seiner keilförmig ansteigenden flachen und kühlergrillfreien Front sowie den Klappscheinwerfern vermochte man ihn durchaus als Lotus einzuordnen. Das Design stammte von Peter Stevens, der schon den Esprit überarbeitet hatte. Was aber Sportwagenenthusiasten enttäuschen mochte, war der Übergang zum Frontantrieb mit Quermotor. Bei diesem handelte es sich um eine 1,6-l-DOHC-16-Ventil-Maschine der japanischen GM-Partnerfirma → Isuzu, die mit einem Abgasturbolader IHI (maximaler Ladedruck 0,66 bar) und Intercooler auf respektable 167 PS kam. Nebst diesem Elan SE (Special Edition) gab es später auch den Elan ohne Turbo und mit 132 PS.

Auch der Elan 1990 basierte auf einem vorne und hinten gegabelten Zentralträgerchassis, und seine Kunststoffkarosserie wurde auf einer Stahl/Kunststoff-Struktur aufgebaut. Bei 225 cm Radstand erreichten die Außenabmessungen 380,5x173,5x123 cm. Das Gewicht des SE wurde mit 1020 kg angegeben. 100 km/h ließen sich binnen 7,2 s erreichen und als Spitze wurden 220 km/h genannt. Dies waren Werte, die auch größeren Sportwagen wohlanstanden. Ein vorderer Hilfsrahmen mit Doppelquerlenkern und eine hintere Aufhängung mit unteren Dreieck- und oberen einfachen Querlenker sorgten für ädequate sportliche Attribute. Hinsichtlich Ausstattung bot der Elan ein ungewohnt hohes Niveau, das ein verstellbares Lenkrad, Leichtmetallfelgen, Fensterheber, elektrisch verstell- und beheizbare Außenspiegel, Zentralverriegelung, kombinierte Leder/Stoff-Überzüge, Radio/Kassettengerät sowie getönte Scheiben umfasste. Zudem wurden gegen Aufpreis eine vollständige Lederausstattung, Klimaanlage und ein Soundsystem angeboten. Da konnte es nicht verwundern, dass der neue Elan eben doch nicht zu jenem preisgünstigen Sportwagen wurde, von dem ursprünglich gesprochen worden war. Als Jahresziel galt für Lotus nun ein Ausstoß von 5000 Wagen, dies freilich einschließlich Esprit und Excel... und des stets noch geplanten Spitzenmodells mit der Codebezeichnung M 300.

Lotus Excel, 1989

Lotus Elan SE, 1990

1990 lief die Produktion der Hochleistungslimousinen → Opel Lotus Omega und Vauxhall Lotus Carlton an. – 1993 kam Lotus von GM in Bugatti-Besitz und von dort 1996 zu → Proton.

Produktionszahlen: Der Esprit wurde bis Ende 2003 – mit stets weiter entwickelter Technik – in rund 10'300 Exemplaren hergestellt. Elite/Eclat/Excel dürften es in den 80er Jahren auf über 2500 Stück gebracht haben, davon Excel, 1982–92: 2159; Elan S2, 1989–94: 800.

Lotus	Bauart	Mot.	Getr.	R/L cm	Baujahre
Elan	**Fr.–**		**5**	**225/380,5/390U**	**1989/90**
Motoren:	4i/4iT	D16V	1588	132/7200/167/6600	142/201/4200
Esprit 2.2 / Series 3	**G'r./M.**	**a/c**	**5**	**244/419/430U**	**1980–84**
Esprit S3				**244/422/430U**	**1984–87**
Esprit Turbo (*1984–)		**d/e**		**244/419/430***	**1980–87**
Esprit / Esprit Turbo		**b/e–g**		**244/433**	**1987–90**
Motoren:	*Zyl.:*	*N'w.:*	*cm³:*	*PS/'min:*	*Nm/'min:*
a (–1987 +*USA –1986)	4	DOHC	2174	162/6500/142*/5800	217/5000/176/4000
b (1987–)				174/6500	221/5000
c (Export –1984)			1969	162/6500	190/5000
d (Turbo –1986)	4T		2174	213/6000–6500	272/4000–4500
e (Turbo HC 1986–88)	4T/4iT			218/6000/6250U	298/4250/270/5000
f (Turbo 1988–)				218/6'/231K+U/6250	298/4250/296/5000
g (Turbo SE 1989–)	4iT			268/6500	354/3900

Lotus	Bauart	Mot.	Getr.	R/L cm	Baujahre
Elite 2.2/Eclat 2.2–82	**Z'tr.**	**a/b**	**5/4/A3**	**248/445/456U**	**1980–83**
Eclat Excel				**248/438**	**1982–83**
Excel		**a–c**	**5/A3/A4**	**248,5/437,5**	**1983–90**
Motoren:	*Zyl.:*	*N'w.:*	*cm³:*	*PS/'min:*	*Nm/'min:*
a (+*USA –1986)	4	DOHC	2174	162/6500/142*/5800	217/5000/176/4000
b (Export –1984)			1969	162/6500	190/5000
c (SE '85– + SA '86–)			2174	183/6500	232/5000

Luaz

Der Luaz war ein Geländewagen aus dem ukrainischen Teil der Sowjetunion mit den technischen Aggregaten des Kleinwagens ZAZ, besser bekannt als → Zaporozhets. Luaz (bzw. LuAZ) stand für Lutskii Avtomobilnii Zavod (Autowerk) in Lutsk (Luck). Das kleine Geländefahrzeug war 1965 unter der Bezeichnung ZAZ-969 angekündigt worden. 1975 wurde Luaz in ZAZ integriert, und 1978 wurde dieses Vielzweckauto auf dem Turiner Salon in verjüngter Form mit schmälerer, leicht nach vorne abfallender Motorhaube gezeigt, und in dieser Form wurde es Anfang 1980 auch auf dem Salon von Brüssel ausgestellt.

4x4. Während der Zaporoshets einen luftgekühlten Heckmotor besaß, wurde dieses gleiche Antriebsaggregat beim Luaz 4x4 vorne eingebaut. Es trieb die Hinterräder an, doch waren – wie es sich für ein Geländefahrzeug gehört – zusätzlich die Vorderräder antreibbar. Der 1,2-l-V4-Motor mit zentraler Nockenwelle leistete 39 PS und kam auf ein maximales Drehmoment von 73 Nm bei 2800/min. 1987 erreichte der Jahresausstoß 13'879 Einheiten.

Volin 969. Auf dem Salon von Turin im April 1988 wurde der Luaz 4x4 für den italienischen Markt unter der Bezeichnung Volin 969 angeboten. Die Aufschrift „Powered by Ford" wies darauf hin, dass der Motor vom (früheren) Ford Fiesta 1.1 stammte, 50 PS lieferte und dem stupsnasigen Geländevehikel zu immerhin 110 statt nur 95 km/h Spitze verhalf.

Luaz 4x4, 1985

Luaz	Bauart	Mot.	Getr.	R/L cm	Baujahre
4x4	**K'r./4**	**a/b**	**4**	**180/337/339**	**1980–90**
Motoren:	*Zyl.:*	*N'w.:*	*cm³:*	*PS/'min:*	*Nm/'min:*
a (*1982–)	V4	OHV	1196	39/40*/4200/4400	73/75/2800
b (Volin 1988–)	4		1117	50/5000	83/2700

Madison

Madison, 1981

Erstmals ins Spiel der Bausatzkreationen gebracht wurde der Name Madison 1981 durch die Firma GP Concessionaires Ltd in Worton, Isleworth, Middelsex. GP (→ Anhang) war eine der bedeutendsten Buggymarken und Kithersteller Englands. Auch beim Madison handelte es sich um eine Bausatzkarosserie aus eingefärbtem GfK für die Montage auf den VW-Käfer-Plattformrahmen. Soweit bestand darin nichts Ungewöhnliches. Das Besondere aber war das von Neville Ticket geschaffene Design dieser Karosserie: Diese war nämlich im Oldtimerstil gehalten. Nein, sie entsprach nicht einer Replika, vielmehr handelte es sich um ein Phantasiegebilde, aber ein wirklich überzeugend gelungenes! Darum sollte der Madison noch nach Jahrzehnten unter wechselnden Vorzeichen herumgeistern...

Der Stil des Madison erinnerte an luxuriöse Sportroadster anglo-amerikanischer Prägung von Anfang der 30er Jahre. Merkmale waren der hochformatige zugespitzte Kühlergrill, dessen Stil von Packard inspiriert war, und die passend gepfeilte zweiteilige Windschutzscheibe. Der Bausatz eignete sich sowohl für Rechts- wie für Linkslenkung. Die meisten VW-Teile einschließlich des Motors (1,2 bis 2,2 l) konnten unverändert verwendet werden. Einzig für das Neuplatzieren der Pedale und einiger Hebel war Schweißarbeit erforderlich.

Zum Bausatz zählten auch Hinterachsträger und Zierteile. Zusätzlich bot GP Concessionaires verchromte Drahspeichenräder, ein Leder- oder Vinylinterieur und eine Mohair-Auskleidung für den geräumigen Kofferraum unter der Fronthaube. Die erforderliche Bauzeit wurde mit 130 Stunden angegeben.

Madison Coupé, 1984

Neben der 370 cm langen und 155 cm breiten Madison-Karosserie, die als Bausatz außer nach dem europäischen Festland auch nach den USA, Australien, Südafrika und Nigeria exportiert wurde, zeigte die GP Specialist Vehicles Ltd auf der Birmingham Motor Show 1982 eine gelungene Nachbaukarosserie des Porsche RS/RSK. Dieser und der Madison wurden auch als fertig aufgebaute Fahrzeuge angeboten.

Coupé. Auf der London Motorfair 1983 kam der Madison auch als Coupé im äußerst gelungenen Fastbackdesign ins Angebot. Es gab den Madison nun auch auf Ford-Basis.

Um 2002 tauchte das Madison-„Antikdesign" unter der Marke Bufori als malayisch-australisches Fabrikat wieder auf, und es sollte sogar in Deutschland in Serie gehen, allerdings nicht mehr bloß auf einem VW-Käfer-Plattformrahmen. Doch diese Pläne zerschlugen sich.

Mahindra Marcos

Die Mahindra and Mahindera Limited in Bombay hatte sich das Recht zum Nachbau des amerikanischen → Jeep verschafft (analog zu Mitsubishi in Japan). Allerdings durfte sie den Namen Jeep nicht verwenden, aber immerhin liefen die fünf angebotenen Versionen des Geländewagens unter der Jeep-Bezeichnung CJ.

Globe-Trotter. Als Mahindra Globe-Trotter wurden ein Basismodell (offen, nur Vordersitze), ein Modell Soft top (Stoffverdeck und -türen), ein Modell mit FRP body (Kunststoff-Hardtop und Stofftüren) und ein Modell Soft top mit Hard doors (Blechtüren mit bemerkenswerter Zierprägung) und überdies ein Defence model (offener Armee-Jeep) angeboten. Der Motor war der originalgemäße Hurricane-Vierzylinder (obenhängende Einlass- und stehende Auslassventile), wie er von Jeep selbst nur noch bis 1971 produziert worden war. Anderseits standen auch ein Dieselaggregat und bloß mit Hinterradantrieb ausgestattete Fahrzeuge zur Wahl.

Im Frühling 1986 bewarben sich der CJ-3B und zwei Schwestermodelle auf dem Salon von Turin um den italienischen Markt. Optische Hauptunterschiede zu den Orginal-Jeep von einst waren die rechteckigen Scheinwerfer. Angetrieben wurden diese indischen Exportmodelle von dem 2,1-l-Dieselmotor von Peugeot. Auch 1988 war der Mahindra in Turin präsent.

MM 540. Inzwischen wurde der CJ u. a. als 4D angeboten. Es gab ihn in Indien mit 2,2-l-Benzin- oder 2350-cm^3-Dieselmotor, in letzterer Ausführung auch bloß mit Hinterradantrieb. Als verbesserte Ausführung gab es zudem den MM 540, der dem Jeep CJ 7 entsprechen sollte. Als Motor diente in ihm der in Lizenz gebaute Peugeot-Diesel (2112 cm^3, 75 PS), während das 4-Gang-Getriebe von Kia aus Südkorea stammte. Im Gegensatz zu dem mit drei Radständen angebotenen Mahindra CJ wurde der MM 540 einheitlich mit 243 cm Achsabstand gebaut.

Mitte 1989 schloss Mahindra mit Peugeot ein neues Abkommen über die Herstellung von Peugeot 505 Pick-up sowie Peugeot-Getrieben.

Mahindra CJ 4D, 1989

Gegründet 1959 durch die Engländer Jem Marsh (Hersteller von Gussteilen für die Autoindustrie sowie Sportzubehör, zudem Rennfahrer) und Frank Costin (Flugzeug-Aerodynamiker und Designer). Die Struktur ihrer ersten Sportwagenkonstruktion bestand weitgehend aus Holz. Im Januar 1964 wurde auf der Londoner Racing Car Show mit dem Modell 1800 GT ein gänzlich neuer Marcos (Zusammenzug von Marsh und Costin) ausgestellt. Das schwungvoll-aggressive Design des nur 106 cm hohen Coupés stammte von Dennis Adams. Es sollte das Aussehen auch aller späteren Marcos prägen.

Neben den größeren Marcos-Modellen wurde ab Herbst 1965 auch der Mini-Marcos gebaut. Aber 1971 geriet Marcos in finanzielle Bedrängnis, und allen Bemühungen zum Trotz musste 1973 die Produktion eingestellt werden. Während der Mini-Marcos in anderen Händen weiterlebte (→ Midas), schien für die größeren Marcos-Modelle mit den bis dahin gebauten rund 1000 Exemplaren der Schlusspunkt gesetzt... doch 1982 wurde die Produktion der kaum veränderten Modelle 1970/71 mit den vorhandenen Lehren und Formen wieder aufgenommen. Der in drei Fertigungsstufen angebotene Marcos war auf der Birmingham Motor Show von 1982 ebenso ausgestellt wie auf der London Motorfair von 1983. Hersteller war nun die Firma Jem Marsh Performance Cars in Westbury, Wilts. Es gab den Marcos für den Einbau der verschiedensten Ford-Motoren (auch V6) oder Triumph-6-Zylinder-Aggregate.

Mantula. Neues Topmodell war aber der auf der Motorfair 1983 vorgestellte Mantula mit Rover-V8-Motor. Die Marcos konnten auch als Kit mit Rohrrahmenchassis bestellt werden. 1984 stand für den Mantula auf der Birmingham Motor Show zusätzlich der 193-PS-Motor des Rover Vitesse auf dem Programm, und dessen Leistung ließ sich mit Holley-Vergaser und Crane-Nockenwelle weiter erhöhen, so dass das 850 kg wiegende Coupé Tempo 100 in 6 s und eine Spitze von 260 km/h erreichen konnte. – Der „normale“ Marcos eignete sich (als Bausatz) weiterhin für den Einbau von Ford-Vierzylinder- und V6-Aggregaten.

Mantula Spyder. Auf der London Motorfair 1985 folgte die Cabriolet-Version des nun 22 Jahre alten Marcos-Designs. Sie war mit oder ohne T-förmigen Überrollschutz lieferbar. Für den Einbau in die Marcos kamen nach wie vor Ford-Aggregate mit 1,5, 1,6, 2, 2,8 und 3 l Inhalt, Triumph-Motoren mit 2 und 2,5 l Hubraum sowie der V8 von Rover in Frage. Zudem gab es Rennversionen. – Marcos-Chef Jem Marsh erhoffte sich mit dem Spyder verbesserte Exportchancen. Auf der Birmingham Show 1986 und der London Motorfair 1987 blieb die Modellauswahl praktisch unverändert.

Anfang April 2001 wurde die Produktion erneut eingestellt, nachdem 1999 noch 40 Exemplare gebaut worden waren. Und Anfang 2002 kam abermals Nachricht, dass Marcos wegen Finanzproblemen die Produktion eingestellt habe. Auf der Birmingham Motor Show im Herbst des gleichen Jahres wurde dann das erste Exemplar einer neuen Serie von 50 Einheiten präsentiert: Nachdem seine Marke in fremde Hände geraten war, hatte Jem Marsh sich ihrem Schicksal wieder persönlich angenommen. Doch Ende 2007 kam für die Marke Marcos abermals das Aus...

Marcos, 1984

Mahindra	K'r./4	–	4+R	203/340/231/375		(1988)–90
CJ 340/540 / *Motor:*	D4	OHV	2112	62/4500	121/2000	

Marquez

Gegründet Anfang 1978 durch Kiko Malzoni, Sohn des Mitbegründers der Marke → Puma. Das von ihm entworfene, aerodynamisch betonte zweisitzige Marquez-Kunststoffcoupé besaß eine Keilfront mit Klappscheinwerfern und ein Fastback. Ab Ende 1978 wurde auch eine Cabrioversion angeboten. Die Herstellung erfolgte in einem kleinen Werk in Matao, im Innern des Staates Sao Paulo.

Mark GTM. Der Marquez GTM basierte auf dem VW-Käfer-Plattformrahmen mit hinten gegabeltem Zentralrohr. Ebenso wurde er mit dem luftgekühlten 1,6-l-Boxer-Heckmotor von → Volkswagen do Brasil ausgerüstet. Dieser leistete 54 PS; auch die Aufhängungselemente stammten von VW bzw. den brasilianischen Heckmotormodellen der deutschen Marke. Unter den diversen Kleinmarken, die sich dieser Antriebsmechanik bedienten, bestach der Marquez durch ein besonders ausgewogenes Design. Doch 1981 lief die Produktion bereits wieder aus.

Marquez Mark GTMS, 1980

Marquez	Z'r.	–	4	225/396	1980/81
Mark GTM / *Motor:*	B4/H./l.	OHV	1585	54/4200	106/3000

Maruti

Die indische Autofirma Maruti war Anfang der 70er Jahre von Sanjay Gandhi, Sohn von Indira Gandhi (von 1966 bis 1977 Indiens Ministerpräsidentin), gegründet worden. Es wurden originell geformte winzige Viersitzer mit Heckmotor hergestellt. Nach dem Konkurs des Unternehmens bewarben sich im Frühling 1981 Renault, Peugeot und BL (Austin) um einen Einstieg. Doch schließlich kam mit Suzuki eine japanische Firma zum Zuge. Um 1982 hatte Maruti als einzige Firma die Bewilligung erhalten, Pkw mehrheitlich zu montieren statt herzustellen. In der Folge konnten große Pläne entwickelt werden.

800. Bei dem in Produktion genommenen Maruti 800 handelte es sich um eine Lizenzkonstruktion des Suzuki Alto. Mit diesem vergleichsweise preiswerten Dreizylinder-Frontantriebsmodell wurde in Indien, wo bislang vor allem Mittelklassewagen völlig veralteten europäischen Konzepts entstanden, Neuland betreten. Der Maruti 800 wurde in viertüriger Ausführung mit reichhaltiger Ausrüstung angeboten. Es war geplant, die Maruti-Jahresproduktion stufenweise auf 100'000 Einheiten zu steigern.

Die Suzuki Motor Co. war mit 26 Prozent am Kapital der Maruti Udyog Limited beteiligt. Sie trug dazu bei, dass sich dieses Produktionsziel dank Kapazitätsausweitung 1987/88 erreichen ließ, wobei der Auftragsbestand Anfang 1987 bereits bei 200'000 Stück lag. In jenem Jahr erreichte der Anteil der in Indien produzierten Teile noch immer weniger als die Hälfte. Hergestellt wurden inzwischen drei Suzuki-Modelle: der Fronte und der Every mit dem 800-cm^3*-Dreizylindermotor und der kleine Gelände-Pkw Jimny mit 1-l-Vierzylindermotor und Vierradantrieb.*

1988 wurde der Maruti 800 bereits mit der jüngsten strömungsgünstig geformten Alto-Karosserie gebaut (Dreizylindermotor, 796 cm^3, 40 PS). Er vereinte alle Voraussetzungen für eine indische Volksmotorisierung in sich, und entsprechend groß war sein Markterfolg. Allerdings sah Indien in diesem Fahrzeug auch einen Exportartikel, mit dem sich die Handelsbeziehungen zu afrikanischen und osteuropäischen Ländern ausbauen ließen. Neben dem Typ 800 wurden nun der Maruti Gypsy alias Suzuki SJ (Vierzylinder, 970 cm^3, 45 PS) sowie ein Kleinbus angeboten.

Maruti 800, 1984

Maserati

Gegründet 1926 durch die Brüder Alfieri und Ettore Maserati; 1937 von der Familie Orsi übernommen. Ab 1968 erfolgte eine Zusammenarbeit mit der Firma Citroën, die 60 Prozent des Maserati-Kapitals übernahm; 1975 wurden wegen Absatzproblemen und hohen Verlusten die Liquidation der Firma Maserati beschlossen. Darauf wurde das Kapital zu 60 Prozent von der staatlichen Auffanggesellschaft Gepi (Società de gestioni e participazioni industriali) und zu 40 Prozent von Alejandro → de Tomaso übernommen. Letzterem war es zu verdanken, dass die Marke Maserati wieder in Schwung kam. – 1981 umfasste die Maserati-Produktion in Modena die vier Modellreihen Merak, Khamsin, Kyalami und Quattroporte.

Merak SS. Maserati hatte den V6-DOHC-Hochleistungsmotor für den von 1970 bis 1975 gebauten Citroën SM geliefert. Dieses prächtige Antriebsaggregat wurde auf 3 l Inhalt vergrößert in dem 1972 auf den Markt gebrachten 2+2-sitzigen Mittelmotorcoupé Maserati Merak eingebaut. In der ab 1975 gebauten Version SS leistete dieser Motor 1981 mit drei Weber-Doppelvergasern 208 PS. Daneben gab es den Merak 2000 mit 159 PS (für den italienischen Markt kreiert, weil bei über 2 l Hubraum die Kaufsteuer von 18 auf 35 Prozent emporschnellte).

Das von Giorgetto Giugiaro von Ital-Design (→ Anhang) geschaffene Design bestach durch seine aerodynamische Formgebung mit tief heruntergezogener Front, die bogenförmig nach unten gezogenen Fensterlinie und die zum Heck abfallenden Stege beidseits der senkrechten Heckscheibe. Der Merak besaß ein 5-Gang-Getriebe und vorne und hinten Trapez-Dreieckquerlenker sowie belüftete Scheibenbremsen mit Servo.

Khamsin. Dieses ebenfalls 2+2-sitzige Coupé mit vorne eingebautem 4,9-l-DOHC-V8-Motor (vier Weber-Doppelvergaser, 280 PS) war auf dem Turiner Salon 1972 von → Bertone vorgestellt worden, ging jedoch bei diesem Karosseriewerk (und Designstudio) erst 1974 in Serie. Das keilförmige Coupé mit spitz auslaufendem Heck war eine Schöpfung von Bertone-Chefdesigner Marcello Gandini. Zum 5-Gang-Getriebe gab es auf Wunsch eine Differenzialbremse. Auch der Khamsin besaß vorne und hinten Trapez-Dreieckquerlenker. Die Zahnstangenlenkung mit geschwindigkeitsabhängigem Servo und die Hochdruckbremsanlage (vier belüftete Scheibenbremsen) waren vom → Citroën SM übernommen worden.

Kyalami. Neben dem Khamsin wirkte der Kyalami mit seinem leicht nach innen geneigten Maserati-typischen Kühlergrill geradezu klassisch. Auch er war 2+2-sitzig ausgelegt, bot aber dank Stufenheckkarosserie mehr Kopfraum auf den Hintersitzen. Als Prototyp war er auf dem Genfer Salon 1976 vorgestellt worden, seine Produktion wurde aber erst drei Jahre später aufgenommen. Seine Karosserie entsprach in den wichtigsten Teilen jener des → De Tomaso Longchamp. Er gab sich äußerlich mehr als Luxus- denn als Hochleistungscoupé, doch war auch bei ihm der Maserati-

V8-Motor eingebaut. Dieser war wahlweise als 4200 (4136 cm³, 255 PS) oder als 4900 (4930 cm³, 280 PS) erhältlich.

Mit dem größeren Antriebsaggregat wurde auf Wunsch statt des 5-Gang-Getriebes das 3-Stufen-Automatikgetriebe Torqueflite von Chrysler eingebaut. Ebenso war eine Differenzialbremse zu haben. Vorne erfolgte die Radführung durch Dreieckquerlenker, hinten durch Quer- und Längslenker sowie mittragende Halbachsen. Die belüfteten Vierrad-Scheibenbremsen und die Zahnstangenlenkung wurden servobestückt.

Quattroporte. Diese Bezeichnung galt schlicht für die viertürigen Maserati, wie sie ab 1963 in diversen Serien (mit Unterbrüchen) hergestellt wurden. Die wuchtige Limousine, wie sie 1981 gebaut wurde, war auf dem Turiner Salon von 1976 vorgestellt worden (kam aber erst Mitte 1979 in Serie). Sie hatte ihr Aussehen von Giorgetto Giugiaro erhalten und entsprach technisch dem Modell Kyalami, besaß aber einen 20 cm längeren Radstand und eine um 30 cm angewachsene Gesamtlänge. Auch für den Quattroporte standen die Motorvarianten 4200 und 4900 zur Wahl; das größere Antriebsaggregat gab's wahlweise mit Automatikgetriebe. Karosserie und Innenausstattung wurden bei → Innocenti, einer weiteren De-Tomaso-Firma, gefertigt. Die Tagesproduktion erreichte drei Fahrzeuge. Gegen Ende 1981 bezwang der Quattroporte – die in ihrer Art einzigartige Luxuslimousine – auch die Zulassungshürden für die USA.

Biturbo. Im Spätherbst 1981 wurde von der De-Tomaso-Gruppe der Biturbo als große Neuheit angekündigt. Allerdings war von einer solchen Neuheit schon seit rund zwei Jahren die Rede gewesen. Der Biturbo galt als das erste in Serie hergestellte Modell mit zwei Abgasturboladern. Der 2-l-Alu-V6 mit zwei obenliegenden Nockenwellen je Zylinderreihe war eine Weiterentwicklung des Motors aus dem Merak. Er erhielt zwei Einlassventile je Zylinder, wobei bei niedrigen Drehzahlen nur das kleinere in Aktion trat. Dieser neuartige Ventiltrieb wurde als ein Patent von Maserati/De Tomaso bezeichnet. Im Gegensatz zum Merak-Motor erreichten Bohrung und Hub 82 bzw. 63 mm (1996 cm³) statt 80 bzw. 66,3 mm (1999 cm³). Die japanischen IHI-Turbolader (Ladedruck 0,5 bar) waren beidseits der Zylinderreihen angeordnet, der Weber-Doppelvergaser im 90-Grad-V.

Nebst einer hohen Leistungsausbeute war für dieses Aggregat ein relativ günstiger Verbrauch angestrebt worden. Die Leistung erreichte 180 PS bei 6000/min und als Höchstgeschwindigkeit wurden 210 km/h genannt. Tempo 100 war gemäß Werkangaben binnen 6,5 s erreichbar. Statt des 5-Gang-Getriebes konnte auch ein 3-Stufen-Automatikgetriebe von ZF installiert werden. Vorn wurden Federbeine und untere Querlenker mit Zugstreben verwendet, hinten Schräglenker. Es wurden Vierrad-Scheibenbremsen montiert, und auch die Zahnstangenlenkung arbeitete mit Servo.

Der Biturbo war zwar ein vollwertig fünfsitziger Maserati, aber mit 415,5 cm Länge weit kompakter als andere Modelle der Marke. Auch wenn von einem Coupé die Rede war, so entsprach seine Silhouette doch eher einer Limousine. Markentypisch war die Frontgestaltung mit leicht einwärts geneigtem Kühlergrill. Der sportlich-gepflegte Innenraum ließ sich wahlweise mit Stoff oder Leder überziehen.

Maserati Merak SS, 1981

Maserati Kyalami, 1981

Maserati Quattroporte, 1982

Für die Herstellung – ohne die aus Modena angelieferten Triebwerke – bot sich das nicht ausgelastete → Innocenti-Werk in Mailand-Lambrate an. Dort war eine neue Fabrikationsstraße für einen Jahresausstoß von 15'000 bis 16'000 Einheiten bereitgestellt worden. Solche Zahlen sollten allerdings nie erreicht werden... auch wenn auf dem Genfer Salon 1982 bereits von einer viertürigen Variante mit 14 cm mehr Radstand die Rede war.

Bis Ende Februar 1983 wurden bereits an die 3000 Biturbo ausgeliefert, und der kleine Maserati war weiterhin so gefragt, dass Wartelisten entstanden. Für De Tomaso zeichnete sich ein großer Erfolg ab: Der Vertrag mit der Gepi, die 1975 und 1981 beträchtliche Summen in Maserati gesteckt und 1982 nochmals nachgeholfen hatte, sah vor, dass De Tomaso 1984 für eine bescheidene Ablösesumme Alleinbesitzer von Maserati werden konnte. – Sozusagen in aller Stille lief indessen 1983 die Produktion des Mittelmotorcoupés Merak und des mächtigen Luxuscoupés Kyalami aus; der Khamsin war schon im Vorjahr gestrichen worden.

Biturbo 2.5 / S. Für die USA wurde im Frühherbst 1983 ein auf 2,5 l vergrößerter V6-Motor eingeführt, der abgasentgiftet für den Betrieb mit bleifreiem Benzin ausgelegt war. Er leistete 190 PS und wurde auch für die Schweiz mit ihren Abgas-Sondervorschriften vorgesehen (jedoch ohne Katalysatoren). Fast gleichzeitig erschien in Italien ein Biturbo S mit von 180 auf 205 PS gesteigerter Leistung (Verdichtung 8,2:1 statt 7,8:1, etwas längerer fünfter Gang, Tempo 100 binnen 6,5 s).

Biturbo 425. Im Dezember 1983 war es soweit: Nun gab es neben dem Maserati Quattroporte, dem letzten großen Maserati, auch einen kleineren viertürigen Maserati. Er wurde schlicht als Biturbo 425, für vier Türen und 2,5 l Hubraum, bezeichnet. Dieser Motor wurde inzwischen im zweitürigen Biturbo in einer Europa-Version mit just 200 PS ebenfalls angeboten. Der maximale Ladedruck erreichte 0,6 bar. Bei 1180 kg Leergewicht war Tempo 100 binnen 6,9 s erreichbar, und als Spitze wurden 215 km/h genannt.

Für den Biturbo 425 war der Radstand um 8,5 auf 260 cm verlängert worden, während die Länge um 24,5 auf 440 cm und die Höhe um 5,5 auf 136 cm zunahmen. Der Raumgewinn kam ausschließlich den hinteren Insassen zugute, doch war das gesamte Fahrzeug nun wesentlich stattlicher geworden. Der Maserati-Kühlergrill war prägnanter ausgeführt. Der nun halbkreisförmig überdeckte Armaturenträger wirkte eleganter, und die Innenauskleidung war von Modeschöpfer Missoni gestaltet worden. Wenig größer als ein BMW der Reihe 3 war der Maserati 425 eine unauffällige, den Kenner ansprechende Liebhaberlimousine. – *1983 erreichte der Maserati-Ausstoß bereits 6365 Einheiten.*

Maserati

Einen großen persönlichen Erfolg verkörperte für Alejandro de Tomaso das im Frühling 1984 mit Chrysler für eine Gültigkeit von sechs Jahren vereinbarte Abkommen: Danach übernahm Chrysler 5 Prozent des Maserati-Kapitals und Maserati sollte dafür jährlich 10'000 Luxusmodelle mit 2,2- und 2,6-l-Motor bereitstellen, wobei Motor und Kraftübertragung von Chrysler zu liefern waren. Damit ergab sich eine weitere Möglichkeit, die unausgeschöpfte Kapazität des Innocenti-Werks besser zu nutzen.

Biturbo Spyder. Mit dem Turiner Salon im November 1984 kam eine Offenversion des Biturbo hinzu. Der höchst attraktiv wirkende 2+2-sitzige Spyder sollte in jährlich 1000 Exemplaren bei Zagato (→ Anhang) aufgebaut werden. Für ihn war der Radstand von 251,5 auf 240 cm verkürzt worden und er war bloß 404 cm lang. Er wurde mit dem 2-l-Motor angeboten.

228. Mitte Dezember 1984 wurde das Biturbo-Angebot erneut erweitert: Der Maserati 228 besaß den gleichen Radstand von 260 cm, wie er dem viertürigen Biturbo eigen war, doch handelte es sich um ein luxuriöses fünfsitziges Coupé, das mit 446 cm noch ein wenig länger war als die Limousine. Mit 186,5 cm war es zudem 13,5 cm breiter als Letztere. Herzstück war ein neuer 2790-cm^3-V6 mit 2x2 obenliegenden Nockenwellen und 24 Ventilen. Auch er besaß zwei IHI-Abgasturbolader. Ein von Maserati kreiertes Elektroniksystem mit Klopfsensor steuerte die Doppelzündung (12 Zündkerzen) und den Weber-Zweifachvergaser. Die Leistung wurde mit 255 PS bei 6000/min angegeben. Nebst 5-Gang-Getriebe wurde wahlweise ein 4-Stufen-Automatikgetriebe von ZF und außerdem ein ABS von Teves-ATE vorgesehen. Die Servolenkung funktionierte geschwindigkeitsabhängig. Der Innenraum ähnelte jenem des Typs 425, wobei viel Leder und Edelholz für das gehobene Ambiente sorgten. Der Gepäckraum fasste übrigens eindrückliche 530 dm^3.

Der Produktionsstart des Maserati 228 war auf Mitte 1985 vorgesehen, wurde dann aber auf den Herbst 1986 und schließlich ins Jahr 1987 verschoben. Als es dann endlich so weit sein sollte, war von den vier Ventilen je Zylinder und der Doppelzündung keine Rede mehr, vielmehr handelte es sich um eine weiter vergrößerte Version des 18-Ventil-Motors! Immerhin besaß er dannzumal nebst den beiden Ladeluftkühlern bereits auch die wassergekühlte Lagerung der Turbolader und das hochmoderne Einspritzsystem (s. Biturbo 420 S bzw. i/Si, unten), mit dem 250 PS resultierten.

Bis Ende 1984 hatte Maserati 13'000 Biturbo hergestellt, von denen 3400 nach den USA verschifft worden waren. Das Modell 425 und der (künftige) Typ 228 wurden nicht bei Innocenti, sondern in Modena gefertig. – Ab 1985 wurde der große Quattroporte nur noch mit dem 4,9-l-Motor angeboten.

Auf der IAA Frankfurt 1985 zeigte Maserati das Coupé Biturbo E (= Executive) mit tiefergelegtem Fahrwerk, Differenzialbremse und Speziallackierung. Auch war bereits von einem Modell 235, parallel zum 228, die Rede. Ende 1985 wurde der Fachwelt zudem der 6.36-Motor vorgestellt, ein 2-l-V6 mit sechs Ventilen je Zylinder und 261 PS Leistung bei 7200/min, der im Verlaufe des Jahres 1986 in Serie gehen sollte (woraus dann allerdings nichts wurde). – Konkretere Formen hatte gleichzeitig bereits der → Chrysler-Maserati angenommen, dessen Markteinführung auf 1987 geplant war.

Maserati Biturbo, 1983

Biturbo 420 S. Der um die Jahreswende 1985/86 publik gemachte Biturbo 420 S war für den einheimischen Markt gedacht. Er unterschied sich von außen durch einen engmaschigen schwarzen Kühlergrill mit einem feinen horizontalen Chromstab, der das Maserati-Wahrzeichen, den Neptunschen Dreizack, trug. Zudem kamen in die Bugschürze integrierte rechteckige Zusatzlampen und vor allem zwei Naca-Öffnungen auf der Motorhaube hinzu. Diese wiesen auf eine wesentliche technische Änderung hin, nämlich die über sie versorgten beiden Ladeluftkühler, mit denen die Leistung des 2-l-V6 auf 210 PS gesteigert werden konnte.

Dank der Wasserkühlung der IHI-Abgasturbolader (Ladedruck 0,5 bar) dieses Biturbo-Motors der zweiten Auflage reduzierte sich deren Arbeitstemperatur auf 160 Grad, und nach dem Motorabstellen stieg die Schmieröltemperatur in den Ladern auch nach scharfer Fahrt nicht mehr über 145 Grad. Des weiteren besaß der 2-l-S-Motor Nicasil-beschichtete Zylinderlaufflächen und das ursprünglich bereits für den Typ 228 angekündigte neuartige elektronische Ladedruckregulier-system MABC (Maerati Automatic Boost Control) mit Klopfsensor. Die Gemischaufbereitung besorgte ein ebenfalls elektronisch gesteuerter Weber-Doppelvergaser.

Als neue Varianten wurden auf dem Genfer Salon 1986 der Biturbo ES mit dem 2,5-l-V6 und, mit gleichgroßem Motor, der 425 America mit ZF-Automatikgetriebe gezeigt.

Gemäß einem im Mai 1986 unterzeichneten Vertrag sollte der Chrysler-Konzern im Rahmen einer Kapitalerhöhung bei Maserati-Nuova Innocenti einen von 2,47 auf 15,6 Prozent erhöhten Anteil erhalten. 32,4 Prozent verblieben bei dem staatlichen Sanierungsinstitut Gepi und die De-Tomaso-Gruppe behielt die Mehrheit. Es war vorgesehen, dass Chrysler in drei Jahren den Gepi-Anteil übernehmen würde.

Biturbo i / Si. Erst im Dezember 1986 stellte Maserati für seine Biturbo-Modelle auch eine Einspritzung zur Verfügung. Sie stammte von Marelli und verkörperte zusammen mit der ebenfalls Kennfeld-mikroprozessorgesteuerten Zündanlage den Stand der Technik. Während die (manchmal mit thermischen Problemen konfrontierte) Version mit Doppelvergaser auf 180 PS kam, waren es mit Einspritzung 185 PS und in der Ausführung Si sogar 220 PS. Der Si gab sich durch einen Aufsatzflügel auf dem Kofferraumende zu erkennen, vermochte Tempo 100 binnen 5,9 s und zudem 228 km/h Spitze zu erreichen. Der 2,5-l-V6 kam mit Einspritzung und Katalysator auf 177 PS und der nur noch eingespritzt erhältliche 2,8-l-Motor des Typs 228 auf 250 PS.

Royale. Der große Maserati Quattroporte erhielt Ende 1986 die Zusatzbezeichnung Royale, die später für sich alleine benutzt wurde. Der 4,9-l-DOHC-V8 leistete jetzt mit einer von 8,5:1 auf 9,5:1 erhöhten Verdichtung (und nach wie vor vier Weber-Doppelvergasern) 300 statt 280 PS (in einige Länder wurde die niedrig verdichtete Ausführung weiterhin geliefert). Gleichzeitig war die Luxusausstattung weiter verfeinert worden: Schiebedach serienmäßig, Frigo-Bar, Klapptischchen, Telefon-Vorinstallation usw. Der Preis wurde um 57,5 Prozent erhöht. Der Absatz von durchschnittlich 400 Stück/Jahr sank damit auf etwa 125, wobei sich Japan als Hauptabnehmer erwies.

430. Mit dieser Zahl wurde eine im Dezember 1987 hinzugekommene Biturbo-Variante bezeichnet: viertürige Limousine wie das Modell 420/425i, aber mit dem 2,8-l-Motor des Coupé 228, just 250 PS, keine Katalysator-Version, Unterschied zum 425 äußerlich in Form eines kräftigen Chromrahmens um den Kühlergrill, vier Auspuffendrohre und neue Alufelgen. Neu waren auch die parallel zu den Querlenkern verlaufenden Spurstangen, die innenbelüfteten vorderen Bremsscheiben und die Torsen-Differenzialbremse des Typs Ranger.

Karif. Der Name dieses auf dem Genfer Salon 1988 enthüllten Coupés entsprach wieder einem Wind und zwar einem, der in Afrika zu wehen pflegt. Der zweisitzige Karif basierte auf dem Biturbo mit dem 2,8-l-V6 und teilte Radstand und Länge (240/404 cm) mit dem Spyder. Auffallend war die Kontrastfarbe des unteren Flankenteils (teils auch bei anderen Maserati).

Biturbo 222. Dieses im April 1988 auf dem Salon Turin gezeigte Coupé im Sporttrimm war für den einheimischen Markt bestimmt. Bereits wurde zudem der kommende 2-l-Vierventil-Motor propagiert.

Biturbo 2.24v. Mitte Dezember 1988 wurde die angekündigte Version des 2-l-Motors mit vier statt drei Ventilen je Zylinder vorgestellt: 245 statt 220 PS, 0–100 km/h in 5,9 s, 230 km/h; großer Heckspoiler für erhöhten Anpressdruck, luxuriöses Lederinterieur, auf Wunsch Aufhängungssystem mit vier wählbaren Einstellungen und neue Differenzialbremse.

Die Freundschaft zwischen Maserati-Hersteller De Tomaso und Chrysler-Chef Iacocca hatte in der zweiten Hälfte 1988 einen Dämpfer erhalten, denn der Chrysler TC by Maserati ließ immer noch auf sich warten (→ Chrysler). Mit einer den (gesunkenen) Jahresumsatz übertreffenden Schuldensumme blieb Maserati-Nuova Innocenti ein Sorgenkind. Hauptaktionär war nach wie vor Alejandro de Tomaso, während 32,76 Prozent Gepi und 15,65 Prozent Chrysler gehörten.

Maserati Biturbo 425, 1984

Maserati 228, 1985

Maserati Biturbo Spyder, 1986

Maserati (Quattroporte) Royale, 1987

Maserati

Maserati Biturbo Si, 1988

Maserati Karif, 1990

Maserati Shamal, 1990

1988 waren 3130 Maserati und 10'331 Innocenti hergestellt worden. Der Break-even-Point lag aber bei 22'000 Einheiten. Im Januar 1989 machte Vittorio Ghidella, der frühere Generaldirektor von Fiat Auto und nun Ford-Berater, De Tomaso ein Angebot für die Übernahme von Maserati (für sich selbst) und Innocenti (für den Ford-Partner Mazda).

Im Februar brachte der Fiat-Boss und Ghidella-Widersacher Cesare Romiti bei De Tomaso diese Verhandlungen zum Abbruch und bot seinerseits Hilfe... Dank dem Fiat-Engagement („Turin" plante eine teilweise Verlagerung der Panda- und Y-10-Produktion zu Innocenti), erhielt De Tomaso im September 1989 die Mittel, um seine Option auf die von Gepi gehaltenen 32,76 Prozent wahrzunehmen. Alsbald war zudem davon die Rede, dass Fiat der Marke Maserati bei der Entwicklung neuer Modelle behilflich sein werde (es gab Spekulationen über einen Alfa-Romeo-Supersportwagen auf der Plattform des Maserati Biturbo, jedoch mit eigenem Doppelturbo-V6).

Gemäß dem im Dezember 1989 unterzeichneten Abkommen übernahm Fiat Auto 49 Prozent an der neu zu gründenden Finanzholding Maserati SpA. De Tomaso brachte mit 51 Prozent (von denen 8 Prozent noch Chrysler gehörten) die Maserati- und Innocenti-Werkanlagen sowie die Marke Maserati ein (s. auch → Innocenti).

Shamal. Den Namen hatte er von einem in Mesopotamien (dem Land von Euphrat und Tigris) heimischen Wind, und vorgestellt wurde er Mitte Dezember 1989: zweitüriges, zweisitziges Coupé auf dem 240-cm-Radstand des Biturbo, etwas niedrigere Front mit flacherem Grill und kleineren Scheinwerfereinheiten, stark ausgebauchte vordere und hintere Radhäuser (Spur 153/155 cm), besondere Merkmale in Form dunkelgrauer B-Säulen mit einem sie verbindenden, über das Dach geführten Band, schräg nach hinten aufwärts führender hinterer Radauschnitt („Markenzeichen" des Designers Marcello Gandini) und einem scheinbar auf das Heck aufgesetzten Kofferdeckel.

Maserati	Bauart	Mot.	Getr.	R/L cm	Baujahre
Biturbo	**St.**	**a–n**	**5/A3/A4**	**251,5/415,5/419**	**1981–90**
Biturbo Spyder				**240/404**	**1984–90**
Biturbo 420/420 S/Si				**260/440**	**1985–88**
Biturbo 222/422/2.24V				**240–260/404–440**	**1988–90**
Biturbo 430				**260/440**	**1987–90**
Motoren:	*Zyl.:*	*N'w.:*	*cm³:*	*PS/'min:*	*Nm/'min:*
a (*1983–88)	V6/T2	018V	1996	180/6000	255/3500/253*/44'
b (1984–86)				184/6000	275/3500
c (S 1983–86 +*'85/86)				205/210*/6500	265/4000/263/3500
d (1986–88 *Si)	V6i/T2			185/6000/220*/6350	255/263/3500
e (1988/89 *1989–)				223/6250	262/3500/5000*
f (1988–)		D24V		245/6200	296/5000
g (1983–86 *CH '83/84)	V6/T2	018V	2491	200/190*/5500	302/299/3000
h (1985/86)				195/189/5500	299/3000
i (USA 1984–86)				183	255/3500
j (CH 1984/85 *'85/86)				188/181*	–
k (1986–88)				200/196/189/5500	302/299/3000
l (1986 *1987–89)	V6i/T2			177K/188K*/5000	302/3000/321/3000
m (1987–)			2790	250/5600/245/285	385/3600
n (1988/89 *1989–)				225K/5500	370/363*/3500
228	**St.**	**a–c**	**5/A4**	**260/446**	**1984–90**
Motoren:	*Zyl.:*	*N'w.:*	*cm³:*	*PS/'min:*	*Nm/'min:*
a (Prototyp)	V6/T2	D24V	2790	255/6000	358/2900
b (1987–)	V6i/T2	018V		250/6000/245	373/3500
c (1988–)				225K/5500	370/3500

Maserati	Bauart	Mot.	Getr.	R/L cm	Baujahre
Karif	**St.**	**a/b**	**5**	**240/401,5–406,5**	**1988–90**
Motoren:	*Zyl.:*	*N'w.:*	*cm³:*	*PS/'min:*	*Nm/'min:*
a	V6i/T2	018V	2790	285/6000	432/4000
b				250/5600/225K/5500	385/3600/370/3500
Shamal	**St.**	**–**	**6**	**240/410,5**	**1990**
Motor:	V8iT2	D32V	3217	325/(322ECE)/6000	432/3000
Merak SS / M. 2000	**M.**	**a–c**	**5**	**260/433,5/458U**	**1980–82**
Motoren:	*Zyl.:*	*N'w.:*	*cm³:*	*PS/'min:*	*Nm/'min:*
a	V6	DOHC	1999	159/7100	176/5700
b			2965	208/6000	255/4500
c (USA *1982–)				185/183*/6000	244/4000/251/3000
Khamsin	**St.**	**b**	**5**	**255/440/458U**	**1980–82**
Kyalami		**a/c**	**5/A3**	**260/458**	**1980–83**
Quattroporte		**a/c/d**		**280/491/498/507**	**1980–86**
Motoren:	*Zyl.:*	*N'w.:*	*cm³:*	*PS/'min:*	*Nm/'min:*
a (–1984)	V8	DOHC	4136	255/6000	353/3200
b			4930	280/5500	446/3400
c				280/5600	392/3000
d (CH 1983/84 *1984–)				282/5200/270*	415/3000
(Quattroporte) Royale	**St.**	**–**	**A3**	**280/491/498/507**	**1986–90**
Motor:	V8	DOHC	4930	300/280/5600	402/392/3000

Mazda

Das Hauptmerkmal aber bestand in dem neuen 3217-cm^3-DOHC-V8-Alu-Motor mit 32 Ventilen. Einen so kleinen V8 hatte es seit dem bis 1975 gebauten Antriebsaggregat des Tatra 2-603 (2472 cm^3) und seit jenem des von 1970 bis 1977 gebauten Triumph Stag (2997 cm^3) nicht mehr gegeben. Der Maserati-V8 war mit 80x80 mm genau quadratisch ausgelegt und leistete mit elektronischer Einspritzung Weber/Marelli, zwei IHI-Abgasturboladern (Ladedruck ca. 0,5 bar) und zwei Ladeluftkühlern beeindruckende 325 PS. Für die Kraftübertragung dienten ein 6-Gang-Getriebe von Getrag und eine Schneckenrollen-Differenzialbremse (System Torsen). 100 km/h ließen sich binnen 5,3 s erreichen und als Spitze wurden über 260 km/h genannt. Die hintere Radführung erfolgte mit doppelten Schräglenkern, und ein elektronisches Koni-Dämpfersystem ließ sich in vier Stufen einstellen. – Mit dem Shamal, der im Juni 1990 (und damit zum Modelljahr 1991) auf den Markt kam, wurde der Biturbo-Baureihe die Krone aufgesetzt.

Biturbo Spyder 1990. Gleichzeitig mit dem Shamal wurde der bei Zagato gebaute Spyder in technisch und optisch verfeinerter Auflage vorgestellt. Die Kühlermaske neben den grau gerahmten Doppelscheinwerfern bestand aus einem feinen (nicht mehr karierten) Gitterwerk, und in die Bugschürze waren nun ebenfalls ein Gitter sowie Nebellampen integriert worden. Die Heckschürze zeigte sich analog gestaltet. Neu gab es den Spyder auch mit dem 2,8-l-V6 mit 225 PS nach US-83-Norm, womit sich Tempo 100 binnen 6,2 s sowie eine Spitze von über 220 km/h erreichen ließen. Bei der Automatikversion war der Übergang von drei zu vier Stufen zu verzeichnen. Auch der Spyder bestach durch seine reichhaltig-luxuriöse Ausstattung mit Ledercockpit.

Doch per 9. April 1990 wurden 950 Maserati-Arbeiter für ein Jahr entlassen bzw. ihre Entlöhnung teilweise der staatlichen Sozialkasse überlassen. Zu den Hauptgründen zählte die Stilllegung der Montagelinie für den Chrysler TC.

Biturbo 4.24V. Die viertürige Sportlimousine zeigte sich auf dem Automobilsalon von Turin im April 1990 stilistisch und mechanisch überarbeitet: Front und Heck neugestaltet wie beim Spyder, 2-l-24-Ventil-Motor aus dem 2.24V. – Ende 1990 enthüllte Maserati seine Pläne für einen V8-Doppelturbo-Mittelmotor-Supersportwagen namens Chubasco (der nie in Serie ging).

Im November 1999 sollte Maserati zu einer Ferrari-Tochterfirma werden; 2007 erfolgte jedoch wieder eine Abkoppelung von Ferrari, und Maserati wurde mit der Fiat-Auto-Tochter Alfa verbandelt.

Produktionszahlen: Merak 3000, 1972–75: 814; Merak SS, 1975–1983: 626; Merak 2000, 1976–1983: 392 (Merak insgesamt: 1832); Khamsin, 1974–1982: 425; Kyalami, 1979–1983: 198; Quattroporte 4200, 1979–1981: 52; Quattroporte 4900, 1979–1986: 2038; Royale, 1986/87: 842; Karif, 1988–1992: 221.

Die auf das Jahr 1920 zurückgehende und von Jujiro Matsuda gegründete Toyo Kogyo Co. Ltd in Hiroshima hatte zwar schon 1940 den Prototyp eines vierrädrigen Personenwagens entwickelt, die Produktion von Kleinstwagen aber erst 1960 aufgenommen. Schon 1961 sicherte sie sich für ihre Marke Mazda eine Wankel-Lizenz; daraus entstand 1967 das attraktiv geformte Zweisitzercoupé Cosmo Sport mit Zweischeiben-Rotationskolbenmotor. Toyo Kogyo (= Östliche Industrie) bzw. Mazda (Zusammenzug des Gründernamens) war ein Pionier und Promotor dieses die Fachwelt und viele Interessenten durch sein turbinenartiges Verhalten begeisternde Motorenprinzips. Aber entgegen ihrer Prognose, 1980 etwa 85 Prozent aller Pkw mit Wankelmotoren auszurüsten, blieb die japanische Marke doch vor allem dem Kolbenmotor treu. 1979/80 erwarb die → Ford Motor Co. 25 Prozent des Kapitals von Toyo Kogyo. Ab September 1980 vertrieb Ford in Südostasien unter dem eigenem Markennamen von Toyo Kogyo gebauten Kleinwagen.

323 / Familia / GLC 1981. Anfang Juni 1980 wurde der gänzlich neue Mazda 323 (Bezeichnung in Japan Familia und in den USA GLC = Great Little Car) mit Frontantrieb vorgestellt. Dieses durch seine schlichte äußere Form bestechende Kompaktmodell kam im Herbst als Modell 1981 auf die Exportmärkte; das bisherige Modell mit Hinterradantrieb wurde als Kombi weitergebaut. Der Übergang vom Hinter- zum Vorderradantrieb war ein wichtiger Schritt in die Neuzeit, denn in der Kompaktklasse besaß bereits die Mehrheit der Konkurrenzmodelle Frontantrieb.

Der Mazda 323 wurde als drei- und fünftürige Schräghecklimousine gebaut, wobei Letztere durch die an das hintere Seitenfenster angefügten senkrechten schwarzen Schlitze auffiel. In Japan gab es auch Familia-Modelle mit sechs Seitenfenstern sowie mit vier Türen und Stufenheck (solche GLC gelangten zudem auf den amerikanischen Markt). Auch in der Version mit Stufenheck ließ sich die Rücksitzlehne hälftig abklappen. Der 323 war länger und geräumiger geworden, gleichzeitig zudem windschlüpfiger und leichter. Der cw-

Mazda 121 / Cosmo, 1980

Mazda 626 Coupé / Capella 1800 SGX (Hardtop), 1981

Mazda 929 Sedan, 1982

Mazda 929 Station Wagon, 1982

Mazda 323, 1981

Mazda 929 Coupé (Hardtop) SS, 1983

Mazda RX-7, 1983

Mazda 323, 1984

Wert war um 0,05 gesenkt worden und das Leergewicht wurde mit 765 bis 815 statt mit 810 bis 860 kg angegeben.

Die OHC-Motoren im neuen 323 hatten mehr Hubraum, nämlich 1071, 1296 und 1490 cm^3. In der Ausführung 1500 GT mit Doppelvergaser standen in Japan 85, in Europa 75 und in den USA rund 70 PS zur Verfügung. Es gab 4- und 5-Gang-Getriebe sowie ein 3-Stufen-Automatikgetriebe. Die Aufhängung bestand hinten und vorne aus Federbeinen (vorne mit unteren Dreieckquerlenkern, hinten mit Längs- und Querlenkern). Die Bremsanlage wurde auf Wunsch servobestückt. Schon in den Ausführungen GL und GLS brillierten die Mazda 323 durch eine reichhaltige Serienausstattung.

626 / Capella. Die (untere) Mittelklasse belegte Mazda mit der Modellreihe 626 (auf dem Heimmarkt als Capella bezeichnet). Auf den Markt gekommen war der Typ 626 im Oktober 1978. Er wurde als klar gezeichnete viertürige Stufenhecklimousine und attraktives Hardtopcoupé aufgelegt. Es wurden 1,6-, 1,8- und 2-l-Motoren mit obenliegender Nockenwelle eingebaut, und die Kraftübertragung auf die Hinterräder erfolgte mit 4- und 5-Gang-Getriebe sowie dem 3-Stufen-Automatikgetriebe Rematic. Für die Vorderradführung dienten Federbeine mit unteren Dreieckquerlenkern, während hinten eine Starrachse mit Längslenkern, Panhardstab und Schraubenfedern verwendet wurde. Die Bremsanlage umfasste einen Servo, und es wurde eine Kugelkreislauflenkung eingebaut.

Mit dem Jahrgang 1981 erhielt der Mazda 626 eine verfeinerte Front, bei der die Scheinwerfergläser nun in der gleichen Weise schräggestellt waren wie das Kühlergitter. Neu waren auch die schwarzen Kunststoff-Stoßstangen und seitlichen Schutzleisten und vergrößerten Rücklichter. Im Innenraum fanden sich verbesserte Sitze, leichter ablesbare Instrumente und funktioneller angeordnete Bedienungshebel. Überdies waren die Geräuschisolation und die Belüftung verbessert worden. Schon die Grundausführung bot nun eine Heckscheibenheizung. Beim GL kamen ein höhenverstellbares Lenkrad und eine Fernbedienung für den Tankdeckel hinzu. Der GLS (Limousine und Hardtopcoupé) besaß überdies eine hintere Mittelarmlehne, Fensterheber, Zentralverriegelung (ohne Coupé) sowie Zünd- und Türschlossbeleuchtung (leuchtete während 10 s nach Anheben des Türgriffs).

929 L / Luce. Diese Modellreihe vertrat die obere Mittelklasse. Es gab sie als viertürige, 5/6-sitzige Limousine und als ebensolche Limousine mit der Bezeichnung Hardtop; bei dieser waren die Türfenster rahmenlos ausgeführt, anderseits gab ihnen ein in der Karosseriefarbe gehaltener, keilförmiger Mittelpfosten ein stilistisch eigenes Gepräge. Hinzu kam ein fünftüriger Kombi. Während bei dem für Japan bestimmten Luce der Wankelmotor im Vordergrund stand, wurde für den Export ausschließlich auf einen Ottomotor gesetzt.

Bei dem Zweischeiben-Kreiskolbenmotor nach Wankel handelte es sich um die größere der beiden von Mazda gebauten Versionen. Aus einem Kammervolumen von 654 cm^3 resultierte ein Hubraumäquivalent von 2616 cm^3. Mit Vierfachvergaser erreichte die Leistung 140 SAE-PS bei 6500/min. Es standen ein 5-Gang-Getriebe und das 3-Stufen-Automatikgetriebe Rematic zur Wahl.

Außerdem wurde der Luce alias 929 mit zwei OHC-Ottomotoren von 1,8 und 2 l Inhalt ausgerüstet. Der 2-Liter leistete 110 und mit Benzineinspritzung 120 SAE-PS; in der Europaversion mit Doppelvergaser waren es 90 DIN-PS. Hinzu kam ein im September 1980 eingeführter 2,2-l-Dieselmotor mit seitlicher Nockenwelle, der 70 SAE-PS leistete (kein Abgasturbolader). Der Dieselmotor wurde ausschließlich mit einem 5-Gang-Getriebe kombiniert, während dem 1,8-l-Motor ein 4-Gang-Getriebe beigegeben wurde. Mit dem 2-l-Motor wurden hingegen 4- und 5-Gang-Getriebe (für Europa jeweils mit geänderten Abstufungen) und das 3-Stufen-Automatikgetriebe eingebaut. Das Fahrwerk entsprach jenem des Typs 626, die Servobremsen hatten belüftete Scheiben (vorne), und auch die Kugelkreislauflenkung war servobestückt.

121 / Cosmo. Es war das spektakulär geformte Zweisitzercoupé Cosmo, mit dem Mazda 1967 die Bühne der serienmäßig gebauten Wankel-Autos betreten hatte. Das Wankel-Prinzip war unter Felix Wankel selbst, später aber in hohem Maße von den Mazda-Ingenieuren Schritt um Schritt weiterentwickelt und verfeinert worden. Bis 1981 hatte es einen hohen Grad an Leistungsfähigkeit und Zuverlässigkeit erreicht. Seinem vibrationsarmen – weil nicht von auf- und abhüpfenden Kolben, sondern von rotierenden Läufern bestimmten – seidenweichen Lauf stand bloß noch ein höherer Verbrauch gegenüber.

1981 hatte sich der Cosmo längst zu einem komfortbetonten Fünfsitzercoupé gewandelt. Es gab den 121 bzw. Cosmo mit Fastbackkarosserie und originell eingefasstem mittlerem Seitenfenster und den 121 L bzw. Cosmo L = Landau im Stufenheckdesign mit vinylüberzogenem hinterem Dachteil und in diesem integrierten Opera Windows. Zwar hatte das Debüt der Coupéversion auf der Frankfurter IAA des Jahres 1975 stattgefunden und die L-Version war im Sommer 1977 hinzugekommen, doch gelangten diese attraktiven Liebhaberfahrzeuge nur in kleiner Zahl auf den europäischen Markt. Im September 1979 hatten Karosserien und Innenraum einige Modifikationen erfahren.

Wie im Luce wurde im Cosmo der größere Wankelmotor mit 2,6 l Hubraumäquivalent eingebaut; die Leistung wurde mit 135 SAE-PS und für Europa mit 115 DIN-PS bei 6000/min angegeben. Es standen ein 5-Gang-Getriebe und das 3-Stufen-Rematic zur Wahl. Anderseits war (mit den gleichen Getriebevarianten) auch der 2-l-OHC-Ottomotor verfügbar, für Japan mit 110 SAE-PS und für Europa mit 87 DIN-PS. Die Aufhängung war gleich wie beim Typ 626, aber es wurden Vierrad-Scheibenbremsen (vorne belüftet, mit Servo) eingebaut (Kugelkreislauflenkung auf Wunsch mit Servo).

RX-7 / Savanna. Als Auto mit Wankelmotor bekannt wurde jedoch sowohl in Europa wie in Amerika der RX-7 (u. a. in den USA als Savanna bezeichnet). Der (knapp) 2+2-sitzige RX-7 war 1978 herausgebracht worden. Seine Front war keilförmig und kühlergrillfrei und das Mittelteil der Panorama-Heckscheibe war als Ladeklappe ausgebildet. In den RX-7 wurde – und das gab ihm symbolische Stärke – ausschließlich der Zweischeiben-Wankelmotor eingebaut und zwar in der kleineren Version mit 573 cm^3 Kammervolumen und somit einem Hubraumäquivalent von 2292 cm^3. Seine mit Vierfachvergaser erzielte Leistung wurde für Japan mit 130 SAE-PS bei 7000/min, für die USA mit 100 Netto-SAE-PS und für Europa mit 115 DIN-PS, jeweils bei 6000/min angegeben; für Europa waren es bis 1980 noch 105 PS gewesen. Die Spitze erreichte nun 200 km/h und Tempo 100 wurde in 8,8 statt 9,4 s erreicht. Bemerkenswert war vor allem die gleichzeitig erreichte Verbrauchssenkung: Nach ECE wurden bei Tempo 90/120 7,6/9,2 statt 8,3/10,3 l/100 km benötigt; der Stadtverbrauchswert verblieb bei 15,6 l/100 km.

Für den RX-7 gab es 4- und 5-Gang- sowie ein 3-Stufen-Automatikgetriebe. Das Fahrwerk umfasste vorne Federbeine mit unteren einfachen Querlenkern und Zugstreben, hinten eine Starrachse mit Doppellängslenkern, seitlichen Wattge-

Mazda 626 Hatchback, 1984

Mazda 929 Coupé (Hardtop), 1984

Mazda Cosmo 4-door Hardtop (Rotary Turbo), 1984

Mazda (323) Familia 4WD 1600 Turbo GT-X, 1986

stängen und Schraubenfedern. Die Vierrad-Scheibenbremsen (1981 eingeführt, vorne belüftet) arbeiteten mit Servo, nicht aber die Kugelkreislauflenkung.

Mit dem Jahrgang 1981 war das Design des RX-7 leicht überarbeitet worden: Integrierte Stoßstangen und breitere Seitenschutzleisten bildeten ein um die gesamte Karosserie geführtes Band, die Heckpartie war neu gezeichnet, und eine originelle Eigenheit waren die Leichtmetallfelgen in Form eines Wankel-Rotors. Mit den Karosseriemaßnahmen sank der Luftwiderstandsbeiwert von cw 0,36 auf 0,34. Zur Ausstattung zählten nun verstellbare Kopfstützen, Tankdeckel-Fernbedienung, Scheibenheber, Wisch-/Waschanlage für die Heckscheibe, Sonnendach und elektrisch verstellbare Außenspiegel.

323 CD. Nachdem im Herbst bereits ein Bild des kommenden neuen Coupés 929 veröffentlicht worden war, wurde im Oktober 1981 unter der Bezeichnung 323 CD die viertürige Stufenheckversion dieser Modellreihe propagiert. Sie war 20 cm länger und bot entsprechend mehr Kofferraum, nämlich 390 l nach VDA-Messmethode; zudem war die Rücksitzlehne zu 40/60 Prozent geteilt umlegbar.

Wankelmotor RE 6 PI. Die Tokyo Motor Show im Herbst 1981 stand für Mazda im Zeichen des weiterentwickelten Wankelmotors: Er besaß ein 6-Port-Einlasssystem und trug daher die Zusatzbezeichnung 6 PI. Damit sollte das Verbrauchsverhalten mit jenem eines gleich starken Sechszylindermotors vergleichbar sein. Die beiden Rotoren wurden durch jeweils in Dreiergruppen getrennt angeordnete Einlasskanäle versorgt: Der Primärkanal begann mit einem verzögerten Einlass und früherem Schließen und diente vor allem dem Betrieb bei niedrigen Geschwindigkeiten bzw. im unteren Teillastbereich. Der Sekundärkanal war im mittleren und höheren Teillastbereich wirksam, und der sekundäre Hilfskanal kam hinzu, wenn Höchstleistung verlangt war. Dieser erneuerte Wankelmotor wurde vorerst in den Cosmo-Modellen erhältlich, die dem Heimmarkt vorbehalten waren.

929 / Luce / Cosmo 1982. Diese je nach Vertriebskanal unter unterschiedlichen Bezeichnungen auftretenden Modelle der oberen Mittelklasse fielen im neuen Design durch ihre elegante Glattflächigkeit auf. Es gab sie als viertürige Stufenhecklimousine mit sechs Seitenfenstern (929) oder (als Hardtop bezeichnet) mit vier Seitenfenstern und Klappscheinwerfern (Cosmo) oder mit vier Seitenfenstern und unter einer Plexiglasabdeckung geborgenen Scheinwerfern (Luce Limited) sowie als ebenfalls fünfsitziges Coupé mit dreiteiliger Panoramaheckscheibe und einem eingeschobenen Zwischenfenster auf der Höhe der B-Säulen und ferner als fünftürigen Kombi. Für das Coupé wurde ein cw-Wert von 0,32 genannt.

Auf der Tokyo Motor Show im Spätherbst 1981 sorgte Mazda übrigens auch mit dem spektakulärsten Concept-car für Aufsehen: dem bei → Bertone geschaffenen MX-81. Während diese Zukunftsstudie vollelektronische Armaturen aufwies, boten Cosmo und Luce für Tacho und Tourenzähler Quasi-Analoganzeigen: Anstatt der herkömmlichen Zeiger wanderte eine wachsende Lichtsäule die Zahlenskala entlang.

Der in den Mazda Cosmo eingebaute neue Wankelmotor besaß (wie bereits im RX-7) ein Hubraumäquivalent von 2292 cm^3. Die Leistung wurde mit 130 JIS-PS angegeben (2,6-l-Wankelmotor des Vormodells: 140 SAE-PS). Daneben gab es in den großen Mazda weiterhin die 1,8- und 2-l-Ottomotoren (mit 100 bzw. 110 JIS-PS) sowie den 2,2-l-Dieselmotor (seitliche Nockenwelle, 70 JIS-PS). Es standen 4- und 5-Gang-Getriebe und ein 3-Stufen-Automatikgetriebe zur Wahl. Zur vorderen Federbeinaufhängung mit unteren Dreieckquerlenkern kam nun hinten ebenfalls eine Einzelradaufhängung (Schräglenker). Mit dem Wankelmotor wurden Vierrad-Scheibenbremsen montiert, und auch die neue Zahnstangenlenkung wies einen Servo und zudem eine variierende Untersetzung auf.

Rotary Turbo. Im Herbst 1982 wurden in Japan das Coupé Cosmo und die Limousine Luce mit dem ersten aufgeladenen Wankelmotor lieferbar. Zusammen mit einer elektronischen Benzineinspritzung und bei einer von 9,4:1 auf 8,5:1 reduzierten Verdichtung erhöhte der Abgasturbolader die Leistung von 130 auf 160 JIS-PS, während das maximale Drehmoment von 162 auf 226 Nm bei 4000/min anstieg. 100 km/h konnten nun mit dem Cosmo in rund 8 s erreicht werden. Dank dem Wankel-Prinzip ergab sich beim Beschleunigen gemäß Werkangaben praktisch kein „Turbo-Loch". Die beiden mit dem Rotary-Turbo-Motor ausgerüsteten Modelle wurden in den Ausstattungen GT und Limited angeboten.

Im Herbst 1982 konnte die Toyo Kogyo Co. Ltd in Hofu City, 90 km von Hiroshima entfernt, ein neues Werk in Betrieb nehmen, das als eines der modernsten galt: 1800 Mitarbeiter und 155 Roboter sollten hier monatlich 20'000 Mazda herstellen. Außer auf Automation wurde auf die Flexibilität der Produktion besonders viel Wert gelegt: Es ließen sich auf einem Fließband gleichzeitig neun Typen von drei Modellreihen fertigen.

626 / Capella 1983. Der in Hofu gebaute neue Mazda 626 mit Vorderradantrieb und Quermotor kam in Japan im September 1982 auf den Markt; für Europa war dieses moderne Mittelklassemodell erst für den März 1983 programmiert. Der Radstand war mit 251 cm unverändert übernommen worden, doch war die Länge von 436 auf 443 cm angewachsen und die Breite hatte von 159,5 auf 166 cm zugelegt, so dass wesentlich mehr Innenraum zur Verfügung stand. Das Karosseriedesign gab sich elegant gerundet, wobei großzügige Scheibenflächen für guten Ausblick sorgten. Zur viertürigen Stufenhecklimousine und zum ebenfalls fünfsitzigen Coupé kam eine als Hatchback bezeichnete, besonders attraktive fünftürige Fastbacklimousine (mit leichten Knick am Kofferraumende) hinzu. Der cw-Wert wurde mit 0,35 für den Hatchback bzw. 0,36 für die Limousine angegeben.

Durch zahlreiche Detailmaßnahmen war das Leergewicht trotz dem größeren Volumen leicht abgesenkt worden (auf 950 bis 1000 kg). Alle Leistungs- und Verbrauchsdaten waren gegenüber dem Vormodell verbessert worden. Für den Antrieb sorgte die neue Motorengeneration F. Der 1,6-l-OHC-Motor kam auf 81 PS bei 5500/min (statt 75 PS bei 5000/min), und die 2-l-Version auf 102 PS bei 5600/min (statt 90 PS bei 4800/min). In Japan gab es weiterhin auch einen 1,8-l-Motor.

Für das Frontantriebs-/Quermotor-Konzept hatten die Mazda-Ingenieure neue Wege beschritten: Dank eines Zentrallagers waren die

Antriebswellen beidseitig gleich lang. Zudem wurde die einseitige Mehrbelastung der Vorderräder durch den nicht genau in der Wagenmitte eingebauten Motor durch eine um 35 mm verlängerte Basis des linken Dreieckquerlenkers ausgeglichen. Das schon beim Mazda 323 eingeführte hintere Radführungssystem TTL (zwei untenliegende trapezförmige Querlenker, zwei lange Längslenker, Federbeine) wurde auch für den 626 übernommen.

Als Besonderheit erhielt das Coupé elektronisch automatisch oder halbautomatisch geregelte Stoßdämpfer: Wurde der Schalter am Armaturenbrett auf Sport gestellt, wurden alle vier Dämpfer verhärtet; in der Automatikstellung traf dies nur auf die vorderen Dämpfer ab 80 km/h zu. Großer Wert wurde bei den neuen 626 auf einen noch wirksameren Rostschutz sowie auf eine allseits verbesserte Geräuschdämpfung gelegt. – Der Mazda 626 wurde als Ford Telstar auch für Australien und Ozeanien hergestellt.

323 1983. Anfang 1983 wurde eine verfeinerte Version des Mazda 323 eingeführt. Man erkannte sie an dem niedrigeren, aus weniger Horizontalstäben bestehenden Kühlergrill und den in die Stoßstangen integrierten Blinkerleuchten. Sitze und Kopfstützen waren neu gestaltet und die Ausstattung aufgewertet worden.

Mitte 1983 kam in Japan eine Turboversion des 323 hinzu. Es gab sie dreitürig und als viertürige Stufenhecklimousine. Der mit Einspritzung und Klopfsensor ausgerüstete 1,5-l-Motor brachte es auf 115 statt 95 JIS-PS. Fahrwerk und Bremsanlage waren angepasst worden und zu den luxuriösen Beilagen zählten ein geänderter Kühlergrill, in Schwarz gehaltene untere Karosserieflanken und Aluräder.

Im Mazda 626/Capella wurden 1984 zusätzlich ein 2-l-Turbomotor mit 145 JIS-PS und ein Dieselmotor gleicher Abmessungen mit 72 PS lieferbar.

Cosmo / Luce 1984. Die Cosmo-Modelle erhielten für 1984 einen neuen, chromgerahmten Kühlergrill zwischen verbreiterten Leuchteinheiten, neue Sitze und ein neues Lenkrad. Die seit dem Jahrgang 1982 auch als viertürige Limousine gebaute Serie Cosmo gab es in 42 Karosserie- und Antriebskombinationen, die Serie Luce in deren 28. Mit einer leichteren Turbine war die Leistung des Wankelmotors mit Abgasturbolader von 160 auf 165 JIS-PS gesteigert worden. Die Cosmo/-Luce-Topausführungen erhielten eine elektronisch gesteuerte Aufhängung: Die Stoßdämpfer veränderten ihre Einstellung aufgrund von Fahrbahnoberfläche, Geschwindigkeit, Beschleunigung und Bremskraft; der Fahrer konnte zudem zwischen den Grundeinstellungen hart und weich wählen.

RX-7 / Savanna Turbo. Ab Herbst 1983 wurde auch das 2+2-sitzige Sportcoupé RX-7 (auf bestimmten Märkten) mit dem 165 JIS-PS leistenden Turbo-Wankelmotor lieferbar. Neu waren zudem die vier innenbelüfteten Scheibenbremsen, Lüftungsschlitze im Frontspoiler und ein überarbeiteter Innenraum.

Anfang 1984 beschloss die Toyo Kogyo Co. ihren Namen zum 1. Mai 1984 auf Mazda Motor Corporation zu ändern. – Ende März 1984 gab Mazda in New York bekannt, dass das Unternehmen in den USA ein Werk errichten werde, in dem frühestens ab 1986 jährlich 100'000 bis 250'000 Mazda hergestellt würden. Es werde sich nicht um ein Gemeinschaftswerk mit der Ford Motor Co. (die mit 23,8 Prozent am Mazda-Kapital partizipierte) handeln, doch falls Ford ein Teil der Produktion überlassen werden könnte, würde man gleich von Anfang an einen Ausstoß von 200'000 Einheiten anstreben. – 1984 war auch das Jahr, da Ingenieur Kenichi Yamamoto, ein erklärter Anhänger des Wankelmotors, zum Mazda-Präsidenten ernannt wurde.

929i. 1984 kam die Einspritzversion des 2-l-Motors des Mazda 929 (bzw. 929i) auch in Europa in Verkauf; die Leistung wurde auf dem Salon Paris im Oktober 1984 mit 118 PS angegeben. Ähnlich anderen japanischen Modellen war der 929 in der Ausführung Limited und als Coupé mit elektronisch verstellbaren Stoßdämpfern ausgerüstet. Bei Mazda hieß diese Einrichtung EVSA (Electronic Variable Shock Absorbers), und es konnten die Positionen hard, soft oder auto(matic) eingestellt werden. Zudem konnte zwischen den Tempi 50, 80 oder 120 km/h gewählt werden, bei der die Dämpfung von weich auf hart wechselte.

323 / Familia 1985. Im Januar 1985 wurden die kleinsten Mazda in erneuertem Kleid vorgestellt. Abgesehen vom fünftürigen Modell, das statt der an die Hintertüren anschließenden Entlüftungsblende ein kleines drittes Seitenfenster erhalten hatte, handelte es sich vor allem um einen Feinschliff, den man etwa daran erkannte, dass der Abschluss der um die Seiten gezogenen vorderen Blinkergehäuse nun parallel zum schräggestellten Glas und nicht mehr senkrecht verlief. Der Radstand hatte um 3,5 auf 240 cm zugelegt und die Länge war im gleichen Maß gewachsen, während die Breite 164,5 statt 163 cm erreichte. Mit Schrägheck war der cw-Wert auf 0,35, mit dem Stufenheck auf 0,37 gesunken. Der Kombi hatte unverändert Hinterradantrieb.

Die Motorpalette reichte von 1,3 bis 1,5 l mit Vergaser, Einspritzung und Turbo, neu war ein elektronisch gesteuerter Feed-back-Vergaser. In den Spitzenmodellen gab es Stoßdämpfer, deren Wirkung am neugestalteten Armaturenbrett verstellt werden konnte, und beim Turbomodell XG-R wurden auch hinten Scheibenbremsen montiert. Verbesserte Sitze, mehr Raum im Fond, eine wir-

Mazda RX-7, 1986

Mazda 323, 1987

Mazda 323 Station Wagon, 1987

Mazda 121 LX Canvas Top, 1988

Mazda 929, 1987

kungsvollere Heiz-/Lüftungsanlage prägten den Innenraum, zu dem gegen Aufpreis eine vollelektronische LCD-Instrumentierung und ein CD-Player von Pioneer erhältlich waren.

626 / Capella 1985. Nachdem die fünftürige Ausführung des 626 auch in Japan erhältlich wurde, erhielt die gesamte Modellfamilie im Mai 1985 kräftigere Stoßstangen mit geändertem Bugspoiler, etwas dickere Kühlergitterstäbe und teils neue seitliche Schutzleisten; zudem hatte die Stufenheckvariante einen höheren Heckabschluss und bot damit mehr Kofferraum. Im Innenraum fanden sich ein neues Armaturenbrett (einschließlich neuartiger Verbrauchssparhilfe mit zwei Leuchtsymbolen) und verbesserte Sitze. Wie den Turbomotor (dem neu ein Ladeluftkühler spendiert wurde) gab es nun auch die 1,8- und 2-l-Saugmotoren mit Einspritzung (= 626i). – *Im August 1985 feierte Mazda den 10-millionsten seit April 1960 gebauten Pkw.*

323 D / 1.6. Ebenfalls im August 1985 wurde das Motorenangebot der Mazda 323/Familia durch ein 1,7-l-Dieselaggregat ergänzt. Doch erst auf der IAA Frankfurt im September erlebten die erneuerten 323 auch ihre Europapremiere. Neu war ein 1,6-l-Motor, der mit einer elektronischen Benzineinspritzung aufwartete und (je nach Land) auch gleich mit einem Katalysator bestückt wurde. In der Schweiz kam dieses mit einem oberen und einem unteren Heckflügel ausgestattete Modell ab Anfang 1986 als 323 1.6i GTX auf den Markt (105 PS, ohne Katalysator).

323 Full Time 4WD / Turbo GT Im Oktober 1985 folgte als weitere Ergänzung der 323 mit permanentem Allradantrieb. Ein Planetengetriebe übernahm die Rolle des zentralen Differenzials. Das Drehmoment wurde gleichmäßig auf beide Achsen verteilt, wobei ein Stirnradpaar und ein Winkelgetriebe für den Kraftfluss auf die nach hinten führende, zweigeteilte Kardanwelle sorgten. Dieser Full Time 4WD ließ sich mit dem 1,5-l-Motor (70 PS) kombinieren oder mit dem ebenfalls neuen 1,6-l-DOHC-Motor mit 16 Ventilen, Abgasturbolader, Ladeluft- und Ölkühler sowie elektronischer Einspritzung EGI. Diese Antriebseinheit brachte es auf 140 JIS-Netto-PS und wurde ausschließlich im dreitürigen Mazda 323 eingebaut, war aber auch mit Frontantrieb erhältlich. Als leistungsorientiertes kompaktes Liebhaberstück kam der 323 Full Time 4WD Turbo 16V später auch in Europa auf den Markt (und er sollte bis 1987 zu einem Rallye-WM-Einsatzfahrzeug nach den neuen Gruppen A und N entwickelt werden).

323 Cabrio / Kombi. Auf der Tokyo Motor Show im November 1985 wurde überdies ein 323-Cabriolet mit Überrollschutzbügel gezeigt, dessen Produktion auf das Frühjahr in Aussicht genommen wurde. Bereits in der zweiten Dezemberhälfte gelangte in Japan – als Familia Van und Familia Wagon – der neue 323-Kombi mit Vorderradantrieb in Verkauf. Gegenüber dem Vorgänger war die Aufbaulänge um 12 auf 422 cm angewachsen.

RX-7 / Savanna 1986. Er blieb zwar gleich lang und hoch, rollte aber auf breiterer Spur (145/144 statt 142/140 cm). Doch vor allem waren seine Fensterkonturen weicher gezeichnet, und die Panoramaheckscheibe bestand aus einem Stück statt aus drei Teilen: So präsentierte sich der neu karossierte RX-7 alias Savanna ab September 1985. Bug und Heck waren höher und wirkten massiver, dennoch war der Stil dieses Sportcoupés beibehalten worden. Der Luftwiderstandsbeiwert des nach wie vor mit Klappscheinwerfern versehenen 2+2-Sitzers wurde mit cw 0,32 angegeben. Das Leergewicht war von knapp 1100 auf gut 1200 kg angestiegen.

Aber auch technisch gab es wesentliche Änderungen: Beim Zweischeiben-Wankelmotor handelte es sich jetzt um die Version 13 B mit einem Hubraumäquivalent von 2616 cm^3, wie sie ohne Abgasturbolader auch im Cosmo zur Wahl stand und teils in den für die USA bestimmten bisherigen RX-7/Savanna eingebaut wurde. Zu den technischen Verfeinerungen zählten ein neues Saugrohr mit dynamischem Ladeeffekt, drei statt zwei Lamellen zwischen Rotor und Stator sowie Teflonbeschichtungen.

Im neuen RX-7 wurde dieser größere Motor im Prinzip ebenfalls mit einem Turbo samt Ladeluftkühler ausgestattet, doch wurden für gewisse Märkte wie der Schweiz wegen der speziellen Abgasnormen zunächst auf ihn verzichtet. Der mit Klappen in zwei Leistungsstufen unterteilte Abgasturbolader verhalf dem Wankelmotor zu einer Leistungspitze von 185 JIS-PS bei 6500/min (ohne Turbo 150 JIS-PS, später mit Katalysator und Turbo 180 JIS-PS) und das maximale Drehmoment stieg auf 245 Nm bei 3500/min. Vor allem wegen dieses hohen Drehmoments hatte Mazda ein neues, verstärktes 5-Gang-Getriebe konstruiert. Außer für die GT-Version war alternativ ein 4-Stufen-Automatikgetriebe erhältlich.

Während der RX-7 bisher eine aufwändig geführte hintere Starrachse besaß, erhielt er in der Neuauflage eine ausgeklügelte Einzelradaufhängung mit quer abgestützten Schräglenkern und diagonalen Zusatzlenkern. Die Vierrad-Scheibenbremsen waren innenbelüftet, und bei der Ausführung GT-Limited zählte ein ABS mit Einzelregelung aller Räder zur Serienausstattung. Aufgegeben worden war auch die Kugelkreislauflenkung. Die Ölpumpe der neuen Zahnstangenlen-

Mazda 626 2.0i 16V 4WS, 1988

kung arbeitete nicht nur in Abhängigkeit von der gefahrenen Geschwindigkeit, sondern ließ sich auch von der Querbeschleunigung beeinflussen: Bei zunehmendem Tempo nahm ihre Wirkung ab, sie verstärkte sich jedoch wieder bei Kurvenfahrt. Die Lenkuntersetzung variierte dabei von 15,2:1 bis 20,3:1. Das betont sportlich ausgerichtete Armaturenbrett umfasste klassische Analoganzeigen. Gebaut wurde der neue RX-7 in den Ausführungen GT, GR-R, GT-X und GT-Limited. – *Im Frühling 1986 verließ der 1,5-millionste Mazda mit Kreiskolbenmotor das Werk. – In jenem Jahr wurde mit einem RX-7 anlässlich der Bonneville National Speed Trials in den USA eine Rekordgeschwindigkeit von 383,7 km/h erreicht.*

929 / Luce 1987. Gänzlich verjüngt zeigte sich die Reihe Luce/929 ab September 1986: glattflächiges, strömungsgünstiges Design, nur noch als viertürige Limousine mit besonders eleganter Hardtopvariante (Coupé und Kombi gestrichen), um 9,5 auf 271 cm verlängerter Radstand, Länge 469 cm, Höhe 143,5, Hardtop 140,5 cm (bisher viertürig 136 bis 141 cm hoch), weiterhin Hinterradantrieb, aber neue hintere Aufhängung mit Federbeinen, doppelten unteren und einfachen oberen Quer- und Längslenkern, nebst 2-l-Vierzylinder neu 2-l-V6 mit je einer obenliegenden Nockenwelle, drei Ventilen je Zylinder, elektronischer Einspritzung und auf Wunsch Abgasturbolader und Ladeluftkühler (110 bzw. 145 JIS-Netto-PS), Luce auf Wunsch weiterhin mit 2,6-l-Wankelmotor (nun 180 JIS-Netto-PS), teurere Modelle mit dreifach programmierbarem 4-Stufen-Automatikgetriebe, wählbarer Federdämpfung und ABS.

In der ersten Hälfte 1987 kam ein 3-l-V6 hinzu, der anfänglich in den Exportmodellen, ab August auch in Japan erhältlich war: OHC, 18 Ventile, mit Katalysator 170 PS.

Mazda MPV, 1989

Mazda Carol, 1990

Mazda Luce Hardtop Limited 3000, 1989

Mazda RX-7 Turbo Cabriolet, 1990

Etude. So hieß (étude geschrieben) eine im Februar 1987 eingeführte Ableitung des Mazda 323: Es gab dieses dreitürige, fünfsitzige Coupé in drei Ausstattungsvarianten, aber ausschließlich mit dem 1,6-l-DOHC-Vierventilmotor mit Einspritzung und dem neuen VICS-System, das dank Verbindungen im Ansaugtrakt mittels Schwingungen eine verbesserte Füllung ermöglichte. Die Leistung erreichte 110 JIS-Netto-PS.

323 / Familia 1987. Im Februar 1987 wurde in Japan für die Familia alias 323 ein Face-lift eingeführt: Es gab kräftigere vordere Stoßfänger und einerseits eine stärker abfallende Front mit geneigten Leuchteinheiten, bei den sportlicheren Hatchback-Modellen anderseits einen vergrößerten Lufteinlass unterhalb des Stoßfängers. Bei den Heckklappenmodellen waren zudem die hinteren Stoßfänger und Hecklichter neu modelliert worden. Auch die 1,3- und 1,5-l-Motoren zeigten sich modernisiert. Den permanenten Allradantrieb gab es in Kombination mit dem 85 PS leistenden 1,6-l-Motor neu auch im viertürigen Modell. Es gab nun ein 4-Stufen-Automatikgetriebe, doch jenes mit drei Stufen war ebenfalls durch eine Wandlerüberbrückung aufgewertet worden. Die DOHC-Turbomodelle erhielten eine Visko-Differenzialbremse (beim 4WD für die Hinterachse). Später im Jahr wurden der DOHC-16V-Motor (mit 140 PS) auch im 323 erhältlich und zudem kam ein 1,7-l-Dieselaggregat (58 PS) hinzu.

Im März 1987 schlossen Ford und Mazda einen Vertrag über die Standardisierung bzw. Austauschbarkeit von Bestandteilen. – fast gleichzeitig stellte Mazda eine Vierradlenkung vor (4WS, wie sie bereits auch Honda entwickelt hatte und wie sie schon in den 30er Jahren vorgeschlagen worden war): Je nach Geschwindigkeit und Einschlagwinkel regelte beim Mazda-System ein elektronisches Steuergerät den Einschlag der Hinterräder in sinngleicher oder entgegengesetzter Richtung zu den Vorderrädern. Damit wurde eine Verbesserung einerseits der Manövrierfähigkeit, anderseits der Stabilität bei hohen Tempi angestrebt. – Im gleichen Monat verlautete, dass Mazda einen 2-l-Dieselmotor herstellen werde, der dank einem Comprex-Druckwellenlader 35 Prozent zusätzliche Leistung erbringen werde. Dieser Lader werde vom BBC-Werk in Zürich-Oerlikon geliefert.

626 / Capella 1987/88. Im Mai 1987 stellte Mazda in Japan die Neuauflage der Mittelkasse-Baureihe vor. Es gab sie wiederum als Stufenheck- und Fließhecklimousine sowie als fünfsitziges Coupé. Bei ähnlichen Grundzügen war das Design wesentlich fließender und die Front niedriger. Die Seitenscheiben waren außenbündig eingepasst, und beim Coupé fielen die Verbreiterungssicken über den Radhäusern auf. Der Radstand war von 251 auf 257,5 cm verlängert worden, und die Länge erreichte 451,5 statt 443 cm. Beim Coupé wurde der Radstand allerdings bei 251 cm belassen, und die fünftürige Ausführung war weiterhin 3 cm niedriger als der Sedan.

Die Motorenpalette setzte sich neu aus dem (bekannten) 1,6-l-Vierzylinder, einem 1,8-l-Motor mit 12 Ventilen (auch mit Einspritzung) und ganz neu einem 2-l-Vierzylinder mit zwei obenliegenden Nockenwellen, 16 Ventilen und Einspritzung zusammen. Dazu kam der angekündigte 2-l-Diesel mit Comprex-Aufladung (mit 82 PS, für den Export wurde auch eine Version ohne Comprex mit 61 PS vorgesehen). Das weitere grosse Novum war die gegen Aufpreis erhältliche Vierradlenkung, die jetzt ohne Rücksicht auf Hondas Patentklage ins Angebot kam. Es gab sie in Verbindung mit dem 2-l-Motor und nur bei der viertürigen Limousine. Diese Einschränkung galt auch für den permanenten Vierradantrieb (zentrales Planetendifferenzial, 50:50 Prozent sperrbar, Visko-Differenzialbremse hinten). 4WS und 4WD konnten aber nicht kombiniert werden. Beim 2-l-Motor wurden Vierrad-Scheibenbremsen montiert, die sich durch ein mechanisches ABS ergänzen ließen (Lucas-Girling-Entwicklung, in Sumitomo-Lizenz).

Dieser neue Mazda war nicht nur für die Produktion in Japan vorgesehen, sondern sollte auch in dem neuerrichteten Werk von Flat Rock, südlich von Detroit in den USA, vom Band rollen... nebst dem neukonstruierten → Ford-Coupé names Probe.

626 Kombi. Der auf der Tokyo Motor Show im November 1987 gezeigte 626 Kombi wurde zwar als Prototyp bezeichnet, kam aber alsbald ebenfalls in Produktion. Auch hinsichtlich Fahrwerk unterschied er sich nicht von der Limousine. Die wohlgeformte Karosserie war mit 459 cm Länge und 143 cm Höhe aber etwas länger und höher und bot einen entsprechend generösen Laderaum. Gegen Aufpreis war in der Ausführung GT 16V eine aufklappbare, nach hinten gerichtete Notsitzbank erhältlich.

RX-7 Cabrio. Zum 20. Geburtstag des Rotationskolbenmotors von Mazda wurde der RX-7 ab August 1987 auch als zweisitziges Cabriolet aufgelegt. Das vordere Dachteil bestand aus festem Kunststoff und konnte im Kofferraum verstaut werden, während sich das verbleibende Targadach elektrisch versenken ließ; es handelte sich also um ein 3-Positionen-Dach nach altem englischem Rezept. Das Kofferraumvolumen verminderte sich auf gut 100 dm^3. Die Produktion von 50 ausschließlich in Weiß oder Schwarz lackierten Exemplaren pro Monat war (zunächst) nur für den einheimischen Markt bestimmt. Eine Besonderheit bestand in dem von Mazda patentierten Wind blocker: Ein hinter den Sitzen eingefügtes Schild klappte bei geöffnetem Verdeck nach oben und reduzierte damit die beim Offenfahren entstehenden Turbulenzen... womit das Windschott geboren war!

1988 erhielt der 323 4WD zusätzliche große Lufteintrittsöffnungen unterhalb des Kühlergrills. In der Katalysatorversion kam der 1,6-l-Turbomotor nun auf 140 statt 136 PS. Weiterhin gab es den 323 4WD als GT und als GTX, in letzterer Ausführung u. a. mit höhenverstellbarem Fahrwerk.

Anfang 1988 wurde Ing. Kenichi Yamamoto nach nur drei Jahren an der Spitze von Mazda durch den Wirtschaftsspezialisten Norimasa Furata abgelöst. Mazda hatte bereits ein intensives Kostensenkungsprogramm eingeleitet. U. a. sollten vermehrt Autoteile importiert werden und zwar auch von Kia.

Mazda (Miata) MX-5, 1990

Mazda 323 GLX Sedan, 1990

Mazda 323 F (Coupé/Fastback) GT, 1990

121. Mit dem Autosalon von Brüssel im Januar 1988 wurde der von Mazda konstruierte und von → Kia in Südkorea gebaute Kleinwagen Ford Festiva unter der Bezeichnung Mazda 121 auch in Europa eingeführt. Im Vorfeld zum Genfer Salon, wo er ebenfalls für den europäischen Markt propagiert wurde, hob Mazda hervor, dass das Modell 121 für die hinsichtlich Qualität und Ausstattung besonders anspruchsvolle Kundschaft in Hiroshima hergestellt werde. Mit elektronisch gesteuertem Registervergaser und Katalysator leistete der 1323-cm^3-OHC-Quermotor 55 PS, was bei rund 750 kg Leergewicht durchaus genügte. Die gedrungene dreitürige Karosserie kam auf einen Luftwiderstandsbeiwert von cw 0,36. Vorne wurden Federbeine mit unteren Querlenkern, hinten eine Verbundlenkerachse verwendet. Eine Besonderheit verkörperte die Version LX Canvas Top mit großflächigem Faltdach, das nach alter Sitte für ein effizientes Frischluftfeeling sorgte.

MPV. Im September 1988 stellte Mazda in den USA den Großraumkombi MPV = Multi Purpose Vehicle vor, der zunächst ausschließlich für Nordamerika bestimmt war. Er besaß eine simple, höhergestellte Kombiform mit kaum verkürzter Motorhaube. Mit 280,5 cm Radstand, 446,5 cm Länge und 173 cm Höhe war er bei ähnlicher Länge um 10 cm höher als der Plymouth alias Chrysler Voyager. Er war als Viersitzer ausgelegt, doch ließ sich zusätzlich eine abklappbare Sitzbank für drei Personen einbauen. Im Gegensatz zum Voyager erfolgte der Antrieb auf die Hinterräder: 2,6-l-Vierzylinder mit 12 Ventilen, zwei Schwingungsausgleichswellen und 123 PS, oder 3-l-V6, OHC mit 152 PS (jeweils mit 5-Gang-Getriebe oder 4-Stufen-Automatikgetriebe). Vorne wurden Dreieckquerlenker, hinten eine an fünf Lenkern geführte Starrachse mit Panhardstab eingebaut. Bereits wurde für den MPV V6 eine Version mit zuschaltbarem Vorderradantrieb und elektrisch sperrbarem Zentraldifferenzial angekündigt.

626 / Persona. Nachdem im Frühling 1988 auch die Kombiversion des neuen 626 hinzugekommen war und alsbald das Coupé ebenfalls als 4WS (Vierradlenkung und Luxusausstattung) angeboten wurde, folgte im Herbst auf der Basis des viertürigen Capella die Hardtopversion Persona. Bei ihr ließen sich die Seitenfenster (zwei statt drei pro Seite) mittelpfostenfrei versenken (die hinteren Türscheiben allerdings nicht vollständig). Der mit 1,8-l-OHC- oder 2-l-DOHC-Mehrventilmotor versehene Persona war u. a. mit Lederinnenraum lieferbar, wurde aber (wie die meisten anderen Hardtop-Varianten japanischer Limousinen) nicht exportiert. 1989 wurde auch der Kombi mit dem 2,2-l-12-Ventil-Motor lieferbar.

RX-7 1989. Zu den im Januar eingeführten Detailänderungen zählte ein stärker nach vorne abgewinkeltes unteres Ende der Frontschürze, die nun Zusatzlampen trug, neue Räder, Heckflügel statt Gummilippe, neues Lenkrad, kürzere Schaltwege, Fahrwerksänderungen (u. a. durch Kugelgelenke statt Silentblöcke mit der Aufhängung verbundene Stabilisatoren) und vor allem Verfeinerungen am Wankelmotor: Verdichtung 9,0:1 statt 8,5:1, Gewichtsverminderungen an den Rotoren und am Schwungrad, Änderungen am Turbosystem. Damit stieg die Leistung der Turboversion von 180 auf 200 PS, und 100 km/h waren in 6 statt 7,2 s erreichbar (Spitze 240 statt 230 km/h). – Das Cabrio kam jetzt auch nach Europa.

MX-5 Miata. Niemand hätte wohl je gedacht, dass das auf der Chicago Motor Show im Februar 1989 vorgestellte kleine Sportcabriolet zu einem die Jahrhundertwende überstehenden Dauer(b)renner würde. Der MX-5 Miata besaß eine schlichte, rundlich geformte Zweisitzerkarosserie mit Klappscheinwerfern und unterem ovalem Lufteinlass in der kühlergrillfreien Front. Stilistisch war er offenbar vom Lotus Elan inspiriert worden, einer auf das Jahr 1962 zurückgehenden Sportwagenikone. Allerdings war der MX-5 deutlich größer und passte in die 4-m-Sportwagenklasse, in der einst MG, Triumph und Fiat Spider die Zweisitzer-Cabriofans begeistert hatten. Diese von den Europäern sträflich hinterlassene Lücke preisgünstiger Sportcabrios wurde nun von Mazda belegt und in der Folge mit dem einen Hauch von Nostalgie ausströmenden MX-5 auch neu belebt!

Nein, der MX-5 Miata basierte nicht auf dem frontgetriebenen Modell 323, wie es doch so naheliegend gewesen wäre. Vielmehr hatten die Mazda-Ingenieure dem kleinen Flitzer einen eigenen Unterbau mit längs eingebautem Frontmotor, Hinterradantrieb und sportlichem Aufhängungskonzept – ringsum untere und obere Dreieckquerlenker – verpasst. Schließlich basierte ja schon das von → Ford Australia gebaute 2+2-sitzige Cabriolet Mercury Capri auf der 323-Plattform. Dem Antrieb diente der 1,6-l-DOHC-Motor mit 16 Ventilen, wie er (quer eingebaut) auch im Mazda 323 zu haben war. Die Leistung wurde für die USA (wo er zunächst erhältlich war) mit 118 PS angegeben. Übrigens war auch der Lotus Elan ab 1963 mit 1,6-l-DOHC-Motor angeboten worden. Das 5-Gang-Getriebe des MX-5 entstammte dem Mazda 929, war jedoch enger abgestuft. Ein Alu-Gitterrahmen zwischen Getriebe und Differenzial versteifte den Antriebsstrang. Die Ausrüstung war zweckmäßig-nüchtern gehalten, auch wenn Radio/Tonbandanlage und selbst ein Airbag zur Standardausrüstung zählten. Gegen Aufpreis waren ein Lenkservo, Scheibenheber, Lederlenkrad, Klimaanlage, Hardtop sowie Leichtmetallräder erhältlich, deren Stil ebenfalls an englische Vorbilder aus den 60er Jahren erinnerten.

Die Produktion startete im Herbst 1989. Während sich in den USA die Bezeichnung Miata durchsetzte, wurde dieses Sportcabrio ab 1990 in Europa als MX-5 zum Begriff; in Japan kam er als Eunos Roadster auf den Markt.

323 / Familia 1989. Im Februar 1989 wurde in Japan eine neue Generation des Mazda Familia bzw. 323 vorgestellt. Nur der Kombi wurde noch in der bekannten Form weitergebaut. Während die Stufenhecklimousine ein feingeschliffenes klassisches Design erhielt und der dreitürige

(Mazda) Eunos Cosmo, 1990

Hatchback durch sein in die Seiten gerundetes Heck gefiel, wurde die fünftürige Sechsfenster-Limousine durch ein gänzlich neuartiges Design mit Flachfront samt Klappscheinwerfern und Rundheck mit aus der Gürtellinie herauswachsendem feinem Heckflügel abgelöst. Dieses Fastbackdesign mit vier Seitenfenstern wirkte ebenso sportlich wie ungewohnt und stemmte sich auf willkommene Weise gegen das besonders in Fernost verbreitete stilistische Einerlei. Mit 133,5 cm war dieser fünftürige Hatchback (den es in fernen Ländern auch als dreitürigen Ford Laser gab) 4 cm niedriger als der viertürige Sedan (was sich auf die Kopffreiheit auswirkte).

Der Radstand war von 240 auf 245 cm verlängert worden und erreichte für die vier- und fünftürigen Versionen gar 250 cm. Der auch als Coupé F bezeichnete fünftürige Hatchback war mit 426 cm am längsten. Die 1,3- und 1,5-l-Motoren gab es dem Trend der Zeit folgend ebenfalls mit vier Ventilen je Zylinder, die jedoch von einer einzigen Nockenwelle betätigt wurden. In der allmählich erweiterten Motorpalette der neuen 323-Mazda fanden sich zudem DOHC-Motoren mit 16 Ventilen und bis zu 140 PS.

626 / Capella / Persona 1990. Ab Juni 1989 zeigte sich dieses Mittelklassetrio in leicht modifiziertem Kleid: Die Lichteinheiten der Front waren stark um die Kanten gezogen und auch die Rücklichter waren neu; hinzu kamen hochwertigere Innenraumstoffe. Neu im Programm war ein 1,8-l-DOHC-Motor mit 16 Ventilen und 115 PS. Der auf Wunsch erhältliche permanente Vierradantrieb wurde durch Viskokupplungen beim zentralen und hinteren Differenzial sowie eine variable Kraftaufteilung vorne/hinten aufgewertet. Er wurde (je nach Exportland) mit dem 115 PS leistenden 2,2-l-Motor kombiniert und hieß 4WD oder Formula 4.

323 / Familia Turbo 4WD. Im Herbst 1989 wurde die erneuerte Reihe 323 durch ein verjüngtes Sportmodell ergänzt: Im Kleid des dreitürigen Hatchback wurde der permanente Vierradantrieb mit dem auf 1840 cm^3 vergrößerten DOHC-16V-Motor kombiniert, womit 166 bis 180 PS zur Verfügung standen. Die Kraftverteilung erfolgte zu 43 Prozent auf die Vorder- und zu 57 Prozent auf die Hinterräder. Zudem war ein ABS verfügbar. Je nach Exportland hieß dieses Topmodell 323 GTX Formula 4. Daneben gab es (ebenfalls im Export) den 323 GLX Formula 4 (viertürige Stufenhecklimousine, OHC, 106 PS, zentrales Planetendifferenzial, Kraftverteilung vorne/hinten je 50 Prozent). Im Januar 1990 kam auch die Kombiversion 323 Station Formula 4 hinzu (mit 1,6-l-Motor und 86 PS).

(Eunos) Cosmo 1990. Mit der im September 1986 lancierten neuen 929/Luce-Reihe waren die Kombi- und die Coupéversionen aufgegeben worden. Nach einer somit dreijährigen Produktionspause wurde auf der Tokyo Motor Show von Ende Oktober 1989 ein für den Eunos-Vertriebskanal bestimmtes neues Cosmo-Luxuscoupé vorgestellt. Es war nicht mehr eine 929-Ableitung, sondern zeigte sich wie in seinen auf das Jahr 1967 zurückgehenden Anfängen mit einem zur Gänze eigenständigen Design, dem man einen amerikanisch angehauchten Zuschnitt attestieren mochte. Auffallend waren der niedrige Bug, die langgestreckten Flanken und die großen Scheibenflächen des Stufenheck-Pavillons. Mit 275 cm wurde der 929-Radstand um 5 cm übertroffen, und mit seinen Karosserieabmessungen von 481,5x 179,5x130,5 cm wirkte dieses elegante, an die 1500 kg wiegende Coupé sehr stattlich.

Der neue Cosmo war das erste Serienauto, das mit einem Dreischeiben-Wankelmotor bzw. einem Kreiskolbenmotor mit drei Läufern angeboten wurde. Durch das Anfügen der dritten Einheit ergab sich ein Hubraumäquivalent von 3924 cm^3. Die Leistung erreichte 280 PS bei 6500/min (unter den japanischen Herstellern gab es eine Abmachung, wonach kein Serienmodell mehr als 280 PS leisten sollte). Auch die Zweischeiben-Basismotorisierung imponierte, wurde doch diese Kraftquelle mit einem Hubraumäquivalent von 2616 cm^3 (wie im RX-7 verwendet und im 929/Luce erhältlich) mit Doppelturbolader in Registeranordnung und Ladeluftkühler auf 230 PS gebracht, also nochmals deutlich mehr als die 205 PS des für Japan bestimmten RX-7 Turbo.

Selbstverständlich erfolgte der Antrieb weiterhin auf die Hinterräder und zwar in Verbindung mit einem 4-Stufen-Automatikgetriebe. Beim Cosmo mit Dreischeiben-Wankelmotor wurden serienmäßig eine Visko-Differenzialbremse und ein ABS eingebaut. Vorne umfasste die Aufhängung untere und obere Dreieckquerlenker, hinten Längslenker, untere und obere Querlenker sowie eine Querstrebe. Im Innenraum fanden sich erlesene Stoffüberzüge oder feines Leder, und die Holzfurniereinlagen stammten aus Italien. Es gab blaue Analoganzeigen auf schwarzem Grund und oben auf der Mittelkonsole einen Bildschirm für ein Navigationssystem. Die Produktion wurde im Frühling 1990 aufgenommen, doch blieb dieses außergewöhnliche Liebhabermodell dem einheimischen Markt vorbehalten. Allerdings wurde bei Mazda in Erwägung gezogen, nach dem Beispiel der drei großen japanischen Hersteller für die USA eine Luxuswagenmarke ins Leben zu rufen.

(Autozam) Carol. Am andern Ende der Skala stieg Mazda über den Vertriebskanal Autozam mit dem Typ Carol in die Klasse der Microcars ein. Es handelte sich um einen dreitürigen Viersitzer in originellem, gewollt ein wenig altmodisch gehaltenem Design. Eigenheiten waren die in die Front eingelassenen kreisrunden Scheinwerfer und Nebellampen sowie ein die gesamte Dachfläche belegendes Faltdach. Es gab ihn frontgetrieben mit zwei 657 cm³-Dreizylindermotoren: OHC, 12 Ventile, 42 PS bzw. 6 Ventile, Einspritzung, Turbo/Intercooler, 61 PS; die gesamte Mechanik entstammte dem → Suzuki Alto!

1990 erhielt der 121 einen niedrigeren Kühllufteinlass (mit integrierter statt darüberliegender Markenschrift), neue Heckleuchten und einen Zierstreifen auf der Heckklappe.

Nachdem Mazda wegen der fernöstlichen Finanzkrise in Schwierigkeiten geraten war, erhöhte die Ford Motor Co. per 31. März 1997 ihren Kapitalanteil auf 33,4 Prozent und übernahm das Topmanagement. Ende 2008 seinerseits von der Finanzkrise erfasst, verkaufte Ford 20 Prozent dieser Kapitalbeteiligung (6,8 Prozent gingen an Mazda zurück) und begnügte sich noch mit 13,4 Prozent. – Am Schluss des Mazda-Kapitels muss aber auch erwähnt werden, dass Felix Wankel, der geniale Erfinder und grandiose Selfmademan, 1988 im 86. Altersjahr verstorben war. Mit einzigartiger Beharrlichkeit und jahrzehntelanger Ausfeilarbeit hatte er seinem Motor zum Leben verholfen... und dieser sollte vor allem dank Mazda auch am Leben bleiben – bei Mazda jedenfalls bis 2012!

Mazda	Bauart	Mot.	Getr.	R/L cm	Baujahre
(Autozam) Carol	**Fr.(4)**	**–**	**4/5/A3**	**233,5/319**	**1989/90**
Motor:	3	012V	547	40/7500	42/6000
121	**Fr.**	**a–f**	**4/5/A3**	**229,5/347,5/357**	**1986–90**
Motoren:	*Zyl.:*	*N'w.:*	*cm³:*	*PS/'min:*	*Nm/'min:*
a (*Export)	4	OHC	1138	52/5500/56*/5800	86/3500/88/3600
b (*Export –1989)			1323	64/5500/66*/5600	102/3500/103/3600
c (Export 1989–)				66/5800/60/5500	102/3500
d (USA *1989–)	4/4i*			58/64*/5000	99/3500/3000
e (1988–)	4			55K/5000	98/3500
f	4i	D16V	1290	88/7000	98/4500
323 / Familia	**Fr.**	**a–i**	**4/5/A3**	**236,5/395,5/415,5**	**1980–85**
Motoren:	*Zyl.:*	*N'w.:*	*cm³:*	*PS/'min:*	*Nm/'min:*
a	4	OHC	1071	55/6000	78/4000
b			1296	74/5500 (brutto)	103/3500
c (Europa)				68/6000/60	95/3500
d (CH 1982–)				65/5500	93/3000
e			1490	85/5500 (brutto)	121/3500
f (Europa *1982–)				75/5500/72CH*	116/3000/110
g (GT –1983 *1982/83)				85/6000/80CH*	120/3200
h (GT 1983–)				88/6000/80CH	122/3200/117
i (USA)				69/5000	111/3000
j (1983–)	4i			95/5800 (brutto)	124/4000
k (1983–)	4iT			115/5800 (brutto)	162/3500

Mazda	Bauart	Mot.	Getr.	R/L cm	Baujahre
323 / Familia	**Fr.(4)**	**a–d2**	**4/5/A3**	**240/399/419,5–423**	**1985–89**
a (Export)	4	OHC	1071	54/5800	78/79/3600
b (–1987)			1296	74/5500 (brutto)	103/3500
c (Europa *1968–)				68/6000/5800*	95/3800
d (CH –'86 / Exp.–'87)				65/5500/60	93/3000/94
e (1987– +*–1988)			1323	67/5500/60*	102/3500/94
f (1987–)	4i			67K/5000/68/5800	100/3500/105/3600
g (1985)	4		1490	85/5500 (brutto)	121/3500
h (Eur.–'87/ CH'85/86)				75/5500/72	116/3000/110
i (1987–)				75/5500	115/3500
j (4WD /+St.Wg.'86/87)				70/5500/73	110/3500/113
k (GT 1985)				88/6000	121/3200
l (–1987)	4i			95/5800 (brutto)	124/4000
m (Wagon Dec. 1985–87)				76/5000	112/4000
n (–1987)	4iT			115/5800 (brutto)	162/3500
o (1986/87)				100/5000	149/4000
p (1987–)	4		1498	76/6000	112/3500
q (Europa 1987–)	4i/4			75/5700/73/5500	115/113/3200
r (1987–)	4i		1598	85/5500	123/2500
s (Export mid 1985–)				105/6000	137/4200
t (USA / +Kat.1985/86)				83/5000	125/2500/122/2400
u (1986/87)				87K/74K/5000	127/2500/124/3000
v (1987–)				86K/5000	123/2500
w (1986–)	4i	D16V		110/6500	132/4500
x (GT '85/86 4WD '86–)	4iT			140/6000	186/5000
y (4WD Export 1986/87)				150/136K/6000	195/5000/180/3000
z (Export 1987–)				140K/6000/150/6000	185/3000/195/5000
a2 (USA 1988–)				134	184
b2 (mid 1985–87)	4D	OHC	1720	59/4700	106/3000
c2 (Europa 1986/87)				55/4700	100/3000
d2 (1987– *Europa)				58/4700	105/107*/3000
323 / Familia (3-tür.)	**Fr.(4)**	**a–l**	**4/5/A3/A4**	**245/399,5–403,5**	**1989/90**
do. (4- und 5-türig)				**250/421,5–427**	
a	4	O16V	1324	76/6500	101/4000
b (Export)	4i	OHC		68K/5200/75/6200	101/3500/102/3700
c		O16V	1498	91/6500	122/4000
d		DOHC		110/6500	127/5500
e (4WD)		O16V	1598	91/6500	128/3000
f (Export)	4i/4	OHC		86K/5200/87/6000	128/2500/125/3100
g (USA)	4i			83/5000	125/2500
h		DOHC		130/7000	137/5500
i (Export)		O16V	1840	106K/5300/104U	151/4000
j (Export)		DOHC		131K/140/6500	160/4500/163/4700
k (4WD)	4iT			180/6000/166K/5500	237/219/3000
l (*Europa)	4D	OHC	1720	58/4700/57*/4300	105/3000/112/2800

Mazda

Mazda	Bauart	Mot.	Getr.	R/L cm	Baujahre
323/Familia Wagon	**St.**	**a–d**	**4/5/A3**	**231,5/401–409,5**	**1980–85**
Motoren:	*Zyl.:*	*N'w.:*	*cm^3:*	*PS/'min:*	*Nm/'min:*
a	4	OHC	1272	73/5500 (brutto)	103/3500
b (Europa)				60/5500	93/3500
c (1983–)			1415	76/5400 (brutto)	114/3500
d			1490	70/5500	115/3500
323 Wagon	**Fr.(4)**	**a–d**	**4/5/A3/A4**	**240/422,5**	**1989/90**
a (*Export)	4	OHC	1324	67/68*/5500	102/105/3500
b (*Export)			1498	76/6000/73*/5700	112/3500/113/3200
c	4/4i		1598	85/86K/5000	123/122/2500
d (*Export)	4D		1720	58/4700/57*/4300	105/3000/110/2800
Etude	**Fr.**	**a**	**5/A4**	**240/410,5**	**1986–89**
Motor:	4i	D16V	1598	110/6500	132/4500
626 / Capella	**St.**	**a–d**	**4/5/A3**	**251/435,5/441,5U**	**1980–82**
Motoren:	*Zyl.:*	*N'w.:*	*cm^3:*	*PS/'min:*	*Nm/'min:*
a	4	OHC	1586	90/5700 (brutto)	128/3500
b				75/5500	119/3800
c			1769	100/6000 (brutto)	149/4000
d			1970	90/4800/81U/4500	154/142U/2500
626 / Capella	**Fr.**	**a–s**	**4/5/A3**	**251/443**	**1982–87**
a (*1985–)	4	OHC	1587	90/5700 (brutto)	128/3300/3500*
b (*1984–86)				81/5500	122/120*/3800
c (1986–)				80/5500	119/3800
d (–1985)			1789	100/5700 (brutto)	149/3500
e (1985–)	4/4i			95/100/5500	143/145/3000
f (Export 1985–)	4			92/6000	136/3500
g (–1985)	4/4i		1998	120/5500 (brutto)	167/3000
h (Europa *1985/86)				102/101*/5600/95CH	159/3700/158/3500
i (USA –1985)				84/4800	149/2500
j (1985/86)	4i			120/5300/110CH/5t	169/4200/171/4000
k (USA/Kat. 1985/86)				94/93/5000	156/153/2500
l (1986–)	4			101/5600	153/4700
m (1986–)	4i			117/120/5400	167/171/4000
n (1986–)	4i/4			93K/5000	153/2500/150/3500
o (USA 1986–)	4i			94/5000	156/2500
p (1983–85 *1985–)	4iT			145/5000 (brutto)	216/3000/229*/25
q (USA 1985–)				122/5000	203/3000
r (1983–)	4D			72/4650 (brutto)	135/2750
s (Europa 1984–)				64/4650/62	120/2750/116
626 / Capella	**Fr.(4)**	**a–n**	**4/5/A4**	**257,5/445–461**	**1987–90**
do. Coupé				**251,5/445/449,5U**	
Persona				**257,5/455**	**1988–90**
a (Export –1989)	4	OHC	1587	81/5500	120/3800
b (–1989)			1597	73/5500	122/3500
c	4/4i	012V	1789	82/97/5500	133/2500/143/4500
d (Export)	4i	OHC		90/5500	140/3400
e (1989–)		DOHC		115/6000	157/5000
f (Export)		012V	1998	109/5300	165/3300
g (Export +*–1989)	4i/4	OHC		90K/5000/102*/5600	153/2500/156/3700
h (–1989)	4i	D16V		140/6000	172/5000
i (1989– *m.Autom.)				150/6500/145*/6000	184/4500/186/4000
j (Export)				140K/148/6000	173/182/4000
k (Export)	4i	012V	2184	115K/5000/112U/47'	180/176/3000
l (Export)	4iT			147/4300	258/3500
m (Comprex)	4DC		1998	82/4000	181/2000
n (Export)	4D			61/4000	121/2750

Mazda	Bauart	Mot.	Getr.	R/L cm	Baujahre
121/121L / Cosmo (/L)	**St.**	**a/d–f**	**5/A3**	**251/463/462,5**	**1980/81**
929 L / Luce	**a–d/g/h**	←	**5/A3/4**	**261/464–474**	
Motoren:	*Zyl.:*	*N'w.:*	*cm^3:*	*PS/'min:*	*Nm/'min:*
a	4	OHC	1769	100/6000 (brutto)	149/4000
b			1970	110/5300 (brutto)	167/3000
c (Europa)				87/90/4800	154/2500
d	4i			120/5500 (brutto)	–
e	R2S	–	2616	135/6000 (brutto)	186/4000
f (Europa)				115/6000	165/4000
g				140/6500 (brutto)	186/4000
h	4D	OHV	2210	70/4000 (brutto)	142/2400
Cosmo / 929 / Luce	**St.**	**a–m**	**4/5/A3/A4**		
				261/261,5/467/470	**1981–87/–86**
do. Station Wagon				**261,5/465/474**	
a (–1982)	4	OHC	1769	100/6000 (brutto)	149/3300
b (–1983)			1970	110/5300 (brutto)	167/3000
c (Europa)				90/4800/87CH	154/2500
d (Station Wg. 1983–)				100/5000/83CH	164/3000
e (–1983)	4i			120/5500 (brutto)	–
f (1983–)	4		1998	110/5500 (brutto)	167/3000
g (Europa 1984–)				101	153
h (1983–)	4i			120/5500 (brutto)	167/3500
i (Europa'84– /CH'85–)				118/113	168/177
j (–1984)	R2S	–	2292	130/7000 (brutto)	162/4000
k (1982/83 *1983–)	R2SiT			160/165*/6500(br.)	226/4000
l (1983–)	R2Si		2616	160/6000 (brutto)	201/3000
m	4D	OHV	2210	70/4000 (brutto)	142/2400
929 / Luce	**St.**	**a–k**	**5/A4**	**271/469/482**	**1986–90**
a	4	OHC	1998	82/5000	149/2500
b (Export 1987–)	4i	012V		116/5300	164/4500
c (Export)	4		2184	115/5000/105	181/3500
d (Export –1988)	4i			136/5500/115K/5000	196/4000/178/3500
e (Export 1988–)				136/5500/115K/5000	196/4000/180/3900
f (–1989)	V6i	018V	1997	110/5500	168/4000
g (–1989)	V6iT			145/5000	231/2500
h (1987–)	V6i		2954	160/5500	235/231U/4000
i (Export 1987–)				170K/5300/190/5500	240/4000/255/4200
j (1988– +*1989–)		D24V		200/6000/193U*/56'	260/259/4500
k	R2SiT	–	2616	180/6500	245/3500
MX-5 /Miata/Eunos R.	**St.**	**a/b**	**5**	**226,5/395**	**1989/90**
Motoren:	–	*N'w.:*	*cm^3:*	*PS/'min:*	*Nm/'min:*
a	4i	D16V	1598	120/6500	137/5500
b				116K(ECE)/118U/65'	135/5500
RX-7 / Savanna	**St.**	**a–d**	**4/5/A3**	**242/426,5/428,5**	**1980/81**
(*1983–)			**/A4***	**242,5/431,5**	**1981–85**
Motoren:	–	*N'w.:*	*cm^3:*	*PS/'min:*	*Nm/'min:*
a	R2S	–	2292	130/7000 (brutto)	162/4000
b (USA/Europa)				100/115/6000	142/152/4000
c (1984–)	R2SiT			165/6500 (brutto)	226/4000
d (1984–)	R2S		2616	135/6000 (brutto)	180/2750
RX-7 / Savanna	**St.**	**a–e**	**5/A4**	**243/429–431**	**1985–90**
a (USA/CH'85+Eur.'86–)	R2Si	–	2616	148/150/6500	187/3500/182/3000
b (–1987)	R2SiT			185/6500/180K(br.)	245/247/3500
c (1987–89)				185/181K/6500	
d (USA 1987–89)				185/6500	248/3500
e (1989–)				205/200K/6500	270/265/3500
(Eunos) Cosmo	**St.**	**a/b**	**A4**	**275/481,5**	**1990**
Motoren:	–	*N'w.:*	*cm^3:*	*PS/'min:*	*Nm/'min:*
a	R2SiT2	–	2616	230/6500	294/3500
b	R3SiT2	–	3924	280/6500	402/3000
MPV	**St.**	**a/b**	**5/A4**	**280,5/446,5**	**1988–90**
Motoren:	–	*N'w.:*	*cm^3:*	*PS/'min:*	*Nm/'min:*
a	4i	012V	2606	123/4600	202/3500
b (+*1989–)	V6i	OHC	2954	152U/155*/5000	224/231/4000

Mercedes-Benz

Die Marke Mercedes-Benz war 1926 durch den Zusammenschluss der Firmen Daimler und Benz entstanden. Deren erste Automobile gingen auf das Jahr 1886 zurück, und sie waren die ersten Konstruktionen, die Bestand hatten und einer Weiterentwicklung unterzogen wurden. Die Daimler-Marke Mercedes war im Jahre 1900 geschaffen worden, und sie zeichnete sich durch ihre wegweisend fortschrittliche Konstruktion aus. Auch die Mercedes-Benz schufen sich einen herausragenden Ruf für Qualität und Leistung, zu dem der Nimbus des rennsportlichen Erfolgs hinzukam. In der Nachkriegszeit brillierte die Marke aus Stuttgart überdies durch Pionierleistungen auf dem Gebiet der Sicherheit.

Während andere Hersteller 1980 im Zeichen der Erdölkrise und Wirtschaftsflaute unter einem Rückgang gelitten hatten, wurden bei der von Dr. Gerhard Prinz geführten Daimler-Benz AG neue Rekordzahlen verzeichnet. Bei den Pkw hatte der Dieselanteil erstaunliche 50 Prozent erreicht. Nachdem Mercedes-Benz schon 1978 mit der Einführung der blockiersicheren Bremsanlage ABS die Vorreiterrolle unterstrichen hatte, wurden auf dem Genfer Salon 1981 mit dem Fahrer-Airbag (Luftsack) und dem automatischen Gurtstrammer zwei weitere wesentliche Schritte in Richtung erhöhten Insassenschutz getan. Diese Neuerungen wurden gegen Aufpreis in der S-Klasse ab sofort und in den kleineren Modellen ab Sommer erhältlich.

200 / 230 E / 250 / 280 / 280 E. Die der oberen Mittelklasse zuzurechnenden Mercedes-Benz der Baureihe 123 waren Anfang 1976 auf den Markt gebracht worden. Es gab sie als grundsolide viertürige Limousine (W 123), als Coupé (C 123, ab Genfer Salon 1977), als Kombi T (S 123) und Limousine lang (beide ab IAA Frankfurt 1977). Das T-Modell war der erste serienmäßige Mercedes-Kombi, was dieser Karosserieart zu deutlich mehr Prestige verhalf. Mit der 535,5 cm langen sieben- bis achtsitzigen Limousine lang wurde dem Ruf nach besonders geräumigen Taxi und Hotelwagen stattgegeben. Die Modellzahlen wiesen auf den Hubraum hin, wobei die Modelle 200 und 230 E von OHC-Vierzylindermotoren angetrieben wurden, das Modell 250 von einem OHC-Sechszylindermotor und die Modelle 280 von Sechszylindermaschinen mit zwei obenliegenden Nockenwellen. Der Buchstabe E stand für die mechanische Benzineinspritzung K-Jetronic von Bosch.

Alle Modelle besaßen entweder ein 4-Gang-Getriebe, das beim Modell 200 auf Wunsch mit Lenkradschaltung ausgerüstet wurde, oder das hauseigene 4-Stufen-Automatikgetriebe, dessen Wählhebel ebenfalls wahlweise unter dem Lenkrad oder in der Mitte angeordnet war. Die Aufhängung setzte sich wie folgt zusammen: vorne untere Querlenker mit elastisch gelagerter Schubstrebe, obere Querlenker, durch Kurvenstabilisator geführt; hinten Dreieckschwingen (von Mercedes-Benz als Diagonal-Pendelachse bezeichnet). Auf Bestellung wurde eine Niveauregulierung eingebaut; sie zählte beim Kombi und bei der Limousine lang

Mercedes-Benz SE, 1981

Mercedes-Benz 230 E, 1981

Mercedes-Benz 380 SLC, 1981

Mercedes-Benz 600, ca. 1980

zur serienmäßigen Ausrüstung. Es kamen Vierrad-Scheibenbremsen mit Servo zum Einbau. Die MB-Kugelumlauflenkung mit Lenkungsdämpfer wurde auf Wunsch servobestückt bzw. erhielt bei den Sechszylindermodellen in Serie ein Servoaggregat.

Äußerlich hoben sich die Modelle 280/280 E durch rechteckige statt runde Doppelscheinwerfer ab. Die für die USA bestimmten Modelle erkannte man hingegen an den massiveren Stoßstangen, mit denen die Länge um 13 cm zulegte. Die ebenfalls fünfsitzigen Coupés anderseits, die als 230 CE, 280 C und 280 CE erhältlich waren, hatten einen 8,5 cm kürzeren Radstand.

200 D / 240 D / 300 D / 300 TD Turbodiesel. Mercedes-Benz war eine der ersten Marken gewesen, die Pkws mit Dieselmotoren herstellte, und sie hatte sich daraus eine Spezialität gemacht. Ein Novum war der 1974 hinzugekommene erste Pkw-Fünfzylindermotor. Er erlaubte eine Nutzung baugleicher Teile für die Vier- und Fünfzylinderversionen dieser OHC-Graugussmotoren, die wahlweise mit 4-Gang-Handschalt- oder -Automatikgetriebe kombiniert wurden. Die Fahrwerkauslegung war mit jener der Benzinmodelle identisch. Den 200 D gab es nur als Limousine, den 240 D auch als Kombi sowie Limousine lang und den 300 D überdies als Coupé CD.

Auf der IAA Frankfurt 1979 war der Kombi 300 TD Turbodiesel hinzugekommen; als Limousine und Coupé war diese Motorversion nur für die USA bestimmt. Noch waren mit einem Abgasturbolader versehene Dieselmotoren die Ausnahme. Der Garrett-Lader steigerte die Leistung des Fünfzylinders von 88 auf respektable 125 PS, während das maximale Drehmoment von 172 auf 250 Nm anstieg.

280 S / 280 SE/SEL / 380 SE/SEL / 500 SE/SEL. Diese Modelle formten zusammen die S-Klasse. Was Cadillac für Amerika, das war die S-Klasse von Mercedes-Benz für Europa: Der Name für die angesehensten und meistverkauften Luxuslimousinen. Die damals aktuelle S-Klasse war als Baureihe W 126 im September 1979 eingeführt worden. Sie zeichnete sich durch ein formal überaus ausgewogenes und gediegenes Design aus. Die neue Karosserie war leichter gebaut, aerodynamisch ausgefeilt und bot großzügige Fensterflächen für eine gute Rundsicht. Ein auffallendes Merkmal verkörperten die Stoßschutzflächen, die unten an den Flanken in einer Kunststoffauflage ihre Fortsetzung fanden. Der Buchstabe E in der Modellbezeichnung stand für Einspritzung, der L für lang bzw. mehr Radstand (307,5 statt 293,5 cm) und Länge (513,5 statt 499,5 cm).

Den 2,8-l-Sechszylindermotor mit zwei obenliegenden Nockenwellen, Doppelvergaser und 156 PS gab es nur mit dem kürzeren Aufbau. Als SE und SEL mit K-Jetronic von Bosch und Transistorzündung kam dieser Motor auf 185 PS. Darüber rangierten die V8-Motoren mit je einer obenliegenden Nockenwelle pro Zylinderreihe, Leichtmetall-Zylinderkopf und -block und ebenfalls K-Jetronic und Transistorzündung. Bei 3,8 l Hubraum resultierten 218, bei 5 l 240 PS. Diese Motoren gab es ausschließlich in Verbindung mit dem MB-4-Stufen-Automatikgetriebe, während die Sechszylindermodelle in der Grundausstattung ein 4-Gang-Getriebe aufwiesen; die Automatik gab es wahlweise mit Lenkrad- oder Mittelschaltung.

Vorne setzte sich die Aufhängung der S-Klasse aus unteren einfachen Querlenkern mit Schubstreben und oberen einfachen Querlenkern mit Drehstab-Stabilisator zusammen, der die obere Längsführung übernahm. Hinten fanden sich Dreieckschwingen und Schraubenfedern mit Gummizusatzfedern und ebenfalls Drehstab-Stabilisator; beim Typ 500 kam zudem hinten ein Anfahrmomentausgleich hinzu. Auf Wunsch war eine Niveauregulierung erhältlich, und ebenfalls auf Bestellung wurden die mit V8-Motor ausgerüsteten SEL mit einem hydropneumatischen Federungssystem geliefert. Zur Serie zählten Vierrad-Scheibenbremsen mit Servo und die MB-Kugelkreislauf-Servolenkung.

300 SD Turbodiesel. Eine Besonderheit war der ab April 1978 ausschließlich nach den USA gelieferte 300 SD Turbodiesel. Er war der erste serienmäßige Diesel-Pkw mit Abgasturbolader. In Amerika sollte er zur Einhaltung der Abgas- und Verbrauchsnormen beitragen. Im Herbst 1980 wurde er auch in der Baureihe W 126 eingeführt. Die Leistung des 3-l-Fünfzylindermotors war inzwischen auf 122 PS gestiegen.

280 SL / 380 SL / 500 SL. SL stand für Super Leicht und dieser fabelhafte Mercedes-Begriff war 1952 mit dem 300 SL eingeführt worden. In steter Weiterentwicklung war man 1970 bei der Baureihe R 107 angelangt. Diese gab es 1981 als 280, 380 und 500 SL, 2+2-sitzige Coupés bzw. Cabriolets mit abnehmbarem Coupédach. Statt des klassischen, im Verlaufe der Jahre immer niedriger gewordenen Mercedes-Benz-Kühlergitters besaßen sie den typischen SL-Kühlergrill mit großem mittigem Mercedes-Stern. Sie wirkten ebenso elegant wie grundsolide und waren es auch. Die Motoren waren aus der S-Klasse bekannt: Der 2,8-l-DOHC-Sechszylinder mit Einspritzung und die beiden V8 kamen auf die gleichen Leistungsdaten wie in den Limousinen, doch im Gegensatz zu diesen erhielt der 280 SL ein 5-Gang-Getriebe. Das Fahrwerk war mit jenem der S-Klasse identisch (doch war keine Niveauregulierung erhältlich). Cockpit und Armaturenbrett hielten mit dem hohen technischen Niveau Schritt.

280 SLC / 380 SLC / 500 SLC. Der SLC (Baureihe C 107) war im Herbst 1971 eingeführt worden. Sie basierte auf dem SL, jedoch mit einem von 245,5 auf 282 cm verlängerten Radstand. Damit standen im Fond statt der knappen Kindersitze bis drei Plätze für Erwachsene zur Verfügung. Auch das Design des SLC wirkte nobel-elegant und unverkennbar Mercedes-like. Ungewöhnlich waren die sich an das kleine zweite Seitenfenster anschließenden vertikalen Durchsichtslamellen. Die rahmenlosen Seitenfenster stempelten den SLC zum Hardtopcoupé. Das Antriebs- und das Fahrwerkskonzept entsprachen jenem der S-Klasse bzw. des SL. Die SLC-Reihe stand noch bis im September 1981 im Angebot.

Mercedes-Benz CE, 1982

600. Schon früher war der Typ 600 aus der Produktion genommen worden. Einer der beiden letzten im Mai 1981 gebauten MB 600 kam (wie üblich) ins Werksmuseum.

Dieses im Sommer 1963 vorgestellte Modell (Baureihe W 100) war die Luxuslimousine der Superlative. Sie ließ sich nur noch mit den Rolls-Royce vergleichen, war im Vergleich zu diesen technisch jedoch viel moderner und weit raffinierter konstruiert. Angetrieben wurde diese 554 cm lange Limousine (bzw. 624 cm im Falle der Pullman-Chauffeurlimousine) von dem 6,3-l-OHC-V8-Motor mit Bosch-Einspritzung. Sie besaß ein 4-Stufen-Automatikgetriebe mit Lenkradschaltung, Differenzialbremse, Vierrad-Scheibenbremsen mit Druckluftservo, eine Servo-Kugelkreislauflenkung mit automatischer Nachstellung und Lenkungsstoßdämpfer. Das Fahrwerk umfasste vorne Trapez-Dreieckquerlenker, eine Rollbalg-Luftfederung mit Gummizusatzfedern und Drehstabilisator, hinten eine Eingelenk-Pendelachse mit tiefgelegtem Drehpunkt, Schubstreben, Rollbalg-Luftfederung und Gummizusatzfedern sowie Drehstabilisator. Die Teleskopdämpfer waren während der Fahrt verstellbar, und die Niveauregulierung erfolgte automatisch.

230 G / 240 GD / 280 GE / 300 GD. G stand schlicht für Geländewagen, und dieser war 1979 von Steyr-Daimler-Puch in Österreich in Produktion genommen worden. Für Österreich, die Schweiz und Osteuropa hieß dieser robuste „4x4" → Puch, für die übrige Welt lief er unter dem Markennamen Mercedes-Benz. 1981 gab es ihn in zwei Radständen mit vier Motoren. Mit dem kürzeren Radstand wurde er in einer Offenvariante mit zum Überrollschutz verbundenen B-Säulen, herausnehmbarem vorderem Dachteil und hinterem Blachenverdeck oder als dreitüriger Kombi gebaut, mit dem längeren Radstand als fünftüriger Kombi. In Letzterem gab es auf Wunsch vier zusätzliche, gegenüberliegende Sitze im Fond. Neben einfach ausgestatteten Kommunalfahrzeugen, einschließlich Kastenwagen, wurden reichhaltig ausgestattete Varianten angeboten. Das Design war kantig, und kurze Überhänge sorgten für günstige Böschungswinkel; die Bodenfreiheit erreichte 21,5 cm.

Die Modellbezeichnungen wiesen auf die Motorisierung hin: 2,3-l-Benzinmotor mit Vergaser, 2,4-l-Diesel, 2,8-l-Sechszylinder mit Einspritzung und 3-l-Fünfzylinder-Diesel. Anstatt eines 4-Gang-Getriebes war ein 4-Stufen-Automatikgetriebe verfügbar. Der G-Wagen konnte mit Hinterrad- oder Allradantrieb gefahren werden und dieser zudem mit Geländeuntersetzung. Basis bildete ein Chassisrahmen mit gekröpften Längsträgern und Rohrtraversen. Vorne wie hinten wurden Starrachsen mit je zwei Längs- und einem Querlenker und Schraubenfedern verwendet. Es gab Zusatzfedern, und auf Wunsch wurde die Kugelkreislauflenkung servobestückt. Ab Frühling 1981 gab es den G auch mit einteiliger statt zweiflügeliger Hecktür.

380 SEC / 500 SEC. Im Hinblick auf die IAA Frankfurt wurde Anfang September 1981 das Modellduo 380/500 SEC als Nachfolger der SLC-Modelle vorgestellt. Es trug die interne Baureihenbezeichnung W 126 C. Es war eine Coupéversion der just zwei Jahre zuvor eingeführten neuen S-Klasse. Gegenüber dieser waren Radstand und Länge um 8,5 cm gekappt worden, zudem war der SEC mit 140,5 cm um 2,5 cm niedriger als die Limousine. Er bot deutlich mehr Platz als der SLC, besaß wie dieser den unverkennbaren SL-Kühlergrill und war ebenfalls als Hardtopcoupé mit rahmenlosen Seitenfenstern konzipiert, auch wenn sich die hinteren Fenster nicht vollständig absenken ließen. Der SEC war von schlichter und doch eindrücklicher Eleganz.

Der gediegene Innenraum mit in zwei Farben gehaltenen Auskleidungen und Überzügen bot im Fond zwei bequem ausgeformte Sitzmulden. Neuartig waren die Gurtbringer: Nach Drehen des Zündschlüssels schoben sie sich elektrisch nach vorne und erleichterten so das Anschnallen. Zur Ausstattung zählten reichliches Holzfurnier, elektrische Sitzverstellung, Zentralverriegelung, Drehzahlmesser und eine Treibstoffverbrauchs-

Tendenzanzeige. Umfangreich war zudem die Liste der aufpreispflichtigen Zubehöre: ABS, Airbag für Fahrer und Gurtstrammer für Beifahrer, Tempomat, Sitzheizung, orthopädische Vordersitzlehnen, Niveauregulierung, Leichtmetallräder, Scheinwerfer-Reinigungsanlage, beleuchtete Spiegel für Sonnenblenden, wärmedämmendes Glas usw.

Auch wenn Motor- und Kofferraumhauben sowie die Schottwand zum 90 l fassenden Benzintank aus Leichtmetall bestanden, so ergab sich doch ein nur 10 kg unterhalb den entsprechenden S-Limousinen liegendes Leergewicht von 1585 bzw. 1610 kg. Hingegen glänzten die SEC mit einem cw-Wert von 0,34 bis 0,35. Dies trug zwar mit zu einer Verbrauchsverminderung bei, doch war diese in erster Linie auf technische Eingriffe zurückzuführen: Für den 3,8-l-V8 waren die Abmessungen der für Nordamerika bestimmten Ausführung mit weniger Bohrung und mehr Hub übernommen worden. Hinzu kamen eine höhere Verdichtung, geänderte Steuerzeiten sowie eine verlängerte Hinterachsuntersetzung samt neuem Schaltprogramm für das 4-Stufen-Automatikgetriebe.

Zwar ergab sich eine um 14 auf 204 PS verminderte Leistung, gleichzeitig aber stieg das maximale Drehmoment von 305 auf 315 Nm und dies bereits bei 3250 statt 4000/min. Alles in allem erbrachten diese Maßnahmen einen um 24 Prozent verminderten Verbrauch. Beim 500 SEC ergab sich im Vergleich zum 500 SLC dank ähnlichen Vorkehrungen (ohne Veränderung von Bohrung und Hub) eine Einsparung um 20 Prozent. Die ECE-Werte wurden für die beiden SEC mit 8,7/10,8/13,9 und 9,1/11,4/15,2 l/100 km angegeben. Das Fahrwerk entsprach jenem der anderen S-Modelle.

Motoren 1982. Mit einer Vielzahl von aufwändigen Detailverbesserungen wurden die Ottomotoren für den Jahrgang 1982 generell sparsamer gemacht. Beim 3,8-l-V8 handelte es sich nun um die US-Version mit 3839 statt 3818 cm^3 Inhalt, wie sie der SEC von Anfang an erhielt. Beim 230 E sorgten eine Schubabschaltung und eine geänderte Transistorzündung für den Spareffekt, bei allen weiteren Motoren eine abgesenkte Leerlaufdrehzahl. Dazu kamen angepasste Steuerzeiten (280 S und E), luftumspülte Einspritzventile und neue Gemischregler (V8), Schubabschaltung auch bei den 280 E, höhere Verdichtung (250 und V8), 2-Phasen-Kühlkreislauf und eine temperatur- und drehzahlgesteuerte Lüfterkupplung (V8) sowie eine modifizierte Transistorzündung auch bei den 280 S bis 500 SE usw.

Der stark angestiegene Benzinpreis sorgte dafür, dass 5-Gang-Getriebe wieder attraktiv erschienen. Ein solches war den Käufern von Sechszylindermodellen schon von 1968 bis 1976 angeboten worden, wurde darauf aber mangels Nachfrage aus der Produktion genommen. Nun gab es ein neues 5-Gang-Getriebe mit Sparcharakter auf Wunsch sowohl für die Otto- wie für die Dieselmotoren mit vier bis sechs Zylindern; im 280 SL wurde es serienmäßig eingebaut. Die Automatikgetriebe wurden aufwändig erneuert, und in Verbindung mit den V8-Motoren boten sie nun eine Wählhebelstellung B für das Bremsen in starkem Gefälle.

Mercedes-Benz SL, 1982

Mercedes-Benz SEC, 1982

230 GE. Auf dem Turiner Salon wurde im April 1982 die Einspritzversion des 2,3-l-Motors für den Geländewagen eingeführt; damit standen 125 statt 90 oder 102 PS zur Verfügung.

Im Frühling 1982 konnte Daimler-Benz den millionsten Diesel-Pkw der Baureihe W 123 feiern. Seit 1936 waren nun 2,7 Millionen Mercedes-Benz-Diesel-Pkw entstanden. Mitte 1982 erhielt Prof. Ing. Werner Breitschwerdt, Vorstandsmitglied und Technikchef der Daimler-Benz AG, vom TÜV den Internationalen Rheinlandpreis für seine Leistungen auf dem Gebiet des Umweltschutzes; Breitschwerdt war auf dem Gebiet der Automobilentwicklung eine der führenden Persönlichkeiten.

190 / 190 E. Anfang September 1982 kamen erste offizielle Verlautbarungen und Fotos über die kommenden Modelle 190 und 190 E in die Presse. Die Vorstellung erfolgte im November. Mit der Baureihe 201 eröffnete Mercedes-Benz den Dreifrontenkrieg gegen BMW, denn bis dahin hatte Mercedes-Benz den 3er-BMW nichts entgegenzusetzen. Den „Abstieg“ zu kleineren Modellen hatte die Daimler-Benz AG schon zur Krisenzeit von 1931 vollzogen, als der Typ 170 eingeführt worden war. Der hatte in den bis 1965 gebauten Modellen 180 und 190 eine Nachfolge gefunden. Der neue 190er entsprach dem Trend zu sparsameren und dennoch qualitativ hochstehenden Fahrzeugen. Er erwies sich zudem als außerordentlich fahraktiv, und Mercedes-Benz vermochte sich mit ihm einen neuen Freundeskreis zu sichern.

Mercedes-Benz 230 G, 1982

Auch der kleine Mercedes verriet mit dem unverkennbaren (wenn auch in sechs statt acht Felder unterteilten) Kühlergrill wie auch mit den stilistischen Merkmalen seiner viertürigen Stufenheckkarosserie klar die Herkunft. Im Vergleich zu den Modellen 200 bis 280 E war er entschieden kleiner: 266,5 statt 279,5 cm Radstand, 442 statt 472,5 cm lang und 168 statt 178,5 cm breit. Im Innenraum war die Verkleinerung allerdings weniger ausgeprägt, er wurde vor allem als schmäler empfunden. Die glatte Front und das sanft abfallende Dach verrieten den aerodynamischen Feinschliff im hauseigenen Windkanal: Der Luftwiderstandsbeiwert wurde mit cw 0,33 angegeben.

Der Bezeichnung 190 zum Trotz besaß der MB 190 den aus dem MB 200 bekannten 1997-cm^3-OHC-Vierzylindermotor. Während er im MB 200 auf eine Leistung von 109 oder 100 PS ausgelegt war, bescheidete man sich im 190 mit 90 PS. Daneben gab es aber den 190 E mit K-Jetronic-Einspritzung, der es gleich auf 122 PS brachte. Für das Beschleunigen von 0 auf 100 km/h waren gemäß Werk für den 190 13,2 s, für den 190 E hingegen nur 10,5 s nötig. Die Spitze wurde mit 175 bzw. 195 km/h angegeben. Für die Kraftübertragung (selbstverständlich auf die Hinterräder) bestand die Wahl zwischen einem 4- und einem 5-Gang-Getriebe sowie einem 4-Stufen-Automatikgetriebe. Für die verfeinerte Automatik waren auf Wunsch zwei Schaltprogramme erhältlich, die sich mit einem Schalter neben dem Wählhebel abrufen ließen: S für Standard und E für Economy.

Der Vorderradaufhängung dienten Dreieckquerlenker und Dämpferbeine mit getrennt angeordneten Schraubenfedern. Für die Hinterräder aber hatten die Daimler-Benz-Ingenieure aus acht Bauprinzipien mit 60 Varianten die Raumlenkerachse herauskristallisiert. Grundlage bildete ein kompakter Achsträger, der beidseits je fünf unabhängig voneinander wirkende, räumlich definierte Lenker trug. Diese aufwändige Konstruktion galt fortan als ein Non-plus-ultra unter den hinteren Radführungen. Es fanden Vierrad-Scheibenbremsen mit Servo und eine auf Wunsch mit Servo bestückte Kugelumlauflenkung Verwendung. – Die vergleichsweise hohen Preise, zu denen noch die Aufpreise für Zubehöre kamen, verhinderten zunächst, dass die Baureihe W 201 zum Renner wurde. Auf dem Salon Amsterdam überraschte die Tuningfirma AMG (→ Anhang) im Februar 1983 mit einer Spezialversion des 190 mit auf 165 PS gebrachtem 2,3-l-Motor.

190 E 2.3-16. Für etliches Aufsehen sorgte auf der IAA Frankfurt im September 1983 diese Topversion der 190er-Serie: Zwei obenliegende Nockenwellen und 16 Ventile sorgten beim 2,3-l-Motor (wie er auch bei der mittelgroßen Mercedes-Serie 123 Verwendung fand) für einen Leistungssprung auf 185 PS bei 6000/min und auf 240 Nm bei 4500/min. Die Einspritzung erfolgte mit dem KE-Jetronic-System. Zu den Besonderheiten zählten ein elektronischer Leerlaufsteller, luftumspülte Einspritzventile und hydraulisch gedämpfte Motorlager. Puristen mochte es erstaunen, dass der Vierventil-Zylinderkopf zusammen mit der englischen Rennmotorenfirma Cosworth entwickelt worden war. Zur Propagierung waren mit einem 190 E 2.3-16 erfolgreiche Rekordfahrten unternommen worden.

Der Kraftübertragung dienten ein 5-Gang-Getriebe und eine Differenzialbremse. Das Fahrwerk war verstärkt und sportlicher abgestimmt worden. Mit diesem 10,5:1 verdichteten Motor konnte der rund 1200 kg wiegende Mercedes-Benz 190 binnen 8 s auf Tempo 100 beschleunigt werden, während seine Höchstgeschwindigkeit mit 230 km/h angegeben wurde. Äußerlich unterschied sich diese Topversion vor allem durch einen imposanten Flügel am Kofferraumende, hinzu kamen eine tiefe Bugschürze, Seitenschweller und leicht auskragende Radhausränder. Der Luftwiderstandsbeiwert wurde mit ausgezeichneten cw 0,32 beziffert. Zur Serienausstattung zählten Breitreifen, eine Servolenkung und eine Niveauregulierung für die Hinterachse. Der Innenraum bot vier Einzelsitze, Zusatzinstrumente, vordere Gurtstrammer, Lederüberzüge auf Lenkrad und Schaltknauf.

190 D. Ebenfalls auf der IAA 1983 wurde der 190 D eingeführt. Für ihn war der neue Vorkammer-Dieselmotor OM 601 mit 1997 cm^3 Inhalt entwickelt worden. Im Vergleich zum OM 615 war er kompakter und 45 kg leichter. Er leistete 72 (statt 60) PS und verbrauchte mit 5-Gang-Getriebe 5,0/6,6/7,5 l/100 km. Er war aber auch in Verbindung mit einem 4-Gang-Getriebe oder mit 4-Stufen-Automatikgetriebe erhältlich. Die Serviceintervalle waren auf das Niveau von Benzinmotoren angehoben worden. Erwähnenswert war jedoch vor allem die mit dem 190 D gebotene Triebwerk-Kapselung: Mit ihr ließ sich das Laufgeräusch im Stand wie im Fahrbetrieb um nahezu 5 dB(A) reduzieren.

Im Herbst 1983 verstarb Dr. Gerhard Prinz, Vorsitzender des Vorstandes der Daimler-Benz AG, an Herzversagen. Zu seinem Nachfolger wurde Anfang Dezember Prof. dipl. Ing. Werner Breitschwerdt, Vorstand für Forschung und Entwicklung, bestimmt (auch wenn die Arbeitnehmerseite lieber Finanzchef Edzard Reuter an der Unternehmensspitze gesehen hätte). – Von dem im Mai 1984 von der Gewerkschaft IG Metall ausgerufenen, sieben Wochen dauernden Streik wurde Daimler-Benz besonders stark betroffen, erreichte doch der Produktionsausfall mehr als 60'000 Pkw und 1600 Lastwagen. Daimler-Benz startete denn im zweiten Halbjahr zu einer Aufholjagd.

1985 wurde die Leistung des Modells 190 mit Vergasermotor von 90 auf 105 PS angehoben. Gleichzeitig erhielten die 190er-Modelle Detailverbesserungen, u. a. einen hydraulischen Ventilspielausgleich und zusätzliche Kontrollleuchten. Alle neueren Modelle wurden nun mit Gurtstraffern für die Vordersitze ausgerüstet.

Um dem Ruf nach vermehrtem Umweltschutz nachzukommen, bot Mercedes-Benz Katalysatormodelle auch in Europa an: Mit dem Modelljahr

Mercedes-Benz 190, 1983

Mercedes-Benz 190 E 2.3-16, 1984

Mercedes-Benz 200–300, 1986

Mercedes-Benz 560 SEL, 1987

1985 waren die Typen 190 E, 230 E und 380 E mit einem Dreiwegkatalysator und Sauerstoffsonde zu haben, wie sie für den Export nach den USA und Japan ausgerüstet wurden. Ein Einfüllstutzen kleineren Durchmessers beugte dem Betanken mit verbleitem Benzin vor (unverbleites war noch nicht überall erhältlich). Die Höchstleistung war geringfügig niedriger (der Mehrverbrauch wurde nicht erwähnt).

200–300 E/D 1985. Im November 1984 hob Mercedes-Benz den Schleier über der neuen mittleren Modellreihe W 124, Nachfolger der im Januar 1976 gestarteten Reihe W 123. Klar erkennbar handelte es sich um eine würdevolle Mercedes-Limousine. Doch die Front war leicht schräg gestellt und ihre Kanten waren gerundet. Das Stufenheck verlief höher und die traditionelle Chromzier auf den Fensterrahmen war verschwunden. Die Räder trugen glattflächige Abdeckungen und die Seitenscheiben waren außenbündig. Der W 124 strahlte ein neues Qualitätsimage aus.

An den technischen Prinzipien war nicht gerüttelt worden, aber man hatte sich auch in Stuttgart den Anforderungen der Zeit nicht verwehrt. Nebst der wesentlich verbesserten Aerodynamik mit einem minimalen cw-Wert von 0,29 sorgte auch eine gezielte Gewichtsreduktion für verminderten Treibstoffverbrauch. Die Leergewichtsspanne reichte von 1260 bis 1370 kg, während es beim Vormodell 1360 bis 1480 kg gewesen waren. Bei praktisch gleichem Radstand von 280 cm hatte die Länge um 1,5 auf 474 cm zugenommen. Die Höhe blieb mit 144 cm gleich, doch war die Breite überraschenderweise von 178,5 auf 174 cm reduziert worden.

Im W 124 standen vier Benzin- und drei Dieselmotoren zur Wahl. Schon bekannt waren die Vierzylinderaggregate 200, 230 E (Einspritzung) und 200 D (Diesel). Hingegen wurde der 2,4-l-Vierzyinder-Diesel durch eine 2,5-l-Fünfzylindereinheit ersetzt. Vor allem aber nahmen im 260 E, 300 E und 300 D die seit langem erwarteten neuen Sechszylindermotoren ihren Dienst auf: Sie lösten die teils auf die 50er Jahren zurückreichenden DOHC-Maschinen ab, kamen mit einer obenliegenden Nockenwelle aus und besaßen eine KE-Jetronic-Einspritzung. Die neuen Sechszylindermotoren waren mit 170 und 190 PS nicht nur leistungsfähiger, sondern sie kamen auch auf günstigere Verbrauchswerte. Diese lagen im ECE-Mittel klar unter der 10-l-Grenze (längere Achsuntersetzungen trugen ebenfalls dazu bei). Während die 2-l-Modelle auch noch mit 4-Gang-Getriebe angeboten wurde, beschränkte sich die Getriebeauswahl sonst auf das 5-Gang-Handschalt- und das 4-Stufen-Automatikgetriebe. Wie der 190 E wies der W 124 vorn eine Dämpferbein-Aufhängung mit außerhalb angeordneten Schraubenfedern auf (diese waren auf dem unteren Dreieckquerlenker abgestützt). Hinten fand sich – ebenfalls aus dem MB 190 – die Raumlenkerachse, die noch weiter ausgefeilter worden war.

Wie schon der MB 190 erhielt der W 124 einen einzigen Scheibenwischer. Doch ein ausgefeilter Mechanismus sorgte dafür, dass der Wischer beidseits ein Stück ausfuhr und damit auch die oberen Scheibenecken erreichte. So konnte die Scheibenfläche zu 86 Prozent bestrichen werden. Im gepflegten Innenraum fielen das elegante Armaturenbrett und die harmonisch anschließende Mittelkonsole durch Machart und Funktionalität auf. Zu den Besonderheiten zählten die auf Knopfdruck am Armaturenbrett versenkbaren hinteren Kopfstützen. Die vorderen Kopfstützen waren über Rändelräder verstellbar und die oberen Umlenkpunkte der vorderen Sitzgurte höhenregulierbar. Mit einem aufpreispflichtigen Memory-set ließ sich die elektrische Sitz- und Lenkradeinstellung (ebenfalls Aufpreis) für zwei Benutzer vorprogrammieren.

G Cabrio. Auf dem Salon Genf wurde 1985 eine weitere Version des Mercedes-Benz/Puch G eingeführt: Ein als G Cabrio bezeichnete Variante der Offenversion. Bei diesem Halbcabrio ließ sich das an die B-Säulen anschließende Verdeck aus hochwertigem Stoff leichter und bequemer öffnen. Es gab den G Cabrio als 280 GE, 230 GE und 300 GD. – Erst auf dem Salon Turin des folgenden Jahres kam dann (aus Steuergründen für Italien) auch ein 200 G mit 109 PS hinzu.

Mercedes-Benz CE, 1988

Mercedes-Benz T, 1989

Mercedes-Benz 190, 1990

190 D 2.5. Diese Version kam Ende Mai 1985 dazu: Fünfzylinder-Diesel mit 90 PS, 0–100 km/h in 14,8 s, 174 km/h, 5,5/7,1/8,6 l/100 km (bei 5-Gang-Getriebe).

190 E 2.6 / 190 E 2.3. Zur IAA Frankfurt 1985 wurden im September 1985 mit dem 190 E 2.6 auch ein Sechszylindermodell in der kleinsten MB-Baureihe vorgestellt (2599 cm^3, 166 PS als RÜF = auf Katalysator rückrüstbar, 160 PS mit Katalysator) und ein 190 E 2.3 angekündigt (vier Zylinder, 2299 cm^3, 136/132 PS).

200 T – 300 TD Turbo 1986. Zur IAA 1985 folgte auch die Kombiversion T der mittleren Baureihe W 124. Gegenüber dem Vorgängerkombi war er 4,5 cm schmäler, 4 cm länger und 2 cm höher (476,5x174x149 cm). Der Laderaum war länger und auch breiter geworden (bis 290 cm und 106 cm zwischen den Radläufen), und der cw-Wert wurde mit 0,34 bis 0,35 angegeben. Es gab den neuen Kombi als 200 T, 230 TE, 300 TE, 200 TD, 250 TD und 300 TD Turbo (143 PS).

S 1986 mit 560, 420 und 360. Neues Spitzenmodell der auf der IAA vorgestellten S-Klasse 1986 war der 560 SEL mit 5,5-l-V8-Motor. Bei einer Verdichtung von 10:1 kam er auf 300 PS, und er vermochte die 1810 kg schwere Limousine binnen 7,2 s auf 100 km/h zu katapultieren. Diese Maschine fand sich auch im 560 SEC. Gefertigt wurde dieser 5547-cm^3-V8 zudem in einer auf 242 PS beschränkten Version nach US-83-Norm sowie als RÜF = Rückrüstausführung: Sie war 9:1 verdichtet, kam auf 272 PS und ließ sich nachträglich mit einem Katalysator samt Lambdasonde ausrüsten. Eine RÜF gab es auch für den 4,2-l-Motor, der den 3,8-l-V8 ablöste, allerdings wurde er außer als RÜF mit 218 PS nur noch nach US-83-Norm mit 204 PS angeboten. Verfügbar war der 4,2-l-V8 (ebenso wie der 500-V8) in den SE, SEL, SEC und SL. Alle V8 arbeiteten mit der mechanisch-elektronischen Einspritzung Bosch KE-Jetronic III.

Bedeutungsvoll war aber auch, dass der Sechszylindermotor 280 mit zwei obenliegenden Nockenwellen durch die bereits im W 124 eingeführte OHC-Konstruktion 260 (SE) und 300 (SE/SEL) abgelöst wurde. Zudem gab es statt eines 280 SL auch wieder die legendäre Bezeichnung 300 SL für das Sportmodell. In der RÜF leistete der 2962-cm^3-Motor 188 PS, in der US-83-Version 180 PS (beim 280 SL waren es 185 PS gewesen).

Alle S-Modelle (SE, SEL, SEC und SL) wiesen etwas tiefer heruntergezogene Frontschürzen und verkleidete Schweller auf. Die Kunststoffauflagen im unteren Flankenbereich waren jetzt glattflächig. Es gab zusätzliche Kontrollleuchten, u. a. für einen Lampenausfall. Die Bremsanlage war verstärkt und bei den SL das Fahrwerk weiter ausgefeilt worden. 560 SEL und SEC erhielten serienmäßig ein ABS, ein Differenzial mit begrenztem Schlupf, ein elektrisch verstellbares Lenkrad mit Memory, Niveauregulierung, Klimaanlage sowie Schiebedach.

Fahrdynamik-Konzept Große technische Bedeutung kam dem auf der IAA 1985 vorgestellten Fahrdynamik-Konzept zu. Es umfasste drei Systeme:

– ASD = Automatisches Sperr-Differenzial: elektronisches Steuergerät vergleicht Raddrehzahl vorne und hinten und schließt nach Bedarf mit Öldruck die Lamellensperre im Ausgleichsgetriebe, wodurch sich eine Sperrwirkung um bis zu 100 Prozent ergibt.

– ASR = Antischlupfregelung: Weiterentwicklung des ABS; dreht beim Beschleunigen ein Rad durch, so wird es zunächst abgebremst, dreht auch das Rad auf der Gegenseite durch, wird automatisch das Motordrehmoment verringert.

– 4-Matic = Raffinierter automatischer Vierradantrieb mit dreiphasigem Schaltprozedere: Elektronik überwacht die Raddrehzahlen; Vorderradantrieb wird wirksam, wenn sich unterschiedliche Drehzahlen vorn/hinten ergeben. In der zweiten Phase wird das zentrale Differenzial gesperrt, in der dritten auch jenes hinten. Es war vorgesehen das ohne Zutun des Fahrers agierende 4-Matic optional für die mittelgroßen Limousinen 260 E, 300 E und 300 D sowie für die neuen Kombi 300 TE und 300 TD Turbo anzubieten.

Mit dem Jahrgang 1986 wechselte Mercedes-Benz als erste Marke für die Leistungsangaben von der DIN-Norm auf ECE-Angaben (wobei die Werte weitgehend unverändert blieben). – Für die USA wurden alle Modelle 1986 mit einem Airbag auf der Fahrerseite ausgerüstet.

Im August 1986 entschied sich Daimler-Benz, das dritte Pkw-Werk nach jenen von Sindelfingen und Bremen im mittelbadischen Rastatt zu bauen. – Trotz des im Oktober 1986 von der EG im Kampf gegen die Apartheid verfügten Investitionsstopps in Südafrika wollte sich DB von dort nicht zurückziehen. Mit der Herstellung von südafrikanischen Mercedes-Pkw waren 5000 Mitarbeiter beschäftigt, wovon 4000 Schwarze. Zusammen mit den Händlern und Zulieferfirmen hatten 50'000 Arbeitnehmer ihr Ein- und Auskommen.

230 CE / 300 CE. Zum Genfer Salon 1987 ergänzte Mercedes-Benz die mittelgroßen Modelle 200–300 durch eine wohlgeformte fünfsitzige Coupéversion (C 124). Die Form des Pavillons ähnelte jener des SEC, doch wurde der traditionelle Mercedes-Kühlergrill beibehalten. Die Seitenfenster ließen sich pfostenfrei versenken (es handelte sich also um ein Hardtopcoupé). Auffallend war der in Kontrastfarbe gehaltene untere Flankenschutz. Der Radstand war auf 271,5 cm verkürzt worden und die Länge war mit 465,5 cm analog dazu geschrumpft. Die Dachhöhe verlief mit 141,5 cm um 3,5 cm niedriger als jene der Limousinen. Auch die Heckoberkante lag 3,5 cm tiefer. Damit ergaben sich weit ausgewogenere Proportionen als bei den Vorgängercoupés 230 CE und 280 CE.

Es gab das neue Coupé zunächst als 230 CE und 300 CE, also mit Vier- und Sechszylindermotor, beide mit KE-Jetronic-Einspritzung. Es standen ein 5-Gang-Getriebe und ein 4-Stufen-Automatikgetriebe zur Wahl. Mit Katalysator konnte Tempo 100 in 10,5 bzw. 8 s erreicht werden (dies galt für beide Getriebe). Die Motoren waren auf unverbleites 95-ROZ-Benzin ausgelegt; mit einem Schalter im Motorraum konnte ein anderes Zündkennfeld aktiviert werden, das ein Fahren mit Bleifrei-91-ROZ erlaubte. Bei geschlossenen Türen und laufendem Motor wurden die vorderen Sitzlehnen automatisch durch Unterdruck fixiert. Wie der SEC bot auch der neue CE automatische Gurtbringer. Auf Wunsch waren ein ABS (im 300 CE Serie), das automatische Sperrdifferenzial ASD und eine Niveauregulierung lieferbar.

Anlässlich des Genfer Salons 1987 war übrigens zu erfahren, dass die Daimler-Benz-Vorstandsriege mit S-Klasse-Limousinen fahre, die mit einem kommenden V12-Motor ausgerüstet seien... Die Vorstellung des 600 SEL erfolgte dann allerdings erst auf dem Genfer Salon 1991!

Mercedes-Benz 190 E 2.5-16 Evolution II, 1990

Mitte Juli 1987 bat Daimler-Benz-Chef Prof. Werner Breitschwerdt den Aufsichtsrat überraschend um vorzeitige Entlassung aus seinem Vertrag. Der 60-jährige Breitschwerdt machte persönliche Gründe geltend, doch fühlte sich der „Vater des Baby-Benz" bzw. der Baureihe 201 gewiss eher als Techniker denn als Konzernstratege motiviert. Nachfolger wurde per 1. September der 59-jährige Finanzchef Edzard Reuter, der als Triebfeder für die Übernahmen von AEG, MTU und Dornier galt.

1988 erhielten die V8-Motoren der S-Klasse zum Ausgleich des durch den Katalysator bewirkten Rückgangs eine Leistungserhöhung: 224 statt 204 PS beim Typ 420, 252 statt 223 PS beim 500 und 279 statt 242 PS beim 560. Ohne Katalysator waren es 231, 265 und just 300 PS. Zu verdanken war dieses Leistungsplus einer von 9:1 auf 10:1 erhöhten Verdichtung, einer neuen Nockenwelle und widerstandsärmeren Ansaugwegen und Auspuffsträngen. Hinzu kam eine mit Bosch neuentwickelte computerisierte Zündanlage, die sich selber aufdatierte. Zudem beschränkte sie beim 560 SEL/SEC die Höchstgeschwindigkeit auf 250 km/h.

In der S-Klasse wurde 1988 ein Airbag auch auf der Beifahrerseite erhältlich. Den 1980 eingeführten, mit Gurtstraffer kombinierten Luftsack hatte Mercedes-Benz bis dahin in 300'000 Einheiten verkauft. Ein ABS wurde in der S-Klasse jetzt serienmäßig eingebaut. Noch Zukunftsmusik war hingegen das Arthur-System, das bei Unfällen automatisch via Satellit eine Rettungsleitstelle alarmieren sollte.

1988 neu ins Programm aufgenommen wurde der 190 D 2.5 Turbo mit 122 PS; er erhielt sechs kurze horizontale Luftschlitze in der Karosserie zwischen dem vorderen Blinker und dem Radausschnitt. Der 300 D Turbo war inzwischen in Europa ebenfalls erhältlich. Die mittelgroßen Dieselmodelle der Serie W 124 erhielten an der gleichen Karosseriestelle ebenfalls Luftschlitze, fünf an der Zahl und etwas länger als beim 190 D 2.5.

Im G-Geländewagen wurde 1988 der 2,4-l-Vierzylinder-Dieselmotor durch die 2,5-l-Fünfzylindermaschine ersetzt. Der Kombi 300 TD Turbo wurde auch in Europa lieferbar, während der 560 SL weiterhin den USA vorbehalten blieb.

190 1989. Von außen war die im August 1988 verjüngte Version des 190 an den farblich abgestimmten Flankenschutz- und Schwellerverkleidungen (ähnlich wie bei der S-Klasse) zu erkennen. Hinzu kamen geänderte Bug- und Heckschürzen. Die Vordersitze waren besser konturiert und im Fond standen 2 cm mehr Knieraum zur Verfügung. Spitzenmodell war neu der 190 E 2.5-16. Mit dieser Hubraumvergrößerung stieg die Leistung auf 195 PS.

1989 gab es die Serie 124 auch als 200 E/TE und als 250 Turbodiesel. Der 5,5-l-V8 wurde in

Mercedes-Benz	Bauart	Mot.	Getr.	R/L cm	Baujahre
190 / 190 E (W 201)	**St.**	**a–t**	**4/5/A4**	**266,5/442/445,5U**	**1982–88**
(RÜF: Kat.-Rückrüst.)				**266,5/445/443**	**1988–90**
Motoren:	*Zyl.:*	*N'w.:*	*cm³:*	*PS/'min:*	*Nm/'min:*
a (–1984)	4	OHC	1996	90/5000	165/2500
b (1984/85)				105/5200/99	170/2500
c (1985–89 *RÜF)				99/102K/105*/5500	160/165/2000
d (1989–)				105K/5700/99	158/3500/–
e (–1985 +*1984/85)	4i			122/5100/113K*	178/3500/166
f (1985– *RÜF 1985–89)				118K/122*/5100	172/178/3500
g (1985– *RÜF 1985–89)			2298	132K/136*/5100	198/205/3500
h (USA '83/84 *'84–86)				115/122*/5000	181/184/3500
i (190 E 2.3-16'83/84)		D16V		185/6000	240/4500
j (do. 1984–86)				185/6200	235/4500
k (do. *RÜF 1985–88)				170K/177*/5800	220/230/4750
l (E 2.5-16 '88– *RÜF	← 88/89)		2498	195K/6750/204*	235/5000–5500/240
m (1985– *RÜF 1986–89)	6i	OHC	2597	160K/166*/5800/156	220/228/4600
n (1983–88)	4D		1997	72/4600	123/2800
o (1989– *Export)				75/76*/4600	126/2700/116/2800
p (USA 1983–85)			2197	73/4200	26/2700
q (1985–88 +*1987/88)	5D		2497	90/4600/94U*	154/2800/165
r (1989–)				94/4600/91	158/2600
s (USA –1986)	5TD			125/4600	228/2400
t (1987/88 *1989–)				122/126*/4600	225/231/2400

Mercedes-Benz	Bauart	Mot.	Getr.	R/L cm	Baujahre
190 E 2.5-16 Evolution	**St.**	**a/b**	**5**	**266,5/–453**	**1989/90**
Motoren:	*Zyl.:*	*N'w.:*	*cm³:*	*PS/'min:*	*Nm/'min:*
a	4i	D16V	2498	231/7200/340	235/5500
b (II 1990–)			2463	235K/7200/340	245/5000–6000
200 – 300 D (W 123)	**St.**	**a–i**	**4/A4/5**	**279,5/472,5/485U**	**1980–85**
230 CE – 300 CD		**b/d–f/h**	**/ab '81:**	**271/464/476,5U**	
250 lang – 300 D lang		**c/g/h**	**4/5/A4**	**342,5/535,5**	
Motoren:	*Zyl.:*	*N'w.:*	*cm³:*	*PS/'min:*	*Nm/'min:*
a	4	OHC	1996	109/5200/100/5000	170/162/3000
a (CH 1982–)				98/5000	160/3000
b (*CH 1982–)	4i		2298	136/5100/125*/5000	205/194/3500
c	6		2525	140/5500	200/3500
d (–1981)		DOHC	2746	156/5500	223/4000
e	6i			185/5800/142U/5500	240/197U/4500
e (CH 1982/83 *1983–)				160/170*/5500	224/4500
f	4D	OHC	1988	60/4400	113/2400
g			2399	72/4400/68U/4200	137/132U/2400
h	5D		2998	88/4400/84U/4200	172/167U/2400
i (*–1983)	5TD			125/122U*/4350	250/232U/2400

Mercedes-Benz

Mercedes-Benz	Bauart	Mot.	Getr.	R/L cm	Baujahre
200 – 300 E (W 124)	**St.(4)**	**a–u**	**4/5/A4**	**280/474/475,5U**	**1984–90**
200 T – 300 TE Turbo				**280/476,5**	**1985–90**
260/250D/TD Lim. lang				**360/554**	**1989/90**
a (1985)	4	OHC	1996	109/5200/100/5000	170/2500/162/3000
b (CH/Kat. 1985)				98/5000/105	160/3000
c (1985–89 *RÜF)				105K/5500/109*/52'	160/165/3000
d (1989–)				105K/5700	158/3500
e (1988– *RÜF –1989)	4i			118K/122*/5100	172/178/3500
f (1985)			2298	136/5100	205/3500
g (CH/Kat. 1985)				125/5000/132	194/3500
h (1985– *RÜF –1989)				132K/136*/5100	198/205/3500
i (1985)	6i		2597	170/5500/159K	230/4250
j (1985– *RÜF –1989)				160K/166*/5800/156	220/228/4600
k (1985)			2960	190/5600/177K	260/4250
l (1985– *RÜF –1989)				180K/188*/5700	255/260/4400
m (1989–)		D24V		220K/6400	265/4600
n (–1988)	4D	OHC	1997	72/4600	123/2800
o (1989– *Export)				75/76*/4600	126/2700/116/2800
p (*1989–)	5D		2497	90/94*/4600/91	154/158/2800
q (1988–)	5TD			125/4600	231/2400
r (*1989–)	6D		2996	109/113*/4600/107	185/191/2800/187
s (1985/86)	5TD		2998	143/4600/150U	270/2800/273
t (1986/87 *1987–89)	6TD		2996	143/4600	270/267*/2400
u (1988–)				147/4600	273/2400
230 CE /300 CE (C 123)	**St.**	**a/b**	**5/A4**	**271,5/465,5**	**1987–90**
Motoren:	*Zyl.:*	*N'w.:*	cm^3:	*PS/'min:*	*Nm/'min:*
a (+*RÜF –1989)	4i	OHC	2298	132K/5100/136/136*	198/3500/205
b (+*RÜF –1989)	6i		2960	180K/5700/188*	255/4400/260
c (1989–)		D24V		220K/6400	265/4600
280 S – 500 SE (W 126)	**St.**	**a–i**	**4/A4**	**293,5/499,5**	**1980–85**
280 SEL – 500 SEL		**b–i**	**/ab '81:**	**307,5/513,5/528,5U**	
280 SLC – 500 SLC	**(C 107)**		**4/5/A4**	**282/475**	**1980/81**
380 SEC / 500 SEC	**(W 126)**	**c–i**	**A4**	**285/491/506U**	**1981–85**
Motoren:	*Zyl.:*	*N'w.:*	cm^3:	*PS/'min:*	*Nm/'min:*
a	6	DOHC	2746	156/5500	223/4000
b	6i			185/5800	240/4500
c (CH 1982/83 *1983–)				160/170*/5500	224/4500
d (–1981)	V8i	OHC	3818	218/5500	305/4000
e (1981–)			3839	204/5250	315/3250
f (USA +*CH 1982–)				157/4750/197*/5500	266/2750/295/3750
g (1984–)				163K	275
h (*1981–)			4973	240/231*/4750	404/3200/405/3000
i (USA 1983–)				187/4500	335/2000
260 SE – 560 SE	**St.**	**a–l**	**5/A4**	**293,5/502**	**1985–90**
300 SEL – 560 SEL		**b–l**		**307,5/516/528,5U**	
420 SEC – 560 SEC		**c–l**		**284,5/493,5**	
a (+*RÜF –1989)	6i	OHC	2597	160K/166*/5800	220/228/4600
b (+*RÜF –1989)			2960	180K/188*/5700	255/260/4400
c (–1987 *RÜF)	V8i		4196	204K/5200/218*/62'	310/3600/330/3750
d (1987– *RÜF –1989)				224K/5400/231*	325/4000/335
e (USA 1987–)				204	310
f (+*RÜF 1986/87)			4973	223K/4700/245*/475	365/2500/400/3750
g (1987– *RÜF –1989)				252K/265*/5200	390/3750/405/4000
h (–1987)			5547	300/5000	455/3750
i (–1987 *RÜF)				242K/4800/272*/50'	390/3500/430/3750
j (1987– *RÜF –1989)				279K/5200/300*/50'	430/455/3750
k (USA *1986/87)				230/4750	379/380*/3250
l (USA 1987–)				241	390

Mercedes-Benz	Bauart	Mot.	Getr.	R/L cm	Baujahre
300 SD Turbodiesel	**St.**	**a/b**	**4/A4**	**293,5/499,5/502**	**1980–85**
300 SDL Turbodiesel		**c/d**		**307,5/528,5U**	**1985–87**
Motoren:	*Zyl.:*	*N'w.:*	cm^3:	*PS/'min:*	*Nm/'min:*
a (*1983–85)	5TD	OHC	2998	122/125*/4350	250/2400
b (1984/85)				125/4350/120CA	250/2400/240
c (1985/86)	6TD		2996	150/4600/145CA	273/2400/265
d (1986–)				145/4600	265/2400
280 SL – 500 SL (R 107)	**St.**	**a–e**	**4/5/A4**	**245,5/246/439/463U**	**1980–85**
Motoren:	*Zyl.:*	*N'w.:*	cm^3:	*PS/'min:*	*Nm/'min:*
a	6i	DOHC	2746	185/5800	240/4500
b (–1981)	V8i	OHC	3818	218/5500	305/4000
c (1981–)			3839	204/5250	315/3250
d (USA +*CH 1982–)				157/4750/197*/5500	266/2750/295/3750
e (*1981–)			4973	240/5000/231*/4750	404/3200/405/3000
300 SL – 560 SL (R 107)	**St.**	**a–e**	**5/A4**	**245,5/246/439/463U**	**1985–88**
a (*RÜF)	6i	DOHC	2960	180K/5700/188*/57'	255/260/4400
b (*RÜF)	V8i	OHC	4196	204K/5200/218*/62'	310/3600/330/3750
c (–1986)			4973	245/4750	400/3750
d (1986– *RÜF)				223K/47'/245*/4750	365/2500/400/3750
e (USA *1986–)			5547	230/4750	379/380*/3250
300 SL – 500 SL (R 129)	**St.**	**a–c**	**5/A4**	**251,5/446,5**	**1989/90**
a	6i	OHC	2960	190K/5700	260/4500
b		D24V		231K/6300	272/4600
c (*RÜF –1989)	V8i	D32V	4973	326K/333*/5500	450/460/4000
600 / 600 Pullman	**St.**	**–**	**A4**	**320/390/554/624**	**1980/81**
(W 100) / *Motor:*	V8	OHC	6332	250/4000	500/2800
200 G – 300 GD (2/3-t.)	**K'r./4**	**a–g**	**4/A4/5**	**240/394,5/395,5***	**1980–89**
230 G – 300 GD (5-t.)	**(*1984–)**	**/+R**		**285/439,5/440,5***	
Motoren:	*Zyl.:*	*N'w.:*	cm^3:	*PS/'min:*	*Nm/'min:*
a (200 G 1986–)	4	OHC	1996	109/5200	165/3000
b (230 G –1986)			2308	90/5000/102/5250	167/2500/172/3000
c (230 GE '82– +*'86–)	4i		2298	125/5000/122K*	192/4000
d (280 GE *1985–)	6i	DOHC	2746	156/150*/5250	226/4250
e (240 GD –1987)	4D	OHC	2399	72/4400	137/2400
f (250 GD 1987–)	5D		2497	84/4600	154/2200–2800
g (300 GD)			2998	88/4400	172/2400
230 GE – 300 GD	**K'r./4**	**a–d**	**5/A4/+R**	**240/418,5/421,5**	**1989/90**
do. 5-türig				**285/463,5**	
a	4i	OHC	2298	126/5000/122K	190/4000
b	6i		2960	170/5500	235/4500
c	5D		2497	94/4600	158/2600–3100
d	6D		2996	113/4600/109	191/2700–2900

der Limousine mit normalem Radstand lieferbar, woraus sich der 560 SE ergab.

Im Herbst 1988 nahm die neue DB-Konzernzentrale in Stuttgart-Möhringen Form an, wo ab Frühjahr 1989 bis 1990 rund 3300 Beschäftigte ihren Arbeitsplatz finden sollten.

190 E 2.5-16 Evolution. Für Liebhaber gab es ab Februar 1989 diese in 500 Exemplaren gebaute Rennlimousine nach Gruppe A. Sie hob sich durch einen wesentlich vergrößerten Heckflügel und ausgeprägtere Radhausränder ab. Die Leistung blieb zwar mit 195 PS offiziell unverändert, wesentlich war jedoch das neue Bohrung/Hub-Verhältnis bzw. der verkürzte Hub, der für mehr Drehwilligkeit sorgte. Zudem kamen 17-Zoll-Räder und die Bremsanlage des neuen SL hinzu, überdies gab es ein 6-Gang-Getriebe.

SL 1989. Im Vorfeld des Genfer Salons 1989 stellte Daimler-Benz die Neuauflage des zweisitzigen Sportcabrios SL vor. Der R 129 wurde wiederum sowohl mit Stoffverdeck wie mit Leichtmetall-Hardtop und auf Wunsch mit zwei Kindersitzen im Fond geliefert. Er war etwas größer als sein Vorgänger R 107: Radstand 251,5 statt 246 cm, Außenmaße 446,5x181x128,5 statt 439x179x1 30,5 cm (mit Hardtop 130,5 statt 129,5 cm hoch). Vor allem aber war das strengkantige Design (das sich auch in dem stets noch an das Pagodendach erinnernden flachen Hardtopdach äußerte) einer aerodynamisch ausgefeilten Formgebung gewichen. Deren cw-Wert wurde mit bloß noch 0,32 bis 0,33 angegeben. Der schräggestellte niedrigere Kühlergrill wirkte weit weniger wuchtig, und die Gürtellinie vollführte über dem Hinterrad einen leichten Bogen. Das minimale Leergewicht hingegen hatte um 140 auf 1650 kg zugelegt.

Der neue SL kam mit drei Motoren ins Angebot: als 300 SL (u. a. dank neuer Brennraumform mit 190 statt 180 PS), als 300 SL-24 (DOHC, 24 Ventile, erstmals bei Mercedes mit verstellbarer Einlassnockenwelle für einen günstigen Drehmomentverlauf über den gesamten Drehzahlbereich, 231 PS, 0–100 km/h in 8,4 s, 240 km/h) und als 500 SL (ebenfalls mit neuen Zylinderköpfen, DOHC, 32 Ventile, kennfeldgesteuerte Einlassnockenwellen auch hier, 326 PS, 0–100 km/h in 6,2 s, Abriegelung bei 250 km/h). Der Gemischaufbereitung diente bei allen drei Motoren die neue KE5-Jetronic. Den neuen 500 SL gab es nur mit dem 4-Stufen-Automatikgetriebe, auf Wunsch zudem mit Antischlupfregelung (ASR). Für die Sechszylinder-SL stand hingegen ein automatisches Sperrdifferenzial (ASD) im Angebot.

Die Aufhängungen mit der Mercedes-eigenen Raumlenker-Hinterachse ließen sich gegen Aufpreis um das angekündigte adaptive Dämpfungssystem (ADS) ergänzen: Es wirkte mit fünf Sensoren, deren Signale, von einem Computer verarbeitet, die Magnetventile der Fahrwerkshydraulik in vier Komfortstufen einstellten. Das ADS war zudem mit einer automatischen Niveauregulierung verbunden. Die SL R 129 wurden mit einem aufwändigen Sicherheitskonzept ausgestattet: zusätzliche Versteifungselemente, weitere Knautschzonen, elektrisch verstellbare Integralsitze, Airbags für beide Insassen, ABS und als große Neuheit ein im Notfall sensorisch-elektronisch aktiviert binnen 0,3 s automatisch ausfahrender Überrollschutzbügel.

Computergesteuert war auch der mit 15 Druckzylindern ausgestattete Verdeckmechanismus, mit dem gleichzeitig die Seitenscheiben bedient wurden (öffnen und schließen in 30 s). Die Klimatisierung war optimiert worden, zudem war ein Windschott erhältlich, und selbstverständlich bot der Innenraum mit einem vorbildlich gestalteten Armaturenbrett, holzbelegter Mittelkonsole und Lederapplikationen eine Augenweide. Übrigens wurde die SL-Produktion mit dem R 129 aus Sindelfingen nach Bremen verlagert, wo weniger Handarbeit, aber mehr Automation geboten wurde. – Die Auslieferungen setzten ab Mitte 1989 ein.

Ebenfalls Mitte 1989 wurde im Rahmen einer Neustrukturierung des Daimler-Benz-Konzerns die Mercedes-Benz AG gegründet; deren Vorstandsvorsitzender wurde Prof. Werner Niefer.

200–300 1990. Die Topmodelle der Baureihe W 124 erhielten zur IAA Frankfurt 1989 den 3-l-24-Ventil-Motor des 300 SL, jedoch mit 220 PS, auch das Sport-5-Gang-Getriebe entstammte dem SL. Im 300 CE-24 wurde zudem das 5-Stufen-Automatikgetriebe verfügbar. Bei allen W-124-Modellen war der Antriebsstrang modifiziert worden. Äußerlich fiel an den W 124 des neuen Jahrgangs die Kunststoff-Beplankung der Flanken auf (wie man sie von der S-Klasse und inzwischen vom 190 kannte). Die daraus entstandene Zweitonbemalung verhalf den mittelgroßen Mercedes-Limousinen zu einem markant geänderten Aussehen. Neu waren auch die Radkappen, die Chromstreifen auf Stoßschutz und Türgriffen sowie die in der Wagenfarbe gehalten Außenspiegelgehäuse. Die Vordersitze waren seitlich stärker kontu-

Mercedes-Benz SL, 1990

Mercury

Mercedes-Benz Limousine, 1990

Mercedes-Benz G, 1990

riert und es gab neue Polsterstoffe und vermehrte Holzverzierungen. Neu war die Ausführung Sportline: Sie umfasste ein Sportfahrwerk, Leichtmetallräder, Breitfelgen sowie Sportsitze, zudem wurden auch hinten zwei Einzelsitze eingebaut. Der 2,5-l-Turbodieselmotor war nun auch mit Handschaltgetriebe erhältlich. Gleichzeitig wurden die Chauffeurlimousinen 250 D lang und 260 E lang mit 360 cm Radstand, 554 cm Länge und bis zu acht Sitzen angekündigt. Eingeführt wurden sie auf der IAA 1989, und sie besaßen im Gegensatz zu den Vorläufern sechs Türen.

Bei den Modellen 190 kam der D 2.5 Turbo mit 125 PS hinzu (mit 5-Gang-Handschalt- oder 4-Stufen-Automatikgetriebe). Für die MB 190 gab es ebenfalls ein Sportline-Paket.

G 1990. Auch bei der Geländekombireihe G war auf der IAA Neues zu verzeichnen: Im Vordergrund stand der ABS-kompatible permanente Vierradantrieb. Die Kraftverteilung über das mit einem Längsausgleich ausgerüstete zentrale Differenzial erfolgte zu je 50 Prozent auf Vorder- und Hinterachse. Das zentrale, hintere und vordere Differenzial ließen sich in dieser Reihenfolge mit einem Wippschalter elektropneumatisch zu 100 Prozent sperren, wobei die Zuschaltung elektronisch programmiert und überwacht wurde. Gegen Aufpreis ließ sich ein ABS einbauen (bei den Topausführungen Serie). Der 280 GE wurde durch den 300 GE mit 170 PS abgelöst. Überdies wiesen die Mercedes-Benz alias Puch G Innenraumverfeinerungen auf, mit denen eine Angleichung an das Mercedes-Benz-Pkw-Design erreicht wurde. Von außen erkannte man die neuen G-Wagen an einem geänderten Kühlergrill ohne Mittelrippe, leicht vertieft untergebrachten Scheinwerfern, in den Stoßstangen eingelassenen Positionslichtern und geänderten Heckleuchten.

190 E 2.5-16 Evolution II. Mit dieser im Februar 1990 angelaufenen, wiederum auf 500 Exemplare (wovon 100 für die Schweiz) ausgerichteten Version mit noch höherem Heckflügelwerk stieg die Leistung auf 234 PS (Rennausführung 340 PS). Diese Steigerung war durch Änderungen im Ansaugtrakt und bei der Gemischaufbereitung sowie mit einem widerstandsarmen Metallkatalysator erzielt worden. Zur Ausrüstung zählten 17-Zoll-Räder und eine Niveauregulierung vorne und hinten. Auffallend waren auch der schaufelartige Frontspoiler und die bogenförmigen Radhausverbreiterungen.

190 E 1.8. Am anderen Ende der Skala gab es ab April 1990 den neuen „Basis-Mercedes“ 190 E 1.8 mit 1797 cm^3 und 109 PS (1160 kg, 0–100 km/h in 12,7 s, mit 4-Stufen-Automatikgetriebe 13,3 s, Spitze 185 bzw. 180 km/h). – Ausschließlich in Italien wurde übrigens ein CE-Coupé mit steuernsparendem 2-l-Motor angeboten.

1998 wurde die Daimler-Benz AG mit der Chrysler Corporation zu DaimlerChrysler vereint; 2007 wurde diese „Ehe“ wieder aufgelöst: Nach den von dem Chrysler-Part erlittenen Milliardenverlusten wurden 80,1 Prozent der Anteile an den amerikanischen Finanzinvestor Cerberus verkauft.

Produktionszahlen: Der Typ 600 war von 1963 bis 1981 in 2677 Exemplaren in weitgehender Handarbeit und meist nach Bestellung gebaut worden: 2190 MB 600 waren Limousinen „normaler Länge“, 428 waren Pullman-Limousinen (624 cm lang) und 59 waren Landaulet (meist für Prominente des öffentlichen Lebens). 280–560 SL (R 107), 1970–89: 237'287 (davon 2148 420 SL); 280–500 SLC (C 107), 1971–81: 62'888.

Die von Ford 1938 ins Leben gerufene Marke Mercury füllte die Lücke zwischen den → Ford- und den Lincoln-Modellen. Später wurde sie mit Lincoln zur Lincoln-Mercury-Division vereint. 1981 gab es die Modellreihen Lynx (Parallellinie zu den US-Ford Escort), Capri (identisch mit den Ford Mustang), Zephyr (= Fairmont), Cougar (entsprechend US-Granada), Cougar XR-7 (= Thunderbird) und Marquis (= LTD). Alle waren besser ausgestattet und preis- wie prestigemäßig eine Stufe höher angesiedelt als die entsprechenden Ford-Modelle.

Lynx. Der Lynx war gleichzeitig mit dem amerikanischen Ford Escort im September 1980 auf den Markt gebracht worden und zwar als Nachfolger des Bobcat. Escort und Lynx waren wohl konstruktiv mit dem europäischen Escort eng verwandt, doch waren die Teile nicht austauschbar. Auch der Lynx wurde als dreitürige Limousine mit Schrägheck und Stummelheck sowie als fünftüriger Kombi hergestellt. Trotz der höheren Einstufung gab es die Ausführungen Lynx, Lynx GL, GS, LS und RS. Der Top-Station Wagon zeigte sich mit einer Simili-Holzbeplankung.

Angetrieben wurden diese mit quer eingebautem Frontantriebssatz versehenen, für amerikanische Verhältnisse winzigen Wagen vom 1,6-l-Motor des Ford-Typs CVH mit obenliegender Nockenwelle, Leichtmetallzylinderkopf und 66 PS Leistung (ursprünglich war auch der 1,3-l-Motor mit 59 PS vogesehen worden). Nebst 4-Gang-Getriebe stand ein 3-Stufen-Automatikgetriebe zur Wahl. Die Aufhängung mit vorderen Federbeinen und unteren einfachen Querlenkern und hinteren Dämpferbeinen, Querlenkern, Zugstreben und Schraubenfedern entprach der beim europäischen Kompakt-Ford getroffenen Lösung. Die Bremsen (vorne belüftete Scheiben) und die Zahnstangenlenkung waren mit Servo erhältlich.

Capri. Der im europäischen Ford-Lager zum Begriff gewordene Modellname Capri war im Juli 1978 auch für ein neues Mercury-Modell übernommen worden. Mit ihm erhielt Mercury wieder ein Parallelmodell zum Mustang, denn der Cougar (XR-7) war dem enormen Down-sizing zum Mustang II nicht gefolgt. Während es den Mustang auch zweitürig mit Stufenheck gab, wurde der Mercury Capri ausschließlich in der dreitürigen Fastbackausführung mit Heckklappe hergestellt. Es gab ihn auch als GS und RS und mit T-roof (herausnehmbare vordere Dachhälften). Äußerlich unterschied er sich vom Mustang u. a. durch das senkrechte anstatt windschlüpfig nach hinten geneigte Kühlergitter.

Wie im Mustang standen vier Motoren zur Wahl: 2,3-l-Vierzylinder mit obenliegender Nockenwelle und 89 PS, gleicher Motor mit Garrett-Abgasturbolader und 118 PS, 3,3-l-Sechszylinder mit seitlicher Nockenwelle und 95 PS sowie 4,2-l-V8 mit zentraler Nockenwelle und 117 PS. Mit dem Basismotor gab es 4- und 5-Gang-Getriebe sowie das 3-Stufen-Automatikgetriebe Cruise-O-Matic; mit dem Turbomotor gab es kein Automatikgetriebe, mit dem V8 gab es diese Kraftübertragung ausschließlich und zum Sechszylinder standen 4-Gang und Automat zur Wahl. Die Vorderradaufhängung bestand aus oberen Dreieckquerlenkern und unteren einfachen Querlenkern mit elastisch gelagerter Zugstrebe, während hinten eine Starrachse mit Halbelliptikfedern zum Einbau kam. Die Bremsen (vorne belüftete Scheiben) und die Zahnstangenlenkung wurden auf Wunsch mit einem Servo ausgerüstet.

Zephyr. Mit der Bezeichnung Zephyr hatte es vor dem Zweiten Weltkrieg einen Lincoln und nach dem Krieg eine englische Ford-Baureihe gegeben. Der Mercury Zephyr hatte 1978 den Comet abgelöst. Parallel zum Ford Fairmont wurde er als zwei- und fünftüriger Sedan (dieser mit sechs Seitenfenstern), als Station Wagon sowie als Coupé mit ungewöhnlichem Design gebaut. Bei letzterem, mit Z-7 bezeichneten Modell schloss sich an die einem breiten Überrollbügel ähnelnde B-Säule eine dreiteilige Panoramaheckscheibe an. Alle Zephyr waren fünfsitzig und boten somit vordere Einzelsitze und Mittelschaltung.

Basismotor war der bescheidene 2,3-l-Vierzylinder mit obenliegender Nockenwelle und 89 PS (die Turboversion wurde nicht mehr geliefert). Darüber gab es den 3,3-l-„Reihensechser" und den 4,2-l-V8 mit 95 bzw. 117 PS. Während die mehrzylindrigen Fairmont mit dem 3-Stufen-Automatikgetriebe Cruise-O-Matic ausgerüstet wurden, konnte mit dem Vierzylindermotor auch eine 4-Gang-Einheit bestellt werden. Die Aufhängung stimmte mit jener des Capri überein, doch wurden hinten Schrauben- statt Blattfedern verwendet.

Cougar. Ab 1967 war Cougar die Bezeichnung für ein sportlich-luxuriöses, über dem Ford Mustang platziertes viersitziges Coupé (oder Cabriolet) gewesen. 1977 wurde dieser exklusive Name aber auch auf Limousinen ausgedehnt, und mit dem Modelljahr 1981 erhielt die Nachfolgereihe des Mercury Monarch diesen Namen. Dieser neue Cougar (mit Kombiversion Villager) war das Parallelmodell zum US-Ford Granada (der mit den europäischen Ford Granada nicht verwandt war), und als solcher war er deutlich kleiner als die Monarch-Baureihe. Dies hatte mit dem allgemeinen Trend zum Sparen und Verkleinern zu tun, von dem die amerikanische Automobilindustrie in der Folge der Ölkrisen und der strengen Abgas- und Verbrauchsvorschriften erfasst worden war.

Der Radstand stimmte nun mit jenem des Zephyr überein und das Leergewicht sank von minimal 1460 auf noch 1270 kg. Es gab diese Cougar als zwei- und viersitzige Fünfsitzerlimousinen. Die Motorenauswahl entsprach der Verkleinerung: 2,3-l-Vierzylinder, 3,3-l-Sechszylinder und 4,2-l-V8; 3-Stufen-Automatikgetriebe Cruise-O-Matic und zum Vierzylinder auch 4-Gang-Handschaltung (Schalt- bzw. Wählhebel unter dem Lenkrad oder auf der Mittelkonsole). Das Fahrwerk entsprach jenem des Zephyr.

Cougar XR-7. Der XR-7 basierte hingegen noch auf dem Unterbau mit 275,5 cm Radstand. Er war ein luxuriöses fünf- oder sechssitziges Coupé, das es auch mit einem auf Opera-Window-Größe reduziertem zweitem Seitenfenster gab (angeboten wurden die Zusatzausführungen LS und GS). Für 1981 war die Front etwas feingliedriger gestaltet worden. Sein Parallelmodell war der Thunderbird. Es standen drei Motoren zur Wahl: 3,3-l-Sechszylinder, 4,2-l-V8 und 4,9-l-V8. Die beiden kleineren Motoren wurden mit dem 3-Stufen-Automatikgetriebe Select Shift verbunden, der größere V8 mit der 4-Stufen-Einheit Automatic Overdrive, bei der eine 0,67:1 untersetzte oberste Stufe für eine Reduktion der Tourenzahl und des Verbrauchs sorgte. Dieses Getriebe war auf Wunsch zusammen mit dem 4,2-l-V8 lieferbar. Es wurde mit einem an der Lenksäule angewinkelten Wählhebel bedient, während die 3-Stufen-Automatik auf Wunsch auch mit einem Mittelwählhebel erhältlich war. Die Aufhängung umfasste vorne untere Dreieckquerlenker, Dämpferbeine und Schraubenfedern, hinten eine Starrachse mit unteren Längslenkern und oberen Schräglenkern sowie ebenfalls Schraubenfedern. Die Bremsen (vorne belüftete Scheiben) und die Zahnstangenlenkung funktionierten mit Servo.

Mercury Lynx, 1981

Mercury Capri (T-roof), 1981

Mercury Zephyr Z-7 Sport Coupe, 1981

Mercury Cougar, 1981

Mercury Cougar XR-7, 1981

Marquis. Größte Mercury waren auch 1981 die Modelle der Baureihe Marquis. Sie wurden als sechssitziger Sedan und fünfsitziges Coupé (beide auch als Marquis Brougham und Grand Marquis) sowie als sechssitziger Station Wagon (auch Colony Park) gebaut. Bei 290,5 cm Radstand erreichten sie eine Länge von 539 cm bzw. 554 cm (Station Wagon). Es gab sie mit drei V8, nämlich 4,2, 4,9 und 5,8 l. Das mittlere Aggregat wurde für Kalifornien mit einer elektronischen Benzineinspritzung dotiert, und den 5,8-l-V8 konnte man auch in einer HO-Version mit Doppelauspuff und 20 Zusatz-PS bestellen. Der Kraftübertragung diente die 4-Stufen-Einheit Automatic Overdrive. Die Marquis basierten noch auf einem Kastenrahmenchassis mit Traversen. Vorne wurden obere und untere Trapez-Dreieckquerlenker verwendet, hinten eine Starrachse mit unteren Längs- und oberen Schräglenkern sowie ebenfalls Schraubenfedern. Es wurde eine (servobestückte) Kugelkreislauflenkung eingebaut.

LN 7. Zusammen mit dem Ford EXP war im März 1981 das kleine 2+2-sitzige Coupé Mercury LN 7 vorgestellt worden. Es basierte auf dem Escort alias Lynx und wirkte recht attraktiv. Es unterschied sich vom EXP durch einen markanteren Kühlergrill, Seitenschutzleisten und die als Bubble bezeichnete Panoramaheckscheibe. Dies stempelte ihn zum Fastbackcoupé und verhalf zu einem von cw 0,37 auf 0,36 verminderten Luftwiderstandsbeiwert. Zudem war er reichhaltiger ausgestattet, unter anderem mit einer Digitalanzeige für diverse abrufbare Werte. Das gesamte technische Umfeld stimmte mit jenem des Lynx überein, doch war der LN 7 mit 432,5 cm um 16,5 cm länger.

Lynx 1982. Zum Modelljahr 1982 wurde der Lynx auch als fünftürige Limousine (vier Seitentüre und Heckklappe) erhältlich. Zusammen mit dem Automatikgetriebe erhielt der Lynx eine Klimaanlage, die sich beim Vollgasgeben automatisch ausschaltete; die Ausstattung wurde angereichert.

Capri 5.0. Zum Modelljahr 1982 wurde der Capri auch mit dem 4,9-l-V8-Motor lieferbar. Dank geänderten Steuerzeiten, mehr Ventilhub, größerem Doppelvergaser, voluminöserem Auspuffsystem sowie widerstandsärmerem Luftfilter war die Leistung auf 157 Netto-PS angestiegen. Es gab den Capri auch als Sondermodell Black Magic mit T-roof.

Die übrigen kleinen Änderungen entsprachen jenen, wie sie bei den Parallelmodellen von Ford USA eingeführt wurden. Die bedeutendste Neuheit unter ihnen bestand im neuentwickelten leichtgewichtigen 3,8-l-V6-Motor mit 90 Grad Zylinderwinkel. Er wurde im Cougar und Cougar XR-7 lieferbar. Bei den großen Kombi war neu ein separat hochklappbares Heckfenster erhältlich.

Grand Marquis. 1983 erhielten die Lynx und LN 7 wahlweise einen mit Einspritzung ausgerüsteten 1,6-l-Motor und ein 5-Gang-Getriebe. Der Cougar wurde stilistisch überarbeitet und auf Marquis umbezeichnet. Die Standard-size-Mercury hießen nun ausschließlich Grand Marquis und Marquis Brougham Station Wagon. Sie wurden nur noch mit dem 4,9-l-V8 mit Einspritzung angeboten; den 5,8-l-V8 gab es in der Regel noch für Polizeiwagen.

Cougar 1983. Um die Verwirrung komplett zu machen, gab es ein neues Coupé Cougar, das aber nicht mehr die Zusatzbezeichnung XR-7 trug. Im Vergleich zu diesem war der Radstand von 275 auf 265 cm verkürzt worden, und die Länge erreichte 502 statt 509 cm. Vor allem aber war die Front aerodynamisch weit besser ausgeformt. Eigenwillig gab sich der Heckbereich mit fast senkrecht stehender Rückscheibe und einem zweiten Seitenfenster in sich bogenförmig nach oben verbreitender Dreieckform. Der hintere Dachträger war dadurch auffallend breit. Der cw-Wert wurde mit 0,36 angegeben. Als Einheitsmotor wurde der 3,6-l-V6 eingebaut, und es bestand lediglich die Wahl zwischen den Automatikgetrieben Select Shift und Automatic Overdrive mit drei bzw. vier Stufen.

Topaz. Mit diesem feinen Namen bedachte Ford eine im März 1983 vorgestellte neue Modellreihe, die als zwei- und viertürige Stufenhecklimousinen in den Ausführungen GS und LS gebaut wurde und im Ford Tempo ihre Parallele fand. Sie reihte sich zwischen Lynx und Capri und löste den deutlich größeren Zephyr ab, der oberhalb des Capri rangiert hatte. Im Gegensatz zum entsprechenden Tempo wies der viertürige Topaz nur vier statt sechs Seitenfenster auf. Wie der Lynx besaß der Topaz Frontantrieb mit Quermotor, und bei diesem handelte es sich um ein 2,3-l-Aggregat mit seitlicher Nockenwelle. Es standen 4- und 5-Gang-Getriebe und das 3-Stufen-Automatikgetriebe Cruise-O-Matic zur Wahl. Die Federbeinaufhängung war vorne mit einfachen Querlenkern, hinten mit Längslenkern und doppelten Querstreben versehen.

Mercury LN 7, 1982

1984 wurde der LN 7 (das Parallelcoupé zum Ford EXP) bereits gestrichen. Der Lynx konnte auch mit einem 2-l-Dieselmotor mit 53 PS bestellt werden, zudem wurde auf eine verbesserte Lärm- und Vibrationsdämmung hingewiesen. Neue Topmotorisierung des Capri war der 4,9-l-V8 in HO-Version (High Output) mit geänderter Nockenwelle, bei Vollgas ausgekuppeltem Alternator und Doppelauspuff; er kam auf 208 PS bei 4400/min. Das Coupé Cougar gab es jetzt wieder in der sportlichen XR-7-Aufmachung; nebst dem 3,8-l-V6 standen im Cougar-Motorenangebot neu der 2,3-l-Turbo-Vierzylinder und der 4,9-l-V8. Beim Marquis entfiel der 3,3-l-Six, und bei den Grand Marquis und Marquis Brougham Station Wagon reduzierte sich die Motorenauswahl auf den 4,9-l-V8 und (nur außerhalb der USA) den 5,8-l-V8.

1985 wurde der 2,3-l-Motor des Topaz auch in einer Version mit Zentraleinspritzung und 101 PS Leistung lieferbar. Die Capri 1985 boten in der Ausführung mit dem 4,9-l-V8-Motor dank Feintuning 183 (Einspritzung) und 213 PS (Vierfachvergaser), wobei der Erstere ausschließlich mit dem Automatic-Overdrive-Getriebe, der Zweite mit einem 5-Gang-Getriebe geliefert wurde. Der Marquis erhielt einen grobmaschigeren Kühlergrill.

Sable. Ganz dem Aero-Look der jüngsten Modelle aus dem Ford-Konzern folgte der Anfang 1985 zusammen mit dem Ford Taurus in Los Angeles vorgestellte (aber noch nicht lieferbare) Sable. Mit 269 cm Radstand und 478,5 cm Länge war er nur wenig kleiner als der Marquis. Wie der Topaz besaß er Vorderradantrieb und Quermotor. Die Karosserien – viertürig mit Stufenheck und sechs Seitenfenstern und fünftüriger Kombi – waren attraktiv modern und elegant. Vom Taurus hob sich der Sable durch eine durchgehende Plexiglasabdeckung der Front ab.

Dem Antrieb dienten ein von 2,3 auf 2,5 l vergrößerter OHC-Vierzylindermotor mit elektronischer Zentraleinspritzung und 89 PS sowie ein neuer 3-l-V6 mit 60 Grad Gabelwinkel, Graugussköpfen, zentraler Nockenwelle, Saugrohreinspritzung und 142 PS. Mit dem 2,5-l-Motor standen ein 5-Gang-Getriebe und ein 3-Stufen-Automatikgetriebe zur Wahl, während der 3-l-Taurus ausschließlich mit dem vier Stufen umfassenden Automatic Overdrive ausgerüstet wurde. Vorne wurden einfache untere Querlenker verwendet, hinten Quer- und Längslenker. – Auf dem Markt eingeführt wurde der Sable erst am 26. Dezember 1985.

1986 erhielt der Lynx in der nun mit XR3 bezeichneten Topversion einen 1,9-l-Einspritzmotor mit 110 SAE-Netto-PS. Im Capri mit V8-Motor wurde einheitlich eine 203 PS leistende Ausführung mit Saugrohreinspritzung eingebaut. Im Cougar stieg die Leistung des 4,9-l-V8 dank konstruktiver Verfeinerungen und reduzierter Reibwiderstände von 142 auf 152 PS. Mit Doppelauspuff kam der 4,9-l-V8 im Grand Marquis gar auf 162 PS.

1987 gab es die Lynx nur noch mit Einspritzmotoren; der Topaz wurde mit zuschaltbarem Hinterradantrieb lieferbar (AWD); das Mustang-Double Capri wurde mit diesem Jahrgang gestrichen!

Cougar 1987. Verändert wurden für 1987 die Cougar-Coupés: luftwiderstandsärmere Front mit Scheinwerfern unter Deckgläsern, Kühlergrill mit integriertem Cougar-Symbol, vergrößertes, in ungewohnter Weise nach oben auslaufendes zweites Seitenfenster, weniger steil gestellte Heckscheibe und neugeformtes Heck.

Tracer. Im Frühjahr 1987 wurde der Lynx durch den Tracer (Modell 1988) abgelöst, bei dem es sich um einen umbezeichneten, in einem Ford-Werk im mexikanischen Hermosillo gebauten Mazda 323 handelte. Es gab ihn auch als fünftürigen Kombi.

1988 erhielt der Topaz ein neues Kühlergesicht mit stärker um die Ecken gezogenen Leuchteinheiten, und der viertürigen Version wurde ein kleines drittes Seitenfenster angefügt; neu war die sportliche Zweitürversion XR5 anstelle des GS; Innenraum und Armaturenbrett waren ebenfalls umgestaltet worden, und der 2,3-l-Motor arbeitete nun mit Saugrohr- statt Zenraleinspritzung (99 PS bzw. 101 PS für HSO-Version); All Wheel Drive war weiterhin erhältlich. Den Sable gab es 1988 neu mit einem 3,8-l-V6, der mit 142 PS zwar gleich viel leistete wie der 3-l-V6, aber weit mehr Drehmoment und dank einer gegenläufig rotierenden Schwingungsausgleichswelle einen feineren Lauf erbrachte. Den gleichen Motor gab es neu auch im Cougar. Der Grand Marquis und sein Station-Wagon-Bruder Colony Park zeigten eine neue Front (Kühlergrill ohne senkrechten Mittelbalken) und geänderte Schlussleuchten.

Capri 1989. Dieser neue, völlig andere Capri wurde bereits im Frühling 1988 vorgestellt, wenngleich seine Serienherstellung erst auf den Herbst angesetzt war und zwar bei → Ford Australia. Das kleine sportliche 2+2-sitzige Cabriolet basierte auf der Mechanik des Mazda 323, seine attraktive Form war von der zum Ford-Konzern gehörenden Designfirma Ghia in Italien entworfen worden, und das Interieur mit schwungvollem Armaturenbrett war eine Schöpfung von Ital-Design (→ Anhang). In den USA sollte es unter der Marke Mercury vertrieben werden. Es wurden zwei 1,6-l-Motoren vorgesehen: acht Ventile und 85 PS; DOHC, 16 Ventile, Abgasturbolader und 135 PS. Diese leistungsfähige Version wurde nach europäischem Fiesta-Beispiel mit XR2 bezeichnet, und sie hob sich durch Leichtmetallfelgen, Zweitonlackierung, Nebellampen und Heckflügel von der Basisversion ab. Statt des 5-Gang-Getriebes sollte

Mercury Topaz GS, 1985

Mercury Cougar XR-7, 1985

Mercury Marquis, 1985

Mercury Lynx XR3, 1986

Mercury Sable, 1986

Mercury Cougar LS, 1987

Mercury

mit dem 85-PS-Motor auch ein 3-Stufen-Automatikgetriebe erhältlich sein. – Wegen des für die USA vorgeschriebenen passiven Rückhaltesystems in Form eines Airbags oder sich automatisch anlegender Gurten ergaben sich Verzögerungen, sodass der Export von Australien in die USA erst im Frühjahr 1990 einsetzen konnte (Bild → Ford Australia).

Cougar 1989. Radstand länger, Karosserie aber kürzer, so lautete die Devise des umfassend erneuerten Doppels Ford Thunderbird / Mercury Cougar für das Modelljahr 1989. Beim Cougar wurden aus 264,5/510 cm nun 287/505 cm. Daraus ergaben sich modernere und elegantere Proportionen. Die Cougar-Heckscheibe war im Gegensatz zu jener des Thunderbird wiederum fast senkrecht gestellt, doch das zweite Seitenfenster war nicht mehr dreieckig, sondern quadratisch geformt. Der schwarze Kühlergrill war schlicht und niedrig. Während die Breite um 4,5 auf 185 cm zugelegt hatte, verlief die Dachlinie um 2 cm reduziert auf 134 cm Höhe.

Für den Antrieb stand nur noch der mit einer Schwingungsausgleichswelle versehene 3,8-l-V6 ohne oder mit Eaton-Kompressor zur Verfügung: 142 bzw. 213 PS (im XR7, Ladedruck 0,8 bar, Ladeluftkühler). Einen bedeutenden Fortschritt verkörperte auch der Wechsel von der hinteren Starrachse zu unteren Dreieck- und oberen einfachen Querlenkern. Der XR7 (nun ebenfalls ohne Bindestrich geschrieben) bot nebst dem Supercharger Vierrad-Scheibenbremsen und ABS. Vorne wie hinten fanden sich Fahrschemel; das Leergewicht stieg um 100 auf 1600 kg. Auf Wunsch gab es in dem großzügig gestalteten Armaturenbrett weiterhin Digitalanzeigen. Der XR7 zeigte einen besonders luxuriösen Innenraum, u. a. mit mehr Halt vermittelnden Seitenwülsten an den Vordersitzen.

1990 wurde der Tracer (erhältlich ab Juni und somit im Modelljahr 1991) in Neuauflage herausgebracht: Parallelmodell zum neuen Ford Escort, auf der Basis des neuen Mazda 323; Produktion aber weiterhin in Hermosillo, Mexiko. Der Sable wurde 1990 auf Wunsch mit einem ABS ausgerüstet. – Mit dem Ende des Modelljahrs im August 2002 wurde der Cougar ganz gestrichen.

Mercury	Bauart	Mot.	Getr.	R/L cm	Modelljahre
Lynx	**Fr.**	**a–d**	**4/A3**	**239,5/416/419**	**1981–84**
		e–i	**4/5/A3**	**239,5/424/426,5**	**1985–87**
LN 7		**b**	**4/A3**	**239,5/432,5**	**1982/83**
Motoren:	*Zyl.:*	*N'w.:*	*cm³:*	*PS/'min:*	*Nm/'min:*
a (–1981)	4	OHC	1296	59/5700	85/3600
b (*1982)			1599	66/5200/71*/4600	115/3000/121/3000
c (1983/84)				71/4600/81/5400	119/2600/3000
d (1983 *1984)	4i			83/85*/5200	119/2800/122/2800
e (1985/86	4		1859	87/4800	135/3000
f (XR3 1986 *1987–)	4i			110/117*/5200	155/4000/163/4400
g (1984 *1985/86)	4D		1998	53/3600/4000*	111/2400
h (L 3-t. 1986)				53/4000	108/2750
i (1987–)				59/3600	114/3000
Tracer → Mazda 323					**1988–90**
Topaz	**Fr.(4)**	**a–e**	**4/5/A3**	**253,5/448/449,5**	**1984–90**
Motoren:	*Zyl.:*	*N'w.:*	*cm³:*	*PS/'min:*	*Nm/'min:*
a (*1985/86)	4	OHV	2300	85/4400/87*/4000	160/2600/168/2800
b (1985/86)	4i			101/4600	170/3200
c (1987)				87/95/4000	163/171/3200
d (1988–)				99/101/4400	168/2200/176/2600
e (*1985/86)	4D	OHC	1998	53/3600/4000*	111/2400
Capri	**St.**	**a–n**	**4/5/A3/A4**	**255/455**	**1981–86**
Motoren:	*Zyl.:*	*N'w.:*	*cm³:*	*PS/'min:*	*Nm/'min:*
a (*1982)	4	OHC	2301	89/87*/93*/4600	161/159/2600
b (1983 *1984/85)				91/4600/89*/4200	166/2600/2400
c (1986–)	4i			89/4200	166/2600
d (–1981)	4T			118/5200	183/3200
e (1983 *1984)	4iT			147/4600/177*/4400	244/3600/210/3000
f (*1982)	6	OHV	3273	95/4000/88*/3800	214/209/1400
g (1983)	V6		3791	114/4000/122*/3600	237/2600/278/1600
h (1984–)	V6i			122/3600	278/1600
i (1981)	V8		4183	117/122CA/3400	265/2200/278/2600
j (1982)				113/3400	263/1600
k (1982 *1983/84)			4942	159/4200/177*/4000	326/2400/332/2400
l (1984 *1985)				208/213*/4400	360/366/3200
m (1984 *1985)	V8i			167/3800/183*/4200	332/2000/353/2600
n (1986–)				203/4000	387/3000
Capri → Ford Austral.					**1989/90**
Zephyr	**St.**	**a–f**	**4/A3**	**268/496,5/501,5**	**1981–83**
Zephyr Z-7				**268/501,5**	
Motoren:	*Zyl.:*	*N'w.:*	*cm³:*	*PS/'min:*	*Nm/'min:*
a (1981)	4	OHC	2301	89/4600	161/2600
b (1982)				87/93/4600	159/161/2600
c (1983)				91/4600	166/2600
d (*1982)	6	OHV	3273	95/4000/88*/3800	214/209/1400
e (1983)				93/3800	212/1400
f (1981)	V8		4183	117/122CA/3400	265/2200/278/2600

Mercury	Bauart	Mot.	Getr.	R/L cm	Modelljahre
Sable	**Fr.**	**a–c**	**5/A3**	**269/485/487,5/492**	**1986–90**
Motoren:	*Zyl.:*	*N'w.:*	*cm³:*	*PS/'min:*	*Nm/'min:*
a (1986)	4i	OHV	2498	89/4600	176/2800
b	V6i		2979	142/4800	217/3000
c (1988/89 *1990–)			3791	142/3800	292/2400/2200*
Cougar	**St.**	**a–d/g**	**4/A3**	**268/499**	**1981/82**
Cougar XR-7 (*81: c–e)		**c/d/f/g**	**A3**	**275,5/509**	
Motoren:	*Zyl.:*	*N'w.:*	*cm³:*	*PS/'min:*	*Nm/'min:*
a (*1982–)	4	OHC	2301	89/87*/93*4600	160/159/161/2800
b (*1982–)	6	OHV	3273	95/4000/88*/3800	214/209/1400
c (*1982–)				89/88*/3800	209/1400
d (1982–)	V6		3791	114/120C/4000	237/2600/252/2000
e (–1981)	V8		4183	117/122C/3400	265/2200/278/2600
f (1982–)				113/122C/3400	278/2600
g (–1981)			4942	132/3400	319/1600
Cougar (*1987–)	**St.**	**a–e**	**5/A3/A4**	**264,5/502/510***	**1983–88**
a (XR-7 1984)	4iT	OHC	2301	147/4600	244/3600
b (1985/86 *m. Autom.)				147*/4400/157/4800	244/3000/258/2800
c (*1984–87)	V6/V6i*	OHV	3791	114/4000/122*/3600	237/2600/278/1600
d (1988)	V6i			142/3800	292/2200
e (XR-7 1985–88)	V8i		4942	142/152*/3200/3400	339/1600/366/2000
Cougar	**St.**	**a/b**	**A4**	**287/505**	**1989/90**
a	V6i	OHV	3791	142/3800	292/2400
b (XR7)	V6iC			213/4000	427/2600
Marquis / Grand Marq.	**K'r.**	**a–d**	**A4**	**290,5/539**	**1981/82**
Colony Park				**290,5/554**	
Motoren:	*Zyl.:*	*N'w.:*	*cm³:*	*PS/'min:*	*Nm/'min:*
a (*1982–)	V8	OHV	4183	122/124*/3400	278/2600/284/2400
b (*1982–)			4942	132/3900/134*/3400	319/320/1800
c (Calif. –1981)	V8i				312/2200
d (Export 1982–)	V8		5766	167/3600	387/2200
Marquis	**St.**	**a–d**	**4/A3/A4**	**268/499**	**1983-85**
a (*1984–)	4	OHC	2301	91/4600/89*/4200	166/2600
b (1983)	6	OHV	3273	93/3800	212/1400
c (*1984–)	V6/V6i*		3791	114/4000/122*/3600	237/2600/278/1600
d (1985)	V8i		4942	167/3800	332/2000
Grand Marquis (*1985–)	**K'r.**	**a–d**	**A4**	**290,5/543**	**1983–90**
Marq. Brougham St. Wg.				**290,5/553,5**	**1983/84**
Colony Park (St. Wg.)				**/556,5 (1989)**	**1985–90**
a (1983)	V8i	OHV	4942	147/3600/132/3200	332/2200/326/2000
b (1984/85 *CAN)				142/3200/157*/3600	339/1600/360/2000
c (1986–)				152/3200/162/3400	366/2000/380/2200
d (Export *1984–87)	V8		5766	167/3600/183*/3600	393/2200/387/2400

Merkur

Mercury Grand Marquis, 1987

Mercury Topaz LS Sport, 1988

Mercury Cougar XR7, 1989

Im August 1984 gründete die Ford Motor Co. die neue Eigenmarke Merkur. Ihr Vertrieb erfolgte über das Lincoln-Mercury-Händlernetz, doch die deutsche Schreibweise wies darauf hin, dass es sich um ein Importfabrikat handelte.

XR4Ti. Genau hieß dieser Wagen Merkur XR4Ti und er war eine Ableitung des deutschen Ford Sierra XR 4i, der zum Genfer Salon 1983 vorgestellt worden war und durch sein futuristisch wirkendes Design allzu biedere Ford-Käufer schreckte. Der XR4Ti besaß die dreitürige Karosserie mit der ungewohnten seitlichen Fensteraufteilung und dem zweistöckigen Heckflügel. Statt des V6-Motors wurde ihm aber der amerikanische 2,3-l-Vierzylinder eingepflanzt und zwar in Verbindung mit einem Abgasturbolader Garrett T03B. In der Ausführung mit 5-Gang-Getriebe standen 177 Netto-PS, mit 3-Stufen-Automatikgetriebe C3 142 PS zur Verfügung. Mit dem Handschaltgetriebe ließen sich Tempo 100 in 8,4 s sowie eine Spitze von 210 km/h erreichen.

Durch die Umrüstung auf die US-Vorschriften war der XR4Ti nicht nur 80 kg schwerer geworden, sondern (wegen des längeren Stoßschutzes) zudem 453 statt 446 cm lang. Fast tausend Teile waren eigens angepasst worden, und daher erfolgte die Herstellung nicht in Köln, sondern bei Karmann (→ Anhang). Es wurde zunächst eine Serie von 10'000 Einheiten geplant. Von der amerikanischen Fachpresse wurde der XR4Ti bald einmal mit viel Lob bedacht.

Scorpio. Auf dem Genfer Salon 1987 vermeldete Karmann, inzwischen 30'000 Merkur hergestellt zu haben. Doch Ford hatte mehr erwartet. Auch der Rennsporteinsatz brachte der Marke Merkur nicht das gewünschte Ansehen. Ende Mai 1987 kam unter der Marke Merkur der fünftürige Scorpio mit 2,9-l-V6, ohne oder mit Vierradantrieb hinzu. Für ihn garantierte Ford in zwei bis vier Jahren einen mit jenem des Mercedes-Benz 190 vergleichbaren Wiederverkaufswert!

Mit dem Modelljahr 1989 verzichtete die Ford Motor Co. auf die Einfuhr des Merkur XR4Ti; ein Jahr darauf wurde auch der Scorpio gestrichen, und der Restbestand mit 14 Prozent Rabatt verkauft.

Mercury Tracer 4-door Hatchback, 1988

Mercury Sable LS Wagon, 1989

Merkur XR4Ti, 1985

Merkur	Bauart	Mot.	Getr.	R/L cm	Baujahre
XR4Ti	**St.**	**a/b**	**5/A3**	**261/453**	**1985–88**
Motoren:	*Zyl.:*	*N'w.:*	*cm³:*	*PS/'min:*	*Nm/'min:*
a (–1985 *m. Autom.)	4iT	OHC	2301	177/5000/142*/4600	271/3000/235/3600
b (1986– *m. Autom.)				177/5000/147*/4400	271/244/3000

Merlin

Das Verschwinden erschwinglicher Sportwagen von British Leyland, wie MG und Austin Sprite, verhalf den traditionellen englischen Kleinfabrikaten zu neuen Aussichten. Als neuer Exponent dieser Sparte von Liebhaberautos profilierte sich 1981 die Thoroughbred Cars (UK) Ltd in Southend-on-Sea, die ihre Konstruktion auf der London Motorfair 1981 dem Publikum vorstellte. Unter der Marke Merlin baute und vertrieb Thoroughbred (= Vollblut) „British Classic Replicas", niedrige Sportzweisitzer klassischen Zuschnitts mit schwungvoll gezeichneten Kotflügeln beidseits einer langgestreckten Motorhaube, ausgeschnittenen Türen und aufknöpfbarem Verdeck. Eine englische Sportwagenmarke Merlin hatte es schon vor dem Zweiten Weltkrieg gegeben.

TF. Am ehesten ließ sich der Merlin mit dem → Morgan vergleichen, doch besaß er einen aerodynamisch schräg liegend eingefügten Kühlergrill und anderseits freistehende verchromte Scheinwerfergehäuse. Entworfen worden war der Merlin, dessen Entwicklung 18 Monate gedauert hatte, von Leonard Whitton. Hauptinitiant war Peter Gowling, der in dem kleinen Werk in Hockley, Essex, acht Mann mit der Herstellung beschäftigte. Es wurden sowohl fertig aufgebaute Fahrzeuge wie Kits (Bausätze) geliefert. Die Merlin-Karosserie entstand aus GfK und bestand aus einem Stück, dem Türen und Haube angefügt werden mussten, und das auf ein eigenes Rohrrahmenchassis mit Traversen montiert wurde. Der Innenraum ließ sich den Käuferwünschen entsprechend ausführen, wobei die Wahl zwischen Stoff- und Vinylüberzügen bestand.

Der Merlin TF wurde mit der Mechanik des → Ford Cortina (alias Taunus) bestückt. Ausgangspunkt war ein (möglichst wenig gebrauchter) Cortina 1600. Auf Wunsch ließen sich auch stärkere Motoren einbauen, bis hin zum 3-l-V6 aus den Ford Granada oder Capri. Dann konnten gemäß Werkangaben bis 190 km/h Spitze erreicht werden. Die Merlin-Lieferfrist wurde mit drei Monaten angegeben.

TA. Neben dem Merlin TF gab es auch den TA, der sich mit den mechanischen Aggregaten des VW-Käfers bescheidete. Unter Beibehalt der elegant-langen „Motorhaube" fand sich der Motor dann eben im Heck. Der Hinweis auf die dank moderner Aufhängung erzielte tadellose Straßenlage war beim TA wohl weniger zutreffend.

Monro. Auf der London Motorfair 1983 wurde dem TF der teurere Typ Monro zur Seite gestellt. Auch ihn konnte man als Bausatz oder fertig aufgebaut kaufen.

Plus 2. Unter dieser Bezeichnung zeigte das deutsche Motorsport-Center Mohr (→ Anhang) auf der IAA Frankfurt 1985 einen (wieder hergestellten) Merlin-Sportroadster im Morgan-Stil, der sich für die Mechanik des Ford Taunus eignete und auch als Bausatz erhältlich war.

Metrocab

Um die Jahreswende 1986/87 stellte der englische Bushersteller Metro-Cammell Weymann ein neues Londoner Taximodell vor, dessen Entwicklung 1984 aufgenommen worden war. Es war weit moderner als das traditionelle Modell von → London Taxi International und ähnelte stylistisch dem Range Rover.

Taxi. Der Metrocab besaß eine GfK-Karosserie, die auf einem Stahlrahmen montiert war. Für den Antrieb war der Ford-Dieselmotor FSC 425 mit 2,5 l Inhalt, Direkteinspritzung und 68 PS gewählt worden (samt Ford-4-Stufen-Automatikgetriebe A4 LD). Das Armaturenbrett und andere Innenteile stammten von Austin Rover. Wie üblich fand sich der Gepäckplatz neben dem Fahrer, während im Fond fünf Passagiere aber auch ein Fahrgast im Rollstuhl aufgenommen werden konnten.

Es wurde eine Jahresproduktion von 1000 Metrocab geplant. Diese Zahl wurde jedoch bei weitem nicht erreicht. Im Sommer 1989 wurde die Herstellung der Metrocab-Taxis zu → Reliant in Tamworth, Staffordshire, transferiert, wo schon zuvor Metrocab-Karosserieteile produziert worden waren. Damit wollte man zudem die Wochenproduktion von 10 auf 25 Taxis erhöhen.

Metrocab, 1988

Merlin TF, 1981

MG

Gegründet 1923 durch Cecil Kimber; MG stand für Morris Garages Ltd und war eine Sportversion der Morris-Tourenwagen. Bald einmal wurde MG eine der Marken von William → Morris bzw. dessen Nuffield-Gruppe, die 1952 mit → Austin zur British Motor Corporation (BMC) vereint wurde. Aus dieser gingen British Leyland und 1978 BL hervor. Unter deren Rationalisierungszwang wurde beschlossen, das traditionelle MG-Werk in Abingdon bei Oxford Ende Oktober 1980 stillzulegen. Die Produktionseinstellung erfolgte bereits am 9. Juli 1980. Damit war das Schicksal der beliebtesten und bekanntesten englischen Sportwagenmarke besiegelt, auch wenn versichert wurde, dass der Name weiterleben werde.

MGB. Der MG MGB (so die genaue Bezeichnung) wurde als zweisitziges Sportcabriolet und als 2+2-sitziges Coupé GT gebaut, beide von ausgewogener, zeitlos wirkender Form. Ihr 1798-cm^3-Motor besaß eine seitliche Nockenwelle und leistete in der US-Version 63 PS (SAE netto), in Europa 98 DIN-PS (Verdichtung 9:1) oder 92 DIN-PS (Verdichtung wie für die USA 8:1). Im August 1980 war noch von einem weltweiten Lagerbestand von 16'000 unverkauften MG B die Rede. Zum Abschluss der 19 Jahre dauernden Produktion wurde (für den heimischen Markt) eine als Limited Edition (kurz LE) bezeichnete Sonderserie von 420 bronzefarbenen Cabrios mit Goldstreifen und von 580 GT in Dunkelgrau mit breiten Silberstreifen aufgelegt.

Bereits auf der New York Motor Show im April 1979 war eine in Schwarz gehaltene Sonderserie Limited Edition vorgestellt worden: mit breitem silbernen Streifen unten an den Flanken, Leichtmetallfelgen von GKN samt Breitreifen, Bugschürze, Sportlenkrad und einem Gepäckträger auf dem Kofferdeckel. Mit 6682 Exemplaren wurde sie zu einem Verkaufserfolg; das „letzte für die USA gebaute" Cabrio zählte ebenfalls zu dieser Serie und wurde im Frühjahr 1981 von Henry Ford II. erworben.

Metro. Ende April 1982 kam es zu einem Comeback der Marke MG. Es handelte sich aber bloß um die besonders sportliche Version des im Herbst 1980 auf den Markt gebrachten hochmodernen Kleinwagens Metro. Dieser lief in Großbritannien unter der Marke Austin, international hingegen noch unter dem Namen Mini. Der MG Metro sollte ein Nachfolger des legendären Mini Cooper, jenes leistungsorientierten Winzlings, sein, der in den 70er Jahren die Herzen unzähliger Fans gewonnen hatte. Inzwischen hatte BL die Rechte auf den Namen Cooper verloren, und da schien es naheliegend – aber wohl kaum im Sinne aller MG-Enthusiasten – den Namen MG vom Sterbebett zu holen.

Der MG Metro unterschied sich äußerlich vom Mini alias Austin Metro durch das achteckige MG-Markenzeichen im rot gerahmten mattschwarzen Kühlergrill, eine „Heckbrille" aus Kunststoff, die das Rückfenster umgab und oben eine kleine Abrisskante formte (der cw-Wert reduzierte sich damit von 0,41 auf 0,39) sowie durch breitere Reifen. Im Innenraum fanden sich leicht schalenförmig ausgeformte Sitze mit Tweedüberzügen, ein kleines lederüberzogenes Dreispeichen-Lenkrad, natürlich mit MG-Logo, Drehzahlmesser, rote Bodenteppiche und Gurten, getönte Scheiben usw.

Für den Antrieb des MG Metro 1300 S diente der A-Plus-Motor mit 1275 cm³ Inhalt, dessen Kurbelwelle, Kolben, (vergrößerte) Ventile und Ventilsitze verstärkt worden waren und dessen Nockenwelle für verlängerte Ventilöffnungszeiten sorgte. Zusammen mit einer von 9,4:1 auf 10,5:1 erhöhten Kompression bewirkten diese Maßnahmen eine von 61 auf 73 PS (bei 6000/min) angestiegene Leistung. Tempo 100 konnte so binnen 12 s erreicht werden, während die Spitze mit 163 km/h angegeben wurde. Die übrigen technischen Daten stimmten mit jenen des → Austin Metro überein.

Metro Turbo. Im Herbst 1982 kam eine der Marke MG vorbehaltene Turboversion hinzu; sie wurde auf der Birmingham Motor Show eingeführt: Verdichtung 9,4:1, Abgasturbolader Garrett T3, Ladedruck 0,52 bar, 94 PS bei 6130/min; unterer Flankenteil in Schwarz.

Maestro. Auf dem Genfer Salon 1983 wurde neben dem Austin Maestro auch der MG Maestro vorgestellt. Er war die Topversion dieser zur Kompaktklasse zählenden Neukonstruktion. Er hob sich durch einen eigenen Kühlergrill und besonders schmucke Leichtmetallfelgen sowie Innenraumdetails ab. Vor allem aber wurde er exklusiv mit dem stärksten Motor der Reihe ausgestattet: Dem 1,6-l-R-Motor mit zwei Weber-Doppelvergasern und 103 PS Leistung. Alle übrigen Eigenschaften → Austin Maestro.

Montego EFi. Ende April 1984 wurde parallel zum Austin Montego auch ein MG Montego eingeführt. Diese modern geformte Mittelklasselimousine in Stufenheckform verkörperte eine indirekte Nachfolge des einst geschätzten MG Magnette, wie er bis 1968 gebaut worden war. Der 446,5 cm lange MG Montego wurde ausschließlich mit dem 2-l-O-Motor ausgerüstet, wie er auch im Austin Ambassador und im Rover 2000 Verwendung fand. Während dieses Antriebsaggregat im Austin Montego 104 PS leistete, kam es im MG dank Bosch-Lucas-L-Jetronic-Einspritzung auf 117 PS. Das 5-Gang-Getriebe stammte von Honda (übrige Eigenheiten → Austin Montego).

Maestro EFi. Im Oktober 1984 erhielt auch der Maestro den 2-l-Einspritzmotor.

Montego Turbo. Eine erneute Auswahlerweiterung brachte der im April 1985 eingeführte Montego Turbo: Abgasturbolader Garrett Airesearch T3, maximaler Ladedruck 0,7 bar, Ladeluftkühler, Gleichdruckvergaser ARG, Verdichtung 8,5:1, 152 PS bei 5100/min; angepasste Getriebeabstimmung, strafferes Fahrwerk, Breitreifen, Frontschürze, Flügel auf dem Kofferraumende, luxuriöse Ausstattung; Verbrauch mit 6,6/9,2/10,0 l/100 km nur geringfügig höher als beim 2.0 EFi.

Metro 6R4. Ausschließlich für den Renn- und Rallyesport gedacht war der MG Metro 6R4, der als Prototyp mit Mittelmotor und Vierradantrieb schon im Februar 1984 vorgestellt worden war. Neben ihm nahm sich der gleichzeitig für die Gruppe A konstruierte Metro Turbo mit 190 PS leistendem 2-l-Motor geradezu harmlos aus.

MG B LE (Limited Edition) Tourer + GT, 1980/81

MG Metro Turbo, 1983

MG Maestro 1600, 1985

Nachdem Tests bei einigen nationalen Rallyes ermutigend ausgefallen waren, entschloss sich die Austin Rover Group Anfang 1985 zum Bau einer überarbeiteten Version in den benötigten 200 Exemplaren für die Homologation nach Gruppe B. Dieser kleine Superbolide gab sich mit seiner weit vorkragenden Bugschürze und dem mächtigen Dachendflügel eindrücklich martialisch. Klein, wendig und überaus PS-stark galt auch für diese Konstruktion. Sie unterschied sich aber von ihren bei Renault, Peugeot, Ford und Lancia entstandenen Mittelmotor-Konkurrenten durch die Wahl eines V6-Saugmotors statt einer Vierzylinder-Turbomaschine. 6R4 stand für sechs Zylinder, rear

MG	Bauart	Mot.	Getr.	R/L cm	Baujahre
B	**St.**	**a/b**	**4/4OD**	**231/402**	**–1980**
Motoren:	*Zyl.:*	*N'w.:*	*cm³:*	*PS/'min:*	*Nm/'min:*
a	4	OHV	1798	98/5500/92/5400	141/2500/3000
b (USA)				63/4600	120/2500
Metro	**Fr.**	**a–c**	**4**	**225/340,5**	**1982–90**
Motoren:	*Zyl.:*	*N'w.:*	*cm³:*	*PS/'min:*	*Nm/'min:*
a (+*–1986)	4	OHV	1275	73/6000/63CH*/5700	99/4000/3100
b (Export 1985–)				70/6000/69	96/3900
c	4T			94/6130/90	115/2650

MG	Bauart	Mot.	Getr.	R/L cm	Baujahre
Metro 6R4 4x4	**K'r./M.**	**a/b**	**5**	**239/333**	**1985–86**
Motoren:	*Zyl.:*	*N'w.:*	*cm³:*	*PS/'min:*	*Nm/'min:*
a	V6iT	D24V	2991	253/7000	305/4500
b (International)				416/9000	366/6500
Maestro	**Fr.**	**a–c**	**5**	**250,5/405**	**1982–90**
Montego		**b/c**		**256,5/446,5**	**1984–90**
Motoren:	*Zyl.:*	*N'w.:*	*cm³:*	*PS/'min:*	*Nm/'min:*
a (1600 *1983/84)	4	OHC	1598	103/104*/6000/98	135/4000
b (EFi 1984– *CH/Exp.)	4i		1994	117/5550/113*/115*	182/2800/178/173
c (*1987–)	4T			152/5100/150/155	216/230*/3500

MG Montego Turbo, 1986

MG Metro 6R4 (Group B Rally Car), 1987

engine (Heck- bzw. Mittelmotor) und Vierradantrieb.

Dieser längs über der Hinterachse platzierte Motor war eigens konstruiert worden (im Prototyp hatte ein amputierter Rover-V8 als Ausgangspunkt gedient). Er erhielt vier obenliegende Nockenwellen, 24 Ventile und 2991 cm^3 Inhalt. Der V8-übliche V-Winkel von 90 Grad kam dem Platzmangel entgegen. Die Motorsteuerung übernahm ein digital gesteuertes Zündsystem von Lucas-Micos. Das Aluminium-Antriebsaggregat wurde um 8 cm nach links verschoben längs hinter den Sitzen eingebaut, wobei die Verbindungswelle zur linken Halbachse durch den Trockensumpf geführt wurde. Der mit der Stirnseite nach hinten gerichtete V6, das 5-Gang-Getriebe, das zentrale Differenzial mit Ferguson-Viskokupplung und das Hinterachsdifferenzial waren zu einer steifen Einheit zusammengefügt. Auch vorne wies der 6R4 eine Differenzialbremse auf, und zwei Buckel in der Fronthaube wiesen auf die Verankerung von speziell langhubigen Bilstein-Federbeinen hin. Die Metro-Plattform war für den 6R4 durch einen Kastenrahmen verstärkt worden.

Das Konzept für den 6R4, der nur von der Silhouette her an den Metro erinnerte, war von Patrick Head vom Williams-Formel-1-Team ausgearbeitet worden. Verwirklicht wurde er vom ARG-Motorsportteam. Gebaut wurde der 6R4 in zwei Versionen, die beide für den Renneinsatz bestimmt waren: In der Clubman-Ausführung standen 253 PS bei 7000/min zur Verfügung, während es in der International-Version bis 410 PS bei 8500–9000/min waren. Statt der gegossenen Rover-Pleuel (einzige Teile aus der Großserie) wurden bei den International-6R4 Stahlpleuel eingebaut. Weil sie zu gefährlich geworden war, wurde die Gruppe B per Ende 1986 durch eine mildere Rallye-Formel abgelöst. Der 6R4-Motor fand nach 1990 im → Jaguar XJ 220 seine Weiterentwicklung.

1987 wurde die Marke → Austin als tot erklärt. Mini, Metro, Maestro und Montego galten fortan als → Rover, doch wurde die Marke MG für die Sonderausführungen (ohne Mini) beibehalten. Allerdings war die Handhabung der Markenbezeichnungen verwirrlich, wurde doch der legendäre Name MG teils in die Modellbezeichnungen integriert, so gab es einen Austin Rover Maestro MG Turbo...

Maestro Turbo. Auf der International Motor Show von Birmingham im Oktober 1988 wurde auch der MG Maestro mit dem 2-l-Turbomotor gezeigt, wie er bereits im Montego erhältlich war. Er entpuppte sich als ein von der Aston Martin Tickford Ltd entwickeltes Liebhabermodell (diese Firma bestand getrennt von der an Ford verkauften Sport- und Luxuswagenfirma Aston Martin Lagonda Ltd weiter) und wies nebst dem 152 PS leistenden 2-l-Turbomotor und einem verfeinerten Fahrwerk Front- und Heckschürzen, Schwellerverbreiterungen, Schutzbalken an den Flanken, Leichtmetallräder und weitere Aufwertungen auf. 96,5 km/h (60 mph) ließen sich in 6,7 s erreichen und als Spitze wurden 206 km/h genannt.

Auch auf der London Motorfair von Ende Oktober 1989 wurden die MG Metro, Maestro und Montego noch ausgestellt. Zum Modelljahr 1992 gab es dann nur noch den MG Maestro 2.0i (der zu diesem Zeitpunkt als Rover bereits gestrichen war); *ab Oktober 1992 sollte dann das Sportcabrio MG RV8 den Weiterbestand der Marke sichern.*

2005 gingen die Produktionsrechte an dem inzwischen gebauten Mittelmotor-Sportcabrio MG TF an die chinesische Firma Nanjing Automobile... und Mitte 2008 wurde in Longbridge eine Montage dieses TF aus in China hergestellten Teilen aufgenommen.

Midas

Gegründet worden war Midas Cars 1975 von Jem Marsh, der 1959 zusammen mit Frank Costin den Grundstein für die Marke → Marcos gelegt hatte. Marcos war 1973 untergegangen, doch 1975 verkaufte Jem Marsh die Produktionseinrichtungen für das Modell Mini-Marcos an die D&H Fibreglass Techniques von Harold Dermott in Oldham, Lancashire, einem ehemaligen Jaguar-Entwicklungsingenieur. Der 1978 in den Handel gebrachte Midas war leicht als Nachfolger des Mini-Marcos zu erkennen. Dieser war 1965 als kleines 2+2-sitziges Bausatzcoupé mit aerodynamischer Fastbackkarosserie für junge Enthusiasten und Jungfamilien vorgestellt worden und wurde überaus gut aufgenommen.

Technisch basierte der Mini-Marcos auf dem → Austin Mini, und entsprechend ließ er sich auf dem vorderen Mini-Hilfsrahmen mit der Quermotor/Getriebe/Aufhängungs-Einheit und einem hinteren Trägerelement aufbauen. Die mit Verstärkungen vesehene Kunststoffkarosserie war selbsttragend. Das Konstruktionsprinzip des Midas blieb identisch, doch war die Karosserieform durch den Designer Richard Oakes wesentlich verschönert worden. Besonders die Seitenfenstersilhouette war viel großzügiger und moderner und das Fastback mit aufklappbarem Heckfenster wirkte weit eleganter. Statt 10- wurden nun 12-Zoll-Räder montiert.

Mark 2. Zur Weiterentwicklung des Midas trug auch Gordon Murray bei, der erfolgreiche Formel-1-Konstrukteur (Brabham, McLaren). Als begeisterter Midas-Fahrer hatte er vor allem aerodynamische Verfeinerungsvorschläge eingebracht, die in dem 1981 vorgestellten Mark 2 zum Ausdruck kamen. Auch die Front war neugestaltet und das Armaturenbrett zweckmäßiger konzipiert worden. Während die Mechanik nach wie vor von den Mini mit 998- oder 1275-cm^3-Motor übernommen wurde, stammten der Kühler vom Austin Allegro und die Frontscheibe samt Wischern vom Fiat 126. Das kleine Coupé wurde mit einem Überrollschutz und Stoßstangen auf Normhöhe ausgerüstet.

Je nach Vollständigkeit bzw. Ausstattung wurden die Midas mit Bronze, Silver oder Gold bezeichnet. Allerdings galten 1981 neue britische Vorschriften, wonach Bausatzautos mit vormontiertem Aufbau auszuliefern waren. Damit fiel dem Käufer bloß noch die Aufgabe zu, die fehlenden Teile – neu oder gebraucht – aufzutreiben. Unter der Vielfalt der englischen Bausatz-Kleinmarken sicherte sich Midas den Ruf besonders guter Qualität. 1981 war eine größere Werkstatt in Corby, Northamptonshire, bezogen worden; der Ausstoß erreichte nun etwa fünf Wagen pro Monat. Der 340 cm lange Midas wog nach wie vor bloß 620 kg und erreichte – je nach eingebautem Mini-Motor – bis 190 km/h.

Gold/Metro. Ab 1983/84 basierte der Midas Gold auf der Mechanik des → Austin Metro. 1985 wurde das niedliche Coupé erneut überarbeitet: Richard Oakes verpasste ihm neue Scheinwerfer, die nun leicht aus der abfallenden Motorhaube herauslugten; man sprach von einer Frogeye-Front (Froschaugen). Zudem wurden die Fensterflächen vergrößert und den Radhäusern auffallende Ausbuchtungen verpasst. Dieses verjüngte Modell bestand erfolgreich einen ECE-12-Crash-Test. Der frühere Midas Gold, der mit den Mini-Komponenten zu montieren war, wurde als Midas Bronze weitergebaut.

Gold/Ford. Auf der 66th British Motor Show von Birmingham im Oktober 1986 kam zur Metro-Antriebsgruppe alternativ der 1,3- oder 1,4-l-Motor von Ford. Ausgestellt war auch der wohlgeformte Tracer mit Metro-Mittelmotor, der in England schon im Sommer vorgestellt worden war, jedoch ein Prototyp blieb. Mitte 1987 erhielt der Midas Gold auf der Basis des MG Metro die Zulassung für den japanischen Markt. Der Exportanteil (auch als homologiertes Fertigauto nach Deutschland) erreichte 40 Prozent.

Gold Convertible. Auf der Birmingham Motor Show 1988 wurde der Gold zusätzlich als attraktives Cabriolet (nur zweisitzig, mit Überrollstange) ausgestellt; es entstand jedoch in nur wenigen Exemplaren.

Denn im Jahr darauf wurde das kleine Werk von einem Brand zerstört. Bis 1989 dürften etwa 350 Midas Mark 1 und 2 sowie rund 150 Midas Gold auf Metro-Basis entstanden sein. Anfang 1990 musste das Unternehmen liquidiert werden. Unter den acht Kaufinteressenten erhielt die Firma Pastiche Cars Ltd den Zuschlag (→ NG). Sie plante die Produktion des Midas in ihr Werk in Rotherham, South Yorkshire, zu verlegen und jährlich zusätzlich 150 bis 200 dieser Kleinwagen herzustellen. – Nach weiterem Besitzerwechsel landete die Marke Midas 2003 bei der Alternative Cars Ltd in Clanfield, Oxfordshire.

Midas, 1982

Midas Gold, 1987

Midas	Fr.	–	4	213,5/340,5	1983–85
Gold / *Motor:*	4	OHV	1275	66/5700/76/5900	94/3200/99/4000

Mitsubishi

Die ersten Mitsubishi-Autos waren 1917 als Modell A unter Fiat-Lizenz entstanden. Doch danach standen Nutzfahrzeuge im Vordergrund. Den Hintergrund aber bildete mit der Mitsubishi Heavy Industries Ltd ein riesiger Industriekonzern. Aus diesem war 1970 die Mitsubishi Motor Corporation (MMC) herausgelöst worden. Im Jahr 1971 war Chrysler mit Mitsubishi eine Zusammenarbeit eingegangen. Die Amerikaner übernahmen 15 Prozent des MMC-Kapitals und vertrieben den Mitsubishi Colt Galant unter der Bezeichnung → Dodge Colt in den USA. Es gab Pläne für eine gemeinsame Produktion in Japan; zudem sollte Chrysler bis 1973 35 Prozent von MMC übernehmen. Die bei der → Chrysler Corporation aufgetretenen Finanzprobleme verzögerten jedoch die Umsetzung solcher Pläne, und wenn auch zusehends mehr Mitsubishi-Modelle die Typenskala der Chrysler-Marken Dodge und Plymouth vorwiegend nach unten ergänzten, so verlief die Zusammenarbeit doch nicht ganz reibungslos; 1981 entschied Mitsubishi, für 1983 in Nordamerika ein eigenes Vertriebsnetz aufzubauen.

Minica Ami 55. Im Japan begann die Modellskala 1981 mit dem steuergünstigen Microcar Minica. Dieser Winzling war zum Modelljahr 1978 in Produktion genommen worden, und er wurde als je zweitürige und viersitzige Limousine und Coupé Skipper sowie als dreitüriger Kombi gebaut. Für den Antrieb auf die Hinterräder diente ein Zweizylindermotor mit 546 cm^3 Inhalt und 31 PS Leistung (im Kombi 29 PS). Vorn wurden Federbeine und Querlenker, hinten eine Starrachse mit Längslenkern, Schraubenfedern und Panhardstab verwendet. Der Verzögerung dienten Vierrad-Scheibenbremsen und die Lenkung arbeitete mit Kugelkreislauf.

Colt / Mirage. Im Frühjahr 1978 war die Produktion des modernen Colt alias Mirage aufgenommen worden (in den USA alsbald Dodge Colt). Mit Vorderradantrieb und Quermotor entsprach er dem europäischen Standard. Sein gelungenes Design mit Schrägheck traf den internationalen Geschmack. Es gab ihn drei- und fünftürig, wobei die dreitürige Version mit 230 cm Radstand und 379 cm Länge eher zu den Kleinwagen, die um 8 bzw. 10,5 cm längere Fünftürversion jedoch schon fast zu den Kompaktmodellen zu zählen war.

Es wurden Motoren mit 1244, 1411 und 1598 cm^3 Hubraum eingebaut. Eine verblüffende Besonderheit war die mit Supershift bezeichnete Kraftübertragung: Neben dem Schalthebel gab es einen zweiten kleineren Hebel, mit dem zwischen den Bereichen Power und Economy gewählt werden konnte. Mit ihm wurde – wie für das zusätzliche Untersetzungsgetriebe bei einem Geländewagen – die Gesamtuntersetzung verändert, so dass jederzeit zwischen besserem Beschleunigungsvermögen oder geringerem Verbrauch gewählt werden konnte. Damit ließ sich an Steigungen oder auch innerorts die Power-Position, im Überlandverkehr und bei Autobahntempi hingegen die Economy-Stufe einlegen.

Mitsubishi Minica Ami 55 GL, 1981

Eigentlich ist es erstaunlich, dass sich diese gute Idee nicht durchsetzte. Doch der Colt war ja ein preisgünstiges Auto, das sich an die Masse der Autofahrer richtete, die sich – im Gegensatz zu Technikfreaks – von den Vorteilen der acht zur Verfügung stehenden Gänge nur teilweise überzeugen ließen. Das Aufkommen der 5-Gang-Getriebe dürfte den Reiz des 2x4-Supershift ohnehin abgeschwächt haben. Übrigens gab es den Colt/Mirage ab 1,4-l-Motor auch mit 3-Stufen-Automatikgetriebe (per 1982 wurde es mit dem kleineren Motor ebenfalls lieferbar). Das Fahrwerk bestand vorne aus Federbeinen mit unteren einfachen Querlenkern und Zugstreben, hinten aus Längsschwingen.

Lancer. Der Lancer war eine klassische Limousine mit Stufenheck, die zur unteren Mittelklasse zu zählen war. Es gab ihn zwei- und viertürig sowie als fünftürigen Kombi. Auf den Markt gekommen war er in der 1981 aktuellen Form im März 1979. Kennzeichen waren die aerodynamisch schräg gestellte Front und die mit Sicken, Schutz- und Zierleisten an den Flanken betonten horizontalen Linien. Doch besondere Beachtung fand schon damals eine auch für den Tourenwagensport und Rallyeeinsatz geeignete Turbo-Hochleistungsversion.

Die Motorpalette begann mit einem 1239-cm^3-Motor (nicht mit langem Hub wie beim Colt, sondern quadratnah), darüber folgten die Motoren mit 1411 und 1598 cm^3, wie sie auch im Colt verfügbar waren. Hinzu kamen Antriebsaggregate mit 1796, 1995 und – für die USA – 2555 cm^3. Eine Besonderheit waren die ab 1,6 l Hubraum eingebauten Schwingungsausgleichswellen (s. Celeste, unten). Die 2-l-Maschinen gab es gleich in fünf Ausführungen, so in der Topversion mit Bosch-Einspritzung L-Jetronic und Abgasturbolader Garrett TC 05, der zu einer Leistung von 145 PS verhalf. Der Lancer 2000 Turbo unterschied sich äußerlich durch unterschiedliche Farbgebungen, Bugschürze und Heckflügel.

In den Lancer wurden je nach Motortyp 4- und 5-Gang-Getriebe sowie ein 3-Stufen-Automatikgetriebe eingebaut. Das Fahrwerk bestand aus Federbeinen, Querlenkern und Schubstreben bzw. aus einer Starrachse mit Längslenkern und Schraubenfedern. Es wurden Servobremsen montiert und für die GT-Modelle kamen auch hinten Scheibenbremsen dazu. Die Lancer-Modelle besaßen eine Kugelkreislauflenkung.

Lancer Turbo 1981. Auf dem Genfer Salon 1981 wurde der Lancer 2000 Turbo in einer neuen Variante vorgestellt, deren Leistung mit nicht weniger als 170 PS angegeben wurde. Dies versprach für eine rund 1000 kg wiegende Limousine außerordentliches Leistungsvermögen. Dieser Lancer zeichnete sich durch die neuartige, auf Bosch-Patenten beruhende elektronische Zweidüsen-Zentraleinspritzung ECI (Electronic Controlled Injection), elektronische Zündanlage mit Luftmassenmessung sowie einen Turbolader mit zwei Regeleinheiten und piezoelektrischem Klopfsensor aus. Der Turbolader selbst stammte nun von Mitsubishi. Das Paket dieser Neuheiten war richtungsweisend und verhalf dem Lancer Turbo alsbald zu internationalem Ansehen.

Celeste. 1975 hatte Mitsubishi mit dem Colt Celeste ein adrettes fünfsitziges Fastbackcoupé mit Heckklappe herausgebracht. Es basierte auf dem damals ebenfalls noch als Colt bezeichneten Lancer. Ein Merkmal waren die drei schrägen Schlitze im langen hinteren Dachträger. Den Celeste gab es mit 1,4-, 1,6- und 2-l-Motor. Neuartig waren die zunächst im 1995-cm^3-Motor eingeführten, beidseits der Kurbelwelle angeordneten gegenläufigen Ausgleichswellen zur Schwingungs- und Geräuschdämpfung. Diese Lösung war zwar schon zu Beginn des Jahrhunderts von Lanchester entwickelt worden, sollte nun aber Schule machen!

Der Celeste besaß einen auf 234 cm verkürzten Radstand (Lancer: 244 cm); im Gegensatz zu diesem war seine starre Hinterachse mit Halbelliptikfedern abgestützt. Auch ihn gab es mit diversen Getrieben sowie als GT und in USA-Ausführung.

Galant / Sapporo 1980/81. Sie waren Mitsubishis Mittelklassewagen: Der 1973 lancierte Galant (damals mit Zusatzbezeichnung Sigma) als viertürige Limousine und fünftüriger Kombi und der Ende 1976 hinzugekommene Sapporo (damals Galant Lambda) als ebenfalls fünfsitziges Hardtopcoupé. Im Mai 1980 waren sie in Japan rundum erneuert vorgestellt worden, kamen jedoch erst im Herbst als Modelle 1981 auf die Exportmärkte. Die Karosserien wirkten modern und gefällig und der Radstand war um 1,5 auf 253 cm verlängert worden. Die Front war nun auch beim Galant aerdodynamisch schräggestellt und die Stoßstangen reichten rundum bis zu den vorderen und hinteren Radausschnitten. Je nach Vertriebsweg hieß der Galant in Japan auch Eterna, während der Sapporo in den USA als Dodge Challenger verkauft wurde.

Es wurden Motoren mit 1597, 1796, 1855 (für einige Länder), 1997 und 2555 cm^3 (im Galant nur für die USA, sonst auch im Sapporo) eingebaut, alle mit den Schwingungsausgleichswellen, wobei es das 2-l-Aggregat auch mit elektronischer Bosch-Einspritzung (120 PS) oder mit Garrett-Abgasturbolader (145 PS) gab. Neu war ein Dieselmotor mit 2347 cm^3 Hubraum und 75 PS ohne bzw. 95 PS mit Abgasturbolader. Er war ausschließlich mit dem 5-Gang-Getriebe erhältlich; auf dem Genfer Salon 1981 wurde er als Galant 2300 D Turbo vorgestellt.

Das 4-Gang-Getriebe wurde nur mit den 1,6- und 1,8-l-Motoren kombiniert (ansonsten 5-Gang- oder 3-Stufen-Automatikgetriebe). In den Topausführungen, wie sie auch exportiert wurden, kamen eine hintere Einzelradaufhängung mit Federbeinen, Längs- und Schräglenkern sowie mit Vierrad-Scheibenbremsen zum Einbau. Zumindest in der Schweiz war in den Verkaufspreisen eine sechsjährige Rostschutzgarantie inbegriffen.

Debonair Executive. Die auf die 60er Jahre zurückgehende Oberklasselimousine Debonair Executive wirkte 1981 reichlich veraltet. Sie gelangte allerdings nie in den Export. Sie bot fünf oder sechs Sitze und wurde 1981 von dem 2,6-l-Vierzylindermotor angetrieben. Der Kraftübertragung diente ein 3-Stufen-Automatikgetriebe von Borg-Warner mit Lenkradschaltung. Die Radführung besorgten vorne Trapez-Dreieckquerlenker mit Schraubenfedern, hinten eine Starrachse mit Halbelliptikfedern (Kugelkreislauflenkung).

Jeep. 1981 baute Mitsubishi für den Heimmarkt stets noch einen Geländewagen, der von den (früheren) Original-Jeep abgeleitet war und in Japan als Jeep bezeichnet werden durfte. Es gab ihn mit drei Radständen, mit Stoffverdeck oder als drei- bzw. fünftürigen Station Wagon. Zum 2- und 2,4-l-Motor war 1977 als weitere Alternative ein 2,7-L-Dieselmotor hinzugekommen. Basis bildete ein Kastenrahmenchassis mit Traversen, vorne wie hinten kamen Starrachsen mit Halbelliptikfedern und Trommelbremsen zum Einbau.

Minica Ami L. Im August 1981 wurde der Microcar Minica Ami 55 durch den Minica Ami L abgelöst. Im Konkurrenzumfeld der frontgetriebenen Winzlinge blieb Mitsubishi dem Hinterradantrieb treu. Die Karosserie mit gerade durchgezogener Gürtellinie wirkte moderner. Der Radstand war von 200 auf 205 cm gestreckt worden und die Aufbauten nutzten nun als dreitürige Limousine oder dreitürigen Kombi mit 319,5 cm das Microcar-Limit optimal. Der OHC-Zweizylindermotor wies drei Ventile je Zylinder und zwei Ausgleichswellen auf; die aus 546 cm^3 Hubraum resultierende Leistung wurde unverändert mit 31 PS für die Limousine bzw. 29 PS für den Kombi angegeben. Nebst dem 4-Gang-Getriebe stand neu ein 2-Stufen-Automatikgetriebe zur Wahl.

Cordia. Noch als Prototyp wurde auf der Tokyo Motor Show Anfang November 1981 mit dem Coupé Cordia der designierte Nachfolger des Celeste gezeigt. Er besaß wie der Colt Vorderradantrieb und war auf günstiges Gewicht und gute Innenraumnutzung ausgelegt. Ausgestellt wurde er mit 1,8-l-Saugmotor und mit einer 1,6-l-Turbomaschine. Der Turbolader war eine Eigenentwicklung, und für die Tokyo Show hatte Mitsubishi nicht weniger als neun der gezeigte 22 Pkw mit diesem Gerät ausgerüstet.

Colt Turbo. Auf dem Genfer Salon 1982 erfolgte die Europapremiere des Colt 1400 Turbo. Er hob sich durch einen Seitenstreifen mit Aufschrift unten an den Flanken ab, und seine 105 PS bzw. 155 Nm befähigten den 860 kg wiegenden Kleinwagen zu 180 km/h Spitze.

Galant/Sapporo Turbo. Ebenfalls in Genf wurden auch die Modelle Galant und Sapporo in Turboausführung vorgestellt. Es handelte sich um den gleichen 2-l-Einspritzmotor, wie er im Lancer

Mitsubishi Galant 2000 GLS + Sapporo 2000 GLS, 1981

zum Einbau kam. Die Leistung wurde mit 170 PS angegeben und als Spitze wurden 205 km/h genannt. Es gab den Galant Turbo als 2000 und als 2000 EX, und schon der 2000 wurde mit Leichtmetallrädern, Drehzahlmesser und Scheinwerfer-Reinigungsanlage ausgerüstet. Der Turbo-Sapporo kam gemäß Werkangaben auf 208 km/h Spitze und erreichte Tempo 100 binnen 8,2 s. Zu seiner Serienausstattung zählten Servolenkung, elektrisches Schiebedach, Fensterheber und ein Radio mit Kassettenspieler.

Pajero. Ganz besondere Bedeutung sollte dem Pajero zukommen, einem wie der Cordia noch als Prototyp im Spätherbst 1981 auf der Tokyo Motor Show gezeigten Geländewagen mit dem 2,3-l-Turbodieselmotor. Der Pajero (patagonische Wildkatze) besaß eine für Autos dieser Kategorie übliche betont eckige, aber wohlproportionierte dreitürige Kombikarosserie mit großen Fensterflächen. Er basierte auf einem Kastenrahmen, besaß vorne untere und obere Dreieckquerlenker und hinten eine Starrachse mit Blattfedern. Die Kraftübertragung erfolgte über ein 5-Gang-Getriebe und ein Reduktionsgetriebe; der Vorderradantrieb war zuschaltbar. Die Kugelumlauflenkung war (ebenso wie die Bremsen) mit einem Servo versehen. Betont kurze Überhänge – die Länge erreichte bei 235 cm Radstand nur 387 cm – und eine Bodenfreiheit von 23,5 cm sorgten für ausgezeichnete Eigenschaften für den Geländeeinsatz. Als die Produktion im September 1982 aufgenommen wurde, stand neben dem 2,3-l-Turbodieselmotor auch der 2,6-l-OHC-Vierzylinder mit zwei Schwingungsausgleichswellen zur Wahl.

Starion. Auf dem Genfer Salon 1982 wurde der neue 2-l-Turbomotor gleich auch für die Weltpremiere eines hochsportlichen Coupés genutzt: des Starion 2000 Turbo (es war Mitsubishis erste Weltpremiere außerhalb Japans). Mit ihm trat Mitsubishi in Konkurrenz zu den Nissan ZX, Mazda RX-7 und Toyota Celica Supra. Das Design des 2+2-sitzigen Coupés mit der flachen, kühlergrillfreien Front mit Klappscheinwerfern und der dreiteiligen Panoramaheckscheibe mit integrierter Heckklappe wirkte überaus modern. Eine flache Ansaughutze und zwei kleine Längsauslassöffnungen auf der Motorhaube und vertikale Luftschlitze am hinteren Dachträger sorgten für Akzente. Auffallend war überdies der „liegende Lichterbaum" am Heck. Designbetont waren auch das Armaturenbrett mit aufgesetztem Instrumentenkasten und Vierspeichenlenkrad sowie die Sitze mit Querfugen und flexiblen Seitenstützen. Eine ungewohnte Lösung verkörperten die oben und unten an den Türen verankerten vorderen Sitzgurten.

Auch im Starion leistete der mit den beiden Schwingungsausgleichswellen, Klopfsensoren sowie einem Ölkühler versehene Turbomotor 170 PS. Zum 5-Gang-Getriebe kam ein Differenzial mit Schlupfbegrenzung. Vorne wurden Federbeine mit Querlenkern und Zugstreben, hinten Federbeine und Dreieckquerlenker verwendet. Die Vierrad-Scheibenbremsen waren belüftet und servobestückt, während es zur Kugelkreislauflenkung nur in der Ausführung EX einen Servo gab. Eine Besonderheit dieser Topversion bestand in einem elektronisch-hydraulischen Antiblockiersystem für die beiden Hinterradbremsen. Es wurde in Deutschland später als ASBS (Antischleuder-Bremssystem) propagiert. Der EX bot zudem ein Lederinterieur und eine Radio-/Kassettenanlage. Für den Sprint auf 100 km/h wurden 8 s benötigt, und die Spitze wurde mit 220 km/h angegeben.

Mitsubishi Colt, 1982

Mitsubishi Lancer 1600 GSR, 1982

Mitsubishi Tredia Turbo, 1983

Mitsubishi Cordia Turbo, 1983

Mitsubishi Starion 2000 Turbo EX, 1983

Tredia / Cordia. Als im Frühjahr 1982 die Serienversion des Coupés Cordia eingeführt wurde, stand ihr auch gleich eine Limousinenversion zur Seite: der Tredia. Die beiden Neulinge waren in Japan für die Vertriebskanäle Galant Dealers und Car Plaza Dealers bestimmt. Während der Tredia durch seine schlichte Stufenheckkarosserie (mit zwei Längskiemen unterhalb der C-Säulen) gefiel, zeigte das Fastbackcoupé Cordia stilistische Anleihen an den Starion. Tredia und Cordia besaßen eine identische technische Basis mit 244,5 cm Radstand, Vorderradantrieb, Quermotor und Einzelradaufhängung auch hinten. Der Tredia war mit 1,4-, 1,6- und 1,8-l-Motor zu haben, beim Cordia begann die Skala mit dem 1,6-l-Motor, der in beiden Modellen auch mit einem Abgasturbolader angeboten wurde. Außer dem aus dem Colt bekannten Super-Shift-Getriebe mit 2x4 Gängen stand ein neuentwickeltes elektronisches 3-Stufen-Automatikgetriebe zur Wahl. Vorne fanden Federbeine mit unteren einfachen Querlenkern und Zugstreben, hinten Längsschwingen Verwendung. Die je nach Ausstattungsstufe vielfältige Ausrüstung reichte beim Cordia Turbo bis zu einer digitalen Instrumentenanzeige mit Leuchtdioden.

Lancer F. Unter der Bezeichnung Lancer Fiore wurde in Japan auch eine Stufenheckausführung des Colt kommerzialisiert. Sie wurde als Lancer F ab Anfang 1983 beispielsweise auch in der Schweiz angeboten. Mit 413,5 cm war dieses Modell im Vergleich zum Colt 24 cm länger.

Pajero fünftürig. Mit dem Jahrgang 1983 gab es den Geländekombi Pajero auch in einer fünftürigen Ausführung. Sie bot sogar eine vorne bogenförmig ansteigende Dachlinie, was ihr zu besonderer

Geräumigkeit verhalf. Der Radstand war um knapp 35 cm, die Länge um gut 60 cm gestreckt worden. Der Pajero setzte sich damit in Konkurrenz zu den ebenfalls fünftürig erhältlichen Nissan Patrol und Toyota Land Cruiser. Es gab ihn zudem als mit Farbstreifen dekorierten Turbo-Wagon. In Japan waren die Pajero-Modelle jetzt überdies mit einem 2-l-Motor in Saugausführung oder mit Abgasturbolader zu haben. – In Europa sollte der fünftürige Pajero erst mit dem Jahrgang 1985 auf den Markt kommen und zwar mit bis zu sieben Sitzen.

Space Wagon / Chariot. Auf der Tokyo Motor Show vom November 1979 hatte Mitsubishi den Prototyp eines Super Space Wagon (SSW) genannten Großraumkombis gezeigt. Er sollte sich als eine Pionierkonstruktion Richtung Minivan erweisen (diese Bezeichnung wurde zwar noch nicht benutzt). Der SSW war der Konzeptstudie RV-5 von Toyota (nachmalig Tercel 4x4) um zwei Jahre vorausgegangen, während der Nissan Prairie ohne Show-car-Vorläufer als erster eigentlicher Minivan im Sommer 1982 lanciert wurde.

Der nach dem Konzept viel Raum auf kleiner Fläche entstandene SSW wurde im Februar 1983 unter der Bezeichnung Space Wagon in Japan auf den Markt gebracht. Hier ein Vergleich der Abmessungen von Radstand, Länge und Höhe: Space Wagon, 262,5, 429,5/152,5 cm; Tercel 4x4, 243, 417,5/151 cm; Prairie, 251, 409/160 cm. Der Space Wagon holte sein Plus an Raum also vorwiegend in der Länge (während beim Tercel 4x4 der Schwerpunkt auf dem Vierradantrieb lag). Er war ein siebensitziger Kombi, basierte technisch auf der Colt-Baureihe und wurde von einem 1,8-l-Motor mit 80 PS angetrieben. In Japan wurde er alsbald unter dem Namen Chariot vertrieben, während er in den USA unter der Bezeichnung Colt Vista auf den Markt kommen sollte.

Minica Turbo. Ab März 1983 wurde sogar der winzige Minica mit Abgasturbolader erhältlich: Er trieb die Leistung von 31 auf 39 PS. Es gab nun die Ausführungen Ami L, Econo und Turbo.

Galant = Sigma / Eterna 1984. Während die bisherigen Galant-Modelle für den Export unverändert weitergebaut wurden, zeigte Mitsubishi im August 1983 in Japan eine Neuauflage der viertürigen Limousine, die nun je nach Vertriebskanal Sigma oder Eterna genannt wurde. Ihr stark verändertes und doch modelltypisch gebliebenes Design wirkte ästhetisch außerordentlich geglückt: An eine niedrige Schrägfront schloss sich eine leicht keilförmig ansteigende Motorhaube an, während die Gürtellinie von der A- zur B-Säule in sanftem Bogen nach unten gezogen war und über dem hinteren Radausschnitt einen ebenso feinen Bogen nach oben bildete. Die großzügigen Fensterflächen sorgten für einwandfreie Rundsicht.

Wesentlich war jedoch der Übergang zu Frontantrieb und Quermotor. Zusammen mit dem um 7 auf 260 cm vergrößerten Radstand ergab sich eine um 16 cm angewachsene Innenraumlänge. In der Breite und Höhe wurden innen 8 bzw. 2 cm gewonnen. Es standen 1,8- und 2-l-Motoren zur Wahl, beide auch mit Einspritzung und Turbo. Der 1,8-l-Motor konnte auf Wunsch mit dem Super-Shift-Getriebe mit 2x4 Gängen bestellt werden. Elektronik war beim neuen Galant/Eterna besonders groß geschrieben: Auch die Vergaser und die Automatikgetriebe wurden elektronisch gesteuert, und im Topmodell GLS EX ließ sich die Federdämpfung mit Knopfdruck elektronisch auf weich oder hart einstellen. Bei höheren Tempi erfolgte die Umstellung automatisch.

Kernstück dieser Vorrichtung war eine mit EPM bezeichnete Kombination von Schrauben- und Luftfederung. Diese Federungselemente der vier Räder waren über Leitungen mit einem gemeinsamen Luftdrucktank im Motorraum verbunden. Sie sorgten gleichzeitig für eine automatische Niveauregulierung. Geschwindigkeitsabhängig veränderte sich auch die Servowirkung der Lenkung elektronisch. Außerdem gab es eine elektronische Dämpfung der Motoraufhängung, die mittels Sensoren auf das Beschleunigungs- und Bremskippen reagierte. Um gegen Pannen all dieser raffinierten Einrichtungen gefeit zu sein, schaltete der Computer bei Störungen automatisch in jene Funktion, die mit der größeren Sicherheit verbunden war. Dies galt auch für das Electronic Time and Alarm Control System, kurz Etacs, das dem Fahrer etliche Denkarbeit abnahm.

Starion 4WD Rally. Für den Wettbewerbseinsatz bestimmt war das Starion-Coupé mit der Zusatzbezeichnung 4WD Rally, das im Herbst 1983 vorgestellt wurde und durch seine bunte Lackierung (vor allem im Heckbereich) auffiel: Es besaß einen permanenten Allradantrieb, einen 2-l-Einspritzmotor mit Abgasturbolader, Ladeluftkühler, Aufhängungselemente aus Kohlefasermaterial und Aluminium sowie Kohlefaser-Karosserieteile. Als Leistung wurden für das 960 kg wiegende Coupé 350 PS genannt, doch war zwecks Homologation in Gruppe B

Mitusibshi Pajero 4x4 Metal Top, 1983

Mitsubishi Jeep, 1984

Mitsubishi Minica Econo Turbo, 1984

Mitsubishi Debonair Executive, 1984

Mitsubishi Space Wagon, 1984

Mitsubishi Pajero Station Wagon, 1985

Mitsubishi Colt Turbo, 1985

Mitsubishi Lancer, 1985

Mitsubishi Galant GX, 1985

Mitsubishi Lancer GL Station Wagon, 1987

Mitsubishi Sapporo, 1988

Mitsubishi Debonair V 2000 Supersaloon, 1988

auch eine in 200 Exemplaren zu bauende Straßenversion mit 200 PS geplant.

Colt / Mirage / Lancer Fiore 1984. Mit der Tokyo Motor Show erfuhren die Colt-Modelle eine Verjüngung. Die gekonnte Kleinwagensilhouette war zwar unverändert übernommen worden, doch war die Front niedriger und die Motorhaube stärker nach vorne abfallend ausgeführt. Der Radstand wurde für alle drei Karosserieformen (drei- und fünftürig, sowie viertürig für den Lancer Fiore) einheitlich mit 238 cm angegeben. Die Länge hatte um 8, 11 bzw. 2 cm zugelegt. Die Motorisierung reichte von 1,2 bis 1,8 l, und darunter befand sich für den japanischen Markt ein als 1500 MD = Modulated Displacement bezeichnetes Aggregat mit Zylinderabschaltung.

Schnellster Colt war weiterhin die Turboversion. Deren Motor hatte nun 1,6 l Hubraum und der Turbolader war wassergekühlt. Zudem besaß er eine elektronische Benzineinspritzung und zwei Schwingungsausgleichwellen. Die Leistung wurde mit 125 PS und die benötigte Zeit für den Sprint auf 100 km/h mit 8,8 s angegeben. Es gab den Colt Turbo weiterhin nur mit der dreitürigen Karosserie samt einem kleinen Heckspoiler und Alurädern. In der Colt-Serie war überdies ein neuer 1,8-l-Dieselmotor lieferbar. Für die viertürige Stufenheckversion Lancer wurde die Zusatzbezeichnung F bzw. Fiore im Export weggelassen. Der größere Lancer mit Hinterradantrieb wurde ohnehin nicht mehr nach Europa exportiert (und 1985 figurierte er dann nicht mehr im Produktionsprogramm).

Minica / Towny. Im Frühling 1984 stellte Mitsubishi das kleinste Modell ebenfalls auf Frontantrieb mit Quermotor um. Den japanischen Microcar-Vorschriften entsprechend wurden 320 cm Länge und 550 cm^3 Hubraum nicht ganz erreicht. Der Zweizylinder-Reihenmotor mit 546 cm^3 Hubraum, 2x3 Ventilen und zwei Schwingungsausgleichswellen wurde weiter verfeinert und hieß nun Vulcan S. Die Leistung stieg um 2 auf 33 JIS-PS (Econo: 31 PS). Die Turboversion kam dank Ladeluftkühlung auf 42 statt 39 PS. Neu gab es nebst 4-Gang-Getriebe und 2-Stufen-Halbautomatik eine 5-Gang-Handschalteinheit. Die neben dem dreitürigen Kombi gebaute Limousine war jetzt fünf- statt dreitürig. Um den minimal zulässigen Grundriss optimal zu nutzen, war das Design kubisch-kantig geblieben. Auffallend waren die hohen Seitenfenster. In leicht angepasster Form wurde der Minica unter dem Namen Towny auch von der China Motor Co., Ltd, auf Taiwan hergestellt.

Space Wagon / Chariot 4WD. Ab Juni 1984 bot Mitsubishi den Space Wagon bzw. den Chariot in Japan auch mit Vierradantrieb an, dies in Verbindung mit einem 2-l-Motor.

3x2-Ventil-Motor. Ebenfalls 2 l Inhalt besaß ein neukonstruierter Motor, der in Japan in den Modellen Galant, Eterna und Starion verfügbar wurde. Er trug die Bezeichnung 2000 Sirius Dash 3x2 ECI und wurde mit einem Abgasturbolader samt Ladeluftkühler kombiniert. Die Leistung wurde mit 200 JIS-PS angegeben. Jeder Brennraum besaß zwei Einlass- und ein Auslassventil. Das Ungewöhnliche bestand darin, dass sich je nach Leistungsbedarf nur eines oder beide Einlassventile öffnete: Bei niedrigen Drehzahlen arbeitete nur das kleinere Einlassventil, während das größere bis 2500/min stillgelegt blieb. Ventilanordnung und Einlasstrakt sorgten für eine besonders starke Verwirbelung, und hinzu kam eine aufwändige elektronische Einspritzsteuerung. Für diesen Motor hatte Mitsubishi 133 Patente angemeldet.

Galant 1985. Erst mit dem Modelljahr 1985 wurde der Galant der neuen Generation auch in Europa eingeführt. In der Bundesrepublik erhielt er den Zusatznamen Royal. Es gab ihn mit dem bekannten 2-l-Vergasermotor (102 PS), mit dem gleichen Motor plus Einspritzung und Turbo (150 PS) sowie mit einer neuentwickelten Turbo-Dieselversion des 1,8-l-Motors mit Intercooler (Ladeluftkühler) und Silent Shafts (Schwingungsausgleichswellen), der 82 PS leistete. Als Alternative zum 5-Gang-Getriebe stand ein 4-Stufen-Automatikgetriebe zur Wahl. Diese ELC-Automatik bot einen Blockierknopf für den Overdrive, damit dessen Zuschalten im Stadtverkehr oder bei Passfahrten vermieden werden konnte. Die Elektronik sorgte durch Anpassen des hydraulischen Drucks und durch das Aktivieren einer Überbrückungskupplung für ruckfreie Schaltvorgänge bzw. schlupffreie Kraftübertragung, die schon ab 17 km/h möglich war. Das Topmodell Turbo EX bot zwar nicht den Japan vorbehaltenen 12-Ventil-Motor, wohl aber u. a. Digital-Instrumente.

Tredia/Cordia 1800 4WD. In Japan waren sie bereits im Oktober 1984 vorgestellt worden, in Europa gelangten sie aber erst Anfang 1985 auf den Markt: der Tredia 1800 4WD und der Cordia 1800 Turbo, ebenfalls mit Vierradantrieb: Der Hinterradantrieb konnte wie beim Space Wagon 4WD durch Knopfdruck elektropneumatisch zugeschaltet werden. Der Tredia hatte damit gleichzeitig den nächstgrößeren Motor erhalten, und dieser fand sich auch im Exportmodell mit Vorderradantrieb. Der Tredia Turbo bot sogar 136 PS aus 1,8 l Hubraum, und diese Maschine mit wassergekühltem Turbolader fand sich ebenfalls im Coupé Cordia Turbo. Anstelle des 2x4-Gang-Getriebes trat eine übliche 5-Gang-Einheit. Dieser Cordia

Mitsubishi

Mitsubishi Minica Dangan ZZ-4, 1990

Mitsubishi Colt 1500 GLXi, 1990

Mitsubishi Lancer 1500 GLXi EXE, 1990

konnte Tempo 100 in 8,3 s und außerdem eine Spitze von 200 km/h erreichen.

Mehrleistung gab es 1985 auch für den Starion Turbo: Dank Intercooler und Wasserkühlung stiegen die Leistung von 170 auf 180 PS und die Höchstgeschwindigkeit von 220 auf 230 km/h. – Für den Minica gab es 1985 auch einen zuschaltbaren Hinterradantrieb.

Lancer Wagon. 1985 kam der Lancer Station Wagon oder Kombi auf der Basis der vorderradgetriebenen Colt/Lancer hinzu. Er besaß eine ab der Höhe der B-Säulen mit einem kleinen Absatz erhöhte Dachpartie und bot somit besonders viel Innenraum. Der Laderaum ließ sich von 615 bis auf 1475 dm^3 erhöhen. Er wurde mit 1,5-l-Benzin- und 1,8-l-Dieselmotor angeboten und sollte in Europa zu einem Dauerrenner werden.

Ab 1986 baute Mitsubishi 1,3- und 1,5-l-Motoren mit zwei Einlass- und einem Auslassventil, die u. a. auch in die für Europa bestimmten Modelle mit Katalysator eingebaut wurden. Dies galt inzwischen ebenso für den 2,4-l-Motor des Galant.

Im Oktober 1985 vereinbarte die Mitsubishi Motors Corporation mit Chrysler in den USA gemeinsam die Diamond-Star Motors Corporation zu gründen. Diese sollte ab Herbst 1988 jährlich 180'000 Wagen kleineren Kalibers herstellen. Chryslers Anteil an Mitsubishi Motors sollte von 15 auf 24 Prozent aufgestockt werden.

Precis. *Schon vorher ließ Mitsubishi bei Hyundai in Korea das für den US-Markt bestimmte Modell Precis herstellen, bei dem es sich um drei- und fünftürige Ableitungen des → Hyundai Pony mit 1,5-l-Motor und angepasstem Kühlergrill und Heck handelte.*

1986 wurde der Pajero auch mit einem auf 2,5 l vergrößerten Turbodieselmotor lieferbar. Die fünftürige Langversion war inzwischen auch mit einer niedrigen Dachlinie (analog zum dreitürigen Modell) erhältlich. – In Deutschland wurde ein zweisitziges Cordia-Cabrio mit dem 136-PS-Turbomotor und kopfstützentragender Verdeckabdeckung propagiert.

Debonair V. Er war schon auf der Tokyo Motor Show im November 1985 gezeigt worden, offiziell vorgestellt wurde er jedoch erst im Juli 1986: Der neue Debonair mit Frontantrieb und erstmals mit V6-OHC-Motor, quer eingebaut, war mit seiner vergrößerten, nun sechs Seitenfenster aufweisenden Karosserie wesentlich moderner als der während über zwanzig Jahren gebaute Vorgänger. Die Montage erfolgte gemeinsam mit dem neu eingeführten Hyundai Grandeur in Korea. Der V6 wurde mit 2 und mit 3 l Hubraum hergestellt, wobei die größere Version auch für Chrysler-Modelle vorgesehen war. Mit elektronischer Einspritzung resultieren 105 bzw. 150 JIS-Netto-PS. Der Kraftübertragung diente ausschließlich ein 4-Stufen-Automatikgetriebe. Vorne wurden Federbeine mit unteren Dreieckquerlenkern, hinten eine Verbundlenkerachse (Längslenker, Achsrohr) mit Panhardstab verwendet. Es kam eine Zahnstangen- statt der Kugelkreislauflenkung zum Einbau. Mit dem 3-l-V6 gab es auf Wunsch eine elektronisch gesteuerte Niveauregulierung und ein ABS.

Topausführung war der Debonair V 3000 Royal AMG: Front mit zwei horizontalen Kühllufteinlässen statt des klassischen Grills, Front- und Heckspoiler, auskragende Türschweller, Leichtmetallfelgen, elektronisch modulierte Federung; das optische Tuning stammte von der deutschen Firma AMG (→ Anhang), und es war eine Auflage von 100 Stück je Monat geplant.

Lancer Wagon 4WD. Ab Herbst 1986 gab es den Kombi Lancer Wagon als 4WD mit permanentem Vierradantrieb. Als Kraftquelle diente (im Export) der 1,8-l-Motor mit 12 Ventilen, elektronisch gesteuertem Vergaser und 83 PS (mit Katalysator). Das zentrale Differenzial ließ sich auf Knopfdruck sperren. Die hintere Starrachse wurde durch vier Längslenker und einen Panhardstab geführt.

Minica / Towny 1987. Im Januar 1987 erhielten Mitsubishis Kleinste Dreizylinder- statt Zweizylindermotoren. Mit Einfachvergaser standen 30 PS, mit Registervergaser 32 PS (JIS netto) bei 6500/min zur Verfügung. Das Automatikgetriebe bot nun drei Stufen. Die Version Turbo kam (mit Einfachvergaser) auf 50 PS. Später wurde ein Exportmotor mit 796 statt 548 cm^3 und 41 PS Leistung hinzugefügt. Der in dieser Modellserie erhältliche Vierradantrieb arbeitete permanent (mit Viskodifferenzial).

Galant / Eterna / Sapporo 1988. Ab Sommer 1987 brachte Mitsubishi die mittelgroßen Modelle in einer anders gegliederten Neuauflage heraus: Auf unveränderten Radstand von 260 cm gab es nun die Sechsfensterlimousinen Galant mit 1,6- bis 2-l-Vierzylindermotor (zwei Schwingungsausgleichwellen, bis DOHC/16V mit Turbo und 205 PS). Sie waren 453 cm lang und besaßen einen von rechteckigen Doppelscheinwerfern flankierten Kühlergrill, der unter der Motorhaubenkante leicht einwärts geneigt zu einem charakteristischen Gesicht verhalf.

Demgegenüber hießen die 466 cm (in den USA 472 cm) langen Vierfensterlimousinen nun Sapporo (wie früher das Coupé) bzw. in den USA Galant Sigma. Sie besaßen eine schräggestellte flache Front, rahmenlose Türfenster und waren nur 137,5 statt 141,5 cm hoch. Bei ihren ebenfalls quer eingebauten Frontantriebsmotoren handelte es sich um 2-l-V6 und um 2- und 2,4-l-Vierzylinder (zwei Schwingungsausgleichswellen, bis 12V mit Turbo und 200 PS). Dieser neue Sapporo mit 2351-cm^3-Motor (Dreiwegkatalysator, 124 PS) wurde auch auf der IAA Frankfurt 1987 gezeigt. Er war mit dem elektronischen ECS-Fahrwerk ausgerüstet, das sich automatisch den Fahrgegebenheiten anpasste. Ab 120 km/h senkte es die Karosserie zudem vorne um 2 cm ab (bei eingeschalteten Scheinwerfern auch hinten).

Neben dem mit zahlreichen Komfort- und Luxusmerkmalen ausgerüsteten Sapporo wurde in Europa aber vordergründig der neue Galant angeboten. Dessen Topmodelle mit 2-l-DOHC-16-Ventil-Motor (ohne Turbo 140/144, mit Turbo 205 PS) hatten permanenten Vierradantrieb (das Turbomodell wurde ausschließlich mit 4WD gebaut). Dieses mit einem 5-Gang-Getriebe verbundene Allradsystem besaß ein zentrales Kegelraddifferenzial, das die Antriebskraft zu je 50 Prozent auf die Vorder- und Hinterräder verteilte. Im Bedarfsfall wurde eine nachgeschaltete Viskokupplung aktiv.

Die 4WD-Galant boten statt der hinteren Verbundlenkerachse eine aufwändige Aufhängung mit unteren und oberen Querlenkern und einer diagonalen Schwinge. Das bei den Frontantriebs-Galant erhältliche 4-Stufen-Automatikgetriebe bot eine elektronische Steuerung mit den Positionen Power und Economy. Bei den Topausführungen gab es wie im Galant ein elektronisch geregeltes Fahrwerk, und je nach Modell kam zudem eine aktive Vierradlenkung zum Einbau (ab 50 km/h bis 1,5 Grad Lenkeinschlag).

Den Jeep von MMC gab es inzwischen nur noch mit 203 cm Radstand und ausschließlich mit 2659-cm^3-Turbodieselmotor (stets noch mit seitlicher Nockenwelle, 94 PS). Die Frontscheibe war nach alter Tradition auf die Motorhaube abklappbar. Der mit Verdeck und Stofftüren angebotene, 345,5 cm kurzen Geländereiter war überdies in schmucker Sonderausführung erhältlich.

Colt / Mirage / Lancer 1988. Auf der Tokyo Motor Show im November 1987 zeigte Mitsubishi den neuen Colt alias Mirage. Er wurde zunächst ausschließlich dreitürig mit Steilheck gebaut (sollte später aber auch wieder als Lancer mit viertüriger Stufenheck- und fünftüriger

Kombikarosserie aufgelegt werden). Dieser Colt gab sich gänzlich verändert. Nicht nur besaß er eine niedrige senkrechte statt schräggestellte Front (stilistisch dem neuen Galant angenähert), er brillierte auch durch seine einem Sportkombi angenäherte Karosseriesilhouette und ließ sich so mit dem nur wenig größeren Honda Civic Hatchback vergleichen. Zu den bekannten 1,3- und 1,5-l-Vierzylindermotoren kam ein 1,6-l-DOHC-Motor mit 16 Ventilen und 125 PS bzw. 145 PS mit Abgasturbolader und Ladeluftkühler. Die hinteren Längsschwingen wurden durch eine Verbundlenkerachse ersetzt. Während diese Neukonstruktion rasch auf den einheimischen Markt kam, lief der Europaexport 1988 erst schrittweise an. Als Besonderheit gab es den Colt mit vorderem und hinterem Glasdach, die sich beide aufstellen oder im Kofferraum verstauen ließen.

Im Februar 1988 wurde auch der viertürige Stufenheck-Mirage vorgestellt, der später als Lancer in den Export gelangen sollte. Auch wenn er nur vier und nicht sechs Seitenfenster aufwies, glich er doch stilistisch dem Galant. Die Verlängerung des Radstandes um 7 auf 245,5 cm und das um 2,5 cm höher liegende Dach brachten wesentlich mehr Innenraum, und durch die Länge von 423,5 statt 395 cm ergab sich ein generöser Kofferraum. Wie schon das Vormodell wurde auch der neue Mirage alias Lancer als Modell 4WD mit permanentem Vierradantrieb angeboten. Die mechanische Sperre war einer Viskobremse gewichen. In der sportlichen Variante mit 16-Ventil-Turbomotor und 145 PS wurde auf Wunsch an der Hinterachse eine zweite Visko- oder eine herkömmliche Lamellensperre eingebaut. Je nach Vertrieb wurde der dreitürige Colt alias Mirage auch als Swift, Cyberg und Fabio angeboten.

Pajero 1988/89. 1988 wurde der Turbodieselmotor des Pajero mit Intercooler lieferbar (95 PS) und anderseits kam ein 3-l-V6-Motor ins Angebot (141 PS). In Europa kamen diese Neuerungen erst Anfang 1989 zum Tragen. Der 3-l-OHC-V6 entstammte dem Modell Debonair und wurde auch von Chrysler verwendet (und gelangte u. a. im Voyager und im LeBaron auch nach Europa). Abgesehen von den Grundmodellen erhielt der Pajero (der u. a. in England als Shogun kommerzialisiert wurde) zudem eine neue Hinterachse: Anstatt der Blattfedern übernahmen Längslenker die Führung und Schraubenfedern die Federung. Gleichzeitig wurde die hintere Spur um 4 auf 141,5 cm verbreitert. Vor allem der fünftürige Wagon wartete mit einer wesentlich verbesserten Ausrüstung auf. Äußerlich erkannte man ihn an einem karierten statt nur aus Horizontalstäben bestehenden Kühlergrill.

Galant / Eterna fünftürig / Dynamic 4. Auf der Mondial de l'Automobile (Salon) von Paris ergänzte Mitsubishi im Oktober 1988 das Galant-Angebot durch eine fünftürige Fastbacklimousine. An die Stelle der dritten Seitenfensters trat eine kuppelartige Panorama-Heckscheibe. Unter der Bezeichnung Galant 2000 GTi 16V Dynamic 4 kam eine (zunächst viertürig, später auch fünftürig erhältliche) Topversion hinzu, bei der erstmals nebst dem permanenten Vierradantrieb mit zwei Visko-

Mitsubishi Galant 2000 GLSi, 1990

Mitsubishi Galant 2000 GTi 16V, 1990

Mitsubishi Eclipse GS Turbo, 1990

Mitsubishi Diamante 25V-SE, 1990

Mitsubishi Minica Toppo, 1990

kupplungen auch die mit zwei getrennten hydraulischen System arbeitende Vierradlenkung und eine neuartige Zweikanal-Blockierschutzanlage (ABV) für die vier Scheibenbremsen gemeinsam in das Grundkonzept integriert worden waren. Die elektronisch regulierbare Aufhängungsdämpfung blieb allerdings der Ausführung EXE vorbehalten (da sie mit der Vierradlenkung unvereinbar war).

Lancer fünftürig. Parallel zum fünftürigen Galant entstand eine ähnlich geformte Ausführung des Lancer: sich nach hinten verjüngender Pavillon mit drittem Seitenfenster und daran anschließend eine Heckklappe mit Rückfenster auf voller Breite. Mitte 1989 kam zum Lancer Hatchback eine als Active Sedan bezeichnete Ausführung hinzu. Der fünftürige Lancer wurde gegen Ende 1989 auch in Europa mit permanentem Vierradantrieb erhältlich, dies in Verbindung mit dem 1,8-l-Motor und (aus Platzgründen) mit einer hinteren Starrachse.

Eclipse. Ein bereits Anfang 1987 abgeschlossener Vertrag sah die Entwicklung neuer kleiner US-Modelle für Chrysler vor. Zum Jahreswechsel 1987/88 wurde dann die Skizze eines Coupés veröffentlicht, das bei der neuen Firma Diamond-Star Motors in Bloomington-Normal, Illinois, zu bauen war. Als erstes Resultat dieser Entwicklung wurden im November 1988 die bis auf die Namen und einige Details identischen 2+2-sitzigen Coupézwillinge Mitsubishi Eclipse und Plymouth Laser vorgestellt. Sie besaßen eine Front mit Klappscheinwerfern und auf Schlitze unter dem Stoßschutz beschränktem Lufteinlass und ein Semi-Fastback mit Heckklappe und dreiteiliger Panorama-Heckscheibe. Die schnörkelfreie Form war im Designzentrum Chrysler Pacifica in Carlsbad, Kalifornien, entstanden. Eclipse und Laser verkörperten eine Antwort auf Ford Probe, Toyota Celica, Nissan SX und Honda CRX.

Technischer Ausgangspunkt war die verkürzte Plattform des frontgetriebenen Mitsubishi Galant: Radstand 247 statt 260 cm, Länge 433 statt

Mitsubishi 3000 GT, 1990

453 cm, Höhe mit 131 cm sportlich niedrig. Die Motorenauswahl begann mit dem 1,8-l-OHC-Vierzylinder (Einspritzung, 90 PS) und führte über das 2-l-DOHC-16V-Aggregat (140 PS) bis zum gleich konstruierten Turbomotor mit Ladeluftkühlung (190 PS). Schon in der Standard-Ausführung zählten Vierrad-Scheibenbremsen, verstellbares Lenkrad, Radio und rostfreie Auspuffanlage zur Ausstattung, bei GS und GS Turbo kamen zahlreiche Extras (einschließlich Servolenkung) hinzu.

Minica / Towny 1989. Bei unverändertem Radstand von 226 cm (und den vorgegebenen Microcar-Maximalmaßen) erhielt die Minica-Familie im Januar 1989 neue Karosserien. Diese gab es nicht mehr fünftürig und als dreitürigen Kombi, sondern drei- bis fünftürig, wobei die dreitürige Version auch zweisitzig zu haben war. Eine Besonderheit wurde von der Version Lettuce (Salatblatt) verkörpert: Bei gleicher Fahrzeugsilhouette bot sie eine Vordertüre rechts und zwei Türen links plus Heckklappe! Die Seitenscheiben waren großflächig geblieben, zeigten aber beim hinteren Dachträger abgerundete Ecken.

Ein bemerkenswertes technisches Novum war in der neuen Topmotorisierung enthalten: Dem mit zwei Schwingungsausgleichswellen versehene 548-cm^3-Dreizylindermotor war nämlich ein neuer Zylinderkopf mit zwei obenliegenden Nockenwellen und 15 Ventilen (drei Einlass- und zwei Auslassventile pro Zylinder) verpasst worden. Es handelte sich somit um den ersten Fünfventil-Serienmotor. Zusammen mit einem Mitsubishi-Abgasturbolader samt Ladeluftkühler sowie einem Ölkühler resultierten 64 PS (JIS netto) bei 7500/min (elektronische Saugrohreinspritzung mit dreistrahligen Düsen, Klopfsensor, Öl/Wasser-Wärmetauscher; nadelgelagerte Rollenschlepphebel).

Im Microcar-PS-Rennen hatten es bereits auch Suzuki und Daihatsu auf 64 PS gebracht. Der mit diesem Hochleistungsmotörchen ausgestattete, nicht für den Export vorgesehene dreitürige Mitsubishi Minica Dangan ZZ gab sich mit einer tiefen Bugschürze, Radhausauskragungen, farblich abgesetzten Seitenschwellerverbreiterungen sowie einem Flügel am Dachende als reinrassiger Bolide zu erkennen.

Für den neuen Minica gab es 4- und 5-Gang-Getriebe, und das Automatikgetriebe war von zwei auf drei Stufen aufgewertet worden. Die Zweiventilmotoren konnten mit Vierradantrieb bestellt werden, und dieser arbeitete permanent und nicht erst nach Zuschaltung. Eine von Mitsubishi patentierte hydraulische Mehrscheibenkupplung sorgte für den Drehzahlausgleich zwischen den Achsen. Trotz des Leichtgewichts (560 bis 660 kg) wurde gegen Aufpreis eine Servolenkung angeboten.

Diamante / Sigma. Ende Oktober 1989 wurde auf der Tokyo Motor Show der Diamante vorgestellt. Mit ihm stand Mitsubishi ein modernes Fahrzeug für den Einstieg in die Oberklasse zur Verfügung. Er zeigte sich als schmissig geformte Hardtoplimousine mit rahmenlosen Türfenstern. Die wie beim Galant leicht nach einwärts geneigte Front sorgte für ein charakteristisches Gepräge und damit zu einem Unterscheidungsmerkmal gegenüber anderen japanischen Marken und Modellen. Radstand und Länge erreichten 272 bzw. 475 cm. Trotz dieser Größe war der Diamante auf Vorderradantrieb mit Quermotor ausgelegt. Es sollte ihn (zusammen mit der stärksten Motorisierung) auch mit permanentem Vierradantrieb geben. Sowohl mit Front- wie mit Vierradantrieb konnte er zusätzlich mit einer lenkwinkel- und geschwindigkeitsabhängig agierenden Vierradlenkung bestellt werden. Zum 3-l-V6 kamen alsbald 2- und 2,5-l-V6. Der Diamante löste die mit dem Galant verwandte Sapporo-Limousine ab. Es gab ihn aber auch als sechsfenstrige Limousine mit etwas höherer Dachlinie. Als solche sollte er unter der Bezeichnung Sigma ab dem Modelljahr 1991 auch in Europa Fuß fassen.

3000 GT. Schon im September 1989 hatte Mitsubishi angekündigt, mit einem Modell 3000 GT im Bereich der besonders leistungsfähigen Sportwagen gegen Honda NS-X, Porsche 911 und Ferrari 348 antreten zu wollen. Auch von einer Dodge-Variante namens Stealth war bereits die Rede. Parallel zum Diamante wurde dieser große Zweisitzer auf der Tokyo Motor Show 1989 noch unter der Concept-car-Bezeichnung HSX vorgestellt. Daraus wurde später der Mitsubishi GTO alias 3000 GT. Abgesehen von dem mit 247 cm deutlich kürzeren Radstand stimmte seine Plattform weitgehend mit jener des Diamante überein. Er besaß ebenfalls den 3-l-V6-Motor (ohne oder mit Doppelturbo) sowie permanenten Vierradantrieb. Mit Produktionsbeginn im Herbst 1990 handelte es sich um ein Modell der 90er Jahre.

1990 wurde der 1,6-l-Motor des sportlichen Colt GTi 16V durch ein 1836-cm^3-Aggregat mit 136 PS abgelöst; den Lancer Hatchback gab es nun ebenfalls als GTi. Der 2-l-Motor des auf dem Genfer Salon 1990 sowohl vier- wie fünftürig angebotenen Galant Dynamic 4 erhielt eine von 144 auf 150 PS gesteigerte Leistung (0–100 km/h in 9,2 statt 9,9 s).

Minica 1990 / Toppo. Nachdem die japanische Regierung auf Anfang März 1990 die Minimalmaße für Microcars auf unter 330 (statt 320) cm Länge und unter 660 (statt 550) cm^3 Hubraum ausdehnte, hatte man bei Mitsubishi rechtzeitig die nötigen Anpassungen vorgenommen. Radstand und Technik blieben im Prinzip unverändert. Der Dreizylindermotor war auf 657 cm^3 vergrößert worden und leistete mit 3x2 Ventilen und elektronischem Registervergaser 40 PS, mit 3x5 Ventilen und Einspritzung hingegen 52 PS (in der Vergaserversion 46 PS).

Besonders bemerkenswert war der auf der Tokyo Motor Show 1989 noch als Studie gezeigte Minica Toppo, der im Frühjahr 1990 zusätzlich in Serie genommen wurde. Er besaß eine rechts angeschlagener Hecktüre. Bei 325,5 cm Länge erreichte er eine Höhe von 169,5 cm (mit 4WD 174,5 cm; Minica 146,5/151,5 cm). Sein viersitziger Innenraum war verwandelbar und ungewöhnlich aufnahmefähig. Zudem war die Türe auf der linken Seite länger als die Fahrertüre. Der Minica Toppo war der erste Großraum-Klein(st)wagen bzw. Microvan! Mitsubishi plante monatlich 15'000 neue Minica, davon 2000 Toppo, herzustellen.

Mitsubishi	Bauart	Mot.	Getr.	R/L cm	Baujahre
Minica Ami 55	**St.**	**a/b**	**4**	**200/317**	**1980/81**
Minica			**4/H2**	**205/319,5**	**1981–84**
Motoren:	*Zyl.:*	*N'w.:*	*cm³:*	*PS/'min:*	*Nm/'min:*
a (*Station Wagon)	2	OHC	546	31/29*/6000 (br.)	41/3500/40/3000
b (1983–)	2T			39/5500 (brutto)	54/3300

Mitsubishi	Bauart	Mot.	Getr.	R/L cm	Baujahre
Minica / Towny	**Fr.(4)**	**a–f**	**4/5/H2**	**226/319,5**	**1984–88**
a (–1986 *Station Wg.)	2	OHC	546	33/31*/6000 (br.)	43/3500
b (–1986)	2T			42/6000 (brutto)	57/3500
c (1987– *Station Wg.)	3		548	32/30*/6500	4,3/4,2/3000
d (1987–)	3T			50/5500	66/3500
e (Export –1986)	2		783	38/5500	63/4000
f (Export 1987–)	3		796	41/5500	65/2500

Mitsubishi

Mitsubishi	Bauart	Mot.	Getr.	R/L cm	Baujahre
Minica / Towny	**Fr.(4)**	**a–c**	**4/5/A3**	**226/319,5**	**1989/90**
a (*3-türig)	3	OHC	548	32/30*/6500	42/4000/41/3000
b (Dangan ZZ +*1989–)	3iT/3i*	D15V		64/46*/7500	75/4500/46/5500
c (Export)	3	OHC	796	41/5500	65/2500
Colt / Mirage (3-tür.)	**Fr.**	**a–g**	**4/4+R/A3**	**230/379**	**1980–83**
Colt / Mirage (5-tür.)				**238/389,5**	
Lancer Fiore		**a–d**		**238/410,5**	**1981–83**
Motoren:	*Zyl.:*	*N'w.:*	*cm³:*	*PS/'min:*	*Nm/'min:*
a	4	OHC	1244	72/5500 (brutto)	105/3000
b (Europa)				55/5000	90/3500
c			1411	82/5500 (brutto)	119/3500
d (Europa/USA)				70/65/5000	106/3500
e (1981–)	4T			105/5500	155/3500
f (*1981–)	4		1598	86/88*/5000 (br.)	132/3000
g (USA *1981–)				81/73*/5200	118/115/3000
Colt / Mirage	**Fr.**	**a–v**	**4/4+R**	**238/387/397/400,5**	**1983–87**
Lancer Fiore			**/A3/5**	**238/412,5–425**	**/1988: Export**
Lancer / Station Wagon				**238/413,5**	**1985–87 /'88 Exp.**
a (CH/Europa –1986)	4	OHC	1198	55/5000	90/3500
b (Europa 1986–)				60/5500	93/3500
c (–1986)			1299	77/5500 (brutto)	108/3500
d (1986–)				67/5500	104/3500
e (Export 1985–)				68/5500	98/4000
f (1986–)				67K/6000	99/3500
g (Australia 1986–)			1439	76/6000	106/4000
h (–1986)			1468	87/5500 (brutto)	123/3500
i (CH/Export *1985/86)				75/5500	113/118*/4000
j (1986–				73/75/5500	117/118/3500
k (USA+ '84–86 *'86–)				70K/5500	110/115*/3500
l (1986–)	4i		1499	82/5500	123/4000
m	4iT		1598	120/5500 (brutto)	172/3000
n (CH/Export)				125/5500	186/3000
o (Export 1985–)				117/5500	175/3000
p (USA'84–86 /*'86–)				103/105*/5500	166/3000/162/3500
q (Australia 1986–)	4			80/5600	120/3200
r (St. Wg. 4WD 1986–)			1755	85/5500	138/3500
s (–1985)	4D		1796	65/4500 (br.)/58CH	113/2500/104
t (1985/86)				65/4500 (brutto)	113/2500
u (Export 1985/86)				58/4500	108/2500
v (1986– *Export)				61/60*/4500	111/113/2500
Lancer Wagon	**Fr.(4)**	**a–e**	**4/5/A3**	**238/413,5–419/430U**	**1988–90**
a	4	OHC	1299	72/5500	105/4000
b	4i		1468	82/83/76U/5500	120/3500/118/2500
c	4			70K/73/5500	115/117/3500
d (4WD 1989–)	4/4i*		1755	85/83K/5500/88*/5'	138/135/138/3500
e (1989–)	4D		1796	60/4500	113/3000
Mirage / Colt	**Fr.(4)**	**a–q**	**4/5/A3/A4**	**238,5/395**	**1987–90**
Lancer				**245,5/423,5**	**1988–90**
Motoren:	*Zyl.:*	*N'w.:*	*cm³:*	*PS/'min:*	*Nm/'min:*
a (–1989 +*1988/89)	4	OHC	1299	67/5500/72*/5500	104/3500/105/3500
b (1989–)		012V		79/6000	106/3500
c (1988–)		OHC		68K/6000/60K/5500	101/4000/105/3500
d (1989–)				69/6000	102/4000
e (–1989)	4i/4		1468	82/73/5500	124/3000/117/3500
f (1989–)		012V		100/85/6000	130/3000/123/3500
g (1988–)	4i	OHC		84K/82/5500	122/3000/120/3500
h (Export '88/89 *89–)	4			82/75*/5500	120/118/3500
i (USA 1988–)	4i			82	126
j (–1989)	4iT/4i	D16V	1595	145/6000/125/6500	206/2500/137/5200
k (1989– *m.Autom.)	4i			130/125*/6500	144/5200/4700
l (1989–)	4iT			160/6000	221/2500
m (1988– +*1988/89)	4i			125/124K*/6500	142/5000
n (USA 1988–)	4iT			136/6000	191/3000
o (USA 1988/89 *1989–)	4i			114/125*/6000	137/3000/5000
p (L. 4WD Exp. 1989–)		OHC	1755	97/5500	141/4000
q (+*Europa 1988–)	4D		1796	61/60*/4500	111/113/3000

Mitsubishi	Bauart	Mot.	Getr.	R/L cm	Baujahre
Lancer	**St.**	**a–t**	**4/5/A3**	**244/422,5**	**1980–84**
Lancer Station Wagon				**234/399,5**	**1980–84**
Celeste	**a–h/l–q**	**←**		**234/411,5**	**1980/81**
Motoren:	*Zyl.:*	*N'w.:*	*cm³:*	*PS/'min:*	*Nm/'min:*
a (–1981)	4	OHC	1239	55/5000	85/3000
b (ab 1981–)			1244	70/5000 (brutto)	105/3000
c (Europa 1981–)				55/5000	90/3500
d			1411	80/5500 (brutto)	119/3500
e (Europa)				68/5000	105/3500
f			1598	86/5000 (brutto)	132/3000
g (USA –1982)				78/5200	118/3000
h (Europa –1981)				82/73/5000	116/3000
i (Europa 1981–)				84/5500	120/3500
j (1983–)	4T			120	172
k (–1981)	4		1796	100/5500 (brutto)	147/3500
l (–1981)			1995	105/5700 (brutto)	159/3800
m (1981–83)				115/6000 (brutto)	162/4000
n (USA –1981)			2555	106/5000	189/2500
o (E'81–83 *m. Autom.)			1995	105/5800/96*/5500	149/147/4000
p (–1981)	4T			145/5500	216/3000
q (–1981)				170/5500	245/3500
r (1981–)	4iT		1796	135/5800 (brutto)	196/3500
s (1983–)				160	216
t (1981–)			1995	170/5500/156	245/3500
Lancer EX	**St.**	**a–c**	**5/A3**	**244/423**	**1985–87**
Motoren:	*Zyl.:*	*N'w.:*	*cm³:*	*PS/'min:*	*Nm/'min:*
a	4	OHC	1411	80/5500 (brutto)	119/3500
b			1598	86/5000 (brutto)	132/3000
c	4iT		1796	135/160/5800 (br.)	196/216/3500
Tredia / Cordia	**Fr.**	**a–g**	**4+R/A3**	**244,5/428**	**1982/83**
	Fr.(4)	**a–o**	**4+R/A3/5**	**244,5/438/439,5**	**1983–88**
Motoren:	*Zyl.:*	*N'w.:*	*cm³:*	*PS/'min:*	*Nm/'min:*
a (–1985)	4	OHC	1411	82/5500 (brutto)	119/3500
b (Europa –1985)				70	106
c (*1984–)			1598	88/5000/92*/5500(b)	132/3000/133/3500
d (Europa *1984–)				75/5500	116/122*/3500
e (Export 1985–)				78/5000	125/3000
f (–1983)	4T			115/5500 (brutto)	167/3000
g (1984–)	4		1755	105/5500 (brutto)	147/3500
h (Export '84 *'85–)				90/5500	137/4000/3500*
i (–1984)	4		1796	100/5500 (brutto)	147/3500
j (USA 1983/84)				83	126
k (1983–)	4iT			135/5800 (brutto)	196/3500
l (Europa 1983/84)	4T			115/6500	167/3000
m (Export/Europa '84–)	4iT			131/136/6000	177/195/3500
n (USA'84– = Kat.'86–)				118K/5500	175/3000
o (USA / +*1986–)			1997	89/85K*/5000	146/143/3500
Galant (Sigma)/Eterna	**St.**	**a–p/ /o–s**	**4/5/A3**	**253/447/442/446,5**	**1980–84**
Sapporo /Galant Lambda		**a–n**		**253/451,5/452,5**	**1980–84**
Motoren:	*Zyl.:*	*N'w.:*	*cm³:*	*PS/'min:*	*Nm/'min:*
a	4	OHC	1597	100/6300 (brutto)	133/4000
b				86/5000 (brutto)	132/3000
c (Europa)				75/5000	116/3000
d (Export 1982–)				78/5000/88/5500	–
e			1796	100/5500 (brutto)	147/3500
f (1983–)	4T			135/5800 (brutto)	196/3500
g (Export)	4		1855	97/5400 (brutto)	149/3800
h			1997	110/5500 (brutto)	164/3500
i (1982–)				92/5000	146/3000
j (Europa)				102/5500	152/3500
k	4i			120/6000 (brutto)	165/3500
l	4iT			145/5500 (brutto)	216/3000
m (Europa 1981–)				170/5500/156	245/3500
n (E / Sapporo GSR)	4			112/5800	155/4000
o (USA / AUS)			2555	106/5000	189/2500
p	4D		2347	75/4200 (brutto)	147/2500
r	4TD			95/4200 (brutto)	181/2500
s (Europa 1981–)				84/4200	175/2500

Mitsubishi

Mitsubishi	Bauart	Mot.	Getr.	R/L cm	Baujahre
(Sapporo)	**4**		**2555**	**135/5500 (brutto)**	**211/3000**
Galant/ Sigma/ Eterna	**Fr.**	**a–s**	**4/4+R/5**	**260/456/465U**	**1983–87**
Galant V6			**/A3/A4**	**260/466**	**1986–87**
a (1985–)	4	OHC	1597	92/5500 (brutto)	133/3500
b (Export 1984–)				75/5500	122/3500
c	4	OHC	1755	105/5500 (brutto)	147/3500
d (Export 1985–)				95/5500	140/4000
e (1986–)	4i		1796	94/5500	137/4000
f (–1986)	4iT			135/5800 (brutto)	196/3500
g (–1986)	4		1997	110/5500 (brutto)	164/3500
h (1986–)				102/6000/96/5000	154/3500/157/3000
i (Europa 1984–86)				102/5500	160/3500
j (Export 1985/86)				96/5000	157/3000
k (1986–)				90K/5500	148/3500
l (USA 1984/85)	4i		2350	102/5000	178/2500
m (Kat.+US'85/86 *86–)				112K/4500/5500*	183/3500/187/4000
n	4iT		1997	145/5500 (brutto)	216/3000
o (Export '84– +*'86–)				150/160*/5500	245/260/3500
p (1984–)				200/6000 (brutto)	280/3500
q (1986–)	V6i		1998	105/5000	158/4000
r (1984/85)	4TD		1796	82/4500	165/2250
s (1985– *Export)				85/82*/4500	167/2500/165/2250
Galant / Eterna	**Fr.**	**a–n**	**4/5/A4**	**260/453–456/467U**	**1987–90**
a (*Export 1989–)	4	OHC	1597	79/82*/5500	126/125/3500
b	4i/4		1755	94/5000/85/5500	143/138/3500
c (*1989–)	4/4i*			86K/90K*/5500	133/144/3500
d	4			90/5500	137/3500
e (1989–)	4i	D16V	1836	135/6300	159/4500
f		OHC	1997	112/109K/5500	160/159/4500
g (USA 1988–)				103/5000	157/2500
h		D16V		140/6000	172/5000
i (1989– *AMG)				145/6000/170*/6750	175/191/5000
j (+* 4WD 1989–)				144K/68'/150K*/675	170/5000/175/5500
k (Europa/USA 1988–)				145/6500/137/6000	171/4500/170/3000
l (–1989)	4iT			205/6000	294/3000
m (1989– *m.Autom.)				220/210*/6000	294/3500/3000
n (1988– *Europa)	4TD	OHC	1796	76/75*/4500	149/152/2500
Galant/Eterna/Sapporo	**Fr.**	**a–e**	**5/A4**	**260/466/472U**	**1987/88**
Sapporo / Sigma		**c–e**			**1988–90**
Motoren:	*Zyl.:*	*N'w.:*	*cm³:*	*PS/'min:*	*Nm/'min:*
a	4iT	OHC	1997	125/5500	202/3000
b		012V		200/6000 (brutto)	280/3500
c	4i	OHC	2351	124K/129/5000	189/3500/193/4000
d	V6i		1998	105/5000	158/4000
e (Sigma 89– *USA 88–)			2972	150/144*/5000	231/228/2500
Diamante	**Fr./4**	**–**	**A4**	**272/474/475**	**1990**
Motor:	V6i	D24V	2972	210/6000	270/3000
Debonair Executive	**St.**	**–**	**A3**	**269/467**	**1980–86**
Motor:	4	OHC	2555	120/5000 (brutto)	206/3000
Debonair V	**Fr.**	**a–d**	**A4**	**273,5/469/486**	**1986–90**
a (*1989–)	V6i	OHC	1998	105/5000/120*/5500	
158/4000/172/4500					
b (1987/88)	V6iC			150/5500	221/3000
c (*1989–)	V6i		2972	150/155*/5000	231/2500/235/4000
d (1989–)		D24V		200/6000	265/4500
Starion	**St.(4)**	**a–l**	**5/A4**	**243,5/440/442,5**	**1982–89**
Motoren:	*Zyl.:*	*N'w.:*	*cm³:*	*PS/'min:*	*Nm/'min:*
a (1982/83)	4	OHC	1997	110/5500 (brutto)	164/3500
b (+*1984–)	4iT			170/5500/180*/6000	245/290/3500
c (1983–87)				175 (brutto)	245
d (–1987)				145/5500 (brutto)	216/3000
e (Export 1984–)				150/5500	230/3000
f (1984–87)		012V		200/6000 (brutto)	280/3500
g (1987–)				170/5800	255/3000
h (USA 1983– +*'85–87)		OHC	2555	147/5000/172*	251/2500/298
i (1988–)				175/5000	314/3000
j (1986/87)				155K/147U/5000/178	284/251/2500/302
k (1987–)				155K/191U/5000	284/318/2500
l (4WD Rally 1983–87)			1997	350	

Mitsubishi	Bauart	Mot.	Getr.	R/L cm	Baujahre
Eclipse	**Fr.(4)**	**a–c**	**5/A4**	**247/433/434**	**1989/90**
Motoren:	*Zyl.:*	*N'w.:*	*cm³:*	*PS/'min:*	*Nm/'min:*
a	4i	OHC	1755	93/5000	142/3500
b		DOHC	1997	140/137U/6000	172/169/5000
c (*4WD)	4iT	D16V		193/200*/198U/6000	–/275/276/3000
3000 GT	**Fr./4**	**–**	**5/A4**	**246,5/455,5**	**1991**
Motoren:	V6i	div.	2972	225–305	273–417
Space Wagon/Chariot	**Fr.(4)**	**a–q**	**5/A3/4+R**	**262,5/429,5**	**1983–90**
Motoren:	*Zyl.:*	*N'w.:*	*cm³:*	*PS/'min:*	*Nm/'min:*
a (–1987)	4	OHC	1598	92/5500 (brutto)	133/3500
b (1987–)				79/5500	128/3500
c (–1987)			1755	105/5500 (brutto)	147/3500
d (1987–)				85/5500	138/3500
e (Export +*1985–87)				90/5500/95*	132/4000/140
f (Export 1987–)				90/5500/95	137/3500/140
g (USA 1985/86)				89/5000	146/3500
h (–1986)	4iT		1796	135/5800 (brutto)	196/3500
i (4WD –1989)	4		1997	110/5500 (brutto)	164/3500
j (1989–)	4/4i			94/100/5500	151/3500/158/4000
k (4WD+ Europa *1987–)	4			102/5500	160/154*/3500
l (USA / +*1986/87)				89/85K*/5000	146/143/3500
m (1987/88)				85K/5000/97U	143/3500/153
n (1988– *BRD)	4i			101K/5000/107*/55'	157/4000/159/4500
o (–1987)	4TD		1796	80/4500 (brutto)	157/2500
p (1987–89 *1989–)				79/76*/4500	165/149/2500
q (Europa'85–87 *'87–)				75/4500	137/3500/152*/25'
Jeep	**K'r./4**	**a–d**	**4+R**	**203/222,5/264/ 349/368/429/410**	**1980–86**
Motoren:	*Zyl.:*	*N'w.:*	*cm³:*	*PS/'min:*	*Nm/'min:*
a (–1986)	4	OHC	1995	100/5000 (brutto)	167/3000
b (–1981)			2384	110/5000 (brutto)	196/3000
c (1981–86)			2555	120/5000 (brutto)	209/3000
d (–1986)	4D	OHV	2659	80/3700 (brutto)	177/2200
Jeep	**K'r./4**	**–**	**4+R**	**203/345,5**	**1986–90**
Motor:	4TD	OHV	2659	94/3500	206/2000
Pajero	**K'r./4**	**a–o**	**5/4/A4**	**235/387–399,5**	**1982–90**
Pajero (5-türig)		**b–o**	**/+R**	**269,5/447,5–460**	**1983–90**
Motoren:	*Zyl.:*	*N'w.:*	*cm³:*	*PS/'min:*	*Nm/'min:*
a (1983–89)	4	OHC	1997	110/5500 (brutto)	164/3500
b (1984–89)	4iT			145/5500 (brutto)	216/3000
c (–1985)	4		2555	120/5000 (brutto)	209/3000
d (Europa +*1984–86)				103/4500/107U*/50'	192/2500/–
e (1986–89)				103K/110U/5000	183/193/3000
f (1989–)				107K/5000	183/3000
g (1988/89 *1989–)	V6i		2972	145/150*/5000	228/231/2500
h (1988– +*1989–)				141K/141/50'/145U*	225/3000/228
i (1983–86)	4D		2347	75/4200	147/2500
j (1985/86)				67/4200	137/2000
k (*1985/86)	4TD			95/96*/4200 (br.)	181/2500/191/2000
l (Europa –1986)				84/4200	175/2500
m (1986/87 *1987–89)	4D/4TD		2477	70/4200/85*	143/2500/196
n (1989–)	4TD			84/94/4200	226/2000
o (Exp. 1986– +*1988–)				84/95*/4200	201/235/2000

Mitsubishi
Australia

Im Oktober 1980 hatte der tief in den roten Zahlen steckende → Chrysler-Konzern sein australisches Werk in Adelaide an Mitsubishi verkauft (seine europäischen Werke hatte er ja bereits zwei Jahre zuvor an Peugeot abgetreten). Zwischen Chrysler und Mitsubshi bestand in den USA wie in Australien ohnehin eine Zusammenarbeit, und im australischen Chrysler-Werk war schon 1972 die Montage bzw. Herstellung des Mitsubishi-Modells Galant aufgenommen worden (zunächst als ein Modell der Marke Valiant). Die Produktion der hauseigenen Modelle amerikanischer Konzeption (Chrysler Valiant und Regal) lief 1981 aus (→ Chrysler Australia).

Sigma. Hauptmodell der Mitsubishi Motors Australia Limited war inzwischen der Sigma (alias Galant). Dessen GH-Ausführung, die es 1981 auch in einer Version mit Abgasturbolader gegeben hatte, wurde 1982 durch die optisch weitgehend identische Serie GJ abgelöst (wobei mangels Nachfrage auf das Turbomodell verzichtet wurde). Die Kombiversion des Sigma war Australiens meistverkaufter „Wagon" (und bis 1982 war diese Mitsubishi-Reihe auch der Topseller unter den Vierzylinderwagen).

Londsdale. Dies war nicht ein Modell-, sondern ein Markenname, und unter diesem wurde auf der Birmingham Auto Show im Oktober 1982 der in Australien gebaute Mitsubishi Galant angeboten (die japanischen Mitsubishi liefen in Großbritannien unter der Marke Colt).

Magna. Hinter Ford, Holden (GM), Toyota und Nissan war Mitsubishi mit einem Jahresausstoß von nur noch unter 40'000 Einheiten zwar der kleinste australische Hersteller, aber 1984 konnte doch die Produktion des 250'000. Sigma gefeiert werden. 1985 wurde der neuhinzugekommene größere Mitsubishi Magna gefeiert. Dieses Modell mit Vorderradantrieb und Quermotor basierte zwar auf der analogen Weiterentwicklung des japanischen Galant Sigma, bot jedoch eine auf 176,5 cm verbreiterte Karosserie (in Japan mussten Pkw unter 170 cm breit sein). Beim Antriebsaggregat handelte es sich um den 2555-cm³-Vierzylindermotor mit zwei Schwingungsausgleichswellen, wie er bereits in den Mitsubishi Debonair und Pajero sowie in US-Chrysler-Modellen verwendet wurde. Dieser mit Astron bezeichnete Motor war von Mitsubishi Australia den eigenen Bedürfnissen angepasst worden. Den Magna gab es in den Versionen GLX, SE, Elite und (ab Herbst 1986) Executive.

Mitsubishi Sigma (GH) SE, 1981

Mitsubishi Magna (TN) GLX, 1987

Zum Modelljahr 1987 wurde der Motor Astron II eingeführt, der dank diverser technischer Eingriffe auf einen noch leiseren Lauf und auf eine Leistung von 113 PS kam. Auch hinsichtlich Ausstattung war der Magna, den es ab Juli 1987 zudem als Station Wagon Elite gab, verfeinert worden.

Der Magna hatte Mitsubishi Australia zu neuem Auftrieb verholfen, so dass die Produktion gegen Ende der 80er Jahre wieder an die 48'000 Exemplare erreichte; 1990 sank sie dann allerdings vorübergehend wieder in den Bereich von bloß 30'000 Stück ab.

Mitsubishi Australia	Bauart	Mot.	Getr.	R/L cm	Baujahre
Magna	**Fr.**	**a/b**	**5/A3**	**260/456**	**1985–90**
Magna Station/Elite				**260/472**	**1987–90**
Motoren:	*Zyl.:*	*N'w.:*	*cm³:*	*PS/'min:*	*Nm/'min:*
a (*1987–)	4	OHC	2555	113/5200	200/2400/195*/28'
b (1987–)	4i			127/4800	205/2400

Miura

Brasilien erwies sich als ein unerschöpfliches Reservat der Autoenthusiasten und damit auch der Liebhaberfabrikate. Einen wesentlichen Beitrag zu deren Fortbestand leistete Volkswagen do Brasil, indem diese Firma stets noch Modelle mit Plattformrahmen herstellte, auf denen sich solche für die Fans bestimmte Kleinserienautos aufbauen ließen. Dies galt auch für die Firma Aldo Auto Capas von Aldo Besson in Porto Alegre, die ursprünglich Sitzüberzüge produziert hatte und sich 1977 unter der Marke Miura dem Bau von Kunststoffcoupés auf der Basis des → VW Brasilia zuwandte. Im Gegensatz zu anderen Produkten dieser Art wurde der Plattformrahmen bzw. der hinten gegabelte Zentralrohrrahmen des Brasilia in ungekürzter Originallänge mit 240 cm Radstand benutzt.

MTS 1.6 1980 war der monatliche Ausstoß auf rund 40 Wagen gesteigert worden, und Anfang 1981 wurde mit dem MTS 1.6 ein neues Modell vorgestellt. Mit ihm sollte die Produktion um weitere 50 Prozent gesteigert werden. Der MTS 1.6 besaß den Motor des brasilianischen → VW Passat als Antriebsquelle, und diese war hinter der Hinterachse – also wie beim Brasilia als Heckmotor – untergebracht. Aus 1588 cm³ standen 80 PS zur Verfügung, während die Kraftübertragung über ein 4-Gang-Getriebe erfolgte, wie es im VW-Käfer und im Brasilia verwendet wurde. Auch die Vorderradaufhängung entstammte dem Brasilia. Die keilförmige Front erbrachte einen größeren vorderen Überhang.

Das Design ähnelte zwar nur wenig dem Lamborghini Miura, konnte sich aber hinsichtlich sportlicher Eleganz durchaus sehen lassen. Eigens für Europa – man hatte in Saarbrücken einen Importeur für Deutschland, Österreich und die Schweiz ernannt – wurde ein besonders sorgsam gestalteter Innenraum geschaffen, der sich durch einen schmucken Armaturenträger mit überdacht angeordneten Instrumenten, ein elektrisch verstellbares Lenkrad mit drei gelochten Speichen, Schalensitze und Lederüberzüge auf Sitzen und Türverkleidungen auszeichnete. Solche Zubehöre und auch eine Klimaanlage waren in Brasilien gegen Aufpreis erhältlich.

Miura	Bauart	Mot.	Getr.	R/L cm	Baujahre
MTS	**Z'r./H.**	**a–c**	**4**	**240/430**	**1981–83**
Motoren:	*Zyl.:*	*N'w.:*	*cm³:*	*PS/'min:*	*Nm/'min:*
a	4	OHC	1588	80/5600	118/3000
b			1471	65A/5600	108/3000
c (1982–)	B4/l.	OHV	1584	54/42A/4200	106/83/3000
Targa / Spider	**Fr.**	**a/b**	**4/5**	**242/427**	**1982–84**
Targa / Spider / Saga		**c/d**		**241/424/242/251**	**1984–88**
Motoren:	*Zyl.:*	*N'w.:*	*cm³:*	*PS/'min:*	*Nm/'min:*
a (–1984)	4	OHC	1588	73/82A/5200	119/127/2600
b (–1984)	B4/l.	OHV	1584	54/42A/4200	106/83/3000
c (–1985)	4	OHC	1781	85/92A/5000	143/146/2600
d (1985–)				88/96A/5000	146/2600/153/3400
e (787/X8 1987–)	4T			148	
Saga / 787 / X8	**Fr.**	**–**	**5**	**248/436**	**1988–90**
Motor:	4	OHC	1984	112A/99/5200	170/159/3400

Miura MTS 1.6, 1981

Miura Spider, 1986

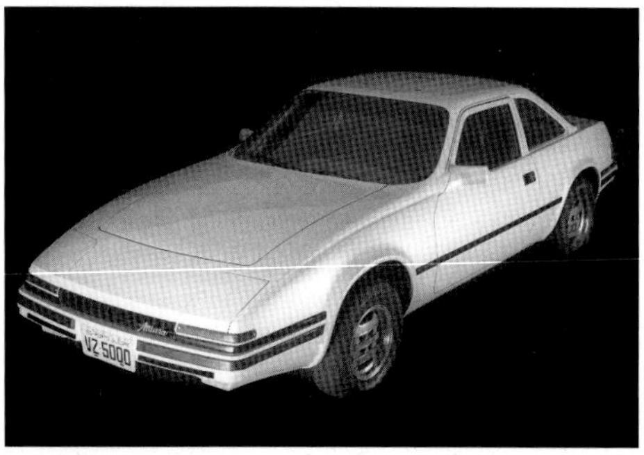

Miura Saga, 1986

Miura 787, 1989

Miura X8, 1989

Der MTS wurde auch mit dem 1,5-l-Passat-Alkoholmotor lieferbar, der sich mit 65 PS bescheidete und den Betrieb mit Ethanol erlaubte (das man auch am Samstag und Sonntag tanken durfte). Doch auch der rund 20 Prozent preisgünstigere Miura mit dem luftgekühlten Boxermotor verkaufte sich stets noch gut. Da die offiziell erlaubte Höchstgeschwindigkeit auf 80 km/h beschränkt war, waren Sportwagen ohnehin mehr eine Angelegenheit der Optik und der Gefühle als des Leistungsvermögens.

Targa. Als neues Modell wurde auf dem Autosalon von Sao Paulo im November 1981 der Targa gezeigt. Er basierte auf dem Unterbau des VW Passat und entsprechend besaß er Frontantrieb. Die vorderen Dachhälften waren herausnehmbar.

Spider. Auf der Targa-Basis kam 1983 das Vollcabrio Spider hinzu. Die (schon beim Targa eingeführte) seitliche Sicke, die vom vorderen Radausschnitt bogenförmig zum Heck anstieg, verlieh ihm im Verein mit der flachen Klappscheinwerferfront eine Ähnlichkeit mit dem → Triumph TR 7 Convertible.

Saga. So hieß eine neue Version des Targa, die auf dem Salon von Sao Paulo im November 1984 gezeigt wurde: Sie war mit einem Word Processor bzw. Sprachcomputer ausgerüstet, der zum „Gurten anschnallen", „Öl nachfüllen" usw. auffordern konnte.

Ab 1985 wurde in die Miura-Modelle ausschließlich der 1,8-l-OHC-Motor von VW do Brasil eingebaut (88 PS bzw. 96 PS mit Ethanol). 1987 kamen die Modelle Saga 787 und X8 hinzu, die mit Turbomotor 148 PS boten. Ab 1987/88 wurden für den Export nach den USA Ford-Motoren vorgesehen. Der 1988 von einer Kölner Firma importierte Miura Spider war nach wie vor mit der VW-1,8-l-Mechanik ausgerüstet. Ab Ende 1988 erhielten die Miura-Modelle den VW-2-l-Motor (99 PS bzw. 112 PS mit Ethanol), und der Spider wurde aus der Produktion genommen.

Top Sport. Im Oktober 1989 kam zu den Modellen Saga, 787 und X8 die Ausführung Top Sport hinzu. Sie unterschied sich vor allem durch einen mit Heckflossen kombinierten (statt angefügten) Heckflügel.

Mit einem Jahresausstoß von 300 bis über 400 Stück hatte Miura unter den Kleinherstellern Brasiliens hinter Gurgel lange Zeit den zweiten Platz belegt. Doch ab 1990 gingen die Produktionszahlen graduell zurück. Ab 1993 wurden die Miura nur noch auf Bestellung gebaut; im Jahr darauf verschwand die kleine brasilianische Liebhabermarke vom Markt.

Moke

Mini Moke

Der Mini Moke war eine ursprünglich für den Militäreinsatz entwickelte und Anfang 1962 mit 950-cm^3-Motor vorgestellte Offenversion des → Mini. Sie besaß eine Motorhaube mit angesetzten Kotflügeln im Stile eines Geländewagens. An sie schloss sich ab der Spritzwand eine offene Plattform mit hohen Seitenschwellern an. Der Mini Moke, der sich auch mit einem Verdeck ausrüsten ließ, wurde ab 1964 als Funcar und Strandauto zu einem Begriff.

Ende der 60er Jahre wurde die Produktion des Moke aus England transferiert und seine Herstellung bis 1981 von der British Leyland Motor Corporation of Australia weitergeführt. Nachdem er bereits auf den Märkten Frankreichs und Italiens angeboten worden war, wurde er ab 1979 unter der Bezeichnung Moke California (ohne Mini) jeweils auch auf dem Genfer Salon gezeigt. Außer mit dem 1275-cm^3-Motor gab es ihn mit dem 1-l-Mini-Antriebsaggregat. Mit einem solchen wurde er 1981 in Genf von der für den Europavertrieb zuständigen Firma Fattori & Montani SpA aus Rom ausgestellt. Originell waren die neuen Plexiglas-Schiebetüren.

Inzwischen wurde der Moke in Portugal montiert, und ab 1983 erfolgte dort die eigentliche Herstellung. Im gleichen Jahr wurde er auf der London Motorfair von der Firma → Dutton angeboten.

Scout. Unter dieser Bezeichnung erfuhr der Mini Moke 1987 eine weitere Renaissance: Hersteller war nun die Firma Automotive Engineering and Manufacturing in Merthyl Tydfil, Wales. Es war ein Ausstoß von monatlich 30 Exemplaren geplant, und es lagen Bestellungen aus Kreta, Zypern und Gambia vor. Es konnte zwischen Stoffverdeck und Hardtop gewählt werden, und nebst dem 1-l-Motor von Austin Rover standen weitere Antriebseinheiten im Angebot.

Doch es war der portugiesische Moke, der ab Herbst 1987 teils auch über das Austin-Rover-Händlernetz vertrieben wurde, mit 1-l-Motor und allerhand Beiwerk. So wurde er beispielsweise auch auf dem Autosalon von Brüssel im Januar 1988 ausgestellt. 1989 verkaufte Rover die Rechte am Moke an die italienische Motorradfirma Cagiva. (Herstellung ab Mitte 90er Jahre in Italien).

Moke Californian, 1981

Moke	**Bauart**	**Mot.**	**Getr.**	**R/L cm**	**Baujahre**
(Californian)	**Fr.**	**a/b**	**4**	**209,5/323**	**1980–85**
(Mini-) Moke				**203,5/323**	**1987–90**
Motoren:	*Zyl.:*	*N'w.:*	*cm^3:*	*PS/'min:*	*Nm/'min:*
a (–1985 *1987–)	4	OHV	998	40/5200/4750*	69/68/2500
b (–1985)			1275	55/5250	88/2500

Monteverdi

Monteverdi Sierra, 1982

Monteverdi Safari, 1982

Monteverdi Tiara, 1982

Gegründet als Eigenmarke 1967, als der Schweizer Garagist, Luxuswagen-Importeur und Rennfahrer Peter Monteverdi (1934–1998) aus Binningen bei Basel auf der Frankfurter IAA sein formvollendetes Luxus-Sportcoupé High Speed 375 S vorstellte. Dieses Coupé besaß ein Kastenrahmenchassis, eine von Peter Monteverdi entworfene und von Pietro Frua in Italien ausgefeilte und gebaute Karosserie sowie einen 7,2-l-V8-Motor von Chrysler. Jahr um Jahr stellte Monteverdi fortan auf dem Genfer Salon weitere Neuheiten der Luxusklasse von exklusivstem Design vor. 1981 war der Zenit der Monteverdi-Eigenkreationen allerdings schon durchschritten. Angeboten wurden noch die mittelgroße Individuallimousine Sierra und der Luxusgeländewagen Safari.

Sierra. Im Sinne der Zeit hatte Peter Monteverdi auf dem Genfer Salon 1977 mit dem Sierra ein „vernünftigeres" Modell zur Premiere gebracht. Der Sierra war ein mit typischem Monteverdi-Kühlergrill versehener Chrysler-Kompaktwagen des Typs → Dodge Aspen bzw. Plymouth Volaré. Geblieben war der gesamte Mittelteil auf der Plattform mit 285,5 cm Radstand. Front und Heck waren jedoch geschickt umgestaltet worden, sodass die Gesamtlänge nur 488 statt 511 cm erreichte, was allerdings den hörnerlosen, einfacheren Stoßstangen mit zuzuschreiben war. Die quadratisch gerahmten Doppelscheinwerfer und die schlichten horizontalen Hecklichter unterschieden sich klar vom eher pompösen amerikanischen Stil.

Im Gegensatz zu den Chrysler-Modellen wurde der Monteverdi Sierra ausschließlich mit V8-Motor angeboten, nämlich mit einem 5,2- oder einem 5,9-l-Aggregat mit 168 bzw. 180 PS. Der Kraftübertragung diente das 3-Stufen-Automatikgetriebe Torqueflite von Chysler und es war stets eine Differenzialbremse eingebaut. Die Aufhängung umfasste vorn obere Dreieckquerlenker, untere einfache Querlenker mit Zugstreben, hinten eine Starrachse mit Längs- und Querlenkern (Schraubenfedern); auch die Lenkung mit Schnecke und Rolle arbeitete mit Servo.

Der Innenraum unterschied sich wie Front und Heck vom amerikanischen Ursprung: Das Armaturenbrett war mit einem wildlederartigen Material überzogen und trug zahlreiche Rundinstrumente. Hinzu kamen ein Sportlenkrad, Mittelkonsole, Lederüberzüge, sorgsam eingefasste Veloursteppiche auch im Kofferraum sowie verstellbare Kopfstützen. Von Chrysler übernommen wurden u. a. die elektrische Sitzverstellung und die Fensterheber.

Safari. Monteverdis Einstieg in den Bereich der Luxusgeländewagen war eine glänzende Idee. Als er auf dem Genfer Salon 1976 den Safari lancierte, gab es erst den Range Rover. Der Safari bestach durch eine klar gezeichnete Dreitürkarosserie mit einem für die Basler Marke typischen feinkarierten Kühlergitter und Halogen-Doppelscheinwerfern. Für den Antrieb sorgten auch im Safari amerikanische V8-Motoren, wobei anfänglich die Chrysler-Maschinen mit 5,2 und 5,9 l Hubraum zur Wahl standen. Da es aber einfacher war, das dem Safari als Grundlage dienende Kastenrahmenchassis des International Scout II gleich mit einem Originalmotor zu beziehen, kamen die meisten Safari bald einmal mit dem 5,7-l-V8 von International ausgerüstet auf den Markt. Diese auf Geländewagen spezialisierte US-Marke stellte 1980 die Produktion ihrer Scout-Modelle allerdings ein.

Der Kraftübertragung dienten ein 3-Stufen-Automatikgetriebe, Hinterradantrieb mit Power-Lock-Differenzialbremse, zuschaltbarer Vorderradantrieb sowie ein Untersetzungsgetriebe. Diese Elemente waren für den Safari von Anfang an von International bezogen worden. Auf Wunsch war auch ein 4-Gang-Getriebe erhältlich. Wie bei Geländewagen üblich, wurden vorne wie hinten Starrachsen mit Halbelliptik-Blattfedern verwendet. Bremsen und Lenkung waren servobestückt.

Der Innenraum war mit strapazierfähigem Kunstleder bespannt. Der vor dem Dreispeichen-Sportlenkrad aufgepflanzte Instrumententräger vermittelte ein eher sportliches als geländewagentypisches Ambiente. Zur Serienausstattung zählten Klimaanlage, Zentralverriegelung, Fensterheber sowie eine Radio-Stereoanlage mit elektrischer Antenne. Die Fensterrahmen waren in Schwarz gehalten, ebenso wie ein breites Prallschutzband an den Flanken, das eine optische Fortsetzung der Stoßstangen verkörperte. Die Herstellung erfolgte beim Karosseriewerk → Fissore in Italien.

Ende 1980 wurde die Automobile Monteverdi AG neu strukturiert. Sie produzierte in Eigenregie die Luxusmodelle Safari und Sierra und sie besorgte auch den Verkauf sowie die Ersatzteilversorgung in der Schweiz und weltweit. Daneben wurde der fünftürige Range Rover gebaut, und für Neuentwicklungen gab es die Abteilung Monteverdi Design (Peter Monteverdi schuf u. a. Entwürfe für Volvo).

Range Rover – Monteverdi Design. Im Auftrag des Schweizer Importeurs hatte Peter Monteverdi eine viertürige Version des Range Rover entwickelt. Ohne den Radstand zu verlängern wurden hierzu die Mittelpfosten nach vorne versetzt und die Vordertüren entsprechend verkürzt, womit genügend Raum für Hintertüren gegeben war. Zudem wurde die Fondsitzbank um einige Zentimeter nach hinten versetzt. Diese Sonderausführung trug das Markenzeichen „Range Rover – Monteverdi Design" und wurde ab 1980 von der Firma → Rayton Fissore in Italien in die Kleinserie umgesetzt. Der Vertrieb erfolgte via Automobile Monteverdi AG bzw. Land Rover Limited, Solihull, England, über die BL-Importeure diverser Länder. Mitte 1981 wurde die Produktion von der → Land Rover Ltd selbst übernommen; Peter Monteverdi hatte ihr eine Marktlücke aufgezeigt.

Safari Antiterror. Auf dem Genfer Salon 1981 lancierte Monteverdi den Safari Antiterror als Sicherheitsversion des Luxusgeländewagens. Er bot nach Angaben des Herstellers eine schusssichere Fahrgastzelle. Zur Sicherheitsausstattung zählten nebst der Panzerung eine Vernebelungsanlage und spezielle Sicherheitsschlösser. Dem Antrieb diente ein 5,7-l-V8-Motor mit Automatikgetriebe und zusätzlicher Untersetzung. Ebenfalls in Genf zeigte Monteverdi den Subaru Integral/Monteverdi Design, eine aufgewertete Sonderversion des dreitürigen Subaru.

Tiara. 1981 war die Produktion des Safari und des Sierra ausgelaufen. Auf dem Genfer Salon 1982 zeigte Peter Monteverdi seine Neuheit Tiara gleich in drei Exemplaren: Der Tiara verkörperte eine Parallele zum Sierra. Doch nun stammte der von einer eigenen Front und einem eigenen Heck eingerahmte Mittelteil vom → Mercedes-Benz 380/500 SEL. Somit wurden höchstes technisches Niveau mit einer besonders reichhaltigen Ausrüstung und individualisiertem Design zu einer ungewohnten Symbiose vereint.

Sowohl die Fronthaube wie das gesamte Heck wurden nach Montverdi-Entwurf vollständig neu angefügt, wozu – wie schon im Falle des Sierra – fabrikneue Fahrzeuge umgebaut wurden. Der wohlbekannte Mercedes-Benz-Kühlergrill wich beim Tiara der horizontal betonten markentypischen Monteverdi-Front, wie sie schon beim ersten Coupé dieser Marke von 1967 eingeführt worden war. Da der Tiara überdies mit allen erdenklichen (Mercedes-)Luxusmerkmalen ausgestattet war – vom ABS über die Klimatisierungsautomatik bis zur Sitzheizung vorne und hinten – kam er entsprechend teuer zu stehen. Zudem konnten weitere Zubehöre bestellt werden, wie etwa eine Video-Fernsehkonsole, eine vor Smog schützende Innenluft-Filtrieranlage usw.

Auf die Frage, an wen sich denn sein jüngstes Luxusgefährt richte, antwortete Monteverdi: „Es gibt Leute, die keinen Rolls-Royce wollen – und es gibt Leute, die keinen Mercedes mögen...“.

Unter der Marke Saurer (→ Anhang) wurden Anfang 1982 die ursprünglich von Monteverdi entwickelten Geländewagen 232 M und 288 M vorgestellt, von denen Saurer eine Vorserie von zehn Exemplaren baute. – Doch wie viele Monteverdi-Wagen wurden insgesamt gebaut? Gemäß Schätzungen dürften es zwischen 3000 und 3500 Exemplare gewesen sein; der Bärenanteil entfiel auf den Safari.

Monteverdi	Bauart	Mot.	Getr.	R/L cm	Baujahre
Sierra	**St.**	**a/b**	**A3**	**286/488/512**	**1980/81**
Motoren:	*Zyl.:*	*N'w.:*	*cm³:*	*PS/'min:*	*Nm/'min:*
a	V8	OHV	5210	168/4000	333/1600
b			5898	180/4000	390/1600
Safari	**K'r./4**	**–**	**A3/4/+R**	**254/456**	**1980–82**
Motor:	V8	OHV	5653	165/3600	402/2000
Tiara 3.8 / 5.0	**St.**	**a/b**	**A4**	**307,5/527/537U**	**1982-84**
Motoren:	*Zyl.:*	*N'w.:*	*cm³:*	*PS/'min:*	*Nm/'min:*
a	V8	OHC	3839	204/5250/157U/4750	315/3250/266/2750
b			4973	231/4750/	405/3000

Moretti

Diese Marke ging auf eine von Giovanni Moretti in Turin eröffnete Werkstätte zurück, die sich 1927 vom Motorrad dem Automobil zuwandte. 1945 wurde die Firma Moretti, Fabbrica Automobili e Stabilimenti Carrozzerie Sas gegründet. Sie baute auf eigenen Chassis in Kleinserie eine Vielzahl attraktiver Klein- und Sportwagen. Ab den 60er Jahren waren es vorwiegend noch Liebhabermodelle auf der Basis kleiner und mittlerer Fiat-Typen, darunter wohlgeformte und hochoriginelle Coupés, Cabrios und Limousinen. 1981 war deren Zeit allerdings längst vorbei und die Herstellung konzentrierte sich auf den Funcar Midimaxi und den Geländekombi Sporting.

Moretti Sporting 4x4, 1982

Moretti Panda Rock, 1983

Moretti Midimaxi 127, 1983

127 Midimaxi. Der auf dem Turiner Salon 1971 vorgestellte Midimaxi zeigte die Originalfront des Fiat 127, war aber in der Art eines Citroën Méhari als Allroundauto bzw. Funcar mit einer Offenkarosserie versehen. Diese trug einen Überrollbügel. Das Kühlergesicht änderte im Verlaufe der Jahre analog zum weiterentwickelten → Fiat 127; so wurde der 127 Midimaxi, der mit Verdeck oder einem Hardtop ausgerüstet werden konnte, ab 1978 auch mit den 1049-cm^3-Motor lieferbar. Seine Länge erreichte 357 cm.

Sporting 4x4. Auf dem Turiner Salon 1978 wurde der Moretti-Fiat Campagnola Sporting 4x4 herausgebracht, eine luxuriös und deutlich geräumiger gestaltete Version des Fiat-Geländewagens mit glatten Seitenflächen und moderner Front samt Doppelscheinwerfern. Im Vergleich zum kantigen → Fiat Campagnola war der Moretti Sporting wesentlich eleganter. Er besaß eine gebogene statt eine flache Windschutzscheibe, und über der großflächigen hinteren Seitenscheibe war im erhöhten Dach ein kleiner Lichtstreifen eingesetzt. Die technischen Daten des bis achtsitzig ausgeführten und mit 2-l-Benzin- oder 2,5-l-Dieselmotor erhältlichen Sporting 4x4 wichen nicht von jenen des Campagnola ab.

Moretti Regata Convertibile, 1984

Moretti Uno Folk, 1985

Auf dem Turiner Salon im April 1982 wurde der Sporting in besonders schmucker Ausführung mit feinmaschigem hellgrauem Kühlergitter und in den Stoßschutz integrierten Nebellampen ausgestellt, all' die schwarzen Zierelemente waren verschwunden. Doch im Verlaufe des Jahres 1982 wurde der Sporting aufgegeben.

Pandarock. Ebenfalls auf dem Turiner Salon 1982 wurde der Pandarock eingeführt (später Panda Rock geschrieben), eine Abwandlung des Fiat Panda, analog zum Midimaxi mit abnehmbarem hinterem Verdeckteil und originellen Karosseriedetails. Ausgestellt waren in Turin auch die Fiat-Sonderversionen Superpanda, 127 VIP und Ritmo Gold, alles innen und aussen aufgewertete kleine „Schmuckkästchen".

Anlässlich des Turiner Salons zeigte Moretti im November 1984 erneut die Panda-Derivate Gold, Rock und Superpanda. Auch den Uno gab es als Gold und außerdem als Folk, eine originelle zweitürige Cabriolimousine. Auf der Basis des Regata war zudem eine viertürige Cabriolimousine entstanden.

Weitere zwei Jahre später waren selbenorts der Panda Rock und die Cabriolimousine Folk sowie Panda- und Uno-Lieferwagen ausgestellt. – Im Januar 1988 wurde mit dem Moretti Uno Country ein offenes fünfsitziges Mehrzweckfahrzeug auf der Basis des Fiat Uno 45 SL auf den Markt gebracht. Hinten ließ sich nach bewährtem Muster ein Blachenverdeck aufsetzen.

Von Commendatore Giovanni Moretti (1904–1981) war die Unternehmensleitung längst an die Söhne Gianni und Sergio übertragen worden. Die Firma Moretti behielt ihre Fiat-Derivate bis ins Jahr 1990 im Angebot. In jenem Jahr wurde auf dem Automobilsalon von Turin im April in einer Ecke des Standes der Karosseriefirma Scionieri (→ Anhang) ein weiteres Mal das originelle Halbcabrio Moretti Panda Rock ausgestellt. Denn die Fabbrica Automobili Moretti war von Scionieri übernommen worden.

Morgan

Schon 1909 hatte Henry Frederick Stanley Morgan (1881–1959, man nannte ihn kurz HFS) sein erstes Dreiradauto konstruiert. Gegründet wurde die Morgan Motor Co. Ltd in Malvern Link, Worcestershire, aber erst 1912. 1936 kamen Vierrad-Sportroadster hinzu. Morgan ist die weltweit einzige Firma, die weder Replikas noch Neoclassics herstellt, sondern treu und redlich ihre eigenen Liebhaber-Sportwagen aus der Zwischenkriegszeit weiterbaut. Nur der traditionelle hochformatige Kühlergrill hatte 1955 eine Änderung, nämlich nach außen gewölbte statt gradlinige Vertikalstäbe, erhalten. Fortgeführt wurde auch die alttraditionelle Konstruktions- und Produktionstechnik: Auf dem bodenständigen Chassis wurde aus Eschenholz ein Karosserieskelett aufgebaut, das der Aufnahme der altertümlichen Karosserieteile aus Stahlblech diente. Da war eine ganze Menge versierter Handarbeit gefragt.

Modernisiert worden war hingegen die von außen unsichtbare Antriebstechnik, die ohnehin stets von den Großen der Autoindustrie zugekauft wurde. 1981 wurden unter Gründersohn Peter Morgan (1919–2003) die Morgan 4/4 1600 und Plus 8 gebaut.

4/4 1600. Dieser Basis-Morgan wurde als zweisitziger Roadster und als viersitziger Tourer hergestellt, beide mit Verdeck und Steckfenstern. Der Typ 4/4 war unter Mitwirkung von Gründersohn Peter Morgan (1920–2003) im Jahre 1936 als Ergänzung zu den offenen Dreirad-Sportwagen herausgebracht worden. 1981 wurde er mit dem 1,6-l-OHV-Motor von Ford ausgerüstet, der es mit Weber-Doppelvergaser auf 85 PS brachte; er gab seine Kraft über ein 4-Gang-Getriebe auf die Hinterräder ab.

Aufgebaut wurden die Morgan auf einem Kastenrahmenchassis mit Kreuzverstrebung. Vorn umfasste die Aufhängung senkrechte Führungsrohre und Schraubenfedern, hinten eine Starrachse mit Halbelliptikfedern. Während vorn übliche Teleskopdämpfer montiert wurden, kamen hinten noch Kolbendämpfer zum Einbau. Vorne wurden inzwischen Scheibenbremsen montiert, die Lenkung arbeitete mit Schnecke und Lenkfinger. Der Roadster brachte leer ab 735 kg auf die Waage, womit ein ansprechendes Leistungsgewicht gewährt war. Es waren aber vor allem die flache Windschutzscheibe und die tief ausgeschnittenen Türen sowie nicht zuletzt die harte Federung, die zum unnachahmlichen Morgan-Fahrgenuss verhalfen.

Plus 8. Wer dieses einzigartige Feeling gleichzeitig mit einer starken Portion Leistungsvermögen verbunden haben wollte, dem wurde mit dem Morgan-Modell Plus 8 der ultimative Spass geboten. Dieser war im September 1968 vorgestellt worden, und er wurde binnen kurzem zu einem neuen Morgan-Begriff. Äußerlich unterschied er sich bis auf den um 5 cm gestreckten Radstand und die damit etwas länger gezogenen vorderen Kotflügel kaum vom Modell 4/4. Am auffallendsten war der Ersatz der traditionellen Drahtspeichenräder durch Leichtmetall-Lochfelgen. Zudem wurden serienmäßig Nebellampen montiert.

Ab 1976 erreichte die Leistung des von → Rover stammenden 3,5-l-V8-Motors – das Kernstück des Plus 8 – mit zwei SU-Vergasern 157 PS. Gleichzeitig war ein 5-Gang-Getriebe eingeführt worden. Das Fahrwerk entsprach jenem des Modells 4/4.

4/4 1600 1982. Im Winter 1981/82 wurde der betagte Ford-Motor des Typs Kent mit seitlicher Nockenwelle, der den Abgasvorschriften nicht mehr entsprach, durch das neue 1,6-l-Aggregat Ford CVH abgelöst, wie es den → Ford Escort XR-3 antrieb. Weil es dort aber quer eingebaut wurde, musste dieser Motor mit obenliegender Nockenwelle für den Einbau im Morgan konstruktiv angepasst werden. Da dies nicht genügend rasch umgesetzt werden konnte, sah man sich bei Morgan nach einem weiteren Ersatz um und wurde – erstaunlicherweise – im Ausland, nämlich bei Fiat fündig: So kam sogar eine Antriebseinheit mit zwei obenliegenden Nockenwellen zum Einbau: Der 1585-cm^3-Fiat-Motor leistete, ebenfalls mit Weber-Zweifachvergaser, 98 PS und 127 Nm, wogegen der XR-3-Motor mit 1598 cm^3 auf 96 PS und 132 Nm kam (ebenfalls bei 6000/min bzw. 4000/min).

Beide Motoren wurden mit einem 5-Gang-Getriebe verbunden (zum Ford-Motor war ursprüng-

Morgan Plus 8, 1982

Morgan 4/4 1600 Roadster, 1983

Morgan 4/4 1600 Tourer, 1983

lich eine 4-Gang-Einheit vorgesehen worden). So motorisiert konnte nun der 4/4 Tempo 100 binnen 8 s statt 10,5 s und eine Spitze von 185 statt 170 km/h erreichen.

Plus 8 PI. Ab Mai 1984 gab es den bloß 830 kg wiegenden Plus 8 wahlweise auch mit dem 193 PS starken Einspritzmotor aus dem Rover Vitesse mit elektronischer Einspritzung (Petrol Injection) Lucas LE. Beachtung verdiente zudem, dass der Plus 8 PI serienmäßig mit Zahnstangenlenkung (statt jener mit Schnecke und Lenkfinger) ausgerüstet wurde. Gegen Aufpreis war sie auch zusammen mit dem Vergaser-V8 zu haben.

Plus 4. Mit diesem Modell kam Anfang 1985 eine neue Variante hinzu. Die Kraftquelle stammte erneut von Fiat, und zwar handelte es sich um das 1995-cm^3-Aggregat mit zwei obenliegenden Nockenwellen und LE-Jetronic-Einspritzung von Bosch, das 122 PS bei 5300/min zur Verfügung hielt und mit einem 5-Gang-Getriebe verbunden wurde. Die Fahrzeugbreite wurde beim Plus 4 mit just 150 cm angegeben (4/4 1600: 142 cm; Plus 8: 157,5 cm).

In England galten für „Moggies", wie sie liebevoll genannt wurden, immer noch Lieferfristen von vier bis fünf Jahren. Da spielte es keine allzu große Rolle, dass die Abgasvorschriften in Amerika mitunter Probleme schufen und in Kalifornien etwa durch den Umbau auf Betrieb mit Propangas behoben wurden. Einen Jahresausstoß von 400 bis 500 Wagen wollte Morgan ohnehin nicht überschreiten.

Plus 4 1988. Im Frühjahr 1988 wurde der Fiat-Motor durch die M16i-Maschine aus dem Rover 820i abgelöst. Bei ihr kamen zu zwei obenliegenden Nockenwellen nun die 16-Ventil-Technologie hinzu und es standen 140 PS zur Verfügung.

Mit dem Jahrgang 1990 erhielt der 4/4 1600 den Ford-CVH-Einspritzmotor mit 110 PS; für den Plus 8 wurde anderseits auch der 3,9-l-V8 samt Katalysator mit 182 PS lieferbar.

Im Jahre 1999 wurde die Führung der traditionellsten Sportwagenmarke von Gründer-Großsohn Charles Morgan übernommen.

Morgan	Bauart	Mot.	Getr.	R/L cm	Baujahre
/4 1600 (*1986–)	**K'r.**	**a–d**	**4/5**	**244/366/389***	**1980–90**
Plus 4		**e/f**	**5**		**1985–86/1988–90**
Motoren:	*Zyl.:*	*N'w.:*	*cm³:*	*PS/'min:*	*Nm/'min:*
a (–1981)	4	OHV	1599	85/5500	125/3500
b (81–86/88/89 *86–88)		OHC	1598	96/6000	132/133*/4000
c (1989–)	4i			110/6000	138/2800
d (1982–85)	4	DOHC	1585	98/6000	127/4000
e (1985/86)			1995	122/5300	172/3500
f (Plus 4 1988–)	4i	D16V	1996	140/6000/133K/5900	178/4500/176/4400
Plus 8 (*1986–)	**K'r.**	**a–c**	**5**	**249/374/396***	**1980–90**
Motoren:	*Zyl.:*	*N'w.:*	*cm³:*	*PS/'min:*	*Nm/'min:*
a (–1986)	V8	OHV	3532	157/5250	267/2500
b (Petrol Inj. 1984–)	V8i			193/5280/182K/4750	298/4000/308/3500
c (USA 1986/87)				175/5000	

Morris

Gegründet 1912 von William R. Morris, dem späteren Lord Nuffield. In der Zwischenkriegszeit entstand aus Morris und MG mit Wolseley und Riley die Nuffield-Gruppe. Diese wurde 1952 mit Austin zur British Motor Corporation vereint. 1968 wurde Morris Teil der aus zehn Marken bestehenden British Leyland Motor Corporation (BLMC, ab 1978 BL Limited, Grundsätzliches → Austin).

Ital. Im Juli 1980 wurde der Marina, die letzte verbliebene Morris-Modellreihe, in Ital umgetauft. Front und Heck waren von Ital-Design (→ Anhang), dem berühmten Designunternehmen von Giorgetto Giugiaro, überarbeitet worden. Hinzu kamen qualitative Verbesserungen, wie eine wirksamere Lärmisolierung mit zahlreichen Dämmmatten, ein effizienterer Korrosionsschutz und eine Verlängerung der Serviceintervalle von 10'000 auf 20'000 km.

Der altbewährte 1275-cm^3-Motor mit seitlicher Nockenwelle war ebenfalls gründlich bearbeitet worden: Er hieß jetzt A-Plus und war für weitere BL-Modelle vorgesehen (Detailverbesserungen → Mini Metro). Er leistete 62 statt 58 PS und verbrauchte bei Konstanttempo 90 nur noch 6,3 statt 7 l Superbenzin auf 100 km. Unverändert war der noch junge 1,7-l-Motor des Typs O mit obenliegender Nockenwelle, neu wurde zudem eine 2-l-Variante mit 91 statt 79 PS angeboten. Es gab den Ital als viertürige Stufenhecklimousien und als fünftürigen Kombi sowie in den Ausrüstungsstufen L, HL und HLS; letztere Limousine bot u. a. ein Plüschinterieur, getönte Scheiben sowie einen Vinyl-Dachüberzug.

Der Kraftübertragung dienten ein 4-Gang-Getriebe oder eine 3-Stufen-Automatik von Borg-Warner. Die Aufhängung setzte sich vorne aus oberen und unteren einfachen Querlenkern, unten jeweils mit Zugstrebe, und längsliegenden Torsionsfe-

→S. 359 unten

Morris Ital HLS, 1981

Morris	Bauart	Mot.	Getr.	R/L cm	Baujahre
Ital	**St.**	**a–c**	**4/A3**	**244/434,5/438**	**1980–84**
Motoren:	*Zyl.:*	*N'w.:*	*cm³:*	*PS/'min:*	*Nm/'min:*
a (*1981–)	4	OHV	1275	62/5300/5400	93/2950/94*/3000
b (*1982–)		OHC	1698	79/78*/5150	126/3400
c (–1982)			1994	91/4750	154/3250

Moskwitsch

Im Jahr 1930 war am Stadtrand von Moskau das Automobilwerk Leninsches Komsomol (= AZLK) entstanden, wo zunächst Ford-AA-Nutzfahrzeuge montiert und ab 1940 unter Lizenz der dem Ford Eifel nachempfundene Kim 10 gebaut wurden. Nach dem Zweiten Weltkrieg startete im Dezember 1946 in dem stark erweiterten Moskauer Kleinwagenwerk (MZMA = Moskovskii Zavod Malolitrazhnikh Avtomobilei) die Herstellung des Typs 400 der Marke Moskwitsch (= Sohn von Moskau). Bei diesem handelte es sich um den Vorkriegs-Kadett, denn Russland hatte als Reparationsleistung die Opel-Produktionseinrichtungen in Rüsselsheim demontiert. 1956 brachte MZMA mit dem Typ 402 eine Eigenkonstruktion mit Pontonkarosserie heraus. 1967 rollte der millionste Moskwitsch vom Band. Moskwitsch-analoge Modelle wurden auch unter der Marke → Izh hergestellt.

2138 / 2136. Als Nachfolger des ab 1964 gebauten Moskwitsch 408 war Ende 1974 unter der Modellbezeichnung 2138 eine Limousine mit modernerem durchgestrecktem Karosseriedesign und schlicht gehaltenem Kühlergrill eingeführt worden. Es gab ihn später auch als Kombi 2136. Der 1357-cm^3-Motor mit seitlicher Nockenwelle leistete 50 PS und trieb über ein 4-Gang-Getriebe mit Lenkradschaltung und unsynchronisiertem ersten Gang die Hinterachse an. Vorn wurden Trapez-Dreieckquerlenker verwendet, hinten eine Starrachse mit Halbelliptikfedern. Es wurden Vierrad-Trommelbremsen und eine Lenkung mit Schnecke und Rolle eingebaut.

2140 / 2137. Ein verjüngter äußerer Auftritt war auch eine Eigenheit der Modelle 2140 (Limousine) bzw. 2137 (Kombi). Wie schon das seit Anfang 1968 gebaute Duo 412 / 427 wurden sie von einem 1479-cm^3-Motor mit obenliegender Nockenwelle angetrieben. Dieses leistete 75 PS und war mit einem vollsynchronisierten 4-Gang-Getriebe mit Mittelschaltung kombiniert. Vorne wurden nun Scheibenbremsen montiert (und es handelte sich um Servobremsen). In der zweiten Hälfte der 70er Jahre wechselte der Name der Herstellfirma zurück auf AZLK.

Moskwitsch 2140, 1981

Nachdem unter der Marke Scaldia bereits in Belgien Moskwitsch-Modelle zusätzlich mit 1,6-l-Dieselmotor von Perkins montiert worden waren, wurde ein solcher Motor auch von Russland aus angeboten: 1981 handelte es sich um eine 1760-cm^3-Maschine mit seitlicher Nockenwelle und 50 PS Leistung; auch sie war eine englische Perkins-Konstruktion.

Schon ab 1977 waren bei AZLK Prototypen von fortschrittlicheren Modellen entstanden. Dennoch gab es Anfang der 80er Jahre den Plan, unter Lizenz jährlich 120'000 Citroën BX herzustellen. Stattdessen wurden dann gleichwohl die eigenen Konstruktionspläne weiterverfolgt. 1985 existierte der Prototyp eines hochmodernen, 420 cm langen Fließheckmodells mit Frontantrieb und Quermotor. Seine Silhouette ähnelte jener des Talbot Simca 1510, und dieser hatte auch tatsächlich als Vorbild gedient. Aber die auf 1986 vorgesehene Vorstellung verzögerte sich: Gemäß einem Vertrag mit Renault hätte für die Produktion eine Zusammenarbeit stattfinden sollen. Dann aber machte die französische Staatsfirma ihre Zusicherungen rückgängig und beschränkte sich auf die Lieferung von Produktionslinien für die Karosseriemontage mit automatischen Schweißanlagen. Vor allem für die Motorenherstellung musste Moskwitsch daher einen anderen Partner suchen. Verhandelt wurde sowohl mit Volkswagen wie mit japanischen Firmen.

Moskwitsch 2141 Aleko, 1989

2141. Mitte 1986 kam der Moskwitsch 2141 dann gleichwohl in Produktion, wenn auch zögerlich. Sein Motor wurde nicht quer, sondern längs vor der Vorderachse eingebaut, doch erfolgte der Antrieb auf die Vorderräder. Mit 258 cm Radstand und 435 cm Länge war er deutlich größer als das Stufenheckmodell 2140, wog aber mit 1070 kg ungefähr gleich viel. Der Luftwiderstandsbeiwert wurde (auch in Frankreich) mit cw 0,35 ermittelt. Als Antriebsaggregate standen der mit einem neuen Zylinderkopf versehene 1479-cm^3-OHC-Motor aus dem Typ 2140 (72 PS, 0–100 km/h in 17,8 s, Spitze 155 km/h, Verbrauch 5,9/8,0/9,9 l/100 km) und der aus dem Lada 1600 bekannte 1569-cm^3-Motor (80 PS, 0–100 km/h in 15,5 s) zur Wahl. Es wurde aber eine gänzlich neue Motorenfamilie in Aussicht gestellt. Vorne wurden McPherson-Federbeine mit unteren Querlenkern verwendet, hinten eine Verbundlenkerachse. Zu den modernen Konstruktionselementen zählten nebst 5-Gang-Getriebe und Zahnstangenlenkung ein 58 l fassender Tank aus Plastikmaterial (der alternativ zum 55-l-Stahltank eingebaut wurde).

Aleko. Im Herbst 1988 wurde der Moskwitsch 2141 unter dem Modellnamen Aleko auf der Mondial de l'Automobile in Paris für einige Westmärkte eingeführt. 1990 entstand der Prototyp eines besonders geräumigen Aleko-Kombi und es gab Pläne für einen dynamisch geformten Minivan Moskwitsch 2139. – *Nach dem Ende der Sowjetunion begann Mitte der 90er Jahre der Niedergang auch der Marke Moskwitsch. 2001 lief die Produktion endgültig aus.*

Moskwitsch	Bauart	Mot.	Getr.	R/L cm	Baujahre
2138 / 2140	**St.**	**a–d**	**4**	**240/421–425**	**1980–90**
2136 / 2137 (Kombi)					
Motoren:	*Zyl.:*	*N'w.:*	*cm^3:*	*PS/'min:*	*Nm/'min:*
a (–1984)	4	OHV	1357	50/4750	91/2750
b (–1984 + 1989–)		OHC	1479	75/5800/68/5200	112/3400/3800/–
c (1984–)				72/5800/65/5200	
d (–1984)	4D	OHV	1760	50/4000	108/2200
2141	**Fr.**	**a–f**	**5**	**258/435**	**1986–89**
Motoren:	*Zyl.:*	*N'w.:*	*cm^3:*	*PS/'min:*	*Nm/'min:*
a (–1988)	4	OHC	1479	72/5500/65/5200	112/3300
b (1988–)				73/5500/65/5200	108/3300
c (+*1988–)			1569	80/5400/71*/5400	123/3400/118/31'
d (1989–)				78/5400/76/80	123/3400
e (1989–)			1795	95/5600	147/3400
f (1989–)	4D		1890	65/4200	117/2100

derstäben zusammen, hinten fand sich eine Starrachse mit Halbelliptikfedern.

Anfang 1984 verlautete, dass spätestens in drei Jahren die gesamte Produktion des Morris Ital nach Lahore in Pakistan verlagert werde. Gemäß Abkommen der Austin Rover Group Ltd mit einer pakistanischen Firma sollte in Lahore ein Autowerk errichtet werden (doch daraus sollte nichts werden). Als im April 1984 der → Austin Montego als Nachfolger des Ital herausgebracht wurde, war das Schicksal der Marke Morris – nach 72 Jahren – besiegelt.

Morris Ital 1.7 Estate, 1981

MVS

Der Venturi wurde auf dem internationalen Automobilsalon von Paris im Oktober 1984 zur Weltpremiere gebracht: ein noch als Prototyp bezeichnetes elegantes Mittelmotorcoupé mittlerer Größe mit keilförmiger Front, Klappscheinwerfern und Fließheck. Dieser Zweisitzer basierte auf einem Rohrrahmenchassis mit McPherson-Federbeinen vorne wie hinten und trug eine Kunststoffkarosserie. Es wurden Motoren bis 2,5 l Hubraum vorgesehen.

Venturi. 1985 wurde unter der Obhut von zwei Finanzinstituten die Manufacture de Voitures de Sport (MVS) gegründet. Sie wurde von Hervé Boulan präsidiert, der seine Karriere im Bankwesen und in der Informatik gemacht hatte und ein großer Autofan war. Generaldirektor war Claude Poiraud, der jahrelang bei Alpine und Heuliez tätig gewesen war und dem nun die Produktentwicklung und Herstellung des Venturi oblag. Für den Vertrieb war Hervé Le Jeune zuständig, der zuvor bei Citroën eine Führungsposition belegt hatte. Das unaufdringliche, aber gelungene Karosseriedesign des Venturi war von Gérard Godfroy entworfen worden. Manche Konstruktionsteile stammten von Wagen der Großserie. Nachdem die Marke Alpine von Renault absorbiert worden war, versprach der Venturi Frankreich wieder zu einer individuellen Liebhabermarke zu verhelfen.

Die Vorstellung der Serienversion erfolgte auf dem Salon von Paris im Oktober 1986. Während sich der MVS-Firmensitz in Paris befand, wurde die Herstellung in einer Industriezone in Cholet bei Nantes aufgebaut. Dort sollten noch 1986 die ersten Kundenwagen entstehen.

Wie dem Renault Alpine V6 und dem früheren in Nordirland gebauten Flügeltürencoupé DeLorean diente dem Venturi der PRV-V6-Motor als Antriebsquelle. Er wurde längs vor der Hinterachse eingebaut und besaß 2458 cm^3 Hubraum. Mit Garrett-Abgasturbolader T3 (Ladedruck 0,9 bar), Ladeluftkühler und elektronischer Einspritzung AEI Renix kam er auf 200 PS bei 5750/min. Mit 5-Gang-Getriebe wurde eine Spitze von 250 km/h in Aussicht gestellt (spätere Angabe 245 km/h). Die GfK-Karosserie war im Gegensatz zum Prototyp mittragend konstruiert. Vorne wurden obere und untere Dreieckquerlenker verwendet, hinten Längsstreben und Querlenker. Das mit sportlichen Rundinstrumenten dotierte Armaturenbrett trug einen Holzbelag, und das gesamte Interieur war mit Leder ausgeschlagen. Zur Komfortausstattung zählten eine Servolenkung, eine Klimaanlage sowie elektrisch verstellbare Sitze und Außenspiegel.

Der im zeitgenössischen Stil gehaltene Fabrikbau in Cholet konnte im Mai 1987 in Betrieb genommen werden. Mit 35 Mitarbeitern, darunter 28 in der stark handwerklich ausgerichteten Herstellung – Durchschnittsalter 25 Jahre – wurden anfänglich ein und bald vier Venturi je Woche auf die Räder gestellt. Nur die Chassis-Stahlstruktur wurde auswärts gefertig und kam bei Heuliez (→ Anhang) anschließend in das Kataphoresebad, bevor sie nach Cholet geliefert wurde.

Venturi Transcup. Auf der Mondial de l'Automobile von Paris wurde im Oktober 1988 eine formschöne Cabrioversion mit neuartiger Dachkonstruktion vorgestellt: Statt eines Stoffverdecks besaß diese Kombination von Coupé und Cabriolet einen zweiteilig herausnehmbaren und im Frontkofferraum verstaubaren Dachmittelteil und eine samt den hinteren Dachträgern elektrisch versenkbare Heckscheibe. Die rahmenlosen Türfenster ermöglichten es, den Transcup sowohl als Vollcabrio wie als Cabrio mit Targabügel oder eben als Coupé zu fahren. Der mit luxuriösem Leder- und Edelholz-Innenraum ausgeführte Transcup wurde in den Ausführungen Atmo (mit Saugmotor) und Turbo (200 PS) zu einem Preis angeboten, der gut ein Drittel über jenem der Coupéversionen lag.

Venturi 2.80 SPC. Diese Hochleistungsversion kam im Mai 1989 hinzu. Die Ziffern wiesen auf den 2849-cm^3-V6 von PRV hin, während SPC für „sans pot catalytique" (ohne Katalysator) stand. Wie im Venturi 2.5 wurde diesem Motor ein Abgasturbolader Garrett T3 mit Ladeluftkühlung (Luft/Luft) beigefügt. Der maximale Ladedruck wurde von 0,85 auf 0,95 bar erhöht. Die Verdichtung erreichte 8,2:1, und von der Firma EIA (Electronique-Information Application) war wie schon für den 2,5-l-Motor eigens eine Steuerelektronik für die Renix-Einspritz- und Zündanlage entwickelt worden. So resultierten beachtliche 260 PS bei 5750/min, und die Drehmomentzunahme war noch ausgeprägter. Kupplung, Federn und Stoßdämpfer wurden verstärkt bzw. der Mehrleistung angepasst. Mit einer markanten Spoilerlippe an der Front und Maßnahmen am Heck wurde (unter Mithilfe von Renn- bzw. Testfahrer Mauro Bianchi) für optimierte Stabilität im Hochgeschwindigkeitsbereich gesorgt.

Auf dem Genfer Salon 1990 wurde der Typ 2.80 auch in einer abgasgereinigten Version, also mit Katalysator, gezeigt. Die Leistung wurde unverändert mit 260 PS angegeben.

Im gleichen Jahr wechselte der Markenname von MVS auf Venturi; 1991 wurden neue Werkanlagen in Couëron bei Nantes bezogen, mit der die Produktionskapazität auf 300/Jahr verdoppelt wurde. Es folgte eine fortlaufende Modellentwicklung und es gab auch erfolgreiche Einsätze bei internationalen GT- und Langstreckenrennen. 2001 erfolgte der Verkauf (mangels genügender Finanzkraft) an den monegassischen Immobilieninvestor Gildo Pallanca-Pastor, der Venturi zu einer Elektrosportwagen- und Oekomarke der Superlative wandelte.

MVS Venturi, 1987

MVS	Bauart	Mot.	Getr.	R/L cm	Baujahre
Venturi	**M.**	**a/b**	**5**	**240/409**	**1986–90**
Motoren:	*Zyl.:*	*N'w.:*	*cm³:*	*PS/'min:*	*Nm/'min:*
a (+*1988–)	V6iT	OHC	2458	200/5750/189K*	290/2500
b (1990–)			2849	260/260K/5750	405/1750

Naylor
Hudson

Naylor TF 1700, 1984

Es gab bereits eine ganze Anzahl von Nachbildungen (oder auch bloß Nachempfindungen) des letzten MG im kantigen Stil, des bis 1955 in Abingdon gebauten Modells TF. Anfang 1984 wurde aber eine echte Replika vorgestellt, deren mechanische Teile von der BL Limited stammten, jener Nachfolgefirma des einstigen MG-Herstellers.

TF 1700. Der authentische Nachbau des MG TF wurde als Naylor TF 1700 bezeichnet und von einer spezialisierten Firma hergestellt, die sich mit hochstehenden Restaurationen von klassischen MG bereits einen Namen gemacht hatte: Die Naylor Cars Limited in Shipley, West Yorkshire, plante in einem neuen Werk in Bradford jährlich 200 Naylor TF 1700 herzustellen. Dieser war dem Original-TF so genau nachgebildet, wie dies die modernen Zulassungsbestimmungen überhaupt zuließen. Moderner waren vor allem die Fahreigenschaften, das Handling, die Lenkung, der Federungskomfort und der Wetterschutz. Ein Crashtest war bereits bestanden worden.

Der Chassisrahmen entsprach – abgesehen vom zeitgemäßen Rostschutz – genau dem Vorbild. Die aus Stahlblech gefertigen Karosserieteile wurden auf einen Eschenrahmen montiert. Wegen der Vorschriften waren die Türen vorne und nicht mehr hinten angeschlagen, und die nach vorne umlegbare Windschutzscheibe gab's nur für den Prototyp. Die Lücken zwischen den Kühlergrillstäben und das Profil des Markenzeichens mussten wegen der scharfen Kanten geändert werden. Weil 15-Zoll-Reifen nur noch beschränkt erhältlich waren, wählte man Gürtelreifen der Dimension 165x14. Auch auf die traditionellen achteckigen MG-Instrumente musste aus praktischen Gründen verzichtet werden. An die Stelle des Werkzeugkastens trat eine effiziente Heiz- und Lüftungsanlage. Zudem kamen Sicherheits-Türschlösser hinzu, und für die Gurtverankerungen galt es geeignete Stellen zu finden.

Natürlich erhielt der TF 1700 auch einen modernen Motor, nämlich die 1,7-l-OHC-Maschine der BL-Serie O. Sie leistete mit zwei Vergasern 77 PS und somit 13 mehr als der 1,5-l-Motor des Original-TF. Das 4-Gang-Getriebe war vollsynchronisiert, und vorne fanden sich Scheibenbremsen. Für die Vorderradführung wurden Dreieckquerlenker mit ungleich langen Armen sowie Federeinheiten des Morris Ital verwendet; die starre Hinterachse besaß hingegen Schraubenfedern und einen Panhardstab. Der besseren Ausrüstung zum Trotz wog der Naylor mit 870 kg an die 45 kg weniger als der Original-TF. So vermochte die Replika deutlich besser zu beschleunigen, und ihre Spitze wurde mit 152 km/h statt der 136 km/h des großen Vorbildes angegeben. Mit der breiteren Spur, der moderneren Aufhängung und dem weiter hinten platzierten Motor ergaben sich zudem verbesserte Fahreigenschaften.

Seine „Salonweihen" erfuhr der Naylor auf der Birmingham Motor Show im Oktober 1984. Er wurde auch auf der London Motorfair von Ende 1985 ausgestellt. Es wurde hervorgehoben, dass er nach TÜV-Vorgaben auch mit Linkslenkung gebaut werde. So kam der Naylor TF 1700, von der deutschen Firma Catori (→ Anhang) ausgestellt, auch auf den Genfer Salon 1986. Ein Jahr später zeigte Catori den Naylor in Genf mit dem 16-Ventil-2-l-Motor des Rover 800.

Eine seltene Ehre: Im Frühling 1987 unternahm die britische Permierministerin Margaret Thatcher eine kurze Fahrt am Lenkrad des Naylor TF 1700. Angeblich wurden 100 Naylor nach Japan verkauft.

Hudson TF 1700. Unter der neuen Marke Hudson galt ab 1988/89 nur noch ein Jahresziel von 50 Stück.

NG
Pastiche

Im Jahre 1979 hatte der Fahrzeug- und Flugzeugkonstrukteur Nick Green unter seinen Initialen in New Milton, Hants., die Firma NG Cars ins Leben gerufen. Er entwickelte einen offenen Sportwagen im Stile der frühen 30er Jahre, mit ausgeschnittenen Türen und Cycle-fenders (abstehenden, über die halbe Radkontur gezogene Kotflügeln). Für die Form hatte er sich offensichtlich von den um 1930 gebauten Aston Martin inspirieren lassen.

TA, TC... Die NG basierten auf einem kreuzförmigen Chassisrahmen und ließen sich mit der Mechanik aus dem MG B kombinieren. Sie erwiesen sich nicht nur als sehr fahrtüchtig, sondern zeichneten sich bald auch bei englischen Kit-Car-Wettbewerbseinsätzen aus. Auf den TA folgte 1981 der TC mit Rover-V8-Motor und 1983 kam der 2+2-sitzige TD Tourer hinzu. Auf der Londoner Autoausstellung jenes Jahres wurde überdies der TF eingeführt, ein 2+2-Sitzer im klassischen offenen Sportwagendesign à la SS Jaguar.

Ab der Motorfair 1985 gab es je nach Modell eine bootsförmige Heckgestaltung. Der NG TF war auch auf der British Motor Show 1986 in Birmingham ausgestellt, nun konnten in dem 800 kg leichten Offenauto auch Rover-Sechszylinder- und -V8-Motoren mit 120 bis 220 PS eingebaut werden. Ebenso war NG auf der Birmingham Motor Show 1988 zugegen.

Pastiche. *Doch schon 1986 hatte Nick Green die Rechte an Peter Fellowes übergeben, der in Milton Keynes die TA Motor Company gründete. Ende der 80er Jahre transferierte Fellowes das Unternehmen nach Rotherham, South Yorkshire, und bezeichnete es neu als Pastiche Cars Limited. Damit wurden die NG-Konstruktionen unter der Marke Pastiche verkauft.*

Die Auswahl umfasste Anfang 1990 acht Varianten: TA International 1.8 Litre, TC Gladiator 1.8 Litre, TC Gladiator V8 3.5 Litre, TD Touriste 1.8 Litre, TD Touriste V8 3.5 Litre, TF Ascot 1.8 Litre, Henley 2.0 Litre Sierra, Henley 2.8 Litre Injection Sierra. Jene Modelle, deren Bezeichnung keinen Bezug auf den Ford Sierra nahmen, besaßen als Kraftquelle den 1,8-l-Motor aus dem Morris Ital bzw. den V8 von Rover. Einzelne Modelle waren auch in Bausatzform erhältlich. Die Fertigwagen wurden voll ausgerüstet ausgeliefert, wobei es sich bei den Motoren, Getrieben und Hinterachsen um revidierte, bei den Aufhängungen um neu zusammengebaute Einheiten handelte.

Im Frühling 1990 übernahm Peter Fellowes auch die Konkurs gegangene Marke → Midas. Er plante den Jahresausstoß in seinem Werk in Rotherham dank dieser originellen Kleinwagen von 300 auf 450 bis 500 Stück zu erhöhen.

Die Herstellung der NG- bzw. Pastiche-Modelle kam in den 90er Jahren zweimal in neue Hände und wechselte auch im neuen Jahrhundert bereits zweimal den Besitzer.

(NG) Pastiche TA International, 1990

Nissan

Datsun (teils bis 1983)

Der Markenname Datsun war 1932 kreiert worden, aber die Nissan Motor Company entstand erst 1934. Als Marke hielt sich Datsun im Export bis 1982/83, wenn auch die größeren Modelle schon vorher unter der Marke Nissan auch im Ausland kommerzialisiert wurden. Teils ergaben sich dadurch Doppelspurigkeiten, doch vertrieben die japanischen Hersteller auf dem heimischen Markt ohnehin manche Parallelmodelle unter den Namen verschiedener Vertriebskanäle. Hier vereinen wir die Marken Datsun und Nissan bereits ab Modelljahr 1981 unter dem Firmennamen. Nissan war die traditionelle Nr. 2 unter Japans Autoherstellern. Doch im Vergleich zum Erzrivalen Toyota boten die Nissan einen optisch einheitlicheren Markenauftritt.

Cherry / Pulsar / Langley. Der im Herbst 1970 auf den Markt gekommene Cherry verkörperte mit seinem Vorderradantrieb samt Quermotor und der Schrägheckkarosserie das erste japanische Kompaktmodell moderner europäischer Schule; es fehlte ihm anfänglich einzig noch die Heckklappe. Für 1979 hatte diese kleinste Datsun-Modellreihe neue Karosserien erhalten. Je nach Vertriebsweg hieß sie in Japan Nissan Pulsar oder Langley, während sie in den USA als Datsun 310 verkauft wurde.

1981 gab es den Cherry als drei-, vier- und fünftürige Limousine, als Coupé (ebenfalls fünfsitzig) und als drei- und fünftürigen Kombi. Zu diesem Modelljahr hatte das in modischem Schwarz gehaltene Kühlergitter ein leicht geändertes Aussehen und Rechteckscheinwerfer (außer in den USA) erhalten, und bei den Topausführungen fielen die ebenfalls in Schwarz gehaltenen Flankenunterteile auf. Basismotor war ein 1-l-Vierzylinder mit seitlicher Nockenwelle, darüber rangierten 1,2- und 1,4-l-Motoren gleicher Konzeption. Den 1,2-l-Motor gab es in einigen Ländern als GT mit zwei SU-Vergasern, während das 1,4-l-Aggregat zusätzlich in einer Ausführung mit Benzineinspritzung hergestellt wurde.

Es gab 4- und 5-Gang-Getriebe und eine 3-Stufen-Halbautomatik (mit hydraulischem Wandler und als Overdrive ausgelegtem oberstem Gang). Vorne fand sich eine Federbeinaufhängung mit Querlenkern (negativer Lenkrollradius), hinten gab es Längslenker und Schraubenfedern (aus Platzgründen bei den Kombis Starrache mit Halbelliptikfedern). Preisgünstige Ausführungen wurden teils noch mit Vierrad-Trommelbremsen ausgerüstet.

Sunny. Mit seiner Stufenheckkarosserie und dem Hinterradantrieb war der Sunny eine Alternative zum Cherry. Bei etwas kürzerem Radstand war er länger als dieser und bot entsprechend mehr Kofferraum. Nebst zwei- und viertürigen Limousinen gab es auch ein bestechend elegantes, ebenfalls fünfsitziges Fastbackcoupé und je einen drei- und fünftürigen Kombi; „Top of the line" waren die fünftürigen Kombi California und Traveller mit stark schräggestelltem Heckabschluss. Nur leicht schräg gestellt war auch das von Rechteckscheinwerfern flankierte schwarze Kühlergitter, unter dem eine kräftige schwarze Stoßstange prangte.

1981 hatten die OHV-Motoren des Sunny 1,3 und 1,5 l Hubraum, und den größeren Motor gab es auch mit elektronischer Einspritzung. Hinsichtlich Kraftübertragung standen je nach Modell ein 4- und ein 5-Gang-Getriebe sowie ein 3-Stufen-Automatikgetriebe zur Wahl, während das Aufhängungskonzept vorne Federbeine mit Querlenkern und Längsschubstreben, hinten eine Starrachse mit Längslenkern und Schraubenfedern umfasste. Die Sunny hatten eine Kugelkreislauflenkung.

Violet / Auster / Stanza. Diese ebenfalls zur unteren Mittelklasse zählende populäre Modellreihe – Bezeichnung in den USA: Datsun 510 – wurde als zwei- und viertürige Stufenhecklimousine, als attraktive fünftürige Fastbacklimousine (als Hatchback bezeichnet), als dreitüriges und ebenfalls fünfsitziges Fastbackcoupé und als fünftüriger Kombi aufgelegt. Die Modellbezeichnungen lauteten Violet 140 J, 160 J und 180 J, womit auf den Hubraum hingewiesen wurde. Parallel dazu gab es die Auster-Modelle und deren Luxus-

(Nissan) Datsun Cherry Hatchback GL, 1981

Nissan Sunny 1500 SGL, 1981

Nissan Violet 1600 GX, 1981

Nissan Stanza Hatchback 1800 SXT, 1981

Nissan Silvia Hatchback 1800 LSE-X, 1981

Nissan Laurel Hardtop 2800 Medalist, 1981

Nissan Leopard 2800 TR-X, 1981

Nissan President V8, 1981

version Stanza. Der 1,4-l-Motor besaß eine seitliche, die beiden anderen Motoren hatten eine obenliegende Nockenwelle. Auch bei dieser Modellreihe wurde der größte Motor in einer Ausführung mit elektronischer Bosch-Einspritzung angeboten. Zu den OHC-Motoren gab es auch ein 5-Gang-Getriebe, zu allen ein 3-Stufen-Automatikgetriebe. Vorn wurden Federbeine mit Querlenkern und Schubstreben verwendet, hinten eine Starrachse mit Längs- und Schräglenkern sowie Schraubenfedern. Einige Grundmodelle erhielten Vierrad-Trommelbremsen und es wurde eine Kugelkreislauflenkung montiert.

Stanza FX / Violet Liberta / Auster JX Im Juni 1981 wurden die Modellreihe Violet/Auster durch Neukonstruktionen mit Vorderradantrieb abgelöst. Es gab die drei Neulinge in großer Variantenvielfalt als viertürige Stufenhecklimousine, fünftürige Fastbacklimousine (Violet und Stanza) und als (ebenfalls fünfsitziges) dreitüriges Fastbackmodell (Auster und alsbald auch Stanza). Als Kombi wurden vorerst noch die früheren Modelle mit Hinterradantrieb beibehalten.

Für den Export nach Europa sollte der Stanza an die Stelle des Violet treten. Er wirkte vor allem in der fünftürigen Fastbackversion attraktiv, und in dieser glich er von der Seite betrachtet erstaunlich stark dem zwei Monate später vorgestellten fünftürigen Opel Ascona, auch wenn das hintere Zusatzfenster ein kleine Spur höher an die Dachlinie heranreichte. Der Radstand des Stanza hatte gegenüber den Vormodellen um 7 auf 247 cm zugelegt.

Mit der Umstellung auf Vorderradantrieb waren neue OHC-Motoren eingeführt worden: CA 16 und CA 18 waren auf niedriges Gewicht und erhöhte Effizienz ausgelegt; die 1,8-l-Version gab es weiterhin mit elektronischer Benzineinspritzung. Sie wurden mit ebenfalls neukonstruierten leichten und kompakten 4- und 5-Gang- oder mit einem 3-Stufen-Automatikgetriebe verbunden. Vorne bestand die Aufhängung aus Federbeinen mit unteren Dreieckquerlenkern, hinten aus Federbeinen mit Doppelquerlenkern und Längslenkern. Für ein erhöhtes Komfortniveau sorgten nebst dem deutlich größer gewordenen Innenraum ein verstellbares Lenkrad, eine einstellbare Oberschenkelauflage und in den Topausführungen eine mit Druckluft regulierbare Kreuzstütze.

Silvia / Gazelle. Unter diesen netten Namen wurden auf dem 240-cm-Radstand der hinterradgetriebenen Violet/Auster sportliche Coupéversionen hergestellt. Es gab sie in zweitüriger Stufenheckausführung und als dreitürige, mit Hatchback bezeichnete Fastbackcoupés. In den USA und weiteren Exportgebieten hießen sie bloß Datsun 200 SX. Angeboten wurden sie mit 1,8- und 2-l-Motor (dieser mit Einspritzung). Getriebeauswahl und Aufhängungen stimmten mit jenen der Violet/Auster überein, wobei teils auch Vierrad-Scheibenbremsen und eine Servolenkung zum Einbau kamen.

Bluebird. Die Modellreihe Bluebird war im Sommer 1971 eingeführt worden, und sie war inzwischen ein fester Mittelklassebegriff. Im November 1979 war der Bluebird – in den USA als Datsun 810 bezeichnet – in einer Neuauflage mit schlichtem, klarem Design erschienen. Im Mittelpunkt stand weiterhin die viertürige Stufenhecklimousine, daneben gab es ein bemerkenswert elegantes fünfsitziges Stufenheckcoupé mit panoramaartiger Heckscheibe und einen fünftürigen Kombi.

Nissan Fairlady 280 Z-T 2/2, 1981

Die Bezeichnungen 160 B, 180 B und 200 B wiesen auf die Motorgröße hin; den 1,8- und den 2-l-Motor gab es mit Bosch-Einspritzung, den 1,8-l-Motor überdies mit einem Garrett-Abgasturbolader. Nebst 4- und 5-Gang-Getriebe und 3-Stufen-Automatikgetriebe war ein 3-Gang-Getriebe mit Lenkradschaltung erhältlich. Das Aufhängungsprinzip entsprach jenem der Violet/Auster, doch bot der Bluebird eine Zahnstangenlenkung. Bei den topmotorisierten Modellen fanden sich eine hintere Einzelradaufhängung mit Schräglenkern und Vierrad-Scheibenbremsen.

Skyline. In Japan, Australien und selbst in England hatten sich die Skyline einen großen Namen im Tourenwagen-Rennsport gemacht. Sie hatten mit dem Jahrgang 1979 eine äußere und innere Überarbeitung erfahren, wirkten aber 1981, trotz schräggestelltem Kühlergrill, nicht mehr zeitgemäß. Es gab sie in diversen Ausführungen als viertürige Limousine, zweitüriges Semifastback-Coupé und als fünftürigen Kombi. Topmodell war das Coupé K GT. Die Motorenpalette reichte vom 1,6-l- über den 1,8- und 2-l-Vierzylinder zum 2-l-Sechszylinder (die größeren Kaliber teils mit Benzineinspritzung; Motorenbezeichnungen Z 16/18/20 bzw. L 20 für den Sechszylinder). Den Sechszylindermotor gab es zudem mit einem Garrett-Abgasturbolader.

1981 war der Skyline der kleinste Nissan, der sich auch mit einem Dieselmotor ausrüsten ließ: einem 2,8-l-Sechszylinder. Es gab 3-, 4- und 5-Gang-Getriebe (die 3-Gang-Einheit mit Lenkradschaltung) und ein 3-Stufen-Automatikgetriebe. Vorn wurden Federbeine mit Querlenkern und Zugstreben, hinten eine Starrachse mit Längs- und Querlenkern und Schraubenfedern verwendet. Ab 2 l Hubraum erhielt der Skyline eine hintere Einzelradaufhängung mit schrägen Längslenkern, und topmotorisiert wurden ihm überdies Vierrad-Scheibenbremsen spendiert. Im Übrigen hatten die Skyline eine Kugelkreislauflenkung, und die von einem Sechszylindermotor angetriebenen Modelle wiesen 10 cm mehr Radstand und auch längere Überhänge auf.

Leopard. Im Oktober 1980 lancierte Nissan die bereits zur oberen Mittelklasse zählende Baureihe Leopard. Mit 262,5 cm Radstand und 463 cm Länge rangierte sie zwischen den Modellen Skyline und Laurel. Das Design strahlte Dynamik und Sportlichkeit aus. Auffallend war bei der Limousine das bis zur hinteren Pavillonecke verlängerte dritte Seitenfenster, mit dem eine noch bessere Rundsicht garantiert wurde. Beim Coupé ergab sich stilistisch eine dreiteilige Panorama-Heckscheibe. Ein Merkmal war auch der stark nach hinten geneigte niedrige Kühlergrill.

Besonders sportlich angehaucht war die Version TR-X. Es gab die Serien 180 (1,8-l-Vierzylindermotor Z 18, hintere Starrachse), 200 und 280 (Reihen-Sechszylinder L 20/28, Bosch-Benzineinspritzung, hintere Einzelradaufhängung, Servolenkung). Das 1,8-l-Modell wurde in der Grundausstattung mit einem 4-Gang-Getriebe mit Lenkradschaltung ausgestattet, war aber ebenfalls mit 5-Gang-Getriebe mit Mittelschaltung oder mit 3-Stufen-Automatikgetriebe erhältlich (Wählhebel unter dem Lenkrad oder in der Mitte). Die Topausführungen erhielten Vierrad-Scheibenbremsen (alle besaßen eine Zahnstangenlenkung).

Laurel. Im November 1980 hatte die Baureihe Laurel ein neues Karosseriedesign erhalten. Statt vier Seitenfenster wiesen sowohl die normalen Limousinen wie auch die Laurel Hardtop (mit rahmenlosen Türfenstern) nun sechs Seitenfenster auf. Ein Coupé gab es nicht mehr. Die stark schräggestellte statt der massiven senkrechten Kühlerfront verhalf zu verbesserter Aerodynamik, und der angedeutete Schwung über dem hinteren Radausschnitt war einer gradlinigen unteren Fensterlinie gewichen. Bei unverändertem Radstand hatte die Länge um gut 10 cm zugelegt.

Der neue Laurel wurde zunächst als 180 L, 200 L und 280 L mit entsprechendem Hubraum ge-

Nissan

Nissan Pulsar EXA, 1982

(Nissan) Datsun Stanza Hatchback 1.6 SGL, 1982

(Nissan) Datsun Bluebird 1.8 GL, 1982

baut, wobei der 200 L sowohl als Vier- wie als Sechszylinder angeboten wurde. Den 2-l-Vierzylinder und einen 2,8-l-Sechszylinder (mit anderen Abmessungen) gab es auch als Dieselmotoren. Der 2-l-Sechszylinder wurde in den drei Versionen mit Vergaser, Einspritzung und Einspritzung mit Turbo hergestellt.

Zur Europapremiere in Genf kam der neue Laurel 1981 als Modell 240 mit 2,4-l-Sechszylindermotor und wahlweise 5-Gang-Getriebe oder 3-Stufen-Automatikgetriebe. Letzteres konnte man in Japan auch mit Lenkradschaltung bestellen, dort war zudem ein 4-Gang-Getriebe verfügbar (ohne Dieselmotoren). Die Vorderradaufhängung bestand aus Federbeinen, Querlenkern und Zugstreben. Für die schwächer motorisierten Modelle wurde eine hintere Starrachse mit Längs- und Schräglenkern und Schraubenfedern verwendet, während die kräftiger antretenden Ausführungen eine Einzelradaufhängung mit schrägen Längslenkern erhielten. Auf Wunsch gab es auch hintere Scheibenbremsen, und die Kugelkreislauflenkung wurde zumindest für Europa mit einem Servo bestückt. Der Datsun Laurel 240 fiel durch seine luxuriös-gepflegte Ausstattung auf.

Cedric / Gloria. Mit 269 cm Radstand (2 cm mehr als der Laurel) und 469 cm Länge (5 cm mehr) vertrat das Duo Cedric/Gloria klar die Oberklasse. Das im Juni 1979 eingeführte neue gestreckte Design mit dem nach unten leicht einwärts gestellten Kühlergitter war kantig-modern und wirkte repräsentativ. Gebaut wurden viertürige Sechsfensterlimousinen, solche in Hardtopversion mit rahmenlosen Türfenstern sowie mächtige Kombi, deren hinterstes Seitenfenster etwas höher reichte als die Türfenster.

Die Cedric/Gloria wurden als 200 C mit den gleichen Sechszylinder-Benzinmotoren angeboten wie der Laurel, zudem als 200 C und 220 C mit Vierzylinder-OHV-Dieselmotoren und als 280 C mit Benzin- und Dieselmotor. Statt eines 4-Gang-Getriebes gab es ein 3-Gang-Getriebe mit Overdrive und Lenkradschaltung. Das 5-Gang-Getriebe hatte Stockschaltung, für das 3-Stufen-Automatikgetriebe bestand die Wahl zwischen einem Wählhebel unter dem Lenkrad oder auf der Mittelkonsole. Die Aufhängung bestand vorne aus Trapez-Dreieckquerlenkern, hinten aus einer Starrachse mit vier Längslenkern, Panhardstab und ebenfalls Schraubenfedern. Je nach Leistung und Gewicht wurden Vierrad-Scheibenbremsen und eine Servolenkung (Kugelkreislauf) eingebaut. Ab Juni 1982 wurde ein 4-Stufen-Automatikgetriebe mit als Overdrive ausgelegter oberster Stufe lieferbar.

President. Seit 1965 war der President das für Repräsentationsaufgaben dienende Luxusfahrzeug von Nissan. 1981 erreichte seine in einem eher klassischen Design gehaltene Karosserie eine Länge von 525 cm. Für den Antrieb diente ein 4,4-l-V8 mit zentraler Nockenwelle, und das 3-Stufen-Automatikgetriebe wurde mit einer Lenkradschaltung bedient. Die Gemischaufbereitung besorgte ein Hitachi-Vierfachvergaser, von der 1978 eingeführten, auf Wunsch erhältlichen elektronischen Benzineinspritzung war inzwischen offiziell nicht mehr die Rede. Das Fahrwerk umfasste vorne Trapez-Dreieckquerlenker und Schraubenfedern, hinten eine Starrachse mit Längslenkern und Halbelliptikfedern. Der President hatte eine Kugelkreislauf-Servolenkung und war natürlich auch hinsichtlich Ausstattung auf höchstmögliches Komfortniveau ausgelegt. Er zählte zu jenen diversen Nissan-Modellen, die dem Export stets vorenthalten blieben.

ZX / Fairlady. Kein Modell hat der Marke Nissan so viel Aufmerksamkeit und Ansehen gebracht wie das 1969 eingeführte Sportmodell ZX alias Fairlady. In den USA wurde dieses eigenständig gestaltete Zweisitzer-Fastbackcoupé zu einem einzigartigen Verkaufsschlager und dadurch zum meistgebauten Sportwagen der Welt. 1973 war eine 2+2-sitzige Version hinzugekommen und im August 1978 ein abgewandeltes Karosseriedesign. 1981 wurden die Nissan Fairlady Z und Fairlady Z 2/2 und für den Export die Datsun 280 ZX und Datsun 280 ZX 2/2 gebaut.

In Japan gab es die Fairlady Z und Z 2/2 nach wie vor auch mit einem 2-l-Sechszylindermotor und es standen ein 5-Gang-Getriebe und ein 3-Stufen-Automat zur Wahl. Für die Exportversion war der Hubraum inzwischen auf 2,8 l angewachsen. Mit der elektronischen Einspritzung L-Jetronic von Bosch standen in Europa 140, in den USA 134 PS zur Verfügung. Auf der IAA Frankfurt 1979 war (zunächst als Prototyp) eine auf 200 PS gebrachte Version mit Abgasturbolader Airesearch T3 von Garrett vorgestellt worden. Gleichzeitig wurde eine Ausführung mit T-roof bzw. mit Targadach (beidseits herausnehmbare vordere Dachhälften) auf den Markt gebracht.

Der ZX alias Fairlady mit der keilförmigen Front (und den beidseits in Nischen untergebrachten Scheinwerfern) bot eine Aufhängung mit vorderen Federbeinen, Querlenkern und Schubstreben und hinteren schräggestellten Längslenkern und Schraubenfedern. Es wurden Vierrad-Scheibenbremsen eingebaut und die Zahnstangenlenkung wurde auf Wunsch mit einem Servo bestückt. In der (2+2-sitzigen) 2/2-Version erreichte der Radstand 252 statt 232 cm; Nissans auch im Innenraum auf Sportlichkeit getrimmte Z-Serie schuf sich allmählich über die USA hinaus einen internationalen Fankreis.

Patrol. Neben dem Toyota Land Cruiser war Nissans Patrol seit Jahrzehnten der traditionelle Geländewagen Japans. Auf der Tokyo Motor Show 1979 wurde er mit stark modernisierter Karosserie gezeigt. Die Motorhaube war nun glattflächig in das Gesamtdesign integriert. In diesem Stil zeigte sich auch die neue längere, nun fünftürige Ausführung. Gegen Mitte 1980 kam die Version Safari mit buntem Seitendekor hinzu.

Das Patrol-Chassis war ein Kastenrahmen, der aus Längsholmen mit Traversen bestand. Vorn wie hinten wurden Starrachsen mit Halbelliptikfedern verwendet. Die Lenkung arbeitete mit Schnecke und Rolle. Es wurden zwar auch Einfachmodelle mit Hinterradantrieb gebaut, doch in der Regel wurde der Patrol mit zuschaltbarem Vorderradantrieb und Untersetzungsgetriebe exportiert. Dies galt auch für Europa, wo der Patrol 1981 auf dem Genfer Salon nach längerer Pause in der neuen Form wieder eingeführt wurde. Es gab ihn mit drei oder fünf Türen (auch mit buntem Seitendekor) und einem 2,8-l-Sechszylindermotor (sowie Freilaufnaben vorne und Differenzialbremse hinten). Hergestellt wurde er auch mit 4-l-OHV-Sechszylindermotor sowie mit 3,2-l-Sechszylinder-Dieselmotor.

Skyline 1982. im August 1981 erhielten die Skyline neue Karosserien und teils andere Motoren. Die Gürtellinie war auf Türhöhe leicht heruntergezogen, und das Coupé mit steiler gestellter Heckscheibe wirkte besonders lichtdurchflutet. Noch attraktiver wirkte die neu hinzugekommene fünftürige Limousine mit Fastback und zur Heckscheibe gerückten hintersten seitlichen Dreieckfenstern. Der Radstand hatte um 10 cm, die Länge gar um 20 cm zugelegt; die Breite wuchs um 4 auf 166,5 cm. Die Vierzylindermodelle besaßen 1,8 und 2 l Hubraum.

Sunny 1982 / Laurel Spirit. Wichtigste Nissan-Neuheit auf der Tokyo Motor Show im Spätherbst 1981 war der neu gezeichnete, nun auf Vorderradantrieb ausgelegte Sunny. Seine Linie mit nach unten abgesetzter Gürtellinie verhalf zu einem lichtdurchfluteten Innenraum. Dies fiel vor allem beim dreitürigen Fastbackcoupé mit zwei hinteren, bis zum Karosserieende führenden Seitenscheiben auf. Außerdem gab es neben der viertürigen Stufenhecklimousine drei- und fünftürige Kombi, Letzteren zudem in der Topversion California. Auf dem Genfer Salon im März 1982 wurde der Sunny in der Exortversion vorgestellt: Außer dem Radstand teilte er auch viele mechanische Elemente mit dem Cherry, von dem er sich jetzt vor allem noch durch die Stufenheckkarosserie unterschied. Es gab ihn mit 1,3- und 1,5-l-Motor, beide mit 5-Gang-Getriebe (mit als Overdrive bezeichnetem viertem und fünftem Gang).

Im Vergleich zum Vormodell war das Gewicht trotz vergrößertem Innenraum um 50 kg leichter geworden, zudem lag der cw-Wert bei 0,4 statt 0,5. Zu den Neuerungen zählte der Übergang zur Zahnstangenlenkung. Die Ausstattung war reichhaltig, wie man es inzwischen von japanischen Fahrzeugen gewohnt war. Typisch japanisch waren übrigens auch die von innen zu entriegelnden Koffer- und Tankdeckel.

Cherry / Pulsar / Langley / Liberta 1982. Im Frühling 1982 begann in Japan ein neuer Cherry von den Bändern zu rollen. Er war praktisch mit dem Sunny identisch, unterschied sich aber äußerlich deutlich. Sein Design sollte vermehrt junge und sportlich ambitionierte Käufer ansprechen. Bei gleichen Außenabmessungen hatten Radstand und Spur um 2 bis 3 cm zugelegt. Die Fondbank ließ sich um 6,5 cm zurücksetzen und das nach hinten hochgezogene Dach sorgte ebenfalls für mehr Platz im Fond. Die drei- und die fünftürige Limousine mit Schrägheck waren im bisherigen Cherry-Stil gehalten, hingegen zeigte das auf 412,5 cm verlängerte Pulsar-Coupé mit Klappscheinwerfern ein ausgeprägtes Stufenheck. Für die Schrägheckmodelle wurde ein cw-Wert von 0,38 genannt.

Die Cherry wurden mit den E-Motoren mit 1,3 und 1,5 l Hubraum und seitlicher Nockenwelle aufgelegt; das größere Triebwerk wurde in Japan auch mit Einspritzung angeboten. Es gab 3- bis 5-Gang-Getriebe und eine 3-Stufen-Automatik. Das Prinzip der Einzelradaufhängung war nicht verändert worden, doch sorgten ein längerer Federweg und Gasdruckdämpfer für mehr Komfort. In Japan kam neu die viertürige Limousine Liberta Villa hinzu. In Europa sollte der Cherry erst Anfang 1983 auf den Markt kommen. Wie andere japanische Modelle zeichnete er sich durch eine umfangreiche Serienausrüstung aus, zu der beispielsweise beim GL eine Höhenverstellung des ungewöhnlichen Einspeichen-Lenkrads zählte.

Prairie. „In Japan hat Nissan soeben eine neue Fahrzeuggattung lanciert," berichtete die „Automobil Revue" am 2. September 1982. Doch sie konnte sich gewiss nicht vorstellen, welches Marktgewicht dieser „Kreuzung aus einem Perso-

(Nissan) Datsun Patrol Hardtop + Station Wagon, 1982

Nissan Prairie SGL, 1983

Nissan Silvia 1.8 Turbo, 1984

Nissan 300 ZX, 1984

nenwagen mit einem Transporter oder Kleinbus" erwachsen würde. Das Wort Minivan war noch nicht kreiert, daher sprach man von einem Freizeitauto. Zwar wurde u. a. an den Fiat 600 Multipla erinnert, doch man musste in den Annalen der Automobilgeschichte noch weiter zurückblättern, um auf Vergleichbares zu stoßen: Um 1950 hatte Renault einen hochformatigen Kombi gebaut, dessen Silhouette sich durchaus mit jener dieses neuen Nissan vergleichen ließ. Und eine der drei Varianten dieses Renault hieß... Prairie.

Der Nissan Prairie war 409 bis 418 cm lang (je nach Stoßstangen), 165,5 cm breit und 160 bis 161,5 cm hoch (je nach Reifen). Die innere lichte Höhe wurde mit 120 cm angegeben. Er besaß einen abfallenden Bug und die hinteren Seitentüren waren ungewöhnlicherweise als Schiebetüren ausgebildet. Da keine B-Säulen vorhanden waren, ergab sich seitlich ein fast 160 cm langer freier Zugang. Hinzu kam eine weit heruntergezogene Heckklappe. Auf drei Reihen wurden bis zu acht Sitze geboten, jene in der Mitte ließen sich auch nach hinten gewandt montieren, zudem ließ sich eine durchgehende Liegefläche einrichten. Damit wurden gänzlich neue Perspektiven der Innenraumnutzung eröffnet.

Als technische Grundlage dienten die bekannten Nissan-Frontantriebskomponenten, wobei die Wahl zwischen einem 1,5- und einem 1,8-l-Motor bestand. Letzterer ließ sich anstatt mit einem 4- oder 5-Gang-Getriebe auch mit einem 3-Stufen-Automatikgetriebe (mit Lock-up-Funktion) kombinieren. Vorn wurden Federbeine, hinten Längslenker montiert, und die Zahnstangenlenkung wurde auf Wunsch mit einem Servo bestückt.

Micra / March. Unter der Bezeichnung NX-018 war auf der Tokyo Motor Show Ende 1981 ein Kleinwagen der 1-l-Klasse gezeigt worden, „der schon Anfang 1982 in Serie gehen könnte". Auf der Birmingham Motor Show im Oktober 1982 erfolgte dann die Vorstellung des Nissan/Datsun March. Er sollte in Europa unter der Bezeichnung Micra auf den Markt kommen. Mit einem Radstand von 230 cm und einer Länge ab 364,5 cm ließ sich der Micra mit dem Austin Metro, dem Ford Fiesta, dem VW Polo und dem Renault 5 vergleichen. Er besaß einen schlichten, leicht schräg gestellten, aus horizontalen Stäben gebildeten Kühlergrill und eine dreitürige Karosserie mit Schrägheck.

Nissan Bluebird Hardtop V6 Turbo, 1984

Natürlich war der Micra ein Fronttriebler mit Quermotor. Für den Antrieb war ein neuer OHC-Motor mit quadratischen Abmessungen (68x68 mm) entwickelt worden, der erstmals bei Nissan einen Leichtmetallblock aufwies. Für Europa wurde die Leistung mit just 50 PS angegeben. Es standen 4- und 5-Gang-Getriebe (De Luxe bzw. GL) und ein 3-Stufen-Automatikgetriebe zur Verfügung. Vorne kamen Federbeine und Dreieckquerlenker, hinten eine Starrachse mit Längslenkern und Schraubenfedern zum Einbau. Für die Lenkung konnte auf Wunsch ein Servo eingebaut werden. Mit 640 kg Leergewicht zählte der Micra zu den leichtesten Pkw.

Der Micra erlebte seine Premiere nicht ohne Grund in Birmingham: Bereits seit geraumer Zeit plante Nissan, dem Beispiel Hondas folgend, die Errichtung eines Personenwagenwerks in England. Es ging darum, den Importlimiten für japanische Fahrzeuge in der EG zu entgehen. Das Verhalten der britischen Gewerkschaften, die der angestammten britischen Autoindustrie schweren Schaden zufügte, verzögerte das Nissan-Projekt mehr und mehr.

Hingegen konnte die Motor Iberica SA im Zona-Franca-Werk in Barcelona im Januar 1983 die Fertigung des Nissan Patrols aufnehmen; Produktionsziel für das erste Jahr waren 4300 Fahrzeuge. Nissan hatte 55 Prozent des Kapitals dieser Firma erworben. Zunächst trugen die Patrol und weitere leichte Nissan-Konstruktionen auf einigen Märkten weiterhin den Markennamen Ebro.

Datsun = Nissan. *Zum 50-jährigen Bestehen der Firma wurde Anfang 1983 ein geändertes Nissan-Markenzeichen eingeführt. Schon im Juli 1981 war der Wechsel des Markennamens Datsun zu Nissan bekanntgegeben worden. 1983 wurde dieser Plan schrittweise umgesetzt. Zunächst war noch von einer Marke Nissan-Datsun die Rede, denn es war ja nicht möglich, bereits in den Exportländern vorrätige und neu eintreffende Wagen gleichzeitig umzubenennen.*

V6-Motor. Ab Juni 1983 begann Nissan in seinen größeren Modellen nebst den Reihen-Sechszylinderaggregaten auch einen V6-Motor einzubauen. Diese Konstruktion der EF-Serie war der erste V6 Japans. Er besaß einen Gabelwinkel von 60 Grad, war 20 cm kürzer und deutlich leichter als die Reihen-Sechszylinder. Sowohl als 2- wie als 3-l-Motor war der V6 kurzhubig und auf elektronische Einspritzung ausgelegt, den 2-Liter gab es auch mit Abgasturbolader. Für diesen wies das verfeinerte ECCS-Motorsteuerungssystem einen Klopfsensor auf.

Cedric / Gloria 1984. Sie erhielten als erste Modelle (ebenfalls im Juni 1983) die V6-Motoren, Basismotor war aber neu ein 2-l-Vierzylinder. Der Radstand war von 269 auf 273 cm gestreckt worden, doch blieben die Karosserieabmessungen unverändert. Das Design der Aufbauten war gleichwohl modernisiert worden: senkrechte statt leicht einwärts geneigte Front mit etwas höherem Kühlergrill, Limousine ohne drittes Seitenfenster usw.

Silvia / Gazelle 1984. Im August 1983 wurden die Silvia-Coupés in ganz neuer Form herausgebracht. Sie hatten nach wie vor Hinterradantrieb, basierten jedoch auf einem von 240 auf 242,5 cm verlängerten Radstand. Es gab sie weiterhin mit Stufenheck und als dreitürige Fastbackversion. An das Türfenster schloss sich nur noch ein Seitenfenster an. Die Front war aerodynamisch niedrig und mit Klappscheinwerfern ausgerüstet, anderseits waren auf der Motorhaube Lufthutzen aufgesetzt. Für den Silvia Fastback wurde ein Luftwiderstandsbeiwert von cw 0,34 genannt.

An Motoren standen ein 1,8-l ohne und mit Einspritzung, ein 1,8-l mit Einspritzung und Turbo und ein 2-l mit zwei obenliegenden Nockenwellen, 16 Ventilen, Einspritzung, ohne und mit Turbo, zur Wahl, womit sich eine Leistungsspanne von 100 bis 190 JIS-PS ergab. Ein 4-Gang-Getriebe wurde nicht mehr angeboten, doch wiesen die Basismodelle weiterhin eine hintere Starrachse mit Trommelbremsen statt einer Schräglenkeraufhängung und Scheibenbremsen auf.

300 Z/ZX / Fairlady Z/Z 2/2 1984. Im September 1983 wurde in Japan die dritte Auflage der Fairlady alias Z-Serie vorgestellt. Bei unverändertem Radstand von 232 und 252 cm war die Karosserie um 8,5 auf 433,5 bzw. 453,5 cm (2 by 2) verkürzt worden. Wegen der japanischen Steuerabstufung blieb die Ausführung mit 2-l-Motor unter 170 cm, d. h. 169 cm breit, während die Breite beim 3-l-Modell 172,5 cm erreichte. Auch wenn sie sich moderner und schlanker gaben, so war der eigenständige Fairlady-Fastbackstil einigermaßen erhalten geblieben. Die Front war aerodynamisch niedrig und trug halbwegs einklappbare

Scheinwerfer; der cw-Wert wurde mit erstaunlich niedrigen 0,31 angegeben.

Für den Export stand neu ein 3-l-Modell im Vordergrund. Wie beim Japan-Modell handelte sich um die neue V6-Konstruktion (s. oben); der kleinere V6 wurde mit einem Abgasturbolader ausgerüstet, der größere war (für den Export) auch ohne Turbo verfügbar. Zum 5-Gang-Getriebe gab es als Alternative neu ein 3-Stufen-Automatikgetriebe mit zusätzlichem Overdrive. Entgegen mancher Erwartungen dominierten im Armaturenbrett klassische Rundinstrumente mit roter Beschriftung und Zeigern; Leuchtdioden gab es für Zeituhr, Radio und die Anzeige der elektronisch verstellbaren Dämpferhärte. Auf Wunsch wurden auch wieder herausnehmbare vordere Dachhälften geliefert.

Bluebird 1984. Auf der Tokyo Motor Show von Ende Oktober 1983 wurde der Bluebird in ganz neuer Ausführung mit Frontantrieb und Quermotor vorgestellt. Die Fahrzeugsilhouette war zwar beibehalten, aber verfeinert worden. Der Radstand wuchs von 252,5 auf 255 cm, die Länge aber hatte man mit 436 cm um 3,5 cm gekappt. Dennoch war das Kofferraumvolumen um 50 auf 410 l angestiegen. Immerhin erreichten der Kombi (Traveller) 440,5 cm und die 137 statt 139,5 cm hohe Hardtop-Limousine 450 cm Länge.

Es standen fünf Motoren und vier Kraftübertragungen zur Wahl. Topgetriebe war der 4-Stufen-Automat mit Lock-up-Funktion. Vorne wie hinten wurden Federbeinaufhängungen verwendet (hinten mit doppelten Querlenkern). Für das sportliche Modell SSS waren auf Wunsch in drei Positionen verstellbare Dämpfer erhältlich. Zudem wurde eine elektronische Servolenkung angeboten, deren Unterstützungswirkung vorwählbar war.

Patrol / Safari 1984. Mit dem Jahrgang 1984 präsentierte sich der Patrol mit neuem Kühlergrill mit Rechteck- statt Rundscheinwerfern. Die Ausrüstung war aufgewertet worden. Zudem wurde nun auch der Nissan-Geländewagen mit Turbokraft lieferbar: Die Leistung des 3246-cm^3-Sechszylinder-Dieselmotors stieg damit auf 110 PS. Die in Japan gebräuchliche Bezeichnung Safari wurde in Europa alsbald wieder für eine schmucke Sonderausführung verwendet.

Anfang 1984 wurde in London nach dreijährigen Verhandlungen der Vertrag für die Errichtung eines englischen Montagewerkes unterzeichnet. Anfänglich war von einem Werk für jährlich 200'000 Wagen die Rede gewesen, jetzt ging es noch um 400 bis 500 Arbeitsplätze für den Zusammenbau von bis zu 24'000 Nissan Stanza pro Jahr. Die Standortwahl fiel im März auf Washington New Town in der Provinz Sunderland im Nordosten Englands. Vom Verhalten der Trade Unions (Gewerkschaften) wurde abhängig gemacht, ob 1986 ein Ausbau zu einer vollumfänglichen Herstellung beschlossen werden könne. – Nachdem Nissan in dem neuerrichteten US-Werk in Smyrna, Tennessee, bereits leichte Nutzfahrzeuge herstellte, beschloss das Unternehmen, dort ab April 1985 zudem Pkw des Typs Sentra herzustellen.

Nissan Leopard Ultima 3.0, 1986

Nissan Be-1, 1986

Nissan Skyline Twincam 24 V, 1986

Nissan Sunny Hatchback 1.6 SGX, 1987

Nissan EXA, 1987

Cherry Turbo. Anfang 1984 ergänzte Nissan die Cherry-Baureihe um eine Turboversion, und diese kam ab Herbst auch auf europäische Märkte. Es gab ihn ausschließlich dreitürig. Die Leistung des 1,5-l-Motors stieg auf 105 PS, was nebst dem Turbolader auch der elektronischen Einspritzung zuzuschreiben war. Die Achsuntersetzung war verlängert worden, sodass mit dem 5-Gang-Getriebe Tempo 100 in 9,8 s und eine Spitze von gut 190 km/h erreicht werden konnten. Fahrwerk und Bremsen (Bremsdruckregulierventil hinten) wurden angepasst, außen fand sich farblich abgesetzte Kunststoffzier samt kleinem Heckflügel, innen Schalensitze mit quergestreiftem Stoffmuster.

Laurel 1985. Die zum Jahrgang 1985 erneuerte Serie Laurel erfuhr ihre Europapremiere auf dem Genfer Salon jenes Jahres: Bei unveränderten Abmessungen war die Front wieder weniger schräggestellt. Es gab weiterhin 6-Fenster-Limousinen und Hardtop-Limousinen (diese mit rahmenlosen Fenstern). Anstatt bloß einer Schutzzierleiste trugen die Flanken unten zwischen den Radausschnitten eine durchgehende Abdeckung. Zudem waren die Sechszylinder-Reihenmotoren stark modifiziert worden und es gab auch einen V6 mit 2 oder 3 l Inhalt, ohne oder mit Turbo. – Der 3-l-Turbomotor war ab Herbst 1984 in den Modellreihen Leopard und Cedric/Gloria ebenfalls verfügbar.

Nachdem er im Februar 1985 auf dem Management-Symposium von Davos noch über „Business and Environmental Protection" referiert hatte, trat Nissan-Präsident Takashi Ishihara, 72-jährig, im Monat danach zurück. Auf dem Binnenmarkt hatte Nissan mit bloß noch 26 Prozent Anteil einen Tiefstand erreicht. Zudem hatten Ishiharas Engagement mit Alfa Romeo (Arna), mit Motor Iberica (Spanien), mit Volkswagen (Santana-Lizenzherstellung in Japan) sowie der Bau des englischen Werks das Nissan-Management entzweit. Auf den Rechts-

Nissan

Nissan Bluebird Hatchback 2.0 E/SGX, 1987

Nissan Pao, 1989

Nissan Sunny 1.8 GTI Coupé 16V, 1989

gelehrten Ishihara folgte als neuer Nissan-Präsident mit Yutaka Kume ein Ingenieur..

Für die (vorzeitig) auf den Katalysator setzende Schweiz wurden im Frühsommer 1985 das Coupé Silvia 1.8 Turbo und der Kombi Sunny California entsprechend ausgerüstet ins Angebot aufgenommen. In den USA hingegen gab es inzwischen einen als Maxima bezeichneten Blubird mit quer eingebautem V6-Motor.

Skyline 1986. Die Modellreihe Skyline wurde im August 1985 verjüngt: aerodynamischere Front, schwarzer Stoßschutz-Oberteil als Rundumschutz auch über die Flanken gezogen, Pavillon verfeinert, Kombi nicht mehr mit abgesetztem drittem Seitenfenster, 2-l-Sechszylindermotor alsbald auch in einer Version mit zwei obenliegenden Nockenwellen und 24 Ventilen (165 JIS-PS, mit Abgasturbolader Garrett T3 und Ladeluftkühler 210 JIS-PS).

Sunny / Sentra 1986. Im September 1985 erhielt die seit 1966 in 7,7 Millionen Exemplaren gebaute Sunny-Reihe gestrecktere Aufbauten mit modernerem Design. Der Radstand wuchs von 240 auf 243 cm und entsprechend waren die hinsichtlich Aerodynamik, Formsteifigkeit und Rostschutz weiter verbesserten Karosserien ein wenig länger geworden. Neu wurden die Hinterräder nicht mehr an Längslenkern geführt, sondern von parallelen unteren Querlenkern und einem Kurvenstabilisator, der gleichzeitig als Zugstrebe diente. Bei den Turbomodellen konnten die Stoßdämpfer am Armaturenbrett auf weich oder hart eingestellt werden.

Neu waren zwar auch die Angaben in JIS-Netto-PS, doch ergaben sich dadurch nur Änderungen auf dem Papier... Mehr Bedeutung kam dem zuschaltbaren Hinterradantrieb zu, wie er jetzt im Sunny Sedan mit 73-PS-Motor erhältlich war. Das Antriebsmoment wurde über eine Zusatzwelle vom Vorderachsdifferenzial abgezweigt. Bei allen Sunny war der Innenraum aufgewertet und u. a. die Wirkung der Lüftungsanlage verbessert worden.

Prairie 1986 / Prairie 4WD. Ebenfalls im September 1985 erhielt der Prairie sein erstes Facelift: Eine neue Front mit weitmaschigerer horizontaler Unterteilung des schräggestellten Kühlergrills, um die Ecken greifendem Stoßschutz, in dunkler Farbe gehaltenen unteren Flankenpartien und – besonders auffallend – bis zur Dachkante erhöhtem dritten Seitenfenster. Zudem war der beim Sunny erhältlich gewordene zuschaltbare Hinterradantrieb alsbald im Prairie ebenfalls verfügbar und zwar im Verein mit einem 91 JIS-Netto-PS leistenden 1974-cm^3-Motor. Dieser Motor wurde auch in die für die USA bestimmten Modelle eingebaut, wo der Prairie als Stanza Wagon bezeichnet wurde.

Im Oktober 1985 wurde der Fairlady mit einem 1998-cm^3-Reihensechszylindermotor mit zwei obenliegenden Nockenwellen, 24 Ventilen, Abgasturbolader Garrett T3, Ladeluft- und Ölkühler lieferbar; die Leistung wurde mit 180 JIS-Netto-PS angegeben.

Mid 4. Nissan hatte bereits mit etlichen revolutionären Konzeptstudien für Aufsehen gesorgt. Der überraschend auf der IAA Frankfurt 1985 gezeigte Nissan Mid 4 mit quer eingebautem 3-l-V6-Mittelmotor und Vierradantrieb galt zunächst als Prototyp eines Hochleistungs-Sportwagens, von dem es auch noch Mitte 1987 hieß, dass er in Serie gehen werde. Doch am Ende war er ebenfalls den Concept-cars zuzuordnen (s. Buch „Zukunftsautos der 80er Jahre").

Auster / Stanza / Bluebird / Maxima 1986. Für das Modelljahr 1986 wurden die Reihen Auster und Stanza auf die gleiche Basis wie die Bluebird-Modelle gestellt. Auch der aus dem Bluebird hervorgegangene, für die USA bestimmte Maxima mit 3-l-V6-Motor zählte dazu. Die Motorenauswahl wurde um eine 1,8-l-Einheit mit zwei obenliegenden Nockenwellen, 16 Ventilen und Abgasturbolader Garrett T-25 sowie ECCS-Einspritzung ergänzt; im Auster lieferte dieser Motor 160, im Bluebird 145 JIS-Netto-PS. Besonders sportlich ausgerichtet waren die Stanza 1800 Supremo Turbo und Twin Cam Turbo.

In Europa kam diese Modellreihe mit dem Genfer Salon 1986 unter der Modellbezeichnung Bluebird auf den Markt. Die Karosserien zeigten sich gestreckter, und zudem gab es nun (wie zuvor beim Stanza) eine fünf- und auch eine dreitürige Hatchback-Version.

Leopard 1986. Mit der im April 1986 vorgestellten Neuauflage des Leopard wurde die Limousinenversion aufgegeben und das Coupé verstärkt als Konkurrenzprodukt zum Toyota Soarer ausgerichtet. Das kantige Karosseriedesign war weichen, ungemein eleganten Rundungen gewichen, die in der Topversion Ultima (mit Beplankung der unteren Flanken in Kontrastfarbe) besonders gut zur Geltung kamen. Der Luftwiderstandsbeiwert wurden mit cw 0,32 angegeben. Auf eine 1,8-l-Basisversion mit hinterer Starrachse wurde verzichtet. Alle Leopard hatten nun eine hintere Schräglenker-Aufhängung. Erstmals bei Nissan wurde ein ABS eingebaut.

Die Topausführung Ultima besaß einen 3-l-V6 mit 24 Ventilen und 185 JIS-PS Leistung (den 3-l-Turbomotor mit 230 PS gab's nicht mehr). Zu den elektronischen Leckerbissen dieses Quad-cam 3.0 geheißenen Motors zählten sechs dicht an den Zündkerzen positionierte Klopfsensoren und ein ebenfalls elektronisches auslassseitiges Ventilzeiten-Kontrollsystem. Hinzu kam beim Ultima das Supersonic Suspension System, dessen dreistufige Dämpferkennung mittels Sensoren automatisch dem Fahrstil und der Fahrbahnbeschaffenheit angepasst wurde. Ebenso wurde die Servolenkung elektronisch überwacht und variiert, und die Instrumentenanzeigen erfolgten mit Leuchtdioden. Der 3-l-V6 wie auch der 2-l-Turbo-V6 wurden ausschließlich mit einem 4-Stufen-Automatikgetriebe kombiniert.

Pulsar / Sunny 1986. Anfang Mai 1986 stellte Nissan die neue Pulsar-Reihe vor. Sie war jetzt ein Parallelmodell zu den Sunny & Co., während es den Cherry nicht mehr gab! Gebaut wurde sie als viertürige Stufenhecklimousine und als drei- und fünftürige Kompaktmodelle. Motor- und Getriebeauswahl waren mit jener der Sunny-Modelle identisch. Nachdem es den Sunny schon seit September 1985 mit zuschaltbarem Hinterradantrieb gegeben hatte, wurde mit dem Pulsar ein ebenfalls gegen Mehrpreis erhältlicher permanenter Vierradantrieb eingeführt, dessen zentrales Differenzial mit einer Viskokupplung ausgestattet war.

Ebenfalls ab Mai wurden die neuen Sunny auf die europäischen Märkte gebracht und zwar als drei- und fünftürige Hatchback- bzw. Kompaktmodelle, als viertürige Stufenhecklimousine und als fünftüriger Kombi mit stark schräggestelltem Heckfenster. Es gab sie im Export mit fünf Benzin- und einem Dieselmotor sowie als SLX oder in der Luxusausführung SGX. Im Herbst 1986 kam der zuschaltbare Vierradantrieb bei diesen Modellen ebenfalls hinzu.

Autech Japan Inc. *Mitte 1986 wurde die Nissan-Tochter Autech Japan Inc. gegründet (→ Anhang), die ab Oktober für die Herstellung von Sondermodellen in Kleinserie, High-Tech-Konzeptstudien sowie Wettbewerbsfahrzeuge und -motoren zuständig sein sollte. – Mitte 1986 lief im Nissan-Werk Sunderland in England die Montage von Bluebird-Modellen an, und bereits im September fiel der Entscheid, den Anteil der britischen und anderen EG-*

Komponenten von 40 Prozent bis 1988 auf 60 Prozent und bis 1991, bei einem Ausstoß von 100'000 Wagen, auf 80 Prozent zu erhöhen. Die Regierung Thatcher und die Region Tyne and Wear versprachen mit Darlehen an die hierfür nötigen Investitionen beizutragen.

Pintara. Dieses Modell wurde Mitte 1986 auf dem australischen Markt eingeführt und wurde auch dort mit einem hohen Anteil einheimischer Teile hergestellt. Es löste den australischen Bluebird ab, basierte aber auf dem etwas größeren Skyline und erhielt den ebenfalls in Australien gefertigten 2-l-Einspritzmotor mit doppelten Zündkerzen. Es gab ihn als Sedan und Wagon. Gleichzeitig wurde in Australien der Nissan Skyline TI lanciert, mit dem Nissan ein Wort auf dem Sechszylindermarkt mitreden wollte. Dieses 3-l-Aggregat war mit dem wenige Monate zuvor in den → Holden Commodore eingeführten Nissan-Motor eng verwandt. Der Name Skyline hatte in Australien einen besonderen Klang, wurden doch mit den Skyline-Coupés die meisten Tourenwagenrennen gewonnen.

In Mexiko anderseits wurde der frühere Sunny unter der Bezeichnung Tsuru weitergebaut, während von Nissan South Africa unter dem Namen Sani ein 4/5-sitziges Freizeit- und Allroundfahrzeug (auf Wunsch mit zuschaltbarem Vorderradantrieb) auf der Basis des Light-Duty-Nutzfahrzeugs hergestellt wurde.

Terrano. Ebenfalls Mitte 1986 wurde in Japan selbst ein als „Freizeitfahrzeug für Individualisten" umschriebener dreitüriger Kombi mit dem sinnigen Namen Terrano eingeführt. Er war von einem Pick-up mit Vierradantrieb abgeleitet und wurde alsbald unter der Bezeichnung Pathfinder auch in den USA angeboten. Mit einer luxuriösen Ausstattung war ihm Pkw-Charakter verliehen worden. Für den Antrieb diente ein neuer 2,7-l-Vierzylinder-Diesel mit 85 Netto-PS, der für die USA durch einen 3-l-V6 mit 140 PS ersetzt wurde. Der Terrano bot ein 5-Gang-Getriebe mit Geländereduktion und automatischen Freilaufnaben für die Vorderräder. Diese waren an doppelten Dreieckquerlenkern geführt und mit Drehstäben gefedert. Hinten gab es eine Starrachse mit vier Längslenkern und Panhardstab, die Kugelumlauflenkung war servobestückt.

Exa / Pulsar NX. In Japan hieß er Exa und für die USA wurde er als Pulsar NX bezeichnet, doch der im Oktober 1986 vorgestellte Neuling zählte zur Sunny-Familie mit 243 cm Radstand: An die Keilfront mit Klappscheinwerfern fügte sich eine „Modularkarosserie" an, bei der sich die vorderen Dachhälfte herausnehmen ließen (T-roof). Das ganz Besondere lag im Karosserieheck, das sich mit einer Heckklappe bzw. einem Stoffteil mit Plastikfenster versehen ließ (2+2-Coupé), das man offen und mit abgeklappten Hintersitzen fahren konnte (Pick-up) oder auf das sich ein Canopy aufsetzen ließ (eine Art Sportkombi). Dieses einzigartige, 423 cm lang Modell wurde von einem 1,6-l-DOHC-Motor angetrieben. Originell waren auch die Bedienungstastenträger beidseits neben dem Lenkrad.

Nissan Micra 1.2 Canvas Top, 1989

Nissan Sunny 1.6 Wagon 12V, 1989

Nissan 200 SX, 1989

Nissan Maxima 3.0 SE, 1989

Nissan Skyline GTS Twin Cam 24V Turbo, 1989

Nissan Laurel Hardtop 2.0, 1989

Fairlady / Z 1987. Nach wie vor war dem Fairlady Z vor allem in den USA großer Absatzerfolg beschieden. Zum Modelljahr 1987 erfuhr er im Oktober 1986 eine Verjüngung: Die Front war etwas rundlicher geformt und der Stoßschutz-Unterteil glich nicht mehr einem leicht vorgeschobenen Kinn. Die besonders leistungsoriente Ausführung besaß Radhaus-Auskragungen. Neu erhielt der 3-l-V6 ohne Turbo in Japan vier obenliegende Nockenwellen, und dieses Aggregat war fast gleich stark wie der 3-l-Turbo-OHC-V6. Die Aufhängungen waren optimiert worden, und in Verbindung mit dem DOHC-V6 wurde serienmäßig ein Vierrad-Antiblockiersystem eingebaut.

Be-1 Schon auf der Tokyo Motor Show 1985 war er als Designvorschlag gezeigt worden, im Februar 1987 wurde er dann als Serienmodell vorgestellt: Der Be-1 läutete eine erstaunliche Ära von kleinen japanischen Liebhaberautos ein, die weniger auf Ästhetik, denn auf nostalgische Originalität und Individualität ausgerichtet waren. Daher war für den Be-1 eine Monatsproduktion von nur 400 Stück geplant. Technisch basierte er auf dem dreitürigen March alias Micra. Seine kühlergrillfreie Front trug große Rundscheinwerfer, sozusagen Kulleraugen. Die vorderen Radhäuser sowie die Front- und Heckteile mit Schürzen wurden aus thermoplastischem Polyamid hergestellt. Es gab einen Kofferdeckel, aber keine Heckklappe, und im Bedarfsfall ließ sich eine Art Rucksack anfügen, womit die Länge um 20 auf 383,5 cm anwuchs. Ebenfalls originell gestaltet war das Cockpit mit Rundinstrumenten in Einzelgehäusen und einem Lenkrad mit rohrartigen Speichen. Entsprechend der großen Nachfrage wurde der Be-1 bis Ende 1987 just 10'000 Mal gebaut.

Laurel 1987. Er unterschieden sich vom Vorgänger durch eine neugezeichnete Front mit weiter um die Ecken gezogenen Leuchteinheiten und einer stärker betonten Bugschürze.

Pulsar Hatchback 4WD. In Japan gab es den Pulsar inzwischen bereits auch mit permanentem Vierradantrieb samt Viskokupplung (statt bloss zuschaltbar wie beim Corolla). Im Februar 1987 kam der Pulsar Hatchback Triple-viscous Type Full-Time 4WD hinzu, bei der Viskokupplungen auch die Vorder- und Hinterachsdifferenziale ergänzten. Dies erbrachte zusammen mit dem 82 PS leistenden 1,5-l-Motor besonders ausgewogene Fahreigenschaften. – *Ab Mai 1987 führten Nissan und Ford Machbarkeitsstudien betreffend die gemeinsame Herstellung eines Minivans bzw. Großraumkombis.*

Skyline GTS. Das im Tourenwagen-Rennsport bewährte Coupé der Skyline-Modellreihe erfuhr Mitte 1987 eine neue Evolutionsstufe als GTS nach Gruppe A, auch wenn die Leistung des 24-Ventil-Sechszylindermotors kaum weiter erhöht wurde: Mit Abgasturbolader (mit Keramikrotor) resultierten 190 JIS-Netto-PS. Eine Besonderheit bestand im High Capacity Active Control System, kurz Hicas, bei der es sich um eine Vierradlenkung handelte. Allerdings erreichte der Hinterrad-Lenkwinkel nur gerade 0,5 Grad, dies im Gegensatz zu den von Honda und Mazda propagierten 4WS. Das Hicas war von Nissan schon 1985 bei den Concept-cars Mid-4 und Cue-X eingeführt worden.

Cedric / Gloria 1988. Im Juni 1987 wurden Nissans Topmodelle der Oberklasse in gründlich modernisierter Auflage vorgestellt: Die reichlich amerikanisch wirkende Front von Cedric und Gloria war strömungsgünstiger geformt, ihr Pavillon besaß nun drei Fenster je Seite, und die Panoramaheckscheibe war einer flachen Ausführung gewichen. Weiterhin gab es beide Modellreihen ausser als 140 cm hohe viertürige Limousine auch als viertürige Hardtoplimousine mit um 2 cm abgesenkter Dachlinie und ohne Mittelpfosten-Oberteil. Eine Kombiversion wurde nicht mehr angeboten. Die Abmessungen waren mit jenen der Vorgänger identisch, denn man hielt sich weiterhin an die Limiten der in Japan geltenden mittleren Steuerkategorie, die eine Länge von unter 470 cm und eine Breite von unter 170 cm zuließ.

Ein Vierzylindermotor stand für die neuen Cedric/Gloria nicht mehr im Angebot, sondern ausschließlich 2- und 3-l-V6 sowie ein 2,8-l-Reihensechszylinder als Selbstzünder. Zum 2-l-OHC-Saugmotor (125 JIS-netto-PS) kam die mit Plasma bezeichnete Turbomaschine mit vier Nockenwellen und 24 Ventilen sowie Abgasturbolader CNR-1 mit Keramikrotor (185 PS) während der 3-l-OHC-V6 (160 PS) zusätzlich mit einem Garrett-Abgasturbolader (195 PS) erhältlich war. Die 3-l-Motoren wurden ausschließlich mit einem 4-Stufen-Automatikgetriebe mit zwei Programmen ausgerüstet. Wesentlich war der Übergang von der hinteren Starrachse zu einer Schräglenker-Einzelradaufhängung, auf Wunsch überdies mit einem Luftfederungssystem, bei dem nebst dem Bodenabstand die Feder- und Dämpfungsrate elektronisch geregelt wurden.

Gloria Cima. Im Januar 1988 wurde die Cedric/Gloria-Reihe durch den Cima ergänzt, der mit 177 cm Breite und 489 statt 469 cm Länge deutlich größer war. Äußerlich hob er sich durch eine eigene Front, nur vier Seitenfenster (Mittelträger) und u. a. runde Türgriffmulden ab. Zudem wurde der Gloria Cima von einem neuen Topmotor angetrieben: 3-l-V6, DOHC, 24 Ventile, 200 PS, bzw. mit Abasturbolader CNR-1 255 PS. Bemerkenswert, was Nissan an Luxusfeatures in dem Gloria Cima vereint hatte: Tempomat, automatische Klimaanlage, elektrische Verstellung (jene des Fahrers mit Memory) sowie Beheizung aller vier Einzelsitze, aufwändige Hi-Fi-Audioanlage, Bedientasten hierzu auf der Lenkradnabe und der hinteren Mittelarmlehne, Autotelefon zwischen den Vordersitzen, Mittelteil des Beifahrersitzes abklappbar, Wischeinrichtung sowohl für die Scheinwerfer wie für die Außenspiegel(!), automatisch abblendender Innenspiegel (nach amerikanischem Muster).

(New) Bluebird 1988. Als der Bluebird im September 1987 eine Neuauflage erfuhr, sprach man vom New Bluebird, um ihn von dem weiterhin für den Export gebauten Modell zu unterscheiden. Bei unverändertem Radstand von 255 cm wirkten die neuen Karosserien gestreckter und aerodynamischer, und – typisch für die umfangreiche japanische Mittelklasse – es gab nun den Bluebird ebenfalls sowohl als Sedan bzw. übliche viertürige Limousine wie neu auch als Hardtop: So hießen jene viertürigen Limousinen mit fensterrahmenlosen Türen, sehr dünner B-Säule und um ein paar Zentimeter abgesenkter Dachlinie. Sie waren ein Ausbund an Eleganz und Sportlichkeit und somit auch teurer. Der Bluebird Hardtop kam auf einen Luftwiderstandsbeiwert von 0,30.

Neuer Topmotor für die Bluebird-Reihe war ein 1,8-l-Vierzylinder mit obenliegenden Nockenwellen und 16 Ventilen, der mit Abgasturbolader und Ladeluftkühler auf 175 JIS-Netto-PS kam. Klappen vor je einem der beiden Einlassventile blieben bei niedrigen Drehzahlen geschlossen und sorgten so für verbesserten „Durchzug". Besondere Beachtung verdiente das gegen Aufpreis lieferbare Attesa-System: die Initialen von Advanced Total Traction Engineering System for All, und man mag erraten, dass dies Vierradantrieb bedeutete. Links von der quergestellten Frontantriebseinheit war ein kompaktes Kegelrad-Zentraldifferenzial eingebaut, das mit einer im Bedarfsfall als Sperre wirkenden Viskokupplung kombiniert war. Auch das Hinterachsdifferenzial war mit einer Viskokupplung verblockt. Gegen Aufpreis war zudem ein ABS erhältlich. Die Hinterradaufhängung in Form von Federbeinen mit doppelten Querlenkern und Längslenkern war so ausgelegt, dass sich ein genau definierter Mitlenkeffekt der Hinterräder ergab. Als Ausgangspunkt für den Rallyeeinsatz nach Gruppe A gab es den Bluebird SSS-R Attesa Limited mit 185 PS, zusätzlichen Lufteinlässen und Sportzubehör.

Patrol / Safari 1988. Im Herbst 1987 erschien der fünftürige Patrol in Neuauflage: Erkennungsmerkmal war ein in drei Felder aufgeteilter Kühlergrill mit auffallender Markenschrift. Die Länge wuchs auf 480,5 cm. Wesentliche technische Neuerung war der Übergang von den Halbelliptikzu Schraubenfedern, wobei die Starrachse freilich auch vorne beibehalten wurde: vorne wurden einfache, hinten doppelte Längslenker verwendet, jeweils ergänzt durch einen Panhardstab. Die Spur war 153/153,5 cm breit (statt 141 cm wie beim weiter erhältlichen bisherigen Modell); entsprechend zeigte die Karosserie vorne und hinten Radhausauskragungen.

Neu waren auch der 4,2-l-Sechszylinder-Dieselmotor Plasma TD 42 (OHV, Grauguss) mit 125 PS Leistung und das 5-Gang-Getriebe mit synchronisiertem Rückwärtsgang sowie die Vierrad-Scheibenbremsen. Der Vorderradantrieb blieb zuschaltbar, und eine Differenzialbremse wurde in Aussicht gestellt. Nach Europa gelangte der New Patrol erst Ende 1988/Anfang 1989.

Sunny Trad 4x4. Bei dem im Herbst 1987 auf den japanischen Markt gebrachten Sunny Trad 4x4 handelte es sich um einen Verwandten des Pulsar Hatchback 4WD. Die viertürige Stufenhecklimousine wurde mit SCS = Stop Control System angeboten, einem von Lucas-Girling entwickelten preisgünstigen mechanischen ABV (automatischer Blockier-Verhinderer).

Bluebird (Export) 1988. Der Bluebird, wie er seit 1987 auch in England gebaut wurde, zeigte sich auf dem Genfer Salon 1988 mit einem neuen Kühlergrill mit mittigem Markenzeichen. Hinzu kamen seitliche Lüftungsöffnungen im Heckbereich. Es gab diesen Bluebird weiterhin als Hatchback, Sedan und Wagon bzw. Kombi.

Silvia / 200 SX 1988/89. Der im Mai 1988 vorgestellte neue Silvia war erst auf Herbst für den Export (je nach Land auch unter der Bezeichnung 200 SX) programmiert. Zunächst gab es ihn in Japan ohnehin nur mit Stufenheck. Er war weniger kantig und damit wesentlich eleganter als sein Vorgänger. Die (für die Exportmodelle) wiederum mit Klappscheinwerfern versehene Front war niedrig und strömungsgünstig und dies galt auch für den Pavillon mit außenbündigen Fenstern. Der Radstand war um 5 auf 247,5 cm verlängert, die Höhe hingegen um 4 auf 129 cm abgesenkt worden.

Der Antrieb erfolgte weiterhin auf die Hinterräder und dies primär durch die beiden 1,8-l-Motoren ohne oder mit Turbo, die nun mit zwei obenliegende Nockenwellen und 16 Ventile aufgerüstet worden waren. Mit Katalysator erreichte die Leistung 135 JIS-Netto-PS (Verdichtung 9,5:1) bzw.

Nissan Cefiro Sports Touring, 1989

Nissan (Cedric/Gloria) Cima Type II, 1989

175 PS (8,5:1, Abgasturbolader, Ladeluft- und Ölkühler). Beide Versionen waren mit einem 5-Gang-Getriebe oder einem 4-Stufen-Automatikgetriebe mit E- und S-Programm kombinierbar. Ebenfalls neu war die Hinterachsführung, wurde doch die Schräglenkeraufhängung durch eine aufwändige Mehrlenkerkonstruktion ersetzt: an einem Fahrschemel verankert leicht schräg angelenkte untere Dreieckquerlenker, obere einfache Querlenker sowie Diagonalstreben. Gegen Aufpreis gab es nicht nur ein ABS, sondern auch eine elektronisch aktivierte hydraulische Vierradlenkung (wie sie bereits bei Skyline-Modellen lieferbar war). Zudem wurde ein Sportkit mit Bugspoiler und Heckflügel angeboten.

Besondere Bedeutung kam dem in den Topversionen eingebauten Head-up-Display zu, mit dem die Fahrgeschwindigkeit in die Frontscheibe projiziert wurde. Das aus den Kampfjets stammende System war in den USA bereits in Einzelmodellen gezeigt worden, Nissan verwirklichte die Ersteinführung in der Serie. Das sportliche Silvia-Cockpit brillierte durch gut ablesbare Rundinstrumente und bequeme Schalensitze. Von der Tochterfirma Autech wurde eine für den Heimmarkt bestimmte Cabrioversion in Produktion genommen, die ausschließlich mit dem Turbomotor zu haben war.

Cefiro. Auf dem 267-cm-Radstand der Laurel-Reihe lancierte Nissan im September 1988 den Cefiro, eine ungemein elegante Sechsfenster-Limousine, der man den günstigen Luftwiderstandsbeiwert von 0,32 ansah. Offensichtlich war das Cefiro-Design von den mustergültig geformten Nissan-Konzeptstudien inspiriert worden. Bereits war jedoch bekannt, dass Japans Nr. 2 mit dem Maxima eine Oberklasselimousine auf die westlichen Märkte bringen wollte, der man dort mit Frontantrieb größere Chancen einräumte. Daher blieb der mit konventionellem Antrieb ausgerüstete Cefiro dem Heimmarkt vorbehalten (was aus späterer Sicht betrachtet wohl ein Fehler war).

Nissan

Nissan Prairie 4x4 SLX, 1989

Dodge 400, Nissan Patrol Wagon 2.8 Turbo-Diesel, 1989

Nissan Terrano 3.0 V6, 1989

Die gepflegt ausgestattete viersitzige Limousine (mit Durchreiche zum Kofferraum) wurde mit drei 2-l-Sechszylinder-Reihenmotoren ausgerüstet: OHC, 125 PS; DOHC, 24 Ventile, 155 PS; zudem mit Abgasturbolader und Ladeluftkühler, 205 PS. Vorne umfasste die Aufhängung Federbeine, während hinten eine an einem Fahrschemel verankerte Mehrlenkerachse zum Einsatz kam. Wie beim Silvia und beim Skyline konnte gegen Aufpreis eine elektronisch-hydraulische Vierradlenkung (Hicas II) bestellt werden und auch elektronisch geregelte Stoßdämpfer sowie eine Visko-Differenzialbremse figurierten auf der Optionenliste.

Im englischen Werk Sunderland plante Nissan inzwischen die Produktion bis 1993 auf 200'000 Stück hochzufahren, wovon die Hälfte in den Export gehen sollte. Doch die EG-Kommission stand unter dem Druck der Nissan-Konkurrenten, die den in England gebauten Bluebird den freien Marktzutritt verweigern wollten; sie sprachen von einem „trojanischen Pferd“.

Prairie 1989. In einem vollständig neuen Design präsentierte sich in Weltpremiere Ende September 1988 der Prairie auf dem Salon von Paris (der nun erstmals Mondial de l'Automobile hieß): Es handelte sich um eine Einvolumenform, denn Motorhaube und Frontscheibe verliefen (fast) in einer Linie. Besonders in zweifarbiger Ausführung (Farbtrennlinie oberhalb Kühlergrill und auf halber Flankenhöhe) wirkte das neue klare Design mit den großzügigen Fensterflächen ungewöhnlich attraktiv. Die Hintersitze waren wiederum durch Schiebetüren erreichbar, doch im Gegensatz zum Vormodell wurde auf Mittelpfosten nicht verzichtet. Die Heckklappe umschloss die gesamte Rückseite. Ein Spoiler am Dachende reduzierte den Auftrieb und verhinderte in Fahrt den Regenbeschlag.

Der neue Prairie war auch größer geworden und besaß dem Renault Espace angenäherte Abmessungen: Radstand 261 cm (4x4: 259,5 cm; früheres Modell: 251/252,5 cm), Länge 436 cm (423 cm), Breite 169 cm (166,5 cm). Die Höhe blieb mit 163 bis 166 cm unverändert, doch hatte die Kopffreiheit dank abgesenkter Plattform zugelegt. Anstatt bis sieben standen nun bis acht Sitze zur Verfügung: Die Verlängerung ermöglichte den Einbau einer zusätzlichen, herausnehmbaren Sitzbank. Alle vier Räder waren mit Federbeinen verbunden, und der gegen Aufpreis erhältliche Vierradantrieb arbeitete nun permanent (zentrales Kegelraddifferenzial und parallel geschaltete Viskokupplung; für einige Exportländer zudem Viskosperre für die Hinterräder). Für Europa wurde der Prairie ausschließlich mit dem 2-l-Einspritzmotor ausgerüstet (nun 98 statt 92 PS). In den USA wurde er unter der Bezeichnung Axxess eingeführt (statt Stanza Wagon).

Maxima. Im Oktober 1988 folgte als große Nissan-Neuheit der Maxima, der auch für den Export nach Europa und in die USA bestimmt war. In den USA löste er den bereits als Maxima bezeichneten, mit 3-l-V6-Motor ausgerüsteten Bluebird ab, während er in Europa in die Fußstapfen des Laurel trat. Der Maxima veranschaulichte einmal mehr die Nissan-Vielfältigkeit, denn mit 265 cm Radstand und 477 cm Länge ließ er sich größenmäßig mit Skyline, Laurel und Cefiro vergleichen, vertrat jedoch die Frontantriebsphilosophie. Sein 3-l-V6 mit je einer obenliegenden Nockenwelle und 170 PS Leistung war quer eingebaut. Er wurde durch das ECCS-Motormanagement gesteuert und besaß ein neues Ansaugsystem mit variierenden Querschnitten bzw. Kanallängen. Der Kraftübertragung diente ein 5-Gang-Handschalt- oder ein elektronisch gesteuertes 4-Stufen-Automatikgetriebe mit drei Schaltprogrammen. Durch kurzzeitiges Abschalten der Einspritzung von drei Zylindern wurde für ruckfreie Schaltvorgänge gesorgt.

Vorne fanden sich Federbeine und untere Dreieckquerlenker, hinten Federbeine, doppelte (parallele) Querlenker und Längslenker. Es gab Stoßdämpfer mit elektronischer Regelung, Vierrad-Scheibenbremsen und ein serienmäßiges ABS. Die klassische Stufenheckkarosserie des Maxima bot dank der Queranordnung der Antriebseinheit viel Innenraum und war auf ein hohes Komfortniveau ausgerichtet. Ihre Seitenfensterkontur erinnerte ein wenig an BMW. Der Luftwiderstandsbeiwert wurde mit tiefen cw 0,31 angegeben.

Laurel 1989. Bei gleichem Radstand und gleicher Länge (267/469 cm) wie sie der Cefiro besaß, war der im Dezember 1988 vorgestellte neue Laurel mit vier Seitenfenstern und steiler gestellter Heckscheibe herkömmlicher, aber immerhin nun ausschließlich als Hardtoplimousine (ohne Fensterrahmen) gestaltet. Ihren Platz im Export nahm (wie oben erwähnt) der frontgetriebene Maxima ein. Der neue Laurel teilte seine Plattform mit dem Cefiro und erhielt somit ein stark modernisiertes Fahrwerk. Die Motorpalette begann mit einem 1,8-l-Vierzylinder und umfasste drei 2-l-Sechszylinder mit zwölf oder 24 Ventilen, Letzteren auf Wunsch mit Turbo, sowie einen 2,8-l-Diesel, auch er mit sechs Zylindern in Reihe. Die Topversionen boten die hydraulische Vierradlenkung Hicas II, elektronisch geregelte Stoßdämpfer, eine Visko-Differenzialbremse, ein 4-Stufen-Automatikgetriebe mit drei Schaltprogrammen und natürlich ein ABS.

1989 zeigte sich der Micra mit einer neuen, aus 2x2 horizontalen Lufteinlassschlitzen bestehenden, in der Karosseriefarbe gehaltenen Front; zudem wurden 13- statt 12-Zoll-Räder montiert, und innen fanden sich ein überarbeiteter Armaturenträger und neue Stoffüberzüge. Dem Sunny wurde in der Topversion GTI statt des 1,6-l-Motors ein 1,8-l-Aggregat verpasst (DOHC, 16 Ventile, 125 PS), zudem gab es (auch im Export) einen 1,6-l-Motor mit 12 Ventilen (90 PS); die Front aller Sunny wurde leicht geändert, das Fahrwerk verbessert und die Ausrüstung aufgewertet; der permanente Vierradantrieb wurde in mehreren Modellvarianten angeboten. Der aus England stammende Bluebird war vier- und fünftürig auch als GTI zu haben (1,8 l, DOHC, 16 Ventile, 129 PS, Vierrad-Scheibenbremsen und weitere Aufwertungen). Der Terrano wurde jetzt auch in Europa mit dem 3-l-V6 (und verfeinerter Ausstattung) angeboten.

Pao. 1988 war die Produktion des in limitierter Auflage gebauten Kleinwagens Be-l aufgegeben worden. Danach wurden neuwertige Exemplare zu 200 Prozent des Listenpreises gehandelt. Als Nachfolger kam im Januar 1989 der Pao in die Kleinserie (er war auf dem Salon Tokio 1987 als Studie gezeigt worden). Auch er besaß eine drollig geformte, altmodisch wirkende Karosserie, die teils aus Kunststoff hergestellt wurde: große Rundscheinwerfer, auskragende Radausschnittränder, steile Frontscheibe, außenliegende Türscharniere, drei feine seitliche Längsrippen, hintere Klappfenster, Dachträger beidseits eines Stoffdaches. Basis bildete der March/Micra mit 1-l-Motor (5-Gang- oder 3-Stufen-Automatgetriebe). Sein Design stammte von Shoji Takahashi, und er wurde ebenfalls zu einem Renner: Aber aus Kapazitätsgründen konnten von 50'000 Bestellungen bis zum vorgesehenen Produktionsende von Mitte1990 nur rund 10'000 erfüllt werden.

March Super Turbo. Kaum über die Grenzen Japans hinaus bekannt wurde eine 1989 für den March eingeführte Motorkonstruktion: Neben dem 1-l-Turbomodell mit 76 PS wurde nämlich ein Turbomotor mit parallel angefügtem mechanischem Roots-Kompressor sowie Ladeluftkühler angeboten. Die Leistung stieg damit auf 110 PS, einem Spitzenwert der 1-l-Klasse.

ZX 1989. Es war auf der Chicago Motor Show im Februar 1989, als die für den Hauptmarkt bestimmte US-Ausführung der vollständig erneuerten Z- bzw. Fairlady-Sportmodelle vorgestellt wurde. Dem Designer Yoshio Maezawa war es gelungen, den charakteristischen Z-Stil mit einem modernen, aber weiterhin dem Individualismus verpflichteten Formempfinden zu vereinen. Die für Japan vorgegebene Breite von unter 170 cm wurde um 10 auf 179 cm ausgeweitet, die Front war zwar weiterhin keilförmig, aber viel rundlicher und das strikte Fastback war einem

Nissan 300 ZX Turbo, 1990

kurzen Stummelheck (Semi-Fastback) gewichen. Das Dach verlief sanft bogenförmig (eine Nissan-Design-Eigenheit) und die Klappscheinwerfer waren in Mulden versenkten Breitscheinwerfern gewichen. Insgesamt wirkte der weiterhin als Zweisitzer und als 2+2 angebotene ZX wesentlich wuchtiger. Sein cw-Wert wurde mit 0,31 angegeben.

Der Radstand war um 13 bzw. 5 cm (zweisitzig/2+2) auf 245/257 cm verlängert worden und die Spur hatte um 8 bzw. 10 cm auf 149,5/153,5 cm zugelegt. Weil die Überhänge aber reduziert worden waren, zeigten sich die neuen ZX 10 bzw. 8,5 cm kürzer, nämlich 430,5 bzw. 452 cm lang. Bei einem um gut 100 kg angestiegenen Leergewicht (ab 1460 kg) war die Verwindungssteifigkeit um 20 Prozent erhöht worden. Die beiden gläsernen Dachhälften waren weiterhin herausnehmbar.

Für den Antrieb (nach wie vor auf die Hinterräder) diente in der US-Version der ebenfalls auf 24 Ventile umgestellte 3-l-V6 mit 60 Grad Gabelwinkel. Diese 225-PS-Kraftquelle besaß einen neuen Block und eine neue Kurbelwelle; der elektronisch-hydraulische Verstellmechanismus der Einlass-Nockenwelle sorgte mit variablen Steuerzeiten für erhöhte Durchzugskraft im unteren Drehzahlbereich. Als der 300 ZX im September 1989 auf der IAA Frankfurt Europapremiere feierte, besaß sein 3-l-V6 zusätzlich zwei Abgasturbolader mit Ladeluftkühler und kam auf 280 PS. Tempo 100 ließen sich binnen 6 s erreichen. Statt mit 5-Gang-Getriebe war er auch mit 4-Stufen-Automat bestellbar.

Für das Fahrwerk wurden vorn in neuartiger Manier untere Querlenker mit Zugstrebe und obere schrägstehende Querlenker mit Gelenk verwendet. Hinten fanden sich (wie beim 200 SX, Cefiro und Laurel) untere Dreieckquerlenker mit Axialstreben und obere einfache Querlenker mit Diagonalstreben. Der Servo der Zahnstangenlenkung arbeitete geschwindigkeitsabhängig; ABS und Visko-Differenzialbremse wurden serienmäßig, die hydraulische Vierradlenkung Super Hicas gegen Aufpreis eingebaut. – Auf dem Genfer Salon 1989 wurde mit dem Autech (→ Anhang) eine neue Nissan-Marke aus der Taufe gehoben.

Skyline 1989/90. Die sportlich ausgerichtete Modellreihe Skyline erschien im Mai 1989 zur Gänze in Neuauflage. Es gab sie weiterhin als viertürige Limousine und als viersitziges Coupé, beide mit Stufenheck und rahmenlosen Türfenstern. Auch bei der Limousine reduzierte sich der Lufteinlass an der Front auf horizontale Schlitze,

Nissan	Bauart	Mot.	Getr.	R/L cm	Baujahre
March / Micra	**Fr.**	**a–i**	**4/5/A3**	**230/364,5/378/376**	**1982–90**
Motoren:	*Zyl.:*	*N'w.:*	*cm³:*	*PS/'min:*	*Nm/'min:*
a (Super Turbo 1989–)	4iT+C	OHC	930	110/6400	130/4800
b (–1987)	4i		988	57/6000 (brutto)	78/3600
c (1987– +*Eur.1986–)				52/50*/6000	75/73/3600
d (Eur./CH+*Exp.85/86)				54/50/56*	76/73/78
e (Eur.m.Autom.'86–89)				54/6000	76/3600
f (1985–89)	4iT			85/6000 (brutto)	118/4400
g (1989–)				76/6000	106/4400
h (CH'86/87 Exp. '87–)	4		1235	57K/5200	93/3200
i (1988/89 *1989–)				60K/5200/60*/5600	92/3200
Be-1	**Fr.**	**–**	**5/A3**	**230/363,5/383,5**	**1987**
Pao				**230/374**	**1989/90**
Motor:	4	OHC	988	52/6000	75/3600

Nissan	Bauart	Mot.	Getr.	R/L cm	Baujahre
Cherry /Pulsar/Langley / Datsun 310	**Fr.**	**a–o**	**4/5/H3**	**239,5/389–396/399**	**1980–82**
Motoren:	*Zyl.:*	*N'w.:*	*cm³:*	*PS/'min:*	*Nm/'min:*
a	4	OHV	988	58/6000 (brutto)	85/4000
b (Europa *1981)				45/50*/6000	65/75/4000
c			1171	68/6000 (brutto)	95/3600
d (Europa)				52/5600	79/3600
e (GT)				65/6000	92/3600
f (USA –1982))				59/5600	91/3600
g (1980/81)			1237	70/6000 (brutto)	100/3600
h (1981/82)		OHC	1270	75/6000 (brutto)	105/3600
i (Europa 1981/82)				60/5600	96/3600
j (1981/82)		OHV	1397	80/6000 (brutto)	113/3600
k (USA 1981/82)				66/5600	102/3600
l	4i			92/6400 (brutto)	115/3600
m (1981/82)	4	OHC	1488	85/5600 (brutto)	121/3600
n (Europa/USA 1981/82)				69/68/5200	115/3600
o (1981/82)	4i			95/6000 (brutto)	123/3600

Nissan

Nissan	Bauart	Mot.	Getr.	R/L cm	Baujahre
Cherry / Pulsar / / Langley / Liberta	**Fr.**	**a–l**	**4/5/A3**	**241,5/396/412,5**	**1982–86**
a (Export)	4	OHC	988	50/6000	75/4000
b			1270	75/6000 (brutto)	105/3600
c (Europa)				60/5600	100/3600
d			1488	85/5600 (brutto)	121/3600/123
e (Europa / CH)				75/5600/70/5200	122/2800/115/3200
f (USA 1984–)			1597	70	125
g	4i		1488	95/6000 (brutto)	123/3600
h (1983–)	4iT			115/5600 (brutto)	167/3200
i (CH '84– +*Exp.'85–)				105 / 115/5600	157 / 162/3200
j (Europa)	4D		1681	55/4800	102/2800
k (1983–)				61/5000 (brutto)	104/2800
l (Europa 1985–)				55/4800	102/2800
Sunny	**St.**	**a–f**	**4/5/A3**	**234/405–422**	**1980/81**
Motoren:	*Zyl.:*	*N'w.:*	*cm³:*	*PS/'min:*	*Nm/'min:*
a (Europa)	4	OHV	1171	52/5600	79/4000
b (USA)				59/5600	91/3600
c			1270	74/6000 (brutto)	103/3600
d			1488	83/5600 (brutto)	120/3600
e (Europa/USA)				70/5200/67/5600	112/3000/108/3200
f	4i			92/6000 (brutto)	121/3600
Sunny / Laurel Spirit / Sentra (1982–)	**Fr.**	**a–k**	**4/5/A3**	**240/399,5–425,5**	**1981–85**
a	4	OHC	988	50/6000	75/4000
b			1270	75/6000 (brutto)	105/3600
c (Europa 1982–)				60/5600	100/3600
d (1982–)			1488	85/5600 (brutto)	121/3600
e (1982– Europa / CH)				75/5600/70/5200	122/2800/115/3200
f (USA –1983)				68	115
g	4i			95/6000 (brutto)	123/3600
h (Leprix Turbo)	4iT			115/5600 (brutto)	167/3200
i	4D		1681	61/5000 (brutto)	104/2800
j (Europa)				55/4800	102/2800
k (USA 1983– / Kat.)	4		1597	70	125
Sunny / Sentra	**Fr.(4)**	**a–t**	**4/5/A3/A4**	**243/399,5/409/416**	**1985–90**
Pulsar / EXA / Langley				**243/403–427**	**1986–90**
Laur.Spirit /Lib.Villa					
a (Export)	4	OHC	988	50/6000	75/4000
b			1270	67/6000	98/3600
c (Export *1987–)				60/6000/5600*	100/4000/3600
d (Export 1988–)			1392	75/80/6200	111/4000
e (–1987)	4/4i		1488	73/5600/82/5600	116/3200/123/2800
f (Europa/CH –1986)	4			75/5600/70/5200	122/2800/115/3200
g (Europa 1986–89)				70/5600	121/2800
h (–1986)	4iT			100/5600	157/3600
i (1987–)	4i/4	012V	1497	97/85/6000	129/4400/123/3600
j (Export 1986–89)	4	OHC	1597	84/5600	132/3200
k (Exp.–'88 *'86–88)	4i			70U/73K*/5000	125/128/ 129/2800
l (Export 1988–)		012V		91U/90K/6000	130/3200/4000
m (Export 1989–)	4			94/87	130/3600
n (1986–88)	4i	D16V	1598	120/6400/115U	129/5200
o (1988–)				120/6400	137/5200
p (1986–88 +*1987–89)				110K/6400/122*/66'	130/4800/138/5200
q (1987–89 *1989–)			1809	127/129*/6400	152/157/4800
r (1988–)				125K/6400	150/4800
s (*'87/88+**Eur.–'86)	4D		1681	55/54*/4800	104/2800/102**
t (1988/89 *1989–)				54/55*4800	104/2800
New Sunny / NX	**Fr.(4)**		**5/A4**	**243/421/414**	**1990**
Motoren:	*Zyl.:*	*N'w.:*	*cm³:*	*PS/'min:*	*Nm/'min:*
a	4	D16V	1295	79/6000	104/3600
b			1497	94/6000	126/3600
c	4i		1596	110/6000	147/4000
d			1838	140/6400	167/4800
e	4D	OHC	1681	55/4800	104/2800

Nissan	Bauart	Mot.	Getr.	R/L cm	Baujahre
Violet J / Auster / Stanza / Datsun 510	**St.**	**a–j**	**4/5/A3**	**240/408–426**	**1980/81**
Motoren:	*Zyl.:*	*N'w.:*	*cm³:*	*PS/'min:*	*Nm/'min:*
a	4	OHV	1397	80/6000 (brutto)	113/3600
b (Europa/USA)				63/5600/71/6000	102/3600
c		OHC	1595	95/6000 (brutto)	132/3600
d (Europa)				81/83/5600	121/3600
e	4i			105/6000 (brutto)	135/4000
f (Europa)				86/5000	132/3700
g (SSS)	4			87/89/5800	136/3400
h			1770	105/6000 (brutto)	147/3600
i	4i			115/6200 (brutto)	152/3600
j (USA)	4		1952	93/5200	152/2800
Stanza/ Auster/ Violet	**Fr.**	**a–h**	**4/5/A3**	**247/422,5–440,5**	**1981–86**
a (*1983–)	4	OHC	1598	90/5000/5600*(br.)	133/2800
b (Eur.–'85 *CH 84/85)				81/5200/80*	130/3200
c (Europa 1985–)				82/5200	
d			1809	100/5600 (brutto)	149/2800
e (Europa –1984)				88/5200	142/3200
f (Europa/CH 1984–)				90/88	
g	4i			110/5600 (brutto)	162/3600
h (USA *1984–)			1974	89/–/98*/5200	152/155/3200
Silvia /Gazelle /D.200	**St.**	**a–h**	**4/5/A3**	**240/440–447,5**	**1980–83**
Motoren:	*Zyl.:*	*N'w.:*	*cm³:*	*PS/'min:*	*Nm/'min:*
a	4	OHC	1770	105/6000 (brutto)	147/3600
b (Europa)				92/5800	139/3600
c	4i			115/6200 (brutto)	152/3600
d (1981–)	4iT			135/6000 (brutto)	196/3600
e	4i		1952	120/5600 (brutto)	167/3600
f (USA –1981)				101/5200	152/3200
g (USA 1981–)			2188	103/5200	175/
h (1982–)	4i	D16V	1990	150/6000 (brutto)	181/4800
Silvia/Gazelle/200 SX	**St.**	**a–o**	**5/A3**	**242,5/435/443**	**1983–86**
Silvia / 200 SX					**1986–88**
a	4	OHC	1809	100/5600 (brutto)	149/2800
b (Europa –1985)				92/5800	139/3600
c (–1987)	4i			115/6000 (brutto)	162/3600
d	4iT			135/6000 (brutto)	196/3600
e (Europa/Export/USA)				135/6000	187/4000
f (1985–)				122K/5200	184/3200
g (USA 1984–87)	4i		1974	103/5200	157/3200
h (Export 1985–87)				113/5200	163/3200
i (Export 1987–)				106/100U/5200	160/157/3200
j (–1986)		D16V	1990	150/6000 (brutto)	181/4800
k (Europa –1986)				145/6400	176/5000
l (–1986)	4iT			190/6400 (brutto)	226/4800
m (1986–)	V6i	OHC		162/5200	236/4000
n (USA –1984)	4i		2188	103/5200	175/182
o (USA 1987–)	V6i		2960	167/5200	228/3200
Silvia / 200/240 SX	**St.**	**a–d**	**5/A4**	**247,5/447/454/452U**	**1988–90**
a	4i	D16V	1809	135/6400	159/5200
b	4iT			175/6400	226/4000
c (Export)				169K/171/6400	224/228/4000
d (USA)	4i	012V	2388	142/5600	206/4400
160/180/200 B/Bluebird	**St.**	**a–i**	**3/4/5/A3**	**252,5/435/434**	**1980–82**
Skyline		**a/c–e/h/ /j–p**		**251,5/440/431,5**	**1980/81**
Motoren:	*Zyl.:*	*N'w.:*	*cm³:*	*PS/'min:*	*Nm/'min:*
a	4	OHC	1595	95/6000 (brutto)	132/3600
b (Europa)				81/5600	121/3600
c			1770	105/6000 (brutto)	147/3600
d (Europa)	4			88/5600	
e (SSS)				90/5800	136/3800
f	4i			115/6000 (brutto)	132/3700
g	4iT			135/6000 (brutto)	196/3600
h	4i		1952	120/110/5600 (br.)	167/162/3600
i	6		1998	115/5600 (brutto)	162/3600
j	6i			125/6000 (brutto)	167/4400
k	6iT			145/5600 (brutto)	206/3200
l (Europa)	6		2393	113/5000	179/3600
m (USA)				122/5200	170/4400
n	6i			127/5600	
o	6D		2792	91/4600 (brutto)	170/2400
p (Europa)				85/4600	167/2400

Nissan	Bauart	Mot.	Getr.	R/L cm	Baujahre
Bluebird / Maxima	**St.**	**a–m**	**4/5/A3**	**252,5/439,5–451**	**1982/83**
a	4	OHC	1598	90/5000 (brutto)	133/2800
b (Europa)			1595	81/5600	121/3600
c			1809	100/5600 (brutto)	149/2800
d	4i			110/5600 (brutto)	162/3600
e (Europa)	4		1770	88/5600	139/3500
f	4iT			135/6000 (brutto)	196/3600
g	4		1952	110/5600 (brutto)	162/3600
h (Europa / CH)	4i			109/103/5400	166/2400
i (USA)	4		2393	122/5200	170/4400
j	4D		1952	65/4600 (brutto)	123/2400
k	4TD			81/	162/
l (Europa)	4D			60/	116/
m (USA)	6D		2792	81/	163/
Bluebird /Maxima(–'88)	**Fr.**	**a–b2**	**4/5/A3/A4**	**255/436–453/440,5**	**1983–90**
Auster/Stanza Supremo				**255/451,5**	**1985–90**
a (Europa –1985)	4	OHC	1595	81/5600	121/3600
b (–1988)			1598	90/5600 (brutto)	133/2800
c (1988–)				79/5200	123/3200
d (Eur. '85–88 *'88–)				83/84*/5200	130/3200/131/3600
e (–1987)			1809	100/5600 (brutto)	149/2800
f (1987–)	4i			88/5200	142/3200
g (CH –'84 Exp.'87/88)	4			89/5200	144/3200
h (Europa –84 *85–87)				89/90*/5200	147/2800
i (Export 1988–)				90/5200	150/3200
j (–1987)	4i			115/6000 (brutto)	162/3600
k (1985–87)				105/5600 (brutto)	160/2800
l (*1984–88)	4iT			135/6000 (brutto)	196/197*/3600
m (1988/89 *1989–)				120/5600/125*/6000	181/186/3600
n (Eur.'84–87 *'87/88)				135/6000/125*	187/186/4000
o (Europa 1988–)				135/6000	191/4000
p (1985–89)		D16V		145/6400	201/4000
q (Export 1988–)	4i			129K/6400	153/5200
r (–1985)	4	OHC	1974	110/5600 (brutto)	167/3600
s (CH –1984)				99/5200	157/3600
t (Export '84–87 *87–)				105/100/102*/52/96	162/3600/155
u (1985/86 *'86–)	4i			93K/104K*/5200	147/2800/156/4000
v (Export 1988–)				115/5600	172/2800
w (1984–87)	V6iT		1998	170/6000 (brutto)	216/4000
x (USA 1984–88)	V6i		2960	154/5200	227/3600
y (–1987)	4D		1952	67/4600 (brutto)	123/2400
z (Export'84–87 *Eur.)				58/63*	111/120
a2 (1987–89 *1989–)				67/4600	128/127*/2400
b2 (1985–87)	4DT			75/4400	160/2200
Primera	**Fr.**	**a/b**	**5/A4**	**255/440**	**1990**
Motoren:	*Zyl.:*	*N'w.:*	*cm^3:*	*PS/'min:*	*Nm/'min:*
a	4i	D16V	1838	110K/6000	150/4000
b			1998	150K/6000	186/4800
New Bluebird / Stanza	**Fr.(4)**	**a–h**	**5/A3/A4**	**255/452**	**1987–90**
Motoren:	*Zyl.:*	*N'w.:*	*cm^3:*	*PS/'min:*	*Nm/'min:*
a	4	OHC	1598	79/5200	123/3200
b (–1989)	4i		1809	88/5200	142/3200
c (–1989)		D16V		135/6400	159/5200
d (*DET-R –1989)	4iT			175/185*/6400	226/4000/240/4400
e (1989–)	4i		1838	110K/6000	150/4000
f (1989–)	4i/4iT		1989	140K/6400/205K/60'	179/4800/275/4000
g (USA 1989–)		012V	2388	140/5600	201/4400
h	4D	OHC	1952	67/4600	128/2400
Skyline	**St.**	**a–n**	**4/5/A3/A4**	**261/261,5/459,5**	**1981–85**
Motoren:	*Zyl.:*	*N'w.:*	*cm^3:*	*PS/'min:*	*Nm/'min:*
a (–1982)	4	OHC	1770	105/6000 (brutto)	147/3600
b (Station Wg. 1983–)				96/5600 (brutto)	147/3600
c (1982–)			1809	100/5600 (brutto)	149/2800
d (1982/83)	4i			110/5600 (brutto)	162/3600
e (1983–)				115/6000 (brutto)	
f (–1982)			1952	120/5600 (brutto)	167/3600
g (1982-)		D16V	1990	150/6000 (brutto)	181/4800
h (Europa 1983–)				145/6400	176/5000
i (1983/84)	4iT			190/6400 (brutto)	226/4800
j (1984–)				205/6400	245/4400
k	6i	OHC	1998	125/6000	167/4400
l	6iT			145/5600 (brutto)	206/3200
m (Station Wg. 1983–)	4D		1952	65/4600 (brutto)	123/2400
n	6D		2792	91/4600 (brutto)	170/2400

Nissan	Bauart	Mot.	Getr.	R/L cm	Baujahre
Skyline	**St.**	**a–o**	**5/A4**	**261,5/459–466**	**1985–89**
a (–1987)	4	OHC	1809	100/5600 (brutto)	149/2800
b (1987–)				85/5200	132/3200
c (Export *1987–)			1974	97/90*/5200	157/3600/148/3200
d (–1987)	6i		1998	130/5600 (brutto)	181/4000
e (1987–)				115/5600	167/4000
f (–1986)	6iT			170/6000 (brutto)	216/3200
g (1986/87)				180/6400 (brutto)	226/3600
h (1987/88)				145/6000	206/3200
i (1986/87)	6i	D24V		165/6400 (brutto)	186/5600
j (1987–)				150/6400	181/5200
k (1986/87)	6iT			210/6400	245/3600
l (1987– *DET-R)				190/6400/210*	240/245/4800
m (Export *1987–)	6i	OHC	2962	146/143*/4800	231/3600/233/3200
n (Station Wagon –'86)	4D		1952	65/4600	123/2400
o (*1987–)	6D		2825	100/94*/4800	181/177/2400
Skyline	**St.(4)**	**a–d**	**5/A4**	**261,5/458/453/455**	**1989/90**
a	4i	OHC	1809	91/5200	142/3200
b	6i		1998	125/5600	172/4400
c	6i/6iT	D24V		155/215/6400	184/5200/265/3200
d (GT-R)	6iT2		2568	280/6800	353/4400
Leopard / Leopard TR-X	**St.**	**a–e**	**4/5/A3/A4**	**262,5/463**	**1980–86**
Motoren:	*Zyl.:*	*N'w.:*	*cm^3:*	*PS/'min:*	*Nm/'min:*
a	4	OHC	1770	105/6000 (brutto)	147/3600
b	6i		1998	125/6000 (brutto)	167/4400
c (1981–)	6iT			145/5600 (brutto)	206/3200
d (–1982)	6i		2753	145/5200 (brutto)	226/4000
e (1984–)	V6iT		2960	230/5200 (brutto)	334/3600
Leopard (*1988–)	**St.**	**a–e**	**5/A4**	**261,5/468/469,5***	**1986–90**
a	V6i	OHC	1998	115/6000	163/3200
b (XS-II –1988)	V6iT			155/5600	209/3600
c (1988–)		D24V		210/6800	265/3600
d (Ultima –1988)	V6i		2960	185/6000	245/4400
e (1988–)	V6iT/V6i			255/200/6000	343/3200/260/4400
Maxima	**Fr.**	**a/b**	**5/A4**	**265/476,5–478**	**1988–90**
Motoren:	*Zyl.:*	*N'w.:*	*cm^3:*	*PS/'min:*	*Nm/'min:*
a	V6i	OHC	2960	160/5200	248/3200
b (Export)				170K/5600/162U/52'	248/2800/245/3200
180/200/280 L / Laurel	**St.**	**a–d2**	**4/5/A3/A4**	**267/463,5–476**	**1980–88**
Motoren:	*Zyl.:*	*N'w.:*	*cm^3:*	*PS/'min:*	*Nm/'min:*
a (–1982)	4	OHC	1770	105/6000 (brutto)	147/3600
b (1982–87)			1809	100/5600 (brutto)	149/2800
c (1987–)				85/5200	132/3200
d (–1984)			1952	110/5600 (brutto)	162/3600
e (Eur./Exp. 1985–87)			1974	98/5200/100/106	154/3600/158/160
f (Eur./Exp. 1987–)				100/90/5200	158/148/3600
g (–1982)	6		1998	115/5600 (brutto)	162/3600
h (Europa *1982–84)				97/5600/96*/5200	135/142/3600
i (1987– *Export)	6i			115/112*/5600	167/166/4000
j (*1984–87)				125/6000/130*/5600	167/4400/181/4000
k (–1984)	6iT			145/5600 (brutto)	206/3200
l (1984–87)	V6iT			170/6000 (brutto)	216/4000
m (1987–)				150/5600	206/3600
n (1986/87 *1987–)		D24V		180/175*/6400	226/3600
o (1981–85 *1985/86)	6	OHC	2393	130/5600 (brutto)	196/197*/3600
p (Europa 1981/82)				113/5200	179/174/3600
q (Europa 1982–85)				120/5200	181/3600
r (CH 1982–86)	6i			127/5600	180/4400
s (Europa '85– +*'87–)				128/131*/5600	181/4400/197/3600
t (1981–83)			2753	155/5200 (brutto)	230/4000
u (Europa –1983)				125/4800	200
v (1986–)			2960	160/156K/5600	235/4000/3600
w (1986–)	6			148/4800	234/3600
x (–1985)	4D		1952	65/4600 (brutto)	123/2400
y (–1985)	6D		2792	91/4600 (brutto)	170/2400
z (Europa *1982/83)				85/4600/82*/4400	167/159/2400
a2 (Europa 1983–85)				84/4400	162/2400
b2 (1985–87)			2825	100/4800 (brutto)	181/2400
c2 (1987–)				94/4800	177/2400
d2 (Europa 1985–)				90/4600	170/2400

Nissan

Nissan	Bauart	Mot.	Getr.	R/L cm	Baujahre
Laurel	**St.**	**a–f**	**5/A4**	**267/469**	**1988–90**
Cefiro / Laurel Altima		**b–e**		**267/469/471**	
a	4i	OHC	1809	91/5200	142/3200
b (Cefiro Export '89–)	4		1975	90/5200	148/3600
c (+*Cefiro Exp. '89–)	6i		1998	125/5600/121*/5200	172/173/4400
d	6i/6iT	D24V		155/205/6400	184/5200/265/3200
e (Cefiro Export '89–)	6	OHC	2429	126/5600	175/4400
f	6D		2825	94/4800	177/2400
200/220/280 C / Cedric / Gloria	**St.**	**a–i**	**30D/5/A3**	**269/469**	**1980–83**
Motoren:	*Zyl.:*	*N'w.:*	*cm³:*	*PS/'min:*	*Nm/'min:*
a	6	OHC	1998	115/5600 (brutto)	
b	6i			125/130/6000 (br.)	167/4400
c	6iT			145/5600 (brutto)	206/3200
d (–1981)	6i		2753	145/5200 (brutto)	226/4000
e (Europa)				125/4800	200/
f	4D		1991	60/4000 (brutto)	128/1800
g			2164	65/4000 (brutto)	142/1800
h	6D		2792	91/4600 (brutto)	170/2400
i (Europa *1982–)				85/4600/82*/4400	167/159/2400
Cedric / Gloria / C	**St.**	**a–r**	**4/5/A4/A5**	**273,5/469**	**1983–90**
a (–1987)	4	OHC	1974	110/5600 (brutto)	167/3600
b (Export 1989–)				96/5200	155/3600
c (–1987)	V6i		1998	130/6000 (brutto)	172/4400
d (1987–)				125/6000	167/3200
e (*1985–87)	V6iT			170/180*/6000(br.)	216/221/4000
f (1987–89 *1989–)		D24V		185/210*/6800	216/4800/265/3600
g (–1987)	V6i	OHC	2960	180/5200 (brutto)	260/4000
h (1987–)				160/5200	248/3200
i (Export 1985–87)	V6i/V6			166/5200/148/4800	243/4000/234/3600
j (Europa 1985–87)	V6i			150/155	–
k (Exp.'89– *Stat.Wg.)	V6			143/4800/130*	226/3200/220
l (1985–87)	V6iT			230/5200 (brutto)	334/3600
m (1987–89)				195/5200	294/3200
n (1989–)	V6i/V6iT	D24V		200/255/6000	260/4400/343/3200
o (Export –1987 *'89–)	4D		2289	74/69*/4300	144/147/2000
p (–1985)	6D		2792	91/4600 (brutto)	170/2400
q (1985–87)			2825	100/4800 (brutto)	181/2400
r (1987– *Europa –'88)				94/4800/90*/4600	177/170/2400
Cima	**St.**	**–**	**A4**	**273,5/469**	**1988–90**
Motoren:	V6iT/V6i	D24V	2960	255/200/6000	343/3200/260/4400
President	**St.**	**–**	**A3**	**285/525/528**	**1980–89**
Motor:	V8	OHV	4414	200/4800 (brutto)	338/3200
President	**St.**	**–**	**A4**	**303/522**	**1990**
Motor:	V8i	D32V	4494	280/6000	400/4000
Fairlady Z / ZX	**St.**	**a–g**	**5/A3**	**232/434**	**1980–82**
				232/442	**1982/83**
Fairlady Z 2/2 /ZX 2/2				**252/454**	**1980–82**
				252/462	**1982/83**
Motoren:	*Zyl.:*	*N'w.:*	*cm³:*	*PS/'min:*	*Nm/'min:*
a (*1981–)	6i	OHC	1998	130/125*/6000 (br.)	167/4000/4400
b (1982–)	6iT			145/5600 (brutto)	206/3200
c (*1981–)	6i		2753	145/155*/5200 (br.)	226/231/4000
d (Europa *1981–)				140/5200/148*/5250	203/4000/214/4500
d (CH 1982–)				145/	
e (USA –1981)				134/5200	195/4000
f	6iT			200/5200 (brutto)	314/4000
g (USA 1981–)				182/5600	274/2800
Fairlady Z / ZX	**St.**	**a–l**	**5/A4**	**232/433,5/440,5***	**1983–89**
Fairlady Z 2/2 /ZX 2/2				**252/453,5/460,5***	
a (–1986)	V6iT	OHC	1998	170/6000 (brutto)	216/4000
b (1985– +*Exp. '86–)		D24V		180/6400/170*/6000	226/3600/216/4000
c (1984/85 *1985/86)	V6i	OHC	2960	162/5200/170*/5600	235/4000/236/4400
d (Europa /+CH '84–86)				170/166/5600	236/4400
e (USA 1985–87 *1987–)				162/167*/5200	236/293/4000
f (1986–88)		D24V		190/6000	245/4400
g (–1986)	V6iT	OHC		230/5200 (brutto)	334/3600
h (1986–)				195/5200	309/3600
i (USA / Export –1987)				203K/5200	308/3600
j (Export 1987–				203K/5200/208U/53'	309/3600
k (Export/Eur. '85/86)				221/5400/228/5200	321/4400/334/3600
l (Exp. '86/87 *'87–)				228/5200/5400*	334/3600/326/4400

Nissan	Bauart	Mot.	Getr.	R/L cm	Baujahre
300 ZX				**245/430,5**	**1989/90**
300 ZX 2+2	**St.**	**a–c**	**5/A4**	**257/452**	
a	V6i	D24V	2960	230/225U/6400	273/269/4800
b	V6iT2			280/280K/6400	388/372/3600
c (USA *m.Autom.)				304/284*	384
Prairie (*1985–)	**Fr.**	**a–i**	**4/5/A3**	**251/409/418/423***	**1982–88**
Prairie 4WD	**4x4**			**252,5/423/432,5U**	**1985–88**
Motoren:	*Zyl.:*	*N'w.:*	*cm³:*	*PS/'min:*	*Nm/'min:*
a	4	OHC	1488	85/5600 (brutto)	121/3600
b (CH '84– +*Eur.'85–)				70/5200/75*/5600	115/3200/122/2800
c			1809	100/5600 (brutto)	149/2800
d (Europa '84–87 '87–)				88/89*/5200	142/144/3200
e (1985–)			1974	91/5200	145/2800
f (1987–)				96/5200	155/3600
g (1985–87)				93K/5200	147/3200
h (1987– +*nur 2WD)				92K/105K*/5200	147/2800/154/3200
i (1985–)				98U	155
Prairie / Axxess	**Fr.**	**a–c**	**5/A4**	**261/435/436**	**1988–90**
Prairie 4WD	**4x4**			**259,5/435/436**	
a	4	OHC	1974	91/5200	145/2800
b (Europa)	4/4i			99/5600/98K/5200	161/3200/150/2400
c (USA 1989–)	4i		2388	140/5600	201/4400
Patrol / Safari	**K'r.(4)**	**a–l**	**4/5/A3**	**235/407–423**	**1980–89 Exp.–1990**
Patrol Station Wagon			**/+R**	**297/469**	**1981–89 Exp.–1990**
Motoren:	*Zyl.:*	*N'w.:*	*cm³:*	*PS/'min:*	*Nm/'min:*
a (*1981–)	6	OHC	2753	140/134*/5200(br.)	221/213/3600
b (Europa 1981–)				120/4800	201/3200
c (–1982)		OHV	3956	130/3600 (brutto)	294/1600
d (1982/83)				137/3600 (brutto)	294/2000
e (Export 1985–87)				135/3600/115	294/2000/270
f (Exort 1987–)				150/3800/115	294/2400/270
g (*1983–88)	6D		3246	101/95*/4200 (br.)	216/1800
h (Europa +*1983–85)				95/3600/110CH*	216/1800/–
i (1983–89)	6TD			120/4000 (brutto)	265/2000
j (Europa 1985–)				110/4000	255/2000
k (made i/Spain'83–89)	4D		2702	70/3600	152/2000
l (do. 1989–)	4D/4TD		2820	76/3800/95/3600	170/230/2000
New Safari/Patrol GR	**K'r.(4)**	**a/b**	**5/A4/+R**	**297/480,5**	**1987–90**
				240/424	**1988–90**
Motoren:	*Zyl.:*	*N'w.:*	*cm³:*	*PS/'min:*	*Nm/'min:*
a (1988–)	4TD	OHC	2826	115/4400	235/2400
b	6D	OHV	4169	125/4000	273/2000
Terrano / Pathfinder	**K'r./4**	**a–e**	**5/A4/+R**	**265/436,5**	**1986–90**
Motoren:	*Zyl.:*	*N'w.:*	*cm³:*	*PS/'min:*	*Nm/'min:*
a (Export)	4i/4	OHC	2388	103K/101/4800	186/2400/177/2800
b (1988/89)	V6i		2960	140/136K/4800	226/213/2800
c (1989–)				155/4800/148K/4600	248/4000/2800
d (USA *1989–)				147/4800/155*/5200	226/2800/244/3200
e (+*1988–)	4D/4TD	OHV	2663	85/4300/100*/4000	177/216/2200

und aus sechs wurden vier Seitenfenster, wobei die B-Säulen sehr dünn blieben. Vor allem aber wirkte das Design geschmeidiger und weniger kantig. Der Radstand war mit 261,5 cm unverändert belassen worden, und natürlich hatte man das Prinzip des Hinterradantriebs beibehalten. Doch gab es nun die besonders leistungsfähigen Versionen mit dem neuentwickelten permanenten Vierradantrieb Attesa ETS: Von der Fahrweise und der Fahrbahnbeschaffenheit abhängig verteilte eine Elektronik über eine als zentrales Differenzial wirkende Mehrscheibenkupplung bis zu maximal 50 Prozent des Antriebsmoments auf die Vorderräder. Dies ermöglichte sogar das Kurvendriften.

Das Aufhängungslayout entsprach jenem des neuen ZX. Zum Vierradantrieb kam die hydraulische Vierradlenkung Super Hicas: Beim Einlenken wurden die Hinterräder für einen ersten Moment in der Gegenrichtung und darauf gleichsinnig eingeschlagen. Super Hicas fand sich auch bei bestimmten Topversionen mit Hinterradantrieb; diese konnten zudem wahlweise mit einer Visko-Differenzialbremse oder einer Schlupfregelung bestellt werden.

Die Motorenpalette reichte vom 1,8-l-Vierzylinder mit 91 PS (nur Limousine) bis zum neuen 2,6-l-DOHC-Sechszylinder mit 24 Ventilen, zwei parallelen Abgasturboladern und Ladeluftkühlern, einer Drosselklappe pro Saugrohr, digitaler Motorelektronik und 280 PS Leistung. Das so ausgestattete Coupé Skyline GT-R (es besaß wie das Coupé GTS-t verbreiterte hintere Radhäuser, zudem aber einen höhergesetzten Heckflügel) bot ideale Voraussetzungen, um im Tourenwagen-Rennsport nach Gruppe A weiterhin für Nissan zu brillieren. Bemerkenswert war im neuen Skyline das oben abgerundete Instrumentengeviert mit zum Tastenträger ausgebildetem oberen Rand sowie Bedienungssatelliten beidseits des Lenkrads.

Für die Cedric/Gloria-Reihen wurde Mitte 1989 das weltweit erste 5-Stufen-Automatikgetriebe eingeführt (elektronisch gesteuert, mit einem dritten Planetengetriebe und Wandlerüberbrückung; mit dem 2-l-Turbo-V6).

Den ZX gab es ab Herbst 1989 als Twin-Turbo mit zwei Abgasturbladern Garrett T-25 und zwei Ladeluftkühlern. Die Leistung des 3-l-24-Ventil-V6 stieg damit auf 280 PS für Japan und Europa, bis 304 PS für die USA.

Terrano / Pathfinder 1990. Den vor allem als Freizeitmobil gedachten Terrano, der in den USA als Pathfinder Verbreitung gefunden hatte, gab es mit dem Modelljahr 1990 auch fünftürig. Radstand und Länge blieben mit 265 bzw. 436,5 cm identisch. Mit zwei Türen je Seite ließ sich die originelle Seitenflächenaufteilung allerdings nicht beibehalten. Immerhin wurde mit dem in die dritte Dachsäule integrierten Türgriff gleichwohl für eine stilistische Besonderheit gesorgt; eine Idee, die Schule machen sollte! In den USA gab es den Pathfinder dreitürig mit Vierradantrieb und fünftürig mit Hinterrad- oder Vierradantrieb.

Nissan President (Next Generation), 1990

Nissan 100 NX 2.0 GTI, 1990

Nissan Sunny Hatchback, 1990

Inzwischen konnte Nissan eine positive Zwischenbilanz für die Neuausrichtung seiner Firmenstruktur vorlegen. Yutaka Kume hatte schon bald nach seinem Mitte 1983 erfolgten Amtsantritt als Generaldirektor (noch nicht als Präsident) die amerikanische Managmentberatungsfirma McKinsey mit Vorschlägen zu einer Straffung der umfangreichen Verwaltung beauftragt. Durch sie wurde das Produkt in den Vordergrund geschoben. Durch eine neue Unternehmenskultur wurde beispielsweise in der Forschungs- und Entwicklungsabteilung dem Vorstellungsvermögen und der kreativen Freiheit der Vorrang gegeben und ebenso wurde für eine entspanntere, weniger der Hierarchie unterworfene Arbeitsatmosphäre gesorgt. Diese Zielsetzung fand mit den ab Herbst 1989 eingeführten systematischen Änderungen in der Führungsstruktur mit neuen Arbeitsgruppen ihre Bestätigung.

President 1990. Mit dem Jahrgang 1990 erfuhr das betagte Prestigemodell President endlich eine Neuauflage. Als Ausgangspunkt diente der → Infiniti Q45; ein klassischer Kühlergrill und 15 cm mehr Radstand verhalfen zur nötigen Distanz. Bei 303 cm Radstand war der neue President 522 cm lang; stilistisch ließ er sich am ehesten mit dem um 1 cm kürzeren Lincoln Continental vergleichen.

New Sunny / NX. New Sunny hieß er, weil es vorläufig (auch im Export) noch den alten gab. Vorgestellt wurde er Mitte Januar 1990, und er wurde zunächst nur in Japan und ausschließlich in zwei Karosserieformen angeboten: als viertürige Stufenhecklimousine (Breite 167 statt 164 cm, übrige Abmessungen unverändert, Kühlerfront senkrecht, Formen leicht abgerundet) und als Semifastbackcoupé NX. Dieses war auf der Tokyo Motor Show noch als Konzeptstudie gezeigt worden, und seine Form war bei Nissan Design International in San Diego, Kalifornien, entstanden. Ein wenig gemahnte dieses dreitürige 2+2-sitzige Coupé an einen kleinen ZX; ungewöhnlich waren die in den Karosserieecken leicht versenkt angeordneten Scheinwerfer. Bei 414 cm Länge war dieses Coupé 131 cm hoch.

Es gab den Sunny NX mit 1,6-l-DOHC-16-Ventil-Motor und gänzlich neuem 1838-cm^3-Aggregat gleichen Konzepts, jedoch mit Alublock und -kopf und 140 statt 110 PS. Diese beiden Motoren sowie ein 1,5-l-Aggregat waren auch für die neue Sunny-Limousine verfügbar. Zusammen mit dem 1,5-l-Motor gab es auf Wunsch sowohl einen einfacheren Vierradantrieb mit Viskokupplung im Antriebsstrang wie auch die raffiniertere Version mit zentralem Kegelrad-Ausgleichsgetriebe und Viskobremse am mittleren und hinterem Differenzial; zum 1,8-l-Motor gab es auf Wunsch nur die aufwändigere Version. Die Hinterradaufhängungen erhielten einen zusätzlichen Längslenker. Für Europa wurden der neue Sunny, der als Sentra auf dem US-Markt kam, zu einem Modell der 90er Jahre. Dies galt ebenso für das alsbald als 100 NX (ohne Sunny) bezeichnete kleine Coupé.

Primera. In der umfangreichen Nissan-Modellpalette kam im Februar 1990 auch noch der Primera hinzu. Er löste zwar die Modelle Blue-

Oldsmobile

Nissan Primera 2.0 4x4, 1990/91

bird (Export) alias Auster alias Stanza ab, doch gab es weiterhin den für Japan bestimmten Bluebird mit längerem Aufbau. Auch der Primera war zunächst dem Heimmarkt vorbehalten, doch kam er ab April 1990 als Infiniti G20 auf den US-Markt. In Europa sollte er erst im Herbst und somit als Modell 1991 eingeführt werden.

Diese frontgetriebene Mittelklasselimousine besaß weiterhin den 255-cm-Radstand der Bluebird-Reihe. Sie zeigte sich als glattflächig-elegantes Stufenheckmodell mit leicht bogenförmigem Pavillon und großzügigen Fensterflächen. Das Design stammte vom ZX-Entwerfer Yoshio Maezawa. Mit 440x169,5x138,5 cm waren die Abmessungen im Vergleich zu den Vorgängern kaum verändert worden. Der Luftwiderstandsbeiwert wurde mit ausgezeichneten 0,29 angegeben.

Dem Antrieb dienten zwei DOHC-16-Ventil-Alumotoren mit 1838 cm^3 und 110 PS (Zentraleinspritzung) bzw. 1998 cm^3 und 150 PS (Saugrohreinspritzung ECCS). Erstmals wurde die aufwändige Multilink-Vorderradaufhängung mit unteren Dreieckquerlenkern und oberen schrägstehenden Querlenkern mit Gelenk, wie sie bereits 300 ZX, Skyline und Infiniti Q45 besaßen, auf ein Modell mit Vorderradantrieb übertragen. Hinten fanden sich weiterhin Federbeine mit doppelten unteren Querlenkern und einfachen oberen Längslenkern. Die stärker motorisierten Versionen erhielten Vierrad-Scheibenbremsen und auf Wunsch ein Dreikanal-ABS.

Im April 1990 beschloss Nissan den Ausbau des mexikanischen Teilewerks in Aguascalientes für die Herstellung von jährlich 100'000 Automobilen. In der Nähe von Mexico City wurden jährlich bereits 90'000 Sentra (= Sunny) und leichte Nutzfahrzeuge hergestellt. Gleichzeitig sollte die Produktionskapazität des US-Werks in Smyrna, Tennessee, auf 440'000 Stück/Jahr ausgebaut werden.

Avenir. Unter dieser Bezeichnung kam im Mai 1990 in Japan die Kombiversion des Bluebird-Nachfolgers Primera auf den Markt. Auffallend war seine leicht ins Dach hineingewölbte Heckscheibe. Auf die vordere Mehrlenkeraufhängung wurde verzichtet, und als Hinterachse diente eine platzsparende Verbundlenkerkonstruktion. Ab September 1990 wurde dieses Modell als Primera Station Wagon auch in Europa eingeführt.

1999 übernahm Renault 36,8 Prozent des Nissan-Kapitals; ab 2002 waren es 44,3 Prozent, während sich Nissan mit 15 Prozent am Renault-Kapital beteiligte.

Die Olds Motor Vehicle Company war 1897 von Ransom Eli Olds gegründet worden. Zu Beginn des 20. Jahrhunderts wurde Oldsmobile zur meistgebauten Automarke Amerikas und 1908 eine der Gründungsmarken von General Motors. In der Konzernhierarchie belegte Oldsmobile später die Mittelposition zwischen Chevrolet und Pontiac einerseits, Buick und Cadillac anderseits. Noch bis in der ersten Hälfte der 90er Jahre genoss Oldsmobile in den USA eine hervorragende Marktstellung; doch Ende 2000 beschloss die GM-Leitung diesen Traditionsnamen binnen weniger Jahre aufzugeben: Der letzte Oldsmobile-Jahrgang war jener von 2004. Oldsmobile hatte in etlichen technischen Belangen, so im Bereich hoher Leistungsausbeute, als Initialmarke für das automatische Hydra-Matic-Getriebe und im Bereich der ganz großen Frontantriebswagen eine Vorreiterrolle belegt. (Generelle GM-Bemerkungen → Chevrolet.)

1981 gab es das kleinste Modell Starfire nicht mehr in Jahrganganpassung, da bereits das Nachfolgemodell der J-car-Reihe angekündigt worden war. So reichte das Modellspektrum zunächst vom Omega über die zahlreichen Cutlass-Versionen und den Delta 88 bis zum 98 und Toronado. Zeittypisch waren auch bei den Oldsmobile die seit etlichen Jahren fortgeführten Bemühungen um Gewichtsreduktionen und sparsamere Motoren; die „Olds" waren generell kleiner und PS-ärmer geworden.

Omega. Der Omega zählte zu den im April 1979 von General Motors auf den Markt gebrachten kompakten X-cars mit selbsttragender Karosserie. Dank Vorderradantrieb und Quermotor waren sie bei gleichem Raumangebot deutlich kleiner und leichter als frühere Modelle. Für 1981 hatte man dem Omega ein neues Kühlergitter verliehen (zu den senkrechten Gitterstäbchen kamen drei feine horizontale Stäbe hinzu). Neben den Spezialausführungen SX, Sport und Brougham gab es neu den ES „im europäischen Look", der sich durch ein schwarzes Kühlergitter, schwarze Fenstereinfassungen und einen zusätzlichen Lufteinlassschlitz unter dem Stoßschutz abhob. Gebaut wurden fünfsitzige Sedan und Coupé, beide mit Stufenheck.

Die Motorauswahl bestand aus einem 2,5-l-Vierzylinder mit seitlicher Nockenwelle (der 1981 bloß noch 85 PS leistete, während es im Vorjahr 91 gewesen waren) und einem 2,8-l-V6 mit zentraler Nockenwelle (112 statt 117 PS). Statt des 4-Gang-Getriebes mit Mittelschaltung konnte das 3-Stufen-Automatikgetriebe Turbo Hydra-Matic mit Wählhebel unter dem Lenkrad gewählt werden. Vorne wurden Federbeine und untere Dreieckquerlenker, hinten eine Starrachse mit Längslenkern, Panhardstab und Schraubenfedern verwendet. Der Omega erhielt vordere Scheibenbremsen (belüftet, auf Wunsch mit Servo) und eine Zahnstangenlenkung (auf Wunsch mit Servo).

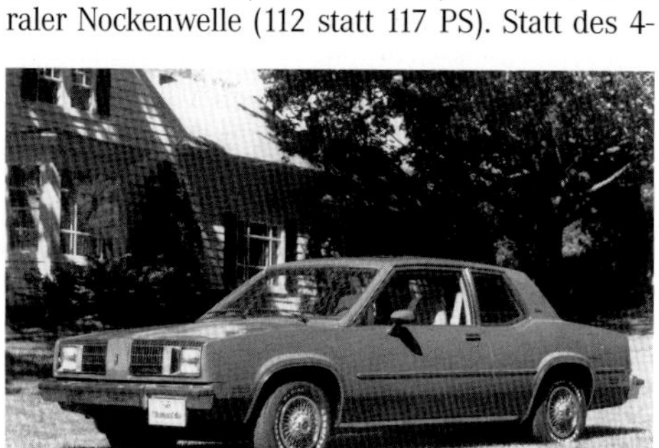

Oldsmobile Omega Coupe, 1981

Cutlass. Ein Oldsmobile-Schwergewicht waren die Cutlass-Modelle, die als (Basis-)Sedan, Station Wagon Cruiser und Cruiser Brougham, Cutlass Supreme (Sedan und Coupé), Cutlass Calais (Coupé) und Cutlass Supreme Brougham (-Sedan und Coupé) gebaut wurden, und zwar alle sechssitzig. Im Gegensatz zum Omega basierten die Cutlass auf einer traditionellen Chassiskonstruktion mit Kastenrahmen und Traversen; vorne Trapez-Dreieckquerlenker und Schraubenfedern, hinten Starrachse mit unteren Längslenkern, oberen, zum Differenzial führenden Schräglenkern und Schraubenfedern; vorne Scheibenbremsen, belüftet, auf Wunsch mit Servo, ebenfalls auf Wunsch Servolenkung mit variierender Untersetzung.

Basismotor war der 3,8-l-V6 von Buick mit nur noch 112 PS. Bloß 106 PS bot der 4,3-l-V8, während der 5-l-V8 mit 147 PS nur noch in die Station Wagons eingebaut wurde. Nach wie vor gab es aber auch den markeneigenen 5,7-l-Diesel-V8 mit 106 PS. Diese 1978 von Oldsmobile eingeführte und auch von den anderen GM-Marken verwendete „Sparmaschine" musste ohne Abgasturbolader auskommen, war für die USA ein Unikum und konnte sich keiner besonderen Wertschätzung erfreuen. Nur für den preisgünstigen Cutlass Sedan gab es ein 3-Gang-Getriebe, ansonsten wurde das Automatikgetriebe Turbo Hydra-Matic eingebaut, bei den Coupés auf Wunsch mit Mittelwählhebel.

Wie bei den analogen Modellreihen der anderen GM-Marken war das Coupé neu karossiert worden: Die Dachlinie war aerodynamischer und die seitlichen Sicken, die Radhauslinien angedeutet hatten, waren durch glatte Flächen ersetzt worden, und vor allem war die Front niedriger und windschlüpfiger, so dass sich ein verminderter Luftwiderstand und ein günstigeres Verbrauchsverhalten ergaben.

Delta 88. Die traditionellen großen Oldsmobile-Typen hießen seit Jahrzehnten „88" und „98". Den Delta 88 von 1981 gab es in der Grundausführung (Sedan und Coupé), als Custom Cruiser (Sta-

Oldsmobile Cutlass Calais, 1981

tion Wagon), Delta 88 Royale (Sedan und Coupé) und Delta 88 Royale Brougham (Sedan und Coupé). Chassis und Fahrwerk stimmten mit der bei den Cutlass getroffenen Lösung überein, die Station Wagon erhielten jedoch hinten eine Starrachse mit Blattfedern.

Kleinster (aber nicht schwächster) Motor war der 3,8-l-V6 mit 112 PS, gefolgt vom 4,3-l-V8 mit 106 PS, dem 5-l-V8 mit 147 PS und dem 5,7-l-Diesel mit 106 PS. In der Delta-88-Reihe wurde ausschließlich ein Automatikgetriebe eingebaut, wobei zusammen mit den V8-Benzinmotoren auch die neue GM-4-Stufen-Einheit bestellt werden konnte, bei welcher die oberste Stufe ins Schnelle übersetzt war und daher mit Overdrive bezeichnet wurde (bei den 3-Stufen-Automaten besaß die direkte Stufe in der Regel inzwischen eine Lock-up-Funktion, die den Schlupf unterband und somit ebenfalls einen Spareffekt bot).

Ninety-Eight (98). Top of the range waren bei den Oldsmobile die Standard-size-Wagen des Typs 98. Es gab sie als Sedan Luxury und als Sedan und Coupé Regency. Bei ihnen erreichte der Radstand 302 statt 294,5 cm und sie waren 561,5 statt 554 cm lang. Zudem gab es für sie einen größeren Basismotor, nämlich den 4,1-l-V6 von Buick mit 127 PS, der ausschließlich mit dem neuen 4-Stufen-Automatikgetriebe kombiniert wurde. Ansonsten waren 88 und 98 identisch.

Toronado. Das Coupé Toronado war 1966 als spektakuläre erste Vorderrad-Antriebskonstruktion von General Motors eingeführt worden. Aber man hatte dieses Liebhabermodell im Verlaufe der Jahre etappenweise abgemagert. Auch für den Toronado war 1981 der 5,7-l-Benzin-V8 gestrichen worden. Neu gab es hingegen den 4,1-l-V6 von Buick und außerdem wie im Vorjahr den 5-l-V8 und den 5,7-l-Diesel-V8. Der Kraftübertragung diente das 3-Stufen-Automatikgetriebe Turbo Hydra-Matic. Wegen der Frontantriebskonfiguration waren der Wandler hinter und das Planetengetriebe links neben dem Motorblock angeordnet und die Drehmomentübertragung erfolgte mit Kette. Der Wählhebel war an der Lenksäule angewinkelt, doch war auch eine Mittelschaltung erhältlich; eine Differenzialbremse wurde serienmäßig eingebaut.

Das Kastenrahmenchassis mit Traversen wies vorne Tapez-Dreieckquerlenker und untere längsliegende Torsionsfederstäbe auf, während die hintere Einzelradaufhängung schräggestellte Längslenker, Schraubenfedern sowie einen pneumatischen Niveauausgleich umfasste. Bremsen (vorne belüftete Scheiben) und Kugelkreislauflenkung arbeiteten mit Servo.

4,3-l-V6-Diesel. Im Hinblick auf das Modelljahr 1982 wurde im Herbst 1981 diese zusätzliche Version des in verschiedenen GM-Modellen verwendeten Oldsmobile-Dieselmotors vorgestellt. Sie besaß zwar die gleichen Zylinderabmessungen wie der V8-Diesel, war aber in vielen Details ausgefeilt worden. Bei Quereinbau für Vorderradantrieb erhielt dieser V6 Leicht-

Oldsmobile Cutlass LS, 1981

Oldsmobile Cutlass Ciera, 1982

Oldsmobile 88 Royale Coupe, 1982

metall-Zylinderköpfe, bei Längseinbau blieb man beim Grauguss.

Omega 1982. Den Omega des neuen Jahrgangs erkannte man an dem grobmaschigeren, aber niedrigeren Kühlergrill, der nicht mehr oberhalb der Scheinwerfer durchlief. Grundlegend erneuert wurde die Vorderachse, u. a. arbeitete jetzt der 2,5-l-Motor mit Einspritzung statt Vergaser, was eine Verminderung des Verbrauchs verhieß. Nebst dem 2,8-l-V6 mit 114 PS wurde eine Version mit Doppelvergaser und 137 PS angeboten.

Die Cutlass-Baureihe wurde für 1982 umstrukturiert. Einige preisgünstige Modelle wurden mit Hinblick auf den zur Jahreswende in Aussicht gestellten Cutlass Ciera fallengelassen. Anderseits gab es den Cutlass Supreme außer als Coupé auch viertürig, jedoch mit einem konventionellen statt unten nach vorne gebogenen Kühlergrill. Das Motorenangebot wurde durch den hauseigenen 4,3-l-V6-Diesel ausgebaut (s. oben).

Die 1982er Ausgabe der großen Oldsmobile 88 und 98 wies neue feinmaschigere Kühlergitter auf; beim 88 bestand dieses aus horizontalen Stäben. Dem Ninety-Eight wurde die Ausführung Regency Brougham hinzugefügt. Auch das Coupé Toronado erhielt 1982 das 4-Stufen-Automatikgetriebe und gegen Aufpreis den Memory-Seat (automatische elektrische Fahrersitz-Anpassung an zwei vorgewählte Staturen).

Oldsmobile Firenza SX Coupe, 1983

Cutlass Ciera. Eingeführt wurde diese neue Modellreihe zwischen Omega und Cutlass Ende November 1981. Die als A-bodies bezeichneten Modelle wurden parallel als → Chevrolet Celebrity, Pontiac 6000, Oldsmobile Cutlass Ciera und Buick Century hergestellt. Sie basierten auf den frontgetriebenen X-body-Modellen und teilten mit diesen den Radstand von 266,5 cm. Die Länge erreichte jedoch 478,5 statt 464,5 cm (Omega). Im Vergleich zu den ab 1465 kg wiegenden Cutlass brachte der Cutlass Ciera nur etwa 1215 kg auf die Waage. Er wurde als viertürige Limousine mit sechs Seitenfenstern und als zweitüriges, ebenfalls fünfsitziges Stufenheckcoupé gebaut.

Wie beim Omega begann die Motorisierung mit dem nun auf Einspritzung umgestellten 2,5-l-Grauguss-Vierzylinder mit seitlicher Nocken-

Oldsmobile Ninety-Eight Regency Brougham, 1985

Oldsmobile Calais, 1986

Oldsmobile Delta 88 Coupe, 1986

welle von Pontiac. Darüber rangierten ein neuer 3-l-V6 und der erwähnte hauseigene 4,3-l-V6-Diesel. Für die Kraftübertragung auf die Vorderräder sorgte das 3-Stufen-Automatikgetriebe Turbo Hydra-Matic 125 mit Wählhebel unter dem Lenkrad. Vorn fanden sich Federbeine mit unteren Dreieckquerlenkern, hinten eine Starrachse mit Längslenkern, Schraubenfedern und Panhardstab.

Firenza. Ein Modell Firenza (= Florenz) hatte es bei General Motors schon von 1971 bis 1975 unter der Marke Vauxhall gegeben. Knapp ein Jahr nachdem GM die J-car-Serie als Chevrolet, Pontiac und Cadillac lanciert hatte, wurde diese mit dem Opel Ascona verwandte Konstruktion im Februar 1982 auch als Oldsmobile Firenza und als Buick Skyhawk auf den amerikanischen Markt gebracht. Statt des 1841-cm^3-OHV-Graugussmotors wurde im Firenza anfänglich eine 1796-cm^3-OHC-Maschine mit Leichtmetall-Zylinderkopf aus brasilianischer Produktion eingebaut. Mit Einspritzung ausgestattet kam dieser die Vorderräder antreibende Quermotor auf 85 PS Leistung. Zusammen mit einem 5-Gang-Getriebe und einer kürzeren Achsuntersetzung sorgte er für etwas höhere Leistungsfähigkeit. Allerdings war für den Omega (wie für den Buick Skyhawk) in erster Linie eine neue auf 2 l vergrößerte und mit Einspritzung versehene Version des US-1,8-l-Motors vorgesehen worden, die zunächst auf sich warten ließ.

Es gab den Firenza als Sedan, als bemerkenswert sportlich geformtes Fastbackcoupé S und als Station Wagon; zusätzlich gab es LX-Versionen bzw. SX beim Coupé. Beide Motoren konnten mit einem 3-Stufen-Automatikgetriebe bestellt werden. Vorne wurden Federbeine und und untere Dreieckquerlenker, hinten Längsschwingen verwendet. Die Zahnstangenlenkung wurde auf Wunsch mit einem Servo versehen (mit dem OHC-Motor in Serie).

Hurst/Olds. Mit dem Modelljahr 1983 brachte Oldsmobile das auf 2500 Exemplare limitierte Sondermodell Hurst/Olds auf den Markt. Mit ihm wurde an sportliche Olds-Modelle der 60er und 70er Jahre erinnert. Eine auffallende Lackierung mit Schwarz über Silber (untere Flanken- und Stoßschutzteile), Chromräder und ein Heckflügel sorgten im Verein mit einem 183 PS starken 5-l-V8 für den besonderen Auftritt.

Den Firenza gab es 1983 auch als Cruiser Wagon und den Omega als ES (European Special) mit HO-V6 (High Output). Auch den Cutlass Ciera gab es als ES und zudem wurden die hochkant gestellten Rückleuchten durch eine durchgehende Blende ergänzt. Die Cutlass erhielten geänderte Kühlergrills, und ihr 4,3-l-V8 stand nicht mehr im Angebot. Dieser Motor wurde auch bei den Oldsmobile 88 und Ninety-Eight gestrichen. Beim Toronado gab es ein neues Sound-System. Dank des vermehrten Einsatzes von Leichtmetall und Kunststoffen war das Leergewicht (auch) bei den Oldsmobile um ein paar Kilos reduziert worden.

Absatzmäßig war Oldsmobile 1983 hinter Chevrolet GMs Nr. 2. 1984 erhielt der Firenza ein neues Gesicht: Der Kühllufteinlass unterhalb des Stoßschutz war nicht mehr zweigeteilt und weniger auffällig; auch den Firenza gab es jetzt in einer europäischen Ausführung ES. Der Omega-Grill war grobmaschiger geworden. Zur Ciera-Reihe zählte neu der Cutlass Cruiser Wagon (Kombi); es gab sie jetzt auf Wunsch mit 3,8-l-V6 und 127 PS. Beim hinterradgetriebenen Cutlass wurde für 1984 der Kombi aufgegeben. Für die großen „-Olds“ 88 bzw. Delta und 98 bzw. Ninety-Eight war der 4,1-l-V6 gestrichen worden.

Ninety-Eight 1984. Im März 1984 wurde Oldsmobiles Toplimousine in technisch ganz neuer Auslegung vorgestellt: Statt des Kastenrahmenchassis mit Hinterradantrieb besaß er einen selbsttragenden Aufbau, Vorderradantrieb und Quermotor. Gleichzeitig ergab sich damit ein beträchtliches Down-sizing bzw. eine erhebliche Verkleinerung: Radstand 282 statt 302 cm, Länge 498 statt 562 cm, Breite 182 statt 194 cm. Dennoch ging im Innenraum nur sehr wenig Platz verloren. Hingegen hatte das Kofferraumvolumen von 580 auf unter 500 dm^3 abgenommen. Das neue Design mit Oldsmobile-typisch zweigeteiltem Kühlergrill war schlichter geworden. Auffallend war die fast senkrecht stehende Heckscheibe. Der cw-Wert wurde mit 0,38 angegeben.

Gebaut wurde der den neuen GM-C-bodies entsprechende Ninety-Eight als Regency und Regency Brougham und mit 3-l-V6-Motor (112 PS), 3,8-l-V6 (Bosch-Einspritzung, 127 PS) und 4,3-l-Diesel-V6 (86 PS), alle mit neuem 4-Stufen-Automatikgetriebe THM 440-T4 (Wählhebel unter dem Lenkrad). Ungewöhnlich für ein US-Hersteller waren die Beschleunigungsangaben für den 0–100-km/h-Sprint der drei Motortypen, nämlich 15, 13 und ca. 16 s. Es wurden Feder- bzw. Dämpferbeine und untere Dreieckquerlenker verwendet. Neu war auch die Zahnstangenlenkung. Auf Geräuschreduzierung und Vibrationsarmut war besonders großer Wert gelegt worden.

Calais 1985. Zum Modelljahr 1985 lancierte GM neu mit der N-bodies-Serie für Pontiac, Oldsmobile und Buick je ein Coupé: Ausgangspunkt J-car mit von 257 auf 262,5 cm verlängertem Radstand, aerodynamisch ausgefeilte Fünfsitzer mit großzügigen seitlichen Fensterflächen, altbekannter 2,5-l-Gusseisenmotor mit seitlicher Nockenwelle zur Tech IV engine aufgewertet (weiterhin 93 PS), alternativ dazu 3-l-V6 von Buick mit einer dank Einspritzung auf 127 PS gesteigerten Leistung, 5-Gang-Getriebe oder 3-Stufen-Automatikgetriebe THM 125. Es gab den Calais auf Wunsch in Luxusausführung Supreme.

1985 wurde der Firenza auch mit 2,8-l-V6-Einspritzmotor lieferbar, der dieser Modellreihe zu einem wesentlich erhöhten Potenzial verhalf. Der Einbau dieses Quermotors bedingte zusätzliche Lufteinlässe in der Front und eine in der Mitte erhöhte Motorhaube. Die Modellreihe Omega wurde demgegenüber gestrichen! Beim Cutlass Ciera wurde die Vorderkante der Motorhaube abgerundet. Meistverkaufte Oldsmobile waren nach wie vor die Hinterrad-angetriebenen Cutlass Supreme; nebst dem eigenen 5033-cm^3-V8 mit 142 PS gab es einen 5001-cm^3-V8 mit 183 PS, der für das Coupé 4-4-2 reserviert war. Das 5033-cm^3-Aggregat war auf geringere innere Reibung ausgelegt worden, brachte eine Verbrauchsreduktion um bis zu 10 Prozent und ein höheres maximales Drehmoment. Dieser Motor war auch im Custom Cruiser, Delta 88 und Toronado verfügbar; bei Letzterem entfiel der 4,1-l-V6.

Ebenfalls überarbeitet worden waren die von Oldsmobile für alle GM-US-Marken hergestellten Dieselmotoren. Im Vordergrund stand eine elektronisch gesteuerte Abgasrückführung, die zusammen mit anderen Maßnahmen für eine „weitgehend rußfreie" Verbrennung sorgte. Bei den V6-Diesel waren zudem die Leichtmetall-Zylinderköpfe neugestaltet worden.

Toronado 1986. Der Olds-Jahrgang 1986 wurde vor allem vom gänzlich neuen Toronado geprägt. Er war in selbsttragender Bauweise statt mit Kastenrahmen und Traversen konstruiert. Mit ihm nahm (parallel mit den Buick Riviera und Cadillac Eldorado) das GM-Downsizing (Verkleinern) seinen Fortgang: Der Radstand schmolz von 289,5 auf 274,5 cm und die Länge sogar um rund einen halben Meter auf noch 476 cm. Die aerodynamisch geformte Front bestand aus durchgezogenen horizontalen Lamellen, hinter denen sich die Scheinwerfer verbargen, die typische Coupésilhouette war jedoch erhalten geblieben.

Dass der Innenraum bei weitem nicht im Gleichschritt mit dem Äußeren abgenommen hatte, war dem Übergang vom Längsmotor zum quer eingebauten Antriebsaggregat mitzuverdanken. Bei diesem handelte es sich ausschließlich um den 3,8-l-V6 mit elektronischer Bosch-Einspritzung; den 5,7-l-Dieselmotor gab's nicht mehr. Vorn fand eine Federbeinaufhängung mit Querlenkern Verwendung, während sich die hintere Einzelradaufhängung aus Querlenkern und einer quer angeordneten Fiberglas-Blattfeder à la Chevrolet Corvette zusammensetzte. Erhalten geblieben war die pneumatische Niveauregulierung, und Vierrad-Scheibenbremsen zählten ebenfalls zur Serie.

Delta 88 1986. Ebenfalls neu war 1986 die Baureihe Delta 88. Sie besaß jetzt wie die Ninety-Eight Frontantrieb und Quermotor. Das Kastenrahmenchassis wich einer selbsttragenden Bauweise, Radstand und Länge verminderten sich von 294,5/555 cm auf 281,5/498 cm. Es gab die Delta 88 noch mit V6-Einspritzmotoren von 3 und 3,8 l Inhalt. Gebaut wurden sie als sechssitzige Coupé und Sedan. – Von altem Schrot und Korn zeigte sich hingegen der Custom Cruiser Wagon mit Kastenrahmenchassis und 5-l-V8 samt Rochester-Vierfachvergaser.

1987 wurde der Firenza mit neuen Motoren angeboten: 1991-cm^3-OHV-Vierzylinder mit Leichtmetall-Zylinderkopf (91 statt 86 PS), 1998-cm^3-OHC-Motor von GM Brasil mit 97 PS, ebenfalls modernisierter 2,8-l-V6 mit 127 statt 122 PS

Oldsmobile Toronado, 1988

Oldsmobile Custom Cruiser Wagon, 1988

Oldsmobile Toronado Trofeo, 1990

Oldsmobile Cutlass Supreme SL, 1988

(der 1,8-l-Motor entfiel); 2,5-l-Vierzylinder im Calais mit 99 statt 93 PS; Cutlass Ciera mit neuer Front (durchgehende statt doppelte Scheinwerfergläser), Coupé mit rundlich statt kantig geformtem hinteren Pavillonteil; Delta 88 nur noch mit 3,8-l-V6; Ninety-Eight auch als Touring Sedan (sportlich und mit Flankenschutz, Scheinwerfer nicht mehr in Nischen versenkt).

Quad-4-Motor. Bedeutung kam dem von Oldsmobile für verschiedene GM-Modelle gebauten Quad-4-Motor zu: Er wurde im Herbst 1987 für die N-Modelle eingeführt, besaß 2260 cm^3 Hubraum, vier Zylinder und vor allem vier Ventile je Zylinder. Diese wurden durch zwei obenliegende Nockenwellen über eine doppelte Rollenkette aktiviert. Bei einer Verdichtung von 9,5:1 resultierten aus diesem hochmodernen US-Motor 152 PS. – Mit dem ultraflachen Stromlinienfahrzeug Oldsmobile Aerotech, das mit einem „turbobefeuerten" 1993-cm^3-Quad-4-Motor bestückt war, fuhr der altbewährte Indy-Rennfahrer Anthony Joseph Foyt in Texas mit

Oldsmobile

413,133 km/h einen inoffiziellen Rundenweltrekord.

Cutlass Supreme 1988. Mit diesem Modelljahr wurde dem Doppelnamen Cutlass Supreme eine neue Bedeutung zugemessen. Er stand jetzt nämlich nur noch für ein hochmodern geformtes und konstruiertes Coupé, während die kantige Supreme-Limousine der Vergangenheit angehörte. Deren Kastenrahmenchassis mit Traversen und Hinterradantrieb war einer selbsttragenden Konstruktion mit Vorderradantrieb samt Quermotor gewichen. Dies erbrachte bei geringfügig gekürztem Radstand, aber deutlich weniger Länge, eine wesentlich verbesserte Raumnutzung. Das Gewicht des vier- bis sechssitzigen neuen Coupés erreichte 1340 kg, während die frühere Supreme-Limousine 1480 kg wog.

Auch die betont strömungsgünstige Form versprach Verbrauchseinsparungen, ganz abgesehen davon, dass nun ausschließlich der (von Chevrolet stammende) 2,8-l-V6-Einspritzmotor mit 127 PS statt der 3,8-V6- und 5-l-V8-Vergasermotoren eingebaut wurde. Dieser neue Supreme war das GM-10-Parallelmodell zum bereits Anfang 1987 vorgestellten Buick Regal und zum nun ebenfalls präsentierten neuen Pontiac Grand Prix. – Die bisherige Coupéversion des Supreme wurde als Cutlass Supreme Classic weitergebaut.

1988 wurden die Firenza-Auswahl auf 2-l-Motoren reduziert und das Hatchback-Coupé aufgegeben; die Front war aerodynamischer geformt und zeigte durchgehende Gläser auf den Doppelscheinwerfern. Dem Calais wurde die Bezeichnung Cutlass vorangesetzt; in dieser Reihe wurde der neue Quad-4-Motor lieferbar. Ninety-Eight und Toronado erhielten den weiterentwickelten 3800-V6: Dessen Kurbelzapfen mit 90 Grad Gabelwinkel wurden zwecks gleichmäßiger Zündfolge paarweise zueinander versetzt, und zudem wurde eine gegenläufig rotierende Schwingungsausgleichwelle eingebaut. So standen jetzt 167 PS bei 5200/min statt 152 PS bei 4400/min zur Verfügung (0–100 km/h in unter 11 s, 190 km/h). Die nach wie vor die Scheinwerfer kaschierende Toronado-Front bestand neu aus zwei horizontalen schwarzen Bändern. Zusätzlich gab es die Sonderausführung Toronado Trofeo. Neu war zudem die Bezeichnung International Series für die gegen Aufpreis erhältliche sportliche Aufrüstung (straffer abgestimmtes Fahrwerk mit Niederquerschnittreifen) von Calais, Ciera und neuem Supreme.

1989 entfiel die Firenza-Reihe vollständig. Der Cutlass Supreme Classic wurde ebenfalls aufgegeben, so dass als einziger klassischer großer Oldsmobile mit Kastenrahmenchassis nur noch der Custom Cruiser Wagon mit 5-l-V8 verblieb. Der Cutlass Calais erhielt Retouchen an Front und Heck, sein 2,5-l-Vierzylinder leistete 112 statt 99 PS, und der 3-l-V6 wurde durch eine 3,3-l-Version mit 162 statt 127 PS ersetzt;

Oldsmobile	Bauart	Mot.	Getr.	R/L cm	Modelljahre
Firenza	**Fr.**	**a–f**	**4/5/A3**	**257/447,5/442,5**	**1983–88**
Motoren:	*Zyl.:*	*N'w.:*	*cm^3:*	*PS/'min:*	*Nm/'min:*
a (–1987)	4i	OHC	1796	83/5200	138/2800
b (*1986)		OHV	1991	89/86*/4800	149/2400
c (1987–)				91/5600	147/3200
d (1987–)		OHC	1998	97/4800	160/3600
e (1985 *1986)	V6i	OHV	2838	132/122*/4800	217/210/3600
f (1987)				127/4500	217/3600
Calais	**Fr.**	**c/e**	**5/A3**	**262,5/452–454**	**1985–87**
Cutlass Calais (*1990)		**a–f**		**262,5/454/455,5***	**1988–90**
Motoren:	*Zyl.:*	*N'w.:*	*cm^3:*	*PS/'min:*	*Nm/'min:*
a (1988/89 +*1989)	4i	D16V	2260	152/5200/187/6200	217/4000/5200
b (1990– *m.Autom.)				183/162*/6200	217/210/5200
c (*1987–89)		OHV	2471	93/4400/99*/4800	179/2800/183/3200
d (1990–)				112/5200	183/3200
e (–1988)	V6i		2966	127/4900	203/2400
f (1989–)			3340	162/5200	251/3200
Omega (*ab 1982)	**Fr.**	**a–d**	**4/A3**	**266,5/462/464,5***	**1981–84**
Motoren:	*Zyl.:*	*N'w.:*	*cm^3:*	*PS/'min:*	*Nm/'min:*
a (*1982)	4	OHV	2471	85/91*/4000	170/182/2400
b (1983–)				93/4000	182/2800
c (*1982)	V6		2838	112/4800/114*/5100	197/201/2400
d (1983–)				114/4800/132/5400	197/2100/197/2400
Cutlass Ciera	**Fr.**	**a–i**	**A3/A4**	**266,5/478,5/485**	**1982–84**
				266,5/483,5/493,5	**1985–90**
Motoren:	*Zyl.:*	*N'w.:*	*cm^3:*	*PS/'min:*	*Nm/'min:*
a (*1983–86)	4i	OHV	2471	91/93*/4000	182/2400/2800
b (1987– +*1989–)				99/4800/112*/5200	183/3200
c (–1985)	V6		2966	112/4800	197/2600
d (1986)			2838	114/4800/109CH	197/2100
e (1986 *1987–89)	V6i			122/4800/127*/4500	210/217/3600
f (1989–)			3340	162/5200	251/3200
g (1984 *1985)			3791	127/4400	265/278*/2000
h (1986–88)				152/4400	271/2000
i (–1985)	V6D		4302	86/3600	224/1600
Cutlass (Supreme)	**K'r.**	**a–j**	**3/A3/A4**	**274,5/503–509**	**1981–85**
Cutlass Supreme			**A3/A4**	**274,5/509/508**	**1986/87**
Cutlass Supr. Classic		**d/h**	**A3**	**274,5/508**	**1988**
Motoren:	*Zyl.:*	*N'w.:*	*cm^3:*	*PS/'min:*	*Nm/'min:*
a	V6	OHV	3791	112/3800	258/1600
b (1981/*1982)	V8		4269	106/3400/101*/3600	265/258/1600
c (Export 1982)			4389	117/4000	278/2400
d (*1983/84)			5033	147/3800/142*/3600	326/2000/1600
e (1985–)				142/3200	346/2000
f (Coupe Hurst '83/84)				183/4000	332/2000
g (4-4-2 1985/86)				183/4800	305/3200
h (4-4-2 1987–)			5001	172/4000	339/2600
i (1982–85)	V6D		4302	86/3600	224/1600
j (*1982–85)	V8D		5737	106/3200	278/271*/1600

Oldsmobile	Bauart	Mot.	Getr.	R/L cm	Modelljahre
Cutlass Supreme	**Fr.**	**a-c**	**5/A4**	**273/488**	**1988–90**
a (1990– *m.Autom.)	4i	D16V	2260	183/162*/6200	217/210/5200
b (*1989)	V6i	OHV	2838	127/132*/450	217/231/3600
c (1989–)			3128	137/4500	244/3600
Delta 88 /Cust.Cruiser	**K'r.**	**a/c–e**	**A3/A4**	**294,5/554/560**	**1981–85**
Ninety-Eight		**b/d/e**		**302/561,5**	**1981–84**
Motoren:	*Zyl.:*	*N'w.:*	*cm^3:*	*PS/'min:*	*Nm/'min:*
a	V6	OHV	3791	112/3800	258/1600
b (–1983)			4128	127/4000	278/2000
c (1981/*1982)	V8		4269	106/101*/3400	265/258/1600
d (*1982–)			5033	147/3800/142*/3600	326/2000/1600
e (*1982–)	V8D		5737	106/3200	278/271*/1600
Delta 88 (*1988–)	**Fr.**	**a–e**	**A4**	**281,5/498/499***	**1986–88**
88 Royale				**281,5/499**	**1989/90**
Ninety-Eight					**1985–90**
a (1985 *–1986)	V6/V6i*	OHV	2966	112/4800/127*/4900	197/2600/203/2400
b (*1986 **1987)	V6i		3791	127/142*/152**/44'	265/271/2000
c (D.88 *1989–)				152/4400/167*/5200	271/2000/285/2000
d (N-E 1988/89 *1990–)				167/5200/4800*	285/2000
e (1985)	V6D		4302	86/3600	224/1600
Custom Cruiser Wagon	**K'r.**	**–**	**A4**	**294,5/559,5**	**1986–90**
Motor: (*'88– **90–)	V8	OHV	5033	142/3600/3200**	326/1600/346*/20'
Toronado (*ab 1982)	**K'r./Fr.**	**a–d**	**A3/A4***	**289,5/523**	**1981–85**
Motoren:	*Zyl.:*	*N'w.:*	*cm^3:*	*PS/'min:*	*Nm/'min:*
a (–1984)	V6	OHV	4128	127/4000	278/2000
b (*1982–84)	V8		5033	147/3800/142*/3600	326/2000/1600
c (1985–)				142/3200	346/2000
d (*1982–)	V8D		5737	106/3200	278/271*1600
Toronado	**Fr.**	**a/b**	**A4**	**274,5/476**	**1986–89**
				274,5/509	**1990**
a (+*1987)	V6i	OHV	3791	142/152*/4400	271/2000
b (1988/89 *1990–)				167/5200/4800*	285/2000
Silhouette	**Fr.**	**–**	**A3**	**279/493**	**1990**
Motor:	V6i	OHV	3128	122/4200	231/2200
Bravada	**K'r./4**	**–**	**A4**	**272/454**	**1990**
Motor:	V6i	OHV	4300	162/4000	312/2400

Opel

Oldsmobile Cutlass Supreme International Series Sedan + Silhouette, 1990

zum 2,3-l-Quad-4-Motor mit 152 PS kam eine auf 183 PS gebrachte HO-Ausführung (High Output, u. a. Kompression 10:1 statt 9,5:1), die in den Calais International Series eingebaut wurde (16-Zoll-Räder, Schürzen). Der Cutlass Ciera Sedan erhielt eine neugeformte Dach- und Heckpartie (nur noch vier Seitenfenster); sein Vierzylindermotor bekam ebenfalls eine Leistungsspritze von 99 auf 112 PS, während der 3,8-l-Topmotor mit 152 PS durch den 3,3-l-V6 mit 162 PS abgelöst wurde (auf Wunsch mit kürzerer Achsuntersetzung). Das Coupé Cutlass Supreme erhielt eine Luxusausstattung SL und wurde zum Frühjahr mit 140 PS leistendem 3,1-l-V6 in Aussicht gestellt. Beim Oldsmobile 88 entfiel die Bezeichnung Delta, und beim 88 wie beim 89 wurde das klappbare viereckige Markenzeichen vorne auf der Motorhaube weggelassen.

Weil die Oldsmobile Divison GM am meisten Kummer machte (ihr Anteil an der GM-US-Produktion war von 1983 bis 1988 von 25 auf unter 20 Prozent gesunken), erhielt sie gegen Mitte 1989 in J. Michael Losh einen neuen Chef; dieser hatte zuvor Pontiac zum Höhenflug verholfen. Als einen besonderen Schritt, der den Gepflogenheiten völlig widersprach, führte er zum Modelljahr 1990 ein Rückgaberecht für neue Oldsmobile-Modelle binnen 30 Tagen und einer maximal zurückgelegten Fahrstrecke von 1500 Meilen ein.

Silhouette. Der Minivan Silhouette wurde Anfang 1989 zusammen mit dem Chevrolet Lumina APV und dem Pontiac Trans Sport als Modell 1990 angekündigt. Dieser futuristisch geformte Großraumkombi gelangte als Pontiac Trans Sport auch nach Europa (alle Details → Chevrolet Lumina APV und → Pontiac Trans Sport).

Cutlass Supreme Convertible. Abgesehen vom Silhouette verkörperte dieses erste Olds-Cabrio seit 15 Jahren die größte Neuheit der mittleren GM-Marke. Es besaß parallel zum Chevrolet Beretta Convertible einen schwarzen Überrollschutzbügel auf der Höhe der B-Säule. Zudem gab es den Cutlass Supreme mit dem Modelljahr 1990 auch als viertürige Limousine. Die Supreme-Motorenauswahl war erneuert worden.

Toronado 1990. Bemerkenswert war der Übergang zur verlängerten Karosserie beim Toronado und Toronado Trofeo, wie sie bereits die Parallelmodelle Cadillac Eldorado und Buick Riviera erhalten hatten. Die Länge wuchs damit von 476 auf nicht weniger als 509 cm, und die Front erhielt ein neues, chromloses Design.

1990 wurde der 2,8-l-V6 im Cutlass Ciera gestrichen. Beim 88 Royale wurde der Stoßschutz bis zu den Radausschnitten gezogen, und beim Ninety-Eight zeigte sich die Ausstattung aufgewertet.

Bravada. Parallel zu dem neu auch fünftürig gebauten → Chevrolet Blazer S (und GMC Jimmy S-15) gab es ab der North American International Auto Show von Detroit von Anfang 1990 erstmals einen Oldsmobile-Geländekombi bzw. -SUV. Er wurde ausschließlich fünftürig und mit Vollausrüstung gebaut, und er hob sich durch seine Olds-typische Kühlermaske und eine ringsum geführte Zierlinie ab.

Nachdem General Motors im neuen Jahrhundert nicht mehr wie üblich florierte, suchte der noch weltgrößte Autohersteller nach Rationalisierungsmaßnahmen. Unter anderem fand er heraus, dass sieben US-Konzernmarken (einschließlich GMC und Saturn) zu viel seien. Da musste Oldsmobile und damit Amerikas älteste Autoproduktionsfirma dranglauben; die letzten „Olds“ wurden 2004 gebaut.

Neben Fahrrädern und Nähmaschinen begannen die Gebr. Opel ab 1899 auch Autos herzustellen. 1926 wurde die in Rüsselsheim bei Frankfurt a/M angesiedelte Adam Opel AG in den weltgrößten Autokonzern, die General Motors Corporation, eingegliedert, und sie war damit deren bedeutendste Auslandtochter.

Unter der schlechten Konjunktur- und Absatzlage war von der Adam Opel AG Mitte 1980 eine Abfindungsaktion eingeleitet worden. Sie wurde von 5900 statt den erwarteten 5000 Arbeitern genutzt, zum überwiegenden Teil Ausländer.

Im Winter 1981 propagierte Opel in der Alpenregion die Montana-Sonderausrüstung, die es zu den Ascona, Manta, Rekord und Commodore gab. Im Mittelpunkt stand nebst Nebellampen und -schlussleuchten, Sitzheizungen (bei den größeren Modellen) usw. ein ZF-Selbstsperr-Differenzial.

Chevette. Im Oktober 1980 brachte Opel den von → Vauxhall gebauten Chevette mit geänderter Front auf den deutschen Markt; dies, um im Konkurrenzkampf gegen die Japaner mit einem Tiefpreisangebot gewappnet zu sein. Die hauseigene Modellpalette reichte 1981 vom Kadett bis zum Oberklasseduo Senator/Monza.

Kadett. Der Kadett war nach dem VW Golf Deutschlands populärste Modellreihe. In der aktuellen Form war er im August 1979 vorgestellt worden. Mit dem Übergang zum Frontantrieb samt Quermotor und der Schrägheckkarosserie samt Heckklappe folgte er dem Trend in der Kompaktklasse. Das ausgewogene und zweckmäßige Design ebnete seinen Weg zum Großerfolg. Wer allerdings auf die Heckklappe zugunsten eines Kofferdeckels verzichten wollte, konnte den Kadett etwas preiswerter auch nur zwei- oder viertürig bestellen. Daneben gab es drei- und fünftürige Kombis mit Opels traditioneller Zusatzbezeichnung Caravan. Hinsichtlich Ausstattungsniveau wurde nach Kadett, Kadett L, Special, Berlina, Voyage und SR unterschieden.

Je nach Land wurde der Kadett mit Normal- und S-Motor angeboten. Dies zeigte sich in den PS: 1,0 l mit 40 oder 50 PS, 1,2 l mit 53 oder 60 PS, 1,3 l mit 60 oder 75 PS. Während es sich bei den kleineren Motoren um Grauguss-Konstruktionen mit seitlicher Nockenwelle handelte, war der 1,3-Liter ein OHC-Aggregat mit Aluminium-Zylinderkopf. Vorne fanden sich Dreieckquerlenker und Federbeine (mit dem damals üblich gewordenen negativen Lenkrollradius), hinten eine Verbundlenkerachse mit gezogenen Längsschwingen. Die Bremsen gab's auf Wunsch mit Servo. Zum Jahrgang 1981 hatten alle Kadett im Sinne des Benzinsparens eine von 4,29 auf 4,18:1 verlängerte Achsuntersetzung erhalten (Ausnahme: Caravan 1.2 N). In drei Farbtönen gehalten war eine Kadett-Sonderausführung des Pariser Modeschöpfers Guy Laroche.

Ascona. Im August 1975 war der Ascona der ersten Auflage durch den Ascona B abgelöst worden. Der Ascona hatte sich im Feld der unteren Mittelklasse einen festen Platz gesichert. Er war noch in bodenständiger Standardbauweise, d. h. mit Hinterradantrieb, gehalten, und seine Stufen-

Opel

Opel Kadett Voyage Berlina, 1981

Opel Ascona 400, 1981

Opel Manta GT/J, 1981

Opel Rekord Berlina, 1981

heckkarosserie wurde zwei- und viertürig gebaut. Angeboten wurde er in den Versionen Ascona, L, SR und E. Bei den Motoren handelte es sich um OHC-Aggregate mit 1,3, 1,6 und 2 l Hubraum. Der Basismotor kam sowohl bei 1,3 wie bei 1,6 l auf 60 PS. Der 1,6-l-S-Motor mit 75 PS war vor allem für den Export bestimmt, anderseits wurde für einige Länder auch der 58 PS leistende 1,2-l-OHV-Motor eingebaut.

Den 2-l-Motor gab es hingegen als S mit 100 PS und als E mit 110 PS. Der Buchstabe E wies auf die Einspritzung L-Jetronic von Bosch hin. Schließlich stand auch noch ein 2-l-Dieselmotor mit 58 PS im Angebot. Außer mit dem 4-Gang-Getriebe ließen sich die 1,6- und 2-l-Motoren mit einem 3-Stufen-Automatikgetriebe verbinden. Das Fahrwerk bestand vorne aus oberen Dreieckquerlenkern und unteren einfachen Querlenkern und Schraubenfedern, hinten aus einer Starrachse (Kardanwelle in kurzem Schubrohr mit Zentralgelenk), Längslenkern, Panhardstab und Schraubenfedern. Die Bremsanlage war mit einem Servo ausgerüstet.

Manta. Der längst zu einem Begriff gewordene Manta war die Coupéversion des Ascona. Mit der Zweitauflage von 1975/76 bot er ein noch eigenständigeres Frontdesign und auch mehr Innenraum. Erst recht familienfreundlich war die im September 1978 hinzugekommene Version CC (= Combi-Coupé) mit Fastback und Heckklappe. Als optisch überaus attraktives Gefährt sprach der Manta junge wie auch ältere Autofreunde an (spätere Manta-Witzeleien waren unverdient). Nebst den analog zum Ascona bezeichneten Ausstattungsversionen gab es den Manta zusätzlich als GT/J (mit auf 75 PS gebrachtem 1,3-l-Motor) und als GT/E (Topausführung mit dem Einspritzmotor). Das Fahrwerk entsprach jenem des Ascona, wurde aber für den GT/E sportlicher ausgelegt. Ab 1981 gab es den Manta Magic mit dem 100-PS-Motor, Recaro-Sitzen, schwarzem Innenraum, Sportinstrumente und -streifen, Abrisskante am Heck und Sporträdern.

Ascona/Manta 400. Im Januar 1979 war die zweitürige Hochleistungsversion Ascona 400 für den Rallye-Einsatz vorgestellt worden. Die Zahl 400 bezog sich auf die Anzahl der für eine Homologation in Gruppe 4 herzustellenden Einheiten. Für den Antrieb sorgte ein 2,4-l-Vierzylindermotor mit zwei obenliegenden Nockenwellen und 16 Ventilen. Er leistete in der Straßenversion mit L-Jetronic-Einspritzung 140 PS und in der Wettbewerbsausführung mit zwei Weber-Doppelvergasern 240 PS. Zu den weiteren Besonderheiten zählten: 5-Gang-Getriebe (auf Wunsch enger abgestuft), strafferes Fahrwerk, Bugschürze, Dekorstreifen (in den Opel-Farben schwarz/gelb/grau), Sporträder, Sportinterieur usw.

Zum Genfer Salon 1981 wurde dem Ascona 400 ein Manta 400 zur Seite gestellt, der für den Rallyesport ab 1982 bestimmt war und entsprechend homologiert wurde. Bei der 50. Rallye Monte Carlo sollte sich Walter Röhrl im Januar 1982 mit dem Ascona 400 einen großartigen Sieg holen.

Rekord. Rekord war Opels auf das Jahr 1953 zurückgehender Begriff für die Mittelklasse. 1981 wurde er mit den im August 1977 eingeführten klar geformten Karosserien eingekleidet, die viel Innenraum und eine ausgezeichnete Rundsicht boten. Es gab den Rekord als zwei- und viertürige Limousine und als drei- und fünftürigen Kombi Caravan. Nebst einer Normalausstattung wurden die Ausführungen L, Berlina und S angeboten. Die Motorisierung begann mit dem bekannten 1,7-l-Vierzylinder mit 60 PS und führte über den 1,9-Liter mit 75 PS zum 2-l-Aggregat, das mit 90 PS, 100 PS (S) oder 110 PS (E = elektronische Benzin-Einspritzung L-Jetronic von Bosch) aufwartete. Hinzu kamen zwei Dieselmotoren mit 2 und 2,3 l Hubraum und 58 bzw. 65 PS Leistung.

Für die Kraftübertragung gab es ein 4-Gang- und ab dem 1,9-l-Motor ein 3-Stufen-Automatikgetriebe. Ab September 1980 wurde der 2-l-Rekord mit einem Overdrive erhältlich, der sich mit einem Hebel an der Lenksäule zuschalten ließ (Untersetzung 0,788:1). Damit reagierte Opel auf das von der Benzinkrise ausgelöste Verlangen nach niedrigerem Benzinverbrauch. Dieser verringerte sich im Durchschnitt nach DIN-Norm beim 2.0 S von 10,4 auf 9,3 l/100 km; der Aufpreis betrug rund 3 Prozent. Mit dem S-Motor wurde zudem eine Differenzialbremse angeboten. Das Fahrwerk setzte sich vorne aus Federbeinen mit unteren einfachen Querlenkern und elastisch gelagerten Zugstreben, hinten aus einer Starrachse mit Längslenkern, Querlenker und Schraubenfedern zusammen. Während die Bremsen ab Werk mit einem Servoaggregat bestückt wurden, war ein Servo für die Kugelkreislauflenkung auf Wunsch zu haben.

Commodore. Der Commodore war die Sechszylindervariante des Rekord und als solche siedelte er sich in der oberen Mittelklasse an. Bei gleichem Radstand war er 10 cm länger. Äußerlich unterschied er sich vor allem durch das andere Kühlergesicht: Während Ascona und Rekord feinmaschige Gitter- bzw. Horizontalstäbe zeigten, trug der Commodore – gleich wie der Kadett – einen mittleren horizontalen Stab auf dunklem Grund, auf dessen Mitte das Markenzeichen in Form eines eingekreisten Opel-Blitzes prangte.

Im Commodore wurde der 2,5-l-Sechszylinder-S-Motor (OHC) mit 115 PS Leistung eingebaut. Das 4-Gang-Getriebe gab es seit Sommer 1980, ebenso wie jenes des 2-l-Rekord, auf Wunsch mit Overdrive (Verbrauchssenkung von 12,2 auf 11,1 l/100 km), und es waren (ebenfalls gegen Aufpreise) ein 3-Stufen-Automatikgetriebe und eine Differenzialbremse lieferbar. Alle weiteren technischen Eigenheiten stimmten mit jenen des Rekord überein.

Auf dem Genfer Salon 1981 kam mit dem Commodore Voyage ein Kombiwagen hinzu, wie er in Australien als Holden Commodore und in Südafrika als Chevrolet Commodore Station Wagon längst angeboten wurde. Damit stand ein Topkombi zur Verfügung, der eine mögliche Ladefläche von 195 x 141 cm mit den Annehmlichkeiten eines Sechszylindermotors verband. Zur Ausstattung zählten nebst Servolenkung auch Zentralverriegelung, Niveauregulierung (hinten, manuell) und Heckscheiben-Reinigungsanlage. In der Ausführung Voyage Berlina kamen Velourspolsterüberzüge, Fensterheber, getönte Scheiben und ein höhenverstellbarer Fahrersitz hinzu. Mit dem 115-PS-Motor konnten binnen 12,5 s Tempo 100 und anderseits eine Spitze von 177 km/h erreicht werden. – Ab Mai 1981 wurde der Commodore auch mit 2,5-l-E-Motor lieferbar. E stand für Einspritzung (Bosch L-Jetronic) und in dieser Version standen 130 PS zur Verfügung.

Senator und Monza. 1978 hatte Opel mit dem Duo Senator (Sechsfenster-Limousine) und Monza (fünfsitziges Fastbackcoupé mit Heckklappe) die Oberklasse neu besetzt. Als markantes Merkmal besaß das attraktiv geformte Coupé einen mit horizontalen Rippen belegten schwarzen Steg auf der B-Säule. Da Opel als eine populäre Marke galt, war es für sie schwierig, sich im Oberklassebereich gegen Mercedes-Benz und BMW zu behaupten. Dabei waren Senator und Monza sehr geglückte Konstruktionen, die durch ihr gekonntes Design, ihre Leistungsfähigkeit und die von einer hinteren Einzelradaufhängung mitbewirkten sicheren Fahreigenschaften brillierten. Diese auch von den amerikanischen GM-Ingenieuren und -Managern hoch eingestuften Qualitäten wurden aber gemeinhin unterschätzt, und ihre Preiswürdigkeit fand zu wenig Anerkennung. In der Oberklasse spielte eben der Prestigewert des Markennamens schon immer eine ausgeprägt starke Rolle.

Während der Senator 268,5 cm Radstand besaß, stimmte der Achsabstand von 267 cm beim Monza mit jenem der Rekord/Commodore überein. Senator und Monza hatten ihre eigenen Moto-

Opel Commodore Berlina, 1981

Opel Senator CD, 1981

Opel Ascona Luxus 5-t., 1982

Opel Corsa TR Berlina + 1.0 S 3-t., 1983

Opel Manta GT/E, 1983

Opel Rekord Berlina, 1983

ren: Sechszylinder mit 2,8 und 3 l Inhalt (für einige Exportländer auch 2,5 l) und 140 PS bzw. 150 PS (3-l-H) oder 180 PS (3-l-E mit elektronischer Benzineinspritzung L-Jetronic von Bosch sowie kontaktloser Transistorzündung). Es standen 4- und 5-Gang-Getriebe zur Wahl, mit dem 2,8-l-Motor zudem das 3-Stufen-Automatikgetriebe. Vorne besaß die Aufhängung Federbeine und einfache untere Querlenker, hinten Schräglenker und Schraubenfedern. Die vorderen Scheiben der Vierrad-Scheibenbremsen mit Servo (bei 2,5-l-Motor: hinten Trommelbremsen) waren belüftet, und die Kugelumlauflenkung arbeitete ebenfalls mit Servo.

Im Mai 1981 erfuhren Senator und Monza eine Überarbeitung: Der 2,8-l-Vergasermotor wurde durch einen 2,5-l-Sechszylinder abgelöst, der ebenso wie die 3-l-Version mit der L-Jetronic-Einspritzung von Bosch bestückt war und 136 PS zur Verfügung hielt. Diese Sechszylinder arbeiteten mit einer kontaktlosen Transistorzündung mit Hall-Geber, was einen reduzierten Benzinverbrauch versprach.

Gleichzeitig zeigte sich der Innenraum von Senator und Monza gründlich erneuert: Das Armaturenbrett in leicht konkaver Form entsprach der gehobenen Wagenklasse weit besser als die zuvor verwendete Ableitung des Rekord-Armaturenbrettes. Der Kombihebel für Blinker, Lichthupe, Scheibenwischer und -dusche war griffiger, das Heiz- und Belüftungssystem wirkungsvoller. Die Mittelkonsole bot mehr Ablegemöglichkeiten und trug Heizungskanäle für die hinteren Fußräume. Mit neugeformten Vordersitzen resultierten im Fond 2,5 cm mehr Knieraum. Neue Türverkleidungen und Polsterstoffe sowie die verkleideten Frontscheibensäulen sorgten für ein verbessertes Ambiente, und die Stahlfelgen trugen eine großflächige Nabenabdeckung. In den reichhaltiger ausgerüsteten C-Modellen fanden sich eine Verbrauchsanzeige (Econometer), eine Quarzuhr und ein 10-s-Verzögerungsschalter für die Innenleuchte. Beim Senator CD kamen Holzfurniere an den Türverkleidungen sowie ein Stereoradio mit Kassettengerät hinzu, beim Monza C geteilte Fondlehnen.

1.6 OHC. Ebenfalls im Mai 1981 berichtete die Fachpresse über einen neuen Opel-Motor, den für Quer- wie Längseinbau geeigneten 1.6 OHC. Er löste den 1.6 CIH (camshaft in head) ab, der zwar ebenfalls eine im Zylinderkopf untergebrachte Nockenwelle besaß, doch befand sie sich nicht über, sondern neben den Ventilen und betätigte diese mit Kipphebeln. Wie schon der 1,3-l-OHC-Motor erhielt auch diese Konstruktion einen aus Aluminium gegossenen Zylinderkopf. Der neue Motor, der auch in den GM-Werken in Australien (Holden) und Brasilien (Chevrolet) in Produktion kommen sollte, wurde in zwei Leistungsstufen mit 75 PS für Normalbenzin und mit 90 PS für Supertreibstoff eingeführt.

Wie andere Großhersteller litt Opel 1981 weiterhin unter der gedrückten Konjunkturlage. Doch mit den neuen Produktionsstätten mit mehr Robotern und dem GM-Produktionsverbund in Spanien hoffte

Opel-Generaldirektor Robert C. Stempel auf eine verbesserte Ertragslage. Die Reduktion der Belegschaft von 67 000 auf knapp 60 000 brachte inzwischen ebenfalls positive Auswirkungen.

Kadett 1982. Im Vordergrund des im August 1981 vorgestellten neuen Modelljahrgangs stand der oben beschriebene 1,6-l-OHC-Motor. Er verhalf zu einem Leistungsgewicht von 10 kg/PS und damit zu respektablem Temperament: 11,5 s für den Spurt auf 100 km/h und 170 km/h Spitze nach Werkangaben. Alle Kadett erhielten stärker ausgeformte Vordersitze, die zugleich für mehr hinteren Knieraum sorgten, ein leistungsfähigeres Gebläse und ein Tankschloss. Längere Hinterachsuntersetzungen bei den kleineren Motoren sorgten für einen Spareffekt, und zudem wurde die Ausstattung allgemein aufgewertet. – Ab 1,6 l Hubraum erhielten alle Opel-Motoren eine kontaktlose Transistorzündung, und beim 2-l-Einspritzmotor sorgte eine Schubabschaltung fürs Sparen.

Rekord 1982. Äußerlich erkannte man den neuen Jahrgang an der mit einer Kunststofflippe verlängerten Bugschürze und der bis zu den Radausschnitten gezogenen hinteren Stoßstange. Im Innenraum sorgten neugestaltete Vordersitze für mehr Knieraum im Fond, ein verstärktes Gebläse für verbessertes Klima, und eine farblich neue Auskleidung für ein gepflegteres Ambiente. Neu waren ferner ein Vierspeichen-Lenkrad und von innen verstellbare Außenspiegel. Beim Modell Luxus zeigten sich Türsäulen und Fensterrahmen in Mattschwarz, und die Innenausstattung hatte eine weitere Aufwertung erfahren. Der Berlina besaß mit Chrom eingefasste Fensterrahmen, breitere Seitenschutzleisten und zusätzliche Innenraumzubehöre; zweitürig gab es ihn nicht mehr. – Auch bei der Modellreihe Commodore gab es neu eine Ausstattungsvariante Luxus.

Bei allen Opel waren für 1982 der Korrosionsschutz, die Geräuschdämpfung und die Methanol-Beständigkeit des Treibstoffsystems aufgewertet worden.

Ascona 1982. Im August 1981 wurde der auf Frontantrieb mit Quermotor umgestellte Ascona vorgestellt. Damit begann für Opel die Neuzeit auch in der unteren Mittelklasse. Während sich die zwei- und die viertürige Stufenhecklimousine stilistisch deutlich an die Vorgänger anlehnten, zeigte das hinzugekommene fünftürige Fließheckmodell eine ganz neue, überaus attraktive Silhouette. Zudem übernahm es dank der umklappbaren Hinterlehne die Funktion eines – hocheleganten – Kombis. Bereits zwei Monate zuvor war in Japan mit dem fünftürigen → Nissan Stanza ein ähnlich geformtes Modell lanciert worden. Neben einer Grundausführung gab es den Ascona in den Versionen Luxus, Berlina und SR. Der SR brillierte durch seine in Kontrastfarbe gehaltenen unteren Karosserieflanken, analoge Fensterrahmen, originelle Leichtmetallfelgen mit Kreuzmotiv, Recaro-Sitze und Sportarmaturen.

Dank des Frontantriebs war der Ascona gegenüber dem Vormodell nicht nur deutlich geräumiger, sondern auch um rund 30 kg leichter geworden; je nach Karosserie wog er 920 bis 965 kg. Zudem war er strömungsgünstiger, was ebenfalls einen Minderverbrauch versprach. Es gab die modernen 1,3- und 1,6-l-OHC-Motoren in N- und S-Ausführung, d. h. 8,2:1 verdichtet für Normal- und 9,2:1 verdichtet für Superbenzin. Die Leistungsspanne reichte von 60 bis 90 PS, und die benötigte Zeit für den Sprint auf 100 km/h sank entsprechend von 17,5 auf 12,5 s. Ab dem 1.3-S-Motor war statt des 4-Gang-Getriebes ein 3-Stufen-Automatikgetriebe Turbo Hydra-Matic (THM 125) erhältlich. Das Fahrwerk umfasste vorne McPherson-Federbeine und Dreieckquerlenker, hinten eine Verbundlenkerachse mit gezogenen Längsschwingen und Schraubenfedern.

1.6 Diesel. Auf dem Autosalon von Brüssel im Januar 1982 stellte Opel den neuen kleinen Dieselmotor vor, der vom 1,6-l-OHC-Benzinmotor abgeleitet worden war. Er wurde wahlweise in den Ascona und den Kadett eingebaut und leistete 54 PS bei 4600/min bzw. 96 Nm bei 2400/min. Tempo 100 konnte mit ihm binnen 20 s erreicht werden und der ECE-Verbrauch wurde mit 5,2/7,4/7,1 l/100 km angegeben.

Opel Monza C, 1983

Opel

Opel Manta 400, 1984

Opel Kadett LS, 1985

Opel Ascona GT, 1985

Manta 1982. Wegen der großen Nachfrage legte Opel Anfang 1982 eine zweite Serie des Manta 400 auf. Neben dem Grundmodell mit knapp 150 PS gab es den 400 C mit auskragenden Radhausrändern, Extraspoilern, Breiträdern usw. Auf dem Genfer Salon 1982 wurde der Manta in modifizierter Form ausgestellt: nun mit vier Kühlluftschlitzen, bis zu den Radausschnitten reichender Stoßstange und vergrößerter Bugschürze. Der GT/E hob sich durch auskragende Türschweller, seitliche Aufschriften und einen Heckspoiler ab. Neu im Manta-Angebot war ein vom 1,6-l-Motor abgeleiteter 1,8-l-OHC-Motor (1.8 S), ebenfalls mit 90 PS, aber mit mehr Drehmoment in niedrigerem Tourenzahlbereich.

Schon im März 1982 wurden in der Fachpresse Bilder von dem auf den Herbst in Aussicht gestellten Opel-Kleinwagen Corsa veröffentlicht. Im gleichen Monat wurde Ferdinand P. J. Beickler als Nachfolger des als Chevrolet-Manager in die USA berufenen Robert C. Stempel zum Vice-President of General Motors Corporation in charge of European Sourced Passenger Cars Operations und damit zum Managing Director der Adam Opel AG ernannt. – Im neuen GM-Motorenwerk in Wien-Aspern lief gegen Mitte 1982 allmählich die Produktion an; geplant war ein Jahresausstoß von 270'000 Motoren und 380'000 Kraftübertragungen. Im Endausbau sollte dieses Werk rund 3000 Personen beschäftigen.

Senator CD 1983. Ab Mitte 1982 erhielt der CD einen Bordcomputer, ein Kassettenablegefach und eine in die Windschutzscheibe integrierte Antenne. Der vielseitige Computer war gegen Aufpreis auch für die anderen Senator und Monza mit Einspritzmotor lieferbar.

Ascona / Kadett 1983. Topmotorisierung des Ascona war mit dem Modelljahr 1983 der 1.8 E (LE-Jetronic-Einspritzung von Bosch, 115 PS, 0–100 km/h in 10,5 s, 187 km/h, ECE-Verbrauch 6,0/7,8/10,2 l/100 km; zudem Schubabschaltung). Der 1.8 E erhielt ein neues 5-Gang-Getriebe, dieses war auch für den 1.6 S und den 1.6 Diesel der Modelle Ascona und Kadett verfügbar. – Ein 5-Gang-Getriebe wurde jetzt auch im Manta angeboten.

Im neuen Kadett J wurde der 1,2-l-Motor des Corsa (s. unten) eingebaut. Alle Kadett erhielten eine aufgewertete Ausrüstung. Es gab neu einen Ascona J als Basismodell; am anderen Ende kam der Ascona CD hinzu (Topmotor, Bordcomputer, Fensterheber, elektrische Außenspiegel, Servolenkung, farblich abgestimmter Innenraum, Nebellampen; Stoßfänger, Kühlergrill und Frontspoiler auf die Wagenfarbe abgestimmt). 1982 tauchte zudem eine Cabrioversion des Ascona auf; eine solche entstand versuchsweise auch auf der Basis der J-cars von Chevrolet und Pontiac.

Corsa. Mitte September 1982 erfolgte die Vorstellung des Corsa. Mit diesem ersten hauseigenen Kleinwagen hatte Opel endlich ein Konkurrenzprodukt zu den VW Polo, Ford Fiesta, Renault 5 und andere „Minis“. Zeitgemäß besaß der Corsa Vorderradantrieb mit Quermotor. Es gab ihn dreitürig mit Schrägheck und als Modell TR mit zwei Türen und Stufenheck. Hergestellt wurde der Corsa im neu errichteten Opel-Werk in Saragossa, zwischen Madrid und Barcelona. Dort waren über 10'000 Arbeitsplätze geschaffen worden. Auch Ford hatte sich ja das Tieflohnland Spanien für einen Teil der Fiesta-Produktion ausgesucht. Opel rechtfertigte die Standortwahl mit dem Hinweis, dass Spanien mit einem Kleinwagen-Marktanteil von 43 Prozent (Deutschland 12 Prozent, nordische Länder 7 Prozent) ein großes Zukunftspotenzial besitze und dass nur in Spanien verkaufe könne, wer dort produziere.

Der Corsa war schlicht und zweckmäßig gezeichnet. Auffallend waren ein rundum laufender Stoßschutzbalken. Das Schrägheckmodell unterschied sich zusätzlich durch horizontale Kühlergrilllamellen (statt waffelförmigen) und feine Radhausausbuchtungen von der Stufenheckausführung. Diese trug am unteren Abschluss des Kofferdeckels eine schwarze Blende. Es wurden drei Motorvarianten mit 1,0, 1,2 und 1,3 l Hubraum verwendet; die kleinste war der altbewährte Kadett-Graugussmotor mit seitlicher Nockenwelle, der durch eine neue Nockenwelle und höhere Verdichtung zu mehr Sparsamkeit gebracht worden war. Für den 1.3-S-Motor wurde ein Thermochoke eingeführt: Wurde nach dem Kaltstart das Zurückschieben des Gemischanreicherungshebels vergessen, so stellte sich die Gemischbildung nach Erreichen der Betriebstemperatur elektrisch auf mager.

Zusammen mit diesem stärksten Motor erhielt der Corsa ein 5-Gang-Getriebe. Es gab die Ausstattungsvarianten Corsa, Luxus, Berlina und SR. Schon in der Grundausführung zählten Halogen-Scheinwerfer, Heckscheibenheizung, verstellbare vordere Kopfstützen, ausstellbare hintere Seitenscheiben, Tankdeckelschloss und beim Dreitürer eine Heckscheiben-Wisch/Waschanlage zur Ausrüstung. Das Fahrwerk umfasste vorne Federbeine und Dreieckquerlenker, hinten eine Verbundlenkerachse mit gezogenen Längsschwingen. Das mehrfach abgeteilte Armaturenbrett wäre auch einem größeren Modell wohl angestanden, und der Innenraum erwies sich als größer als er von außen erwartet wurde.

Rekord 1983. Aerodynamisch durchgestylt präsentierte sich der im Oktober 1982 eingeführte verjüngte Rekord: Der Kühlergrill war viel niedriger, und die Scheinwerfergläser hatten eine spitz nach unten und innen gerichtete Ecke erhalten. Die gesamte Front war leicht schräggestellt, und Fugenabdeckungen sorgten für eine verbesserte Luftführung. Die Windschutzscheibenpfosten und die hintere Dachkante waren abgerundet worden. Die hintere Dachstrebe verlief nun geradlinig nach unten und das Heck war höher. Daraus ergab sich – im Windkanal von Pininfarina gemessen – eine Reduktion des cw-Werts um 20 Prozent auf 0,36. Die Länge hatte um 5,5 auf 465 cm zugelegt. Während die zweitürige Limousine gestrichen worden war, gab es nebst dem viertürigen Modell weiterhin den Kombi Caravan mit drei und mit fünf Türen (sowie einen dreitürigen Lieferwagen).

Statt der 1,7- und 1,9-l-Motoren wurde ein neuer Basismotor mit obenliegender Nockenwelle, 1776 cm^3 Inhalt und 75 oder 90 PS eingeführt (Letzterer wie bereits im Manta erhältlich). Zur angepassten Getriebeabstimmung kam beim 3-Stufen-Automatikgetriebe eine Schlupfsperre bzw. Überbrückungskupplung. Dieser Lock-up sorgte in der obersten Stufe ab etwas über 60 km/h für einen starren Durchtrieb und damit sparsamere Fahrt. Das Fahrwerk war hinsichtlich Richtungsstabilität, Komfort, verminderten Unterhalt und erhöhte Bremsleistung verbessert worden. Das neue Lenkrad erbrachte eine auch bei Einschlag ungehinderte Sicht auf die jetzt aus Senator und Monza stammenden vergrößerten Rundinstrumente, die Sitze waren ebenfalls verbessert worden, und die Gurtpeitschen wurden an ihrem Rahmen montiert. Erst zum Genfer Salon 1983 sollte dann noch eine Rekord-Topversion CD mit 5-Gang-Getriebe, Servolenkung, Bordcomputer und Zentralverriegelung hinzukommen.

Mit dem Sieg beim Rallye Elfenbeinküste 1982 wurden Walter Röhrl/Christian Geistdörfer auf Ascona 400 gleich auch Rallye-Weltmeister 1982; ein großartiger Erfolg für die um sportliche Anerken-

Opel Corsa GLS 5-t., 1986

Opel Kadett GLS 4-t., 1986

Opel Kadett GSi Cabriolet, 1986

nung kämpfende Marke Opel! – Ab Modelljahr 1983 trugen die bis dahin in Südafrika als → Chevrolet gebauten GM-Modelle ebenfalls den Markennamen Opel; sie unterschieden sich ohnehin kaum mehr von ihren deutschen Vorbildern.

Senator / Monza 1983. Nicht nur erhielten Senator und Monza Ende 1982 ein aerodynamisch verbessertes Kleid mit stoßabsorbierender Front – sie waren samt Kühlergitter niedriger geworden, die Bugschürze hingegen größer, was angeblich bis 7 Prozent Verbrauchseinsparung brachte –, sie wurden auch mit einem 2-l-Einspritzmotor mit 110 PS Leistung lieferbar. Für den mit Schubabschaltung ausgerüsteten Senator 2.0 E nannte Opel eine Spurtzeit für 0–100 km/h von 13,5 s und eine Spitze von 180 km/h. Der DIN-Verbrauch wurde mit 7,5/9,8/11,9 l/100 km angegeben.

Neben dem Monza 2.0 wurde die Sportversion GS/E in Aussicht gestellt. Diese erschien im August, und sie besaß einen auf 180 PS gebrachten 3-l-Motor sowie ein 5-Gang-Getriebe; weitere Eigenheiten: tiefer gelegtes Fahrwerk, Sportbereifung auf schwarzen Alufelgen, Heckspoiler, Halogen-Weitstrahler, Lederlenkrad, Recaro-Sitze und Bordcomputer. – Mit den Senator/Monza 1983 war im Gegenzug die Modellreihe Commodore aufgegeben worden!

Eng mit Opel verknüpft, aber als eigene GM-Tochter feierte General Motors Continental Ende 1982 in Antwerpen – wo 1924 in bescheidenem Rahmen eine Montage aufgenommen worden war – den Zusammenbau des fünfmillionsten Wagens. 1982 waren dort mit 12'000 Beschäftigten rund 368'00 Fahrzeuge montiert worden: Ascona, Manta, Kadett und Vauxhall Cavalier.

Kadett GTE. Anfang 1983 trat der Kadett GTE die Nachfolge des früheren, noch hinterradgetriebenen Kadett GT/E an. Mit den 115 PS seines 1,8-l-Einspritzmotors vermochte er Tempo 100 binnen 9 s sowie eine Spitze von 187 km/h zu erreichen. Damit war er ein würdiger Konkurrent von Golf GTI, Escort XR 3i & Co. Äußerlich gab sich der GTE an einem tief heruntergezogenen Frontspoiler und in der Wagenfarbe lackierten Stoßstangen zu erkennen, während jeder Chromschmuck durch Abwesenheit „glänzte“. Im Innenraum kamen Recaro-Sitze sowie Sportlenkrad und -instrumente hinzu.

Ab Mai 1983 wurde zu allen Ascona-Motoren ein 5-Gang-Getriebe lieferbar. 1984 bzw. mit der IAA Frankfurt kam der Corsa SR mit 70 PS leistendem 1,3-l-Motor hinzu. Er erhielt eine Bugschürze (mit Nebellampen) und eine Abrisskante am Heck, womit sich der cw-Wert auf 0,34 verbesserte. Der im Rekord lieferbare 2,3-l-Dieselmotor war leistungsfähiger und sparsamer geworden: 70 PS bei 4400/min statt 65 PS bei 4200/min. Für Ende Jahr wurde für Senator/Monza ein gegen Aufpreis erhältliches ABS in Aussicht gestellt (beim Senator CD in Serie). Ebenfalls auf der IAA 1983 wurde ein Lang-Senator mit um 15 cm verlängertem Radstand angekündigt. In der Schweiz wurden übrigens teils eigene Opel-Modelle aufgeführt, so u. a. ein Rekord CD und die Basismodelle PX von Corsa, Kadett und Ascona.

Dem Trend der Zeit entsprechend rüstete Opel ab Frühling 1984 die Spitzenmodelle Senator CD und Monza GSE mit einem LCD-Display aus. Die opto-elektronischen Armaturen waren in Zusammenarbeit mit VDO entwickelt worden. Die gefahrene Geschwindigkeit erschien als Zahl, die Tourenzahl als grafische Leistungskurve in quasianaloger Darstellung, die übrigen Angaben durch Leuchtsegmente. Auch die anderen Ausführungen erhielten später LCD-Anzeigen. Zudem stand nun die Senator-Langversion (ohne oder mit Panzerung) im Angebot.

Rekord Turbo-Diesel. Zum Genfer Salon 1984 stellte Opel einen Turbo-Dieselmotor für den Rekord bereit: KKK-Abgasturbolader mit 0,8 bar maximalem Ladedruck, angepasster Grauguss-Zylinderkopf u. a. mit speziellen Bohrungen für optimierte Kühlwasserzirkulation, vergrößerte Ölpumpe und thermostatisch geregelter Ölkühler im rechten vorderen Radkasten; statt 70 nun 86 PS bei 4200/min, 0–100 km/h in 15,5 s, ECE-Verbrauch 5,4/7,5/7,9 l/100 km. – Für den Kadett GTE wie auch für die Ascona SR und SR/E wurde gleichzeitig das von vielen Fans verlangte kürzer untersetzte 5-Gang-Getriebe (statt der Economy-Kraftübertragung) eingeführt; der GTE kam so binnen 9,5 s auf Tempo 100.

Rekord 1.8 S. Ab Ende März 1984 wurde der Rekord Special für die Schweiz und Schweden (wegen der verschärften Abgasvorschriften) statt mit dem 2-l-Motor mit einem neuen, 80 PS starken 1,8-l-Motor ausgerüstet, der dank Ecotronic-Vergasersystem für optimierte Wirtschaftlichkeit sorgte. Er war auf Wunsch auch in den Modellvarianten Deluxe und Berlina lieferbar. Das von Bosch gemeinsam mit Pierburg System (BPS) entwickelte Gemischbildungssystem setzte sich aus einem Registervergaser, einem elektronischen Steuergerät und zwei Sensoren zusammen und sorgte u. a. für eine Schubabschaltung.

Rund 25'000 Opel-Arbeiter wurden von dem Streik betroffen, der Ende Mai 1984 von der Gewerkschaft IG Metall ausgerufen worden war. In Rüsselsheim kam es zu Gewalttätigkeiten zwischen Streikposten und Arbeitswilligen. Der sieben Wochen dauernde Arbeitskampf brachte für die Arbeiter der Branche eine Reduktion der Arbeitszeit auf 38,5 Stunden pro Woche (bei gleichem Lohn).

Kadett 1985. Er sah weit eleganter und attraktiver aus, der im August 1984 vorgestellte Kadett der Baureihe E, der just fünf Jahre nach dem ersten Frontantriebs-Kadett der Reihe D herausgebracht wurde. Die Motorhaube fiel strömungsgünstig nach vorne ab, der schlichte Kühlergrill mit den innen schräg angeschnittenen Rechteckscheinwerfern war leicht nach hinten geneigt, die Oberkanten waren rundlicher und das Heck höher. Geblieben war das senkrechte Entlüftungsschlitzmotiv, das sich an das zweite Seitenfenster bzw. zweite Türfenster anschloss, und auch ansonsten wurde das Opel-Erscheinungsbild gewahrt.

Die in der Silhouette ersichtliche Keilform mit den nahtlos glatten Übergängen (einschließlich der eingeklebten Windschutzscheibe und der außenbündigen Seitenscheiben) und den oben eingezogenen hinteren Dachträgern senkten den Luftwiderstandsbeiwert von cw 0,39 auf cw 0,32 für die Limousine, 0,35 für den Caravan und 0,30 für die sportliche Variante GSi. Radstand (252 cm) und Länge (genau 400 cm, Caravan 423 cm) blieben unverändert, hingegen wuchs die Breite um 5 auf 166,5 cm und stieg die Höhe um 2 auf 140 cm. Vor allem den hinteren Insassen stand damit mehr Platz zur Verfügung. Das Minimalgewicht lag bei 830 (zuvor 840) kg.

Gebaut wurde der neue Kadett als drei- und fünftürige Fastbacklimousine und als drei- und fünftüriger Kombi Caravan, und es gab die Ausstattungsvarianten LS, GL, GLS (zuvor Berlina), GT (statt SR) und GSi (GTE). Die Motorauswahl begann mit dem altvertrauten 1,2-l-OHV-Aggregat mit Graugusskopf, dessen Leistung wegen des Versicherungstarifs von 60 auf 55 PS gedrosselt worden war. Darüber rangierten die Motoren 1.3, 1.3 S, 1.6 S und 1.8 (Einspritzmotor mit 115 PS für den GSi) sowie 1.6 Diesel. Es gab 4- und 5-Gang-

Getriebe und ein 3-Stufen-Automatikgetriebe THM 125 (ausser im 1.2 und GSi). Geänderte Vergaser und Ansaugtrakte und neue Nockenwellen sorgten für eine Reduktion der Abgasemissionen und des Verbrauchs. Auch der Geräuschpegel wurde vermindert.

Die Aufhängungselemente waren in Richtung Komfort und die Bremsanlage bezüglich Effizienz verfeinert worden. Die serienmäßige Ausstattung hatte man u. a. durch einen Intervallschalter für den Scheibenwischer und einen abschließbaren Tankdeckel angereichert. Beim GSi kamen zusätzlich Gasdruckstoßdämpfer, Flüssigkristallanzeigen, Check-Control, Heckflügel und Schwellerleisten hinzu. Die Liste der aufpreispflichtigen Kadett-Zubehöre enthielt für die Kompaktklasse Ungewohntes: Servolenkung, höhenverstellbares Lenkrad, Sitzheizung, elektrisch verstellbare Aussenspiegel, Glasschiebedach, abnehmbare Kopfstützen im Fond usw.

1985 erhielten auch die übrigen Opel-Modellreihen die Ausstattungskürzel LS, GL, GLS, CD, GT und GSi. Damit ging eine jeweils reichhaltigere Ausrüstung einher. Alle Ascona erhielten größere Scheinwerfer und den Grill des vormaligen Spitzenmodells CD. Hinzu kamen glattflächige Radkappen und neue Heckblenden wie bei den Senator/Monza. Neu waren zudem die Sitze und Innenraumdetails. Der GL wies Tweed- und der GLS Veloursitzüberzüge auf, der CD bot eine Servolenkung, Bordrechner und rundum Fensterheber, der GT Sportsitze, Front- und Heckspoiler sowie Breitreifen. Der Manta, den es als GT und GSi gab, erhielt eine komfortablere Federabstimmung.

Rekord 2.2i. Ähnlich aufgewertet wurden die Rekord 1985. Vor allem aber wurde der Rekord ab Herbst 1984 mit neuem 2197-cm^3-Einspritzmotor lieferbar, der an die Stelle des 2-l-Einspritzmotors trat (es blieb beim Grauguss-Zylinderkopf). Mit Bosch-Einspritzng LE-Jetronic und einer Verdichtung von 9,4:1 kam dieses Aggregat auf 115 PS bei 4800/min. Auch es wurde mit 4- und 5-Gang-Getriebe und einer 3-Stufen-Automatik kombiniert. Tempo 100 ließ sich in 10,5 s erreichen, als Spitze wurden 190 km/h genannt und als ECE-Verbrauch 6,0/8,0/10,6 l/100 km (mit 5-Gang-Getriebe). Ab Frühling 1985 wurde auch ein ABS lieferbar. Neu verfügbar war 1985 im Rekord zudem eine Turbovariante des 2,3-l-Dieselmotors: Mit dem KKK-Abgasturbolader des Typs K 24 und einer Verdichtung von 23:1 kam sie auf 86 statt 71 PS.

Neuer Basismotor bei den Senator und Monza war beim Jahrgang 1985 ebenfalls der auf 2,2 l vergrößerte Einspritz-Vierzylinder. Zudem gab es den Senator erstmals auf Wunsch mit einem Dieselmotor, nämlich der neuen 2,3-l-Turbodieselvariante, wie im Rekord eingeführt. Wurden die Senator und Monza 1985 mit Automatikgetriebe bestellt, so handelte es sich neu um eine 4-Stufen-Automatik von Borg-Warner mit Lock-up-Funktion ab 80 km/h. Es bot die Betriebsarten Economy und Sport. Der Senator CD und der Monza GSE wurden serienmäßig mit ABS, Klimaanlage und LCD-Anzeigen ausgerüstet (bei den übrigen großen Opel war das ABS gegen Aufpreis zu haben).

Senator Comprex. Ab März 1985 kam eine ungewöhnliche Alternative zum Senator Turbo-Diesel ins Angebot, nämlich der Senator Comprex. Er besaß den gleichen 2,3-l-Wirbelkammer-Dieselmotor, doch statt mit dem KKK-Abgasturbolader war er mit dem von BBC in der Schweiz entwickelten Comprex-Druckwellenlader bestückt. Die Leistung erreichte 95 PS (mit Turbo 86 PS) bei 4200/min. Der Comprex-Lader bot den Vorteil eines unmittelbaren Ansprechens auch bei niedrigen Tourenzahlen. Anfänglich war von einer Serie von 500 Exemplaren die Rede, doch wurden dann 700 Einheiten gebaut. Wegen der problematischen Vermischung von Frischluft und Abgas erwiesen sich Schadstoff- und Leistungsvorteile allerdings als Illusion. Hinzu kam eine gewisse Störanfälligkeit, so dass die Comprex-Lösung von Opel 1986 nicht mehr weiterverfolgt werden sollte...

Corsa 4-/5-türig. Nachdem seit 1984 von Irmscher (→ Anhang) in Spanien ein Corsa-Cabrio gebaut wurde, erhielten die drei- und zweitürigen Corsa von Opel selbst eine viertürige Stufenheckversion und eine fünftürige Ausführung zur Seite gestellt. Beide boten sechs Seitenfenster. Radstand und Längen blieben unverändert. Beim fünftürigen Corsa wurde auf die Radhausausbuchtungen der dreitürigen Version verzichtet und bei den Stufenheck-Corsa entfiel die Bezeichnung TR. Es gab nun die Ausstattungsstufen PX, LS, GL, GLS und GT, und gegen Aufpreis waren Zubehöre lieferbar, die bis dahin größeren Modellen vorbehalten waren (z. B. heizbare Vordersitze). Gleichzeitig erhielten die Corsa längere Federwege und weitere Fahrwerksverbesserungen, die ein erhöhtes Komfortniveau brachten.

Anfang Juni 1985 nahm GM in Luxemburg das europäische Technik-Zentrum Automotive System Engineering Group (Aseg) in Betrieb. An dieser Entwicklungsstätte waren auch die GM-Tochterfirmen Delco, AC (Spark Plug) und Rochester beteiligt.

Kadett mit Stufenheck. Zur IAA im Herbst 1985 ergänzte Opel die Kadett-Reihe durch eine ausgewogen geformte Stufenhecklimousine. Sie besaß sechs Seitenfenster und ein Kofferraumvolumen von 550 dm^3, das sich durch Umklappen der Fondsitzbank auf 1230 dm^3 vergrößern ließ. Zudem war das Tankvolumen von 42 auf 52 l vergrößert worden. Mit 422 cm war der viertürige Kadett 22 cm länger als die Schrägheckversionen (und 1 cm kürzer als die Caravan). Das Fahrwerk wurde angepasst, und der Luftwiderstandsbeiwert wurde mit 0,32 angegeben.

Bei Opel wurde anderseits ein neues Rallyeauto geplant. Nachdem der Manta 400 schon bei seiner Homologation kaum mehr konkurrenzfähig war, arbeitete man jetzt an einem Kadett mit 400 PS starkem, längs hinter der Vorderachse eingebautem 16-Ventil-Motor und Vierradantrieb mit variabler Kraftverteilung. Weil für eine Homologation nach Gruppe B die Zeit am Ende nicht mehr reichte, entwickelte man dieses Wettbewerbsfahrzeug für den Einsatz beim Wüstenraid Paris–Dakar...

Ganz auf den Alltag ausgerichtet war hingegen der ab Ende 1985 erhältliche 1,3-l-Basismotor, der wie die größeren Antriebsaggregate ebenfalls mit Katalysator zu haben war: Mit einer von der GM-Tochter Rochester entwickelten Multec-Zentraleinspritzung kam er auf 60 PS (mit Vergaser 60 und 68 bis 75 PS). Für 1986 war überdies der 1,6-l-Dieselmotor überarbeitet worden: Neue Brennkammern, neu abgestimmte Einspritzdüsen und diverse weitere Verfeinerungen erbrachten vermindertes Dieselnageln, weniger Verbrauch und 55 (statt 54) PS Leistung.

Anfang 1986 beschloss General Motors, in Zürich eine Europazentrale aufzubauen, was bei Opel in Rüsselsheim das Personalkarusell in Gang setzte: Opel-Boss Ferdinand Beickler wurde Chef von General Motors Europe, passenger cars, als sein Stellvertreter wurde Vauxhall-Generaldirektor John M. Fleming nominiert. Neuer Opel-Generaldirektor wurde Dr. Horst W. Herke. – Praktisch gleichzeitig übernahm General Motors → Lotus.

Zur Fussball-WM schuf Sponsor Opel im Juni 1986 in den Modellreihen Corsa, Kadett und Ascona je eine Sonderausführung namens Mexico.

Omega. Man wusste bereits, dass der Rekord-Nachfolger Omega heißen würde (dieser Name war von GM von 1979 bis 1984 bereits für ein Oldsmobile-Modell verwendet worden). Als er im August 1986 vorgestellt wurde, läutete er nicht nur durch den Namenswechsel nach 33 Jahren, sondern auch hinsichtlich Auftritt eine neue Epoche ein: Der Omega war eine ebenso großzügig dimensionierte wie elegant geformte Limousine, die ein breites Spektrum der Mittelklasse abdeckte. Gegenüber dem letzten Rekord war der Radstand von 267 auf 273 cm gestreckt worden und die Außenmaße erreichten 468,5x177x144,5 cm (statt 465x172x142 cm). Dank einer tropfenförmigen Grundform und durch aerodynamische Feinarbeit an allen Karosserieteilen, vor allem an der Front und an allen Übergängen, resultierte ein Luftwiderstandsbeiwert von aufsehenerregenden cw 0,28 (beim etwa gleichzeitig vorgestellten neuen Audi 80 waren es cw 0,29 und beim Rekord cw 0,36). Es gab den Omega gleich auch als fünftürigen Kombi Caravan und diesen in den Ausstattungen LS, GL und GLS, die Limousine hingegen als GL, GLS und CD.

Es standen nicht weniger als neun Motoren zur Wahl, darunter zwei Diesel und zwei mit Katalysator. Im Mittelpunkt stand ein neuer 2-l-Motor, der in weiteren Modellen Eingang finden sollte: 1998 cm^3, Leichtmetall- statt Graugusskopf (wie beim 1979-cm^3-Motor), quadratische Auslegung (86x86 cm), Zylinderblock in Dünngusstechnik, Bosch Motronic ML 4.1, Gewicht 117 kg, Leistung ohne Katalysator 122 PS, mit Katalysator 115 PS, stark reduzierter Verbrauch. Auch der 1,8-l-Motor, der als Ausgangspunkt gedient hatte, war optimiert worden; er erhielt die neue Bosch-Jetronic L 3.1.

Das 5-Gang-Getriebe war eine Neukonstruktion, alternativ stand ein neues 4-Stufen-Automatikgetriebe mit Wandlerüberbrückung zur Verfügung. Einen wesentlichen Fortschritt bedeutete auch der Übergang von der hinteren Starrachse zu einer Schräglenker-Hinterachse. Die Vorderradaufhängung mit McPherson-Federbeinen war ebenfalls ein Neukonzept. Auch die hinteren Räder wurden mit Scheiben verzögert, und für alle Modelle war gegen Aufpreis ein ABS erhältlich. Die serienmäßige Ausstattung war wesentlich aufgewertet worden. Für das Frühjahr 1987 wurde das Topmodell Omega 3000 mit tiefergelegtem Fahrwerk, Alufelgen, Sportsitzen usw. in Aussicht gestellt.

1987 erhielt auch der Kadett ein neues Motorenprogramm: 1,6 l mit Multec-Zentraleinspritzung, 1,6 l Diesel weiterentwickelt, Topmodell GSi mit dem neuen 2-l-Motor (115 PS, 0–100 km/h in 9 s, 200 km/h, Bremsen verstärkt, neue Sitzüberzüge mit roten Streifen).

Ascona 1987. Beim Ascona waren die mit dem neuen Jahrgang gebrachten Änderungen größer als beim Kadett. Auch bei ihm fanden die 1,8- und 2-l-Einspritzmotoren sowie der erneuerte 1,6-l-Dieselmotor Eingang. Neu waren aber zudem der Kühlergrill mit drei horizontalen Schlitzen, die in der Wagenfarbe lackierte Bugschürze und die dunkel getönten Heckleuchten. Hinzu kamen neue Sitzüberzüge und Innenverkleidungen und höhenverstellbare Umlenkpunkte für die vorderen Sitzgurten. Gegen Aufpreis wurde zusammen mit dem 2-l-Motor ein ABS geliefert.

Kadett Cabriolet. Schon auf der Frankfurter IAA 1985 war ein Kadett-Cabrio mit Überrollschutzbügel auf der Höhe der B-Säulen vorgestellt worden. Man hatte es zusammen mit dem Karosseriewerk → Bertone entwickelt. Damals war von einem Serienbaustart im Sommer 1986 die Rede gewesen. Doch erst nachdem dieser Offen-Kadett auch auf dem Genfer Salon 1987 ausgestellt worden war, kam er im April auf den Markt. Inzwischen hatte Bertone in Grugliasco modernste Produktionsanlagen eingerichtet. Es wurde eine Jahresauflage von 10'000 Exemplaren geplant. Es gab dieses vergleichsweise preisgünstige Cabrio mit 1,6-l-Motor und als 2.0 GSI. Das Verdeck bestand aus fünf Lagen, und der Luftwiderstandsbeiwert wurde mit cw 0,34/0,38 (geschlossen bzw. offen) angegeben.

Senator 1987/88. Im Mai 1987 wurde er vorgestellt, lieferbar wurde er ab September: Technisch war der neue Senator eine Ableitung des eine Stufe unter ihm rangierenden Omega. Der Radstand entsprach mit 273 cm jenem des Omega, doch die Länge erreichte 484,5 statt 468,5 cm (der Vorgänger-Senator war bei 268,5 cm Radstand 484 cm lang gewesen). Bei der Pavillonaufteilung fiel vor allem das große dreieckige dritte Seitenfenster auf. Der Kühlergrill, kariert und leicht nach außen gewölbt, wirkte auffallend schmuck. Der cw-Wert wurde mit 0,30 angegeben.

Ein Vierzylindermotor wurde nicht mehr angeboten. Basis-Antriebsaggregat war der in verschiedenen Details erneuerte 3-l-Sechszylinder. Er wurde gleich US-83-kompatibel gebaut, das heißt mit Katalysator, Lambdasonde und aktuellster Bosch-Motronic-Einspritzung und -Zündung (Verdichtung 8,6:1, 95 ROZ, durch Umstecken

Opel Omega GL + Omega Caravan GLS, 1987

unter der Motorhaube auch 91-ROZ-verträglich). Die Leistung erreichte 156 PS, bei der auf Wunsch erhältlichen ECE-Version 177 PS. Bis zu den Auslieferungen wurde dann auch die Katalysator-Version auf 177 PS gebracht.

Der Kraftübertragung diente ein neuentwickeltes, besonders bequem schaltbares 5-Gang-Getriebe oder ein ebenfalls neues elektronisches 4-Stufen-Automatikgetriebe mit ausgeprägter Overdrive-Charakteristik der obersten Stufe. Auch die zweitoberste Stufe war mit einer Wandlerüberbrückung dotiert, und hinzu kam ein Engine Transmission Management (ETM), das durch kurzzeitige Rücknahme des Zündzeitpunktes den Schaltkomfort erhöhte und zugleich drei Fahrprogramme (Economy, Power und Winter) ermöglichte. Das mit DSA (Dynamic Safety) bezeichnete Fahrwerk stammte aus dem Omega. Beim Senator kamen ein serienmäßiges ABS und die neue ZF-Lenkung Servotronic hinzu, deren Krafteinsatz nach Maßgabe der Geschwindigkeit variierte.

Gegen Aufpreis (beim Senator CD in Serie) kam eine elektronische Fahrwerksdämpfung mit Schalter für Komfort, mittel und Sport hinzu. Im CD fanden sich außerdem LCD-Instrumente in einer zweiten Generation mit leichter erfassbarer Darstellung sowie mit integriertem Selbstdiagnosesystem, eine elektrische Leuchtweitenregulierung, Leichtmetallfelgen und eine Differenzialbremse (45 Prozent) sowie zahlreiche Luxusattribute. Der Kofferraum ließ sich durch schrittweises Abklappen der hinteren Sitzlehnen von 530 auf 870 dm^3 vergrößern.

Opel Ascona GLS Exklusiv, 1988

Bei General Motors Espana in Saragossa, wo der Opel Corsa alias Vauxhall Nova hergestellt wurde, kam es 1987 an 14 Tagen zu Warnstreiks, die schließlich zu Lohnerhöhungen führten. – Gemäß einem Abkommen begann Isuzu ab August 1987 mit der Lieferung von jährlich 42'000, später 60'000 1,5-l-Dieselmotoren.

1988 gab es den Corsa folgerichtig (ab IAA 1987) mit 50 PS leistendem Dieselmotor (0–100 km/h in 17,1 s), aber auch als GSi mit 100 PS starkem 1,6-l-Einspritzmotor (0–100 km/h in 9,5 s); Anfang 1988 kam noch eine Turbo-Dieselvariante hinzu (67 PS). Auch für den Kadett 1988 war die Ausstattung neu definiert worden, die Motorvariante 1.3 S entfiel. Beim Ascona trat der Touring an die Stelle des GL, und neu kam der GLS-Exklusiv hinzu. Den Manta gab es noch als GSi und GSi-Exklusiv, während der GT gestrichen worden war; der 2-l-Einspritzmotor war neu auch mit ungeregeltem Dreiwegekatalysator zu haben (107 statt 110 PS). In der Omega-Reihe wurde der 1,8-l-

Opel Senator CD, 1988

Opel Kadett GL 5-t., 1989

Motor mit ungeregeltem Katalysator durch eine katalysatorfreie Version mit elektronisch gesteuertem Vergaser und Abgasrückführung ersetzt (88 statt 82 PS); den Caravan gab es neu als CD samt ABS, automatischer Niveauregulierung, Bordcomputer usw. Ab Spätsommer 1988 sollte der Omega Caravan ebenfalls mit dem 3-l-Motor zu haben sein.

Kadett GSi 16V. Dem Trend der Zeit folgend wurde auf der IAA Frankfurt im September 1987 der sportliche Top-Kadett mit 16-Ventil-Motor vorgestellt: DOHC, 2 l, 150 PS, 0–100 km/h in 7,8 s, 215 km/h, lieferbar ab Frühjahr 1988. Zu den High-Tech-Lösungen zählten natriumgefüllte Auslassventile, hohlgebohrte Nockenwellen, geschmiedete Kolben, Schwing-Saugrohr sowie die Bosch-Motronic M 2.5, ferner ein neues Getriebe und ein speziell abgestimmtes Fahrwerk mit Dual-Stabilisator-System an der Hinterachse.

Im Mai 1988 schloss Opel mit → Isuzu einen Vertrag, wonach die GM-Partnerfirma den Vertrieb der größeren Opel-Modelle in Japan übernahm. – Ab Frühjahr 1988 wurde das Montagewerk von Azambuja bei Lissabon zu einem eigentlichen Produktionswerk ausgebaut. – Am 28. Juni 1988 wurde Bob Eaton zum Präsidenten von General Motors Europe (in Zürich) ernannt. – Vor den Werksferien im Sommer 1988 rollte, nach 18 Jahren, der letzte Manta vom Fließband. Seit 1970 war er in 1'056'436 Exemplaren entstanden, ab 1981 ausschließlich im Werk von GM Continental in Antwerpen.

Omega 2.4. Im August 1988 schob Opel zwischen die Omega 2.0 und 3.0 als Zwischenlösung den 2,4-l-Vierzylindermotor: 125 PS, gusseiserner Block und Kopf (wie Rekord, Uniflow-Bauweise, mit Hydrostößel und Kipphebel, Motronic), 125 PS. Speziell für den 2.4i gab es das 4-Stufen-Automatikgetriebe mit drei Fahrprogrammen. – Dem 2,3-l-Turbo-Dieselmotor wurde ein Ladeluftkühler verpasst, womit die Leistung von 90 auf 100 PS stieg.

Vectra. Der im August 1988 vorgestellte Vectra löste den Ascona ab. Der Wechsel zu dem technisch klingenden Phantasienamen sollte auch eine aggressivere Modellpolitik symbolisieren. Wie den Ascona gab es den Vectra als Fastback und mit Stufenheck; auch in dieser Form sorgte jetzt ein drittes Seitenfenster für einwandfreie Rundsicht. Die Silhouetten waren ebenso elegant wie strömungsgünstig, konnte doch der Luftwiderstandsbeiwert dank der tropfenförmigen Grundform von cw 0,38 auf 0,29 bis 0,31 gesenkt werden. Der Radstand war von 257,5 auf 260 cm verlängert worden, die Breite war um 3 auf 170 cm gewachsen und die Höhe hatte um 1 auf 140 cm zugelegt. Die Länge anderseits hatte beim Stufenheckmodell von 436,5 auf 443 cm zugenommen und beim Fastback von 426,5 auf 435 cm.

Hinsichtlich Technik entsprach der Vectra weitgehend dem Ascona. Es gab ihn mit 1,4- bis 2-l-Motor, wobei die Dieselvarianten auf 1,7 l vergrößert worden waren. Neu hinzu kamen einerseits der 2000 16V (DOHC, 16 Ventile, Motronic M 2.5, 150 PS; ausschließlich mit Stufenheck, Spoiler und Schwellerverbreiterungen), anderseits ein permanenter Vierradantrieb, der sich mit den 1,8- und 2-l-Motoren kombinieren ließ. Dieser zusammen mit der Steyr-Fahrzeugtechnik GmbH in Graz entwickelte Hang-on-Abtrieb zur Hinterachse wurde am Getriebegehäuse angeflanscht und sowohl mit einer Viskokupplung wie mit einer elektrisch betätigten Lamellen-Trennkupplung versehen. Letztere koppelte beim Bremsen den Hinterradantrieb ab und gestattete somit das Einwirken des ABS. Zudem sorgte dieser neuartige Vierradantrieb für den Beibehalt der untersteuernden Fahrcharakteristik. Der Vectra 2000 16V und die 4x4-Ausführungen erhielten die aufwändigere hintere Verbundlenkerachse aus dem Omega. Daher reduzierte sich bei diesen erst ab Herbst 1989 erhältlichen Versionen der Kofferraum von 530 auf 380 dm^3 (weshalb es sie nur als Stufenhecklimousine gab).

Das Automatikgetriebe bot vier statt drei Stufen und zudem drei Schaltprogramme. Auch die Stufenhecklimousine hatte nun abklappbare Rücklehnen. Es wurden 14- oder 15-Zoll-Räder montiert. Zur aufgewerteten Ausstattung zählte die Möglichkeit, die Fenster beim Verriegeln der Türen von außen hochzufahren.

Zeitgleich mit der Produktionsaufnahme in Rüsselsheim begann der Vectra auch im GM-Werk Antwerpen vom Band zu laufen. Dort hatte man ein neues Arbeitsmodell eingeführt, das eine wesentli-

che Rationalisierung brachte: Die Montagebänder standen während sechs Wochentagen 110 Stunden in Betrieb. Dies brachte den rund 8000 Automobilarbeitern annähernd den 10-Stunden-Tag, doch reduzierte sich die Zahl der jährlichen Arbeitstage von 224 auf 169.

Kadett 1989. Im Januar 1989 erhielten die Kadett (ohne GSi und GSi 16V) einen Kühlergrill mit drei Senkrechtsprossen, neue Sitze und Innenverkleidungen, höhenverstellbare Gurtumlenkpunkte (vorne), größere Tachozahlen usw. Neu gab es den Caravan GT (2 l, 115 PS), und der 1,6-l-Diesel-Saugmotor wurde durch ein 1,7-l-Aggregat ersetzt. Der GSi 16V erhielt ein besser abgestimmtes Fahrwerk. – *Am 23. Februar 1989 lief das 25-millionste Auto vom Band, das von Opel seit 1899 produziert worden war.*

Auf dem Genfer Salon 1989 wurden als Sondermodelle u. a. einerseits der Corsa Joy mit elektrisch bedienbarem, großflächigem Faltschiebedach und eigenen Sitzüberzügen (drei- und fünftürig) und anderseits ein sechstüriger Opel Omega angeboten: Dieser war von der amerikanischen Firma Earnhart & Johanson zusammen mit der Opel-Entwicklungsabteilung um 90 auf 558 cm verlängert worden und bot auf drei Sitzreihen bis acht Personen Platz. Er konnte sowohl mit einer Trennscheibe wie mit einer Büroeinrichtung versehen werden.

Der Senator CD erhielt neue Leichtmetallräder mit Diebstahlsicherung, und auch die übrigen Senator zeigten Ausstattungsverbesserungen, u. a. neue Sitzüberzüge und Rosenholzzier selbst an den Türverkleidungen.

Lotus Omega. BMW hatte seinen M5 und Audi bot seinen V8, da wollte Opel ebenfalls eine Limousine aufs Parkett bringen, deren Leistungsvermögen außergewöhnlich war. Mit → Lotus gab es bei General Motors ja einen Namen, der bis in die Sphären der Grand-Prix-Formel 1 hinauf Wohlklang besaß... auch wenn der Rennstall von der Sportwagen- und Engineering-Beratungsfirma abgetrennt worden war. So entstand in England ein Omega der Superlative, mit von 2969 auf 3636 cm³ vergrößertem Sechszylindermotor (95,3x85 statt 95x69,8 mm), geschmiedeter siebenfach gelagerter Kurbelwelle, zwölf Gegengewichten und zusam-

Opel Vectra GLS 4-t., 1989

Opel Calibra 2.0i, 1990

Opel	Bauart	Mot.	Getr.	R/L cm	Baujahre
Corsa	**Fr.**	**a–n**	**4/5**	**234,5/362/395,5**	**1982–90**
Motoren:	*Zyl.:*	*N'w.:*	*cm³:*	*PS/'min:*	*Nm/'min:*
a	4	OHV	993	45/5400	68/2600–3800
b (–1984)		OHC	1196	55/54CH/50/5600	90/88/2200
c (1984/85 *1985–88)				54/55*/50/5600	
d (1988–)				54/5600	90/2200
e (1985–)		OHV		45/5000	80/2200–2600
f (–1988 +*–1986)		OHC	1297	70/69*/5800	101/3800–4200
g (1988–)				69/5800	
h (1985–)	4i/4			60K/60/5600	96/3400
i (Sprint R 1984–87)	4			83/5800	108/4200
j (1989–)	4i		1389	60/5600/72	103/2600
k (1987–89)			1598	100/5600/72K/5200	135/3400/125/3200
l (1989–)				98K/101/56'/72K/52	132/3400/125/3200
m (1987– *Export –'88)	4D		1488	50/4800/52*	90/3000
n (1987–)	4TD			67/4600	132/2600

Opel	Bauart	Mot.	Getr.	R/L cm	Baujahre
Kadett	**Fr.**	**a–k**	**4/5/A3**	**251,5/400**	**1980–84**
Kadett Kombi/Voyage				**251,5/420,5**	
Motoren:	*Zyl.:*	*N'w.:*	*cm³:*	*PS/'min:*	*Nm/'min:*
a (–1982)	4	OHV	993	40/5400	66/3400
b (S –1982)				50/5800	70/3400–3800
c			1196	53/5400/50/5600	82/80/3600
d (S)				60/58/5800	88/3000–3600
e (S)		OHC		55/5600	90/2200
f			1297	60/5800	94/3400–3800
g (S)				75/69/5800	101/97/3800–4600
h (CH 1982–)				68/5800	98/3400
i (SR 1981–)			1598	90/5800	126/3800–4200
j (GTE 1982/83 *1983–)	4i		1796	115/5800	148/151*/4800
k (1982–)	4D			54/4600	96/2400

Opel

Opel	Bauart	Mot.	Getr.	R/L cm	Baujahre
Kadett	**Fr.**	**a–y**	**4/5/A3**	**252/400/422**	**1984–90**
Kadett Kombi/Caravan				**252/423**	
a (1984/85)	4	OHV	1196	55/50/5600	84/3600/88/2200
b (1985– *Export –'86)		OHC		55/5600	84/3600/90*/2200
c (Exp. 1985–88 *'88–)		OHV		50/55*/5600	88/2200/84/3600
d		OHC	1297	60/5800	94/3400–3800
e (1985–)	4i			60K/5600	96/3400
f (S)	4			75/5800	101/4200
g (S Export/CH –1986)				69/68/5800	97/38–46/98/3400
h (Export 1986–)				69/5800/71	97/3800–4600
i (1989–)	4i		1389	60K/5600/72	103/2600
j (–1986)	4		1598	90/5800	126/3800–4200
k (1986–)	4/4i			82/5400/75K/5200	130/2600/125/3200
l (GSi +*1985/86)	4i		1796	115/5800/100K*5800	151/4800/140/3000
m (Export 1986–)				112/5600	158/3000
n (Exp.'86–88 +*87–89)	4			84/5400	137/3400/143*/26'
o (GSi 1986–88)	4i		1998	115K/5400	170/3000
p (GSi/GSi Cabr.86–88)				129/5600/115	180/4600
q (GSi/GT/Club 1988–)				115K/5400	170/3000
s (do. 1988/89)				115/5400	175/3000
t (GSi 1988/89 *1989–)				130/129*/5600	180/4600
u (GSi 16V 1987–)		D16V		150K/6000	196/4800
v (do. 1987–89)				156/6000	203/4800
w (Exp. 1989 *'89/90–)	4TD	OHC	1488	67/72*/4600	132/143/2600
x (*1985– **1986–88)	4D		1598	54/55*/4600	96/93**/2400
y (1989–)			1700	57/4600	105/2400–2600
Ascona	**St.**	**a–i**	**4/A3/5**	**252/433,5**	**1980/81**
Motoren:	*Zyl.:*	*N'w.:*	*cm³:*	*PS/'min:*	*Nm/'min:*
a	4	OHV	1196	58/5600	89/3000–3400
b		OHC	1297	60/5800	96/3800
c			1584	60/5000	105/3000–3400
d (Export)				75/5000	117/3800
e		OHV	1897	75/70/4800	135/130/22'–32'
f (S)			1979	100/5400/90/5200	153/145/3800
g (E)	4i			110/105/5400	162/3400/152/4200
h (400)		D16V	2410	144/5200	210/3800
i	4D	OHC	1998	58/4200	115/2400
Ascona	**Fr.**	**a–k**	**4/A3/5**	**257,5/436,5/426,5**	**1981–88**
a (S)	4	OHC	1297	75/69/68/5800	101/95/98/–40'–
b (–1986)				60/5800	94/3400–3800
c (–1986)			1598	75/69/5600	123/120/30'–34'
d (1986–)				82/5400/75	130/2600
e (S –'86/Export '86–)				90/5800	126/3800–4200
f (1987–)				75K/5200	125/3200
g (SR/E'82–86 +*85/86)	4i		1796	115/100K*/5800	151/4800/140/3000
h (Export 1986–)	4i/4			112/5600/84/5400	158/3000/137/3400
i (1986/87)	4i		1998	115/5600/115K/5400	175/170/3000
j (1987–)				129/5600/115K/5400	180/4600/170/3000
k (*1985– **1986–)	4D		1598	54/55*/4600	96/93**/2400
Vectra	**Fr.(4)**	**a–f**	**5/A4**	**260/443/435**	**1988–90**
Motoren:	*Zyl.:*	*N'w.:*	*cm³:*	*PS/'min:*	*Nm/'min:*
a (Export)	4	OHC	1389	75/5600	108/3000
b	4i/4		1598	75K/5200/82/5400	125/130/2600
c (*1989–)			1796	88/90*/5400	143/3000
d (*1989–: 129 PS)	4i		1998	115K/52'/100K/130*	170/2600/158/180
e		D16V		150K/6000	196/4800
f	4D/4TD	OHC	1700	57/4600/82	105/2400–2600
Manta (*CC)	**St.**	**a–m**	**4/5/A3**	**252/444,5/438,5***	**1980–88**
Motoren:	*Zyl.:*	*N'w.:*	*cm³:*	*PS/'min:*	*Nm/'min:*
a (–1982)	4	OHV	1196	58/5600	89/3000–3400
b (–1982)		OHC	1297	60/5800	96/3800
c (GT/J–'84 +GT'85/86)				75/5800	98/3800–4600
d (GT/J Export –1982)				69/5800	95/3800–4600
e (–1982)			1584	60/5000	105/3000–3400
f (Export –1982)				75/5000	117/3800
g (1982–)			1796	90/5400	143/3000–3400
h (Export –1984)	4		1897	75/70/4800	135/130/22'–32'
i (S –1984)			1979	100/5400/90/5200	153/145/3800
j (S CH 1982–84)				98/5400	150/3800
k (E / GSi +*–1983)	4i			110/105*/5400	162/3400/152/4200
l (1987–)				107K	–
m (400 –1986)		D16V	2410	144/5200	210/3800

Opel	Bauart	Mot.	Getr.	R/L cm	Baujahre
Calibra	**Fr.(4)**	**a/b**	**5/A4**	**260/449**	**1989/90**
Motoren:	*Zyl.:*	*N'w.:*	*cm³:*	*PS/'min:*	*Nm/'min:*
a	4i	OHC	1998	115K/5200	170/2600
b		D16V		150K/6000	196/4800
Rekord	**St.**	**a–f**	**4/4OD/A3**	**267/459,5**	**1980–82**
Rekord Caravan				**267/462**	
Motoren:	*Zyl.:*	*N'w.:*	*cm³:*	*PS/'min:*	*Nm/'min:*
a	4	OHC	1698	60/4800	114/2200–3000
b (*Export)			1897	75/70*/4800	135/130/2200–
c			1979	90/5200	142/3000–3800
d (S *Export)				100/98*/5200	156/155/3800
e (E)	4i			110/5400	162/3000
f	4D		1998	58/4400	115/2000–2200
Rekord	**St.**	**a–j**	**4/5/A3**	**267/465**	**1982–86**
Rekord Caravan				**267/468**	
Motoren:	*Zyl.:*	*N'w.:*	*cm³:*	*PS/'min:*	*Nm/'min:*
a (N *Export)	4	OHC	1796	75/69*/5400	135/132/3000
b (S)				90/5400	143/3000–3400
c (CH 1984–)				80/5200	136/2600
d (1985–)	4i			100K/5800	140/3000
e (S /*CH –1985)	4		1979	100/98*/5200	156/155/3800
f (E –1985)	4i			110/5400	162/3000
g (E 1984–)			2197	115/4800	182/2800
h (*1984/85)	4D		2260	65/4200/70*/4400	127/2500/135/2400
i (1985–)				71/4400	134/2400
j (1983–)	4TD			86/4200	189/2200
Commodore	**St.**	**a/b**	**4/4OD/A3**	**267/470,5**	**1980–82**
Commodore Voyage				**267/473**	**1981/82**
Motoren:	*Zyl.:*	*N'w.:*	*cm³:*	*PS/'min:*	*Nm/'min:*
a	6	OHC	2490	115/5200	179/3800–4200
b (1981–)	6i			130/5600	185/4600
Omega	**St.**	**a–j**	**5/A3/A4**	**273/468,5**	**1986–90**
Omega Caravan				**273/473**	
Motoren:	*Zyl.:*	*N'w.:*	*cm³:*	*PS/'min:*	*Nm/'min:*
a (–1987)	4	OHC	1796	82/5400/87/5200	135/3000/140/3400
b (1987– +*1987/88)				88/87*/5200	143/3200/140
c (S)				90/5200	148/3400
d	4i			115/5600	160/4600
e (1989–: 5200/min)			1998	122/115K/5400*/100	175/170/2600/158
f (1988–			2410	125K/4800	195/2400–2600
g (–1987)	6i		2969	177/5600/156K/5400	240/4400/230/38'-
h (1987– +*1987/88)				177K/177/5600/156*	240/4400/230
i (1989–)		D24V		204K/6000	270/3600
i	4D		2260	73/4400	138/2400
j (*1988–)	4TD			90/100*/4200	190/218/2200
Lotus Omega	**St.**	**–**	**6**	**273/477**	**1990**
Motor:	6i	D24V	3615	382/5500	568/4200
Senator (*1982–)	**St.**	**a–k**	**4/5/A3**	**268,5/481/484***	**1980–87**
Senator lang (1984–)**		**h/i**	**/A4****	**288,5/504**	**1985–87**
Monza (*1982–)		**a–i**		**267/469/472***	**1980–87**
Motoren:	*Zyl.:*	*N'w.:*	*cm³:*	*PS/'min:*	*Nm/'min:*
a (1982 *1983/84)	4i	OHC	1979	110/5400/115*/5600	162/3000/160/4200
b (1984–)			2197	115/4800	182/2800
c (–1981)	6		2490	115/5200	176/3800–4200
d (E 1981–84)	6i			136/5600	185/186/4600
e (E 1984– *CH '84–86)				140/5200/136*/5600	205/4000/186/4600
f (–1982)	6		2784	140/5200	218/3400
g (H *1981/82}			2969	150/5200	230/233*/3400
h (E)	6i			180/5800	248/4200–4800
i (E 1985–)				156K/5600	226/4200
j (1984–)	4TD		2260	86/4200	189/2200–2400
k (Comprex 1984/85)	4CD			95/4200	195/2400
Senator	**St.**	**a–d**	**5/A4**	**273/484,5**	**1987–90**
a (Export)	6i	OHC	2490	140/5200	205/4200
b (*–1989)			2969	177K/177*/5600	240/4400
c				156(K)/5400	230/2800–3400
d (1989–)		D24V		204K/6000	270/3600

mengegossenen Zylinderbüchsen. Hinzu kam ein Zylinderkopf mit 24 Ventilen, und nicht nur die Nockenwellen waren doppelt vorhanden, sondern gleich auch der Garrett-Abgasturbolader samt Intercooler. Mit der digital gesteuerten Bosch-Motronic 1.5 (drei Zündspulen) resultierten 360 PS bei 5500/min, womit sogar der BMW M5 (315 PS) in den Schatten gestellt war.

Natürlich war diesem gewaltigen Kraftpotential auch die Kraftübertragung angepasst worden: Zur verstärkten Kupplung kam ein von ZF geliefertes 6-Gang-Getriebe hinzu, das weitgehend der im Chevrolet Corvette ZR 1 eingebauten Konstruktion entsprach, sowie eine 45-Prozent-Differenzialbremse. So ausgestattet ließ sich der Lotus Omega, der überdies durch ein Drehmoment von 510 Nm bei 3800/min brillierte, in 6 s auf 100 km/h beschleunigen. Seine Spitze wurde mit 270 km/h angegeben. Dies waren für eine immerhin gegen 1700 kg wiegende Limousine spektakuläre Werte! Der Lotus Omega unterschied sich zudem durch Fahrwerks- und Karosserieanpassungen (17-Zoll-Leichtmetall-Breiträder, mächtige Frontschürze, auskragende Radhausränder, Schwellerverbreitungen und Heckflügel) von den übrigen Omega. Seine Produktion sollte allerdings erst in der zweiten Hälfte 1990 anlaufen (es wurden dann 980 Opel Lotus Omega und 320 Vauxhall Lotus Carlton gebaut).

Zum 1. April 1989 wurde Louis R. Hughes zum neuen Vorstandsvorsitzenden der Adam Opel AG gewählt; sein Vorgänger Dr. Horst W. Herke wurde Vizepräsident von General Motors Europe in Zürich. Ab Ende April 1989 boten die Opel-Werke in Deutschland nur noch Modelle an, die mit einem Dreiwegekatalysator ausgerüstet waren; dessen Aufpreis war zudem stark reduziert worden.

Calibra. Endlich wurde Ende August 1989, im Hinblick auf die IAA Frankfurt, ein Nachfolger für den symbolhaft gewordenen Manta angekündigt: der Calibra, von dem ein erstes Silhouettenbild im Mai veröffentlicht worden war. Calibra war ein von Kaliber abgeleitetes, gut klingendes Kunstwort. Die Keilform dieses Neulings war hervorragend gelungen. Ebenso schmissig wie elegant umhüllte dieser Coupéaufbau einen geräumigen vier- bis fünfsitzigen Innenraum. Nur die Kopffreiheit war hinten leicht eingeschränkt. Die Türfenster waren rahmenlos ausgeführt, die Rückbank im Verhältnis 70:30 Prozent abklappbar, und der durch eine Heckklappe zugängliche Kofferraum ließ sich so von 300 auf 980 dm^3 erweitern. Ungewöhnlich waren die flache Front mit schmucklosen Lufteinlassschlitzen und besonders flachen Leuchteinheiten. Der Radstand von 260 cm stimmte mit jenem des Vectra überein, und die Länge von 449 cm übertraf jene des viertürigen Vectra um 6 cm.

Es war naheliegend, dass der Calibra somit technisch mit dem Vectra identisch war. Er sollte auch gleich den seit ebenfalls rund zwei Jahren nicht mehr gebauten Monza ablösen und war daher etwas höher angesiedelt als der Manta. Das von Wayne Cherry geführte internationale Opel-Designteam hatte sich um eine herausragend günstige Aerodynamik bemüht, und diese resultierte in einem Luftwiderstandbeiwert für die 115 PS starke 2-l-Basisversion von cw 0,26, was als Rekordwert für ein Serienfahrzeug bezeichnet wurde. Bei der Ausführung mit dem 150 PS starkem 16-Ventil-Motor und größeren Lufteinlässen sowie breiteren Reifen waren es cw 0,29. Geplant waren bereits auch Calibra-Modelle mit permanentem Vierradantrieb. Da aber der Produktionsbeginn für die ersten Calibra (wegen der großen Vectra-Nachfrage) ohnehin erst auf den Juni 1990 angesetzt war, wurde diese Opel-Erfolgsreihe zu einem Kind der 90er Jahre.

Opel Lotus Omega, 1990

Auch der Vectra wurde ab der IAA 1989 mit dem just 150 PS leistenden 2-l-DOHC-16-Ventil-Motor aus dem Kadett GSi 16V angeboten und dies auf Wunsch mit dem 4x4-Antrieb.

Omega 3000 24V / Senator 3.0-i 24V Für Opel stand die IAA 1989 im Zeichen der „Vierventiler“: Nebst den 2-l-Aggregaten dieser Bauart für Vectra und Calibra wurde ein 3-l-Sechszylinder (allerdings mit viel kürzerem Hub) mit 24 Ventilen auf den Markt gebracht. Dieser 204 PS liefernde Motor verhalf den beiden Limousinen zu fulminantem Beschleunigungsvermögen: 0–100 km/h in 7,6 s bzw. 7,8 s, mit dem 4-Stufen-Automatikgetriebe je eine Sekunde mehr. Der Zylinderkopf war für diese Motoren durch eine dachförmige Brennraumform und einen engen Ventilwinkel auf besonders günstige „Atmung“ ausgelegt worden. Die Schräglenker-Hinterachse war durch zwei zusätzliche Diagonallenker zur DAS (Dynamic Safety) Multi-Link-Konstruktion aufgewertet worden. Beim Senator hatte man den Aufbau um 15/12 mm abgesenkt, und wie auch beim Omega 3000 wurden Gasdruckstoßdämpfer eingebaut. Die elektronisch regulierbare Fahrwerksdämpfung blieb jedoch aufpreispflichtig (außer beim CD). – Ab Genfer Salon 1990 wurde auch der Omega Caravan mit dem 24V-Motor verfügbar.

Am 23. Oktober 1989 konnte Opel den 10-millionsten seit 1936 gebauten Kadett feiern. 1990 gab es den Corsa mit neuem, 60 PS leistendem 1,4-l-Motor, und diese Kraftquelle wurde auch im Kadett verfügbar. Der Corsa GSi wurde hingegen in abgasgereinigter Form mit Saugrohreinspritzung und Bosch Motronic M 1.5 ausgerüstet, womit die Leistung des 1,6-l-Motors von 72 auf 98 PS schnellte.

Nach dem 2009 über General Motors verhängten Konkursverfahrens schien es zunächst, dass GM 55 Prozent des Opel-Kapitals an ein von dem kanadisch-österreichischen Zulieferunternehmen Magna geführten Konsortium verkaufen werde, nach intensiven Demarchen blieb Opel aber doch bei GM ...

Otosan

Er war der ab Mitte der 80er Jahre gebaute Nachfolger des → Anadol und wurde wie dieser von der Otosan Otomobil Sanyii AS, mit Geschäftssitz in Istanbul, hergestellt.

Ford Taunus. Während aber der Anadol ein mit englischer Hilfe geschaffenes Eigenmodell war, verkörperte der Otosan Ford Taunus 1.6 eine Weiterführung des Taunus (alias Cortina), wie er bis zum Erscheinen des Sierra im Herbst 1982 in Europa gebaut worden war. Angetrieben wurde der als viertürige Limousine gebaute Ford Taunus von einem 1593-cm^3-Motor mit 70 PS in Verbindung mit einem 4-Gang-Getriebe. Hinten kam originalgemäß eine Starrachse mit unteren Längs- und oberen Schräglenkern zum Einbau. Mit der teilweisen Übernahme von Produktionseinrichtungen für dieses Modell hatte Otosan einen für Entwicklungsländer besonders wirtschaftlichen Weg beschritten.

1988 war davon die Rede, dass bei den Ford gehörenden Ghia-Studios in Turin ein neues Anadol-Design entwickelt werde. Davon war in der Folge allerdings nichts mehr zu hören. Hingegen gab es den Otosan Ford Taunus ab 1989 auch mit 1993-cm^3-Motor und 101 PS sowie wahlweise 5-Gang-Handschalt- oder 4-Stufen-Automatikgetriebe; mit dem 1,6-l-Motor wurde fortan ein 5- statt ein 4-Gang-Getriebe eingebaut.

Die Produktion des Taunus hatte 1988 mit 11'600 Exemplaren einen Höhepunkt erreicht; 1989 waren es nur noch 6140, wonach der Ausstoß graduell absank und 1993 noch knapp 1500 Stück erreichte; darauf wurden modernere Ford-Modelle hergestellt.

Datentabelle Seite 395

Otosan Ford Taunus 1.6

Otosan Ford Taunus 2.0

PAG

Diese Buchstaben waren das Kürzel für Projets d'Avant Garde. Dabei handelte es sich nicht um ein französisches, sondern um ein in Santana do Parnaiba, in der Nähe von Sao Paulo, etabliertes Werk. PAG fabrizierte für die mit ihr liierte Paulistaner VW-Vertretung Dacon SA den hochoriginellen zweisitzigen Kleinwagen Nick. Er wurde auf dem Salon von Sao Paulo im Oktober 1988 propagiert und sollte das glücklose Stadtwägelchen → Dacon 828 vergessen lassen, das bis 1985 angeboten worden war.

Nick. Der Nick basierte auf dem stark verkürzten VW Saveiro, einer Pick-up-Ableitung des Passat/Voyage von VW do Brasil. Mit 202 cm Radstand und 318 cm Länge war er klar größer als der Dacon 828 (162,5/265 cm), und er wurde mit 1,6- und 1,8-l-Motor für Ethanol- oder Benzinbetrieb angeboten. Da die Türen sowie die Frontscheibe samt vorderem Dachteil vom Saveiro übernommen wurden – die übrigen Karosserieteile bestanden aus GfK –, ließ sich der Nick rationeller produzieren als der Dacon und kam daher auch mit einem verlockenderen Preisetikett auf den Markt.

Zum Modelljahr 1991 kam mit dem PAG Chubby ein viersitziger Kleinwagen hinzu, doch später ließ dieses Aussenseiterfabrikat nichts mehr von sich hören.

PAG Nick, 1989

PAG	Bauart	Mot.	Getr.	R/L cm	Baujahre
Nick	**Fr.**		**5**	**202/318**	**1988–90**
Motoren:	*Zyl.:*	*N'w.:*	*cm³:*	*PS/'min:*	*Nm/'min:*
a	4	OHC	1595	90A/79/5600	128/124/2600
b			1781	99A/5600	149/3200
c (1989–)			1984	112A/99/5200	170/159/3400

Otosan	Bauart	Mot.	Getr.	R/L cm	Baujahre
Ford Taunus	**St.**	**–**	**4/5/A4**	**258/437**	**1985–90**
Motoren:	*Zyl.:*	*N'w.:*	*cm³:*	*PS/'min:*	*Nm/'min:*
a	4	OHC	1593	70/5300	113/2700
b (1989–)			1993	101/5100	148/4000

Panther

Ihren ersten Auftritt hatte die Marke Panther auf der London Motor Show 1972. Der von der Firma Panther West Winds Ltd in Weybridge, Surrey, gebaute J 72 war eine viel beachtete Replika des in den späten 30er Jahren gebauten SS Jaguar 100.

Nach Jahren des von der Lancierung weiterer exklusiver Modelle begleiteten Erfolgs war Panther West Winds Ende 1979 in finanzielle Schwierigkeiten geraten. Unter Konkursverwaltung wurde die Belegschaft 1980 von 200 auf 50 reduziert, die Produktion der Modelle J 72 und Lima aber weitergeführt. Im November 1980 verlautete, dass Panther West Winds von dem südkoreanischen Geschäftsmann Young Chull Kim gekauft und damit gerettet worden sei. Panther-Gründer Robert Jankel werde das Unternehmen weiterhin leiten. Die Firma Myan bzw. die Jindo-Gruppe plane, die Produktion des Lima fortzuführen und wenn möglich den von Vauxhall entworfenen Equus-Sportkeil in Produktion zu nehmen.

Lima. Der Lima war 1976 auf der London Motor Show vorgestellt worden. Er war ein zweisitziger Roadster im Neoclassicstil, d. h. er erinnerte an die 30er Jahre ohne ein bestimmtes Modell nachzuahmen. Seine Mechanik stammte von der Opel-Schwestermarke → Vauxhall. Die meist in zwei Farbtönen gehaltene Karosserie mit den schwungvollen Kotflügeln und dem am äußerst kurzen Heckabschluss angefügten Reserverad wirkte hochsportlich-attraktiv. Während für den selbsttragenden Unterbau und die Türen Stahlblech verwendet wurde, bestand die Karosserie aus GfK.

Beim Motor handelte es sich um den Vauxhall-2,3-l-Vierzylinder mit obenliegender Nockenwelle und 110 PS Leistung. Auf der Autoshow von Birmingham des Jahres 1978 war eine Turboversion hinzugekommen. Sie leistete 152 PS (ab 1979/80, Garrett-Abgasturbolader). Die Kraftübertragung erfolgte über ein 4-Gang-Getriebe, ein 5-Gang-Getriebe von ZF oder ein 3-Stufen-Automatikgetriebe von GM. Vorn wurden obere Trapez-Dreieckquerlenker und untere Querlenker mit schräger Zugstrebe verwendet, hinten eine Starrachse mit Längs- und Schräglenkern. Die Bremsanlage arbeitete mit Servo. Das Cockpit mit Lederüberzügen und reichhaltiger Instrumentierung trug dem Renommee der Marke Panther Rechnung.

J 72. Auch wenn der Panther J 72 an den SS 100 erinnerte, so war er der Zeit entsprechend doch viel geräumiger und breiter dimensioniert. Die im Vergleich zu den 30er Jahren weit breiteren Reifen verhalfen ihm zu einem stämmigen Erscheinungsbild. Seine Mechanik hatte der J 72 von → Jaguar. Zeitweise hatte man – unter kräftiger Ausbuchtung der Motorhaube – sogar den V12-Motor eingebaut. Als Jaguar für diese Maschine zur Einspritzung überging, fand sie im Panther nicht mehr Platz. 1981 wurde der Panther noch mit dem 4,2-l-DOHC-Sechszylinder angeboten. Es gab ihn in Versionen mit 193 oder 172 PS und mit 4-Gang-Getriebe mit Overdrive und Differenzialbremse oder mit 3-Stufen-Automatikgetriebe von Borg-Warner.

Der J 72 beruhte auf einem Kastenrahmenchassis und seine Karosserie wurde auf arbeitsintensive Art und Weise aus Aluminium gefertigt. Vorne und hinten fanden sich im Prinzip noch Starrachsen mit Längslenkern und Schraubenfedern (hinten mit Panhardatab), doch wurde auf Wunsch vorne eine Einzelradaufhängung eingebaut. Die Vierrad-Scheibenbremsen funktionierten von Haus aus mit, die Zahnstangenlenkung auf Bestellung mit Servo. Bei dem auf alle 10'000 km angesetzten Unterhalt waren auch vier Schmiernippel zu bedienen. Entsprechend der Exklusivität wurde der J 72 luxuriös ausgestattet.

Six. Unter dieser schlichten Bezeichnung hatte auf der London Motorfair 1977 eine extravagant-einmalige Sportwagenkonstruktion für die Sensation gesorgt: Sie hatte vier Vorderräder (wie der Tyrrell P 34 der Formel 1) und zwei etwas größer dimensionierte Hinterräder. Dem Antrieb diente ein hinter dem Cabriocockpit eingebauter Cadillac-V8 mit 8,2 l Hubraum und 300 PS, der mit zwei Abgasturboladern bestückt werden konnte. Für die Kraftübertragung sorgte ein Turbo-Hydra-Matic-Automatikgetriebe. Weitere Details: Rohrrahmenchassis mit Hilfsrahmen, 488 cm lange und 203 cm breite Aluminiumkarosserie, elektronische Instrumente, Radiotelefon, TV, Feuerlöschanlage usw. Es war von 13 Bestellungen die Rede; doch am Ende wurde 1980 bloß noch ein zweites Exemplar vollendet.

Brooklands. Unter der Jindo Group wurde der J 72 zur Motorfair im Oktober 1981 durch das Modell Brooklands abgelöst (Name einer berühmten historischen Rennstrecke). Bei allen Verfeinerungen war das urige Design beibehalten worden. Auffallend waren auf den ersten Blick die doppelstöckigen Stoßstangen. Das eigene Kastenrahmenchassis und der Aluminiumaufbau blieben die strukturellen Merkmale. Diese Karosserie konnte nun kostengünstig in Korea hergestellt werden. Echtleder-Innenraum und Nussbaumholz-Armaturenbrett unterstrichen weiterhin den Luxuscharakter. Auf Wunsch waren ein Aluminium-Hardtop und eine Klimaanlage erhältlich. Als Kraftquelle diente ebenfalls nach wie vor das 4,2-l-DOHC-Sechszylinderaggregat von Jaguar. Anstatt des 5-Gang-Getriebes von Rover wurde ein 3-Stufen-Automatikgetriebe von Borg-Warner eingebaut. Ein wesentlicher Fortschritt bestand in der serienmäßigen Verwendung einer Einzelradaufhängung sowohl vorne wie hinten.

Kallista. Auf dem Automobilsalon von Birmingham von Ende Oktober 1982 folgte auf den Lima der Kallista. Bei unverändertem Karosseriedesign war der Radstand von 246,5 auf 255 cm verlängert worden, während die Länge von 376 auf 390,5 cm und die Breite von 163 auf 171 cm zunahmen. Das Fahrwerk mit hinterer Starrachse blieb in den Grundzügen unverändert, hingegen wurde die gesamte Antriebstechnik von Vauxhall auf Ford „umgepolt".

So standen nun der 1,6-l-CVH-Vierzylinder mit 96 PS (aus dem Escort XR-3) und der 2,8-l-V6 mit 135 PS zur Wahl. Der kleinere Motor wurde auf Wunsch, der größere von Haus aus mit einem 5-Gang-Getriebe kombiniert. Zum V6 war alternativ ein 3-Stufen-Automatikgetriebe zu haben. Für den Spurt von 0 auf 100 km/h wurden gemäß Hersteller 8,5 bzw. 7,5 s benötigt, und als Spitze wurden 169 bzw. 195 km/h genannt.

Das inzwischen von Y. C. Kim geleitete Unternehmen rechnete sich wegen der von MG und Triumph hinterlassenen Marktlücken gute Verkaufschancen aus. So sollten im ersten Jahr 550 Kallista gebaut und zu zwei Dritteln in Großbritannien und zu einem Drittel auf dem europäischen Festland abgesetzt werden. Zu diesem Optimismus berechtigte auch der günstig angesetzte Preis, der unter jenem des MG B von 1979 lag. Ermöglicht wurde er durch die in Südkorea hergestellten Komponenten, einschließlich der jetzt aus Aluminium und nicht mehr aus Kunststoff bestehenden Karosserieteile. Der Zeitaufwand für die nach wie vor in Byfleet, Surrey, vorgenommene Montage konnte von 160 auf 70 Stunden reduziert werden. Gleichwohl werde ein hoher Qualitätsstandard beibehalten; hierzu sei jede Produktionsgruppe für die von ihr gebauten Fahrzeuge verantwortlich, wie die Panther Car Co. verlauten ließ. Im Übrigen wurde der Kallista nicht mehr über ein Händlernetz, sondern direkt ab Werk verkauft; darin lag ein weiterer Grund für den vergleichsweise günstigen Preis. In einer Exportausführung wurde der Kallista 1984/85 auch mit dem 2-l-Zweinockenwellenmotor von Fiat angeboten.

Solo. Auf der Birmingham Motor Show im Oktober 1984 überraschte Panther mit dem zweisitzigen Mittelmotorcoupé Solo, das wegweisend schnittig-modern geformt war. Das von Ken Greenley geschaffene Design bestach durch eine relativ kurze Keilfront mit Klappscheinwerfern, eine riesige, stark geneigte Frontscheibe, einen herausnehmbaren Dachteil vor einer Panoramaheckscheibe sowie ein gestrecktes Heck samt Flügel, der ringsum geführt war und somit gleichzeitig zu Heckflossen verhalf. Mit Außenmaßen von 395,5x 173x116 cm war der Solo deutlich kleiner als der Kallista.

Beim quer eingebauten Mittelmotor handelte es sich um die 1,6-l-CVH-Maschine von Ford, wahlweise in Saugversion mit K-Jetronic und 105 PS oder mit KE-Jetronic, Abgasturbolader (Garrett TO 3, maximal 0,5 bar Ladedruck), Ladeluftkühler und 130 PS. Mit letzterem Motor wurden für das 825 kg wiegende Coupé eine Beschleunigungszeit von 7 s für den Spurt auf 100 km/h und eine Spitze von 210 km/h genannt. – Zwar wurden bereits Bestellungen mit Anzahlung entgegengenommen, doch wurde die Produktion erst für das Frühjahr 1986 in Aussicht gestellt.

Auf der London Motorfair von Ende 1985 verlautete, dass der Solo für die Serie gänzlich überarbeitet und zu einem Hochleistungs-Sportwagen mit Vierradantrieb gewandelt werde. Der früheste Auslieferungstermin wurde auf 1987 verschoben.

Kallista 2.3. Inzwischen hatte Panther für den Kallista die mit ihren Abgas- und Sicherheitsvorschriften besonders hohen Zulassungshürden für den US-Markt gemeistert, und im November 1985 wurden die ersten fünf angepassten Kallista mit dem 2,3-l-Vierzylindermotor des Ford Mustang verschifft. Man richtete die Herstellung jetzt darauf aus, 1986 rund 80 Prozent der Produktion nach Nordamerika zu liefern. Ab der Birmingham Show 1986 gab es nur noch die Kallista 2.3 und 2.8. Der Solo galt immer noch nicht als produktionsreif.

Mitte 1987 wurde die Panther Car Company zu 80 Prozent von der koreanischen SsangYong-Gruppe (→ Anhang) übernommen. 20 Prozent verblieben in den Händen von Young Chull Kim, und er blieb auch

Panther J 72, 1981

Panther Six, 1980/81

Panther Lima, 1981

Panther Brooklands, 1982

Panther Kallista, 1983

Panther

Panther Solo, 1988

Panther Kallista 2.9, 1990

Firmenleiter. Für 1988 war, zunächst für die USA, der Übergang zum Ford-V6 2.9i geplant. Zudem war von einem neuen Panther-Werk in England die Rede. In diesem sollten jährlich neben 300 Kallista auch 600 Solo gebaut werden. Bemerkenswert war außerdem die in Aussicht genommene Möglichkeit, einen Panther-Geländekombi herzustellen. Die Grundlage dazu lieferte der neuentwickelte Korando der koreanischen Firma Dong-A, die SsangYong im Jahr zuvor übernommen hatte. Der bereits als Panther Stampede bezeichnete fünftürige „Billig-Range-Rover" hätte seine Karosserien aus Korea und die Mechanik des Ford Sierra XR 4x4 erhalten...

Solo 2. Auf der IAA Frankfurt wurde der Solo im September 1987 in einer um gut 40 cm verlängerten 2+2-sitzigen Ausführung ausgestellt. Die von Klappen verborgenen Scheinwerfer saßen nun leicht seitlich vor den Radhäusern und auf dem Heck prangte ein mächtiger Flügel mit „Seitenrudern". Auf das ursprüngliche Targadach wurde verzichtet. Für einen Mittelmotorwagen war der Vierradantrieb eine sehr ungewöhnliche Lösung (System Ferguson mit Viskokupplungen an Mittel- und Hinterachsdifferenzial, Kraftaufteilung vorne 36, hinten 64 Prozent). Als Antriebsquelle diente der 2-l-16-Ventil-Motor Ford Cosworth Turbo mit elektronischer Einspritzung Weber-Marelli und 207 PS Leistung, doch wurde für den amerikanischen Markt ein V6-Motor vorgesehen.

Die in neuartiger Weise vom Rennwagenbau abgeleitete Struktur des Solo 2 bestand aus Verbundmaterial und war von dem Tochterunternehmen Comtec der Rennwagenfirma March Group Plc entwickelt worden: Sandwichbauweise durch Kombination von GfK, Aluminium-Honigwabenelementen, gewobenem und verstärktem Glasfaserstoff sowie Verstärkungen aus Karbonfasern und Kevlar. An die mit dem Stahlchassis verbundene Fahrgastzelle (Suvival cell) schloss sich eine rund um die Antriebseinheit geführte Stahlrohr-Rahmenkonstruktion an. Nebst einem ABS von Ate wurden zahlreiche Komfortmerkmale vorgesehen. 1988 sollten die ersten 100, ab 1989 jährlich 600 Solo gebaut werden.

Kallista 1.6. Im Herbst 1988 wurde der 2,3-l-Motor durch den 1,6-l-Motor Ford CVH mit 93 PS abgelöst. Weiterhin standen zudem die Ford-V6 mit 2,8 und 2,9 l Inhalt zur Wahl. Auch auf der International Motor Show von Birmingham 1988 war Panther mit diversen Kallista und dem Solo präsent. Die Produktion sank in jenem Jahr von 205 auf noch rund 150 Stück.

Auf der Ende Oktober 1989 eröffneten London Motorfair wurde festgehalten, dass nach Abschluss der Ausstellung der erste Solo zur Auslieferung gelangen werde. Aber im Frühling 1990 verlautete, dass die Produktion des Kallista eingestellt werde. Als Grund wurde die Annullation einer Bestellung von 123 Fahrzeugen aus Italien angegeben. 30 von den 120 Mitarbeiter wurden entlassen. Die Herstellung des Solo war inzwischen angelaufen. Doch dessen Bau wurde, nach nur 13 Exemplaren, kurze Zeit später ebenfalls eingestellt. Die letzten Kallista entstanden offenbar noch im Herbst 1990. Zu Beginn der 90er Jahre wurde die Produktion des Kallista bei SsangYong in Südkorea wieder aufgenommen.

Produktionszahlen: Panther + Brooklands, 1972–82: rund 500; Lima, 1976–82: rund 900; Kallista, 1982 bis August 1987: über 1100 (die meisten mit V6, Produktion weitergeführt); Solo, bis 1990: 13.

Panther	Bauart	Mot.	Getr.	R/L cm	Baujahre
Lima	**St.**	**a/b**	**4/5/A3**	**246,5/376**	**1980–82**
Motoren:	*Zyl.:*	*N'w.:*	*cm³:*	*PS/'min:*	*Nm/'min:*
a	4	OHC	2279	110/5500	188/3000
b	4T			152/5500	–
Kallista (*1984–)	**K'r.**	**a–i**	**4/5/A3**	**255/390,5/389*/382**	**1982–90**
a (Export 1984–86)	4	OHC	1297	69/6000	100/3500
b (–1986)			1598	96/6000	132/4000
c (1987–)				93/5750	133/4000
d (Export 1984–86)		DOHC	1995	–	–
e (USA 1985/86)		OHC	2301	89/4200	166/2600
f (1986/87)			2295	100/4500/89K/4200	177/3000/166/2600
g	V6	OHV	2792	135/5200	216/3000
h (1983–87)	V6i			150/5700	216/4000
i (1987–)			2935	150/5700/145K/5500	233/222/3000

Panther	Bauart	Mot.	Getr.	R/L cm	Baujahre
J 72	**K'r.**	**–**	**4OD/A3**	**282/424**	**1980/81**
Brooklands				**279/433**	**1981/82**
Motor:	6	DOHC	4235	193/5000/172/4500	272/2000/305/3000
Solo (Prototyp)	**M./4**	**a/b**	**5**	**243,5/395,5**	**1985–87**
Solo (2+2)		**c**		**253/434**	**1987–90**
Motoren:	*Zyl.:*	*N'w.:*	*cm³:*	*PS/'min:*	*Nm/'min:*
a	4i	OHC	1598	105/6000	138/4800
b	4iT			132/6000	180/3000
c		D16V	1994	204/6000	269/4500

Paykan

Anfänglich wurde der Name Peykan geschrieben; so hieß ein viertüriger Pkw herkömmlicher Machart, dessen Herstellung Ende 1966 von der 1962 gegründeten Iran National Industrial Manufacturing Co. in Teheran aufgenommen wurde. Es handelte sich um eine Lizenzausführung des Hillman alias Sunbeam Hunter. Dieser wurde in Großbritannien von 1977 bis 1979 noch als Chrysler Hunter angeboten. Für die Herstellung im Iran erfolgten umfangreiche Teilelieferungen aus England.

Saloon. Der Paykan wurde schlicht als Saloon (Limousine) bezeichnet. Er erhielt den altbekannten 1724-cm³-OHV-Motor, dessen Leistung 1980/81 mit 57 PS angegeben wurde. Die weiteren technischen Daten: 4-Gang-Getriebe, vorne McPherson-Aufhängung mit Querlenkern und Zugstreben, hinten Starrachse mit Halbelliptikfedern, Kugelkreislauflenkung.

1980 war die Herstellung im Iran nach einem Unterbruch wieder aufgenommen worden. Während in Großbritannien die Schließung des aus Chrysler-Hand nun in PSA-Besitz (Peugeot-Citroën) gewechselten Werks von Linwood in Schottland bedauert wurde, so verhalfen die verbesserten Iran-Perspektiven der nun unter der Marke → Talbot segelnden englischen Werke doch zu einer gewissen Genugtuung. Im Frühling 1981 wurden täglich 250 Paykan-Montagesätze nach dem Iran geliefert. Die Kadenz sollte sogar auf 350 erhöht werden. Das neue soziale Klima nach der iranischen Revolution kam dem Paykan entgegen. Besitzer großer Limousinen ließen diese wohlweislich in der Garage stehen und schafften sich ein kleineres Modell an.

Alsbald aber änderten sich diese Perspektiven: Die Revolutionsregierung in Teheran begann die Herstellung des Paykan stark einzuschränken, und analog hierzu musste die Lieferung der entsprechenden Bausätze (vor allem Motoren und Getriebe) in England reduziert werden. 1983 war mit der Lieferung von 85'000 Fahrzeugsätzen ein Höhepunkt erreicht worden, 1985 waren es noch 40'000 und 1986 bloß noch 7000. Ab 1987 wurden die Lieferungen gänzlich eingestellt, nachdem die Zahlungen aus Teheran ohnehin ausgeblieben waren.

1988 verkaufte die Peugeot Talbot Ltd eine vollständige Anlage zur Herstellung von Hillman-Hunter-Bausätzen für die Pkw-Herstellung an den 1979 entstandenen staatlichen Industriekonzern Iran Khodro. Dieser wollte durch diese Übernahme den Ersatzteilbedarf für die im Land verkehrenden Paykan sichern. Langfristig war zudem eine Produktion neuer Pkw-Modelle geplant.

Gemäß einem neuen Abkommen zwischen der Automobiles Peugeot und der unter Aufsicht der Idro (Industrial Development and Renovation Organisation) stehenden Iran Khodro waren ab 1989 bis 1994 jährlich rund 60'000 mechanische Bausätze des Typs 504 (Motor/Getriebe-Einheiten und Achsen) zum Einbau in die drei Paykan-Modelle (einschließlich eines Pick-ups) zu liefern. Zudem sollte die Montage des frontgetriebenen Peugeot 405 in diversen Ausführungen (einschließlich Kombi) und mit verschiedenen Motoren aufgenommen werden. Der Anteil von einheimischen Komponenten war von anfänglich 11 Prozent markant zu erhöhen.

Von 1966 bis 1988 waren etwa 1,1 Millionen Paykan hergestellt worden. In den 90er Jahren verlegte sich das Hauptgewicht der Produktion von Iran Khodro allmählich auf die Montage und Lizenzfertigung des Peugeot 405. Doch der Paykan wurde auch noch nach der Jahrhundertwende weitergebaut: Im Mai 2005 entstand das 2'295'095. und letzte Exemplar.

Paykan Saloon, 1981

Paykan	**St.**	**a–d**	**4/A4**	**250/427/434**	**1980–87**
Motoren:	*Zyl.:*	*N'w.:*	*cm³:*	*PS/'min:*	*Nm/'min:*
a (1981–)	4	OHV	1598	65/4600	121/2800
b (–'85*m.Aut.'81–83)			1724	57/61*/4500	116/2600
c (1985–)				57/4500	118/2700
d (GT 1982/83)				79/5200	124/4000

Perentti

Weil manche Australier von einem Sportwagen im Format des Chevrolet Corvette träumten, ebnete ihnen Bill Kain den Weg zu ihm. Importiert wurde das sportlichste aller GM-Modelle offiziell nämlich nie, auch nicht von der GM-Tochter Holden. Wer sich dennoch einen Corvette aus den USA kommen ließ, mochte etliche Probleme haben, vor allem weil in einigen AUS-Teilstaaten Linkslenkung nicht erlaubt und ein entsprechender Umbau sehr aufwändig war.

Perentti. Entwickelt und auf die Räder gebracht wurde der Corvette-inspirierte Perentti von Bill Kain als Chef der Revolution Fibreglass Pty Ltd in Melbourne, die sich der Herstellung von Bootsschalen widmete. Erstmals öffentlich gezeigt wurde dieses spektakulär geformte Coupé auf der Sydney Motor Show 1983. Als Basis für den zunächst als Bausatz angebotenen Perentti diente das Chassis des Eintonnen-Lieferwagens bzw. -Pick-ups von Holden. Weil dessen Radstand etwas länger war als jener des Corvette C3 ergaben sich leicht andere Proportionen und zudem die Möglichkeit, hinter den Sitzen zwei Notsitze (für Kinder) hinzuzufügen. Zwar zeigte das Perentti-Design durchaus Corvette-Züge, doch hatten ihm seine Schöpfer zu etlichen Eigenheiten, wie der stärker strukturierten Front und den Luftschlitzen hinter den vorderen Radausschnitten und vor der Windschutzscheibe verholfen. Statt einer Panoramaheckscheibe wurde eine zweite Seitenscheibe eingefügt. Farbeffekte sorgten für weitere Unterschiede. Das T-roof (herausnehmbare Dachteile nach Corvette-Muster) ermöglichte teilweises Cabriofeeling.

Perentti, 1983

Und die Technik? Sie stammte vollumfänglich von GM bzw. Holden, also ein einfaches, robustes Fahrwerk und Sechszylinder- oder V8-Motoren von großzügiger und ausbaubarer Leistungsfähigkeit (→ Holden). Stahlverstärkungen in den Türen und Flanken sorgten für Schutz, und auch anderweitig wurde den Zulassungsbestimmungen Rechnung getragen.

Dennoch blieb der Perentti im australischen Alltag eine große Rarität. Nachdem Bill Kain die Rechte an Fred Martin in Bendigo verkauft hatte, wurde 1987 ein leicht modifizierter Mark II propagiert und es gab auch eine Cabrioversion. 1989 wurde die Herstellung eingestellt.

Peugeot

Gegründet 1889 und damit die älteste Automarke der Welt, zudem eine der ganz wenigen, die stets in Familienbesitz blieben. 1975 übernahm Peugeot → Citroën (womit die PSA Peugeot-Citroën entstand), und 1978 kamen die europäischen Werke der Chrysler Corporation hinzu, deren Modelle alsbald unter die wiedererweckte Marke → Talbot vereint wurden. Nicht zuletzt unter der Last dieser Übernahme (zu der eine stark gebremste Konjunkturlage hinzukam) geriet PSA 1980 tief in die roten Zahlen.

Zum Modelljahr 1981 umfasste die Peugeot-Palette die Modelle 104, 305, 504, 505 und 604. Die beiden kleineren besaßen Frontantrieb und Quermotor, während die größeren der Standardbauweise verschrieben waren. Das Peugeot-Design trug die Handschrift von → Pininfarina. Das große Turiner Designstudio hatte seit dem 1955 vorgestellten Peugeot 403 getreulich sämtliche Peugeot-Personenwagen mitgeformt. Mit dem Jahrgang 1981 wurden alle Modelle auch mit hinteren Sitzgurten ausgerüstet. Besonders bemerkenswert war aber die Einführung einer europaweiten 6-Jahres-Rostschutzgarantie; auch deswegen waren die Listenpreise um durchschnittlich etwa 5 Prozent erhöht worden.

104. Er war auf dem Salon Paris 1972 als der kürzeste Pw mit vier Seitentüren lanciert worden. Im Herbst 1973 kam eine Coupévariante Z hinzu, die mit 336,5 cm noch 11,5 cm kürzer war und dennoch ebenfalls als Fünfsitzer galt. Die Motoren waren um 72 Grad nach hinten geneigt über dem Getriebe eingebaut und es gab sie mit 954, 1124, 1219 und 1361 cm^3 Hubraum. Der mit 72 PS stärkste Motor blieb den sportlichen 104 S und ZS vorbehalten. Die weiteren Ausstattungsniveaus hießen GL, GR, SR, Z und ZR. Das Fahrwerk umfasste vorne wie hinten Federbeine.

Dem Trend entsprechend wurden die 104 des Jahrgangs 1981 auf Sparsamkeit getrimmt. So wurde die Leistung des 1124-cm^3-Motors von 57 auf 50 PS gedrosselt, das Drehmoment von 80 Nm bei 3000/min auf 84 Nm bei 2500/min verbessert und die Achsübersetzung verlängert. Diese Maßnahmen versprachen einen um 10 bis 15 Prozent verringerten Benzinverbrauch, der sich zudem mit einem Econoscop überwachen ließ. Für die nun mit einer Transistorzündung versehenen 104 S und ZS wurde ein um 4 bis 5 Prozent reduzierter Verbrauch ins Feld geführt; diese Varianten sowie der SR erhielten zudem eine Intervallstufe für die Scheibenwischer.

305. Der zur unteren Mittelklasse zählende 305 war im November 1977 als Nachfolger des 304 auf den Markt gekommen. Auf dem Genfer Salon 1980 war der viertürigen Stufenhecklimousine ein Break = Kombi zur Seite gestellt worden. Der mit dem Getriebe verblockte Motorblock war um 20 Grad nach vorne geneigt eingebaut. Es wurden Benzinmotoren mit 1290 und 1472 cm^3 sowie ein Diesel mit 1548 cm^3 verwendet.

Eine Besonderheit der Modelle 305 und auch der größeren Typen lag in dem thermostatisch gesteuerten Lüfter, einem Peugeot-Patent. Mit ihm wurden jeweils zwei Motorleistungen angegeben; so beim 1290-cm^3-Motor 60 und 65 PS, letztere wurden bei ausgekuppeltem Ventilator erreicht. Wie die Motoren des 104 besaßen auch jene des 304 einen Leichtmetall-Zylinderblock und -kopf und es gab analoge Ausstattungsvarianten. Vorne fanden sich McPherson-Federbeine, hinten gezogene Längslenker mit Federbeinen.

1981 kam eine Basisversion (ohne Buchstaben) hinzu, während die Ausstattung der übrigen Modelle aufgewertet wurde (GL/GLD nun mit verstellbaren Vordersitzlehnen, SR mit Türfächern, Breitreifen usw.). Auf dem Salon von Paris im Herbst 1980 wurde das Angebot mit dem 305 S zudem nach oben erweitert: 1472 cm^3, Doppelvergaser, transistorisierte Zündung, weitere Motormodifikationen und daraus resultierend 86 PS (bei ausgekuppeltem Ventilator 89 PS). Der 305 S zeigte sich mit einem Farbstreifen unten an den Flanken (mit Aufschrift), schmucken Alufelgen und mit Tweedstoff bespannten Sitzen und Seitenverkleidungen.

Peugeot 504 Break, 1981

504. Sein Design ging auf das Jahr 1968 zurück, was für seine Zeitlosigkeit sprach! Allerdings wurde die viertürige Limousine 1981 nur noch als Sparmodell mit 1,8-l-Benzin- oder 2,1-l-Dieselmotor angeboten. Die besonders beliebten Break bzw. Kombi mit längerem Radstand gab es hingegen auch mit 2-l-Benzin- und 2,1- sowie 2,3-l-Dieselmotor. Alle diese Antriebsaggregate hatten noch eine seitliche Nockenwelle. Die Benzinmotoren ließen sich auch mit einem 3-Stufen-Automatikgetriebe von ZF kombinieren. Vorne hatten die Peugeot 504 Federbeine, Querlenker und Längsschubstreben, hinten eine Starrachse und Panhardstab, wobei die Kombis mit vier Schraubenfedern auf eine erhöhte Zuladung gewappnet wurden.

Für das Modelljahr 1981 wurde die Verdichtung des 1,8-l-Motors von 7,5 auf 8,8:1 erhöht, was die Leistung von 73 auf 80 PS steigerte. Damit verminderte sich der Benzinverbrauch um 12 Prozent, allerdings musste nun Super- statt Normalbenzin getankt werden.

504 C. Von bestechender Eleganz zeigten sich die 504 Coupé und Cabriolet, die nicht nur von Pininfarina entworfen worden waren, sondern in den Karosseriewerken der Turiner Firma auch hergestellt wurden. Es gab sie seit dem Genfer Salon 1969. Zum 2-l-Motor war 1974 der 2,7-l-V6 hinzugekommen, den Peugeot gemeinsam mit Renault und Volvo herstellte. Dieser Motor wurde ab 1977 mit einer Benzineinspritzung K-Jetronic von Bosch bestückt. Beide Motoren wurden mit einem 5-Gang-Getriebe kombiniert, doch wurde das 2-l-Coupé auf Wunsch auch mit der ZF-3-Stufen-Automatik geliefert. Hinten besaß der 504 C eine Einzelradaufhängung mit Dreieckschräglenkern und innenliegenden Teleskopdämpfern, und es wurden auch hinten Scheibenbremsen montiert.

505. Ihn gab es seit Mai 1979 und wie seine Bezeichnung verriet, war er bei den Limousinen der Nachfolger des 504. Auch er gefiel durch zeitlose Formgebung. Es gab ihn mit 2-l-Benzinmotor in zwei Leistungsstufen (für die Ausführungen GR/SR bzw. TI/STI) sowie mit 2,3-l-Dieselmotor (GRD/SRD). Auf dem Salon von Paris im Oktober 1980 war der Typ 505 SRD Turbo hinzugekommen, mit dem gegenüber dem Dieselmodell ohne Abgasturbolader (Garrett Airesearch TO 3) ein um 40 Prozent höheres Drehmoment (181 statt 129 Nm bei 2000/min) geboten wurde. TI/STI hatten ein 5- statt ein 4-Gang-Getriebe, doch alle 505 waren auf Wunsch auch mit der ZF-3-Stufen-Automatik verfügbar. Aufhängung und Bremsen entsprachen jenen des 504 C, doch wurden GR und SR mit hinteren Trommelbremsen ausgerüstet. Neu war beim Jahrgang 1981 bei den SR/SRD und STI die Zentralverriegelung, während GR und SR zwecks Benzinsparens eine längere Untersetzung erhalten hatten.

604. Der 604 hatte sein Debüt auf dem Genfer Salon 1975 und mit ihm stieß Peugeot in die Oberklasse vor. 1981 gab es ihn mit dem 2,7-l-V6-Motor mit der eigens für diesen Motor entwickelten Kombination von Einfach- und Doppelvergaser für die Ausführung SL oder mit der Benzineinspritzung K-Jetronic für die Ausstattungsvarianten TI und STI. Hinzu kam das Modell 604 GRD Turbo mit 2,3-l-Dieselmotor (mit seitlicher Nockenwelle).

Der SL wurde mit einem 4-Gang-Getriebe ausgerüstet, die anderen 604 mit einer 5-Gang-Einheit, doch waren alle 604 auf Wunsch auch mit dem Turbo-Hydra-Matic-Getriebe (3 Stufen) von General Motors erhältlich. Das Fahrwerkkonzept entsprach jenem des 504 C. Der Jahrgang 1981 wurde durch neue Velourssitzüberzüge gekennzeichnet; die Zentralverriegelung des 604 STI schloss nun auch automatisch Fenster, Schiebedach und Tankdeckel.

104 1982. Mit dem schon Anfang Juli 1981 präsentierten Jahrgang 1982 erhielten die Peugeot 104 rechteckige statt quadratische Scheinwerferdeckgläser. Die preiswerteste GL-Ausführung rollte nun mit einem 10,2:1 verdichteten 1124-cm^3-Motor statt mit dem auf Normalbenzin ausgelegten 954-cm^3-Maschinchen, womit die Leistung von 45 auf 50 stieg (der kleinste Motor wurde noch für den Export in einige Länder eingebaut). Damit sank der Verbrauch um gut 10 Prozent auf 5,2/6,9/7,3 l Super/100 km. Die Ausrüstung der 104-Modelle wurde aufgewertet. Der 104 SR und der 104 S erhielten ein 5-Gang-Getriebe und die Coupés 104 Z eine um 3 cm verbreiterte hintere Spur.

In der Baureihe 305 sorgten teils größere Motoren in Verbindung mit längeren Achsuntersetzungen für geringeren Verbrauch. Bei den Dieselmodellen mit 1548 cm^3 Hubraum sank die Vorglühzeit von 20 auf 7 s. Der Peugeot 504 wurde auch als Limousine mit einem auf 2304 cm^3 vergrößerten Dieselmotor erhältlich; er war ebenfalls mit den neuen „schnellen" Glühkerzen bestückt. Das Cabriolet 504 des Jahrgangs 1982 erkannte man an der neuen Mittelkonsole mit Uhr; diese war beim Coupé ins Dach integriert. Die Kombiversionen des 504 (sowie das Pick-up-Modell) waren mit Vierradantrieb von Dangel (→ Anhang) lieferbar.

Für den Einspritzmotor des 505 wurde durch Verlängern des Kolbenhubs um 7 auf 88 mm ein Hubraum von 2165 statt 1995 cm^3 erzielt. Die Leistung stieg von 110 auf 117 PS bei gleichzeitig reduziertem Verbrauch. Ebenfalls durch 7 mm mehr Hub wurde neben dem 2304-cm^3-Turbodiesel mit 80 PS eine zusätzliche, genügsame Dieselvariante mit 2498 cm^3 und 76 PS geschaffen. – Die Modelle 604 STI und SRD konnten mit einer Klimaanlage und mit einem Geschwindigkeitsregler (auch 505 STI) bestellt werden.

Zu ihrem 10-Jahr-Jubiläum hatte die französisch-schwedische Gemeinschaftsfirma PRV (Peugeot-Renault-Volvo) in Douvrin im Juni 1981 den 420'000. V6-Motor ausliefern können. – Ab 1982 rüstete Peugeot die französische Armee mit dem Peugeot P4 aus, einem Geländewagen, der in Zusammenarbeit mit Daimler-Benz (→ Mercedes-Benz G) und Steyr-Daimler-Puch (→ Puch) entwickelt und hergestellt wurde.

505 Kombi. Zum Genfer Salon 1982 lancierte Peugeot die erwartete Kombiversion des Modells

Peugeot 306 S, 1981

Peugeot 504 Coupé, 1981

Peugeot 505 STI, 1981

Peugeot 604 SRD Turbo, 1982

Peugeot 104 S, 1983

Peugeot 505 Break SR, 1983

505. Es gab sie als fünfsitzigen Break und als achtsitzigen Familial (nun nicht mehr Familiale geschrieben). Die analogen 504-Modelle wurden aber noch nicht unmittelbar abgelöst. Wie diese wies auch der 505 Kombi einen beachtlichen Radstand von 290 cm auf. Er zählte damit zu den geräumigsten Kombis Europas. Die Luftschlitze in der hintersten Dachsäule vor dem schräggestellten Heckfenster verhalfen gleichwohl zu einem gewissen Maß an Eleganz. Gepäck- und Laderaum ließen sich bis auf 2240 dm^3 vergrößern.

Es standen vier Motoren zur Wahl. Statt der Schräglenker-Hinterachse erhielt der 505 in Kombiform eine Starrachse, wie sie von den Peugeot 403 bis 504 bekannt war. Die hintere Spur war gegenüber dem 504 Kombi von 136 auf 144 cm verbreitert worden. Damit war genügend Raum für zwei kräftige progressive Schraubenfedern und senkrecht stehende Stoßdämpfer geschaffen worden; dies versprach im Vergleich zu der flachen Vier-Schraubenfedern-Bauart des 504 Kombi ein erhöhtes Komfortniveau.

1981 hatte PSA einen noch höheren Verlust erlitten als im Vorjahr. Man hatte aber Gegensteuer gegeben, Talbot mit Peugeot fusioniert und die Händlernetze dieser beiden Marken zusammengelegt, zudem waren die Werke in Argentinien an Fiat und die Nutzfahrzeugwerke Dodge in Großbritannien und Spanien an Renault verkauft worden.

104 ZS 1983. Zur Jahresmitte 1982 wurde der 104 ZS mit einem auf 80 PS (statt 72 PS) verstärkten 1361-cm^3-Motor ausgerüstet (schärfere Nockenwelle, zwei Solex-Vergaser, Lenkrad mit drei gelochten Speichen, elektronischer Drehzahlmesser).

305 1983. Auf dem Salon von Paris im Herbst 1982 stellte Peugeot den 305 in zweiter Generation vor. Auch wenn dies auf den ersten Blick nicht auffiel, so war doch die Bugpartie gänzlich überarbeitet worden. Der Kühlergrill und die ihn flankierenden Leuchteinheiten waren leicht schräg gestellt und die Motorhaube abfallend gestaltet worden. Mit weiteren Maßnahmen, wie flachen Radzierdeckeln und einer Abrisskante am Kofferdeckelende der 305 SR/SRD sank deren Luftwiderstandsbeiwert von 0,44 auf 0,38 (305 GL: cw 0,40). All diese Änderungen hatten ihren Ursprung in den aerodynamischen Versuchsfahrzeugen namens Véra. Hinzu kamen vermehrt um die Ecken gezogene Stoßstangen und geänderte Schlussleuchten. Nicht mehr gebaut wurden die Basisversionen 305 und 305 S.

Topmodell war der 305 GT mit dem neuen 1,6-l-OHC-Motor des Typs XU mit 94 PS sowie Heckspoiler. Anstelle des 1,55-l-Dieselmotors trat in den GLD und SRD der brandneue 1905-cm^3-OHC-Diesel XUD, auch er aus dem neuerrichteten Motorenwerk SMAE in Tremery, das zu 75 Prozent → Citroën und zu 25 Prozent Peugeot gehörte. Weil das 5-Gang-Getriebe (SRD) nicht integriert, sondern axial angeflanscht war, musste für diesen Motor ein eigener Tragrahmen konstruiert werden. Alle 305 erhielten eine neu ausgelegte Vorderradaufhängung mit verbreiterter Spur und eine neue abgestimmte Federung. Der 1472-cm^3-Motor des SR war in Richtung sparsameren Benzinverbrauchs überarbeitet worden.

Neu präsentierte sich auch das Armaturenbrett des 305; über den Anzeigeinstrumente war eine Leiste mit den Kontrollleuchten eingefügt worden, das Lenkrad war tiefer angeordnet und die Mittelkonsole sowie die Frischluft- und Heizanlage zeigten sich in neuem Look.

505 1983. Eine Überraschung verkörperte auf dem Salon von Paris 1982 der 505 Turbo Injection. Mit einem Garrett-Abgasturbolader (maximaler Ladedruck 0,68 bar) und der Benzineinspritzung L-Jetronic ausgestattet brachte es sein 2,2-l-Motor auf just 150 PS. Äußerlich hob sich dieser Top-505 durch einen in Kontrastfarbe gehaltenen unteren Flankenteil, eine Bugschürze, einen Heckspoiler und spezielle Leichtmetallfelgen ab. Zur angereicherten Ausstattung zählte ein Sprachsynthesizer, der Warnungen wie „Stopp, zu niedriger Öldruck!“ aussprechen konnte.

Die Peugeot 505 warteten 1983 mit geändertem Kühlergrill und neuen Schlussleuchten auf. Der oberste Gang der 5-Gang-Getriebe war lang bzw. aufs Sparen ausgelegt. Die Modelle GR und TI entfielen. Die Ausstattung wurde angereichert, so erhielten der STI heizbare Vordersitze und die STI, SRD Turbo und Turbo Injection eine Differenzialbremse. Allgemein wurden eine Vorausrüstung für den Radioeinbau samt Dachantenne sowie teils breitere Seitenschutzleisten und glattflächige Raddeckel eingeführt.

1983 boten unter den sechs Peugeot 104 die Varianten SR, S und ZS ein 5-Gang-Getriebe. Beim Peugeot-Topmodell 604 STI erfolgte eigens für die Schweiz – zur Erfüllung der verschärften Abgasvorschriften – eine (vorgezogene) Hubraumvergrößerung des V6-Motors von 2664 auf 2849 cm^3 (91 statt 88 mm Bohrung). Gleichzeitig wurde die Verdichtung von 8,65:1 auf 9,5:1 erhöht. So ergaben sich statt 144 PS bei 5500/min nun 155 PS bei 5750/min. Zur Serienausstattung zählten heizbare Vordersitze und die Vorausrüstung für den Radioeinbau samt Dachantenne.

Im Herbst 1982 wurden zum Vereinfachen der Führungsstrukturen beschlossen, die Automobiles Peugeot und die Automobiles Citroën einem gemeinsamen Verwaltungsrat zu unterstellen. Bisher hatte es je zwei Direktionen und Aufsichtsräte gegeben. Präsident des Verwaltungsrats wurde Jacques Calvet, der bis dahin Präsident der Banque Nationale de Paris war (Jean-Paul Parayre blieb Vorstandsvorsitzender).

205. Mitte Januar 1983 stellte Peugeot den neuen Kleinwagen 205 vor. Zwar teilte er den Radstand von 242 cm mit jenem des weitergebauten Typs 104, doch ließ sich gerade daraus schließen, dass der 205 fließend (wie bei Peugeot üblich) die Nachfolge antreten werde. Die überaus gefällige, wie aus einem Guss wirkende Form des 205 wies bereits darauf hin, dass dieser Kleinwagen zu einem Beststeller heranreifen würde. Er wurde ausschließlich fünftürig gebaut und übertraf mit 370,5 cm Länge den fünftürigen 104 um 9 cm.

In die aerodynamisch optimierte Formgebung hatte Peugeot die aus den Véra-Versuchswagen gewonnenen Erkenntnisse einfließen lassen: nach vorne abfallende Motorhaube, möglichst ungestörte Luftführung am Bug, Verzicht auf Regenrinnen, leicht spoilerförmige Form des Heckklappen-Oberteils usw. So resultierte ein cw-Wert von 0,35. Für den optischen Feinschliff war Pininfarina zuständig gewesen. Dank Computerberechnungen hatte man bei unveränderter Formstabilität das Leergewicht gegenüber dem 104 von 790 auf 740 kg absenken können.

Es gab den 205 in einer Grundausführung sowie als GL, GR, SR und GT. Wie im 104 wurden Motoren mit 954, 1124 und 1361 cm^3 verwendet, die Leistungsspanne reichte von 45 bis 80 PS. Zusammen mit den stärkeren Motoren wurde ein 5-Gang-Getriebe eingebaut. Für den 205 hatte man eine platzsparende Hinterradaufhängung mit Längslenkern, querliegenden Torsionsfederstäben sowie in Längsrichtung liegenden, in einen Blechkörper untergebrachten Stoßdämpfern entwickelt. Unter der hinteren Sitzbank platziert war der 50-Liter-Benzintank aus hochverdichtetem Polyäthylen. Nicht nur die hinteren Lehnen, auch die Sitzflächen ließen sich nach vorne klappen, bei den GR und GT überdies getrennt.

205 Turbo 16. Ebenfalls im Februar 1983 wurde der Presse die Sonderausführung 205 Turbo 16, kurz T 16, vorgeführt. Sie war für den Einsatz in der Rallye-Weltmeisterschaft nach Gruppe B bestimmt. Zwar entsprach die Silhouette ihrer Kunststoffkarosserie dem Aufbau des 205, doch unter ihr war alles anders: Der 205 Turbo 16 war ein zweisitziger Mittelmotorbolide mit Vierradantrieb. Der quer vor der Hinterachse eingebaute Aluminium-Motor besaß 1775 cm^3 Hubraum, zwei obenliegende Nockenwellen, 16 Ventile, einen Abgasturbolader KKK (maximaler Ladedruck 1,7 bar), Ladeluftkühler, Ölkühler, mechanische Einspritzung K-Jetronic sowie Trockensumpfschmierung, und er kam in dieser Konfiguration auf 320 PS bei 8000/min (dies galt für die 20 Evolutions- bzw. Einsatzwagen). Für die Straßenversion (wie sie zwecks Homologation in 200 Exemplaren zu bauen war) waren 200 PS vorgesehen.

Der Kraftübertragung diente ein 5-Gang-Getriebe mit zentralem (Typ Ferguson) und hinterem Differenzial samt Bremse. Binnen acht Minuten für Ein- und Ausbau des Verteildifferenzials ließ sich der Kraftfluss ändern (z. B. vorne/hinten 1/3:2/3 auf Schotter bzw. 1/4:3/4 auf Asphalt). Hinten war die Rahmen-Bodenanlage des Peugeot 205 mit einem Gitterrohrrahmen ergänzt worden. Vorne wie hinten wurden untere und obere Dreieckquerlenker verwendet. Es wurden zwei Treibstofftanks zu 55 l eingebaut. Im August 1983 sollten die ersten Versuchseinsätze stattfinden...

In der zweiten Hälfte April 1983 lief bei Pininfarina die Herstellung der 1969 auf dem Genfer Salon vorgestellten Cabriolet und Coupé Peugeot 504 aus. Es waren 26'000 Coupés und 7803 Cabrios gebaut worden.

Mit dem Modelljahrgang 1984 erhielten alle Modelle mit Benzinmotor Zündkerzen mit Kupfer-Mittelelektrode (auf rund 20'000 km verlängerte Lebensdauer), eine transistorisierte Zündanlage, Kontrollleuchten für die Bremsbeläge und das Niveau der Brems- und Kühlflüssigkeit sowie, bei Dieselmotor, eine Anzeige für einen eventuellen Wassergehalt im Tank.

205 Diesel. Diese Variante kam 1984 hinzu: Motor XUD7, 1768 cm^3, 60 PS, GLD mit 4-Gang-, GRD/SRD mit 5-Gang-Getriebe, Bremsservo, hydroelastische Motorlagerung, spezielle Lärmdämmung. Bei einem mittleren Verbrauch von 4,8 l/100 km reichte der 50-l-Tank für eine Fahrstrecke von gut 1000 km.

505 GTI. Diese Variante ersetzte 1984 den STI: 130 statt 117 PS; alternativ zum 5-Gang-Getriebe auch mit 3-Stufen-Automatikgetriebe; Differenzialbremse serienmäßig, 70- statt 56-l-Tank; Fahrwerk um 20/25 mm abgesenkt und mit Drehstab-Stabilisatoren; Servolenkung und besser ausgeformte Sitze mit Veloursstoff aus dem SRD Turbo.

505 GTD Turbo. Zusätzlich zum SRD Turbo, aber mit 2498 cm^3, 95 PS; Getriebeauswahl, Fahrwerk und Ausstattung analog zum 505 GTI; Dieselverbrauch nach ECE-Norm: 5,8/8,5/8,4 l/100 km.

604 GTI / 604 GTD Turbo. Diese beiden Peugeot-Topmodelle lösten mit dem Modelljahr 1984 die bisherigen 604 STI, GRS Turbo und SRD Turbo ab. Durch eine von 88 auf 91 mm vergrößerte Bohrung war der Hubraum des PRV-V6-Motors von 2664 auf 2849 cm^3 angewachsen. Bei einer gleichzeitig von 8,65:1 auf 9,5:1 erhöhten Verdichtung resultierten 155 statt 144 PS, und schon bei 3000/min standen 238 Nm zur Verfügung; weitere Details: Schubabschaltung, Differenzialbremse usw. Der 604 GTD Turbo erhielt das gleiche 2498-cm^3-Aggregat wie der 505 GTD Turbo.

Peugeot 205 GRD, 1984

Peugeot 305 Break SR, 1984

Peugeot 205 XT, 1985

Im Juli 1983 gab PSA Pläne für Massenentlassungen bekannt: Die stark gestiegenen Verluste und Schulden verlangten dringend nach Maßnahmen. Wegen Überkapazität sollten rund 8000 Arbeitskräfte entlassen werden, was etwa 10 Prozent der Belegschaft entsprach. Allein bei Talbot, wo seit Anfang Jahr die Produktion an 31 Tagen unterbrochen worden war, sollten 4140 Stellen abgebaut werden, aufgeteilt auf 2915 Entlassungen und 1225 vorzeitige Pensionierungen. Betroffen war vor allem das Talbot-Hauptwerk Poissy, wo es sich bei 52 Prozent der 17'000 Beschäftigten um Gastarbeiter handelte. Poissy war durch die vor allem von nordafrikanischen Mitarbeitern unterstützten Arbeitskämpfe zum Problemwerk geworden. In den Peugeot-Werken in Sochaux und Mülhausen sollten rund 4000 ältere Arbeitnehmer in den vorzeitigen Ruhestand versetzt werden.

Doch PSA hatte die Rechnung ohne die französische Regierung gemacht. Der kommunistische Minister für Beschäftigung deklarierte die vorgesehenen Entlassungen als eine strukturelle Maßnahme, die eingehender Abklärungen bedurfte, und die Gewerkschaft CGT sprach von verdeckten Gewinnen. Frühpensionierungen im Rahmen des Nationalen Beschäftigungsfonds sahen ein Mindestalter von 56 Jahren und 2 Monaten vor, während Peugeot eine Senkung auf 55 Jahre verlangte... Im September 1983 kam es im Citroën-Zweigwerk in Aulnay zu einem Streik, der sich auch auf andere PSA-Werke auswirkte. Noch schlimmer war der Anfang Dezember 1983 im Talbot-Werk in Poissy ausgerufene Streik (→ Talbot).

1984 wurde der 305 GT mit dem 93 PS leistenden 1,6-l-Alumotor auch als Kombi lieferbar.

205 GTI. Mit der Bezeichnung GTI (für Gran Turismo Injection) schuf Peugeot im Januar 1984 unverhohlen eine Parallele zum VW Golf GTI, der inzwischen zu einem internationalen Begriff geworden war. Während der Golf aber zur Kompaktklasse zählte, blieb der 205 GTI ein Kleinwagen, ja Peugeot hatte für ihn sogar ebenfalls eine dreitürige Karosserie geschaffen (wie es sie erst für das Wettbewerbsmodell 205 Turbo 16 gab). An das hintere Seitenfenster schlossen sich zwei horizontale Entlüftungsschlitze an. Äußere Merkmale waren zudem kräftige Rammschutzleisten an den Flanken, Radhausrand-Auskragungen und gelochte Leichtmetallfelgen mit 14 statt 13 Zoll Durchmesser sowie ein kleiner Spoiler am Dachende. Im Innenraum fanden sich ein neu gestalteter Instrumententräger, ein Lederlenkrad und zweifarbige Schalensitze.

Peugeot

Ausgangspunkt für die neue Motorvariante war das XU-Aluaggregat mit 1580 cm³, das mit der L-Jetronic-Einspritzung versehen wurde, eine von 9,5:1 (beim 305 GT) auf 10,2:1 erhöhte Verdichtung aufwies und damit auf eine von 90 auf 105 PS gesteigerte Leistung kam. Das Bosch-Einspritzsystem war mit einer Schubabschaltung verbunden, und eine automatische Unterbrechung der Treibstoffzufuhr bei 6500/min wirkte als Drehzahlbegrenzer. Bremsen und Kupplung waren verstärkt und die Untersetzungen des 5-Gang-Getriebes waren angepasst worden. Die Vorderradführung wurde von Dreieckquerlenkern anstatt der einfachen Querlenker übernommen. Tempo 100 war binnen 9,5 s erreichbar und als Spitze wurden 190 km/h genannt.

Gegen Mitte 1984 führte Peugeot mit dem 205 électrique einen vollständig auf Elektroantrieb umgestellten Pkw vor. Unter der Fronthaube waren zwölf neuartige Eisen-Nickel-Batterien eingebaut, die mit dem Akkulumatorenhersteller Saft entwickelt worden waren. Sie wogen 300 kg, während die Antriebsgruppe, ein 68-Volt-Gleichstrom-Elektromotor und seine Steuerungselektronik, 70 kg wog und für 24 PS Leistung sorgte. Der stark kopflastige 4/5-sitzige Dreitürwagen konnte mit einer Batterieladung bei 80 km/h 110 km weit fahren. Zu einer Serienherstellung kam es nicht, doch sollte Peugeot-Citroën eineinhalb Jahrzehnte später in der Tat Elektroautos einer neuen Generation auf den Markt bringen.

1985 erhielten die Peugeot 104 Coupé deutlich vergrößerte hintere Seitenfenster; den fünftürigen 104 gab es nur noch als GLS, bei dem selbst das Radiogerät zur Serienausstattung zählte; neu waren bei den 104 auch das Armaturenbrett und die Stoffüberzüge. Den dreitürigen 205 gab es ab Jahrgang 1985 unter dem Buchstaben X auch mit schwächeren Motoren (ab 954 cm³ für den XE); die 205-Palette setzte sich jetzt aus 14 Varianten zusammen.

Der 305 GT erhielt (u. a. dank Doppelauspuff) mehr Drehmoment, und den 305 Break konnte man auch mit 1,3-l-Motor haben. Die Ausstattung wurde allgemein und vor allem für die 505-Modelle aufgewertet. Das 4-Gang-Getriebe wurde auch bei den schwächer motorisierten 505 von einer 5-Gang-Einheit abgelöst, und die Kombi boten nun acht statt sieben Plätze.

Auf dem Salon von Paris im Oktober 1984 wurden bei den 305 (parallel zu analogen Citroën-BX-Modellen) dann noch der Automatic (1,6 l, 94 PS, neues 4-Stufen-Automatikgetriebe von ZF mit Wandlerüberbrückung) und der GTX (1,9 l, 105 PS, 0–100 km/h in 11 s, Spitze 182 km/h, galt auch für den Kombi) nachgeschoben. Der GTX erhielt ein etwas sportlicher abgestimmtes Fahrwerk und seine luxuriöse Innenausstattung stammte teilweise vom bisherigen Spitzenmodell GT.

Als Folge der notwendig gewordenen Strukturbereinigungen wurde Jean-Paul Parayre an der PSA-Konzernspitze im Herbst 1984 vom bisherigen Präsidenten Jacques Calvet abgelöst. Dieser blieb zudem Citroën-Präsident, während Jean Boillot zum Präsidenten der Automobiles Peugeot genannt wurde. Parayre hatte das harte Durchgreifen (Massenentlassungen bei Talbot und Citroën) Calvets abgelehnt; er verblieb aber im Verwaltungsrat.

Auf dem Genfer Salon 1985 kam die ganz in Weiß gehaltene Sonderausführung 205 Lacoste hinzu. Sie bot eine luxuriöse Innenausstattung und ein serienmäßiges Schiebedach. – In Spanien wurde die Modellreihe 205 übrigens mit eigener Motorenauswahl gebaut: 1118, 1204, 1294, 1442 und 1592 cm³; ebenso gab es den 309 mit 1592-cm³-OHV-Motor (statt des modernen 1580-cm³-Motors).

Am 15. März 1985 unterzeichnete die Automobiles Peugeot im chinesischen Guangzhou mit lokalen Partnern einen Industrievertrag, der die Montage und spätere Fertigung der (in Frankreich nicht mehr gebauten) Peugeot 504 Pick-up und Kombi vorsah. Der Ausstoß der Guangzhou Peugeot Automobiles Company Ltd (GPAC) sollte binnen vier Jahren von 1000 auf 15'000 Einheiten erhöht werden. Peugeot schuf nach Volkswagen das zweite China-Joint-Venture, erste Kontakte hatten allerdings schon 1979 stattgefunden.

Evolution 2. Wenngleich Peugeot schon drei von vier Läufen um die Rallye-WM gewonnen hatte, so wurde im Frühling 1985 doch bereits der 205 Turbo 16 Evolution 2 in Szene gesetzt: 20 Exemplare, von 990 auf 910 kg reduziertes Gewicht, hinterer Kastenrahmen durch Rohrkonstrukt ersetzt, Steifigkeit erhöht, Leistung von 350 auf 430 PS gesteigert.

C-28 Im Mai 1985 wurden von PSA erste Fotos einer modernen, zur Kompaktklasse zählenden viertürigen Limousine mit leicht angedeuteter Heckstufe und Heckklappe freigegeben. Dieses ursprünglich als Nachfolger des Talbot Horizon entwickelte Modell – so wurde nun bekannt – werde im Herbst nicht als Talbot, sondern als Peugeot auf den Markt kommen.

505 1986. Im Juli 1985 vorgestellt, ab September auf dem Markt: In der Ausführung 1986 erfuhr der seit April 1979 in 845'000 Einheiten gebauten 505 eine dezente Verjüngung. Bei den Limousinen umfassten die Änderungen etwas weniger hohe Stoßstangen mit in der Karosseriefarbe gehaltenen Schürzen aus Polyamid und betrafen auch die Scheinwerfer, die Hecklichteinheiten und den Flankenschutz. Auffallender war die Modernisierung im Innenraum: Das mit PVC in Ledernarbung überzogene Armaturenbrett besaß einen in die Mittelkonsole übergehenden massiven Mittelteil mit effektvollerer Heizungs- und Lüftungsanlage, u. a. mit pneumatisch gesteuerter Luftverteilung. Vorder- und Hintersitze waren wesentlich besser ausgeformt, und es gab neue Überzugsstoffe. Alle Modelle hatten die GTI-Aufhängung erhalten, womit Fahrverhalten und Komfort aufgewertet wurden. – Anderseits lief die Produktion des Peugeot 604 im Jahre 1985 aus.

309. In der zweiten Septemberhälfte 1985 war es so weit: Peugeot präsentierte das ursprünglich als Talbot initiierte Kompaktmodell mit dem Codenamen C-28 als Peugeot 309. Damit griff Peugeot in seiner von einer Null in der Mitte gekennzeichneten Nomenklatur weit vor. Mit 405 cm Länge reihte sich der 309 zwischen die Peugeot 205 (370 cm) und 305 (426 cm) ein. Weder Peugeot noch Citroën waren bis dahin in der Kompaktklasse vertreten gewesen. Ähnlich dem Ford Escort vereinte der 309 ein kurzes Stummelheck mit Heckklappe, allerdings wurde er ausschließlich fünftürig gebaut. Es gab ihn in sieben Varianten mit vier Benzinmotoren: 309 und 309 GL (1118 cm³), GL Profil und GR (1294 cm³), GR und

Peugeot 205 Turbo 16, 1985

Peugeot 104 Z, 1987

Peugeot 309 SR, 1986

Peugeot 205 CTI, 1987

SR (1580 cm³) und GT (1905 cm³). Die Herstellung erfolgte in dem inzwischen aufwändig modernisierten Werk Poissy.

Die 4- und 5-Gang-Getriebe entstammten den 205 und 305, waren aber leichtgängiger. Ebenso entsprach das Fahrwerk jenem des 205: vorne McPherson-Federbeine und untere Querlenker, hinten Längslenker und Quertorsionsfederstäbe. Der Gepäckraum ließ sich stufenweise von 295 auf 1280 dm³ vergrößern. Der trapezförmige Instrumententräger wirkte modern, war übersichtlich und trug im Übergang zur Mittelkonsole eine besonders effiziente Heiz- und Lüftungsanlage. Die Hälfte des Karosseriegewichtes entfiel auf elektrolytisch oder feuerverzinkte Bleche, und ebenso wie auf gute Aerodynamik Wert gelegt worden war, hatten sich die Konstrukeure auch um eine hochwirksame Geräuschdämpfung bemüht.

205 Cabriolet / Automatic. Im Januar 1986 kamen die neuen 205-Varianten Cabriolet und Automatic hinzu. Das Cabrio war wiederum mit → Pininfarina entwickelt worden, und mehrere seiner Fertigungsphasen erfolgten bei den Pininfarina-Karosseriewerken im Raum Turin. Trotz des Überrollschutzbügels, der auch der Stabilisierung des viersitzigen Offenaufbaus diente, wirkte der 205 Cabriolet ungemein hübsch und wohlproportioniert. Aus den diversen Verstärkungsmaßnahmen resultierte ein Mehrgewicht von 85 kg. Das Verdeck bestand aus mit PVC beschichtetem Baumwollstoff, das Heckfenster aus flexiblem Kunststoff.

Nebst der Karosserie war auch die Aufhängung den Verwindungseigenschaften eines Cabrios angepasst worden. Zugunsten eines guten Schluckvermögens wurde bei der 115 PS starken CTI-Version mit 1,6-l-Einspritzmotor – auch der 205 GTI leistete übrigens nun 115 PS – auf die vorderen Dreieckquerlenker des GTI verzichtet. Daneben gab es das Cabrio CT mit dem 80 PS leistenden 1,4-l-Motor. – Gleichzeitig wurde die 205-Auswahl durch die drei- und fünftürigen Modelle Automatic ergänzt: 4-Stufen-Automatikgetriebe 4 HP 14 von ZF in Verbindung mit dem 1,6-l-XU-Motor mit 80 PS. Im Mai 1986 kam eine Sonderausführung 205 XL Junior mit Jeanssitzen und weiterer Zier hinzu.

Peugeot 309 GTI, 1987

Peugeot 405 Break SRi, 1989

Peugeot 405 SR, 1988

Im Frühling 1986 entschloss sich Chrysler, sich von den 12,5 Prozent PSA-Beteiligung zu trennen. Die Peugeot-Familie blieb mit 33 Prozent Hauptaktionär, nun gefolgt von Michelin mit 7,6 Prozent. – 1985 und 1986 gewannen die Rallye-Boliden Peugeot 205 Turbo 16 nach Gruppe B mit Timo Salonen und Juha Kankkunen die Rallye-WM. Doch danach wurde die übermotorisierte Gruppe B ersetzt (Unfälle!). Ab Ende der 80er Jahre sollten für Peugeot fünf Siege in Folge beim Monsterraid Paris–Dakar resultieren.

205 GTI 1.9. Auf dem Autosalon von Paris im Herbst 1986 erhielt der GTI den 1,9-l-Motor mit 130 PS und Vierrad-Scheibenbremsen (0–100 km/h in 7,8 s, 206 km/h; mit Katalysator 104 PS und hintere Trommelbremsen, erst 1988/89 122 PS und ebenfalls vier Scheibenbremsen). Der GTI hatte inzwischen der Baureihe 205 zum besonderen Renommee verholfen.

505 V6. Mit dem Modelljahr 1987 gab es den 505 mit dem PRV-V6: Dieser 2849-cm³-OHC-Motor mit 90 Grad Gabelwinkel zeigte sich gründlich überarbeitet: Die Pleuellagerzapfen

Peugeot	Bauart	Mot.	Getr.	R/L cm	Baujahre
104	**Fr.**	**a–d**	**4**	**242/358**	**1980/81**
			4/5	**242/361,5**	**1981–88**
104 (Coupé) Z		**b/d/e**		**223/336,5**	**1980–88**
Motoren:	*Zyl.:*	*N'w.:*	*cm³:*	*PS/'min:*	*Nm/'min:*
a (Export *1983–)	4	OHC	954	45/6000	64/3000/69*/2750
b (*1982–)			1124	50/5500/4800*	84/2500/85/2800
c (–1983)			1219	57/5500	92/2750
d (S –1983)			1361	72/6000	107/3000
e (ZS 1982–85 *'82–84)				80/5800/72CH*/6000	110/2800/107/3000
205	**Fr.**	**a–z**	**4/5/A4**	**242/370,5**	**1983–89**
Motoren:	*Zyl.:*	*N'w.:*	*cm³:*	*PS/'min:*	*Nm/'min:*
a (–1987 +*1986/87	4	OHC	954	45/6000/42*	69/2750
b (1987–89 *ECE 1989–)				45/(42)/44*/5200	69/75/2400
c (–1987 *1986/87)			1124	50/4800/49*	85/2800
d (1987–89)				55/5800	89/3200
e (ECE 1989–)				54/5800/60K/6200	88/3200/3800
f (Export 1984–87)			1204	63	97
g (1987–89 *ECE 1989–)			1294	103/101*/6800	120/5000
h (*–1986)			1361	60/5000/72CH*/6000	107/2500/3000

Peugeot	Bauart	Mot.	Getr.	R/L cm	Baujahre
i (GT/XT –1986)				80/5800/72CH/6000	110/2800/107/3000
j (1986/87)				80/5800/79	110/2800
k (1987/88)				65/5400/61K/5200	113/103/3000
l (1988/89)				70/5600/61K/5200	111/3400/103/3000
m (ECE 1989–)				69/5600	109/3400
n (1987–89 +*1988/89)		4/4i		85/6400/80K*/62'	116/4000/111/40'
o (ECE 1989–)				84/6400/79K/62'/75	114/109/4000
p (Autom./5-G. '86–89)	4		1580	80/5600/75K/5800	132/2800/115/3000
q (ECE Autom. 1989–)				79/5600	130/3000
r (GTI –1985)	4i			105/6250	134/4000
s (GTI/CTI86–89+*Exp.)				115/6250/105CH*	
t (do. ECE 1989–)				113/104/6250	131/132/4000
u (GTI 1.9 1986–)			1905	130/104K/6000/102	165/4750/139/3000
v (1988/89)				100K/6000	137/3000
w (ECE 1989–)				127/120K/6000	161/4750/150/3000
x (ECE Aut.+CTI 1989–)				102K/6000	142/3000
y (*ECE 1989–)	4D		1769	60/59*/4600	108/110/2000
z (1988/89 *ECE 1989–)			1905	65/64*/4600	121/118/2000

Peugeot

Peugeot	Bauart	Mot.	Getr.	R/L cm	Baujahre
205 Turbo 16	**4x4**	**a–c**	**5**	**254/382**	**1983–86**
Motoren:	*Zyl.:*	*N'w.:*	*cm³:*	*PS/'min:*	*Nm/'min:*
a	4iT	D16V	1775	200/6750	255/4000
b (Rallyevers. –1985)				320/8000	343/5000
c (Rallyevers. 1985–)				450/7500	491/5500
309	**Fr.**	**a–u**	**4/5/A4**	**247/405**	**1985–90**
Motoren:	*Zyl.:*	*N'w.:*	*cm³:*	*PS/'min:*	*Nm/'min:*
a (–1989)	4	OHV	1118	55/6000	88/3000
b (ECE 1989–)		OHC	1124	60/5800	88/3200
c (*–1986)		OHV	1294	64/5600/71CH*/5400	108/2800/3000
d (1988/89)	4i	OHC	1361	80K/6200	111/4000
e (ECE 1989–)	4/4i			69/5600/79K/62'/75	109/3400
f (–1986)			1580	80/5600/105CH/6250	132/2800/131/4000
g (1986–88)				80/5600/104	132/2800
h (1988/89 *m.Autom.)	4			94/6250/80*/5600	137/3250/130/2800
i (1986–89)				75K/5800	115/3000
j (ECE 1989–)				92/89K/6250	128/3250
k (–1986)	4/4i		1905	105/5600/102K/6000	159/142/3000
l (1986/87 *1987/88)				105/5600/100K/6000	159/162*/137/3000
m (1988/89 *m.Autom.)	4i			110K/100K*/6000	161/143/6000
n (ECE 1989– *m.Aut.)	4/4i			110/109K/98K*/6000	160/3000
o (Export /GTI '86–88)	4i			98 / 130/6000	165/4750
p (GTI 1988/89)				130/122K/6000/120K	165/4750/153/3000
q (GTI ECE 1989–)				127/120K/6000	161/4750
r (GTI 16 ECE 1989–)		D16V		158/6500/147K/6400	177/166/5000
s (Italia 1986/87)	4D	OHC	1769	59/6250	108/2000
t (ECE 1989–)	4TD			78/4300	157/2100
u (1986–89 *ECE 1989–)	4D		1905	65/64*/4600	120/188/2000
305	**Fr.**	**a–p**	**4/5/A3/A4**	**262/423,5/426/429**	**1980–89**
Motoren:	*Zyl.:*	*N'w.:*	*cm³:*	*PS/'min:*	*Nm/'min:*
a (–1983 *Lüfter aus)	4	OHC	1290	60/65*/54/5750	92/94/88/3750
b (1983–87)				65/6000/60/64	94/3750
c (–1983 *Lüfter aus)			1472	67/74*/5700/78CH	113/116/3000
d (S –1982 *Lüft. aus)				86/89*/5800/	122/125/3000
e (1983–86)				74/6000/78CH/72	116/3000
f (1986–88)				74/6000/68	
g (SR 1983–85)				74/6000	119/2500
h (GT'82–86+Aut.84–86)			1580	94/6000/93/92CH/96	134/3750
i (1985/86)				80/5600/92CH	130/2800
j (1986– *–1988)				80/5600/75K*/5800	132/2800/115/3000
k (Automatic –1986)				94/6000/92CH/90	137/3250
l (GTX/GT 1984–86)			1905	105/5600/102	162/3000/158
m (1986/87)				105/5600/100K/6000	159/137/3000
n (Export 1986/87)				98	–
o (–1982 *Lüfter aus)	4D		1548	43,5/49*/5000	83/85/2500
p (1982–)			1905	65/4600	120/2000
405	**Fr.**	**a–r**	**4/5/A4**	**267/441/440**	**1987–90**
Motoren:	*Zyl.:*	*N'w.:*	*cm³:*	*PS/'min:*	*Nm/'min:*
a (*1988–)	4	OHC	1361	64/5400/69*/5600	111/3000/109/3400
b (–1988)			1580	92/6000/75K/5800	132/2600/117/3000
c (1988/89)				92/6000/72K/5600	132/2600/123/2800
d (Export –1989)				80/72	–
e (ECE 1989–)	4/4i			92/88K/6000/72	132/2600/128/2100
f (–1988)	4		1905	110/6000/95/90	160/3000
g (–1988)	4i			107K/6000/105	140/3000
h (1988/89 +*1988–)				110/110K/6000/95*	160/3000
i (ECE '89– *m.Autom.)				110/109K/105K*/60'	160/158/3000
j (GRI / SRI –1988)				125/5500	175/4500
k (GRI / SRI 1988/89)				122/122K/5500/120	170/4500
l (GRI/SRI ECE 1989–)				122/5500/120K/6000	170/4500/150/3000
m (MI 16 –1988)		D16V		160/6500/158	181/5000
n (MI 16 1988–)				158/6500	177/5000
o (MI 16 +*1988–)				150K/6400/147K*	166/5000
p (1988–)	4TD	OHV	1769	90/4300	180/2100
q (1988/89)	4D		1905	70/65/4600	120/2000
r (ECE 1989–)				69/64/4600	120/118/2000

Peugeot	Bauart	Mot.	Getr.	R/L cm	Baujahre
504	**St.**	**a/e**	**4/A3**	**274/448,5**	**1980–83**
504 Break / Familiale		**a–c/ /e–g**		**290/480/494U**	
504 C (Coupé/Cabrio)		**d/h**	**5/A3**	**255/436**	
Motoren:	*Zyl.:*	*N'w.:*	*cm³:*	*PS/'min:*	*Nm/'min:*
a	4	OHV	1796	74/80*/5400/5500	139/142/2500
b			1971	92,5/96*/5000/5200	158/161/3000
c (USA –1982)				89/4500	148/3000
d				101/106*/5200	167/169/3000
e (Coupé V6)	V6i	OHC	2664	144/5500	217/3000
f (–1982)	4D	OHV	2112	59/65*/4500	117/119/2500
g			2304	64/70*/4500	129/131/2000
h (USA)				72/4500	134/2500
505	**St.**	**a–i2**	**4/5/A3/A4**	**274,5/458**	**1980–90**
505 Break				**290/490**	**1982–90**
Motoren:	*Zyl.:*	*N'w.:*	*cm³:*	*PS/'min:*	*Nm/'min:*
a (Export'81/82 *L.a.)	4	OHV	1796	74/80*/5400	139/142/2500
b (Export 1983–85)				75/5400	145/2500
c (1985–)				84/5250/90	144/2750
d (–1983 *Lüfter aus)			1971	92,5/96*/5000/5200	158/161/3000
e (Break GL/+CH'82/83)				82/5000	158/2500
f (1983–85)				100/5000	161/3000
g (Break–85 +CH 83–86)				96/5200	
h (1985–88)				98/5250/100/108	
i (1988– *Break/Fam.)				106/5250/98*/5200	
j (USA '85/86 *'86/87)	4i			97/98*/5000	157/3500
k (–1981)	4	OHC	1995	110/5250	171/3500
l (1984–86 *It.'86/87)	4i			110/120*/5500	163/3000
m (STI 1981–83)			2165	117/5250	186/3500
n (GTI 1983–85)				130/5750	188/4250
o (GTI Export 1984/85)				123/5500	180/4250
p (GTI 1985/86)				123/5750/130/114K	
q (1986–89)				123/122/5750/116K	
r (1989–)				114K/5000	174/3500
s (USA 1988–)	4iT			183	278
t (Turbo Inj. 1982–85)			2156	150/5200	235/3000
u (do.US/Exp./CH'84/5)				142/5600/155/158	222/3800
v (do. '85–88 *'87/88)				167/5200 /178K*	260/3000
w (do. CH/Kat. '85/86)				158/150K	–
x (do.Ital./Kat.86–88)				180 /150K/5000/143	– / 244/2750
y (1986–88)	V6i		2849	170/5600/146K/5000	235/4150/3750
z (1988–)				166/5600/146K/5000	235/4250/3750
a2 (*Lüfter aus –1983)	4D	OHV	2304	64/70*/4500	129/131/2000
b2 (USA –1981)				72/4500	134/2500
c2 (*Lüft.aus +'83–85)	4TD			73/80*/4150	181/184/2000
d2 (USA –1981)				81/4150	184/2000
e2 ('81–87 *Lüft. aus)	4D		2498	70/76*/4500	147/150/2000
f2 (1985–)				69/4500	148/2000
g2 (1983–87)	4TD			95/4150/90	206/2000
h2 (1986/87)				110/4150	235/2000
i2 (1987–)				104/4150/90	235/2000/204
604	**St.**	**a–f**	**4/5/A3**	**280/472**	**1980–86**
Motoren:	*Zyl.:*	*N'w.:*	*cm³:*	*PS/'min:*	*Nm/'min:*
a (–1981)	V6	OHC	2664	136/5750	207/3500
b (–1983)	V6i			144/5500	217/3000
c (CH 1982/83)			2849	155/5500	230/3000
d (1983– *Export)				155/5750/150*/57'	238/235/3000
e (1981–83 *Lüft. aus)	4TD	OHV	2304	73/80*/4150	181/184/2000
f (1983– *Export '84–)			2498	95/90*/4150	206/204/2000
605	**Fr.**	**a–e**	**5**	**280/472,5**	**1989/90**
Motoren:	*Zyl.:*	*N'w.:*	*cm³:*	*PS/'min:*	*Nm/'min:*
a	4/4i	OHC	1998	114/5800/108K/5600	168/2250/164/3500
b	4i			128/121K/5600	175/4800/170/4000
c	V6i		2975	167K/5600	235/4600
d		024V		200K/6000	260/3600
e (1990–)	4TD	OHC	2088	109/4300	245/2000

waren jetzt um 30 Grad verschränkt, was einen regelmäßigen Zündwinkel von 120 Grad wie bei einem 60-Grad-V6 erbrachte. Zusammen mit neu geformten Brennräumen und Ansaugkanälen ergaben sich eine Leistung von 170 PS und eine Spitze 205 km/h. Der 505 V6 wurde serienmäßig mit einem ABS von Teves und einer geschwindigkeitsabhängigen Servolenkung ausgestattet. Diese Lenkung und das ABS wurden fortan auch in den 505 Turbo Injection eingebaut, der nun 180 statt 167 PS leistete (210 km/h, Verzicht auf Differenzialbremse). Der 505 GTD Turbo (Turbodieselmotor) erhielt einen Ladeluftkühler, womit die Leistung von 95 auf 110 PS anstieg (178 km/h, nun ebenfalls Vierrad-Scheibenbremsen).

1987 erhielt der 104 (den es auch als Style Z gab) einen an den 205 anklingenden Kühlergrill mit drei Querstäben; der 309 wurde durch die drei Dieselversionen GLD, SRD und GRD ergänzt (1,9 l, 65 PS). Um die strengeren CH-Abgasnormen erfüllen zu können, war von Solex, Matra Electronic und Peugeot gemeinsam ein Carburateur piloté bzw. elektronisch gesteuerter Vergaser mit Sensoren und Stellgliedern entwickelt worden. – Wegen des Erfolgs von 4x4-Fahrzeugen in Frankreich plante Peugeot eine Zivilversion des unter Mercedes-Benz-Lizenz als P4 gebauten G-Wagens.

309 dreitürig / GTI. Just zum Jahresende 1986 stellte Peugeot eine dreitürige Ausführung des Modells 309 vor. Sie war schon von Anfang an mitentwickelt worden (cw-Wert 0,33). Es gab sie mit fünf Motoren und in diversen Ausstattungen. Spitzenmodell war der 309 GTI mit 1,9-l-Einspritzmotor und 130 PS (0-100 km/h in 8 s, 186 km/h; Alufelgen, Heckspoiler, Seitenschutzleisten, Schalensitze mit Veloursüberzügen, sechs Rundinstrumente usw.). – *Für 1987 plante die Automobiles Peugeot den Abbau von weiteren 2563 von den verbliebenen 64'000 Arbeitsplätzen.*

405. Im Mai 1987 fügte Peugeot zwischen die Modellreihen 305 und 505 den 405 ein: Eine ausgewogen und strömungsgünstig geformte viertürige Limousine mit gegenüber dem 305 von 262 auf 267 cm verlängertem Radstand und 441 statt 426,5 cm Länge. Die Breite war von 163,5 auf 169,5 cm erweitert worden, die Dachhöhe mit 140,5 cm in etwa gleich geblieben. Zu den dank dem Frontantriebs-/Quermotorkonzept generösen Innenabmessungen kam ein respektables Kofferraumvolumen von 470 dm3.

Als Basismotor wurde das 1361-cm^3-Aggregat mit 65 PS angeboten, wie es bereits im Citroën AX eingebaut wurde. Darüber rangierte ein 1,6-l-Motor, der mit einem 5- statt 4-Gang-Getriebe verbunden wurde, und noch potenter gaben sich die 1,9-l-Motoren mit oder ohne Einspritzung. Als Topausführung wurde überdies der MI-16 angekündigt: 1,9 l, DOHC, 16 Ventile, 160 PS, 0–100 km/h in 8 s, 220 km/h (den gleichen Motor gab es auch im Citroën BX GTI 16 S), zudem Bugschürze, auskragende Schweller, breite Seitenschutzleisten sowie Alufelgen und Niederquerschnittreifen.

Peugeot 605 SV 24, 1990

Gegen Aufpreis wurde die reichhaltige Ausstattung des MI-16 durch ein ABS System Bendix ergänzt.

Vorne fanden sich auch bei den Peugeot 405 McPherson-Federbeine mit Dreieckquerlenkern, hinten Längslenker und Quertorsionsfederstäbe (mit Hilfsrahmen). Der 405 führte die Peugeot-Tradition der komfortbetonten und zugleich fahrsicheren Limousinen weiter. – Um anderseits die fahrdynamischen Qualitäten dieser neuen Modellreihe zu unterstreichen, wurde auch gleich eine zweitürige Rennversion in Coupéform mit der Zusatzbezeichnung Turbo 16 in Aussicht gestellt...

205 1988. Mit diesem Jahrgang wurden die bisher fast liegend eingebauten kleineren Quermotoren durch die neue, nahezu senkrecht stehende TU-Triebwerkfamilie mit 954, 1124 und 1360 cm^3 ersetzt, wie sie bereits im Citroën AX eingeführt worden war. Die Leistung lag teils höher als zuvor. Zudem erhielt der Peugeot 205 einen neuen, noch zweckmäßigeren und formschöneren Instrumententräger sowie neue Polsterstoffe und Innenauskleidungen und u. a. eine geänderte Heckklappe. Den bei Pininfarina gebauten 205-Cabrio wurde alsbald eine preisgünstige Variante mit 1,4-l-Motor (und elektronischem Vergaser) zur Seite gestellt. Der gleiche 61-PS-Motor fand sich auch im ebenfalls neuen 205 XS, der sich äußerlich in einem GTI-Look zeigte.

205 Rallye. Alsbald kam der 205 Rallye hinzu, der sich als ein Zwischenschritt auf dem Weg zum GTI anbot und mit seinem schmucken weißen Karosseriekleid mit diskreten Rallye-Farbstreifen auf dem Kühlergrill und ausgestellten Radhausausschnitten vor allem junge Enthusiasten ansprach. Es gab ihn mit 1294 cm^3, zwei Doppelvergasern und 101 PS. U. a. für den Export wurde später ein 205 Rallye mit dem 1905-cm^3-Motor und Bosch-Jetronic-Einspritzung (102 PS) in Produktion genommen.

1988 wurden die 305 nur noch mit 1,6-l-Benzin- und 1,9-l-Dieselmotor angeboten. Den 505 Turbo Injection gab es neu auch mit 178 PS. – Im Mai 1988 wurde der Peugeot 305 Berline nach 1,63 Millionen Einheiten aus dem Produktionsprogramm gestrichen, der Break verblieb noch im Angebot. Im Juni 1988 lief die Produktion des Peugeot 104 nach 1'624'000 Exemplaren aus.

405 Break. Nachdem der Peugeot 405 ab dem Genfer Salon 1988 auch mit Diesel- und Turbo-Dieselmotor sowie mit einem 4-Stufen-Automatikgetriebe von ZF lieferbar geworden war, lancierte Peugeot im Mai 1988 die erwartete Kombiversion. Großzügige Fensterflächen sorgten für eine fast nahtlose Rundsicht. Radstand, Länge, Technik und Ausstattungsvarianten (GL, GR, SR) stimmten mit der Limousine überein, und es standen drei Otto- und zwei Dieselmotoren zur Wahl.

Für den Modelljahrgang 1989 rüstete Peugeot diverse Modelle entsprechend den Abgasvorschriften je nach Land mit teils veränderten Motoren aus. U. a. gab es den 309 GTI auch in der Katalysatorversion mit höherer Leistung, nämlich 122 PS, und zudem war er jetzt auch fünftürig zu haben. Der 1,9-l-Dieselmotor im Modell 405 wurde mit oder ohne Abgasrückführung versehen (65 bzw. 70 PS). Neu waren bei den 205 und 309 die akustischen Lichtausschaltwarner... Beginn des Pieps-Zeitalters in der populären Klasse. – *Im Herbst 1988 konnte die Herstellung des 20-millionsten Peugeot gefeiert werden.*

405 X4 + MI 16 X4. Nach dem bereits im Herbst 1988 auf der Mondial in Paris vorgestellten Citroën BX 4x4 zeigte der PSA-Konzern im März 1989 auf dem Genfer Salon anderseits die permanent allradgetriebenen 405-Versionen X4 und MI 16 X4. Während die 405 GRI X4 und SRI X4 ein zentrales und ein hinteres Differenzial aufwiesen, die sich unterhalb 15 km/h gemeinsam manuell sperren ließen (ab 25 km/h automatisch wieder aufgehoben), besaß der MI 16 X4 ein zentrales Differenzial mit Viskokupplung und ein hinteres Torsen-Differenzial. Das Drehmoment wurde zu 53 Prozent auf die Vorder- und zu 47 Prozent auf die Hinterräder geleitet. Bei beiden Systemen erhielten die Hinterräder eine elektrohydraulische Niveauregulierung, die mittels Druckänderungen über die Stoßdämpfer wirkte. Mit einem Druckknopf im Kofferraum ließ sich überdies die hintere Bodenfreiheit um bis 7 cm erhöhen. Bei den GRI/SRI X4 wurde ein ABS gegen Aufpreis geliefert, im MI 16 X4 mit dem 150 PS leistenden DOHC-16-Ventil-Motor wurde es serienmäßig eingebaut.

309 1990. Den schon Ende Juni 1989 vorgestellten neuen Jahrgang erkannte man am Grill mit Peugeot-Löwe, einer bis auf den Stoßschutz hinabreichenden Heckklappe (Ladekante 65 statt 81 cm über Boden) und trapezförmigen Heckleuchten. Innen fanden sich ein bogenförmiger Instrumententräger, ein neugestaltetes Lenkrad und neue Stoffe; das Handschuhfach hatte einen Deckel erhalten. Als Topmodell kam der 309 GTI 16 hinzu: 1905 cm^3, DOHC, 16 Ventile, 158 PS (noch ohne Katalysator, später mit Katalysator nur 120 PS). Es handelte sich um das gleiche Aggregat, wie es im 405 MI 16 eingebaut wurde.

Dem Beispiel von Mercedes-Benz folgend hatte Peugeot bei neuen Motoren schon ab 1986 die gegenüber den DIN-Werte um gut 2 Prozent niedrigeren ECE-Leistungsangaben eingeführt. Mit dem Jahrgang 1990 folgte die Umstellung bei sämtlichen Modellen (wie dies aus der Tabelle hervorgeht).

605. Stilistisch war der im September 1989 zur IAA Frankfurt gebrachte Peugeot 605 eine Vergrößerung des erfolgreichen 405. Gleichzeitig glich seine elegante Silhouette in auffallender Weise jener des leicht kleineren → Alfa Romeo 164, die ja ebenfalls bei Pininfarina skizziert worden war. Der 605 ersetzte die Modellreihe 505 (die es in einigen Versionen weiterhin gab), besaß aber wie alle kleineren Peugeot Frontantrieb und Quermotor. Mit 280 cm Radstand erinnerte der 605 aber auch an den bis 1986 gebauten 604, den er mit 472,5 cm Länge ebenfalls egalisierte (505: 274,5/458 cm). Dank des neuen Antriebkonzepts stand aber deutlich mehr Passagierraum zur Verfügung. Der Luftwiderstandsbeiwert wurde mit cw 0,28 bis 0,30 angegeben.

PSA-konzernintern ließ sich der 605 mit dem Citroën XM vergleichen und entsprechend standen zwei 2-l-Vierzylinder und zwei 3-l-V6 zur Wahl. Im SRI lieferte der 1998-cm^3-OHC-Motor mit Einspritzung Bosch LE 2 Jetronic (bzw. bei Kataysator Motronic) 128 PS. Den PRV-V6 gab es als SR und SV mit 167 PS und als SV 24 mit 24 Ventilen und Katalysator mit just 200 PS. Dieser „Vierventiler“ mit einer obenliegenden Nockenwelle pro Zylinderbank wurde vorerst ausschließlich im 605 angeboten. Er zeichnete sich durch ein variables Ansaugsystem mit zwei externen und zwei internen Drosselklappen aus. Diese wurden von einer Motorelektronik des Typs Fénix 4 gesteuert elektropneumatisch aktiviert.

Sowohl vorne wie hinten besaß der 605 Fahrschemel. Vorne wurden Federbeine und Dreieckquerlenker verwendet, hinten kam eine neuentwickelte Radführung mit übereinanderliegenden Dreieckquerlenkern und Schraubenfedern zur Anwendung, die auf minimale vertikale und Lastwechselreaktionen ausgerichtet war. Die SV-Modelle erhielten überdies ein elektronisch geregeltes Dämpfersystem mit fünf Sensoren. Die Ausstattung war reichhaltig und umfasste beim Topmodell SV 24 nebst ABS auch Lederpolster, Klimaanlage sowie u. a. elektrisch verstell- und beheizbare Vordersitze. – Auf den Auslandmärkten erreichte der 605 eine eher diskrete Marktpräsenz, während er sich auf dem Heimmarkt just zehn Jahren lang halten sollte.

Ab Anfang September 1989 wurden die Werke in Mülhausen und Sochaux von einer siebenwöchigen Streikwelle heimgesucht. Es ging um gewerkschaftliche Lohnforderungen, und in der sechsten Woche setzte die Regierung einen Vermittler ein. Die patriarchalisch geführte Firma gestand am Ende nur eine kleine Erhöhung der Gewinnbeteiligung zu. Der Gewinn aber ging infolge der Streikbewegung, von der auch Zulieferanten in Mitleidenschaft gezogen wurden, deutlich zurück. Ebenso hatte der nur von einem Teil der Belegschaft befolgte erste Streik seit 25 Jahren erhebliche Umsatz- und Marktanteileinbussen bewirkt.

Mit dem Genfer Salon wurden im März 1990 für die Modellreihe 605 auch ein 4-Stufen-Automatikgetriebe von ZF (in der dritten Stufe zu 60 Prozent, in der obersten Stufe dank Wandlerüberbrückung vollumfänglich mechanisch) und ein 2088-cm^3-Turbodieselmotor eingeführt (12 Ventile, Turbolader von Mitsubishi, maximaler Ladedruck 0,8 bar, 109 PS, analog zu Citroën XM Turbo D12, Bezeichnung 605 dt).

Offenbar vor dem Hintergrund des Streiks war es zwischen Konzernchef Calvet und Peugeot-Präsident Boillot zum Bruch gekommen. Er führte dazu, dass sich Jean Boillot zum Rücktritt entschloss. Er war seit 1954 bei Peugeot, war ein Mann der Automobiltechnik und des Marketings, hatte weitgehend zur Gesundung von Peugeot beigetragen und hatte für einen erfolgreichen Einsatz seiner Marke im Rennsport gesorgt. Finanzspezialist Jacques Calvet übernahm nun nebst der PSA-Konzernpräsidentschaft und jener von Automobiles Citroën auch jene von Automobiles Peugeot.

Peugeot
Argentina

Die größeren Peugeot-Limousinen und -Kombi mit Hinterradantrieb waren dank ihrer Qualitäten auch in manchen Entwicklungsländern besonders beliebt. Der 1960 vorgestellte Peugeot 404 mit seiner zeitlos charakteristischen, von Pininfarina entworfenen Karosserie war bis 1980 beispielsweise auch noch von Safrar-Peugeot in Argentinien hergestellt worden (mit 1,6-l-OHV-Motor oder 1,9-l-Dieselmotor). Die 1964 gegründete Firma Safrar-Peugeot setzte aber mehr und mehr auf den Typ 504, der zunächst als Peugeot 2000 bezeichnet wurde. Es gab ihn wahlweise mit einem 2-l-Benzinmotor (105 und 110 SAE-PS) oder mit dem 2,3-l-Dieselaggregst.

Zwecks Rationalisierung von Produktion und Vertrieb schlossen sich die argentinischen Filialen von Peugeot und → Fiat (Argentina) 1980/81 zur Sevel Südamerika zusammen. Fiat und PSA betrieben bereits in Süditalien die gemeinsame Firma Sevel Süd (Herstellung von Kastenwagen). In Argentinien überließ die PSA ihre Peugeot- und Citroën-Werke allerdings der Fiat-Seite.

1981 wurde der Peugeot 505 in das Programm aufgenommen (im gleichen Jahr kam auch eine Pick-up-Version des 504 hinzu).

1985 erhielt der 2-l-Motor des Peugeot 504 eine Leistungssteigerung von 90 auf 100 PS, und im selben Jahr nahm Sevel in der Zentralprovinz Cordoba die Herstellung des Pick-ups Chevrolet C-10 Silverado auf.

1987 wurde mit dem Peugeot 505 Inyection Argentiniens erstes Auto mit Benzineinspritzung auf den Markt gebracht. Mit ihr leistete der 2-l-Motor 107 statt 100 PS. 1988 erhielt die 504-Karosserie Detailänderungen.

1994 verpasste Pininfarina den argentinischen 504 eine neue Front mit massiverem Stoßschutz und ein modernisiertes Heck. 1996 sollte Fiat dann das Lizenzabkommen mit Sevel aufkünden, um in der Provinz Cordoba ein eigenes Werk aufzubauen. Zwei Jahre später übernahm Peugeot die vollständige Kontrolle über Sevel, und im Jahr 2000 erfolgte die Umwandlung in die Peugeot Citroën Argentina SA.

Peugeot 504 SR, 1988

Peugeot Argentina	Bauart	Mot.	Getr.	R/L cm	Baujahre
404	**St.**	**a/b**	**4**	**265/442,5/445**	**1980/81**
Motoren:	*Zyl.:*	*N'w.:*	*cm³:*	*PS/'min:*	*Nm/'min:*
a	4	OHV	1618	62/5200	115/2500
b	4D		1948	51/4500	108/2000–2250

2000 = 504 /+weit.Mod.

Phoenix

Ab 1982 baute Luiz Henrique Mignone in Rio de Janeiro auf dem Unterbau des Chevrolet Opala eine GfK-Karosserie in Form des Mercedes-Benz 280 SL von 1963. 1984 kam eine eigene Chassiskonstruktion hinzu.

280 SL. Die echt wirkenden Cabrio- und Hardtopkarosserien trugen statt des Mercedes-Sterns eine eingekreiste T-förmig stilisierte Schwalbe im Kühlergrill. Die Mechanik entstammte den brasilianischen → Chevrolet Opala bis Diplomata: 2,5-l-Vierzylinder mit 80 PS oder 4,1-l-Sechszylinder mit 116 PS; 4- oder 5-Gang-Getriebe bzw. 5-Gang-Getriebe oder 3-Stufen-Automatikgetriebe Tri-Matic. Das Zentralrohrchassis war mit den Opala-Aufhängungselementen verbunden (hintere Starrachse usw.).

Mitte der 80er Jahre erreichte der Jahresausstoß zwischen 60 und 100 Stück. Die Marke Phoenix war auch noch auf dem Salon von Sao Paulo im Oktober 1988 präsent; sie wurde von der LHM Industrias Mecanicas Ltda in Rio bis 1989 hergestellt.

Phoenix 280 SL Hardtop + Cabrio, 1986

Phoenix	St.	a/b	4/5/A3	243/428,5	(1985)–88
Motoren:	*Zyl.:*	*N'w.:*	*cm³:*	*PS/'min:*	*Nm/'min:*
a (–1987)	4	OHV	2471	80/4600/76A/4000	163/2400/167/2000
b (1987–)				84/4400/88A/4000	164/2000/190/2500
c (–1987)	6		4093	116/4000	261/2200
d (1987–)				116/4000/126	275/273/4000
d (1987–)				135A/4000	295/2000

Pininfarina

Gegründet 1930 von Battista „Pinin“ (der Kleine) Farina (1893–1966) als S. A. Carrozzeria Pinin Farina in Turin; schuf ab 1931 Spezialkarosserien, zunächst auf Lancia- und Fiat-Chassis, alsbald teils auch in Kleinstserien. Später kamen u. a. aerodynamische Studien hinzu. Besonders berühmt wurden die zahlreichen von Pinin Farina eingekleideten Ferrari. Ab 1961 durfte sich die Familie Pinin Farina offiziell Pininfarina nennen. Unter dem Sohn Sergio Pininfarina erlangte das Unternehmen industrielle Dimensionen, indem für die großen Marken mehr und mehr Nischenmodelle in Serie gebaut wurden. Neben Produktionswerken unterhält Pininfarina im Großraum Turin ein bedeutendes Forschungs- und Entwicklungszentrum sowie (seit 1972/73) einen Windkanal. Sergio Pininfarina verstand es, talentierteste Designer zu engagieren und zu fördern. Im Autodesign galt sein Unternehmen als die Nr. 1.

1981 baute Pininfarina in seinen Werkanlagen in Grugliasco Kleinserien- bzw. Nischenmodelle für Alfa Romeo (Spider), Ferrari (Typ 400), Fiat (Sport Spider und Campagnola), Lancia (Beta Coupé, HPE und Gamma Coupé) und Peugeot (504 Coupé und Cabriolet). Im Herbst 1981 kam das Cabriolet Talbot Samba hinzu, und die Tagesproduktion erreichte Anfang 1982 insgesamt rund 180 Stück.

Spidereuropa. Der Fiat Sport Spider, der im Jahre 1966 als Fiat 124 vorgestellt worden war, wurde seit 1976 in Europa nicht mehr angeboten, sondern ausschließlich für den amerikanischen Markt gebaut. Entsprechend hatte er vorstehende Stoßstangen erhalten (für die vorgeschriebene schadlose Absorption von Kollisionen mit bis 8 km/h) sowie eine den US-Abgasvorschriften entsprechende elektronische Benzineinspritzung L-Jetronic von Bosch, mit der das 2-l-DOHC-Aggregat auf 103 PS kam. Für die USA gab es auch eine Version mit Abgasturbolader, die es auf 122 PS brachte.

Auf dem Genfer Salon im März 1982 feierte nun Fiats Sport Spider – nicht ganz überraschend – ein

Pininfarina Spidereuropa, 1983

Comeback auf dem europäischen Markt. Nachdem die Engländer die Produktion des MG B und sogar des modernen Triumph TR 7 aufgegeben hatten, war eine Marktlücke entstanden, die sich mit dem meisterhaft zeitlos geformten italienischen 2+2-Sitzer (hinten nur Kindersitze) zumindest teilweise ausfüllen ließ. Allerdings prangte nun über dem niedrigen Kühlergrill nicht mehr das Fiat-Markenzeichen, sondern jenes von Pininfarina, und Marken- und Modellbezeichnung lauteten nun Pininfarina Spidereuropa. Es war das erste Serienauto dieser Marke! Der Vertrieb erfolgte (je nach Land) über das Fiat-Vertriebsnetz.

Das Design hatte, abgesehen von Details, keine Änderung erfahren. Auffallend waren die modisch schwarzen Stoßstangen und Windschutzscheibenrahmen. Beim Motor handelte es sich nach wie vor um den 2-l-DOHC mit elektronischer Zündung und Benzineinspritzung L-Jetronic; in der Europa-Aus-

Pininfarina	Bauart	Mot.	Getr.	R/L cm	Baujahre
Spidereuropa	**St.**	**a–d**	**5/A3**	**228/414/410,5**	**1982–85**
Motoren:	*Zyl.:*	*N'w.:*	*cm³:*	*PS/'min:*	*Nm/'min:*
a (USA *1982–)	4i	DOHC	1995	103/5200/5500*	152/3500/149/3000
b (Europa *1982–)				122/5300/105*/5500	172/3500/150/3300
c (USA 1982/83)	4iC			122	176
d (Volumex 1983–)				135/5600	206/3000

Plymouth

Pininfarina Spidereuropa Volumex, 1984

führung leistete er 105 statt 103 PS. Er wurde mit einem 5-Gang-Getriebe oder einem 3-Stufen-Automatikgetriebe von GM kombiniert. Die Radführung erfolgte vorne mittels Trapez-Dreieckquerlenkern, hinten durch eine Starrachse mit Längsschub- und Reaktionsstreben sowie Panhardstab. Es wurden Vierrad-Scheibenbremsen (mit Servo) und eine Lenkung mit Schnecke und Rolle verwendet.

Spidereuropa Abarth / Volumex. Zunächst als Prototyp wurde auf dem Autosalon von Turin 1982 eine Version mit mechanischem Kompressor eingeführt, die den famosen Beinamen Abarth tragen durfte. Sie unterschied sich äußerlich durch gelochte Leichtmetallfelgen, schwarze Radausschnitt-Auskragungen sowie einen nun wieder verchromten Windschutzscheibenrahmen. Der zahnriemengetriebene Kompressor sorgte im Verein mit einem Weber-Doppelvergaser für eine Leistung von 135 PS. – In Produktion genommen wurde dieser besonders schnelle Spidereuropa allerdings erst im Sommer 1983, und seine Zusatzbezeichnung lautete nun Volumex statt Abarth, dies analog zu den in gleicher Weise motorisierten (allerdings mit Frontantrieb versehenen) Lancia-Modelle.

Im Frühling 1982 nahm Pininfarina in Cambiago, 40 km südlich von Turin, ein neues Centro Studi e Ricerche (Forschung und Entwicklung) in Betrieb: eine architektonisch mustergültige Anlage, die auf drei Etagen und 13'780 m² richtungsweisende Anlagen einschließlich 2D- und 3D-Abteilungen sowie modernste Vorstellräume bot. – In den USA wurde der Spider Pininfarina, so die offizielle Bezeichnung, ab 1983 durch die International Automobile Importers Inc. (IAI) vertrieben.

Spidereuropa 1985. Auch wenn man das von außen kaum sah – abgesehen von dem wieder verchromten Windschutzscheibenrahmen, so wartete der Spidereuropa auf dem Salon von Paris im Oktober 1984 doch mit einigen Verbesserungen auf: An vorderster Stelle stand dabei der Übergang zur Zahnstangenlenkung, hinzu kamen größere Bremsscheiben, neue Aluräder und Verbesserungen im Cockpit, einschließlich eines neuen Lenkrades.

Im September 1985 wurde die Produktion des Spidereuropa eingestellt. Um die letzten Exemplare sollen sich die Liebhaber noch gestritten haben. Von den ab 1966 gebauten über 200'000 Spider wurden rund 170'000 nach den USA exportiert. Mit der Aufgabe des Spidereuropa entschwand auch die Eigenmarke Pininfarina. Die Produktion umfasste aber weiterhin die im Auftrag gebauten Nischenmodelle anderer Marken: Alfa Romeo Spider, Cadillac Allanté, Ferrari Testarossa, Lancia Thema Station Wagon und Peugeot 205 Cabriolet.

Gegründet 1928 als „Einsteigermarke" der Chrysler Corporation. Allmählich wurden die meisten Plymouth parallel mit den etwas luxuriöseren Dodge gebaut.

Reliant. Dies galt auch für die im Frühherbst 1980 lancierte Reihe Reliant, die den Typ Volaré ablöste. Die zusammen mit dem Dodge Aries als K-car bezeichneten und in drei Karosserieversionen lancierten Reliant sollten mit zur Genesung der in arge Bedrängnis geratenen Chrysler Corporation beitragen. Sie hatten Frontantrieb mit quer eingebautem Vierzylindermotor. Während die 2,2-l-Einheit eine Chrysler-Eigenentwicklung war, handelte es sich beim 2,6-l-Motor mit zwei Schwingungsausgleichwellen um eine Mitsubishi-Konstruktion. Es gab den Plymouth Reliant in der Basisversion Custom und als aufgewertete SE-Modelle. Das Reliant-Kühlergitter gemahnte ein wenig an jenes der Mercedes-Benz.

Die K-cars hatte Chrysler-Generaldirektor Lee A. Iacocca als ersten Schritt zur Rettung des Konzerns schon Ende 1979 in Aussicht gestellt. Sie erfüllten den dringenden Bedarf an kostengünstigen und vor allem sparsamen US-Modellen (Importwagen gab es bereits mehr als für die amerikanische Industrie gut war!). Im Verbund mit 4-Gang-Getriebe benötigte der 2,2-l-Motor im Stadtverkehr 9,4 und bei konstanten 55 mph (88,5 km/h) 5,7 l/100 km. Auf Wunsch gab es zum 2,2-l-Motor – zur 2,6-l-Einheit ausschließlich – das 3-Stufen-Automatikgetriebe Torqueflite. Dank der Lenkradschaltung fanden auch auf der vorderen Sitzbank drei Personen Platz.

Das Fahrwerk umfasste vorne Federbeine mit Dreieckquerlenkern, hinten eine Starrachse mit Längslenkern und Panhardstab sowie Schraubenfedern. Die Bremsanlage – vorne mit belüfteten Scheiben – und die Zahnstangenlenkung waren auf Wunsch servobestückt. Nebst der viertürigen Stufenhecklimousine gab es von Anfang an auch eine coupéartige Zweitürversion, deren zweites Seitenfenster an ein Opera Window gemahnte, sowie einen fünftürigen Kombi. Gerade dieser erschien vielversprechend, weil es noch kaum leichtgewichtige und sparsame Station Wagons gab. Eine kleine Besonderheit der K-Reihe: Statt eines Kurbelfensters fand sich in den Hintertüren nur ein kleiner Ausstellflügel.

Horizon. Seine Bezeichnung wies darauf hin, dass der Plymouth Horizon (wie sein Parallelmodell Dodge Omni) gleichzeitig mit dem französischen Chrysler-Simca Horizon (→ Talbot) entwickelt worden war. Dieser basierte auf dem richtungsweisenden Simca 1100. Das Ende 1977 vorgestellte Duo wurde von Chrysler als Amerikas erste kleine Fronttriebler gefeiert.

Weil man die 1,1- bis 1,4-l-Motoren aus Frankreich als zu schwach einstufte, hatte Chrysler für den US-Horizon und den Omni einen Liefervertrag mit Volkswagen abgeschlossen. Hierzu wurde der OHC-Motor aus dem Golf von 1,6 auf 1,7 l vergrößert (86,4 statt 80 mm Hub). Die Vorderradaufhängung bestand aus Dreieckquerlenkern und Federbeinen (ähnlich wie beim Golf), während sich die hintere Einzelradaufhängung

Plymouth TC 3 Miser, 1982

aus gezogenen Dreiecklängsschwingen und Schraubenfedern zusammensetzte. Bremsen und Lenkung wurden auf Wunsch mit Servo geliefert.

Neben der fünftürigen Limousine, die weitgehend dem französischen Pendant glich (die 22 cm zusätzliche Länge kamen von den weit ausragenden Stoßstangen), gab es das originelle 4/5-sitzige Fastbackcoupé Horizon TC 3 mit dreiteiliger Heckscheibe. Trotz eines um 6 cm kürzeren Radstandes brachte es dieses Coupé mit Schrägfront und hinterem Überhang auf eine Länge von 442 statt 418,5 cm.

Mit dem Modelljahr 1981 wurden die beiden US-Horizon auch mit dem eigenen 2,2-l-Motor lieferbar, wie er bereits im Reliant seinen Dienst versah. Auch er ließ sich außer mit einem 4-Gang-Getriebe mit dem 3-Stufen-Torqueflite kombinieren. Die kleine Limousine zeigte 1981 einen leicht geänderten Kühlergrill ohne horizontalen Mittelbalken.

Gran Fury. Mit seinen Abmessungen von 301 cm Radstand und 560 cm Länge verkörperte der Gran Fury die klassische amerikanische Standardgröße (standard size). Er war das Parallelmodell zu den teureren Dodge St. Regis und Chrysler Newport. Der 5,9-l-Motor war für das Modelljahr 1981 gestrichen worden und so standen noch der 3,7-l-Reihen-Sechszylinder (mit seitlicher Nockenwelle) und der 5,2-l-V8 zur Wahl. Die Leistung des „Six" war wegen der Abgasvorschriften auf bloß noch 86 PS gedämpft worden, während der V8 nun etwas mehr, nämlich 132 PS, leistete (für Kalifornien und Europa dank Vierfachvergaser 167 PS). Es war ausschließlich das 3-Stufen-Automatikgetriebe Torqueflite verfügbar. Die Aufhängung war Chrysler-typisch: Vorne oberer Dreieckquerlenker und unterer einfacher Querlenker mit elastisch gelagerter Zugstrebe und längsliegendem Torsionsfederstab, hinten die altbackene Starrachse mit Halbelliptikfedern. Die Bremsanlage (vorne belüftete Scheiben) und die Kugelkreislauflenkung arbeiteten mit Servo.

Trail Duster. Als Parallelmodell zum Dodge Ramcharger lud der Trail Duster zum „Ausritt" abseits der Straße. Hierzu bot er einen zuschaltbaren Vorderradantrieb, 20 cm Bodenfreiheit und kurze Überhänge. Für Robustheit sorgten ein Kastenrahmen mit fünf Traversen sowie vordere und hintere Starrachsen mit Halbelliptikfedern. Äußerlich glichen sich Trail Duster und Ramcharger wie ein Ei dem andern. 1981 standen der 3,7-l-Sechszylindermotor mit 91 PS (für Europa mit Doppelvergaser und 110 PS) und die 5,2-l- und 5,9-l-V8 (122–188 PS) zur Wahl. Reich war auch die Auswahl an Kraftübertragungen: 3- und 4-Gang-Getriebe mit diversen Untersetzungen sowie das 3-Stufen-Automatikgetriebe Loadflite mit Wählhebel am Lenkrad. Hinzu kamen eine Differenzialbremse und ein zentrales Differenzial mit zuschaltbarer Reduktion. Von der Konkurrenz unterschieden sich die Chrysler-„Zwillinge“ durch die in das Dach hineingewölbte zweite Seitenscheibe der dreitürigen Kombikarosserie. Topausführung war der Trail Duster Macho. – Allerdings überließ Plymouth das Feld der Geländekombi alsbald der Schwestermarke Dodge.

Ebenfalls unter der Marke Plymouth gab es in Nordamerika den Kleinwagen Champ (= Mitsubishi Colt) und das Coupé Sapporo (auch es von Mitsubishi aus Japan geliefert).

Horizon 1982. Mit dem Modelljahr 1982 kamen einerseits die vereinfachten Modelle Horizon Miser und TC 3 Miser, anderseits E-Type (= Europa, mit schwarzer statt Chromzier, kürzerer Achsuntersetzung, verbesserter Ausstattung) und TC 3 Turismo (mit sportlichem Outfit) hinzu.

Reliant 1982, Die Reliant-Vorderradaufhängung und -Bremsanlage waren verbessert worden, das maximale Drehmoment von 151 Nm des 2,2-l-Motors wurde schon bei 2400/min statt bei 2800/min erreicht, die Anzeigeinstrumente besaßen weiße statt rote Zahlen, und die hinteren Seitenfenster waren versenkbar ausgeführt.

Gran Fury 1982. Für 1982 wurde der Gran Fury stark verkleinert: Sein Unterbau entsprach noch jenem des früheren Volaré. Radstand und Länge verkürzten sich damit von 301/559,5 cm auf 286,5/522,5 cm. Nach wie vor standen ein 3,7-l-Reihensechszylinder- und ein 5,2-l-V8-Motor zur Wahl.

Horizon / Turismo 1983. Mit dem Modelljahr 1983 wurden in den Basisausführungen des Horizon und seiner Coupéableitung das 1,6-l-OHV-Aggregat von Talbot bzw. PSA anstatt des 1,7-l-OHC-Motors von Volkswagen (63 statt 64 PS) eingebaut. Die Coupés trugen nun die Bezeichnung Turismo (statt TC 3). Weiterhin war alternativ der Chrysler-eigene 2,2-l-Motor erhältlich. Dessen Leistung war für 1983 von 85 PS bei 4800/min auf 95 PS bei 5200/min gesteigert worden. Neu stand zusätzlich ein 5-Gang-Getriebe (mit Kabelzügen statt Gestänge) zur Wahl. – Der erstarkte 2,2-l-Vierzylindermotor sowie das 5-Gang-Getriebe kamen auch den Plymouth Reliant zugute.

Voyager. Im Frühling 1983 kündigte die Chrysler Corporation unter der Bezeichnung T-Wagon eine neue Karosserieart an, die im Herbst und somit zum Modelljahr 1984 als Plymouth Voyager und als Dodge Caravan auf den Markt kommen sollte. Unter der Bezeichnung Plymouth Voyager war bis dahin ein Kleinbus hergestellt worden. Mit diesem Duo wurde die amerikanische Minivan-Welle begründet, der eine ungeahnte Bedeutung zukommen sollte. Bei 285 cm Radstand erreichten die Außenmaße 447x177x164 cm und damit ungewohnte Proportionen, die durch den Halbfrontlenker-Vorderteil mit abfallender Motorhaube zusätzlich unterstrichen wurden. Nebst zwei Vordertüren gab es eine hintere Schiebetüre rechts sowie eine Heckklappe.

Plymouth Reliant Custom, 1982

Plymouth Gran Fury, 1983

Plymouth Turismo Duster, 1985

Plymouth Reliant, 1985

Plymouth Caravelle, 1985

Plymouth Horizon America, 1987

Plymouth

Technisch basierte der als Fünf- und Siebensitzer konzipierte Voyager auf dem K-car-Konzept mit Frontantrieb und Quermotor. Wahlweise wurden der Chrysler-2,2- oder der Mitsubishi-2,6-l-Vierzylindermotor eingebaut, und es wurden 4- und 5-Gang-Getriebe und ein 3-Stufen-Automatikgetriebe vorgesehen.

1984 erhielt der Turismo eine geänderte Front mit rechteckigen Doppelscheinwerfern. Die Reliant-Front bestand aus einem chromgefassten schwarzen Gitter mit mittig eingelegtem Chrysler-Pentastar; außerdem waren das Instrumentarium und die Ausrüstung verbessert worden. Den Gran Fury gab es ausschließlich noch mit dem 5,2-l-V8.

Caravelle. So hieß ein Zusatzmodell, das im September 1984 lanciert, aber erst 1985 lieferbar wurde. Es war eine preiswertere Ausführung des → Dodge 600, zeigte sich in der Version SE aber ebenfalls reichhaltig ausgerüstet. Dieser sechssitzige Sedan mit sechs Seitenfenstern und 262,5 cm Radstand füllte die Lücke zwischen den Modellen Reliant und Gran Fury. Angetrieben wurde er über die Vorderräder vom 2,2-l-Motor ohne oder mit Turbo (Zentral- bzw. Multiport-Einspritzung und 100 bzw. 148 PS) oder vom 2,6-l-Motor. Es gab ihn ausschließlich mit dem 3-Stufen-Automatikgetriebe Torqueflite.

1985 präsentierten sich die Reliant mit einer neuen, aerodynamisch verbesserten Front ohne den dicken Chromstreifen über dem Kühlergrill. Die Scheinwerfer wanderten in Mulden, und die Länge wuchs von 447 auf 454 cm. Der Gran Fury erfuhr eine Leistungssteigerung um 10 PS.

1986 ersetzte der neue 2,5-l-Motor (→ Chrysler) bei den Reliant und Caravelle den 2,6-l-Motor von Mitsubishi. Der Caravelle erfuhr kleine Änderungen an der Front (höherer Stoßbalken, Chrysler-Pentastar in Kühlergittermitte) und am Heck.

Sundance. Ursprünglich hätte das Plymouth/Dodge-Duo Sundance/Shadow die betagten Horizon/Omni ersetzen sollen. Doch auf der Chicago Auto Show im Februar 1986 wurden die kleinsten Chrysler-Modelle mit einer nach ausländischem Muster stark aufgewerteten Grundausstattung und gleichzeitig reduzierten Preisen auf Vordermann gebracht. Dies mit Erfolg, denn nun konnten sie weiterproduziert werden, und die im März vorgestellten, zwei- und viertürigen P-cars Sundance/Shadow übernahmen eine Zwischenrolle unterhalb der K-cars Reliant/Aries. Gegenüber diesen waren Radstand und Länge von 255 auf 246,5 cm bzw. von 454 auf 436 cm verkürzt worden. Es standen die 2,2-l-Motoren ohne oder mit Turbo zur Wahl, was bei wenig über 1100 kg Leergewicht gute Leistungsfähigkeit versprach, und die Ausstattung zeigte sich auf vergleichsweise hohem Niveau. Die Auslieferungen begannen teils erst gegen Ende 1986.

1987 gab es den Horizon (in Kanada hieß er Expo) nicht mehr mit dem von Peugeot bezogenen 1,6-l-Motor; das 3-Stufen-Automatikgetriebe Torqueflite erhielt eine Wandlerüberbrückung; der Minivan bzw. Großraumkombi Voyager wurde neu in einer Extended-Ausführung mit 302,5 cm Radstand und 484 cm Länge angeboten, zudem gab es ihn mit einem 3-l-V6, der von Mitsubishi bezogen wurde.

1988 entfiel die Coupéableitung Turismo des Horizon; neu gab es vom Sundance eine RS-Version mit 2,5-l-Motor, 5-Gang-Getriebe, Zweitonlackierung und Heckspoiler.

Acclaim. Dieser löste im Herbst 1988 den Caravelle ab. Zusammen mit dem Spirit von Dodge verkörperte er die neuen A-Modelle. Sie basierten auf dem 262,5-cm-Radstand von Caravelle und Dodge 600, waren aber mit 460 cm um 10,5 cm kürzer. Bei gleich gebliebener Breite von 173 cm

Plymouth	Bauart	Mot.	Getr.	R/L cm	Modelljahre
Horizon (*1985)	**Fr.**	**a–e**	**4/A3/5**	**252/418,5/412***	**1981–85**
				251,5/414,5	**1986–90**
Horizon TC 3		**b/c**		**245,5/441,5**	**1981/82**
Turismo		**c–f**		**245,5/440/444**	**1983–87**
Motoren:	*Zyl.:*	*N'w.:*	*cm³:*	*PS/'min:*	*Nm/'min:*
a (1983 *1984–86)	4	OHV	1592	63/65*/4800	117/3200/118/2800
b (*1982/83)		OHC	1716	64/5200/4800*	113/2400
c (–1982)			2213	85/4800	151/2800
d (*1984–87)				95/97*/5200	159/161/3200
e (1988–)	4i			94/4800	165/3200
f (Turismo 2.2 '84–86)	4			112/5600	175/3600
Laser	**Fr.**	**a/b**	**5/A4**	**247/433**	**1989/90**
Motoren:	*Zyl.:*	*N'w.:*	*cm³:*	*PS/'min:*	*Nm/'min:*
a	4i	OHC	1755	93/5000	142/3500
b	4i/4iT	D16V	1997	137/193/6000	169/5000/276/3000
Sundance	**Fr.**	**a–d**	**5/A3**	**246,5/436**	**1986–90**
Motoren:	*Zyl.:*	*N'w.:*	*cm³:*	*PS/'min:*	*Nm/'min:*
a (*1989–)	4i	OHC	2213	98/4200/94*/4800	166/165/3200
b (*1988)	4iT			148/5200	230/3600/2400*
c (1988– *Export)	4i		2501	101/105*/4800/95	183/2800
d (1989–)	4iT			152/4800/146	244/2000
Reliant	**Fr.**	**a–f**	**4/A3/5**	**255/447,5**	**1981–84**
				255/454	**1985–88**
Motoren:	*Zyl.:*	*N'w.:*	*cm³:*	*PS/'min:*	*Nm/'min:*
a (1981/*1982)	4	OHC	2213	85/4800	151/2800/2400*
b (1983 *1984/85)				95/97*/5200	159/161/3200
c (1986–88 *1989–)	4i			98/5200/94*/4800	166/165/3200
d (1987/88 *1989–)			2501	101/4800	185/180*/2800
e (*1983)	4		2555	93/94*/4500	178/179/2500
f (1984/85 *1986/87)	4/4i*			102/101*4800	190/180/2800
Caravelle (*1986–)	**Fr.**	**a–e**	**A3**	**262,5/474/470,5***	**1985–88**
Motoren:	*Zyl.:*	*N'w.:*	*cm³:*	*PS/'min:*	*Nm/'min:*
a (1985)	4i	OHC	2213	100/5600	164/3200
b (1986– *Export 1986)				98/5200/101*/5600	166/3200
c (**1987– *Exp. 1986)	4iT			148/150*/5200	228/231**/3600
d (1986– *Export 1986)	4i		2501	101/105*/4800	180/2800
e (–1985)	4		2555	102/4800/100CA	190/2800/186

Plymouth	Bauart	Mot.	Getr.	R/L cm	Modelljahre
Acclaim	**Fr.**	**a–c**	**5/A3/A4**	**262,5/460**	**1989/90**
Motoren:	*Zyl.:*	*N'w.:*	*cm³:*	*PS/'min:*	*Nm/'min:*
a	4i	OHC	2501	101/4800	183/2800
b	4iT			152/4800/146	244/2000
c	V6i		2972	143/5000	232/3600
Gran Fury	**St.**	**a/b**	**A3**	**301/559,5**	**1981**
Motoren:	*Zyl.:*	*N'w.:*	*cm³*	*PS/'min:*	*Nm/'min:*
a	6	OHV	3678	86/91C/3600	224/1600/1200
b	V8		5210	132/167C+E/4000	312/326/2000
Gran Fury (*1986–)	**St.**	**a–e**	**A3**	**286,5/522,5/519,5***	**1982–89**
a (*1983)	6	a/b	3678	91/3600	217/224*/1600
b (–1983)	V8		5210	132/167C/4000	312/326/2000
c (1984 *Police)				132/167*/4000	319/1600/326/2000
d (1985–87 *1988–)				142/3600	360/1600/2000*
e (Pol.'85–+*Exp.'87–)				177/180*/4000	339/3200
Voyager	**Fr.**	**a–g**	**5/A3**	**284,5/456**	**1984–87**
			5/A3/A4	**284,5/447/450,5**	**1987–90**
Grand Voyager				**302,5/484**	
Motoren:	*Zyl.:*	*N'w.:*	*cm³:*	*PS/'min:*	*Nm/'min:*
a (*1987)	4	OHC	2213	97/5200/4800*	164/3200/179/2800
b (1986–88 *1989–)	4i		2501	101/4800	180/183*/2800
c (1989– *Export)	4iT			152/4800/146*	244/2000
d (*1986/87)	4		2555	102/105*/4800	190/193/2800
e (1987 *1988)	V6i		2972	142/138*/4800	231/2800/224/2400
f (1989– *Export)				144/5000/141*/5200	234/2800/230/2400
g (1990–)			3301	152/4800	251/3600
Trail Duster	**K'r./(4)**	**a–d**	**3/4/A3/+R**		**269/469 1981**
Motoren:	*Zyl.:*	*N'w.:*	*cm³:*	*PS/'min:*	*Nm/'min:*
a	6	OHV	3678	91/110E/3600	217/1600
b	V8		5210	122/3600	332/1600
c (Calif./Europa)				157/168/4000	326/2000
d			5898	132/3200/188/4000	346/373/2000

Poncin

Plymouth Sundance Liftback, 1987

Plymouth Acclaim LX, 1989

Plymouth Grand Voyager LE, 1989

erreichte die Dachhöhe 141 statt 135 cm, und statt Sechsfensterkarosserien besaßen sie noch vier Seitenfenster. Das Design war schlichter und klarer geworden. Es gab den Acclaim mit 2,5-l-Vierzylinder, ohne oder mit Turbo (102 bzw. 152 PS). Zusammen mit dem 3-l-V6 (nun 143 statt 138 PS) wurde das neue Torqueflite-Getriebe A 604 mit vier Stufen und elektronisch gesteuertem Schaltmanagement eingebaut. Diese Motor-/Getriebekombination wurde auch im Voyager erhältlich.

1989 wurde der dicht unter dem Acclaim liegende Reliant noch in der preisgünstigen America-Ausführung zwei- und viertürig (also ohne Kombi) weitergebaut. Per Ende 1988 wurde die Herstellung des großen Plymouth Gran Fury aufgegeben. Die Produktion des kleinen Horizon wurde hingegen an die Jefferson Avenue in Detroit verlegt (weil das frühere AMC-Werk in Kenosha, Wisconsin, geschlossen wurde). Der Sundance erhielt Änderungen an Front und Heck, die Turboversion hatte nun 2,5 l Hubraum.

Laser. Ein schon Anfang 1987 mit Mitsubishi abgeschlossener Vertrag sah die Entwicklung neuer kleiner US-Modelle für Chrysler vor. Zum Jahreswechsel 1987/88 wurde die Skizze eines Coupés veröffentlicht, das bei der neuen Firma Diamond-Star Motors in Bloomington-Normal, Illinois, zu bauen war. Als erstes Resultat dieser Entwicklung wurden im November 1988 die bis auf die Namen und einige Details identischen 2+2-sitzigen Coupézwillinge Plymouth Laser und → Mitsubishi Eclipse vorgestellt. Technisch basierten sie auf dem frontgetriebenen Mitsubishi Galant mit auf 247 cm verkürztem Radstand. Für die Formgebung – Front mit Klappscheinwerfern und auf Schlitze unter dem Stoßschutz beschränktem Lufteinlass, Semi-Fastback mit Heckklappe und dreiteiliger Panorama-Heckscheibe – war jedoch das Designzentrum Chrysler Pacifica in Carlsbad, Kalifornien, verantwortlich gewesen. Das Basismodell besaß einen 1,8-l-OHC-Motor (90 PS), RS und RS Turbo boten den 2-l-DOHC-16-V-Motor ohne und mit Turbo (140 bzw. 190 PS).

1990 wurde der Sundance auch mit dem 176 PS starken 2,2-l-Turbomotor mit Abgasturbolader Garrett T3 und Intercooler lieferbar. Im Februar 1990 wurde das Werk an der Jefferson Avenue in Detroit geschlossen, womit der Horizon endgültig aus der Produktion verschwand. – *Die Marke Plymouth wurde 2001 von DaimlerChrysler aufgegeben.*

Gilles Poncin nutzte den Salon von Paris im Oktober 1984 um seinen Einstieg in die Herstellung eines straßentauglichen kleinen Geländewagens zu markieren. Bis dahin war die 1981 gegründete Société des Véhicules Poncin auf die Fabrikation von sechs- und achträdrigen schwimm- und wattfähigen Kleinstfahrzeugen mit Citroën-Zweizylindermechanik spezialisiert gewesen. Mit der Neukonstruktion visierte die Poncin SA in Tournes, Ardennen, für 1986 einen Jahresausstoß von über 10'000 Exemplaren an. In einem neuen Werk sollten an die 500 Arbeiter und „etliche Roboter" eingesetzt werden. Der Poncin 4x4 war als Konkurrenz zu den Suzuki SJ, Lada Niva und Aro 100 gedacht.

4x4 Dieser neue größere Poncin war im typischen kantigen Stil eines „Jeep-Type-Vehicles" gehalten. An eine schwarz gerahmte Front mit großen Rechteckscheinwerfern schloss sich eine flache Motorhaube an. Auch in diesem Poncin sorgte eine Citroën-Maschine für den Antrieb, und zwar der luftgekühlte 1,3-l-Vierzylinder-Boxer aus dem GSA. Bei der Kraftübertragung – vier Gänge mit Untersetzungsgetriebe und Differenzialsperre – handelte es sich hingegen um eine Poncin-eigene Konstruktion. Die Räder waren vorne wie hinten einzeln aufgehängt und mit Scheibenbremsen versehen. Bei 212 cm Radstand ergab sich eine Aufbaulänge von 384 cm. 30 cm Bodenfreiheit und abgeschrägte Überhänge sorgten für ein beachtlich hohes Maß an Geländetüchtigkeit. Der Poncin konnte offen oder mit aufgespanntem Verdeck gefahren werden. Es gab einfache bis sportlich-luxuriöse Innenaustattungen.

MUT Doch ab 1986 wandte sich Poncin einem Nachbau des Ford Mutt zu, einer in den 60er Jahren zu militärischen Zwecken konstruierten Alternative zum ursprünglichen Jeep. Genau wie dieses bis in die 70er Jahre gebaute amerikanische Geländefahrzeug besaß der Poncin MUT (= Maximal Utilisation du Territoire) eine kantige Kühlerfront mit horizontalen Kühlluftschlitzen und einen rudimentären Karosserieaufbau. So lange sie verfügbar waren, wurden 2,3-l-Ford-Motoren eingebaut. Darauf folgte zusammen mit einem neuen flachen Plattformrahmen der 2,2-l-Einspritzmotor von Renault (95 PS). Zum Ende der 80er Jahre war auch der 2,1-l-Turbodieselmotor von Renault verfügbar (88 PS), es gab vordere und hintere Differenzialsperren, ein Hardtop und Schalensitze. Ein feinmaschiges Kühlergitter ersetzte die waagerechten Frontschlitze.

Poncin 4x4, 1984

Pontiac

Entstanden 1926 als Zweigmarke von Oakland (löste diese 1932 ab). In der Hierarchie der fünf traditionellen amerikanischen General-Motors-Marken belegte Pontiac das zweitunterste Podest über Chevrolet, mit denen die Pontiac-Modelle technisch identisch oder zumindest verwandt waren. In der Regel waren die Pontiac „etwas feinere Chevy". Dies galt 1980 auch für den auslaufenden Typ Sunbird, für den es bis zum Erscheinen der J-car-Serie keine Neuerungen mehr gab. Die bei → Chevrolet im Detail festgehaltenen prinzipiellen Änderungen und Bemerkungen zum Jahrgang 1981 gelten daher auch für Pontiac.

Phoenix. Kleinstes Modell in der für 1981 im Herbst 1980 angekündigten Jahrgangs war der im April 1979 als Teil der X-car-Reihe vorgestellte Phoenix. Mit Frontantrieb und Quermotor bedeuteten die X-cars eine radikale Abkehr von den amerikanischen Gepflogenheiten: Kleinere Abmessungen und niedrigeres Gewicht entsprachen den dringenden Anforderungen der Zeit. Den Phoenix gab es 1981 als fünftürige Fließhecklimousine mit sechs Seitenfenstern (Sedan Hatchback) und als zweitüriges Stufenheckcoupé (Coupe Notchback) sowie zusätzlich als LJ (luxuriöser ausgerüstet) und SJ (sportlich angehaucht). Die Frontpartie war neu gestaltet worden.

Basismotor war der markeneigene 2,5-l-Grauguss-Vierzylinder mit seitlicher Nockenwelle. Darüber rangierte der GM-2,8-l-V6 mit zentraler Nockenwelle. Beide Antriebsaggregate wurden entweder mit einem 4-Gang-Getriebe mit Mittelschaltung oder mit dem Automatikgetriebe Turbo Hydra-Matic mit Lenkradschaltung kombiniert. Vorne wurden Federbeine und untere Dreieckquerlenker, hinten eine Starrachse mit Längslenkern, Panhardstab und Schraubenfedern verwendet. Der Phoenix erhielt vordere Scheibenbremsen (belüftet, auf Wunsch mit Servo) und eine Zahnstangenlenkung (auf Wunsch mit Servo).

Le Mans. Die Baureihe Le Mans besaß immer noch ein Kastenrahmenchassis mit Traversen. Sie war mittelgroß, aber bereits in den zurückliegenden Jahren zwecks Gewichts- und Verbrauchseinsparung verkleinert und abgemagert worden. Für 1981 hatte man die Front und den Dachabschluss aerodynamischer gestaltet. Auffallend war die Schrägstellung des niedriger ausgeführten Kühlergrills, das aber weiterhin von einer marken- bzw. modelltypischen Mittelrippe zweigeteilt wurde. Es gab den Le Mans und den Grand Le Mans, beide Linien als viertürige Limousine, zweitüriges Coupé und als fünftürigen Kombi mit der Bezeichnung Safari; alle boten sechs Sitze.

Die Motorisierungsskala begann mit dem Buick-V6 mit 3,8 l Hubraum; hinzu kamen drei V8 mit 4,3, 4,9 (nur Station Wagons) und 5,7 l Inhalt. Bei Letzterem handelte es sich um den 1978 von Oldsmobile eingeführten Dieselmotor, der es wegen der Abgasvorschriften auf bloß noch 106 PS brachte. Wer statt des dreistufigen Automatikgetriebes Turbo Hydra-Matic eine Handschaltung wollte, musste sich auf drei Gänge und die Limousinen mit V6-Motor beschränken. Zur Aufhängung zählten vorne Trapez-Dreieckquerlenker und Schraubenfedern, hinten eine Starrachse mit Schraubenfedern, unteren Längslenkern und oberen zum Differenzial führenden Längslenkern. Servobremsen waren nur für die Station Wagons serienmäßig, und nur bei den Modellen mit V8-Motor zählte die Kugelkreislauf-Servolenkung mit variierender Untersetzung zur Grundausstattung.

Grand Prix. Dies war die Coupéversion des Le Mans. Wie der Chevrolet Monte Carlo hatte sie für 1981 eine neue Karosserie mit geglätteten Seitenflächen statt der angedeuteten Radhauskontursicken, eine niedrigere Front und eine geänderte Dachform erhalten. Dies erbrachte eine wesentlich verbesserte Aerodynamik (angeblich um einen Fünftel reduzierter Luftwiderstand) und damit die anvisierte Verbrauchsreduktion. Das Coupé wurde außer in einer Grundausführung mit den Ausstattungslevels LJ und neu Brougham angeboten. Wie beim Le Mans wirkten die zweifarbigen Ausführungen besonders schmuck. Die Technik stimmte mit jener des Le Mans überein, doch beschränkte sich das Motorenangebot auf den 3,8-l-V6, den 4,3-l-V8 und den 5,7-l-Diesel-V8.

Catalina und Bonneville. Bei diesem Duo handelte es sich um die in der traditionellen Standardgröße gehaltenen Pontiac. Sie waren auf einem Kastenrahmen mit Traversen aufgebaut und besaßen die gleiche Fahrwerkskonstruktion wie die Baureihe Le Mans, doch war für die Hinterachse auf Wunsch eine Niveauregulierung erhältlich. Es gab den Catalina, den Bonneville und den Bonneville Brougham als viertürige Limousinen und zweitürige Coupés. Hinzu kamen die Station Wagons Catalina Safari und Bonneville Safari. Diese Kombis hatten eine an Blattfedern geführte hintere Starrachse, waren anstatt mit sechs auch mit acht Sitzen lieferbar und sie übertrafen mit ihren Abmessungen (550 cm Länge, 203 cm Breite) die Limousinen noch deutlich (544 bzw. 194 cm). Sie waren nur mit dem 5-l-V8 oder dem 5,7-l-Diesel-V8 zu haben, während in Limousine und Coupé auch der 3,8-l-V6 und der 4,3-l-V8 eingebaut wurden (s. Le Mans).

Zusammen mit dem 5-l-V8 wurde statt des ebenfalls noch neuen Lock-up-Automatikgetriebes (Schlupfunterbindung in der 1:1-Stufe) ohne Mehrpreis das neue 4-Stufen-Automatikgetriebe eingebaut: Die als Overdrive bezeichnete zusätzliche Stufe lag über dem direkten Gang und reduzierte die Drehzahl im Sinne des Treibstoffsparens. Für 1981 zeigte sich der Kühlergrill feinmaschiger und in der Mitte nach oben leicht zugespitzt.

Pontiac Grand Prix, 1981

Firebird. Der Firebird war das seit 1967 gebaute Parallelmodell zum Chevrolet Camaro. Wie diesem kam dem „Feuervogel" allmählich ein Kultstatus zu, der unter den Fans in Europa fast noch mehr gepflegt wurde als in den USA selbst. Das viersitzige Coupé zeichnete sich ebenso durch seine wuchtige Eleganz wie durch Modellkonstanz aus. Vom Camaro hob es sich durch die eigenständige Front- und Heckgestaltung deutlich ab. Charakteristisch war das 1979 eingeführte kühlergitterfreie „Gesicht" mit den in Vertiefungen lauernden rechteckigen Doppelscheinwerfern. Der zweiteilige Lufteinlass war in den Stoßschutz integriert.

1981 gab es die Ausführungen Firebird, Esprit, Formula und TransAm. Die Motorisierung begann mit dem 3,8-l-V6 von Buick (112 PS, nur Firebird und Esprit), führte über den 4,3-l-V8 (122 PS, ohne TransAm) zu den 4,9- und 5-l-V8. Den 4,9-l-V8 gab es mit 152 PS nur in Firebird und Esprit, während der 5-l-V8 mit 147 PS Formula und TransAm vorbehalten war. Stärkste Maschine war seit 1980 (nun mit 203 PS) jedoch eine Chevy-Version des 4,9-l-V8, die mit einem Abgasturbolader bestückt wurde (max. Ladedruck 0,6 bar).

Je nach Motor wurden ein 3-Gang-Getriebe (nur mit dem V6), das Turbo Hydra-Matic (V6, 4,3- und 4,9-l-V8) und ein 4-Gang-Getriebe (nur 5-l-V8) eingebaut, alle mit Mittelschaltung. Das Firebird-Fahrwerk umfasste vorne Trapez-Dreieckquerlenker und Schraubenfedern, hinten eine Starrachse mit Halbelliptikfedern. Die Bremsanlage (vorne belüftete Scheiben) war bei den V8-Modellen in Serie mit einem Servo dotiert. Die Kugelkreislauflenkung arbeitete mit Servo und variierender Untersetzung. Auf Wunsch gab es auch Vierrad-Scheibenbremsen.

Da die Marke Pontiac in Kanada besonders stark verankert war, wurden von der in Oshawa, Ontario, niedergelassenen General Motors of Canada Limited teils eigene große Modelle auf Chevrolet- und Pontiac-Basis kreiert.

T 1000. Nachdem ein analoges Modell (unter der Bezeichnung Acadian) bereits für den kanadischen Markt geschaffen worden war, kam der T 1000 im Februar 1981 auch auf den US-Markt: Er war eine mit entsprechendem Kühlergesicht und weiteren Details auf Pontiac getrimmte Version des → Chevrolet Chevette, der seinerseits aus dem früheren Opel Kadett hervorgegangen war. Es gab dieses kleine Fastbackmodell sowohl dreiwie auch fünftürig. Der Antrieb erfolgte durch einen 1,6-l-OHC-Vierzylinder, und es standen 4- und 5-Gang-Handschaltgetriebe sowie das 3-Stu-

Pontiac Grand Le Mans Safari, 1981

fen-Turbo Hydra-Matic zu Wahl. Die Aufhängung: vorne Dreieck-Querlenker mit Schraubenfedern, hinten Starrachse, Kardanwelle in kurzem Schubrohr mit Zentralgelenk, Längslenker, Panhardstab und Schraubenfedern. Für Bremsen und Lenkung waren je ein Servo erhältlich.

J 2000. Im April 1981 wurde neben dem → Chevrolet Cavalier und dem → Cadillac Cimarron der zu GM's J-cars zählende Pontiac J 2000 vorgestellt. Konstruktiv glich er dem → Opel Ascona, hatte also ebenfalls Frontantrieb, Quermotor und eine hintere Einzelradaufhängung, und er war nicht zuletzt als eine Antwort auf die japanische Modelloffensive auf dem amerikanischen Markt gedacht. Den J 2000 gab es in den Zusatzausstattungen LE und SE, und er wurde als viertürige Stufenhecklimousine, ebensolches Coupé, fünftüriger Station Wagon und als besonders attraktives dreitüriges Fastbackcoupé gebaut. Dieses glich von hinten betrachtet stilistisch dem → Opel Monza. Die J 2000 besaßen eine attraktiv geformte markentypisch zweigeteilte Front mit rechteckigen Doppelscheinwerfern, und sie wurden auch zweifarbig angeboten.

Wie den Chevrolet Cavalier gab es den J 2000 vorerst ausschließlich mit einem neuen 1,8-l-Motor in Grauguss und mit seitlicher Nockenwelle (89 PS), der wahlweise mit einem 4-Gang-Getriebe oder einem 3-Gang-Automatikgetriebe THM 125 vereint wurde. Vorne wurden Federbeine und untere Dreieckquerlenker, hinten Längsschwingen verwendet. Die Servobremsen hatten belüftete Bremsscheiben (vorne), und die Zahnstangenlenkung wurde auf Wunsch ebenfalls mit einem Servo dotiert.

Zum Modelljahr 1982 wurde der J 2000 wahlweise mit 1,8-l OHC-Motor mit Leichtmetall-Zylinderkopf von Chevrolet Brasilien lieferbar. Mit Einspritzung dotiert kam dieses Aggregat auf 85 PS, versprach aber dank 5-Gang-Getriebe und kürzerer Untersetzung erhöhtes Spurtvermögen. Auch mit diesem Motor ließ sich das Automatikgetriebe bestellen.

Vor den Sommerferien 1981 lief im Montagewerk Norwood, Ohio, einer der letzten Firebird TransAm vom Band. Seit 1967 waren 1'456'790 Firebird-Coupés und anfänglich auch -Cabriolets gebaut worden, davon seit 1969 immerhin 459'913 Exemplare des besonders sportlichen TransAm. Nun stand eine abgespeckte Neuauflage mit mehr Innenraum in Aussicht...

Bonneville 1982. Während das Modell Catalina 1982 in den USA entfiel, wurden die großen Pontiac Parisienne von GM Canada auf Händlerwunsch beibehalten. Der Bonneville wurde im Sinne des allgemeinen Down-sizing (Verkleinern) der US-Modelle auf die Plattform des Typs Le Mans reduziert. Sein Kastenrahmenchassis wies damit noch 274,5 statt 294,5 cm Radstand auf, und es ergab sich eine entsprechende Karosserieverkürzung.

1982 entfiel der Pontiac Le Mans seinerseits zugunsten des zum Jahresbeginn angekündigten Pontiac 6000. Der Phoenix erhielt eine grundlegend erneuerte Vorderradaufhängung und ein

Pontiac J 2000 SE, 1982

Pontiac Phoenix LJ Coupe + Hatchback, 1982

neues Auspuffsystem. Zudem arbeitete sein 2,5-l-Motor mit Einspritzung statt Vergaser, was verbesserte Anwärm-Laufeigenschaften und einen günstigeren Verbrauch brachte. Der Grand Prix war wie der neue Bonneville nicht mehr mit einem V8-Benzinmotor zu haben.

6000. Parallel mit dem Chevrolet Celebrity und den analogen Oldsmobile- und Buick-Modellen wurde Ende November 1981 die seit geraumer Zeit erwartete neue Modellreihe zwischen Phoenix (X-bodies) und Bonneville (früher Le Mans) vorgestellt. Diese neuen A-bodies basierten auf den frontgetriebenen X-body-Modellen, teilten mit diesen auch den Radstand von 266,5 cm, waren aber rund 30 cm länger. Der Pontiac 6000 war mit einem Leergewicht ab 1220 kg über 200 kg leichter als der nun als Intermediate geltende Bonneville. Es gab ihn als viertürige Limousine mit sechs Seitenfenstern und als zweitüriges, ebenfalls fünfsitziges Stufenheckcoupé.

Wie beim Phoenix begann die Motorisierung beim Pontiac 6000 mit dem auf Einspritzung umgestellten hauseigenen 2,5-l-Grauguss-Vierzylinder mit seitlicher Nockenwelle. Darüber rangierten ein 2,8-l-V6 und der von Oldsmobile beigesteuerte neue 4,3-l-V6-Diesel. Für die Kraftübertragung auf die Vorderräder sorgte ausschließlich das 3-Stufen-Automatikgetriebe Turbo Hydra-Matic 125 mit Lenkradschaltung. Vorn fanden sich Federbeine mit unteren Dreieckquerlenkern, hinten eine Starrachse mit Längslenkern, Schraubenfedern und Panhardstab.

Firebird 1982. Gleichzeitig mit dem Pontiac 6000 wurde auch der längst erwartete neue Firebird vorgestellt. Nein, er hatte keinen Vorderradantrieb, wie dies von manchen Fans befürchtet worden war. Und er sah wiederum hervorragend aus: im typischen Firebird-Stil mit vertikal geteilter Schnauze (einem Hauptunterscheidungsmerkmal zum Chevrolet Camaro), neu aber mit Klappscheinwerfern. Die Gesamtlinie war noch aerodynamischer und das kuppelförmige, nun aufmachbare Heckfenster noch großflächiger geworden. Im Windtunnel von General Motors ließ sich ein cw-Wert von 0,33 nachweisen, mit dem aufgesetzten Heckflügel des TransAm sogar nur 0,323.

Auf den ersten Blick fiel gar nicht auf, dass der Radstand von 275 cm recht beträchtlich auf noch 256,5 cm gekappt worden war. Die Gesamtlänge erreichte 483,5 gegenüber 503 cm beim Vormodell. Breite und Höhe standen mit 184 und 126,5 cm gegenüber 185,5 und 128 cm zu Buche. Das Leergewicht hatte sich von minimal 1535 auf just 1300 kg reduziert.

Analog dazu und im Trend der auf Sparsamkeit ausgerichteten Zeit liegend war die Hubraumspanne nach unten verschoben worden: Für den Einstieg diente der 2,5-l-Einspritzmotor; vier Zylinder und 91 PS in einem Firebird, das klang beängstigend mager! Wegen des geringeren Gewichts reduzierte sich aber die Leistungsfähigkeit des Basismodells nur geringfügig. Die weiteren Motoren im neuen Firebird waren ein 2,8-l-V6 und immerhin zwei 5-l-V8, wobei es die nur im TransAm lieferbare Einspritzversion auf respektable 167 PS brachte (V8 mit Rochester-Vierfachvergaser Quadrajet: 147 PS).

Zu allen Versionen waren ein 4-Gang-Getriebe oder ein 3-Stufen-Automatikgetriebe Turbo Hydra-Matic 200c mit Lenkradschaltung lieferbar. Die Aufhängung bestand vorne aus unteren Dreieckquerlenkern und Dämpferbeinen, hinten aus einer Starrachse mit Längslenkern, Schraubenfedern und Panhardstab. Die Kugelkreislauflenkung arbeitete ebenso wie die Bremsanlage mit Servo. Wiederum waren verschiedene Fahrwerkabstimmungen erhältlich. Sie gipfelten im Performance package mit direkter ausgelegter Lenkung, Breitreifen auf LM-Felgen, dickeren Stabilisatoren, Drehmomentstützen, Vierrad-Scheibenbremsen und Differenzialbremse.

Der Pontiac TransAm 1982 sollte als KITT (Knight Industries Two Thousand) in der Fiktions-Fernsehserie Knight Rider zu einer Kultlegende werden. Zu seinen besonderen Merkmalen zählte ein hin und her pendelndes rotes Scannerlicht an der Front. Zudem reagierte er nicht nur auf Sprechbefehle des Fahrers, sondern konnte sie auch „intelligent“ beantworten. Dazu besaß er ein gewaltiges futuristisches Digital-Armaturenbrett mit Flugzeug-inspirierter Lenkeinheit anstelle eines Lenkrades. Von 17 gebauten Exemplaren blieben am Ende vier unversehrt und gingen an Sammler.

6000 STE. Mit dem Modelljahr 1983 kam die Modellvariante 6000 STE hinzu. Sie bestach durch ihr aggressives Kühlergitter mit je einer zusätzlichen quadratischen Nebellampe auf der Innenseite der doppelten Rechteckscheinwerfer. Dieses Modell mit 132 PS leistendem 2,8-l-V6, 6 Zoll breiten Leichtmetallrädern und reichhaltiger Ausstattung war als eine Antwort auf die erfolgreichen Audi 5000, BMW 528e und Saab 900 gedacht.

1983 kam beim T 1000 ein 1,8-l-Dieselmotor ins Angebot; beim J 2000 bestand die Wahl zwischen dem 1,8-l-OHC-Motor und einem 2-l-Einspritzmotor mit seitlicher Nockenwelle; der 4,1-l-V6 von Bonneville und Grand Prix wurde wieder durch den 5-l-V8 ersetzt: ein bemerkenswertes Comeback, mit dem den Käuferwünschen nach mehr Leistung und Komfort entsprochen wurde.

Firebird 1983. Vor allem getriebeseitig wurde auf erhöhte Wirtschaftlichkeit gezielt: 5- statt 4-Gang-Getriebe, 4-Stufen-Automatikgetriebe einschließlich Overdrive und Wandlerkupplung. In der High-Output-Version leistete der 2,8-l-V6 127 statt 103 PS. Für den TransAm wurde der Luftwiderstandsbeiwert nach einer Kur im Windkanal mit cw 0,312 angegeben. Daneben gab es den TransAm Daytona 500 25th Anniversary Limited Edition mit einem Aeropaket, das einen cw-Wert von 0,305 erbrachte.

Bereits war aber auch vom Mittelmotor-P-car die Rede: Er sollte Pontiac Fiero 2M4 (= Zweisitzer, Mittelmotor, Vierzylinder) heißen. Im Frühling 1983 machten vorerst einige andere Pontiac-Modelle von sich reden, mit denen der lädierte sportliche Ruf der Marke wieder aufpoliert werden sollte. So wurde auf der J-car-Basis, ebenso wie bei Chevrolet und bei Buick, aber mit der Bezeichnung Sunbird, ein vier- bis fünfsitziges Pontiac-Cabriolet vorgestellt. Ein Pontiac Convertible war zuletzt 1975 in 4519 Exemplaren auf dem Grand Ville gebaut worden.

Parisienne. Ebenfalls im Frühling 1983 wurde mit dem Parisienne nach kanadischem Muster auch für die USA wieder ein Full-size-Pontiac ins Angebot aufgenommen. Technisch entsprach er dem → Chevrolet Caprice und es gab ihn als sechssitzigen Sedan und achtsitzigen Station Wagon mit 3,8-l-V6 (nur Sedan), 5-l-V8 und 5,7-l-Dieselmotor.

Firebird TransAm HO. Ein neues Firebird-Derivat, das auf der Auto-Expo von Los Angeles im Mai 1983 für Furore gesorgt hatte, war der Super-Duty-Firebird mit auffallenden Anbauteilen an der Front und an den Seiten, einem mächtigen Motorhaubenaufsatz und in Kontrastfarbe gehaltenen unteren Flankenpartien. Dem Antrieb diente freilich nicht ein mächtiger V8, sondern ein getunten 2,7-l-Vierzylindermotor.

Während dieser Firebird ein Projekt blieb, kam im Juli 1983 der neue Firebird TransAm auch in einer hochsportlichen High-Output-Version auf den Markt. Bei ihm wurde der Vierfachvergaser Rochester Quadrajet durch eine von 8,6:1 auf 9,5:1 erhöhte Verdichtung, eine schärfere Nockenwelle, Kolben aus dem Crossfire-V8, einen elektrischen Lüfter und ein widerstandsärmeres Auspuffsystem ergänzt, woraus 190 Netto-PS resultierten. Mit diesem HO-Motor konnte sich der Firebird durchaus wieder sehen lassen. Das Fahrwerk war mit einer strafferen Abstimmung und Breitreifen auf 7 Zoll breiten Leichtmetallrädern angepasst worden.

Fiero 2M4. Mit dem Modelljahrgang 1984 lancierte Pontiac das angekündigte Mittelmotor-Zweisitzercoupé. Abgesehen von italienischen Hochleistungsportwagen hatte es bis just zu jenem Jahr auch von → Talbot Matra einen erschwinglichen Mittelmotor-Sportwagen gegeben, und man mochte sich noch an den VW-Porsche erinnern. Zum Zeitpunkt der Fiero-Markteinfüh-

Pontiac Firebird TransAm, 1982

rung gab es den teuren → Lotus Esprit und den kleineren → Bertone X 1/9 (sowie einige brasilianische Spezialitäten). Inzwischen wussten Insider, dass auch Toyota einen Sportwagen dieser Konzeption in petto hatte. Der 2M4 war bei 407 cm Länge 175 cm breit und 119 cm niedrig. Es wurde ein cw-Wert von 0,377 genannt.

Der selbsttragend mit Stahlskelett und Kunststoffteilen konstruierte Aufbau des Fiero besaß eine völlig glatte Fronthaube mit Klappscheinwerfern. Sie ließ sich mit jener der Mazda RX-7 und Porsche 924 vergleichen. Hinzu kamen ein ausgeprägtes Stufenheck und eine als Farbstreifen betonte seitliche Längssicke, die in die Front bzw. in die Schlusslichter ausmündete. Nur ein kleines Luftloch vor dem linken hinteren Radausschnitt wies auf die Motorlage hin. Unter der Fronthaube waren der Kühler mit elektrischem Lüfter, die Servobremsanlage, die Heizung sowie das Ersatzrad untergebracht. Als Kofferraum verblieben 170 dm^3 hinter dem Motorabteil.

Für den Antrieb hatte man die Frontantriebsgruppe der GM-X- und A-Modelle vor den angetriebenen Hinterrädern eingepflanzt. Die hintere Radaufhängung entsprach mit den an einem Hilfsrahmen angelenkten Dreieckquerlenkern und Federbeinen der vorderen X-body-Einheit. Vorne fanden sich doppelte Dreieckquerlenker. Der 38,5 l kleine Benzintank fand sich unter dem hinteren Teil der Mittelkonsole. Die Ziffer 4 in der Bezeichnung stand für den gusseisernen 2,5-Vierzylindermotor mit seitlicher Nockenwelle. Immerhin hatte man ihm neue Swirl-port-Einlässe verpasst, womit sich die Verdichtung von 8,2:1 auf 9:1 anheben ließ. Die Leistung blieb zwar bei 93 PS, doch wirkte sich diese Maßnahme günstig auf den Verbrauch aus. Es standen ein 4-Gang-Getriebe (mit kurzem oder langem obersten Gang) und ein 3-Stufen-Automatikgetriebe THM 125 (mit Lenkradschaltung und Lock-up) zur Wahl. Tempo 100 vermochte der leer 1115 kg wiegende Fiero in etwa 12 s zu erreichen, und als Spitze waren 170 km/h zu erwarten.

1984 erhielten die J 2000 die sympathischere Bezeichnung 2000 Sunbird. Am meisten verdiente sie die jetzt in Produktion genommene Cabrioletversion. Neuerdings war die mit dem Opel Ascona verwandte Serie auch mit 1,8-l-Turbomotor erhältlich. Hierzu wurden die aus Brasilien stammenden OHC-Vierzylinder außer mit Zentraleinspritzung in den USA mit einem Abgasturbolader aufgerüstet (Airesearch T2, Ladedruck 0,6 bar, Verdichtung 8:1). Mit 152 PS distanzierte sich diese Motorisierungsart deutlich von den beiden anderen.

Der Pontiac 6000 der A-Serie war ab 1984 auch als Station Wagon erhältlich; er wirkte vor allem in zweifarbiger Ausführung ansprechend elegant. Damit konnte beim mittelgroßen Bonneville auf ein Kombimodell verzichtet werden, dies umsomehr, also es mit dem ein halbes Jahr zuvor neu eingeführten Parisienne Brougham auch wieder einen großen Station Wagon gab.

Nachdem der Fiero als erstes Vierzylindermodell seit 1912(!) zum Official Pace Car des 500-Meilen-Rennens von Indianapolis vom 27. Mai

Pontiac T 1000, 1983

Pontiac Bonneville, 1983

Pontiac 6000 STE, 1983

Pontiac Fiero, 1984

1984 erwählt worden war, wurden von diesem u. a. mit einem Aero package (erhöhter Bodeneffekt) und einer Ansaughutze über dem Dachende ausgerüsteten Sondermodell eine Serie von 2000 Replikas aufgelegt.

Grand Am. Mit dem Modelljahr 1985 lancierte General Motors für Pontiac, Oldsmobile und Buick je ein Coupé der N-bodies-Serie: Ausgangspunkt J-car mit von 257 auf 262,5 cm verlängertem Radstand, aerodynamisch ausgefeilte Fünfsitzer mit großzügigen seitlichen Fensterflächen, 2,5-l-Gusseisenmotor mit seitlicher Nockenwelle zur Tech IV engine aufgewertet (weiterhin 93 PS), alternativ dazu 3-l-V6 von Buick mit einer dank Einspritzung auf 127 PS gesteigerten Leistung, 5-Gang-Getriebe oder 3-Stufen-Automatikgetriebe THM 125. Der Grand Am war auch mit einer sportlichen Fahrwerkabstimmung erhältlich.

1985 wurde das Pontiac-Angebot in Kanada vom Modell Firefly angeführt, bei dem es sich um einen umgetauften Suzuki Swift handelte; dieser wurde in den USA als Chevrolet Sprint verkauft... Ebenfalls in Kanada hatte man übrigens den Chevrolet Corsica unter den altvertrauten Namen Pontiac Tempest kommerzialisiert.

Für den Pontiac 1000 gab es 1985 ein sportliches Fahrwerk, der 1,8-l-Dieselmotor wurde hingegen bereits wieder gestrichen. Aufgegeben wurde die gesamte Modellreihe Phoenix. Bei den Pontiac 6000 stand der 2,8-l-V6-Motor neu mit Einspritzung (132 PS) zur Wahl. Nachdem der Fiero bereits in annähernd 100'000 Exemplaren abgesetzt werden konnte, wurde ihm für 1985 ein 5-Gang-Getriebe spendiert (alternativ zum 3-Stufen-Automatikgetriebe). Gleichzeitig gab es ihn neu mit 2,8-l-V6-Einspritzmotor und 142 PS (jedoch nur 4-Gang-Getriebe sowie 3-Stufen-Automatikgetriebe). So konnte Tempo 100 binnen 9 s erreicht werden. Als GT besaß er ein Aero package (das die Länge auf 420 cm anwachsen und den cw-Wert von 0,38 auf 0,35 sinken ließ) und wurde ausschließlich mit dem V6-Motor ausgerüstet.

Für die Firebird stand das Modelljahr 1985 im Zeichen von Leistungssteigerungen (abgesehen vom 2,5-l-Vierzylinder, der noch auf 89 statt 93 PS kam): 2,8-l-V6 nur mit Einspritzung und 137 statt 108/127 PS, 5-l-V8 nun 157 bis 208 PS (letztere dank elektronischer Saugrohreinspritzung); der TransAm (jetzt mit Rundum-Spoilerwerk und Lüftungsschlitzen in der Motorhaube) ließ sich jetzt in 8 s auf Tempo 100 beschleunigen. Bei Bonneville und Grand Prix entfiel der 5,7-l-Dieselmotor. Der Grand Prix erhielt einen wuchtigeren, wieder senkrecht stehenden Kühlergrill. Beim großen Parisienne löste ein 4,3-l-V6 mit Einspritzung den 3,8-l-V6 ab (142 statt 112 PS).

1986 gab es den Sunbird neu auch als GT mit aerodynamischer Front samt Klappen über den Scheinwerfern; für den in diesen Modellen eingebauten 1,8-l-Turbomotor mit 152 PS wurde eine Zeit von 9 s für den Sprint auf Tempo 100 genannt; auf den altmodischen 2-l-Motor wurde bei den Sunbird verzichtet. Der Grand Am stand jetzt auch als viertürige Limousine zur Wahl; in der Ausführung SE mit Bugschürze und in diese integriertem zusätzlichem Kühlergrill wirkte er besonders attraktiv.

Der 6000 STE erhielt einen schlichter gestalteten Kühlergrill ohne senkrechte Mittelrippe; der Luftwiderstandsbeiwert reduzierte sich so von 0,385 auf 0,37; bedeutungsvoll war die Tatsache, dass für den 6000 STE gegen Aufpreis ein ABS in Aussicht gestellt wurde (samt Vierrad-Scheibenbremsen). Die Leistungsskala des Firebird reichte neu bis 210 Netto-PS, und schon die Grundausführung wurde reichhaltiger ausgerüstet: mit Rally-Rädern samt Breitreifen, Heckspoiler, Zierstreifen, Sportspiegeln usw.

Fiero GT 1986. Nachdem die GT-Version des Fiero bereits eine aerodynamisch gestaltete Front aufwies, wurde ihr 1986 zudem ein zur Gänze eigenständiges Heck verpasst. Anstatt mit Stufenheck zeigte sich der GT in der Silhouette eines Fastbackcoupés mit markantem Heckflügel. An auffallend breite B-Säulen fügte sich ein Dreieckfenster an. Doch dieses stand außen wie innen „im Freien", denn die Heckscheibe schloss sich unmittelbar und senkrecht stehend an das zweisitzige Cockpit an.

Grand Prix 2+2. Parallel zum Chevrolet Monte Carlo SS Fastback kam Anfang 1986 der Pontiac Grand Prix 2+2 auf den Markt. Es ging darum, in den prestigevollen Stock-car-Rennen (mit gänzlich modifizierten Tourenwagen) gegen die aerodynamisch ausgefeilten Thunderbird besser bestehen zu können. Daher wurde der Grand Prix außer mit Stufenheck auch mit einem Fastbackaufbau gebaut. Die Änderungen bestanden aus einer kuppelförmigen dreiteiligen Heckscheibe, einer Abrisskante sowie einem strömungsgünstig geformten niedrigen Wagenbug. Damit war ein Design vorgegeben, das sich leichtgewichtig nachgeformt für den Renneinsatz eignete.

1987 wurde im Sunbird der 1,8-l-Motor durch das von GM Brasilien gelieferte 2-l-Aggregat ersetzt (auf Wunsch ebenfalls mit Turbo, 97 statt 85 PS bzw. 167 statt 152 PS); diesen Turbomotor gab es neu auch im Grand Am; Fiero V6 nun mit Leichtmetall-Zylinderköpfen und Getrag-5-Gang-Getriebe (0–97 km/h in 8 s); Firebird ohne 2,5-l-Vierzylinder, aber auf Wunsch neu als TransAm GTA mit 5,7-l-V8 mit 213 PS (0–97 km/h in 6,5 s); großer Standard-size-Parisienne aufgegeben, nur noch als Safari Wagon weitergebaut.

Bonneville 1987. Mit dem Jahrgang 1987 wurden die luxuriösen Bonneville-Limousinen den Frontantriebsmodellen Sunbird, Grand Am und 6000 mit Quermotor angeschlossen. Bei 281,5 cm Radstand erreichten sie 505 cm Länge (vorher mit Kastenrahmenchassis 274,5 bzw. 508,5 cm). Das Design zeigte sich vor allem in Frontbereich stark modernisiert mit einer niedrigen, schwungvollen Kühlergrill-/Scheinwerfer-Einheit. Es gab die neuen Bonneville ausschließlich mit dem 3,8-l-V6, der statt mit Rochester-Doppelvergaser mit elektronischer Einspritzung versehen war und auf 152 statt 112 PS kam.

LeMans. Im Verlaufe des Jahres 1987 erlebte die Pontiac-Modellbezeichnung LeMans (nun zusammengechrieben) Auferstehung: Es handelte sich um eine Lizenzkonstrukion des viertürigen → Opel Kadett von → Daewoo in Südkorea. Damit konnten die japanischen Importrestriktionen umgangen werden, und in Korea ließ es sich ohnehin noch preisgünstiger produzieren als in Japan. Der LeMans ersetzte gleichzeitig den Pontiac 1000.

Grand Prix 1988. Bereits auf der L. A. Auto Show von Anfang 1987 hatte GM mit dem neuen → Buick Regal die Modellreihe GM-10 eingeläutet, die im Herbst 1987 auch unter den Bezeichnungen Pontiac Grand Prix und Oldsmobile Cutlass Supreme auf den Markt kam. Die Neuausrichtung dieser nur noch fünf- oder vier- statt sechssitzigen Coupés war radikal: selbsttragende Karosserie mit vorderem Hilfsrahmen statt Kastenrahmen mit Traversen, Vorderradantrieb mit quer eingebautem 2,8-l-V6 statt Hinterradantrieb mit größeren V6- und V8-Motoren, Radstand/Länge nur noch 273/492,5 statt 274,5/512,5 cm, Leergewicht ab 1335 statt ab 1470 kg.

Außerdem war die neue Karosserie wesentlich strömungsgünstiger geformt, denn die kantige Steilfront war einem schlichten, niedrigen Rundbug gewichen und das Heckfenster war stark schräg gestellt. Der von Chevrolet stammende V6 erreichte mit elektronischer Saugrohreinspritzung eine Leistung von 132 PS, und er ließ sich mit einem 5-Gang-Getriebe oder dem 4-Stufen-Automatikgetriebe THM 440-T4 verbinden. Vorn fanden sich Federbeine und untere Dreieckquerlenker, hinten eine neuartige Konstruktion, die sich aus Dämpferbeinen, Quer- und Längslenker sowie einer Querblattfeder aus Fiberglas zusammensetzte. Es wurden Vierrad-Scheibenbremsen verwendet (für die ein aufpreispflichtiges ABS in Aussicht gestellt wurde), und die Kugelkreislauflenkung wurde durch eine Zahnstangenlenkung ersetzt. Gegen Aufpreis waren vorne wie hinten erhöhten Seitenhalt bietende Sportsitze lieferbar.

1988 wurde das Heckklappencoupé des Sunbird aufgegeben, während das zweitürige Coupé einen fließender geformten Pavillonabschluss erhielt. Die Aufhängungen samt Vierrad-Scheibenbremsen des Fiero waren gründlich in die Kur genommen worden: Servo-Zahnstangenlenkung, Antriebsräder durch Längslenker, Querlenker, Spurstangen und Federbeine exakt geführt, 2,5-l-Motorversion mit zwei Schwingungsausgleichwellen. Grand Am: 2,5-l-Motor ebenfalls mit zwei Schwingungsausgleichswellen, Ersatz des 3-l-V6 mit 127 PS durch den neuen Quad-4-Motor (2,3 l, DOHC, 16 Ventile, 152, von Oldsmobile). Bonneville: Nebst bisherigem 3,8-l-V6 mit 152 PS neuer 3800-V6 mit versetzten Kurbelzapfen (gleichmäßige Zündinvervalle trotz 90-Grad-Gabelwinkel) und gegenläufig drehender Schwingungsausgleichswelle und damit 167 PS; neu besonders sportlicher Bonneville SSE (16-Zoll-Breitreifen, ABS, Spoilerwerk und Doppelauspuff). Firebird: der 5-l-V8 wurde in der Grundversion von Vierfachvergaser auf Zentraleinspritzung umgestellt (weiterhin 172 PS), während die Ausführung mit Saugrohreinspritzung dank geändertem Ansaugsystem 5 bzw. 10 PS Mehrleistung bot (193 PS mit 4-Stufen-Automatikgetriebe, 218 PS mit 5-Gang-Getriebe).

Pontiac Parisienne, 1984

Pontiac Grand Am, 1986

Pontiac Grand Prix 2+2, 1986

Pontiac Fiero GT, 1986

6000 AWD. Auf den Frühling 1988 kam der Pontiac 6000 mit Vierradantrieb hinzu, womit auch General Motors dem internationalen Trend folgte, eine 4x4-Limousine im Angebot zu haben. Der auf Frontantrieb mit Quermotor ausgelegte Typ 6000 musste gründlich angepasst werden: breiter Mitteltunnel (nun wieder Kardantunnel), umgestellter Katalysator, neues Getriebegehäuse für den Abtrieb zur Hinterachse, hydromechanisches Differenzialsystem (starre Verbindung zwischen mindestens je einem Vorder- und Hinterrad auf Knopfdruck), hinterer Hilfsrahmen mit aufwändiger Einzelradaufhängung (statt Starrachse) aus Querlenkern und quer eingebauter Fiberglas-Blattfeder sowie Niveauregulierung.

Dem Antrieb diente ein von 2,8 auf 3,1 l vergrößerter V6 mit 137 PS (der auch im 6000 STE erhältlich wurde). Hingegen blieb es beim 3-Stufen-Automatikgetriebe. Die Vierrad-Scheibenbremsanlage wurde durch ein ABS Teves Mk II ergänzt (galt auch für den 6000 STE).

Ende August 1988 wurde die Produktion der Fiero-Coupés endgültig eingestellt. Binnen fünf Jahren waren 370'168 Fiero gebaut worden, zu wenig, um für GM rentabel zu sein.

1989 erhielten die Sunbird in einigen Ausführungen flache Breitbandscheinwerfer (statt Klappen), während der Kombi gestrichen wurde. Der Grand Am erhielt eine schräggestellte Front, sein 2,5-l-Motor leistete nun 112 statt 99 PS und als neue Topmotorisierung wurde eine zusätzliche, 10:1 verdichtete High-Output-Version des Quad-4-Motors mit 183 PS in Aussicht gestellt. Den Grand Prix gab es gleich mit zwei Zusatzmotoren: 3,1-l-V6 ohne und mit Turbo, 142 bzw. 208 PS; der Grand Prix Turbo war nur in Rot oder Schwarz erhältlich, und er wurde mit 16-Zoll-Rädern, Ringsum-Schürzen, Ledersitzen und Sonnendach ausgerüstet.

Der auch als AWD erhältliche Pontiac 6000 Sedan besaß nur noch vier Seitenfenster, ein runder gerahmtes Heckfenster und eine feine Abrisskante am Kofferdeckelende; seine Motoren waren leistungsfähiger geworden. Den Bonneville gab es ausschließlich mit dem stärkeren 3,8-l-V6. Neben dem mächtigen, in Chassisbauweise gehaltenen Safari Wagon besaß bei Pontiac nur noch den Firebird Hinterradantrieb.

Firebird Turbo 1989 / Trans Am GTA 1989. Zum 20. Geburtstag des Firebird wurde eine Sonderserie von wenigen hundert Exemplaren mit

Pontiac Bonneville LE, 1987

Pontiac LeMans Aerocoupe, 1988

Pontiac Grand Prix SE, 1988

Pontiac Firebird Formula, 1989

Pontiac

Pontiac	Bauart	Mot.	Getr.	R/L cm	Modelljahre
T1000 / 1000 (1984–)	**St.**	**a/b**	**4/5/A3**	**239,5/411/247/419**	**1981–86**
Motoren:	*Zyl.:*	*N'w.:*	*cm³:*	*PS/'min:*	*Nm/'min:*
a	4	OHC	1599	66/5200	109/3200
b (1983/84)	4D		1818	52/5000	98/2000
LeMans → Daewoo					**1987–90**
J2000	**Fr.**	**a/b/d**	**4/A3**	**257/446,5/441**	**1981–83**
2000 Sunbird / Sunbird (*1989–)		**b–f**	**4/5/A3**	**257/445,5/449/460***	**1984–90**
Motoren:	*Zyl.:*	*N'w.:*	*cm³:*	*PS/'min:*	*Nm/'min:*
a (–1982)	4	OHV	1841	89/5100	135/2800
b (*1985/86)	4i	OHC	1796	85/5200	138/133*/2800
c (1984–86)	4iT			152/5600	204/2800
d (–1985)	4i	OHV	1991	89/4800	149/2400
e (1987–)		OHC	1998	97/4800	160/3600
f (1987–)	4iT			167/5600	237/4000
Grand Am (*1989–)	**Fr.**	**a–f**	**5/A3**	**262,5/451/461***	**1985–90**
Motoren:	*Zyl.:*	*N'w.:*	*cm³:*	*PS/'min:*	*Nm/'min:*
a (1987–)	4iT	OHC	1998	167/5600	237/4000
b (1988/89 +*HO 1989)	4i	D16V	2260	152/5200/182*/6200	217/4000/244/5200
c (1990– *m.Autom.)				183/162*/6200	217/210/5200
d (*1987)		OHV	2471	93/4400/103*/4800	182/2800/183/3200
e (1988 *1989–)				99/4800/112*/5200	183/3200
f (–1987)	V6i		2966	127/4900	203/2400
Phoenix	**Fr.**	**a–e**	**4/A3**	**266,5/456/462,5**	**1981–84**
Motoren:	*Zyl.:*	*N'w.:*	*cm³:*	*PS/'min:*	*Nm/'min:*
a (–1981)	4	OHV	2471	85/4000	170/2400
b (1982 *1983)	4i			91/95*/4000	182/2400/183/2800
c (1984–)				93/4400	179/2800
d (*1982–)	V6		2838	112/114*/4800	197/2400
e (SJ 1982/83 *SE'84–)				137/132*/5400	
6000	**Fr.(4)**	**a–j**	**A3/5/A4**	**266,5/480/490,5**	**1982–90**
Motoren:	*Zyl.:*	*N'w.:*	*cm³:*	*PS/'min:*	*Nm/'min:*
a (*1983)	4i	OHV	2471	91/95*/4000	182/2400/183/2800
b (1984 *1985/86)				93/4400	179/182*/2800
c (1987/88 *1989–)				99/4800/112*/5200	183/3200
d (–1986)	V6		2838	114/4800	197/2400
e (STE –1984)				132/5400	
f (STE 1985 *1986–88)	V6i			132/127*/4800	224/217/3600
g (1989)				132/4500	231/3600
h (STE/AWD 1988 *1989)			3121	137/142*/4800	244/3600/251/3200
i (1990–)				137/4400	244/3600
j (–1985)	V6D		4302	86/3600	224/1600
Le Mans	**K'r.**	**a–d**	**3/A3**	**275/504**	**1981**
Grand Prix		**a/b/d**	**A3**	**275/512**	
Motoren:	*Zyl.:*	*N'w.:*	*cm³:*	*PS/'min:*	*Nm/'min:*
a	V6	OHV	3791	112/3800	258/1600
b	V8		4344	122/4000	278/2000
c (St. Wg. Safari)			4942	137/3600	319/1600
d	V8D		5737	106/3200	278/1600
Catalina / Bonneville	**K'r.**	**a–d**	**A3/A4**	**294,5/544/550**	**1981–***
***teils Weiterbau in...**					**...Kanada**
Motoren:	*Zyl.:*	*N'w.:*	*cm³:*	*PS/'min:*	*Nm/'min:*
a	V6	OHV	3791	112/3800	258/1600
b	V8		4344	122/4000	278/2000
c			5033	147/3800	326/2000
d	V8D		5737	106/3200	278/1600
Bonneville (*1984–)	**K'r.**	**a–f**	**A3/A4**	**274,5/504/503/509***	**1982–86**
Grand Prix				**274,5/512,5**	**1982–87**
Motoren:	*Zyl.:*	*N'w.:*	*cm³:*	*PS/'min:*	*Nm/'min:*
a	V6	OHV	3791	112/3800	258/1600
b (1982)			4128	127/4000	278/2000
c (1987–)	V6i		4300	142/4200	305/2000
d (1983–)	V8		5001	152/4000	326/2400
e (Gr. Prix 2+2 1986)				167/4200	332/2400
f (–1984)	V8D		5737	106/3200	271/1600

Pontiac	Bauart	Mot.	Getr.	R/L cm	Modelljahre
Grand Prix (*1990–)	**Fr.**	**a–d**	**5/A4**	**273/492,5/494***	**1989/90**
Motoren:	*Zyl.:*	*N'w.:*	*cm³:*	*PS/'min:*	*Nm/'min:*
a (1990–)	4i	D16V	2260	162/6200	210/5200
b (1989)	V6i	OHV	2837	132/4500	230/3600
c (*1990–)			3128	142/4500/137/4400	251/244/3600
d	V6iT			208/4800	298/3200
Bonneville	**Fr.**	**–**	**A4**	**281,5/504,5**	**1987–90**
Mot.:('87/88 +'88–)*	V6i	OHV	3791	152/4400/167*/5200	271/285/2000
Parisienne	**K'r.**	**a–g**	**A3/A4**	**294,5/539**	**1984–86**
Station Wagon Safari				**294,5/546,5**	**1984–89**
Motoren:	*Zyl.:*	*N'w.:*	*cm³:*	*PS/'min:*	*Nm/'min:*
a (1984)	V6	OHV	3791	112/3800	258/1600
b (1985)	V6i		4238	142/4000	295/2400
c (1986)			4300	132/3600	285/2000
d (–1984)	V8		5001	152/4000	326/2400
e (1985/86)				167/4200/163CH	332/2400
f (1987–)				142/3200	346/2000
g (–1985)	V8D		5737	106/3200	271/1600
Fiero (*1987–)	**M.**	**a–c**	**4/5/A3**	**237/407,5/414***	**1984–88**
Motoren:	*Zyl.:*	*N'w.:*	*cm³:*	*PS/'min:*	*Nm/'min:*
a (*1987)	4i	OHV	2471	93/4400/4800*	182/2800/183/3200
b (1988–)				99/4800	183/3200
c (GT 1985/86 *1987–)	V6i		2838	142/5200/137*/4500	231/224/3600
Firebird	**St.**	**a–e**	**3/4/A3**	**275/503**	**1981**
Motoren:	*Zyl.:*	*N'w.:*	*cm³:*	*PS/'min:*	*Nm/'min:*
a	V6	OHV	3791	112/3800	258/1600
b	V8		4344	122/4000	278/1600
c			4942	152/4000	326/2000
d (Formula/TransAm)			5001	147/3800	326/2400
e (Formula/TransAm)	V8T		4942	203/4000	461/2000
Firebird	**St.**	**a–t**	**4/A3/5/A4** **5/A4**	**256,5/483/484/487** **256,5/478/487**	**1982–89** **1990**
a (*1983)	4i	OHV	2471	91/93*/4000	179/182/2800
b (1984 *1985/86)				93/89*/4400	179/2800
c (*1983/84)	V6		2838	103/108*/4800	193/2400/197/2100
d (1983/84)				127/5400	197/2400
e (1985/86 *Export'85)	V6i			137/114*/5100	224/3600/202/2100
f (1987–89)				137/4900	217/3900
g (1990–)			3128	142/4400	244/3600
h (1989)	V6iT		3791	248/4400	461/2800
i (*1983/84)	V8		5001	147/152*/4000	326/2000/2400
j (1985 *1986)				157/152*/4200	332/319/2000
k (1987 *1988–)	V8/V8i*			172/4000	339/2600/346*/24'
l (TransAm *1983)	V8i			167/177*/4200	326/2400/339/2800
m (TransAm 1984–86)	V8			193/4800	326/3200
n (TransAm 1985)	V8i			208/4400	366/3200
o (1987 *m. Autom.)				208/4400/188*/4000	387/3200/393/2800
p (1988/89 *m. Autom.)				218/4400/193*/4000	387/3200/400/2800
q (1989)				228/4600	407/3200
r (1990–)				208/228/4400/202	387/400/3200
s (1987 *1988–)			5733	213/228*/4400	448/3200
t (1989 *1990–)				238/4400/4000*	461/3200/2800
Trans Sport	**Fr.**	**–**	**A3**	**279/494**	**1990**
Motor:	V6i	OHV	3128	122/4200	231/2200

3,8-l-V6-Turbomotor angekündigt. Diese 248 PS liefernde Maschine entstammte, von den Pontiac-Ingenieuren getunt, dem Buick Regal Grand National. Aber noch spezieller war die Spezialausführung des TransAm GTA: Außer mit der üblichen kuppelförmigen Heckscheibe gab es dieses Modell (nur) 1989 nämlich auf Wunsch mit Notchback, einer als Stufenheck wirkenden Heckklappe mit leicht vertieft angeordneter und schräg stehender Rückscheibe, die anstatt der Glaskuppel montiert wurde und dem Firebird zu einer deutlich geänderten Silhouette verhalf. Dem Antrieb diente auch in diesem Fall der 5,7-l-V8 mit Tunedport injection (TPI, Saugrohreinspritzung) und 228 oder 238 PS (Doppelauspuff) sowie 4-Stufen-Automatikgetriebe.

Trans Sport. 1986 hatte General Motors unter der Bezeichnung Pontiac Trans Sport einen Concept-car gezeigt, der einen überaus futuristisch geformten Großraumkombi bzw. Minivan verkörperte. Designliebhaber und Ästheten waren begeistert! Auf der ersten North American International Auto Show, wie die Detroiter Autoausstellung ab Anfang Januar 1989 hieß, wurde darauf der Pontiac Trans Sport SE 1990 als das kommende Serienmodell vorgestellt, und dieses wich erstaunlicherweise nur in einigen praktischen Belangen von der Konzeptstudie ab (hinten rechts Schiebe- statt Flügeltüre, Dachlinie höher, Stoßschutz ausladender). Unter der gleichen Schale wurden bereits auch der Chevrolet Lumina APV und der Oldsmobile Silhouette angekündigt.

Der Trans Sport besaß Einvolumenform. Seine riesige dreiteilige Frontscheibe verlief in gleicher Linie wie die nach vorne absinkende Motorhaube und wölbte sich ins Dach hinein. Der markentypische zweiteilige Frontgrill war in den Stoßschutz integriert und dessen horizontale Rippenstruktur fand in den Flanken ihre Fortsetzung. An die Vordertür schloss sich auf der rechten Seite (wie bei den Dodge/Plymouth/Chrysler-Minivans) eine Schiebetür an. Bei 279 cm Radstand besaß der fünf- bis siebensitzige Trans Sport deutlich größere Überhänge als die Konkurrenz. Seine Außenmaße von 494x188x166 cm machten ihn recht wuchtig.

Während die elastischen Stoßschutzflächen einschließlich der vorderen Radhäuser aus RRIM hergestellt wurden, bestand die Karosserieaußenhaut aus GfK-Material. Sie wurde auf eine Rahmenstruktur aus galvanisiertem Stahl montiert. Damit ergab sich einerseits eine Parallele zum Chevrolet Corvette (Kunststoffkarosserie) und anderseits zum Renault Espace (Stahlgerippe und Kunststoffkarosserie). Im Gegensatz zu Corvette und Espace war der Aufbau des Trans Sport allerdings nicht selbsttragend konstruiert, sondern ruhte auf einem Kastenrahmen mit Traversen. Für den Vorderradantrieb wurde der 3,1-l-V6 mit 120 PS vorgesehen, was bei dem Leergewicht von gegen 1600 kg keine besondere Leistungsfähigkeit versprach. Für die Kraftübertragung sorgte das 3-Stufen-Automatikgetriebe THM 125. In die Luxusversion SE wurden sechs Einzelsitze eingebaut, wobei sich die hinteren Sitze umlegen oder herausnehmen ließen bzw. die mittleren Sitze als Tischchen dienen konnten.

Pontiac Grand Prix STE, 1990

Pontiac Trans Sport SE, 1990

Pontiac Sunbird Le Convertible, 1990

Pontiac Firebird GTA, 1990/91

Im Gegensatz zum Chevrolet Lumina APV wurde der Pontiac Trans Sport auch nach Europa exportiert (weitere Hinweise → Chevrolet Lumina APV).

Grand Prix Sedan. Parallel zum Buick Regal gab es mit dem Modelljahr 1990 auch den Pontiac Grand Prix als sechssitzigen Sechsfenster-Sedan. Das Design gefiel durch seine großzügigen Fensterflächen, die seitlich durch die tiefgeführte Gürtellinie erreicht wurden. Die Grand-Prix-Motorauswahl begann jetzt mit dem 2,3-l-Quad-4 (Vierzylinder, DOHC, 16 Ventile, 162 PS). Darüber rangierten die beiden 3,1-l-V6 ohne und mit Turbo. – 1990 leistete der Quad-4-Motor im Grand Am 162 statt 152 PS (mit 5-Gang-Getriebe als High-Output-Quad-4 183 PS).

Firebird 1990/91. Bereits zur Jahreswende 1989/90 war eine mit dem Jahrgang 1991 bezeichnete Neuversion des Firebird vorgestellt worden. Die Produktion setzte im Februar im kalifornischen Werk von Van Nuys ein. Der Basismotor hatte nun 3,1 statt 2,8 l Hubraum und leistete 142 statt 137 PS. Die meisten Pontiac hatten 1990 kleine Karosserieänderungen erhalten. Nur beim Firebird fielen sie auf: Die Frontlichter unterhalb der Klappscheinwerfer waren in schlitzartigen, zur Frontmitte auslaufenden Vertiefungen untergebracht. Hinzu kamen stilistisch analoge, bei den Topausführungen besonders ausgeprägte Frontschürzen und Schwellerverbreiterungen. Damit wurde dem Firebird zu einem Auftritt verholfen, den ihn noch stärker vom Chevrolet Camaro abhob.

Nachdem rund 2,5 Millionen Exemplare gebaut worden waren, wurde die Produktion des Firebird im August 2002 eingestellt. Damit fand für die Fans eine Epoche ihr Ende; manche hatten ihre Verbundenheit mit dem über die Motorhaube aufgezogenen „TransAm-Adler“ bzw. „Screaming chicken“ zum Ausdruck gebracht. – Im Frühling 2009 kündete General Motors an, die Marke Pontiac im Herbst 2010 aufzugeben; nach dem im Frühsommer durchgezogenen GM-Konkursverfahren lief die Pontiac-Produktion schon 2009 aus.

Pony

Unter der Bezeichnung Pony baute die griechische Citroën- und Daihatsu-Importfirma Namco (= National Motor Co.) ab 1978 eine Alternative zum Citroën Méhari.

Pony. Der 366 cm lange Pony besaß im Gegensatz zum Kunststoffaufbau des Méhari eine Stahlblechkarosserie. Sie trug auf der Höhe der B-Säulen einen Überrollbügel. Glatte Flächen und gerade Linien sorgten für niedrige Konstruktions- bzw. Herstellkosten. Der Plattformrahmen und alle technischen Elemente stammten vom Citroën 2 CV, doch wurden dem 602-cm^3-Zweizylindermotor 32 PS (statt 29 PS) zugeschrieben, und als Spitze wurden 115 km/h genannt. Basismodell war ein Fünfsitzer mit Allwetterverdeck, der sich sowohl für den gewerblichen Einsatz wie als Freizeitmobil eignete. Als solcher war er auch für den Export gedacht, und dies galt ebenso für eine Version mit Kunststoff-Hardtop.

Überdies wurde 1981 der Pony Camper propagiert, der nebst einer Inneneinrichtung samt Vorhängen und Dachluke vier Sitze bot, die sich zu einer Liegefläche wandeln ließen. Die Münchener Tochtergesellschaft Inthelco übernahm 1981 den internationalen Vertrieb. Der Namco Pony wurde übrigens auch von der giechischen Armee eingesetzt und diente u. a. als Sanitätsfahrzeug. Anfang der 80er Jahre soll eine Wochenproduktion von 40 Stück erreicht worden sein.

Pony 1983. Man erkannte ihn vor allem an der neugestalteten Front mit ungerahmtem Kühlergrill. Nebst einer Quarzuhr trug das Armaturenbrett bei den teureren Modellen nun auch einen Tourenzähler, und die Heizung war mit einem Gebläse kombiniert worden. In der Schweiz wurden die Ausführungen ST, LS Sport und Pallas angeboten. Erstmals gab es den Pony auch als Bausatz, und dieser eignete sich für alle Citroën-Zweizylinder-Plattformen.

1984/85 wurden Pläne gewälzt, in Weiden, in der Oberpfalz, ein Werk für die Herstellung des Pony zu errichten. Es war davon die Rede, dass ab 1986 jährlich 6000 Stück gebaut werden sollen und dass bereits ein Liefervertrag über 20'000 Einheiten für die USA bestehe. Dieses Projekt scheiterte jedoch mangels finanziellen Rückhalts.

Pony, 1983

Porsche

Die ersten Sportwagen der Marke Porsche entstanden 1948 im österreichischen Gmünd, ab 1950 erfolgte die Herstellung in Stuttgart. Die Porsche waren unter Ferry Porsche (1909–1998) aus dem Volkswagen heraus entwickelt worden, der seinerseits eine Schöpfung von Prof. Ferdinand Porsche war (1875–1951, Vater von Ferry).

Das Jahr 1981 stand für Porsche im Zeichen eines Führungswechsels: Der von der Porsche-Familie beherrschte Aufsichtsrat der Dr. Ing. h. c. F. Porsche AG hatte den Vorstandsvorsitzenden Prof. Dr. Ing. Ernst Fuhrmann Ende November 1980 wegen Meinungsverschiedenheiten entlassen. Unter Fuhrmann war das Einmodellprogramm der Marke um die Reihen 924 und 928 erweitert und das Forschungs- und Versuchszentrum in Weissach ausgebaut worden. Nachfolger wurde Peter F. Schutz, der bis dahin technisches Vorstandsmitglied bei Kloeckner-Humboldt-Deutz war.

Für den Jahrgang 1981 der Porsche 911, 924 und 928 war der durchschnittliche Benzinverbrauch um rund 10 Prozent gesenkt worden. Zudem hatte man die Langzeitgarantie gegen Durchrostung auf die gesamte Karosserie ausgedehnt, und dies für sieben statt wie bisher sechs Jahre für die Bodengruppe.

924. Der im November 1975 vorgestellte kleinere Porsche 924 bedeutete eine wesentliche Produktionsausweitung, auch wenn man hierzu auf Hilfe von außen angewiesen war: Der Porsche 924 wurde im Audi-Werk Neckarsulm hergestellt und erhielt zahlreiche Teile aus dem VW-Konzern, so vor allem den 2-l-OHC-Motor von Audi. Damit wandte sich die Marke Porsche erstmals vom Prinzip des im Heck eingebauten luftgekühlten Boxermotors ab. Dies wurde von vielen Fans der Marke als ein Stilbruch empfunden und ohne den 75 bis 80 Prozent erreichenden Exporterfolg – einer für Porsche sowieso starken Domäne – wäre der Typ 924 kommerziell ebenso auf der Strecke geblieben wie zuvor der VW-Porsche.

Im Modelljahr 1981 gab es die Modelle 924, 924 Turbo (seit Ende 1978) und 924 Carrera GT und GTS (seit Juni bzw. Dezember 1980). Mit Benzineinspritzung K-Jetronic von Bosch kam der Motor des 924 auf 125 PS. Das zum Differenzial an die Hinterachse gerückte 5-Gang-Getriebe (auf Wunsch 3-Stufen-Automat) sorgte für eine fahrdynamisch günstige Gewichtsverteilung. Die Aufhängung umfasste vorne Federbeine und Querlenker (negativer Lenkrollradius), hinten Schräglenker und querliegende Drehfederstäbe.

Beim Turbomodell war die Leistung mit einem Abgas-Turbolader von KKK auf 170 PS gesteigert worden. Für 1981 kamen nebst der elektronischen Zündung eine digitale Zündzeitpunktverstellung sowie eine Erhöhung der Verdichtung von 7,5 auf 8,5:1 hinzu. Damit stieg die Leistung auf 177 PS und das maximale Drehmoment legte von 24,5 auf 25,5 mkp zu. Nach ECE benötigte der 924 Turbo nun nur noch 6,7/8,6/11,3 statt 7,8/10,5/15,3 l Superbenzin je 100 km. Dieses 924-Modell besaß vier belüftete Scheibenbremsen.

Porsche 924 Carrera GT, 1981

Porsche 944, 1982

Gar auf 210 PS brachte es die mit einem Ladeluftkühler und ebenfalls digitaler Zündverstellung Digiplex von Magneti Marelli dotierte Hochleistungsvariante 924 Carrera GT. Der für den Rennsport kreierte GTS schließlich bot mit einem von 0,7 auf 1,0 bar erhöhten Ladedruck 245 PS.

Allen 924 gemeinsam war die gefällige 2+2-sitzige Coupékarosserie mit kuppelförmiger gläserner Heckklappe. Die glatte Front mit Klappscheinwerfern und kaschiertem Kühlergrill markierte Ähnlichkeit mit dem traditionellen Porsche-911-Design. Beim 924 Turbo fanden sich nebst speziellen Alurädern vier zusätzliche Kühlluftöffnungen über dem Stoßschutz und eine Heckspoilerlippe. Beim Carrera GT und GTS (dieser ohne Scheinwerferklappen) kamen u. a. ein Luftschacht auf der rechten Seite vor der Windschutzscheibe und kräftige Radhausauskragungen für die extrabreiten Räder und Reifen hinzu. Während der Carrera GT bis Ende 1980 in den für die Homologation der Rennversion verlangten 400 Einheiten entstand, wurden der GTS (245 PS) und sein Derivat GTR (280 bis 375 PS) bis im Frühling 1981 in 59 Exemplaren gebaut.

Mit dem Jahrgang 1981 erhielt der 924 eine wirksamere Geräuschdämpfung, Kurvenstabilisatoren auch hinten, eine erneuerte Innenausstattung mit Schriftzügen auf den Türtafeln und neue Lackfarben. Man erkannte diesen Jahrgang zudem an den zusätzlichen Seitenblinkern. Neu war die Sonderversion 924 Le Mans (mit der an den Erfolg der Rennversion erinnert wurde). Zu seiner Ausstattung zählten eine weiße Lackierung mit umlaufendem dreifarbigem feinem Streifen und Aufschrift, ein Heckspoiler, Sporträder und -dämpfer sowie der mit schwarzem Kunstleder und mit schwarzweißen Nadelstreifen dekorierte Innenraum.

Porsche 911 SC + 911 Turbo, 1982

911. Der Typ 911 war der seit 1964 gebaute Stamm-Porsche und er war erst das zweite Modell seit Gründung der Marke. Allerdings hatte er – wie schon der Typ 356 – eine kontinuierliche Weiterentwicklung erfahren, die sowohl der Leistungssteigerung wie der Verbesserung der Fahreigenschaften diente. In beider Hinsicht waren enorme Fortschritte erzielt worden. Während frühe Porsche kraft ihrer hecklastigen Bauweise für unbedarfte Fahrer mitunter tückisch waren, wiesen sich die jüngeren 911 durch einen weitgesetzten fahrdynamischen Grenzbereich aus. Dies bewiesen die zahllosen Rennerfolge, die mit den in ihren Kategorien fast unschlagbaren Porsche erzielt wurden. Hinzu kam ein Qualitätsniveau, um das andere Sportwagenmarken Porsche nur beneiden konnten.

1981 gab es die 911-Modelle SC und Turbo, wobei der SC auch als Targa erhältlich war. Diese Karosserieform war von Porsche im September 1965 vorgestellt worden. Bei ihr war das mittlere Dachteil demontierbar (zunächst war auch die aus flexiblem Plastikmaterial bestehende Heckscheibe wegnehmbar). Über den hinteren Notsitzen blieb jedoch ein als Überrollschutz dienender breiter Bügel stehen. Dieses von Porsche mit Targa bezeichnete Dachsystem wurde zu einem Begriff, der sich auch für andere Fabrikate einbürgerte.

Die von Ferdinand Alexander („Butzi") Porsche, dem ältesten der vier Söhne von Ferry Porsche, entworfene Form des Modells 911 wirkte weiterhin sportlich-elegant und attraktiv. Mit ihr war ein Design geschaffen worden, an dem die Zeit spurlos vorbeilief. Das primäre technische Merkmal des 911 war jedoch sein im Heck eingebauter luftgekühlter 6-Zylinder-Boxermotor mit je einer obenliegenden Nockenwelle. Diese längst legendär gewordene Maschine mit ihrem typischen leicht heiseren bis klirrend intensiven Klang war für die Fans das A und O jedes Porsche.

Seit 1977 erreichte der Hubraum des 911 SC 2994 cm^3. Für 1981 war die Leistung von 188 auf 204 PS angehoben worden. Hierzu wurden neue Kolben mit Quetschflächen und Verbrennungsmulde in Kerzennähe verwendet. Weil gleichzeitig die Verdichtung von 8,6:1 auf 9,8:1 erhöht wurde, war nun wieder die Verwendung von Superbenzin nötig. Ziel war jedoch eine zeitgemäße Reduktion des Verbrauchs. Dieser wurde mit 8/9,7/13,4 satt mit 9,2/11,4/17,3 l/100 km angegeben. Der Alumotor arbeitete mit einer Bosch-Benzineinspritzung K-Jetronic. Neu waren die Seitenblinkleuchten vorne und auch die Lackfarben.

Für die USA-Ausführung des SC blieb die Leistung wegen der Abgasvorschriften auf 172 PS beschränkt. Wegen des dortigen Verkaufsrückgangs um 25 Prozent hatte Porsche im August 1980 für die USA die Sonderversion 911 SC „Weissach Coupe" geschaffen: Die auf 400 Stück beschränkte „limited edition" bot einen Heckspoiler wie der Typ 930 (911) Turbo, Alufelgen, Sportstoßdämpfer, elektrisch verstellbare Außenspiegel, Halogenscheinwerfer und ein Lederinterieur.

Für die Kraftübertragung standen im 911 SC ein 5-Gang-Getriebe und das halbautomatische Sportomatic-Getriebe (Kupplungsautomat und hydraulischer Wandler, von Hand zu bedienendes 3-Gang-Getriebe) zur Wahl. Das Fahrwerk umfasste vorne Querlenker, Längstorsionsfederstäbe und Dämpferbeine, hinten Schräglenker, querliegende Drehfederstäbe und Telekopdämpfer. Die Vierrad-Scheibenbremsen waren belüftet, und hinten wurden größere Räder montiert.

911 Turbo. Das „heiße" Modell unter den Porsche war aber der 911 Turbo. Ihn gab es seit 1974, und seit 1977 bot er just 300 PS (USA: 257 PS) aus 3299 cm^3 Hubraum. Der KKK-Abgasturbolader kam auf einen Ladedruck von maximal 0,8 bar. Gleichzeitig wurden zwei elektrische Benzinpumpen eingebaut. Dank der vom Turbomotor gegebenen Elastizität konnte man sich bei diesem Modell noch auf ein 4-Gang-Getriebe beschränken. Das Beschleunigungsvermögen für den Spurt von 0 auf 100 km/h wurde mit fabelhaften 5,4 s angegeben (911 SC: 6,8 s).

928. Abgesehen vom noch teureren 911 Turbo war der Typ 928 die Topreihe von Porsche. Sie war im März 1977 vorgestellt worden. Stilistisch lehnte sie sich an den kleinen Porsche 924 an, hatte aber trotz des Frontmotors ebenfalls einen kaschierten Lufteinlass bzw. gab sich als traditionell kühlergrillfreien Porsche zu erkennen. Im Gegensatz zu jenen des 911 waren die Konturen des 928 eher weich geformt. Für den 928 war eigens ein (wassergekühlter) V8-Alumotor mit je einer obenliegenden Nockenwelle entwickelt worden. Er arbeitete mit hydraulischen Ventilstößeln und der K-Jetronic-Einspritzung.

Mit dem Modelljahr 1980 war ihm der 928 S zur Seite gestellt worden, mit 4664 statt 4474 cm^3 Hubraum und 300 statt 240 PS. Wie beim 924 war das Getriebe mit dem Differenzial verblockt an der Hinterachse untergebracht und bewirkte so eine günstige Gewichtsverteilung. Es standen eine 5-Gang-Einheit und eine 3-Stufen-Automatik zur Wahl. Die Aufhängung bestand vorne aus unteren und oberen Dreieckquerlenkern und Federbeinen, hinten aus einer „Weissachachse" mit unteren Querlenkern, Längsschubstreben, Schraubenfedern und koaxialen Dämpfern.

944. Zur Jahresmitte 1981 stellte Porsche sein Modell 944 vor, eine Ableitung des Typs 924, aber mit eigenem Motor. Dieses Antriebsaggregat war mit dem V8-Motor aus dem Porsche 928 verwandt. Es war ein Vierzylinder mit Leichtmetall-Zylinderkopf und -block und obenliegender Nockenwelle, der bei einem vergleichsweise großen Hubraum von 2479 cm^3 auf 163 PS bei 5800/min kam. Zwei Ausgleichswellen reduzierten die freien Massenkräfte zweiter Ordnung und versprachen eine Laufruhe, die mit jener eines Sechszylindermotors vergleichbar war. Solche Ausgleichswellen – die eine war links leicht unterhalb der Kurbelwellenachse, die andere rechts im oberen Drittel des Motorblocks angeordnet – waren schon zu den automobilen Urzeiten von der englischen Marke Lanchester angewendet worden und sie hatten in jüngerer Zeit in Mitsubishi einen

Porsche 928 S, 1983

Porsche 924, 1984

neuen Adepten gefunden. Die mit doppelter Drehzahl rotierenden Wellen wurden wie auch die Nockenwelle von je einem separaten Zahnriemen angetrieben.

Der mit 10,6:1 sehr hoch verdichtete neue Motor war vor allem auf ein bulliges Durchzugsvermögen ausgerichtet. Nebst einem hydraulischen Ventilspielausgleich bot er eine digitale Motorelektronik (DME), die mit einer L-Jetronic-Einspritzung von Bosch gekoppelt war. Bei vergleichsweise moderatem Verbrauch (7,0/8,7/11,4 l/100 km nach ECE-Norm) erreichte der Porsche 944 gemäß Werkangaben Tempo 100 binnen 8,4 s und anderseits eine Spitze von 220 km/h. Statt des 5-Gang-Getriebes war ein 3-Stufen-Automatikgetriebe lieferbar. Die Aufhängung bestand vorne aus Federbeinen und Querlenkern, hinten aus Schräglenkern und querliegenden Drehfederstäben. Die Vierrad-Scheibenbremsen waren belüftet und servobestückt. Auf Wunsch war ein Sportpaket zu haben.

Äußerlich ähnelte der Porsche 944 dem 924 Carrera GT, die für das sportlich-dynamische Erscheinungsbild sorgenden Radhausauskragungen bestanden aber nicht aus Kunststoff, sondern wie die übrige Karosserie aus feuerverzinktem Stahlblech. Im Innenraum gab es eine verbesserte Heiz- und Belüftungsanlage, und zur Serienausstattung zählten ein Lederlenkrad, eine Verbrauchsanzeige und ein Radio mit digitaler Frequenzanzeige und drei Lautsprechern.

911 1982. Den im August vorgestellten neuen Jahrgang erkannte man an den schwarz lackierten Radsternen. Neu war die serienmäßig montierte Scheinwerfer-Reinigungsanlage. Auf Wunsch ließ sich der 911 SC mit der Bugschürze und dem Heckflügel des 911 Turbo ausrüsten.

Die Reihe 924 erhielt eine aufgewertete Innenausstattung (neue Farben, mit Teppich ausgelegte Türtaschen, Porsche-Wappen über dem Handschuhfachschloss, Lenkrad des 924 Turbo). Die 928-Modelle warteten 1982 mit einer verbesserten Lüftung, einer Benzinverbrauchsanzeige und einem zusätzlichen Ablagefach links vom Lenkrad auf. Der 928 erhielt Zubehöre, die zuvor dem 928 S vorbehalten waren: Vierspeichen-Lenkrad, Kassettenbox, Münzfach; hinzu kamen u. a. vier Lautsprecher mit Überblendregler und eine elektrische Antenne. Der 928 S hob sich durch eine elektrische Fahrersitzverstellung ab.

911 SC Cabriolet. Auf der IAA Frankfurt 1981 zeigte Porsche ein Cabrio Turbo mit Vierradantrieb „zum Testen der Publikumsreaktionen“. Auf dem Genfer Salon folgte wenige Monate später die Serienversion und zwar als 911 SC Cabriolet, also ohne Turbo und Vierradantrieb. Das letzte Porsche-Vollcabriolet war auf der Basis der Serie 356 im Frühjahr 1965 hergestellt worden! Der (knappe) 2+2-Innenraum des neuen Cabrios blieb im Vergleich zum 911 Coupé unverändert. Mit einer ausgefeilten Dreispriegeltechnik mit 50 Prozent Festdachanteil ließ sich eine formsteife Verdeckkonstruktion erzielen. Sie war dank raffinierter Blechprofile und Leichtmetallgussteile sogar 15 kg leichter als jene des 911 Targa. Das Heckfenster aus flexiblem Material war per Reißverschluss demontabel. Dichtigkeit und niedrigen Windgeräuschen waren besondere Aufmerksamkeit gewidmet worden.

924 1983. Mit dem Modelljahr 1983 wurde der 924 Turbo nur noch für Italien hergestellt (wo es eine 2-l-Steuerhürde gab), während er hinsichtlich Nachfrage auf den anderen Märkten ohnehin vom Typ 944 verdrängt worden war. Das Grundmodell 924 erhielt den Heckspoiler des 924 Turbo, womit sich der cw-Wert gemäß Werk von 0,36 auf 0,33 reduzierte. Die Außenspiegel waren elektrisch von innen verstell- und zudem beheizbar. Der 944 bot eine in allen Gängen funktionierende Verbrauchsanzeige und vier Lautsprecher.

Ebenfalls aufgegeben wurde für 1983 der Porsche 928 mit 4,5-l-V8. Er war nachfrageseitig vom 928 S mit 4,7-l-Motor verdrängt worden.

911 Carrera 1984. Mit dem im Juli 1983 vorgestellten Modelljahr 1984 bedachte Porsche sämtliche Modelle 911 mit der Zusatzbezeichnung Carrera; diese hatte früher ausschließlich für leistungsgesteigerte Ausführungen gegolten. Doch hatte der 911 für 1984 generell eine Leistungssteigerung erfahren: Der Hub war von 70,4 auf 74,4 mm verlängert worden, woraus sich 3164 cm^3 Hubraum ergaben. Gleichzeitig hatte man die Verdichtung von 9,8:1 auf 10,3:1 erhöht. Zusammen brachte dies eine Leistungssteigerung um 13 Prozent von 204 auf 231 PS bei unveränderten 5900/min. Das maximale Drehmoment wuchs von 267 Nm bei 4300/min auf 281 Nm bei 4800/min. Auf die K-Jetronic folgte nun, ebenfalls von Bosch, die Motronic, die als Zusatzfunktion nebst einer Schubabschaltung eine Antiruckelfunktion umfasste: Diese sorgte selbst bei sparsamer Gemischregelung für runden Lauf.

Das 5-Gang-Getriebe erhielt einen externen Ölkühler, das Bremssystem war noch deutlich leistungsfähiger geworden und bot neu eine Belagsverschleißanzeige. Als Spitze nannte Porsche 245 statt 235 km/h, und der Sprint auf 100 km/h ließ sich in 6,1 statt 6,8 s bewältigen. Im Schnitt sank der Verbrauch von 8,0/9,7/13,4 l/100 km auf 6,8/9,0/13,6 l/100 km. Die neuen 911 Coupé, Targa und Cabriolet erkannte man außer an der Carrera-Aufschrift am Heck an den neuen gelochten Leichtmetallrädern, den Nebellampen unterhalb der Stoßstange, an der getönten Heckscheibe

Porsche 944 Turbo, 1985

Porsche 911 Carrera Cabrio, 1985

Porsche 911 Carrera Targa, 1987

(außer Cabrio) und am leicht geänderten Innenraum. Auf Wunsch war der 911 Carrera im Turbo-Look samt Turbo-Fahrwerk und Turbo-Heckflügel (dieser nur beim Coupé) zu haben; ein spezieller Heckflügel für erhöhte Fahrstabilität bei hohem Tempo war auch separat erhältlich.

928 1984. Mit dem Jahrgang 1984 erhielt der 928 S die LH-Jetronic mit Schubabschaltung, eine von 10:1 auf 10,4:1 erhöhte Verdichtung sowie eine elektronische Zündzeitpunktsteuerung, womit die Leistung von 300 auf 310 PS und das maximale Drehmoment von 385 auf 400 Nm anstiegen. Gleichzeitig resultierte eine Verbrauchsverminderung um 10 Prozent, bei der Automatikversion waren es dank dem Übergang von drei zu vier Stufen sogar 12 Prozent. Tempo 100 konnten nun binnen 6,2 statt 6,6 s erreicht werden, und die Spitze stieg von 250 auf 255 km/h. Besonders bemerkenswert: Als erster Porsche ließ sich der 928 S gegen Aufpreis mit einem Brems-Antiblockiersystem (ABS) ausrüsten.

Der 911 Turbo und der Typ 944 erhielten eine Bremsbelag-Verschleißanzeige, 924 und 944 eine elektrische Heckklappenentriegelung. Auf der IAA 1983 zeigte Porsche als Studie einen für den Rennsporteinsatz nach Gruppe B gedachten 911 mit stark verbreiterter Karosserie und integriertem Heckflügel (cw 0,32), 2,85-l-Biturbo-Boxermotor (400 PS), 6-Gang-Getriebe und elektronisch regelbarem Allradantrieb...

Anfang 1984 beschloss Porsche, den Ende August auslaufenden Vertrag mit VW of America für den Porsche-Vertrieb in den USA nicht mehr zu erneuern, sondern eine eigene Verkaufsorganisation aufzubauen. Zu beklagen hatte sich Porsche allerdings nicht, war doch der Absatz in den USA 1983 von 11'500 auf 20'200 Einheiten gestiegen. Insgesamt hatte Porsche den Verkauf 1983 von 32'200 auf 44'800 Stück erhöhen können. Nur mangelnde Kapazität hatte dem Absatz Grenzen gesetzt. Gegen die anfänglichen Pläne von Peter W. Schutz, in den USA 40 werkseigene Niederlassungen einzurichten und die angestammten Porsche-Händler zu Agenten zu degradieren, liefen diese allerdings Sturm, sodass ein neues Vertriebskonzept ausgearbeitet werden musste. – Im Frühling 1984 beschlossen die verblieben zehn Aktionäre der Porsche/Piëch-Familie den Weg an die Börse. Die Porsche-Aktien gingen weg „wie frische Semmeln".

959. Im Oktober 1984 war es so weit, dass Porsche den Supersportwagen mit der Bezeichnung 959 der Fachpresse vorstellen konnte. Er sollte ab Mitte 1985 erhältlich sein. Um ihn für den Sporteinsatz nach Gruppe B homologieren zu können, mussten mindestens 200 weitgehend identische Exemplare gebaut werden. Daher wurde vom 959 eine luxuriöse Straßenversion geplant, die sich hinsichtlich Ausstattung und Leistung von der Rennversion unterschied. Der Porsche 959 diente gleichzeitig als Technologieträger, mit dem das Forschungs- und Entwicklungszentrum in Weissach alle in der Konstruktion des unverwüstlichen 911 noch steckenden Möglichkeiten auslotete. Dies bezog sich ebenso auf Motor und Antrieb wie auf das Fahrwerk, das unterschiedlichsten Straßenanforderungen gewachsen sein sollte. Es ging um Zukunftslösungen, wie sie nicht nur in der 911-Reihe, sondern ebenso bei den von Kundenfirmen in Auftrag gegebenen Konstruktionen zum Tragen kommen konnten.

Beim 959 wurde das Konzept des Heckmotors beibehalten, aber durch permanenten Vierradantrieb relativiert. Wie bei dem die Gruppe C dominierenden Porsche 956 erreichte der Hubraum des Sechszylinder-Boxers 2850 cm^3, womit die 4-l-Grenze (Turbofaktor 1,4) nicht überschritten wurde. Je zwei obenliegende Nockenwellen trieben 6x4 Ventile an, wobei hydraulische Stößel für einen wartungsfreien und geräuscharmen Betrieb sorgten. Mit der elektronischen Bosch-Motronic-Einspritzung und den beiden mit Ladeluftkühlern versehenen Abgasturboladern, die schon aus tiefen Tourenzahl für Durchzug sorgten, wurde eine Leistung von 450 PS bei 6500/min erreicht (diese PS-Zahl wurde erst später bestätigt). Wie schon beim Typ 956 waren die Zylinderköpfe wasser-, der Motorblock bzw. die Zylinder jedoch luftgekühlt.

Auch wurde erst nachträglich bekannt, dass nicht nur die Renn-, sondern auch die Straßenausführung ein 6-Gang-Getriebe haben werde. Dieses war mit einem elektronisch geregelten Allradantrieb verbunden. Je nach den Fahrbedingungen wurde die Antriebskraft über eine Programmsteuerung auf die Vorder- und Hinterräder aufgeteilt. Für die Lastverteilung sorgte eine elektronisch gesteuerte Lamellenkupplung im Gehäuse des Vorderachsgetriebes. Die Differenziale der Vorder- und der Hinterräder waren nach dem Transaxle-Prinzip starr verbunden (was sich bereits beim Siegerwagen des Raid Paris–Dakar 1984 bewährt hatte, dort allerdings mit konstanter Kraftaufteilung). Statt der Drehfederstäbe des 911 besaß der 959 vorne wie hinten Aufhängungen mit oberen und unteren Querlenkern, vorne mit doppelten Federbeinen, hinten ebenfalls mit zwei parallelen Dämpfern (nur einer davon mit koaxialen Schraubenfedern). Dämpferhärte und Niveau waren während der Fahrt verstellbar. Eine vom Motor angetriebene hydraulische Hochdruckanlage diente für die Bremsen und wurde auch für eine Servolenkung vorgesehen. Die Straßenversion wurde mit einem ABS ausgerüstet.

Das Karosseriedesign erinnerte zwar unverkennbar an den Porsche 911, war jedoch weit wuchtiger. Bei unveränderten 227 cm Radstand erreichten die Außenmaße 426x184x128 cm (statt 429x165x132 cm). Mit dem gewaltigen Heckflügel und trotz der mächtigen hinteren Radhausausbuchtungen war der cw-Wert auf rund 0,3 gesenkt worden. Während für die Türen und die Fronthaube Aluminium verwendet wurde, bestanden die übrigen sichtbaren Karosserieteile aus hochfestem Kevlar. Unter den aerodynamischen Felgenabdeckungen verbargen sich Zentralverschlussräder mit fünf Magnesium-Hohlspeichen und einer automatischen Luftdruckanzeige. Es wurden Dunlop-Sicherheitsreifen System Denloc vorgesehen, dann aber Bridgestone-Reifen (mit Notlaufeigenschaften) montiert.

Vorgesehen wurden eine reine Rennausführung (mit bis 600 PS), eine straßentaugliche Wettbewerbsversion und ein Straßensportwagen. Letzterer wurde auch hinsichtlich Geräuschdämmung in die Kur genommen und ganz nach Käuferwunsch mit allen erdenklichen Komfortmerkmalen ausgestattet. Für die 200 vorgesehenen Exemplare bewarben sich 450 Kaufinteressenten aus aller Welt... obwohl es sich nicht nur um den schnellsten, sondern wohl auch um den teuersten Serienwagen handelte (Preis ab rund 400'000 DM). Rennversionen erzielten beim Wüstenraid Paris–Dakar im Januar 1986 einen Doppelsieg. Die Auslieferungen an Kunden erfolgten dann allerdings erst 1987/88, und es waren am Schluss 292 auf die Räder gestellte Einheiten, wovon nur 29 im Renntrimm. 1992 sollte nochmals eine Sonderserie von acht Exemplaren aufgelegt werden. Klar, dass der Porsche 959 zu einem einzigartigen Sammelstück wurde!

Leider nur ein Einzelstück blieb dagegen ein viersitziger Spezial-928 mit Sportkombiheck, der Dr. h. c. Ferry Porsche zum 75. Geburtstag (am 19. September 1984) übergeben wurde.

1985 erhielten die Porsche 924, 944 und 911 Carrera getönte Scheiben, der 911 überdies eine Scheibenantenne und eine elektrische Fahrersitzverstellung, zudem wurden die Schaltwege etwas verkürzt. Der 911 Turbo erhielt zwei elektrisch verstellbare Sitze, Klimaanlage und Zentralverriegelung sowie technische Verfeinerungen. Solche gab es auch beim 928 S, bei dem nun beide Vordersitze elektrisch verstellbar waren.

Porsche 928 S4, 1987

Porsche Speedster, 1988

Porsche 959, 1987

944 1985. Immerhin wurde der 944 dann zu Jahresbeginn 1985 doch noch in etwas stärker überarbeiteter Form präsentiert: 7 Zoll breite Felgen mit Lochdesign (wie beim 911 Carrera), Schutzplanken in den Türen, Fahrwerk mit leichten und steifen Vorder- und Hinterachslenkern aus Aluminium, neue Nockenwelle, auf Wunsch Katalysator oder nachträglich einbaubar, 80- statt 66-l-Benzintank, neuer Instrumententräger (ähnlich wie im 928 S) und neue Mittelkonsole, Lenksäule um 12 mm angehoben, Lenkrad analog zu 911 Carrera. Gegen Aufpreis gab es ein Sportpaket (Aufhängung und Bremsanlage), Räder des 911 Turbo, eine automatische Klimaanlage, ein kleineres Lenkrad, eine Fahrersitzheizung sowie ein Automatikgetriebe.

944 Turbo. Die große Neuheit des Jahrgangs 1985 aber wurde vom Porsche 944 Turbo verkörpert, der im Januar jenes Jahres vorgestellt wurde. Äußerlich gab er sich vor allem an zusätzlichen Lufteinlässen an der Front sowie einem Spoiler unterhalb der Heckstoßstange zu erkennen. Der Abgasturbolader stammte von KKK, war ein Typ 26 und erbrachte einen maximalen Ladedruck von 0,75 bar. Montiert war der Turbo aus Temperaturgründen auf der Gegenseite der Auspuffkrümmer. Es gab einen Ladeluftkühler ebenso wie einen am Motorkühlsystem angeschlossenen Thermosyphon-Kreislauf, der bei Bedarf von einer thermostatisch in Gang gesetzten Elektrowasserpumpe unterstützt wurde. Statt gegossene erhielt der 944 Turbo geschmiedete Alukolben mit ovalen Mulden in ihrem Boden und zahlreiche weitere aufwändige Anpassungen.

Die Verdichtung wurde von 10,6:1 auf 8,0:1 gesenkt, und es resultierte schließlich eine Leistung von 220 PS bei 5800/min. Gleich von Anfang an gab es auch eine Katalysator-bestückte Version des Turbomotors, und für sie wurde die gleiche Leistung angegeben, denn der Kat.-bedingte Leistungsverlust wurde durch einen leicht angehobenen Ladedruck ausgeglichen. Zur Ladedruckregelung kam ein Klopfsensor, was den Betrieb auch mit Normalbenzin statt mit 96-ROZ-Treibstoff ermöglichte. Tempo 100 konnte in 6,3 s erreicht werden – das waren nur noch 0,2 s mehr als der 911 Carrera benötigte, – und wie für diesen wurde eine Höchstgeschwindigkeit von 245 km/h genannt.

Das 5-Gang-Getriebe war enger abgestuft, und das Fahrwerk war dem höheren Leistungspotenzial angepasst worden. Eine Porsche-Neuentwicklung war die leichtgewichtige Vierkolben-Festsattelbremse. Eine Rohrschlange diente der Getriebeölkühlung, und der 63-l-Stahlblechtank war einem 80-l-Kunststofftank gewichen. Das Cockpit entsprach jenem des 944 1985.

924 S. Im August 1985 wurde der 924 mit dem 2-l-Motor von Audi durch den 924 S mit dem hauseigenen 2,5-l-Motor abgelöst, wie er im 944 eingebaut wurde. Im 924 S wurde die Leistung auf just 150 PS beschränkt, immerhin 25 PS mehr als beim 2-l-Modell. Mit 0–100 km/h in 8,5 s und 215 km/h Spitze lag der 924 S nur ganz knapp unter dem 944 (8,4 s und 220 km/h), dabei konnte der 924 S noch mit Normalbenzin (91 ROZ) betrieben werden (Verdichtung 9,7:1 statt 10,6:1). Der 924 S rollte auf Leichtmetallfelgen im Lochdesign mit Breitreifen. Es wurden nun auch hinten Scheibenbremsen montiert, und die Türen erhielten kräftigere Sicherheitsplanken. Der Preis allerdings lag um gut 20 Prozent höher.

911 Carrera 1986. Geänderte Stabilisatoren, Stoßdämpfer und hintere Drehstäbe sorgten für eine feinfühligere Fahrwerksabstimmung; die Heiz- und Lüftungsanlage wurde verbessert (einschließlich vergrößerter Austrittsdüsen), die Vordersitze um 2 cm abgesenkt (Verstellbereich zudem nach hinten verlängert) und der Kofferraum erhielt den gleichen Teppichbelag wie das Cockpit. Auf Wunsch gab es eine Sportschaltung mit um 10 Prozent verkürztem Schaltweg. – Der 911 Turbo erfuhr analoge Modifikationen.

928 32V/Kat. Schon 1985 war für den US-Markt, wo Katalysatoren unverzichtbar waren, eine 4-Ventil-Ausführung des V8-Motors eingeführt worden, deren Hubraum zudem von 4664 auf 4957 cm^3 aufgebohrt worden war (100 statt 97 mm). Diese Motorvariante kam ab August 1985 neben dem 928-S-Triebwerk auch auf dem europäischen Markt (allen voran in der Schweiz) sowie in Japan und in Australien ins Angebot. Die Verdichtung war von 10,4:1 auf 9,3:1 zurückgenommen worden; so standen noch 288 statt 310 DIN-PS zur Verfügung, wobei das maximale Drehmoment von 400 Nm schon bei 2700/min statt erst bei 4100/min abrufbar war. Die benötigte Zeit für den 0–100-km/h-Sprint wurde unverändert mit 6,2 bzw. 6,7 s angegeben (5-Gang- bzw. Automatikgetriebe). Im 928 S wurden serienmäßig ein ABS, ein Tempostat und ein neues Falt-Ersatzrad, ferner eine neue leisere Auspuffanlage eingebaut. Mit dem Jahrgang 1986 wurden nicht nur die Porsche-Preise, sondern auch die Garantieleistungen deutlich erhöht. Das zur IAA Frankfurt im September 1985 gebrachte Cabriolet 944 blieb vorerst ein Einzelstück.

944 S. Im Juli 1986 folgte als weiterer Porsche-„Vierventiler" der 944 S: unverändert vier Zylinder mit 2479 cm^3, aber neu entwickelter Zylinderkopf mit zwei obenliegenden Nockenwellen und 16 Ventilen, neue Bosch-Elektronik Motronic M 2.1, 190 PS (für alle Versionen ob mit oder ohne Katalysator), 0–100 km/h in 7,9 s. Für alle drei Porsche 944 war neu ein ABS lieferbar, zudem ein HiFi-Klangpaket, ein Sportpaket, für 944 S und Turbo überdies ein Clubsportpaket und eine Leichtversion (ohne Klimaanlage, elektrische Sitzverstellung, Fensterheber, PVC-Unterbodenschutz usw.). Für die USA wurden die 944 auf Wunsch mit Airbags für Fahrer und Beifahrer ausgerüstet.

1987 erhielt der 911 Carrera ein neues 5-Gang-Getriebe samt hydraulisch betätigter und damit leichtgängigerer Kupplung, einen neuen Schalthebel und u. a. ein leicht geändertes Heckdesign (Front- wie Heckspoiler waren nun serienmäßig). Bei der Katalysator-Version stieg die Leistung von 207 auf 217 PS. Die strengen Schweizer Lärmnormen wurden mit einer teilweisen Motorkapselung erfüllt.

928 S4. Im September 1986 wurde aus dem 928 S der S4, und diese Zahl bedeutete vier Ventile je Zylinder. Diese bereits für Länder mit besonders strengen Abgasnormen hergestellte 5-l-Version wurde jetzt sozusagen zum offiziellen 928-Antriebsaggregat. Dieses war hierzu gründlich überarbeitet worden: Verdichtung 10:1 (statt 9,3:1, neue Nockenwellen, Spritzölkühlung für die Kolben, Absenkung der Brennräume im Zylinderkopf (nun mit zwei Quetschzonen), zweistufige Resonanz-Ansauganlage, Jetronic LH 2.3, zwei elektrische Lüfter. Damit standen mit oder ohne Katalysator 320 PS bei 6000/min zur Verfügung.

Nachdem 70 Prozent der 928-Produktion mit dem von Daimler-Benz bezogenen 4-Stufen-Automatikgetriebe ausgerüstet wurden, war dieses ebenfalls überarbeitet worden. Der Bugteil des 928 S4 zeigte sich aerodynamisch verfeinert und das vordere Zulassungsschild besaß seinen Platz unterhalb statt zwischen den (neu geformten) Zusatz- und Blinkleuchten. Die Rücklichteinheiten waren nicht mehr vertieft, sondern karosseriebündig untergebracht, und der recht auffällig aufgesetzte Heckflügel war gleichsam ein Symbol dafür, dass die Spitze auf 270 km/h angestiegen war (mit Automat 265 km/h, 0–100 km/h in 6,0 bzw. 6,3 s, cw-Wert 0,34).

Turbo Targa und Cabriolet. 1987 wurde der 911 Turbo auch in den Karosserieversionen Targa und Cabriolet lieferbar. Damit standen in diesen „Frischluft-Porsche" in der ECE-Ausführung 300 PS und in der US-83-Montur mit Abgaskonverter und Lambdasonde 286 PS zur Verfügung.

1988 wurde die Verdichtung des 2,5-l-Vierzylindermotors der Modelle 924 S und 944 von 9,7:1 auf 10,2:1 angehoben, womit die Leistung von 150 auf 160 PS stieg. Der 911 Carrera erhielt neue geschmiedete Räder, und die serienmäßige Ausstattung wurde bei den verschiedenen Modellen angereichert. Jene Klappscheinwerferfront, wie sie Rennsport- und Tuningmodellen eigen war, war inzwischen auch ab Werk bestellbar.

Porsche 911 Turbo 930 S Version, 1988

911 Carrera Speedster. Überraschend ließ Porsche zur IAA Frankfurt im September 1987 die Version Speedster wieder aufleben: Eine hochsportliche Offenkarosserie mit stark schräg gestellter Frontscheibe und niedrigem Verdeck. Einen 356 Speedster hatte es ab 1952 vor allem für den US-Markt gegeben und er hatte sich zu einem ausgeprägten Liebhaberstück entwickelt. Dieser neue Speedster war für eine Produktion ab Modelljahr 1989 vorgesehen. Er war als reiner Zweisitzer ausgelegt, seine Windschutzscheibe war um 5 Grad flacher geneigt und das ungefütterte Verdeck verschwand in geöffnetem Zustand ganz unter einer in der Wagenfarbe lackierten Kunststoffabdeckung. Diese überragte die Gürtellinie nur wenig und floss in die länger wirkende Heckpartie ein. Der Speedster war 70 kg leichter als das Cabriolet. Er wurde bei der Markteinführung vordergründig in einer verbreiterten Version (Turbo-Look) angeboten.

944 Turbo S und Cabriolet. Auf 1000 Exemplare beschränkt wurde der im Oktober 1987 vorgestellte 944 Turbo S, dessen Antriebseinheit vom Turbo-Cup-Wettbewerbsmotor abgeleitet war: 30 Mehr-PS dank größerem Turbo und geänderten Einstellungen, breitere Leichtmetallräder im Scheiben-Styling des 928, Bremsanlage aus dem 928 S4, verstärktes Getriebe mit externem Ölkühler, Sportfahrwerk, ABS und besonders reichhaltige Ausstattung; 0–100 km/h in 5,7 s, 260 km/h (womit der 911 Carrera übertrumpft wurde).

Porsche 944 S2 Cabriolet, 1989

Die auf der IAA 1985 gezeigte Cabrioausführung des 944 sollte 1988 auf der Basis des 944 S in Serie gehen: Montage wie alle Vierzylinder-Porsche im Lohnauftrag durch das Audi-Werk Neckarsulm, Antriebseinheiten aus Stuttgart-Zuffenhausen, die fürs Cabrio notwendigen Karosserieeinbauten sollte das Werk Weinsberg von ASC (→ Anhang, American Sunroof Corporation) übernehmen. Lieferbar wurde diese Cabriovariante dann allerdings erst Anfang 1989 (s. unten).

Der stete Aufstieg der Marke Porsche fand 1987 einen Unterbruch: Die Dollar-Hausse hatte innerhalb von 18 Monaten zu sechs Preiserhöhungen geführt, was den Absatz auf dem Hauptmarkt USA absacken ließ. Deshalb wurden für Januar bis Juli 1988 Kurzarbeit eingeführt: An 47 Werktagen sollten die Produktionsbänder stillstehen. Betroffen waren 4300 Mitarbeiter. Es sollten 4900 Vier- und Achtzylinder-Porsche weniger gebaut werden, als ursprünglich geplant.

Zum Jahresende 1987 werde Peter W. Schutz Porsche als Vorstandsvorsitzender verlassen. Dies verlautete aus Stuttgart-Zuffenhausen unerwartet

Porsche 911 Carrera 4, 1990

nur wenige Tage bevor dieses Jahresende erreicht war; „in gegenseitigem Einvernehmen", wie es schlicht hieß. Zum Nachfolger wurde der Stellvertreter und Finanzchef Heinz Branitzki bestimmt; auf Wunsch der zehn Stammaktionäre der Besitzerfamilien Porsche und Piëch sollte ein Finanzexperte die neue Richtung wählen.

Im April 1988 wurde beschlossen, von den 8100 Arbeitsplätzen binnen 15 Monaten durch Nichtersatz und Vorruhestandsregelungen 1000 Stellen abzubauen und zwar in den Bereichen Verwaltung, Vertrieb und Entwicklung. Bei Audi in Neckarsulm musste die Kurzarbeit für die Produktion der Porsche-Vierzylindermodelle von 43 auf 77 Tage verlängert werden. Doch damit nicht genug: Mitte 1988 kam der Entscheid hinzu, die Produktion des Modells 924 nach der Sommerpause einzustellen.

911 Carrera 4. Bereits im Frühling 1988 stellte Porsche den für das Modelljahr 1989 bestimmten zusätzlichen Typ 911 mit Vierradantrieb vor. Von einem solchen Modell war schon seit einiger Zeit die Rede gewesen. Der permanente Allradantrieb besaß seine Wurzeln in dem Typ 959. Das mittlere Differenzial konventioneller Bauart verteilte die Kraft zu 31 Prozent auf die Vorder- und zu 69 Prozent auf die Hinterräder. Sensoren und Elektronik sorgten im Bedarfsfall für Eingriffe im mittleren und hinteren Differenzial. Das Fahrwerk hatte eine grundlegende Überarbeitung erfahren: vorne Federbeine und Dreieckquerlenker, hinten Schraubenfedern statt Drehfederstäbe. Servolenkung und ABS wurden serienmäßig eingebaut.

Für den 911 Carrera 4 war der Sechszylinder-Boxermotor einmal mehr vergrößert worden: Mit genau 3600 cm^3 Hubraum und neu mit Doppelzündung resultierten 250 PS bei 6100/min. Mit einer teilweisen Kapselung wurde das Geräusch der luftgekühlten Antriebsmaschine stärker abgedämpft.

Äußere Anklänge an den 959 zeigten die in das Karosseriedesign integrierten Stoßfänger. Der Unterboden war durchgehend flach ausgeführt und unterhalb der Türen zeigten sich Schwelleransätze. Anstatt eines Heckflügels wurde eine mobile Spoilerklappe vorgesehen. Diese aerodynamische Leithilfe wurde bei 80 km/h durch Elektromotoren ausgefahren und bei 10 km/h wieder eingezogen. Zudem bekam der 911 Carrera 4, den es ab November 1988 ausschließlich als Coupé geben sollte, ein eigenes Raddesign.

Apropos 959: Noch bevor alle Exemplare ausgeliefert waren, entwickelte sich dieses Modell zu einem Spekulationsobjekt, das rekordhohe Liebhaberpreise erzielte. Es gab Preisangebote, die bis 200 Prozent über dem Neupreis lagen.

1989 erhielt der 911 Turbo endlich ebenfalls ein 5-Gang-Getriebe sowie eine hydraulisch arbeitende Kupplung; eine Katalysator-Version wurde für Europa aber weiterhin nicht vorgesehen. Die Sternfelgen der 911 Carrera wiesen neu von Haus aus 16 Zoll Durchmesser auf. Der 928 S4 erhielt ein Überwachungssystem für den Reifendruck (mit zwei Sensoren pro Rad), ein Informations- und Diagnosesystem sowie eine raffinierte Stereoanlage. Zusammen mit einem neuen Einschlüsselsystem wurde für die 911 und 928 eine automatische Alarmanlage eingeführt.

944 1989. Mit dem im Juli 1988 vorgestellten Modelljahr 1989 erhielten die 944 einen von 2479 auf 2681 cm^3 vergrößerten Hubraum (größere Einlassventile, Verdichtung 10,9:1 statt 10,2:1, + 5 = 165 PS, vor allem mehr Drehmoment). Die 16-Ventil-Version hieß nun 944 S2; bei ihr wurde auch der Hub erhöht, womit sich 2990 cm^3 und 211 PS ergaben (mehr Drehmoment bei tieferer Drehzahl, 0–100 km/h in 6,9 s, 240 km/h). Die Innenausrüstung wurde auf das Niveau des 944 Turbo angehoben (dessen Motor unverändert blieb). Von diesem bzw. der Sonderversion Turbo S wurden auch das Fahrwerk und die Bremsanlage übernommen. Der 944 Turbo 1989 anderseits besaß nun den 250 PS liefernden Turbo-Cup-Motor (wie zuvor Turbo S), eine verstärkte Kraftübertragung mit Differenzialbremse, die Bremsanlage aus dem 928 S4 sowie Spezialräder.

Ab Anfang 1989 wurde auch die Cabrioletversion des 944 lieferbar (s. oben); sie basierte auf dem S2 und es gab sie auf Wunsch (wie das Cabriolet 911) mit elektrischer Verdeckbedienung.

Bei Porsche drehte sich das Personalkarussell indessen weiter: Nachdem bereits im Sommer 1988 Dr. Ulrich Bez als Nachfolger von Prof. Helmuth Bott zum Entwicklungsvorstand erkoren worden war, zog Bez als neuen Designchef Harm Lagaay nach. Dieser war zuvor Styling-Chef bei der BMW Technik GmbH..., deren Leiter Bez gewesen war. La-

Porsche	Bauart	Mot.	Getr.	R/L cm	Baujahre
924	**St.**	**a–d**	**5/A3**	**240/421/429/432U**	**1980–85**
Motoren:	*Zyl.:*	*N'w.:*	*cm³:*	*PS/'min:*	*Nm/'min:*
a	4i	OHC	1984	125/5800/112U/5750	165/151/3500
b (Turbo –'82 lt.–'84)	4iT			177/5500/156U/5750	250/210/3500
c (Carrera GT –1981)				210/6000	275/3500
d (Carrera GTS –1982)				245/6250	334/3000
924 S	**St.**	**a/b**	**5/A3**	**240/421**	**1985–88**
a (*1986/87)	4	OHC	2479	150/150K/5800	195/190*/3000
b (1987–)				160/160K/5900	210/4500
944 (*1987–)	**St.**	**a–j**	**5/A3**	**240/420/429U/432U***	**1981–90**
Motoren:	*Zyl.:*	*N'w.:*	*cm³:*	*PS/'min:*	*Nm/'min:*
a (–1987)	4i	OHC	2479	163/5800	205/3000
b (USA *1982/83)				145/150*/5500	185/192/3000
c (USA'83–85/*'84/85)				146/5500/150K*	186/3000
d (Kat./USA 1985–87)				150K	190
e (1987/88)				160/160K/5900	210/4500
f (S 1986–88)		D16V		190/190K/6000	230/4300
g (Turbo 1985–88)	4iT	OHC		220/220K/5800	330/3500
h (Turbo S 1987–)				250K/6000	350/4000
i (1988/89)	4i		2681	165K/165/5800	225/4200
j (1988/89 *1989–)			2990	211K/211/5800	280/4000/4100*
911 SC	**H.**	**a/b**	**5/A3/4**	**227/429**	**1980–83**
Motoren:	*Zyl.:*	*N'w.:*	*cm³:*	*PS/'min:*	*Nm/'min:*
a	B6i/I.	OHC	2994	204/5900	265/4300
b (USA, *1981–)				172/5500	256/237*/4200
911 Carrera	**H.**	**a–d**	**5**	**227/429**	**1983–89**
a (–1985 *USA)	B6i/I.	OHC	3164	231/203*/5900	281/251/4800
b (1985–)				231/5900	284/4800
c (1984–86 +USA'85/86)				207K	–
d (1986–88 *1988–)				217K/5800/5900*	265/4800

Porsche	Bauart	Mot.	Getr.	R/L cm	Baujahre
911 Carrera 4	**H./4x4**	**–**	**5**	**227/425/427,5U**	**1988–90**
911 Carrera	**H.**				**1989/90**
Motor:	B6i/I.	OHC	3600	250/6100	310/4800
911 Turbo	**H.**	**a/b**	**4(/5)**	**227/429**	**1980–89**
Motoren:	*Zyl.:*	*N'w.:*	*cm³:*	*PS/'min:*	*Nm/'min:*
a (*1982–87 **1987–)	B6iT/I.	OHC	3299	300/5500	412/432*/430**/4'
b (Kat./USA 1985–)				286	377
911 Turbo	**H.**	**–**	**5**	**227/425**	**1990**
Motor:	B6iT/I.	OHC	3299	320K/5750	450/4500
928	**St.**	**a–g**	**5/A3/A4**	**250/444,5/446U**	**1980–86**
Motoren:	*Zyl.:*	*N'w.:*	*cm³:*	*PS/'min:*	*Nm/'min:*
a (–1982)	V8i	OHC	4474	240/5250	380/3600
b (USA, *1981–83)				222/5250/223*/5500	344/3600/359/4000
c (S *1983–85)			4664	300/310*/5900	385/399/4500
d (S 1985/86)				310/5900	400/4100
e (USA 1983/84)				237/5250	357/4000
f (USA 1984/85)		D32V	4957	292/5250	–
g (Kat./USA 1985/86)				288/5750	–
928 S4	**St.**	**a/b**	**5/A4**	**250/452**	**1986–90**
a (+*–1989)	V8i	D32V	4957	320K/320*/6000	431/3000
b (GT 1989–)				330/6200	430/4100
959	**H./4x4**		**6**	**227/426**	**1986–88**
Motor:	6Bi2T/I.	D24V	2850	450/6500	500/5500

Portaro

gaay löste Anatole Lapine ab, der seit 1969 im Weissacher Design-Studio tätig war und sich nun in den (vorzeitigen) Ruhestand zurückzog. Übrigens waren sowohl Bez wie Laagay schon früher bei Porsche tätig gewesen.

928 GT. Geänderte Nocken und ein überarbeitetes Ansaugsystem brachten mit dem im Februar 1989 vorgestellten 928 GT gegenüber dem 928 S4 330 PS (kürzere Antriebsachse = 0–100 km/h in 5,8 s; dazu geschmiedete Aluräder ähnlich Carrera 4 und breitere hintere Spur).

911 Carrera 2. 1990 war ein (schon Ende Juni 1989 vorgestellter) Jahrgang des Umbruchs und der Straffung des ausgeuferten Modellprogramms. So wurde der auf der bisherigen Plattform basierende 911 Turbo aufgegeben. Anderseits gab es nun auf der gleichen Basis wie der Allrad-Carrera 4 neu den rein hinterradgetriebenen 911 Carrera 2. Durch den Wegfall des Vierradantriebs reduzierte sich das Gewicht um just 100 auf 1350 kg. Auch der Carrera 2 besaß den großen Sechszylinder-Boxer mit 3,6 l Hubraum und 250 PS Leistung. Es galten die gleichen Fahrleistungswerte wie für den Carrera 4: 0–100 km/h in 5,7 s, Spitze 260 km/h. Zur Ausstattung zählten nebst ABS und Servolenkung eine als Klangpaket bezeichnete Stereoanlage mit zehn Lautsprechern, eine Leuchtweiten-Fernregulierung, elektrisch verstellbare Sitze, elektrisch regulierbare Außenspiegel sowie Fensterheber. Den Carrera 2 gab es ebenso wie den Carrera 4 als Coupé, Targa und Cabrio (mit elektrischer Verdeckbedienung). Beim Carrera 4 war der Geräuschpegel durch ein Zweimassenschwungrad vermindert worden, und man konnte für ihn auch einen Bordcomputer bestellen.

Eine bedeutende Neuheit verkörperte die für den Carrera 2 angebotene, gemeinsam von ZF und Bosch entwickelte, mit hydraulischem Wandler arbeitende automatische 4-Stufen-Kraftübertragung Tiptronic, die dem Fahrer dank elektronischer Steuerung die Wahl zwischen manuell ausgelöstem und automatischem Stufenwechsel bot. Die Elektronik erfasste anhand der Gaspedalsteuerung und der Querbeschleunigung auch die momentane Fahrsituation und passte die Schaltpunkte entsprechend an. Damit entfiel unnötiges Hochschalten vor dem Einbiegen in eine Kurve. Rechts neben der üblichen Automatikschaltgasse bot die Schaltkulisse eine zweite Ebene für das quasimanuelle Schalten: Durch kurzes Nachvorneschieben des Schaltknaufs wurde praktisch ohne Zugkraftunterbruch hoch- und durch kurzes Zurückziehen zurückgeschaltet.

Mit dem Jahrgang 1990 wurden die 944er-Modelle nicht mehr im Audi-Werk Neckarsulm, sondern bei Porsche in Zuffenhausen aufgelegt. Der erst ein Jahr zuvor eingeführte 2,7-l-Motor wurde zugunsten des 3-l-16-Ventil-Motors aufgegeben. Den 944 S2 gab es als Coupé und Cabrio, den 944 Turbo (2,5 l, 250 PS) nur als Coupé, dieses aber mit neuem Heckflügel und Rädern im Stil der Carrera 4 und 928 GT. Auch eine Scheinwerfer-Leuchtweitenregulierung zählte nun ebenso wie das ABS zur Serienausrüstung der 944; auf Wunsch gab es zudem ein Sportfahrerpaket.

1990 erhielt der 928 eine Lamellen-Differenzialsperre (wie im 959 und Carrera 4) mit elektronisch geregeltem Schließgrad. Neu war zudem ein 21 Positionen umfassendes Info- und Diagnosesystem. Alle Porsche besaßen jetzt nebst dem ABS ein kombiniertes Zentralverriegelungs- und Alarmsystem sowie Rollgurten auch für die hinteren Notsitze.

Im Dezember 1989 gab Porsche bekannt, dass sich der Vorstandsvorsitzende Heinz Branitzki im März in den Ruhestand zurückziehen wolle. Als Nachfolger wurde Arno Bohn erkoren, zuvor stellvertretender Vorstandsvorsitzender des Computerherstellers Nixdorf.

911 Turbo 1990. Es war auf dem Genfer Salon 1990, als die Porsche-Fans mit dem neuen 911 Turbo einen weiteren Höhepunkt vorgesetzt erhielten. Es blieb beim Hubraum von 3299 cm^3, doch die Leistung war von 300 auf 320 PS gesteigert worden, womit sich eine für alltagstaugliche Motoren phänomenale Literleistung von 97 PS ergab. Die Ansaugwege waren auf geringere Strömungsverluste ausgelegt worden, in den optimierten Auspuffstrang war ein widerstandsarmer, schnell anspringender Metallträger-Katalysator eingefügt worden, der KKK-Abgasturbolader mit einem maximalen Ladedruck von 0,7 bar (zuvor 0,8 bar) hatte eine auf rascheres Ansprechen ausgerichtete neue Turbinenradgeometrie erhalten und der Ladeluftkühler war deutlich größer dimensioniert. Zudem war die Bosch-K-Jetronic-Einspritzung angepasst worden, und wie die Carrera-Motoren wies die 3,3-l-Maschine des Turbo ein Zweimassen-Schwungrad auf.

Mit dem noch neuen 5-Gang-Getriebe ließ sich der ab 1470 kg wiegende 911 Turbo in 5 s auf Tempo 100 katapultieren. Als Spitze wurden 270 km/h genannt. Auch das Fahrwerk entsprach der jüngsten Carrera-Konfiguration, zu der eine Servolenkung zählte. Ein ABS wurde ebenfalls serienmäßig eingebaut. Von den Carrera 2 und 4 stammte die aerodynamisch verbesserte Karosserie samt den aus Kunststoff hergestellten Bug- und Heckteilen, der flachen Wagenbodenverkleidung und der karosseriebündig eingesetzten Frontscheibe. Der 911 Turbo hob sich jedoch durch prägnante Radhausverbreiterungen und den wuchtigen, fest montierten Heckflügel von den 911 Carrera deutlich ab. Gebaut wurde er übrigens erst ab Spätsommer 1990 und somit für das Modelljahr 1991.

Gegründet 1974 in Lissabon; die Markenbezeichnung entstand durch dem Zusammenzug von Portugal und → Aro, der rumänischen Geländewagenmarke. Die Chassis wurden von Aro an die Sociedade Electro-Mecanica de Automoveis geliefert. Diese montierte die dreitürige Kombikarosserie mit Hardtop und drei bis neun Sitzen. Ab 1976 wurde das Modell 250 D hergestellt, in das ein 2,5-L-Dieselmotor von Daihatsu eingebaut wurde. Es gab die Portaro mit Hinter- oder Vierradantrieb sowie ohne oder mit Untersetzungsgetriebe. Nachdem sie anfänglich nur für den einheimischen Markt bestimmt waren, wurden sie ab 1978 auf dem Genfer Salon ausgestellt.

260 Celta Turbo. Auf dem Genfer Salon 1981 wurde in Weltpremiere der Portaro 260 Celta Turbo vorgestellt. In ihm leistete der OHV-Dieselmotor von Daihatsu dank Garrett-Abgasturbolader 95 statt 80 PS. Die mit seitlichen Zierstreifen und weiterem Zubehör aufgewertete Karosserie hatte ein eigenes Kühlergitter erhalten, das von jenem des Aro mit den senkrechten Kühlluftschlitzen stark abwich. Geblieben war die Kastenrahmenbauweise mit Traversen. Vorn gab es eine Einzelradaufhängung mit Querlenkern und Schraubenfedern, hinten eine Starrachse mit Blattfedern.

Pampas 260. Als neues Grundmodell folgte im Verlaufe des Jahres 1981 das Modell Pampas mit dem 2,5-l-Diesel ohne Turbolader und 76 PS, aber mit dem Portaro-eigenen gerahmten Frontgrill.

230 PVCM. Im Verlaufe des Jahres 1983 wurde der Portaro auch mit Benzinmotoren von Volvo lieferbar: Mit dem 2,3-l-OHC-Motor B 23A mit 112 PS war er preisgünstiger als mit dem Daihatsu-Dieselaggregat. Doch stand auch der leistungsorientierte 2,1-l-Turbomotor B 21 ET mit 155 PS im Angebot.

Selbst 1987 wurden die Portaro-Modelle noch in unveränderter Auswahl angeboten, doch verschwanden sie vor Ende des Jahrzehnts vom Markt.

Portaro 260, 1983

Portaro	Bauart	Mot.	Getr.	R/L cm	Baujahre
250 D	**K'r.(4)**	**a–f**	**4/+R**	**235/403,5**	**1980/81**
Pampas 260			**4/5/+R**	**235/398,5/400**	**1981–90**
Motoren:	*Zyl.:*	*N'w.:*	*cm³:*	*PS/'min:*	*Nm/'min:*
a (1983–)	4T	OHC	2127	155/5500	240/3750
b (1983–)	4		2316	112/5000	185/2500
c (–1981)	4D	OHV	2530	80/3800	171/2200
d (1981–86 *1983–86)				76/3600/72CH*	172/2200
e (1986–)				75/3600	
f (1983–)	4TD			96	–

Premier

Gegründet 1944 durch Seth Walchand Hirachand baute die Premier Automobiles Ltd (PAL) in Bombay unter Fiat-Mithilfe zunächst den winzigen Fiat 500 (Topolino). 1954 folgte das Modell 1100, wobei der Anteil der einheimisch gefertigten Teile laufend erhöht wurde. 1981 war der Premier Padmini schon seit Jahrzehnten das zu 100 Prozent indische Derivat des Fiat 1100.

Padmini. Der ab 1972 gebaute Premier Padmini (= Dame) entsprach dem Fiat 1100 D, wie er bis 1965 gebaut worden war (als 1100 R bis 1969). Eigentlich war seither nur der Kühlergrill modernisiert worden. Den 1089-cm^3-OHV-Motor gab es mit 48 PS oder (7,3:1 statt 8:1 verdichtet für eine besonders niedrige Oktanzahl des Benzins) mit 41 PS. Das 4-Gang-Getriebe, über das die Hinterräder angetrieben wurde, war mit Lenkrad- oder Stockschaltung erhältlich. Der erste Gang war noch nicht synchronisiert. Mit Lenkradschaltung fanden vorne auch drei Personen Platz. Die vordere Aufhängung bestand aus Trapez-Dreieckquerlenkern, während hinten eine Starrachse mit Halbelliptikfedern Verwendung fand. Es wurden Vierrad-Trommelbremsen und eine Lenkung mit Schnecke und Rolle eingebaut. – 1982 kam die Ausführung President hinzu.

118 NE. Im Herbst 1985 wurde endlich ein modernerer Premier vorgestellt, der den Padmini ablösen sollte, diesen aber am Ende nicht verdrängte. Es handelte sich wie beim russischen Lada/Shiguli um ein Derivat des Fiat 124, dessen Start auf das Jahr 1966 zurückging. Von ihm unterschied sich der 118 NE äußerlich nur durch den schwarzen Kühlergrill mit den Rechteckscheinwerfern. Der 1172-cm^3-OHV-Motor entstammte samt 4-Gang-Getriebe dem früheren Nissan Cherry, auch wenn er im Premier auf Hinterradantrieb ausgelegt war. Er durfte gemäß den von den indischen Behörden festgelegten Regeln einen Verbrauch von 5,9 l/100 km nicht überschreiten. Vorne besaß der 118 NE im Gegensatz zu Padmini und President immerhin Scheibenbremsen. Die Premier-Ingenieure hatten ihn einem eingehenden Test- und Abstimmungsprogramm unterzogen.

Wenngleich Indien die weltweit zweitgrößte Bevölkerungszahl aufwies, hatte die Premier-Produktion Anfang der 80er Jahre bloß um die 18'500 Einheiten erreicht. 1984 war Premier mit einem Ausstoß von 26'350 Stück zu Indiens größtem Pkw-Hersteller aufgerückt. Mit einer Jahresproduktion von rund 42'000 Exemplaren wurde Ende der 80er Jahre der Höhepunkt erreicht. – PAL behielt den Padmini bis zur Aufgabe der Pkw-Produktion im Jahre 2000 im Angebot.

Premier Padmini, 1986

Premier 118 NE, 1987

Premier	Bauart	Mot.	Getr.	R/L cm	Baujahre
Padmini / President	**St.**	**a–d**	**4**	**234/393/394**	**1981–90**
Motoren:	*Zyl.:*	*N'w.:*	*cm^3:*	*PS/'min:*	*Nm/'min:*
a (–1983)	4	OHV	1089	48/5000/41/48'	80,5/3000/78/24'
b (1983–85)					79/3000/77,5/2400
c (Padmini 1985/86)				44/5500/41/4800	73/3000/77,5/2400
d (1986–)				44/40/5000	73/68/3000
118 NE	**St.**	**–**	**4**	**242/405**	**1985–90**
Motor:	4	OHV	1172	53/5600	79/4000

Princess

Es zeugt von der Unstetigkeit der British Leyland Motor Corporation und ihrer Mitte 1978 geschaffenen Nachfolgeorganisation BL Limited, dass ein Fahrzeugtyp mehrmals den Namen wechselte: Der Princess war im März 1975 als Modell der Marken Austin, Morris und Wolseley lanciert worden. Dann im Herbst des gleichen Jahres avancierte er zur eigenen Marke (auf der Frankfurter IAA schien zunächst allerdings noch Leyland als Marke und Princess als Modellbezeichnung zu gelten), wobei dem Namen Princess auf einzelnen Exportmärkten die Marke Austin vorangestellt wurde. Doch mit dem Modelljahr 1982 sollte der Name Princess durch Ambassador ersetzt werden, und nun galt endgültig wieder die → Marke Austin...

Das verwirrliche Marketing dürfte mit dazu beigetragen haben, dass der Princess vor allem im Export nie jenen Respekt erzielte, den seine ungewöhnliche Konstruktion verdient hätte. Er war eine kühn geformte viertürige Mittelklasselimousine mit Fastback und keilförmiger Gürtellinie. Der aerodynamische Aufbau basierte auf einer modernen Sicherheitsstruktur; es fehlte ihm lediglich eine Heckklappe. Bei der Bauweise mit Frontantrieb und Quermotor bedeutete die Sechszylinderversion 1975 ein Novum.

Zu den Princess-Besonderheiten zählte die Hydragas-Verbundfederung, wie sie auch im Austin Allegro verwendet wurde: Deren Kernstück wurde von einem Stickstoffgas-Federkissen gebildet. Die Dämpfung der Nick- und Hubschwingungen erfolgte durch Zweiwegventile im hydraulischen Verbund zwischen Vorder- und Hinterrad jeder Wagenseite. Vorn fanden sich Querlenker und gummigelagerte Reaktionsstreben, hinten Kurbellängslenker, die mit vorgespannten Gummitorsionselementen an einem Querrohr gelagert waren. Die Bremsanlage wirkte über eine Unterdruckhilfe, und die Zahnstangenlenkung war (wie das Querrohr der Hinterradaufhängung) in Gummi gelagert. Der Typ 2.2 bot serienmäßig eine Servolenkung.

1.7 / 2.0 / 2.2. Im Juli 1978 hatte der Princess in der Vierzylinderausführung den neuen O-Motor von BL erhalten. Er besaß eine obenliegende Nockenwelle und kam ohne Wasserdurchlass zwischen den Zylinderbohrungen aus. Ansaug- und Auspuffkrümmer waren aus Gewichtsgründen in einem einzigen Gussstück zusammengefasst. 1981 gab es die Modelle 1.7 L, 1.7 HL, 1.7 HLS, 2.0 HL, 2.0 HLS und 2.2 HLS. Beim HL waren die Fensterrahmen mattschwarz und der mittlere und hintere Dachpfosten vinylüberzogen, während der HLS verchromte Fensterrahmen und zusätzlich ein Vinyldach zeigte.

Ab März 1982 wurde der Princess als → Austin Ambassador verkauft (dessen Produktion 1984 auslief).

Princess 2.0 HL, 1981

Proton

Am 1. Juli 1985 startete in Batu Tiga, rund 25 km südlich der malayischen Landeshauptstadt Kuala Lumpur, die Produktion des Saga, einer viertürigen Limousine der unteren Mittelklasse. Der Name war aus einem Publikumswettbewerb hervorgegangen, und gebaut wurde der Saga von der Firma Proton aus Selangor, die zu 70 Prozent dem staatlichen Industriekonzern Hicom und zu je 15 Prozent der Mitsubishi Motor Corporation und dem Mitsubishi-Konzern gehörte.

Saga. Der Saga war eine Lizenzkonstruktion des → Mitsubishi Lancer Fiore mit Frontantrieb, 1,3- oder 1,5-l-Motor mit 72 bzw. 82 PS und 5-Gang-Getriebe. Einige Designdetails der 427,5 cm langen Limousine wichen vom Vorbild ab.

Es war geplant, anfänglich 80'000, bald aber 120'000 Saga pro Jahr herzustellen. Proton trat damit in Konkurrenz zu gegen 50 Modellen, die aus elf malaysischen Montagewerken stammten und den Markt unter sich aufteilten. Doch das vom Ministerpräsidenten Mahathir Mohamad persönlich geförderte Prestigeprojekt war zu hoch gegriffen und fiel überdies in eine Zeit der Wirtschaftsflaute, sodass der Absatz 1986 nicht über 20'000 Stück anstieg. 1987 griff Mitsubishi mit dem Öffnen neuer Exportkanäle und dem Einkauf von Teilen aus der Proton-Produktion der malaysischen Marke unter die Arme. 1988 plante Malcolm Bricklin (einstiger Hersteller eines Flügeltürencoupés) den Proton Saga in großen Stil auf dem US- Markt einzuführen. Im gleichen Jahr wurde die Proton Cars (UK) gegründet, der ab 1989 für ihren „Preisschlager“ in Großbritannien 180 Händlerstützpunkte zur Verfügung standen und die noch im gleichen Jahr 5000 Wagen absetzte.

Ab 1988/89 wurde nach den vier- und fünftürigen Karosserievarianten Saloon und Aeroback unterschieden. Die Leistung des 1,3- bzw. 1,5-l-Motors wurde inzwischen mit 68 bzw. 75 DIN-PS angegeben. – *Ende 1996 übernahm die inzwischen zu einem nationalen Symbol gewordene Marke die englische Sportwagen- und Entwicklungsfirma → Lotus.*

Proton Saga, 1988

Princess	Bauart	Mot.	Getr.	R/L cm	Baujahre
1.7 L – 2.2 HLS	**Fr.**	**a–c**	**4/A3**	**267/445,5**	**1980/81**
Motoren:	*Zyl.:*	*N'w.:*	*cm³:*	*PS/'min:*	*Nm/'min:*
a	4	OHC	1698	88/5200	131/3800
b			1994	94/4900	153/3400
c	6		2224	112/5250	168/3500

Proton	Bauart	Mot.	Getr.	R/L cm	Baujahre
Saga	**Fr.**	**a/b**	**5**	**238/427,5**	**1985–87**
Aeroback / Saloon			**5/A3**	**238/413,5/431**	**1988–90**
Motoren:	*Zyl.:*	*N'w.:*	*cm³:*	*PS/'min:*	*Nm/'min:*
a (*1988–)	4	OHC	1299	72/5500/68*/6000	–/102/4000
b (*1988–)			1468	82/75*/5500	–/118/3500

Puch

Ab dem 1. Februar 1979 wurde in den hierzu erweiterten Produktionsanlagen des Puch-Werks in Graz-Thondorf die Herstellung des von der Daimler-Benz AG (Mercedes-Benz) in Stuttgart und der Steyr-Daimler-Puch AG in Wien gemeinsam entwickelten Geländewagens aufgenommen. Der Mercedes-Benz alias Puch G war als vollwertiges Geländefahrzeuge konzipiert und zeigte ein entsprechend kantig geformtes Design. Je nach Land wurden diese in vielen Varianten gebauten Wagen unter der Marke Mercedes-Benz oder als Puch verkauft (technischer Beschrieb und Datentabelle → Mercedes-Benz G).

Ab 1. Oktober 1981 übernahmen die Steyr-Daimler-Puch AG und die Daimler-Benz AG die Weiterentwicklung ihrer jeweiligen Modelle in Eigenregie. SDP übernahm auch den 50-Prozent-Anteil von DB an der Geländefahrzeug-Gesellschaft (GFG). Steyr-Daimler-Puch stellte nun die für Österreich, die Schweiz, Jugoslawien und die Comecon-Länder Osteuropas bestimmten Wagen in eigener Verantwortung, jene für die übrige Welt im Auftrag von Daimler-Benz her.

1983 schlossen Steyr-Daimler-Puch und Honda einen Entwicklungsvertrag für Vierradantrieb. Dieser sollte im Puch-Werk Graz entstehen, wo bereits die G-Wagen und das 4x4-System für den Fiat Panda 4x4 hergestellt wurden. – Die STP-Gruppe war inzwischen aber tief in die roten Zahlen geschlittert und so drängte sich 1984 ein neues Betriebskonzept auf, gemäß dem die Zahl der Werkstandorte von sieben auf drei zu reduzieren war. Das Puch-Werk in Graz sollte ganz auf die Produktion von 4x4-Fahrzeugen (Mercedes-Benz/Puch G, VW-Allrad-Transporter) und von 4x4-Aggregaten (Fiat Panda und inzwischen auch Lancia) spezialisiert werden (zudem wurden dort die → Bitter-Luxuscoupés montiert).

Vorwürfe wegen mangelhafter Umsetzung der Sanierungspläne führten per Mitte Juni 1986 zum Rücktritt von SDP-Generaldirektor Hans Michael Malzacher. Nachfolger wurde der Sanierungsspezialist Dr. Rudolf Streicher. – Ende Februar 1987 entstand in Graz der 50'000. Mercedes/Puch G.

Erste größere technische Änderungen wurden auf der IAA im Herbst 1989 eingeführt (→ Mercedes-Benz G); die erneuerten Puch-Modelle wurden mit GSE, GSEL und GSD bezeichnet, dies im Unterschied zu den unveränderten Modellen mit der Bezeichnung G Worker.

Im Januar 1990 führten der SDP-Vorstandsvorsitzende Otto Voisard und Chrysler-Boss Lee Iacocca Gespräche über die Errichtung eines Werks für die Herstellung des → Chrysler Voyager. Sie führten zur Unterzeichnung einer Absichtserklärung von Bundeskanzler Franz Vranitzky und Iacocca und damit zum Aufbau eines ab den 90er Jahren aktiv gewordenen bedeutenden neuen Industriekomplexes.

Puch 230 G, 1981

Puch 280 GE Montana, 1989

Puma

AMV

Unter all den Kleinmarken Brasiliens zählte Puma zu den Pionieren. Denn dieses Fabrikat war schon 1966 von der in Sao Paulo niedergelassenen Firma Puma Veiculos e Motores Ltda auf den Markt gebracht worden. Es basierte auf dem um 25 cm verkürzten Plattformrahmen des VW 1600 (→ Volkswagen do Brasil) und besaß eine GfK-Karosserie. Das zeitlose Design stammte von dem einheimischen Rechtsanwalt Rino Malzoni. Ende 1972 war ein größeres 2+2-sitziges Coupé mit den mechanischen Elementen des Opala von → Chevrolet Brasil hinzugekommen. 1979 war das Unternehmen in Konkurs geraten; unter neuen Besitzern konnte die Produktion später in reduziertem Umfang weitergeführt werden.

GTI / GTC. 1981 wurden als Hauptmodell stets noch das zweisitzige Coupé und die 1970 hinzugekommene Cabrioletableitung hergestellt. 1976/77 war eine geänderte Karosserie mit zusätzlicher hinterer Seitenscheibe und versenkt angeordnetem Heckfenster herausgebracht worden. Dem Antrieb diente nach wie vor der hinten untergebrachte luftgekühlte VW-Boxermotor mit Leichtmetall-Zylinderköpfen und -block. Er bot aus 1584 cm^3 bei einer Verdichtung von 7,2:1 70 und bei 9:1 90 SAE-PS (für den Export wurden bei 9:1 77 DIN-PS genannt). Auf Wunsch war in Brasilien auch eine VW-Motorversion für den Betrieb mit Äthylalkohol erhältlich.

Dem Unterbau diente der VW-Plattformrahmen mit hinten gegabeltem Zentralrohr. Vorne umfasste die Aufhängung demnach Doppelkurbellenker mit querliegenden Drehstabfedern, hinten eine Pendelachse mit Längslenkern, querliegenden Drehstabfedern und diagonal über der Hinterachse liegender Ausgleichsfeder (Lenkung mit Schnecke und Rolle).

GTB S2. Die auf dem Autosalon von Sao Paulo 1978 vorgestellte Zweitauflage des GTB unterschied sich durch eine flachere Front mit integrierten Doppelscheinwerfern. Auch die Stoßstangen waren in modischem Mattschwarz gehalten. Dieses elegante und stattliche Fastbackcoupé – auch es mit Kunststoffkarosserie – wurde auf einem Kastenrahmenchassis mit Traversen aufgebaut. 1981 wurde eine auf 171 SAE-PS getunte Version des 4,1-l-Grauguss-Sechszylindermotors von Chevrolet eingebaut.

Vorne fanden sich obere Trapez-Dreieckquerlenker und untere einfache Querlenker mit elastisch gelagerten Zugstreben, hinten eine Starrachse mit Halbelliptikfedern; an deren Stelle wurde aber auch eine Einzelradaufhängung mit Längs- und Querlenkern und Schraubenfedern angeboten. Die Servolenkung arbeitete mit Schnecke und Rolle.

Auf dem Autosalon von Sao Paulo wurde im November 1981 unter der Zusatzbezeichnung P-018 eine leicht modifizierte GTI/GTC-Karosserie gezeigt. Zudem wurde von einem kommenden Puma mit Passat-Motor gesprochen.

1983 hegte Puma ein neues Projekt, nämlich die Lizenzproduktion des → Daihatsu Cuore mit einer Kunststoffkarosserie. Doch hierzu benötigte Puma

Puma GTB S2, 1981

frisches Geld und suchte daher neue Aktionäre. Bis Anfang 1984 musste Puma seine Belegschaft auf 236 Personen abbauen, nachdem es Ende 1980 noch 612 gewesen waren.

Auf der Sao-Paolo-Schau 1984 zeigte bloß ein Wiederverkäufer in einem Nebengebäude die Modelle P-018.

1985 musste die Produktion nach gut 22000 Wagen wegen Zahlungsschwierigkeiten eingestellt werden.

AM 1 / AM 2. Darauf gab es einen Neustartversuch – bei dem auch der US-Boxstar Muhammad Ali als Investor auftrat –, der aber misslang. 1988 trat dann die Firma Alfa Metais Veiculos Ltda (AMV) aus Curitiba in Erscheinung, die den Namen Puma und einen Teil der Produktionswerkzeuge gekauft hatte. Unter der Bezeichnung AM 1 und AM 2 für das Cabrio bzw. Coupé wurden zunächst bei kaum verändertem Aussehen die Vormodelle mit 1,6-l-Boxermotor im Heck weitergebaut. Dazu kam, ebenfalls kaum verändert, das größere Coupé mit vorne eingebautem 4,1-l-Sechszylindermotor.

AM 3. Auf dem Salon von Sao Paulo wurde im Oktober 1988 der AM 3 als Nachfolger des AM 1 vorgestellt. Für den Antrieb diente nun der hinten längs und schräg geneigt eingebaute 1,6-l-Reihen-Vierzylinder aus dem VW Passat. Dieser wurde später durch die 1,8-l-Version abgelöst. Von außen unterschied sich der AM 3 vor allem durch einen rechteckigen Lufteinlass zwischen Türgriff und Radausschnitt.

AMV. Das größere Modell wurde alsbald in AMV umbezeichnet. Dessen schwarzer Kühlergrill war, die Stoßstange unterbrechend, nach unten verlängert worden (so etwas schuf Audi 2004). – *Ab 1993 baute Alfa Metais Puma-Sportwagen nur noch auf Bestellung.*

(Puma) AMV, 1990

Puma GTC, 1982

Puma AM 3, 1989

Puma / AMV (1988–)	Bauart	Mot.	Getr.	R/L cm	Baujahre
GTI / GTC	**Z'r./H.**	**a–c**	**4**	**215/400**	**1980–85**
P-018					**1983–85**
Motoren:	*Zyl.:*	*N'w.:*	*cm³:*	*PS/'min:*	*Nm/'min:*
a	B4/l.	OHV	1584	70/4800/90/5200	122/2500/130/3000
b (Export)				68/77	
c	B4A/l.			div.	
AM 1 / AM 2	**Z'r./H.**	**–**	**4**	**215/400**	**1988/89**
Motor:	B4/l.	OHV	1584	44/3600	99/2000
AM 3	**Z'r./H.**	**–**	**4**	**215/400**	**1989/90**
Motor:	4	OHC	1781	90/5200	144/3400
GTB-S2 /-S3 / -S4	**K'r.**	**a–c**	**4**	**242/429**	**1980–85**
Motoren:	*Zyl.:*	*N'w.:*	*cm³:*	*PS/'min:*	*Nm/'min:*
a	4		2474	88A/4200	198/2400
b	6	OHV	4093	171/4800/127/3800	319/2600/273/2200
c (1983–)				122A/4000	265/2500
AMV	**K'r.**	**–**	**5**	**242/429**	**1988–90**
Motor:	6	OHV	4093	135A/4000	295/2000

Ragge

So hieß eine erst 1989 aufgetauchte weitere kleine brasilianische Marke, deren Existenz buchstäblich auf dem Plattformrahmen der von VW do Brasil gebauten VW-Käfer-Derivate, in diesem Fall des ehemaligen Modells Brasil, beruhte.

California und Long Beach. Die Ragge Industrial Ltda in Duque de Caxias baute zwei hübsche Kombis mit abnehmbarem Dachhinterteil als California (205 cm Radstand, 360 cm lang) und als Long Beach (240/376 cm), beide mit dem luftgekühlten 1,6-l-Boxer-Heckmotor von Volkswagen do Brasil und mit Kunststoffkarosserie. *Nach einem kurzen Boom, bei dem der Ausstoß 1989 mit 240 Exemplaren den Höhepunkt erreichte, wurden die Ragge-Kombi ab Sommer 1992 nur noch auf Bestellung gebaut.*

Ragge Long Beach, 1990

Ragge	Bauart	Mot.	Getr.	R/L cm	Baujahre
California/ Long Beach	**Z'r./H.**	**–**	**4**	**205/360/240/376**	**1989/90**
Motor:	B4/l.	OHV	1584	49/4000	101/2200

Rayton Fissore

Laforza

Die Karosseriefirma → Fissore in Savigliano, Italien, hatte u. a. die Karosserie für Monteverdi-Modelle geliefert. Parallel zu ihr gab es ab 1976 auch die Firma Rayton Fissore Spa in Cherasco, Cuneo, bei der die Geländewagen → Monteverdi Safari gebaut wurden (1977 ein Stück pro Tag). Bis 1980/81 hatte sie zudem bereits 400 Lancia Gamma 2500 Protecta hergestellt, gepanzerte Versionen für den Personenschutz. Mit 2600 kg Leergewicht waren sie fast doppelt so schwer wie ein Gamma Berlina. 1980/81 wurde überdies der von Monteverdi entworfene fünftürige → Range Rover aufgebaut. Weiterhin entstanden zudem Prototypen und Sondermodelle.

Im September 1983 wurde das im Auftrag der Stadt Turin entstandene Projekt Taxi Torino vorgestellt, das nach einem Rayton-Fissore-Patent einen leichtgewichtigen geschraubten, aber dennoch selbsttragenden Aufbau aufwies. Mitte 1984 brachte Rayton Fissore Sonderausführungen der Lancia-Modelle HPE und Beta Coupé auf den Markt.

Magnum 4x4. Als eine Konkurrenz zum Range Rover und anderen Geländekombi der Luxusklasse gedacht war der im Juli 1984 lancierte Magnum 4x4, mit dem sich Rayton Fissore zum eigentlichen Hersteller aufschwingen wollte. Von diesem Modell plante die Firma in Cherasco jährlich 2000 bis 3000 Exemplare herzustellen. Hierzu standen 90 Mitarbeiter und neue Anlagen auf einem überdeckten Gelände von 6000 m^2 zur Verfügung.

Der Magnum wurde analog zum Taxi-Projekt nach dem Univis-Prinzip aufgebaut. Mit 457 cm Länge und 198 cm Breite übertraf er das Format des Range Rover deutlich. Das kubische fünftürige Design war klar und einfach, ja fast ein wenig phantasielos gehalten. Es wurde dem bekannten Karosserieformer Tom Tjaarda zugeschrieben. Der Unterbau mit 270 cm Radstand der selbsttragenden Karosserie entstammte der Nutzfahrzeugkonstruktion Iveco Special 4x4. Dazu zählten ein 5-Gang-Getriebe, ein Reduktionsgetriebe (1,11 für die Strasse, 3,87 für das Gelände) und ein zuschaltbarer Vorderradantrieb; auf Wunsch war eine Differenzialbremse erhältlich. Die Aufhängung umfasste vorne Querlenker, Schubstreben und Torsionsfederstäbe, hinten eine Starrachse mit Halbelliptikfedern, zudem besaß die Hinterachse doppelte Dämpferbeine. Der minimale Bodenabstand erreichte 20 cm.

Rayton Fissore Magnum 4x4 VIP, 1986

(Rayton) Laforza, 1989

Beim Motor handelte es sich um das 2-l-DOHC-Aggregat mit Kompressor von Fiat des Typs Volumex mit Weber-Doppelvergaser, Ölkühler und 138 PS Leistung. Als Alternative stand der 2,4-l-Turbo-Dieselmotor von Sofim mit 105 PS Leistung zur Wahl. Der rund 1800 kg wiegende Magnum 4x4 bot bis sieben Sitze, und seine Ausstattung war auf Komfort und Luxus ausgerichtet. Dazu zählten Polster- und Armaturenbrettüberzüge aus Leder, Holzmaserungen, eine Klimaanlage mit separater vorderer und hinterer Bedienung, eine zentrale Türverriegelung, Scheibenheber und ebenfalls elektrisch bedienbare Außenspiegel, elektronischer Tourenzähler, blau getönte Thermoschutzscheiben, Leichtmetallräder usw. Der Preis lag in Italien zwischen jenen des drei- und des fünftürigen Range Rover.

Magnum VIP. Auf dem Genfer Salon 1986 kam die Topversion VIP hinzu: 2,5-l-V6-Alumotor von Alfa Romeo mit 160 PS, Lederinterieur, Klimaanlage und weitere Luxusmerkmale. Für die USA wurde inzwischen eine Version mit dem 4,9-l-V8 von Ford mit 188 PS gebaut.

Alfa 75 Sportwagon / Turbowagon. In Genf überraschte Rayton Fissore 1986 mit einer Kombiversion des Alfa Romeo 75, von der es hieß, dass sie im Sommer in das reguläre Alfa-Angebot aufgenommen würde. Auf dem Salon von Turin zeigte Rayton Fissore wenige Wochen später mit dem Turbowagon, der zusätzlich mit Front- und Heckschürze sowie Schwellerverbreiterungen aufgewertet wurde – einen der schnellsten Kombi seiner Zeit, basierte er doch auf dem Alfa Romeo 75 Turbo mit 215 PS Leistung. Bei Rayton Fissore hoffte man, dass Alfa Romeo eine eigene Montagelinie für den 75 Sportwagon einrichten würde, während der von ihm abgeleitete Turbowagon dann im eigenen Hause entstehen könnte. Aber diese beiden Kombis fanden keinen Eingang in das offizielle Alfa-Angebot.

Der Magnum war bis zum Salon von Turin 1986 in über 1000 Exemplaren gebaut worden. Um die Jahreswende 1986/87 entstand in Oakland, Kalifornien, die Firma Rayton Fissore of North America mit einem Absatzziel von 1000 Magnum/Jahr, während mit einer Firma in Israel ein Vertrag über die Montage von jährlich 1000 Magnum ab Oktober 1987 abgeschlossen wurde.

Magnum D itc. 1987 wurde der Sofim-Dieselmotor durch den 2,4-l-VM-Diesel mit 110 PS ersetzt, wie er auch im Range Rover zu haben war; itc stand für Intercooler.

3.5 / 2.4 td. Mit dem Turiner Salon im April 1988 entfielen sowohl der Zuname Fissore wie die Modellbezeichnung Magnum. Der mit einem schmucken karierten Kühlergrill dotierte Rayton war außer mit dem 2,4-l-Vierzylinder-Dieselmotor von VM (nun mit 105 PS und vor allem für Italien) mit zwei BMW-Sechszylindermotoren lieferbar: Im Rayton 3.5 erfolgte der Antrieb durch einen 3430-cm^3-Benzinmotor mit 211 PS, im 2.4 td durch einen 2443-cm^3-Turbo-Dieselmotor mit Ladeluftkühler und 125 PS.

Laforza. 1988 entstand in Hayward, Kalifornien, das Automobilwerk Laforza Automobiles Inc. Es übernahm die Montage des Rayton für den US-Markt. Fahrwerk, Karosserie und Innenraum wurden aus Turin angeliefert, während es sich beim Motor um den drehmomentstarken 4,9-l-V8 mit 188 PS handelte, wie er auch im Ford Bronco eingebaut wurde. Die Kraftübertragung umfasste ein 4-Stufen-Automatikgetriebe, ein Reduktionsgetriebe, einen zuschaltbaren Vorderradantrieb, ein zentrales Differenzial mit Viskokupplung und eine hintere Differenzialbremse.

Die nun vermehrt aus Stahl konstruierte Karosserie wurde gegen Mitte 1988 für die Herstellung der Laforza-Modelle zur Lackierung und für den Innenausbau in das → Pininfarina-Werk San Giorgio gebracht und zwar in einer Kadenz von 10 bis 15 Wagen/Tag. Der Einbau von Motor und Mechanik erfolgte darauf bei der US-Firma Cars & Concepts. Fünf weitere Wagen entstanden täglich bei Fissore mit Motoren von Alfa, VM, Sofim oder ab 1989 von BMW. – 1992 ging Rayton unter... aber ab 2000 gab's in Kalifornien Laforza-Lagerwagen mit „1989/2000 assembly date"!

Rayton Fissore	Bauart	Mot.	Getr.	R/L cm	Baujahre
Magnum 4x4	**4x4**	**a–g**	**5+R**	**270/457**	**1984–88**
Rayton / Laforza			**5/A4/+R**		**1988–90**
Motoren:	*Zyl.:*	*N'w.:*	*cm^3:*	*PS/'min:*	*Nm/'min:*
a (–1988)	4	DOHC	1995	138/5500/135	206/3000
b (1986–88)	V6i	OHC	2492	160/5600	206/4000
c (1988–)	6i		3430	211/5700	305/4000
d (USA 1986– *1988/89)	V8	OHV	4942	188/187*/3800	366/2400
e (D itc 1986/87 *88–)	4TD		2393	110/105*/4200	235/2300
f (2.4 td 1988–)	6TD	OHC	2443	125/4800	226/2300
g	4TD		2445	105/90/4100	216/196/2400

Reliant

Gegründet 1951 in Tamworth, Staffordshire; 1969 Fusion mit dem Konkurrenzunternehmen Bond, das ebenfalls Dreirad- und Sportwagen herstellte; zudem produzierte Reliant einen Kleinwagen. Die Marke Bond wurde bald darauf aufgegeben. Reliant entwickelte auch Fahrzeuge für andere Hersteller, vor allem → Anadol. 1977 kam Reliant in den Besitz einer Finanzgesellschaft, die den Betrieb rationalisierte. 1981 umfasste das Reliant-Programm das Dreirad-Kleinauto Robin, den Kleinwagen Kitten, den Sportkombi Scimitar GTE und das sportliche Cabriolet Scimitar GTC.

Robin. Der Robin war im Oktober 1973 als Nachfolger des Regal 3/30 erschienen. Sein Kunststoffaufbau war von der Ogle Design Ltd entworfen worden. Auch bei ihm befand sich das Einzelrad vorne, und er basierte auf einem Profileisenrahmen mit Querverstrebungen. Beim Motor handelte es sich um den hauseigenen Alu-Vierzylinder mit 848 cm^3 Inhalt und seitlicher Nockenwelle, der 41 PS leistete und die Hinterräder antrieb. Das Vorderrad saß an einem Schwingarm, hinten wurde eine Starrachse mit Halbelliptikfedern verwendet. Der Robin rollte auf 10-Zoll-Rädern (wie der Mini), er hatte Trommelbremsen und eine Lenkung mit Schnecke und Lenkfinger.

Kitten. Der im Oktober 1975 auf den Markt gebrachte Kitten wurde als modern und gefällig geformter zweitüriger Kleinwagen (mit aufklappbarem Heckfenster) und als dreitüriger Kombi hergestellt. Wie der Robin besaß er einen Profileisenrahmen als Chassis (seitliche Träger mit rechteckigem Querschnitt) und den 848-cm^3-OHV-Alumotor. Der Vorderradaufhängung dienten Dreieckquerlenker, und es wurde eine Zahnstangenlenkung eingebaut, doch rollte auch er auf 10-Zoll-Rädern. Es wurde hervorgehoben, dass der Kitten mit einem Wendekreis-Durchmesser von 7,3 m die London Taxi unterbiete. Ohnehin war der Kitten als einziger in Kleinserie gebauter Kleinwagen gänzlich eigenständiger Konstruktion ein Unikum!

Scimitar GTE. 1964 hatte Reliant das sportliche Stufenheckcoupé Scimitar GT (= Türkensäbel) vorgestellt. Auch dessen Design stammte von der David Ogle Association, die nachmalig von Chefdesigner Tom Karen geführt wurde. Dem Coupé war im Herbst 1968 der viersitzige Scimitar GTE (Gran Turismo Estate) zur Seite gestellt worden, ein Sportkombi oder Kombicoupé. Diese familienfreundliche, leider viel zu seltene Sportwagenform fand einen großen und treuen Freundeskreis. Im Oktober 1975 erschien der GTE in einer erneuerten Auflage mit 10 cm mehr Radstand und entsprechend mehr Innenraum.

1981 zeigte der Reliant Scimitar GTE stets noch seine unverkennbare, zeitlose Sportkombiform mit dem von Doppelscheinwerfern flankierten niedrigen Kühlergitter und dem sich nach hinten verjüngenden zweiten Seitenfenster. Dieses wurde inzwischen mit einer schwarzen Blende optisch vom Türfenster abgetrennt. Das schräggestellte Heck sorgte zusätzlich für sportliche Eleganz. Sportkombis gab es 1981 nur gerade noch in Form der → Lancia HPE und Lotus Elite.

Reliant Scimitar GTE, 1981

Reliant Kitten, 1981

Reliant Scimitar GTC Hardtop, 1981

Reliant FW II, 1981

Reliant Fox, 1981/82

Für den Antrieb diente ein 2,8-l-V6 von Ford Deutschland, der mit Solex-Doppelvergaser 135 PS leistete. Das 4-Gang-Getriebe konnte auf Wunsch durch einen Overdrive Laycock-de-Normanville ergänzt werden (zum 3. und 4. Gang zuschaltbar), doch ließ sich auch das 3-Stufen-Automatikgetriebe Borg-Warner Typ 35 einbauen. Die Kunststoffkarosserie ruhte auf einem Kastenrahmenchassis mit Traversen. Vorn wurden Trapez-Dreieckquerlenker, hinten eine Starrachse mit Zugstreben, Wattgestänge und Schraubenfedern verwendet. Die Zahnstangenlenkung wurde auf Bestellung mit einem Servo ausgerüstet.

Scimitar GTC. Die viersitzige Cabrioletversion war zum Genfer Salon 1980 herausgebracht worden. Ähnlich wie einst beim Triumph Stag blieben die B-Säulen und ein sie verbindender Überrollschutzbügel mit mittlerem Längssteg fix montiert. Die Trennwand zum Gepäckraum konnte entfernt und die Rücklehnen einzeln abgeklappt werden. Das Kastenrahmenchassis hatte man diagonal verstärkt. Ab dem Autosalon von Birmingham im Herbst 1980 konnte zum GTC auch ein Hardtop (mit Vinylüberzug) bestellt werden... womit sich wieder ein Stufenheckcoupé wie zu den Scimitar-Anfangszeiten ergab.

Fox. 1980 begann Reliant die Chassis- und mechanischen Komponenten für das von der Firma Mebea (→ Anhang) in Athen entwickelte multi-purpose utility vehicle Fox zu liefern. Mebea hatte dieses orginelle Mehrzweck- und Freizeitfahrzeug in der Art des → Citroën Méhari genau auf die technischen Spezifikationen des Reliant Kitten ausgerichtet. Während der Vorderteil als fixe Kabine aufgebaut war, trug der Hinterteil ein Stoffverdeck mit Plastikfenstern (die seitlich eingefügten nur auf Wunsch). Die Front mit dem in Schwarz gehaltene Kühlergrill war moderner geformt als jene des Kitten.

Reliant

FW II Auf dem Salon von Birmingham im Herbst 1980 zeigte Reliant eine fünftürige Fließhecklimousine, die als Nachfolger des Anadol gedacht war. Das Design stammte nun von → Bertone. Niemand ahnte, dass diese ungewohnte Form einen Vorgeschmack auf den ebenfalls bei Bertone entworfenen → Citroën BX liefern sollte. Unklarheit über die Machtverhältnisse bei Anadol gefährdeten dieses Projekt, doch hoffte man weiterhin auf die britisch-türkische Zusammenarbeit. Die wegweisend geformte Limousine war 435 cm lang, 173 cm breit und knapp 140 cm hoch, und sie war auf den Antrieb von Vierzylindermotoren mit 1,3 bis 2 l Hubraum ausgelegt. Als Standardmotor galt für dieses mit FW II bezeichnete Modell der 1,6-l-OHC-Vierzylinder von Ford. Der FW II blieb jedoch ein Prototyp, da Anadol ein anderes Modell in Produktion nahm.

Rialto. Im Frühling 1982 wurde das Dreiradauto Robin durch den wesentlich moderner, ja geradezu elegant geformten Rialto abgelöst. Nach wie vor war das Einzelrad vorne. Der an das schlichte, ein wenig an den Mini Metro erinnernde Kühlergitter mit Rechteckscheinwerfern anschließende Karosseriekörper wirkte gestreckter, war aber nur wenige Zentimeter länger geworden: 338 cm bzw. 341 cm in der Topversion. Der Innenraum war komfortabler und besser ausgestattet. Zudem hatte man die Lenkung leichtgängiger, die Bremsen besser bedienbar und die Motoraggregate leichter zugänglich gemacht. Der Vorteil von 8,23 m Wendekreisdurchmesser blieb erhalten.

Der eigene 848-cm^3-Motor bot verlängerte Serviceintervalle, und sein Durchschnittsverbrauch wurde mit 4,5 l/100 km angegeben. Der Chassisrahmen wurde nun galvanisiert. Es gab den Rialto als Pkw und als Van (Lieferwagen) in insgesamt fünf Ausstattungsstufen, mit oder ohne nach rechts öffnender Hecktüre; in der Topausführung GLS rollte er mit schmuckem Farbkontraststreifen an den Flanken daher.

Dolphin. Auf der Birmingham Motor Show 1982 wurde der Kitten mit einem geänderten Kühlergrill unter der Modellbezeichnung Dolphin ausgestellt. Unter diesem Namen sollte er künftig von der → Sipani Automobiles Ltd in Bangalore, Indien, produziert werden und zwar in einer jährlichen Kadenz von 3600 Exemplaren. In England wurde die Kitten-Produktion dagegen eingestellt.

Für den Fox wurde gegen Ende 1982 auch ein Lizenzvertrag mit der Sapphire Motor Company in Bridgetown, Barbados, abgeschlossen. Dort sollte er drei Jahre lang als Viersitzer gebaut und in der gesamten Karibik vertrieben werden.

Reliant Scimitar SS 1, 1985

Reliant Scimitar SS 2, 1990

Scimitar SS 1. Im Herbst 1984 kündigte Reliant unter der Bezeichnung Scimitar SS 1 ein neues zweisitziges Sportcabriolet an. Mit 213,5 cm Radstand und Außenabmessungen von 388,5x158x124 cm ordnete sich dieses Modell zwischen die früheren Triumph Spitfire und TR 7 ein. Das Leergewicht wurde mit 840 kg angegeben. Das Design der keilförmigen Kunststoffkarosserie mit Klappscheinwerfern und seitlichen Prägekanten war eine Kreation von Michelotti. Als Kraftquelle wurde der CVH-Motor aus dem Ford Escort vorgesehen, mit 1,3 l Hubraum und 69 PS oder mit 1,6 l und 96 PS, in letzterer Version auch mit 5-Gang-Getriebe. Im Scimitar SS 1 kam der Motor allerdings in Längsrichtung für Hinterradantrieb zum Einbau.

Auch dieser kleinere Scimitar basierte auf einem Kastenrahmen, doch war dieser mit einem Hilfsrohrrahmen kombiniert. Vorne wurden untere und obere Dreieckquerlenker, hinten Schräglenker verwendet. Reliant plante ab 1985 jährlich 2000 SS 1 herzustellen.

Im August 1985 wurde bekannt, dass die Produktion der Scimitar-GT-Modelle bis Ende Jahr auslaufen würde. Binnen zwei Jahrzehnten waren sie in knapp 16'000 Exemplaren gebaut worden, eine für kleine

Reliant	**Bauart**	**Mot.**	**Getr.**	**R/L cm**	**Baujahre**
Robin (Three-wheeler)		**Pr'r.**	**–**	**4**	**216/333 1980–**
Motor.	4	OHV	848	41/5500	63/3500
Kitten / Dolphin	**Pr'r.**	**–**	**4**	**214,5/332,5/334,5**	**1980–84**
Motor.	4	OHV	848	41/5500	62/3500
FW II (Anadol-Protot.)	**K'r.**	**–**	**4**	**263/435**	**(1980/81)**
Motor.	4	OHC	1593	73/5300	117/2700
Scimitar GTE/GTC	**K'r.**	**–**	**4/4OD/A3**	**263,5/443**	**1980–86**
Motor.	V6	OHV	2792	135/5200	216/3000

Reliant	**Bauart**	**Mot.**	**Getr.**	**R/L cm**	**Baujahre**
Scimitar (SS 1 –1986)	**K'r.**	**a–d**	**4/5**	**213,5/388,5**	**1984–89**
Scimitar SS 2				**213,5/394**	**1989/90**
Motoren:	*Zyl.:*	*N'w.:*	*cm^3:*	*PS/'min:*	*Nm/'min:*
a (–1987)	4	OHC	1297	69/6000	100/3500
b (1986/87 *1987–)			1392	72/75*/5600/69	109/4000
c (*1986–)			1598	96/6000/95*/5600	132/4000
d (1986–)	4T		1809	135/6000/122K/5200	191/4000/184/3200

Renault

Außenseitermarken erstaunlich hohe Zahl. Ab 1987 wolle sich Reliant vor allem auf den amerikanischen Markt ausrichten, verlautete aus England.

Auf der London Motorfair von Ende 1985 wurde der SS 1 auch mit einem Hardtop gezeigt, das in der Wagenfarbe oder mit einem Vinylüberzug zu haben war. Bis dahin waren 800 SS 1 gebaut worden. 1986 kam eine Ausführung mit 1,8-l-Turbomotor von Nissan hinzu, dessen Leistung mit 135 PS bei 6000/min angegeben wurde. Dieses Modell wurde mit 1800 EFI (Electronic Fuel Injection) bezeichnet; der Modellzusatzname SS 1 wurde auch bei den Vergasermodellen allmählich weggelassen. Im Export hieß die spätere, 122 PS leistende Katalysator-Version 1800 Ti.

Mitte 1987 wurde der Scimitar in einer Kadenz von 10 Stück pro Woche gebaut, doch gab es auch stets noch eine Produktion des Dreiradmodells Rialto. Dass Reliant Motor 1987 wieder einen Gewinn erzielte, war vor allem dem Verkauf der Herstellungsrechte und Produktionseinrichtungen für die Scimitar GTE (Sportkombi, seit 1968 in 14'273 Einheiten gebaut!) und GTC (Cabriolet) an die Firma Middlebridge Engineering (→ Anhang, baute unter 100 weitere GTE) zuzuschreiben.

SS 2. Mitte 1988 schloss Reliant mit der New Yorker Firma Universal Motors einen Vertrag, wonach dieser die Herstellungsrechte und der Vertrieb übertragen wurde, während Reliant die Vertriebsrechte für Europa behielt. Für die USA ging es um ein moderner geformtes Modell SS 2, das vom renommierten englischen Designer William Towns entworfen worden war. Dem Publikum wurde der SS 2 auf der Motor Show von Birmingham 1988 vorgestellt. Das Karosseriekleid war gegenüber dem SS 1 deutlich geplättet und wirkte weit eleganter. Die Front war rundlicher und die Scheinwerfer wurden von obenbündigen Klappen kaschiert. Nach wie vor wurden wahlweise der Ford-CVH-Motor (1392 cm^3, 75 PS) oder der Nissan-Turbomotor (1809 cm^3, 135 PS, mit Katalysator 122 PS) eingebaut.

Im Sommer 1989 wurde die Herstellung der → Metrocab-Taxis zu Reliant in Tamworth, Staffordshire, transferiert, wo schon zuvor Kunststoff-Karosserieteile für diese Alternativmodelle zu den London Taxis produziert worden waren. Davon abgesehen flachte sich die Erfolgskurve von Reliant zusehends ab. 1996 lief die Produktion des Scimitar aus. Ende 2000 musste auch die Herstellung des letzten Modells, jene des Dreirad-Kleinautos Robin, eingestellt werden.

Sein erstes Auto hatte Louis Renault 1899 in Billancourt in einem Gartenhäuschen geschaffen, und es besaß bereits eine Kardanwelle (statt des damals üblichen Kettenantriebs) und einen „direkten Gang". In der Nachkriegszeit waren die Renault-Werke nationalisiert worden. Aber dank der erreichten Rentabilität galt Renault unter Staatsbetrieben weltweit als mustergültig. Weil die Einrichtungen im Renault-Stammwerk in Billancourt am südwestlichen Stadtrand von Paris stark veraltet waren, entstand 1980 der Plan, Produktionsteile, wie die Motorenherstellung, zu verlegen und die Belegschaft bis 1990 von 28'000 auf 23'000 Mitarbeiter abzubauen. Anderseits investierte Renault jenseits des Atlantiks in → AMC. In der EG hielt Renault mit einem Marktanteil von 12,7 Prozent die Spitzenposition.

Für den schon im Juni 1980 vorgestellten Modelljahrgang 1981 wurde der Renault 12 aus dem Programm gekippt (Renault 16 und 6 waren bereits früher im Jahr 1980 ausgelaufen). An seine Stelle trat der 18, doch wurde der auf das Jahr 1969 zurückgehende Renault 12 in der Türkei, in Mexiko, Argentinien und Spanien weitergebaut. Renault-Modelle wurden überdies in Slowenien (IMV) und in Rumänien (→ Dacia) hergestellt und in weiteren Ländern montiert. 1981 bestand die Palette in Frankreich aus den Renault 4, 5, 6 Rodéo, 14, 18, Fuego, 20 und 30. Hinzu kam das Sportcoupé → Renault Alpine (s. nachfolgendes Markenkapitel).

Renault 4. Der 1961 eingeführte R4 war das erste Modell der Marke mit Vorderradantrieb. Er war eine Alternative zum → Citroën 2 CV, wie dieser äußerst rationell konzipiert, geräumig, komfortabel und preisgünstig. Der kastenförmige Kombiaufbau war kaum schöner als jener des 2 CV, doch wirkte er mit den glatten Seitenflächen immerhin moderner. Als wesentlichen Vorteil bot er einen wassergekühlten Vierzylindermotor, der weit kultivierter und leistungsfähiger war als der luftgekühlte Zweizylinder-Boxer von Citroën. Der R4 war ein echtes Vernunftauto und als solches erreichte auch er allmählich Kultstatus.

Einzige gut sichtbare äußerliche Veränderung war der Mitte der 70er Jahre eingeführte etwas kantigere Kühlergitterrahmen. Die Renault-4-Karosserie war mit einem Plattformrahmen und dessen vorderen und hinteren Längsträgern verschraubt. Dies gestattete einen einfachen Reparaturaustausch. Der Vierzylinder mit seitlicher Nockenwelle war 1981 in den Größen 783 cm^3 (nur Frankreich), 845 cm^3 (Export) und 1108 cm^3 (in der Ausführung GTL ausschließlich) erhältlich. Das 4-Gang-Getriebe wurde mit einem unter dem Armaturenbrett hervorlugenden Schaltstock bedient. Vorn bestand die Aufhängung aus Querlenkern und vorderen Reaktionsstreben sowie regulierbaren Längstorsionsstäben, hinten wurden Längslenker und regulierbare Quertorsionsstäbe verwendet. Weil sich diese überschnitten, war der Radstand rechts um 5 cm länger (245 statt 240 cm). Es wurden Vierrad-Trommelbremsen mit hinterem Bremskraftregler eingebaut. Für den Modelljahrgang 1981 wurde ein automatisches Nachstellsystem eingeführt, zudem waren die Bedienschalter am Armaturenbrett neu angeordnet worden.

Rodéo. Der Renault 6 war von 1968 bis 1980 als luxuriöse und längere Ableitung der Renault 4 gebaut worden. Von beiden Modellen gab es eine Rodéo genannte Vielzweckversion im Stile eines Geländewagens. Beim Renault 6 verblieb 1981 nur noch der Rodéo im Angebot. Die Kunststoffkarosserie war beim 4 Rodéo hinten offen mit Verdeck, beim 6 Rodéo mit einem Hardtop mit zusätzlichem Scheibeneinsatz über dem Seitenfenster oder mit einer Blache erhältlich. Beim kleineren Modell wurde der 845-cm^3-Motor eingebaut, beim 6 Rodéo ein 1,3-l-OHV-Motor sowie vordere Scheibenbremsen. Beide waren auf Wunsch mit Vierradantrieb zu haben: Das Verteilgetriebe arbeitete mit einer Klauenkupplung und das hintere Differenzial war ausschaltbar.

Renault 5. Zum Erfolgsmodell der großen französischen Marke war aber inzwischen längst der Anfang 1972 auf den Markt gebrachte Renault 5 geworden. Im Gegensatz zum Renault 4 besaß er eine selbsttragende Karosserie. Mit ihrer schlichten kubischen und doch sanft gerundeten Form eroberte sie in ganz Europa die Herzen der Kleinwagenfahrer und -fahrerinnen. Zur dreitürigen war Mitte 1979 eine fünftürige Version hinzugekommen.

Der längs eingebaute Vierzylinder war 1981 mit 845, 1108, 1289 und 1397 cm^3 (nur Modell Alpine, in England Gordini, mit Weber-Doppelvergaser) erhältlich, alle mit seitlicher Nockenwelle. Statt des 4-Gang-Getriebes wurde im 5 Alpine/Gordini eine 5-Gang-Einheit eingebaut und daneben gab es den 5 Automatic mit 3-Stufen-Automatikgetriebe (in Verbindung mit dem 1289-cm^3-Motor). Die Einzelradaufhängung umfasste vorne obere und untere Dreieckquerlenker und Längs-

Reliant Rialto, 1982

Renault 5 GTL, 1981

Renault 18 Turbo, 1981

torsionsfederstäbe, hinten Längslenker und Quertorsionsfederstäbe; wie beim Renault 4 ergaben sich daher unterschiedliche Radstände: rechts 240,5 cm, links 243,5 cm. Nur beim kleinsten Motor beschränkte man sich auch vorne auf Trommelbremsen. 1981 erhielt der Renault 5 schwarze Scheibenwischer und Türgriffe (beim fünftürigen Modell).

5 Turbo. 1980 war eine äußerst spektakuläre Zusatzversion des Renault 5 eingeführt worden: der 5 Turbo. Einen Prototyp hatte Renault schon auf dem Salon von Paris im Oktober 1978 gezeigt. Außer der Karosserieschale hatte der 5 Turbo mit dem Renault-5-Kleinwagen allerdings nichts mehr gemein. Vielmehr handelte es sich bei ihm um einen wilden Boliden, mit dem Renault an seine Rallyeerfolge anknüpfen wollte. Hierzu erfolgte die Montage beim Alpine-Werk in Dieppe, wobei eine Homologation bis Mitte 1980 nach Gruppe 4 (400 Exemplare) und gegen Ende 1981 zudem in Gruppe 3 (1000 Stück) angestrebt wurde.

Der Renault 5 Turbo war ein zweisitziges Kraftpaket mit hinter den Sportsitzen eingebautem Mittelmotor, 5-Gang-Getriebe (aus dem Renault 30 TX) und Hinterradantrieb. Der Motor war das 1397-cm^3-Aggregat, das mit mechanischer Benzineinspritzung K-Jetronic von Bosch und einem Abgasturbolader T3 von Garrett (maximaler Ladedruck 0,84 bar, Ladeluftkühlung) auf eine Leistung von nicht weniger als 160 PS gebracht worden war. Vorne und hinten wurden obere und untere Dreieckquerlenker und Schraubenfedern sowie belüftete Scheibenbremsen verwendet. Die Spur erreichte 134,5/147,5 cm (Renault 5: 128/124,5 cm) und entsprechend zeigte die Karosserie mächtige Radhausverbreiterungen, wobei jene hinten auch gleich den zünftigen Motorlufteinlass trugen. Die Hinterräder waren deutlich wuchtiger bereift als jene vorne: 190/95 HR 340 und 220/55 VR 365.

Tempo 100 wurde gemäß Werkangaben in 6,9 s erreicht und als Spitze wurden 205 km/h genannt. Noch besser lief natürlich die 250 PS starke Rennversion. Trotz der bekannten Silhouette war der Renault 5 Turbo eine imposante Erscheinung. Das Cockpit mit bronzefarbenem Instrumententräger und neun Rundanzeigen sowie Lenkrad mit rechtwinkliger Speiche sorgte für ein angepasstes Ambiente. Mit dem Renault 5 Turbo war ein hochsportliches Liebhaberfahrzeug geschaffen worden.

Renault 14. Den Renault 14 gab es seit Mai 1976. Er entsprach genau dem modernen Konzept der Kompaktklasse: Frontantrieb mit quergestelltem Motor, vier Türen und Heckklappe. Das Besondere des Renault 14 war die stilistisch vom Renault 5 beeinflusste rundlich-weiche Formgebung. Sie harmonierte mit dem überdurchschnittlichen, für französische Wagen aber typischen Federungskomfort.

Den „14-er“ gab es in der Grundausführung mit dem gemeinsam mit PSA Peugeot-Citroën gebauten 1219-cm^3-Motor mit obenliegender Nockenwelle (mit Ketten-, nicht mit Zahnriemenantrieb), bei dem auch der Block aus Leichtmetall bestand. Von diesem gab es eine 1361-cm^3-Version, und auch sie wurde um 72 Grad nach hinten geneigt eingebaut. Vorne fanden sich Federbeine mit unteren Querlenkern, während hinten – wie bei den kleineren Renault – Längslenker und querliegende Torsionsfederstäbe verwendet wurden, womit sich wiederum der ungleiche Radstand ergab (rechts 253 cm, links 256 cm). Die Bremsen (vorne Scheiben) wurden auf Wunsch servobestückt. Im Modelljahr 1981 erhielt der Renault 14 geänderte hintere Schmutzfänger, Warnlämpchen für niedrigen Benzinstand und eingeschaltetes Abblendlicht sowie beleuchtete Schalter beim Topmodell TS.

Renault 18. Die Stufenhecklimousine Renault 18 war im Frühling 1978 vorgestellt worden, und sie war dazu bestimmt, allmählich den Renault 12 abzulösen (die Franzosen waren Meister solcher fließender Übergänge). Auf dem Genfer Salon 1979 war ihr ein ebenso eleganter fünftüriger Kombi zur Seite gestellt worden. Die Zahl der Varianten war 1981 besonders groß geworden: TL, GTL, TS, GTS (die beiden letzteren auch als Automatic), TD, GTD und Turbo.

Im frontgetriebenen Renault 18 war der Motor längs vor der Vorderachse eingebaut. Es handelte sich um die 1397- und 1647-cm^3-Aggregate mit seitlicher Nockenwelle (beim größeren Motor bestand der Zylinderblock ebenfalls aus Leichtmetall). Es wurden 4- und 5-Gang-Getriebe eingebaut oder in Verbindung mit dem größeren Motor auch ein elektronisch gesteuertes 3-Stufen-Automatikgetriebe mit Lenkradschaltung. Die mit dem Jahrgang 1981 eingeführten Versionen TD und GTD wurden von einem 2068-cm^3-Dieselmotor mit obenliegender Nockenwelle angetrieben (GTD mit 5-Gang-Getriebe).

Auf dem Salon von Paris im Herbst 1980 war das Modell 18 Turbo hinzugekommen. In ihm leistete eine 1565-cm^3-Variante des OHV-Motors dank Garrett-Abgasturbolader mit Ladeluftkühler 110 PS (maximaler Ladedruck 0,6 bar). Die Verdichtung war mit 8,6:1 vergleichsweise hoch, doch hatte man den Motor mit einem elektronischen Klopfsensor für eine Zündzeitpunktverstellung versehen. Den ausschließlich mit dem 5-Gang-Getriebe ausgerüsteten 18 Turbo erkannte man an den schmucken Felgen (wie beim Fuego GTX), einem Frontspoiler und einer Abrisskante am Heck sowie an seitlichen Aufschriften; auch das Instrumentenbrett war vom Fuego inspiriert (s. unten).

Die Aufhängung war in den 18er-Renault konventioneller ausgelegt: Vorne fanden sich untere Dreieckquerlenker, obere einfache Querlenker und Schraubenfedern, hinten eine Starrachse mit Längslenkern, mittlerem Dreiecklängslenker und Schraubenfedern. Mit dem Modelljahr 1981 erhielten die Renault 18 einen neuen Schalthebel, eine weniger direkt ausgelegte Lenkung, beleuchtete Schalter auf der Mittelkonsole und eine Warnleuchte für fast leeren Tank. Für TS und GTS wurde zudem eine Servolenkung lieferbar.

Fuego. Das 4/5-sitzige Coupé Fuego (spanisch für Feuer) war im Februar 1980 eingeführt worden. Es war der Nachfolger der Coupés 15 und 17 und läutete somit eine Abkehr von den Zahlenbezeichnungen ein. Sein Design mit Fastback und Panoramaheckscheibe war betont rundlich, wobei Farbkontraststreifen auf der Gürtellinie die Horizontale betonten. Es gab den Fuego in den sechs Ausführungen TL, GTL, TS, GTS, TX und GTX; der Buchstabe G stand für luxuriöse Ausstattung, während mit L, S und X auf den Motor hingewiesen wurde, nämlich 1397, 1647 und 1995 cm^3. Letztere Maschine besaß eine obenliegende Nockenwelle.

Der kleinste Motor wurde mit einem 4-Gang-Getriebe, der größte mit einer 5-Gang-Einheit kombiniert, während in Verbindung mit dem mittelgroßen Motor die Wahl zwischen 5-Gang-Getriebe und 3-Stufen-Automatik bestand. Das technische Layout mit dem vor der Vorderachse eingebauten Motor und Frontantrieb entsprach einschließlich der Aufhängungen jenem des Renault 18. Bei den beiden stärkeren Fuego waren die Bremsscheiben (vorne) belüftet.

20 / 30. Der Renault 20 war Ende 1975 als Nachfolger des Renault 16 auf den Markt gekommen, allerdings ohne dessen charakteristisches Design mitzunehmen. Der R 16 war die erste Mittelklasselimousine mit Schrägheck, Heckklappe und verwandelbarem Fond gewesen. Diese gebrauchsfreundlichen Eigenheiten bot auch der Renault 20. 1981 stand er in sechs Ausführungen

Renault 30 TX, 1981

(TL, LS, TS, TX, TD, GTD) mit vier Motorisierungen zur Wahl: 1647 cm^3 (OHV, 4-Gang), 1995 cm^3 (OHC, 4-/5-Gang/Automatic), 2165 cm^3 (neu für 1981, OHC, 5-Gang/Automatic), 2068 cm^3 (Diesel, OHC, 5-Gang).

Der Renault 30 war sozusagen als Vorbote des Renault 20 schon im Februar 1975 lanciert worden. Mit ihm fand die Régie Renault in die Oberklasse zurück. Er wurde ausschließlich mit dem 2664-cm^3-V6-Motor bestückt, den PRV (Peugeot-Renault-Volvo) gemeinsam in Nordfrankreich herstellten. Dieser Alu-V6 besaß einen Gabelwinkel von 90 Grad, da einst ein V8 geplant worden war. Im Renault 30 TS leistete er mit Weber-Doppelvergaser 118 PS, im 30 TX mit Benzineinspritzung K-Jetronic von Bosch 142 PS. Es standen ein 5-Gang-Getriebe und das elektronisch gesteuerte 3-Stufen-Automatikgetriebe zur Wahl. Die Aufhängung bestand vorne aus unteren Dreieckquerlenkern, oberen einfachen Querlenkern mit Zugstreben, hinten aus einer Einzelradaufhängung mit Längsschubstreben und Querlenkern. Die vorderen der vier Bremsscheiben waren belüftet, und die Zahnstangenlenkung arbeitete mit Servo.

Für das Modelljahr 1981 hatten die Renault 20 und 30 ein neu entworfenes Interieur erhalten. Es betraf dies sowohl die Sitze und Türverkleidungen wie auch das modernisierte Instrumentenbrett. Das Modell 30, das sich durch Doppelscheinwerfer vom Renault 20 abhob, wies zudem einen geänderten Kühlergrill auf. Im 30 TX wurde neu eine automatische Weitenregulierung für die Doppelscheinwerfer installiert. Das Modell 20 anderseits (ohne 20 TX) besaß nun einen negativen Lenkrollradius.

5 Rodéo. Ab Sommer 1981 wurde das von der Firma Teilhol (→ Anhang) für Renault hergestellte Freizeit- und Allroundfahrzeug Rodéo in seiner dritten Auflage produziert. Der Kunststoffaufbau entstand in einer neuen Technik aus Polyester mit eingespritztem Polyurethan. Als Fahrzeuggerüst dienten Stahlrohre von großem Durchmesser, und alle Metallteile wurden zwecks Rostschutz verzinkt. Das originelle Design zeigte sich etwas weniger kantig, noch stärker fielen jetzt aber die in dunkler Farbe gehaltenen Front- und Heckverkleidungen auf. Analog gehalten war der von der Karosseriebasis bis zum Dach geführte Mittelpfosten. Der zwei- und auf Wunsch viersitzige Aufbau war verwandelbar: Nicht nur ließ sich das aus Stoff bestehende Dach in zwei Hälften – zur Mitte und nach hinten – aufrollen, auch die hinteren, aus Plastikfolie bestehenden Seitenscheiben sowie das Heckfenster konnten aufgerollt bzw. entfernt werden und wandelten den Rodéo so zum Pick-up.

Als technische Basis diente der Renault 4 GTL mit 1108-cm^3-Motor und 34 PS, doch war der neue Rodéo deutlich kompakter und damit wendiger geworden. Die Gesamtlänge erreichte noch 356 statt 406 cm (beim vorübergehend gebauten Renault 6 Rodéo waren es 415,5 cm gewesen), und die Breite reduzierte sich auf 149 cm. Von Teilhol wurde auch eine Version mit Vierradantrieb angeboten.

Für den bereits Anfang Juli 1981 präsentierten Renault-Jahrgang 1982 lag der Schwerpunkt auf

Renault 4 GTL, 1982

Renault 5 Rodéo, 1982

Renault 5 Turbo, 1982

Maßnahmen zum Benzinsparen, was sich je nach Modell durch mehr Hubraum oder längere Achsuntersetzungen oder elektrische Lüfter äußerte. Der Renault 4 besaß nun versenkte Türscharniere. Beim Renault 5 fand sich nur noch ein kombinierter Hebel für Lichthupe und Blinker. Im 5 TS wurde der 1,3- durch einen 1,4-l-Motor mit mehr Drehmoment und niedrigerem Verbrauch ersetzt. Mit dem gleichen Motor wurde die neue Luxusausführung 5 TX bestückt; diese bot zudem Servolenkung, Fensterheber, getönte Scheiben, Leichtmetallfelgen, eine geteilte Fondbank sowie eine Digitaluhr. Für den 5 GTL wurde ab Anfang 1982 ein 5-Gang-Getriebe lieferbar.

Für den Renault 14 wurde schon auf September 1981 ein 5-Gang-Getriebe angekündigt (gegen Aufpreis im 14 TS). Im GTL wurde nun der 1360-cm^3-Motor des TS, jedoch mit einer von 72 auf 60 PS reduzierten Leistung eingebaut.

Besonders viele Verfeinerung gab es bei den Renault 18: neue Sitze, die hinten mehr Kniefreiheit brachten, weiße Blinkergläser, neue Stoßstangen wie beim Modell Turbo (außer TL). Bei den teureren Modellen waren auf Wunsch eine Servolenkung, vordere Scheibenheber und eine Zentralverriegelung erhältlich. TL und TD gab es auf Wunsch ebenfalls mit 5-Gang-Getriebe. Auf Ende Jahr wurde der 18 GTS mit auf 96 PS erstarktem Motor angekündigt. Als Topausführung kam dann ein GTX (auch als Kombi und als Kombi TX) mit gut 100 PS leistendem 2-l-Motor hinzu. Die Automatikgetriebe für Fuego und Renault 20 wurden kompakter gebaut. Bereits wurde auch von einem 4 m langen Stufenheckmodell Renault 9 berichtet.

Renault 9. Am 15. September 1981 wurde mit dem Renault 9 ein viertüriges Stufenheckmodell der unteren Mittelklasse vorgestellt. Es nahm den Platz neben dem zu den Kompakten zu zählenden Renault 14 ein. Auffallend an der klar geformten Karosserie waren die flache, bis an die Flanken reichende Motorhaube und die feinen seitlichen Sicken, mit denen die Horizontale unterstrichen wurde. Schmale Dachsäulen sorgten für eine gute Rundsicht.

Der Renault 9 wurde in nicht weniger als elf Versionen, von C bis Automatic, gebaut. Der Buchstabe C wies stets auf den 1108-cm^3-Motor mit seitlicher Nockenwelle hin. Er war natürlich auch im Modell 9 mit Getriebe und Differenzial verblockt quer eingebaut und trieb die Vorderräder an. Die Modelle ohne Buchstaben C wurden vom 1397-cm^3-OHV-Aggregat angetrieben, mit dem Buchstaben L mit 60 PS für den Betrieb mit Normalbenzin, mit dem Buchstaben S mit Doppelvergaser und 72 PS (als Modell Automatic mit 3-Stufen-Automatikgetriebe mit 68 PS). Mit dem 1,1-l-Motor wurde ein 4-Gang-Getriebe, mit dem S-Motor eine 5-Gang-Einheit eingebaut, während beim L-Motor beide Handschaltgetriebe erhältlich waren.

Erstmals wurden bei einem Renault McPherson-Federbeine verwendet; sie wurden mit unteren Dreieckquerlenkern kombiniert. Hinten fanden sich Längslenker und Quertorsions-Federstäbe. Diese waren nicht mehr verschränkt angeordnet, so dass der Radstand links und rechts gleich lang war. Dank Leichtbau und günstiger Aerodynamik (cw 0,385) sowie Motorverfeinerungen und geeigneter Übersetzungsabstimmungen waren die Renault-9-Modelle auf einen niedrigen Benzinverbrauch ausgelegt worden. Die geschraubte Montage von Fahrwerk- und Karosserieteilen erleichterte Reparaturen. Zudem war der Rostschutz verstärkt worden.

Neuartig waren die Monotrace-Vordersitze: Der Ausdruck „Einschienensitze" wurde gewählt, weil die linke und rechte Sitzschiene für die Längsverstellung nur 15 cm Abstand hatten. Dies erlaubte es den hinteren Passagieren, ihre Füße weit nach vorne zu strecken. In den teureren Modellvarianten boten die Monotrace-Sitze neben der üblichen Rückenlehnenverstellung zudem die Möglichkeit, über einen auf der Höhe der Hüfte liegenden Drehpunkt gekippt zu werden. So ließ sich die Abstützung der Oberschenkel Größe und Wunsch des Fahrers anpassen, während sich für den Beifahrer eine gesicherte Ruheposition (ohne der Gefahr des Nachvornegleitens) ergab.

5 Alpine Turbo. Als Gegengewicht zum überaus erfolgreichen → VW Golf GTI wertete Renault im Herbst 1981 den sportlichen 5 Alpine zum 5 Alpine Turbo auf. Mit einem Garrett-Abgasturbolader wurden bei einer Verdichtung von 8,6:1 110 PS bei 6000/min und 147 Nm bei 4000/min erzielt. Gemäß Werkangaben waren Tempo 100 binnen 9,1 s und zudem eine Spitze von mehr als 185 km/h erreichbar. Der 5 Alpine Turbo wurde mit einer elektronischen Integralzündung und einer neuen Vierrad-Scheibenbremsanlage ausgerüstet. Zudem waren Niederquerschnittreifen und Fensterheber lieferbar, und eine Servolenkung wurde (ebenfalls gegen Aufpreis) für 1982 in Aussicht gestellt.

30 Turbo Diesel. Auf der IAA Frankfurt 1981 feierte diese Variante ihre Premiere: Der mit einem Ladeluftkühler ausgerüstete 2,1-l-Dieselmotor leistete 85 PS bei 4200/min und vermochte die Renault-Toplimousine binnen 15,4 s auf Tempo 100 zu beschleunigen; als Spitze wurden 158 km/h genannt. Der ECE-Vebrauch lautete 5,9/8,1/8,1 l Diesel/100 km.

Ebenfalls im September 1981 hatte Renault den 20. Geburtstag des Typs 4 feiern können. Er war inzwischen in 6,5 Millionen Exemplaren gebaut worden und brachte es immer noch auf einen Tagesausstoß von 1500 bis 1600 Stück. 1980 war er in der Bundesrepublik das meistimportierte Modell gewesen; er wurde in 69 Ländern verkauft und in 13 Ländern montiert.

Zum 1. Januar 1982 bestellte der französische Ministerrat Bernard Hanon zum neuen PDG (Präsident-Generaldirektor) der Régie Renault; das Mandat von Bernard Vernier-Palliez lief zu diesem Zeitpunkt aus. – Ebenfalls noch im Januar wurde eine US-Version des Renault 9 gezeigt, die ab Juni im AMC-Werk in Produktion gehen sollte.

Nachdem es zum Modelljahr 1982 bereits einen mit blauen Sitzüberzügen und mit äußeren Farbstreifen dekorierten Renault 4 Jogging gab, wurde auf dem Genfer Salon 1982 mit dem Suisseaquatre eine Sonderversion mit blauem und grauem Dekor auf rotem Grund präsentiert. Über Jahre ab Werk angeboten wurde die preisgünstige Sonderversion Renault 5 Campus.

Renault 20 GTD, 1982

Renault 14 TS, 1983

Renault 9 GTL, 1982

9 Automatic. Im Frühling 1982 stellte Renault das Modell 9 mit einem neuentwickelten 3-Stufen-Automatikgetriebe vor. Dieses zeichnete sich durch eine kompakte Bauweise, analog zu einem Handschaltgetriebe, aus. Der hydraulische Teil war vereinfacht worden, anderseits sorgte ein Mikroprozessor für sanftere Übergänge von der einen zur anderen Stufe, für eine Selbstüberwachung der Elektronik und für sparsamen Verbrauch.

Zur Feier des Sieges von Jean Ragnotti bei der Korsika-Rallye 1982 brachte die Renault (Suisse) SA eine Sonderversion des Renault 5 Turbo mit der Bezeichnung Corse heraus: mit Farbstreifen auf den Flanken, Gotti-Alufelgen und Spezialstoßdämpfern.

Alliance. So hieß der Renault 9, wie er ab Mitte Juni 1982 bei → AMC in Kenosha, Wisconsin, als kleine zwei- und viertürige Stufenhecklimousine vom Band lief. Er unterschied sich durch die längeren Stoßstangen und den von rechteckigen Doppelscheinwerfern flankierten Kühlergrill. In den USA leistete der 1,4-l-Motor 54,5 statt 60 PS. Renault versprach sich über das mehr als tausend Händler umfassende AMC-Vetriebsnetz in Amerika wieder Fuß fassen zu können. Neben dem Alliance wurden „drüben" nach wie vor der als Le Car bezeichnete Renault 5 und neu der Fuego verkauft.

Den Renault 4 wurden im August 1982 ein neues Armaturenbrett mit neben dem Tacho in einem Quadrat angeordneten Kontrollleuchten und neue Innenverkleidungen verpasst. Der 4 GTL erhielt das Lenkrad des Renault 5, Scheibenbremsen und verstellbare Vordersitzlehnen.

Im August 1982 erhielt der Renault 18 Turbo eine von 110 auf 125 PS gesteigerte Leistung, ein neu abgestuftes 5-Gang-Getriebe und Scheibenbremsen ringsum. Die Werksvorgabe von 10 s für den Sprint von 0 auf 100 km/h war nun eher erreichbar, und als Spitze wurden 195 statt 185 km/h genannt. Nach ECE-Norm ergab sich ein auf 5,5/7,7/9,7 l/100 km (deutlich) abgesenkter Verbrauch. Neu waren eine Frontstoßstange mit Spoilerlippe und u. a. eine infrarot-gesteuerte Türverriegelung sowie eine digitale Borduhr mit Stoppfunktion. Auf dem Salon von Paris kam der 18 Turbo in der Kombiausführung Break hinzu.

Fuego Turbodiesel. Ebenfalls auf dem Autosalon von Paris 1982 überraschte Renault mit dem Turbodiesel-Fuego. Aus 2,1 l standen 88 PS und 181 Nm zur Verfügung (mit dem 2-l-Benzinmotor und Doppelvergaser: 110 PS und 163 Nm). Damit trat erstmals ein in betont sportlichem Stil gehaltenes Coupé in der Dieselszene auf.

5 Turbo 2. Ebenfalls in Paris wurde eine Neuauflage des Mittelmotorboliden gezeigt, der Renault 5 Turbo 2. Er besaß das Cockpit des 5 Alpine Turbo und wurde in neuen Farben lackiert. Die beim ursprünglichen 5 Turbo in Aluminium gehaltenen Aufbauteile bestanden nun aus Stahlblech, wodurch sich ein Mehrgewicht von 30 kg ergab.

Ab Oktober 1982 wurde auch der Renault 20 (wie bereits das Modell 30) mit 85 PS leistendem

2,1-l-Turbodieselmotor lieferbar. – Ende 1982 kam der Renault 9 zusätzlich zu den vier Benzinmotoren mit einem neuen OHC-Dieselmotor ins Angebot: 1596 cm^3, 55 PS und 102 Nm, Tempo 100 binnen 19 s und gut 140 km/h Spitze. Der Verbrauch wurde mit 4,4/6,3/6,9 l/100 km beziffert.

18 Break 4x4. Schon im März 1983 brachte Renault in Österreich und in der Schweiz eine neue Modellvariante auf den Markt, die im Ursprungsland erst im Mai eingeführt werden sollte: Der im Werk Sandouville hergestellte 18 Break 4x4 war eine Antwort auf die Subaru 1800 und Toyota Tercel 4x4. Es gab ihn als GTL (1,65 l, 72 PS) und als GTD (2,1 l, 66 PS). Zur eigens abgestimmten Vorderradaufhängung kam eine Hinterachse aus dem Lieferwagen Renault Trafic: eine Starrachse mit Längslenkern und mittlerem Dreiecklängslenker. Der Hinterradantrieb ließ sich selbst während der Fahrt (bis 40 km/h) zuschalten. Die Bodenfreiheit war auf 16,5 cm erhöht worden. Die Radkästen erhielten eine spezielle Kunststoff-Schutzschicht, und an den Flanken wies der Break 4x4 ein rund 30 cm hohes dunkles Schutzband auf. Er überzeugte durch seine Traktionseigenschaften, doch weckte er den Wunsch nach einer kräftigeren Motorisierung.

Renault 11. Vorgestellt wurde er bereits im Februar 1983, auch wenn seine Markteinführung in Frankreich erst auf den April vorgesehen wurde: Der Renault 11 ersetzte den bereits aus der Produktion genommenen Renault 14, und er basierte auf dem Renault 9, mit dem er den Radstand von 247,5 cm teilte. Mit 397 cm Länge war Renaults neues Schrägheckmodell der Kompaktklasse nicht nur deutlich kürzer als der Renault 9 (406,5 cm), sondern er unterbot auch den Renault 14 (402,5 cm, Radstand 253/256 cm). Anderseits war der neue Renault mit 169 cm 6,5 cm breiter als sein Vorgänger. Gegenüber diesem war der Renault 11 zwar moderner, doch sah man ihm dies auf den ersten Blick nicht unbedingt an. Mit den rechteckigen Doppelscheinwerfern erinnerte die Front des Renault 11 an jene des amerikanischen Alliance. Auffallend war die große, leicht um die Ecken gebogene Heckscheibe. Der Renault 11 wurde mit drei und fünf Türen gebaut, sein cw-Wert mit 0,35 angegeben. Die Mechanik stimmte weitgehend mit jener des Renault 9 überein.

11 Electronic. Unter den elf Varianten stachen die Topmodelle 11 TSE Electronic und 11 Automatic Electronic hervor: Ihr futuristisches Instrumentarium umfasste ein Flüssigkristall-Display, das neben laufenden Angaben auf Tastendruck weitere Informationen bieten konnte. Hinzu kam ein Warnsystem mit synthetischer Sprache, das mit einer Vielfalt von Hinweisen auf Mängel aufmerksam machen konnte, wie zum Beispiel Türe hinten rechts nicht ganz zu. Zu den Electronic-Modellen zählte ferner eine HiFi-Anlage von Philips mit je zwei Hoch-, Mittel- und Tieftönern im Armaturenbrett, in den Vordertüren und auf der Höhe der Hutablage.

Neu war überdies, dass sich die wichtigsten Bedienungsorgane für diese Audioanlage auf

Renault 11 GTL, 1983

Renault 18 Break 4x4, 1983

Renault Fuego Turbo, 1984

einem an der Lenksäule angewinkelten Satelliten und somit stets in Griffnähe befanden. Mit dieser Fernsteuerung entfiel das oft in gefährlicher Weise ablenkende Manipulieren des Radiogeräts am Armaturenbrett. Diese neue Idee sollte Schule machen! Die Synthetikstimme setzte die HiFi-Anlage automatisch außer Betrieb, wenn sie etwas zu sagen hatte.

Mit dem Modelljahrgang 1984 erhielten der 11 Electronic und der 18 Turbo zusätzlich einen Bordcomputer; dieser war gegen Aufpreis auch bei den anderen Renault 18 lieferbar. Beim 11 Electronic ersetzte er das Kontrolldisplay. Im 18 Turbo wurde gegen Aufpreis die Philips-Radioanlage des 11 Electronic ebenfalls erhältlich.

Beim Renault 4 1984 sorgte u. a. eine neue Nockenwelle für niedrigeren Verbrauch; in den Topausführungen des Renault 5 fand sich neu eine Digitaluhr; der 5 Alpine Turbo erhielt (endlich) einen von 38 auf 53 l vergrößerten Benzintank; die Renault 9 wurden in einigen Details verfeinert; Limousine und Kombi des 18 GTS sowie die 18 Automatic erhielten den 2-l-Motor mit 108 PS (statt 1,6 l, 96 PS); kleine Änderungen gab es auch bei den Modellen 20 und 30. Alsbald kam die Sonderausführung 5 St-Tropez mit Alufelgen, Sonnendach, Dachspoiler und Streifendekor hinzu.

Für den Renault 11 wurde zusätzlich der zur Gänze neu konstruierte Motor FN2 mit 1721 cm^3 lieferbar. Bei einer Verdichtung von 10:1 und mit Doppelvergaser leistete er 82 PS. Ab September 1983 wurde der Fuego mit dem 1565-cm^3-Turbomotor aus dem Renault 18 erhältlich. Er leistete in diesem Coupé aber 132 statt 125 PS, ermöglichte den Sprint auf 100 km/h in 9,5 s und eine Spitze von just 200 km/h. Wie schon im Renault 18 wurde dieser Motor mit einem Klopfsensor ausgerüstet. Die Ausstattung des Fuego Turbo wurde u. a. mit einem Bordcomputer angereichert.

Auf dem Binnenmarkt musste Renault im ersten Halbjahr 1983 Einbussen von gut 10 Prozent hinnehmen und daher für den Herbst Produktionsunterbrechungen einplanen.

25. Im November 1983 wurde der Renault 25 als Nachfolger der Modellreihen 20 und 30 für den Genfer Salon 1984 angekündigt. Das Prinzip der großen Schräghecklimousine mit fünf Türen war beibehalten worden. Doch das Design war rundlich und zeigte eine stilistische Verwandtschaft mit dem Coupé Fuego. Statt der dritten Seitenfenster gab es eine mächtige Panoramaheckscheibe. Mit seinen fließenden Linien wirkte der Renault 25 nicht nur moderner, sondern auch gefälliger als die Modelle 20/30. Der Luftwiderstandsbeiwert wurde mit überraschend tiefen cw 0,28 angegeben. Die Unterbodenverkleidung dürfte dazu beigetragen haben. Stoßschutz und Flankenunterteile waren in dunkler Farbe gehalten. Originell gestaltet war das großflächige, stark nach vorne geneigte Armaturenbrett mit breitem Mittelteil und einer Luftauslassgalerie darüber; man sprach von einem Piano-Armaturenträger. Der Innenraum war ungewohnt generös und in den Topausführung luxuriös. Die hintere Sitzbank ließ sich mit wenigen Handgriffen nach vorne schwenken.

Der Radstand war von 266,5 auf 272 cm angewachsen, die Länge von 452 auf 465 cm. Die Breite hatte um 4 auf 177 cm zugenommen, die Höhe war hingegen um 3 auf 140 cm abgesenkt worden. Dank des punktuellen Einsatzes hochfester, aber leichter Materialien war das minimale Leergewicht von 1170 auf 1120 kg gesunken. Die Motorisierung reichte vom 2-l-Vierzylinder bis zum 2,7-l-V6, wobei nun der 2,2-l-Motor statt mit Weber-Doppelvergaser mit einer Renix-Einspritzung versehen war, mit der die Leistung von 116 auf 124 PS anstieg. Zu diesem Motor und zum V6 war statt des 5-Gang-Getriebes das hauseigene, elektronisch gesteuerte 3-Stufen-Automatikgetriebe lieferbar.

Anfang 1984 veröffentlichte die Illustrierte „Bunte" das Erlkönigbild einer neunsitzigen Großraumlimousine, die von Renault zusammen mit Matra entwickelt wurde. Ihre Silhouette ließ sich mit jener des Nissan Prairie vergleichen. Von Matra Automobiles wusste man, dass PSA seinen Minderheitsanteil schon vor einem Jahr an den Matra-Raumfahrtkonzern zurückverkauft hatte (→ Talbot). Indessen sah sich auch Renault wie PSA zu einem Abbau seiner Mitarbeiterzahl gezwungen.

Ab dem Genfer Salon 1984 wurde der 5 Alpine Turbo in einer limitierten Auflage mit dem historischen Zusatznamen Gordini angeboten (spezielle Lackierung und aufgewertetes Interieur).

18 Type 2. Schon im Mai 1984 wurde der Renault 18 in leicht veränderter Form vorgestellt: Kühlergrill mit breiter oberer Zierleiste (ähnlich Renault 25), breitere seitliche Schutzleisten, neue Dekorstreifen, Armaturenträger ähnlich wie im Fuego, neue Türverkleidungen und Polsterstoffe; Federkennung wie in den Turbomodellen (ohne 4x4).

11 Turbo. Eine tiefere Frontschürze mit integrierten Nebellampen und einem Lufteinlass für den Ladeluftkühler machten den im Mai 1984 hinzugekommenen Renault 11 Turbo auch äußerlich erkennbar. Zwar handelte es sich um den gleichen Motor mit seitlicher Nockenwelle, wie er im 5 Alpine Turbo Dienst tat. Doch war dieses Triebwerk gründlich modernisiert worden: Zylinderkopf mit dachförmigen Brennräumen und parallel hängenden Ventilen wie im 11 GTL, Verdichtung von 8,0 auf 8,6:1 erhöht, kleinerer Garrett-Lader T2, Ladedruck auf 0,42 bar reduziert, Vergaser auf der Druckseite des Turbos. So standen 105 statt 115 PS, jedoch mit günstigerem Verbrauchsverhalten, zur Verfügung. Die Untersetzungen wurden ebenso angepasst wie das um 30 mm tiefergelegte Fahrwerk. Tempo 100 war binnen 9 s erreichbar; der Verbrauch wurde mit 6,2/7,9/8,9 l/100 km angegeben.

Espace. Im Mai 1984 wurde er vorgestellt, ab Juni wurde er in Frankreich lieferbar: Der Espace war der erste europäische Großraumwagen und leitete damit auch in der Alten Welt einen neuen Trend ein, der offenbar in der Luft gelegen hatte. Denn nach den Großraummodellen von Nissan und Mitsubishi waren analoge Konzepte der Chrysler-Marken Plymouth und Dodge erschienen und auch Ford und Chevrolet hatten Wagen dieser Sparte angekündigt. Noch aber ahnte niemand, welche immense Bedeutung diesen anfänglichen Nischenprodukten zukommen sollte. Für den Espace dauerte es dann allerdings geraume Zeit, bis er auch in Frankreich selbst volle Akzeptanz fand. In Ländern wie der Schweiz hingegen begeisterten sich Familien ebenso wie Hobbysportler und Gewerbler sehr bald für dieses ungemein praktische und vielseitige Fahrzeugkonzept. Es war aber ausgerechnet die Régie Renault gewesen, die schon um 1950 ein Modell mit hochformatiger und besonders geräumiger Silhouette hergestellt hatte, u. a. auch unter dem Namen Prairie... und just mit dieser Bezeichnung hatte → Nissan (zufällig) im September 1982 seine neue Pionierkonstruktion auf den Markt gebracht. Bei der auch im Bereich von Neuentwicklungen aktiven Firma Matra Automobiles war schon 1981 mit der Konzeptstudie P 19 ein (dreitüriger) Einvolumen-Großraumwagen entstanden.

Im Gegensatz zum Prairie (aber wie der Ford Aerostar) war der Renault Espace in Einvolumenform gehalten, d. h. Motorhaube und die Windschutzscheibe lagen in einer schräg nach vorne absinkenden Linie. Dies verhalf ihm zu einem futuristisch angehauchten Aussehen. Er besaß allerdings keine hinteren Schiebetüren, sondern fünf Türen üblicher Art. Man sprach von Großraumwagen und irrtümlich auch von Großraumlimousine, doch handelte es sich klar um Kombis, bei denen die hinteren Sitze umleg- oder herausnehmbar waren. Beim Espace konnten im Fond gegen Aufpreis zwei weitere Sitze installiert werden. Seine riesigen Fensterflächen einschließlich der an die Frontscheibe seitlich anschließenden Dreiecke sorgten für eine ausgezeichnete Rundsicht. Die Außenmaße erreichten 425x177x166 cm, und der cw-Wert wurde mit 0,32 bis 0,35 angegeben.

Hergestellt wurde der Espace bei Matra Automobiles, wo die Produktion der Talbot Murena und Rancho inzwischen ausgelaufen war. Von diesen Modellen her hatte Matra große Erfahrung mit Kunststoffaufbauten. So überraschte es nicht, dass auch der Espace eine aus GfK hergestellte Karosserie erhielt, die auf einer im Tauchbad verzinkten Stahlstruktur aufgebaut wurde. Für den

Renault 25, 1984

Frontantrieb sorgte ein vor der Vorderachse längs eingebauter Renault-2-l-Motor (Espace 2000 GTS und TSE) bzw. der 2,1-l-Turbodiesel (Espace Turbo DX) zusammen mit einem 5-Gang-Getriebe.

Die Vorderradaufhängung mit Federbeinen und unteren Dreieckquerlenkern entsprach jener des Renault Fuego. Hinten wurde eine Starrachse mit Längslenkern verwendet. Außer beim GTS konnten die vorderen Sitze um 180 Grad nach hinten gedreht werden, so dass sich eine „Konferenzanordnung“ ergab. Diese Sitze waren mit jenen in den Renault 9 und 11 identisch, besaßen also eine Art Wippe, mit der die Lehnen in Übereinstimmung mit den Sitzflächen verstellt wurden. Die hinteren Sitzlehnen konnten umgeklappt bzw. die gesamten Sitze aus ihren Bodenhalterungen gelöst werden. – Für die ersten zwölf Monate war ein Ausstoß von 10'000 Exemplaren geplant.

Ebenfalls im Mai 1984 erhörte die Régie Renault den Ruf nach einer kräftigeren Motorisierung des 18 Break 4x4: Dieser war nun als TX mit dem 104 PS leistenden 2-l-Motor lieferbar.

(Super) 5 1985. Zum Pariser Automobilsalon, der am 4. Oktober 1984 seine Pforten öffnete, brachte Renault den neuen Typ 5. Abgesehen von den um 20 Prozent vergrößerten Fensterflächen war sein unverwechselbarer Stil erhalten geblieben. Dieser war ja so gelungen, dass sich eine Änderung gewiss nicht aufdrängte. Hingegen hatten Länge und Breite um je 6 cm zugelegt, und die Schulterfreiheit stieg sogar um bis 10 cm. Das Kofferraumvolumen war ebenfalls leicht größer geworden und fasste 235–915 dm^3. Zudem zeigte sich die Rückbank asymmetrisch geteilt. Der cw-Wert war von 0,38 auf glänzende 0,35 gesunken. Auffallend an der neuen Karosserie war der rundum geführte Kunststoff-Schutzgürtel. Im Innenraum war das Armaturengeviert einem großzügigeren Instrumententräger gewichen.

Die bedeutendste Neuerung bestand aber im Übergang vom Längs- zum Quermotor. Auch das breiter abgestützte Fahrwerk mit vorderen Federbeinen und unteren Dreieckquerlenkern und hinteren Längslenkern und Quertorsions-Federstäben erinnerte an die Modelle 9 und 11. Der Radstandsunterschied links/rechts gehörte damit der Vergangenheit an. Zudem erwies sich die Fahrstabilität als deutlich verbessert, die mit dem Fahrkomfort gegebene Tendenz zur Kurvenneigung blieb jedoch erhalten. Die Leistung der Motoren mit 956, 1108 und 1397 cm^3 war teils angehoben worden. Es gab nicht weniger als 13 Motoren- und Ausstattungskombinationen von C bis TSE. – Für den neuen Renault 5 waren die Werkanlagen in Flins stark modernisiert worden. Da der frühere Renault 5 teils noch weitergebaut wurde, sprach man beim neuen auch vom „Supercinq“ bzw. Super 5.

5 GT Turbo / Maxi 5 Turbo 2. Bereits in Paris wurde unter der Bezeichnung Prototyp Coupe eine sportliche Sonderausführung des neuen Renault 5 präsentiert. Als Nachfolger des 5 Alpine Turbo verkörperte der 5 GT Turbo ab 1985 den oberen Abschluss der frontgetriebenen 5er-Palette: 1397 cm^3, Abgasturbolader Garrett, Ladeluftkühler, 115 PS bei 5750 cm^3, 0–100 km/h in 8 s, Vierrad-Scheibenbremsen; äußerlich hob sich der 5 GT Turbo durch markante Radhausränder und einen zwischen den Radausschnitten verlaufenden Farbstreifen ab. – Um der neu hinzugekommenen Konkurrenz im Rallye- und Renngeschehen Paroli zu bieten, hatte Renault zudem die Wettbewerbsausführung des Mittelmotorboliden 5 Turbo angepasst: Sie hieß Maxi 5 Turbo und besaß einen auf 1,5 l vergrößerten Motor mit 350 PS Leistung.

25 V6 Turbo / 25 Limousine. Der Salon von Paris 1984 brachte überdies zwei neue Renault-Topmodell, den 25 V6 Turbo und den 25 Limousine mit um 23 auf 295 cm verlängertem Radstand. Dieses bei Heuliez (→ Anhang) gebaute Modell eignete sich als Chauffeurlimousine und ließ sich mit speziellem Zubehör weiter anreichern. Lieferbar war es mit dem Vierzylinder-Turbomotor, mit dem V6-Einspritzmotor oder dem neuen V6 Turbo. Bei diesem mit einem Garrett-Abgasturbolader T3 und Ladeluftkühler bestückten V6 handelte es sich nicht um die 2664-cm^3-Version, sondern um jene mit 2458 cm^3. Die Leistung stieg (bei einer Verdichtung von 8,6:1) auf 182 PS bei 5500/min. Als Höchstgeschwindigkeit wurden 225 km/h genannt. Der V6 Turbo wurde serienmäßig mit einem ABS ausgestattet; erste Auslieferungen wurden auf den Frühling 1985 in Aussicht gestellt.

Die Version Limousine unterschied sich durch die etwas breiteren Mittelpfosten und die längeren Hintertüren. Sie wurde ab Januar 1985 in zehn Exemplaren pro Tag gebaut. Doch der geschätzte Jahresabsatz von 1000 Exemplaren erwies sich als viel zu hoch, so dass der Tagesausstoß auf sechs und alsbald drei Stück zurückgenommen werden musste. Im August 1986 lief die Produktion aus. – Anderseits sollte Anfang 1987 von → AMC die Stufenhecklimousine Premier vorgestellt werden, die technisch auf dem Renault 25 basierte.

Renault Espace 2000 TSE, 1985

Renault 5, 5 portes, 1986

Inzwischen war die Régie Renault immer tiefer in die roten Zahlen gerutscht, 1983/84 war der Marktanteil der Marke in Frankreich von 39 auf 31 Prozent geschmolzen. Als verantwortlich hierfür sah die Industrieministerin Edith Cresson (und mit ihr Staatspräsident François Mitterand) Renault-Präsident Bernard Hanon. Ihm wurden eine verfehlte Modellpolitik und ein Überhang von schätzungsweise 15'000 Arbeitskräften vorgeworfen. Hanon trat im Januar 1985 zurück. Er wurde von Georges Besse abgelöst, der bis dahin Präsident der staatlichen Pechimey-Gruppe war und diesen Chemieriesen durch drastische Maßnahmen aus den roten Zahlen geholt hatte.

Die kommunistische Gewerkschaft CGT forderte alsbald den Ausstieg von Renault bei AMC. Doch bei Renault hegte man Pläne, auch den Renault 25 und den Espace in den USA abzusetzen. Bei Matra war man der Meinung, nur mit dem US-Markt eine rentable Produktionsgröße erreichen zu können. Dennoch wurde schließlich auf eine Anpassung von Renault Espace und 25 an die US-Zulassungsnormen verzichtet. – Im März 1985 beschloss die Regierung ihrem einstigen Musterbetrieb Renault eine Finanzspritze zu verabreichen.

Während für die Schweiz, wo vorgezogene strengere Abgasvorschriften galten, auch von Renault Katalysatormodelle ins Angebot gebracht wurden (Modelle 9, 11, 18, Fuego), kam Ende Januar 1985 für diverse Märkte das Sondermodell 9 Louisiane hinzu. Es basierte auf dem 9 GTL (1,4-l-Motor mit elektronischer Zündung), bot Frontspoiler mit Nebellampen (wie beim 11 Turbo), Sitze mit Kopfstützen, die mit Tweedstoff überzogen waren (wie im US-Modell Alliance), Radio-/Kassettengerät (Philips, mit zwei Lautsprechern) sowie ein sportliches Vierspeichen-Lenkrad. – Mit dem Auslaufen des Modelljahrs 1985 wurde die Produktion des Fuego im Juli eingestellt.

(Super) 5 fünftürig. Ab Juli 1985 gab es den neuen Renault 5 in fünftüriger Ausführung. Für sie war der Radstand um 6 auf 246,5 cm verlängert worden und entsprechend war die Länge auf 365 cm gewachsen. Auch der fünftürige 5 wirkte wohlproportioniert.

1986 erhielt der Renault 9 die Doppelscheinwerfer des Modells 11, Kühlergrill, Stoßfänger und Bugschürze, Armaturenbrett und Sitze waren ebenfalls angepasst worden. Ebenso fand sich bei den Renault 11 eine leicht geänderte Front. Bei den Renault 18 gab es mehr Außenchrom und zudem eine Ausführung Gala. Neues Topmodell bei den Espace war der 2000-1 mit noch reichhaltigerer Ausstattung, neuen Leichtmetallfelgen und Dachreling.

Inzwischen plante Renault in der Tat den Abbau von 15'000 Arbeitsplätzen bis Ende 1986. Die Arbeitsbehörden zögerten aber mit den Genehmigungen. Um der riesigen Verluste Herr zu werden, waren bereits das Renault-Verwaltungsgebäude an den Champs-Elysées, die Fahrradfiliale Gitane und die Autoelektronikfirma Renix verkauft sowie der Landmaschinen- und Traktorensektor zwecks Verkauf ausgegliedert worden. Außerdem war Ende August 1985 der Ausstieg aus dem Formel-1-Rennsport bekanntgegeben worden. Auf den 46-Prozent-Anteil an AMC wollte Renault vorerst allerdings nicht verzichten. Indes brachte die CGT-Gewerkschaft ihren Unmut zum Ausdruck, indem sie mit Dutzenden in Spanien und Belgien gebauten Renault-Pkw die Champs-Elysées blockierte. Ihr Streikausruf wurde aber nur noch teilweise befolgt. Im September 1985 wurde das unter den enormen Verlusten dahingeschmolzene Renault-Kapital von Staats wegen wieder aufgestockt. 1986 sollte dann der Stellenabbau (auch mit Frühpensionierungen und Entschädigungen) noch beschleunigt werden.

5 Diesel. Ab November 1985 kam der 1,6-l-Dieselmotor mit 55 PS Leistung auch im Renault 5 zum Einbau. Diesel-Kleinwagen waren noch ausgesprochen rar. Der Normverbrauch des nur fünftürig lieferbaren 5 TD wurde mit 3,9/5,7/5,7 l/100 km angegeben. Dieser Motor war leiser und sparsamer gemacht worden und wurde geräuschgekapselt eingebaut.

21. Auch wenn er erst im Frühling 1986 lieferbar wurde, so stellte Renault den Typ 21 doch schon im November des Vorjahres vor. Er war der designierte Nachfolger des Typs 18, der aber vorerst weiter erhältlich war. Der Renault 21 war eine weit moderner geschnittene Stufenhecklimousine mit sechs Seitenfenstern. Das Design war eine Schöpfung von Giorgetto Giugiaro von Ital-Design (→ Anhang), der in seiner Zusammenarbeit mit Renault damit einen ersten Höhepunkt setzte. Gegenüber dem Renault 18 war der Radstand von 244 auf nicht weniger als 260 oder sogar auf 266 cm angewachsen... je nachdem, ob man die Modelle 21 mit Quermotor (266 cm) oder Längsmotor (wie beim 18) zum Vergleich heranzog. Während die Länge von 440 auf 446 cm zulegte, wuchs die Breite um 3 auf 171 cm.

Angeboten wurde der Renault 21 mit quer eingebautem 1,7-l-Motor einerseits und mit längs eingebautem 2-l-Benzinmotor bzw. 2,1-l-Dieselmotor ohne und mit Turbo. Basisausführung war der TL mit 76 PS und 4- oder 5-Gang-Getriebe, doch gab es den 1,7-l-Motor auch mit 90 PS sowie später in einer Katalysatorausführung mit Einspritzung und 100 PS. Der 2-l-Motor wurde ausschließlich mit Einspritzung angeboten, wobei später eine 2,2-l-Version mit Katalysator hinzukam. Ein Automatikgetriebe wurde vorerst nicht vorgesehen. Vorne wurden Federbeine und untere Dreieckquerlenker verwendet, hinten eine aufwändige Vierstab-Verbundlenkerachse mit gezogenen Längs- und zusätzlichen Querlenkern. RS, RX, TXE gab es auf Wunsch mit Servolenkung, diese wurde bei den 21 Turbo D und Turbo DX serienmäßig eingebaut. Der Renault 21 war auffallend geräumig und komfortabel und er bot eine ausgezeichnete Rundsicht sowie asymmetrisch abklappbare Rücksitzlehnen. Er war auch mit digitalem Instrumentarium zu haben, doch in den sportlich orientierten Versionen wartete das horizontal betonte Armaturenbrett mit klassischen Rundinstrumenten auf.

Express. Als Ersatz für die Modelle 4 Break und Fourgonette bot Renault ab 1986 den Express an, der in erster Linie zu den Nutzfahrzeugen zu zählen war, den es aber auch als Fünfsitzer gab. Er besaß 258 cm Radstand, und der Ladeteil mit erhöhtem Dach wurde von zwei übereinander angeordneten Längsscheiben erhellt. Nebst der vertikal geteilten Hecktüre bot der Express eine Ladeklappe am Dachende. Es gab ihn mit Benzinmotoren von 1108 und 1397 cm^3 Inhalt (Letzerer mit Katalysator) und einem 1596-cm^3-Dieselmotor. Weil der bis 2600 dm^3 Laderaum bietende Express rasch auch als Familien- und Freizeitfahrzeug Verbreitung fand, wurde er ab August 1987 überdies in den Versionen GTL und GTD mit vollständiger Laderaumauskleidung angeboten.

Zusätzlich zu den Neuheiten zeigte Renault auf dem Genfer Salon 1986 das „bügelfreie" 5-Cabriolet von EBS (→ Anhang), das als Produktionsmodell in Aussicht gestellt wurde. Endgültig schubladisiert wurden hingegen die Pläne für einen Renault-4-Nachfolger, die noch unter Renault-Präsident Hanon gehegt worden waren. Im Mai 1986 erhielt der bis dahin in 15'000 Exemplaren gebaute 5 GT Turbo einen wassergekühlten Lader.

21 Nevada. Bereits im Juni 1986 gab Renault Bilder über die auf dem Salon von Paris im Herbst vorzustellende Kombiversion des Typs 21 frei. Sie erhielt den Namen Nevada. Der Radstand war um

Renault 21, 1986

Renault 5 GT Turbo, 1986

Renault 11 TL, 1987

Renault Express GTL, 1988

15 auf 281 cm gestreckt worden und die Länge erreichte 464,5 statt 446 cm. Aus dem Schrägheck und den optisch in die Heckscheibe übergehenden dritten Seitenscheiben resultierte ein ungemein formschöner Fahrzeugumriss. Die Ladelänge erreichte bis 205 cm und das Volumen bis 1710 dm^3. Alle für die Limousine erhältlichen Motoren waren auch für den Nevada vorgesehen.

Neutral 4. Dieses erstaunliche Modell gab es nur als nicht fahrbare Maquette. Es war als Nachfolger des Renault 4 gedacht, dessen Produktion weitgehend nach Spanien verlegt worden war, basierte auf der Renault-5-Plattform und zeigte eine hochoriginell geformte Sechsfensterkarosserie, die sich in der Tat hervorragend für einen R-4-Nachfolger geeignet hätte (gleich lang, aber niedriger und breiter). Hinter diesem Projekt steckte die CGT-Gewerkschaft, die ihren Einfluss schwinden sah und auf die Régie Renault Druck zum Erhalt von Arbeitsplätzen ausüben wollte. Für die Entwicklung des Neutral 4 war die *Association des Anciens et Amis de Renault pour la Promotion d'une Petite Voiture Française (APVF)* gegründet worden, die der CGT nahestehende Ingenieure, Techniker und Arbeiter umfasste.

Indessen führten die Pläne für einen Abbau der Belegschaft um 6600 auf noch knapp 76'000 bis Ende 1986 zu Streiks und zu Kundgebungen mit Zusammenstößen mit der Polizei. Gleichzeitig führten die von Renault-Präsident Georges Besse geforderten und teils bereits erfüllten Staatszuschüsse zur Intervention der Europäischen Gemeinschaft: Die EG-Kommission bremste weitere geplante Kapitaldotierung wegen möglicher Wettbewerbsverzerrung ab. – Wegen der auf unter 20'000 Stück/Jahr abgesackten Produktion in Mexiko beschloss die Régie die dortige Produktion einzustellen.

9 / 11 1987. Zum Modelljahr 1987 erhielten die „Geschwister" 9 und 11 eine neue Front: Wie bei anderen Renault-Modellen wurde auf einen Kühlergrill verzichtet, und die Motorhaube war zwischen den Scheinwerfern nach unten abgeknickt. Erst in der unteren Hälfte der Front war ein Kühllufteintritt untergebracht. Die Doppelscheinwerfer waren durch strömungsgünstig geformte Lichteinheiten abgelöst worden, die Rechteck- und Rundscheinwerfer und Blinker umfassten. Es gab auch neue Rücklichter. Sowohl die Motoren, wie die Radführung und die Bremsanlagen als auch die Innenausstattung samt Stoffüberzüge waren aufgewertet worden. In Frankreich gab es

Renault 19 GTS, 1989

anderseits ein „Magerausstattungsmodell" 9C.

1987 wurde der Renault 4 nur noch in den Ausführungen Savane und Clan angeboten, beim 5 kam eine Katalysatorausführung mit 1,7-l-Motor und 75 PS hinzu, und zum Renault-Angebot zählte in Frankreich auch der Cherokee 4 portes, der von Haus aus ja ein → Jeep (von AMC) war.

Im November 1986 wurde Präsident und Generaldirektor Georges Besse bei der abendlichen Heimkehr vor seiner Haustür von zwei Terroristinnen der linksextremen „Action directe" aus nächster Nähe erschossen. Er hatte die Sanierung der Staatsregie äußerst erfolgreich vorangebracht. Frankreich wurde (wie auch Deutschland) von einer auf Topmanager gerichteten Mordwelle heimgesucht. – Als Besse-Nachfolger wählte die französische Regierung Raymond Lévy, Chef des staatlichen belgischen Stahlkonzerns Cockerill-Sambre (Belgien wollte Lévy zunächst nicht „zurückgeben"); dieser Sanierungsspezialist hatte sich u. a. bereits durch seine Restrukturierungserfolge im Raffineriesektor des Erdölkonzerns Elf ausgezeichnet.

Im März 1987 unterzeichnete Lévy mit Chrysler-Boss Iacocca eine Absichtserklärung, wonach Renault seinen Anteil von 46,4 Prozent am → AMC-Kapital an Chrysler verkaufte. Dies bedeutete alsbald auch ein Ende für die Pläne, den Espace und den Alpine über das AMC-Netz in den USA zu verkaufen. Denn Chrysler baute ja seine eigenen Minivans und war mit Maserati liiert...

Auf dem Genfer Salon 1987 gab es den Renault (Super) 5 in der Sonderausführung Le Mans und als GTE mit 95 PS. Bei den Automatikversionen 21 und 25 war der Wählhebel nicht mehr mechanisch mit dem Getriebe verbunden, sondern steuerte die Fahrstufen elektronisch an; zudem war in diesem Steuergerät ein Diagnosesystem integriert. *Ende März verließ der letzte Renault 4 das Stammwerk in Boulogne-Billancourt. Fortan wurde dieses seit 1961 in rund 7,7 Millionen Exemplaren gebaute „Vernunftauto" nur noch in Spanien und Jugoslawien hergestellt.*

21 Turbo. Schon im April 1987 wurde für den Renault 21 eine ab Ende Jahr lieferbare Hochleistungsversion angekündigt: 2-l-Motor mit Abgasturbolader Garrett T3, maximaler Ladedruck 0,9 bar, zwei Ladeluftkühler, Renix-Einspritzung, 175 PS und Flügel auf dem Kofferdeckelende.

Im August 1987 überraschte die Nachricht, dass Patrick Le Quement nach Frankreich zurückkehre und zwar als Renault-Chefdesigner mit erhöhter Kompetenz und direkt dem für Technik zuständigen stellvertretenden Generaldirektor unterstellt. Er war seit 1968 für Ford tätig gewesen und im Juni 1986 zum Chefdesigner in Detroit ernannt worden, worauf er vom Volkswagenkonzern abgeworben worden war.

1988 erhielt auch der Renault 25 ohne und mit Katalysator den erneuerten PRV-V6 mit 2849 cm^3 Inhalt: Die Pleuellagerzapfen waren nun um 30 Grad verschränkt, was einen regelmäßigen Zündwinkel von 120 Grad wie bei einem 60-Grad-V6 erbrachte. Zusammen mit neu geformten Brennräumen und Ansaugkanälen ergab sich eine Leistung von 150 bis 160 PS. – Auf der Frankfurter IAA in September 1987 wurde der Renault 5 mit einer erneuerten Motorenpalette angeboten, wobei die Version Campus mit 1,1-l-Motor als Einsteigermodell galt.

Im Herbst 1987 leitete Frankreichs Regierung eine Neustrukturierung der Régie Renault ein: Sie sah einen Schuldenerlass und die Umwandlung in eine Aktiengesellschaft vor, die jedoch in staatlichem Besitz verbleiben sollte. Diese Art der Schuldentilgung bedeutete allerdings einen Verstoß gegen das EG-Prinzip des freien Wettbewerbs, und die EG-Kommission leitete gegen Frankreich ein Verfahren ein. Nachdem auch Staatspräsident François Mitterrand gegen diesen Kurs war, wurde die Statutänderung im Januar 1988 schubladisiert und ein kompliziert-raffinierter Umweg aus der Verschuldung eingeschlagen. Dieser wurde im Frühling von der EG-Kommission genehmigt, u. a. unter der Bedingung, dass der Renault-Sonderstatus bis Ende 1988 einer normalen AG weiche.

Um den Renault 5 in einer günstigeren Versicherungsklasse anbieten zu können, war es der Renault (Suisse) SA gelungen, ab Ende 1987 eigens für den Schweizer Markt einen vom Werk von 1397 auf 1389 cm^3 verkleinerten Motor zu erhalten.

Espace 1988 + Quadra. Seit seinem Mitte 1984 erfolgten Lancement waren bis Ende 1987 mehr als 63'000 Espace gebaut worden. Auf dem Salon von Brüssel im Januar 1988 wurde der Espace nicht nur in überarbeiteter Form, sondern gleich auch mit dem auf Wunsch erhältlichen permanenten Vierradantrieb Quadra gezeigt. Die hinsichtlich Originalität bis dahin unübertroffene Einvolumenform (man sprach in Frankreich von Monospace) war voll erhalten geblieben. Mit dem breiten Querbalken als oberem Kühlergrillabschluss wurde die Markenidentität unterstrichen, Stoßschutz und Spoiler waren zu einer Einheit zusammengefasst und es gab neue Scheinwerfer. Die Heckklappe reichte weiter herunter, bot ein vergrößertes Rückfenster und ihre Verkleidung war zudem 3 cm dünner ausgeführt.

Da gleichzeitig der hintere Überhang um 6 cm verlängert worden war, ergaben sich 9 cm zusätzliche Innenlänge, die in erster Linie den (allfälligen) hintersten Passagieren zugute kam, denn jetzt konnten auf den gegen Mehrpreis erhältlichen Zusatzsitzen auch Erwachsene gut sitzen. Die vom Renault 21 statt 11 übernommenen Vordersitze brachten durch ihre Lehnenform auch für die mittleren Passagiere 2 cm mehr Platz. Der Innenraum mit seinen drei bis fünf einheitlichen Hintersitzen ließ sich noch mehr variieren und bot bis 204 cm Ladelänge bzw. 3060 Liter Laderaum.

Das neukonzipierte Fahrwerk war komfortabler ausgerichtet und bot eine von 142,5 auf 146,5 cm verbreiterte vordere Spur (hinten weiterhin 149 cm). Der Vierradantrieb Quadra war von Matra entwickelt worden und arbeitete mit einer Viskokupplung. Der leicht nach vorn geneigte Längsmotor, Getriebe, Wellen, Viskokupplung und Hinterachsdifferenzial waren in gerader Linie angeordnet, was durch eine Kardanwelle in Form einer 160 cm langen faserverstärkten Verbundstoff-Hohlwelle ermöglicht wurde. Vor der Viskokupplung war ein Kreuzgelenk eingefügt. Hydraulische Motorlagerungen (statt Gummikissen) fingen niederfrequente Vibrationen auf. Aus der Konfiguration mit dem Hinterradantrieb ergab sich eine De-Dion-Achse.

Bei Lastwechseln konnte die Drehmomentverteilung zwischen 90 Prozent auf den Vorder- bis zu 90 Prozent auf den Hinterrädern variieren. Bei konstanten 60 km/h entfielen 35 Prozent auf die Vorderräder, bei 120 km/h waren es 45 Prozent, bei 60 km/h auf vereister Fahrbahn waren es 67 Prozent, und im ersten Gang 70 Prozent usw. Der Quadra-Vierradantrieb war zu den Espace-Ausführungen GTX, TXE und 2000-1 (ausschließlich) lieferbar. Er war mit Vierrad-Scheibenbremsen, einem Not- statt Reserverad und einem von 63 auf 58 l verkleinerten Tankinhalt verbunden. – *Audi sah in der Bezeichnung Quadra einen Missbrauch des Namens Quattro. Doch kann man sich einen simplen Zahlennamen schützen lassen (selbst wenn er wie in Bayern nicht italienisch, sondern als „Quadro“ und somit Quadra-ähnlich ausgesprochen wird)? Immerhin wurde Renault der Gebrauch von Quadra durch Gerichtsentscheid von Ende 1988 in Deutschland verboten.*

Renault 21 Nevada Passenger, 1989

21 Nevada 4x4. Ab Februar 1988 bot Renault den Kombi Nevada auf gewissen Märkten mit einem am Armaturenbrett mittels Drehschalter pneumatisch zuschaltbaren Hinterradantrieb an. Anstatt der hinteren Verbundlenkerachse mit Quertorsions-Federstäben wurde eine neukonstruierte Schräglenkerachse mit Schraubenfedern eingebaut. Das hintere Differenzial ließ sich als Anfahrhilfe ebenfalls über den Drehschalter sperren. Beim Motor handelte es sich um den längs eingebauten 2,2-l-Vierzylinder mit Renix-Einspritzung und 110 PS Leistung. Eine Servolenkung wurde serienmäßig eingebaut und die Ausstattung war bei dem als GTX 4x4 gebauten Modell besonders reichhaltig.

Anfang 1988 beschloss Renault, die Produktionskapazität bei Oyak-Renault in der Türkei von 43'000 auf 85'000 Pkw/Jahr zu erhöhen. Mit 37 Prozent Marktanteil war Oyak die Nr. 2 hinter Tofas-Fiat. 90 Prozent der Einzelteile wurden in der Türkei hergestellt.

19. Der im Juni 1988 vorgestellte Renault 19 löste nicht nur das Modell 11 mit Heckklappe, sondern gleich auch den Stufenheck-Typ 9 ab. Das Modell 19 wurde ausschließlich mit Heckklappe produziert, wobei immerhin die Wahl zwischen drei und fünf Türen bestand. Mit dem erkennbar von Giugiaro entworfenen Neuling wollte Renault verstärkt in der 4-m-Kompaktklasse mitmischen, gegen Golf, Kadett, Escort, Tipo und auch den Peugeot 309. Auf einen Kühlergrill oberhalb des integrierten Stoßschutzes wurde verzichtet und auch weitere aerodynamische Feinheiten sorgten für einen günstigen cw-Wert von 0,30. Die hinteren Dachträger waren (wie beim Golf) vergleichsweise breit.

Im Vergleich zu den Renault 9/11 war der Radstand von 248,5 auf 254,5 cm gestreckt worden. Die Länge erreichte 415,5 cm (Typ 9: 413 cm, 11: 404,5 cm). Daraus erhellt, dass der neue Kompaktklassen-Renault deutlich mehr Innenraum bot. Zwecks verbesserter Geräuschdämpfung wurde vorne ein echter Fahrschemel verwendet. Er konnte acht verschiedene Motoren aufnehmen, von 1389 cm^3 ohne und mit Einspritzung und 60 PS, bis 1763 cm^3 mit 16 Ventilen und 140 PS bzw. 1870 cm^3 Diesel mit 65 PS. Der erst im Verlaufe des Jahres 1989 erhältliche 16V-Motor besaß nur eine obenliegende Nockenwelle. Vorne fanden sich beim Typ 19 Federbeine und untere Dreieckquerlenker, hinten (wie beim Typ 21) eine Verbundlenkerachse mit zwei oder vier querliegenden Torsionsfederstäben und Längslenkern. Gegen Aufpreis waren je nach Modell Servolenkung, Klimaanlage, ein elektrisches Schiebedach und ein ABS von Bendix der dritten Generation lieferbar.

25 1989. Nach vier Jahren und einer halben Million Exemplaren erfuhr der Renault 25 eine

Renault 25 TX, 1989

Renault Espace TXE, 1989

Renault 19 Chamade, 1990

Verjüngung: aerodynamisch heruntergezogenes vorderes Motorhaubenende, nur noch zwei horizontale Schlitze als Kühllufteinlass, tiefere Bugschürze, breitere Heckleuchten, neue Räder, längere Vordersitzkissen, neues Design für das höhenverstellbare Lenkrad und die Lüftungsdüsen, teils neue Schalter, vorhanden zudem Sprachsynthesizer, der auf Mängel aufmerksam machte, aufgewertete Ausstattung, je nach Motor und Land teils höhere Leistung. Auf dem Genfer Salon 1989 wurde der Renault 25 mit V6-Motor sowohl als TX wie als Baccara mit Luxusausstattung einschließlich neuem Automatikgetriebe gezeigt (mit Wandlerüberbrückung in der dritten und vierten Stufe und zwei wählbaren Fahrprogrammen; dieser Automat wurde auch im Renault 21 erhältlich). Im Baccara kamen beige Lederüberzüge, Klimaanlage, Memory-Sitzverstellung, etliche weitere Komfortmerkmale und schließlich ein kleiner Heckflügel hinzu. Gegen Aufpreis gab es im Renault 25 überdies den Fahrersitz Ergomatic mit fünf pneumatisch regulierbaren Luftkissen.

Ebenfalls unter dem Namen der exklusiven Rose Baccara bot Renault bereits ab November 1988 eine ungewöhnliche Luxusversion des (Super) 5 an: 1,7-l-Einspritzmotor mit 75 PS, Sitze mit abgesteppter beigem Leder, Dreispeichen-Lederlenkrad, Seitenverkleidungen aus Velours, hochfloriger Teppichbelag, asymmetrisch abklappbare Fondsitze, an der Hutablage befestigtes Kleiderstaufach mit Reißverschluss, viele Zubehöre; in der Ausführung mit 3-Stufen-Automatikgetriebe auch gleich mit Servolenkung (die es sonst gegen Aufpreis nur beim Diesel-5 gab).

19 Chamade. Als er im April 1989 vorgestellt wurde, war der Zusatzname Chamade (Signal der Ergebung) noch nicht bekannt. Es handelte sich um die um 10 cm verlängerte Stufenheckversion des Modells 19, die somit eine Nachfolge des Renault 9 antrat. Das Kofferraumvolumen stieg von 385 auf 465 dm^3, zudem blieb die Fondlehne asymmetrisch abklappbar. Der 19 mit Dreivolumenkarosserie sollte auch in den Renault-Werken in Spanien und Portugal vom Fließband rollen.

21 fünftürig. Es war im August 1989, als Renault dem 21-Programm eine fünftürige Fließhecklimousine hinzufügte. Mit 446 cm war sie 7 cm kürzer als das Stufenheckmodell, und das Kofferraumvolumen verminderte sich von 490 auf 420 dm^3; bei den teureren Ausführungen war die abklappbare Fondbank 1:2 geteilt. Der fünftürige Renault 21 klang an den epochalen Typ 16 an.

Gleichzeitig wurde für die Modellreihe 21 ein neuer 2-l-12-Ventil-Motor, auch er aus Aluminium und mit Renix-Einspritzung, eingeführt. Die Abmessungen entsprachen jenem des bekannten 2-l-Motors und wie dieser und das 2,2-l-Triebwerk wurde er längs eingebaut. Mit Katalysator reduzierte sich die Leistung von 140 auf 136 PS. Mit diesem Motor ergab sich die Bezeichnung TXI.

Neben dem zuschaltbaren Hinterradantrieb des Nevada 4x4 gab es für die viertürigen Renault 21 einen weiterentwickelten permanent eingeschalteten Quadra-Vierradantrieb. Dessen Mitteldifferenzial verteilte die Kraft bei normaler Fahrt zu 65 Prozent auf die Vorder- und zu 35 Prozent auf die Hinterräder. Hinzu kamen eine Viskokupplung, ein pneumatisch sperrbares Hinterachsdifferenzial sowie ein ABS. Die Motorkraft wurde über eine verstärkte Kupplung an ein neukonstruiertes 5-Gang-Getriebe abgegeben. Dieses besaß eine hohlgebohrte Abtriebswelle, in der sich die Antriebswelle zum Kegelrad bzw. Vorderradantrieb drehte. Zusammen mit einer Viskokupplung wurde das Mitteldifferenzial in den rückwärtigen Teil des Getriebegehäuses einbezogen, womit sich viel Platz einsparen ließ. Der Renault 21 Quadra, der sich mit dem 12-Ventil- wie auch mit dem Turbo-2-l-Motor kombinieren ließ, erhielt statt der Verbundlenker- eine Schräglenker-Hinterradaufhängung. Bei den Quadra- und TXI-Topmodellen zählten zur reich-

Renault	Bauart	Mot.	Getr.	R/L cm	Baujahre
4	**Pl'r/Fr.**	**a–d**	**4**	**245/240/366,5**	**1980–90**
4 Rodéo	**do./(4)**	**b**		**245/240/373/406**	**1980/81**
6 Rodéo		**d/e**		**245/240/380/415,5**	**1980/81**
Motoren:	*Zyl.:*	*N'w.:*	*cm³:*	*PS/'min:*	*Nm/'min:*
a (–1982)	4	OHV	783	27/5000	51/2500
b (*1983–86)			845	34/5000/29*/4500	59/2500/57/2250
c (1986–)			956	34/5000	62/2500
d			1108	34/4000	74/2500
e			1289	45/5000	92/2000
5	**Fr.**	**a–k**	**4/5**	**240,5/243,5/352,5**	**1980–84**
Motoren:	*Zyl.:*	*N'w.:*	*cm³:*	*PS/'min:*	*Nm/'min:*
a (Schweden)	4	OHV	782	34/5500	52/2500
b (*1981–)			845	36/37*5500	57/58/2500
c (Italia 1981–)			956	44/5500	64/3500
d			1108	45/4400	85/2000
e (Export *1981–)			1289	45/5000/50*/5500	92/2000/88/3000
f (–1981)				64/6000	94/3500
g (USA)			1397	55/5000	100/3000
h (1981– *mit Autom.)				63/5250/59*/5000	103/101/3000
i (CH 1982– *m.Autom.)				62/5250/56*/5000	102/3000
j (Alpine –1981)				93/6400	116/4000
k (Alpine Turbo 1981–)	4T			110/6000	147/149/4000

Renault	Bauart	Mot.	Getr.	R/L cm	Baujahre
(Super) 5	**Fr.**	**a–p**	**4/5/A3**	**240,5/359**	**1984–90**
5 (5-türig)				**246,5/365**	**1985–90**
a	4	OHV	956	42/5750/41	65/3000
b			1108	47/5250/46/45	80/2500
c (1987–)			1237	55/5250	90/3000
d (1987–)	4i	OHC	1390	60K/4750	100/3000
e (GTL)	4	OHV	1397	60/5250/61	104/2500
f (GTL 1985–87)	4i			60K/4750	100/3000
g (TS/GTS/TSE –1985)	4			72/5750/70CH	106/3500
h (do. 1985–87)				72/5750/71/67	
i (–'87 m.Aut./'87/88)				68/5250	106/3000
j (1988– *GTS)				68/5250/72*/5750	
k (Coupe/GT T.'85–87)	4T			115/5750/105CH–'86	165/3000
l (1987–)				120/5750	165/3750
m (1986– +*1988–)	4i	OHC	1721	75K/5000/73K*	129/2750
n (1987–)	4			90/5500/87	138/3500
o (GTE 1986–)	4i			95K/5250	143/3000
p (1985–)	4D		1596	55/4800	102/2250
5 Turbo /Turbo 2('84-)	**M.**	**–**	**5**	**243/366,5**	**1980–86**
Motor: (*1981–)	4iT	OHV	1397	160/6000	210/221*/3250
5 Rodéo (Pl'r.)	**Fr.**	**–**	**4**	**240/245/356,5**	**1981–87**
Motor:	4	OHV	1108	34/4000	74/2500

Renault

Renault	Bauart	Mot.	Getr.	R/L cm	Baujahre
9	**Fr.**	**a–h/k**	**4/5/A3**	**247,5/406,5**	**1981–86**
11		**a–k**		**248,5/397,5/398,5**	**1983–86**
Motoren:	*Zyl.:*	*N'w.:*	*cm³:*	*PS/'min:*	*Nm/'min:*
a (–1982)	4	OHV	1108	47/5250	80/2500
b (1982– *CH 1982/83)				48/45*/5250	
c (1985–)			1237	55/5250	89/3000
c (–1985)			1397	60/5250	102/3000
d (USA –> AMC 1982–)				55/5000 usw.	100/3000
e (S *mit Autom.)				72/5750/68*/5250	106/3500
f (S CH 1983–85)				63	102
g (1983 *1984–)		OHC	1721	80/82*/5000/80	134/3250
h (1984–)	4i			75K/5000	130/2750
i (1984–)	4T	OHV	1397	105/5500	162/2500
k (1982–)	4D	OHC	1596	55/4800	102/2250
9	**Fr.**	**a–h**	**4/5/A3**	**248,5/413**	**1986–89**
11				**248,5/404,5**	
a (–1987)	4	OHV	1108	48/5250	80/2500
b			1237	55/5250	90/3000
c			1397	68/5250/60	108/3000
d	4T			115/5750	165/3000
e (11 –1988)	4	OHC	1721	90/5500/80	136/3500
f (1988–)				90/5500/87	138/3500
g (*GTE)	4i			75K/5000/95K*/5250	129/2750/143/3000
h	4D		1596	55/4800	102/2250
14	**Fr.**	**a–c**	**0,0 4/5**	**253/256/402,5**	**1980–83**
Motoren:	*Zyl.:*	*N'w.:*	*cm³:*	*PS/'min:*	*Nm/'min:*
a	4	OHC	1219	59/5500	93/3000
b			1361	70/6000	106/3000
c (1981–)				60/5250	104/2500
19	**Fr.**	**a–j**	**4/5/A3**	**254,5/415,5**	**1988–90**
19 Chamade				**254,5/426**	**1989/90**
Motoren:	*Zyl.:*	*N'w.:*	*cm³:*	*PS/'min:*	*Nm/'min:*
a (Export)	*4*	*OHV*	*1237*	*55/5000*	*90/3000*
b		*OHC*	*1390*	*80/5750/76*	*108/2750*
c (*Export)		OHV	1397	60/5250/68*/5250	103/2750/104/3000
d (+*1989–)	4i			60K/4750/55K*/5000	102/90/3000
e	4/4i	OHC	1721	75K/5000	128/3250/130/2750
f (Export)	4			76/5000/73	129/3000
g				92/5750	138/3000
h	4/4i			90K/5500/95K/5250	136/143/3000
i (1989–)	4i	016V	1764	140/137K/6500	165/162/4250
j	4D	OHC	1870	65/4500	121/2250
18	**Fr.**	**a–q**	**4/5/A3**	**244/437/438/445**	**1980–82**
(*USA 454/461)				**244/439,5/448,5***	**1982–85**
18 Break 4x4	**4x4**		**5**	**243/244/448,5**	**1983–85**
Motoren:	*Zyl.:*	*N'w.:*	*cm³:*	*PS/'min:*	*Nm/'min:*
a (*CH Break 1983–)	4	OHV	1397	64/5500/67*	103/3000/105
b (Export 1981–83)				57/5500	95/3500
c (*1981–)			1647	79/5500/74*/5000	123/130/3000
d (1981–)				96/5750	132/3500
e (Export 1981–83)				70/80	124/128
f (CH 1982/83 *1983–)				71/72*	126
g (Break 4x4 1983)				72/5000	130/3000
h (USA *1981–)	4i			88/87*/5500	130/117/2600
i (Turbo *1982–)	4T		1565	110/5000/125*/5500	181/2250/2500
j (Turbo CH 1983–)				112/5000	205/2500
k (1981– *1982–84)		OHC	1995	104/107CH*/5500	161/3250
l (CH 1984–)				108/5500	158/3000
m (m. Autom. 1983–)				110/5500	163/3000
n (Export 1981–83)				95/5500	157/3000
o (US-Break'83–+K 84–)			2165	103/5000	163/2800
p (*Break 4x4 1983/84)	4D	OHC	2068	67/66*/4500	127/2250
q (1983–)	4TD			88/4200	181/2000

Renault	Bauart	Mot.	Getr.	R/L cm	Baujahre
Fuego (*1983–)	**Fr.**	**a–j**	**4/5/A3**	**244,5/436/438,5***	**1980–85**
Motoren:	*Zyl.:*	*N'w.:*	*cm³:*	*PS/'min:*	*Nm/'min:*
a	4	OHV	1397	64/5500	103/3000
b (*1983–)			1647	96/5750	133/132*/3500
c (GTL 1982–)				74/5000	130/3000
d		OHC	1995	110/5500	163/3000
e (Export / CH '82–84)				109/107/5500	163/158/3000
f (CH 1984–)				108/5500	158/3000
g (USA 1982/83)	4iT	OHV	1565	108/5500	163/2500
h (USA 1983–)	4i	OHC	2165	103/5000	163/2800
i (1982–84)	4TD		2068	88/4200	181/2000
j (1983– *CH)	4T	OHV	1565	132/5500/112*/5000	200/3000/205/2500
20	**Fr.**	**a–f**	**4/5/A3**	**266/266,5/452**	**1980–83**
Motoren:	*Zyl.:*	*N'w.:*	*cm³:*	*PS/'min:*	*Nm/'min:*
a (–1981)	4	OHV	1647	96/5750	133/3500
b		OHC	1995	104/5500	164/3250
c (Export / CH 1982–)				95/107/5500	157/3000/
d			2165	115/5500	181/3000
e	4D		2068	64/4500	127/2250
f (1982–)	4TD			85/4250	181/2000
21 (*Diesel)	**Fr.**	**a–g**	**4/5/A4**	**266/260*/446**	**1986–89**
21 Nevada (*Diesel)	**Fr.(4)**			**281/275*/464,5**	
Motoren:	*Zyl.:*	*N'w.:*	*cm³:*	*PS/'min:*	*Nm/'min:*
a (Export 1988–)	4	OHV	1397	68/5250	106/3000
b (*Export)		OHC	1721	76/5000/75/74/73*	129/3250
c				90/5500/95K/5250	138/3500/143/3000
d (*Export)	4i		1995	120/5500/103*/107*	168/4500
e (1987–)	4iT			175/5200	270/3000
f	4i		2165	110K/5000/109K	174/3500
g	4D/4TD		2068	67/4500/88/4250	127/2250/181/2000
21 (*Diesel 2.1)	**Fr.(4)**	**a–h**	**4/5/A4**	**266/260*/453/446**	**1989/90**
21 Nevada (*Dies. 2.1)				**281/275*/469,5**	**1989/90**
a (Export)	4	OHV	1397	70/5250	106/3000
b		OHC	1721	76/75K/73K/5000	129/3250
c	4/4i			92/5750/95K/5250	138/4500/141/3000
d	4i		1995	120/5500	168/4500
e				140/136K/135K/6000	176/174/4300
f			2165	110K/107K/5000	169/3500
g	4D		1870	65/4500	121/2250
h	4D/4TD		2068	74/67/4500/88/4250	139/2250/181/2000
30	**Fr.**	**a–c**	**5/A3**	**267/450**	**1980–83**
Motoren:	*Zyl.:*	*N'w.:*	*cm³:*	*PS/'min:*	*Nm/'min:*
a (–1981)	V6	OHC	2664	118/5500	196/2500
b	V6i			142/5500	219/3000
c (*1982–)	4TD		2068	86/85*/4250	181/2000
25 (*1988–)	**Fr.**	**a–n**	**5/A3/A4**	**272/462,5–470/472***	**1983–90**
25 V6 Limousine			**5**	**295/492,5**	**1984–86**
Motoren:	*Zyl.:*	*N'w.:*	*cm³:*	*PS/'min:*	*Nm/'min:*
a (*CH 1984–86)	4	OHC	1995	103/5500/101/108*	162/3000/157
b (1987–)	4i			120/5500	168/4500
c (1989–)				140/136K/6000	176/174/4300
d (*1984–86)			2165	123/5250/104K*102K	181/2750/160/2000
e (1986–)				126/5250/110K/5000	189/2750/174/3500
f (Export 1987–)				108/107	–
g (+*1984–86)	V6i		2664	144/5500/142CH*	220/3000
h (1984-86 *1986/87)			2849	135K/139K*/5500	219/2500
i (1987– *Export)				160/5400/158*	235/2500
j (1987–)				153K/5400	230/2500
k (Export 1987–)				150K/141K	–
l (1984– +*1989–)	V6iT		2458	182/210K*/5500	281/3000/290/2500
m (*1988–)	4D		2068	64/70*/4500	127/137/2250
n	4TD			85/4250	181/2000
Espace (*1987–)	**Fr.(4)**	**a–d**	**5**	**258/425/430/436,5***	**1984–90**
Motoren:	*Zyl.:*	*N'w.:*	*cm³:*	*PS/'min:*	*Nm/'min:*
a (–1987 *–1986)	4	OHC	1995	110/108CH*/5500	163/158/3000
b (1987–)	4/4i			103/120/5500	162/3000/168/4500
c (1986– *Export)			2165	110K/5000/107K*	174/3500
d	4TD		2068	88/4250	181/2000

haltigen Ausstattung Bugschürzen mit Nebellampen, Seitenschweller, eine Abrisskante am Heck, Sportsitze und -lenkrad, eine Schnelltaste für den Fensterheber in der Fahrertüre usw.

Wegen eines Gerichtsbeschlusses in zweiter Instanz (siehe oben) musste Renault die Zusatzbezeichnung Quadra für den 4x4-21 und die 4x4-Espace in Deutschland und Österreich endgültig aufgeben, sie hießen fortan Allrad. – Der 2-l-12-Ventil-Motor wurde ab Herbst 1989 auch im Renault 25 lieferbar.

Im September 1989 gründete Renault zusammen mit Chrysler die Firma Arcad. Deren Ziel bestand darin, in den hierzu erweiterten spanischen Renault-Werkanlagen jährlich 50'000 Junior-Jeep (JJ) herzustellen (während Chrysler in Nordamerika eine Jahresproduktion von 100'000 Einheiten plante). Grundsätzlich stand diesem Plan auf europäischer Seite entgegen, dass die Brüsseler EG-Kommission im November 1989 von Renault die Rückzahlung der vom französischen Staat gewährten Beihilfen verlangte, falls nicht innerhalb von drei Monaten akzeptable Vorschläge für die Verringerung der Produktionskapazitäten vorgebracht würden. (Im Mai 1990 einigte sich dann der EG-Wettbewerbskommissar mit der französischen Regierung darauf, dass Renault noch die Hälfte der Zuschüsse zurückzahlen müsse, da zumindest ein teilweiser Kapazitätsabbau erfolgt sei.)

Gegen Ende 1989 fiel der Entscheid, die Werksanlagen von Billancourt auf der Seineinsel Seguin bis Mitte 1992 endgültig zu schließen, womit das Schicksal des Stammwerks besiegelt war. Schon für 1990 wurde der Abbau um 2350 auf 66'990 Stellen beschlossen, und als Fernziel wurde eine Belegschaft von 58'000 genannt.

Nachdem Ende 1989 die Pläne für eine gemeinsame Holding mit Volvo als gescheitert erklärt worden waren, wurde im Februar 1990 eine gegenseitige Kapitalbeteiligung beschlossen. Danach übernahm Volvo 20 Prozent der stimmberechtigten Renault-Aktien und erhielt eine Option auf weitere 5 Prozent; Renault übernahm 25 Prozent der stimmberechtigten Aktien der Volvo Car Corporation (Tochter der AB Volvo, von der Renault zudem 10 Prozent der Stimmaktien auf dem freien Markt aufkaufen sollte); Renault und Volvo tauschten 45 Prozent der stimmberechtigten Aktien ihrer jeweiligen Nutzfahrzeugtöchter Volvo Truck bzw. Renault Véhicules Industriels (RVI). Zunächst musste nun die Régie Renault endlich in eine Aktiengesellschaft umgewandelt werden... Am Ende funktionierte das Zusammengehen von Renault und Volvo aber nur im Lkw-Bereich.

Mit dem Genfer Salon 1990 erhielt der Renault 25 Turbo eine Leistungssteigerung von 182 auf 210 PS. Damit ließen sich Tempo 100 in 7,4 s und eine Spitze von 233 km/h erreichen. Vor allem als Baccara Turbo war diese Renault-Toplimousine sehr reichhaltig ausgerüstet.

Clio. Schon im März 1990 wurde für den Juni das neue Modell namens Clio in Aussicht gestellt, das sich zwischen die Modelle 5 und 19 einschieben sollte. Wie schon beim Fuego und beim Espace wurde auf eine Ziffernbezeichnung verzichtet.

Renault 21 TXI, 5 portes, 1990

Renault Clio 1.4 RN 1990/91

Die im April veröffentlichten Bilder und Daten verrieten, dass der Clio deutlich mehr Innenraum bot als der Renault 5. Auch ihn gab es drei- und fünftürig, jedoch mit einheitlichem Radstand von 247 cm (Renault 5: 241/246,5 cm). Die Länge erreichte 371 cm (359/365 cm) und die Breite rund 162 cm (156,5/158,5 cm).

Die Motorenauswahl begann mit dem 1108-cm³-Aggregat mit 48 PS aus dem Renault 5 und einem 1171-cm³-Motor mit 58 PS als verkleinerte Ausgabe des Energy-1.4 aus dem Renault 19. Darüber rangierten ein 1390-cm³-Motor mit Zentraleinspritzung und 78 PS und ein 1721-cm³-Motor mit Doppelvergaser und 90 PS. Auch ein 1870-cm³-Dieselaggregat mit 64 PS wurde vorgesehen, und Anfang 1991 kamen 1,8-l-Motoren mit acht und 16 Ventilen hinzu. Je nach Motor oder Wunsch gab es den werdenden Renault-Kleinwagen-Bestseller mit Servolenkung, elektronischem 4-Stufen-Automatikgetriebe, ABS, Klimaanlage und weiteren Komfortmerkmalen.

Mit dem Erscheinen des Clio wurde die Auswahl an Renault 5 auf die Modelle 5 Five, 5 Campus und 5 GT Turbo eingeschränkt. – Das unvergleichliche (aber modernen Sicherheitsnormen nicht mehr entsprechende) Vernunftauto Renault 4 wurde noch bis 1993 gebaut. *Dabei war mit dem Projekt X-06 bis 1990 bereits ein neuer Kleinwagen entwickelt worden, den Renault in Bälde in Produktion hätte nehmen können... Und noch eine Absage: Im Juni 1990 teilten Renault und Chrysler mit, sie würden auf die gemeinsame Herstellung eines Junior-Jeep (JJ) verzichten. – Im November 1990 kündigte Renault einmal mehr einen Stellenabbau an: 1991 sollten die Zahl der Arbeitsplätze um 4600 auf 63'000 reduziert werden; zehn Jahre zuvor hatte der Staatskonzern noch 105'000 Personen beschäftigt.*

Produktionszahlen: 5 Turbo, 1979–82: 1690; 5 Turbo 2, 1983–86: 3180; Fuego, 1980–1985: 250'016; 25 Limousine, 1985/86: 832.

Renault Alpine

Just zum Modelljahr 1981 (und damit zur Jahrzehntwende) hatte Renault seine Sportwagenlinie von Alpine Renault auf Renault Alpine umgetauft. Gegründet worden war die Marke Alpine 1955 durch den Rennfahrer und Renault-Garagisten Jean Rédélé (1922–2007) in Dieppe: Er hatte auf der Basis der Renault-Kleinwagen mit Heckmotor ein attraktives kleines Coupé mit Kunststoffkarosserie geschaffen und dieses systematisch weiterentwickelt. Mit zahlreichen Renn- und internationalen Rallyeerfolgen (so Dreifachsiege beim Monte-Carlo-Rallye 1971 und 1973 mit Gewinn der Rallye-EM) hatte sich die Marke Alpine ein großartiges Renommee gesichert.

A 310. 1981 wurden im Alpine-Werk in Dieppe die kleinen aerodynamischen Berlinette-Zweisitzercoupés allerdings längst nicht mehr gebaut, sondern ausschließlich der auf dem Genfer Salon 1971 lancierte 2+2-sitzige Typ A 310, auch er mit Kunststoffkarosserie und Heckmotor. Bei diesem handelte es sich seit dem Modelljahr 1977 um den 2,7-l-V6 von PRV (Peugeot-Renault-Volvo) mit Leichtmetall-Zylinderkopf und -block und je einer obenliegenden Nockenwelle. Wie im Peugeot 604 wurde dieser Motor kombiniert mit einem Einfach- und einem Doppelvergaser von Solex bestückt, doch wurde die Leistung mit einer auf 10,1:1 erhöhten Verdichtung auf runde 150 PS gebracht. Es wurde ein 5-Gang-Getriebe verwendet. Die GfK-Karosserie war zwar selbsttragend, jedoch mit einem Zentralrahmenchassis verbunden. Die Aufhängung umfasste vorne wie hinten obere und untere Dreieckquerlenker.

Neu waren für den bereits im Juni 1980 vorgestellten Jahrgang 1981 eine geänderte Getriebeaufhängung, die Transistorzündung und die vom → Renault 5 Turbo adoptierte Bremsanlage mit vier belüfteten Scheiben und Servo. Zur Aufnahme der größeren Scheiben hatte man die Aufhängungen anpassen müssen. Wegen der ebenfalls vom 5 Turbo übernommenen Räder und Reifen (vorn 195/55 VR 340, hinten 220/55 VR 365) wiesen die Radläufe nun stärkere Auskragungen auf. Im Herbst 1981 kamen einige Verbesserungen im Innenraum hinzu.

V6 GT / V6 Turbo. Während die Modellkonstanz bloß im Herbst 1982 durch kleine Innenraumänderungen unterbrochen worden war, folgten im November 1984 erste Informationen über eine Neuauflage (die dann auf dem Salon von Amsterdam im Februar 1985 erstmals öffentlich gezeigt wurde). Die einst vom englischen Designer Trevor Fiori kreierten Karosseriekonturen waren zwar stilistisch unverändert beibehalten worden, doch sorgte ein drittes, höher gesetztes Seitenfenster, das mit der gläsernen Heckklappe eine Panorama-Heckscheibe bildete, für eine wesentlich verbesserte Rundsicht. Die Front zeigte beidseits eines schlichten, in der Karosseriefarbe gehaltenen, leicht zugespitzten Mittelteils großformatige rechteckige Scheinwerfer-Abdeckgläser.

Bei einem von 227 auf 234 cm verlängerten Radstand war die Länge von 425 auf 433 cm angewachsen, während die Breite von 165 auf 175,5 zugenommen hatte. Der höchste Dachpunkt lag

Renault Alpine A 310 V6, 1983

Renault Alpine V6 Turbo, 1988

119,5 statt 115 cm über Boden. Gleichzeitig hatte das Gewicht des 2+2-Coupés um knapp 100 auf 1110 bis 1140 kg zugelegt. Dies wurde durch den größeren PRV-V6 mit nun 2849 cm^3 und 160 PS kompensiert. Zudem gab es neu eine Turboversion mit elektronischer Bosch-Einspritzung K-Jetronic und Garrett-Abgasturbolader T3 samt Ladeluftkühler. Der 8,6:1 (statt 9,5:1) verdichtete Turbomotor erhielt eine Kurbelwelle mit um 30 Grad versetzten Kurbelzapfen, womit (trotz 90-Grad-V-Winkel) für regelmäßige Zündabstände gesorgt wurde. Der 2458-cm^3-V6 leistete just 200 PS und ermöglichte es, Tempo 100 in 7,8 (statt 8 s) und überdies 250 (statt gut 235) km/h zu erreichen.

Mit seinen umlegbaren Hintersitzen (und dem unter der Fronthaube von 75 auf 90 dm^3 angewachsenen Stauraum) war der Renault Alpine nach wie vor ein sehr praktisches Reisecoupé.

Mit Katalysstor bestückt und 185 PS konnte der Alpine V6 Turbo ab 1987 auch auf den europäischen Märkten mit (vorgezogenen) strengeren Abgasvorschriften und vor allem in den USA Fuß fassen. Letztere Pläne wurden dann wegen des Verkaufs des AMC-Kapitalanteils von Renault an Chrysler freilich zunichte gemacht. Aus namenrechtlichen Gründen hießen die Renault-Sportcoupés übrigens in Großbritannien und in den USA GTA. – Renault Alpine wurden bis 1995 hergestellt.

Renault Alpine	Bauart	Mot.	Getr.	R/L cm	Baujahre
A 310 V6	**H.**	**–**	**5**	**227/425**	**1980–84**
Motor: (+*1982}	V6	OHC	2664	150/6000	204/203*/3500
V6 GT / V6 Turbo	**H.**	**a–c**	**5**	**234/433**	**1985–89**
a	V6	OHC	2849	160/5750	226/3500
b (+*1986–89)	V6iT		2458	200/5750/185K*/55'	290/2500/288/2250
c (1989–)					290/2500/292/2250

Renault
Argentina

Der argentinische Renault-Zweig ging auf die Industrias Kaiser Argentina (IKA) zurück, die um 1960 vom nordamerikanischen Aluminium- und Automobilkonzern gleichen Namens gegründet worden war. Ab 1967 firmierte das Unternehmen als IKA-Renault SA und 1977 wurde daraus die Renault (Argentina) SA. 1981 umfasste die Produktion die Modelle → Renault 4 mit 1020-cm^3-Motor, Renault 6, Renault 12 und Renault Torino.

Renault 6. Der R6 war in Frankreich 1968 als Weiterentwicklung des R4 herausgebracht worden. Er war länger und dank Schrägheck und schmuckerer Front auch eleganter als der R4, mit dem er die Zweckmäßigkeit des mit einem Plattformrahmen verbundenen Vorderrad-Antriebskonzepts teilte. In Frankreich war der Renault 6 bis 1980 angeboten worden.

Renault 12. Ebenfalls in Frankreich nicht mehr auf dem Markt war 1981 der Renault 12. In Argentinien wurde dieser gefällige vier- bzw. fünftürige Frontantriebswagen der unteren Mittelklasse hingegen in den Ausführungen TL, TS und Break TS weitergebaut. Der vor der Vorderachse längs eingebaute OHV-Motor hatte 1397 cm^3 Inhalt und leistete 73 (TL) bzw. 91 (TS) SAE-PS. Es wurde bereits eine elektronische Zündung verwendet. Die Aufhängungen bestanden vorne aus unteren Dreieckquerlenkern, oberen einfachen Querlenkern mit Zugstrebe, hinten aus einer Starrachse mit Längslenkern und mittleren Dreieckquerlenkern.

Renault 18. 1981/82 wurde in Argentinien bereits auch das Modell Renault 18 montiert und zwar mit dem Triebwerk des Renault 20. Es wurde daher spaßeshalber als Renault 19 bezeichnet. Weil es aber 50 Prozent teurer war als der Renault 12, flaute sein Absatz nach einem Anfangsboom stark ab.

Torino. Mit dem als Renault Torino Grand Routier (Berline) und Coupé ZX gebauten Torino hatte es eine besondere Bewandtnis: Der Torino war 1966 von IKA lanciert worden. Er war ein völlig neu karossierter Rambler American, dessen Design von → Pininfarina stammte. Daher widerstand er dem Zahn der Zeit und wirkte sogar 1981 noch attraktiv. Der Motor war stets noch der 3,8-l-OHC-Sechszylinder des (einstigen) Typs Kaiser Toronado. Mit Doppelvergaser und transistorisierter Zündung leistete er im Grand Routier 183, im ZX 203 SAE-PS. Diese Leistung wurde über ein 4-Gang-Getriebe auf die Hinterräder abgegeben. Vorn wurden Querlenker, hinten eine Starrachse mit Längs- und Schräglenkern verwendet. Die Kugelkreislauflenkung wurde mit einem Servo (im ZX auf Wunsch) bestückt.

Renault 12 TS Break, 1981

Renault 6 GTL, 1982

Renault Torino Coupé, 1982

Fuego. Anfang 1982 wurde vorgesehen, den Torino noch ein letztes Mal herauszuputzen und dann durch den Fuego zu ersetzen, dessen erste importierte Exemplare bereits auf Argentiniens Straßen rollten. Im Gegensatz zum französischen Fuego wurde die argentinische Version mit einem 2,2-l-Motor mit 116 PS ausgestattet.

Zum Modelljahr 1986 kündigte Renault den Typ 18 GTX II Break in einer Variante mit Vierradantrieb an. – 1986/87 kamen die Renault 11 und 9 hinzu; der 1987 auf den Markt gebrachte Renault 11 Turbo war Argentiniens erstes Turbomodell. – Den Renault 21 gab es ab 1988 ebenfalls aus argentinischer Produktion. – 1990 erhielt der Renault 12 einen verstärkten Stoßschutz.

Renault Argentina	Bauart	Mot.	Getr.	R/L cm	Baujahre
4 (*Pl'r./Fr.)	*	**a/b**	**4**	**245/240/367**	**1980–89**
Motoren:	*Zyl.:*	*N'w.:*	*cm³:*	*PS/'min:*	*Nm/'min:*
a (–1985)	4	OHV	1020	34	
b (1984–)			1118	41	
12	**Fr.**	**–**	**4**	**244/439/446**	**1980–82**
				244/437/441/449	**1982–89**
Motoren: (–1986)	4	OHV	1397	57/5000/74/5500	100/3000/110/3500
(1986–)				63/5200/77/5500	108/3000/113/3500
Torino	**St.**	**–**	**4**	**272,5/473**	**1980–82**
Motoren:	6	OHC	3770	140/4700/158/50'	258/2500/270/30'

Weit.Mod. → Renault F

Renault
Espana

Die 1962 in der spanischen Stadt Valladolid aufgebaute Fabrication de Automoviles Renault de Espana SA (= Fasa-Renault) produzierte (teils montierte) 1981 die Modelle 4, 5, 6, 12 sowie den Renault Alpine.

Siete. Eine Besonderheit verkörperte das Anfang 1975 eingeführte Eigenmodell Siete (= 7). Ausgangspunkt war der → Renault 5 TL, dessen Radstand um 10 auf rund 250 cm gestreckt worden war. Das Steilheck war einem Stufenheck gewichen, womit ein um 38 cm längerer Aufbau resultierte. So gab es im Fond und im Gepäckraum deutlich mehr Platz. Zudem hing man in Spanien ohnehin noch vermehrt an der klassischen Dreivolumenform. Dem Antrieb des Siete diente eine 1037-cm^3-Version des OHV-Motors.

Mit der Einführung des neuen Renault 5 im Herbst 1984 verschwand die Sonderausführung 7 von der Bildfläche.

Renault Siete, 1982

Renault Espana	Bauart	Mot.	Getr.	R/L cm	Baujahre
Siete (7)	**Fr.**	**–**	**4**	**250,5/253,5/389**	**1980–84**
Motor:	4	OHV	1037	50/5500	73/3000

Rolls-Royce

Gegründet Ende 1904 durch den exzentrischen Sportsmann Charles Stewart Rolls (1877–1910) und den genialen Ingenieur Frederick Henry Royce (1863–1933), erwarben sich die Rolls-Royce den Titel der „besten Autos der Welt". Ihre Promotoren setzten stets auf höchste Qualität, Luxus und Prestige und hielten in konservativer Manier an Bewährtem fest. Andere teure Autos erreichten nie einen vergleichbaren Nimbus. Nach deren Konkurs im Jahre 1931 hatte Rolls-Royce die Konkurrenzmarke → Bentley übernommen. 1972 wurde die in Crewe, Cheshire, niedergelassene Marke in die Rolls-Royce Motors Holding Ltd (Luxusautos und Dieselmotoren) und die Rolls-Royce-Flugmotorenwerke aufgeteilt. Mitte 1980 wurde bekannt, dass RR Motors mit der mehr als doppelt so großen Vickers Limited fusionieren werde.

Silver Spirit / Silver Spur. Auf dem Automobilsalon von Paris im Oktober 1980 wurde mit dem Silver Spirit ein gänzlich neues Modell vorgestellt. Mit der „Silberseele" (die Übersetzung mit Silbergeist wäre unangebracht, denn diese hatte für den von 1906 bis 1926 gebauten legendären Rolls-Royce Silver Ghost gegolten) wurde der Silver Shadow II abgelöst. Gleichzeitig wurde der Silver Spur (Silbersporn) lanciert, eine LWB-Version (langer Radstand) des Silver Spirit und damit Nachfolger des Silver Wraith II. Parallel dazu folgte auf den Bentley T2 der → Bentley Mulsanne (baugleich mit dem Silver Spirit bzw. als LWB mit dem Silver Spur).

Der Silver Spirit und seine Brüder waren in ähnlich klassischem Stil gehalten wie die Vorgängermodelle. Immerhin war der traditionelle flache Rolls-Royce-Kühler nun deutlich niedriger und breiter, zudem wirkte der Aufbau weniger kantig. Bei praktisch unverändertem Radstand von 306 cm war die Länge von 519 auf 527 cm angewachsen. Bedeutender war jedoch der Breitenzuwachs von 180 auf 189 cm, während die Höhe von 152 auf 149 cm gesenkt worden war. Das Leergewicht wurde mit 2245 kg (zuvor 2235 kg) angegeben. Beim Silver Spur erreichten Radstand und Länge 316 bzw. 537 cm.

Der Motor war der bekannte 6750-cm^3-V8 mit zentraler Nockenwelle und Leichtmetall-Zylinderkopf und -block. Für Länder wie die USA und Japan wurde er nun mit der K-Jetronic-Einspritzung von Bosch statt der beiden SU-Vergaser ausgerüstet. Das brachte zwar eine Leistungseinbuße und höheren Verbrauch, aber vorschriftsgemäß weniger Schadstoff im Abgas. Leistung und maximales Drehmoment blieben gemäß der Rolls-Royce-Tradition geheim. Dank der von 8:1 auf 9:1 erhöhten Verdichtung sank der Verbrauch für 90 km/h, 120 km/h und Stadtverkehr von 16,6/20,0/23,6 auf 15,6/17,5/23,6 l Super/100 km. Für die Kraftübertragung diente das 3-Stufen-Automatikgetriebe Turbo Hydra-Matic 400 von General Motors, und der Wählhebel war nach wie vor an der Lenksäule angewinkelt.

An den Konstruktionsprinzipien war nicht viel verändert worden: Selbsttragende Karosserie mit vorderem und hinterem Hilfsrahmen, vorn Doppel-Dreieckquerlenker und Schraubenfedern, hinten Schräglenker und Schraubenfedern. Immerhin hatte man die automatische Niveauregulierung nun durch hydropneumatische Feder-/Dämpferbeine (System Citroën) ergänzt, und der hintere Fahrschemel mit integrierten Ministoßdämpfern war ein auf erhöhten Fahrkomfort ausgerichtetes komplexes Gebilde. Dank der geänderten Position der hinteren dreieckförmigen Lenkerelemente (die dadurch von Längs- zu Schräglenkern mutierten und den Radstandzuwachs um 1 cm bewirkten) war auch das Handling verbessert worden.

Im Innenraum brillierten Rolls-Royce-like hochwertige Lederüberzüge, Nussbaumfurnier für Armaturenbrett, Konsole, Fenstersimse und -einfassungen, hochflorige Teppichbeläge und feine, ebenfalls farblich abgestimmte Stoffe. In Armaturenbrettmitte befand sich nun (wie beim Modell Corniche) ein Geviert mit Digitalanzeigen für die Zeit (samt Stoppuhr) und die Außentemperatur. Den Silver Spur gab es auf Wunsch mit einer Separation und somit als Chauffeurlimousine. Silver Spirit und Silver Spur waren ganz darauf ausgelegt, die von Rolls-Royce dank höchster Qualitätsarbeit gehaltene Position an der Weltspitze weiterhin zu sichern.

Corniche. Der Corniche war der im März 1971 lancierte zweitürige und damit leicht sportlich angehauchte Rolls-Royce. Sein Aufbau entstand beim Rolls-Royce-eigenen Karosseriewerk H. J. Mulliner/Park Ward in London. 1981 stand ausschließlich noch das Cabriolet im Angebot. Mit einem Doppel-Registervergaser von Solex wurde eine etwas höhere (aber ebenfalls geheime) Leistung als beim Silver Spirit/Spur erzielt. Die Hinterradaufhängung war schon 1979 ähnlich aufgewertet worden, wie bei den für 1981 neu eingeführten Limousinen.

Rolls-Royce Silver Spirit, 1981

Camargue. Der im März 1975 auf den Markt gebrachte Camargue belegte in der Rolls-Royce-Geschichte eine Sonderstellung. Zwar war er nicht der erste von → Pininfarina geformte Rolls', aber er wurde vom Turiner Karosseriewerk gleich auch in Kleinserie hergestellt. Den Pininfarina-Designern war es gelungen, ein trotz der eindrücklichen Abmessungen überaus elegant und individuell geformtes Coupé zu schaffen, das dem Liebhaberstatus eines jeden Rolls-Royce zu einer zusätzlichen Dimension verhalf. Technisch entsprach der Camargue dem Corniche.

Phantom VI. Der Phantom hatte 1925 die Nachfolge des Silver Ghost angetreten. Den Phantom VI gab es seit 1968. Er wurde bei H. J. Mulliner/Park Ward auf Bestellung vor allem für gekrönte Häupter und Potentaten gebaut. Neben der siebensitzigen Chauffeurlimousine gab es auch eine Landaulette-Ausführung (Karosserieheck mit Cabrioverdeck). Der Phantom VI besaß noch ein Kastenrahmenchassis mit Längsträgern und Kreuztraverse. Die Aufhängung bestand vorne aus Trapez-Dreieckquerlenkern und Schraubenfedern, hinten aus einer Starrachse mit Halbelliptikfedern und Z-förmigem Stabilisator; die hinteren Kolbendämpfer waren elektrisch verstellbar. Vorne wie hinten wurden Trommelbremsen verwendet, und die Servolenkung funktionierte mit Schnecke und Rolle. Immerhin hatte der gut 6 m lange und leer ab 2740 kg wiegende Phantom VI 1978 den gleichen 6750-cm^3-Motor erhalten, wie er die anderen Rolls-Royce antrieb.

Wenngleich die Rolls-Royce Silver Spirit und Bentley Mulsanne gegenüber ihren Vorgängern nicht nur größer, sondern auch wesentlich teurer geworden waren, verkauften sie sich ausnehmend gut. Die allgemeine Baisse in der Autoindustrie ging spurlos an ihnen vorbei. Zwar hatte Rolls-Royce die Zahl der Mitarbeiter um 600 auf 6000 reduziert, dank Effizienzsteigerung aber 20 Prozent mehr Fahrzeuge produziert. 1981 waren 3014 Rolls-Royce und 151 Bentley gebaut worden. Hauptabnehmer waren die USA, doch hatten der europäische Kontinent und der Vordere Orient gar eine Zunahme um 58 Prozent gebracht. Es florierte auch der japanische Markt, wohin Rolls-Royce sowohl mit rechts wie mit links angeordneter Lenkung geliefert wurden.

Nachdem sich zu Beginn der 80er Jahre alle Neuerungen auf die Marke Bentley konzentriert hatten, waren auf dem Salon von Paris im Oktober 1984 doch auch bei Rolls-Royce einige Verfeinerungen auszumachen: Die Limousinen wiesen eine Heckantenne auf und zudem registrierten Kenner einen kleinen „Stilbruch", nämlich den Übergang von der Fußabblendung zu einem Bedienungshebel an der Lenksäule. Verbessert wurden die Bedienungsmöglichkeiten der Klimaanlage, die Scheinwerfer-Wischerbesen wichen einem üblichen Konzept und u. a. zeigten sich die Fensterzierleisten aus Walnussholz wieder breiter.

Corniche 1985. Ausgeprägter waren die

Rolls-Royce Phantom VI, 1981

Rolls-Royce Corniche, 1983

Rolls-Royce Camargue, 1983

Rolls-Royce

Rolls-Royce Silver Spur Limousine (USA specification), 1986

Rolls-Royce Silver Spur, 1987

Rolls-Royce Silver Spirit II, 1990

Neuerungen beim Cabriolet Corniche: neue Vorder- und Hintersitze (vorne mit verstellbaren Kreuzstützen), geänderte Stoßstangen und Schlussleuchten, zudem in der Wagenfarbe gehaltene Außenspiegelgehäuse usw.

Silver Spur Limousine. Schon 1984 war eine verlängerte Silver-Spur-Limousine angekündigt worden, ab dem Genfer Salon 1985 galt sie der begegneten Nachfrage entsprechend als reguläres Modell: Radstand 407,5 cm, Länge 628,5 cm, vier- oder sechstürig, bis sieben Sitze, Leergewicht rund 2550 kg. Diese Ausführung wurde von der Firma Robert Jankel (einstiger Gründer der Marke Panther) in Weybridge, Surrey, gefertigt, wobei eine Produktion von jährlich 30 bis 40 Exemplaren geplant war.

Anfang August 1985 konnte Rolls-Royce den 100'000. gebauten Wagen feiern. Es wurde geschätzt, dass von den seit 1904 gebauten Rolls-Royce und den ab 1931 ebenfalls von RR gebauten Bentley 65'000 noch regelmäßig in Betrieb standen. 75'000 waren in Crewe, dem RR-Domizil seit 1946, gebaut worden.

1986 erhielten die Rolls-Royce (wie auf der London Motorfair im November 1985 gezeigt) ein etwas schmaleres Markensignet. Kleine Änderungen an Karosserie und Motor sorgten bei den viertürigen Rolls' und Bentley für einen verbesserten Luftdurchfluss im Motorraum. Bei den Silver Spirit erfolgte die Federungsreaktion bei Kurvenfahrt sanfter, und beim Silver Spur wurde in der vorderen Mittelarmlehne ein Telefon installiert, das sich dank raffiniertem Mechanismus sowohl von den Vorder- wie von den Hintersitzen aus behändigen ließ.

Mit Einspritzung. Auf dem Salon von Paris im Oktober 1986 wurden alle Rolls-Royce-V8 mit Bosch-Einspritzung K-Jetronic ausgerüstet, wie dies schon für die nach den USA, Japan und Australien gelieferten Exemplare der Fall sein musste. Für Europa war nun aber dieser Einspritzmotor überarbeitet worden, damit er den (auf deutscher Autobahn) möglichen hohen Dauergeschwindigkeiten gewachsen war. Gegenüber dem früheren Motor mit zwei SU-Vergasern bzw. dem Corniche-Motor mit Doppel-Registervergaser wurde ein Leistungsanstieg um 22 bzw. 14 Prozent genannt. Das bedeutete nach inoffiziellen Angaben eine Erhöhung von rund 200 bzw. 215 PS auf 240 PS. Gleichzeitig wurde eine Verbrauchsreduktion um 16 bis 18 Prozent geltend gemacht. Allen Motoren wurde nun ein Ölkühler mit auf den Weg gegeben, Zündung (teils doppelt), Alternator, Anlasser und Auspuffanlage waren erneuert worden und die Batterie wanderte in den Kofferraum.

Rolls-Royce	Bauart	Mot.	Getr.	R/L cm	Baujahre
Silver Spirit	St.	a–d	A3	306/527	1980–90
Silver Spur				316/537	
Silver Spur Limousine				407,5/628,5	1984–87
Corniche / Corniche II				305/519,5/527U/530	1980–89
Corniche III				306/520/530	1989/90
Camargue				305/517/527U	1980–86

Rolls-Royce	Bauart	Mot.	Getr.	R/L cm	Baujahre
Motoren:	*V*	*N'w.:*	*cm^3:*	*PS/'min:*	*Nm/'min:*
a (+*1985–)	V8/V8i*	OHV	6750	–	–
b (1986/87)	V8i			ca. 240/4000+	ca. 450/–2000
c (1987–)				ca. 230/4300	ca. 450/1600
d (1987–)				ca. 215K/4200/200U	ca. 460/1500
Phantom VI	**K'r.**	**–**	**A3**	**368,5/604,5**	**1980–90**
Motor:	V8	OHV	6750	–	–

Größere Bugspoiler kennzeichneten den RR-Jahrgang 1987 auch äußerlich. Die Fauteuils waren stärker profiliert und erhielten einen Verstellschalter in Sitzform sowie eine Memory-Funktion für vier Personen bzw. Staturen. Die Kopfstützen waren höhenverstellbar, und die Instrumentierung wurde u. a. mit einer ABS-Kontrollleuchte ergänzt. Insgesamt sollen in die diversen Modelle des Jahrgangs 1987 rund 2000 Änderungen eingeflossen sein.

Nach über elf Jahren Produktion wurde zur Jahreswende 1986/87 eine letzte Serie von zwölf besonders luxuriös ausstaffierten weißen Camargue (rotes Lederinterieur mit weißen Steppnähten und Sonderzubehör) nach den USA verschifft. Sie markierten auch das 80-Jahr-Jubiläum des Rolls-Royce-Exports nach Amerika.

Corniche II. Für das Cabriolet Corniche gab es den Einspritz-V8 erst im Verlaufe des Jahres 1987. Auf der IAA 1987 wurde zudem auf die neue Mittelkonsole (und neue Radkappen) des Cabrios hingewiesen. Mit dem Jahrgang 1988 wurde die Bezeichnung Corniche II eingeführt.

Der Jahrgang 1989 brachte eine Verstärkung der Kurbelwellenlager des V8-Motors durch Querbolzen. Die Türrahmen der viertürigen Modelle wurden aus Edelstahl gefertigt. Beim Corniche II war der vordere Hilfsrahmen samt Zahnstangenlenkung überarbeitet und die Vorderfauteuils sowie die Mittelarmlehne waren umgeformt worden.

Silver Spirit II / Silver Spur II / Corniche III. Eine Reihe von Änderungen hatten zu diesen im September 1989 für den Jahrgang 1990 eingeführten neuen Bezeichnungen geführt: Bedeutendste Neuerung war die Automatic Ride Control (ARC), dank der das Komfortniveau je nach Fahrweise und Fahrbahnoberfläche computergesteuert zwischen den Positionen Komfort, Normal und Sport variierte. Das Zündschloss fand sich nun unten neben der Lenksäule, die Klimaanlage war verstärkt worden und das überarbeitete Armaturenbrett beherbergte fortan auch die bisher auf der Lenksäule thronende Gangwahlanzeige. Neu war zudem das umschäumte Lenkrad. In den Limousinen mit langem Radstand wurde den Fondpassagieren ebenfalls eine elektrische Sitzverstellung geboten, und die Zahl der Lautsprecher der Audioanlage wurde auf zehn erhöht. Neugezeichnet wurden überdies die Zierkappen der Aluminiumräder.

1998 brachte Vickers die Rolls-Royce Motors Limited zum Verkauf. Als Hauptinteressenten kristallisierten sich Volkswagen und BMW heraus. Die deutschen Einkaufskonkurrenten einigten sich darauf, dass Volkswagen die „Luxuszwillinge“ übernehme und nach deren Aufteilung die Marke Rolls-Royce an BMW weitergebe. Letzteres geschah per 1. Januar 2003.

Produktionszahlen: Camargue, 1975–86: 525 (+ 8 Prototypen); Corniche, 1971–87: 4432; Corniche II, 1988/89: 1234; Corniche III, 1989–92: 452.

Rom

Ursprünglich liefen die in Israel ab 1957 gebauten Kleinwagen unter der Marke Sabra (die von 1961–68 auch einen Sportwagen gebaut hatte), doch 1974 wurde die Herstellung von der Rom Carmel Industries Ltd in Haifa übernommen.

1301. Das zur unteren Mittelklasse zählende Modell Rom 1301 war mit dem Jahrgang 1979 eingeführt worden. Es wurde als viertürige Stufenhecklimousine und als dreitüriger Kombi, beide mit Kunststoffkarosserie, hergestellt. Auffallend waren das vertikal in drei Felder eingeteilte Kühlergesicht und die ebenfalls von einem vorstehenden Rahmen umgebenen Rechteckscheinwerfer. Der Unterbau bestand aus einem Kastenrahmenchassis mit Mittelträger, und für den Antrieb der Hinterräder diente ein 1,3-l-Motor mit seitlicher Nockenwelle. Vorn wurden Trapez-Dreieckquerlenker, hinten eine Starrachse mit Halbelliptikfedern verwendet.

1981 lief die Produktion aus, nachdem in jenem Jahr noch über 900 Exemplare gebaut worden waren.

Rom 1301, 1981

Rom	K'r.	–	4	250/420	1980/81
1301 / *Motor:*	4	OHV	1295	54/5000	89/2500

Rover

Gegründet 1904 in Coventry, Warwickshire; 1948 kam mit dem Land-Rover ein Geländewagen hinzu. 1968 erfolgte der Zusammenschluss des mächtigen Nutzfahrzeugherstellers Leyland mit seinen Pw-Marken Rover und → Triumph und der British Motor Holding (→ Austin, Morris, Jaguar usw.) zur British Leyland Motor Corporation (BLMC). Diese erhielt Ende 1977 mit Michael Edwardes einen neuen Verwaltungsratspräsidenten und Generaldirektor. Er wandelte BLMC 1978 zur BL Limited. Eine von deren sechs Bereichen bildete die Jaguar Rover Triumph Ltd. Aus einer weiteren Umstrukturierung entstanden 1980 die vier Abteilungen Personenwagen (Cars Group), Land Rover Group und Unipart (Ersatzteile). Damit ergab sich auch eine klare Trennung von Rover und → Land Rover (s. separates Kapitel).

Während bei Land Rover 1980 wieder Vollbeschäftigung und Rentabilität erreicht werden konnten, war bei der Pkw-Marke Rover der Ausstoß von 44'400 auf 25'000 abgesackt und widerspiegelte damit den Niedergang von BL (→ Austin).

3500 / 2600 / 2300. Das Rover-Programm beschränkte sich 1981 auf ein Modell, das in drei Motorvarianten angeboten wurde. Das Design der fünftürigen Fastbackkarosserie mit sechs Seitenfenstern war mustergültig klar, modern, elegant und eigenständig. Es ließ sich allenfalls mit jenem des Citroën CX vergleichen, doch bestand kaum Verwechslungsgefahr. Der Rover 3500 mit dem Codename SD-1 war Mitte 1976 vorgestellt worden. Er hatte das Stufenheckmodell 3500 abgelöst und besaß ebenfalls den einst bei Buick entstandenen 3,5-l-V8-Motor mit Aluminium-Zylinderköpfen und -block sowie zentraler Nockenwelle, der in vielen Schritten weiterentwickelt worden war.

Ab Herbst 1977 wurde der SD-1 auch mit 2,6- und (vor allem für den Heimmarkt) 2,3-l-Sechszylindermotor lieferbar. Auch sie wurden mit zwei SU-Vergasern versorgt (während das Modell 3500 für die USA eine elektronische Benzineinspritzung von Lucas erhielt). Während mit allen drei Motorgrößen sowohl ein 5-Gang-Getriebe wie auch ein 3-Stufen-Automatikgetriebe Borg-Warner Typ 65 lieferbar waren, stand beim Modell 2300 überdies eine 4-Gang-Einheit zur Wahl. Das Fahrwerk umfasste vorne Federbeine und untere Querlenker, hinten eine Starrachse mit Längslenkern, Kardanwelle in Schubrohr, Wattgestänge und Niveauregulierung. Die Zahnstangenlenkung war servobestückt. Auf Wunsch wurden Denovo-Sicherheitsreifen von Dunlop montiert, womit sich das Reserverad erübrigte.

Für das Modelljahr 1981 waren auch die luxuriöser ausgestatteten Modelle 2300 S, 2600 S, 3500 SE und 3500 Vanden Plas eingeführt worden. In der Variante Vanden Plas (→ Daimler) fand sich zwar kein Holz, aber fein riechendes Leder.

Im Mai 1981 entschied BL im Rahmen weiterer Rationalisierungs- und Sparmaßnahmen, das erst 1976 eröffnete hochmoderne Werk Solihull per

Rover 2600, 1981

Rover 3500 Vitesse, 1983

Ende Jahr zu schließen. Dort wurde nebst den Rover-Limousinen der Triumph TR 7 Convertible hergestellt. Dessen Produktion sollte aufgegeben werden, während die Rover-Herstellung in das Werk Cowley bei Oxford eingegliedert wurde.

2000. Auf dem Salon von Brüssel wurde im Januar 1982 als neue Basisversion der Rover 2000 vorgestellt. Seinem Antrieb diente der Vierzylinder des BL-Typs O, wie er auch im Morris Ital und im Princess eingebaut wurde.

SD-1 1982. Zu den mit dem Jahrgang 1982 eingeführten Verfeinerungen zählten ein übersichtlicher gestalteter und verbreiterter Instrumententräger, bis zu den Radausschnitten reichende Stoßstangen, ein nach unten gezogener markanter Bugspoiler sowie eine nach unten vergrößerte Heckscheibe mit Wisch- und Wascheinrichtung. Die technischen Neuerungen umfassten eine automatische Kaltstartanreicherung, wobei beim V8 die SU-Vergaser durch zwei Zenith-Stromberg-Einheiten ersetzt wurden; gleichzeitig erhielt der V8 eine vollelektronische Zündung. Beim Topmodell Vanden Plas fanden sich nun polierte Holzeinlagen am Armaturenbrett und an den Türverkleidungen; hinzu kamen ein Trip-Computer, vier Lautsprecher und Überblendregler sowie u. a. elektrisch verstellbare Außenspiegel.

2400 SD Turbo. Es war auf dem Turiner Autosalon im April 1982, als die SD-1-Familie um ein weiteres Mitglied bereichert wurde, nämlich den SD Turbo. Angetrieben wurde dieses Modell von einem 2,4-l-Vierzylinder-Dieselmotor mit KKK-Abgasturbolader. Diese 91 PS liefernde Antriebseinheit wurde von der italienischen Motorenfirma VM geliefert. Rover erhoffte sich mit dieser Motorisierung einen verbesserten Zugang in jenen Ländern, die den Dieseltreibstoff fiskalisch begünstigten. Der Verbrauch nach ECE-Norm wurde mit 6,0/8,6/9,4 l/100 km angegeben.

3500 Vitesse. Auf der Birmingham Motor Show im Oktober 1982 kam die Ausführung Vitesse hinzu. Einen Vitesse hatte es schon einmal von Triumph gegeben. „Der schnellste je gebaute Rover" war im Windkanal optimiert worden. Eine Bugschürze und ein Heckflügel hatten den cw-Wert von 0,405 auf 0,36 reduziert. Die Verdichtung war von 9,35:1 auf 9,75:1 erhöht und der Gaswechsel strömungsgünstiger gestaltet worden. Zudem wurden die wegen der dortigen Abgasvorschriften bereits für Australien eingeführte Lucas-Einspritzung (L electronic) in „gemildeter" Form übernommen und die Auspuffanlage überarbeitet.

Gemäß Werk ließ sich Tempo 100 mit dem 193 PS starken 3500 Vitesse binnen 8 s erreichen, und der ECE-Verbrauch wurde mit 7,5/9,4/15,3 l/100 km angegeben (weniger als für den Rover 2600). Das Fahrwerk war um 2,5 cm tiefergelegt und die Bremsanlage verstärkt worden. Zunächst war geplant, den Vitesse in nur etwa 2000 Exemplarem aufzulegen und in Großbritannien, Deutschland und Italien anzubieten. Für die Schweiz bot die Importfirma Emil Frey AG in Eigenregie Sportfahrwerke für den Rover 3500 an. Mit dem Genfer Salon 1983 gab es den Vitesse auch in der Schweiz. Hersteller war inzwischen übrigens die Austin Rover Group Limited.

213. Im Juni 1984 wurde der Triumph Acclaim vom Rover 213 abgelöst. Nach wie vor handelte es sich um eine Lizenzkonstruktion des → Honda Ballade. Dieser hatte im Herbst 1983 parallel zum Civic eine Neuauflage erfahren. Im Vergleich zum Triumph Acclaim wurde somit mehr Innenraum geboten, und im Vergleich zum Ballade bzw. viertürigen Civic zeigte der Rover 213 eine markentypische Frontgestaltung mit niedrigem Grill und breiten Rechteckscheinwerfern. Es gab den 213 in vier Ausführungen, so auch als luxuriösen Vanden Plas. Dem Antrieb diente der neue, 70 PS leistende 1342-cm^3-Zwölfventilmotor von Honda.

Ab der Birmingham Motor Show vom Oktober 1984 wurde der hochluxuriöse 3500 Vanden Plas ebenfalls mit dem Einspritz-V8 des Vitesse lieferbar. – Ab Anfang 1985 brillierten die von TWR (→ Anhang) getunten Rover Vitesse bei den Rennen um die Tourenwagen-EM.

216. Im März 1985 kam das Modell 216 mit 1,6-l-Motor hinzu. Bei ihm erreichte der einheimische englische Anteil 83 bis 88 Prozent, denn der Graugussmotor der Serie S stammte aus Eigenproduktion. Es gab ihn mit Vergaser, 86 PS und 5-Gang-Getriebe oder mit elektronischer Benzineinspritzung Lucas L, und 104 PS. In dieser Ausführung wurde er als 216 Vitesse mit 5-Gang-Getriebe ausgerüstet oder als 216 Vanden Plas EFi wahlweise mit dem 4-Stufen-Automatikgetriebe von ZF.

800. Zur Jahresmitte 1986 erfolgte die Vorstellung der Rover-Serie 800. Wie angekündigt handelte es sich um eine Parallelentwicklung (Code XX) zum → Honda Legend, der im Oktober 1985 herausgebracht worden war. Beide Wagen waren viertürige Oberklasselimousinen, besaßen aber ihre markentypische Front: beim Rover zwei schlichte horizontale Schlitze unter der zwischen den großen Rechteckscheinwerfern heruntergezogenen Motorhaube. Die A-Säulen des Rover 800 waren dunkel abgedeckt, und an die Hintertüren fügte sich ein schmales drittes Seitenfenster an. Diese zeitgemäße repräsentative Stufenhecklimousine unterschied sich klar von dem originellen Fastbackdesign des just zehn Jahre zuvor vorgestellten SD-1.

Während dieser 281,5 cm Radstand bot, waren es nun 276 cm. Die Länge war jedoch mit 469,5 cm praktisch gleich geblieben, während die Breite um 4 auf 173 cm abgenommen hatte. Der Frontantrieb mit Quermotor führte aber dazu, dass vor allem im Fond mehr Platz zur Verfügung stand. Zudem war das Kofferraumvolumen von 340 auf 445 dm^3 angewachsen. Frappant war die Luftwiderstandsverbesserung von cw 0,395 auf cw 0,32. Mit 1270 kg blieb das minimale Leergewicht unverändert.

Für den Antrieb des Rover 800 sorgten wahlweise zwei hauseigene 2-l-Vierzylindermotoren und ein 2,5-l-V6 von Honda. Bei den mit M 16 bezeichneten Vierzylindern handelte es sich um den im Herbst 1985 von Austin Rover vorgestellten DOHC-Motor mit 16 Ventilen und Hydrostößeln, den es einerseits mit Zentraleinspritzung und 120 PS, anderseits mit Lucas/Bosch-L-Jetronic und 140 PS gab. Der auf eine Benzinqualität von 97 ROZ angewiesene Honda-Alu-V6 leistete 173 PS (mit 4-Stufen-Automatikgetriebe 167 PS; alle Motoren waren anstatt mit 5-Gang-Getriebe auch mit Automatgetriebe ZF 4 HP 14 zu haben) und war eine 24-Ventil-DOHC-Konstruktion mit elektronischer Einspritzung PGM-FI.

Nach Honda-Art umfassten die vorderen Aufhängungen Federbeine mit oberen und unteren Querlenkern sowie unteren Längsstreben, während hinten untere Querlenker und Längsstreben verwendet wurden. Je nach Motor und Ausstattung hießen die Modelle 820 E, 820 SE, 820i, 820 Si, 825i und Sterling. Bei Letzterem kamen zur reichhaltigen Ausrüstung auch noch ABS, Klimaanlage, Leichtmetallräder, elektrisches Schiebedach und Lederüberzüge hinzu. Für den europäischen Markt sollte übrigens auch der Honda Legend im Austin-Rover-Werk Cowley vom Band laufen.

Nachdem die BL Limited 1986 durch die Rover Group PLC abgelöst und die Leyland-Nutzfahrzeugsparte an die niederländische Lastwagenmarke DAF verkauft worden war, verblieben einzig noch die Marken Austin, MG, Rover und Land Rover in dem einst riesigen britischen Autokonglomerat. Der Rover Group stand Graham Day als Chairman und CEO vor. 1986 ergaben sich erneut rote Zahlen.

Sterling- Unter dieser Marke wurde Anfang 1987 der Rover 800 auf dem US-Markt eingeführt. – Auf der IAA Frankfurt war der Rover 825 Sterling mit aufgesetztem Heckflügel hingegen die Topausführung der neuen Modellreihe.

827 Si. Ab Februar 1988 wurden die großen Rover alias Sterling mit dem auf 2,7 l vergrößerten 24-Ventil-V6-Motor erhältlich, wie er bereits im Honda Legend Coupé eingebaut wurde. Die Leistung erreichte 177 PS bzw. 169 PS in der Katalysator-Version. Zudem bot das 4-Stufen-Automatikgetriebe nun zwei Schaltprogramme.

Im Frühling 1988 einigte sich die britische Regierung mit der Luft- und Raumfahrtfirma British Aerospace (BAe) über den Verkauf der Rover-Gruppe. Mit einer Finanzspritze wollte sie vorgängig die Rover-Schuldenlast tilgen. Für die 45'000 Mitarbeiter von Rover und Land Rover schien die Zukunft damit gesichert. Allerdings garantierte BAe den Erhalt der Rover-Gruppe zunächst nur für fünf Jahre. Zudem schaltete sich die EG ein und verlangte eine substanzielle Reduktion der Schuldenübernahme. Auch weitere Bedingungen aus Brüssel ließen BAe zögern. Aber schließlich kam der Deal im Juli 1988 doch noch zustande; VW und Ford hatten im Hintergrund bereits gewartet.

800 Fastback. Was von Anfang an gefehlt hatte, wurde im Mai 1988 nachgeholt: Den Rover 800 gab es nun wie die früheren Modelle wieder mit Fließheck und Heckklappe. Das lange, spitz auslaufende dritte Seitenfenster verhalf dem Design zu deutlich mehr Schwung. Bei der Ausführung Vitesse mit 2,7-l-Einspritzmotor reduzierten Bugschürze und Heckflügel die Luftwiderstandsbeiwert von cw 0,33 auf cw 0,30. Inzwischen gab es auch den Rover-eigenen 2-l-Motor in einer Katalysatorversion (mit 133 statt 140 PS). Neu wurde die Basisversion 820 Fastback mit 100 PS leistendem 2-l-8-Ventil-Motor mit elektronisch gesteuertem Vergaser angeboten.

Die Produktionskapazität für die Fastback-Version war durch die Aufgabe der Legend-Herstellung geschaffen worden. Ebenfalls noch im Frühling 1988 übernahm Rover seinen US-Importeur Arcona. Statt der erhofften 27'000 waren 1987 nur 14'000 Sterling abgesetzt worden.

Im August 1988 dann die Hiobsbotschaft: Rover werde an die 5000 Stellen abbauen, das Werk Cowley South (Maestro/Montego) bis Anfang der 90er Jahre schließen und sich vom Massen- zum Spezialhersteller wandeln. Jeder zehnte Mitarbeiter sollte demnach entlassen werden.

Mini / Metro / Maestro / Montego. Nachdem schon im Vorjahr die Marke → Austin (nicht aber MG) als tot erklärt worden war, galten die Mini, Metro, Maestro und Montego als Rover. Allerdings wurden sie in den Unterlagen teils als Austin Rover bezeichnet! Beim Metro kamen auf der International Motor Show von Birmingham im Oktober 1988 die Ausstattungsvarianten 1.3 GTa, Sport und GS hinzu. In der Maestro-Reihe wurde der City auf Special umbezeichnet und der luxuriöse SL ergänzte das Angebot nach oben. Die Montego hießen SL statt HL und GTi statt Si, und sie wiesen Karosserie- und Innenraumverfeinerungen auf. Interesse verdienten der Montego TD mit 81 PS leistendem direkt eingespritztem 2-l-Turbo-Dieselmotor von Perkins sowie die siebensitzige Topausführung des Montego Station Wagon mit hinterer Niveauregulierung (bei den übrigen auf Wunsch).

Zum 30-Jahr-Jubiläum des Mini brachte Rover Ende Januar 1989 eine Modellserie mit den Bezeichnungen Racing (grün metallisiert mit weißem Dach, 800 Stück für den deutschen Markt), Flame, Sky und Rose heraus. *Bis dahin waren 5'110'000 Mini gebaut worden. – Rover hatte 1988 weltweit 525'000 Fahrzeuge abgesetzt und arbeitete wieder mit Gewinn!*

Rover Stirling, 1987

Rover Metro GTa, 1989

Rover Maestro 1.6 SL, 1989

Rover 213 S Exclusive, 1989

Rover

Rover 827 Vitesse, 1989

Rover Mini Mayfair Sport, 1990

Rover Montego Estate GTi, 1990

214 / 216. Diese im Oktober 1989 auf der London Motorfair vorgestellten Modelle der unteren Mittelklasse lehnten sich stilistisch an den Rover-Typ 800 an. Man hatte sie gemeinsam mit dem → Honda Concerto entwickelt, der in Japan schon im Juni 1988 eingeführt worden war. Im Gegensatz zu den Stufenheck-Vormodellen 213/216 mit zwei Fenstern pro Seite waren sie als fünftürige Semifastback-Limousinen mit je drei Seitenfenstern ausgelegt. Der Radstand war um 10 auf 255 cm verlängert worden, während sich der Längenzuwachs auf 6 cm (= 422 cm) beschränkte. Der cw-Wert wurde mit 0,34 bis 0,35 angegeben. Zur Geräuschdämmung wurden die Dachträger mit Zweikomponenten-Schaumstoff ausgefüllt, der erst nach dem Einspritzen in die Hohlräume aufquellte.

Für den Antrieb dienten zwei 16-Ventil-Motoren mit 1,4 und 1,6 l Hubraum. Beim kleineren Aggregat handelte es sich um den ganz neuen Rover-K-Leichtmetallmotor mit zwei obenliegenden Nockenwellen und bis 95 PS Leistung. Das größere Triebwerk entstammte dem Honda Concerto, besaß eine obenliegende Nockenwelle und leistete 116 PS bzw. 111 PS mit Katalysator. Dieser Motor ließ sich auch mit dem 4-Stufen-Automatikgetriebe verbinden. Im Gegensatz zum Concerto erhielt der Rover der neuen Baureihe 200 eine vordere Federbein-Aufhängung, während hinten die Civic-Konstruktion mit unteren Längsschwingen, unteren und oberen Querlenkern sowie spurkorrigierenden Querlenkern zum Einbau kam. Auf Wunsch gab es Servolenkung, 14-Zoll-Räder und ABS. Bei der Topausführung 216 GSi zählten die meisten Komfortmerkmale zur Standardausrüstung und im 216 GSi Luxury wurden zudem Lederüberzüge geboten. – *Der neue Rover 200 sollte in Longbridge jährlich in gegen 180'000 Exemplaren gebaut werden, wobei noch 40'000 im Lohnauftrag herzustellende Honda Concerto eingeplant wurden.*

Auf der London Motorfair Ende Oktober 1989 wurde der Mini nur als ERA (legendäre englische Rennwagenmarke) Mini Turbo mit 95 PS leistendem 1275-cm³-Motor, 13-Zoll-Rädern usw. ausgestellt. *In den drei Monaten ab November musste Rover die Produktion des Typs 800 bzw. Sterling für jeweils eine Woche aussetzen, dies, weil der Sterling-Verkauf in den USA nur einen Drittel des erhofften Absatzes erreichte.* – Nachdem der Mini und andere Rover-Kleinwagen nicht zuletzt wegen mangelnder Katalysatorversionen von Märkten wie jenem der Schweiz verschwunden waren, entschloss sich Rover Cars im Februar 1990, den 1-l-Metro auch mit Dreiwegkatalysator anzubieten.

Rover	Bauart	Mot.	Getr.	R/L cm	Baujahre
213	**Fr.**	**a**	**5**	**245/415,5**	**1984/85**
213 / 216		**a–c**	**5/A3/A4**		**1985–89**
Motoren:	*Zyl.:*	*N'w.:*	*cm³:*	*PS/'min:*	*Nm/'min:*
a (*1987–)	4	012V	1342	71/6000/73	105/106*/3500
b (1985–)		OHC	1598	86/5600/83	132/3500/129
c (1985–)	4i			104/6000/102	137/3500/135
214 / 216	**Fr.**	**a/b**	**5/A4**	**255/422**	**1989/90**
a	4i	D16V	1396	95/92K/90K/6250	124/122/4000
b			1590	116/111K/6300	141/137/5200
3500	**St.**	**a–d**	**5/A3**	**281,5/470/473/485U**	**1980–86**
2600 / 2300 / 2000		**e–i**	**5/A3/4**		
Motoren:	*Zyl.:*	*N'w.:*	*cm³:*	*PS/'min:*	*Nm/'min:*
a	V8	OHV	3532	157/5250/132/5000	269/251/2500
b (CH 1983–)				154/5250	271/2700
c (USA *1982–85)	V8i			135/5000/144*	224/3250
d (1983–)				193/5280	298/4000
e (1980/81)	6	OHC	2597	138/134/5000	206/3750
f (1981/82– *CH 1983–)				132/134/129*/5000	206/3750/201/3700
g (*1981/82–)			2350	125/120*/5000	181/4000
h (1982/83 *1983–)	4		1994	101/5250	163/3500/3250*
i (1982–)	4TD	OHV	2393	91/4200	193/2350

Rover	Bauart	Mot.	Getr.	R/L cm	Baujahre
800	**Fr.**	**a–f**	**5/A4**	**276/469,5**	**1986–89**
				276/479/481	**1989/90**
Motoren:	*Zyl.:*	*N'w.:*	*cm³:*	*PS/'min:*	*Nm/'min:*
a (1988–)	4	OHC	1996	100/5400	163/3000
b	4i	D16V	1996	120/5600/140/6000	162/3500/178/4500
c (1988– +*1989–)				133K/135K*/5900	176/4400/175/4500
d (–1988 *m.Autom.)	V6i	016V	2494	173/167*/6000/150K	217/5000/221/4000
e (1988–)			2675	177/6000	228/4500
f (1988– +*1989–)				169K/59'/171K*/60'	225/220/4500
Mini/Metro/Maestro/ /Montego → Austin					

Rover 214 SLi 16V, 1990

Wie dies schon Mitte 1989 beschlossen worden war, übernahm im April 1990 die Honda Motor Co. Ltd 20 Prozent des Aktienkapitals der Rover Group, während diese ihrerseits 20 Prozent an der Honda UK Manufacturing Ltd in Swindon kaufte. Dort sollte die Motorenherstellung weiter ausgebaut werden. – Ebenfalls im Frühling 1990 schloss Rover mit den Gewerkschaften ein als historisch bezeichnetes Abkommen, wonach in den Werken Longbridge, Cowley, Swindon und Solihull die 37-Stunden-Woche und die 24-Stunden-Produktion und überdies 1200 neue Arbeitsplätze vorgesehen waren.

Rover Metro 1.1 S, 1990/91

100 / Metro 1990. Im Mai 1990 wurde der Metro – nun auch als Rover 100 bezeichnet – in stark erneuerter Form auf den Markt gebracht. Der aus horizontalen Stäben bestehende Kühlergrill war einer schlichten horizontalen Öffnung gewichen, über der das Rover-Markenzeichen prangte. Auch das Heck war umgestaltet worden. Den Radstand hatte man um 2 auf 227 cm verlängert und die Spur hatte vorne um 4 auf 134 cm zugelegt (hinten unverändert 129,5 cm). Noch stärker zeugten die Außenmaße vom Wachstum: 352x156x137,5 cm statt 340,5x155x137 cm. Der Luftwiderstandsbeiwert verbesserte sich von cw 0,39 auf cw 0,36.

Die Gewichtszunahme um 50 auf 835 bis 870 kg (es gab den Metro weiterhin drei- und fünftürig) wurde durch stärkere Motoren kompensiert: Deren Auswahl begann mit dem 1113-cm^3-K-Motor mit 60 PS (C/L/S). Darüber rangierten die 1396-cm^3-Motoren mit acht Ventilen (SL/GS/GTa) oder 16 Ventilen und zwei obenliegenden Nockenwellen (GTi), deren Leistung 75 bzw. 90 PS erreichte. Im GTi wurde statt eines SU-Vergasers eine Zentraleinspritzung Rover/Bosch verwendet. Beim Getriebe mit vier oder fünf Gängen handelte es sich um eine Lizenzkonstruktion von PSA. Die Hydragas-Federung war nochmals verfeinert worden, denn die vorderen und hinteren Federelemente wurden nun durch Plastikleitungen verbunden, was auf stark gewellter Fahrbahn zu einer Komfortverbesserung beitrug. Die sportlichen Modelle GTa und GTi erhielten vorn zusätzliche Stoßdämpfer, die außerhalb der Stickstoff-Federelemente montiert wurden. Im Innenraum des verjüngten Metro fanden sich ein neu gestalteter Armaturenträger, schmuckere Türverkleidungen und bequemere Vordersitze; vor allem ergab sich aber durch die geradegestellte Lenksäule und die zur Wagenaußenseite gerückten Pedale eine entspanntere Sitzposition.

400 Series. Im Sommer 1990 und somit als Modelle 1991 kamen die Rover-Modelle der Serie 400 hinzu. Sie waren eine Stufenheckableitung der Modelle 200 mit sechs Seitenfenstern und 437 statt 422 cm Länge.

Im August 1990 beschloss Rover, den Mini Cooper zunächst in einer Sonderserie von 1000 Stück wieder aufzulegen (1275 cm^3, ungeregelter Katalysator, 61 PS, Modelljahr 1991). – Die Produktion der Rover Maestro und Montego lief 1991 aus; aber bis 2000 entstanden 5'387'862 Mini!

1994 wurde Rover von BMW übernommen und im Jahr 2000 (zu einem Symbolpreis) an das englische Konsortium Phoenix abgesetzt. 2005 kam es zum Konkurs und in der Folge zu einer Veräußerung an chinesische Firmen... worauf die Marke Rover ab Ende 2006 in der chinesischen Marke Roewe eine Fortsetzung fand.

Saab

Im Jahre 1946 war die Svenska Aeroplan AB (= Saab) mit dem Prototyp eines aerodynamisch durchgeformten Kleinwagens mit Frontantrieb an die Öffentlichkeit gelangt. Für die Formgebung zeichnete Sixten Sason (ein genialer Industriedesigner) verantwortlich, und diese Grundlinien hatten bis Ende der 70er Jahre Bestand. Denn erst im Januar 1980 wurde die Produktion des Typs 96 eingestellt! Sein Nachfolger war der Saab → Lancia Delta 600, dies als erste Konsequenz einer mit Lancia beschlossenen Zusammenarbeit. Saab war Europas kleinster unabhängiger Hersteller von Limousinen bzw. Familienautos. Auch Saab litt 1980 unter einem rückläufigen Automarkt.

Sten Wennlo, Chef der Saab-Pkw-Abteilung, erklärte hierzu: „Im Autokrieg hat sich erwiesen, dass die Kleinen sich am besten halten. Für uns gilt es nun mit kluger Voraussicht und mit Qualität an die Konkurrenz zu gehen..." Immerhin gestand Wennlo, dass Internationalisierung unerlässlich sei und zwar sowohl vom Kosten- wie vom Entwicklungsstandpunkt aus. Erst 1989 kam die skandinavische Marke (zunächst zu 50 Prozent) unter die Obhut von General Motors. Saab blieb aber gleichwohl ein Liebhaberfabrikat, das vor allem auf den Exportmärkten viele Techniker, Intellektuelle und Invidualisten in seinen Bann zog. Und Saab wurde den von solchen Käufern gehegten hohen Erwartungen auch durch intensive Sicherheitsforschung und -maßnahmen gerecht.

99 GL. Basis-Saab war 1981 der Ende 1967 eingeführte Typ 99. Dieses Mittelklassemodell besaß eine seither verfeinerte, aber stets noch zeitlos wirkende Karosserie mit zwei oder vier Türen. Seine Machart verkörperte Qualität und Langlebigkeit. Wie alle Saab hatte der Typ 99 Vorderradantrieb, wobei der Motor um 45 Grad geneigt längs eingebaut wurde. Es handelte sich um ein 2-l-OHC-Aggregat, das (für einige Länder) auch mit Doppelvergaser und mit Benzineinspritzung (mechanisch, von Bosch) dotiert wurde, und dessen Leistung entsprechend 100, 108 bzw. 188 PS erreichte. Die Kraftübertragung erfolgte über ein 4-Gang-Getriebe. Die Aufhängung setzte sich vorne aus Trapez-Dreieckquerlenkern und Schraubenfedern über den oberen Querlenkern und hinten aus einer Starrachse mit Längslenkern und Panhardstab zusammen. Es wurden Vierrad-Scheibenbremsen mit Servo montiert (Saab war übrigens ein Pionier des doppelten Bremskreislaufs gewesen).

900. Die im Mai 1978 eingeführte Baureihe 900 basierte auf einem von 247,5 auf 252,5 cm verlängerten Radstand, und ihre Aufbauten waren mit 474 cm um 26 cm länger als jener des 99 GL. Dies wurde mit einem charakteristischen Fließheckdesign erreicht, das dieser Saab-Serie zu dynamischem Schmiss verhalf. Auch die Frontgestaltung war markentypisch. Eine viertürige Stufenhecklimousine wurde auf dem Genfer Salon 1980 ausgestellt, kam aber erst mit dem Modelljahr 1981 in Verkauf. Saab rechnete damit, dass diese konventionellere Version – deren Design mit sanft abfallendem Heck harmonisch geglückt war – einen weiteren Kundenkreis erschließen werde.

Saab 99 GL 4-t., 1982

Saab 900 GL/GLi, 1982

Saab 900 GLE, 1982

Ein nettes Detail: die neue hintere Sitzbank war von dem schwedischen Polstermöbelhersteller Dux entwickelt worden und sollte ein wesentlich erhöhtes Komfortniveau bringen. Die Vordersitze anderseits ließen sich mit dem Jahrgang 1981 noch schneller und besser einstellen. Während die Modelle GL/GLS/GLi eine neue, noch strapazierfähigere Plüschpolsterung erhielten, wurden die EMS/GLE/Turbo noch luxuriöser ausstaffiert, und auch im Beifahrersitz war nun eine Sitzheizung integriert.

Bei Saab besaß aber auch eine besonders fortschrittliche Sicherheitsausrüstung Tradition. 1981 erhielten alle Modelle ein neues Lenkrad mit auf 39 cm reduziertem Durchmesser. Es besaß vier Speichen und eine nach unten verlängerte Prallplatte.

Im Saab 900 wurde der gleiche 2-l-Motor wie im 99 GL verwendet, wobei für die USA eine 112-PS-Einspritzvariante hinzu kam. Den GL gab es nur dreitürig, den GLS vier- und fünftürig, den GLi drei- und viertürig und den GLE viertürig; der EMS (= Einspritzung, mechanisches Schaltgetriebe, Special) war drei- und viertürig zu haben. Zur aufgewerteten Ausrüstung zählte eine Servolenkung. Für 1981 hatte der Motor einige Modifikationen erfahren. So wurde auf separate Antriebswellen für Nebenaggregate verzichtet; Zündverteiler und Benzinpumpe wurden jetzt direkt von der Nockenwelle aktiviert, während die neuplatzierte Ölpumpe von der Kurbelwelle angetrieben wurde.

Hinzu kamen weitere Vereinfachungen, mit denen das Gewicht dieses H-Motors um 11,5 kg vermindert wurde. Auch einige andere Bauteile waren abgespeckt worden.

Als Kraftübertragung dienten im Saab 900 4- und 5-Gang-Getriebe und ein 3-Stufen-Automatikgetriebe von Borg-Warner. Beim 4-Gang-Getriebe war die oberste Stufe für 1981 zwecks Verbrauchsverminderung länger untersetzt worden. Äußerlich erkannte man die Modelle 1981 an den schwarzen Klebezierstreifen am unteren Flankenbereich. Neu wurde allen Saab ein kompaktes, 6 kg leichtes Notrad in den Kofferraum eingefügt, das für 80 km/h gut war.

900 Turbo. Topausführung war der 900 Turbo. Er war auf der Frankfurter IAA im September 1977 lanciert worden und verkörperte eine Pionierleistung. Abgasturbolader hatten sich zwar schon längst im Rennsport bewährt, doch für Alltagsautos waren sie noch kaum verbreitet (1973/74 hatte es den BMW 2002 Turbo gegeben; ebenfalls für das Modelljahr 1978 hatte Buick den Regal Turbo lanciert). Der Turbo-Saab erntete binnen kurzer Zeit einen großen Verkaufserfolg, und die geplante Jahresproduktion von 4000 Stück musste auf gegen 10'000 korrigiert werden.

Im 2-l-Motor des 900 Turbo wurden eine mechanische Bosch-Benzineinspritzung K-Jetronic mit einem Garrett-Abgasturbolader (maximaler Ladedruck 0,7 bar, für die USA 0,5 bar) sowie mit einer kontaktlosen Transistorzündung kombiniert. So resultierten 145 PS (für die US-Version 137 PS). Dieses Modell, das abgesehen von Fahrwerksanpassungen, wie größer dimensionierten Rädern und Reifen, technisch mit den anderen Saab 99/900 übereinstimmte, trug wesentlich zum Ansehen der kleinen schwedischen Marke bei. Die Turbo-Saab gaben sich überdies durch ihre sonore Beschleunigungsakustik ein eigenständiges Gepräge.

Ab 1981 wurde das Bypass-Ventil (waste-gate) des Turbomotors nicht mehr über den Druck im Auspuffkollektor, sondern über jenem im Ansaugrohr gesteuert. Gleichzeitig wurde eine verkleinerte Turbine verwendet, womit die Ansprechzeit verbessert wurde. Der 900 Turbo hob sich durch einen kräftig dimensionierten, am unteren Rückscheibenrand angefügten Heckflügel ab. 1981 zeigte sich das Windleitblech am Bug umgeformt, und Fenstereinfassungen und Türgriffe waren mattschwarz.

Die schon 1971 im Werk Södertälje eingeführte Gruppenarbeit, mit der die eintönige Fließbandarbeit abgelöst wurde, kam Mitte der 70er Jahre auch im Karosseriewerk Trollhättan zum Tragen. Dort hatten Roboter in Form von Vielpunkt-Schweißmaschinen und automatischen Transportschemeln (sie wurden von im Boden verlegten Kabeln elektromagnetisch geleitet und brachten die Bauteile zu den Arbeitsgruppen) einen guten Teil der Arbeit übernommen. Die auf Handarbeit angewiesenen Montageplätze waren nicht mehr in einer Reihe längs des Fließbandes, sondern im rechten Winkel zu ihm positioniert. Die Gruppen umfassten sieben Personen, von denen je zwei zusammenarbeiteten und eine als Kontaktmann fungierte. Die Aufgaben rotierten und sorgten so für Abwechslung.

Gemäß Saab ergaben sich weniger Personalwechsel und der Absentismus sank, während Teamgeist und Arbeitsfreude zunahmen. Allerdings wurde dieses von Volvo initiierte Arbeitssystem später wieder aufgegeben.

Für 1982 erhielt auch der zweitürige Saab 99 schwarzumrandete Scheiben und Fenster und schwarze Türgriffe, während der Innenraum beider Ausführungen jenem der Modelle 900 angepasst wurde. Auch diese wurden in vielen Details aufgewertet, u. a. mit einem Außenspiegel mit angesetztem Konvexteil, der den gefährlichen toten Winkel ausschaltete. Die GLE-Ausführung wurde auf den Stand der Turbo-Saab gebracht (Servolenkung, elektrisch verstellbare Außenspiegel, Zentralverriegelung, Schiebedach, beheizbare Vordersitze, zudem Pirelli P8 mit weniger Rollwiderstand). Der Turbo erhielt ein neues Zündsystem und teils Fensterheber; bereits waren an die 50'000 Exemplare dieses Top-Saab hergestellt worden.

900 CD. Auf dem Genfer Salon 1982 wurde als neues Derivat der 900 CD, eine im Werk Saab-Valmet in Finnland entstandene Sonderversion propagiert: um 20 auf 272,5 cm verlängerter Radstand (mehr Platz im Fond), 2-l-Turbomotor mit 145 PS, serienmäßig mit Borg-Warner-Automatikgetriebe, Zentralverriegelung, hinteren Fußstützen, Leselampen, Ablagen usw.

900 Turbo APC / Turbo S. Mit dem Modelljahrgang 1983 erreichte das schon Anfang 1980 vorgestellte Automatic Performance Control System (APC) die Serienreife und wurde fortan allen Turbomotoren mit auf den Weg gegeben. Es ermöglichte eine laufende elektronische Regulierung des Ladedrucks nach Maßgabe von Leistungsbedarf und Klopffestigkeit des getankten Benzins. Damit konnte die Verdichtung von 7,2:1 auf 8,5:1 angehoben werden, und daraus resultierte ein Minderverbrauch von 8 Prozent.

Neben dem 900 Turbo gab es neu die Luxusversion Turbo S mit seitlich ausgewölbten Vordersitzen und hinteren Fauteuils, Zentralverriegelung, Fensterhebern, elektrischen Außenspiegeln, getönten Scheiben, auf Wunsch zudem mit Lederüberzügen und mit Klimaanlage und/oder Schiebedach, Vierkanal-Stereoanlage und Zweitonlackierung.

1983 erhielten die Saab 900 breitere Chromleisten in den Stoßfängern und etliche Verbesserungen des Innenraumkonzepts samt neuer Mittelkonsole und teils neuen Stoffüberzügen. Bei bestimmten Ausführungen der Modelle 99 und 900 wurde ein 5-Gang-Getriebe lieferbar; war ein solches eingebaut, erhielt der Drehzahlmesser einen grünen, optimale Wirtschaftlichkeit anzeigenden Bereich. Das Modell 99 erhielt einen neugezeichneten Kühlergrill (ähnlich Typ 900) und ebenfalls breitere Chromleisten im Stoßschutz sowie Innenraumverbesserungen.

Im Frühling 1983 sprach man bei Saab aber bereits von der dritten Turbomotorengeneration mit zwei obenliegenden Nockenwellen und vier Ventilen je Zylinder. Mit dem APC und Ladeluftkühlung wurden 180 und kurzfristig gar 200 PS in Aussicht gestellt. 16-Ventil-Motoren waren bis dahin ein Privileg weniger besonders sportlicher Modelle, vorwiegend aus England und Japan.

1984 erhielten die Saab einen neuen Kühlergrill: Die drei vertikalen Schlitze beidseits des zentralen Grills, an die sich die Scheinwerfergehäuse anschlossen, waren je einer einzigen vertikalen Öffnung gewichen. Die Stoßstangen reichten nun bis zu den Radausschnitten. Alle Saab besaßen fortan ein elektronisches Zündsystem und u. a. abgesenkte Vordersitze für mehr Kopffreiheit. Der 900 GLS wurde durch den 900 GLi mit Einspritzmotor abgelöst. Auf der IAA 1983 stellte Saab „zwecks Abklärung der Marktchancen“ ein Cabriolet aus; es war zusammen mit ASC (→ Anhang) entwickelt worden.

900 Turbo 16. Die Vorstellung des 16-Ventil-Turbo-Saab erfolgte im Januar 1984 auf der Autoausstellung von Brüssel. Mit der LH-Jetronic-Einspritzung von Bosch, dem Abgasturbolader Garrett T3 mit auf 0,85 erhöhtem maximalem Ladedruck und einem neuen, in Schweden konstruierten Ladeluftkühler kam dieser Motor auf 175 PS bei 5300/min. Er war bereits auf Bleifreibenzin ausgerichtet und verbrauchte sogar weniger als der 145-PS-Turbomotor, nämlich 7,1/9,3/12,4 l/100 km. Tempo 100 war binnen 8,7 s erreichbar und die Spitze wurde mit 210 km/h angegeben.

Saab 900 Turbo 5-t., 1982

900 Saab Turbo 16 Aero, 1984

Es gab den Turbo-16-Motor in den drei-, vier- und fünftürigen Saab, Spitzenmodell war jedoch der 900 Turbo 16 Aero mit der dreitürigen Fließheckkarosserie, die u. a. mit Seitenschürzen und auffallenden Leichtmetallrädern mit drei ellipsenförmigen Öffnungen entlang dem Felgenrand aufgewertet worden war. Die Serienausstattung war beim Aero besonders reichhaltig und schmuck. Vor dem Genfer Salon wurde der Aero in Saab Turbo 16 S umbezeichnet. Der 16-Ventil-Motor wurde nun auch in die Limousine 900 CD mit verlängertem Radstand eingebaut.

9000 Turbo 16. Ende Mai 1984 erfolgte die Vorstellung des zusätzlichen größeren Saab 9000. Ausgangspunkt waren gemeinsame Entwicklungsarbeiten mit dem Fiat-Konzern, der gleichzeitig die größeren Modelle des Tipo 4 (später Lancia Thema und Fiat Croma) vorbereitete. Schon fünf Jahre zuvor hatten Saab-Scania und Lancia/Fiat ein Programm vereinbart, das die Konstruktion und Fertigung gemeinsamer Bauteile zum Ziele hatte. Gemäß Saab-Angaben konnten die beteiligten Parteien dank der Zusammenarbeit rund eine Million Entwicklungsstunden einsparen. Die im Bereich der vorderen Bodengruppe verwendeten gleichen Pressteile erbrachten für die Produktion ebenfalls einen Rationalisierungseffekt.

Saab 90, 1985

Zum 9000 Turbo 16, bei dem der aus dem 900 Turbo 16 bekannte Motor quer statt längs eingebaut wurde, sah Saab vier Konkurrenten im Vordergrund: → Audi 200 Turbo (USA: 5000 S), BMW 528i, Mercedes-Benz 190 E 2.3-16 und

Saab 9000 Turbo 16, 1986

Volvo 760 Turbo. Am Karosseriedesign war seit Mitte 1978 gearbeitet worden; es wurde in der Folge in Zusammenarbeit mit Giorgetto Giugiaro (Ital-Design, → Anhang) umgesetzt. Die im Windkanal ausgefeilte Form – cw-Wert 0,34 – war hervorragend geglückt: Der von einer dreiteiligen Glaskuppel dominierte Karosserieabschluss wandelte die Stufenheck-Grundform zum Fastback, in das eine Heckklappe integriert war. Im Vergleich zum Saab 900 war der 9000 mit 462 cm Länge um 12 cm kürzer, aber mit 176,5 cm Breite um 7,5 cm breiter. Vor allem aber wartete er mit einem von 251,5 auf 267 cm angewachsenen Radstand auf. Dadurch ergaben sich ungewöhnlich großzügige Innenraumverhältnisse. Das Kofferraumvolumen ließ sich mit der 40:60 Prozent geteilten Fondbank von 625 über 930/1040 bis 1500 dm^3 erhöhen.

Zunächst wurde der 175-PS-Motor ausschließlich mit einem 5-Gang-Getriebe kombiniert, doch wurde für 1986 ein 4-Stufen-Automatikgetriebe von ZF in Aussicht gestellt. Vorne fanden sich Federbeine und untere Querlenker, hinten eine leichtgewichtige Starrachse mit je zwei sich nach vorne und hinten abstützenden Längslenkern und einem Panhardstab. Gasdruckstoßdämpfer und Vierrad-Scheibenbremsen zählten ebenso zur Ausrüstung wie ein auf luxuriösen Komfort ausgerichteter Innenraum. Besonders gut gelungen zeigte sich das in der gleichen Fläche schwungvoll in die Mittelkonsole übergehende Armaturenbrett. Mit dem 9000 Turbo 16 sicherte sich Saab einen festen Platz in der sportlichen Oberklasse.

90. 1985 wurde aus dem 99 der 90: Dank der gestreckteren Heckpartie (Länge nun 458 statt 448 cm) wuchs das Kofferraumvolumen von 440 auf 600 l. Es blieb bei zwei Türen, doch wurde die Ausrüstung angereichert.

Mit dem SDI = Saab Direct Ignition stellte Saab auf dem Genfer Salon 1985 ein neues Zündsystem ohne Verteiler, Rotor und Zündkabel vor, bei dem jede Zündkerze mit einer eigenen kleinen Zündspule versehen war.

1986 erhielt der 900i Polsterüberzüge aus Velours, eine hintere Mittelarmlehne und weitere Verfeinerungen (zudem gab es ihn und weitere Modelle nun in einer Version mit Katalysator). Beim 900 Turbo stieg die Leistung von 145 auf 155 PS, und er erhielt u. a. zusätzliche Blinker an den vorderen Radhäusern. Der Motor des 900 Turbo 16 wurde inzwischen hydraulisch gelagert. Für den 9000 Turbo 16, dessen Produktionskadenz angehoben werden konnte, wurde eine wei-

Saab	Bauart	Mot.	Getr.	R/L cm	Baujahre
99 GL	**Fr.**	**a/b**	**4/5**	**246,5/448**	**1980–84**
90		**a**		**246,5/458**	**1984–87**
900 (*1986–)		**a–r**	**4/5/A3**	**251,5/474/469*/468**	**1980–90**
Motoren:	*Zyl.:*	*N'w.:*	*cm³:*	*PS/'min:*	*Nm/'min:*
a {–1987 *–1983)	4	OHC	1985	100/108*/5200	162/3500/164/3300
b (1987/88)				100/5200	162/3000
c (–1987)	4i			118/5500	167/3700
d (USA *1981–83'84–86)				112/5500/110*/5250	161/3500
e (USA 1983/84)				112/5250	
f (CH +Kat. 1984–87)				110/5250	
g (1987/88)				118/5500/110K/5250	167/161/3000
h (1988–)				110K/5250/115/5500	161/167/3000
i (USA'86/87 CH'87/88)		D16V		125/5500	170/3000
j (1988–)				126K/130/6000	
k (Turbo *1985–)	4iT	OHC		145/155*/5000	235/3000
l (Turbo/USA,*1981–83)				137/5000/135*/4800	217/3500
m (Turbo/USA 1983/84)				137/4800	233/3500
n (Turbo 1986–89)				140K/5000	235/2500
o (Turbo 16 1984–88)		D16V		175/5300/160K/5500	270/255/3000
p (Turbo 16 1988/89)				160K/5500/175/5300	255/273/3000
q (Turbo 16 1989–)				160K/175K/175/5500	255/2500/273/2800
r (USA 1984–86)				162/5500	273/3000

Saab	Bauart	Mot.	Getr.	R/L cm	Baujahre
9000	**Fr.**	**a–g**	**5/A4**	**267/462**	**1984–90**
9000 CD				**267/478**	**1988–90**
Motoren:	*Zyl.:*	*N'w.:*	*cm³:*	*PS/'min:*	*Nm/'min:*
a (9000i 85/86 *86–88)	4i	D16V	1985	130/5300/5500*	173/3000
b (9000i 1986–88)				125K/5500	170/3000
c (9000i 1988–)				128K/133/5500	173/3750
d (9000 T. 16 *1989–)	4iT			175/5300/5500*	273/3000
e (do. 1986–88 *1988–)				160K/55'/163K*/53'	257/3000
f (Export 1989–)				177K/185	–
g (2.3-16 1989–)	4i		2290	146K/6000	207/3800

ter angereicherte Serienausstattung gemeldet: Quickschalter für Fensterheber (auch ab 900 Turbo), weitere Anzeigen usw.

900 Cabriolet. Im finnischen Werk in Uusikaupunki lief Anfang 1986 die Produktion des auf der IAA 1983 gezeigten Cabrios an; es war vorerst ausschließlich für den US-Markt bestimmt.

9000i 16. Als weitere Variante wurde auf dem Genfer Salon 1986 der 9000i 16 vorgestellt: 2-l-16-Ventil-Motor ohne Turbo, 130 PS, anfänglich nur 5-Gang-Getriebe, Stahlfelgen, silberfarbener Kühlergrill, Wegfall des Heckflügels; die Bezeichnung wurde alsbald auf 9000i vereinfacht, und 1987 wurde dieses Modell auch mit dem 4-Stufen-Automatikgetriebe von ZF lieferbar.

Europas weiterhin kleinster unabhängiger Hersteller von Limousinen bzw. Familienwagen florierte inzwischen so gut, dass in Malmö ein neues Werk aufgebaut werden konnte. – Auf der Hochgeschwindigkeits-Rundstrecke von Talladega in Alabama stellte Saab im Oktober 1986 mit einem (weitgehend) serienmäßigen 9000 Turbo einen Dauerrekord auf: 100'000 km mit 213,299 km/h Schnitt!

900 1987. Für 1987 erfuhr die Saab-Reihe 900 eine Verjüngung: statt senkrecht stand der markentypische Kühlergrill nun schräg, was zu einem klar modernisierten Erscheinungsbild verhalf. Hinzu kamen neue Leuchteinheiten, ein feiner modulierter Stoßschutz vorne und hinten (womit sich die Länge um 5 bis 6 cm verkürzte) sowie eine Mittelkonsole. Der 900 Turbo 8 wurde mit Sportpaket lieferbar.

Beim 9000 Turbo 16 waren die Lager des Turboladers neu wassergekühlt, gegen Aufpreis war bei den Saab 9000 ein mit DCC bezeichneter Fahrtcomputer erhältlich, das ABS von Teves wurde jedoch (ebenso wie das 4-Stufen-Automatikgetriebe von ZF) erst im Verlaufe des Modelljahrs 1987 verfügbar. – *Anfang März 1987 rollte der 2-millionste Saab vom Fließband.*

1988 erhielten die 900er Saab die Bremsanlage aus dem 9000i, schwarze Scheibeneinfassungen und Türgriffe sowie neue Sitzüberzüge; auch die Lagergehäuse der 900-Turbomodelle wurden fortan wassergekühlt. Der 900 Turbo 16 S Aero wurde mit Radhausverbreiterungen bedacht.

9000 CD. Im Oktober 1987 verhieß Saab für den Januar eine Stufenheckversion seines Topmodells 9000. Mit 478 cm wurde sie 16 cm länger als die fünftürige Ausführung. Das Fassungsvermögen des Kofferraums erreichte 512 dm^3. Kühlergrill und Scheinwerfer waren leicht anders geformt und schräger gestellt. Auch in dieser CD genannten viertürigen Limousine wurde der 160 PS leistende 16-Ventil-Turbomotor eingebaut. Neuartiges Isolationsmaterial an der Spritzwand sorgte ebenso für erhöhten Komfort wie die leistungsstarke Heizungs- und Belüftungsanlage; die Frischluft wurde nach Passieren der bei Saab üblichen Allergiefilter durch 13 Düsen im Innenraum verteilt.

1989 war ein Jahrgang der Detailverbesserungen, teils auch der Leistungssteigerungen und Ausrüstungsaufwertung. Gleichzeitig wechselten die Leistungsangaben von den DIN- zu den ECE-Werten. Der 900 Turbo 16 war nun mit einem 4-Stufen-Automatikgetriebe von ZF erhältlich, und der 900 Turbo 16 S leistete jetzt selbst in der Katalysatorausführung 175 PS. Die 9000 Turbo 16 und (in der Schweiz hinzugekommenen) 9000 Turbo 16 S erhielten die von Saab entwickelte Direct-Ignition-Zündanlage (DI, s. oben) mit je einer Zündspule pro Kerze. Die DI-Hochspannungsanlage wurde computergesteuert, und es ergaben sich Vorteile beim Kaltstart, beim Abgas- und Verbrauchsverhalten und hinsichtlich Leistungsvermögen. Der 9000 Turbo S leistete 185 PS (0–100 km/h in 7,6 s, Spitze 225 km/h) und zu seiner Sonderausstattung zählten Bugschürze und Heckflügel, Ledersitze, Holzfurniere usw. Auch ein 9000 CDi ohne Turbo wurde erhältlich.

Saab 900 Turbo 16 Cabriolet, 1987

Saab 9000 CD, 1989

Mitte 1989 nahm Saab neben dem Turbo-Cabrio eine zweite Cabrioversion mit 128 PS leistendem 2-l-16V-Saugmotor und ohne Lederpolsterung und Aluräder ins Programm.

Nachdem der Saab-Scania-Konzern tief in die roten Zahlen geraten war, fanden im Herbst 1989 Gespräche über eine Zusammenarbeit mit Ford statt (schon im Vorjahr war mit Ford-Partner Mazda verhandelt worden); sie wurden aber erfolglos abgebrochen. Im November 1989 verkündete darauf Fiat-Generaldirektor Cesare Romiti: „Wir sind einem glücklichen Abschluss mit Saab sehr nahe“... Inzwischen hatte Saab-Scania in Södertälje, der Nutzfahrzeugzentrale des Konzerns, ein neues, hochmodernes Pkw-Motorenwerk aufgebaut.

9000i 2.3-16 und CDi 2.3-16. Aus diesem Werk stammte auch der zum Modelljahr 1990 eingeführte 2,3-l-Vierzylindermotor, der seit 1984 in

Saturn

Entwicklung stand. Von Anfang an wurde an zwei Lanchester-Schwingungsausgleichswellen gedacht, die dann von Ketten angetrieben in unterschiedlicher Höhe beidseits der Motorblocks untergebracht wurden. Ebenfalls aus Gründen der Schwingungsdämpfung wurde für den Block auf Leichtmetall verzichtet und dünnwandiges Gusseisen der Vorzug gegeben. Der 16-Ventil-Zylinderkopf aus Aluminium entsprach weitgehend jenem des 2-l-Aggregates. Eingebaut wurde der mit je 90 mm Bohrung und Hub exakt quadratisch ausgelegte neue Quermotor nicht mehr geneigt, sondern geradegestellt. Auch dieser Saab-Motor wurde mit der Direct Ignition (ID, kapazitives Zündsystem mit einer Spule je Kerze) versehen. Bei einer Verdichtung von 10,1:1 erbrachte er eine Höchstleistung von just 150 PS und ermöglichte es, Tempo 100 binnen 10,5 s sowie eine Spitze von 205 km/h zu erreichen.

Ab Modelljahr 1990 wurden alle 9000 mit Leuchtweitenregulierung (auch alle Saab 900) und Gurtstrammer und weiteren Verfeinerungen ausgerüstet. Neu gab es ab Werk einen 9000 Turbo 16 S (Radhausverbreiterungen, tiefergelegtes Fahrwerk, Ledersitze mit Wildledereinlagen; aus dem bereits in der Schweiz angebotenen Turbo 16 S wurde der Turbo 16 SE).

Nein, Saab kam nicht zu Ford, aber auch nicht zu Fiat, vielmehr erfolgte am 15. Dezember 1989 der große Überraschungscoup: Die Saab-Scania AB und die General Motors Corporation beschlossen die Gründung einer selbständigen Pkw-Gesellschaft mit dem Namen Saab Automobile AB und den Verkauf von 50 Prozent dieser neuen Firma an GM. Der Aufsichtsrat mit je fünf Mitgliedern von Saab und von GM sollte von einem GM-Mann geführt werden. Die Vereinbarung sah vor, dass Saab Pkw mit dem Namen Saab entwickeln, herstellen und über ein unabhängiges Saab-Händlernetz verkaufen sowie GM-Pkw für den Verkauf durch die GM-Organisation produzieren solle. Das Gemeinschaftsunternehmen sollte aber auch Zugang zu den weltweiten Fahrzeugkomponenten- und Zuliefernetzen von GM haben. – Nachdem GM Jaguar Ford überlassen musste, hatten sich die Amerikaner nun die schwedische Liebhabermarke gesichert.

Ab März 1990 erhielten die Saab 9000 Turbo in diversen Ländern eine von 165 auf 177 und teils sogar 185 PS gesteigerte Leistung. Auf Herbst 1990 wurde für die Serie 9000 mit Handschaltgetriebe zudem (gegen Aufpreis) das von Saab selber ausgearbeitete Traction Control System (TCS) in Aussicht gestellt; es verband die Antischlupfregelung (ASR) von Teves mit einer elektronisch gesteuerten Servodrosselklappe (SDK) von Hella und wirkte gleich einer Differenzialbremse.

Im Jahr 2000 erhöhte GM den Anteil an der Saab Automobile AB auf 100 Prozent. Nach dem GM-Konkurs ging die schwedische Marke 2010 an die holländische Luxussportwagenmarke Spyker von Victor Müller. Dieser wollte Saab mangels Kapital an chinesische Autofirmen weitergeben, was aber von GM als Lizenzgeber nicht akzeptiert wurde. 2011 lief die Produktion aus.

Im November 1983 enthüllte General Motors ihr Projekt Saturn. Unter diesem Namen sollte ein als Subcompact katalogisierter, verkürzter J-car (Opel Ascona, Chevrolet Cavalier usw.) nach neuen, weit rationelleren Produktionsprinzipien in Serie gehen. Den Anstoß dazu gaben die so erfolgreiche japanische Methodik und das von GM mit Toyota in Fremont, Kalifornien, einzurichtende Gemeinschaftswerk. Mit dem Saturn wollte GM den Schritt in die Zukunft auch andernorts antreten, und diesen Schritt sollte ein möglichst modern durchdachtes Fahrzeug vollziehen. Der Saturn lag größenmäßig zwischen Chevette und Cavalier, bot etwa gleichviel Innenraum wie der Cavalier, aber wog dank technischer Verbesserungen gut 130 kg weniger als der Chevette und rund 272 kg weniger als der Cavalier.

Erklärtes Ziel war es, ein Auto zu schaffen, das hinsichtlich Technik, Qualität und Preis jedem ausländischen Produkt zumindest ebenbürtig war. Hierzu musste auch die von GM übernommene Firma Electronic Data Systems (EDS) in Dallas, Texas, ihren Beitrag leisten. Dem Produktions- und Montageablauf sollte wesentliche Bedeutung zukommen. Dazu wurden u. a. Herstellungsteams geplant, die ihre Arbeit selbst verteilten und eine erhöhte Eigenverantwortung zu übernehmen hatten. Vor allem ging es GM aber auch darum, neue (japanische) Qualitätsstandards zu erreichen. Der als Designstudie gezeigte Saturn in Form einer viertürigen Limousine gefiel durch seine schlichte Eleganz mit großzügigen Seitenscheibenflächen.

Anfang 1985 gab General Motors die Gründung der Saturn Corporation bekannt. Dies hob hervor, dass der Saturn nicht bloß von einer weiteren Division, sondern von einer eigentlichen neuen Tochtergesellschaft zu produzieren war. Roger B. Smith, der Aufsichtsratsvorsitzende von General Motors, wies erneut auf die qualitativen Besonderheiten des Saturn hin und erklärte, dass die Zulieferanten diesbezüglich Anforderungen erfüllen müssten, wie sie bis dahin in der amerikanischen Autoindustrie noch nie gestellt worden seien. Es war von einer Modular- statt Fließbandherstellung und von bis zu 6000 Mitarbeitern die Rede, die außerhalb der Tarifvertragsregelung angestellt werden sollten. Um den Standort bewarben sich alsbald 25 der 50 US-Staaten, indem sie Steuervergünstigungen, Gratisgrundstücke, geschulte Arbeitskräfte, Transportvorteile, Elektrizitätsrabatte usw. in die Waagschale legten...

Den Zuschlag erhielt schließlich Spring Hill in Tennessee. Vorgestellt wurde der Saturn als Limousine und Coupé mit 1,9-l-Motor im Oktober 1990 als Modell 1992. Die Vorgaben hatten sich nicht alle umsetzen lassen; so lag der Gewichtsvorteil gegenüber dem Cavalier bei nur noch 100 kg.

Nach dem im Frühsommer 2009 durchgezogenen GM-Konkursverfahren wurde die Marke Saturn (so wie Saab) zum Verkauf ausgeschrieben. Anfänglich interessierte sich die Firma Penske Automotive für die Übernahme... Aber im Oktober 2009 musste die Produktion eingestellt werden.

Saturn SL, 1992

Sbarro

Franco Sbarro hatte die erste unter seinem Namen entstandene Konstruktion, den Sbarro SV, auf dem Genfer Salon 1973, vorgestellt. Von da an machte der 1939 in Süditalien geborene, in Grandson am Neuenburgersee tätige Autobauer (der nie Schweizer werden wollte) jährlich durch neue extravagante Fahrzeuge von sich reden. Die meisten entstanden als Einzelstücke für reiche Autoliebhaber (sie wurden im Buch „Zukunftsautos der 80er Jahre“ festgehalten), doch gab es auch einige Modelle, die in kleiner und kleinster Serie gebaut wurden. Franco Sbarro erwies sich als einer der wenigen Automobilkonstrukteure, die sowohl ausdrucksvolle Kunststoffaufbauten als auch raffinierte Mechanik zu kreieren und miteinander zu vereinen wussten.

Es wäre allerdings verfehlt, Franco Sbarros Kreationen mit Modellen der angestammten Pkw-Hersteller vergleichen zu wollen. Seine genialen, spontan umgesetzten technischen Ideen würden in den Entwicklungszentren der Automobilindustrie, gelinde gesagt, meist auf Skepsis stoßen oder vor ihrer Verwirklichung jahrelange Forschungsarbeit auslösen. Ein Sbarro ist daher in erster Linie als ein technisches wie natürlich auch stilistisches Kunstobjekt zu betrachten. Schön, dass man mit ihm auch fahren kann.

Porsche Golf. Äußerlich ganz unauffällig gab sich ein VW Golf GTI, der 1980/81 von Sbarro in die Kur genommen worden war. Dieser im Kundenauftrag entstandene Sbarro Porsche Golf hatte es faustdick hinter den Ohren: Auf Knopfdruck ließ sich die gesamte Karosserie hinten hochstemmen, womit ein Mittelmotor des Typs Porsche 930 Turbo freigelegt wurde. Unter der vermeintlichen Motorhaube fanden sich ein sorgsam ausgekleideter Gepäckraum und ein imposanter Benzintank.

Replica BMW 328. Bedeutendstes Kleinserienmodell war 1981 noch immer der Sbarro Replica BMW 328, allerdings wurde auch er im Prinzip auf Bestellung gebaut. Der von 1936 bis 1941 in 464 Exemplaren gebaute BMW 328 war nicht nur der berühmteste Sportwagen der Bayern gewesen, sondern er zählte weltweit zu den leistungsfähigsten und agilsten Sportzweisitzern der Zwischenkriegszeit. Für den 1974 vorgestellten Nachbau hatte sich Sbarro die Einwilligung von BMW gesichert. Als Unterbau diente ein Rohrrahmen mit seitlichem Sicherheitsschutz; er war teilweise in Polyester eingebettet und mit Polyurethan ausgeschäumt. Die Karosserie entstand aus GfK und war originalgetreu nachgebildet, abgesehen davon, dass sie in der Länge mehr Innenraum bot.

Da man auch nicht auf moderne Reifen und ihren erhöhten Haftwert verzichten wollte, waren zudem die Kotflügel 3 cm breiter. Wie beim Original war die Motorhaube mit zwei quer über sie gezogenen Lederriemen gesichert. Die Windschutzscheibe war flach ausgeführt und ließ sich auf die Motorhaube umlegen, doch konnte auf Wunsch auch eine gepfeilte Frontscheibe montiert werden. Die gesamte Mechanik stammte von modernen BMW, dies mit Ausnahme der Vorderradaufhängung, die aus räumlichen und optischen Gründen (die BMW-Federbeine hätten nicht gepasst) vom NSU 1100 SC übernommen wurden. Im Verlaufe der Jahre hatte Sbarro seinen Replica BMW 328 mit den verschiedensten originalgemäßen, getunten oder mit Abgasturbolader bestückten BMW-Motoren ausgeliefert, und es gab überdies breitere Karosserieversionen für die Aufnahme von Breitreifen.

Sbarro Replica BMW 328 America, ca. 1980

Sbarro Windhound 4x4, 1981

Replica BMW 328 America. Ab dem Genfer Salon 1976 baute Sbarros Firma ACA Atelier d'Etudes et de Construction d'Automobiles auch eine vergrößerte Version des Replica BMW. Der Radstand war von 240 auf 252 cm gestreckt worden und die Mindestbreite lag bei 171 statt 156 cm. Damit konnten bequem auch BMW-Sechszylindermotoren von 2,5 bis 3,3 l Hubraum eingebaut werden. Wurde die Karosserie statt um 10 gar um 30 cm verlängert, so ließen sich zwei hintere Notsitze einbauen.

Windhound. 1978 hatte Franco Sbarro auf dem Salon von Paris den Luxusgeländewagen Windhound vorgestellt. Er wurde zum zweiten „Serienmodell“, auch wenn er ebenfalls nach Bestellung bzw. Käuferwunsch gebaut wurde. Es handelte sich um einen imposanten dreitürigen Kombi mit schmucken Designdetails. Unterbau und Mechanik entstammten je nach Auftrag unterschiedlichen Modellen. Vorne und hinten kamen Einzelradaufhängungen mit Federbeinen zum Einbau. Es war ein hydraulisch verstellbarer Niveauausgleich erhältlich mit dem sich Schräglagen im Gelände ausgleichen ließen. Der Vierradantrieb war mit einem Untersetzungsgetriebe verbunden.

Ab 1980 war zudem ein fünftüriger Windhound Break erhältlich. 1982 erschien auf dem Genfer Salon eine Ausführung „Paris–Dakar“ mit vom und zum Dach führenden Ansaug- bzw. Auspuffleitungen und besonderem Front- und Unterbodenschutz. Dem Vierradantrieb diente ein von der Tuningfirma AC Schnitzer (→ Anhang) auf 300 PS gebrachter 3-l-Sechszylindermotor von BMW. – Bis Anfang der 80er Jahre entstand rund ein Dutzend Windhound.

Sbarro 540 K Special Roadster, 1981

Sbarro Replica GT 40, 1981

Windhawk. Vom Windhound abgeleitet entstand 1980 der 650 cm lange Windhawk mit sechs angetriebenen Rädern, hochfahrbarem Gewehranlegesitz für die Jagd und Superluxusausstattung (Einzelstück für das saudische Königshaus).

VLS. Auf der Insel Taiwan wurde unter Lizenz der Kleinwagen Sbarro VLS in Serie hergestellt. Er war von dem 1979 entstandenen Elektroauto → Carville abgeleitet worden, wurde aber von einem 220-cm^3-Motorradmotor angetrieben. Für Taiwan entwickelte Sbarro außerdem eine sportliche Limousine mit Citroën-Visa-Teilen.

540 K Special Roadster. Der Mercedes-Benz 540 K war als Schlusspunkt der legendären Mercedes-Kompressorreihe von 1936 bis 1939 hergestellt worden. Just von dieser Ikone der Automobilgeschichte brachte Franco Sbarro eine Replika auf den Genfer Salon 1981. Für den Nachbau stützte er sich auf Fotos des im Mercedes-Benz-Werkmuseum stehenden 540 K sowie auf einen Modellbausatz, wie er in Hobbygeschäften erhältlich war. Als Chassis diente eine Leiterrahmenkonstruktion von rechteckigem Querschnitt. Auf dieser wurde die aus einem GfK-Stück gebaute Roadsterkarosserie aufgeschraubt.

Die gesamte Mechanik entstammte dem modernen Mercedes-Benz 500 SE; statt eines 5,4-l-Reihensechszylinders diente dieser Replika somit ein 5-l-V8 als Kraftquelle. Das Plus an Leistung fiel umso mehr ins Gewicht, weil der Nachbau weniger als 1800 wog, wogegen das Original stattliche 2600 kg auf die Waage brachte. Zwar mochte (auch) das 4-Stufen-Automatikgetriebe einen Stilbruch verkörpern, doch hatte Sbarro viel daran gesetzt, diesem Fahrzeug zum Ambiente der 30er Jahre zu verhelfen. So wurden die Bedienschalter für die modernen Hilfseinrichtungen wie Fensterheber, automatische Klimaanlage usw. kaschiert. Auch das Verdeck und die Lehnenklappe für den „Schwiegermuttersitz“ wurden elektrisch bedient. Das Armaturenbrett trug moderne Instrumente hinter elfenbeinfarbenen Zifferblättern im antiken Stil, und Zapfenschliff fand sich auch unter der Motorhaube. Die Türen wurden mit modernen MB-Zapfenschlössern gesichert. Der Replika-540 K war höchst luxuriös ausgerüstet und teuer! Dennoch konnte Sbarro auf dem Genfer Salon 1982 bereits ein viertes Exemplar zur Schau stellen.

GT 40 Racing / Replica GT 40. Von seinen Plänen für den Nachbau des 540 K hatte Franco Sbarro schon im Herbst 1980 berichtet. Bei dieser Gelegenheit verriet er, eine Serie von zehn GT 40 Racing auf die Räder zu stellen und gleichzeitig eine straßentaugliche Version auf der Basis des De Tomaso Pantera zu schaffen. Der englisch-amerikanische Ford GT 40 war ab Mitte der 60er Jahre zu einem rennsportlichen Begriff und zu einem einzigartigen Imageträger von Ford geworden. Er war von 1964 bis 1968 in rund hundert Exemplaren entstanden, darunter auch etlichen Street Version.

Sbarro hatte das übrig gebliebene Material in England aufgekauft, die meisten Bauteile jedoch neu anfertigen lassen. Für die Kunststoffkarosserien besaß er bereits Negativformen, da er solche schon zu den Neuzeiten an Rennställe geliefert hatte. Während der Sbarro GT 40 Racing von Grund auf neu hergestellt wurde, diente dem Sbarro Replica GT 40 der serienmäßige Mittelmotorsportwagen → De Tomaso Pantera als Ausgangspunkt, womit sich eine langwierige Typenprüfung für die Verkehrszulassung erübrigte.

In die für Renn- und Sammlerzwecke gebaute Racing-Version wurden unterschiedliche Ford-V8-Rennmotoren eingebaut (Ford-4,7-l-V8 mit 340 SAE-PS, auf Wunsch Typ Eagle-5-l-V8/470 PS oder 7-l-V8). Im ersten 1981 von Sbarro fertiggestellten Replica GT 40 versah hingegen ein Ford-5,8-l-V8 mit rund 300 PS den Dienst; Ausgangspunkt war ein gebrauchter Pantera des Jahrgangs 1978 gewesen. Im Gegensatz zu den Original-GT 40 bot dieser Sbarro-Nachbau somit Linkslenkung, das reich bestückte Armaturenbrett war jedoch stilgerecht nachgebildet worden. Das Cockpit prangte in Leder und Velours, und auch eine Superstereo- und eine Klimaanlage fehlten nicht.

Die Heckpartie der Kunststoffkarosserie ließ sich gesamthaft hochklappen. Hinter dem Motor fand sich ein sorgsam ausgekleideter Kofferraum, und zudem war ein kleiner Stauraum im Wagenbug zwischen dem Kühler und der Batterie eingebettet. Dank der im Vergleich zum GT 40 um 6,5 cm längeren Pantera-Mittelpartie stand ein akzeptabler Sitzverstellbereich zur Verfügung. Abgesehen von dem einige Verrenkungen verlangenden Einstieg ließ sich der Replica GT 40 leicht beherrschen. Da er mit rund 1400 kg Leergewicht etwa gleich viel wog wie der Pantera, dürfte die von De Tomaso genannte Beschleunigungszeit von 0–100 km/h binnen 6 s auch auf dieses Sbarro-Modell zugetroffen haben.

Auf dem Genfer Salon 1982 zeigte Sbarro einen straßentauglichen Replika Ford GT 40 mit auf 450 PS gedrosseltem Cosworth-Formel-1-Motor.

Sbarro Super Twelve, 1982

Sbarro Gullwing, 1983

Super Twelve. Die Konstruktion von Kleinwagen der Superlative begann sich zu einem Spezialzweig von Franco Sbarro zu entwickeln. Eigentlich handelte es sich um Konzeptstudien und Einzelstücke (sie sind daher teils im Buch „Zukunftsautos" beschrieben), anderseits waren sie bestellbar und wurden ganz nach Kundenwunsch realisiert. Ein technischer Höhepunkt in dieser Sparte war der zum Genfer Salon 1982 gebrachte Sbarro Super Twelve: Ein 315 cm kurzer 2+2-Sitzer, dessen Konturen sich in etwa mit jenen des (allerdings deutlich längeren) Renault 5 Turbo vergleichen ließen. Zu seinen erstaunlichen Konstruktionsmerkmalen zählten ein Monocoque mit Rohrkäfig, zwei quer aneinandergereihte Mittelmotoren Kawasaki Z-1300 A (= 12 Zylinder, 2572 cm^3, 240 PS bei 8000/min) und zwei 5-Gang-Getriebe mit gemeinsamem Schalthebel (Einzelantrieb auf jedes Hinterrad, Keilriemenverbindung als Differenzialbremse). Die durchgehende Lamellenfront des Super Twelve wurde alsbald zu einem Sbarro-Markenzeichen.

Baby 328. Am unteren Ende der Skala rangierte das Kinderauto Sbarro Baby 328. Es war eine perfekte Nachbildung des Replica BMW 328, die in einer Spezialwerkstätte in Les Tuileries-de-Grandson hergestellt wurde. Der Baby 328 war 187 cm lang (was somit einem Maßstab von 1:2 entsprach) und wurde von einem 3 PS leistenden 47-cm^3-Einzylindermotor von Sachs angetrieben, der ihm zu 50 km/h Spitze verhalf. Bis Anfang 1982 war der Baby 328 bereits in 160 Exemplaren gefertigt worden; ein noch luxuriöserer Baby 540 K brachte es auf fünf Stück.

Gullwing. Zum Genfer Salon 1983 brachte Franco Sbarro den Gullwing: Dies war die Bezeichnung, unter dem der erste Mercedes-Benz 300 SL im englischen Sprachgebrauch berühmt geworden war, denn mit Gullwing = Mövenflügel wurde auf die Flügeltüren hingewiesen. Der Sbarro Gullwing war ein → Mercedes-Benz SEC, bei dem die üblichen Türen durch Flügeltüren ersetzt worden waren. Die Front des Coupés trug durchgehende, in der weißen Wagenfarbe gehaltene horizontale Gitterstäbe, hinter der sich auch die Scheinwerfer verbargen. Dieses Grillmotiv fand sich auch unten an den Flanken zwischen den auskragenden Radhausrändern. Auch die Schlussleuchten waren optisch miteinander verbunden. Ansonsten aber war unschwer die SEC-Silhouette zu erkennen.

Sbarro hatte die SEC-Karosserie bis auf die tragenden Elemente des Blechkleids entledigt. Abgesehen von den Türen und Hauben bestand die neue GfK-Karosserie aus einem Stück. Der Gullwing Nr. 1 trug am Heck die Zusatzbezeichnung Shahin. Dies war der Vorname der Verlobten des Käufers. Zudem war in diesen Gullwing der 6,8-l-OHC-V8 aus früherer MB-Produktion eingebaut worden. Für die weiteren, wie gewohnt auf Bestellung zu bauenden Wagen war der Beibehalt der serienmäßigen SEC-Antriebsmechanik vorgesehen.

Golf 300 S. Er folgte auf jenen 1980 entstandenen VW Golf, dem mittschiffs ein 3,3-l-Turbomotor von Porsche einverleibt worden war, und er wurde als ein weiteres Symbol für automobiles Understatement auf dem Genfer Salon 1983 gezeigt: Mit dem Sbarro Golf 300 S war der bei einem Unfall lädierte Porsche 928 eines Kunden zum Golf degradiert worden. Da die Abmessungen von 928 und Golf nicht übereinstimmten, mussten die Karosserieteile weitgehend neu hergestellt werden. Nur Dach, Türen und Heckklappe konnten als VW-Originalteile verwendet werden.

Biturbo. Nachdem der Gullwing bereits in einem Dutzend Exemplaren entstanden war (plus drei SEC-Spezialcoupés ohne Flügeltüren) zeigte Sbarro auf dem Genfer Salon 1984 mit dem Biturbo einen Gullwing mit um 10 cm verlängertem Radstand, stärker geneigter Windschutzscheibe, niedrigerem Dach und zwei KKK-Abgasturboladern; die Leistung stieg auf 350 PS, die Gesamtlänge auf 515 cm.

Berlina. Ebenfalls im Stile des Gullwing mit einer aus horizontalen Lamellen bestehenden Front zeigte sich der zum Genfer Salon 1984 vollendete Berlina, eine Abwandlung des Mercedes-Benz 500 SEL.

Super Eight. So hieß hingegen ein ungemein bulliger Kleinwagen in der Art des Renault 5 Turbo, jedoch mit der Antriebsmechanik des Ferrari 308 GTB; er war als Einzelstück für einen Kunden entstanden.

Auf dem Salon von Paris zeigte Sbarro im Oktober 1984 auf seinem Stand als zwei mögliche neue Serienmodelle den Sbarro Citroën Axel Familiale, ein besonders geräumiger dreitüriger Kombi (ein wenig im Stil der Windhound-Geländewagen) und den ebenfalls in Grandson gebauten Renault 25 Version Grand Prestige, den Frankreichs großer Traditionsdesigner Philippe Charbonneaux entwickelt hatte (vorgesetzte Kühlermaske und kubisches Stufenheck).

Challenge. Als der Sbarro Challenge auf dem Genfer Salon 1985 erstmals gezeigt wurde, hielt ihn jedermann für einen besonders extravaganten Concept-car. Doch der Schein trügte, auch der Challenge war ein Kundenauftrag und ein Auto, das sehr wohl für den Straßenverkehr gedacht war. Und weil später auf der Grundlage dieser Konstruktion weitere Challenge-Einzelstücke folgten sollten, jedes mit individuellen Eigenheiten, darf es hier eingehend als Sbarro-Kleinstserienwagen beschrieben werden.

Der Challenge war ein zweisitziger Einvolumen-Mittelmotorkeil von 422 cm Länge, 198 cm Breite und 105 cm Höhe. Die Front mit Bugschürze war schlicht und einfach. Sie trug einen umlaufenden Kontraststreifen, der in den Flanken zwischen dem oberen und unteren Lufteinlass vor dem hinteren Radhaus ausmündete. Die Windschutzscheibe war flach liegend und führte weit ins Dach hinein. An sie schlossen sich beidseits die oben ins Dach hineingewölbten Seitenfenster an. Deren Unterkante folgte nicht etwa dem horizontalen Verlauf des Kontraststreifens, sondern stieg parallel zur Keilform nach hinten an. Die Schrägflügeltüren öffneten nach vorne oben. Zugegeben, der Einstieg war nicht einfach und die Sicht durch die Flachscheibe kaum ideal.

Aber Sbarro hatte diesem 125 langen und 112 cm breiten, nur leicht längsgewölbten Windschutz gleich noch die Funktion eines Schiebedaches zugedacht: Er war nämlich in seitlichen Schienen geführt, die unter der Fronthaube ihre Fortsetzung fanden. So konnte die Frontscheibe bis 40 cm nach vorne verschoben werden, was einen Schiebedacheffekt brachte. Parallel dazu ließ sich ebenfalls elektrisch eine 40 cm lange Abdeckung aus gefärbtem Plexiglas um bis knapp 1 m weit nach vorne verschieben, bis sie als Sonnenblendschutz diente.

In das Dachende aber war ein elektropneumatischer Bremsdoppelflügel mit automatischer Funktion installiert. Dass er bei Autobahntempi die Bremswirkung effizient zu steigern vermochte, erhellt schon aus dem niedrigen cw-Wert von 0,25 (geschätzt, das 1:5-Modell hatte im Citroën-Windkanal einen Wert von 0,16 erbracht).

Auch auf der Antriebsseite bot der Sbarro Challenge Außergewöhnliches, nämlich einen Vierradantrieb. Als Kraftquelle hatte Franco Sbarro den 5-l-V8 von Mercedes-Benz gewählt. Dieser wurde mit zwei IHI-Abgasturboladern bei 0,5 bar Maximaldruck auf gut 350 PS gebracht. Dieses Antriebsaggregat wurde mittschiffs samt dem 4-Stufen-Automatikgetriebe in umgekehrter Anordnung in eine eigens entworfene Rohrrahmen-Chassiskonstruktion eingebaut und übernahm eine mittragende Funktion. Eine Kardanwelle führte nach vorne zu einem Borg-Warner-Verteil- und Reduktionsgetriebe, aus dem die Vorderräder und – mit einer darunter nach hinten geführten und zwischengelagerten zweiten Kardanwelle – die Hinterräder angetrieben wurden.

Während die Borg-Warner-Einheit eine 45-Prozent-Differenzialbremse mit pneumatisch einschaltbarer Sperre aufwies, besaß die Mercedes-Hinterachse eine 45-Prozent-Differenzialbremse. Die Aufhängungen bestanden aus Querlenkern und Zugstreben (doch sah Sbarro für weitere Exemplare bereits McPherson-Federbeine vor), und auf diesen ersten Challenge wurden auch die eben erst auf den Markt gebrachten JJD-Zwillingsräder montiert, die mit je zwei Pirelli-Reifen der Dimension 125x16 bzw. 215x16 bestückt wurden. Zum Ausgleich des unterschiedlichen Reifenumfangs wurden hinten und vorne entsprechende Achsuntersetzungen gewählt. Das Reduktionsgetriebe sollte ein extremes Auskosten der Beschleunigungskraft ermöglichen.

Der fahrbereite Unterbau, in dem zuhinterst das Behr-Kühlsystem aus dem Audi Quattro eingebaut war, wog rund 500 kg. Die aus einem Stück bestehende GfK-Karosserie wurde in die Rohrrahmenstruktur eingehängt und über zehn Silentblocks und Schaumgummikissen abgestützt. Da sie ja auch nach hinten keine optimalen Sichtverhältnisse bieten konnte, sorgte eine über den linken Schlussleuchten integrierte Videokamera (samt Autofocus, Zoom, Aufnahme- und Abspielmöglichkeit) für den klaren Überblick nach hinten. Dieser wurde auf zwei Bildschirme übermittelt, die in den vorderen Türrahmen installiert waren. Der Pedalträger war ebenso wie das Lenkrad (in Distanz und Höhe) elektrisch verstellbar, und die verschieb- und anhebbaren Sitzkissen waren nach System Recaro elektrisch aufpumpbar. Zur Ausstattung zählten ferner u. a. eine hochkarätige Stereo- und eine Klimaanlage.

Super Five. 1985 zeigte Sbarro in Genf nebst diesem abenteuerlich-futuristischen, für engagierte Individualisten gedachten Sportcoupé der Sonderklasse den Super Five, ein umkarossiertes Bijou, das auf dem Renault 5 Alpine Turbo basierte. – Der Windhound wurde sogar in einer Ausführung mit dem 6,9-l-V8 von Mercedes-Benz vorgestellt.

Brescia. Ebenfalls seine Premiere erlebte auf dem Genfer Salon 1985 der Brescia, ein offener Zweisitzer im rennsportlichen Barchetta-Stil der 50er Jahre mit Borrani-Speichenrädern. Man hätte ihn neben die Ferrari und Maserati jener Epoche stellen können. Dem Antrieb diente aber bloß ein neuzeitlicher 2-l-DOHC-Motor von Fiat, und man konnte sich in dieses einzelstückweise gebaute Liebhaberstück auch eine Lancia-Mechanik einbauen lassen.

Im Jahre 1985 entstand die letzte der 162 von Sbarro gebauten BMW-Replikas (später kamen noch vereinzelte hinzu). Sie waren in drei Grundausführungen mit praktisch allen modernen 1,5- bis 3,5-l-BMW-Motoren entstanden. Während zu den Blütezeiten des BMW Replica in Grandson jährlich bis zu 30 Wagen gebaut wurden, waren es nun wesentlich weniger; sie entstanden aber mit viel größerem Aufwand und kosteten entsprechend ein Vielfaches.

Challenge 2+2 1986 brillierte Sbarro in Genf mit einer 2+2-sitzigen Version des Challenge. Bei dieser wurde auf den Vierradantrieb verzichtet, und der Mittelmotor war diesmal eine 3,3-l-Turbomaschine von Porsche. Doch diese wurde nicht einfach um 180 Grad gedreht eingebaut, sondern erhielt unsichtbar in schwingenartig nach hinten geführten Aufhängungselementen eingelegt eine Drehmomentübertragung mittels Ketten. Somit konnte der Radstand um 55 cm verlängert und zwei Notsitze eingebaut werden. Diese ließen sich durch Umlegen der Lehnen als zusätzlicher Gepäckstauraum nutzen. Es wurde nur noch einer statt zwei Dachbremsflügel montiert. Auch er winkelte sich beim Bremsen automatisch progressiv gegen den Fahrtwind an. Wie der erste Challenge besaß auch der 2+2 die Schiebe-Windschutzscheibe, die Zwillingsräder, die Rückblickmonitoren mit Autofokus, Zoom und Video sowie zahlreiche Luxusmerkmale. Zu diesen war auch die in mehreren abgesetzten Rottönen verlaufende Lackierung zu zählen.

Berlina Gullwing 4. Diese ebenfalls 1986 auf dem Genfer Salon gezeigte Konstruktion vereinte die Eigenheiten der Berlina geheißenen Mercedes-Superluxuslimousinen mit jenen der Gullwing-Flügeltürencoupés: Ausgangspunkt war der MB 500 SEL; dieser erhielt den Motor eines 450 SEL 6.9, vor allem aber wurde die Karosserie vollständig neu aufgebaut und mit vier Flügeltüren sowie einem Superluxusinnenraum ausgerüstet.

Sbarro Challenge, 1985

Rennsportlich war hingegen der originalgemäße Nachbau des Ferrari (330) P4 von 1967, der ebenfalls zum Genfer Salon 1986 unter der Bezeichnung Sbarro Tipo P4 entstanden war. Er basierte auf einem serienmäßigen Ferrari 308 GTB. Nicht in Genf gezeigt wurde der Sbarro Typ 300 SL, bei dem es sich um einen neuen MB 500 SL handelte, der für einen japanischen Kunden zu einem MB 300 SL Roadster (wie von 1957 bis 1962 gebaut) verwandelt wurde; außer der Mechanik und dem Innenraum wurden nur die Windschutzscheibe und die beiden Dächer vom 500 SL übernommen. Ausgestellt war ferner das Luxus-Kinderauto (oder Luxuskinder-Auto) Sbarro Baby Challenge mit 36 PS leistendem Honda-350-Motor.

Challenge III. Für den Genfer Salon 1987 hatte Sbarro einen weiteren Challenge 2+2 (nun als Challenge II bezeichnet) gebaut, diesmal mit auf 400 PS gebrachtem 3,3-l-Motor des Porsche-Typs 911 Turbo. Für die Sicht nach hinten genügten eine einzelne TV-Kamera und ein einzelner TV-Monitor. Stärker von den Vormodellen wich hingegen der inzwischen ebenfalls entstandene Challenge III ab. Um ihm in der Schweiz zur Verkehrszulassung zu verhelfen, wurde er nämlich auf der serienmäßig übernommenen Plattform eines Porsche 911 Carrera Cabriolet aufgebaut und war somit ein Heckmotorauto. Der Antriebssatz mit 3,2-l-Motor und Katalysator wurde unverändert beibehalten, und auch die Spritzwand bis zum unteren Windschutzscheibenrahmen verblieb originalgemäß. Die Frontscheibe war nicht verschiebbar ausgeführt. De jure handelte es sich somit um einen Umbau, wie er im Falle eines Cabriolets mit verstärktem Unterbau statthaft ist, ohne dass der Typenschein seine Gültigkeit verlor.

Von außen ließen sich am Challenge III allerdings keine Porsche-Spuren erkennen. Die extravagante Keilkarosserie besaß einen elektrisch verstellbaren Bremsflügel am Dachende und es war zudem ein stufenlos ausstellbarer Plexiglas-Dacheinsatz eingebaut worden. Der Innenraum war in schwarzem und weißem Leder gehalten und natürlich gab es auch im Challenge III eine hochfeine Musikanlage. Mit rund 160'000 Franken kostete er allerdings nur halb soviel wie ein optimal ausgerüsteter Mittelmotor-Challenge II.

Monster G. So hieß ein ebenfalls zum Genfer Salon 1987 im Kundenauftrag entstandenes Geländemonstrum mit aerodynamischer und doch offener Grundform: eigenes Chassis mit 245 cm Radstand, Antriebskomponenten des Range Rover, Motor 6,3-l-V8 aus dem Mercedes-Benz 600 mit 300 PS, 4-Gang-Getriebe aus Dodge-Geländefahrzeug, zentrales Sperrdifferenzial; als Räder dienten aufwändig „abgemagerte“ Felgen einer Boeing 747 Jumbo, spezielle 20-Zoll-Reifen; elektrisch absenkbare Hebevorrichtung erübrigte allfälliges Freischaufeln; Maße 480x200+x235 cm, Gewicht rund 1500 kg.

Sbarro Brescia, 1985

Robur. Ein Einzelstück im Kleinwagenstil war der 1988 in Genf gezeigte „Stadtsportwagen“ Sbarro Robur (von Franco Sbarro als seine 71. Konstruktion bezeichnet): wuchtig breit und niedrig, breite Lufteinlässe vor und über den Hinterrädern, großflächiger Flügel am Dachende, Chassis als Rohrrahmen/Blechschalen-Verbund, 4-cm-Vierkantrohre um den quer eingebauten Fünfzylinder-Mittelmotor aus dem Audi 200 Turbo (2144 cm^3, 200 PS), 4-Stufen-Automatikgetriebe ZF, Parkierhilfe in Form von zwei kleinen Hartgummi-Stützrädern (auf Knopfdruck scherenförmig nach unten ausfahrend, mit elektrischem Kettenantrieb für das seitliche Verschieben des Fahrzeughecks in Parklücken), flexible vordere Nummernschildhalterung für Lufteinlass, Luxusinterieur.

540 K Nürburg. Ebenfalls 1988 gab es in Genf als Abwandlung von dem 540 K Sport Roadster (s. oben) den Sbarro 540 K Nürburg zu sehen. Bei ihm handelte es sich um einen vollwertigen Viersitzer, war er doch dem Mercedes-Benz 540 K Cabriolet C nachempfunden, wie er vor dem Zweiten Weltkrieg von der Berliner Karosseriefirma Erdmann & Rossi aufgebaut worden war.

Replica 300 SL Roadster. Erstmals in Genf stand 1988 zudem diese Kopie des Mercedes-Benz 300 SL Roadster, deren erstes Exemplar schon zwei Jahre zuvor entstanden war. Die gesamte Struktur entstammte einem neuen 500 SL. Nur die höhere Windschutzscheibe, das Verdeck der neuen 300 bis 560 SL, die hochformatigeren Scheinwerfergläser und die stärkeren seitlichen Karosserieausbuchtungen verrieten den (2+2-sitzigen) Nachbau. Die Türen blieben originalgemäß, erhielten aber einen Polyesterüberzug im Stile des 300 SL Roadster von einst. Von diesem stammten Stoßstangen und Schlusslichter als Originalersatzteile.

Wie 1986 der erste Replica 300 SL Roadster entging 1988 die aufwändigste Neuheit der Chronologie, weil sie vor Saloneröffnung nach Singapur geliefert werden musste: Ein Einvolumem-Traumwagen mit Ferrari-V12-Mittelmotor, raffiniertem Einstiegsmechanismus, sich beim Kurvenfahren anhebenden vorderen Radverkleidungen und einer samt Kofferraum hochgehenden Heckklappe (wie schon beim Sbarro Super Stash von 1978).

Auf dem Genfer Salon 1989 sorgte Franco Sbarro durch das von ihm entwickelte und durch acht Patente geschützte nabenlose Rad für Furore. Es kam auch an der Supersportwagen-Konzeptstudie Osmos mit Jaguar-V12-Mittelmotor zur Anwendung (Details im Buch „Zukunftsautos der 80er Jahre“). – 1990 zeigte Franco Sbarro in Genf zwei weitere Challenge sowie die Einzelstücke Chrono 3.5 (dachlose Barchetta mit quer hinter den Sitzen eingebautem BMW/Procar-Sechszylindermotor) und Evasion BX 4x4 (türloses offenes Freizeitfahrzeug mit fünf Sitzen).

Produktionszahlen: BMW 328 Replica, 1974–85: 162 (davon 15 Special und 12 America); Gullwing: 28 (+ 4 Carat Albatros für Duchâtelet, → Anhang); Windhound 4x4 3- und 5-türig: 14; diverse CanAm-Modelle: 7 (davon 3 „Spatule“); Sloughi/Lola (ab 1968 bzw. ab 1971 neu): 12; Ford GT 40, ab 1981: 12 (davon 7 aus Originalersatzteilen und Eigenteilen gebaute, von der FIA anerkannte Replica Sbarro, 3 GT 40 Transformation für das Werk in Slough und 2 GT 40 auf Pantera-Basis); Replica 540 K, ab 1981: 10 + 2 Modelle Nürburg (hinten um 20 cm verlängert, hintere Sitze integriert statt Rumble-seat); Challenge 4x4, 1985: 1; Challenge 2+2, ab 1986: 7; Challenge III, 1987: 1; weitere Unikate (oder in wenigen Exemplaren gebaut): 60 (Windhawk und Bugatti-Imitat Royale von 1979: ebenfalls nur je 1x); Pilcar und Carville (Elektroautos im Auftrag), bis Anfang 80er Jahre: 28.

Sbarro	Bauart	Mot.	Getr.	R/L cm	Baujahre
Replica BMW 328	**R'r.**	**–**	**4/5**	**240/370**	**1980–85**
Repl. BMW 328 America				**252/380**	
Motoren:	4/6	OHC	1573– –2315	90–150+ 175–300	–

Seat

Die vier Buchstaben der am 9. Mai 1950 in Barcelona gegründeten Firma leiteten sich von Sociedad Espanola de Automoviles de Turismo ab. Diese gehörte zu 51 Prozent dem unter dem Franco-Regime stehenden Staat und zu 7 Prozent Fiat, während die restlichen Aktien von den Banken gezeichnet und teils unters Volk gebracht worden waren. Ende 1953 setzte die Produktion des Seat 1400 ein; 1957 kam der Typ 600 hinzu. Auch die weiteren Modelle entstanden unter Fiat-Lizenz, teils mit vergrößerten eigenen Aufbauvarianten.

Aber nachdem Renault sowie Peugeot/Citroën und Talbot ebenfalls in Spanien Autos zu produzieren begannen, verlor Seat die Monopolstellung. Später sollten auch noch Ford und Opel hinzukommen. Überdies litt (auch) Seat an den Folgen der Ölkrise, sodass das Unternehmen zusehends in die roten Zahlen geraten war. 1979 hatte Fiat die Absicht bekundet, seine Beteiligung von 36 Prozent am Seat-Kapital bis 1981 in eine Mehrheit zu wandeln. Falls Seat rationalisiert und etwa die Hälfte der rund 30'000 Mitarbeiter entlassen würde, wäre Fiat bereit, 91 Prozent des Kapitals zu übernehmen. Nachdem aber die spanische Regierung diesem Ansinnen nicht entgegen kam und sich die Seat-Verluste weiter anhäuften, kam es 1980 zum Bruch: Fiat überließ seinen Anteil von 2,8 Mio Aktien zum symbolischen Preis von einer Peseta je Stück dem staatlichen Hauptaktionär Instituto Nacional de Industria (INI). Vorerst war Fiat weiterhin zur technischen Zusammenarbeit bereit, verlangte allerdings, die Produktion auf die Modelle 127, Ritmo, 131 und den kommenden Panda zu beschränken, den veralteten Seat 124 jedoch aufzugeben.

Auf der Aktionärsversammlung deutete Seat-Präsident Don Juan Miguel Antonanzas vage an, dass man über die INI auch mit Toyota, Nissan oder sogar VW ins Gespräch kommen könnte... Im Frühling 1981 gewährte die Internationale Bank einen substanziellen Kredit für neue Fabrikanlagen in Pamplona, Prat de Llobregat und Martorell (beide Barcelona). Im September 1981 verlautete, dass Seat und Toyota noch im gleichen Jahr einen Vertrag abschließen würden, wonach die Fiat-Palette durch ein Toyota-Modell (später eventuell mehrere) abgerundet würde. Inzwischen war durch Abbau von Personal mittels Abfindung bereits eine Rationalisierung in Gang gesetzt worden. Insgesamt sollte die Belegschaft um etwa 7000 Leute abgebaut werden.

Panda. Der im Frühling 1980 eingeführte Seat Panda unterschied sich nur in Details vom italienischen Vorbild (→ Fiat). Allerdings gab es statt eines Panda 30 den Panda 35 als Basismodell. Entsprechend war er nicht mit dem 30 PS leistenden luftgekühlten 652-cm^3-Zweizylindermotor motorisiert, sondern mit einem 843-cm^3-Vierzylinder mit 35 PS Leistung. Darüber rangierte (wie in Italien) der Panda 45 mit dem 903-cm^3-Motor und 45 PS.

127. Er wurde mit zwei, drei, vier und (ab Januar 1980) auch mit fünf Türen gebaut; letztere Variante war vorübergehend auch als Fiat u. a. in der Schweiz verkauft worden. 1981 wurde der Seat 127 mit dem 903-cm^3-Motor mit 43 oder 45 PS (Verdichtung 8,7:1 bzw. 9:1) angeboten. Als Besonderheit gab es ausserdem eine auf 1010 cm^3 vergrößerte Version dieses Motors, die 52 PS leistete (9,4:1).

Ritmo. Der spanische Ritmo wurde mit Seat-eigenen OHV-Motoren von 1197 und 1438 cm^3 Hubraum ausgerüstet. Sie kamen mit Bressel-Doppelvergaser auf 64 bzw. 77 PS (Ritmo 65 bzw. 75). Zum Ritmo 75 CLX war ein 5-Gang-Getriebe erhältlich.

131 / Supermirafiori. Ihn baute Seat als viertürige Limousine und als fünftürigen Kombi. Es wurden der hauseigene 1438-cm^3-Motor, der 1592-cm^3-DOHC-Motor von Fiat, ein eigener 1920-cm^3-DOHC, ein 1760-cm^3-OHV-Diesel von Perkins oder der 2445-cm^3-OHC-Dieselmotor von Fiat eingebaut. Zur Wahl standen ein 4-Gang-Getriebe (1438 cm^3 und Diesel), eine 5-Gang-Einheit (ab 1592 cm^3) und ein 3-Stufen-Automatikgetriebe von GM (DOHC-Motoren).

132. Auch der Seat 132 entsprach äußerlich, abgesehen von Einzelheiten, der → Fiat-Konstruktion. Allerdings kamen auch bei ihm andere Motoren zum Einbau. Es bestand die Wahl zwischen dem 1920-cm^3-DOHC-Aggregat und einem 2197-cm^3-OHC-Dieselmotor von Mercedes-Benz (mit 5-Gang- der 3-Stufen-Automatikgetriebe).

127 Fura. Mit dem Jahrgang 1982 rüstete Seat die Serie 127 (abgesehen vom Basismodell) mit dem neuen massiveren Gesicht nach Fiat-Muster aus und fügte die Bezeichnung Fura hinzu.

Nachdem im Seat-Montagewerk in Helwan bei Kairo bereits 25'000 Seat 133 zusammengebaut worden waren, wurde dort im Frühling 1982 die Montage des fünftürigen Seat 127 Fura aufgenommen.

Anfang Oktober 1982 wurde zwischen der Volkswagen AG und Seat in Madrid ein Vertrag über die Herstellung und den Vertrieb von VW- und Audi-Modellen unterzeichnet. Danach sollte Ende 1983/Anfang 1984 in den Seat-Werken von Pamplona und Barcelona die Fertigung von Polo/Derby sowie Passat und Santana anlaufen. Es war ein Jahresausstoß von 120'000 bis 130'000 Einheiten geplant. Die Antriebsstränge und Aufhängungen sollten aus der Bundesrepublik angeliefert werden und der spanische Anteil 60 Prozent erreichen; für den Santana wurde nur eine Montage vorgesehen. Die spanische VW-Produktion war in erster Linie für den einheimischen Markt bestimmt. Immerhin war geplant, jährlich rund 50'000 Polo nach Frankreich und Italien zu liefern. Zudem übernahm Seat den VW- und Audi-Vertrieb für Spanien. Der Vertrag galt für vorerst sieben Jahre.

Seat 131 Supermirafiori, 1982

Seat 127 Fura, 1984

Seat Ronda SX, 1983

Seat Malaga D, 1985

Seat Ibizia 1.5 GLX 5-t., 1988

Für das Modelljahr 1983 wurde die zusätzliche Luxusausführung Panda Marbella eingeführt. Den Fiat 127 Fura gab es als Crono nun sogar mit 1,4-l-Motor.

Ronda. Von Bedeutung war aber vor allem, dass die Modellbezeichnung Ritmo für 1983 auf Ronda umgestellt wurde. Neu waren die eigenständige schräg gestellte Kühlerfront und die eckigen Türgriffe (beim Ritmo waren sie kreisrund). Zusätzlich gab es die Sportversion Ronda Crono mit 1592-cm^3-DOHC-Motor und 95 PS.

Eigentlich wollte VW, dass nur noch der Panda als „Fremdmodell" weitergebaut werde, doch blieb schließlich der als Neuheit geltende Ronda vorerst ebenfalls in Produktion.

Mit dem Ronda startete Seat ab März 1983 eine zunächst auf Frankreich und Belgien ausgerichtete Exportoffensive. Gegen sie leitete Fiat Rechtsschritte ein, weil der Ritmo alias Ronda gemäß Lizenzabkommen bis Ende 1985 ausschließlich für den spanischen Markt bestimmt war. Im November 1983 entschied das Schiedsgericht der Internationalen Handelskammer in Paris, dass Seat den Ronda in alle Welt exportieren dürfe. Für 1984 verhieß Seat zwei neue Modelle, deren Entwicklung – schon vor dem VW-Deal – zusammen mit Porsche an die Hand genommen worden war. Anfang 1984 wurde Seat-Präsident Antonanzas vom 46-jährigen Juan Antonio Diaz Alvarez abgelöst; dieser hatte sich als kaufmännischer Direktor um das neue Image von Seat und um die mit Volkswagen eingeleitete Partnerschaft verdient gemacht.

1983/84 kam mit dem Panda Terra mit hinterem Verdeckteil eine ebenso für die Freizeit wie für das Handwerk geeignete Version (nach dem Vorbild etwa von Moretti-Derivaten) hinzu.

Motor System Porsche. Auf dem Genfer Salon 1984 besaß auch Seat einen eigenen Stand. Doch es wurde kein Auto ausgestellt, sondern der neue „Seat-Motor System Porsche": Vierzylinder, OHC, Querstromprinzip, Heron-Brennräume im Kolben mit Schichtladeeffekt. Diese 1,2- und 1,5-l-Motoren ließen sich später auf Einspritzung umrüsten. Zudem wurde erläutert, dass sich auf der gleichen Motorenstraße auch eine Dreizylinderversion bauen lasse. Überdies wurde bekannt, dass diese Motoren in einem neuen Modell namens Ibiza eingebaut würden.

Als erstes Modell erhielt jedoch Mitte 1984 der Ronda die von Porsche entwickelten Motoren: Aus 1193 bzw. 1461 cm^3 resultierten 63 bzw. 85 PS (statt der 65 bzw. 75 PS der bisherigen auf Fiat-Konstruktionen zurückgehenden Motoren). Zu den neuen Antriebsaggregaten gab es ein (ebenfalls bei Porsche) neuentwickeltes Getriebe mit vier (nur 1,2-l-Motor) oder fünf Gängen. Dieses wurde auch mit dem weiterhin erhältlichen Fiat-Dieselmotor 1.7 D kombiniert.

Ibiza. Im Juli 1984 war es soweit: Seat stellte den Ibiza vor, ein dreitüriges Modell mit Schrägheck, der den Radstand von 245 mit jenem des Ronda teilte, aber mit 364 cm Länge kürzer als der Seat 127 Fura und der VW Polo war und sich daher zu den Kleinwagen zählen ließ. Außer der Antriebseinheit wurde auch der Innenraum Porsche zugeschrieben, während das äußere Design bei Ital-Design (→ Anhang) und die Karosseriestruktur von Karmann (→ Anhang) entwickelt worden waren.

Der Ibiza zeichnete sich durch schlichte Konturen, kurze Überhänge und großzügige Fensterflächen aus. Es gab ihn mit den gleichen Antriebssträngen wie den jüngsten Ronda: 1,2 und 1,5 l nach System Porsche und 1,7 l Diesel. Das Fahrwerk wies noch (wie beim Ronda) auf den Fiat Ritmo hin: vorne Federbeine mit unteren einfachen Querlenkern und Zugstreben, hinten Dreieckquerlenker, Dämpferbeine und selbststabilisierende Querblattfeder. Für Seat verkörperte der Ibiza einen Neubeginn.

Seat Terra, 1988

Malaga. Nachdem auf dem Turiner Salon im November 1984 ein SXi mit Einspritzmotor (auf Fiat-Ritmo-Basis) ausgestellt worden war, folgte auf dem Autosalon von Barcelona Anfang Mai 1985 als eigentliche Neuheit der Malaga. Er ersetzte den Seat 131 und war eine viertürige Stufenheckableitung des Ronda, besaß aber eine eigene, steilere Front. Bei der Entwicklung waren die gleichen Firmen wie bei der Kreation des Ibiza mit von der Partie gewesen. Während das Fahrwerk noch die Fiat-Abstammung verriet, trugen die Motoren (mit Ausnahme des 1,7-l-Dieselaggregates) und die 5-Gang-Getriebe den Porsche-Stem-

Seat

Seat Marbella Sprint, 1989

Seat Ibiza Disco, 1990

pel. Der Malaga war 26 cm länger als der Ronda und bot einen Kofferraum von 455 dm^3 Inhalt.

Ibiza Junior. Auf dem Salon von Brüssel wurde im Januar 1986 ein preisgünstiger Ibiza Junior mit 903-cm^3-OHV-Motor früheren Fiat-Konzepts gezeigt.

Seit Oktober 1985 war zwischen Spaniens Präsident Felipe Gonzales und dem VW-Vorsitzenden Carl Hahn verhandelt worden: Es ging um den Mehrheitsanteil am Seat-Kapital, einen Schuldenabbau bis 1990 und einen Abbau um 4500 Stellen bis 1989 (Ziel 1990: noch 18'500 Arbeitsplätze). Im Februar 1986 genehmigte der VW-Aufsichtsrat in Wolfsburg den Vorschlag des Vorstandes. VW übernahm demnach 51 Prozent des Seat-Kapitals, das gleichzeitig beträchtlich aufgestockt wurde. Noch im gleichen Jahr kamen nach Plan weitere 24 Prozent hinzu und bis Ende 1990 die restlichen Kapitalanteile. Langfristig wurde eine spanische Jahresproduktion von 270'000 Seat und 130'000 VW vorgesehen. Bereits Ende 1985 hatte sich die spanische Regierung zur Übernahme der riesigen Seat-Schulden bereit erklärt. Kernstück der vorgesehenen Investitionen war der Bau eines Autowerks bei Barcelona

Ibiza fünftürig. Mit der im Oktober 1986 auf dem Salon von Paris vorgestellten fünftürigen Version des Ibiza konnte das Marktvolumen deutlich ausgeweitet werden. – Anderseits konnte man nun die Produktion des Ronda per Ende Jahr auslaufen lassen.

Marbella 1987. Nachdem die Modellbezeichnung Panda schon zum Modelljahr 1986 ganz von dem Namen Marbella abgelöst worden war, überarbeitete Seat auch den optischen Auftritt dieses Modells. Ende 1986 lief der Vertrag mit Fiat ab, und um einem Weiterzahlen von Lizenzgebühren zu entgehen, musste dieses Fahrzeug nun „anders“ aussehen: Es erhielt u. a. einen niedrigeren Kühlergrill, eine Beplankung der unteren Flankenteile und ein geändertes Heckdesign mit neuem Heckklappenausschnitt. Auch der Motor und der Innenraum (mit neuen Sitzen) wurden leicht geändert. – Der Terra wurde zu einem Derivat des Marbella. Es handelte sich bei ihm inzwischen nicht mehr um ein Freizeit-, sondern um ein Hochdachfahrzeug für Gewerbe und Familie.

Auf dem Autosalon von Barcelona im Mai 1987 wurde der Malaga mit 1,5-l-Motor in einer auf 100 PS gebrachten Version mit Einspritzung gezeigt (mit Katalysator weiterhin 90 PS). Das neue Topmodell Malaga Premier mit Veloursstoff, Klimaanlage und Heckspoiler war auch für den Export vorgesehen. – *Anfang 1988 entschied Volkswagen, das geplante neue Seat-Werk in Martorell bei Barcelona zu errichten.*

Ibiza 1989. Ab Januar 1989 zeigten sich die Ibiza mit vier horizontalen Kühlergrilllamellen samt vergrößertem Markenemblem. Aufhängungen, Lenkung, Bremsen und 5-Gang-Getriebe waren verfeinert worden. Armaturenbrett und Bedienungshebel waren ergonomischer gestaltet, und die Sitze besaßen Schaumstoffeinlagen und neue Überzüge. – Im Herbst 1989 erfuhr auch der Malaga die Anfang Jahr beim Ibiza eingeführten Verbesserungen hinsichtlich Fahrwerk und Innenraum.

1990 wurde der 1,2-l-Motor des Ibiza ebenfalls mit der LU-Jetronic-Multipoint-Einspritzung von Bosch erhältlich. Da gleichzeitig die Verdichtung von 9,5:1 auf 10,8:1 angehoben worden war, ergab sich ein Leistungssprung auf 70 PS. Für die Hubraumklasse ergaben sich damit ansprechende Fahrleistungen: 0–100 km/h in 14,5 s, Spitze 157 km/h, Durchschnittsverbrauch 6,8 l/100 km.

Ende 1990 wurde Seat plangemäß vollumfänglich vom Volkswagenkonzern übernommen.

Seat	Bauart	Mot.	Getr.	R/L cm	Baujahre
Panda	**Fr.**	**a/b**	**4**	**216/338**	**1980–85**
127		**c/d**		**222,5/359,5**	**1980–81**
127 Fura		**c–e**	**4/5**	**222,5/371**	**1981–85**
Motoren:	*Zyl.:*	*N'w.:*	*cm³:*	*PS/'min:*	*Nm/'min:*
a (*Export 1982/83)	4	OHV	843	35/5600/34*/5800	57/3000/59/2800
b			903	45/5600/42/5800	64/3000
c				43/45/5600/42/5800	60/64/3000
d (–1982)			1010	52/5800	75/3100
e (Crono 1982–)			1438	75/5600	113/3000
Marbella (*1986–)	**Fr.**	**a–c**	**4/5**	**216/338/347,5***	**1985–90**
a (1986– +*1986/87)	4	OHV	843	34/5600/40*/5400	56/2800/66/3000
b (–1986)			903	42/5800/45/5600	64/3000
c (1986/87 *87– **89–)				39/40*/5800/5400**	60/3000
Ibiza	**Fr.**	**a–g**	**4/5**	**244,5/364**	**1984–90**
Motoren:	*Zyl.:*	*N'w.:*	*cm³:*	*PS/'min:*	*Nm/'min:*
a (Junior 1985– *'89–)	4	OHV	903	44/5800	64/3000/56/63*/3'
b (*1988– +**1989–)		OHC	1193	63/5800/60/60K**	88/86*/35'/81**/4
c (+*1986–89)	4/4i*		1461	85/5600/90K*/6000	116/3500/119/5000
d (1989–)	4			90/6000/85K/5600	120/4000/116/3500
e (SXI 1986–89)	4i			100/5900/90K/6000	128/4700/119/5000
f (SXI 1989–)					128/4700/120/3900
g	4D		1714	55/4500	98/92/89/3000
Ritmo	**Fr.**	**a–c**	**4/5**	**245/394**	**1980–82**
Motoren:	*Zyl.:*	*N'w.:*	*cm³:*	*PS/'min:*	*Nm/'min:*
a	4	OHV	1197	64/5800	92/3000
b			1438	77/5600	113/2800
c (1981–)	4D	OHC	1714	55/4500	98/3000

Seat	Bauart	Mot.	Getr.	R/L cm	Baujahre
Ronda	**Fr.**	**a–g**	**4/5**	**245/401**	**1982–86**
a (–1984)	4	OHV	1197	65/5800/64	92/3000
b (1984–)		OHC	1193	63/5800/60	88/3500
c (–1984)		OHV	1438	75/5600	113/3000
d (1984–)		OHC	1461	85/5600	116/3500
e (Crono –1984)		DOHC	1592	95/6000/93	122/4000
f (Crono 1984/85)			1995	120/5800	172/3000
g (1984–)	4D		1714	55/4500	98/3000
Malaga	**Fr.**	**a–e**	**4/5**	**244,5/427,5**	**1985–90**
Motoren:	*Zyl.:*	*N'w.:*	*cm³:*	*PS/'min:*	*Nm/'min:*
a (+*1986–88 **1989–)	4	OHC	1193	63/60/60K**/5800	88/86*/35'/81**/4
b (+*1986–89)	4/4i*		1461	85/5600/90K*/6000	116/3500/119/5000
c (1989–)	4			90/6000/85K/5600	120/4000/116/3500
d (1988– +*1989–)	4i			100/5900/90K/6000	128/4700/120/3900
e	4D		1714	55/4500	98/89/3000
131/Supermirafiori	**St.**	**a–f**	**4/5/A3**	**249/423**	**1980–83**
131			**5/A3**		**1983–85**
Motoren:	*Zyl.:*	*N'w.:*	*cm³:*	*PS/'min:*	*Nm/'min:*
a (–1982)	4	OHV	1438	75/5400	111/3400
b		DOHC	1592	95/6000	126/4000
c (–1982)			1920	114/5800	157/3000
d (1982–)			1995	113/5600	167/3600
e (–1982)	4D	OHV	1760	49/4000	104/2200
f (1981–)			2445	72/4200	147/2400
132	**St.**	**a/b**	**5/A3**	**255,5/439**	**1980–82**
Motoren:	*Zyl.:*	*N'w.:*	*cm³:*	*PS/'min:*	*Nm/'min:*
a	4	DOHC	1920	109/5800	151/3000
b	4D	OHC	2197	60/4200	126/2400

Shanghai

Von den Automobilwerken Shanghai in der chinesischen Volksreplik wurde auch in den 80er Jahren noch eine Mittelklasselimousine gebaut, deren Pavillon an den Mercedes-Benz 220 der 50er Jahre erinnerte.

SH 760 A. Aus dem von 1960 bis 1973 gebauten Feng Huan alias Phoenix war 1974 der Shanghai 760 mit Chrombalkenfront geworden. Beim SH 760 A der 80er Jahre zeigte sich der Kühlergrill stark modernisiert: horizontale Chromgitterstäbe waren zwischen Rechteckscheinwerfern eingebettet und dieses gesamte Gesicht von einem feinen Chromrahmen umrandet. Der Sechszylindermotor mit 2230 cm^3 Inhalt und 90 PS Leistung bei 4800/min ließ noch auf die Mercedes-Ursprünge zurückschließen. Die weiteren technischen Eigenheiten der fünfsitzigen Limousine bestanden in einem 4-Gang-Getriebe und einer hinterer Starrachse mit Blattfedern (Radstand 283 cm, Länge 486 cm, Leergewicht 1455 kg).

Zur Jahreswende 1982/83 wurde publik, dass → Volkswagen nach dreijährigen Verhandlungen mit der Shanghai Tractor and Automobile Corporation einen Vertrag für die Montage von vorerst 500 Santana abschließen werde. Ab 1984 wurde ein Jahresausstoß von 20'000 Einheiten angestrebt, wobei die Einzelteile allmählich vor Ort entstehen sollten. So schnell ging es mit der Santana-Herstellung dann allerdings nicht voran. Mitte 1984 erfolgte aber immerhin der Auftrag für eine Anschlusslieferung von 2000 weiteren Santana-Montagesätzen. 1989 erreichte der Ausstoß 15'700 Santana, und als im April 1990 von der Shanghai-Volkswagen Automotive Company Ltd neue Fabrikanlagen für die Fertigung von jährlich 60'000 VW Santana und von 100'000 Motoren in Betrieb genommen wurden, war dieses Joint-Venture-Unternehmen endgültig zu Chinas erstem großen Pkw-Hersteller avanciert.

Shanghai SH 760 A, ca. 1980

Sipani

Ab 1983 machte sich die im indischen Bangalore niedergelassene Sipani Automobiles Limited daran, den Nachfolger des → Reliant Kitten herzustellen. Dieses als Sipani Dolphin bezeichnete Kleinauto war auf der Birmingham Motor Show 1982 vorgestellt worden.

Dolphin. Vom Kitten unterschied sich der Dolphin in erster Linie durch einen geänderten Kühlergrill, der aus schwarzem Kunststoffmaterial mit horizontalen Luftschlitzen und eingebetteten Rechteckscheinwerfern bestand. Außer als dreitürige Steilhecklimousine sollte er auch in der dreitürigen Kombiform gebaut werden, und es war vorerst ein jährlicher Ausstoß von 3600 Stück geplant.

Bei 214,5 cm Radstand war der Dolphin-Viersitzer 332,5 cm lang. Er war der kleinste in Standardbauweise hergestellte Pkw (abgesehen von Kleinstmobilen). Seine Kunststoffkarosserie wurde auf einen Profileisenrahmen montiert. Beim Antriebsaggregat handelte es sich um den von Reliant entwickelten 848-cm^3-OHV-Motor mit Leichtmetall-Zylinderblock und -kopf, der in Indien auf 39 statt 41 PS kam (Verdichtung von 9,5:1 auf 8,5:1 zurückgenommen) und mit einem 4-Gang-Getriebe gekuppelt war.

Montana. Nachdem der Dolphin 1987 einen Jahresausstoß von 250 Exemplaren erreicht hatte, wurde ihm 1988 das Modell Montana mit vier Seitentüren zur Seite gestellt (Modelle 2D und 4D), und alsbald wurde nur noch der Sipani Montana gebaut, bei dem es sich technisch weiterhin um ein Derivat des Reliant Kitten handelte, auch wenn das Design etwas kantiger gehalten war. Der monatliche Ausstoß war inzwischen auf 100 Einheiten angestiegen, aber noch keineswegs rentabel. Ab 1989 war der Sipani Montana alternativ mit einem 0,9-l-Dreizylinder-Dieselmotor von Mitsubishi zu haben.

Sipani Montana, 1990

Sipani Dolphin, 1983

Sipani	Bauart	Mot.	Getr.	R/L cm	Baujahre
Dolphin	**Pr'r.**	**a/b**	**4**	**214,5/332,5/334,5**	**1984–89**
Montana				**214,5/344/348**	**1988–90**
Motoren:	*Zyl.:*	*N'w.:*	*cm^3:*	*PS/'min:*	*Nm/'min:*
a (*1989–)	4	OHV	848	39/41*/5500	63/3500
b (1989–)	3D	OHC	901	20/2700	52/1600

Skoda

Erste Personenwagen des Industriekonzerns Skoda hatte es ab Mitte der 20er Jahre als Lizenzfabrikat der Hispano-Suiza-Luxuswagen gegeben. 1925 erfolgte der Zusammenschluss mit der Marke Laurin & Klement, deren Konstruktionen fortan ebenfalls Skoda hießen. In der Nachkriegszeit waren die im tschechischen Mlada Boleslav (einst Jungbunzlau, 60 km von Prag entfernt) angesiedelten Skoda-Autowerke die größten Automobilhersteller Osteuropas. 1964 wurde mit dem Modell 1000 MB auf eine Heckmotorkonstruktion umgestellt, wenngleich der Trend damals bereits Richtung Frontantrieb lag. Im Modelljahr 1981 gab es die stets noch auf dem 1000 MB basierenden Modelle 105, 110 R Coupé und 120.

105 / 120. Diese in schlichter Pontonform gehaltenen viertürigen Limousinen wurden seit Oktober 1976 gebaut. Sie hatten ein zwischen Doppelscheinwerfern eingebettetes Kühlergitter, denn der Kühler war damals aus dem Heck nach vorne verlegt worden, was die Hecklastigkeit verminderte. Die um 30 Grad nach rechts geneigt im Heck eingebauten OHV-Motoren mit Gusszylinderkopf und Leichtmetallblock besaßen einen Hubraum von 1046 cm^3 (Typ 105) bzw. 1174 cm^3 (120). Der 46 PS leistende kleinere Motor wurde in den Modellen 105, 105 S und 105 L eingebaut, der größere im 120 L (mit 52 PS) bzw. im 120 LS, GLS und LSX (mit 58 PS). Der Kraftübertragung diente ein 4-Gang-Getriebe. Vorn wurden Trapez-Dreieckquerlenker, hinten eine Pendelachse mit Längsschubstreben verwendet. Die Lenkung arbeitete mit Spindel und Mutter. Eine nette Besonderheit war der nach links öffnende Kofferdeckel auf der Fronthaube. Hinter der Fondbank gab es ein zusätzliches Kofferabteil. In Großbritannien wurde der Skoda 105 (ab 1981) unter der Modellbezeichnung Super Estelle kommerzialisiert.

110 R Coupé. Im Sommer 1970 war auch ein vergleichsweise rassig geformtes 2+2-sitziges Fastbackcoupé hinzugekommen. Es besaß einen 1107-cm^3-Motor mit 52 PS, doch war auch eine Rallye-Version mit Weber-Doppelvergaser und 73 PS erhältlich. Durch ihre abgemagerte Ausrüstung kam sie auf ein Leergewicht von nur 830 statt 880 kg.

Skoda 130 R, 1985

Skoda Favorit 136 L, 1989

Wie auf dem Genfer Salon 1981 erwähnt wurde, hatten die Skoda (teils seit 1978) zahlreiche Verbesserungen erfahren: die Reifengröße wurde von 14 auf gebräuchliche 13 Zoll verkleinert, ein Ausschäumen der Hohlräume mit Plastisol zwischen den Trennwänden und dem Motorraum sorgte für ein vermindertes Innengeräuschniveau, Getriebe- und Kupplungsgehäuse waren kräftiger konstruiert, der Anlasser wurde mit einem Relais versehen und die Heizleistung war verbessert worden.

105 / 120 1982. Im Herbst 1981 erfuhren die Skoda ein Face-lift: Neue, mit einer feinen Bugschürze kombinierte Stoßstange, teils Rechteckscheinwerfer, größere Schlussleuchten und eine neue Heckstoßstange, auch sie aus schwarzem Kunststoff.

Coupé Rapid/Garde. Auf der London Motorfair 1982 wurde das Coupé in technisch verjüngter Ausführung mit einer hinteren Schräglenkeraufhängung, einem überarbeiteten Getriebe und Zahnstangenlenkung vorgestellt. Die Luftschlitze unterhalb des hinteren Dachträgers waren verschwunden und es gab eine neue Zierleiste an den Flanken. Als Motor diente das 1174-cm^3-Aggregat mit Registervergaser und 58 PS. Je nach Exportland wurde das Coupé als Rapid oder als Garde bezeichnet. Neu war zudem eine sechsjährige Rostschutzgarantie. – Auch die Limousine 120 wurde fortan mit einer Zahnstangenlenkung und breiterer Spur ausgestattet.

Auf der IAA Frankfurt im September 1983 wurden die Skoda mit einer leicht geänderten Front ausgestellt: Die Blinker schlossen sich nun seitlich an die Scheinwerfer an und waren in die Karosserieecken integriert.

130 L / 130 R. Auf dem Salon von Paris wurde im Oktober 1984 die neue 1,3-l-Motorenreihe gefeiert. Mit diesem 62 PS leistenden 1289-cm^3-OHV-Motor trugen die stärksten Skoda die Bezeichnungen 130 L und 130 R (Coupé Rapid). Sie wurden ausschließlich mit 5-Gang-Getriebe ausgerüstet. Das Coupé zeigte nun die gleiche Kühlerfront, wie sie bei den Limousinen bereits auf der IAA 1983 eingeführt worden war.

Auf der Brünner Messe im Herbst 1986 kam der 130 GL hinzu. Zudem wurde ein neuer Zylinderkopf für bleifreies Benzin und der Einbau eines Katalysators – zunächst vor allem für den kanadischen Markt – in Aussicht gestellt. Zudem hieß es, dass in einem Jahr der frontgetriebene Skoda 781 Premiere feiern werde.

Favorit. Der seit langem erwartete neue Skoda mit Frontantrieb wurde im September 1987 auf der Internationalen Maschinenbaumesse von Brünn vorgestellt, auch wenn der Produktionsbeginn erst auf 1988 angesetzt war. Er trug die Bezeichnung Favorit und präsentierte sich als zeitgemäße fünftürige Heckklappenlimousine mit keilförmig ansteigender Front und Schrägheck. Das Design stammte von → Bertone (das italienische Studio hatte Skoda auch weit modernere Formen vorgeschlagen), und der Luftwiderstandsbeiwert wurde mit cw 0,36 angegeben. Mit einem Radstand von 245 cm und einer Länge von 381,5

Skoda 120 L, 1982

Skoda 136 Cabriolet Lux, 1989

cm rangierte der neue Skoda größenmäßig zwischen VW Polo und Golf. Der Kofferraum ließ sich von 251 dm3 auf 1038 dm^3 vergrößern.

Der aus den Heckmotor-Skoda bekannte 1289-cm^3-Vierzylinder mit Leichtmetallblock und Graugusskopf sowie seitlicher Nockenwelle wurde im Favorit zusammen mit einem 5-Gang-Getriebe vorne quer eingebaut und leistete mit Doppelvergaser 62 PS. Vorn fanden McPherson-Federbeine und Dreieckquerlenker Verwendung, hinten eine Torsionskurbelachse (Längslenker, Achsrohr, Federbeine, Querrohr als Stabilisator). Für den Spurt auf 100 km/h wurden 14 s benötigt und als Spitze wurden 150 km/h angegeben. Der ECE-Verbrauch stand mit 5,2/7,2/7,4 l/100 km zu Buche.

135 und 136. Die Auswahl an Heckmotor-Skoda wurden indessen für 1988 noch ausgebaut: Die Varianten 135 und 136 besaßen beide den 1289-cm^3-Motor, doch wurde dessen Zylinderkopf nun (angeblich) aus Leichtmetall hergestellt und die Leistungsdaten entsprachen jenen des Favorit. Auch das Armaturenbrett wurde für diese Modelle erneuert. – In England wurde das Coupé Rapid inzwischen auch zum Cabriocoupé (im Sinne einstiger Cabriolimousinen) gewandelt.

Für den Favorit benötigte Skoda aber eine modernere Motorkonstruktion, um auch im Westexport konkurrenzfähig zu sein. Unter den Verhandlungspartnern kam dem Volkswagenwerk alsbald die Favoritenrolle zu, zumal Bundeskanzler Kohl bei einem Staatsbesuch in Prag eine großzügige Unterstützung des geplanten Motorenengagement von VW in Aussicht stellte.

Rapid 135i. Ab Herbst 1988 stand ein Rapid mit Einspritzmotor und Dreiwegkatalysator zur Verfügung (1289 cm^3, 56 PS). Er erhielt einen neuen Grill mit drei horizontalen Chromstäben. – Zudem entstand ein Favorit Sport für den Rallye-Einsatz (nach Gruppe A, zwei Weber-Doppelvergaser, 120 PS).

125 L. Im März 1989 wurde als letzte Neuerung in der Heckmotor-Modellserie der 125 L herausgebracht: Er war ein überarbeitetes Modell 120 (das mit 1174-cm^3-Motor noch bis Sommer im Programm stand), jedoch mit 5-Gang-Getriebe und der Hinterachse des 130. Optisch unterschied sich die Modellreihe 120 des letzten Modelljahrs durch einen geänderten Kühlergrill. Die Produktion der Modelle 105 und 130 war bereits eingestellt worden.

Favorit 1990. Im Herbst 1989 wurde bekannt, dass der Favorit mit dem weiterentwickelten Skoda-eigenen Motor und nicht mit einem von VW, Citroën oder gar in Japan gekauften Antriebsaggregat ausgerüstet werde. Gleichzeitig wurden auf der Brünner Maschinenbaumesse die zusätzlichen Varianten 136 LS (bessere Ausstattung), 135 Le (mit geregeltem Dreiwegkatalysator und elektronisch gesteuertem Pierburg-Vergaser) und 115 S (mit 1137-cm^3-Motor, 52 PS) eingeführt. Mit Ausnahme des Coupés lief die Produktion der Heckmotormodelle Ende 1989 aus.

Nach der großen politischen Wende von 1989 brachte die von dem neuen tschechoslowakischen Staatspräsidenten Vaclav Havel erlassene Amnestie Anfang 1990 Teilen der Industrie und in besonderem Maße Skoda Probleme: Dass (politische) Häftlinge in CSSR-Fabriken arbeiteten war bekannt, nicht aber, dass allein bei Skoda in Mlada Boleslav rund 1600 solche Arbeiter unter besonders harten Bedingungen beschäftigt wurden. Nach der Amnestie, die den Ausfall von etwa 10 Prozent der Belegschaft brachte, konnte Skoda nur noch im Einschichtbetrieb produzieren. Es musste eine riesige Anwerbekampagne gestartet werden und es wurde versucht, einen Teil der Häftlinge zum Verbleib zu überreden.

Ab Frühling 1990 führte Skoda Joint-Venture-Gespräche mit Volkswagen, General Motors, BMW, Ford, Renault, Fiat, Mercedes-Benz sowie Yamaha und Kawasaki. Es wurde bestritten, dass VW der „Favorit“ sei und unterstrichen, dass Skoda eine Mehrheitsbeteiligung anstrebe. In Frage kamen am Schluss noch Volkswagen und Renault. Anfang Dezember 1990 entschied sich die Regierung der tschechischen Teilrepublik auf Grund des besseren Angebotes die Verhandlungen mit VW fortzuführen und darauf die Autofabrik Skoda in eine Aktiengesellschaft zu wandeln. – 1994/95 wurde der Volkswagenkonzern Mehrheitseigner von Skoda.

Skoda	Bauart	Mot.	Getr.	R/L cm	Baujahre
105 – 120 (*1983–)	**H.**	**a/d**	**4/5**	**240/416/420***	**1980–89**
110 R Coupé / Coupé		**b–d**		**240/415,5/420**	**1980–84**
130 L / Rapid 130/136		**e**	**5**	**240/420**	**1984–89**
Motoren:	*Zyl.:*	*N'w.:*	*cm³:*	*PS/'min:*	*Nm/'min:*
a (–1988)	4	OHV	1046	46/4800	75/3000
b (–1981)			1107	52/4650	86/3500
c (Rallye –1981)				73/6000 (brutto)	91/4500
d (*–1988)			1174	58*/5200/52/5000	90/3250/85/3000
e (*1988–)			1289	62/5000	103/2850/100*/30'
Favorit	**Fr.**	**a-c**	**5**	**245/381,5**	**1988–90**
Motoren:	*Zyl.:*	*N'w.:*	*cm³:*	*PS/'min:*	*Nm/'min:*
a (115 1989–)	4	OHV	1137	52/5200	80/4000
b (136 L)			1289	62/5000	100/3000
c (135 L)				58/55K/5000	94/3000

Sta. Matilde

Gegründet worden war diese Marke Ende 1977 von der in Rio de Janeiro niedergelassenen Cia Industrial Sta. Matilde, einer Industriegruppe der Metallverarbeitung mit Fabriken in mehreren Staaten Brasiliens.

SM 4.1. Das 2+2-sitzige sportliche Coupé Sta. Matilde SM 4.1 basierte auf einem Kastenrahmen mit Traversen. Die Kunststoffkarosserie mit Fastback fiel durch das Kühlergesicht mit schräggestelltem Rahmen auf, in den zwischen Doppelscheinwerfern ein schlichtes Gitter senkrecht eingefügt war. Die Mechanik stammte von → Chevrolet Brasil: 4,1-l-Sechszylinder-Reihenmotor mit seitlicher Nockenwelle und 127 PS Leistung (gut für Benzin mit einer Mindestoktanzahl von 72 ROZ). Mit dem Modelljahr 1981 kam ein ebenfalls von Chevrolet stammender 2,5-l-Vierzylindermotor hinzu, der auf Äthylalkohol ausgelegt war und 88 PS leistete. Auf Wunsch wurde ein Abgasturbolader eingebaut. Das Fahrwerk umfasste vorne obere Trapez-Dreieckquerlenker und untere einfache Querlenker mit elastisch gelagerter Zugstrebe, hinten eine Starrachse mit Längs- und Querlenkern. Die Servolenkung funktionierte mit Schnecke und Rolle.

SM 4.1 1984. Im Verlaufe des Jahres 1983 erhielt der Sta. Matilde eine modernisierte Karosserie. Mit dem um 5 auf 242 cm verlängerten Radstand und dem um 7 auf 425 cm gestreckten Aufbau wirkte das Design eleganter. Der Rahmen von Kühlergrill und Doppelscheinwerfern stand nun senkrecht, die Motorhaube war ohne Aufsatz ausgeführt und das zweite Seitenfenster lief hinten spitz aus. Vor allem aber gab es neu eine besonders attraktive Cabrioletausführung.

Dennoch blieb der Sta. Matilde stets ein sehr kleines Außenseiterfabrikat, dessen Jahresproduktion sich im Bereiche von 40 bis über 100 Stück bewegte; im August 1987 wurde die Produktion eingestellt.

Sta. Matilde SM 4.1, 1984

Sta. Matilde	Bauart	Mot.	Getr.	R/L cm	Baujahre
SM 4.1	**K'r.**	**a/b**	**4/5**	**237/418**	**1980–83**
		c	**4/5/A3**	**242/425**	**1983–87**
Motoren:	*Zyl.:*	*N'w.:*	*cm3:*	*PS/'min:*	*Nm/'min:*
a	4	OHV	2471	88A/4200	198/2400
b (*1982–)	6		4093	128/3800/116*/4000	273/2200/261/2200
c				127/4400/122A/4000	273/2200/265/2500

Standard	Bauart	Mot.	Getr.	R/L cm	Baujahre
Gazel	**K'r.**	**–**	**4**	**232/397**	**1980–84**
Motor.	4	OHV	948	35/4800	65/2400
2000	**St.**	**–**	**4**	**281,5/470**	**1988–90**
Motor.	4	OHV	2061	83/4250	147/2500

Standard

Neben Hindustan und Premier war Standard die dritte Pkw-Marke Indiens. Die Marke Standard hatte von 1903 bis 1963 in England existiert; zuletzt war sie mit Triumph liiert gewesen. In Indien fand sie in Form der Standard Motor Products of India Ltd in Madras eine Renaissance.

Gazel. Dieses Modell war 1973 herausgebracht worden und war eine Ableitung des Triumph Herald, wie er in England bis 1971 gebaut worden war. Im Unterschied zu diesem besaß es eine viertürige Karosserie, und die Front erinnerte an den Triumph Vitesse, jedoch ohne Doppelscheinwerfer. Zudem waren die Peilstege beidseits des Kofferraums einer glattflächigen Ausführung gewichen. 1978 kam ein ebenfalls 5/6-sitziger fünftüriger Station Wagon dazu.

Wie in den einstigen Standard-Kleinwagen bescheidete sich der Hubraum des OHV-Vierzylindermotors mit 948 cm^3 und 35 PS Leistung. An den Herald erinnerte auch das Kastenrahmenchassis mit kräftigem Mittelträger (vorne übereinanderliegende Dreieckquerlenker, hinten Pendelachse mit Längsschubstreben; Vierrad-Trommelbremsen).

Nachdem die Produktion 1974 noch rund 1650 Einheiten erreicht hatte, fiel sie stark ab und betrug in den 80er Jahren nur noch wenige Exemplare; 1984 verlautete aus Madras, dass sich in Zusammenarbeit mit der Austin Rover Group ein neues Modell in Vorbereitung befinde, bei dem es sich offenbar um den in England aufgegebenen Morris Ital handelte.

2000. Was dann 1988 anlässlich einer „Wiedergeburt" der Marke Standard unter der schlichten Bezeichnung 2000 vorgestellt wurde, war allerdings eine Überraschung: Der Standard 2000 entsprach nämlich dem früheren Rover-Modell der Serie SD-1 mit Fastback und Heckklappe. Damit stand die Produktion des größten und luxuriösesten indischen Pkw an. Allerdings wurden nur ein Vierzylindermotor mit seitlicher Nockenwelle, 2061 cm^3 Inhalt und 83 PS Leistung sowie ein 4-Gang-Getriebe eingebaut. – *1992 wurde jede Herstellung endgültig eingestellt.*

Standard Gazel Station Wagon, 1981

Stimula

De la Chapelle

Auf dem Genfer Salon 1978 hatte die wiedergeborene Marke Stimula ihre erste Aufwartung vor der Öffentlichkeit gemacht. Es handelte sich um eine Replikakonstruktion, die allerdings nicht die von 1905 bis 1914 gebauten Original-Stimula zum Vorbild hatte, sondern den ab 1931 gebauten Bugatti Type 55. Es war Xavier de la Chapelle, ein Enkel der einstigen Stimula-Hersteller De la Chapelle Frères, der die Initiative zu diesem Nachbau ergriffen hatte.

Freilich war der neue Stimula nur optisch eine Kopie des legendären Bugatti Type 55, der einer der großartigsten Sportzweisitzer der Zwischenkriegszeit gewesen war. Das erste Exemplar des Stimula 55 war noch türlos, aber bald erhielten die Kunststoffkarosserien dieses Roadsters tief ausgeschnittene Türen. Als Unterbau diente ein mit Blechen verstärkter Rohrrahmen. Bei der Mechanik handelte es sich natürlich nicht um einen Reihen-Achtzylinder, wie er den Bugatti eigen war, sondern um einen Sechszylinder mit 2,5 oder 2,8 L Inhalt aus dem Opel Commodore.

55 Série II. Im Sommer 1980 wurde von der Firma Stimula Automobiles Sarl in Lyon die zweite Serie des Stimula 55 eingeführt. Sie basierte wie die Erstauflage auf einem Rohrrahmenchassis mit vorderer Einzelradaufhängung und hinterer Starrachse (wie bei den → Opel Rekord und Commodore), doch war der Radstand von 250 auf 280 cm verlängert worden. Der aus GfK mit Metallverstärkungen bestehende Aufbau war weiterhin zweisitzig ausgelegt. Die Käufer konnten zwischen den verschiedenen Sechs- und auch Vierzylindermotoren aus dem Opel-Regal wählen. Mit einem Leergewicht von 950 kg stand etwa mit dem 115 PS leistenden 2,5-l-Sechszylindermotor ein ansprechendes Leistungsverhalten zur Verfügung. Der Stimula 55 wurde übrigens im Einvernehmen mit General Motors France gebaut.

Schon in der Grundausstattung erhielt der Stimula ein poliertes Aluminiumarmaturenbrett (à la Bugatti) mit sämtlichen üblichen Sportinstrumenten, ein mit Leder eingefasstes Lenkrad mit vier Aluminiumspeichen, eine nach vorne umlegbare Windschutzscheibe mit drei kurzen Scheibenwischern, eine zweifarbige Karosserielackierung, Speichenräder und ein Stoffverdeck. Gegen Aufpreis gab es die berühmten Bugatti-Grand-Prix-Räder mit breiten Aluspeichen, ein Nussholz-Lenkrad Typ Bugatti, ein Nussbaum-Armaturenbrett, ein Lederinterieur, eine Cockpit-Abdeckung, Heizung und sogar eine automatische Kraftübertragung. Die Lieferfrist wurde mit acht Monaten angegeben.

Dann, auf dem Genfer Salon 1981, überraschte Stimula erneut mit konzeptionellen Änderungen: Nicht nur hatte der Type 55 eine BMW-Mechanik, nämlich wahlweise die Motoren aus den BMW 320 oder 323i, erhalten, er basierte nun auf einem Zentralträgerchassis mit vorderer und hinterer Einzelradaufhängung in Form von oberen und unteren Dreieckquerlenkern. Für die Konstruktion dieses Unterbaus hatte man Jacques Hubert verpflichtet, der von Matra ein gerütteltes Maß an rennsportlicher Erfahrung mitbrachte. Man sprach nun vom Anlaufen einer substanziellen Serienproduktion, und gleichzeitig wurde mit dem Star 55 eine Kinderversion lanciert: 48-cm^3-Sachs-Motor, 40 km/h schnell und 207 cm lang.

Bugatti 55 de la Chapelle. Auf dem Genfer Salon 1985 verlautete, dass der Stimula 55 inzwischen in 30 Exemplaren gebaut worden sei. Das 950 kg wiegende Offenauto mit Zentralträgerchassis wurde in der Regel mit der Mechanik des BMW 323i ausgestattet. *Anstatt mit dem Stimula-Markenzeichen konnte man den Typ 55 jetzt auch mit dem Original-Bugatti-Markenzeichen erstehen. Wie Hersteller Xavier de la Chapelle versicherte, hatte er hierzu die Einwilligung der Société Messier Hispano Bugatti erhalten. (Im Jahr darauf wurden dann allerdings die Voraussetzungen für eine Wiedergeburt der Marke → Bugatti auf ganz anderer Ebene geschaffen!) Zudem wurde eine Replika im Stile der Bugatti-Typ-57-Coupés geplant.*

Ab dem Salon von Paris im Oktober 1986 galt der Motor des BMW 325i als Standardkraftquelle. Die Kotflügel waren nach einstigen Entwürfen von Jean Bugatti umgeformt worden, und gegen Aufpreis wurde ein Hardtop mitgeliefert. – Dem 207 cm langen hochfeinen Kinderauto Bugatti 55 Junior (inzwischen mit 110-cm^3-Honda-Motor) wurde 1986 ein BMW 328 Junior zur Seite gestellt: 224 cm lang und mit 150-cm^3-Viertaktmotor von Honda.

De la Chapelle Auf dem Genfer Salon 1988 wurde bekanntgegeben, dass die bisherigen Markenbezeichnungen allmählich durch De la Chapelle abgelöst würden. In der jüngsten Version erhielt der De la Chapelle (Typ Bugatti) 55 auch hintere Scheibenbremsen. Zudem wurde in Genf das überarbeitete Zentralrahmenchassis für die zusätzliche Version De la Chapelle 55 S (Typ Sport) gezeigt: neue Hinterradaufhängung mit doppelten Stoßdämpfern (von der Rennequipe des Ex-Rondeau-Teams entwickelt), „Spaghetti"-Auspuff von TZ. 1987 waren acht dieser exklusiven Replikas gebaut worden, 1988 entstand monatlich ein Exemplar.

De la Chapelle Type 55 Tourer. Zum Genfer Salon 1990 brachte De la Chapelle als Neuheit den 2+2-sitzigen Type 55 Tourer mit verlängertem Cockpit heraus, der zusätzlich zwei Kindersitze oder einen dritten Platz für Erwachsene bot. Der Innenraumgewinn ging allerdings zu Lasten des Kofferraums, der beim Tourer in klassischem Stil ans Heck angefügt wurde. – *Übrigens besaß nun die Primwest-Gruppe die Kapitalmehrheit sowohl von De la Chapelle wie von der ebenfalls französischen Sportwagenmarke → MVS, wobei Xavier de la Chapelle mit der Oberaufsicht betraut wurde. Die Marke De la Chapelle existierte noch bis 1993.*

Stimula 55 Série II, 1982

De la Chapelle Type 55 Tourer + Roadster, 1990

Stimula	Bauart	Mot.	Getr.	R/L cm	Baujahre
Réplica 55 Série II	**R'r.**	**a**	**4**	**280/410**	**1980/81**
	Z'tr.	**b/c**	**5**		**1981–87**
De la Chapelle II/III		**d**			**1987–90**
Motoren:	*Zyl.:*	*N'w.:*	*cm³:*	*PS/'min:*	*Nm/'min:*
a	4/6	OHC	1698–2490	60–115+	–
b	6i		1991	125/5800	170/4000
c			2316	139/5300	205/4000
d			1991–2693	129–210	–

Stutz

Die amerikanische Marke mit dem (Schweizer) Namen Stutz hatte es von 1912 bis 1935 gegeben, und sie hatte zu den berühmtesten Fabrikaten Amerikas gezählt. Die Anfang 1970 von James D. O'Donnell am New Yorker Broadway neu ins Leben gerufene Stutz Motor Car of America Inc. stand allerdings in keiner Beziehung zu den ursprünglichen Stutz-Autos; O'Donnell hatte bloß die Namensrechte erworben.

Blackhawk II. Der Anfang 1970 vorgestellte neue Superluxuswagen war weit mehr als eine Neoclassic-Konstruktion, auch wenn seine Form einige Retrolook-Elemente zeigte. Designer des mit der historischen Modellbezeichnung Blackhawk versehenen Coupés war Virgil Exner, der sich mit seinen extravaganten Kreationen längst einen großen Namen gemacht hatte. Die ersten Aufbauten waren noch beim Karosseriewerk Ghia in Turin entstanden, doch die Produktion in Kleinserie wurde alsbald bei der neu gegründeten Firma Saturn mit Sitz in Cavallermaggiore, Cuneo, aufgenommen. Dort wurden die Karosserien in einer sechs Wochen dauernden Prozedur u. a. mit 22 Lackschichten versehen. Analog wurde der Innenraum sorgsamst ausgekleidet (bis hin zu Nerzüberzügen), wobei alle erdenklichen Käuferwünsche berücksichtigt wurden.

Das Kastenrahmenchassis wurde vom Pontiac Grand Prix übernommen (samt einem auf 431 SAE-PS gebrachten 6,6-l-V8-Motor). Natürlich waren auch alle technischen Komfortmerkmale vorhanden. Gemäß James D. O'Donnell konnte jemand mit einem Rolls-Royce zeigen, dass er es im Leben weit gebracht hat; was aber, wenn jemand eine noch höhere Stufe erklommen hatte? Dann konnte er dies ganz einfach durch einen Stutz zum Ausdruck bringen. Tatsächlich wurde denn dieses Auto u. a. von etlichen Größen aus dem Show-Business erworben (Elvis Presley kaufte gleich drei, und auch Dean Martin, Isaac Hayes und Sammy Davies jr. zählten zu den Käufern). Man konnte einen Stutz auch mit vergoldeten Chromteilen bestellen, womit er seinem Ruf als „teuerstes Auto der Welt" erst recht entsprach.

IV Porte. Um die Mitte der 70er Jahre wurde dem 526 cm langen Coupé Blackhawk GT der knapp 6 m lange viertürige Stutz Duplex Sedan auf Basis des Cadillac Fleetwood Sixty Brougham zur Seite gestellt. Ab Oktober 1978 gab es unter der Bezeichnung IV Porte eine neue Stutz-Limousine, nun auf der Grundlage des Pontiac Bonneville (da der Grand Prix zu kurz geworden war). Es standen verschiedene GM-V8 zur Wahl. Die Limousine zeigte jetzt schmälere hintere Dachträger, doch wurde sie weiterhin aus speziell dickem Stahlblech gebaut und mit extravaganter Luxusausrüstung versehen.

Es gab den Stutz nun auch als Diplomatic Sedan mit 348 cm Achsabstand und als Limousine Royale mit nicht weniger als 752 cm Gesamtlänge. Je ein solches Modell kaufte König Khaled von Saudi-Arabien (im Fond des Royale wurde ein um 360 Grad drehbarer Thron eingebaut, der sich durch ein Schiebedach anheben und bei Gefahr blitzschnell wieder absenken ließ...). Auch ein Cabriolet mit Überrollschutzbügel kam ins Angebot; es trug den legendären Stutz-Modellnamen Bearcat.

Victoria. Während bis im Herbst 1977 an die 300 Stutz entstanden waren, begann die Nachfrage darauf abzusinken; vielleicht stand der Name Stutz bei der Jet-set-Welt nicht mehr in Mode. Dann, Anfang 1982, wurden im Waldorf Astoria zu New York zwei neue Stutz-Limousinen gezeigt: Das erneuerte Modell Diplomatic Sedan und neu der Vicoria Sedan. Dieser war mit 320 cm Radstand und 594 cm Gesamtlänge zwar etwas länger, aber bemerkenswerterweise doch auch etwas preiswerter als der Diplomatic Sedan. Die Stutz-Werbung legte Wert darauf, dass man die Wagen im Gegensatz zu allen anderen in Amerika gebauten Fabrikaten nicht kleiner gemacht habe, sondern weiterhin auf groß stehe. Immerhin musste sich nun auch Stutz mit weniger Hubraum bescheiden...

Nach wie vor bestanden die Stutz-Aufbauten aus besonders dickem Stahlblech. Die Messingbeschläge wurden zuerst vernickelt, bevor sie verchromt wurden. Ihr Innenraum strotzte von Edelmetall und Edelholz, und es gab Vergoldungen und feinstes Leder sowie Pelz- statt gewöhnliche Teppichbeläge. Im Fond des Diplomatic fanden sich eine Bar, ein Fernseher, Spiegel und andere Besonderheiten. Wer wollte, konnte sich den Diplomatic Sedan zudem zeitgemäß kugelsicher bauen lassen.

Im November 1980 hatte die Stutz Motor Car of America Inc. melden können, dass Kronprinz Fahd von Saudi-Arabien 30 viertürige Chevrolet Caprice Convertible (Cabrios) mit Styling by Stutz bestellt habe. Hierzu musste in Detroit eine eigene Produktionseinheit errichtet werden.

Bear. Auch wenn inzwischen rund 500 Stutz entstanden waren, so schienen die Tage dieser einzigartigen Marke Anfang der 80er Jahre infolge des weiter stark rückläufigen Absatzes gezählt zu sein. Dessen ungeachtet erschien 1983 als neues Modell der Bear: Er war ein extralanges viertüriges Geländecabriolet auf der technischen Basis des (zu den Nutzfahrzeugen zählenden) Chevrolet Suburban mit V8-Motor von 5 bis 7,4 l Hubraum und auf Wunsch Vierradantrieb. Die Außenabmessungen wurden bei 329 cm Radstand mit 572x209x183 cm angegeben, und die B-Säulen waren durch einen Überollschutzbügel verbunden. An der Front prangte der hochformatige Stutz-Chromkühler.

Bislang hatte es von englischen Karosseriespezialisten auf der Basis des Range Rover für den arabischen Markt konstruierte Geländecabrios

Stutz Royale Limousine, 1981

Stutz IV Porte 4-door Sedan, 1982

Stutz Blackhawk VII Coupe, 1982

gegeben. Mit dem Stutz Bear erhielt diese winzige Marktnische buchstäblich eine neue Dimension...

Victoria 1987. Überraschend hatte die Marke Stutz auf dem Genfer Salon 1987 mit einer viertürigen Limousine und einem Cabriolet erneut einen Auftritt. Bei diesem von einem Vertreter in Monaco veranlassten Comeback wurde festgehalten, dass seit 1969 zwischen 600 und 700 Stutz gebaut worden seien. Von den drei neu angebotenen, unterschiedlich langen und ausgestatteten Stutz-Limousinen wurde in Genf der Typ Victoria gezeigt. Er besaß den 5-l-V8 aus dem Oldsmobile Delta mit vergleichsweise bescheidenen 160 PS, durch konnte er auch mit bis zu 220 PS leistendem V8 bestellt werden.

Bearcat II. Sehenswert war aber ebenso das neue Stutz-Cabriolet mit der Bezeichnung Bearcat II (der 1912–1924 gebaute Bearcat war das berühmte Sportmodell der Marke gewesen). Diesem Zweisitzer mit schmissig ansteigender Verdeckabdeckung hinter dem Cockpit diente als Kraftquelle der 220 PS leistende 5,7-l-V8 aus dem Pontiac Firebird. Doch wurde er auch mit dem noch potenteren V8 aus dem Chevrolet Corvette angeboten und konnte so bis 205 km/h erreichen. Von Herstellerseite wurde hervorgehoben, dass der Bearcat II Convertible eine Karosserie aus Diamond Fiber Comp besitze, eine Variante jenes Kohlefasermaterials, wie es für die Raumfahrt und u. a. für die Voyager-Raumfähre verwendet werde. Zudem wurde festgehalten, dass für die Herstellung eines Bearcat II über 1500 Mannstunden Handarbeit benötigt werden.

1988 wurde die Produktion eingestellt.

Stutz Victoria LWB-Sedan, 1984

Stutz Bear, 1986

Stutz Bearcat II Convertible, 1988

Stutz	Bauart	Mot.	Getr.	R/L cm	Baujahre
Blackhawk (*1982–)	**K'r.**	**a/b**	**A3**	**294,5/576,5/569,5***	**1980–88**
Blackhawk Victoria				**320/595**	**1981–88**
Blackhawk Diplomatic				**348/663/628**	**1980–88**
Blackhawk Royale				**437/752**	
Motoren:	*Zyl.:*	*N'w.:*	*cm³:*	*PS/'min:*	*Nm/'min:*
a	V8	OHV	5733–		
b (1981–)			5,0–8,2		
Bear	**K'r.(4)**	**–**	**A3**	**329/572**	**1984–88**
Motoren:	V8	OHV	5,0–7,4		

Subaru

Die Fuji Heavy Industries Ltd war 1953 in Ohta als ein Zentrum japanischer Flugzeughersteller gegründet worden. Ihren ersten Subaru-Personenwagen schuf sie 1958. Es handelte sich um ein Kleinstauto der steuerbegünstigten Microklasse. Nach und nach kamen auch größere Modelle hinzu.

Rex / 600. Die Microcar-Kategorie wurde von Subaru 1981 mit dem Rex beschickt, der in Exportgebieten schlicht als Subaru 600 bezeichnet wurde. Diesen flotten Winzling gab es als zwei- und viertürige Schräghecklimousine und als dreitürigen Kombi. Der Zweizylinder-Alumotor mit 544 cm³ war quer im Heck untergebracht und leistete 31 PS bei 6200/min. Das Fahrwerk umfasste vorne Längslenker und Torsionsstabfedern, hinten eine Schwingachse und ebenfalls Torsionsstabfedern. Es wurden Vierrad-Trommelbremsen verwendet, doch ließen sich vorne auf Wunsch Scheibenbremsen einbauen.

Leone / 1600/1800. Jenes Modell, das die Marke Subaru im Export bekannt machte, war der Leone, auch wenn diese Bezeichnung in Europa nie auftauchte. Dieser Subaru verließ die ausgetretenen Pfade gleich in dreifacher Hinsicht: Es besaß einen Boxermotor mit Leichtmetall-Zylinderköpfen und -block, hatte Frontantrieb und – noch bedeutungsvoller – war als „normaler" Personenwagen ab 1975 (zunächst in Japan) mit Vierradantrieb erhältlich.

Diese bei Gebrauchsautos bis dahin unbekannte zusätzliche Antriebsart brachte dem Leone einen ungeahnten Erfolg. Subaru schuf sich mit ihm in den USA wie in Europa und in weiteren Exportgebieten eine einzigartige Stellung. Denn mit dem Vierradantrieb stand eine Traktionsfähigkeit zur Verfügung, die den Einsatz auch auf schlechten Wegen, auf starken Steigungen mit Naturbelag, bei feuchtem Untergrund und sogar auf Schnee ermöglichte, ohne dass in ein Geländefahrzeug umgestiegen werden musste. Subaru hatte eine echte Marktlücke entdeckt!

Im Oktober 1979 waren weit modernere und größere Karosserien eingeführt worden, und 1981 gab es die Leone-Modelle als viertürige Sechsfenster-Stufenhecklimousine, als zweitüriges Hardtop-Stufenheckcoupé mit in die hinteren Dachträger integriertem Zusatzfenster und als dreitüriges Schrägheckcoupé. Dieses wurde je nach Land und Ausführung als Swingback, SRX oder Turismo bezeichnet. Ausschließlich mit dem zuschaltbaren Hinterradantrieb gab es zudem einen fünftürigen Kombi. In Europa hießen diese Subaru schlicht Modell 1600 oder 1800 und sie trugen allenfalls den Zusatz 4WD (für fourwheel-drive). Mit dem Jahrgang 1981 hatten Limousine und Kombi das reichhaltigere Instrumentarium des SRX mit Anzeigen für Drehzahl, Öldruck und Stromspannung erhalten, während der SRX einen neuen Kühlergrill mit Rechteckscheinwerfern aufwies.

Der Boxermotor mit zentraler Nockenwelle wurde mit 1,3 l (nur Swingback), 1,6 l und 1,8 l Hubraum gebaut. Es gab 4- und 5-Gang-Handschalt- sowie ein 3-Stufen-Automatikgetriebe. Für die Vorderradaufhängung wurden Federbeine

Subaru

Subaru 600 Super Deluxe, 1981

Subaru 1800 SRX 4WD, 1982

Subaru 1800 GLF Hardtop, 1982

und Querlenker verwendet, während hinten Längslenker, Torsionsstab- und Schraubenfedern zur Anwendung kamen. Auf Wunsch gab es einen Bremsservo, und die verlängerte GTS-Ausführung (mit 1,8-l-Motor) erhielt Vierrad-Scheibenbremsen. Für den Kombi war wahlweise ein Reduktionsgetriebe (1,462:1) erhältlich, das dem damit als Super-Station bezeichneten Fahrzeug, abgesehen von der unveränderten Bodenfreiheit von 17,5 cm, zu Geländetauglichkeit verhalf. In einzelnen Exportgebieten wurden die Subaru mit Ausnahme des Kompaktcoupés ausschließlich mit dem zuschaltbaren Vierradantrieb verkauft, was der Marke zum besonderen Image verhalf.

Von 1979 auf 1980 hatten die japanischen Marken ihren Anteil auf dem deutschen Markt von 5,6 auf 10,3 Prozent erhöht. Anfang 1981 kam nun als achte Marke aus Fernost Subaru hinzu: Für sie war in Bad Hersfeld die Subaru Deutschland GmbH gegründet worden. Den Anfang machten vier Modelle, alle mit zuschaltbarem Hinterradantrieb. – Auf der Tokyo Motor Show wurde Anfang November 1981 ein als Touring Wagon bezeichneter Kombi mit erhöhtem Dach ausgestellt, der auch mit Lederinterieur bestellt werden konnte.

Rex 1982. Mit dem im August 1981 eingeführten Jahrgang 1982 erhielt der Microcar Rex Vorderradantrieb, und entsprechend war der Motor aus dem Heck nach vorne verlegt worden. Der quer eingebaute OHC-Zweizylinder-Alumotor mit 544 cm^3 Inhalt und Ausgleichswellen leistete mit Hitachi-Doppelvergaser unverändert 31 PS. Dem Motorortwechsel angepasst war hingegen das Fahrwerk: vorne Federbeine mit Zugstreben, hinten Schräglenker; vorne wie hinten hatten Schraubenfedern die Torsionsstabfederung abgelöst. Die mit größeren seitlichen Fensterflächen aufwartenden schlichten Karosserien wurden in der Form eines dreitürigen Kombis (Rex Combi) und einer fünftürigen Limousine gebaut. Mit 319,5 cm wurde die für Microcars erlaubte Länge maximal ausgereizt, der Radstand war aber immerhin von 192 auf 225,5 cm angewachsen.

1982 erhielt der 1600 SRX einen horizontal verrippten Kühlergrill, neue Sitze bzw. Überzüge sowie ein geändertes Armaturenbrett. Die Modelle mit Vierradantrieb boten eine von 80 auf 82 PS erhöhte Leistung, Halogenscheinwerfer und neue Blinkleuchten. Auch sie besaßen geänderte Sitze und Überzüge. Der Benzintankinhalt war um 10 auf 55 l vergrößert worden, zudem hoben sich die Limousine und der Super-Station nun durch rechteckige Halogen-Doppelscheinwerfer ab.

Leone / 4WD 1983. Ab 1983 gelangte der Super-Station ebenfalls in den Export. Sein über den Hintersitzen leicht angehobenes Dach erbrachte 4 cm zusätzlichen Kopfraum und ein vergrößertes Ladevolumen. Der 4WD Super-Station – die Modellbezeichnung Leone wurde in Europa nach wie vor weggelassen – war eine Antwort auf den → Toyota Tercel 4x4. Das 3-Stufen-Automatikgetriebe wurde nun auch in den für Europa bestimmten Modellen angeboten. Mit ihm musste zwar auf das Untersetzungsgetriebe verzichtet werden. Anderseits ließ sich die zweite Stufe blockieren, was ein besonders feinfühliges Fahren auf rutschigem Untergrund ermöglichte. Die Automatik war mit einer Lock-up-Funktion für die oberste Stufe ausgestattet (kein Schlupfverlust). Bei den handgeschalteten Modellen erleichterte eine automatisch einrastende Bergstütze das Anfahren an Steigungen. Im Super Station fielen die digitalen Anzeigeinstrumente des zur Gänze neugestalteten Armaturenbretts auf: Sämtliche Zeiger fehlten.

700. Unter dieser nüchternen Zahl wurde der Kleinstwagen Rex ab 1983 teils auch in Europa angeboten. Dies mit der 1982 eingeführten größeren Motorvariante mit 665 cm^3. Dieses Zweizylindermaschinchen besaß zwei Schwingungsausgleichswellen und leistete 37 PS. Der Subaru 700 besaß von Haus aus vordere Scheibenbremsen.

E 10 Wagon. So hieß ein 1983 herausgebrachter Kleinstbus, den es ebenfalls mit Vierradantrieb gab. Dieser Frontlenker war 340,5 cm lang und 190 cm hoch(!), bot sechs Sitze (in drei Reihen) und besaß einen im Heck quer und liegend eingebauten 1-l-Dreizylindermotor. Als Lieferwagenderivat war diese Konstruktion den Nutzfahrzeugen zuzurechnen (wie der VW-Bus), auch wenn er in Europa zu einer Art Kleinstvan-Vorreiter mutierte.

Rex Turbo / 4WD. Auf der Tokyo Motor Show 1983 wurde der Rex in zwei weiteren Varianten gezeigt: Zum einen mit 544-cm^3-Turbomotor und 41 statt 31 JIS-PS, zum andern mit 31 PS und zuschaltbarem Hinterradantrieb. – Gleichzeitig wurde der Prototyp eines neuen Kleinwagens mit Vierradantrieb ausgestellt, nämlich des J 10 4WD.

Justy / Justy 4WD. Die Produktion dieses Kleinwagens lief 1984 zusätzlich mit einer Frontantriebsvariante an, und im Herbst wurde der Justy auch in Exportländern eingeführt, wobei in der Schweiz zur Stützung des Markenimage als 4x4-Pionier ausschließlich der Justy 4WD angeboten wurde. Der Hinterradantrieb ließ sich per Knopfdruck selbst in Fahrt elektromagnetisch zuschalten. Beim quer eingebauten Antriebsaggregat handelte es sich um den 998-cm^3-Dreizylinder, wie er im E 10 Wagon im Heck eingebaut wurde. Dieser Alumotor besaß eine Schwingungsausgleichswelle und kam bei einer Verdichtung von 9,5:1 auf 55 PS. Der Kraftübertragung diente ein 5-Gang-Getriebe. Vorne fanden sich McPherson-Federbeine und Querlenker, hinten Schräglenker. Mit einem Leergewicht von rund 750 kg konnten Tempo 100 binnen 15 s und eine Höchstgeschwindigkeit von 145 km/h erreicht werden.

Es gab den 353,5 cm langen Justy sowohl drei- wie fünftürig, wobei die dreitürige Version mit einem kleinen Heckspoiler Sportlichkeit markierte. Auch beim fünftürigen Modell waren die Fenster modisch schwarz eingerahmt. Durch Vorklappen der hälftig geteilten Rücksitzlehnen konnte der Kofferraum von 200 bis 775 dm^3 vergrößert werden. Als 4x4 gab es in der Kleinwagenklasse für den Justy nur gerade den Panda 4x4 als Konkurrenz.

Leone/1800 /4WD 1985. Auf der Birmingham Motor Show trat im Oktober 1984 der „große" Subaru mit neuen Karosserien und überarbeiteten Motoren auf. In Japan war er bereits zuvor in neuer Form eingeführt worden. Der Radstand wurde minimal, um 1,5 auf 246,5 cm gestreckt, während die Länge um 10 auf 437 cm und die Breite um 4,5 auf 166 cm zunahm. Vor allem zeigten sich diese als viertürige Limousine, fünftüriger Kombi und ebensolcher Super-Station (wiederum mit um 4 cm erhöhtem hinterem Dachbereich) gebauten Mittelklassewagen deutlich moderner und strömungsgünstiger (niedriger, zwischen die Scheinwerfer abgesenkter Kühlergrill). Von der Vergrößerung profitierten die Insassen vor allem auf den Hintersitzen; das Kofferraumvolumen des Sedan hatte sogar um 40 Prozent zugelegt. Die rahmenlos ausgeführten Türfenster blieben eine Subaru-Eigenheit.

In Japan gab es den Leone weiterhin auch mit 1,3- und 1,6-l-Motor. Für den Export stand aber der bekannte 1,8-l-Leichtmetall-Boxermotor im Vordergrund und dieser wartete neu statt mit einer zentralen mit je einer obenliegenden Nockenwelle je Zylinderreihe sowie hydraulischen statt mechanischen Ventilstößeln auf. Die Höchstleistung stieg von 82 PS bei 5200/min auf 90 PS bei 5600/min. Statt vier bot das Getriebe fünf Gänge, außer für den Kombi konnte auch ein 3-Stufen-Automatikgetriebe bestellt werden.

Neu war die Vierradantriebs-Auslegung: War 4x4-Antrieb erwünscht, so konnte im Sedan der im Schaltknauf eingelegte Knopf gedrückt werden, worauf sich elektromagnetisch der Hinterradantrieb dazuschaltete. Bei den Kombi mit ihrer Dual-Range-Geländereduktion diente hierzu ein zwischen den Vordersitzen angeordneter Zughebel. Eine 4WD-Lampe am Armaturenbrett zeigte den Vierradantrieb an. Besonders raffiniert war aber die 4x4-Funktion bei den mit dem 3-Stufen-Automatikgetriebe ausgerüsteten Sedan und Super-Station: Nebst der Ein- und Ausschaltmöglichkeit gab es am Armaturenbrett zusätzlich eine Automatikposition. War diese eingeschaltet, so kam der Hinterradantrieb immer dann hinzu, wenn dies nützlich sein konnte, nämlich bei eingeschalteten Scheibenwischern (Regen!), starkem Beschleunigen (Kick-down) sowie beim Bremsen.

Die Aufhängung war überarbeitet worden und hinten fanden sich nun Dreiecklenker. Die Servolenkung arbeitete neu degressiv (wirkte also bei höheren Geschwindigkeiten weniger stark als beim Parkieren). Auffallend im neu gestalteten Innenraum war der großzügige Instrumententräger mit beidseitig schräg übereinandergereihten Bedienungstasten.

Leone 1800 /4WD Turbo. In Japan gab es den Leone 1800 neu auch mit mechanischer Einspritzung und 105 PS, während die Topversion mit elektronischer Einspritzung und Abgasturbolader jetzt auf 136 statt 120 JIS-PS kam. Diese Turboversion feierte in der Limousine wie im Kombi auf dem Genfer Salon 1985 Europapremiere. Der Motor war 7,7:1 (statt 9,0:1) verdichtet, und der wassergekühlte Abgasturbolader IHI kam auf einen maximalen Ladedruck von 0,64 bar.

Es gab die sportlich abgestimmten Ausführungen RX und RLX mit konventionellem Fahrwerk, in den anderen Turbomodellen traten hingegen an die Stelle der vorderen McPherson-Federbeine bzw. hinteren Schraubenfedern elektronisch gesteuerte pneumatische Federelemente mit variabler Kennung. Ein elektrischer Kompressor belieferte ein Druckluftreservoir, während ein Höhensensor an jedem Federelement via Computer für gleichmäßigen Bodenabstand sorgte. Dieser ließ sich auf Knopfdruck von 15 auf 18 cm anheben, wobei die Karosserie ab 80 km/h automatisch auf 15 cm Bodenfreiheit zurücksank. Die Turbo-Modelle waren ungewöhnlich reichhaltig ausgerüstet.

XT Coupé / Alcyone. Auf dem Genfer Salon 1985 konnte Subaru auch gleich eine Weltpremiere feiern und zwar mit dem XT Coupé, einem futuristisch angehauchten 2+2-Sitzer, der alle in den Leone- bzw. 4WD-Modellen integrierten High-Tech-Eigenheiten auf sich vereinte: sowohl den Turbomotor mit seiner vollelektronischen Steuerung wie das elektronisch-pneumatische Fahrwerk und das Automatiksystem, das beim Bremsen, starken Beschleunigen und Einschalten der Scheibenwischer den Hinterradantrieb dazuschaltete (bei mechanischem Getriebe elektromagnetisch mittels Druckknopf auf dem Schalthebel).

Der XT, der auf dem Heimmarkt den Namen Alcyone erhielt, imponierte durch seine konsequente Keilform mit Klappscheinwerfern, horizontal durchgezogener seitlicher Sicke und scharf

Subaru 1800 Super-Station 4WD DR, 1984

Subaru 700, 1985

Subaru Justy 4WD, 1985

Subaru 1800 Sedan 4WD, 1985

geschnittenem Heck. Je nach Ausführung waren der Frontspoiler und die Flankenunterteile in Kontrastfarbe gehalten. Auffallend war vor allem auch der lichte Pavillonteil mit den schmalen Dachträgern. Beidseits des Lenkrads mit asymmetrischem Nabendesign (Entwurf eines Innenarchitekten?) fanden sich Bedienungssatelliten (wie bei Citroën-Modellen). Der XT besaß den gleichen 247-cm-Radstand wie der Leone, war mit 445 cm jedoch um eine Spur länger. Der cw-Wert wurde mit ungewöhnlich tiefen 0,29 angegeben, Tempo 100 konnte in 9,5 s erreicht werden und die Höchstgeschwindigkeit stand mit just 200 km/h zu Buche. Zur Ausstattung zählten eine elektrisch ausfahrbare Antenne zusätzlich zur Heckscheibenantenne, ein herausnehmbares Hubdach und eine reichhaltige Innenausrüstung.

Der XT verkörperte ein Dilemma: Einerseits setzte er zu dem bäuerlich-behäbigen Qualitätsbild der Marke Subaru einen willkommenen Kontrapunkt, anderseits störten sich Freunde avantgardistischen Designs an eben diesem Markenimage. Daher wurde der XT weit unter seinem Wert eingestuft.

Subaru XT 4WD Turbo, 1986

Subaru Justy 4WD, 1987

(Leone) Coupé. Nachdem das dreitürige Coupé Swingback alias Turismo bei der Erneuerung der Leone-Reihe von Ende 1984 unverändert belassen worden war, wurde dieses Modell auf der Tokyo Motor Show vom November 1985 durch ein neues Coupé abgelöst, das wesentlich länger war und auch gleich das ohnehin nicht mehr gebaute Coupé Hardtop ersetzte. Das Design ähnelte jenem der 4WD-Limousinen und -Kombi, zeichnete sich durch eine Sicke entlang der Motorhaube, eine stärker geneigte Frontscheibe und eine als Glaskuppel ausgebildete Heckklappe aus. Der 550 dm^3 fassende Kofferraum endete mit einer kleinen Abrisskante. Durch Vorklappen der 2:1 geteilten Rücksitzlehne ließ sich das Ladevolumen auf 1130 l erhöhen. Technisch entsprach dieses Coupé den übrigen 4WD-Modellen, doch wurde keine Geländeuntersetzung vorgesehen.

Auf der Tokyo Motor Show wurde auch der Übergang vom zuschaltbaren zum permanenten Vierradantrieb signalisiert. Die Subaru-Lösung umfasste ein zusätzliches zentrales Differenzial, das sich in Extremsituationen manuell sperren ließ, während an den Hinterrädern weiterhin eine automatisch wirkende Differenzialbremse zu viel Schlupf verhinderte. Dieses System sollte in einigen Topmodellen in Japan bereits im Frühling 1986 lieferbar werden.

Im Mai 1986 vereinbarte Subaru-Hersteller Fuji Heavy Industries mit der → Isuzu Motors Limted, in den USA ein Werk aufzubauen, wo ab 1989 jährlich 120'000 Pkw und leichte Nutzfahrzeuge gebaut werden sollten. Die beiden Unternehmen beteiligten sich mit 51:49 Prozent an dem Projekt, und als Standort wurde später Lafayette in Montana festgelegt.

Justy / J 12 1986/87. Bereits zum Jahrgang 1986 war der Justy zusätzlich mit einem größeren Motor lieferbar geworden: 3 Zylinder, 1190 cm^3, 9 Ventile, 73 JIS-PS. Dieser Motor wurde in einzelnen Exportländern im Verlaufe des Jahres 1986 eingeführt. Gegen Ende Jahr kam auch in Europa zudem die erneuerte Karosserie hinzu: Dachlinie um 33 mm auf 142 cm erhöht (erkennbar an einem kleinen Absatz mit Abrisskante am Dachende), womit sich die Kopffreiheit verbesserte; neugruppiertes Armaturenbrett.

Rex / Mareno / M70 1987. Der Rex erhielt im Oktober 1986 ein neues Kleid: innerhalb der vorgegebenen Maximalmaße mit aerodynamischerer Front, schrägerer Frontscheibe und höherem Dachverlauf, kurz mit mehr Innenraum. Der Radstand war von 225,5 auf 229,5 cm verlängert worden, und die Außenmaße erreichten 319,5x139,5x142 cm. Den 544-cm^3-Zweizylindermotor gab es weiterhin auch mit zuschaltbarem Hinterradantrieb sowie mit Turbo (4WD Turbo Combi, 41 PS). Neu war eine 6-Ventil-Version des Saugmotors mit 36 statt 30 PS. Ihr auf Wunsch erhältlicher Vierradantrieb funktionierte permanent.

Erstaulicherweise gab es den neuen Rex auf Wunsch nicht nur mit einem 2-Stufen-Automatikgetriebe, sondern wahlweise mit einem stufenlosen ECVT-Getriebe mit Metall-Schubgliederband. Zudem kam 1988 eine als Super Charger bezeichnete Version des 544-cm^3-Zweizylindermotors mit mechanischem Kompressor und Ladeluftkühler hinzu, mit dem die Leistung auf 55 PS stieg. Für den Export gab es den auch Mareno, M70 oder sogar Mini Jumbo geheißenen Microcar weiterhin mit dem 665-cm^3-Motor (37 PS).

Justy ECVT. Ab Februar 1987 wurde zunächst auf dem Heimmarkt der Justy in Verbindung mit dem 1-l-Motor wahlweise statt mit dem 5-Gang-Getriebe mit dem vollautomatischen ECVT-Getriebe lieferbar. Dieses Buchstabenquartett stand für Electronic Continuously Variable Transmission. Die drei letzteren Buchstaben sollten zu einem internationalen Begriff werden, und Subaru konnte sich rühmen, als erste Marke dieses Kraftübertragungsprinzip in die Serie eingeführt zu haben. Dieses Getriebe war von der niederländischen Van Doorne's Transmissie BV entwickelt worden, die aus der Herstellfirma der einstigen Daf-Kleinautos mit dem famosen vollautomatischen Variomatic-Getriebe hervorgegangen war.

Anstatt mit dem Variomatic-Keilriemen funktionierte das CVT mit einem Metall-Schubgliederband. Dieses System war schon 1983 von → Fiat mit dem Modell Uno-matic vorgestellt, aber seine Markteinführung wegen Produktionsproblemen immer wieder verschoben worden. Beim Justy war die ECVT am quer eingebauten Dreizylindermotor angeflanscht und umfasste eine Magnetpulverkupplung, ein Zahnradvorgelege für Vor- und Rückwärtsfahrt, das zwischen den beiden Kegelscheibenpaaren (mit je einer axial verschiebbaren Hälfte und dadurch veränderbarem Durchmesser) laufende Schubgliederband sowie das elektronische bzw. hydraulische Steuerungsgerät für die Kupplungs- und Hydraulikeinheit. Subaru hatte dieses System mit der elektromagnetischen Kupplung ergänzt, die das Anfahren und einen vereinfachten Wechsel von Vorwärts- auf Rückwärtsfahrt erlaubte. Zudem wurde der Wählhebelposition D die sportliche Fahrstufe Ds hinzugefügt.

Im Mai 1987 führte Subaru für die größeren Modelle, vorab den XT Coupé, das neue Automatikgetriebe Multiplate Transfer 4WD ein. An seinem Ende befand sich eine Kupplung mit sieben Lamellen für die computergesteuerte Drehmomentverteilung: variabel von 50:50 Prozent bis zu 95 Prozent auf die Vorder- und 5 Prozent auf die Hinterräder. Der angekündigte permanente Vierradantrieb für handgeschaltete Modelle wurde nun ebenfalls lieferbar.

XT Six. Im Zusammenhang mit dem permanenten Vierradantrieb wurde 1987 auf dem einheimischen Markt im „XT-Keil“ zudem der erste Subaru-Sechszylindermotor erhältlich, eine 2672-cm^3-Boxermaschine mit just 150 PS. Auf den Abgasturbolader wurde bei ihm verzichtet.

Subaru 1800 Coupé 4WD Turbo, 1987

Subaru M70 SDX, 1988

Subaru Rex Super Charger ECVT, 1989

Mit dem Modelljahr 1988 bot Subaru fünf 4x4-Systeme an: 5 Gänge mit zuschaltbarem 4WD für die Kleinwagen, 5 Gänge mit permanentem 4WD für die größeren Modelle und diese teils auch mit Untersetzungsgetriebe, 3-Stufen-Automatikgetriebe mit zuschaltbarem 4WD sowie 4-Stufen-Automatikgetriebe mit permanenten 4WD. Die Anzahl der Modellvarianten bzw. Kombinationen war noch ausgeweitet worden.

1988 plante Fuji Heavy Industries die Errichtung eines Werks im westfranzösischen Angers. Es war geplant, dass Renault einen Großteil der Komponenten liefern würde, und als Partner war anderseits Heuliez (→ Anhang) vorgesehen. Doch das Projekt scheiterte und zwar zunächst an der von der französischen Regierung gestellten Forderung, dass 80 Prozent der verwendeten Teile aus der Europäischen Gemeinschaft stammen müssten.

Legacy. Da der im Januar 1989 in Japan vorgestellte Legacy erst im Herbst auch für den Europaexport vorgesehen war, wurde er vorerst parallel zum Leone alias 1800 4WD gebaut, den er größenmäßig in den Schatten stellte. Der Leone wurde ab 1990 nur noch für den Export hergestellt (für die USA unter der Modellbezeichnung Loyale).

Der Legacy (= Vermächtnis, Legat) wurde als viertürige Stufenhecklimousine und als fünftüriger Kombi mit erhöhtem Dach gebaut, während auf ein Coupé verzichtet wurde. Das dritte Seitenfenster war bei beiden Karosserieformen deutlich größer dimensioniert, und die Gürtellinie stieg steiler nach hinten an. Auch beim Legacy waren die Türfenster rahmenlos ausgeführt, und alle Fenster und Scheiben waren nun markant schwarz gerahmt. Die Limousine gab es auch nur mit Vorderrad- statt 4x4-Antrieb. Der Radstand wuchs von 247 auf 258 cm, die Länge von 437 auf 451 (beim Kombi von 441 auf 460 cm).

Mit einem minimalen Leergewicht von 1060 kg war der Legacy vergleichsweise leicht. Für den Antrieb dienten auch in ihm Boxermotoren, doch es handelte sich um Neukonstruktionen mit neuem Block und neuen Zylinderköpfen, alle weiterhin in Aluguss. Der Hub war länger ausgelegt und der Hubraum des 1,8-l-Motors wuchs von 1782 auf 1820 cm^3. Die Kurbelwelle war jetzt fünffach gelagert und besaß acht Gegengewichte. Mit weiterhin einer obenliegenden Nockenwelle pro Zylinderreihe wurden neu 16 Ventile bedient. Mit Zentraleinspritzung resultierten 110 PS. Für die USA wurde ein 2212-cm^3-Aggregat mit 132 PS vorgesehen. Besonders leistungsorientiert war aber ein neuer 2-l-Boxer (auch er mit 75 mm

Subaru Legacy, 1990

Subaru SVX, 1990

Hub), der mit 2x2 Nockenwellen ausgestattet wurde und auf just 150 PS kam. Mit doppelten Kanälen und Drosselklappen wurde für gute Durchzugskraft selbst bei tieferen Drehzahlen gesorgt. Topvariante war die im Legacy RS eingebaute 2-l-Turbomaschine: Mit Luft/Wasser-Intercooler leistete sie höchst respektable 220 PS.

Als dann der Legacy im Herbst 1989 auch in Europa seinen Auftritt hatte, wurde er mit dem 1820-cm^3-16-Ventil-Motor und 103 PS (Zentraleinspritzung) und mit der 2212-cm^3-16-Ventil-Maschine und 136 PS (Saugrohreinspritzung) angeboten. Bei den Saugmotoren bestand generell die Wahl zwischen einem 5-Gang-Getriebe und einem elektronisch gesteuertem 4-Stufen-Automatikgetriebe mit wählbarem Normal- und Power-Schaltprogramm. Den (vorerst nicht nach Europa exportierten) RS gab es nur mit 5-Gang-Getriebe samt Visko-Differenzialbremse (hinten). In der 4WD-Ausführung wurde das 1,8-l-Modell mit zuschaltbarem Hinterradantrieb ausgerüstet, alle übrigen Legacy besaßen den aufwändigen permanenten Vierradantrieb in unterschiedlicher Konfiguration für Hand- oder Automatikschaltung. Die vorderen Federbeine erhielten L-förmige Dreiecklenker, während hinten neu ebenfalls Federbeine, in Kombination mit doppelten unteren Querlenkern und Schräglenkern, verwendet wurden. Alle Modelle wurden mit Vierrad-Scheibenbremsen verzögert, zusammen mit dem permanenten Vierradantrieb war ein Vierkanal-ABS erhältlich.

Im Testzentrum bei Phoenix in Arizona wurde mit einem seriennahen Legacy RS ein Geschwindigkeits-Weltrekord über 100'000 km aufgestellt: Mit 223,345 km/h wurde die 1986 mit einem → Saab 9000 gesetzte Bestmarke von 213,299 km/h klar überboten. Hinzu kamen diverse Kategorienrekorde.

Rex / M80 1990. Die Tokyo Motor Show 1989 brachte für den Microcar Rex, den es nun auch als M80 bzw. als Mareno II gab, den Wechsel vom

Subaru

Zwei- zum Vierzylindermotor. Aus 547 cm³ standen 38 PS zur Verfügung, mit Einspritzung, Kompressor und Ladeluftkühlung waren es gar 61 PS. So kleine Vierzylinder gab's sonst nirgendwo! Der Export-Vierzylinder kam bei 758 cm³ Hubraum auf 42 PS. Mit dieser Umstellung bereitete sich Subaru auf die ab März 1990 geltende Ausdehnung der Hubraumlimite für Microcars von 550 auf 660 cm³ vor. Bei gleicher Bohrung von 56 mm konnte hierzu der Hub von 55,6 auf 66,8 mm verlängert werden. Das Leistungsspektrum erstreckte sich ab diesem Zeitpunkt von 42 bis 64 PS. Gleichzeitig konnten die drei- und fünftürigen Karosserien dannzumal um 10 cm auf 329,5 cm zulegen. Der äußere Aspekt wurde minimal geändert, u. a. durch leicht um die Ecken ausgeschnittene Scheinwerfergehäuse.

SVX. Auf der Ende Oktober 1989 eröffneten Tokyo Motor Show überraschte Subaru mit einem Concept-car, dem man kraft seiner futuristischen Form kaum den Status eines kommenden Serienmodells zumuten mochte: Der SVX war ein viersitziges Coupé der Superlative, sowohl hinsichtlich des Designs wie auch der technischen Ausstattung. Der bis 1990 angebotene XT war stilistisch zwar ebenfalls eine aus dem üblichen Rahmen fallende Konstruktion gewesen, aber der SVX wirkte weit imposanter und bot einen viersitzigen Innenraum. Sein Design war eine Schöpfung von Giorgetto Giugiaro von Ital-Design (→ Anhang). Zudem besaß der SVX mit seinem wassergekühlten Sechszylinder-Boxermotor mit 3,3 l Hubraum, je zwei obenliegenden Nockenwellen und 6x4 Ventilen eine einzigartige Kraftquelle. Hinzu kamen ein permanenter Allradantrieb und eine raffinierte Aufhängung sowie etliche elektronische Zutaten.

Der Subaru SVX kam 1991 tatsächlich in reguläre Produktion. Aber er litt unter einem wesentlichen Nachteil, nämlich dem mit Zweckmäßigkeit und Allroundnützlichkeit verknüpften Markennimbus. Wäre der Modellbezeichnung SVX ein Name wie Cadillac, Lancia, Jaguar oder Mercedes-Benz vorangestanden, so hätten ihr die Technik- und Design-Freaks in den 90er Jahre weit mehr Anerkennung gezollt...

Für das am 31. März 1990 endende Fiskaljahr 1989/90 war Fuji Heavy Industries tief in die roten Zahlen geraten. Der Kleinstwagenboom war abgeflaut, und der Export von 4x4-Modellen nach den USA hatte eine Einbuße erfahren. Da Nissan mit 4,5 Prozent am Fuji-Heavy-Kapital beteiligt war, löste nun Isamu Kawai, Präsident von Nissan Diesel, Toshihiro Tajima an der Spitze des Subaru-Herstellers ab. Unter Kawai wurde bis Ende 1990 ein Restrukturierungsplan ausgearbeitet, der die Entwicklung neuer Kompakt- und Minimodelle, die Verstärkung der Absatzorganisationen auf dem Heimmarkt und in den USA, Kosteneinsparungen und eine engere Zusammenarbeit mit Nissan vorsah.

Subaru	Bauart	Mot.	Getr.	R/L cm	Baujahre
Rex	**H.**	**a**	**4**	**192/318**	**1980/81**
Motor:	*Zyl.:*	*N'w.:*	*cm³:*	*PS/'min:*	*Nm/'min:*
a	2	OHC	544	31/6200 (brutto)	41/3500
Rex / 700	**Fr.(4)**	**a–c**	**4/5**	**225,5/319,5**	**1981–87**
a	2	OHC	544	31/6000 (brutto)	43/3500
b (1983–)	2T			41/6000 (brutto)	58/3500
c (Export 1982–)	2		665	37/35/6000	54/52/3000
Rex / 700 / M70	**Fr.(4)**	**a–e**	**4/5/A**	**229,5/319,5**	**1987–89**
a	2	OHC	544	30/6000	41/3500
b		06V		36/7000	43/4500
c (–1988)	2T	OHC		41/6000 (brutto)	58/3500
d (1988–)	2iC	06V		55/6400	73/4400
e (Export)	2		665	37/35/6000	54/52/3000
Rex / M80	**Fr.(4)**	**a–c**	**4/5/A**	**229,5/319,5**	**1989/90**
a	4	OHC	547	38/6000	44/4500
b	4iC			61/6400	75/4400
c	4		758	42/6000	59/3600
Justy (4WD) (*1988–)	**Fr.(4)**	**a–e**	**5/A**	**228,5/353,5/369,5***	**1984–90**
Motoren:	*Zyl.:*	*N'w.:*	*cm³:*	*PS/'min:*	*Nm/'min:*
a (*1989–)	3	OHC	998	55/6000	80/79*/3600
b				63/57 (brutto)	83/81
c (1986–)		09V	1190	73/6000	98/3600
d (1986–)				68/5600/67K/5200	97/95/3600
e (USA 1989–)	3i			74/5600	96/3600
Leone	**Fr.**	**a–i**	**4/5/A3/**	**246/415,5–427**	**1980–84**
Leone 4WD / 4WD	**Fr./4**	**b–l**	**4/A3/(+R)**	**245/425**	
do. Coupé / Station	**Fr.(4)**			**237/398/245/428,5**	
Leone Swing Back/SRX		**a–f**	**4/5/A3**	**237,5/386/388**	**1980–85**
Motoren:	*Zyl.:*	*N'w.:*	*cm³:*	*PS/'min:*	*Nm/'min:*
a	B4	OHV	1299	72/5600 (brutto)	98/3200
b (Europa 1981–)				61/5200	93/2800
c			1595	87/5600 (brutto)	121/3600
d (USA *1982–)				68/5200/70*/4800	114/2400/117/2800
e (Europa 1981–)				71/5200	118/2400
f (Europa, SRX)				86/6000/71/5200	113/4000/2400
g			1782	100/5600 (brutto)	147/3600
h (USA/Europa –1983)				73/4800/80/82/5200	125/134/2400
i (USA/Europa 1983–)				74/73/4400/82/5200	128/2400/132/3200
j (Stat. Wg. 4WD '82–)				95/5200 (brutto)	147/3200
k (RX 1982–)				110/6000 (brutto)	147/4000
l (1983–)	B4iT			120/5200/96U/4800	186/2400/167/2000

Subaru	Bauart	Mot.	Getr.	R/L cm	Baujahre
Leone / Loyale *(+R)	**Fr.(4)**	**a–r**	**4/5/A3***	**247/437/441/–449U**	**1984–90**
Hatchback (f. USA)				**238/391,5**	
a	B4	OHV	1299	65/5600	98/3600
b (–1987)			1595	87/5600 (brutto)	121/3600
c (USA –1987)				70/4800	117/2800
d (Europa /*SRX –1985)				74/5200/86*/6000	123/3200/113/4000
e (1987–89 +*Europa)				76/74*/5200	118/123/3200
f (Swing/Hatchback US)			1782	74/4400	128/2400
g (–1987)		OHC		100/5600 (brutto)	147/3200
h (1987–89)				85/5600	135/3200
i (Coupé+Var. 1985–87)				85/90/105 (brutto)	–
j (USA –1987 *–1985)				74/4400/83*/4800	128/2400/137/2800
k (Europa)				90/5600	137/3600
l	B4i			105/6000	142/3600
m (USA/Kat. –1986)				95/5200	137/3600
n (Europa/USA 1986–)				98K/5600/91U/5200	140/137/2800
o (–1987)	B4iT			136/5600	196/2800
p (USA *1986–)				113/4800/117*/5200	182/2800
q (1985–89 *1986–89)				120/120K*/5200	179/2400/183/3200
r (1988–)				131/136/5600	196/2800
XT Coupé	**4x4**	**a–f**	**5/A3**	**246,5/445/451U**	**1985–90**
Motoren:	*Zyl.:*	*N'w.:*	*cm³:*	*PS/'min:*	*Nm/'min:*
a (–1987)	B4iT	OHC	1782	136/5600 (brutto)	196/2800
b (1987–)				120/120K/5200	179/2400/183/3200
c (1988–)				136/5600/131	196/2800
d (USA –1987)	B4i(T)			112/4800/95	182/2800
e (USA 1987–)	B4i			98/5200	140/3200
f (1987– *USA 1988–)	B6i		2672	150/147*/5200	211/4000
Legacy	**Fr.(4)**	**a–f**	**5/A4**	**258/451/460**	**1989/90**
Motoren:	*Zyl.:*	*N'w.:*	*cm³:*	*PS/'min:*	*Nm/'min:*
a	B4i	016V	1820	110/6000	149/3200
b (Export fall 1989–)	B4i/4			103K/103/6000	147/3200
c	B4i	D16V	1994	150/6800	172/5200
d (RS)	B4iT			220/6400	270/4000
e (GT fall 1989–)				200/6000	260/3600
f (*fall 1989–)	B4i	016V	2212	136K/60'/132U/54'*	189/4800
SVX	**4x4**	**–**	**A4**	**261/462,5**	**1990**
Motor:	B6i	D24V	3318	250/6400	294/4800

Suncar	**R'r./Fr.**	**–**	**5**	**278/415**	**1981–85**
Arpège / *Motor:*	4	OHV	1397	63/5250	103/3000

Suncar

Zwar hatte die Weltpremiere des Suncar Arpège, eines kleinen französischen Liebhabersportwagens in „antikem Stil“ mit dem Motor des Renault 5 TS, bereits auf dem Genfer Salon des Jahres 1980 stattgefunden, doch in Serie ging dieser offene Zweisitzer aus Annecy, unweit von Genf, erst später, er war somit ein „Kind der 80er Jahre“.

Arpège. Der Suncar – welch treffender Name! – war ein offenes Sportcabriolet im Stil der 30er Jahre, also ein Neoclassic mit langgeschwungenen Vorderkotflügeln. Das Kühlergitter erinnerte an keine bestimmte Marke und die Motorhaube wirkte im Vergleich zur Gesamtlänge des Fahrzeugs imponierend lang. Der Suncar Arpège war sozusagen ein → Clénet en miniature. Die Ausstattung der Kunststoffkarosserie konnte sich sehen lassen. Das Chassis trug in seinem Vorderteil die gesamte Antriebsgruppe des → Renault 5 TS (1,3 l, 64 PS). Sie vermochte dem 415 cm langen und nur 750 kg wiegenden Zweisitzer zu ansprechenden Fahrleistungen zu verhelfen. Es war eine Produktion von zehn Einheiten pro Monat geplant.

Auf dem Genfer Salon 1982 wurde der Suncar – der Zuname Arpège war inzwischen fallengelassen worden – mit kleinen Detailänderungen (u. a. eine verbesserte Fixierung der freistehenden Scheinwerfer) ausgestellt. Er war bis dahin in 56 Exemplaren gebaut worden.

Datentabelle → Seite 484

Suncar Arpège, 1981

Suzuki

Dieses 1909 von Michio Suzuki gegründete Familienunternehmen baute zunächst Webmaschinen und ab 1952 Motorräder. 1955 kam mit dem frontgetriebenen Kleinstauto Suzulight ein Automobilzweig hinzu. 1970 nahm die Suzuki Motor Co. in Kosai, in der Nähe des Stammsitzes von Hamamatsu, ein fünftes Werk in Betrieb. Es war vor allem für die weitgehend automatisierte Herstellung des neuen Microcars Fronte 71 bestimmt. Die Produktionskapazität erreichte 240'000 Kleinstautos, und zusammen mit der Motorradproduktion war Suzuki der weitaus größte Hersteller von Zweitaktmotoren.

Fronte / Alto. Trotz seiner Bezeichnung war der Microcar Fronte ursprünglich in Standardbauweise, d. h. mit Hinterradantrieb, konzipiert. Dieses Modell hatte Suzuki auf dem Salon von Amsterdam im Februar 1979 ausgestellt. Aber erst mit dem im gleichen Jahr eingeführten Alto – einer Ableitung des Fronte, aber nun mit Frontantrieb und 796-cm^3-Dreizylindermotor – sollte Suzuki zu Beginn der 80er Jahre in Europa wirklich Fuß fassen. Im Mai 1979 war ein Viertakt-Dreizylindermotor mit 543 cm^3 eingeführt worden, während im Export (zunächst im Modell Cervo) auf ein Viertakt-Vierzylinder mit 970 cm^3 gesetzt wurde.

Der auf dem Genfer Salon 1981 ausgestellte Alto besaß einen 796-cm^3-Dreizylindermotor mit obenliegender Nockenwelle, der 40 PS leistete. Der schon aus den automobilen Frühzeiten bekannte Viertakt-Dreizylindermotor war bereits von Daihatsu „wiederentdeckt“ worden. Den Alto gab es drei- und fünftürig. Er besaß vorne Federbeine und Querlenker und hinten eine Starrachse mit Halbelliptikfedern.

Cervo. Der Cervo war ein adrettes, winziges 2+2-sitziges Fastbackcoupé mit Heckmotor, das nur ausnahmsweise nach Europa importiert wurde und zwar mit einem 970-cm^3-Viertakt-Vierzylindermotor mit 49 PS Leistung. In Japan wurde es wahlweise mit einem 543-cm^3-Viertakt-Dreizylindermotor mit 31 PS (und 41 Nm) oder einem 539-cm^3-Zweitakt-Dreizylindermotor mit 28 PS (und 52 Nm) ausgerüstet. Der Cervo besaß hinten Dreieckschwingen und Schraubenfedern.

Jimny / LJ 80 Der unter der Bezeichnung Jimny (in einigen Ländern auch als Jipsy) bekannt gewordene kleinste Geländewagen sah aus wie das Miniaturmodell eines → Jeep. Statt mit LJ 80 wurde er in Deutschland auch als Eljot bezeichnet. Der 317 cm kurze Winzling wurde mit Offenkarosserie (mit Verdeck und Blech- oder Stofftüren sowie teils Überrollschutz) sowie als dreitüriger Kombi gebaut. Auffallend waren die angefügten vorderen Kotflügel und die horizontale Verrippung der Türen und Flanken. 1981 gab es die Modelle LJ 55 mit 539-cm^3-Zweitakt-Dreizylindermotor und 28 PS sowie LJ 80 mit 797-cm^3-Viertakt-Vierzylindermotor mit obenliegender Nockenwelle und 41 PS; für den Export wurde ausschließlich der letztere Motor eingebaut.

Die LJ-Modelle basierten auf einem Kastenrahmen mit Traversen, vorne wie hinten wurden Starrachsen mit Blattfedern sowie Trommelbremsen verwendet. Nebst dem Vierradantrieb stempelte ein Reduktionsgetriebe den Jimny zu einem echten Geländefahrzeug.

Im August 1981 schloss General Motors mit der Suzuki Motor Company und der Isuzu Motors Limited ein Abkommen, bei dem es um die gemeinsame Entwicklung, Herstellung und Beschaffung von Komponenten und den Verkauf mit Export von wirtschaftlichen Kleinautos ging. Gleichzeitig wurde bekanntgegeben, dass GM 5,5 Prozent des Suzuki-Kapitals erwerben werde und dass Isuzu und Suzuki symbolische Anteile austauschen würden.

Suzuki Cervo, 1981

Suzuki Jimny LJ, 1981

Suzuki Alto, 1982

Suzuki SJ 410, 1982

Suzuki

Suzuki Cervo CS, 1983

Suzuki SA 310 (Swift) GL, 1984

Suzuki Alto Turbo EPi, 1986

Suzuki SJ 413 JX Highroof, 1985

SJ 410. Auf der IAA Frankfurt fand im September 1981 der größere Suzuki-Geländewagen SJ 410 seine Europapremiere. Er war im Stil ähnlich gehalten wie der weitergebaute Typ LJ 80 und auch beim ihm zeigte der Kühlergrill jene Jeep-inspirierten senkrechten Schlitze. Die Flanken waren jedoch glattflächiger gehalten, auch wenn die Radausschnitte durch schwarze Borde betont wurden. Gegenüber dem LJ 80 bot der neue Suzuki-Geländewagen 10 cm mehr Radstand und seine Länge war von 317 auf 343 cm angewachsen. Auch wenn die Breite um 6,5 auf 146 cm zugelegt hatte, so handelte es sich immer noch um einen Kleinwagen. Angeboten wurde er mit Blachenverdeck mit feststehenden Mittelpfosten und Türrahmen sowie mit dreitüriger Kombikarosserie (GLV = Van, in Japan gab es auch eine Pick-up-Version).

Statt 797 cm^3 Hubraum hatte der Motor des größeren Gelände-Suzuki 970 cm^3 Hubraum und leistete 45,5 PS bzw. 73,5 Nm. Das technische Konzept war gegenüber dem LJ 80 nicht verändert worden. Auf Wunsch wurden (in Japan) vorne Scheibenbremsen eingebaut. Das Armaturenbrett war übersichtlicher angeordnet als im LJ 80.

Auf dem Genfer Salon 1982 wurde der Alto auch mit einem 2-Stufen-Automatikgetriebe ausgestellt. Mit ihm wurde eine Marktnische gefüllt, gab es doch im untersten Marktsegment (in Europa) kein anderes Fahrzeug, das wahlweise mit einem vollautomatischen Getriebe lieferbar war. Es vergingen allerdings gegen 27 s, um mit ihm Tempo 100 zu erreichen.

In Konkurrenz zu europäischen Anbietern gelang Suzuki 1981/82 der Einstieg bei der indischen Autofirma → Maruti. Diese hatte als einziges Unternehmen die Bewilligung erwirkt, Automobile mehrheitlich bloß zu montieren. Der ab 1982 in Produktion genommene Maruti 800 war eine Lizenzkonstruktion des Suzuki Alto. Aus dieser Verbindung sollte binnen weniger Jahre im noch kaum motorisierten Indien eine marktdominierende Stellung resultieren. Der Kapitalanteil von Suzuki an Maruti erreichte bis Ende der 80er Jahre 40 Prozent.

Cervo 1983. Mitte 1982 erschien das Coupé Cervo in vollständiger Neuauflage: Es war nicht mehr mit einem Hecktriebsatz ausgerüstet, sondern basierte auf der Frontantriebskonstruktion des Alto. Ungewöhnlich war das Karosseriedesign mit sich nach unten verbreiternden B-Säulen, an die sich großflächige hintere Seitenscheiben anschlossen.

Cultus / SA 310 Im Herbst 1983 erweiterte Suzuki sein Pkw-Programm durch den Cultus SA 310. Er sollte binnen Jahresfrist in den USA als Chevrolet M-body vertrieben werden. In Europa kam er Ende 1983 unter der Bezeichnung SA 310 auf den Markt. Mit 224,5 cm Radstand und 358,5 cm Länge war er deutlich größer als der Alto, aber immer noch den Kleinwagen zuzurechnen. Sein leicht gerundetes Karosseriedesign wirkte schlicht und ausgewogen. Auch der SA 310 besaß Frontantrieb und einen quer eingebauten Dreizylindermotor. Bei diesem bestand auch der Motorblock aus Leichtmetall, er hatte 993 cm^3 Hubraum, wog dank aufwändig-raffinierter Konstruktion nur 63 kg und leistete 50 DIN-PS. Durch ein vor dem Einlassventil platziertes Röhrchen wurde jedem Zylinder Frischluft eingeblasen, die im Brennraum eine Drallbewegung und damit eine verbesserte Gemischdurchwirbelung bewirkte. Es gab 4- und 5-Gang-Getriebe. Vorne wurden Federbeine und untere Querlenker, hinten eine Starrachse mit Blattfedern verwendet.

In Europa wurden die Ausrüstungsniveaus GA und GL angeboten. Letzteres bot zweigeteilt abklappbare hintere Sitzlehnen, verstellbare Kopfstützen, einen Tourenzähler, getönte Scheiben, seitliche Schutzleisten, verchromte Radnabendeckel, eine hintere Scheibenwisch-/Waschanlage und eine elektrische Entriegelung der Heckklappe. Teils gab es auch digitale Leuchtanzeigen samt optisch-akustischer Schaltempfehlung, die den Fahrer zu ökonomischem Hochschalten anhielt. Tempo 100 wurde binnen 15,9 s erreicht, die Spitze wurde mit 145 km/h und der ECE-Verbrauch mit 4,2/6,7/6,4 l/100 km angegeben.

Fronte / Alto / Cervo 1984. Für 1984 erhielt der Alto Rechteckscheinwerfer und kleine Innenraumänderungen. Wie bei den anderen Kleinstautos Japans wurde auch bei jenen von Suzuki eine Turbomotorversion eingeführt; der 543-cm^3-Motor kam so auf 40 statt 29 JIS-PS.

SJ 410 / Jimny 1984. Das inzwischen ebenfalls unter der Bezeichnung Jimny bekannt gewordene größere der beiden Suzuki-Geländemodelle erhielt zum Modelljahr 1984 eine wesentlich aufgewertete Ausrüstung und in einigen Ländern die Zusatzbezeichnung Strada. Auch vordere Scheibenbremsen zählten jetzt zum Lieferumfang.

Swift / Cultus 1985. Ab Modelljahr 1985 gab es den Cultus bzw. SA 310 auch in fünftüriger Ausführung mit gleichzeitig von 224,5 auf 234,5 cm verlängertem Radstand. Diese Version wurde Europa vorerst vorenthalten, hingegen erfolgte für den Export die Umbezeichnung auf Swift (in einigen westlichen Bundesstaaten der USA wurde er bereits als Chevrolet Sprint verkauft, während er in Kanada als Pontiac Firefly auf den Markt kam). Im Swift stand ein neuer Vierzylindermotor mit 1324 cm^3 Hubraum und 67 oder 73 PS im Vordergrund. Nebst deutlich mehr Leistung bot er einen feineren Lauf als die Dreizylindermaschine. Auch der Vierzylindermotor besaß die beim Dreizylinder eingeführten Frischluft-Zufuhrröhrchen. Die Fondsitzlehnen waren zweigeteilt umklappbar. Für die sportlich ausgestattete Version 1.3 GS erhielt man gegen Aufpreis eine besonders schmuck wirkende zweifarbige Lackierung (Spoiler und unterer Flankenteil in Kontrastfarbe).

SJ 413. Zum Modelljahr 1985 kam die leistungsfähigere SJ-Variante 413 hinzu. Sie trug im schwarzen Kühlergitter den Markenschriftzug und wurde vom 1324-cm^3-Alumotor angetrieben, wie er im Swift erhältlich war. Mit 64 PS war die Leistung etwas bescheidener. Der SJ 413 wurde mit einem 5-Gang-Getriebe ausgerüstet, und die Untersetzungsverhältnisse waren entsprechend angepasst. Das Armaturenbrett war erneuert worden und zudem wurden neue, komfortablere Sitze eingebaut. Dies galt auch für den SJ 410. Den SJ 413 gab es ebenfalls mit zwei Radständen. Neben der einfacheren JA- und der reichhaltigeren JX-Ausstattung stand neu der Wagon Highroof (Hochdachversion) im Angebot, über dessen hinterem Seitenfenster ein zweites kleines Fenster ins Dach hineingewölbt war.

1985 begann im Santana-Werk (→ Anhang) im spanischen Linares die Fertigung des SJ 410. Schon 1983 hatte Suzuki 3 Prozent des Santana-Kapitals übernommen. Diese Firma baute seit 1956 Lizenzmodelle des Land-Rover. Es war geplant, auf einen Jahresausstoß von 10'000 SJ 410 und auf einen Anteil der in Spanien hergestellten Komponenten (local content) von 85 Prozent zu kommen. Das Projekt verzögerte sich allerdings. 1988 wurden dann knapp 23'000 spanische SJ 410 und SJ 413 gebaut und der Anteil einheimischer Teile erreichte 70 Prozent. Suzuki wies inzwischen einen Kapitalanteil von 17,3 Prozent aus.

Fronte / Alto 1986. Nachdem sie bereits ab Oktober 1984 teils auch mit Vierradantrieb erhältlich geworden waren, erhielten die kleinsten Suzuki-Limousinen im Sommer/Herbst 1985 neue Karosserien. Der Radstand wuchs von 215 auf 217,5 cm, während das Microcar-Limit von 319,5 cm Länge weiter eingehalten werden musste. Die neuen drei- und fünftürigen Winzlinge zeigten eine flachere Front und deutlich großzügigere Fensterflächen. Auffallend bei der fünftürigen Version war das optisch leicht höher gezogene dritte Seitenfenster. Mit dem 543-cm^3-Dreizylindermotor kam der Alto in der Turboversion dank Verwendung eines Intercoolers auf 44 statt 40 PS.

Cultus / Swift 1987. Den im Sommer 1986 herausgebrachten erneuerten Swift erkannte man an der schlichten horizontalen Kühlluftöffnung anstatt eines Grills und weiteren Äußerlichkeiten. Zu diesen zählte der Stoßschutz, mit dem die Länge um 8,5 cm auf 367 cm (dreitürig) bzw. 377 cm (fünftürig) angewachsen war (gleichzeitig reduzierte sich der Luftwiderstandsbeiwert auf cw 0,35). Größere Bedeutung kam der neuen Topmotorisierung in den Ausführungen GTi Twin Cam 16 (dreitürig) bzw. GXi (fünftürig) zu: von 1324 auf 1299 cm^3 verkleinerter Hubraum, zwei obenliegende Nockenwellen, 16 Ventile, Verdichtung 10:1, elektronische Einspritzung, Zweirohr-Auspuffanlage, 101 PS bei 6600/min. Mit einem Leergewicht von rund 750 kg konnten Tempo 100 in 8,6 s und eine Spitze von 180 km/h erreicht werden. Der ECE-Verbrauch wurde mit 5,0/6,7/7,1 l/100 km angegeben.

Bedeutend war auch die Abkehr von der hinteren Starrachse zu einer Torsionskurbel- bzw. Verbundlenkerachse (Achsrohr, konzentrischer Torsionsstab, Längslenker und Panhardstab). Bremsen und Ausstattung waren aufgewertet worden. – In Kanada wurde der Cultus alias Swift als Suzuki Forsa und weiterhin als Pontiac Firefly (Feuerfliege) verkauft.

Suzuki Swift GLX 5D, 1988

Suzuki Escudo (Vitara) Metal Top JLX, 1989

Suzuki Fronte (Alto) FL, 1989

Suzuki Alto Works 660 RS/R, 1990

Alto Works RS-R. Zum Jahrgang 1987 wurde dem Alto eine zusätzliche, hochattraktive Motorversion spendiert: zwei obenliegende Nockenwellen, 12 Ventile, elektronische Einspritzung, 42 PS bzw. 64 PS bei Abgasturbolader samt Ladeluftkühler. Damit wurde für Microcars ein neuer Höhepunkt geschaffen, ergaben sich doch ein Leistungsgewicht von kaum 10 kg/PS und eine Literleistung von 117 PS/l! Verständlich, dass der DOHC-Alto ausschließlich mit Vierradantrieb angeboten wurde: mit dem Saugmotor mit zuschaltbarem Hinterradantrieb, mit dem Turbomotor mit permanentem 4WD (Viskokupplung im Antriebsstrang). In der mit silberfarbenen Anbauteilen (Spoiler und Schwellerverbreiterungen) daherrollenden Topausführung hieß dieser Alto Works RS-R (im Export auch Fortissimo).

Samurai JX. Als Variante des SJ 413 wurde auf dem Genfer Salon 1988 der Suzuki-Kleingeländekombi Samurai JX 4x4 vorgestellt (die Bezeichnung Samurai wurde bereits in den USA verwendet). Er war 7 cm breiter und 1,5 cm niedriger als der SJ und hatte vor allem eine um 9 cm verbreiterte Spur. Die Radhausausschnitte zeigten kräftige Ränder, der Kühlergrill war in Schwarz gehal-

Suzuki

ten, Armaturenbrett und Lenkrad waren neu. Es gab den Samurai als Halbcabrio (Karosseriehinterteil mit Stoffverdeck), Wagon, Wagon Highroof und mit Longbody (Karosseriehinterteil mit Stoffverdeck).

Escudo / Vitara. Mitte 1988 wurde die SJ-Serie durch den etwas größeren Geländekombi Escudo ergänzt, der in Europa Vitara und in Nordamerika Geo Tracker heißen sollte, dort aber auch als Suzuki Sidekick vertrieben wurde. Da war keine stilistische Verwandtschaft mit dem Jeep mehr zu entdecken, vielmehr hatten die Designer einen mustergültig klaren Kombi- und Halbcabrioaufbau geschaffen mit Pkw-artiger Schrägfront, tiefer, große Fensterflächen ergebender Gürtellinie und elegant geformten Radhausverbreiterungen. Die hohe Bodenfreiheit und das Reserverad an der Heckwand wiesen darauf hin, dass es sich auch beim Escudo alias Vitara um einen „Geländekraxler" handelte.

Mit 220 cm Radstand setzte sich der viersitzige Neuling zwischen die Kurz- und die Langversion des SJ, und er war ab 356 cm lang. Die Spur war aber von 121/122 auf 139,5/140 cm verbreitert worden, womit sich eine deutlich erhöhte Standfestigkeit ergab. Die Dachlinie sank von 169 auf 166,5 cm. Das aus einem Kastenrahmen mit Traversen bestehende Chassis besaß vorne eine Einzelradaufhängung mit Dämpferbeinen und auf untere Dreieckquerlenkern abgestützten Schraubenfedern, und auch die hintere Starrachse war nun mit Schraubenfedern ausgerüstet (sowie zwei Längslenkern und einem am Differenzialgehäuse verankerten Reaktionsdreieck). Zur Kugelumlauflenkung war ein Servoaggregat lieferbar.

Dem Antrieb des ab 970 kg wiegenden Escudo diente ein 1,6-l-Langhubmotor mit Zentraleinspritzung und 82 PS Leistung (mit Vergaser 75 PS). Das 5-Gang-Getriebe wurde durch ein Reduktionsgetriebe ergänzt, und der Vorderradantrieb war zuschaltbar. Für die Vorderräder gab es einen Freilauf, und auf Wunsch war ein 3-Stufen-Automatikgetriebe erhältlich.

Cultus / Swift 1989. Im Herbst 1988 erhielt der Swift ein gänzlich neues Design, und auch es war hinsichtlich Klarheit der Formen mustergültig. Der Luftwiderstandsbeiwert wurde mit cw 0,32 angegeben. Die Kühlluftöffnung wanderte unterhalb den Stoßschutz, die Motorhaube stieg nach hinten an, und die außenbündigen seitlichen Fensterflächen reichten bis zum Heckabschluss. Die besonders geglückt gestaltete fünftürigen Version wies eine steiler gestellte Heckwand auf und wirkte daher wie ein Kombi. Mit 226,5 bzw. 236,5 cm für die drei- und die fünftürige Ausführung war der Radstand um 2 cm verlängert worden, die Länge hatte um 4 auf 371/381 cm zugelegt und die Breite erreichte 159 statt 154,5 cm.

Wie beim Vormodell wurden 1-l-Drei- und 1,3-l-Vierzylindermotoren eingebaut, wobei das kleinere Aggregat einen neuen Zylinderkopf und eine von 8,8:1 auf 9,5:1 erhöhte Verdichtung aufwies. Auch der schwächere Vierzylindermotor besaß nun 1299 statt 1325 cm^3 Hubraum. Den GTi-Motor, neu 11,5:1 statt 10:1 komprimiert und mit etlichen Verfeinerungen, gab es nur noch in der dreitürigen Karosserie. Allgemein war ein Leistungsanstieg zu verzeichnen. Die vorderen einfachen unteren Querlenker waren durch Dreieckquerlenker ersetzt worden, und die hintere Torsionskurbelachse war einer Schräglenkerkonstruktion gewichen. Mit seinem ab 680 kg betragenden Gewicht war der Cultus/Swift immer noch gleich leicht geblieben. In Nordamerika wurde er in der neuen Form unter der Marken- und Modellbezeichnung Geo Metro verkauft.

Alto / Fronte 1989. Während der Alto in der bisherigen Form weiterhin in den Export gelangte, wurde er im Sommer 1988 für den einheimischen Markt neu aufgelegt. Es gab ihn nach wie vor drei-

Suzuki	Bauart	Mot.	Getr.	R/L cm	Baujahre
Fronte / Alto	**Fr.**	**a**	**4**	**215/319,5**	**1980–82**
Cervo	**H.**	**b/d**		**203/319**	
Alto (Export)		**c**		**215/329,5**	
Motoren:	*Zyl.:*	*N'w.:*	*cm^3:*	*PS/'min:*	*Nm/'min:*
a	3	OHC	543	31/29/6000 (br.)	41/4000
b	3/2T	–	539	28/5500 (brutto)	52/3000
c (Alto Export)	3	OHC	796	40	59/3000
d (Cervo Export)	4	OHC	970	49/5000 (brutto)	83/3000
Fronte / Alto / Cervo	**Fr.**	**a–c**	**4/A2/5**	**215/319,5**	**1982–85**
a (+*1984–)	3	OHC	543	29/6000/31* (br.)	41/4000/43
b (1983–)	3T			40/6000	54/4000
c (Alto Export)	3		796	40/5500	59/3000
Fronte / Alto	**Fr.(4)**	**a–g**	**4/5/A2**	**217,5/319,5**	**1985–88 (Exp.–89)**
Cervo				**215/319,5**	**1985–87**
a (–1986)	3	OHC	543	31/6000 (brutto)	43/4000
b (1986–)			x	30/6000/28	39/4000
c (1986/87)		D12V		42/7500	41/6000
d (–1986)	3T	OHC		40/44/6000	54/59/4000
e (Turbo EPI 1986–)	3iT			48/6000	64/4000
f (1987–)		D12V		64/7500	72/4000
g (Alto Export *1987–)	3	OHC	796	40/40K*/5500	59/3000
Alto / Fronte / Cervo	**Fr.(4)**	**a–c**	**4/5/A3**	**233,5/319,5**	**1988–90**
a	3/3iT	OHC	547	34/58/6500	42/73/4000
b	3	012V		40/42/7500	42/43/6000
c	3i/3iT	D12V		46/64/7500	44/6000/77/4000
Cultus SA 300 / Swift	**Fr.**	**a–i**	**4/5**	**224,5/358,5/367***	**1983–88**
(do. 5-türig) (*1986–)				**234,5/368,5/377***	**1984–88**
Motoren:	*Zyl.:*	*N'w.:*	*cm^3:*	*PS/'min:*	*Nm/'min:*
a (–1986)	3	OHC	993	60/5500 (brutto)	83/3500
b (Eur. *USA/CH+ '85–)				50/50K*/5800	75/3600
c (1986–)	3i			55/5500	75/2500
d (1985/86 *1986–)	3T			80/82*/5500	118/3500
e (1984–86 *GS)	4		1325	68/5300/73*/5800	104/3700/105/4000
f (1986–)				70/5500 (brutto)	100/3500
g (1986–)				68/5300/67K/64	103/3700
h (1986–)	4i	D16V	1299	110/6500 (brutto)	110/5500
i (1986–)				101/101K/6600	113/5500

Suzuki	Bauart	Mot.	Getr.	R/L cm	Baujahre
Cultus / Swift	**Fr.(4)**	**a–h**	**4/5/A3**	**226,5/371**	**1988–90**
do. 5-tür. *4-t.('89–)				**236,5/381/407,5***	
a (*Europa)	4	OHC	993	58/6000/53*/5800	78/3500/80/3000
b	4i			56K/5700/55K	80/3000
c (USA +*1989–)				49/4700/56*/5700	79/3300
d (–1989)	4T			71/5500	108/3500
e (*Europa)	4		1299	73/67*/6000	100/3700/101/3500
f	4i			71K/6000	101/3500
g		D16V		115/7500/101K/6450	110/6500/113/4950
h (1989–)	4/4/4i	016V	1590	100/5600/92/95K/6'	132/4000/133/3500
Jimny / LJ 55/80	**K'r./4**	**a/b/d**	**4/5/+R**	**193/317/319,5**	**1980–83**
Jimny SJ 30 / 550		**a–c**		**203/319,5**	**1983–90**
Motoren:	*Zyl.:*	*N'w.:*	*cm^3:*	*PS/'min:*	*Nm/'min:*
a (*1982–89)	3/2T	–	539	28/5000/4500*(br.)	52/3000/53/2500
b (1986–89)	3iT	OHC	543	42/6000	58/4000
c (1989–)	3/3iT		547	34/58/6500	42/73/4000
d (1980/81 / *1981/82)	4	OHC	797	41/5500/39*/5750	60/3500
SJ 410 / SJ 413	**K'r./4**	**a–g**	**4/5/+R**	**203/335,5–355,5**	**1981–90**
/ Samurai				**237,5/401/399**	**1986–90**
Motoren:	*Zyl.:*	*N'w.:*	*cm^3:*	*PS/'min:*	*Nm/'min:*
a (1982–88)	4	OHC	970	52/5000 (brutto)	80/3500
b (Europa +*1983–86)				45/5500/46CH*	74/3000
c (Eur. '86– +*'86/87)				45/45K*/5500	
d (1989–)	4i		1298	69K/67U/6000	103/3500
e (1986–88)	4		1325	70/5500 (brutto)	105/3500
f (1984–89 *1986–89)				64/64K*/6000	100/3500
g (1989– *BRD)				64/6000/60*/5700	100/3500/96/3550
Escudo / Vitara	**K'r./4**	**a/b**	**5/A3/+R**	**220/356–365**	**1988–90**
Motoren:	*Zyl.:*	*N'w.:*	*cm^3:*	*PS/'min:*	*Nm/'min:*
a	4i	OHC	1590	82/5500	129/3000
b (Export)	4i/4			80K/5400/75/5250	131/2750/123/3100

Suzuki Swift GTi, 1990

Suzuki Samurai JX Cabrio, 1990

Suzuki Swift Sedan 1.6 GLXi 16V 4WD, 1990

und fünftürig, hinzu kam aber eine viertürige Version, die rechts eine Schiebetür aufwies. Dies war für den Stadtverkehr und die teils äußerst engen Parkplätze eine ungemein praktische Lösung (16 Jahre bevor Peugeot den 1007 lancierte!). Unter Beibehalt der Microcar-Länge von 319,5 cm war der Radstand von 217,5 auf 233,5 cm maximiert worden, und die Rückwand stand nun fast senkrecht.

Der quadratnahe 543-cm^3-Dreizylindermotor war durch eine 547-cm^3-Konstruktion mit langem Hub abgelöst worden. Diese gab es in einer Vielzahl von Kombinationen, mit sechs oder zwölf Ventilen, ohne oder mit Turbo. Topmodell war der Alto Works Twincam RS-R mit 64 PS, der sich durch eine etwas höhere Motorhaube, leicht versenkt angeordnete Rundscheinwerfer (statt der kleinen Rechtecklampen) und Anbauteile abhob. Auch bei den schwächer motorisierten Alto funktionierte der gegen Aufpreis erhältliche Vierradantrieb nun permanent. Weiterhin gab es auch ein Coupé Cervo.

Esteem / Swift viertürig. Als Esteem kam im Juli 1989 eine Stufenheckversion des Swift alias Cultus hinzu. Sie besaß den Radstand von 236,5 cm der fünftürigen Ausführungen, war jedoch mit 407,5 cm deutlich länger. Der Esteem war mit dem 1,3-l-Motor mit 73 JIS-PS sowie mit einem neuen 1,6-l-Motor lieferbar. Bei diesem handelte es sich um eine Ableitung von dem 1590-cm^3-Aggregat, wie es im Vitara eingebaut wurde, jedoch mit einem 16-Ventil-Zylinderkopf (es blieb bei einer obenliegenden Nockenwelle) und 100 PS Leistung. In der späteren Europaversion kam dieser Motor auf 92 und mit Zentraleinspritzung und Katalysator auf 95 PS.

In Europa wurde das Stufenheckmodell im Herbst 1989 unter der bekannten Bezeichnung Swift eingeführt. Auch die angekündigte Version mit permanentem Vierradantrieb wurde erhältlich: Der Swift 1.6 4WD besaß eine vor dem hinteren Differenzial angeordnete Viskokupplung, die bei Schlupf automatisch eine optimale Kraftverteilung bewirkte. Dieser Vierradantrieb wurde im dreitürigen Swift 1.3 ebenfalls angeboten.

Alto / Cervo 1990. Ab Februar 1990 wurden die kleinsten Suzuki den erweiterten Microcar-Maximalmaßen entsprechend in neuen Ausführungen mit 329,5 cm Länge und (knapp) 660 cm^3 Hubraum angeboten. Einen Fronte gab es nicht mehr, dafür zeigten sich die Cervo als drei- und fünftürige Limousinchen. Topmotor im Cervo war ein 658-cm^3-Vierzylinder, im Alto ein 657-cm^3-Dreizylinder.

Mitte 1989 konnte die Suzuki Motor Co. Ltd die Herstellung des 10-millionsten Automobils seit dem ersten Suzulight im Juli 1955 feiern. – Im Januar 1990 gab Suzuki bekannt, mit Ungarn einen Grundsatzvertrag über die Herstellung des Swift abgeschlossen zu haben. Gemäß Verwaltungsratspräsident Osamu Suzuki wurde für dieses Joint-Venture-Projekt ein Neubau statt der Umbau von alten Werkanlagen vorgezogen und der Anteil der in Ungarn hergestellten Bestandteile sollte innerhalb eines Jahres (ab 1992) 50 Prozent und später 70 Prozent erreichen.

Bei der Firma Santana in Spanien, wo Suzuki seit 1989 32 Prozent des Kapitals hielt, wurde für 1990 nebst der Samurai- auch die Aufnahme der Vitara-Produktion geplant.

2006 kaufte Suzuki 17 Prozent des von GM 2001 auf 20 Prozent erhöhten Aktienanteils zurück.

Syrena

Der fünfsitzige Kleinwagen Syrena wurde ab 1955 von der Fabryka Samochodow Osobowych (FSO) in Warschau hergestellt, die auch den → Polski Fiat baute. Im August 1972 wechselte die Produktion zur Fabryka Samochodow Malolitrazowych (FSM) in Bielsko-Biala.

105. 1981 wirkte das Karosseriedesign des (oder der?) Syrena mit der geschwungenen Gürtellinie und den sanft abfallenden Front- und Heckenden reichlich antiquiert. Dem Frontantrieb diente stets noch ein Dreizylinder-Zweitaktmotor mit 842 cm^3 Inhalt und 40 PS Leistung. Das 4-Gang-Getriebe wurde mit einer Lenkradschaltung bedient. Der Unterbau bestand aus einem Kastenrahmen mit vorderen Dreieckquerlenkern, einer hinteren Starrachse und vorne wie hinten Querblattfedern. Es wurden Vierrad-Trommelbremsen und eine Lenkung mit Schnecke und Rolle verwendet. Die 21 Nippel umfassende Schmierung war alle 3000 km fällig.

In Polen wurde der Syrena als Gegenstück zu den Polski Fiat auch als „Polski Jaguar" apostrophiert. Am 30. Juni 1983 lief seine Produktion aus, um die frei werdende Kapazität für den Fiat 126 nutzen zu können. Insgesamt waren 521'311 Syrena entstanden (→ Beskid, im Anhang).

Syrena 105, ca. 1980

Syrena	K'r./Fr.	–	4	230/404	1980–83
105 / *Motor:*	3/2T	–	842	40/4300	79/2750

Talbot

Die Marke Talbot hatte es schon von 1903 bis 1959 gegeben, und sie hatte sich durch Luxussportwagen und Rennerfolge einen großen Namen gemacht. 1958 war die Übernahme durch Simca erfolgt. Ende 1978 übernahm PSA Peugeot-Citroën die europäischen Chrysler-Marken Simca, Chrysler-Simca, Matra-Simca und Sunbeam, und Anfang 1979 wurden diese französischen und englischen sowie spanischen Fabrikate alle unter dem Markennamen Talbot vereint. Die rund 7000 europäischen Chrysler-Verkaufsstellen wurden damit zu Talbot-Vertretungen.

Nachdem Talbot im ersten Halbjahr 1980 einen Absatzrückgang von fast 30 Prozent erlitten hatte, war von Plänen für einen neuen Kleinwagen die Rede. Doch im September 1980 wurde beschlossen, die Automobiles Talbot der Automobiles Peugeot anzugliedern. Nicht nur die Absatzorganisation, auch die Händlernetze wurden fortan in den einzelnen Ländern schrittweise zusammengelegt. Der Restrukturierungsplan sah auch die vorzeitige Pensionierung von 1600 Arbeitnehmern vor. Damit wurde gleichzeitig der allgemein schlechten Absatzlage auf den europäischen Märkten Rechnung getragen.

Unter der Marke Talbot gab es 1981 die Modelle 1100, 1200, Horizon, 1510 (bzw. Alpine in Großbritannien, alle einstige Simca), Solara (1980 hinzugekommen), Tagora (für 1981 neu), Sunbeam, Avenger sowie Matra Murena (der im September 1980 den Bagheera ablöste) und Matra Rancho. Mit dem Jahrgang 1981 erhielten alle Modelle Sicherheitsgurten auch hinten, während bei den Modellen GLS/SX, 1510 und Solara Nebelschlussleuchten hinzukamen.

1100. Französisches Basismodell der Europamarke Talbot war der altvertraute ex-Simca 1100. Diese Pionierkonstruktion der Kompaktklasse mit Frontantrieb, Quermotor und Heckklappe ging auf das Jahr 1967 zurück. Der Talbot 1100 wurde als drei- und als fünftürige Limousine gebaut. 1981 gab es ihn mit dem 1118-cm^3-Motor mit seitlicher Nockenwelle, der um 41 Grad nach hinten geneigt eingebaut wurde. Er wurde mit einem 4-Gang-Getriebe kombiniert oder mit dem halbautomatischen 3-Gang-Getriebe von Ferodo mit hydraulischem Wandler und automatischer Kupplung. Vorn besaß die Aufhängung Trapez-Dreieckquerlenker und Längstorsionsstabfedern, hinten gezogene Längslenker und Quertorsionsstabfedern. Die Bremsen (vorne Scheiben) arbeiteten mit Servo.

1200. Der Talbot 1200 wurde nur in Spanien für den einheimischen Markt gebaut. Er entsprach dem Modell 1100 und es gab ihn auch als fünftürigen Kombi. Zusätzlich wurde er mit Motoren von 1294 bzw. 1442 cm^3 Hubraum und entsprechend höherer Leistung angeboten.

Horizon. Die Modellreihe Horizon war als Weiterentwicklung des Simca 1100 Ende 1977 eingeführt worden. Unter dem Chrysler-Regime war sie gleich auch als amerikanischer Kleinwagen entwickelt und ebenfalls Ende 1977 als → Plymouth Horizon und → Dodge Omni auf den nordamerikanischen Markt gebracht worden. Den Horizon gab es in Europa ausschließlich als fünftürige Schräghecklimousine. Diese wurde 1981 mit OHV-Motoren von 1118, 1294 und 1442 cm^3 Hubraum gebaut. Der größte Motor war neu auch in einer gedrosselten Sparversion (GL) mit 65 statt 69 PS (GLS) erhältlich. Nach wie vor gab es zudem die sportliche Variante mit 83 PS (S, Weber-Doppelvergaser). Mit diesem Motor konnte eine 3-Stufen-Getriebeautomatik bestellt werden (= SX). Das Fahrwerk umfasste vorne Trapez-Dreieckquerlenker und Längstorsionsstabfedern, hinten gezogene Dreiecklängsschwingen und Schraubenfedern.

Talbot 1100 LS, 1981

1510 / Alpine. Der zur unteren Mittelklasse zählende Talbot 1510 – aus englischer Produktion hieß er Alpine – war im August 1979 als Nachfolger der Chrysler-Simca 1307/1308/1309 eingeführt worden. Die wohlproportionierte Fließheckkarosserie mit sechs Seitenfenstern war erhalten geblieben. Die quer und um 41 Grad nach hinten geneigt eingebauten OHV-Motoren hatten 1294, 1442 und 1592 cm^3 Inhalt und wurden mit einem 4-Gang-Getriebe bzw. im Falle des SX mit dem 1,6-l-Motor mit einem 3-Stufen-Automatikgetriebe gekoppelt. Das Fahrwerk entsprach jenem des Horizon, doch wurde für das Modelljahr 1981 die stärkere Bremsanlage des Solara verwendet. In Verbindung mit dem größten Motor wurde eine Servolenkung eingebaut.

Talbot Tagora SX, 1981

Solara. Der im April 1980 präsentierte Solara war die erste Neuheit unter der Marke Talbot. Es handelte sich um die Stufenheckversion des Modells 1510. Bei ihr gab es den 1,6-l-Motor in der SX-Version außer als Automatique auch mit 5-Gang-Handschaltung und als GLS sowohl mit vier wie (ab Modelljahr 1981) mit fünf Gängen.

Tagora. Mit dem im Herbst 1980 vorgestellten Tagora versuchte Talbot auch in der oberen Mittelklasse Fuß zu fassen. Größenmäßig schob sich der Tagora zwischen die Peugeot-Modelle 505 und 604. Mit ihnen teilte er auch das technische Konzept. Er bot jedoch ein noch moderneres Design mit lichtdurchflutetem Sechsfenster-Pavillon. Die Seitenlinien waren strikte horizontal ausgerichtet, wenn auch die Motorhaube leicht nach vorne abfiel. Die Kühlerfrontaufteilung mit Doppelscheinwerfern war betont kubisch.

Es gab den Tagora in den Ausführungen GL, GLS, DT und SX und mit 2,2-l-Vierzylindermotor, 2,3-l-OHV-Turbodiesel und 2,7-l-V6 (als 2.6 bezeichnet). Diese Antriebsaggregate waren aus dem Peugeot-Programm bekannt. Der Tagora SX mit V6-Motor wurde als die stärkste Limousine Frankreichs bezeichnet, weil der PRV-Alumotor (Peugeot-Renault-Volvo) 165 PS leistete (in den Peugeot nur 144). Bei ihm erreichte die Kompression 9,5:1 statt 8,65:1 und er lief mit einem Weber-Dreifachvergaser. Es gab 4- und 5-Gang-Getriebe und in Verbindung mit dem V6 auch das 3-Stufen-Automatikgetriebe Turbo Hydra-Matic von GM. Vorn fanden sich Federbeine, Querlenker und Zugstreben, hinten Schräglenker und Zugstreben. Der SX erhielt Vierrad-Scheibenbremsen und ab GLS arbeitete die Zahnstangenlenkung mit Servo.

Sunbeam. Verwirrlich war die Bedeutung des Modellnamens Sunbeam. Ursprünglich war dies ein Markenname gewesen. Doch mit dem Modelljahr 1977 waren die englischen Marken Hillman und Sunbeam durch Chrysler ersetzt worden. Mit dem zum Erhalt von Arbeitsplätzen von der britichen Regierung erhaltenen Geld hatte sich Chrysler United Kingdom zur Entwicklung eines neuen Modells verpflichtet. Dieser Kompaktwagen wurde im Juli 1977 unter der Modellbezeichnung Sunbeam vorgestellt; Anfang 1979 wurde ihm der Markenname Talbot vorangesetzt.

Bei den kleineren Personenwagen war der Sunbeam eine der letzten Neukonstruktionen in Standardbauweise, also mit vorne liegendem Motor und Hinterradantrieb. Er war eine dreitürige Schräghecklimousine von zeitloser Formgebung, und er wurde in einer ungewöhnlich breiten Palette gebaut. Den Anfang machte ein 928-cm^3-Leichtmetallmotor mit obenliegender Nockenwelle, der aus dem einstigen wegweisenden Heckmotor des Hillman Imp abgeleitet war (Modelle LS und GL). Darüber gab es die von den Hillman/Sunbeam bekannten 1295- und 1598-cm^3-OHV-Aggregate, das Letztere in drei Leistungsstufen (für die Modellvarianten GL/GLS, GLS und TI).

Nebst dem 4-Gang-Getriebe war in Verbindung mit den drei mittleren Motoren auch das 4-Stufen-Automatikgetriebe von Borg-Warner lieferbar. Die

Talbot Sunbeam 1.3 GL, 1981

Vorderradaufhängung bestand aus Federbeinen und Querlenkern, während hinten eine Starrachse mit Schraubenfedern, unteren Längslenkern und oberen, zum Differenzial führenden Schräglenkern ihren Dienst versah. Mit dem auf der Birmingham Motor Show im Oktober 1980 gezeigten Ausführung 1981 hatte der Sunbeam größere Scheinwerfer und einen neuen Wabengrill erhalten, womit er den „Kontinentmodellen“ noch mehr glich.

Sunbeam Lotus. Eine Sonderstellung kam dem Sunbeam Lotus zu. Bei dieser Hochleistungsvariante wurden die vom Hinterradantrieb gegebenen Möglichkeiten voll ausgenutzt. Bei seiner Ankündigung zur Jahreswende 1978/79 war eine Homologationsserie von 4000 Einheiten vorgesehen worden. Doch schließlich ließ man es bis 1981 bei 2298 Exemplaren bewenden. Im Sunbeam Lotus war (um 45 Grad nach links geneigt) der 2172-cm^3-Motor aus den → Lotus-Coupés eingebaut. Es handelte sich um den hochmodernen 16-Ventil-Alumotor mit zwei obenliegenden Nockenwelle und zwei Dell'Orto-Doppelvergasern. Der Sunbeam Lotus wurde mit einem 5-Gang-Getriebe von ZF ausgerüstet. Im November 1980 war bei der berühmten RAC-Rallye durch England mit einem Talbot Sunbeam Lotus der Gesamtsieg erzielt worden, und 1981 sollten sich Guy Fréquelin/Jean Todt mit diesem Modell den Rallye-Vizeweltmeistertitel sichern.

Avenger. Den Avenger hatte es ab Anfang 1970 unter der Marke Hillman gegeben (und als Parallelmodelle die Sunbeam 1250/1500). 1977 wurde er in Chrysler Avenger und 1979 in Talbot Avenger umgetauft. 1981 gab es ihn als viertürige Limousine und als fünftürigen Estate bzw. Kombi. Angeboten wurden die Ausstattungsvarianten LS, GL, GLS (nur Limousine) und die OHV-Graugussmotoren mit 1295 und 1598 cm^3 (Letzterer mit 70 oder 81 PS). Alle Motoren ließen sich mit der 4-Stufen-Getriebeautomatik von Borg-Warner kombinieren. Die in Standardbauweise gehaltenen Avenger besa-

Talbot Sunbeam Lotus, 1981

ßen vorn Federbeine mit Querlenkern, hinten eine Starrachse mit Längslenkern und Schraubenfedern (Estate zusätzlich mit Panhardstab).

Matra Murena. Wie schon sein Vorgänger Bagheera war der im September 1980 vorgestellte Murena ein adrett geformtes, von Matra gebautes Fließheck-Sportcoupé mit Mittelmotor und Kunststoffkarosserie. Die beim Murena beibehaltene Besonderheit bestand in den drei nebeneinander angeordneten Einzelsitzen. Dies wurde dank einer Innenbreite von 151 cm ermöglicht. Das Rückenpolster (ohne Kopfstütze) des Mittelsitzes ließ sich auch zu einer Ablage abklappen.

Im Vergleich zum rund 50'000 mal gebauten Vorgänger war der Murena dank einem von 237 auf 243,5 cm verlängerten Radstand geräumiger, er war auch leicht länger und breiter (407 x 175 cm), aber gleich hoch (122 cm), und er bot mit einem cw-Wert von 0,33 eine deutlich verbesserte Aerodynamik. Auffallend waren die keilförmige Front und das wiederum als Klappe ausgebildete langgestreckte Heckfenster.

Neu war das Motorenangebot, das aus einem 1592-cm^3-OHV-Vierzylinder und einer 2156-cm^3-OHC-Alternative bestand. Mit Doppelvergaser kamen diese Motoren auf 92 bzw. 118 PS. Der Kraftübertragung diente ein 5-Gang-Getriebe. Vorne fanden sich wie schon beim Bagheera obere und untere Dreieckquerlenker und Längstorsionsfederstäbe, hinten wurden nun aber Schräglenker und progressive Schraubenfedern verwendet. Die servobedienten Vierrad-Scheibenbremsen waren dem höheren Leistungspotential angepasst worden und auch das Reifenformat war üppiger.

Für den Murena hatte das Matra-Werk in Romorantin in Mittelfrankreich eine umfangreiche Feuerverzinkungsanlage angeschafft. Mit ihr wurde das Stahlskelett unter der Kunststoffkarosserie behandelt, so dass eine Rostschutzgarantie von sechs Jahren gewährt werden konnte. Wie schon der Bagheera war auch der Murena dank seiner aus der Großserie stammenden Mechanik ein erschwingliches, aber durchaus leistungsfähiges und individuell geformtes Sportcoupé.

Matra Rancho. Der Anfang 1977 von Matra vorgestellte Rancho war ein geniales, der Zeit weit vorauseilendes Freizeitauto. Er besaß zwar keinen Vierradantrieb, war aber mit seiner hohen Bodenfreiheit bestens für das Befahren kleiner Nebenwege geeignet; entsprechend wurde er als „tout-chemin“ (allwegtauglich) bezeichnet. Er war ein Vorläufer der Crossover-Fahrzeuge, wie sie erst im folgenden Jahrhundert aufkommen sollten...

Talbot Matra Murena, 1981

Der Rancho basierte auf der Bodengruppe der Simca alias Talbot 1100/Horizon. Er war als dreitüriger Kombi ausgelegt, und sein hinterer Aufbau bestand aus Kunststoff. Über den Fahrersitzen trug er eine Gepäckmulde und daran schloss sich ein erhöhtes Dach mit zusätzlichem oberem Seitenfenster an. Auch stilistisch war der Rancho ein wenig der „Range Rover des kleinen Mannes“. Die Vorderräder wurden von dem 1442-cm^3-OHV-Motor über ein 4-Gang-Getriebe angetrieben.

Ab 1980 gab es den Matra Rancho in zwei zusätzlichen Ausführungen: X mit Luxusausstattung und Grand Raid mit Differenzialbremse, Unterbodenschutz, elektrischer Seilwinde, Anhängerkupplung, zwei Reserverädern und auf Normalbenzin reduzierter Leistung von 78 PS. Im August 1980 kam die Version Découvrable hinzu: Bei ihr war der hintere Kunststoffaufbau durch eine Metallstruktur ersetzt worden. Diese umfasste ein Rolldach und durchsichtige Seiten- und Heckflächen aus flexiblem Material, das sich nach Öffnen von Reißverschlüssen an das Dach hinaufrollen und befestigen oder auch ganz entfernen ließ.

Anfang 1981 wurde mit dem Rennwagenkonstrukteur Guy Ligier ein Abkommen unterzeichnet, wonach zwei als Talbot-Ligier bezeichnete Grand-Prix-Wagen in der Formel-1-Weltmeisterschaft eingesetzt werden sollten; die Motoren stammten von Matra. – Im Februar 1981 kündigte PSA die Schließung des Talbot-Werks im schottischen Linwood per Ende Jahr an. Zwar hatte der britische Industrieminister 40 Millionen Pfund Sterling für die Modernisierung des Werks angeboten, doch wären nach Ansicht von Talbot UK mindestens 100 Millionen nötig gewesen. Von der Stilllegung wurden 4800 Arbeiter betroffen und es wurden weitere 4000 Stellen bei der Zulieferindustrie gefährdet. Immerhin ließ der Konzern verlauten, dass die 12'000 Arbeitsplätze in England nicht gefährdet seien. Mit Linwood sollte aber auch die Modellreihe Sunbeam untergehen.

Talbot Matra Rancho Découvrable, 1981

Talbot Horizon SX, 1982

Mit dem schon Anfang Juli 1981 vorgestellten Jahrgang 1982 wurde generell auf etwas mehr Hubraum gesetzt. Das auf das Jahr 1967 zurückgehende Modell 1100 wurde nur noch als Fourgonnette (Lieferwagen) gebaut. Damit wurde der Horizon 1.1 LS zum Basismodell, der 1.3 GL entfiel, neben dem auf Sparsamkeit ausgelegten 1.5 GL mit 65 PS wurde ein Parallelmodell 1.5 EX mit Veloursitzüberzügen, Digitaluhr, Halogenscheinwerfern, Heckscheibenwischer usw. aufgelegt. Beim GLS kamen vordere Scheibenheber und Türtaschen hinzu und beim Topmodell SX außerdem eine Zentralverriegelung.

Talbot Samba GL, 1982

Die Modelle 1510 und Solara erhielten eine einheitliche Motoren- und Getriebeauswahl, wobei der 1,3- durch den 1,4-l-Motor ersetzt wurde. Wenn LS und GL für Flüssiggasbetrieb bestellt wurden, erhielten sie einen 1,6-l-Motor. Auch die Ausstattung wurde teils aufgewertet. Zu dem serienmäßig mit dem 5-Gang-Getriebe ausgerüstete GLS konnten diverse Elemente zusätzlich bestellt werden, die beim SX von Haus aus dabei waren. – Zu einigen Tagora-Ausführungen waren auf Wunsch ein Geschwindigkeitsregler und eine Klimaanlage lieferbar.

Im August 1981 wurde ein Bild des kommenden kleinen Talbot veröffentlicht. Dieser lief noch unter dem Code C-15, doch war bekannt, dass er technisch auf dem Peugeot 104 basieren werde. – Auf der IAA Frankfurt wurde im September ein Tagora SX Présidence mit Telefon, Fernseher, Teletext und Videoanlage präsentiert.

Samba. Im Oktober 1981 wurde der C-15 unter der griffigen Modellbezeichnung Samba vorgestellt und zwar gleich in zwei Karosserieausführungen: als keck geformte dreitürige Schrägheck-limousine und als ebenfalls viersitziges niedliches Cabriolet mit festmontiertem Überrollschutzbügel auf der Höhe der B-Säulen. Da war ein attraktives Kleinwagenduo entstanden, das auch technisch auf der Höhe der Zeit war. Der schlichte, aus vier horizontalen Stäben geformte Kühlergrill trug das kleine eingekreiste „T" als Markenzeichen, und die Gürtellinie stieg leicht nach hinten an. *Für die Herstellung des Samba hatte das Fließband in Poissy Roboter und Produktionsautomaten erhalten. Der Samba war für das zweitwichtigste europäische Marktsegment bestimmt, erreichte der Kleinwagenanteil doch knapp 30 Prozent (in Frankreich 38,6 Prozent, in Italien über 40 Prozent, in Deutschland und in der Schweiz allerdings unter 20 Prozent).*

Erwartungsgemäß teilte der Samba seine technischen Komponenten mit anderen Kleinwagen des PSA-Konzerns. Mit 234 cm lag sein Radstand zwischen jenen des Peugeot 104 Coupé und Citroën LNA (223 cm) und jenen des Peugeot 104 und Citroën Visa (242 cm). Die zur Verfügung stehenden Vierzylindermotoren trieben auch die Peugeot und Citroën (und sogar den Renault 14) an. Die OHC-Alumotoren mit 1124 und 1362 cm^3 wurden auf der Höhe der Vorderräder um 72 Grad nach hinten geneigt quer eingebaut (für Italien gab es auch eine 954-cm^3-Version). Das Leergewicht beschränkte sich auf 740 bis 790 kg (das von → Pininfarina mitentwickelte und auch in Turin herzustellende Cabriolet wog 850 kg).

Den kleineren Motor gab es sowohl mit 4- wie mit 5-Gang-Getriebe, die für den GLS und das Cabrio bestimmte 1,4-l-Maschine wurde ausschließlich mit der 5-Gang-Einheit kombiniert. Ringsum wurden Federbeinaufhängungen verwendet, vorne mit unteren Querlenkern, hinten mit Längslenkern. Auch für den Samba wurde eine sechsjährige Garantie gegen Durchrostung gewährt. Schon in der Ausführung LS zählten Heckscheibenheizung, Kofferraumabdeckung, Make-up-Spiegel, abblendbarer Innenspiegel und verstellbare Vordersitzlehnen mit Kopfstützen sowie diverse Ablagen zur Ausrüstung; beim GL kamen Uhr, Zigarettenanzünder, seitliche Rammschutzleisten, zwei Rückfahr- und Nebelschlussleuchten sowie ein etwas luxuriöser aufgemachter Innenraum hinzu. Noch schmucker waren die GLS ausgekleidet, u. a. mit Tweedstoff, und sie boten zudem einen Tourenzähler.

Talbot 1510 LS, 1982

Talbot Samba Cabriolet, 1984

Talbot Samba Rallye, 1983

Weil die Iranische Revolutionsregierung in Teheran die Montage des → Paykan stark einschränkte, musste die Herstellung der für ihn bestimmten Bausätze (vor allem Motoren und Getriebe) in England entsprechend reduziert werden. Der Paykan entsprach dem einstigen Hillman/Sunbeam alias Chrysler Hunter. Dennoch stellten die Gewerkschaften an Talbot UK erhöhte Lohnforderungen.

Anfang Juni 1982 lösten die kommunistische Gewerkschaft CGT und die linkssozialistische CFDT in der Karosserieabteilung des Talbot-Werks in Poissy bei Paris einen Streik aus. Dabei kam es zwischen den aus Schwarz- und Nordafrika stammenden Streikenden und den mehrheitlich arbeitswilligen Talbot-Mitarbeitern zu blutigen Auseinandersetzungen, die 41 Verletzte, darunter mehrere Schwerverletzte, forderten. Außer um mehr Lohn, ging es den Gewerkschaften grundsätzlich auch um die Idee eines staatlichen Einheitskonzerns „Automobiles de France" aus PSA und Renault.

Horizon 1983. Nur gerade ein etwas tiefer hinuntergezogener Frontspoiler unterschied den bereits zur Jahresmitte vorgestellten Horizon 1983 äußerlich von den Vorgängern. Mehr Unterschiede fanden sich unter dem Blech: Neu gab es nämlich den 1,6-l-Motor XU mit 90 PS (im sportlichen Horizon Premium) und den 1,9-l-Dieselmotor XUD mit 65 PS (im Horizon LD und EXD, → Citroën). Der Premium brillierte durch serienmäßige Leichtmetallfelgen, Servolenkung, vordere Fensterheber, Zentralverriegelung usw. Dank dünnerer Lehnen boten alle Horizon mehr Innen- und Kofferraum.

Murena Préparation 142. So hieß ein Mitte 1982 eingeführter Tuningkit ab Werk, mit dem die Leistung von 118 auf 142 PS gesteigert werden konnte: Er bedingte den Einbau einer neuen Nockenwelle mit geänderten Steuerzeiten, eines Ansaugkollektors mit vier einzelnen Kanälen und zweier Solex-Doppelvergaser. Zudem wurden die Zündverstellkurve geändert und am Ende der Heckscheibe ein Flügel zur Erhöhung des Anpressdrucks montiert. Gemäss Werkangaben resultierten daraus ein Beschleuningungsvermögen von 0–100 km/h in 8,4 s und eine Spitze von 210 km/h. Auf dem Salon von Paris zeigte das (einst) berühmte Karosseriewerk Chapron im Herbst 1982 eine Sonderausführung dieses Murena mit herausnehmbarem Dachteil.

Samba 1983. Erst im Herbst 1982 wurde auch die von Pininfarina gebaute Offenversion des Samba lieferbar. Die Fondsitze waren separat umlegbar (was nun auch für den dreitürigen Samba GLS galt), und das aus flexiblem Material bestehende Heckfenster ließ sich aus dem Verdeck herausnehmen. Sitze und Kopfstützen waren bei allen Samba neugeformt worden. Auf dem Salon von Paris wurden im Herbst 1982 der 90 PS starke Samba Rallye nach Anhang J des FIA-Sportreglementes und eine bunte Freizeitausführung Copacabana mit Rolldach und Spezialgepäckträger gezeigt.

1983 erhielt auch der Solara die neugeformten Vordersitze des Horizon, die mehr Raum im Fond erbrachten. Alle Solara wurden nun mit einem 5-Gang-Getriebe ausgerüstet, das zudem mit einer präziseren Schaltung aufwartete. In begrenzter Serie gab es eine Luxuversion Pullman. Die Ausrüstung des Tagora GLS wurde mit Zentralverriegelung, Sitzheizung, Fensterheber vorn, Halogen-Scheinwerfer usw. aufgewertet. Der Murena erhielt mit dem neuen Jahrgang 15 mm mehr Kopffreiheit, mit dem 1,6-l-Motor nun ebenfalls Ablagefächer in den Türen und mit der 2,2-l-Kraftquelle eine Zentralverriegelung sowie Sitzüberzüge aus Velours.

Indessen brachten vor allem die britische und die spanische Talbot-Filiale dem PSA-Konzern weiterhin hohe Verluste. Einem erneuten drastischen Abbau in Großbritannien mit vermehrtem Talbot-Import standen aber die Gewerkschaften im Wege. Für Spanien wurde eine Restrukturierung mit einer Reduktion der Zahl der Arbeitnehmer von 11'000 auf 6500 binnen dreier Jahre eingeleitet. Für die Hälfte der für eine radikale Modernisierung der Werkanlagen benötigten Mittel gewährte die spanische Regierung einen Kredit. – Auf der Birmingham Motor Show im Oktober 1982 wurden aus englischer Produktion nur noch die Talbot Horizon, Alpine (analog 1510) und Solara ausgestellt, während es sich bei den übrigen um Importmodelle handelte.

Matra... *Nachdem sich Peugeot seit 1979 an Matra Automobiles beteiligt hatte, verkaufte PSA seinen 45-Prozent-Anteil Anfang 1983 an die Matra-Gruppe. Der Absatz der Modelle Murena und Rancho war von 1981 auf 1982 von 17'200 auf 8600 Stück abgesackt. Matra Automobiles geriet tief in die roten Zahlen und musste die Arbeitszeit seiner 1260 Mitarbeiter im Werk Romorantin auf 25 Stunden pro Woche reduzieren. Für 1984 wurde daher die Herstellung eines dritten Modells geplant. Im Februar 1983 schloss Matra hierzu einen Vertrag mit Renault. Anfänglich war nur von einer Teilelieferung für einen neuen „Van“ die Rede. Dahinter aber steckte der Renault Espace, wie sich später erweisen sollte. Ein Zusammengehen mit der Staatsrégie Renault war schon deshalb naheliegend, als der Mischkonzern Matra zu gut 51 Prozent vom Staat kontrolliert wurde. Die Produktion von Murena und Rancho lief denn 1984 aus. – Bereits mit dem Modelljahrgang 1984 entfiel der Tagora!*

Für das Modelljahr 1984 wurde das dreisitzige Mittelmotorcoupé Matra Murena nur noch als Murena S mit dem stärkeren 2,2-l-Motor und einem schwarzen Heckflügel erhältlich (die 1,6-l-Variante wurde noch in wenige Länder geliefert). Das Cabriolet Samba war jetzt auch mit dem 80 PS starken 1361-cm^3-Motor zu haben. Zudem waren dem Cabrio ein verbessertes Verdeck mit Innenverkleidung und ein Heckfenster aus festem Material verpasst worden. Die dreitürigen Samba erhielten eine umgezeichnete Heckklappe sowie durchbrochene Kopfstützen. In gewissen Ländern gab es auch eine Sonderversion Samba Sympa mit dem 1124-cm^3-Motor.

Am 7. Dezember 1983 riefen die Gewerkschaften CGT und CFDT im Werk Poissy erneut einen Streik aus. Er brachte die Produktion vollständig zum Stillstand und verursachte einen täglichen Ausfall von 1200 Wagen. PSA hatte außer für Peugeot auch für Talbot einen großen Personalabbau beschlossen (→ Peugeot). Nun erklärte der Konzern, dass er die durch die Produktionsunterbrechungen verursachten finanziellen Lasten nicht mehr tragen könne und daher die Lohnzahlungen an die Belegschaft, einschließlich der Arbeitswilligen, einstellen und das Werk schließen werde. Nach zwei Wochen zeichnete sich ein Kompromiss ab, indem PSA in einer Abmachung mit der Regierung u. a. zugestand, „nur“ 1905 statt 2905 Arbeitsplätze zu streichen und ein Sozial- und Wiedereingliederungsprogramm zu unterstützen. Die Gewerkschaften verlangten alsbald eine Rücknahme der Kündigungen und eine Reduktion der wöchentlichen Arbeitszeit auf 35 Stunden. Es kam erneut zu blutigen Auseinandersetzungen zwischen Streikenden und Arbeitswilligen, die den Polizeieinsatz erforderten.

Am 5. Januar 1984 beschloss PSA die Automobiles Talbot von der Automobiles Peugeot finanziell und rechtlich wieder abzukoppeln. Zudem entschied sich PSA aus Sicherheitsgründen für eine Werkschließung. Immerhin bestand jedoch für Poissy ein aufwändiger Investitionsplan. Am 11. Januar lief die Produktion in Poissy schrittweie wieder an. Inzwischen war jedoch die Nachfrage nach Talbot-Modellen stark eingebrochen. Kaufinteressenten befürchteten einen überproportionalen Wertverlust,

Talbot	Bauart	Mot.	Getr.	R/L cm	Baujahre
Samba	**Fr.**	**a–e**	**4/5**	**234/350,5**	**1981–86**
Motoren:	*Zyl.:*	*N'w.:*	*cm^3:*	*PS/'min:*	*Nm/'min:*
a (Export *1984–)	4	OHC	954	45/6000/42	64/3000/69*/2750
b (*Export 1984–)			1124	50/4800/57*	85/2800/80
c (Rallye 1982–)			1219	90/6700	103/5400
d (ab 1984: nur CH)			1361	72/6000	107/3000
e (1982– +*Exp.'83/84)				80/5800/60*/5000	110/2800/105/2500
1100	**Fr.**	**a**	**4/H3**	**252/394,5**	**1980/81**
1200		**a/b**			**1980–82**
Motoren:	*Zyl.:*	*N'w.:*	*cm^3:*	*PS/'min:*	*Nm/'min:*
a	4	OHV	1118	58/6000/50/5800	86/77/3000
b (–1981, + 1442 cm^3)			1294	62/83	
Horizon	**Fr.**	**a–j**	**4/A3/5**	**252/396**	**1980–85**
Motoren:	*Zyl.:*	*N'w.:*	*cm^3:*	*PS/'min:*	*Nm/'min:*
a (*1982–)	4	OHV	1118	59/55/5600	89/91*/86/3000
b (–1984)			1294	68/5600/59/5500	103/99/2800
c (CH 1982–84)				65/5600	
e (1984–)				65/5600/72CH	80/2800
f (–1981)			1442	65/69/5200	118/2400/115/3000
g (1981–)				65/5200	121/2400
h (S/GLS/SX *1982–)				83/5600	121/123*/3000
i (Premium 1982–)			1592	90/5400	132/4000
j (LD/EXD 1982–)	4D		1905	65/4500	120/2000
1510 / Alpine	**Fr.**	**a–c/e**	**4/A3/5**	**260,5/432**	**1980–84**
Solara		**c–f**		**260,5/439,5**	
Motoren:	*Zyl.:*	*N'w.:*	*cm^3:*	*PS/'min:*	*Nm/'min:*
a (–1981, *–1982)	4	OHV	1294	68/5600/55D*/5200	105/94/2800
b (1983–)				68/5600	103/2800
c			1442	85/5600/75D/5400	125/123/3000
d (1981– *1982–)				70/55D/5200/83CH*	115/3000/94/2800
e (*1981–)			1592	88/90*/5400	134/3000/136/3800
f (1982–)				70/5000/90/86CH/54	134/2600

Talbot	Bauart	Mot.	Getr.	R/L cm	Baujahre
Solara / Minx / Rapier	**Fr.**	**a–d**	**5/A3**	**260,5/439,5**	**1984–86**
a	4	OHV	1294	55/5200/68/5600	94/2800/103/2800
b			1442	70/5200	117/3000
c			1592	90/5400	136/3800
d	4D		1905	65/4600	120/2000
Tagora	**St.**	**a–c**	**4/5/A3**	**281/463**	**1980–83**
Motoren:	*Zyl.:*	*N'w.:*	*cm^3:*	*PS/'min:*	*Nm/'min:*
a (*1982–)	4	OHC	2156	115/114CH*/5400	181/3200
b (*1982–)	4TD		2304	73/80*/4150	180/189/2000
c	V6		2664	165/6000	230/4200
Sunbeam	**St.**	**a–e**	**4/A4/5**	**241,5/383**	**1980/81**
Motoren:	*Zyl.:*	*N'w.:*	*cm^3:*	*PS/'min:*	*Nm/'min:*
a	4	OHC	928	45/5600	69/2800
b		OHV	1295	60/5000	91/2600
c			1598	70/4800/81/5400	124/2900/117/4400
d (TI)				101/5800	130/4500
e (Lotus)		D16V	2172	152/5600/155/5400	199/205/4800
Avenger	**St.**	**a/b**	**4/A4**	**249/414,5–427**	**1980/81**
Motoren:	*Zyl.:*	*N'w.:*	*cm^3:*	*PS/'min:*	*Nm/'min:*
a	4	OHV	1295	60/5000	93/2600
b			1598	70/4800/81/5400	124/2900/117/4400
Matra Murena	**M.**	**a–d**	**5**	**243,5/407**	**1980–84**
Motoren:	*Zyl.:*	*N'w.:*	*cm^3:*	*PS/'min:*	*Nm/'min:*
a (*1982–)	4	OHV	1592	92/5600/5400*	132/135/3200
b (1983– nur noch CH)		OHC	2156	118/5800	181/3000
c (Prépar.142 1982/83)				142/6000	187/3800
d (S 1983–)					
Matra Rancho	**Fr.**	**–**	**4**	**252/431,5**	**1980–84**
Motor:	4	OHV	1442	80/5600	118/3000
(Grand Raid *1982–)				78/5600	116/119*/3000

Tatra

Talbot Solara SX, 1986

falls die Marke aufgegeben würde. Damit hing auch die Frage in der Luft, ob ein für das Jahr 1985 unter dem Code C-28 in Entwicklung stehendes Modell als Talbot oder als Peugeot auf den Markt kommen würde.

1985 wurde der mit roten Zierstreifen versehene Samba Rallye außer mit dem 90- auch mit dem 80-PS-Motor erhältlich, zudem wurde ein 954-cm^3-Samba mit 45 PS angekündigt; alle Samba erhielten ein geändertes Armaturenbrett. Auf dem Genfer Salon kam dann noch eine Version Samba Bahia dazu (1124 cm^3, 50 PS). Bei den Horizon wurde die Ausstattung verbessert, und es wurden vermehrt 5- statt 4-Gang-Getriebe eingebaut. Bei den Solara standen nur noch zwei 1,6-l-Motoren mit 70 oder 90 PS zur Wahl; äußerlich gab sich der Solara-Jahrgang 1985 an einem Kühlergrill mit breiteren Horizontalstäben sowie an großflächigen Radkappen zu erkennen. Die in Spanien gebauten Solara erhielten die Zusatzbezeichnung Escorial.

Zahlungsrückstände des Iran zwangen Talbot UK zu einer Produktionsdrosselung und sechs Wochen Zwangsurlaub für 750 Arbeitskräfte. Im ersten Semester waren nur noch 22'232 Paykan-Bausätze geliefert worden, gegenüber 46'224 in der Vorjahres-Vergleichsperiode. Am 4. September 1984 konnte die Produktion wieder aufgenommen werden; die Lieferungen an den Iran verkörperten einen Viertel des Umsatzes. Im Gegenzug wurden Erdöllieferungen angenommen.

Nachdem 1984 von Werk Valmet in Finnland noch 4800 Talbot 1500 und Horizon montiert worden waren, lief dieser nordische Zusammenbau 1985 aus. – Im Mai 1985 wurde dann mit ersten Fotos des C-28 bekanntgegeben, dass dieses auf den Herbst angesetzte Kompaktmodell nicht Talbot, sondern → Peugeot heißen werde! In Frankreich war der Marktanteil von Talbot inzwischen auf 1,4 Prozent gesunken. Die Produktion der Modelle Horizon und Solara war schon im April eingestellt und vollständig Spanien und England überlassen worden.

Auf dem Salon von Paris im Oktober 1986 war die Marke Talbot nicht mehr präsent. In Spanien verzeichnete der Horizon nach wie vor Verkaufserfolge und auch der Samba und der Solara wurden nach wie vor hergestellt, während in England die 1510-Nachkommen Alpine, Minx und Rapier vom Band rollten. Im spanischen Villaverde wurde der letzte dort gebaute Talbot, der Horizon Diesel, im Frühling 1987 durch den Peugeot 309 D abgelöst.

Produktionszahlen: Talbot Matra Murena, 1980–84: 10'650; Talbot Matra (+ frühere Markenbezeichnungen) Rancho, 1977–83: 56'457.

Im Jahre 1919 hatte die Marke Tatra die Nachfolge von NW = Nesselsdorfer Wagenbau angetreten. Ohnehin hieß Nesselsdorf in Nordmähren nun offiziell Koprivnice und zählte zur Tschechoslowakei. Unter Chefkonstrukteur Hans Ledwinka (1878–1967), einem Pionier des luftgekühlten Heckmotors, des Zentralrohrrahmens mit Einzelradaufhängung und nicht zuletzt der Stromlinie, mutierten die größeren Tatra-Modelle zu den ungewöhnlichsten Kreationen der Automobilgeschichte. Im Tatra-Werk Narodni Podnik in Koprivnice wurden zwar 1981 längst in erster Linie Lastwagen gebaut, doch entstanden nebenher gleichwohl noch Repräsentationswagen für Spitzenfunktionäre der kommunistischen Ostblockländer.

613. Vom Tatra 613 waren schon 1970 erste Fotos auch im Westen veröffentlicht worden, doch erhältlich wurde er erst 1974, dies bis 1975 parallel zum Vormodell 2-603. Bei technisch unverändertem Prinzip besaß der Typ 613 eine völlig neue Karosserie. Diese zeigte statt der Stromlinie eine von der Karosseriefirma Vignale in Italien entwickelte moderne Stufenheckform mit sechs Seitenfenstern, bei der die hinteren Dachträger über die Heckscheibe hinausragten und eine Fastbacklinie andeuteten. Auffällig waren die großzügigen Fensterflächen. Unterhalb der Gürtellinie verlief ein auch Front und Heck umfassender Chromstab.

Ganz ungewohnt für eine immerhin gut 5 m lange Limousine war die Verwendung eines Heckmotors. Dieser war allerdings über die Hinterachse nach vorne gerückt worden. Kupplung und Getriebe lagen vor der Achse und dem Antrieb diente eine kurze Welle, die seitlich am Motorblock vorbei zum Differenzial führte. So waren die ausgeprägte Hecklastigkeit und die mit ihr gegebene Übersteuertendenz reduziert worden.

Beim Motor handelte es sich um einen luftgekühlten 3,5-l-V8 mit 2x2 obenliegenden Nockenwellen und Leichtmetall-Zylinderköpfen. Er entwickelte mit zwei Jikov-Registervergasern und elektronischer Zündung bestückt 165 PS bei

Tatra 613 S, 1981

Tatra 613-3, 1986

Tofas
Murat

5200/min. Das Fahrwerk umfasste vorne Federbeine mit unteren Querlenkern und Zugstreben, hinten schräge Dreiecklenker. Es wurden Vierrad-Scheibenbremsen montiert (mit Servo).

613 S. 1980 kam der Typ 613 S (= Special) hinzu. Er besaß einen von 298 auf 313 cm vergrößerten Radstand, war entsprechend länger und bot mehr Innenraum (im Fond). Äußerlich unterschied er sich durch große Rechteckscheinwerfer (statt der Doppelscheinwerfer) und einen dazwischen eingesetzten künstlichen Kühlergrill.

Auf der Basis des T 613 entstanden überdies diverse Sonderausführungen, so 1984 der 613 K (auf dem Radstand des 613 S) mit einer als Cabriolet bezeichneten Landaulet-Karosserie ab B-Säule und zahlreichen Aufbauverstärkungen. Diese Ausführung war für Repräsentationsaufgaben, beispielsweise bei Militärparaden, bestimmt.

Doch schon zur Jahreswende 1982/83 hatte aus der Tschechoslowakei verlautet, dass die Produktion des 613 wegen der Vorbereitungen auf ein neues Modell eingestellt worden sei. Was dann zum Jahr 1984 eingeführt wurde, war allerdings nur ein „Neuaufguss" des Typs 613: Er zeigte vor allem eine neue Front mit in rechteckigen Nischen eingelegten Doppelscheinwerfern (die inneren kleiner als die äußeren).

613-3. Diese Bezeichnung wurde im Januar 1986 eingeführt. Für diese äußerlich unveränderte Variante hatte sich das Werk auf eine Erhöhung der Wirtschaftlichkeit und der Fahrzeugsicherheit ausgerichtet. Hierzu hatten Erprobungen u. a. auf der Michelin-Teststrecke von Clermont-Ferrand stattgefunden. Es wurde eine Jahresproduktion von 400 Stück geplant.

In die Modelle Special und Landaulet wurde (ab 1987) eine Motorvariante mit auf 9,5:1 erhöhter Verdichtung eingebaut, womit die Leistung 177 PS erreichte. Der 613 Special konnte so binnen 10,5 s auf Tempo 100 beschleunigt werden.

Nach der im November 1989 erfolgten politischen Wende galten die Tatra als verpönt, haftete ihnen doch der Geruch der kommunistischen Nomenklatura an. Sie waren stets nur in dreistelliger Zahl gebaut worden; überraschenderweise wurde aber 1991 mit 679 Wagen nochmals ein Höhepunkt erreicht. Dann aber ging die Produktion rapide zurück: 1992 waren es noch 170, darauf unter hundert Stück pro Jahr; 1998 wurden noch vier Exemplare und 1999 der letzte Tatra-Pkw gebaut.

Im Jahre 1971 wurde in der Türkei die Lizenzherstellung von Fiat-Modellen aufgenommen. Herstellerin war die Firma Tofas Oto Ticaret AS mit Sitz in Istanbul. Tofas stand ursprünglich für Türkiye Otomobil Fabrikasi Ananim Sirkeli und galt als die Marke. Die Produktion schwankte in den 70er Jahren zwischen 10'000 und 30'000 Exemplaren pro Jahr. Der Aufschwung zu 50'000 und mehr Einheiten erfolgte erst ab Mitte der 80er Jahre. Damals umfasste die Murat-Modellreihe bereits mehrheitlich Ableitungen der Fiat 131, während der frühere Fiat 124 nur noch in einer Version angeboten wurde.

Murat Serçe. Er basierte auf dem einstigen Fiat 124 mit 242 cm Radstand und just 4 m Länge, wie er in Italien bis 1974 gebaut worden war, doch wurde er bereits mit dem neueren 1297-cm^3-OHV-Motor ausgerüstet, wie er im Fiat 131 Eingang gefunden hatte. Die Leistung wurde mit 65 PS bei 5400/min angegeben. Der Kraftübertragung diente ein 4-Gang-Getriebe.

Murat Sahin/Dogan/Kartal. Bei diesen Murat handelte es sich um den lokalen Bedürfnissen angepasste → Fiat 131. Sie wurden von dem 1585-cm^3-OHV-Motor angetrieben, der 75 PS bei 5400/min leistete. Der einfacher ausgerüstete Sahin besaß ein 4-Gang-Getriebe, der luxuriösere Dogan eine 5-Gang-Einheit. Beim Kartal handelte es sich um die fünftürige Kombiversion (mit 4-Gang-Getriebe). Sie unterschied sich vom italienischen Vorbild durch die nach hinten leicht ansteigende Dachlinie; parallel dazu war auch das dritte Seitenfenster etwas höher. Alle Tofas Murat hatten analog ihrer Vorbilder eine angetriebene hintere Starrachse. – *1986 war Tofas mit einem Ausstoß von 42'000 Murat der führende Autohersteller der Türkei.*

Murat 1988. 1988 erhielt die Murat-Reihe eine weitere, besonders augenfällige Modernisierung, nämlich eine schräggestellte Front. Der von Rechteckscheinwerfern flankierte feine horizontale Kühlergrill erinnerte an die letzte Ausführung des Fiat 127. Beim Murat Dogan kamen im obersten Teil der Kühlerfront zwei in der Karosseriefarbe gehaltene Querbleche hinzu. Der Serçe blieb unverändert. Der Sahin und der Dogan waren um 8 auf 432 cm verlängert worden, während der Kombi Kartal nun 440 cm maß.

2003 entstand der zweimillionste Tofas; die Fiat-Kapitalbeteiligung bezifferte sich auf 37,9 Prozent.

Tofas Murat Serçe, 1985

Tofas Murat Dogan L, 1990

Tofas Murat Kartal, 1985

Tatra	Bauart	Mot.	Getr.	R/L cm	Baujahre
613 (*1985–)	**H.**	**a/b**	**4**	**298/502,5/500***	**1980–86**
613-3		**b**		**298/500**	**1986–90**
613 S (*1985–)		**c**		**313/518,5/515***	**1980–90**
Motoren:	*Zyl.:*	*N'w.:*	*cm³:*	*PS/'min:*	*Nm/'min:*
a (–1983)	V8/I.	DOHC	3495	165/5200	265/2500–3000
b (1983–)				168/5200	265/3300
c (S/Landaul. 1987–)			3721	177/5200	270/3300

Tofas	Bauart	Mot.	Getr.	R/L cm	Baujahre
Serçe	**St.**	**–**	**4**	**242/400,5**	**(1985)–90**
Motor:	4	OHV	1297	65/5400	102/3000
Murat 131	**St.**	**a/b**	**4/5**	**249/424/432**	**(1985)–88**
131				**249/432/440**	**1988–90**
Motoren:	*Zyl.:*	*N'w.:*	*cm³:*	*PS/'min:*	*Nm/'min:*
a	4	OHV	1297	65/5400	102/3000
b			1585	75/5400	124/3000

Tojan

Carralo

Vorgestellt wurde dieses amerikanische Sportcoupé im Jahre 1985, und es sollte eine Alternative zum dominierenden Chevrolet Corvette verkörpern. Initianten waren Russell A. Knudsen, alsbald Generaldirektor der Tojan Division von Knudsen Automotive, Inc., die u. a. bereits auch die Neoclassic-Marke → Baroque geschaffen hatte, Harry Bradley, der in den 60er Jahren GM-Designer und danach Schöpfer diverser Sportwagen war, und Gale Banks, der mit Rekordfahrzeugen einschlägige Erfahrungen gesammelt hatte. Der Tojan sollte sich an die Yuppies richten, jene Generation dynamischer Jungmanager, denen eine Vorliebe für potente V8-Mobile nachgesagt wurde.

TransAm. Die anfänglich vorgesehene Modellbezeichnung TransAm wurde zwar weggelassen, aber sie wies klar darauf hin, dass der Tojan auf dem Unterbau des → Pontiac Firebird TransAm basierte, mit dem 5-l-V8-Motor, wie er in der Ausführung mit elektronischer Einspritzung und 210 PS Leistung eben im Top-Firebird von 1985 eingebaut wurde. Es war unschwer zu erkennen, dass die Türen von dem Firebird übernommen worden waren. Das Dach war jedoch tiefer gesetzt und alle übrigen Karosserieteile wurden ebenfalls eigens angefertigt: langgezogene Keilfront mit gleichmäßig um den Bug herumgezogener Schürze und Klappscheinwerfern, konsequent als Fastback ausgebildete Dachlinie, in die das Heckfenster senkrecht eingeschnitten war. Die Dachteile über den Türen ließen sich entfernen (T-roof) und die Dachpartie hinter dem Cockpit konnte für das Beladen des Kofferraums als gesamte Einheit angehoben werden.

Die stilistische Besonderheit bestand jedoch in den Radhäusern: Diese ragten nicht nur als starke Verbreiterungen vom Wagenkörper ab, sondern besaßen zudem Radausschnitte, die vor den Rädern gerundet und hinter ihnen rechteckig waren. Dies dürfte wohl kaum von allen Kaufinteressenten goutiert worden sein. 1986/87 wich diese eigenwillige Lösung harmonisch der Radrundung folgenden Ausschnitten. Auf Wunsch war ein mächtiger dreieckförmiger Heckflügel zu haben. Der mit einer von Gale Banks entwickelten Sportfederung, Differenzialbremse, Digitalinstrumenten und zahlreichen Luxusmerkmalen bis hin zum Walnussholz ausgestattete Tojan wurde von Knudsen Automotive in Omaha, Nebraska, bis 1990 in rund 300 Exemplaren gebaut, wobei auch noch etwa 15 Cabriolets hinzukamen.

Carralo. 1988 stellte Russell A. Knudsen dem Tojan den Carralo zur Seite. Er basierte auf dem Chevrolet Camaro des Jahrgangs 1988 und konnte mit dessen 5- oder 5,7-l-V8-Mechanik bestellt werden. Der Carralo zeigte eine langgestreckte niedrige Front mit halbwegs versenkten doppelten Rechteckscheinwerfern. Die Radhäuser waren nicht nur verbreitert, sondern schwungvoll an den Karosseriekörper angefügt. Am Heck prangte ein in die Karosserie integrierter Luftleitflügel. Hinzu kamen eigenwillig geformte Fünfspeichen-Aluräder. Der Innenraum war besonders gepflegt ausgekleidet, Armaturenbrett und Mittelkonsole trugen Holzauflagen. Und vervollständigt wurde der luxuriöse Auftritt durch ein Motorhaubenornament in 24 Karat Gold. – Bis ca. 1990 dürften rund 100 Carralo gebaut worden sein.

Carralo, 1988

Tojan, 1985

Toyota

Gegründet worden war die Toyota Motor Coporation (TMC) im Jahre 1937; die Pkw-Produktion war schon 1936 aufgenommen worden. 1963 wurden erstmals über 100'000 Toyota-Pkw hergestellt und 1970 waren es erstmals über eine Million. Dieser Aufstieg, der mehr und mehr auch den Exporterfolgen zu verdanken war, beängstigte die amerikanische und europäische Konkurrenz. Deren daraus erwachsene Anfeindungen veranlassten Toyota, das Produktionsziel für 1981 auf dem für 1980 erreichten Niveau von 2,4 Millionen Pkw zu belassen bzw. den Export sogar leicht zu reduzieren.

1981 gab es rund ein Dutzend Toyota-Modellreihen; in Japan wurden teils identische Modelle unter abweichenden Bezeichnungen über unterschiedlichen Vertriebskanäle abgesetzt. Manche Modelle oder Ausführungen wurden nicht (oder ausschließlich) exportiert.

Starlet. Diesen 1978 eingeführten Kleinwagen mit Schrägheck gab es drei- und fünftürig sowie als fünftürigen Kombi, alle 4/5-sitzig. Er war in Standardbauweise gehalten, hatte also einen vorne eingebauten Motor und angetriebene Hinterräder. Dieser Vierzylinder besaß eine seitliche Nockenwelle und wurde mit 1, 1,2 und 1,3 l Hubraum hergestellt. Es wurde ein 4-, auf Wunsch ein 5-Gang-Getriebe eingebaut, mit dem 1,3-l-Motor war zudem ein Automatikgetriebe verfügbar. Vorne erfolgte die Radführung mit Federbeinen und Querlenkern, hinten wurde eine Starrachse mit Längs- und Schräglenker und Schraubenfedern (Kombi: Blattfedern) verwendet. Auf Wunsch gab es Servobremsen (vorne Scheiben, bei einigen Ausführungen wurden allerdings Vierrad-Trommelbremsen eingebaut).

Im Herbst 1980 erhielt der Starlet eine neue Frontpartie mit um 2 cm tiefer gelegter Motorhaube und Rechteckscheinwerfern, seitliche Schutzleisten sowie ein neues Interieur mit besser ausgeformten Vordersitzen und Kartentaschen.

Tercel / Corsa. Mit dem im August 1978 herausgebrachten Tercel (in Japan auch Corsa) wandte sich Toyota erstmals dem Vorderradantrieb zu. Der Motor blieb längs eingebaut. Es gab ihn viertürig mit konventionellem Stufenheck (in Japan auch zweitürig) sowie in einer modernen Kompaktform mit zwei Türen und aufmachbarem rahmenlosen Heckfenster im Schrägheck. Diese wurde als Tercel Coupé bezeichnet. Alle waren fünfsitzig. Den Antrieb des Tercel besorgten 1,3- und 1,45-l-Motoren mit obenliegender Nockenwelle, und der Kraftübertragung dienten 4- und 5-Gang-Getriebe sowie ein 3-Stufen-Automatikgetriebe. Vorne fanden sich Federbeine, untere einfache Querlenker und elastisch gelagerte Zugstreben, hinten schräggestellte Längslenker und Schraubenfedern. Auf Wunsch wurde ein Bremsservo eingebaut.

Die Ausführung 1981 erkannte man an der moderneren Front mit heruntergezogener Motorhaube, den neben den Rechteckscheinwerfern um die Ecken gezogenen Positionsleuchten und den seitlichen Zierstreifen und Schutzleisten. Innenraum und Armaturenbrett waren ebenfalls überarbeitet worden. Rollgurten gab es nun auch für die Fondinsassen.

Toyota

Corolla / Sprinter. Der Corolla (in Japan auch Sprinter) war Toyotas Bestseller. Er war noch in der herkömmlichen Bauweise mit Hinterradantrieb gehalten, und die Auswahl an Karosserievarianten war besonders groß: zwei- und viertürige Limousinen, drei- und fünftürige Kombi, zweitüriges Hardtop-Coupé, dreitüriges Coupé Liftback und sportliches dreitüriges Fastback-Coupé (auch dieses mit bis fünf Sitzen). Die zweitürigen Ausführungen gelangten nicht in den Export, aber auch nicht das Modell Liftback mit seinem originell geformten Schrägheck. Während die Tercel/Corsa auf einem Radstand von 250 cm aufgebaut waren, mussten sich die Corolla mit 240 cm Achsabstand bescheiden. Sie waren aber länger und boten auch mehr Kofferraum.

Die Motorenauswahl in den Corolla und Sprinter reichte vom 1,3-l-Aggregat mit seitlicher Nockenwelle über einen 1,5-l-OHC-Motor bis zum 1,6- und 1,8-l-Aggregt. Topmotor war eine 1,6-l-Sportmaschine mit zwei obenliegenden Nockenwellen und 108 PS Leistung. Diese funktionierte mit elektronischer Benzineinspritzung bzw. in Europa mit Solex-Doppelvergaser. Mit diesem Motor wurde in den Corolla (Coupé!) ausschließlich ein 5-Gang-Getriebe eingebaut. Ansonsten fanden sich je nach Motor auch 4-Gang-Getriebe und ein 3-Stufen-Automatikgetriebe.

Zu den vorderen Federbeinen mit Querlenkern und Zugstreben gesellte sich hinten eine Starrachse mit vier Längslenkern und Panhardstab und Schraubenfedern (beim Kombi Blattfedern). Die Bremsen gab's auf Wunsch mit Servo, nur bei den am stärksten motorisierten Corolla und Sprinter wurden Vierrad-Scheibenbremsen verwendet, während anderseits für Basisausführungen rundum Trommelbremsen genügen mussten. Teils wurde statt einer Zahnstangen- eine Kugelkreislauflenkung eingebaut.

Toyota Corolla 1300 Deluxe, 1981

Toyota Celica 2000 GT Liftback, 1981

Carina / Camry. Der Carina war Ende 1970 vorgestellt worden und hatte im Sommer 1977 ein neues Karosseriedesign erhalten, das im Herbst 1979 überarbeitet wurde. Er zählte noch zur unteren Mittelklasse, wurde als zwei- und viertürige Limousine, als zweitüriges Coupé und fünftüriger Kombi gebaut; hinzu kam die viertürige Limousine Camry (für Japan). Für den Export wurde der 1,6-l-Motor mit seitlicher Nockenwelle eingebaut. In Japan wurde für den Kombi auch ein 1,4-l-Motor verwendet. Für die sportlichen Carina Hardtop waren zudem Motoren mit 1,6 l Inhalt und zwei obenliegenden Nockenwellen sowie elektronischer Benzineinspritzung, 1,8- und 2-l-Motoren und sogar Sechszylindermotoren erhältlich.

Je nach Motor fanden Getriebe mit 4 oder 5 Gängen oder ein 3-Stufen-Automatikgetriebe Verwendung. Zur Aufhängung zählten vorne Federbeine mit Querlenkern, Zugstreben und Schraubenfedern, hinten eine Starrachse mit vier Längslenkern, Panhardstab und Schraubenfedern (Kombi: Blattfedern). Die Bremsen arbeiteten mit Servo, doch gab es auch Basismodelle mit Vierrad-Trommel- und Topmodelle mit Vierrad-Scheibenbremsen. Die Carina besaßen eine Kugelkreislauflenkung.

Celica. Der parallel mit dem Carina gebaute Celica war ein GT-Coupé im traditionellen Sinne, und er hatte sehr schnell einen Kreis von Enthusiasten gefunden. Seine Vielzahl an Varianten – die in Japan und für die USA auch Sechszylindermotoren mit 2 und sogar 2,8 l Inhalt umfasste – beschränkte sich in Europa auf Vierzylindermodelle mit 1,6 und 2 l Hubraum. So gab es in der Schweiz 1981 die Celica 1600 ST (elegante Stufenheckkarosserie) und 1600 ST Liftback (Fastback mit langgestreckter zweiter Seitenscheibe und Heckklappe) mit dem 86 PS leistenden OHV-Motor, zudem den 1600 GT (Stufenheck) mit dem 108 PS starken Zweinockenwellen-Aggregat sowie als Topmodell den Celica 2000 GT Liftback mit dem 118 PS bietenden DOHC-2-l-Motor. Sie wurden alle mit einem 5-Gang-Getriebe ausgerüstet, doch wurden in Japan auch Celica mit 4-Stufen-Automatikgetriebe angeboten, wobei die oberste Stufe als Overdrive ausgelegt war. Das Fahrwerk stimmte mit jenem des Carina überein, aber es gab auch Topversionen, die (in Verbindung mit Hochleistungsmotoren und Vierrad-Scheibenbremsen) eine hintere Einzelradaufhängung erhielten.

Toyota Corona 1800 Liftback, 1981

Toyota Cressida, 1981

Corona. Der Corona war Toyotas traditionelle Mittelklasse-Baureihe. Mit 252,5 cm Radstand rangierte sie nur wenig über dem Carina. Im September 1978 war die Corona-Reihe in neuem Design vorgestellt worden. Zur viertürigen Limousine, dem zweitürigen Coupé und dem fünftürigen Kombi war erstmals eine fünftürige Fließhecklimousine hinzugekommen. Dieser Corona Liftback zeichnete sich durch seine gefällige moderne Silhouette aus und stand fortan im Mittelpunkt des Corona-Exports nach Europa.

An Motoren wurden in den Corona die 1,6- und 1,8-l-Einheiten mit seitlicher Nockenwelle, ein 2-l-OHC-Aggregat und ein DOHC-Motor gleichen Inhalt eingebaut; Letzterer ausschließlich in das Coupé Hardtop. Für Europa beschränkte man sich in der Regel auf den 1,8-l-Motor mit 86 PS. In Japan war für den Corona auch ein 3-Gang-Getriebe mit Lenkradschaltung erhältlich. Ansonsten gab es 4- und 5-Gang- und das neue 4-Stufen-Automatikgetriebe. In einfachster Ausführung sowie als Kombi hatte der Corona hintere Blattfedern, doch bei allen besseren Versionen war die Aufhängung mit jener des Carina identisch.

Mit dem Jahrgang 1981 erhielt der Corona 1800 GL Liftback eine tiefer heruntergezogene Motorhaube, weiter um die Ecken herumgezogene Stoßstangen und größere, zweiteilige Heckleuchten, zudem u. a. vier weitere Anzeigeinstrumente: Tourenzähler, Quarzuhr (digital mit Datum), Voltmeter und Thermometer für Innen- und Außentemperatur, sowie hintere Sitzgurten.

Mark II / Chaser/Cresta/Cressida. Mit 265 cm Radstand schon ein Stück größer gaben sich die zur oberen Mittelklasse zählenden Mark II (einst ebenfalls ein Corona) und Co. Für die Ausführung 1981 hatte der im März 1980 lancierte Cresta den Anfang gemacht. Er war eine schmucke viertürige Limousine mit rahmenlosen Türfenstern. Im Oktober 1980 erhielten die Mark II und Chaser das gleiche Grunddesign. Es gab sie als viertürige Stufenhecklimousine mit sechs Seitenfenstern, als solche mit vier rahmenlosen Seitenfenstern (wie der Cresta) und als fünftürigen Kombi. Den Mark II gab es u. a. in einer Ausführung Grande, während der Chaser, dessen Spezialversion Avante hieß, in besonders vielen Varianten, darunter langgestreckte Vierfensterlimousinen mit in Kontrastfarbe gehaltenen Flanken, angeboten wurde. Besonders lichtdurchflutet gab sich der Innenraum der Sechsfensterlimousinen. Der für den Export nach Europa geschaffene Cressida wurde nur in dieser Form gebaut.

Die Motorpalette begann bei 1,8 l OHV, führte über 2 l OHC mit vier oder sechs Zylindern zum 2-l-DOHC-Vierzylinder und zum 2,8-l-OHC-Sechszylinder (nur Mark II), die drei Letzteren mit elektronischer Benzineinspritzung und transistorisierter Zündung. Überdies gab es einen 2,2-l-Dieselmotor (wie damals üblich noch ohne Abgasturbolader). Eingebaut wurden 4- und 5-Gang-Getriebe sowie 3- und 4-Stufen-Automatikgetriebe. Das Aufhängungsprinzip entsprach jenem der kleineren Toyota-Modelle, doch gab es bei der Mark-II-Familie leistungsorientierte Ausführungen mit hinterer, aus Längslenkern und Schraubenfedern bestehender Einzelradaufhängung. Ebenso waren Vierrad-Scheibenbremsen (mit Servo) und eine mit Servo funktionierende Zahnstangen- bzw. Kugelkreislauflenkung erhältlich bzw. zählten bei den teureren Versionen zur Ausrüstung.

In der Schweiz (beispielsweise) wurden 1981 die Cressida-Modelle mit 105 PS leistendem 2-l-OHC-Motor und hinterer Starrachse (die Werbung sprach von Ganzachse) in den Ausführungen DX und GL (u. a. mit Fensterhebern und weiteren Komfortmerkmalen) sowie als Kombi verkauft. Mit dem Modelljahr 1981 entsprach der Cressida dem Chaser mit der neuen, niedrigeren Frontpartie. Gegenüber dem Vormodell (das vom Mark II abgeleitet war) stand in Länge und Breite mehr Innenraum zur Verfügung.

Toyota Crown 2.8i Deluxe, 1981

Toyota Corolla 1600 SE Liftback, 1982

Toyota Century, 1981

Crown. Der Crown war das 1955 gestartete Oberklassemodell von Toyota. Die 1971 eingeführte originell-individuelle Frontgestaltung war längst wieder einem üblichen Design gewichen. Im September 1979 war der Crown in einer weiteren Neuauflage erschienen. Gebaut wurde er als viertürige Limousine in unterschiedlichen Ausführungen, als zweitüriges Coupé Hardtop (sogar mit Opera Window im hinteren, vinylüberzogenen Dachträger) sowie als fünftüriger und auch als siebentüriger, 7/8-sitziger Kombi. Für den Letzteren wurde der Radstand von 269 auf 350 cm gestreckt und die Länge erreichte 556 cm.

Die Motorenauswahl reichte vom 2-l-Vierzylinder (nur für Europa) über den 2-l-Sechszylinder (mit Doppelvergaser, Benzineinspritzung oder sogar Garrett-Abgasturbolader) zum 2,8-l-Sechszylinder (mit Benzineinspritzung und transistorisierter Zündung). Hinzu kam auch hier der 2,2-l-Diesel, dessen Leistung für Europa mit nur 63 PS angegeben wurde. Für die Schweiz wurde der Crown ausschließlich mit dem 116 PS leistenden 2,8-l-Six ausgerüstet. Nebst dem 2800i gab es den besonders reichhaltig ausgestatteten 2800i Custom. Es standen etlichen Getriebearten zur Wahl, wobei ein 3-Gang-Getriebe mit Overdrive ebenso wahlweise mit Lenkradschaltung zu haben war wie das 3- bzw. 4-Stufen-Automatikgetriebe.

Die Besonderheit der Crown-Konstruktion bestand darin, dass sie noch auf einem Kastenrahmenchassis mit Traversen aufgebaut war. Vorn fanden sich obere Trapez-Dreieckquerlenker, untere einfache Querlenker mit elastisch gelagerter Zugstrebe und Schraubenfedern, hinten eine Starrachse mit Längslenkern, Panhardstab und Schraubenfedern. Die Bremsen waren servobestückt und auf Wunsch waren Vierrad-Scheibenbremsen erhältlich. Die Kugelkreislauflenkung wurde in der Basisversion ohne Servo eingebaut.

Auf dem Genfer Salon 1981 wurde als Toyota-Topmodell für Europa der Crown 2.8i Super Saloon propagiert. Er besaß farblich auf die Karosserie abgestimmte Polyurethan-Stoßstangen und einen besonders reichhaltig ausgestatteten Innenraum: Velourspolsterüberzüge, höhenverstellbares Vierspeichenlenkrad, Kopfstützen auch hinten, Fensterheber, Vierwellen-Stereoradio mit Kassettenspieler und vier Lautsprechern sowie getönte Scheiben.

Century. Mit ihm belegte Toyota ab 1967 die Luxusklasse. Der Century blieb jedoch dem einheimischen Markt vorbehalten. Prägnant war die Front mit leicht vorstehendem Kühlergitter-Mittelteil, flankiert von großen, eingerahmten Rechteckscheinwerfern. Der Century hatte 286 cm Radstand und war knapp 5 m lang. Er wurde als sechssitzige Limousine gebaut und war vor allem für den Einsatz mit Chauffeur gedacht.

Ausschließlich für den Century baute Toyota auch einen V8-Motor mit zentraler Nockenwelle und Leichtmetall-Zylinderköpfen und -block. Diese mit Aisan-Doppelvergaser gespiesene 3,4-l-Antriebseinheit leistete gut 150 PS und war sowohl mit 3-Gang-Getriebe wie mit einem 3-Stufen-Automatikgetriebe erhältlich, beide mit Lenkradschaltung. Im Gegensatz zum Crown hatte der Century eine selbsttragende Karosserie, bot vorne nebst Trapez-Dreieckquerlenkern eine Luftfederung, hinten eine Starrachse mit Längslenkern und Schraubenfedern.

Blizzard. Unter diesem Namen war im Mai 1980 ein kleiner Geländewagen eingeführt worden. Karosserie und Mechanik stammten vom → Daihatsu Taft, und die Toyota-Tochtermarke war auch Hersteller dieses Modells, das sowohl in Offenausführung mit Verdeck und Stoff- oder Blechtüren sowie sechs Sitzen (hinten beidseits zwei längs) wie als dreitüriger Kombi mit vier Sitzen erhältlich war. Exklusiv für den Blizzard war der Toyota-eigene Dieselmotor mit 2,2 l Hubraum. Die Kraftübertragung erfolgte über ein 4-Gang-Getriebe, und der Vorderradantrieb war zuschaltbar; zudem wurde ein Untersetzungsgetriebe eingebaut.

Basis bildete ein Kastenrahmenchassis mit Traversen, auf das die Karosserie aufgeschraubt war. Vorne wie hinten fanden sich Starrachsen mit Blattfedern sowie Trommelbremsen. Die Feststellbremse wirkte auf die Kardanwelle, und es wurde eine Kugelumlauflenkung verwendet.

Land Cruiser. Toyotas traditioneller Geländewagen war jedoch der Land Cruiser. 1981 gab es ihn in der altvertrauten dreitürigen Karosserieform mit angefügten vorderen Kotflügeln sowie als modernen, im August 1980 vorgestellten fünftürigen Kombiwagen. In der alten Form wurde er mit drei Radständen angeboten: 228,5 cm (Hardtop), 243 cm (Vinyltop, 8 Sitze) und 295 cm (Hardtop, 12 Sitze); der als Station Wagon bezeichnete neue Kombi hatte 273 cm Radstand und bot fünf Sitze.

Basismotor war ein 4,2-l-Sechszylinder mit seitlicher Nockenwelle, doch gab es inzwischen auch drei Dieselmotoren: 2,2 l, 3 l (beides Vierzylinder) und 3,6 l (Sechszylinder). Zum Einbau standen ein 3-Gang- und zwei unterschiedlich abgestufte 4-Gang-Getriebe zur Verfügung. Zum Vierradantrieb (Vorderräder zuschaltbar) kam ein Reduktionsgetriebe. Das Kastenrahmenchassis mit Traversen besaß Starrachsen mit Halbelliptikfedern; die Vierrad-Trommelbremsen wurden auf Wunsch mit einem Servo kombiniert, und es wurde eine Kugelkreislauflenkung eingebaut.

Auf dem Genfer Salon 1981 wurde als neues Topmodell der Land Cruiser G, ein fünftüriger Geländekombi mit horizontal geteilter Heckklappe, vorgestellt. Mit seitlichem Zierstreifen, weiß lackierten Felgen, verchromter Dachgalerie und einer angereicherten Innenausstattung wirkte er besonders schmuck. Seinem 120 PS leistenden 4,2-l-Sechszylindermotor wurde ein verringertes Verbrauchsverhalten nachgesagt, zudem sollten vordere Freilaufnaben zur Verbrauchssenkung beitragen. Er bot ein verstellbares Lenkrad samt Servolenkung, Liegesitze mit Stoffpolsterung, ein Radio mit elektrischer Antenne sowie getönte Scheiben.

Celica 1982. Im Juli 1981 wurden in Japan zur Gänze neugeformte Celica vorgestellt. Auffallend waren die strömungsgünstig niedrige, schräggestellte Front mit aufrichtbaren Scheinwerfern und die stark gegensätzlichen Hecks: Einerseits ein ausgeprägtes Stufenheck mit steil stehender Rückscheibe, anderseits ein Fastback mit Heckklappe, das sich nicht mehr an einen verbreiterten B-Pfeiler anschloss. Mit angeschraubten Kotflügeln wurde vereinfachte Reparaturfähigkeit angestrebt.

Bei den Sechszylindermodellen, die es nur in der Ausführung als Liftback gab, reduzierte sich die Front auf einen niedrigen Kühlergrill mit beidseitigen Zusatzlampen und darüber angeordneten Klappscheinwerfern. Diese Celica trugen neu die Zusatzbezeichnung Supra, und sie besaßen wiederum einen um rund ein Dutzend Zentimeter gestreckten Radstand und gut 20 cm mehr Länge. Sie wurden auch als Celica XX bzw. Double-X bezeichnet. Zu diesem Top-Celica gab es eine digitale Geschwindigkeitsanzeige und einen quasianalogen Tourenzähler. Auf Wunsch war zudem eine optimal anpassbare Rückenstütze erhältlich: Hierzu war am Fahrersitz ein in die Faust passender Blasebalg montiert, mit dem sich drei durch die Sitzlehnen führende Luftröhren aufpumpen ließen. Mit drei auf die mittleren Finger passenden Druckknöpfen an der Lehneninnenseite konnte bis zur Passgenauigkeit wieder Luft abgelassen werden.

Zu den beiden DOHC-Vierzylindermotoren mit 1,6 und 2 l Hubraum kam nun nebst dem 1,8-l-OHV-Motor eine 1,8-l-OHC-Maschine. Es gab weiterhin 4- und 5-Gang-Getriebe und ein 4-Stufen-Automatikgetriebe. Je nach Motorisierung wurde hinten eine Starrachse oder eine Schräglenker-Einzelradaufhängung eingebaut. Zum Celica Supra gab es nur die Letztere und zudem belüftete Vierrad-Scheibenbremsen; solche wurden auch für den Vierzylinder-GT vorgesehen. Während der 2-l-Sechszylinder eine obenliegende Nockenwelle aufwies, waren es beim 2,8-l-Modell deren zwei. Einen wesentlichen technischen Fortschritt bedeutete für die Celica-Baureihe der Übergang zur Zahnstangenlenkung, beim Supra 2800 mit Servo. Die Hälfte der Produktion war für den Export bestimmt, die Sechszylinderversionen vor allem für die USA.

Camry. Das viertürige Stufenheckmodell Camry lief mit den erneuerten Celica mit. Es war (in Japan) mit einem 1,6-l- oder einem 1,8-l-OHV-Motor, jeweils mit Doppelvergaser, verfügbar.

Carina 1982. Der neugestaltete Carina stand im Mittelpunkt des Toyota-Standes auf der Tokyo Motor Show im Spätherbst 1981. Wenngleich mit neuen Design, hatte er seinen Charakter als konventionelles Familienauto nicht verloren. Es gab den Carina weiterhin als viertürige Limousine, als nun (besonders ausgewogen geformtes) dreitüriges Coupé mit Stummelheck sowie als fünftürigen Kombi. Wie die neuen Celica wiesen die Carina eine Querverbindung auf der Höhe des Armaturenbrettes auf, das die Verwindungssteifigkeit erhöhte. Die schwarzen Urethan-Stoßstangen vermochten Stöße bis 5 km/h zu absorbieren. Zu ihnen passten die schwarzen Flankenschutzleisten und Fenstereinfassungen. Der Rostschutz war wesentlich verstärkt worden. Alle Carina boten nun eine Verbrauchsanzeige, GL und XE waren besonders reichhaltig ausgestattet, doch war ein Dreiwellenradio schon im Basismodell enthalten.

Neuer Basismotor war statt des 1,6-l-OHV-Aggregates eine 1,5-l-OHC-Maschine. Hinzu kamen 1,6- und 1,8-l-Motoren in diversen Ausführungen sowie Sportmotoren mit bis 2 l Hubraum, zwei obenliegenden Nockenwellen und Einspritzung. Ein 4-Gang-Getriebe stand nur für die beiden schwächeren Motoren zur Wahl, ansonsten waren es 5-Gang- und 3-Stufen-Automatikgetriebe (DOHC nur mit 5-Gang-Getriebe). Zusammen mit

Toyota Starlet 1.3 Deluxe, 1982

Toyota Carina Coupé 1600 Liftback, 1982

Toyota Celica 1600 ST Liftback, 1982

Toyota Soarer 2800 GT-Extra, 1982

Toyota Tercel 1300, 1983

den Einspritzmotoren wurde auch eine hintere Einzelradaufhängung montiert. Ebenso erhielten die stärkeren Modelle Vierrad-Scheibenbremsen. Wie bei den Celica ersetzte eine viel präzisere Zahnstangenlenkung die Kugelumlauflenkung.

Celica Supra. Noch hieß es auch für Europa Celica Supra, als dieses sportliche Topmodell von Toyota im März 1982 auf dem Genfer Salon seine Europapremiere feierte. Der 2,8-l-DOHC-Reihen-Sechszylindermotor mit elektronischer Benzineinspritzung von Nippondenso leistete 170 PS bei 5600/min und kam auf ein maximales Drehmoment von 226 Nm bei 4600/min. Zur serienmäßigen Ausrüstung zählten nebst dem 5-Gang-Getriebe und der hinteren Einzelradaufhängung eine Differenzialbremse, vier innenbelüftete Scheibenbremsen, ein höhenverstellbares Lenkrad, Scheibenwischer mit variabler Intervallschaltung für Front- und Heckscheibe, ein Stereoradio mit Sendersuchlauf, Verkehrsfunkdecoder, Kassettenspieler und elektrischer Antenne, ein Fahrersitz mit einstellbarer Kreuzstütze usw.

Corona 1982. Im Januar 1982 wurde der Corona mit einem verfeinerten Karosseriedesign herausgebracht. Auffallend war der Doppelrahmen am hinteren Seitenfensterabschluss. Er besaß nun den gleichen 250-cm-Radstand wie Carina und Celica. Gebaut wurde der neue Corona als viertürige Stufenhecklimousine, als Coupé (mit dreiteiliger Panoramaheckscheibe) und als fünftüriger Kombi. Die moderne fünftürige Liftback-Limousine (wie sie gerade auch im Export nach Europa erfolgreich war) wurde hingegen aufgegeben. Neu hinzugekommen war ein 1,8-l-OHC-Dieselmotor. Die markantesten Fortschritte verkörperten aber der Übergang zur hinteren Einzelradaufhängung mit Schräglenkern und der Ersatz der Kugelkreislauf- durch eine Zahnstangenlenkung. In die einfachsten Ausführungen des Corona wurden aber nach wie vor Vierrad-Trommelbremsen montiert.

Bemerkenswert waren die neuartigen technischen bzw. elektronischen Zubehöre, die wahlweise je nach Modell erhältlich waren: Da gab es ein Ultraschallmessgerät, das beim Rückwärtsfahren über den Abstand zum nächstgelegenen Hindernis orientierte. Ein als Navicom bezeichnetes Gerät informierte über Richtung und Distanz eines vorgewählten Ziels. Der Tempokonstanthalter ließ sich mit einem Microcomputer einstellen. Zudem gab es Instrumentenanzeigen in Form von Leuchtdioden. Zur Klangverbesserung des Audio-Systems wurden spezielle Tieftöner installiert. Allen neuen Corona gemeinsam war eine verbesserte Heiz- und Lüftungsanlage.

Camry / Vista 1982. Auf Anfang April 1982 brachte Toyota die Mittelklasselimousinen Camry und Vista mit Frontantrieb heraus. Sie basierten auf einem Radstand von 260 cm, boten aber etwa gleichviel Innenraum wie das nächstgrößere Modell Cressida. Der 1,8-l-OHC-Motor wurde quer eingebaut und mit einem 5-Gang-Getriebe oder einem 4-Stufen-Automatikgetriebe verbunden. Vorne wie hinten fanden sich Federbeine, vorne mit unteren Querlenkern, hinten mit doppelten Querlenkern und Längsstreben. Die Zahnstangenlenkung wurde auf Wunsch mit seinem Servo bestückt. Später wurde auch ein 2-l-Motor erhältlich.

Zunächst wurde der Camry alias Vista mit einer sechsfenstrigen Stufenheckkarosserie angeboten. Später kam eine als Liftback bezeichnete Fastbackkarosserie mit fünf Türen und ebenfalls sechs Seitenfenstern hinzu. Stilistisch ähnelte sie dem Aufbau des aufgegebenen Corona Liftback und trat somit dessen indirekte Nachfolge an. Zu den zahlreichen aufpreispflichtigen Zubehören zählte eine raffinierte Klimaanlage. Seine Europapremiere hatte der Camry auf dem Salon von Paris im Herbst 1982.

Tercel / Corsa / Corolla II 1982. Im Mai 1982 stellte Toyota diese Baureihen mit neuen Karosserien vor. Tercel und Corsa wurden zunächst fünftürig mit Schrägheck und viertürig mit Stufenheck ins Angebot genommen, während es die Corolla II nur in der Heckklappenausführung mit zwei oder vier Seitentüren gab. Der Karosseriestil mit den schräggestellten Fronten wirkte deutlich moderner. Es erstaunte aber, dass der Radstand bei beibehaltenem Frontantrieb mit Längsmotor von 250 auf 243 cm verkürzt worden war und auch die Länge entsprechend schrumpfte. Das Fahrwerk war mit mehr Spurweite und einer verbesserten Zahnstangenlenkung aufgewertet worden. Zum Ausrüstungsangebot zählten Servolenkung, Klimaanlage, elektronische Instrumentenanzeigen, achtfach verstellbarer Fahrersitz und einstellbare Fondlehne. Bereits war auch eine Version mit Vierradantrieb angekündigt worden...

In Europa kam dann der von 398 auf 388 cm verkürzte, aber dennoch geräumiger gewordene Tercel sowohl drei- wie fünftürig auf den Markt (in letzterer Version mit drei Seitenfenstern). Die Hintersitze waren hälftig abklappbar, und es wurde serienmäßig ein 5-Gang-Getriebe eingebaut (fünftürig auch mit 3-Stufen-Automatikgetriebe). Hinsichtlich Komfort und Übersichtlichkeit bot der neue Tercel wesentliche Fortschritte. – Als Sonderversion wurde in Japan ab Juni 1982 der Carina 1500 SG Jeune (= jung) erhältlich.

Tercel 4x4 / Carib. Auf der Tokyo Motor Show im Herbst 1981 hatte Toyota mit der Konzeptstudie RV-5 (Recreation Vehicle) einen Kombi „für erweiterten Freizeitbedarf" ausgestellt. Auch auf dem Genfer Salon 1982 wurde er als ein (beispielsweise) für das Beobachten von Vögeln in freier Natur bestens geeigneter Kombi präsentiert. Anfang September 1982 erfolgte in Japan die Vorstellung der Serienversion, die wenige Wochen später auf dem Salon von Paris ebenfalls zu sehen war. Während dieses Fahrzeug in Japan als Sprinter Carib (Kurzform von Caribou) vermarktet wurde, kam es in Europa als Tercel 4x4 auf den Markt.

Technisch basierte dieser Kombi mit Vierradantrieb zwar auf dem Tercel, doch gab er sich äußerlich weit größer. Der Radstand war zwar mit 243 cm gleich geblieben, aber die Länge erreichte 417,5 bis 431 cm (je nach Stoßstangen) im Vergleich zu dem ab 388 cm langen dreitürigen Tercel. Auffallend war vor allem der Höhenzuwachs von 138,5 auf 151 cm. Zwar war der Tercel 4x4 damit ein Hochdachkombi, wie ihn beispielsweise auch Volvo schon gebaut hatte, gleichzeitig verkörperte er eine neue Kategorie von Pkw, wie sie auch → Nissan mit dem Prairie (der erste, allerdings noch nicht so genannte Minivan!) auf den Markt gebracht und → Mitsubishi mit dem Space Wagon vorgestellt hatten. Der Tercel 4x4 wurde allerdings zu einem Hauptkonkurrenten des → Subaru 4WD Kombi, und beide sollten ungeahnte Markterfolge feiern.

Angetrieben wurde der Tercel 4x4 von einem 1,5-l-Motor. Zum 5-Gang-Getriebe kamen der zuschaltbare Hinterradantrieb und ein zusätzlicher erster Geländegang. Dieser mit EL = Extra Low bezeichnete Gang ließ sich nur zusammen mit dem Vierradantrieb nutzen (ein 3-Stufen-Automatikgetriebe kam erst später ins Angebot). Die Vorderradführung setzte sich aus Federbeinen, unteren einfachen Querlenkern und Zugstreben zusammen, hinten fand sich eine Starrachse mit doppelten Längslenkern und Panhardstab.

Als besonderes Zubehör wurde ein Clinometer angeboten, das sich auf Armaturenbrettmitte aufpflanzen ließ und mit drei Instrumenten die eingeschaltete Antriebsart sowie die Längs- und Seitenneigungslage des Wagens anzeigte. Zudem konnte zwischen einer vollautomatischen, vorprogrammierbaren und einer manuell bedienbaren Klimaanlage gewählt und auch ein elektrisches Schiebedach bestellt werden. Je nach Land reichte die Serienausstattung bis zum Dreiwellen-Drucktastenradio mit Verkehrsdecoder.

Starlet 1983. Ende 1982 erhielt der Starlet – inzwischen eines der kleinsten Autos mit Hinterradantrieb – eine von horizontalen Stäben dominierte, niedrigere Kühlerfront. Diese ähnelte jener des Tercel und dem (noch kommenden Camry) und sollte damit Toyota zu einem markentypischeren Auftritt verhelfen. Die Stoßfänger waren kräftiger ausgebildet, und die Heckklappe reichte nun bis auf Stoßstangenhöhe hinunter. Sitze und Armaturenbrett sowie auch der 1-l-Motor waren verbessert worden.

Turbo-Diesel. Am oberen Ende der Toyota-Skala hatte der Crown im August 1982 zusätzlich eine Ausführung mit Turbo-Dieselmotor erhalten (4 Zylinder, 2446 cm^3, 96 JIS-PS); den gleichen Motor gab es auch in Modellen der Mark-II-Reihe Cressida/Chaser/Cresta.

Century 1983. Der Hubraum des Century-V8-Motors wurde von 3376 auf 3995 cm^3 vergrößert (190 statt 180 PS), und das Automatikgetriebe hatte eine vierte, als Overdrive ausgelegte Stufe erhalten. Auch das Kühlergesicht war verändert (kantiger gerahmter Mittelteil) und die Fahrzeuglänge von 498 auf 512 cm gestreckt worden.

Im Februar 1983 unterzeichneten Fiji Toyoda und GM-Präsident Roger B. Smith in Kalifornien einen Vertrag über das Einrichten einer gemeinsamen Produktion in einem stillgelegten GM-Werk in Fremont (→ Chevrolet). Am 1. März 1983 rollte im Toyota-Werk Takaoka bei Nagasaki der zehnmillionste Corolla vom Fließband. Fast gleichzeitig erreichte die Toyota-Gesamtproduktion die 40-Millionen-Grenze, dies nach 47 Jahren und zehn Monaten.

Corolla / Sprinter 1983. Im Mai 1983 erfolgte die Umstellung des Toyota-Bestsellers auf Frontantrieb samt Quermotor. Dies galt jedoch nur für die vier- und fünftürigen Limousinen, während der Kombi sowie die zwei- und dreitürigen Coupés Corolla Levin und Sprinter Trueno der Standardbauweise treu blieben. Durch die abfallende Motorhaube, die leicht schräggestellte Front und glatte Raddeckel gaben sich die Neulinge aerodynamisch modern. Besonders attraktiv wirkte die Fließheckausführung Liftback mit großem drittem Seitenfenster. Ein solches besaß auch die Stufenhecklimousine Sprinter. Der Stoßschutz reichte bis zu den Radausschnitten. Der Radstand war um 3 auf 243 cm verlängert worden, und um dieses Maß war auch die Länge angewachsen, nämlich auf 413,5 cm. Zusammen mit dem Quermotor resultierten daraus generösere Innenabmessungen.

Die Palette der OHC-Motoren reichte von 1,3 über 1,5 bis 1,6 l in diversen Leistungsstufen, und dazu kam noch ein 1,8-l-Dieselmotor. Zu den motortechnischen Eigenheiten zählten eine automatische Gemischanreicherung beim Kaltstart ebenso wie eine kontaktlose Transistorzündung. Es gab 4- und 5-Gang-Getriebe und 3- und 4-Stufen-Automatikgetriebe. Vorne fanden sich Federbeine und untere Dreieckquerlenker, hinten parallele Querlenker und Schubstreben. Der fünftürige Kombi hatte bloß leicht um die Ecken gezogene Scheinwerfergehäuse erhalten.

Corolla Coupé/Levin / Sprinter Trueno 1983. Die wie der Corolla Station Wagon weiterhin auf dem 240-cm-Radstand und Hinterradantrieb basierenden Coupés hatten ebenfalls eine modernere Karosserie mit nach vorne abfallender Motorhaube und Schrägfront erhalten. In der Corolla-Reihe gab es das dreitürige Coupé (früher Liftback und GT) und das zweitürige Stufenheckcoupé Levin. Neben 1,5- und 1,6-l-OHC-Motoren stand ein 1,6-l-DOHC-Einspritzmotor zur Wahl. Mit diesem wurden Vierrad-Scheibenbremsen und eine Differenzialbremse eingebaut. Diese Fünfsitzer wurden mit einem 5-Gang-Handschalt- oder einem 4-Gang-Automatikgetriebe ausgerüstet.

Mitte 1983 veröffentlichte eine deutsche Illustrierte das Foto eines noch geheimen Toyota-Mittelmotorcoupés, das auf der Rennstrecke von Zolder in Belgien seine Runden drehte. Sein 2-l-Turbomotor leistete für den Straßengebrauch angeblich 200 und für den Rallyeeinsatz 300 PS... Bereits aber war bekannt, dass Toyota zur Entwicklung eines erschwinglichen → Lotus-Sportwagens beitrug. Dies auch finanziell, indem Toyota 16,5 Prozent des Lotus-Kapitals übernahm. Und ganz nebenbei verlautete im August 1983, dass Toyota zusammen mit der Jujitsu Ten Ltd den „weltersten digital audio disc player für den Einbau in Autos“ entwickelt habe; das Ende des Kassetten-Zeitalters war damit allerdings noch nicht gekommen.

Celica 1984. Mit dem neuen Jahrgang erhielten die Celica eine leicht veränderte Front mit Klappscheinwerfern. Der Celica Supra zeigte sich mit einer tiefer heruntergezogenen Bugschürze und auskragenden Radhausrändern. Für die Schweiz wurde er wegen der speziellen Abgas-

Toyota Tercel 4x4, 1983

und Geräuschvorschriften mit dem 2,8-l-OHC-Sechszylindermotor statt mit dem DOHC-Aggregat ausgerüstet. – Den Camry gab es neu mit einem 1,8-l-Turbodieselmotor.

Corona FF / Carina II. Ab Oktober 1983 bot Toyota in Japan den Corona auch in einer neuen Konzeption mit Frontantrieb und Quermotor an. Diese mit dem Corolla technisch identische Ausführung trug den Zusatz FF (front engine, front-wheel drive), während die von Toyopet-Händlern weiterhin verkauften bisherigen Modelle den Zusatz FR (front engine, rear-wheel drive) erhielten. Den Corona FF alias Carina II gab es als viertürige Stufenheck- und als fünftürige Fastbacklimousine mit je vier Motor- und Getriebevarianten. Der 1,8-l-Motor war erstmals bei Toyota mit einer elektronisch geregelten Zentraleinspritzung ausgerüstet worden. Neu war zudem der 2-l-Dieselmotor. Vorne wie hinten fanden sich Federbeinaufhängungen und zwar mit unteren Dreieckquerlenkern bzw. parallelen Querlenkern und Schubstreben.

Crown 1984. Auf der Tokyo Motor Show 1983 präsentierten sich die Crown mit einer überarbeiteten Karosserie. Am auffallendsten waren die bis zu den Radausschnitten gezogenen Stoßstangen. Bedeutendste Neuerung war der Übergang von der Starrachse zu einer Schräglenkeraufhängung. Neu war zudem die Motorenreihe, die auch einen 2-l-DOHC-24V-Sechszylinder umfasste, während auf die kleinere Dieseleinheit verzichtet wurde. Im Export wurde der Crown unter der Bezeichnung 2800i Super Saloon verkauft.

Land Cruiser GX. Dieses im Herbst 1983 eingeführte Modell erkannte man am erhöhten Dach (und Farbdekor). Es bot bis zu neun Personen Platz, wobei sich die hinteren Längsbänke teilweise oder ganz wegklappen ließen. Dem Antrieb diente in der Europaversion ein 4-l-Sechszylinder-Dieselmotor mit 101 PS (5-Gang-Getriebe mit Geländeuntersetzung, zuschaltbarem Vorderradantrieb, vorderen Freilaufnaben und hinterer Differenzialbremse).

MR2. Ganz ungewöhnlich für die auf die Massenmotorisierung ausgerichtete Firma Toyota war das im Juni 1984 vorgestellte Modell MR2: ein astreines Sportcoupé mit zwei Sitzen und quer eingebautem Mittelmotor. MR2 stand für Mid-Ship Runabout 2-Seater. Größenmäßig war dieser Toyota mit dem Bertone X 1/9 und dem Pontiac Fiero vergleichbar. Mit 125 cm Dachhöhe bot er aber einen etwas besseren Einstiegkomfort. Das Design mit der flach abfallenden Fronthaube mit Klappscheinwerfern und dem auf dem Stufenheck aufgesetzten Heckflügel wirkte gelungen-attraktiv, was besonders auch für die Topausführung mit in Kontrastfarbe gehaltenem Stoßschutz, unterem Flankenbereich und Radausschnitträndern galt. Innen fanden sich stark konturierte Schalensitze, ein sportliches Instrumentarium und eine breite Mittelkonsole.

Im Gegensatz zum Celica wurde der MR2 schon mit einem 1,5-l-Motor mit 83 JIS-PS Leistung angeboten. Weit kräftiger war da der 1,6-l-Motor mit zwei obenliegenden Nockenwellen, 16 Ventilen und Einspritzung, kam er doch gleich auf 130 JIS-PS. Beide Aggregate ließen sich mit einem 5-Gang-Getriebe oder einem 4-Stufen-Automatikgetriebe kombinieren. Vorn und hinten besaß der MR2 Federbeine und untere Querlenker mit Zug- bzw. Schubstreben, hinten kamen verstellbare Zusatzquerlenker hinzu (Vierrad-Scheibenbremsen). Zunächst blieb der MR2 dem einheimischen Markt vorbehalten.

Toyota Corolla, 1984

Toyota Celica Supra 2.8i Liftback, 1984

Mitte 1984 führte Toyota für den Carina einen 1,6-l-Motor nach dem Lean Combustion System (LCS) = „Ultra-Magerkonzept“ mit einem Sauerstoffsensor aus technischer Keramik ein. – In Exportländern wie der Schweiz kam im August 1984 ein „aufgerüsteter“ Camry 2000 GLi Super ins Angebot. – Der Blizzard basierte fortan auf dem → Daihatsu Rugger.

Corolla FX. Im Oktober 1984 brachte Toyota mit dem FX eine Steilheckversion des Corolla auf den (japanischen) Markt. Es gab ihn drei- und fünftürig und ebenfalls mit großer Motorenauswahl, einschließlich des 16-Ventil-Aggregats, das mit Twin Cam 16 bezeichnet wurde. Dieser 1,6-l-Motor mit 130 JIS-PS war in der Kompaktklasse außergewöhnlich. Der FX besaß eine eigene Frontgestaltung (Lufteinlass niedriger als Scheinwerfer).

Starlet 1985. Ebenfalls im Oktober 1984 wurde endlich auch der kleinste Toyota auf Frontantrieb mit Quermotor umgestellt. Er erhielt eine strömungsgünstige niedrige Front und kantigere Scheibenkonturen. Der Radstand blieb unverändert bei 230 cm, doch war die Länge um 6 auf 370 cm verkürzt worden, während die Breite um 6,5 auf 159 cm zugelegt hatte. Es gab ihn weiterhin mit 1 und 1,3 l Hubraum, doch handelte es sich nun um 12-Ventil-Motoren (zwei Einlassventile), wobei das größere Aggregat erneut in einer Einspritzversion und neu in einer Magerausführung erhältlich war. Die Topversion 12 Valve EFI kam auf 93 JIS-PS und hob sich äußerlich durch Kontrastfarbe am Spoiler und zwischen den Radausschnitten ab. In Europa war für die zweite Lackfarbe beim sportlich aufgebesserten Modell S ein Aufpreis zu bezahlen. Doch schon beim GL waren ein Frontspoiler, Radzierblenden, getönte Scheiben, zwei von innen verstellbare Außenspiegel, einzeln abklappbare Rücksitzlehnen, Make-up-Spiegel, Drehzahlmesser und Radio mit dabei.

Cressida 1985. Für Europa wurde Ende 1984 ein neuer Cressida bereitgestellt. Er erhielt Front- und Heckpartie des Japan vorbehaltenen Cresta mit niedrigem Kühlergrill, um die Ecken gezogenen Scheinwerfergehäusen und Bugschürze, die Aufhängung des Mark II mit vorderen Federbeinen, Querlenkern und Zugstreben und hinteren

Schräglenkern und auch dessen Radstand von 266 statt 264,5 cm. Angetrieben wurde der 469 cm lange neue Cressida 2.8i (dessen cw-Wert mit 0,38 angegeben wurde) von einem 2,8-l-Sechszylindermotor mit elektronischer Einspritzung und 140 PS Leistung. Es gab ihn mit 5-Gang-Getriebe oder 4-Stufen-Automatikgetriebe. Der Servo der Zahnstangenlenkung wirkte geschwindigkeitsabhängig. Die Serienausstattung war überaus reichhaltig. Zum Genfer Salon 1985 sollte dann noch ein Cressida Station Wagon hinzukommen.

1985 erhielt der Tercel 4x4 einen Kühlergrill mit von oben in die Mitte gerücktem horizontalem Zierstab, Aufprallplatte auf dem Lenkrad, strapazierfähigere Stoffüberzüge und Teppichverkleidungen an den Seitenwänden.

Land Cruiser 1985. Auf der Autoausstellung von Amsterdam zeigte sich der dreitürige Land Cruiser im Februar 1985 mit verlängertem Radstand und neuem Karosseriedesign: Die Motorhaube schloss sich abgeflacht an den neuen Kühlergrill mit rechteckigen Scheinwerfermulden an. Die vorderen Kotflügel standen zwar vorne immer noch von der Motorhaube ab, mündeten jetzt aber horizontal in die Flanken ein. Die Frontscheibe war größer und schräger, und die Seitenscheiben waren kantiger silhouettiert. Weiterhin gab es die Ausführungen Hardtop, Hardtop long, FRP-Top mit Kunststoffpavillon sowie Pick-up.

Für Europa wurden die auch als Typ 70 bezeichneten dreitürigen Land Cruiser serienmäßig mit 3,4-l-Vierzylinder-Dieselmotor, 5-Gang-Getriebe, Reduktionsstufe, vorderen Freilaufnaben und einer hinteren 30-Prozent-Differenzialbremse ausgerüstet. Mit neuartigen Halbelliptikfedern war ein deutlich verbessertes Komfortniveau angepeilt worden. – Der große fünftürige Land Cruiser Station Wagon G hatte ebenfalls Verbesserungen erfahren und wurde neu mit einem 3-Stufen-Automatikgetriebe angeboten.

Land Cruiser II. So bezeichnet war Anfang 1985 eine leichtere Version hinzugekommen. Sie basierte auf dem erneuerten Land Cruiser Hardtop mit 231 cm Radstand, ihre Starrachsen wiesen jedoch Schraubenfedern und Längslenker (sowie einen Panhardstab) auf. Gebaut wurden sie mit einem 2367-cm^3-Benzinmotor (105 PS), einem 2446-cm^3-Diesel- und einem gleich großen Turbo-Diesel-Motor (72 bzw. 86 PS). Es gab drei Getriebevarianten (einschließlich 3-Stufen-Automatik), ein Reduktionsgetriebe und auf Wunsch eine Differenzialbremse oder -sperre für die Hinterachse. Die Dieselmodelle wurden mit einer Servolenkung ausgerüstet.

Mitte 1985 gab Toyota bekannt, in den USA nebst dem gemeinsam mit GM aufzubauenden Produktionseinrichtungen auch ein eigenes Werk errichten zu wollen. Es sollte ab 1988 jährlich 200'000 Camry herstellen. – Gegen Ende Jahr wurden dann Pläne für den Bau eines Werks (auch) in Cambridge, Ontario, bekannt, wo ab 1988 ein 1,6-l-Modell gebaut werden sollte.

Celica / Corona Coupé 1986. Mit dem im August 1985 vorgestellten Jahrgang 1986 erhielt das populäre Celica-Coupé nicht nur weichere Konturen (bei beibehaltener Keilfront mit Klappscheinwerfern), sondern vor allem Frontantrieb mit Quermotor! Der Radstand war um 2,5 auf 252,5 cm angewachsen und die Spur hatte von 139,5/138,5 auf 146,5/143 cm zugelegt. Bemerkenswert waren die Veränderungen der Außenabmessungen: Statt 443,5x166,5x132 cm waren es nun 436,5x169x129,5 cm. Der cw-Wert war mit 0,31 bis 0,33 ungewöhnlich niedrig, was teils dem kleinen Heckflügel zuzuschreiben war. Neben der dreitürigen Fastbackkarosserie gab es nach wie vor ein Stufenheckcoupé; dieses wurde in Japan mit Corona bezeichnet.

Ausgerüstet wurde der neue Celica einerseits mit 1,6-l- und 2-l-Motor, beide mit zwei obenliegenden Nockenwellen, 16 Ventilen und elektronischer Einspritzung T-VIS (Toyota Variable Injection System), anderseits mit etwas einfacheren Motoren mit 1,6, 1,8 und 2 l Hubraum. Neben dem 5-Gang-Getriebe gab es neu ein 4-Stufen-Automatikgetriebe mit Zweiweg-Overdrive, das die Betriebsarten Economy, Power und Handschaltung zuließ. Vorne und hinten bestanden die Aufhängungen aus McPherson-Federbeinen und unteren Dreieckquerlenkern bzw. parallelen Querlenkern und Längslenkern (hinten). Das sportlich-schlicht gehaltene Armaturenbrett wurde von zwei großen Rundinstrumenten dominiert. Vorbildlich ausgeformte Vordersitze und zwei bequeme Hintersitze zeichneten den wohnlichen Innenraum aus.

Im August 1985 wurde u. a. die viertürige Hardtop-Version Carina ED mit betont reichhalti-

Toyota Camry, 1983

Toyota Blizzard 4WD, 1984

Toyota Land Cruiser GX 4x4 (Hochdach, Typ 60), 1984

Toyota Starlet, 1985

Toyota Camry Station Wagon, 1985

Toyota Cresta E-GX (Mark II), 1985

Toyota Land Cruiser II Hardtop 4x4, 1985

Toyota Land Cruiser 4WD (Typ 70), 1985

ger Ausstattung eingeführt. Im Herbst 1985 kam in der Cressida-Reihe ein 2-l-DOHC-Sechszylindermotor mit 24 Ventilen, zwei parallelen Turboladern und Ladeluftkühler (Luft/Wasser) hinzu; seine Leistung wurde mit 185 JIS-Netto-PS angegeben. Bei den Crown kamen gleichzeitig ein gleich großer 24-Ventil-Motor mit mechanischem Roots-Kompressor (160 PS) und ein 3-l-DOHC-Sechszylinder (190 PS) hinzu.

Celica Supra / Soarer 1986. Im Februar 1986 wurde auch der größere Bruder des nun frontgetriebenen neuen Celica vorgestellt. Allerdings erhielt der Supra vor allem den neuen Celica-Karosseriestil, während es für dieses Sechszylindermodell beim Hinterradantrieb blieb. Da der Supra auf dem für ihn wichtigen US-Markt gegen die Chevrolet Camaro, Pontiac Firebird und Ford Mustang konkurrierte (und dort auch als Cabriolet angeboten wurde), hatte Toyota sich auf seine stilistische und fahrwerksmäßige Aufrüstung konzentriert. So wurden alle Räder an übereinanderliegenden Dreieckquerlenkern geführt (hinten zusätzlich mit Längsstreben), und bei Topausführungen sorgten elektronische Stellglieder für einen variierbaren Federungskomfort. Zu den vier belüfteten Bremsscheiben war gegen Aufpreis ein ABS zu haben. Größenmäßig veränderte sich der Supra gegenüber dem Vormodell kaum.

Für den Export nach den USA und nach Europa wurde der Supra (ohne „Vorname" Celica) mit dem neuen 3-l-Reihensechszylinder mit zwei obenliegenden Nockenwellen, 24 Ventilen, elektronischer Einspritzung und 204 PS ausgerüstet. In Japan gab es den Celica Supra auch mit 3-l-Turbomotor (230 JIS-Netto-PS) sowie mit 2-l-Sechszylindermotoren. – Das ebenfalls viersitzige, aber zweitürige Coupé Soarer hatte eine schmissigere Karosserie mit flacherer Front (aber weiterhin ohne Klappscheinwerfer) erhalten. Es besaß bei analoger Technik 5 cm mehr Radstand und Länge als der Supra.

Auf dem Genfer Salon 1986 präsentierte sich der Corolla Coupé GTI mit einem neuen Kühlergrill mit dunkelgrauem Mittelteil sowie mit aufgewertetem Innenraum.

Tercel mit Quermotor. Der Mai 1986 brachte Japan eine Neuauflage der drei- und fünftürigen Limousinen in der Tercel-Familie (mit Corsa und Corolla II): Dank dem nun quer eingebauten Motor schrumpften Radstand und Länge auf 238 und 386,5 cm. Die bisherigen Tercel und Corsa mit Stufenheck bzw. der 4WD Wagon behielten das Layout mit Längsmotor.

Camry / Vista 1987. Im August 1986 wurden die Camry alias Vista mit modernisierten, um 8 cm längeren Karosserien herausgebracht. Die fünftürige Fastbacklimousine entfiel, anderseits kam eine viertürige Hardtop-Ausführung hinzu. Auf einen erhöhten Rostschutz wurde mit entsprechenden Stahlblechen und PVC-Überzügen besonderer Wert gelegt. Versteifte Strukturen, verbesserte Motoraufhängungen und mehr Innenraum sorgten für ein erhöhtes Komfortniveau. Der 2-l-Motor besaß nun einen 16-Ventil-Kopf, war aber vordergründig auf Sparsamkeit und nicht

Toyota Corolla 1600 Coupé GTI Twin Cam 16, 1986

Toyota Celica 2.0 GT, 1986

auf Leistung ausgelegt. Es gab ihn mit 120 und 140 JIS-Netto-PS. Neu standen im Angebot auch ein 4-Stufen-Automatikgetriebe mit drei Programmen (Economy, Power, Manual) sowie Wandlerüberbrückung und eine drehzahlabhängige Servolenkung.

MR2 1987. Gleichzeitig gab es den Mittelmotor-Sportzweisitzer MR2 neu mit T-Roof (zwei heraushebbaren Dachhälften) und als Super Charger mit mechanischem Roots-Kompressor SC 12 und Ladeluftkühler. So ausgestattet stieg die Leistung des 1,6-l-DOHC-16-Ventil-Motors auf 145 Netto-PS, während das maximale Drehmoment um 40 Prozent zulegte.

Celica GT-Four. Am 1. Oktober 1986 kam bei den Celica die Hochleistungsversion GT-Four mit permanentem Allradantrieb und Abgasturbolader hinzu. Die Kraft wurde zu je 50 Prozent auf die Vorder- und Hinterräder verteilt. Das gleich neben dem vorderen Ausgleichsgetriebe angeordnete Kegelrad-Zentraldifferenzial besaß eine Viskosperre, die sich mit einem Drehknopf auf der Mittelkonsole betätigen ließ. Der 2-l-Turbomotor war eine Neuentwicklung und galt mit seinen 185 JIS-Netto-PS als Japans stärkstes Antriebsaggregat dieser Größenordnung. Es wurde ein markeneigener Turbo mit wasserdurchflossenem Intercooler verwendet, und die Verdichtung war von 9,2 bis 9,8:1 auf 8,5:1 reduziert worden.

Die Hinterradaufhängung hatte einen Hilfsrahmen erhalten, und es wurden eine mächtige Bugschürze mit Nebelscheinwerfern sowie seitliche Schwelleransätze montiert. Das (je nach Markt serienmäßig montierte) ABS besaß als Besonderheit einen Messsensor auf Fotozellenbasis. Die Sitze wurden in der Mitte mit Stoff und außen mit Leder drapiert.

Celica Cabrio. Schon auf der Frankfurter IAA im Herbst 1985 war eine Cabrioletversion des Celica vorgestellt worden. Dieser 2.0 GT Cabrio war ein Viersitzer mit voll versenkbarem Verdeck und wirkte geöffnet echt attraktiv. 1987 gelangte er über das Toyota-Händlernetz auf europäische Märkte. Es wurde nicht etwa direkt aus Japan geliefert, sondern als eine Entwicklung der Schwan Cabrio GmbH (→ Anhang) bei der Karosseriefirma Voll in Würzburg vom Coupé zur Offenversion umgebaut. Im Toyota-Werk wurden aber bereits die Verstärkungen des Unterbaus eingebaut, so dass sich ein Entfernen der Innenverkleidungen beim Umbau erübrigte.

Bemerkenswerterweise hatte auch die ASC (American Sunroof Company, → Anhang) eine Cabrioversion des Celica entwickelt. Sie erhielt ebenfalls eigens vom Werk vorbereitete Coupés nach Kalifornien geliefert und versorgte mit den daraus entstandenen Cabrios nicht nur die USA, sondern lieferte solche sogar nach Japan.

Corolla / Sprinter 1987/88. Im Mai 1987 wurde die Baureihe Corolla/Sprinter in Tokio in Neuauflage vorgestellt. In dem neuen, etwas rundlicher gestalteten Kleid gab es bei unverändertem Radstand von 243 cm (aber teils etwas größerer Gesamtlänge) die Corolla-Ausführungen Sedan (viertürig mit Stufenheck), FX (drei- und fünftürig mit Steilheck) und das Coupé Levin sowie anderseits die Sprinter-Typen Sedan, Cielo (fünftürige Fließhecklimousine) und Trueno (Stufenheckcoupé). Der Kombi mit 240 cm Radstand wurde vorerst unverändert weitergebaut. Später wurden die verschiedenen Karosserieversionen für den Export unter der Modellbezeichnung Corolla vereint. Die drei- und fünftürigen Corolla mit Steilheck erhielten die Bezeichnung Compact, während die Fließhecklimousine als Liftback und die viertürige Limousine als Sedan gehandelt wurden.

Die Motorauswahl reichte vom 1,3-l-Vierzylinder mit 12 Ventilen über diverse DOHC-Vierzylinder mit 16 Ventilen (auch mit Roots-Kompressor) bis zum 1,8-l-Diesel. Nur zum Basismotor gab es noch ein 4-Gang-Getriebe, ansonsten 5-Gang- sowie 3- und 4-Stufen-Automatikgetriebe. Für die Ausführung mit Vierradantrieb (zusammen mit 1,6-16V-Motor und 90 PS) wurde eine hintere Starrachse verwendet (bei 5-Gang-Getriebe mit sperrbarem Zentraldifferenzial, bei Automatikgetriebe mit ölhydraulischer Lamellenkupplung = Hymatic). Die Aufbaustrukturen waren versteift und die Aufhängungen (mit Hilfsrahmen) verfeinert worden. Die Corolla zählten längst zu den weltweit meistverkauften Modellreihen.

Gegen Mitte 1987 sickerte Toyotas Absicht durch, eine eigene Abteilung für künftige Luxusmodelle zu schaffen (so wie dies Honda bereits mit der Marke Acura getan hatte); der Name Lexus fiel noch nicht.

Corolla Van + Wagon. Im August 1987 wurde auch der Corolla-Kombi auf Frontantrieb und Quermotor umgestellt. Während das mit Van bezeichnete einfachere Modell eine hintere Starrachse mit Blattfedern behielt, besaß der Wagon eine hintere Einzelradaufhängung. Spitzenmodell war die Ausführung G-Touring. Alle neuen Corolla-Kombi besaßen eine neukonstruierte Rücksitzbank, die ein Variieren des wesentlich größer gewordenen Laderaums ermöglichte. In Europa erhielt der neue Kombi die hochtrabende Bezeichnung Sportswagon.

Im Oktober 1987 wurde auch der Camry als 4WD vorgestellt und zwar mit 2-l-Motor (16 Ventile und 120 PS) und 5-Gang-Getriebe. Üblicherweise kam ein sperrbares Zentraldifferenzial zum Einbau, falls aber ein ABS gewünscht war, wurde eine zentrale Viskokupplung montiert. – Inzwischen stand der Supra 3.0i Turbo mit 24-Ventil-Motor auch in Europa im Angebot und zwar mit 236 „abgasentgifteten" PS. Tempo 100 war binnen 6,3 s erreichbar und die Höchstgeschwindigkeit wurde mit 245 km/h angegeben.

4-Runner / Hi-Lux Surf. Dieses 1987 in Produktion genommene Fahrzeug war von dem Pickup Hi-Lux 4x4 abgeleitet und sollte als Freizeitfahrzeug eine neu entdeckte Marktlücke erschließen. In den vor allem anvisierten USA wurde er als Hi-Lux Surf verkauft. Nach Europa kam dieser dreitürige, fünfsitzige Geländekombi erst 1988. Technisch war er mit der Land-Cruiser-Familie verwandt. Angetrieben wurde er entweder mit dem 2,4-l-Vierzylindermotor (elektronische Einspritzung, Katalysator, 112 PS, für Europa) oder mit dem 3-l-V6 (147 PS, USA). Mit Chromgrill, schwarzem Dachaufbau, Schmuckstreifen sowie den (in einem RV-Kit enthaltenen) Chromfelgen mit Breitreifen, Trittbrettern usw. wirkte er recht attraktiv, und auch die reichhaltige Innenausstattung entsprach dem 4-Runner-Ziel, mit ihm ein luxuriöses Freizeitgerät anzubieten. Dabei sorgten der zuschaltbare Vorderradantrieb und das Reduktionsgetriebe für vollwertige Geländetüchtigkeit.

Crown 1988. Auch wenn das bisherige Modell im Export teils weiter angeboten wurde, so hatte Toyota im Herbst 1987 in Japan doch eine komplett neue Crown-Modellreihe herausgebracht: Limousine und Kombi waren deutlich weniger kantig geformt, wenngleich der prägnante Kühlergrill beibehalten wurde. Besonders auffällig war der Gewinn an Eleganz bei der Hardtop-Limousine mit rahmenlosen Türfenstern. Zugenommen hatte nur die Spur und zwar um 4 cm, während für die 2-l-Modelle die noch steuergünstigen japanischen Limiten von unter 470 cm Länge und unter 170 cm Breite weiter eingehalten wurden. Für die 3-l-Crown ergab sich hingegen durch Flankenausbuchten eine Breite von 172 bis 174,5 cm, während die Länge bis 486 cm erreichte.

Beibehalten wurde die altbewährte Kastenrahmen-Chassiskonstruktion mit Längsträgern und Traversen. Zu den Grundausführungen mit hinterer Starrachse kamen bei den teureren Versionen weiterhin hintere Schräglenkeraufhängungen. Der Fortschritt wurde durch eine computergesteuerte hintere Luftfederung, ABS und TRC (elektronische Schlupfregelung) sowie eine elektronische Steuerung des 4-Stufen-Automatikgetriebes verkörpert. Anderseits gab es noch einen Standard-Crown mit Vierrad-Trommelbremsen!

Ganz neu war das Navigationssystem Electro-Multivision: Es ließ, von CDs abgerufen, an die 1800 Kartenausschnitte des japanischen Inselreichs auf einem im Armaturenbrett integrierten Monitor erscheinen. Dieser ließ sich bei Stillstand als TV-Empfänger nutzen.

1988 erhielt der Celica eine leicht geänderte Front mit bis zu den Blinkern reichendem Kühlergrill und gelochte Leichtmetallfelgen. Für Aufsehen sorgten in jenem Jahrgang aber vor allem die u. a. für den Einsatz bei der Rallye-WM bestimmten Celica 4WD Turbo mit dem X-Trac-Kraftübertragungssystem, das für eine stets optimale Kraftverteilung sorgte. Sie ermöglichte es (wie bei Zweiradantrieb) durch Ziehen der Handbremse vor den Kurven das Fahrzeug querzustellen.

Corona / Carina II 1988. Im Januar 1988 wurden die Modelle der Corona-Klasse, die im Export als Carina II verkauft wurden, neu aufgelegt. Sie waren modern und gefällig, aber unaufdringlich geformt. Sie besaßen eine rundliche, niedrige Front und große Fensterflächen. Gebaut wurden sie weiterhin als viertüriger Stufenhecksedan, als fünftüriger Hatchback bzw. Liftback und als Kombi, wobei Letzterer nun ebenfalls Frontantrieb besaß. Fahrwerkseitig entsprachen die

Toyota Supra 3.0i, 1986

Toyota Corolla GT-i, 1987

Toyota Carina 1.6 (FF), 1987

neuen Corona/Carina II nicht mehr dem Corolla, sondern dem Celica (Kombi allerdings weiterhin mit hinterer Starrachse und Blattfedern). Ungewöhnlich war der Umstand, dass die Limousinen allesamt mit 16-Ventil-Motoren ausgerüstet wurden. Nebst den 1,5-, 1,6- und 2-l-Vierzylindern gab es auch einen 1,8-l-Motor in dieser Konfiguration. Das Spektrum reichte vom elektronischen Registervergaser (1456 cm^3, OHC, 12 Ventile, 79 JIS-Netto-PS für den Kombi, 1498 cm^3, DOHC, 16 V, 85 PS) über die Zentraleinspritzung (1838 cm^3, 105 PS) bis zu dem aus dem Celica bekannten 2-l–Hochleistungsmotor (140 PS). Bei den teureren Corona/Celica II bot das alternativ erhältliche 4-Stufen-Automatikgetriebe die Wahl zwischen einer sparsamen und einer sportlichen Schaltweise, zudem wurden elektronisch verstellbare Stoßdämpfer und ein ABS angeboten.

Corolla RV / Sprinter 4WD Carib. RV war der im englischen bzw. amerikanischen Sprachraum eingeführte Kürzel für Recreation Vehicle = Freizeitfahrzeug, und ein solches wurde Anfang 1988 der Corolla-Serie als Nachfolger des Tercel 4WD beigesellt. Dieses Modell kombinierte die Corolla-Kombikarosserie mit dem permanenten Vierradantrieb des Corolla Sedan 4WD. Die senkrecht stehende niedrige Front besaß einen leicht erhöhten Kühlergrill, der sich mit Prägekanten in der Motorhaube fortsetzte. Vor allem aber zeigte der Corolla RV wie schon der Tercel 4WD eine prägnante Heckgestaltung mit sich abhebendem drittem Seitenfenster. Dieses besaß nicht mehr Hoch-, sondern Längsformat und schloss sich an die höher- und tiefergreifende Heckscheibe an. Da zudem die Stoßfänger massiver ausgeführt waren, erreichte der RV eine gegenüber dem Kombi um 16 auf 437 cm vergrößerte Länge.

Dem Antrieb diente ein quer eingebauter 1,6-l-Motor mit 16 Ventilen und elektronischer Einspritzung (mit Katalysator 105 PS; der Tercel 4WD besaß einen Längsmotor). Der permanente Vierradantrieb funktionierte über ein zentrales Kegelraddifferenzial, das die Antriebsmomente je hälftig zu den Vorder- und Hinterräder leitete. Bei der Ausführung mit 5-Gang-Getriebe ließ sich das mittlere Differenzial von Hand sperren, während mit dem 4-Stufen-Automatikgetriebe eine automatische Differenzialbremse zur Verfügung stand. Vorne fanden sich Federbeine und untere Dreieckquerlenker, hinten eine Starrachse mit vier Längslenkern und Panhardstab. Je nach Ausstattungsgrad gab es für den Corolla RV beispielsweise im Heck ein Staufach mit Lautsprecherträger im Dachhimmel, aber auch eine hintere Niveauregulierung.

Für den Export wurde der Camry 1988 außer als 4WD (s. oben) auch mit einem neuen 2,5-l-V6 lieferbar: 60 Grad Gabelwinkel, DOHC, 24 Ventile, Motormanagement TCCS (Toyota Computer Controlled System) auch für die T-VIS (variable Ansaugluftsteuerung), mit Katalysator 160 PS.

Land Cruiser 250 TD. Auf dem Salon Turin 1988 wurde der Land Cruiser 250 TD mit einem 100 PS leistenden Fünfzylinder-Dieselmotor von VM vorgestellt. Dieses Modell wurde alsbald auch in Spanien angeboten. Hergestellt aber wurde es bei der Firma Salvador Caetano in Oporto, Portugal. So konnte Toyota das Handicap der europäischen Importbeschränkungen umgehen. Denn der 250 Turbo-Diesel war zu 60 Prozent seiner Wertschöpfung europäisch. Sein gesamtes Federungssystem stammte aus deutscher Produktion, während Felgen und Reifen spanisch waren. Äußerlich unterschied sich dieser Land Cruiser von den japanischen Modellen durch das eigene Kunststoff-Hardtop, das sich samt Seiten- und Heckscheiben abnehmen ließ. Die etwas kleinere Windschutzscheibe konnte nach vorne umgelegt werden.

Am 26. Mai 1988 lief bei der Toyota Motor Manufacturing in Georgetown, Kentucky, der erste US-Camry vom Band. Ende Mai 1989 startete dann im kanadischen Cambridge eine Corolla-Produktion.

Zace. Diese Bezeichnung wurde von Toyota für eine Modellreihe verwendet, die ab Juni 1988 auf Taiwan hergestellt wurde. Es handelte sich um einen Kombi, dessen Form ebenso an die Toyota Land Cruiser wie an den Isuzu Trooper gemahnte. Sein 1486-cm^3-OHV-Motor mit 70-Brutto-PS trieb die Hinterräder an, und es gab auch eine Pick-up-Variante.

Im August 1988 wurden in Japan die erneuerten Corona/Carina mit permanentem Vierradantrieb lieferbar. Das System mit Abweichungen für Handschalt- oder Automatikgetriebe entsprach jenem des Corolla. Corona/Carina 4WD gab es ausschließlich als viertürige Limousinen und mit dem 1,6-l-16-Ventil-Motor.

Supra 1989. Für diesen Jahrgang war das Coupé Verfeinerungen unterzogen worden: mittlerer Teil des Stoßschutzes bündig mit der Motorhaube, tiefere Frontschürze mit kariertem Lufteinlass, im Ruhezustand senkrecht stehender Heckscheibenwischer, zudem dreigeteilter Heckflügel und stärker betonte Radausschnitte (bei den 3-l-Modellen), breitere Reifen, effizientere Bremsen (für die Turbomodelle), Servolenkung mit verbessertem Fahrbahnkontakt, aufgewertete Ausstattung, neue Rundanzeigen, günstiger platzierte Schalter usw.; Turbo-3-l-Motor nun mit 240 statt 230 Netto-PS, 2-l-Doppelturbo mit 210 statt 185 PS, ohne Turbo 150 statt 140 PS, neuer Basismotor mit 135 PS, Sonderausführung White Package. Für den japanischen Markt gab es zudem den Supra 3.0 GT Turbo A mit 270 PS (500 Exemplare, für den Renneinsatz nach Gruppe A). – Der Supra hatte seine Verwandtschaft mit dem populären Celica endgültig hinter sich und konnte sich prestigemäßig mit den Z-Modellen alias Fairlady des Erzrivalen Nissan messen.

Mark II / Cressida / Chaser 1989. Bei unveränderten Abmessungen präsentierten sich diese Mittelklasse-Toyota ab August 1988 in modernisiertem Kleid mit stilistischen Analogien zu den kleineren Modellen; der Kombi blieb vorerst unverändert. Die Motoren besaßen jetzt durchwegs vier Ventile je Zylinder. Die Leistung des mit zwei Abgasturboladern ausgerüsteten 2-l-Sechszylinders war von 185 auf 210 PS angehoben worden (u. a. mit einem großflächigen Luft/Luft-Intercooler), und neu gab es eine auf noch mehr Drehmoment ausgerichtete Motorvariante mit Roots-Kompressor (wie schon im Crown erhältlich) und 170 PS. Die Vergasermotoren entfielen. Die hintere Einzelradaufhängung umfasste nun doppelte Querlenker (ähnlich Supra, Basisversion weiterhin mit Starrachse). – Als Besonderheit gab es ab März 1989 das Coupé Soarer Aerocabin mit mobilem Stahldach.

Toyota Celica Cabrio, 1987

Toyota Corolla Compact 1600 GL, 1988

Toyota 4-Runner, 1988

Toyota Carina II GL, 1989

Im April 1989 fiel der Entscheid, in Burnaston, Derbyshire, in den englischen Midlands ein Europawerk zu errichten. Es sollte sich um die größte japa-

nische Investition in Europa handeln. Es war geplant, ab 1993 in Derby jährlich 200'000 Toyota vom Fließband laufen zu lassen, und man rechnete mit 3000 Arbeitsplätzen und nochmals gleich vielen bei den Zulieferanten. Mitte 1989 folgte der Beschluss, zudem in Shotton, Nordwales, ein Motorenwerk zu errichten.

4-Runner 1989. Im Frühling 1989 erhielt der 4-Runner ein überarbeitetes Karosseriedesign. Der Kühlergrill war nicht mehr in vier Felder eingeteilt (wie bei Dodge), sondern oben und seitlich von einem kräftigen Chromrahmen umgeben. Vor allem aber gab es ihn jetzt auch fünftürig, und auch bei der dreitürigen Ausführung (mit stark nach vorne geneigter Trennsäule zwischen dem zweiten und dem dritten Seitenfenster) löste ein Stahldach das Hardtop ab. Der 2,4-l-Turbodieselmotor leistete 94 statt 85 PS, während der auf 2,8 l vergrößerte Saug-Dieselmotor auf 91 statt 76 PS kam. Als 4WD wurde der 4-Runner neu mit automatischen Freilaufnaben ausgestattet, doch gab es ihn weiterhin auch bloß mit Hinterradantrieb. Anstatt Blattfedern erhielt die Hinterachse doppelte Längslenker und Schraubenfedern. Der zuvor den USA vorbehaltene 3-l-V6 wurde ab IAA Frankfurt 1989 in Europa ebenfalls erhältlich.

Per 1. August 1989 wurde in der Toyota Motor Corporation eine radikale Modernisierung der Verwaltung durchgeführt, von der 25'000 Mitarbeiter betroffen wurden: neu 140 Abteilungen, 500 Unterabteilungen, 1600 projektbezogene Gruppen, Zahl der benötigten Unterschriften halbiert, 1000 Überwachungsmitarbeiter nun in den Verwaltungsprozess einbezogen, nebst Dienstalter vermehrte Berücksichtigung der persönlichen Leistung.

Celsior. Weil es für die Marke → Lexus in Japan (noch) keine eigene Vertriebsorganisation gab, wurde das Luxusmodell LS 400 in Japan unter der Toyota-Modellbezeichnung Celsior in den Handel gebracht.

Crown Royal. Im August 1989 fand die Baureihe Crown mit den sinnigerweise als Royal bezeichneten Saloon (Hardtop-Limousine) und Saloon G eine Erweiterung nach oben; Topmotor war nun der 260 PS starke 4-l-V8 aus dem Lexus.

Lexcen. Auf Veranlassung der australischen Regierung mussten die amerikanischstämmigen und die japanischen Autohersteller des fünften Kontinents Ende der 80er Jahre Zwangsverbindungen eingehen. Daraus entstand u. a. der im Herbst 1989 vorgestellte Toyota Lexcen, bei dem es sich um einen geringfügig geänderten → Holden Commodore V8 handelte.

Der in Japan schon im Frühjahr 1989 eingeführte niedrigere Kühlergrill des Corolla fand nebst teils neu angeordneten Bedienungsorganen ab Herbst auch in Europa Verbreitung.

Celica 1990. Just nach vier Jahren wurde, mit Premiere auf der IAA Frankfurt 1989, der erste Celica mit Vorderradantrieb neu aufgelegt. Das Design zeigte sich radikal geändert: Statt der kantigen Front mit den eckigen Fensterkonturen besaß der neue Celica eine stark gerundete, besonders flache Front, wiederum mit Klappscheinwerfern. Das zweite Seitenfenster war kurz und halbkreisförmig, und die Heckscheibe griff um die Seiten herum. Vor allem für die USA wurde weiterhin eine zweitürige Stufenheckversion hergestellt. Die Topversion hob sich durch eine imposante Luftansaughutze auf der Motorhaube ab. Der Luftwiderstandsbeiwert wurde mit cw 0,31 angegeben.

Bei unverändertem Radstand von 252,5 cm waren die Karosserieabmessungen kaum verändert worden (442x170,5x130,5). Das Armaturenbrett zeigte sich neu gegliedert, Digitalanzeigen waren Rundinstrumenten gewichen und die wichtigsten Bedienungselemente fanden sich in Form von Hebeln, die an der Lenksäule angewinkelt waren. Bei allen Modellausführungen war die Rücksitzbank geteilt ausgeführt. Dem Trend der Zeit entsprechend hatte man die Leistungsskala angehoben. Schon der 1,6-l-Motor des Celica ST war nun ein 16-Ventil-Aggregat mit TCC-L-Jetronic-Einspritzung, das auf 105 PS kam. Im 2.0 GT leistete der DOHC-16V-Motor 156 statt 140 PS (0–100 km/h in 8,1 s) und im Turbo 4WD standen 204 statt 185 PS zur Verfügung (0–100 km/h in 6,9 s, 230 km/h Spitze); zudem erhielt das hintere Differenzial dieses Modells eine Torsen-Sperre. Ohne Katalysator und in der Version Rally kam der gleiche Motor (in Japan) sogar auf 225 PS.

Der von Toyota selbst hergestellte Turbolader war nun zweiflutig und mit einem 4-in-2-Auspuffkrümmer versehen, das Turbinenrad aus Keramikwerkstoffen war leichter, und der wassergekühlte Intercooler war durch einen effizienteren Luft/Luft-Wärmetauscher ersetzt worden; ihm diente die rundliche Hutze auf der Motorhaube. In Japan wurde für den Celica auch eine Vierradlenkung 4WS angeboten: Der Lenkeinschlag wurde mechanisch auf die Hinterräder übertragen, zusätzlich veränderte ein elektronisch gesteuertes Stellglied geschwindigkeitsabhängig den Lenkwinkel. Neuartig war die Eingriffsmöglichkeit für den Fahrer, indem er die

Toyota Corolla 4WD (RV), 1989

Toyota MR2, 1989

4WS-Wirkung auch auf Sport stellen (Übergang von gleichsinnigen zum entgegengesetzten Einschlagen bei höherem Tempo) oder ausschalten konnte. Ebenfalls dem Heimmarkt vorbehalten war die Active Controlled Suspension, bei der variierender Öldruck in den Stoßdämpfern dem Aufbäumen, Eintauchen und übermäßiger Seitenneigung des Karosseriekörpers entgegenwirkte. Für alle Celica galt übrigens eine Serviceintervall-Verlängerung auf 20'000 km oder 12 Monate.

Carina ED / Corona EXIV. Zur Kategorie der Hardtop-Limousinen zählten diese beiden eng mit dem neuen Celica verwandten Viertürmodelle (EXIV stand für extra-impressive). Auch sie besaßen 252,5 cm Radstand, erreichten aber 448,5 cm Länge. Basismotor war ein 1,8-l-DOHC-16-Ventiler mit 105 PS, doch gab es auch die 2-l-Variante mit 165 PS. Die Vierradlenkung des Celica war für diese Modelle ebenfalls bestellbar. – Den Carina II gab es zum Beispiel in Deutschland weiterhin mit einem 1,6-l-Magergemischmotor, nun aber in Verbindung mit geregeltem Katalysator. Für ihn wurden ein Verbrauch von 5,3/6,9/7,9 l/100 km (90/120 km/h /Stadt) und eine Beschleunigungszeit auf 100 km/h von 10,4 s genannt.

MR2 1990. Weit rundlicher und eleganter, aber auch deutlich gewachsen gab sich die auf der Tokyo Motor Show Ende Oktober 1989 vorgestellte Zweitauflage des Mittelmotor-Sportzweisitzers MR2. Auch sie wies eine stark nach vorne abfallende Front mit Klappscheinwerfern und ohne Kühlergrill auf. Der Lufteinlass für den Mittelmotor begann mit konkaven Flächen in den Türen und einem zweigeteilten Trichter vor dem hinteren Radausschnitt. Der ausgeprägte schwungvolle Heckflügel hatte seinen Ausgangspunkt oberhalb des Radausschnitts. Den Radstand hatte man um 8 auf 240 cm verlängert, die Karosserielänge erreichte gar 417 statt 395 cm. Zwar ergab sich damit ein deutlich vergrößerter Innen- und Gepäckraum, doch hatte auch das Gewicht zugelegt, nämlich von rund 1000 auf etwa 1200 kg.

Daher drängte sich eine kräftigere Motorisierung auf: Statt 1,5- und 1,6-l-Aggregate wurden quer hinter den Sitzen 2-l-Maschinen eingebaut: DOHC, 16 Ventile, 165 PS (mit Katalysator 156 PS, im Exportmodell mit 121 PS) oder DOHC, 16 Ventile, Abgasturbolader, Intercooler und 225 PS. Die freisaugende Version war zudem mit 4-Stufen-Automatikgetriebe erhältlich. Die Federbeinaufhängung war ebenso wie die Bremsanlage dem höheren Potential angepasst worden. Auch den neuen MR2 gab es auf Wunsch mit herausnehmbaren Dachhälften (T-roof). Das Cockpit war betont sportlich ausgelegt und bot auf guten Seitenhalt konturierte Sitze. Zu den Besonderheiten zählten neuartige Kurven-Zusatzlampen unterhalb der Klappscheinwerfer, deren Subreflektoren elektromotorisch gesteuert entsprechend dem Radeinschlag mitschwenkten.

Land Cruiser 80. Alles ein wenig rundlicher. So lautete die Devise für den auf der Tokyo Motor Show 1989 vorgestellten großen Land Cruiser 80, der den langen Land Cruiser mit der internen Bezeichnung 60 ablöste; in Europa wurde er auch weiterhin als Land Cruiser G bezeichnet. Gleichzeitig mit der rundlicheren Front mit oben und seitlich chromgerahmtem Kühlergrill und Breitbandscheinwerfern wurden technische Verfeinerungen eingeführt. Dem Antrieb dienten ein 4-l-Sechszylinder oder ein 4,2-l-Sechszylinder-Turbodiesel mit Direkteinspritzung. Ebenso bestand die Wahl zwischen einem 5-Gang-Getriebe und einem 4-Stufen-Automatikgetriebe. Der Vorderradantrieb war zuschaltbar (mit Freilaufnaben) doch stand auch ein permanenter Allradantrieb mit sperrbarem zentralem Differenzial zur Verfügung. Auf Wunsch gab es eine Differenzialbremse

Toyota MR2, 1990

Toyota Celica, 1990

Toyota Soarer 24V Twin Turbo, 1990

hinten sowie Differenzialsperren vorn und hinten; ein Reduktionsgetriebe wurde natürlich serienmäßig eingebaut. Die Europapremiere erfolgte auf dem Genfer Salon 1990, doch wurde der Export dieses Land Cruiser Station Wagon erst Ende 1990 aufgenommen.

Estima / Previa. Eine bemerkenswert ungewöhnliche Konstruktion wurde von dem ebenfalls auf der Tokyo Motor Show 1989 gezeigten Estima verkörpert, der ab 1990 unter der Modellbezeichnung Previa zunächst in den USA verkauft werden sollte (nach Europa kam er erst mit dem Modelljahr 1991). Es handelte sich um Toyotas ersten Großraumkombi (mit dem der bisher zu den Nutzfahrzeugen bzw. Kleinbussen gezählte Model F abgelöst wurde). Der Estima besaß wie der Renault Espace, der Ford Aerostar, der Nissan Prairie der Zweitauflage oder die ebenfalls neuen Großraumkombi von GM eine klar gezeichnete Einvolumenform (Motorhaube und Windschutzscheibe in einer Linie). Auf der dem Lenkrad gegenüberliegenden Seite gab es eine hintere Schiebetür und die hinterste Sitzbank war zweigeteilt, sodass sie sich beidseits an die Wand hochklappen ließ.

Was als Motorhaube erschien, war aber bloß eine Fronthaube, denn die Kraftquelle in Form eines um 75 Grad zur Vertikalen geneigten 2,4-l-Vierzylindermotors mit zwei obenliegenden Nockenwellen und 16 Ventilen (132 bis 140 PS) steckte unter den Vordersitzen, war also ein Mittelmotor. Er besaß eine seitlich am Block angeordnete Ölwanne und trieb entweder die Hinterräder an oder war mit einem permanenten Vierradantrieb (zentrales Planetendifferenzial, Kraftverteilung vorne/hinten je 50 Prozent, mit Viskobremse) kombiniert. Vorne besaß der Estima Federbeine und untere Dreieckquerlenker, hinten untere Schräglenker und obere Querlenker (in den einfacheren Ausführung eine hintere Starrachse mit doppelten Längslenkern und Panhardstab). Für einen siebensitzigen Minivan bot diese Konstruktionsart den Vorteil einer günstigen Gewichtsverteilung. Ungewohnt gestaltet war auch das Armaturenbrett mit stark in den Passagierraum hineingewölbtem Mittelteil.

Toyota Land Cruiser Station Wagon (Typ 80), 1990

Toyota 4-Runner V6, 1990

Starlet 1990. Im Dezember 1989 wurde die kleinste Toyota-Baureihe erneuert. Der Radstand von 230 cm wurde beibehalten und die Karosseriemaße zeigten sich nur minim verändert, doch war die hintere Spur immerhin von 134,5 auf 137 cm verbreitert worden. Der Kühlergrill war ähnlich wie bei größeren Toyota niedrig zwischen Breitbandscheinwerfern eingebettet, und die Scheiben- und Fensterkonturen zeigten sich abgerundet. Auch der neue Starlet wurde drei- und fünftürig gebaut; neu gab es eine dreitürige Ausführung Canvas Top mit in einem Dachträgerrahmen integriertem Faltdach.

Die Motorleistung war teils deutlich angehoben worden. Zu den 1- und 1,3-l-Benzinmotoren kam ein 1453-cm^3-Dieselaggregat. Die Palette begann mit einem 999-cm^3-Vergasermotor mit 54 PS. Darüber rangierte ein 1296-cm^3-Motor mit mit OHC, 12 Ventilen, Vergaser und 75 oder mit Einspritzung und Katalysator und 75 oder 82 PS. Mit elektronischem Registervergaser bestückt gab es einen 1331-cm^3-Motor mit DOHC, 16 Ventilen und 82 PS. Dieses Antriebsaggregat war auch mit elektronischer Einspritzung EFI-D und 100 PS verfügbar. Spitzenmodell war der ausschließlich dreitürig gebaute Starlet GT Turbo mit gleichem Motor, Abgasturbolader CT9, Ladeluftkühler und 135 PS. Dieses Modell erhielt Vierrad-Scheibenbremsen und auf Wunsch eine variable Dämpfereinstellung. Erstmals in der Kleinwagenklasse war für alle mit Einspritzmotor versehenen Starlet ein ABS lieferbar.

Sera. Im Frühjahr 1990 beschloss Toyota, den bereits auf der Tokyo Motor Show 1987 als Konzeptstudie gezeigten futuristischen Kleinwagen AXV-II, der auf derselben Schau zwei Jahres später als Sera präsentiert wurde, in Serie zu nehmen. Das war eine ziemliche Überraschung und verkörperte wohl eine Antwort auf die von Hauptkonkurrent Nissan ebenfalls in limitierter Serie gebauten Kleinwagen im Oldtimerstil. Auch der ausgefallene bzw. auffallende Sera konnte ja als Werbeträger wirken.

Der Sera war ein 2+2-sitziges Coupé von betont gerundeter Form. Er basierte auf der Plattform des Starlet mit 230 cm Radstand, und seine Abmessungen erreichten 386x165x126,5 cm. Dem Antrieb diente ein neuentwickelter 1,5-l-DOHC–16V-Motor mit 110 PS. Das ungewöhnlichste Merkmal des Sera waren seine riesigen Schrägflügeltüren, wie sie der Lamborghini Countach aufwies. Sie waren bis fast zur Dachmitte ausgeschnitten und oberhalb der Gürtellinie voll verglast; unten besaßen sie einen versenkbaren Ausschnitt. Der gesamte Heckoberteil bestand aus einer horizontal aufliegenden Glaskuppel, die zugleich als Ladeklappe diente. In der im Frühling 1990 in Produktion genommenen Serienausführung erhielt der Sera einen bogenförmigen Armaturenträger. Ein Export wurde (leider!) nicht vorgesehen.

Toyota Crown Hardtop Royal Saloon G, 1990

Toyota Previa, 1990/91

Toyota Sera, 1990/91

Toyota	Bauart	Mot.	Getr.	R/L cm	Baujahre
Starlet	**St.**	**a–i**	**4/5/A2**	**230/368/372,5**	**1980/81**
			4/5/A3	**230/371/375,5**	**1981–84**
Starlet (Station Wg.)			**4/5/A2**	**232,5/385/389,5**	**1980/81**
			4/5/A3	**232,5/388/391/395**	**1981–84**
Motoren:	*Zyl.:*	*N'w.:*	*cm^3:*	*PS/'min:*	*Nm/'min:*
a	4	OHV	993	58/6000 (brutto)	78/4000
b (Europa)				47/45/5800/5600	66/3800/4000
c (1981/82)			1166	67/5800 (brutto)	92/3600
d (–1982)				56/6000	83/3800
e			1290	72/74/5600 (br.)	103/105/3600
f (USA *1981–)				53/59*/5200	–
g (Europa –1982)				65/5400	98/3600
h (1982– Europa/CH)				60/58/5600	93/3600
i (1982–)	4i			79/5000 (brutto)	115/4200
Starlet	**Fr.**	**a–g**	**4/5/A3**	**230/370**	**1984–89**
a	4	012V	999	54/6000	75/3800
b (–1987)			1296	81/76/6000 (brutto)	108/4400/105/4000
c (1987– *Export)				73/6000/75*/62'	101/4000/103/42'
d (Export 1986–)				72K/6000/75K/6200	103/3600/42000
e (Si –1987)	4i			93/6200 (brutto)	111/3500
f (1986–)	4iT			105/5600	149/3600
g (1987–)	4D	OHC	1453	55/5200	91/3000
Starlet	**Fr.**	**a–f**	**4/5/A3**	**230/372**	**1989/90**
a (Export)	4	012V	999	54/6000	75/3800
b (Export)	4i/4		1296	82K/6000/75/62'	104/5200/103/42'
c (USA)	4i			75/6000	101/4800
d	4/4i	D16V	1331	82/6400/100/6600	110/3600/116/5200
e	4iT			135/6400/125	157/4800/147
f	4D	OHC	1453	55/5200	91/3000
Corolla / Sprinter	**St.**	**a–k**	**4/5/A2/A3**	**240/405–412**	**1980–82**
			4/5/A3	**240/410,5–417,5**	**1982–83**
Motoren:	*Zyl.:*	*N'w.:*	*cm^3:*	*PS/'min:*	*Nm/'min:*
a (*1981–)	4	OHV	1290	72/74*/5600 (br.)	103/105/3600
b (Europa *1981/82)				60/5600/65*/5400	93/3500/98/3600
b (1982– Europa / CH)				60/58/5600	93/3600
c (USA)				59/5800	85/3800
d		OHC	1453	80/5600 (brutto)	116/3600
e (*1982–)		OHV	1588	90/6000/86*/5600(b)	128/3800/130/3400
f (Europa –1982)				75/5200/86/5600	116/3800/123/4000
f (Europa 1982–)				75/5400/86/5400	118/3600/123/4000
f (USA 1982–)				71	115
g	4i	DOHC		115/6000 (brutto)	147/4800
h (Europa)	4			108/6200	132/5200
i		OHC	1770	95/5400 (brutto)	147/3400
j (USA –1982)				75/77/5000	129/2600
j (CH 1982–)				80	
k (1982–)	4D		1840	65/4500	113/3000

Toyota	Bauart	Mot.	Getr.	R/L cm	Baujahre
Corolla / Sprinter	**Fr.**	**a–s**	**4/5/A3/A4**	**243/413,5–418,5**	**1983–87**
do. Station Wagon	**St.**			**240/417,5/419**	
a	4	OHC	1296	75/6000 (brutto)	107/3600
b (Europa / CH)				69/6000/59/58	102/3800/93/3600
c (1985–)		012V		81/6000/76 (br.)	108/4400/105
d (Europa 1985–)				75/6200	103/4200
e (Station Wagon)		OHV	1290	74/5600 (brutto)	105/3600
f (do. Europa *1985–)				62/5600/65*/5400	96/98/3600
g		OHC	1453	83/5600 (brutto)	118/3600
h	4i		1587	100/5600 (brutto)	137/4000
i (USA –1985)				71/4800	116/2800
j (Kat./USA 1985–)				71/4800/75/5200	121/117/2800
k (Europa/CH –1986)	4			84/78/5600	130/122/3600
l (Europa 1986–)				84/5600/73K/5400	133/3600/122/3400
m (FX Twin Cam 16'84–)	4i	D16V		130/6600 (brutto)	149/5200
n (do. Europa *1985–)				121/6600	142/5200/140*/50'
o (USA 1986–)				110/6600	130/4800
p (–1985)	4D		1840	65/4500 (brutto)	113/3000
q (1985–)				68/4700 (brutto)	122/2600
r (Europa/USA –1984)				60/57/4500	106/2800/103/3000
s (Europa *USA'84/85)				58/57*/4500	106/2800/103/3000
Cor.Levin / Spr.Trueno	**St.**	**a–g**	**5/A4**	**240/418–421/428,5U**	**1983–87**
Corolla Coupé					
Motoren:	*Zyl.:*	*N'w.:*	*cm^3:*	*PS/'min:*	*Nm/'min:*
a (*1985–)	4	OHC	1453	83/85*/5600 (br.)	118/3600
b (Exp. + *CH 1983/84)			1587	78*/5600/71/4800	122/3600/116/2800
c (Europa/CH/USA '85–)				84/78/5600/75/5200	133/122/36/117/28
d	4i	D16V		130/6600 (brutto)	149/5200
e (Europa *1984–86)				124/6600/120CH*	142/5200/140
f (Europa/USA 1986–)				124/115K/6600	142/5200/133/4800
g (GT TC '84/85 *'85–)				114K/115K*/6600	131/133/4800
Corolla / Sprinter	**Fr.(4)**	**a–q**	**4/5/A4/A4**	**243/399,5–425,5**	**1987–90**
Motoren:	*Zyl.:*	*N'w.:*	*cm^3:*	*PS/'min:*	*Nm/'min:*
a	4	012V	1296	73/6000	101/4000
b (Europa –1989)				75/75K/6200/72K/6'	103/4200/4000
c (Europa 1989–)	4i/4			82K/6000/75/6200	104/5200/103/4200
d (Station Wagon)	4		1456	79/6000	118/4000
e (–1989)	4i/4	D16V	1498	94/85/6000	129/4400/123/3600
f (1989–)				105/94/6000	132/4800/129/3200
g (–1989)	4		1587	91/90K/6000	132/3600
h (1989–)				105K/5600/95/6000	142/4800/135/3800
i (4WD +*Div. 1988/89)	4i/4			105/5600/95*/6000	142/4800/135/3600
j (4WD 1989–)	4i			100/5600	137/4400
k (–1989)				120/116K/6600	142/5200/138/5000
l (1989–)				140/7200/125K/7000	147/141/6000
m (Export '88– +*'89–)				125/6600/132U*/68'	145/5000/142/6000
n (*1989–)	4iC			145/165*/6400	186/206/4400
o (–1989)	4D	OHC	1840	64/4700	118/2600
p (1989– *Export)				67/64*/4700	123/3000/118/2600
q (4WD 1989–)			1975	73/4700	132/3000

Toyota

Toyota	Bauart	Mot.	Getr.	R/L cm	Baujahre
Tercel / Corsa	**Fr.**	**a–d**	**4/5/A3**	**250/396/399/407**	**1980–82**
Motoren:	*Zyl.:*	*N'w.:*	*cm^3:*	*PS/'min:*	*Nm/'min:*
a	4	OHC	1296	74/5600 (brutto)	105/3600
b (Europa)				65/5400	98/3000
c			1453	83/5600 (brutto)	118/3600
d (USA)				63/4800	98/2800
Tercel/Corsa/Corolla II	**Fr.(4)**	**a–g**	**4/5/A3**	**243/388/391–415**	**1982–86**
Tercel/Corsa 4-door				**243/412,5**	**1986–87**
T. 4x4 /Sprinter Carib	**4x4**		**5+R**	**243/417,5/431U**	**1982–88**
a	4	OHC	1296	75/6000 (brutto)	107/3600
b (Europa)				65/5400	98/3000
c (–1984)			1453	83/5600/86/6000(b)	118/3600/121/4000
d (1984–)				85/5600/90/6000(b)	
e (USA *'83–85 **'85–)				63/62*/4800/63**	98/103/2800
f (Europa *1985/86)				71/5600	108/3800/112*/24'
g (Europa 1986–)				71/68K/5600	112/2400/110/3600
Tercel/Corsa/Corolla II	**Fr.**	**a–g**	**4/5/A3/A4**	**238/386,5**	**1986–90**
a	4	012V	1296	73/67/6000	101/4000/98/3600
b (1989–)		OHC		64/6000	94/3600
c (1989–)			1452	70/5600	107/3600
d (+*1986/87)		012V	1456	79/77U*/6000	118/4000/116/3800
e (*1989–)	4iT			110/115*/5600	169/172/3200
f (1988–)	4i			88/6000	120/4800
g	4TD	OHC	1453	67/4700	130/2600
Carina	**St.**	**a–m**	**4/5/A3**	**250/436–444**	**1980/81**
Celica / Celica Camry				**250/437/446**	
Motoren:	*Zyl.:*	*N'w.:*	*cm^3:*	*PS/'min:*	*Nm/'min:*
a	4	OHV	1588	88/5600 (brutto)	130/3400
b (Europa)				75/5200/86/5600	116/3800/118/4000
c (Station Wagon)				93/6000 (brutto)	128/3800
d (Station Wagon)			1407	80/6600 (brutto)	111/3800
e	4i	DOHC	1588	115/100/6000 (br.)	147/142/4800
f (Europa)	4			108/6200	132/5200
g		OHC	1770	98/5700 (brutto)	149/3600
h			1968	100/5500 (brutto)	153/3600
i (Europa)				86/89/5000	142/145/3600
j (USA)			2400	97	–
k		DOHC	1968	130/5800 (brutto)	167/4800
l	4i			135/5800 (brutto)	172/4800
m (Europa)	4			118/5800	152/5200
Carina / Corona ('83–)	**St.**	**a–o**	**4/5/A3**	**250/432,5–457,5**	**1981–85***
*Motoren:(*Stat.Wg.–87)*	*Zyl.:*	*N'w.:*	*cm^3:*	*PS/'min:*	*Nm/'min:*
a	4	OHC	1453	83/5600 (brutto)	118/3600
b (1983–)		OHV	1486	83/5200 (brutto)	128/3600
c			1588	86/5600 (brutto)	130/3400
d (Europa *1982/83)				75/5200/5400*	116/3800/118/3600
e (Europa 1983–)				75/5200	116/3800
f (*1984–)		OHC	1832	100/105*/5400 (br.)	152/3400/160/2800
g (Europa –'82 *'83–)				86/5200/5400*	137/139/3400
h (–1983)	4i	OHV	1770	105/5400 (brutto)	162/3600
i (CH 1982/83)	4			80	
j (–1983)	4i	DOHC	1588	115/6000 (brutto)	147/4800
k (1983–)		D16V	1587	130/6600/100 (br.)	149/5200/137
l (–1982)			1968	135/5800 (brutto)	172/4800
m (Twin Cam Turb.'82–)	4iT		1770	160/6000 (brutto)	206/4800
n (1982–)	4D	OHC	1840	65/4500 (brutto)	113/3000
o (Europa 1983–)				58	106
Corona	**St.**	**a–j**	**3/4/5/A3**	**252,5/426–436**	**1980/81**
Motoren:	*Zyl.:*	*N'w.:*	*cm^3:*	*PS/'min:*	*Nm/'min:*
a	4	OHV	1588	88/5600 (brutto)	130/3400
b				93/6000 (brutto)	128/3800
c (Europa)				69/5200	117/3000
d			1770	95/5400 (brutto)	147/3400
e	4i			105/5400 (brutto)	162/3600
f (Europa)	4			86/5400	139/3400
g		OHV/OHC <–	1968/1973	105/5200 (brutto)	162/3600
h (Europa)		OHV	1968	89/5000	145/3600
i (USA)			2400	97	–
j (Cp.H'top, 444,5 cm)	4i	DOHC	1968	135/5800 (brutto)	172/4800

Toyota	Bauart	Mot.	Getr.	R/L cm	Baujahre
Corona	**St.**	**a–j**	**4/5/A3**	**250/449,5–457**	**1982/83**
Corona Station Wagon	**a–c/h/i**	←		**252,5/436/450,5**	
a	4	OHC	1453	83/5600 (brutto)	118/3600
b (Europa)			1588	75/5200	116/3800
c (Station Wagon)				88/5600 (brutto)	130/3400
d			1832	100/5400 (brutto)	152/3400
e (Europa *1982–)				86/5200/5400*	137/139/3400
f	4i	OHV	1770	105/5400 (brutto)	162/3600
g (–1982)		DOHC	1968	135/5800 (brutto)	172/4800
h	4D	OHC	1840	65/4500 (brutto)	113/3000
i (Europa 1982–)				58	106
j (1982–)	4iT	DOHC	1770	160/6000	206/4800
Corona FF / Carina FF	**Fr.**	**a–j**	**4/5/A3/A4**	**251,5/433,5–439**	**1983–88**
Carina ED		**g**		**252,5/447,5**	**1985–88**
Motoren:	*Zyl.:*	*N'w.:*	*cm^3:*	*PS/'min:*	*Nm/'min:*
a	4	OHC	1453	83/5600 (brutto)	118/3600
b (Export Car. –1986)			1587	84/78CH/5600	130/122/3600
c (Export Car. 1986–)				84/5600/75K/5400	130/3600/122/3400
d (1985–)	4i			100/5600 (brutto)	137/4000
e (1985–)		D16V		130/6600 (brutto)	149/5200
f	4i	OHC	1832	105/115/5400 (br.)	157/3000/164/4000
g (Exp. 1985– +*1986–)	4/4i*			87/100*/5200	140/3400/155/4000
h (1985–)	4i	D16V	1998	160/6400 (brutto)	186/4800
i (*1985–)	4D		1974	72/4500/75*/4700(b)	126/3000/132/2600
j (Europa *1985–)				68/4500/70*/4600	121/3000/128/2600
Corona / Carina II	**Fr.(4)**	**a–k**	**5/4/A4**	**252,5/438–448**	**1988–90**
Carina ED/Corona EXIV	**Fr.**	**g/h/j**	**5/A4**	**252,5/448,5**	**1989/90**
a (Station Wagon)	4	012V	1456	79/6000	118/4000
b (+*1989–)	4/4i	D16V	1498	85/94*/6000	123/3600/129/3200
c (mid'88– *4WD)	4i		1587	102/5800/100*/5600	142/3000/137/4400
d (1989–)				105/5600	137/4800
e (Carina mid'88/89)				120/124/6600	138/142/5200
f (Carina 1989–)				140/7200	147/6000
g (*1989–)			1838	105/115*/5600	149/2800/157/4400
h (*1989–)			1998	120/125*/5600	169/4400
i (+*mid 1988–)				121K/5600/128*/56'	176/4400
j (*1989–)				140/6200/165*/68'	172/191/4800
k	4D		1974	73/4700	132/3000
Celica	**St.**	**a–l**	**5/A3/4/A4**	**250/443,5/445**	**1981–85**
Motoren:	*Zyl.:*	*N'w.:*	*cm^3:*	*PS/'min:*	*Nm/'min:*
a (–1983)	4i	DOHC	1589	115/6000 (brutto)	147/4800
b (Europa –1982)	4	OHV		86/5200	137/3400
c (Europa 1982/83)				86/5400/75/5200	137/4000/118/3600
d (1983–)		D16V	1587	130/6600 (brutto)	149/5200
e (Europa 1983–)				124/6600	142/5200
f (–1983)		OHV	1770	105/5400 (brutto)	162/3600
g (–1982 1983–)		OHC	1832	100/5400 (brutto)	152/3400
h (–1982)	4i	DOHC	1968	135/5800 (brutto)	172/4800
i (Europa *1982/83)	4			120/119*/5800	152/155/4800
j (Europa '81– *82/83)		OHC	1973	105/5200/5000*	154/3600/157/4000
k (1982/83 *1983–)	4iT	DOHC	1770	160/6800/6000*(br.)	206/4800
l (USA 1982–)			2366	105/4800	137/2800
Celica / Corona Coupé	**Fr.(4)**	**a–m**	**5/A4**	**252,5/436,5/441,5**	**1985–89**
a (Europa –1987)	4	OHC	1587	78/5600	118/4000
b	4i		1832	105/5400 (brutto)	157/3600
c (USA –1986)			1995	98/4400	160/4000
d (–1987)		D16V	1587	130/6600 (brutto)	149/5200
e (Export)				120/124/6600	138/142/5000
f (–1987)			1998	160/6400 (brutto)	186/4800
g (1987–)				140/6200	172/4800
h (Europa/CH –1986)				150/6400/143/6000	180/176/4800
i (Europa 1986–)				150/6400/140K/6000	180/173/4800
j (USA+Kat. –1986)				140/6000	173/4800
k (USA 1986– +*1987–)				117/5200/137*/4800	170/4400/4800
l (4WD 1987–)	4iT			185/185K/6000	240/4000/250/3600
m (4WD USA 1987–)				193/6000	258/3200

Toyota	Bauart	Mot.	Getr.	R/L cm	Baujahre
Celica	**Fr.(4)**	**a–e**	**5/A4**	**252,5/443/447U**	**1989/90**
a (Export)	4i	D16V	1587	105K/5600/104U/60'	142/4800/141/3200
b			1998	125/5600	169/4400
c				165/6800/156K/6600	191/186/4800
d (4WD)	4iT			225/204K/203U/6000	304/275/271/3200
e (USA)	4i		2164	132/5400	190/4400
Celica Camry	**St.**	**a–c**	**5/4/A3**	**250/440**	**1981/82**
Motoren:	*Zyl.:*	*N'w.:*	*cm^3:*	*PS/'min:*	*Nm/'min:*
a	4	OHV	1589	88/5600 (brutto)	130/3400
b			1770	95/5400 (brutto)	147/3400
c	4i	DOHC	1968	135/5800 (brutto)	172/4800
Celica (Six)	**St.**	**a–f**	**5/A4**	**263/460**	**1980/81**
Celica Supra/XX		**a–l**		**261,5/466**	**1981–85**
Motoren:	*Zyl.:*	*N'w.:*	*cm^3:*	*PS/'min:*	*Nm/'min:*
a (*1981–)	6i	OHC	1988	125/6000/5400*(br.)	167/172/4400
b (–1981)			2759	145/5000 (brutto)	231/4000
c (1981–83)				170/5600 (brutto)	235/4400
d (USA *1981–83)				116/5000/147*/5600	194/3200/210/4400
e (Europa '81 *'82/83)				170/5600	226/230*/4600
f (1982/83)	6iT		1988	145/5600 (brutto)	211/3000
g (1983–)				160/5400 (brutto)	231/3000
h (1982–)	6i	D24V		160/6400 (brutto)	181/5200
i (1983–)		DOHC	2759	175/5600 (brutto)	240/4400
j (USA 1983– *m.Aut.)				163/5600/152*/5200	221/216/4400
k (Europa 1983–)				170	230
l (CH 1983–)		OHC		140/4800	226/3600
MR2 (*1986–)	**M.**	**a–f**	**5/A4**	**232/392,5/395***	**1984–89**
Motoren:	*Zyl.:*	*N'w.:*	*cm^3:*	*PS/'min:*	*Nm/'min:*
a	4	OHC	1453	83/5600 (brutto)	118/3600
b (–1987)	4i	D16V	1587	130/6600 (brutto)	149/5200
c (1987–)				120/6600	142/5200
d (Eur. *USA+Kat.–'87)				124/115K*/6600	142/5000/133/4800
e (Europa 1987–)				124/116K/6600	142/5000/134/4800
f (1986– +*USA 1987–)	4iC			145/147*/6400	186/4400/190/4000
MR2	**M.**	**a/b**	**5/A4**	**240/414–418**	**1989/90**
a	4i	D16V	1998	165/68/156K/161/66	191/186/191/4800
b (Export/USA)				121/5600	176/4400
Camry / Vista	**Fr.**	**a–l**	**5/A3**	**260/440–446U**	**1982–86**
Motoren:	*Zyl.:*	*N'w.:*	*cm^3:*	*PS/'min:*	*Nm/'min:*
a (*1985–)	4	OHC	1832	100/105*/5400 (br.)	152/3400/157/3000
b (Europa)				90/5200	142/3400
c	4i		1995	120/5400 (brutto)	173/4000
d (USA/CH –1985)				94/4200/105/4800	153/2400/162/3600
e (Europa 1984/85)				107/5200	166/4000
f (Europa/CH 1985–)				107/5200/105/4800	166/4000/162/3600
g (USA+Kat. 1985–)				98/4400	160/4000
h (1984–)		D16V	1998	160/6400 (brutto)	186/4800
i (–1985)	4TD	OHC	1840	80/4500 (brutto)	152/2400
j (Europa/USA –1985)				73/4500	145/2600/141/24'
k (1985–)			1974	88/4500 (brutto)	167/2400
l (Europa/USA 1985–)				85/80/4500	162/159/3000
Camry / Vista	**Fr.(4)**	**a–j**	**5/A4**	**260/452–465U**	**1986–90**
a (–1989 *Europa)	4i/4	OHC	1832	85/90*/5200	142/3000/141/3400
b (1989–)	4i	D16V	1838	105/5600	149/2800
c			1998	120/5600/140/6200	169/4400/172/4800
d (Europa)				128/121K/5600	179/176/4400
e (USA +4WD'87–)				117/5200	170/171/4400
f (1987–)	V6i	D24V	1993	140/6000	174/4600
g (1988–)			2507	160K/5800	206/4600
h (USA 1988/89 *1989–)				155/158*/5600	210/217/4400
i (–1989 *Europa)	4TD	OHC	1974	82/84*/4500	160/2400/164/3000
j (1989– *Europa)				85/84*/4500	177/2600/175/20'

Toyota	Bauart	Mot.	Getr.	R/L cm	Baujahre
Mark II / Cressida	**St.**	**a–d2**	**4/5/A3/A4**	**265,5/448–469**	**1980–82**
/ Chaser / Cresta				**266/456–473,5**	**1982–89**
Motoren:	*Zyl.:*	*N'w.:*	*cm^3:*	*PS/'min:*	*Nm/'min:*
a (–1984)	4	OHV	1770	95/5400 (brutto)	147/3400
b (1982–)		OHC	1832	100/5400 (brutto)	152/3400
c (Station Wagon '85–)			1812	95/5200 (brutto)	147/3400
d (–1983)	4i		1973	105/5200 (brutto)	162/3600
e (Europa –1982)				105/5200	157/3600
f (Europa / CH '82–84)	4			99/105/5200	149/3600
g (Export 1984–)				101/5400	154/4000
h (–1982)		DOHC	1968	135/5800 (brutto)	172/4800
i (*1984–)	6i	OHC	1988	125/130*/5400 (br.)	172/4400
j (Europa'82-84 *'84–)				101/105*/5000/109	152/158/4000/162
k (1982–85)	6iT			145/5600 (brutto)	211/3000
l (1982–87)	6i	D24V		160/6400 (brutto)	181/5200
m (1987–)				140/6200	173/4000
n (Europa/Export '85–)				150/6400	172/5000
o (1985–)	6iT2			185/6200 (brutto)	235/3200
p (–1982)	6i	OHC	2759	145/5000 (brutto)	231/4000
q (USA –1982)				118/5000	221/4000
r (1987–)				156/5000	215/4600
s (USA 1982–84 *1984–)		DOHC		145/158*/5200	209/4400/224/4500
t (Export 1984–87)				140/4800	226/3600
u (1986–)				170/5600	230/4600
v (–1984)	4D	OHC	2188	72/4200 (brutto)	142/2400
w (Europa 1982–84)				66/4200	132/2400
x (1981/82)	4TD			88/4200 (brutto)	181
y (1984–87)	4D		2446	83/4000 (brutto)	167/2400
z (1987–)				73/4000	149/2400
a2 (Europa 1984–)				80	160/2200
b2 (1982–87)	4TD			96/4000 (brutto)	191/2400
c2 (1987– *m.Autom.)				85/94*/4000	188/201/2400
d2 (Europa 1985–)				86	188
MarkII/Cressida/ Chaser	**St.**	**a–f**	**5/A4**	**268/459,5–469**	**1988–90**
a	4i	D16V	1838	105/5600	149/2800
b	6i	D24V	1988	135/5600	177/4400
c	6i/6iC			150/6200/170/6000	182/5600/226/3600
d	6iT2			210/6200	275/3800
e (+*1989–)	6i		2954	193U/200*/5600	251/4400/265/3600
f	4TD/4D	OHC	2446	94/4000/85/4200	216/165/2400
Crown	**K'r.**	**a–n**	**3/30D/4/5 /A3/A4**	**269/469–486**	**1980–83**
Motoren:	*Zyl.:*	*N'w.:*	*cm^3:*	*PS/'min:*	*Nm/'min:*
a	6	OHC	1988	110/5600 (brutto)	157/3800
b (*1982–)	6i			125/6000 (brutto)	167/172*/4400
c	6iT			145/5600 (brutto)	211/3000
d (Europa *1982–)	4		1995	81/85*/4800	146/152/2800
e (–1981)	6i		2563	135/5400 (brutto)	201/3600
f			2759	145/5000 (brutto)	226/4000
g (Export 1981–)	6			128/5000	206
h (CH 1982–)				135	–
i (Europa –1981)	6i			116/5000	194/3200
j (1981–)		DOHC		170/5600 (brutto)	235/4400
k	4D		2188	72/4200 (brutto)	142/2400
l (Europa, *1981–)				63/66*/4200	127/132/2400
m (–1982)	4TD			88/4200 (brutto)	181
n (1982–)			2446	96/4000	191/2400

Toyota

Toyota	Bauart	Mot.	Getr.	R/L cm	Baujahre
Crown	**K'r.**	**a–n**	**30D/5/A4**	**272/469**	**1983–88**
a (Export 1985–)	4	OHV	1998	88/4600	157/3000
b (–1985)	6i	OHC	1988	125/5400 (brutto)	172/4400
c (–1985)	6iT			145/5600 (brutto)	211/3000
d (1985–)	6i			105/5200	157/4000
e (Station Wagon '85–)	6			100	153
f	6i	D16V		160/6400 (brutto)	181/5200
g (1985–)	6iC			160/6000 (brutto)	206/4000
h (–1985)	6i	DOHC	2759	175/5600 (brutto)	240/4400
i (Europa)				170/5600	230/4600
j (CH –'85 / Exp.'85–)	6i/6	OHC		140/4800/128/5000	226/3600/206/3200
k (1985–)	6i	DOHC	2954	190/5600 (brutto)	260/4400
l	4TD		2446	96/4000 (brutto)	191/2400
m (m.Autom. 1985–)				105 (brutto)	211
n	4D			83/4000 (brutto)	167/2400
Crown	**K'r.**	**a–k**	**4/5/A4**	**273/469/486**	**1987–90**
a (Taxi 1989–)	4	OHV	1998	82/4600	157/2400
b (–1989 *Stat. Wagon)	6i	OHC	1988	105/100*/5200	157/4000/153
c (1989– *Stat. Wagon)				135/130*/5600	177/4400
d (Gas/Taxi 1989–)				110/5600	152/2400
e (–1989)	6i/6iC	D24V		140/6200/160/6000	173/206/4000
f (1989–)				150/6200/170/6000	182/5600/226/3600
g (*1989–)	6i		2954	190/200*/5600	255/265/3600
h (Royal 1989–)	V8i	D32V	3969	260/5400	353/4600
i (–1989 *m.Autom.)	4TD	OHC	2446	85/94*/4000	188/201/2400
j (1989– *m.Autom.)				94/4000/100*/3800	216/221/2400
k (*Van/Wagon **1989–)	4D			73/76*/4'/85**/42'	149/154/165**/24'
Soarer	**St.**	**a–f**	**5/A4**	**266/465,5**	**1981–85**
Motoren:	*Zyl.:*	*N'w.:*	*cm^3:*	*PS/'min:*	*Nm/'min:*
a (*1984–)	6i	OHC	1988	125/130*/5400 (br.)	172/4400
b (–1983)	6iT			145/5600 (brutto)	211/3000
c (1983–)				160/5400 (brutto)	231/3000
d (*1983/84)	6i	DOHC	2759	170/175*/5600(br.)	235/240/4400
e (1983–)		D24V	1988	160/6400 (brutto)	181/5200
f (1985–)			2954	190/5600 (brutto)	260/4400
Soarer	**St.**	**a–j**	**5/A4**	**267/467,5**	**1985–90**
Supra				**259,5/462**	
a (–1989)	6i	OHC	1988	105/5200	157/4000
b (*1986–88)		D24V		140/6400/6200*	162/4600/173/4000
c (1988–)				135/5600/150/6200	177/4400/183/5600
d (*1986–88)	6iT2			185/6200	235/240*/3200
e (1988–)				210/6200	275/3800
f (Eur.–87 *USA 86/87)	6i		2954	204/191K/6000/203*	254/242/4800/251
g (Europa/USA 1987–)				204K/203/6000	254/4800/255/3600
h (–1988)	6iT			230/5600	324/4000
i (1988–)				240/270/5600	343/3200/358/4400
j (1987– +*USA –1988)				235K/233*/5600	344/3200/334/4000
Century (*1982–)	**St.**	**a–d**	**3/A3**	**286/498/512***	**1980–90**
Motoren:	*Zyl.:*	*N'w.:*	*cm^3:*	*PS/'min:*	*Nm/'min:*
a (–1981)	V8	OHV	3376	170/5400 (brutto)	260/3600
b (1981/82)				180/5200 (brutto)	270/4400
c (1982–87)			3995	190/4800 (brutto)	324/3600
d (1987–)				165/4400	289/3600
Celsior → Lexus LS					
Blizzard	**K'r./4**	**a**	**4+R**	**202,5/348,5/375**	**1980/81**
				202,5/352/378,5	**1981–84**
		b/c	**5+R**	**220,5/365,5/396,5**	**1984–89**
Motoren:	*Zyl.:*	*N'w.:*	*cm^3:*	*PS/'min:*	*Nm/'min:*
a	4D	OHC	2188	72/4200 (brutto)	142/2400
b (–1987)			2446	83/4000 (brutto)	167/2400
c (+*1987–)	4TD/4D*			85/76*/4000	188/154/2400

Toyota	Bauart	Mot.	Getr.	R/L cm	Baujahre
Land Cruiser II	**K'r./4**	**a–f**	**4/5/A3/+R**	**231/397–406**	**1985–90**
				260/423,5–435	**1986–90**
Motoren:	*Zyl.:*	*N'w.:*	*cm^3:*	*PS/'min:*	*Nm/'min:*
a (Export *1987–)	4	OHC	2367	105/4800/110*/5000	184/3200/187/3400
b (Export 1989–)	4i			114K/4600	192/3400
c (–1989)	4D		2446	83/4000 (brutto)	167/2400
d (*1987–)	4TD			96/4000 (br.)/85*	191/2400/188
e (Export)	4D/4TD			72/86/4000	155/2200/188/2400
f (Italia/VM 1988–)	5TD		2494	99/4000	220/1600
Land Cruiser	**K'r./4**	**a–j**	**3/4/+R**	**228,5/391,5**	**1980–84**
				243/427,5/295/496	
L. Cr. Station Wagon				**273/475**	
Motoren:	*Zyl.:*	*N'w.:*	*cm^3:*	*PS/'min:*	*Nm/'min:*
a	6	OHV	4230	140/3600 (brutto)	275/1600
b (Export)				135/3600 (brutto)	285/1600
c (Europa)				120/3600	275/1600
d (–1983)	4D	OHC	2188	72/4200 (brutto)	142/2400
e		OHV	2977	80/3600	191/2200
f (1981–)			3432	98/3500 (brutto)	226/2200
g (1981–)				90/3500	216/2200
h (1983–)			3168	93/3600 (brutto)	
h	6D		3576	90/3600 (brutto)	205/2200
i (1981–83 *1983–)			3980	103/101*/3500	240/2000
j (1983–)				115 (brutto)	
Land Cruiser	**K'r./4**	**a–k**	**4/5/A4/+R**	**231/397,5–406**	**1984–90**
L. Cr. MWB				**260/423,5–435**	
L. Cr. Station Wagon				**273/467,5–475**	
L. Cr. LWB (60)				**298/488,5–499,5**	**1984–89**
a (–1985)	6	OHV	3956	155/4200 (brutto)	294/2200
b (1985–87 *m.Autom.)				137/147*/4200	275/2200
c (1987–89)				145/4200	275/3000
d (Export 1987–89)				147/4200/137	275/2200
e (Exp.'87/88 *'88/89)	6i			157U/156K*/4000	298/3000
f	4D		3432	98/3500 (brutto)	226/2200
g (Export/Europa '85–)				94/90/3500	221/216/2100
h (1986– *Export)	4TD			120/124*/3400	284/280/2000
i (*1987–89)	6D		3980	115/3500(br.)/105*	255/2400/250/2200
j (Export 1987–)				103/3500/107U	241/1800/246
k (1987– *Export)	6TD			135/136*/3500	314/2000/315/1800
Land Cruiser 80	**K'r./4**	**a/b**	**5/A4/+R**	**285/482–497**	**1989/90**
Motoren:	*Zyl.:*	*N'w.:*	*cm^3:*	*PS/'min:*	*Nm/'min:*
a	6i	OHV	3956	155/4200	289/2600
b	6D/6TD		4163	135/4000/165/3600	280/2200/363/2000
4-Runner	**K'r./4**	**a–g**	**5/A4/+R**	**262,5/444–447**	**1987–90**
Motoren:	*Zyl.:*	*N'w.:*	*cm^3:*	*PS/'min:*	*Nm/'min:*
a (1989–)	4i	OHV	1998	97/4800	160/3800
b (–1989)		OHC	2366	112/118U/4800	187/3600/190/2800
c (1989–)				114K/4600/118U/48'	192/3600/190/2800
d (USA *1988–)	V6i		2958	147/152*/4800	244/3200/3400
e (1989–)				143K/4600	240/3400
f (1989–)	4TD		2446	94/4000	216/2400
g (1989–)	4D		2779	91/4000	188/2400

Toyota

Brasil

In kaum je veränderter Form baute die Toyota do Brasil SA in Sao Bernardo do Campo seit den 60er Jahren eine Version des dreitürigen Land-Cruiser-Geländewagens mit Vierradantrieb.

Bandeirante. Dem Antrieb dieses rustikalen, Bandeirante (= Flaggenträger) genannten und in zwei Varianten angebotenen Vielzweckmobils diente (ab 1972) ein 3,8-L-Vierzylinder-Dieselmotor mit Direkteinspritzung des Typs OM-314, der vom brasilianischen Nutzfahrzeugwerk von Mercedes-Benz geliefert wurde. Nur die beiden oberen Stufen des 4-Gang-Getriebes waren synchronisiert. Der Bandeirante hatte Vierradantrieb, aber kein Untersetzungsgetriebe. Das Chassis bestand aus einem Kastenrahmen mit Traversen; vorn und hinten kamen Starrachsen mit Halbelliptikfedern zum Einbau und es wurden Vierrad-Trommelbremsen verwendet.

Auch auf der Autoausstellung von Sao Paulo im Oktober 1988 wurde der Bandeirante noch als Toyota-Geländewagen präsentiert, den es andernorts in dieser Form und Ausführung längst nicht (mehr) gab.

Toyota Bandeirante, 1983

Toyota Brasil	**K'r./4**	**–**	**4**	**228,5/379,5/383,5 275,5/430,5**	**1980–90**
Bandeirante / *Motor:*	4D	–	3784	85/2800	235/1800

Trabant

Der Trabant war 1958 im VEB (Volkseigener Betrieb) Sachsenring Automobilwerke Zwickau in der DDR (Deutsche Demokratische Republik) in die Serienproduktion genommen worden. Der Kleinwagen diente der Volksmotorisierung, die aber wegen der viele Jahre erreichenden Lieferfristen in dem abgeschotteten Markt nur schleppend vorankam. Nach der großen politischen Wende schmolz das Interesse am Trabant zwar wie Eis an der Sonne, aber wegen ihrer symbolhaften Bedeutung erlangten die überlebenden „Trabi" allmählich Kultstatus.

601. Der etwas kantiger gehaltene P 601 war 1963 eingeführt worden; 1965 war die Kombiversion Universal hinzugekommen und im Jahr darauf eine als Kübelwagen bezeichnete Offenversion (für Volkspolizei und -armee). Abgesehen von Kleinigkeiten erfuhr der Trabant fortan keine Änderungen mehr. Die in schlichter Pontonform gehaltene Viersitzerkarosserie wurde nach einer eigens entwickelten Bauweise aus Duroplast hergestellt. Sie besaß ein Stahlgerippe und wurde selbsttragend auf einer Plattform aufgebaut. Ab Jahrgang 1969 war die Leistung des quer vor der Vorderachse eingebauten luftgekühlten Zweizylinder-Zweitakt-Alumotors mit 594,5 cm^3 Hubraum von 23 auf 26 PS erhöht worden.

Das 4-Gang-Getriebe wurde mit einem aus dem Armaturenbrett ragenden Krückstock bedient; auf Wunsch wurde eine automatische Kupplung Hycomat eingebaut. Der vierte Gang war mit einem Freilauf versehen. Vorn besaß der Trabant untere Dreieckquerlenker und eine obere Querblattfeder, hinten ebenfalls eine Einzelradaufhängung mit Dreiecklenkern und einer Querblattfeder. Verzögert wurde mit Vierrad-Trommelbremsen.

Trabant 601 Universal, 1988

Trabant	Bauart	Mot.	Getr.	R/L cm	Baujahre
01	**Pl'r./**	**–**	**4**	**202/351–359,5**	**1980–90**
601 Tramp	**/Fr.**			**202/348**	
Motor:	2/2T/l.	–	594,5	26/4200	54/3000
1.1	**Pl'r./**		**4**	**202/359,5**	**1990**
1.1 Tramp	**/Fr.**			**202/348**	
Motor:	4	OHC	1043	40/5300	74/2700

1978 war der 1,5-millionste Trabant vom Band gerollt. Die türlose Offenversion mit Notverdeck wurde inzwischen als Modell 601 Tramp propagiert. Ab Oktober 1983 erfolgte die Ausrüstung mit einer 12-Volt-Batterie und einem Alternator, und im September 1985 wurde eine elektronische Zündung eingeführt.

Anfang 1984 hatte die DDR mit der → Volkswagen AG einen Kooperations- und Liefervertrag ausgehandelt, wonach VW eine Fertigungsstraße für die Herstellung von Viertaktmotoren (1,1 und 1,3 l) lieferte. Die Bürger der DDR warteten alsbald mit wachsender Ungeduld darauf, dass die Zweitaktmotoren ihrer Trabant und → Wartburg endlich abgelöst würden. In einem Mitte 1986 erschienenen Interview gab Erich Honecker, der Staatsratsvorsitzende und Generalsekretär des Zentralkomitees der Sozialistischen Einheitspartei (SED), die Antwort: „Fahren wird der Trabant mit VW-Motor wahrscheinlich 1988".

1.1. Doch der Trabant 1.1 ließ auch Mitte 1989 noch auf sich warten. Man wusste inzwischen, dass er 1043 cm^3 haben und 38 PS bieten werde, dass sein Weber-Vergaser eine Schubabschaltung besitzen und auch ein Ventilspielausgleich vorhanden sein würde. Äußerlich erkannte man den neuen „Trabi" an einem Kühlergrill mit asymmetrisch gruppierten Kühlluft-Einlassöffnungen sowie einer höheren Motorhaube mit einer Kante über dem Kühlergitter, die aus Blech statt wie bis dahin aus Kunststoff bestand. Zudem waren die Schlussleuchten vergrößert worden.

Mitte 1989 verlautete, dass der Trabant 1.1 bis Ende Jahr in 1500 Serienexemplaren entstehe und dass die gesamte Produktion bis 1992 umgestellt werde. Im Herbst wurde dem hinzugefügt, dass der Zweitakt-Trabant (im Gegensatz zu jenem von Wartburg) wegen des deutlich günstigeren Preises weiter-

Trabant 601 Tramp, 1988

hin erhältlich bleiben würde. Wenig später erfolgte die Meldung, dass die Serienherstellung endgültig erst im Mai 1990 anlaufen werde.

Allmählich wurden mehr und mehr Details über den schließlich 40 und nicht nur 38 PS starken Trabant 1.1 bekannt: Anstatt eines aus dem Armaturenbrett ragenden Schalthebels bot er eine übliche Mittelschaltung. Die Kraftübertragung war in Zwickau neu entwickelt worden und stimmte in vielen Teilen mit dem ebenfalls neuen Getriebe für den Wartburg 1.3 überein. Allerdings beschränkte man sich beim Trabant weiterhin auf vier Gänge. Eine wesentliche Neuerung verkörperte der Übergang bei der Vorderradaufhängung zu McPherson-

Treser

Federbeinen, Querlenkern und Stabilisator. Zudem wurden vordere Scheibenbremsen eingeführt. Der Innenraum war ebenfalls überarbeitet worden. Das modernisierte Armaturenbrett umfasste zwei Rundinstrumente und es gab an die Lenksäule angewinkelte Kombischalter.

Im Verkaufsraum der Ifa-Zentrale in Ost-Berlin hingen auch 1989 noch Informationstafeln mit auswechselbaren Metallbuchstaben und -zahlen beispielsweise der Komposition „Trabant Lim 18 09 79". Dies bedeutete, dass ein am 18. September 1979 bestellter Trabant nun zur Auslieferung kam. In der Provinz dauerten die Wartezeiten je nach Modell und Gegend sogar 12 bis 16 Jahre. Doch mit dem Fall der Berliner Mauer am 9. November 1989 wurde alles anders...

Ab März 1990 war von einem Trabi-Nachfolger die Rede, der zu 80 Prozent aus Teilen des VW Polo bestehe, jedoch größer sei und ein ganz neues Außendesign erhalte. Hierzu würden nördlich von Zwickau direkt neben dem von Citroën gebauten Gelenkwellenwerk neue Werkanlagen entstehen. Dann kam der 21. Mai 1990, der für die ostdeutsche Automobilindustrie zu einem historischen Tag wurde: Seite an Seite wurden nämlich im Sachsenringwerk Zwickau-Mosel der dreimillionste Trabant und der erste dort montierte VW Polo gefeiert.

1.1 Tramp. *Es zeichnete sich ab, dass von den 11'500 in Zwickau beschäftigten Mitarbeitern für die Fertigung des VW Polo nur noch 6500 bis 7000 Arbeitskräfte benötigt wurden. Noch lagen zahlreiche, vor allem auf Tauschhandel ausgerichtete Trabant-Bestellungen aus den Ostblockländern vor. Nostalgiker versuchten, das fossile Unikum Trabant auch anderweitig am Leben zu erhalten. Hierzu wurde die Produktion vor allem auf die Kombiversion ausgerichtet und überdies mit dem Modell Trabant 1.1 Tramp ein Freizeitfahrzeug angepriesen: Wie schon der vor allem nach Griechenland und den Niederlanden exportierte Trabant 601 Tramp war er von dem Trabant „Kübel" abgeleitet, der überwiegend für die nun nicht mehr gebrauchte Polizei an der innerdeutschen Grenze eingesetzt worden war. Trotz dieser Bemühungen lief die Trabant-Produktion nur noch bis 1991, und es gab keinen direkten Nachfolger.*

Trabant 1.1, 1990

Bevor er sich als Tuner selbstständig gemacht hatte, war Diplomingenieur Walter Treser Versuchsleiter bei der Reifenfirma Veith-Pirelli gewesen und darauf bei Audi eingestiegen, wo er nacheinander als Leiter der Vorentwicklung, Projektleiter des Audi Quattro und schließlich Chef der Sportabteilung war. Die 1982 in Hofstetten entstandene Walter Treser GmbH wurde von Audi und VW als offizieller Entwicklungs- und Tuningbetrieb anerkannt. Als erstes Sondermodell wurde dort der Treser-Quattro geschaffen, der es mit modifiziertem Zylinderkopf, größeren Auslassventilen, einer neuen Nockenwelle und angepasster K-Jetronic auf 250 PS brachte. Für den Audi 80 Quattro bot Treser 1983 ein Motortuning bis zu 200 PS an, worauf noch stärkere Versionen folgten.

Bei der Walter Treser GmbH waren überdies auch kleinere Leistungssteigerungen, Fahrwerkanpassungen, Karosserieverschönerungen einschließlich Radhausverbreiterungen sowie Innenraum-Inidividualisierungen bis hin zum eigenen Armaturenbrett zu haben.

Audi Quattro Roadster. Auf der IAA 1983 überraschte Treser mit dem Audi Quattro Roadster, dessen festes Dach sich unter den elektrisch nach hinten hochstemmbaren Kofferdeckel abklappen ließ. Dieses System erinnerte an den US-Ford Fairlane 500 Retractable von 1957 und an die ab 1934 gebaute Eclipse-Dachkonstruktion von Peugeot. Bereits 1980 hatte die englische Firma Rapport (→ Anhang) mit dem Forté den Versuch unternommen, ein viersitziges Cabriolet mit elektrohydraulisch versenkbarem Festdach auf den Markt zu bringen. Treser vermochte bis 1986 immerhin rund 50 Exemplare seines Spezialmodells abzusetzen. Noch ahnte man nicht, welche Bedeutung ab der zweiten Hälfte der 90er Jahre den Cabrio-Coupés zukommen sollte...

Liner. 1984 wurde der Firma Treser vom Kraftfahrt-Bundesamt in Flensburg der Status eines selbständigen Automobil-Herstellers zuerkannt. Im September jenes Jahres wurde der Treser Liner als Alternative zum Audi 100 Avant vorgestellt. Im Gegensatz zu dieser Mittellösung zwischen Fließ-

Treser Audi Quattro Roadster, 1984

Treser Liner, 1985

Treser Hunter, 1986

hecklimousine und Kombi besaß der Liner einen stärker abgesetzt wirkendem Heckteil. Hierzu wurde u. a. das dritte Seitenfenster verkürzt. – *Zum 1. November 1984 zog die Walter Treser GmbH in eine 4000 m2 große Halle in Ingolstadt.*

Largo. Als Alternative zum Mercedes-Benz 500 SEL brachte Walter Treser Mitte 1985 den Treser Largo ins Angebot: Basis Audi 200 Turbo und Quattro, um 32 cm verlängerter Radstand, schwarze Verzierungen und Ausbau nach Käuferwunsch. – Als Superpfeil bezeichnet wurden hingegen stark getunte Audi 90 und Coupé, die mit einem auf 164 PS gebrachten 2,3-l-Fünfzylindermotor, tiefergelegtem Fahrwerk, Karosserieanbausatz, Spezialrädern usw. ausgeliefert wurden.

Auf der IAA 1985 zeigte Treser das Schnittmodell eines aerodynamisch geformten kleinen Mittelmotor-Sportwagens, und für dessen Herstellung gab er weittragende Pläne bekannt: Bau neuer Produktionsanlagen in Berlin für dieses Individualauto mit den technischen Aggregaten der Volkswagen AG, Kunststoffmaterial für die Karosserie möglicherweise von Bayer, Vorstellung auf der IAA 1987, Herstellung ab 1988 in einer Tageskadenz von sechs Einheiten.

Hunter. Besonders originell gestaltet war der vom Audi 90 Quattro abgeleitete Audi Hunter, den Treser Anfang 1986 auf Wunsch eines Kunden für die Falkenjagd in der Wüste entwickelte hatte. Er besaß u. a. drei zuschaltbare Differenzialsperren, eine auf 20 cm erhöhte Bodenfreiheit und ein am Heck montiertes Reserverad.

Treser beschäftigte in seinen beiden Werken in Ingolstadt und Berlin inzwischen 90 Mitarbeiter, darunter elf Ingenieure. Im Mai 1986 gab Walter Treser bekannt, dass der Berliner Senat inzwischen beschlossen habe, die Entwicklung und den Bau eines Prototyps zu ermöglichen und die im Stadtteil Wittenau zur Verfügung gestellte Produktionsstätte auszubauen. Der Sportzweisitzer mit VW-Mechanik sollte eine patentierte Dachkonstruktion erhalten, mit der sich das Coupé sekundenschnell in ein Vollcabrio verwandeln ließ.

Treser T1. Dieses Sportcoupé/cabrio erlebte seine Weltpremiere wie geplant auf der IAA Frankfurt im September 1987. Seine ausgeprägte Keilfront mit klappbaren Scheinwerferabdeckungen lag in einer Linie mit der Windschutzscheibe. Neuartig war, dass die vordere Keilform im Außenspiegel ausmündete, worauf sich ein im Heck endender zweiter Keil anschloss. Diesem überlagert stieg die untere Fensterlinie bogenförmig noch stärker nach oben und umgrenzte das hinter die Sitze herunterklappbare Festdach. Dieses Hardtop ließ sich auf Knopfdruck elektrisch öffnen und schließen. Es handelte sich um eine Weiterentwicklung des bereits beim Audi Quattro Roadster verwirklichten Dachkonzepts (s. oben). Diese geniale Coupé/Cabriolet-Kombination musste die Sportwagenfans auf der ganzen Welt ansprechen!

Der schlicht mit Treser bezeichnete Zweisitzer besaß 250 cm Radstand und passte mit 404,5 cm Länge noch in die 4-m-Sportwagenklasse. Am ehesten ließ er sich mit dem ebenfalls mit einem Mittelmotor ausgerüsteten Toyota MR2 vergleichen, der ein wenig kürzer war, ebenso wie der fast gleichzeitig vorgestellte BMW Z1, der allerdings einen vorne eingebauten Motor besaß. Für den Antrieb sorgte der hinter dem Dachverließ und vor den Hinterrädern quer eingebaute 1,8-l-16-Ventil-Motor aus dem VW Golf GTI 16V. Er gab seine 130 PS Leistung über ein neuentwickeltes VW-5-Gang-Getriebe ab. 100 km/h konnten mit dem im Windkanal ausgefeilten, 1030 kg wiegenden Treser in 8,7 s erreicht werden und als Spitze wurden 210 km/h genannt.

Die von Walter Treser unter der Bezeichnung Avus (für Aluminium-Verbund-Struktur) patentierte Bodenkonstruktion wurde mit einer raffinierten Lehre aus zahlreichen, teils neuartig geformten Aluminium-Rechteckrohren zwölf verschiedener Profile zusammengesteckt, verklebt und vernietet. Sie war mit Luft- und Leitungskanälen kombiniert. Durch die Verklebung mit den in Sandwichbauweise gefertigten Kunststoffschalen ergab sich eine hohe Biege- und Torsionsfestigkeit der Gesamtstruktur. An der Entwicklung hatte auch der norwegische Konzern Hydro-Aluminium mitgewirkt, dessen Alurohre aus Dänemark angeliefert wurden. Die neuartigen Sandwichkonstruktionen waren aus dem Know-how der Chemiefirma Höchst entstanden, und auch technische Hochschulen hatten bei der Entwicklung des T1 mitgeholfen.

Treser T1, 1988

Für die GfK-Karosserie war ursprünglich auch eine Version mit festmontiertem Dach vorgesehen. Der Kofferrauminhalt beschränkte sich auf 190 l (nach VDA). Vorne wie hinten wurden McPherson-Federbeine mit superprogressiven Miniblockfedern, Hilfsrahmen und belüfteten Scheibenbremsen verwendet. Für die Serienausstattung wurden sechs Scheinwerfer, elektrisch verstell- und beheizbare Außenspiegel und ein höhenverstellbares Lenkrad eingeplant, gegen Aufpreis zudem Lederausstattung, Klimaanlage, Servolenkung, ABS, Fensterheber usw.

Weil mit dem Treser Roadster T1 teils technisches Neuland betreten wurde, hatten der Senat von Berlin und das Bundesministerium für Forschung und Technologie Entwicklungszuschüsse gewährt. In der zur Verfügung gestellten, 1932 im Bauhausstil errichteten Maschinenfabrik in Berlin (mit Sicht durch Glaswand auf einen Park) lief im Mai 1988 die Serienfertigung an, wobei 135 Personen beschäftigt wurden. Es lagen bereits 300 Bestellungen vor und schon war ein Hydro-Aluminium-Sportwagen-Cup ausgeschrieben worden. Zur Jahreswende 1988/89 sollte die Produktion mit 200 Mitarbeitern auf ihren vollen Rhythmus von sechs Wagen pro Arbeitstag gebracht werden.

Avantgarde. Nach wie vor verwirklichte Treser in seinem Werk in Ingolstadt Golf- und Audi-Umbauten. Als Neuheit wurde auf der IAA Frankfurt 1987 nebst den bekannten Modellen der Treser Audi Avantgarde gezeigt, eine Kombivariante der Audi 80/90, die mit Unterstützung des VW-Konzerns als Prototyp konzipiert wurde und für die bei entsprechender Marktnachfrage eine Kleinserie vorgesehen wurde. – Den Hunter gab es nun in einer Kleinstserienversion.

Weil sich ein Venture-Capital-Unternehmen nicht wie vereinbart an der Walter Treser Automobil GmbH Produktions KG beteiligte, musste diese im August 1988 Konkurs anmelden. Dies war die Voraussetzung für eine Sanierung bzw. die Gründung einer Auffanggesellschaft, an der sich führend die Okrasa Dipl.-Ing. G. Oettinger GmbH & Co. KG beteiligen wollte. Mit dem Engagement Oettingers (→ Anhang) stand auch die Gewährung einer Bürgschaft durch das Land Berlin in Aussicht. Im September sollte die Produktion aufgenommen werden; inzwischen lagen 400 Kaufverträge und 600 Optionen vor. An dem Kapital der Nachfolgegesellschaft wollten sich Oettinger mit 60 und Treser mit 40 Prozent beteiligen. Doch der Berliner Senat verweigerte die Wirtschaftshilfe, und so musste die Fabrik im Oktober 1988 geschlossen werden. Nur 27 Treser hatten die Werkshallen verlassen.

Im April 1996 wurde auf dem Salon von Turin der Mercedes-Benz SLK vorgestellt. Das bei ihm verwirklichte Klappdach aus festem Material verhalf diesem Zweisitzer zum durchschlagenden Markterfolg.

Treser	**M.**	**–**	**5**	**250/404,5**	**1988**
Motor:	4i	D16V 1781		130/5800	175/4300

Triumph

Gegründet als Pkw-Marke um 1930; 1959 mit Standard zusammengeschlossen; 1961 in den Leyland-Nutzfahrzeugkonzern integriert; dieser übernahm 1965 auch Rover. 1968 wurde Leyland mit der British Motor Holding zum Multimarkenkonglomerat British Leyland vereint. Ende 1978 wurde innerhalb des BL-Konzerns die Jaguar Rover Triumph Ltd formiert. Nachdem Triumph in den 70er Jahren noch eine reichhaltige Modellskala angeboten hatte, wurden 1981 nur noch die Modelle TR 7 und TR 8, beide als Cabriolet, hergestellt.

Triumph TR 7 Black Special, 1981

TR 7 Convertible. Das zweisitzige Sportcoupé TR 7 war im Januar 1975 in Florida vorgestellt worden. Es wurde zunächst ausschließlich für den amerikanischen Markt gebaut. Erst im Verlaufe des Jahres 1976, teils erst Anfang 1977, erfolgte die Markteinführung auch in einigen europäischen Ländern. Das hochmoderne Keildesign der mit Klappscheinwerfern versehenen Front kontrastierte mit der senkrechten Heckscheibe zwischen den breiten hinteren Dachträgern. Die für England typischen Probleme mit den Gewerkschaften führten anfänglich zu Produktionsunterbrüchen und Qualitätsmängeln.

Letztere waren aber längst behoben, als im Mai 1979 der TR 7 Convertible vorgestellt wurde. Diese Cabrioletversion, die dank dem Stoffverdeck mit schräggestelltem dreiteiligen Plastikheckfenster weit eleganter wirkte, war am Anfang ebenfalls dem USA-Markt vorbehalten und kam erst ab März 1980 auch in Europa in Verkauf.

Der TR 7 war in Standardbauweise gehalten. Für den Antrieb sorgte ein mit zwei Stromberg- oder SU-Vergasern bestückter 2-l-OHC-Motor, der es auf 106 PS brachte (für die USA 89 PS). Der Kraftübertragung diente inzwischen eine 5-Gang-Einheit von Rover, doch wurde (für die USA) auf Wunsch auch ein 3-Stufen-Automatikgetriebe von Borg-Warner eingebaut. Vorne wurden einfache untere Querlenker und Federbeine, hinten eine Starrachse mit je zwei Längs- und Schräglenkern verwendet.

TR 8. Im September 1979 war dem TR 7 der TR 8 zur Seite gestellt worden. Er war eine ausschließlich als Cabriolet und anfänglich nur für den amerikanischen Markt bestimmte Achtzylinderversion des TR 7. Dem Antrieb diente der 3,5-l-Alu-V8 von → Rover. Die Leistung blieb mit 135 PS (für Kalifornien 139 PS) relativ bescheiden, doch trumpfte der TR 8 mit einem Drehmoment von 236 Nm auf (TR 7: 163 Nm). Der TR 8 besaß zwei Zenith-Vergaser und Servolenkung.

Im Mai 1981 gab die BL Limited bekannt, dass im Zuge einer weiter notwendigen Rationalisierung auch die TR-Produktion eingestellt werde. Nachdem bereits der MG B gestrichen worden war, musste nun auch der letzte populäre Sportwagen des Konzerns verschwinden. Das erst 1976 eröffnete hochmoderne Werk von Solihull in Birmingham, in dem auch die Rover-Limousinen hergestellt wurden, sollte gegen Ende Jahr geschlossen werden. Damit fand die automobilgeschichtlich bedeutende Aera der erschwinglichen englischen Sportwagen, die während Jahrzehnten Heerscharen von Enthusiasten Fahrvergnügen vermittelt hatten, ihren Abschluss.

Zwar hatte die Nachfrage nach offenen Sportwagen offensichtlich nachgelassen, aber die Japaner hatten es verstanden, mit modernen Coupés, wie dem Mazda RX-7 und dem (Nissan) Datsun 280 ZX ebenso ins Geschäft zu kommen wie Porsche mit dem Modell 924, und schließlich gab es auch noch die italienischen Spider auf Fiat- und Alfa-Basis. Auch wenn im Falle des TR der Kurszerfall des Dollars und die damit eingetretenen Verluste ins Feld geführt wurden – der TR 7 gelangte zu 80 Prozent nach den USA –, war der BL-Entscheid wohl eher ein Zeichen von Marketingschwäche.

Triumph Acclaim HLS, 1982

TR 7 Black Special. Sozusagen als ein Ausdruck der Trauer wurde zuletzt eine Black Special geheißene Sonderserie des TR 7 Convertible aufgelegt. Diese auf 300 Einheiten beschränkte Serie war in schwarzer Metallicfarbe gehalten und erhielt silberfarbene Doppelstreifen unterhalb der Gürtellinie, Chromringe auf den Alufelgen, ein Lenkrad mit Metallspeichen, eine hochflorige Teppichauskleidung usw.

Acclaim. Schon im Frühling 1979 hatte BL-Boss Sir Michael Edwardes angekündigt, dass eine gemeinsam mit Honda zu entwickelnde Mittelklasselimousine unter der Marke Triumph auf den Markt kommen werde (→ Austin). Auf der London Motorfair im Oktober 1981 wurde der Triumph Acclaim dann als die große Neuheit von BL gefeiert. Bis auf das Markensignet in Kühlergrillmitte waren zum → Honda Ballade kaum Unterschiede auszumachen. Der Acclaim wurde ausschließlich mit dem 70 PS leistenden 1335-cm^3-Motor ausgerüstet. Es gab ihn in den Ausrüstungsniveaus HL, HLS und CD (später auch L).

Im Juni 1984 wurde der Acclaim vom → Rover 213 abgelöst, was das endgültige Aus für die Marke Triumph bedeutete.

Produktionszahlen: TR 7: 1975–81: 86'784 Coupés, 24'864 Cabriolets; TR 8, 1979–81: 2815 (Cabriolets).

Triumph	Bauart	Mot.	Getr.	R/L cm	Baujahre
TR 7 Convertible	**St.**	**a**	**5/A3**	**216/406/417,5**	**–1981**
TR 8		**b**		**216/421**	**–1981**
Motoren:	*Zyl.:*	*N'w.:*	*cm³:*	*PS/'min:*	*Nm/'min:*
a	4	OHC	1998	106/5500/89U/5250	163/3500/135/2500
b (*Calif.)	V8	OHV	3532	135/139*/5000	236/3250
Acclaim	**Fr.**	**–**	**5/H3**	**232/409,5**	**1981–84**
Motor:	4	OHC	1335	70/5750/5500	100/3500

Tschaika

Neben dem Pobjeda und ab 1955 dem → Wolga wurde im Automobilwerk GAZ in Gorki ab Anfang der 50er Jahre eine Repräsentationslimousine für die Spitzenkader der Sowjetunion gebaut: der Tschaika GAZ-12. 1959 erschien der GAZ-13, dessen Karosseriestil an verklungene USA-Modelle erinnerte.

GAZ-14. Zwar wurde der bis achtsitzige GAZ-13 noch bis 1981 unverändert angeboten, doch war 1977 bereits auch das Modell GAZ-14 herausgebracht worden. Es ordnete sich weiterhin zwischen dem Wolga und dem vor allem für die oberste Staatsführung gedachten → Zil 114 (mit langem Radstand) ein.

Der GAZ-14 bot bei 345 cm Radstand und 611,5 cm Länge Platz für vier und – dank Klappsitzen – bis sechs Personen (der Zil 114 kam auf 376 bzw. 628,5 cm; der Zil 117 lag mit 326/578,5 cm allerdings noch darunter). Auch der Tschaika (= Seemöve) wurde von einem mächtigen V8-Motor angetrieben; dieser besaß 5,5 l Hubraum und lieferte mit zwei Vierfachvergasern eine Höchstleistung von 220 PS (Zil: 7 l/300 PS). Bei einem Leergewicht von knapp 2600 kg ließ sich Tempo 100 binnen rund 15 s erreichen. Als Spitze wurden 175 km/h genannt. Der Kraftübertragung diente ein 3-Stufen-Automatikgetriebe (nicht mehr mit Druckknopf- sondern mit Hebelbedienung), und das Chassis bestand aus einem Kastenrahmen mit X-Traversen (vorne Dreieckquerlenker, hinten Starrachse mit Halbelliptikfedern, Servolenkung mit Schnecke und Rolle).

Zur Ausstattung zählten ein reich bestücktes Armaturenbrett mit holzartigem braunem Kunststofffurnier, ein Mercedes-inspiriertes Vierspeichen-Lenkrad, vorne und hinten separat einstellbare Heiz-, Lüftungs- oder Klimaanlage, Audioanlage mit Bedienung auch hinten sowie – als besonderes russisches Luxusklassemerkmal – ein beidseits zuziehbarer Vorhang vor der Heckscheibe.

1986 wurden für den Tschaika eine neue Front und Scheibenbremsen auch hinten in Aussicht gestellt. Im Jahr darauf erreichte der Ausstoß rund 150 Einheiten. Aber 1989 wurde der letzte Tschaika gebaut und darauf das Gebiet der russischen Repräsentationslimousinen Zil überlassen.

Tschaika GAZ-14, ca. 1980

Tschaika	K'r.	–	A3	345/611,5	1980–90
GAZ-14 / *Motor:(*'84–)* V8	OHV	5529	220/200*/4200	451/2750	

TVR

Gegründet am 17. April 1947 (somit ein Monat vor Ferrari) durch den 23-jährigen Trevor Wilkinson in Blackpool; der Markenname entstand durch den Zusammenzug des Vornamens. TVR war neben Lotus die einzige unter den zahlreichen in der Nachkriegszeit neu etablierten englischen Marken, die sich auf einem einigermaßen substanziellen Niveau bis in die Neuzeit halten konnte. Allerdings hatte auch dieses Sportwagenfabrikat viele Up-and-downs zu bewältigen. Ende 1981 erfolgte ein erneuter Besitzerwechsel, indem der Geschäftsmann Peter Wheeler das Unternehmen übernahm. Unter ihm sollte die Produktion bis auf 40 Stück/Tag steigen.... TVR entwickelte sich zur größten unabhängigen Sportwagenmarke nach Porsche!

Tasmin. 1981 baute TVR ausschließlich das Modell Tasmin, das Anfang 1980 auf dem Salon von Brüssel vorgestellt worden war. Es handelte sich um ein langgestrecktes Fastbackcoupé mit Kunststoffkarosserie, die – wie viele Sportzweisitzer jener Zeit – eine flache Keilfront mit Klappscheinwerfern aufwies. Eine stilistische Besonderheit waren die je fünf auf beiden Seiten der Motorhaubenoberseite eingelassenen Luftschlitze. Das großflächige Heckfenster war aufmachbar. Auf der Motor Show Birmingham im Herbst 1980 waren eine 2+2-sitzige Variante Tasmin +2 und ein Cabriolet hinzugekommen. Dieses besaß einen vorderen Dachteil aus Festmaterial, der sich im Kofferraum verstauen ließ, und eine versenkbare hintere Dachpartie.

Dem Tasmin-Antrieb diente der 2,8-l-V6-Motor von Ford mit K-Jetronic-Einspritzung von Bosch und 160 PS Leistung. Statt mit einem 4-Gang-Getriebe konnte man ihn auch mit einem 3-Stufen-Automatikgetriebe Borg-Warner Typ 35 kombinieren lassen. Die Tasmin-Modelle basierten auf einem Stahlrohrrahmen, besaßen vorne obere Dreieckquerlenker und untere Querlenker, hinten Längs- und Querlenker. Die Vierrad-Scheibenbremsen arbeiteten mit Servo.

Mit der London Motorfair im Oktober 1981 wurden die TVR Tasmin – nun der Series 2 – als Tasmin 200 auch mit dem 2-l-OHC-Vierzylindermotor mit 101 PS von Ford lieferbar. Auf Wunsch gab es neu (zumindest mit dem V6-Motor) eine Servolenkung.

Tasmin Turbo. Diese Variante hatte ihre Premiere auf der Birmingham Motor Show im Oktober 1982. Sie unterschied sich durch eine geänderte Front mit im Stoßschutz integrierten Zusatzscheinwerfern. Der Abgasturbolader mit einem maximalen Ladedruck von 0,51 verhalf dem 2,8-l-V6 zu 228 PS bei 5600/min. 0–96,5 km/h (0–60 mph) waren angeblich in 5,8 s durcheilbar und als Spitze wurden 240 km/h genannt. Der Tasmin Turbo erhielt serienmäßig eine Differenzialbremse.

TVR Tasmin Convertible, 1981

Tasmin 350i. Im Herbst 1983 ergänzte TVR das Angebot durch den Typ 350i, der mit allen drei Karosseriearten erhältlich war. Antriebsaggregat war der Rover-V8-Motor mit 3532 cm^3 und 193 PS, wie er im Rover Vitesse Dienst tat. Mit 5-Gang-Getriebe war nun eine Höchstgeschwindigkeit von 246 km/h erreichbar, während sich der Sprint auf 96,5 km/h in 6 s bewältigen ließ.

390 SE. Auf der Birmingham Motor Show 1984 hießen die TVR-Modelle nicht mehr Tasmin, sondern kurzerhand ihrem Motor entsprechend 200, 280i, 350i und 390 SE. Letzterer war das neue Topmodell, das als Sportcabrio ausgestellt war und von einem auf 3,9 l vergrößerten Rover-V8 mit Lucas-Einspritzung und 279 PS Leistung beflügelt wurde. Der rund 1120 kg wiegende Kunststoff-Zweisitzer schaffte den Spurt auf 96,5 km/h gemäß Hersteller in 5 s und erreichte 240 km/h. Auf dem Genfer Salon 1985 wurde das Coupé 350i um 7,5 Prozent teurer angeboten als das analoge Cabriolet.

S. Um das gestiegene Preisniveau und den wertmäßig gefallenen Dollar auszugleichen, griff TVR auf der 66th British Motor Show im Oktober 1986 in Birmingham auf jenes Sportcabrio zurück, das Ende der 70er Jahre aus dem Coupé entstanden war. Dieser kurz S genannte neu-alte TVR gefiel durch seine klassische, rundliche Form und das günstige Gewicht von nur etwas über 900 kg. Da verhalf der 150 PS leistende 2,8-l-V6 mit K-Jetronic zu viel Temperament: 0–100 km/h in 7 s und 220 km/h Spitze. Für den S war eigens ein neues Chassis mit Stahlrohren verschiedener Durchmesser entwickelt worden; TVR hatte für ihn viel Geld investiert. Seine zwei vorderen Dachteile aus festem Material ließen sich im Kofferraum verstauen, womit ein Targacoupé entstand. Nach dem Abklappen des hinteren Dachteils wurde der S zum Vollcabrio. TVR plante, auf eine Wochenproduktion von zehn S (man nannte ihn auch „the poor man's Cobra") und von acht bis neun Exemplaren der teureren Modelle zu kommen.

420 SE. Zu den als Coupé und Cabrio gebauten Modellen 280, 350 und 390 kamen in Birmingham der 420 Sports Saloon, ein auf 420 cm verlängertes Stufenheckcoupé mit vier Sitzen, und der 420 SEAC (Special Equipment Aramid Composite) Convertible mit gerundeter Front und auf dem Heck aufgelegtem mächtigem Heckflügel

TVR Tasmin +2, 1981

TVR S, 1987

hinzu. Beide wurden von einem auf 4230 cm^3 vergrößerten Rover-V8 „befeuert“, der 304 PS leistete und das dank Verwendung von Kevlar leichtgewichtige Cabrio binnen 5 s auf Tempo 100 zu katapultieren vermochte; als Spitze wurden 265 km/h genannt.

390 SE Series 2. Diese Version wurde im April 1988 auf den Markt gebracht: neue Stoßfänger, geänderte Bugschürze, Seiten- und Heckspoiler, neue Stoßdämpfer und Federrate, größere Bremsscheiben (ventiliert) und Räder.

Tuscan. Einen TVR Tuscan hatte es schon von 1969 bis 1971 gegeben. Auf der International Motor Show von Birmingham im Oktober 1988 tauchte dieser Name wieder auf und zwar handelte es sich um eine Weiterentwicklung des TVR S Convertible mit 5 cm mehr Radstand und um 10 auf 150 cm verbreiterter Spur. Als Kraftquelle wurde der 3,5-l-Rover-V8 mit Einspritzung und 228 PS vorgesehen. Gleichzeitig wurde die für Clubrennen bestimmte Version Challenge vorgestellt, deren Motor auf 365 PS getunt wurde (auch ein 5-l-V8 von Holden sollte angeboten werden). Es wurde zudem eine modernisierte Karosserie mit rundlicher Front vorgesehen, aber die Produktion (der Straßenversion) begann erst 1990.

1989 erhielt der S Convertible den auf 170 PS gebrachten 2,9-l-V6 von Ford, während der 390 SE durch Vergrößern der Bohrung zum 400 SE mutierte. Das Spektrum reichte nun bis zum 450 SE mit 4441 cm^3 und 324 PS.

Speed Eight. Auf der London Motorfair von Ende Oktober 1989 löste der Speed Eight mit dem 3,9-l-V8 mit 225 PS den Typ 350i ab. Auch er beruhte auf dem markentypischen Gitterrohrrahmen, doch waren für ihn der Radstand auf 246 cm verlängert und die Spur auf 150/153 cm verbreitert worden; er bot damit eine geräumigere Karosserie. Die konsequente Keilform mit Klappscheinwerfern hatte er mit den übrigen großen TVR, die Wölbung der Gürtellinie über dem Hinterrad mit dem S2 gemeinsam. Angetrieben wurde er von dem 228 PS leistenden 3,9-l-V8-Motor. – Auf der Autoschau von Brüssel wurde im Januar 1990 mit dem 290 Sc/S2c eine Katalysator-Version gezeigt.

TVR	Bauart	Mot.	Getr.	R/L cm	Baujahre
S / ES Convertible	**R'r.**	**–**	**5**	**228,5/396**	**1986–89**
S2 / S2C					**1989/90**
Motoren:	*Zyl.:*	*N'w.:*	*cm³:*	*PS/'min:*	*Nm/'min:*
a (–1988)	V6i	OHV	2792	150/143K/5700	220/203/4300
b (1987/88)				160/6000/143/5700	
c (1988– +*1989–)			2935	170/170K*/5700/152	233/3000
Tuscan (Prototyp)	**R'r.**	**–**	**5**	**233,5/394**	**1990**
Motor:	V8i	OHV	4441	400/7000	489/5500
Tasmin	**R'r.**	**a–k**	**4/A3/5**	**238,5/401,5**	**1980–84**
Tasmin +2				**238,5/408**	
200/280i/350i/390 SE				**238,5/401,5/408**	**1984–86**
280/350/390/420				**238,5/401,5–422**	**1986–88**
350/400/450 Conv.				**238,5/401,5**	**1988–90**
Motoren:	*Zyl.:*	*N'w.:*	*cm³:*	*PS/'min:*	*Nm/'min:*
a (200 1981–85)	4	OHC	1993	101/5200	153/4000
b (*1984–86)	V6i	OHV	2792	160/152*/5700	220/4300
c (USA 1984–86)				143/5700	203/4300
d (1986–88)				150/143U/5700	220/203/4300
e (Turbo 1982/83)	V6iT			228/5600	352/3200
f (1983–85 *1985–89)	V8i		3532	193/200*/5280	298/4000
g (1984–88)			3907	279/5500	366/3500
h (1989–)			3947	272/5500	
h (Sports Sal. '86–88)			4230	269/5500	407/3500
i (SEAC Conv. 1986–88)				304/5500	393/4500
j (1988/89)			4282	279/5500	366/3500
k (1988/89 *1989–)			4441	324/323*/5700	421/4000
Speed Eight	**R'r.**	**–**	**5**	**246/410**	**1990**
Motor:	V8i	OHV	3947	243/5300	366/3500

1992 erreichte TVR mit einem Wochenausstoß von 18 Wagen einen Höhepunkt. Der S Convertible wurde mit 2604 von 1986 bis 1994 gebauten Exemplaren zum Bestseller. – 2004 verkaufte Peter Wheeler TVR an den 24-jährigen russischen Sportwagenfan und Millionär Nikolai Smolenski, der das Werk aber nicht auf Kurs zu halten vermochte. Ende 2006 lief die Produktion aus..., doch später unter neuen Initianten wieder an.

TVR Tasmin Turbo, 1983

TVR 420 Sports Saloon, 1987

TVR 420 SEAC Convertible, 1987

UAZ

Tundra

Im sowjetischen Autowerk Uljanowsk = UAZ waren bis 1970 die Geländewagen des Typs GAZ 69 (→ Wolga) montiert worden. Anfang der 70er Jahre kam der moderner konzipierte UAZ 469 heraus. Dessen Kühlerfront war durch zwei zwischen den Scheinwerfern übereinander angeordnete feinmaschige Gitter gekennzeichnet, und dieses „Gesicht" blieb ebenso wie die hohe, vertikal geteilte Windschutzscheibe ein Merkmal dieses Geländefahrzeugs.

469 A. Ab der Frankfurter IAA im September 1977 wurde der UAZ 469 A – zumindest in der Bundesrepublik – unter der Markenbezeichnung Tundra angeboten. Er besaß vier unten schmal ausgeschnittene Türen und ein Stoffverdeck (das im breiten, an die Hintertüren anschließenden Bereich undurchsichtig blieb). Schmuck wirkte die zweifarbige Lackierung, mit der dieses Modell erhältlich war.

Dem Antrieb diente der 2,4-l-Vierzylinder-Alumotor mit seitlicher Nockenwelle, wie er auch im Wolga GAZ 24 eingebaut wurde. Im Tundra blieb dessen Leistung allerdings auf 72 PS beschränkt (Oktanzahl ab 72 ROZ). Die Kraftübertragung umfasste ein 4-Gang-Getriebe, bei dem nur die beiden oberen Gänge synchronisiert waren, einen zuschaltbaren Vorderradantrieb und ein zentrales Differenzial samt zuschaltbarer Geländereduktion. Der Unterbau war ein Kastenrahmenchassis mit Traversen; vorn wie hinten wurden Starrachsen mit halbelliptischen Blattfedern, ferner Vierrad-Trommelbremsen und eine Lenkung mit Schnecke und Rolle verwendet. Ein Geländewagen von altem Schrot und Korn, eben.

UAZ 31512, 1987

Ab 1983 wurde der Tundra in Italien auch mit einem Dieselmotor von Peugeot (2304 cm^3, 70 PS) oder mit einem Fiat-Benzinmotor angeboten (1995 cm^3, DOHC, 122/113 PS). Ab 1985 stand in Italien zudem der Turbodieselmotor von Alfa Romeo bzw. VM (1995 cm^3, 95 PS) zur Wahl.

31512. Ab 1986 trat für den Westen ebenfalls wieder die Markenbezeichnung UAZ in den Vordergrund, und mit ihr die Typenbezeichnung 31512. Technische Änderungen waren aber nicht ersichtlich. Auf dem Turiner Salon 1988 wurde der UAZ unter dem Beinamen Racing weiterhin mit dem 112 PS leistenden DOHC-Motor von Fiat angeboten, außerdem mit dem 2,5-l-Dieselmotor von Peugeot (76 PS) und dem 2,4-l-Turbodieselaggregat von VM (100 PS).

UAZ	Bauart	Mot.	Getr.	R/L cm	Baujahre
469A / Tundra	**K'r./4**	**a–f**	**4+R**	**238/402,5**	**1980–86**
31512					**1986–90**
Motoren:	*Zyl.:*	*N'w.:*	*cm^3:*	*PS/'min:*	*Nm/'min:*
a (Italia 1983–)	4	DOHC	1995	112/5600	167/3700
b (–1984)		OHV	2446	72/75*/4000	169/167/2000–25'
c (1984–89 *1989–)				73/72*/4000	163/2200/169/2000
d (Italia'83–85 *'88–)	4D	OHV	2304	70/4500/65*	131/2000
e (Italia'85–89 *'89–)			2498	83/4500/76*	–
f (Italia 1985–)	4TD		2392	100	

Umm	Bauart	Mot.	Getr.	R/L cm	Baujahre
Cournil	**K'r./4**	**a–c**	**4+R**	**204/338**	**1980–82**
4x4 Dakary				**254/386,5**	**1982–84**
Motoren:	*Zyl.:*	*N'w.:*	*cm^3:*	*PS/'min:*	*Nm/'min:*
a (1981–)	4	OHC	1995	79/5000	149/2200
b	4D	OHV	2112	62/4500	118/2500
c (1981–)			2304	67/4500	134/2000
Alter	**K'r./4**	**a–d**	**4+R**	**254/413**	**1984–90**
Motoren:	*Zyl.:*	*N'w.:*	*cm^3:*	*PS/'min:*	*Nm/'min:*
a	4	OHC	1971	87/5000	162/2500
b	4D	OHV	2304	67/4500	134/2000
c (+*1988–)			2498	76/4500/66*	148/2000
d (1986–)	4TD			110/4150	237/2500

Vanden Plas	Fr.	–	5/A4	244/392	–1981
Motor:	4	OHC	1485/1748	76/5600/85/5000	114/3250/131/26200

Umm
Alter

Schon Mitte der 60er Jahre hatte der portugiesische Peugeot-Importeur ein Geländeauto konstruiert, das eigentlich hart an der Grenze zum Nutzfahrzeug lag. Der Umm entstand bei der Uniao Metalo Mecanica Lda in Lissabon und wurde auf dem Automobilsalon von Paris 1978 erstmals der internationalen Fachwelt vorgestellt.

4x4 Cournil. Die Modellbezeichnung Cournil wies darauf hin, dass es sich um ein Lizenzfabrikat der französischen 4x4-Kleinmarke → Cournil handelte. Die hohe Bodenfreiheit von 23 cm und die seitlich der Motorhaube stark nach vorne abfallende Radhauslinie verliehen dem Umm 4x4 Cournil einen militärischen Aspekt, und für solche Einsätze war er auch entwickelt worden. Das Chassis bestand aus Vierkant-Stahlträgern, die vorne und hinten bogenförmig über die Starrachsen mit halbelliptischen Blattfedern geführt waren, sowie Traversen. Bei dem weit zurück versetzt eingebauten Motor handelte es sich um das 2,1-l-OHV-Dieselaggregat Peugeot Indénor. 1981 kam auch der 2-l-OHC-Benzinmotor von Peugeot ins Angebot. Die Kraftübertragung erfolgte über ein 4-Gang-Getriebe von Borg-Warner mit unsynchronisiertem ersten Gang, das mit einem Reduktionsgetriebe verbunden war. Der Vorderradantrieb war zuschaltbar. Hinzu kamen Freilaufnaben, zwei Zapfwellenanschlüsse und eine 90-Prozent-Differenzialbremse Track-lock an der Hinterachse. Der Cournil hatte Vierrad-Trommelbremsen und eine Kugelkreislauflenkung.

Es gab diesen urigen Geländewagen als offenen Zweisitzer, sechssitzig mit Blachenverdeck und als Pick-up (mit längerem Radstand). Auch ein Hardtop war lieferbar. Eine Besonderheit bestand in dem hydraulisch gedämpft aufgehängten Fahrersitz, der sich (wie bei Lkw) auf das Fahrergewicht einstellen ließ.

XDP / Dakary. Auf dem Genfer Salon 1982 wurde der Umm als XDP und XD2P mit 2,1- und 2,3-l-Dieselmotor Peugeot Indénor propagiert. In der Schweiz kam er alsbald als Umm 4x4 Dakary auf den Markt, wobei Dakary als Bezeichnung für die Zivilversion galt. Hinter den Vordersitzen waren beidseits hochklappbare Längsbänke mit je drei Sitzen installiert. Zusätzlich konnte man ein Hardtop und eine Seilwinde bestellen und es wurden zudem Kotflügelverbreiterungen und Sporträder in Aussicht gestellt.

Auf dem Genfer Salon 1983 wurde der Umm Dakary mit einem neuen Polyester-Hardtop gezeigt, das an die Türen anschließend ein kleines und dahinter ein größeres Seitenfenster mit Schiebeteilen aufwies. Die Geräuschdämmung war weiter verbessert worden.

Alter. Auf dem Salon von Paris wurde im Oktober 1984 unter der Markenbezeichnung Alter eine verfeinerte Ausführung des durch seine absinkende Front auffallenden Umm vorgestellt. Neu waren die seitlichen Abschrägungen der Motorhaube (statt Abstufungen) und die integrierten quadratischen Scheinwerfer. Damit zeigte sich dieses Fahrzeug gefälliger, ohne dass es an Originalität verloren hatte. Die Gesamtlänge stieg von 385 auf 413 cm. Die größeren Überhänge waren auch den solideren Stoßstangen zuzuschreiben. Neben dem 1971-cm^3-Benzinmotor mit 87 PS stand neu der ebenfalls von Peugeot gelieferte 2498-cm^3-Dieselmotor mit 76 PS zur Wahl. Zum 4-Gang-Getriebe gab es serienmäßig ein Untersetzungsgetriebe und eine hintere Differenzialbremse, zudem bestand die Wahl zwischen zwei Achsuntersetzungen. Das Karosserieangebot umfasste ein Blachenverdeck mit hinteren Seitenfenstern aus flexiblem Material, ein Hardtop mit oder ohne hinteren Seitenfenstern sowie eine Pick-up-Variante.

Auf dem Salon von Paris 1986 wurde der Umm Alter auch mit dem 2,5-l-Vierzylinder-OHV-Dieselmotor Indénor mit 110 PS ausgestellt, dies in Kombination mit einem 5-Gang-Getriebe. *Gegen Mitte 1987 unterzeichnete Umm mit dem französischen Verteidigungsministerium einen Vertrag, wonach Heuliez (→ Anhang) das Modell Alter für die Armee montierte.*

Datentabelle → Seite 521

Umm 4x4, 1983

Umm Alter, 1985

Vanden Plas

Gegründet 1913 als englisches Karosseriewerk nach belgischem Muster (Van den Plas); lieferte Aufbauten für diverse Autohersteller; wurde 1946 von Austin übernommen und 1960 von der British Motor Corporation zur eigenen Marke erhoben. Sie galt als ausstattungsmäßig oberste Luxusstufe diverser Konstruktionen.

1500 / (1750). Dieses Modell war im September 1974 als Nachfolger des Princess 1300 herausgebracht worden. Es handelte sich um eine Sonderversion des → Austin Allegro (Kompaktklasse, vier Türen mit Schrägheck, Vorderradantrieb mit Quermotor, Hydragas-Aufhängung/Federung). Sie hob sich durch das vornehm wirkende, großformatige und leicht einwärts geneigte Vanden-Plas-Kühlergitter, Rechteckscheinwerfer, Lederausstattung, Holzarmaturenbrett usw. ab. Dem Antrieb diente der 1,5-l-OHC-Motor, dessen Leistung 1981 mit 76 PS angegeben wurde. Statt eines 5-Gang-Getriebes war auch ein 4-Stufen-Automatikgetriebe lieferbar. Mit diesem wurde ab 1979/80 der (einst im Austin Maxi bekannt gewordene) 1748-cm^3-Motor mit 85 PS eingebaut. Eine Modellbezeichnung (1500 oder 1750) wurde weggelassen. Aber 1981 ging Vanden Plas als Markenname ohnehin unter.

Datentabelle → Seite 521

Vanden Plas 1500, ca. 1980

Vauxhall

Gegründet 1903 von den Vauxhall Iron Works, war die hoch angesehene englische Marke Vauxhall 1925 in den General-Motors-Konzern aufgenommen worden. Wie Opel konnte Vauxhall einen eigenständigen Weg verfolgen, jedenfalls bis zum Erscheinen der Baureihe Cavalier im Oktober 1975. Diese entsprach den Opel Ascona und Manta der Neuauflage 1976.

Chevette. Allerdings war bereits der Chevette ein „GM-Weltauto"; er war 1973 zunächst in Brasilien lanciert worden. Bei der Vauxhall Motors Ltd in Luton entstand er ab 1975 als dreitürige Limousine (Fastback mit Heckklappe = Hatchback). 1976 waren eine zwei- und eine viertürige Stufenhecklimousine (Notchback) sowie ein dreitüriger Kombi hinzugekommen. Der Chevette war in Standardbauweise gehalten und wurde von einem 1,25-l-OHV-Graugussmotor mit 57 PS angetrieben. Nebst dem 4-Gang-Getriebe stand ein 3-Stufen-Automatikgetriebe zur Wahl.

Daneben gab es für die Ausführung HS einen 2,3-l-OHC-Vierzylindermotor, der mit zwei Zenith-Vergasern bei einer Verdichtung von 8,5:1 auf 118 und bei 9,2:1 auf 135 PS kam. Er wurde mit einem 5-Gang-Getriebe kombiniert. Anderseits hatte Vauxhall auf der ersten Birmingham Motor Show im Oktober 1980 als Antwort auf den Mini Metro einen besonders preisgünstigen Chevette auf den englischen Markt gebracht. Die Aufhängung umfasste vorne obere Trapez-Dreieckquerlenker und untere Querlenker mit schräger Zugstrebe, hinten eine Starrachse mit Längslenkern und Panhardstab; nach GM-Manier war die Kardanwelle in einem kurzen Schubrohr mit Zentralgelenk gehalten.

Astra. Ab März 1980 wurde in Ablösung des Viva, dem letzten Vauxhall-Eigenmodell, aus dem Opel-Werk in Bochum der Vauxhall Astra eingeführt. Er unterschied sich bis auf die Rechtslenkung nicht vom → Opel Astra.

Cavalier. Die Cavalier-Baureihe entstand im belgischen GM-Montagewerk Antwerpen. Es gab die zwei- und viertürigen Limousinen L, den viertürigen GL und die Coupés GL sowie GLS mit zwei oder drei Türen (Hatchback). Diese Modelle entsprachen weitgehend den → Opel Ascona und Manta, doch besaßen sie ein Vauxhall-eigenes leicht schräggestelltes, kühlergrillfreies Frontdesign. Sie waren daher länger (Limousine 445,5 statt 433,5 cm). Außer mit dem 1,6- und dem 2-l-Motor gab es den Cavalier auch mit dem altvertrauten 1,25-l-Vauxhall-OHV-Motor.

Vauxhall Cavalier GLS Sports Hatch, 1981

Vauxhall Viceroy, 1981

Vauxhall Royale, 1981

Carlton. Der im Oktober 1978 vorgestellte Vauxhall Carlton war ein Derivat des → Opel Rekord, aber mit eigenem Kühlergrill und anderer Heckpartie.

Viceroy. Desgleichen entsprach der auf der Birmingham Motor Show 1980 vorgestellte Vauxhall Viceroy dem → Opel Commodore.

Royale. Schon im Oktober 1978 war auch der Vauxhall Royale eingeführt worden, als Limousine analog zum → Opel Senator und als Coupé entsprechend dem → Opel Monza. Wie alle größeren Vauxhall waren auch sie im Vergleich zu den Opel-Modellen um einige Zentimeter länger.

Cavalier 1982. Im Herbst 1981 wurde der neue Cavalier eingeführt. Der entsprechende neue → Opel Ascona wurde nicht mehr für den Vertrieb in Großbritannien vorgesehen. Der an seine Stelle tretende Cavalier 1982 – wiederum mit eigener Front- und Heckgestaltung – war die nun im Werk Luton vom Band laufende Vauxhall-Version des GM-J-Modells. Karosserieteile und Fahrwerk wurden aus Deutschland angeliefert, während die Motoren aus Brasilien und teils ebenfalls aus Deutschland stammten (und die Getriebe von Isuzu, Japan, bzw. das neue Turbo-Hydra-Matic-Getriebe aus den USA). *Die britischen Netze von 581 Vauxhall- und 220 Opel-Vertragshändlern wurden verschmolzen...*

Wie der Kleinwagen → Opel Corsa wurde ab Herbst 1982 auch der Vauxhall Corsa im neuen GM-Werk in Spanien hergestellt. Die Transportarbeitergewerkschaft drohte aber mit einer Einfuhrblockade, falls GM dieses Modell nicht in England herstelle. Immerhin hatten die Gewerkschaften bereits durchgesetzt, dass der Anteil einheimischer Teile für den sich als Verkaufsschlager erweisenden Cavalier auf 25 Prozent erhöht wurde, einschließlich der Löhne ergab sich sogar eine britische Wertschöpfung von 55 Prozent.

Vom Cavalier wurde auf der Motor Show von Birmingham im Oktober 1982 eine Cabrioletversion ausgestellt. Anderseits wurde das Cavalier-Coupé nun als Opel Manta verkauft, und ebenso mutierte der Vauxhall Monza zum Opel Monza.

Aber nicht nur bei den Gewerkschaften, sondern auch in einer breiteren Öffentlichkeit war der Corsa alles andere als willkommen: Denn während Großbritannien auf spanische Güter einen Zoll von nur

Vauxhall	Bauart	Mot.	Getr.	R/L cm	Baujahre
Chevette	**St.**	**a/b**	**4/A3/5**	**239,5/394–419**	**1980–84**
Motoren:	*Zyl.:*	*N'w.:*	*cm³:*	*PS/'min:*	*Nm/'min:*
a	4	OHV	1256	57/61/5400	90/2600
b (HS –1981)		OHC	2279	118/5000/135/5500	197/3000/182/4500
Cavalier	**Fr.**	**–**	**4**	**252/445,5/438/450**	**1980/81**
Motor:	4	OHV	1256	57/5600	90/2600
weit. Mot./Mod.→ Opel					

Vector

Vauxhall Chevette L 3-door Hatchback, 1983

4,4 Prozent erhob, waren es in der umgekehrten Richtung 36,7 Prozent. Da war Vauxhall wohl gut beraten, den Corsa auf der Birmingham Show erst gar nicht auf den Stand zu nehmen. Hingegen wurde dort der erneuerte Carlton ausgestellt, der bis auf die Bezeichnungen dem neuen → Opel Rekord entsprach.

Cavalier Estate. Im Oktober 1983 lancierte Vauxhall eine Kombiversion des Cavalier. Damit folgten die Engländer dem Beispiel von Chevrolet und Pontiac, die den J-car ab Modelljahr 1984 ebenfalls als Station Wagon in Produktion nahmen. Der Cavalier Estate wurde mit dem 1,6-l-S-Motor (90 PS) aufgelegt.

Nova. Auf der Birmingham Motor Show des Oktober 1984 waren die Chevette-Modelle nicht mehr ausgestellt. Der kleinste Vauxhall hieß inzwischen Nova (statt Corsa), Astra, Cavalier und Carlton waren ebenfalls Opel-Derivate, während der Senator bloß den Markennamen Vauxhall vorangestellt erhielt. Neu beim Carlton war der von 2 auf 2,2 l vergrößerte Hubraum des Einspritzmotors mit 115 PS, während der Senator nun 140 statt 136 PS leistete.

Belmont. Der zum Modelljahr 1986 hinzugekommene viertürige Kadett alias Astra mit Stufenheck hieß in Großbritannien Vauxhall Belmont.

Während im Herbst 1986 außerhalb Großbritanniens der Opel Rekord durch den Omega abgelöst wurde, behielt der ebenfalls gänzlich neue, gleich wie der Omega aussehende Carlton seinen Namen. Das gleiche galt bei der Ablösung des Opel Ascona durch den Vectra im August 1988: Das entsprechende Vauxhall-Modell behielt den Namen Cavalier. Nachdem es ab August 1987 einen Vauxhall Senator gab, wurde auf der London Motorfair Ende Oktober 1989 das Coupé Vauxhall Calibra eingeführt.

Vauxhall Cavalier SR 5-door Hatchback, 1983

Vauxhall Carlton 2300 D Estate, 1983

Vauxhall Nova 1.2 Merit 4-door Saloon, 1986

Nachdem er schon zu Beginn der 70er Jahre seine Träume von einem Supersportwagen umzusetzen versucht hatte, schuf der 32-jährige Industriedesigner Gerald Wiegert 1977 mit seiner Firma Wiegert Aeromotive in Venice, Kalifornien, ein weiteres Autoprojekt der Superlative: den Vector W2, der allerdings zunächst nur als 1:1-Modell vorgestellt wurde.

W2. W stand für Wiegert und die Zahl 2 für zwei Abgasturbolader. Das war insofern bemerkenswert, als das erste Serienauto mit zwei Turbos, nämlich der Maserati Biturbo, erst im Herbst 1981 auf den Markt kam. Wie es sich für einen Supersportwagen gehörte, war auch beim W2 das Antriebsaggregat als Mittelmotor eingebaut. Es handelte sich um den quer vor der Hinterachse untergebrachten 5,7-l-V8 aus dem Chevrolet Corvette, der es mit dem Doppelturbo angeblich auf 600 PS bei 6500/min brachte. Wiegert hatte hierzu neue Zylinderköpfe konstruiert. Für die Kraftübertragung wurde das Automatikgetriebe aus dem frontgetriebenen Oldsmobile Toronado vorgesehen, später war aber von einem „speziellen" 3-Stufen-Automatikgetriebe und einer De-Dion-Hinterachse die Rede.

Der Konstrukteur, der auch Erfahrungen aus dem Flugzeugbau mitbrachte, hatte den ultraniedrigen Zweisitzer auf hohe Sicherheitsanforderungen ausgerichtet. Dazu zählten eine Monocoque-Konstruktion mit ausgeschäumten Hauptholmen, Querschoten in Sandwichbauweise mit wabenförmiger Zwischenschicht, Kunststoffkarosserie, Gummisicherheitstank, automatische Feuerlöschanlage, Vierrad-Scheibenbremsen von Hurst/Airheart und ein Armaturenbrett mit Digitalinstrumenten.

1979 konnten die ersten Versuchsfahrten aufgenommen werden. Gegen Mitte 1980 verlautete, dass die Herstellung der ersten 200 Einheiten des 437 cm lange, 193 cm breiten, nur 108 cm hohen und 1135 kg wiegenden Stromliniencoupés spätestens Anfang 1981 anlaufen werde. Allerdings waren Wiegert und seine Mitarbeiter stets noch auf der Suche nach Geldgebern. Nachdem 1980 rund 40'000 Testmeilen zurückgelegt waren, stellte Wiegert eine Vorstellung auf der IAA Frankfurt im Herbst 1981 in Aussicht. Während der Prototyp schließlich auf über 100'000 Testmeilen kam, wurde daneben offenbar nur noch ein einziges weiteres Exemplar auf die Räder gestellt.

Ende 1983 wurden neue Details veröffentlicht: 5,7-l-Donovan-Chevy-Block, zwei Garrett-Turbolader, 600 PS, Tempo 100 binnen 4 s, Spitze 320 km/h, Cockpit großenteils aus dem F-15-Kampfflugzeug, Geschwindigkeit wie bei diesem in die Frontscheibe eingespiegelt (1. Head-up-Display bei einem Auto!), Bordcomputer ebenfalls aus der F-15, Zahlencode statt Zündschlüssel, Alu-Monocoque, Kevlar-Aufbau, 1250 kg Leergewicht. – Auto-Becker in Düsseldorf übernahm den Europavertrieb...

Mitte 1985 machte das Bild einer weiter ausgefeilten Version die Runde: Radhausausbuchtungen, speziell geformter Heckflügel (auf Wunsch);

erwähnt wurden die Bedienung des Automatikgetriebes mit einer Art Ratsche in der linken Türkonsole, über der sich, zum Fahrer abgewinkelt, auch die elektronische Armaturentafel befand. Zu sehen war auch der Gitterrohrrahmen aus Vierkantrohren (Blechteile dienten als Teil der vorderen und hinteren Hilfsrahmen). Daneben wurde Wiegert mit sich akkumulierenden Verlusten und Rechtsfällen konfrontiert.

W8. Bereits tot geglaubt, feierte die Marke Vector auf der Greater Los Angeles Auto Show im Januar 1989 ein Comeback. Gerald A. Wiegert teilte mit, dass seine Vector Aeromotive Corp. nach der Zeichnung eines neuen Aktienkapitals nun Bestellungen annehme. Aus dem W2 Twinturbo mit 600 PS leistendem 6-l-V8 wurde im gleichen Jahr die Weiterentwicklung W8 mit 7-l-V8.

W2 1990. Auf der Los Angeles Auto Show von Anfang 1990 stand dann mit der Bezeichnung W2 das „erste Produktionsmodell des stärksten exotischen Seriensportwagens der Welt". Ab April sollte es in monatlich vier Exemplaren gebaut werden. *Inzwischen hatte Wiegert zwei Spitzenleute als Mitglieder des Beratungsausschusses der Vector Aeromotive Corporation gewonnen: Peter W. Schutz, früher Aufsichtsratsvorsitzender der Porsche AG, und Ronald B. Tonkin, Präsident des US-Autohändlerverbandes.*

Auf dem Genfer Salon 1991 sollte dann wieder ein W8 gezeigt werden, und 1992 folgte in Weltpremiere ein A-WX-3 mit 7-l-Motor. Bis zu jenem Jahr sollen immerhin 17 Vector verkauft worden sein. Auf dem Genfer Salon 1993 kamen dann die Prototypen WX-3 und WX-3R (eine Roadsterversion) zur Vorstellung. Doch gleichzeitig übernahm die indonesische Firma MegaTech die Kontrolle über die Vector Aeromotive Corporation, und Gerald Wiegert wurde ausgeschaltet... Darauf lebte die Marke Vector in Florida weiter (wo bis 1999 noch 14 Vector M12 mit Lamborghini-Motor entstanden).

Vector W2, 1990

Vector	Bauart	Mot.	Getr.	R/L cm	Baujahre
W8	**Mon./M.**	**-**	**A3**	**-/-**	**1990-92**
Motor: V8/2T	OHV		5973	634/5700	874/4900

Volkswagen

Der Volkswagen – und als solcher war er gedacht – war Ende der 30er Jahre entwickelt worden, doch erst nach dem Zweiten Weltkrieg lief seine Serienproduktion an. Was als „Käfer" in die Geschichte eingegangen ist, sollte es mit 21'529'464 bis 2003 hergestellten Exemplaren zu einem einsamen Rekord bringen. 1981 lag der Schwerpunkt von Volkswagen in Deutschland allerdings längst auf der Modellreihe Golf, und der Käfer wurde nur noch in Lateinamerika weitergebaut. Nebst dem Golf gab es die Modelle Polo, Derby, Jetta, Scirocco und Passat. Golf Cabriolet und Scirocco wurden bei Karmann (→ Anhang) gefertigt. *Anfang 1981 wurde (nach Opel und Ford) auch Volkswagen von Kurzarbeit betroffen. Ab Ende 1980 liefen zwischen VW und Nissan Verhandlungen über eine Kooperation in Japan.*

Polo. Der Kleinwagen Polo war auf dem Genfer Salon 1975 vorgestellt worden. Mit Frontantrieb und Quermotor entsprach er dem üblich gewordenen Konstruktionsprinzip. Der Vierzylinder mit 0,9, 1,1 oder 1,3 l Hubraum und Leichtmetall-Zylinderkopf besaß eine zahnriemengetriebene obenliegende Nockenwelle und war um 15 Grad nach vorne geneigt eingebaut. Das Leistungsspektrum dieser OHC-Motoren reichte von 40 bis 60 PS (s. Tabellen). Für einige Länder gab es auch eine Motorversion mit 771 cm^3 und bloß 34 PS.

Die Aufhängung bestand vorne aus Querlenkern, Federbeinen und Kurvenstabilisator, hinten aus gezogenen Längsschwingen mit Federbeinen. Eine richtungsweisende Besonderheit vieler VAG-Modelle (Volkswagen und Audi) war der negative Lenkrollradius. Vorne wurden Scheibenbremsen eingebaut. Je nach Motor gab es die Ausstattungsvarianten Polo, L, GL, GLS und GT. Im Januar 1981 kam der 1,1-l-Sparmotor der „Formel E" hinzu: Er besaß einen besonders lang untersetzten vierten Gang und die Achsuntersetzung war von 4,267 oder 4,571 auf 4,06:1 verlängert worden. Zur Jahresmitte 1981 kam die Sonderausstattung LX ins Angebot.

Derby. Während der Polo ausschließlich mit zwei Seitentüren und schräger Heckklappe gebaut wurde, war der im Februar 1977 hinzugekommene Derby sein zweitüriges Gegenstück mit Stufenheck und entsprechend größerem Kofferraum (515 statt 285 dm^3, nach VDA 425 statt 238). Den Derby gab es auch in einer Ausführung CLS, und auch er war als „Formel E" erhältlich.

Golf. Der Golf hatte 1980 längst den Käfer als VW-Stammmodell abgelöst. Er war im Mai 1974 vorgestellt worden und schwang sich Schritt um Schritt zu Europas meistgekauftem Auto auf. Sein Konzept der „kompakten Größe" mit Schrägheck samt Klappe, Frontantrieb und Quermotor führte in Deutschland zum Begriff der „Golf-Klasse". Die ersten Wagen, die diesem Konzept entsprochen hatten, waren der Autobianchi Primula (ab 1964) und der Simca 1100 (ab 1967) gewesen, und sie waren die Begründer der Kompaktklasse, die sich zu Europas beliebtestem Marktsegment entwickelt hatte.

Volkswagen

VW Polo, 1981

VW Golf GL, 1981

VW Rabbit LS, 1981

VW Jetta GLI, 1981

VW Passat GL, 1981

VW Scirocco GLI, 1981

VW Iltis, 1981

Den Golf gab es mit OHC-Motoren von 1,1, 1,3 und 1,5 l Hubraum und mit 50 bis 70 PS Leistung. Hinzu kam seit Herbst 1976 ein Dieselmotor. Dieser wurde für das Modelljahr 1981 von 1471 auf 1588 cm^3 vergrößert (86,4 statt 80 mm Hub). Damit stieg die Leistung von 50 auf 54 PS. Gleichzeitig konnte die Vorglühzeit von 25 auf 7 Sekunden reduziert werden (bei 0 Grad Außentemperatur). Für den an den vergrößerten Heckleuchten, den großflächigeren Armaturen und den beleuchteten Heizungs- und Belüftungshebeln erkennbaren Jahrgang 1981 des Golf gab es ebenfalls ein Modell nach der Energiespar-„Formel E". Es unterschied sich durch ein 5-Gang-Getriebe mit Spareffekt: Bei Autobahntempo senkte dessen oberster Gang die Kurbelwellendrehzahl um etwa 1000/min, den Verbrauch um 1 l/100 km und den Lärmpegel im Innenraum um etwa 5 dB(A). Neben dem 5-Gang-Getriebe war in Verbindung mit dem 1,5-l-Motor – ebenfalls gegen Aufpreis – ein 3-Stufen-Automatikgetriebe erhältlich. Der Diesel-Golf konnte mit einem 4-Gang-Getriebe, einem Spargetriebe 3+E oder mit der 5-Gang-Einheit bestellt werden.

Das Fahrwerk umfasste vorne Dreieckquerlenker und Federbeine, hinten gezogene Längsschwingen mit Federbeinen. Vorne wurden Scheibenbremsen verwendet.

Neben den Ausstattungsvarianten Golf, L, GL, S, LS und GLS belegte der GTI eine Sonderstellung: Er war auf der Frankfurter IAA 1976 vorgestellt worden und entwickelte sich binnem kurzem zu einem Lieblingsmodell sportlich ambitionierter Autofahrer, denn mit seinen 110 PS aus 1,5 l Hubraum bot der „Gran Turismo Injection" (K-Jetronic-Einspritzung) ein in seiner Kategorie überragendes Fahrleistungsvermögen. Für 1981 wurde dieser Motor mit einer elektronischen Zündanlage anstelle des mechanischen Unterbrecherkontaktes aufgewertet. Der GTI besaß vorne und hinten Kurvenstabilisatoren, und seine Scheibenbremsen (vorne) waren belüftet.

Während es den Golf GTI nur dreitürig gab, waren die meisten anderen Ausführungen auch mit vier Seitentüren zu haben. Hinzu kam das zweitürige Cabriolet mit Überrollbügel auf der Höhe des B-Pfostens. Es wurde mit dem 1,5-L-Motor mit 70 PS oder als GLI mit dem 110-PS-Motor des GTI ausgerüstet.

Rabbit. *In den USA hieß der Golf Rabbit (Hase), und er wurde im VW-Werk in Westmoreland, Pennsylvania, hergestellt. Volkswagen of America (VWoA) hatte aus einem halbfertigen Chrysler-Werk eine hochmoderne Autofabrik gemacht und damit dem Wechselkurs-bedingten Niedergang des VW-Absatzes in den USA ein Ende bereitet. 1980 wurden „drüben" 200'000 im Land produzierte Rabbit und Pick-up-Transporter auf die Räder gestellt und rund weitere 120'000 VW importiert. Wegen der strengen Abgasvorschriften bzw. Schadstofflimiten wurde der Rabbit mit einem 1,7-l-Motor mit K-Jetronic-Benzineinspritzung von Bosch ausgerüstet. Zudem war er mit massiveren Stoßstangen und Rechteckscheinwerfern ausgestattet.*

Jetta. Was der Derby neben dem Polo war der Jetta neben dem Golf: Die Stufenheckausführung, im Falle des Jetta allerdings auch mit vier Türen. Von vorne unterschied sich der Jetta durch die Rechteckscheinwerfer vom Golf (wie der Rabbit); in der USA-Version wurde er gar mit doppelten Rechteckscheinwerfern bestückt.

Scirocco 1981. Das sportliche 2+2-sitzige Fastbackcoupé mit Heckklappe war auf dem Genfer Salon 1974 eingeführt worden, also noch vor dem Golf, mit dem es die gesamte Technik teilte. In Weltpremiere erschien der Scirocco (Name eines warmen Mittelmeerwindes) auf dem Genfer Salon im März 1981 in seiner Zweitauflage. Bei unverändertem Golf-Radstand von 240 cm war er geräumiger und deutlich länger geworden: 405 statt 388,5 cm; vor allem der Kofferraum profitierte von diesem Zuwachs. Die Gürtellinie war jetzt horizontal durchgezogen, und dank leicht abgerundeter Front und Spoilern ergab sich ein von cw 0,42 auf 0,38 reduzierter Luftwiderstandsbeiwert.

Der Innenraum war vermehrt auf die weibliche Käuferschaft abgestimmt worden. So wurde die Armaturentafel beim GL abgestimmt auf die Innenausstattung in fünf Farbtönen lieferbar. Für sportliche Naturen war der GT mit höhenverstellbaren Schalensitzen und einem Instrumentarium bestimmt, das sogar ein Ölthermometer umfasste. Doch schon beim L-Modell zählten Kunststoff-ummantelte Stoßfänger, Rückfahrleuchten, Heckscheibenheizung, Gepäckraumabdeckung und Halogen-H4-Lampen zur serienmäßigen Ausrüstung.

Der neue Scirocco wurde mit vier Motoren angeboten: 1,3 l/60 PS (für L und GL), 1,5 l/70 PS (LS, GL, GT), 1,6 l/85 PS (LS, GL und GT), 1,6 l/110 PS (GTI und GLI). Bei Letzterem handelte es sich um den beliebten K-Jetronic-Einspritzmotor; er ließ den Scirocco binnen 9,5 s auf Tempo 100 sprinten und eine Spitze von 190 km/h erreichen. Außer mit dem normalen 4-Gang-Getriebe ließen sich die 70- und 85-PS-Motoren auch mit dem 5-Gang-Spargetriebe 4+E oder mit dem 3-Stufen-Automatikgetriebe ausrüsten. GTI und GLI erhielten hingegen das enggestufte 5-Gang-Getriebe. Allen Ausführungen gemeinsam war eine Schalt- und Verbrauchsanzeige. Vorne fanden sich Federbeine und Dreieckquerlenker, hinten eine Verbundlenker-Achskonstruktion aus Federbeinen und gezogenen Längsschwingen. Die Bremsen arbeiteten mit Servo, und bei den GTI/GLI waren die Bremsscheiben (nur vorne) innenbelüftet.

Passat. Der 23. Mai 1973 war der denkwürdige Tag gewesen, an dem sich Volkswagen das Tor zur Zukunft aufgestoßen hatte. Nach und nach sollten dem Heckmotor-Käfer und seinen Derivaten die modernen Fronttriebler (vorerst) zur Seite gestellt werden. Der Passat hatte einen längs eingebauten Motor mit obenliegender Nockenwelle (Zahnriemenantrieb) und Aluminium-Zylinderkopf erhalten und wurde in zunehmender Vielfalt angeboten.

Im Oktober 1980 wurde er in ganz neuer Form vorgestellt: Er zeigte sich auf einem um 8 cm auf 255 cm verlängerten Radstand mit einer gar um 14,5 auf 443,5 cm Länge gewachsenen Karosserie. Die Breite hatte um 8,5 auf 168,5 cm zugenommen. Vor allem für die hinteren Insassen wurde deutlich mehr Innenraum geboten und der neue Aufbau wirkte weit repräsentativer. Auffallend waren vor allem die noch großzügiger gewordenen Fensterflächen, die eine gute Rundsicht sicherstellten. Es gab zunächst die fünftürige Fließhecklimousine (cw-Wert auf 0,38 gesenkt) und den fünftürigen Kombi Variant (mit Dachreling); die dreitürige Limousine sollte später folgen. Nebst einer Grundausführung gab es die Ausstattungsniveaus L, GL, LS und GLS.

VW Polo, 1982

Der neue Passat ging gleich mit fünf Motorvarianten an den Start: 1,3 l mit 55 PS (in Deutschland steuergünstig) und mit 60 PS (für den Export), dieser Motor musste noch mit Handchoke gestartet werden; 1,6 l mit 75 PS (Normalbenzin) und mit 85 PS (Superbenzin, für später), dieser Motor mit Startautomatik; 1,9 l mit fünf Zylindern und 115 PS (trat an die Stelle des 1,6-l-Einspritzmotors mit 110 PS); sowie 1,6-l-Diesel mit 54 PS. Neu bei den beiden Vierzylindermotoren war die elektronische Zündanlage TSZ mit verschleißfreiem Hallgeber. Der bereits aus dem → Audi Coupé bekannte Fünfzylindermotor bot eine digitale Leerlaufstabilisierung DLS, mit der eine erhöhte Tourenzahl während der Warmlaufphase vermieden wurde.

Während die 1,3-l-Maschine um 9 Grad nach rechts geneigt eingebaut wurde, waren es bei den größeren Antriebseinheiten 20 Grad.

Mit dem 1,6-l-Motor konnte das 5-Gang-Getriebe mit der Bezeichnung 4+E bestellt werden. Bei ihm war der oberste Gang E (= Economy oder Einsparung) zwecks Benzinsparens besonders lang untersetzt. Es ergab sich auch eine Lärmverminderung, die Höchstgeschwindigkeit (von 164 km/h) konnte allerdings nur im vierten Gang erreicht werden. Beim Passat mit dem 1,9-l-Motor wurde von Haus aus das 4+E-Getriebe eingebaut, doch war bei ihm wie auch beim 1,6-l-Modell auf Wunsch ein 3-Stufen-Automatikgetriebe zu haben. Mit dem 5-Gang-Getriebe zeigte eine Leuchtdiode am Armaturenbrett, wenn der Fahrer in den nächstoberen Gang schalten sollte. Hinzu kam eine Verbrauchsanzeige, die ebenfalls vom Unterdruck im Ansaugrohr beeinflusst wurde, aber nur im fünften Gang funktionierte.

VW Derby, 1982

Die vordere Radaufhängung umfasste Federbeine und Dreieckquerlenker. Hinten wurde jedoch statt der Torsionskurbelachse neu eine Verbundlenkerachse verwendet, wie sie in ähnlicher Form bei Polo bis Jetta zu finden war. Sie besaß neuartige, verschleißfeste Lager aus Gummi und Metall. Das Fahrwerk war im Übrigen weiterhin mit Servobremsen und einem negativen Lenkrollradius ausgerüstet.

Iltis. Er war als echter 4x4-Geländewagen für die Bundeswehr konzipiert worden, wenn er auch kein Untersetzungsgetriebe, aber doch einen stark untersetzten ersten Gang (5-Gang-Getriebe) und zwei Differenzialsperren bot. Die Zivilversion war auf dem Genfer Salon 1979 vorgestellt worden. Der Vierradantrieb war zu- bzw. ausschaltbar. Dem Antrieb diente ein auf 1716 cm^3 vergrößerter Passat-Motor mit 75 PS Leistung (um 20 Grad nach rechts geneigt eingebaut). Das Fahrwerk umfasste vorne und hinten identische Schwebeachsen mit Doppelquerlenkern und oberen Querblattfedern. Die Servobremsen arbeiteten vorne wie hinten mit Trommeln. Es gab den Iltis in verschiedenen Ausführungen mit viersitziger Offenkarosserie oder auch mit Hardtop und Türen. Er wurde bis 1982 in 9547 Einheiten gebaut.

VW Scirocco, 1982

VW Santana, 1982

Golf / Jetta 1982. Mit dem im August 1981 vorgestellten Modelljahr 1982 wurden die Ausstattungsbezeichnungen M/N/L/GL/S/GLS auf C, CL und GL reduziert. Der Innenraum war überarbeitet und die Ausstattung aufgewertet worden; Halogenscheinwerfer und Heckscheibenwischer zählten nun zur normalen Ausrüstung. Der GTI zeigte (wie schon die Formel-E-Versionen) schwarze vordere Regenrinnenblenden. Beim Golf Cabriolet ließ sich das geöffnete Verdeck um rund 10 cm tiefer festzurren. Dank Detailarbeit hatten die VW-Ingenieure den Verbrauch generell weiter absenken können. Neu war der 1,6-l-Motor mit 85 PS, der serienmäßig mit einem 5-Gang-Getriebe verbunden wurde (auf Wunsch Automatikgetriebe). Dies galt auch für den Scirocco.

Passat 1982. Für dieses Modell wurde der 1,6-l-Motor mit 85 PS erneut erhältlich (ebenfalls mit 5-Gang-Getriebe oder Automat). Alle Dieselmotoren für Passat wie auch für Golf und Jetta wurden von Haus aus mit 5-Gang-Getriebe (4+E) ausgestattet. Alle Passat Variant erhielten einen Heckscheibenwischer, alle GL-Versionen u. a. eine verbesserte Fondbank. – In den USA hieß der Passat übrigens Quantum.

Polo 1982. Eine Überraschung verkörperte der zur IAA Frankfurt 1981 vorgestellte neue Polo. Er zeigte nämlich nicht mehr ein Schräg-, sondern ein Steilheck und eine lange zweite Seitenscheibe, mit der sich eine hervorragende Rundsicht ergab. Im Grunde genommen war der Polo damit ein dreitüriger Kombi geworden. Die Heckklappe reichte nun 17 cm tiefer bis auf Stoßstangenhöhe, und innen ergab sich mehr Geräumigkeit, auch wenn die Gesamtlänge nur um 5 cm angewachsen war. Der Polo war damit zu einem überaus vielseitigen und zweckmäßigen Fahrzeug eigenständiger Richtung herangewachsen. Dies wurde auch von der schwarzen B-Säulenverkleidung mit senkrechten Rippen unterstrichen.

Der kleinste Motor von 895 cm^3 Inhalt war auf 1043 cm^3 vergrößert worden, aber weiterhin auf 40 PS ausgelegt. Hingegen bot er aus niedrigeren Drehzahlen deutlich mehr Drehmoment. Weiterhin gab es den 1093-cm^3-Motor mit 50 PS für Normal und Superbenzin (Formel E) und den 1272-cm^3-Motor mit 60 PS. Der 1043-cm^3-OHC-Motor war mit raffinierten technischen Kniffen zu einem Sparmotor ausgebildet worden, so u. a. durch das HCS-Brennverfahren (High Compression and Squish = Quetschfläche). Dieses ermöglichte trotz einer Verdichtung von 9,5:1 den Betrieb mit Normalbenzin, wobei der ECE-Verbrauch mit 5,8/7,9/7,9 (statt 6,0/8,4/8,5) l/100 km angegeben wurde.

Auch der neue Polo erhielt eine angereicherte Ausstattung. Schon beim Modell C gehörten verstellbare Kopfstützen, ein dreistufiges Gebläse, seitlich schwenkbare Sonnenblenden, Ablagen, eine Gepäckraumabdeckung, Heckscheibenheizung und -wischer sowie ein Tankschloss zur Serienausrüstung. Bei CL und GL kamen weitere Zubehöre dazu. Es standen fünf Radios zur Wahl, drei mit Stereo und zwei mit Kassettenspieler.

Derby 1982 / Polo Classic. Mit dem Polo wurde auch der Derby erneuert. Von vorne unterschied er sich weiterhin durch die Rechteck- statt Rundscheinwerfer. Die Gesamtlänge war zwar nur um 6 cm gewachsen, doch wurde deutlich mehr Innenraum geboten. Auch beim Derby sorgte die abgesenkte untere Fensterlinie für ein moderneres Erscheinungsbild und verbesserten Ausblick. In technischer Hinsicht war er mit dem Polo identisch. In einigen Ländern – darunter auch die Schweiz – wurde der neue Derby unter der Bezeichnung Polo Classic verkauft.

Santana. Als neues Topmodell der Marke Volkswagen wurde auf der IAA 1981 der Santana eingeführt. Was die Stufenheckmodelle Derby neben dem Polo und Jetta neben dem Golf, das war nun der Santana neben dem Passat: Auch er war ein längeres und damit repräsentativeres Stufenheckauto mit viel Kofferraum. Der Santana war eine Sechsfensterlimousine, die in der Topausführung durch etliche Chromzier brillierte, auch wenn der Kühlergrill epochegerecht schwarz blieb. Es gab ihn in den Ausstattungsstufen CL, GL, CL5 und GL5, wobei vier Motoren zur Wahl standen: 1,6 l mit 75 und 85 PS, 1,9-l-Fünfzylinder mit 115 PS und 1,6-l-Diesel mit 54 PS. Technisch entsprach der Santana dem Passat.

Zu den aufpreispflichtigen Zubehören zählten eine Servolenkung, Zentralverriegelung, Fensterheber, elektrisches Schiebedach und Fahrersitzheizung. Bei der Vorstellung des Santana hätte wohl niemand daran gedacht, dass dieses Modell zu einem Dauerbrenner einer künftigen chinesischen VW-Produktion werden würde.

Noch während der IAA wurde allerdings bekannt, dass VW mit Nissan einen Kooperationsvertrag abgeschlossen habe, wonach die Japaner im Werk Zama in Tokio ab Oktober 1983 den Santana bauen würden, zunächst in 60'000 Exemplaren, später in bis zu 180'000 Stück pro Jahr. Die Antriebseinheiten sowie Fahrwerksteile sollten aus Deutschland angeliefert werden.

Inzwischen liefen zudem Verhandlungen mit der in Schwierigkeiten steckenden spanischen Marke → Seat. VW sah vor, bei diesem Unternehmen jährlich 150'000 Polo und Derby herzustellen, die Hälfte davon für den Export. Anderseits hatte VW selbst mit Finanzproblemen zu kämpfen, die durch die von der Wirtschaftskrise Südamerikas heimgesuchten Tochterfirmen in Brasilien und Argentinien verursacht wurden, anderseits aber auch durch die tief in den roten Zahlen steckende Computer-Tochter Triumph-Adler.

Wegen eines Schlaganfalls hatte der Vorstandsvorsitzende Toni Schmücker sein Amt zur Verfügung gestellt; das Präsidium des Aufsichtsrates brachte darauf einstimmig Dr. Carl H. Hahn (55), Vorstandsvorsitzender der Continental Gummi-Werke AG, als Nachfolger zum Vorschlag. Dessen Wahl durch den Aufsichtsrat am 13. November 1981 war bloß noch Formsache.

Golf GTI fünftürig. Im November 1981 wurde der GTI einer großen Interessentennachfrage entsprechend auch fünftürig lieferbar. Er unterschied sich zudem durch vier Rundscheinwerfer, andere Zierleisten und hellere Innenraumfarben vom dreitürigen GTI.

Golf GTD. Er stand schon seit einiger Zeit im Gespräch, und im Februar 1982 wurde er vorgestellt: Der Golf-Diesel mit Abgasturbolader. Der Golf GTD, so die Bezeichnung (parallel zu ihm erschien auch der Audi 80 Turbo-Diesel), bot aus 1,6 l Hubraum 70 statt nur 54 PS und wurde mit einem 4+E-Getriebe (besonders lang übersetzter und damit drehzahl- und verbrauchssenkender fünfter Gang) ausgeliefert. Der Abgasturbolader arbeitete mit maximal 0,7 bar. Er sorgte damit für gleich viel Leistung, wie sie im 1,5-l-Benzinmotor zur Verfügung stand, erbrachte diese aber bereits bei 4500/min statt 5600/min. Das maximale Drehmoment stieg von 102 Nm bei 2000/min auf 133 Nm bei 2600/min. Der GTD erreichte 155 km/h Spitze und Tempo 100 binnen 13,5 s. Als ECE-Verbrauch wurden 4,5/6,7/6,6 l/100 km genannt. Mit dem Golf GTD erschien der Dieselmotor in einem neuen Licht; noch ahnte man allerdings nicht, dass es der Abgasturbolader war, der dem Dieselmotor erst eigentlich zum Durchbruch verhelfen sollte.

In der Schweiz wurde die beliebte Sonderausführung Leader des Golf im Frühling 1982 von der Importfirma Amag durch die Version Master abgelöst, bei der ebenfalls diverse Zubehöre kostengünstig inbegriffen waren.

1,8-l-Einspritzmotor. Die bedeutendste Neuerung im VW-Programm für 1983 war der Ersatz des 1,6-l-Einspritzmotors durch eine Version mit 1,8 l Hubraum. Dieses 1781-cm^3-Aggregat „befeuerte" ab Juli 1982 die Modelle Golf GTI, Golf Cabriolet GLI, Scirocco GTI und Jetta GLI. Die Höchstleistung stieg zwar nur unwesentlich von 110 PS bei 6100/min auf 112 PS bei 5800/min; hingegen erfuhr das maximale Drehmoment eine substanzielle Erhöhung, nämlich von 140 Nm bei 4000/min auf 153 Nm bei niedrigen 3500/min. Vordergründiges Ziel war allerdings eine Verbrauchsverminderung, weshalb eine längere Achsuntersetzung von 3,65:1 statt 3,895:1 gewählt wurde. Der Golf GTI erreichte nun Tempo 100 binnen 9,2 s und kam auf 183 km/h Spitze. Der ECE-Verbrauch sank auf 6,4/8,2/10,9 l/100 km (statt 6,8/8,6/11,2 l/100 km).

VW Golf CL, 1984

VW Polo Coupé, 1983

VW Jetta GL, 1984

VW Passat Variant Syncro, 1985

Für die Golf GTI und Scirocco GTI führte VW eine neue Multifunktionsanzeige mit zwei Speichern ein. Sie wurde mit dem Scheibenwischerhebel bedient und konnte Uhrzeit, Fahrzeit, Fahrstrecke, Durchschnittsgeschwindigkeit, Durchschnittsverbrauch sowie Öl- und Außentemperatur anzeigen.

VW Golf Cabriolet, 1985

VW Scirocco GTX 16V, 1986

Dank dem Käfer hatte Volkswagen in den USA einst einen Marktanteil von 7 Prozent erreicht. Mit dem Rabbit wollte man wenigstens wieder auf 5 Prozent kommen. Doch statt aufwärts ging's mit dem Rabbit abwärts, und der Marktanteil sank 1982 auf 1,5 Prozent. Dabei hatte Volkswagen of America (VWoA) in Sterling Heights, Michigan, ein zweites Montagewerk in Vorbereitung. Dessen Inbetriebnahme musste nun hinausgeschoben werden, ja man beurlaubte im Werk Westmoreland eine größere Anzahl Arbeiter und entließ 400 bzw. 10 Prozent der Angestellten. Die Ursache sah VW in der inzwischen erwachsenen Konkurrenz von ebenfalls frontgetriebenen Kompaktwagen aus Japan. – Doch auch in der Bundesrepublik stand es wegen des allgemein schleppenden Inland- und Exportabsatzes nicht zum Besten; so mussten für die zweite Jahreshälfte 1982 erstmals seit 1975 wieder massive Produktionseinschränkungen verfügt werden: In den sechs inländischen Werken wurden für 80'000 Arbeitnehmer, zwei Drittel der Gesamtbelegschaft, Kurzarbeit bzw. Zwangspausen eingeführt. Dessen ungeachtet verwirklichte sich im Herbst 1982 der Einstieg des Volkswagenkonzerns bei → Seat.

Polo Coupé. Knapp ein Jahr nach der Vorstellung des Polo mit der kombiförmigen Karosserie kam die als Coupé bezeichnete Version mit Fließheck hinzu. Auch sie war dreitürig und bot einen 4/5-sitzigen Innenraum, doch reduzierte sich der maximale Laderaum von 1000 auf 880 dm^3. Gleichzeitig wurden die Polo mit einem 60 PS leistenden 1,3-l-Motor lieferbar, mit dem Tempo 100 binnen 13 s erreichbar war. Der 1-l-Motor mit 40 PS war im Coupé nicht zu haben.

Polo GT. Bereits in der zweiten Hälfte 1982 kam das Coupé Polo GT hinzu. In ihm wurde der neue 1,3-l-Motor durch ein ungewöhnlich hohes Verdichtungsverhältnis von 11:1, sowie mit dem in den Kolbenboden verlegten Brennraum mit Quetschfalte und mit einer raffinierten elektronischen Kennfeldzündung auf 75 PS bei 5800/min gebracht. So motorisiert erreichte der Polo Tempo 100 binnen 11,5 s und eine Spitze von 167 km/h.

Zur Jahreswende 1982/83 wurde bekannt, dass VW nach dreijährigen Verhandlungen mit China einen Vertrag für die Montage von vorerst 500 Santana abschließen werde, die bis Ende Jahr in Schanghai entstehen sollten. Ab 1984 wurde ein Jahresausstoß von 20'000 Einheiten angestrebt, wobei die Einzelteile allmählich vor Ort entstehen sollten. – Anderseits konnte Volkswagen of America im Frühling 1983 sein im Entstehen begriffenes, inzwischen eingemottetes zweites USA-Werk in Sterling Heights an die Chrysler Corporation veräußern. – Nachdem VW 1982 tief in die roten Zahlen geraten war (es war der zweite Einbruch seit 1975), stellte Konzernboss Dr. Carl H. Hahn im Frühling 1983 eine Wende erst für 1984 in Aussicht. Bis Mitte 1983 hatten 4895 Beschäftigte die 1980 eingeführte 59-er Regelung genutzt, die eine vorzeitige Pensionierung ab dem 59. Lebensjahr finanzierte. Dies entsprach einer „Abbau-Erfolgsquote" von 80 Prozent; 1983 lief zudem eine 58-er Regelung.

Golf GTI Pirelli. Noch bevor die zweite Golf-Auflage vorgestellt wurde, erschien die GTI-Sonderauflage mit dem Zunamen Pirelli. Sie verband den 112-PS-Motor mit in der Wagenfarbe gehaltenen Anbauteilen (weiß, rot oder dunkelgrün) und den neuen Pirelli-Sportreifen P6 (185/60 R 17) sowie ungewöhnlichen Felgen mit neun als Ring angeordneten P-förmigen Öffnungen. Er wurde binnen drei Monaten in 10'500 Exemplaren gebaut.

Golf 2. Der Juli 1983 ging in den Annalen des Volkswagenwerks als ein bedeutender Monat ein: Denn in seinem Verlauf wurde – nach neun Jahren – der Golf der Zweitauflage vorgestellt. Das charakteristische Golf-Design war unverkennbar erhalten geblieben. Aber alle Dimensionen waren sichtlich größer geworden, alle Formen waren rundlicher und der hintere Dachträger zeigte sich breiter. Der Radstand war von 240 auf 247,5 cm verlängert worden, die Länge hatte von 381,5 auf 398,5 cm zugelegt und die Breite von 161 auf 166,5 cm. Nur die Höhe war mit 141,5 cm kaum verändert worden. Der zusätzliche Innenraum kam allen Insassen, speziell aber den hinteren Passagieren, zugute.

Der Kofferraum hatte gar um 30 Prozent zugelegt, und er war nun durch eine zwischen den Hecklichtern heruntergezogene Heckklappe besser zugänglich. Auch der Übergang zu einem Notrad hatte mehr Kofferraum erbracht. Der 55 l fassende Treibstofftank bestand aus Kunststoff und war ein raffiniert raumnutzendes Gebilde geworden. Die leicht eingezogene Frontpartie hatte ihre Form im Windkanal erhalten, und zusammen mit dem weiteren Feinschliff resultierte ein Luftwiderstandsbeiwert von beeindruckend tiefen cw 0,34. Das Leergewicht hatte um bloß 20 bis 40 kg auf 860 bis 940 kg zugelegt.

Den neuen Golf gab es in den Versionen C, CL, GL und GTD mit Motoren von 1,3 bis 1,6 l Hubraum und mit einem Leistungsspektrum von 54 bis 75 PS. Für 1984 wurden bereits auch ein 1.8 GLX und ein 1.8 GTI in Aussicht gestellt. Ein neuer 1,3-l-Motor mit optimiertem HCS-Brennverfahren (High Compression and Squish, Verdichtung 9,5:1) hatte die 1,1-l-Basismotoren abgelöst. Das Fahrwerk war im Detail überarbeitet worden. So sorgten neue Federbeinlager für einen verbesserten Abrollkomfort. Die hintere Verbundlenkerachse erhielt (ähnlich wie beim Passat) ein V-förmiges Profil und spurkorrigierende Achslager.

Motoren 1984. Die kleinste Motorenfamilie EA 801 stand mit dem Modelljahr 1984 nur noch mit 1043 und 1272 cm^3 zur Wahl (die Version mit 1093 cm^3 entfiel); die größeren EA 827 gab es mit 1296, 1588, 1595 (neu, Kurzhub) und 1781 cm^3 (1457 cm^3 gestrichen); der Fünfzylindermotor EA 828 wurde von 1921 auf 1994 cm^3 vergrößert (Bohrung wie bei 1595 cm^3).

Bei allen Modellen 1984 war der Hebel für die Längsverstellung der Vordersitze von der Außen- auf die Innenseite verlegt worden. Die Gurtschlösser waren der europäischen Norm angepasst (Lösetaste vorn am Schlosskopf). Statt der gelben Diode wurde für das Fernlicht wieder ein blaues Kontrolllicht eingeführt. Beim Polo GL war die Hintersitzbank nun serienmäßig (bei den anderen auf Wunsch) umklappbar. Statt des Einzelwischers erhielt der Scirocco die üblichen zwei Scheibenwischer. Dem Passat wurden die breiteren Santana-Felgen spendiert, und der Santana wurde auch in einer preisgünstigeren CX-Version und zudem mit 1,3-l-Motor lieferbar.

Scirocco 16V. Gleichzeitig mit dem DOHC-20-Ventil-Zylinderkopf für den → Audi Quattro Sport war bei Audi ein 16-Ventil-Motor auf der Basis des neuen 1,8-l-Motors entwickelt worden. Mit der IAA Frankfurt im September 1983 wurde dieser DOHC-16V-Motor mit K-Jetronic zunächst im Scirocco lieferbar. Die Leistung stieg von 112 (beim 1.8) auf 139 PS. 100 km/h konnte mit ihm in 8 s erreicht werden, und die Spitze wurde mit 210 km/h angegeben.

Bei dem neuen Motor waren Tassenstößel für einen automatischen Ventilspielausgleich besorgt, und die acht Auslaßventile wiesen eine kühlende Natriumfüllung auf. Der Scirocco 16V besaß Scheibenbremsen auch an den Hinterrädern, und sein Tankinhalt war von 40 auf 55 l vergrößert worden. Äußerlich hob er sich durch Spoiler an Front und Heck und innen durch eine luxuriösere Aufmachung ab.

Passat Variant Tetra. Als Gegenstück zum Audi 80 Quattro wurde auf der IAA 1983 als erster (moderner) VW mit Vierradantrieb ein Passat Variant vorgestellt. Er hieß Tetra, womit das italienische Quattro auf Griechisch übersetzt war. Kombiniert war dieser Antrieb mit dem zum Modelljahr 1984 auf 2 l vergrößerten Fünfzylindermotor und einem 5-Gang-Getriebe. Die für den Vierradantrieb benötigten Teile stammten vom Audi 80 Quattro. Allerdings handelte es sich vorerst noch um einen Prototyp.

Jetta 1984. Im Januar folgte auf den neuen Golf auch die Jetta-Zweitauflage. Analog zum Golf war der Radstand um 7,5 auf 247,5 cm angewachsen, während die Länge um 12 auf 419,5 cm zu-

VW Passat GL, 1987

VW Golf GTI 16V, 1988

VW Jetta Syncro, 1988

nahm. Den Fondpassagieren stand damit weit mehr Knieraum als bisher zur Verfügung, und der Inhalt des Kofferraums wuchs von 520 auf 575 l. Wie beim Golf standen fünf Motoren zur Wahl, und zu den Ausstattungsvarianten C, CL und GL wurde als neue Topausführung der Carat in Aussicht gestellt. Er bot u. a. eine mit Plastiksack für den Skitransport versehene Durchreiche. Im übrigen befand sich bei VW eine automatische Leuchtweitenregulierung in Entwicklung, mit der verhindert wurde, dass die Scheinwerfer bei gefülltem Kofferraum den Gegenverkehr blendeten.

Anfang 1984 handelte die Volkswagen AG mit der DDR einen Kooperations- und Liefervertrag aus, wonach VW eine Fertigungsstraße für die Herstellung von jährlich 286'000 Viertaktmotoren (1,1 und 1,3 l) lieferte. Davon sollten 100'000 Rumpfmotoren an VW geliefert werden, während die andern für den Einbau in den DDR-Wagen Trabant und Wartburg gedacht waren, die stets noch mit Zweitaktmotoren bestückt wurden. – Im Februar 1984 lief im Zama-Werk von Nissan die Lizenzherstellung des VW Santana an. Der Verkauf erfolgte über den Sunny-Vertriebskanal und zu einem kleineren Teil über die VW-Importfirma Yanase.

Infolge eines von der Gewerkschaft IG Metall ausgerufenen Streiks kamen die VW-Fließbänder im Mai 1984 (wie bei den meisten deutschen Autoherstellern) zum Stillstand. 97'000 der 113'000 Mitarbeiter wurden in Werksurlaub geschickt, womit sie weiterhin ihre Löhne und Gehälter erhielten (Streikhintergünde → Bucheinleitung, Bundesrepublik Deutschland).

Mitte 1984 konnte VW aus der Volksrepublik China den Auftrag für eine Anschlusslieferung für die Montage von 2000 Santana bei der Shanghai Tractor and Automobile Corporation entgegennehmen. – Im US-Werk Westmoreland, Pennsylvania, lief in der zweiten Hälfte 1984 (teils mit deutschen Teilen) die Produktion des neuen Golf an, der nun nicht mehr Rabbit hieß.

Scirocco 1985. Zu diesem Jahrgang erfolgte eine Umstellung bei den stärker motorisierten Scirocco-Ausführungen: Es gab nun den GT u. a. mit 75 PS leistendem 1,6-l-Motor und Sportsitzen, Tourenzähler, Digitaluhr, Mittelkonsole und Türablagen sowie mit dem 112 PS leistenden 1,8-l-Einspritzmotor und zusätzlich Leichtmetallfelgen, Multifunktionsanzeige usw. Topmodelle waren aber der GTX und der 16V – dieser mit 139 PS leistendem 16-Ventil-Motor –, die überdies mit rotgerahmtem Grill, abgedunkelten Heckleuchten, Ölthermometer und Sitzhöhenverstellung aufwarteten. Im Februar 1985 gab VW bekannt, dass der 16-Ventil-Motor erst zum Modelljahr 1986 erhältlich sein werde, dafür aber auch im Golf GTI.

Passat Variant Syncro / Santana = Passat. Mit dem Modelljahr 1985 wurde der Santana in Europa auf Passat umbezeichnet (Spanien ausgenommen). Den Passat-Kombi Variant gab es zusätzlich in einer mit Syncro bezeichneten 4x4-Version (von den Marketingleuten syncro geschrieben, als wär's kein Eigenname; als Prototyp war er auf der IAA 1983 als Tetra bezeichnet worden). Dem permanenten Vierradantrieb dienten nebst dem 5-Gang-Getriebe Hohl- und Innenwellen sowie drei Differenziale. Durch Zugknopf selbst während der Fahrt bedienbare pneumatische Sperren von Verteiler- und Hinterachsdifferenzial ermöglichten ein Vorankommen selbst unter extremen Verhältnissen. Bei der Hinterradaufhängung handelte es sich um eine eigene Schräglenkerkonstruktion mit Hilfsrahmen. Gegen Aufpreis war bei diesem Variant zudem (erstmals bei VW) ein ABS erhältlich.

Während der 4x4-Variant in Deutschland und anderen Ländern mit dem 115 PS leistenden 1994-cm^3-Fünfzylindermotor ausgerüstet wurde, erhielt er für die Schweiz (wegen der besonderen Abgasbestimmungen) den aus den Audi bekannten 2226-cm^3-Fünfzylinder mit 136 PS. Es gab den Syncro in den Metalliclackierungen Silver und Jadegrün mit mattschwarzer Dachreling und ebensolchen Fenster- und Radhauseinfassungen. Die Sportsitze besaßen einen eigens kreierten Überzug und die Ausstattung war besonders reichhaltig.

Jetta GT. Auf dem Salon Paris 1984 wurde als Pendant zum Golf GTI die Stufenhecklimousine Jetta GT vorgestellt, auch sie mit dem 112 PS starken 1,8-l-Einspritzmotor. An Stoßfängern und Seitenschutzleisten fanden sich rote Farbstreifen, und zahlreiche Zierelemente waren in modischem Schwarz gehalten. Der Innenraum war mit Sportsitzen und einer Multifunktionsanzeige samt Verbrauchs- und Schaltanzeigen aufgewertet worden.

Wegen des Streiks wurden die Änderungen für den Jahrgang 1985 teils erst später bekannt: Passat nun mit zweckmäßig wie effektvoll bis zu den Radausschnitten gezogenen Stoßfängern, neu gezeichneter Kühlergrill mit Horizontalstäben zwischen Breitband-Scheinwerfern, breite seitliche Rammschutzleisten, schwarze Türschweller, bei der fünftürigen Limousine bündige Heckscheibe mit unten anschließender Spoilerlippe, neue Innenstoffe.

Markant waren beim Golf GTI des Jahrgangs 1985 die Doppelscheinwerfer (innen kleiner als außen); solche erhielt auch die Turbo-Diesel-Version. Stoßfänger und Seitenschutzleisten erhielten rote Zierlinien, hinzu kamen schwarze Türschweller, Auspuff-Doppelendrohre, 6-Zoll-Felgen mit Lochdesign sowie eine digitale Leerlaufstabilisierung.

Golf GT. Im April 1985 kam der Golf GT hinzu: Er besaß die selben Doppelscheinwerfer wie der GTI und unterschied sich äußerlich kaum. Er bot ein Vierspeichen-Lenkrad, sportlich geformte Sitze mit Doppelstreifen-Stoffmuster, einen Drehzahlmesser und schwarze Bodenteppiche, angetrieben wurde er vom 90 PS leistenden 1,8-l-Motor. – Allmählich wurden nun auch Katalysator-Modelle eingeführt, beim Scirocco 16V mit KA-Jetronic fiel die Leistung dadurch von 139 auf 129 PS.

1986 konnten die Wartungsintervalle in der Regel auf 15'000 km ausgedehnt werden (hydraulische Ventilstößel, elektronische Zündung, Longlife-Kerzen usw. machten's möglich). Der Basismotor im Polo leistete nun 45 statt 40 PS. Überarbeitet worden war auch der 55-PS-Motor von Golf und Jetta. Der bislang dem Golf Carat vorbehaltene 1,8-l-Motor mit 90 PS war nun auch in einfacheren Golf- und Jetta-Modellen lieferbar. Der GTI 1986 zeichnete sich durch einen größeren Frontspoiler und neue Radkappen aus. Der Scirocco GT erhielt einen Rundumspoilersatz und Breitbandscheinwerfer, der GTX den größeren Heckspoiler des 16-Ventil-Modells. Zudem kamen etliche weitere Katalysator-Modelle ins Angebot.

Golf Syncro. Auf der IAA Frankfurt im September 1985 vorgestellt, aber erst für den Produktionsstart 1986 vorgesehen, wurden auch der Golf Syncro und der Polo G 40. Die Bezeichnung Syncro bezog sich wie beim Passat Syncro auf den Vierradantrieb. Während man aber beim Passat auf das beim Audi 90 Quattro bewährte System zurückgreifen konnte, verlangte das 4x4-System für den mit Quermotor ausgestatteten Golf nach einer eigenen Lösung. Kernstück bildete eine Viskokupplung nach System Ferguson (zähflüssiges Silikonöl), mit der sich die Drehmomentverteilung vorne/hinten automatisch den unterschiedlichen Haftbedingungen der Räder anpassen ließ. Ein Freilauf trennte im Schiebetrieb das Hinterachsdifferenzial vom Antriebsstrang, was die Verwendung eines ABS ermöglichte. Für den mit allen Getriebearten kombinierbaren vorderen Winkeltrieb sowie für die neue Schräglenker-Hinterachse musste die Bodengruppe angepasst werden. Wegen des höheren Innenbodens reduzierte sich das Kofferraumvolumen um einen Drittel. Der Syncro wurde fünftürig mit dem 90-PS-Motor angeboten.

Polo Coupé GT G 40. Die andere zur IAA 1985 gezeigte Neuheit verkörperte ebenfalls technische Innovation: Beim G-Spirallader handelte es sich um ein bereits zur Jahrhundertwende patentiertes System, das aber erst jetzt als Alternative zum Abgasturbolader eingesetzt werden konnte. Dieser von der Kurbelwelle über einen Keilriemen angetriebene mechanische Kompressor erbrachte eine starke Leistungserhöhung und arbeitete verzögerungsfrei. Zudem bot er einen gleichmäßigen hohen Drehmomentverlauf.

Mit einer auf 500 Einheiten beschränkten Serie wollte VW Erfahrungen sammeln. Im Polo zauberte der G-Lader (so genannt wegen seiner Form) aus dem 1,3-l-Motor nicht weniger als 115 PS bei 6000/min. Die Verdichtung war auf 8:1 reduziert worden, und zur Ausrüstung zählten ein Ladeluftkühler und die hauseigene elektronische Benzineinspritzung Digifant mit Kennfeldzündung und Klopfsensor. Bremsen und Fahrwerk waren dem gestiegenen Leistungsniveau angepasst worden. Mit dem 5-Gang-Sportgetriebe erreichte der 805 kg leichte Polo G 40 Tempo 100 binnen rund 9 s und zudem eine Spitze von 195 km/h.

Noch vor der IAA-Premiere hatte man drei präparierte Polo G 40 auf der Schnellbahn des VW-Versuchsgeländes in Ehra-Lessien eine 24-Stunden-Rekordfahrt absolvieren lassen: Mit 208 km/h wurde der bestehende Klassenrekord um gut 23 Prozent überboten!

Die Lizenzproduktion des VW Santana von Nissan in Japan hatte sich inzwischen als ein Flop erwiesen: Statt der 48'000 bis 60'000 Einheiten waren 1985 nur gerade 14'000 Stück verkauft worden. Japaner mochten keine ausländischen Autos ohne Prestigewert. – Anderseits verzeichnete der Volkswagen-Konzern mit der im Februar 1986 beschlossenen Mehrheitsübernahme von → Seat einen Erfolg. – Mitte 1986 entschied sich die Bundesrepublik, ihre 19 Prozent Kapitalanteil am VW-Konzern 1987 breit gestreut zu verkaufen; das Bundesland Niedersachsen behielt jedoch seine 20 Prozent (was sich später als politisch schlauer Entscheid erweisen sollte).

Mit dem im Juli 1986 vorgestellten Modelljahrgang 1987 wurde im Polo ein vor allem für südliche Exportländer bestimmter 1,3-l-Dieselmotor mit 45 PS eingeführt. Für Polo, Golf und Jetta gab es neu auch einen 1,3-l-Motor mit Benzineinspritzung und 55 PS, anderseits einen 1,6-l-Motor mit 70 PS für Golf, Jetta und Passat. Der Golf Syncro wurde neu auch dreitürig und in Grundausstattung angeboten, zudem stand ein ABS auf der Syncro-Aufpreisliste. Die Ausstattung wurde allgemein aufgewertet, wobei die Topmodelle Carat entfielen. Das noch auf der ersten Golf-Serie basierende Cabriolet erhielt u. a. höhenverstellbare Vordersitze.

Auf dem Genfer Salon 1987 wurde auch der Jetta mit dem 1,8-l-Vierventilmotor angeboten, und als Neuheit gab es den Scirocco Scala mit „Rundum-Spoilern“ in Wagenfarbe.

Im März 1987 kam es in Wolfsburg zum „Devisenskandal“: Finanzmanipulationen bei Devisengeschäften hatten zu Schäden in dreistelliger Dollar-Millionenhöhe geführt. Es gab sieben Entlassungen und auch der VW-Finanzchef ging. – Am 23. März 1987 konnte man die Herstellung des 50-millionsten VW feiern: 16 Mio waren in der BRD, 9,1 Mio in den USA und 6,9 Mio in Brasilien auf die Straße gelangt.

Santana Japan 1987. Ab Anfang 1987 wurde der von Nissan in Japan gebaute Santana in einer sportlichen Zusatzvariante angeboten: 2-l-Fünfzylindermotor, DOHC, 16 Ventile, Verdichtung 10:1, 140 PS bei 6400/min, 5-Gang-Getriebe oder 3-Stufen-Automatikgetriebe.

Golf + Jetta 1988. Zum Jahrgang 1988, vorgestellt im Juli 1987, erhielten die Golf und Jetta einen Kühlergrill mit breiteren Querstäben, massivere Seitenschutzleisten, größere VW-Embleme und Aufschriften. Zudem entfiel das vordere Dreieckfenster, und gleichzeitig wurde der Außenspiegel weiter vorne montiert. Es gab überdies neue Lenkräder und Bedienungshebel. Der Golf GT mit 90 PS leistendem 1,8-l-Einspritzmotor besaß nun das GTI-Fahrwerk, einen Bordcomputer, Vierrad-Scheibenbremsen und das 5-Gang-Sportgetriebe. Es gab ihn auch als GT Syncro mit Vierradantrieb und ABS. Neu war der Jetta GTD, während es sich bei den GTX und GTX 16V bloß um Umbezeichnungen handelte.

1988 erhielt das bei Karmann in Osnabrück gebaute Golf-Cabriolet einen in der Karosseriefarbe gehaltenen Anbausatz; Doppelscheinwerfer waren neu serienmäßig. Die Polo wurden ausstattungsmäßig aufgewertet und um eine Version Fox ergänzt. Beim Scirocco gab es eine geänderte Innenausstattung und neue Lenkräder.

Jetta Syncro. Auf der IAA Frankfurt im September 1987 wurde auch der Jetta mit dem Syn-

VW Passat GL, 1989

cro-Vierradantrieb vorgestellt. Das Kofferraumvolumen reduzierte sich von 550 auf 435 l, doch waren die Fondsitze umklappbar. – *Für VW war die Verkaufsbilanz 1987 erneut sehr positiv: Mit 15 Prozent Marktanteil war VW zum dritten Mal in Folge Europas Nr. 1, und zum fünften Mal war der Golf Europas meistverkauftes Modell.*

Passat 1988. Im Hinblick auf die Weltpremiere auf dem Genfer Salon wurde im Februar 1988 der Passat in seiner dritten Auflage vorgestellt. Die wesentlichen Merkmale bestanden darin, dass die Fastback- einer Stufenhecklimousine wich, auch sie mit sechs Seitenfenstern, und dass auf einen Kühlergrill verzichtet wurde: Die Front wurde durch das große mittige VW-Signet (mit Ansaugluftöffnung) geprägt. Der Kombi gefiel durch die durchgezogene, nur durch schwarze Träger unterbrochene seitliche Fensterfläche (auch die Limousine besaß schwarze Fensterumrandungen). Während die Limousine breite seitliche Prallschutzbalken als Fortsetzung der Stoßstangen zeigte, trug der nach wie vor Variant geheißene Kombi auf den unteren Flanken durchgehende schwarze Prallschutzflächen. Die Top-Limousinen hoben sich durch einen integrierten Heckflügel ab. Unter Herbert K. Schäfer, Bereichsleiter Volkswagen-Design, war dem Passat ein prägnanter neuer Auftritt verpasst worden.

Hinzu kam aber auch eine wesentliche technische Änderung, nämlich der Übergang vom Längs- zum Quermotor. Dank dessen geneigtem Einbau hatte man die Motorhaube tiefer setzen und den Kühllufteinlass unterhalb den Stoßschutz verlegen können. Zusammen mit den karosseriebündigen Seitenscheiben, den in die Dachflächen integrierten Regenrinnen und einem allgemeinen aerodynamischen Feinschliff resultierte ein Luftwiderstandsbeiwert von erstaunlich günstigen cw 0,29. Das höhere Heck brachte überdies eine Kofferraumvergrößerung von 440 auf 495 dm^3, der sich bei umgelegter hinterer Sitzbank (je nach Ausstattung asymmetrisch) auf fast einen Kubikmeter vergrößern ließ. Der Radstand war von 255 auf 262,5 cm verlängert worden, wodurch sich ein wesentlich vergrößerter Innenraum ergab. Limousine und Variant waren mit 457,5 bzw. 457 cm praktisch gleich lang, während beim Vormodell der Kombi mit 454,5 cm der längste Passat gewesen war.

Zunächst wurde der neue Passat ausschließlich mit Vierzylindermotoren angeboten, wobei der bisherige Fünfzylinder durch einen neuen 2-l-16-Ventil-Motor ersetzt wurde. Den 1,6-l-Motor gab es mit Saugrohreinspritzung, die 1,8-l-Einheit sowohl mit der neuen Mono-Jetronic-Zentral- wie mit Saugrohreinspritzung, und nebst dem „eingespritzten 16-Ventiler" stand auch der 1,6-l-Turbo-Dieselmotor zur Wahl. Die 5-Gang-Schaltung erfolgte über Stahlkabelzüge statt Gestänge, es wurden generell 14- statt 13-Zoll-Räder und Vierrad-Scheibenbremsen montiert (ABS gegen Aufpreis). Ähnlich wie in Golf und Jetta wurde vorne eine Federbeinaufhängung mit unteren Querlenkern verwendet. Hinten wich die Torsionskurbelachse einer Verbundlenkerachse (starr miteinander verbundene Längslenker). Neu waren die Zentralelektrik, das Heiz- und Belüftungssystem, die Onboard-Diagnose, die vereinfachte Wartung und Reparaturmöglichkeit sowie die sechsjährige Garantie gegen Durchrostung. Das Leergewicht aber hatte sich um 100 auf 1145 kg erhöht.

Im März 1988 vollzog der Bund (bzw. der deutsche Staat) den lange geplanten Verkauf der restlichen 16 Prozent Kapitalanteil an der Volkswagen AG. Die Opposition und die Gewerkschaften verurteilten diesen Ausstieg als „Notschlachtung". – Am 1. Juni 1988 rollte in Wolfsburg der zehnmillionste Golf vom Band; ein Jahr später wurde der 25-millionste dort gebaute VW gefeiert.

Aufsehen erregte die im Frühling 1988 beim internationalen GTI-Treffen am Wörthersee in Österreich gezeigte Studie eines Golf mit Vierradantrieb und G-Lader und 160 PS Leistung. Sie gab sich auch äußerlich sehr sportlich. Ebenfalls einen Zukunftsausblick vermittelten Anfang Juni ein erstes Bild und technische Daten von dem kommenden Corrado-Coupé. Als Citystromer wurde hingegen ein auf Elektroantrieb ausgerichteter Golf bezeichnet, der bei verschiedenen Versuchsfahrten von sich reden machte.

Nachdem VW-Technikchef Prof. Ernst Fiala seinen Austritt aus dem Vorstand der VAG gewünscht hatte, fand sich in Ing. Ulrich Seiffert ein würdiger Nachfolger. Fiala hatte sich um die technische Entwicklung im VW-Konzerns (u. a. als „Vater des Golf") außerordentlich verdient gemacht.

1989, d. h. ab September 1988, gab es den Passat auch mit 1,6-l-Sparmotor (72 PS) und anderseits in einer Leistungsvariante mit 2-l-16-Ventil-Motor (136 PS). Bei verschiedenen Modellen wurde die Grundausrüstung verbessert: Polo GT mit Leichtmetallfelgen, alle Golf Cabrio und Scirocco mit Bordcomputer, Jetta GL u. a. mit Servolenkung.

Corrado. Der im August 1988 vorgestellte Corrado erinnerte hinsichtlich Design mit der im hinteren Bereich nach oben ansteigenden Gürtellinie wieder an die erste Scirocco-Auflage. Er war aber größer und leistungsfähiger als der vorerst weiter angebotene aktuelle Scirocco: Radstand 247 cm (Scirocco: 240 cm), Karosserieaußenabmessungen: 405x167,5x132 cm (405x164,5x128 cm). Beide wurden als fünfsitzig bezeichnet, zählten aber auf Grund der Coupéform eher zu den 2+2-

VW Corrado G 60, 1989

Volkswagen

Volkswagen	Bauart	Mot.	Getr.	R/L cm	Baujahre
Polo	**Fr.**	**a–e**	**4**	**233/360,5**	**1980/81**
Derby				**233/391,5**	
Motoren:	*Zyl.:*	*N'w.:*	*cm³:*	*PS/'min:*	*Nm/'min:*
a (Export)	4	OHC	771	34/6000	54/3500
b			895	40/5900	61/3500
c			1093	50/5800	76/3500
d (Exp. /Form.E 1981–)				52/5800/50/5600	76/3500/80/3300
e			1272	60/5600	93/3400
Polo	**Fr.**	**a–g**	**4**	**233,5/365,5**	**1981–85**
Derby / Polo Classic				**233,5/397,5–399**	
a (*1982–85)	4	OHC	1043	40/5300	73/74*/2700
b (–1983)			1093	50/5800	76/3500
c (Form.E81/82 *82/83)				50/5600	80/82*/3300
d (*1982/83)			1272	60/5600	93/95*/3400
e (1983– *1983/84)				55/5400/60*/5600	96/3300/93/3500
f (CH 1982/83 *1983–)				58/5600	93/3400/3500*
g (Cpé GT'82/83 *83–)				75/5800	104/3800/3600*
Polo		**a–g**	**4/5**	**233,5/365,5/397,5**	**1985–90**
a (–1986)	4	OHC	1043	45/5600/40CH/5300	74/3600/2700
b (1986–)	4/4(i)			45/45K/5600	74/3600
c (*–1989)	4*/4i		1272	55*/55K/5200	96/3400/97/3000
d (CH –1986)	4			58/5600	93/3500
e (Coupé GT *1989–)	4/4i*			75/5800/5900*	104/99/3600
f (Coupé GT G 40 –'89)	4iC			115/112K/6000	148/3600
g (1986–)	4D			45/4900	75/2600–3500
Golf / Rabbit* Fr.	**a–h/j–o**	←	**4/5/A3**	**240/381,5/394,5U**	**1980–83 *–84**
Jetta c–g	**/i/k–n**	←		**240/419,5/426U**	**1980–83**
Motoren:	*Zyl.:*	*N'w.:*	*cm³:*	*PS/'min:*	*Nm/'min:*
a (*1982–)	4	OHC	1093	50/6000	78/79*/3000
b (Export –1981)				52/6000/50/5600	78/3000
c (Form.E '81/82 *82–)				50/5600	80/82*/3300/3400
d (*bis 1981 +CH '82–)			1272	60/58*/5600	93/3500
e			1457	70/5600	110/2500
f (CH 1982–)			1588	75/5600	119/3000
g (USA)	4i		1716	75/5000	122/3000
h (USA 1982–)	4			66/5000	120/2800
i			1588	85/5600	125/3800
j (G. GTS –1982)					127/3200
k (GTI/GLI/LI –1982)	4i			110/6100	137/5000
l (GTI/GLI 1982–)			1781	112/5800	153/3500
m (USA 1982–)				91/5500	135/3000
n (*1982–)	4D			54/4800	100/102*/2000
o	4TD			70/4500	130/133/2600
Golf	**Fr.(4)**	**a–a2**	**4/5/A3**	**247,5/398,5/404**	**1983–90**
Golf Cabrio (*1987–)				**240/381,5/389***	
Jetta				**247,5/431,5**	**1984–90**
a (1983–86 +*1983/84)	4	OHC	1272	55/5400/60*/5600	96/3300/93/3500
b (CH /+*Kat. 1985/86)	4/4i			58/5400/55K*	93/3300
c (1986– +*–1989)				55*/55K/5200	96/3400/97/3000
d (Italien+ 1984–87)	4		1043	45	–
e (–1988)			1595	75/5000	125/2500
f (1985– +*1986–)	4/4i			70K/72K*/5200	118/120/2700
g (1989–)	4			73/72/5200	118/2700
h (–1988)			1781	90/5200	145/3300
i (–1987 *1984/85)	4i			90K/5250/85U*	137/3000/133
j (1987/88 *Syncro)				90K/5250/86U	137/142*/3300
k (1988/89)	4/4i			84K/5000/90K/5250*	141/3300/142/3000
l (1989– +*1988–)	4i/4/4i			90/5250/87/101U*	142/3000
m (Syncro/Country)				98K/5400	143/3000
n (Cabrio '86– +*'88–)	4i			95K/5500/91U*	142/3000
o (GTI/GLI/GT –1986)				112/5500/107K	155/3100/149
p (1986–88)				112/5500/107K/5250	157/3100/154/3250
q (1988– +*1989–)				107K/5400/110*	157/3800
r (1987/88 *1988/89)				103U/108U*	–
s (GTI 16V 1985/86)		D16V		139/6100/129K/6000	168/4600/4250
t (GTI/GT 16V 1986–88)				139/6100/129K/5800	
u (do. 1988– +*1989–)				129K/5800/136*	168/4250
v (USA 1987–)				125	–
w (G 60 Probes. 1989)	4iC			210/6500	250/5000
x (GTI G 60 1990–)		OHC		160/5800	225/3800
y (*USA 1984–88)	4D		1588	54/4800/52*	100/2300–2700
z (+*1989–)	4TD			70/4500/60K*	133/2500–2900/110
a2 (1989–)				80/4500	152/2300–2800

Volkswagen	Bauart	Mot.	Getr.	R/L cm	Baujahre
Golf Rallye	**4x4**	**–**	**5**	**248/403,5**	**1989/90**
Motor:	4iC	OHC	1763	160/5600	225/3800–4000
Scirocco	**Fr.**	**a–m**	**4/5/A3**	**240/405**	**1981–90**
Motoren:	*Zyl.:*	*N'w.:*	*cm³:*	*PS/'min:*	*Nm/'min:*
a (*1982–85)	4	OHC	1272	60/58/5600	93/3500/3400*
b (–1982)			1457	70/5600	110/2500
c (GTI/GLI –1982)	4i		1588	110/6100	137/5000
d (–1983)	4			85/5600	125/3800
e (CH 1982/83)				75/5600	119/3000
f (1983–88 *1986–)			1595	75/5000/72K*/5200	125/2500/120/2700
g (USA –1984)	4i		1716	75/5000	122/3000
h (1983–88 *1986–)	4/4i*		1781	90/5200/95K*/5500	145/3300/142/3000
i (USA'84–86 +K'85/86)	4i			90	136
j (GTI/GLI 1982–88)				112/5800	153/3500
k (16V '83–85 *'85/86)		D16V		139/6300/6100*	160/4500/168/4600
l (16V 1986–88 +*'86–)				139/6100/129K*/58'	168/4600/4250
m (USA 1987–)				125	–
Corrado	**Fr.**	**a/b**	**5**	**247/405**	**1988–90**
Motoren:	*Zyl.:*	*N'w.:*	*cm³:*	*PS/'min:*	*Nm/'min:*
a	4iC	OHC	1781	160K/5600	225/4000
b (Export)	4i	D16V		136	–
Passat	**Fr.(4)**	**a–m**	**4/5/A3**	**255/443,5/452,5U**	**1980–84**
Passat Variant				**255/454/465U**	
Santana / Quantum				**255/454,5/458U**	**1981–84**
Motoren:	*Zyl.:*	*N'w.:*	*cm³:*	*PS/'min:*	*Nm/'min:*
a (*1982/83)	4	OHC	1272	55/5800	88/90*/3400
b (Export –1983)				60/5800	91/3800
c (1983–)			1296	60/5600	100/3500
d (–1983)			1588	75/5600	119/3200
e (1981/82)				85/5600	127/3200
f (1983–)			1595	75/5000	125/2500
g (USA 1981–)	4i		1716	75/5000	122/3000
h (1982–)	4		1781	90/5200	145/3300
i (–1983)	5		1921	115/5900	154/3700
j (1983–)	5i		1994	115/5400	165/3200
k (CH 1982/83)			2144	115/5300	165/4000
l	4D		1588	54/4800	102/2000
m (1982–)	4TD			70/4500	130/2600
Passat	**Fr.(4)**	**a–n**	**4/5/A3**	**255/442,5/453**	**1984–87**
Passat Variant				**255/454,5**	
a (–1986)	4	OHC	1296	60/5600	100/3500
b			1595	75/5000	125/2500
c (1986–)				70K/5200/72K	118/2700
d (*1986–)	4/4i*		1781	90/5200/90K*/5500	145/3300/137/3250
e (–1986 *USA)	4i			90K/5500/88*	137/3250/130
f	5i		1994	115/5400	165/3200
g (USA 1984/85)				110	166
h (Syncro CH 1984–86)			2226	136/5700	184/3550
i (1985–)				136/5700/115K/5500	184/3550/165/2500
j (nur Syncro 1986–)				120K/5500	170/3000
k (–1986)	4D		1588	54/4800	102/2000
l (1986–)					100/2300–2700
m (*USA)	4TD		1588	70/4500/68*	130/2600
n (1985– *USA)					133/2500–2900
Passat	**Fr.**	**a–g**	**4/5**	**262,5/457,5/457**	**1988–90**
a (1988)	4i	OHC	1595	75K/5200	120/2700
b (1988–)				72K/5200/73	125/2750/120/2700
c			1781	90K/5500/107K/54'	142/3000/154/38'
d (1989–)	4iC			160/5600	225/3600
e	4i	D16V	1984	136K/5800	180/4400
f	4TD	OHC	1588	80/4500	155/2500–3000
g (1989–)	4D		1896	68/4400	127/2400
Iltis	**/4**	**–**	**5**	**201,5/388,5**	**1980–82**
Motor:	4	OHC	1716	75/5500	135/2800

Sitzern. Der Name Corrado war vom spanischen correr = laufen, rennen, spurten abgeleitet. Mit 247 cm Radstand entsprach der Corrado-Unterbau jenem des Golf/Jetta (247,5 cm). Mit ihren spurkorrigierenden Lagern und Federdämpfern glich die Verbundlenker-Hinterachse jener des neuen Passat.

Für den Antrieb sorgte im Corrado der bekannte 1,8-l-VW-Motor in Verbindung mit einem mechanischen G-Spirallader G 60 (wie es ihn als G 40 bereits in Polo-Serien gegeben hatte) mit Ladeluftkühlung. Dies erbrachte einen höheren Leistungszuwachs als die 16-Ventil-Variante des GTI-Motors, nämlich eindrückliche 160 PS bei 5600/min. Ein ebenso markanter Drehmomentzuwachs versprach fulminante Durchzugskraft. Für bestimmte Länder wurde der Corrado mit dem 16-Ventil-Motor bestückt (ohne Lader und ohne Katalysator).

Die Besonderheit des 5-Gang-Getriebes bestand in der Seilzugschaltung (wie beim neuen Passat). Alle vier 15-Zoll-Leichtmetallräder waren mit Scheibenbremsen versehen, und es wurde serienmäßig ein ABS eingebaut. Ein kleiner Heckflügel, der beim Erreichen von 120 km/h automatisch ausfuhr und sich nach oben abwinkelte, sorgte für einen um 64 Prozent reduzierten Auftrieb an den Hinterrädern. Bei den in die Schweiz und einige andere Länder gelieferten Corrado sollte der Flügel schon bei Tempo 80 ausfahren. Fiel die Geschwindigkeit unter 25 km/h, zog er sich wieder zurück. Er ließ sich aber auch mit einem Schalter am Armaturenbrett ausfahren.

Auf dem Volkswagen-Prüfgelände in Ehra-Lessien wurden mit dem Corrado sechs Klassenrekorde für aufgeladene Ottomotoren bis 2 l aufgestellt, so 1 Stunde mit 262,865 km/h und 1000 Meilen mit 257,165 km/h. Mit dem bei Karmann in Osnabrück aufgebauten Corrado hatte VW ein charaktervolles, auch technisch individuelles und gleichzeitig familientaugliches Coupé auf den Markt gebracht.

1989 erhielten die mit dem Syncro-Vierradantrieb verbundenen 1,8-l-Motoren von Golf und Jetta statt der K-Jetronic die VW-eigene Digifant-Einspritzanlage (samt Klopfsensor), mit der die Leistung von 90 auf 98 PS stieg. Den GTI 16V gab es erneut in einer limitierten Special-Serie (u. a. mit BBS-Rädern, Schiebedach, Digitalinstrumenten, schwarzroten Heckleuchten usw.)

Golf Rallye. Er war schon Mitte 1988 als Studie gezeigt worden, und auf dem Genfer Salon 1989 wurde dann die Produktionsausführung gezeigt. Es handelte sich um die Straßenversion eines neuen Wettbewerbsfahrzeugs für die Gruppe A. Für dessen Homologation war eine Auflage von 5000 Stück vorgegeben. Für den Antrieb sorgte der 1,8-l-Motor mit mechanischem Spirallader G 60 aus dem Corrado. Um ihn aber in die 3-l-Klasse gemäß Turbo- bzw. Aufladungsfaktor 1,7 einzupassen, hatte man den Hubraum von 1781 auf 1763 cm^3 reduzieren müssen (Bohrung 80,6 statt 81 mm). Die Leistung blieb mit 160 PS unverändert.

VW Passat Variant GT, 1989

VW Golf Rallye, 1990

Zusätzlich zum Corrado-Motor erhielt der Rallye-Golf den Syncro-Vierradantrieb samt ABS. Er vermochte Tempo 100 binnen 8,6 s und eine Spitze von 209 km/h zu erreichen. Äußerlich hob sich dieses mit einem tiefergelegten Sportfahrwerk versehene Modell durch DE-Breitbandscheinwerfer, einen Kühlergrill mit drei feinen Horizontalstäben, Front- und Heckschürzen, Radhausausbuchtungen und Schwellerverbreiterungen ab.

Übrigens wurden fortan alle VW mit Vierradantrieb mit einem ABS ausgerüstet. Und zum Rallye-Golf gesellte VW auf dem Genfer Salon gleich auch noch die Studie für einen hochbeinigen Gelände-Golf (der später ebenfalls in Serie gehen sollte).

Polo Fancy. Ebenfalls auf dem Genfer Salon 1989 kam das zwischen Fox und GT situierte Polo-Modell Fancy hinzu: doppelte Halogen-Scheinwerfer, originelle Radzierdeckel, Flankenschutzstreifen, abschließbarer Tankdeckel, Sportlenkrad, farblich abgestimmter Innenraum, Türverkleidungen mit Stoff und weitere nützliche und schmucke Details.

Passat GT Syncro G 60. Ende Juni 1989 wurde dieses neue Spitzenmodell der Passat-Reihe vorgestellt: 1,8-l-Motor mit Spirallader und 160 PS (wie im Corrado), permanenter Vierradantrieb, daher von 495 auf 390 dm^3 reduziertes Kofferraumvolumen (Limousine, höherer Kofferraumboden), als Neuheit Einbau einer elektronischen Differenzialbremse = EDS an der Vorderachse (wirkte als Antischlupfregelung, sollte bei den frontgetriebenen Passat, Jetta und Golf mit ABS gegen Aufpreis ebenfalls erhältlich werden). – Zudem wurde der Passat 1990 mit einem von 1588 auf 1896 cm^3 vergrößerten, gründlich modernisierten Saugdieselmotor (68 statt 54 PS) erhältlich. Die Passat mit 1,8-l- und 2-l-Benzinmotor gab es anderseits auf Wunsch mit 4-Stufen-Automatikgetriebe (ohne 4x4).

VW Golf Syncro Studie, 1989 (= Country, 1990)

Von Ford kommend wurde zum 1. September 1989 Daniel Goeudevert zum Vorstandsmitglied der Volkswagen AG berufen. Er setzte sind auf unorthodoxe Weise (im Rückblick muss man weitsichtig sagen) für ökologisches Verkehrsdenken ein.

Golf Country 4x4 Anfang 1990 entschloss sich VW, den Country 4x4, die auf dem Genfer Salon 1989 gezeigte hochbeinige Off-road-Version des Golf, in Produktion zu nehmen. Sie basierte auf dem Syncro-Modell und erhielt wie dieses den 98 PS starken 1,8-l-Motor eingebaut. An der Karosserie wurden ein Unterbodenschutz, ein Frontschutzgitter und ein außen am Heck montiertes Reserverad angefügt; zudem erhielt sie ein kleines Flankendekor in Form eines Gebirgszuges. Der Country war 152 statt 141 cm hoch. Zwar gab es beispielsweise auch von der Firma Dangel (→ Anhang) in die Höhe versetzte Gelände-Peugeot, doch als Werksmodell war der Country eine Neuheit, die sich nur mit dem ab 1958 gebauten Moskwitsch 410 vergleichen ließ. Die Fertigung des Country erfolgte ab Anfang April bei der Steyr Fahrzeugtechnik GmbH in Graz auf der Basis des Golf Syncro mit CL-Ausstattung, Servolenkung, Sportsitzen und -lenkrad. Dort war dieser Spezial-Golf auch entwickelt worden.

Golf GTI G 60. – Ebenfalls ab Genfer Salon 1990 wurde der Golf GTI auch mit dem G-Lader-Motor erhältlich. Damit stand eine Art Super-GTI zur Verfügung, konnten doch mit den 160 PS aus 1781 cm^3 Hubraum 100 km/h in 8,3 s sowie eine Spitze von 216 km/h erreicht werden. Gegenüber dem vierradgetriebenen Golf Rallye war der frontgetriebene GTI G 60 rund 100 kg leichter. Übrigens war schon 1989 eine 70 Wagen umfassende Versuchsserie Golf G 60 Limited mit 210 PS und Vierradantrieb entstanden. – Ebenso in die Zukunft wies ein von VW auf der gleichen Ausstellung gezeigter Golf mit Hybridantrieb (Elektro- und Dieselaggregate; schon 1983 war für VW von Ensa in der Schweiz ein Golf-Versuchsträger mit Otto- und Elektromotor geschaffen worden.)

Mitte April 1990 wurden von der Shanghai-Volkswagen Automotive Company Ltd neue Fabrikanlagen in Betrieb genommen. Sie waren auf die Fertigung von jährlich 60'000 VW Santana und die Produktion von 100'000 Motoren ausgelegt. Der chinesische Fertigungsanteil für den Santana erreichte 32 Prozent und sollte schon Ende Jahr 50 Prozent überschreiten.

Volkswagen
Argentina

Nachdem Chrysler alle seine Auslandwerk verkaufen musste, ging jenes von Argentinien (wie auch jenes in Brasilien) im November 1979 an die Volkswagen Argentina SA. Unter deren Führung wurde weiterhin der schrittweise ausgefeilte → Dodge (Argentina) hergestellt, der auf den 1970 lancierten Hillman Avenger alias Sunbeam 1500 zurückging.

Schon 1981 war von einem ersten echt argentininischen Volkswagen die Rede, auch wenn es sich um eine Variante brasilianischen Konzepts handeln sollte. Hierzu war ein lebhafter Teileaustausch zwischen den VW-Werken im brasilianischen Sao Bernardo do Campo und dem argentinischen San Justo geplant. Beide VW-Filialen wurden von Wolfgang Sauer geführt. Bereits fragte man sich, ob der vorgesehene 1,6-l-Motor für eine Anden-Passage nicht zu schwach wäre...

1500 / M 1.8. Was dann Mitte 1982 unter der Marke Volkswagen präsentiert wurde, waren schlicht und einfach „umgebadgte" Dodge. Waren aus dieser englisch-nordamerikanisch-argentinischen Konstruktion nun also „deutsche" Volkswagen geworden? Zu den Anpassungen zählten eine neue Front (Stoßstangen, leicht modifizierter Kühlergrill mit VW-Emblem) sowie geänderte Dach- und Zierleisten). Das bewährte Konzept – immerhin war dieses Dodge-Modell in Argentinien 180'000 Mal gebaut worden – blieb hingegen unverändert. Seit der Übernahme durch Volkswagen waren aber die Qualitätsmerkmale in Form der Passungen und der Lackierung erheblich verbessert worden.

Auch als VW 1500 und VW M 1.8 gab es eine viertürige Stufenhecklimousine und einen fünftürigen Kombi, beide in Standardbauweise. Die OHV-Motoren hatten 1498 bzw. 1798 cm^3 Hubraum und leisteten 61 bzw. 76 PS. Es bestand die Wahl zwischen einem 4-Gang-Handschalt- und einem 4-Stufen-Automatikgetriebe. Vorn wurden Federbeine und Querlenker, hinten eine Starrachse mit Längslenkern verwendet.

Gacel. Am 21. September 1983, dem Frühlingsbeginn, stellte die Volkswagen Argentina SA den Gacel (= Gazelle) vor, eine Ableitung vom VW Voyage der VW do Brasil. Bei gleichem

VW Gacel GL, 1984

VW 1500, 1984

Radstand von 236 cm war er mit 413,5 cm etwas länger. Im Gegensatz zum brasilianischen Pendant wurde er ausschließlich viertürig gebaut. Für den Vorderradantrieb sorgte ein 1,6-l-OHC-Motor mit 73 PS Leistung. Für die Herstellung fand zwischen VW do Brasil und VW Argentinien der angekündigte Teileaustausch statt. – Zum Modelljahr 1986 kam die Luxusversion Gacel GL hinzu.

Carat. Im Rahmen der von Volkswagen und Ford gegründeten Autolatina-Gemeinschaft wurde im August 1987 die Produktion des Gacel und neu des Carat, der dem viertürigen Passat bzw. Santana entsprach, im Werk von Ford Motor Argentina in General Pacheco aufgenommen. Kraft des Teileaustausches entsprach der mit 1,8-l-Motor ausgerüstete Carat, der auch in einer Luxusausführung CD angeboten wurde, weitgehend dem brasilianischen Santana. – Der 1,8-l-Motor mit Zweifachvergaser und 96 PS wurde ab 1989 auch im Gacel erhältlich.

Volkswagen Argentina	Bauart	Mot.	Getr.	R/L cm	Baujahre
1500 / M 1.8	**St.**	**a/b**	**4/A4**	**249/426/433**	**1982–90**
Motoren:	*Zyl.:*	*N'w.:*	*cm^3:*	*PS/'min:*	*Nm/'min:*
a	4	OHV	1498	61/5000	106/2800
b			1798	76/5000	130/3200
Gacel	**Fr.**	**–**	**4**	**236/413,5**	**1983–90**
Motor:	4	OHC	1588	73/5200	119/2600
Carat	**Fr.**	**–**	**5**	**255/452,5**	**1987–90**
Motor:	4	OHC	1781	96/5500	143/2700

Volkswagen

do Brasil

Volkswagen do Brasil war im März 1953 in Sao Paulo als Montagewerk gegründet worden. 1956 wurden in Sao Bernardo do Campo neue Anlagen bezogen, wo sich der Zusammenbau rasch zur eigentlichen Produktion wandelte. In deren Mittelpunkt stand weiterhin der VW-Käfer, doch kamen später auch die Karmann-Ghia-Coupés und die Nutzfahrzeuge hinzu. Ende 1979 feierte Volkswagen do Brasil die Produktion des fünfmillionsten VW; er war auf den Betrieb mit Alkoholtreibstoff ausgelegt. In jenem Jahr wurde dem Benzin in Brasilien bereits bis zu 20 % Äthylalkohol beigemischt. Dieser wurde aus Zuckerrohr gewonnen und verminderte die Abhängigkeit des Landes von Erdölimporten.

1300/1600. Grundmodell war 1981 immer noch der als Volkswagen 1300 und 1600 bezeichnete Käfer. Dieses auf die Vorkriegskonstruktion des eigentlichen deutschen Volkswagens zurückgehende Auto unterschied sich von allem Gewohnten: Es hatte eine vorne wie hinten gerundete, abfallende Karosserie mit angesetzten Kotflügeln, war 150 cm hoch, basierte auf einem Plattformrahmen (nun auch als hinten gegabelter Zentralrohrrahmen umschrieben) und wurde von einem luftgekühlten Boxer-Leichtmetallmotor angetrieben, der im Heck eingebaut war. Dieses legendäre Triebwerk leistete für den Betrieb mit 72-Oktan-Benzin 38 PS, für den Einsatz mit Äthylalkohol hingegen 42 PS. Mit 1,6 l Hubraum und zwei Fallstromvergasern waren es 54 PS.

Zwar war der Käfer veraltet, aber er galt immer noch als besonders robust und zuverläßig. Die Aufhängung bestand vorne aus Doppelkurbellenkern mit querliegenden Drehstabfedern, hinten aus einer Pendelachse, Längslenkern und querliegenden Drehstabfedern. Hinzu kam eine diagonal über der Hinterachse platzierte Ausgleichsfeder. 1976 waren vordere Scheibenbremsen eingeführt worden; die Lenkung funktionierte mit Schnecke und Rolle.

Gol. Diesen portugiesischen Namen für Goal bzw. Treffer erhielt ein neues Eigenmodell von VW do Brasil, das im Mai 1980 auf den einheimischen Markt gebracht wurde. Es bot nicht nur eine moderne fünfsitzige Coupékarosserie, sondern eine ungewöhnliche Kombination von Frontantrieb und vorne eingebautem luftgekühltem Boxermotor. Das 1,3-l-Triebwerk war in Umkehr zum VW-Käfer ganze vorne im Bug untergebracht und hatte leicht V-förmig angeordnete Ventile. Der Gol bot für die Insassen eine weit bessere Geräuschisolation. Sein Fahrwerk umfasste vorne Dreieckquerlenker und Federbeine, hinten gezogene Längsschwingen mit Federbeinen. Mit 379 cm war er deutlich kürzer als der Käfer. Sowohl für den Betrieb mit Benzin (Kompression 6,8:1 für 73 ROZ) wie für jenen mit Äthylalkohol (10:1) lieferte sein Motor 42 PS. Der Gol war spezifisch auf die harten brasilianischen Fahrbedingungen auf schlecht unterhaltenen Straßen und Pisten ausgelegt worden. Auch bei voller Beladung blieben 14,5 cm Bodenfreiheit erhalten.

Mit seinem Fließheck hatte der Gol auch optisch das Zeug, um zum modernen Käfer-Nachfolger zu werden. Da er aber die Erwartungen nicht ganz erfüllte, musste Anfang 1981 die Produktion reduziert und ein Teil der Arbeiter in den Urlaub geschickt werden. Zudem beschloss VW do Brasil, den Gol auch mit dem 1,6-l-Motor anzubieten.

VW Voyage, 1982

VW Brasilia, 1981

VW Variant II, 1981

VW Passat LSE, 1981

Brasilia. Eine Alternative zum Käfer (oder Fusca) verkörperte auch das 1973 mit dem ambitiösen Namen Brasilia vorgestellte erste echte Eigenmodell von VW do Brasil. Es handelte sich um einen vorbildlich ausgewogen geformten dreitürigen Kombi mit ins Schrägheck integrierter Heckklappe. Technisch basierte er auf dem damaligen VW 1600, der brasilianischen Version des deutschen, oberhalb des Käfers angeordneten VW 1600, teilte aber den Radstand mit jenem des Käfers, und er besaß auch dessen höhere Motorform. Der Brasilia musste sich mit Vierrad-Trommelbremsen begnügen. In zerlegter Form (CKD) wurde er zur Montage auch nach Mexiko geliefert, und nachdem ab 1976 an Volkswagen of Nigeria eigens eine fünftürige CKD-Version verschifft wurde – sie hieß dort Volkswagen Igala –, hielt diese später auch auf dem südamerikanischen Markt Einzug.

1600 Variant II. 1981 wurde von VW do Brasil stets noch der von den ehemaligen größeren deutschen Volkswagen mit Heckmotor abgeleitete Typ 1600 gebaut, wenn auch nur noch in der dreitürigen Kombiform Variant und mit einer modernisierten Front. Der technische Aufbau glich jenem des Käfer-Konzepts. Sein luftgekühlter 1,6-l-Boxermotor (in der Flachbauweise im Heck untergebracht) kam auf 56 PS.

Passat. Die Brasilien-Ausführung des Passat (Design entsprechend der bis 1980 in Deutschland gebauten Ausführung) wurde als zwei-, drei- und viertürige Fließhecklimousine hergestellt. Es gab sie in den Ausführungen Surf, LS, TS und LSE. Dem Frontantrieb dienten 1,5- und 1,6-l-Motoren mit 65 und 80 PS, wobei das kleinere Triebwerk auch für den Betrieb mit Äthylalkohol erhältlich war (ebenfalls 65 PS). Vorn fanden Federbeine mit Dreieckquerlenkern Verwendung, hinten eine Starrachse mit Längslenkern, Querlenkerstab und Federbeinen. Auf Wunsch wurden Servobremsen eingebaut.

Voyage. Der im Juli 1981 hinzugekommene Voyage war die Stufenheckausführung des Gol.

Volkswagen do Brasil

VW Gol GTI, 1989

Volkswagen do Brasil	Bauart	Mot.	Getr.	R/L cm	Baujahre
1300/1600 /Fusca (83–)	**Pl'r./H.**	**a–c**	**4**	**240/405**	**1980–86**
Motoren:	*Zyl.:*	*N'w.:*	*cm³:*	*PS/'min:*	*Nm/'min:*
a (–1984)	B4/l.	OHV	1285	38/4000/42A/4200	83/2200/3000
b (–1982 1984/85)			1584	54/4200/51A/4400	106/105/3000
c (1985–)				46/4000/58A/4200	99/2000/118/2600
Gol	**Fr.**	**a–j**	**4/5**	**236/379**	**1980–86**
Motoren:	*Zyl.:*	*N'w.:*	*cm³:*	*PS/'min:*	*Nm/'min:*
a (–1982)	B4/l.	OHV	1285	42/4200/42A/4200	81/2200/78/2800
b (1981/82)			1584	57/4200	108/3000
c (1982–85)				55/4600/52A/4400	108/115/3000
d (1983–85)	4	OHC	1296	60/5600	100/3500
e (1983–85)			1471	65/5600	108/3000
f (1983–85)			1588	73/5200	119/2600
g (1985–)			1595	78/5600	124/2600
h (GT 1.8 1984/85)			1781	99A/87/5400	146/3200/143/2800
i (GT 1.8 1985–)				99A/5600/90/5400	
j (Export 1985–)	4D		1588	50/4500	93/3000
Voyage / Amazon	**Fr.**	**a–g**	**4/5**	**236/406–409**	**1981–86**
Voyage Parati / Parati					**1982–86**
Motoren:	*Zyl.:*	*N'w.:*	*cm³:*	*PS/'min:*	*Nm/'min:*
a (–1982)	4	OHC	1471	65/5600/65A/5600	108/3000
b (–1982)	B4/l.	OHV	1584	58/4200	108/3000
c (Export 1983–85)	4	OHC	1296	60/5600	100/3500
d (Export 1983–85)			1471	65/5600	108/3000
e (1982–)			1588	73/82A/5200	119/127/2600
f (1985–)			1781	92A/85/5000	149/146/2600
g (Export 1985–)	4D		1588	50/4500	93/3000
Gol	**Fr.**	**a–f**	**4/5**	**236/379**	**1986–90**
Voyage / Parati				**236/406,5–409**	
Fox				**236/415**	
Motoren:	*Zyl.:*	*N'w.:*	*cm³:*	*PS/'min:*	*Nm/'min:*
a (1989–)	4	OHV	1555	76/5600/78A/5200	130/3200/133/3000
b (*1988/89)		OHC	1595	89A/79/80*/5600	128/124/125/2600
c (*1988–)			1781	95/97/99A*/5200	152/3400/160/3200
d (Export +*1986/87)	4i			82/5500/89*/5200	126/3250/143
e (1989 *1989–)			1984	120/5600/125*/5800	181/3400/191/3000
f (Export)	4D		1588	50/4500	93/3000

Volkswagen do Brasil	Bauart	Mot.	Getr.	R/L cm	Baujahre
Brasilia	**Pl'r./H.**	**a/b**		**240/401,5**	**1980–82**
1600 Variant II		**c**		**249,5/432,5**	**1980/81**
Motoren:	*Zyl.:*	*N'w.:*	*cm³:*	*PS/'min:*	*Nm/'min:*
a	B4/l.	OHV	1285	42A/4200	83/3000
b			1584	48/4000/54/4200	102/2400/106/3000
c				56/4200	108/2800
Passat (*1985–)	**Fr.**	**a–j**	**4/5**	**247/429/426***	**1980–88**
Motoren:	*Zyl.:*	*N'w.:*	*cm3:*	*PS/'min:*	*Nm/'min:*
a (–1982)	4	OHC	1471	65/5600/65A/5600	108/3000
b (–1982)			1588	80/5600	118/3000
c (1982–85)				73/82A/5200	119/127/2600
d (1985/86)			1595	78/85A/5600	122/2600/3000
e (1986–)				79/90A/5600	124/128/2600
f (1984/85)			1781	92A/85/5000	146/143/2600
g (1985/86)				99A/5600/90/5400	146/3200/143/2800
h (1986–)				98A/5600	145/3200
i (Export 1987–)				73/5200	121/2600
j (Export 1984–87)	4D		1588	54/4800	93/3000
Santana	**Fr.**	**a–g**	**4/5/A3**	**255/453,5/455/452**	**1984–90**
Quantum				**255/457/453/454,5**	**1985–90**
Motoren:	*Zyl.:*	*N'w.:*	*cm³:*	*PS/'min:*	*Nm/'min:*
a (–1985)	4	OHC	1781	92A/85/5000	146/143/2600
b (1985/86)				94A/88/5000	147/3000/146/2600
c (1986–89)				95A/89/5200	151/143/3400
d (1989–)				99A/95/5400	162/153/3200
e (1988/89)			1984	112A/99/5200	170/159/3400
f (1989–)				125A/5600/110/5400	180/172/3200
g (1989–)	4i			125/5800	191/3000

VW Voyage Parati GLS, 1983

VW Fusca, 1984

VW Gol LS 1.6, 1985

VW Passat GTS Pointer, 1985

VW Voyage Super, 1985

VW Santana CD, 1986

Während er äußerlich dem deutschen VW Derby glich, bot er unter der Motorhaube wie der Gol den ursprünglich aus dem VW-Käfer stammenden luftgekühlten 1,6-l-Boxermotor mit 58 PS. Wer mehr Leistung wollte, konnte den Voyage auch mit dem wassergekühlten 1,5-l-Vierzylinder mit 65 PS kaufen. In Tat und Wahrheit wurde dann allerdings ausschließlich der wassergekühlte Passat-Motor eingebaut. Mit 406 cm Länge bot der Voyage einen auf 460 l gewachsenen Kofferraum. (Wo dieser Name übrigens bereits von General Motors belegt wurde, sollte das jüngste Modell von Volkswagen do Brasil die Modellbezeichnung Amazon erhalten... eine sehr sinnige Bezeichnung, wäre sie nicht einst schon von Volvo verwendet worden.)

Von 1980 auf 1981 war die Pkw-Produktion von VW do Brasil von 467'974 auf 253'998 Einheiten abgesackt. Dies hatte zu einem Abbau der Betriebs- und Verwaltungskosten gezwungen. In mehreren Entlassungswellen war die Zahl der Mitarbeiter von 46'025 (Ende 1980) auf 32'877 reduziert worden. Die Abfindungssummen hatten die Jahresrechnung stark belastet. Ab 1982 verliefen Absatz und Produktion langsam wieder aufwärts.

Voyage Parati. Gegen Mitte 1982 gab Volkswagen do Brasil bekannt, dass der seit neun Jahren gebaute Kombi Brasilia mit Heckmotor durch eine Kombiversion des Voyage abgelöst werde. Dieser war dreitürig ausgeführt, und die langgezogene hintere Seitenscheibe sowie der schräge Heckabschluss verhalfen der Karosserie zu besonderer Eleganz. Als Zusatzname war Parati gewählt worden; so hieß ein im ursprünglichen Kolonialstil gehaltener Urlaubsort an der Küste des Staates Rio de Janeiro. Dem Antrieb diente der 1,5-l-Motor aus dem Passat mit 65 PS. Besonders verlockend war aber der 1,6-l-Alkoholmotor mit 82 PS (später bot auch die Benzinversion 1,6 l Hubraum und immerhin 72 PS Leistung). Für den Parati waren die hinteren Aufhängungselemente verstärkt worden.

Fusca. Ab Modelljahr 1983 trug der VW-Käfer die Aufschrift Fusca. Nachdem ihm 1982 der 1,6-l-Motor entzogen worden war, gab es ihn ab Februar 1984 wieder mit diesem Antriebsaggregat; zudem besaß er auf dem Motordeckel vier zusätzliche Reihen von Kühlluftschlitzen. – Mit dem Jahrgang 1984 erhielten die Passat je nach Karosserie und Ausführung die Bezeichnungen Special, LS Village, GTS Pointer, LSE Paddock oder Sport.

Gol GT 1.8. Anfang Mai 1984 ergänzte Volkswagen do Brasil das Angebot um ein Modell, das sich mit dem Golf GTI vergleichen ließ: Der 1781-cm^3-Motor des Gol GT 1.8 leistete allerdings nicht wie sein deutsches Gegenstück 112 PS, sondern kam mit Zweifachvergaser Brosol Pierburg auf 87 PS (Verdichtung 7,5:1, für Benzinbetrieb) bzw. 99 PS (12:1, Alkoholbetrieb). Fahrwerk und Bremsen wurden angepasst, und auch im Innenraum zeigte sich dieses zu den temperamentvollsten Autos Südamerikas zählende Modell sportlich aufgerüstet, so mit Recaro-Sitzen.

Santana. Nur einen Monat nach dem Gol GT 1.8 brachte VW do Brasil den Santana auf den Markt. Er entsprach weitgehend dem deutschen Vorbild, doch gab es ihn den brasilianischen Gepflogenheiten entsprechend auch zweitürig. Angetrieben wurde er ausschließlich vom 1,8-l-Motor in Alkohol- oder Benzinversion mit Zweifachvergaser. Dass in Brasilien noch keine Einspritzmotoren Verwendung fanden, war auf die für sie benötigte Elektronik zurückzuführen: Die Regierungsstelle Secretaria especial da Informatica (SEI) kontrollierte und erschwerte Import und Herstellung elektronischer Erzeugnisse.

Ab Juni 1984 wurde der 1,8-l-Motor des Gol GT auch im Passat GTS eingebaut. VW do Brasil verstand es besonders gut, auf die Lust nach Leistung der einheimischen Autofahrer mit neuen Motorversionen einzugehen. Dies galt übrigens ebenso für Benzin- wie für Alkohol- bzw. Ethanolmotoren.

Santana Quantum. Unter dieser Bezeichnung kam auf dem Autosalon von Sao Paulo Ende 1984 der fünftürige Kombi hinzu, der sich neben die zwei- und viertürigen Santana stellte (und der weitgehend dem deutschen Passat Variant entsprach). Dem Antrieb diente ein leicht überarbeiteter 1,8-l-Motor mit 92 PS (Alkoholvariante: 86 PS), und auch die Hinterachse war angepasst worden.

Auf diesem Salon war der Käfer bzw. Fusca nur noch mit dem 1,6-l-Motor ausgestellt. Der Gol mit Stummelheck, der seit seiner Lancierung 1980 ausschließlich mit dem vorne eingebauten Boxermotor geliefert wurde, war nun wie das Stufenheckmodell Voyage mit dem 1,6-l-Motor des Passat erhältlich. Auf den Boxermotor wurde alsbald verzichtet. Anderseits wurde er für bestimmte Exportmärkte nun sogar mit einem 1,6-l-Dieselmotor ausgerüstet. – Ab November 1985 gab es den Voyage Super mit 1,8-l-Motor.

Von den im zweiten Quartal 1985 ausgebrochenen Streiks u. a. der Metallarbeiter wurde auch VW do Brasil betroffen. Es ging um eine Senkung der wöchentlichen Arbeitszeit auf 44 Stunden binnen dreier Jahre und um Reallohnerhöhungen. Auch VW musste einlenken. – Anderseits holte sich das Unternehmen einen Auftrag über die Lieferung von 100'000 Passat nach dem Irak.

Zum Jahresende 1986 gab VW do Brasil die Herstellung des Fusca, des seit 1953 montierten und seit 1959 in Brasilien produzierten VW-Käfers, auf; er wurde fortan nur noch in Mexiko gebaut.

Unter dem Namen Autolatina beschlossen Volkswagen und Ford Ende 1986 eine Zusammenarbeit in Brasilien und Argentinien. VW übernahm 51 Prozent dieses neuen, 15 Werke und 75'000 Arbeitskräfte umfassenden Industriegiganten. Gemeinsame Modelle wurden aber nicht vorgesehen, vielmehr ging es um die Koordination der Aktivitäten, die Modernisierung der Technologie und eine wirtschaftlichere Nutzung der Betriebsabläufe und Fertigungseinrichtungen. Geleitet wurde die am 1. Juli 1987 besiegelte Gemeinschaft von Wolfgang Sauer, Präsident von VW do Brasil. 1986 hatten die vier Firmen 630'000 Pkw und Nutzfahrzeuge abgesetzt, dies bei einer Produktionskapazität von rund 800'000. Allerdings hatte Autolatina alsbald mit Brasiliens staatlicher Preiskontrolle zu kämpfen (es wurden Preisaufschläge von 16 statt der verlangten 30 Prozent gewährt), was zu langwierigen Gerichtsverhandlungen führte.

Fox. Unter dieser Bezeichnung wurde die zwei- und viertürige Stufenheckversion des Voyage mit 82 PS leistendem 1,8-l-Einspritzmotor ab 1987 auf dem US-Markt eingeführt. Alsbald kam der dreitürige Kombi Parati als weitere Fox-Version hinzu.

Für 1988 wurden die für den Heimmarkt bestimmten Modelle hinsichtlich Ausstattung und Armaturen diesen für den amerikanischen „entry level market" bestimmten Varianten angepasst. Der 1,8-l-Einspritzmotor blieb für Brasilien allerdings weiterhin verpönt. Wegen der Marktrestriktionen für Kleincomputer durften die Jetronic-Systeme von Bosch nur für den Reexport montiert werden. Der inzwischen antriebstechnisch den Voyage/Parati alias Fox entsprechende dreitürige Gol hatte sich seit dem problematischen Verkaufsstart von 1980 zum VW-Bestseller gemausert! Es gab ihn zusätzlich in schmucken sportlichen Versionen samt Heckflügel. Gegen Mitte 1988 wurde der Santana auch mit 2-l-Motor angeboten. Noch aber wartete man in Brasilien auf den Golf...

Gol GTI. Auf dem Autosalon von Sao Paulo wurde im Oktober 1988 zwar nicht der Golf, aber als attraktive, 120 PS starke Neuheit der Gol GTI mit dem 2-l-Motor aus dem Passat samt LE-Jetronic-Einspritzung vorgestellt. Bosch hatte die Jetronic-Lizenz an einen lokalen Hersteller verliehen. – Ab Dezember 1989 gab es auch die Modelle Santana und Quantum in der 2-l-Motorisierung mit Einspritzung Bosch Motronic (125 PS; mit Vergasermotor und Ethanolmotor ebenfalls 125 PS bzw. mit Benzinmotor 110 PS).

Wegen der katastrophalen Inflation, die den Kauf von Autos praktisch verunmöglichte, kamen große Teile der brasilianischen Industrie im März 1990 zum Stillstand. U. a. musste auch VW seine Arbeiter für mehrere Wochen in bezahlten Urlaub schicken. Ein Wirtschaftsplan der neuen Regierung De Mello sollte für Abhilfe sorgen...

VW Fox GL, 1987

Volkswagen
Mexico

Im Jahre 1968 hatte das mexianische VW-Werk Volkswagen de Mexico SA in Puebla, 120 km östlich von Mexico-City, die Produktion des VW-Käfers aufgenommen. Nach Deutschland und Brasilien wurde Mexiko bald zum drittgrößten Produktionsland des VW-Konzerns. Der Käfer aber entwickelte sich in Mexiko zum straßenbeherrschenden Erscheinungsbild. Allerdings wurden um 1980 in dieser von Hans Barschkis geführten VW-Filiale nebst dem Käfer inzwischen weitere Modelle gebaut, so der Caribe, wie der Golf in Mexiko hieß, der Atlantic = Jetta und der Brasilia, ein von → Volkswagen do Brasil entwickeltes Modell. Nachstehend werden jedoch nur die beiden 1981 andernorts nicht mehr hergestellten VW geschildert: der Käfer 1200 und das Mehrzweckfahrzeug 181.

1200/1200 L. Während der längst legendär gewordene ursprüngliche Volkswagen in Brasilien mit 1,3- und 1,6-l-Motor hergestellt wurde, produzierten ihn die Mexikaner immer noch mit dem urtümlichen 1192-cm^3-Motor. Es sei wiederholt: Er war ein luftgekühlter Boxermotor mit zentraler Nockenwelle, saß im Heck und lieferte 34 PS bei 3800/min. Aufgebaut wurde der Käfer, dessen Produktion in Deutschland im Januar 1978 eingestellt worden war, auf einem Plattformrahmen mit hinten gegabeltem Zentralrohr. Vorne wurden inzwischen Doppelkurbellenker mit querliegenden Drehstabfedern verwendet, hinten kam eine Pendelachse mit Längslenkern, querliegenden Drehstabfedern und diagonal über der Hinterachse liegender Ausgleichsfeder zum Einbau. Zum Konzept zählten auch Trommelbremsen und eine Lenkung mit Schnecke und Rolle.

181. Auf der gleichen technischen Basis wurde in Puebla zudem der VW 181 gebaut. Dieses Modell war 1969 in Deutschland herausgebracht worden; 1978 wurde seine Produktion nach Puebla ausgelagert. Es war eine Neuinterpretation des Kübelwagens, der im Zweiten Weltkrieg ein deutsches Gegenstück zum US-Jeep verkörpert hatte. Der Typ 181 gab sich optisch als viertüriger Geländewagen, besaß aber nur Hinterradantrieb. Er war das Mehrzweckfahrzeug für den Jägersmann oder Hobbysportler und eignete sich auch für den Einsatz abseits befestigter Straßen. Hierzu konnte das auf Wunsch erhältliche Sperrdifferenzial von Nutzen sein. Im Gegensatz zum mexikanischen Käfer diente im VW 181 ein 1,6-l-Boxermotor mit 48 PS Leistung als Kraftquelle. Seine Produktion lief 1981 aus.

Am 15. Mai 1981 „krabbelte" in Puebla der 20-millionste Käfer vom Band. Vom Schweizer Volkswagenimporteur Amag wurde ab Oktober 1981 der VW-Käfer aus Mexiko-Produktion in zwei Versionen angeboten, nämlich als extra preisgünstiger VW 1200 L und in einer als wintertüchtig bezeichneten Version mit Sperrdifferenzial. Die Ausrüstung entsprach den angestiegenen Erwartungen, dennoch hielt sich die Nachfrage in engen Grenzen.

Anfang August 1985 traf in Emden die letzte offiziell für Europa bestimmte Schiffsladung mit 3145 VW 1200 ein. In der BRD waren 1984 noch 1061 Käfer verkauft worden, im übrigen Europa 2862 Stück.

VW 1200, 1981

VW 181, ca. 1980

Ab 1. Juli 1987 wurde Puebla, wo inzwischen unter der Bezeichnung Corsar auch der Passat (viertürig und Station Wagon) gebaut wurde, von einem Streik von 10'500 Mitarbeitern heimgesucht. Der Forderung von 100 Prozent Lohnerhöhung stand ein Angebot von 30 Prozent gegenüber, später kamen die Gewerkschaften auf 70 Prozent entgegen. Weil in Puebla 60 Prozent der Hilfsrahmen für die Audi 80/90 und den Passat hergestellt wurden, ergab sich auch eine Gefährdung der Produktion in Deutschland. Nach zwei Monaten bzw. 40 ausgefallenen Arbeitstagen einigte man sich auf eine Erhöhung um 78 Prozent, einschließlich des Inflationsausgleichs von 23 Prozent. Damit waren die VW-Beschäftigten weit besser gestellt als die meisten anderen Arbeiter und Angestellten in ganz Mexiko.

Erst Ende Juli 2003 wurde die Produktion des Käfers in Mexiko, die auch jene in Brasilien bei weitem überlebt hatte, endgültig eingestellt. Insgesamt sind binnen 58 Jahren an 20 Produktionsstandorten 21'529'464 VW-Käfer gebaut worden, ein fabelhafter Modellrekord!

Volkswagen de Mexico	Bauart	Mot.	Getr.	R/L cm	Baujahre
1200 / 1200 L	**Pl'r./H.**	**a/c**	**4**	**240/406/409**	**1980–90**
181		**b**		**240/378**	**1980/81**
Motoren:	*Zyl.:*	*N'w.:*	*cm³:*	*PS/'min:*	*Nm/'min:*
a	B4/l.	OHV	1192	34/3800	75/1700
b			1584	48/4000	100/2000
c (1982–89 *1989–)				46/44*/4000	98/2200
weit. Mod. → VW D/BR					

Volkswagen
Südafrika

Die Volkswagen of South Africa (PTY) Ltd in Uitehage war 1972 aus der Samad (South Africa Assemblers and Distributors) hervorgegangen. Diese hatte ab 1951 den VW-Käfer montiert. 1978 wurde auf den VW Golf umgestellt, und so wie Volkswagen Mexico dem Käfer die Treue hielt, so baute die VWSA lange Zeit den Golf der Erstauflage unverzagt weiter: Er enstand unter der Bezeichnung Citi auch noch von 1984 bis 2009 in nicht weniger als 377'000 Einheiten.

Außerdem baute VW in Südafrika den Golf 2 (samt GTI 16V), den Jetta, den Passat (samt Variant) und den Audi 500. Letztere, den großen Audi entsprechende Modellreihe war im November 1983 eingeführt worden und zwar mit 115 PS leistendem 2144-cm³-Fünfzylindermotor. Ab August 1985 gab es den 500 SE mit 129 PS leistendem 2226-cm³-Fünfzylindermotor, und im März 1986 kam der gleich motorisierte 500 E hinzu.

Nachdem die EG im Oktober 1986 im Kampf gegen die Apartheid einen Investitionsstopp verfügt hatte, entschied sich VW zum Beibehalt der südafrikanischen Tochter, auch wenn diese rote Zahlen lieferte. Für die Herstellung von jährlich über 30'000 Fahrzeugen wurden 6000 Arbeitsplätze geboten. 1989 erreichte der südafrikanische VW-Ausstoß 53'000 Einheiten.

VW Golf Citi, 1987

Volkswagen by Nissan s. Nissan

Volkswagen by Nissan	Bauart	Mot.	Getr.	R/L cm	Baujahre
Santana	**Fr.**	**a–c**	**5/A3**	**255/453**	**1987–90**
Motoren:	*Zyl.:*	*N'w.:*	*cm³:*	*PS/'min:*	*Nm/'min:*
a	4	OHC	1781	90/5200	145/3300
b	5i		1994	110/5400	160/3200
c		D20V		140/6400	172/4800

Volvo

Zwar wurde Schwedens große Automarke Volvo schon 1927 in Göteborg gegründet, international bekannt wurde sie aber erst in der Nachkriegszeit. Sie schuf sich den Ruf, besonders robuste Personenwagen zu bauen, die sich zudem durch ihre Modellkonstanz auszeichneten. Zudem galt Volvo als eine Pioniermarke im Bereich der Sicherheit, so dank der bereits ab 1959 serienmäßig eingebauten Sitzgurten. 1980 setzte sich das Angebot aus den vier Modellreihen 66, 340, 240 und 260 zusammen.

66. Dieser Kleinwagen war in steter Weiterentwicklung aus dem holländischen Daf 600 hervorgegangen. 1975 war der Daf-Pkw-Zweig von Volvo übernommen und der Daf 66 mit einer neuen Front zum Volvo 66 gewandelt worden. Einzigartig war die stufenlose Variomatic-Kraftübertragung: Ein Riemenantrieb mit automatisch variierendem Riemenscheibendurchmesser war mit einer Fliehkraftkupplung kombiniert und gestattete so durch einfaches Gasgeben ohne jede Schaltarbeit das stufenlose Beschleunigen aus dem Stillstand bis zur Höchstgeschwindigkeit. Die vorderen, motorseitigen Riemenscheiben bestanden aus zwei Hälften, die durch Fliehkraft und Vakuum zusammengerückt oder voneinander entfernt wurden, sodass ihre zu jedem Hinterrad führenden Keilriemen über größere bzw. kleinere Scheibendurchmesser liefen.

Der Wählhebel bot die Positionen P/R/N/D; zudem war es möglich, mit Kick-down (schnellem Druck aufs Gaspedal) zusätzliche Beschleunigung abzurufen. Ein Hebel mobilisierte anderseits Motorbremskraft beim Abwärtsfahren. Die der Beschleunigung vorauseilend ansteigende Motorakustik – viel ausgeprägter als bei einem hydraulischen Automatikgetriebe – verlangte Angewöhnung und war mit ein Grund, dass sich diese geniale Kraftübertragung nur beschränkt durchsetzte.

Volvo 244 Turbo, 1981

Volvo 264 GLE, 1981

Volvo 262 C, 1981

Volvo 345, 1982

Volvo 240 GL Activity Car, 1982

Der 390 cm lange (Radstand 225 cm) Volvo 66 wurde mit einem 1,1- oder 1,3-l-Motor von Renault ausgerüstet und war in den Versionen L (nur 1,1 l), DL und GL erhältlich. Die Aufhängung umfasste vorne untere Querlenker, senkrechte Führungsrohre mit eingebauten Teleskopdämpfern und Torsionsstabfedern, hinten – als bemerkenswerte Besonderheit – eine De-Dion-Achse mit Einblatt-Längsfedern und Reaktionsstütze. 1980 lief die Produktion des Volvo 66 aus; es waren 77'637 Limousinen und 28'500 Kombis gebaut worden.

343 / 345. Auch die zur unteren Mittelklasse zählenden Volvo 343/345 (drei bzw. fünf Türen) mit Stummelheck waren ursprünglich ein Daf-Konzept. Der Volvo 343 war auf dem Genfer Salon 1976 vorgestellt worden, und er kombinierte eine zum Typ 66 analoge Technik mit einem auf 1,4 l vergrößerten Renault-Motor und einem vor der Hinterachse liegenden Getriebe. Auch das Fahrwerk mit der De-Dion-Hinterachse entsprach jenem des Volvo 66. Die Schutzverstrebungen in den Türen waren noch ein Novum und reflektierten das ausgeprägte Sicherheitsstreben der Volvo-Konstrukteure.

Zum Modelljahr 1979 kam auch ein herkömmliches 4-Gang-Getriebe ins Angebot und ein Jahr später kam das fünftürige Modell 345 hinzu. Wie der Typ 66 wurden die Volvo 343 und 345 (L, DL und GL) im niederländischen Born hergestellt.

Ab September 1980 zeigten die 343/345 stark um die Ecken herumgezogene Stoßstangen. Neu war u. a. eine Rücksitzbank mit ausklappbarer Mittelarmlehne (außer für die Ausführung L). Gleichzeitig wurde für die 340-er Volvo eine Version mit dem markeneigenen 2-l-Motor angekündigt. Dieses angepasste Triebwerk wurde ausschließlich mit dem (hinten liegenden) 4-Gang-Getriebe kombiniert. Eine neue Kardanwellenlagerung reduzierte die Vibrationen. Die Bremsen waren verstärkt worden. Die 2-l-340er wurden in der neuen gepflegten Ausführung GLS aufgelegt und man erkannte sie an der in der Mitte erhöhten Motorhaube sowie am verjüngten Armaturenbrett mit Tourenzähler.

Auf dem Genfer Salon 1981 wurden die 343/345 GLS durch die metallgraue, auf 100 Exemplare beschränkte Ausführung VIP ergänzt (mit Veloursüberzügen, Alufelgen, feinen seitlichen Doppelstreifen, Chromzier und schwarzem Heckabschluss). Eine Sonderausführung war auch der 343 RS bzw. Sport mit GT-Nockenwelle und Doppelkörpervergasern (118 bzw. 120 PS).

242 / 244 / 245. Volvos schwedische Stammreihe verkörperten die 240-er Modelle mit Stufenheck und zwei oder vier Seitentüren bzw. als fünftüriger Kombi. Ihr massives, kantig wirkendes Design widerspiegelte Robustheit und Sicherheit, wie dies von den Schweden verheissen und erwartet wurde. Dem Antrieb dieser Mittelklassewagen dienten Vierzylindermotoren mit obenliegender Nockenwelle von 2, 2,1 und 2,3 l Inhalt. Den 2,1 l gab es in Vergaser- und Einspritzversion, den 2,3 l ausschließlich mit K-Jetronic von Bosch. Hinzu kamen ein 2,4-l-Sechszylinder-Dieselmotor und als Alternative zu ihm für einige Exportländer ein 2-l-Fünfzylinder-Diesel. Diese Selbstzünder wurden vom Volkswagenkonzern geliefert.

An Kraftübertragungen standen je nach Motor ein 4-Gang-Handschaltgetriebe mit oder ohne zuschaltbarem Overdrive und ein 3-Stufen-Automatikgetriebe von Borg-Warner zur Wahl. Das Fahrwerk umfasste vorne McPherson-Federbeine, hinten eine Starrachse mit Doppellängsschwingen, Panhardstab und Schraubenfedern. Die Vierradscheibenbremsen wurden durch eine Handbremse mit separaten Hinterradtrommeln ergänzt. Auf Wunsch gab es eine Servolenkung.

Die Serie 240 des im August 1980 präsentierten Jahrgangs 1981 erkannte man an den höheren aber leichteren Stoßstangen, den schwarzen Fensterrahmen, dem geänderten Armaturenbrett mit mehr Ablagefläche, der neuen Mittelkonsole mit mehr Stauraum und der Durchreiche in der Mitte der Rücksitzlehne. Der Overdrive schaltete nun automatisch aus, wenn vom vierten in den dritten Gang zurückgeschaltet wurde.

244 Turbo. Ebenfalls im August 1980 wurde das Sportmodell 244 GLT durch den 244 Turbo abgelöst. Hierzu erhielt der 2,1-l-Einspritzmotor einen Abgasturbolader Garrett TB 03, der die Leistung um 26 Prozent auf 155 PS anhob. Das Fahrwerk wurde mit Breitreifen, Alufelgen und serienmäßigen Gaßdruckstoßdämpfern angepasst.

262 / 264 / 265 / 262 C. Die zweite Ziffer in der Modellbezeichnung der Top-Volvo wies auf den Sechszylindermotor hin. Man erkannte die 262–265 vor allem an dem höheren Kühlergrill und Motorhaubenmittelteil. Beim Antriebsaggregat handelte es sich um den 2,7-l-Alu-V6, der von Peugeot, Renault und Volvo gemeinsam in Nordfrankreich hergestellt wurde. Den 260-er Volvo kam etlicher Pretigewert zu.

Ein Sondermodell war das auf dem Genfer Salon 1977 lancierte fünfsitzige Coupé 262 C, das beim Karosseriewerk → Bertone in Turin hergestellt wurde. Es war nur 136 statt 143,5 cm hoch. Sein Design stammte weitgehend von Volvo selbst und da nur der Pavillonteil abgeändert wurde, vermochten die Proportionen nicht restlos zu überzeugen. Die Produktion war nach 6622 Exemplaren – von denen rund 5000 in die USA gelangten – im Sommer 1980 ausgelaufen, doch standen sie auch 1981 noch im Angebot.

Die 260-er Serie erfuhr mit dem im August 1980 vorgestellten Jahrgang 1981 die gleichen Detailverbesserungen wie die 240-er Serie. Gleichzeitig erreichte der Hubraum des V6-Motors 2849 statt 2664 cm^3. Damit stieg die Leistung der Vergaser- und der Einspritzvariante um 4 bzw. 7 PS an.

Volvo 760 GLE, 1982

245 T / 264 TE. Sondermodelle waren auch die auf 561 cm verlängerten bis achtsitzigen T und TE (= Transfer bzw. Top Executive). Der Kombi 245 T wurde bis 1981 in 280 Exemplaren im Volvo-Werk Kalmar gebaut, während die Luxuslimousine 264 TE ab 1976 in 260 Einheiten bei Bertone entstanden war.

Wegen der allgemein schlechten Absatzlage im In- wie im Ausland musste Volvo im Herbst 1980 für 7500 Arbeiter vorübergehend die Dreitagewoche einführen und Mitarbeiter entlassen.

„Der niederländische Staat wird das nächste Modell des einheimischen Volvo-Werks in Born mitfinanzieren." Dies verlautete im Mai 1981. Der Staatsanteil an der Volvo Car BV wurde daher von 45 auf 70 Prozent angehoben. Mit einem Minderheitsanteil von 30 Prozent konnte Volvo Schweden das Management nicht mehr alleine weiterführen. Es ging vor allem um die Sicherung der verbliebenen 5500 Arbeitsplätze, nachdem 600 Mitarbeiter entlassen werden mussten. Die Volvo Car BV stak tief in den roten Zahlen.

340 1982. Schon zur Mitte des Jahres 1981 präsentierte Volvo seine Modelle 1982. Sichtlich modifiziert gab sich aber nur die Reihe 340: Der Kühlergrill war schräger gestellt und von größeren Rechteckscheinwerfern flankiert. Mit den nun getrennt angeordneten Blinkern und einer diskreten Frontschürze ergab sich ein den größeren Volvo angeglichenes Gesicht. Außerdem waren die Sitzform verbessert und die Hinterachsuntersetzung verlängert worden. Mit dieser Maßnahme wurden sowohl eine Verbrauchs- wie eine Geräuschverminderung angestrebt.

Die Serie 240 erhielt leistungsfähigere Seitenfenster-Defrosterdüsen, bereits in die Türen verlegte Lautsprecherkabel und neue Stoffüberzüge. Ab Frankfurter IAA im September 1981 wurde der Volvo 245 ebenfalls mit dem Turbomotor lieferbar.

760 GLE. Am 2. Februar 1982 fand in mehreren europäischen Ländern gleichzeitig die Vorstellung des neuen großen Volvo statt. Mit ihm

Volvo 360 GLE Sedan, 1986

wurde verwirklicht, was die Schweden schon 1980 auf dem Genfer Salon als Concept-car für die 80er Jahre vorgestellt hatten. Allerdings zeigte der 760 GLE ein klassisches Stufenheck, aber er wies mit 277 cm den Radstand jener Studie auf: 12 cm mehr als beim Volvo 260. Auffallend waren die niedrige Front mit dem wiederum einen diagonalen Zierstab tragenden Kühlergrill, die keilförmig ansteigende Motorhaube und die abgesenkte untere Fensterlinie. Die großen Fensterflächen des ausgeprägt kantigen Designs verhießen einen ausgezeichneten Rundblick.

Bei deutlich vergrößertem Innenraum war der 760 GLE nicht länger als der 260 GLE, aber er war mit 176 cm um 5 cm breiter und mit 141 um 2 cm niedriger geworden. Die Vordersitze waren mit Orthopädie-Fachleuten der Universität Göteborg optimiert worden. Sie waren in der Höhe 16-fach verstellbar und boten eine regulierbare Kreuzstütze. Stahleinlagen im Sitzkissen-Vorderteil verhinderten bei Kollision das gefährliche Untertauchen unter dem Gurt hindurch (submarining). Die Gurtpeitschen waren am Sitzgestell montiert. Für diverse Länder wurde überdies serienmäßig eine Sitzheizung eingebaut. Auch das Armaturenbrett samt ausgeprägter Mittelkonsole war nach jüngsten ergonomischen Erkenntnissen erarbeitet worden.

Die Bezeichnung 760 GLE lieferte keinen direkten Hinweis auf die Motorisierung. Vielmehr standen vier Antriebseinheiten zur Wahl: der 2,85-l-V6 mit K-Jetronic aus französischer Gemeinschaftsproduktion, der 2,4-l-Reihen-Sechszylinder-Diesel von Volkswagen, dessen Version mit Garrett-Abgasturbolader, und schließlich – aber erst in einem halben Jahr in Aussicht gestellt – ein ebenfalls mit Abgasturbolader bestückter 2,3-l-Vierzylinder mit Benzineinspritzung und digitaler Motorelektronik Motronic DME-L von Bosch. Die Verdichtung dieser Kraftquelle war mit 9:1 für einen mit Turbo versehenen Motor ungewöhnlich hoch. Überdies stand für gewisse Länder eine Flüssiggas-Version des V6, dann jedoch mit Vergaser statt Einspritzung, zur Verfügung.

Als Kraftübertragung diente ein 4-Gang-Getriebe mit Overdrive, zusammen mit dem V6-Motor konnte auf Wunsch ein 4-Stufen-Automatikgetriebe (oberstes Stufe als Overdrive ausgelegt) geliefert werden. Vorne fanden sich Federbeine und Dreieckquerlenker, hinten eine Starrachse mit Doppel-Längsschwingen und Reaktionsstreben sowie Panhardstab. Volvo zog das spur- und sturzkonstante Verhalten einer – aufwändig geführten – Starrachse jeder Einzelradaufhängung vor (was gerade bei winterlichen Fahrbedingungen von Vorteil sein konnte). Die hinteren Stoßdämpfer boten eine automatische Höhenregulierung, und für die Vierrad-Scheibenbremsen wurde auf später ein ABS in Aussicht gestellt.

340 / 360 1983. Mit dem Modelljahr 1983 wurden der Reihe 340 die Modelle 360 zur Seite gestellt. *Ihre Produktion erfolgte weiterhin in Born, im Süden der Niederlande. Dort und in drei Zulieferwerken wurden nun 4800 Mitarbeiter beschäftigt. Hinzu kamen 700 Leute im Verwaltungs- und Entwicklungszentrum Helmond.* Während in den 340-ern die Motoren B 14 (1397 cm^3, 70 PS, DL und GL) und B 19A (1986 cm^3, 95 PS, DL) verfügbar waren, gab es die 360-er mit dem Motor B 19A oder B 19E (GLS bzw. GLT), Letzterer mit LE-Jetronic-Einspritzung und 117 PS. Für diese Ausführung war auch das Fahrwerk aufgewertet worden. Man erkannte den um 15 mm tiefergelegten 360 GLT an den breiten Seitenschutzleisten, dem feinen Heckflügel, dem Frontspoiler mit integrierten Nebellampen und den schwarzen Fenstereinfassungen.

Die Volvo 340 und 360 besaßen ab Modelljahr 1983 ein Schubrohr, in dem die dreifach gelagerte „schnelle“ Kardanwelle die Motorkraft zum hinten liegenden Getriebe übertrug. So ließ sich eine leichtere, feiner auswuchtbare Kardanwelle verwenden. Gleichzeitig erhielten die 300-er Volvo ein überarbeitetes Armaturenbrett, neupositionierte Sitze, in die Türverkleidung eingelassene Armlehnen, eine größere Ablage in der Mittelkonsole und mehr Kopffreiheit im Fond.

1983 zeigten sich die Volvo 240 mit der Frontpartie des bisherigen 260, und zudem hatten sie größere Heckleuchten erhalten; der Kombi erhielt schwarze C-Säulen. Zum 760 GLE kam der 760 Turbodiesel hinzu. Dieser 1370 kg wiegende Volvo kam auf einen ECE-Verbrauch von 6,4/8,8/9,0 l/100 km und benötigte für den Sprint auf 100 km/h 13 s. Übrigens wurden die einzelnen Modelle ab 1983 nur noch mit einer Nullzahl, von 340 bis 760, am Heck angeschrieben. Auf dem Genfer Salon 1983 wurde der 360 GLT in der Sonderausführung Black Beauty gezeigt.

Ende 1982 führte der Volvo-Konzern eine Gewinnbeteiligung für alle 53'000 Mitarbeiter ein. Hierzu wurde eine Stiftung gegründet, an der alle Mitarbeiter Anteile erhielten, die sie sich frühestens nach fünf Jahren auszahlen lassen konnten.

760 Turbo. Später als angekündigt, wurde im April 1983 endlich auch der 760 Turbo (auch mit Turbo Intercooler bezeichnet) erhältlich. Mit dem Garrett-Abgasturbolader des Typs TO3 (Ladedruck bis 0,53 bar, Ladeluftkühler), Bosch Motronic DME-L und einer Verdichtung von 9:1 resultierten 173 PS bei 5700/min. 100 km/h ließen sich binnen 8,5 s erreichen, und die Spitze wurde mit runden 200 km/h angegeben. Der 760 Turbo war ausschließlich mit dem 4-Gang-Getriebe mit Overdrive zu haben.

Mit dem schon Anfang Juni 1983 eingeführten Volvo-Jahrgang 1984 erhielt der 240 GL zusammen mit dem 2,3-l-Motor ein eigentliches 5-Gang-Getriebe statt des zusätzlichen Overdrives. Wurde er mit Automatikgetriebe bestellt, wurde ihm eine 4-Stufen-Einheit von Aisin-Warner Typ 71 einver-

Volvo 740 Turbo Station Wagon, 1987

leibt statt des Borg-Warner Typ 55 mit drei Stufen; Letzteres war noch dem 2,1-l-Motor vorbehalten. Auch neue Polsterstoffe wurden eingeführt.

Bei den Modellen 760 wurde das hintere Sitzbankkissen tiefergesetzt, die Belüftung optimiert und das Instrumentarium mit einer indirekten Beleuchtung versehen. Alle Volvo 760 boten nun ein mechanisches Schiebedach, der Turbo-Diesel erhielt ebenfalls ein 4-Stufen-Automatikgetriebe. Die Auswahl an aufpreispflichtigen 760-Zubehören wurde durch einen elektrisch verstellbaren Fahrersitz angereichert.

360 Sedan. Im August 1983 erweiterte Volvo das Programm der kleineren drei- und fünftürigen Modelle um eine Stufenhecklimousine 360 Sedan. Es gab sie mit dem 2-l-Vergaser- oder Einspritzmotor und 5-Gang-Getriebe. Die Länge wuchs von 430 auf 441,5 cm, doch ergab sich nicht nur zusätzlicher Kofferraum (dessen Volumen erreichte 360 l), dank der neuen Dachform stand zudem den hinteren Passagieren mehr Kopfraum zur Verfügung. Durch den Wegfall der Heckklappe sank das Leergewicht um 15 auf 1095 kg.

Auch alle weiteren Modelle der Reihe 340/360 profitierten von motorischen Verbesserungen: Vergasermotoren mit elektronischer Kennfeldzündung, neue Lüfter, 1,4 l dank neuer Auspuffleitung mit 72 statt 70 PS, teils verlängerte Achsuntersetzungen = weniger Verbrauch, vorne um 1 cm, hinten um 1,5 cm tiefergelegt, zudem aerodynamischer Feinschliff.

Im Dezember 1979 hatten Volvo und Renault eine technische, industrielle und finanzielle Zusammenarbeit vereinbart. 1981 war Renaults Anteil am Kapital der Volvo Car Corporation von 10 auf 15 Prozent angestiegen. Anfang 1984 kaufte die Volvo AB 5,6 Prozent wieder zurück; die technische Zusammenarbeit wurde jedoch aufrecht erhalten.

740. Im Hinblick auf den Genfer Salon stellte Volvo Ende Januar 1984 die neue Modellreihe 740 vor. Sie war im gleichen kantigen Karosseriestil gehalten wie die Modelle 760, wurde jedoch mit dem größten Benzinmotor aus der Reihe 240 ausgerüstet: Der 740 GLE wurde vom 2,3-l-Motor B23E mit 140 PS und wahlweise 4-Gang-Getriebe mit elektrisch einschaltbarem Overdrive oder dem 4-Stufen-Automatikgetriebe Aisin-Warner 71 angetrieben.

Zur Ausstattung zählten nebst Servolenkung und Vierrad-Scheibenbremsen das Zweikreis-Bremssystem mit 2x3-Aufteilung, die spezielle Sitzbankkonstruktion, die ein Durchrutschen unter dem Sitzgurt verhinderte und die weiteren Volvo-Sicherheitsmaßnahmen. Vorhanden waren im gepflegt wirkenden Innenraum auch die automatische Vordersitzheizung (schaltete sich bei unter 14 Grad zu und bei 30 Grad wieder ab) sowie die Durchreiche vom Kofferraum zum Wagenfond.

Äußerlich unterschied sich der 740 vom 760 durch den schwarzen Kühlergrill und den Wegfall der im Frontspoiler integrierten Nebellampen.

Volvo 780, 1987

Im Jahre 1974 hatte Volvo im südschwedischen Kalmar ein revolutionäres Montagewerk eröffnet, in dem unter der Zielsetzung einer neuen Produktionsphilosophie das Fließband durch Teamarbeit nach dem Rotationsprinzip ersetzt wurde. Die in Gruppen arbeiteten Mitarbeiter trugen Eigenverantwortung, womit eine Vermenschlichung des Arbeitsplatzes angestrebt wurde. Anfang 1984 lud Volvo-Boss Pehr G. Gyllenhammar die Fachpresse zu einer Bilanz über das Projekt Kalmar ein. Als Quintessenz ging hervor, dass sich diese Produktionsstruktur weitgehend bewährt habe, dass man zwar manches hinzugelernt habe, das Ziel der motivierten Mitarbeit und der Identifikation der einzelnen Arbeitnehmer mit ihrem Produkt aber erreicht worden sei.

1979 war auch in Torslanda – mit 10'000 Mitarbeitern das Hauptwerk von Volvo und Skandinaviens größter Industriekomplex – in Abkehr vom Fließband ein KBS-Karosseriebausystem eingeführt worden, das selbständige Teamarbeit zum Ziel hatte. Es ließ sich inzwischen selbst mit einer stark erhöhten Roboterisierung des Produktionsablaufes vereinbaren.

1985 stieg die Leistung des 360/360 GLS von 92 auf 102 PS, der 2,1-l-Motor wurde nur noch mit Turbo im 240 Kombi angeboten. Neu gab es auch den 740 GL mit 2,3-l-Vergasermotor (114 PS) oder mit 2,4-l-Sechszylinder-Dieselmotor (82 PS). Der 760 Turbo erfuhr eine Leistungserhöhung von 173 auf 182 PS. Für Anfang 1985 wurde für dieses Modell das ETC-System in Aussicht gestellt: Die Electronic Traction Control unterbrach bei Schlupf der Antriebsräder die Benzinzufuhr so lange, bis die Räder wieder gleich schnell drehten.

360 Diesel. Auf dem Salon Paris 1984 kam auch für den kleinen Volvo eine Dieselvariante hinzu. Das 1596-cm^3-Aggregat mit 54,5 PS Leistung stammte aus dem Renault-Regal, war jedoch an die schwerere Volvo-Konstruktion angepasst worden: Dank geänderten Vorkammern und anders regulierter Einspritzpumpe stand das höchste Drehmoment von 102 Nm bereits bei 2250/min zur Verfügung. Alsbald kam ein 340 Diesel hinzu.

740/760 Kombi. Zunächst für den nordamerikanischen Markt bestimmt war die Kombiversion der größten Volvo-Modellreihe. Sie wurde Anfang Februar 1985 auf der Chicago Motor Show vorgestellt. Es gab sie in drei 740- und zwei 760-Versionen. Die Geräumigkeit der Volvo-Kombis verkörperte einen neuen Höhepunkt, erreichte das Fassungsvermögen nach SAE-Standard doch 992 l, bei umgeklappten Rücksitzen gar 2123 l. Die Ladelänge wurde mit 106 bzw. 191 cm gemessen. Nachdem rund ein Drittel aller von der Volvo Car Corporation gebauten Pkw Kombis der Reihen 240/260 waren, versprach dieser neue Kombityp einen weiteren Aufschwung dieser Sparte.

780. Schon 1977 hatte der Genfer Salon die Weltpremiere eines luxuriösen Volvo-Coupés erlebt, jene des Typs 262 C. 1985 wurde selbenorts der Volvo 780 enthüllt. Erneut stammte die Karosserie von Bertone, während die Bodengruppe jener des Volvo 760 entsprach. 1977 hatte das im Vergleich zum Vorder- und Hinterwagen zu tief gesetzte Coupédach zu Diskussionen Anlass gegeben, der Typ 780 zeigte hingegen ausgewogene Proportionen. Bei unverändertem Radstand von 277 cm und gleich gebliebener Länge von 479 cm war der Volvo 780 140 statt 141 cm hoch. Sein Kofferraum fasste 485 statt 500 dm^3.

Motorisiert wurde der 780 mit dem 2,5-l-PRV-V6 in der Turboausführung, wie er auch im Renault 25 und Renault Alpine zu haben war: 2458 cm^3, elektronische Einspritzung Bosch LH-Jetronic, Abgasturbolader Garrett T3, Ladeluftkühler, Verdichtung 8,6:1, 165 PS bei 5400/min, in Verbindung mit einem 4-Stufen-

Automatikgetriebe. Alternativ dazu gab es den 780 mit dem 122 PS starken 2,4-l-Sechszylinder-Turbodiesel und 4-Gang-Getriebe plus Overdrive oder ebenfalls Automatikgetriebe. Später wurde der 780 auch mit dem 2849-cm^3-V6 ohne Turbo und 150 PS lieferbar. Zur Ausstattung zählten Niveauregulierung und ABS.

Ab dem Genfer Salon 1985 wurde der viertürige 740 in der Version Turbo Intercooler mit 182 PS lieferbar. Diese wurde mit dem 4-Gang-plus-Overdrive-Getriebe ausgerüstet, während im Typ 760 Turbo das 4-Stufen-Automatikgetriebe zum Einbau kam. Bei dem 740 Turbo und bei allen 760 waren gegen Aufpreis ein ABS und die Schlupfregelung ETC erhältlich.

240 1986. „Die größten Veränderungen beim Modell 240 seit 1979" wurden auf der IAA Frankfurt 1985 eingeführt: Der Kühlergrill hob sich nicht mehr von den Scheinwerfern ab, sondern war plan mit ihnen leicht schräggestellt und auch sonst war die Aerodynamik der Motorhaube, der Außenspiegel, am Heck und mit Radvollblenden verbessert worden. Die Sitze waren schalenförmig und boten höhere Lehnen, zudem war neu auch der Beifahrersitz beheizbar. Überdies gab es gepflegtere Auskleidungen (Laderaum des Kombi nun ganz in Textil) und eine Colorverglasung auch bei den Grundmodellen.

Der 740 Turbo erhielt für 1986 ein „eigenes Profil": 5-Speichen-Leichtmetallfelgen, geänderter Kühlergrill, doppelter schwarzer Auspuff, Innenraum teils in Schwarz und schalenförmigere Sitze. Für verbesserten Rostschutz wurde bei Volvo 1986 vermehrt zinkbeschichtetes Blech verwendet.

1986 erhielten die 340/360 einige Verfeinerungen: Stoßschutz nahtlos an der (abgedichteten) Karosseriefront, flügelartiger Heckspoiler, geänderte Heckklappe, dadurch cw 0,35; Innenlicht mit Zeitrelais, geänderte Heizungs-/Lüftungsbedienung, komfortabler ausgerichtetes Fahrwerk.

480 ES. Ende Oktober 1986 präsentierte Volvo überraschend einen Nachfolger für den von 1971 bis 1973 in 8077 Exemplaren gebauten Sportkombi 1800 ES. Auch der Volvo 480 ES war ein dreitüriger Viersitzer mit Schrägheck. Eben hatte auch Honda mit dem Aerodeck ein Auto dieser Art auf den Markt gebracht. Somit hatten die 1985 aufgegeben Lancia HPE und Reliant Scimitar GTE ihre Nachfolger gefunden!

Der Volvo 480 SE wurde in den Niederlanden gebaut und war das erste Frontantriebsmodell der Marke. Er wurde als Vorläufer einer neuen Modellfamilie bezeichnet und läutete somit eine neue Volvo-Ära ein. Es war geplant, den 480 ES 1986 in 35'000 Exemplaren zu bauen, die vor allem für den US-Markt bestimmt waren. Die Entwicklung war schon sechs Jahre zuvor eingeleitet worden, und am Design hatten neben den eigenen Studios in Göteborg und Helmond auch Bertone und das Turiner Designstudio Coggiola mitgewirkt, wobei am Schluss die unter Rob Koch entstandenen Entwürfe aus dem holländischen Helmond obsiegten. Mit der flachen Front mit Klappscheinwerfern, der keilförmigen Gürtellinie und großzügigen Seiten- und Heckfenstern wirkte der 480 ES attraktiv-modern. Der Luftwiderstandsbeiwert wurde mit cw 0,34 angegeben.

Bei der quer eingebauten Motor-/Getriebe-Einheit handelte es sich um den 1721-cm^3-Motor von Renault. Mit elektronischer Renix-Einspritzung und Klopfregelung resultierten 109 PS bei 5800/min. Er vermochte den just eine Tonne wiegenden Sportkombi in unter 10 s auf 100 km/h zu beschleunigen und verhalf zu einer Spitze von gut 190 km/h. Für den US-Markt wurde ursprünglich eine Turboversion geplant. Die Vorderräder wurden mit Federbeinen und unteren Querlenkern geführt, während hinten eine leichtgewichtige Starrachse mit seitlichem Wattgestänge und Panhardstab verwendet wurde. Es kamen Vierrad-Scheibenbremsen zum Einbau. Der auf vier Insassen zugeschnittene Innenraum (die Hintersitze waren ebenfalls durch eine Mittelkonsole getrennt) war reichhaltig ausgestattet und betont ergonomisch ausgerichtet. – *Für die Produktion des 480 ES war das Werk in Born stark modernisiert worden.*

1986/87 entstand in Uddevalla, nördlich von Göteborg, auf dem Gelände einer früheren Schiffswerft, ein zusätzliches Volvo-Werk. Es wurde von Anfang an auf Gruppenarbeit ausgerichtet, wobei die Gewerkschaften wesentlich bei der Planung mitwirkten. Das Werk wurde so angelegt, dass von einem größeren Gebäude aus das Material und vormontierte Karosserien an sechs kleinere Produktionswerkstätten weitergegeben wurden. Dort erfolgte die Endmontage an einem festen Standort, wobei sich die Arbeitsgruppen in Zyklen von gut zwei Stunden ablösten.

760 1988. Ab dem Jahrgang 1988 zeigten sich Kühlergrill und Scheinwerfer des 760 etwas stärker geneigt und der Übergang zur Motorhaube abgerundet. Diese wurde aus Aluminium statt aus Stahlblech gefertigt, womit sie nur noch halb soviel wog. Zudem verdeckte sie teilweise die Scheibenwischer. Die Stoßschutzfarbe wurde jener der Karosserie angepasst, und die Frontschürze war umgeformt worden. Neu war auch das Armaturenbrett, dessen nun aus Kunststoff bestehender Mittelteil samt Konsole dem Fahrer zugewandt war.

Die wesentlichste technische Verbesserung aber bestand – bei der Limousine ohne den Kombi – im Übergang von der hinteren Starrachse zu einer aufwändigen Einzelradaufhängung mit Hilfsrahmen: Die Multi-Link-Achse setzte sich aus Längsschwingen, oberen und unteren Querlenkern und Spurstangen sowie Federbeinen zusammen; sie war überdies mit einer Niveauregulierung versehen. Zur Serienausstattung zählten ABS, elektronische Klimaanlage und zahlreiche elektrische Bedienungselemente, einschließlich jene des Schiebedachs. Gegen Aufpreis war erstmals bei Volvo auch ein Luftsack, und zwar in der 30-l-Eurobag-Dimension, erhältlich. – Es war geplant, auch das Coupé 780 mit der hinteren Einzelradaufhängung auszurüsten.

480 Turbo. Gegen Ende 1987 wurde die angekündigte Turboversion des Sportkombis endlich in Produktion genommen. Der mit B18 Turbo bezeichnete Katalysatormotor leistete 120 PS bei 5400/min und ermöglichte es, Tempo 100 binnen 9 s und eine Spitze von 200 km/h zu erreichen; sein Mischverbrauch wurde mit 8,5 l/100 km angegeben. Ein- und Auslaß waren überarbeitet worden (hinzu kamen natriumgekühlte Auslassventile), der Turbo besaß einen Ladeluftkühler und seine Lager waren wassergekühlt (mit thermostatisch gesteuerter Wasserpumpe). Von außen kannte man den 480 Turbo an dem in Wagenfarbe gehaltenen Stoßschutz und an der tieferen Bugschürze mit Nebellampen.

740 GLT 16V. Zum Genfer Salon 1988 brachte Volvo eine DOHC-16-Ventil-Ausführung zur Premiere: elektronische Einspritzung, hydraulische Ventilstößel, zwei gegenläufig drehende Schwingungsausgleichswellen, Dreiwegkatalysator, 159 PS aus den 2316 cm^3 (Turbomodell mit Katalysator: bloß 156 PS). Außer mit einem Diagnosestecker

Volvo 480 Coupé, 1988

war dieser Motor mit dem Evap-System verbunden, mit dem ein Verdunsten von Treibstoff verhindert wurde... ein damals neuer Denkansatz!

760 GLE Executive/Limousine. Unmittelbar nach dem Genfer Salon 1988 brachte Volvo zwei Sondermodelle des 760 GLE auf den Markt: den Executive mit um 15 cm verlängertem Radstand und die Limousine mit 80 cm mehr Radstand. Letztere nahm dank drei einzeln klappbaren Mittelsitzen bis zu sieben Insassen auf. Sie besaß die Starrachse des Typs 740.

So wie kurz zuvor Saab in Isuzu einen Vertriebspartner für Japan gefunden hatte, so verpflichtete Volvo im Mai 1988 Subaru für den Absatz auf dem fernöstlichen Inselreich. Es wurde damit gerechnet, den jährlichen Volvo-Verkauf in Japan von 3300 bis 1990 auf 6000 Einheiten und bis Mitte der 90er Jahre auf 25'000 Stück erhöhen zu können.

440. Die Limousinenversion des Coupés 480 wurde im Juni 1988 vorgestellt: Im Gegensatz zu den Volvo der Serie 300 entsprach der Volvo 440 dem zeitgemäßen Frontantrieb+Quermotor-Konzept. Er teilte seine wesentlichen technischen Komponenten mit dem Coupé, womit sich für beide Modelle im niederländischen Werk eine rationelle Fertigungsgrundlage ergab. Das Karosseriedesign des 440 war durchaus Volvo-typisch: schräggestellte Kühlerfront mit dem Markensignet im quergestellten Band, eher straffe als weiche Linien und Stufenheck. Die Unterkante der drei Seitenfenster verlief unterhalb der Gürtellinie und verhalf zu ausgezeichneter Rundsicht. Der Kofferraum ließ sich von 330 auf 1025 dm^3 vergrößern, und der cw-Wert wurde mit 0,34 angegeben.

Der Radstand stimmte mit 250,5 cm mit jenem des Coupés überein, während die Länge 431 cm erreichte (Coupé 426 cm, Serie 300 bis 443,5 cm bei 240 cm Radstand). Für den 440 wurde die Auswahl an 1,7-l-Motoren nach unten ausgeweitet, denn es gab auch zwei Vergasertriebwerke mit 79/80 bzw. 87/90 PS, auch sie ausschließlich mit 5-Gang-Handschaltgetriebe. Volvo-typisch war auch der massive rechteckige Instrumententräger, dessen rechter Teil über der Mittelkonsole leicht zum Fahrer hin abgewinkelt war. Es gab die Ausführungen DL, GL, GLE, GLT und Turbo, ab GLT mit Sportfahrwerk, Alufelgen, Heckflügel sowie u. a. Türschlossbeleuchtung. Beim Topmodell Turbo kamen zudem ein Info-Center und (wie beim GLE) eine Servolenkung hinzu. Mit 1010 bis 1065 kg blieb der Volvo 440 trotz Sicherheitsstuktur und fortschrittlichem Rostschutz vergleichsweise leichtgewichtig.

Anstatt eines Vierradantriebs bot Volvo für die Modelle mit Hinterradantrieb ab 1989 eine mechanisch wirkende automatische Differenzialsperre an, die von der US-Firma Eaton entwickelt worden war.

1990 erhielt der von Renault stammende 1,7-l-Motor der Baureihe 440 eine von 95 auf 102 PS gesteigerte Leistung. Für einzelne Märkte gab es für die großen Volvo einen 1986-cm^3-16-Ventil-Motor, der mit Turbo auf just 200 PS kam (mit oder ohne Katalysator). Beim 740 wurde die Frontpartie stärker heruntergezogen und stilistisch jener des 760 angeglichen; während GL und GLE ein Vertikalgitter aufwiesen, erhielten GLT und Turbo einen Karogrill; die Frontschürze war nun in den Stoßschutz integriert, und auch die Heckleuchten zeigten ein geändertes Design. Alle 700er-Volvo erhielten eine mechanische Differenzialsperre, die bis 40 km/h bei Schlupf in Funktion trat. Beim Coupé 780 zählten jetzt ein Airbag und Aluräder zur Grundausstattung.

Volvo 760 GLE Sedan, 1988

Volvo 440 GL, 1989

Volvo 460, 1990

460. Als dritte Karosserieversion der Serie 400 wurde Ende 1989 das Stufenheckmodell 460 vorgestellt. Gegenüber dem Heckklappenmodell hatte seine Länge um 9,5 cm zugelegt. Das Kofferraumvolumen stieg von 330 auf 400 dm^3 (bei umgelegten Hintersitzen nahm es hingegen von 1025 auf 950 dm^3 ab). Der Volvo 460 unterschied sich durch einen verchromten Kühlergrill mit vertikalen Gitterstäben vom Typ 440. Es gab ihn als GLE (1,7 l mit 102 PS) und als Turbo (mit 120 PS). Zur Ausstattung zählten nebst Vierrad-Scheibenbremsen u. a. eine degressive Servolenkung und eine elektronische Infoanzeige. – Mit dem Modell 460 wurde der Typ 360 überflüssig.

Nachdem Ende 1989 die Pläne für eine gemeinsame Holding mit Renault als gescheitert erklärt worden waren, wurde im Februar 1990 überraschend eine gegenseitige Kapitalbeteiligung bekanntgegeben. Danach übernahm Volvo 20 Prozent der stimmberechtigten Renault-Aktien und erhielt eine Option auf weitere 5 Prozent; Renault übernahm 25 Prozent der stimmberechtigten Aktien der Volvo Car Corporation; zudem sollte Renault auf dem freien Markt 10 Prozent der Stimmaktien der Mutterfirma AB Volvo aufkaufen; überdies tauschten Renault und Volvo 45 Prozent der stimmberechtigten Aktien ihrer jeweiligen Nutzfahrzeugtöchter Volvo Truck bzw. Renault VI (RVI)... Es kam dann allerdings nur die Übereinkunft auf dem Lkw-Sektor zum Tragen.

Auf dem Genfer Salon 1990 wurde als besondere Attraktion eine zweisitzige Cabrioletversion mit Überrollschutzbügel des Typs 480 vorgestellt. Trotz anfänglich geäußerter Absichten ging sie aber nie in die Serienproduktion. Im Mai 1990 lüftete Volvo den Schleier über seine künftige Topmotorisierung in Form eines 2,9-l-DOHC-Sechszylindermotors mit 24 Ventilen, zwei Abgasturboladern und gut 270 PS. Der Volvo 960 wurde dann im August 1990 (natürlich als Modell 1991) eingeführt, ohne Turbo und mit 204 PS.

Nach einem Jahrzehnt des Aufschwungs sah sich Volvo 1990 zu drastischen Einsparungen und zu einer Verminderung der Mitarbeiterzahl binnen zweier Jahre um 10 Prozent bzw. um 5000 Stellen veranlasst. – Die Produktion des Coupés 780 bei Bertone lief im Herbst 1990 nach bloß 8518 Exemplaren aus. Der urige Volvo 240 anderseits wurde noch bis 1993 hergestellt und in bestimmte Länder geliefert.– Anfang 1999 wurde die Volvo Car Corporation in die Ford Motor Company integriert, und diese verkaufte sie im März 2010 an Geely in China weiter.

Volvo

Volvo	Bauart	Mot.	Getr.	R/L cm	Baujahre
343 / 345 (*1982–)	**St.**	**a–c**	**4/A/5***	**239,5/420,5**	**1980–82**
Motoren:	*Zyl.:*	*N'w.:*	*cm^3:*	*PS/'min:*	*Nm/'min:*
a (*1981/82–)	4	OHV	1397	70/5500	108/3500/3750*
b (*1981/82–)		OHC	1986	95/5400	150/3600/3300*
c (RS/Sport)				118/120	–
340 / 360 / 300 ('83–)	St.	a–j	4/5/A	240/423/430/441	1982–85
a (–1983)	4	OHV	1397	70/64/5500	108/2500
b (1983/84)				71/63/5500	109/3420/100/3000
c (CH 1983/84)				72/5500	105/2500
d (1984–)				72/63/5500	109/3400/100/3000
e (*1983/84)		OHC	1986	95/90*/5400	150/3600/149/3120
f (CH 1983/84)				92/5400	150/3600
g (1984–)				102/5700	160/3300
h	4i			117/115CH/6000	168/3600/160
i (Export 1983/84)				**113/5700**	**158/4200**
j (1984–)	**4D**		**1596**	**54/4800**	**102/2250**
300	**St.**	**a–g**	**4/5/A**	**240/432/443,5**	**1985–90**
a (–1989)	4	OHV	1397	71/5500/61–65	108/3400
b (1989–)				72/5400/67–69	108/3600
c (*1988/89)	4/4i	OHC	1721	83/82*/5400/75K	131/3000
d (1989–)				82/5400/80K	131/3300
e (–1989)	4		1986	102/5700	160/3300
f (–'89 +*Exp.112–118)	4i			115/5700/109K/*	160/4200/150
g	4D		1596	54/4800	102/2250
440	**Fr.**	**a–e**	**5/A4**	**250,5/431**	**1988–90**
460				**250,5/440,5**	**1989/90**
Motoren:	*Zyl.:*	*N'w.:*	*cm^3:*	*PS/'min:*	*Nm/'min:*
a	4	OHC	1721	82/5100/79K/5000	130/128/3300
b				90/5800/87K/5700	131/130/3600
c (–1989)	4i			109/5800/95K/5400	140/4100
d (1989–)				109/102K/5800	145/4200/142/3400
e	4iT			120/120K/5400	175/1800–4600
480 ES / 480 Turbo	**Fr.**	**a–d**	**5/A4**	**250,5/426**	**1985–90**
Motoren:	*Zyl.:*	*N'w.:*	*cm^3:*	*PS/'min:*	*Nm/'min:*
a (*1987–89 **1988/89)	4i	OHC	1721	109/5800/95K*/5400	140/4000/4100**
b (1989–)				109/102K/5800	145/4500/142/4200
c (1988–)	4iT			120/120K/5400	175/4600/170/4000
d (Japan 1988–)				115/5400	175/4200
242 / 244 / 245	**St.**	**a–y**	**4/A3/4OD**	**264/479**	**1980–82**
240			**/5/A4/A5**		**1981–90**
Motoren:	*Zyl.:*	*N'w.:*	*cm^3:*	*PS/'min:*	*Nm/'min:*
a (Export –1983)	4	OHC	1779	90/5750	–
b (–1981)			1986	97/5500/90D/5000	154/3200/152/2500
c (1981–83)				97/5500/90D/5000	154/2500/152/2500
d (1983– *1984/85)				101/103*/5400	160/2400/165/2700
e (Ital.'83–85 *'85–)	4i			117/116*/6000/118	168/3600
f (1981–89)	4iT			145	–
g (–1983 *Export)	4		2127	107/5500/102–106*	170/2500
h (1983/84 *Export)				106/5250/102–107*	
i (–1989)	4iT			155/5500	240/3750
j (USA –1984)				129/5500	204/3750/246
k (1981–84 *1984–86)	4		2316	112/110*/5000	185/187/2500
l (–1989 +*1986–88)				113/116K*/5100	185/192/3000
m (–1983)	4i			123/5500	162/3500
n (USA *1981–83)				108/5250/98*/5000	155/153/2500
o (*Export 1983/84)				140/5500/131*	195/4500
p (CH *1983/84)				136/5500/129*/5250	–/190/3000
q (1984/85)				129/5250/133/116K	190/3000/–
r (1985/86)				131/5250/133	190/3000
s (USA/Kat. 1985/86)				116/5400	185/2750
t (1986–88)				133/5400	195/3600
u (1988/89)				131/5400/116K/5100	190/3600/192/3000
v (1989–)				125/5200/116K/5400	185/3200/2700
w (US/Kat.84/85*85–89)	4iT			164/162*	246/254
x (Export –1983)	5D		1986	70/4800	123/3000
y (+*USA–85 **Exp.88–)	6D		2383	82/4800/77*/79**	140/28/133/140/24

Volvo	Bauart	Mot.	Getr.	R/L cm	Baujahre
264 / 265 / 262	**St.**	**a–c**	**4/4OD/A3**	**264/489**	**1980–82**
262 C				**264/488**	
264 TE				**334/560**	
Motoren:	*Zyl.:*	*N'w.:*	*cm^3:*	*PS/'min:*	*Nm/'min:*
a	V6i	OHC	2849	155/132U/5500	230/3000/208/2750
b (Export –1981)	V6			129/5250	212/3000
c (Export 1981–)	V6i		2664	148/5700	218/3000
760 / 740 (1984–)	**St.**	**a–b2**	**4OD/5/A4**	**277/478,5**	**1982–90**
Motoren:	*Zyl.:*	*N'w.:*	*cm^3:*	*PS/'min:*	*Nm/'min:*
a (84/85*85–88**88/89)	4i	OHC	1986	117It./116*/118**	168/160**
b (Italia mid 1988–)		D16V		136	–
c (1989–)		OHC		110K/5900/116	155
d ('84/85 *Kat.'85/86)	4iT			160U/It./162U*/53'	–/254/2900
e (Export '85– +*'88–)				150–163 *–179	–
f (1989–)		D16V		200K/200/5300	290/2950
g (1984–86)	4	OHC	2316	114/5200/112	192/2500
h (1986–89)				117/5200/112	194/2500
i (1989–)				115/5200	192/2500
j (1984–86)	4i			131/5400/116K	190/3600
k (1986– +113 PS '88–)				131/55'/116K/54'	190/3600/185/2750
l (1988/89)		D16V		159K/5800/155	210/4450
m (1989–)				155K/5700	205/190
n (*1984–86)	4iT	OHC		173/182*/5700	203/4450
o (1986/87)				182/5800/162K/5300	260/3400/254/2900
p (1987–89)				182/5800/156K/4800	260/3400/242/3300
q (1989–)				170/165K/4800	265/264/3450
r (*1986/87)	V6i	OHC	2849	156/5700/5250*	235/3000/245/3200
s (US/Kat.84–86*86/87)				136/5500/147*/5100	216/2750/235/3750
t (1987–)				170/5400/147K/5100	240/4500/235/3750
u (Export 1988–)				167/143K	–
v	6D		2383	82/4800	140/2800
w (1982/83 *Export)	6TD			110/109*/4800	190/3000/205/2400
x (1983–87)				109/4800/112D	190/3000/205
y (Italien/USA '84–87)				112/107	205/190
z (1987–89 *1989–)				122/4800	235/190*/2400
a2 (D/It. /CH/USA '87–)			112 /109	205	
b2 (div. Länder 1988–)				116	
780	**St.**	**a–g**	**A4/4OD**	**277/479**	**1985–90**
Motoren:	*Zyl.:*	*N'w.:*	*cm^3:*	*PS/'min:*	*Nm/'min:*
a (Export 1986–89)	4iT	OHC	1986	160	245
b (–1986)	V6iT		2458	165/5400	250/3600
c (1985/86)	V6i		2849	150/5000	235/3200
d (1986/87 *1987–89)				156/5250/170*/5400	245/3200/240/4500
e (1986– *Export '89-)				147K/5100/143K*	235/3750
f (*1987/88)	6TD		2383	122/4800/129*/4650	240/250/2400
g (Export 1988–)				122	

Wartburg

Unter den beiden in Ostdeutschland bzw. der DDR gebauten Pkw war der Wartburg neben dem → Trabant das größere und – weil nur halb so viel gebaut (1981 = 59'233:121'000) – auch exklusivere Modell. Der Wartburg war 1956 von dem VEB (Volkseigener Betrieb) Automobilwerk Eisenach als Nachfolger der Ifa-Modelle herausgebracht worden (die ihrerseits das östliche Äquivalent der DKW waren). Wie die Ifa besaß der Wartburg Vorderradantrieb und einen Zweitakt-Dreizylindermotor.

353 W. Als Modell 1000 war der Wartburg im Sommer 1966 mit einer zeitlos modern geformten Pontonkarosserie vorgestellt worden. Die fünfsitzige Viertürlimousine zählte zur unteren Mittelklasse. Ab Herbst 1967 wurde sie als Wartburg 353 bezeichnet, und diesen gab es alsbald auch als fünftürigen Kombi mit der Bezeichnung Tourist (mit bis sieben Sitzen). Mit dem Zusatzbuchstaben W für Weiterentwicklung wurde auf der Leipziger Herbstmesse 1974 eine verbesserte Version ausgestellt: mit Scheibenbremsen an den Vorderrädern, doppeltem Bremskreislauf, Alternator, Halogen-Scheinwerfern, Sicherheits-Lenksäule, Sitzgurten sowie einem neuen Armaturenbrett. Äußerlich erkannte man die Neuauflage an dem modisch schwarzen statt verchromten Kühlergrill.

Geblieben war das technische Konzept mit einem Kastenrahmenchassis, vorderen Doppelquerlenkern, hinterer Schrägpendelachse, Schraubenfedern und Gummizusatzfedern. Der Motor war immer noch der Zweitakt-Dreizylinder, doch war der erforderliche Ölzusatz zum Benzin für die Gemischschmierung 1973 von 3 auf 2 Prozent gesenkt worden. Es gab den Wartburg mit Lenkrad- wie auf Wunsch auch mit Stockschaltung.

Im Januar 1985 wurde das Gitter des Kühlergrills durch vier horizontale Schlitze in dem in Wagenfarbe gehaltenen Frontblech ersetzt (für Auslieferungen ab Mai). Zudem wurde ein thermostatisch gesteuerter Lüfter eingeführt. Der Buchstabe S wies auf eine aufgewertete Ausrüstung, u. a. mit Schiebedach, hin (wie es sie schon früher gab). Die Westexporte gingen vor allem nach Belgien, Dänemark, Finnland und Spanien; in England sprach man von den Wartburg Knight.

1.3. Ab Anfang 1988 waren in der DDR die ersten Wartburg mit 1,3-l-Viertaktmotoren von VW unterwegs. Die Produktion dieser Motoren erfolgte im Rahmen eines Lizenzvertrages, der schon 1984 ausgehandelt worden war. Im Austausch lieferte die DDR VW-Lizenzmotoren und Elektroerzeugnisse an das Volkswagenwerk. Die Viertaktmotoren wurden in einem neuen Werk in Karl-Marx-Stadt (Chemnitz) unter Einsatz von 261 Industrierobotern hergestellt. Der Wartburg 1.3 sollte wesentlich teurer verkauft werden als der Typ 353 W.

Als er auf der Leipziger Herbstmesse 1988 Premiere feierte, hob er sich äusserlich durch den rechts (in Fahrrichtung) in den Kühlergrill einbezogenen Wartburg-Schriftzug vom Vormodell ab. Der Viertaktmotor brachte nicht nur Fortschritte hinsichtlich Abgasverhalten, sondern auch weit mehr Leistung: Aus den 1272 cm^3 Inhalt des quer vor der Vorderachse eingebauten Vierzylinders resultierten 58 PS gegenüber den 50 PS des Zweitakters. Hingegen war das maximale Drehmoment mit 96 statt 98 Nm um eine Spur niedriger. 100 km/h konnten nun binnen 20 s erreicht werden, und die Spitze war von 130 auf 140 km/h angestiegen. Im Drittelmix nach ECE-Norm wurden 8,2 l/100 km benötigt, was einer Reduktion um rund einen Viertel entsprach. Bei konstanten 90 km/h verbrauchte der Wartburg 1.3 noch 6,4 l/100 km und damit einen vollen Liter weniger als das Vormodell.

Wartburg 353 W Tourist, 1982

Wartburg 353 S, 1986

Wartburg 1.3 Tourist, 1990

Gleichzeitig hatte der Wartburg zahlreiche Detailverfeinerungen erfahren, u. a. eine verbesserte Geräuschdämpfung, ein überarbeitetes Armaturenbrett und eine von 128/130 auf 136/136 cm verbreiterte Spur. Gemäß offizieller Verlautbarung war „die Grenznutzungsdauer der Hauptbaugruppen auf 150'000 km verlängert" worden, was einer um 50 Prozent erhöhten Lebensdauer entsprach.

Als Gegenstück zur Zusammenarbeit zwischen Trabant und Volkswagen unterzeichnete das Automobilwerk Eisenach (AWE) Anfang März 1990 mit der GM-Tochter Opel einen Vertrag für die Gründung des Joint Ventures Opel-AWE GmbH. – Die Wartburg-Produktion wurde offiziell am 31. Januar 1991 eingestellt. Es waren rund 1'225'000 Wartburg 353 und 153'000 Wartburg 1.3 gebaut worden.

Wartburg	Bauart	Mot.	Getr.	R/L cm	Baujahre
353 W	**K'r./Fr.**	**–**	**4**	**245/422/438**	**1980–88**
Motor:	3/2T	–	992	50/4250	98/3000
1.3	**K'r./Fr.**	**–**	**4/5** (ab '90)	**245/422/428**	**1988–90**
Motor:	4	OHC	1272	58/5400	96/3500

Westfield Wolga

Die Westfield Sports Cars Limited in Kingswinford, West Midlands, baute ab 1982 eine Replika des Lotus Seven. Dieser durfte aber offiziell nur von der Firma → Caterham nachgebaut bzw. fortgebaut werden. In dem folgenden Rechtsstreit entschied das Gericht Anfang 1988, dass Caterham das alleinige Recht auf Form und Struktur des Typs Seven besitze. Westfield wurde verpflichtet ein eigenständiges Modell ohne die Bezeichnung Seven herauszubringen.

SE / SEi. Weil sich aber der Grad der notwendigen Abweichungen vom Vorbild nicht genau umschreiben ließ, unterschieden sich auch die weiteren Westfield-Modelle nur wenig vom Caterham Seven. Die eigenen Erkennungsmerkmale lagen in der Kotflügelform mit abgekanteten Rändern und in den Quersicken auf dem hinteren Teil der Motorhaube. Man konnte die Westfield als Bausatz oder fertig aufgebaut erstehen. Auf der Birmingham Motor Show 1988 wurde sogar ein Coupé mit Flügeltüren angeboten.

Grundstruktur des ultraniedrigen offenen Zweisitzers bildete ein aufwändiger Gitterrohrrahmen, der ebenso wie die Aufhängungsteile pulverbeschichtet wurde und somit rostresistent war. Auf diesen Rahmen wurden die Aluminium-Seiten- und Heckbeplankung und die Karosserie aufgebaut. Als Standardmotoren dienten (1990) in den mit SE und SEi bezeichneten Westfield die 1598-cm^3-Motoren des Typs CVH von Ford: mit 90 PS (wie im Escort) oder 105 PS (mit Einspritzung, 3 PS mehr als im Escort XR3i). Auch das 5-Gang-Getriebe und weitere Teile stammten von Ford. Zur Ausstattung zählten ein einfaches Verdeck, Steckfenster und eine Spritzdecke.

In der Schweiz wurden die Modelle SE und SEi von der spezialisierten Firma H & S in Gerlafingen SO zusammengebaut. Statt mit einer Frontscheiben-Defrostereinrichtung mit Innenventilator und Luftschlitzen rüstete sie ihre Modelle mit einer heizbaren Frontscheibe aus. – 1990 plante Westfield, dank großer Nachfrage vor allem aus Japan, die Wochenproduktion auf gegen 15 Einheiten zu steigern. Im gleichen Jahr kam als neues Modell der Westfield SEi long version hinzu.

Westfield SEi, 1990

Im Jahre 1932 waren in Nizhnij Nowgorod, im Nordosten von Moskau, als zweite staatliche Autoproduktionsstätte der Sowjetunion die Molotow-Automobilwerke eröffnet worden. Diese dienten zunächst der Herstellung von Kleinlastwagen des Ford-Typs AA. Sie wurden als GAZ-AA bezeichnet (Gorki Awtomobil Zawod). Noch im Dezember des gleichen Jahres entstanden auch die ersten Personenwagen GAZ-A. Sie entsprachen dem Ford A von 1931. 1936 wurde auf das Modell GAZ-M1 (Molotowez 1) umgestellt, das dem Ford-Modell von 1934 entsprach. Während des Zweiten Weltkriegs wurden in großer Zahl GAZ-Geländewagen gebaut, deren Herstellung in den 50er Jahren an → UAZ transferiert wurden. Inzwischen war die Stadt auf den Namen Gorki (zu Ehren des großen Dichters Maxim Gorki) umbezeichnet worden; seit 1990 heißt sie übrigens wieder Nizhnij Nowgorod.

1946 wurde als Eigenkonstruktion der M 20 Pobjeda herausgebracht, dessen Entwicklung auf Befehl von Stalin 1943 eingeleitet worden war, und als Pobjeda-Ablösung folgte 1955 der erste Wolga, eine mittelgrosse Limousine für das mittlere Parteikader und Funktionäre.

GAZ-24 / 24-02. 1981 wurden die sechssitzige Limousine GAZ-24 und der fünftürige Kombi GAZ-24-02 mit fünf bis sieben Sitzen hergestellt. Ihre Konstruktion ging auf das Jahr 1968 zurück. Besonders der (seit 1973 gebaute) Kombi mit dem am Dachende aufgesetzten Luftleitbügel wirkte attraktiv. Im Gegensatz zu früheren Ausführungen mit vertikalem Chromgrill besaßen die GAZ-24 jetzt ein schlichtes schwarzes Kühlergesicht. Basismotor war ein 2446-cm^3-Vierzylinder mit seitlicher Nockenwelle und Leichtmetall-Zylinderkopf und -block, der je nach Verdichtung (6,7:1, 7,8:1, 8,2:1) 95, 105 oder 110 PS leistete. Diese Kraft wurde über ein 4-Gang-Getriebe auf die Hinterräder abgegeben. Vorne fanden sich Trapez-Dreieckquerlenker, hinten eine Starrachse mit Halbelliptikfedern. Es wurden Vierrad-Trommelbremsen mit Servo und eine Lenkung mit Schnecke und Rolle verwendet. Die relativ hohe Bodenfreiheit von 18 cm trug den mancherorts in der Sowjetunion mangelhaften Verkehrswegen Rechnung.

In Belgien wurde der Wolga stets noch von der Scaldia-Volga SA montiert. Er wurde dort mit dem Indénor-Dieselmotor von Peugeot ausgerüstet: 2304 cm^3 mit 70 PS oder 1948 cm^3 mit 50 PS.

Wolga GAZ-3102, 1982

Wolga GAZ-24-10, 1990

GAZ-3102. Auf dem Autosalon von Brüssel wurde im Januar 1982 der Prototyp 3102 ausgestellt, eine Weiterentwicklung mit 496 cm Länge und somit 20 cm länger als der GAZ-24. Seine gerundete Front zeigte wieder einen aus senkrechten Chromstäben geformten Kühlergrill sowie Rechteckscheinwerfer. Vorne waren Scheiben- statt Trommelbremsen montiert. Ungewohnt war aber vor allem, dass dem Antrieb ein Schichtlademotor mit Vorkammern und einem dritten Ventil je Zylinder diente. Dessen Leistung wurde bei unverändertem Hubraum mit 105 PS angegeben.

Mitte 1985 tauchte ein Wolga 3102 bei Versuchsfahrten in Deutschland auf: bereits erwähntes technisches Konzept, 2446 cm^3, 98 PS bei 4500/min, hintere Starrachse mit Blattfedern... Weiterhin schien dieses Modell aber für eine Serienherstellung noch nicht reif zu sein. So wurde denn im gleichen Jahr in Moskau der Prototyp Wolga GAZ 31011 vorgestellt, ein herkömmlicher Wolga, jedoch mit einem 4254-cm^3-V8-Motor und 160 PS Leistung. Diese Variante kam aber nicht ins reguläre Angebot.

GAZ-24-10. Während der 3102 in kleinen Stückzahlen entstand, wurde der traditionelle Wolga 1986 zum GAZ-24-10 weiterentwickelt: überarbeitete Front, Motor nun auch mit 100 statt 91 PS, verbessertes Bremssystem (aber immer noch Trommelbremsen). *1987 wurden 71'419 Wolga gebaut, unter ihnen bloß 3174 GAZ 3102. Die Produktionseinrichtungen waren inzwischen gänzlich veraltet und führten zu viel Ausschussmaterial.*

In der ersten Hälfte 1989 gab es Berichte, wonach anstatt des veralteten Wolga in Bälde der Ford Scorpio hergestellt werde. Stattdessen übernahm das Werk 2006, nach etlichen weiteren Schritten, die Produktionseinrichtungen für den (damaligen) Chrysler Sebring ... und ging 2010 dennoch unter!

Wolga	Bauart	Mot.	Getr.	R/L cm	Baujahre
GAZ-24 (*1981–)	**St.**	**a–f**	**4**	**280/473,5/476***	**1980–86**
GAZ-24-02				**280/473,5**	
GAZ-24-10				**280/476/473,5**	**1986–90**
Motoren:	*Zyl.:*	*N'w.:*	*cm^3:*	*PS/'min:*	*Nm/'min:*
a (–1982)	4	OHV	2446	95/105/4700 (br.)	191/196/2400
b (–1982)				95/4500	190/2200–2400
c (1982–84)				85/95/4500	172/2300/186/2200
d (1984–)				91/4500/100	172/2200–2400
e	4D		1948	50/4500	107/2250
f			2304	70/4500	131/2200
GAZ-3102	**St.**	**a/b**	**4**	**280/496**	**1981–90**
Motoren:	*Zyl.:*	*N'w.:*	*cm^3:*	*PS/'min:*	*Nm/'min:*
a (–1984)	4	012V	2446	105/4500 (brutto)	181/2500
b (1984–)				98/4500/105	175/2500

YLN

Yue Loong

Ebenso wie in Südkorea hatte sich auch auf Taiwan eine eigene Automobilindustrie entwickelt, denn die wirtschaftliche Entwicklung von „Insel-China" eilte jener der Volksrepublik weit voraus. So wurden unter Lizenz japanische sowie Ford-Modelle hergestellt. Eine besondere Stellung kam der Yue Loong Motor Company Ltd in Taipeh zu, die ab Anfang der 60er Jahre unter der Marke YLN zum Teil von den Originalen etwas abweichende → Nissan-Modelle produzierte. 1981 handelte es sich um drei Modellreihen:

709 SD. Lizenzmodell des Nissan/Datsun Violet, viertürige Limousine, seit 1979 mit neuer Karosserie des Violet; 1,6-l-OHV-Motor mit 80 SAE-PS und 4-Gang-Getriebe.

902 SE. Dieses Modell entsprach dem Nissan Laurel 200, aber noch mit der älteren Karosserie (viertürige Limousine); 2-l-OHC-Sechszylindermotor, 115 SAE-PS, 4-Gang-Getriebe mit Lenkradschaltung.

805 SD. Lizenzfabrikat des Nissan Cedric, viertürige Limousine, ab 1980 hergestellt, aber noch älteren Designs; 2,4-l-OHC-Sechszylindermotor mit 130 SAE-PS, 4-Gang-Getriebe.

711 SD. Bei diesem ab 1981 gebauten Modell handelte es sich stets noch um eine Violet-Ableitung (mit 1,4-l-Motor).

721 SD. Mit dieser Bezeichnung wurde im Verlaufe des Jahres 1982 ein Lizenzmodell des Nissan Stanza (viertürige Stufenheckkarosserie) eingeführt (1,6-l-Motor, 81 PS).

912 SD. Dieser YLN entsprach dem Bluebird mit 105 PS leistendem 1,8-l-Motor. Außer diesem Modell und dem 721 wurden für 1983 keine weiteren YLN mehr aufgeführt.

311 SD. 1983/84 eingeführte Version des Nissan Sunny.

Nachdem seit 1959 eine Zusammenarbeit zwischen YLN und Nissan bestand, genehmigte die Regierung von Taiwan Mitte 1985 eine 25-Prozent-Beteiligung von Nissan an der Yue Loong Motor Co. Diese partizipierte am einheimischen Markt mit 40 Prozent. Bereits rechneten Insider damit, dass Nissan mit YLN-Modellen die in Japan geltenden Exportrestriktionen umgehen werde und dass andere japanische Hersteller diesem Beispiel folgen würden. Doch Mitte 1986 wurde überraschend ein Abkommen publik, wonach Yue Loong ein eigens von Nissan entwickeltes kleines Modell herstellen sollte, von dem jährlich 50'000 Stück von Chrysler für den Absatz in den USA übernommen würden. Wegen des hohen Yen-Kurses hätte Chrysler diese Modelle günstiger verkaufen können als die von Mitsubishi aus Japan bezogenen Wagen. Doch diese Pläne wurde Ende 1986 aufgegeben.

YLN 711 SD, 1982

Yue Loong Feeling 1.8 GTX, 1990/91

101. Diese Bezeichnung – zu der überdies der neue Markenname Yue Loong hinzukam – symbolisierte einen Strategiewechsel: Nissan plante nun auf Taiwan preisgünstig gebaute Modelle auch auf dem Heimmarkt anzubieten. Die nationalchinesische Regierung verlangte ohnehin einen minimalen Exportanteil von 12,5 Prozent. Der am 10. September 1986 in Taipeh vorgestellte Yue Loong 101 basierte zwar auf der viertürigen Stufenheckversion des früheren Nissan Stanza, wies aber eigenständige Züge auf, die sich vor allem im Kühlergesicht manifestierten. Weitere Abweichungen des mit 1,8- und alsbald auch mit 1,6-l-Motor gebauten 101 rechtfertigten den Hinweis, dass es sich teilweise um eine Eigenkonstruktion handelte.

Feeling. Mit der Modellbezeichnung Feeling kam der Yue Loong 101 ab 1990 auf den niederländischen Markt. – *Toyota und Mitsubishi folgten übrigens dem Nissan-Beispiel und schufen sich mit Beteiligungen an den Firmen Kuo Zui Motor bzw. China Motors ebenfalls ein kostengünstiges Sprungbrett auf Taiwan (wo im übrigen Renault bei San Fu Motors die Modelle 9 und 11 montieren ließ).*

Yue Loong	Bauart	Mot.	Getr.	R/L cm	Baujahre
101	**Fr.**	**a/b**	**4/5/A3**	**247/445,5**	**1986–90**
Motoren:	*Zyl.:*	*N'w.:*	*cm^3:*	*PS/'min:*	*Nm/'min:*
a	4	OHC	1598	89/5200	131/3200
b			1796	98/5200	146/3200

Zastava

Yugo

Crvena Zastava hieß rote Fahne und war der Name eines staatlichen jugoslawischen Industrieunternehmens für die Herstellung von Waffen und Werkzeugmaschinen, das in Kragujevac, 120 km südlich von Belgrad, angesiedelt war. 1953 wurde die Aufnahme des Autobaus beschlossen und 1954 mit Fiat ein Vertrag für die Montage des Geländewagens Campagnola unterzeichnet. Bald entstanden zudem die Fiat-Modelle 1400 und 1100, und schon 1955 wurden auch erste Fiat 600 gebaut. Aus ihm wurde später der Zastava 750, der selbst 1981 noch hergestellt wurde.

750. In Italien war der Fiat 600 von 1955 bis 1969 gebaut worden. Erstaunlicherweise rollte dieser der Volksmotorisierung dienende Winzling zu Beginn der 80er Jahre sowohl in Jugoslawien wie in Argentinien immer noch von den Fließbändern. Bis auf das runde Markensignet auf der Front zeigte sich der Zastava 750 im Vergleich zum italienischen Vorbild kaum verändert. Für den 1980 lancierten 750 Special wurde die Leistung des 767-cm^3-Motors mit 32 PS (statt 25 PS) angegeben; er wurde u. a. auch in Belgien verkauft. Dem 4-Gang-Getriebe mit unsynchronisiertem Ersten war man treu geblieben. Die Aufhängung bestand vorne aus oberen Dreiecklenkern und einer unteren stabilisierenden Querblattfeder, hinten aus schrägen Dreiecklenkern und Schraubenfedern. Es wurden Trommelbremsen verwendet und die Lenkung funktionierte mit Schnecke und Sektor.

Jugo 45. Im April 1980 wurde auf dem Autosalon von Belgrad mit dem Jugo 45 ein Winzling auf der Basis des → Fiat 127 vorgestellt. Mit seinem Frontantrieb und der geräumigen kubischen Karosserie mit Heckklappe verkörperte dieser Kleinwagen gegenüber dem Zastava 750 einen beträchtlichen Fortschritt. In neuerrichteten Fabrikationsanlagen wurde die Herstellung dieses Eigenmodells im Frühling 1981 aufgenommen. Der Jugo 45 besaß den aus dem Fiat 127 bekannten, quer eingebauten 903-cm^3-OHV-Motor mit 45 PS. Für dieses Antriebsaggregat war die Produktionskapazität des Motorenwerks DMB in Rakovica bei Belgrad eigens ausgebaut worden.

Mit 215 cm Radstand und 349 cm Länge war der Jugo deutlich gedrungener als der Fiat 127. Vorne wurden Federbeine und untere einfache Querlenker verwendet, hinten Dämpferbeine, Dreieckquerlenker und eine selbststabilisierende Querblattfeder.

Yugo 311 (Zastava 101), 1984

Zastava Yugo 45 L, 1986

(Zastava) Yugo Florida, 1989

101 Der im Jahre 1971 eingeführte Zastava 101 war eine Lizenzkonstruktion des → Fiat 128, besaß aber ein leicht eingeknicktes Schrägheck mit Klappe. Er war damit weit moderner als sein Vorbild. Trotz Exportbemühungen fand er aber die ihm offene Marktlücke nicht. Den Motor importierten die jugoslawischen Hersteller von → Fiat Argentina. Es gab den Zastava 101 sowohl drei- wie fünftürig, und im Verlaufe der Jahre wurden diverse sportlich angehauchte Sonderausführungen geschaffen. 1981 gab es ihn mit 1116- und 1290-cm^3-Motor mit 55 bis 73 PS Leistung. Die Aufhängungen entsprachen jenen des Jugo 45. – Zastava montierte teils auch größere Fiat, zudem Polski-Fiat und Lada.

850. Neben dem Modell 750 wurde ab 1983/84 auch der 850 aufgeführt. Es handelte sich immer noch um einen Nachfahren des Fiat 600, jedoch mit 843-cm^3-Motor und 32 PS.

Jugo 55/65. Nachdem dem Jugo schon 1983 eine modernisierte Kühlerfront (mit dunkelgrauem Grill) verpasst worden war, wurde er 1984 zusätzlich mit den 1116- und 1290-cm^3-Motoren aus dem Modell 101 lieferbar. Die Leistung erreichte analog zur Bezeichnung 55 bzw. 65 PS. – In Großbritannien wurden die 101 inzwischen als Yugo 311 und 511 (drei- bzw. fünftürig) verkauft.

Im Herbst 1984 schloss die Firma Crvena Zastava mit dem amerikanischen Unternehmer Malcolm Bricklin (der 1974/75 in Kanada einen eigenen Flügeltüren-Sportwagen hergestellt hatte) einen Liefervertrag über 35'000 Jugo 55. Diese sollten unter der Bezeichnung Yugo (Jugo wäre in Englisch falsch ausgesprochen worden) durch die New Yorker Firma International Automobile Importers (sie importierte auch die Spider von Bertone und Pininfarina) in den USA vertrieben werden. Für die amerikanische Zulassung waren 150 Anpassungen (ein-

Zastava	Bauart	Mot.	Getr.	R/L cm	Baujahre
750 / 850	**H.**	**a/b**	**4**	**200/330/335,5**	**1981–86**
Motoren:	*Zyl.:*	*N'w.:*	*cm^3:*	*PS/'min:*	*Nm/'min:*
a	4	OHV	767	25/4500/30/5500	50/3000/–
b			843	32/4800	51/3000
Jugo / Yugo (1985–)	**Fr.**	**a–f**	**4**	**215/349/353**	**1980–90**
Motoren:	*Zyl.:*	*N'w.:*	*cm^3:*	*PS/'min:*	*Nm/'min:*
a (45)	4	OHV	903	45/5600	62/3000
b (1984– +*1987–89)		OHC	1116	55/6000/53K*/5000	80/3000/70/4600
c (1989–)	4i/4			60K/5600/55	88/4000
d (1984–)	4		1290	65/5800	100/3900
e (Cabrio 1988/89)	4i			76/5800	–
f			1301	65K/5300	103/3700

Zastava	Bauart	Mot.	Getr.	R/L cm	Baujahre
101 / Yugo 101	**Fr.**	**a–c**	**4**	**245/379–389**	**1980–90**
Motoren:	*Zyl.:*	*N'w.:*	*cm^3:*	*PS/'min:*	*Nm/'min:*
a	4	OHC	1116	55/6000/60/64	80/3000/83/4400
b			1290	73/6000/65/5800	100/3900/98/3500
c (Export 1985–)			1301		
Yugo Florida / Miami	**Fr.**	**a–d**	**5**	**250/396/393**	**1988–90**
Motoren:	*Zyl.:*	*N'w.:*	*cm^3:*	*PS/'min:*	*Nm/'min:*
a (1989–)	4i	OHC	1116	60K/5600	88/4000
b (1989–)			1290	68/5500	98/3000
c	4/4i		1372	71/71K/6000	108/2900
d (1989–)	4i		1585	84/6250	123/4250

Zastava Yugo

(Zastava) Yugo Cabrio, 1990

schließlich Katalysator) notwendig. Dennoch erwies sich der Yugo als mangelhaft und zudem als eine Nummer zu klein, sodass er in Amerika zum Flop und Spott wurde. – Erfolgreich entwickelte sich hingegen die Montage von Zastava 128 in Ägypten durch die Firma Nasco (→ Anhang).

Florida. Im Projektstadium hieß er Zastava 103, als Prototyp wurde er im März 1987 als Yugo Florida vorgestellt. Er sollte 1988 den auf dem Fiat 128 basierenden Zastava 101 ablösen und zeigte sich mit einer modernen Fünftürkarosserie mit Schrägheck und drei Fenstern je Seite. Die kühlergrillfreie Front trug lediglich ein stilisiertes Y. Das Design stammte von Ital-Design (→ Anhang), und der Luftwiderstandsbeiwert wurde mit cw 0,32 angegeben. Für den 400 cm langen Florida wurde eine neue Motorenserie vorbereitet.

Gegen Ende 1988 zeigte sich der Florida in seiner endgültigen Form, nun mit Lufteinlassschlitzen über dem Stoßschutz. Er wurde zunächst mit dem 1372-cm^3-Motor (71 PS) ausgerüstet, wie er aus dem Fiat Tipo bekannt war. 40 Prozent der benötigten Teile mussten noch von Fiat bezogen werden, doch war geplant, den einheimischen Anteil bis 1990 auf 82 Prozent zu erhöhen. 1989 sollten die ersten 25'000 Florida entstehen, wovon 10'000 für den Export. Weil (dort) bereits Nissan den Namen Florida benutzte, wurde das neue Modell auf dem Salon von Amsterdam im Februar 1989 als Yugo 1.4 und 1.6 vorgestellt.

Im Frühling 1989 musste die US-Importfirma Global Motors die Eröffnung des Konkursverfahrens beantragen. Trotz seines billigsten Preises ließ sich der Yugo-Kleinwagen, nicht zuletzt wegen der schlechten Presse, in Amerika kaum mehr absetzen. Zavodi Crvena Zastava versuchte den Verkauf zu Schleuderpreisen von 6000 auf Halde stehenden Yugo zu verhindern.

Yugo Cabrio. Nachdem es für Großbritannien im Vorjahr bereits einen innen und außen (mit Spoilerwerk) getunten Yugo 65A mit 1301-cm^3-Motor gegeben hatte, kam Anfang 1989 ein Yugo in niedlich-eleganter Cabrioletform hinzu. Auch er war zunächst vor allem für England bestimmt. Es gab ihn mit 1,3-l-Motor und elektrohydraulisch betätigtem Stoffverdeck. Nachdem es den Honda City in Offenversion nicht mehr gab, war dieser Yugo mit 353 cm Länge wohl die kleinste Cabrioletableitung der Weltproduktion. – Die größeren Limousinen hießen inzwischen auch Koral und Skala 101 sowie (je nach Land) Miami statt Florida.

ZAZ

Zaporoshets

Das Buchstabentrio ZAZ stand für Zaporoshye Avtomobilnii Zavod (Autowerk). Dieses war aus einer Erntemaschinenfabrik in Zaporoshye, in der Ukraine, hervorgegangen, das sich ab Ende 1960 zusätzlich dem Bau des ersten sowjetischen Kleinwagens widmete. Das Modell ZAZ-965 wurde unter der Bezeichnung Zaporoshets zum Begriff.

968 A. Der seit 1978 gebaute Zaporoshets besaß immer noch das – ein wenig an den NSU Prinz 4 erinnernde – Design, wie es 1962 eingeführt worden war, nämlich eine Pontonform mit umlaufender Sicke unterhalb der Gürtellinie. Auch der technische Aufbau blieb unverändert mit im Heck eingebautem luftgekühltem V4-Motor (mit 90-Grad-Winkel, zentrale Nockenwelle). 1981 beschränkte sich die Auswahl auf eine 1,2-l-Version mit 38, 41 oder 50 PS (je nach Verdichtung bzw. zur Verfügung stehender Benzinqualität). Der erste Gang des 4-Gang-Getriebes war stets noch unsynchronisiert. Die Aufhängung bestand vorne aus Kurbellängslenkern und Torsionsstabfedern, hinten aus Dreieckschräglenkern und Schraubenfedern. Statt Vierrad-Trommelbremsen ließen sich vorne Scheibenbremsen montieren; die Lenkung funktionierte mit Schnecke und Rolle.

Wenngleich dieser einfach gebaute und preisgünstige Kleinwagen gute Voraussetzungen für die Volksmotorisierung in sich trug, so brachte er es doch nie zur gleichen Bedeutung wie der → Lada. 1981 erreichte der Zaporoshets-Ausstoß 149'000 Einheiten.

Um den Verkauf anzukurbeln, wurden die ZAZ-Preise im Januar 1985 um bis 28 Prozent reduziert, eine in der Sowjetunion einmalige Aktion. Doch den Sowjet-Menschen fehlte es nach wie vor an Kaufkraft. Zudem war durchgesickert, dass Auto-ZAZ moderne Frontantriebsmodelle entwickelte. Da wollte man seine mühsam ersparten Rubel nicht mehr für eine veraltete Konstruktion auslegen.

1102. Kunde vom werdenden ZAZ 1102 gab es spätestens Ende 1985. In osteuropäischen Insiderkreisen wurde gemunkelt, dass die Porsche-Entwicklungsfirma in Weissach wie schon beim frontgetriebenen Lada ebenfalls mitwirke. Als Kraftquelle sollte ein quer eingebauter 1091-cm^3-Vierzylindermotor dienen. Anfang 1987 gelangten dann Fotos von dem Neuling 1102 auch in den Westen: Sie zeigten eine schnittige dreitürige Schrägheckkarosserie. Dem Vorderradantrieb

ZAZ 968 M Zaporoshets, 1981

ZAZ 1102 Tawrija, 1988

diente (wie im Mai zu vernehmen war) nicht mehr der luftgekühlte V4, sondern der verheißene wassergekühlte OHC-Reihen-Vierzylinder mit 1091 cm^3 und 50 PS. Er wurde mit einem 5-Gang-Getriebe kombiniert. Der ZAZ 1102 war rund 100 kg leichter und angeblich um 34 Prozent sparsamer als das Vormodell.

Zum ukrainischen ZAZ-Konzern zählte auch das Werk → LuAZ in Luck, wo kleine Geländewagen gebaut wurden. Für die Herstellung des ZAZ 1102 wurden die Produktionsstrukturen modernisiert und mit Robotern aus dem Westen angereichert. Neben jährlich 100'000 Einheiten des neuen Modells sollten vorerst der Nachfrage entsprechend noch 50'000 Heckmotor-Zaporoshets produziert werden. Die 1102-Produktion lief Ende 1987 an. Dieser adrette Kleinwagen trug nun die Zusatzbezeichnung Tawrija, was sich in Deutsch als Tauria aussprechen ließ. Auf der Mondial de l'Automobile von Paris im Oktober 1990 wurde er erstmals auf einem westlichen Automobilsalon gezeigt und als Tavria bezeichnet.

ZAZ	Bauart	Mot.	Getr.	R/L cm	Baujahre
Zaporoshets 968 A/M	**H.**	**a–f**	**4**	**216/373–376,5**	**1980–90**
Motoren:	*Zyl.:*	*N'w.:*	*cm^3:*	*PS/'min:*	*Nm/'min:*
a (1985/86)	V4/l.	OHV	890	28/4200	74/2800
b (–1985)			1196	38/4400/34/4200	75/2800
c (1981–85)				41/4300–50/4800	
d (1985/86)				38/4400/42/4600	
e (1985/86 *Export)				46/4800/34*/4200	–
f (1986–)				42/4600/46/4800	75/2800
1102 / Tawrija	**Fr.**	**–**	**5**	**232/371**	**1988–90**
Motor:	4	OHC	1091	51/5500/53	76/80/3500

ZIL

Die Markenbezeichnung ZIL oder Zil entsprach den Initialen für Automobilwerke Lichatschew in Moskau. Sie entstand 1956 in Nachfolge für ZIS (Zawod Imeni Stalina bzw. Stalin-Werke). Iwan Aleksewitsch Lichatschew, verstorben 1956, hatte sich ab 1927 als Direktor um die Entwicklung von ZIS sehr verdient gemacht. Die 1916 als AMO-Werk noch privat gegründete älteste sowjetische Automobilfabrik produzierte Lastwagen. 1936 kam mit dem ZIS 101 die erste für die Staatsführung bestimmte Luxuslimousine hinzu. Sie war von Buick inspiriert worden. Design und Technik des im November 1957 vorgestellten ZIS 111 waren hingegen von den Packard abgeleitet. Die nachfolgenden Modelle basierten weiterhin auf diesem amerikanischen Gedankengut, auch wenn sie mehr und mehr eigenständige Designzüge annahmen.

114 / 117. 1967 war die Produktion des Typs 114 aufgenommen worden. Er war eine 630 cm lange, 207 cm breite und 151 cm hohe Sechsfenster-Chauffeurlimousine mit sieben Sitzen und einem Kastenrahmenchassis mit Kreuzverstrebung. Dem Antrieb diente 1981 ein 7-Liter-V8, der seine 300 PS über eine automatische 3-Stufen-Kraftübertagung abgab. Diese wurde mit Drucktasten am Armaturenbrett bedient. Die Vorderradaufhängung umfasste Dreieckquerlenker und Torsionsfederstäbe, während die hintere Starrachse an Halbelliptikfedern und Längslenkern geführt war. Immerhin wurden inzwischen Vierrad-Scheibenbremsen verwendet; die Lenkung arbeitete mit Schnecke und Rolle. 1971 kam der um 50 cm kürzere ZIL 117 hinzu.

115 (4104). 1978 wurde dem 114 und dem 117 das Modell 115 zur Seite gestellt, bei dem der V8-Motor weiter nach vorne gerückt eingebaut war. Sichtbarste Änderung war das neue Kühlergesicht: ein quadratnaher hoher Grill aus feinen Horizontalstäben, der leicht vorstehend zwischen den rechteckig eingefassten runden Doppelscheinwerfern eingebettet war. Bei gleichem Radstand von 388 cm erreichte die Länge nun 634 cm. Auch dieses neue Modell gab es später in einer kürzeren, dem Typ 117 entsprechenden Version; die Bezeichnungen lauteten nun 4104 und 4105.

Zwar galt der ZIL 115 bzw. 4104 als Nachfolger des 114, doch wurde dieser während vieler weiterer Jahre als Hauptmodell aufgeführt. Im Frühling 1982 wurde dann aus Moskau berichtet, dass der Typ 115 in Produktion genommen worden sei... einschließlich Klimaanlage. Er erhielt einen auf 7,7 l vergrößerten V8-Motor mit 315 PS Leistung. 1985 erfolgten Detailänderungen an der Karosserie. Die Bezeichnungen lauteten fortan 41047 für die siebensitzige Chauffeurlimousine und 41041 für die kürzere Pullman-Limousine.

Die ZIL wurden stets in sehr kleiner Zahl in weitgehender Handarbeit und mit etlichen Luxusmerkmalen gefertigt (teils allerdings ohne die bei westlichen Luxusautos üblichen Feinheiten). 1990 erreichte die Produktion noch rund 20 Exemplare. 1992 wurde der Lastwagenhersteller ZIL, für den der Pkw-Bau stets eine kleine Nebensparte gewesen war, als eine der ersten Ex-Sowjetfirmen privatisiert. Von 1924 bis 2000 waren 11'515 ZIS- und ZIL-Luxuslimousinen entstanden.

ZIL 4104, 1983

ZIL	Bauart	Mot.	Getr.	R/L cm	Baujahre
114	**K'r.**	**a/b**	**A3**	**376/628,5**	**1980–82**
				388/630,5	**1982–86**
117				**326/578,5**	**1980–82**
				330/572,5	**1982–86**
Motoren:	*Zyl.:*	*N'w.:*	*cm³:*	*PS/'min:*	*Nm/'min:*
a (–1982)	V8	OHV	6962	300/4400	559/2700–2900
b (1982–)					569/2900
4104	**K'r.**	**–**	**A3**	**388/634**	**1980–90**
Motor:	V8	OHV	7695	315/4600	608/4000

Zimmer

Nach dem Muster des in Wisconsin gebauten → Excalibur und des in Kalifornien entstandenen → Clénet erhielt Anfang 1981 auch Florida seine auf der Nostalgiewelle reitende Neoclassic-Automarke: In Pompano Beach nahm die Zimmer Motor Cars Corporation ihr im Stile der frühen 30er Jahre gehaltenes Superluxusauto Golden Spirit in Serienproduktion. Paul Zimmer hatte 1978 einen Excalibur erstanden und wollte nun ein „noch besseres" Produkt bauen (so wie einst Lamborghini auf seinen Ferrari reagierte). Hinter der neuen Firma steckte die Zimmer Homes Corporation, die sieben Herstellwerke für Fertighäuser, Motorhomes, Nutzfahrzeug-Spezialaufbauten und Freizeitprodukte besaß.

Golden Spirit. Der Neoclassic aus Florida hatte somit einen soliden Hintergrund. Es war geplant von dem als Cabriolet kaschierten Coupé „vorläufig 300 Exemplare pro Jahr" zu produzieren. Wie im Falle des Clénet bezog sich sein Design auf kein konkretes Vorbild, er war jedoch in gleicher Weise imposant und mit riesenlanger Motorhaube entworfen worden. Auch wenn er mit 544 cm Länge etwas kürzer war als sein kalifornischer Konkurrent, so wirkten die Räder wegen des ungewöhnlich langen Radstands von 361 cm ein wenig zu klein. Wie Excalibur und Clénet zeigte auch der Zimmer seitlich aus der Motorhaube quellende Kompressorrohr-Imitationen, und bei ihm kamen zudem „falsche" Reserveradkapseln hinzu, die vor den Türen in den langgezogenen Kotflügeln staken.

Wie der Clénet besaß der Zimmer eine Mechanik aus dem Ford-Konzern. Man beschränkte sich jedoch auf einen 4,2-l-V8 mit Doppelvergaser; auf Wunsch ließ er sich mit einem Abgasturbolader bestücken. Aber der Ausschmückung kam offensichtlich weit mehr Gewicht zu als irgendwelchen sportlichen Ambitionen...

Die klassischen Front des Zimmer Golden Spirit prangte nicht nur in jeder Menge Chrom – in Form des dick umrandeten Hochformatkühlers, der prunkvollen Scheinwerfer, der vier Fanfaren, und der geschwungenen Stoßstangen –, sondern auf ihr thronte zudem ein mit 18 Karat vergoldeter Adler als Kühlerfigur. Überdies trugen vergoldete Medaillen der Typenbezeichnung Rechnung.

Zur Serienausstattung zählten nebst Automatikgetriebe und Servolenkung auch Klimaanlage, Stereoradio mit Kassettenspieler, eingelegtes Teakholz, Schaffellteppiche, deutsche Kristallvasen (innen an den hinteren Dachpfosten, anschließend an die Opera Windows), anatomisch geformte deut-

Zimmer	Bauart	Mot.	Getr.	R/L cm	Baujahre
Quicksilver	**St.**	**–**	**A3**	**278/479,5**	**1987/88**
Motor:	V6i	OHV	2838	142/5200	231/3600

sche Ledersitze, ein handgefertigtes Holzlenkrad, ein Werkzeugsatz in eingebautem Lederetui, zahlreiche Anzeigeinstrumente inklusive Digitaluhr und Deluxe-Sitzgurten. Hinzu kamen (nebst falschen Verdeckspriegeln) echte Lederriemen auf dem angefügten Gepäckkoffer und nicht zuletzt Speichenräder. Es wurde festgehalten, dass der Acryllack in mehreren Schichten auf die Karosserie aufgetragen würde. Über das verwendete Karosseriematerial verlautete nichts, was auf GfK schließen ließ.

Quicksilver. Nachdem der Ausstoß an Golden Spirit 1984 immerhin 267 und 1985 noch 251 Einheiten erreicht hatte, stellte ihm die Zimmer Motor Cars Corporation 1985/86 ein im modernen Stil gehaltenes kleinere Modell zur Seite: den Zimmer Quicksilver. Dieser war ein ebenso formschönes wie elegantes Zweisitzercoupé mit Mittelmotor. Letztere Eigenheit war ihm allerdings nicht anzusehen, trug er doch eine lange Fronthaube mit auffallend hochformatigem Kühlergitter, das an ein vermeintlich traditionelles Zimmer-Image anklang. Diese extravagante Frontgestaltung verhalf ihm zu jener optischen Attraktivität, die für einen kommerziellen Erfolg unabdingbar war. Noch 1986 wollte man die ersten 300 Quicksilver auf die Räder stellen und ab 1987 sollten es jährlich 1000 sein.

Zwar wurde es nicht mitgeteilt, doch die technischen Daten ließen darauf schließen, dass der Quicksilver auf den technischen Aggregaten bzw. auf der Plattform des → Pontiac Fiero basierte. Der Radstand war zwar mit 278 cm deutlich länger, aber die Spur von 148/150,5 cm entsprach jener des Fiero ebenso wie der 2,8-l-V6-Motor mit zentraler Nockenwelle und elektronischer Bosch-Einspritzung, die automatische 3-Stufen-Kraftübertragung, die Aufhängungen sowie der hintere Hilfsrahmen. Nur die Leistung wurde mit 142 PS um 5 PS höher angegeben. Der Aufbau wurde selbsttragend aus GfK und Kohlefasermaterial gefertigt, und für den Innenraum fanden Leder und Edelholz Verwendung.

Zimmer Quicksilver, 1986

Allerdings wurden nur 170 Quicksilver gebaut, denn die inzwischen ein Dutzend Firmen umfassende Mutterfirma Zimmer Manufacturing geriet 1987 in finanzielle Schwierigkeiten, die 1988 zum Konkurs führten. Die Abteilungen Hausbau und Luxusvan-Transformationen wurden darauf verkauft, doch kam auch der rentable Autozweig in andere Hände. Anstatt eines Zimmer Golden Spirit wurde 1989 von der ebenfalls in Florida niedergelassenen Firma World Class Motorcars, Inc., ein ähnlicher Neoclassic namens Golden Hawk angeboten und zwar als mächtiger Touring Sedan mit vier Türen und sechs Sitzen.

Von 1980 bis 1988 waren über 1400 Golden Spirit gebaut worden, Sportcoupés, Cabriolets und auch viertürige Limousinen. 1997 kam es unter Art Zimmer zu einem Neustart auf Ford-Mustang-Basis. Der Selfmademan Art war aber nicht mit Paul Zimmer verwandt, sondern war rein zufällig auf ein ihn begeisterndes Auto seines Namens gestoßen...

Zimmer Golden Spirit, 1981

Pontiac 6000 LE, 1982

Chevrolet Corvette, 1983

Cadillac Eldorado, 1986

Chrysler LeBaron Convertible, 1986

Jeep Wrangler/YJ, 1986/87

Chevrolet Caprice Classic, 1987

Dodge Dayton Shelby Z, 1988

Oldsmobile Cutlass Supreme, 1988

Pontiac Fiero Formula, 1988

Ford Thunderbird SC, 1989

Ford Aerostar Wagon, 1989

Chevrolet Baretta GTZ, 1990

Pontiac Trans Sport SE, 1990

Mazda 929 Hardtop, 1982

Mitsubishi Starion, 1982

Nissan/Datsun Prairie, 1983

Honda Quint Integra RS-i, 1985

Subaru XT Coupé, 1985

Toyota Celica Supra, 1986

Honda Legend, 1987

Toyota Camry 2000, 1987

Nissan Be-1, 1987

Toyota Carina II 2.0 GLi Liftback, 1988

Nissan Maxima, 1989

Daihatsu Applause 4WD, 1990

Mazda MX-5 Miata, 1990

Hyundai Scoupe 1.5, 1990

FSO Polonez, 1989

Skoda Favorit 1.3, 1989

Anhang /

384 Mitspieler im Autobau

Diverse Kleinfabrikate, Bausatzfirmen, Tuningspezialisten, Spezialkarossiers, Entwicklungsstudios und Projekte

Abt. Die in Kempten, im Allgäu, niedergelassene Firma Abt Tuning hatte sich bereits seit vielen Jahren auf die Leistungssteigerung und Individualisierung von Modellen aus dem VW-Konzern spezialisiert, als sie sich ab der IAA Frankfurt 1987 auch breiteren Kreisen bekannt machte: So u. a. mit dem Abt Golf Jetset Turbo Syncro (Breitversion, 220 PS) und dem Abt Audi B5 (Breitversion Typ 80/90, 20-Venti-Motor, 306 PS).

AC Schnitzer. Nachdem sich Herbert Schnitzer aus Freilassing schon vorher einen Namen als BMW-Tuner gemacht hatte, entstand 1987 die Firma AC Schnitzer-Motorsport in Aachen. Mit ihr wurde das schon reichhaltige Angebot an Umbau- und Tuningsätzen für BMW aller Kaliber weiter ausgebaut. Für den BMW 535i gab es 1988 beispielsweise einen 245 PS (mit Katalysator) bringenden Umbausatz.

Acam. Das zweisitzige Kleinstauto Acam Nica 4 war 1984 von der Firma Acam Italia in Catania auf den Markt gebracht worden: hübsche GfK-Karosserie, 145 cm Radstand, 227 cm lang, Motor Piaggio Zweitakt-Einzylinder, 218 cm^3, 10 PS bei 5000/min, 4-Gang-Getriebe, 85 km/h, 345 kg (es gab auch einen Nica 125 mit vorderem Einzelrad).

Adamo. Unter dieser 1971 gegründeten Marke wurde in Brasilien ein ansprechend geformtes Kunststoffcoupé hergestellt. Der Adamo GTL basierte auf dem brasilianischen VW-Käfer und er wurde auch noch auf den Autosalons von Sao Paulo 1981 und 1984 ausgestellt; es blieb jedoch bei kleinsten Stückzahlen. 1984 kam der Typ CRX 1.8 mit dem Frontantrieb und dem Motor aus dem VW Santana hinzu. Nachdem die Kraftquelle dieses VW-Modells 1988 auf 2 l Hubraum vergrößert wurde, hielt auch Adamo Schritt.

AG. Eine Überraschung verkörperte der auf dem Genfer Salon 1987 gezeigte AG Citroën Vulumax Cabriolet: eine verkleinerte Nachbildung des legendären Citroën Traction Type 11 Cabriolet auf der Plattform des Citroën 2 CV. Um diesem 900 kg wiegenden kleinen Liebhabermodell mit Stahlblechkarosserie zu mehr Elan zu verhelfen, wurde der 602-cm^3-Zweizylindermotor mit einem volumetrischen Kompressor auf 50 PS bei 6200/-min gebracht (Weber-Vergaser, zwei hintereinandergeschaltete Ölkühler, McPherson-Federbeine, bis 160 km/h!). Herstellerin war die Firma AG Engineering in Lissabon. Im Jahr darauf zeigte sie in Genf ein Citroën-AX-Cabrio, das 1989 gleichenorts in der schmucken Serienversion ausgestellt wurde.

AIM. Von der AIM Saab-Import BV in Hagestein, Niederlande, wurde 1986 der Saab 900 Silver Wagon propagiert, ein fünftüriger Saab 900, der ab dem dritten Seitenfenster zu einem Kombi mit Schrägheck und hinterer Dachgalerie gewandelt worden war.

Aixam. Kleinstautomarke aus Aix-les-Bains, entstanden 1983 durch Übernahme der Firma Arola, eroberte sich 1986 bereits den zweiten Platz unter Frankreichs Voiturette-Herstellern. Es gab die Modelle 50, 125, 325 und 400 (= Hubraum, Zweitakt Sachs und BCB bzw. Diesel Lombardini und Kubota), stufenlos-automatische Kraftübertragung auf die Vorderräder; 246 cm lang (Modell 400: 260 cm); höhere Aufbaustabilität dank Composite-Methode, reichhaltige Ausstattung. Auf der Mondial de l'Automobile in Paris 1988 bezeichnete sich Aixam mit einem Marktanteil von 23 Prozent als „1er constructeur européen de microvoitures"; inzwischen 10'000 Exemplare gebaut, Tagesproduktion 20 Stück, 140 Mitarbeiter; ausschießlich Kubota-Motoren mit ein bis drei Zylindern (325 bis 600 cm^3), Modularkonstruktion mit Stahlrohr- und Blechstruktur, Sandwichbauweise, Kunststoff-Karosserieteile aufgeklebt und vernietet.

Allard. Die berühmte, von 1947 bis Ende der 50er Jahre gebaute „harte" englische Sportwagenmarke Allard erfuhr 1981 mit der in Mississauga in Ontario neu gegründeten Allard Motor Company Ltd eine Wiedergeburt. Auch das Original-Markenzeichen war von Alan Allard übernommen worden. Die Replika Allard J2X2 war ein genauer Nachbau des spektakulär-altmodischen J2. Man plante 250 Exemplare mit 5,2-l-V8 von Chrysler (Chassis mit Längsträgern und Traversen, GfK- und Alu-Aufbau, Chrysler-Aufhängungselemente, 4-Gang-Getriebe, Speichenrädern mit Schnellverschluss, Lederinterieur, Sportinstrumentarium). Der Prototyp war vielversprechend, im September 1982 wurde die Produktionsaufnahme gemeldet; für den Europavertrieb war die Firma Allard Turbochargers von Alan Allard in Ross-on-Wye, Herefordshire, zuständig.

Allora. Auf der London Motorfair 1987 überraschte die Firma Handmade Cars aus Bushey mit dem Allora, einem Nachbau des Lancia Stratos, für den als Ausgangspunkt ein Lancia Beta zu verwenden war.

Alpina. Die Firma Alpina Burkhard Bovensiepen KG war 1965 in Kaufbeuren gegründet worden, doch hatte sich B. Bovensiepen schon ab 1961 mit dem Tuning von BMW befasst. Nachdem sich Alpina höchst erfolgreich dem Tourenwagensport zugewandt und BMW zu mehreren EM-Titel verholfen hatte, konzentrierte man sich in den 80er Jahren auf eine ausgefeilte Leistungssteigerung und ein eher diskretes, ebenfalls auf hohes Qualitätsniveau ausgerichtetes Karosserietuning von BMW-Limousinen und -Coupés. 1982 erschien das Modell B7 S (3,5 l und einstellbarer Abgasturbolader), 1983 wurde Alpina mit einer ganzen Reihe von BMW-Abwandlungen offiziell als Automobilhersteller anerkannt: C1-2.3, B6-2.8 (beide 3er-Reihe), B9-3.5, B7 Turbo (beide 5-Reihe), B7 Turbo Coupé (6er-Reihe). 1985 wurden Emitec-Metallkatalysatoren eingeführt, 1987 mit dem BMW Alpina M3 mehrere Gruppe-A-Siege erreicht, ab Ende 1988 mit dem B 12 auch der Zwölfzylinder-BMW in die Kur genommen, 1989 der Typ B 10 Bi-Turbo lanciert (535i mit zwei parallelen Garrett-Turboladern, 360 PS) und 1990 in Buchloe (südlich von Augsburg) mit 120 Mitarbeitern ein Neubau bezogen.

Amca. Die 1986 in Velburg (bei Regensburg) gegründete Automotive Concepts Adlfinger GmbH (Amca) schuf 1988 ein attraktives kleines Sportcabrio, das auf dem englischen Ava (s. unten) basierte. Der Amca C1 besaß ein Stahl/Monocoquechassis und einen Ford-Frontantrieb (1,4 l bis 1,6-l-Turbo). Bei 240 cm Radstand (Escort) erreichte die Länge 370 cm (Fiesta). Die GfK-Karosserie zeigte eine eigens gestaltete Front mit Doppelscheinwerfern und einem rechteckigen Lufteinlass.

AMG. Die von Hans Werner Aufrecht und Erhard Melcher 1967 in Affalterbach, im Nordosten von Stuttgart, gegründete Firma AMG spezialisierte sich auf das Tuning von Mercedes-Benz-Motoren und schuf sich dabei einen hervorragenden Ruf. Der Mercedes-Benz 190 von 1982 brachte dem Unternehmen den ersten großen Aufschwung. Einen bedeutenden Schritt verkörperten die 1985 geschaffenen eigenen Zylinderköpfe für den Mercedes-Benz-V8-Motor. Sie hatten vier Ventile je Zylinder und entlockten der 5-l-Maschne 340 statt 231 PS. 1986 entstand der 300 E 5.6, der als erste Limousine bzw. Kombi mehr als 300 km/h erreichte. Der 1988 in Genf gezeigte AMG 124 Coupé besaß u. a. einen auf 3,2 l vergrößerten Sechszylindermotor mit 245 PS. – 1999 verkaufte Aufrecht 51 Prozent der AMG-Anteile an DaimlerChrysler, 2005 den Rest.

Antique. Ein wenig glich er einem Vorkriegs-MG, doch sein Design lehnte sich nur generell an englische Sportwagenvorbilder an. Gebaut wurde der mit hinten angeschlagenen Türen und nach vorne umlegbarer Windschutzscheibe versehene Antique Spider 2+2 ab 1989 von der argentinischen Firma Eniak, die seit 1986 auch den allradgetriebenen Pick-up Durango herstellte. Dem Antrieb in Standardbauweise diente die Motor-/Getriebe-Einheit aus dem VW M 1.8, jenem Nachfahren des Hillman Avenger, wobei die Leistung auf 92 PS erhöht wurde. Auf Wunsch ließ sich auch der 3,6-l-Six des Ford Falcon einbauen. Zunächst wurden monatlich zehn Exemplare dieser Neoclassic-Konstruktion gebaut.

Apollo. Als ein weiteres Beispiel der Replikawelle wurde Anfang 1983 der Apollo Verona Roadster der amerikanischen Apollo Motor Cars von Milt Brown propagiert. Brown hatte in den 60er Jahren etwa 100 Apollo GT hergestellt. Der offene Zweisitzer Apollo Verona erinnerte an den englischen Merlin, besaß ein Chassis aus zwei Längsträgern mit Traversen und hinterer Starrachse. Er wurde von einem 3,8-l-V6-Turbomotor von Buick via ein 5-Gang-Getriebe von Borg-Warner angetrieben.

AR. Auf dem Salon von Barcelona im Mai 1981 zeigte die Firma AR = Autoreplica aus Madrid einen recht genau ausgeführten Nachbau des MG TD. Der Motor und die weiteren mechanischen Teile entstammten dem Seat 1430 (ex-Fiat 124). 1985 folgte mit dem AR 50 die Serienversion mit eigenem Chassis, GfK-Karosserie, seitlichen Steckfenstern, Holzarmaturenbrett und Lederpolsterung.

Arden. 1984 schuf die Arden-Automobile GmbH in Kleve am Niederrhein eine mit Anbauteilen und tiefer gesetztem Fahrwerk ausgestattete Sonderversion des Jaguar XJ. Zudem wurden eine eigene Auspuffanlage und ein 5-Gang-Getriebe entwickelt. 1985 kamen ein XJ-S-Tuningprogramm mit Doppelscheinwerfern, Heckflügel, ZF-Getriebe, bis 350 PS Leistung und Innenraumverfeinerungen hinzu. Es wurden Verkaufsstellen in Hollywood, Brüssel und selbst in England sowie alsbald auch in Tokio gegründet; Jochen Arden machte sich als Spezialist für Jaguar-Tuning einen internationalen Namen. Auf der IAA 1985 wurde ein Vollcabriolet auf dem Jaguar XJ-S ausgestellt. Mit dem Arden Station Car kam ein gekonnt proportionierter Sportkombi Jaguar XJ-S auf den Genfer Salon 1988. 1989 folgte auf der IAA ein Kevlar-Hardtop für den XJ-S, der sich so zugleich zum Viersitzer aufwerten ließ.

Armaretta. Eine Neoclassic-Konstruktion mit unverkennbaren Anklängen an den Cord 812 von 1937: Von der Lerini Coach Corporation in North-Hollywood unter Les Lerner ab 1985 gebaut und bis Ende 1986 in 100 Exemplaren geplant, zwei- und viertürig und als Cabrio, verlängerter GM-Chassisunterbau mit V8 (Hinterradantrieb).

Armbruster. Die in Fort Smith, Arkansas, niedergelassene Karosseriefirma Armbruster verlängerte US-Sedans durch Einsetzen eines Zwischenstücks zu Chauffeurlimousinen (1923 hatte sie für eine Busfirma „the world's first extended wheelbase automobile" geschaffen). Mit rund 1000 solchen Umwandlungen pro Jahr war sie Amerikas grösster „Limo"-Hersteller. 1981 trat sie erstmals auf dem Genfer Salon an: mit einem auf 652 cm verlängerten und mit sechs Türen bestückten neunsitzigen Cadillac De Ville. Auf der IAA Frankfurt 1987 brillierte Armbruster/Stageway mit dem Silverstar Mercedes (mittlere MB-Baureihe mit sechs Türen) und dem Toyota Executive Silverhawk (Camry). Auch die verlängerten und superluxuriös ausgestatteten Cadillac, Lincoln usw. hießen Silverhawk oder Silvereagle, Manhattan usw.

Arndt. 1983 entwickelte Klaus Arndt in Löptin bei Hamburg ein 213 cm kurzes und 120 cm schmales Kleinstmobil nach französischem Muster mit 50-cm^3-Motor im Heck und leichtgewichtiger Kunststoffkarosserie, das auch mit Führerschein der Klasse 5 (25 km/h) gefahren werden durfte.

Artz. Die Artz Automobile GmbH in Hannover hatte ihre Karosserieverwandlungskunst bereits mit dem Sciwago, einem zum Sportkombi transformierten VW Scirocco, unter Beweis gestellt, als sie 1981 mit dem VW Jetta Cabriolet und dem VW Golf Speedster, einer aufwändigen Umwandlung des VW Golf Cabrios zu einem Sportmodell, erneut auf sich aufmerksam machte. 1982 folgte ein zum Sportkombi gewandelter Audi Quattro, der durch seine gestreckten Linien bestach. Ebenso attraktiv war ein Sportkombi auf der Basis des Porsche 928 S, der 1983 ins Angebot kam. Auf seinen Hintersitzen hatten auch Erwachsene genügend Kopfraum. 1983 bot Günter Artz mit dem Mini-Blitz einen Opel Corsa mit 1,8-l-Einspritzmotor an, und er propagierte unter der Opel-Vorkriegsbezeichnung Super 6 einen Kadett Caravan mit 2,8-l-V6-Motor von Chevrolet. Im Herbst 1983 folgte ein zum formschönen Kombi gewandelter Opel Senator. 1986 warb die Firmengruppe Opel-Blitz/Artz-Automobile in Hannover für eine fünftürige Kombiableitung des Opel Corsa.

ASC. Von der American Sunroof Company, Inc. in Southgate, Michigan, wurden neben Glas-Schiebedächern Cabriolettransformationen entwickelt und hergestellt, wobei selbst Konzeptstudien entstanden. ASC arbeitete mit Autoherstellern aller Kontinente zusammen. Auf der IAA Frankfurt 1985 wurde beispielsweise der Prototyp eines Daihatsu Charade Convertible vorgestellt, dessen Verdeck sich unter einer großflächigen Klappe versenken ließ. Auf dem Genfer Salon 1988 wurde mit dem vom Ford Mustang Cabrio abgeleiteten ASC/McLaren eine eigene Marke propagiert. Im Frühling 1988 übernahm die von Heinz D. Prechter geführte ASC Inc. zunächst 50 Prozent der Karosseriewerke Weinsberg GmbH: Mit der neuen ASC Europe GmbH sollten in Heilbronn jährlich 3000 bis 4000 Porsche 944 S Cabrio gebaut werden.

Atlantis. In Thetford, Norfolk, wurde 1982 die Atlantis Motor Co. Ltd gegründet mit dem Ziel, einen besonders aufwändigen Neoclassic-Luxuswagen herzustellen. Dieser wurde von Michael Booth im Stil der französischen Karosseriefirma Figoni & Falaschi der späten 30er Jahre entwickelt, aber in den Abmessungen auf sieben Achtel reduziert; eigenes Rohrrahmenchassis mit den technischen Aggregaten des Jaguar XJ 6 4.2 (jeder Käufer erhielt bei Lieferung ein Aquarell seines Fahrzeugs).

Auburn. Bereits in den 70er Jahren hatte es zwei Nachbaufabrikate des legendären Auburn Boattail Speedster gegeben. Jenes der Elegant Motors in Indianapolis war auch noch während der 80er Jahre erhältlich, angeblich wurden jährlich 200 Stück gebaut (nach Kundenwunsch mit Ford- oder GM-V8; s. auch CCC unten).

Autech. Mit dem Genfer Salon 1989 feierte Autech die Premiere als Automarke. Autech war eine 1986 gegründete Tochterfirma von Nissan. Mit „Designer Products" wollte Nissan High-Tech mit exklusivem Design und Kleinstserien-Exklusivität verbinden und der Marke Autech zu Prestigewert verhelfen. Für das erste Autech-Modell wurde daher Zagato (s. unten) als Aufbaukreateur und -hersteller gewählt. Der Autech Zagato Stelvio war ein eigenwillig geformtes Alu-Coupé mit ungewohnt gestalteter Front und in die Oberseite der Radhäuser integrierten Außenspiegeln. Er basierte auf der Plattform des Hochleistungscoupés → Nissan Leopard (3-l-Turbo-V6, von 255 auf 280 PS gesteigerte Leistung). Der Innenraum war mit feinsten Materialien klassisch-luxuriös ausgeführt. Es war geplant, ab Mitte 1989 binnen 15 Monaten 200 Exemplare herzustellen. Dieses Ziel wurde zwar nicht erreicht, doch Autech entwickelte sich in Japan zu einem mächtigen Begriff für das Nissan-Tuning in allen Schattierungen.

Autocycle. So hieß ein 1982 in Missouri angeblich binnen weniger Monate in 300 Stück gebautes Motorrad mit Auslegerrädern. Es hatte die zugespitzte Form eines Flugzeugkabine und die Verglasung ließ sich sinnigerweise zum Ein- und Ausstieg in das Tandemcockpit zurückschieben. Der Chassisrahmen bestand aus Stahl und Aluminium, der Aufbau aus Urethan. Es ließen sich diverse japanische Motorradmotoren einbauen.

Automotive. Die Automotive Gull-Wing Inc. im amerikanischen Gardena stattete um 1986/87 die Ford Thunderbird, Chrysler Daytona, Mitsubishi Starion und Mazda RX-7 mit Flügeltüren aus.

Ava. Die britische Bausatzfirma Ava Cars zeigte auf der IAA Frankfurt 1987 mit dem K1 einen an die Ford-Ghia-Studie Barchetta erinnerden Sportwagen (Mechanik Ford Escort, für das Modell RS Competition mit Turbomotor) und mit dem Duo ein 245 cm kurzes und 170 cm hohes Stadtauto (vorne quer eingebauter 1-l-Vierzylindermotor und „Helikopter-Cockpit"). Der K1 kam 1988/89 als Amca C1 auch nach Deutschland (s. oben).

Avante. Auf der London Motorfair 1983 angebotene attraktive Coupés Avante Prima Mark I (Zweisitzer) und Mark II (Viersitzer) für VW-Käfer-Plattformrahmen als Kit oder Fertigauto.

Autech Zagato Stelvio, 1990

Avon. Nebst dem Motorentuning widmete sich die Firma Avon im englischen Warwick ab 1980 auch dem einzelstückweisen Bau eines mächtigen Kombiwagens auf der Basis des Jaguar XJ (und es gab ihn sogar als Daimler Double Six Shooting Brake). Das dritte Seitenfenster folgte mit Abstand nach den Türfenstern und die Heckscheibe war ungewohnt hoch. Auf der Birmingham Motor Show 1982 wurde der von Ogle Design (s. unten) entwickelte Ogle Astra gezeigt, eine Sonderversion des Vauxhall Astra mit asymmetrischem Kühlergrill und sportlich-luxuriöser Aufmachung, von dem Avon alsbald die Herstellung von 200 Exemplaren plante. Auf der London Motorfair 1983 folgte ein Volvo 760 Limousine mit einem Verlängerungseinsatz von 30 oder 60 cm zwischen Vorder- und Hintertüren und Luxusausstattung.

Aymesa. Dieser Name ergab sich aus dem Zusammenzug von Autos y Maquinas del Ecuador SA. Dieses Unternehmen in Quito montierte und vertrieb die (viertürigen) Chevrolet Chevette und Chevrolet San Remo (ebenfalls Chevette) mit 1,4-l-Motor von GM Brasil. Als preisgünstige zweitürige Variante gab es den Condor Sedan.

BAC. Zum 30. Mini-Geburtstag schuf die British Automotive Co. einen Super-Mini mit rund 115 PS starkem 1380-cm^3-MG-Motor, teilregulierbarer Aufhängung, Radhausauskragungen, eigenem Kühlergrill mit Frontschürze samt integrierten Nebellampen, eigenem Instrumentenbrett, heizbaren Recaro-Ledersitzen usw. Statt 30 entstanden allerdings nur drei dieser Austin Mini BAC M-30.

Badsey. Der aus Südafrika stammende Bill Badsey bot Anfang 1983 in Südkalifornien als „Spaßfahrzeug" den zwischen Auto und Motorrad liegenden Badsey Bullet an: keilförmige Karosserie mit zwei getrennten offenen Cockpits, hinteres Einzelrad, Antrieb durch 1,1-l-Motorradmotor von Honda.

Bamby. So nett hieß ein englisches Kleinstauto mit hinterem Einzelrad und Kleinmotorrad-Motörchen, der als Einsitzer (auf Wunsch + Kindersitz) ausgelegt war, durch eine Flügeltüre von links bestiegen wurde und nur 110 kg wog. Hersteller war (1983) die Bamby Cars Ltd in Hull.

Bamo. Die Firma Bamo Power aus Neu-Ulm spezialisierte sich in der zweiten Hälfte der 80er Jahre auf das Tuning von BMW der 3er-Reihe (Breitumbau, Fahrwerk, Motorumbau; IAA 1987).

Bancroft. Von der kalifornischen Bancroft Motorsport Inc. wurde auf dem Genfer Salon 1990 in Weltpremiere ein Neoclassic-Cabrio mit der Bezeichnung Bancroft Roadster vorgestellt. Bancroft hatte auch die Basis für den → GFG Elisar geliefert. Der Bancroft Roadster war ein luxuriöser Zweisitzer mit Rumble Seat (aufklappbare zusätzliche Sitzbank im Wagenheck) im Stile der 30er Jahre. Hinzu kamen schwungvoll angefügte Kotflügel, beidseitige Reserveradschalen, ein sanft abfallendes Heck und ein breit gerahmter, schräg nach hinten geneigter Kühlergrill. Dessen Umrandung erinnerte an Horch, während die seitlichen Motorhauben-Luftschlitze Erinnerungen an Packard weckten. Abgesehen von den zu kleinen Scheibenrädern war dieses Retrodesign hervorragend gelungen.

Bancroft, 1990

Als Fahrgestell diente ein Leiterrahmenchassis, und den GfK-Karosserieteilen kam mittragende Funktion zu. Bei 305 cm Radstand war der Bancroft 494 cm lang. Für den Antrieb wurde ein 5-l-V8 von Mercedes-Benz mit 252 PS in Verbindung mit dem MB-4-Stufen-Automatikgetriebe verwendet. Vorne fanden sich untere und obere Dreieckquerlenker, hinten eine Diagonal-Pendelachse mit Bremsnickabstützung. Es wurde eine hydropneumatische Federung vorgesehen. Geplant war eine bei der GFG Exclusive Cars GmbH im deutschen Gronau zu bauende Auflage von 300 Stück.

Baufa. Auf der IAA 1983 brachten die Baufa-Werke Richard Rinker GmbH (u. a. Hersteller von Stanz- und Pressteilen für die Autoindustrie) mit dem Coupé 500 SLKago eine Alternative zum Mercedes-Benz SL zum Vorschlag: sanft abfallendes Fastback mit Panorama-Heckscheibe; eine Kleinserie wurde in Erwägung gezogen.

Baur. Die in Stuttgart beheimatete Karosserie Baur GmbH baute offiziell für den Vertrieb durch BMW auf der 3er-Reihe eine als Top-Cabriolet bezeichnete Cabriolimousine; nach einem schon 1971 entwickelten Aufbaukonzept mit fixen Seitenfensterrahmen, Dachteil herausnehmbar, abklappbares Verdeck rund um das Heckfenster (Bild → BMW). Im Juni 1985 kam ein Top-Coupé hinzu (fest montierte Rückfensterpartie, jedoch austauschbar mit Cabrioteil). Im März 1988 stellte Baur als Eigenentwicklung die Studie eines 2+2-sitzigen Coupés mit BMW-325i-Mechanik vor, dessen Design zusammen mit Eberhard Schulz von → Isdera entworfen worden war. Bis im Frühling 1990 wurden 10'000 Top-Cabriolet ausgeliefert; rechnete man die früheren 3- und 02-Baureihen hinzu, so waren von Baur bis zu jenem Zeitpunkt 20'000 BMW der unteren Mittelklasse in Cabriovarianten umgewandelt worden.

B+B. Hinter dem Signet b+b verbarg sich die in Frankfurt am Main niedergelassene Tuningfirma von Rainer Buchmann. Ende 1980 präsentierte er zum Beispiel einen aufwändig modifizierten VW Golf GTI mit auserlesenem Luxusinterieur, elektronischen Armaturen sowie Spoiler und Alufelgen mitumfassender Einheitslackierung. 1981 folgten auf dem Genfer Salon ein Porsche 911 Targa mit 928-Scheinwerfern und ein Porsche 928 Cabriolet. 1983 wurde in Genf u. a. ein Cadillac Cimarron im Europa-Look vorgestellt. Ein Vorläufer der Cabrio-Coupés war der BB Magic Top 7 (Genf 1984): Das feste Dach des MB SEC ließ sich in zwei mechanischen Bewegungsvorgängen nach hinten schieben und auf das Heck absenken. Dieses besaß hierzu eine Art Pick-up-Auflagefläche mit spoilerartiger Umrandung. 1984 arbeitete Buchmanns Crew an einem Fünfzylinder-Taumelscheibenmotor, dessen Hub mittels Öldruck regelbar war. 1986 zeigte BB in Genf das Magic Top zum dritten Mal, inzwischen waren zehn dieser teuren Spezialcabrios entstanden.

Benny. Von der Firma Benny-S car + boat in Solingen wurden auf dem Salon von Paris 1984 der Mercedes-Benz 500 SEC Panam mit wuchtig vorgewölbter Bugschürze, kräftigen Radhausauskragungen, tiefergesetztem Fahrwerk und mehr Leistung angeboten, überdies ein MB 500 SEL El Rhyad. Benny stellte auch auf der IAA 1985 aus.

Beskid. 1984 ließ sich in der polnischen Stadt Bielsko-Biala, wo FSM den Fiat 126 baute, öfters der Kleinwagen-Prototyp Beskid 106 blicken, von dem man annahm, dass er als Nachfolger des 1983 eingestellten → Syrena 105 in die Serienproduktion gehen würde. Bis 1986 entstanden sieben Prototypen. In der jüngsten Ausführung Beskid 106 zeigten sie eine supermoderne dreitürige, 320 cm lange Einvolumenform mit einem cw-Wert von 0,30. Für ihren Frontantrieb war ein Motor mit 0,6 bis 1,1 l Hubraum vorgesehen. Mit einem 903-cm^3-Motor (aus dem Zastava Yugo 45) sei ein Vergleich mit dem Honda Jazz recht günstig ausgefallen. FSM dachte auch an eine gemeinsame Produktion mit anderen Ostblockländern. Mit der Übernahme von FSM durch Fiat erübrigte sich dieses Projekt.

Beutler. Die Nachkommen der einst berühmten Spezialkarossiers Gebr. Beutler in Thun, Schweiz, versuchten 1981 ein Comeback, indem sie den Prototyp eines Mazda RX-7 mit Targadach schufen. Zudem entstand ein Porsche 911 Targa mit Twin-Top (längs geteilt herausnehmbare Dachteile aus Lexan-Glas), und es wurde ein Porsche 944 als Safety-Cabriolet entworfen. 1982 entstand mit dem Beutler California ein Porsche 911 Targa mit eigener Front (u. a. versenkte Rechteckscheinwerfer). Aber 1987 wurde die Carrosserie Beutler AG nach Konkurs aufgelöst. Damit fand ein großartiger Schweizer Begriff für Spezialkarosserien, die vor allem in der Nachkriegszeit auf den Chassis und Plattformrahmen von gegen 20 Marken entstanden waren, seinen Epilog.

Biagini. Im April 1990 stellte sich auf dem Salon von Turin die neue Automarke Biagini vor. Die Automobili Biagini war von der Firma ACM in Piazzano di Atessa in den Abruzzen gegründet worden. Hinter ihr stand Ing. Livio Biagini, der einst bei DKW und Auto Union begonnen hatte und später als Spitzenmanager diverser Autoimportfirmen tätig war. Der Biagini B15 war als Geländecabrio eine Kombination von Golf Cabrio mit Überrollschutzbügel und Golf Country mit Vierradantrieb. Es wurde ein eigenes Chassis mit patentierter Zentralstruktur und Y-Gabelungen verwendet. Für den Aufbau wurden zahlreiche Golf-Serienteile eingesetzt. Bei 247,5 cm (Golf-)Radstand war der Biagini 415,5 cm lang, 176,5 cm breit und 165 cm hoch. Die Bodenfreiheit erreichte 24 cm (ohne Zuladung 27 cm). Es wurde ein Ausstoß von bis zu 40 Wagen/Tag erwartet... und zudem eine Kostenbeteiligung des Entwicklungsinstitutes für den Mezzogiorno.

BMA. Auf der IAA Frankfurt 1987 wurde auf dem Stand der Firma Brinkmeyer der BMA Classic gezeigt, ein Coupé im Stil italienischer Hochleistungswagen auf dem Unterbau des Porsche 924. Designer Hermann Max Schieferstein von der Firma Max-Design aus Detmold plante eine Kleinserie. Gegen Ende 1989 wurde der BMA Classic als Auf- und Umbau für jeden Porsche 924 oder 944 von den Brinkmeyer-Kunststoffwerken GmbH in Porta Westfalia angeboten (keine Bausätze).

Bohse. 1988 begann die Bohse-Automobilbau GmbH in neu errichteten Fabrikhallen in Dörpen, Emsland, mit der Produktion des Bohse Euro-Star: ein offenes Freizeitfahrzeug mit Überrollschutz, dessen Kunststoffkarosserie sich mit Türen und Faltverdeck wetter- und wintertauglich machen ließ. Die 419 cm lange Mischung zwischen Targa und Pick-up basierte auf dem Lada Nova bzw. 1200 (60 PS, auf Wunsch 1500 mit 75 PS). Jährlich sollten 5000 Bodengruppen aus der UdSSR angeliefert werden. Dieses Ziel erwies sich (wie bei ähnlichen Plänen) als viel zu hoch gegriffen (aber immerhin rollten 2007 angeblich noch drei Dutzend Euro-Star auf deutschen Straßen).

Boneschi. Die Carrozzeria Boneschi Srl in Cambiago bei Mailand hatte einst Spezialkarosserien geschaffen, bezeichnete sich aber Anfang der 80er Jahre als den größten Hersteller von gepanzerten Limousinenaufbauten. Sie wurden in unterschiedlichen Stufen u. a. für Fiat 131 und Argenta sowie Alfa Romeo 2000 angeboten. Auf dem Salon von Turin zeigte Boneschi im Frühling 1986 den Seychelles, ein vom Fiat Panda abgeleitetes türloses Strandauto, das in Kleinserie für diese Inseln gebaut werden sollte. Auf dem Salon Turin 1988 propagierte Boneschi nebst einem gepanzerten Saab 9000 CD den Fiat Panda 4x4 African, ein türloses Geländewägelchen mit zum Überrollschutz gewandelten B-Säulen, und den Panda 4x4 Tempo Libero als kleinen Minivan mit nach hinten ansteigendem Hochdach (und eigenem Kühlergrill wie beim African).

Borbala. Dies war ein von Albert Laszlo in Budapest konstruiertes ungarisches Sportwagenprojekt, das gegen Ende 1989 vorgestellt wurde: offene Kunststoffkarosserie im Antikstil, Überrollschutzbügel, Leichtmetallräder, Lada-Motoren von 62 bis 136 PS; als Hersteller war die Platina geheissene Gemeinschaft der Privathandwerker in Budapest vorgesehen.

Borgward. 1983/84 begann der Münchner Geländewagenspezialist Peter Müller-Buchhof mit der Herstellung von Replikas des ab 1957 gebauten unvergessenen Borgward Isabella Coupé, und er schuf auch eine Cabrioversion. Hierzu verwendete er ein Stahlrohrrahmenchassis, Original- und Kunststoff-Karosserieteile und den Borgward-Motor des Typs 4M 18 TS.

Boschert. Unter der Bezeichnung Boschert B 300 stellte die Firma Stern & Boschert Automobile GmbH aus Frankfurt an der IAA 1989 einen zum Flügeltürencoupé gewandelten Mercedes-Benz 300 CE aus: Nur die Frontscheibe blieb originalgemäß stehen; Motorhaube abgesenkt und verkürzt im SL-Look, Radläufe leicht herausgezogen, geändertes Heck, Luxusinnenraum, Motortuning nach Wunsch, Fahrwerk mit Nivotronik-Regulierung und Anti-Roll-System von Eibach usw. Es wurde eine Auflage von 300 Stück geplant.

Bohse Euro-Star, 1988

Boschert B 300, 1990

BRA. BRA stand für Beribo Replica Automobiles, einer Firma im englischen Doncaster, die (Anfang der 80er Jahre) gelungene Nachbaukarosserien des AC Cobra herstellte, die sich mit dem Unterbau des MG B (und MG B V8) kombinieren ließen.

Brabus. 1977 hatte Bodo Buschmann in Bottrop, im Ruhrgebiet, den Brabus genannten Tuningbetrieb gegründet. Er spezialisierte sich auf Mercedes-Benz und schuf sich einen bekannten Namen für leistungsgesteigerte Serienwagen bis hin zu eigentlichen Hochleistungs-Mercedes. Außer auf den Motor erstreckte sich das Tuning auf weitere Bereiche, so 1985 z. B. auf aerodynamisch optimierte Anbausätze für die MB 124. Auf der IAA 1985 warb Brabus für Leistungssteigerungen mittels Paxton-Kompressor.

Brightwheel. So hieß eine der zahlreichen englischen Cobra-Nachbauten bzw. Bausätze, mit denen sich ein originalgetreu wirkender (AC) Cobra konstruieren ließ. Zu einem eigenen Chassisrahmen kamen Fahrwerkteile von Ford, und als Motoren konnten Ford-V6 (2 und 3 l) oder -V8 (5 l) oder auch der Rover-V8 (3,5 und 3,9 l) eingebaut werden. 1989 wurden die Chassislehren, Negativformen und Lagerbestände von der Schweizer Firma H & S in Gerlafingen SO übernommen.

Brillante. Er brillierte auf der Greater Los Angeles Auto Show vom Januar 1989 und war die Cabriovariante eines imitierten Ferrari Testarossa. Gebaut wurde er mit GfK-Aufbau von der Firma Classic International im kalifornischen Fountain Valley, und deren Chef Nick Giacobono hielt fest, dass es sich um eine ideale Mischung von europäischem Design und „hightech American hardware" handle: 5,7-l-V8 aus dem Corvette mit 240 PS, auf Wunsch als Vendetta mit 283 PS.

Bulldog. Die bereits bekannte Firma Pilgrim GRP aus Brighton zeigte auf der London Motorfair 1987 mit dem Bulldog eine Bausatzkarosserie im Stil des MG TF (aber mit eigenem, vertikal geteiltem Kühlergrill) für die Verwendung von Komponenten des Morris Marina oder Ital. – Aus dem Bulldog wurde 1989 ein deutsches Projekt: Die Firma Hardy-Motors plante in dem Pleite gegangenen Berliner Sportwagenwerk von → Treser eine Serienproduktion des Bulldog, nun mit der Technik und Mechanik des Ford Sierra mit 120 PS leistendem 2-l-Motor, auf Wunsch mit einem V6 des Ford Scorpio. Auch eine viersitzige Version mit längerem Radstand war geplant.

Callaway. Der Tuningspezialist Reeves Callaway in Old Lyme, Connecticut, machte sich schon ab den 70er Jahren vor allem durch die gekonnte Leistungssteigerung für Chevrolet Corvette einen Namen. So versah er beispielsweise 1987 den Chevy-V8 mit zwei IHI-Abgasturboladern und erzielte zusammen mit weiteren Maßnahmen 345 PS. Die Serie von 210 dieser Callaway-Corvette war im Handumdrehen ausverkauft. Im Modelljahr 1988 wurden aus dem 5,7-l-V8 mit den beiden Ladern (0,6 bar Ladedruck) samt Ladeluftkühlern (neue Luftführung an der Motorhauben-Innenseite), speziellen Nockenwellen und neuer Elektronik gar 382 PS bei 4250/min geholt.

Camat. 1987 schuf die Firma Camat im portugiesischen Porto die Karosserie eines Oldtimer-Sportwagens, der vor allem an den MG TD erinnerte. Der 104 kg wiegende GfK-Aufbau wurde auf den (angelieferten und restaurierten) VW-Käfer-Plattformrahmen aufgesetzt, der aber zahlreiche Anpassungen benötigte. Kühler und Scheinwerfer wurden aus Messing hergestellt, und auch der Innenausbau geschah mit viel Handarbeit. Die Monatsproduktion erreichte Mitte 1987 acht Stück.

Camelot. Ein Neoclassic der Superlative war der 1984 entstandene Phariance der amerikanischen Camelot Classic Corporation (CCC): Chassis mit US-Mechanik, 5,5 m lange Karosserie mit echtem Mahagoniholz und Bootsheck im Stil der Skiff-Aufbauten des französischen Karossiers Henri Labourdette aus den 20er Jahren.

Canstel. Der Canstel Clubman war ein australischer Bausatzroadster in der Art des Lotus Seven, doch gab es ihn bis in die 80er Jahre auch aufgebaut. Hergestellt wurde er von der Firma GS Motor Bodies in Carlton, NSW, nach einer Lizenz der Firma Specialised Fibreglass Mouldings (angepasster Triumph-Herald-Unterbau). Es sollen annähernd 100 Canstel entstanden sein.

Car Système. Die Firma Car Système Style baute im französischen Redon ein in den Ausführungen Belle île, Noeud pap' und Be-bop angebotenes Freizeitfahrzeug auf der Basis des Renault 4: Plattform verkürzt, Aufbau ab Frontscheibe weggeschnitten, Türen weggelassen, Seiten mit Stahlschienen und Polyesterverkleidungen, 6-Punkt-Überrollkäfig, R4-Kühlergitter mit „Jeep-Stäben", Notverdeck, Sportsitze; so ergab sich eine attraktive zweite Jugend für den Renault 4 (bis Salon Paris 1986 in 500 Exemplaren gebaut). Auf der Mondial de l'Automobile 1988 folgte mit dem neuen Belle île eine weit formschönere Abwandlung des Renault 5 mit offener hinterer Karosseriehälfte und Cabrioverdeck.

Cardin. Mitte 1980 präsentierte die Pierre Cardin Automotive in den USA den Evolution I, einen Cadillac Eldorado mit eigener Front und Luxusinnenraum. Das mit dem Namen des französischen Modezars operierende Unternehmen plante 300 Einheiten dieses Liebhabermodells abzusetzen.

Carlsson. Ab 1984 griff der Rallyepilot Ingvar Carlsson, der bis 1979 für das Mercedes-Benz-Werksteam fuhr, mit seiner Firma Carlsson Motorsport in Beckingen in den hart umkämpften Tuningmarkt ein: Zusammen mit der Firma Hartge (s. unten) schuf er Karosserie- und Fahrwerksumbauten sowie Leistungssteigerungen in verschiedenen Stufen für diverse Mercedes-Modelle, so u. a. den Carlsson 190 E V8 5.0.

Caro. Auf der IAA Frankfurt 1987 stellte sich die Caro GmbH aus Hamburg als Nachfolgefirma der Styling-Garage (s. unten) vor. Als Abwandlung des MB 230/300 CE bot sie den Caro CE Cabriolet nach technologisch neuer Fertigungsmethode an; daneben ein Porsche-928-Cabrio sowie weiterhin Verlängerungen und Panzerungen.

Carson. 1987 wurden die Volvo 740/760 in Schweden und Deutschland auch als Coupé (als Alternative zu dem bei Bertone gebauten Volvo 780) und als Cabriolet angeboten. Den Umbau besorgte die schwedische Karosseriefirma Carson. Zur Ausstattung zählten Leder und Edelholz, beim Cabrio zudem ein automatisches Verdeck.

Caruna. Die von Erwin Schill in Spreitenbach bei Zürich gegründete Karosseriefirma Caruna AG (= Carrosserie und Neu-Anfertigungen) hatte bereits durch Cabrioversionen von Chevrolet Camaro und Pontiac Firebird von sich reden gemacht, als sie 1981 auch mit dem äußerst komplizierten Umbau von Mercedes-Benz 280 S zu viertürigen Cabriolets begann. Durch den konstruktiven Aufwand wurde der Preis für einen 280 S allerdings weit mehr als verdreifacht! Viertürige Cabrios hatte es zuletzt noch 1967 von Lincoln gegeben. 1983 erhielt Schill das Mustergutachten des TÜV, im gleichen Jahr wurden sechs S-Cabrios in den Irak und vier weitere in alle Welt exportiert. Im Frühling 1984 präsentierte Caruna einen Mercedes-Benz SEC Open Air mit herausnehmbaren Dachhälften (TÜV-geprüft und mit Mustergutachten). Ein 380 SEL als Viertürcabrio ging 1985 an das holländische Königshaus.

Casalini. Die in Piacenza niedergelassene Casalini SA lieferte 1984 unter der Modellbezeichnung Bretta ein 243 cm kurzes zweisitziges Kleinstauto: dreitürige Stahlblechkarosserie von kubischer Form, im Heck eingekapselter 360-cm^3-Dieselmotor mit 7 PS Leistung, automatische Kraftübertragung, 70 km/h, 2,5 l/100 km; auf Wunsch auch 50- oder 125-cm^3-Zweitaktmotor. 1985 folgte der Sulky (s. unten).

Catori. Diese Marke von Paul Rollman aus Hochdahl war bereits im Zusammenhang mit anderen Tuningfirmen genannt worden. Auf dem Genfer Salon 1987 zeigte sie nebst dem zur Cabriolimousine gewandelten MB 190 als Neuheit eine Vollcabrioversion des Mazda RX-7, dessen Dachteile diverse Konfigurationen ermöglichten.

Cavallo. Auf der London Motorfair 1983 vorgestelltes Cabrio mit festen Türrahmen, Vorderteil à la Ferrari, Heck à la VW Golf Cabrio; Mechanik Austin Allegro, Kit oder Fertigwagen.

CCC. Auch von der Californian Custom Coach, Inc. (CCC) wurde in den 80er Jahren ein Nachbau des legendären Auburn (s. oben) hergestellt. Auf der Los Angeles Auto Show von Anfang 1988 zeigte sie zudem einen nachgebauten Ferrari 365 GTB Daytona Spyder. Der CCC Daytona America bzw. California Daytona Spyder wurde im Februar 1989 Gegenstand eines von Ferrari angestrengten gerichtlichen Prozesses, bei dem es um den Musterschutz von Originalformen ging. Zudem hatte die McBurnie Coachcraft in San Diego an ihre bis dahin gebauten 80 Imitate das Ferrari-Markenzeichen angebracht. Ferrari siegte in erster Instanz, doch McBurnie reichte Berufung ein...

CDS. Von der deutschen Firma CDS Car Design Schacht wurde 1988 für die BMW der Reihe 7 ein besonders ungewöhnliches Frontdesign angeboten: Motorhaube mit aerodynamischer Keilfront samt integrierter BMW-„Niere" und Klappscheinwerfern. Ab der IAA 1989 bot Paul Schacht bzw. CDS in Analogie hierzu eine Front im Z1-Look für die BMW Reihe 3 ab Baujahr 1983 an; hierbei wurden die Originalfront abgeschnitten und die Stromliniennase angefügt. Noch besser passte diese Aerodynamikfront zum 5er BMW, zu dem sie ab 1990 ebenfalls angeboten wurde.

Challenger. Dieses recht anspruchsvolle Bausatzauto stammte von der Firma Triple-C aus Corby und wurde auf der London Motorfair 1987 gezeigt: eine GfK-Kopie des Jaguar E-Type in der ersten Cabrioversion, verzinkter Chassisrahmen, XJ-6-Mechanik; auf Wunsch auch in einer Ausführung für die Montage einer Ford-Mechanik.

Chameleon. Die an der Park Lane in London angesiedelte Chameleon Car Co. propagierte auf der IAA Frankfurt 1983 die Modelle MB 500 SEC Typhoon, 500 SEL Tornado und 190 E Cyclone mit gewagten Karosserieveränderungen.

Chamonix. Unter dieser Marke gab es eine Replika des Porsche 550 Spyder von 1955. Sie war ursprünglich von der Firma Beck Development in Upland, Kalifornien, als Bausatz angeboten worden. 1987 übernahm die neu gegründete Chamonix Ind. e Com. in Sao Paulo die Herstellrechte: Rohrrahmenchassis, mittragende GfK-Karosserie, umgekehrt und somit als Mittelmotor eingebauter VW-Vierzylinder-Boxer-

Caruna Cabriolet S, 1984

motor, Fahrwerk analog VW-Käfer mit hinterer Pendelachse, 1584 cm^3, 60 PS (oder bis 2,4 l), 216 cm Radstand, 371 cm lang, 630 kg Leergewicht. Von Mitte 1988 bis Mitte 1989 entstanden die ersten 100 Chamonix 550 Spyder.

Chatelaine. Die Automobiles Chatenet & Cie in Feytiat war eine der französischen Kleinstauto- bzw. Microautomobiles-Hersteller. Der auf der Mondial de l'Automobile in Paris 1988 ausgestellte Chatelaine SL besaß einen 325-cm^3-Dieselmotor von Lombardini, eine automatische Kraftübertragung auf die Vorderräder und eine reichhaltige Ausrüstung.

Chipie. Nicht ohne Grund klang dieser Name an Jeep an, denn es handelte sich um einen verkleinerten Nachbau dieses berühmten Geländewagens durch die Quatex Automobiles in Boulogne: Metallrahmen, GfK-Aufbau aus auswechselbaren Teilen, Mechanik Renault 4 (1108 cm^3, 45 PS, 122 km/h, 670 kg, 337 cm lang); auf dem Salon Paris 1986 mit horizontalen Kühlerschlitzen gezeigt, auf dem Genfer Salon 1987 mit Jeep-Front.

Cimbria. Als Cimbria SS wurde ein Bausatzcoupé bezeichnet, das von der Amore Cars Inc. im amerikanischen Milwaukee hergestellt wurde. Sein Design ging auf den 1971 erstmals gezeigten englischen Nova zurück. Die Kunststoffkarosserie wurde auf der VW-Käfer-Plattform aufgesetzt und besaß eine Keilfront mit Klappscheinwerfern, eine großflächige Windschutzscheibe mit Einzelwischer, Flügeltüren und ein nach vorne versetztes senkrechtes Heckfenster. Für den Antrieb konnten VW-Käfer-Motoren unterschiedlichen Kalibers dienen. In England hieß diese Konstruktion Eagle (s. unten).

Clan. Das von 1971 bis 1974 gebaute, originelle Coupé Clan Crusader tauchte auf der London Motorfair 1983 wieder auf; Mechanik Hillman Imp, Kit oder Fertigauto.

CN. Von der Christopher Neil Ltd wurde auf der London Motorfair 1985 ein Nachbausatz für den Lotus Elan Sprint Cabriolet mit originalgemäßem galvanisiertem Zentralträgerchassis angeboten (für diverse Ford-Antriebsstränge),

Coach BL. Von der Coach Builders Limited in Fort Lauderdale, Florida, wurden die Mercedes-Benz 280 CE, 300 CD und 300 CD Turbo 1982 zu Vollcabriolets gewandelt.

Colani. Luigi Colani, der seine Karriere mit einem Bildhauerstudium in Berlin begonnen hatte, wurde zum bekanntesten Designer Deutschlands. Seine ätzende Kritik am Automobildesign brachten ihm wenig Sympathien ein. Er setzte ganz auf Aerodynamik und schuf so u. a. rekordschnelle Citroën 2 CV. Anfang 1986 verlegte er sein Studio nach Bern. Dort entstand bis im Herbst ein Mercedes-Benz 190 mit Spaltflügel statt Stoßstange an der verlängerten Front, abgedecktem Unterboden, als Luftaustritt dienender Spaltflügel-Heckstoßstange und weiteren strömungsgünstigen Detaillösungen. Später folgten spektakuläre Einzelstücke und Rekordfahrzeuge.

Coleman Milne. Diese Karosseriefirma aus Bolton, Lancashire, hatte sich auf die Transformation (Verlängerung, Kombis) großer Ford-Modellen spezialisiert. Auf der Birmingham Motor Show im Oktober 1980 wurde ein verlängerter, für den Einsatz mit Chauffeur geeigneter Ford Granada ausgestellt. Zum Angebot zählten in den frühen 80er Jahren die Modelle Minster VI und Minster VI Exclusive (um 25 cm verlängert), Dorchester VI und Grosvenor VI (+ 85 cm), Windsor VI (Kombi, + 60 cm) sowie Cardinal VI und Cardinal LWB, alle auf Granada-Basis. Ab 1985/86 wurden die selben Modelle auf der Basis des neuen, auf dem europäischen Festland Scorpio geheißenen Granada angeboten. Diesen verhalf das Stufenheck zu einer sehr eigenwilligen Form.

1986 kam ein Mercedes-Benz SEL mit 91,5 cm mehr Radstand hinzu, und gegen Ende Jahr entstanden die sechstürigen Grosvenor 6-door Limousine (ein 5,5 m langer Scorpio) und FX 4S Diplomatic (ein um 79 cm verlängertes London Taxi). Auf dem Genfer Salon 1988 wurde der Coleman Milne Scorpio Grosvenor auch als Chauffeurlimousine mit Linkslenkung angeboten. Kurz darauf entstand die Limousine Windsor auf Basis MB 124 (200–300, + 98 = 572 cm, mittlere Türen ohne äusseren Türgriff). Auf der London Motorfair kam im Herbst 1989 ein als Rover Vanden Plas bezeichneter „Lang-Rover" (Sterling) ins Angebot: die Verlängerung um 30,5 cm umfasste auch die Hintertüren.

Condesa. So hieß ein ab Anfang der 80er Jahre auf Mallorca in mehreren hundert Exemplaren gebautes offenes Freizeitauto im Stil eines Double Phaeton von Anfang Jahrhundert, das auf dem Citroën 2 CV basierte. Neben dem Condesa (Gräfin) gab es als Luxusversion auch einen Duquesa (Herzogin).

Contemporary. Anfang der 80er Jahre bot die Contemporary Classic Motor Car Co., Lightcliffe, West Yorkshire, mit dem Contemporary Cobra eine echt wirkende Kopie der Cobra 289 und 427 mit eigenem Kastenrahmenchassis, Jaguar-Fahrwerk und Ford- oder Chevy-V8. – Ab 1983 gab es auch eine Firma gleichen Namens in Mt. Vernon, New York, die den aufwändig gebauten Contemporary Cobra Replica mit Ford V8 small block und big block anbot (doch ließen sich auch Chevy-V8 einbauen).

Corry. Nachdem die walisische Marke → Davrian trotz staatlicher Förderung unterging und ihre Hinterlassenschaften von Will Corry übernommen wurden, entstand 1983 das vom Designer Tony Stevens entworfene neue Modell Corry Cultra. Für den Antrieb sorgte der quer hinter den Sitzen eingebaute Motor des Ford Escort XR 3 oder RS 1600i. Der Cultra war vor allem für Clubrennen gedacht. Die Corry Car Co. war in Nord-Irland niedergelassen.

Covini. Auf dem Genfer Salon 1981 lancierte Ing. Ferruccio Covini aus dem italienischen Castel S. Giovanni sein Mittelmotor-Zweisitzercoupé Sirio (vorne ein wenig wie ein kleinerer Ferrari BB, hinten ähnlich Maserati Merak). Sein VM-Turbodieselmotor (2,4-l-Vierzylinder, 125 PS) schien durchaus in die Zeit des Sparens zu passen. Weitere Details dieses Projekts: Rohrrahmenchassis, 5-Gang-Getriebe (Lancia Gamma), Aluminiumkarosserie, 1050 kg Leergewicht, 418 cm lang. Die Geldgeber für das Aufziehen einer Produktion wurden leider nicht gefunden.

Crayford. Von der englischen Karosseriefirma Crayford Auto Development Ltd wurden in Kleinserie unterschiedlichste Cabriolets und andere Sonderkarosserien sowie Einzelstücke geschaffen. Auf der Birmingham Auto Show im Oktober 1980 wurde ein Mercedes-Benz SLC vorgestellt, der zu einem eindrücklichen Sportkombi mit großem hinterem Seitenfenster und einer eigentümlich gebogenen hinteren Abschlusswand gewandelt worden war. Im August 1981 kündigte Crayford mit dem Fiesta Fly ein besonders preisgünstiges Cabriolet mit voll versenkbarem Verdeck an (→ English, unten). Danach folgte auf der IAA mit dem Mini Metro Politan eine Cabriolimousine.

Creighton. Einer der vielen amerikanischen Neoclassic-cars (Vertrieb durch Renaissance, s. unten). Kühlergrill wie Lincoln von Ende der 20er Jahre, eigenes Chassis aus rechteckigen Stahlrohren, 2,3-l-Vierzylindermotor von Ford, 3-Stufen-Automatikgetriebe, besonders dickwandige GfK-Karosserie, Hardtop als Verdeckattrappe, beidseits vier aus der Motorhaube führende Chromauspuffrohre, viersitziger Luxusinnenraum, Instrumente stilgerecht in Armaturenbrettmitte gruppiert, Heckkofferdeckel mit Werkzeugsatz.

Crespi. Auch in den 80er Jahren baute Tulio Crespi in Buenos Aires weiterhin kleine Tulieta-Liebhaberautos sowie Rennwagen. Jüngstes Modell war um 1985 der Spiaggia, ein Strandmobil nach italienischem Vorbild mit eigener GfK-Karosserie und unveränderter Mechanik der Renault 6 oder 4 (1,3- bzw. 1,1-l-Motor). Später erhielt dieses als Bausatz oder halbfertig gelieferte kleine Freizeitfahrzeug eine dem Renault 5 ähnelnde Frontgestaltung.

CTD. 1990 wollte der portugiesische Journalist José Calema mit dem Kleinstauto CTD Trotter eine Serienherstellung durch Behinderte aufziehen. Hierzu hatte er in Viseu die Arbeitsgemeinschaft Deficoop gegründet. Der CTD Trotter wurde als revolutionäres Stadtauto bezeichnet; auch das Chassis bestand aus verstärktem Polyestermaterial.

Cumberford. Mitte 1982 wurde das Projekt für einen Neoclassic-Sportwagen der Superlative des Designers Robert Cumberford aus Stamford, Connecticut, bekannt: Der Cumberford Martinique war ein zweisitziges Cabrio im Stile der 30er Jahre, jedoch mit nach hinten geneigtem Kühlergrill im klassischen Hochformat, in die Kotflügel integrierten Scheinwerfern und mit zweifarbiger Lackierung des Aluminiumaufbaus. Die Chassisstruktur war aus einzelnen Gussteilen zusammengeschraubt und -geklebt, und das Fahrwerk samt Hydropneumatic-Federung, Bremssystem und Lenkung stammte von Citroën. Für den Antrieb hatte Cumberford hingegen den 174 PS leistenden 3,2-l-Sechszylinder aus dem BMW 733i gewählt. Mangels Geldgebern verliefen die Produktionspläne für dieses anspruchsvolle Projekt im Sande.

Cursor. Eine lange flache Schnauze, breite und hohe Einstiegsborte, eine flugzeugartige Kabine und ein hinteres Einzelrad besaß der von Alan Hatswell in 18 Monaten entwickelte, Ende 1985 von der Replicar Limited in Dunkirk, Kent, propagierte Cursor, auch Micro Vehicle genannt: ein Einsitzer mit Stahlrohrrahmen, Karosserie im Targastil, japanischer 49-cm^3-Zweitaktmotor vor dem Hinterrad, stufenlose Kraftübertragung, automäßig ausgerüstet, 40 km/h Reisegeschwindigkeit, auch für Jugendliche ab 16.

Dangel. Die Elsässer Firma Automobiles Dangel in Sentheim brachte mit dem Salon Paris im Oktober 1980 mit offizieller Peugeot-Unterstützung hochbeinige 4x4-Varianten der Kombimodelle Peugeot 504 Break und Familiale auf den Markt. Ein zentrales Differenzial mit Reduktionsgetriebe leitete die Kraft bei Bedarf über eine Kardanwelle auf ein rechts vom Motorblock eingebautes vorderes Differenzial und von dort über Halbwellen auf die Vorderräder. Bis 1986 waren bereits 3000 Peugeot 504 (Break und Pick-up) auf 4x4 umgerüstet und zur Hälfte in 20 afrikanische Länder geliefert worden.

Auf dem Salon von Paris 1986 kam der 505 Kombi 4x4 ins Angebot: permanenter Allradantrieb, zentrale, pneumatisch bedienbare Differenzialsperre, vordere und hintere Differenzialbremsen, 5-Gang-Getriebe mit Geländeuntersetzung, Unterbau mit Rohrrahmen, neue Vorderradaufhängung mit oberen und unteren Dreieckquerlenkern. Auf der Mondial de l'Automobile von Paris 1988 wurden u. a. die Kombi 505 GTI und 505 GTD Turbo (dieser mit 4-Stufen-Automatikgetriebe) ausgestellt. Mit dem von einem zusätzlichen Chassisunterbau getragenen Vorderradantrieb erhöhte sich das Leergewicht um gut 250 kg. Die Bodenfreiheit erreichte 22 cm. 1989 entstand der 5000. Dangel.

David. Von der Firma Transformation Gilbert David aus Sainte Tulle wurde auf der Mondial de l'Automobile im Herbst 1988 der Tropical ausgestellt: ein Opel Corsa, dessen hinterer Karosserieoberteil einem Rohrgestänge gewichen war, an das sich Verdeckteile befestigen ließen.

Dax. Als Dax Tojeiro (John Tojeiro war ein renommierter englischer Chassiskonstrukteur) wurde auf der London Motorfair 1985 eine neue Replika des Cobra in drei Ausführungen angeboten: V12 Cobra (Jaguar V12), V8 Cobra Turbo (Rover V8) und 427 Cobra (Ford V8), doch konnten auch Chevy V8 und Ford V6 eingebaut werden; das Chassis war „computergeplant" worden. Zwei Jahre später wurde die Sonderserie SE angeboten: 6 Stück mit von Kearns-Richard auf 5,8 l vergrößertem V12, extraleichtes Karbon/Stahl-Chassis, Spezialausstattung. Die Dax-Tojeiro-Cobra genossen besonderes Ansehen.

Deetype. In den 70er und 80er Jahren baute die Deetype Replicas Ltd in Chelmsford, Essex, sorgsam originalgemäße Replikas der Jaguar-Le-Mans-Rennsportwagen D-Type in den Ausführungen 1956 (um den Fahrer gezogene Cockpitscheibe) und 1957 (Windschutzscheibe voller Breite). Auch die Motoren entsprachen dem LM-Einsatz (4235, 3442, 3781 oder 4459 cm^3), sowie die gesamte aufwändige Mechanik. Zudem kam als Deetype Aristocrat ein Nachbau des Jaguar XJ 13 mit V12-Motor hinzu.

Delta. Die Auto Wyder AG in Sursee, Kanton Luzern, baute besonders aufwändige Tuningversionen. Zu diesen zählte schon Mitte 1980 ein Opel Manta Turbo, der damals „kleinserienreif" als Turbojet LP mit 132 PS und als Turbojet HP mit 150 PS angeboten wurde. Felix Wyder sorgte auch für sorgfältig angepasste Fahrwerksabstimmungen. Er nannte seine Firma alsbald Delta-Motor AG, und unter diesem Namen wurden getunte Opel über die Schweiz hinaus zu einem Begriff. 1985 wurde zum Beispiel (teils mit Irmscher-Teilen, s. unten) der Opel Kadett GSi Vitesse geschaffen. Zu einem sogar auf die strengen Schweizer US-83-Vorschriften zugeschnittenen Liebhaber-Kleinwagen wurde der Opel Corsa 2000 Sprint mit 115 PS von 1987. Und 1988 kam mit dem Opel Omega 3600 Speed (212 PS) eine Angebotserweiterung nach oben hinzu.

Design + Technik. Diese Hamburger Firma des früheren Styling-Garage-Chefs Chris Hahn (s. SGS, unten) entwickelte u. a. 1987 für die Styling Garage North America eine Cabrioversion des Honda Legend, die in Miami in jährlich 1000 Exemplaren gebaut werden sollte; 1988 wurde sie auch auf dem Genfer Salon ausgestellt. Im Jahr darauf wurde selbenorts das viersitzige Cabriolet VW Corrado Tropica vorgestellt. Auf der IAA 1989 folgte die besonders attraktive Sportkombiversion des VW Corrado.

Deslandes. Auf dem Genfer Salon 1984 stellte der Designer Guy Deslandes aus dem französischen Villeneuve-sur-Allier ein gelungenes Vollcabriolet des Citroën CX aus. Der Deslandes Orphée besaß ein Lederinterieur und ein elektrisches Verdeck.

Dicky Unter der Bezeichnung Dicky Mambo bot die auf Sportwagen und Buggys spezialisierte Firma Dicky aus Buenos Aires ab Ende der 80er Jahre ein Freizeitfahrzeug an: Die mit Überrollbügel und auf Wunsch mit Türen und hinteren Seitenteilen aus flexiblem Plastikmaterial versehene GfK-Karosserie eignete sich für die Montage auf die Plattformrahmen der kleinen Citroën- und Renault-Modelle.

Doran. U. a. auf der Greater Los Angeles Auto Show vom Januar 1989 wurde der zweisitzige Dreirad-Kleinwagen Doran gezeigt: eigenwillig bauchige, sich nach hinten verjüngende Kunststoffkarosserie, Dachkonstruktion mit wegnehmbaren Einsätzen, Abstand zwischen Vorderachse und Hinterrad 229 cm, Abmessungen 366x170x117 cm, Antrieb durch 1,8-l-Boxermotor mit 82 PS auf die Vorderräder (Subaru), 580 kg Leergewicht.

Doval. So hieß ein Luxuscoupé der Replikasparte, das im Oktober 1981 auf der Londoner Motorfair gezeigt wurde. Es basierte auf dem Unterbau des amerikanischen Ford LTD mit V8-Mechanik und wurde von einer Firma in Connecticut hergestellt.

Dangel Peugeot 504 Break GR 4x4, 1983

Doran, 1989

DP. Zu den diversen auf Porsche spezialisierten Tuningfirmen, die sich über Deutschland hinaus einen Namen machten, zählte die Firma DP Motorsport aus Overath. Sie befasste sich mit Leistungssteigerungen ebenso wie mit der Karosserieüberarbeitung. So zeigte sie auf der IAA 1983 einen als DP 935 II bezeichneten 911 Cabrio mit rennsportlich-aerodynamischer Front und verbreiterten Radhäusern. Später wurden auch ihre attraktiven Flat-Nose-Fronthauben (flach nach vorne abfallend mit Klappscheinwerfern) zum Begriff. Auf der IAA 1985 trat der bullige DP 928 mit festmontierten rechteckigen Doppelscheinwerfern, Bremskühlschacht ab Türhinterende usw. ins Rampenlicht. Auffallend gab sich auch der DP 944 Turbo (u. a. mit roten Rädern) von 1988.

Du Bac. Der BMW-Großhändler Garage du Bac im französischen Chennevières schuf Anfang 1982 auf der Basis des BMW der 7er-Reihe einen Break bzw. Luxuskombi mit umklappbaren Hintersitzen und plante eine Herstellung in Kleinserie. Die Form des zusätzlichen Seitenfensters wiederholte die Kontur des hinteren Türfensters.

Duchâtelet. Die Karosseriefirma Duchâtelet aus Lüttich machte sich auf dem Genfer Salon 1981 mit einem als Carat bezeichneten Mercedes-Benz 300 SEL mit besonders luxuriöser Ausrüstung (samt elektronisch gesteuerter Heizung, Heckschiebedach usw.) erstmals außerhalb Belgiens bekannt. 1982 kamen in Genf die für Selbstfahrer bestimmte Variante Clarity und der 500 SEC Carat Cut hinzu. Auf der IAA 1983 gab es auch einen MB 190 Carat und auf der IAA 1985 den Carat Allongée Diamond: MB 500 SEL um 45 cm verlängert und mit aufwändiger Superluxusausstattung. Beim Carat Albatros von 1985/86 handelte es sich um den → Sbarro Biturbo mit Flügeltüren (Basis MB SEC) und Duchâtelet- Superluxusausstattung. Für die S-Klasse gab es nun auch die Cullinan-Transformationsstufen sowie Panzerungen nach Niveau C4. Auf der IAA 1989 wurde der MB 200–300 als Business Car Carat vorgestellt, u. a. mit einer raffinierten Durchreiche im Beifahrersitz, damit der hinten rechts sitzende Chef die Beine ausstrecken konnte.

Duntov. Unter der Bezeichnung Duntov Turbo Spider brachte die US-Firma ACI 1980/81 ein Corvette-Derivat auf den Markt, mit der an den Corvette-Konstrukteur Artus Duntov erinnert wurde. Mit Abgasturbolader wurde der 5,7-l-V8 auf 240 PS gebracht, die Cabriokarosserie war breiter und erhielt eine eigene Front mit eingebetteten Rechteckscheinwerfern. Es war eine Auflage von 200 Exemplaren geplant.

Duport. Guy Duport zählte zu den Herstellern jener französischen Kleinstautos, die sich, entsprechend schwach motorisiert, schon nach bestandener Theorieprüfung sowie von Jugendlichen lenken ließen. Die Produktion war 1977 in Saint-Ferréol/Faverges, 25 km südlich von Annecy, Hochsavoyen, aufgenommen worden. 1982 erreichte der Monatsausstoß mit 40 Personen rund 50 Wägelchen der Modelle 510 (224 cm lang, 380 kg, 2+-sitzig), 511/611 (270 cm) und Parco (290 cm, viersitzig); Antrieb durch Einzylinder-Dieselmotoren von Lombardini (510 oder 602 cm^3, 10 PS); Kunststoffkarosserien mit Faltdach, Parco mit zwei Türen Renault 14 und Heckklappe Renault 5, europakonforme Ausrüstung. Auf dem Genfer Salon 1984 wurde der Duport 720 gezeigt, ein im Stile eines Geländewagens gehaltenes dreisitziges Freizeitauto mit 2-l-Mittelmotor von Renault. 1988 folgten auf der Mondial de l'Automobile in Paris als jüngste Modelle der 50 GT und der 360 A GT; inzwischen wurden Türen des Renault 5 verwendet, und das Armaturenbrett stammte ebenfalls von Renault.

Duport 720, 1984

Eagle. Der Eagle SS war ein Anfang 1982 angebotenes Bausatzauto der Eagle Cars Ltd in Lancing, West Essex, das auf dem VW-Käfer-Plattformrahmen aufzubauen war. Er ging auf den 1971 erstmals gezeigten Nova zurück, der als Besonderheit einen für den Ein- und Ausstieg anhebbaren Mittelteil samt Dach, Front- und Seitenscheiben aufwies. Als Cimbria SS (s. oben) erhielt er in den USA ein festes Dach und Flügeltüren, und in dieser Form (und mit Rechtslenkung) kam er wieder nach England zurück. 1983 kam dort eine 2+2-Version hinzu, und 1984 kam der Eagle SS II mit überarbeitetem Chassis und für mehr Kopfraum sorgendem Innenboden heraus. Anstatt eines vor 1971 gebauten VW-Käfer-Plattformrahmens konnte nun auch der Unterbau des Ford Cortina verwendet werden. Ab 1983 baute Eagle zudem als RV = Freizeitfahrzeug eine Jeep-Imitation. Vom Eagle SS waren bis Mitte 1984 bereits über 400 Bausätze verkauft worden.

Eagle SS, 1982

EBS. Auf dem Salon von Amsterdam war Anfang 1985 von der Firma EBS (Ernst Berg Styling) in Zaventem bei Brüssel eine wohlgeformte Cabrioversion des Renault Super 5 gezeigt worden, im Gegensatz zu anderen Kleincabrios ohne Überrollbügel, aber mit Stabilitätsberechnungen der Technischen Hochschule von Eindhoven (50 kg Mehrgewicht). Auf dem Genfer Salon 1986 wurde dieses Cabrio von Renault als Serienmodell in Aussicht gestellt. Es war eine gemeinsame Herstellung von jährlich 5000 Exemplaren mit dem belgischen Renault-Werk Vilvoorde geplant. Aber Mitte 1987 zog sich Renault aus dem Projekt zurück. Im gleichen Jahr wurde von EBS-Dinavision SA ein Kombiheckteil für den Renault 25 entwickelt, der sich samt der zusätzlichen hinteren Seitenscheiben als Ladeklappe anheben ließ. Auf der Mondial de l'Automobile Paris 1988 zeigte EBS mit dem Citroën AX Furio ein Cabrio mit fixem Überrollbügel, das 1989 in Serie gehen sollte. Bis Ende 1988 waren über 500 Renault-5-Cabrios nach Deutschland und Holland geliefert worden; 1989 erreichte der Ausstoß 1200 Stück, und der Verkauf wurde darauf auf alle EG-Länder ausgedehnt.

Eco 2. Er war als City-Car ebenso klein wie Frankreichs Kleinstautos, bot aber den Vorteil einer leistungsfähigen Großserienmotorisierung, nämlich die Frontantriebseinheit aus dem Ford Fiesta. Konstruiert worden war er von der Firma Ringsped Ltd in Doncaster, S. Yorkshire. Dieses Unternehmen war 1983 mit dem Ziel gegründet worden, einen preisgünstigen Microcar für Europa zu entwickeln. Der von Richard Oakes entworfene, 267 cm kurze und 540 kg leichte Eco 2 bestand aus einem sichtbaren kräftigen Rohrrahmengerüst (Stahlrohre mit 6,35 cm Durchmesser), in das die Kunststoff-Karosserieelemente und Plexiglastüren eingefügt waren. Bei der Vorstellung Anfang 1990 war von einem Marktpotential in Westeuropa von jährlich 100'000 Eco 2 die Rede.

Eggenberger. Die Eggenberger Motorsport in Lyss, Kanton Bern, präparierte 1985 nicht nur die in der Tourenwagen-EM eingesetzten Volvo 240 Turbo, sondern modifizierte überdies für den Schweizer Volvo-Importeur den Volvo 740 Turbo: Rundumspoiler und Heckflügel, Sportfahrwerk mit um 4 cm tiefer gelegtem Aufbau usw. (1986 wechselte Eggenberger zur Marke Ford.)

Electrica. Die Jet Industries, Inc., in Austin, Texas, ging auf eine 1963 erfolgte Gründung von William I. Bales zurück. Ab 1972 wurden Großserienfahrzeuge auf Elektroantrieb umkonstruiert und ab 1977 wurden solche Elektroautos in Serienproduktion genommen. Zu den umgebauten großen amerikanischen Vans, Kleinbussen, Pickups und kleineren japanischen Einheiten kam um 1980 der Electrica 007 hinzu, bei dem es sich um den → Dodge Omni Coupé O-24 handelte: 30-PS-Elektromotor, 600 kg Blei/Säure-Batterien, 80 km Reichweite, 115 km/h Spitze. Monatlich entstanden 60 Electra der Typen 600 bis 1400 sowie Electrica 007.

Eller. Unter der Bezeichnung Eller-Cabrio brachte Philipp Eller aus Rheinheim auf der IAA 1983 ein auf dem mexikanischen VW-Käfer aufgebautes Cabriolet zur Premiere. Bodengruppe und Vorderholme (A-Säulen) wurden verstärkt. Bis Frühling 1984 wurden bereits 35 Wagen umgebaut. Nun in Ober-Ramstadt niedergelassen, propagierte Eller 1985 einen 2+2-sitzigen Roadster auf dem „Mexiko-Käfer".

Elswick. Unter der Bezeichnung Elswick Envoy wurde 1981 in Alcester, Warwickshire, die Serienproduktion eines Einvolumen-Invalidenfahrzeugs aufgenommen. Es war Jahre zuvor von der GKN Sankey Ltd entwickelt worden. Der Behinderte konnte seinen Rollstuhl über eine Rampe von hinten in das Fahrzeug einfahren und verankern. Im Fond der GfK-Karosserie gab es zwei weitere Sitze; für die Bedienung genügten zwei Hebel an der Lenksäule. Die Mechanik stammte von BL bzw. Mini; es sollen 200 Exemplare gebaut worden sein.

Embo. Dieses italienische Karosserieunternehmen aus Caramagna zeigte auf dem Turiner Salon 1982 einen zum Vollcabrio gewandelten Maserati Biturbo und mit dem Embo Innocenti eine Version dieses Kleinwagens mit um 16 cm verlängertem Radstand und um 6 cm erhöhtem hinteren Dachteil.

Emelba. Im Mai 1981 zeigte die einheimische Firma Emelba auf dem Salon von Barcelona mit dem Pandita eine reizende Freizeitversion des Seat Panda: Das Stoffdach und ab B-Säulen der hintere Teil des Karosserieoberbaus ließen sich entfernen und die Frontscheibe auf die Motorhaube vorklappen (Überrollbügel und Blachenverdeck). Anfang 1983 schuf Emelba den Elba 5 puertas Panda, eine originelle Fünftürversion des Seat Panda mit unverändertem Radstand, aber verkürzten Vordertüren. 1984 entstand mit dem El Corsa Descapotable ein analog zum Pandita gestalteter kleiner Opel, und es gab inzwischen auch einen Talbot Samba dieser Art. Emelba konstruierte überdies einen Seat Ronda Familiar mit elektrischen hinteren Schiebetüren und eine Vollcabrioversion des kleinen Seat Fura.

Auf dem Salon Barcelona 1985 wurden eine mit Siete bezeichnete Serienversion des Ronda Familiar (7 Sitze mit durchdachten Variationsmöglichkeiten, als Konkurrent zum Renault Espace gedacht) und ein Peugeot 205 XR Cabriolet (ohne Überrollbügel) gezeigt. Anfang 1987 wurde die Serienversion des Großraumkombis Emelba 7 mit Aufbau aus einer neuen amerikanischen Polyestermischung vorgestellt; es wurde eine Tagesproduktion von 30 Stück geplant, und die Taxigesellschaft von Barcelona plante bis 1992 etwa 11'000 Siete zu kaufen. Doch dann wurde Emelba von einem Finanzengpass ereilt...

English. 1982 übernahm die Firma F. English Coachworks Limited in Poole sämtliche Rechte an dem von Crayford (→ oben) entwickelten Cabriolet Ford Fiesta; es sollten jährlich 250 Fiesta und Fiesta XR 2 umgebaut werden.

Ensa. Nach 18 Monaten Entwicklungsarbeit ermöglichte die Electricité Neuchâteloise SA (Ensa) im schweizerischen Neuenburg im Herbst 1983 Probefahrten mit dem Ensa-Golf, einem in Zusammenarbeit mit dem Volkswagenwerk geplanten Hybridauto. Neben dem 1,3-l-60-PS-Motor war ein 5-kW-Gleichstrommotor eingebaut, der ebenfalls über eine automatische Kupplung mit dem Getriebe verbunden war. Es war von einer möglichen Jahres-Ausrüstungsrate von 10'000 bis 20'000 Golf die Rede, doch das Projekt blieb stecken.

Enterra. Unter diesen Namen wurde auf der Los Angeles Auto Show von Anfang 1988 eine Art Spezialkarosserie auf dem Pontiac Fiero angeboten. Noch stärker an einen Ferrari (308) erinnerte der auf der gleichen Ausstellung gezeigte Mera, auch er, sowie ein Delta 204 T, auf Fiero-Basis.

Enzmann. Eigentlich war Enzmann, eine der wenigen Schweizer Automarken der Nachkriegszeit, 1968 untergegangen. Doch 1983 wurden mit der Original-Negativform nochmals vier dieser offenen GfK-Karosserie hergestellt, von denen drei auf Plattformrahmen des VW-Käfers aufgebaut wurden. Der Enzmann 506 war ein im Entlebuch gebauter hochsportlich geformter Roadster, der ab 1957 seine kleine Fangemeinde gefunden hatte.

ERA. Der Name der einst berühmtesten Rennwagenmarke Englands erfuhr Ende 1980 durch die ERA Replica Automobile Co. in New Britain, Connecticut, eine Wiedergeburt. Allerdings handelte es sich bei deren Produkt um einen Nachbau des berühmten AC Cobra. Der ERA 427 SC wurde als Bausatz angeboten. Sein Kastenrahmenchassis sei steifer als jenes des Originals, behaupteten die vier Initianten, zudem werde mehr Komfort geboten. Es ließe sich sowohl ein Ford-V8- wie ein Jaguar-E-Motor einbauen. – Ende der 80er Jahre entstand unter dem Namen ERA ein Spezial-Mini (→ Rover).

Erad. Von der nordfranzösischen Kleinstautomarke Erad (Etudes et Réalisations Automobiles du Douasis, gegründet 1975 von Daniel Renard, zunächst Dreiradwägelchen) wurden im Herbst 1980 der zweisitzige Stadtwagen Capucine 2 mit Schrägfront und Doppelscheinwerfern lanciert (Motoren mit 50 oder 125 cm^3, Diesel mit 125 cm^3). Als Capucine H wurde ein Version für Gehbehinderte bezeichnet, die ohne Verlassen des Rollstuhl genutzt werden konnte. Auf dem Salon von Paris kam 1982 der Midget hinzu: ein Kleinstwagen in 8/10 der Originalgröße des MG TA von 1936 (italienischer Hiro-Zweitaktmotor mit elektronischer Zündung, 125 cm^3, 5-Gang-Getriebe, 260 kg, 75 km/h; Holzarmaturenbrett, Starrachsen mit Speichenrädern).

1984 gab es die 232 cm kurzen Zweisitzer und die 262 cm langen Viersitzer (Capucine, drei Türen, Radstand 185 cm, Leergewicht 300 kg), zudem den Plein Air, eine Art Jagdwagen. Die Erad hatten Vorderradantrieb, ihre Motoren stammten von Sachs, BCB oder Hiro (Zweitakter) bzw. von Faryman, Bernard oder Kubota (Diesel). Von 1975 bis 1984 hatte Erad 14'000 Kleinstautos hergestellt (einschließlich Nfz.). Auf dem Salon Paris 1986 neues Modell 5.50 di (249 cm lang, 290-cm^3-Faryman-Einzylindermotor oder 400-cm^3-Kubota-Diesel); neu auch Lister-Petter-Dieselmotor. Zwei Jahre später selbenorts mit Neuheit Erad 300 Junior Lister, dessen verglastes Vorderteil (Frontscheibe, Seitenteile, Dach) sich zum Ein- und Ausstieg hochstemmen ließ (224 cm kurz, Hecktriebsatz, 304 cm^3, 5 PS).

Euler. Bei der Großgarage BMW-Euler in Frankfurt am Main wurde 1982 die angeblich serienmäßige Herstellung eines Luxuskombis auf der Basis des BMW der 7er-Reihe aufgenommen.

Evante. Die in Spalding, Lincolnshire, niedergelassene Firma Vegantune war seit 1965 auf das Tuning von Lotus-Wagen spezialisiert. Sie entwickelte auch Neuteile, bis hin zum Gitterrohrrahmenchassis für den Renneinsatz. 1982 entstand mit dem Evante ein Eigenmodell, bei dem selbst der 150 PS starke 1,6-l-DOHC-Motor VTA eine Vegantune-Entwicklung war (mit Zahnriemen- statt Kettenantrieb, er wurde auch an Caterham geliefert). Äußerlich glich der offene Evante klar dem ursprünglichen Lotus Elan und er wurde denn als dessen Weiterentwicklung bezeichnet. Vegantune-Leiter George Robinson plante, wöchentlich ein Exemplar herzustellen. Ab 1987 bot die inzwischen gegründete Evante Cars Limited ein weiter verfeinertes Modell, nun mit 1,7-l-Motor (zwei Dell'Orto-Doppelvergaser, 140 PS; Bosch-Einspritzung, 160 PS; Turbo, 200 PS) und mit Kevlar/Kohlefasern verstärkter Karosserie. Dieses wurde nur auf Bestellung gebaut. 1988/89 entstand der Evante mit dem 140 PS leistenden Vegantune-1,7-l-DOHC-Motor in jährlich 120 Exemplaren. Ende der 80er Jahre kam die Firma in neuen Besitz (Weiterproduktion des Evante 140 TC) und im Herbst 1992 abermals in andere Hände.

Evante 1.7, 1987

Fairthorpe. In den 80er Jahren hatte die Motorville (Watford) Limited das Restaurieren von Modellen der von 1952 bis 1979 gebauten Fairthorpe-Sportwagen übernommen. Dies mit dem Einverständnis des Markengründers Vizeluftmarschall Donald Bennett. Nach dessen Hinschied 1986 und der Übernahme der Ersatzteile erhielt Motorville-Inhaber Frank Collins von Bennetts Sohn Torix das Recht auf die Verwendung des Markennamens Fairthorpe. So entstand 1988 das im traditionellen Stil der Marke gehaltene neue Modell Pathfinder: aufwändiger Gitterrohrrahmen aus Vierkantrohren, GfK-Roadsterkarosserie, 376x170x117 cm, Fronthaube als Ganzes hochklappbar, Radstand 244 cm; als Bausatz für die Verwendung des Fahrwerks und der mechanischen Teile des Ford Cortina, Motor Ford-Vierzylinder oder -V6 oder Rover V8; wurde auch als 2+2 angeboten.

Favre. 1984 entstand auf Initiative des Westschweizer Rechtsanwalts William Favre ein Nachbau des legendären Ferrari GTO. Ausgangspunkt war ein Ferrari GTE, der auf die GTO-Maße reduziert und mechanisch angepasst wurde (Trockensumpfschmierung, Kraftübertragung). Zwei pensionierte Scaglietti-Mitarbeiter schufen nach Werkplänen die täuschend echt wirkende Aluminiumkarosserie. Favre plante eine Serie von 20 neuen GTO, wozu er mit der Société MSC (Michel Seydoux) in Paris ein Abkommen traf. Es kam dann aber mit Ferrari zu einem langwierigen Rechtsstreit. In zweiter Instanz erfolgte 1988 in Genf ein Freispruch von der Anklage des unlauteren Wettbewerbs und des Versuchs, gefälschte Wagen in Verkehr zu bringen. Eine Busse gab es hingegen, weil die Prospekte den Eindruck einer Zusammenarbeit mit der Firma Ferrari erweckt hatten.

Fera. Der 1981 bei der Artefatos Metalicos Bola SA in Sao Paolo entstandene Fera XK 4.1 HE war eine Replika des Jaguar XK 120 Roadster. Die treffend nachgeformte GfK-Karosserie wurde auf ein Chassis aus Stahlrohren mit rechteckigem Querschnitt montiert (vorne Dreieckquerlenker, starre Hinterachse mit Längslenkern; Schraubenfedern). Der Motor stammte von Chevrolet Brasil und war ein auf 171 PS gebrachter 4,1-l-Sechszylinder (mit seitlicher Nockenwelle; 5-Gang-Getriebe).

Fittipaldi. 1980 wurde von der Firma Fittipaldi Empreendimentos in Sao Paulo unter der Leitung von Wilson Fittipaldi Jr. (von der Rennfahrerdynastie) der brasilianische → Fiat 147 als Sportbolide Fittipaldi 147 lanciert. Hierzu wurden von Fiat Brasil CKD-Teile und 1297-cm^3-Motoren bezogen. Diese wurden auf 80 SAE-PS getunt. Ebenso wurde die Aufhängung modifiziert, die Karosserie erhielt eine eigene Front mit Bugschürze und Radhausauskragungen, und im Innenraum fand sich u. a. ein Armaturenträger mit etlichen Sportinstrumenten. Für den Anfang war eine Produktion von 50 Exemplaren pro Monat geplant.

FireAero. Das um 1988/89 in Kalifornien gebaute dreirädrige Kleinstauto FireAero GT war 375 cm lang, mit den angefügten vorderen Radhäusern aber immerhin 190,5 cm breit; Zweisitzer mit Flügeltüren und T-roof, 1,2-l-Motorradmotor als Hinterradtriebsatz, 510 kg leicht, Werk eines früheren GM-Designers.

FNM. Die süditalienische Motorenfabrik Fratelli Negri Macchine in Capodrise bei Caserta bot Dieselmotoren mit und ohne Abgasturbolader für den nachträglichen Einbau in rund ein Dutzend Automarken an, 1981 z. B. auf dem Salon von Barcelona für den Ford Fiesta, mit 1348 cm^3 und 56 PS bei 4800/min, oder auf dem Salon von Turin 1982 für den Lancia Delta (mit 1366 cm^3), zwei Jahre später für den Fiat Panda (mit Comprex-Druckwellenlader, 650 cm^3 und 30 PS). Dann, zum Salon von Turin im Frühling 1986, brachte FNM den Prototyp eines eigenen kompakten Geländewagens mit der träfen Bezeichnung Pepper heraus: 204 cm Radstand, 377 cm lang, Chassis mit Längsholmen und Traversen, kantige Karosserie mit abklappbarer Frontscheibe, festen Türrahmen, Überrollschutzbügel, aufsetzbarem Dachteil und hinterem Hardtop, 1366-cm^3-Turbodieselmotor, 62 PS, zuschaltbarer Vorderradantrieb, 4-Gang- + Reduktionsgetriebe.

FNM Pepper, 1986

Fontauto. Die Industrie Fontauto SpA in Borgo S. Dalmazzo, Cuneo, hatte sich seit 1966 auf die Panzerung von Fahrzeugen spezialisiert und bezeichnete sich Anfang der 80er Jahre als weltweit führendes Unternehmen dieser Sparte. 1981 wurden von Fontauto 1059 Automobile gepanzert, darunter 453 Pkw (Alfa Romeo 6, BMW 735, Fiat Panda und 132/Argenta, Mercedes-Benz 450 SEL, Opel Senator, Peugeot 604, Rolls-Royce, VW Jetta usw.). Auf dem Salon Turin 1986 kamen weitere Modelle hinzu (auch nur kugelsichere Verglasungen).

Foureau. Von dem französischen Spezialisten Alain Foureau wurde der Citroën 2 CV 1983 unter dem Namen Vertige zum offenen Zweisitzer gewandelt: eingebauter Rohrrahmen, Cockpit um 20 cm zurückversetzt, Hintertüren entfernt; es wurde eine größere Serienproduktion geplant.

Frazer. Auf der Londoner Motorfair wurde im Oktober 1981 ein Frazer Tickford Metro in Superluxusausführung angeboten, von dem es hieß, dass Aston Martin 1982 bei genügend Nachfrage eine Serie von 175 Stück verwirklichen wolle. Von Frazer wurde gleichzeitig ein Cabrioumbau des (bisherigen) Toyota Celica ausgestellt.

Frey. Die Emil Frey AG in Safenwil verkörperte nicht nur eines der bedeutendsten Autoimportzentren der Schweiz, sondern betrieb zudem eine kreative Karosserieabteilung. Nachdem dort 1980 ein Mini-Vollcabrio entstanden war, baute man 1981 einen BMW 635 CSi zum Halbcabrio um: Die seitlichen Fensterrahmen blieben stehen und die B-Säulen wurden mit einem Überrollschutz verbunden; das Heckteil erhielt ein Cabrioverdeck und das vordere Dachteil war entfernbar.

Gateau. Voiturette- bzw. Kleinstautomarke von Eugène Gateau in Saint Gilles Croix de Vie (in der Vendée), Herstellung (1986) mit 31 Mitarbeitern von: Handimobile (mit Rollstuhl von hinten einfahren, Hecktüre und Hebebühne ferngesteuert, Blinker/Scheibenwischerbedienung durch Sprechkommandi), Break, Grande (auch mit vier Sitzen), Minimousine, Club und Maximini (modernes Einvolumen-Schrägfrontdesign); Frontantrieb mit Dieselmotoren 325 oder 430 cm^3. Mondial de l'Automobile in Paris 1988: neues Modell La Vison mit großzügigen Fensterflächen, 325 cm^3 oder 617-cm^3-Dreizylinder-Diesel von Perkins; Produktion durch Gateau International in Machecoul bei Paris mit 26 Mitarbeitern.

GB. GB Cars bot auf der London Motorfair 1985 Nostalgie-Kleinautos im Stile des Austin Seven der 30er Jahre an (der offene Tourenwagen hieß GB Raglan). Als Ausgangspunkt diente das Chassis des Reliant Fox (mit dessen 850-cm^3-Motor).

GB (2). Gianni Bulgari aus der Juweliersfamilie, wollte unter seinen Initalen eine neue Prestigemarke ins Leben rufen. Seine Absichten publizierte er im Frühling 1990 in Detroit und London mit ganzseitigen Anzeigen. Er hatte etliche Spezialisten verpflichtet und offenbar viel Geld investiert. Für den Bau des Prototyps ebenso wie für die Serienherstellung suchte er aber noch Partner.

GE. Diese auf der London Motorfair 1987 aufgetauchten Initialen standen für Gravetti Engineering aus Wincanton und gleichzeitig als Marke für einen weiteren Cobra-Nachbau.

Gemballa. Die Gemballa Automobilinterieur GmbH aus Leonberg machte sich auch einen Namen für das äusserliche Porsche-Tuning. U. a. verhalf sie den Porsche 911 zu Klappscheinwerfern und allerhand Luxusmerkmalen. Von 400 Turbo-PS angetrieben wurde der 1985 auf dem Genfer Salon gezeigte Spezial-Porsche Gemballa Avalanche. 1986 erhielt dieses knapp 2 m breite Modell Zoom-Kameras anstelle der Außenspiegel. 1987 folgte der extravagante Porsche 911 alias Gemballa Cyrrus Cabriolet. Zu den Porsche-Transformationen kam auf dem Genfer Salon 1988 ein auffallend modifizierter Ferrari Testarossa. Auch diverse Cabriovarianten des Porsche 928 wurden alsbald angeboten.

Giocattolo. 1988/89 schuf Paul Halstead, ein australischer Alfa-Fan und Liebhaber italienischer Sportwagen aus Queensland, zusammen mit seinem Ingenieur Barry Lock ein imponierendes Sportcoupé names Giacattolo (Spielzeug), das über die eigens gegründete Firma Giacattolo Motori angeboten wurde: Pavillonteil, Dach, Türen und sämtliche Scheiben vom Alfa Romeo Sprint, eigenes Frontteil mit Doppelscheinwerfern, Lufteinlässen, Spoiler, hochgesetzter Heckflügel; als Mittelmotor hinter den Vordersitzen eingebauter 5-l-V8-Motor von Holden, werksgetunt nach Gruppe B mit 318 PS (bei 1085 kg Leergewicht, 0–100 km/h in 5,4 s, 250 km/h Spitze), ZF-5-Gang-Getriebe, Fahrwerk wie McLaren Formel 1 (wo Barry Lock einst Mitarbeiter war), Brembo-Bremsanlage, Front- und angefügte Karosserieteile aus Kevlar und Karbonfaser, Lederinnenraum und Luxusausstattung.

Glenfrome. Dieses englische Unternehmen aus Bristol lieferte spezialkarossierte Range Rover an arabische Potentaten. Auf der London Motorfair 1983 zeigte es mit dem Glenfrome Facet ein extravagant geformtes Targacoupé auf verkürzter Range-Rover-Basis. Zudem baute Glenfrome paramilitärische Fahrzeuge und Krankenwagen und veredelte Jaguar und Mercedes-Benz. Es erhielt sogar den „Queen's Award for Export Achievement". Auf der Motorfair 1985 wurden an Neuheiten ein um 25,4 cm verlängerter und damit voll viersitziger Jaguar XJ-S sowie der stromlinienförmige Range Rover Profile vorgestellt.

GMF. Die Automobiles GMF SA in Torcy sollte als Tochter einer französischen Industriegruppe deren Leistungsfähigkeit demonstrieren und brachte auf den Salon von Paris 1986 den Prototyp eines Sportcoupés mit flach abfallender Front und Teilen des (nicht mehr hergestellten) Talbot Matra Murena. Die Version SL 1 sollte ein 1995-cm^3-Turbo-Vierzylinder (Citroën, 165 PS), die Version 2 ein 2458-cm^3-Turbo-V6 (PRV, 200 PS) antreiben. Zwei Jahre später basierte dieses auf dem Stand von LM Sovra (s. unten) gezeigte Coupé SL auf der Heckmotormechanik des Renault Alpine V6 und sollte „demnächst" in Kleinserie gehen.

GP. Die seit Jahrzehnten erfolgreiche GP Specialists Vehicles Limited in Worton Hall, Isleworth/Middlesex (→ Madison), bot ab 1983 als Bausatz oder fertig aufgebautes Fahrzeug den GP Spyder an, der dem Porsche 1500 RSK von 1958 trefflich nachempfunden war. Er ließ sich mit VW-Heckmotoren von 1,2 bis 2,2 l ausstatten. Der Bausatz umfasste einen Stahlrahmen, eine originalgemäß silbergrau gespritzte GfK-Karosserie und Einzelteile bis zu den Scheinwerferverkleidungen. Mitte 1983 kam der GP Talon als Bausatz oder Fertigauto ins Angebot: viersitziges Sportcoupé mit Flügeltüren (diese mit Seitenscheiben aus Persex-Kunstglas), Flachfront mit Klappscheinwerfern, aufzubauen auf VW-Käfer-Plattformrahmen.

GP Metalcraft. Auf der London Motorfair 1985 trat die Grand Prix Metalcraft Limited mit spektakulären Mercedes-Benz-Derivaten in Erscheinung: Grand Prix Typhoon = SEC mit Seitenverbreiterungen, individueller Front und mächtigem Heckflügel (s. Chameleon, oben); Grand Prix Skyhawk Gullwing = dazu noch mit Flügeltüren; die geänderten SEL hießen Diana 1000, Kestrel 1000, Meteor 1000 sowie Panache; SEL-Verlängerungen wurden als Regal Limousine bezeichnet. 1987 entstand auf der Basis des MB 124 (200–300) die Statesman-Limousine (+ 91,5 = 565,5 cm). Besonderheit: neue längere Hintertüren und an sie angefügt ein drittes Seitenfenster.

Griffith. Die Griffith Company in Fort Lauderdale, Florida, spezialisierte sich um 1980/81 auf die Transformation von AMC-Modellen zu Cabriolets mit Targabügel. Sie wurden als Sundancer bezeichnet. Es gab einen AMC Concord Sundancer ebenso wie einen Eagle Sundancer... und damit das wohl einzige Cabriolet mit Vierradantrieb.

GRS. Auf der Birmingham Motor Show 1982 zeigte die englische Firma GRS Cars ein Freizeitfahrzeug im Stile eines Geländekombis, der dem Dutton Sierra ähnelte, aber auf die Verwendung von (gebrauchten) Hillman-Hunter-Teile ausgerichtet war.

Gryff. Schon 1971 hatte das englische Bausatzcoupé Nova für Aufsehen gesorgt: Es basierte auf dem VW-Käfer-Plattformrahmen, war ultraniedrig und für Ein- und Ausstieg wurde die stark geneigte Frontscheibe samt Dach und Seitenfenster an Bügeln hochgestemmt. Unter den Marken Stirling in den USA, Purvis Eureka in Australien und Puma GT in Italien wurde es später nachgebaut. Der Anfang 1983 von Jean-Pierre Läubin in Allschwil bei Basel vorgestellte Gryff (Name eines legendären Basler Vogels) war eine Weiterentwicklung des Puma GT mit stark veränderter, keilförmiger Front (wie Supersportwagen); Käfer-Plattform mit kräftig dimensioniertem Vierkant-Rohrrahmen verschweißt, Federbeinaufhängungen (hinten mit doppelten Stoßdämpfern), Vierrad-Scheibenbremsen, elektrohydraulische Betätigung des Dacheinstiegs, Außenabmessungen 420x178x105 cm; Motor Porsche 911 SC mit Turbo (erstes Exemplar) bzw. Ford 2,8-l-V6 (geplant).

Unter der Bezeichnung Gryff Enduro 4x4 entwickelte Jean-Pierre Läubin 1989 das Projekt eines vom Mini Moke inspirierten kleinen Geländeautos: Basis Fiat Panda 4x4, eigene Bodenkonstruktion mit Längskastenprofilen beidseits zwischen den Radhäusern, hintere Federbeine statt Blattfedern, glattflächige Stahlblechkarosserie (mit hübscher gewölbter Motorhaube), Frontscheiben und Dachmittelpfosten samt Dachrahmen von Suzuki SJ 410, hinteres Verdeck samt hinteren Plastikseitenscheiben, vier englische Schalensitze... Der Prototyp durchlief die aufwändige Typenprüfprozedur, zu einer Serienherstellung kam es auch diesmal nicht.

GTD. Neben dem bereits zwei Jahre zuvor gezeigten KVA (s. unten) wurde auf der London Motorfair 1985 als weitere Replika des Ford GT 40 der GTD 40 als Bausatz der Firma GT Developments vorgestellt: originalgemäße Nachbildung, eigenes Rohrrahmenchassis, Motor US- oder Rover-V8. Jedes Teil wurde mitgeliefert bzw. war in sechs vormontierten Modulen erhältlich. Am Schluss fand in Manchester oder Poole eine Werkabnahme mit Chassis-Nr.-Vergabe statt. Auf der Motorfair 1987 wurde dem GT 40 der noch spektakulärer aussehende Nachbau des Lola T 70 zur Seite gestellt: gleiches Rohrrahmenchassis, gleiche Motorenauswahl (Ford- oder Rover-V8), große Detailgenauigkeit. Mit 2,9-l-V6-Motor und Katalysator wurde der GTD 40 1988, 1989 und 1990 auch auf dem Genfer Salon gezeigt. Im Frühling 1988 schloss GTD mit der Lightweight Armor Corporation in Oklahoma einen Vertrag, wonach diese eine Fabrik für die Herstellung von jährlich 250 GTD 40 (später 1500!) errichten wollte.

Guichard. Die Firma Guichard & Schaffo aus La Chaux-de-Fonds im Schweizer Jura präsentierte auf dem Genfer Salon 1989 ein Imitat des Ferrari GTO mit Struktur samt Windschutzscheibe des Datsun 260 Z, dem V6-Motor von Alfa Romeo, ZF-5-Gang-Getriebe und der Hinterachse des Alfa 6.

Gullwing. So hieß der perfekte Nachbau des Mercedes-Benz 300 SL mit Flügeltüren (= Gullwings), der auf der IAA Frankfurt 1987 von der Gullwing Car Inc., in Gardena, Kalifornien, gezeigt wurde. Selbst der Gitterrohrrahmen war weitgehend originalgemäß nachkonstruiert worden. Die Karosserie bestand aus Kunststoff, und im Kühlergrill prangte statt des Sterns ein G als Markenzeichen. Dem Antrieb diente ein moderner Sechszylinder von Mercedes-Benz mit Automatik- oder 4-Gang-Getriebe.

Gut. Nach diversen Citroën-Umbauten schuf die Karosserie Kaspar Gut AG im schweizerischen Sursee 1987 einen kubischen Kombianbau für den 2 CV mit bis über die Hintersitze reichendem Rolldach. Der riesige Laderaum ließ sich auch zu einer Schlaffläche wandeln.

Hamco. Von der Hamco Procutions GmbH aus Bonn wurde auf dem Genfer Salon 1988 der BMW Munich V12 zur Premiere gebracht: 7er-Reihe mit 28,4 cm zusätzlichem Radstand, längere vordere und hintere Türen (Mitarbeit der Stuttgarter Karosseriefirma Baur, s. oben), Panzerung, Luxus- und Komfortmerkmale („für produktive Entscheidungsträger"); 1986/87 waren 250 gepanzerte Pkw gefertigt worden, 1988 sollten 50 BMW Munich V12 entstehen.

Hammond & Tiede. Diese in Sulzbach und Dover angesiedelte deutsch-englische Entwicklungsfirma ließ von der Karosseriefirma Voll (s. unten) Cabriovarianten des Opel Ascona und des Vauxhall Cavalier aufbauen. An der aufwändigen Entwicklungsarbeit hatte sich auch die Porsche-Forschungs- und Testabteilung in Weissach beteiligt. Mit 2875 von 1984 bis 1988 verkauften Umbauten war Hammond & Tiede der Marktleader dieser Sparte.

Harrods. Das berühmte Londoner Warenhaus propagierte auf der London Motorfair 1983 als Harrods Jaguar eine Superluxusausführung des XJ 6: vergoldete Chromelemente, edelstes Leder und Holz, Verzierungen mit H-Signet, Nardi-Lenkrad, hintere Konsole mit Farb-TV und Cheminéeuhr, Spezialteppiche usw.; realisiert wurde er bei Panther.

Hartge. Die Firma Hartge Motorsport zählte in den 80er Jahren zu den bekanntesten BMW-Tunern Deutschlands. 1985 wurde auf der IAA ein Drosselklappensystem vorgestellt, dank dem sich später ein Katalysator ohne nennenswerten Leistungsverlust nachrüsten ließ.

Hawk. Anfang 1983 wurde mit dem Hawk ein weiterer Neoclassic-Sportwagen auf den Markt gebracht. Er war das Produkt der walisischen Firma Faye Caerleon Ltd in Cwmbran, Gwent. Wie der inzwischen nicht mehr gebaute Panther J 72 erinnerte er an den SS 100 Jaguar der 30er Jahre. Für den Antrieb hatte man einen modernen Jaguar-Sechszylindermotor mit obenliegenden Nockenwellen gewählt; weitere Details: Einzelradaufhängung, Servolenkung, Aluminiumkarosserie, Edelholz und Echtleder. Es wurde mit einer Jahresproduktion von 14 Stück (für den Export) gerechnet.

HDT. Die HDT Special Vehicles Division des populären australischen Rennfahrers und Tuners Peter Brock war auf Hochleistungs- und Rennvarianten der Holden-Modelle spezialisiert. Nach dem ersten Brock Special Commodore von 1980 sollen in der ersten Hälfte der 80er Jahre in den HDT-Werkstätten (= Holden Dealer Team) rund 3500 schnelle Holden entstanden sein. Wegen der verschärften Abgasbestimmungen konzentrierte man sich ab 1986 vor allem auf optisches Tuning.

Heritage. Die britische Firma Heritage Motor Cars schuf aufwändige Repliken und übernahm vor 1982 auch die Herstellung des Mercedes-Benz 500 K Roadster Replica, der urprünglich in sechs Exemplaren von The Classic Factory in Pomona, Kalifornien, realisiert worden war. Diese luxuriösen Nachbildungen wurden auf der Grundlage amerikanischer V8-Chassis aufgebaut.

Herzog. Abgesehen von seiner Keilfront erinnerte dieses von der Firma Herzog-Sportwagen in Düren 1984 ins Angebot gebrachte Hochleistungscoupé an den Intermeccanica Indra oder den Lamborghini Islero: verzinkter Rohrrahmen, Kunststoffkarosserie, 5,4-l-V8 von GM, 240 PS, Automatikgetriebe, De-Dion-Hinterachse, 230 km/h. In einer ersten Serie sollten 15 Exemplare entstehen und es war auch ein Cabrio geplant.

Heuliez. Die große Karosseriefirma Heuliez im westfranzösischen Cerizay war nicht nur ein bedeutender Zulieferant der Automobilindustrie, sondern schuf auch viele Prototypen, Conceptcars und Kleinserienfahrzeuge. Zu diesen zählte der im Herbst 1980 vorgestellte Wind Talbot. Er basierte auf dem dreitürigen Talbot 1100, war hinter den Türen zum offenen Pick-up mit einer einfachen Stahlrohrstruktur gewandelt worden und diente so zum Transport von Segelstangen, Surfbrettern oder Deltasegeln. Hinzu kam ein sportliches Karosseriedekor. Auf dem Genfer Salon 1981 zeigte Heuliez nebst einem zur Cabriolimousine gewandelten Renault 4 einen um 62 cm zur Chauffeurlimousine verlängerten Peugeot 604 (der auch in der Schweiz angeboten wurde). 1982 schuf Heuliez u. a. den → Citroën Visa Trophée, ein in 200 Exemplaren gebautes Wettbewerbsfahrzeug nach Gruppe B. Auf dem Salon Paris 1982 wurde ein Fuego-Cabrio als Studie für den US-Markt gezeigt. 1985 wurde die Produktion der verlängerten Limousine → Renault 25 und vor allem des Citroën BX Break aufgenommen.

Hodgep. Die landwirtschaftliche Maschinen herstellende ungarische Firma Hodgep stellte 1987 nach zweijähriger Entwicklung den Pouli vor: ein 246 cm kurzes Kleinstauto in der Art der französischen Quadricycles; Stahlblechstruktur, GfK-Aufbau, luftgekühler Dieselmotor von Yanmar, 273 cm^3, 5,5 PS, Stufenlosgetriebe.

Hoffmann. Die in Viersen (im Westen von Düsseldorf) niedergelassene Firma Hoffmann Speedster Teile Vertriebs GmbH bot in den 80er Jahren eine hochsportlich umgezeichnete Version des VW-Käfers an. 1988/89 erhielt der Hoffmann Speedster eine einteilige Heckpartie, die sich gesamthaft anheben ließ (auch der letzte deutsche Käfer VW 1303 ließ sich mit den Hoffmann-Sätzen umbauen). Neu war zudem der Hoffmann-Top-Chop-Umbausatz: Mit ihm wurde die brave Käfer-Limousine nach alter amerikanischer Custom-Car-Manier zu einem angriffig wirkenden Coupé mit niedriger Dachlinie und nach vorne geneigten Mittelpfosten.

Homark. Nachdem die Firma Homark in Dorset, England, mit dem Criterion 15 CWT 1982 bereits einen Lieferwagen im antiken Stil baute, plante sie auch ein Landaulette und einen fünfsitzigen offenen Tourer zu kreieren. Der Unterbau stammte vom Lieferwagen Fright-Rover.

Hooper. Die Londoner Coachbuilder Hooper & Co. waren ein hoch renommiertes Karosseriewerk, das z. B. auf der Birmingham Show 1982 veredelte Rolls-Royce und Bentley ausstellte. Unter neuer Führung feierte Hooper auf dem Genfer Salon 1985 ein internationales Comeback mit einer hochluxuriösen zweitürigen Limousine auf dem Rolls-Royce Silver Spirit; sie wurde in Kleinstserie gebaut. 1986 folgte in Genf der RR State Limousine mit um 57 cm verlängertem Radstand. Große Beachtung verdiente der im Jahr darauf in Genf gezeigte Hooper Empress I, ein Bentley-Coupé, bei dem die Kühlerfront samt großen Rechteckscheinwerfer in gewagter Weise schräggestellt waren. Auf dieses Semi-Fastback-Modell folgten 1988 der Hooper Two-door Bentley Turbo R und ein zum Cabrio gewandelter RR Silver Cloud III. 1989 entstand ein RR Spirit Emperor State Landaulet und 1990 ein weiterer Emperor = um 101,5 cm verlängerter Silver Spirit.

Horag. 1980/81 schuf der Ostschweizer Rennwagenkonstrukteur Markus Hotz in Sulgen TG eine für den Straßeneinsatz bestimmte Version des VW Golf GTI, den VW Golf Horag Turbo: kleiner, rasch ansprechender Abgasturbolader von KKK, Ladeluftkühler, geänderte Einspritzung und Zündung, Ölkühler, angepasstes Fahrwerk, 0–100 km/h in 7,5 s. 1988 beispielsweise zeigte Horag auf dem Genfer Salon den VW Golf GTI 16V Horag-Turbo mit 155 PS und aufwändigem Karosserietuning. Im gleichen Jahr entstand bei Horag der Seat Ibiza Turbo mit 108 statt 90 PS und wesentlich mehr Drehmoment. Ende der 80er Jahre widmete sich Horag auch dem Tuning mit IHI-Turbo von Mercedes-Benz-Vierzylindermotoren, und der 300 E wurde gar mit zwei kleinen Garrett-Ladern bestückt (bis 300 PS). Der VW Golf mit Horag-Turbotuning war inzwischen sogar zu einem Exportprodukt mutiert.

Hummer. Dies war die Aussprechweise von HMMWV = High Mobility Multipurpose Wheeled Vehicle, das vom amerikanischen Verteidigungsministerium im März 1983 bei der AM General Corporation in Auftrag gegeben worden war. Diese sollte binnen fünf Jahren 55'000 Stück zur Ablösung der altgedienten Militär-Jeep vom Typ M 151 liefern. Mitte 1984 ergaben sich bei der Erprobung noch technische Probleme... Doch schon 1983 war AM General von → AMC an die LTV Corporation verkauft worden. Die Heeresverwaltung erhöhte den Auftrag alsbald auf 70'000 Einheiten und im Herbst 1989 kamen nochmals 33'000 Bestellungen dazu. Bereits setzten auch einige kleinere Armeen in Asien auf den Hummer (1999 ging AM General bzw. die Marke Hummer an General Motors; zehn Jahre später erfolgte ein Weiterverkauf).

Iato. Als Antwort auf den Freeclimber von Bertone schuf Francesco Cavallini 1989 mit seiner 1985 gegründeten Firma Iato ein „rein italienisches" SUV: schlichte kantige Geländekombiform, GfK, Stahlrahmenchassis, 1,6- und 2-l-Motoren sowie 1,9-l-Turbodieselaggregat von Fiat, Kraftübertragung von Oto Trasm, Vertrieb durch Hyundai-Importeur Graziella. In Süden von Neapel sollte ein neues Werk entstehen, und im August 1989 lief die Pilotproduktion von 50 Exemplaren an.

IES. Dieses Buchstabentrio stand für Industrias Eduardo Sallari, und dieses Unternehmen war in den 80er Jahren Argentiniens Nachfolgeproduzent für den Citroën 3 CV, einem Derivat des Citroën 2 CV mit dem größeren Motor. Erkennungsmerkmale waren ein rechteckiger Kühlergrill und quadratische Scheinwerfer. 1987 wurde mit dem Latinoamericano eine in verschiedenen Staaten Südamerikas zu montierende Variante geplant.

Imesa. Auf der Basis des Seat Malaga bot die spanische Karosseriefirma Imesa aus La Coruna einen stark erhöhten hinteren Kastenwagen- oder einen Pick-up-Aufbau, und 1987 zudem mit dem Imesa cinco plazas aristalada einen fünfsitzigen Kombi.

Intcar. Von der Tuningfirma Intcar in Paris wurde 1985 ein (Peugeot) 205 ADG 2.0 angeboten, der außen und innen stark individualisiert worden war und einen 140 PS leistenden 1905-cm^3-Motor (sowie angepasste Fahrwerksteile) eingebaut erhielt.

Intermeccanica. Von 1968 bis 1975 waren unter der Marke Intermeccanica im Raum Turin 658 Luxussportwagen mit amerikanischen V8-Motoren hergestellt worden. Darauf wurde der Firmensitz nach Kalifornien verlegt. Dort entstand u. a. der Porsche-Nachbau Speedster (→ Apal). 1980 kam die eingetragene Handelsmarke Cábrio hinzu: eine Cabrioletversion des Ford Mustang (welche Namen nicht erwähnt wurden) mit eigener Verdeckentwicklung samt Abdeckung im europäischen Stil. Der Cábrio erhielt eine Rahmenverstärkung entlang der Türschwellen und bis zum oberen Windschutzscheibenrahmen; die Partien hinter den Türen wurden mit eingeschweißten Stahlplatten verstärkt. Das Kühlergitter war schwarz statt kariert. 1980 wurden 150 solche Cabriolets und 190 Speedster hergestellt, für 1981 war ein Gesamtausstoß von 500 Stück geplant, einschließlich des Viva SX, eines Vollcabriolets auf dem Datsun 280 ZX. 1981 übernahm Intermeccanica die Arntz Engineering in San Francisco, die (ab 1974) als erstes Unternehmen eine Nachbauproduktion des AC Cobra aufgenommen hatte (s. oben).

Introzzi. Schon in den 70er Jahren hatten sich die Officine Introzzi in Como auf die Panzerung von Last-, Liefer- und Kombiwagen spezialisiert. Anfang 1988 entstand der Opel Omega Caravan Country mit über die gesamten Karosserieflanken gezogener Holzimitationsschicht, mit der Introzzi eine neue Pw-Serie starten wollte.

Irmscher. Ab 1968 wurden unter dem Namen Irmscher Opel diverser Kaliber rallye- und renntüchtig gemacht. Die in Remshalden angesiedelte Irmscher GmbH entwickelte sich unter Günther Irmscher von einer Zubehörfirma zum bekanntesten Opel-Tuningbetrieb, der weit mehr als nur optische Verschönerungen, sondern von Grund auf durchdachte, ebenso auf Sportlichkeit wie auf Zweckmäßigkeit ausgerichtete Opel-Transformationen anbot. Auf der IAA 1983 zeigte Irmscher

z. B. den mit vier Ansaugtrompeten und zwei Doppelvergasern dotierten Motor für den Opel Corsa Sprint, zudem den Corsa Tramp als Expeditionsauto und (besonders attraktiv) den Corsa Cabrio. Diese ursprüngliche Schöpfung aus dem Opel-Designstudio wurde von 1984 bis 1987 in einem Irmscher-Werk in Spanien in 1200 Exemplaren gebaut. Die hintere Karosseriestruktur war mit Kunststoffteilen neu konzipiert worden, die Irmscher-Front zeigte Doppelscheinwerfer.

Zu einem Liebhaberstück wurde der 1985 angebotene Opel Manta i240 Irmscher Tuning. Auf der IAA 1985 wurde als neuer Höhepunkt ein Opel Senator mit 200 PS leistendem 2,6-l-Motor und dem typischen Irmscher-Kühlergesicht gezeigt. 1986 entstand der hochsportliche Ascona i200 mit dem neuen 2-l-Motor aus dem Omega (115 PS). Auf dem Genfer Salon 1988 überraschte Irmscher mit einem eigens konstruierten Coupé GT, das auf dem Omega (mit unverändertem Radstand) basierte und dessen Silhouette jener des gleichzeitig in Genf gezeigten Bitter Type III glich; es entstanden aber lediglich zwei Prototypen.

Irmscher (Opel) Corsa Cabrio, 1984

Iso. Anfang 1990 wurden von Piero Rivolta, Sohn des einstigen Iso-Markengründers Renzo Rivolta, Pläne für den Bau eines Grifo Mark II bekannt gegeben. Im Juni 1991 wurde darauf der Hochleistungs-Sportwagen Iso Grifo 90 (Rohrrahmenchassis von Giam Paolo Dallara, Motor Chevrolet Corvette) vorgestellt, der ab 1993 in neuen Werkanlagen bei Bari gebaut werden sollte... doch es blieb bei den Plänen.

Ital-Design. Gegründet 1968 von Giorgetto Giugiaro und Aldo Mantovani wurde Ital-Design neben Pininfarina und Bertone die dritte Kraft unter den Karosseriestudios im Raum Turin. Giugiaro war bis 1965 als Chefdesigner bei Bertone und darauf bei Ghia tätig gewesen. Im Gegensatz zu seinen beiden Konkurrenten verzichtete Ital-Design auf eine eigene Produktion (eine Ausnahme waren die ab 1978 in kleiner Zahl montierten BMW M1). Kein anderer Designer hatte so vielen bekannten Serienwagen zur guten Form verholfen wie Giorgetto Giugiaro! Zudem schuf er allein in den 80er Jahren 17 wegweisende Concept-cars aller Schattierungen (s. Buch „Zukunftsautos").

Nachdem Ital-Design bereits einen eigenen 4x4-Antrieb patentieren ließ, zeigte das Entwicklungsunternehmen auf dem Salon Turin 1984 ein Getriebe mit automatisch zuschaltendem Schnellgang. In der Reihe der von Ital-Design verwirklichten, teils epochal geformten Concept-cars wurde auf dem Salon Turin 1988 der offene, in zwei parallele Cockpits unterteilte Aztec mit quer eingebautem Audi-Mittelmotor (5 Zylinder, 2226 cm^3, Turbo, 250 PS) gezeigt. Anfang 1990 entschloss sich Giugiaro zur Herstellung einer Serie von 50 Einheiten durch die Carrozzeria Savio (s. unten); sie war vor allem für den japanischen Markt bestimmt, und für dort wurde die Modellbezeichnung aus namensrechtlichen Gründen in A. Z. Tech gewandelt.

Jago. Für ältere hinterradgetriebene Ford Escort gedacht waren die Karosserieaufbauten Jago Sandero (Kombi/Pick-up), Geep (wie Ur-Jeep) und Samuri (eine Art Buggy), die von der Geoff Jago Custom Automotive aus Chichester, Sussex, auf der London Motorfair 1983 ausgestellt wurden. Der mit einem eigenen Chassis gelieferte Samuri wurde als der am leichtesten montierbare Bausatz propagiert.

Jankel. Robert Jankel hatte einst die Marke → Panther gegründet. Nachdem diese in koreanischen Besitz gekommen war, schuf er eigene Sonderkarosserien, so den 1984 herausgebrachten und bis 1988 gebauten siebensitzigen, sechstürigen → Rolls-Royce Silver Spur Limousine. Von der Jankel Design Ltd in Weybridge, Surrey, wurde darauf 1988 ein just 6 m langer sechstüriger Jaguar XJ 40 Limousine (Design von Aviaskill) ins Angebot genommen. Auf gleicher Basis wurde anderseits auch ein zweitüriges Coupé geschaffen (Jaguar oder Daimler, Radstand und Länge unverändert).

Eine spektakuläre Sonderschöpfung war jedoch der Gold Label powered by Bentley Turbo: ein in 6000 Arbeitsstunden entstandenes zweisitziges Luxuscabriolet mit 269 cm Radstand und 452,5 cm Länge; stark schräg geneigter Bentley-Kühlergrill, Chassis als Mischung von Mittelträger und Kastenrahmen, Fahrwerk von Jaguar XJ-S, Motor Bentley Turbo R mit 330 PS, 3-Stufen-Automatikgetriebe GM Turbo Hydra-Matic 400 mit nachgeschaltetem Laycock-Schnellgang sowie Differenzialbremse, leicht kantig gehaltene Aluminiumkarosserie mit Radhausauskragungen, 0–96,5 km/h in unter 5 s. 1989 entstand ein Val d'Isère genannter Bentley-Kombi (gegenüber den Limousinen leicht verkürztes Heck) mit Vierradantrieb (Hydraulikantrieb für die Vorderräder).

JDM. Gegründet 1975 von M. Forest für die Kunststoffherstellung; 1981 erstes Kleinstauto (Voiturettes) mit 49-cm^3-Motor; ab 1983 mit Lombardini-Dieselmotor; 1984 auf dem Salon von Paris Ergänzung des Angebots an Simpa-Modellen durch die hübsch gerundet geformte Karosserie des Typs Nueva; auf dem Salon Paris 1986 zudem Modell Furio (mit 244 cm Länge und 140 cm Breite den neuen Standardmaßen entsprechend). Mondial de l'Automobile in Paris 1988: moderner geformtes Modell X5, Topmotorisierung durch Ruggerini-Zweiyzlinder-Diesel (654 cm^3; JDM-Herstellung durch die SA Simpa in Avrillé).

Jehle. Nachdem der Liechtensteiner Baukonstrukteur, Elektrotechniker und Designer in Schaan ab 1976 in rund 30 Exemplaren ein Safari genanntes Freizeitfahrzeug in der Art des Citroën Méhari gebaut hatte, stellte er im Frühling 1982 den Saphier vor: ein spektakulärer Einvolumenkeil mit 2+2 Sitzen für den Aufbau auf dem VW-Käfer-Plattformrahmen; GfK-Karosserie mit seitlich hochgezogenen Leichtmetallversteifungen, für Ein- und Ausstieg hochklappbarer Mittelteil, an die stark geneigt liegende Frontscheibe fügte sich eine anstellbare Dachluke aus Leichtmetall an, elektropneumatisch ausfahrende Klappscheinwerfer, an einem Parallelogramm geführter Scheibenwischer usw. Es wurde auch eine Version Highspeed mit Rohrrahmen-Monocoque-Chassis, Golf-Mittelmotor und Mittellenkung vorgesehen. Anfang 1987 wurde der Jehle Longchamp vorgestellt, eine Sonderversion des De Tomaso Longchamp mit eigener Front und mächtigen Radhaus-Auskragungen sowie einem auf 7,5 l vergrößerten Ford-V8 mit versuchsweise 48 Ventilen.

Jehle Saphier, 1982

Johnson. Das Rezept war inzwischen hinreichlich bekannt: Man nehme eine bewährte US-V8-Mechanik und stecke sie in ein Luxuscabrioletkleid im Stile der späten 20er oder frühen 30er Jahre und fertig ist das Neoclassic-Superauto. Diesen Weg beschritt auch Bruce Johnson aus Fort Lauderdale in Florida als er den Mitte 1983 vorgestellten Johnson Presidential Rumble-Seat Convertible (Cabriolet mit aufklappbarer Hecksitzbank) kreierte: 518 cm lang und 1520 kg schwer, GM-V8-Mechanik, falsche Kompressorrohre aus dem Motorraum, echte Reserveradbehälter auf den langgestreckten Vorderkotflügeln, „feinstes Leder, Holz und Material sowie Handarbeit höchster Vollendung"...

Jurinek. Die Karosseriebaufirma Herbert Jurinek in Alling, später Fürstenfeldbruck, schuf 1985/86 einen Cabrioumbau des Porsche 928, wozu sie einen Gitterrohrrahmen aus Vierkantrohren entwickelte.

JW. Den Markennamen Ford durfte die in Byfleet, Surrey, niedergelassene JW Automotive Engineering Limited zwar nicht verwenden, aber sie bezeichnete sich als einzige offiziell berechtigte Herstellfirma des GT 40 Mark V. Mit dieser Bezeichnung wurde auf den noch unter der Marke Ford bis 1968 gebauten GT 40 Mark IV hingewiesen, für den es nun eine Fortsetzung mit fortlaufenden Chassisnummern gab. Die Initialen JW erinnerten an John Wyer, dessen Rennstall einst die Ford GT 40 erfolgreich eingesetzt hatte, doch sie standen vordergründig für den Rennfahrzeugspezialisten John Willment. Vorgestellt wurde der GT 40 Mark V auf der London Motorfair im November 1985, und er war weitgehend originalgemäß aufgebaut. An seiner Konstruktion hatte Len Bailey mitgewirkt, der schon beim Bau der ursprünglichen GT 40 maßgeblich beteiligt war.

Für den Antrieb sorgten wiederum aufbereitete Ford-V8 mit 4,7 l Hubraum, deren Leistung mit 350 bis 375 PS bei 6500/min angegeben wurde; weitere Eigenheiten: 5-Gang-Getriebe von ZF, Semi-Monocoque-Chassis aus verzinktem Stahlblech, Versteifungsrahmen aus Rohren mit rechteckigem Querschnitt, GfK-Aufbau (auch in einer als Spyder bezeichneten Version ohne Dach, aber mit feststehenden Seitenscheiben angeboten). Der JW GT 40 Mark V wurde (im Gegensatz zum GTD 40 und KVA, die auf der gleichen Motorfair angeboten wurden (s. oben bzw. unten) nicht als Bausatz verkauft. Es war vorgesehen, sie in jährlich sechs Exemplaren herzustellen.

Kaengsaeng. Während in den 60er Jahren in Nordkorea Paekdusan geheißene Pkw hergestellt worden waren, wurde in den 80er Jahren unter der Marke Kaengsaeng-68 die sowjetischen Geländewagen GAZ 69 und 69 A mit 2,5-l-Motor nachgebaut, wie sie die UdSSR bis 1971 gebaut hatte (und wie sie auch von → Beijing produziert wurden). Es gab sie viertürig, offen und als Nutzfahrzeuge. 1988 plante Nordkorea die Herstellung eines neuen Pkw.

Kamei. Kamei (Karl Meier) zählte längst zu den bekanntesten Zubehörfirmen Deutschlands, als die Fachwelt auf dem Genfer Salon 1984 mit dem aufwändig zum Vollcabriolet transformierten Kamei Golf II Speedster überrascht wurde. Auffallend war der zum „Freizeit-Pick-up" gewandelte Seat Terra, wie er 1988 in Genf ausgestellt wurde. Dieser Terra Multicar war gleichzeitig ein Cabrio mit Notverdeck und zudem ließen sich ein festes Dach und Seitenteile (durchsichtig oder nicht) einmontieren.

Karenjy. Ab Mitte der 80er Jahre baute eine französisch-madegassische Gemeinschaft einfach gehaltene geländetaugliche Fahrzeuge, die von dem Institut Malgache d'Innovation (IMI) entwickelt worden waren. Hierzu entstand in Fianarantsoa, 400 km südlich von Antananarivo, ein Werk mit 3000 m2 und 75 Mitarbeitern, wo jährlich 300 bis 600 Karenjy gebaut werden sollten. Es gab die Modelle Mazana mit 2,1-l-Dieselmotor (67 PS) von Renault und Vierradantrieb und Mazan mit 1,4-l-Benzinmotor (64 PS) von Renault und Hinterradantrieb. Beide wurden entweder mit einer zweitürigen Offenkarosserie (mit Überrollbügel und Blachenverdeck) oder mit einer viertürigen Vollkarosserie angeboten (GfK, Radstand 235 cm, Länge 374 cm, Bodenfreiheit 20 cm).

Karmann. Das Karosseriewerk Wilhelm Karmann GmbH in Osnabrück feierte im August 1981 die Herstellung des 1,5-millionsten Pkw für Volkswagen, eines → VW Scirocco. Die Zusammenarbeit mit dem Volkswagenwerk hatte 1949 mit dem Bau des Käfer-Cabriolets begonnen. Auch das Golf-Cabriolet war ein Karmann-Produkt. In den 80er Jahren wurden zudem von Karmann im Werk Rheine der Ford Escort in der Cabrioletausführung gefertigt (1987 rund 80/Tag). Zudem baute Karmann für Ford den → Merkur XR 4Ti (für den US-Markt), die Vorserie des Jaguar XJS Cabriolet, diverse Prototypen (für VW) und ab 1988 den Scirocco-Nachfolger Corrado. Mitte 1988 konnte Karmann die Herstellung des 100'000. Ford-Modells seit dem Escort-Cabrio-Start von 1983 feiern. 2009 erlag Karmann der Finanzkrise.

Katar. Dieser dreitürige Kombi mit oder ohne Vierradantrieb wurde in der zweiten Hälfte der 80er Jahre von der Société Industrielle Française de Tout Terrain = SIFTT in Villevocance hergestellt. Er besaß eine GfK/Kevlar-Karosserie mit hinterem Blachenverdeck oder Hardtopteil und war nicht zuletzt als Allroundfahrzeug für die französischen Überseegebiete gedacht. Die Bodenanlage stammte von den Zweizylinder-Citroën (652-cm^3-Motor, zuschaltbarer Hinterradantrieb nach einem Voisin-Patent, verstärkte Plattform und Aufhängungen). Der 1988 hinzugekommene Katar 2000 war formlich besonders gut gelungen (dreitüriger Kombi mit hinterem Schiebedach, 274 statt 236 cm Radstand, 1769-cm^3-Dieselmotor PSA XUD 7, nur Vorderradantrieb).

Keinath. Unter drei Anbietern von Cabrioletversionen des Opel Ascona brachte es Keinath auf einen Absatz von 434 Exemplaren: In Genf wurde 1984 der Keinath K C3 mit Bugschürze, Schwellerverbreiterungen und weiteren Ausschmückungen ausgestellt. Die Verwindungssteifigkeit war mit Unter- und Aufbauverstärkungen sowie einer Panzerplatte zwischen Rücksitzen und Kofferraum sichergestellt worden. Das Hohlprofil des Windschutzscheibenrahmens war nach einer patentierten Methode mit hochfestem Vierkantrohr ausgefüllt. Der im September 1984 vorgestellte Keinath C5 war eine Cabrioversion des Opel Monza 3.0 E mit vier bügelförmigen Kopfstützen. Auf der IAA 1985 zeigte Keinath einen zum Kombi gewandelten Opel Senator mit 15 cm mehr Radstand und Luxusinnenraum. Zwei Jahre danach folgte ein Senator-Cabrio.

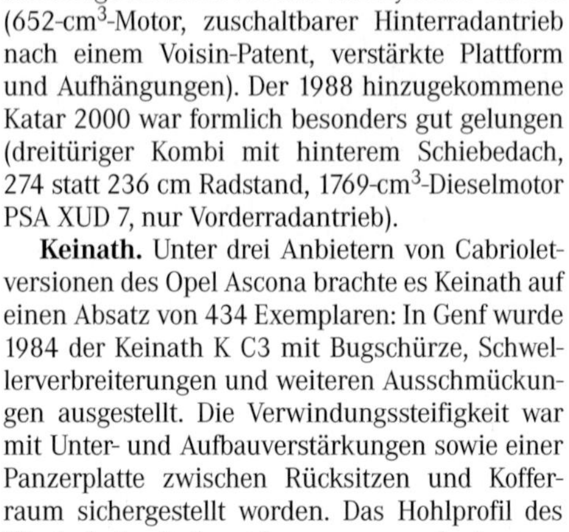

Keinath C5 (Opel Monza 3.0 E), 1985

Knapp. Ab Ende 1984 propagierte die Knapp Koch Automobil GmbH in Heilbronn-Kirchhausen den Fiat „Panda ohne Dach": Überrollbügel aus Stahl-Rechteckrohr, mit den B-Säulen und dem vorderen Aufnahmepunkt der hinteren Radaufhängung verschweißt, seitliche Rundrohre stabilisierten das offene Hinterdeck mit Sitzbank bzw. Pick-up-Wanne mit Ladeklappe. Zum Ganzen gab es ein Vollverdeck. 1985 kam ein 6-Rad-Panda hinzu. 1987 wurde von Knapp auf dem Genfer Salon eine Cobra-Replika angeboten, die auf einem aufwändigen Gitterrohrrahmen basierte und sich die gesamte Mechanik und Bodengruppe des Ford Capri mit V6-Motor zu eigen machte.

Koenig. Als schnellstes Auto der Welt bezeichnete die Münchner Firma Koenig ihren auf der IAA 1983 ausgestellten Koenig Ferrari 512 BBi Turbo mit zwei Rajay-Abgasturboladern, Ladeluftkühlung, Wassereinspritzung und 653 PS Leistung. Hinzu kamen eine Zweischeibenkupplung, ein Koenig-Spezialfahrwerk und eine Le-Mans-Rennbremsanlage. Rundum-Schürzen und ferner ein mächtiger zusätzlicher Lufteinlass hinter dem zweiten Seitenfenster betonten das Potenzial auch äußerlich. 1985 bot Koenig u. a. einen MB 500 SEC im Testarossa-Look mit Lufteinlassschlitzen vor den verbreiterten hinteren Radhäusern an. Zur IAA 1985 triumphierte Koenig Specials mit einem 215 cm breiten Testarossa mit zwei Turbos, Wassereinspritzung und 710 PS. Alsbald gab es auch MB-500-V8, die mit Kompressor bestückt auf 320 PS gebracht wurden sowie ein SEC-Cabriolet.

Spektakulär wirkte auch der 1986 geschaffene Koenig-Specials-Porsche 911 mit Flachschnauze und extrabreitem, beflügeltem Hinterteil. Mit seitlicher Keilprägung wartete der Koenig BMW M 635 Turbo (420 PS) auf, der gegen Ende 1986 ins Menü kam. Der Koenig BMW 735i war hingegen mit dem österreichischen Albrex-Kompressorsystem aus Wörgl ausgerüstet (280 PS, 1987/88). 1988 gab es einen als Koenig Competition bezeichneten Ferrari Testarossa mit Albrex-Kompressor, der ab 3500/min von zwei Rajay-Turbos abgelöst wurde (800 PS); zudem wurde der Mercedes-V8 auf 6 l vergrößert und mit Doppelturbo versehen (500 PS). 1989 kam in Genf eine Cabrioversion des Super-Testarossa hinzu; zudem wurde eine attraktiv verbreiterte Version des MB W 124 Coupé gezeigt. In anderem Sinne gewaltig war der gegen Mitte 1989 entstandene 614,5 cm lange Koenig BMW 750 iL Langlimousine. Im gleichen Jahr propagierte Koenig Specials den Porsche 928 Sport mit Kompressor (380 oder 430 PS) und stark verbreitertem Karosseriehinterteil.

Kolb. Dass es auch in den USA nicht bloß auf Äußerlichkeiten beschränktes Tuning gab, bewies 1985 beispielsweise die Kolb-American Motorcars, Inc. in Blauvelt, New York. Dort entstanden Hochleistungs-Ford, die außer Aerodynamikteilen für die Karosserie (so ein zum Kolb Aero GT gewandelter Thunderbird mit eigener Front) auch Fahrwerks- und Antriebsverbesserungen erhielten (so der Boss GT Mustang mit 5-l-V8).

Kougar. Rick Stevens hatte sich mit seinem 1977 herausgebrachten spektakulären Kougar Sports, einem offenen Sportzweisitzer im Stil eines Nachkriegs-Rennwagens, einen Namen gemacht. Ende 1980 brachte seine Kougar Cars Ltd in Uckfield, E. Sussex, mit dem Monza ein gänzlich neues Modell auf den Markt: Es war dem formvollendeten, legendären Ferrari Testa Rossa der späten 50er Jahre nachempfunden; ebenfalls in erster Linie als Bausatz angeboten und wie schon der Sports auch für den Straßeneinsatz geeignet, aber ohne jeden Wetterschutz. Statt der teuren Jaguar-Aggegate ließen sich für den Monza die 2-l-Motoren der Ford Cortina/Taunus oder die Ford-V6-Motoren verwenden. Bausatzumfang: Rohrrahmenchassis, Hinterradaufhängung, Lenksäule, Auspuffsystem, Benzintank, Verkabelung und Anpassungsstücke für Speichenräder, GfK-Karosserieschale, vollständige Innenauskleidung, Schalensitze, Armaturenbrett mit Schaltern und Instrumenten, Rennsport-Frontscheibe, Kühlergrill, Scheinwerfer usw. sowie Spritzdecke. Von den (gebrauchten) Ford konnten der vordere Hilfsrahmen mit Aufhängung, Teile der Lenkung, Radlager und Bremsen, der Kühler, die Pedalerie, sowie Hinterachsteile übernommen werden.

Kougar Monza, 1981

Kugel. Von der Auto Kugel GmbH in Konz bei Trier wurden um 1989 u. a. dreiachsige Range Rover und Jeep Cherokee mit oder ohne Sechsradantrieb angeboten. Hinzu kamen Range-Rover-Sondermodelle bis hin zum Cabrio mit Mercedes-V8-Motor.

Kugok. Auf dem Genfer Salon 1985 von der Kugok GmbH aus Stuttgart gezeigt: MB 500 SEL mit Motorhaube des früheren MB 600, mit 24 Karat vergoldete Chromteile und Schalthebel in Falkenkopfform...

KVA. Mit diesen Buchstaben wurde auf der London Motorfair 1983 ein aus 21 Aufbauteilen bestehender Bausatz angeboten, aus dem sich ein ziemlich echt wirkender Ford GT 40 nachbauen ließ; eigenes Chassis, Teile aus diversen Serienquellen.

Labbé. 1948 gegründet, entwickelte sich die Firma Labbé aus Lamballe zu Frankreichs führendem Unternehmen auf dem Gebiet der Pkw-Panzerung. Mitte der 80er Jahren wurden in drei Werken 210 Personen beschäftigt und jährlich mehrere hundert Wagen gepanzert, die zu 80 Prozent exportiert wurden.

Lands. Die Lands Motor Company in Elkhart, Indiana, entwickelte 1985/86 mit dem Lands Precedent einen Minivan bzw. Großraumkombi der Luxusklasse, zu dem der Schweizer Mark Stehrenberger und der Franzose Alain → Clénet das Design lieferten. In das eigene Chassis wurde ein Ford-V8 eingebaut. Der 508x200x179 cm große Lands Precedent sollte auf dem Markt der Individualautomobile eine Alternative zu den zahlreichen Neoclassic-Konstruktionen verkörpern. Doch er war wahrscheinlich verfrüht (Details im Buch „Zukunftsautos der 80er Jahre").

Larel. 1987 stellte die Nutzfahrzeugfirma Larag im schweizerischen Wil SG einen auf Elektroantrieb umgebauten Fiat Panda vor, bei dem der Benzinmotor durch einen 12-kW-Elektromotor ersetzt worden war. Eine Batterieladung (am 220-Volt-Netz) des auf zwei Sitze reduzierten Kleinwagens reichte für 50 km Fahrstrecke.

L'Automobile. Diese brasilianische Firma baute auch noch in den 80er Jahren Nachbildungen des Alfa Romeo P3 und ein Ventura genanntes Coupé für den Aufbau auf dem VW-Käfer-Plattformrahmen. Für 1985 erhielt der Ventura einen Passat-Heckmotor.

Lawil. Der in Pavia gebaute Lawil war in den 80er Jahren stets noch Italiens führende Kleinstautomarke. Das 1982 angebotene Modell A4 City Berlina mit 205 cm kurzer und 128 cm schmaler Kombikarosserie bot zwei Sitze und viel Laderaum (Hinterradantrieb durch Zweizylindermotor mit 246 cm^3 und 12 PS bei 5200/min; 350 kg, 70 km/h; Preis 22 Prozent weniger als billigster Fiat 126).

Lea-Francis. 1980 wurde in Studley, Warwickshire, eine englische Traditionsmarke neu gegründet: Die Lea-Francis Cars Ltd lancierte per 1981 unter der Bezeichnung Lea-Francis 3.5 Litre einen im Replikastil gehaltenen Roadster mit Aluminiumkarosserie, die von Barrie Price geformt worden war (dazu ein eigenes Chassis, Jaguar-Motor und luxuriöse Ausstattung).

Lectras. Ab 1980 transformierten diverse US-Firmen Serienautos zu Fahrzeugen mit Elektroantrieb. So z. B. die Electric Car Co. of California Inc. in Beverly Hills. Ihr Grundmodell basierte auf dem Datsun Cherry, doch wurden auch größere Datsun „elektrifiziert". Der unter der Marke Lectras kommerzialisierte Cherry erlaubte eine Reisegeschwindigkeit von 55 mph (88,5 km/h, Spitze bis 120 km/h, Reichweite zwischen zwei Batterieladungen 110 bis 160 km; alles Werkangaben).

Le Fevre. Unter den Neoclassic-Konstruktionen der USA zählte der Le Fevre zu den Spätzündern, wurde er doch erst Ende der 80er Jahre propagiert. Die Karosserie wurde aus Stahlblech gefertigt, und der leicht schräg gestellte traditionelle Kühlergrill war breit chromgerahmt.

Le Marquis. Die Le Marquis Coachbuilding Company war 1982 von Robert Jankel in Weybridge, Surrey, gegründet worden. Sie befasste sich mit der individuellen Aufwertung des Mercedes-Benz S, bis hin zur sechstürigen Landaulette-Chauffeurlimousine. Jankel (s. oben!) hatte 1972 die Marke Panther aus der Taufe gehoben und auch noch nach der Übernahme durch koreanische Financiers geleitet.

Leopard. Unter der Bezeichnung Leopard Mirach wurde auf der IAA 1989 durch die Firma → Lorenz & Rankl der englische Mirach-Spider (s. unten) auch auf dem deutschen Markt eingeführt. Er wurde u. a. auf dem Genfer Salon 1990 ausgestellt.

Léotard. 1989 schuf die für Paris–Dakar-„Sandrenner" bekannt gewordene Firma von Ing. Léotard aus Paris einen Dreiachs-Hochdachkombi als Ableitung des Mercedes-Benz 190. Der Antrieb der zweiten Hinterachse schaltete sich im Bedarfsfall über einen Zahnriemen automatisch dazu. Dieses ab der B-Säule völlig veränderte imposante Fahrzeug mit „Oberfenstern" wurde durch die Vertriebsfirma R. Pukropski in Heidelberg angeboten.

Le Reve. Die Neoclassic-Szene der USA erlebte 1987 mit dem auf der New York Auto Show gezeigten Le Reve de Simon einen weiteren Exzess: Dieses 5,5 m lange Coupé mit einem ein wenig an die Pierce-Arrow erinnerndem Kühlergrill, Rechteckscheinwerfern und extravagant-kantig geführten Kotflügellinien war die Traumverwirklichung von Simon Zarour, dem sich seine Geschwister zur Gründung der Le Reve Inc. in Lyndhurst, New Jersey, angeschlossen hatten. Basis lieferte ein Lincoln-Chassis mit 4,9-l-V8 und Vergaserbestückung; mit Stahl verstärkte GfK-Karosserie mit Chromstoßstangen, Chrombänder, Goldzier, das meiste in sehr viel Handarbeit verwirklicht, Connolly-Leder und Edelholz sowie Innenluxus und daher sehr hoher Preis.

L+H. L+H Automobiles von Leinigen und Hammel in Frankfurt wandelten 1985/86 gleich fünf Kleinwagen zu Halbcabrios, nämlich die Austin Mini und Metro, die Fiat Panda und Uno sowie den Subaruy Justy. Aufbau bis B-Säulen unverändert, aber mit herausnehmbarem Dachteil, dahinter Cabrioverdeck.

Ligier. Im Sommer 1980 lancierte der frühere Rennfahrer sowie Sport- und Rennwagenkonstrukteur Guy Ligier eine Voiturette (Kleinstwagen) in Form einer kubischen Kabine. Sie war für den Stadtverkehr und den Gebrauch ohne Führerausweis gedacht. Das Fahrwerk war rennwageninspiriert und der Aufbau bestand aus Stahlblech. Ein 50-cm^3-Zweitaktmotor von Motobécane mit 3,2 PS Leistung trieb über ein Variatorgetriebe mit Fliehkraftkupplung die Vorderrä-

Ligier JSBL, 1986

der an. Der 197,5 cm kurze Zweisitzer erreichte 35 km/h und ließ sich quer parkieren. Bis 1984 gab es immer mehr Varianten, darunter den JS 8 (123 cm^3) oder den JS 6 Diamant (Einzylinder-Zweitakt, 49 cm^3, wassergekühlt, 5,5 PS bei 5800/min, auf Wunsch mit 327-cm^3-Dieselmotor).

Vom Rückgang der Voiturette-Nachfrage wurden die vergleichweise teuren Ligier besonders hart betroffen. Mit 106 Personen wurden 1985 noch 2600 Ligier hergestellt (Marktanteil 22 Prozent). Mitte 1986 geriet Ligier daher in Geldnot, hatte aber ein neues Modell in Entwicklung. Dieser Ligier Serie 5 wurde auf dem Salon Paris 1986 vorgestellt und zeigte eine attraktiver gestaltete Front; Antrieb nun der Hinterräder durch hinten eingebauten, wassergekühlten Einzylinder-Dieselmotor mit 327 cm^3 und 5,5 PS von VM oder (für normalen Pkw-Führerschein) 430 cm^3 und 11 PS. – 2008 wurde Ligier mit Microcar (s. unten) fusioniert.

Limusinas. Unter dem Namen Limusinas Argentinas bot Daniel Grabenheimer ab Mitte der 80er Jahre in Argentinien verlängerte Chauffeurlimousinen an. Das Handwerk (sowie die Maschinen) dazu hatte er in den USA erworben. Er verlängerte zunächst IKA-Renault Torino, dann auch diverse Ford-Modelle aus nordamerikanischer Entwicklung. Die Einsätze zwischen Vorder- und Hintertüre waren 1,5 m lang, und der Innenraum wurde mit allem denkbaren Luxus ausstaffiert.

Lister. Diese Rennsportmarke sollte auch im Luxussportwagenbereich Bedeutung erlangen: Wie Mitte 1989 bekannt wurde, wollte die auf Jaguar Tuning spezialisierte WP Automotive in Leatherhead, Surrey, mit dem Lister Le Mans eine Serie von 50 Sportwagen der Superlative herstellen: auf der Basis des Jaguar XJ-S, aber viermal so teuer, 7-l-V12, 500 PS, 0-60 mph in 4,4 s, 320 km/h, Luxusausrüstung.

Litestar. Auf dem amerikanischen Markt angeboten wurde 1986 ein mit Litestar bzw. Pulse bezeichnetes Fahrzeug, das optisch Flugzeug, Auto und Motorrad verband: Raketenform mit Stummelflügeln für Stützräder, Tandemsitze in Glascockpit mit zurückschiebbarem Dach- und Einstiegteil, Einspurfahrwerk, flüssigkeitsgekühlter 700-cm^3-V2-Motor mit Kardanwelle, 5-Gang-Getriebe mit zusätzlichem Overdrive, Stahlrohrschutzrahmen, Verbundmaterialien, 400 kg, hervorragende Aerodynamik und Leistungsfähigkeit; Konstrukteur war James R. Bede, der 1980 den flugzeuginspirierten BD-car geschaffen hatte. 1987 fand der in Chicago gebaute Pulse sogar einen deutschen Importeur, nun mit 400-cm^3-Yamaha-Motor.

LM Sovra. Unter der Marke Sovra hatte es schon in den 70er Jahren französische LM-Buggies für die VW-Käfer-Plattformrahmen gegeben. 1986 präsentierte sich dieses Fabrikat unter der Marke LM Sovra mit traditionellen und phantasievoll geformten Buggies erneut auf dem Salon von Paris; zudem wurden nun dreitürige Peugeot 104 und Renault 5 zu variabel aufmachbaren Cabriolimousinchen gewandelt.

Lomar. Anfang 1986 überraschte die Lomar Srl aus Parma mit dem Lomar Honey, einem spektakulär attraktiv geformten GfK-Kleinstcoupé mit hinterem Einzelrad und tollen Formdetails: Flachfront mit rechteckigen Doppelscheinwerfern, bis ins Dach hineingeschnittene Flügeltüren, Cockpit mit Sportsitzen und -lenkrad, neuartiges Armaturenbrett, übers Heck gezogenen Ringsumsicke; Stahlrohr-Chassisrahmen mit Überrollschutz, Frontantrieb, Caviga-Motorradmotor, Einzylinder-Zweitakt, 125 cm^3, 20 PS, 6-Gang-Getriebe, 300 kg Leergewicht.

Lomax. Von der H & D Automobiltechnik GmbH in Bad Homburg wurde ab Ende der 80er Jahre der nach englischen Vorbildern aus der Zwischenkriegszeit (lies Morgan Threewheeler) geschaffene Lomax angeboten: ein hochsportlicher Zweisitzer ohne Türen und Verdeck, mit zwei Vorderrädern und im Spitzheck untergebrachtem Einzelrad sowie Rennscheibchen. Als Ausgangspunkt für den Aufbau dienten die Citroën-2-CV-Modelle, wobei der 28 PS leistende 602-cm^3-Zweizylindermotor mit dem 450-kg-Winzling leichtes Spiel hatte. Weil die Zylinder voll dem Fahrtwind ausgesetzt wurden, konnte sogar auf das Kühlgebläse verzichtet werden. Der Lomax ließ sich TÜV-geprüft zulassen.

Lorenz. Im Herbst 1983 wurde von dem deutschen Karosseriespezialisten Peter Lorenz, der bereits andere Coupés zu Cabriolets gewandelt hatte, ein zum Spider umgebauter Ferrari BB 512i angeboten. Auf der IAA 1985 wurde eine hochsportliche Cabrioversion des Mitsubishi Cordia vorgestellt und 1986 folgte ein offener Mazda 626.

LSA. Auf dem Genfer Salon 1987 zeigte die französische Firma LSA aus Véron nebst dem auf LR-Roadster umbezeichneten Ram-Cobra-Nachbau (s. unten) den C6, ein Custom-car im Stile des Citroën C6 von Ende der 20er Jahre: Kastenrahmen, kastenförmige Blechkarosserie (Kotflügel aus GfK), Einzelradaufhängung (hinten mit doppelten Schraubenfedern), Vierrad-Scheibenbremsen, Motor Chevrolet-V8, 5,7 l, 350 PS, 3-Stufen-Automatikgetriebe, 220 km/h. LSA war 1983 gegründet worden „um dem Bedürfnis nach der Wiederentdeckung des Automobils nachzukommen“. 1988 zeigte LSA in Genf die Kunststoff-Rohkarosserie eines Ford A 1934 im Custom-car-Stil mit niedriger Dachlinie.

Luchjenbroers. So hieß das niederländische Karosseriewerk in Emmen, das 1986 eine Sportkombiversion auf den zweitürigen 3-er-BMW anbot. Sie weckte Erinnerungen an die von 1971 bis 1974 gebauten BMW Touring.

Lynx. Von der auf Umbauten und Replikas spezialisierten Lynx Motor Company Limited in St. Leonards-on-Sea, Sussex, wurde ab Mitte 1980, nach zwei Jahren Entwicklungsarbeit, ein Jaguar XJ-S Spyder angeboten, ein viersitziges Cabrio, dessen Verdeck in geöffnetem Zustand die Gürtellinie nur wenig überragte. 1982 schuf die von Guy Black geführte Firma unter der Bezeichnung Lynx Eventer zudem einen knapp viersitzigen Sportkombi. Er basierte ebenfalls auf dem XJ-S, besaß aber statt dessen (nicht jedermann gefallendem) Heckteil eine schmissig durchgezogene zweite Seitenscheibe, die in einem stark schräg gestellten Heck ausmündete. Nach wie vor bot Lynx überdies eine Replika des Jaguar D-Type an (Lynx war auch auf die Restauration der Original-D-Type spezialisiert). Auf der London Motorfair 1987 kam ein Nachbau des Jaguar XK SS hinzu. Bis dahin hatte Lynx 70 Spyder, 45 Eventer und rund 40 D-Type gebaut. Ein zweifarbig lackiertes Prunkstück war der auf dem Genfer Salon 1990 erstmals gezeigte Lynx-Gucci, ein zum Sportkombi gewandelter XJ-S mit schlangenhautähnlicher Innenauskleidung und weiteren Spezialitäten des Modeschöpfers Paolo Gucci.

Maggiora. Von dem einst bekannten Karosseriewerk Maggiora in Turin wurde Anfang 1990 für das Organisationskomitee der Fußball-WM in einer Serie von 40 Exemplaren ein Fiat Panda Cabrio hergestellt: der Karosserievorderteil bis zu den B-Säulen blieb erhalten (Rolldach), dahinter wurde eine Art offener Ehrenplatz (bzw. -bank) eingerichtet.

Magnum. Als Alternative zu den Serien-BMW gedacht war das fünfsitzige Coupé Magnum, das auf der Basis des zweitürigen 3er-BMW von der Firma Vestatec (s. unten) entworfen und 1985 von der Kfz-Produktions- und Vertriebs-GmbH aus Radevormwald auf den Markt gebracht wurde. Dem BMW wurden eine aerodynamische Front mit Klappscheinwerfern, ein hinten schräg abgeschnittenes zweites Seitenfenster mit entsprechend geändertem Pavillonende und ein neues Semifastback mit aufgesetztem Flügel angefügt. Die Länge wuchs so um 18 auf 450 cm. Dem Antrieb diente der BMW-Hartge-Sechszylinder mit 3428 cm^3 und 250 PS; ferner Sportgetriebe und -fahrwerk, 0–100 km/h in 5,9 s, Sportsitze, Luxusinnenraum.

Magnum (2). Magnum hieß aber auch ein attraktiver Sportkombi als Umbau des VW Corrado, der 1989 bei der Marold Automobil- und Anlagentechnik GmbH in Georgsmarienhütte hergestellt und von der Hamburger Styling-Garage Spezialkarosserien GmbH (s. unten) vertrieben wurde: cw-Wert 0,308, Stauraum 490 l.

Marazzi. Die Marazzi SpA in Caronno Pertusella, Varese, zählte zu den führenden Herstellern von gepanzerten Limousinen. Mit dem 1983 kreierten Marazzi-Mercedes 380 SEL Sirius Plus wurde nebst optimalem Kugelschutz eine minimalstmögliche Beeinträchtigung der Fahr- und Komforteigenschaften angestrebt... trotz des von 1615 auf 2130 kg angestiegenen Leergewichts. Auf dem Salon von Turin 1984 wurden als Marazzi G ein verschönerter und gepanzerter Gelände-Pkw Mercedes/Puch G und als Marazzi Campagnola ein schusssicher drapierter Geländewagen ausgestellt. Während dieser nach DIN-Stufe IV gepanzert war, wurde mit dem Alfa Romeo 90 Quadrifoglio Oro Super Light eine neuartige Panzerung niedrigen Schutzgrades ins Angebot gebracht. Im Frühling 1990 wurde von der Carrozzeria Marazzi sogar ein mit Policarbon-Fensterscheiben und anderen Schutzmaßnahmen versehener Ferrari Testarossa vorgestellt.

Marden. Dieses 1975 gegründete Fabrikat zählte zu Frankreichs Kleinstautos. Zum kantigen Modell Maxi kam 1984 der Typ Fetta mit skurril schräggestellter Front (50- oder 125-cm^3-Zweitaktmotor oder 400-cm^3-Diesel, Vorderradantrieb, Stahlträgerchassis, GfK-Aufbau, 230 cm lang). Sehr hübsch präsentierte sich der auf der Mondial de l'Automobile in Paris 1988 ausgestellte Marden Bianco, den es (bei unterchiedlicher Länge) zwei- und viersitzig gab.

Mardikian. Albert Mardikian besaß Wurzeln in Frankreich und Syrien und gründete in Mesa im Süden von Los Angeles die Mardikian Motor Co. Inc., wo nach Kundenwunsch Serienautos zu Sportcabrios (z. B. Honda Prelude) oder Luxuslimos verwandelt wurden. Prunkstück letzterer Gattung war ein zur superlangen Limousine gestreckter Ferrari 400, der 1984 vorgestellt wurde. 1986 wurde Multimillionär Mardikian zu langwährender Sozialarbeit verurteilt, weil er bei der Selbstabnahme (die ihm wegen der großen Anzahl verkaufter Fahrzeuge gewährt wurde) hinsichtlich Abgaswerte geschummelt hatte.

Mark I. Kurzerhand als Mark I wurde ein ziemlich originalgetreuer Nachbau des Ford GT 40 bezeichnet, der ab 1986 von der Kit-Car-Hermsen GmbH in Kranenburg angeboten wurde. Sein Kastenprofilrahmen sei von der Technischen Hochschule Aachen entwickelt worden, hieß es; Antrieb durch Ford-2,8-l-V6 mit 150 PS, als Bausatz oder fertig aufgebaut.

Marshall. Die australische Marshall Car Company in Victoria konstruierte 1986 einen Nachbau des MG TD mit eigenem Chassis, 2-l-Einspritzmotor von Nissan, GfK-Karosserie, Überrollschutz und Speichenrädern. Sie plante 3000 Stück für Australien und 12'000 in Bausatzform für den Export herzustellen. Der TD 2000 war 6 cm breiter als das Original und entsprach den neuen Sicherheitsbestimmungen.

Martin. Ganz im Stile eines Lotus Seven gab sich 1986 der TTM Cabriolet Super Martin der Firma Martin Production in Olonne-sur-Mer. Sein Chassis mit 232 cm Radstand bestand aus Stahlrohren, und er wurde als Bausatz für die Nutzung der Mechanik eines gebrauchten Ford Sierra oder als Fertigfahrzeug verkauft (1,6-l-Ford-Motor mit 80 PS oder als Super-Martin 1600-i mit Katalysator und 90+ PS, 560 kg). 1988 erfolgten große Investionen in Homologation und Crash-Test, für größere Werkanlagen und Umwandlung in eine AG; der Ausstoß sollte von 120 auf 360 Stück/Jahr erhöht werden, und bereits wurde auch nach Japan exportiert. An dem auf dem Genfer Salon 1990 ausgestellten Martin fielen die bis fast auf die Höhe des Überrollschutzbügels aufragenden Kopfstützen auf.

Martin Super Martin, 1989

Mattig. Peter Mattig aus Hauzenberg bei Passau machte sich einen Namen für Opel-Tuning. Aufsehenerregend waren etwa seine Verbreiterungen des Kadett GSi im Stile des Opel Manta 400 der Gruppe B, den er als Kadett E Extrem bezeichnete.

Max. Von der niederländischen Firma Kick Design war 1987 unter Eric Spronk mit dem Max Roadster ein hübscher kleiner Sportzweisitzer geschaffen worden. In der Anfang 1989 auf der Automobilausstellung von Amsterdam gezeigten Weiterentwicklung zeigte er eine keilförmige Front mit neuartigen Kleinscheinwerfern. Er besaß eine Monocoque-Unterbaustruktur aus galvansiertem Blech und Verbundmaterialien, und seine Frontantriebsmechanik entstammte dem Citroën AX (1360 cm^3, 85 PS). In weiteren Etappen wurde (1989–91) eine Serienfertigung angestrebt.

MCA. Unter all den britischen Bausatzautos waren manche originell, aber nur wenige basierten auf einer (in England) eher seltenen Mechanik. Dies aber traf auf den zum London Motorfair 1983 gebrachten MCA zu: ein niedliches Coupé mit relativ langem Frontteil, aufmachbaren Dachpartien und der Heckmotormechanik des Fiat 126 (luftgekühlter Zweizylinder).

MCA (2). Zu seinem 100-Jahr-Jubiläum stellte der Automobil-Club von Monaco im Juni 1990 den MCA Centenaire vor, einen Supersportwagen im Stile der Spitzenmodelle von Ferrari und Lamborghini. Eingebaut war ein 500 PS starker V12-Mittelmotor von Lamborghini. Es handelte sich zwar noch um ein 1:1-Mock-up-Modell, doch wurde von Initiant Fulvio Maria Ballabio bereits eine Jahresproduktion von 20 Wagen geplant.

McLaren. Nachdem der US-Zweig des berühmten englischen McLaren-Formel-I-Rennstalls unter seiner Marke bereits einen optisch und mechanisch getunten Ford Mustang anbot, wurde 1989 das Projekt eines Supersportwagens entwickelt. Hierzu wurde die McLaren Cars Ltd gegründet, die von dem in der Schweiz niedergelassenen saudiarabischen Finanzmann Mansour Ojjeh (TAG-Gruppe Techniques d'Avant Garde) finanziert wurde. Unter ihm und McLaren-Boss Ron Dennis sollte der Supercar von Rennwagenkonstrukteur Gordon Murray konstruiert werden. In Woking, unweit des Sitzes von McLaren International, wurden neue Produktionsanlagen geplant. Es wurde eine Premiere auf dem Genfer Salon 1992 und eine Jahresproduktion von 100 Exemplaren vorgesehen.

Mebea. Diese Firma in Athen entwarf und baute ab Mitte 1980 das kleine Mehrzweck- und Freizeitfahrzeug Fox, für welches das gesamte Chassis samt Antriebseinheit von → Reliant in England angeliefert wurde. Der Fox ließ sich als Pick-up verwenden, doch konnten er mit zusätzlichen Hintersitzen bestellt werden. Es wurde mit einer Jahresproduktion von 1000 Stück gerechnet.

Melbros. Die englische Firma Melbros Car Panels zeigte auf der Birmingham Motor Show 1982 eine exakt nachgebildete Aluminiumkarosserie des Jaguar D-Type, die sich mit dem Unterbau eines (ausgedienten) E-Type vereinigen ließ.

Melex. Dieses polnische Fabrikat war auf Golfkarts mit Elektroantrieb spezialisiert, bot zudem Dreirad-Elektrofahrzeuge für den innerbetrieblichen Verkehr und überdies (ab 1981 neu) viersitzige Vierrad-Elektoautos mit Dachaufbau oder (als Typ Zermatt) als fünfsitzigen Kombi, der sich zum Zweisitzer mit Ladebrücke wandeln ließ. Sie erreichten 25 km/h.

Michalak. Bernd Michalak aus Wiesbaden war ein besonders aktiver Entwickler von Sondermodellen und neuen Automobilideen. 1985 schuf er zum Beispiel einen formschönen Opel Corsa Spider mit quer zwischen den Hinterrädern eingebautem 2-l-Einspritzmotor und entsprechend neu konstruiertem Heck.

Microcar. So hieß nicht nur Japans kleinste Autokategorie, sondern so lautete auch die in Les Herbiers gebaute Automarke des französischen Bootkonstrukteurs Jeanneau. Um die Jahreswende 1984/85 konnte er die Herstellung des 15'000. Microcar feiern. Das niedliche Limousinchen wurde von einem Zweitaktmotor von Sachs (49 cm^3) oder Montesa (125 cm^3) oder von einem Dieselmotor von Yanmar angetrieben; es gab auch eine Roadster geheissene türlose Version. In Deutschland wurde der Microcar als Micro-Charly Super verkauft. 1986 war Microcar (nun mit Panda-Scheinwerfern) mit einem Jahresausstoß von rund 3000 Stück Frankreichs größte Voiturette- bzw. Kleinstautomarke. Bis 1988 (Mondial de l'Automobile, Paris) erreichte der kumulierte Gesamtausstoß 30'000 Stück (Marktanteil damals 20 Prozent).

Middlebridge. Auf der Motor Show von Birmingham im Oktober 1988 zeigte die Middlebridge Scimitar Ltd aus Beeston, Nottingham, den Middlebridge Scimitar GTE, für den sie die Lizenzrechte von → Reliant erstanden hatte. Äußerlich war dieser Sportkombi mit Kunststoffkarosserie weitgehend unverändert. Für den Antrieb diente der 2,9-l-V6 von Ford mit 150 PS (5-Gang-Getriebe oder 4-Stufen-Automatikgetriebe). Middlebridge war auch auf der London Motorfair 1989 präsent.

Milano. Seine Premiere feierte der Milano auf der London Motorfair 1985: Bausatz von S. + J. Motor Engineers in Battle für ein knapp viersitziges, ungewöhnlich hübsch geformtes Cabriolet mit Keilfront, ovaler Kühlluftöffnung und Klappscheinwerfern, das sich auf einem Alfa Romeo Alfetta GTV mit ausgedienter Karosserie aufbauen ließ (+ Fiat-Scheinwerfer und Mini-Metro-Blinker).

Minardi. Auf dem Turiner Salon 1984 zeigte der Designer Martino Minardi je einen äußerlich stark überarbeitete Arna Ti und BMW der 6er-Reihe (dieser u. a. mit Lufteinlassattrappen vor dem hinteren Radausschnitt).

Mini-el. Der 1985 in Dänemark vorgestellte Mini-el mit aerodynamisch durchgebildeter Einvolumenkarosserie und vorderem Einzelrad erinnerte an den Messerschmitt-Kabinenroller der Nachkriegszeit. Allerdings besaß er keine vollwertigen Tandemsitze, sondern bot hinten bloß Platz für ein Kind, und vor allem besaß er Elektroantrieb. 1987 stellte die El-Trans S/A in Randers, Jütand, eine mit Ellert bezeichnete Weiterentwicklung vor. Die 1+1-sitzige Karosserie bestand aus zwei mit Polyurethanschaum gefüllten Kunststoffschalen und wurde auf eine Stahlbodenplatte mit Überrollschutzbügel montiert. Die Reichweite wurde mit 50 bis 70 km, die Spitze mit 40 km/h, das Leergewicht mit 265 kg und die Produktionskapazität mit 5000/Jahr angegeben. Der Mini-el bzw. Ellert sollte sich im Verlaufe der Jahre etliche Verbreitung sichern (u. a. ab 1989 auch als City-el in der Schweiz). Doch Ende 1988, nachdem 1900 Mini-el gebaut worden waren, musste die El-Trans S/A überraschend Konkurs anmelden und einen Großteil der Belegschaft entlassen; es wurden neue Investoren gesucht... 1995 wurde der CityEL von der Firma Citycom in Deutschland neu in Produktion genommen.

Mini-el, 1986

Minker. 1989 schuf die Firma Turbo Technics Ltd in Brackmills, Northampton, mit dem Minker K1 einen renntüchtigen (fünftürigen) Ford Sierra mit gut 300 PS (2,9-l-V6, wassergekühlter Garrett-Turbo T2 mit Intercooler, elektronisches Motormanagement Zytek, vergrößerter Kühler, aerodynamische Karosserieteile).

Mirach. Der offene Mirach Spider war im überzeichneten Stile des Caterham Super Seven gehalten und wurde ab der IAA 1989 unter dem Doppelnamen Leopard Mirach (s. oben) auch in Deutschland angeboten. Und mit der gleichen Bezeichnung wurde der von einem 250 PS leistenden 3,9-l-Rover-V8 angetriebene Zweisitzer der englischen Firma Chris Field Design auf dem Genfer Salon 1990 ausgestellt. Mit 815 kg Leergewicht stellte er fulminante Fahrleistungen in Aussicht. Von den „Super Seven & Co." unterschied sich der (Leopard) Mirach merklich hinsichtlich Fronthaube (mit dreieckigen Öffnungen auf der Oberseite), Flanken (mit markanten Schwellerverbreiterungen) und Heck (mit breiter Abrisskante). Eine Besonderheit verkörperten die mit einem raffinierten Mechanismus seitwärts aus der Motorhaube hochklappbaren Scheinwerfer.

(Leopard) Mirach Spider, 1990

Mireli. Die Firma Mireli im portugiesischen Coimbra bot ab 1987 diverse originell geformte Kunststoffaufbauten im Stile von Freizeitfahrzeugen an, die sich auf die Plattformen gebrauchter Renault 4 und 6 montieren ließen.

Mitecki. Mitecki-Design aus Leopoldshöhe (German Rod Shop) zeigte auf der IAA Frankfurt 1987 Chassis und Karosserien (Roadster und Coupés) im Stile der Ford der 30er Jahre: moderne Ford-Vorderradaufhängung, Jaguar-Hinterachse, Ford-Vierzylinder bis -V8, Bausätze und Fertigfahrzeuge.

Mitsuoka. Mitte 1983 stellte die japanische Firma Mitsuoka Motors in Kalifornien das Minimalauto Zoe Zipper vor. Es war ein futuristisch angehauchter Einsitzer mit hinterem Einzelrad, 50-cm^3-Motor und 65 km/h Spitze, und es wurde sowohl als Kabine wie als Offenfahrzeug angeboten. In den 90er Jahren baute Mitusoka Sportroadster im Stile des Lotus Seven.

Mo-Car. Von Mo-Car-Technik in München wurde 1985 der von Domröse-Diesel entwickelte, 172 PS leistende BMW 324 dd Italia als „schnellster Diesel der Welt" verwirklicht. Zudem wurden SEC-Motorhauben für MB 200–300 und ein besonders schmissig-origineller Aerodynamiksatz für den Porsche 911 angeboten: Scheinwerfer und Plexiglasverkleidung, seitlicher Lufteinlass, Rundumheckflügel (s. auch Tomaszo, unten).

Mohr. Unter dieser Eigenmarke stellte das Motorsport-Center Mohr aus Karlsbad auf der IAA Frankfurt 1985 eine Replika des Cobra aus, der auf die Technik des Ford Sierra mit 2,8-l-V6 ausgerichtet war, aber in den sich auch V8-Motoren einbauen ließen.

Moon. Auf dem Genfer Salon 1987 machte der Moon Leopard der LC Leopard Car Ltd, London, einen Gehversuch: ein teurer 2+2-sitziger offener Geländewagen mit eigenwilliger Oldtimerfront, Überrollschutzbügel und gleissender Inox-Karosserie. Für den Antrieb sorgte der 2,8-l-PRV-V6 (auf Wunsch mit Katalysator); 5-Gang-Getriebe mit Geländereduktion, Vorderradantrieb zuschaltbar, vorne und hinten Starrachsen

Moss. Die Firma Moss baute Phantasie-Replikaaufbauten im Stile einstiger MG oder Lea-Francis für Unterbau Triumph Herald/Vitesse oder mit eigenem Chassis, auf der London Motorfair 1983 auch für Ford-Antriebsstränge; viersitziges Modell Malvern, besonders originell neues Zweisitzercabrio Mamba; Einbau eines Rover-V8 möglich.

MPA. Dieses Kürzel stand für Malolitrazni putnicki automobili und es handelte sich um ein Kleinstauto nach Erad-Rezept (s. oben), das um 1989 von der jugoslawischen Polyesterindustrie propagiert wurde. Der 249 cm kurze Zweisitzer wurde mit Dieselmotoren des Typs 21 maj (1 Zyl. 395 cm^3, 6,25 PS), Lister Petter (1 Zyl., 304 cm^3, 3,8 PS) oder Kubota (2 Zyl., 400 cm^3, 7 PS) ausgerüstet.

MTW. Von dem großen Mitsubishi-Händler MTW-Winkelmann GmbH in Essen wurde Anfang 1985 ein zum zweisitzigen Fastbackcoupé oder gleichzeitig Pick-up gewandelter Mitsubishi Colt angeboten. Die B-Pfosten blieben bestehen, der vordere Dachteil war herausnehmbar. Es war geplant, diesen Lorenz/MTW-Umbau in 500 Stück entstehen zu lassen.

MW. Von der MW-Kleinwagen GmbH in Wielenbach bei München wurde Anfang der 80er Jahre das Minimobil Cityboy hergestellt (zweisitzig, dreitürig). 1983 kam der offene Sonnyboy hinzu (2 m kurz, 1,2 m breit, 4,3-PS-Zweitaktmotor, 150 kg leicht, 45 km/h).

Nasco. Auch in den 80er Jahren baute bzw. montierte die ägyptische Nasr Automotive Company (kurz Nasco) vorwiegend Fiat-Derivate, d. h. den Nasr 127 (Seat Fura) und den Nasr 128 (Zastava 128), ferner den Polonez 1500 und den Fiat Regata. Mangels Devisen konnte die Produktionskapazität von 30'000 Wagen/Jahr bei weitem nicht genutzt werden. 70 Prozent der von Nasco gebauten Autos wurden (1987/88) an im Ausland arbeitende bzw. Devisen verdienende Ägypter verkauft.

NCG. Unter der Marke NCG Design wurde auf der London Motorfair im Oktober 1981 ein Karosseriebausatz für MG B gezeigt, der mit den abstehenden Kotflügeln eine Ähnlichkeit mit dem einstigen Aston Martin Ulster heraufbeschwor.

Nirvana. Name eines skurril geformtes Sportcoupés, das auf der London Motorfair 1987 von der Firma Nyvrem aus Weston als Bausatz mit Stahlrohrrahmen für den Einbau einer Ford-V6-Mechanik angeboten wurde.

Nova. Ab 1981 boten die Nova-Werke AG in Effretikon bei Zürich einen mit Abgasturbolader auf 205 PS gebrachte Version des Range Rover an. 1985 folgte eine durch klassisches Tuning (geänderte Nockenwellen, doppelte Ventilfedern, auf 9,7:1 erhöhte Verdichtung, Auspuff usw.) auf 175 PS gebrachte Version Nova Swiss Range Rover.

Oemil. Unter dieser Bezeichnung baute die Peraves AG in Winterthur ab 1983 eine Art Einspurauto oder vielmehr eine Verbindung von Sportwagen, Motorrad und Flugzeug. Vorne fand sich ein Motorradcockpit mit Lenkstange, dahinter zwei Schalensitze in Tandemanordnung und darüber eine Glaskuppel und im Heck schließlich ein Kofferraum. Stützräder mit Federbeinen sorgten dafür, dass das 355 cm lange Gefährt nicht umkippte. Mit der Antriebseinheit aus dem BMW-Motorrad 1000 RS konnten 220 km/h erreicht werden. Mitte 1985 erschien der zweite Prototyp der aus zwei GfK-Halbschalen karossierten Einspurkabine. Der Oemil wurde in kleiner Zahl auch noch im folgenden Jahrhundert gebaut.

Oettinger. Die bekannte Tuningfirma aus Friedrichsdorf in Hessen war schon zu den Zeiten des VW-Käfers mit ihrem Okrasa-Tuning zu einem Begriff geworden. Sie blieb weiterhin auf Volkswagen spezialisiert und lieferte zu Beginn der 80er Jahre u. a. den VW Golf Oettinger 2000 E mit einem nach allen Regeln der Kunst ausgefeilten Motor: 1,6-l-GTI-Motor auf 2 l vergrößert, Kurbelwelle aus nitrierbehandeltem Chrom-Molybdänstahl mit angeschmiedeten Gegengewichten, Muldenkolben, vergrößerte Ventile, Motorblock und Zylinderkopf bearbeitet, Verdichtung 9,7 statt 9,5:1; 136 statt 110 PS bei reduziertem Drehzahlniveau. Auf der IAA Frankfurt kam im September 1981 ein 2-l-Motor mit 16 Ventilen und mindestens 150 PS hinzu. 1983 schuf Oettinger u. a. für Audi-Modelle einen als 2400 E/5 bezeichneten 2332-cm^3-Motor, der mit Turbo bis 230 PS leistete. Zur IAA 1983 brachte Oettinger einen neuen Okrasa-Käfer: Mexiko-VW mit 1,3 l, zwei Vergaser, 50 PS. Darauf folgte ein Passat Variant mit 2,4-l-Fünfzylindermotor usw. Auf der IAA 1985 kam ein MB 190 E 2.6/16 hinzu: 2593 cm^3, 16 Ventile, 211 PS. Zwei Jahre später wurde u. a. ein Käfer-Cabrio mit wassergekühltem Boxermotor und 100 PS gezeigt. Aus dem 1988 geplanten Einstieg bei → Treser wurde nichts. In jenem Jahr entstanden als weitere Spezialitäten ein Mercedes-3.6-Motor und eine 2-l-Version des VW-Golf-16V-Motors.

Ogle. Die Ogle Design Ltd hatte sich durch ihre Design- und Entwicklungsarbeit für Reliant und Anadol einen Namen gemacht, und unter ihrem Chefdesigner und Geschäftsführer Tom Karen entstanden auch Konzeptstudien. Auf der Birmingham Motor Show im Oktober 1980 wurde der Mini Metro in einer Superluxusausführung mit Abgasturbolader als Ogle Metro lanciert. Als Ogle Astra entstand 1982 eine Sonderausführung des Vauxhall, die bei Avon in Kleinserie ging (s. oben). Auf der Birmingham Show 1982 stand der nach Ogle-Konzept eingekleidete Concept-car Lucas Hybrid Electric. Zwei Jahre später wurden an der gleichen Schau das Modell eines aerodynamischen kompakten Viersitzers für das Jahr 2000 ausgestellt.

Oldenhof. 1984/85 schuf die BMW-Oldenhof BV im niederländischen Enschede eine gelungene Kombiversion des 5er-BMW mit angepassten Hintertüren und großen dritten Seitenscheiben sowie ein attraktives Cabriolet des 6er-BMW, für Letzteres wurden auf Bestellung Reihe-6-Coupés umgebaut.

Opel-Blitz. Dieser Opel-Großhändler aus Hannover bot ab Ende 1988 eine Kombination von Opel Omega Caravan mit der Front des Opel Senator an. Mit einem neuen 4-l-Sechszylindermotor resultierte daraus „einer der weltschnellsten Kombis“ (235 PS, 0–100 km/h in 6,2 s); er wurde mit zahlreichen Luxusattributen angeboten.

Ostermann. Von der Firma Speedster-Ostermann in Münster, Westfalen, wurden 1984 Bausätze für den VW-Käfer-Plattformrahmen angeboten, mit denen zweisitzige Speedster ebenso wie Coupés im Stile von US-Coupés aus den 30er Jahren (mit vorgesetztem Spitzkühler und Heckfenster in Brezelform) kreiert werden konnten.

Ottmann. So hieß eine Imitation des Ferrari GTO, die 1985 in Wyk auf Föhr produziert wurde. Der Unterbau entstammte dem Nissan ZX.

Parradine. Der hochsportliche Parradine V12 Roadster, ein klassisch geformtes Luxuscabriolet mit Überrollschutzbügel, feierte mit einem Prototyp auf dem Genfer Salon 1990 seine Weltpremiere. Er war vom Engländer John Parradine initiiert worden, besaß einen 5,3-l-V12-Motor von Jaguar und sollte im französischen Magny Cours hergestellt werden. Bis es soweit war, wurde der Parradine zu einer Marke der 90er Jahre.

Parradine V12 Roadster, 1990

PCS Dieses Buchstabentrio stand für die Firma Professional Car Styling aus Martfeld bei Bremen. 1984 stellte sie einen zum Cabriolet gewandelten Mercedes-Benz 190 vor: elektrohydraulisches Verdeck, verstärkter Unterbau, tiefergelegtes Fahrwerk, 2,8-l-Sechszylindermotor, Innenraum in Leder und Wurzelholz.

Pegasus. Mit vollem Namen hieß dieses Luxussportcabrio Pegasus Daytona America Spyder, und wenn es auch keine Kopie war, so ähnelte es doch einem Ferrari. Es wurde in Handarbeit auf dem Unterbau fabrikneuer Chevrolet Corvette aufgebaut, und dies durch die Pegasus Corp. of North America in Vero Beach, Florida. 1989 wurden über zehn Händler vor allem an Amerikas Ostküste 49 dieser hochluxuriösen Zweisitzer abgesetzt. 1990 wurde ein weiteres Modell auf der Basis des Toyota Supra geplant.

PGE. Die Mailänder Firma Progetti Gestioni Ecologiche SpA experimentierte ab 1980 (ebenso wie Fiat) mit eigens konstruierten Elektroautos in Form von Kleinwagen, Lieferwagen und Taxis. Das kubische Taxi PGE 5P besaß rechts eine nach hinten versetzte Seitentüre. Den Strom lieferten 6-Volt-Bleibatterien von Fiamm.

PGO. Die Firma PGO Cobra aus Pessac hatte binnen zwei Jahren bereits 28 Cobra-Nachbauten auf die Räder gestellt, als sie auf der Mondial de l'Automobile von Paris 1988 vor ein größeres Publikum trat: Stahlrohrrahmen mit Blechstruktur kombiniert, Rover-V8 (Außenauspuff nur teils Attrappe), Aufhängungen von Ford, Einbau der Mechanik bei der Restaurationsfirma Vetel in Dijon, GfK-Aufbau (mit Kohlefaserverstärkungen) von der Flugzeugfirma Robin.

Phaeton. Von der Phaeton Coach Corporation in Dallas, Texas, wurden ab den 70er Jahren etliche US-Modelle, aber auch S-Klasse-Mercedes durch Einfügen eines zusätzlichen Mittelteils verlängert (auch andere US-Firmen bauten solche sogenannten Stretch-Limos = gestreckte Limousinen). Ende 1981 entstand unter Phaeton-Generaldirektor und -Chefdesigner R. J. Harris ein neues Prunkstück, nämlich ein Rolls-Royce mit um 81 cm verlängerter Mittelpartie und einer weiteren Verlängerung um 25,5 cm auf der Höhe des hinteren Türpfostens. Etwa die Hälfte der verlängerten Luxus-Cadillac, -Lincoln, -Mercedes-Benz und -Rolls-Royce wurde in den Vorderen Orient geliefert. Für das saudiarabische Königshaus wurde 1983 ein Lang-Cadillac mit 7,4-l-Motor und großformatigen Geländereifen unter geschickt vergrößerten Radhäusern realisiert.

Phantom. Dieses Dreirad mit Motorradtriebsatz am Hinterrad war schon in den 70er Jahren entstanden. 1982 kam der Turbo Phantom hinzu, bei dem der große japanische Motorradmotor mit einem Abgasturbolader bestückt wurde. Gebaut wurde dieses „Geschoss“ auf Bestellung in New Beach, Kalifornien. Der Kunststoffaufbau glich einem Flugzeug mit abgesägten Flügeln. Der Verbrauch wurde mit 3 l/100 km, die Höchstgeschwindigkeit mit 200 km/h angegeben.

Phillips. Dies war eine der verschiedenen Neoclassic-Marken der USA: Im Stile der 30er Jahre gehaltenes sportliches Superluxusauto mit GfK-Karosserie und V8-Mechanik. Der ab 1979 gebaute Phillips Berlina Coupe der Phillips Car Corporation in Pompano Beach, Florida, war eine Schöpfung von Charles W. Phillips, dessen Grandeur Motor Corporation ab 1976 bereits das Opera Coupe, eine verkürzte Ausführung des Cadillac Seville gebaut hatte. Der Phillips Berlina zeigte eine deutlich an den Mercedes-Benz 540 K angelehnte Kühlerfront, herausnehmbare Dachteile, Speichenräder (auch in den seitlichen Reserveradbehältern) und als Markensignet einen stilisierten Greifvogel; seine gesamte Mechanik sowie weitere Teile stammten vom Chevrolet Corvette.

Phoenix-Cobra. Unter dieser Bezeichnung wurden auf der IAA Frankfurt 1987 (von Cobra-Kuhn, Krefeld) Cobra-Nachbauten in verschiedenen Stadien (Rolling Chassis) angeboten: Fahrwerk von Jaguar, für den Einbau von Ford-V8-Motoren bis 7 l.

Picchio. Im Juli 1989 tauchte das Projekt auf, unter dem Namen Picchio (Specht) ab Ende 1991/Anfang 1992 in 300 Exemplaren einen relativ kleinen Liebhaber-Sportwagen zu bauen. Hierzu hatte sich um den berühmten Konstrukteur Giotto Bizzarrini (Ferrari, Lamborghini, Iso) eine italienische Unternehmergruppe formiert: aerodynamisches Mittelmotorcoupé mit gewaltigem Heckflügel in Bogenform, Motor Lancia Thema Turbo 16V (185 PS), Hewland-Getriebe, Chassisstruktur aus Composite-Werkstoff, GfK-Karosserie mit Ground-Effekt, Gewicht 650 kg, 0–100 km/h in 4,2 s, 260 km/h; es sollte ein Traum bleiben.

Piccolino. Dieses Fabrikat war aus dem → Diavolino hervorgegangen: ein 210 cm kurzes (und damit für das Querparkieren geeignetes), 380 kg leichtes offenes Zweisitzerwägelchen, das wie ein miniaturisierter Jeep aussah. Zur GfK-Karosserie wurden ein Stoffverdeck und Stofftüren angeboten und den Antrieb besorgte ein 2-Zylinder-Dieselmotor von Ruggerini, der aus 650 cm^3 15 PS holte und zu 80 km/h Spitze verhalf. Gezeigt wurde er auf dem Genfer Salon 1987, denn inzwischen war die Diavolino-Produktionsstätte in Moutier im Schweizer Jura von der Liechtensteiner Firma International Motor Company Ltd (IMC) übernommen worden. Diese plante für den auf Frontantrieb umgestellten Piccolino eine Großproduktion in Neapel: Bis in drei Jahren sollte dort eine Fabrikanlage mit 600 Mitarbeitern und einem Produktionspotential von 40'000 Piccolino/Jahr (wovon 12'000 für Europa) entstehen. Der Piccolino sollte einerseits die Verkehrsprobleme in den Städten lösen, anderseits an Touristen auf Ferieninseln usw. vermietet werden. Der Piccolino wurde auch noch auf dem Genfer Salon 1988 propagiert.

Pike. 1987 wurde von der Pike Automotive Ltd in Melton Mowbray, Leicestershire, ein Roadster mit angefügten Kotflügeln, halbwegs eingelassenen Scheinwerfern, ausgeschnittenen Türen und auf dem Schrägheck montiertem Reserverad auf den Liebhaberautomarkt gebracht. Er erinnerte an den MG TF, der schwungvoll schräggestellte Kühlergrill glich hingegen „BMW-Nieren". Es gab den Pike als Invader mit 2-l-OHC-Motor und als Predator mit 2,9-l-V6, beide mit EEC-IV-Motorsteuerung und somit von Ford. Dies galt auch für die Aufhängungs- und weiteren Elemente (wahlweise 5-Gang- oder 4-Stufen-Automatikgetriebe, galvanisiertes Rohrrahmenchassis, Notsitzbank für Kinder, GfK-Karosserie auf Stahlgerippe, in verschiedenen Fertigungsstadien lieferbar, es wurde auch ein Export nach Deutschland vorgesehen).

Pike Roadster, 1988

Pimlico. Das war der Name einer 1988 von der Seventh Auto's in Nijmegen, Niederlande, angebotenen türlosen GfK-Offenkarosserie mit Überrollschutz, die sich auf die Plattform des Mini ab Baujahr 1976 aufsetzen ließ.

Pinguin. So nett hieß ein Elektro-Kleinstauto mit zusätzlicher 40-Watt-Solarzelle, Metallrahmenchassis und Kunststoffkarosserie, das in der zweiten Hälfte der 80er Jahre von der Firma Bruno Fridez im schweizerischen Münchenstein angeboten wurde.

Pisteur. Nachdem sich der Genfer Bernard Pisteur in Meyrin bereits einen Namen im Rennsportbereich gemacht hatte, schuf er eine bemerkenswert genaue Replika des MG TD mit GfK-Karosserie, die sich auf dem Plattformrahmen des VW-Käfers (mit Verstärkungen) aufbauen und mit 1,3- bis 2-l-Aggregaten motorisieren ließ. Der Replica MG Pisteur wog ab 650 kg. Alle Karosserieteile wurden zusammengeschraubt; auf dem Genfer Salon 1982 wurde er auch als Bausatz angeboten. 1981/82 schuf Pisteur zudem den Nachbau eines Porsche Carrera 6. Auf dem Genfer Salon 1983 wurde nebst dem TD-Imitat eine F3-Rennwagenstruktur aus Kevlar gezeigt.

Pöhlmann. Nachdem er bereits in Deutschland verschiedenenorts vorgestellt worden war, erfuhr der Pöhlmann EL auf dem Genfer Salon 1987 seine internationale Premiere: ein hervorragend geformtes und doch als Elektroauto erkennbares Coupé in Einvolumenform mit Keilfront und -heck, 2+2 Sitze, 227 cm Radstand, 377 cm lang, Chassis aus zwei Längsholmen, GfK-Aufbau (Crashtest bestanden), je ein Gleichstrom-Reihenschlussmotor bei den Hinterrädern, max. Leistung 2x13 kW, Gewicht 1380 kg, davon 580 kg Blei/Säure-Batterien, 0–50 km/h in 11 s, Spitze 115 km/h, Reichweite DIN-Stadtzyklus 60 km. Konstrukteur war Elektroingenieur Erich Pöhlmann aus Kulmbach; es wurde eine größere Serienherstellung angestrebt.

Pollmann. Die Bremer Karosseriefabrik Conrad Pollmann wandelte Mitte der 80er Jahre die Mercedes-Benz 200–300 T zu besonders geräumigen King-Size-Kombis mit um 20 cm verlängertem Heck und um 14 cm erhöhter Dachlinie.

Polycar. Die Firma Polycar-Styling aus Oberursel bot 1982 einen aus vier Polyesterteilen bestehenden Umbausatz an, mit dem sich der Suzuki LJ 80 zu einem echt wirkenden Jeep von 1947 wandeln ließ.

Prestige. Nach drei Jahren Entwicklungszeit brachte das Familienteam Marks bzw. dessen Firma Prestige Engineering in Whangarei, Neuseeland, den Prestige Daytona Spyder auf den heimischen Markt. Es handelte sich äußerlich und selbst im Innenraum um eine exakte Nachbildung des Ferrari 365 GT/4 Spyder. Es war ein eigenes Rohrrahmenchassis mit Einzelradaufhängungen entwickelt worden. Für die Motorisierung standen die V8 von Chevrolet und Rover und der Jaguar-V12 zur Wahl.

Protected. Auf der Basis des Volvo 760 GLE brachte die Protected Cars Nederland BV in s'Gravenhage 1987 ein eigens entwickeltes „Antikidnappauto" ins Angebot. Das international tätige Unternehmen konnte sich auf reiche Erfahrung in der Fahrzeugpanzerung berufen.

Prova. 1987 wurde von der Prova Design Ltd in Darwen, Lancs., der Prova Countach propagiert, eine täuschend echt wirkende Kopie des Lamborghini Countach: eigenes Rohrrahmenchassis, GfK-Karosserie samt Schrägflügeltüren, Antriebsmechanik der Renault 20/30, Aufhängungen Ford Cortina und Lancia Beta.

Puli. Gegen Ende 1988 lief in Ungarn die Serienproduktion eines Kleinstautomobils names Puli an, das u. a. als Preisbrecher nach Frankreich (und auch nach Norwegen) geliefert wurde: zweisitzige, kantige Kunststoffkarosserie, 246x140x142 cm, 160 cm Radstand, 350 kg Leergewicht, luftgekühlter Einzylinder-Dieselmotor aus Japan. Unter der Bezeichnung Sigma wurde eine hochmoderne Einvolumenkabine mit dem Triebsatz des Fiat 126 entwickelt.

Racing Dynamics. Unter diesem Namen propagierte eine in Rozzano bei Mailand und in Alexandria, Virginia, niedergelassene Firma ab 1989 getunte Motoren sowie Fahrwerks- und Karosserieteile für sämtliche BMW-Modelle.

Raider. So hieß ein vielversprechendes Coupéprojekt des spanischen Designers Francisco Podadera auf der Basis des Seat Ibiza. Der attraktive 2+2-Sitzer mit Klappscheinwerferfront und integriertem Überrollschutz sollte ab Ende 1987 in Valencia (Karosserieteile) und Teruel (Montage) in Kleinserie gehen. Das Karosseriewerk Barber & Söhne in Teruel hatte die Produktion des in GfK/Blech-Verbundbauweise gehaltenen Sportcoupés schon 1986 angekündigt.

Railton. Auf der London Motorfair 1989 wurde der Versuch unternommen, mit einem Prototyp die von 1933 bis 1949 gebaute englische Marke Railton zu neuem Leben zu erwecken: aerodynamisch-langgestrecktes Luxuscabrio (mit abgedeckten Hinterrädern) auf der Basis des Jaguar XJ-S, Design von William Towns, der auch Hauptinitiant dieses Projekts war. Die neue Firma Railton Motor Co. Ltd existierte bis 1993 in Alcester, Warwickshire, doch lief eine eigentliche Produktion nie an.

RAM. So hieß der Nachbausatz für den Cobra, der auf der London Motorfair 1985 von der Firma LR ausgestellt wurde. Geschaffen worden war der RAM Cobra von der Reynard Racing Cars Limited, die sich mit der Herstellung von Monoposto-Rennwagen einen Namen gemacht hatte. Die aufwändige Rohrrahmenstruktur der LR-Roadster gab es auch in einer Ausführung für den Jaguar D-Type. Zwei Jahre später kam unter der Bezeichnung RAM R/T eine von der Firma LR Roadsters in Newmarket gebaute Kopie des Ferrari 365 GTB Spyder mit Rohrrahmenchassis, Jaguar-V12-Mechanik und Lederinterieur hinzu (von der gleichen Firma wurde auch der Lamborghini Countach imitiert).

Rany. Rany-600 hieß ein 1982 von der spanischen Moreta Hermanos SA in Chipiona, Cadiz, gebauter 2+2-sitziger Klein-Buggy auf der Basis des Seat 600. Er fiel durch seine skurril schräggestellten Kotflügel auf.

Rappold. Nachdem der offene BMW der Reihe 3 von der Karosseriefirma Baur offiziell nur noch mit effizientem Überrollschutz gebaut wurde, zeigte das Karosseriewerk Rappold aus Wülfrath auf der IAA 1983 ein zweisitziges Vollcabrio. 1989 bot Rappold eine nach hinten verlängerte bzw. „ausgehöhlte" Heckklappe für den T-Kombi der Mercedes-Benz-Reihe 124 an.

Rapport. Unter der Marke Rapport waren bereits spezielle Range Rover als Cabriolet und als dreiachsige Jagdwagen kreiert worden. Doch im Juli 1980 überraschte die englische Firma Rapport International mit dem Rapport Forté, einem Luxuscabrio mit Keilfront. Sein Design stammte von

Chris Humberstone. Die Besonderheit bestand in dem aus Aluminium und Stahl bestehenden Dach: Es ließ sich auf Knopfdruck elektrohydraulisch im Kofferraum versenken. Zwar hatte es bereits früher voll versenkbare Dächer aus Festmaterial gegeben. Für die jüngere Zeit war diese Dachkonstruktion für den 472,5 cm langen viersitzigen Forté aber eine Pioniertat. Der Unterbau entstammte dem Jaguar XJ mit 286,5 cm Radstand, der Innenraum war luxusbetont. In Serie gelangte der Forté allerdings nie! Ende 1980 schuf Rapport eine superluxuriöse Sonderausführung des Honda Accord mit aerodynamisch nach vorne verlängertem Motorhaubenoberteil, und zum Genfer Salon 1981 brachte Rapport eine originelle Cabriolimousinenvariante des neu herausgekommenen Mini Metro.

Rapport Forté, 1980/81

Redline. Der Redline Sebring 6000 wurde Anfang 1988 auf der Los Angeles Auto Show gezeigt und war unverkennbar ein Nachbau des Sechszylinder-Austin-Healey. Es hatte ihn bereits in Kitform gegeben, von da an wurde er zudem als Fertigauto angeboten. Auskragende Radhausränder und breite Alu-Speichenräder verrieten die Imitation.

Renaissance. Unter der treffenden Bezeichnung Renaissance Motors Inc. verkaufte eine Firma in Bloomfield Hills, Minnesota, zu Beginn der 80er Jahre diverse Pseudo-Repliken: So den von der American Custom Cars Inc. entwickelten Empress, eine MG-TD-Kopie für VW-Plattformrahmen; den Mini Mark, ein zweisitziger Roadster mit abnehmbarem Hardtop (Verdeckimitation) und Kühlergrill à la Clénet, ebenfalls für Käfer-Plattformrahmen; sowie den Creighton (s. oben).

Réplicar. Réplicar Bugatti hieß eine ab 1987 von der großen Reparaturwerkstätte Auto Reparadora da Graca in Lissabon angebotene Imitation des Bugatti 35 B auf dem VW-Käfer-Plattformrahmen. Zu den Details zählte eine originalgemäß außen montierte Handbremse, und die Ausstattung konnte gemäß Kundenwunsch hochwertig angereichert werden. Von Porsche-Rennfahrer Americo Nunez wurde 1990 zudem der Réplicar Speedster angeboten, für den auf dem Käfer-Plattformrahmen ein zweiter Rahmen aus Vierkantrohren aufgebaut wurde.

Repetti. Die Repetti & Montiglio Srl in Casale Monferrato, Alessandria, (mit Ritterrüstung im Firmenschild) hatte sich schon Anfang der 80er Jahre auf die Schutzpanzerung von Fiat 132 spezialisiert, bot aber auch unterschiedlichste Personenschutzelemente für andere Fahrzeuge an (bis zum spezialkarossierten Fiat Campagnola mit Komfortinterieur und Dachschießscharte). Auf dem Salon Turin 1986 staunte man über eine Kleinausführung dieses Modells, nämlich den Fiat Panda Security 4x4 mit Panzerschutz nach Niveau 2.

Rinspeed. Auf dem Genfer Salon 1981 überraschte die Rinspeed AG von Frank A. Rinderknecht aus Zürich mit einem zum Rinspeed Aliporta Turbo gewandelten VW Golf: In der Front sechs Rechteckscheinwerfer und reduzierter Kühlergrill; Hauptmerkmal waren jedoch Flügeltüren, in der Dachmitte angelenkt und mit Dachfenstern, Schließ-/Öffnungsmechanismus mit Gasdruckstoßdämpfern. Der 1,6-l-Golf-Motor des Aliporta Turbo war mit einem Rotomaster-Abgasturbolader auf 135 PS gebracht worden; zudem Spurverbreiterungen, Armaturenbrett aus dem Porsche 928, Bar mit Kühlfach, Fernseher und HiFi-Stereoanlage. Aus der Kleinstserie wurde nichts, doch trat Rinspeed in Genf 1982 mit der VW-Golf-Cabriolet-Abwandlung Topaz Comprex in Erscheinung: hinten festes Dachteil mit etwas zurückversetzten Seitenfenstern, bis zur Stoßstange herunterreichende Heckklappe. Dem Antrieb diente der VW-Dieselmotor, statt mit Turbo mit dem von BBC entwickelten Comprex-Druckwellenlader.

Zudem wurde der Rinspeed Porsche 938 Eclipse vorgestellt, basierend auf dem 911 SC Targa, jedoch mit Karosserieelementen des Porsche 928 an Heck und Front. Fortan spezialisierte sich Rinderknecht auf superindividuelle Porsche-Transformationen, so den R 69 (der auch auf der IAA und der London Motorfair 1985 ausgestellt wurde). Unter den weiteren Neuschöpfungen stach u. a. auf dem Genfer Salon der Rinspeed Porsche R 59 Targa hervor. 1989 kam in Genf der ebenso auffallende R 59 Cabriolet hinzu, und 1990 stand der R 89 Cabrio mit kleinformatigen Polyellipsoid-Scheinwerfern (PES) von Bosch im Vordergrund.

Rinspeed Aliporta, 1981

Ronart. Als Fan historischer Rennwagen hatte sich der britische Designer Arthur Wolstenholme in den frühen 80er Jahren daran gemacht, seinen eigenen Traumwagen zu verwirklichen. Sein 1986 fertiggestellter Prototyp W 152 wurde weitgehend von dem Mercedes-Benz-Grand-Prix-Modell W 196 aus dem Jahr 1955 inspiriert. 1987 wurde in Peterborough die Ronart Cars Ltd gegründet. Der W 152 wurde als offener Zweisitzer mit Rohrrahmenchassis ausgelegt und ließ sich mit den mechanischen Komponenten des Jaguar XJ 6 vereinen (ab Werk oder als Bausatz). Bis 2008 entstanden neben weiteren Modellen über 100 W 152.

Rotaver. In verschiedenen Anläufen entstand in den 80er Jahren bei der Rotaver AG im schweizerischen Lützelflüh, Emmental, das Rotaver-Swissmobil, ein Elektroauto in der Art französischer Kleinstmodelle; der Elektromotor mit Rekuperation und Steuerung wurden von der Contraves AG beigesteuert.

RS. Die Firma RS-Tuning in Kirchhaslach (zwischen Ulm und Memmingen) schuf in der zweiten Hälfte der 80er Jahre u. a. den (Porsche) RS 911 Biturbo mit 3368 cm^3, zwei KKK-Abgasturboladern und 440 PS, die sich kurzzeitig auf 495 PS steigern ließen (IAA 1987).

Ruf. Ab 1975 baute Alois Ruf in seinem Tuningbetrieb in Pfaffenhausen (südlich der Linie Ulm–Augsburg) Turboversionen des Porsche 911. 1978 kamen getunte 911-Saugmotoren hinzu, und 1981 ein eigenes 5- statt 4-Gang-Getriebe. Ebenfalls 1981 wurde Ruf vom Kraftfahrt-Bundesamt als Hersteller anerkannt. 1983 entstand der Ruf BTR: 3,4 l Turbo, 374 PS, größere Räder, verstärkte Bremsen, viel Handarbeit ab Rohkarosserie. 1987 folgte der Ruf CTR: Biturbo, 469 PS, gemessene 342 km/h Spitze. 1988 kam ein eigenes 6-Gang-Getriebe hinzu. Um Ruf entstand ein eingeschworener Fankreis.

Ruska. Unter der Bezeichnung Ruska Sagitta entstand um 1980 in den USA eine weitere Replika des Auburn Speedster, diese jedoch bloß für eine Kombination mit der VW-Käfer-Mechanik bzw. -Plattform. Mit deren 1,6-l-Motor konnten angeblich 140 km/h erreicht werden.

Saga. Nachdem bereits von Stimula ein Nachbau des legendären Bugatti 55 angeboten wurde, stellte Mitte 1983 der Autofan Jean-Louis Baud aus Laons unter der Marke Saga ebenfalls einen Nachbau dieses Bugatti-Typs vor. Für den Antrieb setzte er auf DOHC-Motoren von Alfa Romeo mit 1,3 bis 2 l Hubraum. Außer der Alu-Motorhaube bestanden die Aufbauteile aus GfK. Das Chassis war eine Eigenkonstruktion. Baud plante eine Serie von 100 Saga.

Saier. Das 1981 von Alexander Saier im süddeutschen Sonnenbühl gegründete Unternehmen spezialisierte sich auf den Vertrieb und den Aufbau von Buggys und Replika-Sportwagen unterschiedlichster Fabrikate (bis 1997). Mit dem Buggy A1 auf VW-Käfer-Grundlage wurde auch ein Eigenmodell geschaffen.

Salmon. Ab Ende 1984 ließ die Guy Salmon Group, Englands größte Jaguar-Vertriebsorganisation, den Jaguar XJ bei der Glenford Ltd um 66 cm zu Chauffeurlimousinen verlängern. Beim Salmon Jaguar Twenty Six (26 Zoll Zusatzlänge) waren die Hintertüren und das dritte Seitenfenster entsprechend verlängert.

Samantha. So hieß das englische Nova-Kunststoffcoupé in Keilform mit zum Ein- und Ausstieg hochklappbarem Mittelteil auf VW-Käfer-Plattformrahmen, nachdem es in Italien einen weiteren Lizenznehmer gefunden hatte und auf dem

Genfer Salon 1985 gezeigt wurde. Es erinnerte nun stilistisch verstärkt an den Lamborghini Countach und wurde wie das englische Vorbild als Bausatz angeboten.

Samsung. Die koreanische Firmengruppe Samsung produzierte in den 80er Jahren Elektronikprodukte, TV-Geräte, Haushaltapparate, Chemikalien, Textilien und Straßenbaumaschinen. 1984 führte sie mit der Chrysler Corporation eine Feasibility Study durch, um zu prüfen, ob in einem neuen oder umzubauenden Samsung-Werk jährlich 200'000 Autos gebaut werden könnten. Es würde sich dabei um einen Wagen des Typs Dodge Omni oder Nachfolger handeln, und die Hälfte dieser 50:50-Joint-Venture-Produktion könnte an Chrysler geliefert werden. Haupthindernis: Noch erlaubte die koreanische Regierung damals nur Hyundai und Daewoo die Pkw-Herstellung. So wurde denn Samsung Motors erst 1994 gegründet und später (unter Nissan-Assistenz) Autohersteller.

Santana. Von der spanischen Firma Metalergica Santana in Linares, die seit 1959 in Lizenz → Land-Rover-Modelle herstellte, wurde auf dem Salon von Barcelona im Mai 1981 die für Sport und Jagd gedachte Sonderausführung Land-Rover Ligero vorgestellt. Sie besaß eine eigene Front mit nach vorne offenen Kotflügeln und darüber angesetzten Rechteckscheinwerfern. Santana besaß seit 1956 einen Vertrag mit der Land Rover Ltd (der bis Ende 1988 galt), und die hochspezialisierten Engländer waren mit 31 Prozent am Santana-Kapital beteiligt. Der Anteil von Eigenteilen für die Herstellung der Land-Rover-Geländewagen stieg von 70 Prozent (1959) bald auf 100 Prozent. 1985 kam die Lizenzherstellung von → Suzuki-Geländewagen hinzu. Nachdem 249'703 spanische Land Rover gebaut worden waren, wechselte die Marke Ende 1987 endgültig auf Santana und die englische Bezeichnung wurde aufgegeben. Während die Kapitalbeteiligung von Suzuki 1989 bereits auf 32 Prozent erhöht wurde, verkaufte Land Rover den verbliebenen 23-Prozent-Anteil 1990 an Santana zurück.

Saurer. Auf dem Genfer Nutzfahrzeugsalon im Januar 1982 zeigte Saurer, die große Schweizer Lastwagenbaufirma aus Arbon am Bodensee, die Geländewagen 232 M und 288 M (= Radstand; Länge 390/446 cm). Die Antriebsgruppe stammte von Volvo (OHC, 2316 cm^3, 8,5:1, 102 PS, 90 ROZ; 4-Gang oder 3-Stufen-Automat BW 55, Vorderradantrieb elektrisch zuschaltbar, Geländeuntersetzung) und die Karosserien bestanden aus Kunststoff. Es handelte sich um eine Weiterentwicklung des Projekts Military, das Peter → Monteverdi erstmals auf dem Genfer Salon 1979 ausgestellt hatte. Die Vorserie von 10 Exemplaren wurde von einem Händler in Nesslau SG aufgekauft. Saurer steckte bereits in Finanzproblemen und geriet deshalb unter den Einfluss von Daimler-Benz; diese sah im M eine unliebsame Konkurrenz zum G.

Saurer 232 M, 1982

Savio. Die italienische Karosseriefirma aus Moncalieri im Süden von Turin hatte sich als Kreateur und Kleinstserienhersteller zahlreicher Spezialversionen von Fiat-Wagen einen Namen gemacht. Auf dem Salon von Turin 1982 wurden Offenausführungen des Fiat Panda als 4-Sitz-Spider und Pick-up (mit Überrollbügeln) gezeigt. Es gab sie mit aufknöpfbarem Verdeck oder mit Hardtop. Ähnlich war das auf dem Salon Turin 1984 ausgestellte Angebot, nun auch auf dem Panda 4x4.

Savio Fiat Panda 4x4, 1985

Scarab. In Campbell, Kalifornien, entwickelte die Firma Scarab Engineering Production 1982 den Scarab ZXT, ein Nissan 280 ZX mit 5,8-l-V8 von Chevrolet, der mit Abgasturbolader auf 400 PS kam. Das ausgeschmückte Sportcoupé mit Targadach wurde zu einem hohen Preis in den Verkauf gebracht.

Scheib. Die Firma ASA/E. Scheib GmbH ans Ansbach importierte aus den USA verschiedene Phantasiereplika-Bausätze für den VW-Käfer-Plattformrahmen, brachte aber zudem auf die IAA Frankfurt 1981 ein erstes Eigenmodell: ein fünfsitziges Cabriolet mit Anklängen an die Vor-/Nachkriegscabriolets von Mercedes-Benz, ebenfalls für den Aufbau auf einem Käfer-Unterbau bestimmt. 1983 kamen Imitationen des Bugatti 35 B und des MG TD hinzu, für Letzteren gab es als Replika S einen eigenen Rahmen mit VW-Golf-Frontmotor und alsbald auch mit Opel-Ascona-Mechanik. Auf der IAA 1985 wurde u. a. eine Nachahmung des MB 380 Roadster von 1933 auf VW-Käfer-Basis feilgeboten. Zwei Jahre später wurde ein echter Nachbau des Mercedes-Benz 170 S Cabrio A vorgestellt (für die Aufnahme der modernen Mechanik leicht verbreitert).

Schiepatti. Diese Mailänder Firma war auf Frontlenker-Expeditionsfahrzeuge spezialisiert, als sie Anfang 1981 den Fiat Panda Blitz lancierte: im Stadio 1 als Camping-Auto zusätzlich mit Front- und Heckstoßschutz, Zusatzlampen, vergrößertem Kühler, Spezial-Luftfilter, verstärkte Federn, Sandreifen, Sonnenschild; Stadio 2 zudem mit Differenzialsperre, Seilwinde, Schiebedach, Anhängerhaken usw.

Schmitt/Schmitty. Zum Genfer Salon 1982 wurde von der Firma Automobiles Schmitt in Guebwiller, Elsass, eine Abwandlung des Themas Mini Moke lanciert: Mini-Mechanik, Monocoque-Bauweise aus Stahlblech mit seitlichen Trägerelementen verschweißt, offener Zweisitzer, Frontscheibe abklappbar, Notverdeck, 144 cm Radstand, 235 cm lang, 22 cm Bodenfreiheit. Daneben wurde der Schmitty angeboten: 50-cm^3-Zweitakt-Einzylindermotor, in einigen Ländern schon für 14-jährige zugelassen.

Schrick. Die deutsche Dr. Schrick GmbH war ein Tuningbetrieb, der beispielsweise 1984 dem 1,6-l-Motor von Ford mit einem 16-Ventil-Zylinderkopf zu 135 PS verhalf.

Schulz. Zum Genfer Salon 1984 präsentierte die Firma Schulz-Tuning aus Korschenbroich bei Mönchengladbach ein prächtiges Cabriolet auf dem Mercedes-Benz 190. Schon im Herbst zuvor hatte Erich Schulz einen MB 190 zum „Kraftei" mit 5-l-V8-Motor gewandelt. Den Genfer Salon 1985 nutzte Schulz für die Premiere eines Coupés auf dem MB 190, dessen perfekt geformtes Pavillon jenem des SEC nachempfunden war. Auf der IAA des gleichen Jahres fiel ein um 2 m verlängerter SEL mit ellenlangem Mittelfenster, elektrohydraulisch verstellbarem Bett usw. auf. Der Genfer Salon 1987 diente als Premierenort für den Schulz Pullman 124 (neue MB 200–300): um 80 cm verlängert, auch mit Parkolift lieferbar, der ein seitliches Einschieben des Wagenhecks ermöglichte. Auf der IAA Frankfurt 1987 folgte die Kombiversion, und auf dem Genfer Salon 1988 überraschte Schulz mit einem Range Rover mit um 80 cm verlängertem Radstand und zehn Sitzen. Zur IAA Frankfurt 1989 schuf Schulz für eine norwegische Firma einen um 1 m verlängerten Mercedes-Benz G mit nach hinten gerichteten Mittelsitzen, zudem einen Range Rover als Cabriolimousine mit zur Pick-up-Wanne wandelbarem Fond sowie einen 5er-BMW-Kombi.

Schwan. Die Karosseriefirma Heinz-Peter Schwan aus Hagen spezialisierte sich auf Cabriolets. 1983 wurden auf der IAA ein Toyota-Celica-Cabrio mit vollversenkbarem Verdeck und ein Subaru Sedan mit aufmachbarem hinterem Dachteil gezeigt. Auf der IAA 1985 feierte der Celica mit Frontantrieb Europapremiere, und schon zeigte Schwan auch eine Cabrioversion mit vorderem Dachteil aus festem Material. Für SKV-Styling entwickelte Schwan eine ähnlich konzipierte Cabrioversion für die Porsche 924/944. Anfang 1986 plante die Toyota Deutschland GmbH jährlich 300 bis 400 Celica-Cabrios zu verkaufen: von der Schwan Cabrio GmbH in Würzburg entwickelt und von der Karosseriebaufirma Voll (s. unten) gleichenorts verwirklicht; das Verdeck ließ sich dank umklappbarem Überrollbügel auch in Mittelposition fixieren.

Scioneri. Das in Savigliano niedergelassene Karosseriewerk war durch seine verschiedenen in Miniserie gebauten Derivate von Fiat-Kleinwagen bekannt geworden. Auf dem Salon Turin 1982 zeigte es den Panda Valentina, den Fiat 127 Queen und den Ritmo Jolly, alle mit liebevollen Details luxuriös herausgeputzt. Vor allem auf erhöhte Innenraumwerte ausgerichtet waren die auf dem Salon Turin 1984 gezeigten Panda Valentina 30 S, Lady Uno und Ritmo. Auf dem Salon Turin 1990 zeigte Scioneri zu „Schmuckkästchen" aufgewertete Fiat Panda, Uno und Tipo... sowie das Modell Panda Rock der eben übernommenen Firma → Moretti.

Scorpio. Im August 1981 schien es, als würde Österreich wieder eine eigene Sportwagenmarke erhalten: Der Scorpio WD war von der Heinz M. Riemer Ges.mbH in Gattendorf geschaffen worden. Er war ein originell geformtes GfK-Coupé mit langer flacher Keilfront, Klappscheinwerfern, Flügeltüren und kurzem hohem Fastback. Basis bildete ein Zentralrohrrahmen mit vorderen und hinteren Fahrschemeln sowie ein Stahlrohr-Überrollschutzkäfig mit Seitenaufprallschutz. Dem Antrieb diente ein 5,7-l-V8 von Chevrolet mit 3-Stufen-Automatikgetriebe, doch sollten auch Antriebseinheiten nach Wunsch des Käufers eingebaut werden. Zu den Besonderheiten zählten ein raffiniertes Motorkühlsystem und Recaro-Sitze mit Luftkissen. Es waren zudem eine Targaausführung und ein Cabrio geplant.

Scout. 1987 kam ein Scout geheißenes Freizeitfahrzeug auf den britischen Markt, das in verschiedenen Ausführungen als Bausatz oder bereits zusammengebaut angeboten wurde. Es basierte auf dem Mini → Moke und wurde aus 2 mm dickem korrosionsfestem Zintec-Blech hergestellt. Der offene Aufbau wies einen Überrollschutzkäfig auf, über den sich ein vollumfänglicher Wetterschutz mit Reißverschlusstüren aus Durchsichtmaterial ziehen ließ. Dem Antrieb diente die jüngste A-Version des 998-cm^3-Motors von Austin Rover. Von dieser Firma stammten 80 Prozent aller Zutaten. Auf Wunsch waren vordere Scheibenbremsen erhältlich. Der von der Automotive Engineering and Manufacturing Ltd in Merthyr Tydfil, Südwales, hergestellte Scout ließ sich für die Montage als „flat pack" verschiffen.

Scout, 1987

Scrambler. Nach deutschem Konzept zu 80 Prozent in den USA gebaut wurde dieses in langjähriger Arbeit aus einem Golf-Wägelchen abgeleitete, 20 km/h „schnelle" Elektrokleinstauto. Es wurde von der S. Brustas GmbH aus Wiesbaden auf der IAA Frankfurt 1987 propagiert.

SD. Dieses Monogramm stand für Salvatore Diomante, und dessen Karosseriewerk aus Nichelino zeigte auf dem Salon Turin 1982 (wie schon 1980) einen Fiat 131 SD Diplomatic mit 306 cm Radstand, 480 cm Länge und sieben Sitzen. Zwei Jahre später zeigte Autocostruzioni SD selbenorts für das saudische Königshaus bestimmt zwei Rolls-Royce Silver Spirit der Superlative: in Weiß, um 65 cm gestreckt und mit aufwändigem Spezialinnenraum, in Gelb als viertürige Cabriolimousine (B-Pfosten mit Verbindungssteg, Bentley-Kühlergrill). 1987 schuf SD in einigen (nach Saudi-Arabien gelieferten) Exemplaren eine Luxusversion des Supergeländewagens Lamborghini LM-002 mit bis hinten durchgezogener Kombikarosserie samt erhöhtem Dach und individueller Ausstattung.

SGS. Von der Styling-Garage aus dem norddeutschen Pinneberg wurden 1982 auf dem Genfer Salon ein als 600 SGS bezeichneter, in der Mitte verlängerter Mercedes-Benz 500 SEL und ein 500 SGS Convertible geheißener Cabrioumbau des MB SEC gezeigt. Weitere 1982 entstandene Exklusivmodelle auf der Basis des Mercedes-Benz SEC waren der SGS 500 Gull Wing mit Flügeltüren und sportlichem Außen- und Innen-Outfit sowie der SGS 1000 Targa, ein Cabrio mit Überrollbügel (samt in die B-Säulen integriertem Opera Window) und Heckflügel. 1983 verwandelte die Styling-Garage den 500 SEL zum Edelkombi. Am anderen Ende der Skala stand 1984 der Marco-Polo, ein VW Polo als Pick-up samt Hardtop, der von SGS für die Firma Marco in Saarbrücken entwickelt worden war. Zudem verlängerte die Styling-Garage nun auch den 7er-BMW um 60 cm.

Auf dem Genfer Salon 1984 überraschte SGS (nun in Hamburg-Schenefeld) mit dem Cityfun, einem zum Targa-Cabriolet gewandelten und auf 386 cm verkürzten Mercedes-Benz 190. Ebenfalls auf dem MB 190 schuf SGS zur Berliner AAA 1984 die Cabriolimousine Top Cabriolet St. Tropez. Weit mehr als bloß eine Veredelung war auch der SGS Arrow C1, der auf dem Genfer Salon 1985 ausgestellt wurde: Basis MB 500 SEC, lange Flachfront mit hochklappbaren Doppelscheinwerfern, Flügeltüren, eigenes Heck, Karosserieteile aus GfK und Kevlar. Ebenfalls neu in Genf: SGS 600 Royale, MB 500 SEL um 60 cm verlängert, deutlich breiter und höher, nach zweijähriger Entwicklung als Nachfolger des MB 600 gedacht. Als SGS 300 E Biarritz bzw. als Arrow C II mit Keilfront entstanden Mitte 1985 zwei Cabriolets (Basis W 124, bevor dessen Coupéversion vorgestellt wurde, bzw. 500 SEC). Mit dem Lagonda SGS propagierte die Styling-Garage auf der IAA 1985 „die teuerste Limousine der Welt": Alle Chromteile mit 24 Karat vergoldet, riesige Bugschürze, imposanter Heckflügel, V8 mit zwei Turbos auf 600 PS gebracht... Daneben baute die Styling-Garage gepanzerte Limousinen.

Jährlich wurden mit 51 Mitarbeitern an die 250 Luxuswagen montiert; doch Anfang 1986 musste das Unternehmen „wegen Zusammenbruch des arabischen Marktes" Konkurs anmelden. Die Nachfolge wurde von der Firma Design + Technik übernommen (s. oben), die aber weiterhin die Bezeichnung SGS verwendete. So wurden auf der IAA Frankfurt 1987 u. a. der SGS Biarritz (zum Cabrio gewandelter MB 300 CE) und der SGS Gullwing Porsche 928 S4 mit Flügeltüren ausgestellt.

SGS 500 Gull Wing, 1984

Shay. Die Shay Motors Corp. von Harry Shay war der größte Hersteller einer Replika des Ford A (ursprünglicher Firmenname Model A and Model T Car Reproduction Corp.). Bis Ende 1981 hatte sie in Battle Creek, Michigan, über 5000 Stück gebaut. Doch dann wurde auf den Nachbau des Ford Thunderbird 1955 umgestellt. Nachdem dieser in nur noch etwas über 250 Einheiten abgesetzt werden konnte, geriet Shay Motors im Frühling 1982 in Finanzprobleme und musste die Produktion aufgeben.

Sheer Rover. Schon ab 1975 hatte sich die Wood & Picket Ltd (s. unten) in Ruislip im nördlichen London auf die Kreation von Sonderversionen des Range Rover spezialisiert. Alsbald wurden die Sheer Rover zu einem Begriff. Es gab sie auch als Vollcabriolet Goodwood oder als Dreiachser Cheltenham 6. Zur Jahreswende 1984/85 kam der Longchamp Sheer Rover mit gänzlich neu gestyltem Aufbau hinzu. Er basierte auf dem dreitürigen Range Rover, besaß eine Schrägfront mit markanten Rechteckscheinwerfern, dazwischen eingebetteten Kühlluftschlitzen, schwarzen Ringsum-Rammschutz, abgerundete hintere Dachträger sowie ein hochluxuriöses Interieur mit vier elektrisch verstellbaren Recaro-Sitzen samt Stereophonie-Kopfstützen, Klimaanlage, Fernseher, Videorecorder, Spezialleder, Edelhölzer, automatische Niveauregulierung usw.

Sherwood. Auf der London Motorfair 1983 wurden unter dieser Marke auswechselbare Kombi- und Pick-up-Aufbauten im amerikanischen Stil für ausgediente Ford Cortina ausgestellt, als Bausatz mit Chassisrahmen.

Sinclair. Im Oktober 1983 wurden in England erstmals öffentlich die Pläne des Elektronikpioniers Sir Clive Sinclair bekanntgegeben, ein „elektrisch-elektronisches Sinclairmobile" in

Großserie herzustellen: ein Kleinstfahrzeug mit von Lotus entwickeltem Leichtbauchassis und neuartigen Batterien. Es sollte viel kleiner, leichter und billiger sein als die Kabinenroller der 50er Jahre und durch eine eigene Verkaufsstruktur vertrieben werden. Mitte 1984 verlautete, dass die Montage in der Hoover-Waschmaschinenfabrik in Merthyr Tydfil in Südwales erfolgen werde. Ende 1984 war der offene Einsitzer C5 fahrbereit: Waschmaschinenmotor, Zinkbatterie, vorderes Einzelrad, Maße 182x74x79 cm, 45 kg, 25 km/h, 32–40 km Reichweite, Pedalhilfe. Mangels Nachfrage musste die Produktion im Frühling 1985 von 1000 auf 100/Woche vermindert werden; immerhin sollen bis Ende Jahr 17'000 Stück abgesetzt worden sein.

Solec. Anfang 1990 plante die seit 1988 in Zollikofen bei Bern niedergelassene Firma Solec AG die Herstellung eines vor allem für Invalide bestimmten elektrischen Zweisitzers im Stile französischer Kleinstautos. Angetrieben wurde der 247,5 cm kurze Solec Riva Junior von einem Elektromotor der Biral RCB Motorenbau AG in Beinwil am See. Samt Batterien wog der bis 50 km/h schnelle Winzling 450 kg.

Sommer. Die dänische Marke Sommer hatte es schon ab den späten 40er Jahren gegeben. 1982/83 entwickelte Ole Sommer aus Naerum bei Kopenhagen einen offenen Sportzweisitzer im Stile des AC Ace von Anfang der 50er Jahre: Der Sommer Oscar (OScar) basierte auf einem Chassisrahmen aus Rohren mit rechteckigem Querschnitt, das von einem Technikinstitut geprüft worden war. Die mechanischen Elemente stammten von Volvo (auf 140 PS getunter 2,3-l-Motor). Die Rohkarosserie wurde parallel für den englischen BRA-Kit (s. oben) verwendet, ab 1984 aber in Dänemark hergestellt; Leergewicht 900 kg.

Sparks. Ende der 80er Jahre wurde der Spartan II (s. unten) vom Sparks II abgelöst. Hierzu hatte Konstrukteur und Kreateur Sparks das Karosseriedesign vollständig modernisiert, ohne die Neoclassic-Sparte zu verlassen: langgezogene niedrige Stromlinienfront, Scheinwerfer halbversenkt, vordere in hintere Kotflügel einfließend, Stilelemente der 40er Jahre.

Spartan. Die von dem Schotten James Alistair McIntry gegründete britische Bausatzmarke Spartan hatte ihre Höhepunkte in den 70er Jahren erlebt, als sie eine an den MG TF erinnernde Karosserie für den Aufbau auf halbwegs ausgediente Triumph Herald, Vitesse und Spitfire schuf. Nach dem Abklingen dieser Triumph-Ära wurde der ab 1975 mit eigenem Chassis versehene und um 1980 modifizierte Spartan-Bausatz vor allem auf die Aufnahme der technischen Aggregate des Ford Cortina ausgerichtet. Die Marke aus Pinxton, Nottinghamshire, wurde auch auf der London Motorfair 1983 ausgestellt. Spartan warb mit dem originellen Spruch „A Gentlemans Sporting Carriage". Die Geschäftstätigkeit wurde erst 1995 vollständig eingestellt.

Spartan II. Verblüffende Ähnlichkeit mit dem → Clénet zeigte das amerikanische Neoclassic-Coupé Spartan II, das von R. E. Sparks entwickelt worden war, einen GfK-Aufbau besaß (mit modernem Armaturenbrett und teils mit herausnehmbaren Dachhälften bzw. T-roof) und auf dem verlängerten Unterbau des Nissan 300 ZX basierte. Hergestellt wurden diese 519 cm langen nostalgischen Spartan-Luxuswagen in San Marcos, Kalifornien. Auf der Greater Los Angeles Auto Show von Anfang 1987 wurde festgehalten, dass im Vorjahr 105 Spartan II verkauft worden seien. Später folgte der Sparks (s. oben).

Sportiva. Neben dem Milano (s. oben) zeigte die nun in Bexhill angesiedelte S. & J. Motor Engineering Ltd auf der London Motorfair 1987 eine Sportiva geheißene Spiderkarosserie mit Ferrari-inspirierter Front und Rohrrahmen; damit ließ sich einem gebrauchten Alfa Romeo GTV ein zweites Leben einhauchen.

Spyder. Von der Spydersport Ltd in Peterborough wurden bereits Rohrrahmen für andere Hersteller konstruiert, bevor man auf der London Motorfair 1987 den in Eigenregie entstandenen Spyder Silverstone im Stile des Lotus Seven lancierte. Zum Einbau wurden DOHC-Motoren von Ford oder Toyota empfohlen.

SsangYong. Durch Beschluss der Regierung Südkoreas wurde 1985 die 1981 aus der Firma Shinjin Automobiles hervorgegangene Geohwa Co. von der Dong-A Motor Co. übernommen, aus der 1986 die SsangYong Motor Co. entstand. Shinjin hatte zuvor unter Jeep-Lizenz Geländefahrzeuge gebaut. 1983 wurde von der Geohwa Co. der eigene Geländewagen Korando eingeführt. 1987 übernahm SsangYong die Mehrheit von → Panther in England. 1988 folgte unter der Marke SsangYong u. a. ein als Korando bezeichnetes Lizenzmodell des Jeep CJ-7. Auf dem Salon von Turin wurde im April 1990 neben dem Korando der Family-Wagon, ein Geländekombi mit 2,3-l-Dieselmotor von Isuzu (68 PS), ausgestellt. Ab Ende der 80er Jahre entwickelte sich eine Zusammenarbeit mit Mercedes-Benz (Lieferung bzw. Lizenzherstellung von Motoren, Getrieben und Fahrwerksteilen).

Stallion. Dieser frühere nordamerikanische Cobra-Nachbau wurde auf dem Genfer Salon 1987 als Fabrikat der Stallion Car's GmbH in Nürnberg ausgestellt. Der Umriss des mit dem Pegasus-Pferd im Markenschild geschmückten offenen Sportzweisitzers wurde „mit den typischen Grundzügen der alten Fünfziger" umschrieben, womit der Name Cobra vermieden wurde. Der Stallion (Hengst) basierte allerdings auf dem Chevrolet Corvette (Radstand 244 cm, Länge 396 cm) und besaß auch dessen 5,7-l-V8 mit 300 PS (ebenso 5-Gang-Getriebe oder 3-Stufen-Automatikgetriebe sowie in der damals jüngsten Ausführung die hintere Einzelradaufhängung mit Querblattfeder aus Fiberglas und Alu-Querlenker). Basis bildete ein Gitterrohrrahmen aus Vierkant-Stahlrohren.

Steadman. Unter der Bezeichnung Steadman TS 100 propagierten die Firmen The Capital Fine Car Co. und Ottercraft Ltd aus Hayle nach dreijähriger Entwicklungszeit auf der London Motorfair 1987 eine Kopie des SS 100 Jaguar mit Stahlrahmenchassis, der Mechanik des XJ 6 und handgefertiger Aluminiumkarosserie.

Steering Wheel. Unter diesem Namen bot die Firma Lahav aus London und Florida auf dem Genfer Salon 1982 einen in der Mitte stark verlängerten Mercedes-Benz 500 SEL und einen ebensolchen viertürigen Range Rover an, Letzterer zudem mit zwei Hinterachsen. Auch ein zum Cabrio gewandelter zweitüriger Range Rover wurde ausgestellt, ebenfalls mit hochluxuriösem Innenraum.

Stelzer. Von der Stelzer Autotechnik GmbH in Saarlouis wurde Mitte 1985 der Ford Sierra mit 2,3-l-V6 mittels Garrett-Turbo auf 162 PS gebracht; hinzu kamen weitere technische Eingriffe, auch für das Fahrwerk, sowie ein Spoilersatz: Der Stelzer-Top-Sierra sicherte sich einen kleinen Liebhaberkreis.

Stevens Auf der ersten Autoschau von Birmingham, die im Herbst 1980 stattfand, stellte Anthony Stevens, der bis dahin im Replikageschäft tätig gewesen war, einen Cipher genannten kleiner Sportroadster vor. Er war bloß 355 cm lang, aber ungemein verlockend geformt, so recht dazu angetan, für den 1971 aus der Produktion gestrichenen Austin (-Healey) Sprite endlich einen Nachfolger zu verkörpern. Allerdings war

Stevens Cipher, 1981

die Stevens Cars Limited in Warwick nicht in der Lage, eine entsprechende Produktion aufzuziehen, und Kontakte mit → Reliant verliefen im Sand. Das Design des Cipher erinnerte an den ersten Lotus Elan. Allerdings waren die Scheinwerfer nicht unter Klappen, sondern in Mulden der flachen Front untergebracht. Basis bildete der Profileisen-Chassisrahmen des Reliant Kitten, und auch die gesamte Mechanik sowie die Aufhängungselemente entstammten diesem Kleinauto: 848-cm^3-Alumotor mit seitlicher Nockenwelle, 41 PS, Hinterradantrieb, vorne Dreieckquerlenker, hinten Starrachse mit Halbelliptikfedern, Vierrad-Trommelbremsen, Leergewicht 550 kg.

Steyr-Diamant. Die österreichische Lastwagenmarke Steyr fand 1988 in der Schweiz im Pkw-Bereich eine Revirement, indem die von Jürg Fässler geführte Steyr-Daimler-Puch (Schweiz) AG in Steffisburg den Steyr-Diamant auf den Markt brachte. Dabei handelte es sich um ein – bereits typengeprüft – zum Elektroauto gewandeltes Kleinstauto des französischen Herstellers Teilhol (s. unten): zweisitzige GfK-Karosserie, Bosch-Elektromotor TRL im Heck, acht 6-Volt-Batterien, 9 PS, Leergewicht 660 kg, Reichweite 60–70 km, Spitze 60 km/h. Trotz Anschubhilfe aus dem Alternativenergie-Fonds des Kantons Bern blieb das Kaufinteresse zu klein.

Steyr-Diamant, 1988

Strosek. Ab den 80er Jahren eignete sich unter den zahlreichen deutschen Karosserie-Veredelungsspezialisten der Designer Vittorio Strosek einen besonderen Namen an. Bevor er sich selbständig machte, hatte er bereits die Evex-Porsche und die Koenig-Ferrari Specials entwickelt. 1983 schuf er den Auto Vittorio (Porsche) 928 S, auf den zahlreiche weitere äußerliche und fahrwerkmäßige Aufwertungen deutscher Oberklassewagen folgten. Bemerkenswert war der auf der IAA 1987 gezeigte Strosek 911 Version III mit Bosch-Projektionsscheinwerfern in winzigen Öffnungen vor den Radhäusern. Anfang 1988 wurde von Strosek Auto Design in Utting am Ammersee eine Art Kombiheck für den Porsche 944 Turbo angeboten.

Styleauto. Diese Firma aus Wegberg bei Düsseldorf schuf besonders radikale Designelemente, die z. B. die Flanken des VW Golf (1984) mit Radhausverbreiterungen, Schwellern und Längssicken samt Front- und Heckabschluss gänzlich ummodulierten.

Styling S. Beinahe wäre die Schweiz zu einer neuen Automarke gekommen, doch das auf dem Genfer Salon 1988 vorgestellte Geländecoupé Styling S kam nie in Serie: Die Silhouette der GfK-Karosserie war vom Mercedes-Benz CE inspiriert und besaß eine Metallstruktur, die auf einem neuen Range-Rover-Chassis aufgebaut worden war. Es wurden eigene Superräder (Dimensionen wie beim Lamborghini LM-002) verwendet. Die Firma Styling S in Yverdon-les-Bains wurde vom Franzosen Yves Seitz geführt.

Suhe. Suhe galt als Markenname für Tuning, Entwicklung, Produktion und Montage von De Tomaso, und hinter ihm standen Martina und Uli Stoll in Görwihl im Südschwarzwald. Der 1987/88 entstandene Suhe Hai 350 S war ein auffallend sportiv hergerichteter De Tomaso Pantera mit eigenem hinterem Lufteinlass und imposantem Heckflügel (Ford-5,8-l-V8, 270 PS, zahlreiche technische Raffinessen ganz nach Kundenwunsch).

Sulky. Niedlich sah er aus, und kantig war er: Der ab 1985 von Giovanni Casalini (s. oben) in Piacenza hergestellte Sulky Break-matic, ein zweisitziges, dreitüriges Kleinstauto mit leicht schräg stehendem Grill aus Senkrechtstäben zwischen Rechteckscheinwerfern, flacher Frontscheibe, seitlichen Schiebefenstern und runden Türgriffen, Sportlenkrad... und dicken Schallschluckwänden um den im Heck installierten luftgekühlten Einzylinder-Dieselmotor von Lombardini: 325 cm^3, 4,8 PS bei 2600/min, Fliehkraftkupplung, Vario-Getriebe, 0–40 km/h in 13 s, 40 km/h Spitze, 2,5 l/100 km, 152 cm Radstand, 246 cm kurz, 121 cm schmal; für Zulassung ohne praktische Fahrprüfung (ein eifrigen Importeur hatte ihn für die Schweiz typenprüfen lassen).

Sun Car. Er hatte nichts mit dem französischen Suncar zu tun, sondern war ein auf der Motorshow Essen von Ende 1985 ausgestellter Buggy: Sun Car Terral von der Sun Car Produktions GmbH in Quickborn; Kastenprofilrahmen, Radstand 203 cm, Verwendung von VW-Teilen, einschließlich 1,6-l-Heckmotor des Käfers; TÜV-Mustergutachten vorhanden.

Sunrise. Die von Ross Vick in Des Moines, Washington, gegründete Sunrise Automobile Corporation baute Neoclassic-Limousinen mit der Besonderheit, dass sich an die übliche wuchtige Front im Stile von Luxuswagen der 30er Jahre ein breiter hinterer Aufbau anschloss, bei dem die hinteren Radhäuser nur noch durch Ausbuchtungen markiert waren. Vor dem Phantasiekühler prangten doppelstöckige Stoßstangen und vier Kompressorhupen. Auch die seitlichen Simili-Kompressorrohre und Reserveradbehälter fehlten nicht. Als zehnter Neoclassic entstand 1987 ein auf 747 cm verlängerter Sunrise Royale auf (alter) Cadillac-Fleetwood-Basis.

Super Seven. Nachdem es bereits Nachbauten des → Caterham (ex-Lotus) Super Seven aus den Niederlanden und Irland (für die USA) sowie aus Australien gab, bot 1983 auch die kanadische Firma Super Seven Cars Co. einen solchen offenen Sportzweisitzer als Bausatz und Fertigmodell an: mit Originalschriftzug und -signet, aber Antriebsaggregaten aus dem Toyota Corolla mit auf Wunsch von 78 auf 85 PS gesteigerter Leistung.

Swissauto. Von der Firma Swissauto/Wenko AG in Burgdorf wurde 1988 mit dem Typ Al Capone ein für den Export bestimmtes Liebhabercoupé im Stile der Chevrolet der 30er Jahre nach Art der amerikanischen Custom-cars in Herstellung genommen: GfK, Außenmaße 390x200x138 cm, Chevy-V8, 5850 cm^3, 511 PS bei 6100/min, 1070 kg; es war eine Serie von 20 Exemplaren geplant.

Taipan. Mit dem Taipan schuf die Firma GJM in Sydney, Australien, 1986 eine Kopie des AC Cobra 427. Dank 7,4-l-V8 mit Chevrolet-Block, speziellen Zylinderköpfen und Doppelturbo sowie dem Betrieb mit Flüssiggas sollen über 400 PS erreicht und damit die Leistungsfähigkeit des Original-Cobras noch übertroffen worden sein. Es wurden mindestens acht Taipan gebaut.

Tarpan. Unter den Bezeichnungen PW-2 und Tarpan 4WD erprobte die polnische Nutzfahrzeugfirma FSR (Fabryka Samochodow Rolniczych) in Poznan schon 1987 Prototypen eines dreitürigen, sechsfensterigen Geländewagens mit Kunststoff-Hardtop. Gegen Mitte 1989 lief die Serienproduktion des Tarpan Honker (= Huper) 4WD an: geschlossene Karosserie oder mit Blachenverdeck, mit bis 10 Sitzen (oder auch mit sechssitziger Doppelkabine); 280 cm Radstand, 454 cm lang, auch kürzer und länger geplant; 1,5-l-Motor von FSO oder 1,6-l-Motor aus dem FSO Polonez, auch mit importierten Dieselmotoren für den Export vorgesehen; Vierrad- oder auch nur Hinterradantrieb.

Technic. Der Technic 550 Spyder, der von der Technic Ltd aus Andover auf der London Motorfair 1987 gezeigt wurde, war ein Nachbau des Porsche mit der gleichen Modellbezeichnug: Bausatz mit aufwändigem Stahlrohrchassis samt Mitteltunnel, GfK-Karosserie in Sandwichbauweise, vordere Dreieckquerlenker, De-Dion-Hinterachse, für Mittelmotor VW oder Porsche 1,3 bis 2,4 l, weitere Aggregate von VW 1302 oder 1303.

Tecoplan. Die Tecoplan Entwicklungs- und Prototypenbau GmbH aus München zeigte auf den Genfer Salons 1988/89 mit dem Leo de Ville ein für die Serienherstellung gedachtes „Nahverkehrsfahrzeug für zwei Personen". Die von Graf Waldburg-Zeil geführte Tecoplan plante zusammen mit dem ungarischen Bushersteller Ikarus ab Ende 1990 jährlich 2000 Exemplare dieses 250 cm kurzen, mustergültig geformten Einvolumen-Stadtautos mit Fiat-Panda-770-cm^3-Mechanik zu produzieren. Es blieb jedoch bei der Konzeptstudie (Details in „Zukunftsautos der 80er Jahre").

Teilhol. Die Firma Teilhol in Coupière im Puy de Dôme baute bereits das Mehrzweckfahrzeug Rodéo für → Renault (5000/Jahr) sowie Invaliden- und Elektrofahrzeuge, als sie gegen Mitte 1981 den Simply propagierte: ein Kleinstauto nach französischen Normen mit 50- oder 125-cm^3-Motor für das Fahren nach bestandener Theorieprüfung (und schon ab 16). Die Kunststoffkarosserie wurde auf einen Rohrrahmen montiert und besaß eine Schrägfront mit Doppelscheinwerfern und ein Stoffdach und -hinterteil (eine Art Cabriocoupé) sowie einen fest montierten Überrollbügel. 1984 gab es den TDX mit verlängerter Karosserie und das Minimalmodell Citadine mit offenen Seiten oder Türen und auf dem Heck aufgesetztem Einkaufskorb. 1986 wurde auf dem Salon Paris das wohlgeformte Limousinchen 400 TLX vorgestellt (Lombardini-Dieselmotor, 325 cm^3, 5,2 PS ohne bzw. 395 cm^3, 6,5 PS mit Führerschein).

Auf dem Genfer Salon 1987 präsentierte Teilhol mit dem Tangara einen Nachfolger für die nicht mehr gebauten Renault 5 Rodéo und Citroën Méhari. Er basierte auf dem 2 CV mit 602-cm^3-Motor, und seine hübsche Karosserie besaß einen aus Senkrechtschlitzen bestehenden Frontgrill; ab der B-Säule folgte ein Stoffverdeck. 1988/89 wurden jeweils etwa 1000 Tangara gebaut. Im Herbst 1988 kam mit dem Theva eine offene Freizeitversion des Citroën AX mit eigener Karosseriefront hinzu: B-Säulen und vordere Dachrahmen blieben fix. Dieses bis zum Kombi wandelbare Vielzweckauto wurde auf dem Genfer Salon 1990 als Teilhol Tangara 1100 gezeigt. Drei Monate später musste die Firma Teilhol liquidiert werden.

Teilhol Tangara 1100, 1990

Thiel-Mako. So hieß eine heisse Tuning-Version des dreitürigen Ford Sierra, die im Herbst 1984 von der Firma Ford-Thiel GmbH in Wülfrath angeboten wurde. Für die Leistungssteigerung von 105 auf 150 PS sorgte die Tuningfirma Mako.

Thoroughbred. Neben der Thoroughbred Cars (UK) Ltd, die auf der London Motorfair 1981 den → Merlin lanciert hatte, konstruierte im amerikanischen Bundesstaat Washington die Thoroughbred (= Vollblut) Motorcars Inc. eine bemerkenswert echt wirkende, luxuriös ausgerüstete Kopie des Mercedes-Benz 540 K von 1936 als Kunststoff-Bausatz, der sich mit diversen Vier- und Sechszylindermotoren ausrüsten ließ.

Tilbury. Um 1986 bot die Firma Stylisme et Mécanique aus dem französischen Coignières einen Roadster im Stile des Morgan, der auf der Plattform des Renault 5 aufgebaut wurde.

TMC. Dieses Kürzel stand für Thompson Manufacturing Co. in Wexford, Irland, und ihr Modell Costin war ein Vollblutsportwagen im Lotus-Seven-Stil, aber mit Targadach, Schrägflügeltüren, ellenlanger schlanker, nach vorne absinkender Motorhaube und angesetzten Kotflügeln: neuartiges Gitterrohrrahmenchassis nach „aircraft specification" (es wurde von Frank Costin konstruiert!), Ford-Vierzylinder von 84 bis 150 PS (Cosworth-BDR/DOHC), eigene Aufhängungen; erfolgreiche Renneinsätze schon 1983, Straßenversionen auch ab London Motorfair 1985.

Tomaszo. Zunächst unter der Bezeichnung TPS lieferte die Firma Tomaszo Fiberglas Produkte aus dem österreichischen Achau ab 1984 nach amerikanischer Vorlage Replikaaufbauten für den VW-Käfer-Plattformrahmen. Optisch auffallend war der Tomaszo P 35, eine Imitation des legendären Rennsportwagens Alfa Romeo P3 von 1930. Auf der IAA 1985 zeigte Wilhelm Tomaszovits ausserdem zusammen mit Mo-Car Technik aus München (s. oben) einen Nachbau des Ford V8 von 1934 mit Sierra- oder Granada-Technik. Für dieses Modell wie für eine wuchtige Imitation des Alfa Romeo B 36 von 1931 wurde ein Kastenrahmen aus Rechteckrohren konstruiert, Fahrwerk und Antrieb stammten jedoch vom modernen Alfetta. 1987 wurden gleichenorts zudem Hot-Rod-Replikamodelle u. a. des Ford-Roadsters von 1934 sowie weitere Neuheiten (u. a. ein Nachbau des BMW M1) angeboten. Bis Ende der 80er Jahre erweiterte sich das Angebot überdies auf Nachbauten/Imitationen des Ford GT 40, Lola V8, Lamborghini Countach sowie auf das Rennsportcoupé Ultra-C.

Tomaszo Alfa P3, 1984

Tornado. Eine englische Marke Tornado hatte es bereits von 1957 bis 1964 gegeben. 1984 wurde von Vater und Sohn Alan und Andrew Sheldon in Kidderminster, Worcestershire, erneut dieser Markenname gewählt und zwar für die Verwirklichung jener 1969 von dem Rennfahrer und Konstrukteur Bruce McLaren geplanten Straßenversion des Renncoupés M6 Can-Am: Weil McLaren verunglückte, blieb dieses Projekt damals liegen. Der Tornado M6 GT war ein individuell motorisier- und ausrüstbares Mittelmotor-Hochleistungscoupé. Es wurde bis 1992 als Bausatz angeboten. Um 1990 aber kam der Tornado TS 40 hinzu, der sich zum meistverkauften Nachbau des Ford GT 40 entwickeln sollte.

Torpedo. 1989 plante der frühere Bertone-Marketingchef Enzo Prearo mit dem Torpedo by Epic die Serienproduktion eines Jeep Cherokee Cabriolet aufzuziehen. Die B-Säulen bildeten Teil eines Überrollschutzbügels, die Struktur war aufwändig verstärkt worden und das Design des Stufenhecks stammte von Marcello Gandini.

TPC. Nachdem es eine Replika des Porsche Speedster schon aus anderer Quelle gegeben hatte, stellte die TPC Motor Company auf der Birmingham Motor Show 1984 ebenfalls eine gelungene Replika aus; sie ließ sich mit einem VW-Käfer-1500-Motor bestücken.

Trasco. Die 1971 in Bremen gegründete Karosseriefirma Trasco trat auf dem Genfer Salon 1985 unter der Firma Trasco International aus Zug an: Trasco Gullwing, Basis MB 500 SEC, mit Flügeltüren; Trasco 1000 SEL Limousine, Basis 500 SEL, um 107 cm verlängert, mit allem erdenklichen Zubehör nach Käuferwunsch. In Genf kam 1986 der 1000 SEC hinzu: um 105 cm zur siebensitzigen Chauffeurlimousine verlängerter 500 SEC. 1987 wurden auf dem Genfer Salon zudem gepanzerte Limousinen vorgestellt. Im Herbst 1989 stellte Trasco u. a. die um 82 cm verlängerte Diplomatic-Limousine auf der Basis der MB 200 bis 260 E mit stark verlängerten Hintertüren und drittem Seitenfenster vor.

Trihawk. 1983 wurde in Kalifornien ein offenes und türloses Dreiradfahrzeug vorgestellt, das überraschenderweise nicht über ein angetriebenes Hinterrad verfügte, sondern den Frontantriebssatz des Citroën GSA besaß. Dieser wurde mit Aufhängungskomponenten der kleinen Renault kombiniert. Zwar wurde eine gute Gewichtsverteilung erzielt, aber über starkes Untersteuern geklagt.

Trike (Ufo). So wie ein, zwei Jahrzehnte zuvor die Buggies, so gewannen in den 80er Jahren die ebenfalls aus den USA kommenden Trikes Verbreitung: Sie waren Motorräder mit zwei Hinterrädern und somit kaum den Automobilen zuzurechnen... selbst dann, wenn ihr Hecktriebsatz (wie zum Beispiel beim Trike Ufo) vom VW-Käfer stammte.

Triking. Unter dieser Marke baute der Morgan-Enthusiast Tony Divey in Marlingford, Norwich, ab 1978 einzelstückweise eine Replika des Morgan-Threewheelers; ab 1982 gab es sie als Bausatz: Zentralrohr- und Gitterrohrrahmen, Leichtmetall-Seitenteile, GfK-Hauben, 360 kg, Motor Moto-Guzzi 950 mit luftgekühltem V2-Motor und 70 PS.

Tropic. Die Tropic Automobil-Vertriebs GmbH aus Crailsheim warb auf dem Genfer Salon 1982 für einen zum Vollcabriolet gewandelten BMW 635 CSi (mit Regensensor); es wurde eine Jahresproduktion von 400 Stück anvisiert. Während kurzer Zeit baute Tropic auch ein Cabriolet auf dem Opel Ascona.

Turmesa. Auf dem Salon von Barcelona 1981 wurde von der spanischen Firma Turmesa ein Turbo-Dieselmotor für den Seat Panda vorgestellt. Dieselmotoren waren in Spanien wegen der Betriebskosten besonders attraktiv.

TWR. Die gegen 200 Leute beschäftigende Tuningfirma TWR = Tom Walkinshaw Racing präparierte im Auftrag von BL Rover- und Jaguar-Modelle für den Gruppe-A-Einsatz. Anfang 1984 entstand u. a. auch eine Straßenversion des Jaguar XJS mit feingetuntem V12-Motor, Chromstahlauspuff, gründlich überarbeitetem Fahrwerk, Front- und Seitenspoilern, Heckflügel und veredeltem Innenraum. Auf dem Genfer Salon 1988 war TWR mit Mazda-Anbausätzen präsent.

Uckermann. Von dieser Karosseriefirma in Köln-Poll wurde 1982/83 eine türlose Offenversion des Renault 4 mit Notverdeck und anknöpfbaren Seitenteilen angeboten. Es war eine kleine Serienherstellung geplant.

VanClee. Unter diesem Namen zeigte eine belgische Firma auf der London Motorfair 1983 eine Mehrzweckkarosserie im Stile eines Geländewagens, die sich auf den Citroën 2 CV und seine Derivate montieren ließ.

Veep. So hieß eine auf der IAA Frankfurt 1981 gezeigte Jeep-Imitation, deren Karosserie aus 1,5 mm dickem Stahlblech angeblich auf Willys-Originalpressen entstand, aber mit der VW-Käfer-Plattform vereint wurde. Diese wurde mit einem Kastenrahmen mit X-Traverse kombiniert. Bei 2 m Radstand erreichte die Länge 324 cm. Der aus Kalifornien stammende Veep (in den USA auch unter dem Namen Scamp kommerzialisiert) wurde in Kitform oder fertig aufgebaut von der niederländischen Firma Wil-Mac Europa BV angeboten. 1986 tauchte diese Wil-Mac-Konstruktion unter der Bezeichnung Scamp 1600 erneut in den Niederlanden auf.

Versilia. So hieß ein verglaster Heckeinsatz, der sich anstatt der Original-Heckklappe bei dem Fiat Croma einsetzen ließ und diesen zu einem Kombi wandelte. Der Vertrieb erfolgte ab Ende 1988 durch die Firma J. Furtmayr in München (Entwicklung Romaldini/Biccario GmbH; analoge „Glaserker" gab es auch aus anderen Quellen).

Vestatec. Die Firma Vestatec in Oer-Erkenschwick verwandelte 1984 Nissan 280 ZX mit Targadach in echte Flügeltürencoupés und lieferte einen passenden Spoilerset dazu. 1985 entstand eine Cabriovariante auf Mitsubishi Cordia, und auf der IAA überraschte Vestatec mit dem Eigenmodell Magnum (s. oben).

Viper. So schlau bezeichnete die Firma Bright Wheel Replicas Ltd aus Christchurch ihren auf der London Motorfair 1987 gezeigten Cobra-Nachbau. Es gab ihn mit Ford-V6-, Rover-V8- und Jaguar-V12-Motor (diesen als Einzelstück mit wuchtigen Ausbuchtungen).

Voll. Die Karosseriefabrik Voll GmbH in Würzburg war Anfang 1985 von der englischen Hammond-Gruppe übernommen worden. Sie fertigte u. a. von der Firma Schwan (s. oben) entwickelte Cabrioletvarianten und wurde einer der größten Cabriohersteller Europas. Für Hammond & Tiele (s. oben) wurden nahezu 2900 offene Opel Ascona hergestellt und für Toyota annähernd 1000 Celica-Cabrios.

Weinem. 1981 zeigte der Garagist und frühere Buggykonstrukteur Jürg Weinem aus Horgen am Zürichsee (wie schon 1980) seinen Cobra Replica, einen gelungenen Nachbau des berühmten AC Cobra. Das Chassis ließ er eigens in Basel konstruieren, und für den Antrieb diente ein 5,7-l-V8 Chevrolet LT (doch passten auch andere V8-Motoren in das Chassis). Die Vorderradaufhängung entsprach den Opel Ascona/Manta 400, jene für die Hinterräder stammte von Jaguar. Seine Kunden fand Weinem nicht zuletzt in Deutschland. 1983 entstand unter Weinems Mithilfe das 2+2-sitzige Coupé Dukat auf der Basis des VW Golf.

Whisper Von der Hope Motor Co. im dänischen Hadsund wurde Anfang der 80er Jahre unter der Bezeichnung Hope Whisper ein hübsches Elektroauto entwickelt. 1984 verlautete, dass mit einer amerikanischen Handelsgesellschaft ein Vertrag für die Lieferung von angeblich 226'000 Elektroautos innert zehn Jahren abgeschlossen worden sei. Doch auf der IAA 1985 war nur noch von einer Erstserie von 200 Whisper die Rede. Der Viersitzer besaß Türen des VW Polo und wog 875 kg; Abmessungen 362x163x140 cm, ein Dutzend Batterien, 10-kW-Elektromotor, Spitze 80 km/h, Reichweite bei 60 km/h 100 km.

Whisper, 1985

Wingfield. Erst Mitte 1986 hatte Brian Wingfield seine Tätigkeit als Chassisentwicklungsingenieur bei der Ford-Nutzfahrzeugabteilung endgültig aufgegeben, um sich auf seiner Farm in East Hanningfield, Essex, vollumfänglich dem Hobby zu widmen: der Restauration von Ford GT 40 und dem Nachbau der Jaguar C- und D-Type. Von 1974 bis 1987 wurden so über 20 D-Type- und sieben C-Type-Replikas (die für den Straßenverkehr zulässig waren) auf die Räder gestellt, wobei sich Wingfield die Mitarbeit von 15 spezialisierter Firmen und Einzelpersonen gesichert hatte: Die Gitterohrrahmen wurden originalgemäß von Bill Wilkinson nachgebaut und die Karosserien stammten von Classic Autos, während die Mechanik vom Jaguar XK 140 SE (getunt) und die Vorderachse vom E-Type stammten.

Wood & Pickett. Diese englische Firma hatte sich auf mit Leder und Edelholz angereicherte Luxus-Mini spezialisiert. Auf der Birmingham Motor Show zeigte sie im Oktober 1980 den Laser-Metro mit allen erdenklichen Komfortmerkmalen bis zum TV-Apparat im Fond. Doch bekannt wurden Wood & Pickett vor allem durch die Sheer Rover (s. oben). Im Sommer 1986 wurde erneut ein besonders aufwändig verschönerter Laser-Metro propagiert.

XK-1. Unter dieser Bezeichnung wurde das wohl ungewöhnlichste und futuristischste Dreirad propagiert, das man sich vorstellen konnte: Vorderrad unter einer raketenförmigen, langgestreckten Front mit halbwegs auskragenden weit zurückversetzten Rechteckscheinwerfern, Dach samt Seitenteilen und Frontscheibe für Ein- und Ausstieg nach vorne hochklappbar, luftgekühlter Heckmotor (z. B. von Briggs & Stratton), weitere mechanische Teile von diversen japanischen Modellen. Angeboten wurde dieser Bausatz mit eigens entwickeltem Chassis-Stahlrahmen und vormontierter GfK-Karosserie 1981 von der Western Front Inc. in San Antonio, Texas.

Zagato. Das Karosseriewerk Zagato in Terrazzano di Rho bei Mailand war durch seine hochsportlichen, in Kleinserie gebauten Sonderaufbauten für Abarth, Alfa Romeo und Lancia zu einem Begriff geworden. Zudem schuf Zagato zahlreiche Einzelstücke und Kleinstserienfahrzeuge u. a. für Aston Martin und Ferrari, und anderseits waren in den 70er Jahren Elektro-Kleinstautos in Serie hergestellt worden. 1981 wurde weiterhin der → Bristol 412/S2 karossiert. Zusammen mit der Tonali SpA schuf Zagato den gepanzerten Alfa Romeo 2000 Blindata, der allein im Jahre 1981 einen Ausstoss von 300 Exemplaren erreichte. Auf dem Genfer Salon 1983 wurde mit dem rundlich geformten 2+2-sitzigen Aluminiumcoupé Alfa Zeta 6 das Projekt für eine mögliche Kleinserienherstellung vorgestellt; es gab keine Umsetzung. Hingegen kam mit dem → Maserati Biturbo Spyder für 1985 ein Großauftrag ins Haus, war für ihn doch eine Jahresproduktion von (allerdings zu hoch gegriffenen) 1000 Stück geplant. 1989 wurde auf dem Genfer Salon der spektakuläre → Alfa Romeo SZ vorgestellt und gleichzeitig auch der Autech (s. oben) Zagato Stelvio.

Zender. Die Zubehörfirma Zender in Mülheim-Kärlich bei Koblenz zeigte auf der Motor Show Essen Ende 1982 einen zum „Edelkombi" gewandelten Mercedes-Benz 500 SE mit Front im SEC-Coupé-Look und zahlreichem Karosseriezubehör. Ab der IAA Frankfurt 1983 brillierte Zender mit äußerst aufwändig konstruierten Sportwagenkonzepten (Buch „Zukunftsautos der 80er Jahre"). Auf dem Genfer Salon 1989 zeigte Zender in Weltpremiere das für die Kleinserie in Eigenregie bestimmte, mit zahlreichen Zubehören veredelte Cabriolet VW Corrado, dessen Unterbauverstärkungen aus Kohlefaser-Sandwichelementen bestanden. Anfang 1990 schuf die Zender-Firmengruppe den für die Kleinserie bestimmten Suzuki Swift Speedster mit um 14 cm niedrigerer Frontscheibe, zwei rennsportlichen Schalensitzen, Vierpunktgurten, Sportfahrwerk und Steckverdeck.

Zhonghua. 1986 ging bei der Zhonghua Motors Co. in der Volksrepublik China ein modern geformter zweitüriger, fünfsitziger Kleinwagen mit angefügtem offenem Kofferraum, Kunststoffkarosserie und 800-cm^3-Motor von Daihatsu in Produktion. Es gab auch eine viertürige Version. Zunächst war eine Herstellung von 2000/Jahr in der Sonderzone Shenzhen bei Hongkong geplant, doch waren angeblich 500'000 Bestellungen von Gemeinden, Fabriken und weiteren staatlichen Institutionen eingegangen und man verhandelte mit der Regierung um die Mittel für eine Großproduktion.

Preisliste 1986

Neuwagenpreise für den Modelljahrgang 1986
in DM ab Ende 1985 – in Fr. ab Frühjahr 1986
(D / CH)

	DM mit MwSt.	Fr. mit U'st.
AC = Autokraft		
Mk IV		150'000.–
Albar		
Sonic		39'000.–
Alfa Romeo		
Alfa 33 1.3	17'290.–	
Alfa 33 1.5 / SL	18'990.–	15'750.–
Alfa 33 1.5 Quadr.Oro	19'990.–	16'850.–
Alfa 33 1.5 Quadr.Verde	20'490.–	18'200.–
Alfa 33 1.5 Kat.		17'250.–
Alfa 33 1.5 Giardinetta	21'990.–	
Alfa 33 1.5 4x4	22'490.–	18'620.–
Alfa 33 1.5 4x4 Giard.	24'790.–	20'700.–
Sprint 1.3 / 1.5	19'950.–	17'200.–
Sprint 1.5 Quadr. Verde	23'990.–	18'650.–
Giulietta 1.6	22'990.–	
Giulietta 1.8		19'800.–
Giulietta 2.0	24'990.–	21'200.–
Alfa 75 1.8		19'900.–
Alfa 75 2.0		21'900.–
Alfa 75 2.5 Quadr.Verde		26'850.–
Alfa 90 2.0 Iniezione	29'990.–	24'750.–
Alfa 90 2.5 V6		26'700.–
Alfa 90 2.5 V6 Quad.Oro	34'590.–	29'800.–
do. Kat.		31'300.–
Alfa 90 2.4 Turbodiesel	32'900.–	26'800.–
Alfa 6/Sei	42'500.–	32'500.–
GTV 2.0	29'990.–	23'500.–
GTV 6 2.5	37'390.–	28'900.–
do. Kat.		30'400.–
Spider 1.6	27'790.–	
Spider 2.0	30'890.–	26'000.–
Spider 2.0 Quadr. Verde		30'500.–
Alpina (BMW)		
C1 2.3 (2-türig)	45'300.–	44'850.–
B6 2.8 (2-türig)	61'900.–	59'250.–
B6 3.5 Kat.		69'250.–
B7 Turbo Lim.	88'900.–	82'100.–
B7 Turbo Coupé	123'000.–	104'500.–
B7 Turbo Coupé Kat.		112'500.–
B9 3.5 Lim.	74'950.–	69'650.–
B9 3.5 Coupé		89'900.–
B 10 3.5 Kat.		71'500.–
B 10 3.5 Coupé Kat.		93'100.–
AMC		
Eagle Sport Wagon		39'800.–
do. Kat.		41'300.–
Eagle Limited Wagon		44'800.–
do. Kat.		46'300.–
Arna		
1.2 L / 1.3 SL	14'490.–	13'550.–
1.3 TI	16'490.–	14'350.–
Aston Martin		
V8 Automatic	225'800.–	193'900.–
V8	233'200.–	199'900.–
V8 Vantage	245'900.–	210'300.–

Bemerkungen: Auch bei identischen Bezeichnungen stimmte die Ausstattung in Deutschland und in der Schweiz nicht immer überein (tendenziell war die Serienausrüstung in der Schweiz reichhaltiger). 1985/86 wurden in diesen Ländern erste Modelle mit Katalysator angeboten.

Aufpreis für Automatikgetriebe (Beispiele):

Audi 80	DM ab 1530.–
Ford Escort	DM 1095.–
Ford Sierra	DM ab 1240.–
Mazda 323	DM 975.–
Mitsub. Galant	DM 1500.–
Nissan 300 ZX	DM 1995.–
Opel Kadett	DM 1397.–
Opel Ascona	DM bis 1568.–
Opel Rekord	DM bis 1925.–
Porsche 928 S	DM 3990.–
Subaru 1800 4WD	DM 1300.–
Suzuki Alto	DM 1000.–
Toyota Corolla	DM 1150.–
T. Celica Supra	DM 2450.–
Volkswagen Golf	DM bis 2520.–
Volksw. Passat	DM bis 3485.–
Volvo 740	DM 1900.–

„bis" = teils mit Zusatzausstattung

Aufpreise für Zubehöre (Beispiele):

	Mercedes-Benz	Renault
Servolenkung	DM 912.–	DM 750.–
Zentralverrieg.		DM 280.–
Fensterheber v.	DM 872.–	DM 600.–
Schiebedach		DM 770.–
el. Schiebedach	DM 1521.–	DM 1350.–
Klimaanlage	DM 3921.–	DM 2000.–
ABS	DM 3043.–	
Airbag (Lenkrad)	DM 2180.–	

Quellen: „Auto-Katalog" 29/1986 (DM) und „Katalog der Automobil Revue 1986" (Fr.)

	DM mit MwSt.	Fr. mit U'st.
V8 Volante Automatic	260'100.–	221'900.–
V8 Volante	267'400.–	227'900.–
Lagonda	317'100.–	271'200.–
Audi (Auszug)		
(Aufpreis Katalysator	ab 1690.–)	
80 1.3 2-türig	17'975.–	
80 1.6 2-t. C 1.6 4-t.	19'250.–	17'450.–
80 CC 1.6	20'520.–	19'450.–
80 GT 1.8 Quattro		26'300.–
80 GTE Quattro (4-t.)	32'070.–	29'700.–
80 CC Diesel / C Diesel	22'550.–	18'980.–
80 CC Turbo-Diesel	24'890.–	22'400.–
90 2.0	28'190.–	24'980.–
90 2.2	30'630.–	25'980.–
90 Quattro	38'505.–	34'100.–
Coupé C 1.8	24'960.–	22'200.–
Coupé GT 2.0	33'370.–	28'700.–
Coupé Quattro	40'385.–	36'300.–
100 C 1.8	24'560.–	21'700.–
100 C 1.8 Quattro	32'690.–	29'400.–

	DM mit MwSt.	Fr. mit U'st.
100 CC 2.2	31'140.–	27'350.–
100 CD 2.2	36'395.–	30'650.–
100 CS Quattro	42'090.–	36'600.–
100 Avant C 1.8	27'190.–	24'100.–
100 Avant C 1.8 Quattro	35'320.–	31'800.–
100 Avant CS 2.2	35'570.–	31'400.–
100 Avant CS Quattro	44'720.–	39'000.–
200 2.2	42'830.–	
200 Turbo 2.2	49'545.–	45'650.–
200 Quattro	59'755.–	53'700.–
200 Avant Quattro	62'385.–	56'100.–
Quattro	77'845.–	67'000.–
Quattro Sport		160'000.–
Austin		
Mini 1000 HLE	10'225.–	
Mini Mayfair Sport	11'930.–	
Metro Surf	12'050.–	
Metro 1000 LS (3-türig)	12'450.–	
Metro 1000 LS (5-türig)	13'200.–	
Metro 1.3 Mayfair 5-t.	13'925.–	13'450.–
Metro 1.3 Vanden Plas		14'600.–
Metro Turbo	16'925.–	
Maestro 1.3	14'465.–	
Maestro 1.3 LS / 1.3 HL	15'815.–	14'400.–
Maestro 1.6 Mayfair		16'175.–
Montego 1.6 LS	17'145.–	
Montego 1.6 HL	20'895.–	
Montego 2.0 Mayfair		19'850.–
Montego 2.0 Estate		19'850.–
Bentley		
Eight	186'846.–	152'500.–
Mulsanne	225'150.–	183'000.–
Mulsanne LWB		218'000.–
Mulsanne Turbo R	269'838.–	219'500.–
Mulsanne Turbo R LWB		253'000.–
Continental Convertible	325'356.–	291'500.–
Bertone		
Cabrio	23'980.–	
Cabrio Palinuro	25'630.–	
X 1/9	21'070.–	20'600.–
X 1/9 S / i.e. Kat.	23'730.–	22'950.–
X 1/9 S i.e. Kat.	26'250.–	
Bitter		(Ende 1985)
SC 3.0 Coupé	115'600.–	99'500.–
SC 3.9 Coupé	125'400.–	109'000.–
SC 3.0 Lim.	138'400.–	120'900.–
SC 3.9 Lim.	148'200.–	130'500.–
BMW (Auszug)		
(Aufpreise Katalysator	ab 1800.–	ab 1300.–)
316	21'800.–	
318i	24'200.–	20'250.–
320i	28'150.–	24'100.–
323i		28'100.–
325e Kat.		26'550.–
325i	33'000.–	
325 iX / Kat.	42'500.–	37'000.–
324d	27'450.–	23'450.–
4-türig, je +	900.–	750.–
325i Cabrio	41'600.–	

Preisliste 1986

	DM mit MwSt.	Fr. mit U'st.
M3	58'000.–	
518i	26'500.–	21'650.–
520i	30'650.–	29'050.–
525e / Kat.	32'650.–	31'700.–
525i	35'950.–	
528i	39'250.–	36'750.–
535i / Kat.	48'400.–	43'750.–
M 535i	51'100.–	44'850.–
M5	80'750.–	
524 td	33'850.–	32'700.–
628 CSi	61'100.–	
635 CSi	70'250.–	62'500.–
M 635 CSi	93'550.–	
728i	45'950.–	43'600.–
732i	51'050.–	
735i	57'650.–	54'750.–
735i Executive / HL	76'710.–	73'550.–
745i	67'950.–	65'800.–
745i Executive / HL	87'010.–	82'700.–
Baur Top-Cabrio ab 316	28'560.–	
do. bis 323i	38'170.–	
Buick		(mit Kat.)
Skylark		43'900.–
Somerset		43'700.–
Century		46'700.–
Century Station Wagon		48'300.–
Electra Park Avenue		59'500.–
Cadillac		(mit Kat.)
Deville		67'600.–
Fleetwood d'Elegance		77'300.–
Caterham		
Super Seven		31'000.–
Chevrolet		(mit Kat.)
Caprice		46'300.–
Caprice Station Wagon		47'900.–
Blazer T		49'700.–
Chrysler		(mit Kat.)
LeBaron Convertible		49'500.–
New Yorker		54'100.–
Citroën (Auszug)		
2 CV 6 Club	8'440.–	8'090.–
2 CV 6 Charleston	9'160.–	9'580.–
Acadiane	10'810.–	
Visa	10'670.–	
Visa Club	11'825.–	10'130.–
Visa 11 RE	12'845.–	11'530.–
Visa 14 TRS	14'780.–	13'520.–
Visa GTI	18'900.–	
Visa Plein Air	17'600.–	
Visa 17 D	14'655.–	13'210.–
Visa 17 RD	15'760.–	14'790.–
GSA Special	13'890.–	
GSA Special Break	15'090.–	
GSA X1	15'590.–	
BX 14	16'320.–	
BX 14 E	17'550.–	14'190.–
BX 14 RE	18'190.–	15'200.–
BX 16 RS	19'550.–	16'780.–

	DM mit MwSt.	Fr. mit U'st.
BX 16 TRS	20'550.–	18'150.–
BX 19 GT	22'230.–	19'250.–
BX 19 RD	20'590.–	17'840.–
BX 19 TRD	22'400.–	19'340.–
BX 16 RS Break		19'200.–
BX 19 TRI Break		23'050.–
CX 20 RE	25'330.–	
CX 20 TRE		23'360.–
CX 25 RI	30'310.–	25'800.–
CX 25 GTi	32'390.–	28'360.–
CX 25 GTi Turbo	40'540.–	
CX 25 Prestige	46'300.–	38'450.–
CX 25 TRD (Turbo)	33'870.–	30'090.–
CX 25 TRD Turbo lang	35'230.–	
CX 20 Break / RE Break	29'470.–	24'380.–
CX 25 TRI Break	34'430.–	28'200.–
CX 25 IE / RI Familiale	33'790.–	28'510.–
CX 25 TRD Break	37'560.–	31'570.–
Daihatsu		
Cuore (3-türig)	9'390.–	
Charade TG	11'390.–	
Charade TS/CS (3-türig)	11'990.–	11'800.–
Charade Turbo (3-türig)	14'450.–	13'900.–
Charade Diesel (3-t.)	13'580.–	
Charade Turbo-Diesel(3)	15'390.–	14'600.–
Charmant 1600 LE	15'250.–	
Rocky		25'650.–
Rocky Long		28'900.–
Rocky Diesel		26'900.–
Rocky Diesel Long		30'500.–
Rocky Turbo-Diesel		29'850.–
Rocky Turbo-Diesel Long		32'950.–
Daimler		
Double Six	91'700.–	88'950.–
De Tomaso		
Pantera		104'000.–
Pantera GTS		94'500.–
Pantera GT5 S		106'500.–
Longchamp		106'000.–
Diavolino ZBR		(11/1985)
250		8'980.–
Donkervoort		
S8		40'000.–
S8A		52'000.–
Felber		
Rubis		14'950.–
Pacha		58'000.–
Oasis		75'000.–
Maserati Quattroporte		145'000.–
Ferrari		
308 GTBi Quattrovalvole	100'000.–	
308 GTSi Quattrovalvole	105'400.–	
328 GTB		92'000.–
328 GTS		96'000.–
Mondial Quattrovalvole	110'400.–	
Mondial Conv. Quattrov.	122'700.–	
Mondial 3.2		103'000.–
Mondial 3.2 Convertib.		110'000.–
400i GT/Automatic	159'000.–	

	DM mit MwSt.	Fr. mit U'st.
412		167'000.–
Testarossa	222'300.–	184'000.–
GTO / (CH: 11/1985)	260'000.–	203'000.–
Fiat (Auszug)		
126	7'790.–	
Panda 34	9'790.–	9'190.–
Panda 45 CL	10'400.–	10'190.–
Panda Super	11'500.–	10'590.–
Panda 4x4	15'100.–	13'950.–
Uno 45 Super / Fire	11'990.–	10'795.–
Uno 55 Super (3-türig)	14'400.–	
Uno 60 / Super(5-türig)	12'990.–	13'100.–
Uno 70 S2 / SL(5-türig)	15'500.–	14'350.–
Uno 75 CL i.e. Kat.		14'990.–
Uno Turbo i.e.	19'350.–	17'500.–
Uno Diesel (3-türig)	14'300.–	
Uno Diesel Super	16'100.–	14'700.–
Ritmo 60 (3-türig)	12'990.–	
Ritmo 75 CL / 70 CL (5)	15'500.–	13'950.–
Ritmo 75 L i.e. Kat.		15'290.–
Ritmo Super 85 Automat.	18'350.–	16'300.–
Ritmo Abarth 125 TC		19'950.–
Ritmo Diesel CL	17'500.–	16'450.–
Regata 75 / 70	16'450.–	14'690.–
Regata 75 Super / +Kat.	17'850.–	17'990.–
Regata 85 Super Autom.	19'150.–	17'340.–
Regata 100 Super	19'900.–	17'840.–
Regata Diesel Super	20'100.–	19'290.–
Reg. Weekend 75 S / 85C	18'995.–	15'890.–
Regata Weekend 100 S		18'690.–
Reg. Weekend DS / Dies.	21'900.–	19'950.–
Croma 2000 i.e. Kat.		24'900.–
Croma 2000 i.e. Turbo		29'700.–
Croma Turbo-Diesel		27'900.–
Ford (Auszug)		
Fiesta 1.0 / 1.1 C	12'765.–	11'380.–
Fiesta 1.3 S / 1.1 CL	14'780.–	12'780.–
Fiesta 1.1 Ghia	16'253.–	14'480.–
Fiesta XR2	17'690.–	16'380.–
Fiesta L Diesel / CL D.	16'455.–	14'600.–
Escort 1.1 / 1.6, ab	14'320.–	14'480.–
Escort Turnier ab	16'320.–	15'940.–
Escort 1.6 GL / CL Kat.	18'425.–	17'300.–
Escort 1.6 Ghia / +Kat.	19'800.–	18'890.–
Escort XR3i	21'800.–	19'990.–
Escort Cabrio ab	23'375.–	
Escort XR3i Cabrio Kat.		25'400.–
Escort Diesel ab	16'870.–	15'090.–
Escort Turnier Ghia D.		18'630.–
Escort RS Turbo	28'750.–	
Orion 1.3 L / 1.6 CL	17'810.–	15'930.–
Orion Inj. / Ghia Inj.	22'020.–	18'550.–
Orion Ghia Kat.		19'500.–
Orion GL Diesel / CL D.	21'250.–	17'030.–
Sierra 1.6 / 2.0, ab	17'530.–	15'990.–
S. Turnier 1.6 / 2.0,ab	20'765.–	17'430.–
Sierra 2.0 L (3-türig)	19'090.–	17'270.–
Sierra 2.0 L Kat.(5-t.)		19'690.–
Sierra 2.0 GL (5-türig)	22'115.–	19'100.–
Sierra 2.0 Ghia	24'775.–	22'250.–
S. Turn. 2.0 Ghia Kat.		25'860.–
Sierra GL Diesel	23'645.–	20'880.–

Preisliste 1986

	DM mit MwSt.	Fr. mit U'st.
Sierra XR 4E (3-türig)	32'645.–	
Sierra XR 4x4	38'505.–	29'400.–
Scorpio 1.8 / 2.0i, ab	24'560.–	24'500.–
Scorpio 2.0i GL	29'910.–	26'950.–
Scorpio 2.0i GL Kat.	32'740.–	27'250.–
Scorpio 2.0i Ghia	34'500.–	31'000.–
Scorpio 2.8i Ghia	38'800.–	33'950.–
Scorpio 4x4	44'455.–	36'600.–
Honda (Auszug)		
Jazz 45 / 1.2	11'840.–	11'690.–
Jazz 55 Hondamatic	12'640.–	
Civic 1.2	12'990.–	
Civic 1.3 / DX	13'990.–	14'690.–
Civic Hot S		15'790.–
Civic 1.5 GL	15'790.–	16'190.–
Civic 1.5i GT / Berlin.	18'990.–	18'190.–
C. 1.5i Berlinetta Kat.		18'990.–
Civic Shuttle	17'290.–	16'890.–
Civic Shuttle 4WD	19'990.–	17'990.–
Civic Shuttle 4WD Kat.		19'940.–
Civic CRX	20'290.–	19'690.–
Accord 1.6 Hatchback	17'990.–	
Accord 1.8 EX Hatchback	20'290.–	19'990.–
Accord 1.6 Sedan	18'990.–	
Accord 1.8 EX Sedan	21'590.–	19'990.–
Accord 2.0 EX Sedan Kat		23'990.–
Accord 2.0i EX Sed.Kat.		26'490.–
A. 2.0 EX Aerodeck Kat.		23'990.–
A. 2.0i EX Aerodeck Kat		26'490.–
Prelude 1.8 DX		19'990.–
Prelude 1.8 EX	23'690.–	23'990.–
Prelude 2.0i-16 EX Kat.		29'990.–
Innocenti		
Minitre		10'800.–
Minitre Plus		11'500.–
SE / Minitre SE	12'490.–	11'950.–
Minimatic SE		12'650.–
Minidiesel SE		12'950.–
Turbo de Tomaso		14'500.–
Isuzu (Auszug)		
Trooper UBS16CS (offen)		26'200.–
Trooper UBS16FK (3-t.)		27'150.–
Trooper UBS16FK4L (5-t)		30'660.–
T. UBS52CSJ Diesel(off)		29'300.–
T. UBS52FKJ Diesel(3-t)		30'250.–
T. UBS52FK4L Dies.(5-t)		33'060.–
Jaguar		
XJ 6 4.2 / Swiss	57'400.–	55'600.–
4.2 Sovereign	65'800.–	66'750.–
Sovereign V12	75'200.–	84'300.–
XJ-S 3.6	75'500.–	
XJ-SC 3.6	80'700.–	
XJ-S V12	83'900.–	80'100.–
XJ-SC V12		88'000.–
Jeep		
(Aufpreis Katalysator		1500.–)
CJ-7 4.2		32'300.–
CJ-7 4.2 Hardtop		33'800.–
CJ-7 Wagon de Luxe		35'000.–
CJ-8 Wagon de Luxe		35'500.–

	DM mit MwSt.	Fr. mit U'st.
Cherokee Turbo D (Ren.)		39'800.–
Lada (Auszug)		
1200 L	7'795.–	
1200 S	8'195.–	
Kombi / 2104 1.5	9'285.–	
Nova jr.	9'420.–	
Nova Special	11'420.–	
2104 1.5 Combi		10'500.–
2107 L	10'550.–	
2107 GL	11'770.–	
Niva 1600 Standard		15'500.–
Niva 1600 Super Luxe		18'400.–
Lamborghini		
Jalpa 3500		102'000.–
Countach S Quattrovalv.		220'000.–
Lancia		
A 112	10'990.–	
Y 10 Fire	13'200.–	12'550.–
Y 10 Touring		13'700.–
Y 10 Turbo	16'950.–	15'400.–
Delta 1300 / 1500	16'760.–	16'290.–
Delta 1500 Automatic	18'450.–	17'690.–
Delta 1500 i.e. Kat.		18'090.–
Delta 1600 GT		17'990.–
Delta HF Turbo	23'650.–	22'350.–
Prisma 1500	18'975.–	17'150.–
Prisma 1500 Automatic	20'450.–	18'500.–
Prisma 1500 i.e. Kat.		19'190.–
Prisma 1600	20'490.–	19'200.–
Prisma 1600 LX	21'750.–	
Prisma Turbo-Diesel	24'300.–	
Thema 2000 i.e.	29'900.–	26'400.–
Thema 2000 i.e. Turbo	35'200.–	31'900.–
Thema (2850) 6V	35'400.–	32'400.–
Thema 2500 Turbo-Diesel	33'200.–	29'500.–
Land Rover		
90		32'700.–
90 V8		35'000.–
110		37'600.–
110 V8		39'600.–
Range Rover 2-door		41'950.–
Range Rover 4-d.de luxe		45'950.–
Range Rover Vogue		52'950.–
Lotus		
(Esprit) Excel	64'255.–	
Esprit S3	68'984.–	
Esprit S3 Turbo	84'561.–	
Maserati		
Biturbo / B. 2500	57'800.–	51'500.–
Biturbo E	64'935.–	56'500.–
Biturbo 425	67'840.–	59'000.–
Biturbo Spyder		65'000.–
Quattroporte	128'800.–	112'500.–
Mazda (Auszug)		
323 1.1 / 1300 L (3-t.)	12'900.–	11'990.–
323 1.3 / 1300 LX(5-t.)	14'150.–	13'890.–
323 1.5 / 1500 GLX(4-t)	15'900.–	14'490.–
323 GT / 1.6i GTX (3-t)	19'900.–	17'990.–
323 1.6i GLX Kat. (5-t)		16'790.–

	DM mit MwSt.	Fr. mit U'st.
323 1500 Station Wagon		14'800.–
626 1.6 / 2.0 GLX (4-t)	16'600.–	17'990.–
626 1.6 (5-türig)	17'550.–	
626 1.6 Coupé	17'050.–	
626 2.0 / 2.0 GLX (5-t)	19'600.–	18'990.–
626 2.0 Coupé	19'100.–	
626 2.0i GLX Kat. (5-t)		20'690.–
626 LX Diesel (4-türig)	18'350.–	18'890.–
626 2.0 GLD (5-türig)	20'700.–	
929 LX / 2.0i Deluxe	19'250.–	21'750.–
929 GLX / 2.0i Limited	21'000.–	
929 GLX Coupé / 2.0i C.	23'250.–	
929 GLXi / 2.0i Limited	23'400.–	25'800.–
929 GLXi Coupé / 2.0i C	25'400.–	27'950.–
929 2.0 Station Wagon	19'200.–	19'690.–
RX-7	31'300.–	36'500.–
Mercedes-Benz (Auszug)		
Aufpreis Katalysator	1'824.–	900.–
bis	2'394.–)	1300.–)
190	28'158.–	28'430.–
190 E	31'122.–	31'900.–
190 E 2.3-16 / mit Kat.	57'114.–	56'280.–
190 D	29'127.–	29'380.–
190 D 2.5	33'915.–	32'220.–
200	32'604.–	32'180.–
200 T	33'630.–	
200 D	33'664.–	33'620.–
240 D lang	48'393.–	
240 TD	36'138.–	
250 D	37'312.–	37'090.–
250 lang	50'901.–	
300 D	40'960.–	41'100.–
300 D lang	51'072.–	
300 TD	38'817.–	
300 TD Turbo-Diesel	46'113.–	
230 E	36'537.–	36'140.–
230 TE	37'141.–	
260 E / mit Kat.	41'131.–	40'740.–
280 TE	45'486.–	
300 E / mit Kat.	45'303.–	44'630.–
280 S	47'743.–	
280 SE / 300 SE	52'041.–	54'800.–
280 SEL / 300 SEL Kat.	55'176.–	59'250.–
380 SE / 420 SE	65'949.–	68'000.–
380 SEL / 420 SEL	69'084.–	71'320.–
500 SE / mit Kat.	72'162.–	74'440.–
500 SEL / mit Kat.	78'831.–	80'930.–
560 SEL Kat.		121'470.–
380 SEC / 420 SEC	89'034.–	90'440.–
500 SEC / mit Kat.	94'620.–	98'330.–
560 SEC Kat.		133'300.–
280 SL / 300 SL Kat.	58'995.–	65'900.–
380 SL / 420 SL	74'043.–	78'870.–
500 SL	84'075.–	
G –> Puch		
MG		
Metro	16'140.–	13'450.–
Maestro		19'750.–
Montego		20'850.–
Mitsubishi (Auszug)		
Colt 1200 EL (3-türig)	12'990.–	11'990.–

Preisliste 1986

	DM mit MwSt.	Fr. mit U'st.
Colt 1500 GLX Kat.(3-t)	16'490.–	15'290.–
Colt 1500 GLX (5-türig)	15'290.–	14'990.–
do. Öko-Automatic (3-t)	15'790.–	
Colt 1600 ECI Turbo	21'300.–	20'690.–
Colt 1800 GL Diesel	17'090.–	16'890.–
Lancer 1200 GL	14'590.–	14'290.–
Lancer 1500 GLX Kat.	17'390.–	16'790.–
Lancer 1500 GLX Öko-Aut	16'690.–	
Lancer 1800 GLS	16'990.–	
Lancer 1800 GL Diesel	17'490.–	
Lancer 1500 GL Wagon		15'690.–
Tredia 1600 GLS	16'090.–	
Tredia 1800 GLS	16'990.–	17'590.–
Tredia 1800 GLS 4x4		20'990.–
Tredia 1800 Turbo		21'590.–
Cordia 1600 GLS / SR	18'890.–	16'990.–
Cordia 1800 Turbo	24'900.–	21'790.–
Galant 1600 GLX	18'390.–	
Galant 2000 GLS	21'490.–	19'490.–
G. 2000 Royal / EX Aut.	30'400.–	23'490.–
Galant 2000 EX Turbo		30'890.–
G. 2400 GLS EX Aut.Kat.		26'590.–
Galant 1800 GLX Turbo-D	23'990.–	23'490.–
Starion 2000 Turbo / EX	34'500.–	34'990.–
Space Wagon 1800 GLX	20'990.–	20'590.–
Space Wagon 2000 GLX4x4	26'990.–	25'590.–
Morgan		
Plus 4	44'720.–	
Plus 4 Tourer	47'850.–	
Plus 8	56'960.–	
Nissan (Auszug)		
Micra GL	11'695.–	11'250.–
Micra Super	12'545.–	
Cherry GL (3-türig)	13'350.–	13'350.–
Cherry Gala (5-türig)	15'475.–	
Ch. Kat./1.6 GL Kat.(5)	15'295.–	15'580.–
Cherry Sprint (3-türig)	17'130.–	
Cherry 1.5 Turbo (3-t.)		18'400.–
Cherry Diesel (5-türig)	15'595.–	
Sunny GL (4-türig) /1.3	13'795.–	13'950.–
Sunny GL (3-t.) / Coupé	14'795.–	15'500.–
Sunny Kat. (4-türig)	15'195.–	
Sunny Diesel (4-türig)	15'695.–	
Sunny Traveller GL	14'895.–	14'990.–
Sunny Traveller Diesel	16'695.–	
S. 1.6 GL Calif. Kat.		15'950.–
Stanza SGL / 1.6 GL	16'795.–	15'900.–
Stanza Maxima / 1.8 SGL	17'695.–	17'950.–
Stanza Kat.	19'495.–	
Silvia	27'995.–	
Silvia Turbo Kat.	29'895.–	24'950.–
Silvia Grand Prix	32'995.–	
Blubird GL	17'950.–	
Bluebird GL Diesel	16'950.–	
Blueb. Traveller Family	19'995.–	
Laurel 2.4 SGL / E/SGL	20'395.–	24'900.–
Laurel 2.8 SGL Diesel	22'195.–	
300 ZX	41'195.–	
300 ZX Turbo	55'500.–	
Prairie SGL / 1.5 GL	18'795.–	17'500.–
Prairie Jubilee	20'350.–	
Prairie 2.0 SGL 4WD Kat		23'500.–
Patrol 2.8 Hardtop		27'750.–
Patrol 2.8 Wagon		30'750.–

	DM mit MwSt.	Fr. mit U'st.
Patrol 3.3 HT Turbo-D.		31'950.–
Patrol 3.3 Wg. T-Diesel		34'950.–
Opel (Auszug)		
Corsa 1.0 LS(3/2-türig)	12'470.–	
Corsa 1.0 GL(5/4-türig)	13'980.–	
Corsa 1.0 GLS (5/4-t.)	14'665.–	
Corsa GT (3-türig)	16'040.–	
Motor 1.2 LS/GL +	531.–	
Motor 1.2 GLS +	468.–	
Motor 1.3 LS +	1'138.–	
Motor 1.3 GL/GLS +	1'075.–	
Corsa 1.2 PX (3-türig)		10'625.–
Corsa 1.2 LS (2-türig)		11'800.–
Corsa 1.2 GLS (5-türig)		13'825.–
Corsa 1.3 PX Kat. (3-t)	12'300.–	
Corsa 1.3 GL Kat. (3-t)		14'275.–
C. 1.3 GLS Kat. (5/4-t)		15'500.–
Kadett 1.2 LS (3-türig)	14'320.–	
Kadett 1.2 GLS (3-t.)	16'930.–	
Kadett 1.3 S GT (3-t.)	17'275.–	
Kadett 1.8i GSi (3-t.)	22'600.–	19'975.–
K. 1.2 Caravan LS (3-t)	15'790.–	
5-türig (auch Caravan)+	740.–	
K. 1.2 Caravan GLS(5-t)	19'240.–	
Motor 1.3 N +	409.–	
Motor 1.3 S +	688.–	
Motor 1.6 S + ca.	1'500.–	
Motor 1.6 S für GT +	820.–	
Motor 1.8i Kat. ab +	3'409.–	
bis (ohne GSi) +	3'789.–	
Motor 1.8i Kat. f. GT +	2'799.–	
Motor 1.6 Diesel +	1'811.–	
Kadett 1.3 LS (3-türig)		13'950.–
Kadett 1.3 GLS (3-t.)		17'300.–
Kadett 1.6 S LS (3-t.)		14'950.–
Kadett 1.6 S GLS (5-t.)		18'450.–
Kadett 1.6 D GL (3-t.)		16'875.–
Kadett 1.6 D GLS (4-t.)		19'825.–
Kadett 1.3 LS Kat.(3-t)		15'650.–
Kadett 1.3 GLS Kat.(4t)		19'675.–
Kadett 1.8 GL Kat.(3-t)		18'075.–
Kadett 1.8 GSi Kat.(5t)		21'650.–
Caravan 5-t. zu 5-t. +		1'125.–
Ascona LS (2-türig)	16'990.–	
Ascona GLS (4-türig)	19'675.–	
Ascona CD (4-türig)	22'545.–	
4-türig LS/GL/GT +	735.–	
5-türig ab+ 1'100.– bis	1'515.–	
Motor 1.6 N +	792.–	
Motor 1.6 S + 792.– bis	864.–	
Motor 1.8i + ca.	1'450.–	
Motor 1.8i Kat. + bis	3'686.–	
Ascona 1.6 LS (2-türig)		15'325.–
Ascona 1.8 GT (2-türig)		18'525.–
Ascona 1.8 CD (4-türig)		22'075.–
Ascona 1.8 GLS (5-t.)		21'025.–
Ascona 1.8 LS Kat.(2-t)		17'995.–
Ascona 1.8 GLS Kat.(4t)		21'150.–
Ascona 1.8 CD Kat.(5-t)		24'350.–
Ascona 1.6 D LS (2-t.)		16'800.–
Ascona 1.6 D CD (5-t.)		22'655.–
Manta GT / 2.0 GT	18'875.–	18'200.–
Manta 1.8 S GT	19'253.–	

	DM mit MwSt.	Fr. mit U'st.
Manta GSi	22'355.–	20'475.–
Manta CC GT / 2.0 GT	19'055.–	19'225.–
Manta CC GSi	23'000.–	21'500.–
Rekord LS	20'835.–	18'975.–
Rekord LS Kat.		21'125.–
Rekord GLS / 2.2 GLS	23'235.–	23'000.–
Rekord CD / 2.2 CD	27'120.–	25'375.–
Rekord 1.8 CD Kat.		25'725.–
Rekord 2.3 LS Diesel		21'250.–
Rekord 2.3 GLS Turbo-D		25'455.–
Caravan +		2'550.–
Rekord Caravan (3-t.)	21'105.–	
R. Caravan LS (5-türig)	21'955.–	
R. Caravan CD (5-türig)	29'020.–	
R. Caravan Pirsch (3-t)	22'760.–	
Motor 2.0 S + 383.– bis	700.–	
Motor 2.2i + 330.– bis	848.–	
Motor 2.3 Diesel bis	2'210.–	
Motor 2.3 Turbo-D bis	4'911.–	
Senator 2.2i / 2.5i	29'765.–	25'125.–
Senator 2.5i C / 3.0i C	35'735.–	33'775.–
Senator 3.0i CD	52'100.–	44'950.–
Seantor 3.0i CD Kat.		46'275.–
Senator 2.3 C Turbo-D.	35'607.–	
Senator 2.3 C Comprex	36'616.–	
Monza 2.2i / 2.5i	31'350.–	28'450.–
Monza 2.5i C / 3.0i C	37'730.–	34'800.–
Monza 3.0i C / + Kat.	42'680.–	36'125.–
Monza 3.0i GSE Kat.		46'325.–
Peugeot (Auszug)		
205 XE	12'150.–	10'795.–
205 XR / XR 1.1	14'465.–	13'150.–
205 XLD	15'095.–	13'750.–
205 GL	13'365.–	11'595.–
205 GR / GR 1.1	14'965.–	13'460.–
205 GT	15'750.–	14'810.–
205 GTI	19'895.–	18'495.–
205 GRD	16'695.–	15'950.–
305 GL	15'995.–	14'545.–
305 GTX	20'695.–	18'750.–
305 SRD	20'545.–	18'345.–
305 Break GL	17'495.–	15'575.–
305 Break GTX	22'695.–	19'885.–
305 Break SRD	22'345.–	19'580.–
505 GL 1.8 / GL 2.0	20'850.–	17'995.–
505 GR	23'095.–	21'550.–
505 GTI	27'500.–	24'150.–
505 GTI Kat.		25'450.–
505 Turbo Injection	33'580.–	29'995.–
505 GL Diesel	23'995.–	
505 GT Turbo-Diesel	30'500.–	27'350.–
505 Break GL	23'700.–	20'350.–
505 Break GR	25'815.–	22'585.–
505 Break GLD	25'950.–	
505 Break GRD	28'355.–	
505 Familial GTI		26'900.–
505 Familial + ca.	1'350.–	1'000.–
604 GTI	36'950.–	
604 GT Turbo-Diesel	37'550.–	
Pontiac		(mit Kat.)
Grand Am LE		42'900.–
Grand Am LE Coupé		42'700.–

Preisliste 1986

	DM mit MwSt.	Fr. mit U'st.
Porsche		
924 S	41'950.–	38'250.–
944	50'950.–	46'500.–
944 Turbo	72'500.–	65'800.–
911 Carrera	72'000.–	64'900.–
911 Carrera Targa	76'000.–	68'300.–
911 Carrera Cabriolet	82'000.–	73'500.–
911 Turbo	119'000.–	110'000.–
928 S	100'000.–	95'800.–
928 S Kat.	109'000.–	104'100.–
Portaro		
230 PCM		25'900.–
260 DCM		26'900.–
Puch		
230 GE (2-türig)		47'500.–
230 GE (3-türig)		45'800.–
230 GE (5-türig)		48'900.–
230 GE Katalysator +		1'950.–
280 GE (2-türig)		48'900.–
280 GE (3-türig)		48'700.–
280 GE (5-türig)		51'800.–
300 GD (2-türig)		48'000.–
300 GD (3-türig)		47'600.–
300 GD (5-türig)		49'900.–
Renault (Auszug)		
4L / Base	9'810.–	9'190.–
4 GTL	11'750.–	10'750.–
5C / L (3-türig)	11'490.–	10'150.–
5 TL (5-türig)	13'140.–	11'550.–
5 GTL (5-türig)	14'590.–	
5 GTL Kat. (3-türig)	15'855.–	14'550.–
5 Automatic (5-türig)	16'050.–	14'100.–
5 TSE (3-türig)	15'990.–	14'950.–
5 GT Turbo (3-türig)	19'790.–	17'750.–
5 TD		13'950.–
9 GTL	15'150.–	14'390.–
9 GTX	16'250.–	15'300.–
9 TX Kat.	17'550.–	16'700.–
9 TXE	18'060.–	16'400.–
9 GTD	16'650.–	
11 TL / TC (3-türig)	13'540.–	12'490.–
11 GTX Kat. (3-t / 5-t)	17'935.–	17'150.–
11 TXE (3-türig / 5-t.)	17'340.–	16'790.–
11 TXR Electronic (5-t)	20'190.–	19'300.–
11 Turbo (3-türig)	21'240.–	18'750.–
11 GTD (3-türig / 5-t.)	16'140.–	16'100.–
18 GTL / TX	17'990.–	17'500.–
18 Turbo Injection	24'450.–	21'410.–
18 GTD / Turbo Diesel	21'000.–	21'920.–
18 Break GTL / Base	19'450.–	14'885.–
18 Break TX Kat.	24'550.–	21'550.–
18 Break TX 4x4	24'550.–	20'590.–
18 Break Diesel	20'300.–	
18 Break Turbo-Diesel	24'950.–	22'500.–
Fuego Turbo Injection		23'995.–
25 TS	23'200.–	19'990.–
25 GTX	30'100.–	25'350.–
25 V6 Injection	37'800.–	31'950.–
25 V6 Turbo	47'900.–	
25 GTD / TX Kat.	28'300.–	24'320.–
25 Turbo-Diesel	31'800.–	27'950.–
25 Turbo DX	37'900.–	
25 Limousine V6 Inject.	49'850.–	41'950.–

	DM mit MwSt.	Fr. mit U'st.
25 Limousine V6 Turbo	59'950.–	
Espace GTS	28'900.–	24'990.–
Espace TSE	30'900.–	27'500.–
Espace 2000-1		33'500.–
Espace Turbo-Diesel	32'900.–	28'990.–
Espace Turbo DX	34'900.–	
Renault Alpine		
V6 GT	48'950.–	40'900.–
V6 Turbo	56'300.–	
Rolls-Royce		
Silver Spirit	252'624.–	198'500.–
Silver Spur	291'270.–	228'000.–
Corniche Convertible	344'964.–	299'000.–
Camargue	395'010.–	
Saab (Auszug)		
90	22'450.–	19'950.–
900 (4-türig)	25'400.–	
900 (3-türig)	27'050.–	
900 (5-türig)	28'050.–	
900i (5-türig)	29'850.–	25'550.–
900i Kat. (4-türig)	30'050.–	25'600.–
900i Swiss Kat. (5-t.)		28'000.–
900 Turbo (3-türig)	35'800.–	31'200.–
900 Turbo 16 (5-türig)	41'150.–	34'300.–
900 Turbo 16 Kat. (4-t)	45'950.–	34'350.–
900 Turbo 16 S (3-t.)	42'500.–	38'200.–
9000i 16 Kat.		30'900.–
9000 Turbo 16	46'320.–	41'150.–
9000 Turbo 16 Kat.	47'820.–	42'100.–
Sbarro		ab
Replica BMW 328		60'000.–
Replica BMW 328 America		70'000.–
Mercedes Gullwing		220'000.–
Mercedes Berlina		240'000.–
Super Eight		170'000.–
Golf Porsche 928 S		180'000.–
Scheib	ab	
Replica S Bugatti/MG	25'500.–	
Replica S Mercedes '33	33'900.–	
Repl. Carrera Speedster	30'000.–	
Repl. Jaguar XK 120/140	33'900.–	
Repl. Mercedes 500 K	135'000.–	
Seat (Auszug)		
Fura L (3-türig)	9'390.–	
Fura GL (5-türig)	10'540.–	
Ibiza 1.2 L	12'660.–	10'690.–
Ibiza 1.5 GLX	15'500.–	14'150.–
Ibiza 1.7 LD	14'600.–	
Ronda 1.2 GL	13'440.–	12'500.–
Ronda 1.5 GLX	15'190.–	14'150.–
Malaga 1.5		14'750.–
Malaga 1.5 GLX		16'340.–
Skoda (Auszug)		
105 S	7'190.–	7'200.–
120 GLS	9'430.–	
130 L	9'930.–	8'900.–
130 R Coupé	10'590.–	9'900.–

	DM mit MwSt.	Fr. mit U'st.
Stimula		ab
Roadster 2-Litre		105'000.–
Roadster 2.5-Litre		110'000.–
Subaru (Auszug)		
Justy 1000 4WD(3-türig)	14'450.–	13'590.–
Justy 1000 4WD(5-türig)	14'890.–	13'990.–
1800 Turismo	18'600.–	
1800 4WD Sedan	21'990.–	20'750.–
1800 4WD Sedan Kat.		22'650.–
1800 4WD Sedan RX Turbo		23'950.–
1800 4WD Sedan Turbo		25'630.–
1800 4WD Station Wagon	21'290.–	19'900.–
1800 4WD Super-Station	24'490.–	22'300.–
1800 4WD Super-St. Kat.		24'200.–
1800 4WD Super-St.Turbo		27'200.–
1800 4WD Coupé Kat.		22'950.–
1800 4WD Coupé Turbo		25'650.–
XT 4WD Turbo		31'400.–
Suzuki (Auszug)		
Alto GL (3-türig)	9'269.–	10'250.–
Alto GL (5-türig)		10'750.–
Swift 1.0 GA	10'495.–	
Swift 1.0 GL	11'398.–	11'250.–
Swift 1.0 GL Kat.		12'250.–
Swift 1.3 GS	13'890.–	13'250.–
SJ 410 JA		14'950.–
SJ 410 JL Wagon Kat.		16'450.–
SJ 413 JX		16'950.–
SJ 413 JX Wagon HR		18'250.–
Talbot (Auszug)		
Samba / Samba Bahia	10'895.–	10'495.–
Samba LS	11'595.–	
Samba Rallye	14'850.–	
Samba Cabriolet		17'995.–
Horizon GL	14'150.–	
Horizon GLS	16'250.–	
Horizon GLD	16'795.–	
Solara GL (5-türig)	16'995.–	
Solara SX (4-türig)	19'695.–	
Toyota (Auszug)		
Starlet DL/1.3 Light(3)	12'290.–	11'290.–
Starlet DL/1.3 GL (5-t)	13'290.–	13'790.–
Starlet S / 1.3 S (3-t)	14'840.–	13'790.–
Corolla 1.3 DL(3-türig)	14'340.–	
Corolla 1.3 GL(5-türig)	16'190.–	
Corolla 1.3 DL(4-türig)	15'190.–	
Cor. 1.3 Liftback DL	16'040.–	
Cor. 1.6 Liftback GL	17'840.–	
Corolla DL Combi/1.3 DX	15'840.–	13'990.–
Corolla GT 16V(3-türig)	20'990.–	
Corolla GT 16V Coupé(2)	22'500.–	
Cor.1.3 Compact DX(3-t)		12'990.–
Cor.1.6 Compact GL(5-t)		14'990.–
Cor.1.6 Sedan DL/GL Kat	17'065.–	16'190.–
Cor. 1.6 Liftback		15'490.–
Cor. 1.6 Liftb. GL Kat.	17'915.–	16'690.–
Cor. 1.8 L'b. GL Diesel		16'890.–
Cor. 1.6 GTi TC 16 Cpé.		18'990.–
do. (D: GT 16V) Kat.	23'465.–	20'190.–
Tercel 4WD / 1.5 4x4 GL	20'590.–	18'000.–
Carina II DL (4-türig)	17'340.–	
Carina II Liftback GL	19'340.–	16'990.–

Preisliste 1986

	DM mit MwSt.	Fr. mit U'st.
Celica ST	19'310.–	
Celica Liftback ST	20'440.–	
Celica Liftback XT	23'020.–	
Celica GT	26'330.–	
Celica 2.0 GT Liftback		25'490.–
Celica 2.0 GT L'b. Kat.		26'690.–
Celica Supra / 2.8i	35'320.–	29'190.–
MR2	30'240.–	25'990.–
Camry DLX (4-türig)	19'340.–	
Camry DLX Liftback	20'290.–	
Camry GLi Liftback	24'290.–	19'990.–
do. Super GLi Kat.		23'190.–
Cressida 2.8i GL		25'890.–
Cressida 2.8i St. Wagon		26'590.–
Land Cruiser II		27'950.–
Land Cruiser II HT		29'900.–
Land Cruiser II TurboD.		28'990.–
Land Cruiser HT		31'450.–
Land Cruiser HT Long		34'850.–
Land Cruiser G		42'800.–
Land Cruiser GX		44'800.–
Volkswagen (Auszug)		
1200 L (Käfer)	11'130.–	
Polo Fox 1.0 (3-türig)	12'030.–	
Polo 1.0 C (3-türig)	13'055.–	11'980.–
Polo 1.0 CL / 1.3 CL(3)	14'345.–	14'100.–
Polo 1.0 Coupé CL / 1.3	14'575.–	14'280.–
Polo 1.3 Coupé GT	16'285.–	14'980.–
Polo 1.3 Coupé GT 75 PS	17'350.–	
Polo 1.0 C (2-türig)	13'770.–	
Polo 1.3 CL (2-türig)	15'740.–	
Golf 1.3 C (3-türig)	14'320.–	13'650.–
Golf 1.3 CL (3-türig)	15'410.–	14'900.–
Golf 1.3 GL (3-türig)	17'005.–	15'650.–
Golf 1.6 GL (3-türig)	18'210.–	16'650.–
Golf 1.8 GTI (3-türig)	22'760.–	19'980.–
Golf 1.8 C Kat. (3-t.)	18'410.–	
Golf 1.8 GL Kat. (3-t.)	21'095.–	
Golf 1.6 C Diesel (3-t)	17'310.–	15'500.–

	DM mit MwSt.	Fr. mit U'st.
Golf 1.6 GTD (3-türig)	20'770.–	20'200.–
5-türig, je +	750.–	550.–
Golf 1.8 Carat	24'415.–	21'950.–
Golf 1.8 Carat Kat.	26'320.–	
Golf 1.6 GL Cabriolet	23'795.–	20'600.–
Golf 1.8 GLI Cabriolet	27'665.–	23'500.–
Jetta 1.3 C (4-türig)	16'165.–	15'200.–
Jetta 1.3 CL /1.6 CL(4)	17'220.–	17'150.–
Jetta 1.6 GL /1.8 GL(4)	19'650.–	18'360.–
Jetta 1.8 C Kat. (2-t.)	20'140.–	
Jetta 1.8 GL Kat.(2-t.)	21'770.–	
Jetta 1.8 GT (4-türig)	24'285.–	20'850.–
Jetta 1.8 Carat (4-t.)	25'405.–	22'000.–
Jetta 1.6 CL Diesel(4t)	19'120.–	18'050.–
Jetta 1.6 GL Turbo-D(4)	21'110.–	20'550.–
Jetta 4-türig, je –	750.–	
Scirocco 1.6 GT	20'360.–	17'980.–
Scirocco 1.6 GTL	21'920.–	
Scirocco 1.8 GT	24'050.–	20'200.–
Scirocco 1.8 GTX	23'530.–	22'950.–
Scirocco 1.8 GTX 16V	32'735.–	
Passat 1.3 C / 1.6 C	18'135.–	16'700.–
Passat 1.3 CL / 1.6 CL	19'260.–	17'700.–
Passat 1.6 GL (4/5-t.)	22'265.–	
Passat 1.8 C Kat.(4/5t)	22'060.–	
Passat 1.8 GL	22'430.–	19'750.–
Passat 1.8 GL Kat.(4/5)	23'945.–	
Passat 2.0 GL	25'095.–	21'600.–
Passat 2.0 GT (5-türig)	26'695.–	
Passat 2.2 GT (5-türig)	28'245.–	24'800.–
Passat Carat (4-türig)	29'655.–	24'850.–
Passat 1.6 C Diesel	20'130.–	17'860.–
Passat 1.6 GL Turbo-D.	24'795.–	21'950.–
P. Variant 1.3 / 1.6 C	18'700.–	18'150.–
P. Variant 1.8 C Kat.	22'625.–	
P. Variant 1.8 GL	23'230.–	21'250.–
P. Variant 1.8 GL Kat.	25'745.–	
P. Variant 2.0 GT	27'745.–	

	DM mit MwSt.	Fr. mit U'st.
P. Variant 2.2 GT	29'295.–	26'200.–
P. Variant 1.6 C Diesel	20'695.–	19'310.–
P. Variant 1.6 GL T-D.	25'595.–	23'450.–
Volvo (Auszug)		
340 L (3-türig)	15'990.–	
340 DL (5-türig)		15'950.–
340 GL (5-türig)	19'390.–	17'600.–
340 Diesel (5-türig)	18'990.–	
360 GLS (4-türig)	21'840.–	
360 GLT (5-türig)	23'350.–	21'400.–
360 GL Special Kat.(5t)		20'900.–
360 GLE Sedan Kat. (4t)		23'200.–
240 GL	25'990.–	25'050.–
240 GL Kat.	28'390.–	27'000.–
240 GLT	29'800.–	
240 GL / DL Station Wg.	29'590.–	22'300.–
240 GL Station W. Kat.	31'990.–	28'600.–
240 Turbo Station Wagon	37'990.–	
240 Diesel Station Wag.	32'290.–	
740 GL	28'990.–	27'350.–
740 GLE	34'390.–	33'150.–
740 GLE Kat. / GL Kat.	38'090.–	29'300.–
740 Turbo Kat.		37'650.–
740 GL Diesel	31'690.–	30'350.–
740 GL Station Wagon	33'240.–	29'700.–
740 GL Station Wg. Kat.	35'640.–	31'650.–
740 GLE Station Wagon	38'690.–	36'200.–
740 GL Stat. Wg. Diesel	35'940.–	32'700.–
740 Turbo Station Wagon		39'450.–
760 GLE	42'450.–	44'200.–
760 Turbo	47'490.–	45'200.–
760 GLE Turbo-Diesel	43'450.–	47'300.–
760 GLE Station Wagon	46'900.–	
760 GLE St. Wg. Turbo-D	47'570.–	

Namensregister

Alle in den 222 Markenkapiteln und den 384 Abschnitten des Anhangs enthaltenen Namen (sowie als Namen benutzte Begriffe) von:

- Personen
- Zulieferfirmen
- Vertriebsfirmen
- Entwicklungsunternehmen
- Marken
- Modellen
- Untermodellen
- Aggregaten
- Systemen
- Materialien

Wo ein Name im gleichen Markenkapitel bzw. auf der gleichen Seite mehrmals auftritt, ist nur die **erste Seite** seines Erscheinens aufgeführt. **Halbfette** Seitenzahlen = Markenkapitel

U

V

W

Sbarro Challenge, 1985

Dank

Dank gebührt in erster Linie meinen einstigen Arbeitskollegen:

allen voran Max Nötzli
und
Martin Wyler,
dann
Ernst Behrendt,
Kuno Brunner,
Fritz Oesch,
Jürg Kaufmann,
Dieter Ammann
und
Denis Robert
sowie
Dr. Florenz M. Theus;

beigetragen haben zudem:

Helmut Altner, Georg Amtmann, Georg Auer, Georges Baumgartner, Lothar Behr, Karel Beranek, Daniel Bollag, Luca Ciferri, Adriano Cimarosti, Maurice Davin, Rob de la Rive Box, Juri Dolmatowski, Fabian und Wolfgang Fehlhaber, Joachim Fischer, Dr. Simon Gloor, Alain Graber, Ferdinand Hediger, Peter Homola, Walter Hönscheidt, Markus Huber, Pavel Husek, Alfred Jansen, Rudolf Karpat, H. R. Keller, Federico B. Kirbus, René Kreis, Margus H. Kuuse, Jo Laederach, H. K. Lange, Heribert Lechner, Rick Lenz, M. V. Lukacev, V. Christian Manz, Hans-Jürgen Maurus, Hans Jörg Mettler, Marcello Minerbi, Martin Minich, Knut Moberg, H. O. Neubauer, Elaine Oliver-Gloor, Werner Oswald, Adriano Pascucci, Dr. Giancarlo Perini, Max Pichler, Paul D. Ponsel, Charles P. Proche, Peter Reichel, Klaus Rühle, Martin Schaefers, Adrian Scheidegger, Hans-Heinz Schlenker, Hilmar Schmitt, Damian Schwarz, Dr. Eberhard Seifert, Gautam Sen, Dr. Raoul Studer, Max Stoop, Marian Suman-Hreblay, Kiyoshi Takagishi, Hans-Jürgen Tücherer, Frans B. Vrijaldenhoven, Olaf Baron von Fersen, Heinz Warny, Wim Oude Weernink, Gordon und Joyce Wilkins.

Ebenso gedenke ich meiner automobiljournalistischen Ziehväter und großen Vorbilder **Ing. Robert Braunschweig und Dr. Max Fehlmann.**

Citroën GSA X3, 1985

Pontiac Grand Prix 2+2, 1986